红外与太赫兹探测器

（原书第3版）

〔波兰〕A. 罗加尔斯基（A. Rogalski） 著
丁 雷 葛 军 译
沈 宏 校

科 学 出 版 社
北 京

图字：01－2021－2985号

内 容 简 介

本书系统介绍了红外与太赫兹探测器件中的电子信息理论、物理内涵、光学知识，以及器件制备与应用中所涉及的材料、结构和制冷系统等多方面的内容，对红外与太赫兹器件制备、应用研发以及实际工程使用人员具有很高的参考价值。全书分为5个部分，包括红外与太赫兹探测基础、红外热探测器、红外光子探测器、红外焦平面阵列以及太赫兹探测器与焦平面阵列。其中红外热探测器部分单列了气动探测器一章，红外光子探测器部分分列了多种近十年开始进入成熟期的器件类型，太赫兹探测器从原来的一章扩充为一个部分，并对近期的一些进展做了详细的介绍。

本书适合光电子领域，特别是从事红外、太赫兹光学仪器设计、探测器件制备、整机制造的科研人员及工程师参考，也可供高等院校相关专业的师生学习。

图书在版编目(CIP)数据

红外与太赫兹探测器：原书第3版／（波）A.罗加尔斯基（A. Rogalski）著；丁雷，葛军译. —北京：科学出版社，2023.1

书名原文：Infrared and Terahertz Detectors (Third Edition)

ISBN 978-7-03-073930-8

Ⅰ.①红… Ⅱ.①A… ②丁… ③葛… Ⅲ.①红外探测器②辐射探测器 Ⅳ.①TN215②TL81

中国版本图书馆CIP数据核字(2022)第221129号

责任编辑：许 健／责任校对：谭宏宇
责任印制：黄晓鸣／封面设计：殷 靓

Infrared and Terahertz Detectors (Third Edition)/Antoni Rogalski/ISBN：978-1-138-19800-5

科学出版社 出版
北京东黄城根北街16号
邮政编码：100717
http：//www.sciencep.com

南京展望文化发展有限公司排版
苏州市越洋印刷有限公司印刷
科学出版社发行 各地新华书店经销

*

2023年1月第 一 版 开本：787×1092 1/16
2023年1月第一次印刷 印张：57
字数：1 380 000

定价：300.00元

（如有印装质量问题，我社负责调换）

中文版序言

很高兴我的专著《红外与太赫兹探测器》第 3 版再次被翻译成中文（这本书的第 1 版被翻译成俄文，第 2 版被翻译为中文）。在过去的三十年里，我看到了中国红外技术的惊人发展，以及中国科学界对红外探测器领域发展的重要性在日益增长，尤其是在由低维量子结构制造的探测器方面。我衷心地希望新版专著能够继续支持中国的红外探测器研究。

特别感谢沈宏博士在本书翻译出版过程中所做的努力。我总是尝试仔细校对每一篇发表的论文或专著/教科书。通常，我对自己努力的最终结果永远不会感到完全满意。为此，我特别强调，在中文版的准备过程中，修订了英文版中的许多错误。在这方面，这次的中文版本也将有助于本书下一个修订版的改进。

希望《红外与太赫兹探测器》中文版的所有读者都能对这本专著感到满意。希望这本书能为光电子领域的高年级学生和研究生提供重要的参考。

A. 罗加尔斯基

华沙，2022 年 7 月

译者序

近30年来，红外与太赫兹探测器技术发展迅猛，这首先得益于材料生长技术及微纳加工技术的发展，同时也是与日益广泛的红外与太赫兹应用密不可分的。红外与太赫兹探测器的概念、材料、功能、性能及应用都有了极大的拓展。为了更好地对这个快速发展的领域进行概述，使研究人员可以更加系统地了解这些内容，并将红外探测器的内涵进一步拓展到波长更长的太赫兹波段，Rogalski教授对其2011年出版的*Infrared Detectors*第2版进行了大量的更新和补充，并于2019年出版第3版*Infrared and Terahertz Detectors*。

由这一系列的书（2000年出版的第1版、2011年出版的第2版，以及2019年出版的第3版）可见，差不多每隔10年，Rogalski教授就会对该领域的知识进行非常细致的更替和补充。第2版的中文版版权2014年由机械工业出版社引进，译者为周海宪和程云芳。第3版的中文版版权由科学出版社引进，并由中国科学院上海技术物理研究所的科研人员牵头进行翻译。作为Rogalski教授著作的忠实读者和红外技术领域的一线科研人员，希望本次的中译本能够更好地架设起学术沟通的桥梁，更好地服务于中国的红外与太赫兹技术发展。

本书英文原版正式出版于2019年末，距今已有两年多。在红外技术领域快速发展的时代，两年多的时间已不算短，其间新发现、新趋势、新变化多有发生，本书并不能及时地进行覆盖，这一点是需要读者在阅读和利用本书的过程中注意的，尤其是相关器件厂商的信息及特定产品的信息，在近期多有更新，中文版无法完全核实和更新，望读者以原著写作的大致时间（2019年）为准进行参考。

在翻译的过程中，英文原版中存在一些排版编校上的问题，这些问题经与Rogalski教授的沟通确认，已经在中文版本中直接进行了更正，但由于译者水平有限，同时，由于本书体量非常庞大、内容非常丰富，可能仍然存在一些不足之处，希望读者谅解。

本书的出版得到了波兰华沙军事技术大学应用物理学院教授、波兰科学院院士Rogalski先生和中国科学院上海技术物理研究所的大力支持；在翻译过程中，得到了周孝好研究员、党海政研究员、林铁高级工程师的宝贵建议，参加翻译校对工作的还包括陈寅芳、冯乾文、李升、李小辉、李照阳、刘倩、柳树福、吕世良、宁永慧、孙延光、王绍钢、杨俊、杨媛、杨郑鸿、张洪章、张建立等。

第3版的《红外与太赫兹探测器》本质上来说，是一本关于"成功"的书，然而红外与太赫兹探测器研制的道路是充满艰辛的，愿更多的人能从本书中获得知识和力量，谨以此书中译本献给一代代默默坚守的中国红外光电研究者！

译者
2022年3月于上海

第 3 版序言

红外探测器技术的进步与半导体红外探测器密切相关,半导体红外探测器属于光子型探测器。它们具有完美的信噪比和非常快的响应速度。但要做到这一点,光子探测器需要低温制冷。低温工作使得它们体积大、重量重、价格昂贵、使用不方便,这是更广泛应用半导体红外光电探测系统的主要障碍。

20 世纪 90 年代之前,尽管有大量的研究倡议,以及室温工作和潜在的低成本等优势,但与制冷型光子探测器相比,热探测器在热成像应用中的成功是有限的。只有热释电的视像管受到了极大的关注,有望在一些场合实现应用。在整个 20 世纪 80 年代和 90 年代初,美国的许多公司(特别是德州仪器公司和霍尼韦尔国际公司)开发了基于各种热探测原理的器件。在 20 世纪 90 年代中期,这一成功促使美国国防部高级研究计划局(Defense Advanced Research Projects Agency,DARPA)减少了对碲镉汞研发的支持,并尝试用非制冷技术实现重大飞跃。希望能拥有可量产的、性能满足需求的阵列,而不需要配置昂贵的快速(f/1)长波长红外光学系统。

为了了解红外探测技术的新变化,需要全面介绍红外探测器的物理和工作原理,并罗列出重要的参考文献。2000 年,为满足这一需求,第 1 版《红外探测器》问世。在 2011 年的出版第 2 版中,约 70%的内容进行了修改和更新,并对许多材料进行了重新整理。在过去的十年里,探测器的概念和性能有了新的突破,发生了很大的变化。很明显,这本书需要大量的修订才能继续实现其初衷。

在这本名为“红外与太赫兹探测器”的第 3 版中,修改和更新了大约 50%的内容。材料的安排类似于第 2 版,但引入了几个新的章节,并重新组织了剩余的章节。

本书分为五个部分:红外与太赫兹探测基础、红外热探测器、红外光子探测器、红外焦平面阵列、太赫兹探测器与焦平面阵列。第一部分是该技术主题的教程介绍,是彻底理解不同类型的红外探测器和系统的基础。第二部分是不同类型的热探测器的理论和技术。第三部分是光子探测器的理论和技术。第四部分是红外焦平面阵列,考虑探测器阵列性能与红外系统质量之间的关系。本书的最后一部分对不同类型的太赫兹探测器及焦平面阵列的发展现状与趋势进行了全面的回顾。

下面介绍第3版和第2版(2011年出版的《红外探测器》)之间的区别。

在红外探测的基础上,讨论红外系统,重点是夜视系统和热成像系统之间的区别。

由于外差探测在太赫兹成像系统中的应用更广泛,拓展了专门讨论这一主题的章节。

在过去十年中,一类新的红外光子探测器——势垒型探测器取得了相当大的进展。因此,本书单独设置红外势垒型光电探测器和级联红外光电探测器章节。

在百万像元以上规模的成像系统中,像元尺寸在决定系统的大小、重量和功耗(size, weight, and power consumption,SWaP)等方面起着至关重要的作用。更小像元的出现也带来了成像系统卓越的空间和温度分辨率。关于这个主题,针对不同类型焦平面器件的发展趋势,分别讨论了热探测器阵列和光子探测器阵列。

预计太赫兹技术是改变我们世界的新兴技术之一。电磁频谱中的太赫兹区域已被证明是最难以捉摸的波段之一。太赫兹辐射位于红外和微波辐射之间,这些相邻波段中常用的成熟技术很难直接应用于太赫兹辐射。最后一章实际上是关于太赫兹探测器的新内容。它已经完全重写,重点是太赫兹探测器和成像系统的发展现状与趋势,包括低维固体和石墨烯的应用。

这本书是为那些希望对红外探测器技术的最新发展进行全面分析,并对日新月异的探测技术中重要基本过程有清晰认知的人而写的。书中特别注意了探测器性能的物理极限和不同类型探测器的性能比较。读者可以通过本书很好地理解过去一个世纪里为提高人类感知红外辐射的能力而研发的多种方法间的异同,以及各自的优缺点。

本书适合于物理和工程专业的研究生,他们已经具备了现代固体物理和电子电路的基本知识。这本书也适用于在航空航天传感器和系统、遥感、热成像、军事成像、光通信、红外光谱、光探测和测距工作的研究人员。为了满足读者的需要,许多章节首先讨论基本原理和一些历史背景,然后向读者介绍最新的进展。对于那些目前在该领域的人来说,这本书可以用作数据集,作为文献指引,或作为涵盖广泛应用主题的概述。这本书也可以作为参加相关研讨会和短期课程的参考。

我希望新版《红外与太赫兹探测器》能够全面地分析红外和太赫兹探测器技术的最新发展,并就探测技术发展中的重要原理给出基本的描述。这本书涵盖了应用于广泛波段的探测器,包括理论、不同材料和它们的物理性质,以及探测器的制备技术。

A. Rogalski

目 录

第一部分　红外与太赫兹探测基础

第二部分 红外热探测器

第三部分 红外光子探测器

第四部分 红外焦平面阵列

第五部分 太赫兹探测器与焦平面阵列

第一部分

红外与太赫兹探测基础

第1章 辐射度量学

本章将讨论在书中会使用的一些概念。辐射度量计算是探测器性能及信号/噪声水平评价时必须用到的工具。辐射度量学(radiometry)这个词不只是描述了电磁辐射能量的感知与测量,也可普遍用于从一个物体或表面到其他物体或表面通过辐射方式传递能量的预测与计算。辐射度量学的概念类似于光度学(photometric),光度学是采用人眼视觉作为探测器来对电磁辐射进行计量的,同时,这些概念又与光子(photon)的传输联系在一起,这些定义都是为了便于讨论这三者。

红外光谱区的波长在电磁波谱中长于可见光,短于毫米波,如图1.1所示。这样的分类起始于在不同波段所采用的不同的波源与探测技术。在红外光谱区内又可以根据通常适用的探测器的谱带限制划分为多个光谱区,如表1.1所示。1 μm波长来自于常用的硅(Si)探测器的探测波长上限。3 μm波长是硫化铅(PbS)和铟镓砷(InGaAs)的探测波长上限;6 μm是锑化铟(InSb)、硒化铅(PbSe)、硅化铂(PtSi)及应用于3~5 μm大气窗口的碲镉汞(HgCdTe)探测器的探测波长上限;15 μm是应用于8~14 μm大气窗口的碲镉汞(HgCdTe)探测器的探测波长上限。

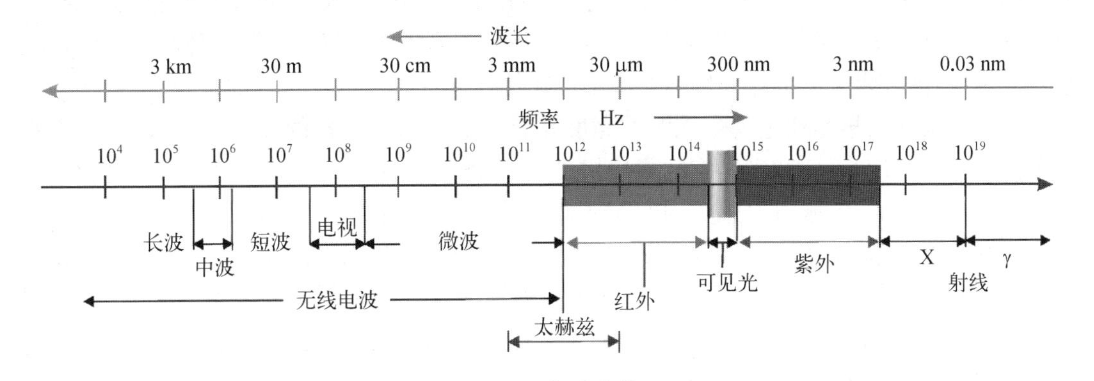

图1.1 电磁波谱

表1.1 红外辐射波段划分

波段(缩写)	波长范围/μm
近红外(near infrared, NIR)	0.78~1
短波红外(short wavelength infrared, SWIR)	1~3

续 表

波段(缩写)	波长范围/μm
中波红外(medium wavelength infrared, MWIR)	3~6
长波红外(long wavelength infrared, LWIR)	6~15
甚长波红外(very long wavelength infrared, VLWIR)	15~30
远红外(far infrared, FIR)	30~100
亚毫米波(submillimeter, SubMM)	100~1 000

红外探测器件的设计需要通过辐射度量学来深入理解目标所发射出的辐射,以及传输到探测器的辐射功率。对于红外系统整体所能实现的信噪比,这是一个至关重要的问题。

本章的讨论根据一些假设和近似做了简化。我们仅考虑非相干光源的辐射,忽略干涉效应。同时,我们做出类似于近轴光学中的小角度假设,在该假设下,一个角度的正弦值在数值上可以近似等于这个角度的弧度值。

本章还提供了一些辐射度量学的指导,详细信息可以参考文献[1]~[7]。

1.1 辐射度量学与光度学中的量和单位

辐射度量学是光物理学的一个分支,主要涉及的是频率为 3×10^{13} ~ 3×10^{16} Hz 内的电磁波的测量,对应到波长,则覆盖了 10 nm~10 μm 的范围,包括了通常被称为紫外光、可见光及红外光的区间。辐射度量学所研究的是光的实际能量,而不是人类视觉系统所能感知的量。典型的辐射度量学单位包括辐射通量单位瓦特(W)、辐射强度单位瓦特/立体角(W/Sr)、辐射照度单位瓦特/米^2(W/m^2)和辐射亮度单位瓦特/(米^2·立体角)[W/(m^2·Sr)]。

光源的强度最早是通过观察光源的亮度来获得的。随着科技的发展,人们认识到人眼所能感受到的亮度,不仅和光的实际能量相关,也与波长和颜色相关。从明亮的阳光到仅包含几个光子的闪烁,人眼可以感受到的光强跨越了 11 个数量级。

人眼视网膜包含两种类型的受体,称为视锥细胞和视杆细胞,它们可以产生神经冲动,并传递给后续的人类视觉系统进行处理。视锥细胞分布在整个视网膜上,在我们的视觉中心(称为中心凹的区域)更密集,有助于人眼在视野中心实现高视觉敏锐度。视锥细胞负责我们的色彩感觉,视杆细胞分布在除了中心凹的整个视网膜上,负责夜间弱光下的黑白视觉。

相较于红蓝光,眼睛对黄绿光更为敏感。为了考虑这样的差异,对应于辐射度量学中的物理量,可以引入一系列新的量来描述可见光,根据人眼响应进行加权,将相应的数值乘以光谱响应函数 $V(\lambda)$,该函数也称为明视觉下的光谱照度系数。该函数定义在 360~830 nm 的波长范围内,并将峰值处(555 nm)的值定为 1,进行归一化(图 1.2)。$V(\lambda)$反映了人眼对各种波长光的适当反应。这个函数最早由国际照明委员会(Commission Internationale de l'Éclairage,CIE)于 1924 年设定[8],是不同年龄人群的平均反应。应该注意的是,$V(\lambda)$

函数的定义基于感知相加性的假设，以及在较高照度（$>1\ \mathrm{cd/m^2}$）下$2°$视场角的测试条件，此时，视锥细胞起到主导作用。在非常弱的照度条件下（$<10^{-3}\ \mathrm{cd/m^2}$），视杆细胞将起到主导作用，从而导致人眼的光谱响应产生较大偏差。对应于明视觉，这样的情况称为暗视觉。

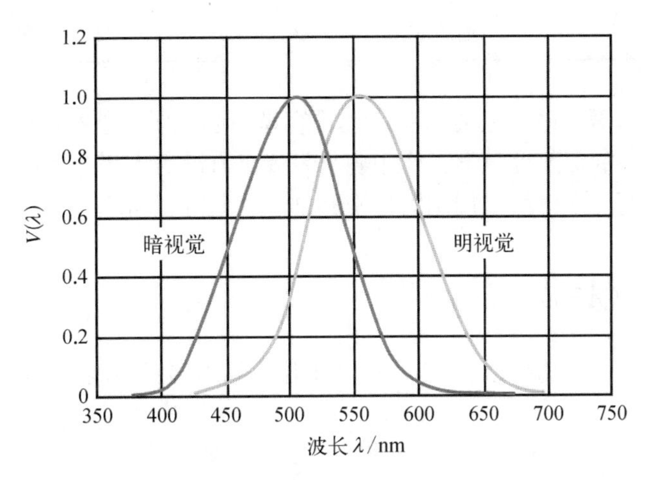

图1.2 国际照明委员会定义的$V(\lambda)$函数

光度学（photometric）是对人眼可感知的光辐射进行测量的一门学科。因为光度学仅涉及可见光波段，所有的量都是针对人眼的光谱响应进行折算的。典型的光度学单位包括光通量单位流明（lm）、光强度单位坎德拉（cd）、照度单位勒克斯（lx）和亮度单位坎德拉/米^2（$\mathrm{cd/m^2}$）。

光度学与辐射度量学中类似的物理量会具有不同的名称和单位。例如，功率在辐射度量学中称为功率或辐射通量，单位是瓦特（W），而在光度学中称为光通量，单位是流明（lm）。国际单位制（SI）中规定了7个基本单位：米、千克、秒、安培、开尔文、摩尔和坎德拉。坎德拉是光度学中的发光强度或亮度，对应于辐射度量学中的辐射强度。流明是根据坎德拉定义的。表1.2列出了辐射度量学与光度学中对应的物理量、单位及换算关系。

表1.2 辐射度量学与光度学中对应的量、单位及换算关系

光度学	单　位	辐射度量学	符号	单　位	单位换算
光通量	lm	辐射通量	Φ	W	1 W = 683 lm
光强	cd = lm/sr	辐射强度	I	W/sr	1 W/sr = 683 cd
照度	$\mathrm{lx = lm/m^2}$	辐射照度	E	$\mathrm{W/m^2}$	$1\ \mathrm{W/m^2} = 683\ \mathrm{lx}$
亮度	$\mathrm{cd/m^2 = lm/(sr \cdot m^2)}$	辐射亮度	L	$\mathrm{W/(sr \cdot m^2)}$	$1\ \mathrm{W/(sr \cdot m^2)} = 683\ \mathrm{cd/m^2}$
发光度	$\mathrm{lm/m^2}$	辐射出射度	M	$\mathrm{W/m^2}$	

续 表

光度学	单 位	辐射度量学	符号	单 位	单 位 换 算
曝光量	lx·s	辐照量		$W \cdot s/m^2$	
光能	lm·s	辐照能	Q	J	1 J = 683 lm·s

辐射度量学的术语、符号、定义和单位经常容易引起混淆，这主要是由早期不同领域的研究人员在平行开展的辐射度量学工作中各自发展出自己的术语导致的。在阅读文献时需要特别注意这些问题。本章将采用国际标准和推荐术语进行描述。

1.2 辐照度学中量的定义

辐射通量也称为辐射功率，定义为光源在单位时间内辐射的能量 Q(单位为 J)：

$$\Phi = \frac{\mathrm{d}Q}{\mathrm{d}t} \tag{1.1}$$

辐射通量的单位为 W。

辐射强度是指一个点光源在给定方向单位立体角内发射的辐射通量，可表示为

$$I = \frac{\mathrm{d}\Phi}{\mathrm{d}\Omega} = \frac{\partial^2 \Phi}{\partial t \partial \Omega} \tag{1.2}$$

式中，$\mathrm{d}\Phi$ 为该光源发出的沿给定方向在一个立体角元 $\mathrm{d}\Omega$ 内传播的辐射通量(图 1.3)。辐射强度的单位为 W/sr。

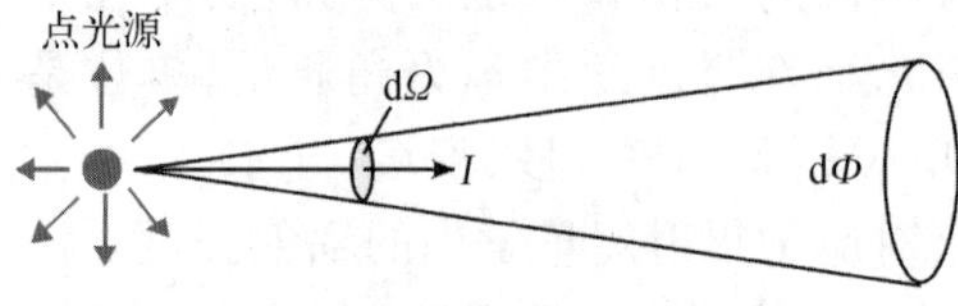

图 1.3 辐射强度

立体角用微分形式表示如式(1.3)所示，单位为球面度(sr)：

$$\mathrm{d}\Omega = \frac{\mathrm{d}A}{r^2} \tag{1.3}$$

如果采用图 1.4 中的球坐标系，并令 $\mathrm{d}A = r^2 \sin\theta \mathrm{d}\theta \mathrm{d}\varphi$，我们可以将半平面角为 θ_{max} 的一个平板所对应的立体角表示为

$$\Omega = \int \mathrm{d}\Omega = \int_0^{2\pi} \mathrm{d}\varphi \int_0^{\theta_{max}} \sin\theta \mathrm{d}\theta = 2\pi(1 - \cos\theta_{max}) \tag{1.4}$$

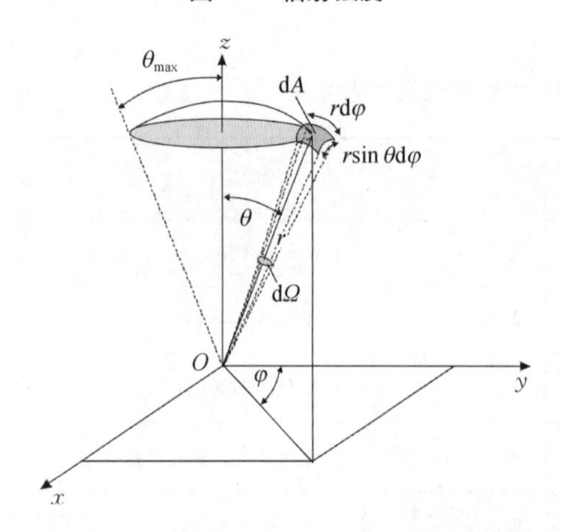

图 1.4 立体角与平面角的关系示意图

辐射照度是入射表面上某一点处的辐射通量，可以定义为通过单位面积的辐射量[图 1.5(a)]，如下：

$$E = \frac{\partial \Phi}{\partial A} = \frac{\partial^2 \Phi}{\partial t \partial A} \tag{1.5}$$

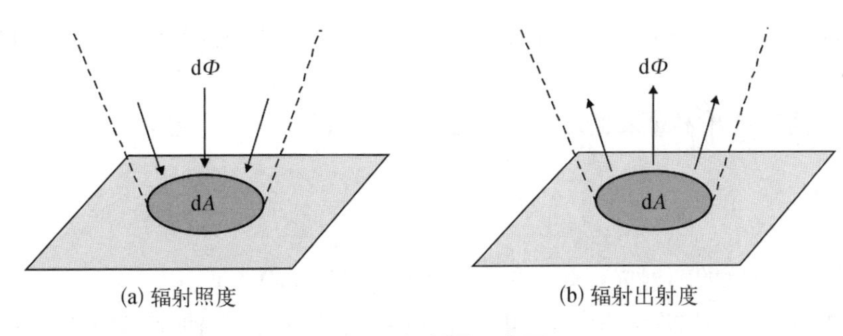

图1.5　辐射量示意图

式中，$\partial\Phi$ 为入射在包含该点的面元 ∂A 上的辐射通量，辐射照度的单位为 W/m^2。

对于严格意义上的点光源，通常可以认为其辐射能量随传输距离的平方衰减（图1.6）。考虑一个接收辐射的面积 A，在距一个具有均匀辐射强度 I 的点光源 r 处放置，使用式（1.2）可以得

$$\Phi = I\frac{A}{r^2} \tag{1.6}$$

及

$$E = \frac{\Phi}{A} = \frac{I}{r^2} \tag{1.7}$$

由于探测器对应的立体角会随着与光源之间的距离的增大而减小（$\Omega \propto 1/r^2$），因此其接收的光通量和辐照度也会相应地下降。对于扩展光源（非点光源），当探测器和光源之间的距离足够大时，式（1.7）才成立。

图1.7为辐射亮度。

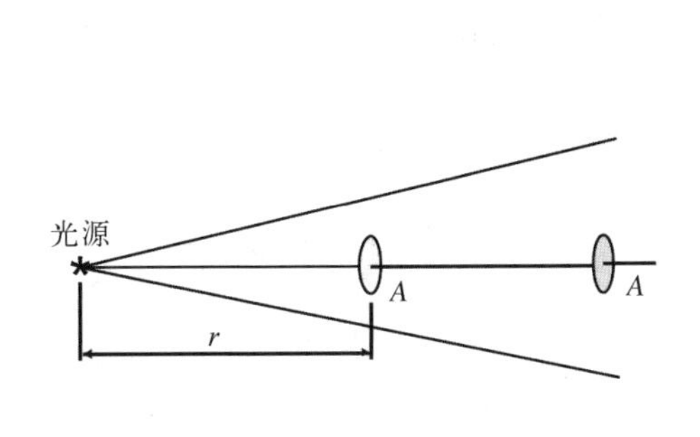

图1.6　辐射照度随离开光源的距离 r^2 的增加而衰减

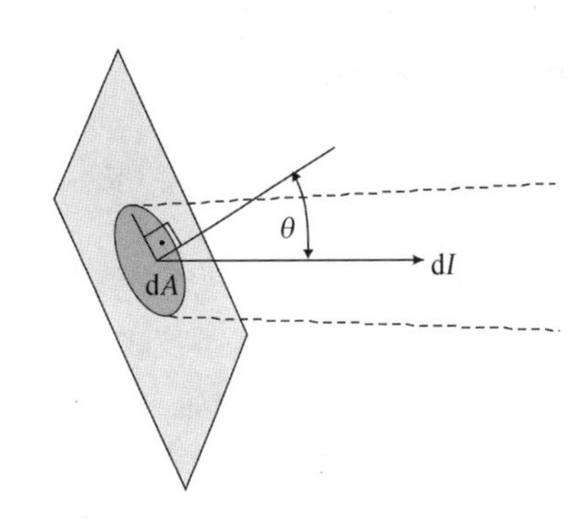

图1.7　辐射亮度

辐射亮度是给定方向条件下面元在单位立体角内发射的辐射光通量，面元的单位投影面积垂直于该方向（图1.7），定义为

$$L = \frac{\partial^2\Phi}{\partial\Omega\partial A\cos\theta} \tag{1.8}$$

式中，$\partial\Phi$ 为面元发射的在给定方向立体角 $\partial\Omega$ 内的辐射光通量；∂A 为面元面积；θ 为面元法

线与光束方向的夹角；$\partial A\cos\theta$ 为面元在垂直于测量方向上的投影面积，辐射亮度的单位是 W/(sr·m^2)。

辐射出射度是离开表面某点处的辐射通量密度[图 1.5(b)]，定义为

$$M=\frac{\partial\Phi}{\partial A}=\frac{\partial^2 Q}{\partial t\partial A} \tag{1.9}$$

式中，$\partial\Phi$ 为离开面元的辐射光通量，辐射出射度的单位为 W/m^2。

辐射照度和辐射出射度有相同的单位，但两者意义不同。辐射照度是投射到单位表面面积上的辐射功率量，而辐射出射度是从单位表面面积上发射出的功率量。因此，出射度反映了发光光源产生辐射的特性，而辐射照度与被动接收辐射能量的表面有关。

1.3 辐射亮度

辐射亮度可用于表示扩展光源的特性(图 1.8)。式(1.8)指出，探测器接收到的功率是辐射光通量相对于光源的投影面积增量和探测器立体角增量的微分，从式(1.8)可以得

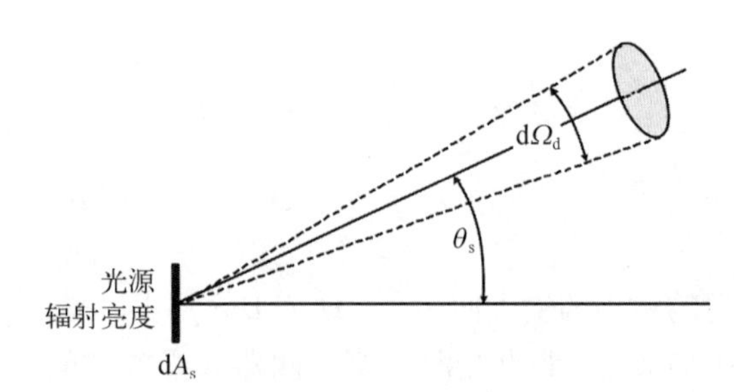

图 1.8 扩展光源的出射示意图

$$\partial^2\Phi=L\partial A_s\cos\theta_s\partial\Omega_d \tag{1.10}$$

对光源进行一次积分，可以得到光源强度为

$$I=\frac{\partial\Phi}{\partial\Omega_d}=\int_{A_s}L\cos\theta_s\mathrm{d}A_s \tag{1.11}$$

同样地，对探测器立体角进行一次积分，可以得到辐射出射度：

$$M=\frac{\partial\Phi}{\partial A_s}=\int_{\Omega_d}L\cos\theta_s\mathrm{d}\Omega_d \tag{1.12}$$

辐射度量学中定义了一种理想辐射体，称为朗伯(Lambertian)辐射体，其辐射亮度是恒定不变的，与观察角度无关。这类反射装置也是一种理想的漫射辐射器(发射/反射)，如图 1.9 所示。实际上，没有真正的朗伯表面，大部分粗糙表面都近似于理想的漫反射装置，但在斜观察方向，会呈现半透半反的反射特性，一个理想热源/黑体是完美的朗伯光源，某些专用漫反射器非常接近满足该条件。一些实际光源在观察角 θ_s 小于 20° 的范围内，几乎是朗伯光源。

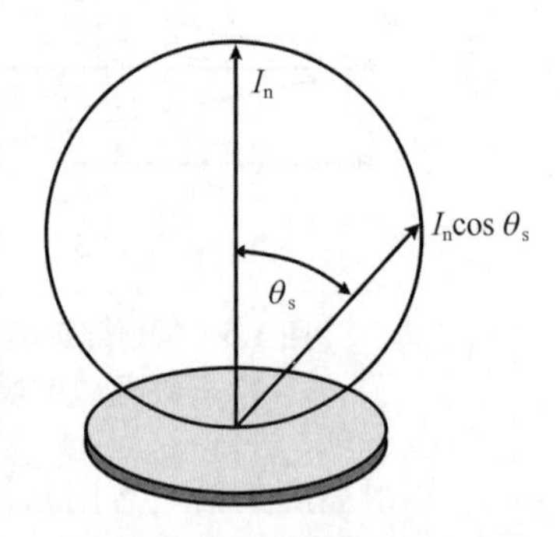

图 1.9 对于朗伯光源，辐射强度是 θ_s 的函数

即使是朗伯光源，其辐射亮度也与 θ_s 有关。假设 L 与光源位置无关，由式(1.11)可以得到

$$I=\frac{\partial\Phi}{\partial\Omega_s}=\int_{A_s}L\cos\theta_s\mathrm{d}A_s=LA_s\cos\theta_s=I_n\cos\theta_s \tag{1.13}$$

这就是朗伯余弦定律。式(1.13)中 I_n 为垂直光源表面出射的光强度。对非朗伯表面,辐射亮度 L 就是角度本身的函数, I 随 θ_s 要比 I 随 $\cos\theta_s$ 衰减得更快。

为了推导平面朗伯光源辐射出射度和辐射亮度之间的关系,参考式(1.12),并积分得

$$M = \frac{\partial \Phi}{\partial A_s} = \int_{\Omega_d} L\cos\theta_s \mathrm{d}\Omega_d = \int_0^{2\pi}\mathrm{d}\varphi\int_0^{\frac{\pi}{2}} L\cos\theta_s \sin\theta \mathrm{d}\theta = 2\pi L\frac{1}{2} = \pi L \tag{1.14}$$

式中,由于讨论基于朗伯光源,L 不随角度变化,可以提到角度积分之外。对于非朗伯光源,辐射出射度积分会得到一个不同于 π 的比例系数。

假设 $\theta_s = 0$ 进一步简化,讨论如图 1.10 的结构,将探测器的立体角乘以光源的面积和光源的辐射亮度,可以得到探测器所接收的辐射功率[9,10]:

$$\Phi_d = LA_s\Omega_d = \frac{LA_sA_d}{r^2} = L\Omega_sA_d \tag{1.15}$$

从式(1.15)可以得到,探测器所接收到的光通量等于光源的辐射亮度乘以面积和立体角的乘积($A\Omega$)。要注意的是,式(1.15)的成立需要满足两个条件:一是假设光源和探测器的面积远小于两者距离的平方,即 A/r^2 为一个足够小的立体角;二是系统中不存在吸收损耗。

对于如图 1.11 所示的探测器相对于光源倾斜放置的情况,光源法线与两者中心连线重合 ($\theta_s = 0$), 而中心连线与探测器表面法线间存在夹角 θ_d, 因此有

$$\Phi_d = LA_s\Omega_d \tag{1.16}$$

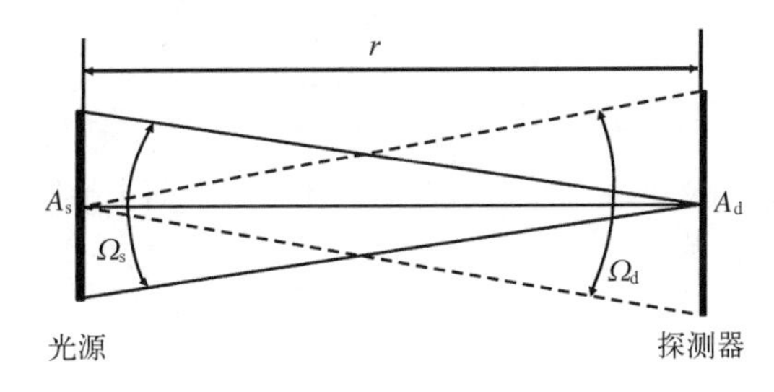

图 1.10　从光源到探测器,辐射功率的传输

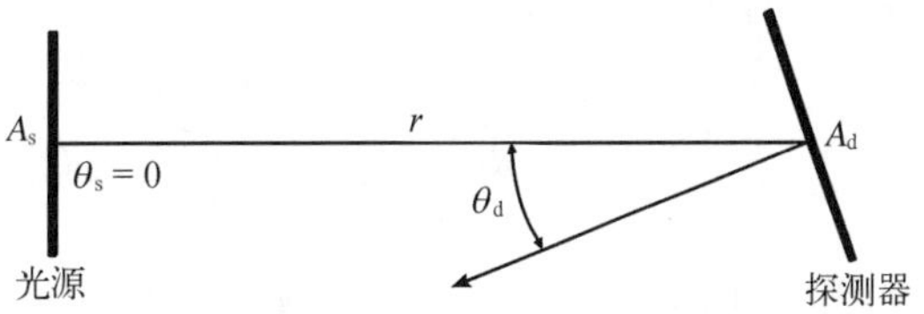

图 1.11　从光源到相对倾斜的探测器,辐射能量的传输

对于斜置探测器,假设:

$$\Omega_d = \frac{A_d\cos\theta_d}{r^2} \tag{1.17}$$

可以得

$$\Phi_d = LA_s\frac{A_d\cos\theta_d}{r^2} \tag{1.18}$$

接收的光通量和辐射照度 Φ/A_d 都有所下降(乘以因数 $\cos\theta_d$)。

进一步,计算一个平面朗伯光源在 θ_s 和 θ_d 非零时,探测器所接收到的光通量(图 1.12),光源发射和探测器接收都会含有余弦衰减因数:

$$\Phi_{\mathrm{d}} = LA_{\mathrm{s}}\cos\theta_{\mathrm{s}} \frac{A_{\mathrm{d}}\cos\theta_{\mathrm{d}}}{(r/\cos\theta_{\mathrm{s}})^2} \tag{1.19}$$

假设光源与探测器表面平行,并且 $\theta_{\mathrm{s}} = \theta_{\mathrm{d}} = \theta$, 则辐射强度正比于 $\cos^4\theta$, 式(1.19)称为余弦四次方定律。

最后,假设成像系统中光通量的传输局限于如图 1.13 所示的近轴光系统(角度足够小),该光学系统只能接收到一定量的光通量 Φ, 可通过将透镜孔径 A_{lens} 作为接收辐照的部分进行计算。

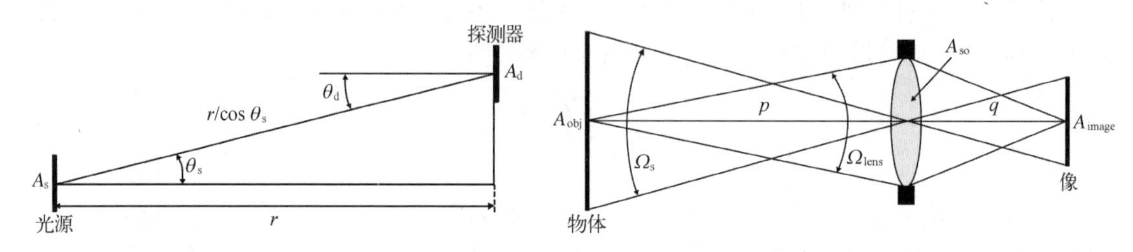

图 1.12　余弦四次方定律

图 1.13　光学系统所收集到的辐射能量[10]

在更复杂的系统中,入射光瞳就是接收透镜, $A_{\mathrm{lens}}\Omega_{\mathrm{obj}}$ 就是光学系统面积-立体角的乘积。在满足这些条件的情况下,系统接收到的辐射通量为

$$\Phi = LA_{\mathrm{obj}}\Omega_{\mathrm{lens}} = LA_{\mathrm{lens}}\Omega_{\mathrm{obj}} \tag{1.20}$$

入射辐射将穿过透镜,并以适当的放大率使原始物体成像。

由式(1.20)得到的光通量除以图像面积可以简单地得到像的辐射照度,该公式可以转换成以下的形式:

$$\Phi = LA_{\mathrm{lens}}\Omega_{\mathrm{lens}} = LA_{\mathrm{lens}}\Omega_{\mathrm{obj}} = L\frac{A_{\mathrm{lens}}A_{\mathrm{obj}}}{p^2} = L\frac{A_{\mathrm{lens}}A_{\mathrm{image}}}{q^2} \tag{1.21}$$

式中,利用了物像关系 $A_{\mathrm{image}} = A_{\mathrm{obj}}\,(q/p)^2$。

根据式(1.21),像的辐射照度为

$$E_{\mathrm{image}} = \frac{\Phi}{A_{\mathrm{image}}} = L\frac{A_{\mathrm{lens}}}{q^2} \tag{1.22}$$

1.4　黑体辐射

所有的物体都是由原子构成的,这些原子在持续地振动着,原子的能量越高,振动的频率越高。带电粒子(包括这些原子)的振动会产生电磁波。一个物体的温度越高,原子振动越快,光谱辐射能量就越高。由此可知,所有物体都在持续地发射一定的辐射,其波长分布与物体的温度及它的光谱发射率 $\varepsilon(\lambda)$ 相关。

在光发射的研究中经常引入黑体的概念[4]。黑体是一个理想吸收体,可以吸收一切入射辐射,并且由于基尔霍夫定律,在稳态时,它必然也是一个理想发射体。黑体所发射出的能量是在某一给定温度下的理论最大值。这一类器件可以作为辐射度量学中校准和测试的标准设备。更重要的是,大部分源的热辐射发射能量可以用一个滤镜发射的黑体辐射来进行描述,这样就可以将黑体辐射定律作为大部分辐射度量学计算的基础。

黑体辐射定律或称普朗克定律是物理学发展的里程碑之一。普朗克定律描述了一个理想黑体的光谱辐射亮度(光谱辐射出射度)是温度和发射波长的函数,形式如下:

$$L(\lambda, T) = \frac{2hc^2}{\lambda^5}\left[\exp\left(\frac{hc}{\lambda kT}\right) - 1\right]^{-1} \mathrm{W/(cm^2 \cdot sr \cdot \mu m)} \tag{1.23}$$

$$M(\lambda, T) = \frac{2\pi hc^2}{\lambda^5}\left[\exp\left(\frac{hc}{\lambda kT}\right) - 1\right]^{-1} \mathrm{W/(cm^2 \cdot \mu m)} \tag{1.24}$$

式中,λ 为波长;T 为温度;h 为普朗克常量;c 为光速;k 是玻尔兹曼常量。光谱辐射出射函数 $M(\lambda, T)$ 与光谱辐射亮度函数 $L(\lambda, T)$ 之间的关系为 $M = \pi L$。

表 1.2 中所列出的物理量采用了焦耳作为基本单位。同样地,也可以用光子数作为这些物理量的基本单位。这两套单位之间的换算关系就是由每个光子所携带的能量所决定的:$\varepsilon = hc/\lambda$。例如:

$$\phi(\text{焦耳 / 秒}) = \phi(\text{光子 / 秒}) \times \varepsilon(\text{焦耳 / 光子}) \tag{1.25}$$

类似地,式(1.23)和式(1.24)可以写成以下形式:

$$L(\lambda, T) = \frac{2c}{\lambda^4}\left[\exp\left(\frac{hc}{\lambda kT}\right) - 1\right]^{-1} \text{光子}/(\mathrm{s \cdot cm^2 \cdot sr \cdot \mu m}) \tag{1.26}$$

$$M(\lambda, T) = \frac{2\pi c}{\lambda^4}\left[\exp\left(\frac{hc}{\lambda kT}\right) - 1\right]^{-1} \text{光子}/(\mathrm{s \cdot cm^2 \cdot \mu m}) \tag{1.27}$$

图 1.14 绘制了不同黑体温度时的发射曲线,使用了两种表示方式(实线对应光子数单位,点划线对应功率单位)。当温度升高时,任一波段发出的能量都随之增加,同时峰值波长随之减小。后者又称为维恩位移定律[11]:

$$\lambda_{\mathrm{mw}} T = 2\,898\ \mu\mathrm{m \cdot K}(\text{最大功率}) \tag{1.28}$$

$$\lambda_{\mathrm{mp}} T = 3\,676\ \mu\mathrm{m \cdot K}(\text{最大光子数}) \tag{1.29}$$

该定律也可以通过对普朗克方程做微分,取零点进行求解,得到峰值波长:

$$\frac{\mathrm{d}M(\lambda, T)}{\mathrm{d}\lambda} = 0 \tag{1.30}$$

波长峰值的轨迹也用虚线表示在图 1.14 中。对于室温(295 K)下的物体,功率峰值波长为 10.0 μm,光子数峰值波长为 12.7 μm。如果我们希望在没有反射光的情况下观察室温环境中的物体,包括人、树木、车辆等,那么就需要工作在 10 μm 附近的探测器。对于更热的物体,如发动机,发射波长峰值将更短。在热成像应用中,电磁频谱中的 2~15 μm 热红外波段包含了光辐射峰值区域。同时,值得一提的是太阳光的功率峰值波长 λ_{mw} 在 0.5 μm 附近,非常接近于人眼灵敏度的峰值波段。

当温度为 T 时,一个黑体所发出的全部辐射能量是对全谱段发射能量的积分:

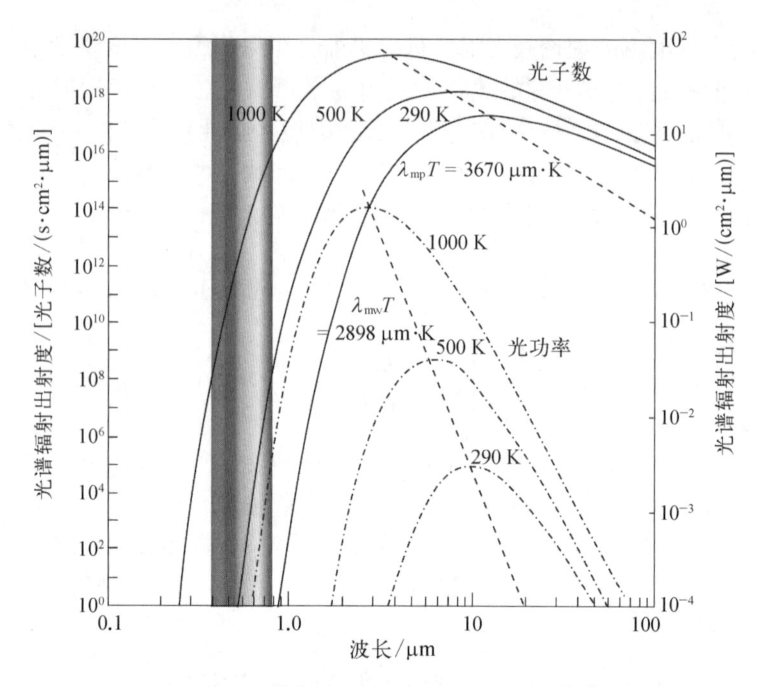

图 1.14　光谱发射出射度的普朗克定律[11]

$$M(T)=\int_0^{\infty}M(\lambda,\,T)\,\mathrm{d}\lambda=\int_0^{\infty}\frac{2\pi hc^2}{\lambda^5\left[\exp\left(\dfrac{hc}{\lambda kT}\right)-1\right]}\mathrm{d}\lambda=\frac{2\pi^5k^4}{15c^2h^3}T^4=\sigma T^4 \qquad (1.31)$$

式中，$\sigma=2\pi^5k^4/15c^2h^3$ 称为斯特藩-玻尔兹曼常量，近似值为 5.67×10^{-12} W/(cm^2·K^4)。

式(1.31)称为斯特藩-玻尔兹曼定律，确定了黑体总发射能量与温度之间的关系。如图 1.15 所示，光谱发射曲线下面的面积就相当于该温度下的黑体总发射能量。

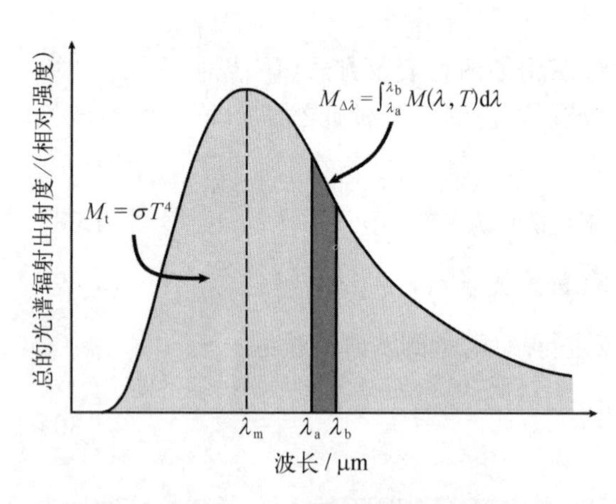

图 1.15　当温度为 T 时，光谱发射与波长的关系曲线

对普朗克定律在 $[\lambda_a,\ \lambda_b]$ 区间内积分得到黑体在 λ_a 和 λ_b 之间的辐射出射度：

$$M_{\Delta\lambda}(T)=\int_{\lambda_a}^{\lambda_b}M(\lambda,\,T)\,\mathrm{d}\lambda=\int_{\lambda_a}^{\lambda_b}\frac{2\pi hc^2}{\lambda^5\left[\exp\left(\dfrac{hc}{\lambda kT}\right)-1\right]}\mathrm{d}\lambda \qquad (1.32)$$

人体在 300 K 时的出射度约为 500 W/m^2，皮肤表面积约为 2 m^2，那么总的辐射能量达到 10^3 W。但同时由皮肤所吸收的辐射能量可以进行部分的补偿。

在 300 K 时，8～14 μm 波段的出射能量为 1.22×10^2 W/m^2，相当于 410 K 时 3～5 μm 波段的出射能量。如果将这两个波段出射能量比值 $M_{[8\sim14]}/M_{[3\sim5]}$ 随温度的变化绘制成一条曲线，如图 1.16 所示，可以看到 8～14 μm 波段的出射能量在 600 K 以下都大于 3～5 μm 波段。

该结果显示了对低温目标应用 8~14 μm 波段进行探测的优势。

对式(1.24)的温度 T 进行求导可以得到光谱辐射出射度随温度的变化:

$$\frac{\partial M(\lambda, T)}{\partial T}=\frac{(hc/k)\exp[hc/(\lambda kT)]}{\lambda T^2\{\exp[hc/(\lambda kT)]-1\}}M(\lambda, T) \tag{1.33}$$

对于热成像,目标温度一般在 300 K 附近,$\lambda_{max}\approx 10$ μm,或者在 700 K 附近 $\lambda_{max}\approx 4$ μm。在这两种情况下,$\lambda = hc/(kT)$,从而

$$\frac{\partial M(\lambda, T)}{\partial T}=\frac{hc}{\lambda kT^2}M(\lambda, T) \tag{1.34}$$

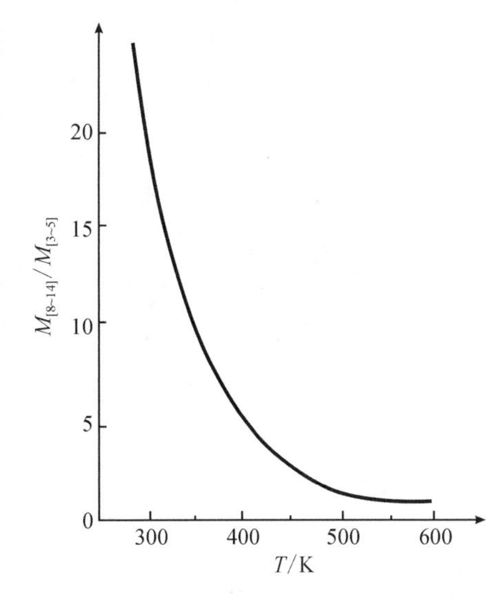

图 1.16 出射能量比值 $M_{[8\sim14]}/M_{[3\sim5]}$ 随温度的变化[12]

对于工作在某一波段 $\Delta\lambda$ 区间的系统,重要的是确定出射度随温度变化最剧烈的波长。这对于红外探测器系统的灵敏度(温度分辨率)是非常基本的一个问题。对式(1.34)求导,当导数等于 0 时,可以得到极值点:

$$\frac{\partial}{\partial\lambda}\left[\frac{\partial M(\lambda, T)}{\partial T}\right]=0 \tag{1.35}$$

可以得到出射能量温度对比度最大所对应的波长[10],类似于维恩位移定律,

$$\lambda_{\text{max contrast}}=\frac{2\,410}{T}\,\mu\text{m} \tag{1.36}$$

例如,对于 300 K 的物体,最大出射对比度对应的波长为 8 μm,而不是在出射能量最高的波长(10 μm)。

1.5 发射率

此前提及,黑体辐射曲线给出了任意温度下,热源总的光谱发射能量的上限。更多的热源并不能作为理想黑体来考虑,这些物体称为灰体。灰体定义为在相同温度下,光谱发射与黑体具有一致的分布曲线形态,但强度上相应减少的辐射源。

相同温度下,实际源的发射能量与黑体发射能量的比值定义为发射率。通常,发射率取决于波长 λ 和温度 T:

$$\varepsilon(\lambda, T)=\frac{M(\lambda, T)_{源}}{M(\lambda, T)_{黑体}} \tag{1.37}$$

发射率是一个无量纲量 $\leqslant 1$。

对于理想黑体,在全波段 $\varepsilon = 1$。同样,灰体的发射率与波长无关(图 1.17)。发射率随波长变化的称为选择性发射源。

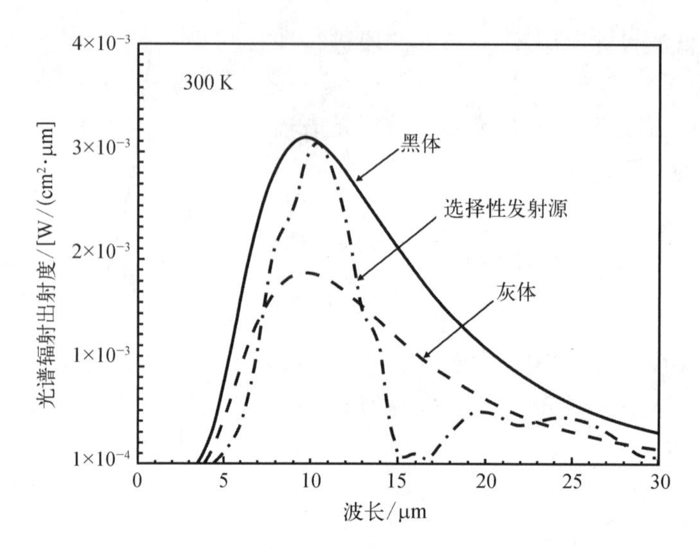

图 1.17 三种不同发射体的光谱辐射出射度

灰体总的辐射发射强度在所有波段都是一致的:

$$M^{灰体}(T) = \varepsilon\sigma T^4 \tag{1.38}$$

当辐射能量入射到一个表面时,吸收的比例为 α, 反射的比例为 r,透射的比例为 t。由于能量守恒,可以写出如下关系式:

$$\alpha + r + t = 1 \tag{1.39}$$

基尔霍夫观察到,一定温度时,在热力学平衡的条件下,各种不同物体对相同波长的单色辐射出射度与单色吸收比的比值都相等,并等于该温度下黑体对同一波长的单色辐射出射度。这一现象称为基尔霍夫定律(热辐射定律),可以写成:

$$\frac{M(\lambda, T)_{源}}{\alpha} = M(\lambda, T)_{黑体} \tag{1.40}$$

该定律也经常被表述为"良好吸收体也是良好发射体"。联立式(1.31)和式(1.37)可以得

$$\frac{\varepsilon\sigma T^4}{\alpha} = \sigma T^4 \tag{1.41}$$

从而得

$$\varepsilon = \alpha \tag{1.42}$$

也就是,在热平衡条件下,物体对热辐射的吸收比等于同温度下的发射率。由于不透明物体不会透射能量,$\alpha + r = 1$, 于是

$$\varepsilon = 1 - r \tag{1.43}$$

表 1.3 列出了一些常见材料的发射率,发射率通常是一个数值,除非是一些特性良好的材料,才会写成波长和温度的函数[13]。发射率与波长的相关性由于许多材料(如玻璃)在某些波长下的吸收率可以忽略不计,因此发射率很低,而在其他波长下几乎完全吸收。对于许

多材料，发射率会随着波长的增加而降低。对于非金属，室温下通常 $\varepsilon > 0.8$，并随着温度升高而降低。对于金属，在室温下发射率非常低，并且通常与温度成正比。

表 1.3 一些材料的发射率[13]

材料	温度/K	发射率
钨	500 1 000 2 000 3 000 3 500	0.05 0.11 0.26 0.33 0.35
抛光银	650	0.03
抛光铝	300 1 000	0.03 0.07
抛光铜		0.02~0.15
抛光铁		0.2
抛光黄铜	4~600	0.03
氧化铁		0.8
黑色氧化铜	500	0.78
氧化铝	80~500	0.75
水	320	0.94
冰	273	0.96~0.985
纸		0.92
玻璃	293	0.94
油烟	273~373	0.95
科研级腔式黑体		0.98~0.99

1.6 红外光学

在红外系统中，光学模块的作用是在探测器所处的平面上建立观察对象对应的图像。在扫描成像的情况下，光学扫描系统创建的图像像素远大于探测器的面元数量。此外，窗片、透镜、滤镜等光学元件用来保护系统隔离环境影响，或者改变系统的光谱响应。

可见光和红外波段的光学物镜设计规则没有本质上的差别。红外光学设计受到更多限制，因为适用于红外的材料与可见光范围内的相比，数量要少得多，特别是波长超过 2.5 μm 时。

红外光学元件可以分为两种：反射元件和折射元件。正如它们的名称，反射元件的作用是反射入射辐射，折射元件的作用是折射与透射。

红外系统（特别是扫描成像系统）内部广泛地采用反射镜作为反射元件，实现多种功能。其他地方的应用中，镜面需要保护涂层以防止镜面玷污变得灰暗。球面或非球面镜常被用作成像元件。平面镜广泛地用于折反光学系统，反射棱镜则常用于扫描成像系统。

制作镜片常用的材料有四种：光学冕牌玻璃（optical crown glass）、低膨胀硼硅酸盐玻璃（low-expansion borosilicate glass，LEBG）、合成熔融石英（synthetic fused silica）及微晶玻璃（zerodur）。较少用的是金属衬底（铍、铜）和碳化硅。光学冕牌玻璃常用于非成像系统，其具有相对较高的热膨胀系数，在热稳定性不是关键因素时可以使用。LEBG 的代表产品是康宁公司的 Pyrex 品牌系列，非常适合用于高质量的前端面镜片设计，可以在热冲击下降低光学形变。合成熔融石英和微晶玻璃也具有非常低的热膨胀系数。

金属涂层通常作为红外镜片的反射涂层。常用的金属涂层有四种：裸露的铝、有保护层的铝、银和金。它们在 3~15 μm 波段都可以提供超过 95%的高反射率。裸露的铝具有非常高的反射率，但会随时间而氧化。有保护层的铝采用介电涂层来阻止氧化过程。银在近红外比铝的反射率更高，并且在宽光谱范围内都具有高反射率。金是广泛采用的材料，在 8~50 μm 内始终提供很高的反射率（约为 99%），但柔软的金不能擦拭除尘，一般常用于实验室中。

用于制造可见光和近红外范围的光学元件的大多数玻璃可透射波长小于 2.2 μm 的光，可用于 SWIR 系统。热像仪几乎只使用两个波段：3~5 μm 或 8~14 μm。因此，对于红外光学器件，通常考虑的材料是 2~14 μm 红外谱段范围内可透射的材料。

可用于制造红外折射光学器件的潜在材料很多：传输红外辐射的无定形材料（AMTIR－1）、氟化钡（BaF_2）、碲化镉（CdTe）、氟化钙（CaF_2）、溴化铯（CsBr）、碘化铯（CsI）、红外级熔融石英、砷化镓（GaAs）、锗（Ge）、氟化锂（LiF）、氟化镁（MgF_2）、溴化钾（KBr）、氯化钾（KCl）、硅（Si）、氯化钠（NaCl）、溴化碘（KRS－5）、硒化锌（ZnSe）和硫化锌（ZnS）。但是，这里仅讨论用于制造热成像仪折射光学物镜的最流行材料。一些红外材料的主要特性如表 1.4 所示，红外材料的透射率如图 1.18 所示。

表 1.4　一些红外材料的主要特性[14]

材　料	波段/μm	$n_{4\,\mu m}$，$n_{10\,\mu m}$	dn/dT/(10^{-6} K^{-1})	密度/(g/cm^3)	其 他 特 性
锗	2~12	4.024 5，4.003 1	424（4 μm） 404（10 μm）	5.32	脆，半导体，可以金刚石车削，可见光不透明，坚硬
硫属化物玻璃	3~12	2.510 0，2.494 4	55（10 μm）	4.63	无定形红外玻璃，适用近终型加工工艺
硅	1.2~7.0	3.428 9（4 μm）	159（5 μm）	2.329	脆，半导体，金刚石切削加工困难，可见光不透明，坚硬
砷化镓	3~12	3.304，3.274	150	5.32	脆，半导体，可见光不透明，坚硬

续 表

材 料	波段/μm	$n_{4\,\mu m}$, $n_{10\,\mu m}$	dn/dT/(10^{-6} K^{-1})	密度/(g/cm^3)	其他特性
硫化锌	3~13	2.251,2.200	43(4 μm) 41(10 μm)	4.08	黄色,中等硬度和强度,可以金刚石车削,散射短波长光
硒化锌	0.55~20	2.432 4 2.405 3	63(4 μm) 60(10 μm)	5.27	橙黄色,相对柔软和脆弱,可以金刚石车削,内部吸收和散射都很低
氟化钙	3~5	1.410	−8.1(3.39 μm)	3.18	可见光透明,可以金刚石车削,轻度吸湿性
蓝宝石	3~5	1.677(n_o) 1.667(n_e)	6(o) 12(e)	3.99	很坚硬,由于晶界显著而很难抛光
BF7 玻璃	0.35~2.3		3.4	2.51	典型光学玻璃

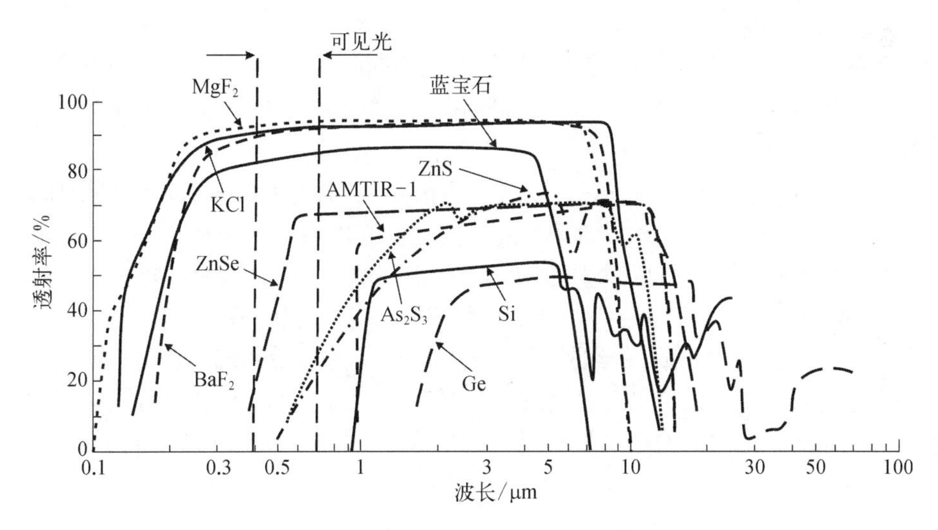

图 1.18 红外材料的透射率[14]

锗是一种银色金属外观的固体,具有很高的折射率(>4),可以使用最少的锗透镜设计高分辨率光学系统。其有用的透射范围为 2~15 μm。锗很脆,很难切割,但是可以做很好的抛光。锗是不吸湿、无毒的,具有良好的导热性、优异的表面硬度和良好的机械强度。另外,由于其非常高的折射率,抗反射涂层对于任何锗传输光学系统都是必不可少的。锗的色散低,除非在高分辨率系统中,否则不太需要进行色彩校正。锗的一个显著缺点是其折射率对温度的严重依赖性,因此使用时可能需要对锗透镜进行加热。尽管材料价格和抗反射涂层的成本高昂,锗还是光学设计人员工作中热成像仪高性能红外物镜的首选。

红外硫属化物类可提供 1~13 μm(从 SWIR~LWIR)的良好透射率。低 dn/dT 和低色散等物理特性使光学设计人员无须热散焦即可设计出色彩校正光学系统。这类玻璃可使用模具铸造,在具有复杂几何形状镜片的大批量生产中,兼具经济性和高效率。此外,如果要实现更高的性能,也可以使用常规的研磨和抛光技术(单点金刚石车削)来加工这些玻璃。由于这些特性，近几十年来，红外硫族化物玻璃通过实现低成本、良好光学性能的光学物镜的批量生产，在热成像仪光学器件的制造领域掀起了一场革命，如今，这些玻璃可以与锗进行竞争，成为最受欢迎的红外光学材料。最受欢迎的红外硫族化物玻璃品牌是 Amorphous Materials Inc.的 AMTIR、Umicore Inc.的 GASIR®和 Schott Inc.的 IRG 玻璃。然而，应该指出的是，与锗相比，硫属化物玻璃更难于制造高精度透镜。

硅的物理和化学特性与锗很相似。硅的折射率也很高（≈3.45），脆性，不易切割，能进行良好抛光，折射率随温度变化（dn/dT）较大。类似于锗，硅光学元件必须有减反射涂层。硅有两个透射波段：1~7 μm 及 25~300 μm。通常红外系统中使用的是 1~7 μm 波段。硅材料成本比锗、硒化锌、硫化锌都要便宜，因此在 3~5 μm 波段的器件中得到广泛应用。同时，由于材料密度较低，在需要考虑系统重量的中红外波段设备上，硅材料也是制作物镜的良好选择。

硒化锌的光学性质与锗材料相似，但透射范围更宽，覆盖 0.55~20 μm，折射率大约为 2.4。对于可见和淡红色光，硒化锌是半透明的。由于折射率较高，硒化锌在应用中也需要减反射涂层。该材料耐化学性良好，对于中波/长波红外物镜，是比较常用的透镜材料，同时也可用于宽波段红外窗片。

硫化锌在 3~13 μm 具有良好的透光性。硫化锌同时具有高断裂强度、高硬度及强耐化学性。由于其耐雨水侵蚀和高速沙尘磨损，硫化锌常用于高速机载应用中热像仪的窗片或外部透镜。

普通玻璃在红外波段的传输一般不长于 2.5 μm。熔融石英具有极低的热膨胀系数，对在剧烈变化的外部环境中工作的红外系统特别有用。它的透射波段在 0.3~3 μm，其折射率较低（≈1.45），因此反射损失较小，应用中无须减反射涂层。但是为了防止鬼影图像的产生，还是建议增加一个减反射涂层。熔融石英比 BK－7 玻璃贵一些，但仍然比锗、硫化锌、硒化锌等便宜很多。在短于 3 μm 的红外系统中，熔融石英是透镜系统的常用材料。

碱基卤化物具有优良的红外透过特性，但它们要么太软，要么较脆，多数易受水汽侵蚀，所以很难应用于工业用途。对于红外材料更具体的讨论，可以参考文献[13]、[15]。

参 考 文 献

第2章 红外系统基础

本章将着重介绍红外系统的共同特性，给出定义与分析，演示相关应用。本章的重点是方法论，而不是细节描述，旨在阐明和总结红外技术原理，并将红外系统开发中所需的众多学科整合起来。

红外信息分析中心（Infrared Information Analysis Center）和国际光学工程学会（International Society for Optical Engineering）于1993年联合出版的专门介绍红外系统的手册《红外和光电系统手册》（*The Infrared and Electro-Optical Systems Handbook*）可供进一步参考[1]。

2.1 红外探测器市场

传统意义上的红外技术是和控制功能及夜视问题联系起来的，早期的应用只是探知红外辐射，后来发展为利用温度和发射率差异形成红外图像（如识别和监视系统、坦克瞄准系统、反坦克导弹、空对空导弹等）。

大部分的研发资金来自军方，为了满足军事需求，但其他应用也在持续增长，特别是20世纪90年代以来（图2.1）。目前预测，商用市场在数量上占70%，在金额上占40%，相当大程度来自于非制冷红外探测器的批量生产[2]。红外探测器主要应用于医疗、工业、地球资源和节能应用等。医疗应用包括通过人体热成像来探测肿瘤和癌组织。地球资源应用是通过卫星采集到的红外图像与现场观测相结合进行校准来进行的（如确定作物面积和种类，或者森林覆盖率）。有些情况下，从太空中就可以确定作物长势是否良好。家庭节能及工业上，红外扫描可以确定热量流失最大的位置。正是由于获得了有效的应用效果，对于这些技术的需求在快速增长，如监控全球环境污染及气候的变化，预测农作物长期产量，监控化工过程，傅里叶变化红外光谱，红外天文学，汽车驾驶，医学诊断中的红外成像，以及其他各个领域。

非制冷红外相机最初是由美国国防企业专为军用市场研发的，现在已经广泛地应用在很多商业领域。微悬臂梁探测器大规模量产，现在的产量已经超过所有其他技术的红外探测器阵列总和。全球红外探测器市场2014年的产值为2.303亿美元，2021年已经达到4.226亿美元，2016~2021年的复合年增长率（compound annual growth rate，CAGR）达到8.7%（图2.2[3]）。该市场增长的主要驱动力是对智能手机和平板电脑的需求增加，对安全性的关注日益增加，以及建筑和工业领域自动化程度的提高。2014年，北美市场居主导地位，占整个市场收入的33%以上，其次是亚太地区。预计亚太地区的复合年增长率最高。

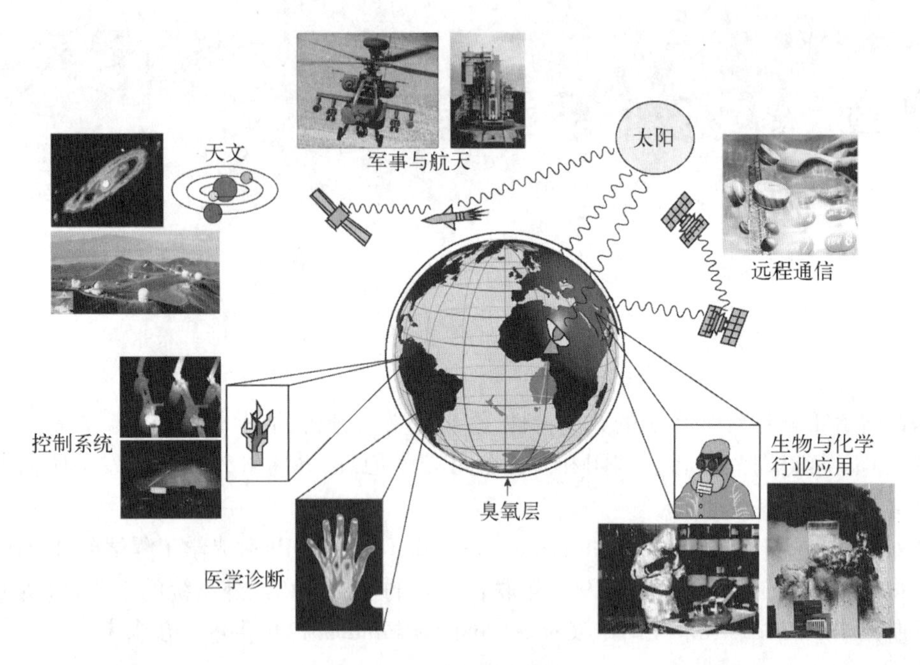

图 2.1　红外探测器的应用

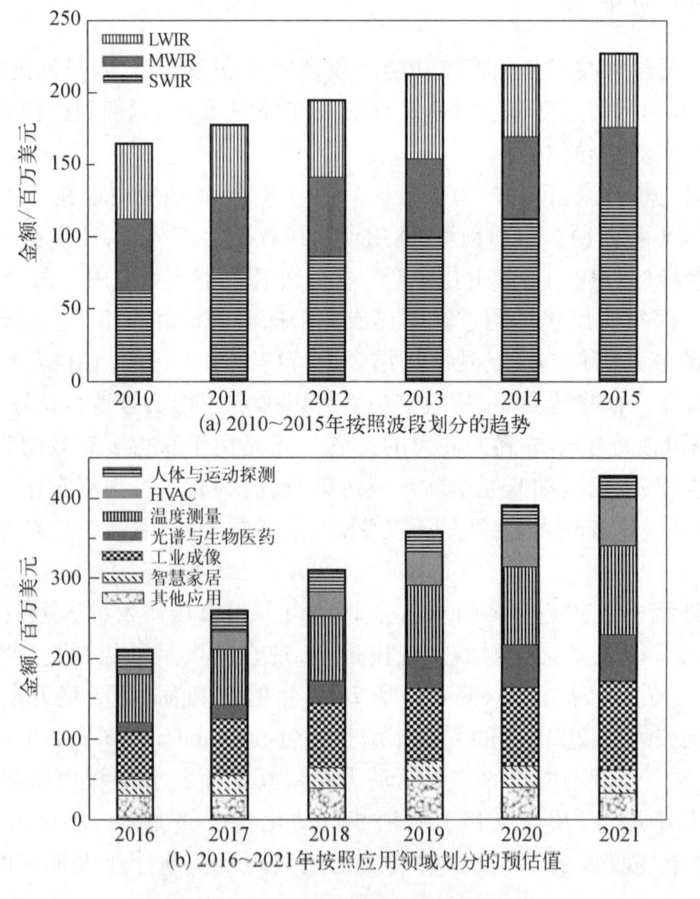

图 2.2　全球红外探测器市场

2.2　夜视系统的概念

夜视系统可以分成两类：第一类探测物体反射的辐射；第二类探测物体自身发出的辐射。后者将会在后面的章节中讨论。第一类夜视系统通过前透镜组收集各种环境光，包括星光、月光或者红外光。光电阴极管可以将进入的由光子组成的辐射转换为电子。

人类的视觉系统是针对日间光线条件优化的，可见的波段为 420～700 nm，最敏感的探测波段接近太阳辐射的峰值波段（550 nm）。但是，到了夜间，可见光的光子减少很多，只有体积较大、对比度较高的物体才能被看到。

近红外波段的监控需要有夜间自然存在的微光或是采用对人眼安全的激光主动照明。图 2.3 给出的是夜间自然微光辐射在 1～1.8 μm 波段的最大强度曲线。在 800～900 nm 波段的光子数是 500 nm 可见光波段的 5～7 倍[4]。此外，多种材料在 800～900 nm 波段的反射率高于 500 nm 波长（如含有叶绿素成分的绿色植物）。在夜间，近红外波段的光线比可见光更多，同时在某些背景下，对比度更高。满月时，近红外波段基本不受影响，因为光强主要来自可见光范围内；也只有在满月时，月光总的强度与微光相当。

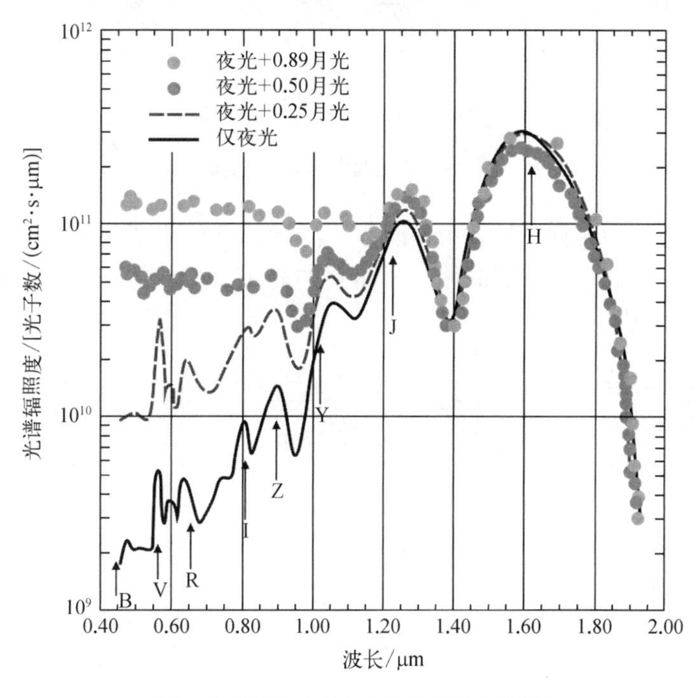

图 2.3　不同月相时夜空的发射光谱图

夜视能力提升可以通过使用夜视装备，通常由物镜、像增强器及目镜组成（图 2.4）。夜视装备的目镜可以比人眼收集更多光线，光电阴极管比人眼有更灵敏更宽谱段的响应，还可以通过信号放大等方式，共同提高视觉感知。

20 世纪 30 年代早期创建的图像增强概念与今天的基本相同。然而，早期的设备存在两个主要问题：光电阴极管性能差、光电耦合效果差。后来，光阴极与光电耦合技术的发展改

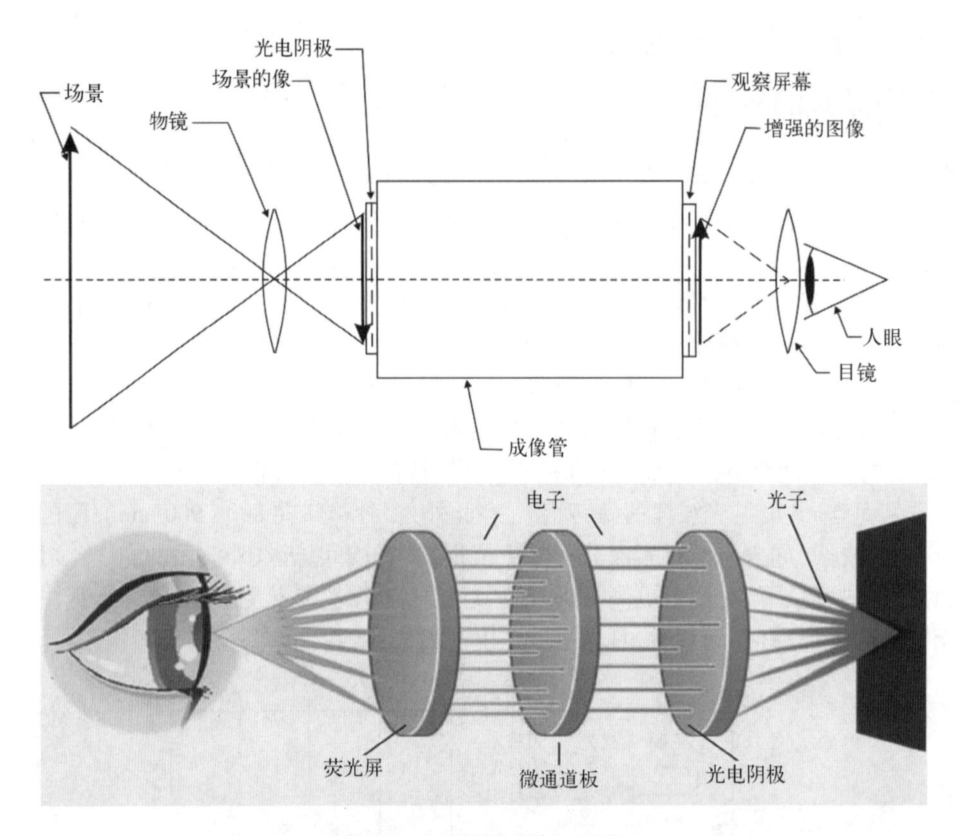

图 2.4 视觉增强器的示意图

变了像增强器,使其成为一种更加有用的设备[5,6]。图 2.5 给出了各种光阴极使用常见窗口材料时的典型光谱灵敏度曲线,同时附上了重要的光阴极材料的列表[7]。图 2.5 中的数字对应于表 2.1 中的序号。

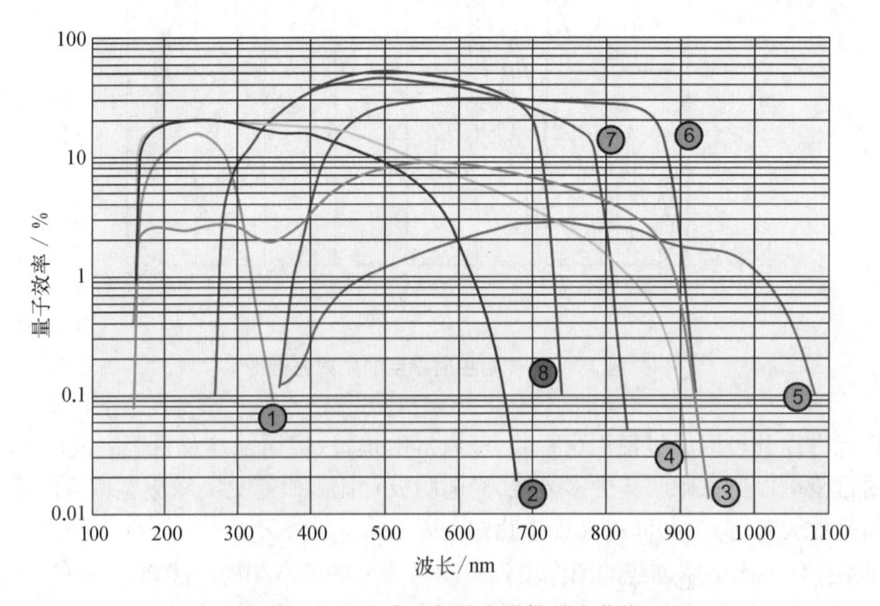

图 2.5 不同光电阴极的光谱敏感度曲线

表 2.1　不同光电阴极和输入窗口

序　号	光 电 阴 极	输 入 窗 口
1	CsTe	合成硅
2	双碱	合成硅
3	红色增强多碱	合成硅
4	多碱	合成硅
5	InGaAs	硼硅玻璃
6	GaAs	硼硅玻璃
7	红色增强 GaAsP	硼硅玻璃
8	GaAsP	硼硅玻璃

如图 2.4 所示,像增强系统由三个主要部分组成:光学物镜、多通道板(multichannel plate,MCP)及光学目镜。MCP 是一个二次电子倍增器,由数百万个非常薄的玻璃通道(内径≈10 μm;每个毛细管充当独立的电子倍增器)阵列组成,这些通道平行排列在一起组成圆盘状(图 2.6)。在 MCP 两端施加的电压会加速二次电子。沿着通道壁,这样的过程重复多次,从而输出大量电子。此外,通过使用磷涂层作为后电极,通过电致发光,将电子束流转换为光学图像。这样就实现了像增强器。

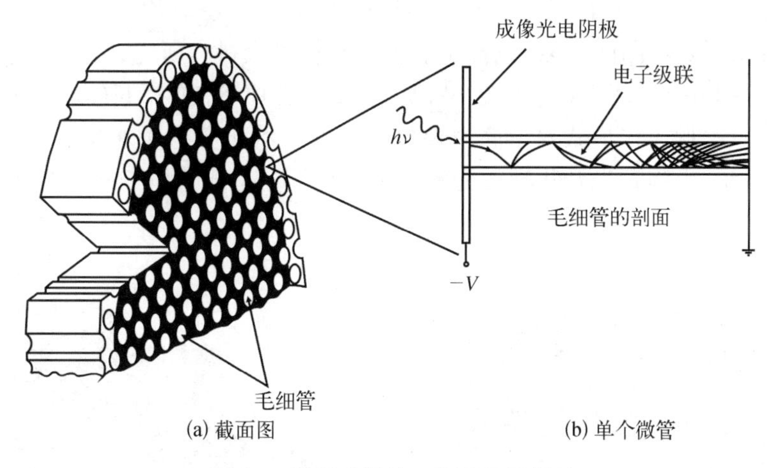

(a) 截面图　　(b) 单个微管

图 2.6　微通道板的工作原理示意图

像增强器按照发展阶段(generation,Gen,代)来编号分类。Gen 0 指的是第二次世界大战的技术,它采用了脆弱的真空包裹的光子探测器,灵敏度低而且增益很小。表 2.2 给出了像增强器的发展沿革。Gen 1 代表了 20 世纪 60 年代越南战争初期的技术。在当时,出现了第一个能够放大环境星光的无源系统。尽管灵敏度较高,但这些设备又大又重。Gen 1 使用三碱光电阴极实现了 1 000 倍增益。到 20 世纪 70 年代初,业内开发出 MCP 放大器,该放大器包括 200 万个空心玻璃微观导电通道,每个通道的直径约为 10 μm,并融合成盘状结构。每一个光子进入到采用多碱光电阴极的 MCP 后可以令其发射出多个电子,实现了 Gen 2 像增强器。Gen 2 设备可提供 20 000 倍信号放大,工作寿命达到 4 000 h。对于偏置电压及构建原理的改进产生出 Gen 2+版本。在 20 世纪 80 年代,增益与带宽上的根本性提升形成了 Gen 3 代像增强器。砷化镓光电阴极及 MCP 设计上的改变将器件信号增益提升至 30 000~50 000 倍,工作寿命延长到 10 000 h。

表 2.2 像增强器

Gen 1	Gen 2	Gen 3	Gen 4
越南战争 SbCs i $SbNa_2KCs$ 光电阴极(S10,S20) 静电反转 光子灵敏度达 200 mA/lm	20 世纪 70 年代 多碱光电阴极(S25) 多通道板 光子灵敏度达 700 mA/lm 工作时长达 4 000 h	20 世纪 80 年代早期 GaAs 光电阴极 带离子势垒的微通道板 光子灵敏度达 700 mA/lm 工作时长达 10 000 h	20 世纪 90 年代后期 多碱光电阴极 无胶片成像管 光子灵敏度达 1 800 mA/lm 工作时长达 10 000 h

像增强器主要应用于月光或星光下的夜间视觉与监控应用。目前,像增强器的应用已经从夜视拓展到不同的领域,包括工业中产品检测及科学研究,特别是与电荷耦合器件(charge-coupled device,CCD)结合起来,称为增强型 CCD,或者 ICCD(intensified CCD)[图 2.7(a)][7,8]。栅工作模式对于高速现象的观察与动作分析是非常有用的(物体的高速移动、荧光寿命、生物辉光及化学辉光等)。图 2.7(b)是配置了 Gen 3 夜视设备的头盔照片。

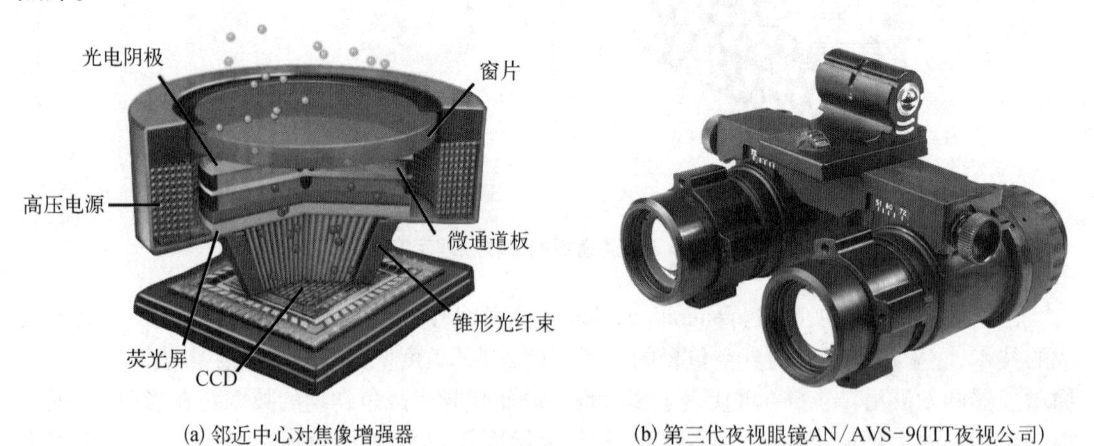

(a) 邻近中心对焦像增强器 (b) 第三代夜视眼镜AN/AVS-9(ITT夜视公司)

图 2.7 配置了 Gen 3 夜视设备的头盔照片

像增强器广泛地应用于军事应用中。夜视设备和可安装于头盔的显示装置的出现对于头盔带来了额外的约束,但这已经成为座舱显示系统的重要组成部分,可以向飞行员提供武器瞄准等信息,如飞行器姿态和状态等。图 2.8 所示的是 Tales 公司专为机载应用研发的 TopOwl®头盔。该头盔中安装的视觉与显示系统包含了一套夜视系统,能提供 100%视野的双目视觉投影。TopOwl®头盔能将夜间图像和相应的符号信息投射到两片圆形反光表面,实现全覆盖、40°立体角的双目视野。这些符号信息一般包括飞行状态和武器管理数据等,能帮助飞行员减轻工作负担。

图 2.8　Tales 公司 TopOwl®头盔

2.3　热成像

热成像是将场景热发射图案(人眼不可见)转换为可视图像的技术,具有以下一些有用的特性:

(1) 完全被动探测,白天和夜晚都可以工作;

(2) 适用于在一个场景中找出高低温区域,或者具有不同比辐射率的区域;

(3) 热发射信号比可见光更容易穿透烟雾;

(4) 实时、无接触的遥感技术。

热像是对于温度差异的图形化展示,通过在扫描格栅上显示图像,类似于电视图像那样得到场景的画面,也可以用计算机对温度范围进行彩色编码,得到彩色图像。热像仪最初是在 20 世纪 60 年代开发的,目的是扩展夜视系统的范围,最初它是图像增强器的替代产品,随着技术的成熟,其应用范围不断扩大,现在已经扩展到与夜视几乎没有关系的领域,如应力分析、医疗诊断等。目前大多数热成像仪中,光学聚焦的图像通过探测器(许多单元或二维面阵)进行电子扫描,其输出被转换为可视图像。其中,光学器件、扫描模式及信号处理设备紧密相关。场景中像素的数量取决于探测器的性质(性能)或探测器阵列的大小。随着技术发展,热成像设备的有效像素或分辨率都在稳步增加。

2.3.1　热成像系统的概念

由于文献中的术语混乱,我们可以找到至少十几个较早定义的不同术语用作热成像系统的同义词:thermal imager 热成像仪,thermal camera 热相机,thermal imaging camera 热成像相机,forward-looking infrared(FLIR)前视红外,IR imaging system 红外成像系统,thermograph 热像仪,thermovision 热视仪,thermal viewer 热观测器,IR viewer 红外观测器,IR imaging radiometer 红外成像辐射计,thermal data viewer 热数据观测器,以及 thermal video system 热视频系统等。前述术语之间的唯一真正区别是热像仪、红外成像辐射计和热视仪通常是指用于测量应用的热像仪,而其他术语是指用于观察应用的热像仪。例如,热像仪提供定量温度(它们内置了提供温度分析的专用软件),而辐射计则提供了现场的定量辐射数据(如辐射度或辐照度)或处理这些数据以生成有关温度的信息。

现代热成像仪系统的基本概念是形成红外场景的真实图像,检测成像辐射的变化,并通过适当的电子处理,创建类似于常规电视摄像机获取的可视图像。

红外摄像机的结构类似于数码摄像机。探测器只是传感器系统的一部分。代替摄像机和数码相机使用的是 CCD/互补金属氧化物半导体(complementary metal oxide semiconductor, CMOS)图像阵列,红外摄像机的探测器(图 2.9)使用的是红外焦平面阵列(focal plane array, FPA),由对红外波长敏感的各种材料制成的微米级像元组成。一旦选定了探测器,就可以选择光学(透镜)材料和滤光片,以在某种程度上改变红外摄像机系统的整体响应特性。图 2.10 显示了许多不同探测器的系统响应。大多数摄像机的光谱性能可以在其技术手册或规格书中找到。

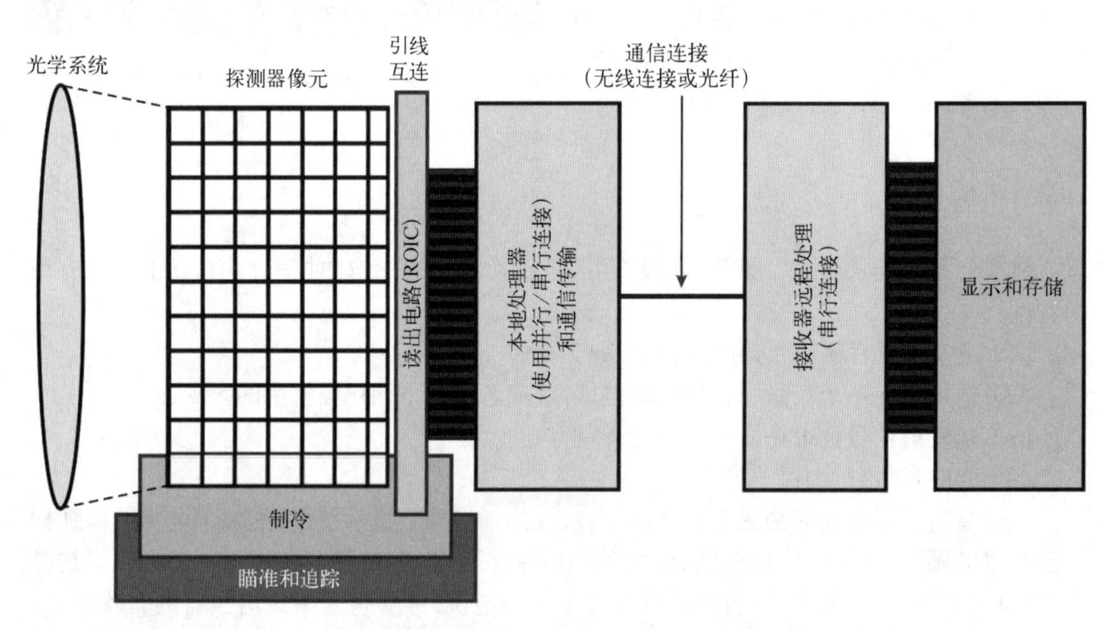

图 2.9 成像系统示意图,含重要子系统

热成像仪具有不同的应用,具体取决于平台和用户[9]。它们中的大多数用于军事应用。军用传感器系统包括光学器件、制冷器、瞄准和跟踪系统、电子设备、通信、信息处理、提取子系统和显示器。因此,开发传感器系统的过程比制造探测器阵列更具挑战性。它们通常提供多个视野,用户可以在操作过程中进行切换,从而提供了宽视野的常规监控模式、高倍率和小视野,可用于目标定位、选取或详细的情报收集。许多军用热像仪都与电视摄像机和激光测距仪集成在一起。白天使用图像质量卓越的电视彩色摄像机。非军事用途包括通用搜索和跟踪、雪地救援、山区救援、非法越境检测、夜间或恶劣天气中的飞行员辅助、森林火灾检测、消防、监控及隐蔽的监视和证据收集。还有一类较少的但正不断增加的热成像仪系统,可以进行非接触式温度测量,应用于工业、科学和医学领域。

FPA 是指位于成像系统的焦平面处的单个探测器像素(像元)的集合。尽管该定义可以包括一维(线性)阵列及二维面阵,但该定义经常特指二维面阵。通常,光电图像设备的光学部分仅限于将图像聚焦到探测器阵列上,再使用与阵列集成的电路对这些凝视阵列(staring array)

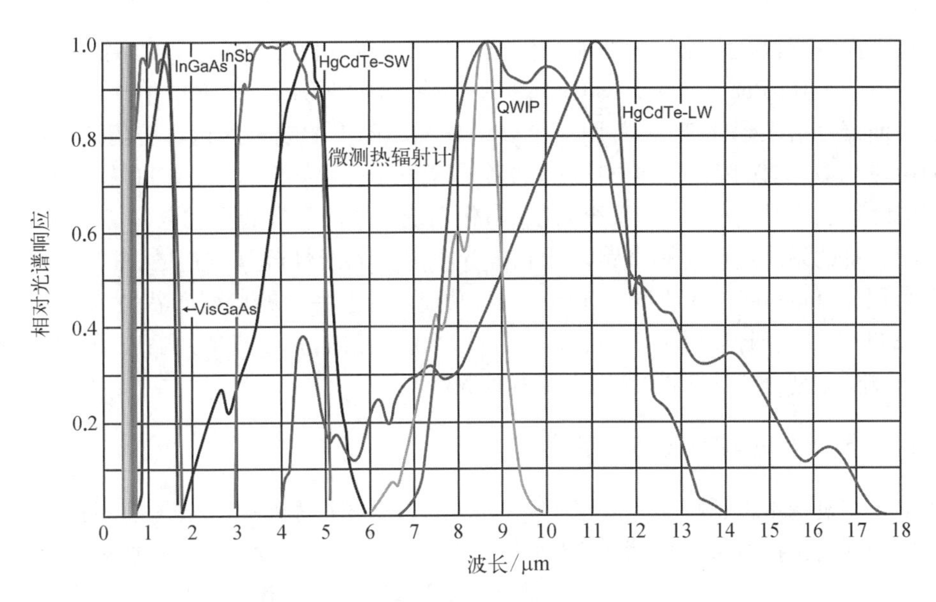

图 2.10　一些红外相机的相对光谱响应曲线

进行电子扫描。探测器读出组件的架构可以采用多种形式。读出电路(readout-integrated circuits,ROIC)的功能包括对于像元的取消选择、像元级模糊消除、子帧成像、输出前置放大器,以及其他一些功能。使用二维面阵探测器的红外成像系统属于第二代系统。

热成像系统所使用的最简单的扫描线列由一排探测器单元组成[图 2.11(a)]。通常使用机械扫描仪扫描整个条带上的场景来生成图像。在标准视频帧速率下,在每个像元(检测器)处应用较短的积分时间,并收集总电荷。凝视阵列则是采用电学扫描读取探测器像元的二维面阵[图 2.11(b)]。

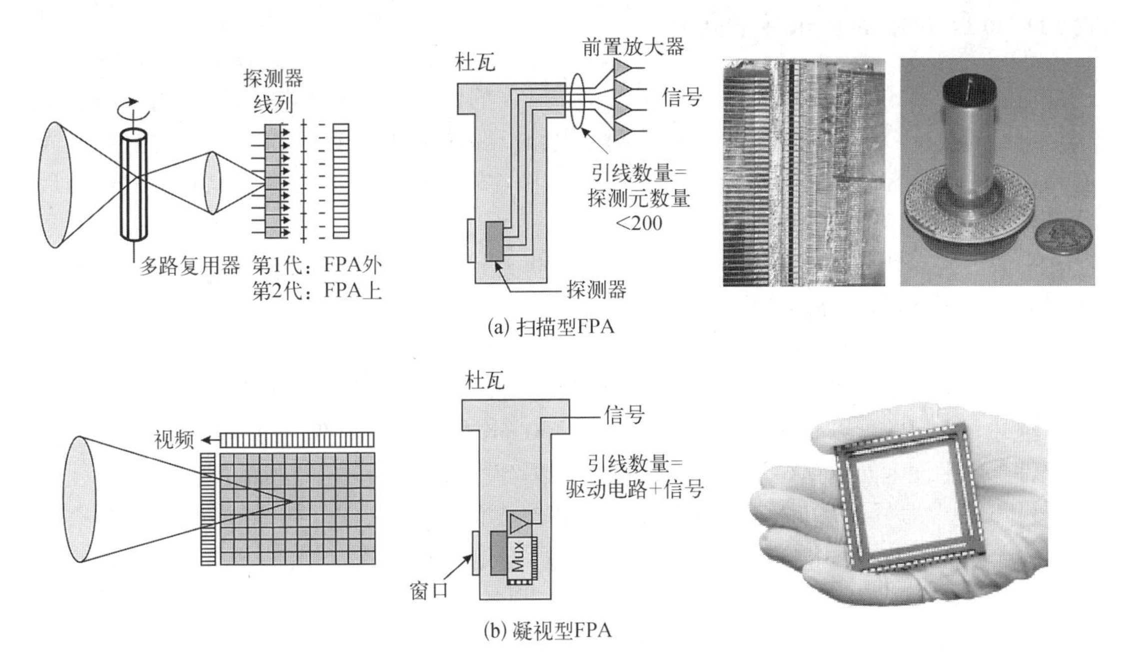

图 2.11　扫描和凝视型焦平面阵列

在焦平面中不包括多路复用功能的扫描系统属于第一代系统。这种检测器的典型示例是线性光电导阵列(PbS,PbSe,HgCdTe),其中多像元阵列的每个像元的电接触都从低温冷却的焦平面器件引出到外部,并共用一个处于环境温度下的电子通道。美国通用电气公司生产的模块化 HgCdTe 阵列使用 60 个、120 个或 180 个光电导元件(图 2.11 右上部分)。

当前的第二代系统(全画幅系统)比第一代系统焦平面包含的像元数多了大约六个数量级。中间级别的系统还有使用多路复用扫描光电探测器线性阵列制造的,并且通常具有时间延迟和积分(time delay and integration,TDI)功能。这些系统的典型产品是 Sofradir 制造的 HgCdTe 288×4 多线列,适用于 3~5 μm 和 8~10.5 μm 波段,并在焦平面上进行信号处理(光电流积分、略读、划分、TDI 功能和输出前置放大等)。

2.3.2 红外相机与前视红外系统

历史上相机既不包括存储介质也不包括显示,只有相机系统才包含所有组件。现在,生产商提供的则会包括可选的存储介质(通常是光盘存储器)、显示器及显示所需的电子部件。例如,图 2.12 就是 FLIR 公司的 P660 IR 型红外相机。这台相机可生成分辨率为 640 像素×480 像素的热图像,其具有 30 mK 的温度分辨率、可更换的镜头及可倾斜、高清晰的彩色显示屏,适用于经常需要检查热像或远距离测定小目标温度特性的用户。

图 2.12 FLIR 公司的 P660 IR 型红外相机

图 2.13(a)显示了由三个不同硬件构成的典型相机架构:相机头部(光学部件,包括了收光、成像、聚焦及光谱滤波等组件)、电子控制处理盒及显示器。其中还必须包括用于控制某些运动部件的电路及电机。控制电路通常包含通信电路、偏置发生器及时钟信号。通常,相机的传感器 FPA 需要制冷,因此需要某种形式的冷却器及闭环控制电路。FPA 的信号是弱电压电流信号,需要对模拟信号进行预处理(放大、控制及校准),这部分电路需要在物理连接上靠近 FPA,并且被集成在摄像头中。通常数模转换也会集成在摄像头中。为了用户方便,摄像头只包含必需的最少硬件以降低其体积、重量和功率。

一般的制冷型红外成像仪的成本约为 50 000 美元,高昂的价格限制了其在关键军事领域以外的应用,借助这样的成像设备,军人可以在完全黑暗的环境中开展行动。从制冷型红外成像仪到非制冷型红外成像仪(如使用硅微悬臂梁型器件),由于技术的进步,红外成像仪成本降至 10 000 美元以下。较便宜的红外相机与图 2.13(a)所示的相机架构有很大的不同。

红外相机通常可以获得温度分辨率为 20~50 mK 的高质量图像。细节和分辨率会因光学部件与焦平面不同而存在差异。好的相机可以产生类似于黑白电视机的图像。

FLIR 这个缩写是 20 世纪 60 年代的一个古老术语,以区别红外扫描线列(红外扫描线列常用于机载设备,使用时通常是向下方观察,而不是向前观察)。大部分向前观察的传感器不被视为 FLIR(如相机系统和天文设备)。这个名词 FLIR 应该从红外技术术语中删除,但它目前仍有人在使用,可能会继续保留一段时间。

很难解释 FLIR 系统与相机之间的区别。通常,FLIR 是为特定应用和特定平台设计的,集成了光学元件,通常由人进行操作。相机则是为通用目的设计的对目标进行成像的系统,无须过多考虑外形,可以采用多种前置光学组件,并且经常是由计算机或控制设备操作的,而不仅仅由人进行操作。

FLIR 通常用于军事或准军事用途、空基部队和扫描成像。FLIR 可以提供自动搜索、获取、跟踪、精确导航和武器投放等功能。典型的 FLIR 由多个可更换线路的单元(line-replaceable units,LRU)组成,如安装在陀螺仪稳定平台上的 FLIR 光学组件,包含所有必要电子电路的模块及低温冷却的探测器阵列、电源单元、控制和处理组件。

具有视频信号输出(以支持 LRU 进行图像和高阶处理)的代表性 FLIR 架构如图 2.13(b)所示。许多系统与图 2.13(b)的体系结构存在明显差异。

在 20 世纪 60 年代,最早的 FLIR 是线列扫描系统。在 70 年代,出现了第一代通用模块(包含 60 个、120 个或 180 个光电导 HgCdTe 分立单元的杜瓦)。下一代 FLIR 采用更大规模的光伏 HgCdTe 线列,通常由 2(4)×480 个或 2(4)×960 个包含 TDI 的单元组成。目前,这些系统已被采用凝视阵列[HgCdTe、InSb 和量子阱红外光电探测器(quantum well infrared photodetector, QWIP)]的全画幅 FLIR 取代。例如,图 2.14 显示了雷神公司制造的 eLRAS3 FLIR 系统(远程侦察监视系统)。eLRAS3 FLIR 系统提供了实时监测、识别、分辨能力,定位超出威胁距离之外的远距离目标。此外,雷神公司的高清分辨率 FLIR(也称为第三代 FLIR)集成了 HgCdTe 长波和中波红外阵列。

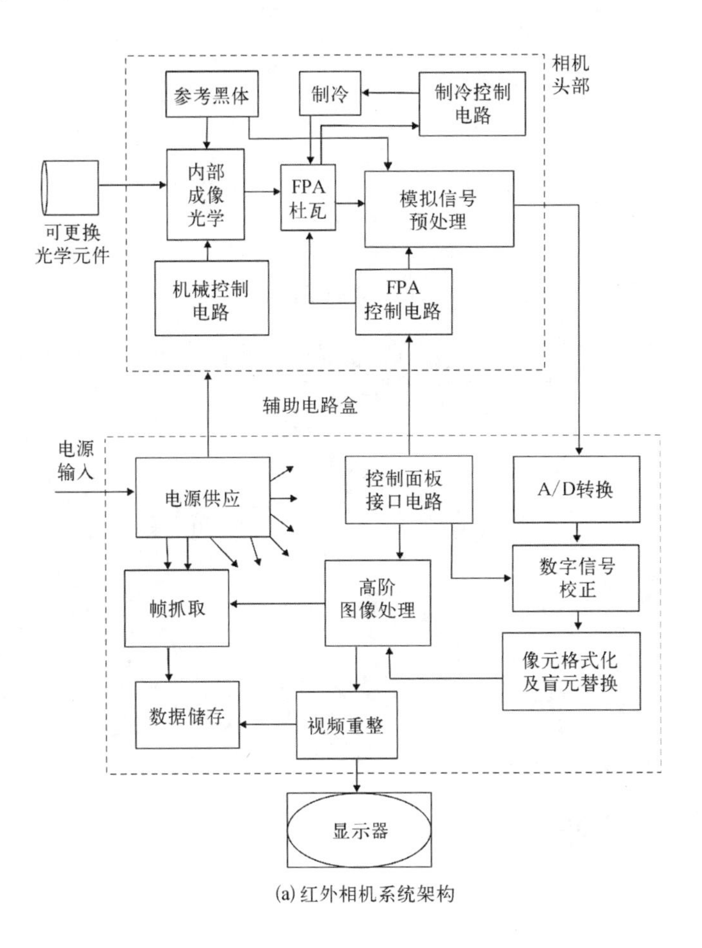

(a) 红外相机系统架构

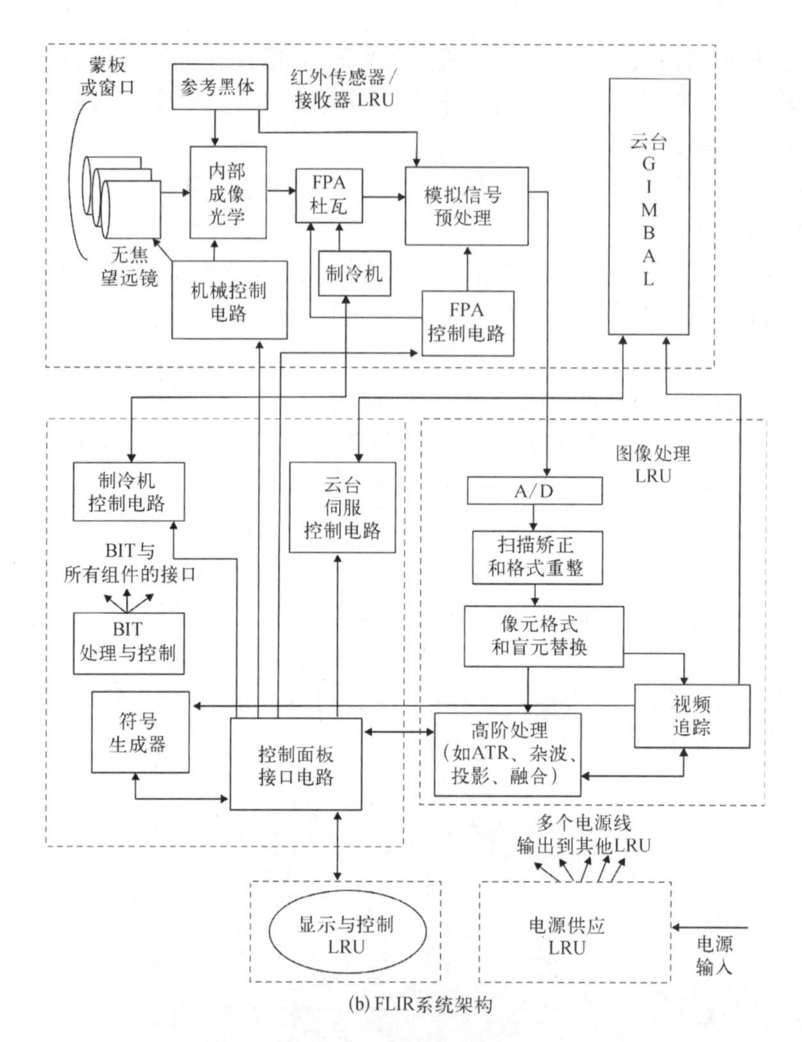

(b) FLIR系统架构

图 2.13 典型相机架构

图 2.14 雷神公司的第三代 eLRAS3 FLIR 系统

FLIR 系统通常配合望远镜使用,目标处于远大于焦距的距离上。视场角(field of view, FOV)、分辨率、单元尺寸和空间频率等特性以角度单位表示。按照惯例,FOV 以度表示,分辨率以毫弧度表示,空间频率以每毫弧度为周期,噪声以温度单位表示。

在全球范围内,有数百种不同的 FLIR 系统在运行。其中最重要的描述在文献[10]中。有些 FLIR 还集成了激光测距仪或目标标定器。

军用 FLIR 的最新成果是红外搜索和跟踪(infrared search and track, IRST)系统。它们属于被动探测系统,其目的是在存在背景辐射和其他干扰的情况下可靠地检测、定位与连续跟踪发射红外辐射的物体和目标。它们以类似雷达的方式使用(通常与类似雷达的显示器一起使用)来检测和跟踪物体。当前对 IRST 系统的研究大多集中在信号处理上,从严重的杂波中提取出所需要的目标轨迹。

另一类快速增长的军用热像仪是机载线列扫描设备。这类一维扫描系统只有在运动中才能获取观察区域的二维热像。通常热像仪的视场角不会大于 40°,机载线列扫描设备则可以提供高达 180°的视场角。正是由于其具备超广视场角,机载热像扫描系统常用于军事空中巡逻。

2.3.3　天基红外探测系统

正如我们今天所知,1958 年美国航空航天局(National Aeronautics and Space Administration, NASA)的成立及早期的行星探索计划,推动了现代光学遥感系统的发展。在 20 世纪 60 年代,光学机械扫描系统问世,这使得在可见光和近红外胶片的有限光谱范围之外获取图像数据成为可能。"空中之眼"是 1967 年首次成功飞行的长波红外传感器。Landsat 多光谱扫描仪的发展是一个重要的里程碑,因为它提供了第一个数字形式的多光谱廓线。1972 年发射 Landsat - 1 之后的时期刺激了一系列新的机载和星载探测器的开发。从那时起,数百个天基探测器发射进入轨道。

天基红外探测器的主要优势在于[7]:

(1) 能够以最佳的空间或时间方式将轨道调整到所需覆盖地带的能力;

(2) 对地观测较少受到气候影响;

(3) 全球覆盖;

(4) 从事合法秘密行动的能力。

迄今为止,还不存在实际应用的反卫星武器,因此卫星相对安全,不受攻击。卫星系统的弊端是周期太长,而且卫星的制造、发射和维护费用很高。如维修和升级之类的操作是很困难的,昂贵的,并且通常是不可能的。

安装在空间平台上的天基系统通常执行以下功能之一:军事/情报收集、天文学、地球环境/资源感知或天气监视。这些功能可以归类为地球遥感和天文学研究。

图 2.15 显示了典型的空间探测器架构。但是,应该强调的是,许多单独的空间探测器都没有这种精确的架构。富裕国家的情报和军事部门长期以来一直使用天基探测器来获取信息。旨在探测洲际弹道导弹的卫星红外警告接收器是一种保护广大地区或国家的战略系统。美国每年在太空侦察上花费约 100 亿美元。尽管冷战已经结束,但获得军事和经济力量的长期战略监控仍然很重要。从事饥饿救济的组织也可以从太空收集作物数据和天气趋势,以更有效地预测干旱和饥荒。

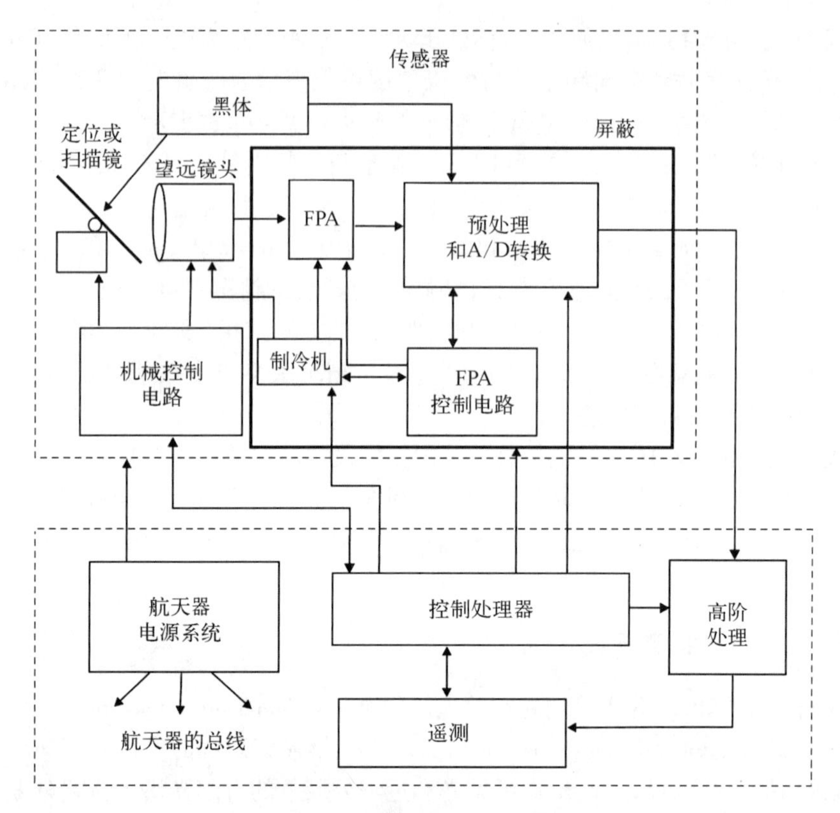

图 2.15 典型的空间探测器架构

军方还对导弹发射进行了天基监视。此外,太空基地还为全球性事件(军方关注的核爆炸和环境变化)提供了绝佳的观察视角。

使用 IR FPA 成像可以提供有关银河系空间及更远空间中相对温度较低物体的越来越详细和定量的信息。例如,矮星或其他遥远太阳系中的类似于木星的巨行星,不会发出太多可见光和紫外线,因此它们在这些波长下极为暗淡。同样,更长波长的光可以穿透形成新恒星和行星系统间的星际尘埃及可见光时不透明的星云状分子云。

在太空中开展天文学研究的原因有很多[9]:

(1) 消除红外辐射的吸收、发射和散射的影响;

(2) 回答基本的宇宙学和天文学问题(如恒星、原行星盘、太阳系外行星、棕矮星、尘埃和星际介质、原星系、宇宙距离尺度和超发光星系的形成);

(3) 观察地球环境(检测能反映环境压力和趋势的细微变化)。

2.4 制冷器技术

一般来说,红外探测器根据工作温度可以分成两类:制冷型和非制冷型。制冷型探测器需要在低于环境温度下工作。尽管非制冷型探测器在成本、寿命、尺寸、重量及能耗方面都具有明显优势,制冷型探测器由于工作噪声低,可以提供更远的探测距离、更高的分辨率及灵敏度。

在红外工业中,探测器安装在内的壳体一起被称为集成型探测器组件(integrated detector

assembly,IDA)。20 世纪 60 年代,当红外探测器最初从实验室进入战术应用时,基本还是采用实验室的设备,依靠冰箱和真空系统。最初的这些系统体积庞大、沉重、能耗高。随着系统性能提升及应用的拓展,制冷与真空封装可以更好地适应战术用途,更轻更小,功耗降低,不需要很好的支撑,并具有高可靠性。图 2.16 给出了系统尺寸、重量、功耗(size, weight, and power,SWaP)降低的趋势示意图,组件技术的发展扫除了红外探测器应用的障碍。

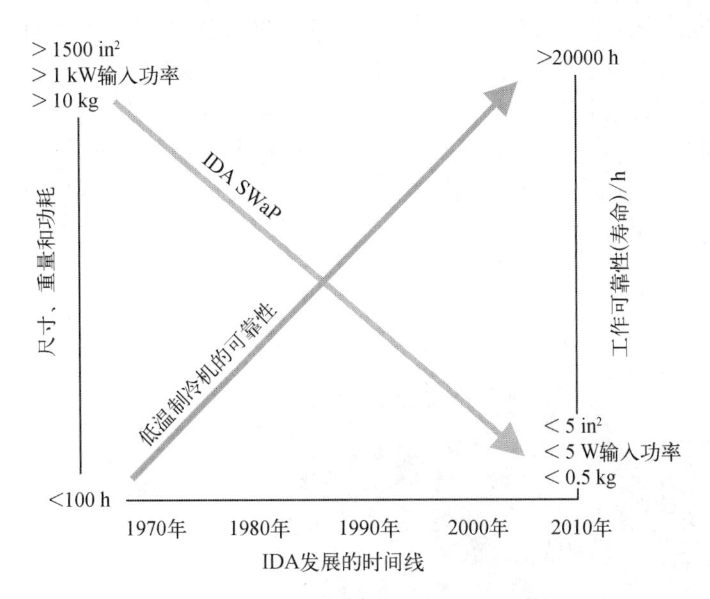

图 2.16　制冷机和红外探测器集成组件的发展示意图

$1\ \text{in}^2 \approx 0.000\ 645\ \text{m}^2$

IDA 的壳体基本就是杜瓦。探测器安装在内壁上,对应的外壁上设置窗口。灌注低温液体的杜瓦是实验室常用的探测器制冷方式,缺点是较为笨重,而且每隔几个小时就需要重新加注液氮。对于大多数应用,特别是液氮,灌注式的杜瓦并不实用,厂商转而寻找其他不需要低温液体或固体的制冷方式。在 IDA 研发中,有许多设计上的困难。图 2.17 是红外杜瓦的组成示意图。

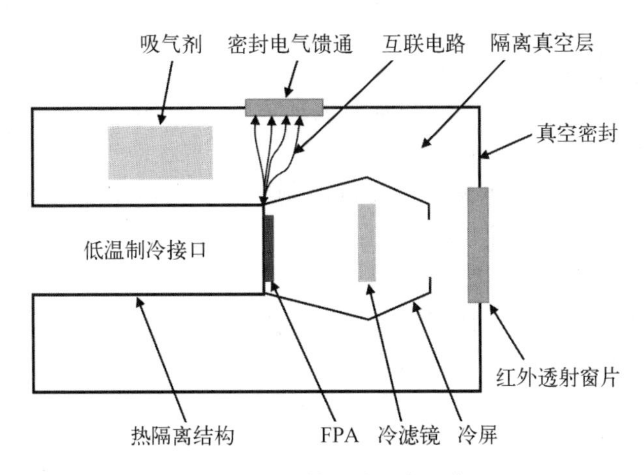

图 2.17　红外杜瓦的组成示意图

杜瓦内还包含了一些重要的部分。

(1) 冷屏：将探测器 FOV 限制在设计的光束范围内。设计视场外通过光阑的杂散光可以被冷屏吸收,从而减少它们对探测器的干扰。通常,冷屏可以减少 95%的杂散光。

(2) 冷滤镜：滤除目标波段外的光线。通过冷却滤镜,可以最小化滤镜元件自身的热发射。冷滤镜可以用多种衬底材料制备,通常是硅、BK7 玻璃、蓝宝石或锗。

图 2.18 归纳了各种现有红外探测技术的工作温度和探测波段示意图。根据探测器技术的不同,典型的工作温度范围为略低于室温至 4 K。大多数现代制冷型探测器的工作温度从低于 10 K 到 150 K,这取决于探测器的类型和性能水平。77 K 是非常常见的温度,因为使用液氮制冷是相对容易实现的。非制冷型探测器虽然被称为非制冷,实际上需要在接近或略低于室温(250~300 K)的温度范围内进行一定程度的温度控制,以最大限度地减少噪声,优化分辨率并保持工作温度的稳定[10]。

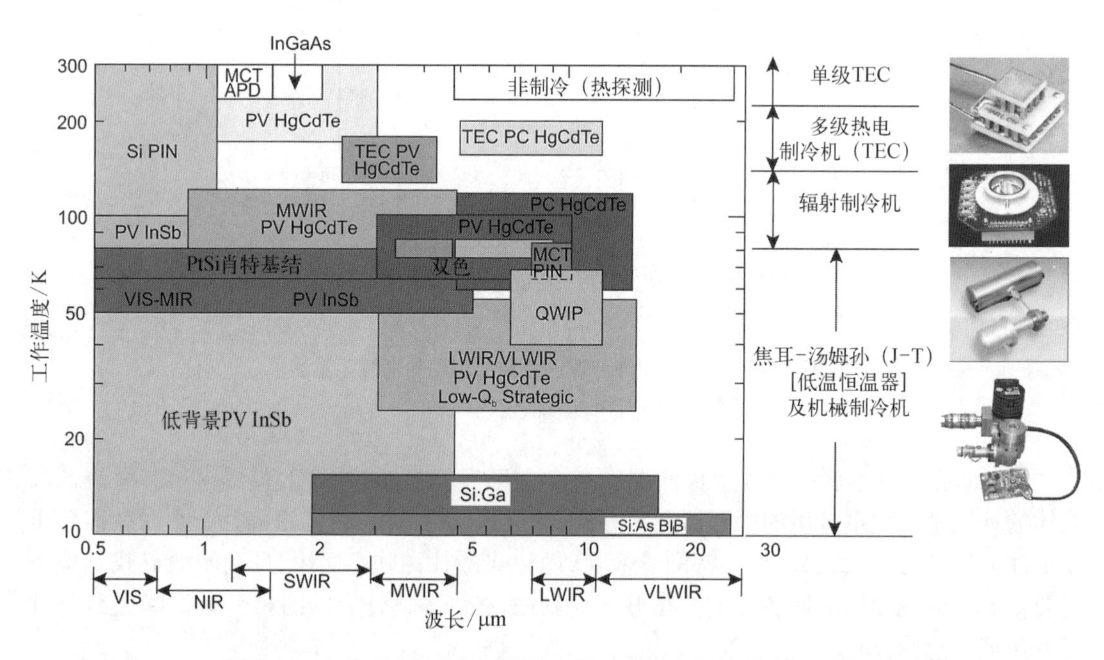

图 2.18 各种现有红外探测器技术的工作温度和探测波段示意图

制冷方法根据工作温度和系统的工作环境而有所不同[11,12]。当前可用于解决红外和可见光探测器制冷要求的两种技术是闭环制冷机及热电(thermoelectric, TE)制冷器。闭环制冷机可达到制冷型红外探测器所需的低温,而热电制冷通常是非制冷型的可见光和红外探测器温度控制的首选方法。热电型和机械低温制冷器之间的主要区别在于工作流体的性质。热电制冷器是使用电荷载流子(电子或空穴)作为工作流体的固态设备,而机械低温制冷器使用如氦气等的气体作为工作流体。

针对特定应用的制冷器的选择取决于冷却能力、工作温度、采购、成本和维护及维修要求。图 2.19 汇总了当前用于商业、军事和太空应用的一些制冷系统。

2.4.1 制冷机

低温制冷机可以分为换热式或再生式。在换热系统中,气体沿单一方向流动。气体在

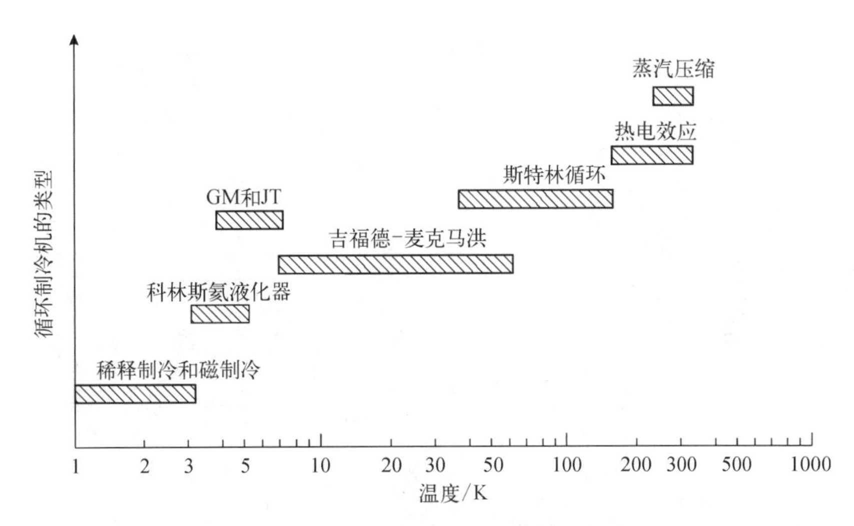

图 2.19　不同类型商用制冷机所能达到的制冷温度范围[11]

环境固定温度和压力下压缩,并允许通过孔膨胀到所需的低温固定温度和压力。焦耳-汤姆孙(J－T)和布雷顿循环制冷机就是换热式的。

在再生系统中,气流在由活塞、隔膜或压缩机驱动的热区和冷区之间来回振荡,气体在热端被压缩,在冷端膨胀。斯特林循环、吉福德-麦克马洪(Gifford－McMahon)和脉管低温制冷机是再生低温冷却器系统的最常见类型。

图 2.20 给出了主要低温冷却器应用的制冷温度和制冷功率的示意图。主要的商业应用包括半导体的低温泵制造设备、磁共振成像磁体冷却及气体分离和液化。红外传感器是低温制冷器最大的低功耗应用。

制冷机的性能由性能系数(coefficient of performance, COP)规定,该系数定义为在特定温度下获得的制冷功率与制冷机总电输入功率的比值。COP 通常以卡诺效率的一小部分给出。图 2.21 比较了不同技术的相对性能,它们是极限理想效率的一部分。对于较低的温度,效率会大大降低。在 4 K 时,典型效率约为 1%或更低。通常,换热系统在降低噪声和振动方面具有优势,而对于许多红外探测器应用,再生系统往往会在所需工作温度下获得更高的效率和更高的可靠性。

自 20 世纪 70 年代后期以来,军事系统通过利用斯特林闭环制冷机产生关键的红外探测器组件所需的低温来克服液氮操作的问题。这些制冷器使用直流电源,可以产生 77 K 的低温。早期版本体积大且价格昂贵,并且存在麦克风和电磁干扰噪声的问题。由于其效率、可靠性提升和成本的降低,冷却发动机的使用已大大增加。如今,已经开发和改进了更小型、更高效的低温制冷机。新型吸附剂材料和设计的发展,以及用于维持低温冷却器运行所需的改进型密封技术,极大地提升了现在许多低温制冷机系统可达到的使用寿命(5 000~10 000 h)[故障前平均时间(mean time before failure, MTBF)]。现在,空间用制冷机的使用寿命为 10 年,而为商业应用开发的类似制冷机的使用寿命为 5 年[13]。图 2.22 显示了在 80 K 附近的制冷机效率的比较。大型最佳空间低温冷却器的效率高达 20%,最好的商用冷冻机通常为 10%~20%。对于热交换器,换热器设计和材料的改进使小型冷冻机的 COP 值在 10%的范围内。然而,尽管取得了这些进步,制冷机仍然是集成红外传感器系统的

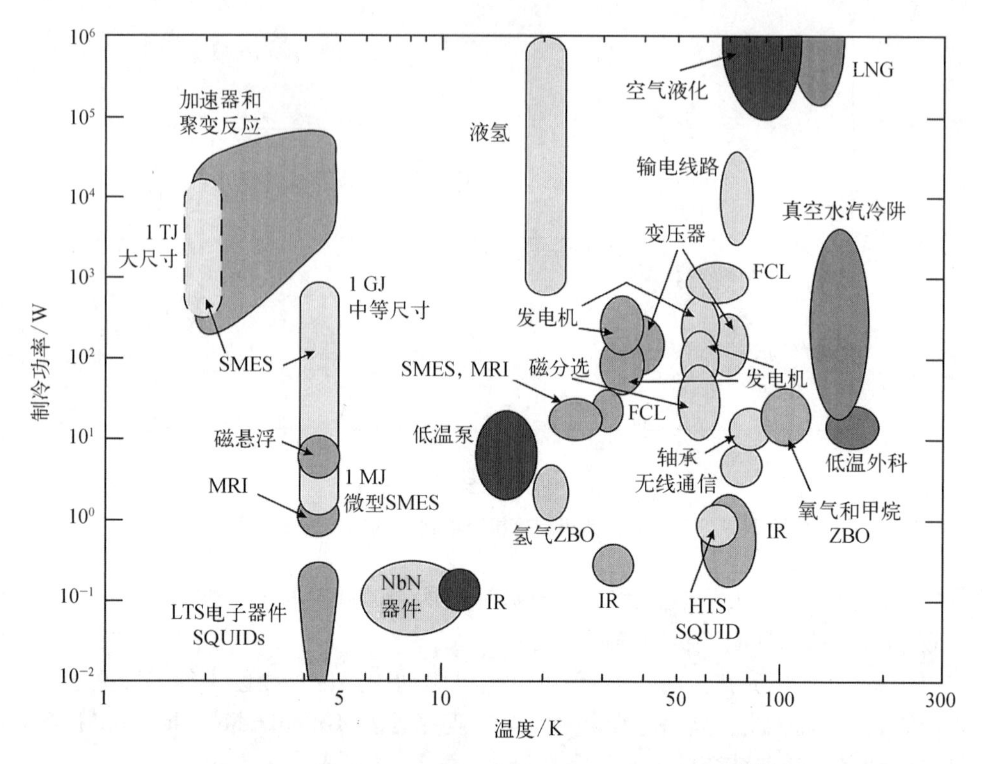

图 2.20　制冷机应用中制冷温度与制冷功率的示意图[13]

SMES,超导磁能存储;MRI,磁共振成像;LTS,低温超导;SQUID,超导量子干涉器件;LNG,液化天然气;FCL,氟利昂制冷;IR,红外;ZBO,零蒸发;HTS,高温超导

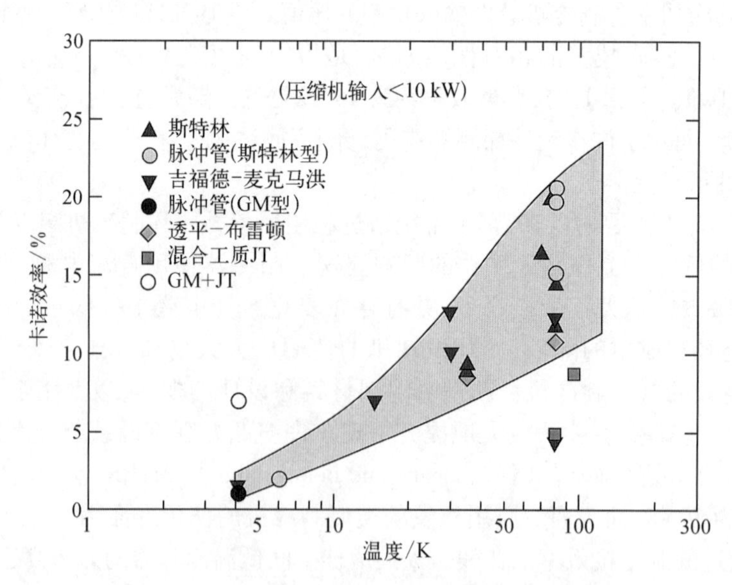

图 2.21　小型制冷机的效率与冷头温度的关系示意图[13]

GM,Gifford-McMahon(吉福德-麦克马洪);JT,Joule-Thomson(焦耳-汤姆孙)

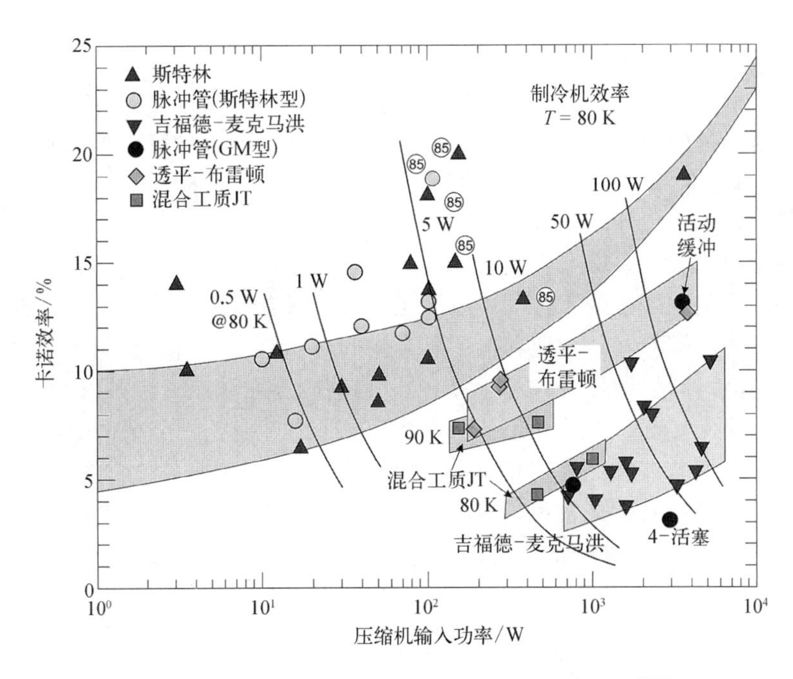

图 2.22　不同类型制冷机在 80 K 时的效率对比图[13]

主要故障点。

我们已经简要描述了 FPA 冷却器的不同类型[14]。表 2.3 列出了不同的低温制冷器在空间应用中的优势和劣势。可以在文献[13]和[15]中找到更多信息。

表 2.3　空间应用制冷机[14]

制 冷 机	典型温度/K	典型热升	优　势	劣　势
辐射制冷	80	0.5 W	可靠、低振动、长寿命	使轨道复杂化
斯特林-1 级	80	0.8 W	高效、历史悠久	振动
斯特林-2 级	20	0.06 W	适中的温度	不成熟
脉管	80	0.8 W	相比斯特林,振动更低,效率相当	若需要保持高效率,则尺寸难缩减,冷指直径较大
焦耳-汤姆孙	80	0.01 W	低振动	需要混成式设计
吸附	10	0.1 W	低振动	效率低,不成熟
布雷顿	65	8 W	高容量	复杂
ADR①	0.05	0.01 mW	达到该温区的唯一方式	强磁场
佩尔捷	170	1 W	质量轻	高温、效率低

① 绝热去磁制冷(adiabatic demagnetization refrigeration,ADR)

1. 低温杜瓦

大部分工作温度为 77 K 的 8~14 μm 探测器可以使用液氮制冷。实验室中通常使用液体灌注式的杜瓦。这样的方式比较笨重,而且每隔几个小时就需要补充液氮。对于很多应用来说,特别是对于液氮温度,灌注式的杜瓦是不实用的。厂商需要寻找其他不需要低温液体或固体的制冷机。

2. 斯特林循环制冷

斯特林制冷机的原理是使工作气体通过包含两个等容过程和两个绝热过程的斯特林循环。系统需要一个压缩泵和一个包含再生热交换的运动部件。斯特林制冷系统需要几分钟的冷却时间,工作液体是液氦。两段式系统可以将制冷温度从 60~80 K 降至 15~30 K。

如图 2.23 所示,焦汤型及压缩机制冷型探测器都是封装在一个精密的包含制冷装置的杜瓦中。探测器被安装在杜瓦真空腔体的内壁底部,被配合光学系统收敛角度的冷屏包围,再通过一个红外窗口接收外来辐射。有些杜瓦中,探测器后端电路连接也被放在杜瓦腔体内,以避免振动损伤。斯特林制冷机一般工作 3 000~5 000 h 后需要厂方维护以保持性能。由于杜瓦和制冷机是一个 IDA 单元,整套系统必须一起进行维护。

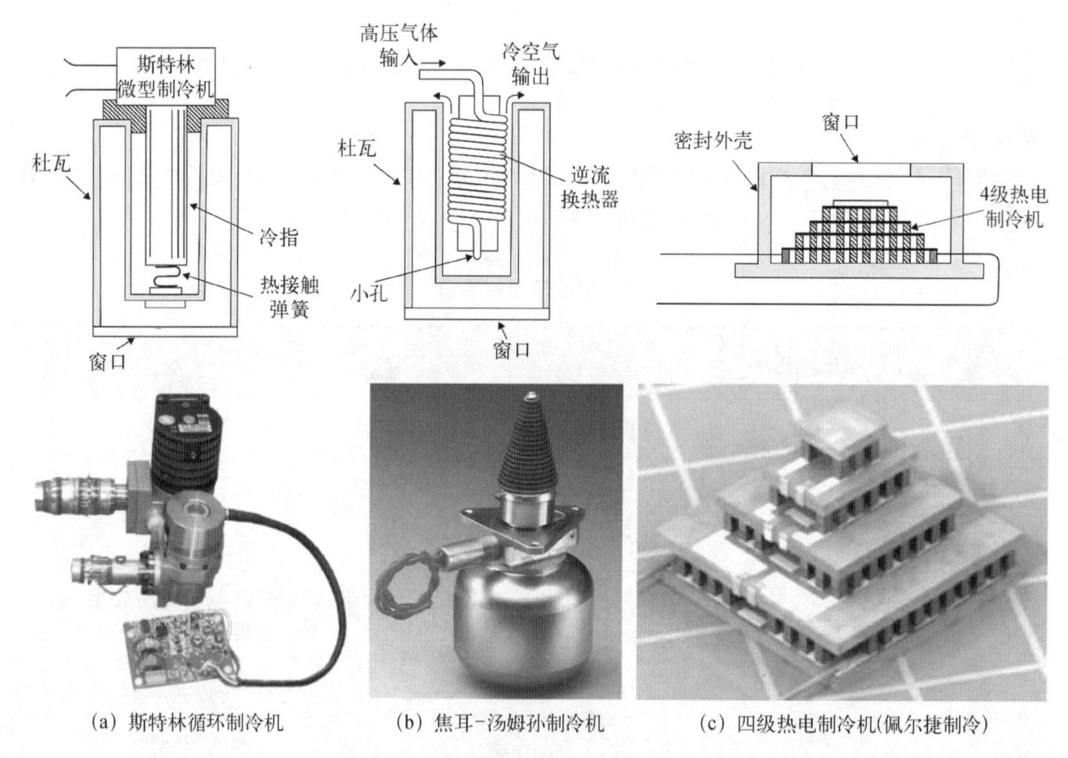

(a) 斯特林循环制冷机　(b) 焦耳-汤姆孙制冷机　(c) 四级热电制冷机(佩尔捷制冷)

图 2.23　红外探测器的三种制冷方式

单独的斯特林制冷机也有生产。探测器安装在杜瓦的孔上,制冷器的冷头通过波纹管与杜瓦实现热连接。散热需要用风扇。这样的制冷机易于从探测器和杜瓦移除进行更换。

图 2.24 展示了四种用于军事应用的不同尺寸斯特林制冷机。1.75 W 的系统的制冷温度为 67 K,其余几个制冷温度为 77~80 K,功率如图 2.24 所示[13]。随着尺寸的增加 COP 为

3%~6%卡诺。所有这些制冷机都使用线性驱动马达,并采用双对等排列来减少振动。在系统的振荡压力下,置换器以气动方式驱动,产生相当大的振动(因为只使用一个置换器)。为满足空间应用需求,斯特林制冷机的可靠性必须得到进一步提升,目前一般这些应用都要求10 年的工作寿命。

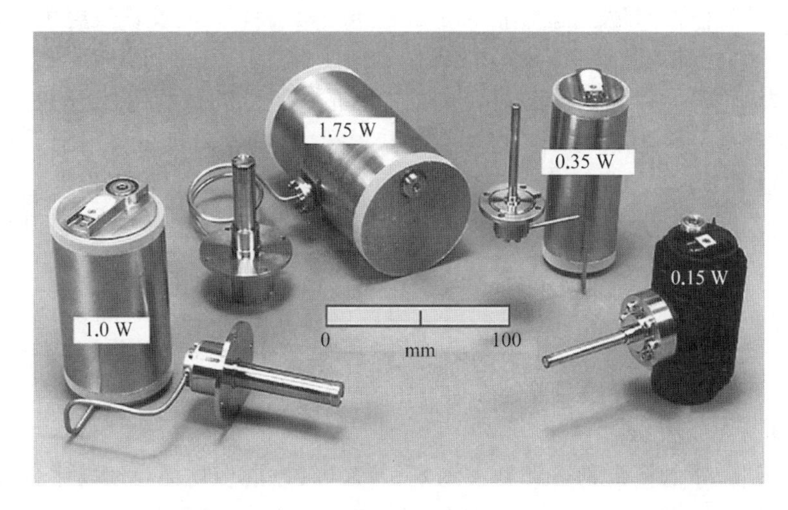

图 2.24 四种采用双对等排列线性压缩机的斯特林制冷机

3. 脉管

斯特林制冷机中的移动置换器有几个缺点: 它是一种振动源,使用寿命有限,并且会导致轴向热传导及振子的热损失。脉管类似于斯特林冷却器。但是,它们的热力学过程完全不同。通过使用节流孔,以及在半个周期内存储气体的储气罐,可以实现与压力同相的气体运动。储气罐的体积足够大,在振荡流动期间,其中的压力波动可忽略不计。就像斯特林制冷机中的移动置换器一样,通过节流孔的振荡气流将冷热两端分开。

由于脉管在冷端没有活动部件,因此理论上其可靠性要高于斯特林循环制冷机,效率可以接近斯特林循环,最近的几次飞行任务也证明了它们在太空中的实用性。

4. 焦耳-汤姆孙制冷

焦耳-汤姆孙制冷机的设计基于以下事实: 高压气体在离开节气门时膨胀,冷却并液化(导致等焓冷却)。制冷机需要气瓶和压缩机提供高压气体。尽管这是一个不可逆的过程,且效率相应较低,但焦耳-汤姆孙制冷机简单、可靠,并且电气和机械噪声水平较低。

使用压缩空气可以在 1~2 min 内获得 80 K 的低温。应用中必须净化所使用的气体,除去可能结冰并阻塞节流阀的水蒸气和二氧化碳。特别设计的使用氩气的焦耳-汤姆孙制冷机适合超快的冷却时间(几秒钟的冷却时间)。焦耳-汤姆孙制冷机的最新进展是使用混合气体而不是将单一气体作为工作流体。

图 2.23(b)是用于导弹制导的典型焦耳-汤姆孙制冷机,其中微型翅片管用于热交换器。爆炸阀用于启动高压瓶中的气体流动,并在流过系统后将气体排放到大气中。

5. 吸附制冷

这种类型的制冷机本质上是焦耳-汤姆孙制冷机,它使用热化学过程来提供没有移动部件的气体压缩。将粉末状的吸附剂材料(如金属氢化物)电加热和冷却以加压、循环和吸附工作流体(如氢气)。吸附式制冷机的缺点是效率低,可通过使用混合工作气体来提高效率。这些制冷机有望用于要求极低振动水平的长寿命太空飞行中。

6. 布雷顿循环

在布雷顿(Brayton)制冷机中(有时称为反向布雷顿循环,将其与热力发动机区分开),随着膨胀气体的工作,冷却发生。制冷机由旋转压缩机、旋转涡轮交流发电机(膨胀机)和逆流热交换器(与斯特林或脉管制冷机中的再生器相反)组成。压缩机和膨胀机在气体轴承上使用高速微型涡轮机,因此很难制造小型机器。布雷顿制冷机效率高,几乎没有振动。在卫星应用的灵敏望远镜通常需要工作在这种低振动下。这些制冷机主要用于低温实验(小于10 K),制冷机体积较大,或用于高温工作的大型设备(尽管这些要求很少见)。膨胀发动机在较宽的温度范围内提供了良好的效率,尽管在某些情况,如在温度高于约 50 K 时,效率不如斯特林制冷机和脉管制冷机那么高。

7. 绝热去磁

ADR 已在地面上使用多年,可以在第一阶段预冷过程后达到 mK 温度,其利用顺磁盐的磁热效应来实现。这些制冷机目前还在研发中,主要面向空间用途。

8. ^{3}He 制冷

当两个氦同位素的混合物冷却到大约 870 mK 时,该混合物会自发发生分离,从而形成^{3}He 富集相和^{3}He 贫相。

氦 3(^{3}He)制冷机是用于获得约 250 mK 温度的简单设备。通过蒸发冷却氦 4(^{4}He)(氦的更常见同位素),1 - K 锅在称为^{3}He 锅的小容器中液化少量^{3}He。液体^{3}He 的蒸发冷却通常由内部碳棒吸附驱动,将^{3}He 锅冷却至几分之一开的极低温度。

使用稀释制冷,可以获得高于 50 mK 的温度。两段式吉福德-麦克马洪制冷器可用于^{3}He 冷凝。

9. 无源制冷机

无源制冷机不需要功率输入,由于其相对较高的可靠性和较低的振动水平,在航天科学应用中已使用了很多年。无源制冷机包括散热器和储存的制冷剂。

散热器是辐射热量的面板,由于其极高的可靠性而成为卫星制冷的主要部件。它们质量小,寿命仅受表面污染和降解的限制。散热器对热负荷和温度有严格的限制(通常在 70 K 时处于 mW 范围内)。通常,使用两个或三个分段的散热器来遮挡处于最低温度的部件。在这种情况下,最高一级的散热器包括一个高反射率的挡板(如一个圆锥体),使该部件免受航天器、地球或浅角阳光的影响。

储存的制冷剂是含有冷冻液体(如液氦或固体氖)的杜瓦瓶。它们使温度低于散热器提供的温度(通过沸腾或升华吸收热量),并提供出色的温度稳定性,而不会产生振动。但是,储存的制冷剂会大大增加载荷的发射质量,并将飞行任务的寿命限制在储存的制冷剂数量上。它们的可靠性被证明是有限的。

2.4.2 佩尔捷制冷机

与循环制冷相比,探测器的热电制冷更为简单且成本更低。热电制冷机通过利用佩尔捷效应来工作,佩尔捷效应是指在存在电流的情况下在两个不同导体的界面处会产生热通量。器件中热电材料的最佳性能取决于无量纲的品质因数:

$$ZT = \frac{S^2\sigma}{k} \tag{2.1}$$

式中，S 为塞贝克系数；σ 为电导率；k 为导热率；T 为平均温度。

佩尔捷制冷机的 COP 似乎是 ZT 和制冷机热端与冷端之间总温差的函数。单级 TE 制冷机热端和冷端之间的典型最大温差称为 ΔT_{max}，约为 70℃（图 2.25）。在最大温差下，COP 变为零。相反，在 ΔT 为零时，TE 制冷机可以实现最大的热泵容量。因此，TE 制冷机通常运行在满足探测器性能需求的温差 ΔT 下限处。为了使 ΔT 达到 70 K 或更高，TE 制冷机需采用多级堆叠。在图 2.26 中绘制了使用现有的商业材料可获得的 ΔT_{max} 的理论范围，该范围是级数的函数[16]。

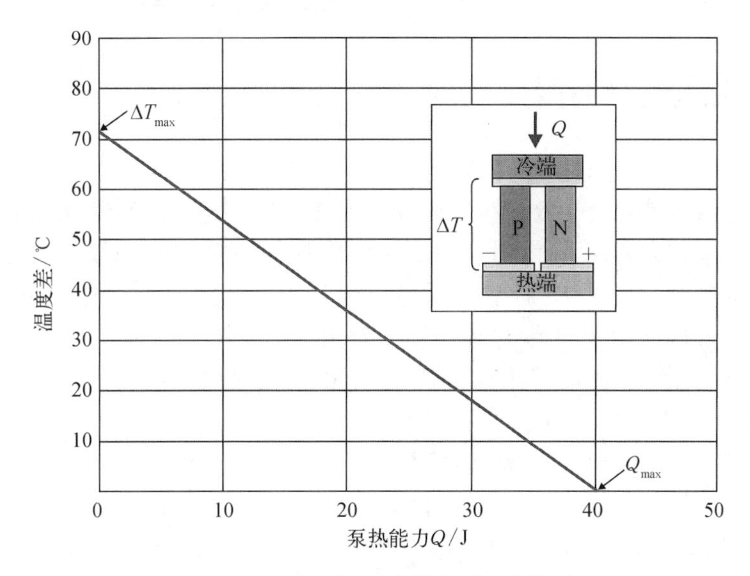

图 2.25　一级 TE 制冷的典型负载特性

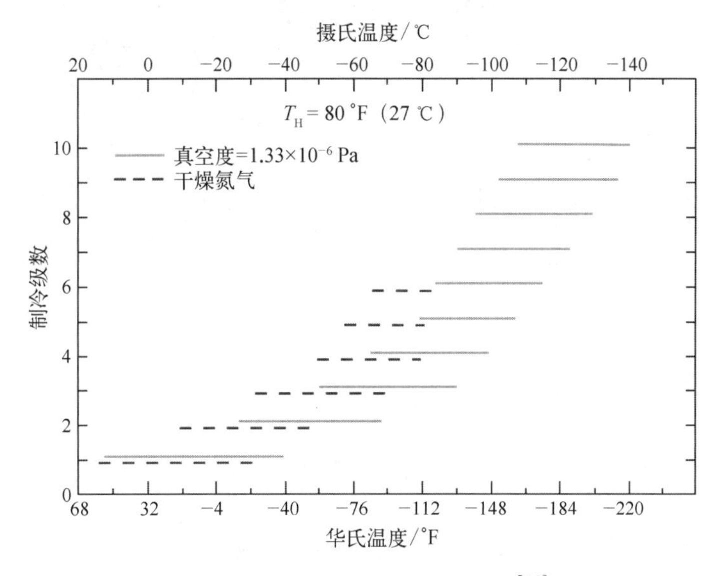

图 2.26　TE 部件的典型性能范围[16]

商用的制冷机不超过 6 级。它们采用 *ZT* 值约为 1 的碲化铋和碲化锑材料的合金,但是在实际设备中,*ZT* 值接近 0.7。最近,通过纳米结构在薄膜材料中获得低维固体实现了 *ZT* 值的提高。对体材料的类似研究表明,体材料制备的 TE 器件性能在室温附近的 *ZT* 值约为 1.5,在较高温度下可以接近 2[17]。体材料的改进正在逐步应用于商用 TE 设备[18]。

对于佩尔捷制冷机,探测器通常是密封封装的,基座与散热器具有良好热接触。TE 制冷机可达到约 200 K 的低温,使用寿命约为 20 年,又小又坚固,输入功率低(两级设备功率<1 W,三级设备功率<3 W)。它们的主要缺点是效率较低(表 2.2)。

用于红外焦平面的 TE 制冷机包括一级(TE1,温度低至-20℃或 253 K)、两级(TE2,温度低至-40℃或 233 K)、三级(TE3,温度低至-65℃或 208 K)和四级(TE4,低至-80℃或 193 K)。佩尔捷制冷机同时也是用于非制冷可见和红外传感器的首选控温设备。

2.5 大气传输与红外波段

前面提到的大多数应用都涉及辐射光束在空气中的传输。辐射光在传播中会由于散射和吸收过程而衰减。散射会导致光线方向发生变化,它是由悬浮粒子吸收和随后的能量再辐射引起的。对于较大的粒子,散射与波长无关。但是,对于尺寸与波长可比拟的小颗粒,该过程称为瑞利散射,并表现出 λ^{-4}的相关性。因此,对于波长大于 2 μm 的辐射光,气体分子的散射很小,可以忽略不计。烟雾和轻雾颗粒相对于红外波长通常较小,因此,红外辐射比可见辐射可以更深地穿透烟雾和雾。但是,雨水、雾粒和气溶胶较大,对于红外和可见波段的辐射,受散射的影响基本相似。

图 2.27 是降水量为 17 mm 的地区,海拔 6 000 ft(1 ft = 0.3048 m)高处大气辐射传输与波长的关系图[19],图中标出了 H_2O、CO_2 和 O_2 的特定吸收带,可以看到大气传输被限制在 3~5 μm 和 8~14 μm 的两个窗口。O_3、N_2O、CO 和 CH_4 是大气中较不重要的红外吸收成分。

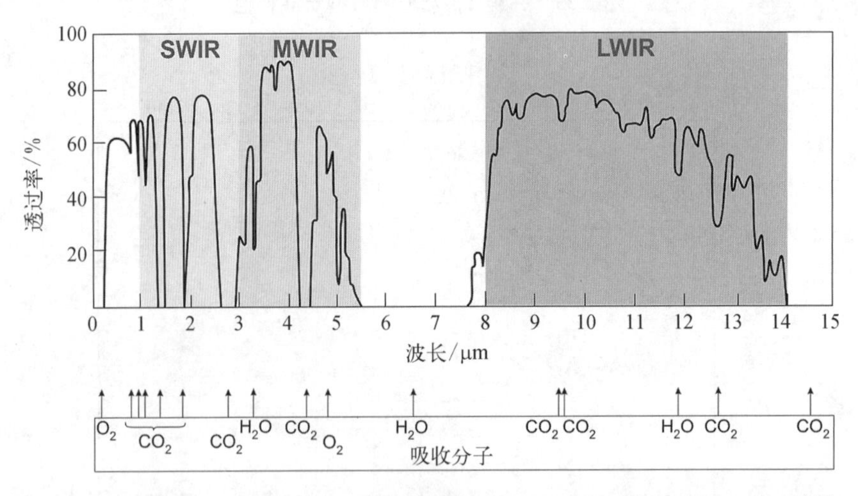

图 2.27 降水量为 17 mm 的地区,海拔 6 000 ft 高处大气传输与波长的关系图[19]

SWIR 波段提供了优于可见波段和热波段的独特成像优势。与可见摄像机一样,图像主要由反射的宽带光源创建,因此 SWIR 图像更易于观众理解。用于制造可见光摄像机的窗片、透镜和涂层的大多数材料都可用于 SWIR 摄像机，从而降低了成本。普通玻璃可透射至约 2.5 μm。SWIR 摄像机可以用于许多不同的光源，包括 YAG 激光。出于安全考虑，将激光需工作在光束不聚焦在视网膜上的人眼安全波长（超过 1.4 μm），此时 SWIR 摄像机具有独特的优势，可以代替可见光摄像机来完成许多任务。由于空气中的微粒（如灰尘或雾）对较长波长的光的瑞利散射较小，因此 SWIR 摄像机比可见摄像机能更好地穿透雾霾。

通常，8~14 μm 波段是高性能热成像的首选，因为它对环境温度物体具有更高的灵敏度，并且可以更好地透过烟雾和烟雾。但是，3~5 μm 波段可能更适合于较热的物体，或者灵敏度不如对比度重要。另外，还有一些其他的差别。例如，MWIR 波段的优点是获得特定分辨率所需的光学元件的直径较小，并且某些探测器（TE 制冷）可以在比 LWIR（循环制冷，温度约为 77 K）更高的温度下工作。

综上所述，MWIR 和 LWIR 光谱带在背景通量、场景特征、温度对比度方面和在各种天气条件下的大气传输方面存在很大差异。支持 MWIR 应用的因素包括较高的对比度、出色的晴朗天气下的表现（有利的天气条件，如在亚洲和非洲的大多数国家）和高湿度下较高的透射率等。由于光学衍射低至 1/3，所以 MWIR 的分辨率更高。有利于 LWIR 应用的因素包括在有雾和多尘的条件下，冬季烟霾（典型的天气条件，如西欧、美国北部、加拿大）下的性能更好，对大气湍流的免疫力更高及对太阳耀光和火焰的敏感性降低。由于 LWIR 光谱范围内的辐射水平更高，因此在相同背景光子通量情况下获得较高信噪比（S/N）的可能性并不高，而且还可能受到电路的限制。从理论上讲，在凝视阵列中，电荷可以在整个帧时间内进行积分，但是由于读出单元的电荷处理能力的限制，与帧时间相比，电荷要小得多，尤其是对于背景光子通量为 LWIR 的探测器而言，超出有用信号一个数量级。

2.6　场景辐射与对比度

从任何物体接收的总辐射是发射、反射和透射辐射的总和。不是黑体的物体仅发射黑体辐射的分数 $\varepsilon(\lambda)$，其余的 $1-\varepsilon(\lambda)$ 可以透射，或者对于不透明的物体，可以反射。当场景由温度相似的物体和背景组成时，反射辐射会降低可用的对比度。但是，较热或较冷的对象的反射对热场景的外观有很大影响。表 2.4 给出了 290 K 黑体发射功率和 MWIR 与 LWIR 波段的地面太阳辐射功率[20]。我们可以看到，尽管反射的太阳光对 8~13 μm 成像的影响可以忽略不计，但在 3~5 μm 波段很重要。

表 2.4　MWIR 和 LWIR 成像波段的目标及背景辐射能量对比[20]

IR 波段	地面太阳辐射/(W/m^2)	290 K 黑体的发射/(W/m^2)
3~5 μm	24	4.1
8~13 μm	1.5	127

温度图像或场景中发射率的差异会产生热图像。当目标的温度与其背景温度几乎相同时，检测变得非常困难。热对比度是红外成像设备的重要参数之一。它是光谱辐射出射量

与光谱辐射出射量的导数之比：

$$C = \frac{\partial M(\lambda,\ T)/\partial T}{M(\lambda,\ T)} \tag{2.2}$$

图 2.28 是几个 MWIR 子带和 8~12 μm LWIR 谱带的热对比度 C 的关系[21]。由于反射率的差异,与可见图像的对比度相比,热图像中的对比度很小。我们可以注意到,在 300 K 时 MWIR 波段的对比度为 3.5%~4%,而 LWIR 波段的对比度为 1.6%。这样,虽然 LWIR 波段对环境温度物体可能具有更高的灵敏度,但 MWIR 波段却具有更大的对比度。

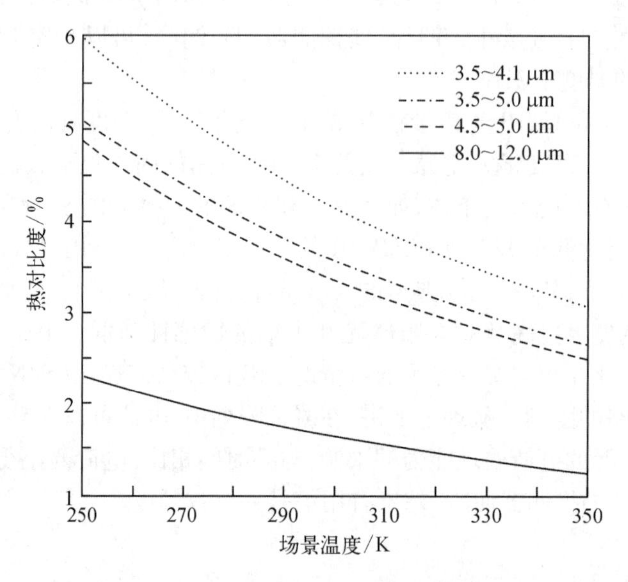

图 2.28 MWIR 和 LWIR 波段的热对比度

参考文献

第3章 红外探测器的性能

1800 年赫歇尔(Herschel)首次通过热学计量的方式发现了红外辐射的存在。他所用的探测器是一个装有液体的玻璃温度计,在储液腔外壁涂上特殊的黑色涂层吸收光辐射。赫歇尔搭建了一个简单的分光装置,使用温度计作为探测器,来测量太阳光中能量的分布。1800 年 4 月他写道[1]:

1 号温度计在 10 min 内因暴露在全红的光线下上升了 7℃。在我移动了温度计位置后……中心位置位于可见光位置以外 1/2 in(1 in=2.54 cm)处时,1 号温度计在 16 min 内升高了 8⅜℃。

大约 60 年前,在两本著名的专著中对红外研究的早期历史进行了回顾[2,3]。许多历史资料也可以在最近发表的论文中找到[4,5]。

红外探测器的发展中最重要的一些事件有[6,7]:

1821 年,塞贝克(Seebeck)发现热电效应,不久之后展示了第一个热电偶。

1829 年,诺比利(Nobili)通过串联多个热电偶,搭建了第一个热电堆。

1833 年,梅洛尼(Melloni)使用铋(Bi)和锑(Sb)改进了热电偶的设计。

兰利(Langley)的测辐射热计出现于 1880 年[7]。兰利使用两条细的白金箔连接形成惠斯通电桥(Wheatstone bridge)的两臂。之后的 20 年间,兰利持续改进他的测辐射热计设计(比初期结果敏感 400 倍),可以探测到 1/4 mile(1 mile≈1.61 km)处一头奶牛的热量。红外探测器早期的发展是和热探测器联系在一起的。

光导效应则是在 1873 年由史密斯(Smith)在将硒作为海底电缆的绝缘材料的实验中发现的[8]。这一发现开创了未来几个世纪中的丰富研究领域,尽管其中大部分工作并不能令人信服。截至 1927 年,关于光敏硒材料,业内发表了超过 1 500 篇文章及 100 项专利[9]。玻色(Bose)在 1904 年发现了自然界存在的硫化铅/方铅矿具有红外光伏效应[10],然而未来几十年内都没有基于该效应的辐射探测器问世。

光子型探测器是在 20 世纪发展起来的。第一个红外光电导器件由凯斯(Case)在 1917 年发明[11]。凯斯发现铊和硫的化合物具有光电导特性。之后,他发现添加氧组分可以极大地增强响应[12]。但在光照、极化电压存在时,器件阻值不稳定,过度曝光会丧失响应,噪声高,响应慢,重复性差等都是此类器件的缺点。

1930 年以来,红外技术的发展是由光子型探测器主导的。19 世纪 30 年代,出现了具有稳定性能的 Cs-O-Ag 光电发射管,这一技术的成功在很大程度上阻碍了光导型器件的发展。直到 20 世纪 40 年代,德国开始着手改进光导型红外探测器件[13,14]。1933 年,柏林大学(University of Berlin)的库茨歇尔(Kutzscher)发现硫化铅(PbS)(来自撒丁岛的天然方铅矿)

是光导型材料,可以对 3 μm 波长产生响应。这项工作当然是在非常保密的情况下完成的,直到 1945 年之后才逐渐为人所知。硫化铅器件是第一种在战争期间实际应用于多种场合的红外探测器。1941 年卡什曼(Cashman)改进了硫化铊探测器技术,成功实现了产品化,之后他将精力转到硫化铅,第二次世界大战结束后,他进一步发现铅盐家族的其他几种半导体(PbSe,PbTe)也具有制备红外探测器件的潜力。1943 年硫化铅光电导器件在德国进入生产研发阶段。1944 年美国的西北大学(Northwestern University)、1945 年英国的海军部研发实验室(Admiralty Research Laboratory)也相继实现生产[15,16]。

在红外领域,人们尝试过很多材料。回顾红外探测技术的研发历史,诺顿(Norton)曾经说过一句话:0.1~1 eV 内的物理现象都可以用红外探测器进行研究[1]。在这些效应中就包括了热电势(热电偶)、电导率变化(辐射热计)、气体膨胀(高莱管)、热释电(热释电探测器)、光子牵引、约瑟夫森效应[约瑟夫森结,SQUID(superconducting quantumn interference device)]、内部发射(PtSi 肖特基势垒)、基本吸收(本征光电探测器)、杂质吸收(非本征光电探测器)、低维材料[超晶格(superlattice,SL)、量子阱(quantum well,QW)和量子点(quantum dot,QD)探测器],以及不同类型的相变等[17]。

图 3.1 给出了上述材料重大研究进展的大概日期。第二次世界大战期间的几年见证了现代红外探测器技术的起源。在过去的七十多年中,高性能红外探测器的成功开发使得将红外技术应用于遥感成为可能。光子型红外探测技术与半导体材料科学、集成电路光刻技术等结合,加上冷战背景下军事需求的推动,红外探测能力在 20 世纪很短时间内获得了巨大的发展[18]。

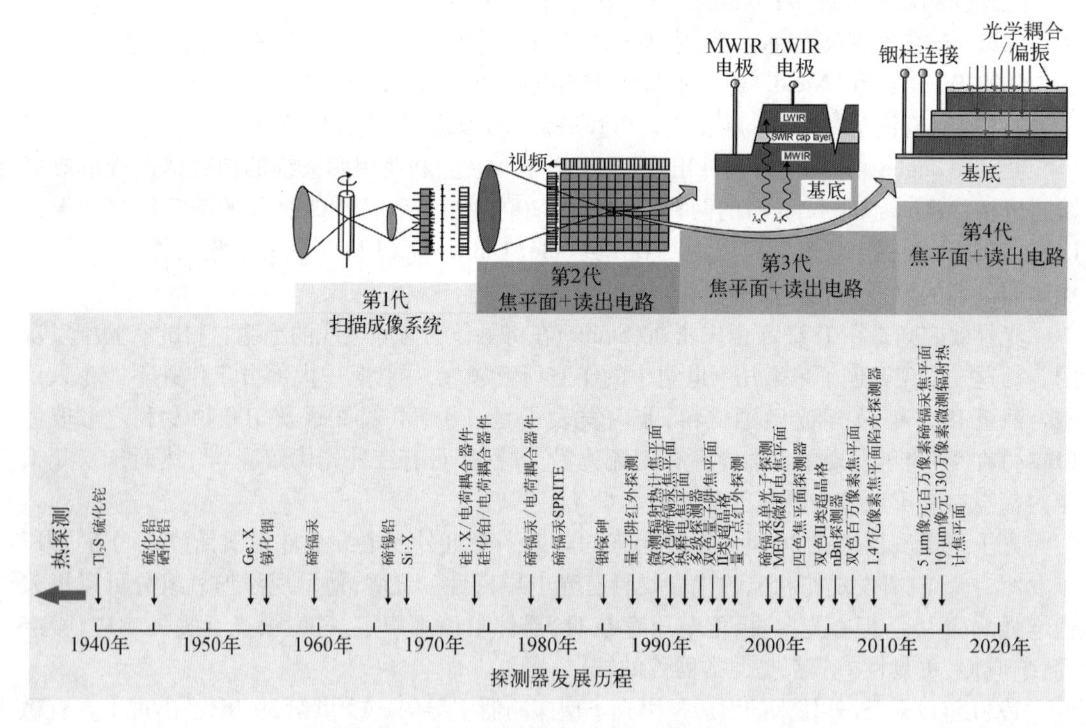

图 3.1 红外探测器及系统的发展历史

主流军事及民用系统可以被划分为 4 代:第 1 代(扫描成像系统);第 2 代(凝视成像系统-电子扫描);第 3 代(凝视成像系统,高像素,双色多功能);第 4 代(凝视成像系统,超高像素,多色多功能及片上功能,如更好的辐射光/像素耦合、像素级雪崩倍增、偏振/相位感知)

3.1 现代红外探测技术的发展历史

在20世纪50年代,红外探测器使用单元制冷型铅盐探测器,主要用于防空导弹的追踪器。铅盐探测器采用多晶材料,通过溶液的真空蒸发和化学沉积,结合后道敏化工艺处理制成[16]。铅盐光电导探测器的制备过程通常不为人所知,并且只有遵循充分验证的配方才能实现器件的可重复性。在发现晶体管之后,在20世纪50年代初[19]报道了第一批非本征光电导探测器,这刺激了材料生长和纯化技术的显著改善。由于杂质引入的技术较早就应用于锗材料,因此第一批高性能非本征探测器是基于锗的。锗中铜、锌、金杂质浓度导致的非本征光电导响应推动了8~14 μm LWIR及14~30 μm的甚长波红外的探测器研发。在本征探测器发明之前,非本征光电导器件被广泛地用于10 μm以上的波段。它们必须在较低的温度下运行才能获得与本征探测器相当的性能,并且需要牺牲量子效率来避免使用过厚的敏感层。

1967年,Soref发表了第一篇关于非本征Si探测器的综述文章[20]。然而,非本征Si器件的发展状态没有出现明显改变。尽管Si具有优于Ge的优点(其较低的介电常数可提供较短的介电弛豫时间和较低的电容,其较高的杂质溶解度和较大的光电离截面可以实现更高的量子效率,以及较低的折射率可以降低反射率),但是这些都不足以保证其达到Ge探测器的性能。在停滞了约10年之后,Boyle和Smith发明了CCD[21],人们重新考虑使用非本征硅作为探测材料。1973年,Shepherd和Yang提出了金属硅化物/硅的肖特基势垒探测器[22]。人们自此可以采用更复杂的读出方案,即将探测和读出都在一个普通的硅芯片中实现。

同时,窄带隙半导体正在迅速发展,后来证明对扩展探测波长和提高灵敏度很有用。第一种这样的材料是InSb,它是新发现的Ⅲ-Ⅴ族化合物半导体家族的成员。对InSb的兴趣不仅源于其较小的能隙,还源于可以使用常规技术将其制成单晶形式的事实。20世纪50年代末和60年代初,引入了窄带隙半导体合金材料体系Ⅲ-Ⅴ族($InAs_{1-x}Sb_x$)、Ⅳ-Ⅵ族($Pb_{1-x}Sn_xTe$)和Ⅱ-Ⅵ族($Hg_{1-x}Cd_xTe$)。这些合金具有可调节的半导体带隙,因此可以针对特定应用来定制探测器的光谱响应。1959年,Lawson等[23]的研究触发了对可变带隙$Hg_{1-x}Cd_xTe$(HgCdTe)合金的开发,为红外探测器的设计提供了前所未有的自由度。他们首次报道了扩展至12 μm波长下的光导和光伏响应。此后不久,在明尼苏达州霍普金斯的霍尼韦尔企业研究中心(Honeywell Corporate Research Center in Hopkins, Minnesota),由克鲁斯(Kruse)领导的小组根据美国空军合同开展了设计一种8~12 μm背景限半导体红外探测器的工作,他们为HgCdTe开发了一种改良的布里奇曼(Bridgman)晶体生长技术。之后很快他们就报道了基本HgCdTe器件的光电导和光伏探测[24]。

窄带隙半导体的基本特性(光吸收系数高、电子迁移率高和热生成率低)及能带工程设计的能力使这些合金系统几乎成为各种红外探测器的理想选择。由于Hg的蒸气压较高,HgCdTe材料的生长很困难,这促使了在过去40年中各种替代技术的发展,其中之一是PbSnTe,它在20世纪60年代末和70年代初与HgCdTe一起被大力推广[25-27]。PbSnTe相对容易生长,并且易于获得高质量的LWIR光电二极管。但是,在20世纪70年代后期,导致放弃PbSnTe探测器工作的两个原因是高介电常数和与硅不匹配的大膨胀温度系数(temperature coefficient of expansion, TCE)。第一个缺点是高介电常数,20世纪70年代的扫描红外成像系统需要相对较快的响应时间，使扫描图像不会在扫描方向上模糊。随着当今朝向凝视阵列的趋势，这种考虑可能不如设计第 1 代系统时那样重要。第二个缺点是较大的 TCE，这会导致从室温到低温工作温度的反复热循环后，混成结构中的铟柱键合失效（在硅读出电路和探测器阵列之间）。

材料技术的发展过去主要用于军事应用，这一情况还将继续。在美国，越南战争推动军事部门开始开发红外系统，该系统可以对地形车辆、建筑物和人员的热辐射进行成像。随着光刻技术在 20 世纪 60 年代初问世，它被用于制造红外探测器阵列。线性阵列技术首先应用于 PbS、PbSe 和 InSb 探测器。20 世纪 60 年代初发现了非本征的 Hg 掺杂 Ge[28]，制备了第一批使用线列在 LWIR 光谱窗口中工作的 FLIR 系统。由于探测机制基于非本征激发，工作温度在 25 K 以下需要两级制冷机。固有的窄带隙半导体探测器对制冷的要求不那么严格。通常，要获得 3 ~ 5 μm 光谱区域的背景限性能的红外光电探测器（background-limited infrared photodetector，BLIP），应在 200 K 或更低的温度下工作，而 8 ~ 14 μm 的探测器通常在液氮温度下工作。在 20 世纪 60 年代末和 70 年代初，业内开发出了本征 HgCdTe 光导型探测器的第一代线列。这些使 LWIR FLIR 系统可以与单级低温制冷机一起工作，从而使系统更紧凑、更轻巧并且功耗也大大降低。

确实，HgCdTe 激发了三代探测器的发展。第 1 代光电导探测器的线列已经大量生产，并且在今天广泛使用。第 2 代光电探测器的二维阵列现已投入量产。在目前的开发阶段，凝视阵列具有约 10^6 个元件，并通过与阵列集成的电路进行电子扫描。这些通过铟柱互连到读出电路芯片上的光电二极管二维阵列所构成的混成结构，通常称为传感器芯片组件（sensor chip assembly，SCA）。此处定义的第 3 代器件涵盖了双色探测器和高光谱阵列中装备的更奇特的器件结构，当前这些器件仍处于演示的阶段（图 3.1）。

对第 2 代系统概念的早期评估表明，PtSi 肖特基势垒、InSb 和 HgCdTe 光电二极管或高阻抗光电导体（如 PbSe、PbS 和非本征硅探测器）是有前途的候选者，因为它们具有与多路复用的场效应管输入端相匹配的阻抗。光导型 HgCdTe 探测器则由于低阻抗和高功耗而不适合应用于焦平面。SPRITE 探测器[29,30]是英国的一项新颖发明，通过在单个细长探测单元中结合信号 TDI 功能，拓展了传统的光电导 HgCdTe 探测器技术。这种探测器代替了传统的串行扫描探测器的整行分立元件及外部相关的放大器和时间延迟电路。尽管这种技术仅用于大约 10 个单元的小阵列，但已生产了上千个器件。

在 20 世纪 70 年代后期和整个 80 年代，HgCdTe 技术的工作几乎完全集中在光伏器件的开发上，因为大规模阵列中的读出电路输入端需要低功耗和高阻抗的探测器。这项努力终于随着 HgCdTe 第 2 代红外系统的诞生而获得了回报，该系统可提供大型二维阵列，既可以是 TDI 线列（用于扫描成像仪），又可以是正方形和矩形面阵（用于凝视阵列）。20 世纪 90 年代中期制造了第一批百万像元的 HgCdTe 混成焦平面阵列。但是，当时的 HgCdTe FPA 受阵列产量的限制，成本很高。在这种情况下，又研究了用于红外探测器的替代合金系统，如量子阱红外光电探测器和Ⅱ类超晶格（type - Ⅱ superlattice，T2SL）。

最近，在基于Ⅲ-Ⅴ族锑化物的低维固体开发和器件设计创新方面取得了长足进步。它们的发展源自两个主要动机：以合理的成本可重复地制造具有高像元有效性的 HgCdTe FPA 中所遭遇的巨大挑战，以及理论预测 T2SL 探测器可以具有相比 HgCdTe 更低的俄歇复合。在其他参数（如 Shockley - Read - Hall 寿命）相等的情况下，较低的俄歇复合也就意味着较低的暗电流和/或较高的工作温度,这是T2SL相较于HgCdTe的根本优势。

像元数可能会在大幅面阵列领域保持继续增长趋势。使用几个SCA的紧密拼接也将继续增加这种情况。雷神公司制造了2 000×2 000 HgCdTe SCA的4×4拼接,并协助将其组装到最终的焦平面配置,以在四个红外波段对南半球的整个天空进行观测[31]。该探测器具有6 700万像素,是目前世界上最大的红外焦平面。尽管目前在减小相邻SCA敏感元之间的间隙大小方面仍存在局限性,但其中的许多问题都是可以克服的。据预测,焦平面可以达到1亿像素甚至更大,这仅受到预算的限制,而非技术限制[32]。

接受国防机构资助的缺点是相关的保密要求,这些要求阻碍了国家(尤其是国际)研究团队之间有意义的合作。此外,重点主要放在FPA演示上,而不是建立知识库上。不管怎样,在过去的40年中还是取得了重大进展。目前,HgCdTe是最广泛用于红外光电探测器的可变带隙半导体。多年来,HgCdTe成功地战胜了非本征硅和碲锡铅器件,但除了这些,如今的HgCdTe拥有更多的竞争对手。其中包括硅上肖特基势垒、SiGe异质结、AlGaAs多量子阱、InAs/GaSb T2SL、高温超导体,以及两类热探测器:热释电探测器和硅辐射热计。但有趣的是,这些竞争对手都无法在基本特性方面与之抗衡。它们可能会保证更高的可制造性,但绝不会提供更高的性能,或是具有更高的工作温度(热探测器除外)。

如上面所述,在20世纪70年代中期首次展示了单片式非本征的Si探测器,但由于集成电路的制造工艺降低了探测器材料的性能,因此后来将其搁置了[33-35]。从历史上看,Si : Ga和Si : In是第一种拼接FPA的光电导材料,因为早期的单片工艺与这些掺杂剂兼容。光电导材料采用常规技术或杂质带传导(impurity band conduction,IBC)或阻挡杂质带(blocked impurity band,BIB)制成。非本征光电导必须制造得相对较厚,因为它们的光子俘获截面比本征探测器低得多。但是,BIB探测器具有光导和光伏特性的独特组合,包括极高的阻抗、低的复合噪声、线性光导增益、高均匀性和出色的稳定性。截止波长为28 μm的百万像元探测器阵列现已上市[36]。特殊掺杂的IBC可作为固态光电倍增器(solid-state photomultiplier,SSPM)和可见光光子转换器,其中光激发载流子允许在低通量水平下实现单光子计数。标准SSPM的响应范围为0.4~28 μm。

如前面所述,自1930年以来,IR技术的发展一直由光子探测器主导。但是,光子探测器需要低温制冷。这对于防止电荷载流子的热生成是必需的。热跃迁与光学跃迁的竞争使非制冷器件具有很大的噪声。热像仪制冷通常使用斯特林循环制冷机,这是光子探测器红外热像仪中的昂贵组件,同时制冷机的寿命只有10 000 h左右。需要制冷是基于半导体光子探测器的红外系统在广泛应用中的主要障碍,这使它们体积庞大、笨重、昂贵且使用不便。

几十年来,将热探测器用于红外成像一直是研究和开发的主题。但是在商用和军事系统中,热探测器的使用率相比光子探测器低。造成这种差异的原因是,与光子探测器相比,人们普遍认为热探测器相当慢且不灵敏。结果就是,世界范围内对热探测器的研发努力比对光子探测器的研发努力要小很多。

但从前面的概述中,不能就此推断热探测器的工作没有在积极开展。沿着这条路径,确实发生了一些有趣而重要的进展。例如,在1947年,高莱(Golay)发明了一种改进的气动红外探测器[37]。该气体温度计已用于光谱仪中。最初由贝尔电话实验室(Bell Telephone Laboratories)开发的热敏电阻测辐射热仪已广泛地应用于探测来自低温源的辐射[38,39]。超导效应已被用于制造极其灵敏的测辐射热计。

热探测器也已经用于红外成像。蒸发计(evaporograph)和吸收边像转换器(absorption edge image converter)是最早的非扫描红外成像仪。最初使用的是蒸发计,其中辐射聚焦在涂有油薄膜的黑化膜上[40]。油的蒸发速率与辐射强度成正比。然后用可见光照射胶片以产生与热图像相对应的干涉图案。第二个热成像器件是吸收边像转换器[41]。该器件基于半导体吸收边的温度依赖性。由于非常长的时间常数和较差的空间分辨率,两个成像器件的性能都很差。尽管有众多研究计划,而且具有环境温度工作和潜在的低成本等优势,但在热成像应用中,热探测器技术在与制冷型光子探测器的竞争中取得的成功很有限。一个显著的例外是热释电视像管(pyroelectric vidicon,PEV)[42],它已被消防和紧急服务组织广泛使用。PEV 管可以类比于可见光的电视摄像管,其中的光电导靶采用热电探测器和锗面板代替。紧凑、坚固的 PEV 成像仪已被用于军事应用,但存在寿命低和易破碎的缺点,特别是为提高空间分辨率而采用的网状视像管。但凝视型 FPA 的出现标志着器件获得了巨大发展,有朝一日将使非制冷系统在许多方面,特别是在商业上,变得更加实用。德州仪器(Texas Instruments,TI)在美国陆军夜视实验室(Army Night Vision Laboratory)的支持下,在这一领域做出了决定性的贡献[4]。该项目的目标是建立一个基于钛酸锶钡(barium strontium titanate, BST)铁电探测器的凝视型 FPA 系统。在整个 20 世纪 80 年代和 90 年代初,许多其他公司也根据各种热探测原理进行了器件研发。

热成像的第二次革命始于 20 世纪末。能够在室温下对场景成像的非制冷红外阵列的开发是一项杰出的技术成就。许多技术是在美国根据机密军事合同开发的,因此 1992 年公开发布的研发信息使世界范围内红外研究领域的许多学者感到惊讶[43]。这里有一个隐含的假设,即只有工作在 8~12 μm 大气窗口中的低温光子探测器才具有对室温物体成像的必要灵敏度。尽管热探测器由于响应速度慢而很少用于扫描成像仪,但对于带宽较低的二维电子寻址阵列来说,热探测器引起了研究人员的兴趣,在帧时间内热探测器进行积分的能力成为它的一项优势[44-49]。最近的许多研究都集中在混成式和单片式非制冷阵列上,并且在测辐射热计阵列和热释电阵列的探测率方面都取得了显著改善。霍尼韦尔已将辐射热计技术授权给多家公司,用于开发和生产用于商业与军事系统的非制冷 FPA。目前,紧凑型百万像元微测辐射热计厂商包括美国的多家企业如 Raytheon、DRS、BAE、L－3 和 FLIR Systems。美国政府允许这些制造商将器件出售给国外,但不得泄露制造技术。近年来,包括英国、法国、日本和韩国在内的几个国家已经决定开发自己的非制冷成像系统。尽管美国处于领先地位,但低成本非制冷红外系统的一些最令人振奋和最有希望的发展可能来自非美国公司[如日本三菱电机(Mitsubishi Electric)制造的具有串联 p－n 结的微测辐射热计 FPA,这是独特的基于全硅版本的测微辐射热计]。

3.2　红外探测器的分类

探测器主要分为两大类:光子探测器和热探测器。

第一类探测器是光子探测器。红外探测器技术的进步与半导体红外探测器有关,半导体红外探测器属于光子探测器类别。在这类探测器中,辐射与束缚在晶格原子或杂质原子上的电子或自由电子发生相互作用,在材料内被吸收。观察到的电输出信号是由改变后的电子能量分布产生的。半导体中的基本光激发过程如图 3.2 所示[50-52]。在 QW 中[图 3.2(b)],子带间吸收发生在与导带(n 掺杂)或价带(p 掺杂)相关的 QW 能级之间。在Ⅱ类 InAs/GaSb 超晶格的情况下[图 3.2(c)],SL 带隙由电子微带 E_1 和布里渊区中心第一重空穴态 HH_1 之间的能量差确定。Ⅱ类能带对准的结果是电子和空穴的空间分离。

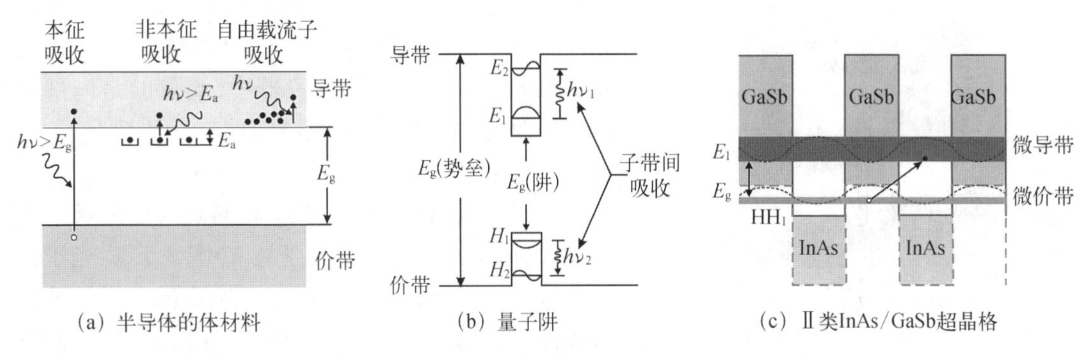

(a) 半导体的体材料　　(b) 量子阱　　(c) Ⅱ类InAs/GaSb超晶格

图 3.2　光激发过程

图 3.3 中显示了许多红外探测器的探测率谱。兴趣主要集中在两个大气窗口 3~5 μm (MWIR)和 8~14 μm(LWIR)的波长上,尽管近年来,由于空间应用的激发,人们越来越关注更长的波段。背景的光谱特性会受大气传输的影响(参见图 2.27[50]),这决定了可在大气中工作的探测器的红外光谱范围。

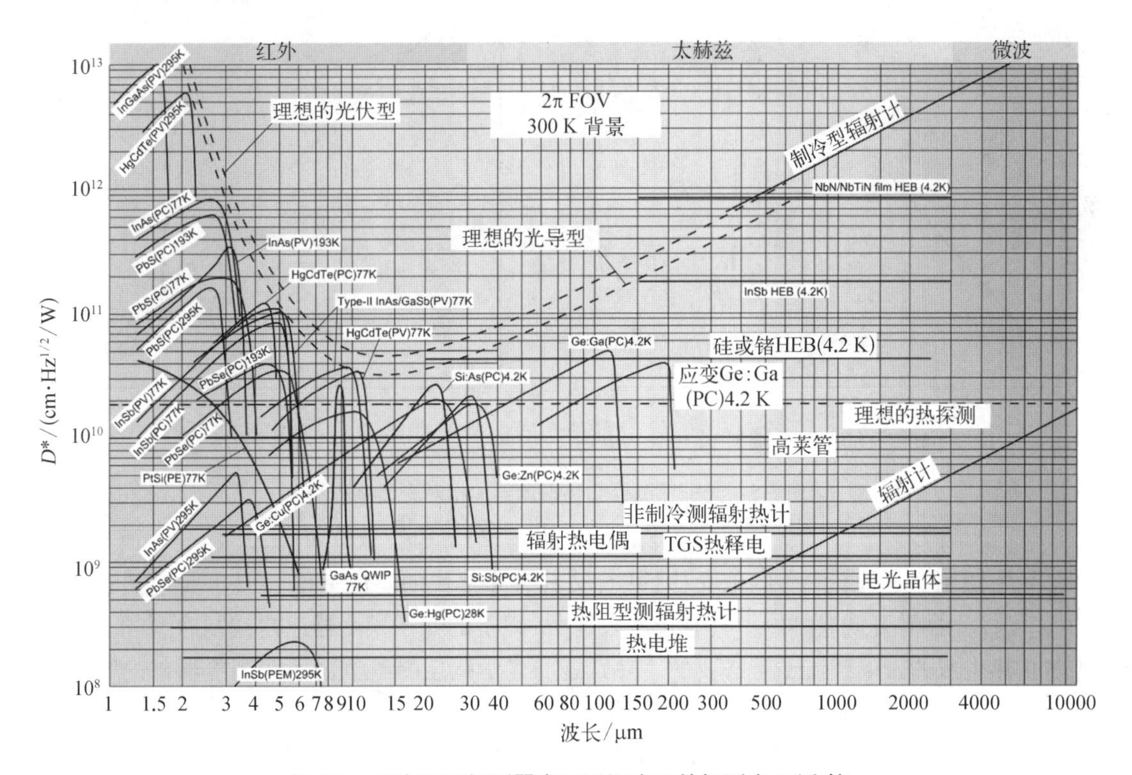

图 3.3　现有不同探测器在不同温度下的探测率 D^*比较

除了热电堆、热电偶、热阻型测辐射热计、高莱管、热释电探测器的信号调制频率为 10 Hz,其他探测器的调制频率均为 1 000 Hz。每一个探测器的视野都设定为一个温度 300 K 的半球。理想光伏/光导/热探测器在背景限下的探测率 D^* 可以通过理论计算获得(图中表示为点划线)。PC 为光导型;PV 为光伏型;PEM 为光电磁型;HEB 为热电子测辐射热计

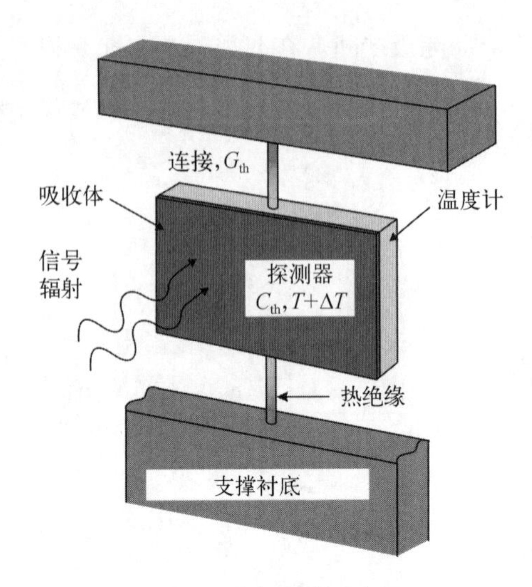

图 3.4　热探测器示意图

第二类探测器由热探测器组成。在热探测器中，入射辐射被吸收后改变了材料的温度，某些物理性质的最终变化可被用来产生电学输出。探测器采用与热沉相连的延迟线悬挂起来(图 3.4)。三种热效应获得了研究人员的重视，即测辐射热计、热释电和热电效应。在热释电探测器中，测量的是内部电极化的改变，而在热敏电阻测辐射热计的情况下，测量的是电阻的变化。

可以绘制出红外探测器的相对响应随波长的变化函数，纵坐标为 W^{-1}或光子数$^{-1}$(图 3.5)。光子探测器显示出每单位入射辐射功率响应的选择性波长依赖性。因为每个光子的能量与波长成反比，而它们的响应与到达光子的速率成正比。因此，光谱响应会随着波长的增加而线性增加[图 3.5(a)]，直到由探测器材料确定的截止波长。截止波长通常指定为探测器的响应率降至 50%峰值响应率时的长波长位置。对于热探测器，信号不取决于入射辐射的光子性质。因此，热效应通常与波长无关。信号取决于辐射功率(或其变化率)，而不取决于其频谱组成。

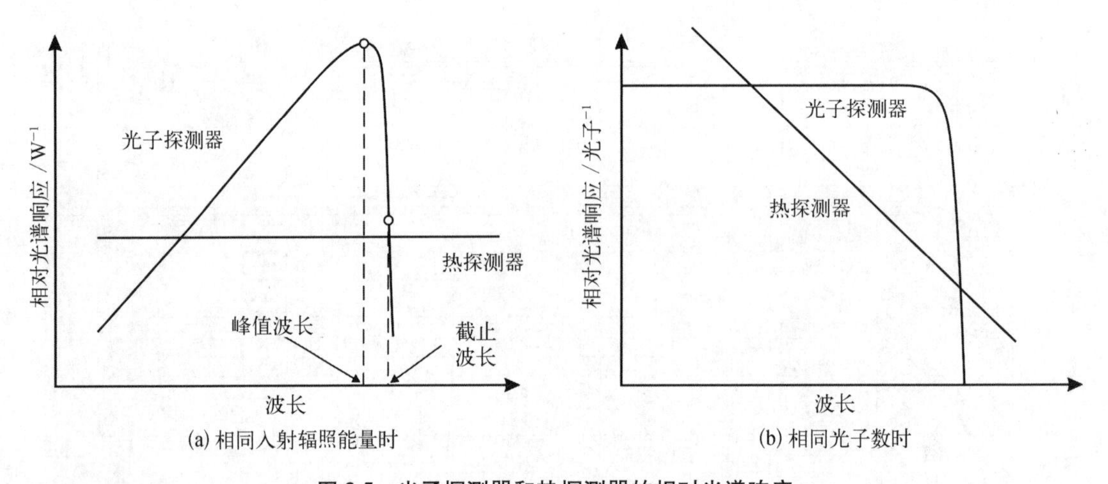

图 3.5　光子探测器和热探测器的相对光谱响应

光子探测器既具有完美的信噪比性能，又具有非常快的响应速度。但是要达到这个目的，光子探测器需要低温制冷。具有长波限 3 μm 以上的光子探测器通常是制冷型的。这对于防止热生成的带电载流子是必要的。热跃迁与光学跃迁的竞争会使非制冷器件的噪声非常大。

根据相互作用的性质，光子探测器的类别进一步细分为不同类型，如表 3.1 所示。最重要的是本征探测器、非本征探测器、光发射(金属硅化物肖特基势垒)探测器和量子阱探测器。根据电场或磁场的建立方式，又可分为多种模式，如光电导、光伏、光电磁(photoelectromagnetic, PEM)和光电发射模式。每种材料系统都可在多种模式下工作。

表 3.1　不同类型红外探测器的特点对比

<table>
<tr><th colspan="3">探 测 器 类 型</th><th>优　　点</th><th>缺　　点</th></tr>
<tr><td colspan="3">热探测器(热电堆、测辐射热计、热释电)</td><td>轻便、耐用、可靠、低成本
室温工作</td><td>高频探测率低
响应速度慢(毫秒量级)</td></tr>
<tr><td rowspan="8">光子
探测器</td><td rowspan="3">本征</td><td>Ⅳ-Ⅵ族(PbS, PbSe, PbSnTe)</td><td>制备简单
材料更稳定</td><td>热膨胀系数非常高,介电常数大</td></tr>
<tr><td>Ⅱ-Ⅵ族(HgCdTe)</td><td>带隙剪裁容易,理论和实验发展成熟,多色探测器</td><td>大尺度下的非均匀性,生长和处理成本高,表面不稳定</td></tr>
<tr><td>Ⅲ-Ⅴ族(InGaAs, InAs, InSb, InAsSb)</td><td>优质的材料和掺杂剂,先进工艺,可能的单片式集成</td><td>异质外延中存在大的晶格失配,长波截止限为 7 μm(温度为 77 K)</td></tr>
<tr><td colspan="2">非本征(Si : Ga, Si : As, Ge : Cu, Ge : Hg)</td><td>甚长波工作,工艺相对简单</td><td>热生成较高,深低温工作</td></tr>
<tr><td colspan="2">自由载流子(PtSi, Pt2Si, IrSi)</td><td>低成本,高良率,大规模紧凑封装的面阵</td><td>量子效率低,低温工作</td></tr>
<tr><td rowspan="2">QW</td><td>Ⅰ类(GaAs/AlGaAs, InGaAs/AlGaAs)</td><td>材料生长工艺成熟,大尺寸下均匀性好,多色探测器</td><td>热生成较高,设计和生长复杂</td></tr>
<tr><td>Ⅱ类(InAs/GaSb, InAs/InAsSb)</td><td>俄歇复合速率低,波长控制容易,多色探测器</td><td>设计和生长复杂,对于界面很敏感</td></tr>
<tr><td>QDs</td><td>InAs/GaAs, InGaAs/InGaP, Ge/Si</td><td>光线垂直入射,低的热生成</td><td>设计和生长复杂</td></tr>
</table>

最近,Kinch 重新考虑了此标准分类,简要介绍如下[51]。光子探测器可以分为两大类:即多子器件和少子器件。使用的材料体系如下所示。

(1) 直接带隙半导体-少子。

① 二元合金:InSb,InAs。

② 三元合金:HgCdTe,InGaAs。

③ Ⅱ类,Ⅲ类超晶格:InAs/GaSb,HgTe/CdTe。

(2) 非本征半导体-多子。

① Si : As,Si : Ga,Si : Sb。

② Ge : Hg,Ge : Ga。

(3) Ⅰ类超晶格-多子,如 GaAs/AlGaAs QWIP。

(4) 硅肖特基势垒-多子,如 PtSi、IrSi。

(5) 高温超导体-少子。

除了Ⅲ类超晶格和高温超导体,所有这些材料体系在红外探测器市场上都是重要的参与者。

与光子探测器相反,热探测器通常在室温下工作。它们通常具有灵敏度适中和响应速度较慢的特征(因为对探测元进行加热和冷却是一个相对较慢的过程),但是它们价格便宜且易于使用。热探测器已被广泛地应用于不需要高性能和高速度的低成本应用中。由于探测波长的非选择性,它们经常被用于红外光谱仪中。表 3.2 列出了所用到的热效应。

表 3.2 红外热探测器

探 测 器	工 作 原 理
测辐射热计、金属、半导体、超导体、铁电、热电子	电导率变化
热电偶/热电堆	两种不同金属构成的结在温度变化时会产生电压
热释电	自发电极化
高莱管/气体传声器	气体热膨胀
吸收边	半导体的光学传输
热磁	磁特性改变
液晶	光学特性改变

与光子探测器相比,直到 20 世纪 90 年代,热探测器在商业和军事系统中的使用都很少。然而,在最近十年中,已经表明,以电视(television, TV)帧速率非制冷工作的大规模热探测阵列可以获得极好的图像。对于具有二维探测元的非扫描成像仪,热探测器的响应速度是足够的。可以通过二维电子扫描阵列中的大量元件来对热探测器的中等灵敏度进行补偿。对于大规模热探测器,因为获得的有效噪声带宽小于 100 Hz,可以实现低于 0.05 K 的最佳温度灵敏度值。

最后,应该提到第三类红外探测器,即直接响应辐射场的辐射场探测器。这类探测器是在 1970 年后开发的,但并没有产生重大影响[52]。近年来,谐波混频器在远红外(太赫兹)和亚毫米波中的广泛应用提高了辐射场探测器的重要性[53]。

3.3 探测器工作温度

本征探测器和非本征探测器之间的主要区别在于,与本征探测器相比,非本征探测器需要冷却到更低的温度才能在特定的光谱响应截止频率上实现高灵敏度探测。低温工作与更长的波长灵敏度相关联,是为了抑制由于在接近能级之间发生热跃迁而产生的噪声。

探测器视野中背景的温度与探测器达到背景限性能所需的较低工作温度之间存在一个基本关系。截止波长为 12.4 μm 的 HgCdTe 光电探测器需要在 77 K 下工作。这个例子中的结果可以按比例扩展到其他工作温度和截止波长,因为研究人员注意到,对于一定的探测器性能水平,$T\lambda_c$的乘积约为一个常量[54]。也就是说,λ_c越长,T 越低,而它们的乘积保持大致恒定。该关系成立是因为探测器性能主要随 $E_{exc}/kT = hc/kT\lambda_c$ 的指数变化,其中 E_{exc}是激发能量,k 是玻尔兹曼常量,h 是普朗克常量,c 是光速。

探测器的工作温度可以近似为

$$T_{\max} = \frac{300}{\lambda_c} \tag{3.1}$$

图 3.6 是在适合低背景应用的 12 种高性能探测器材料中的情况，包括 Si、InGaAs、InSb、T2SL、HgCdTe 光电二极管、Si : As BIB 探测器、无应力的和有应力的非本征 Ge : Ga 探测器等。太赫兹光电导体是以非本征模式工作的。

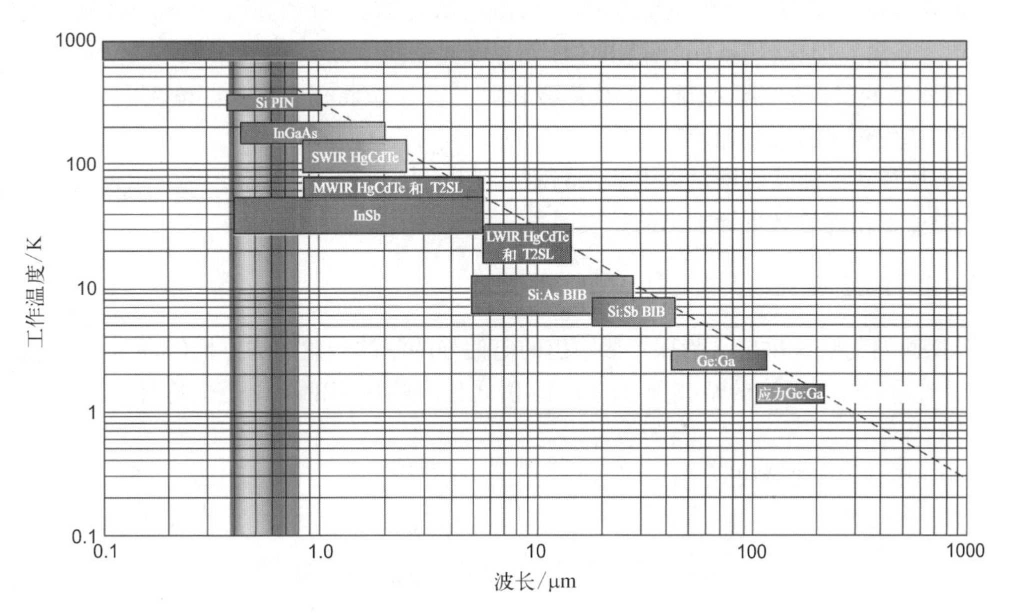

图 3.6　适用于低背景工作的材料体系，其工作温度与最高灵敏度波段的关系

虚线表示探测波长越长，工作温度越低的趋势线

使用最广泛的光电探测器是 p - n 结，即使在没有辐射的情况下，结上也会存在强大的内电场。入射在结上的光子会产生自由空穴电子对，被结区内电场分开，从而导致开路单元两端的电压发生变化，或者在短接的情况下产生电流。

利用电子从价带到导带的激发的光电导体称为本征探测器。取而代之的是，通过将电子从能带中的杂质态（能隙、QW 或 QD 中的杂质束缚态）激发到导带或将空穴激发到价带中而工作的那些器件，称为非本征探测器。本征探测器和非本征探测器之间的主要区别在于，与本征探测器相比，非本征探测器需要冷却到更低温度才能在给定的光谱响应截止频率处实现高灵敏度。低温工作与更长的波长灵敏度相关联，以抑制由于在接近的能级之间发生热跃迁而产生的噪声。本征探测器最常见于短波长（低于 20 μm）。在更长的波长区域中，光电导以非本征模式工作。光电导的一个优点是其电流增益，该增益等于复合时间除以多子的渡越时间。该电流增益导致其响应率高于非雪崩型的光伏探测器。然而，低温工作光电导中存在的严重问题是探测元的不均匀性，这是由电学接触处的复合机制及其随偏压的变化导致的。

最近，特别针对 IR 和 THz 波段，已经提出了界面功函数、内部光发射探测器、QW 探测器和 QD 探测器，它们都可以包括在非本征光电导中[55]。QW 和 QD 半导体探测器具有非常快的响应，对外差探测很有吸引力。

3.4 探测器的品质因子

由于涉及大量实验变量,红外探测器的性能表征很困难。必须考虑并仔细控制各种环境、电气和辐射参数。随着大规模二维探测器阵列的出现,探测器测试变得更加复杂和苛刻。

本节旨在作为红外探测器测试的入门参考。许多文献和期刊都涵盖了这一问题,包括:哈得逊(Hudson)撰写的《红外系统原理》[50];由沃尔夫(Wolfe)和齐西斯(Zissis)编撰的《红外手册》[56];由罗加托(Rogatto)编撰的《红外与电光系统手册》[57];文森特(Vincent)撰写的《红外探测器的工作和测试基础》[58]及其第 2 版[59]。本节将仅考虑那些输出的电信号与辐射信号功率成正比的探测器[58-62]。

本节所描述的测量数据足以表征探测器。但是,为了简化探测器之间的比较,在本节中定义了一些根据测量数据计算出的品质因子。

3.4.1 响应率

IR 探测器的响应率定义为探测器输出的电信号的基波分量的均方根(root mean square,RMS)值与输入辐射功率的基波分量的 RMS 值之比。响应率的单位是伏特/瓦(V/W)或安培/瓦(A/W)。

电压(电流)的光谱响应率由式(3.2)给出:

$$R_v(\lambda,\ f)=\frac{V_s}{\Phi_e(\lambda)\Delta\lambda} \tag{3.2}$$

式中,V_s为由 Φ_e引起的信号电压;$\Phi_e(\lambda)$为光谱辐射入射功率(以 W/m 为单位)。

以上所给出的是单色光响应率,也可以选用黑体响应率,由式(3.3)定义:

$$R_v(T,\ f)=\frac{V_s}{\int_0^\infty \Phi_e(\lambda)\,\mathrm{d}\lambda} \tag{3.3}$$

式中,作为分母的入射辐射功率为黑体在所有波长上的光谱功率密度分布 $\Phi_e(\lambda)$上的积分。响应率通常是器件偏置电压 V_b、电学工作频率 f 和波长 λ 的函数。

3.4.2 噪声等效功率

噪声等效功率(noise equivalent power,NEP)是探测器上产生相当于 RMS 噪声信号输出时的入射功率。换句话说,NEP 是所对应的信噪比为 1 时的信号强度。可以用响应率表示为

$$\mathrm{NEP}=\frac{V_n}{R_v}=\frac{I_n}{R_i} \tag{3.4}$$

NEP 的单位是 W。

NEP 常按照固定参考带宽给出,该参考带宽通常假定为 1 Hz。每单位带宽 NEP 的单位是瓦特/赫兹$^{1/2}$(W/Hz$^{1/2}$)。

3.4.3　探测率

探测率 D 是噪声等效功率 NEP 的倒数：

$$D = \frac{1}{\text{NEP}} \tag{3.5}$$

琼斯(Jones)发现，许多探测器的 NEP 与探测器信号的平方根成正比，而信号又与探测器面积 A_d 成正比[63]。这意味着 NEP 和探测率都是电学带宽和探测器面积的函数，因此琼斯建议的归一化探测率 D^* 定义为[63,64]

$$D^* = D(A_d\Delta f)^{1/2} = \frac{(A_d\Delta f)^{1/2}}{\text{NEP}} \tag{3.6}$$

D^* 的重要性在于，该品质因子允许对相同类型但具有不同面积的探测器进行比较。光谱或黑体 D^* 可以根据 NEP 的相应类型来定义。

经常使用的式(3.6)的等效表达式为

$$D^* = \frac{(A_d\Delta f)^{1/2}}{V_n}R_v = \frac{(A_d\Delta f)^{1/2}}{I_n}R_i = \frac{(A_d\Delta f)^{1/2}}{\Phi_e}(\text{SNR}) \tag{3.7}$$

式中，D^* 定义为每单位探测器面积平方根上，每均方根入射辐射功率，在 1 Hz 带宽内的均方根 SNR。D^* 的单位为 $\text{cm}\cdot\text{Hz}^{1/2}/\text{W}$，也可称为 Jones(琼斯)。

黑体 $D^*(T, f)$ 可从光谱探测率中得

$$D^*(T, f) = \frac{\int_0^\infty D^*(\lambda, f)\Phi_e(T, \lambda)\mathrm{d}\lambda}{\int_0^\infty \Phi_e(T, \lambda)\mathrm{d}\lambda} = \frac{\int_0^\infty D^*(\lambda, f)E_e(T, \lambda)\mathrm{d}\lambda}{\int_0^\infty E_e(T, \lambda)\mathrm{d}\lambda} \tag{3.8}$$

式中，$\Phi_e(T, \lambda)=E_e(T, \lambda)A_d$ 为入射的黑体辐射通量(以 W 为单位)；$E_e(T, \lambda)$ 为黑体辐照度(以 W/cm^2 为单位)。

3.4.4　量子效率

光子探测器基于半导体材料中的光子吸收。当光场传播通过半导体时，如果光子能量足以产生光生载流子，则信号将连续损失能量(图 3.7)。在半导体内部，随着能量转移到光生载流子电场呈指数衰减。材料的特征可用吸收长度 α 和穿透深度 1/α 表示。穿透深度为光信号功率衰减到 1/α 的位置。

那么根据材料中位置的不同，半导体吸收的功率为

$$P_a = P_i(1-r)(1-\mathrm{e}^{-\alpha x}) \tag{3.9}$$

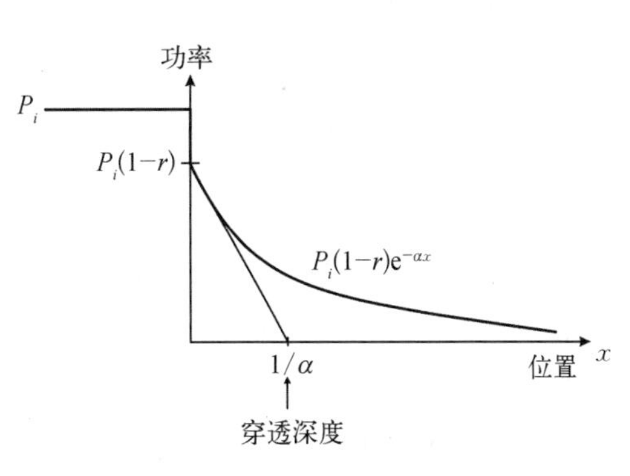

图 3.7　半导体材料中的光吸收

吸收的光子数是功率(以瓦特为单位)除以光子能量($E = h\nu$)。如果每吸收一个光子产生一个光生载流子,则对于具有反射率 r 的特定半导体,每个入射光子所产生的光生载流子数为

$$\eta(x) = (1 - r)(1 - e^{-\alpha x}) \tag{3.10}$$

式中,$0 \leqslant \eta \leqslant 1$ 定义了探测器的量子效率,即每个入射光子所激发的电子空穴对的数量。

图 3.8 显示了用于制造紫外线(ultraviolet, UV)、可见光和红外探测器阵列的部分探测器材料的量子效率。在紫外区域正在开发光电阴极和 AlGaN 探测器。图 3.8 中也显示了具有和不具有抗反射涂层的硅 p-i-n 二极管。铅盐(PbS 和 PbSe)具有中等的量子效率,而 PtSi 肖特基势垒类型和 QWIP 的值较低。InSb 可以在 80 K 下从近紫外响应到 5.5 μm。适用于近红外(1.0~1.7 μm)光谱范围的合适探测器材料是与 InP 晶格匹配的 InGaAs。光伏和光导配置的各种 HgCdTe 合金覆盖了 0.7~20 μm 的波段。InAs/GaSb 应变层 SL 正成为 HgCdTe 之外的又一选择。在 10 K 下工作的杂质掺杂(Sb、As 和 Ga)硅 BIB 探测器的光谱响应截止范围为 16~30 μm。掺杂杂质的 Ge 探测器可以将响应扩展到 100~200 μm。

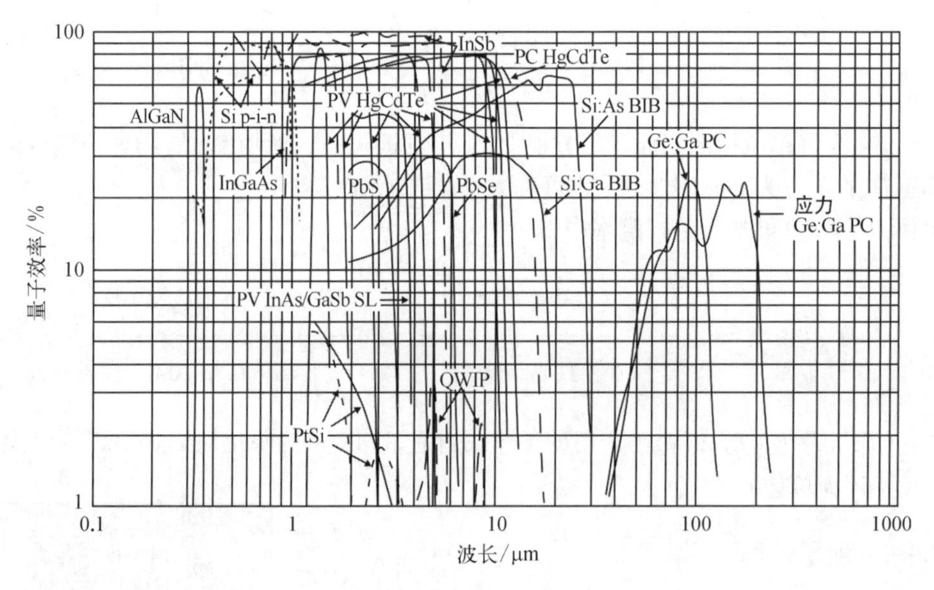

图 3.8 不同探测器的量子效率

3.5 探测率基本极限

当探测器和放大器的噪声比光子噪声低时,就是红外探测器所能达到的最佳性能。从某种意义上说,光子噪声是基本的,它不是由探测器或其相关电子元件的任何缺陷引起的,而是由探测过程本身引起的,是辐射场所具有的离散特性导致的。落在探测器上的辐射由来自目标的辐射和来自背景的辐射共同组成。大多数红外探测器的实际工作极限不是信号波动限制(signal fluctuation limit,SFL),而是背景波动限制,也称为 BLIP 极限。

散粒噪声的表达式可以用于得出 BLIP 探测率:

$$D^*_{\mathrm{BLIP}}(\lambda,\ f)=\frac{\lambda}{hc}\left(\frac{\eta}{2Q_{\mathrm{B}}}\right)^{1/2} \tag{3.11}$$

式中，η 为量子效率；Q_{B}为到达探测器的背景光子通量的总密度：

$$Q_{\mathrm{B}}=\sin^2(\theta/2)\int_0^{\lambda_c}Q(\lambda,\ T_{\mathrm{B}})\mathrm{d}\lambda \tag{3.12}$$

T_{B}温度下的普朗克（Planck）光子出射度［单位为光子/（$\mathrm{cm^2\cdot s\cdot \mu m}$）］为

$$Q(\lambda,\ T_{\mathrm{B}})=\frac{2\pi c}{\lambda^4[\exp(hc/\lambda kT_{\mathrm{B}})-1]}=\frac{1.885\times10^{23}}{\lambda^4[\exp(14.388/\lambda T_{\mathrm{B}})-1]} \tag{3.13}$$

图 3.9 显示了 2π FOV，不同黑体温度时，背景通量密度的积分与波长的关系。式(3.12)的值可以在文献［65］中找到。

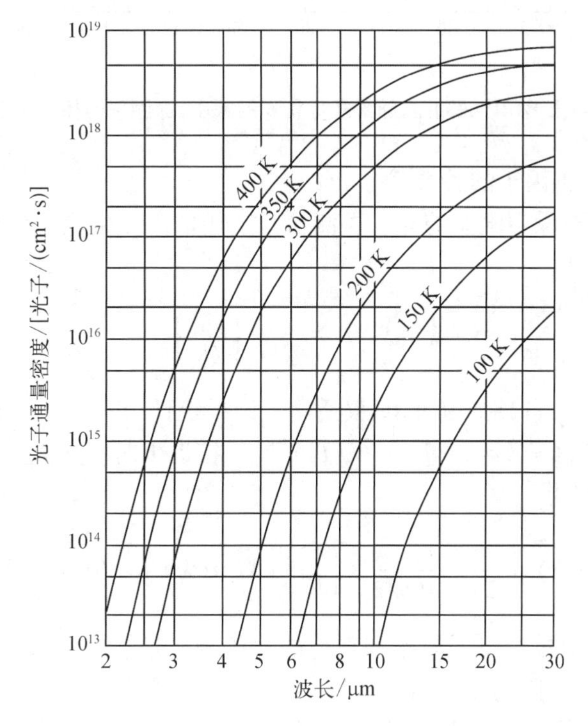

图 3.9　在不同黑体温度和 2π FOV 下，背景通量密度的积分与波长的关系[50]

根据式(3.12)，可得

$$\frac{Q_{\mathrm{B}}(\theta)}{Q_{\mathrm{B}}(2\pi)}=\sin^2(\theta/2) \tag{3.14}$$

并且相对于 2π FOV 下的背景限 D^*变为

$$\frac{D^*_{\mathrm{BLIP}}(\theta)}{D^*_{\mathrm{BLIP}}(2\pi)}=\frac{1}{\sin(\theta/2)} \tag{3.15}$$

D^*随 FOV 的变化为 arcsin(θ/2)。图 3.10 是一个曲线，显示了在任何给定的背景温度下，视

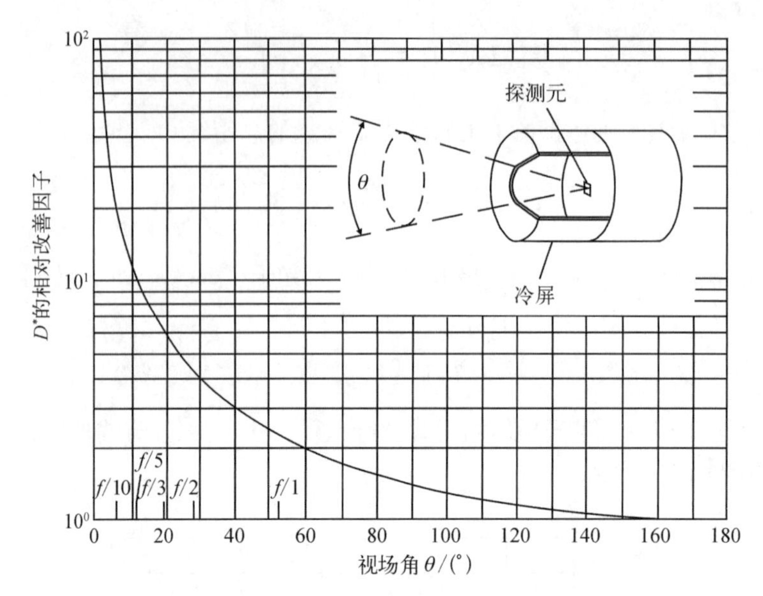

图 3.10　对于 BLIP 探测器，随着视场角 θ 的减小，探测率的相对改善因子[66]

场角 θ 与 D^*的相对改善因子的关系[66]。

式(3.11)对受散粒噪声限制的光伏探测器是适用的。受生成-复合噪声限制的光电导探测器的 D^*会低 $\sqrt{2}$ 倍：

$$D^*_{\mathrm{BLIP}}(\lambda,\ f)=\frac{\lambda}{2hc}\left(\frac{\eta}{Q_{\mathrm{B}}}\right)^{1/2} \tag{3.16}$$

光子噪声限制下的式(3.11)和式(3.16)仅适用于泊松统计(Poisson statistics)，即玻色-爱因斯坦(Bose - Einstein)因子 $b=[\exp(hc/\lambda kT_{\mathrm{B}})^{-1}]^{-1}$ 接近 1 时。如果要包括玻色-爱因斯坦因子，则式(3.16)要变为

$$D^*_{\mathrm{BLIP}}(\lambda,\ f)=\frac{\eta\lambda}{2hc\sin(\theta/2)}\left[\int_0^{\lambda_c}\eta(\lambda)Q(\lambda,\ T_{\mathrm{B}})(1+b)\mathrm{d}\lambda\right]^{-1/2} \tag{3.17}$$

理想的探测器具有单位量子效率和理想的光谱响应性[$R(\lambda)$随波长增加到截止波长 λ_c，在该波长处响应率下降为零]，可获得最高性能。与实际探测器进行比较时，理想情况下的性能限制是非常重要的。基于数值积分对理想光电导在 λ_c处的探测率与 λ_c的关系进行了计算，在 2π FOV，不同背景温度下的结果如图 3.11 所示[67]。$T_{\mathrm{B}}=300$ K 时的虚线是忽略玻色因子时获得的探测率，随着波长变长，其影响并不大，但会有所增加。随着 T_{B}的降低，玻色因子校正的重要性越来越低。文献[3]、文献[68]~[71]给出了各种背景条件下对应于 λ 的 D^*_{BLIP}值。

可以通过减少背景光子通量 Φ_b来提高 BLIP 探测器的探测率。实际上，有两种方法可以实现：使用冷却的或反射式光谱滤镜来对光谱波段进行限制，或使用冷屏来对探测器 FOV 进行限制(如前面所述)。前者可以消除探测器不需要响应的光谱区域的背景辐射。最好的探测器可以在相当窄的 FOV 内获得背景限探测率。

可以证明，当信号源是温度为 T_s的黑体与辐射背景是温度为 T_b的黑体时，背景噪声限

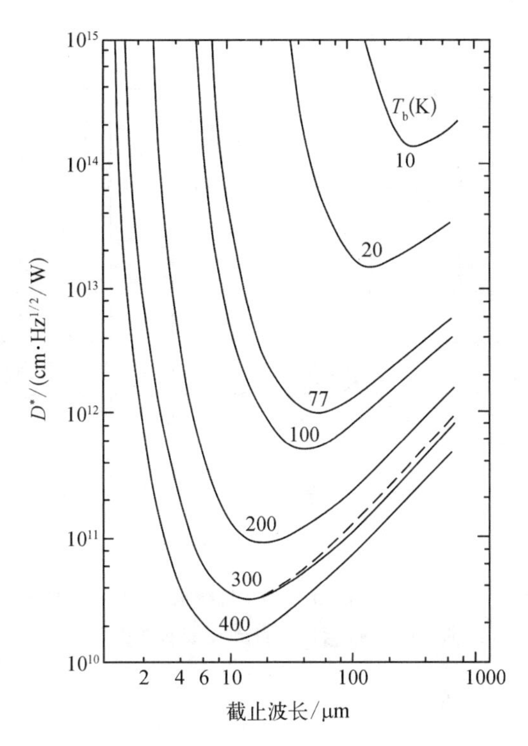

图 3.11　在 2π FOV 下,在 T_b = 400 K、300 K、200 K、100 K、77 K、20 K 和 10 K 的条件下,理想光导探测器的探测率与 λ_c 的关系

300 K 的虚线为忽略玻色因子的结果

制的黑体 D^*_{BLIP} 与峰值光谱 D^*_{BLIP} 的关系为

$$D^*_{\mathrm{BLIP}}(T_s,\ f) = D^*_{\mathrm{BLIP}}(\lambda_p,\ f)\ \frac{(hc/\lambda_p)}{\sigma T_s^4}\int_0^{\lambda_p} Q(T_s,\ \lambda)\,\mathrm{d}\lambda \tag{3.18}$$

式中,λ_p是峰值探测波长,也是理想光子探测器的截止波长;σ 是斯特藩-玻尔兹曼常量。所有的 D^*_{BLIP} 表达式都假定是光源为对着 π/2 弧度半角的朗伯源。

BLIP 峰值光谱 D^*与 BLIP 黑体 D^*之比为

$$K(T,\ \lambda) = \frac{D^*_{\mathrm{BLIP}}(\lambda_p,\ f)}{D^*_{\mathrm{BLIP}}(T_s,\ f)} = \frac{\sigma T_s^4}{\dfrac{hc}{\lambda_p}\displaystyle\int_0^{\lambda_p} Q(T_s,\ \lambda)\,\mathrm{d}\lambda} \tag{3.19}$$

图 3.12 是 T_s = 500 K 和 2π 球面度 FOV 时的 $K(\lambda)$ 曲线[67]。$K(T,\ \lambda)$ 量是很有用的,因为红外探测器测试会获得黑体 D^*值。然后就可以用 $K(T,\ \lambda)$ 计算出峰值光谱 D^*。

当探测器在背景通量小于信号通量的条件下工作时,探测器的最终性能由 SFL 决定。实际应用中,在可见光和紫外线区域工作的光电倍增管中满足该条件,但很少发生在固态器件中,因为这些器件通常受探测器噪声或电子噪声限制。当背景温度非常低时,此限制会适用于较长波长的探测器。许多作者推导了在此限制下工作时,探测器的 NEP 和探测率(请参考文献[3]、[68])。

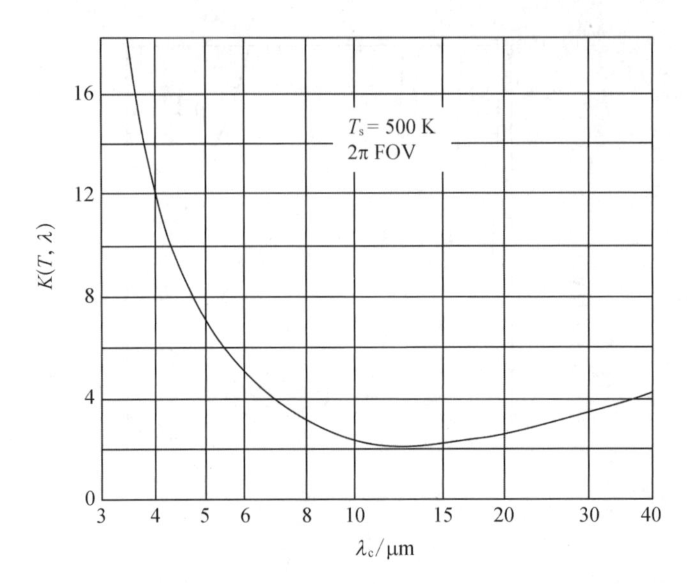

图 3.12 当 T_s=500 K，2π FOV 时，峰值光谱 D^*与黑体 D^*的比值 $K(T,\lambda)$与探测器截止波长的关系[68]

适用泊松统计时，SFL 下的 NEP 为[2,68-71]

$$\mathrm{NEP}=\frac{2hc\Delta f}{\eta\lambda} \tag{3.20}$$

这意味着每个观察间隔的光子数量很少。一个更有意义的参数是观察周期内探测到光子的概率。克鲁斯(Kruse)指出，在观察周期 t_o中，探测到光子的概率达到 99%所需要的最小信号功率为[68]

$$\mathrm{NEP}_{\min}=\frac{9.22hc\Delta f}{\eta\lambda} \tag{3.21}$$

这里假设 Δf 为 $1/2t_o$。注意，表达式中没有探测器面积，并且 $\mathrm{NEP}_{\min}$与带宽线性相关，这与内部噪声或背景噪声限的情况是不同的。

塞布(Seib)和奥克曼(Aukerman)也得到了与式(3.21)类似的(仅乘法常数不同)SFL 表达式，对于理想的光电发射或光伏探测器而言，乘法常数不是 9.22 而是 $2^{3/2}$，而对于光电导则为 $2^{5/2}$[72]。乘法常数的这种差异是由使用探测器的方式和最小可探测 SNR 的不同假设造成的。

假设光伏探测器的 SFL 极限为塞布(Seib)和奥克曼(Aukerman)近似，则相应的探测率为

$$D^*=\frac{\eta\lambda}{2^{2/3}hc}\sqrt{\frac{A_d}{\Delta f}} \tag{3.22}$$

将信号波动限制和背景波动限制结合起来考虑会很有意思。图 3.13 说明了在背景温度为 290 K 和 2π FOV(仅适用于背景波动限制)的情况下，0.1~4 μm 波长范围内的光谱探测率。请注意，信号波动限制和背景波动限制的曲线交点约为 1.2 μm。在低于 1.2 μm 的波长下，SFL 占主导。相反，在 1.2 μm 以上，BFL 占主导。当小于 1.2 μm 时，波长依赖性小。

当高于 1.2 μm 时，由于 290 K 背景下光谱分布的短波端的曲线非常陡峭，探测率对波长具有强烈的依赖性（图 3.13）。

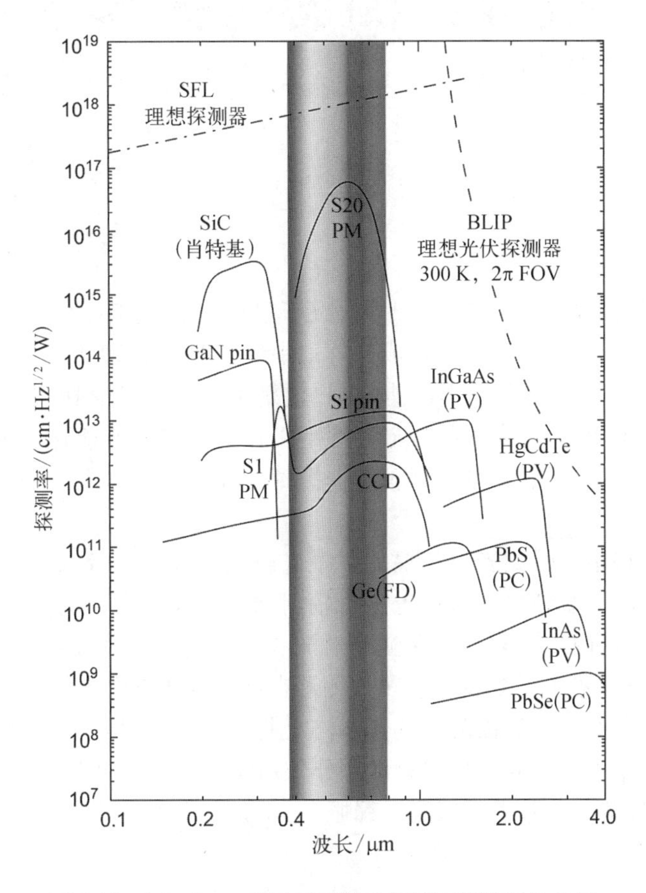

图 3.13　0.1~4 μm 光子探测器的探测率与波长的关系

PC 为光电导检测器；PV 为光伏探测器；PM 为光电倍增管

后面将会看到（第 6 章），通过采用光学外差探测，即使在环境背景温度存在的情况下，也可以通过红外探测器实现 SFL。

参 考 文 献

第4章 红外探测器的基本性能限制

如第 3 章所述，红外探测器分为两大类：光子型探测器和热探测器。虽然单元热探测器在市场上已经存在几十年了，但它们在成像阵列中的开发始于 20 世纪的最后十年。

本章将讨论红外探测器的基本性能限制，这是生成-复合过程的统计特性和辐射测量等因素造成的。我们将尝试建立在给定温度下工作的探测器所能达到的预期最终理论灵敏度极限。这里给出的模型适用于第 3 章中提到的任何探测器。非基本性的限制将在后面讨论。

光子探测器从根本上受到光子与辐射背景进行能量交换时带来的生成-复合噪声的限制。热探测器从根本上受到与辐射背景进行辐射功率交换所引起的温度波动噪声的限制。由于噪声类型不同，这两类探测器的探测率对波长和温度的依赖性也不同。光子探测器在 LWIR 和较低的工作温度下受到青睐。热探测器在甚长波波段更有优势。

在本章中首先研究这两类探测器的基本红外探测过程。其次，对热探测器和光子探测器进行比较研究。本书的第Ⅱ部分和第Ⅲ部分分别详细讨论不同类型的热探测器与光子探测器。然而，必须理解一些基本的探测过程概念，才能充分地认识到这些器件中由噪声过程施加的灵敏度限制。

4.1 热探测器

热探测器根据工作机制可以分为热电堆方案、测辐射热计方案和热释电方案。本节介绍热探测器的一般原理。

4.1.1 工作原理

本节分两个阶段对热探测器的性能进行计算：① 考虑系统的热特性，确定入射辐射产生的温升；② 该温升可用于确定指示信号的属性变化。第一阶段的计算对所有热探测器都是通用的，但是第二阶段的细节对于不同类型的热探测器是不同的。

热探测器的工作原理很简单，当被入射红外辐射加热时，它们的温度会升高，温度变化可以通过任何与温度相关的机制来测量，如热电电压、电阻或热释电电压。

最简单的热探测器可以用第 3 章的图 3.4 来表示。探测器由在恒定温度 T 下通过热导 G_{th} 耦合到散热器的热容 C_{th} 表示。在没有辐射输入的情况下，探测器的平均温度也将是 T，尽管它将在该值附近表现出波动。当探测器接收到辐射输入时，通过求解热平衡方程来求出温升[1-3]：

$$C_{th}\frac{d\Delta T}{dt}+G_{th}\Delta T=\varepsilon\Phi \tag{4.1}$$

式中,ΔT 为光信号 Φ 导致的探测器与其周围环境之间的温差;ε 为探测器的发射率。表 4.1 给出了热学量和电学量之间的类比。热探测器的电学等效电路如图 4.1 所示。

表 4.1　热学量和电学量之间的类比

热　学		电　学	
物理量	单　位	物理量	单　位
热能	J	电荷	C
热流	W	电流	A
温度	K	电压	V
热阻	K/W	电阻	Ω
热容	J/K	电容	F

假设辐射功率为周期函数,

$$\Phi=\Phi_0 e^{i\omega t} \tag{4.2}$$

式中,Φ_0 为正弦辐射的振幅,微分热辐射的解为

$$\Delta T=\Delta T_0 e^{-(G_{th}/C_{th})t}+\frac{\varepsilon\Phi_0 e^{i\omega t}}{G_{th}+i\omega C_{th}} \tag{4.3}$$

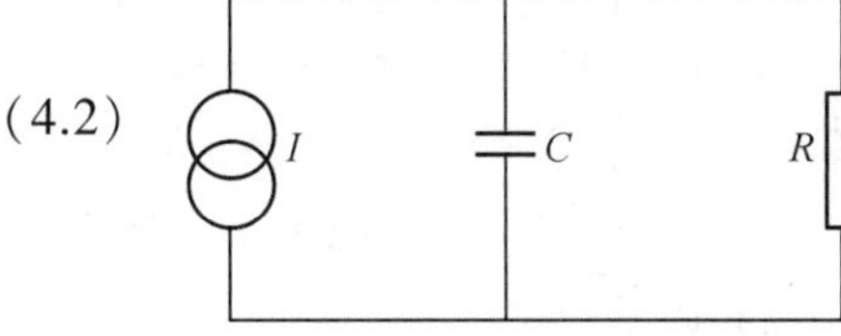

图 4.1　热探测器的电学等效电路

式(4.3)中等号右边第 1 项为瞬态成分,随着时间的增加,这一项会指数性地减小到 0,对于温度变化,在不损失一般性的情况下可以将这项忽略。因此,任何热探测器由入射辐射通量而引起的温度变化为

$$\Delta T=\frac{\varepsilon\Phi_0}{(G_{th}^2+\omega^2 C_{th}^2)^{1/2}} \tag{4.4}$$

式(4.4)说明了热探测器的几个特征。显然,使 ΔT 尽可能大是有利的。要做到这一点,探测器的热容量(C_{th})及其与周围环境的热耦合(G_{th})要尽可能小。需要优化热探测器与入射辐射的相互作用,同时尽可能地减少与周围环境的所有其他热接触。这意味着需要较小的探测器质量,并通过精细的连接线与热沉相连。

式(4.4)表明,随着 ω 的增加,$\omega^2 C_{th}^2$ 最终将超过 G_{th}^2,然后 ΔT 将与 ω 成反比下降。因此,探测器特性中的热学响应时间可以定义为

$$\tau_{th}=\frac{C_{th}}{G_{th}}=C_{th}R_{th} \tag{4.5}$$

式中,$R_{th}=1/G_{th}$ 为热阻。那么式(4.4)可以写成:

$$\Delta T = \frac{\varepsilon \Phi_0 R_{th}}{(1 + \omega^2 \tau_{th}^2)^{1/2}} \tag{4.6}$$

热学时间常数的典型值在毫秒范围。这比光子探测器的典型时间要长得多。在灵敏度、ΔT和频率响应之间需要权衡。如果想要高灵敏度,就必须要求探测器在低频工作。

为了进一步讨论的方便,可以引入系数 K,它反映了探测器将温度变化转化为电学输出电压的能力[4]:

$$K = \frac{\Delta V}{\Delta T} \tag{4.7}$$

则温度变化 ΔT 相应产生的 RMS 电压信号为

$$\Delta V = K\Delta T = \frac{K\varepsilon \Phi_0 R_{th}}{(1 + \omega^2 \tau_{th}^2)^{1/2}} \tag{4.8}$$

探测器的电压响应率 R_v是输出信号电压 ΔV 与输入辐射功率的比值,可由式(4.9)给出:

$$R_v = \frac{K\varepsilon R_{th}}{(1 + \omega^2 \tau_{th}^2)^{1/2}} \tag{4.9}$$

如式(4.9)所示,低频电压响应率($\omega \ll 1/\tau_{th}$)与热阻成正比,与热容无关。高频情况($\omega \gg 1/\tau_{th}$)正好相反。在这种情况下,R_v不依赖于 R_{th},而与热容成反比。

如前面所述,探测器到外界的热导(热阻)要尽量小(高)。当探测器在真空下与环境完全隔离,并且它与作为热沉的外壳之间只有辐射热交换时,可能出现最小的热导。使用这样的理想模型,就可以给出热探测器的性能极限。这个极限值可以从斯特藩-玻尔兹曼总辐射定律估算出来。

如果热探测器具有发射率为 ε 的接收区 A,当它与周围环境处于热平衡时,它将辐射的总通量为 $A\varepsilon\sigma T^4$,其中 σ 是斯特藩-玻尔兹曼常量。现在,如果探测器的温度增加 $\mathrm{d}T$,那么辐射通量增加 $4A\varepsilon\sigma T^3\mathrm{d}T$。因此,热导率的辐射分量为

$$G_R = \frac{1}{(R_{th})_R} = \frac{\mathrm{d}}{\mathrm{d}T}(A\varepsilon\sigma T^4) = 4A\varepsilon\sigma T^3 \tag{4.10}$$

在此情形下:

$$R_v = \frac{K}{4\sigma T^3 A (1 + \omega^2 \tau_{th}^2)^{1/2}} \tag{4.11}$$

当探测器与热沉处于热平衡状态时,流经热导进入探测器的功率扰动为[5,6]

$$\Delta P_{th} = (4KT^2 G)^{1/2} \tag{4.12}$$

当 G 取其最小值(即 G_R)时,ΔP_{th}有最小值,这就是理想热探测器的最小可探测功率:

$$\varepsilon \mathrm{NEP} = \Delta P_{th} = (16A\varepsilon\sigma k T^5)^{1/2} \tag{4.13}$$

或

$$\mathrm{NEP} = \left(\frac{16A\sigma k T^5}{\varepsilon}\right)^{1/2} \tag{4.14}$$

如果所有入射辐射都被探测器吸收,那么 $\varepsilon = 1$,若假设 $A = 1\,\mathrm{cm}^2$, $T = 290\,\mathrm{K}$, $\Delta f = 1\,\mathrm{Hz}$,则可得

$$\mathrm{NEP} = (16A\varepsilon\sigma kT^5)^{1/2} = 5.0 \times 10^{-11}\ \mathrm{W} \tag{4.15}$$

4.1.2　噪声机制

为了确定探测器的 NEP 和探测率 D^*,需要定义噪声机制。对于任何探测器,都有许多噪声源可能对探测灵敏度施加基本限制。

一种主要的噪声是约翰逊噪声(Johnson noise)。电阻 R 的 Δf 带宽中的噪声为

$$V_J^2 = 4kTR\Delta f \tag{4.16}$$

式中,k 为玻尔兹曼常量;Δf 为频带。这种噪声是白噪声(与频率无关)。

另外两种基本噪声源对于评估探测器的最终性能非常重要:热扰动噪声和背景扰动噪声。

热扰动噪声是由探测器中的温度波动引起的。这些波动是由探测器及与其热接触的周围环境之间的热导变化引起的。

温度的变化(温度噪声)可以表示为[2,5,6]

$$\overline{\Delta T^2} = \frac{4kT^2\Delta f}{1 + \omega^2\tau_{\mathrm{th}}^2} R_{\mathrm{th}} \tag{4.17}$$

从这个方程可以看出,热导率 $G_{\mathrm{th}} = 1/\tau_{\mathrm{th}}$ 作为主要的热损失机制,是影响温度扰动噪声的关键参数。图 4.2 显示了典型红外敏感型微机械探测器的温度扰动噪声谱密度(温度扰动的均方根值)[7]。请注意,信号与温度波动噪声在更高频率下遵循相同的滚降规律。

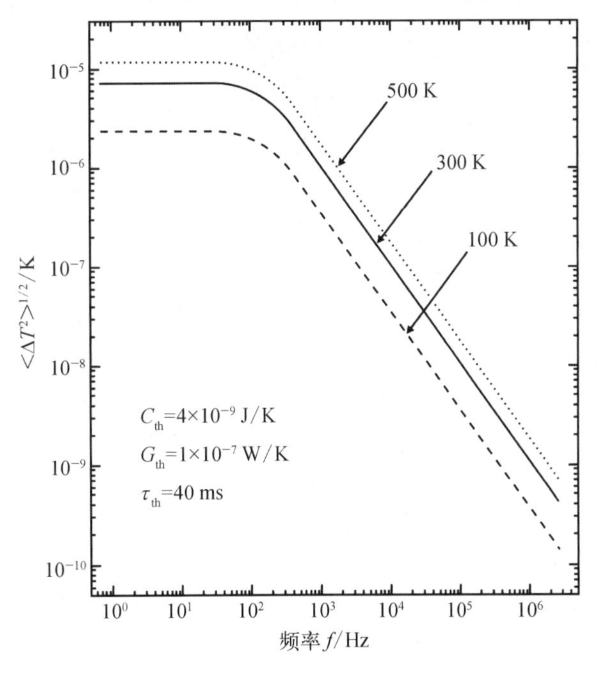

图 4.2　计算了典型热红外敏感型微机械探测器的温度扰动噪声谱密度[7]

温度扰动引起的频谱噪声电压为

$$V_{\text{th}}^2 = K^2 \overline{\Delta T^2} = \frac{4kT^2\Delta f}{1 + \omega^2\tau_{\text{th}}^2}K^2 R_{\text{th}} \tag{4.18}$$

第三种噪声源是由在温度 T_d 下观察到的探测器与温度 T_b 下的周围环境之间的辐射热交换引起的背景噪声。它是探测器性能的最终极限,对于 2π FOV 情况,可由文献[2]、[5]、[6]给出:

$$V_b^2 = \frac{8k\varepsilon\sigma A(T_d^2 + T_b^2)}{1 + \omega^2\tau_{\text{th}}^2}K^2 R_{\text{th}}^2 \tag{4.19}$$

式中,σ 为斯特藩-玻尔兹曼常量。

除了前面提到的基本噪声源,$1/f$ 是热探测器中经常发现的一个附加噪声源,可能会影响探测器性能。它可以用经验的形式来描述。

$$V_{1/f}^2 = k_{1/f}\frac{I^\delta}{f^\beta}\Delta f \tag{4.20}$$

式中,系数 $k_{1/f}$ 为比例因子;δ 和 β 为值约为 1 的系数。$1/f$ 幂律噪声很难解析表征,因为参数 $k_{1/f}$、δ 和 β 在很大程度上取决于材料的制备与加工,包括接触和表面。

总噪声电压的平方为

$$V_n^2 = V_{\text{th}}^2 + V_b^2 + V_{1/f}^2 \tag{4.21}$$

4.1.3 探测率与基本极限

根据式(3.7)、式(4.16)、式(4.18)和式(4.21),热探测器的探测率由式(4.22)给出:

$$D^* = \frac{K\varepsilon R_{\text{th}} A^{1/2}}{(1 + \omega^2\tau_{\text{th}}^2)^{1/2}\left(\dfrac{4kT_d^2 K^2 R_{\text{th}}}{1 + \omega\tau_{\text{th}}^2} + 4kTR + V_{1/f}^2\right)^{1/2}} \tag{4.22}$$

在典型的热探测器工作条件下,探测器工作在真空或减压的气体环境中,主要的热损失机制是通过器件的微支撑结构的热传导。然而,在具有极好的隔热性能的情况下,主要的热损失机制可以减少为探测器与其周围环境之间的辐射热交换。在大气环境中,通过空气的热传导可能是主要的热耗散机制。空气的导热系数 (2.4×10^{-2} W/ (m·K)) 大于典型探测器微机械支撑梁的导热系数。

任何热探测器的灵敏度的基本极限都是由温度波动噪声决定的。在这种情况下,对于低频情况($\omega \ll 1/\tau_{\text{th}}$),从式(4.22)我们得到

$$D_{\text{th}}^* = \left(\frac{\varepsilon^2 A}{4kT_d^2 G_{\text{th}}}\right)^{1/2} \tag{4.23}$$

这里假设 ε 与波长无关,因此光谱探测率 D_λ^* 和黑体探测率 $D^*(T)$ 值是相同的。

图 4.3 显示了不同探测器敏感元的探测率与温度和热导的关系。结果表明,提高探测器与周围环境之间的隔热性能,可以提高探测器的性能。

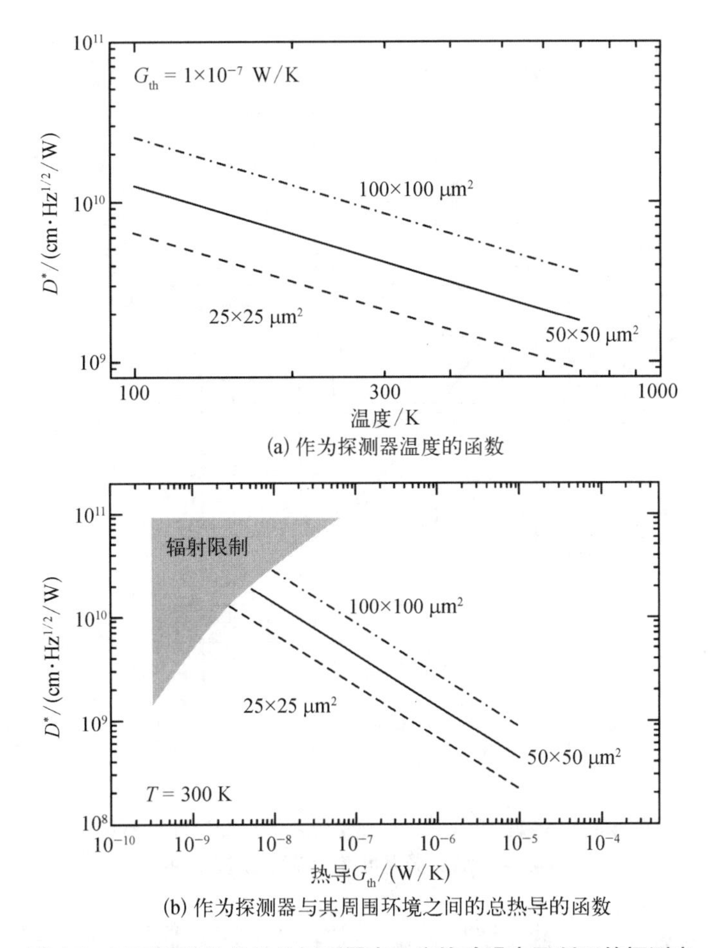

(a) 作为探测器温度的函数

(b) 作为探测器与其周围环境之间的总热导的函数

图 4.3　不同面积的热红外探测器在温度扰动噪声限制下的探测率

如果辐射功率交换是主要的热交换机制，那么 G 是关于斯特藩-玻尔兹曼函数对温度的一阶导数。在这种情况下，称为背景扰动噪声限制，根据式(3.7)和式(4.19)，可得

$$D_b^* = \left[\frac{\varepsilon}{8k\sigma(T_d^5 + T_b^5)}\right]^{1/2} \tag{4.24}$$

注意到，正如预期的那样，D_b^* 与敏感元面积 A 无关。

在许多实际情况中，背景温度 T_b是室温(290 K)。图 4.4 为 2π 视野和 $\varepsilon = 1$ 时，热探测器的温度扰动噪声极限探测率与探测温度 T_d 和背景温度 T_b 的关系[6]。

用式(4.23)和式(4.24)及图 4.4 可知，当探测器和背景温度相等时，背景辐射从所有方向落在探测器上，而只有当探测器处于低温温度时，背景辐射才从前半球落到探测器上。我们看到，对于在室温下工作的热探测器来说，D^*的最大值是 1.98×10^{10} cm·Hz$^{1/2}$/W。即使探测器或背景中的一个(而不是两者)被冷却到 0 K，探测率也只会提高 2 的平方根倍。这是所有热探测器的基本性能限制。背景噪声限制下的光子探测器则由于其有限的光谱响应而具有更高的探测率(图 3.3)。

到目前为止，我们只考虑了热探测器的平坦光谱响应。在实践中，有时有必要通过冷却滤光片来限制探测器的光谱响应率。假设滤光片是理想的，我们可以计算探测率的变化，它

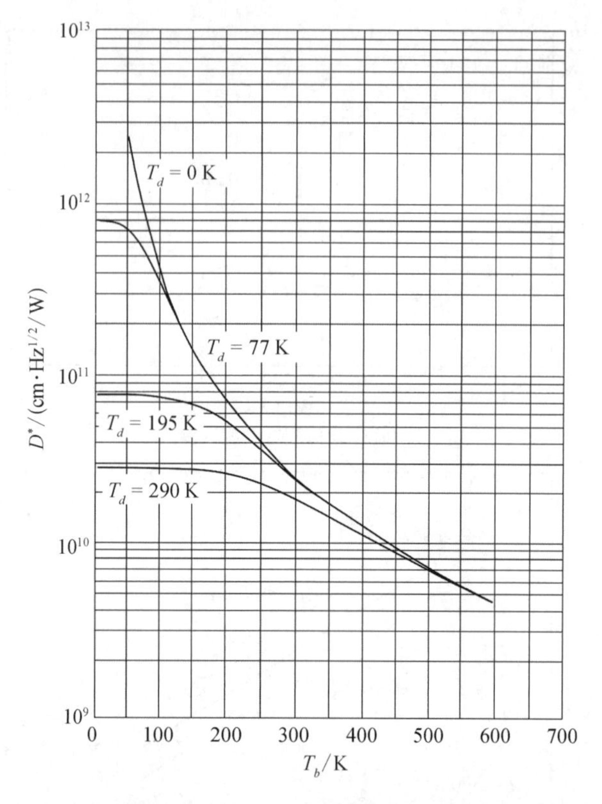

图 4.4 2π 视野和 ε=1 时,热探测器的温度扰动噪声极限探测率与探测器温度 T_d和背景温度 T_b的关系[6]

们分别是短截止波长 λ_{c1}和长截止波长 λ_{c2}的函数。如果探测器发射率 $\varepsilon=0$(λ_{c1} 和 λ_{c2} 之间的波长除外),并且如果 ε 与 λ_{c1}和 λ_{c2}之间的波长无关,则式(4.24)可换成[8]:

$$D_b^* = \left[\frac{\varepsilon}{8k\sigma T_d^5 + F(\lambda_{c1},\ \lambda_{c2})}\right]^{1/2} \tag{4.25}$$

式中,

$$F(\lambda_{c1},\ \lambda_{c2}) = 2\int_{\lambda_{c1}}^{\lambda_{c2}} \frac{h^2c^3}{\lambda^6}\frac{\exp(hc/\lambda kT_b)}{[\exp(hc/\lambda kT_b)-1]^2}\mathrm{d}\lambda \tag{4.26}$$

图 4.5 是将式(4.25)作为 λ 的函数绘制的图线,用于长截止波长 λ_{c2}的情况(即 $\varepsilon=1$ 用于 $\lambda<\lambda_{c2}$,$\varepsilon=0$ 用于 $\lambda>\lambda_{c2}$),以及用于短截止波长 λ_{c1}的情况(即 $\varepsilon=0$ 用于 $\lambda<\lambda_{c1}$,$\varepsilon=1$ 用于 $\lambda>\lambda_{c1}$)。背景温度为 300 K。

任何实际探测器的性能都低于式(4.23)的预测值。即使在没有其他噪声源的情况下,辐射噪声限制下探测器的性能也会比理想探测器差 $\varepsilon^{1/2}$[见式(4.24)]。性能的进一步降低可能由于以下原因。

(1) 探测器封装(窗片的反射和吸收损失)。

(2) 过量热导率的影响(电接触的影响;支撑结构的传导;任意气体的影响,包括气体热传导和对流)。

(3) 额外的噪声来源。

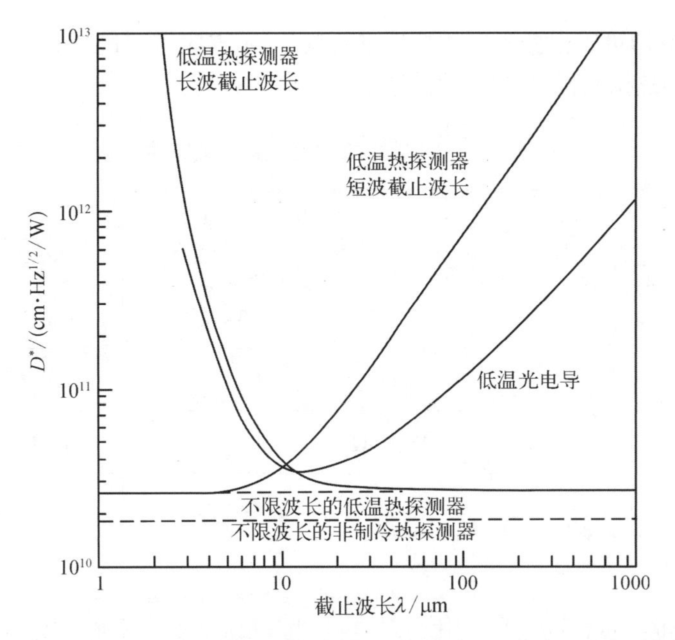

图 4.5　热探测器和光子探测器的探测率 D^* 与截止波长 λ 的关系[8]

图 4.6 显示了一些室温工作热探测器的性能[9]。热探测器在 10 Hz 时的典型探测率在 $10^8 \sim 10^9$ cm·Hz$^{1/2}$/W 变化。

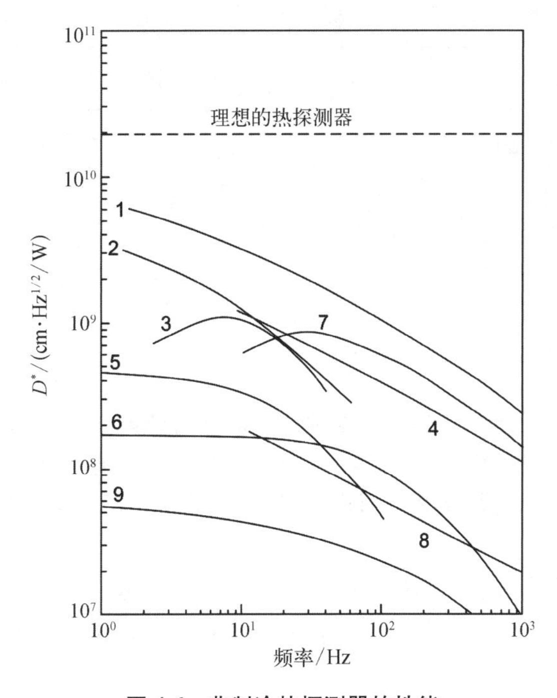

图 4.6　非制冷热探测器的性能

1. 掺丙烯三甘氨酸(triglycine sulfate, TGS)热释电探测器($A = 1.5\times1.5$ mm^2);2. 光谱热电堆($A = 0.4$ mm^2, $\tau_{th} = 40$ ms);3. 高莱管;4. 加固封装的 TGS 热释电探测器(0.5×0.5 mm^2);5. Sb - Bi 蒸发薄膜热电堆($A = 0.12\times 0.12$ mm^2, $\tau_{th} = 13$ ms);6. 浸入式热敏电阻($A = 0.1\times0.1$ mm^2, $\tau_{th} = 2$ ms);7. 钽酸锂($LiTaO_3$)热释电探测器;8. 普莱西公司(Plessey)的锆钛酸铅(lead zirconate titanate, PZT)陶瓷热释电探测器;9. 薄膜测辐射热计[9]

大多数热探测器可以根据不同的特性进行调整，用户应与制造商联系以获取详细信息。表 4.2 给出了不同热探测器性能的一般特性。

表 4.2　不同热探测器性能的一般特性

类　型	温度/K	D^*/ (cm·Hz$^{1/2}$/W)	NEP/ (W·Hz$^{1/2}$)	τ_{th}/ms	尺寸/mm^2
硅测辐射热计	1.6		3×10^{-15}	8	0.25~0.70
金属测辐射热计	2~4	1×10^8		10	
热敏电阻测辐射热计	300	$(1\sim6)\times10^8$		1~8	0.01~10
锗测辐射热计	2~4		5×10^{-13}	0.4	1.5
碳测辐射热计	2~4		3×10^{-12}	10	20
超导测辐射热计(NbN)	15		2×10^{-11}	0.5	5×0.25
热电偶	300		$(2\sim10)\times10^{-10}$	10~40	0.1×1~0.3×3
热电堆	300			3.3~10	1~100
热释电	300	$(2\sim5)\times10^8$		10~100*	2×2
高莱管	300	1×10^9	6×10^{-11}	10~30	10

*缺少的数据可以从 NEP 中进行推算。

4.2　光子探测器

4.2.1　光子探测过程

现代光电探测器的工作基于内光电效应，光激发的载流子会留在样品内。内光电效应中最重要的是光电导和光伏效应。如图 3.7 所示，入射光场随着能量转移给光载流子而呈指数衰减。半导体材料的特征参数为吸收系数 α 和穿透深度 $1/\alpha$。穿透深度是光信号功率降至初始值 $1/e$ 的位置。

图 4.7 为各种窄带隙光电探测材料的实测本征吸收系数。不同材料的吸收系数和穿透深度不同。众所周知，当光子能量大于能隙时，抛物线能带间的直接跃迁所导致的吸收曲线应服从平方根定律：

$$\alpha(h\nu)=\beta(h\nu-E_g)^{1/2} \tag{4.27}$$

式中，β 为一个常数。从图 4.7 中可以很容易地看出，在 MWIR，吸收边的吸收系数在 2×10^3～3×10^3 cm^{-1}变化；在 LWIR，约为 10^3 cm^{-1}。

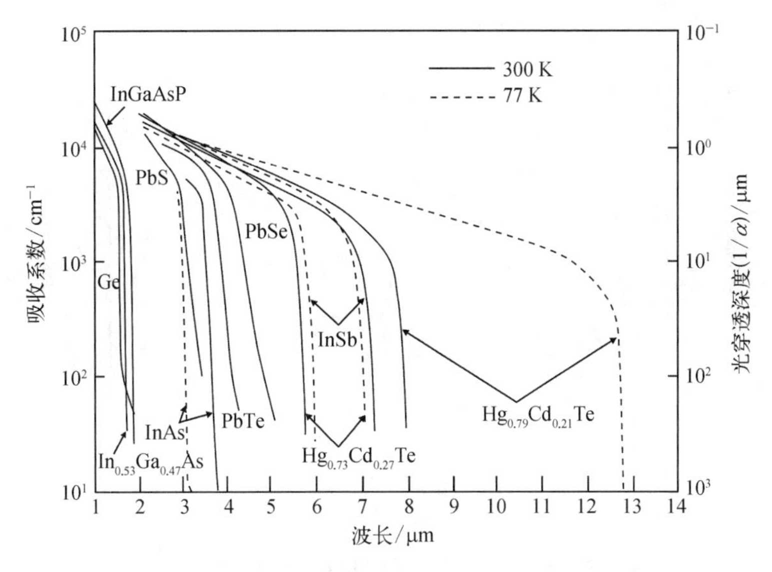

图 4.7　各种窄带隙光电探测材料的实测本征吸收系数

由于 α 与波长是强关联的，对于特定半导体，能产生足够光电流的波长范围是有限的。在材料的带隙附近，吸收会有高达三个数量级的变化。在材料的最大可用波长区域，吸收效率急剧下降。当波长大于截止波长时，α 值太小，不能产生明显的吸收。

非本征半导体的吸收系数 α 可以表示为

$$\alpha = \sigma_p N_i \tag{4.28}$$

这是光电离截面 σ_p 和中性杂质浓度 N_i 的乘积。需要令 α 尽可能大。N_i 的上限可以通过跳跃导电或杂质带导电来确定。优化掺杂光电导中实用的 α 值为 Ge 材料中的 1～10 cm^{-1}，Si 材料的 10～50 cm^{-1}。因此，为了使量子效率最大化，对于掺杂 Ge，探测器晶体的厚度不应小于 0.5 cm；对于掺杂 Si，探测器晶体的厚度不应小于 0.1 cm。幸运的是，对于大多数非本征探测器，光载流子的漂移长度足够长，可以获得接近 50%的量子效率。

对低维固体，吸收系数需要进行相当大的修正。图 4.8 是在室温下使用 45°多通波导结构测量的，50 周期 GaAs/Al$_x$Ga$_{1-x}$As 量子阱红外光电探测器（quantum dots infrared photodetector，QWIP）不同 n 型掺杂样品的红外吸收光谱[10]。束缚态-束缚连续态（B－C）QWIP（样品 A、B 和 C）的谱线比束缚态-束缚态（B－B，样品 E）或束缚态到准束缚态（B－QB，样品 F）更宽。相应地，由于振子强度守恒，B－C 型 QWIP 的吸收系数明显低于 B－B 型 QWIP。低温吸收系数 α_p(77 K)≈1.3 α_p(300 K)，$\alpha_p(\Delta\lambda/\lambda)/N_D$ 是一个常数（$\Delta\lambda$ 为 α_p 的半高宽，N_D 为阱掺杂浓度）[10]。LWIR 区吸收系数在 77 K 时的典型值为 600～800 cm^{-1}。对比图 4.7 和图 4.8，我们可以看到直接带间跃迁的吸收系数要高于子带间跃迁的吸收系数。

对于量子点（quantum dots，QD）构成的系统，吸收谱可以用高斯线形进行建模[11]：

$$\alpha(E) = \alpha_0 \frac{n_1}{\delta} \frac{\sigma_{\mathrm{QD}}}{\sigma_{\mathrm{ens}}} \exp\left[-\frac{(E - E_{\mathrm{g}})^2}{\sigma_{\mathrm{ens}}^2} \right] \tag{4.29}$$

式中，α_0 为最大吸收系数；n_1 为 QD 基态电子的面密度；δ 为 QD 密度；$E_{\mathrm{g}} = E_2 - E_1$ 为 QD 基态

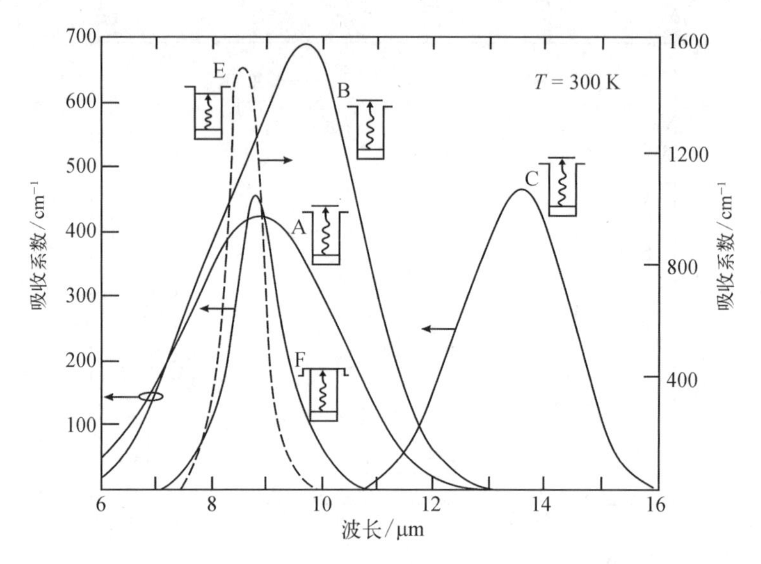

图 4.8 不同 QWIP 样品在 $T=300$ K 时的吸收系数光谱[10]

与激发态之间的光跃迁能量。σ_{QD} 和 σ_{ens} 分别为单个量子点的带内吸收和量子点整体能量分布的高斯线形标准差。因此，n_1/δ 项和 σ_{QD}/σ_{ens} 项分别描述了 QD 基态中缺少可用电子和非均匀展宽引起的吸收减少。

基态能级与激发态能级之间的光吸收值约为[12]

$$\alpha_0 \approx \frac{3.5\times10^5}{\sigma}(\mathrm{cm}^{-1}) \tag{4.30}$$

式中，σ 为跃迁的线宽，单位是 meV。式(4.30)反映出吸收系数 α 和吸收线宽 σ 之间的权衡。对于非常均匀的量子点，由式(4.29)预测的理论吸收系数可以显著地高于窄带隙本征材料的测量值。

4.2.2 光子探测器模型

我们考虑一个光电探测器的广义模型，它通过其光学面积 A_o 耦合红外辐射[13-19]。探测器是一个均匀的半导体板，具有实际电学面积 A_e，厚度为 t(图 4.9)。通常，器件的光学和电学面积是相同或相似的。但使用光学聚光器可以使 A_o/A_e 比提高很多倍。

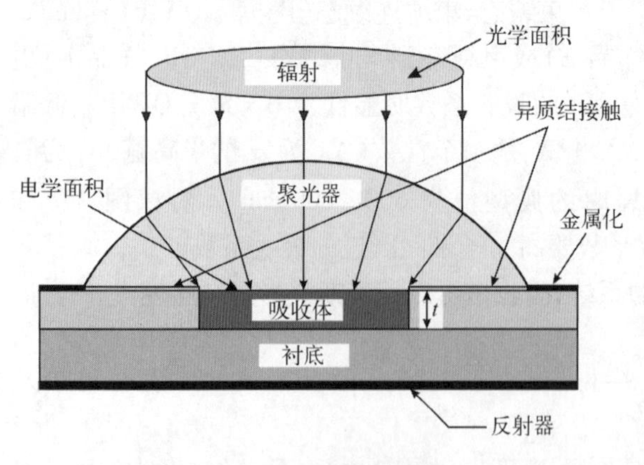

图 4.9 光电探测器模型

光电探测器的电流响应率由量子效率 η 和光电增益 g 决定。量子效率描述探测器与入射辐射耦合的程度。在这里定义量子效率为在本征探测器中每个入射光子产生的电子空穴对的数目，在非本征探测器中产生的自由单极载流子的数目，或在光发射探测器中具有足够能量穿越势垒的载流子的数目。光电增益是本征探测器中每一对产生的载流子通过电极的数量,或其他类型探测器中带电载流子的数量。光电增益显示了光生载流子被用于产生光电探测器的电流响应的程度。这里假设这两个值在器件体积范围内都是常量。

电流响应率谱

$$R_i = \frac{\lambda\eta}{hc}qg \tag{4.31}$$

式中,λ 为波长;h 为普朗克常量;c 为光速;q 为电子电荷;g 是光导增益。流过器件电极的电流是有噪声的,这是由生成-复合过程的统计性质导致的(光生成的波动、热生成、辐射和非辐射复合率)。假设光电流和噪声电流的电流增益相等,则噪声电流为

$$I_n^2 = 2q^2g^2(G_{op} + G_{th} + R)\Delta f \tag{4.32}$$

式中,G_{op}为光生成率;G_{th}为热生成率;R 为复合率;Δf 为频带。

应该注意的是,复合过程中扰动的影响是可以通过将复合过程设定在器件中具有低光电增益的区域来避免的,例如,在扫出型光电导的电极区,或是在光电磁(photoelectromagnetic, PEM)探测器的背面,或是在二极管的中性区域。然而,生成过程及其相关的扰动是无法避免的[20,21]。

探测率 D^*是表征探测器归一化信噪比性能的主要参数,可定义为

$$D^* = \frac{R_i\,(A_o\Delta f)^{1/2}}{I_n} \tag{4.33}$$

1. 光生成噪声

光生成噪声是由入射光通量的扰动而产生的光子噪声。载流子的光生成可能来自三个不同的源:信号辐射的生成;背景辐射的生成;探测器自身在有限温度下的热自辐射。

光信号生成速率(光子/s)为

$$G_{op} = \Phi_s A_o \eta \tag{4.34}$$

式中,Φ_s为信号的光子通量密度。

如果复合过程对噪声没有贡献,则有

$$I_n^2 = 2\Phi_s A_o \eta q^2 g^2 \Delta f \tag{4.35}$$

及

$$D^* = \frac{\lambda}{hc}\left(\frac{\eta}{2\Phi_s}\right)^{1/2} \tag{4.36}$$

这是探测器噪声完全由信号光子的噪声来决定时的理想情况。通常,与背景辐射或热生成-复合过程相比,光信号通量产生的噪声较小。外差探测是一个例外,强大的本地振荡器辐射源引入的噪声可能占据主导地位。

背景辐射往往是探测器的主要噪声源。假设复合过程没有贡献,则

$$I_n^2 = 2\Phi_B A_o \eta q^2 g^2 \Delta f \tag{4.37}$$

式中,Φ_B为背景的光子通量密度。因此,

$$D^*_{\text{BLIP}} = \frac{\lambda}{hc}\left(\frac{\eta}{2\Phi_B}\right)^{1/2} \tag{4.38}$$

一旦达到背景限制性能，量子效率 η 是唯一能影响性能的探测器参数。

图 4.10 显示了工作在 300 K、230 K 和 200 K 时的背景限光电探测器的峰值光谱探测率，以及在 300 K 背景辐射和半球形 FOV（$\theta=90°$）下计算的波长。最小 D^*_{BLIP}（300 K）出现在 14 μm，值为 4.6×10^{10} cm·Hz$^{1/2}$/W。对于在接近平衡条件下工作的光电探测器，如非扫出式光电导，复合速率等于生成速率。对这些探测器，复合过程对噪声的贡献会将 D^*_{BLIP} 减少为原来的 $2^{-1/2}$。注意，D^*_{BLIP} 并不依赖于面积和 A_o/A_e 的比率。因此，增大 A_o/A_e 并不能提高背景限性能。

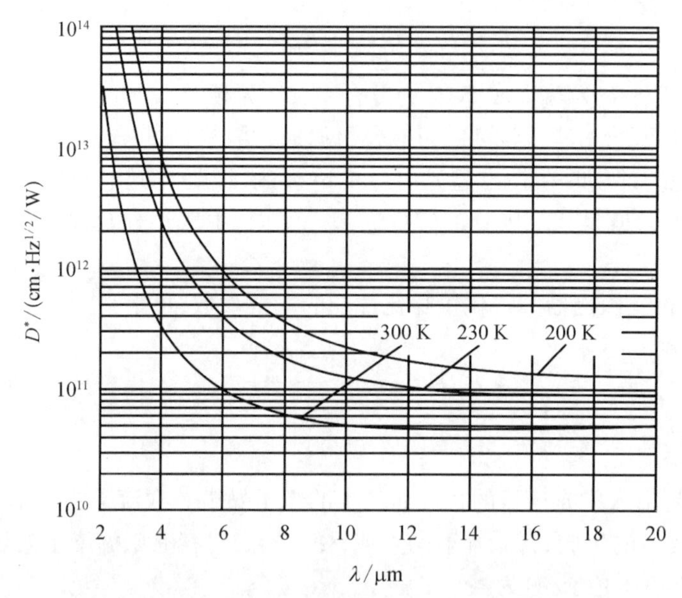

图 4.10 当工作温度为 300 K、230 K 和 200 K 时，在半球形 FOV 300 K 背景辐射限制下，计算出光电探测器的光谱探测率与峰值波长的关系[22]

可能的最佳性能需要采用具有单位量子效率和理想光谱响应率的理想探测器来实现：$R(\lambda)$随波长增加而增加，直到截止波长 λ_c，此时响应率突然降至 0。这种极限性能可以与实际探测器进行比较。

通过降低背景光子通量 Φ_B，可以提高背景限红外光电探测器的探测率。实际上，有两种方法可以做到这一点：采用制冷型或反射型的光谱滤镜限制入射光谱波段；采用冷屏限制探测器视场角（如前面所述）。前者消除了不需要响应的光谱区域的背景辐射。最好的探测器可以在相当窄的视场范围内实现背景限探测。

与信号和背景相关的噪声过程不同，光生成过程来自探测器自身，对于在近室温工作的探测器，这一过程可能是非常重要的。相关的极限性能计算中，通常假设是在黑体辐射条件下，并考虑到探测器材料的折射率>1 而导致的光速降低和波长变短，以及假设探测器可以完全吸收能量大于带隙的光子[23]。单位面积载流子生成率为

$$g_a = 8\pi cn^2\int_0^\infty \frac{\mathrm{d}\lambda}{\lambda^4(\mathrm{e}^{hc/\lambda T}-1)} \tag{4.39}$$

式中，n 为折射率。注意，在 $\eta=1$ 的条件下，生成率比 180°视场角时背景的生成率大了 $4n^2$ 倍。因此，探测率为

$$D^* = \frac{\lambda \eta A_o}{hc\,(2g_a A_e)^{1/2}} \tag{4.40}$$

在背景温度等于探测器温度时，探测率将比 BLIP 情况低 $2n$ 倍（$A_e=A_o$）。与 D^*_{BLIP} 相比，通过增加 A_o/A_e，可以改善内部热辐射限制下的 D^*。

Humpreys[24,25] 重新检查现有的辐射复合和内部光生成的理论时，他指出大多数由于辐射复合而发射出来的光子会立即在探测器内被重新吸收，产生载流子。由于重吸收，辐射寿命大大延长，这意味着在优化的器件内部，光学生成-复合过程实际上可以是无噪声的。因此，性能的最终极限是由信号或背景光子噪声决定的。

2. 热生成与复合的噪声

在低背景辐照条件下，近室温工作和低温工作的红外探测器通常受到热生成与复合机制的限制，而不是光子噪声。为了在半导体中有效地吸收红外辐射，我们必须使用光学跃迁能量比光子能量低的材料，如带隙较窄的半导体。这一事实的直接结果是，在近室温下，载流子的热能量 kT 与跃迁能量相当。这使得热跃迁成为可能，导致非常高的热生成率。因此，LWIR 探测器在近室温下工作时噪声很大。

若单位体积的生成和复合率分别为 G 和 R（单位为 $\mathrm{m^{-6}\cdot s^{-1}}$），则噪声电流为

$$I_n^2 = 2(G+R)A_e t \Delta f q^2 g^2 \tag{4.41}$$

于是

$$D^* = \frac{\lambda}{2^{1/2} hc\,(G+R)^{1/2}} \left(\frac{A_o}{A_e}\right)^{1/2} \frac{\eta}{t^{1/2}} \tag{4.42}$$

在平衡时，生成速率和复合速率相等。在这种情况下

$$D^* = \frac{\lambda \eta}{2hc\,(Gt)^{1/2}} \left(\frac{A_o}{A_e}\right)^{1/2} \tag{4.43}$$

4.2.3　光探测器的优化厚度

对于给定的波长和工作温度，最大化 $\eta/[(G+R)t]^{1/2}$ 可以获得最高的性能，也就是说量子效率与材料的热生成和复合速率之和的平方根的比值最高。这也就意味着需要在薄的器件中实现高量子效率。

在进一步的计算中，假设 $A_e=A_o$，辐射为垂直入射，且前后表面的反射系数可以忽略。在这种情况下，

$$\eta = 1 - \mathrm{e}^{-\alpha t} \tag{4.44}$$

式中，α 为吸收系数。然后，

$$D^* = \frac{\lambda}{2^{1/2} hc} \left(\frac{\alpha}{G+R}\right)^{1/2} F(\alpha t) \tag{4.45}$$

式中，

$$F(\alpha t)=\frac{1-e^{-\alpha t}}{(\alpha t)^{1/2}} \tag{4.46}$$

函数 $F(\alpha t)$ 在 $t=1.26/\alpha$ 时达到最大值 0.638。在这种情况下，$\eta=0.716$，最高的探测率为

$$D^*=0.45\frac{\lambda}{hc}\left(\frac{\alpha}{G+R}\right)^{1/2} \tag{4.47}$$

若光两次通过材料，则探测率可提高 $2^{1/2}$ 倍。这可以通过在背面设置反射层来实现。经过简单计算，这种情况下的最佳厚度为单次通过情况的一半，而量子效率仍然等于 0.716。

在平衡时，生成速率和复合速率相等。因此

$$D^*=\frac{\lambda}{2hc}\eta\,(Gt)^{-1/2} \tag{4.48}$$

如果复合过程与对噪声有贡献的生成过程不相关，则有

$$D^*=\frac{\lambda}{2^{1/2}hc}\eta\,(Gt)^{-1/2} \tag{4.49}$$

4.2.4 探测材料的品质因子

总结上述讨论，任何类型的红外光电探测器的最佳探测性能可以表示为

$$D^*=0.31\frac{\lambda}{hc}k\left(\frac{\alpha}{G}\right)^{1/2} \tag{4.50}$$

式中，$1\leqslant k\leqslant 2$，取决于复合过程和背反射的贡献[22]。利用探测器与红外辐射之间更复杂的耦合也可以对 k 系数进行修正，如使用光子晶体或表面等离子体激元。

正如我们所看到的，吸收系数与热生成率的比值，α/G 是任何红外探测材料的主要品质因子(figure of merit，FOM)。可以使用这个品质因子预测任何红外探测器的最终性能，或是选择可能用于红外探测的候选材料[17,26]。

图 4.11 为假设能隙为 0.25 eV($\lambda=5$ μm)[图 4.11(a)]和 0.124 eV($\lambda=10$ μm)[图 4.11(b)]时，能够调节带隙的各种材料体系中 α/G 与温度的关系。文献[27]给出了不同材料体系 α/G 的计算方法。分析表明，与非本征器件、量子阱红外探测器(quantum well infrared photodetector, QWIP)和量子点红外探测器(quantum dot infrared photodetector, QDIP)等竞争技术相比，窄带隙半导体更适合用于高温工作光电探测器。本征光电探测器性能高的主要原因是其价态和导带内的态密度高，使其对红外辐射具有很强的吸收能力。图 4.11(b)预测，最近新兴的有竞争力的红外材料，Ⅱ类超晶格(type－Ⅱ superlattice, T2SL)，是最有效的长波红外探测材料技术，如果不考虑 SRH(Shockley-Read-Hall)寿命的影响，理论上可能比 HgCdTe 更好。它的特点是高吸收系数和相对较低的基础(带间)热生成率。然而，这一理论预测尚未得到实验数据的证实。

品质因子的计算涉及吸收系数和热生成率的确定，同时考虑各种基本过程和一些次生的过程。

应该指出的是，Long[28]首先认识到热生成率作为一个品质因子的重要性。英国研究人

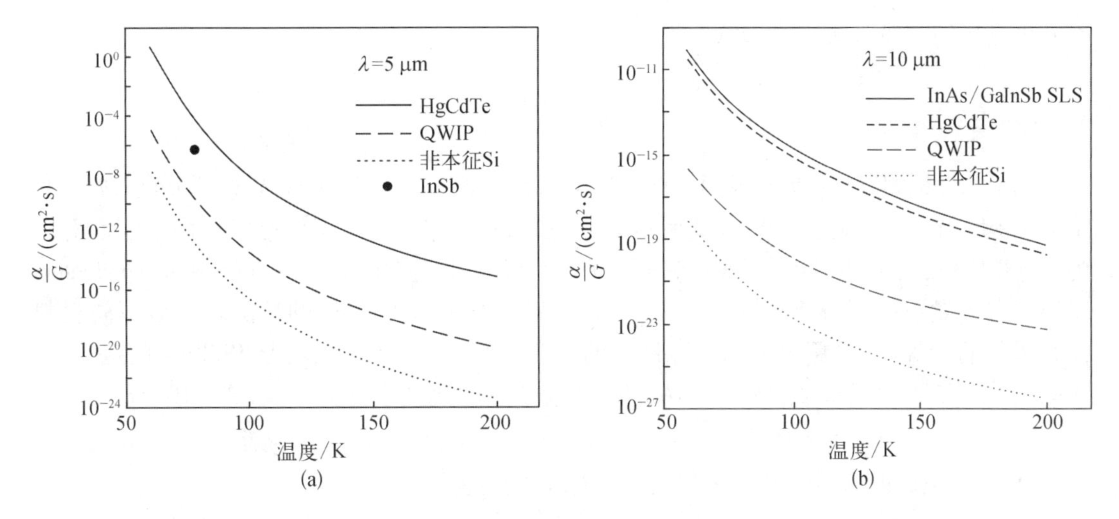

图 4.11　MWIR λ=5 μm 与 LWIR λ=10 μm 的光电探测器中 α/G 与温度的关系

分别基于 HgCdTe、InSb(仅适用于 MWIR)、QWIP、非本征 Si、Ⅱ类超晶格(仅适用于 LWIR)材料工艺

员许多关于高工作温度(high-operating temperature, HOT)探测器的论文都使用了这种方法[29,30]。最近,Kinch[31]引入了每单位面积 $1/\alpha$ 深度内的热生成率作为品质因子。这实际上就是 Piotrowski 和 Rogalski[17]最初提出的 α/G 品质因子的倒数。

在金琦准则中,BLIP 条件可以描述为[31]

$$\frac{\eta\Phi_B\tau}{t} > n_{\rm th} \tag{4.51}$$

式中,$n_{\rm th}$为温度 T 下的热载流子浓度;τ 为载流子寿命;Φ_B为到达探测器的总的背景光通量密度(单位 $\rm cm^{-2}\cdot s^{-1}$);t 为探测器厚度。重新整理可得 BLIP 条件为

$$\frac{\eta\Phi_B}{t} > \frac{n_{\rm th}}{\tau} \tag{4.52}$$

也就是说,每单位体积的光子生成率需要大于每单位体积的热生成率。载流子可以是天然的多子或少子。利用 $\eta=\alpha t$,其中 α 为材料的吸收系数,可以得

$$\Phi_B > \frac{n_{\rm th}}{\alpha\tau} = G_{\rm th} \tag{4.53}$$

归一化的热生成 $G_{\rm th} = n_{\rm th}/(\alpha\tau)$ 可以对任何红外材料的最终性能进行预测,也可以作为温度和能隙(截止波长)的函数并用来比较不同材料的相对性能差异。

4.3　光子和热探测器的基本限制比较

在进一步的考虑中,我们按照 Kinch[31]的说法,假设红外材料的热生成速率是对不同材料体系进行比较的关键参数。

归一化暗电流为

$$J_{\rm dark} = G_{\rm th}q \tag{4.54}$$

由此可直接确定热探测率[见式(4.49)]为

$$D^* = \frac{\eta\lambda}{hc}(2G_{th})^{-1/2} \tag{4.55}$$

用于红外探测器技术的各种材料在 LWIR 光谱区域($E_g = 0.124$ eV, $\lambda_c = 10$ μm)的归一化暗电流密度与温度的关系如图 4.12 所示[32]。此外,还给出了 $f/2$ 背景光通量下的电流密度。为了进行比较,也在图中绘出了假设的非本征 Si、高温超导体(high-temperature superconductor, HTSC)和光发射(silicon Schottky barrier,硅肖特基势垒)型探测器的情况。在对不同材料体系进行的计算中,采用了 Kinch[31]使用的程序,除了 QDIP[使用的是 Phillips 模型][11]。文献[11]、[33]中报道的自组装 InAs/GaAs 量子点的典型参数为 $\alpha_0 = 5 \times 10^4\ \text{cm}^{-2}$, $V = 5.3 \times 10^{-19}\ \text{cm}^{-3}$, $\delta = 5 \times 10^{10}\ \text{cm}^{-2}$, $\tau = 1$ ns, $N_d = 1 \times 10^{11}\ \text{cm}^{-2}$,探测器厚度 $t = 1/\alpha_0$。这些计算在 Martyniuk 和 Rogalski[33]的论文中有详细描述。

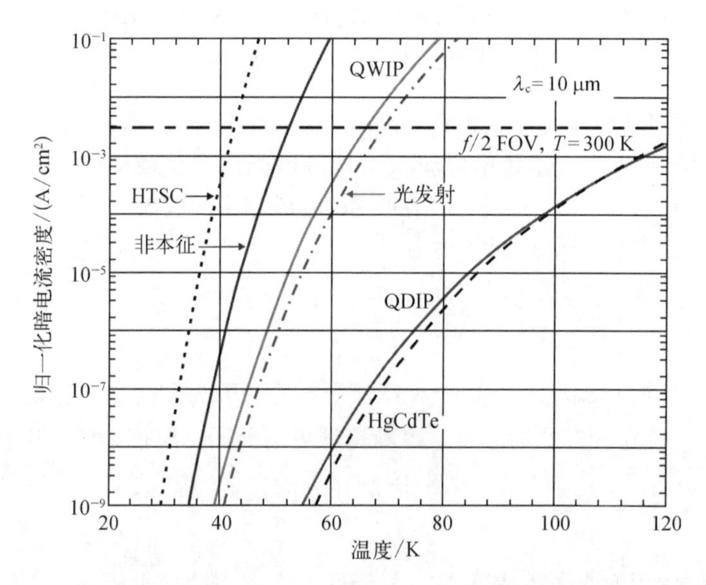

图 4.12 不同 LWIR 材料工艺的归一化暗电流密度与温度的关系($\lambda_c = 10$ μm)

图中还给出了 $f/2$ 背景光通量下的电流密度

Phillips 的论文中,假设理想的 QD 结构具有两个电子能级(激发态与势垒材料的导带最小值重合)。同时,QD 集合引起的不均匀展宽也可以忽略[$\sigma_{QD}/\sigma_{ens} = 1$;参见式(4.29)]。以上假设决定了 QDIP 的高性能。

在 MWIR 和 LWIR 区域,HgCdTe 光电二极管占据着主导地位。QWIP 主要用于在较低温度(通常为 65~70 K)下运行的 LWIR 战术系统,对这类系统制冷不是问题。超过 15 μm,使用非本征硅探测器可以获得良好的性能。这些探测器被称为杂质带光导探测器,在天文学和民用航天界具有良好的市场应用,这也是因为 HgCdTe 在低温和低背景下的潜力尚未获得很好的开发。

图 4.12 显示可调带隙的 HgCdTe 合金具有最高的性能(最低的暗电流,以及最高的 BLIP 工作温度)。实验数据已经证实了这些[34,35]。对于非常均匀的 QD 体系,QDIP 的性能

可以接近于 HgCdTe,并且在较高的工作温度范围内可能会超过 HgCdTe。

图 4.13 比较了截止波长在 MWIR($\lambda_c = 5\ \mu m$)和 LWIR($\lambda_c = 10\ \mu m$)区域的各种光电探测器的热探测率。不同情况下假定的典型量子效率在图中也做了标注。对 QDIP 的理论估算是在实际中经常测得的低量子效率(≈2%)的情况下进行的。对于 HgCdTe 光电二极管(无抗反射涂层时),量子效率典型值为 67%。但是,应该注意的是,QDIP 器件的性能已经取得了迅速提高,尤其是在接近室温的情况下。Lim 等[36]已报道的峰值探测波长约为 4.1 μm 的 QDIP 器件,其量子效率为 35%。

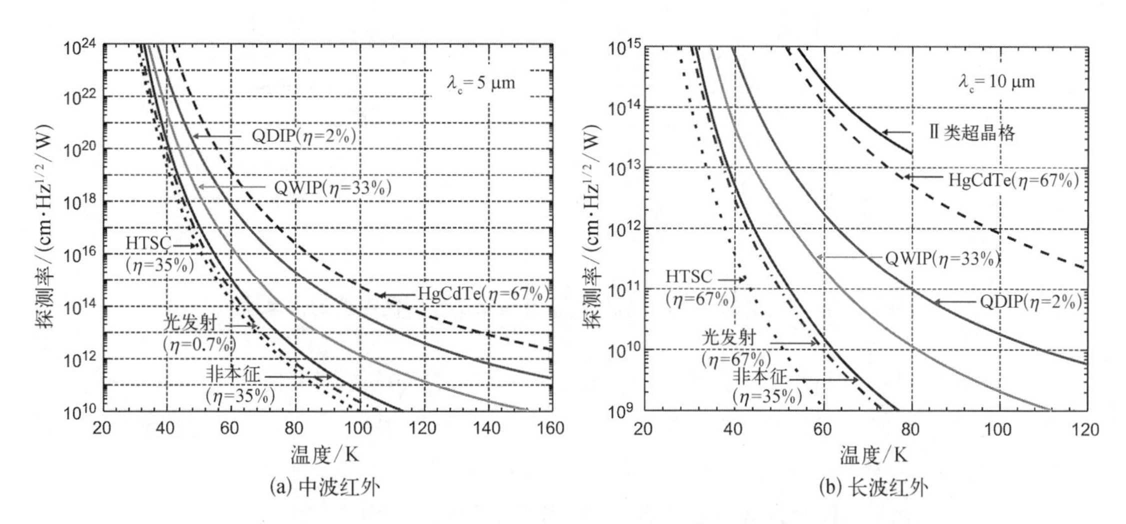

图 4.13　中波红外($\lambda_c = 5\ \mu m$)和长波红外($\lambda_c = 10\ \mu m$)光电探测器的热探测率预测值与温度的关系,不同情况下假定的典型量子效率在图中也做了标注[32]

文献[37]~[39]介绍了 InAs/GaInSb 应变层超晶格(strained-layer superlattice,SLS)的探测率估算。早期的计算表明,LWIR Ⅱ类 InAs/GaSb SLS 的吸收系数应与具有相同截止波长的 HgCdTe 合金相当[37]。图 4.13(b)预测,Ⅱ类超晶格是长波区域最有效的红外辐射探测器,它的性能优于 HgCdTe,具有吸收系数高、发热量相对较低等特点。然而,迄今为止,这一理论预测尚未得到实验数据的证实,主要原因是受肖克利-雷德(Shockley - Read)生成-复合机制的影响,这导致了较低的载流子寿命(较高的热生成率)。从该分析中可以明显地看出,QWIP 的基本性能限不太可能与 HgCdTe 光电探测器相抗衡。但是,非常均匀的 QDIP(当 $\sigma_{QD}/\sigma_{ens} = 1$ 时)的性能预计可与 HgCdTe 相媲美。从图 4.13 中我们还可以注意到,AlGaAs/GaAs QWIP 的性能优于非本征硅。

BLIP 温度定义为在给定 FOV 和背景温度的情况下,暗电流等于背景光电流时器件所处的工作温度。

在图 4.14 中,显示了对于各种类型的探测器,$f/2$ FOV 工作时计算出的 BLIP 工作温度,它是截止波长的函数。具有背景限性能的 HgCdTe 探测器实际上在 MWIR 范围内可以使用热电制冷,但 LWIR 探测器 ($8 \leqslant \lambda_c \leqslant 12\ \mu m$) 在≈100 K 下运行。HgCdTe 光电二极管具有相比非本征探测器、硅化物肖特基势垒、QWIP、QDIP 和 HTSC 等更高的工作温度。在我们的考虑中,省略了Ⅱ类 SLS。与非本征探测器、肖特基势垒器件和 HTSC 相比,截止波长低于 10 μm 的 QWIP 的制冷要求也没有那么严格。

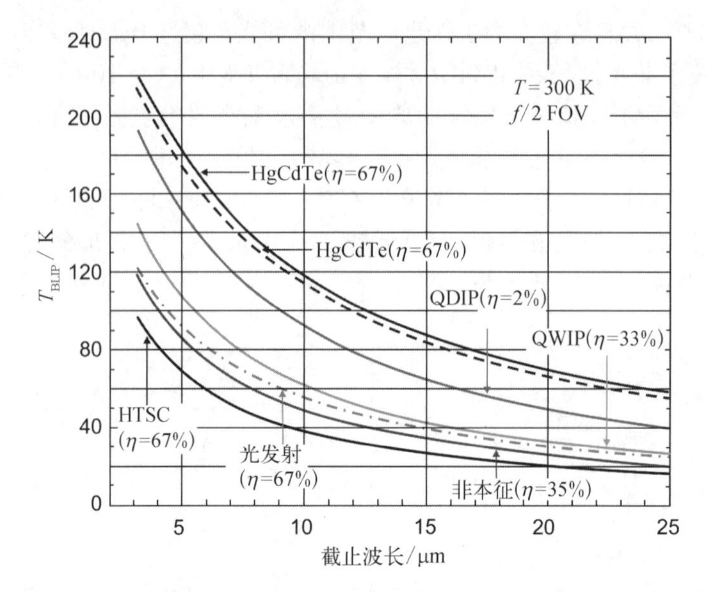

图 4.14　各种类型的光电探测器,达到背景限工作所需温度的估算值[32]

飞利浦(Phillips)已经报道了对于 $\sigma_{ens}/\sigma_{QD}=100$ 的值,QD 探测器的性能可能会降低几个数量级,这差不多是当前 QD 制造技术的状态[11]。众所周知,尺寸不均匀导致的量子点中光吸收的减少会导致归一化暗电流的增加和探测率的降低。不均匀性也会对 BLIP 温度具有强烈影响。σ_{ens}/σ_{QD} 比从 1 增加到 100 会导致 T_{BLIP} 降低几十度[33]。

由于噪声类型的基本差异,热探测器和光子探测器的探测率对波长与温度的依赖关系是不同的。图 4.15 显示了不同背景水平下,光子探测器和热探测器 D^* 基本限的温度依赖性[40]。与克鲁斯(Kruse)[41]的论文相比,这些研究加入了不同类型探测器的最新理论,进行了重新考量。

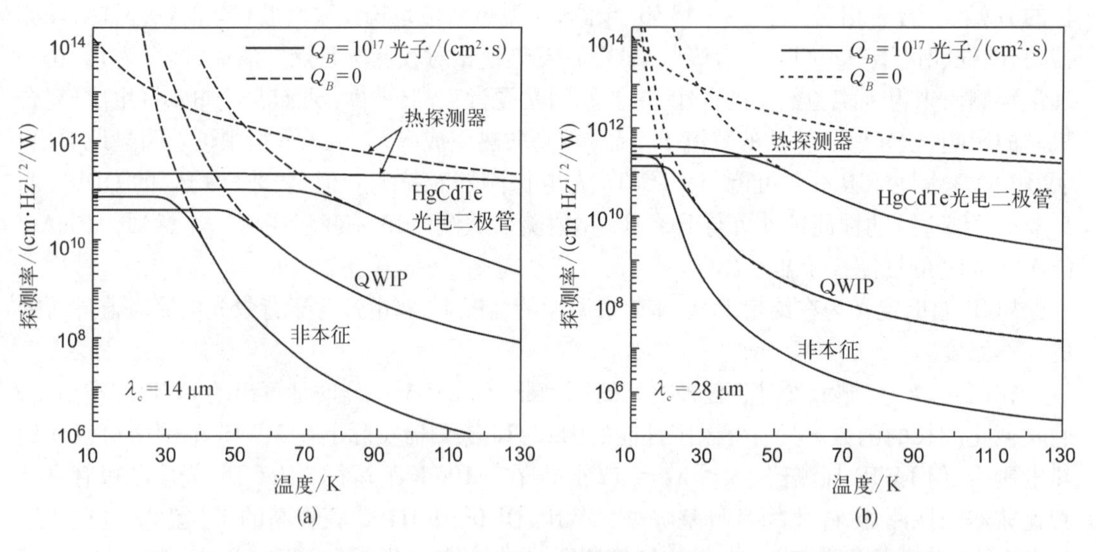

图 4.15　在截止波长为 14 μm 和 28 μm,零背景和 10^{17} 光子/(cm²·s)的背景下,光子探测器和热探测器性能的理论极限随探测器工作温度的变化[40]

从图 4.15(a)可以明显看出,在 LWIR 光谱范围内,本征 IR 探测器(HgCdTe 光电二极管)的性能要高于其他类型的光子探测器。具有背景限性能的 HgCdTe 光电二极管在≈80 K 的温度下工作。与非本征探测器和 QWIP 相比,HgCdTe 的特点是光吸收系数和量子效率高,热生成率相对较低。与具有相同长波限制的本征光子探测器相比,非本征光子探测器需要制冷到更低的温度。

与光子探测器相比,热探测器的理论探测率对温度的依赖性要小得多。在低于 50 K 的温度和零背景的情况下,LWIR 热探测器的 D^* 值低于 LWIR 光子探测器的 D^* 值。但是,在高于 60 K 的温度下,这些限制有利于热探测器。在室温下,热探测器的性能远远优于 LWIR 光子探测器。上述关系会由于背景辐照水平的影响而改变;在图 4.15(a)中也给出了背景水平为 10^{17} 光子/($cm^2 \cdot s$)的情况。有趣的是,光子探测器和热探测器的 D^* 理论曲线在低温下显示出相近的基本限。

对于工作在 14~50 μm 光谱范围内的 VLWIR 探测器,已经进行了类似的考虑。计算结果如图 4.15(b)所示。在此范围内工作的探测器是低温 Si 和 Ge 非本征光电导与低温热探测器,通常是测辐射热计。然而,还包括对本征探测器(HgCdTe 光电二极管)的理论预测。图 4.15(b)显示了 VLWIR 热探测器在零背景和高背景下在宽温度范围内的理论性能极限等于或超过光子探测器的理论极限。

两种类型的探测器的比较表明,随着工作波长在 LWIR 到 VLWIR 的变化,热探测器的理论性能极限更为有利。由于噪声基本类型差异(光子探测器中的生成-复合噪声和热探测器中的温度波动噪声)的影响,这两类探测器的探测率对波长和温度具有不同的依赖关系。光子探测器在 LWIR 和较低的工作温度下更受青睐。在非常长的波长范围内,热探测器更有优势。为了达到背景波动噪声限性能所需的工作温度要求,通常在相对较高的制冷温度下使用热探测器,在较低的制冷温度下使用光子探测器。

4.4　光子探测器的理论模型

传统上,基于工作原理不同,可以将 IR 光电探测器分为光导型或光伏型,即通过检测光生载流子在元件上造成的电流变化或电压变化来实现光电探测。最简单的光导探测器是一个带有欧姆接触的半导体薄片,而光伏探测器是 p－n 结器件。还有,不常用的丹倍和光电磁效应探测器是不需要 p－n 结的光伏型器件。

但是,异质结构器件的发展,如异质结光电导、双层异质结构光电二极管的开发及非平衡工作模式的引入使这种区分越发模糊。此外,光伏结构经常在偏置下工作,信号同时来自结区的光电压和某些区域的光电导。

任何类型的经过优化的光电探测器(参见图 4.9)都可以是三维整体异质结构,它由以下区域组成[18,22,42]。

(1) 红外辐射聚光器,将入射辐射引导到吸收材料上(如由宽带隙半导体制成浸入式镜头)。

(2) 产生自由载流子的 IR 辐射吸收材料(这是一种窄带隙半导体,其带隙、掺杂和几何形状的选择都是为了提高光生成/热生成的比率)。

(3) 吸收材料的电接触,用于感测光生成的电荷载流子(接触不应引起器件的暗电流;

现代器件中使用宽带隙异质结)。

(4) 吸收材料的钝化(吸收材料的表面必须通过不会产生载流子的材料与周围环境隔离);此外,钝化作用会排斥吸收材料中的光生载流子,使它们远离可能降低量子效率的表面复合区。

(5) 增强吸收的反射镜(如金属镜或介电镜;也可以使用光学谐振腔结构)。可以使用具有重掺杂接触区的异质结(如 N^+-p-p^+ 和 P^+-n-n^+)来满足上述条件(符号"+"表示强掺杂,大写字母表示更宽的带隙)。同质结器件(如 n－p, n^+-p, p^+-n)中会遇到表面的问题;过量热生成会增加暗电流和复合,从而降低光电流。

光电探测器模型的建立是了解光电探测器属性并优化其设计所必需的战略性重要任务。基于理想化结构,以及平衡和非平衡的工作模式,针对特定类型的 IR 器件开发了分析模型。这些模型使器件工作的某些特性更易于理解和分析。

但是,一般而言,先进器件的工作无法通过解析模型来描述。忽略窄带隙材料的特定特征,如简并和非抛物线导带可能会导致巨大的误差。红外光电探测器的非平衡工作模式也会带来更多的复杂性。这些器件是基于工作温度下接近本征的或略微非本征的吸收材料。器件性能与采用非本征吸收材料的器件是有差异的[43]。首先,由于电子和空穴之间的空间电荷耦合,双极性效应主导了漂移和扩散行为。其次,可以将近本征材料中的电荷载流子浓度降低到大大低于本征浓度的水平。结果,这种扰动只能用大信号理论加以描述。最后,低带隙材料中的载流子浓度主要由俄歇生成和复合机制决定。

只有通过采用描述半导体器件电学性能的基本方程式的方案,才能实现对越来越复杂的器件架构的准确描述:包括掺杂和渐变带隙、异质结、二维和三维效应、双极性效应、非平衡工作及表面、界面和接触效应。这些偏微分方程包括电子和空穴的连续性方程及泊松方程:

$$\frac{\mathrm{d}n}{\mathrm{d}t}=\frac{1}{q}\ \boldsymbol{\nabla}\times \boldsymbol{J}_n+G_n-R_n \tag{4.56}$$

$$\frac{\mathrm{d}p}{\mathrm{d}t}=\frac{1}{q}\ \boldsymbol{\nabla}\times \boldsymbol{J}_p+G_p-R_p \tag{4.57}$$

$$\varepsilon_0\varepsilon_r\nabla^2\boldsymbol{\Psi}=-q(N_d^+-N_a^-+p+n)-\rho_s \tag{4.58}$$

式中,$\boldsymbol{\Psi}$ 为固有费米电势的静电势;ρ_s 为表面电荷密度;N_d^+ 和 N_a^- 为离子化施主与受主的浓度。

对式(4.56)~式(4.58)求解,就可以分析半导体器件中的稳态和瞬态现象。解这些方程的主要问题是它们的非线性和参数的复杂依赖性。在许多情况下,可能需要进行一些简化。根据玻尔兹曼输运理论,可以将电流密度 $\boldsymbol{J}_n$ 和 $\boldsymbol{J}_p$ 表示为载流子浓度与电子及空穴的准费米电势 $\boldsymbol{\Phi}_n$ 和 $\boldsymbol{\Phi}_p$ 的函数:

$$\boldsymbol{J}_n=-q\mu_n n\boldsymbol{\nabla\Phi}_n \tag{4.59}$$

$$\boldsymbol{J}_P=-q\mu_p n\boldsymbol{\nabla\Phi}_p \tag{4.60}$$

另外,$\boldsymbol{J}_n$ 和 $\boldsymbol{J}_p$ 可以写为 $\boldsymbol{\Psi}$、n 和 p 的函数,包含漂移和扩散分量:

$$\boldsymbol{J}_n = q\mu_n\boldsymbol{E}_e + qD_n\nabla n \tag{4.61}$$

及

$$\boldsymbol{J}_p = q\mu_p\boldsymbol{E}_h + qD_p\nabla p \tag{4.62}$$

式中，D_n与 D_p为电子和空穴的扩散系数。

如果忽略带隙变窄的影响，并且假定满足玻尔兹曼载流子统计：

$$\boldsymbol{E}_n = \boldsymbol{E}_p = \boldsymbol{E} = -\nabla\Psi \tag{4.63}$$

一维器件的稳态行为可以通过五个具有适当边界条件的微分方程组来描述：电子和空穴的两个输运方程，电子和空穴的两个连续性方程及泊松方程，它们的提出都与范罗斯布鲁克有关[44]：

$$J_n = qD_n\frac{\mathrm{d}n}{\mathrm{d}x} - q\mu_n n\frac{\mathrm{d}\Psi}{\mathrm{d}x},\quad \text{电子电流输运} \tag{4.64}$$

$$J_p = qD_p\frac{\mathrm{d}p}{\mathrm{d}x} - q\mu_p p\frac{\mathrm{d}\Psi}{\mathrm{d}x},\quad \text{空穴电流输运} \tag{4.65}$$

$$\frac{1}{q}\frac{\mathrm{d}J_n}{\mathrm{d}x} + (G - R) = 0,\quad \text{电子连续性方程} \tag{4.66}$$

$$\frac{1}{q}\frac{\mathrm{d}J_p}{\mathrm{d}x} - (G - R) = 0,\quad \text{空穴连续性方程} \tag{4.67}$$

$$\frac{\mathrm{d}^2\Psi}{\mathrm{d}x^2} = -\frac{q}{\varepsilon_0\varepsilon_r}(N_d^+ - N_a^- + p - n),\ \text{泊松方程} \tag{4.68}$$

从 Gummel[45]和 de Mari[46]的论文到最新的商业化数值程序，相关学者已经发表了许多致力于求解这些方程组的论文。如果不使用近似，即使对于一维稳态情况，基本方程组也无法获得解析解。因此只能采用数值解。数值解包括三个步骤：① 生成网格；② 将微分方程离散化，转换为线性代数方程；③ 求解。常用牛顿直接法求解矩阵方程[47]。也可以用其他方法来提高收敛速度并减少迭代次数[48]。

由于对复杂的器件结构进行实验是复杂、昂贵且耗时的，因此数值模拟已成为开发先进探测器的关键工具[49]。一些实验室开发出了合适的软件，例如，美国斯坦福大学(Stanford University)、波兰军事技术大学(Military Technical University)[50]、韩国汉阳大学(Honyang University)[48]等。商业仿真软件可以从多种渠道获得，包括 Medici(Technology Modeling Associates，技术建模协会)、Semicad(Dawn Technologies，黎明技术)、Atlas/Blaze/Luminouse(Silvaco International，Inc.，席尔瓦科国际公司)、APSYS(Crosslight Software，Inc.，交叉光软件公司)等。例如，APSYS 是一个完整的 2D/3D 仿真软件，它不仅可以解决泊松方程和当前的连续性方程(包括像场相关的迁移率和雪崩倍增这样的特征)，而且可以仿真具有灵活热边界条件和任意随温度变化参数的光波导器件(如波导型光电探测器)与传热方程。

尽管现有的仿真软件仍不能完全解决光电探测器应用所需的所有半导体重要特性，但它们已经成为分析和开发改进的红外光电探测器的宝贵工具。除了器件仿真,业内还在开发过程仿真软件,以推动先进器件开发技术的发展[51,52]。

参考文献

第5章 红外辐射与探测器的耦合

在光电探测器中,有多种不同的光耦合方法可以提高量子效率[1]。值得一提的是薄膜太阳能电池[2,3]中采用的一种方法也可以应用于红外光电探测器。光耦合通常可以分为四个结构:聚光器、减反射层、光程增加和光限域,图 5.1 为在光电探测器中增强吸收的方法示意图。

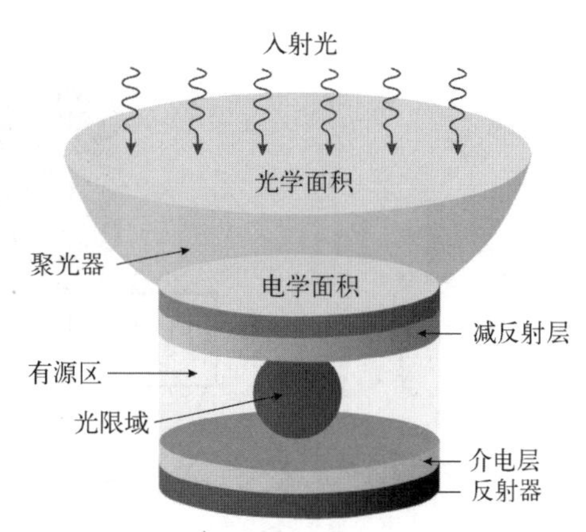

图 5.1 在光电探测器中增强吸收的方法示意图

5.1 标准耦合

用于光探测器的半导体材料通常折射率较高,因此在器件表面具有高反射系数。使用减反射结构可以使界面反射最小化。增强吸收的最简单方法是使用后置反射镜来实现红外辐射在探测材料中二次通过。在薄膜器件中,利用干涉现象在光电探测器内建立谐振腔,可以显著地提高量子效率[1,4]。各种光学谐振器结构都有使用,最简单的结构中,干涉发生在半导体的背面,高反射面和正面反射的波之间。选择半导体的厚度以在结构中建立驻波,该驻波的峰值位于正面,而节点位于背面。量子效率随着结构的厚度而振荡,其峰值处的厚度对应于 $\lambda/4n$ 的奇数倍,其中 n 是半导体的折射率。量子效率的增益随 n 的增加而增加。利用干涉效应,即使对于具有低吸收系数的长波长辐射,也可以实现强且高度不均匀的吸收。

改善红外光电探测器性能的另一种可能方式是,使用汇聚红外辐射的集光器结构,与实际物理尺寸相比,增加探测器的表观“光学”尺寸。集光效率可以定义为光学面积和电学面积之比,减去吸收损耗和散射损耗(见 4.2.2 节)。必须在不减小接收角的情况下,或者至少在对红外快速光学系统所需角度影响不大的情况下实现这一点。可以使用各种类型的合适的光学集光器,如光锥、锥形光纤及其他类型的反射、衍射和折射光学集光器[5]。

使用浸没透镜是一种可以实现集光的有效方法。有许多不同的结构可以达到相同的目的。大致上,可以将它们分为折射、反射和衍射元件,也有混成式的解决方案,如图 5.2 所示。与探测器整体集成的微透镜,通常用于可见光探测中,包括 CCD 和 CMOS 器件,当入射光准确地入射到每个像素上时,微透镜会将入射光聚集到光敏区域中[参见图 5.2(a)]。当器件填充因子较低时,如果不使用微透镜,落在非光敏区的光能会损失,或者在某些情况下会在有源电路中产生额外的电流,造成图像中的伪影。图 5.2(b) 显示了带有微透镜的非制

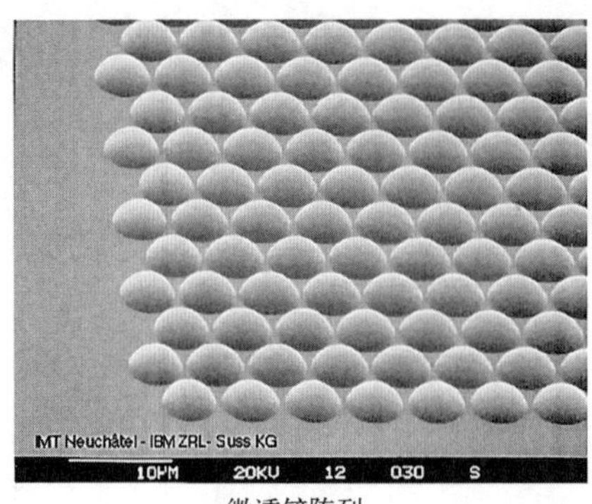

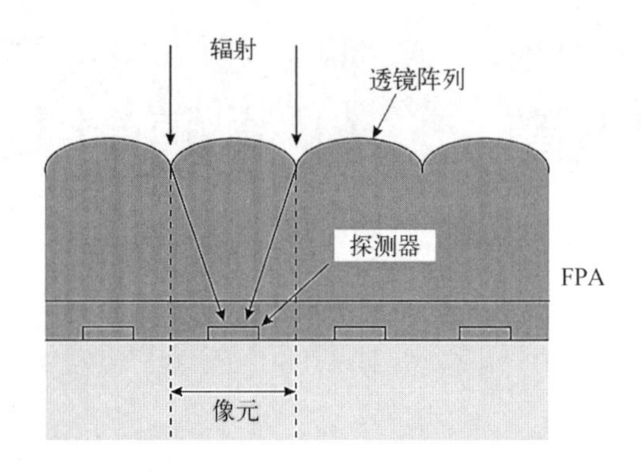

(a) 微透镜焦平面阵列的显微照片和截面示意图

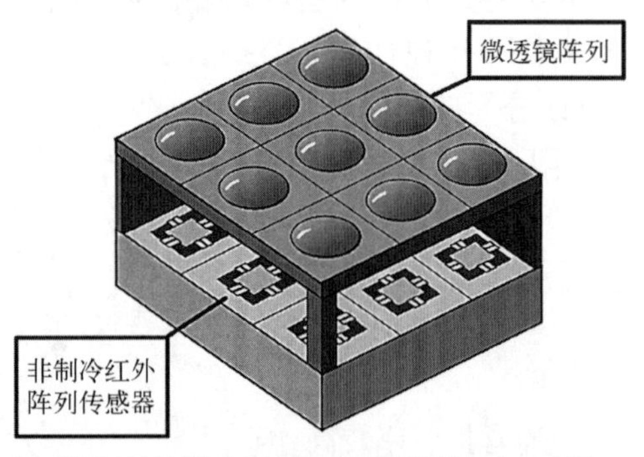

(b) 带微透镜的非制冷红外阵列传感器的概念示意图

图 5.2 用于红外面阵探测器的微透镜

冷红外焦平面的示意图[6]。

半球形浸没透镜的工作原理如图 5.3 所示[5]。探测器位于浸没透镜的曲率中心。镜头成像于探测器,不存在球差或彗差(等光程成像)。由于浸入,探测器的表观线性尺寸增加了 n 倍。图像落在探测器平面上。图 5.3(b)显示了半球形浸没透镜与成像光学系统物镜的结合使用。浸没式透镜也起着物镜的作用,从而增加了光学系统的 FOV。

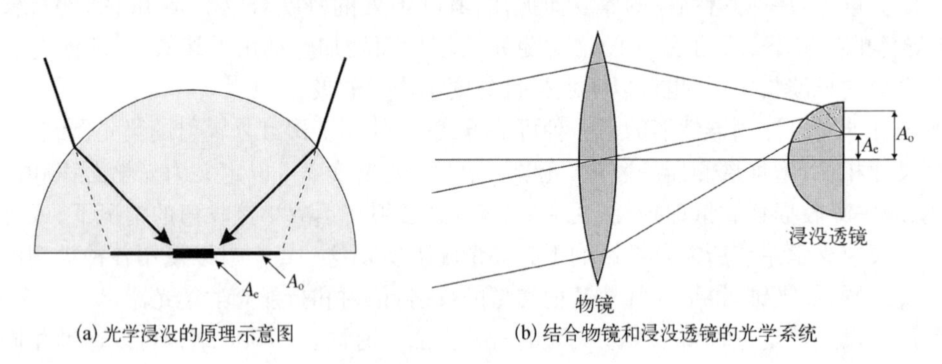

(a) 光学浸没的原理示意图

(b) 结合物镜和浸没透镜的光学系统

图 5.3 半球形浸没透镜的工作原理

尺寸压缩极限由拉格朗日不变性($A\Omega$ 乘积)和等光程系统的正弦条件确定[5]。在空气中,探测器的物理尺寸和表观尺寸通过以下公式关联:

$$n^2 A_e \sin\theta' = A_o \sin\theta \tag{5.1}$$

式中，n 为透镜的折射率；A_e 和 A_o 分别为探测器的物理尺寸与表观尺寸；θ 和 θ' 分别为透镜折射前的边缘光线角度和像平面的边缘光线角度。所以，

$$\frac{A_o}{A_e} = n^2 \frac{\sin\theta'}{\sin\theta} \tag{5.2}$$

对于半球形透镜，边缘光线角度都是 90°。因此，面积增益为 n^2。使用超半球作为等光程透镜，可以获得更大的面积增益[5]，这导致线性探测器表观尺寸增加 n^2 倍，在这种情况下，像平面会移动。

一种替代方法是使用复合抛物线汇聚器（也称为 Winston 收集器或 Winston 锥）[7,8]。QinetiQ 公司开发了一种微加工技术，该技术涉及干法蚀刻，以制造用于探测器和发光设备的圆锥形汇聚器[9,10]。

如前面所述，与探测器敏感区域耦合的最简单方式是在探测器的背面放置一面反射镜，从而使通过光敏区域的光程增加一倍。但是，目前使用的方法要复杂得多，包括带有反射壁的不同型腔及表面结构化。这些方法属于光限域方法。纳米光子学的出现使得光限域结构成为可能，如利用等离子体纳米复合材料进行亚波长光学限域。一些金属介电结构可确保将光限定在比工作波长小得多的尺寸上。

光电子相关材料科学的进步，如超材料和纳米结构，为器件设计方法学的新的非经典方法打开了大门，这些新方法有望为更广泛的应用提供增强的性能及更低的成本。自 20 世纪 50 年代 Ritchie 的开创性工作以来，表面等离子体（surface plasmon，SP）在表面科学领域得到了广泛认可[11]。操作的相对容易性为表面等离激元在光子学和光电子学中的应用提供了机会，可以将光电设备缩小到纳米尺寸，并首次有可能可靠地控制纳米尺度内的光。另外，等离激元利用金属非常大的（有些情况下可以为负值）介电常数来压缩波长并增强金属导体附近的电磁场。将光耦合到半导体材料中仍然是一个充满挑战和活跃的研究课题。微纳结构的表面已成为广泛使用的设计工具，可在不使用抗反射涂层的情况下增加光吸收并增强宽带探测器的性能。

下一节中将介绍光子型探测器的增强方法。

5.2　等离激元耦合

使用等离激元结构的新解决方案为光电探测器的研发开辟了新途径[12-16]。红外等离子体的目标是在给定体积的探测器材料中增加吸收。如 4.2 节所述，较小的材料体积可以提供较低的噪声，而增加吸收可以获得更强的输出信号。这就要求实现器件尺寸远小于当前尺度的微型化探测器结构。等离子体材料的选择对于任何等离子体设备或结构的最终应用都具有重要意义。采用等离激元激发的结构与材料可能在下一代光学互联和传感技术中发挥关键作用。

5.2.1　表面等离子体

等离子体是导电材料中量子化的电子密度波。体材料中的等离子体是纵向激发的，而表面等离子体可以同时具有纵向和横向成分[12]。频率低于该材料的等离子体频率的光（等离子频率）被反射，而高于等离子频率的光被透射。平面上的表面等离子体是非辐射电磁模式，即它们不能直接由光生成，也不能自发衰减成光子。但是，如果表面很粗糙，或者表面上

有光栅,或者以某种方式进行了构图,则等离子频率附近的光会与表面等离子体强烈耦合,从而形成极化子或表面等离激元(surface plasmon polariton, SPP),这是一种横向磁光表面波,它可能会沿着金属表面传播,直到被金属吸收或辐射到自由空间中而损失能量。

在最简单的形式中,SPP 是一种电磁激励(电磁场/电荷密度振荡的耦合),它沿着金属和介电介质之间的界面进行传播,其振幅随着进入每种介质深度的增加而呈指数衰减。因此,SPP 是一种表面电磁波,被限制在电介质-金属界面的附近。这种限制增强了界面处的电场,从而导致 SPP 对表面条件非常敏感。SPP 的固有二维性质禁止它们直接耦合到光。通常需要使用表面金属光栅来使法向入射的光激发 SPP。此外,由于 SPP 的电磁场随距表面的距离呈指数衰减,因此除非通过 SPP 与表面光栅的相互作用将其转换为光,否则在常规(远场)实验中无法观察到。

沿金属-电介质界面传播的电子密度波的示意图如图 5.4 所示。电荷密度振荡和相关的电磁场包含SPP 波。局部电场分量在表面附近增强,并在垂直于界面的方向上随深度呈指数衰减。

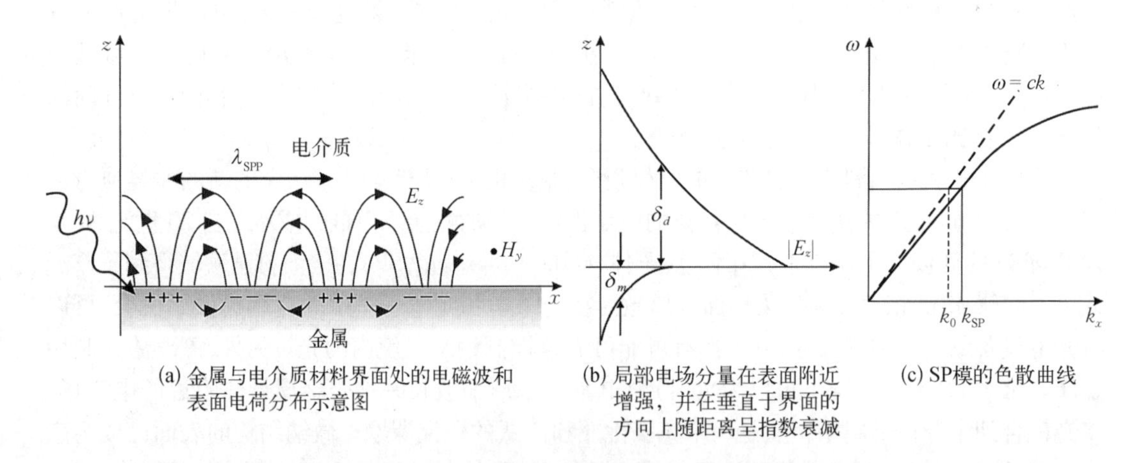

(a) 金属与电介质材料界面处的电磁波和表面电荷分布示意图

(b) 局部电场分量在表面附近增强,并在垂直于界面的方向上随距离呈指数衰减

(c) SP模的色散曲线

图 5.4 沿金属-电介质界面传播的电子密度波的示意图

表面电荷密度和电磁场之间的相互作用导致 SP 模式的动量 $\hbar k_{SP}$ 大于相同频率的自由空间光子 $\hbar k_0$ 的动量($k_0 = \omega/c$ 是自由空间波矢量),见图 5.4(c)。在适当的边界条件下求解麦克斯韦方程可以得到 SP 色散关系,即与频率相关的 SP 波矢[17]

$$k_{SP} = k_0 \left(\frac{\varepsilon_d \varepsilon_m}{\varepsilon_d + \varepsilon_m} \right)^{1/2} \tag{5.3}$$

如果在这样的界面处存在 SP,那么金属和介电材料随频率变化的介电常数 ε_m 与 ε_d 必须具有相反的符号。对于金属,满足此条件,因为 ε_m 既是负数又是复数(后者对应于金属中的吸收)。$\hbar k_{SP}$ 动量的增加与 SP 与表面的结合有关(如果要使用光来生成 SP,则必须消除光和相同频率的 SP 之间产生的动量不匹配)。

与 SP 沿表面的传播特性相反,垂直于表面的场与表面的距离呈指数衰减。由于束缚的非辐射 SP 阻止了功率从表面传播出去,垂直于表面的场本质上是倏逝波。

由于金属吸收引起的损耗,SP 模式在平坦的金属表面上传播,并逐渐衰减。可以从 SP 色散方程中得到传播长度 δ_{SP}[18]:

$$\delta_{SP} = \frac{1}{2k''_{SP}} = \frac{\lambda}{2\pi}\left(\frac{\varepsilon'_m + \varepsilon_d}{\varepsilon'_m \varepsilon_d}\right)^{3/2} \frac{(\varepsilon'_m)^2}{\varepsilon''_m} \tag{5.4}$$

式中，k''_{SP} 为复数 SP 波矢量的虚部，$k_{SP} = k'_{SP} + ik''_{SP}$；$\varepsilon'_m$ 和 ε''_m 为金属介电函数的实部与虚部，即 $\varepsilon_m = \varepsilon'_m + i\varepsilon''_m$。传播长度取决于金属的介电常数和入射波长。

早期对 SP 的研究是在可见光波段。等离子体技术的绝大多数研究都集中在光频率范围的较短波长侧。在可见光波段，银是损耗最低的金属，其传播长度通常在 10~100 μm。另外，对于更长的入射波长，如 1.55 μm 的近红外通信波长，银的传播长度可增生 1 mm。对于铝等相对吸收性强的金属，在 500 nm 波长处的传播长度为 2 μm[14]。

常见的金属(如金或银)在蓝色或深紫外波长范围内具有等离子体共振。近来，针对红外技术的研究越来越多。但是，当从可见光扩展到红外时，通常能透射光线的具有小孔阵列的金属薄膜会变得不透明，没有一种金属的等离子体共振发生在短于 10 μm 的红外波段内。此外，与高质量外延生长的半导体或电介质相比，由于金属沉积技术质量较低，等离子体结构与探测器敏感元的集成是不兼容的。结果，不良的金属质量或不良的半导体-金属界面可能掩盖了许多固有的等离子体性能。另外，由于等离子体共振频率对于给定的金属是固定的，所以难以实现波长可调谐性。因此，研究人员提出了将高掺杂半导体之类的材料作为金属的替代方案，如 InAs/GaSb 双层结构[16,19]。

图 5.5 示意性地给出了可见光和红外波长之间的表面增强吸收的差异。如图 5.5(a)所示，SPP 的光场在可见光波长处紧密结合到材料表面，而在中红外波长处弱结合。如图 5.5(b)

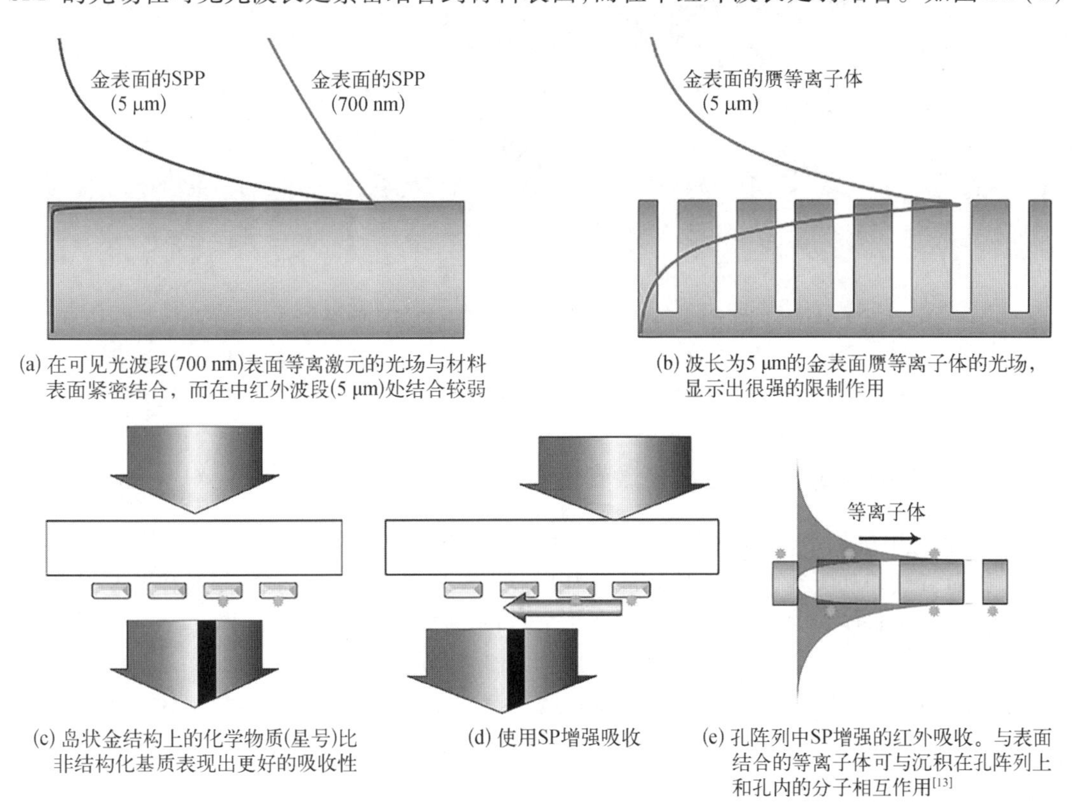

(a) 在可见光波段(700 nm)表面等离激元的光场与材料表面紧密结合，而在中红外波段(5 μm)处结合较弱

(b) 波长为5 μm的金表面赝等离子体的光场，显示出很强的限制作用

(c) 岛状金结构上的化学物质(星号)比非结构化基质表现出更好的吸收性

(d) 使用SP增强吸收

(e) 孔阵列中SP增强的红外吸收。与表面结合的等离子体可与沉积在孔阵列上和孔内的分子相互作用[13]

图 5.5　表面等离子体 SP 的光场和表面增强红外吸收

所示,带有凹痕或孔的金属表面会产生泄漏的波导(赝等离子体),或可用于将光耦合到介质波导中。这种有效的方法基于金属表面的深亚波长间距光栅[20]。这种设计不仅能导致光栅中的共振,而且可导致光的严格束缚,并且被用于改善量子阱红外光电探测器和量子点红外光电探测器的性能[21,22]。

当前由于构建等离子体的材料中存在的损耗问题,在通信和光频段下的等离子体器件仍面临重大挑战。严重的损耗影响了这些金属材料在许多新颖应用中的实用性。除了传统的等离子材料(贵金属),具有红外等离子波长的较新的材料体系[过渡金属氮化物、透明导电氧化物(transparent conducting oxides,TCO)和硅化物][16,23,24]也有一些研究工作。已经证明,TCO 在红外区域是有效的等离子体材料,而过渡金属氮化物则可延伸到可见光波段中。载流子浓度和载流子迁移率是决定导电材料光学特性的两个重要参数,根据这两个重要参数可以将材料分成不同的类型,如图 5.6 所示。在等离激元学中,载流子浓度必须足够高才能使电介质介电常数的实部为负值。另外,期望介电常数值随载流子浓度的变化可调。较低的载流子迁移率可能表现为较高的阻尼损耗,因此也带来较高的材料损耗。

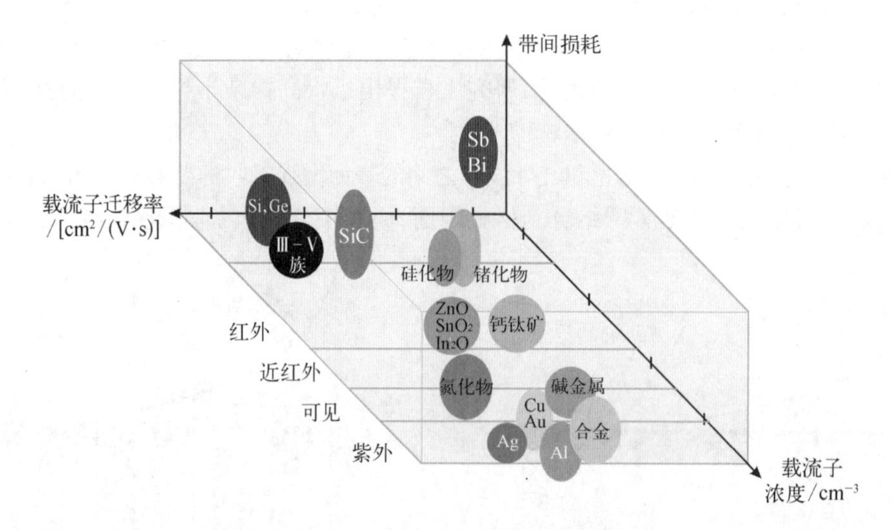

图 5.6 等离子体和超材料应用的材料空间

重要的材料参数,如载流子浓度(半导体的最大掺杂浓度)、载流子迁移率和带间损耗构成了各种应用的优化相空间。球形气泡表示具有低带间损耗的材料,而椭圆形气泡表示在电磁频谱的相应部分具有较大的带间损耗的材料[24]

5.2.2 红外探测器的表面等离激元耦合

在金属介电结构上,可以采用不同的体系来实现 SPP,如平面金属波导、金属格栅、纳米粒子(如岛、球、杆和天线),或通过金属膜中的一个或多个亚波长结构的孔洞对光进行传输。但是,要充分地实现 SPP 的潜力,仍然存在巨大的挑战。

图 5.7 展示了三种常见的几何形状,以增强探测器的光响应:图 5.7(a)为光栅耦合器,用于将 SPP 汇聚到小尺寸探测器;图 5.7(b)为小尺寸探测器上的粒状天线;图 5.7(c)为金属光子晶体结构,用来增强光响应。包含天线或谐振器的设计可以增强光响应或使探测器具有特定的工作波长及偏振特性。

图 5.7(a)是一种纳米级半导体光电探测器。小面积光电探测器受益于低噪声水平、低

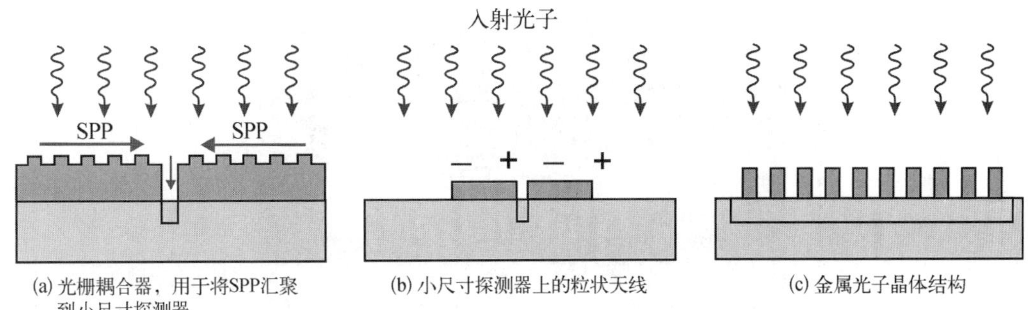

图 5.7　等离子体增强探测器的不同结构

的结电容,以及可能的快速响应。但是,由于在相同的光功率密度下半导体探测器的有效面积减小,所以输出较低。使用敏感材料制作的纳米天线使我们能够利用集中的等离子体场[25]。纳米天线的作用是将自由空间平面波转换为绑定到图形化金属表面的 SP,而不会发生反射。类似地将入射辐射耦合到 SP 的天线结构是太赫兹探测器中常用的技术[26]。

在图 5.7(b)是一个纳米级集成探测器结构,其光响应通过局域等离激元共振而增强。谐振天线可以将强光场限制在亚波长范围内。这种方式设计的结构使得具有高度受限的光场与光电探测器的有源区域重叠,同时使用 SPP 和局域 SPP(localized SPP, LSPP)谐振来实现光电流的强烈增强。

LSSP 是小金属颗粒或纳米结构中的电荷振荡。这些振荡可以通过球体中电荷的位移来表示。例如,对于电介质中的金属球,金属内部的电场通过静电场近似为[27]

$$E_{\text{in}} = \frac{3\varepsilon_d E_0}{\varepsilon_m + 2\varepsilon_d} \tag{5.5}$$

式中, E_0 为远离球体的电场。忽略对式(5.5)中相对介电常数的虚部贡献,很明显,当 $\varepsilon_m = -2\varepsilon_d$ 时,球体内的场强是发散的,这导致球体外表面的场强增强(实际上场强会受到 ε_m 的虚部限制)。从式(5.5)中的分母可以清楚地看出,共振受到金属和电介质散布的影响。

增强光电探测器光响应的第三种结构如图 5.7(c)所示。通过在探测器区域上包含金属光子晶体(photonic crystal,PC)或以周期性方式设计探测器以形成 PC 结构来实现光响应增强。谐振结构与探测器的集成增加了入射光与有源半导体区域之间的相互作用长度。这种设计对于需要大吸收长度的薄膜半导体探测器很有意义。

由于吸收系数是波长的强函数,因此对于给定的探测器材料,可探测的波长范围受到限制。由于量子效率的下降,宽带吸收通常不足。使用周期性 PC 结构进行折射率调制已经开辟了用于控制光的多种方式。现有的大多数器件都采用二维 PC 结构实现,因为它们的制备过程与标准的半导体工艺是兼容的[28-30]。

PC 晶体是指规则的孔(缺陷)阵列,用于改变局部的折射率以在“光子”能带结构中提供局域模式(图 5.8)。去除单个孔洞会形成光子能量阱,类似于量子线结构中的电子势阱。折射率的周期性变化会引起光子的布拉格散射,从而在面内光子色散关系中打开禁带。PC 具有光栅效应,可将法向入射的辐射“衍射”到面内方向。此外, $\lambda/2$ 高折射率平板用于在垂直方向上捕获通过空气-平板界面处的内部反射光子。因此,采用二维 PC 的布拉格反射和内部反射的组合产生了三维受限的光学模式。

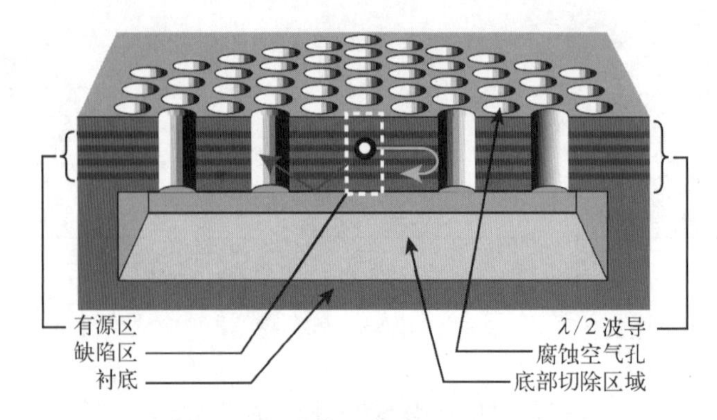

图 5.8 光子晶体微腔的横截面示意图

图 5.9 为 SPPs 增强型红外探测器的概念设计图,它可以利用紧密放置的掩埋量子探测器(距离远小于入射电磁场的波长)来检测通过结构化表面传输的增强倏逝波。

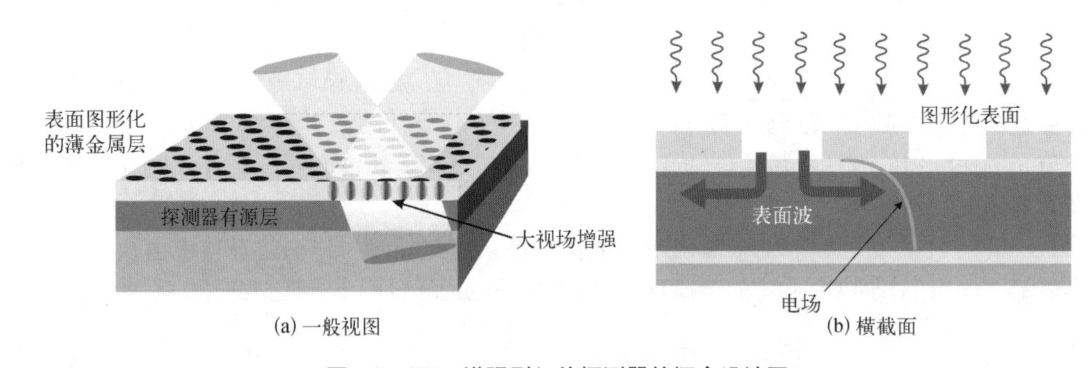

(a) 一般视图　(b) 横截面

图 5.9 SPPs 增强型红外探测器的概念设计图

金属 PC 集成探测器设计的一个示例在图 5.10 中显示,并带有样品结构的示意性横截面图[30]。PC 是 100 nm 厚的金膜,其上分布着直径为(1.65±0.05) μm 的圆孔,形成周期为 3.6 μm 的正方形阵列。这种圆形孔阵列在反向和正向偏置时分别耦合到 11.3 μm 与 8.1 μm 的表面等离子体波,应用于 InAs 的 QDIP 器件时具有最强的探测能力(增强 30 倍)。

通过将量子点限制在波导结构中并使用金属光栅耦合器,可以观察到吸收显著增加。图 5.11 显示了金属 PC QDIP 和参考器件在-3.0 V 与 3.4 V 时的光响应(工作温度为 10 K)[30]。图 5.11 中的箭头表示参考器件,它们在-3.0 V 和 3.4 V 情况下均表现出两个相当宽的光谱响应,峰值不明显。施加电压时引起响应峰的移动可以解释为量子斯塔克效应。另外,金属 PC 器件在峰值波长,尤其是响应强度上,都具有完全不同的随电压变化的光谱响应度。它们在相同的波长处显示四个峰,但在两个偏置下的响应强度不同。11.3 μm 处的峰比参考器件的峰强得多,是反向偏置时的最强的响应峰,而 8.1 μm 处的峰则比其他任何正向偏置的峰都更强。其余两个在 5.8 μm 和 5.4 μm 处的峰相对较弱。

这种方法的优点是可以很容易地与当前红外传感器焦平面阵列的制造过程结合。可以使用常规的光刻技术来制作直径为 2~3 μm 的孔图形,其响应波长范围为 8~10 μm。在 PC 中引入单个或多元缺陷进行修饰可以选择性地增加具有特定能量光子的响应。因此,通过改变缺陷的尺寸,可以改变共振波长,从而在 FPA 的每个像素中构建光谱元件。这将对多光谱成像和高光谱成像探测器产生革命性的影响。

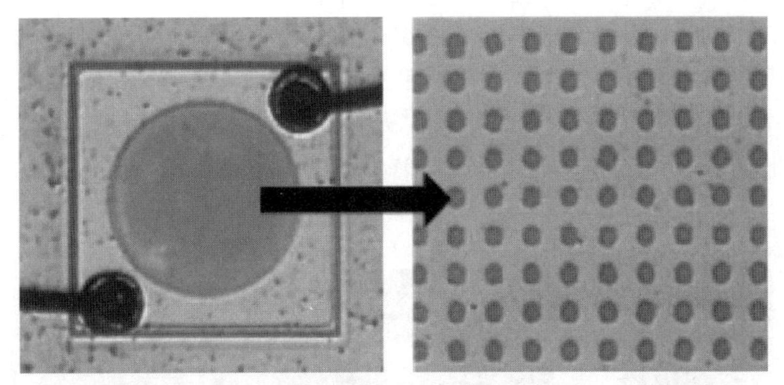

(a) 16倍放大的金属PC器件光学显微镜图像，显示出金属PC的细节。圆孔的周期为3.6 μm

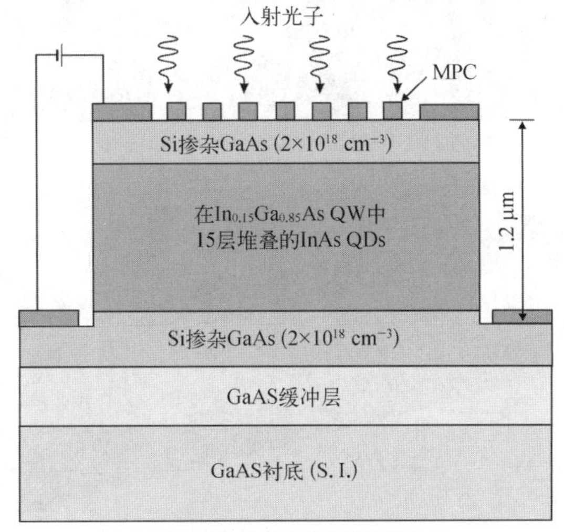

(b) 金属PC器件的示意性横截面结构[30]

图 5.10　金属 PC 器件

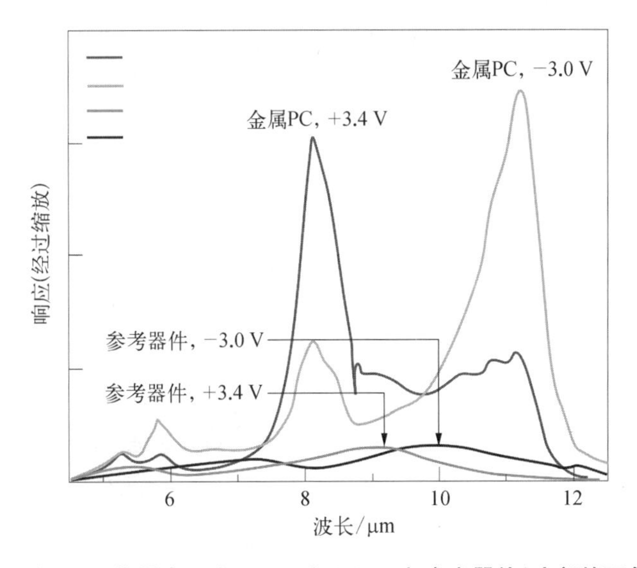

图 5.11　在工作温度 10 K，偏置电压为−3.0 V 和 3.4 V 时，参考器件（底部的两条曲线，箭头表示每条曲线的最高峰值）、金属 PC 器件（另外两条较高的曲线）的光谱响应曲线[30]

一类重要的二维 PC 是介电结构组成的光子晶体平板(photonic crystal slab,PCS),仅在二维上具有周期性调制,而在另一维度上具有折射率引导。图 5.12(a)显示了采用 PCS 结构的 QWIP[31]。对 PC 进行蚀刻,通过选择性去除 AlGaAs 牺牲层以创建自支撑的 PCS。最终器件的示意图如图 5.12(b)所示。PCS - QWIP 的光响应显示出较宽的响应峰,同时还有几个明显的共振峰。

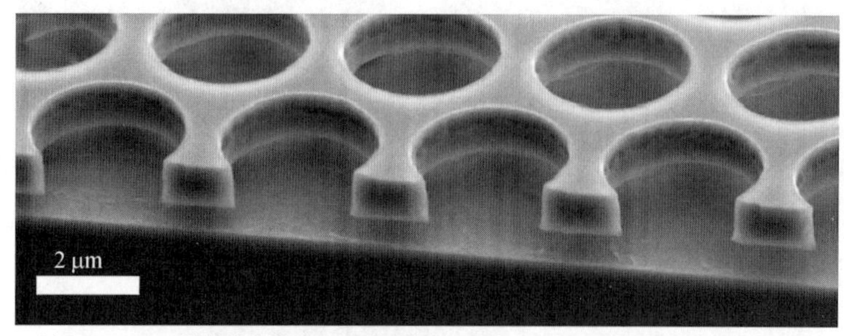

(a) PCS-QWIP结构的扫描电子显微镜(scanning electron microscope, SEM)图像

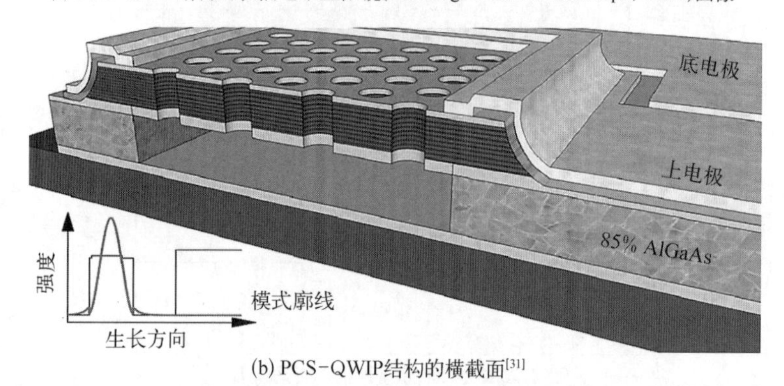

(b) PCS-QWIP结构的横截面[31]

图 5.12 PCS - QWIP 设计

Qiu 等[32]最近研究了二维金属孔阵列的参数(孔阵列的周期性 p、孔直径 d 和金属膜厚度 t)对 InAsSb 红外探测器的等离子体增强作用,使用三维时域有限差分(finite-difference time-domain,FDTD)方法计算了亚波长孔阵列的传输性能。图 5.13 显示了在 InAsSb 探测器有源区上方制备的二维孔阵列(2D hole array,2DHA)的横截面图和俯视图。

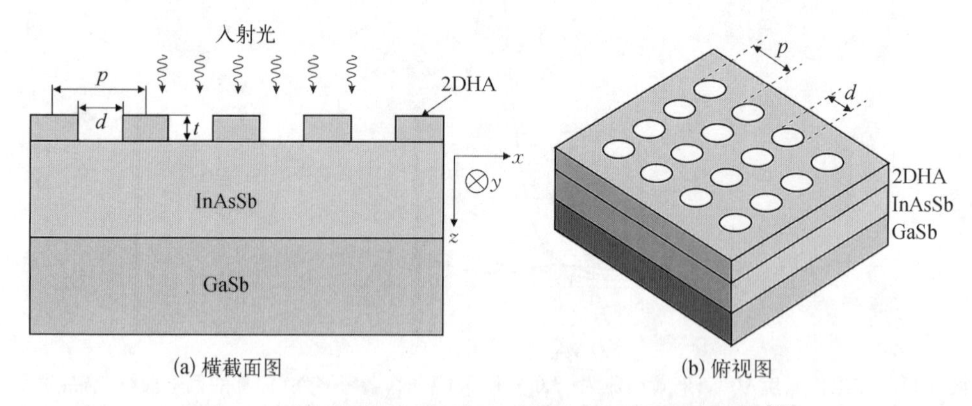

(a) 横截面图　　(b) 俯视图

图 5.13 二维金属孔阵列 2DHA 的横截面示意图和俯视图[32]

在计算中，圆孔的直径 d 设为 0.46 μm，金属膜由金制成，厚度为 $t = 20$ nm。周期性地在 0.72～1.12 μm 变化，其他参数保持不变。光源通常沿 z 轴正方向入射，并在 x 方向上偏振，波长为 1.5～6.5 μm。

当孔直径固定为 $d = 0.46$ μm，周期固定为 $p = 0.92$ μm 时，针对主峰计算出如图 5.14 所示的传输效率。如图 5.14 所示，在共振波长处，最高的传输效率约为 3.85，这比直接入射到孔区域的光要多得多。当孔径大约为周期长度的一半时，传输效率最大。

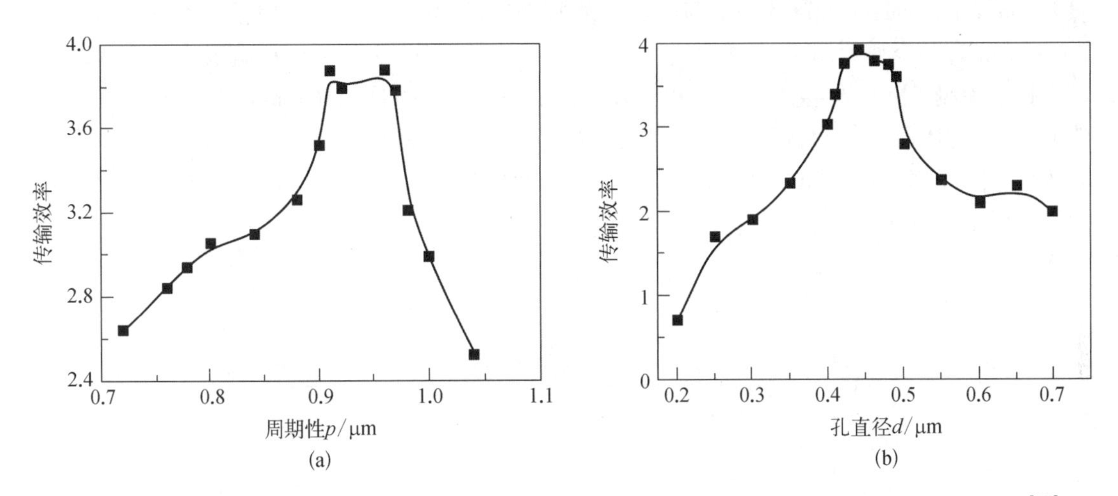

图 5.14　二维孔阵列随周期性 p ($d = 0.46$ μm) 和随孔直径 d ($p = 0.92$ μm) 变化的传输效率曲线图[32]

Rosenberg 等[21]研究了用于中红外光电探测器的等离激元 PC 谐振器，采用单金属或双金属等离激元波导，其良好的频率和极化选择性可用于高光谱和超极化探测器中。通过适当地缩放 PC 孔和波导宽度，可以优化这种谐振器，以用于从太赫兹到可见光波段的任何波长。图 5.15 显示了一种谐振式双金属等离子体 PC－FPA 的设计原理图，仅顶层金属 PC 光刻步骤与混成型阵列的标准制造工艺有所不同。

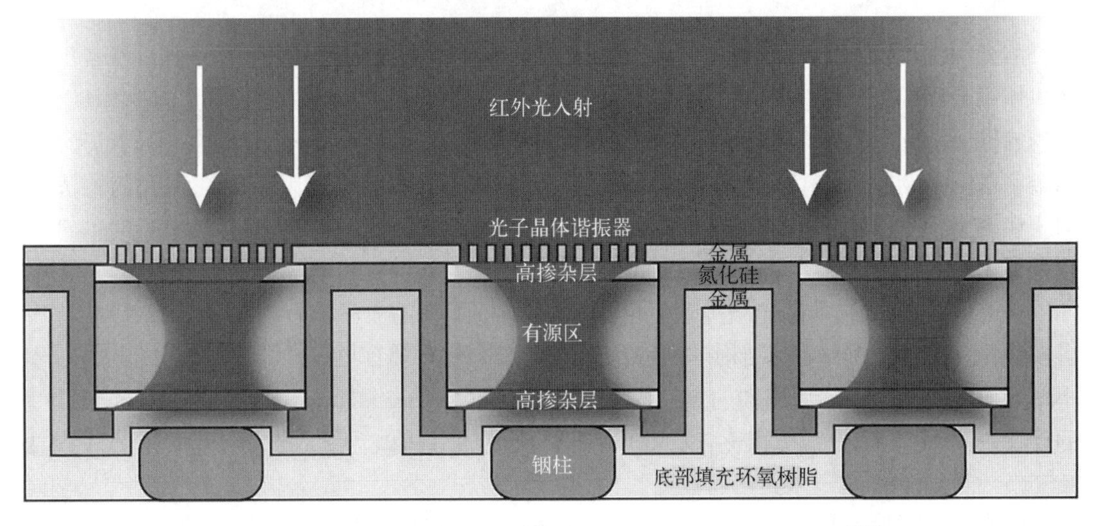

图 5.15　一种谐振式双金属等离子体 PC－FPA 的设计原理图[21]

5.3 陷光探测器

如式(4.43)所指出的,可以通过减小探测器有源区的体积来提高红外探测器的性能。在本节中,我们将重点放在通过采用陷光的概念来减少探测器的材料体积,从而在不降低量子效率的情况下实现暗电流的减小。图 5.16 显示了体积减小对量子效率和噪声等效温差(noise equivalent difference temperature,NEDT①)的影响[33,34],该模型是一个简单的包含 Bruggeman 有效介质[35]的一阶模型,由 $Hg_xCd_{1-x}Te$($x\approx0.3$)及填充材料组成。填充系数计算为每个探测单元中半导体材料与单元总体积的比例。正如预期的那样,随着单元总体积的下降(填充因子增加),量子效率会提高,NEDT 值通常会降低,从而性能改善,直到光子收集效率下降的速度快于噪声降低的速度,因此整体性能下降。在实际制备的器件中已观察到模型揭示的变化趋势。

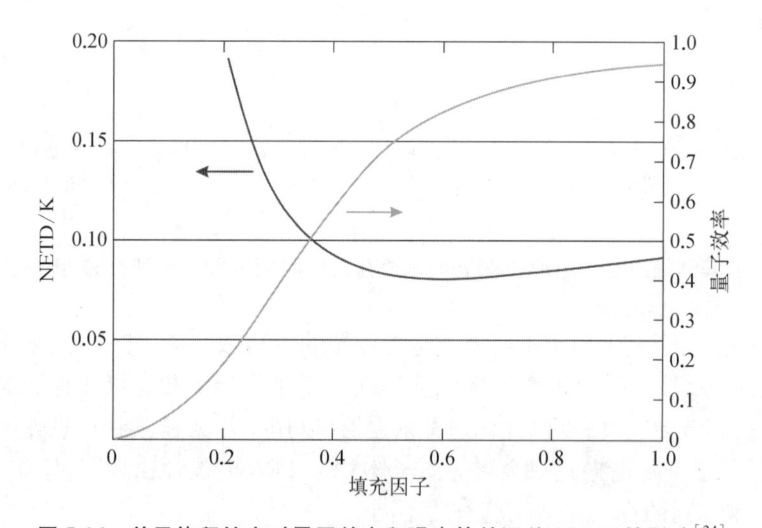

图 5.16　单元体积缩小对量子效率和噪声等效温差 NEDT 的影响[34]

陷光探测器已在基于Ⅱ-Ⅵ[33-34,36]和基于Ⅲ-Ⅴ[36-39]族的外延材料中得到了各自的验证。使用自顶向下或自底向上的处理方案,设计亚波长尺寸的半导体柱阵列,构造 3D 光子结构的探测单元,可以显著地增强吸收和提高量子效率。亚像元架构可以具有不同的形状,如金字塔形、正弦形或矩形[37]。图 5.17 显示了具有不同体积填充因子的柱和孔的陷光结构。在 Si 衬底上使用 MBE 生长 HgCdTe,并制作陷光结构,器件在工作温度 300 K 时的截止波长为 5 μm。

理论估计表明,与非陷光结构阵列相比,陷光结构阵列的光学串扰略高,但扩散串扰却少得多,因此在串扰方面,陷光结构阵列将比非陷光结构阵列具有更好的器件性能,尤其是对于小像元而言[40]。此外,从阵列的点扫描对调制传递函数(modulation transfer function, MTF)的计算表明,与非陷光结构相比,陷光结构具有出色的分辨能力。因此,随着探测器阵列技

① 译者注:噪声等效温差或写作 noise equivalent temperature difference(NETD),含义相同,全书按照近期的常用写法写为 NETD,部分引文标题包含 NEDT 的不做修改。

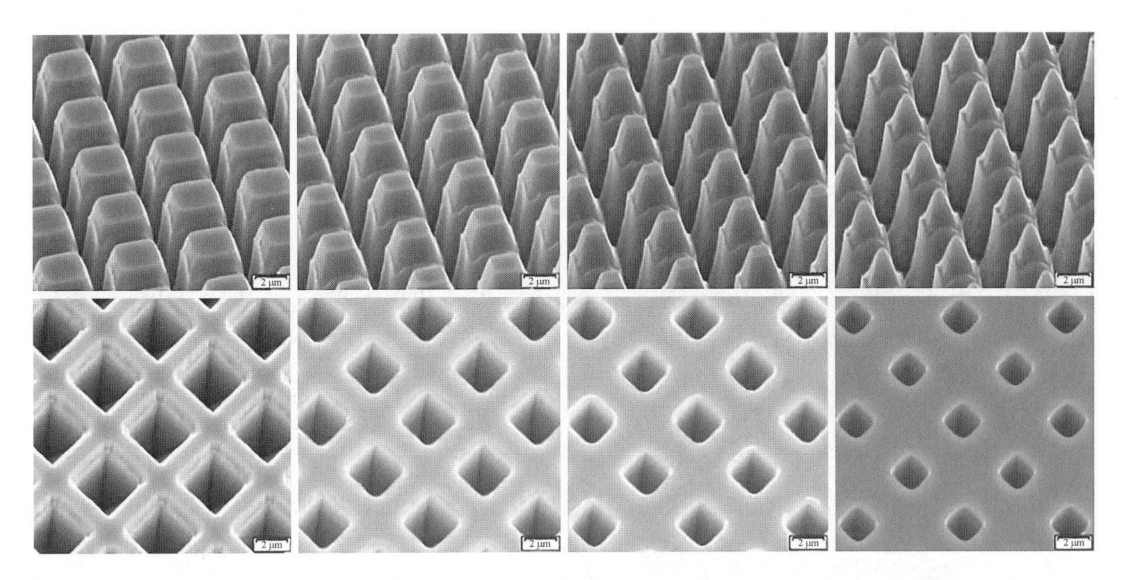

图 5.17　用于 FTIR 演示的,具有不同填充因子光子晶体的 HgCdTe 陷光微结构照片[33]

术向着小像元方向发展,陷光结构是无抗反射涂层时,减少扩散串扰和增加量子效率的有效手段。

柱结构的时域有限差分模拟表明它们之间存在共振,并证实了通过全内反射,陷光过程可以有效地充当波导,将入射能量从孔洞区域转移到剩余的吸收材料中。图 5.18 给出了单个 HgCdTe 柱中的光生成效率与波长(0.5~5.0 μm)的关系[41]。在 0.5 μm 的波长处,光生过

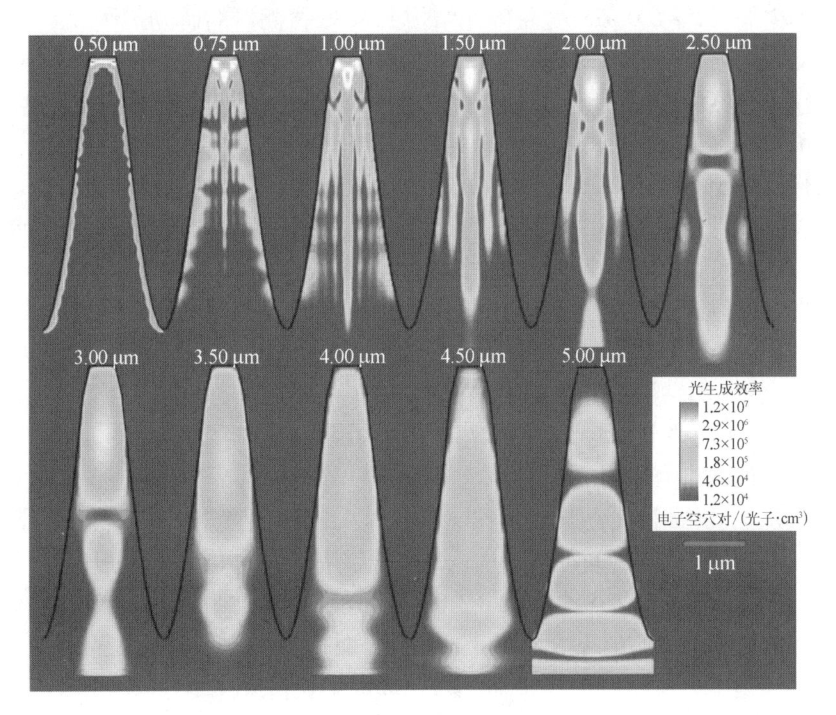

图 5.18　计算了在 0.5~5.0 μm 波长范围内用平面波背照明的碲镉汞柱状陷光结构内的光生过程。该柱是如图 5.17 所示的二维碲镉汞柱状阵列中的一个[41]

程集中在柱的边缘,并且随着波长的增加,光生区域逐渐深入到柱中。在 5.0 μm 的波长处,柱的尖端几乎没有光生过程,但是相反,在柱中和吸收层中有大量的光生过程。已经发现吸收增强对柱的晶格类型依赖性很小,但是晶格周期对吸收有重要影响[42]。

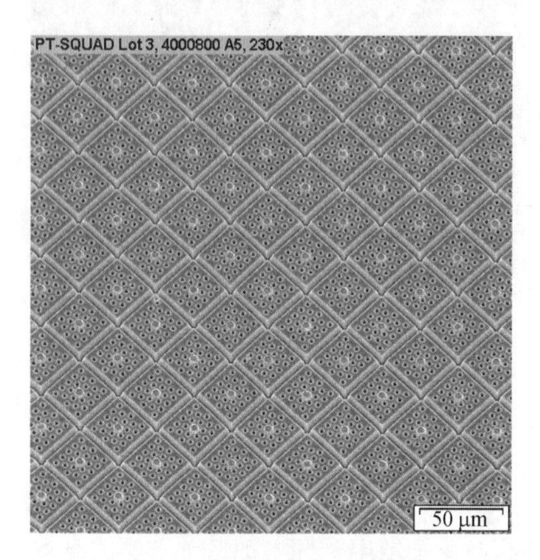

图 5.19 在标准台面上,MBE 生长的 HgCdTe 中红外 512×512 元器件,像元间距为 30 μm,每个像元都包含 5 μm 间距的光子晶体孔洞[34]

实验已经证实,体积减小可以提高器件性能,并获得更高工作温度的探测器阵列。制备流程的改进可以实现先进的陷光结构探测器设计所需的关键尺寸和多次光刻,并在探测单元内实现更小的结构,如已经开发出独特的自对准金属接触工艺和先进的步进技术。图 5.19 显示了先进的六角形光子晶体设计,在标准的 30 μm 像元台面上制备间距为 5 μm 的孔洞。与无图案的台面相比,在 200 K 下截止波长为 4.3~5.1 μm 内,大幅面 MBE HgCdTe/Si 外延晶片阵列表现出更好的性能,在 180 K 和 200 K 的温度下测得的 NEDT 分别为 40 mK 和 100 mK,该工艺具有良好的可操作性[34]。

在 GaAs 衬底上使用 InAsSb 吸收层代替 HgCdTe 吸收层可以制造低成本,大幅面的 HOT 中波焦平面器件。Souza 等[37-39]描述了在高温(150~200 K)、低暗电流和高量子效率下工作的基于可见光到中波(0.5~5.0 μm)宽带陷光结构 InAsSb 探测器的研究工作。

在 200 K 下截止波长为 5.25 μm 的 $InAs_{0.82}Sb_{0.18}$三元合金在晶格失配的 GaAs 衬底上生长。为了比较探测器的性能,制造了由体材料结构及金字塔形陷光结构组成的 128×128 元/60 μm 间距和 1 024×1 024 元/18 μm 间距的探测器阵列。这种新颖的探测器设计基于金字塔形陷光结构及基于势垒的 InAsSb 器件架构,可抑制生成复合暗电流及通过吸收器减小体积的扩散电流。窄带隙吸收层中不存在耗尽区,使得势垒探测器可以克服位错和其他缺陷带来的影响。器件可以在晶格不匹配的衬底上生长,减少了因位错而产生的过量暗电流带来的信号损失。通过穿过接触层直至阻挡层的蚀刻工艺,可以非常简单地定义像素阵列。图 5.20(a)显示了在 200 K 下工作的截止波长为 5 μm 的 NBN 探测器结构,在 n 型 InAsSb 中构建 AlAsSb 势垒和金字塔形吸收结构。在光学模拟的基础上,经设计的金字塔形结构可将反射率降至最低,并在整个 0.5~5.0 μm 光谱范围内提供>90%的吸收[图 5.20(b)],同时最多可将吸收层体积减小为原来的 1/3。

图 5.21 显示了 GaAs 衬底上 InAsSb nBn 势垒的 4.5 μm 高度金字塔形结构的 SEM 顶视图和侧视图。相邻金字塔之间的间距小于 0.5 μm。金字塔下方的 InAsSb 平板厚度仅为 0.5 μm。3 英寸晶圆上的每个管芯代表一个 1 024×1 024 元 18 μm 间距 FPA。金字塔蚀刻后,将晶片翻转并使用环氧树脂将其临时贴合到另一个 3 英寸处理基板上。随后使用高蚀刻速率和高选择性 ICP 干蚀刻工艺去除整个 600 μm 厚的 GaAs 生长衬底。

与具有体吸收层的传统二极管相比,在金字塔结构二极管中测得的暗电流密度降低为原来的 1/3[图 5.22(a)],这与吸收层拓扑结构的创建而导致的体积减小是一致的。高探测

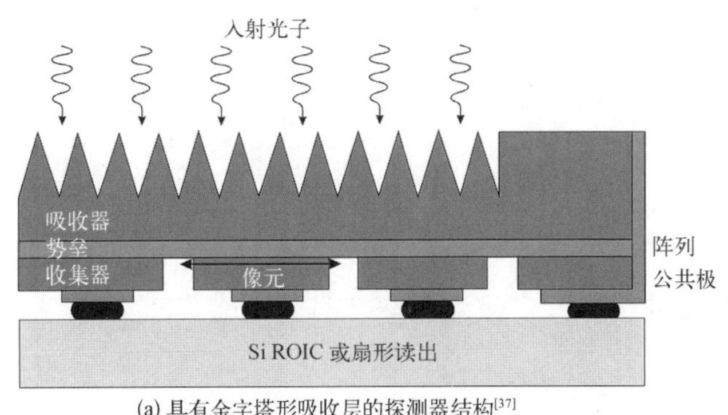

(a) 具有金字塔形吸收层的探测器结构[37]

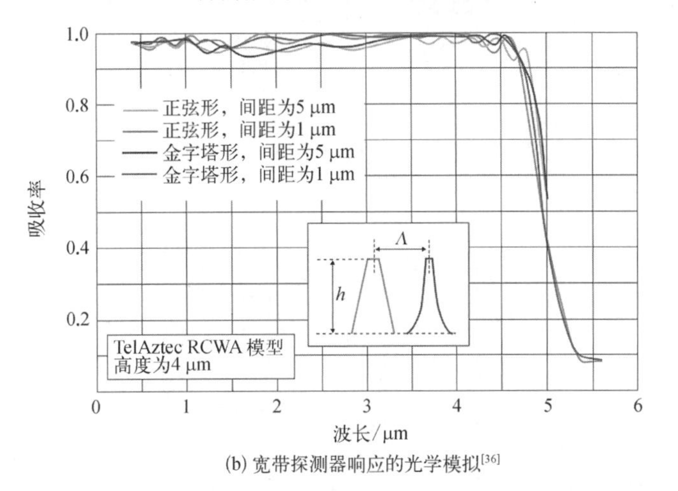

(b) 宽带探测器响应的光学模拟[36]

图 5.20　InAsSb/AlAsSb 材料系统中的陷光结构 NBN 探测器

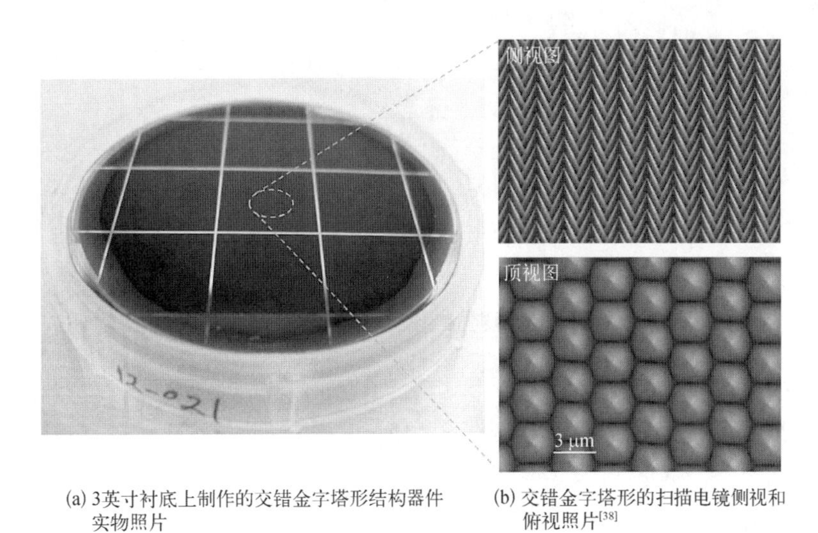

(a) 3英寸衬底上制作的交错金字塔形结构器件实物照片　　(b) 交错金字塔形的扫描电镜侧视和俯视照片[38]

图 5.21　GaAs 衬底上生长的 nBn 势垒型 InAsSb 器件

灵敏度($>1.0\times10^{10}$ cm·Hz$^{1/2}$/W)和高内部量子效率(>90%)已经实现。光谱响应测量结果表明,交错金字塔形结构抑制了标准具效应(etalon effects,指由于光学元件多个表面间多次反射造成的相干噪声),并使光谱响应更加平坦[图 5.22(b)],这与仿真结果相符。尽管探

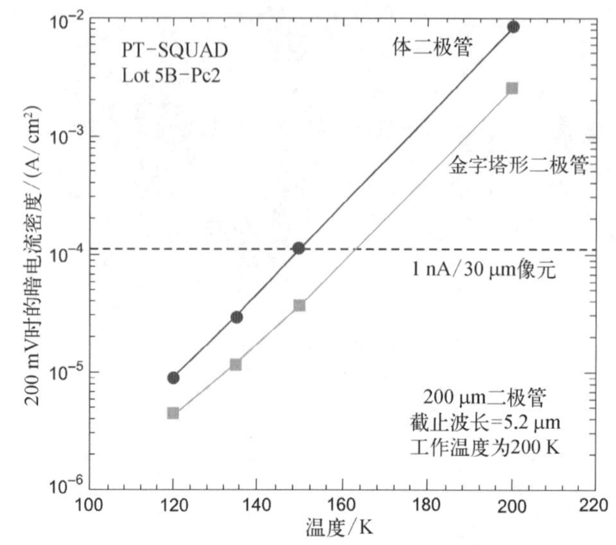

(a) 不同温度下nBn InAsSb体材料探测器和金字塔形探测器暗电流密度的比较

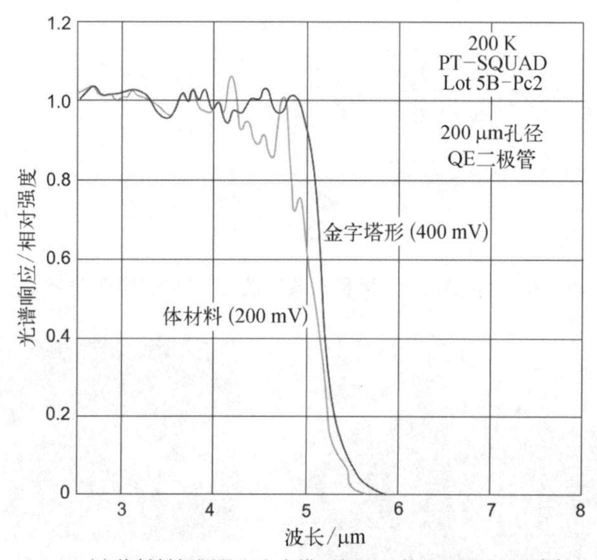

(b) 体材料探测器和金字塔形探测器的光谱响应比较[38]

图 5.22　InAsSb 的体材料探测器与金字塔形探测器的性能比较

测器的金字塔形结构体积很小，但在整个 0.5～5.0 μm 的光谱范围内，内部量子效率仍高于 80%，并且在 200 K 时，探测率高于 1×10^{10} cm·Hz$^{1/2}$/W。

参 考 文 献

第6章 外差探测

前几章中讨论过的大多数红外探测器都采用直接探测模式。在直接探测中,输出电信号与信号功率呈线性关系。但就电磁辐射的电场强度而言,光电探测器是二次型的。因此,在电输出中没有保留信号的相位信息。当探测器接收到的辐射场只有信号的辐射场时,就称为直接探测[图 6.1(a)],这是目前应用中最常见的情况。

相反,外差探测的电输出与信号的电场强度成比例,因此光场的相位被保存在电信号的相位中。类似于多年前在无线电频率上发展起来的相干技术,在 20 世纪 60 年代,激光器的发明使获得强相干光束成为可能。就像在无线电频率一样,外差技术被证明同样适用于光学波段。这种探测方法的主要优点是更高的灵敏度、更高更容易获得的选择性,而且可以检测所有类型的调制,并且更容易在较宽的范围内进行调谐。因为局域场与入射光子的混合放大了信号,外差探测可以检测到非常微弱的信号。这项技术的主要优点是能将信号频率降低(降频),可以使用极低噪声的电子设备来放大它们。外差探测器是唯一能够提供高光谱分辨率($v/\Delta v > 10^6$,其中 v 是频率)并具有高灵敏度的探测系统。自 1962 年以来,相干光学探测技术已经有所发展,但相比无线电技术,紧凑、稳定的光学外差探测系统仍具有很高的生产难度,价格更昂贵、维护使用更麻烦。目前,相干接收器垄断了无线电应用,但由于频谱带宽窄、视场小及无法形成简单的大面阵形式,它们在红外或光学频段中的应用并不广泛。

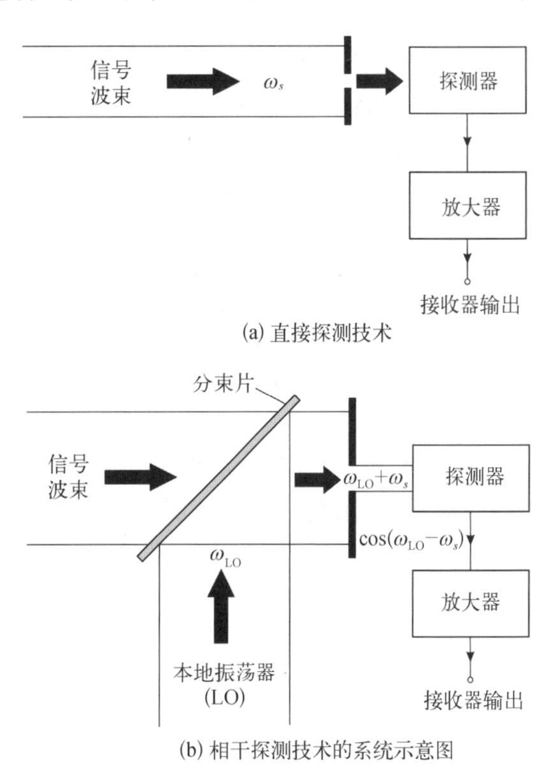

图 6.1 直接探测技术与相干探测技术的示意图

多年来,红外外差探测技术已广泛地应用于商用和家用无线电接收机及电磁频谱的微波范围,可以构建多普勒测速仪、激光测距仪、光谱设备[特别是光探测和测距(light detection and ranging, LIDAR)系统]和通信系统。外差原理是当代几乎所有无线电、电视接收机及无线通信的基础,它可以追溯到 100 多年前。1901 年,加拿大出生的无线电工程师费森登(Fessenden)[1]申请了第一项关于外差探测原理的专利,并于 1902 年获得批准。在第一次世界大战期间,几个国家的工作产生出第一个实用的外差接收器。有关外差技术的历史回顾,请参考文献[2]。太赫兹光谱区域被开辟的主要原因就源自更快、更灵敏的探测器发展。太赫兹的光谱范围被设定为 0.1~10 THz,这与早前的亚毫米波和远红外光谱的定义大致重合。

在过去的 20 年里,先进材料研究提供了新的高功率源,带来了太赫兹系统的革命,太赫兹在前沿物理研究和商业应用方面的潜力得到了展示。太赫兹波段的高分辨率外差光谱是研究天体的化学成分、演化和动力学行为,以及研究地球大气的一项重要技术。最近,太赫兹外差接收器已被应用于生物医学和安全领域的成像。

外差接收器由两个基本子系统组成:前端和后端(图 6.2)。

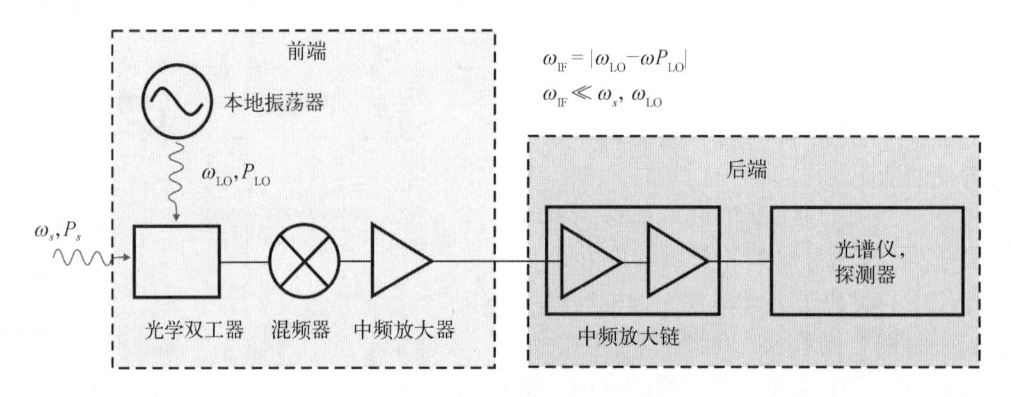

图 6.2　外差接收器的框图

前端处理电磁辐射的主要组件如下所示。

(1) 向混频器提供参考频率的本机振荡器(local oscillator,LO)。

(2) 将信号辐射和来自 LO 的辐射进行混合的混频器[混频器的输出信号为输入信号和 LO 频率之差,即中频(intermediate frequency,IF)]。

(3) 将信号辐射和 LO 辐射耦合到混频器上的光学元件。

后端处理下变频 IF 信号的组件如下所示。

(1) 放大混频器产生的差值信号的 IF 处理器(请注意,混频器后面的第一个放大器通常归入前端)。

(2) 用于检测 IF 信号的分光计或探测器。

在本章中只讨论一个外差接收器,即以混频器为核心元件的前端。

外差技术有三个重要特点。

(1) 由于信号是下变频的,所以可以使用低频放大器。这使得外差接收器可以在极高的频率下使用,在这种情况下,由于缺乏高速放大器难以对信号进行直接放大。

(2) 高频率选择性,在给定频段内,可以有很多传输频道(可以应用于高光谱分辨率光谱学)。

(3) 具有低噪声的窄带检测过程。

6.1　外差探测理论

混频发生在具有非线性特性[如非线性电流-电压($I-V$)曲线]的器件中。具有非线性 $I-V$ 曲线的混频器可以扩展为一个幂函数：

$$I(V) = k_0 + k_1 V + k_2 V^2 + \cdots = \sum_{i=0}^{\infty} k_i V^i \tag{6.1}$$

电压是由本地振荡器及信号的电场共同引起的，可写成

$$V = V_{\mathrm{LO}} \sin(\omega_{\mathrm{LO}} t) + V_s \sin(\omega_s t) \tag{6.2}$$

联立式(6.1)和式(6.2)，进行代数和三角运算后，可以得到

$$I = k_0 + k_1 V_{\mathrm{LO}} \sin(\omega_{\mathrm{LO}} t) + V_s \sin(\omega_s t) + \frac{k_2}{2}(V_{\mathrm{LO}}^2 + V_s^2) - \frac{k_2}{2}(V_{\mathrm{LO}}^2 - V_s^2)\cos(2\omega_{\mathrm{LO}} t) + k_2 V_{\mathrm{LO}} V_s \cos(\omega_{\mathrm{LO}} - \omega_s)t - k_2 V_{\mathrm{LO}} V_s \cos(\omega_{\mathrm{LO}} + \omega_s)t + \cdots \tag{6.3}$$

从式(6.3)可以得到混频器输出的频谱形式：

$$\omega_k = | l\omega_{\mathrm{LO}} \pm m\omega_s |, \quad l, m = 0, 1, 2, \cdots \tag{6.4}$$

由于信号的功率通常比来自 LO 的功率小得多，并且高次谐波中的功率近似与 $1/l^2$ 成正比，因此只有三个频率分量是重要的：

$$\begin{cases} \omega_{\mathrm{LO}} + \omega_s, & \text{合频} \\ | \omega_{\mathrm{LO}} - \omega_s | = \omega_{\mathrm{IF}}, & \text{中频} \\ 2\omega_{\mathrm{LO}} - \omega_s, & \text{镜像频率} \end{cases} \tag{6.5}$$

混频器中的频率转换过程示意图如图 6.3 所示。两个频率经转换，输出为中频 ω_{IF}、$\omega_{\mathrm{LO}} - \omega_{\mathrm{IF}}$ 和 $\omega_{\mathrm{LO}} + \omega_{\mathrm{IF}}$，后两个频率分别称为下边带(lower sideband, LSB)和上边带(upper sideband, USB)。混频器可以以两个边带都出现在 IF 处的方式工作-它被称为双边带

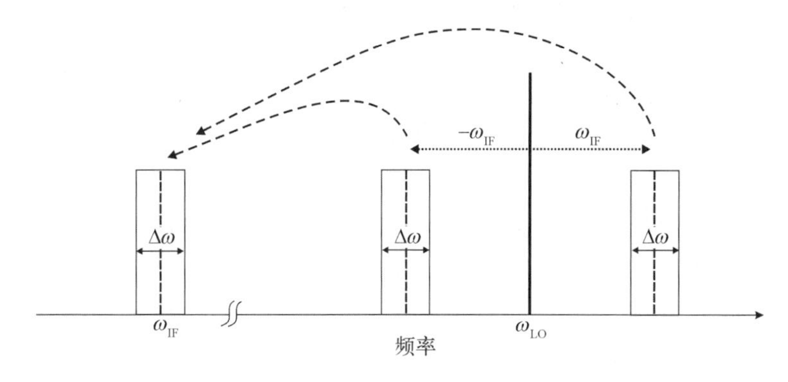

图 6.3　混频器中的频率转换过程示意图

(double sideband,DSB)。另外,如果一个边带被抑制(如可以通过信号滤波实现),只有一个边带进行了降频,那么就是一个单边带(single sideband,SSB)混频器。

在 SSB 工作时,接收器被配置为在镜像边带,混频器连接到接收器的内部端口。镜像频率无外部连接,完整的接收器在功能上相当于一个放大器和后续的一个变频器。

另外,在 DSB 工作时,混频器连接到 USB 和 LSB 的同一输入端口。DSB 接收器可以在两种模式下运行。

(1) 在 SSB 工作模式下,测量完全包含在一个边带内的窄带信号。对于此类窄带信号的检测,在 DSB 接收器的镜像波段中收集的功率会降低测量灵敏度。

(2) 在 DSB 工作模式下,测量光谱覆盖两侧边带的宽带(或连续)源。对于连续辐射测量,在 DSB 接收器的镜像波段中收集的额外信号功率提高了测量灵敏度。

红外外差探测类似于毫米波技术。在外差探测中,光子通量为 Φ_s 的相干光信号光束与光子通量为 Φ_{LO} 的本地振荡 LO 光束在探测器的输入端混合,如图 6.1(b)所示。两条光束准直性很好,并且排列成一条直线,这样它们的波前是平行的。因此,与 LO 共线并在探测器内被吸收的较弱相干信号与 LO 混合,产生以中频或差频 $\omega_{IF}=|\omega_{LO}-\omega_s|$ 产生的光电流[3-6]:

$$I_{ph}=I_{LO}+I_s+2\eta(\omega_{IF})q\left(\Phi_{LO}\Phi_s\right)^{1/2}A\cos(\omega_{IF}t) \tag{6.6}$$

式中, I_{LO} 和 I_s 分别为 Φ_{LO} 和 Φ_s 对应的直流 DC 光电流。对于光电二极管

$$I_{LO}=\eta(0)q\Phi_{LO}A,\quad I_s=\eta(0)q\Phi_sA$$

DC 量子效率 $\eta(0)$ 和交流量子效率 $\eta(\omega_{IF})$ 分别控制直流光电流 $I_{LO}+I_s$ 与调制光电流。当频率响应受到结区对载流子扩散的限制时, $\eta(0)$ 和 $\eta(\omega_{IF})$ 的值是不同的[6]。

从式(6.6)中获得的外差信号电流 $I_H(\omega_{IF})$ 的 RMS 等于

$$I_H(\omega_{IF})=\eta(\omega_{IF})q\left(2\Phi_{LO}\Phi_s\right)^{1/2}A=\frac{\eta(\omega_{IF})q}{h\nu}\left(2P_{LO}P_s\right)^{1/2}=R_i\left(\frac{2P_{LO}}{P_s}\right)^{1/2} \tag{6.7}$$

式中, P_{LO} 为 LO 辐射功率; P_s 为信号辐射功率; R_i 为直接测量可获得的电流响应率。式(6.7)表明,外差信号比直接探测信号大 $(2P_{LO}/P_s)^{1/2}$ 倍。如果 $P_{LO}/P_s\gg1$, 则在外差模式下可以检测到比直接探测时低得多的功率电平。但是,应注意,在外差探测中,探测器仅在波长非常接近 LO 波长时(通常为 $-0.003\ \mu m<\lambda_{LO}<0.003\ \mu m$) 响应[7]。这使得它们对背景辐射和干扰效应相对不敏感。

如果中频 ω_{IF} 位于混频器的频率响应覆盖的范围内,则会产生调制光电流。通常该频率响应被限制在小于 1 THz 的频率(光子探测器的最短响应时间在皮秒范围内)。这意味着在间接探测中两个相干源的波长几乎相等。

表征外差探测器灵敏度的品质因数是外差噪声等效功率 NEP_H。它被定义为产生单位信噪比 $(S/P)_P$所需的信号功率 P_s。噪声电流的产生方式与直接探测情况下相同。对于足够的 LO 功率($I_{LO}>I_s$)和反向偏置光电二极管 $I_n^2=2qI_{LO}\Delta f$, 其中 Δf 是探测器中频通道的带宽。这是一个设计良好的外差接收器的情况,其中噪声主要是由 LO 诱导的散粒噪声或生成-复合噪声主导的。在这种情况下,最终$(S/P)_P$由式(6.8)给出

$$\left(\frac{S}{N}\right)_P = \frac{I_H^2}{I_n^2} = \frac{\eta^2(\omega_{\text{IF}})}{\eta(0)}\frac{P_s}{h\nu\Delta f} \text{ 且NEP}_H = \frac{\eta(0)}{\eta^2(\omega_{\text{IF}})}h\nu\Delta f \tag{6.8}$$

可以看到在外差探测中,光电二极管的灵敏度为 $\eta(\omega_{\text{IF}})P_s/h\nu\Delta f$, 降低了 $\eta(\omega_{\text{IF}})/\eta(0)$ 倍。应该注意的是,灵敏度退化因子 $\eta(\omega_{\text{IF}})/\eta(0)$ 对于外差探测和背景限红外光电探测器直接探测的情况都是适用的[6]。

对于光电外差接收器的情况,这里描述的结果不直接适用。在大的 LO 功率极限下,光导体表现出由 LO 信号起伏引起的生成-复合噪声。对于光导型探测器[3]:

$$\text{NEP}_H = \frac{2h\nu}{\eta(\omega_{\text{IF}})}\Delta f \tag{6.9}$$

这些器件的灵敏度比理想量子计数器低 $2/\eta$。

假设探测器的响应度和内部噪声不受 LO 的影响,可以得到 NEP_H的简单和更一般的表达式。然后

$$\text{NEP}_H = \left[\frac{(\text{NEP}_D)^2}{2P_{\text{LO}}} + \frac{h\nu}{\eta(\omega_{\text{IF}})}\right]\Delta f \tag{6.10}$$

式中, NEP_D 为直接探测情况下的噪声等效功率。

外差探测在红外区的实际应用最为成功,因为量子噪声的降低提高了灵敏度,信号和 LO 更容易对准,对于给定的孔径尺寸,在衍射限制下,有更大的接收角度[3,7,8]。在该波长范围内,存在强而稳定的 10.6 μm 谱线 LOS。此外,与热成像相比,相干探测的性能不依赖于极低的暗电流。为了获得良好的外差探测灵敏度,在所需的 LO 功率电平下,中频处器件需要具有受散粒噪声限制的高量子效率。在太赫兹频率或高工作温度下实现散粒噪声限制操作和高频一直是高性能光混频器面临的挑战。

外差式光接收器的结构框图如图 6.4 所示。包含信息的信号辐射在通过输入滤光器和分束器之后,在探测器表面与 LO 的光束发生干涉或“混合”。分束器有很多种制作方法,最简单的是使用折射率很高的玻璃板。在一般情况下,起到这种作用的器件称为定向耦合器,

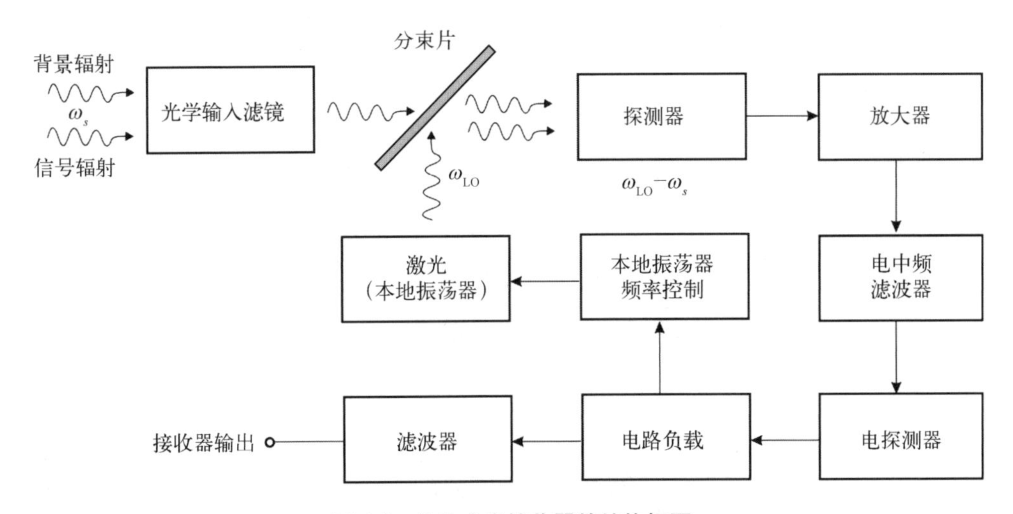

图 6.4 外差式光接收器的结构框图

类似于微波或无线电器件。用于信号混合的接收器必须具有用于检测光的电场的平方律特性，但这是大多数光学探测器（光电二极管、光电导体、光电倍增管、雪崩光电二极管等）的典型特征。这个信号接下来被放大。IF 的电滤波器可提取下一步经历解调处理的信号的期望差分分量。后续电学探测器的设计和工作原理取决于信号调制的性质。来自负载电阻的信号通过输出滤波器到达接收器输出端，并通过 LO 频率控制器控制激光器。频率控制电路作用于 LO 激光器，与输入信号保持恒定的频差 $\omega_{LO} - \omega_s = \omega_{IF}$。一个必不可少的相干探测条件是偏振匹配的，并且两个光束的波形，以匹配接收器的表面轮廓。

6.2 红外外差探测技术

10.6 μm 光混频器的早期工作集中在液氦制冷的掺铜锗光导、碲镉汞和铅盐光电二极管[3,7-11]。然而，随着 HgCdTe 光电二极管的发展，它们很快就取代了锗光导（对 LO 功率要求非常高、灵敏度低 2 倍），以及材料的介电常数非常大导致速度较慢的铅盐光电二极管[12,13]。

20 世纪 60 年代报道了具有 1 GHz 基本带宽和灵敏度接近理想极限的外差探测系统[3,9]。图 6.5 显示了工作在 4.2 K，Ge：Cu 掺杂外差探测的信噪比实验结果[4]。实心圆圈代表信号功率 P_s 的函数，所观测到的信噪比 $(S/N)_p$。只考虑由 LO 光束的存在引起的噪声（LO 光束是噪声的主要贡献者），理论预期结果 $(S/N)_p = \eta P_s/2h\nu\Delta f$ 的曲线也用实线在图 6.5 中绘出。当采用估算的量子效率 $\eta = 0.5$ 时，它与实验数据符合得很好。当外差信号的中心频率约为 70 kHz，放大器带宽为 270 kHz 时，实验观测到的 NEP_H 为 7×10^{-20} W，理论预期值为 $(2/\eta)h\nu\Delta f \approx 7.6 \times 10^{-20}$ W。通常，探测器的噪声较高，需要更高的 LO 功率，这会超过制冷器功率或加热探测器，导致 NEP_H 小于理论值。

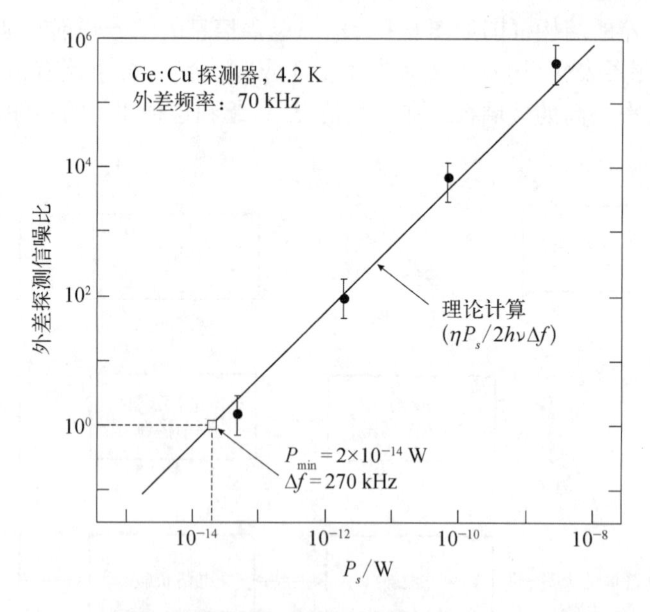

图 6.5 4.2 K 下铜掺杂锗光导的外差探测信噪比。实心圆圈表示观测到的信噪比数据点，实线表示理论结果[4]

散粒噪声的频谱显示了在进入外部电路时(如 RC)的滚降,但从中并不能很好地判断光电二极管的带宽。因为除了电路因素,光电二极管的频率响应取决于载流子在空间电荷区扩散和传输所需的时间。采用透明宽禁带层来抑制载流子扩散,可以很容易地设计出最佳的异质结,但对于 HgCdTe 外延层来说,采用低电容的 p－i－n 二极管结构是可行的。大多数 10 μm HgCdTe 光电二极管都是 $n-n^{-}-p$ 同质结光电二极管,从 n 型一侧入射。由于光混频器的有源区是由入射 LO 图案定义的,因此探测器区域需要折中地考虑 LO 和结电容。用汞扩散法可以在 p 型材料中制备出低电容 $n-n^{-}-p$ 刻蚀台面和平面 HgCdTe 光电二极管。杂质扩散和离子注入在制造千兆赫兹带宽的光混合器方面并不成功。宽带 HgCdTe 光电二极管在 0.5~2 V 内的反向偏置下工作,这种模式下工作具有较低的结电容,这有利于实现良好的阻抗匹配和与第一级前置放大器的良好耦合(最好与探测器一起置于低温下)。长度为 100~200 μm 的扩散结区通常具有 1~5 pF 的电容和 0.5~3 GHz 的 RC 滚降频率[10,13]。为目标跟踪开发的最大宽带阵列是由 12 个单元组成的 1.5 GHz 光电探测器阵列,其结构为中心四元阵列,周围环绕着 8 个额外的探测器。

图 6.6 显示了外差探测的 NEP 与 LO 功率之间的函数关系[14]。当量子效率 $\eta=50\%$时,对于 NEP_D的两个不同值,从式(6.7)中可以计算出图 6.6 中的实线。可以看出,较小的 NEP_D值允许使用较低的 P_{LO}来接近量子极限。如果探测器表现出较差的 NEP_D,只要 P_{LO}的增加不会通过增加载流子浓度或加热效应来影响内部响应性和噪声过程,则仍然可以获得良好的性能。

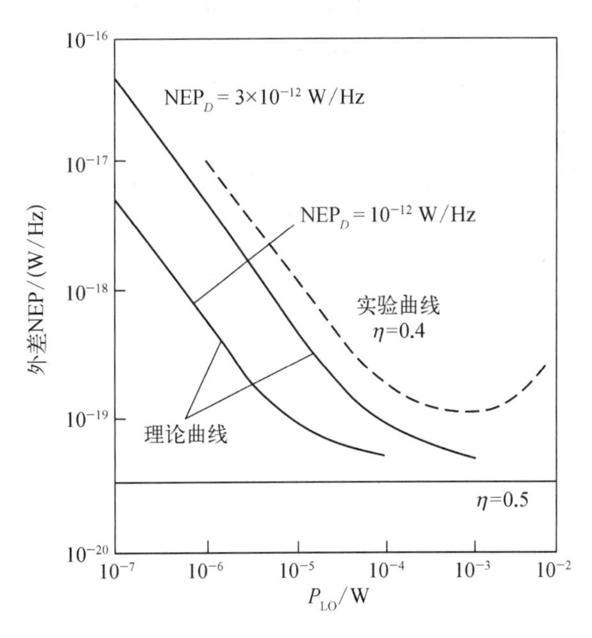

图 6.6 外差 NEP 与 LO 功率的函数曲线。量子效率 $\eta=0.5$ 时,根据式(6.7),对 NEP_D的两个不同值计算出的实线(虚线是典型 HgCdTe 性能的实验曲线)[14]

图 6.7 显示了林肯实验室和霍尼韦尔公司在 77 K 时 HgCdTe 光电二极管在 10.6 μm 处获得的 NEP_H的最佳值[15]。在 1 GHz 处,当 $\lambda=10.6$ μm 时,NEP_H仅为理论量子极限的 2 倍,为 1.9×10^{-20} W/Hz。许多 12 元光电二极管阵列的平均灵敏度(4.3×10^{-20} W/Hz)也接近

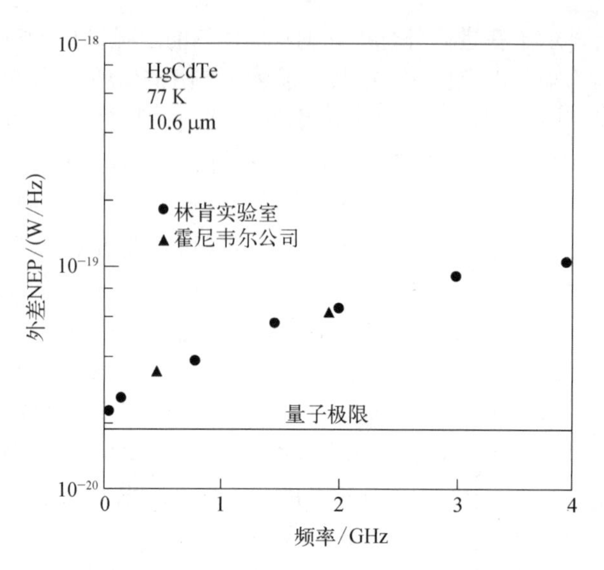

图 6.7 外差 NEP_H 作为中频频率的函数[15]

这一数值[15]。

表 6.1 总结了文献[16]中详细介绍的一些 HgCdTe 外差光电二极管参数。

表 6.1 HgCdTe 外差光电二极管参数[16]

x	A/(10^{-4} cm^2)	λ_c/μm	λ_{LO}/μm	$\eta(0)$/%	V/mV	T/K	P_{LO}/mW	Δf/GHz	NEP/(10^{-19} W/Hz)
0.19	1	12.5~14.5		40~60	−500		0.5	1.4	
0.2		10.7~12.5	10.6			77		>2.0	0.43(1 GHz) 0.62(1.8 GHz) 1.1(4 GHz)
0.2	0.12	12			70	−1 100	77	3~4	
	1.8		10.6	21		170	0.5~1	0.023	8.0(10 GHz)
			10.6		−800	77		0.85	1.0(20 MHz) 1.65(1.5 GHz) 3.0(1.5 GHz, 130 K)

大多数高频 10 μm HgCdTe 光电倍增管工作在 77 K,尽管它们可以在稍高的温度下工作。在高温下,p 型光导在外差和直接探测方面都比更常见的 n 型光导具有更高的灵敏度[14-19]。此外,对于宽带光电导,由于低光电导增益,对 LO 功率的要求可能比光电二极管大得多。通过考虑加热和能带填充对载流子寿命与光吸收的影响,成功地模拟了 HgCdTe 光导体 NEP 与 LO 功率(和偏置功率)的关系[15]。小型(边长为 50~100 μm)器件可获得最佳性能,因为 LO 电源要求与光导体的体积成正比,散热效果随着尺寸的减小而改善。图 6.8

显示了在 77 K 和 195 K 时，100×100 μm^{2}的 p 型光电混频器的 NEP_H随 LO 功率的变化曲线[15]。在 77 K 时，很容易实现由 LO 噪声为主导的工作模式，但在 195 K 时，放大器和暗电流生成-复合噪声不可忽略。在高的 LO 功率水平下，量子效率相比低功率时会至少下降 70%。表 6.2 为 HgCdTe 光导型外差探测器[16]。

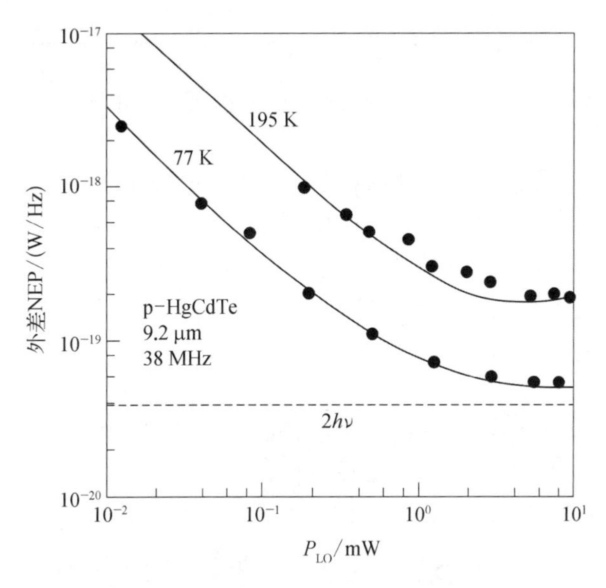

图 6.8　计算并测量了 77 K 和 195 K 下 p 型 HgCdTe 光导体的 NEP_H功率与 LO 功率的关系[15]

表 6.2　HgCdTe 光导型外差探测器[16]

材料	x=0.18~0.19
类型	p 型，$N_a \approx 2\times10^{17}$ cm^{-3}
表面	自然氧化物钝化，ZnS 减反射涂层
探测器温度	193 K
敏感元面积	100×100 μm^2；$A_{opt}=10^{-4}$ cm^2
衬底	蓝宝石热沉
响应时间	低至几个纳秒
带宽	高达 100 MHz
响应率@ 20 kHz	67 V/W
探测率@ 20 kHz	2.7×10^8 cm·Hz$^{1/2}$/W
193 K 时的最小 NEP	2×10^{-19} W/Hz

续 表

理论极限	4×10^{-20} W/Hz
P_{LO}	7 mW
l_{LO}	10.6 μm

通过在标准光电导体的几何结构中使用叉指电极或浸没透镜[19,20]，可以进一步优化红外光电混频器。

值得注意的是，对于 GaAs/AlGaAs 量子阱红外探测器，已经报道了 10 μm 波段的宽带相干探测[21,22]。与基于 HgCdTe 的工艺相比，GaAs/AlGaAs QWIP 具有更高的电学带宽、更高的可靠性、对高 LO 功率的耐受性，以及与 GaAs HEMT 放大器单片兼容等优点。中频高达 82 GHz 的外差探测已有报道[22]。利用半导体量子结构中的子带间跃迁可以实现太赫兹光子探测。这些探测器具有非常快的时间响应潜力，在太赫兹外差探测中的应用极具吸引力[23]。

在微波、毫米波和太赫兹频率上最灵敏的接收器都是基于外差原理的。这些混频接收器可以在不同模式下工作，具体取决于接收器的配置和测量的性质。可以利用相关器分离信号及其镜像频率，或者可以对 LO 组合进行相位切换，来去除镜像。在接收器中分离或去除镜像的功能可以去除一些不相关的噪声，以提高系统的灵敏度。

外差接收器可以用一系列参数来描述，但最常见的参数是接收器噪声温度：

$$T = T_{\text{mixer}} + LT_{\text{IF}} \tag{6.11}$$

式中，等号右边相加的两项分别表示混频器和中频第一放大级的噪声贡献，L 为混频器转换损耗。有关射频设备中噪声及其测量的更多信息，请参阅惠普公司的文档[24]。

通常，在太赫兹接收器中，混频器的噪声是根据混频器噪声温度的 SSB、T^{SSB} 或 DSB、T^{DSB} 来描述的。单边带系统噪声温度的量子噪声极限为[23,24]

$$T^{\text{SSB}} = \frac{hv}{k} \tag{6.12}$$

这是执行窄带测量（在单边带内）时宽混频接收器的系统噪声温度。如果我们改为执行宽带（连续）测量，期望的信号将增加一倍，理想的系统噪声温度将为[25,26]

$$T^{\text{DSB}} = \frac{hv}{2k} \tag{6.13}$$

直接探测器的噪声通常以 NEP 来描述。要在 NEP 和 T^{SSB} 之间转换，可以使用式(6.14)[27]：

$$T^{\text{SSB}} = \frac{\text{NEP}^2}{2\alpha k P_{\text{LO}}} \tag{6.14}$$

式中，P_{LO} 为入射 LO 功率；α 为辐射到混频器的耦合因子。T^{DSB} 也有类似的关系：

$$T^{\text{DSB}} = \frac{\text{NEP}^2}{4\alpha k P_{\text{LO}}} \tag{6.15}$$

太赫兹接收器的传统技术使用的是气体激光器 LO 泵浦的肖特基势垒二极管混频器。最近,首个集成收发器已经制造出来(图 6.9)。肖特基二极管位于量子级联激光器波导脊线的顶部。集成收发器取代了分立的 LO 和混频器单元及耦合光学元件。

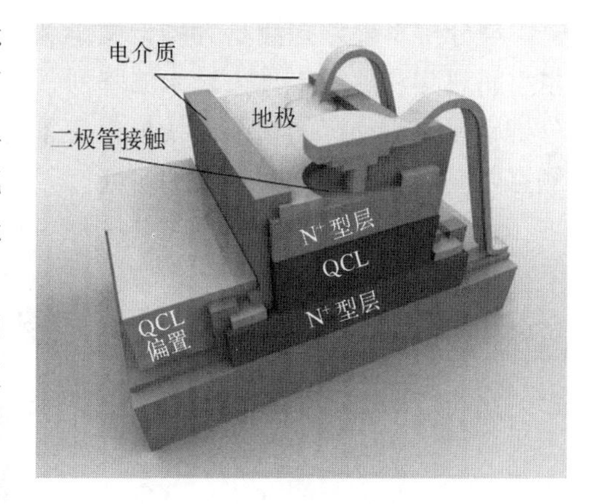

图 6.9 集成收发器的结构示意图

肖特基二极管混频器实现的 DSB 噪声温度如图 6.10 所示[28]。在 3 THz 以下的频率范围内,这类接收器的噪声温度基本上已达到约 50 $h\nu/k$ 的极限。当频率超过 3 THz 时,会出现急剧增加,这主要是由于天线的损耗增加和二极管本身的性能降低。

在过去的二十年里,利用超导混频器[(超导-绝缘体-超导体 superconductor-insulator-super conductor, SIS)]和热电子测辐射热计(hot electron bolometer, HEB)混频器,接收器的灵敏度已经取得了非常大的改善。在图 6.10 中,绘出了选取的一些接收器的噪声温度图。铌基 SIS 混频器的性能几乎可以达到量子限,最高能达到 0.7 THz 的带隙频率。SIS 混频器可以提供最好的灵敏度,接近量子限。

与肖特基二极管和 SIS 混频器不同,HEB 混频器是一种温度探测器。混合过程的总时间常数最大约为几十皮秒,因此测辐射过程跟随中频较快,但对入射 LO 或信号场的直接响应较慢。图 6.10 显示了 HEB 混频器获得的 DSB 噪声温度范围为 400 K(600 GHz)~6 800 K(5.2 THz)。在 2.5 THz 以下,噪声温度接近 10 $h\nu/k$ 线。与肖特基势垒技术相比,HEB 混频器需要的 LO 功率低三到四个数量级。

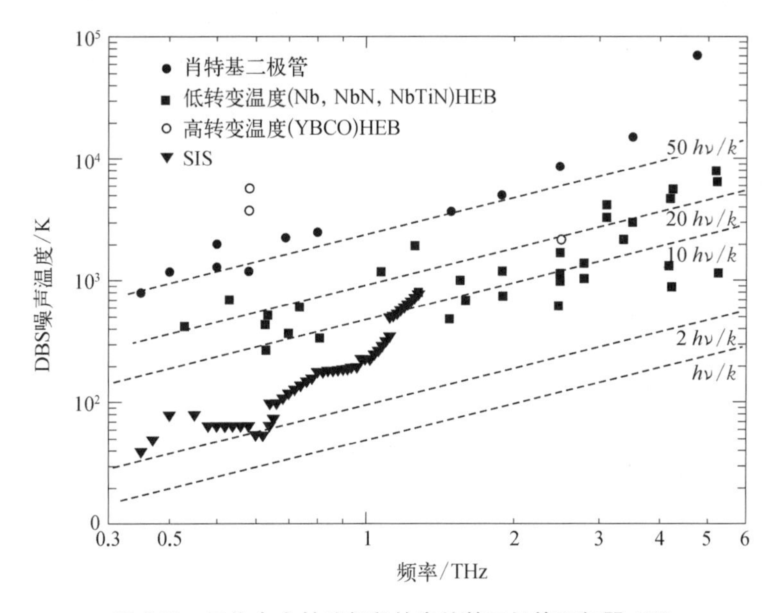

图 6.10 工作在太赫兹频段的肖特基二极管混频器、SIS 混频器和 HEB 混频器的 DSB 噪声温度[28]

高分辨率外差探测是大型天文学和大气项目中的一项重要技术，如欧洲航天局的赫歇尔空间观测和阿塔卡马大毫米波阵列，用于测量恒星和分子云不同状态的天文辐射[29]。高分辨率探测所确定的精细谱线可以表征分子类型及其转动跃迁。由于同样的原因，外差探测可以应用于对地球大气层的研究。

参考文献

第二部分

红外热探测器

第7章 热电堆

德国物理学家泽贝克(Seebeck)[1]于1822年发现了热电偶现象。他发现,在两个不同导体的交界处,温度变化可以产生电压(图7.1)。利用这一效应,梅洛尼(Melloni)[2]在1833年制造了第一个铋-铜热电偶探测器,以研究红外光谱。热电偶的输出电压很小,金属热电偶的输出电压在 μV/K 的量级,无法测量很小的温差。诺比利(Nobili)在1829年首次将多个热电偶串联在一起,产生了更高的可被测量的电压。

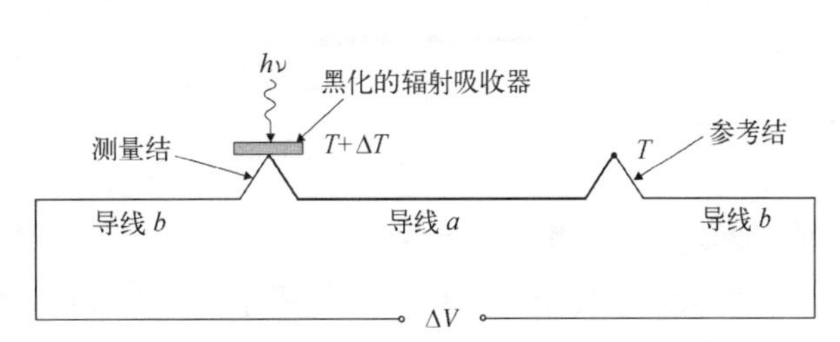

图7.1 两种不同的导线组成的串联结构

热电堆是最古老的红外探测器之一,是串联连接的热电偶的集合,以实现更好的温度灵敏度。在很长一段时间里,热电堆都是缓慢、迟钝、笨重和昂贵的设备。但随着半导体技术的发展,热电堆可以针对特定的应用进行优化。最近,利用传统的CMOS工艺,热电堆的片上电路技术实现了大规模生产。尽管热电堆不如测辐射热计和热释电探测器灵敏,但由于其可靠性和良好的性价比,它们仍将在许多领域中获得应用。

7.1 热电堆的基本原理与操作

热电偶中产生电流的内部电压与两个结之间的温差成正比,

$$\Delta V = \alpha_s \Delta T \tag{7.1}$$

式中,α_s 为通常以 μV/K 表示的泽贝克系数。

系数 α_s 是由两个不同导体 a 和 b 通过电连接其一组末端而组成的热电偶的有效泽贝克系数,或称相对泽贝克系数。因此,热电压(温差电压)等于:

$$\Delta V = \alpha_s \Delta T = (\alpha_a - \alpha_b)\Delta T \tag{7.2}$$

式中 α_a 与 α_b 为材料 a 和 b 的绝对泽贝克系数。应该注意的是,相对和绝对泽贝克系数都与温度有关,并且产生的电位差和温度梯度之间的比例仅在较小温差的限制内有效。单个热电偶的输出电压通常是不够的,因此将许多热电偶串联起来形成热电堆。图7.2显示了由三个热电偶串联而成的热电堆。如果热电偶放在悬置的介电层上,且吸收层设在热电堆的顶部热触点附近或上面,则热电堆可以用作红外探测器。从热电堆获得高输出电压的一个重要因

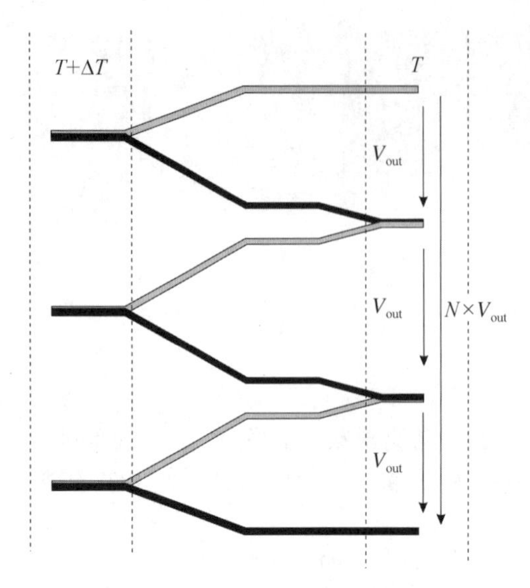

图 7.2　三个热电偶组成的热电堆示意图

素是，对于特定的吸收功率，通过热隔离以最大化热结和冷结之间的温差 ΔT。对应于式(7.2)，累计输出电压将是单个元件的 N 倍，N 为连接的热电偶的数量：

$$\Delta V = N(\alpha_a - \alpha_b)\Delta T \tag{7.3}$$

除了泽贝克效应，还有另外一些重要的热电效应——佩尔捷(Peltier)效应和汤姆逊(Thomson)效应。只有当电流在封闭的热电回路中流动时，后两种效应才会出现。佩尔捷效应可能会引起热电效应中相当大的不对称性，因此在使用热敏电阻设计热学器件时，应特别注意这一效应。这种效应是可逆的，因为热的吸收或释放取决于电流的方向。汤姆逊效应处理的是来自导线而不是结的热交换；当导线沿其长度方向上存在温度梯度时，就会产生汤姆逊电动势。

将吸热量与电流之比量化的佩尔捷系数 Π(单位为 V)等于泽贝克系数乘以热力学温度，称为第一开尔文关系：

$$\Pi = \alpha_s T \tag{7.4}$$

佩尔捷系数的常见值为 100~300 mV，如果使用 1~3 V 的加热电压，这一值是显著的。在这种情况下，产生的(不可逆)焦耳热量中的 10%将以佩尔捷热流的形式从一个触点流向另一个触点。

文献中描述了泽贝克系数的一些理论表达式。一般说来，Pollock[3] 在不考虑热力学理论的情况下指出，泽贝克效应既不是由不同材料的结合而产生的，也不是汤姆逊效应或佩尔捷效应直接影响的结果。Ashcroft 和 Mermin[4] 将泽贝克效应描述为电子平均速度的结果。这一假设最终意味着电化学势 $\Phi(T)$(单位为 V)相对于温度的梯度。在此基础上，热电偶的输出电压可表示为[5]

$$\Delta V = \left[\frac{\mathrm{d}\Phi_a(T)}{\mathrm{d}T} - \frac{\mathrm{d}\Phi_b(T)}{\mathrm{d}T}\right]\Delta T \tag{7.5}$$

van Herwaarden[6] 对非简并半导体中的绝对泽贝克效应给出了更具描述性的解释。他指出泽贝克效应的两个来源：

(1) 温度梯度导致费米-狄拉克分布的变化。

(2) 净扩散电流和声子牵引电流产生的电场导致带边绝对值的变化。

室温下重掺杂硅($>10^{19}\ \mathrm{cm}^{-3}$)的泽贝克系数简化表达式为[7]

$$对于\ n\ 型硅：\alpha_n = -\frac{k}{q}\left(\ln\frac{N_c}{N_d} + 4\right) \tag{7.6}$$

$$对于\ p\ 型硅：\alpha_p = \frac{k}{q}\left(\ln\frac{N_v}{N_a} + 4\right) \tag{7.7}$$

式中，N_c和 N_v分别为导带与价带中的态密度；N_d为 n 型硅中的施主浓度；N_a是 p 型硅中的受主浓度。这里，对于 p 型硅，α_s 为正值，而对于 n 型硅，α_s 为负值。关于半导体中泽贝克效应的进一步考虑可以参考 Graf 等[8]的研究。

这里讨论的泽贝克效应对于体材料是适用的，而在薄膜结构中，还存在晶粒尺寸和晶界等其他效应的影响。Salvadori 等[9]对薄膜中的效应进行了描述。

表 7.1 列出了一些热电材料的参数[8,10]。铋/锑(Bi/Sb)热电偶是传统热电偶中最经典的材料组合，而不仅仅是从历史的角度来看[11]。在所有金属热电偶中，Bi/Sb 还具有最高的泽贝克系数和最低的导热系数。尽管金属热电偶有着悠久的传统，但由于使用标准集成电路工艺的可能性，使用半导体材料，如用于热电材料的硅(晶态、多晶硅)具有更多的优势。半导体材料的泽贝克系数取决于半导体的费米能级随温度的变化，因此，对于半导体热电堆，泽贝克系数和电阻率的大小与符号可以根据掺杂类型和掺杂水平进行调节。

表 7.1　室温附近，一些热电材料的参数[8,10]

样　品	α_a/(μV/K)	参考电极	ρ/(μΩ·m)	G_{th}/[W/(m·K)]
p 型硅	100~1 000		10~500	≈150
p 型多晶硅	100~500		10~1 000	≈20~30
p 型锗	420	Pt		
锑	48.9	Pt	18.5	0.39
铬	21.8			
铁	15		0.086	72.4
钙	10.3			
钼	5.6			
金	1.94		0.023	314
铜	1.83		0.017 2	398
铟	1.68			
银	1.51		0.016	418
钨	0.9			
铅	-1.0			
铝	-1.66		0.028	238
铂	-5.28		0.098 1	71
钯	-10.7			
钾	-13.7			

续 表

样　品	$\alpha_a/(\mu V/K)$	参考电极	$\rho/(\mu\Omega\cdot m)$	$G_{th}/[W/(m\cdot K)]$
钴	-13.3	Pt	0.055 7	69
镍	-19.5		0.061 4	60.5
康铜	-37.25	Pt		
铋	-73.4	Pt	1.1	8.1
n 型硅	-450	Pt	10~500	≈150
n 型多晶硅	-500~-100		10~1 000	≈20~30
n 型锗	-548	Pt		

在实际的硅传感器设计中,可以非常方便地将泽贝克系数近似为电阻率的函数[12]:

$$\alpha_s = \frac{mk}{q}\ln\left(\frac{\rho}{\rho_0}\right) \tag{7.8}$$

式中,$\rho_0 \cong 5\times10^{-6}\ \Omega\cdot m$ 和 $m \cong 2.6$ 为常数。为实现低电阻率和高泽贝克系数的最佳折中,硅的泽贝克系数典型值为 500~700 μV/K。式(7.8)表明,半导体的泽贝克系数随电阻率的增大而增大,随掺杂程度的降低而增大。然而,电阻率很低的热电堆材料不一定是特定红外探测器的最佳选择,因为泽贝克系数只是影响其整体性能的参数之一。

对于种类繁多的表面微机械加工器件,多晶硅迅速成为最重要的材料。多晶硅在这一领域的流行是其机械性能和相对成熟的沉积与加工技术的直接结果。这些特点及利用现有集成电路(integrated circuit, IC)加工技术的能力使其成为自然而然的选择。

多晶硅的泽贝克系数如图 7.3 所示[13]。p 型多晶硅和 n 型多晶硅的泽贝克系数几乎相同,但符号相反。该系数的大小很大程度上取决于杂质浓度。使用的杂质浓度为 10^{19}~10^{20} cm^{-3}。

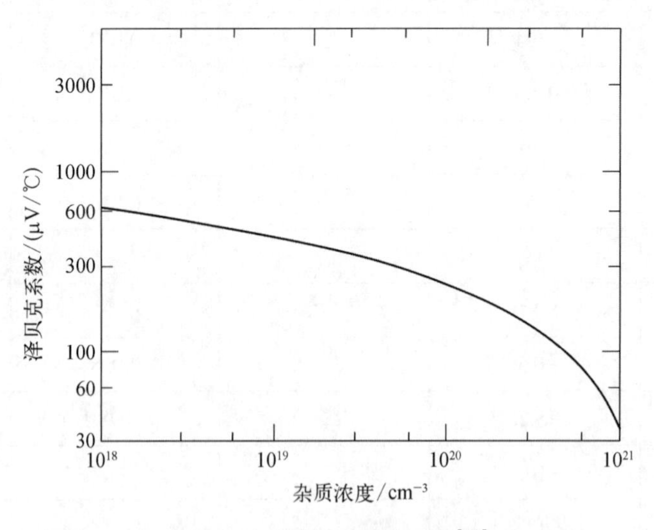

图 7.3　多晶硅的泽贝克系数[13]

7.2 品质因子

在进一步的讨论中,我们将遵循第 4 章中的方法。考虑到式(4.7)和式(7.1),我们注意到 $K = \alpha_s$。

由式(4.9),可得电压响应率是一致的:

$$R_v = \frac{\alpha R_{th} \varepsilon}{(1 + \omega^2 \tau_{th}^2)^{1/2}} \tag{7.9}$$

在非常低的频率下, $\omega^2 \tau_{th}^2 \ll 1$, 于是

$$R_v = \frac{\alpha \varepsilon}{G_{th}} \tag{7.10}$$

通常,在 0.1~1 000 Hz 的频率范围内,热电偶的均方根噪声电压由热电偶电阻 R 的热噪声决定。由式(4.22)可知

$$D^* = \frac{\alpha_s \varepsilon A_d^{1/2}}{G_{th}\ (4kTR)^{1/2}} \tag{7.11}$$

如果将 N 个热电偶串联,响应率将增大 N 倍:

$$R_v = \frac{N\alpha \varepsilon}{G_{th}\ (1 + \omega^2 \tau_{th}^2)^{1/2}} \tag{7.12}$$

于是对于热噪声主导的热电堆,探测率可以写成

$$D^* = \frac{\alpha_s \varepsilon\ (NA_d)^{1/2}}{G_{th}\ (4kTR_e)^{1/2}} \tag{7.13}$$

式中,R_e为热电堆中每个热电偶的电阻。

为了制造高效的器件,必须最小化结热容量 C_{th},以获得尽可能快的响应[式(4.5)],并优化吸收系数,这通常是通过传感器黑化(增加黑色吸收材料)来实现的。通过精心设计,热电偶的效率可以达到99%,光谱响应的平坦范围从可见光到 40 μm 以上。关于黑色吸收体的进一步讨论,请参考 Blevin 和 Geist[14] 的文章。光谱响应还取决于封装窗口的材料。

结区由两种材料组成,需要: ① 大的泽贝克系数 α_s; ② 低的导热系数 G_{th}(使热结和冷结之间的传热最小化);③ 低的体电阻率(减少电流流动时产生的噪声和热量)。

需要注意的是,通过按一定比例缩小器件,表面积仅随平方根减小[式(7.11)];热电堆的小型化是提高整体探测率的合适方法。

不过,考虑到将导热系数 G_{th}和电阻率 ρ 联系起来的维德曼-弗兰兹(Wiedemann - Franz)定律[15],这些要求是不相容的:

$$\frac{G_{th}\,\rho}{T} = L \tag{7.14}$$

L 被称为洛伦兹数(Lorentz number),对于大多数材料,特别是金属,除了在非常低的温度下,它几乎是一个恒定值。由此可以导出众所周知的热电材料的品质因子标准,在该标准中,可获得的最大值为[16]

$$Z = \frac{\alpha_s^2}{\rho G_{\text{th}}} \tag{7.15}$$

值得注意的是,这个热电优值系数是根据最佳负载电阻的输出功率来定义的,而不是式(7.9)中定义的开路电压。

评价热电材料的标准已在许多论文和出版物中详细讨论过。Ioffe[17]进一步讨论了载流子浓度的影响,但没有考虑有效质量或迁移率变化的影响。Egli[18]、Cadoff 和 Miller[16]及许多最近发表的论文[19-22]对这些方面进行了回顾与总结。

式(7.11)表明,热电偶材料应选用低阻材料。但是,较低的 ρ 值也会产生较低的泽贝克系数。因此,需要根据品质因子综合考虑所有这些参数来确定最佳点。图 7.4 显示了金属、半导体和绝缘体热电性能的示意图[20]。对于单晶硅和多晶硅材料,当掺杂值约为 10^{19} cm^{-3} 时,半导体的优值达到最佳值。50 多年前,Ioffe[17]曾预测过类似的结论。

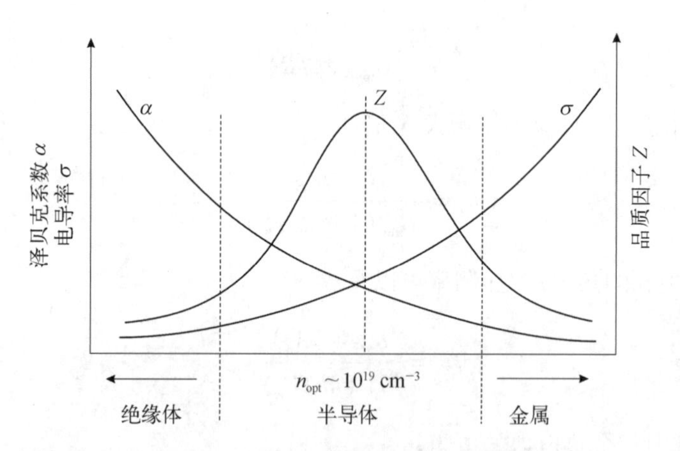

图 7.4　金属、半导体和绝缘体热电性能的示意图[20]

需要注意的是,当增加热电偶的数量以获得高输出电压时,也会增加热结和冷结之间的热传导及串联电阻与热噪声。这意味着应注意优化热电堆的热电偶数量。增加热电偶的数量并不一定会提高性能。

式(7.15)适用于单一热电偶材料。对于由两种不同材料(a 和 b)构成的热电偶,品质因子定义如下[16]:

$$Z = \frac{(\alpha_a - \alpha_b)^2}{(\sqrt{\rho_a G_a} + \sqrt{\rho_b G_b})^2} \tag{7.16}$$

式中,ρ_a 和 ρ_b 为材料的电阻率;G_a 和 G_b 分别为材料的热导率。

总导热系数 G_{th} 包含吸收器和热沉之间所有热导的贡献(包括周围气体 G_{g}、支撑部分与热电导体间的导热系数 G_s,以及辐射损失 G_R):

$$G_{\text{th}} = G_{\text{g}} + G_s + G_R + N(G_a - G_b) \tag{7.17}$$

表 7.2 列出了一些热电结组合的 Z 值。

表 7.2　室温下,一些热电结组合的 Z 值[23]

结 组 合	Z/K^{-1}
铬/康铜	1.0×10^{-4}
铝/n 型或 p 型多晶硅	1.1×10^{-5}
n 型多晶硅/p 型多晶硅	1.4×10^{-5}
铋/锑	1.8×10^{-4}
$Bi_{0.87}Sb_{0.13}/Sb$	7×10^{-4}
n 型 PbTe/p 型 PbTe	1.3×10^{-3}
n 型 Bi_2Te_3/p 型 Bi_2Te_3	2×10^{-3}

7.3　热电材料

最早的热电堆是由细金属丝制成的,最常用的组合是铋-银、铜-康铜和铋-铋/锡合金[24]。两根导线连接在一起形成热电结,加上黑化的吸收器,通常用一片薄薄的金黑箔片,直接连接到热敏结区。

半导体工业的发展提供了具有更大泽贝克系数的材料,因此可以构造出灵敏度更高的热电堆。但半导体细丝的制作是不可行的。为了构建结区,研究人员开发出一种新的技术,使用金箔吸收器作为两个敏感元件之间的连接。Schwartz 推荐的正极材料为(33%Te,32%Ag,27%Cu,7%Se,1%S),负极材料为(50%Ag_2Se,50%Ag_2S)[15]。如果这些器件封装在低热导率气体(如氙气)环境下,其响应率将增加约一个数量级(已实现 3×10^9 cm·$Hz^{1/2}$/W)。这些器件的响应时间通常在 30 min 左右,当薄膜厚度减小时响应时间也会缩短。然而,由于器件电阻的增加,约翰逊噪声也随之增加。

虽然使用金属的老式热电堆的灵敏度比使用半导体元件的热电堆低得多,但金属元件可以更可靠和稳定,因此它们仍然广泛地应用于需要高度可靠性和长期稳定性的地方。它们已成功地用于一些空间仪器、地面气象仪器和工业辐射高温计[25,26]。

质量更好的热电堆红外探测器通常是通过在薄塑料或氧化铝衬底上,使用掩模板真空蒸发(铋和锑)热电偶材料来实现的[15,24]。相比高度发展的硅集成电路技术,这种方法制备的器件尺寸相对较大,无法大批量生产且缺乏工艺灵活性。为了从硅工艺中获益,确实有一些热电堆探测器使用硅材料,但仅作为支撑结构[27,28]。

良好的导体(如金、铜和银)的热电性能非常差(表 7.1)。然而,电阻率较高的金属(特别是锑和铋)具有较高的热电功率和较低的导热系数,它们被称为经典热电材料。通过将这些材料与 Se 或 Te 复合掺杂,热电系数能提高到 230 μV/K[11]。Fote 等[29,30]将 Bi－Te 和 Bi－

Sb－Te 热电材料结合在一起，改善了热电堆线列的性能。与大多数其他热电材料相比，它们的 D^*值最高（图 7.5）。然而，Bi－Sb－Te 材料与 CMOS 工艺尚不兼容。

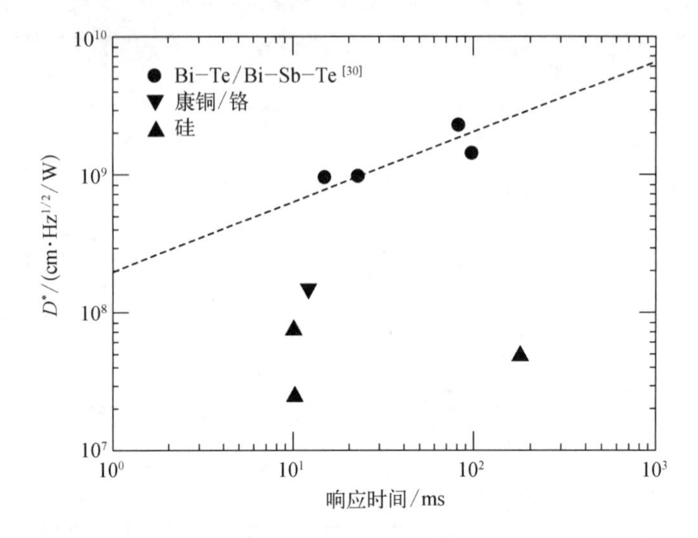

图 7.5 文献[30]报道的具有代表性的数据：薄膜热电堆线列的 D^*值与响应时间的函数

虚线是 Fote 和 Jones 的结果。由虚线的斜率可推出 D^*与响应时间的平方根成正比，这对于不同形状时相同材料体系的热电堆或测辐射热计来说是典型的[30]

硅具有高的泽贝克系数，早在 20 世纪 50 年代就被认为是一种很有前途的热电器件材料[31,32]。然而，将硅应用到实际热电堆设备中的早期尝试并没有取得决定性的成功，主要是因为需要大量的电偶来获取可用的信号，这会导致器件尺寸很大。硅也是热的良导体，硅衬底会因热短路而降低灵敏度。事实证明，使用平面工艺去除硅衬底是非常有价值的，可以实现批量制造和微加工。

在过去的 20 年里，集成硅热电堆的发展取得了重大进展。微加工技术的引入促成了小型化的实用解决方案，出现了许多微加工的热电堆器件，并取得了不同程度的成功。早期的设计中只将硅作为衬底，仍使用薄膜金属用作热电材料。例如，Lahiji 和 Wise[28]制造了一种热电堆，将 Bi/Sb 结蒸发到硅薄膜上，并用化学气相沉积（chemical vapor deposition，CVD）制备的氧化物作为绝缘层。后来的设计才将硅作为热电堆结的功能材料。与硅的泽贝克系数相比，集成电路芯片中常用的铝互连对器件的影响非常小。

半导体在热电堆制造方面的优势源于：① 半导体提供比金属高得多的泽贝克系数；② 半导体微机械加工为器件小型化提供了可能，有效地降低了器件热容；③ 高性能热电堆的生产与 CMOS 等标准 IC 工艺兼容。

微传感器近年来取得的重大进展主要归功于微机械加工技术。微机械加工是利用光刻和选择性蚀刻相结合的方法，制造出具有亚微米精度的小而坚固的结构。微机械加工在许多材料中都是可能的，但硅更受青睐，因为许多微机械加工技术与硅工艺相同。采用单片式微结构时，硅更利于电子传输。最广泛使用的是 n 型多晶硅和铝构成的热电堆，虽然 Al 的泽贝克系数很低，但由于其更容易在 CMOS 工艺中实现，这种方法仍被广泛采用。p 型多晶硅/n 型多晶硅的热电堆非常有吸引力，因为它提供了相对较高的泽贝克系数。瑞斯提克

(Ristic)[33]介绍了体材料和表面微机械加工技术的基本概念。

表7.3列出了不同微机械加工CMOS热电堆的一些代表性参数[8]。值得一提的是,已经有研究提出了表7.3中未包括的替代材料。Dehe等[34]提出的AlGaAs/GaAs热电堆的泽贝克系数约为-670 μV/K,这是由于其载流子迁移率相对较高,为470 cm^2/(V·s)[相比之下,多晶硅的载流子迁移率为24 cm^2/(V·s)]。然而,较高的热导率限制了AlGaAs热电堆的普遍使用。文献[35]介绍了采用InGaAs/InP微机械加工制备热电传感器的设想。该材料体系的特点是高热阻(0.09 km/W)和高载流子迁移率。同时,p型InGaAs的泽贝克系数为790 μV/K,n型InGaAs的泽贝克系数为-450 μV/K。

表7.3　多种微机械加工的热电堆器件参数[8]

类	面积/mm^2	D^*/10^7 Jones	R/(μV/W)	材料体系	τ/ms	α_s/(μV/K)	电偶对的数量	ATM.	数据
CB	0.013	0.68	10	Al/poly		58	20		计算
CB	0.77	1.5	25	Al/poly		58	200		计算
CB	15.2	5		p-Si/Al	300	700	44	空气	测量
MB	15.2	10	>10	p-Si/Al		700	44	真空	测量
MB	0.12	1.7	12	Al/poly	10	-63	4×10		测量
MB	0.3	2	44	n,p poly	18	200	4×12		测量
MB	0.15	2.4	72	n,p poly	10	200	4×12		测量
	0.15	2.4	150	n,p poly	22	200	4×12	Kr	测量
	0.12	1.74	12	Al/poly AMS	10	65	10	空气	测量
	0.12	1.78	28	Al/poly AMS	20	65	2×24	空气	测量
	0.42	4.4	11	InGaAs/InP				空气	测量
	0.42	71	184	InGaAs/InP				真空	测量
	4	6	6	Bi/Sb	15	100	60		测量
	4	3.5	7	n-poly/Au	15		60		计算
	4	4.8	9.6	n-poly/Au	15		60		计算
	0.25	9.3	48	n-poly/Al	20		40		
	3.28	13	12	n-poly/Al	50		68		
	0.2	55	180	Bi/Sb	19	100	72	空气	测量
	0.2	88	290	Bi/Sb	35	100	72	Kr	测量

续 表

类	面积/mm^2	D^*/10^7 Jones	R/(μV/W)	材料体系	τ/ms	α_s/(μV/K)	电偶对的数量	ATM.	数据
	0.2	52	340	$Bi_{0.50}Sb_{0.15}Te_{0.35}/Bi_{0.87}Sb_{0.13}$	25	330	72	空气	测量
	0.2	77	500	$Bi_{0.50}Sb_{0.15}Te_{0.35}/Bi_{0.87}Sb_{0.13}$	44	330	72	Kr	测量
	9	26	14.8	Bi/Sb	100		72	Ar	测量
	0.785	29	23.5	Bi/Sb	32		15	Ar	测量
	0.06	25	194	Si	12		20	Ar	测量
	0.37	5.6	36	CMOS	<6				测量
	1.44	8.7	27	CMOS	<6				测量
	0.37	5.6	36	CMOS	<6				测量
	1.44	4.6	12	CMOS	30				
	0.2	45	200		20		72	N_2	测量
	1.44	35	100		30		200	N_2	测量
	0.49	21	110	BiSb/NiCr	40		100		测量
	0.49	6	35	CMOS	25				测量
	1.44	8	20	CMOS	32				测量
	0.6	24	80	CMOS	<40			真空	测量

注：CB 为悬臂梁热电堆；MB 为微桥热电堆；M 为膜热电堆；C 为商用热电堆；poly 为多晶。

7.4 微机械加工热电堆

通过自适应的 CMOS 后道表面或体材料上的微机械加工工艺，热电堆红外探测器可以很容易地集成到多种标准 CMOS 芯片上。近几年产能的增加，得益于成本效益和性能之间取得了非常好的平衡。Baltes 等[36]对热电堆制造与 CMOS 工艺的兼容性进行了系统的评估，包括热电堆吸收体的材料问题。

热电堆的结构示意图如图 7.6(a)所示[8]，其是由微机械隔离膜支撑的串联热电偶组成的。从技术和成本的角度，当今工业应用中最常见的是由 Al/Si 热电偶组成的 CMOS 热电堆。位于薄膜上的热电堆在热结处覆盖吸收层。冷结则位于基板边缘，作为热沉。通常，热区和冷区之间的连接是由一层非常薄(几微米厚)的硅膜[图 7.6(b)]或包含热电堆的悬臂梁形成的。在热区产生的热量通常在环境温度下通过硅膜(或悬臂梁)流向冷区，导致膜(或悬臂梁)热阻两端的温差。

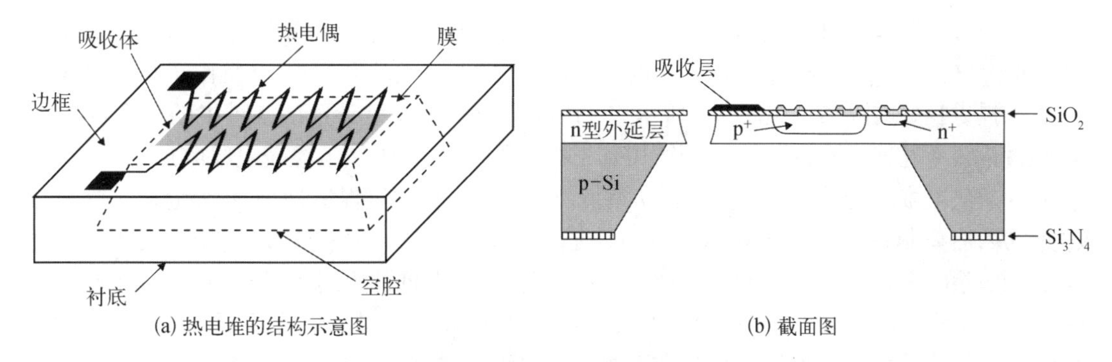

(a) 热电堆的结构示意图

(b) 截面图

图 7.6 微机械加工的热电堆

7.4.1 设计优化

微机械加工热电堆由于其复杂的器件结构和三维热流效应对器件性能的影响,对其进行精确的分析是很复杂的。例如,要实现膜上热电堆的最大探测能力,应满足两个条件[23]。第一个是

$$\frac{A_a}{A_b}=\left(\frac{G_{\text{tha}}\,\rho_a}{G_{\text{thb}}\,\rho_b}\right)^{1/2} \tag{7.18}$$

式中,A_a为材料 a 的横截面面积,其沉积在将膜连接到衬底的支腿上;A_b为材料 b 的相应值;G_{tha}与 G_{thb}分别是材料 a 和 b 的导热系数。

第二个条件是

$$N(G_{\text{tha}}A_a+G_{\text{thb}}A_b)=2G_{\text{thm}}tw \tag{7.19}$$

式中,G_{thm}为膜材料的导热系数;t 与 w 为腿的厚度和宽度;假设两处连接腿具有相同的几何形状。式(7.19)表示通过热电材料到衬底的导热系数等于通过膜材料的导热系数。

假设给定的条件,探测率达到其最大值[23]:

$$D^*=\frac{Z^{1/2}\tau_{\text{th}}^{1/2}\beta\kappa}{2^{3/2}\,(C_mt+C_{\text{abs}})^{1/2}\,(kT)^{1/2}} \tag{7.20}$$

式中,C_m为膜材料的单位体积热容;C_{abs}为吸收材料的单位表面积热容;β 为探测器填充因子;κ 为光学吸收系数,其定义为落在敏感区域上的辐射功率的分数,该辐射功率被该区域吸收。

优化配置的热响应时间变为

$$\tau_{\text{th}}=\frac{(C_mt+C_{\text{abs}})Al}{4G_{\text{thm}}tw} \tag{7.21}$$

式中,l 为一条腿的长度。

式(7.20)表明热电堆优化涉及通过选择热电材料进行优化和通过结构设计进行优化。然而,制造单片阵列所使用的硅兼容性工艺大大限制了实际的选择。

7.4.2 热电堆配置

通常,文献[8]中报道了两种热电堆结构:沉积在单层结构[12,37,38]或多层结构[11,39]中。

最常见的热电堆结构是单层热电堆,其中两个热电偶引线都是使用传统光刻技术沉积的。热电偶导线位于一个平面上,一个接一个。单层结构的制备简单和快速,并且由于是平面展开的,可以提供良好的隔热。如图 7.7 所示[40],该结构由位于 n 型外延层或阱中的 p 型硅条组成,通过铝线条互连。该装置包含一个 10 μm 厚的悬臂梁,其中一半覆盖上吸收层,另一半则包含 44 条热电堆。先后进行浅 p 型和 n 型扩散。在 n 型扩散过程中,为了后续电化学控制的刻蚀步骤,需要制备岛状 n^+ 区域以实现与外延层的良好接触。对带材的掺杂进行了优化,使其具有较高的泽贝克系数(700 μV/K)。在晶片背面用低压化学气相沉积(low pressure chemical vapor deposition, LPCVD)法生长 750 Å 厚度的 Si_3N_4层。然后,采用两步腐蚀工艺:第1步,采用电化学控制腐蚀到外延层/衬底的结区,形成薄膜;第 2 步,在 CF_4+6%O_2中进行反应等离子体腐蚀,形成悬臂梁结构。第 3 步,在每一组热电偶的吸收区覆盖一层吸收材料。最终的结构如图 7.6(b)所示。探测器在空气环境下的响应率约为 6 V/W,对于 500 K 黑体源,探测率约为 5×10^7 cm·Hz$^{1/2}$/W。

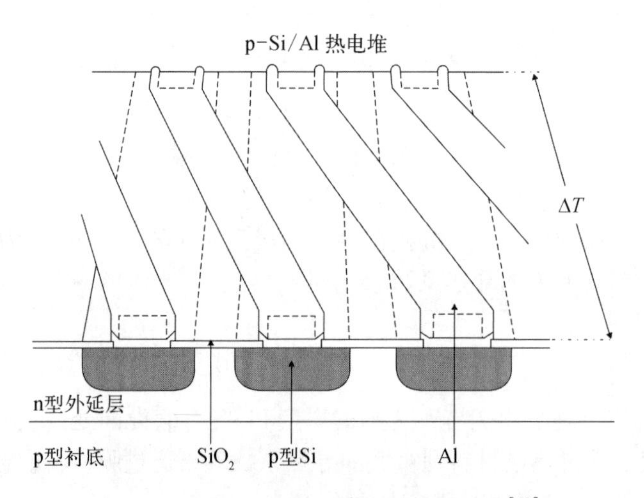

图 7.7 集成 Al/p 型 Si 热电堆的示意图[40]

在多层结构的情况下,一根热电偶导线位于另一根导线上,由薄的绝缘层(如光刻胶)隔开。前一层图形化的热电薄膜的热端和冷端处的绝缘层需要在制备下一层热电薄膜前移除,形成小的层间接触窗口[11]。设计多层热电堆需要在较高的集成密度、较高的内部电阻和较低的热阻之间仔细平衡(后两种影响是由于多层热电堆堆叠,整体器件厚度增加造成的)。

7.4.3 微加工热电堆技术

从微机械加工技术的角度来看,热电堆通常可采用体微机械加工或表面-体微机械加工技术[36]。第一种结构是通过对硅衬底进行精确的微加工而制成的,薄膜蚀刻工艺是从背面进行的,以去除薄膜下的整个衬底材料。相反,在表面-体微机械热电堆中,微机械加工过程是通过多层沉积薄膜中的窗口从正面开展的,通过除去硅衬底的一部分,在薄膜下形成一个空腔。

图 7.8 显示了利用体微机械加工技术制造热电堆的过程。Allison 等[41]对这一过程做了详细的描述。如图 7.8(c)所示,交替的 p 型和 n 型硅条被制造在分开的 n 型与 p 型单晶片

上，黏合在一起，并串联起来形成 p/n 耦合结。通常由各向异性碱液（KOH，氢氧化钾）蚀刻制成带有配合槽的基本 n 型和 p 型元件，再使用有机黏合剂、熔块玻璃或高温黏合工艺来键合。蚀刻过程在（111）晶面上终止，该晶面为键合提供了平坦的配合表面。在晶片黏合之前，在沟槽表面生长一层电绝缘的热二氧化硅氧化膜。最后，用光刻实现图形化并采用电子束蒸发铝，再进行剥离，得到 Al 连线进行串联。这样，就可以制备出尺寸为 0.5×3.5 cm^2，厚度约为 100 μm 的由热电偶线列构成的热电堆。

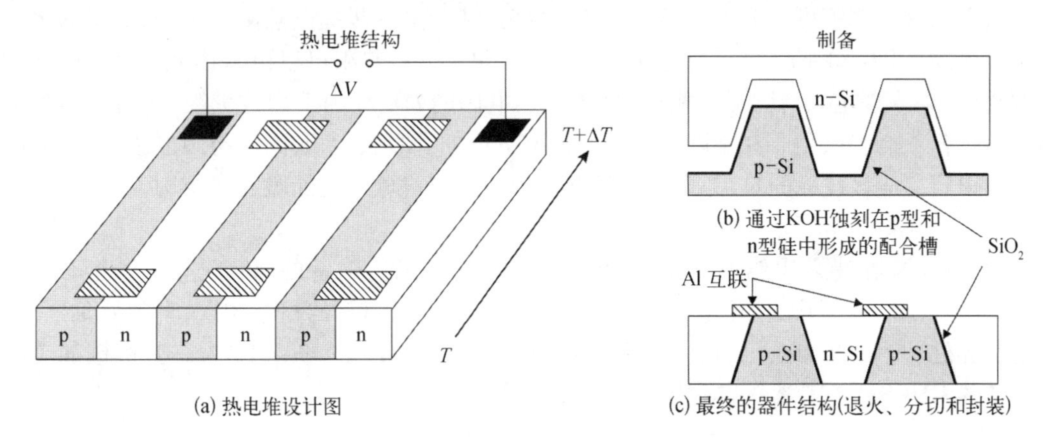

图 7.8　体微机械加工的硅热电堆

体微机械热电堆虽然制作简单，但冷热结间导热系数高，性能较差。为了改善隔热性能，人们开发出不同的自支撑式微机械结构。其中一种解决方案是图 7.9 所示的封闭式微机械结构，在该结构中，来自冷端的热量被隔离。冷区是由围绕蚀刻膜的薄片边缘形成的，这既是一个热沉，也是蚀刻结构的悬挂和机械保护结构[42]。

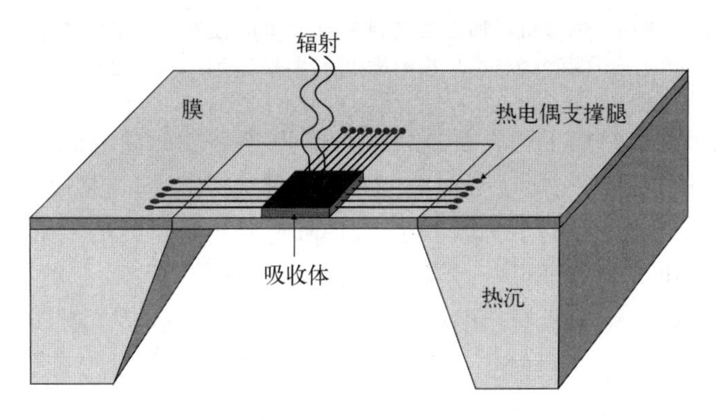

图 7.9　体微机械加工的热电堆的截面示意图

闭合薄膜微加工过程在 Lahiji 和 Wise[28] 和 Elbel[37] 的工作中已有报道。为了开发单片式 Bi/Sb 探测器的制造工艺，Lahiji 和 Wise[28] 使用（100）取向的硅片。该工艺首先将晶片厚度热氧化至约为 0.8 μm。其次，在晶片的正面和背面定义所需的图案。然后，薄膜区域上的浅硼扩散层被用作各向异性刻蚀工艺的蚀刻停止层。由于这一层具有高导电性，接下来需要在正面沉积一层薄的介质层，隔离热电堆。使用非常薄的热氧化层，接着再制备薄的二氧化硅和氮化硅的 CVD 层，可以获得了最优的效果。最后，利用常规光刻技术对热电偶材料和金属连线进行了沉积与图案化处理。

Elbel[37]提出了一种目前广泛使用的更简单的制造工艺。在第一步中,在(100)Si 晶片的正面用 CVD 沉积薄的应力优化的 $Si_3N_4/SiO_2/Si_3N_4$叠层。作为晶片背面蚀刻工艺的图案掩模,沉积单个 Si_3N_4层。薄膜厚度由前面的介质叠层构成的蚀刻停止层来定义。采用这种工艺,可以获得比体硅[140 W/(m·K)]更低的导热系数[2.4 W/(m·K)]的 1 μm 厚的薄膜。

采用悬臂梁薄膜可以减少薄膜与硅环的接触,从而进一步提高热阻。这样,装置的灵敏度大大提高,但不幸的是,机械稳定性降低。每条热电偶的热阻可以由面热阻乘以热电偶的长宽比(l/w)来确定。与圆形膜相比,悬臂式热电偶的 l/w 比为 5 个数量级,从而使热阻提高了 10 倍[8]。此外,由于在不降低热阻的情况下增加了吸收面积,因此与圆形膜相比,响应率大大提高。应该注意的是,考虑到时间常数的增加和机械上更加脆弱的结构,整体性能会降低。

通常,体微机械梁式热电堆是通过各向异性刻蚀工艺制备的,该工艺由两道工艺组成[43,44]。在第一阶段中,使用电化学控制腐蚀从背面去除膜下的整个体硅,直到外延层/衬底的交界处。下一步,在正面进行等离子刻蚀,实现三面成膜。图 7.10 为体微机械加工工艺制造的 CMOS 工艺兼容的热电堆探测器结构[45]。

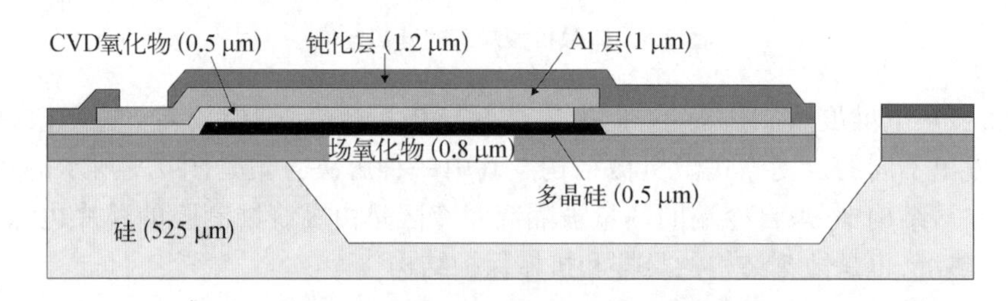

图 7.10 体微机械加工工艺制造的 CMOS 工艺兼容的热电堆探测器结构。热电堆由 n^+多晶硅/铝热电偶组成[45]

表面-体微加工是体微加工和表面微加工的结合[46]。表面微机械加工中的结构制造是由表面沉积的薄膜通过蚀刻功能层下面的牺牲层而释放出来的。然而,与传统的表面微机械元件相比,体硅是通过表层的小窗口去除的,这降低了生产过程的复杂性。从技术角度来看,表面体微机械 CMOS 热电堆可获得当今最好的器件参数[8]。

封闭式 CMOS 表面-体微机械热电堆探测器如图 7.11 所示。在制造博世热电堆芯片的第一步[图 7.11(a)]中,已经提供了在基板表面形成膜和热电偶的多个氧化物与外延层。应用各向异性腐蚀穿透表面层到达衬底,并通过这些蚀刻窗口去除表面下的衬底。在最后一步,热电堆被封装起来。这种封闭式热电堆在力学上比梁式热电堆更稳定。

为了提高力学稳定性,人们提出了不同类型的桥型结构。例如,图 7.11(b)显示了一种传感器配置,在中央膜上有一个 4 桥结构和吸收区[47]。

要获得高灵敏度,探测器的吸收效率必须高,但吸收层的热学质量必须尽可能小。一般来说,吸收体可以分为三类:金属薄膜、多孔金属黑和薄膜叠层。

金属薄膜具有较窄的光谱带宽,其吸收强烈依赖于薄膜厚度。据报道,对于 17 μm 厚的 Au 层,最大吸收为 50%[48]。多孔金属黑是通过电镀(如铂)和蒸发(如金)来沉积的。另

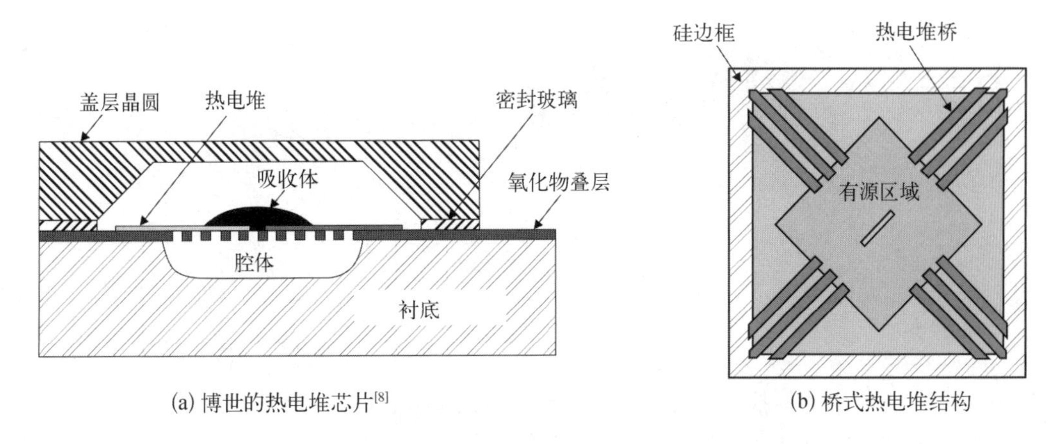

(a) 博世的热电堆芯片[8]　　(b) 桥式热电堆结构

图 7.11　封闭式 CMOS 表面-体微机械热电堆探测器

一种增强吸收的方法是实现干涉现象,以便在探测器内建立谐振腔。用这种吸收体可以吸收 8~14 μm 波长范围内 90%的辐射。有关吸收器的更多信息可以在参考文献[48]~[51]中找到。

参 考 文 献

第8章 测辐射热计

另一个广泛使用的热探测器是测辐射热计。测辐射热计是一种电阻元件,由热容很小、温度系数很大的材料制成,因此吸收的辐射会产生很大的电阻变化。与热电偶不同的是,该装置是通过探测器传递精确控制的偏置电流并监控输出电压来操作的。电阻的变化类似于光电导,但是基本的探测机制是不同的。在测辐射热计的情况下,辐射能在材料内部产生热量,进而产生电阻变化。没有直接的光子-电子相互作用。

第一台测辐射热计由美国天文学家兰利(Langley)[1]于1881年设计用于太阳观测,它使用了一个黑化的铂吸收元件和一个简单的惠斯通电桥传感电路。兰利制造出的测辐射热计比当时的热电偶更灵敏。尽管此后还开发了其他热探测器,但测辐射热计仍然是最常用的红外探测器之一。

现代测辐射热计技术的开发始于20世纪80年代初霍尼韦尔公司(Honeywell)对氧化钒(VO_x)的研究和德州仪器公司(Texas Instruments)对非晶硅(amorphous silicon, a-Si)的研究。图8.1显示了采用与集成电路处理技术兼容的硅微加工技术制备的薄膜测辐射热计的横截面,该技术能够开发超大型、低成本的单片式面阵。

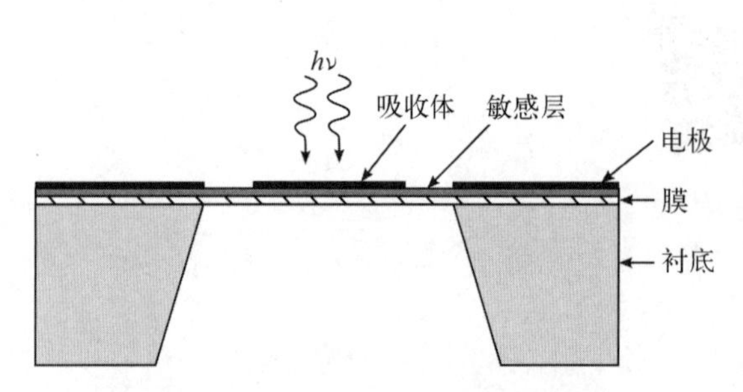

图8.1 薄膜测辐射热计的截面示意图

目前,非制冷FPA的开发工作基本上有两个方向:① 高性能面阵,针对军事和高端商业应用;② 低成本面阵,针对商业应用。关键是要在尽可能小的面积内实现高性能、高隔热的传感器。

8.1 测辐射热计的基本工作原理

电阻的相对温度系数(temperature coefficient of resistance, TCR)定义为

$$\alpha = \frac{1}{R}\frac{\mathrm{d}R}{\mathrm{d}T} \tag{8.1}$$

固定电流偏置下的测辐射热计,相应的电压变化为

$$\Delta V = I\Delta R = IR\alpha\Delta T$$

所以,$K = IR\alpha$[见式(4.7)],以及根据式(4.9),电压响应率为

$$R_v = \frac{IR\alpha R_{th}\varepsilon}{(1+\omega^2\tau_{th}^2)^{1/2}} \tag{8.2}$$

对于测辐射热计和热电偶，电压响应率的表达式是类似的，只是将 $n\alpha$ 换成了 $IR\alpha_s$。响应率与热导 G_{th}成反比（$G_{th}=1/R_{th}$），这也适用于热电偶。

最大偏置电流 I 受元件的最高允许温度 T_{max}的限制。所以，

$$I^2R = G_{th}(T_{max} - T) \tag{8.3}$$

且

$$R_v = \alpha\varepsilon\left[\frac{RR_{th}(T_{max}-T)}{1+\omega^2\tau_{th}^2}\right]^{1/2} \tag{8.4}$$

R_v的值部分由 $R_{th}=1/G_{th}$控制；热导率高的测辐射热计速度快[见式(4.5)]，但响应性低。开发高灵敏度测辐射热计的关键是具有高温度系数 α、非常低的热质量 C_{th}及良好的隔热性能（低热导 G_{th}）。

这些参量被广泛地应用于最简单的模型，该模型省略了偏置电流产生的焦耳热，并假定电流偏置是恒定的。准确地描述测辐射热计是一项复杂而困难的任务，文献[2]~[4]对此进行了详细的分析。

当热平衡方程[如式(4.1)]包括由于电偏压引起的焦耳热，并且负载电阻 R_L被引入测辐射热计电路以区分电压源操作($R_L \gg R_B$，其中 R_B是测辐射热计的电阻)和电流源操作($R_L \ll R_B$)时，会引入更复杂的情况(图 8.2)。如果电路断开并且没有信号辐射，则测辐射热计处于环境温度 T_0。闭合回路会导致测辐射热计电阻 R_B中的电流流动和焦耳加热。结果，它的温度上升到 T_1。如果辐射现在落在测辐射热计上，其温度改变 ΔT 达到新的温度值 T。这会导致测辐射热计的电阻变化，从而引起 R_L两端电压的变化。

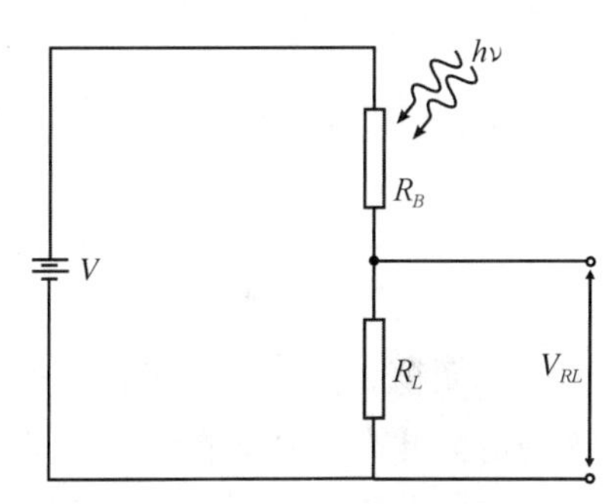

图 8.2　测辐射热计的等效电路图

Kruse[4]对测辐射热计的工作进行了分析，考虑了焦耳加热和恒定的电偏压。结果显示探测器的性能严重依赖于测辐射热计电阻的温度依赖性。

半导体的电阻可以表示为

$$R = R_0T^{-3/2}\exp\left(\frac{b}{T}\right) \tag{8.5}$$

式中，R_0和 b 是常数。对于室温下的半导体，结合式(8.1)可得 TCR 系数为

$$\alpha = -\frac{b}{T^2} \tag{8.6}$$

对于电阻与温度呈线性关系的金属，可得

$$R = R_0[1+\gamma(T-T_0)] \tag{8.7}$$

于是 TCR 系数为

$$\alpha = \frac{\gamma}{1 + \gamma(T - T_0)} \tag{8.8}$$

式中,γ 是探测器材料的温度系数。

在考虑恒定偏置和焦耳热下工作的测辐射热计时,热平衡方程的解类似于式(4.3)所描述的解[4],并具有如下形式:

$$\Delta T = \Delta T_0 \mathrm{e}^{-(G_e/C_{\mathrm{th}})t} + \frac{\varepsilon \Phi_0 \mathrm{e}^{\mathrm{i}\omega t}}{G_e + \mathrm{i}\omega C_{\mathrm{th}}} \tag{8.9}$$

式(8.9)中等号右边第一项表示瞬态项,而第二项表示周期项。这里 G_e定义为

$$G_e = G - G_0(T_1 - T_0)\alpha\left(\frac{R_L - R_B}{R_L + R_B}\right) \tag{8.10}$$

式中,G_0为在 $T_1 \sim T_0$内通过探测器介质的平均热导率;G 为测辐射热计在温度 T 时的热导率。式(8.10)表示 G_e是两项的差值。如果满足以下条件,则 G_e为正:

$$G > G_0(T_1 - T_0)\alpha\left(\frac{R_L - R_B}{R_L + R_B}\right) \tag{8.11}$$

然后瞬态项随时间变为零,只剩下周期函数。另一种情况下,若

$$G < G_0(T_1 - T_0)\alpha\left(\frac{R_L - R_B}{R_L + R_B}\right) \tag{8.12}$$

则 G_e为负值,这意味着测辐射热计温度将随着时间[见式(8.9)]增长而呈指数上升趋势。这种情况可能发生在半导体中,但不会发生在金属中[2]。

假设 $R_L \gg R_B$,电压响应率由式(8.13)给出

$$R_v = \frac{\alpha I_b R_B \varepsilon}{G_e\,(1 + \omega\tau_e)^{1/2}} \tag{8.13}$$

式中,τ_e定义为

$$\tau_e = \frac{C_{\mathrm{th}}}{G_e} \tag{8.14}$$

这里,τ_e被称为有效热响应时间。电偏置加热导致的热容和 τ 随温度的变化称为电热效应。

通常,在 FPA 中,电偏置是脉冲的而不是连续的,加热是由电偏置(焦耳热)和吸收入射辐射通量引起的。在这种情况下,传热方程是非线性的,只能得到数值解[5]。

除了与元件热阻抗有关的辐射噪声和温度噪声,与电阻 R 有关的约翰逊噪声是最重要的噪声源之一。对于室温工作的测辐射热计,放大器噪声不是主要来源,但对于低温工作的器件,放大器噪声通常是主要的噪声源。对于某些类型的测辐射热计,低频电流噪声是主要来源,并且是限制电流大小的主要因素。

8.2　测辐射热计的类型

通常,测辐射热计是一片薄薄的黑色条带或薄片,其阻抗与温度高度相关。测辐射热计可以分为几种类型。最常用的是金属、热敏电阻和半导体测辐射热计。第四种是超导体测辐射热计。超导体测辐射热计工作在导电性转变点附近,在转变温度范围内电阻变化很大。图 8.3 示意性地显示了不同类型的测辐射热计的电阻与温度的关系。在表 4.2 中也曾给出了测辐射热计的一般特性。

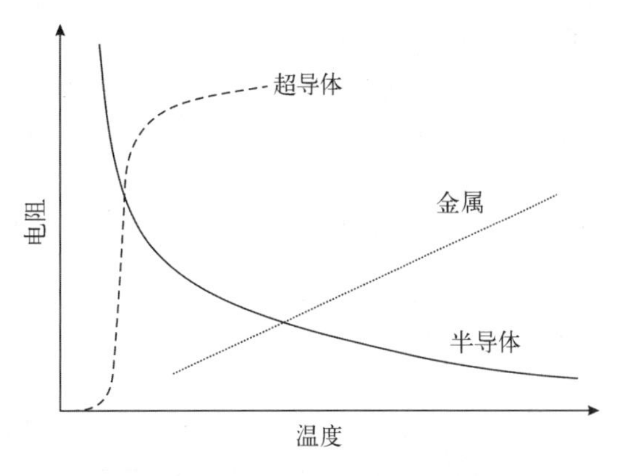

图 8.3　三种类型材料的电阻随温度的变化曲线

8.2.1　金属测辐射热计

金属测辐射热计的典型材料有镍、铋、铂或锑,一般应用于需要高稳定性和长期稳定性的场合。这些测辐射热计是由很少量的金属制成的,以降低热容,才能获得较高的可被接受的灵敏度。大多数金属测辐射热计是通过真空蒸发或溅射形成 100~500 Å 厚的薄膜条,通常还需要涂上黑色吸收剂,如蒸发金黑或铂黑。

温度相对系数的典型值对于金属为正值,约等于 0.3%/℃。金属测辐射热计在室温下工作,具有 1×10^8 cm·Hz$^{1/2}$/W 量级的探测能力,响应时间约为 10 ms。不幸的是,它们通常相当脆弱,因此限制了它们在某些应用中的使用。尽管如此,金属薄膜测辐射热计阵列已经被制造成各种线列和面阵,并且已经成功地应用于为远程监视应用设计的非成像式红外传感器[6]。由于低阻抗匹配带来的功耗及放大器设计上的限制,这些器件技术通常仅限于小规模阵列。

在金属中,钛薄膜更多地用于测辐射热计,原因如下:钛可以用于标准的硅工艺线,具有低导热系数(块状材料的热导率为 0.22 W/(K·cm),远远低于大多数其他金属)及低 $1/f$ 噪声[7,8]。然而,薄膜形式的金属电阻的 TCR 为 0.004%/K,大大低于竞争对手材料,这使得它在非制冷测辐射热计阵列中的应用不多。

室温下的天线耦合金属微测辐射热计(通常使用铋或铌)也可在超长波长红外(10~100 μm)范围内工作。采用悬挂式微桥或采用硅衬底的低热导缓冲层,可获得 10^{-12} W/Hz$^{1/2}$ 的噪声等效功率 NEP。

8.2.2　热敏电阻温度传感器

热敏电阻材料最早是在第二次世界大战期间由贝尔实验室开发的。单像素热敏电阻测辐射热计问世已有大约 60 年的历史。它们得到了广泛的应用,从防盗报警器到火灾探测系统、工业温度测量、星载地平仪和辐射计。热敏电阻寿命长,在适当偏置时稳定性好,并且具有高度的抗核辐照特性。

热敏电阻测辐射热计由各种半导体氧化物的烧结混合物构成,这些氧化物的 TCR 高于金属(2%/℃~4%/℃),通常更加坚固。它们的结晶为尖晶石结构。一般最后制成厚度约 10 μm 的半导体薄片。负温度系数取决于带隙、杂质态和主导的导电机制。这个系数不是恒定的,而是随 T^{-2}变化的,这是由于半导体电阻率具有指数相关性[9]。热敏电阻测辐射热计中的敏感材料通常由锰、钴和镍氧化物晶片制成,这些晶片烧结在一起,并安装在电绝缘但导热的材料上,如蓝宝石[10,11]。然后将蓝宝石安装在金属散热器上,以控制设备的时间常数。敏感区涂黑以改善其辐射吸收特性。热敏电阻器的典型室温电阻率为 250~2 500 Ω·cm,它们的尺寸为 0.05~5 mm。所研究的主要材料为$(MnNiCo)_3O_4$,室温下的 TCR 为-0.04/℃。

通常的单元结构使用一对匹配的器件(图 8.4),其中一个热敏电阻被屏蔽,不受辐射影响,并安装在电桥上,充当负载电阻。这种结构可以通过补偿环境温度变化来优化来自有源元件的信号。器件动态范围可以达到 10^6。器件灵敏度和响应时间不能同时优化,因为如果改善散热,可以减小时间常数,但却无法让探测器进一步升温,从而降低了响应率。阿斯特海默(Astheimer)[12]的研究表明,这种类型的测辐射热计在室温下的约翰逊噪声极限探测率可以用式(8.15)来描述:

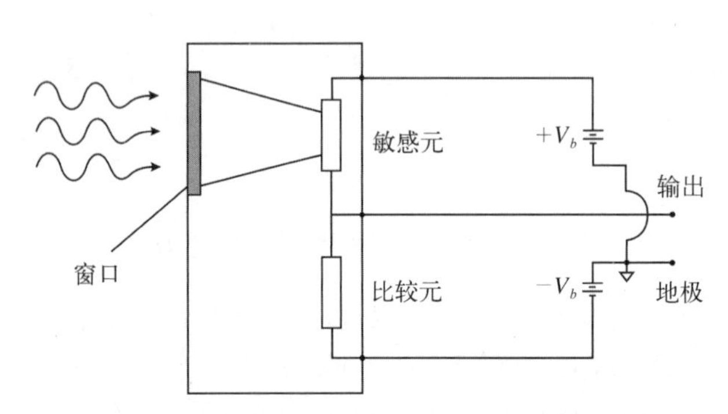

图 8.4 热敏型测辐射热计的一般偏置电路。补偿元不接收外界辐射

$$D^* = 3 \times 10^9 \tau^{1/2}\ \text{cm} \cdot \text{Hz}^{1/2}/\text{W} \tag{8.15}$$

τ 的单位为 s。时间常数通常为 1~10 ms。频率高于 25 Hz 时,它们的灵敏度非常接近热电堆。在较低频率下,可能存在其他噪声源或 $1/f$ 噪声。

热敏电阻受约翰逊噪声限制,因此可以通过在其表面放置半球形或超半球透镜来提高探测率[13]。这一操作不会改善受光子噪声限制时的探测器信噪比。探测器必须与透镜实现光学耦合,这可以通过将探测器直接放置在透镜平面上来实现(图 5.3)。指向探测器边缘的光线被透镜折射,使探测器看起来大了 n 倍(对于超半球透镜来说是 n^2倍),其中 n 是透镜的折射率。由于探测器器是二维器件,因此虚拟面积增加为 n^2倍。结果,信噪比增加了 n^2倍(或 n^4倍)。浸没式设置还降低了 n^2倍(或 n^4倍)的偏置功耗,从而降低了制冷机的热负荷,并实现了更高的偏置功耗密度。对透镜材料的要求是,它应该有尽可能大的折射率,并且应该是电绝缘的,以免热敏电阻薄膜短路。锗、硅和三硒化砷是最常使用的材料。热敏电阻探测器特别适用于浸没式设计,因为固有的低热阻允许对器件施加更高的偏置电压。

热敏电阻探测器主要是通过将热敏电阻材料的薄片黏合到衬底上来制造的。器件性能参数(如响应度、噪声和响应时间)在很大程度上取决于操作员的技能、经验和工艺条件。为了克服这些缺点并降低热敏电阻的成本,已经在研发直接制备薄膜的可能性[14,15],最常用的是溅射技术。

热敏电阻光谱响应度基本上是平坦的,响应波长上限由封装窗口的透射谱确定。由于热敏电阻薄膜在晶界处会产生大量的 $1/f$ 噪声,因此在非制冷测辐射热计热成像阵列中,热敏电阻薄膜尚未获得应用。

8.2.3　半导体测辐射热计

如果对器件进行降温可以比在室温工作时获得更高的电阻值改变,就可以显著地提高测辐射热计的性能,并且可以制造更厚的器件来改善红外吸收,又不会增加热容,因为低温材料的比热容会降低。最终的器件灵敏度可以比室温器件高出几个数量级。在实践中,对于大多数应用,有必要在外壳中留有一个孔,以允许器件接收一些室温背景辐射。

半导体测辐射热计是最成熟的微光热探测器,是许多应用的首选探测器,特别是在红外和亚毫米光谱范围内。器件制备是一个精细的过程,以确保它们与热环境隔绝,并且这些技术本身不适用于大规模阵列的开发。

测辐射热计的典型偏置电路类似于图 8.2。使用较大的负载电阻可以最小化约翰逊噪声。对噪声的研究可以参考 Mather[16] 的文章。

现代红外测辐射热计的历史始于 Boyle 和 Rogers[17] 推出的碳电阻测辐射热计。当时,碳无线电电阻器被低温物理学家广泛地用作液氦温度下的温度计。它们易于建造,价格低廉,并且由于工作温度较低,具有适中的热容量,尽管后来使用的晶体材料的比热容更低。

性能优越的测辐射热计开发的下一个重要步骤是发明一种低温测辐射热计,它基于重掺镓和补偿的锗,在 5~100 μm 的波长范围内灵敏度接近理论极限[18,19]。Zwerdling 等[20] 对其工作模式进行了详细的讨论。在正确掺杂的锗中(典型的镓掺杂浓度约为 10^{16} cm^{-3},补偿比约为 0.1,在 p 型电导中获得的载流子浓度约为 10^{15} cm^{-3}),吸收的能量迅速传递到晶格中,从而提高样品的温度,而不是像光导体那样提高现有的自由载流子的温度。最佳掺杂水平取决于两个要求:电阻的温度系数和允许有效耦合到低噪声放大器的电阻。由于低温时电阻很大,半导体必须在接近金属-绝缘体转变处进行重掺杂,其中大部分是施主杂质和补偿型少数受主杂质。在这些条件下,主要的导电机制是载流子从一个掺杂原子到另一个掺杂原子的跳跃。温度系数和电阻强烈地依赖于补偿的程度,因为跳跃传导机制是由掺杂原子之间的距离决定的。典型的 Ge 掺杂浓度为 10^{16} cm^{-3},Si 掺杂浓度为 10^{18} cm^{-3}。

半导体电阻与温度的关系可用式(8.5)描述。然而,在很低的温度(<10 K)下,半导体材料的掺杂必须比式(8.5)中假设的更高,这样才能使跳跃成为主要的导电模式。这种模式冻结的速度相对较慢,阻抗由以下形式的经验表达式给出:

$$R(T)=R_0\exp\left(\sqrt{\frac{T_0}{T}}\right) \tag{8.16}$$

常数 T_0和 R_0的数量级分别为 2~10 K 和 0.1~0.5 Ω。然后我们可以得到

$$\alpha(T)=\frac{1}{R}\frac{\mathrm{d}R}{\mathrm{d}T}=-\frac{1}{2}\sqrt{\frac{T_0}{T^3}} \tag{8.17}$$

请注意,$\alpha<0$ 并且具有很强的温度依赖性。这与超导测辐射热计不同,超导测辐射热计具有正 α,允许电热反馈。对于锗测辐射热计,式(8.16)与实验数据符合得很好[21,22]。

Putley[18] 认为将器件安装在集成腔体中可以提高吸收效率。对于 4.2 K 下的小孔径 Ge

测辐射热计，固有噪声一半为约翰逊噪声，另一半来自光子噪声[23]。在较大的孔径下，光子噪声可能超过固有的探测器噪声，这取决于背景特性。经充分研究的材料具有重现性好、稳定性高、噪声低等优点，使其在红外天文、中长波及实验室红外光谱分析等领域得到了广泛的应用。在大部分远红外(far infrared, FIR)波段上，锗测辐射热计的性能可与最好的光子探测器相媲美，同时还具有宽带器件的优势。器件性能可能获得进一步的改善。Draine 和 Sievers[24]在处于 0.5 K 工作的器件中获得了 3×10^{-16} W/Hz$^{1/2}$的 NEP。然而，该性能很可能只能在完全处于低温的实验中获得，并且需要一个低温工作的低噪声放大器。

最近，Si 作为 Ge 的替代受到了更多的关注。与 Ge 相比，Si 的比热容为 0.71 J/(g·K)[Ge 的比热容为 0.32 J/(g·K)]，硅器件具有更容易制备的优势，且制造工艺也更先进。欣克(Kinch)[25]报道的硅测辐射热计具有 2.5×10^{-14} W/Hz$^{1/2}$的 NEP，可与锗媲美。

现代测辐射热计的制备及其性能在多篇综述文献中都有描述[21-22,26]。利用中子嬗变掺杂(neutron transmutation doping, NTD)和离子注入获得的更均匀的材料，可以制作性能更好的 Ge 和 Si 亚毫米波测辐射热计。

Ge 对中子的弱吸收可以带来更均匀的掺杂。天然锗含有 5 种稳定同位素：^{70}Ge、^{72}Ge、^{73}Ge、^{74}Ge 和^{76}Ge。当原子核俘获中子时，它可能会变成稳定的同位素，就像^{72}Ge 与^{73}Ge 可分别转变为^{73}Ge 和^{74}Ge，这对掺杂过程没有贡献。否则，原子核可能会经历 β 衰变或 K 俘获。因此，掺杂过程同时产生了施主和受主。对于具有天然同位素丰度的 Ge，中子嬗变掺杂有 0.32 的补偿。因此，R_0和 T_0可分别通过晶体的尺寸或通过同位素富集来改变。对于电极接触，必须特别注意。早期常用于 Ge 测辐射热计的铟电极焊接会引入 $1/f$ 噪声以外的噪声。金属化离子注入和对电极进行退火可以对此加以改善。

前面描述的芯片型测辐射热计结合了辐射吸收和测温功能。这两种功能都很难实现，特别是针对毫米级和微米级的芯片测辐射热计。具有可用电阻率的 Ge 和 Si 材料的体吸收系数在低频下会减小。因此，测辐射热计材料通常需要 1 mm 或更厚，由此产生的热容会是一个很大的限制。为了克服这些限制，复合测辐射热计需要进一步降低热容，从而缩短时间常数[22,27]，这样它们在低噪声和低温检测方面会很有前途。

复合测辐射热计由三个部分组成：辐射吸收材料、与有效区域对应的衬底和温度传感器，如图 8.5 所示[28]。吸收器是由薄膜制成的，薄膜的厚度和成分都经过了调整，在数百微米的波长范围内发射率都非常高。通常使用黑化的铋和镍铬吸收层。温度传感器(如锗)通过环氧树脂或清漆实现与衬底的机械连接和热连接。衬底和膜的组合共同构建了一个有效吸收元件，兼具较大的有效面积和非常小(低热容)的温度传感器。

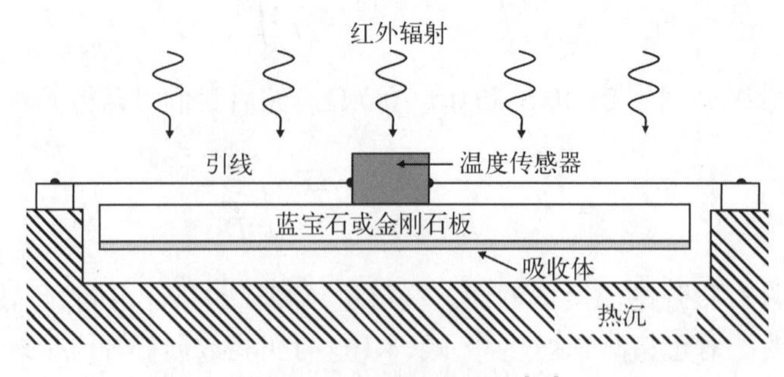

图 8.5 复合测辐射热计[28]

早期的复合式测辐射热计使用蓝宝石衬底,这种衬底的热容大约是锗的1/60,低温下最长可达300 cm^{-1},其吸收率可以忽略不计。这意味着可以在没有相应的频率响应损失的情况下制造更大的探测器。金刚石的透光波段远远超过1 000 cm^{-1},热容约为锗的1/600;因此,可以获得更大的有效面积,目前已广泛地应用于T约为1 K的低背景测辐射热计。硅衬底具有较大的晶格比热,但由于晶格热容足够小,杂质热容比金刚石小,适用于温度≪1 K的情况。Richards[22]报道过复合测辐射热计的制备。

现代发展良好的半导体测辐射热计技术可以产生数百个像素的阵列,工作温度在100~300 mK。它们通常是采用硅或氮化硅的光刻和微机械加工技术制造的,并使用离子注入硅或中子嬗变掺杂锗作为热敏电阻。

8.3　微加工室温测辐射热计

Downey等[29]引入了新一代单片式硅测辐射热计。他们提出了一种测辐射热计的概念,即用光刻技术从硅片上微机械加工出由窄硅支腿支撑的薄硅衬底。在衬底背面使用传统的铋薄膜吸收体,但测温部分是通过注入磷(P)和硼(B)离子直接在Si衬底上产生的,以获得适合的施主浓度和补偿比。尽管该测辐射热计的性能并不好,但单片式硅测辐射热计技术的进一步发展是非常有吸引力的。最广泛使用的方法之一是在CMOS处理晶片上使用表面微加工技术制备电桥。表面微机械加工技术允许在读出电路芯片上的电桥上沉积非常薄、非常轻和具有良好隔热性的温度敏感层。在去除桥结构和读出电路芯片之间的牺牲层后,可以得到真空封装的热隔离悬浮式探测器结构。位于明尼苏达州明尼阿波利斯的霍尼韦尔传感器和系统开发中心在20世纪80年代初开始开发硅微机械加工红外传感器。在DARPA和美国陆军夜视及电子传感器局(United States Army Night Vision and Electronic Sensor Directorate)赞助的机密项目下继续进行的这项工作的目标是生产适合全军使用的低成本夜视系统,噪声等效温差(NETD)为0.1℃,使用f/1光学器件。德州仪器的硅测辐射热计阵列和热释电阵列都超过了这一目标[30,31]。

测辐射热计结构可以是微桥或薄膜支撑设计(图8.6)。第一种设计包括支撑在微电路平面上方的支腿上的探测器元件。支腿被设计成具有高热阻,并实现探测元和微电路的电连接。这种设计应用在霍尼韦尔微测辐射热计中[31-33]。第二种设计是由沉积在薄膜上的探测器元件组成的,该薄膜与硅晶圆表面共面,是澳大利亚早期单片探测器技术的基础[34,35]。

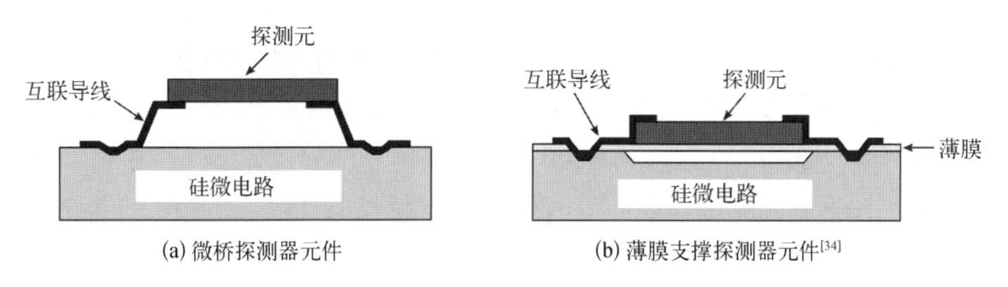

(a) 微桥探测器元件　　(b) 薄膜支撑探测器元件[34]

图8.6　热探测器元件设计

图8.7显示了用于制造霍尼韦尔硅微测辐射热计的基本制造工艺及微加工工艺步骤[36]。该制造工艺包括在包含读出电路的衬底上沉积和图案化牺牲层。探测元区域由其

上沉积探测材料的薄膜区限定。霍尼韦尔微测辐射热计的桥结构如图 8.8 所示[31]。微测辐射热计由一个 0.5 μm 厚的 Si_3N_4 电桥组成,悬挂在硅衬底上方约 2 μm 处。电桥由 Si_3N_4 的两条窄腿支撑。Si_3N_4 支架在微测辐射热计和作为热沉的读出电路基板之间提供隔热。通常需要双极输入放大器,这可以通过 biCMOS 工艺制备。支腿包含一层薄的金属层,以在测辐射热计材料和读出电路之间提供电连接。

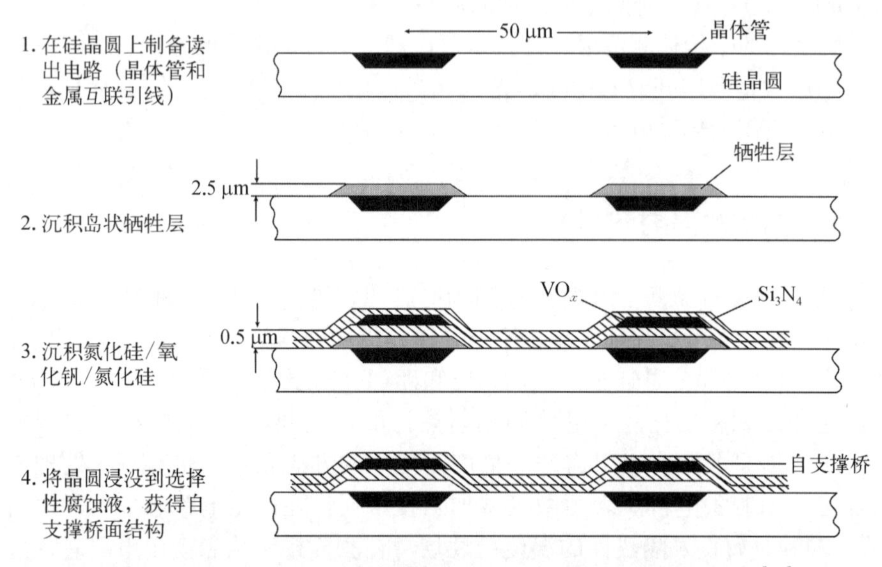

图 8.7 简化的霍尼韦尔微测辐射热计制造工艺及微加工工艺步骤[36]

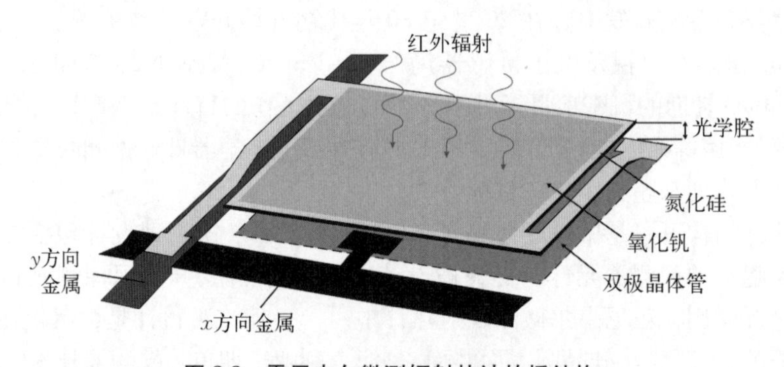

图 8.8 霍尼韦尔微测辐射热计的桥结构

膜下面衬底上的反射层(通常是铝)使得透过探测材料的那些红外辐射可以再次反射通过,从而增加了吸收量。当吸收层和反射层之间的间距是入射辐射波长的 1/4 时,效果最明显。由光学腔确定的峰值吸收波长 λ_p 由式(8.18)得出:

$$nt = \frac{(2k + 1)\lambda_p}{4} \tag{8.18}$$

式中,n 为腔体(真空)中传输介质的折射率;t 为腔体厚度;k 为谐振阶数。对于 $n=1$(真空)、$t=2.5$ μm、$k=0$ 和 $\lambda_p=10$ μm,对应于 LWIR 区工作的标准微测辐射热计阵列。然而,对于下一级($k=1$),则在 3~5 μm 波段($\lambda_p=3.33$ μm)有很强的吸收。例如,图 8.9 将 ULIS 公司微测辐射热计的光谱响应与理论模拟的 1/4 波谐振腔进行了比较[37]。这是最常用的谐振腔设计。而在薄膜支撑结构设计中,谐振光学腔是测辐射热计薄膜的一部分,这种方案很少使用。

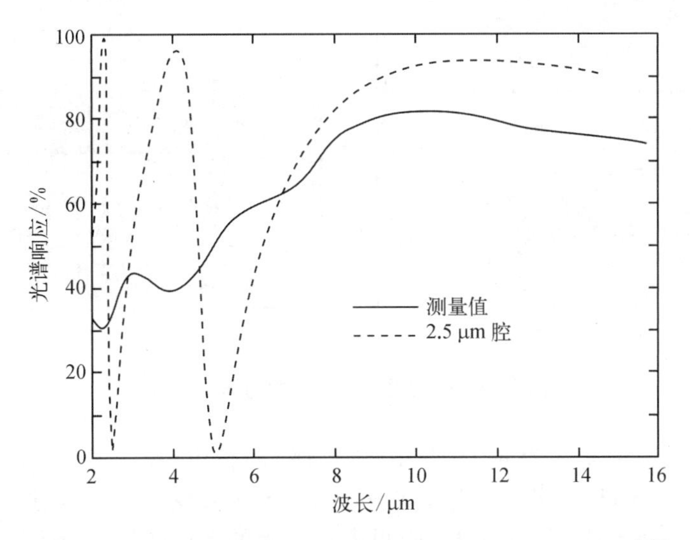

图 8.9　ULIS 公司微测辐射热计的 1/4 波谐振腔的光谱响应[37]

使用 Si_3N_4是因为它具有优异的加工特性。这使得微测辐射热计的制造具有接近可达到的物理极限的热隔离,对于 50 μm 边长的方形探测元来说,大约是 1×10^8 K/W。研究表明,当微测辐射热计的隔热系数为 1×10^7 K/W 时[38],10 nW 的入射红外信号足以使微测辐射热计的温度变化 0.1 K[32]。测得的热容约为 10^{-9} J/K,对应的热学时间常数为 10 ms。霍尼韦尔已经确定微桥是坚固的结构,可以承受相当于几千倍重力的冲击。封装在 Si_3N_4电桥中心的是一层薄薄的多晶 VO_x(500 Å),作为测辐射热计的热敏材料。VO_x材料是高 TCR、电阻率和制造能力的完美结合,对于 300 K 黑体辐射,其像元响应率达到 250 000 V/W[33]。

传统的测辐射热计在真空封装下工作,以最大限度地减少测辐射热计与其周围气体之间的热传导。测辐射热计工作真空度通常约为 1 Pa。

8.3.1　微测辐射热计的探测材料

当前最常见的测辐射热计温度敏感材料是 VO_x、非晶硅(a-Si)和硅二极管。图 8.10 显示了 VO_x和 a-Si 微测辐射热计电桥的膜层结构。测辐射热计的性能通常受到 $1/f$ 噪声的限制[38,39],对于不同的材料,$1/f$ 噪声可以变化几个数量级,即使材料成分的微小变化也会极大地改变 $1/f$ 噪声值。与非晶态或多晶态材料相比,单晶材料的 $1/f$ 噪声可显著地降低[38,40]。然而,对于大多数材料,文献中没有很好地测定 $1/f$ 噪声。

1. 氧化钒

微机械硅测辐射热计制造中最常用的热敏电阻材料是氧化钒(VO_x)。在 Si_3N_4微桥衬底上溅射混合氧化物薄膜最初是在霍尼韦尔国际公司开发的。钒是一种价态可变的金属,可形成很多种氧化物。考虑到这些氧化物的稳定范围都很窄,制备体材料和薄膜都是非常困难的。一些钒氧化物,其中研究最多的是 VO_2、V_2O_3和 V_2O_5,表现出温度诱导的晶相转

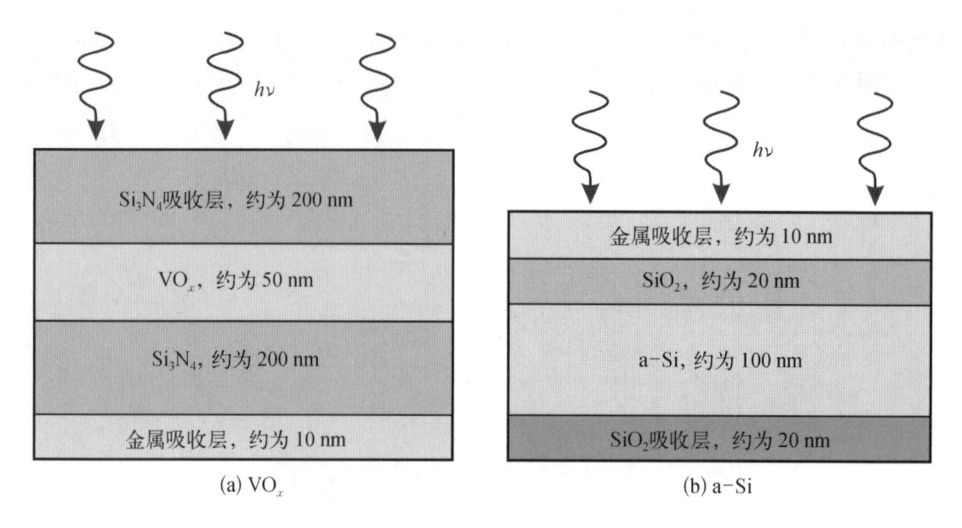

图 8.10　微测辐射热计电桥的膜层结构

变，这种转变是通过可逆的半导体（低温相）到金属（高温相）相变完成的，电学和光学性质会发生显著变化（图 8.11）[41-44]。VO_2在 50～70℃ 内发生转变，V_2O_5可以通过离子束溅射金属钒靶在高 O_2分压下形成，但其室温电阻很高。V_2O_3的形成能很低，在低温下会发生从半导体到金属相的转变，因此在室温下其电阻很小。这种氧化物对低噪声微测辐射热计的制造非常重要。

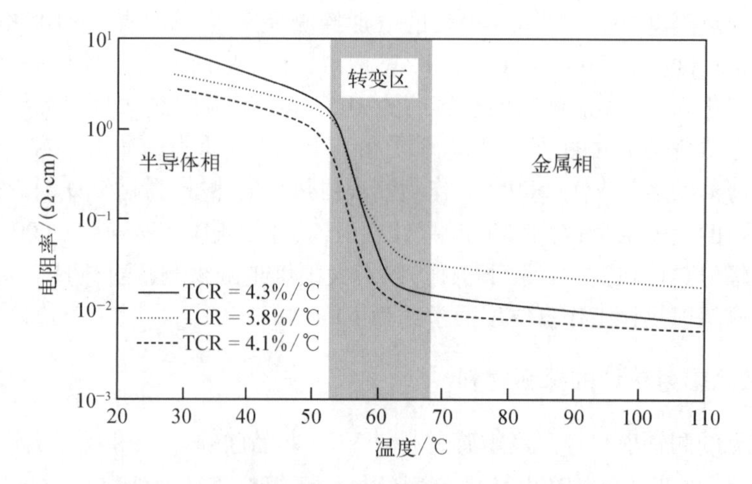

图 8.11　三种 VO_x 薄膜的电阻率-温度特性[41]

VO_x薄膜的制备有多种技术，包括反应射频溅射、脉冲激光沉积、高温退火及在受控条件下对蒸发的钒薄膜进行氧化[45]。几个研究组仍在探索制造工艺，希望能同时获得足够低的方块电阻和高的 TCR[46,47]。

图 8.12 给出了混合氧化钒薄膜的 TCR 与电阻率的关系[3]。从红外成像应用的角度来看，VO_x最重要的特性是环境温度下具有高的负 TCR，超过 3%/℃。然而，不使用 x 值较高且 TCR 明显较高的 VO_x材料有两个原因：① 在 x 值较高的区域，由于实验数据较分散，氧化钒的可重复性受到影响；② 焦耳热会是高阻薄膜的一个问题，在脉冲持续时间内，这会加剧温

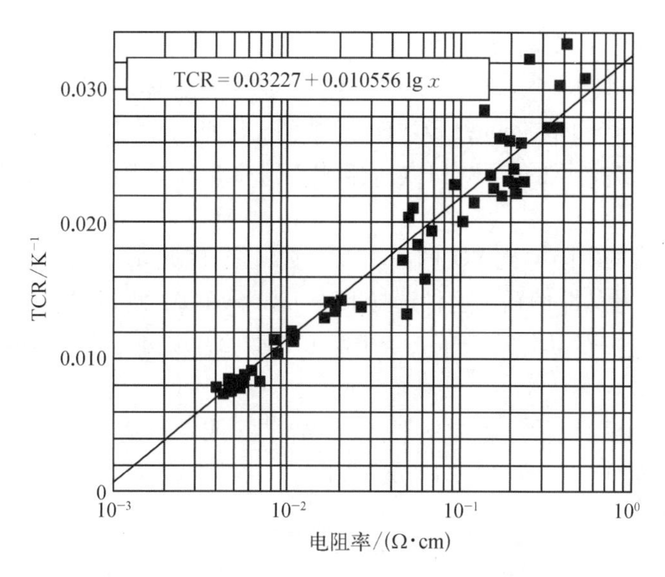

图 8.12　混合氧化钒薄膜的 TCR 与电阻率的关系[3]

度随时间的非线性变化[3]。

2. 非晶硅

非晶硅(a－Si)被广泛地用作液晶显示器的薄膜晶体管、消费类产品的小面积光伏器件和太阳能电池的有源层。Syllaios 等[48]报道过 a－Si 微测辐射热计的技术。这种测辐射热计敏感材料已经被研究了至少 20 年。据报道,室温 α 值从掺杂低电阻率薄膜的 $-0.025℃^{-1}$ 到高阻材料的 $0.06℃^{-1}$[49]。然而,高电阻率 a－Si 的特征是 $1/f$ 噪声太高,无法接受[50]。图 8.13 显示了 a－Si 的 TCR 和电阻率之间的关系[51]。

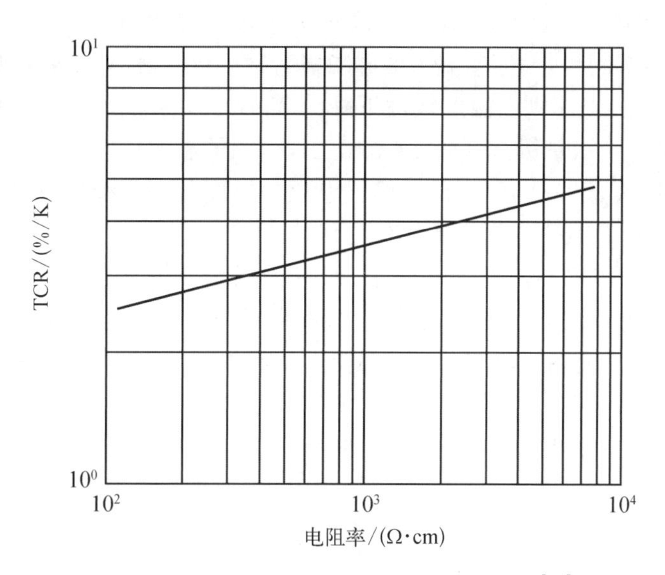

图 8.13　a－Si 的 TCR 和电阻率之间的关系[51]

薄膜的性质取决于制备方法和掺杂的类型。氢化非晶硅(a－Si : H)会由于长时间光照引起的缺陷(斯特布勒和朗斯基效应)而处于亚稳态。这是一个缺点,在制备过程中需要特定的退火工艺加以改善(可靠性增强的具体方法可参考文献[52]),否则会影响器件的长期可靠性。氢化非晶硅只能通过非平衡工艺生产,如等离子体增强化学气相沉积(plasma-enhanced chemical vapor deposition,PECVD)或溅射。因此,沉积工艺参数如掺杂浓度、沉积温度和退火等决定了薄膜的 TCR 和方块电阻[53]。a－Si 薄膜可以在很低的温度(低至75℃)下沉积。

由于 a－Si 薄膜的电阻率比 VO_x 的高出几个数量级,因此 a－Si 薄膜可应用于连续偏置的非制冷阵列,而不是脉冲偏置。这种选择取决于如下事实:测辐射热计信号取决于 $I_b \alpha R$,而导致探测器温度上升的功耗取决于 $I_b^2 R$(这里 I_b 是偏置电流,a－Si 器件的 I_b 较小)。

3. 硅二极管

在温度探测中,也可以使用正向偏置 p－n 结[54-57]或肖特基势垒结[58]。在理想的扩散限制特性和足够大的正向偏置电压的情况下,在 p－n 结中流动的电流由以下公式给出:

$$
\begin{aligned}
I &= AJ_s \exp\left(\frac{qV}{kT}\right) \\
J_s &= KT^{(3+m/2)} \exp\left(-\frac{E_g}{kT}\right)
\end{aligned}
\tag{8.19}
$$

式中,A 为结区面积;J_s 为饱和电流;q 为电子电荷;E_g 为带隙能量;m 为由扩散常数和载流子寿命的温度关系确定的常量;K 为温度无关的常量。

当二极管以恒流模式驱动时,温度灵敏度 V 可表示为

$$
\left.\frac{\mathrm{d}V}{\mathrm{d}T}\right|_{I=\mathrm{const}} = \frac{V}{T} - \left(3 + \frac{m}{2}\right)\frac{k}{q} - \frac{E_g}{qT} \approx \frac{qV - E_g}{qT} \tag{8.20}
$$

$\mathrm{d}V/\mathrm{d}t$ 对过程波动不敏感,因为过程敏感参数 m 只包含在式(8.20)等号右边第二项中,与其他两项相比可以忽略不计。对于室温下的硅二极管,在 0.6 V 的典型正向偏置条件下,电流大约每 10℃增加一倍,电压则随温度线性下降约 2 mV/℃,温度系数约为 0.2%/℃,这比最好的电阻器件要低一个数量级。例如,欧米伽工程公司的温度传感二极管,在温度 100 K 以上,使用精确的 10 μA 偏置电流,其正向偏置电压随温度几乎是线性下降的,可表示为 $V=1.245-0.0024(V/kT)T$,其中电压 V 的单位为伏特[59,60]。

为了解释二极管传感器的工作原理,图 8.14 给出了二极管在两种不同温度下的正向 $I-V$ 特性[61]。当 p－n 结工作在恒流模式时,在结两端测量的正向电压反映了器件的温度。如图 8.14 所示,正向电压由与电流轴的交点 J_s 和斜率 q/kT 决定。随着温度的升高,正向电压变小。

如果探测器由金属带串联连接的二极管构成,则正向电流由式(8.21)给出

$$
I = AJ_s \exp\left(\frac{qV}{nkT}\right) \tag{8.21}
$$

正向电流的温度系数可以表示为

$$
\left.\frac{\mathrm{d}V}{\mathrm{d}T}\right|_{I=\mathrm{const}} \approx n\frac{q(V/n) - E_g}{qT} \tag{8.22}
$$

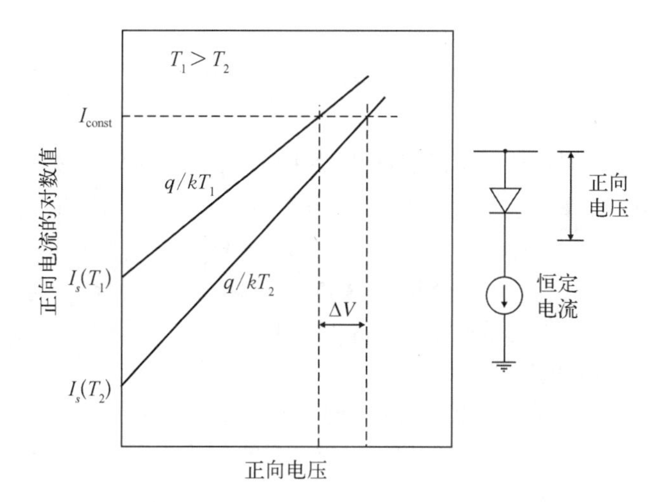

图 8.14　正向偏置 p－n 结温度传感器的工作原理

式中，n 是串联级数。从式(8.22)可知，正向电压的温度系数与串联数成正比。

p－n 结中的主要噪声是散粒噪声，它是载流子流过势垒的统计结果。它可以由式(8.23)给出：

$$V_n = \sqrt{2qI}\,\frac{\mathrm{d}V}{\mathrm{d}I} \tag{8.23}$$

除散粒噪声外，还应考虑另外两种类型的噪声：与电阻相关的约翰逊噪声和 $1/f$ 噪声。具有低 $1/f$ 幂律噪声的二极管可以用标准 CMOS 工艺制造。二极管的一个优点是，与电阻器件相比，像素尺寸可以更小。基于 a－Si 薄膜晶体管的单片式非制冷红外传感器阵列已有报道，并进行了性能表征[62,63]。

采用 p－n 结传感器的非制冷焦平面已经被成功开发出来，其在红外摄像机中的应用也已有商品化生产[64,65]。例如，图 8.15 显示了一个像素结构，其中基于绝缘体上硅(silicon-on-insulator，SOI)晶片的 p－n 结非制冷传感器是由 Ishikawa 等[66]提出的。利用 SOI 技术，可以制造出二极管传感器、支撑腿、水平地址线和垂直信号线放置在同一水平上的自支撑结构。红外吸收结构由薄的金属吸收层和作为支撑的介质膜组成。利用该吸收结构和沉积在下层的反射器形成干涉吸收器。使用这种 SOI 二极管单元，填充因子可达到 90%。

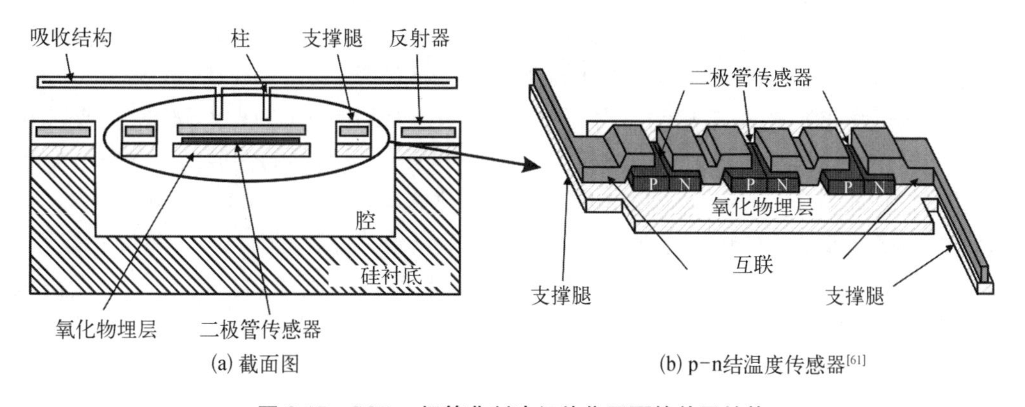

(a) 截面图　　(b) p－n结温度传感器[61]

图 8.15　SOI 二极管非制冷红外焦平面的单元结构

4. 其他材料

表 8.1 列出了微测辐射热计中最常用的热敏薄膜材料[67]。电阻温度系数 TCR ≈ E_a/kT^2 与激活能 E_a 直接相关。

如前所述，VO_x 是大规模微测辐射热计阵列中使用最多的材料之一，但该材料与 Si 的 CMOS 标准工艺不兼容，TCR 也不是很大，约为 0.02 K^{-1}。a－Si：H 和掺硼 a－Si：H 也被广泛地应用于微测辐射热计阵列中。本征 a－Si：H 与 CMOS 工艺兼容，具有非常高的 TCR 值，为 0.1～0.13 K^{-1}；然而，它是一种高阻材料，导致高阻微测辐射热计与读出电路的阻抗不匹配。掺硼的 a－Si：H 电阻率适中，但 TCR 只有 0.028 K^{-1}。因此，这些材料都不能被认为是用于微测辐射热计的最佳选择。

目前，几个研究计划的重点是将性能提升到 10^9 cm·$Hz^{1/2}$/W 以上。非晶态和多晶态复合材料都在研究中。新材料（如 SiGe、SiGeO、SiC）可能将成为下一代半导体薄膜测辐射热计的基础[68]。

表 8.1 微测辐射热计中的热敏薄膜材料

材　料	TCR/K^{-1}	E_a/eV	$\sigma_{300\,K}$/($\Omega^{-1}\cdot cm^{-1}$)
VO_x	0.021	0.16	2×10^{-1}
a－Si：H (PECVD)	0.1～0.13	0.8～1	～1×10^{-9}
a－Si：H,B (PECVD)	0.028	0.22	5×10^{-3}
a－Ge_xSi_y：H (PECVD)	0.043	0.34	1.6×10^{-6}
多晶 SiGe	0.024	0.18	9×10^{-2}
$Ge_xSi_{1-x}O_y$	0.042	0.32	2.6×10^{-2}
YBaCuO	0.033	0.026	1×10^{-3}

非晶态 $Ge_xSi_{1-x}O_y$ 薄膜与 CMOS 工艺兼容，具有较高的 TCR 值，约为 0.042 K^{-1}，但它们具有较高的电阻。这些 Ge 含量在 85%左右的化合物是在 Ar 或 Ar：O_2环境中反应溅射[69-71]或用 PECVD[72]生长的。据报道，TCR 值高达 5.1%/℃，但相对较高的 $1/f$ 噪声会降低测辐射热计性能。为了降低本征薄膜的电阻率，研究了非晶态锗硅硼合金 a－$Ge_xSi_yB_z$：H。然而，室温电导率的增加伴随着 TCR 的降低，约为 0.028 K^{-1}[67]。

在 SiGe 多晶薄膜的制备中使用了不同的技术，包括减压 CVD[73]、MBE[74]或气相沉积[75]。然而，到目前为止，由于多晶材料的 $1/f$ 噪声较高，探测器的性能低于 VO_x 测辐射热计。晶体材料，如量子阱 Si/GeSi 和 AlGaAs/GaAs 热敏电阻，具有高 TCR（AlGaAs/GaAs 高达 4.5%/℃）和极低的 $1/f$ 噪声特性[76]。这两种材料的噪声水平都比 a－Si 和 VO_x 低几个数量级。这些非致冷热敏电阻材料通过使用传统的倒装焊或晶圆级黏结技术[45]与读出电路实现混成式互联。

另一种类型的热敏电阻材料是 $YBa_2Cu_3O_{6+x}$（钇钡铜氧，YBaCuO），它属于一类铜氧化物，最为人熟知的是作为高温超导体（high-temperature superconductor，HTSC）。通过适当降低氧含量，其导电性能可以从金属性（$0.5 \leqslant x \leqslant 1$）变为绝缘性（$0 \leqslant x \leqslant 0.5$）。当 $x \approx 1$ 时，YBaCuO 为正交相，具有金属导电性，在其临界温度以下冷却后即成为超导。当 x 减小到 0.5 时，晶体结构发生向四方结构的相变，由于它以费米玻璃态存在，因此表现出半导体导电特性。当 x 进一步降低到 0.3 以下时，YBaCuO 成为哈伯德绝缘体，具有 1.5 eV 量级的明确能隙[77]。

在半导体状态下，YBaCuO 在室温附近 60 K 温度范围内表现出较大的 TCR（34%/℃～4%/℃）。大的 TCR，再加上与 CMOS 工艺兼容，使得 YBaCuO 对微测辐射热计应用颇具吸引力[78-82]。使用气隙隔热的微测辐射热计结构，这些器件的电压响应率超过 10^3 V/W，探测率超过 10^8 cm·Hz$^{1/2}$/W，热时间常数小于 15 ms[82]。

值得一提的是，具有巨磁阻效应的钙钛矿型金属锰氧化物（室温 TCR 高达 4.4%/℃）[83]和碳薄膜[84]也被提出用于热成像。

已报道的大多数非制冷测辐射热计是通过在标准 CMOS 工艺的预制读出电路（readout integrated circuit，ROIC）上直接构建由像素组成的焦平面阵列，采用热敏电阻薄膜沉积和图形化工艺制造的。这种单片集成的优点是工艺简单，但仅限于与读出电路工艺兼容的材料和工艺。由于加工温度不得高于 400～450℃，因此红外材料的选择仅限于可在此温度范围下制备的材料。

测辐射热计的性能不仅取决于 TCR，还取决于材料中的噪声。众所周知，高质量的单晶材料具有非常低的 $1/f$ 噪声。转移-键合工艺允许使用高质量的晶体材料进行温度传感。其中一种是单晶 Si/GeSi 量子阱[85]。热敏电阻材料被优化并沉积在载体晶圆上，然后在低温下采用晶圆直接键合的方式转移到读出电路，最后去除载体[86]。

8.4　超导测辐射热计

超导转变边缘测辐射热计的概念并不新鲜[87-93]。常规型超导测辐射热计是大面积的结构，以探测器薄膜作为辐射吸收层。它们是用锡[92]和氮化铌[89]制造的。第一个真正利用超导转变的测辐射热计是一种复合结构，采用黑化的铝箔吸收体和钽温度传感器[89]。另一种这样的复合结构使用铝温度传感器，使用铋作为吸收体[93]。

在临界温度 T_c 以下，费米能量下的电子凝聚成由库珀对组成的相干态，如图 8.16 所示。参数 2Δ 是超导能隙。根据巴丁-库珀-施里弗（Bardeen - Cooper - Schrieffer，BCS）理论，2Δ

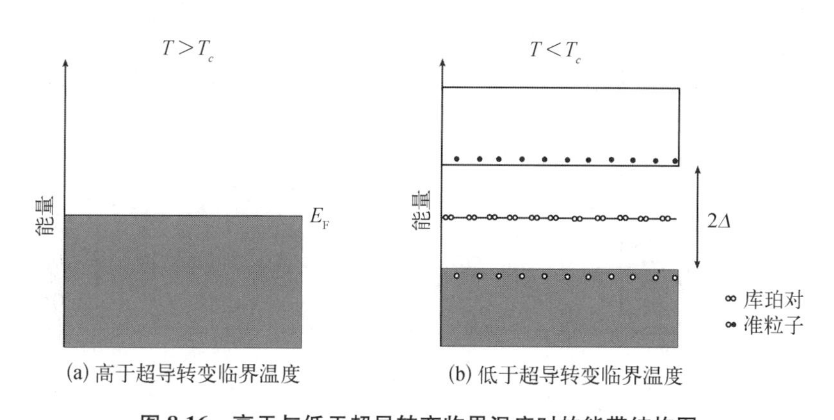

(a) 高于超导转变临界温度　　(b) 低于超导转变临界温度

图 8.16　高于与低于超导转变临界温度时的能带结构图

的值为 $3.53kT_c$，与超导元素的实测值($3.2\sim4.6kT_c$)相当吻合[94]。对于 90 K 的转变温度(典型的 YBaCuO)，由该关系式预测的能隙为 27 meV。通常由于不同材料的实验数据是离散的，无法确定能隙的精确值。像普通的测辐射热计一样，超导测热辐射计中没有直接的光子-晶格相互作用，所以响应很慢，但与波长无关。

超导测辐射热计的理论、结构原理和性能在几篇综述中进行了讨论[25,93-102]。8.1 节描述的测辐射热计的一般理论也适用于超导测辐射热计。

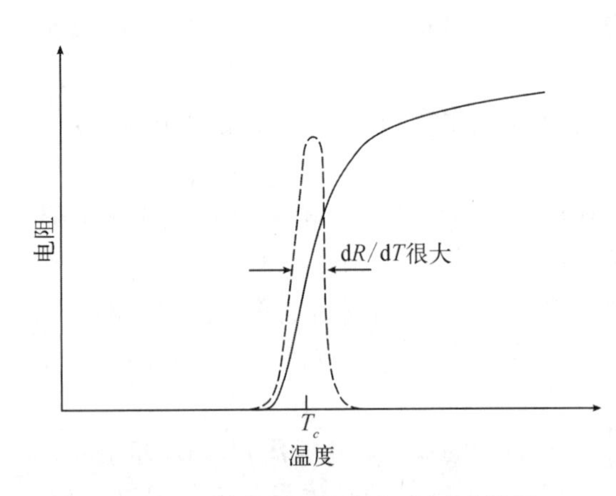

图 8.17 实线为典型的电阻-温度曲线图，虚线为转变边缘的 **d*R*/d*T***

图 8.17 说明了其工作原理，其中电阻元件是保持在超导态与正常态转变边缘中点附近的超导体。这种探测器通常称为转变边缘传感器(transition edge sensor，TES)。由于临界温度 T_c附近的电阻-温度曲线非常陡峭，温度的微小变化可引起电阻的较大变化，因此 dR/dT 很大，而温区宽度小于 0.001 K。结果表明，D^*的值取决于探测器的时间常数：$D^*=\text{const}\times\tau^{1/2}$[参见式(8.15)]。对于只在远红外波段工作的测辐射热计，可引入脉冲探测率作为品质因子。它被定义为探测率与响应时间的平方根之比 $D^*/\tau^{1/2}$，单位为 cm/J[97]。

超导态和正常态之间的转变可以用作非常灵敏的探测器。例如，图 8.18 是双层金属的超导转变，其中钼层厚度为 400 Å，金层为 750 Å，正常态电阻为 330 mΩ[103]。接近它的转变温度 440 mK 时，灵敏度 $\alpha\equiv d\lg R/d\lg T$ 可达到 1 100。与热沉的温度变化相比，超导转变区域较窄(≈1 mK)，因此 TES 在转变区间内温度几乎不变。通过改变双层结构中正常金属(Au 或 Cu)和超导金属(Mo)的相对厚度，可以调节转变温度，这样就可以得到针对各种不同光学负载和工作温度的性能进行优化的探测器。

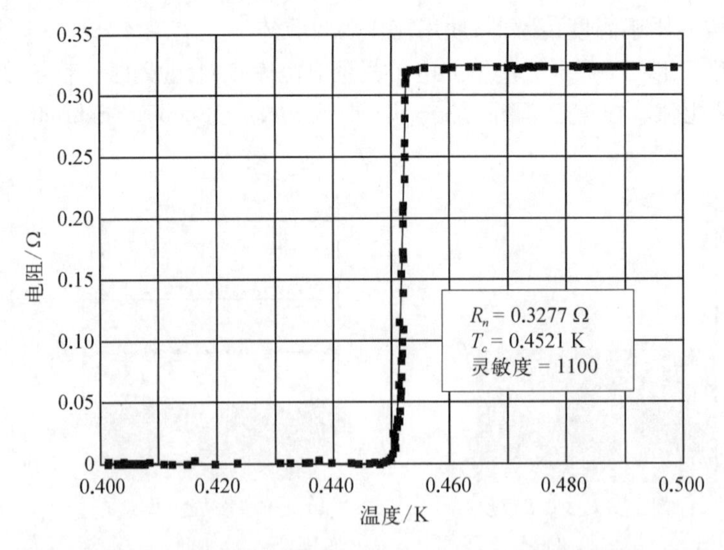

图 8.18 超导转变温度为 444 mK，高灵敏度 TES - Mo/Au 双层膜的电阻-温度关系[103]

最灵敏且响应最慢的测辐射热计的构造需要衬底与底座间弱接触。这可以通过特殊的细尼龙纤维[图 8.19(a);表 8.2 中的材料 1 和 2]实现,或通过薄的衬底带走热量再连接到底座上[图 8.19(b);表 8.2 中的材料 3~5]。固体衬底上的测辐射热计结构可以实现更快的响应[参见图 8.19(c)]。在某些情况下,超导薄膜与由具有高热导率的材料(如蓝宝石)制成的大块衬底直接接触(表 8.2 中的材料 7),再与液氦接触(表 8.2 中的材料 8 和 9),或在基座和超导敏感元之间夹一个绝热层(表 8.2 中的材料 10)。最后一种设计使微秒响应速度的测辐射热计成为可能,该测辐射热计的阈值通量接近由背景辐射功率的波动导致的器件极限值。

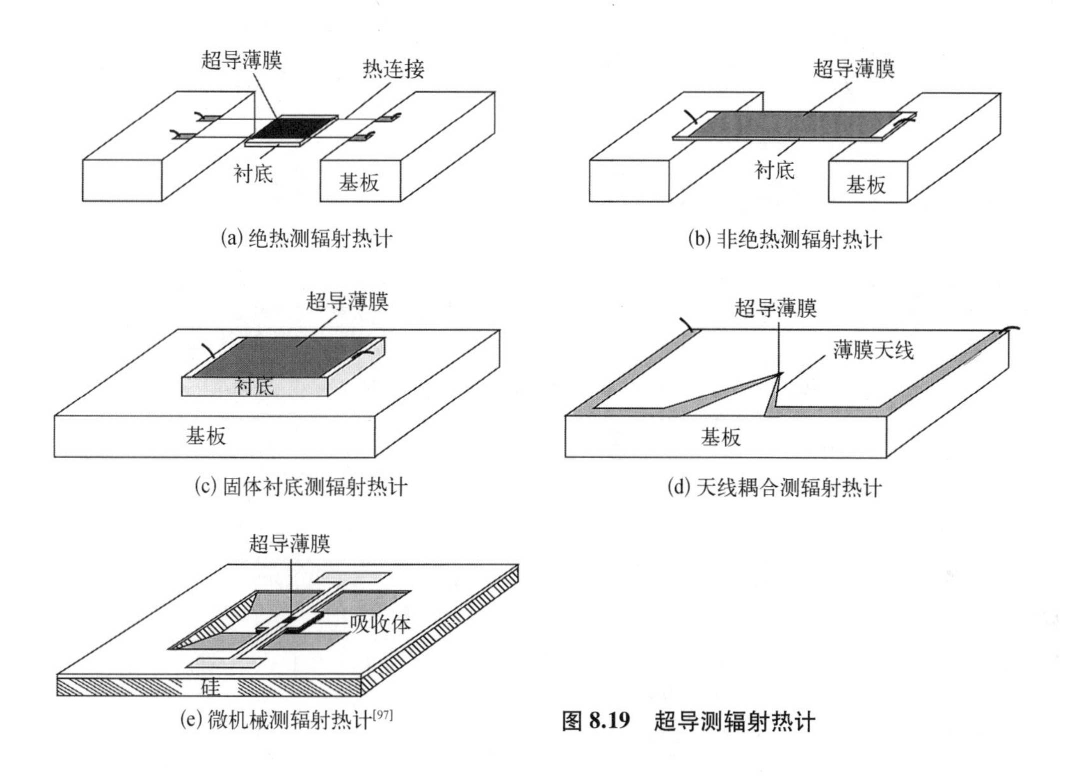

图 8.19　超导测辐射热计

表 8.2　超导热辐射探测器的参数[97,99]

材　料	单元尺寸/mm^2	温度/K	灵敏度/(V/W)	时间常数/s	D^*/($cm\cdot Hz^{1/2}/W$)	NEP/($W/Hz^{1/2}$)	备注(衬底/天线)
1. Sn	3×2	3.05	850	10^{-2}	3.6×10^{11}	7×10^{-13}	
2. Al	4×4	1.27	3.5×10^{4}	8×10^{-2}	1.2×10^{14}	7×10^{-13}	
3. Ni+Sn	1×1	0.4	2.2×10^{6}	10^{-3}	2.2×10^{13}	3.4×10^{-15}	
4. Pb+Sn	—	4.8	10^{4}	6×10^{-3}	—	4.5×10^{-15}	
5. NbN	0.1×0.1	6.5	5×10^{5}	10^{-4}	—	—	
6. Sn	0.15×0.15	3.7	10^{4}	6×10^{-3}	10^{10}	1.6×10^{-12}	

续 表

材 料	单元尺寸/ mm^2	温度/ K	灵敏度/ (V/W)	时间常数/s	D^*/ ($cm \cdot Hz^{1/2}/W$)	NEP/ ($W/Hz^{1/2}$)	备注(衬底/天线)
7. Pb+Sn	1×1	3.9	24	7×10^{-9}	1.2×10^{9}	8.4×10^{-11}	
8. Sn	10×10	3.63	1	2×10^{-8}	10^{9}	10^{-9}	
9. Ag+Sn	2.3×2.3	2.1	2.2	5×10^{-9}	2.6×10^{9}	9×10^{-10}	
10. Sn	1×1	3.3	4 200	2×10^{-6}	5×10^{10}	2×10^{-12}	
11. Pb+Sn	0.02×0.002 25	4.7	5 700	2×10^{-8}	—	3×10^{-13}	
12. Mo : Ge	—	0.1	10^{9}	10^{-6}	1×10^{16}	1×10^{-18}	
13. Pb	—	3.7	10^{5}	10^{-8}	5×10^{11}	2×10^{-14}	蓝宝石
14. Au+Pb+Sn	—	3.7	6 000	2×10^{-8}	2×10^{11}	5×10^{-14}	石英/V 形天线
15. YBaCuO	1×1	20	0.1	4×10^{-7}	2.5×10^{6}	4×10^{-13}	
16. YBaCuO	1×1	86	40	1.3×10^{-2}	6.7×10^{7}	1.5×10^{-9}	
17. YBaCuO	0.01×0.09	40	4×10^{3}	10^{-3}	10^{8}	2.5×10^{-11}	
18. YBaCuO	0.1×0.1	86	15	1.6×10^{-4}	3.3×10^{7}	3×10^{-10}	
19. YBaCuO	0.1×0.1	80	10^{3}/(A/W)	6×10^{-2}	3×10^{8}	10^{-10}	
20. YBaCuO	—	90	2 000	10^{-6}	2×10^{9}	5×10^{-12}	YSZ
21. YBaCuO	—	91	480	2×10^{-5}	2.2×10^{9}	4.5×10^{-12}	YSZ/对数周期
22. YBaCuO	—	90	4 000	2×10^{-7}	4×10^{9}	2.5×10^{-12}	Si_3N_4/悬空桥面
23. YBaCuO	—	88	2 180	1×10^{-5}	1.1×10^{9}	9×10^{-12}	Si_3N_4/对数周期
24. YBaCuO	—	85	240	3×10^{-7}	8.3×10^{8}	1.2×10^{-11}	$NdGaO_3$/蝴蝶结

将入射辐射耦合到超导测辐射热计的一个主要困难在于超导材料的高反射率，特别是对长波和远红外波。例如，当 $\lambda>20$ μm 时，YBaCuO 的反射率>98%[104]。为了克服这一问题，多孔和粒状黑金属（通常是银和金）涂层可以提供大吸收和低比热容，从而在增强吸收和提高时间响应之间提供合理的折中。然而，这种类型器件的特点是响应时间相当慢。脉冲探测率在 $10^{10}\sim10^{11}$ cm/J 内，比天线耦合器件的可实现值低 1~2 个数量级。

天线耦合设计[图 8.19(d)]提供了一种在保持快速响应的同时提高热辐射探测器灵敏度的有效方法。在这种情况下，沉积在衬底上的薄膜天线接收辐射，该辐射在其中感生出与辐射波长对应频率的位移电流。高频电流加热薄膜测辐射热计，从而将热能转换为电信号。

1977 年，Schwarz 和 Ulrich[105]发表了第一篇专门研究室温天线耦合金属薄膜红外探测器的论文。与吸收层耦合相比，天线耦合对入射辐射的空间模式和极化都具有选择性响应。由于有效探测器面积是 λ^2 的数量级，因此在远红外辐射的情况下，这会导致较大的吸收面积

（也导致较大的热质量和较慢的响应速度）。然而，使用传统的光刻和微机械加工技术制造的微测辐射热计可以达到 μs 级的时间常数和良好的探测率[图 8.19(e)]。在这种情况下，有效面积相当大的天线可以和面积小得多(几 μm^2)的超导微桥结合起来。

可以构建两个频率独立的天线族，如图 8.20 所示。在第一种方法中，天线的几何形状是由角度(而不是几何长度)定义的[99]；蝴蝶结天线和螺旋天线属于等角天线。在第二类[图 8.20(c)]中，天线是由耦合元件(如偶极子)组成的。这些结构的尺寸将天线带宽对应的波长限制在 $2r_{min}$~$2r_{max}$。对数周期结构克服了辐射带宽极限中的扰动。

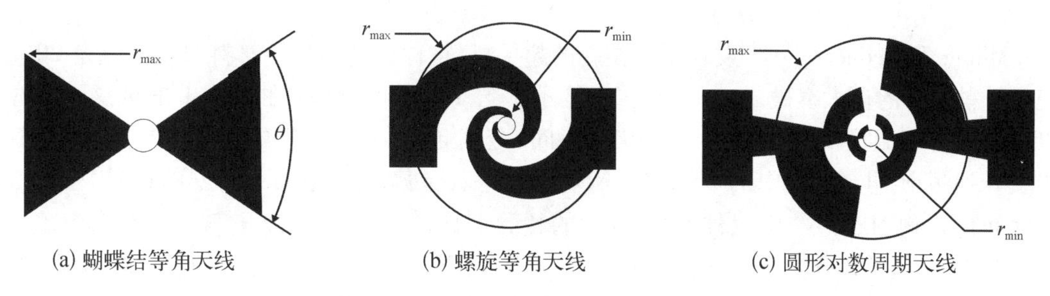

(a) 蝴蝶结等角天线　(b) 螺旋等角天线　(c) 圆形对数周期天线

图 8.20　与频率无关的平面天线几何结构

传感元件位于结构的中心[99]

另一类天线结构属于端射天线，它是由长线行波天线衍生而来的。与先前描述的辐射方向位于与天线平面正交的平面中的结构不同，辐射方向位于端射几何形状的天线平面上。如图 8.19(d)所示，包含 V 形天线的像素单元为紧凑型探测器阵列提供了可行性。

表 8.2 中已包含了器件性能参数，图 8.21 显示了工作在 FIR 波段的天线耦合超导测辐射热计的探测率与响应时间的函数关系。最佳性能器件的 NEP 值接近 2×10^{-12} W/Hz$^{1/2}$的声子噪声极限值[99]。基于 YBaCuO 测辐射热计的液氮(liquid nitrogen，LN)冷却测辐射热计的探测效率与响应时间之间有一个简单的关系：$D^*=2\times10^{12}$ cm·Hz$^{1/2}\tau^{1/2}$，其中 D^*单位为 cm·Hz$^{1/2}$/W，τ 单位为 s。

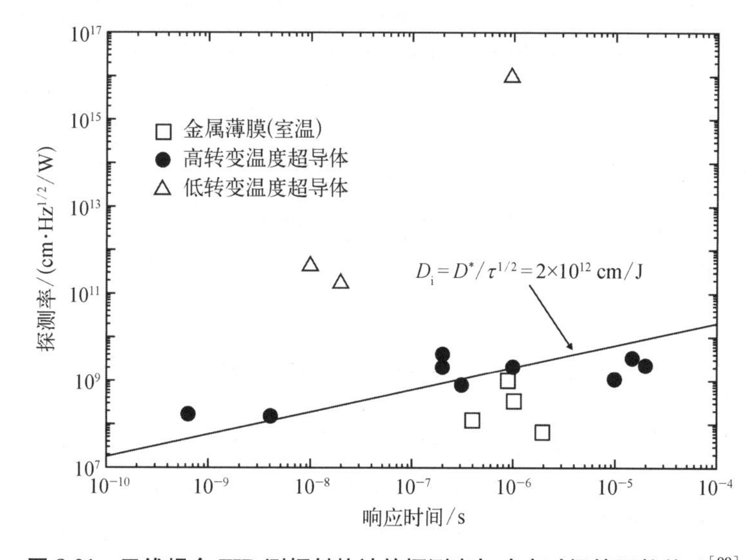

图 8.21　天线耦合 FIR 测辐射热计的探测率与响应时间的函数关系[99]

图 8.21 所示的室温探测器的实验数据为工作在 10~100 μm 内的铋或铌微桥传感器。采用悬挂式微桥或采用硅衬底的低热导缓冲层可获得最佳的 NEP 值。

目前,常规的低临界温度超导体使用的很少。它们在电压响应性和 NEP 方面都提供了无与伦比的性能。它们的工作温度较低,由于比热容较低,脉冲探测率高达 10^{15} cm/J 数量级。还应该注意的是,这些传感器的电阻很低,易于实现天线和传感器之间的阻抗匹配。

8.5 高温超导测辐射热计

Müller 和 Bednorz[106,107] 发现了一类新的超导材料,称为高温超导材料 HTSC,这是 20 世纪末材料科学的重大突破之一。图 8.22 显示了自 1911 年 Onnes 在水银中发现这一现象以来超导转变温度的演化。1911~1974 年间,金属超导体的临界温度从汞中的 4.2 K 稳步上升到溅射 Nb_3Ge 膜中的 23.2 K。Nb_3Ge 保持着金属超导体临界温度的记录,直到在金属间化合物 MgB_2[108] 中意外发现 39 K 的超导电性。1964 年发现了第一个转变温度低至 0.25 K 的超导氧化物 $SrTiO_3$。铜酸盐 $(La,Ba)_2CuO_4$($T_c \approx 30$ K)高温超导电性的发现开辟了一个新的研究领域。在不到一年的时间里,发现了临界温度可能远高于 77 K 的 $YbBa_2Cu_3O_{7-x}$(YBaCuO)。到目前为止,在 $HgBa_2Ca_2Cu_3O_{8+x}$ 中发现了 135 K 的最高转变温度[109]。

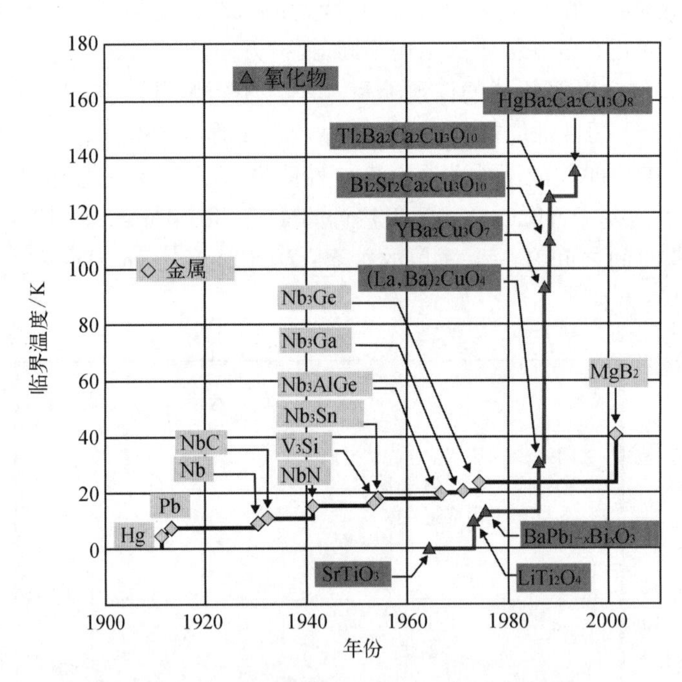

图 8.22 超导现象发现以来,超导转变温度的演化

在 1987 年 2 月取得突破之前,超导电性已经得到了深入的研究,但超导体的工作温度极低,阻碍了超导体应用的发展。尽管低温技术取得了巨大的进步,但只有在没有传统替代方案或必须使用超导才能达到所需性能的情况下,才会选择超导材料。此外,对于超导红外探测器,由于其要求严格的温度控制、辐射吸收特性差(一般为薄层)及易碎性,其用途受到

限制。器件性能主要受放大器噪声的限制，而不是辐射波动的限制。

所有的高温超导材料都是缺氧型钙钛矿，它们的基本晶体结构类似于钙钛矿族的母矿物 $CaTiO_3$。虽然有好几种已知的 HTSC，但 YBaCuO 受到了更多的关注。Enomoto 和 Murakami[110] 使用颗粒状 $BaPb_{0.7}Bi_{0.3}O_3$进行了最早的光响应测量，并报告了令人鼓舞的结果。Kruse[111] 研究了适合器件设计的 YBaCuO 参数。由于很难建立一个超导相，人们对使用 BiSrCaCuO 的兴趣降低了。尽管 TlBaCaCuO 的临界温度是 125 K[107]，但由于有毒而易挥发的元素铊(Tl)，人们对 TlBaCaCuO 的使用一直持怀疑态度。

对于高温超导，几位作者从理论上考虑了 YBaCuO 薄膜[25,111-115]。低温超导探测器的性能应该比非制冷热探测器高 1~2 个数量级。由于良好的 YBaCuO 薄膜的转变温度在 90 K 左右，液氮 LN 是一种方便的制冷剂。Richards 等[114] 根据衬底的不同提出 NEP 应该在 $(1\sim20)\times10^{-12}$ W/Hz$^{1/2}$内的结论。对于大于 20 μm 的波长，这样的性能超过在 LN 温度或更高温度下工作的任何其他探测器的性能。

对于设计合理的微测辐射热计，其热导率 G_{th}的大小由支撑结构决定，而不是由 YBaCuO 决定的，热导率可能低至 2×10^{-7} W/K[111]。由于 YBaCuO 的密度为 6.3 g/cm^3，90 K 时的比热容为 195 mJ/(g·K)，那么像元大小为 75×75 μm^2，厚度为 0.30 μm 时，热容 C_{th}为 2.1×10^{-9} J/K，由式(4.5)给出的热学时间常数为 1.0×10^{-2} s，假设吸收率 ε 为 0.8，式(4.23)给出的温度波动噪声下的极限探测率为 2.1×10^{10} cm·Hz$^{1/2}$/W。要达到这样的探测率极限，偏置电流需大于或等于 3.5 μA。在较低的偏置电流值下，探测器将受到约翰逊噪声的限制。当偏置提高到 3.5 μA 时，微测辐射热计将受到温度波动噪声的限制。假设 TCR 为 0.33 K^{-1}，在 3.5 μA 偏置电流下的低频响应率[式(8.2)]为 6.1×10^3 V/W。

Verghese 等[115] 对 YBaCuO 高温超导测辐射热计与工作在 77 K 下的二维焦平面阵列中典型光电探测器的性能进行了对比，如图 8.23 所示。在 $\tau=10$ ms、衍射极限光通量和 $f/6$ 镜头条件下，对 Si 和 Si_3N_4/Si 上的钇稳定氧化锆(yttria-stabilized zirconia，YSZ)缓冲层上的 YBaCuO 薄膜的性能进行了计算，D^*可以达到 3×10^{10} cm·Hz$^{1/2}$/W。为便于比较，还给出了光子噪声限制 D^*和对目前用于成像阵列的探测器性能的估计。我们可以看到，D^*在较短的波长处降低，因为膜技术不能为较小的探测器面积提供足够小的 G_{th}，并且 τ 缩短到 10 ms 以下。由于电阻起伏噪声在大面积探测器中变得重要，因此 D^*在长波处也会降低。Si_3N_4薄膜测辐射热计的 D^*在 10 μm 附近有一个潜在可以利用的峰值，这是热成像中一个非常重要的波长。由于硅的整体导热系数较高，光子噪声限制下，D^*出现在比 Si_3N_4薄膜测辐射热计更长的波长上。由于 YBaCuO 在硅上的 NEP 较低，因此测辐射热计噪声对 D^*的限制比 Si_3N_4 上的测辐射热计高。

上述分析清楚地表明，高温超导测辐射热计在远红外 FIR($\lambda>20$ μm)中特别有用，因为在 FIR 中很难找到工作在相对较高温度(如 $T>77$ K)的灵敏探测器。此外，据估计，HTSC 测辐射热计的像素生产成本可能比 HgCdTe 和 InSb 低几个数量级。

Sobolewski[112] 对适用于电子与光电子应用的高质量高温超导薄膜的衬底材料和沉积技术进行了综述。扫描电镜观察表明，高温超导薄膜有两种结构：无序结构(粒状结构)和取向结构(外延结构)。无序结构是由许多细小的(≈1 μm)超导颗粒嵌入非超导基体中组成的。颗粒之间的点接触可以起到约瑟夫森结的作用。由这种结构制成的薄膜具有宽的转变

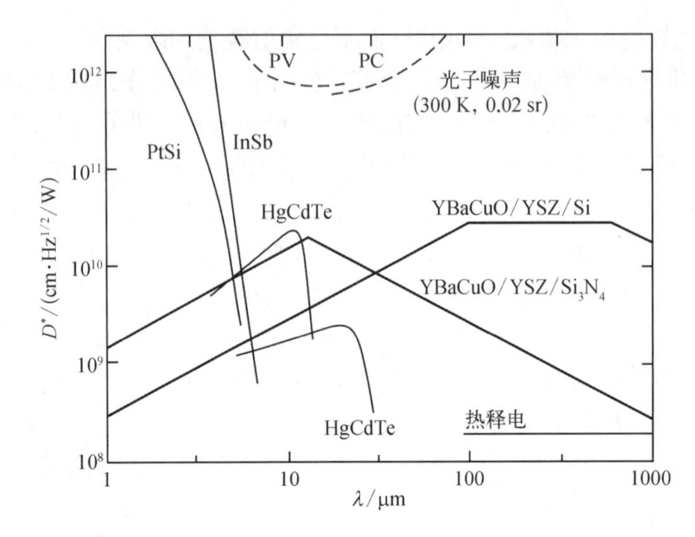

图 8.23 FOV=0.02 Sr(f/6 光学镜头)和 τ=10 ms 的衍射限制像元的探测率与波长的关系

粗线显示了分别位于硅和氮化硅薄膜上的 YBaCuO 高温超导测辐射热计的理论探测率 D^*,计算中使用了估算的最小热容和导热系数,以及电压噪声的测量值。图中同时给出了在 77 K 下工作的 InSb、PtSi 和 HgCdTe 焦平面探测器的典型探测率 D^*,以供比较。虚线给出了在 FOV=0.02 Sr(f16 光学镜头)下观察 300 K 光源时的光伏和光导型探测器的光子噪声极限[115]

范围,以及 T_c和临界电流 I_c相对较低的特点。晶界也会导致较高的 1/f 噪声。

取向结构中晶体生长沿着垂直于衬底平面的 c 轴方向。用这种结构制备的薄膜具有窄的转变区间,以及较高的 T_c和 I_c。对于探测器应用,薄膜厚度必须小于材料的光学穿透深度($\approx$0.15 μm)。对于颗粒状结构,应该将薄膜图形化成微桥结构,以减少偏置下约瑟夫森结的数量。理想情况下,最好是这些结可以链状排列,形成一条传导路径。对于外延结构晶体,则必须人为地在薄膜中制造弱连接,以形成约瑟夫森结。

普遍认为高质量的高温超导薄膜需要高质量的介质衬底,这种衬底具有所需的介电性能与良好的晶格匹配,从而能够实现薄膜的外延生长。除了金刚石,大多数合适的衬底材料在 77~90 K 都有相似的体积比热容。在所有情况下,它都比在液氦温度下要大得多,这会需要更长的加热时间。因此衬底材料必须做得很薄,这要求衬底具有高的机械强度。一些有利于薄膜生长的衬底,如 $SrTiO_3$和 $LaAlO_3$,机械强度差,不能制成毫米尺寸的薄层,但也有使用这些衬底制造出高质量的测辐射热计的报道[22,26,97-100,114-119]。此外,也可以使用如硅、蓝宝石、ZrO_2或 SiN 之类的衬底[98-100]。其中,硅衬底因其与半导体工艺的兼容性而备受关注。

然而,通常情况下,衬底应该满足额外的要求。首先,为了最小化声子逃逸时间[如对于声子冷却的热电子测辐射热计(hot electron bolometer,HEB)],衬底应该具有较高的热导率,并为超导薄膜提供较低的界面热阻 R_b。其次,如果读出电路在衬底上制备时(在 GHz 范围内),它应该具有良好的传播辐射信号的特性;在这方面,需要低的介质损耗正切值(dielectric loss tangent, tan δ),介电常数应该与传输线相适应,并与天线尺寸相当。最后,衬底材料对信号辐射应该是透明的。例如,在 FIR 传感器中,通常通过聚焦透镜从衬底背面入射到接收天线。有关衬底参数如表 8.3 所示[120]。

表 8.3　几种衬底材料的热特性和介电特性[120]

材　　料	MgO	Al_2O_3	$LaAlO_3$	$YAlO_3$	YSZ
90 K 时的热导率/[W/(K·cm)]	3.4	6.4	0.35	0.3	0.015
90 K 时与 YBaCuO 的 R_b/(K·cm²/W)	5×10^{-4}	10^{-3}	10^{-3}	—	10^{-3}
77 K，10 GHz 时的 $\tan\delta$	7×10^{-6}	8×10^{-6}	5×10^{-6}	10^{-5}	4×10^{-4}
77 K，10 GHz 时的 ε_r	10	10	23	16	32

高温超导测辐射热计技术的主要研究方向是提高硅衬底微加工微测辐射热计的性能。最初,这些器件中的 YBaCuO 薄膜被夹在两层氮化硅之间,并带有薄的 YSZ 层,作为 YBaCuO 和氮化硅的缓冲层[121,122]。这些 125×125 μm^2 器件在 5 Hz 附近的 NEP 值为 1.1×10^{-12} W/$Hz^{1/2}$,偏置为 5 μA(忽略接触噪声)。这种设计的一个缺点是 YBaCuO 是在氮化非晶硅衬底上生长的,无法实现外延生长 YBaCuO。因此,YBaCuO 是多晶的,具有宽的电阻转变温区,这限制了测辐射热计的响应率,并且晶界导致了过大的 $1/f$ 噪声。

使用外延 YBaCuO 薄膜可以提高测辐射热计的性能[123-127]。图 8.24 显示了外延 YBaCuO 薄膜微测辐射热计的设计示意图。Johnson 等[124]描述了这些器件的制造过程。超导薄膜是通过脉冲激光沉积在外延的 YSZ 缓冲层上的,该缓冲层沉积在裸露的未氧化的 3 英寸硅片上。采用射频溅射法在 YBaCuO 薄膜上沉积金电极。YSZ、YBaCuO 和金是在同一个真空腔内沉积的,整个过程一直保持真空状态。采用常规光刻技术制作金和 YBaCuO 图形,用 YSZ 和氮化硅对 YBaCuO 进行钝化,并通过各向异性腐蚀在衬底上形成硅蚀坑作为微测辐射热计的热隔离。如图 8.24 所示,膜悬挂在硅片蚀刻坑的上方,仅由大约 8 μm 宽的横向氮化硅引脚支撑。

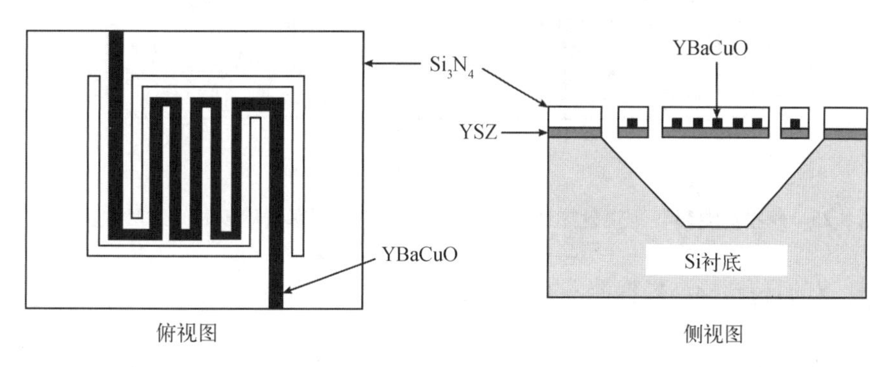

图 8.24　在硅衬底上的外延 YSZ 缓冲层上使用外延 YBaCuO 的 YBaCuO 微测辐射热计的示意图[123]

上述尺寸为 140×105 μm^2 的器件,在偏置电流为 2 μA 时单元器件上测得的探测率为 $(8\pm2)\times10^9$ cm·$Hz^{1/2}$/W,是目前报道的工作温度高于 70 K 的半导体微测辐射热计中最高的 D^*之一,在 80.7 K 的温度下,2 Hz 时的 NEP 值为 1.5×10^{-12}W/$Hz^{1/2}$,热学时间常数为 105 ms。

噪声功率谱密度与频率呈 $1/f^{3/2}$ 的比例关系。制成的微测辐射热计线性阵列结果表明，在 6 mm 长度的 64 元线列上，测量响应率差异小于 20%。

在非常薄的蓝宝石上沉积 YBaCuO 取得了进一步的进展。商用蓝宝石片的厚度可薄至 25 μm，这一厚度可通过机械抛光获得。为了降低时间常数并减小 $1/f$ 噪声的影响，可以通过化学抛光进一步减薄。通过采用化学机械抛光技术将蓝宝石减薄到 7 μm，可获得 4 Hz 附近响应率为 1.2×10^{10} cm·Hz$^{1/2}$/W 的测辐射热计[126]。

文献[97]~[100]、[127]中描述了在 HTSC 光子探测器方面取得的进展。自从 30 年前出现了第一批利用高温超导传感器进行热探测的报告以来，它们的技术进步主要得益于新开发的超导纳米结构，它们是 FIR 探测的特别有前途的候选材料[98,100]。在中红外波段，它们的探测能力与液氮制冷的光子探测器相似。然而，后者在响应时间方面仍处于领先地位。图 8.25 比较了高温超导测辐射热计的性能，给出了探测率随响应时间的变化曲线。图 8.25 中还包括了一个典型的制冷光导型碲镉汞（探测波长 λ 为 3~20 μm）的性能。正如前面指出的，一个脉冲探测率 $D_i = D^*\tau^{-1/2}$（cm/J），D_i 的值为 2×10^{11} cm/J，符合吸收层耦合 HTSC 测辐射热计的最新结果。这个值比在 FIR 波段天线耦合型 HTSC 测辐射热计的平均 D_i 低一个数量级[100]。

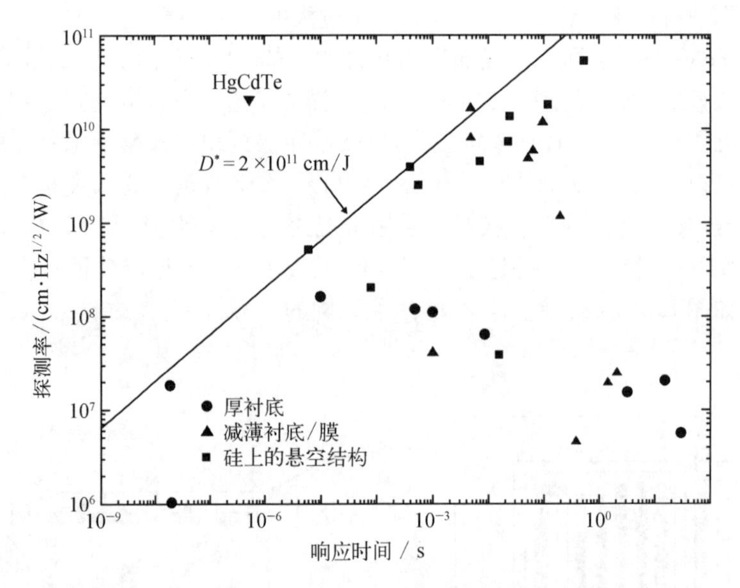

图 8.25 薄膜高温超导测辐射热计（λ=0.820 μm）的探测率与响应时间的函数关系[100]

应该注意的是，超导红外探测器有时也被归为光子探测器。

8.6 热电子测辐射热计

在原理上，热电子测辐射热计（hot electron bolometer，HEB）非常类似于 8.4 节中描述的转变边缘测辐射热计，其中由吸收入射辐射引起的微小温度变化强烈地影响其超导转变温区附近偏置传感器的电阻。HEB 和普通测辐射热计的主要区别在于它们的响应速度。通过让超导体中的电子直接吸收辐射能量可以实现高速响应，而不是像普通的测辐射热计那样使用单独的吸收体并将吸收的能量通过声子作用于超导转变边缘传感器(transition edge sensor,TES)。HEB 中,光子被吸收意味着单个电子接收到能量 $h\nu$,并迅速与其他电子共享,从而使电子温度略有升高。之后,电子温度通过声子发射而弛豫到环境温度。

与 TES 相比,选择具有较大电声子相互作用的材料可以使 HEB 中电子的热弛豫速度更快。超导 HEB 混频器的发展带来了太赫兹频率范围内最灵敏的探测系统,总时间常数为几十皮秒。由 NbN、NbTiN 或 Nb 在介质衬底上制成的超导微桥可以实现这些要求[101]。

HEBS 有两种工作机制,可以实现电子间换能速率高于电声子加热过程。

(1) 由 Gershenzon 等[128]提出的声子冷却 HEB 原理,最先由 Karasik 等[129]实现。

(2) 由 Prober[130]提出的扩散冷却 HEB 原理,Skalare 等[131]首次报道了该原理的实现。

McGrath[132]对这两种机制做了综合介绍。

图 8.26(a)显示了声子冷却测辐射热计的基本原理。在这种类型的器件中,热电子以 τ_{eph}的时间将它们的能量传递给声子。在下一步中,多余的声子能量以 τ_{esc}的时间逃逸到衬底。要使声子冷却机制有效,必须满足几个条件:① 电子-电子相互作用时间 τ_{ee}必须比 τ_{eph}短得多;② 超导薄膜必须很薄(纳米级),薄膜与衬底之间的热导率必须很高($\tau_{esc} \ll \tau_{eph}$),才能使声子有效地从超导体逃逸到衬底;③ 衬底热导率必须非常高,并且确保衬底与制冷头之间有很好的热接触。

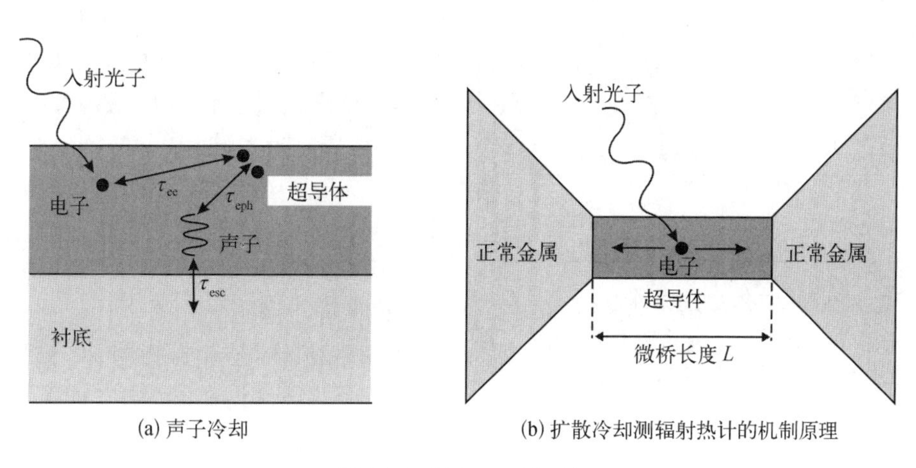

(a) 声子冷却　　(b) 扩散冷却测辐射热计的机制原理

图 8.26　HEB 工作机制

扩散冷却测辐射热计的机制原理如图 8.26(b)所示:热电子通过扩散将其能量传递到正常金属,形成与外部探测器读出电路和/或平面天线臂的电接触。在这种情况下,超导微桥的长度必须很短,最大值 $L_{max} = 2(D_e \tau_{ee})^{1/2}$,其中 D_e是电子扩散系数。正如 Burke 等[133]所报道的,测辐射热计带宽与微桥长度的平方成反比,微桥长度在亚微米范围内(图 8.27)。扩散冷却测辐射热计的带宽不受 τ_{eph}等参数的限制。结果表明,扩散冷却测辐射热计与声子冷却测辐射热计相比,有更大的中频值。对于扩散冷却,接触臂和超导薄膜之间的界面是至关重要的,而对于声子冷却,薄膜和衬底之间的界面是至关重要的。应该指出的是,这种区别在某种程度上只是相对的,因为扩散冷却测辐射热计中也存在声子冷却,反之亦然。

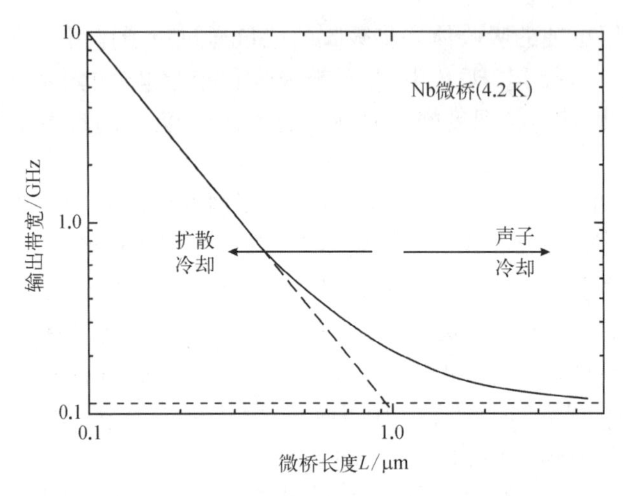

图 8.27　铌 HEB 输出带宽与微桥长度的关系。当 L 短于 1 μm 时,冷却机制为扩散冷却;当 L 较大时,冷却机制主要为声子冷却机制[133]

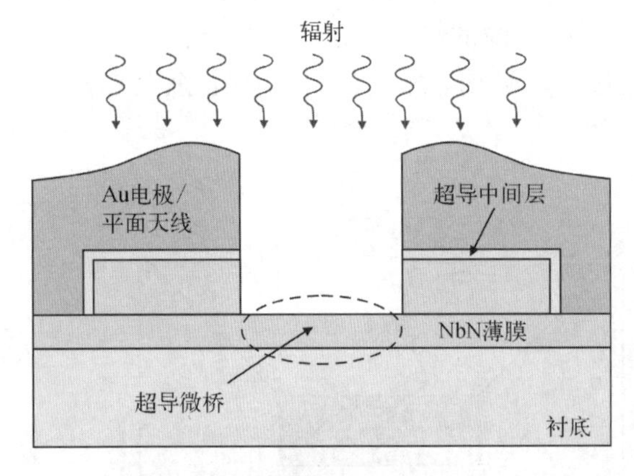

图 8.28　声子冷却 HEB 的结构

超导微桥用虚线椭圆表示。微桥和平面天线的 Au 触点之间的电连接是由超导中间层实现的

通常,声子冷却的 HEBS 是由 NbN 的超薄膜制成的,而扩散冷却的器件是用 Nb 或 Al 制成的。目前最先进的 NbN 技术能够常规提供 3 nm 厚的器件,其尺寸为 500 nm^2,转变温度 T_c高于 9 K,转变温区宽度为 0.5 K。NbN 薄膜是通过直流反应磁控溅射在介质(通常是高电阻率硅>10 kΩ·cm)上沉积的。超导电桥是用电子束曝光法定义的。它的长度为 0.1~0.4 μm,宽度为 1~4 μm。图 8.28 是平面天线的中心部分,包含 NbN 热电子微桥的横截面示意图。

HEB 混频器是热探测器,属于平方律混频器。HEB 理论仍在发展中,通常认为会在中心引入一个热点阻抗区,其大小对应于外来功率的变化。这个模型最初是由 Skocpol 等[134]提出的,后来被应用于超导 HEB 混频器[135-137]。实际温度超过临界温度并转变到正常电阻态的区域称为热点(图 8.29)[138]。当本地振荡(local oscillator,LO)信号施加到超导微桥上时,由于驻波的作用,微桥的中心部分转变为正常电阻态,形成热点,其边界开始向电触点移动,直到热点达到热平衡。当施加射频信号时,LO 功率被调制,热点长度发生周期性振荡,其频率与中频相同。热点边界移动的速度决定了响应时间,但其他效应,如辐射与磁涡旋的相互作用也会有影响。在扩散冷却和声子冷却的 HEB 两者比较中,后者提供了较小的噪声温度,因此是首选的。

超导 HEB 探测器在 FIR 和 THz 波段发挥着关键作用。如果将测辐射热计用作混频器,则必须优化带宽,这意味着对于给定的 IF 信号,$\tau \ll 1/\omega_{IF}$。换句话说,需要导电性和较小的热容[式(4.4)]。此外,因为探测器比接收到的波长小得多,所以需要天线和相关的耦合电路来将辐射耦合到探测器。HEB 混频器既可以制成带有喇叭天线的波导结构,也可以用作

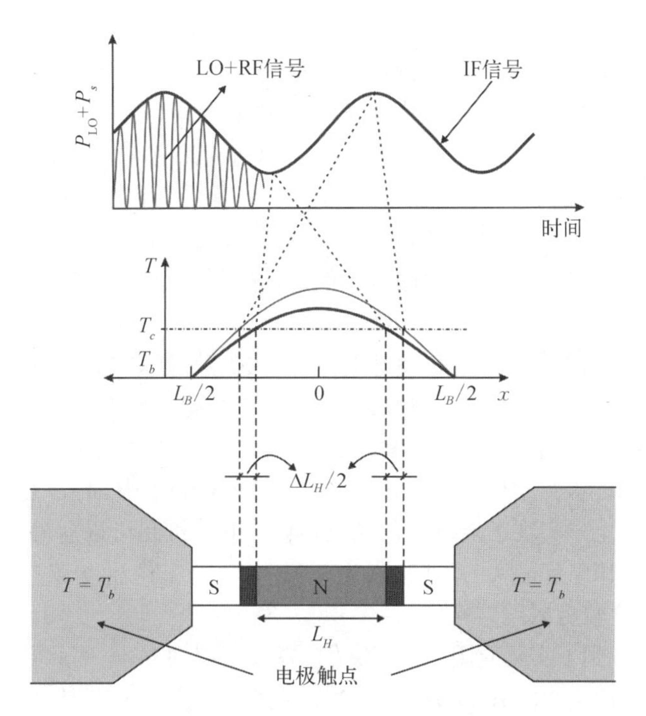

图 8.29 HEB 混频器的热点模型[138]

准光混频器。更传统的方法是波导耦合，在这种方法中，辐射首先由喇叭收集到单模波导（通常是矩形波导）中，然后，过渡（探针）将来自波导的辐射耦合到探测器芯片上的光刻薄膜传输线上。波导方法的一个主要复杂性是混频器芯片必须非常窄，并且必须在超薄的衬底上制造。使用现代微机械加工技术对实现这样的器件要求很有帮助（图 8.30）[139]。

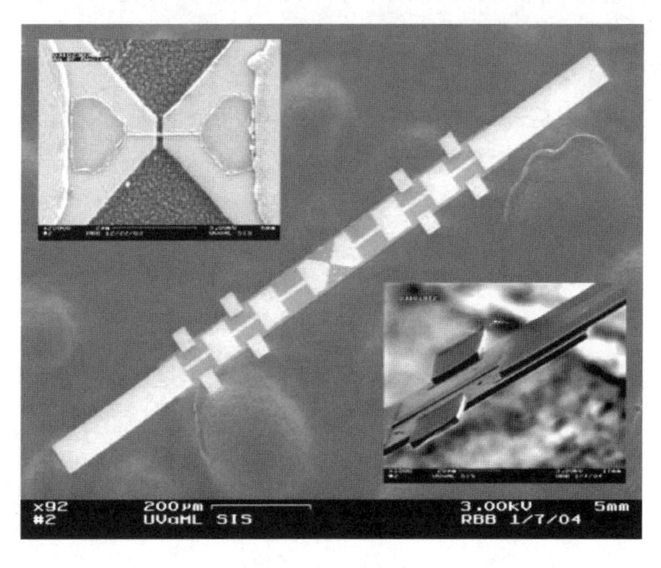

图 8.30 安装于波导的 585 GHz 扩散冷却 HEB 混频器芯片的图像，该芯片使用超薄硅衬底制造。HEB 桥长 150 nm，宽 75 nm；芯片本身长 800 μm，厚 3 μm。从芯片的侧面和末端突出的是 2 μm 厚的金线，它为波导模块提供电和热接触，以及为芯片提供机械支撑[139]

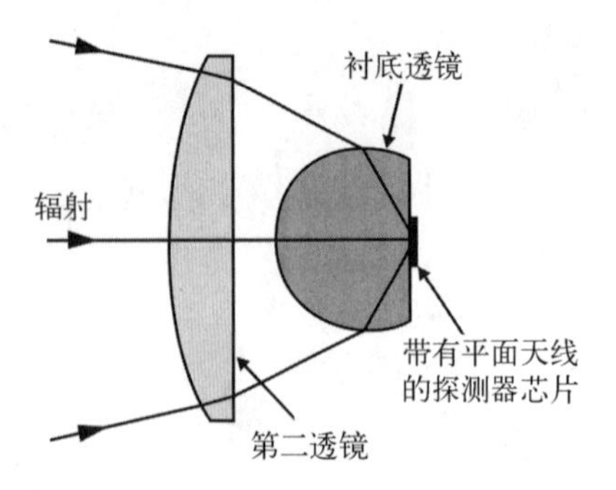

图 8.31 "倒置显微镜"准光耦合方法示意图[140]

高于 1 THz,准光耦合更为常见。准光耦合方法省去了将辐射收集到波导中的步骤,取而代之的是在探测器芯片本身使用光刻天线(例如,双槽或对数螺旋天线)。这样的混频器制造起来非常简单,并且可以使用厚衬底(图 8.31)[140]。具有天线和微桥的衬底安装在超半球或椭圆形透镜的背面。使用 1/4 波长的减反射膜可以最小化透镜表面的反射损失。

部分 HEB 的性能在图 6.10 给出。在所有频率下,声子冷却的 HEB 比扩散冷却的器件具有更低的噪声温度,尽管后一种类型可能进一步改进[101]。

其他的 HEB 材料,如普通金属(通常是铜)、高 T_c 超导体和 n 型 InSb,也有必要在此提及。HTSC 具有很短的电子-声子相互作用时间(在 YBaCuO 中,通常在 80~90 K 时为 1~2 ps),因此到目前为止只实现了声子冷却器件(电子扩散机制可以忽略不计)。此外,HTSC HEB 的分析与低温 HEB 有很大的不同,因为高温 HEB 的工作温度较高[141]。目前 YBaCuO HEB 得到的结果还比较有限[99,100]。

InSb HEB 已经找到了实际应用。由于它们的带宽约为 4 MHz,因此它们的使用比较受限。这些测辐射热计的参数主要由 InSb 决定[142,143]。典型的电压响应率为 100~1 000 V/W,热导约为 5×10^{-5} W/K,电子海的热容为 $C_{th}\approx(3/2)nkV$,其中 n 为载流子浓度,V 为探测器的体积。假设探测器体积为 10^{-2} cm^3,$n\approx5\times10^{13}$ cm^{-3},估算得热容 $C_{th}\approx10^{-11}$ J/K,探测器时间常数为 2×10^{-7} s[见式(4.5)]。对于工作在 4 K 的 n 型 InSb 样品,估算出其热学限制下的噪声等效功率为 NEP $=2\times10^{-13}$ W/Hz$^{1/2}$。

红外探测器的量子效率取决于吸收系数。由于自由载流子吸收系数随着 λ^2 的增加而增加,因此利用这种效应的器件性能应该随着波长的增加而提高。在 1 mm 波长下,$\alpha\approx$ 22 cm^{-1},与非本征锗光电导探测器的值相当,但在 100 μm 处的值太小($\alpha\approx0.3$ cm^{-1}),无法制造出该波长的有效探测器。根据这些估计,可以注意到 n 型 InSb HEB 在波长为 1 mm 或稍小的情况下是有用的,但这些器件在波长小于约 300 μm 时失去效用。

参 考 文 献

第9章 热释电探测器

当热释电晶体经历温度变化时，由于其自发极化随之变化，在特定方向上可产生表面电荷。几个世纪以来，这种效应一直被认为是一种可以观察到的物理现象，西奥普拉斯特(Theophrastus)在公元前 315 年描述了这一现象[1]。它的名字“热释电”是由布儒斯特(Brewster)[2]引入的。塔(Ta)[3]很早就提出可以利用热释电效应探测辐射，但由于缺乏合适的材料，在实际应用中进展甚微。大约 60 年前，由于查诺维斯(Chynoweth)[4]、库珀(Cooper)[5,6]、哈德尼(Hadni)等[7]以及其他一些的研究工作[8-13]，热释电效应在红外探测中的重要性变得越来越明显。帕特利(Putley)[14]发表了一篇广受好评的对 1969 年以前的工作的综述，后续的进展有很多报道，包括贝克(Baker)等[15]、帕特利(Putley)[16]、Liu 和 Long[17]、马歇尔(Marshall)[18]、波特(Porter)[19]、乔希(Joshi)和达瓦尔(Dawar)[20]、沃特摩尔(Whatmore)[21,22]、拉维奇(Ravich)[23]、沃顿(Watton)[24]和罗宾(Robin)等[25]。最近发表的论文表明，微加工工艺制备的非制冷热释电探测器的性能可以达到其基本极限[26-34]。

9.1 热释电探测器的基本原理和操作

热释电早在公元前 315 年就已为人所知，但在 1938 年，巴黎索邦的一位化学家塔(Ta)才提出电气石晶体可以用作光谱学中的红外传感器元件的理论[3,32]。在接下来的十年里，英国、美国和德国都对热释电探测器进行了一些研究，但结果都保存在机密文件中。1962 年，库珀(Cooper)[5,6]提出了第一个关于热释电探测器的理论，并用钛酸钡进行了实验。1962 年，朗(Lang)[32]提出使用热释电设备来测量低到 0.2 μK 的温度变化。此后，热释电红外探测器的论文开始爆炸式增长。

热释电材料是那些具有与温度相关的自发电极化的材料。已知的晶体类型共有 32 种，其中 21 种是非中心对称的，这其中 10 种表现出随温度变化的自发极化。在平衡条件下，自由电荷的存在补偿了电极矩的不对称性。然而，如果材料温度的变化速度快于这些补偿电荷自身重新分布的速度，就可以观察到电信号。这意味着热释电探测器是交流器件，不同于其他探测温度水平而不温度变化的热探测器。这通常限制了低频操作，并且对于最大输出信号，输入辐射的变化速率应该与元件的电学时间常数相当。

大多数热释电材料也是铁电材料，这意味着在适当的电场作用下，它们的极化方向可以反转，在某个被称为居里温度 T_C处，极化强度降至零。通常，用于热探测器阵列的热释电材料是铅基钙钛矿氧化物，如钛酸铅($PbTiO_3$: PT)。这些材料与钙钛矿($CaTiO_3$)在结构上有相似之处。基本分子式是 ABO_3型；其中 A 是铅，O 是氧，B 可以是一种或几种阳离子的混合物，如锆钛酸铅[Pb(ZrTi)O_3 : PZT]、钛酸锶钡($BaSrTiO_3$: BST)、钽酸铅钪[Pb($Sc_{0.5}Ta_{0.5}$)O_3 : PST]和铌酸镁铅[Pb($Mg_{1/3}Nb_{2/3}$)O_3 : PMN]。通常会在这些基本的分子构成中添加掺杂剂以增强或调整材料性能。在居里温度 T_C以上,这些材料形成对称的非极性立方结构(图 9.1),此时材料处于顺电相,没有热释电功能。冷却时,它们会经历结构相变,形成有极性的铁电相。

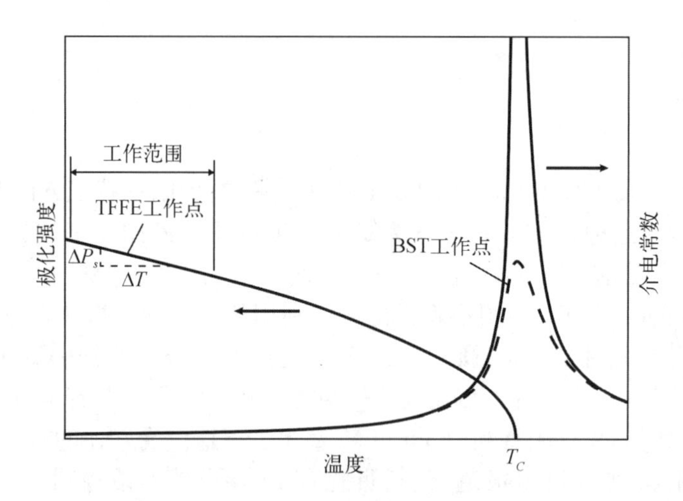

图 9.1 铁电材料的热学行为

虚线表示在外场作用下的介电常数

这些材料可以进一步细分为两类。传统的热释电材料,如 PT 和 PZT,其工作温度远低于居里温度,不需要外加磁场。由于探测器性能在相当大的温度范围内几乎没有变化,因此对工作温度的稳定性要求很低或可以不考虑。

然而,在电介质测辐射热计模式、施加偏置的情况下,铁电材料可以在 T_C或更高温度下工作。此时其工作原理与介电常数随温度的变化有关。介电常数强烈地依赖于温度,但在外加电场时依赖关系减弱(参见图 9.1 中的虚线)。施加的偏压对元件充电,入射辐射引起的温度升高导致介电常数增加,从而产生电压信号。这第二类材料(包括 BST、PST 和 PMN)的 T_C略低于探测器的工作温度,在工作时具有最小的热释电性。

一般来说,对于铁电材料,电位移 D 是自发(零场)极化 P_s和场激发极化(即 $\varepsilon_0\varepsilon_r e$)的贡献之和。需要注意的是,相变点附近的介电常数是非线性的,因此需要进行积分:

$$D = P_s(T) + \varepsilon_0\int_0^E \varepsilon_r(E', T)\mathrm{d}E' \tag{9.1}$$

式中,ε_0为自由空间的介电常数;ε_r为热释电材料的相对介电常数。

热释电系数 p 是电位移随温度的变化:

$$p = \frac{\mathrm{d}D}{\mathrm{d}T_{|E}} = \frac{\mathrm{d}P_s}{\mathrm{d}T} + \varepsilon_0\int_0^E \frac{\mathrm{d}\varepsilon_r}{\mathrm{d}T}\mathrm{d}E' \tag{9.2}$$

为了从介质测辐射热计材料中获得较高的热释电系数,需要令介电常数随温度变化较大,或施加较高的偏置电场。如前面所述,偏置电场通常会降低介电常数的变化,甚至会引入正斜率。因此,仅通过施加强场所获得的性能提升是有限的。

9.1.1 响应率

热释电探测器可以看作一个小电容,有两个垂直于自发极化方向的导电电极,如图 9.2 所示。如果材料的温度变化很快,内部偶极矩将变化,产生瞬变电压。这种热释电效应可以用于制备在环境温度下工作的调制红外辐射的灵敏探测器。当探测器工作时,极化的变化将表现为电容器上的电荷变化,并将产生电流,电流的大小取决于材料的温升和热释电系数 p。

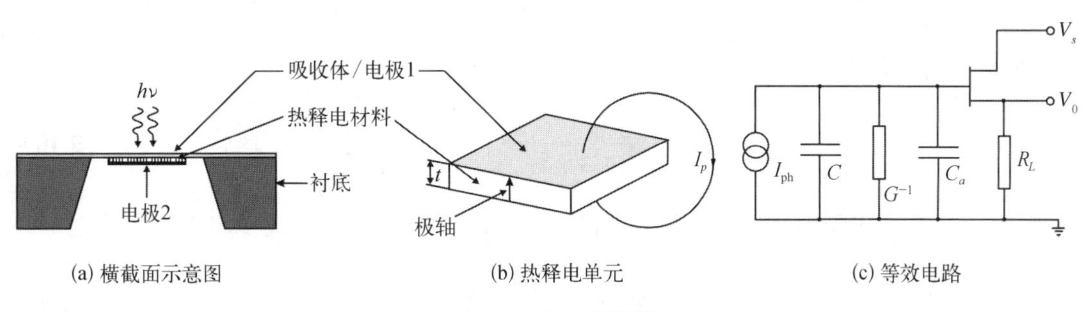

(a) 横截面示意图　　(b) 热释电单元　　(c) 等效电路

图 9.2 热释电探测器

由温度 ΔT 的变化引起的极化改变由式(9.3)描述

$$P = p\Delta T \tag{9.3}$$

产生的热释电电荷为

$$Q = pA\Delta T \tag{9.4}$$

因此,温度变化对热释电材料的影响是使电流 $I_{ph} = \mathrm{d}Q/\mathrm{d}t$ 流入外部电路(图 9.2),从而有

$$I_{ph} = Ap\frac{\mathrm{d}T}{\mathrm{d}t} \tag{9.5}$$

式中,A 为探测器面积;p 为垂直于电极的热释电系数的分量;$\mathrm{d}T/\mathrm{d}t$ 为温度随时间的变化率。考虑到式(4.4),光电流等于:

$$I_{ph} = \frac{\varepsilon pA\Phi_0\omega}{G_{th}(1+\omega^2\tau_{th}^2)^{1/2}} \tag{9.6}$$

要使热释电器件工作,就必须对辐射源进行调制。这可以通过机械斩波或通过相对于辐射源移动探测器来实现。具有面积 A 和厚度 t 的元件的热容 $C_{th} = c_{th}At$(其中 c_{th}是体积比热容),通过热导 G_{th}连接到热沉。热学时间常数 $\tau_{th} = C_{th}/G_{th}$。

探测器具有电容 C,并将具有输入电容为 C_a的低噪声-高输入阻抗缓冲放大器(如 MOSFET)等效为电导 G($G^{-1}=R$,是并联电阻)。实际上,与并联电阻 G^{-1}相比,放大器电阻较大可以忽略;但与探测器电容 C 相比,放大器输入电容 C_a并不总是可忽略的。这就产生了电学时间常数 $\tau_e = (C_a + C)/G$。τ_{th}和 τ_e是决定频率响应的基本参数。

电流响应率为

$$R_i = \frac{I_{ph}}{\Phi_0} = \frac{\varepsilon pA\omega}{G_{th}(1+\omega^2\tau_{th}^2)^{1/2}} \tag{9.7}$$

在低频时（$\omega \ll 1/\tau_{th}$）响应率正比于 ω。高频时，响应率是恒定的，

$$R_i = \frac{\varepsilon p}{c_{th} t} \tag{9.8}$$

如果探测器连接到高阻抗的放大器[图 9.2(c)]，观察到的信号等于电荷 Q 产生的电压。如图 9.2(c)所示，探测器可以等效为电容 C、电流发生器 I_{ph} 及跨导 G。产生的电压可以表示为

$$V = \frac{I_{ph}}{(G^2 + \omega^2 C^2)^{1/2}} \tag{9.9}$$

电压响应率可以写成：

$$R_v = \frac{V}{\Phi_0} = \frac{R\varepsilon pA\omega}{G_{th}(1 + \omega^2\tau_{th}^2)^{1/2}(1 + \omega^2\tau_e^2)^{1/2}} \tag{9.10}$$

式中，$\tau_e = C/G$ 为电学时间常数。当频率高于 $(\tau_{th})^{-1}$ 和 $(\tau_e)^{-1}$ 时，式(9.10)可以简化为

$$R_v = \frac{\varepsilon p}{\varepsilon_0 \varepsilon_r c_{th} A\omega} \tag{9.11}$$

式(9.11)表明，高频下，热释电探测器的电压响应率反比于频率。在低频时，则如式(9.10)所示，需用电学和热学时间常数加以修正。图 9.3 给出了真实的频率响应曲线，其最大值 R_{vmax} 出现在频率为 $(\tau_{th}\tau_e)^{-1/2}$ 处，

$$R_{vmax} = \frac{\varepsilon pAR}{G_{th}(\tau_e + \tau_{th})} \tag{9.12}$$

从式(9.12)可以看出，通过最小化 G_{th} 可以最大化响应率，还应减小热容量以获得合适的热学时间常数 τ_{th}。

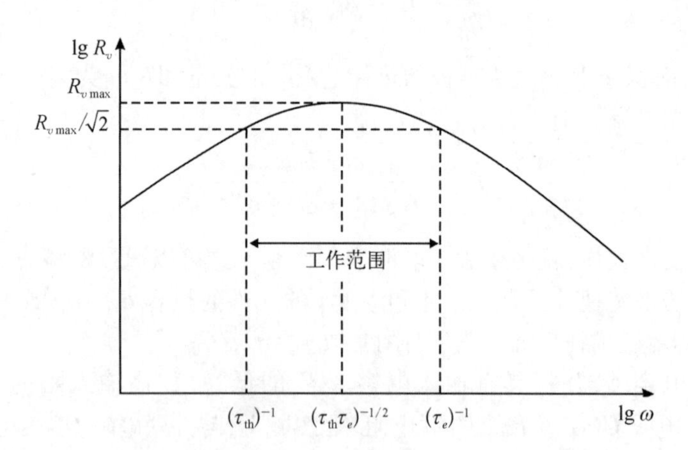

图 9.3 热释电探测器的电压响应率与频率的关系

当频率 $\omega = (\tau_e)^{-1}$ 和 $\omega = (\tau_{th})^{-1}$ 时，

$$R_v = \frac{R_{vmax}}{\sqrt{2}} \tag{9.13}$$

仅凭响应率测量是不可能区分 τ_e 和 τ_{th} 的。Putley[35] 详细讨论了将响应率和噪声测量结合起来对性能进行分析的方法。

τ_e 和 τ_{th} 的选择由许多因素决定。对于低频、高灵敏度操作,器件使用自支撑的敏感元,以最大限度地减少与周围环境的热传导。调整敏感元热容以最大化在探测波段附近的响应。为了实现该器件,可以使用薄的、低热容、高电容的元件。通常, τ_{th} 在 0.01~10 s 内。但是, τ_e 为 10^{-12}~10^2 s,具体取决于探测器电容和并联电阻的大小。

对于高频操作,需要减小两个时间常数中的一个(通常为 τ_e),使得其倒数大于探测波段的最大频率。这可以通过最小化元件的电容(使用边缘电极结构)并将输出接入 50 Ω 阻抗线来实现。由于热释电响应的速度仅受晶格振动极化频率(约为 10^{12} Hz)的限制,这些探测器的响应有可能极快。Austan 和 Glass[36] 已经通过实验验证了 9 ns 的响应时间,Roundy 等[37] 已经演示了响应时间为 170 ps 的实用探测器。

探测器响应的这些考虑没有计入放大器的输入阻抗 R_a,该输入电阻将与电阻器 R 并联。对于低频探测器,$R_a \gg R$, R_a 在这种情况下可以忽略。对于快速探测器,$R_a \ll R$,因此电学时间常数和器件响应率取决于 R_a。

上述分析方法对于大多数应用来说是足够的,但如果考虑封装技术和黑色涂层的影响,则需要对热释电探测器进行更严格的分析[36-42]。

通常,在块状材料装置中 $\tau_e < \tau_{th}$。然而,Putley[16] 和 Porter[19] 的研究指出,根据材料和电路的不同, τ_e 也可以大于 τ_{th}。这种情况发生在典型的薄膜结构中。热释电材料厚度 t 减小的主要结果是电容量的增加和热容的降低。此外,由于热释电体材料是良好的绝热材料,因此厚度减薄并不能相应地改善与周围环境间的热隔离性能[28]。由于 τ_e/τ_{th} 的比率大致为

$$\frac{RC(t)}{C_{th}(t)/G_{th}} \propto \frac{1}{t^2} \tag{9.14}$$

当从单晶缩小到薄膜时,两者的比率从<1 变为>1。薄膜的频率响应如图 9.3 所示,但时间常数的变化相反(即 $\tau_e > \tau_{th}$)。因此,中频区(工作区,参见图 9.3)中的电压响应率由其他参数决定。

对于体材料器件:

$$R_v \cong \frac{\varepsilon pAR}{C_{th}} \tag{9.15}$$

对于薄膜器件:

$$R_v \cong \frac{\varepsilon pA}{CG_{th}} \tag{9.16}$$

在体材料器件中,通常采用 10 GΩ 的并联电阻 R(R 不应超过放大器的栅阻抗)。最后一个方程表明,在薄膜探测器中,并联电阻与电压响应率没有直接关系。这是可以避免的,因为薄膜电容比体材料电容能表现出更大的电流。

假设 $C = \varepsilon_0\varepsilon_r A/t$, 式(9.16)可以进一步写为

$$R_v \cong \frac{\varepsilon pt}{\varepsilon_0\varepsilon_r G_{th}} \tag{9.17}$$

这表明响应率与探测器面积 A 无关。

9.1.2 噪声和探测率

带并联电阻的热释电探测器有 3 个主要噪声源[14,17,19,21,28]：

(1) 热波动噪声。

(2) 约翰逊噪声。

(3) 放大器噪声。

4.1 节描述了前两种噪声。与并联电阻 R 连接的约翰逊噪声由式(4.16)确定。然而，在中等工作频率(1 Hz~1 kHz)的大多数器件中，噪声主要由探测器元件的交流电导决定。该交流电导具有两个分量：与频率无关的分量 R^{-1} 和与频率有关的分量 G_d：

$$G_d = \omega C \tan\delta \tag{9.18}$$

式中，$\tan\delta$ 为探测器材料的损耗正切值。对于频率远小于 $\omega = (RC\tan\delta)^{-1}$ 的情况，约翰逊噪声可简单地由式(9.19)给出：

$$V_{\text{Jr}}^2 = \frac{4kTR\Delta f}{1+\omega^2\tau_e^2} \tag{9.19}$$

当 $\omega \gg \tau_e^{-1}$ 时，噪声与 ω^{-1} 相关。

对于频率远大于 $\omega = (RC\tan\delta)^{-1}$ 的情况，交流电导产生的噪声称为主要噪声：

$$V_{\text{Jd}}^2 = 4kT\Delta f\frac{\tan\delta}{C}\frac{1}{\omega}, \quad C \gg C_a \tag{9.20}$$

该类型的噪声也称为介电噪声，在高频下起主导作用。

对于一般的探测器，不同噪声类型的相对强度比较是很有意思的。将它们与频率的关系绘制出来，如图 9.4 所示[21]。其中已假设热学和电学时间常数都大于 1 s。在几乎所有实际的探测器中，热噪声都是不显著的，在计算中可以忽略。在 20 Hz 以上，损耗控制的约翰逊噪声是主导的，低于这个频率，阻抗控制的约翰逊噪声及放大器电流噪声 V_{ai} 对于总噪声的贡献基本相当。对于非常高的频率，放大器电压噪声 V_{av} 会成为主导。

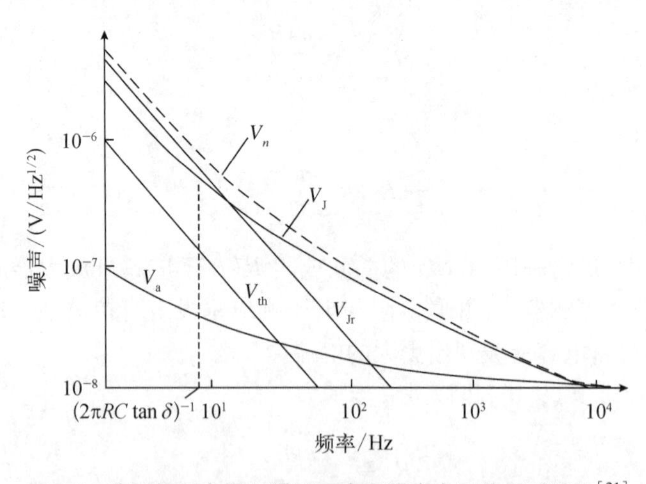

图 9.4　典型热释电探测器不同来源噪声电压的相对强度[21]

在高频时[大于 τ_e^{-1} 及大于$(RC\tan\delta)^{-1}$],探测率[根据式(3.9)、式(9.11)、式(9.20)]可由式(9.21)给出:

$$D^* = \frac{\varepsilon t}{(4kT)^{1/2}} \frac{p}{c_{\text{th}}(\varepsilon_0\varepsilon_r\tan\delta)^{1/2}} \frac{1}{\omega^{1/2}} \tag{9.21}$$

探测率随频率 $\omega^{-1/2}$的下降意味着 D^*的最大值出现在比电压响应率 R_v[式(9.11)]更高的频率,并且比 R_v(随 ω^{-1}变化)下降得更慢。对于大多数探测器,D^*在 1~100 Hz 内最大,在几赫兹至数百赫兹范围内可获得相当平坦的 D^*。

热释电探测器同时还会受到许多因素的影响,主要与环境有关。环境温度波动会导致低频杂散信号,或者当外部温度变化率很大时,探测器的放大器可能会饱和。

限制热释电探测器应用的一个主要原因是因为热释电探测器同时也是颤噪探测器;电输出可由机械振动或声学噪声产生。如果探测器处于高振动环境中,则颤噪信号的影响可能会超过所有其他噪声源。颤噪探测来源于热释电材料的压电特性,这意味着极化的变化既可以由机械应变产生,也可以由温度变化产生。通常,通过降低热释电器件的安装刚性来获得较低的颤噪。通过使用补偿探测元或通过选择与主要应变分量具有低压电耦合的材料,可以进一步减少颤噪。Shorrocks 等[43]已经讨论了将热释电阵列的颤噪降低到非常低的水平的方法。

环境噪声的另外两个来源也会影响热释电探测器的工作。如果热释电探测器受到环境温度变化的影响,有时会观察到叠加在正常热释电响应上的快脉冲。这些脉冲以随机方式出现,但它们的数量和幅度随着温度的升高而增加。结果表明,这些杂散噪声信号是由铁电畴壁运动引起的。这可以通过良好的材料选择来最小化,并且在陶瓷材料中该噪声比某些单晶材料(如 $LiTaO_3$)要低。最后,电磁干扰也是无用信号的来源之一。工作在低频下的探测器使用高输入阻抗的前置放大器,需要良好屏蔽,通常可通过使用连接到接地金属管壳的锗或硅的导电窗口来实现。

9.2 热释电材料的选择

用于探测器件的许多热释电材料已被研究过,然而,材料的选择依然困难,因为它取决于许多因素,包括所需探测器的大小、工作温度和工作频率。可以制定多个品质因数(figures of merit,FoM)来描述材料的物理属性对器件性能的贡献。例如,电流响应率[见式(9.8)]正比于 F_i,

$$F_i = \frac{p}{c_{\text{th}}} \tag{9.22}$$

电压响应率[见式(9.11)]正比于 F_v,

$$F_v = \frac{p}{\varepsilon_0\varepsilon_r c_{\text{th}}} \tag{9.23}$$

对于薄膜热释电探测器,电压响应率 FoM 可写为[式(9.17)]:

$$F_v^* = \frac{p}{\varepsilon_0\varepsilon_r} \tag{9.24}$$

通常所说的灵敏度 FoM 与探测率 D^*,由于其随频率变化及需要考虑滤镜因素而在实际中使用较少。但它的表达式可以帮助我们理解不同参数的相对重要性。在交流约翰逊噪声主导的探测器中,探测率正比于 F_d,F_d为

$$F_d = \frac{p}{c_{\mathrm{th}}\,(\varepsilon_0\varepsilon_r\tan\delta)^{1/2}} \tag{9.25}$$

这就是热释电探测器的 FoM。

更有用的 FoM 需要考虑探测器所使用的电路中的输入电容效应:

$$F = \frac{1}{C_d + C_L}\frac{p}{c_{\mathrm{th}}} \tag{9.26}$$

当 C_L相对较小时,式(9.26)等同于 F_i, C_L相对较大时,式(9.26)等同于 F_v。

当用于热释电摄像管时,材料的相对品质因数 FoM 表示为

$$F_{\mathrm{vid}} = \frac{F_v}{G_{\mathrm{th}}} \tag{9.27}$$

式中,G_{th}为热释电材料的热导。F_{vid}对 G_{th}的依赖关系可以通过将热成像目标切分成分立的岛状结构(网格化过程)来消除。

在前置放大器噪声与温度波动噪声相比很小的情况下,响应率 FoM 对于选择响应率足够高的材料是有用的。约翰逊噪声敏感 FoM 对于选择约翰逊噪声比温度波动噪声小的材料是有价值的。因此,两个 FoM 都必须很大,以确保对温度波动噪声的限制性能。

理想的材料应该具有较大的热释电系数、较低的介电常数、较低的介电损耗和较低的体积比热容。在单一材料中满足这些要求的可能性并不大。虽然通常需要较大的热释电系数和较小的介电常数,但这两个参数也不是独立可调的。因此,我们发现具有较高热释电系数的材料也具有较高的介电常数,而具有较低介电常数的材料也具有较低的热释电系数。这意味着不同的探测器-前置放大器的尺寸和配置需要针对不同的材料进行优化[21]。因此,假设人们知道像元尺寸和与探测材料配合的电路,式(9.25)是更好的响应率 FoM。表9.1 给出了典型材料的参数和传统的 FoM。例如,传统的 FoM 表明,硫酸三甘肽(triglycine sulfate,TGS)和钽酸锂($LiTaO_3$)应该比 BST 和 PST 好得多,而传感器系统的测试结果则相反。

Whatmore[21,22]、Watton[24]、Muralt[28]和其他人[32,34,44-47]已经对热释电材料的最新发展及它们在不同应用中的相对优点做了综述。热释电探测器材料的特性见表 9.1~表 9.3[28,31,46]。

热释电材料大致可分为三类:单晶、陶瓷(多晶)和聚合物。Batra 和 Aggarwal[34]综述了处理关键材料的相关技术。

9.2.1 单晶

在单晶中,硫酸三甘肽[TGS,$(NH_2CH_2COOH)_3H_2SO_4$]获得了最大的成功。它具有诱人的特性、高的热释电系数、较低的介电常数和热导率(F_v值很高)。然而,这种材料吸湿性很强,很难处理,在化学和电学上都表现出较差的长期稳定性。它的居里温度低是一个主要缺点,特别是对于要求符合军用标准的探测器。尽管存在这些问题,TGS 仍然经常用于高性能

表 9.1　不同热释电材料的特性(体材料及有机材料)[28,46]

材　料	结　构	极化强度/[μ/(m²·K)]	ε	$\tan\delta$	c_{th}/[10^6 J/(m³·K)]	F_v^*/[kV/(m·K)]	F_v/(m²/C)	F_d/($10^{-5}Pa^{-1/2}$)	T_C/℃
$NaNO_2$	单晶	40	4	0.02		1 130			164
$LiTaO_3$	单晶	230	47	<0.01	3.2	553	0.17	5~35	620
TGS	单晶	280	38	0.01	2.3	832	0.36	6.6	49
DTGS	单晶	550	43	0.02	2.6		0.53	8.3	61
ATGSAs	单晶	70	32	<0.01	2.6		0.99	>16	51
SBN - 50	单晶	550	400	0.003	2.3	155	0.07	7.3	121
$(Pb,Ba)_5Ge_3O_{11}$	单晶	320	81	0.001	2.0	446	0.22	18.9	70
$PbZrTiO_3$ PZFNTU	陶瓷	380	290	0.003	2.5	148	0.06	5.5	230
$PbTiO_3$	陶瓷	180	190	0.01	3.0	107	0.04	1.5	490
$PbTiO_3$ PCWT 4 - 24	陶瓷	380	220	0.01	2.5	195	0.08	3.4	255
$BaSrTiO_3$ 67/33	陶瓷	1 500	8 800	0.004	2.6			12.4	25
$PbSc_{0.5}Ta_{0.5}O_3$	陶瓷	3 000~6 000	高达 15 000		2.7			14~16	25
P(VDF/TrFE) 50/50	共聚物薄膜	40	18	0.03	2.3	251	0.11	0.8	49
P(VDF/TrFE) 80/20	共聚物薄膜	31	7	0.015	2.3	500	0.22	1.4	135

表 9.2　硅衬底上热释电薄膜材料的特性[28,46]

材料/质地/电极	沉积方式/衬底	极化强度/[μ/(m^2·K)]	ε	$\tan\delta$	c_{th}/[10^6 J/(m^3·K)]	F_v^*/[kV/(m·K)]	F_v/(m^2/C)	F_d/($10^{-5}Pa^{-1/2}$)
$PbTiO_3$/(001)+(100)Pt	溶胶-凝胶和溅射	130~145	180~260	0.014~0.035	2.7	57~88	0.02~0.03	0.7~1.1
PZT15/85/(111)Pt	溶胶-凝胶	160~220	200~230	0.01~0.015	2.7	78~113	0.03~0.04	1.3~1.5
PZT25/75(111)Pt	溅射	200	300	0.01	2.7	75	0.028	1.4
PZT30/70(111)Pt	溶胶-凝胶	200	340	0.011	2.7	66	0.025	1.3
Mod. PZT (Mn-掺杂)	陶瓷	356	218	0.007	2.6		0.07	5.1
PTL10-20 Pt 和 Si	离子束,溅射,溶胶凝胶,MOD	200~576	153~550	0.01~0.024	2.7	41~425	0.02~0.15	0.7~4.1
Porous PCT15/(11)Pt	溶胶-凝胶	220	90	0.01	2.0	276	0.14	3.9
$LiNbO_3$/(006)Pt	溅射	71	30	0.01	3.2	267	0.08	1.4
YBaCuO/Nb	溅射	4 000						3.2
外延薄膜								
$PbTiO_3$/(001)Pt	溅射/MgO	250	97	0.006	3.2	291	0.09	3.4
PZT45/55(001)Pt	溅射/MgO	420	400	0.013	3.1	119	0.04	2.0
PZT52/48(100)	YBaCuO/$LaAlO_3$ PLD	500	100	0.02	3.1	57	0.02	1.2
PZT90/10(111)Pt	蓝宝石/溅射	450	350	0.02	3.2	145	0.05	1.7
PLT5-15/(001)Pt	溅射/MgO	400~1 300	100~350	0.006~0.01	3.2	196~565	0.06~0.17	2.6~8.9
PLZT7.5/8/92-20/80/(001)Pt	溅射/MgO	360~820	193~260	0.013~0.017	2.6	160~480	0.06~0.18	2.2~6.7
PCT30/(001)Pt	溅射/MgO	520	290	0.02	3.0	202	0.06	2.4

表 9.3　适用于诱导热释电应用的热释电薄膜的特性[28]

材料/质地/电极	沉积方式/衬底	诱导极化强度/[μC/(m²·K)]	ε	$\tan\delta$	c_{th}/[10^6 J/(m³·K)]	F_v^*/[kV/(m·K)]	F_v/(m²/C)	F_d/($10^{-5}Pa^{-1/2}$)
$PbSc_{0.5}Ta_{0.5}O_3$/蓝宝石	射频溅射,900℃	6 000(25~30℃)	6 500	0.03	2.5	104	0.04	6~9
$PbSc_{0.5}Ta_{0.5}O_3$/CdGa-石榴石	溶胶-凝胶,900℃	3 800	9 000	0.002	2.7	50	0.02	11
$PbSc_{0.5}Ta_{0.5}O_3$/Si/Pt	溶胶-凝胶,700℃	200~450	900	0.02	2.7	25~57	0.02	0.6~1.3
$PbSc_{0.5}Ta_{0.5}O_3$/Si/Pt	溶胶-凝胶,630℃	490	700	0.008	2.7	60	0.02	2.6
PbMgZn-NbO/(100)Pt/MgO	溶胶-凝胶,900℃	14 000(15℃)	1 600	0.004	2.85	989	0.34	20~40
$K_{0.89}Na_{0.11}Ta_{0.55}Nb_{0.45}O_3/KTO_3$	LPE, 930℃	5 200(66℃)	1 200(66℃)	0.02	2.9	50	0.02	3.9

的单元探测器,是摄像管靶材的首选材料。为了克服居里温度低的问题,人们在纯 TGS 的基础上发展了几种变体。丙氨酸和砷酸掺杂材料(alanine and arsenic acid-doped, ATGSA)因其低介电损耗和高热释电系数而特别引起研究人员的注意(表 9.1)。使用这类材料的探测器(L-Alanine doped TGS, LATGS)在 10 Hz 下获得了 2×10^9 cm·Hz$^{1/2}$/W 的 D^*值(图 9.5[23])。

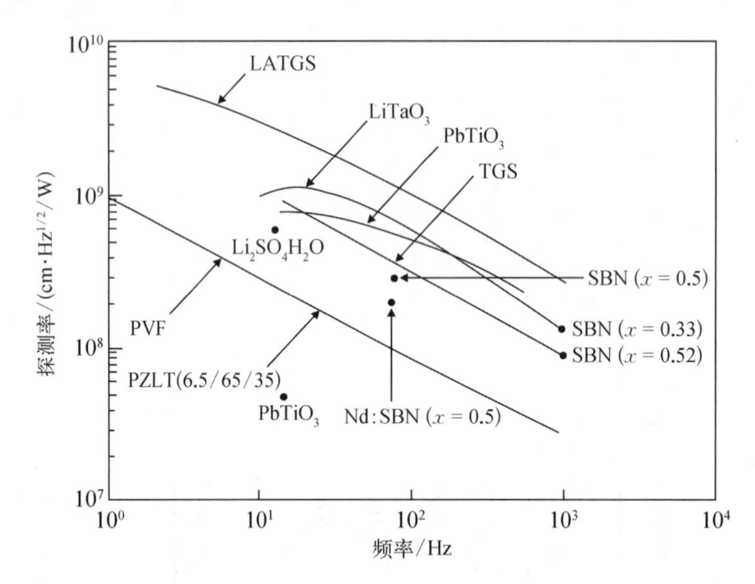

图 9.5 不同类型的热释电探测器的性能[23]

钽酸锂 LiTaO$_3$的性能不如 TGS,这是因为它的热释电系数较低,相对介电常数略高(F_v值较低)。但它具有以下优点:化学稳定性高,损耗很小(对 F_d是有利的),居里温度很高,不溶于水。这种材料被广泛地用于单元探测器,尽管当用于极低频器件时,这种材料可能会出现与热致瞬态噪声峰相关的问题。由于其介电常数较低,不大适合用于制作热成像阵列。它的导热系数很高,不是制作热释电摄像管的好选择。用柴氏提拉法可以制备出良好的 LiTaO$_3$单晶,很容易买到。

铌酸锶钡(strontium barium niobate, SBN)是一种单晶热释电材料。事实上,它是分子式为 $Sr_{1-x}Ba_xNb_2O_6$的一系列固溶体,其中 x 可以在 0.25~0.75 变化。SBN-50(x=0.50)具有良好的 F_d-FoM。根据组成的不同,铁电相变可以发生在 40~200℃。近室温相变铁电材料的高场致效应已被应用于非制冷热成像。其高介电常数使其成为热成像阵列的理想候选材料。SBN 也是用提拉法生产的,但高质量的大单晶相对较难生长。

9.2.2 热释电聚合物

基于聚偏氟乙烯(polyvinylidene fluoride, PVDF)和三氟乙烯共聚物(polyvinylidene fluoride with trifluoroethylene, PVDF-TrFE)的铁电聚合物具有较低的热释电系数与较低的介电常数,具有较高的损耗,因此其 FoM 不如其他材料。这类材料在热释电摄像管中的应用很有吸引力,主要是因为它们在制备样品(<6 μm)、低介电常数和低导热系数的情况下具有优异的机械性能。低介电常数使它们非常适合大面积探测器,但它们不太适合大面积阵列。然而,它们显然是低成本探测器的候选,因为它们很容易制成大而薄的薄片形式,且不需要

昂贵的研磨和抛光工艺[48,49]。它们的低热导率和介电常数降低了多元素探测器中相邻元素之间的串扰。PVDF 探测器的性能比采用其他种类材料的探测器性能差,除了工作在高频下的非常大的探测器。它们的低玻璃化温度对许多应用来说是严重的障碍。

不同厚度的、包含电极的 PVDF 聚合物薄片可以在市场上买到,需要在极化之前加以机械拉伸,以获得铁电性能。PVDF - TrFE 共聚物则可以从熔体或甲乙酮溶液中直接浇铸形成铁电相,因此,它们特别适合直接沉积到用于制造阵列的硅衬底上。

9.2.3　热释电陶瓷

另一类材料多晶铁电陶瓷在热释电探测器中显示出良好的应用前景。与前面列出的材料相比,它们提供了许多优势:

(1) 使用标准混合氧化物工艺,大面积制造的成本相对较低。

(2) 在机械和化学上都很坚固(可以加工成薄片)。

(3) 具有很高的居里温度。

(4) 不会受到热致噪声尖峰的影响。

(5) 可以在晶格中加入特定掺杂元素,以改变和控制参数: p、ε_r、$\tan\delta$、居里温度、电阻抗和机械性能(控制材料的晶粒大小)。

存在多种多样的陶瓷材料,包括 PZ(锆酸铅,$PbZrO_3$)和 PT(钛酸铅,$PbTiO_3$)的固溶体,以及非常相似的氧化物。为了满足各种铁电、压电、电光和热释电的要求,这些器件已经经过了多年的研发。Whatmore[21] 给出了一个热释电陶瓷电学性能改进的例子。通过施加合适的电场,陶瓷可以在任何想要的方向上极化。对于热释电应用,需要避免 PZT 材料构成准同型相界,因为其高介电常数对 FoM 是不利的。

传统的热释电陶瓷仍然受到大多数实际应用的青睐,因为它们的性能在正常工作温度范围内(居里温度通常在 200℃以上)是稳定的,而且它们工作中不需要外加直流偏置。

已经有各种实验研究来改善改性 PZ 材料的 FoM[46],其中一个方向是利用相变时自发极化的阶跃[50]。

陶瓷器件的 D^*值在 10^8 cm·Hz$^{1/2}$/W 范围内。除大规模面阵探测器外,这些器件的性能与钽酸锂相当或更好。

改性陶瓷的电阻率为 $10^9 \sim 10^{11}$ Ω·cm^2。这意味着,图 9.2(c)中的栅极偏置电阻通常为 $10^{11} \sim 10^{12}$ Ω,这是一个昂贵的元件,通过调整材料的电阻率以适应所需的电学时间常数,可以省去该独立元件。当阵列中涉及大量单元时,这一点尤其重要。

在红外探测器的制造中使用热释电体材料有几个缺点:材料必须经过切割、研磨和抛光,才能形成薄的、绝缘良好的和灵敏的层。此外,阵列制造需要在两个表面上制备电极并连接到硅读出电路,以产生完整的混成式阵列。有鉴于此,在过去的十年里,人们对将热释电薄膜直接集成到硅衬底上的兴趣与日俱增,因为它既可以降低阵列制造成本,又可以通过降低热质量和改善隔热来提高性能[31]。

薄膜材料与体材料的特性不同之处在于微结构和衬底的影响,这一点非常重要[28]。与块状陶瓷不同的是,在外延的情况下,薄膜可以生长为织构型甚至完全取向的(表 9.2)。最佳织构是薄膜中各处的极轴都垂直于电极,此时可以获得与单晶材料相似的性能。此外,对于那些体材料只能为多晶陶瓷形式的(如 PZT、PLT)的情况,其薄膜材料的性能可能会有显著改善。很好的一个例子是外延 $PbTiO_3$薄膜的 FoM F_v^* 为 291 kV/(m·K),而陶瓷体材料的 FoM F_v^* 仅为 107 kV/(m·K)[28]。

在材料的温度稳定性和热释电效应的大小之间存在权衡关系。具有高临界温度的材料,如 $LiTaO_3$和 $PbTiO_3$,更适合制作简单可靠的器件。表 7.2 中列出的材料相关性能表明,$PbTiO_3$衍生化合物中 PZT(Zr 的比例为 15%~30%)薄膜是最受欢迎的材料,但它们可以被 PLT 或 PCT 取代。纯 $PbTiO_3$由于介电损耗过高且难以极化,基本已经不采用了。我们还注意到,$LiTaO_3$热释电薄膜远不及其体材料在探测器中的应用那么先进。

氧化物材料(改性锆钛酸铅或介电测辐射热计材料)具有与在 1 200℃左右烧结的陶瓷相同的性能(高 ε 和高 F_d)。然而,如果将铁电薄膜直接集成在硅片上,会对生长铁电材料的温度有非常严格的限制。芯片上的金属互联在任何时间内都不应高于 500℃,这对铁电层工艺温度设置了上限。幸运的是,人们已经研究了许多铁电薄膜沉积技术,其中包括化学溶液沉积,特别是溶胶-凝胶或金属有机沉积(metalorganic deposition, MOD)和金属有机物化学气相沉积[28,31]。结果表明,溶胶-凝胶法在 560℃生长掺 Mn 的 PZT 薄膜是一种很好的工艺,薄膜的品质因数 FoM F_d超过了许多体材料的 FoM F_d[p 为 3.52×10^{-4} C/(K·m^2),F_d为 3.85×10^{-5} Pa$^{-1/2}$]。

9.2.4 介电测辐射热计

前面讨论的传统铁电材料工作温度远低于 T_C,环境温度变化不会给极化带来永久的影响。然而在用作介电测辐射热计[51]时,可以在施加偏置电场的情况下,在 T_C或更高的温度利用铁电材料。目前热释电材料领域的发展就包括了介电测辐射热计。

在外加电场的情况下,总极化可用式(9.1)描述。当温度低于 T_C时,自发极化 P_s比式(9.1)中的第二项大,因此电位移 D 与自发极化 P_s在计算中经常可以互换使用。然而从图 9.6(a)可以清楚地看出,最大热释电效应(即 $P-T$ 的斜率最大值)出现在 T_C附近,因此在 T_C附近工作似乎是可取的。

场增强的热释电系数可用式(9.2)描述。从该方程可以看出,热释电系数的感生部分不仅取决于介电常数的温度变化率,而且还与引起变化的外场相关。正因为如此,计算场效应并不是一件简单的事情。在所有温度下,介电行为都是非线性的,即介电常数的梯度随外加

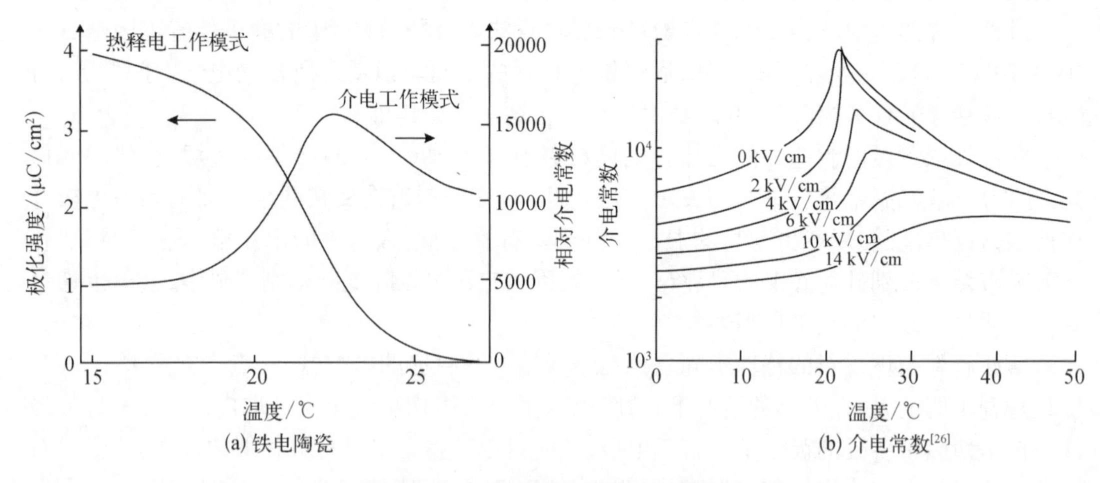

图 9.6 BST 陶瓷的两种工作模式

电场的变化而变化,介电峰值和 $d\varepsilon/dt$ 均随外加电场的增加而降低[图 9.6(b)]。请注意,热释电系数最大值在温度上略低于电容值的峰位[图 9.6(b)]。电容数据代表的是电场偏置下的样品,其介电常数和热释电系数极大值都出现在高于居里点的温度。随着工作点继续偏离居里温度,介电对极化的贡献成为主导。

因此,施加电场给探测器的性能带来了以下增益[52]:

(1) 在自发极化的基础上增加了激发极化;

(2) 抑制了介电常数,特别是当越过相变点附近的峰值时;

(3) 拓宽了响应峰,放宽了温度控制限制;

(4) 抑制了介质损耗,降低了噪声;

(5) 稳定相变点附近的极化强度提供了可预测的性能。

在介电测辐射热计模式下研究了几种材料,包括铌酸钾钽($KTa_xNb_{1-x}O_3$,KTN)、铅锌铌酸盐[$Pb(Zn_{1/3}Nb_{2/3})O_3$,PZN]、钛酸钡锶($Ba_{1-x}Sr_xTiO_3$,BST)、铌酸铅镁[$Pb(Mg_{1/3}Nb_{2/3})O_3$,PMN],以及最近的钽酸铅锶[$Pb(Sc_{1/2}Ta_{1/2})O_3$,PST][22]。介质测辐射热计需要精准的偏置和稳定的温度。表 9.1 和表 9.3 列出了相变点接近环境温度,并在外场下工作的热释电材料的特性。

BST 陶瓷是一种性能相对较好的材料,具有很高的介电常数。当 Sr 组分从 40%降到 0%时,T_C从 0℃移动到 120℃,在高密度阵列开发计划中使用的 BST 67/33 材料的介电常数通常可超过 30 000[52],经过努力,其厚度似乎最低减薄至 17 μm。BST 65/35 获得的峰值 F_d(10.5×10^{-5} $Pa^{-1/2}$)是改性 PZ 或 PT 陶瓷的两倍多[22]。

所有用于介质测辐射热计的氧化物材料在工作温度和电场下都具有很高的介电常数(>1 000)和很高的热释电系数。这使得它们通常非常适合小面积探测器,特别是大规模的小像元阵列。

工作在介电模式时,BST 单晶不会比 BST 陶瓷有更多优势。BST 陶瓷的热释电系数比相同组分的单晶材料在相似条件下测得的热释电系数高出 1 倍以上。同样,陶瓷的介电常数也超过了单晶。陶瓷 BST 还具有制造容易和成本低、材料均匀性好、性能优异、电阻稳定、耐老化和易于掺杂等特点。

BST 技术是一项烦琐的陶瓷体材料工艺,需要对一块切割的陶瓷晶片进行研磨和抛光、激光网格化形成像元、多次减薄和平整化等操作。阵列通过压力键合连接到硅读出电路。厚的台面结构和减薄过程导致 BST 表面退化,该工艺中热隔离仍存在一些问题。

下一代非制冷热释电探测器需要工作在正常的热释电模式下,无须偏置电路和温度稳定控制。此外,薄膜热释电探测器的发展将可以利用最先进的微机械加工技术来制造焦平面阵列(focal plane arrays,FPA)。

9.2.5 材料的选择

由于探测器面积和工作频率会影响性能,而且还必须考虑工作环境,因此很难对各种热释电材料进行直接比较。Porter[19]比较了在不同条件下工作的器件,面元面积为 0.01~100 mm^2。为了达到最大的探测率,对于给定的场效应晶体管(field-effect transistor,FET),面元的面积是一个重要考虑因素,因为它将影响器件和放大器之间的电容匹配。对于大面积元件,低介电常数材料占主导地位;TGS 和钽酸锂似乎是所有频率下的最佳选择,但在非常高的频率

(>10 kHz),聚合物薄膜器件开始占优势。一种更复杂的情况是,如果面元减少到 1 mm^2,这是最常用的尺寸,没有一种材料可以在所有频率下都表现最好。对于小面元器件,高介电常数材料还是会更好一些(如 SBN 材料和放大器之间的电容匹配更好)。对于中间大小面积的器件,所有材料制备的器件性能都相当。

应该强调的是,前述讨论仅指出了变化趋势,因为改变探测器参数或 FET 放大器都会对此造成影响。其他因素,如环境稳定性、可用性、成本和制造方面的考虑也非常重要。

FPA 的制造材料有严格的要求,因为 FPA 使用的是非常薄的铁电薄膜[27,29,53-56]。随着厚度的减小,大多数铁电材料往往会失去其有趣的特性。然而,一些铁电材料似乎比其他材料保持了更好的性能。对于 PT 和相关材料,这似乎尤其正确,而对于 BST,材料在薄膜形式下不能很好地保持其性能。

9.3 探测器设计

非制冷热释电红外探测器的应用非常广泛,包括空气质量监测、气体分析仪、大气温度测量、生物医学成像、工业控制系统、面部识别、火灾报警系统、红外成像、红外光谱仪和干涉仪、激光探测、气象学、热释电摄像管、高温计、遥感、紫外到远红外探测和 X 射线探测等。虽然热成像设备当前仍由微测辐射热计主导,但体积更小、成本更低的热释电型热像仪已经被研发出来,正为"视觉温度计"创造一个新的市场。

图 9.7 是热释电单元探测器。大多数商用探测器由大约 2 mm×2 mm 的钽酸锂和安装在浅圆柱形衬底上的几微米厚的晶片组成。为了提高吸收率,通常使用金属薄膜、金属黑胶、蒸发或电镀金属黑作为吸收层。由于传感器具有很高的阻抗,采用具有适当负载电阻的简单场效应管[结-栅 FET 或金属氧化物半导体(MOSFET)]或在探测器封装中具有反馈电阻的运算放大器来将阻抗转换为低输出并检测少量电荷的变化。

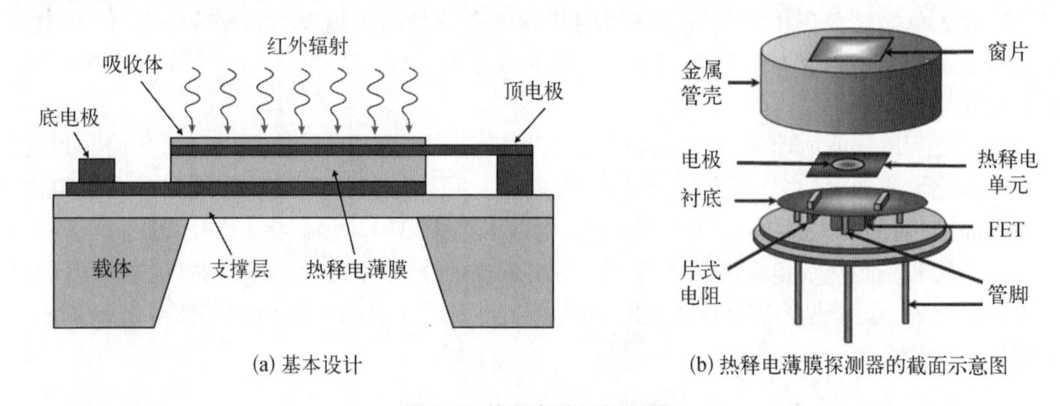

图 9.7　热释电单元探测器

传感器应用中的热释电材料有体材料或薄膜形式。这些材料可以利用适当的微机械加工技术集成到微机械结构中。薄膜技术的快速发展已经可以制备直接耦合到集成电路的探测器。实现微机械传感器的关键是沉积厚度大于 0.1 μm 的薄膜热释电材料,其热释电性能才能接近相应的体材料。通常,薄膜的介电常数低于体材料的介电常数。这些技术的细节及薄膜沉积和质量控制有关的问题对本节内容来说太多了,可以参考几篇优秀的文章,如文献[28]、[47]、[57]。

单个元件的缺点是容易受到环境温度漂移和压电颤噪的影响。为了减少这种类型的干扰,两个极化相反的探测器元件串联或并联连接。补偿元件(图 9.8)涂有反射电极和/或加以机械屏蔽,使其不受输入辐射的影响[21]。补偿元件与探测元件的位置在热和机械上都应是相似的,以便消除由温度变化或机械应力引起的信号。

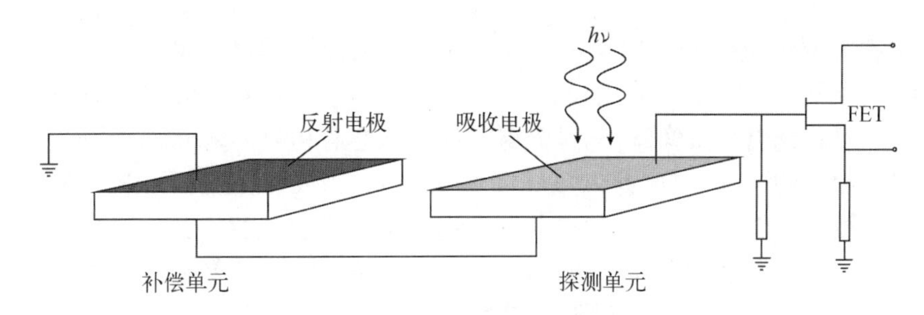

图 9.8　补偿型热释电探测器[21]

根据几种基于声波的热传感器的工作原理,石英谐振器也可以实现温度探测灵敏度及低噪声性能[58]。然而,这种工作原理对于非制冷红外传感器来说是一项相对未被探索的技术。这种方法的主要挑战在于需要实现大量相同性能的机械单元[59]。然而这个问题是石英特有的,因为在石英衬底上进行高密度微加工是困难的。以目前的技术水平,使用其他薄膜压电材料制造大型密集排列的谐振器阵列是可能的。

最近,Gokhale 等[60,61]已经开发出一种新型的非制冷红外探测器,它结合了压电效应、热释电效应和共振效应,其灵敏度比基于石英的谐振器高出一个数量级。图 9.9 显示了谐振式红外探测器的基本转换原理——吸收的红外辐射带来的温升所引起的机械谐振频率的变化。机械谐振器采用简单通用的反馈电路,实现开环驱动或用于自持振荡器。将谐振频率和振幅的偏移与参考谐振器进行比较。该探测器结构由高 Q 值的 GaN 微机械谐振器组成,GaN 具有较高的压电系数和热释电系数,可以低成本批量生长在硅衬底上。

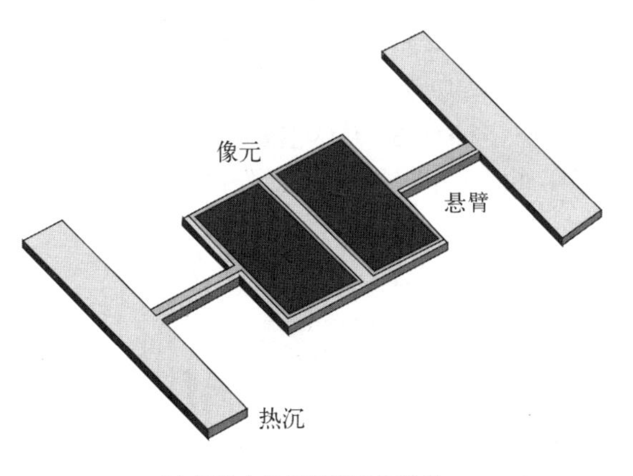

(a) 悬臂支撑的薄膜共振结构

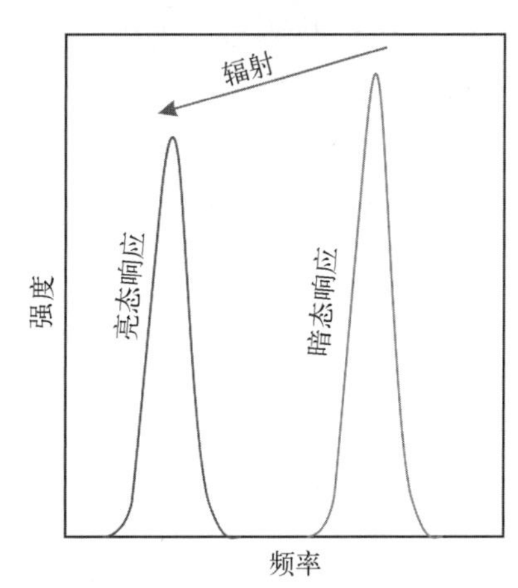

(b) 由于热电/压电效应，在谐振器的频率特性中产生的热位移

图 9.9　谐振腔模式的红外探测器

9.4 热释电的视像管

热释电器件只对入射辐射的变化作出反应,非常适合在背景入射能量水平较高时工作,以检测非常微小的通量变化。值得注意的第二个特征是热释电器件从微波到 X 射线的宽光谱响应。

热释电探测器最重要的应用是热成像。热释电摄像管的概念最早是由 Hadni[62] 提出的,早在 1972 年就已经展示了商用设备[63]。热释电摄像管的结构示意图如图 9.10 所示。该器件类似于可见光电视摄像管,只是光电导靶面被热释电材料和锗面板取代了。靶面是由热释电材料制成的圆盘(厚度为 20 μm,直径为 2 cm)组成的,前表面设有透明电极。红外透镜在靶面上投射热像,由此产生的电荷分布由扫描电子束从背面读出。最初的摄像管是用 TGS 制作的,但用氘代 TGS(deuterated TGS, DTGS)和三甘氨酸氟丁酸酯(triglycine-fluoberyllate,TGFB)材料制作的效果更好[64,65]。

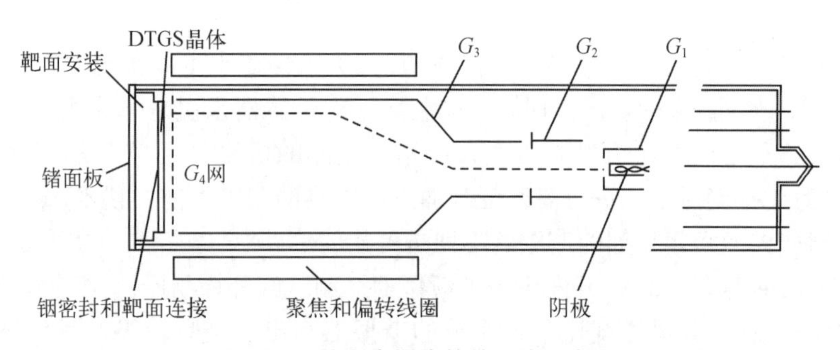

图 9.10 热释电摄像管的结构示意图

限制热释电摄像管分辨率的主要因素是靶面内的热扩散。这会导致热分辨率随着空间频率的增加而迅速降低。为此,正在开发网状靶面[66]。摄像管在由 100 条电视扫描线组成的图像中获得了 0.2℃的温度分辨率,通过网状结构,空间分辨率可提高到 400 线或更高[67]。在美国、英国和法国的摄像管厂商中,只有采用英国技术的 EEV 公司仍在生产热释电摄像管,应用于消防摄像机和工业维护[注:英国电子管公司(English Electric Valve Company,EEV)后改称 e2v,并于 2017 年 3 月被美国 Teledyne Technologies 收购,目前公司为 Teledyne e2v]。

虽然热释电摄像管已经获得了高质量的图像,但最近的工作主要是针对大型二维焦平面阵列的制作。这可以提高系统的温度分辨率,并生产出更坚固和更轻的热像仪。

参 考 文 献

第10章 气动探测器

高莱管是一种高灵敏度的光声型或气动型红外探测器件。它是由高莱(Golay)[1,2]在20世纪40年代后期发明的,具有热红外探测器中的最优性能。尽管高莱管存在一些缺点,如成本高(约5 000美元)和体积相对较大,但在需要高性能探测的应用场景中仍然是必需的。近年来,也逐渐开发出各种利用电容变化或隧穿位移传感的微型高莱管器件。

10.1 高莱管

高莱管(图10.1)是由一个密闭容器组成的探测器,其中装满气体(通常是氙气,因为其具有极低的导热系数),在光信号的加热下,气体的膨胀会使得安装有反射镜的柔性薄膜发生形变。在高莱管内,有一层薄薄的金属薄膜作为光吸收层,其阻抗与自由空间的阻抗大致

(a) 实物照片

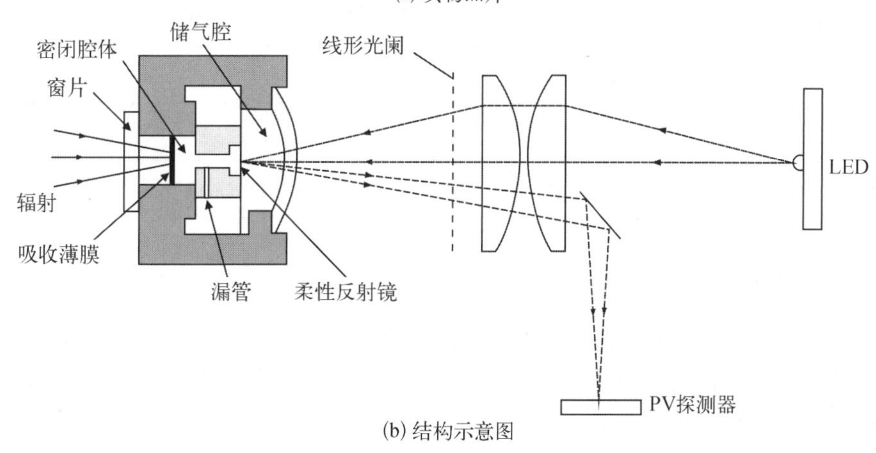

(b) 结构示意图

图10.1 高莱管探测器

相当，方阻为 270 Ω/sq 时具有最佳吸收效果。来自内部光源的光由透镜系统汇聚后通过线性光阑，再由柔性反射镜通过光阑反射到探测器。柔性反射镜的偏转会使得照在光电管探测器上的光束偏转，从而改变光电流输出。现代高莱管中，光电管探测器采用固态光电二极管，内部光源采用 LED[3]。这种设置的可靠性和稳定性要明显优于早期使用白炽灯与真空光电管的器件。

为了补偿环境温度变化，并以交流模式进行探测，一般高莱管的腔体有一个漏管通向储气腔，这样的器件可以达到几赫兹的时间常数。由于探测器噪声在 10 Hz 以下迅速上升，因此入射辐射的最佳调制频率在 10~20 Hz。高莱管一般都是整套供应，包括探头和电源组件。它们的响应率可以用对应于近红外波段的黑体源进行非常精确的校准。当频率低至 0.3 THz 时，响应率校准数据仍然有效。

高莱管在室温下具有相对较高的灵敏度，在 0.1~20 THz 的非常宽的频率范围内具有平坦的响应，响应率约为 1×10^{5} V/W，噪声等效功率 NEP 约为 1×10^{-10} W/Hz$^{1/2}$。高莱管的响应速度取决于腔体的热容和导热系数，一般为 10 ms 量级（通常为 15 ms），快于测辐射热计、热敏电阻或热电偶。高莱管非常脆弱，容易发生机械故障（受机械振动影响很大）。高莱管的性能指标如表 10.1 所示。

表 10.1　高莱管的性能指标[4]

探测元尺寸	6 mm 直径
窗口材料	HDPE 或金刚石
波长范围	7~8 000 μm
最大功率	10 μW
最佳斩波频率	20 Hz
噪声等效功率	1.2×10^{10} W/Hz$^{1/2}$
响应率	1.5×10^{5} V/W，测试频率为 20 Hz
探测率	7×10^{9} cm·Hz$^{1/2}$/W
功率需求	VAC
工作温度范围	5~40℃
封装尺寸	126 mm×45 mm×87 mm
响应时间	25 ms

近年来，高莱管被普遍应用于太赫兹探测。在长时间的信号探测过程中，探测器内部的能量积累会引起被测信号的直流漂移，降低探测器的精度。为了避免这些情况，需要使用斩波器来降低噪声。探测器入射窗口的材料常用高密度聚乙烯 HDPE、聚甲基戊烯和金刚石等。图 10.2 为微技术仪器公司生产的太赫兹高莱管的光谱响应率曲线。

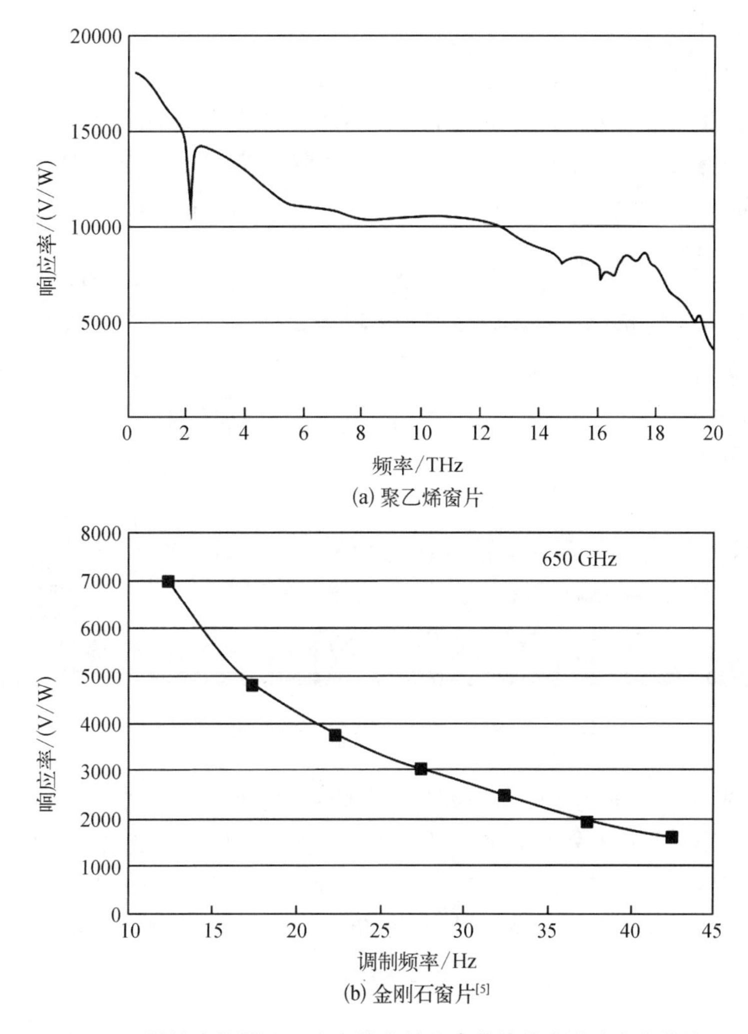

图 10.2　微技术仪器公司生产的太赫兹高莱管的光谱响应率曲线

10.2　微机械高莱管型传感器

高莱管被普遍认为是最灵敏的热探测器,大概可以探测到亚纳瓦的量级。然而,高成本、大尺寸及需要几毫米大小的窗口等因素制约了高莱管的应用。最近基于微机电系统(microelectromechanical systems,MEMS)的发展,产生了一些小型化的原型器件。然而由于气体腔仍然较大,小型化器件的发展并不顺利。

研究人员利用电容式[6]和隧穿型位移传感器[7,8],采用硅基 MEMS 工艺制备出新型的微型高莱管。美国加利福尼亚帕萨迪纳的喷气推进实验室(Jet Propulsion Laboratory,JPL)对 MEMS 隧穿读出型高莱管进行了初步研究,这些器件生产过程的成品率很低,因为制备中需要手工将传感器的部件黏合在一起。这种制造模式生产的器件在性能上变化很大。原型器件在 25 Hz 时,NEP 优于 3×10^{-10} $W/Hz^{1/2}$[8]。

Ajakaiye 等[9]提出了一种位移隧穿型探测器的晶圆级制备工艺,成品率可达 80%。位移隧穿型红外探测器的截面示意图如图 10.3 所示,上两部分构成气体腔,腔体边长 2 mm,高 0.85 mm。腔的上壁为 1 μm 厚的氮化硅薄膜,并蒸镀厚度为 50 Å 的白金层,吸收红外辐射。底部晶圆上刻蚀出一个 7 μm 高的隧穿针尖,环绕着针尖的是偏转电极。在针尖上方是 0.5 μm 厚的柔性薄膜。针尖、偏转电极及氮化硅薄膜镀金后分别与周围的三个电极连接。该探测器的性能可与市场上最好的非制冷宽带红外探测器相媲美。

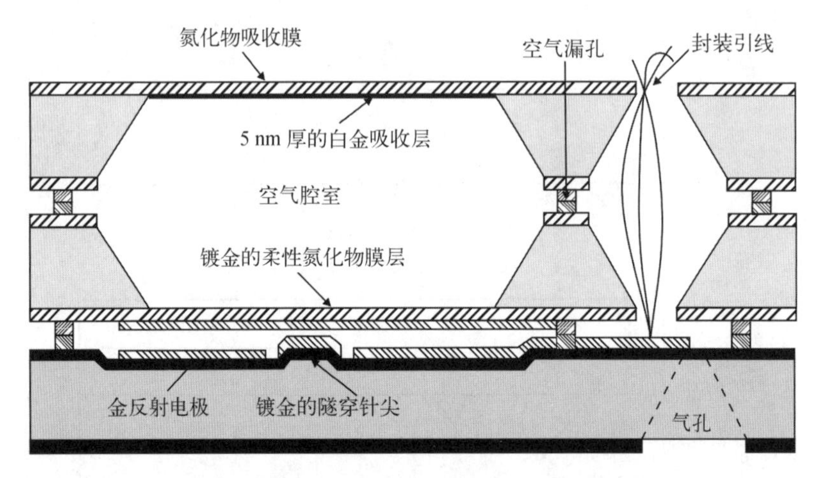

图 10.3　位移隧穿型红外探测器的截面示意图[9]

实际上,研究工作目前仍集中在发展几平方毫米面积的探测器上,尝试使用高良率晶圆工艺制造更密集的高莱管阵列的尝试还没有成功。另一种可能制造密集阵列的方法是使用坚韧而有弹性的纳米复合薄膜来构成均一的微腔阵列[10]。在该报道中,制备了面元中心距为 150 μm,面元尺寸为 80 μm^2的 64×64 阵列,并通过光学干涉法测量薄膜随温度的形变。

参 考 文 献

第 11 章　新型热探测器

目前,氧化钒和非晶硅微测辐射热计是非制冷热成像的首选技术。在军事应用研发中,需要追求的是成像系统的性能指标:像素数、灵敏度和响应时间。微测辐射热计的灵敏度限制[1]和仍然很高的成本激发了许多研发人员去探索其他红外传感技术,这些技术有可能在降低探测器成本的同时提高性能。要追求更广泛的“大众消费”应用,必须采用较低成本的技术,如私人物业警报监察、除烟雾探测器外的家用火警探测器、智能楼宇自动化空间占用监测、人行横道处的行人防撞、智能交通管理中的道路交通监察、防止行人或动物碰撞的汽车热像系统、森林火险监察系统等。最近,不到 1 000 美元的热成像模块已经问世。这意味着与当前红外成像系统的价格相比,成本降低了 10 倍(表 11.1)。

表 11.1　性能与成本的比较

性　　能	微测辐射热计	高 温 计	热机械探测器
转换灵敏度/(%/K)	2~4	2~3	20~100
响应时间/ms	15~20	15~20	5~10
动态范围	10^4	10^3	$>10^5$
光学系统	大,昂贵	大,昂贵	小,便宜
功率需求	低	低	低
制备难易程度	困难	困难	标准 IC 制备工艺
尺寸	适度小	适度小	小
相机成本	1 万~5 万美元	0.5 万~2 万美元	0.1~1 万美元

最有前途的红外传感方法之一是使用热驱动微机电系统,据报道其探测率为 $10^8\ cm\cdot Hz^{1/2}/W$。这些新型的非制冷探测器都将在本章中做一个介绍。新型非制冷探测器阵列因其固有的简单性、高灵敏度和对辐射的快速响应而在许多应用中具有非常大的吸引力。

11.1　新型非制冷探测器

尽管适用于热成像的非制冷微测辐射热计已成功商业化,但业界仍在寻找一种集经济、便捷和卓越性能于一身的热成像仪平台。MEMS 的最新进展推动了新型非制冷红外探测器的发展,这些探测器既可用作微机械热探测器,也可用作微机械光子探测器。其中最重要的是将辐射吸收转化为机械响应的双材料微悬臂[2]。这些传感结构最初是在 20 世纪 90 年代中期由橡树岭国家实验室(Oak Ridge National Laboratory,ORNL)发明的[3-7],随后由 ORNL[8-12]、萨诺夫公司(Sarnoff Corporation)[13,14]、萨尔孔微系统公司[15-17]等开展了后续研发以用于成像[2,18-25]和光谱应用[26,27]。

热机械探测器方法是由 Barnes 等[28]首创的。在微悬臂梁上涂覆金属作为传感活性层,形成双材料结构。图 11.1 双材料微悬壁梁结构红外探测器的工作原理示意图。微悬臂梁的一端通过锚杆实现与衬底的机械和电气连接,另一端可以在沿着梁的任何应力变化的影响下自由弯曲。红外辐射被微悬臂梁材料和谐振吸收腔吸收。吸收的辐射在微悬臂梁结构中转化为热,通过热隔离臂与基底隔热,就像测辐射热计中使用的那样。该悬臂结构包含由具有显著不同热膨胀系数的两层构成的双材料区域:低热膨胀系数 SiO_2衬底层($\alpha=0.5\times10^{-6}\ K^{-1}$);覆盖热膨胀为 $\alpha=23\times10^{-6}\ K^{-1}$的 Al 层[16]。当入射辐射加热结构时,由于双材料的热膨胀程度不同,悬臂梁的双材料区域会弯曲(每度温度变化约为 0.1 μm)。表 11.2 为悬臂梁设计中经常使用的几种材料的特性。通常,SiN_x和 SiO_2被用作红外吸收材料,而 Au 和 Al 被用作电极层与反射层。

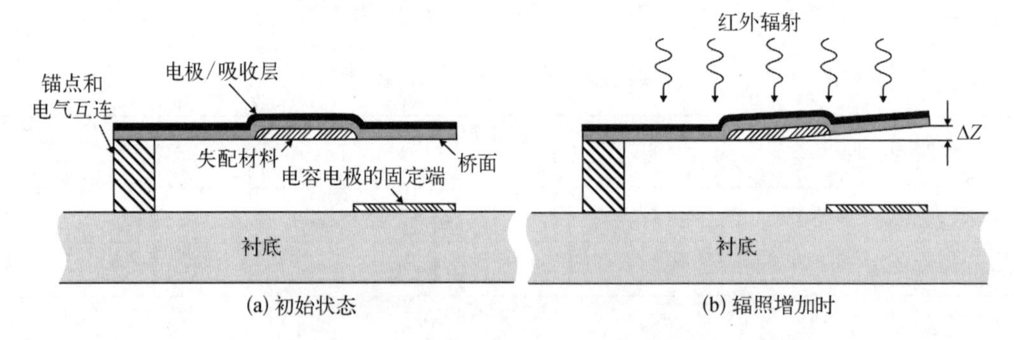

图 11.1 双材料微悬臂梁结构红外探测器的工作原理示意图

表 11.2 悬臂梁设计中经常使用的几种材料的特性

材料	杨氏模量/GPa	导热系数/[W/(m·K)]	热膨胀系数/($10^{-6}K^{-1}$)	热容/[J/(kg·K)]	密度/($10^3\ kg/m^3$)	8~14 μm 波段的发射率
SiN_x	180	5.5±0.5	0.8	691	2.40	0.8
Au	73	296.0	14.2	129	19.3	
SiO_2	46~92	1.1	0.05~12.3	—	2.20	
Al	80	237.0	23.6	908	2.70	0.01
Si	100	135	2.6	700		

由于材料中存在的化学键的拉伸频率,氮化硅在红外波段确实有一些自然吸收。但为了提高像素的响应速度,需要减少 SiN 的质量,并降低厚度(厚约 300 nm),因此总的自然吸

收很小。为了提高吸收率,需要镀上一层金属薄膜来增强红外吸收,并在光学读出结构中作为可见光的良好反射层。

微悬臂梁性能的主要基本限制与热探测器本身的特性有关：背景波动限制和温度波动限制(见第 4 章)。

在热机械红外探测器的情况下,还存在一个附加的基本限制,是由于自身热能量引起的,与其悬浮微结构的自发微观机械运动(振荡)有关。对于大多数读出方式而言,这些振荡与温度变化引起的弯曲难以区分,可直接计入探测器噪声[11,29]。根据 Sarid[30]的研究,热机械噪声在低频下与频率无关,悬臂尖端位移噪声等于：

$$\langle \delta z_{\mathrm{TM}}^2 \rangle^{1/2} = \left(\frac{4kT\Delta f}{Qk_s\omega_0} \right)^{1/2} \tag{11.1}$$

式中,Q(品质因数)为共振频率 ω_0与共振峰宽的比率;k_s为弹性常数,定义为施加到微悬臂梁的力除以尖端位移的比值。另一种模型预测,当阻尼是固有摩擦过程而不是介质的黏性阻尼时,热机械噪声的密度在机械共振频率下遵循 $1/f^{1/2}$的变化趋势[31]。

由式(11.1),在热机械噪声作用下,噪声等效功率(noise equivalent power, NEP)和探测率的理论极限为

$$\mathrm{NEP} = \frac{1}{R_z}\left(\frac{4kT\Delta f}{Qk_s\omega_0} \right)^{1/2},\ D^* = \frac{1}{R_z}\left(\frac{4kT}{AQk_s\omega_0} \right)^{1/2} \tag{11.2}$$

式中,R_z为探测器的响应度。

热机械探测器的一个重要优点是它们基本上没有固有的电子噪声,并且可以与多种具有很高灵敏度的读出技术结合使用。根据读出技术的不同,新型非制冷探测器可分为：

(1) 电容读出[11,13-17];

(2) 光学读出[5,7,9,11,12,18-20,22-25];

(3) 压阻效应[3,4];

(4) 电子隧穿[32]。

11.1.1 电耦合悬臂梁

在电耦合热传感器中,悬臂梁的弯曲会改变其电容。这种电容变化被转换成与吸收的红外光的量成正比的电信号。所有不需要的外部振动都是使用主动调谐的 RC 谐振电路来进行衰减的。例如,图 11.2 显示了电容耦合探测器的工作原理图,其中可变平板式微悬臂电容传感器构成了桥式电路的一个臂[16]。在参考电压 V_{ref}附近,将对称且相位相反的电压脉冲$\pm V_s$分别施加到悬臂梁电容传感器 C_s 与桥式参考电容器 C_R。如果 C_s和 C_R相同,则电容器之间公共节点处的电压为 0。当红外辐射落在微悬臂梁上时,梁将向上移动,增大电容器间隙,从而减小探测器电容,并在增益和积分器电路的输入端产生偏移电压 V_g。

当探测器温度从 T_0增加到 T 时,微悬臂梁尖端的变形[图 11.1(b)]可表示为[16]

$$\Delta Z = \frac{3L_p^2}{8t_{\mathrm{bi}}}(\alpha_{\mathrm{bi}} - \alpha_{\mathrm{subs}})(T - T_0)K_0 \tag{11.3}$$

式中,L_p为微悬臂梁探测器的双材料部分的长度;α_{bi}与 α_{subs}分别为双材料和衬底材料的热

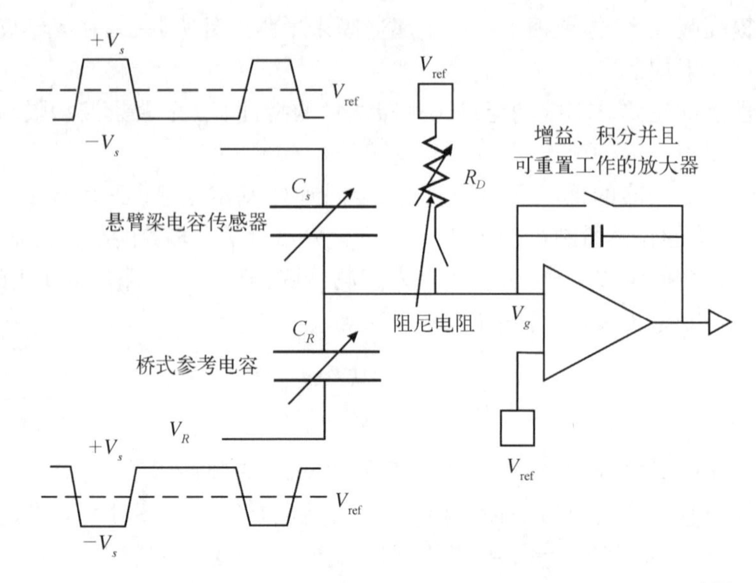

图 11.2　微悬臂梁桥式电路、阻尼电阻和信号增益放大器的示意图[16]

膨胀系数(thermal coefficients of expansion,TCE);t_{bi}为高 TCE 双材料的厚度;常数 K_0 由式(11.4)给出:

$$K_0 = \frac{8(1+x)}{4+6x+4x^2+nx^3+1/nx} \tag{11.4}$$

式中,$x=t_{subs}/t_{bi}$为衬底与双材料厚度的比值;$n=E_{subs}/E_{bi}$为衬底与双材料的杨氏模量的比。式(11.3)和式(11.4)表明,采用热膨胀系数相差较大的双材料和优化悬臂梁的几何形状可以获得最大弯曲能力的微悬臂梁。

探测器的电压响应率(单位为 V/K)由式(11.5)给出:

$$R_v = \frac{V_s C_s}{C_T Z_{gap}} \frac{\Delta Z}{\Delta T} \tag{11.5}$$

式中,Z_{gap}为传感器中的有效真空间隙;C_T为运算放大器输入端之前的总电容。

类似于测辐射热计的电阻温度系数(TCR),对于电耦合悬臂梁,可以定义其电容温度系数(temperature coefficient of capacitance,TCC):

$$\text{TCC} = \frac{1}{C_s} \frac{\Delta C}{\Delta T} = \frac{1}{Z_{gap}} \frac{\Delta Z}{\Delta T} \tag{11.6}$$

对于电容式传感器,已测量到 TCC>30%/K[17]。根据所需的动态范围不同,性能可以更高,最高可达 100%/K。对于工作在恰当频率、具有合适阻尼的传感器阵列,热机械噪声与背景热导噪声相当或更小。目前器件的主要噪声来自读出电路(readout integrated circuit,ROIC),包括 kTC^{-1}噪声、前置放大器和开关噪声。表 11.3 总结了不同像素结构时,各种噪声源模型下的 NEDT[33]。

表 11.3　不同尺寸微悬臂梁像元结构的 NEDT 噪声值[33]　（单位：mK）

像元尺寸	50 μm	25 μm	17 μm
背景热噪声	1.2	2.1	3.5
热扰动噪声	5.2	7.3	10.4
热机械噪声	0.7	0.7	1.0
ROIC 噪声源			
$1/f$ 噪声和白噪声	9.7	7.1	7.4
kTC^{-1} 噪声	7.0	8.7	15.1
开关和其他相关噪声	可忽略	可忽略	可忽略
总的 NETD	13.1	13.7	19.8

金属-陶瓷双材料设计的悬臂梁，其热膨胀系数的典型差异基本限制在 $\Delta a<20\times10^{-6}\ K^{-1}$ 内。最近有人提出，易膨胀聚合物纳米层的驱动效率更高，再加上低的导热系数，聚合物-陶瓷双材料悬臂梁可以显著地提高热致弯曲，$\Delta a<200\times10^{-6}\ K^{-1}$[34]。聚合物刷层、银纳米颗粒和碳纳米管的组合等新的复合结构被引入，以增强红外吸收和纳米复合涂层。这种新的悬臂梁设计的热敏感度比金属涂层的同类产品提高了近 4 倍。现阶段聚合物陶瓷悬臂梁的主要劣势是与传统的微加工技术不兼容。

使用氮化硅进行隔热，微悬臂式红外探测器可以在 50 μm^2 像素尺寸时获得低至 5 mK 的 NEDT[13]。然而，在充分发挥潜力之前，还需要解决几个重要问题。我们可将其分为以下 3 个方面：① 微机械系统固有的机械噪声；② 大规模阵列中微悬臂梁的不均匀性；③ 热红外探测器对环境温度变化的高灵敏度。

通过调整微悬臂梁的共振频率和刚度，可以在很大程度上消除机械噪声的影响。图 11.3(b)所示的肋形单像素结构可以增强叶片和隔热臂的刚度。双材料臂上的横向波纹结构用于解决分层问题并提高双材料的响应度。图 11.3(b)还给出了一种像素设计，可以不受环境温度变化和其他机械应力干扰的影响[35]。传感器包含第二个双材料和隔热结构[图 11.3(a)]。工作原理如下：

(1) 当环境温度升高时，A 段悬臂向上弯曲；

(2) B 段悬臂支撑点跟随 A 段悬臂的运动；

(3) B 段悬臂跟踪较低的温度(辐射负载除外)；

(4) B 段悬臂弯曲并保持电容板与基板的距离相同。

红外传感(A 段)和附加(B 段)结构对环境温度的变化做出相同但相反的响应，从而使悬臂梁中由基板温度引起的任何运动相互抵消。实际上，B 段悬臂在 A 段悬臂的后面，而不是在它的上方[图 11.3(b)][33]。补偿结构还具有额外的优点，可以抵消在探测器制造过程中产生的剩余应力而导致的双材料和隔热臂的机械弯曲。

2003 年，田纳西州诺克斯维尔的萨克兰微系统公司在美国推出了世界上第一台基于硅

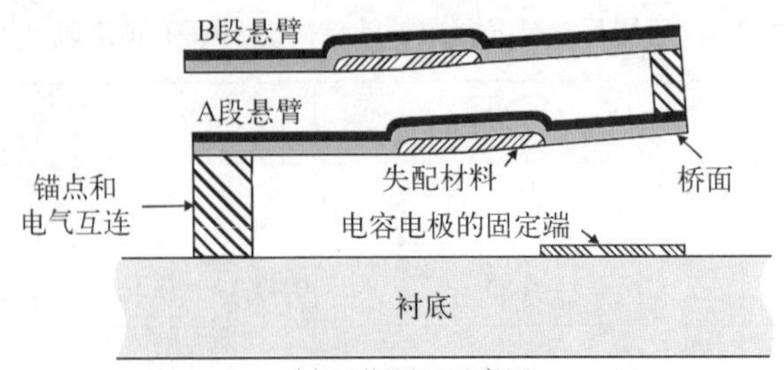

(a) 工作原理示意图

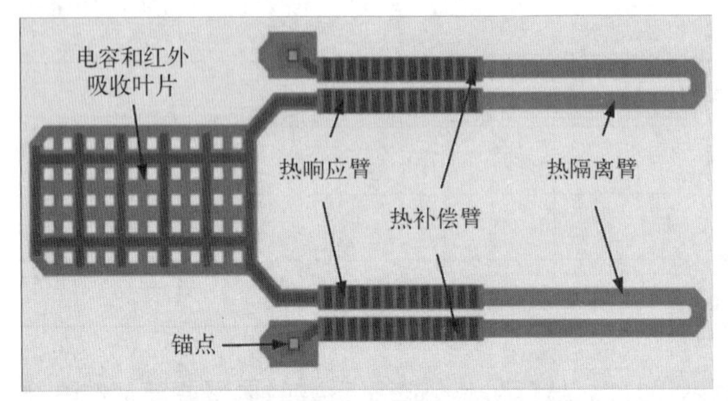

(b) 多光谱成像设计的25 μm像元热补偿结构

图 11.3 环境温度补偿

MEMS 技术的非制冷红外相机。图 11.4(a)显示了 320 像素×240 像素阵列的平面显微照片。每个悬臂梁是在硅集成电路衬底上用碳化硅(SiC)微加工制成的,并覆盖一层薄的金属吸收层,构成空气隙电容器的顶板。它由两个 U 形臂支撑,这两个臂的端点固定。臂的内部镀有双材料薄膜,外部提供传感元件和衬底读出电路之间的电互连与热绝缘。图 11.4(b)显示了用于热成像仪的评估套件。

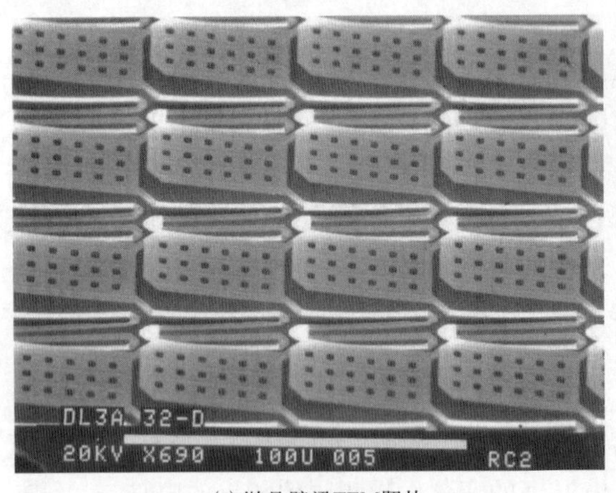

(a) 微悬臂梁TEM照片

(b) 带有MEMS探测器阵列的评估套件

图 11.4 第一款 320 像素×240 像素 MEMS 工艺非制冷红外探测器阵列(萨克兰微系统公司)

萨克兰微系统公司在当年晚些时候遇到了技术难题,之后在 2005 年,多光谱成像公司通过 ORNL 获得了这项技术在全球范围内的独家商业化许可。虽然基于悬臂梁的传感器似乎提供了相当大的潜力,但其他非制冷高性能热传感阵列的研究并未就此止步。

新想法是受生物启发的。例如,火甲虫在 50 km 外就能探测到森林火灾,因为被烧毁的树木为它们的幼虫提供了发育和孵化成虫的环境。这种甲虫通过一种称为“凹陷器”的特殊结构来探测红外辐射,这种结构包含 60~70 个传感器,被称为“感受器”。每个感受器由一个与甲虫外壳相同的材料制成的微小球体组成,并通过神经连接到高敏感的机械性感觉细胞。外层球体吸收入射的红外辐射,温度变化导致球体膨胀。这个微机械变化由机械性感觉细胞测量,并产生神经元信号。

最近,Siebke 等[36]提出了一种基于火甲虫探测器官的非制冷红外传感器的仿生结构(图 11.5),其中充满流体的压力室可以吸收红外辐射。膨胀的流体使平板电容器的一个电极偏转,导致电容的变化。利用 MEMS 技术可将完整的探测器系统集成到一个面积为几个平方毫米的硅芯片中。

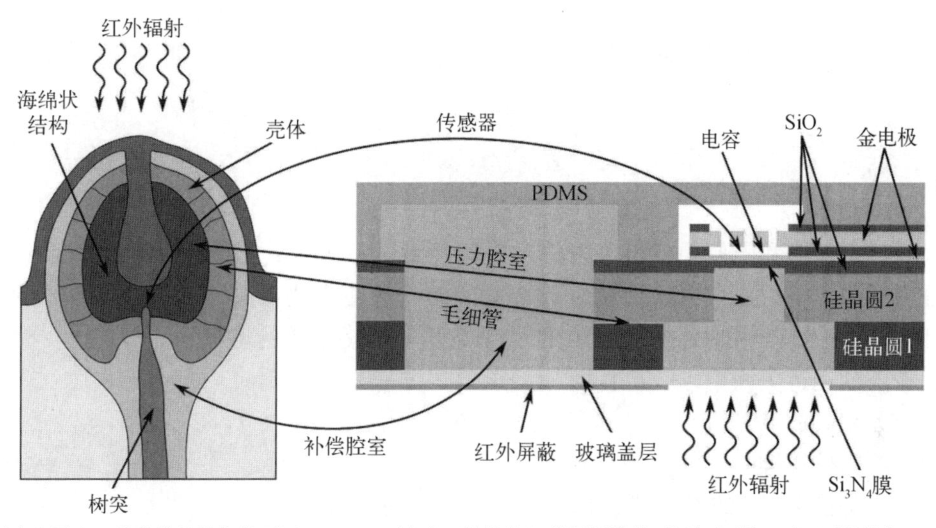

(a) 火甲虫红外感器的简化截面图　　(b) 人工结构的红外探测器截面图(两图的尺寸不对等)[36]

图 11.5　生物探测器对应的人工探测结构

对该悬臂式像元的热机械响应进行详细建模,可知热响应时间在 5~10 ms 内。这一理论预测已被实验数据证实[25]。与光子型探测器相比,这些热探测器的响应时间较慢。然而,微机械结构也可以用于光子型探测器,获得比微机械热探测器更快的响应时间和更高的性能[37-41]。

固体吸收光子导致温度变化和晶格热膨胀,进而在与入射光的幅度调制相对应的频率上产生声波。当硅微悬臂梁暴露在光子下时,产生的多余载流子会产生电子应力,从而使半导体微悬臂梁发生偏转(图 11.6)[38]。半导体中电子和空穴的产生可以导致局部产生机械应变。表面应力 S_1 和 S_2 在稳态时是平衡的,沿着微悬臂梁的内侧平面产生径向力 F_r。当暴露在光子下时,这些应力变得不平衡,从而产生弯曲力 F_z,使微悬臂梁的尖端位移。弯曲的程度与辐射强度成正比。

Datskos 等[39-41]的结果表明微结构是 MEMS 光子探测器技术中的重要发现,并有望为进一步的发展提供基础。然而,到目前为止,这方面的进展还很小。

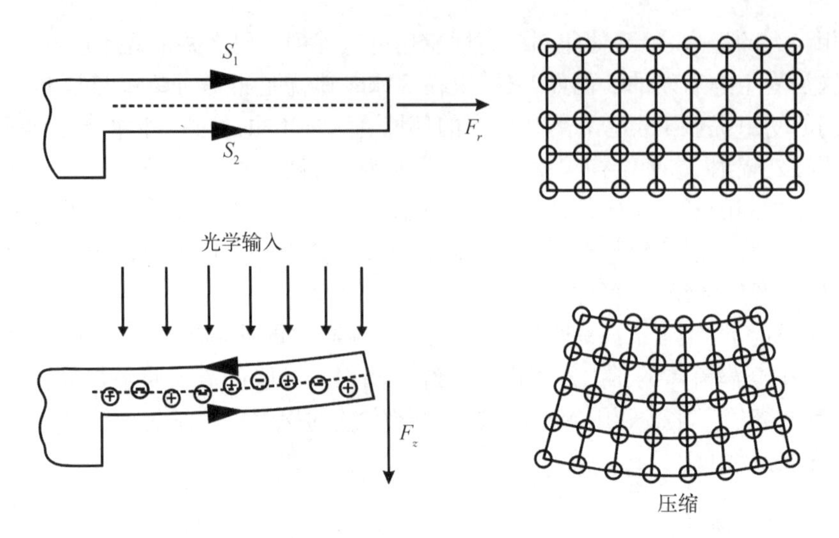

图 11.6 辐照下半导体微悬臂梁弯曲过程的示意图

表面应力 S_1 和 S_2 在稳态时是平衡的。硅晶格结构在产生电子空穴对后，将伴有晶格压缩变形[38]

11.1.2 光耦合悬臂梁

红外辐射探测和图像重建也可以使用光学技术的单个像元微悬臂的偏转，该光学读出技术是由标准原子力显微镜成像系统改造而成的[5]。使用此方法，阵列不需要金属化以单独寻址每个像素。与电耦合悬臂梁相比，光学读出有许多重要的优点[22]：

(1) 阵列制造更简单，成本更低；

(2) 无须集成 ROIC；

(3) 不需要矩阵寻址的布局复杂性；

(4) 消除了 ROIC 的寄生热量；

(5) 像素和基板之间没有电接触，消除了热泄漏路径。

然而，上述方法最重要的实际意义在于，它们可以直接扩展到更大(>2 000×2 000)的阵列[12]。

对于特定的微悬臂梁阵列，单个像元的响应率可能会有轻微的差异，此外，部分像元可能会受到轻微的压力。因此，其中有些像元的变形将不会被读出。幸运的是，最近开发的计算算法可以修复包含丢失或退化像元信息的图像或视频[12]。

图 11.7 为非制冷型光学读出的红外成像系统[42]。它由红外成像透镜、微悬臂焦平面阵列和光学读出器组成。来自 LED/激光器的可见光通过准直透镜转换为平行光。随后，平行光被 FPA 的像素反射，然后通过变换透镜。在变换透镜的后方焦平面上，反射衍射光形成悬臂梁阵列的光谱。当入射的红外光通量被像素吸收时，它们的温度升高，然后导致悬臂梁的微小偏转。可见光反射分布的变化由传统的 CCD 或 CMOS 相机采集和分析。安装在相机上的小光圈镜头可以实现所需的角度到强度的转换。这个简单的光学读出器使用功率为 1 mW 的光束，而每个 FPA 像素的功率是几 nW。相机的动态范围、内部噪声和分辨率在很大程度上决定了系统的性能。

在光-机械成像系统中，红外传感器阵列与读出部分在物理上是分开的。光学读出架构

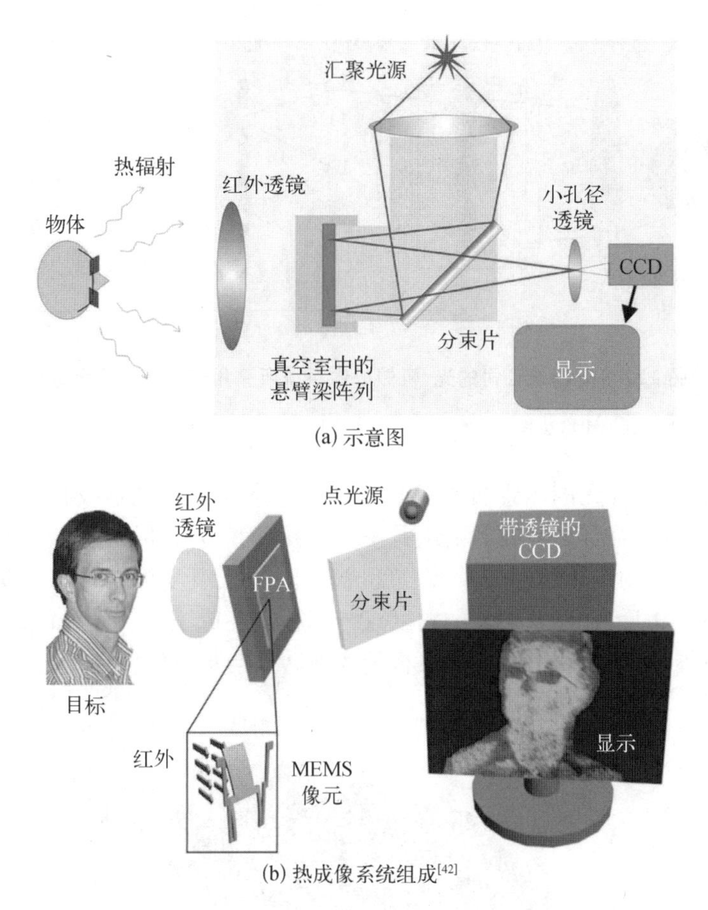

(a) 示意图

(b) 热成像系统组成[42]

图 11.7　非制冷型光学读出的红外成像系统

的模块化设计提供了比测辐射热计更多的自由度，从而消除了基本性能上的制衡，如 NETD 与热学时间常数。Zhang 等[43]提出的光-机械成像仪的帧频最高可达 1 000 帧/秒。

为了将制造复杂性降到最低，Datskos 等[42]设计了一种只涉及三个光刻步骤并可以借助成熟的表面微加工方法的 FPA 制造工艺流程。该工艺从双面抛光硅片开始，为了制备用于悬空结构的 5 μm 高的锚柱，用光刻胶掩模图形化，并使用 SF_6 反应离子刻蚀技术刻蚀。然后，利用等离子体增强化学气相沉积(plasma-enhanced chemical vapor deposition，PECVD)在 250℃的 Si 表面上沉积 6.5 μm 厚的氧化硅牺牲层，再进行化学机械抛光，使表面平整，直到留下与柱子齐平的 4.5 μm 厚的氧化层。选择该牺牲层厚度，以在 Si 衬底和像元之间形成一个优化的谐振腔。接下来，在平坦的氧化层上沉积 600 nm 厚的 SiN_x 层。在此步骤之后，在先前沉积的 5 nm 厚的 Cr 黏合层上用电子束蒸发 Au 金属层。第二次光刻涉及蒸发在 SiN_x 上的 120 nm Au 层的剥离图案化，其对应于双材料梁的腿部和像元头部反射区域的叠加。在第三次光刻中定义 SiN_x 层中探测器的几何形状。最后，通过在 HF 中进行湿法腐蚀，然后漂洗和用 CO_2 临界干燥方法去除牺牲层。

在安捷迅公司制造的光-机械成像仪中，由 LED 提供的读出光照亮空间变化的偏转像元，这些像元使用 4f 光学读出系统同时投影到 CMOS 成像仪上(图 11.8)[44]。安捷迅公司已经发布了这款太赫兹光谱区域的成像仪[45]。

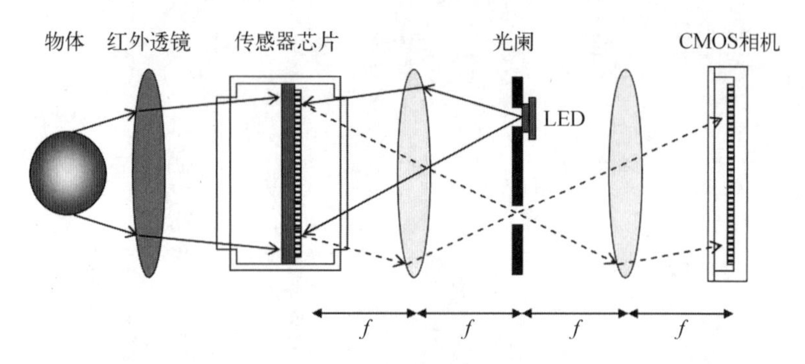

图 11.8 安捷迅公司的光-机械成像系统所采用光读出方式示意图

探测芯片、光圈及 CMOS 成像芯片由第一读出透镜和第二读出透镜分隔开,间距均为焦距 f [44]

热补偿型光-机械像元的示意图如图 11.9 所示。它包含由光学吸收腔隔开的介质吸收层和金属反射层,以增强红外吸收。两组臂——补偿臂和传感器臂连接在一起,将页板与基板热隔离。传感器臂的偏转角度与页板温度成正比,页板温度等于衬底温度加上从场景中吸收的任何热量。相反,补偿臂偏转的角度仅与基板温度成正比。设置臂的位置,使得补偿臂的旋转与传感器臂的旋转相反,因此页板的净偏转仅与场景温度成正比。

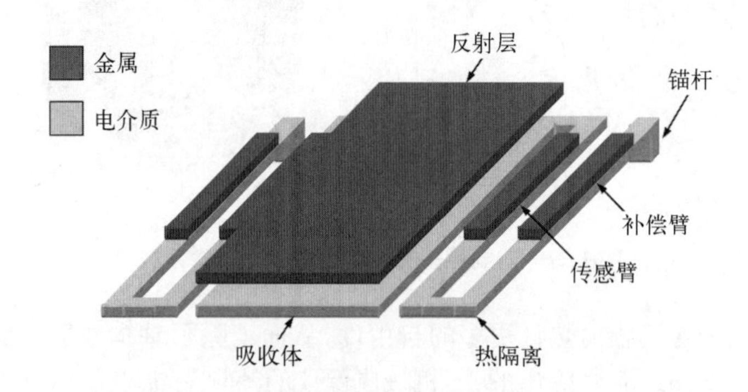

图 11.9 热补偿型光-机械像元的示意图[46]

到目前为止,悬臂式红外成像设备的灵敏度比理论预测的要低。有许多方法可以提高灵敏度,包括设计、改进工艺及优化读出系统。理论预测表明,微悬臂梁的灵敏度与悬臂梁与衬底之间的间隙成反比[47]。悬臂梁通常锚定在硅衬底上,它们之间的间距为 2~3 μm。小间隙会获得高性能,但小间隙也会产生黏滞,以及牺牲层残留在释放的结构中而导致的问题。此外,红外光通量必须通过硅衬底,只有 54%的入射辐射可以到达悬臂梁。在此基础上,探索了新的设计结构。

其中一种新颖的设计是基于光学读出方法的无衬底非制冷红外探测器[25]。该探测器由双材料悬臂梁阵列组成,硅衬底在制作过程中被完全消除。该结构的示意图如图 11.10 所示。具有 1 μm 厚的 SiN_x 主结构层的悬臂梁包括一个红外吸收器/反射器、两个双材料臂和两个隔热臂。在红外吸收体和双材料臂上分别沉积了较薄的 Au 反射层和较厚的 Au 双材料层。开发的体硅工艺,包括硅玻璃阳极键合和深反应离子刻蚀,以去除衬底硅并为每个焦平面像素形成框架。光谱分析表明,在背照射模式下的双面抛光基板导致大约 50%的入射红外通量损失[2]。该悬臂梁像元的热机械灵敏度为 0.11 μm/K。

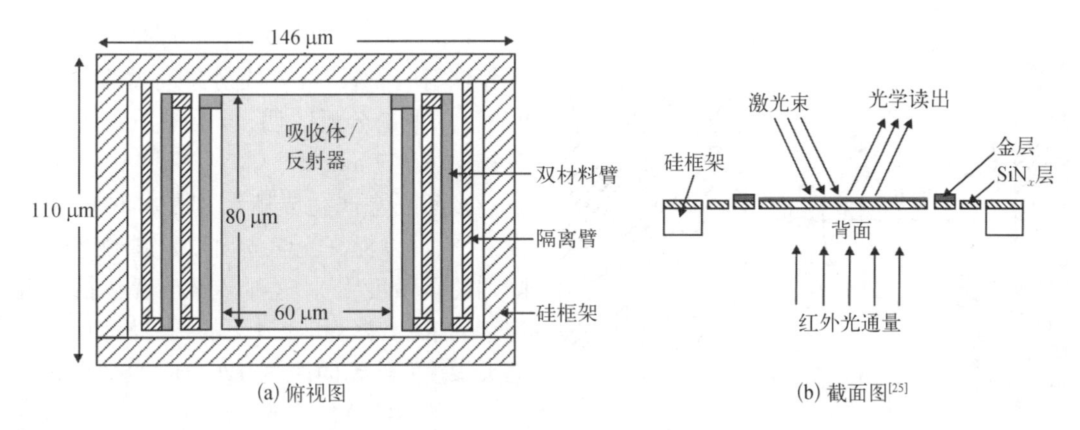

(a) 俯视图　　(b) 截面图[25]

图 11.10　悬臂梁像元的示意图

探测器微加工工艺的简单性对于商用红外探测器是具有竞争力的关键因素。Steffanson 等[48]提出了仅由四个光刻步骤组成的不同设计,采用不同的微加工技术。拱形传感器采用低压化学气相沉积的氧化物作为牺牲层,氮化物作为拱形结构,实现了高性价比的批量制备。图 11.11 显示了硅基轨道上自支撑微悬臂梁阵列的显微照片。

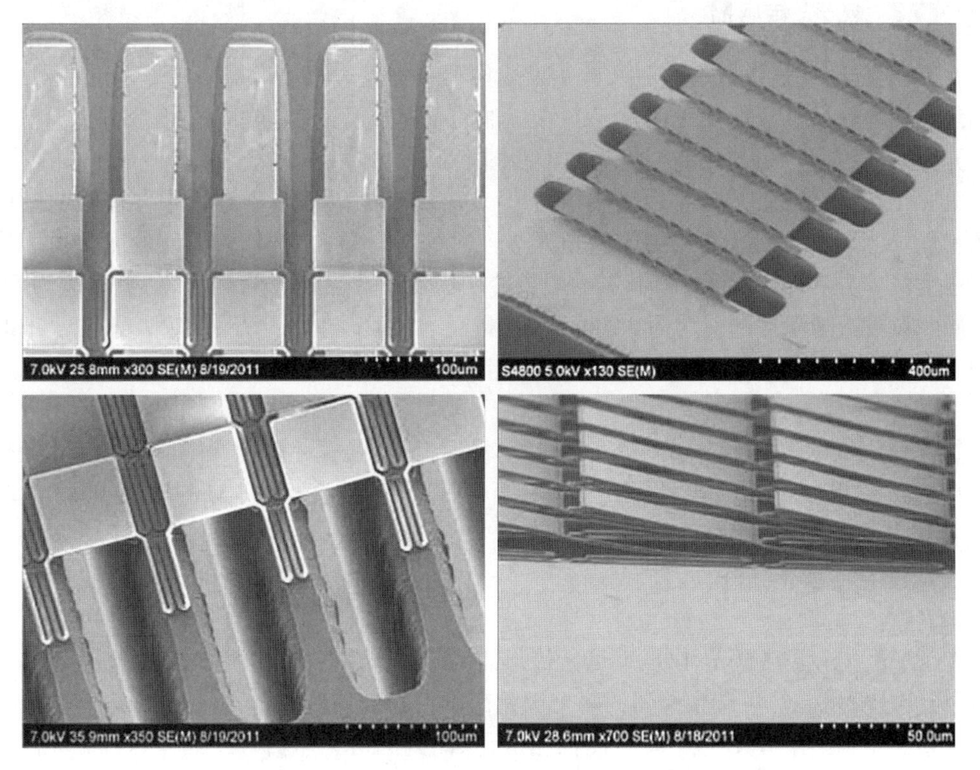

图 11.11　硅基轨道上的自支撑悬臂梁阵列的显微照片[2]

无衬底光学读出 FPA 的另一个改进是引入两个双材料层的悬臂梁像元[49]。悬臂式像素的顶层由两种 TCE 失配较大的材料组成: SiN_x 和 Au,它们将红外辐射转换为机械偏转(图 11.12)。底层也是 SiN_x 悬臂,部分起到热隔离支腿的作用。这样的几何形状形成了谐振

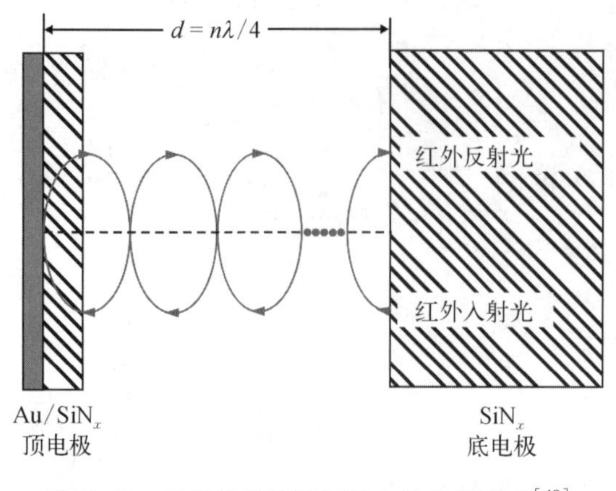

图 11.12 无衬底结构谐振腔中的光学模式[49]

腔，再加上无衬底的设计，大大增强了入射红外辐射的吸收（红外辐射穿过底部 SiN_x 吸收板）。理论分析表明，该成像系统的温度分辨率可达 7 mK。

多间隔金属化支腿结构是一种创新的设计，它可以提高光学读出双材料微悬臂梁阵列的灵敏度[24]。这种多重配置包括交替连接的未金属化和金属化的腿。然而，测量的灵敏度（对于间距为 120 μm 的 160×160 个元件的 NETD 约为 400 mK）远远低于理论值（28.1 mK）。因此，随着制造工艺的改进和使用更低噪声的光学读出，预期可以有更好的性能。最近，土耳其科萨大学的一个研究小组提出了一种 35 μm 像元间距的热机械 MEMS 探测器[50]。尽管像元间距很小，但测量到的 NETD 可以与像元尺寸更大的最先进的传感器媲美。

11.1.3 热-光传感器

在第一批非扫描红外成像仪中，有蒸发成像器和吸收边缘成像器。在蒸发成像器中，辐射聚焦在涂有一层油膜的黑化薄膜上[51,52]。油的差速蒸发速率与辐射强度成正比。然后用可见光照射薄膜以产生与热像相对应的干涉图案。

第二个热成像设备是吸收边缘成像器[53]。该器件的操作基于利用半导体吸收边的温度依赖性。当用阈值附近波长的单色光观察合适材料样品的透射时，温度的变化可表现为透射强度的差异。Harding 等[53]制造的图像转换器使用非晶硒作为半导体，吸收边为 580~660 nm。吸收边随温度的移动为 0.27 nm/℃，相当于能隙改变了 9.7×10^{-4} eV/℃[54]。Hilsum 和 Harding[55]讨论了吸收边缘成像器的理论与应用。他们指出，在高于环境温度 10℃ 的情况下，可以对物体进行成像。

这两种成像设备的性能都很差，因为时间常数很长（长至几秒钟），空间分辨率也很低。

最近业内提出了新一代具有光学读出功能的固态热敏器件。Carr 和 Setiadi[56]基于相变材料开发出热释光像元，其吸收随温度变化。Secundo 等[57]提出了基于热敏电光双折射晶体波导的敏感元阵列。Flusberg 等[58,59]描述了另一种基于高 TCE 聚合物膜干涉的方法。

图 11.13 显示了热释光红外-可见光传感器的基本概念。来自场景的红外辐射成像在红外-可见换能器上。热可调换能器的每个像元都可作为波长转换器，将红外辐射转换成可被可见光传感器（眼睛、CCD 或 CMOS 图像相机）探测到的可见光信号。红外到可见光的转换是用可见光观察像元的温度变化来实现的。为了将红外辐射和可见光辐射结合起来，使用了高透过率分束器。图 11.13 中所示的可见光反射式换能器可能是透射式的。它类似于测辐射热计，但会有光学像差。

红移公司的热光阀（thermal light valve，TLV）就是最新设计的光学读出热释光直接观察成像仪的一个例子[60,61]。TLV 芯片基于宙斯盾半导体公司为电信应用开发的一类光学有源薄

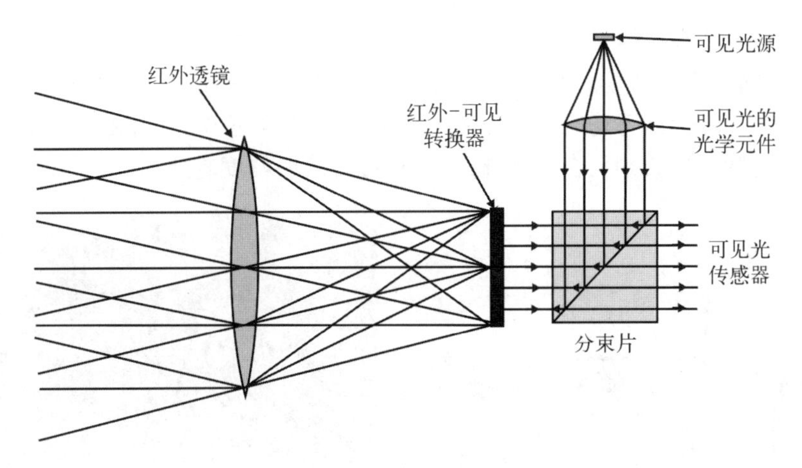

图 11.13　热释光传感器的概念

膜[62]，并将可热调谐的法布里-珀罗（Fabry - Perot）带通滤波器（像元）安装在热阻柱上，再分布在光学反射层和导热基板上［图 11.14(a)］。利用 CMOS 相机测量近红外探测信号（使用 850 nm 垂直腔面发射激光器）在每个像元上的反射变化，得到热像。由于从 TLV 反射的近红外探测信号取决于入射的红外辐射，所以 CMOS 相机所接收到的光强可以被观测场景的红外特征有效地加以调制。

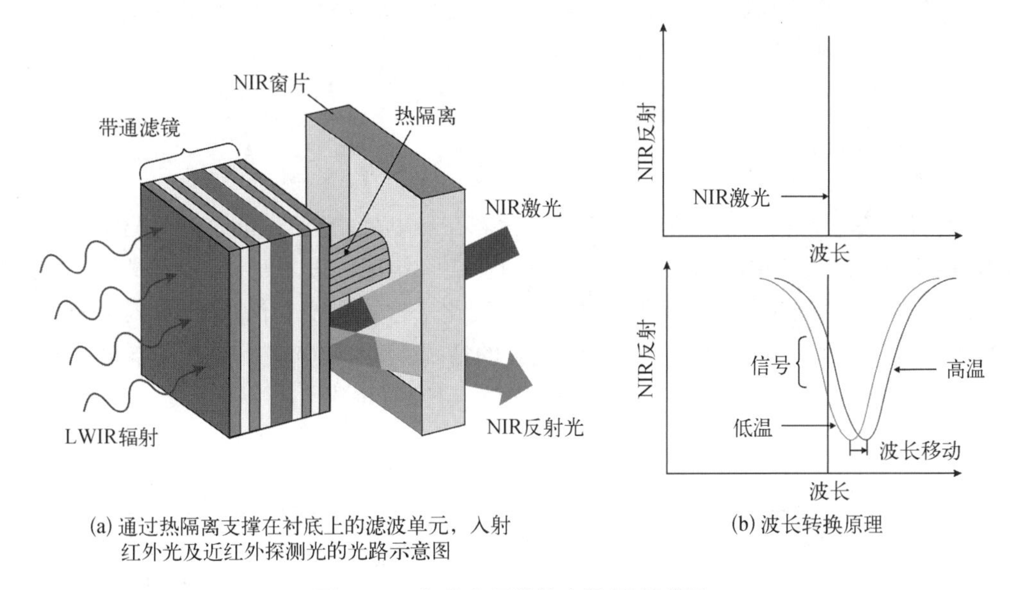

(a) 通过热隔离支撑在衬底上的滤波单元，入射红外光及近红外探测光的光路示意图　　(b) 波长转换原理

图 11.14　红移公司的热光阀 TLV 像元

法布里-珀罗结构基于高折射率 a - Si 和低折射率 SiN_x 薄膜，多年来已广泛地用于太阳能电池和平板显示器。这些材料是使用 PECVD 沉积的。这项技术可以在大批量生产环境中生产均匀、致密的材料。通过改变腔体（厚度和折射率的乘积）可以实现滤光片的光谱可调谐。红移公司是通过改变折射率来实现光谱可调谐的。a - Si 层的折射率在 300 K 时以 6×10^{-5} K^{-1}的速率随温度变化（按折射率归一化）。

图 11.15 显示了热光阀 TLV 的设计和可调控二维滤波器阵列的扫描电子显微镜照

片[61]。该阵列由传感滤波器和参考滤波器组成，仅传感滤波器接收来自场景的 LWIR 辐射，两者都通过隔热锚连接到基板。在其基态下，滤光片阵列形成反射近红外探测光束的反射镜。由于红外辐射加热，传感滤光器的温度与基片和其参考滤光器的温度不同。这样反射的探测光束发生相位移动，并且在近红外读出波段，其反射幅度增加。

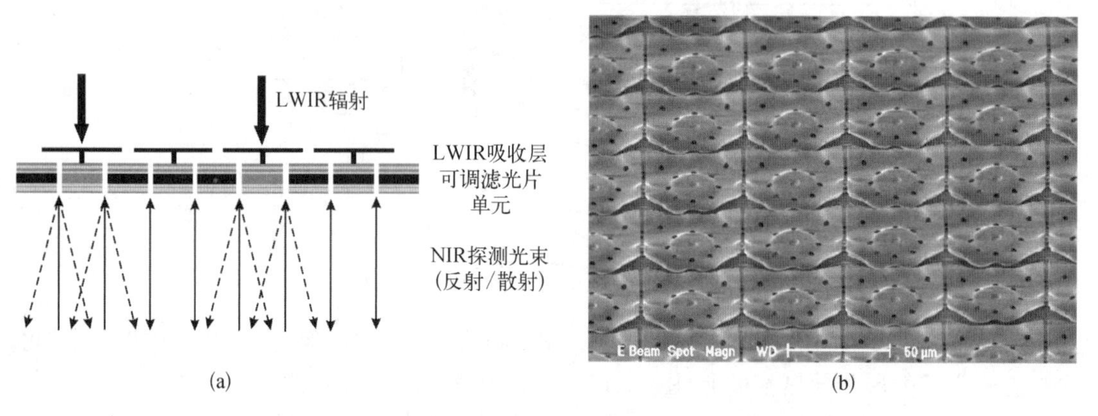

图 11.15 热光阀 TLV 的设计和可调控二维滤波器阵列的扫描电子显微镜照片[61]

利用上述技术，红移公司在 8~12 μm 长波红外区制备出光谱灵敏度为 150 mK 的 160×120 像元热像仪。由于与微测辐射热计相比，成本较低（性价比相差约 5 倍），该相机可用于大批量应用，如视频安全和汽车主动安全应用。

11.2 热传感器的比较

表 11.4 总结了热探测器的基本特性[29,63,64]。在热电堆中，信号形式是电驱动电压 ΔV。测辐射热计通过载流子浓度的变化和迁移率的变化来检测温度本身，信号形式为电阻变化 ΔR。热释电方案通过介电常数变化和自发极化变化来检测温度变化，信号形式为极化强度变化 ΔQ。在热机械红外探测器（如微悬臂梁）的情况下，本征响应率是根据器件的机械响应（即每单位吸收功率带来的位移，ΔZ）来定义的，单位为 m/W。

表 11.4 热探测器的基本参数

探测器类型	信号与温度的关系	特征参数	K	电学噪声功率密度/(W/cm²)	偏置功率/W
热电偶	$\propto \Delta T$	$\alpha_s = \frac{dV}{dT}$	$\alpha_s = \frac{dV}{dT}$	$4kTR$	无
测辐射热计	$\propto T$	$\alpha = \frac{1}{R}\frac{dR}{dT}$	$IR\alpha$	$4kTR$	I^2R
热释电	$\sim\propto \frac{dT}{dt}$	$p = \frac{dP}{dT}$	$\frac{pA\omega R}{(1+\omega^2\tau^2)^{1/2}}$	$\frac{4kTR}{1+\omega^2\tau^2}$	无

续　表

探测器类型	信号与温度的关系	特征参数	K	电学噪声功率密度/(W/cm^2)	偏置功率/W
正向偏置二极管	$\propto T$	$\alpha = \frac{dV}{dT}$	α	$\frac{4(kT)^2}{2I}$	IV
微悬臂梁	$\propto T$	$TCC = \frac{1}{Z_{gap}} \frac{\Delta Z}{\Delta T}$			

在实践中,热电堆被广泛地用于包括直流工作模式在内的低频应用。它们面临着来自热释电探测器和测辐射热计的激烈竞争,这些探测器和测辐射热计在高频应用下能提供更好的性能。测辐射热计可以与浸没式光学设计相结合,从而实现非常好的性能和约为 1 ms 的响应时间。由于热电堆中测量的是热结和冷结之间的温差,且冷结位于热沉上,此时冷结起着重要的温度参考作用,因此热电堆不需要工作温度稳定器,而测辐射热计需要。由于入射红外在吸收体处引起的温度变化远小于环境工作温度的变化,而且前置放大器很难根据整个工作温度变化的范围来获取电阻的相对变化,因此测辐射热计常常需要保持工作温度的稳定。为了提高电阻和介电常数的温度依赖性,实现较大的响应率,测辐射热计和热释电探测器通常采用具有转变点的热电材料,工作温度设定在转换点附近。在这种情况下,工作温度控制更是必需的。但是,需要注意的是,读出电路的改进可以省去测辐射热计的热电稳定部分。

热电堆探测器内部就有温度基准,因此不需要斩波调制。测辐射热计也不需要斩波器,因为它本身就能检测绝对温度。而热释电探测器需要斩波调制,因为它探测的是温度变化。此外,热释电探测器不能在振动较大的情况下使用,因为它容易受到声学噪声的不利影响。

参考文献

第三部分

红外光子探测器

第12章 光子探测器的原理

红外辐射与电子的相互作用可导致几种光效应，如光导、光伏、光电磁(photoelectromagnetic, PEM)、丹倍效应和光子牵引效应等。基于这些光效应，不同类型的探测器引起了人们的兴趣，但只有光导和光伏型(p-n结和肖特基势垒)探测器得到了广泛的开发。

光效应发生在具有内部势垒的结构中，本质上是光伏效应，当多余载流子被光学注入这些势垒附近时，就会产生光伏效应。内置电场的作用是根据外部电路使符号相反的载流子朝相反的方向移动。有几种结构可以用来观察光伏效应。这些器件包括p-n结、异质结、肖特基势垒和金属-绝缘体-半导体(metal-insulator-semiconductor, MIS)光电电容器。不同类型器件中的每一种对于红外探测都有一定的优势，具体取决于特定的应用。最近，更多的兴趣集中在与硅混成焦平面阵列(focal plane array, FPA)一起使用的p-n结光电二极管，用于在3~5 μm和8~14 μm光谱区域进行直接探测。在这一应用中，光电二极管比光电导更受欢迎，因为它们的阻抗相对较高，可以直接匹配到硅读出电路的输入级，并且功耗较低。此外，由于耗尽区的强场给予光生载流子很大的迁移速率，光电二极管的响应速度比光电导快。此外，光电二极管不会受到与光电导相关的许多缺陷效应的影响。

为了便于对不同材料探测器件的理解，本章将以统一的结构介绍不同类型的光子探测器的基本原理。

12.1 光电导探测器

关于光电导探测器已经发表了许多优秀的报道及论文[1-13]。许多人研究的是HgCdTe光电导，在过去的50年里，这一领域的工作几乎完全致力于这些探测器的发展。本节的目的是以最适合设计和应用的形式对光电导体的理论与原理进行新的描述。

12.1.1 本征光电导理论

光导探测器本质上是一个对辐射敏感的电阻器。光导探测器的示意图如图12.1所示。能量$h\nu$大于带隙能量E_g的光子被吸收，产生电子空穴对，从而改变半导体的导电性。对于直接带隙窄禁带半导体，其对光的吸收比非本征探测器高得多。

在几乎所有的情况下，电导率的变化都是通过连接到样品上的电极来测量的。对于样品电阻通常为100 Ω的低阻材料，光电导体通常采用图12.1所示的恒流电路工作。与样品电阻相比，串联负载电阻较大，探测的信号为整个样品上产生的电压变化。对于高阻光电导体，最好使用恒压电路，探测的信号为偏置电路中的电流变化。

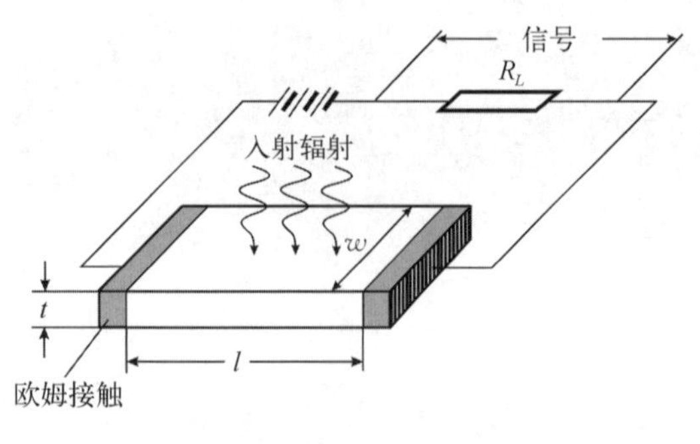

图 12.1 光导型探测器的示意图

我们假设信号光的光通量密度 $\Phi_s(\lambda)$ 入射到探测器区域，面积 $A = wl$，并且探测器在恒流模式下工作（即 $R_L \gg R$）。我们进一步假设，光场和偏置场都很弱，过剩载流子寿命 τ 对于多数载流子（majority carrier，多子）和少数载流子（minority carrier，少子）是相同的。为了推导出电压响应率的表达式，简单起见，我们采用一维方法。对探测器厚度 t 相对于少子扩散长度较小的情形，这样简化是合理的。我们也忽略了前表面和后表面的复合效应。首先，我们将考虑由于主体材料性质的影响而产生的简单光电导效应。

描述平衡激发（即稳态）下半导体的本征或非本征光电导性的基本表达式为

$$I_{\mathrm{ph}} = q\eta A\Phi_s g \tag{12.1}$$

式中，I_{ph} 是零频率（DC，直流）下的短路光电流，即在暗电流之外，由光辐射带来的电流增量。光导增益 g 由探测器的属性（即其所使用的探测效应、探测材料及探测器配置等）来确定。

一般来说，光电导是一种双载流子现象，电子和空穴的总光电流为

$$I_{\mathrm{ph}} = \frac{qwt(\Delta n\mu_e + \Delta p\mu_h)V_b}{l} \tag{12.2}$$

式中，μ_e 为电子迁移率；μ_h 为空穴迁移率；V_b 为偏置电压，以及

$$n = n_0 + \Delta n;\quad p = p_0 + \Delta p \tag{12.3}$$

n_0和 p_0为平均热平衡载流子浓度；Δn 和 Δp 为过剩载流子浓度。

假设电导率由电子主导（所有已知的高灵敏度光导体都是这种情况），并假设探测器对光的吸收均匀且完全，则样品中过剩电子浓度的速率方程为[14]

$$\frac{\mathrm{d}\Delta n}{\mathrm{d}t} = \frac{\Phi_s\eta}{t} - \frac{\Delta n}{\tau} \tag{12.4}$$

式中，τ 为过剩载流子寿命。在稳态条件下，过剩载流子寿命由式(12.5)给出：

$$\tau = \frac{\Delta nt}{\eta\Phi_s} \tag{12.5}$$

联立式(12.1)和式(12.2)，可得

$$g = \frac{tV_b\mu_e\Delta n}{l^2\eta\Phi_s} \tag{12.6}$$

再引入式(12.5)，得到光导增益为

$$g = \frac{\tau\mu_e V_b}{l^2} = \frac{\tau}{l^2/\mu_e V_b} \tag{12.7}$$

因此,光导增益可以定义为

$$g = \frac{\tau}{t_t} \tag{12.8}$$

式中,t_t 为电子在欧姆接触之间的传输时间,称为渡越时间。这意味着光导增益由样品电极之间的自由载流子寿命 τ 与渡越时间 t_t 之比给出。根据漂移长度 $L_d = v_d\tau$ 与电极间距 l 的大小关系,可以推出光导增益。$L_d > l$,意味着在一个电极上扫出的自由电荷载流子会立即被另一个电极上的等效自由电荷载流子注入所取代。因此,自由电荷载流子将继续循环,直到发生复合。

当 $R_L \gg R$ 时,负载电阻器两端的信号电压相当于开路电压:

$$V_s = I_{\text{ph}}R_d = I_{\text{ph}}\frac{l}{qwtn\mu_e} \tag{12.9}$$

式中,R_d 为探测器电阻。假设与暗态电导率相比,有辐射时电导率的变化很小,则电压响应率可表示为

$$R_v = \frac{V_s}{P_\lambda} = \frac{\eta}{lwt}\frac{\lambda\tau}{hc}\frac{V_b}{n_0} \tag{12.10}$$

式中,吸收的单色光功率 $P_\lambda = \Phi_s Ahv$。

式(12.10)清楚地显示了在给定波长 λ 下获得高光导响应率的基本要求:必须具有高的量子效率 η 、长的过剩载流子寿命 τ 、尽可能小的晶体尺寸、低的热平衡载流子浓度 n_0 和尽可能高的偏置电压 V_b。

频率依赖的响应率可由式(12.11)确定:

$$R_v = \frac{\eta}{lwt}\frac{\lambda\tau_{\text{ef}}}{hc}\frac{V_b}{n_0}\frac{1}{(1+\omega^2\tau_{\text{ef}}^2)^{1/2}} \tag{12.11}$$

式中,τ_{ef} 为有效载流子寿命。

以上给出的简单模型没有考虑与光电导工作的实际条件有关的附加限制,如扫出效应或表面复合。这些将在下面进行详细说明。

1. 扫出效应

式(12.11)表明,电压响应率随着偏置电压的增加而单调增加。然而,施加的偏置电压有两个限制,即热条件(探测器元件所产生的焦耳热)和少子的扫出。探测器的热导率取决于器件的制造过程。随着光电导技术向二维紧密排列面阵的发展,较小的单元尺寸(通常为 50×50 μm^2)成为一种趋势。如果过剩载流子寿命较长(77 K 时 8~14 μm 器件通常超过 1 μs,较高温度下 3~5 μm 器件超过 10 μs),则不能忽略电极、漂移和扩散对器件性能的影响。在中等偏置电场下,少子可以在相对于材料中的复合时间而言较短的时间内漂移到欧姆接触。欧姆接触处载流子这种移除方式称为扫出[15,16]。少子扫出效应限制了偏置电压 V_b 的最大值。在少子扩散长度超过探测器长度(即使在非常低的偏置电压下)的探测器中,有效载流子寿命可以显著缩短[17-21]。在低偏压下,少子的平均漂移长度远小于探测器长度 l,少数载流子寿命由扩散到表面和电极的复合过程决定。载流子浓度沿着样品长度是均匀的。在较高的外加电场下,少子的漂移长度等于或大于 l,一些过剩少子在电极上丢失,为

了保持空间电荷平衡,必须降低过剩的多子浓度。这样就减少了多子的寿命。应该指出的是,在一个欧姆接触处的大多数载流子的损失可以通过在另一个欧姆接触处的注入来补充,但是少数载流子不会被替换。在高偏压下,过剩载流子浓度沿样品长度分布不均匀。

根据 Rittner[15] 的研究,可以推导出扫出效应下光生过剩少子的浓度。半导体内的过剩载流子浓度 $\Delta p(x, t) = p(x, t) - p_0$ 受双极输运行为控制。稳态和电中性条件下,一维情况的双极连续性方程可写为

$$\frac{\partial^2(\Delta p)}{\partial x^2} + \frac{L_d}{L_D^2}\frac{\partial(\Delta p)}{\partial x} + \frac{\Delta p}{L_D^2} + G_s = 0 \tag{12.12}$$

式中,$L_d = \tau\mu_a E$ 为扩散长度,$\mu_a = \dfrac{(n_o - p_o)\mu_e\mu_h}{n_o\mu_e + p_o\mu_h}$ 为双极迁移率;$L_D = (D_D\tau)^{1/2}$ 为漂移长度,$D_D = \dfrac{D_e p_o\mu_h + D_h n_o\mu_e}{n_o\mu_e + p_o\mu_h}$ 为双极扩散系数。其他标记具有其通常的含义:$D_{e,h} = (kT/q)\mu_{e,h}$ 为各自的载流子扩散系数,G_s 为信号生成速率,$E = V_b/l$ 为偏置场强,k 为玻尔兹曼常量。

里特纳(Rittner)模型中的主要假设与 $x=0$ 和 $x=l$ 处金属-半导体界面的边界条件有关。在该模型中,假设该界面具有无限复合速率,这意味着光导体接触是完全欧姆性的。适当的边界条件为

$$\Delta p(0) = \Delta p(l) = 0 \tag{12.13}$$

式(12.12)的解可写为

$$\Delta p = G_s\tau[1 - C_1\exp(\alpha_1 x) + C_2\exp(\alpha_2 x)] \tag{12.14}$$

式中

$$\alpha_{1,2} = \frac{1}{2L_D^2}[-L_d \pm (L_d^2 + 4L_D^2)^{1/2}] \tag{12.15}$$

考虑边界条件式(12.13),可得

$$C_1 = \frac{1 - \exp(\alpha_2 l)}{\exp(\alpha_2 l) - \exp(\alpha_1 l)}; \quad C_2 = \frac{1 - \exp(\alpha_1 l)}{\exp(\alpha_2 l) - \exp(\alpha_1 l)} \tag{12.16}$$

对光电导性有贡献的载流子总数可以通过在样品长度上对式(12.14)积分得到

$$\Delta P = wt\int_0^l \Delta p(x)\,\mathrm{d}x$$

注意,信号生成速率 G_s 与总信号通量 Φ_s 和量子效率 η 之间是通过表达式 $G_s = \eta\Phi_s/t$ 联系起来的。那么

$$\Delta P = \eta\Phi_s\tau w\int_0^l [1 + C_1\exp(\alpha_1 x) + C_2\exp(\alpha_2 x)]\,\mathrm{d}x \tag{12.17}$$

可以改写为

$$\Delta P = \eta\Phi_s\tau_{\mathrm{ef}} \tag{12.18}$$

式中,$\tau_{\mathrm{ef}} = \gamma\tau$。

可以证明

$$\gamma = 1 + \frac{(\alpha_1 - \alpha_2)th(\alpha_1 l/2)th(\alpha_2/2)}{\alpha_1\alpha_2(l/2)[th(\alpha_2 l/2) - th(\alpha_1 l/2)]} \tag{12.19}$$

在此情形下,电压响应率为[3]

$$R_v = \frac{\eta}{lwt}\frac{\lambda\tau_{ef}}{hc}\frac{V_b(b+1)}{bn+p}\frac{1}{(1+\omega^2\tau_{ef}^2)^{1/2}} \tag{12.20}$$

式中, $b=\mu_e/\mu_h$, 低频调制下 ($\omega\tau_{ef}\ll 1$)

$$R_v = \frac{\eta}{lwt}\frac{\lambda\tau_{ef}}{hc}\frac{V_b(b+1)}{bn+p} \tag{12.21}$$

这样就得到了与式(12.11)类似的公式,除了载流子寿命 τ 换成了 τ_{ef}。因为 $\gamma\leqslant 1$, 所以总是 $\tau_{ef}\leqslant\tau$。与欧姆接触相关的载流子寿命退化问题可以通过使用叠层结构[17,18]、异质结接触[19,22,23]或高掺杂接触[18,19,23]来消除。

实际上,接触的特征是复合速度可以从无穷大(欧姆接触)到零(完全阻塞接触)。在后一种情况下,接触处更强烈的掺杂区域(例如,对于 n 型器件为 n^+)的内建电场会排斥少子,从而减少复合并增加有效寿命和响应率。Kumar 等[24,25]已经考虑了更复杂的封闭接触及其对本征光电导性能的影响。实验结果表明,接触复合速率最低可达几百[19,23,26] cm/s。

一般来说,光导体中的电场分布是不均匀的。在这种情况下,这些结构不能用解析方法来描述,需要数值解。数值计算技术已经被用来求解几种器件配置的载流子输运方程[21],通常使用范·鲁斯布鲁克(van Roosbroeck)模型[27](见 4.4 节)。

埃利奥特(Elliott)和戈登(Gordon)[20]分析了扫出效应对光导体性能的影响。只要在高偏置条件下,将 n 和 p 用略有不同的值 n' 与 p' 代替,式(12.20)和式(12.21)就可以继续适用。n' 与 p' 的值取决于少子的来源和少子注入接触的性质。一般情况下,响应率可以写成

$$R_v = \frac{\eta}{lwt}\frac{\lambda\tau_{ef}}{hc}\frac{V_b(b+1)}{bn'+p'} \tag{12.22}$$

式中, $\tau_{ef}=\tau\left[1-\frac{\tau}{\tau_a}\left\{1-\exp\left(-\frac{\tau_a}{\tau}\right)\right\}\right]$, $\tau_a=1/\mu_a E$ 为少子漂移距离为样品长度时所需的时间。

在非常高的偏置条件下,电压响应率饱和值为[20]

$$R_v = \frac{\eta q\lambda}{2hc}(1+b)\frac{\mu_h}{\mu_a}R' \tag{12.23}$$

式中, R' 为器件电阻;在 n 型材料中 $\mu_a=\mu_h$, 在 p 型材料中 $\mu_a=\mu_e$。

2. 光电导中的噪声机制

所有探测器都受到特定最小辐射功率的限制,如果是探测器可以响应的辐射能量,该限制来自探测器自身的噪声;否则的话就可能来自探测器后端电子系统的噪声。通过完善电路设计,包括采用低噪声放大等,可以将系统噪声降低到低于探测器的输出噪声。这方面的

讨论将不包括在本节中。

我们可以区分两组噪声：辐射噪声和探测器内部的噪声。辐射噪声包括信号波动噪声和背景波动噪声[28,29]。在大多数工作条件下，3.5 节中讨论的背景波动极限适用于红外探测器，而信号波动极限适用于紫外和可见光探测器。

即使在没有辐射的情况下，半导体中发生的随机过程也会在探测器中引起内部噪声。该噪声有两个基本过程：自由载流子的随机热运动引起的速度波动，以及热生成和复合速率的随机性变化引起的自由载流子浓度的波动[30]。

光子噪声电压可以根据范・德・泽尔（van der Ziel）的专著中提出的理论来计算[30]：

$$V_{\mathrm{ph}} = \frac{2\pi^{1/2}V_b}{(lw)^{1/2}t}\frac{1+b}{bn+p}\int_{\nu_0}^{\infty}\frac{\eta(v)v^2\exp(hv/kT_B)\mathrm{d}v}{c^2\left[\exp(hv/kT_B)-1\right]^2}\frac{\tau\,(\Delta f)^{1/2}}{(1+\omega^2\tau^2)^{1/2}} \tag{12.24}$$

式中，T_B 为背景温度；ν_0 对应于探测器长波限的频率 λ_c。

在光导探测器中通常存在多个内部噪声源，基本的有约翰逊－奈奎斯特（Johnson－Nyquist）噪声，又称热噪声和生成－复合（generation－recombination，gr）噪声。第三种不适合精确分析的噪声称为 $1/f$ 噪声，因为它的表现很接近于 $1/f$ 的幂律谱。

光电导的总噪声电压为

$$V_n^2 = V_{\mathrm{gr}}^2 + V_{\mathrm{J}}^2 + V_{1/f}^2 \tag{12.25}$$

约翰逊－奈奎斯特噪声与器件的有限电阻 R 有关。这种类型的噪声是由晶体中载流子的随机热运动造成的，而不是由这些载流子整体的波动造成的。它发生在没有外部偏置的情况下，根据测量方法的不同，表现为波动的电压或电流。红外光子探测器两端电压或电流的微小变化来自于随机到达两端的电荷。在带宽 Δf 中，约翰逊－奈奎斯特噪声电压的均方根由式(4.16)给出。这种类型的噪声具有“白”频率分布。

在有限偏置电流下，载流子浓度波动也会引起电阻变化，可以观察到这种超过约翰逊－奈奎斯特噪声的噪声。光导探测器中的这种类型的过量噪声被称为 gr 噪声。gr 噪声是由于晶格振动及随机复合而造成的自由电荷载流子变化。由于生成和复合过程的随机性，在随后的时间段中不太可能有完全相同数量的自由载流子。这会导致电导率的变化，这些变化将表现为流经晶体的电流的波动。

平衡条件下的 gr 噪声电压为

$$V_{\mathrm{gr}}^2 = 2(G+R)lwt\,(Rqg)^2\Delta f \tag{12.26}$$

式中，第一个括号中的 G 与 R 是体生成速率和复合速率。

根据半导体的内部属性，存在多种形式的 gr 噪声表述。Long[31]给出了近本征光导中噪声的表达式：

$$V_{\mathrm{gr}} = \frac{2V_b}{(lwt)^{1/2}}\frac{1+b}{bn+p}\left(\frac{np}{n+p}\right)^{1/2}\left(\frac{\tau\Delta f}{1+\omega^2\tau^2}\right)^{1/2} \tag{12.27}$$

在中频工作光导体的噪声频谱中，生成－复合噪声通常占主导地位。应该注意的是，在高偏压区，gr 噪声的表达式与低偏压区的不同[20]。

具有载流子寿命 τ 的非本征 n 型光电导的均方根 gr 噪声电流可写为[30]

$$I_{gr}^2 = \frac{4I^2\overline{\Delta N^2}\tau\Delta f}{N^2(1+\omega^2\tau^2)} \tag{12.28}$$

式中,N 为探测器中的载流子数。通常,在非本征半导体中,会有一些电子被深能级俘获,称为隐掺杂。如果深能级陷阱的数量比电子(电子是多子)的数量少,则方差 ΔN^2 等于 N[30]。流过器件的电流为 $I = Nqg/\tau$;因此

$$I_{gr}^2 = \frac{4qIg\Delta f}{1+\omega^2\tau^2} \tag{12.29}$$

$1/f$ 噪声的特征是在频谱中,噪声功率与频率近似成反比。红外探测器通常在低频下显示出 $1/f$ 噪声。在更高的频率下,振幅会低于其他类型的噪声:生成-复合噪声和约翰逊噪声。

$1/f$ 噪声电流的一般表达式为

$$I_{1/f} = \left(\frac{KI_b^\alpha\Delta f}{f^\beta}\right)^{1/2} \tag{12.30}$$

式中,K 为比例因数;I_b 为偏置电流;α 是值约为 2 的常量;β 是值约为 1 的常量。

一般来说,$1/f$ 噪声似乎与半导体的触点、内部或表面存在势垒有关。将 $1/f$ 噪声降低到可接受的水平是一门技术,这很大程度上取决于在制备电极和处理表面时所采用的工艺。到目前为止,还没有完全令人满意的一般性理论。解释 $1/f$ 噪声的两个最新模型是[32]:基于自由载流子迁移率波动的豪格(Hooge)模型[33]和基于自由载流子浓度波动的麦克沃特(McWhorter)模型[30]。

由豪格表达式描述的低频噪声电压为

$$V_{1/f}^2 = \alpha_H \frac{V^2}{Nf}\Delta f \tag{12.31}$$

式中,α_H 为豪格常数;N 为载流子数。通常,低频定义为 $1/f$ 噪声拐点处的频率 $f_{1/f}$:

$$V_{1/f}^2 = V_{gr}^2\frac{f_{1/f}}{f} \tag{12.32}$$

豪格常数和 $f_{1/f}$ 的值通常被认为是器件的相关技术属性。然而,有些量子 $1/f$ 噪声理论会将 $1/f$ 噪声描述为基本的材料特性[7]。豪格常数测量值在 $3.4\times10^{-5} \sim 5\times10^{-3}$ 内,低于根据现有理论计算的下限[34]。

3. 量子效率

在大多数光导体材料中,内部量子效率 η_0 近乎是 1,也就是说,所有被吸收的光子几乎都对光导现象有贡献。对于具有表面反射系数 r_1 与 r_2(分别位于顶面和底面)和吸收系数 α 的探测器(图 12.1),y 方向内部光生电荷的分布为[35]

$$S(y) = \frac{\eta_0(1-r_1)\alpha}{1-r_1r_2\exp(-2\alpha t)}[\exp(-\alpha y) + r_2\exp(-2\alpha t)\exp(-\alpha y)] \tag{12.33}$$

外量子效率就是该函数在探测器厚度上的积分:

$$\eta = \int_0^t S(y)\,dy = \frac{\eta_0(1-r_1)[1+r_2\exp(-\alpha t)][1-\exp(\alpha t)]}{1-r_1r_2\exp(-\alpha t)} \tag{12.34}$$

当 r_1 和 r_2 相等即均为 r 时,量子效率简化为

$$\eta = \frac{\eta_0(1-r)[1-\exp(\alpha t)]}{1-r\exp(-\alpha t)} \tag{12.35}$$

本征探测材料往往具有高吸收,因此,在实际设计良好的探测器组件中,只有顶部表面反射项是重要的,于是

$$\eta \approx \eta_0(1-r) \approx 1-r \tag{12.36}$$

通过在探测器前表面使用减反射涂层,可以使该值大于 0.9。

4. 光电导的性能极限

制备红外光导体通常采用本征或轻掺杂的 n 型材料。然而,如果带间复合机制占主导地位,那么在轻掺杂的 p 型材料中也可能获得很好的光导性能。这种情况通常发生在近室温工作的长波 HgCdTe 光电导体的情况下[36,37]。

经典的近室温工作的长波光导体在弱光激发和稳态条件下,可以用一个简单的模型很好地描述,该模型忽略了扫出效应、表面复合、器件内的干涉、边缘效应和背景辐射的影响等。在前表面和后表面的反射系数分别为 $r_1=0$ 和 $r_2=1$ 的理想情况下,量子效率由式(12.37)给出:

$$\eta = \eta_0[1-\exp(-2\alpha t)] \approx 1-\exp(-2\alpha t) \tag{12.37}$$

在上述条件下,由式(12.21)电压响应度的表达式可以推出:

$$R_v = \frac{V_b}{hc}\frac{\mu_e+\mu_h}{n_0\mu_e+p_0\mu_h}\frac{\tau[1-\exp(-2\alpha t)]}{lwt} \tag{12.38}$$

仅考虑约翰逊-奈奎斯特噪声(Johnson – Nyquist)和 gr 噪声(可以通过适当的制造技术降低 $1/f$ 噪声,可以忽略),探测率等于:

$$D^* = \frac{R_v\,(lw\Delta f)^{1/2}}{(V_J^2+V_{gr}^2)^{1/2}} \tag{12.39}$$

我们可以区分两种情况:第一种情况是当 V_{gr} 饱和值高于 V_J 时,探测率主要受 gr 噪声限制;第二种情况是当 V_{gr} 饱和值低于 V_J 时,探测率主要受约翰逊噪声/扫出效应限制。

背景限探测器一般为 gr 噪声限制的情况。gr 噪声限制下的极限探测率由式(12.21)、式(12.27)和式(12.39)给出:

$$D_{gr}^* = \frac{\lambda}{2hc}\frac{\eta}{t^{1/2}}\left(\frac{n+p}{np}\right)^{1/2}\tau^{1/2} \tag{12.40}$$

这可以写成式(4.48),其中 G 为每单位体积的所有生成过程的总和。$(n+p)\tau/(np)$ 可作为广义上的与半导体掺杂相关的品质因数,它决定了光电导体的最终性能。由于 $\alpha\approx 1/t$,所以式(12.40)可以写成

$$D_{gr}^* = \frac{\lambda\eta}{2hc}\left(\frac{n+p}{n_i}\right)^{1/2}\left(\frac{\alpha\tau}{n_i}\right)^{1/2} \tag{12.41}$$

式中，$\alpha\tau/n_i$可视为光电导体材料的品质因数[38]，它实际上是 α/G 品质因数（见 4.2.4 节）。

对于理想的探测器结构，如果忽略发生在表面和电极上的非基本生成过程，则总的生成速率可以表示为由三种类型的整体过程引起的速率的总和：俄歇（Auger）、辐射（radiative）和肖克利-里德（Shockley - Read）。辐射项是来自探测器吸收的光子，这些光子可以从封装的探测器内部发射，或者通过透镜从环境温度场景中接收。探测器性能的基本极限就是当探测器冷却到足以使辐射项占主导地位时所能达到的性能，并且前提是这一项应主要由场景中的光子引起。

在大多数实际应用中，光导探测器需要在较低的温度下工作，以消除由于功率耗散而产生的热转换和噪声。偏置电流引起的焦耳热会导致探测器温度升高，因此，探测器和制冷接收器之间需要一个接口工作在短波红外范围内的大型探测器中，可以观测到由于功率耗散而产生的约翰逊噪声探测限。

5. 背景的影响

在由背景辐射通量密度 Φ_b产生过剩载流子浓度的情况下，载流子浓度由下式给出：

$$n = n_0 + \frac{\eta\Phi_b\tau}{t},\quad p = p_0 + \frac{\eta\Phi_b\tau}{t}$$

随着 Φ_b的增加，背景的影响最初表现为少子浓度的增加。在正常工作时，探测器被充分冷却，因此与光子激发的过剩载流子相比，热激发的少子可以忽略不计。因此，gr 噪声完全是由背景辐射通量密度引起的。对于在背景辐射通量密度下工作的光电导，对于 n 型样品，背景限性能需要满足两个条件：$\eta\Phi_b\tau/t > p_0$（对于 p 型样品，$\eta\Phi_b\tau/t > n_0$），以及 $V_{gr}^2 > V_J^2$。第二个条件指出，在探测器两端施加的偏置电压必须足够大，使得 gr 噪声超过约翰逊-奈奎斯特噪声（Johnson - Nyquist noise）的贡献。如果满足这些条件，则探测率由式（12.42）给出：

$$D_b^* = \frac{\lambda}{2hc}\left[\frac{\eta(n+p)}{\Phi_b n}\right]^{1/2} \tag{12.42}$$

在适中的背景影响下（$p_0<\Delta n=\Delta p<n_0$），可得由此方程定义的探测率：

$$D_b^* = \frac{\lambda}{2hc}\left[\frac{\eta}{\Phi_b}\right]^{1/2} \tag{12.43}$$

然而，在高背景通量和高纯度材料的情况下，可能存在 $\Delta n = \Delta p \gg n_0$、$p_0$，并且得到光伏型 BLIP 的探测率为

$$D_b^* = \frac{\lambda}{hc}\left(\frac{\eta}{2\Phi_b}\right)^{1/2} \tag{12.44}$$

应该注意的是，由于光伏型 BLIP 的探测率是载流子浓度的函数，并且在高背景通量时降低，因此在实践中很难实现。已经在实验中观察到了这类载流子寿命的行为[39]。

6. 表面复合的影响

光导寿命通常给体寿命确定了一个下限，这是因为在表面可能存在增强复合。表面复合通过缩短复合时间减少了稳态过剩载流子的总数。可以通过式（12.45）描述 τ_{ef}与体寿命的关系[40]：

$$\frac{\tau_{ef}}{\tau} = \frac{A_1}{\alpha^2 L_D^2 - 1} \tag{12.45}$$

式中，

$$A_1 = L_D\alpha\left[\frac{(\alpha D_D + s_1)\{s_2[ch(t/L_D) - 1] + (D_D/L_D)sh(t/L_D)\}}{(D_D/L_D)(s_1 + s_2)ch(t/L_D) + (D_D^2/L_D^2 + s_1 s_2)sh(t/L_D)}\right.$$
$$\left. - \frac{(\alpha D_D - s_2)sh\{s_1[ch(t/L_D) - 1] + (D_D/L_D)sh(t/L_D)\}\exp(\alpha t)}{(D_D/L_D)(s_1 + s_2)ch(t/L_D) + (D_D^2/L_D^2 + s_1 s_2)sh(t/L_D)} - [1 - \exp(-\alpha t)]\right]$$

其中，D_D为双极扩散系数；s_1和s_2为光电导体前后表面的复合速度；$L_D = (D_D\tau)^{1/2}$。

如果吸收系数α较大，$\exp(-\alpha t) \approx 0$且$s_1 \ll \alpha D_D$，则式(12.45)简化为熟悉的表达式[15,20,28]：

$$\frac{\tau_{ef}}{\tau} = \frac{D_D}{L_D}\frac{s_2[ch(t/L_D) - 1] + (D_D/L_D)sh(t/L_D)}{L_D(D_D/L_D)(s_1 + s_2)ch(t/L_D) + (D_D^2/L_D^2 + s_1 + s_2)sh(t/L_D)} \tag{12.46}$$

如果进一步简化，假设$s_1 = s_2 = s$，可得

$$\frac{1}{\tau_{ef}} = \frac{1}{\tau} + \frac{2s}{t} \tag{12.47}$$

文献[41]提出，在光电导的精确模型中，表面复合效应直接影响的是量子效率，而不是载流子寿命。因此当$r_1=r_2=r$时，

$$\eta = \frac{(1 - r)A_1}{[1 - r\exp(-\alpha t)](\alpha^2 L_D^2 - 1)} \tag{12.48}$$

如果$s_1=s_2=0$，那么式(12.48)退化为式(12.35)。

对于低温情况，漂移长度很长，典型光导体总是工作在$t/L<1$的模式下，那么如果$s \ll 1$，$\tau_{ef} = [1/\tau + 2s/t]^{-1} \approx t/2s$，则探测率可写为

$$D^* = \frac{\eta\lambda}{2hc}\left(\frac{\eta_0 + p_0}{2n_i^2 s}\right)^{1/2} \tag{12.49}$$

上述讨论的要点是，表面复合速率的值对于所获得的探测率可能有很大影响。

12.1.2 非本征光电导理论

已经存在很多关于非本征光电导的综述，其中的第一篇是由伯斯坦(Burstein)等[42]于1956年发表的*Optical and Photoconductive Properties of Silicon and Ge*。紧随其后的是纽曼(Newman)和泰勒(Tyler)[43]在1959年发表的*Photoconductivity of Germanium*，普特利(Putley)[44]在1964年发表的*Far Infrared Photoconductivity*，布拉特(Bratt)[5]在1977年发表的《杂质锗和硅红外探测器》(*Impurity Germanium and Silicon Infrared Detectors*)，以及斯卡拉(Sclar)[8]在1984年发表的*Properties of Doped Silicon and Germanium Infrared Detectors*。最后两篇综述现在看仍然是及时和全面的，本书已多次参考。在最近发表的一篇综述中，科切罗夫(Kocherov)等[45]探讨了非本征探测器在低背景下工作的某些特性。

该领域初始的重点在锗(Ge)探测器。然而目前,人们对硅器件有更大的兴趣,因为在制备非常大规模的热成像面阵方面,它们具有潜在优势[46,47]。非本征硅的吸引力在于高度发展的 MOS 技术,以及将探测器与电荷转移器件(charge transfer device,CTD)集成用于读出和信号处理的可能性。

有两种简单的结构可用于偏置非本征光电导：横向(垂直)偏置和纵向(平行)偏置,如图 12.2 所示[8]。在横向情况下,电场和产生的电流位于入射光通量的横截面上;光生载流子的分布与电流方向上的距离无关。在纵向情况下,电场与光通量平行,光生载流子的分布沿电流方向呈指数变化。对于高吸收率的情况($\alpha l>1$),偏置配置之间的区别变得很重要。由内尔森(Nelson)[35]进行的分析表明(图 12.3),在纵向几何的最佳条件下,$\alpha l\cong 1.5$ 时为响应率峰值,达到归一化值的 87%,然后随着 αl 的进一步增加而下降。因此,$\alpha l\cong 1.5$ 代表了采用纵向几何结构的探测器的最佳设计标准。纵向几何形状性能较差的原因如图 12.2 所

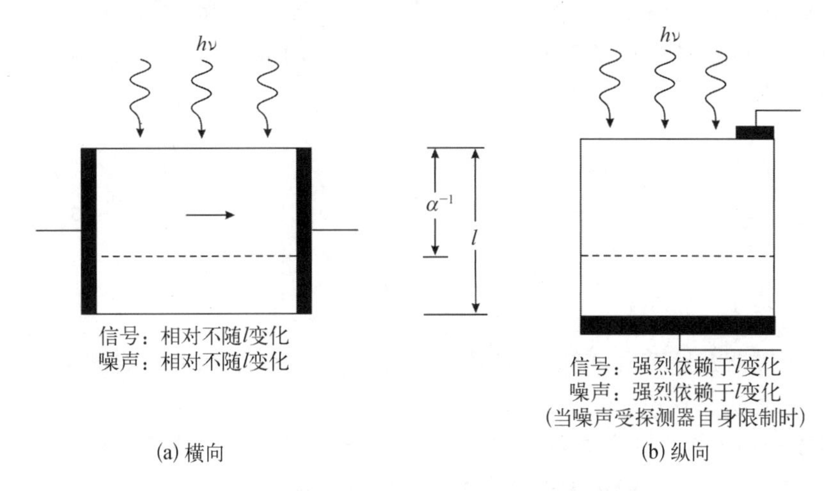

图 12.2　探测器的作用区在几何结构上的对比

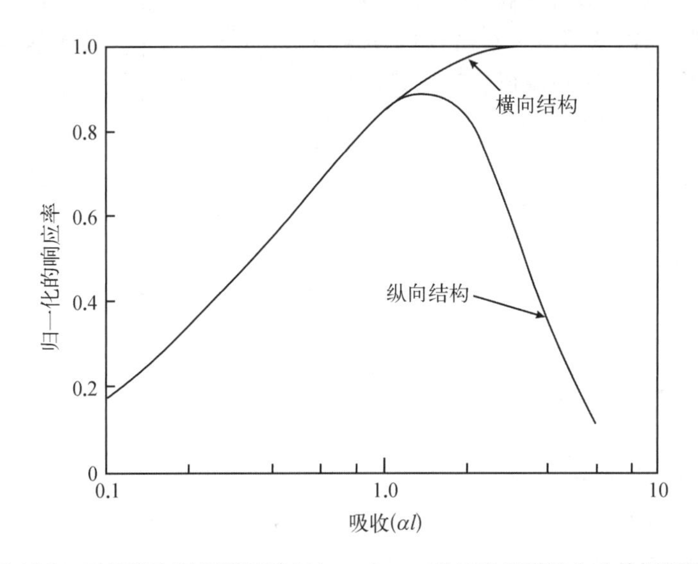

图 12.3　对于具有理想表面涂层($r_1=0;r_2=1$)且光导增益为 1 的探测器,纵向结构和横向结构时的归一化响应率与吸收率的关系[35]

示。对于横向几何结构,非作用区的探测器部分表现为并联的高阻,对信号或噪声影响很小。对于纵向几何形状,非作用区与作用区是串联的。因此,它会抑制信号电平,并可能增加噪声。历史上,横向偏置用于分立单元组成的阵列,而纵向偏置现在多用于单片阵列。与横向探测器相比,纵向探测器对点扫描的灵敏度要均匀得多,这在扫描阵列中非常重要。由于后者可实现更好的经济性和性能,随后的分析将都基于纵向偏置。

在接下来的讨论中,我们将分析图 12.2(b)的几何模型,并假定 n 型非本征半导体的简单能级模型是由可光电离的施主能级和补偿的受主能级组成的;相应的 p 型能级的性质类似。我们假设光导体中含有较多的浅施主杂质 N_d和较少的浅受主杂质 N_a(即 $N_d>N_a$)。在非常低的温度($kT \ll E_i$,其中 E_i是电子与施主的结合能)和暗态下,N_d-N_a个施主将与电子结合而呈电中性,同时 N_a个施主将失去电子,转移给受主。导带中的电子数量将非常少,表现为高电阻率。对半导体材料,可进一步用寿命 τ、迁移率 μ 和量子效率 η 进行表征。

当光子能量 $h\nu > E_d$,光通量密度为 Φ_s 的信号进入晶体并被中性施主吸收时,束缚电子将被激发进入导带。自由电子将以 $v = \mu E$ 的速度在外加电场 E 中传输。光电流可由式(12.1)给出,其中光导增益 g 为

$$g = \frac{\mu\tau E}{l} \tag{12.50}$$

于是

$$I_{\mathrm{ph}} = \frac{q\eta\mu\tau}{l}E\Phi_s A \tag{12.51}$$

从式(12.51)可以清楚地看出,高光电流需要高迁移率、长寿命,以及具有高量子效率的短探测器(这将在后面进行讨论)。

由于载流子扫出效应和介电弛豫,非本征光导体的光导增益与频率相关。虽然扫出效应更难理解[45,48-50],但实际应用中没有在本征光电导中那么重要。

考虑一个受到短光脉冲影响的探测器。脉冲将产生 n_{op} 个电子和等浓度的带正电的施主。电子在传输时间内被扫出探测器,留下均匀分布的带电施主。这里假设漂移长度 $L_d = \mu\tau E$ 大于探测器长度 l。探测器在介电弛豫时间内恢复中性状态

$$\tau_\rho = \varepsilon\varepsilon_0\rho \tag{12.52}$$

式中,ε 为介电常数;ε_0 为空间的介电常数;ρ 为探测器的电阻率。假设 $\rho = (qn_{\mathrm{op}}\mu)^{-1}$ 及 $n_{\mathrm{op}} = \eta\Phi_s\tau/l$,则介电弛豫频率可写为

$$f_\rho = \frac{q\eta\mu\tau\Phi_s}{2\pi\varepsilon\varepsilon_0} \tag{12.53}$$

对于 Si 的典型值,$\eta = 0.3$,$\mu = 8\times10^3\ \mathrm{cm^2/(V\cdot s)}$,$\tau = 10^{-8}$ s 和 $l = 0.05$ cm,由式(12.53)可得 $f_\rho \cong 1.2\times10^{-11}\Phi_s$ Hz。对于低背景应用,当 $\Phi_b \approx 10^{12}$ 光子/($\mathrm{cm^2\cdot s}$)时,f_ρ 只有 12 Hz,对于常规 300 K 的地面成像,f_ρ 仅在较低的 kHz 范围内。

当空穴被扫出探测器而没有从电极获得补充时,可以观察到介电弛豫的时间效应。这意味着光导增益应该是与频率相关的。有几个模型描述了这种频率依赖性。第一个模型预测在 f_ρ 处的增益下降[48],而第二个模型预测拐点频率为 $f_\rho/2g_0$,其中 g_0 是由式(12.50)给出

的低频增益[49]。

最近发表的论文提到了制冷型非本征光电导的非线性现象和反常瞬态响应[45,51-55]。在充分地考虑注入电极触点附近区域的情况下，通过对空间电荷在光照下的动态响应分析，研究了这些光电导中常见的行为。探测器异常如瞬态响应、尖峰和噪声等目前都被归因于注入电极的电场效应。例如，高的局部电场值会产生迁移率有很大变化的热载流子分布，在俘获截面、碰撞电离系数及随后的载流子的动态中都有很大的变化。

随光照度增加而响应产生的过剩载流子可以漂移或扩散到电极触点区域，在那里它们重新复合。这限制了器件的初始增益。由于注入的改变需要触点附近区域空间电荷电场的局部改变，因此不能通过简单增加注入来立即大量替换被电极导出的电荷。瞬态响应由慢分量和快分量组成，它们的相对大小取决于扩散和漂移长度与器件长度的比率。慢瞬态响应受控于向外扩散、扫出效应及所建立的抵消外电场的势垒，而快分量则由载流子寿命决定。

由掺杂 Ge 和 Si 制成的光导体的增益值可高达 10，但更典型的值为 0.1~1，因为到目前为止实现的载流子寿命很低。此时认为增益与频率无关是合理的。然而，随着材料的改进，载流子寿命有望随着增益的增加而提高，此时必须考虑增益的频率依赖性。

由于非本征探测器的光电导是由杂质的光电离引起的，因此探测器需要在允许自由电荷载流子被杂质捕获的情况下工作。光电离的主要竞争过程是热电离过程，所以要求对探测器进行制冷来抑制其贡献。在没有本底的情况下，电子的热平衡浓度 n_{th} 由中性杂质中心的热电离速率和电离中心的复合速率之间的平衡决定。一般的模型相当复杂（参考文献[5]、[8]中的讨论）。在稳态、低温工作条件下（$kT \ll E_i$ 和 $n \ll N_d$、N_a），杂质光电导中的热平衡自由电荷载流子浓度为

$$n_{th} = \frac{N_c}{\delta}\left(\frac{N_d - N_a}{N_a}\right)\exp\left(-\frac{E_d}{kT}\right) \tag{12.54}$$

式中，N_c 为导带中的态密度；δ 为简并因子，对于 p 型，杂质是 4，对于 n 型，杂质是 2。高 n_{th} 情况下，探测器无法使用，有两种方法可以降低 n_{th}：降低温度以冻结电子，或者增加补偿受主。前者显然是不可取的，只能使用后一种方法。例如，Si：In 探测器中残留的硼杂质的影响可以被施主浓度补偿，以满足适度冷却的要求（50~60 K）。对于提拉法生长（柴克劳斯基生长法，又称为柴氏法、提拉法或直拉法生长）的 Si，当 $N_B = (5 \sim 10) \times 10^{13}\ \text{cm}^{-3}$ 时，显然很难达到理想的补偿效果。对于浮区生长法，硼浓度会低 10~50 倍，精确的补偿就比较容易实现，如在如此低的浓度上引入像磷这样的补偿杂质。另一种有潜力的方法是使用中子嬗变掺杂，即核反应堆中的热中子与硅晶格相互作用，将一小部分硅原子转化为已知浓度的磷施主[56]。图 12.4 展示了中子嬗变掺杂技术用于精确补偿的效果。提拉法生长的样品具有较高的 $N_B = 1.5 \times 10^{14}\ \text{cm}^{-3}$，过剩磷浓度为 $5.9 \times 10^{13}\ \text{cm}^{-3}$。中子辐照后，$N_P - N_B = 1.9 \times 10^{14}\ \text{cm}^{-3}$。

可以通过吸收外部辐射或碰撞电离向半导体中添加额外的载流子。理论和实验结果表明，声子辅助的级联复合过程是 Ge 和 Si 中电离杂质自由电子或空穴复合的主要机制[28]。因此，

$$\tau = \frac{1}{B(N_a + n)} \tag{12.55}$$

在大多数实际情况下，$n \ll N_a$，因此式（12.55）可近似为

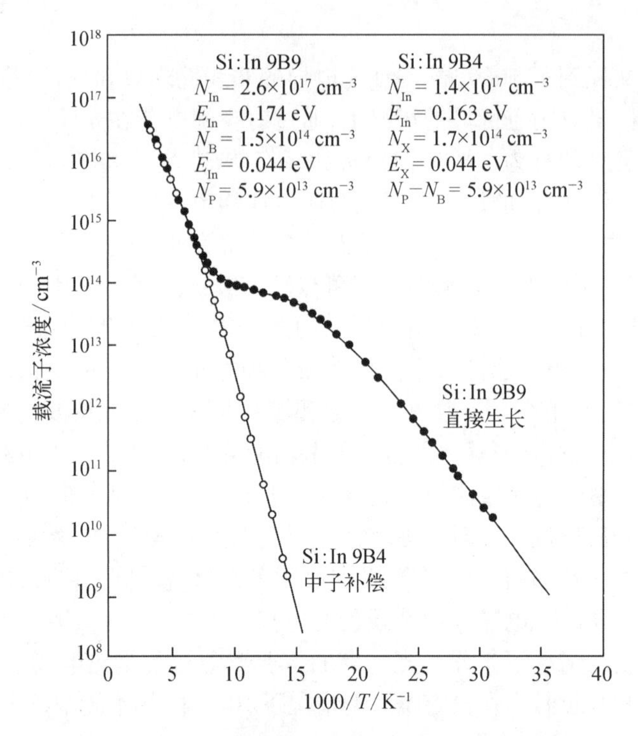

图 12.4　未补偿的原生样品(9B9)和中子补偿的样品(9B4)的载流子浓度与倒易温度的关系

图中还给出了 In、X(0.11 eV)、B 和 P－B(净浓度)的浓度值[56]

$$\tau = \frac{1}{BN_a} \tag{12.56}$$

复合系数 B 为

$$B = \langle v \rangle \sigma_c \tag{12.57}$$

式中,$\langle v \rangle = [8kT/(\pi m^*)]^{1/2}$ 为平均自由载流子速度;σ_c 为复合中心的俘获截面。

碰撞电离是由自由载流子从外加电场中获得足够的能量来电离中性杂质原子而引起的。这种效应表现为在某一临界场强 E_c时,通过晶体的电流急剧增加。碰撞电离不仅产生额外的自由载流子,而且由于在晶体不同区域发生的零星击穿,还会产生过多的电噪声。临界场强随多数杂质的浓度增加而增大,因为较高的浓度带来的中性杂质散射会降低载流子迁移率。图 12.5 显示了典型的实验数据[5]。

随着浓度的增加和原子之间的距离变得足够小,载流子可以从一个杂质跳到另一个杂质。补偿杂质可以增加跳跃的可能性,是通过电离一些主要的杂质,提供载流子跳跃的空位。对于更高的浓度,杂质能级可形成能带,载流子可在这个带内流动进行导电。对于跳跃和杂质带传导,电流不需要在价带中激发空穴。探测器性能会因为光导/暗电流之比的降低和器件噪声的增加而变差。

当反射率在正面接近零,以及在背面接近 1 时,量子效率有最大值[见式(12.37)]。然而,应该注意的是,这种情况下,未吸收的辐射会反射回器件而在 FPA 中引入光学串扰。

吸收系数 α 为

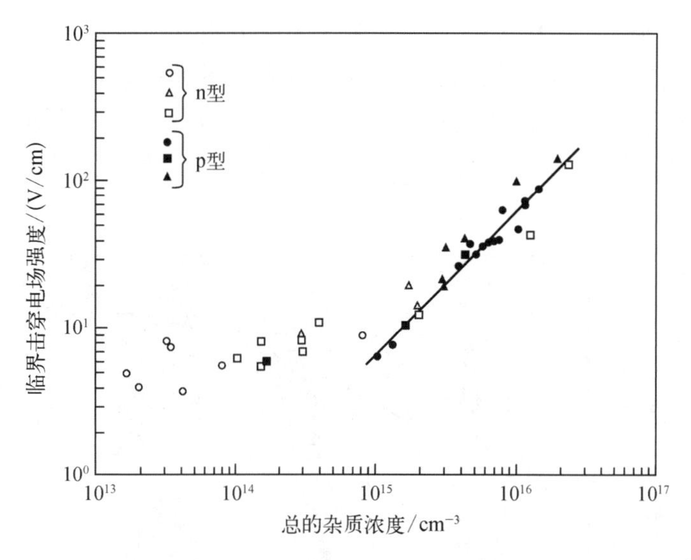

图 12.5　温度为 4~5 K 时,Ge 浅能级杂质碰撞电离击穿电场的临界值[5]

$$\alpha = \sigma_p N_i \tag{12.58}$$

即光电离截面 σ_p 和中性杂质浓度 N_i 的乘积,设计时希望使 α 尽可能大。如前面所述, N_i 的上限取决于跳跃或杂质带导电,硅的上限为 $10^{15}\sim10^{16}\ \mathrm{cm^{-3}}$,锗的上限略低(表 12.1)[5,8]。

表 12.1　锗和硅中杂质原子的光电离截面[5,8]

杂　质	类　型	Ge		Si	
		$\lambda_c/\mu m$	$\sigma_p/\mathrm{cm^{-2}}$	$\lambda_c/\mu m$	$\sigma_p/\mathrm{cm^{-2}}$
Al	p			18.5	8×10^{-16}
B	p	119	1.0×10^{-14}	28	1.4×10^{-15}
Be	p	52		8.3	5×10^{-18}
Ga	p	115	1.0×10^{-14}	17.2	5×10^{-16}
In	p	111		7.9	3.3×10^{-17}
As	n	98	1.1×10^{-14}	23	2.2×10^{-15}
Cu	p	31	1.0×10^{-15}	5.2	5×10^{-18}
P	n	103	1.5×10^{-14}	27	1.7×10^{-15}
Sb	n	129	1.6×10^{-14}	29	6.2×10^{-15}

研究人员已经发展了多种希望能够预测光电离截面的理论[8],其中一些适用于深层杂质,而另一些则更适合于能级较浅的杂质。Si : In 和 Si : Ga 红外探测器材料的 σ_p 与波长的

函数关系如图 12.6 所示[57]，从波长零上升，最大光电离截面值对应 $\lambda_c/2$，然后减小。虽然它不是恒定的，但它有一个相当宽的最大值，并且吸收系数在一个有用的波长范围内(中红外区)是大致稳定的。Si 在类氢近似下的最大光电离截面 σ_0 与 E_i 的关系为

$$\sigma_0 = 2.65 \times 10^{-18} E_i^{-2} \tag{12.59}$$

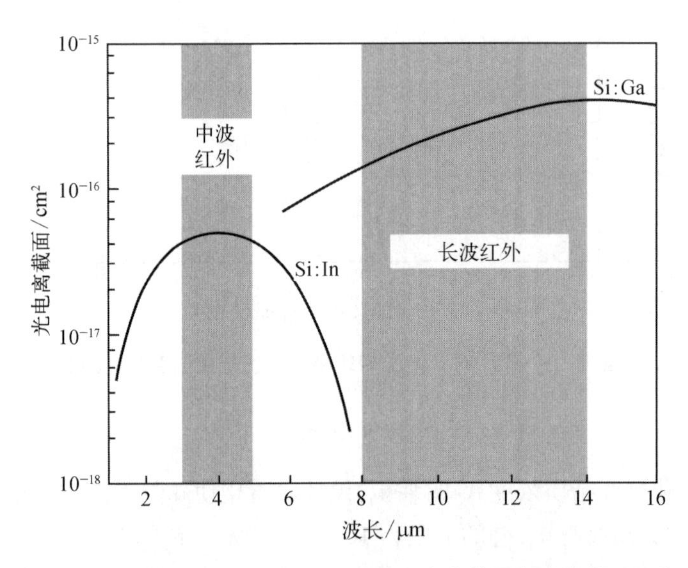

图 12.6 Si：In 和 Si：Ga 红外探测材料的光电离截面与波长的函数关系[57]

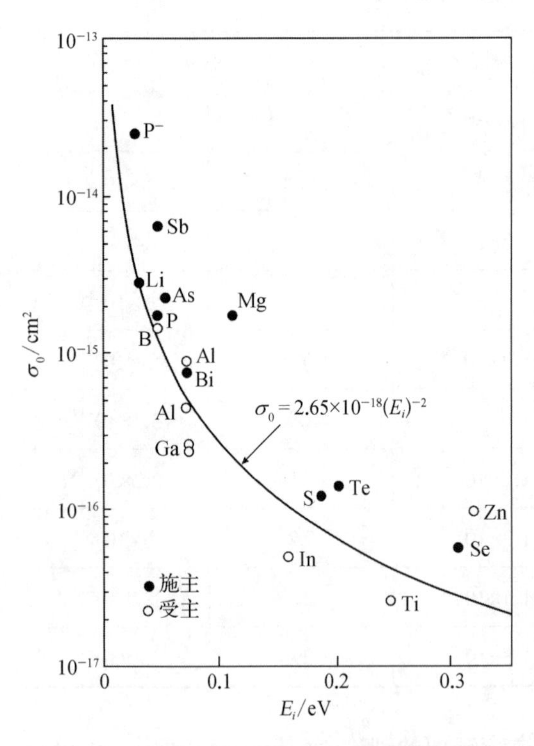

图 12.7 硅材料在峰值响应时，杂质的光电离截面与其结合能的关系[8]

如图 12.7 所示[8]，对实验数据进行了合理的拟合。最大值随非本征杂质能级的不同而变化。注意到，能级越浅，光电离截面越大。除了一些例外，现有的数据表明，在给定的能量下，施主截面比受主的值更高。

采用典型的杂质浓度和光电离截面，从式(12.58)可以看出，非本征光电探测器的吸收系数约比本征光电导体的直接吸收要小三个数量级。优化后光导体吸收系数 α 的实际取值范围是锗为 $1\sim10\ \text{cm}^{-1}$，硅为 $10\sim50\ \text{cm}^{-1}$。因此，为了最大限度地提高量子效率，掺杂型锗探测器晶体的厚度不应小于 0.5 cm，掺杂型硅探测器晶体的厚度不应小于 0.1 cm。非本征探测器的厚度是有限制的，因为超过漂移长度 $L_d = \mu\tau E$ 的光载流子在被收集之前就会发生复合(光导增益 $g = L_d/l$ 随着 l 的增加而减小)。幸运的是，对于大多数非本征探测器，漂移长度足够长，从而可以获得接近 50%的量子效率。

在描述红外探测器的性能时，需要考虑电

流(或电压)响应率。类似于本征光电导的情况(参见 12.1.1 节),短路电流响应率为

$$R_i = \frac{I_{ph}}{P_\lambda} \tag{12.60}$$

式(12.60)可改写为

$$R_i = \frac{\eta\lambda}{hc}\frac{\tau}{lwt}\frac{I}{n}\frac{1}{(1+\omega^2\tau^2)^{1/2}} \tag{12.61}$$

式中,I 为流经探测器电路的暗电流;lwt 为元件的体积。结果表明,对于 $\alpha l<1$, $R_i \propto \alpha\lambda \propto \sigma_0$,响应率与 σ_0成正比。

图 12.8 显示了中子补偿 Si∶In 探测器在 10 K 时的相对光谱响应[56]。在 2~8 μm 内,测量的响应与 Lucovsky[58]提出的被普遍接受的深层杂质理论模型仅有稍许不同。通常,最好的 Si 光电导的 R_i值高达 100 A/W,而典型值为 1~20 A/W。研究发现,对于给定的能级,Si 中的 n 型非本征杂质比 p 型杂质的峰值响应波长更长,因此 n 型探测器有望在特定的响应波长下提供更好的温度特性[8,59,60]。

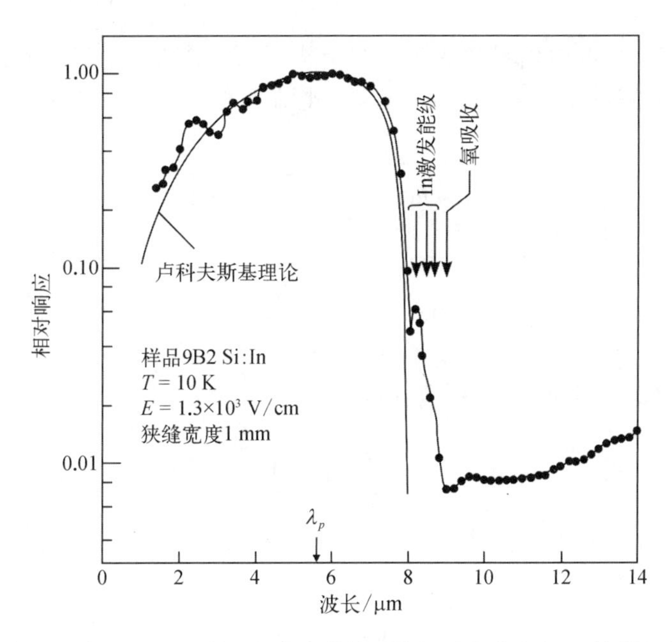

图 12.8 提拉生长的 Si∶In 样品经中子补偿后的相对光谱响应(理论值和实验值),其中 $N_{In}=2.5\times10^{17}$ cm^{-3},$N_p-N_B=1.6\times10^{14}$ cm^{-3},$N_B=1.3\times10^{14}$ cm^{-3}[56]

要确定电压响应率,需要考虑光电导探测器电路。实际探测器电路原理图如图 12.9 所示。探测器与负载电阻器 R_L和直流电源(如电池 V_b)串联连接。与暗电流相比,输入信号光子产生的光电流通常非常小。通过探测电路与前置放大器的交流耦合,隔离了直流电流,仅保留波动的信号电流。

可以看出

$$\Delta V = I\frac{\Delta R}{R}\frac{RR_L}{R+R_L} \tag{12.62}$$

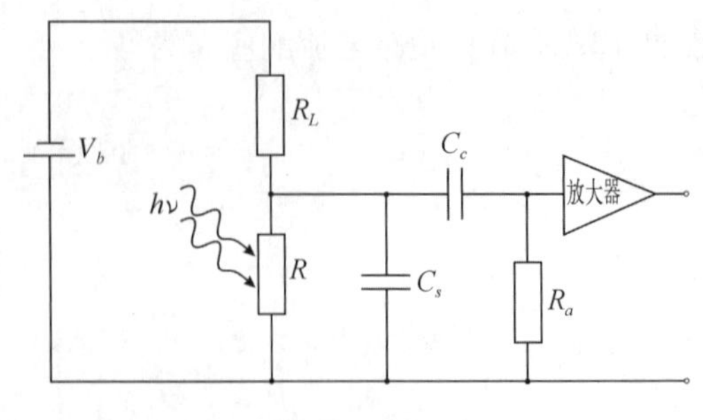

图 12.9 实际探测器电路原理图

式中，ΔV 为信号电压；ΔR 为信号辐射引起的探测器电阻 R 的微小变化。如果放大器输入电阻 R_a 远大于探测器电阻，则该方程对欧姆性光电导体有效。大多数杂质探测器肯定是非欧姆性的，在这种情况下，式(12.62)应替换为

$$\Delta V = I\frac{\Delta R}{R_{dc}}\frac{R_{ac}R_L}{R_{ac}+R_L} \tag{12.63}$$

R_{ac} 由 dV/dI 给出，为探测器的交流电阻；R_{dc} 由 V/I 给出，为直流电阻。现在可以很容易地获得电压响应率，因为

$$R_v = R_i\frac{R_{ac}R_L}{R_{ac}+R_L} \tag{12.64}$$

有时需要计算开路电压响应率，通过令 $R_L \gg R_{ac}$，从式(12.64)可以获得

$$R_{vo} = R_i R_{ac} \tag{12.65}$$

探测器的最终灵敏度由信噪比决定。只有当器件噪声是 gr 类型时，才能实现最大性能。对于低温下的通常情况 $n \ll N_a$, N_d，gr 噪声电流为[8]

$$I_{gr} = 2I\left(\frac{\tau\Delta f}{nlwt}\right)^{1/2}\frac{1}{(1+\omega^2\tau^2)^{1/2}} \tag{12.66}$$

那么由于探测率为

$$D^* = \frac{R_i(A\Delta f)^{1/2}}{I_n} \tag{12.67}$$

在式(12.67)中代入式(12.66)及式(12.61)，可得

$$D^* = \frac{\eta\lambda}{2hc}\left(\frac{\tau}{nl}\right)^{1/2} \tag{12.68}$$

当热生成和光生成都很重要时，自由载流子的浓度可以写成两项之和，即 $n = n_{th} + n_{op}$，其中 n_{th} 由式(12.54)给出，n_{op} 由式(12.69)给出：

$$n_{op} = \frac{\eta\Phi\tau}{l} = \frac{\eta\Phi}{l}\frac{1}{BN_a} \tag{12.69}$$

这里使用了寿命的表达式(12.56)，其中复合系数 B 包含了温度依赖性。因此，又可以将探测率写成与温度相关的形式：

$$D^* = \frac{\eta\lambda}{2hc}\left[\eta\Phi + \frac{lB}{\delta}(N_d - N_a)N_c\exp\left(-\frac{E_i}{kT}\right)\right]^{-1/2} \tag{12.70}$$

当 $n_{th} \ll n_{op}$ 时有最大 D^*，也就是说，需要降低热载流子浓度，使得探测器中以光生载流子为主。图 12.10 显示了 Si：In 和 Si：Ga 光电导的情况[50]。温度 $T<T_{BLIP}\approx 60$ K 时，Si：In 探测器背景限所对应的背景辐射通量密度 $\Phi_b = 10^{15}$ 光子/(cm^2·s)。T_{BLIP} 是探测器所接收的背

景辐射通量密度 Φ_b 的函数。从图 12.10 可以看出，Si：In 的实验数据比理论值低 5~10 K，主要是 0.11 eV 能级污染的结果，而 Si：Ga 数据比理论值低 3~5 K。正如预期的那样，背景降低时温度 T_{BLIP} 也会降低，如 3 dB 箭头所示。

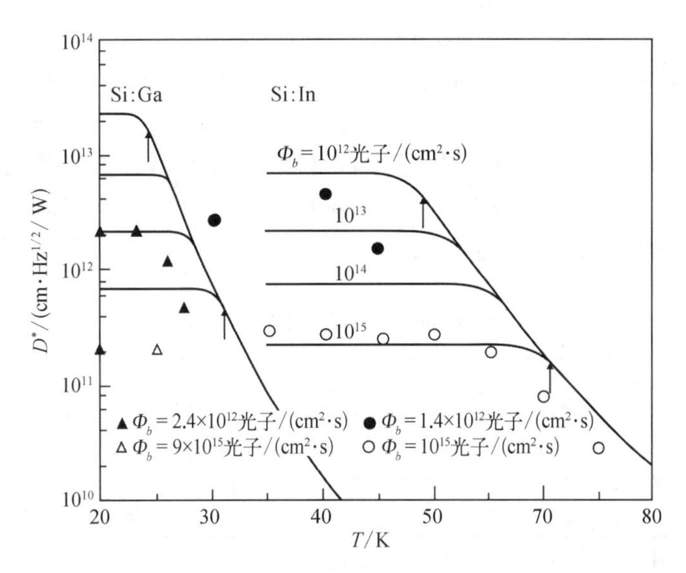

图 12.10　测量与计算了中子补偿 Si：In 光电导和掺杂 Si：Ga 光电导的探测率 D^* 随温度的变化

实线为 $\eta=50\%$、$l=0.05$ cm、$\lambda=12$ μm（Si：Ga）和 4 μm（Si：In）时的计算结果。数据点是测量值[50]

12.1.3　本征和非本征红外探测器的工作温度

本节根据先前建立的关系和测量数据，比较本征和非本征光电导的探测率与工作温度的函数关系，分析杂质浓度、自由载流子寿命和俘获截面等参数对器件性能的影响。

分析将从 gr 噪声主导时的峰值响应率 D^* 开始，因为这是 D^* 的上限，与偏置和探测器面积无关。结合式(12.21)、式(12.27)和式(12.39)，低过剩杂质浓度的本征光电导体的 D^* 可以表示为

$$D_{in}^*=\frac{\eta\lambda}{2hc}\left[\frac{\tau_{in}}{t_{in}(n_{ph}+n_i)}\right]^{1/2} \tag{12.71}$$

式中，n_{ph} 为光学产生的载流子浓度；n_i 为本征载流子浓度。式(12.71)给出了 D^* 的上限，实际测量中由于禁带中的陷阱中心、过剩杂质、与温度相关的过剩噪声或前置放大器要求等影响，无法达到该上限。

在热学和光学 gr 噪声占主导地位，且基于相同假设的非本征光电导的情况下，根据式(12.68)，n 型探测器的 D^* 可以表示为

$$D_{ex}^*=\frac{\eta\lambda}{2hc}\left[\frac{\tau_{ex}}{t_{ex}(n_{pb}+n_{th})}\right]^{1/2} \tag{12.72}$$

对于本征探测器和非本征探测器，当 $n_{ph}>(n_{th}$ 或 $n_i)$ 及 D^* 由式(12.43)确定时，满足 BLIP 条件。从热噪声到背景限噪声的转变温度对应的情形是热载流子浓度等于由背景产生的自由载流子浓度。对于非本征光电导，通过联立式(12.54)和式(12.69)得到

$$T_{\mathrm{BLIP}}=\frac{E_d}{k}\left\{\ln\left[\left(\frac{tN_d}{\eta}\right)\frac{BN_c}{\delta\Phi_b}\right]\right\}^{-1} \tag{12.73}$$

这个方程表明,对于给定的视场,T_{BLIP}是杂质参数E_d、$\sigma_c(B\propto\sigma_c)$、$\sigma_p$(决定了吸收系数和量子效率)及背景通量$\Phi_b$的函数。布莱恩(Bryan)[61]具体研究了非本征Si探测器的温度限制。

确定非本征探测器必须满足的制冷要求时,主要考虑因素是常用掺杂剂具有较大的σ_c值,因为即使只有一小部分掺杂剂发生热电离也会产生非常快的复合时间。非本征光电导的俘获截面σ_{ex}大于本征光电导体相应的σ_{in}。浅能级杂质(B, As)的典型值$\sigma_c\approx10^{-11}\ \mathrm{cm}^2$,而深能级杂质(In, Au, Zn) $\sigma_c\approx10^{-13}\ \mathrm{cm}^2$(表12.2)[8]。作为对比,图12.11中显示的几种本征光电导的$\sigma_{\mathrm{in}}=1.2\times10^{-17}\ \mathrm{cm}^2$[62]。

表12.2　锗和硅中杂质原子的俘获截面[8]

杂质原子	锗		硅	
	T/K	σ_c/cm^2	T/K	σ_c/cm^2
B			4.2	8×10^{-12}
Al	10	2×10^{-12}		
In			77	10^{-13}
As	10	10^{-12}	10	10^{-11}
Cu	10	5×10^{-12}		
Au	80	1×10^{-13}	77	10^{-13}
Zn			80~200	10^{-13}
Cd	8	1×10^{-11}		
Hg	20	3.6×10^{-12}		

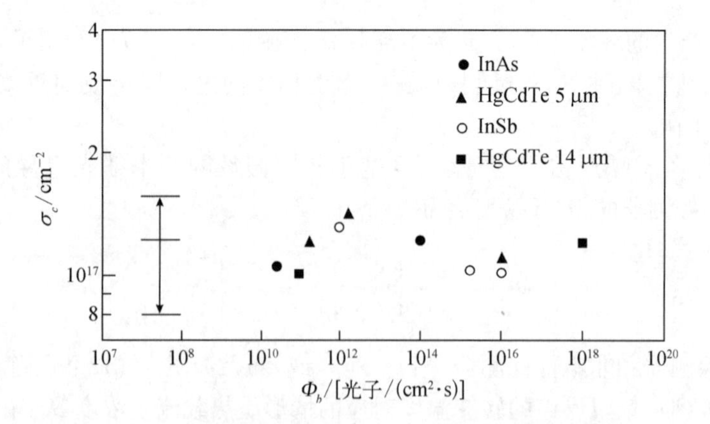

图12.11　从响应时间的数据可以计算得到一些本征光电导的σ_c[62]

Milnes[63]指出传统掺杂剂的 σ_c 值为 $10^{-15} \sim 10^{-12}$ cm^2；中性杂质的 σ_c 值约为 10^{-17} cm^{2}和 10^{-15} cm^2；排斥中心的 σ_c 值小于 10^{-22} cm^2(图 12.12)。杂质原子的 σ_c 取决于它的复合势，中性或排斥中心的复合势比目前的引力库仑中心要小。Elliott 等[64]讨论了使用中性或排斥中心获得更高工作温度的可能性。也有建议使用非常深的能级，例如，来自导带的具有适当电离能的受主能级，与浅施主杂质隐掺杂；与相反类型的杂质相补偿，分别产生中性或排斥的复合位置。尽管隐掺杂提高了工作温度，但对工作温度的好处并不像预期的那样大。可能的原因是中性和排斥中心的俘获截面随着温度的升高而增加，而 Milnes[63]给出的值通常是在很低的温度下得到的。

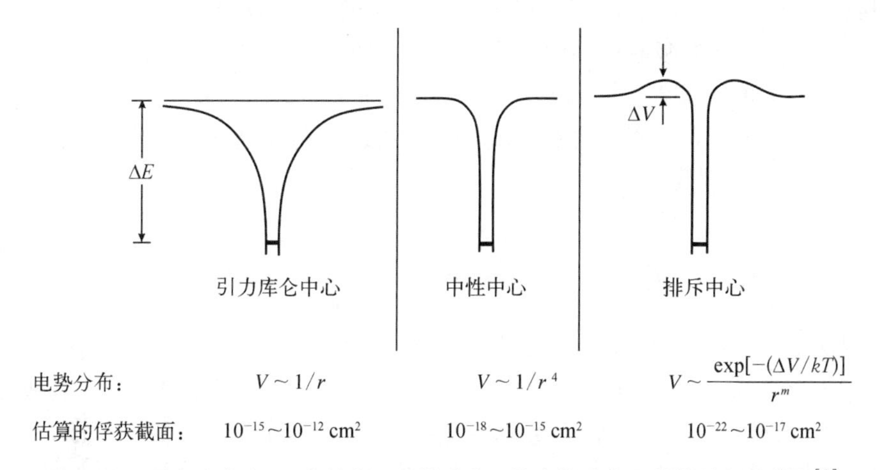

图 12.12 引力库仑中心、中性中心和排斥中心的电势分布及估算的俘获截面[8]

图 12.13 显示了较小的 σ_c 对非本征 Si 光电导体较高工作温度的直接影响[20]。在计算中，假设光致电离截面 σ_p 具有 Lucovsky[58]提出的波长依赖性，p 型材料采用如下参数：折射率 = 3.44，$N_v = 1.7 \times 10^{15} T^{3/2}$ cm^{-3}，$\delta = 4$，$v_{th} = 9.5 \times 10^5 T^{1/2}$ cm/s，$E_{ef}/E_0 = 2.5$，其中 E_{ef}和 E_0是

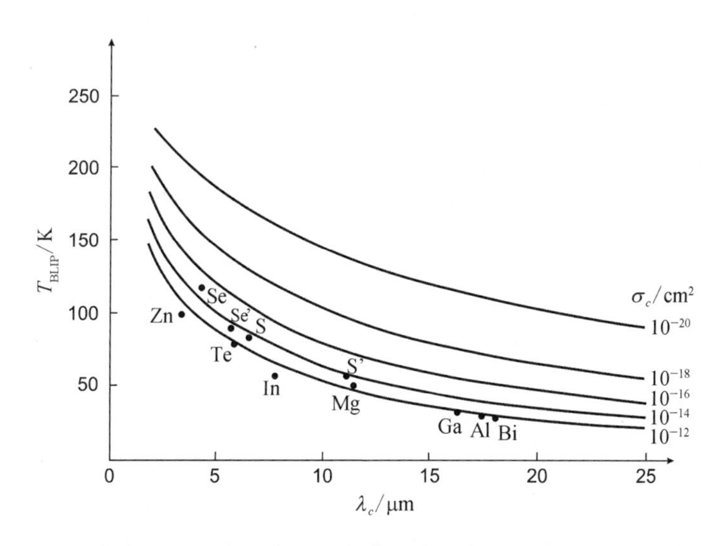

图 12.13 非本征 Si 光电导的 T_{BLIP}与截止波长的关系随热俘获截面的变化（场景温度为 295 K，视场角为 30°）。实验数据取自文献[20]

Lucovsky[58]定义的电场。场景温度为295 K,视场为30°。在较高背景通量下,硅红外探测器的实验结果出自Sclar[8]的研究。假设$\sigma_c \approx 10^{-12}$ cm^2,该曲线与观察到的大多数杂质的行为是一致的。它们还表明,使用σ_c值相同的掺杂剂,在8~14 μm波段可以实现大于50 K的T_{BLIP},在3~5 μm波段可以实现大于80 K的T_{BLIP}。

图4.14中显示的是$f/2$视场下获得背景限工作所需的温度计算值与截止波长的关系[65,66]。根据无量纲参数$a(\eta)$[8]和参数$Q=[a(\eta)(m^*/m)^{3/2}/\delta](B/\sigma_p)$的值($-10^{10}$)来对Si非本征探测器进行计算。可以看到,体材料本征红外探测器(HgCdTe)的工作温度比其他类型的光子探测器要高。与非本征探测器、硅基肖特基势垒和量子阱红外光电探测器相比,本征材料具有较高的光吸收系数和量子效率及相对较低的热产生率。

由于非本征光电导的吸收截面比本征光电导的吸收截面小,因此非本征光电导比本征光电导更厚。对于Si探测器,典型的$t_{ex}=0.1$ cm,而对于本征探测器,$t_{in}=10^{-3}$ cm。如上面所述,σ_p决定了t_{ex},σ_p是波长的函数(图12.6),与温度、辐射照度和杂质浓度无关[67]。因此,σ_p是每种杂质的固定参数。

12.2 p-n结光电二极管

光伏型探测器最常见的制备方式是在半导体中形成突变的p-n结,也简称为光电二极管。p-n结光电二极管的工作原理如图12.14所示。能量大于带隙的光子入射到器件的前表面,在结两侧的材料中产生电子空穴对。从结处产生的电子和空穴通过扩散,在1个扩散长度内到达空间电荷区。然后,电子空穴对被强大的电场分开,少数载流子被加速,进入另一侧成为多数载流子。这样就会产生光电流,使电流电压特性朝负电流或反向电流方向移动,如图12.14(d)所示。

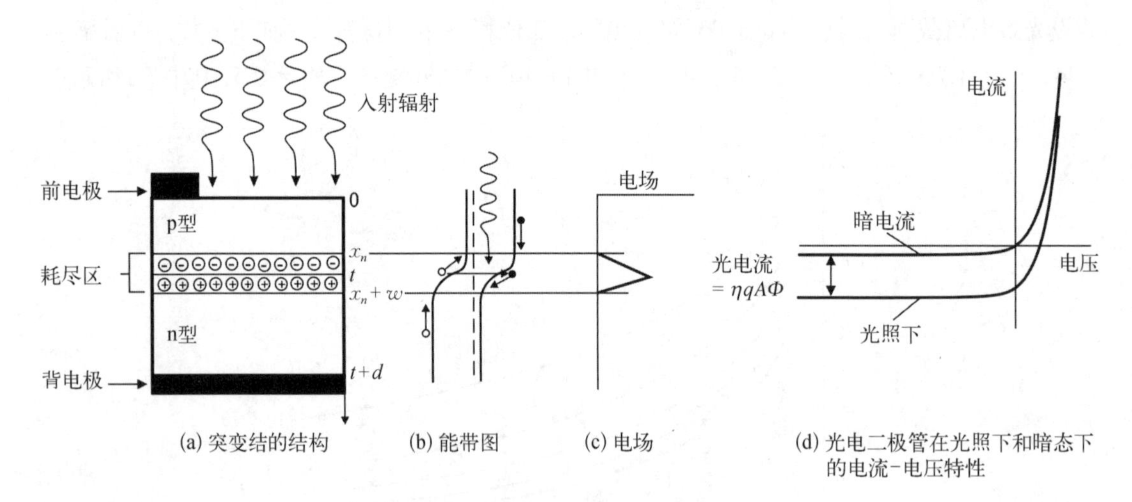

图12.14 p-n结光电二极管

光照下的光电二极管的等效电路如图12.15所示。光电二极管包括一个小的串联电阻R_s、一个由结电容和封装电容组成的总电容C_d,以及一个偏置(或负载)电阻R_L。跟随光电二极管的信号放大器具有输入电容C_a和电阻R_a。在实际应用中,R_s比负载电阻R_L小得多,

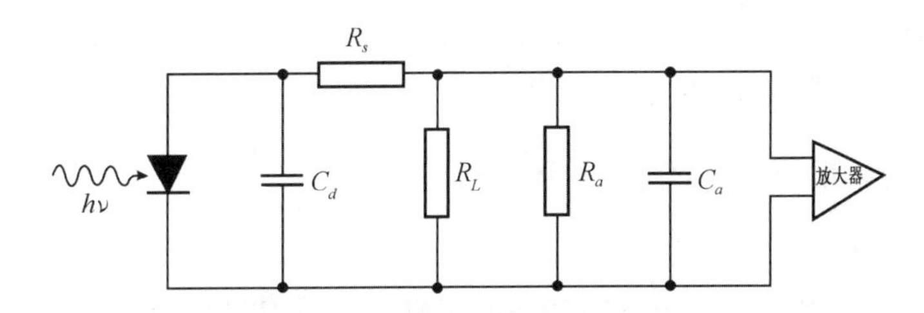

图 12.15　光照下的光电二极管的等效电路图(串联电阻来自接触电阻及 p 型和 n 型体材料区的电阻)

可以忽略不计。

p－n 结中的总电流密度通常写为

$$J(V,\ \Phi) = J_d(V) - J_{ph}(\Phi) \tag{12.74}$$

式中,暗电流密度 J_d 仅取决于 V,而光电流仅取决于光通量密度 Φ。

通常,简单的光伏探测器[如不是雪崩光电二极管(avalanche photodiode,APD)]中的电流增益等于 1,根据式(12.1),光电流的大小等于:

$$I_{ph} = \eta q A \Phi \tag{12.75}$$

然而,电场在消除光态下光电二极管中产生的多余多数载流子的电场也会诱导额外的少数载流子进入结区。因此,对于显著的混合导电型光电二极管,存在与收集光电流相关的增益,该增益取决于迁移率,并且可以通过施加偏置来增加或减少增益[68]。增益适用于靠近结区的激发。这种效应可能导致光电二极管中异常低的结电阻。增益等于 1 的传统光电二极管的理论将在后面的章节中进行讨论。

暗电流和光电流是线性独立的(即使在电流很大的情况下也是如此),并且量子效率可以直接计算出来[69-72]。

如果 p－n 二极管是开路的,则结两侧积累的电子和空穴会产生开路电压[图 12.14(d)]。如果将负载连接到二极管,则电路中将传导电流。当把二极管两端短接时,实现的最大电流称为短路电流。

V_b 为偏置电压,$I=f(V)$ 是二极管的电流-电压特性。开路电压可以通过将短路电流乘以在 $V=V_b$ 时的增量二极管电阻 $R=(\partial I/\partial V)^{-1}$ 来获得

$$V_{ph} = \eta q A \Phi R \tag{12.76}$$

许多直接应用中,光电二极管工作在零偏压下:

$$R_0 = \left(\frac{\partial I}{\partial V}\right)^{-1}_{|V_b=0} \tag{12.77}$$

光电二极管常用的品质因数之一是 R_0A:

$$R_0A = \left(\frac{\partial J}{\partial V}\right)^{-1}_{|V_b=0} \tag{12.78}$$

式中,$J=I/A$ 为电流密度。

在辐射探测中，光电二极管可以工作在 $I-V$ 特性的任意处。反向偏置操作通常用于非常高频的应用，以降低器件的 RC 时间常数。

12.2.1 理想扩散限制下的 p－n 结

1. 扩散电流

扩散电流是 p－n 结光电二极管的基本电流机制。图 12.14(a) 显示了一个具有突变结的一维光电二极管模型，其中宽度为 w 的空间电荷围绕着金相结界 $x=t$，两个准中性区域 $(0, x_n)$ 和 $(x_n+w, t+d)$ 被均匀掺杂。暗电流由通过势垒从 n 侧注入 p 侧的电子和从 p 侧注入 n 侧的空穴所产生的类似电流组成。理想扩散限制下二极管的电流-电压特性为[70,71]

$$I_D = AJ_s\left[\exp\left(\frac{qV}{kT}\right) - 1\right] \tag{12.79}$$

式中

$$\begin{aligned} J_s = &\frac{qD_h p_{n0}}{L_h}\frac{\gamma_1 ch(x_n/L_h) + sh(x_n/L_h)}{\gamma_1 sh(x_n/L_h) + ch(x_n/L_h)} \\ &+ \frac{qD_e n_{p0}}{L_e}\frac{\gamma_2 ch[(t+d-x_n-w)/L_e] + sh[(t+d-x_n-w)/L_e]}{\gamma_2 sh[(t+d-x_n-w)/L_e] + ch[(t+d-x_n-w)/L_e]} \end{aligned} \tag{12.80}$$

其中，$\gamma_1 = s_1L_b/D_h$，$\gamma_2 = s_2L_e/D_e$，p_{n0} 和 n_{p0} 分别为结区两侧的少子浓度，s_1 和 s_2 分别为入射表面（n 型材料中的空穴）和光电二极管背面（p 型材料中的电子）的表面复合速率。饱和电流密度 J_s 取决于少子扩散长度 (L_e, L_h)、少子扩散系数 (D_e, D_h)、表面复合速率 (s_1, s_2)、少子浓度 (p_{n0}, n_{p0}) 及结的设计参数 (x_n, t, w, d)。

对于具有厚的准中性区域的结 $[x_n \gg L_b, (t+d-x_n-w) \gg L_e]$，饱和电流密度等于：

$$J_s = \frac{qD_h p_{n0}}{L_h} + \frac{qD_e n_{p0}}{L_e} \tag{12.81}$$

当满足玻尔兹曼统计分布时，$n_0p_0 = n_i^2$，$D = (kT/q)\mu$，且 $L = (D\tau)^{1/2}$，则

$$J_s = (kT)^{1/2}n_i^2 q^{1/2}\left[\frac{1}{p_{p0}}\left(\frac{\mu_e}{\tau_e}\right)^{1/2} + \frac{1}{n_{n0}}\left(\frac{\mu_h}{\tau_h}\right)^{1/2}\right] \tag{12.82}$$

式中，p_{p0} 与 n_{n0} 为空穴和电子的多数载流子浓度，τ_e 与 τ_h 分别为 p 区电子寿命和 n 区空穴寿命。扩散电流随温度的变化正比于 n_i^2。

零偏置时的电阻可由式(12.79)对 $I-V$ 特性微分得到

$$R_0 = \frac{kT}{qI_s} \tag{12.83}$$

于是扩散电流引起的 R_0A 部分可写为

$$(R_0A)_D = \left(\frac{dJ_D}{dV}\right)^{-1}_{|V_b=0} = \frac{kT}{qJ_s} \tag{12.84}$$

如果 $\gamma_1 = \gamma_2 = 1$，且二极管结区两侧都很厚的情况下，R_0A 可由式(12.85)给出：

$$(R_0A)_D = \frac{(kT)^{1/2}}{q^{3/2}n_i^2}\left[\frac{1}{n_{n0}}\left(\frac{\mu_h}{\tau_h}\right)^{1/2} + \frac{1}{p_{p0}}\left(\frac{\mu_c}{\tau_e}\right)^{1/2}\right]^{-1} \tag{12.85}$$

结区两侧都很厚的光电二极管在实际中并不会用到。对经典光电二极管(厚 p 型区)结构的分析表明，结深为 $0<t<0.2L_h$，表面复合速率为 $0<s_1<10^6$ cm/s 的光电二极管，其 R_0A 与结两侧均为厚区情况下的 R_0A 相比，变动范围为 30%～200%[72]。这表明，对于厚的 p 型和 n 型区域的光电二极管计算的 R_0A 是最优结构的光电二极管的一个很好的近似值。对于 $n-p^+$ 型结，$R_0A/(R_0A)_0$ 的比率为

$$\frac{R_0A}{(R_0A)_0} = \frac{\gamma_1 ch(x_n/L_h) + sh(x_n/L_h)}{\gamma_1 sh(x_n/L_h) + ch(x_n/L_h)} \tag{12.86}$$

图 12.16 中给出了不同 γ_1 时，$R_0A/(R_0A)_0$ 与 $n-p^+(n^+-p)$ 结深度的关系[72]。对于 $\gamma_1<1$(堵塞型接触[69])，可以得到 $R_0A>(R_0A)_0$，当 γ_1 值较小和 $x_n/L_h \to 0$ 时，R_0A 的增加特别大。这种结构的制造可能需要满足条件 $s_2=0$，涉及巨大的技术困难。在这种情况下，使用 $n-p-p^+$ $(p-n-n^+)$ 结构是有利的，因为 p -(n -)和 p^+ 型(n^+型)区域之间的势垒能限制少子流向具有更多杂质的区域。

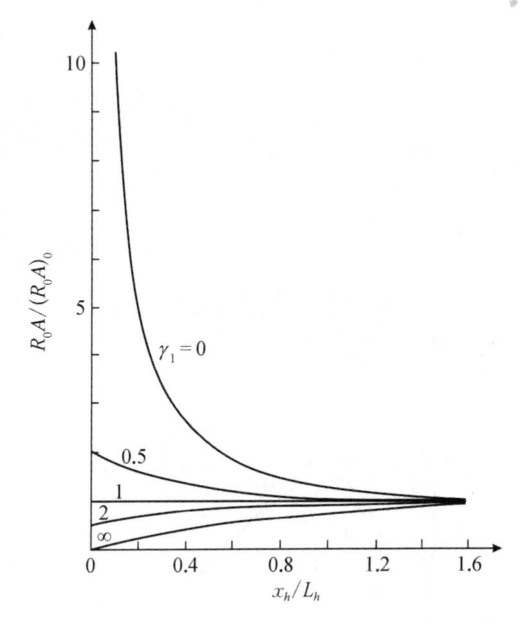

图 12.16　在不同的表面复合速率(γ_1=0、0.5、1、2 和∞)下，$R_0A/(R_0A)_0$与 $n-p^+$ (n^+-p)结的归一化深度有关[72]

对于 n^+-p 二极管结构，结电阻受到少子从 p 侧扩散到耗尽区的限制。在常规的体效应二极管，其中 $d \gg L_e$：

$$(R_0A)_D = \frac{(kT)^{1/2}}{q^{3/2}n_i^2}N_a\left(\frac{\tau_e}{\mu_e}\right)^{1/2} \tag{12.87}$$

通过将衬底减薄到小于少子扩散长度的厚度(从而减少产生扩散电流的体积)，相应的 R_0A 变大，前提是背面需要适当钝化以减少表面复合。在 n^+-p 结的情况下，如果 p 型区域的厚度使得 $d \ll L_e$，则

$$(R_0A)_D = \frac{kT}{q^2}\frac{N_a}{n_i^2}\frac{\tau_e}{d} \tag{12.88}$$

结果表明，R_0A 可以增加 L_e/d 倍。当然，对于 p^+-n 结，也可以得到类似的公式。

为了消除自由载流子对辐射的吸收，从 $p^+(n^+)$ 侧照射的 $p^+-n(n^+-p)$ 结的厚度必须很小。在 n(p)型侧面照射的 $n-p^+(p-n^+)$ 结构中，对量子效率的主要贡献来自 n(p)型杂质较少的区域。这就是为什么该区域的厚度及结的深度应该更大(即 $0.2L_h<t<0.4L_h$[72])。另外，在较低的 t 值和 $0<\gamma_1<1$ 的情况下，可以获得 R_0A 的显著增加(图 12.16)。因此，结的最

佳深度倾向于较小的 t 值。

总之,需要注意的是,器件设计对 R_0A 的影响是由电流密度的扩散分量决定的。如果 R_0A 是由其他机制决定的,则上述考虑将是不合理的。但关于量子效率的部分仍然有效。

2. 量子效率

光电二极管的量子效率由三个区域贡献：两个不同传导类型的中性区及空间电荷区(图 12.14)。于是[70,71]：

$$\eta = \eta_n + \eta_{DR} + \eta_p \tag{12.89}$$

式中,

$$\eta_n = \frac{(1-r)\alpha L_h}{\alpha^2 L_h^2 - 1}\left\{\frac{\alpha L_h + \gamma_1 - e^{-\alpha x_n}[\gamma_1 ch(x_n/L_h) + sh(x_n/L_h)]}{\gamma_1 sh(x_n/L_h) + ch(x_n/L_h)} - \alpha L_h e^{-\alpha x_n}\right\} \tag{12.90}$$

$$\eta_p = \frac{(1-r)\alpha L_e}{\alpha^2 L_e^2 - 1} e^{-\alpha(x_n+w)} \times \left\{\frac{(\gamma_2 - \alpha L_e)e^{-\alpha(t+d-x_n-w)} - sh[(t+d-x_n-w)/L_e] - \gamma_2 ch[(t+d-x_n-w)/L_e]}{ch[(t+d-x_n-w)/L_e] - \gamma_2 sh[(t+d-x_n-w)/L_e]} + \alpha L_e\right\} \tag{12.91}$$

$$\eta_{DR} = (1-r)[e^{-\alpha x_n} - e^{-\alpha(x_n+w)}] \tag{12.92}$$

接下来的部分我们需要考虑内量子效率,忽略由于光电二极管表面的反射损失。提高光电二极管的量子效率需要令接收光照的结足够薄,产生的载流子可以通过扩散到达结的势垒。

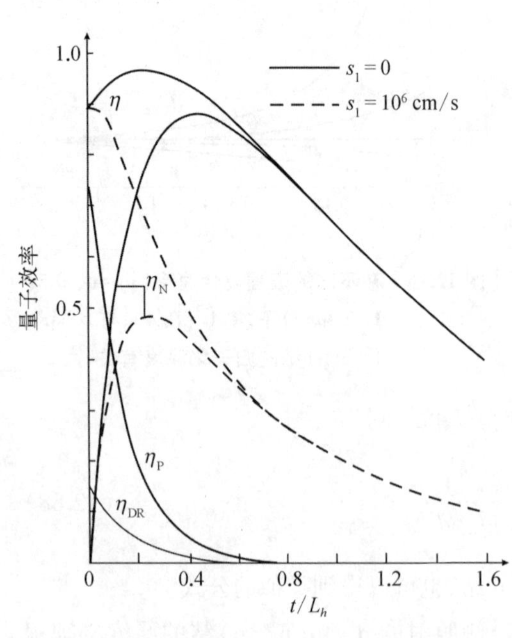

图 12.17 当 $s_1 = 0(\gamma_1 = 0)$ 和 $s_1 = 10^6$ cm/s$(\gamma_1 = 7)$ 时,量子效率与接收光照的结区的归一化厚度的关系

计算中假定 $d = \infty$, $w = 0.3$ μm, $r = 0$, $\alpha = 5\times10^3$ cm^{-1}[72]

图 12.17 是光电二极管量子效率的各个分量与接收光照的结区 t/L_h 的归一化厚度之间的关系(假定 p 型区域的厚度无限大)[72]。该计算还假定窄禁带半导体在本征吸收边附近的典型吸收率 $\alpha = 5\times10^3$ cm^{-1},并假定 $L_e = L_h = 15$ μm, $w = 0.3$ μm。可以从图 12.17 中看出,耗尽层的量子效率 η_{DR} 随 t 的增加而逐渐降低,但在几个量子效率组成中,η_{DR} 相对很小,不起主要作用。当 $s_1 = 0$ 时,总量子效率在 $t \approx 0.2L_h$ 时达到最大值。随着表面复合速率 s_1 的增加,该最大值向较小的 t 值移动。总量子效率最大值的位置也取决于吸收系数。随着吸收系数的增大,总量子效率最大值对应的结区深度减小。

在高吸收系数值(短波长)范围内,表面复合速率对 η 有显著影响,因此辐射穿透深度 $1/\alpha$ 很小。当表面复合速率远小于某一特征值 s_0 时,量子效率不受吸收系数改变的影响,保持恒定,当 $s_1 \gg s_0$ 时,量子效率减小到一个较小但也是恒定的值。van de Wiele[71] 发现 s_0 的值可以由公式 $s_0 = (D_h/L_h)cth(x_n/L_h)$ 确定,并且它与吸收系数无关。

通常,光电二极管的设计令大部分辐射在结的一侧被吸收,例如,在图 12.14(a)中为 p 型区一侧。在实际器件中,可以通过采用非常薄的 n 型区域或者使用 n 型区域带隙大于光子能量的异质结来实现,以便大多数入射辐射可以到达结区而不被吸收。如果背接触与结区的距离为几倍的少子扩散长度 L_e,则量子效率由式(12.93)给出:

$$\eta(\lambda) = (1 - r)\frac{\alpha(\lambda)L_e}{1 + \alpha(\lambda)L_e} \tag{12.93}$$

如果背接触与结区的距离小于扩散长度,则量子效率趋向于:

$$\eta(\lambda) = (1 - r)\left[1 - e^{-\alpha(\lambda)d}\right] \tag{12.94}$$

式中,d 为 p 型区域的厚度。其中已假定背接触的表面复合速率为零,背面不反射辐射。因此,如果给定的条件保持不变,为了提高量子效率,可以使用减反射涂层来最小化前表面的反射率,并确保器件的厚度大于吸收长度。

应该注意的是,许多基于数值与解析方法的工作对光电二极管 2 维和 3 维情况进行了研究[73-75]。

3. 噪声

与光导型探测器相比,在结型器件中,两个基本的热噪声机制(由随机运动引起的自由载流子速率波动,以及由热生成-复合速率引起的随机性)不太容易区分,两者共同作用,构成少子部分的散粒噪声,作为净结电流的组成。随机热运动会引起结型器件中性区扩散速率的波动,以及中性区和耗尽区的 gr 涨落。稍后将分析,对于零偏压(即当净结电流为零时)的结器件,其噪声与约翰逊噪声相同(与器件电流-电压曲线的斜率相关)。

还没有发展出适用于任意偏置和所有漏电流来源的光电二极管噪声的一般理论[76]。光电二极管的固有噪声机制是流经二极管的电流中的散粒噪声。人们普遍认为,理想二极管中的噪声由以下公式给出:

$$I_n^2 = [2q(I_D + 2I_s) + 4kT(G_J - G_0)]\Delta f \tag{12.95}$$

式中,$I_D = I_s[\exp(qV/kT) - 1]$;$G_J$ 为结电导;G_0 为 G_J 的低频值。在低频区域,式(12.95)中等号右侧的第二项为零。对于处于热平衡状态(即没有施加偏压和外部光通量)的二极管,均方噪声电流就是光电二极管零偏电阻($R_0^{-1} = qI_s/kT$)的约翰逊-奈奎斯特噪声(Johnson - Nyquist noise):

$$I_n^2 = \frac{4kT}{R_0}\Delta f \tag{12.96}$$

及

$$V_n = 4kTR_0\Delta f \tag{12.97}$$

请注意,反向偏置下的均方散粒噪声是零偏下均方约翰逊-奈奎斯特噪声的一半。

对于暴露于背景辐射通量为 Φ_b 的二极管,附加电流 $I_{ph} = qnA\Phi_b$ 构成对均方噪声电流的统计性独立贡献。于是[3]

$$I_n^2 = 2q\left[q\eta A\Phi_b + \frac{kT}{qR_0}\exp\left(\frac{qV}{\beta kT}\right) + \frac{kT}{qR_0}\right]\Delta f \tag{12.98}$$

式中，

$$R_0 = \left(\frac{\mathrm{d}I}{\mathrm{d}V}\right)^{-1}_{|V=0} = \frac{\beta kT}{qI_s} \tag{12.99}$$

是二极管在零偏下的暗电阻。在零偏压的情况下，式(12.96)变为

$$I_n^2 = \frac{4kT\Delta f}{R} + 2q^2\eta A\Phi_b\Delta f \tag{12.100}$$

及

$$V_n = (4kT + 2q^2\eta A\Phi_b R_0)R_0\Delta f \tag{12.101}$$

这些形式的零偏噪声方程通常被认为普遍适用于不同电流源。

式(12.98)指出可以通过使二极管工作在反向偏置下来降低散粒噪声。在没有背景生成电流的情况下，电流噪声等于零偏压下的约翰逊噪声($4kt\Delta f/R_0$)，且对于任意方向上大于几个 kT 的电压，电流噪声趋近于散粒噪声($2qI_D\Delta f$)的通常表达式。然而，这种反向偏置下的性能改善在实践中是相当困难的。在实际器件中，电流噪声通常在反向偏置下增加，这可能是由于漏电流中的 $1/f$ 噪声。在前面的讨论中忽略了 $1/f$ 噪声。

4. 探测率

在光电二极管的情况下，光电增益通常等于1；因此根据式(4.31)，电流响应率为

$$R_i = \frac{q\lambda}{hc}\eta \tag{12.102}$$

且探测率[见式(4.33)]可以由式(12.100)和式(12.102)确定为

$$D^* = \frac{\eta\lambda q}{hc}\left[\frac{4kT}{R_0 A} + 2q^2\eta\Phi_b\right]^{-1/2} \tag{12.103}$$

对于式(12.103)，需要区分两种重要的情况：

(1) 背景限性能，如果 $4kT/R_0A \ll 2q^2\eta\Phi_b$，则得到式(4.38)；

(2) 热噪声限性能，如果 $4kT/R_0A \gg 2q^2\eta\Phi_b$，则

$$D^* = \frac{\eta\lambda q}{2hc}\left(\frac{R_0 A}{kT}\right)^{1/2} \tag{12.104}$$

图 12.18 显示了在 300 K，$f/1$ 背景下，$\eta=50\%$截止波长为 12 μm 和 5 μm 的二极管的探测率随 R_0A 的变化。如果使用标准 $4kT/R_0A=2q^2\eta\Phi_b$，则在 77 K 和 195 K 时，近背景限工作下 R_0A 的最低要求分别为 1.0 $\Omega\cdot cm^2$ 和 160 $\Omega\cdot cm^2$[77]。

在没有背景光通量的情况下，探测率也可以表示为

$$D^* = \frac{\eta\lambda q}{hc}\left[\frac{A}{2q(I_D + 2I_s)}\right]^{1/2} \tag{12.105}$$

在反向偏置时，I_D趋向于$-I_s$，而括号中的部分趋向于 I_s。

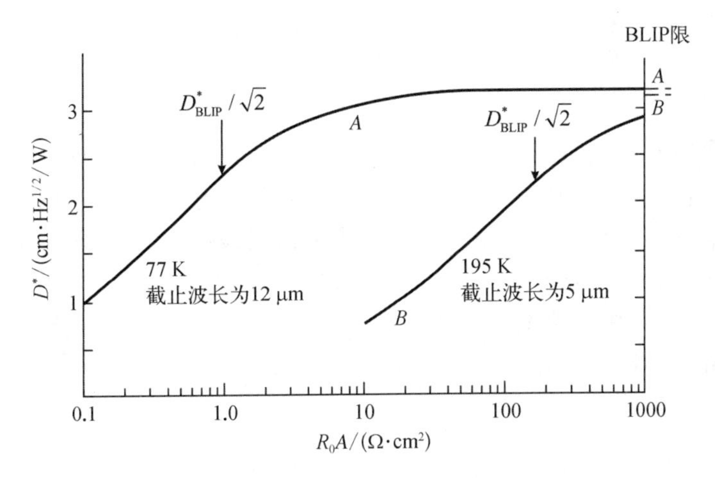

图 12.18　在 300 K，$f/1$ 背景下，$\eta=50\%$时，零偏压光电二极管的探测率与 R_0A 的函数关系[77]

通过讨论表明，理想扩散限制下光电二极管的性能可以通过最大化量子效率和最小化反向饱和电流 I_s来优化。对于扩散限制光电二极管，来自 p 型侧的电子饱和电流的一般表达式为[式(12.80)]

$$I_s^p = A\frac{qD_e n_{p0}}{L_e}\frac{sh(d/L_e)+(s_2L_e/D_e)ch(d/L_e)}{ch(d/L_e)+(s_2L_e/D_e)sh(d/L_e)} \tag{12.106}$$

通常可以尽可能地减小对光信号没有贡献那一侧的漏电流。至少在理论上，可以通过增加掺杂或增加结的非活动侧的带隙来极大地降低少子生成率，从而降低扩散电流。

如果背接触距离结区有几个扩散长度，则式(12.106)近似于

$$I_s = \frac{qD_e n_{p0}}{L_e}A \tag{12.107}$$

背接触越靠近结区，漏电流可以变大也可以减小，这取决于表面复合速率是否大于扩散速率 D_e/L_e。在 $d\ll L_e$的极限情况下，对于 $s=0$，相较于式(12.107)，饱和电流减小因数为 d/L_e，而对于 $s=\infty$，饱和电流增加因数为 L_e/d。如果表面复合速率很小，则式(12.107)通常可以写成以下形式：

$$I_s = qGV_{diff} \tag{12.108}$$

式中，G 为每单位体积的体少子生成率；V_{diff}为少子扩散到结区的有效体积。有效体积在 $L_e\ll d$ 时为 AL_e，$L_e\gg d$ 时为 Ad。对于 p 型材料，生成率为

$$G = \frac{n_{p0}}{\tau_e} = \frac{n_i^2}{N_d\tau} \tag{12.109}$$

讨论表明，器件性能强烈地依赖于背接触的性质。这个问题最常见的解决方案是将背接触设置在一侧的许多个扩散长度外，并确保所有表面都被正确钝化。或者将背接触设计成在金属接触和其余器件之间引入少子屏障而具有低表面复合速率。通过增加接触附近的

掺杂或带隙可以制造该屏障,这可以有效地将少子与接触处的高复合速率区域分离开来。

12.2.2 实际 p－n 结

前面分析了暗电流受扩散限制下的光电二极管。然而,在实际器件中并不总是如此,特别是对于宽带隙半导体 p－n 结。在确定光电二极管的暗电流-电压特性时,涉及几种额外的机制。暗电流来自三个二极管区域贡献的叠加: 体区、耗尽区和表面。在它们之间,可以区分为以下几种。

（1）体区和耗尽区中的热生成电流。

① 体 p 和 n 区的扩散电流。

② 耗尽区中的生成-复合电流。

③ 带间隧穿电流。

④ 阱间和阱-能带的隧穿电流。

⑤ 异常雪崩电流。

⑥ 通过耗尽区的欧姆漏电流。

（2）表面漏电流。

① 表面态的表面生成电流。

② 场诱导的表面耗尽区中的生成电流。

③ 在表面附近的隧穿电流。

④ 欧姆或非欧姆的分流漏电流。

⑤ 场诱导的表面区域雪崩倍增电流。

（3）空间电荷限制(space charge－limited,SCL)电流。

图 12.19 是这些机制的部分过程的示意图[20]。每种机制与电压和温度的关系都不同。因此许多研究人员在分析 $I-V$ 特性时,假设在二极管处于特定偏压下,只有一种机制占主导地位。这种分析二极管 $I-V$ 曲线的方法并不总是有效的。更好的解决方案是在偏置电压和温度的一定范围内,以数值拟合的方式将各种电流分量与实验数据结合起来进行分析。

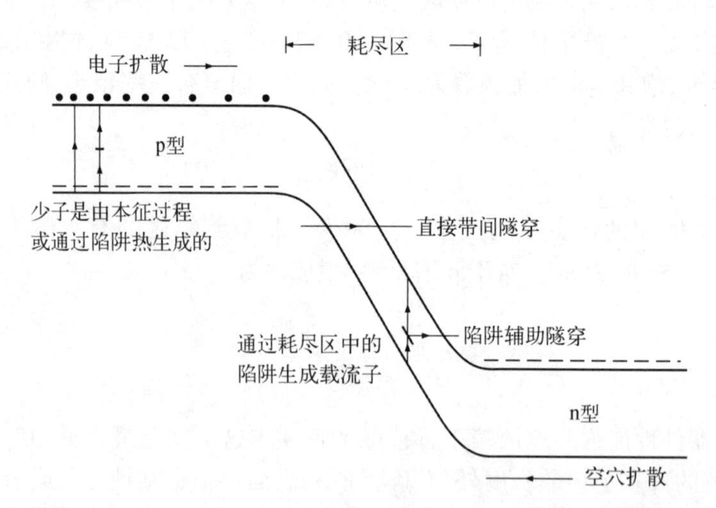

图 12.19　反向偏置 p－n 结中产生暗电流的一些机制的示意图[20]

下面我们将关注具有高 R_0A 的高性能光电二极管，其中电流的贡献来自于：① 耗尽区的生成-复合过程；② 通过耗尽区的隧穿；③ 表面效应；④ 碰撞电离；⑤ 空间电荷限制电流。

1. 生成-复合电流

Sah 等[78]首先指出了这种电流机制的重要性，后来 Choo[79]对此进行了扩展。空间电荷区的 gr 电流可能比它的扩散电流更重要，特别是在低温下，尽管空间电荷区的宽度比少子扩散长度小得多。耗尽区中的生成速率可以比材料体中的生成速率大得多。在反向偏置下，电流类似于式(12.108)。

$$I = qG_{\text{dep}}V_{\text{dep}} \tag{12.110}$$

式中，G_{dep}为生成速率；V_{dep}为耗尽区的体积。耗尽区内阱的生成速率由肖克利-里德-霍尔(Shockley - Read - Hall，SRH)公式给出：

$$G_{\text{dep}} = \frac{n_i^2}{n_1\tau_{\text{eo}} + p_1\tau_{\text{ho}}} \tag{12.111}$$

式中，n_1与 p_1为电子和空穴的浓度，如果费米能级在阱能级上，则可以得到，τ_{e0}与 τ_{h0}是强 n 型和 p 型材料的载流子寿命。通常，式(12.111)分母中的某一项占主导地位，对于处于本征能级的阱，$n_1 = p_1 = n_i$，可得

$$G_{\text{dep}} = \frac{n_i}{2\tau_0} \tag{12.112}$$

耗尽区的 gr 电流等于：

$$J_{\text{gr}} = \frac{qwn_i}{2\tau_0} \tag{12.113}$$

比较式(12.109)和式(12.112)，大部分材料中的生成速率与 n_i^2 成正比，而对于中间带隙状态，耗尽区中的生成速率与 n_i成正比。

耗尽区的宽度随着反向电压而增加，体积也相应增大。对于突变结，

$$w = \sqrt{\frac{2\varepsilon_0\varepsilon_r(V_{bi} \pm V)}{qN_aN_d(N_a + N_d)}} \tag{12.114}$$

式中，N_a与 N_d分别为受主浓度和施主浓度；$V_{bi} = (kT/q)\ln(N_aN_d/n_i^2)$ 为内建电压；V 为外加电压。对于线性梯度结，耗尽区的宽度取决于 $V^{1/3}$。

对于突变结，gr 电流大致为外加电压的平方根($w \approx V^{1/2}$)，对于线性梯度结，gr 电流大致为电压的立方根($w \approx V^{1/3}$)。与扩散限制下的二极管对比，扩散限制二极管中，电压高于几个 kT/q 时，反向电流与电压无关。

空间电荷区的 gr 电流随温度变化为 n_i；慢于扩散电流随温度的变化 n_i^2；因此，在某一温度时两种电流大小相当；低于这个温度，gr 电流占主导地位。通常，在最低温度下，由于存在弱温度依赖性的并联电阻，电流密度可能会饱和。空间电荷复合效应在宽带隙半导体中更为明显。

在萨-诺伊斯-肖克利(Sah - Noyce - Shockley)理论中[78]，假设结两侧的掺杂浓度相同，

并假定在禁带附近有一个单一的复合中心。在反向偏置电压和正向偏置电压值小于 V_{bi} 几个 kT/q 的情况下，gr 电流密度推导如下：

$$J_{gr} = \frac{qn_i w}{(\tau_{e0}\tau_{h0})^{1/2}} \frac{2sh(qV/2kT)}{q(V_{bi} - V)/kT} f(b) \tag{12.115}$$

式中，τ_{e0} 和 τ_{h0} 为耗尽区的载流子寿命。函数 $f(b)$ 是包含阱能级 E_t、载流子寿命和所施加的电压 V 的复杂表达式：

$$f(b) = \int_0^{\infty} \frac{dx}{x^2 + 2bx + 1}, \quad b = \exp\left(-\frac{qV}{2kT}\right) ch\left[\frac{E_t - E_i}{kT} + \frac{1}{2}\ln\left(\frac{\tau_{e0}}{\tau_{h0}}\right)\right]$$

式中，E_i 为固有的费米能级。函数 $f(b)$ 具有最大值 $\pi/2$，该值出现在较小的 b 值（正向偏压 $> 2kT/q$）；$f(b)$ 随着 b 的增加而减小。当 $E_t = E_i$ 和 $\tau_{e0} = \tau_{h0} = \tau_0$ 时，复合中心效应最大。对于对称结参数 $f(b) \approx 1$，J_{gr} 由式（12.113）确定。

偏置较小时，可以认为函数 $f(b)$ 与 V 无关。对于较小的偏置，我们也可以忽略耗尽区宽度 w 的偏置依赖关系。那么，对式（12.115）进行微分并设置 $V=0$ 可求出零偏电阻：

$$(R_0A)_{gr} = \left(\frac{dJ_{gr}}{dV}\right)^{-1}_{V=0} = \frac{V_b (\tau_{e0}\tau_{h0})^{1/2}}{qn_i w f(b)} \tag{12.116}$$

为简单起见，我们进一步假设 $\tau_{e0} = \tau_{h0} = \tau_0$，$E_t = E_i$，$f(b) = 1$，式（12.116）转为

$$(R_0A)_{gr} = \frac{V_b \tau_0}{qn_i w} \tag{12.117}$$

在应用式（12.117）时，最大不确定项是 τ_0。

2. 隧穿电流

可能存在的第三种类型的暗电流成分是由电子从价带直接隧穿到导带（direct tunneling，直接隧穿）引起的隧穿电流，或者由电子通过结区内的中间陷阱穿越结区而引起的隧穿电流[间接隧穿或陷阱辅助隧穿（trap-assisted tunneling，TAT），见图 12.19]。通常的直接隧穿计算假定有效质量恒定的粒子注入三角形或抛物线型势垒上。对于三角形势垒[80]：

$$J_T = \frac{q^2 E V_b}{4\pi^2 \hbar^2}\left(\frac{2m^*}{E_g}\right)^{1/2} \exp\left[-\frac{4(2m^*)^{1/2} E_g^{3/2}}{3q\hbar E}\right] \tag{12.118}$$

对于突变 p－n 结，电场可以近似为

$$E = \left[\frac{2q}{\varepsilon_0 \varepsilon_s}\left(\frac{E_g}{q} \pm V_b\right)\frac{np}{n + p}\right]^{1/2} \tag{12.119}$$

隧道电流与带隙、外场和有效掺杂浓度 $N_{ef} = np/(n+p)$ 有极强的依赖关系。它对温度变化和结势垒的形状相对不敏感。对于抛物线势垒[80]：

$$J_T \propto \exp\left[-\frac{(\pi m^*)^{1/2} E_g^{3/2}}{2^{3/2} q\hbar E}\right] \tag{12.120}$$

Anderson[81]在温策尔-克莱默-布里渊(Wentzel - Kramers - Brillouin,WKB)近似和凯恩(Kane)**k·p** 理论的基础上,推导了窄禁带半导体中非对称突变 p - n 同质结的直接带间隧穿表达式。安德森公式可以方便地用作初级近似,特别是在偏置电压接近于零的情况下。但由于隧穿对电场的极端敏感性,在应用于一般器件结构时,可能会导致几个数量级的误差。贝克(Beck)和拜尔(Byer)[82]在对具有不同梯度的线性渐变结的隧穿计算中证明了这一点。其后,阿达尔(Adar)[83]计算窄禁带半导体中的直接带间隧穿(band-to-band tunneling,BBT),在每个偏置点对耗尽区空间进行积分。

除了直接 BBT,隧穿还可以通过间接跃迁的方式实现,在间接跃迁中,空间电荷区内的杂质或缺陷充当中间态[84]。该过程可分为两步,一步是其中一个带和陷阱之间的热转换,另一步是陷阱和另一个带之间的隧穿。隧穿过程发生在比直接 BBT 更低的电场中,因为电子的隧穿距离更短(图 12.19)。在低温下的 HgCdTe 材料 p - n 结中已经发现了这种隧穿效应[85-93]。在 p 型 HgCdTe 中,通常观察到较小但有限的受主激活能。

陷阱辅助隧穿 TAT 可以通过以下方式发生:

(1) 从价带到禁带中位于能级 E_t处的陷阱中心的热跃迁,速率为 $\gamma_p p_1$[式中 γ_p为陷阱中心 N_t的空穴复合系数,$p_1 = N_v \exp(-E_t/kT)$];

(2) 速率为 $\omega_v n_v$的隧道跃迁(其中 ω_v表示中心和价带之间的载流子隧穿概率);

(3) 速率为 $\omega_c N_c$的导带隧道跃迁。

总的陷阱辅助电流为[86]

$$J_T = qN_t w \left(\frac{1}{\gamma_p p_1 + \omega_v N_v} + \frac{1}{\omega_c N_c} \right)^{-1} \tag{12.121}$$

由于导带电子质量较小,相应的态密度较低,导带的热跃迁可以忽略。对于极限情况 $\omega_c N_c < \gamma_p p_1$ 和 $\omega_c N_c \cong \omega_v n_v$,则

$$J_T = qN_t \omega_c N_c w \tag{12.122}$$

假设势垒为抛物线型且电场均匀,从中性中心到导带的隧穿速率由式(12.123)给出:

$$\omega_c N_c = \frac{\pi^2 q m^* E M^2}{h^3 (E_g - E_t)} \exp\left[- \frac{(m^*/2)^{1/2} E_g^{3/2} F(a)}{2qE\hbar} \right] \tag{12.123}$$

式中,$a = 2(E_t/E_g) - 1$,$F(a) = (\pi/2) - a(1 - a^{1/2})^{1/2} - (1/\sin a)$。矩阵元素 M 与陷阱能级相关联。实验测得硅的 M^2量(m^*/m)为 10^{23} V·cm^3[84]。假设 HgCdTe[86,91,92]材料具有类似的值。隧穿效应随有效质量的减小呈指数增加,因此在价带和陷阱中心之间的隧穿过程中,轻空穴质量起主导作用。与直接隧穿相比,间接隧穿不仅取决于电场(掺杂浓度),还取决于复合中心的浓度及其在带隙中的位置[用几何因子表示 $0<F(a)<\pi$]。大多数隧穿电流将以最高的跃迁概率通过陷阱能级(即载流子会选择电阻最小的路径)。如果导带和轻空穴质量近似相等,则最大隧穿概率出现在 $\omega_c N_c \cong \omega_v N_v$ 的带隙中间态。在缺乏关于材料中陷阱态位置的详细信息时,理论处理通常假定为单个中间带隙 SRH(Shockley-Read-Hall)复合中心。假设另一个陷阱能级改变了计算出来的隧穿电流的总大小,则隧穿电流随电场和温度的变化行为将是相似的。一般来说,隧穿电流随电场呈指数变化,与扩散电流和耗尽电流相比,隧道电流对温度的依赖性相对较弱。

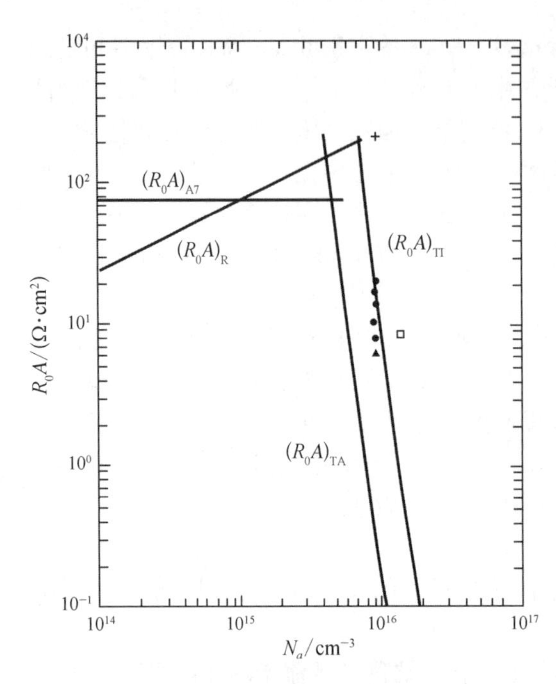

图 12.20　R_0A 在 77 K 时与 n^+-p 型 $Hg_{0.78}Cd_{0.22}Te$ 光电二极管的受主浓度的关系

实验值(•,+,▲,□)取自不同报道[94]

在许多文献中都考虑了不同结电流组成对窄禁带半导体中各种结的 R_0A 的影响。例如,图 12.20 显示了 77 K 时 $Hg_{0.78}Cd_{0.22}Te$ 的 n^+-p 突变结的 R_0A 与掺杂浓度的关系[94]。我们可以看到,如果衬底掺杂过高,零偏压下结的性能会受到隧穿电流的限制。需要 10^{16} cm^{-3} 或更小的掺杂浓度才能获得高 R_0A。在此浓度以下,R_0A 由扩散电流决定,少子寿命由俄歇 7(Auger 7)过程控制。然而,为了获得尽可能高的 R_0A 值并避免钝化后结层内固定绝缘电荷的影响,光电二极管的制备工艺过程中掺杂浓度应高于 10^{15} cm^{-3}[94]。由此推论,结在低掺杂一侧的最佳掺杂浓度范围为 $10^{15}<N_a<10^{16}$ cm^{-3}。从理论计算与实验数据的比较可以看出,并没有达到令人满意的一致性。造成这些差异的主要原因可能是突变结模型与实际的结不一致。安德森(Anderson)隧穿理论假定能带结构的势垒适用均匀电荷模型,能带结构为非抛物型。较小的隧道电流值(受主浓度 10^{16} $cm^{-3}<N_a<2\times10^{16}$ cm^{-3}下,可获得较高的 R_0A 实测值;见图 12.20)可能与远离金相结界处的电场降低有关。此外,隧穿电流计算仅在近乎空阱的情况下才严格有效。随着阱被填充而消失,隧穿电流趋于减小。

3. 表面漏电流

在真实的 p－n 结中,特别是在宽间隙半导体和低温下,会额外产生与表面相关的暗电流。表面相关的现象对光伏型探测器的性能有着重要影响。表面的不连续性可能导致大量的表面态,通过 SRH 机制产生少子,并增加由扩散和耗尽区域产生的电流。表面还可以带有净电荷,从而影响耗尽区的位置。

实际器件会对表面进行钝化,以提高表面抵抗化学作用和热学影响的稳定性,并由此控制表面复合、漏电和相应的噪声。通常在 p－n 结的制造中采用表面氧化层和覆盖的绝缘层,引入固定电荷态,然后在半导体-绝缘体的表面诱导积累或耗尽状态。可以将半导体-绝缘体界面区分为三种主要类型,即绝缘体固定电荷态、低表面态和快速表面态。绝缘体中的固定电荷改变了结的表面电位。带正电的表面将耗尽区进一步推向 p 型侧,带负电的表面将耗尽区推向 n 型侧。如果耗尽区朝向更高掺杂的一侧移动,则该场将增加,并且隧穿概率更高。如果它朝向更轻微掺杂的一侧移动,则耗尽区可以沿着表面延伸,大大增加耗尽区产生的电流。当存在足够的固定电荷时,会形成积累和反向的区域,也就是 n 型和 p 型表面沟道(图 12.21)[95]。理想的表面是电中性的,并且具有非常低的表面态密度。理想的钝化是在界面处没有固定电荷的宽带隙绝缘体。

快表面态作为生成-复合(gr)中心,绝缘体中的固定电荷会导致各种表面相关的电流机制。快表面态的 gr 动力学过程和发生在体材料中的 SRH 中心是一致的。表面沟道中的电流为

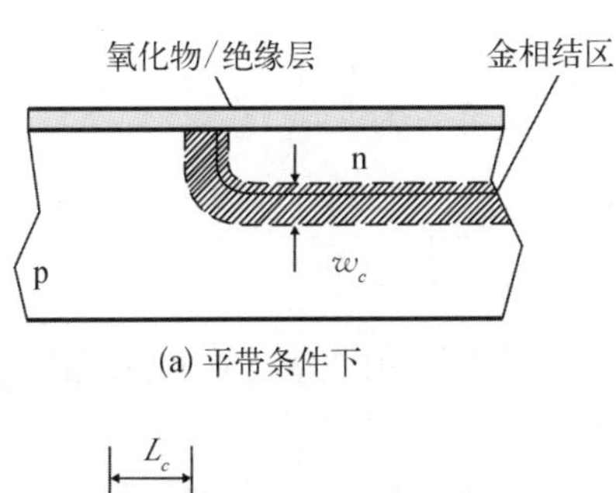

(a) 平带条件下

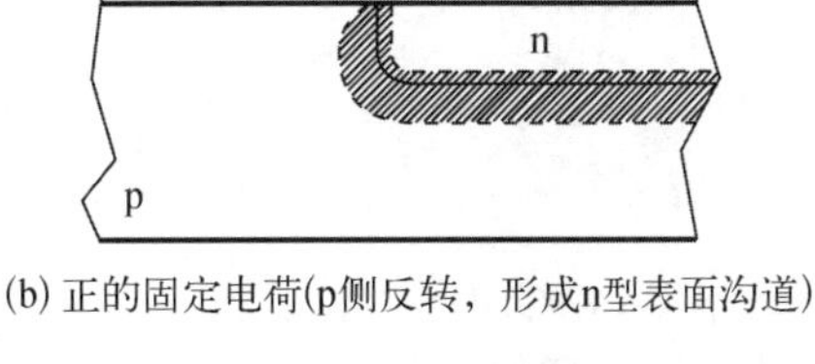

(b) 正的固定电荷(p侧反转，形成n型表面沟道)

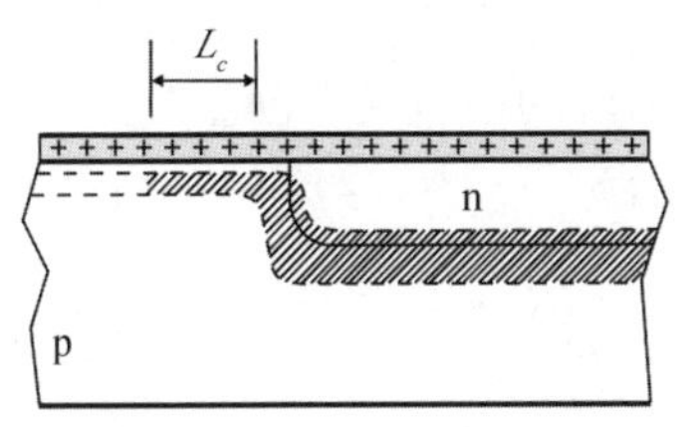

(c) 负的固定电荷(p侧积累，表面形成场诱导的结)

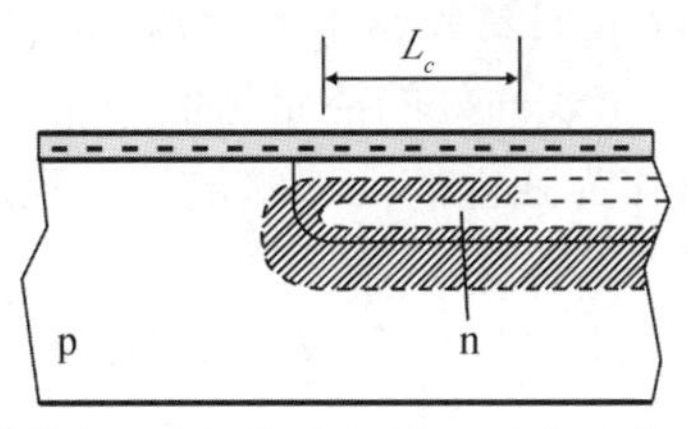

(d) 大量的负固定电荷(n侧反转，形成p型表面沟道)[95]

图 12.21　绝缘体固定电荷对有效结空间电荷区的影响

$$I_{\mathrm{GRS}}=\frac{qn_iw_cA_c}{\tau_0}\tag{12.124}$$

式中，w_c为沟道宽度；A_c为沟道面积。

除了在表面和表面沟道内发生的 gr 过程，还有其他表面相关的电流机制可导致表面漏电，它们的电流-电压特性表现为欧姆性或类似于击穿。这些机制基本与温度无关。表面击穿发生在高电场区域[图 12.21(c)中耗尽层与表面相交；图 12.21(d)中耗尽层非常窄]。

通常为了消除漏电流的影响，会对 p－n 结进行钝化。钝化效果使用可变面积二极管阵列(variable area diode array，VADA)方法进行评估。暗电流密度可以表示为暗电流的体分量和表面漏电流之和。钝化二极管在零偏置下 R_0A 的倒数与表面的关系可以近似为

$$\frac{1}{R_0A}=\frac{1}{R_0A_{\mathrm{bulk}}}+\frac{1}{r_{\mathrm{surface}}}\frac{P}{A}\tag{12.125}$$

式中，R_0A_{bulk}为 R_0A 的贡献(单位 $\Omega\cdot\mathrm{cm}^2$)；r_{surface}为表面电阻率(单位 $\Omega\cdot\mathrm{cm}$)；P 为二极管的周长；A 为二极管面积。注意，R_0 的体分量和表面分量对结区有不同的几何依赖性。

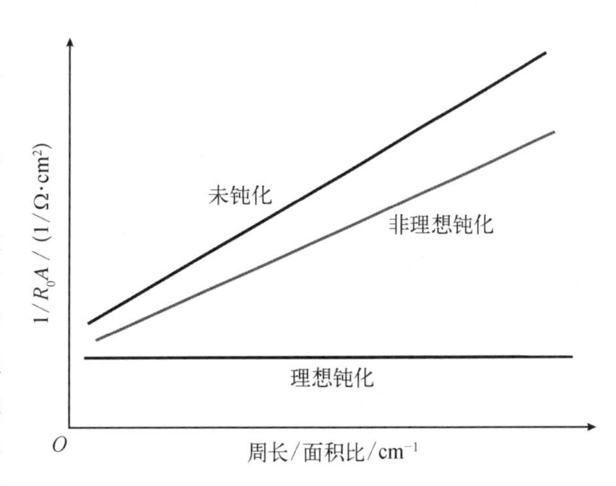

图 12.22　零偏下的 VADA 二极管在不同钝化时，R_0A 倒数与周长-面积比的关系示意图

式(12.125)函数曲线的斜率与二极管的表面漏电流成正比。图 12.22 是具有理想和非理想钝化的二极管的 $1/R_0A$ 与几何结构(P/A)的关系示意图。如果体分量决定了探测器性能，则曲线的斜率接近零。如果表面漏电流分量显著，则对于尺寸较小的器件，暗电流密度会上升(表面电阻率 r_{surface}对二极管表面效应下的特

性影响较弱)。

对于体和表面,gr 中心均匀分布的情况下,零偏 R_0A 可写为

$$\left(\frac{1}{R_0A}\right)_{\mathrm{gr}} = \frac{en_iw}{V_b}\left(\frac{1}{\tau_0} + \frac{S_0P}{A}\right) \tag{12.126}$$

式中,V_b为 p－n 结的内建电压。式(12.126)中等号右边括号中的第二项来自表面的局域 gr 中心,S_0为 gr 表面复合速率,其与 gr 缺陷浓度成正比。

在 p－n 结表面处的能带弯曲可以由绝缘层上覆盖结区的栅电极控制。

暗电流作为独立的几项暗电流贡献之和,也可以表示为

$$I = I_s\left[\exp\frac{q(V - IR_s)}{\beta kT} - 1\right] + \frac{V - IR_s}{R_{\mathrm{sh}}} + I_T \tag{12.127}$$

式中,R_s为串联电阻;R_{sh}为并联分流电阻。在扩散电流主导的情况下,β 系数接近 1,但是当 gr 电流主导载流子输运过程时,$\beta=2$。

4. 空间电荷限制电流

在宽带隙 p－n 结的情况下,正向电流-电压特性通常可由式(12.128)描述:

$$J \propto \exp\left(\frac{qV}{\beta kT}\right) \tag{12.128}$$

式中,二极管理想因子 $\beta>2$。该 β 值的位置不落在扩散电流($\beta=1$)或耗尽层电流($\beta=2$)主导正向偏置电流时的范围内。对于具有浅和/或深陷阱及热生成载流子的绝缘体,这是普遍的行为。

Rose[96]、Lampert[97]、Lampert 和 Mark[98]详细讨论了固体中的空间电荷限制电流。他们粗略地将 $E_g \leqslant 2$ eV 定义为半导体,以及 $E_g \geqslant 2$ eV 定义为绝缘体。

对具有欧姆接触的绝缘体施加足够大的场,电子将注入材料内,形成空间电荷效应限制的电流。当存在陷阱中心时,它们将捕获许多注入的载流子,从而降低了自由载流子的浓度。

低电压情况下注入半绝缘体材料中的载流子可以忽略,欧姆定律仍然有效,并且 $J-V$ 特性的斜率决定了材料的电阻率 ρ。在施加特定电压 V_{TH}时,电流的快速上升。阈值电压 V_{TH}为

$$V_{\mathrm{TH}} = 4\pi \times 10^{12} qp_t \frac{t^2}{\varepsilon} \tag{12.129}$$

式中,t 为半绝缘材料的厚度;p_t为空穴陷阱浓度[考虑单一载流子(空穴)SCL 电流的情况]。随着电压连续增加超过 V_{TH},过量空穴注入材料中,则电流密度由式(12.130)给出:

$$J = 10^{-13}\mu_h\varepsilon\theta\frac{V^2}{t^2} \tag{12.130}$$

式中,θ 为陷阱占用的概率,由自由空穴与捕获空穴的浓度比确定。θ 可写为

$$\theta = \frac{p}{p_t} = \frac{N_v}{N_t}\exp\left(-\frac{E_t}{kT}\right) \tag{12.131}$$

式中，N_v为价带中的有效态密度；N_t为陷阱浓度；E_t为相对于价带顶部的陷阱深度。当施加的电压进一步增加时，式(12.130)所确定的平方关系终止，电流将陡峭上升，转变为与陷阱无关的 SCL 电流：

$$J = 10^{-13}\mu_h \varepsilon \frac{V^2}{t^2} \tag{12.132}$$

陷阱 N_t的浓度可以由陷阱填满/电流急剧上升时的电压 V_{TFL}确定：

$$V_{TFL} = 4\pi \times 10^{12} q N_t \frac{t^2}{\varepsilon} \tag{12.133}$$

陷阱深度 E_t也可根据 N_t的值计算。但如果可以测量式(12.130)的电流密度随温度的变化，给出 $\ln(\theta T^{-3/2})$ 相对 $1/T$ 的变化曲线，则可以直接从这些数据获得 E_t和 N_t而无须参考式(12.133)。

为了说明半绝缘材料中的上述现象，在图 12.23 中给出了 $\lg I$ 相对 $\lg V$ 的四种情形[99]。图 12.23(a)表示的是在理想绝缘体中 SCL 电流 $I \propto V^2$，也就是说没有由杂质带或带间跃迁导致的热载流子；载流子注入引起的导电性仅在导带内。图 12.23(b)所示的是在无陷阱绝缘体中，由于热生成自由载流子 n_0的存在而获得的欧姆性导电行为。当注入的载流子浓度 n_{inj}超过 n_0 ($n_{inj}>n_0$)时，则可以观察到理想的绝缘体特性 ($I \propto V^2$)。图 12.23(c)所示的是由于浅陷阱能级的贡献，在较低电压下就可以形成 $I \propto V^2$ 区，然后急剧过渡到理想绝缘体。后一个转变对应的施加电压即 V_{TFL}，代表了填充最初未被占据的离散陷阱所需的电压。图 12.23(d)所示的是在具有深能级陷阱的材料中，当 n_{inj}与 n_0相当时，陷阱被填满，对应的电压为 V_{TFL}。因此，当 $V<V_{TFL}$时为欧姆性导电，当 $V>V_{TFL}$时，空间电荷限制 SCL 电流占主导。

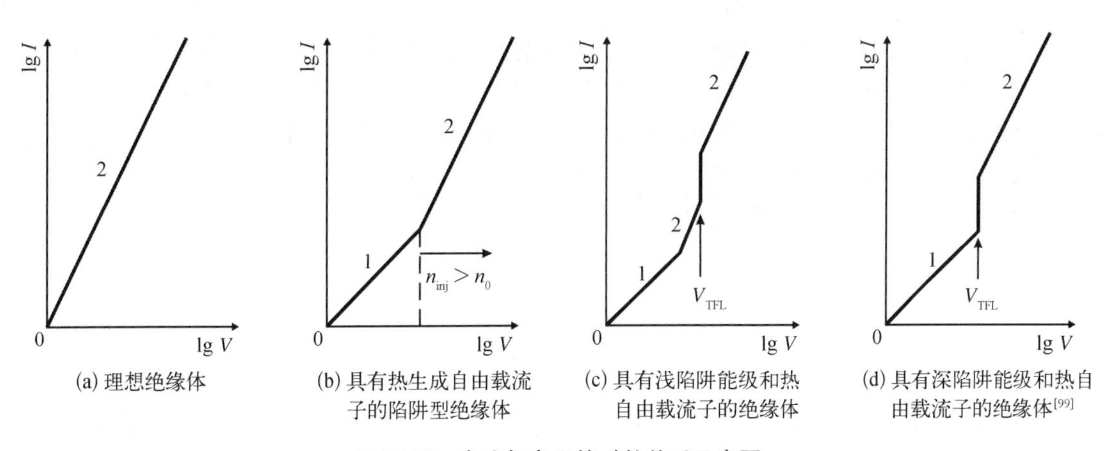

(a) 理想绝缘体　(b) 具有热生成自由载流子的陷阱型绝缘体　(c) 具有浅陷阱能级和热自由载流子的绝缘体　(d) 具有深陷阱能级和热自由载流子的绝缘体[99]

图 12.23　电流与电压的对数关系示意图

12.2.3　响应时间

宽波段光电二极管可用于直接和外差探测。对于高频光电二极管的研究主要是由于工作在 10.6 μm 波段(CO_2激光外差探测)的激光雷达(light detection and ranging，LiDAR)系统及光纤通信应用的需要。

光电二极管的响应频率上限基本可以通过三个效应来确定：载流子扩散到结耗尽区的时间 τ_d；在耗尽区载流子漂移的传输时间 τ_s；RC 时间常数[与结电容 C、二极管电阻和外部负载的并联值(串联电阻可忽略)等电路参数相关]。

与这三个效应相关的光电二极管参数包括吸收系数 α、耗尽区宽度 w_{dep}、光电二极管结区和封装的总电容 C_d、放大器电容 C_a、探测器负载电阻 R_L、放大器输入电阻 R_a 和光电二极管串联电阻 R_s(图 12.15)。

用于快速响应的光电二极管，通常的设计是使辐射吸收发生在 p 型区域中。这可以确保了大多数光电流由更活跃的电子携带而不是空穴(无论扩散或漂移)。Sawyer 和 Rediker[100]通过二极管厚度、扩散常数、吸收深度、少子寿命和表面复合速率计算了背照射二极管中扩散过程的频率响应。假设扩散长度大于二极管厚度和吸收深度，响应强度降至 $1/\sqrt{2}$ 所对应的截止频率为[20,101]

$$f_{diff} = \frac{2.43D}{2\pi t^2} \tag{12.134}$$

式中，D 为扩散常数；t 为二极管厚度。

耗尽区传输时间为

$$\tau_t = \frac{w_{dep}}{v_s} \tag{12.135}$$

式中，w_{dep} 为耗尽区宽度；v_s 为结中的载流子饱和漂移速率，大小约为 10^7 cm/s。Gartner[102]推导了传输时间限制下的二极管频率响应。正确构造的光电二极管中，耗尽区足够靠近表面，实际上消除了这种延迟。典型的参数 $\mu_e = 10^4\ \text{cm}^2/(\text{V}\cdot\text{s})$、$v_s = 10^7$ cm/s、$\alpha = 5\times10^3\ \text{cm}^{-1}$ 和 $w_{dep} = 1\ \mu\text{m}$，传输时间及扩散时间约为 10^{-11} s。

与高场下的载流子漂移相比，扩散过程通常较慢。因此，为了获得高速响应的光电二极管，应在耗尽区或附近产生光生载流子，使得扩散时间小于或等于载流子漂移时间。

对探测器使用台阶式的光辐射，观察其响应时间的变化，可以看到长扩散时间的影响(图 12.24[103])。对于完全耗尽的光电二极管，当 $w_{dep} \gg 1/\alpha$ 时，上升和下降时间通常是相同的。光电二极管的上升和下降时间与输入脉冲符合得相当好[图 12.24(b)]。如果光电二极管电容较大，则响应时间受到负载电阻 R_L 和光电二极管电容的 RC 时间常数限制[图 12.24(c)]：

$$\tau_{RC} = \frac{AR_T}{2}\left(\frac{q\varepsilon_0\varepsilon_s N}{V}\right)^{1/2} \tag{12.136}$$

$R_T = R_d(R_s + R_L)/(R_s + R_d + R_L)$，其中 R_s、R_d 和 R_L 分别为串联电阻、二极管电阻和负载电阻。探测器的行为类似于一个简单的 RC 低通滤波器，带宽为

$$\Delta f = \frac{1}{2\pi R_T C_T} \tag{12.137}$$

在一般情况下，R_T 是负载和放大器电阻的和，C_T 是光电二极管和放大器电容的总和(图 12.15)。为了减少 RC 时间常数，可以减少结区附近的多子浓度，增加反向偏压 V，减小结区，降低二极管电阻或负载电阻。除了应用反向偏压，其他改变都会降低探测率。可以看

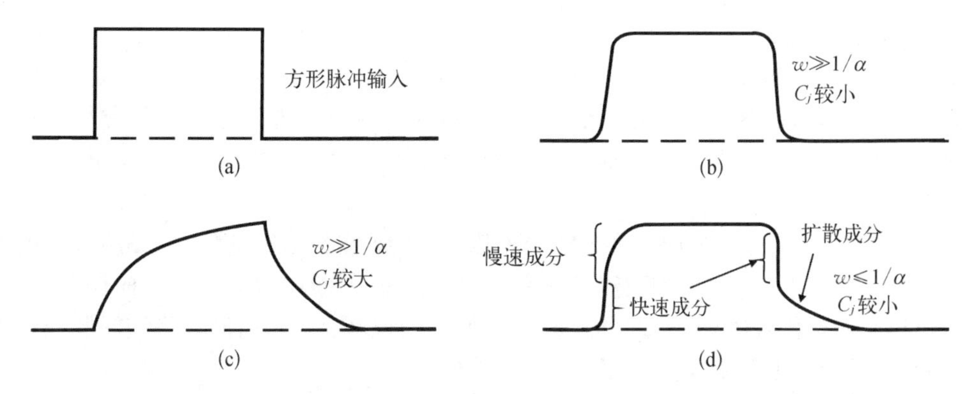

图 12.24　在各种探测器参数下光电二极管对脉冲信号的响应[103]

出，需要在响应时间和探测率之间进行权衡。

如果耗尽层太窄，则在 n 区和 p 区中产生的电子空穴对将在被收集之前就扩散回耗尽区。因此，耗尽区非常薄的器件将具有不同的慢速和快速响应成分，如图 12.24(d)所示；快速响应成分来自于在耗尽区中产生的载流子，而慢速成分则来自扩散载流子。

通常，需要对高频响应和高量子效率进行合理的权衡，并且吸收区的厚度一般在 $1/\alpha \sim 2/\alpha$。

12.3　p－i－n 光电二极管

p－i－n 光电二极管是简单 p－n 光电二极管的常用替代，尤其是在需要超快速光电探测的光通信、测量、采样系统时。在 p－i－n 光电二极管中，未掺杂的 i 区(p^-或 n^-，取决于结形成的方式)夹在 p^+和 n^+区之间。图 12.25 为 p－i－n 二极管的示意图，以及其在反向偏置下的能带图及光学吸收特性。由于 i 区的自由载流子浓度非常低，且具有高电阻率，任何施加的偏置将完全落在 i 区上，导致该区域在零偏置或非常低的反向偏置下完全耗尽。通常本征区域中的掺杂浓度为 $10^{14} \sim 10^{15}\ \text{cm}^{-3}$，偏置电压为 5～10 V 就足以实现几微米区域的耗尽，并且电子速率也可达到饱和值。

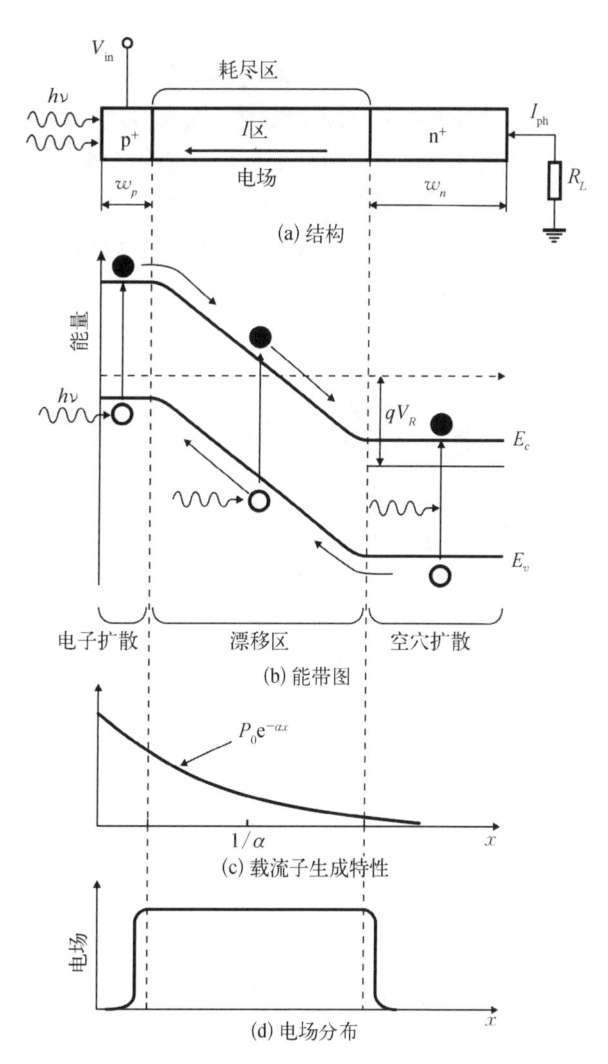

图 12.25　p－i－n 光电二极管

p－i－n 光电二极管具有可控的耗尽层宽度，可以定制以满足光响应和带宽的要求。响应速度和量子效率之间需要折中。要获取高响应速度，耗尽层宽度应该很小，但要获取高量子效率（或响应率），耗尽层宽度应该很大。已经提出了一种外部谐振微腔的方法可以提高这种情况下的量子效率[104,105]。在这种方法中，吸收区域放置在腔内，即使探测体积很小，也可以吸收大部分光子。

p－i－n 光电二极管的响应速度最终受到传输时间或电路参数的限制。跨越 i 层的载流子的传输时间取决于 i 层宽度和载流子速率。通常，即使对于中等大小的反向偏置，载流子也能以饱和速率漂移通过 i 层。通过降低 i 层厚度，可以减少传输时间。将结区制作在入射表面附近，可以最小化载流子在 i 层外扩散的影响。

p－i－n 光电二极管中的传输时间比 p－n 光电二极管中的要短，即使耗尽区长于 p－n 光电二极管。因为载流子在耗尽区中的传输几乎一直接近其饱和速率，而在 p－n 结中，电场在 p－n 界面处达到峰值，然后快速减少。对于厚度小于一个扩散长度的 p 区和 n 区，单独扩散的响应时间通常为 p 型硅中的 1 ns/μm，在 p 型Ⅲ－Ⅴ族材料中约为 100 ps/μm。由于空穴的迁移率较低，n 型Ⅲ－Ⅴ族材料的相应值是几纳秒每微米。

通常使用的 p－i－n 光电二极管有两种：正入射和背入射（图 12.26）。对于实际应用，激励光信号需要通过顶电极的刻蚀开口或者衬底的刻蚀孔。后者将二极管的有效区域减少到入射光束的尺寸。台面的侧壁要使用如聚酰亚胺等钝化材料包裹。如果光从平行于结的侧面入射，可以达到量子效率和响应的折中，如图 12.26（d）所示。也可以允许光以一定角度入射，在器件内部产生多次反射，可以显著地增加有效吸收和量子效率。该方案通常用在与单模光纤耦合的探测器中。

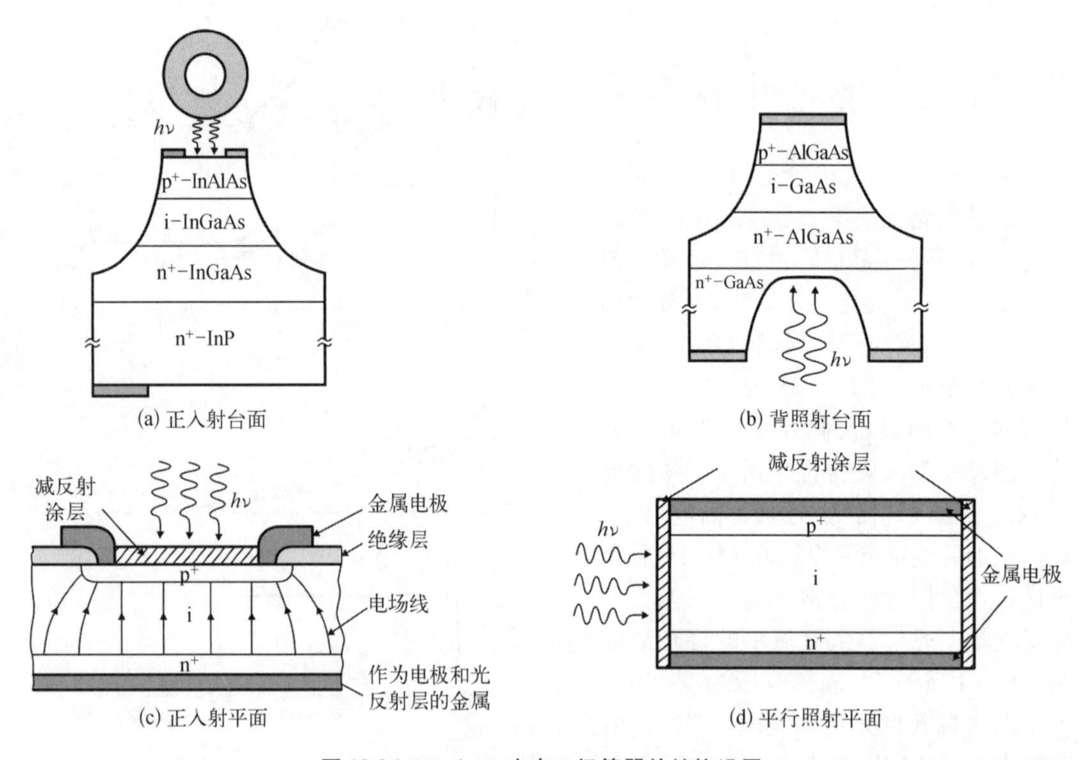

图 12.26 p－i－n 光电二极管器件结构设置

对于光通信的(波长为 1.0～1.55 μm),p－i－n 光电二极管的材料是 Ge 和几种Ⅲ－V 族化合物半导体合金,主要是因为它们具有高吸收系数(图 4.7)。典型的 p－i－n 光电二极管在近红外的响应率与波长的关系如图 12.27 所示[103]。波长 900 nm 处,硅的电流响应率为 0.65 A/W,波长 1.3 μm 处锗的响应率为 0.45 A/W。对于 InGaAs,1.3 μm 处的典型值为 0.9 A/W,1.55 μm 处为 1.0 A/W。目前在光纤兼容探测器材料中,Ⅲ－V 族半导体基本替代了 Ge 材料。由于带隙窄,Ge 光电二极管中的暗电流降低了器件的信噪比。此外,Ge 光电二极管的钝化技术还不能获得满意的效果。表 12.3 比较了来自各个 p－i－n 光电二极管厂商的数据表中所列的性能。

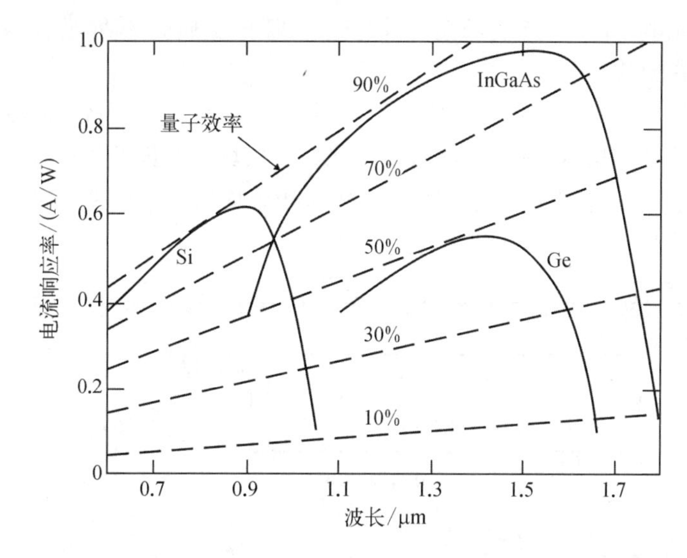

图 12.27　不同材料 p－i－n 光电二极管的电流响应率(实线)、量子效率(虚线)与光波长的关系[103]

表 12.3　Si、Ge 及 InGaAs 材料 p－i－n 光电二极管的性能

参　数	Si	Ge	InGaAs
波长范围/nm	400～1 100	800～1 650	1 100～1 700
峰值波长/nm	900	1 550	1 550
电流响应率/(A/W)	0.4～0.6	0.4～0.5	0.75～0.95
量子效率/%	65～90	50～55	60～70
暗电流/nA	1～10	50～500	0.5～2.0
上升时间/ns	0.5～1	0.1～0.5	0.05～0.5
带宽/GHz	0.3～0.7	0.5～3	1～2
偏置电压/V	5	5～10	5
电容/pF	1.2～3	2～5	0.5～2

p－i－n 光电二极管中的主要噪声是 gr 噪声，大于约翰逊噪声，因为反向偏置结的暗电流非常低。

12.4 雪崩光电二极管

当半导体中的电场增加到一定的值高于一定值时，载流子会获得足够的能量（大于带隙），从而可以通过碰撞电离激发电子－空穴对。雪崩光电二极管（avalanche photodiode，APD）的工作原理就是将每个探测到的光子转换为级联的载流子对[80,106-112]。该器件是处于强烈反向偏置的光电二极管，结电场很大；因此，载流子被加速，获取足够的能量，通过碰撞电离过程来激发新的载流子。

在理想设计的光电二极管中，APD 的几何结构应最大化光子吸收（如采用 p－i－n 的形式），并且具有较薄的倍增区，这样可以减少在强场下局域非受控的雪崩发生（不稳定性或微等离子体）的可能性，在薄层中也利于实现更好的电场均匀性。这就要求 APD 在设计中将吸收区和倍增区分开。例如，图 12.28 就是符合要求的一种 $p^+-\pi-p-n^+$ 直通型 APD 结构。

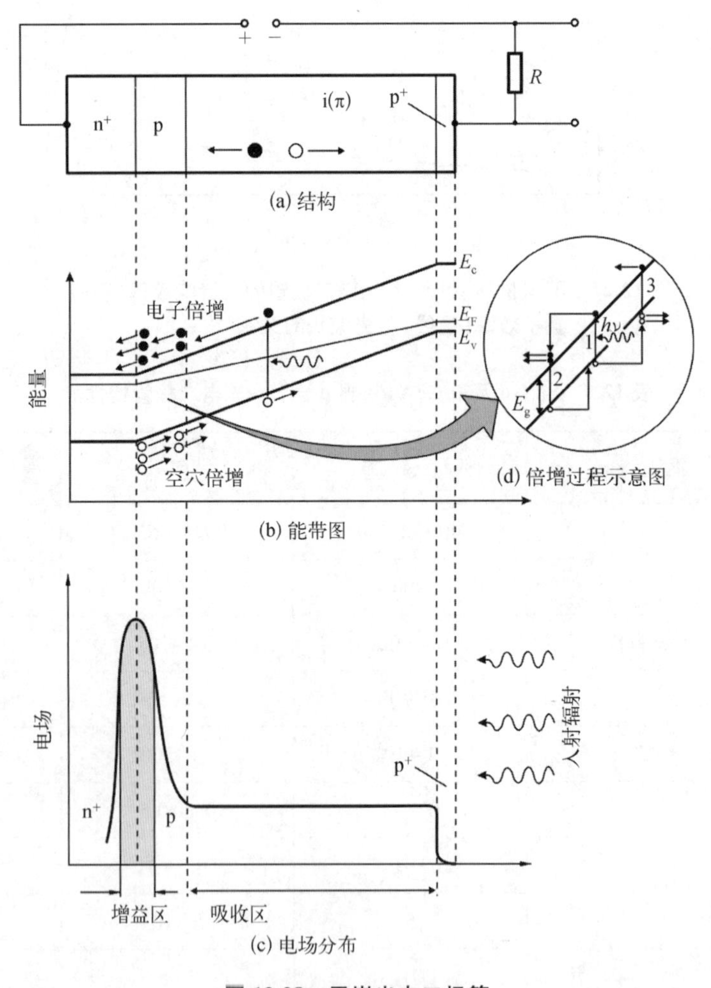

图 12.28 雪崩光电二极管

光子吸收发生在宽 π 区(非常轻微掺杂的 p 区)。电子通过 π 区漂移到薄的 $p-n^+$结,在那里具有足够大的场强以引起雪崩倍增。施加在设备上的反向偏压足够大,耗尽层直通 p 区和 π 区,并进入 p^+接触层。

雪崩倍增过程如图 12.28(d)所示。在位置 1 处吸收的光子产生电子空穴对。电子在强场作用下加速。加速过程中电子不断地通过与晶格的随机碰撞损失一部分能量。这些相互竞争的过程令电子达到一个平均饱和速度。电子可以获得足够的动能,在与原子碰撞时可以破坏晶格键,产生第二个电子空穴对。这就是碰撞电离过程(在位置 2 处)。新创建的电子和空穴继续从电场加速中获取动能,并产生额外的电子空穴对(如在位置 3 处)。这样的过程持续发生,创造出更多的电子空穴对。载流子从电场获取加速能量及随后发生的碰撞电离的微观行为取决于半导体能带结构和其自身的散射环境(主要是光声子)。Capasso[107]对低场下半导体中的碰撞电离过程理论做了很好的综述。

电子和空穴的碰撞电离能力可以用碰撞电离系数 α_e和 α_h表示,代表了每单位长度内的电离概率。碰撞电离系数随耗尽层电场增加而增加,随器件温度的增加而降低。

图 12.29 是 APD 器件中几种重要半导体材料的 α_e和 α_h随电场变化的曲线[113]。如图 12.29 所示,从几 10^5 V/cm 开始,碰撞电离系数随着电场的微小增加而急剧变大,而场强<10^5 V/cm 时,在所有半导体化合物中碰撞电离都可以忽略不计。在一些半导体中,电子比空穴能更有效地产生电离(Si,GaAsSb,InGaAs,其中 $\alpha_e>\alpha_h$),而在另外一些材料中情况相反(Ge,GaAs,其中 $\alpha_h>\alpha_e$)。

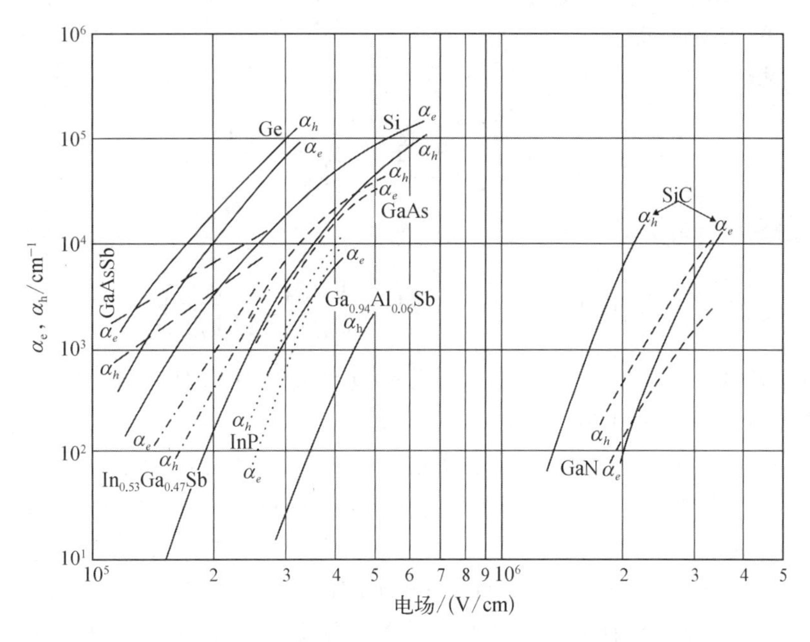

图 12.29 APD 器件中几种重要半导体材料的电子碰撞电离系数 α_e和空穴碰撞电离系数 α_h随电场变化的曲线

碰撞电离系数随施加的电场增加而增加,随器件温度的增加而降低。随电场的增加是由于额外的载流子速率,而随温度的降低是由于与热激发原子发生非电离碰撞的概率增加。对于给定温度,碰撞电离系数指数依赖于电场,具有以下形式:

$$\alpha = a\exp\left(-\left[\frac{b}{E}\right]^{c}\right) \tag{12.138}$$

式中,a、b、c 为实验确定的常数;E 为电场强度。

用于表征 APD 性能的重要参数是电离比 $k=\alpha_h/\alpha_e$。当空穴电离不明显时($\alpha_h \ll \alpha_e$; $k \ll 1$)时,碰撞电离是通过电子实现的。然后,雪崩过程主要从右到左(即从 p 侧到 n 侧)进行,如图 12.28(d) 所示。当所有电子到达耗尽层的 n 侧后,该过程终止。另外,如果电子和空穴都能明显电离($k \approx 1$),那些向右侧移动的空穴会产生向左侧移动的电子,这些电子会进一步产生更多向右侧移动的空穴,这可能会不停循环下去。尽管该反馈过程提高了器件的增益(即每一对光生载流子在电路中产生的总电荷),但是由于以下几个原因,这并不是希望获得的结果:该过程是耗时的,因而降低了带宽;该过程是随机的,因而增加了噪声;该过程可能是不稳定的,从而导致雪崩击穿。因此,在 APD 中希望采用的材料是仅允许一种类型的载流子(电子或空穴)发生碰撞电离的。如果电子具有更高的碰撞电离系数,那么为了优化器件,需要在耗尽层的 p 侧边缘注入光生电子,并使用 k 值尽可能低的材料。如果注入的是空穴,则应在耗尽层的 n 侧边缘注入,并使用 k 值尽可能高的材料。当 $k=0$ 或 ∞ 时,是单一载流子倍增的理想情况。

麦金泰尔(McIntyre)[114,115] 提出了 APD 中雪崩噪声的综合理论。式(12.139)用于描述每单位带宽的 APD 噪声为

$$\langle I_n^2 \rangle = 2qI_{\text{ph}}\langle M \rangle^2 F \tag{12.139}$$

式中,I_{ph} 为未经倍增的光电流(信号);$\langle M \rangle$ 为平均雪崩增益;F 为过量噪声因子,与电离过程中随机产生的 M 相关联。

麦金泰尔指出:

$$F_e(M_e) = k\langle M_e \rangle + (1-k)\left(2 - \frac{1}{\langle M_e \rangle}\right) \tag{12.140}$$

及对于空穴触发倍增的情况,

$$F_h(M_h) = \frac{1}{k}\langle M_h \rangle + \left(1 - \frac{1}{k}\right)\left(2 - \frac{1}{\langle M_h \rangle}\right) \tag{12.141}$$

在没有增益的 p-n 和 p-i-n 反向偏置光电二极管中,$\langle M \rangle = 1$, $F=1$,器件噪声性能可用熟悉的散粒噪声公式表示。在雪崩过程中,如果每个注入的光载流子获得相同的增益 M,则噪声因子将是统一的,噪声功率仅为输入的散粒噪声,来源于信号光子的随机性,并乘以增益的平方。实际的雪崩过程在本质上是统计意义的,各个载流子通常具有不同的雪崩增益,其统计平均值为 $\langle M \rangle$。这导致的额外噪声称为雪崩过量噪声,可方便地用式(12.139)中的 F 因子表示。如前面所述,为了实现低的 F 值,不仅 α_e 和 α_h 必须尽可能地不同,而且还必须通过具有更高碰撞电离系数的载流子来触发雪崩过程。根据麦金泰尔规则,当碰撞电离比率增加到 5 时,APD 的噪声性能可以提高超过 10 倍。大多数Ⅲ-Ⅴ族半导体中 $0.4 \leqslant k \leqslant 2$。

因为电子和空穴电离率的温度依赖性,增益机制对温度非常敏感。

式(12.140)和式(12.141)是在碰撞电离系数与局域电场的平衡条件下得出的,定义了局域场模型的情况。在大多数半导体材料中,该局域近似提供了对厚雪崩区(>1 μm)的过

量噪声因子的精确预测。从式(12.140)可以看出,电子触发倍增的情况下,当 k 最小时能获得最低的过量噪声,如图 12.30 所示。然而,碰撞电离是非局域的,并且注入高场的载流子是“冷”的,需要一定距离的加速才可以获得足够的能量激发电离[116]。这一段距离中没有碰撞电离发生,被称为电子(空穴)的“死区”$d_{e(h)}$。如果倍增区域较厚,则可以忽略“死区”,局域场模型能提供 APD 特性的准确描述。图 12.31 为电子电离路径长度的概率分布函数(probability distribution function,PDF)$h_e(x)$的示意图,包括局域模型和硬“死区”模型。电子和空穴的 d 值大致由 E_{th}/qE 给出,其中 E_{th}是碰撞电离的阈值能量,取决于半导体能带结构和电场强度 E。“死区”效应可以很显著,由于其 PDF 比局域模型窄,可能大幅降低过量噪声。从而即使在 k 约为 1 时,也可以获得具有低过量噪声的 APD[117-120]。

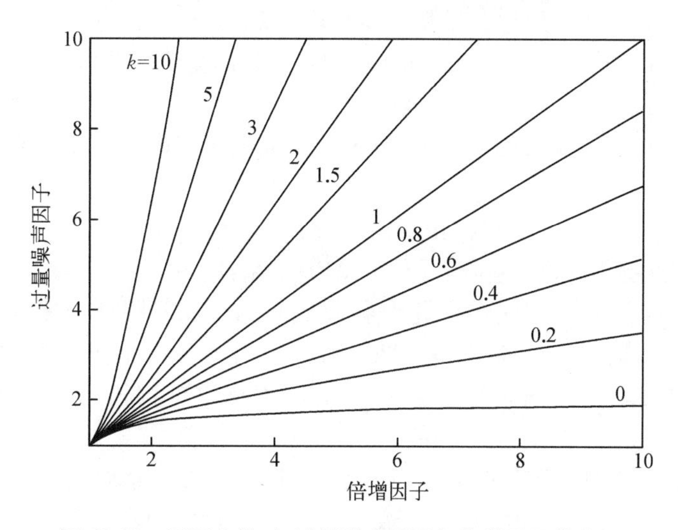

图 12.30　不同 k 值时,过量噪声因子与倍增因子的关系

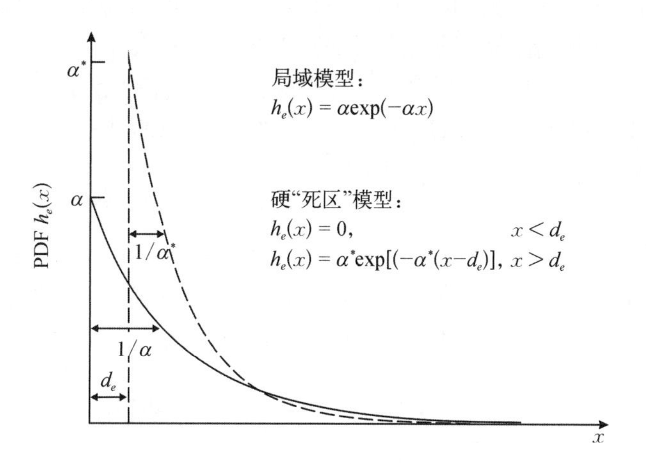

图 12.31　在局域模型和硬“死区”模型下,电离路径长度的概率分布函数[117]

减少雪崩区长度还有其他意料之外的好处——增加了速度。光电二极管增益和带宽的乘积是由雪崩过程建立或衰减所需的时间来决定的;增益越高,相关的时间常数越高,从而带宽会降低。然而,伊蒙斯(Emmons)[120]指出,当 α_e或 $\alpha_h=0$ 时,带宽限制解除。碰撞电离

系数不为 0 时,电子触发情况下平均增益的频率依赖性约为

$$M(\omega)=\frac{M_0}{\sqrt{1+(\omega M_0 k\tau)^2}} \tag{12.142}$$

式中,M_0是 DC 增益,τ 约为载流子通过倍增区所需的传输时间(在 2 倍范围内)。

APD 设计中最重要的两个目标是减少暗电流和提高器件响应速度。为了获得最佳性能,必须满足几种结构和材料要求。首先,重要的是要在二极管的整个光敏区域上保证载流子倍增过程的均匀性。雪崩区的材料必须没有缺陷,并且在器件制备过程中需要特别小心。结区边缘处的过量漏电流也是基本的问题。在硅 APD 中,缓解该问题的常用技术是采用保护环,围绕二极管周边,通过选择性区域扩散制备一个 n-p 结。APD 的稳定工作还需要非常仔细地调节探测器偏压。常用的硅 APD 结构是经过优化的,可以满足特定范式[121]。

目前,已经证明了以下材料适用于高性能 APD。

(1) 硅(用于 0.4~1.1 μm 的波长)。电子的碰撞电离速率远高于空穴的碰撞电离速率($\alpha_e \gg \alpha_h$)。

(2) 锗(波长上限为 1.65 μm)。由于锗的带隙小于硅,并且电子和空穴的电离速率近似相等($\alpha_e \approx \alpha_h$),因此噪声较高,这限制了锗基 APD 的应用。

(3) 基于 GaAs 的器件。大多数化合物材料中 $\alpha_e \approx \alpha_h$,因此通常采用异质结构,如 GaAs/$Al_{0.45}Ga_{0.55}As$,其中 α_e(GaAs)$\gg\alpha_h$(AlGaAs)。由于雪崩发生在 GaAs 层中,增益可以大幅增加。GaAs/$Al_{0.45}Ga_{0.55}As$ 异质结工作在 0.9 μm 以下。应用 InGaAs 层可将探测波段延伸到 1.4 μm。

(4) 基于 InP 的器件(用于 1.2~1.6 μm 的波长)。在双晶格匹配异质结构 n^+-InP/n-GaInAsP/p-GaInAsP/p^+-InP 中,两种载流子都被注入高场区域,该结构对于低噪声工作非常重要。第二种结构 p^+-InP/n-InP/n-InGa AsP/n^+-InP 类似于硅直通型器件。在相对宽的 InGaAsP 层中发生吸收,少子的雪崩倍增发生在 n-InP 层。

(5) $Hg_{1-x}Cd_xTe$ 的 APD。这些器件是电子触发的,化合物组分 $x=0.7\sim0.21$ 的宽范围内,器件工作截止波长对应于 1.3~11 μm。增益 100 倍时 HgCdTe APD 的噪声比 InGaAs 或 InAlAS APD 低 10~20 倍,比 Si APD 低 4 倍。

APD 材料的选择取决于实际应用,其中最广泛的应用包括激光测距、高速接收器和单光子计数。用于光纤通信的 InGaAs 比锗更昂贵,但可以在特定工作波段内提供更低的噪声和更高的频率响应。锗 APD 常用于放大器噪声较高的应用,或者当成本是主要考虑因素时。表 12.4 列出了 Si、Ge 和 InGaAs APD 的参数,可以进行对比。

表 12.4 Si、Ge 和 InGaAs APD 的参数对比

参　数	Si	Ge	InGaAs
波长范围/nm	400~1 100	800~1 650	1 100~1 700
峰值波长/nm	830	1 300	1 550
电流响应率/(A/W)	50~120	2.5~25	—

续 表

参　数	Si	Ge	InGaAs
量子效率/%	77	55～75	60～70
雪崩增益	20～400	50～200	10～40
暗电流/nA	0.1～1	50～500	10～50（M=10）
上升时间/ns	0.1～2	0.5～0.8	0.1～0.5
增益×带宽/GHz	100～400	2～10	20～250
偏置电压/V	150～400	20～40	20～30
电容/pF	1.3～2	2～5	0.1～0.5

最近 APD 的许多工作都集中在开发新的结构和引入替代型材料，希望获得更低的噪声、更高的速度，同时保持最佳的增益水平[112,118]。例如，由于"死区"效应，使用亚微米 InAlAs 或 InP 雪崩区及 InGaAs 吸收区的器件可以获得更低的过量噪声。InAlAs 和 InP 与 InGaAs 都可实现晶格匹配。低场下，已经发现其 α_e/α_h 远大于 InP 中的 α_h/α_e。给定增益下，InAlAs 中过量噪声因子显著地低于 InP，是由于前者中 α_e/α_h 较大，以及后者中的"死区"效应带来的改善。

应该注意，APD 也可以处于大于无限增益的偏置电压下，这时单个光子的到达就能导致雪崩击穿，从而产生了大的电流脉冲。被动或主动模式下都可以实现这种工作模式，称为计数模式或单光子雪崩探测器（single photon avalanche detector，SPAD），也称为盖革（Geiger）模式雪崩探测器，最早的工作是由 Cova 等[122]完成的。SPAD 灵敏度可以很高，与光电倍增器相当。然而，不同的是，一旦无限增益的雪崩被触发，在脉冲持续时间和电路恢复时间内更多可能到来的光子将被忽略。从这个角度来看，SPAD 更像是盖革计数器而不是光电倍增管。

12.5　肖特基势垒光电二极管

肖特基势垒光电二极管已经有广泛的研究，并应用在紫外线、可见和红外探测器中[123-132]。相较于 p－n 结光电二极管，这些器件具有的优点包括：制造简单、无须高温扩散工艺、高速响应。

12.5.1　肖特基-莫特理论和修正

根据简单的肖特基-莫特模型（Schottky－Mott model），金属-半导体接触的整流特性来自于金属和半导体之间的静电势垒，这是由金属和半导体的功函数（分别为 ϕ_m 和 ϕ_s）差异造成的。例如，与 n 型半导体接触的金属，ϕ_m 大于 ϕ_s，而对于 p 型半导体，ϕ_m 小于 ϕ_s。如图 12.32（a）和（b）所示，这两种情况下的势垒高度分别为

$$\phi_{bn} = \phi_m - \chi_s \tag{12.143}$$

及

$$\phi_{bp} = \chi_s + E_g - \phi_m \tag{12.144}$$

χ_s 为半导体的电子亲和能。表 12.5 中给出了一些金属和半导体的功函数、电子亲和能和带隙能量的值。

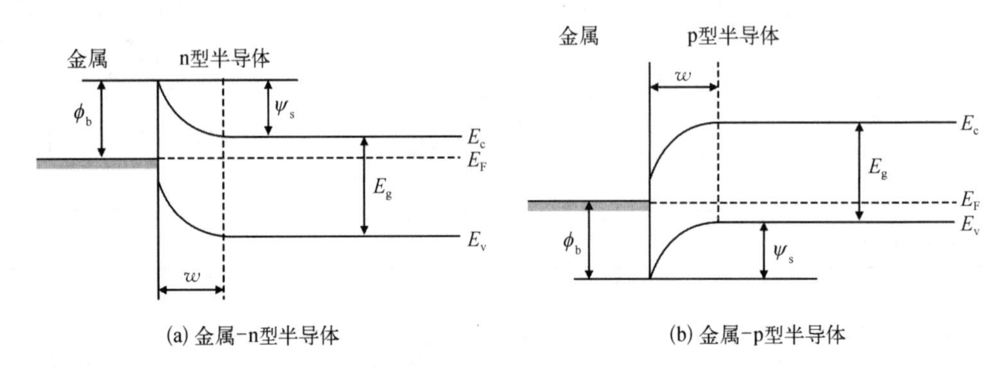

(a) 金属-n型半导体 (b) 金属-p型半导体

图 12.32 肖特基势垒的平衡能带图

表 12.5 一些金属和半导体的功函数、电子亲和能和带隙能量的值

金 属	ϕ_m/eV	半导体	χ/eV	E_g/eV
Mg	3.68	Ge	4.0	0.661
Al	4.08	Si	4.05	1.12
Zn	4.3	GaAs	4.07	1.424
Ti	4.33	4H－SiC	3.2	2.36
Hg	4.5	6H－SiC	3.45	3.23
Cr	4.5	3C－SiC	4.0	2.86
Mo	4.6	AlN	0.6	6.026
Cu	4.7	GaP	3.8	2.26
Ag	4.73	GaN	4.1	3.2
Co	5.0	ZnO	4.35	3.37
Ni	5.01	InP	4.38	1.344
Au	5.1	InSb	4.59	0.17
Pd	5.12	CdS	4.8	2.42
Pt	6.35	InAs	4.9	0.354

半导体内部和界面之间的势垒称为能带弯曲，在两种情况下都可由式(12.145)表示：

$$\psi_s = \phi_m - \phi_s \tag{12.145}$$

如果 $\phi_b > E_g$，与表面相邻的 p 型半导体层发生反型，在材料内形成 p－n 结。然而实际情况是内建势垒不遵循与 ϕ_m 的这种简单关系，而是会由于源自表面态或来自金属诱导的间隙态和/或由于金属与半导体在界面的化学反应而有所减小。

在文献[128]、[130]中，ϕ_m 的实验数据有很大出入。这些分析提出的经验关系为

$$\phi_b = \gamma_1\phi_m + \gamma_2 \tag{12.146}$$

式中，γ_1 和 γ_2 为半导体的特性常数。可以看出该经验关系的两个极限情况是 $\gamma_1 = 0$ 和 $\gamma_1 = 1$，分别表示巴丁(Bardeen)势垒(局域表面态主导的情况)和理想的肖特基(Schottky)势垒。许多研究人员也指出，斜率 $\gamma_1 = \partial\phi_b/\partial\phi_m$ 可以用于描述特定半导体的费米能级稳定性或钉扎的程度。部分研究采用参数 γ_1 和 γ_2 来估算界面态密度。

Cowley 和 Sze[133]根据巴丁(Bardeen)模型对 n 型半导体的情况给出的势垒高度约为

$$\phi_{bn} = \gamma(\phi_m - \chi_s) + (1-\gamma)(E_g - \phi_0) - \Delta\phi \tag{12.147}$$

式中，ϕ_0 为从价带顶测量的界面态的中性位置；$\Delta\phi$ 为镜像力导致的势垒降低；$\gamma = \varepsilon_i/(\varepsilon_i + q\delta D_s)$，$\delta$ 为界面层的厚度，ε_i 为总介电常数。假设表面态均匀地分布在带隙能量内，每单位区域每电子伏特的密度为 D_s。如果没有表面态，则 $D_s = 0$，且忽略 $\Delta\phi$，则式(12.147)简化为式(12.143)。如果态密度非常高，则 γ 变得非常小，ϕ_{bn} 接近 $(E_g - \phi_0)$。这是因为费米能级与中性水平的微小偏差就可以产生大的偶极矩，从而通过负反馈效应来使势垒高度保持稳定。费米能级被表面态固定在带边的相对位置上。

对 p 型半导体的情况进行类似分析，ϕ_{bp} 约为

$$\phi_{bp} = \gamma(E_g - \phi_m + \chi_s) + (1-\gamma)\phi_0 \tag{12.148}$$

因此，如果 ϕ_{bn} 和 ϕ_{bp} 指的是同一半导体的 n 型和 p 型上的相同金属，而且半导体表面是采用相同的方式制备的(δ、ε_j、D_s 和 ϕ_0 都一样)，则应该有

$$\phi_{bn} + \phi_{bp} \cong E_g \tag{12.149}$$

这个关系式在实际中符合得很好，且通常情况下 $\phi_{bn} > E_g/2$，$\phi_{bn} > \phi_{bp}$。

12.5.2　电流传输过程

金属半导体接触中电流传输主要来自多子，与 p－n 结主要由少子传输的情况相反。在正向偏置下，有多种方式传输电流(图 12.33)。4 个基本输运过程是[129]：

(1) 电子越过势垒顶，从半导体向金属发射；

(2) 量子力学隧穿通过势垒；

(3) 空间电荷区域中的复合；

(4) 中性区域中的复合(等量空穴从金属注入半导体)。

反向偏压下发生的是逆过程。此外，还存在电极边缘漏电流，以及由金属半导体界面的陷阱导致的界面电流。

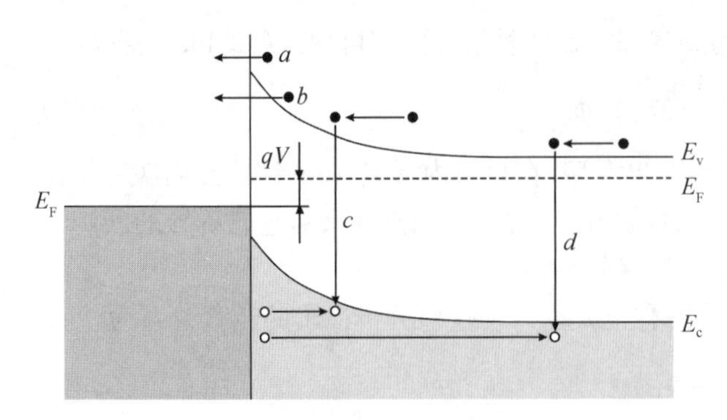

图 12.33　n 型半导体正向偏置肖特基势垒中的 4 个基本输运过程[129]

通过各种理论,包括扩散[134,135]、热离子发射[136]和联合的热离子发射-扩散[133],可以描述越过势垒的电子传输。现在广泛接受的是,对于高迁移率半导体(杂质浓度在实际关注的范围内),热离子发射理论看来可以定性地解释实验观察到的 $I-V$ 特性[137]。有些研究者在简单的热离子理论中加入量子效应(即量子力学下的反射和载流子隧穿行为),尝试对电流-电压关系的分析表达式进行修正。这些基本上会带来势垒高度的降低,并令势垒顶变得圆滑[138-140]。

Bethe[136]的热离子发射理论假设势垒高度远大于 kT,热平衡建立在确定发射的平面,并且净电流的存在不会影响该平衡。贝特(Bethe)对势垒斜率的定义是势垒在散射长度距离内的下降超过 kT。由此得到的电流将仅取决于势垒高度而不是宽度,并且饱和电流与所施加的偏压无关。从半导体穿越势垒到金属的多子所形成的电流密度可以表示为

$$J_{\mathrm{MSt}} = J_{\mathrm{st}}\left[\exp\left(\frac{qV}{\beta kT}\right) - 1\right] \tag{12.150}$$

式中,饱和电流密度为

$$J_{\mathrm{st}} = A^{*}T^{2}\exp\left(-\frac{\phi_b}{kT}\right) \tag{12.151}$$

式中,$A^{*}=4\pi qk^2m^{*}/h^3$,等于 $120(m^{*}/m)$ A/(cm^2·K^2),为理查德森(Richardson)常量,m^{*}为有效电子质量;β 为接近 1 的经验常量。式(12.150)类似于 p-n 结的传输方程,但饱和电流密度的表达式是完全不同的。

看来,扩散理论适用于低迁移率半导体,而且扩散和热离子发射理论的电流密度表达式非常相似。然而,扩散理论的饱和电流密度为

$$J_{\mathrm{sd}} = \frac{q^2D_eN_c}{kT}\left[\frac{q(V_{\mathrm{bi}} - V)2N_d}{\varepsilon_0\varepsilon_s}\right] \tag{12.152}$$

与热离子发射理论的饱和电流密度 J_{st}相比,随电压变化得更快,但对温度不太敏感。

Crowell 和 Sze[137]综合了前面描述的热离子发射与扩散方式。他们采用了 Bethe 对于热离子发射有效性的标准假设(平均自由程应大于势垒从其最大值下降 kT/q 的距离),并且考虑了在势垒顶和金属之间的光学声子散射效应,以及具有足够能量越过势垒的电子中的量子力学反射效应。综合的结果是将理查德森(Richardson)常量 A^{*}替换为 $A^{**}=f_pf_qqA^{*}$,其中 f_p是电子在越过势垒顶后不被光学声子散射,进入金属的概率,而 f_q是平均传输系数。f_p和 f_q均取决于势垒中的最大电场、温度和有效质量。一般来说,乘积 f_pf_q约为 0.5。

根据图 12.32 中所示的能带图,在光子能量较小时 ($q\phi_b < h\nu < E_g$),金属中光激发的

电子可以通过热离子发射穿越势垒传输到半导体中，并在电极处被收集。这个过程中二极管的光谱响应可以扩展到能量低于带隙的光子。然而，由于热离子发射过程可以很慢，因此这不是非常理想的工作模式。最有效的工作模式是光子能量大于带隙时（$h\nu > E_g$）。如果金属层是半透明的，在半导体中吸收的光子会产生电子空穴对，根据各自的相对饱和度，向相反方向移动并被电极收集。

使用式（12.151）中的 J_{st}，可以计算出 R_0A：

$$(R_0A)_{MS} = \left(\frac{dJ_{MSt}}{dV}\right)^{-1}_{|V=0} = \frac{kT}{qJ_{st}} = \frac{k}{qA^*T}\exp\left(\frac{\phi_b}{kT}\right) \tag{12.153}$$

电流响应率可以写为

$$R_i = \frac{q\lambda}{hc}\eta \tag{12.154}$$

电压响应率为

$$R_v = \frac{q\lambda}{hc}\eta R \tag{12.155}$$

式中，$R = (dI/dV)^{-1}$是光电二极管的差分电阻。

在这里重要的是讨论光电导，p－n 结和肖特基势垒（Schottky-barrier）探测器之间的一些显著差异。

光电导探测器的重要优点在于具有内部光电增益，降低了对低噪声前置放大器的要求。p－n 结探测器相对于光电导的优点是偏置电流低或为零；高阻抗，有助于在焦平面器件中与读出电路的耦合；高频工作能力；与平面制备技术的工艺兼容性。与肖特基势垒相比，p－n 结光电二极管也有一些重要的优点。肖特基势垒中的热离子发射过程比扩散过程更有效，因此对于给定的内置电压，肖特基二极管中的饱和电流比 p－n 结高几个数量级。另外，肖特基二极管的内置电压小于相同半导体材料 p－n 结的电压。然而，p－n 结光电二极管的高频工作受到少子存储问题的限制。肖特基势垒结构是多子器件，因此具有固有的快速响应和大的工作带宽。换句话说，消散由正向偏压注入的载流子所需的最小时间是由复合寿命决定的。在肖特基势垒中，如果半导体是 n 型，在正向偏压下电子将从半导体注入金属中。接下来，通过载流子相互碰撞非常快速地热化（约为 10^{-14} s），与少子复合寿命相比，该时间可忽略不计。已有带宽超过 100 GHz 的光电二极管。二极管通常在反向偏压下工作。

12.5.3　硅化物

半导体器件中使用的大多数接触都要进行热处理。这可能是刻意的，为了增强金属与半导体间的附着力；或者是不可避免的，因为在金属沉积工序后的其他处理阶段需要经历高温。重要的是要避免整流触点的熔化，因为如果发生这种情况，界面可能变得非常不平坦，突出到半导体中的金属毛刺可以在尖端高场区域引发隧穿，并且严重损害电气性能。

如果金属能够形成硅化物（定比化合物），则热效应对金属－硅触点的影响会尤其重要。大多数金属，包括所有过渡金属，在适当的热处理后可形成硅化物（表 12.6）。这些硅化物可以在硅化物的熔点的 1/3~1/2 的温度(开尔文温度单位)下通过固态反应形成[139]。关于许多过渡金属硅化物-硅系统的研究表明,ϕ_b 随共晶温度几乎是线性降低的[140]。绝大多数硅化物表现出金属导电性,因此如果金属-硅接触在热处理后形成金属硅化物,则硅化物-硅的结表现为类似于金属半导体接触,并且具有整流性能。此外,因为硅化物-硅界面形成在原始表面下方的一定深度,所以它不会受到污染并且在室温下非常稳定。它还表现出非常好的机械黏合性。以这种方式形成的触点通常具有稳定的、接近理想的电学特性[141,142]。硅化物-硅器件的独特性还包括可以与硅平面加工工艺兼容。

表 12.6 硅化物的特性

硅 化 物	电阻率/($\mu\Omega\cdot$cm)	合成温度/℃	每 Å 厚度金属对应的硅材料厚度/Å	每 Å 厚度金属对应的硅化物厚度/Å
$CoSi_2$	18~25	>550	3.64	3.52
$MoSi_2$	80~250	>600	2.56	2.59
$NiSi_2$	约为 50	750	3.65	3.63
Pd_2Si	30~35	>400	0.68	约为 1.69
PtSi	28~35	600~800	1.32	1.97
$TaSi_2$	30~45	>600	2.21	2.40
$TiSi_2$	14~18	>700	2.27	2.51
WSi_2	30~70	>600	2.53	2.58

1973 年,马萨诸塞州罗马航空开发中心(Rome Air Development Center, Hanscom AFB, Massachusetts)的 Shepherd 和 Yang[143]提出了硅化物肖特基势垒探测器 FPA 的概念,作为红外成像中 HgCdTe FPA 的更适合量产的替代方法。硅化物肖特基势垒 FPA 技术从 20 世纪 70 年代的初始概念演示发展到现在的高分辨扫描成像和凝视型 FPA,这些 FPA 可能用于在 1~3 μm 和 3~5 μm 波段的红外成像中[144]。PtSi/P-Si 探测器非常适合 3~5 μm 波长探测。感兴趣的其他硅化物还包括 Pd_2Si 和 IrSi。Pd_2Si 肖特基势垒的截止波长 $\lambda=3.7$ μm,与红外透明大气窗口不匹配。IrSi 肖特基势垒的势垒较低,报道的截止波长在 $\lambda=7.3\sim10.0$ μm 的范围内[145]。

更多关于硅化物肖特基势垒探测器和焦平面的特性与技术请参见第 15 章。

12.6 金属-半导体-金属光电二极管

另一种形式的金属半导体光电二极管是图 12.34 中所示的金属-半导体-金属 MSM 光电二极管[80,110,111]。这种结构[图 12.34(b)]在物理上与叉指结构的光电导相似,不同之处在于金属-半导体和半导体-金属的接触被制造为肖特基势垒而不是欧姆接触。作为平面结

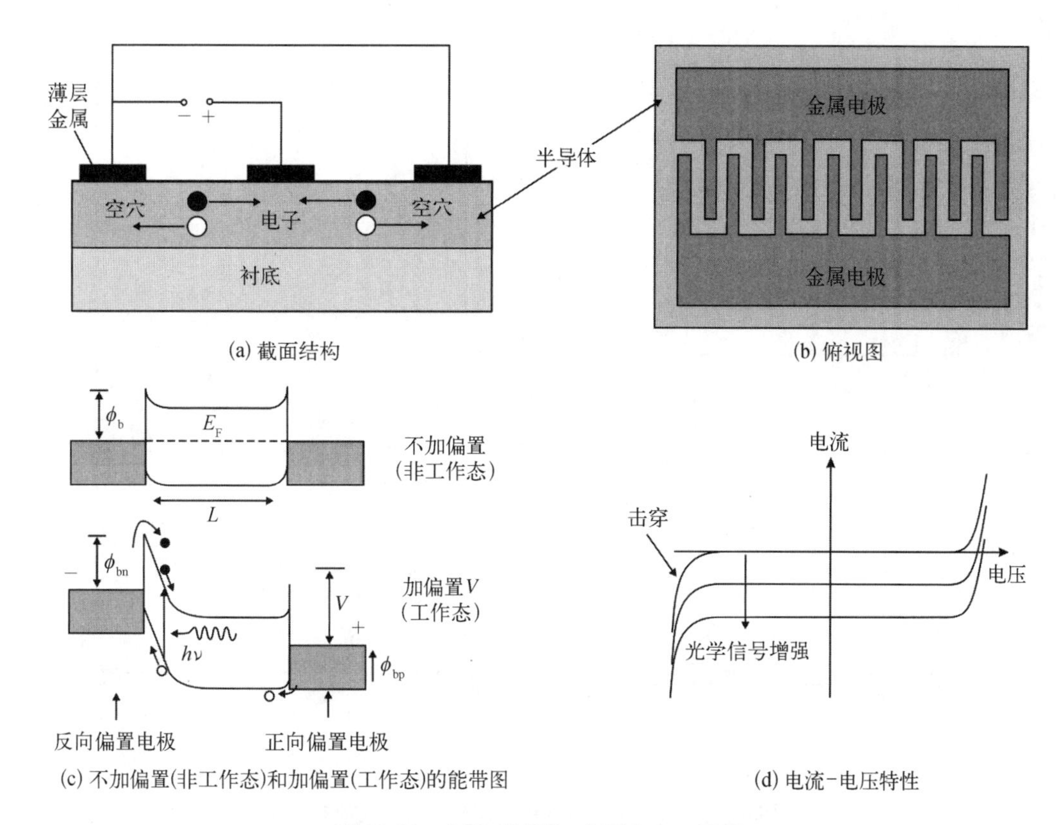

图 12.34　金属-半导体-金属光电二极管

构,MSM 光电二极管适合于单片集成,并且可以采用与制造场效应管所需工艺几乎相同的步骤来制作[146]。

MSM 光电二极管基本上可以认为是一对背对背连接的肖特基二极管。吸收光子在半导体中产生电子空穴对。电场下,空穴漂移到负极,电子漂移到正极。MSM 光电二极管的量子效率取决于由不透光的金属电极造成的遮挡。双肖特基势垒比单个肖特基二极管的暗电流更低,并且 MSM 二极管的电容小于 p-i-n 光电二极管的电容,提高了响应速度。MSM 二极管在偏置下运行,一个是正向偏置,另一个是反向偏置。不加偏置和加偏置时的能带状态如图 12.34(c)所示。在低偏置时,反向偏置的接触处的电子注入是主要的电传导机制。在较高的偏置时,通过在正向偏置接触处注入空穴来补充该传导。图 12.34(d)是三种照明情况下 MSM 光电二极管的 $I-V$ 特性。反向偏置接触处的耗尽区远大于正向偏置接触附近的耗尽区域,当它们相遇时,可以说该器件处于直通状态。虽然这些结构中已经观察到了内部增益,但尚未被完全理解和建立模型[110]。

例如,图 12.35 是具有 WSi_x 触点的 GaAs MSM 光电二极管的电流-电压特性[147]。暗电流在纳安量级,与 p-i-n 光电二极管相当。对于两个极性,在达到直通前,电容都随偏置增加而减小,达到直通状态之后几乎不变。响应率随偏压升高而增加[图 12.35(c)],表明存在内部增益,在低偏差下也是如此。这就可以排除雪崩倍增效应。基于长寿命的陷阱或表面缺陷,低偏置下的增益是可以利用的。累积在导带最小值处的电子可以降低空穴传输的势垒。

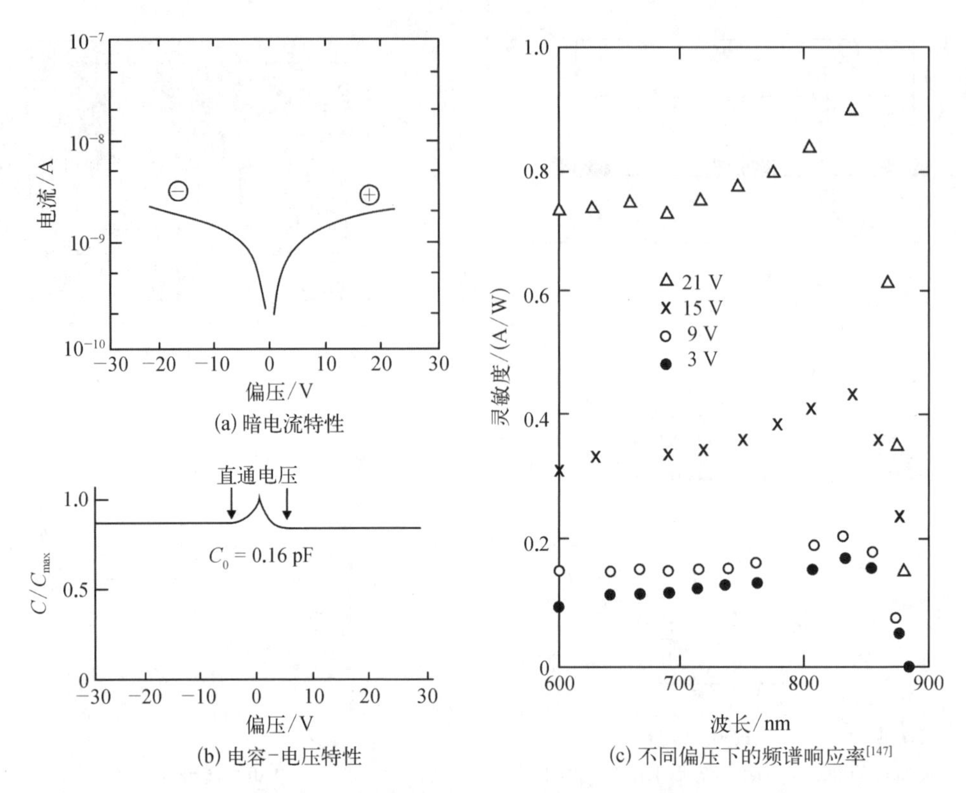

图 12.35 采用钨的硅化物电极的 GaAs MSM 光电二极管的电流-电压特性

12.7 MIS 光电二极管

MIS 结构是对半导体表面进行的研究中最有用的器件。对这种结构已经开展了广泛的研究,因为它与大多数平面型器件和集成电路直接相关。在 20 世纪 70 年代之前,MIS 器件在红外探测领域并不重要。1970 年,Boyle 和 Smith[148] 发表了一篇论文,报道了电荷耦合原理,这是一个简单却非常强大的基于 MIS 结构的电荷包传输的概念。在红外技术领域,使用电荷转移器件(charge transfer device, CTD)是提升热成像性能的关键。许多优秀的论文综述了 MIS 电容器的一般理论[86,149-151]。

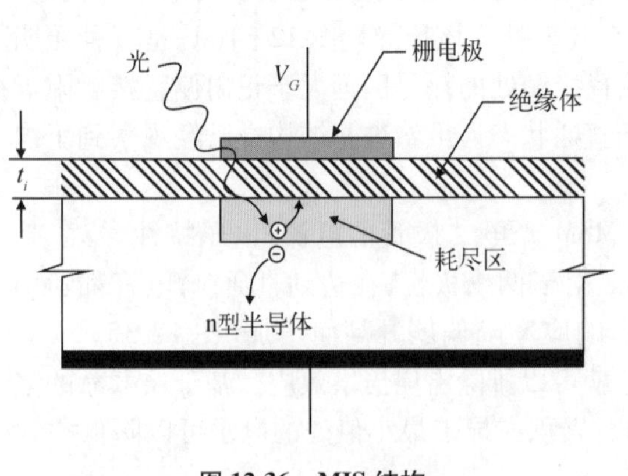

图 12.36 MIS 结构

本节仅讨论具有 n 型衬底的 p 型沟道 MIS,但所有结论都可在适当修改后扩展到 n 型沟道的 MIS。

简单的 MIS 器件由厚度 t_i 和介电常数 ε_i 的绝缘体及两侧的半导体和金属栅极组成(图 12.36)。通过将负电压 V_b 施加到金属电极,电子被 I-S 界面排斥,产生耗尽区(图 12.37),从而建立起少子(空穴)势阱。表面电位 Φ_s 与栅极电压和其他参数相关[152-154]:

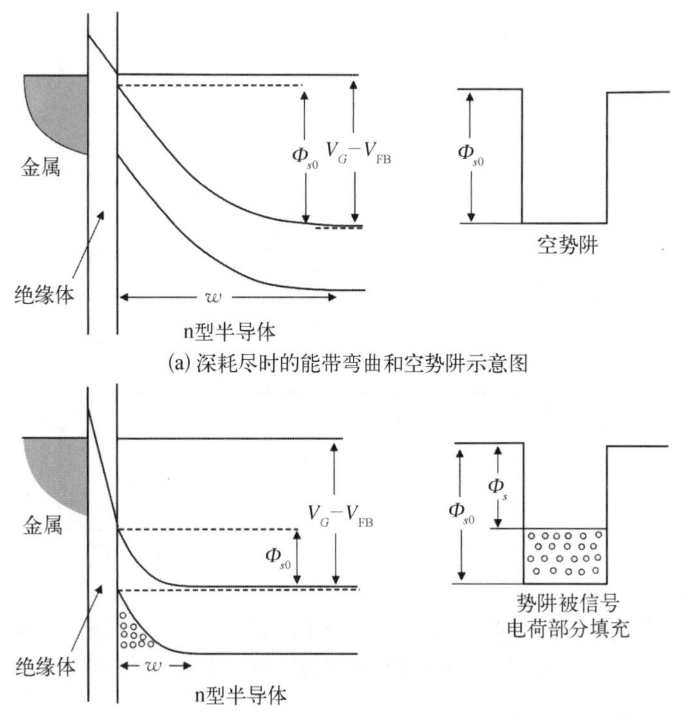

图 12.37　p 型沟道 MIS 结构的能带图

$$\Phi_s = V_G - V_{FB} + \frac{qN}{C_i} - \frac{qN_d\varepsilon_0\varepsilon_s}{C_i^2} + \frac{1}{C_i}\left[-2q\varepsilon_0\varepsilon_sN_d\left(V_G - V_{FB} + \frac{qN}{C_i}\right) + \left(\frac{qN_d\varepsilon_0\varepsilon_s}{C_i}\right)^2\right]^{1/2} \tag{12.156}$$

式中，V_{FB}为扁平带的电压；$C_i = \varepsilon_0\varepsilon_i/t$ 为每单位面积的绝缘体电容；N 为每单位面积的反型层中移动电子的数量；$N_d = n_0$为衬底掺杂浓度；ε_s为半导体介电常数。从式(12.156)，可以看到表面势可以通过正确选择的栅压、掺杂浓度和绝缘层厚度来控制。

最初，在势阱中没有电荷[式(12.156)中的 $N=0$]，导致相对大的表面势 Φ_{s0}。然而，吸收光子后，通过输入扩散、热生成或隧穿，并且绝缘体和半导体的电位重新分布，如图 12.37(b)所示，载流子将被收集到势阱中。稳定状态下，潜在的势阱被完全填充，可假定表面势的最终值为[80]

$$\Phi_{sf} \approx 2\Phi_F = -\frac{2kT}{q}\ln\left(\frac{n_0}{n_i}\right) = -\frac{kT}{q}\ln\left(\frac{n_0}{p_0}\right) \tag{12.157}$$

Φ_F 是体费米能级与本征费米能级间的势能差。应该注意的是，在这种表面，势能开始发生强反型(图 12.38[86])，空穴的表面浓度将大于体材料的多子浓度。

MIS 结构的热电流生成机制类似于先前讨论的 p - n 结(参见 12.2 节)。对于 n 型材料[86]，

$$J = qn_i\left(\frac{n_iL_h}{N_d\tau_h} + \frac{w_d(t)}{\tau} + \frac{1}{2}S\right) + \eta q\Phi_b + J_t \tag{12.158}$$

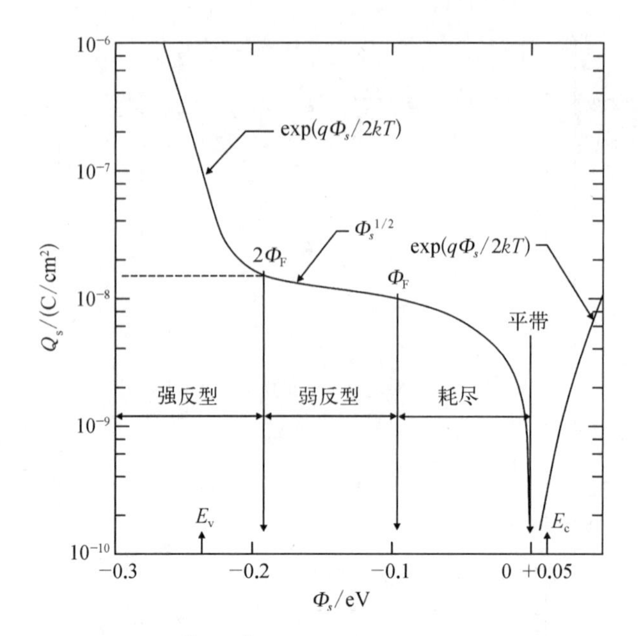

图 12.38 $N_d=2\times10^{15}\ \mathrm{cm^{-3}}$，$T=77$ K 时，0.25 eV p 型沟道 MIS 结构 HgCdTe 的空间电荷密度 $Q_s=qN$ 随表面势 Φ_s 的变化[86]

式(12.158)中括号中的部分表示的是中性体材料、耗尽区和通过界面态的热生成所导致的电流。通过在界面处始终保持平零的偏置电荷，可以大大降低界面态的生成速率 S。Syllaios 和 Colombo[155]发现 MWIR 和 LWIR HgCdTe MIS 器件中的暗电流与位错密度之间存在强烈的相关性。位错被认为是复合中心并能降低载流子寿命，这些缺陷限制了 HgCdTe MIS 器件的击穿偏置电压。式(12.158)中等号右边的第二项是背景光通量导致的电流，达到背景限探测性能的前提是该项大于暗电流。式(12.158)中等号右边的第三项是载流子通过能隙从价带到导带的隧穿。Kinch 指出，在合理的表面复合速率下($S<10^2$ cm/s)，HgCdTe MIS 器件中的暗电流主要来自于耗尽区中的生成过程。

式(12.157)可计算出存储在 MIS 电容中的最大电荷密度。对 $N=N_{\max}$求解式(12.156)，给出

$$N_{\max}=\frac{C_i}{q}(V_G-V_{\mathrm{FB}}-2\Phi_{\mathrm{sf}}-V_B) \tag{12.159}$$

式中，$V_B=(4q\varepsilon_0\varepsilon_s\Phi)^{1/2}/C_i$。通常，$V_{\mathrm{FB}}$、$2\Phi_{\mathrm{sf}}$和 V_B小于 V_G；因此，$N_{\max}\approx C_iV_G/q$。如果假设 C_i 和 V_G为 Si/SiO_2结构中实现的类似值，则存储的最大电荷约为 10^{12}电子/cm^2。实际上，为了防止存储的电荷的扩散，最大存储容量约为 $N_{\max}$的一半，4.5 μm 沟道宽度时约为 0.4×10^{12}电子/cm^2，9.5 μm 沟道宽度时约为 0.15×10^{12}电子/cm^2。

式(12.159)指出存储容量的增加可以通过增加绝缘层电容或栅极电压，或降低半导体中的掺杂来实现。然而，半导体中的电场必须保持在击穿电压之下。窄带隙半导体中的常见击穿机制是隧穿。Anderson 对 HgCdTe、InSb 和 PbSnTe 材料 MIS 器件的计算表明[156]，随着带隙降低，隧穿电流迅速增加，该电流对于截止波长大于 10 μm 的器件会造成严重的限制效应。与热过程不同，隧穿电流不能通过制冷来降低。Goodwin 等[157]指出通过生长异质结将高电场设置在宽带隙材料中，可以大大降低 HgCdTe 中的隧穿电流。

暗态下器件的最大电荷储存时间可以近似为

$$\tau_c = \frac{Q_{\max}}{J_{\text{dark}}} = \frac{qN_{\max}}{J_{\text{dark}}} \tag{12.160}$$

77 K 时的典型值从 4.5 μm 时的 100 s 变化到 10 μm 的 100 μs[86]。储存时间是电荷传输器件 CTD 工作中的关键参数,因为它确定了最低工作频率。长的储存时间可以通过减少体生成中心的数量,减少表面态的数量,并通过降低温度来获得。窄间隙半导体中储存时间的严重限制是由隧穿造成的。

理想 MIS 器件(具有 $V_{\text{FB}}=0$)的总电容是绝缘体电容 C_i 和半导体耗尽层电容 C_d 的串联:

$$C = \frac{C_i C_d}{C_i + C_d} \tag{12.161}$$

式中,

$$C_d = \left(\frac{\varepsilon_0\varepsilon_s q^2}{2kT}\right)^{1/2} \frac{n_{n0}[\exp(q\Phi_s/kT)-1]-p_{n0}[\exp(-q\Phi_s/kT)-1]}{\{n_{n0}[\exp(q\Phi_s/kT)-q\Phi_s/kT-1]-p_{n0}[\exp(-q\Phi_s/kT)+q\Phi_s/kT-1]\}^{1/2}} \tag{12.162}$$

对于理想 p 型沟道 HgCdTe MIS 器件,$E_g=0.25$ eV 和 $n_0=10^{15}$ cm^{-3}时,理论计算出的电容 C 与栅压 V_b 的变化如图 12.39 所示[86]。在正栅压下,电子积聚,因此 C_d 值较大。随着电压降低到负值,在 $I-S$ 界面附近会形成耗尽区,总电容减小。电容先达到最小值,然后增加,直到强反型区中电容再次接近于 C_i。注意,负电压下电容的增加取决于少子跟随交流信号的能力。在较高频率下测量的 MIS 电容电压曲线在负电压区域不会显示出电容的增加。图 12.39 还给出了深度耗尽下,足够快的脉冲条件下的电容,其与 CCD 的工作状态直接相关。

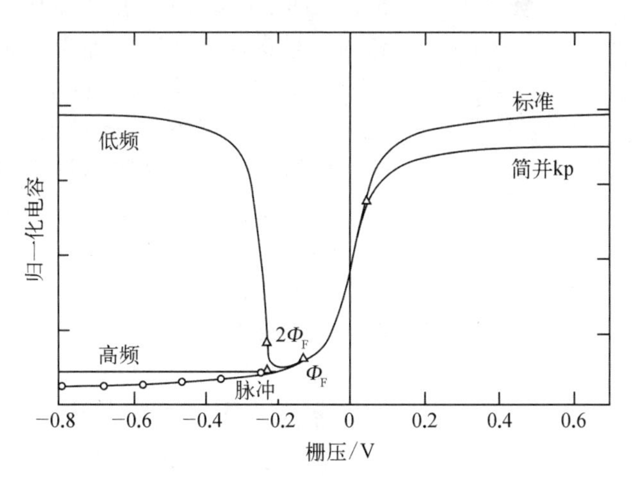

图 12.39　工作温度 77 K 时,p 型沟道 HgCdTe MIS 电容与栅压的关系,$E_g=0.25$ eV, $N_d=10^{15}$ cm^{-3},$\Phi_F=0.092$ eV, $C_i=2.1\times10^7$ F/cm^2[86]

对于有入射光通量的情况,表面反转比热平衡情况发生在较低的 Φ_s 时。相应的耗尽区宽度在入射光通量情况下也将变窄。p_0 和 Φ_s 之间的关系由式(12.157)给出

$$\Delta\Phi_{sf} = \frac{kT}{q}\frac{\Delta p_0}{p_0} \tag{12.163}$$

光通量的变化导致 Δp_0 的变化，从而改变 $\Delta\Phi_{sf}$。

式(12.163)也可以用更常用的量来改写。考虑扩散电流限制下的 MIS 器件，二极管区域的阻抗为(见 12.2.1 节)

$$RA = \frac{kT}{qJ_D} = \frac{kT\tau_b}{q^2 p_0 L_h} \tag{12.164}$$

假设 Δp_0 来自入射光信号通量 Φ_s，那么 $\Delta p_0 = \eta\Delta\Phi_s\tau_h/L_h$，再代入式(12.163)和式(12.164)中，可得

$$\Delta\Phi_{sf} = \eta q\Phi_s RA \tag{12.165}$$

因此，入射光通量所引起的表面势变化正如在阻抗为 R 的开路光电二极管中的情形一样。[参见式(12.76)]。

12.8 非平衡光电二极管

红外探测器的主要缺点是需要通过制冷来抑制导致噪声的自由载流子热生成。Ashley 等[158,159]提出了一种新的基于非平衡工作模式的方法来降低探测器的制冷要求。这一模式的概念是将自由载流子浓度降到其平衡值以下，从而抑制俄歇(Auger)过程。这可以通过偏置的 $l-h$ 结或异质结接触实现。在 HgCdTe 材料 n 型光电导[159,160]、光电二极管[161]及 InSb 光电二极管[162]中，已经证实了该想法。

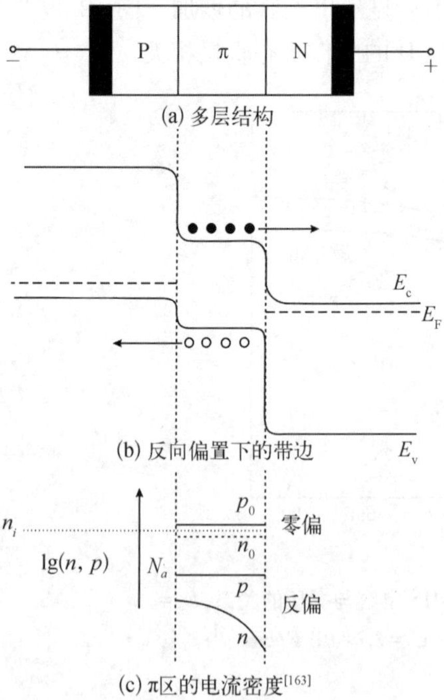

图 12.40 载流子提取的 P-π-N 异质结构光电二极管示意图

非平衡器件基于近本征的、窄带隙的外延层，其包含在两个更宽带隙的层之间或一个更宽的带隙层和一个重掺杂层之间。如 P-π-N、P-π-N⁺、P-ν-N⁺，其中大写字母意味着宽带隙，+号表示超过 10^{17} cm^{-3}的重掺杂，π 是近本征的 p 型层，ν 是近本征的 n 型层。这些器件都包含一个 p-n 结，工作在反向偏压以提取少子。另一个是同质结，用于排除少子，防止它们注入 π 或 ν 层。例如，考虑图 12.40 所示的异质结构 P-π-N。对于光子能量靠近或略高于 π 区带隙的情况，P 和 N 区均为透明的，两者都可以充当窗口。在平衡时，π 区中的电子与空穴浓度 n_0 和 p_0 接近本征值 n_i，通常为 10^{16}～10^{17} cm^{-3}，如图 12.40(c)所示。

应用于红外探测时，即使在零偏下，图 12.40 中所示的器件结构也具有两个优于同质结的重要优势。

(1) 噪声产生限制在有源区(宽间隙区具有非常低的热生成速率并将有源区与接触处的载流子生成区域隔离开)。

(2) 可以合理选择有源区内的掺杂水平和类型,以最大限度地提高载流子寿命并最小化噪声。但是,在反向偏压下,由于以下现象的结果,预期探测器的性能可以获得更大的改善。

(3) 分别在 P－π 和 π－P 结处发生少子排除与提取;从而降低有源区中内的两种载流子数量(少子降低几个数量级,而多子浓度下降到净掺杂水平),如图 12.40(c)所示。

(4) 由于这些过程,涉及俄歇过程的热生成将减少,使得饱和电流(I_s)小于零偏置电阻(R_0)时的预期值;也就是 $I_s < kT/qR_0$[见式(12.83)],预计会出现负电导率区域[164]。

在目前的器件技术阶段,俄歇抑制的非平衡光电二极管仍然存在很大的 $1/f$ 噪声,因此只能在高频下通过降低漏电流,提高探测性能。然而,这对于工作在较高中频的外差系统来说不是问题。

12.9　势垒型光电二极管

历史上,第一个势垒型探测器是由怀特(White)[165]在 1983 年提出的。怀特假定了一种 n 型异质结构,其中窄带隙吸收层耦合到一个薄的宽带隙层,再连接一个窄带隙接触区。怀特在他的专利中还提出了一种可选偏置的双色探测器,目前已经在碲镉汞和Ⅱ类超晶格(T2SL)材料中实现。

势垒探测器的概念假设在整个异质结构中单一能带移动量近似为零,从而只允许少子在光电导中流动。用 InSb 和 HgCdTe 等标准红外探测器材料很难实现价带移动(valence band offset,VBO)。21 世纪第一个十年的中期,在引进 6.1 Å 厚度的Ⅲ－Ⅴ族材料探测器系列并展示了第一批高性能探测器(InAs 和 InAsSb)和 FPA 之后[166,167],情况发生了巨大变化。基于 T2SL 的各种设计中,单极势垒的引入极大地改变了红外探测器的结构[168]。通常,单极势垒用于实现势垒探测器体系结构,可以提高光生载流子的收集效率,并在不抑制光电流流动的情况下减少暗电流的产生。在断裂带隙 T2SL 中,能够独立地调节导带和价带边缘的位置,这对单极势垒的设计特别有帮助。

工作原理

单极势垒是用来描述可以阻挡某一种类型的载流子(电子或空穴),但允许另一种类型的载流子通过的势垒。在不同的势垒型探测器中,最常用的是 nBn 探测器,如图 12.41 所示。阻挡层一侧的 n 型半导体构成用于偏置器件的接触层,而阻挡层另一侧的 n 型窄带隙半导体是光子吸收层,其厚度应与器件中光的吸收长度相当,通常为几微米。势垒和有源层的掺杂类型相同,是保持低扩散、限制暗电流的关键。势垒层需要精心设计。它必须与周围的材料基本实现晶格匹配,并且在一个波段中具有零偏移而在另一处有很大的偏移量。它应该位于少子收集层附近,远离光吸收区域。这种势垒布置允许光生空穴流向触点(阴极),同时阻止多子暗电流、重新注入的光电流和表面电流。nBn 探测器被设计成在不阻碍光电流(信号)的情况下可以有效地降低暗电流(与 SRH 过程相关)和噪声。尤其值得一提的是,势垒有助于降低表面漏电流——nBn 结构的优点是自发钝化。图 12.41 中的右下图显示了 nBn 探测器中各种电流分量和势垒层的空间组成[169]。

窄带隙吸收层中没有耗尽区所带来的其他主要优点是 nBn 探测器对位错和其他缺陷不敏感,这可能允许器件生长在晶格不匹配的衬底(如 GaAs)上,降低由失配位错产生的过量

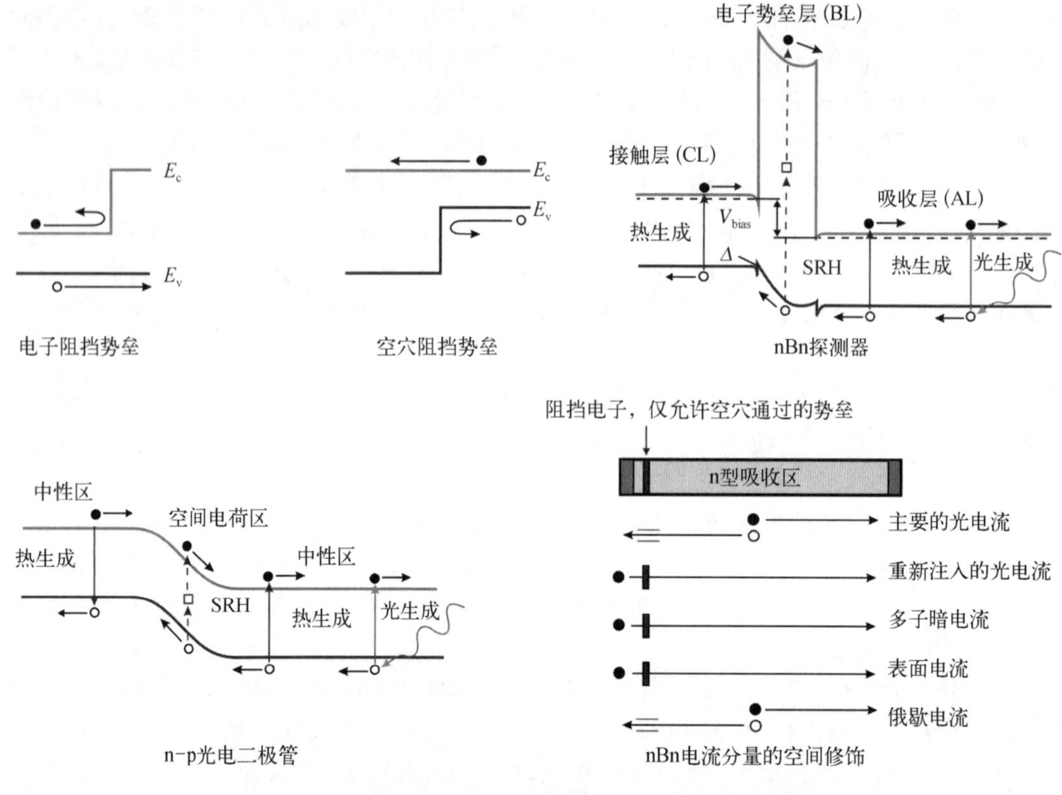

图 12.41　电子阻挡和空穴阻挡的单极势垒图，nBn 势垒型探测器（价带偏移 Δ 也有标识）和 p－n 光电二极管的能带图

NBN 势垒探测器的右下方是其中各个电流分量和势垒阻挡的空间构成

暗电流。

基于势垒型探测器的新见解，Reine 等[170,171]开发出了数值模拟和分析模型方法，以更好地理解具有 p 型和 n 型势垒的简单、理想、无缺陷的 nBn 器件的物理意义及工作状态。对于具有 p 型势垒的探测器，该近似模型类似于众所周知的传统 p－n 结的耗尽近似，应用理想的背靠背光电二极管的新边界条件。

文献[172]和[173]建立了偏置电压与势垒浓度相结合的准则，工作时允许在窄带隙吸收层中无耗尽区。n 型势垒表现为价带势垒（图 12.41），它会显著地阻碍吸收层和接触层之间的空穴电流传输，这需要较高的偏置电压才能克服。相反，p 型势垒相当于价带中的空穴势阱，它不会阻碍吸收层和接触层之间的空穴传输。但是，在后一种情况下，对于所有偏置电压，p 型势垒层都会导致在窄间隙吸收层中形成耗尽区，这是需要避免的（耗尽区会导致过量 gr 暗电流）。

由于没有多子电流，nBn 探测器本质上是具有单位增益的少子光电导，从这个角度来说，类似于光电二极管的结区（空间电荷区）被电子阻挡单极势垒（B）取代，而 p 型接触被 n 型接触取代。可以说，nBn 设计是光电导和光电二极管的混合。

Maimon 和 Wicks[167]报道了第一种 InAs nBn 结构，由 n 型窄带隙薄接触层、50～100 nm 厚的宽禁带层（有电子阻挡层，没有空穴阻挡层）、厚的 n 型窄带隙吸收层组成。高势垒层足够厚，可以忽略电子隧穿（即厚度为 5～100 nm，高度超过 1 eV）。由于采用了一种新的异质结器件设计和工艺,nBn 探测器在抑制表面漏电流方面显示出良好的效果。图 12.42 的插图为标准工艺制备的 nBn InAs 结构[167]。探测区域是通过使用选择性蚀刻剂对接触层进行刻蚀,并在势垒处停止的方式形成的。金电极被沉积在接触层和衬底上,有源层被势垒层覆盖。这样就不需要额外的表面钝化。与 InAs - InAsSb - GaSb 材料光电二极管相比,这是一个主要的优点,因为后者没有适用的钝化工艺。

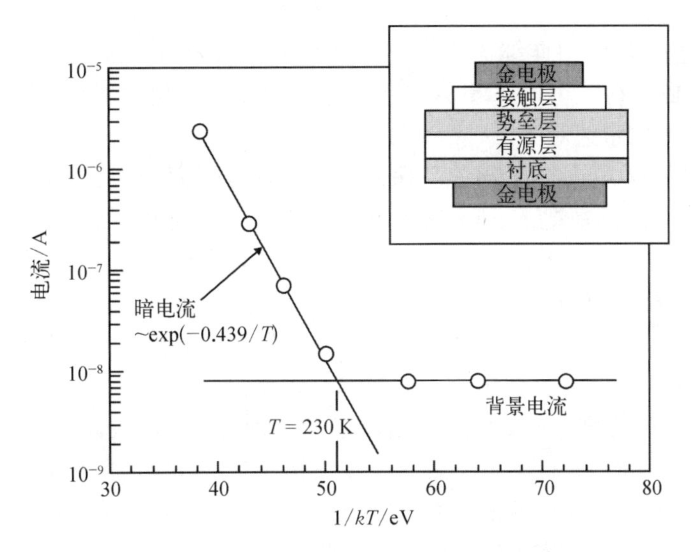

图 12.42　在 2π 立体角室温背景辐射下,InAs nBn 电流的阿伦尼乌斯图。插图为 nBn 器件的结构示意图[167]

InAs 器件由 3 μm 厚的 InAs(N_d约为 2×10^{16} cm^{-3})、100 nm 厚的 AlAsSb 势垒和 n 型 InAs 接触层(N_d约为 1×10^{18} cm^{-3})组成。在与 GaSb 晶格匹配的 InAs 衬底上进行生长。如图 12.42 所示,在较高温度下,由器件暗电流曲线可推出热激活能为 0.439 eV,在 InAs 带隙附近。低于 230 K 时,该器件性能可达背景限。BLIP 温度比商用 InAs 光电二极管至少高 100 K[167]。

图 12.43 显示了传统二极管和 nBn 探测器中暗电流的典型阿伦尼乌斯图(Arrhenius plot)[172]。扩散电流通常按 $T^3\exp(-E_{g0}/kT)$ 变化,其中 E_{g0} 是外推到零度的带隙,T 是温度,k 是玻尔兹曼常量。生成-复合电流的变化为 $T^{3/2}\exp(-E_{g0}/2kT)$,主要由耗尽区 SRH 陷阱产生的电子和空穴主导。由于在 nBn 探测器中没有耗尽区,光子吸收层对暗电流的生成-复合贡献被完全抑制。标准光电二极管的阿伦尼乌斯图下方的斜率大约是上方的一半。实线(nBn)是从高

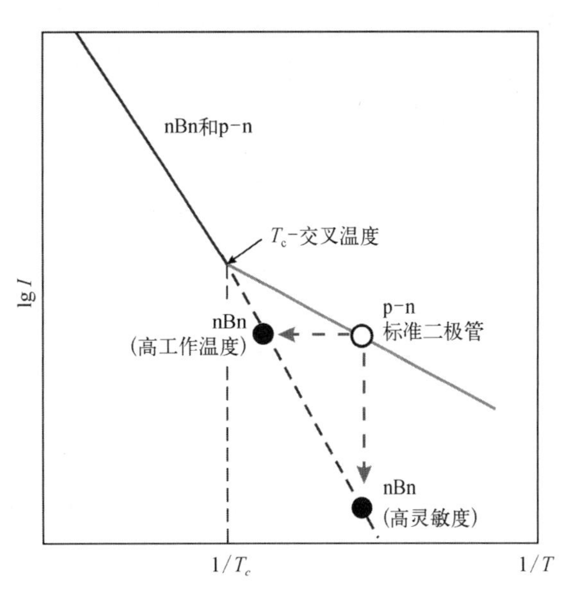

图 12.43　标准二极管和 nBn 器件中暗电流的阿伦尼乌斯图

温的扩散限制区到 T_c 以下温度的延伸，T_c 被定义为扩散电流和生成-复合电流相等的交叉温度。在低温区，nBn 探测器有两个重要的优点。首先，与工作在相同温度下的传统二极管相比，它具有更高的信噪比。其次，在相同暗电流的情况下，它的工作温度高于传统二极管。后者由图 12.43 中的水平虚线表示。

对于 SRH 寿命相对较短的材料（如所有Ⅲ－Ⅴ族化合物），无耗尽区结构可以克服耗尽区暗电流大的缺点。

在文献[167]~[175]中详细描述了 nBn 和相关探测器的工作原理。虽然 nBn 的设计想法起源于 InAs 体材料[167]，但 T2SL 基材料的应用从实验上启发了对于势垒型探测器概念的研究，实现了更好的带边对齐[176]。

Klipstein 等[177]考虑了各类势垒型探测器，并将其分为两组：$XB_n n$ 和 $XB_p p$ 探测器（图 12.44）。在前一组的情况下，所有设计都具有相同的 n 型 $B_n n$ 结构单元，但使用不同的接触层（X），掺杂、材料或两者都是不同的。例如，$C_p B_n n$ 和 $nB_n n$ 器件，C_p 是由与有源区不同的材料制成的 p 型接触，而 n 是由与有源层相同的材料制成的 n 型接触。在 $pB_n n$ 结构的情况下，p－n 结可以位于重掺杂 p 型材料和较低掺杂势垒的界面处，或者位于较低掺杂势垒内。势垒探测器家族中也有 p 型成员，可表示为 $XB_p p$，与 n 型势垒探测器的极性相反。当材料的表面导电性为 p 型时可采用 pBp 结构，且只能使用 p 型吸收层。例如，可以使用 p 型 InAs/GaSb T2SL 作为吸收层[175,178,179]来实现该结构。此外，pMp 器件由两个 p 掺杂的超晶格有源区和一个具有较高势垒的薄 M 结构组成。超晶格 M 结构之间的带隙差异落在价带，为 p 型半导体中的大多数空穴创造了价带势垒。

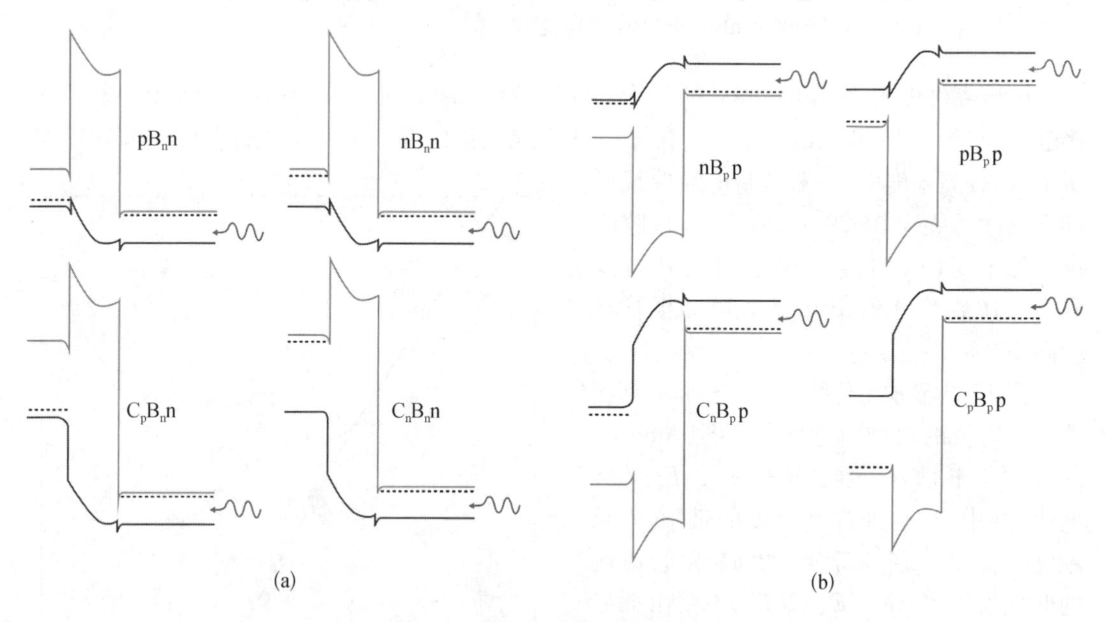

图 12.44　$XB_n n$ 和 $XB_p p$ 势垒探测器在工作偏压下的能带示意图

在每种情况下，接触层（X）位于左侧，并且红外辐射入射到右侧的有源层。当 X 由与有源层相同的材料组成时，两层都具有相同的符号（即掺杂类型），否则表示为 C（以掺杂类型为下标）[177]

单极势垒也可以插入到传统的 p－n 光电二极管结构中[169,180]。有两种可能的位置可以实现单极势垒：① 在 p 型层中的耗尽层之外；② 在结附近，但在 n 型吸收层的边缘

(图 12.45)。根据势垒位置的不同,不同的暗电流分量被过滤。例如,将势垒放置在 p 型层中可以阻挡表面电流,但是由于扩散、生成-复合、TAT 和 BBT 引起的电流不能被阻挡。如果将势垒放置在 n 型区域,则结产生的电流和表面电流被有效地过滤掉。如图 12.46 所示,光电流与扩散电流具有相同的空间分布。

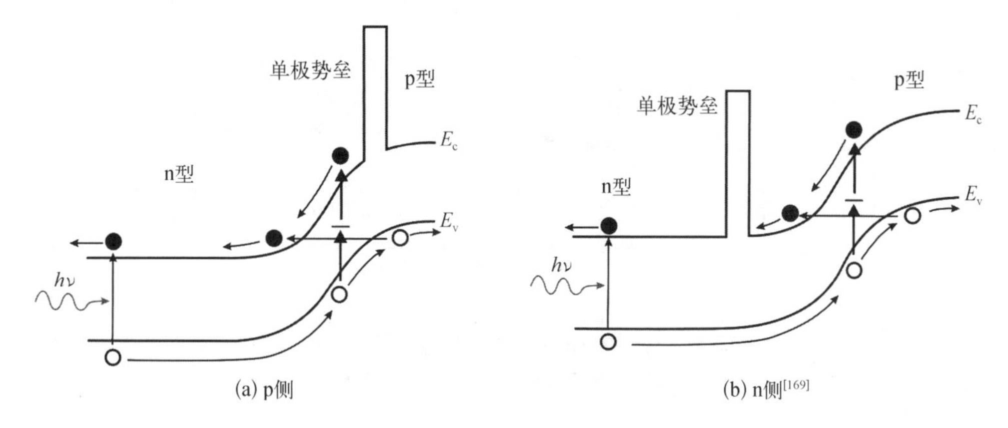

图 12.45　偏置电压下的能带图：单极势垒位置不同

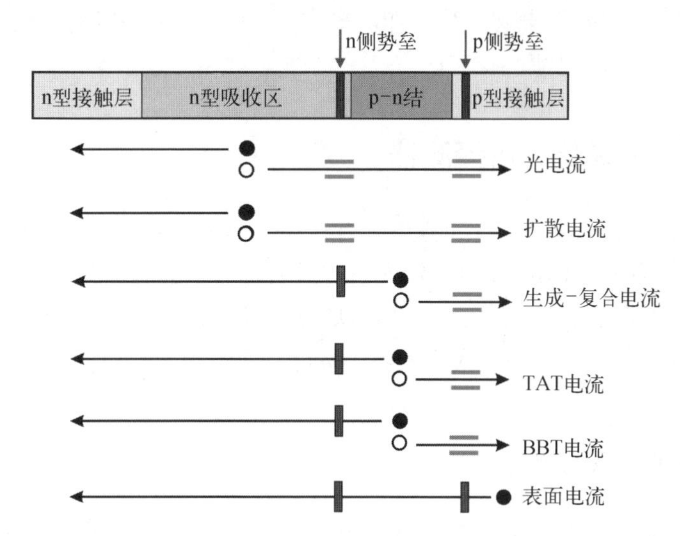

图 12.46　将势垒置于单极势垒光电二极管中,实现表面电流和结相关电流的过滤。扩散电流与光电流有相同的空间分布,不会被过滤[180]

如图 12.47 所示的 InAs 材料系统中,加入单极势垒可以显著地提高红外光电二极管的性能。对于 InAs 来说,$AlAs_{0.18}Sb_{0.82}$是一种理想的电子阻挡单极势垒材料。理论预测表明,在 $0.14<y<0.18$ 内,$AlAs_ySb_{1-y}$势垒成分的 VBO 应小于 kT。图 12.47 比较了 n 侧单极势垒光电二极管与传统的 p－n 光电二极管的 R_0A 数据。单极势垒光电二极管的性能接近"规则 07",其激活能在 InAs 带隙附近表现出扩散限制性能,在低温下的 R_0A 值比传统的 p－n 结的 R_0A 值高 6 个数量级。

规则 07 体现了 p－on－n HgCdTe 光电二极管结构的性能,它受到掺杂浓度为 10^{15} cm^{-3} HgCdTe n 型材料的"俄歇 1(Auger 1)"扩散电流的限制,是将任何类型探测器的性能与最先

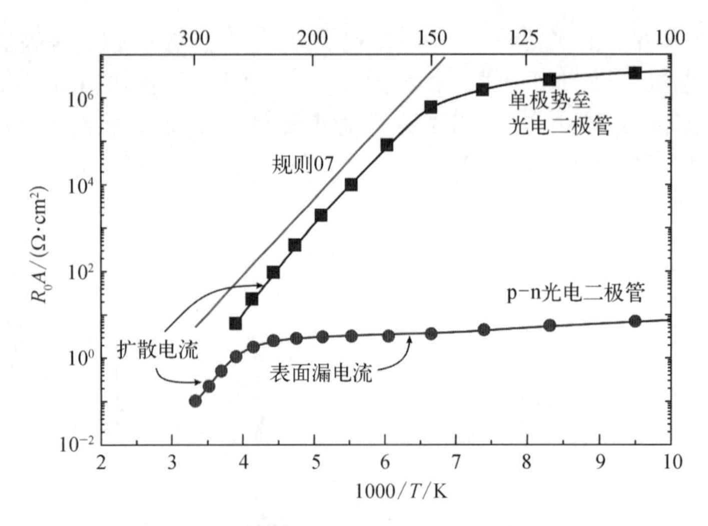

图 12.47 传统的 InAs 光电二极管与可比较的 n 侧单极势垒光电二极管的 R_0A 数据[180]

进的 HgCdTe 器件进行比较的常用参考。任何受“俄歇 7(Auger 7)”p 型扩散或耗尽电流限制的探测器架构都不会按照“规则 07”工作。事实上,用于器件性能对比的合适标准是相对于系统电流通量的器件暗电流。

12.10 光电磁、磁聚及丹倍探测器

除了光导型探测器、光电二极管和势垒探测器,还有 3 种无结区器件主要用于非制冷红外光电探测:光电磁(photoelectromagnetic,PEM)探测器、磁致浓度差探测器和丹倍效应探测器。当然,它们属于细分市场,但它们仍在生产中,并用于重要的应用,包括非常快速响应的长波红外非制冷探测器。彼得罗夫斯基(Piotrowski)和罗加尔斯基(Rogalski)[38,181]曾对这些器件做了综述。

12.10.1 光电磁探测器

1934 年,基科因(Kikoin)和诺斯科夫(Noskov)[182]首次用 Cu_2O 研究了 PEM 效应。诺瓦克(Nowak)[183]的专著总结了他对 PEM 效应的研究结果,在过去的 50 年里,PEM 效应在世界范围内得到了复现和验证。长期以来,PEM 效应主要用于中、远红外波段的 InSb 室温探测器[184]。然而,截止波长约为 7 μm 的非制冷 InSb 器件在 8~14 μm 大气窗口没有响应,在 3~5 μm 窗口性能相对一般。$Hg_{1-x}Cd_xTe$ 及相关的 $Hg_{1-x}Zn_xTe$ 和 $Hg_{1-x}Mn_xTe$ 合金的应用使得在任何特定波长下优化 PEM 探测器的性能成为可能[185]。

1. PEM 效应

PEM 效应是由光生载流子浓度的深度梯度引起的扩散及磁场作用下运动的电子和空穴向相反方向偏转而产生的(图 12.48)。如果样品末端在 x 方向开路,则空间电荷会形成沿 x 轴的电场(开路电压)。如果样品端在 x 方向短路,则有电流流过(短路电流)。与光电导和光伏器件不同,PEM 光电压(或光电流)的产生不只需要简单的光生载流子,而且需要形

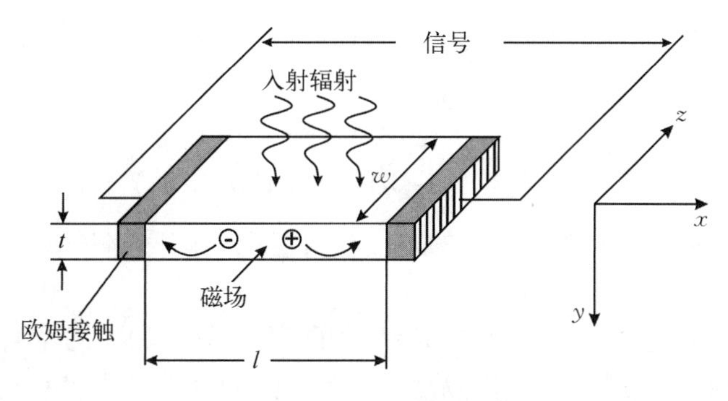

图 12.48　PEM 效应的示意图

成光生载流子的深度梯度。通常,这源于器件近表面区域中的辐射吸收所造成的非均匀光学生成。

通常情况下,PEM 器件中的载流子输运不能用解析方法充分描述,因此需要数值解。如果需要获得解析解,需要如下假设:均匀半导体、非简并统计、可忽略的界面和边缘效应、材料在磁场和电场下具有独立特性,以及相等的霍尔迁移率与漂移迁移率。

x 和 y 方向,电子和空穴的输运方程都具有以下形式:

$$J_{hx} = qp\mu_h E_x + \mu_h B J_{hy} \tag{12.166}$$

$$J_{hy} = qp\mu_h E_y - \mu_h B J_{hx} - qD_h \frac{\mathrm{d}p}{\mathrm{d}y} \tag{12.167}$$

$$J_{ex} = qn\mu_e E_x - \mu_e B J_{ey} \tag{12.168}$$

$$J_{ey} = qn\mu_e E_y + \mu_e B J_{ex} + qD_e \frac{\mathrm{d}n}{\mathrm{d}y} \tag{12.169}$$

式中,B 为 z 方向的磁场;E_x 与 E_y 为电场的 x 分量和 y 分量;J_{ex} 与 J_{ey} 为电子电流密度的 x 分量和 y 分量;J_{hx} 和 J_{hy} 为空穴电流密度的 x 分量和 y 分量。

在满足以下条件的情况下,可以在式(12.166)~式(12.169)中消除 E_y:

$$J_y = J_{ey} + J_{hy} = 0 \tag{12.170}$$

要使用的另一个方程是 y 方向的电流连续性方程:

$$\frac{\mathrm{d}J_{hy}}{\mathrm{d}y} = -\frac{\mathrm{d}J_{ey}}{\mathrm{d}y} = q(G - R) \tag{12.171}$$

式中,G、R 分别为载流子生成速率和复合速率。

结果,可以从电子和空穴的输运方程组中得到 p 的非线性二阶微分方程:

$$A_2 \frac{\mathrm{d}^2 p}{\mathrm{d}y^2} + A_1 \left(\frac{\mathrm{d}p}{\mathrm{d}y}\right)^2 + A_0 \frac{\mathrm{d}p}{\mathrm{d}y} - (G - R) = 0 \tag{12.172}$$

式中,A_2、A_1 和 A_0 为依赖于半导体参数、电场和磁场的系数。式(12.172)结合前后表面的边界条件,可以确定 y 方向上的空穴分布。电子浓度可由电学准中性方程计算。这样就可以计算出 x 方向的电流和电场。

Lile[186]报道了小信号稳态 PEM 光电压的解析解。该解析解推导出 PEM 探测器的电压响应率为

$$R_v = \frac{\lambda}{hc}\frac{B}{wt}\frac{\alpha z(b+1)}{n_i(b+z^2)}\frac{z(1-r_1)}{\gamma(a^2+\alpha^2)} \tag{12.173}$$

式中，$b=\mu_e/\mu_h$；$z=p/n_i$；w 与 t 为探测器的宽度和厚度；r_1 为前反射率；a 为磁场中扩散长度的倒数。

PEM 光电压是沿着探测器的长度方向产生的，因此对于相同的光通量密度，信号随探测器的长度线性增加，并且与器件宽度无关。与传统的结型光伏器件相比，这为大面积器件带来了良好的响应性。

对式(12.173)的分析表明，高阻样品在强磁场($B\approx 1/\mu_e$)中可以达到最大电压响应率。在 $\mu_e/\mu_h>1$ 的情况下，探测器的电阻在 $p/n_i\approx(\mu_e/\mu_h)^{1/2}$ 处达到最大值，对于轻掺杂的 p 型材料，R_v 达到最大[186,187]。将窄禁带半导体中的受主浓度调节到 $2\times10^{17}\sim3\times10^{17}$ cm^{-3} 的水平，可以实现优化的探测率。由于 p 型器件中少子具有高迁移率，约为 2 T 的磁场下就可以获得良好的性能。器件的电压响应率约为 0.6 V/W，非制冷的 10.6 μm 器件的最大理论探测率约为 3.4×10^7 $cm\cdot Hz^{1/2}/W$。

室温下，窄禁带半导体的双极扩散长度较小(几微米)，而辐射吸收相对较弱($1/\alpha\approx10$ μm)。在这种情况下，辐射在扩散长度内几乎均匀地被吸收。因此，要获得良好的 PEM 探测器响应，必须在前表面保持较低的复合速率，在后表面保持较高的复合速率。在这种器件中，信号的极性随着照明方向从低复合速率面到高复合速率面的改变而反转，而响应度几乎保持不变。

PEM 探测器的响应时间可以由 *RC* 时间常数或由过量载流子浓度梯度的衰减时间来确定[185]。通常，由于高频优化器件具有小电容(约为 1 pF 或更小)和低电阻(约为 50 Ω)的特点，非制冷长波器件的 *RC* 时间常数很低(<0.1 ns)。

载流子浓度梯度的衰减可能是由体积复合或双极扩散引起的。第一种机制减少了过量载流子的浓度，第二种机制往往会使过量载流子的浓度均匀。因此，如果厚度小于扩散长度，则响应时间可以显著地短于复合时间。由此产生的响应时间为

$$\frac{1}{\tau_{\mathrm{ef}}} = \frac{1}{\tau} + \frac{2D_a}{t^2} \tag{12.174}$$

对于厚度为 2 μm 的 p 型碲镉汞器件，其响应时间约为 5×10^{-11} s，薄膜越薄，响应时间越快，但这会降低辐射吸收、量子效率和探测率。

2. 制造和性能

目前只有外延器件投入生产[188,189]。PEM 探测器的制备基本上与光导探测器非常相似，除了背面的制备(在 PEM 器件中需要经过特殊的机械力-化学处理才能获得高的复合速率)。这个工艺处理对于渐变带隙结构器件不是必需的。电接触通常由 Au/Cr 沉积制成，然后连接金线。图 12.49 是背照射 PEM 探测器敏感元的横截面示意图。

图 12.50 显示了 PEM 探测器的封装形式，它基于标准的 TO－5，或者对于较大的元件，基于 TO－8 晶体管的壳体。对于高频工作状态，PEM 探测器的有源元件安装在外壳中，外壳包含一个微型双元永磁体和磁极片。永磁体采用现代稀土磁性材料，磁极片采用钴钢，可获得接近 2 T 的磁场。

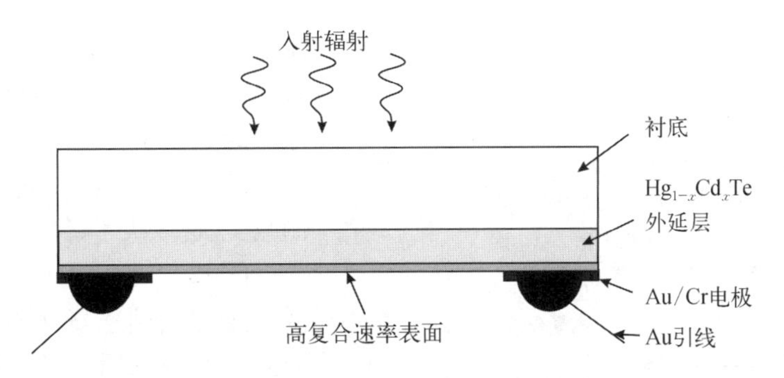

图 12.49　背照射 PEM 探测器敏感元的横截面示意图

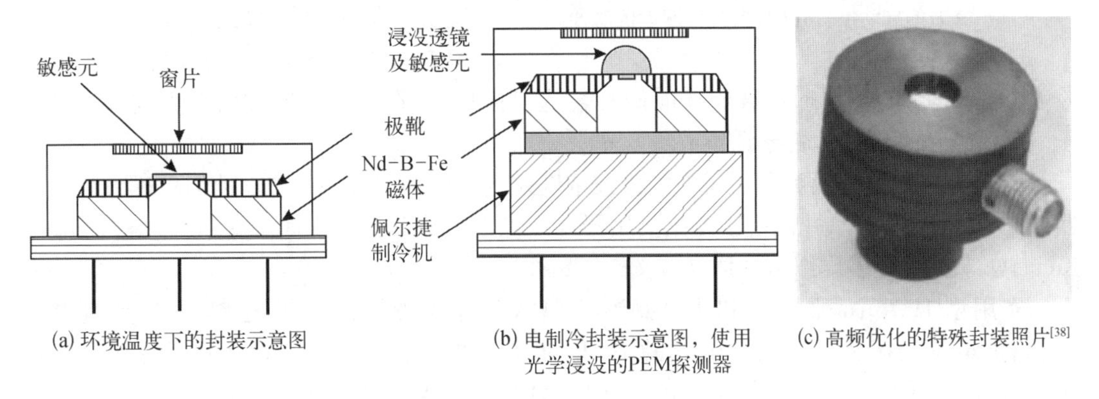

(a) 环境温度下的封装示意图　(b) 电制冷封装示意图，使用光学浸没的PEM探测器　(c) 高频优化的特殊封装照片[38]

图 12.50　PEM 探测器的封装

最好的 PEM 器件的测试电压响应度超过 0.15 V/W(宽度为 1 mm),探测率为 1.8×10^7 cm·Hz$^{1/2}$/W,比终极预测值低约 2 倍。原因是磁场较低(低于最佳)和探测器结构中的缺陷,可能是表面处理工艺和材料成分/掺杂分布未达到最优。

PEM 探测器的快速响应已被 CO_2 自锁模激光和自由电子激光实验所证实[38]。当探测到普通或低重复频率的短脉冲时,1 mm 长的探测器受强光激发效应的限制,可获得约为 1 V 的信号电压。由于辐射加热,斩波输出的 CO_2 激光辐射的最大信号电压要低得多。在良好的散热设计器件中,信号电压超过每毫米 30 mV。

PEM 探测器的理论性能和实测性能均逊于光电探测器。然而,PEM 探测器还有其他重要的优点,这使得它们在许多应用中都很有用。与光电导不同的是,它们不需要偏压。从零频率开始,PEM 探测器的频率特性在很宽的范围内是平坦的。这是因为 PEM 器件没有低频噪声,以及具有非常短的响应时间。PEM 探测器的电阻不会随着尺寸的增加而减小,这使得在小面积和大面积器件上实现相同的性能成为可能。由于电阻通常接近 50 Ω,这些器件可以方便地直接耦合到宽带放大器。

PEM探测器也已经用 HgTe 基三元合金 $Hg_{1-x}Zn_xTe$ 和 $Hg_{1-x}Mn_xTe$[38] 制成。与 $HG_{1-x}Cd_xTe$ 相比,使用 $Hg_{1-x}Zn_xTe$ 和 $Hg_{1-x}Mn_xTe$ 似乎在性能与响应速度方面没有优势。

12.10.2　磁致浓度差探测器

如果一个加上电学偏置的半导体材料平板被放置在交叉磁场中,那么电子空穴浓度沿晶体截面的空间分布就会偏离平衡值。因此,它被称为磁致浓度差效应。当板的厚度与载

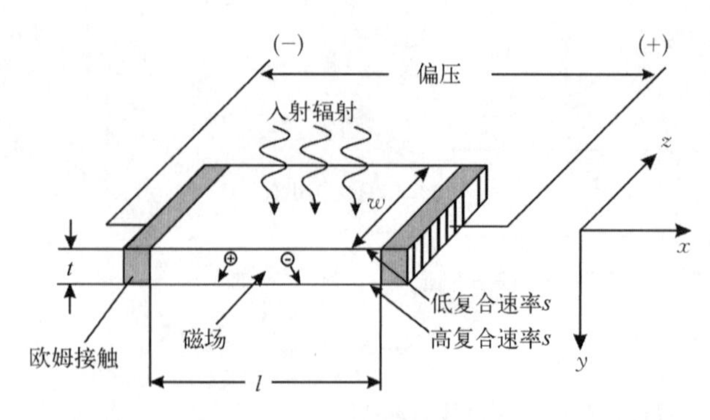

图 12.51 磁致浓度差效应(耗尽态)。电子和空穴在洛伦兹力的推动下,向具有高复合速率的底面移动

流子双极扩散长度相当时,这种分布是有效的。洛伦兹(Lorentz)力使电场中漂移的电子和空穴沿同一方向偏转,导致载流子浓度在同一侧增加,而在另一侧减少,这取决于磁场和电场的方向。

图 12.51 所示的样品正面复合速率低,背面复合速率高,特别适用于红外探测器和光源应用。当洛伦兹力将载流子移向高复合速率表面(耗尽态)时,载流子在那里复合,导致在靠近高复合速率表面的区域中形成耗尽区。当洛伦兹力方向相反时(富集态),载流子向低复合速率面移动,在高复合速率面上生成补给载流子。载流子浓度的变化将导致正或负发光[190-192]。

Djuic 等[193-195]提出利用耗尽态的磁致浓度差效应来抑制俄歇效应。他们对磁致浓度差器件进行了数值模拟,并制备出首批实用器件。稳态数值分析采用四阶龙格-库塔(Runge - Kutta)法求解。更多详细信息请参考文献[38]。

实用型 10.6 μm 非制冷和热电制冷磁致浓度差探测器已有报道,观察到具有电流饱和、负阻抗和振荡区等预期形状的 $I-V$ 曲线。当处于使得半导体材料充分耗尽的偏压时,该器件表现出很大的低频噪声。在负阻抗区,产生了异常高的噪声。通过仔细调整偏置电流,在高频(>100 kHz)下观察到了噪声的显著降低和性能的改善。由于这些特性,目前此类器件还只适用于一些宽带应用,需要进一步研究才能使它们在典型应用中发挥作用[196]。

12.10.3 丹倍探测器

丹倍探测器是一种光伏器件,基于体光扩散电压,结构简单,只有一种掺杂类型的半导体及两个电极接触[197]。当辐射入射到半导体表面时,产生电子空穴对,由于电子和空穴扩散行为的不同,通常会在辐射方向上形成电位差(图 12.52)。丹倍效应下电场会抑制具有较高迁移率的电子,而加速空穴,从而使两者的通量相等。

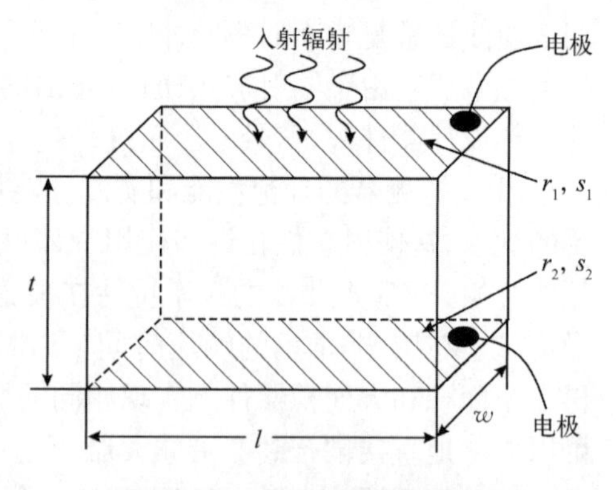

图 12.52 丹倍探测器示意图

假设 x 和 y 方向的总电流为零,则可以通过求解输运方程和连续性方程来分析丹倍效应器件。在弱光激发和电中性条件下的稳态光电压可表示为[198]

$$V_d = \int_0^t E_z(z)\,\mathrm{d}z = \frac{kT}{q}\frac{\mu_e - \mu_h}{n_0\mu_e + p_0\mu_h}[\Delta n(0) - \Delta n(t)] \tag{12.175}$$

式中,z 代表纵坐标,范围为 $0 \sim t$;E_z为 z 方向上的电场;$\Delta n(z)$为过量电子浓度。从式(12.175)可以看出,光电压的产生需要两个条件:光生载流子的分布必须是不均匀的,电子和空穴的

扩散系数必须是不同的。梯度可以由不均匀的光学产生或/和由器件前表面和后表面的不同复合速率引起。Djuic 和 Piotrowski 估计了丹倍探测器在顶面与底面边界条件下的理论电压响应度和探测率：

$$D_a \frac{\partial \Delta n}{\partial z} = s_1 \Delta n(0), \quad z = 0 \tag{12.176}$$

$$D_a \frac{\partial \Delta n}{\partial z} = s_2 \Delta n(t), \quad z = t \tag{12.177}$$

为获得最大的电压响应率：

(1) 优化 p 型掺杂；

(2) 在光入射面，接触处应具有低的表面复合速率和低的反射系数；

(3) 在非照明的一侧，接触处应具有较大的复合速率和较高的反射系数。

由于丹倍器件没有偏置，因此探测率由约翰逊-内奎斯特热噪声决定。

$Hg_{1-x}Cd_xTe$ 丹倍效应探测器的理论设计和实际器件已有报道[185,196,199]。当器件厚度略大于双极扩散长度时，可获得最佳性能。较薄的器件表现出较低的电压响应率，而较厚的器件具有过大的电阻和较大的约翰逊噪声。与 PEM 探测器的情况一样，p 型材料中可实现最佳性能。计算出的丹倍探测器的探测率与相同条件下工作的光电导的探测率相当。优化后的 10.6 μm 器件在 300 K 和 200 K 时的探测灵敏度分别高达 2.4×10^8 cm·Hz$^{1/2}$/W 和 2.2×10^9 cm·Hz$^{1/2}$/W。

丹倍器件有趣的特性是在零偏压下具有更大的光电增益。最佳掺杂的情况下，增益约为 1.7，并且随着厚度的减小而增加。增益是由双极性效应引起的。在零偏压和器件缩短的情况下，光生电子在与空穴复合或扩散到背面接触之前可能会在触点之间来回传输多次。

然而，极低的电阻、低电压响应率、远低于最佳放大器噪声的器件噪声电压也给其潜在性能的实现带来了严重的问题。例如，尺寸仅为 7×7 μm^{2}的优化非制冷 10.6 μm 器件的电阻约为 7 Ω，电压响应率约为 82 V/W，噪声电压约为 0.35 nV/Hz$^{1/2}$。低电阻和低电压响应率是简单的丹倍探测器无法与其他类型的光电探测器竞争的原因。

有一些潜在的方法可以克服这一困难。一种是小面积丹倍探测器的串联连接。另一种是使用光学浸没方法[38]。

由于过量载流子的双极性扩散，丹倍探测器的响应时间比体复合时间短，对于厚度远小于扩散长度的器件可以非常短。探测率优化后的器件响应时间约为 1 ns，p 型掺杂缩短了响应时间，但在性能上有一定的损失。高频优化的丹倍探测器可以采用重掺杂材料的光学谐振腔结构实现。

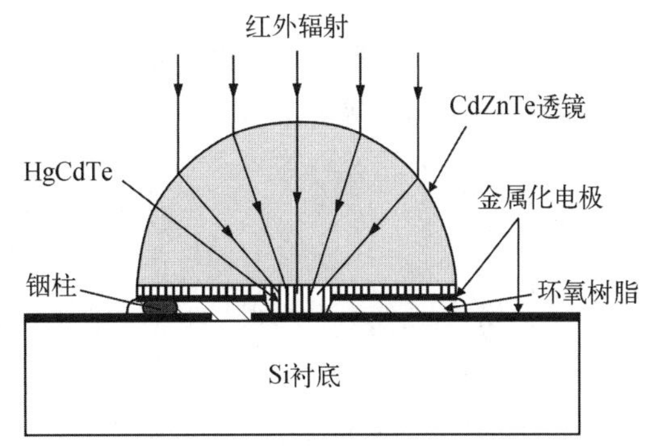

图 12.53 实验性的整体光学浸入式丹倍效应探测器的截面示意图[38]

图 12.53 显示了由维戈系统公司[38]生成的小尺寸光学浸没丹倍效应探测器的截面示意图。敏感元是由绝热气相外延生长的 $Hg_{1-x}Cd_xTe$

渐变带隙外延层和直接在透明(Cd, Zn)Te 衬底上形成的超半球透镜构成的。对敏感元的表面进行特殊处理,以产生高复合速率,并在其表面覆盖金反射层。敏感元的电学尺寸为7×7 μm^2,而由于超半球浸入设计,其表观光学尺寸增加到约为50×50 μm^2。多个单元串联的丹倍探测器已用于大面积器件。

HgCdTe 丹倍探测器已被应用于工业 CO_2激光器的高速激光束诊断及其他需要快速工作的应用[200]。

12.11 光子牵引探测器

在重掺杂半导体中,波长大于材料吸收边时,主要的吸收机制是自由载流子吸收。与自由载流子吸收波长一致的入射光子流会将动量传递给自由载流子,有效地将它们推向坡印亭矢量(Poynting vector)的方向。这样就在半导体内建立起纵向电场,可以通过连接到样品的电极来进行检测。在半导体中,动量从光子向自由载流子的转移称为光子牵引效应。辐射压力在正面和背面之间形成电压差。当该器件使用高阻抗放大器工作时,净电流为零,会形成一个对抗光子牵引力的电场,沿着棒的电势变化即为输出信号。

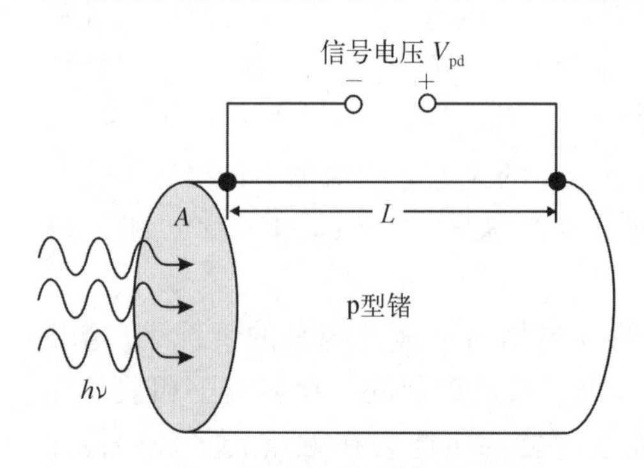

图 12.54 光子牵引探测器的结构

光子牵引探测器的结构如图 12.54 所示。典型的光子牵引器件由一根圆柱形或矩形的半导体材料棒组成,掺杂浓度足以在棒长度内吸收感兴趣波长的辐射。通常情况下,探测器的长径比(长度/直径)需足以确保场的均匀性,而不管光束照射在杆端的什么位置。

在经典模型中,当光子能量 $h\nu \ll kT$,且吸收由自由载流子决定时,可以通过考虑每个光子所具有的动量 $p=E/c$ 来估算光子牵引电压,其中 E 是光子能量,c 是光速。单位体积在 x 方向上的动量变化率由式(12.178)给出:

$$\frac{\mathrm{d}p(x)}{\mathrm{d}t}=\frac{n_r P\alpha\exp(-\alpha x)}{Ac} \tag{12.178}$$

式中,P 为光通量的功率,它落在横截面 A 上。在开路条件下,每个载流子的平均动量变化率必须由作用在载流子上的电动势来平衡(以 n 型为例):

$$qE(x)\mid=\frac{n_r P\alpha\exp(-\alpha x)}{Acn} \tag{12.179}$$

在整个长度 L 上对该纵向电场积分,则光子牵引电压等于:

$$V_{\mathrm{pd}}=\frac{n_r P[1-\exp(-\alpha L)]}{qAcn} \tag{12.180}$$

式(12.180)只适用于波长大于 100 μm 的波长,对于较短的波长,响应率与波长有关,V_{pd}值小于式(12.180)所给出的值。

经典光子牵引效应的微观理论由 Gurevich 和 Rumyantsev[201]于 1967 年提出。Gibson 和 Montasser[202]提出的光子牵引理论在 1~10 μm 波长范围内是有效的。Grinberg 和 Luryi[203]提出了量子阱结构上的光子牵引效应,这种效应是由子带跃迁而不是带间跃迁引起的。光子牵引探测器在 Gibson 和 Kimmitt[204]的文章中有更详细的描述。

一般来说,光子牵引效应的机制是复杂的,特别是在光吸收由带间光学跃迁决定的情况下。由于晶格也参与动量守恒定律,载流子受到的牵引可以与光的传播方向相反。结果表明,在 1~10 μm 波长范围内,光子牵引电压的符号随波长的变化而变化[205]。

在 $\lambda = 10.6$ μm 处,p 型锗的吸收是电子从轻空穴带到重空穴带的空位的跃迁所致。由这些带内跃迁引起的光电导首先由 Feldman 和 Hergenrother[206]在重掺杂样品中观察到。Gibson 等[207]和 Danishevskii 等[208]利用光子牵引效应来探测短的 CO_2 激光脉冲。Gibson 等[207]的结果表明,工作在 10.6 μm 波长的 CO_2 调 Q 激光器可以传递足够的动量,在 4 cm 长的矩形锗棒中产生纵向电磁力。使用 p 型碲也获得了类似的结果[209]。

实验测得的响应率很低,通常在 1~40 μV/W 内,但器件的响应速度极快(小于 1 ns),并且是在室温下工作。当使用激光光源时,通常有相当充足的功率来保证良好的信噪比。

在最短的波长下,p-GaAs 具有最佳的灵敏度(图 12.55)[204]。对于 2~11 μm 波长,n-GaP 是一个很好的选择。在 3 μm 附近的响应峰值来自光学整流,响应可延伸到 12 μm 左右。在更长的波长(图 12.56),p 型硅是很好的探测器材料。直接价带跃迁的特性提高了光子牵引系数。

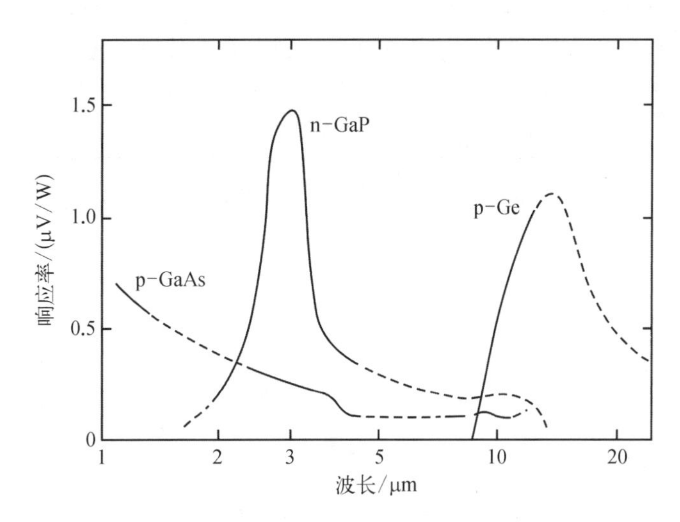

图 12.55 3.2 Ω·cm 的 p-Ge、5 Ω·cm 的 n-GaP 和2.5 Ω·cm 的 p-GaAs 纵向探测器的响应率

所有探测器的有效面积为4×4 mm^2,电阻为 50 Ω,沿(111)晶相。
1 μV/W 的响应率相当于 NEP≈10^{-3} W/$Hz^{1/2}$的噪声等效功率[204]

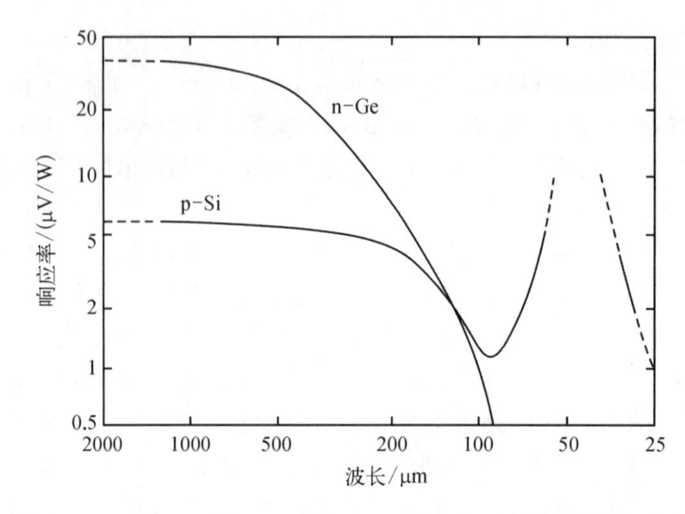

图 12.56　30 Ω·cm 的 n－Ge 和 p－Si,沿(100)晶向的纵向探测器

有效面积为 4×4 mm^2,探测器电阻分别为 n－Ge：250 Ω;p－Si：350 Ω。对于 n－Ge, 10 μV/W 的响应率相当于约为 2×10^{-4} W/$Hz^{1/2}$,对于 p－Si,则相当于 2.6×10^{-4} W/$Hz^{1/2}$[204]

利用光子牵引效应的探测器作为激光探测器很有用,因为它们响应迅速,并且能够吸收大量能量而不会损坏,因为它们的吸收很小(辐射吸收在大量材料上)。在功率密度约为 50 mW/cm^2的情况下,信号与功率具有良好的线性关系。探测器在 100 mW/cm^2左右才开始损坏。它们灵敏度不高,因此在大多数应用中几乎不能用作红外探测器。

最近,人们对光子牵引探测器的兴趣与日俱增,并受到太赫兹探测器技术飞速发展的刺激[210,211]。对于太赫兹探测,p 型锗探测器不是很合适,因为价带中会发生直接子带跃迁和自由载流子的德鲁德(Drude)吸收,响应率谱变化剧烈并会伴随符号反转。图 12.57 是 n 型

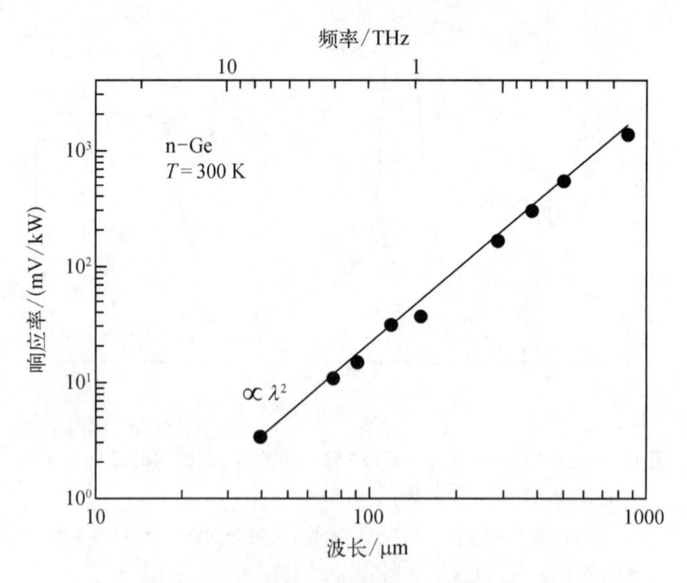

图 12.57　n 型 Ge：Sb 光子牵引探测器经 20 dB 放大后,响应率随波长的变化[212]

锗探测器放大 20 dB 后的响应率随波长的变化[212]。由于室温下自由载流子动量的快速弛豫,响应时间很短,可能小于 1 ps。

参 考 文 献

第13章 本征硅和锗探测器

硅是统治了电子工业50多年的半导体。虽然用Ge和Ⅲ-Ⅴ族化合物半导体制造的第一个晶体管可能具有更高的迁移率、更高的饱和速率或更大的带隙,但硅器件占了所有微电子产品的97%以上[1]。主要原因是集成电路制造中,硅技术是成本最低的微电子技术。硅的主导地位可以追溯到硅的许多自然属性,但更重要的是硅有两种绝缘体化合物SiO_2和Si_3N_4,适合开发出具有非常高均匀性和成品率的沉积与选择性刻蚀工艺。

光电探测器可能是最古老、最容易理解的硅光子器件[2,3]。最近,对于采用硅基光学元件实现高性能光学互连的单片解决方案的研究成为热点[4]。硅是一种具有中心对称晶体结构的间接带隙半导体,不能直接用于光电子学。此外,硅的带隙为1.16 eV,不能直接用于光纤通信的第二窗口(1.30 μm)和第三窗口(1.55 μm)。尽管如此,硅作为电子半导体的独特成功促使了人们对硅基光电子器件的大量研究。几十年来,硅集成电路的成本一直保持在每平方毫米1美分左右,但其元件(晶体管、无源元件和其他元件)的密度一直在以指数级的速度增长[1]。此外,在目前占主导地位的CMOS结构中,除了漏电流,仅在栅极切换时才会发生功率耗散。硅绝缘层和p-n注入隔离可以实现更低的漏电流,再加上比许多其他半导体更高的导热系数,在推动集成电路发展上,硅技术的密度提升比任何其他技术都要快。虽然微电子学已经主导了20世纪的技术,但一些作者预测,硅光子学将成为21世纪的主要技术[2,3]。目前,硅正在成为光学功能器件的重要候选者。

本章将回顾硅和锗技术在制造近红外(near-infrared,NIR)光电探测器方面的最新成就。要更深入地了解这些内容,读者可以参考专著[4-7]和综述[8-11]。表13.1列出了硅和锗在室温下的性质[4,5]。

表13.1 300 K时Si和Ge的特性

特　　性	Si	Ge
原子/cm^{-3}	5.02×10^{22}	4.42×10^{22}
原子量	28.09	72.60
击穿场/(V/cm^3)	约为3×10^5	约为10^5
晶体结构	金刚石	金刚石
密度/(g/cm^3)	2.329	5.326 7

续 表

特 性	Si	Ge
介电常数	11.9	16.0
导带中的有效态密度/cm^{-3}	2.86×10^{19}	1.04×10^{19}
价带中的有效态密度/cm^{-3}	2.66×1 019	6.0×10^{19}
有效质量(电导性)		
电子 (m_e/m_0)	0.26	0.39
空穴(m_h/m_0)	0.19	0.12
电子亲和势/V	4.05	4.0
能隙/eV	1.12	0.67
折射率	3.42	4.0
固有载流子浓度/cm^{-3}	9.65×10^{9}	2.4×10^{13}
固有电阻率/(Ω·cm)	3.3×10^{5}	
晶格常数/Å	5.431 02	5.646 13
线性热膨胀系数/$℃^{-1}$	2.59×10^{-6}	5.8×10^{-6}
熔点/℃	1 412	937
少数载流子寿命/μs		
电子(p 型)	800	1 000
空穴(n 型)	1 000	1 000
迁移率/[cm^2/(V·s)]		
μ_e(电子)	1 450	3 900
μ_h(空穴)	505	1 900
光声子能量/eV	0.063	0.037
比热容/[J/(g·℃)]	0.7	
导热系数/(W·cm/K)	1.31	0.31

13.1 硅光电二极管

硅光电二极管被广泛地应用于 1.1 μm 以下的光谱范围,甚至用于 X 射线和伽马射线探测器。硅光电二极管主要形式有:

（1）p－n结，一般由扩散形成（也可采用离子注入）；

（2）p－i－n结（由于有源区较厚，具有增强的近红外光谱响应）；

（3）紫外增强型和蓝光增强型光电二极管；

（4）雪崩光电二极管（avalanche photodiode，APD）。

在平面光电二极管结构（扩散或注入）中，横截面如图13.1所示，高掺杂p^+区非常薄（通常约为1 μm），并覆盖有用作减反射层的薄介质膜（SiO_2或Si_3N_4）。扩散结可以由p型杂质如硼（B）掺杂到n型体硅晶片中，或者由n型杂质如磷（P）掺杂到p型体硅晶片中。为了形成欧姆接触，需要另一种杂质扩散（通常与注入技术一起）进入晶片的背面。正面的电接触放置在设定的有源区域上，背面的电接触则完全覆盖衬底表面。减反射涂层可以减少特定波长的光反射。顶部的非有源区覆盖厚厚的一层SiO_2。根据光电二极管的应用，需设计使用不同的结构。通过控制体材料衬底的厚度，可以控制光电二极管的响应和灵敏度（参见12.2节）。

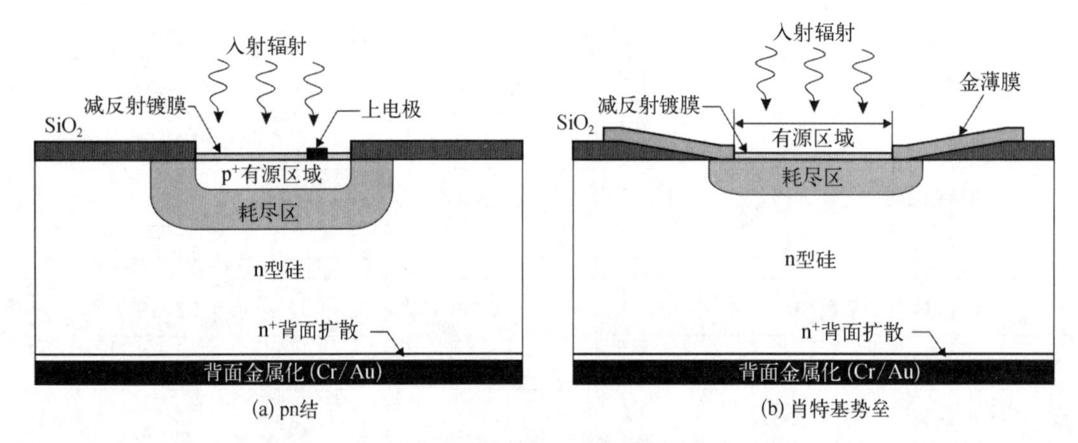

图13.1 硅光电二极管的截面图

注意，光电二极管可以在无偏置（光伏）或反向偏置（光导）模式下工作（图13.2）。放大器的功能是实现电流到电压的简单转换（光电二极管工作在短路模式下）。模式选择取决于实际应用中的速度要求及可容忍的暗电流大小。当光电二极管用于低频（上至350 kHz）及超弱光应用时，首选无偏置工作模式。而采用反向偏置可以大大提高器件的响应速度和线性度。这是由于耗尽区宽度的增加，从而降低了结电容。施加反向偏置的缺点是增加了暗电流和噪声电流。

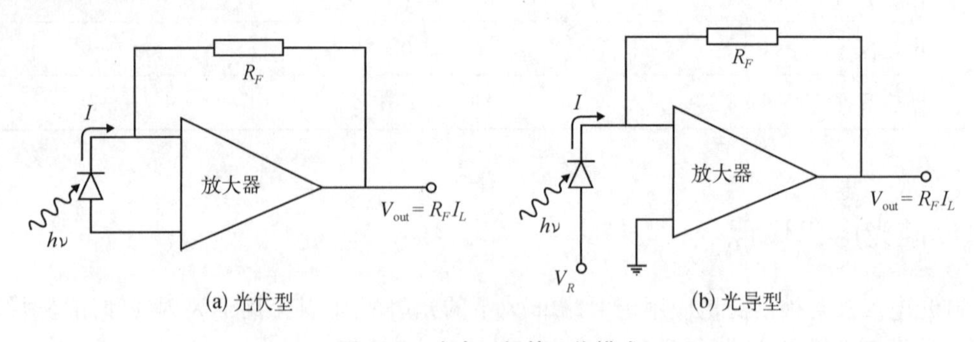

图13.2 光电二极管工作模式

平面扩散硅光电二极管的典型电流响应率如图 13.3 所示。由于采用间接光吸收,它们没有锐利的吸收边。硅光电二极管通常在 400~1 000 nm 选定区间具有接近 100%的量子效率。经过特殊的前表面处理,硅光电二极管的高效区可以扩展到 400 nm 以下。通常用来减少暗电流的方法是采用特殊的结构,如保护环和表面漏电阻挡层。

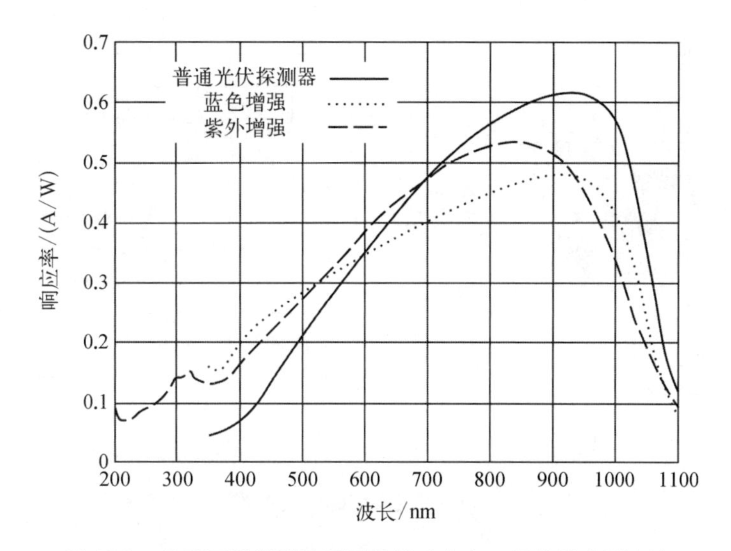

图 13.3　几种不同类型的平面扩散硅光电二极管的典型电流响应率(采自 UDT 传感器公司产品目录)

https://www.physics.utoronto.ca/~astummer/Archives/2008%20X-ray%20PD%20TIAs/Docs/Photodiode_UDT_catalog.pdf

p-n 结硅光电二极管的时间常数通常在微秒量级,一般是受 *RC* 时间常数的限制,而不是受探测机制的固有速率(漂移和/或扩散)的限制。探测率通常为 10^{12}~10^{13} cm·Hz$^{1/2}$/W,对于小面积探测器,通常受限于放大器。

p-i-n 探测器比传统的 p-n 结探测器更快,但灵敏度也较低,并且具有略微扩展的长波响应。这是耗尽层宽度延长的结果,因为较长波长的光子将被有源器件区域吸收。在 p 区与 n 区之间加入非常轻微的掺杂区和适度的反向偏压形成耗尽区,该耗尽区的厚度等于材料的全厚度(对于典型的硅片,厚度约为 500 μm)。在较宽的耗尽层内生成载流子并收集,这会增加暗电流,并导致较低的灵敏度。

硅在蓝光区和紫外区的高吸收系数导致载流子在 p-n 和 p-i-n 光电二极管的重掺杂 p^+(或 n^+)接触表面产生,由于高的复合速率和/或表面复合,载流子寿命较短。结果,这些区域的量子效率迅速下降。蓝光和紫外光增强型光电二极管通过最大限度地减少近表面载流子复合,优化其在短波长下的响应。这是通过使用非常薄且高度渐变的 p^+(或 n^+或金属肖特基型)接触,使用横向收集来最小化重掺杂的表面,或用固定的表面电荷钝化表面,从而消除表面少子来实现的。

雷神视觉系统公司在为大型可见光和近红外成像市场开发的 p-i-n Si-CMOS 混成型阵列方面取得了令人印象深刻的进展(图 13.4)[12-16]。大幅面成像器大致定义为超过 5 k×5 k 个元素的探测器阵列,并且通常面积超过 2×2 cm^2,同时,像元间距小于 10 μm。8 μm 间距的 8160×8160 阵列也已经投入生产,有效像元率>99.99%[17]。混成型成像仪的读出芯片和探测器芯片可以独立进行优化。雷神视觉系统公司在这一领域提供了一套可用的晶圆级封装技术和工艺，通过直接键合混成技术（6 μm 像元间距的 3 μm 互连）实现了键合晶片之间的精密电气互连。使用红外显微镜在对准过程中进行验证，对于经过处理的硅片对，在键合尺寸约为 200 mm 的情况下对准精度可达 1~1.5 μm。

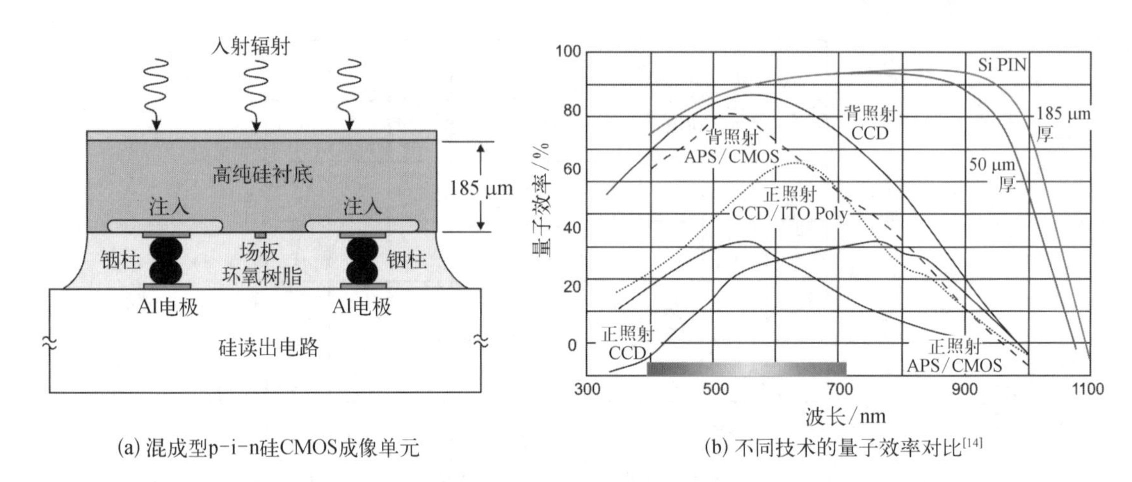

(a) 混成型p-i-n硅CMOS成像单元

(b) 不同技术的量子效率对比[14]

图 13.4 混成型硅阵列技术

这种灵活性的技术缩短了研发周期，并且允许独立于探测器，仅更新 ROIC，反之亦然。阵列具有 100%的填充因子、400~900 nm 波长范围内的高量子效率和高的调制传递函数。其主要优点之一是使用高阻硅的基材，从而能够完全耗尽厚度高达 200 μm 的本征区域。与传统的电荷耦合器件成像仪相比，深度耗尽（本征）的吸收区域对较长（红色）波长的可见光更敏感[图 13.4(b)]。图 13.4(b)中的曲线图显示了市场上提供的各种正照射和背照射成像器件的光谱特性比较。

硅 p－i－n 探测器暗电流是由耗尽区和探测器表面的热产生引起的。在目前的开发阶段，室温下 18 μm 像元的暗电流为 5~10 nA/cm^2，相当于在约 195 K 时每个像素每秒一个电子（图 13.5[13]）。进一步降低到约 1 nA/cm^{2}是可能的。对于厚的探测器层，p－i－n 光电二极管必须在探测器层内具有较强的电场，以将光电荷推到 p－n 结，以最小化电荷扩散并获得良好的点扩散函数。在背面接触处需施加高达 50 V 的偏压。

当需要快速响应和高灵敏度时，APD 特别有用。它们最常用于通信和主动探测。APD 除了工作在线性模式下，还可以工作在偏置超过击穿电压（通常远高于线性模式探测器的偏置）的盖革模式（Geiger-mode）下，这是盖革模式 APD（GM－APD）的基础，这是当今广泛用于主动探测的一种技术。在高电压下，器件处于亚稳态，其中通过吸收光子进入耗尽区而产生的载流子开始雪崩倍增，并引起持续的碰撞电离链，从而产生可测量的电流脉冲。电子或空穴电离概率高的材料通常适合盖革模式探测器。GM－APD 通常基于 Si、InGaAs 和 InGaAsP[18,19]。它们被用作激光雷达系统中的光子计数探测器，并在 1.06 μm 和 1.55 μm 的 3D 成像应用中获得了极大的成功。

3D 成像系统使用激光扫描，并用单个探测器元件或线性探测器阵列进行成像。3D 闪光成像可以采用 APD 探测器的 2D 阵列或 FPA。FPA 需要特殊的集成电路读出，为每个像素提供电路；它们用于检测信号峰值幅度和时间延迟（范围）的激光返回脉冲。因为激光需

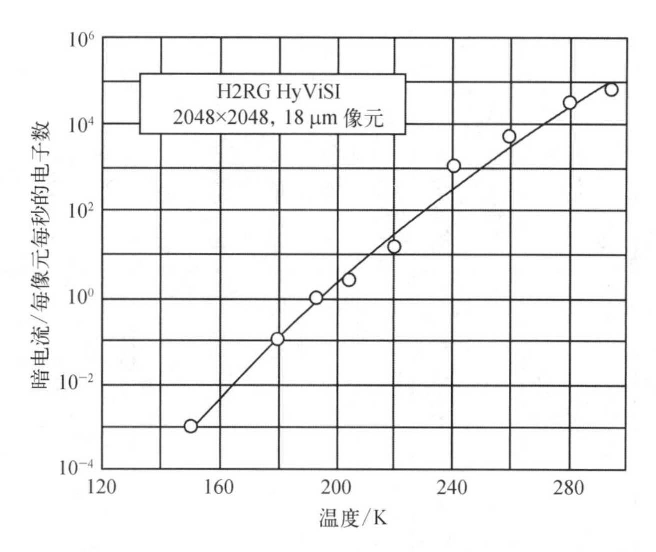

图 13.5　硅 p-i-n 探测器 18 μm 像元的暗电流(Teledyne 成像传感器公司生产的 H2RG-18 FPA)[13]

要照亮大面积,所以激光功率很重要。

电子技术研究所(Institute of Electron Technology)开发了 $n^+-p-\pi-p^+$ 外延平面型雪崩硅光电二极管,其结构如图 13.6[20] 所示。基材是在 p^+ Si 衬底上生长了 π 型外延层的硅片[$\rho_\pi = 200 \sim 300\ \Omega \cdot cm$, $x_\pi = 30 \sim 35\ \mu m$,见图 13.6(b)]。选择 π 型的高阻层可确保在探测过程中电子比空穴有更高的贡献。n 型保护环由磷的预扩散实现,随后是在有源区的热处理中发生的再扩散。p^+ 型沟道阻挡层是通过注入硼,然后再扩散而制成的。150 nm 厚的 SiO_2 减反射层覆盖光电二极管有源区。有源(光敏、雪崩)区构成了 n^+-p 突变结的中心区,这是由砷从非晶硅扩散到先前由硼注入和硼再扩散形成的 p 型区域而获得的。

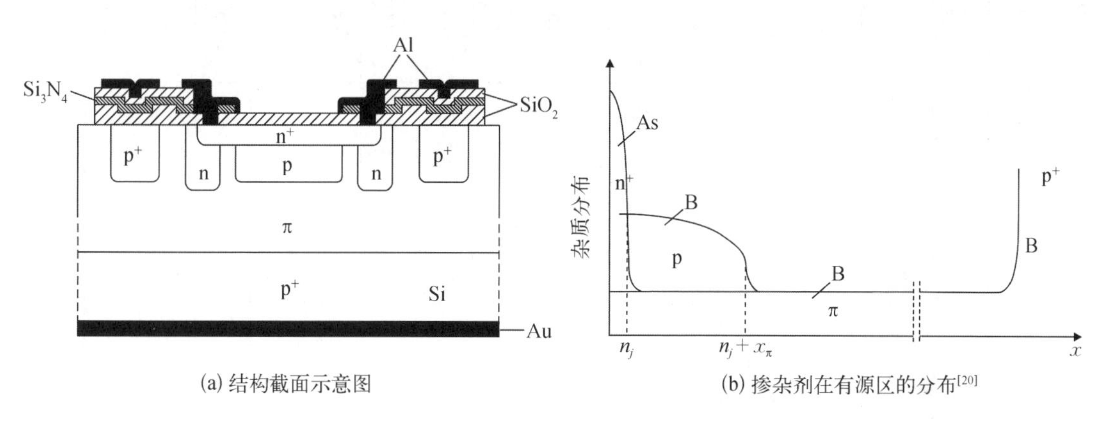

(a) 结构截面示意图　　(b) 掺杂剂在有源区的分布[20]

图 13.6　$n^+-p-\pi-p^+$ 硅 APD

表 13.2 列出了埃塞利达技术公司开发的光电二极管的基本参数。有源区的直径为 0.5~3 mm,以适应各种不同的应用。C30902 系列 APD 的 S 系列既可以在正常线性模式下使用,也可以在盖革模式下用于光子计数器。温度控制是通过热电制冷实现的,它可以改善噪声和响应率,或在较大环境温度变化的范围内保持响应率恒定。

表 13.2　埃塞利达技术公司开发的光电二极管的基本参数

单　元	有效直径/mm	电容/pF	上升/下降时间/ns	暗电流/nA	击穿电压最小值/最大值/V	温度系数/(V/℃)	典型增益	900 nm 处的响应率/(A/W)	NEP/($fW/Hz^{1/2}$)	封　装
C30817EH	0.8	2	2	50	300/475	2.2	120	75	1	TO－5
C30884E	0.8	4	1	100	190/290	1.1	100	63	13	TO－
C30902BH	0.5	1.6	0.5	15	185/265	0.7	150	60	3	球透镜 TO－18
C30902BSTH	0.5	1.6	0.5	15	185/265	0.7	150	60	3	ST 插座
C30902EH	0.5	1.6	0.5	15	185/265	0.7	150	60	3	TO－18，平窗
C30902EH－2	0.5	1.6	0.5	15	185/265	0.7	150	60	3	TO－18，905 nm 滤镜
C30902SH	0.5	1.6	0.5	15	185/265	0.7	250	108	0.9	TO－18，平窗
C30902SH－2	0.5	1.6	0.5	15	185/265	0.7	250	108	0.9	TO－18，905 nm 滤镜
C30916EH	1.5	3	3	100	315/490	2.2	80	50	20	TO－5
C30921EH	0.25	1.6	0.5	15	185/265	0.7	150	60	3	TO－18，平窗
C30921SH	0.25	1.6	0.5	15	185/265	0.7	250	108	0.9	TO－18，光管
C30954EH	0.8	2	2	50	300/475	2.4	120	75	13	TO－5
C30955EH	1.5	3	2	100	315/490	2.4	100	70	14	TO－5
C30956EH	3	10	2	100	325/500	2.4	75	45	25	TO－8

普通光电二极管在与低阻抗负载电阻器配合使用以实现快速响应时，会受到约翰逊噪声或热噪声的限制，而 APD 利用内部倍增，使探测器噪声保持在约翰逊噪声水平之上。因此存在一个最佳增益，低于该增益时系统将受到接收器噪声的限制，高于该最佳增益时，散粒噪声将成为主导，并且总体噪声的增长速度快于信号（图 13.7）。非常仔细的偏置控制是性能稳定的关键。噪声是探测器面积的函数，并且随着增益的增加而增加。APD 的信噪比可以比非雪崩探测器提高 1~2 个数量级。典型的探测率为 $3\times10^{14}\sim5\times10^{14}$ $cm\cdot Hz^{1/2}/W$。

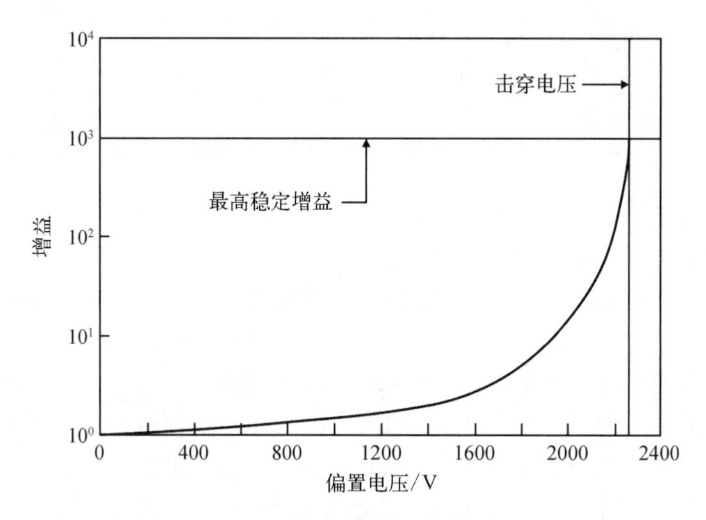

图 13.7　增益与偏置电压的关系

工作点非常接近击穿，需要仔细地控制偏压（来自 Advanced Photonix Inc. 雪崩器件目录，www.advance photonix.com/ap_products）

表 13.3 列出了为满足特定应用而优化的常用硅 APD 结构的特性。通过使用保护环或表面斜切结构，消除了结曲率效应或高场集中而导致的沿着结边缘的过大漏电流。

表 13.3　常用 APD 结构的特性[21]

参　数	斜　边	外　延	直　通
结构	M　A	M　A	M　A
吸收区	宽	窄	中到宽
倍增区	宽	窄	窄
典型尺寸/mm	最大直径为 15	最大直径为 5	最大直径为 5
增益	50~1 000	1~200	13~300
过量噪声因子	优（$k\approx0.001\,5$）	良（$k\approx0.03$）	良到优（$k\approx0.001\,5$）

续 表

参　数	斜　边	外　延	直　通
工作电压/V	500~2 000	80~300	150~500
响应时间	慢	快速	快速
电容	低	高	低
短波响应	好	好	差
响应	优	差	良

肖特基势垒二极管可以作为一种高效的光电二极管。因为它是多子器件,所以不存在少子存储和消除问题,可能获得更高的带宽。与 p－i－n 光电二极管相比,肖特基光电二极管具有更窄的有源区,因此渡越时间非常短。这种类型的器件还具有较低的寄生电阻和电容,并且能够在大于 100 GHz 的频率下工作。然而,较窄的有源区也会导致较低的量子效率。表面陷阱和复合会导致在表面产生的载流子大量损失。

硅肖特基光电二极管的总体结构如图 13.1(b)所示。硅器件通常是通过在高阻 n 型材料上蒸发一层薄薄的金层(约为 150 Å)制成的。由于镀金层的存在,在 λ>800 nm 波长范围内的反射系数在 30%以上。这会降低该光谱范围内的响应率。响应时间在 ps 范围内,相当于约 100 GHz 的带宽。

由于是间接带隙材料,Si 的吸收通常很差。Si 的吸收长度接近 20 μm,而 GaAs 与 Ge 的吸收长度分别为 1.1 μm 和 0.27 μm。因此,很难在硅 CMOS 工艺中设计出高效率的硅光电探测器。

由于硅的吸收长度很长,传统的垂直型光电二极管必须有许多微米厚才能获得合理的量子效率。首先,在体硅探测器中,大部分电子空穴对产生于衬底深处,远离高场漂移区,或由表面电极产生。其次,工作电压必须很高才能将吸收区耗尽。因此,3 dB 带宽受到严重限制。此外,试图用硅 CMOS 工艺制作厚的 p－i－n 结构是不切实际的。

图 13.8(a)所示的横向 p－i－n 结构是与 CMOS 更兼容的光电二极管结构。该设计是由将吸收区域分隔的交替的 p 型和 n 型叉指构成的,类似于 MSM 光电探测器布局。这种结构具有单位面积电容低的特点,但载流子从深区向电极的缓慢漂移严重限制了带宽。因此,以牺牲量子效率为代价来阻挡深载流子是有利的。一种解决方法包括在表面下几微米处设置绝缘层,如 SiO_2。调整氧化层的厚度以使所需波长的反射率最大化。阻挡慢载流子的另一种方式是使用 p－n 结作为屏蔽端。有源区放置在由衬底接触包围的 n 型阱内。

Yang 等[22]描述了一种改进体材料探测器的新方法,他演示了由具有 7 μm 深沟槽电极的横向 p－i－n 探测器组成的横向沟槽探测器(lateral trench detector,LTD)[见图 13.8(b)]。探测器是在电阻率为 11~16 Ω·cm 的 p 型(100)硅上制作的。沟槽顶部的宽度约为 0.35 μm。为了在沟槽中依次填充 n^+和 p^+非晶硅(amorphous silicon,a－Si),采用硼酸盐玻璃作为牺牲层。沟槽内的 a－Si 被原位掺杂,磷的掺杂浓度为 1×10^{20} cm^{-3},硼的掺杂浓度为 6×10^{20} cm^{-3}。在

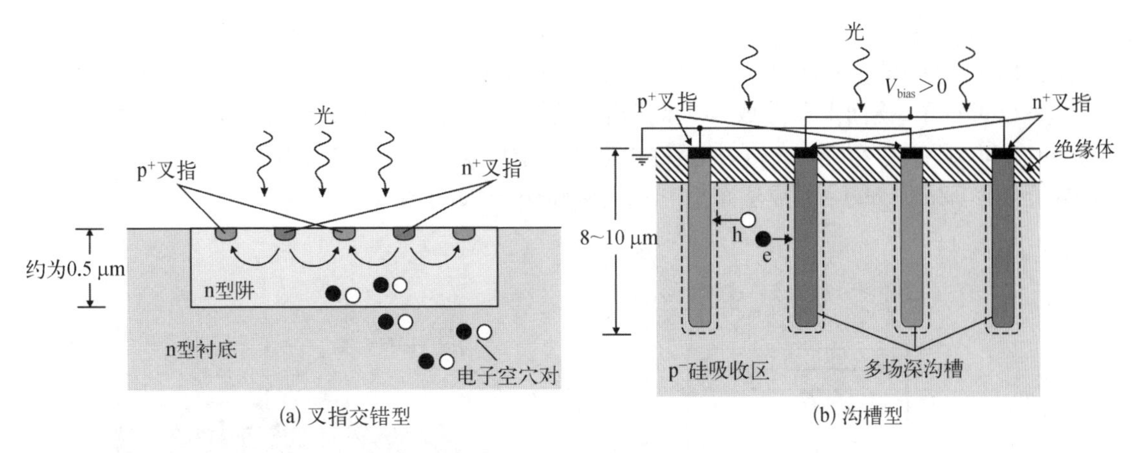

图 13.8　Si p－i－n 横向光电二极管

最后一步,器件在高温下退火,使 a－Si 结晶成多晶硅,激活掺杂剂,并将掺杂剂从沟槽驱动到硅衬底中,形成远离沟槽侧壁的结。

Yang 等[22]提出的 LTD 在 670 nm 处同时具有高量子效率(68%)和高速工作特性(3 GHz)。然而,对于更长的波长,由于电极下方载流子的产生和收集,所以器件的带宽下降。

为了提高硅基光电探测器的性能,人们对绝缘体上硅(silicon-on-insulator,SOI)的使用进行了广泛的研究[23]。考虑到 SOI 技术作为高性能 CMOS 器件平台已获得广泛应用,这项技术特别有吸引力[24]。使用 SOI 技术的主要优点是绝缘体埋层,它可以防止氧化物下面的衬底中产生的载流子到达氧化物上方的表面电极。此外,氧化物埋层的折射率差异可将一部分入射光反射回吸收层,从而提高量子效率。

Liu 等[25]已经在带宽高达 140 GHz 的薄 SOI 衬底上制备出 MSM 探测器。然而,由于吸收层很薄(200 nm),这些器件的外量子效率很低,低于 2%。具有较厚吸收层的 SOI 探测器不仅能提高量子效率(在 840 nm 处达到 24%),而且还可以将带宽降低到 3.4 GHz[26]。

谐振腔增强型(resonance cavity enhanced,RCE)探测器设计是另一种可应用于硅探测器的技术[27,28]。图 13.9(a)是可应用于肖特基二极管(Schottky diode)、MSM 光电探测器和 APD 等不同器件配置的通用 RCE 有源层结构示意图。顶部和底部的分布式布拉格反射镜(distributed Bragg reflection,DBR)由交替制备的非吸收大带隙材料层组成。有源层厚度为 d,是位于距顶镜与底镜各自距离 l_1 和 l_2 的小带隙半导体。两端反射镜可以由 1/4 波长($\lambda/4$)大带隙半导体堆叠而成。对于光学长度为 βl 的腔,其有源区厚度为 d,吸收系数为 α,探测器与波长相关的量子效率为

$$\eta=\left[\frac{1+r_2\exp(-\alpha d)}{1-2\sqrt{r_1r_2}\exp(-\alpha d)\cos(2\beta L)+r_1r_2\exp(-\alpha d)}\right](1-r_1)[1-\exp(-\alpha d)] \tag{13.1}$$

式中,$\beta=2\pi/\lambda$,r_1 与 r_2 分别为厚度为 l_1 和 l_2 的有源层周围材料的折射系数。当 $\beta l=m\pi$ 时,在共振波长处的量子效率会周期性地升高。值得一提的是,基于谐振腔设计的器件可能对工艺过程变化非常敏感。

例如,图 13.9(b)显示的是 RCE 叉指型 p－i－n 硅光电二极管,通过面内横向生长制

备[29]。底镜是通过沉积三对 $\lambda/4$ 的 SiO_2 和多晶硅层在 p 型(100)衬底上形成的。在反射镜中刻蚀两个 20×160 μm 的沟槽,间隔为 40 μm,作为后续选择性外延生长的籽晶窗口。在多晶硅外延过程中,镜面上可形成 SiO_2 侧壁隔离层,以防止多晶硅边缘缺陷的成核。然后,通过 As 和 BF_2 顺序注入与退火,在外延硅中形成叉指型 p－i－n 光电二极管。金属化后,蒸发两对介质镜(ZnS－MgF)形成法布里-珀罗腔(Fabry－Perot cavity)。

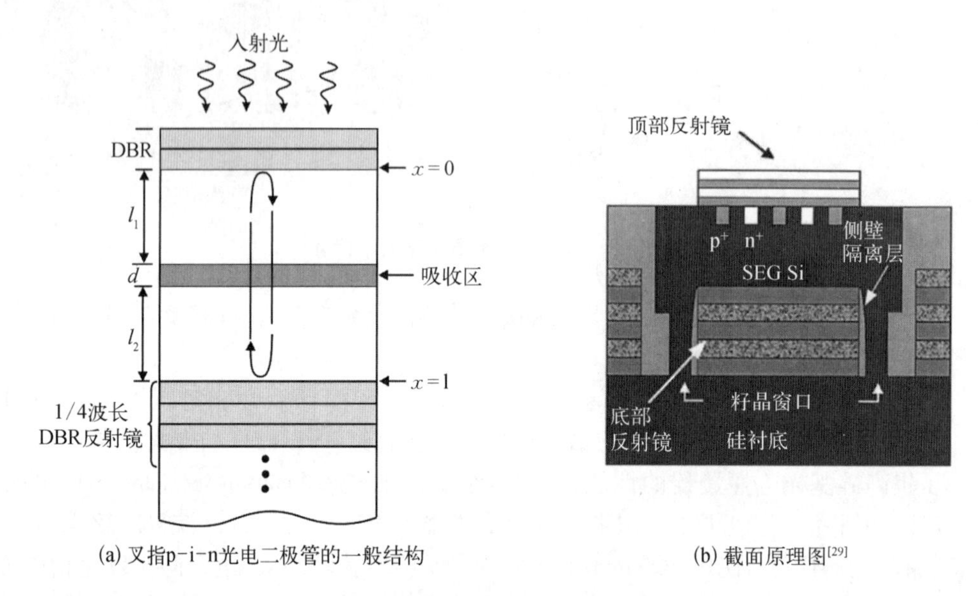

(a) 叉指p-i-n光电二极管的一般结构　　(b) 截面原理图[29]

图 13.9　谐振腔增强光电探测器

13.2　锗光电二极管

锗光电二极管通常是通过将砷化镓扩散到 p 型锗中(镓掺杂到 10^{15} cm^{-3}浓度,电阻率为 0.8 Ω·cm)制成的。在形成 1 μm 厚的 n 型区域之后,沉积氧化物钝化膜以降低 p－n 结附近的表面电导。最后,沉积一层减反射膜(锗的折射率高,n 约为 4,有效的透射率为 2～23 μm)。锗具有较高的折射率,是一种很好的浸没透镜候选材料。

锗不会形成稳定的氧化物。GeO_2 可溶于水,这导致了两个工艺挑战:器件钝化和稳定性。由于缺乏高质量的钝化层,很难实现低的暗电流。有趣的是,将器件尺寸缩小,可以接受更高的暗电流值。

锗光电二极管有三种类型:p－n 结、p－i－n 结和 APD[30]。它们很容易在 0.05～3 mm^2 的面积范围内制造,并且有能力使面积小到 10 μm×10 μm 或大到 500 mm^2。尺寸上限由初始材料的均匀性决定。

前面关于硅探测器的讨论一般适用于锗探测器,但蓝色和紫外光增强器件与锗探测器无关。由于禁带宽度较窄,锗光电二极管与硅探测器相比具有更高的漏电流。它们具有亚微秒响应以及从可见光到 1.8 μm 的高灵敏探测性能。零偏置通常用于高灵敏度探测,大的反偏用于高速探测。室温下的探测率峰值在 2×10^{11} cm·$Hz^{1/2}$/W 以上。如图 13.10 所示,通过热电冷却或冷却到液氮温度可以显著地提高性能(低于室温 20℃时,探测器阻抗增加约

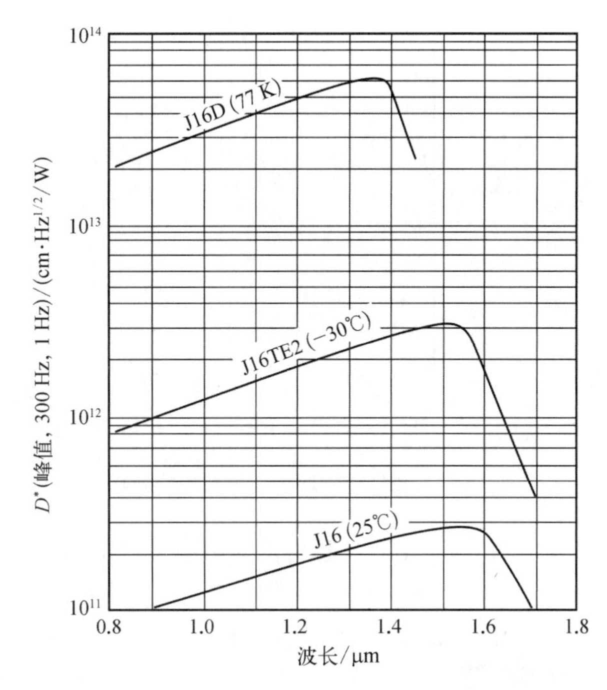

图 13.10　锗光电二极管在三种温度下的探测率与波长的关系

（来自 Teledyne Judson 技术公司，https://www.teledynejudson.com）

一个数量级）。

通常，锗光电二极管的性能受到约翰逊噪声的限制，而探测器的性能可以通过浸没在半球透镜中来提高。探测器的有效面积增加了 n^2倍，其中 n 是介质的折射率。

在目前阶段，研究方向是将硅（Ge/Si）衬底上的 Ge 探测器集成到与 CMOS 兼容的工艺中。这是在制造片上探测器阵列用于光电芯片的一个非常吸引人的目标。

自从 Luryi 等[31]的开创性工作及其他优化的方法（包括使用梯度 SiGe 缓冲层以降低在 Ge/GeSi 层中产生的线状位错密度）提出以来，业内已经提出了用于在硅衬底上生长 Ge（或 GeSi）薄膜的许多不同的方法，目标是优化薄膜的电子质量，同时保持与标准硅技术的兼容性。近年来，还发展了一种两步外延生长技术（在生长步骤之间提高生长温度），在不使用缓冲层的情况下直接在 Si 上沉积 Ge/SiGe，获得了相近的位错密度（$10^6 \sim 10^7$ cm^{-2}）。此外，由于 Ge 的晶格常数比 Si 的晶格常数大 4.17%，这种两步法可以在制备过程中向 Ge 层引入拉伸应变，从而将 Ge 从间接带隙材料转变为直接带隙材料（图 13.11），从而极大地改善了 Ge 的光电性能。还采用了其他技术，如氢气退火，以提高硅上锗材（Ge－on－Si）的质量[11,32]。

晶格失配引起的应变改变了能带结构，引起位错缺陷，增加了光电二极管的漏电流。应变限制了可以在硅上外延生长的 Ge 层的厚度。从带宽的角度考虑，Ge 薄膜是首选，因为它最小化了载流子传输时间。然而，这是以减少吸收和降低响应率为代价的。尽管如此，硅上锗（Ge－on－Si）的探测器目前进展良好。

为了克服上述限制，人们采用了以下方法：使用低锗含量合金，掺碳，使用梯度缓冲层及低温薄缓冲层，以及最近发展出的多晶薄膜生长技术[33-35]。具有厚缓冲层的 p－i－n 器

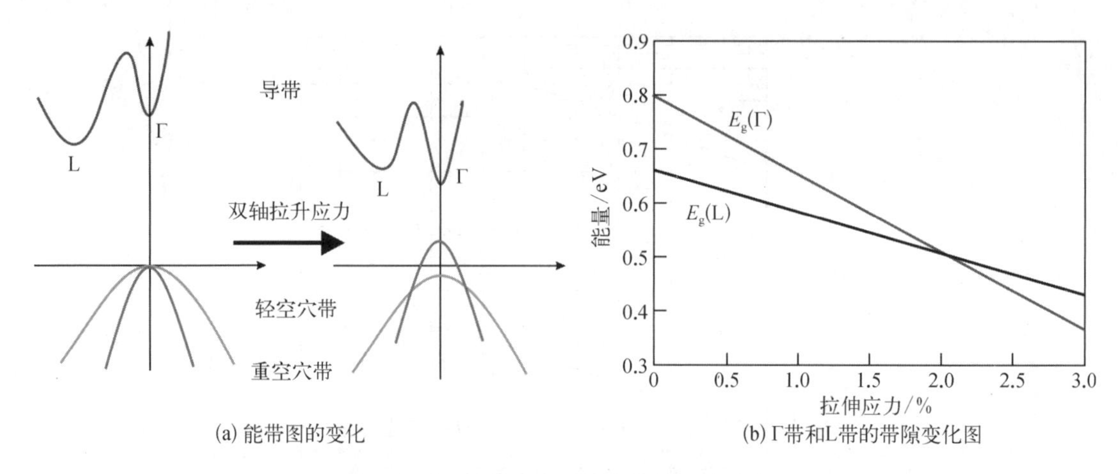

图 13.11　拉伸应变对锗能带结构的影响

件表现出优异的质量[35,36]，但是由于 CMOS 器件的非平面工艺，它们的集成还存在困难。由于这个原因，最近关于硅上锗(Ge－on－Si)探测器的研究主要集中在使用薄缓冲层，甚至直接在 Si 上生长 Ge。最近关于硅上锗光电二极管的研究显示(图 13.12)，其速度已大幅提高到 40 GHz，有望达到 100 GHz 甚至更高[37]。

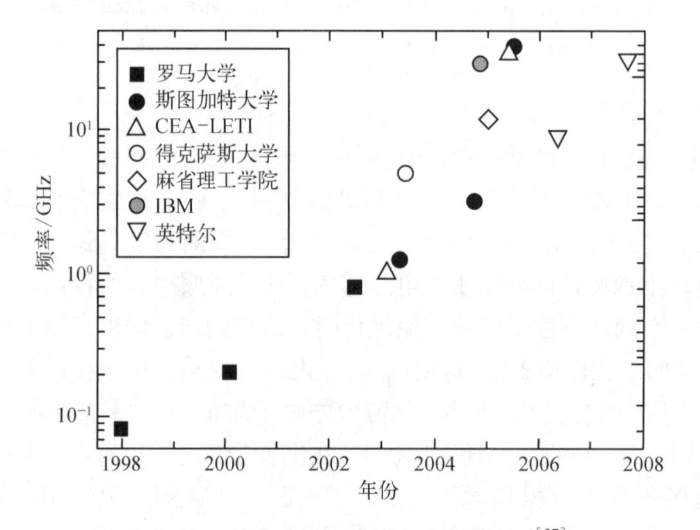

图 13.12　锗光电二极管响应速度的发展[37]

20 世纪 90 年代中期以后，对 SiGe 探测器的研究主要集中在能够工作在第三光谱窗口(1.55 μm)的结构上[7]。由于 SiGe 在该波长没有吸收，因此采用纯 Ge 材料来降低外延层中的位错密度。Colace 等[38]首次成功地将低温缓冲层用于在硅衬底上生长 Ge 薄膜。生长后通过热循环使位错密度降低到 2×10^7 cm^{-2}[39,40]。采用该工艺制作的高性能 p－i－n 光电二极管，在 1.3 μm 和 1.55 μm 时的最大响应率分别为 0.89 A/W 和 0.75 A/W，在 1 V 时的反向暗电流为 15 mA cm^{-2}，响应时间为 180 ps[40]。

图 13.13 显示了 100×100 μm^2 p－i－n Ge－on－Si 光电二极管的 $I-V$ 特性和光谱特性[41]。图 13.13(a)的插图为器件结构。采用两步沉积工艺(超高真空化学气相沉积和低压

化学气相沉积）在 p^+-（100）Si 衬底上沉积，获得了厚度约为 2 μm 的本征 Ge 薄膜，并覆盖 0.2 μm 的 n^+-多晶硅层。在 Ge 生长之后，标准 CMOS 工艺被用来沉积和图案化一层介质（氮氧化硅）膜作为 Ge 表面的窗口。然后，多晶硅被淀积并注入磷到下面的 Ge 中，在 Ge 中形成一个垂直的 p－i－n 结。该二极管在 300 K 时的理想因子小于 1.2，在−1 V 偏压下器件周长主导的反向漏电流约为 40 mA/cm^2。漏电流被认为是来自于 Ge 钝化过程中引入的表面态。没有减反涂层的响应率在 1.55 μm 时为 0.5 A/W。

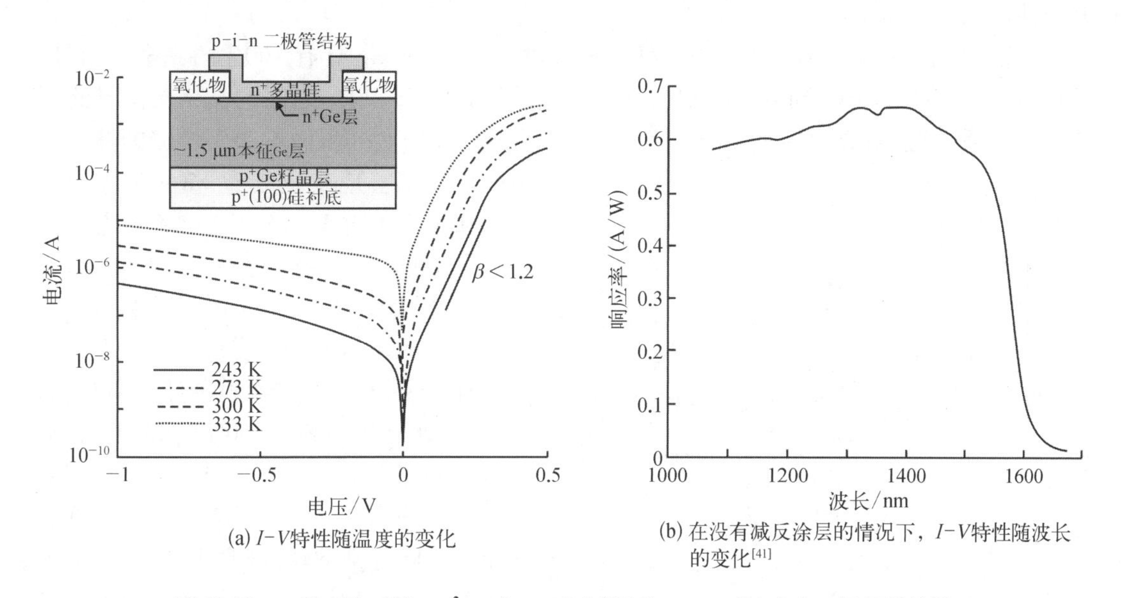

(a) I−V特性随温度的变化

(b) 在没有减反涂层的情况下，I−V特性随波长的变化[41]

图 13.13　一种 100×100 μm^2 p－i－n 硅上锗（Ge－on－Si）光电二极管的特性

诺贝尔皮克视觉公司开发了单片式 Ge 成像阵列，将岛状的 Ge 与 CMOS 工艺的硅晶体管和金属层集成在一起[42]。图 13.14（a）的示意图说明了 Ge 岛生长的关键。在晶体管上方介电层中的孔中进行选择性 Ge 外延生长。Si－Ge 界面位错与界面成 60°角，并在侧壁终止。形成 Ge 岛后，进行常规 CMOS 工艺，将 Ge 光电二极管连接到电路［参见图 13.14（b）］。采用离子注入形成横向光电二极管。利用这种创新的生长技术，他们采用高密度 0.18 μm CMOS 工艺设计了一个间距为 10 μm 的 128×128 成像样机。

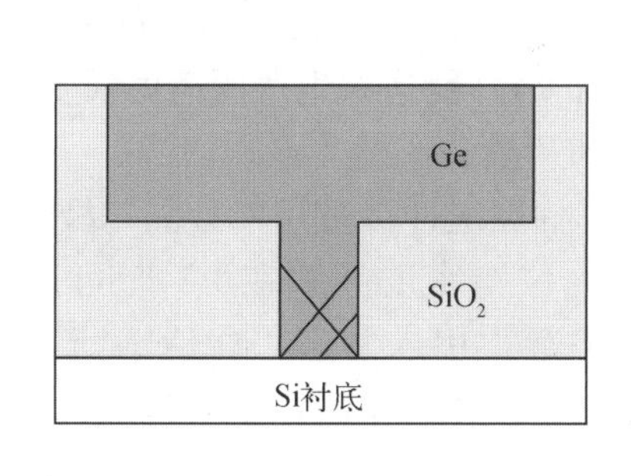

(a) 位错捕获

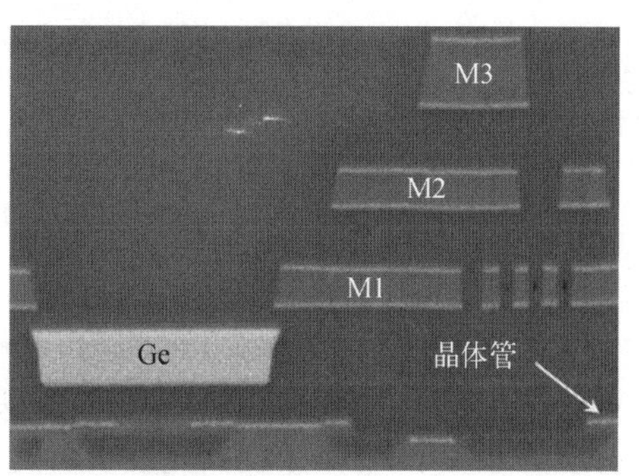

(b) 嵌在CMOS堆栈中的Ge光电二极管

图 13.14　Ge 岛的生长[42]（扫描电子显微镜图，scanning electron microscope，SEM）

13.3 SiGe 光电二极管

有几种技术,如 InGaAs、PbS 和 HgCdTe,它们覆盖了近红外光谱。而 SiGe 为覆盖 1.6 μm 以下光谱波段的近红外传感器提供了一种低成本的替代方法。SiGe 红外 FPA 的优势是可以利用现有的硅工艺,这可以实现非常小的特征尺寸和与用于信号处理的硅 CMOS 电路的兼容性。

生长在 Si 上的 $Si_{1-x}Ge_x$ 合金是一种理想的材料,因为 SiGe 具有 100%的完全混溶性,可以从 Si 带隙(1.1 eV)到 Ge 带隙(0.66 eV)连续可调。Si 和 Ge 之间的晶格失配导致了应变的异质外延,对于给定的 Ge 含量 x,$Si_{1-x}Ge_x$ 合金在 Si 上沉积而不产生位错的厚度有一临界值。应变还导致 SiGe 带隙结构发生变化(图 13.15)[36]。将无应变曲线(虚线)和应变线(实线)进行对比,可以看出应变对带隙的巨大影响。引入 SiGe 技术可以利用应变层外延提升载流子迁移率,对于 n 型沟道器件为 46%,对于 p 型沟道器件为 60% ~ 80%。它对 SiGe 技术向高速 CMOS 技术的转变起着决定性的作用。当 x>0.85 时,无应变合金的带隙急剧下降,表明在高 Ge 含量的情况下,导带从布里渊区 Δ 点到 L 点的变化最小,是向类 Ge 能带结构转变的拐点[43,44]。

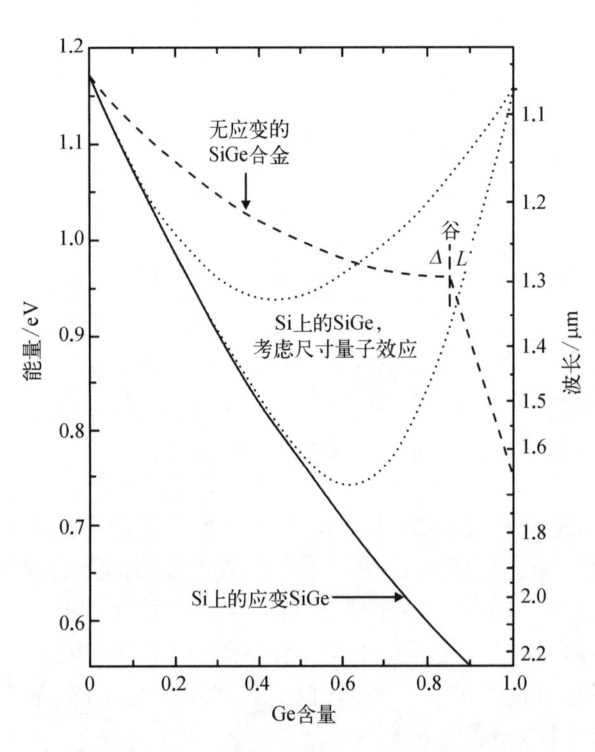

图 13.15 SiGe 合金的基础带隙与 Ge 含量的关系

长虚线对应的是无应变 SiGe 体材料,实线对应的是具有 Si 平面晶格常数时的应变 SiGe。点虚线表示的是临界厚度和尺寸量子效应的影响[43]

目前外延系统有许多种,包括分子束外延(molecular beam epitaxy, MBE)、等离子体增强化学气相沉积(plasma-enhanced chemical vapor deposition, PECVD)、溅射和激光辅助生长。在工厂中用于 CMOS 和 Si 双极性的生产线,到目前为止,只有高温(>1 000℃)下的传统 CVD 能达到生产所需的质量、均匀性和产量。

在最早的近红外 p－i－n 硅上锗探测器中,SiGe 梯度缓冲层被用来分隔二极管的有源本征层与高位错的 Si－Ge 界面[31]。然而,较大的位错密度导致在 1 V 时可产生超过 50 mA/cm^{2}的反向暗电流。为了减小暗电流,Temkin 等[45]引入了一个由 GeSi/Si 超晶格应变层(strained-layer superlattice, SLS)组成的有源层。由于 SLS 的带隙比非应变层的带隙小,在较小的探测器厚度下,有助于提高光吸收系数。

与平均组分相似的 SiGe 合金相比,SLS 是更好的选择,因为它们允许沉积远高于临界厚度(应变对称性)的层。当应变 SiGe 生长在无应力的 Si 上时,Si 和 SiGe 异质界面的能带排列为 I 型,这意味着能带偏移主要位于价带内[图 13.16(b)]。另外,当应变 Si 生长在无应力的 SiGe 上时,在异质界面产生了 Ⅱ 型的交错能带排列。在这种情况下,SiGe 的导带比 Si 的导带高,而 SiGe 的价带比 Si 的导带低。

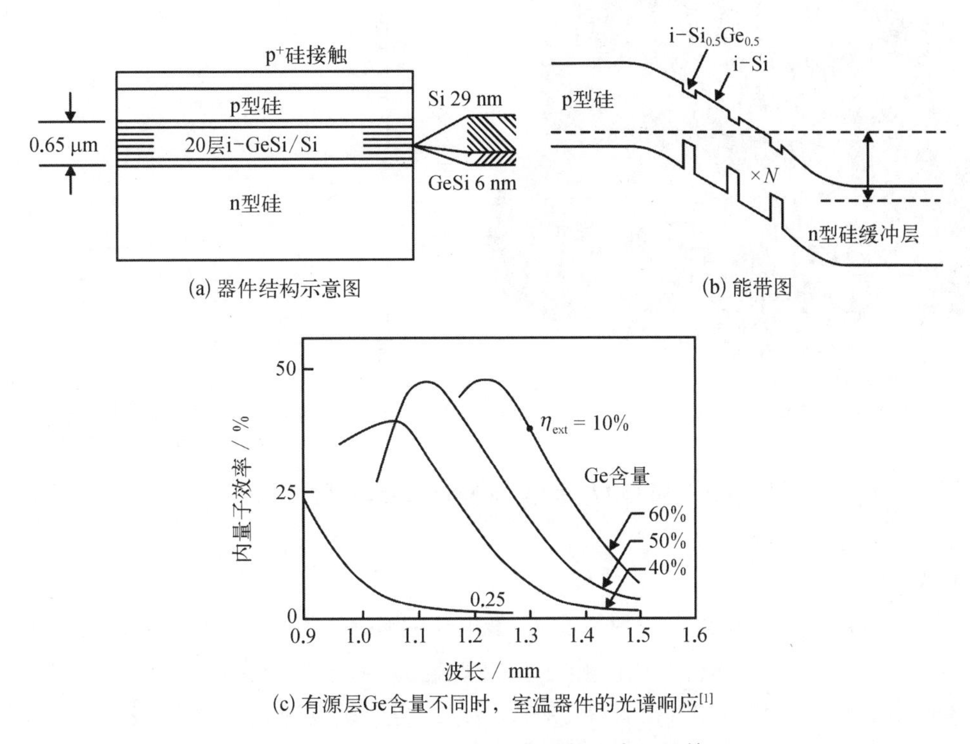

图 13.16　p－i－n SiGe 超晶格光电二极管

通常,光电探测器在衬底上逐层生长,光垂直于表面照射探测器。为了克服垂直二极管薄层吸收弱而灵敏度低的缺点,研制了波导型光电探测器。器件中吸收体的形状是一个很薄、很窄但很长的矩形光波导。光通过探测器结构平行于表面传播,根据波导的长度,吸收区域可长达几毫米。

图 13.16 显示了 p－i－n SLS SiGe 波导光电二极管特性[44]。p－i－n 探测器由位于 n 型 Si 衬底上 MBE 生长的非掺杂 20 个周期超晶格有源区及两侧的 n 型和 p 型硅层组成。当组分 $x>0.40$ 时,光谱响应率发生变化,在波长 1.3 μm 处有明显的响应,Ge 含量从 $x=40\%$ 每增加 10%,光电流响应峰值分别出现在 1.08 μm、1.12 μm 和 1.23 μm 处。利用波导几何结构,测出 Ge 含量为 $x=0.6$ 时,在 1.3 μm 处的内量子效率约为 40%。

图 13.17 是改进性能的台面结构 p－i－n SiGe 光电二极管[46]。在沉积多晶硅层后,进行退火激活,将掺杂原子从多晶硅层向外扩散到下面的 Ge/SiGe 中,以形成垂直的 p－i－n 结。接下来,使用低温 CVD 工艺沉积 SiO_2 钝化层。在金属化过程之后,样品在氮气中退火,如图 13.17(b)所示,这可将小面积光电二极管的暗电流降低高达 3 个数量级。

首批雪崩硅锗光电二极管是于 1986 年在贝尔实验室发明的,总厚度为 0.5～2 μm[47,48]。这批器件中性能最好的采用了 3.3 nm 厚的 $Ge_{0.6}Si_{0.4}$ 层和 39 nm 的 Si 间隔层,在 1.3 μm 处量子效率约为 10%,最大响应率为 1.1 A/W;在 30 V 反向偏置下获得了更稳定的特性,响应率

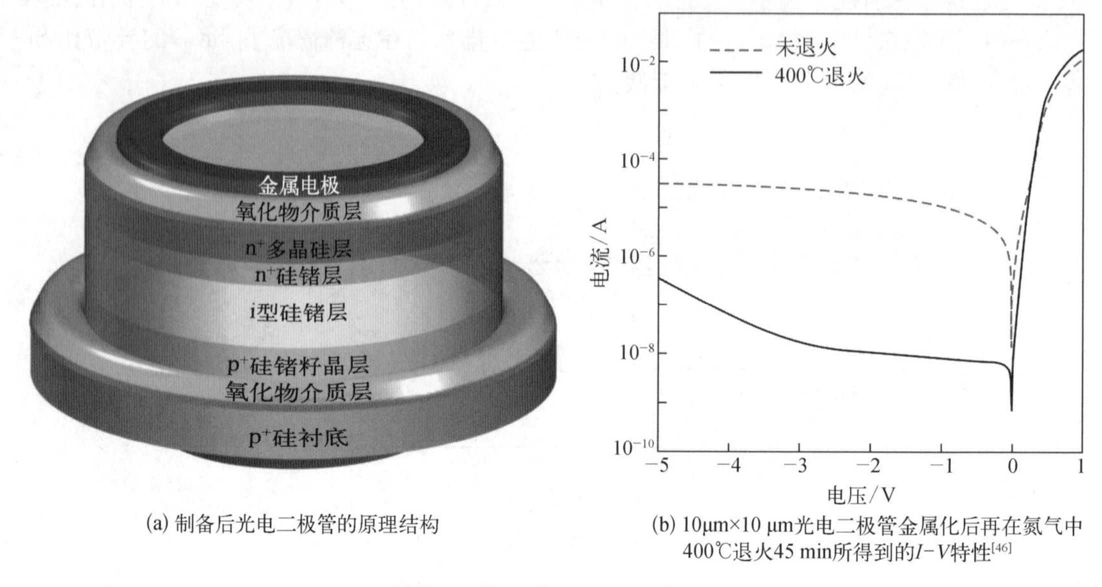

(a) 制备后光电二极管的原理结构

(b) 10μm×10 μm光电二极管金属化后再在氮气中400℃退火45 min所得到的$I-V$特性[46]

图 13.17 p-i-n SiGe 光电二极管

为 4 A/W。

石川(Ishikawa)[49]报道了一种低噪声、低电压的 Ge/梯度 SiGe 异质结 APD,其原理如图 13.18 所示。如图 13.18(a)所示,电子空穴对是由 Ge 层中的直接光学吸收产生的,再将产生的电子注入无势垒的梯度 SiGe 层中。然后,电子被发射到 Si 倍增层。由于导带落差为 ΔE_c,注入电子的动能会突然增加,在陡峭的 SiGe/Si 界面上增强了碰撞电离,有效地实现了低压 Ge/Si APD。同样,图 13.18(b)中的 SiGe/Ge 倍增层对于空穴注入 APD 也是有效的。

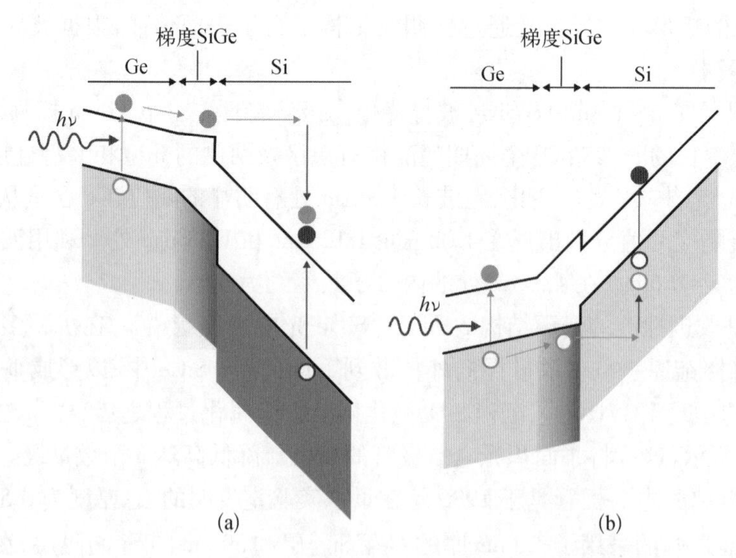

(a) (b)

图 13.18 n-Ge/i-SiGe/i-Ge 异质结 APD 的能带图[49]

值得一提的是,采用 MBE 技术已经在 Si 衬底上生长了短周期 SiGe 超晶格和 SiGe 量子阱结构,用于近红外、中波和长波红外探测[50,51]。有关量子阱红外探测器的更多信息可以在 19 章中找到。

参考文献

第 14 章 非本征硅和锗探测器

历史上,基于 Ge 的非本征光电探测器是第一个非本征光电探测器。此后,又出现了基于 Si 和其他半导体材料(如 GaAs 或 GaP)的光电探测器。

非本征光电探测器的红外光谱范围很广,从几微米到约 300 μm,是工作在 $\lambda>20$ μm 范围内的主要探测器,其光谱范围由掺杂杂质及其引入的材料决定。对于砷化镓中最浅的杂质,光响应的截止长波约为 300 μm。与其他材料的非本征光电探测器相比,基于 Si 和 Ge 的探测器得到了最广泛的应用,这将在本章中进行讨论。

非本征红外光电探测器的研究和开发已经进行了 60 多年[1-3]。在 20 世纪 50 年代和 60 年代,Ge 的纯度可以比 Si 更高;于是 Si 掺杂比 Ge 掺杂需要更多的补偿,并且其载流子寿命比非本征 Ge 更短。如今,除了 B 污染,生产高纯度 Si 的问题已基本解决。与 Ge 相比,Si 有几个优点,例如,可以获得高 3 个数量级的杂质溶解度,因此可以用 Si 制造更薄、空间分辨率更高的探测器。Si 的介电常数低于 Ge,目前 Si 的相关器件技术已经发展得比较成熟,包括接触方法、表面钝化及成熟的金属氧化物半导体(metal oxide semiconductor, MOS)和电荷耦合器件技术。此外,硅探测器在核辐射环境中具有优异的抗辐照特性。

高度发展的 Si MOS 技术的出现促进了大型探测器阵列与用于读出和信号处理的电荷转移器件的集成。这项成熟的技术还有助于制造均匀的探测器阵列和形成低噪声触点。虽然已经验证了大型非本征 Si FPA 在陆地应用中的潜力,但人们的兴趣已经下降,因为 HgCdTe 和 InSb 等器件的工作温度更易于实现。对掺杂 Si 的浓厚兴趣主要来自空间应用,特别是在低背景通量和波长为 13~30 μm 的应用中(对 HgCdTe 器件来说,此时组分控制变得很难)。光电探测器技术的成功、深冷低噪声半导体前置放大器和多路复用器的发明,以及用于深冷的光电探测器器件和设备的独特设计,确保了即使在极低的空间背景辐射(比室内背景低 8~10 个数量级)下也能实现接近于辐射极限的破纪录的探测率[4,5]。这是目前其他类型的光电探测器无法实现的。

14.1 非本征光电导

非本征光电探测器的开发和制造主要集中在美国。特别是在红外天文卫星(infrared astronomical satellite, IRAS)[6,7]取得巨大成功之后,有关使用大气层外天文探测的方案得到了广泛的推广,该卫星使用了 62 个布置在焦面上的分立光电探测器。美国国家航空航天局(National Aeronautics and Space Administration, NASA)和美国国家科学基金会(National Science Foundation, NSF)已经支持了多个由各个研究中心和大学发起的项目。阵列制造商对此产生了浓厚的兴趣，他们所做的远远超出了天文学家的预期[8,9]，包括雷神视觉系统公司、DRS 技术公司和 Teledyne 成像传感器公司[10,11]。位于真空中的深冷太空望远镜可以覆盖 1~1 000 μm 的整个红外范围。远红外天文学提供了有关星系、恒星、行星形成和演化的关键信息。在低水平的背景辐照下，可以通过增加积分时间（数百秒）来提高此类系统的灵敏度。

本书早些时候已经揭示了非本征光电导体探测器经典理论的基本原理（见 12.1.2 节）。与本征光电导相比，非本征光电导的效率要低得多，因为在不改变杂质态特性的情况下，可以引入半导体的杂质数量是有限的（图 14.1）。本征探测器最常用的波段是 20 μm 以下的短波长。截止波长在 30 μm 以上的太赫兹光电导工作在非本征模式。有趣的是，图 14.1 中可以注意到在 40 μm 波长附近，探测还存在明显的空白区间。

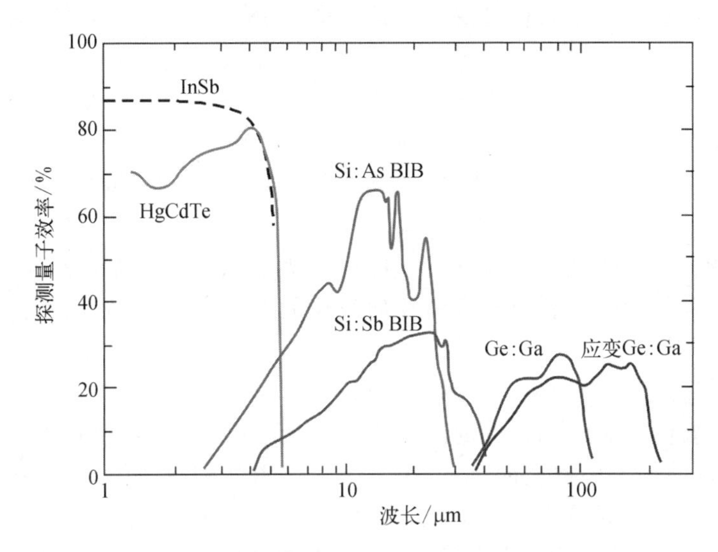

图 14.1　在 1~300 μm 波长范围内所使用半导体器件的量子效率

如图 14.1 所示，掺有砷和锑的硅基探测器[阻挡杂质带（blocked impurity band，BIB）器件]是在 5~40 μm 波长范围内工作的首选材料。通过将硅材料换成能提供较浅杂质带的半导体材料，也进行了多次尝试，获取了可在远红外波段工作的类似技术。已经尝试了基于 Ge 和 GaAs 的系统，在 Ge 方面获得的进展更大。

本征探测器和非本征探测器的一个关键区别是，与本征探测器相比，非本征探测器需要更低的工作温度才能在给定的光谱响应截止时获得高灵敏度。低温工作与更长的波长灵敏度相关，用于抑制由于近邻能级之间的热诱导跃迁而产生的噪声。长波截止可以用式(3.1)近似，如图 3.6 所示。

本章简要介绍非本征探测器技术，评述这些器件工作的某些特点，并介绍已经发展起来的不同类型的非本征光电探测器——非本征光电导、BIB 器件和固态光电倍增管（solid-state photomultipliers，SSPM）。非本征光电探测器 FPA 的主要内容将在 26.2 节中进行介绍。

14.2　非本征光电导技术

硅和锗的非本征光电导体通常是使用半导体工业技术制造的[4,12]。在柴氏提拉法中，在不接触容器壁的情况下将晶体从熔体中拉出。这项技术避免了晶体在与坩埚壁接触时凝固可能产生的应力,也防止了杂质从坩埚壁进入晶体中。这种材料可以通过向生长晶体的熔体中添加杂质来掺杂。或者在生长后通过晶体的区域精炼可以提高材料的纯度。通过将杂质放置在熔化区中,可以在区域精炼的后期添加杂质。外延生长的掺杂晶体也可以通过将晶体暴露在杂质蒸气中或使其表面与杂质材料的样品接触来实现;在这两种情况下,杂质原子在高温下通过扩散分布到晶体中。浮区生长法结合了提拉法和区域精炼的特点。晶体从钢锭的熔化部分生长到种子上,该钢锭被悬浮起来,以避免与坩埚壁接触。

为了消除由于激发能 E_i 值较小的杂质造成的热导率问题,这些掺杂剂通过添加谨慎控制的相反类型的杂质来补偿,例如,如果不需要的杂质是 p 型,则添加 n 型(12.1.2 节)。虽然一定程度的补偿通常是获得良好探测器性能的关键,但高补偿材料的性能通常比只需要轻微补偿的材料差。高浓度的补偿杂质通常会导致光生载流子的快速捕获,从而降低光导增益。补偿过程的控制出现问题的原因是样品不一致或补偿材料的数量不精确。跳跃导电性可能会提高,因为补偿杂质的原子电离了一些主要的杂质原子,使载流子可以跳跃到可用的空位。适当补偿的效果是补偿污染造成的杂质,并填充所需的杂质;然后材料在由所需杂质的能级确定的温度下冻结。补偿过程中,是以降低载流子寿命为代价来提高工作温度的。除非降低工作温度,否则补偿不足会导致浅层杂质产生热量,从而导致过多的噪声。过补偿会降低载流子寿命并导致探测器响应性变差,但不会进一步提高工作温度。

在制作高质量的 Si∶X(Ge∶X)材料特别是用于阵列的材料时,掺杂剂和补偿杂质的均匀性是至关重要的。影响均匀性的因素包括掺杂浓度、晶体凝固时掺杂剂的分离系数和蒸气压、从大气或坩埚中提拉的过程、生长中的拉力和旋转速度、沉淀和位错形式的缺陷,以及将材料加工成阵列过程中的高温诱导效应。采用浮区生长技术可以制备出高质量的 Si∶X 材料。这项技术可生成污染元素密度最低的材料。主要掺杂剂的均匀性必须采用高转速(6 r/min)和低拉速(4 mm/min)。对于 Si∶Ga,需要在 1 300℃下退火 16 d 才能获得最大的均匀性。这种退火工艺只对含氧量和含碳量较低的晶体才有效,这些晶体必须通过浮区生长才能生产出来。相比之下,柴氏提拉法生长的晶体中充满了污染杂质,包括氧和碳,氧可能会引入不需要的施主,并会改变杂质的激活能级。

多晶硅中既有磷又有硼。磷可以通过一系列真空浮区操作来去除,而硼则不能。通常先去除磷杂质,然后再重新引入以弥补硼的影响。一个典型的补偿杂质浓度为 $N_d-N_a=10^{13}\ cm^{-3}$。补偿非本征硅中硼的另一种方法称为中子嬗变掺杂,它是通过控制中子辐照将一部分硅原子转化为磷施主来实现的。

为了制造探测器,用精密的切割锯从晶体上切下一片薄薄的材料晶片,然后抛光。这片晶片的两边构成了探测器的接触。为了减少接触附近电场的突变,在与实际触点连接的半导体中会用到重掺杂。可以通过注入与大多数杂质类似的杂质原子(例如,p 型材料中的硼和 n 型材料中的磷),然后通过加热来退火修复晶体损伤[13]。热退火可以修复单晶,并激活注入的原子。金属化加上薄的 200 Å 的钯黏合层,再加上几千埃(Å)的金,就完成了电接触的制备。透明接触可以通过添加第二层离子注入的杂质来实现,其能量比第一层低,这样它就不会在较高的杂质密度下渗透到晶体中太远,因此它具有很大的导电性。对于不透明的接触,金属蒸发在离子注入层上。用精密的切割锯从晶片上切割单个探测器或探测器阵列。

通过刻蚀可以去除锯片留下的表面损伤。最后,自然生长(在高温下)的氧化硅可以是硅光电探测器的优秀保护层。在锗和许多其他半导体的情况下,必须通过更复杂的加工步骤添加保护层。

不同的附加技术,包括标准光刻工艺等,均有用于制造半导体探测器。外延是在现有晶体结构上生长薄层晶体的一种特别有用的技术。与硅相比,锗和许多其他半导体需要更复杂的工艺步骤,特别是在制造保护层或绝缘层方面。

14.3 非本征光电导工作特性

非本征光电导体在低温低背景下属于高阻晶体,对其光电导现象的研究始于 20 世纪 50 年代初。当时进行的最有意思的工作包括光电流增益机制的研究、空间电荷限制电流(space charge - limited current, SCLC)的估计[14-16]、强电场中光生载流子扫出特性的确定[17-21]、补偿半导体中电场的屏蔽[22],以及光电导体中的热噪声和产生-复合噪声的研究[18]。与本征器件不同,传统的非本征光电导体只有一种类型的移动载流子。本征光电导器件的低阻抗使得空间电荷中性相对容易保持,因此在外加偏压下电子和空穴的过量分布朝同一个方向移动。空间电荷中性在高阻抗的光电导中可能会被破坏,从而导致不寻常的效应,在后面会讲到。

最早的实验研究表明,非本征光电导探测器的参数强烈依赖于电极接触的制备方法和特性,特别是在高于介电弛豫时间倒数对应的频率下。Sclar[4,23-27] 20 世纪 80 年代发表的综述强调了详细研究这种影响机制的必要性,包括在低温和低背景下与补偿半导体的电极接触行为的特殊性。值得注意的是,这些综述对非本征光电探测器数据的系统化,以及这些器件在红外光电设备中的推广和应用都具有重要的意义。

在过去的四十年里,对非本征光电导在低温和低背景下工作机理的理解取得了相当大的进展[4,8,28-35]。Fouks[31]对低背景非本征探测器的非平稳性行为理论进行了有趣的历史回顾,该理论是在俄罗斯发展起来的,在其他地方则被忽视。Kocherov 等[33]提出了更全面的理论。结果表明,在恒定或低频调制电场的作用下,重掺杂半导体与补偿半导体的接触是欧姆接触,在高于陷阱充电时间倒数的频率下可实现有效注入。在这种情况下,电荷载流子的注入是由接触附近的电场控制的,并且观察到的偏置基本上比 SCLC 的小。

非本征半导体的屏蔽长度取决于频率。在低频下,电场屏蔽发生在德拜长度量级的距离上,这比探测器的长度小得多。在高于介电弛豫频率(等于介电弛豫时间的倒数)的情形下,屏蔽长度会大大增加,并且可能超过探测器的长度。在这种情况下,随着电场的增加,会发生光生载流子的扫出,光导增益达到饱和。

利用接触特性的新概念,可以得到非本征光电导探测器的阻抗和光响应的频率依赖关系、光信号或电压突变时的瞬态行为及噪声谱密度的频率依赖关系[29,31-37]。此外,研究还表明,即使具有线性的电流-电压特性,载流子注入引起的陷阱充电也会导致补偿半导体中单极等离子体的不稳定行为。研究确定了多子的过量浓度在非稳态复合过程中的主导作用,并找到了抑制中频注入时接触电流散粒噪声的机理。

在传统的光电导机理讨论中认为,最初的快速响应是由于探测器有源区电荷的生成和复合(图 14.2)[38]。对于中等背景,探测器合理地跟随信号变化(虚线)。在非本征探测器的典型低背景条件下,释放带电载流子以保持平衡的过程,以相当于介电弛豫时间常数的时间在探测器内传递,探测器的空间电荷以该相对较慢的速率调整到新的配置。这种缓慢注入新载流子的结果是,在新的辐照水平下,注入接触附近的电场缓慢地调整到新的平衡。由于这种现象,响应表现为多个分量(实线),包括快响应和慢响应、异常钩响应/弯钩形响应、电压毛刺和振荡。

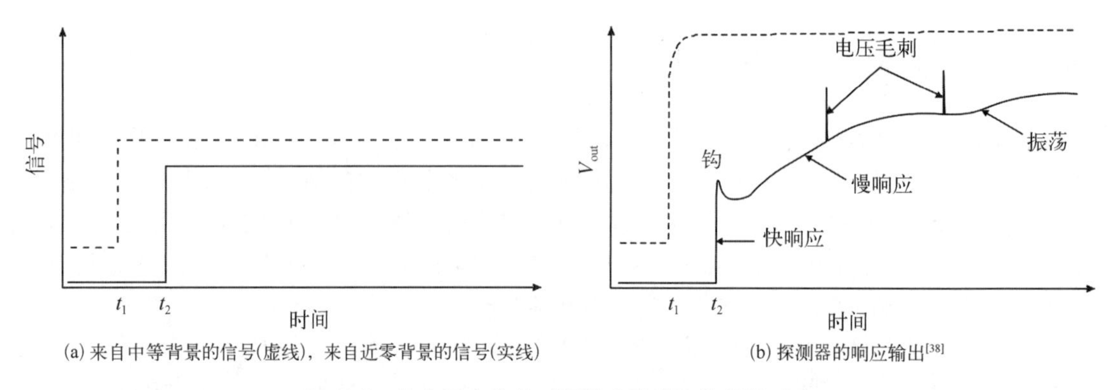

(a) 来自中等背景的信号(虚线),来自近零背景的信号(实线)

(b) 探测器的响应输出[38]

图 14.2 非本征光电导对两种台阶输入信号的响应

弯钩形响应现象(因电输出波形的外观而得名)可由横向接触探测器中探测器体积受到不均匀辐照引起(由于触点的遮挡,它们下面的光部分减少)。当照度增加时,探测器体积中其余部分的电阻被压低,触点附近形成对大多数载流子而言的高阻层,并且仅在介电弛豫时间后才能恢复到平衡状态。结果,在初始快速响应之后,探测器区域中的光导增益被压低,并且总体响应缓慢下降。弯钩形响应与电荷载流子通过接触处的电压势垒时的量子力学隧穿有关。当电荷在触点附近的电场中加速时,就会产生毛刺,并获得足够的能量来冲击电离材料中的杂质,从而产生微小的载流子雪崩。精心构建探测器的触点结构可以最大限度地减少弯钩形响应和毛刺。在透明 Ge 探测器中,包括触点下面的区域的整个探测器体积被完全照亮,弯钩形响应行为将减少或消除[37]。毛刺和弯钩形响应在较低的光导增益下也会降低(例如,探测器工作在较低的偏压下)。

非本征光电导在高背景条件下(生成稳定浓度的自由载流子)的表现相对良好。介电弛豫时间常数降低,因此允许快速达到适合新信号电平的新平衡态。然而,在低背景条件下,需要在探测器仍处于非平衡状态时提取信号,并且必须从探测器的部分响应中推导出输入信号。各种方法都有使用,包括经验性的修正拟合和近似分析模型[39,40]。低背景下的数据校准仍是一个难题。

14.4 非本征光电导的性能

14.4.1 掺杂硅光电导

探测器的光谱响应取决于特定杂质态的能级和态密度(作为能量的函数,对应束缚载流子被激发到的能带)。业内已经对其他一些杂质进行了研究。表 14.1 列出了一些常见的杂质能级及基于这些杂质能级的非本征硅探测器的长波截止限。注意,准确的长波光谱截止是杂质掺杂浓度的函数,高浓度时光谱响应会更长一些。图 14.3 显示了几个非本征探测器的光谱响应[41]。与体 Si：As 器件相比,BIB Si：As 器件(见 14.5 节)的光谱响应更长,这是因为后者的掺杂浓度较高,从而降低了电子的结合能。

表 14.1　非本征硅红外探测器中常用的杂质能级。工作温度取决于背景通量水平

杂　质	能量/meV	截止波长/μm	工作温度/K
铟	155	8	40~60
铋	69	18	20~30
镓	65	19	20~30
砷	54	23	13
锑	39	32	10

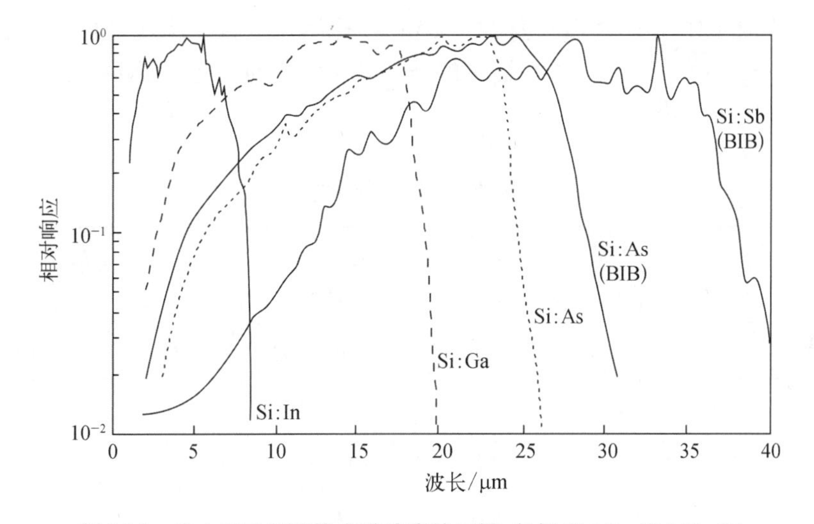

图 14.3　非本征硅探测器光谱响应的示例,包括 Si：In、Si：Ga 和 Si：As 体材料探测器与 Si：As 和 Si：Sb BIB 探测器

在地基和天基天文学等应用中,非本征探测器经常用液氦制冷。闭路循环两级和三级冰箱可与这些探测器一起使用,分别用于 20~60 K 和 10~20 K 制冷。

非本征探测器的性能通常受背景限制,量子效率随特定的掺杂剂和掺杂浓度、波长及器件厚度而变化(见 12.1.2 节)。典型的量子效率在响应峰值时位于 10%~50%内。

在 3~5 μm 内,用受主杂质 In 掺杂 Si 是一种理想的选择(Si：In)。空穴基态位于 E_v+156 meV(E_v为价带顶部的能量),光电导在 λ≈8 μm 处开始出现,峰值响应位于 7.4 μm,每个 Si 晶体不可避免地含有一些空穴束缚能为 E_v+45 meV 的残余硼受主。连接到 In－C 中心的另一个称为 In－X 的能级位于 E_v+111 meV。除了这三个受体能级,还总是存在磷施主能级。亚历山大(Alexander)等[42]评估了温度和浅能级补偿对探测器响应率的影响。在非常低的温度下,即使是最浅的残余受主($E_B = 45$ meV)的热生成可以忽略不计,最高的响应率总是通过最小化残余施主的浓度来获得的。当浅受主近乎完全补偿时,可以获得非常高的响应率,因为这些中心的热再发射的概率很高,有效俘获截面很小,从而导致长的自由载流子寿命(高达 200 ns)。在 Si:In 中可达 100 A/W。这种近乎完美的补偿是通过掺杂过程实现的,该过程利用热中子俘获将^{30}Si 核转变为^{31}P 核,然后进行β衰变[43,44]。图 12.10 显示了 Si:In 探测器的性能,并与理论曲线进行了比较。

对于波长较长的探测器,主要使用 Ga。探测器材料通常是通过在垂直浮区晶体生长过程中掺杂熔体来制备的。然而,Ga 的低激活能(0.074 eV)并不适合在 8~14 μm 窗口内使用,这也导致了 Ga 只能工作在低温。Mg 的能级更合适,但根据 Sclar[23]的报道,Mg 似乎有一个 0.044 eV 的浅能级,需要低温或额外的补偿。如果这个能级可以消除,那么 Mg 可能是理想的 8~14 μm 水平。在其他探测器中,Si:Al 和 Si:Bi 显示出各种缺点[23]。在 Si:Al 晶圆的热处理过程中,经常会有 Al 析出或形成间隙的 Al_2C_3,这对制备均匀的探测器阵列是不利的。在 Si:Bi 的情况下,由于 Bi 处于生长温度下时具有高蒸气压,用浮区法生长适当掺杂浓度的均匀晶体是困难的。提拉法生长的 Si:Bi 有较高的 B 浓度,这也会降低探测器的性能。

Sclar[4,23-27]对工作在不同光谱范围的 Si 和 Ge 探测器进行了综述。表 14.2 总结了用于 2~2.5 μm、3~5 μm 和 8~14 μm 大气窗口的硅红外探测器的性能。表 14.3 总结了用于低本底空间应用的掺杂硅和掺杂锗器件的特性。

表 14.2　硅红外探测器的性能[4]

探测器	$(E_i)_{op}$/meV	$(E_i)_{th}$/meV	λ_p/μm	$\lambda_c(T)$/[μm;(K)]	$\eta(\lambda_p)$/%	$T_{BLIP}(30°FOV;\lambda_p)$/[K;(μm)]
Si:Zn(p)		316	2.3	3.2(50~110)	20	103(32)
Si:Tl(p)	246	240	3.5	4.3(78)	>1	
Si:Se(n)	306.7	300	3.5	4.1(78)	24	122
Si:In(p)	156.9	153	5.0	7.4(78)	48	60
Si:Te(n)	198.8	202	4.6	6.3(78)	25	77
Si:S(n)	186.42	174	5.5	6.8(78)	13	78
Si:Se′(n)	205	200	5.5	6.2(78)		85
Si:Ga(p)	74.05	74	15.0	17.8(27)	30(13.5)	32(13.5)
Si:Al(p)	70.18	67	15.0	18.4(29)	6(13.5)	32(13.5)
Si:Bi(n)	70.98	69	17.5	18.7(29)	35(13.5)	32(13.5)
Si:Mg(n)	107.5	108	11.5	12.1~12.4(29)	2(11)	50(11)
Si:S′(n)	109	102	11.0	12.1(5)	<1	55

表 14.3　低背景应用下，一些硅和锗红外探测器的特性总结

探测器	$(\Delta E)_{opt}$/meV	λ_p/μm	$\lambda_c(T)$/μm(K)	$\eta(\lambda_p)$/%	Φ_B/[光子/(cm^2·s)]	NEP($\lambda;T;f$)/(W/Hz$^{1/2}$)	λ/μm; T/K; f/Hz
Si : As	53.76	23	24～24.5(5)	50(T) 20(L)	9×10^6 6.4×10^7	0.88×10^{-17} 4.0×10^{-17}	(19;6;1.6) (23;5;5)
Si : P	45.59	24/26.5	28/29(5)	～30(T)	2.5×10^8	7.5×10^{-17}	(28;4.2;10)
Si : Sb	42.74	28.8	31(5)	58(T) 13(L)	1.2×10^8 1.2×10^8	5.6×10^{-17} 5.5×10^{-17}	(28.8;5;5) (28.8;5;5)
Si : Ga	74.05	15.0	18.4(5)	47(T)	6.6×10^8	1.4×10^{-17}	(15;5;5)
Si : Bi	70.98	17.5	18.5(27)	34(L)	$<1.7\times10^8$	3×10^{-17}	(13;11;-)[a]
Ge : Li	9.98	125 (计算值)			8×10^8	1.2×10^{-16}	(120;2;13)
Ge : Cu	43.21	23	29.5(4.2)	50	5×10^{10}	1.0×10^{-15}	(12;4.2;1)
Ge : Be[b]	24.81	39	50.5(4.2)	100[b]	1.9×10^{10}	1.8×10^{-16}	(43;3.8;20)
Ge : Ga	11.32	94	114(3)	34	6.1×10^9	5.0×10^{-17}	(94;3;150)
Ge : Ga[b]	11.32	94	114(3)	～100[b]	5.1×10^9	2.4×10^{-17}	(94;3;150)
Ge : Gab(s)[c]	～6	150	193(2)	73[b]	2.2×10^{10}	5.7×10^{-17}	(150;2;150)

注：T 和 L 分别代表采用横向和纵向几何结构的探测器。a 表示信号积分时间为 1 s；b 表示使用积分腔获得的结果；[c](s)表示应力=6.6×10^3 kg/cm^2。

14.4.2　掺杂锗光电导

如前面所述，锗非本征探测器已经在很大程度上被硅探测器取代，高和低背景应用时的光谱响应性能很接近，但是锗器件对于非常长的波长仍然是有意义的。锗光电导已经被用于各种红外天文实验，包括机载和天基。空间应用的一个例子是 ISOPHOT，这是欧洲空间局(European Space Agency，ESA)红外空间天文台的光度计，它使用波长为 3～200 μm 的非本征光电导[45]。非常成功的 IRAS 任务标志着现代远红外光电导研究和开发的开始[46]。很浅的施主(如 Sb)和受主(如 B、In 或 Ga)可提供的截止波长在 100 μm 范围内。图 14.4 显示了掺 Zn、Be、Ga 的非本征锗光电导和应力作用下掺 Ga 的锗器件的光谱响应[30]。尽管最近在开发高灵敏热探测器方面有许多进展，波长 240 μm 以下，锗光电导仍然是最灵敏的探测器。

噪声等效功率(noise equivalent power，NEP)能降低到 10^{-17} W/Hz$^{1/2}$ 的范围内(表 14.3)是由于晶体生长技术的进步及将掺杂晶体中残余的少数杂质降低至 10^{10} cm^{-3}[13,47]。从而可以获得较高的载流子寿命和迁移率，提高了光电导增益。

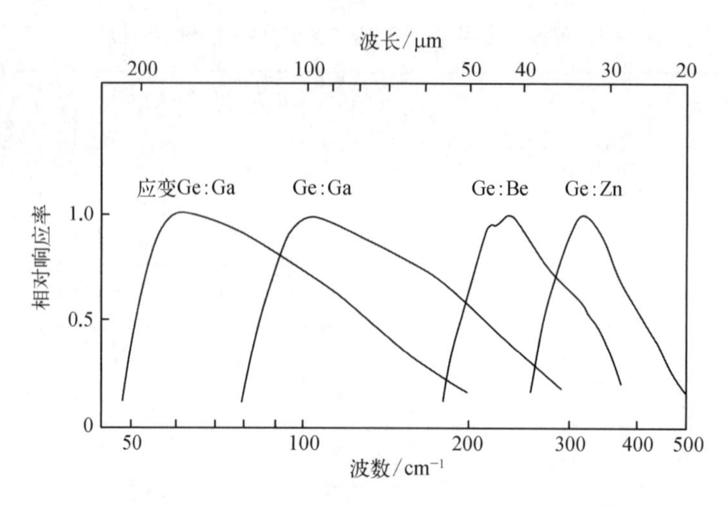

图 14.4 一些锗非本征光电导的相对光谱响应[30]

Ge：Be 光电导的光谱范围为 30~50 μm。Be 是 Ge 中的双受主,能级分别为 E_v+24.5 meV 和 E_v+58 meV,由于其强烈的氧亲和力,造成了特殊的掺杂问题。当 Be 掺杂浓度为 5×10^{14} ~ 1×10^{15} cm^{-3}时,在 0.5~1 mm 厚的探测器中有明显的光子吸收,同时使跳跃电导产生的暗电流保持在几十个电子/秒的水平。已报道的 Ge：Be 探测器在低背景条件下的响应率>10 A/W, λ=42 μm,量子效率为 46%[13]。

Ge：Ga 光电导是波长为 40~120 μm 的最佳低背景光子探测器。由于材料的吸收系数是由光电离截面和掺杂浓度的乘积[式(12.58)]给出的,因此通常需要最大限度地提高掺杂浓度。实际的极限出现在浓度过高时,此时会出现杂质带传导,导致过大的暗电流。对于 Ge：Ga,杂质带的开始出现在大约 2×10^{14} cm^{-3}处,吸收系数仅为 2 cm^{-1},量子效率的典型值为 10%~20%[48]。因此,探测器必须具有较长的物理吸收路径长度或安装在积分球腔体内。表 14.4 给出了 Ge：Ga 探测器的特性参数[49]。

沿 Ge：Ga 晶体(100)方向施加单轴应力降低了 Ga 的受主结合能,并能使截止波长扩展到约 240 μm[50,51]。在实际使用这一效应时,对探测器施加并保持非常均匀和可控的压力是至关重要的,这样才能使整个探测器体积承受压力,在任何点都不会超过其断裂强度。已经开发出许多机械应力模块。受压力的 Ge：Ga 光电导系统在天文和天体物理方面有广泛的应用[45,49,52,53]。

表 14.4 Ge：Ga 探测器的典型参数[49]

参　数	值
受主浓度	2×10^{14} cm^{-3}
施主浓度	<1×10^{11} cm^{-3}
典型偏压	50 mV/mm
工作温度	<1.8 K

续　表

参　　数	值
响应率	7 A/W
量子效率	20%
暗电流	<180 电子/s

14.5　阻挡杂质带器件

从 12.1.2 节可以明显看出,为了最大限度地提高非本征光导体的量子效率和探测率,掺杂水平应该尽可能高。当器件需要具有抗辐照特性并且被制造得尽可能薄(最小化对电离辐射的吸收体积)时,这一点尤其重要。在传统的非本征探测器中,对有用掺杂的限制是依杂质带的出现来设置的。当掺杂水平足够高,相邻杂质的波函数重叠,并且它们的能级展宽到可以支持跳跃导电的频带时,就会发生这种情况。当发生这种情况时,它会限制探测器的电阻和光电导增益,还会增加暗电流和噪声。例如,在 Si：As 中,当掺杂水平超过 7×10^{16} cm^{-3} 时,这些效应变得很重要。为了克服杂质带效应,且为了提高阵列的抗辐照能力和减少阵列相邻元件之间的光学串扰,研究者提出了阻挡杂质带 BIB 器件。BIB 探测器[也称为杂质带传导(impurity band conduction,IBC)探测器]还展示了其他显著的优点,如不受光电导探测器典型的不规则行为(毛刺、异常瞬态响应)的影响,增加了恒定响应率的频率范围,以及探测器内不同单元及探测器之间响应率的卓越均匀性。

由掺杂硅和掺杂锗制成的 BIB 器件对 2~220 μm 的红外波段很敏感。1977 年,Petroff 和 Stapelbroek[54] 在罗克韦尔国际科学中心(Rockwell International Science Center)首次提出了 BIB 器件。最初,BIB 探测器的开发主要集中在掺砷硅如 Si：As 探测器[55,56]。Si：As 探测器仅在 2~30 μm 内对红外辐射敏感,它们被广泛地用于地面望远镜和空间仪器。将 BIB 的性能扩展到更长的波长还需要开发合适的材料。磷是另一种很有吸引力的掺杂剂(截止波长约为 34 μm),由于它在集成电路产业中被广泛地使用,因此用于制造探测器也较容易实现[57]。Si：Sb 和 Si：As 器件一起用在了斯皮策红外光谱仪(Spitzer infrared spectrograph)中[58,59]。BIB 探测器也有用 Ge：Ga[60-62]、Ge：B[63,64]、Ge：Sb[65] 和 GaAs：Te[66,67] 制作的。在 GaAs：Te 上的数据可以将探测器光谱范围拓展到 300 μm 以上,而不必施加接近像元破坏极限的单轴应力。然而目前在大格式阵列中容易获得的唯一一种 BIB 探测器是 Si：As 的。

BIB 探测器通过在重掺杂红外有源层和平面接触之间放置一层薄的本征(未掺杂)硅阻挡层,克服了标准非本征光电导体中存在的掺杂浓度限制(图 14.5)。探测器结构的有源区通常基于外延生长的 n 型材料,厚度在 10 μm 范围内(吸收效率,比体材料光电导高 100 倍),有源区被夹在掺杂更高的简并衬底电极和未掺杂的阻挡层之间。有源层的掺杂足够高(与体光电导相比,通常大于 100 倍),开始形成杂质带,并具有更高的杂质离化量子效率(在 Si：As BiB 的情况下,有源层掺杂浓度约为 5×10^{17} cm^{-3})。重掺杂 n 型红外有源层中含

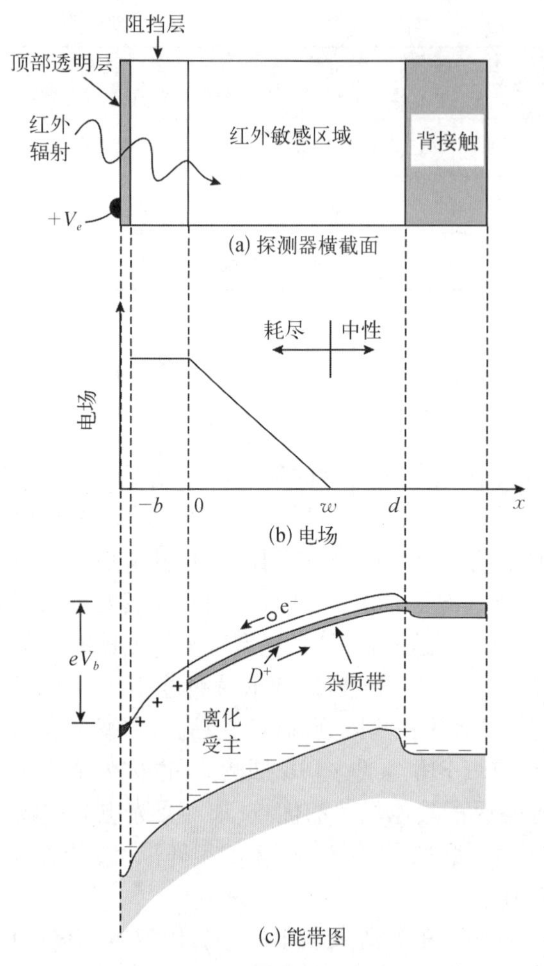

图 14.5　正偏置时，阻挡杂质带探测器

有少量带负电荷的补偿受主杂质(N_a约为10^{13} cm^{-3})。在没有外加偏压的情况下，电中性要求有同等浓度的电离施主。负电荷固定在受主位置，而与电离施主位置相关的正电荷(D^+电荷)是可移动的，可以通过占据(D^0)和空置(D^+)的相邻位置之间的跳跃机制在红外有源层中传播。对透明接触施加正向偏置会产生一个场，该场驱动先前存在的D^+电荷向衬底移动，而未掺杂的阻挡层会阻止新的D^+电荷的注入。因此，产生了D^+电荷耗尽区，其宽度取决于施加的偏压和补偿受主的浓度。

BIB 探测器有效地利用了在相对重掺杂半导体中与杂质带相关的跳跃导电性。由于阻挡层的存在，BIB 探测器不遵循通常的光电导模型。BIB 探测器的行为更接近反向偏置的光电二极管，除了电子的光激发是发生在施主杂质带到导带之间的。由于有源层的重掺杂，杂质带的宽度增加，从而有效地减小了杂质带与导带之间的带隙。因此，与使用相同掺杂的体材料光电导相比，BIB 探测器通常具有向更长波长延伸的光谱响应。掺砷和掺锑的硅基 BIB 探测器根据不同的材料选择，响应波长为 5~40 μm。传统设计和加工的 Si：As BIB 探测器的截止波长约为 28 μm(图 14.3)。电子在窄带隙中的热激发会产生暗电流，探测器必须在足够低的温度(T<13 K)下工作才能限制暗电流。

与传统的非本征光电导相比，BIB 探测器的设计具有许多优点。吸收层的高吸收系数意味着可以制造有源区体积相对较小的探测器，在不影响量子效率的情况下降低对宇宙射线的敏感度。此外，电子通过阻挡层传播到正电极，而带正电的施主态(不是施主本身)传播到未耗尽区域，也就是负电极。净结果相当于一个载流子在两个电极之间运动了整段距离，与电离发生的位置无关。对应单个光子，只发生了一个随机事件。因此，与传统光电导相比，均方根 gr 噪声电流降低了 2 倍(BIB 探测器中的复合发生在相对低阻的材料中，而不是一个分布在探测器高阻区域的随机过程)。归根结底，与传统的光电导体相比，BIB 器件提供了更好的噪声性能。

如前面所述，BIB 探测器在工作原理上类似于光伏探测器。当光子能量高于所选施主杂质的光致电离阈值的红外辐射入射到探测器上时，就会产生电子-空穴对。在耗尽区产生的会被电场扫出；在中性区产生的则会发生复合。耗尽区中还存在热生成的载流子对，会引起暗电流和相关的暗电流噪声。对于较大的电场，加速通过耗尽区的电子将引起中性施主的电离，产生内部增益放大。此外，BIB 探测器一侧电极下的重掺杂材料降低了量子隧穿的可能性，从而减少了弯钩形响应；而另一侧电极下的本征材料由于其低杂质浓度，减少了碰撞电离，从而在低背景情况下，相对于体光电导，减少了毛刺。这还能防止在 n 型有源区中形成大的空间电荷区，否则可能导致与辐照经历相关的介电弛豫响应。

现在把注意力集中在 n 型硅上，特别是 Si : As。该器件由两层薄膜组成，沉积在简并掺杂的 n 型硅衬底上。第一层是厚度为 d 的重掺杂但非简并掺杂的红外有源层。有源层被分为厚度为 w 的耗尽区和厚度为 $d-w$ 的中性区。第二外延层称为阻挡层，厚度为 b，是本征掺杂或至多轻度掺杂。最后，在阻挡层上放置一个对入射红外辐射透明的浅 n^+注入的接触层。

在红外有源层中有少量的受主（硼），假设它们被完全补偿，因此是全部电离的，$N_a^- = N_a$（$N_a \approx 10^{13}\ cm^{-3}$）。在没有外加偏压的情况下，电中性要求等浓度的电离施主，$N_d^+ = N_a$。与固定受主位点相关的负电荷是固定的，而与电离施主位点相关的正电荷是可移动的。由于施主的重掺杂浓度，施主电荷很有可能从一个位置跃迁到另一个位置（称为杂质带效应）。与 N_d^0 中性位点相关的电子跳跃到空的 N_d^+，这可以被看作杂质带中的空穴朝相反的方向移动。对透明接触施加正偏压，N_d^+ 电荷通过红外有源层被扫出，远离与阻挡层的界面，而未掺杂的阻挡层阻止新的 N_d^+ 电荷的注入。因此，产生了耗尽 N_d^+ 电荷的区域。由于电离受主电荷不能移动，在耗尽区留下负空间电荷。根据泊松方程，阻挡层中电场最大，并与红外有源层的距离增加而线性减小[见图 14.5(b)]。如果理想地将阻挡层视为本征（没有任何杂质），则耗尽区的宽度 w 由式(14.1)给出：

$$w = \left[\frac{2\varepsilon_0\varepsilon_s}{qN_a}V_b + b^2\right]^{1/2} - b \tag{14.1}$$

式中，V_b为施加的偏置电压。耗尽区的宽度定义了器件的有源区，因为仅该区域中存在合适的电场。

假设 $N_a = 10^{13}\ cm^{-3}$，$V_b = 4\ V$，$b = 4\ \mu m$，可推出 $w = 19.2\ \mu m$，对于典型施主浓度 $N_d = 5\times 10^{17}\ cm^{-3}$，$\sigma_i N_d w = 2.12$，单程吸收的量子效率约为 88%，双程吸收量子效率高达 98%。量子效率随着 V_b的增加而增加，直到 $w \geq d$，其中 d 是红外有源层的厚度。假设 $w = d$ 且其他参数取典型值，阻挡层附近的电场很大，约为 2 800 V/cm，远远大于常规体材料光电导[38]。

在这一个大的区域中，电子平均自由程约为 0.2 μm。在 2 800 V/cm 的电场下加速通过此路径的电子将获得 0.056 eV 的能量。Si : As 的激发能为 0.054 eV（对应的 λ_c为 23 μm），因此，0.054 eV 的能量足以电离中性砷杂质原子，产生两个导带电子。重复碰撞可能会导致显著的增益，并且因为这是一个统计过程，所以由于增益色散而产生的额外噪声可以用过量噪声因子 β 来表征。在较高的偏置电压下，该系数超过 1，因此探测器在增加噪声的情况下工作。量子效率 η 和增益 g 的乘积可以给出与响应率 $R = (\lambda\eta/hc)qg$ 成正比的量子产率[见式(4.31)]。探测量子效率定义为量子效率与过量噪声因子 η/β 的比值。在背景限下，信噪比与 η/β 的平方根成正比。有关 BIB 探测器的更详细分析，请参见 Szmulowicz 和 Madarsz[68]的论文。

DRS 技术公司已经证明了 BIB 探测器的截止波长更长（图 14.6）。通过进一步增加施主掺杂制备了远红外扩展 BIB 探测器。施主波函数的平均重叠变大，导致杂质导带变宽，杂质带与导带之间的间隙变窄。带隙变窄会导致更长的波长响应。从两个模型计算截止波长的结果如图 14.6 所示。图 14.6 中所圈出的 10~50 μm（目标为 3~100 μm）宽带探测器是基

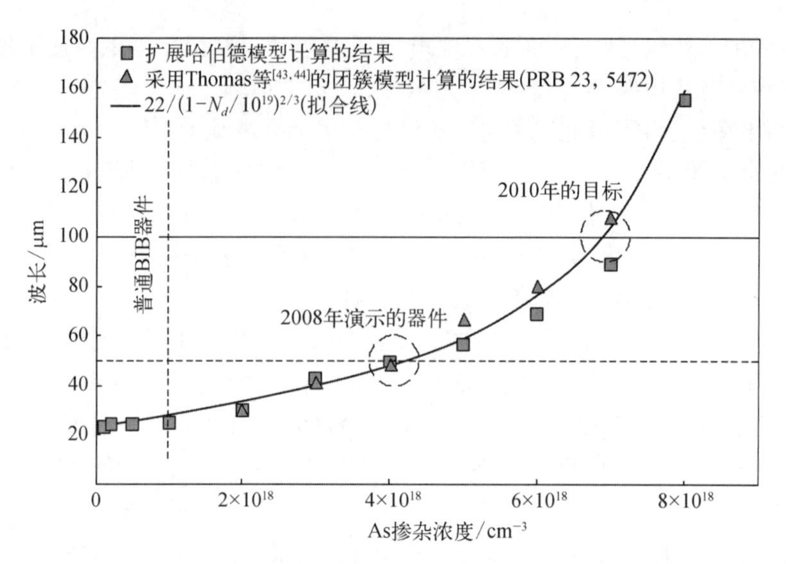

图 14.6　Si：As BIB 探测器的截止波长与施主掺杂浓度的关系[69]

于 As 掺杂的 Si BIB 探测器(工作温度为 10~12 K)。

探测器制备步骤的细节取决于探测器是正照射(通过第一层电极和阻挡层入射)还是背照射(通过第二层电极入射)。这两种方式的对比如图 14.7[38] 所示。背照射 BIB 探测器的制备首先是通过离子注入,形成电极埋层。再在电极埋层上外延生长相对高掺杂的红外有源层和非掺杂阻挡层。通过另一次离子注入,形成第二个电极接触,也是探测器单元(阵列中的像素)的图形化定义过程。探测器结构是通过使用标准的硅微光刻工艺来完成的,需要生成金属线条,提供和电极埋层的电连接,以及制备铟柱。在正照射探测器中,透明电极被植入阻挡层,第二电极是通过将探测器生长在极重掺杂的导电(简并)衬底上来实现的。对于背照射情况,在高纯度透明衬底上的有源层下面需要生长一层薄的简并的透明电极层。接触埋层上的偏置电压是通过 V 形蚀刻槽来施加的,放置在探测器一侧的蚀刻槽需要镀上

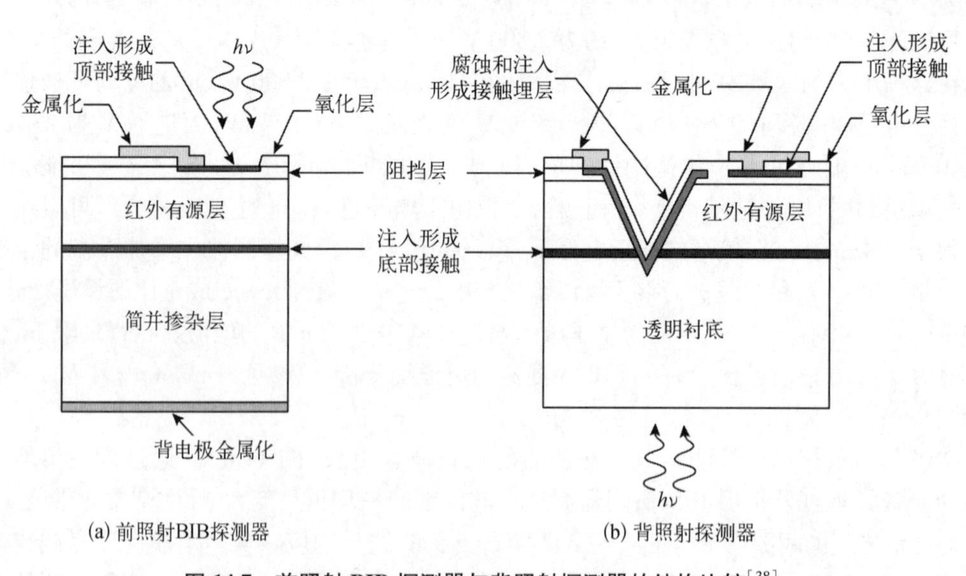

图 14.7　前照射 BIB 探测器与背照射探测器的结构比较[38]

金属层使其导电。

通常,Si:As BIB 探测器所需的工作温度为 6~10 K。图 14.8 给出了两个反向偏置电压下的阿伦尼乌斯图,显示了热激发的指数依赖关系。在 7 K 的工作温度下,暗电流约为 1 电子/(像元·秒),这是一个很好的结果。

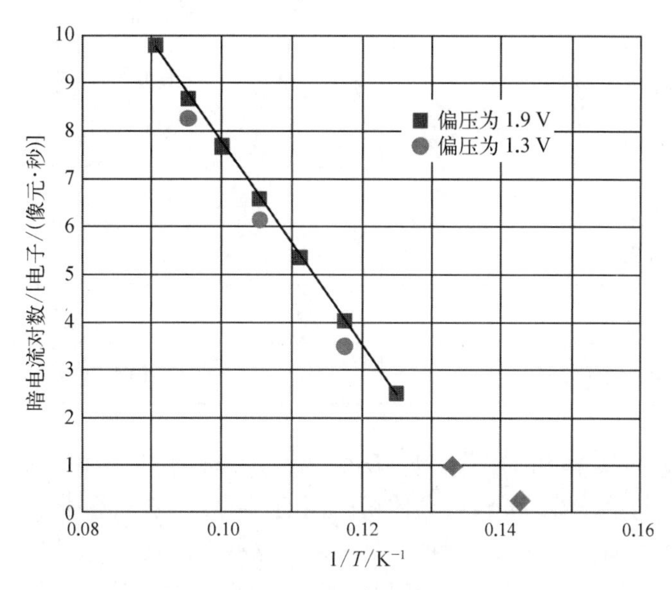

图 14.8 在两个反向偏压下,暗电流的典型阿伦尼乌斯图[70]

Si:As BIB 阵列所取得的巨大成功到目前为止还没有成功地运用到 Ge BIB 器件中。Ge 的外延技术和科学远没有 Si 那么发达,在很多方面也有很大的不同。目前仍存在一些技术障碍,包括非常有限的 Ge 外延经验,以及还没有研发出高纯度 Ge 外延生长技术。结构缺陷和杂质仍影响着探测器的性能提升。

Ge BIB 探测器的制造需要使用高纯度外延技术。另一种基于超纯 Ge 材的掺杂离子注入技术实现探测器制备的方法,可以获得具有低漏电流的功能器件,但由于注入层相当薄,响应率偏低[63]。液相外延(liquid phase epitaxy,LPE)比分子束外延(molecular beam epitaxy,MBE)和化学气相沉积技术在生长 BIB 探测器的 Ge 外延层方面具有许多优点(较低的生长温度,较低的掺杂浓度)[71,72]。可以预期,不断的发展努力和一些新的想法将可以实现能应用于低背景天文和天体物理观测的功能性 Ge BIB 探测器。最近,Wada 等[62]成功地展示了采用表面活化键合技术制备的 Ge BIB 探测器,无任何应力机制时,其截止波长大于 160 μm。表 14.5 是该器件的特性参数。

表 14.5 表面活化键合技术制备的 Ge BIB 器件特性参数[62]

器件尺寸	1 mm×1 mm
红外吸收层	
厚度	0.5 mm

续 表

掺杂浓度	10^{16} cm^{-3}(Ga)
阻挡层	
厚度	0.5 mm
载流子浓度	<4×10^{12} cm^{-3}(p 型)
器件性能	
暗电流	<5 fA
响应率	2 A/W
截止波长	160 μm
NEP	<2×10^{-17} W/$Hz^{1/2}$

为了实现最佳的 GaAs BiB 工作,阻挡层的无意掺杂必须小于 10^{13} cm^{-3},但对吸收层的要求更具挑战性。与单质 Ge 和 Si 半导体相比,由于 GaAs 的性质会带来更多困难。与理想化学计量比的任何偏离都会导致大量的天然缺陷。这些缺陷通常是带电的,会形成深中心。为了获得尽可能高的纯度,液相外延(liquid phase epitaxy, LPE)技术是首选。残余掺杂浓度低于 10^{12} cm^{-3}的 GaAs LPE 层已经实现了可重复生长[73]。

14.6 固态光电倍增管

固态光电倍增管(solid-state photomultiplier,SSPM)与 BIB 探测器密切相关,如图 14.9 所示[74]。SSPM 的成功运行需要对一些参数进行优化,不仅包括探测器的结构,还包括其偏置电压和工作温度。探测器的内部结构类似于 Si : As BIB,只是在阻挡层和红外吸收层之间生长了一个明确的增益区,具有较高的补偿受主能级(5×10^{13}~1×10^{14} cm^{-3})和约 4 μm 的厚度,一般情况下,红外吸收区具有较低的受主浓度。当探测器被适当偏置时,增益区进入耗尽状态,并且像 BIB 探测器一样在其上形成强电场。在红外有源层中的耗尽宽度上,电场从阻挡层中的高电场下降约为 8 000 V/cm。在此耗尽层的一部分(厚 4 μm),电场超过了中性施主碰撞电离的临界场(约为 2 500 V/cm)。比普通 BIB 探测器更高的电场会增加雪崩的数量。耗尽区右侧是一个均匀场(约为 1 000 V/cm)漂移区,约 25 μm 厚[参见图 14.9(b)]。

与 BIB 探测器的情形一样,与电离施主点位相关的正电荷(D^+电荷)是可移动的。在图 14.9(a)中,由红外光子(或热生成)在 x 点产生的电子-D^+对被电场 $E_1=\rho J_B$分开(其中 J_B 是偏置电流,ρ 是红外有源层的电阻率)。电子快速向左漂移,在低场下碰撞电离的概率可以忽略不计,而 D^+电荷向右漂移较慢。对于进入邻近阻挡层的急剧增加的电场区域的每个电子,都发生了增益明确的雪崩过程(当 $V=7$ V 和 $T=77$ K 时,$M\approx4\times10^4$)[74]。

SSPM 器件能够连续探测波长为 0.40~28 μm 的单个光子[74],适合于天文学的应用。输

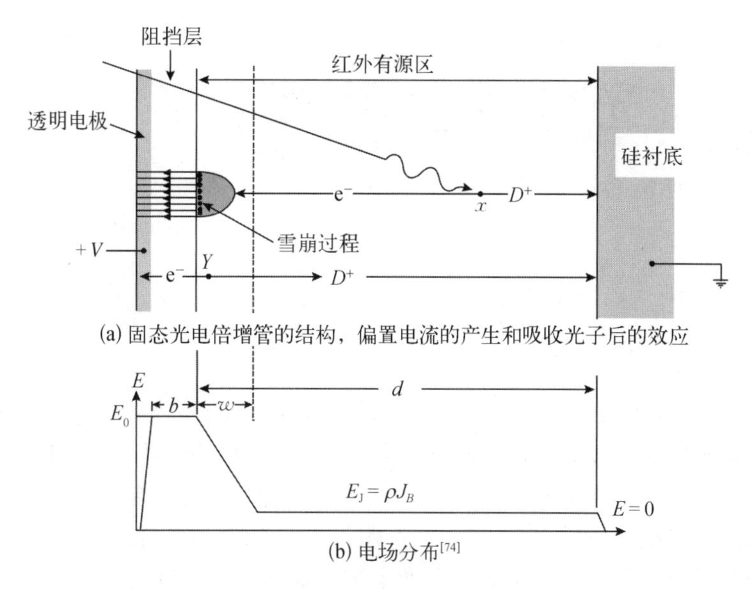

(a) 固态光电倍增管的结构，偏置电流的产生和吸收光子后的效应

(b) 电场分布[74]

图 14.9　固态光电倍增管的结构与电场分布

出脉冲具有亚微秒的上升时间和远高于读出噪声的强度。在 20 μm 波长测得 30%以上的计数量子效率,在可见光区域可获得 50%以上的计数量子效率。当探测器面积的计数速率低于 10^{10} 个/(cm^2·s)时,最佳光子计数性能出现在 6~10 K 的工作温度范围内。

SSPM 的性能在 Hays 等[75]的报道中有更详细的描述。

参 考 文 献

第15章 光电发射探测器

1973 年,罗马空军开发中心(位于美国纽约州)的 Shepherd 和 Yang[1] 提出了硅化物肖特基势垒探测器 FPA 的概念,用于红外热成像系统中,作为 HgCdTe FPA 的一种更适合批量生产的替代方案。这为实现更复杂的信号读出方案提供了可能(探测和读出都可以在同一块普通的硅芯片上实现)。从那时起,肖特基势垒技术不断进步,目前已经可以提供大尺寸的红外图像传感器。尽管与其他类型的红外探测器相比,PtSi 肖特基势垒探测器的量子效率(quantum efficiency,QE)较低,但 PtSi 肖特基势垒探测器技术已经有了长足的进步。单片结构、响应率和信噪比的均匀性(红外系统的性能最终取决于使用外部电子设备和各种温度基准对 FPA 的不均匀性进行补偿的能力)及不存在明显的 $1/f$ 噪声等特性使肖特基势垒器件成为主流红外系统和应用的有力竞争者[2-9]。虽然 PtSi 肖特基势垒探测器工作在短波和中波红外波段,但长波红外探测器已经有硅基异质结红外光电发射探测器原型演示,其光探测机制与肖特基势垒探测器相同。

本章将介绍硅基光电发射探测器。

15.1 内光电发射过程

20 世纪 30 年代,Fowler[10] 描述了最初的从金属到真空的电子光电发射模型。在 20 世纪 60 年代,基于对热电子从金属薄膜到半导体的内部光电发射的研究,Crowell 等[11] 和 Stuart 等[12] 对福勒的光产额模型进行了修正。Cohen 等[13] 则考虑了进入半导体的发射,修正了福勒的发射理论。

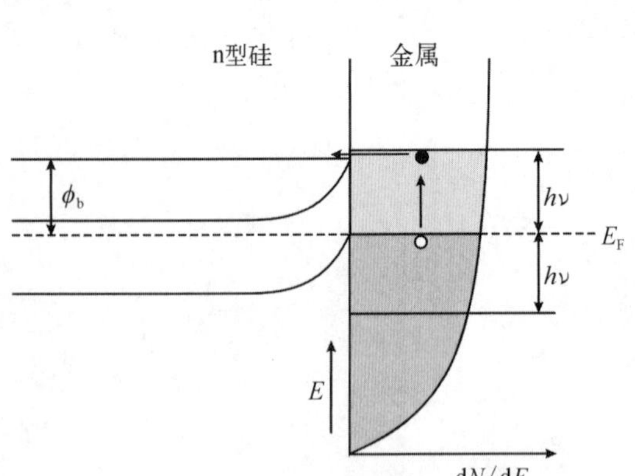

图 15.1 肖特基势垒探测器中的内部光电发射过程

如图 15.1 所示,内部光电发射类似于光子照射下从金属发射到真空的电子。入射光子被金属吸收并产生电子-空穴对。被激发的电子在金属薄膜中随机行走,直到它们到达金属和半导体之间的界面。最后,电子越过势垒,发射到半导体中。内部光电发射过程包括三个步骤:

(1) 在电极中发生光吸收,加热载流子气;

(2) 在势垒发射前,热载流子在电极和半导体中的传输;

(3) 通过肖特基势垒发射。

与本征探测器不同，肖特基势垒探测器的量子效率取决于光子能量，因为发射概率强烈依赖于被激发电子的能量。

假设电子激发的概率与初态和终态的能量无关，并且在费米能级上存在从充满态到空态的突变（图 15.1），则可能的激发态总量由式（15.1）给出：

$$N_T = \int_{E_F}^{E_F+h\nu} \frac{dN}{dE} dE \tag{15.1}$$

式中，dN/dE 为金属的态密度；E_F 为费米能量；$h\nu$ 为入射光子能量；E 为相对于金属导带边缘的电子能量。当电子激发态下的动量中与界面垂直的分量对应的动能大于等于势垒高度时，就会发生光电发射。因此，满足动量标准的状态数为

$$N_E = \int_{E_F+\phi_b}^{E_F+h\nu} \frac{dN}{dE} P(E) dE \tag{15.2}$$

式中，$P(E)$ 为能量为 E 的电子的光电发射概率；ϕ_b 为势垒高度。如果电子的动量分布是各向同性的，则可以如图 15.2 所示去计算 $P(E)$。在图 15.2 中，p 为激发电子的动量，p_0 为与势垒高度相对应的动量：

$$p = \sqrt{2m^* E} \tag{15.3}$$

$$p_0 = \sqrt{2m^*(E_F + \phi_b)} \tag{15.4}$$

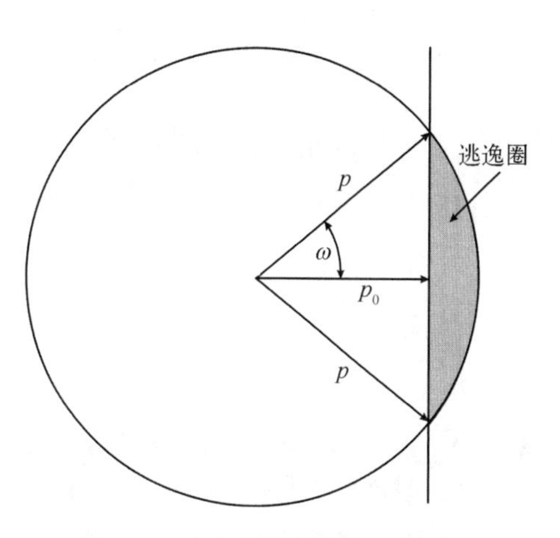

图 15.2　内部光电发射的动量准则

p_0 是与势垒高度相对应的动量。激发态电子具有的动量 p 如果包含在逃逸圈内，则会被发射到半导体中

式中，m^* 为电子的有效质量。$P(E)$ 为逃逸圈内球体的表面积与球体的总表面积之比，并且等于

$$P(E) = \frac{1}{2}(1 - \cos\omega) = \frac{1}{2}\left(1 - \sqrt{\frac{E_F + \phi_b}{E}}\right) \tag{15.5}$$

为了进一步讨论，我们假设 dN/dE 在感兴趣的能量范围内与能量无关，因为费米能量比光子能量大得多。式（15.1）和式（15.2）于是变成

$$N_T = \frac{dN}{dE} h\nu \tag{15.6}$$

$$N_E = \frac{dN}{dE} \frac{(h\nu - \phi_b)^2}{8E_F} \tag{15.7}$$

这里我们假设在被激发的电子到达界面之前没有发生电子碰撞或能量损失。因此，内量子效率（quantum efficiency，QE）（即 N_E 与 N_T 的比率）由式（15.8）给出

$$\eta_i = \frac{1}{8E_F} \frac{(h\nu - \phi_b)^2}{h\nu} \tag{15.8}$$

这一简单的理论是由 Cohen 等[13]提出的，后来又被 Dalal[14]、Vickers[15]、Mooney 和

Silverman[16]做了推广。在这些作者的基础上,给出了内光电发射量子效率的一般形式:

$$\eta = C_f \frac{(h\nu - \phi_b)^2}{h\nu} \tag{15.9}$$

式中,C_f为福勒发射系数。福勒系数提供了一种与能量无关的测量内光电发射效率的方法。它的值可以近似为

$$C_f = \frac{H}{8E_F} \tag{15.10}$$

式中,H 为与器件和电压相关的因数。

式(15.9)转换为波长变量后可以写成

$$\eta = 1.24C_f \frac{(1 - \lambda/\lambda_c)^2}{\lambda} \tag{15.11}$$

C_f取决于肖特基电极的物理和几何参数。在 PtSi - Si 中,λ_c与 C_f的值分别高达 6 μm 和 0.5 eV^{-1}[3]。肖特基光电发射不受半导体掺杂、少子寿命和合金成分等因素的影响,具有远优于其他探测器技术的空间均匀性。均匀性仅受探测器几何尺寸的限制。

图 15.3 比较了典型光子探测器的光谱量子效率。从图 15.3 上看,选择高量子效率的本

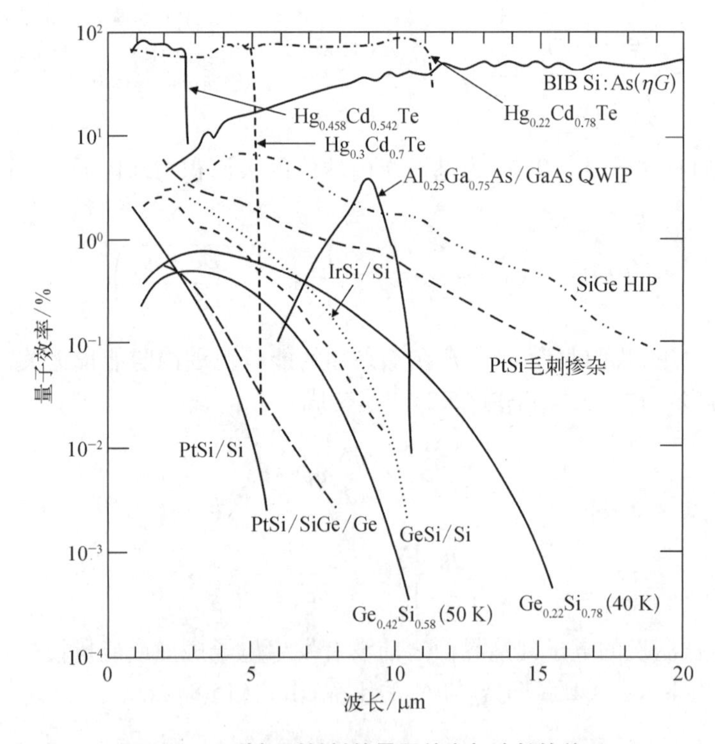

图 15.3 几种探测材料的量子效率与波长的关系

探测器包括 HgCdTe 本征光电二极管、BIB 非本征光电探测器、GaAs 基量子阱红外光电探测器(quantum well infrared photodetector,QWIP)和 Si 基光电发射探测器[PtSi、IrSi、PtSi/SiGe、PtSi 毛刺掺杂和 SiGe 异质结内光电发射(heterojunction internal photoemission,HIP)]

征光电探测器似乎是合理的。肖特基势垒探测器在 3~5 μm 大气窗口的有效量子效率很低,约为 1%,但通过面阵的近全帧积分可以获得有应用价值的灵敏度。使用 IrSi(图 15.3)可以将这项技术扩展到长波波段,但工作温度需要在 77 K 以下[4]。

电流响应率[式(4.31),当 $g=1$ 时]可表示为

$$R_i = qC_f\left(1 - \frac{\lambda}{\lambda_c}\right)^2 \tag{15.12}$$

光电发射探测器的两个特殊性质可由以上两个方程得出。光响应随波长的增加而减小,与体探测器相比量子效率较低。这两种特性都是在势垒上载流子发射时动量守恒的直接结果。大多数受激发的载流子没有足够的垂直于势垒的动量,会被反射而不是发射。图 15.4 显示了 Pd_2Si、PtSi 和 IrSi 肖特基势垒探测器的典型光谱响应[7]。

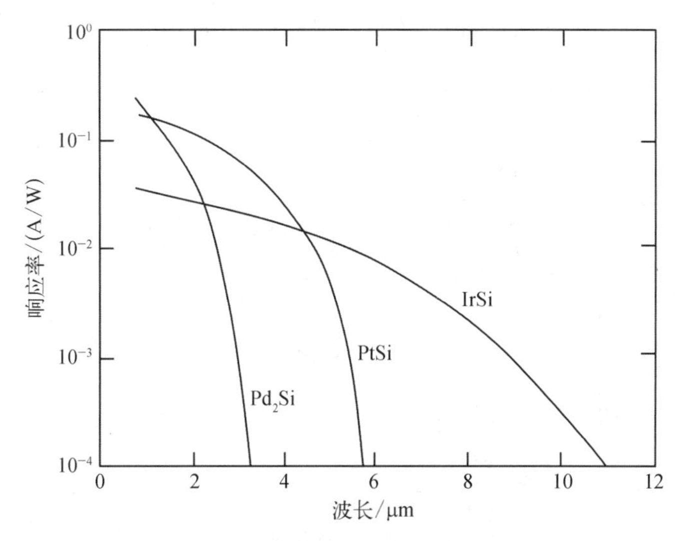

图 15.4　Pd_2Si、PtSi 和 IrSi 肖特基势垒探测器的典型光谱响应[7]

图 12.32 和图 15.1 通常用来表示肖特基势垒的能带,它们给人的印象是肖特基势垒电势的峰值出现在半导体-电极界面上,这具有一定误导性。肖特基势垒附近的电场对势垒高度是有影响的。当载流子注入半导体时会受到一种称为镜像力的引力,导致有效势垒高度降低,这称为肖特基效应。该效应的结果是,峰值电位总是出现在半导体中,通常在 5~50 nm 的深度处(图 15.5[17])。

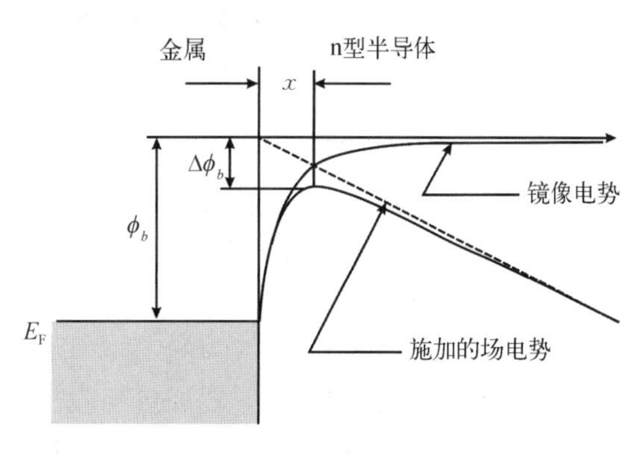

图 15.5　肖特基效应降低了势垒

发射电子与诱导正电荷之间的引力使势垒高度降低了 $\Delta\phi_b$[17]

势垒降低的幅度 $\Delta\phi_b$ 由文献[17]给出:

$$\Delta\phi_b = \sqrt{\frac{qE}{4\pi\varepsilon_0\varepsilon_s}} \tag{15.13}$$

式中,q 为电子电荷;E 为势垒附近的电场;ε_0 为自由空间的介电常数;ε_s 为硅的介电常数。

电场由式(15.14)给出

$$E = \sqrt{\frac{2qN_d}{\varepsilon_0 \varepsilon_s}\left(V + V_{\mathrm{bi}} - \frac{kT}{q}\right)} \tag{15.14}$$

式中,N_d为硅的杂质浓度;V为外加电压;V_{bi}为内建电势。式(15.14)表明势垒高度可以由反向偏置电压和衬底的杂质浓度来控制。电场越大,界面与电势极大值之间的距离越短,电势极大值的位置移动增大了量子效率系数。

根据式(15.9),肖特基势垒探测器的量子效率由势垒高度和福勒发射系数两个参数表示。我们可以从 $\sqrt{\eta \times h\nu}$ 与 $h\nu$ 的关系图中确定这两个参数。这种类型的分析被称为福勒图。福勒系数是由斜率的平方和由数据点的截距得到的势垒来确定的。图 15.6 是用罗马实验室制造的 PtSi/p－Si 探测器的光谱响应率数据绘制的福勒图[18]。镜像效应导致势垒提高了发射效率,并随着电压的增加将光谱响应扩展到更长的波长。

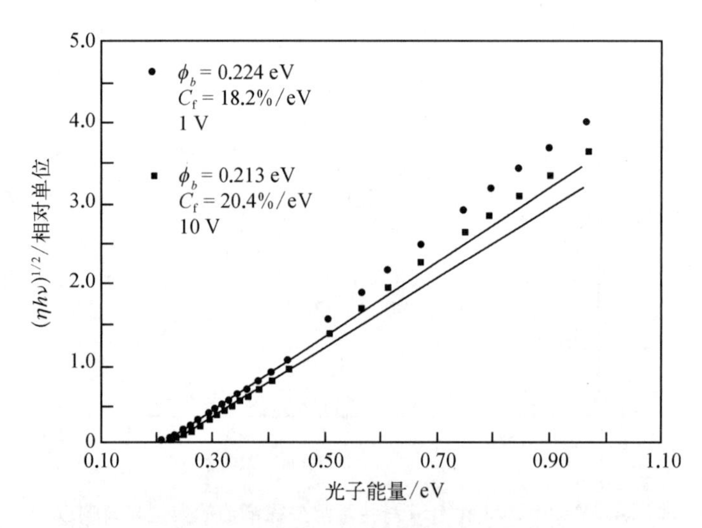

图 15.6 PtSi/p－Si 肖特基二极管的福勒光电发射分析,在 1 V 偏置时 λ_c = 5.5 μm,在 10 V 时 λ_c = 5.8 μm[18]

15.1.1 散射效应

电极中的热载流子传输包括表面和晶界的弹性散射,以及与声子和费米电子的非弹性散射[16]。弹性散射使载流子重定向,从而增加发射概率。声子散射也可以改变载流子的方向,可能提高发射概率。然而,声子发射过程中能量会传递给晶格,导致载流子的能量损失,这降低了通过势垒的概率。在有多重声子散射的情况下,载流子能量降到势垒峰值以下,不会发生光电子发射。载流子被"加热"到费米能级。

电极厚度的选择是在使其足够薄以便热载流子不损失能量地到达硅界面和使其足够厚以吸收尽可能多的辐射之间的折中。为了优化发射效率,光电发射电极必须设计成最大限度地提高弹性散射事件与非弹性散射事件的比率。许多文献报道通过减薄金属膜可以大大提高 PtSi/p－Si 肖特基势垒探测器的量子效率,如图 15.7 所示[19-22]。假设界面散射(在金属-硅和金属-电介质界面)重定向动量而不损失能量,并且动量的方向与其先前的取向无关[13-15]，就可以对观察到的结果进行解释。当金属膜的厚度远小于电子的衰减长度时，金属膜中会发生多次界面散射，界面散射引起的动量重定向增加了发射概率，从而提高了量子效率。

穆尼(Mooney)等[16,23]扩展了维克斯(Vickers)模型[15]，考虑了发射过程去除载流子的影响和电-声子散射带来的能量损失。这个模型解释了光谱响应的精细结构，包括高光子能量时修正福勒图的线性拟合滚降，以及光子能量低于线性区与光子能量轴的截距时获得的有限响应。高光子能量时的滚降是高量子效率区先前的发射事件导致可用载流子数量减少。低于外推的势垒高度能量下的有限响应与电-声子散射的能量损失有关。虽然只需要几次声子碰撞就足以使热载流子在低激发能下热化，但在较高的能量下，载流子更不容易被热化，更有可能重定向到逃逸方向，因此声子散射会倾向于增加量子效率。这一效应使得外推得到的表观势垒高度高于实际势垒高度。这也是为什么用电学方法测量的势垒高度总是比用光学方法测量的要低的原因。

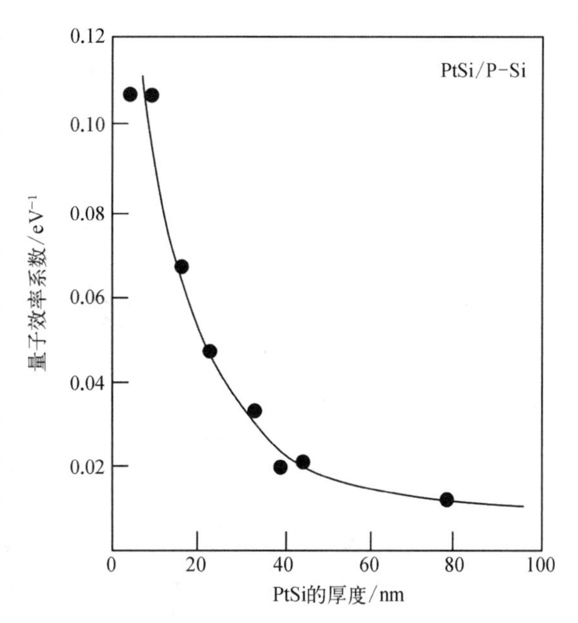

图 15.7　PtSi 肖特基势垒探测器量子效率系数与 PtSi 厚度的关系[22]

15.1.2　暗电流

硅化物肖特基势垒二极管中通过势垒的电流主要由热离子发射电流决定。热离子发射理论给出了式(12.150)所示的电流-电压特性。在适中的电场范围内，硅材料中空穴的有效理查森常量(Richardson constant) A^*约为 30 A/(cm^2·K^2)[17]。

在红外焦平面阵列中肖特基势垒二极管是在反向偏置下工作的。在反向偏置条件下，必须考虑肖特基效应引起的势垒降低。对于大于 3 kT/q 的反向偏置，由式(12.151)可得

$$J_{st} = A^*T^2\exp\left[-\frac{q(\phi_b - \Delta\phi_b)}{kT}\right] \tag{15.15}$$

式中，$\Delta\phi_b$是由式(15.13)计算出的势垒降低量。通过式(15.15)，可以从 J_{st}/T^2与 $1/T$ 的关系图中确定某一反向偏置下的有效势垒高度。图 15.8 是对图 15.6 的 PtSi 二极管进行的理查森分析，偏置为 1 V[18]。从垂直截距确定理查森常量的精度较低。理查森分析通常在超过五个数量级的范围内都是线性的。任何漏电流或过多串联电阻的存在都会导致该曲线饱和。因此，理查森分析可以评估数据质量。重要的是要注意，如前面所述，从电学测量(ϕ_{bt})获得的势垒高度低于通过光学测量(ϕ_{bo})获得的势垒高度：

$$\phi_{bt} = \phi_{bo} - nh\nu \tag{15.16}$$

式中，$nh\nu$ 为电-声子散射的平均能量损失。这种能量损失的典型测量值为 20~50 meV。在

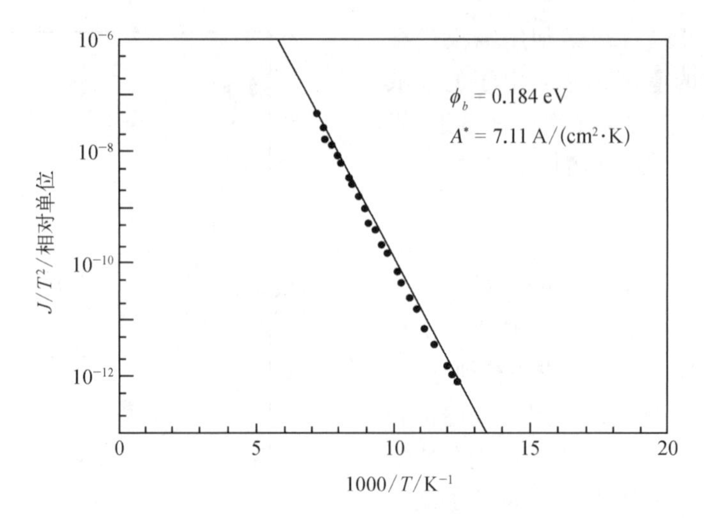

图 15.8 PtSi/p－Si 二极管在 1 V 偏置下的理查森热离子发射分析

注意势垒高度与图 15.6 中福勒分析的差异[18]

弹性散射占主导的最有效的器件中,可以观察到较低的能量损失值。

利用式(15.11)和式(15.15),假设可以形成一定范围的势垒高度,可以估算肖特基势垒探测器背景限工作所需的温度随探测截止波长的变化。当 J_{st} 等于背景电流时,可以计算出 T_{BLIP},结果如图 4.14 所示。与本征探测器相比,制冷要求更严格,但与非本征硅器件相当。在 8~12 μm 波段时,工作温度低于 80 K(典型值约为 45 K)。

15.1.3 金属电极

有五种硅化物已用于肖特基势垒红外探测器:硅化钯(Pd_2Si)、硅化铂(PtSi)、硅化铱(IrSi)、硅化钴(Co_2Si)和硅化镍(NiSi)。

Pt 和 Si 衬底之间的固-固化学反应是明确的和可控的。形成 PtSi 的主要步骤如图 15.9 所示[24]。Pt_2Si 层的初始相在 300℃时开始形成,Pt_2Si 层的厚度随退火时间的平方根增长,直到所有的 Pt 被消耗,形成 Pt_2Si－Si 界面。此外,源元素 Pt 的缺乏会导致界面成分发生变化,有利于富 Si 相(即 PtSi)的形成。PtSi 层的厚度与退火时间的平方根成正比。最后,额外的退火会导致 Pt_2Si 的消耗和 PtSi/Si 结界面的形成。退火后再进行氧化,会在 PtSi 层的外表面形成 SiO_2层。该工艺适用于肖特基势垒结构中谐振腔的形成。

通用电气公司(General Electric Company)使用斯普拉特(Spratt)和施瓦茨(Schwarz)[25]描述的高速电子轰击摄像管与罗马实验室制造的 Pd_2Si 二极管焦平面靶,首次进行了热成像。摄像管的灵敏度、角分辨率和动态范围都很有限。因此,管式传感器的研发没有继续。

1975 年,Kohn 等[26]在大卫沙诺夫研究中心(David Sarnoff Research Center)(后来的 RCA 实验室,位于新泽西州普林斯顿)使用罗马实验室开发的工艺制造了 Pd_2Si/p－Si 肖特基光电二极管的单片电荷耦合器件(charge-coupled devices,CCD)阵列,首次实现了固态器件的红外成像。该传感器具有良好的动态范围、良好的灵敏度(1~3 μm)和与探测器线宽相等的角分辨率。Pd_2Si 探测器的势垒为 0.34 eV,截止波长为 3.5 μm。因此,这些器件的热灵

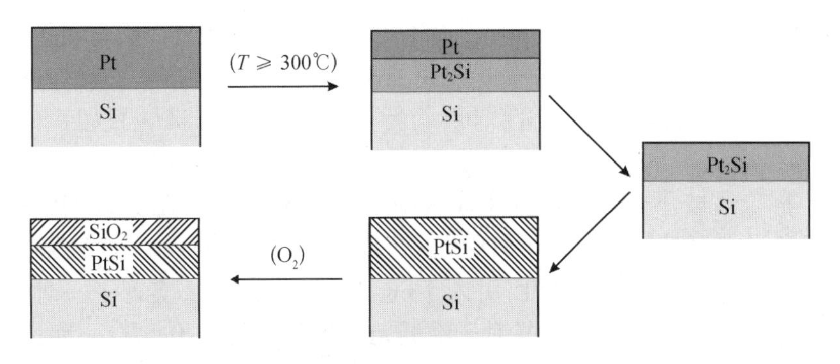

图 15.9　PtSi 和 Pt_2Si 薄膜的形成

箭头表示时间或温度的增加[24]

敏度有限,研究工作针对的是开发光响应有可能超过 5 μm 的 Pd_2Si。仍有利用 Pd_2Si 测量 1~3 μm 波段的反射能量,用于天基地球资源评估(如文献[27]~[31])。其工作温度在 130 K 左右,这与目前的卫星被动制冷技术是兼容的。

最流行的肖特基势垒探测器是 p 型硅上的 PtSi 探测器,可用于 3~5 μm 光谱范围内的探测。1979 年,Capone 等[32]报道了一种 25×50 元 PtSi 单片红外 CCD 阵列,其 λ_c = 4.6 μm(势垒高度为 0.27 eV),QE 系数为 0.036 eV^{-1},填充因子为 16%,光响应均匀性为 2%,NETD 为 0.8℃。从那时起,PtSi 器件的加工和 FPA 的发展取得了稳定的进展。Kosonocky 等[33]和 Sauer 等[34],休斯飞机(Hughes Aircraft)的 Gates 等[35],Mitsubishi 的 Kimata 等[36],Kodak 的 Clark 等[37]都有重大进展。最近的技术发展下,美国和日本的几家供应商已经可以提供尺寸大于 480×640、NETD 低于 0.1 K 的 PtSi 单片阵列。这些器件已被集成到高性能红外相机中。1991 年,Yutani 等[38]报道了 1 040×1 040 单元的 PtSi 阵列,其 NETD 为 0.1 K。

p 型硅上的 IrSi 肖特基势垒有望具有最低的势垒高度。1982 年,Pellegrini 等[39]用 IrSi 探测器测量到波长超过 8 μm 的光响应。他们还讨论了与 PtSi 相比,生成 IrSi 的难度[40]。与 PtSi 不同的是,在整个反应过程中,Si 是主要的扩散材料,原始 Si 表面的污染物仍会留在 IrSi/Si 界面上,从而降低了二极管的性能。另一个困难与相位控制有关。IrSi 工艺重复性差,阵列均匀性实质上低于 Pd_2Si 或 PtSi。由于扩散的原子不是 Ir,而是 Si,因此很难获得探测器的洁净界面。尽管还存在很多问题,IrSi 阵列已有原型演示[41]。

$CoSi_2$和 NiSi 探测器也已被开发用于短波红外波段的遥感应用。据报道,$CoSi_2$与 NiSi 探测器在 p 型硅上的光学势垒高度分别为 0.44 eV 和 0.40 eV[42,43]。

15.2　肖特基势垒探测器截止波长的控制

肖特基势垒探测器的截止波长或工作温度都对其特定应用有所限制。可以通过提高势垒电位,降低暗电流,或提高工作温度。降低 PtSi 探测器的势垒可以改善夜晚的热成像性能,但需要更低的工作温度。

势垒附近电场的增强降低了有效势垒的高度。Tsubouchi 等[44]观察到了 PtSi 肖特基势垒探测器由于肖特基效应引起的势垒降低。也可以通过将势垒缩窄到可以发生隧穿的宽度,从而降低有效势垒高度。Shannon[45]证明了极浅离子注入可以提高和降低 Ni 的肖特基势垒电位。Pellegrini 等[46]及 Wei 等[47]采用了这项技术来控制 PtSi 肖特基势垒探测器的截止波长。Tsaur 等[48]将该技术应用于 IrSi 肖特基势垒探测器,获得了大于 12 μm 的截止波长。

Fathauer 等[49]通过分子束外延(molecular-beam epitaxy,MBE)在金属-半导体界面生长薄的 n^+ Ga 掺杂 Si 层来控制 p 型和 n 型 $CoSi_2$/Si 肖特基二极管的势垒。势垒高度从 0.35 eV 降至 0.25 eV。Lin 等[50-52]通过在界面引入 1 nm 厚的掺杂尖峰,实现了一种截止波长为 22 μm 的 PtSi 探测器。薄的掺杂尖峰对于降低光学势垒高度至关重要。为了在高杂质浓度下制造非常薄的掺杂尖峰,他们开发了一种使用 B 元素作为掺杂源的低温 Si-MBE 技术。

势垒高度也可以通过使用两种金属的合金来控制。Tsaur 等[53]制作了一种结合了 PtSi 和 IrSi 的肖特基势垒探测器。通过在 p 型硅上连续沉积 1.5 nm Ir 和 0.5 nm Pt 薄膜,获得了相当于 0.135 eV 的 Pt-Ir 硅化物肖特基势垒。他们报告说,与单独使用 IrSi 的探测器相比,使用这种技术可以获得更好的二极管特性。

肖特基势垒探测器通常制作在(100)衬底上。然而,使用(111)取向似乎可以将势垒电位提高 0.1~0.313 eV。这使探测器的截止波长降低到 4 μm,工作温度提高到 100 K 以上。

表面态的存在也会影响势垒高度。PtSi 势垒的势垒高度随着表面态的降低而减小[54]。

15.3 肖特基势垒探测器的结构优化与制备

肖特基势垒探测器通常以背照式工作。这种工作模式是可行的,因为硅在感兴趣的红外光谱范围内是透明的。硅衬底用作硅化物薄膜的折射率匹配层,使得背照式比正照式具有更低的反射损耗。据报道,背照式和正照式之间的 QE 差异是 3 倍[55]。

为了获得最大的响应率,肖特基势垒探测器通常由一个光学腔构成。光学腔结构由金属反射层及位于反射层与肖特基势垒二极管的金属电极之间的介质膜组成。根据基本的光学理论,光学腔的效果取决于介质膜的厚度、折射率和波长。传统的光学腔厚度设计为 1/4 波长,这是优化响应率的一个很好的一级近似[56]。例如,图 15.10 显示了 PtSi 肖特基势垒探测器的横截面,该探测器的光学腔在 4.3 μm 处可获得最大响应[6]。

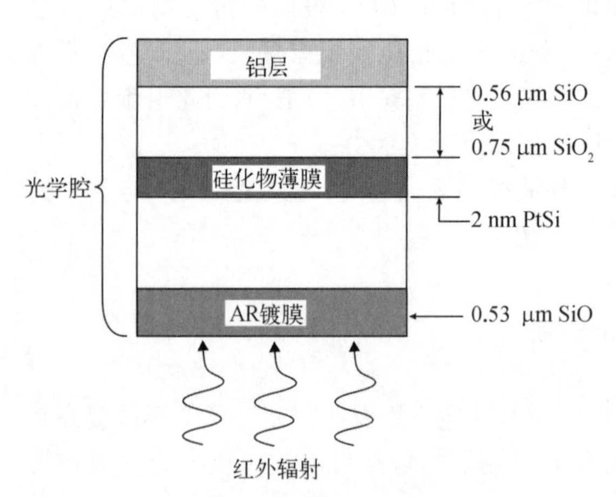

图 15.10 PtSi 肖特基势垒探测器的横截面示意图,光学腔可在波长 4.3 μm 处获得最大响应[6]

需要补充的是,在探测器的硅化物一侧引入红外信号的正入射肖特基势垒探测器也有报道,实现了包括红外、可见光和紫外在内的宽光谱响应[55,57],并且在直接肖特基注入的情况下可以达到 100% 填充因子[58]。图 15.11 显示了正照式的 PtSi 肖特基势垒探测器在 0.4~5.2 μm[59]波长范围内的光谱响应。可见光和近红外光谱区的量子效率高于红外光谱范围，是因为在波长短于硅衬底的吸收边时，在衬底中也会产生电子空穴对。

肖特基势垒探测器的主要优点是可以在标准的硅 VLSI 工艺中制作成单片阵列。通常，硅阵列工艺完成到铝金属层这一步骤。使用肖特基电极掩模在肖特基势垒探测器位置，打开 SiO_2层，直到 p 型（电阻率为 30～50 Ω·cm）硅。对于 PtSi 探测器，沉积和烧结（在 300～600℃ 内退火）一层非常薄的 Pt（1～2 nm）以形成 PtSi，并通过在热王水中浸渍腐蚀去除 SiO_2表面上未反应的 Pt[60]。然后沉积用于形成谐振腔的合适的介质（通常是 SiO_2）、在肖特基势垒区域之外移除该介质，以及沉积和图形化用于探测器反射层和 Si 读出电路互连的 Al。在 10 μm IrSi 肖特基势垒探测器的情况下，IrSi 是通过原位真空退火形成的，未反应的 Ir 通过反应离子刻蚀去除[61]。

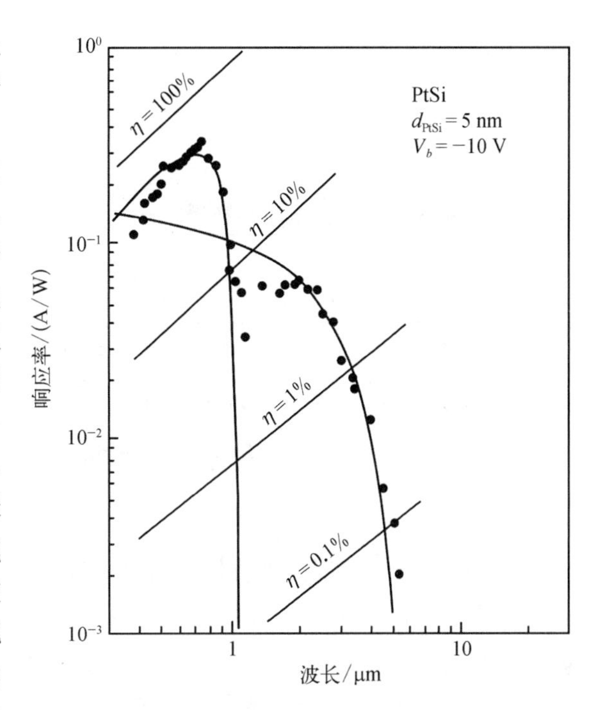

图 15.11 正照式的 PtSi 肖特基势垒探测器的光谱响应数据

分别基于内光电发射和本征机制计算了红外光谱与可见光光谱的拟合曲线[59]

15.4 新型内光电发射探测器

15.4.1 异质结内光电发射探测器

1971 年，Shepherd 等[62]建议用简并半导体替换肖特基势垒探测器的金属电极。简并半导体的自由载流子密度至少比金属硅化物低两个数量级，因此，载流子吸收系数较低。简并半导体电极需要更厚才能与金属硅化物的吸收率相匹配。1970 年，罗马实验室使用合金化和液相外延制造了简并电极器件；然而，由于在较厚的电极中传输时声子散射损失较高，这些器件的发射效率无法与金属硅化物器件竞争，因此这项工作没有继续进行[62]。

分子束外延技术的发展使得在硅衬底上制备高质量的 Ge_xSi_{1-x}（GeSi）薄膜成为可能，研究者提出了一些利用 GeSi/Si 异质结二极管的内光电发射实现红外探测的设想[63-74]。Lin 等[63,64]在 1990 年展示了第一个 GeSi/Si 异质结探测器。图 15.12 显示了该探测器的结构和能带图[68]。在 GeSi 和 Si 之间建立了能垒 ϕ_b。应变 SiGe 的带隙比 Si 的小，通过改变 Ge 组分和 Ge_xSi_{1-x}层的掺杂浓度，器件的截止波长可以在 2～25 μm[65,68]变化。图 15.13 比较了几种技术的量子效率，其中包括常规 PtSi/p－Si 探测器、IrSi/p－Si 探测器、PtSi/p－$Si_{0.85}Ge_{0.15}$/p－Si 探测器、1 nm 掺杂尖峰（硼掺杂浓度为 2×10^{20} cm^{-3}）的 PtSi/p－Si 探测器和在 SiGe 层

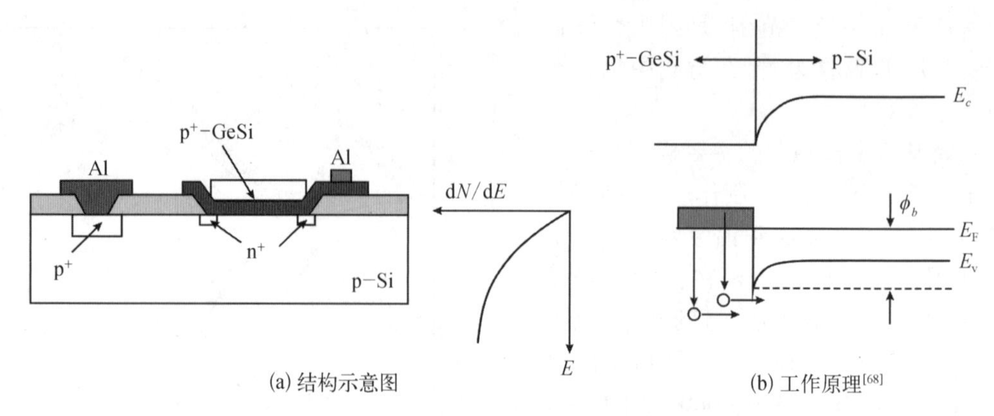

(a) 结构示意图　　(b) 工作原理[68]

图 15.12　Ge_xSi_{1-x}异质结光电发射探测器

中硼掺杂为 5×10^{20} cm^{-3}的 p－$Si_{0.7}Ge_{0.3}$/p－Si 异质结探测器。

Ge_xSi_{1-x}/Si 探测器的吸收机制为自由载流子吸收和价内带跃迁。假设价带的态密度与能量的平方根成正比,量子效率可表示为[70]

$$\eta = \frac{A}{8E_F^{1/2}(E_F + \phi_b)^{1/2}} \frac{(h\nu - \phi_b)^2}{h\nu} \tag{15.17}$$

式中,A 为吸收率,在长波长区域内与波长相对无关。该表达式类似于式(15.9)。由于半导体的 E_F通常比金属的 E_F小得多,所以异质结探测器的 η 应该比硅化物肖特基势垒探测器的要大得多。另外,由于 Ge_xSi_{1-x}中的自由载流子密度较低,预计 Ge_xSi_{1-x}的吸收率 A 将小于硅化物肖特基势垒探测器的吸收率。

据报道,Ge_xSi_{1-x}的最佳厚度约为 20 nm[68],比硅化物势垒探测器的金属电极厚一个数量级。该厚度是为了实现 GeSi 层尽可能高的吸收率和弹性/非弹性散射影响之间的折中(请参见 15.1.1 节中关于散射效果的讨论)。Tsaur 等[68]讨论了采用金属覆盖层和双异质结结构的异质结探测器改善量子效率。Lin 等[71-73]提出了一种堆叠式 GeSi/Si 异质结探测器,它可以优化光吸收和内部量子效率。叠层 $Si_{0.7}Ge_{0.3}$/Si 探测器由多层简并的掺硼 $Si_{0.7}Ge_{0.3}$薄层(≤5 nm)和未掺杂的 Si 厚层(约为 30 nm)组成,当波长为 2~20 μm 时,10 μm 和 15 μm 波长下的量子效率分别为 4%和 1.5%。探测器表现出近乎理想的热离子发射限制的暗电流特性。

最近,Lao 和 Perera[75]研究了当红外波段对应的光子能量小于带隙值时的内部光电发射现象。文献[75]讨论了基于异质结结构的一般工艺、p 型能带结构和异质界面能带偏移的表征,以及基于热载流子和冷载流子之间能量传递机制的红外光响应扩展的新概念红外光电探测,包括分裂带异质结探测器、波长扩展光伏探测器和响应超出带隙光谱极限的热空穴光电探测器。

15.4.2　同质结内光电发射探测器

同质结内光电发射红外探测器的概念最早是在 1988 年由 Tohyama 等[76]提出的。该探测器在 1~7 μm 内有一定的光谱响应,尽管报道的量子效率很低。之后 O'Neil[77]报道了同质结探测器的量子效率已经提高到实用水平(几个百分点)。O'niel 团队利用这项技术开发出了 128×128 单元阵列。

最近,Perera 等[78-85]讨论了基于高-低 Si 和 GaAs 同质结界面功函数内光电发射(homojunction interfacial workfunction internal photoemission,HIWIP)结的各种探测器方法。HIWIP 探测器的工作原理是基于重掺杂吸收层/发射层和本征层的界面处发生了内部光电子发射,截止波长主要由界面功函数决定,通过自由载流子在高掺杂的薄发射层吸收远红外,然后光生载流子通过内部光电子发射穿过结势垒,最终被收集。

HIWIP 探测器的基本结构由重掺杂层和本征(或轻掺杂)层组成,重掺杂层充当红外吸收区域,大部分偏压下降发生在该层。根据重掺杂层的掺杂浓度水平,这些探测器可以分为三种类型,如图 15.13 所示[78]。

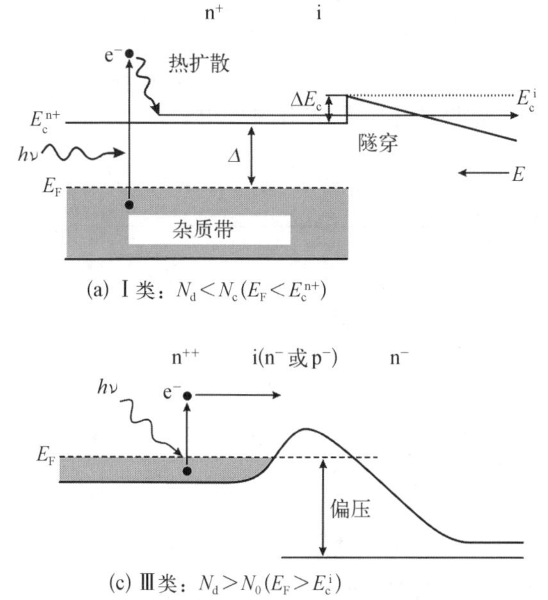

(a) Ⅰ类：$N_d<N_c(E_F<E_c^{n+})$

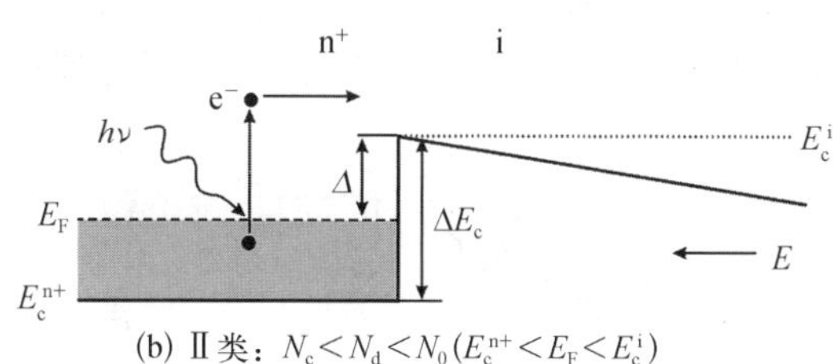

(b) Ⅱ类：$N_c<N_d<N_0(E_c^{n+}<E_F<E_c^i)$

(c) Ⅲ类：$N_d>N_0(E_F>E_c^i)$

图 15.13　三种不同类型同质结的内光电发射探测器的能带图

这里 N_c是莫特临界浓度(Mott critical concentration),N_0是 $\Delta=0$ 对应的临界浓度。在(a)和(b)中 i 层的导带边,$V_b=0$ 时用点虚线表示,$V_b>V_0$时用实线表示[78]

在第Ⅰ类探测器中,当 n^+层中的掺杂浓度 N_d较高但低于莫特(Mott)临界浓度 N_c时,形成杂质带。在低温下,费米能级位于杂质带。入射红外辐射由于杂质光致电离而被吸收,其功函数由 $\Delta=E_c^{n+}-E_F$ 给出,其中 E_c^{n+} 是 n^+层的导带边。通过外部偏压在 i 层中形成电场,以收集在 n^+层中产生的光激发电子。第Ⅰ类探测器在工作上类似于半导体光电发射探测器,可以用三个步骤来描述:

(1) 光激发电子从低于费米能级的杂质带占据态进入导带中的空态;

(2) 光激发电子通过声子弛豫快速热化到导带底部,然后扩散到发射界面;

(3) 电子通过界面势垒 ΔE_c隧穿(由于带隙收窄效应,导带边发生偏移)。

第Ⅱ类探测器在工作原理上类似于肖特基势垒红外探测器。当掺杂浓度高于莫特临界值时,杂质带与导带边相连,n^+层具有金属性。即使在这种情况下,由于禁带变窄效应,费米能级仍然可以低于 i 层的导带边缘($E_F<E_c^i$),产生的功函数为 $\Delta=E_c^i-E_F$,除非 N_d超过 $\Delta=0$ 时的临界浓度 N_0。第Ⅱ类探测器的一个独特特点是对截止波长没有限制,因为功函数可以随着掺杂浓度的增加而变得任意小。$\lambda_c>40\ \mu m$ 的高性能 Si 探测器已有报道[78]。

在Ⅲ型探测器中,掺杂浓度非常高,费米能级高于i层的导带边缘,n^+层发生简并,由于电子扩散会在n^+-i的界面处形成与空间电荷区相关的势垒。势垒高度取决于掺杂浓度和施加的电压,从而产生电调控的λ_c。随着势垒电压的增加,势垒高度降低,光谱响应向更长的波长移动,在特定波长处信号增加。这种响应变化利用了界面处p-n结的镜像降低。第Ⅲ类探测器首先由Tohyama等[76]实现,使用由简并的n^{++}热载流子、耗尽的势垒层(轻掺杂p、n或i)及轻掺杂n型热载流子集电极组成的结构。该探测器在1~7 μm内有可利用的光谱响应,尽管报道的量子效率很低。

图15.14显示了n^+-i HIWIP探测器的基本结构和能带图[80]。该结构由发射极、本征层和集电极组成,其各自的厚度表示为W_e、W_i和W_c。顶部接触层制成围绕有源区的环,以最小化吸收损失。集电极掺杂适中,由于杂质能带传导而具有相对较低的电阻,但当光子能量小于杂质电离能时,集电极在FIR范围内仍然是透明的。界面功函数由$\Delta = E_c - E_F - \Delta\phi$给出,其中$\Delta E_c$是重掺杂发射层禁带变窄而引起的导带边偏移,$E_F$是费米能量,$\Delta\phi$是镜像效应引起的界面势垒高度的降低。要获得较高的内量子效率,发射层的厚度必须足够薄,尽管这样会降低光子吸收效率。因此,最佳厚度是对光子吸收和热电子散射的折中。

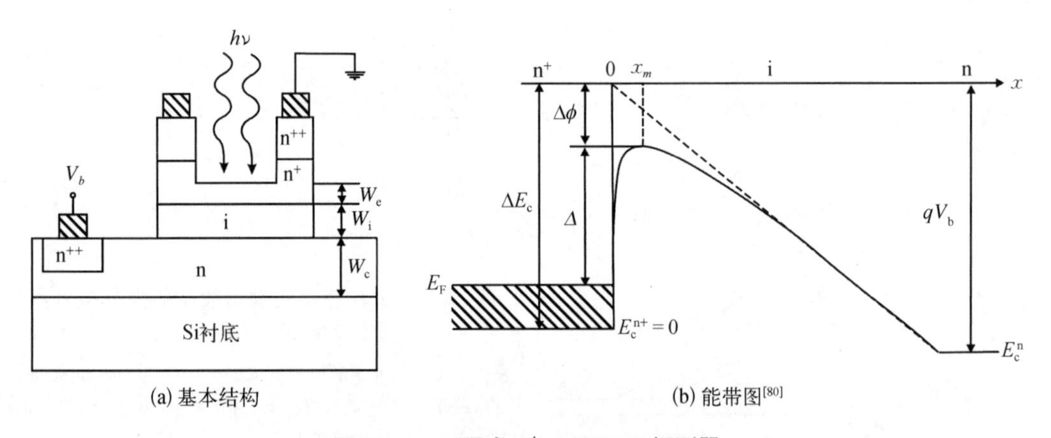

(a) 基本结构　　(b) 能带图[80]

图15.14　正照式N^+-i HIWIP探测器

Si HIWIP FIR探测器可以具有与传统的Ge FIR光电导[86]或Ge阻挡杂质带(BIB)探测器[87]相当的性能。除Si外,重掺杂p-GaAs中还观察到明显的禁带收缩现象。GaAs具有的较好的载流子输运特性可以改善这类器件的性能。p-GaAs HIWIP FIR探测器在FIR应用中显示出巨大的潜力:响应率为3.10±0.05 A/W,量子效率为12.5%,4.2 K时的探测率为5.9×10^{10} cm·Hz$^{1/2}$/W,λ_c为80~100 μm。

参考文献

第16章 Ⅲ-Ⅴ族探测器

20世纪50年代中期和后期，人们发现InSb的带隙是当时已知的所有半导体中最小的，将其应用于中波红外探测器顺理成章[1,2]。在较高的工作温度下，InSb的带隙与3~5 μm波段的匹配较差，$Hg_{1-x}Cd_xTe$可以获得更好的性能。InAs是类似于InSb的化合物，但是具有较大的带隙[3]，因此阈值波长为3~4 μm，并且已经研制出光电导型和光伏型探测器。InSb中的光电导过程已被广泛研究，更多细节可参见Morten和King[4]，Kruse[5]，Elliott和Gordon[6]的论文。

锑化铟探测器已广泛地用于高质量探测系统中，并已在国防和太空工业中应用了40多年。这些系统中最著名(也是最成功的)也许是响尾蛇空对空防空导弹(sidewinder air-to-air antiaircraft missile)。InSb的制造技术已经很成熟，CCD和CMOS混成型器件的发明增强了对该材料的兴趣。

20世纪90年代初，一些国家(如在美国、德国和法国)将研究重点转向了Ⅲ-Ⅴ族低维固体材料(量子阱和超晶格)作为HgCdTe的替代技术选择。新出现的策略包括Ⅱ类超晶格光电二极管和势垒结构，如nBn探测器[7]。

16.1 Ⅲ-Ⅴ族窄禁带半导体的物理特性

20世纪50年代初晶体生长技术的发展促进了InSb和InAs体单晶探测器的问世。从那时起，单晶生长的质量有了很大的提高。目前已开发出几种方法，其中最常用的是柴氏提拉法、布里奇曼法和垂直梯度冻结(vertical gradient freeze，VGF)法。每种晶体生长方法各有优缺点。对于商业化生产，需要在晶体质量、理想的电学和光学性能、基础设施投资和运营成本等之间进行权衡。与VGF等更加适合大批量晶体生长方法相比，柴氏提拉法生产的Ⅲ-Ⅴ族化合物半导体的数量仍然较少，衬底工业面临着开发更大批量晶体生长方法的挑战，并将依赖于柴氏提拉法生长材料的先进Ⅲ-Ⅴ器件技术进行扩展。而对于小规模的基础研究，利用现有的基础设施可以采用更广泛的晶体生长方法。

单晶的生长具有相对较高的纯度、较低的位错密度和达到6英寸的晶锭尺寸，便于后续的处理和光刻[7]。文献[8]~[12]对InSb单晶的生长进行了综述。两本斯普林格手册[13,14]中收录的一篇关于Ⅲ-Ⅴ族电子和光子材料的综合论文包含了当今工程师、材料科学家和物理学家所需要的广泛的材料主题。

对于InSb的商业化生产，大多数晶锭是沿(211)方向生长的。生产(100)InSb是可能的，但在这种取向类型生长中遇到了困难，并且(100)InSb的应用仍然有限。目前，超高纯

InSb 块体晶体的载流子浓度可以小于 10^{-13} cm^{-3}。InSb 的典型腐蚀坑密度低于 10^2 cm^{-2}，它被认为是商业上可获得的缺陷最低的化合物半导体材料之一。

与 InSb 不同的是，元素反应形成 InAs 化合物要困难得多。为了防止砷因其在熔点附近的高蒸气压而消失，有必要让这些成分在密封的石英安瓿中反应。InAs 的提纯也比 InSb 困难。采用高压下的液封提拉（liquid-encapsulated Czochralski，LEC）法已经可以商业化生长直径达 100 mm 的 InAs 单晶。使用的是热解氮化硼（pyrolytic boron nitride，pBN）坩埚和超低水含量的 B_2O_3封装。科研条件下则可以用垂直布里奇曼/VGF 法在真空密封坩埚中生长 InAs 单晶。在后一种情况下，晶体生长过程中，需要在坩埚内放置适当的 As 储罐和在坩埚外提供压力平衡的压力容器。

此外，在从熔体中生长 GaSb 单晶的情况下，必须克服一些困难，对传统的提拉法设备进行改进。这些困难包括控制熔体表面的氧化物浮渣和熔体表面的 Sb 蒸发。最初，研究人员使用 LEC 生长，使用熔融的 B_2O_3来防止水到达熔体表面形成氧化物浮渣，并防止 Sb 蒸气逸出[11]。这种方法至今仍在使用，但也存在一系列复杂问题［熔融的 B_2O_3会导致熔体污染、表面张力和黏度的变化、生长过程的重大改变，并改变熔体弯月面的热量和能量流动］。此外，由于 B_2O_3具有吸湿性，必须格外小心，需通过真空烘焙或用干燥的 N_2鼓泡来保持其干燥。在没有密封剂的情况下的晶体生长已经被多次讨论。在氢气环境中，无密封剂生长的 GaSb 晶体比密封下生长的 GaSb 晶体生成的氧化物更少，晶体质量更高，孪晶概率更小。提拉法生长 GaSb 晶体的探索历史在文献［15］有更详细的描述。

大多数 GaSb 探测器的生产依赖于在 3 英寸直径衬底上的外延生长，也有少量使用 4 英寸材料进行生产的。然而，为了使 GaSb 衬底生产技术提升到与 InSb 相同的成熟度，最近也出现了对用于超大面积探测器的 6 英寸 GaSb 衬底的兴趣。

GaSb 本质上是 p 型的，室温下空穴载流子浓度约为 10^{17} cm^{-3}。GaSb 体材料晶体中残余空穴浓度约为 2×10^{16} cm^{-3}。本征缺陷主要是 Ga 反位缺陷或 $V_{Ga}Ga_{Sb}$复合物提供的受主位置。通过 Te 等Ⅵ族元素的补偿掺杂可以获得高电阻率或 n 型 GaSb，与未掺杂的 GaSb 相比，它们具有较低的吸收系数。

与其他锑基Ⅲ－Ⅴ族化合物相比，对 AlSb 的研究工作较少。大的、高质量的 AlSb 单晶很少被制造出来，它们的表面与空气反应迅速。AlSb 单晶在商业上是买不到的，在它们的提拉法制备中，最适合采用 Al_2O_3坩埚。

由于多元锑化物的不相容间隙，其生长过程非常不成熟，三元和四元锑化物体晶体材料很少使用。

半绝缘 InP 衬底技术在 MOSFET、光电通信、太阳能电池等高速器件中的应用日益广泛。InP 通常采用高压 LEC 生长。所涉及的问题类似于 GaAs 生长的问题，还增加了孪晶倾向。磷的流失仍然是一个问题，并导致晶体质量恶化。位错密度仍然很高。通过蒸气压控制的提拉法工艺对基本 LEC 工艺进行了改进，缓解了一些问题[16,17]。在给定的晶体直径下，用 VGF 方法可以得到较低的位错密度。可获得直径 100 mm、长 80 mm 的 InP 单晶。

$In_xGa_{1-x}As$ 三元合金在短波红外、低成本探测器方面的应用引起了人们的极大兴趣。$x=0.53$ 的合金与 InP 衬底晶格匹配，禁带宽度为 0.73 eV，覆盖波长范围为 0.9～1.7 μm，InAs 含量为 53%的 $In_xGa_{1-x}As$ 通常称为标准 InGaAs，而不用标注 x 或 $1-x$ 的值。由于 1.3 μm 和 1.55 μm 波长光纤接收器的广泛商用，标准 InGaAs 成为一种成熟的材料。目前，InGaAs 也正在成为

1~3 μm 波段高温工作的选择。当铟含量增加到 $x=0.82$ 时，$In_xGa_{1-x}As$ 的波长响应可扩展到 2.6 μm，已制备出截止波长为 2.6 μm 的单元 InGaAs 探测器，演示型线列和面阵的截止波长可达 2.2 μm。

$In_xGa_{1-x}As_yP_{1-y}$ 四元系（x 和 y 的值独立变化）的禁带宽度为 0.35 eV（InAs）到 2.25 eV（GaP），InP（1.29 eV）和 GaAs（1.43 eV）的禁带宽度也在此范围内[18,19]。添加任何一种元素都会改变晶格常数，因此在 InP 衬底上成功生长该化合物需要平衡成分使晶格常数与衬底相匹配。与 InP 晶格匹配的 $In_xGa_{1-x}As_yP_{1-y}$ 的室温带隙由以下表达式表示：

$$E_g(\text{单位为 eV}) = 1.35 - 0.72y + 0.12x^2 \tag{16.1}$$

InGaAsP 合金的外延方法有氢化物和氯化物气相外延（vapor phase epitaxy，VPE）、液相外延（liquid phase epitaxy，LPE）、分子束外延（molecular beam epitaxy，MBE）和金属有机化学气相沉积（metalorganic chemical vapor deposition，MOCVD）[20]。Olsen 和 Ban[21]对这四种技术进行了简要的比较。虽然这些技术都有一定的优点，但氢化物 VPE 非常适合于 InGaAsP/InP 光电器件。

用等价的砷取代 InSb 中的部分锑中心，可使 InSb-InAs（$InAs_{1-x}Sb_x$）的带隙降低到低于母体二元化合物的带隙。因此，$InAs_{1-x}Sb_x$ 三元合金在Ⅲ-Ⅴ族半导体中具有最低的带隙。在 3~5 μm 和 8~14 μm 大气波长窗口均可实现室温能隙。然而，晶体合成问题限制了该三元体系的进展。固相线和液相线之间的巨大分离[图 16.1（a）]和晶格失配（InAs 和 InSb 之间为 6.9%）对晶体生长方法提出了严格的要求。使用 MBE 和 MOCVD 生长方法可以系统地克服这些困难。

考虑到图 16.1（b）所示的 $Ga_{1-x}In_xSb$（GaInSb）系统的准二元相图，固相线和液相线之间的分离会导致合金偏析。垂直布里奇曼法或垂直梯度冷冻法是生长大直径 GaInSb 晶体最合适的方法。建立的工艺已经在实验室规模的实验中被成功证明，可以生长具有广泛合金成分的 GaInSb 晶体（直径可达 50 mm）。

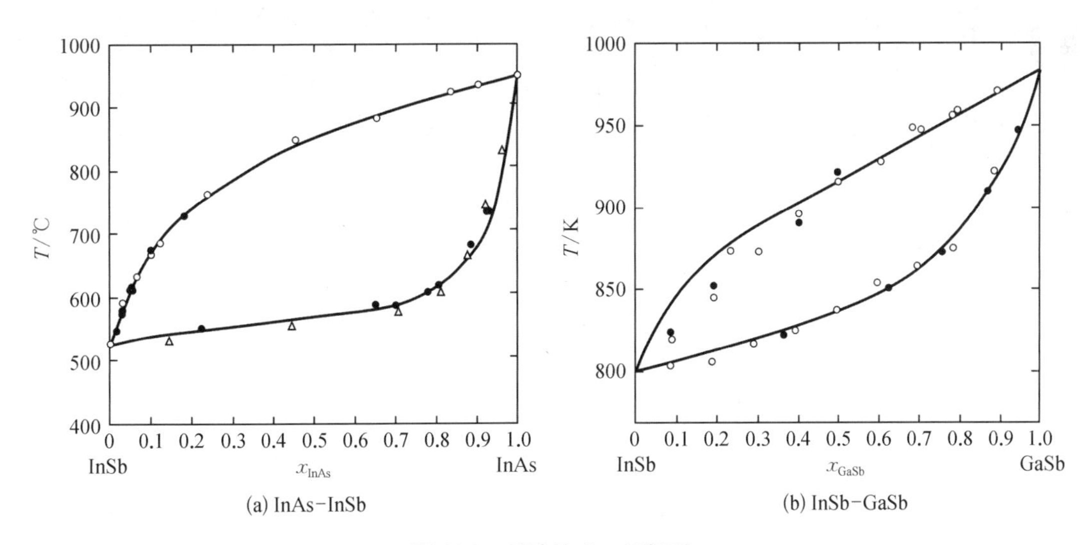

图 16.1　系统的准二元相图

表 16.1 列出了用于制造红外光电探测器的半导体家族（包括窄禁带半导体）的一些物理特性。所有化合物都具有金刚石（diamond，D）或闪锌矿（zincblende，ZB）晶体结构。表 16.1 中

表 16.1　红外光电探测器制造中常用半导体家族的一些特性(**D** 为金刚石;**ZB** 为闪锌矿;**id** 为间接;**d** 为直接;**L** 为轻空穴;**H** 为重空穴)

特 性 参 数	Si	Ge	GaAs	AlAs	InP	InGaAs	AlInAs	InAs	GaSb	AlSb	InSb	HgTe	CdTe
族	Ⅳ	Ⅳ	Ⅲ-Ⅴ	Ⅲ-Ⅴ	Ⅲ-Ⅴ	Ⅲ-Ⅴ	Ⅲ-Ⅴ	Ⅲ-Ⅴ	Ⅲ-Ⅴ	Ⅲ-Ⅴ	Ⅲ-Ⅴ	Ⅱ-Ⅵ	Ⅱ-Ⅵ
晶格常数/Å(结构)	5.431 (D)	5.658 (D)	5.653 (ZB)	5.661 (ZB)	5.870 (ZB)	5.870 (ZB)	5.870 (ZB)	6.058 (ZB)	6.096 (ZB)	6.136 (ZB)	6.479 (ZB)	6.453 (ZB)	6.476 (ZB)
体积模量/GPa	98	75	75	74	71	69	66	58	56	55	47	43	42
带隙/eV	1.124 (id)	0.660 (id)	1.426 (d)	2.153 (id)	1.350 (d)	0.735(d)		0.354 (d)	0.730 (d)	1.615 (id)	0.175 (d)	−0.141 (d)	1.475 (d)
电子有效质量	0.26	0.39	0.067	0.29	0.077	0.041		0.024	0.042	0.14	0.014	0.028	0.090
空穴有效质量	0.19	0.12	0.082(L) 0.45(H)	0.11(L) 0.40(H)	0.12(L) 0.55(H)	0.05(L) 0.60(H)		0.025(L) 0.37(H)	0.4	0.98	0.018(L) 0.4(H)	0.40	0.66
电子迁移率/[cm^2/(V·s)]	1 450	3 900	8 500	294	5 400	13 800		3×10^4	5 000	200	8×10^4	26 500	1 050
空穴迁移率/(cm^2/(V·s)]	505	1 900	400	105	180			500	880	420	800	320	104
电子饱和速率/(10^7 cm/s)	1.0	0.70	1.0	0.85	1.0			4.0			4.0		
热导率/[W/(cm·K)]	1.31	0.31	0.5		0.7			0.27	0.4	0.7	0.15		0.06
相对介电常数	11.9	16.0	12.8	10.0	12.5			15.1	15.7	12.0	17.9	21	10.2
衬底	Si,Ge		GaAs		InP			InAs,GaSb			InSb	CdZnTe,GaAs,Si	
MW/LW 探测机制	异质结的内光电发射		QWIP,QDIP		QWIP			体材料(MW),超晶格(MW/LW),带间跃迁(B-B)			体材料 B-B	体材料 带间跃迁	

注:

从左向右，随着晶格常数的增加，化学键有从共价Ⅳ族半导体向离子型Ⅱ－Ⅵ族半导体转变的趋势。化学键变得更弱，材料变得更软，这反映在体积模量上。共价键贡献越大的材料，力学性能越好，可制造性越好。正如硅材料在电子材料中占据主导地位，以及砷化镓在光电子材料中的地位。另外，表 16.1 右侧半导体的带隙往往较小。由于它们的直接带隙结构，可观察到强的带间吸收，可以获得高量子效率（如在 InSb 和 HgCdTe 中）。

表 16.2 详细给出了窄禁带Ⅲ－Ⅴ族半导体 InAs、InSb、GaSb、$InAs_{0.35}Sb_{0.65}$ 和 $In_{0.53}Ga_{0.47}As$ 的物理参数，其中，InSb 和 InGaAs 的研究最为广泛。

表 16.2　窄禁带Ⅲ－Ⅴ族化合物的物理性质[18,19,22]

物理性质	T/K	InAs	InSb	GaSb	$InAs_{0.35}Sb_{0.65}$	$In_{0.53}Ga_{0.47}As$
晶格结构		cub.（ZnS）	cub.（ZnS）	cub.（ZnS）	cub.（ZnS）	cub.（ZnS）
晶格常数 a/nm	300	0.605 84	0.647 877	0.609 4	0.636	0.584 38
热膨胀系数 α/（$10^{-6}K^{-1}$）	300 80	5.02	5.04 6.50	6.02		
密度 ρ/（g/cm^3）	300	5.68	5.775 1	5.61		5.498
熔点 T_m/K		1 210	803	985		
能隙 E_g/eV	4.2	0.42	0.235 7	0.822	0.138	0.627
	80	0.414	0.228	0.725	0.136	0.75
	300	0.359	0.180		0.100	
E_g的热系数	100～300	-2.8×10^{-4}	-2.8×10^{-4}			-3.0×10^{-4}
有效质量 m_e^*/m m_{lh}^*/m m_{hh}^*/m	 4.2 300 4.2 4.2	 0.023 0.022 0.026 0.43	 0.014 5 0.011 6 0.014 9 0.41	 0.042 0.28	 0.010 1 0.41	 0.041 0.050 3 0.60
动量矩阵元 P/（eV·cm）		9.2×10^{-8}	9.4×10^{-8}			
迁移率： μ_e/[cm^2/（V·s）] μ_h/[cm^2/（V·s）]	 77 300 77 300	 8×10^4 3×10^4 500	 10^6 8×10^4 1×10^4 800	 5×10^3 2.4×10^3 880	 5×10^5 5×10^4 	 70 000 13 800
本征载流子浓度 n_i/cm^{-3}	77	6.5×10^3	2.6×10^9		2.0×10^{12}	
	200	7.8×10^{12}	9.1×10^{14}		8.6×10^{15}	5.4×10^{11}
	300	9.3×10^{14}	1.9×10^{16}		4.1×10^{16}	

续 表

物 理 性 质	T/K	InAs	InSb	GaSb	$InAs_{0.35}Sb_{0.65}$	$In_{0.53}Ga_{0.47}As$
折射率 n_r		3.44	3.96	3.8		
静态介电常数 ε_s		14.5	17.9	15.7		14.6
高频介电常数 ε_∞		11.6	16.8	14.4		
光学声子						
LO/cm^{-1}		242	193		≈210	
TO/cm^{-1}		220	185		≈200	

霍尔曲线中与温度无关的部分表明，InSb 中大部分电活性杂质原子的激活能较浅，且在 77 K 以上为热电离态。p 型样品的霍尔系数在低温非本征范围内为正，在本征区变为负值，这是因为电子的迁移率较高（观察到迁移率比 $b=\mu_e/\mu_h$ 约为 10^2）。p 型样品 R_H 改变符号时的转变温度取决于样品纯度。在某一温度以上（纯 n 型样品在 150 K 以上），样品进入本征区，在此温度以下（纯 n 型样品在 100 K 以下），霍尔系数几乎没有变化。

半导体中有多种载流子散射机制，如图 16.2 所示[23]。20～60 K 内，相当纯的 n 型和 p 型样品的迁移率随温度升高而增加，之后由于极子和电子空穴散射作用，迁移率下降。在 77 K 和 300 K 温度下，载流子迁移率随着杂质浓度的降低而系统性地增加。

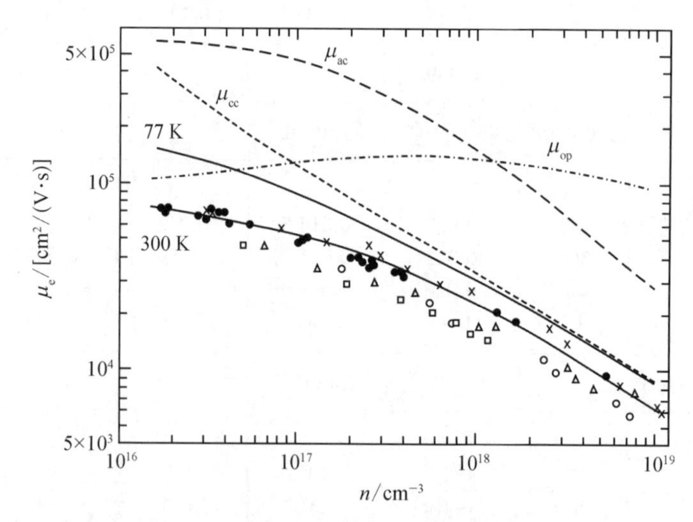

图 16.2 温度为 300 K 和 77 K 时，n 型 InSb 的电子迁移率和自由电子浓度之间的关系

虚线为 300 K 时电荷中心、光极子、声子散射模式对应的理论迁移率 μ_{cc}、μ_{op}、μ_{as}。实验数据是在 300 K 时获得的[23]

在合金半导体中，由于成分无序，带电载流子会受到电势波动的影响。这种散射机制称为合金散射，在某些Ⅲ-Ⅴ族三元和四元体系中很重要。我们可以简单地将 $A_xB_{1-x}C$ 合金中

的总载流子迁移率 μ_{tot} 表示为[13]

$$\frac{1}{\mu_{tot}(x)}=\frac{1}{x\mu_{tot}(AC)+(1-x)\mu_{tot}(BC)}+\frac{1}{\mu_{al,0}/[x/(1-x)]} \tag{16.2}$$

式(16.2)中等号右边的第一项来自线性插值,第二项考虑了合金化的影响。例如,图 16.3 绘制了 $Ga_xIn_{1-x}P_yAs_{1-y}/InP$ 四元合金的电子霍尔迁移率[13]。该四元系是由 $In_{0.53}Ga_{0.47}As$(y=0)和 InP(y=1.0)组成的合金,$\mu_{tot}(In_{0.53}Ga_{0.47}As)$ = 13 000, $\mu_{al,0}$ = 3 000 $cm^2/(V\cdot s)$。实验数据与相对纯样品的实验数据相一致。

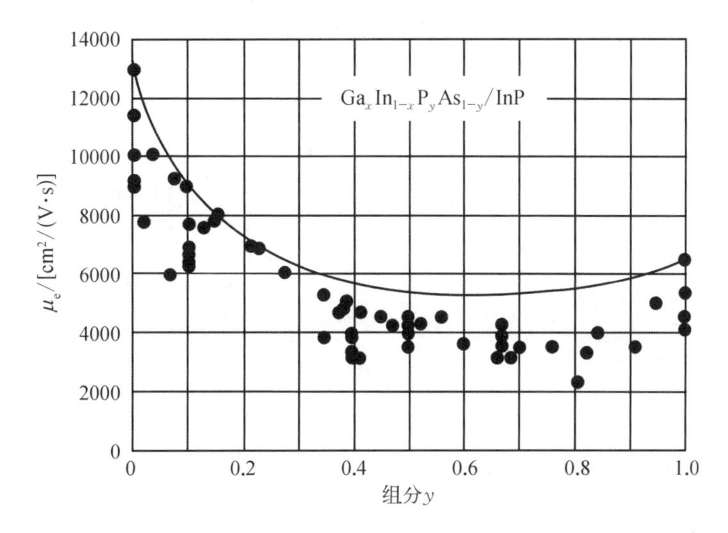

图 16.3　$Ga_xIn_{1-x}P_yAs_{1-y}/InP$ 四元合金的电子霍尔迁移率

实验数据与相对纯样品的实验数据相一致。实线为式(16.2)计算的结果,$\mu_{tot}(In_{0.53}Ga_{0.47}As)$ = 13 000, $\mu_{al,0}$ = 3 000 $cm^2/(V\cdot s)$[13]

Kruse[5]对 InSb 的光学性质进行了综述。由于电子的有效质量非常小,导带的态密度很小,可以通过掺杂来填充空的能带态,从而使吸收边明显地向更短的波长移动。这称为伯恩斯坦-摩斯(Burstein - Moss)效应(图 16.4)[24]。

InAs 的物理性质与 InSb 相似。截止波长为 3.5 μm 的 InAs 材料,尽管理论上可以工作在 190 K 附近,但在中波频段的应用有限,开发工作一直受到生长和钝化问题的限制。

Ⅲ-Ⅴ族探测器材料具有闪锌矿结构和布里渊区中心的直接带隙。电子带和轻质量空穴带的形状由 **k · p** 理论决定。动量矩阵元对不同材料的影响很小,近似值为 9×10^{-8} eV·cm。因此,相同带隙材料的电子有效质量和导带态密度是相近的。

这些材料有一个传统的负温度系数的带隙,可以很好地用瓦尔什尼关系(Varshni relation)进行描述[25]:

$$E_g(T)=E_0-\frac{\alpha T^2}{T+\beta} \tag{16.3}$$

式中,α 和 β 为对给定材料的参数特性进行拟合的参数。

图 16.5 显示了 $Ga_xIn_{1-x}As$、$InAs_xSb_{1-x}$ 和 $Ga_xIn_{1-x}Sb$ 三元合金中 Γ 导带的带隙与电子有效质量随成分的变化关系。

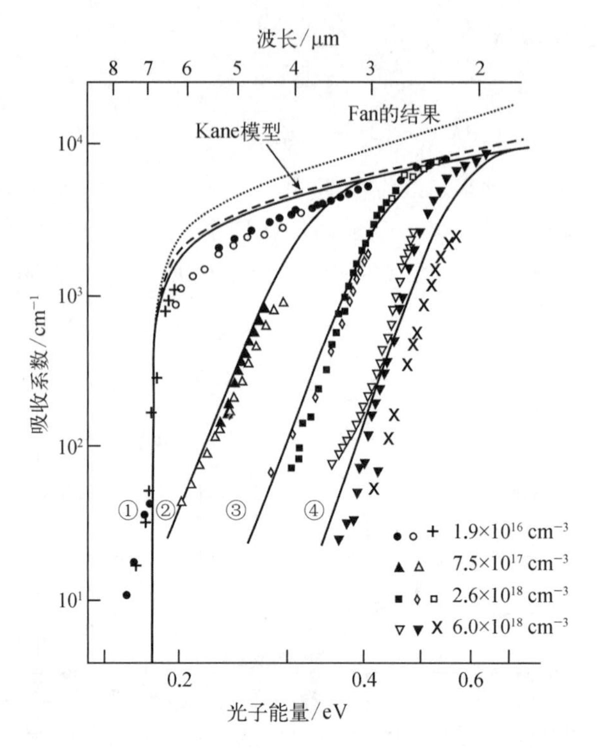

图 16.4 在 300 K 时,InSb 的光吸收系数与光子能量的关系

载流子浓度:①为 1.9×10^{16} cm^{-3};②为 7.5×10^{17} cm^{-3};③为 2.6×10^{18} cm^{-3};④为 6.0×10^{18} cm^{-3}[24]

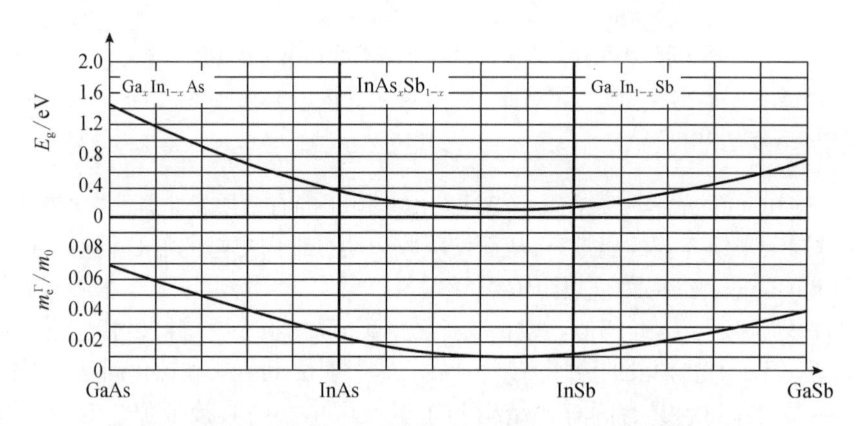

图 16.5 室温下 $Ga_xIn_{1-x}As$、$InAs_xSb_{1-x}$ 和 $Ga_xIn_{1-x}Sb$ 三元合金中 Γ 导带的带隙与电子有效质量随成分的变化关系

长波(8~12 μm)探测器技术主要采用的材料是碲镉汞。尽管碲镉汞光伏技术在过去三十年中取得了长足的进步[26,27],但仍然存在困难,特别是对于超过 10 μm 的波长,器件性能受到大的隧穿暗电流及精确确定带隙时对于精准成分控制的敏感依赖等限制。鉴于Ⅲ-Ⅴ族材料生长和加工技术的成熟,人们已经研究并提出了替代 HgCdTe 基的Ⅲ-Ⅴ族半导体方案。大致可以分为三类:

(1) 使用超晶格,如 AlGaAs/GaAs[28-33]、InSb/InAsSb[34,35] 和 InAs/GaSb[7,36,37](见 19 章和 20 章);

（2）使用量子点（见 21 章）；

（3）在 InAs、InSb 和 InAsSb 中添加大的Ⅴ族元素 Bi，或在 InAs、InP 和 InSb 中添加大的Ⅲ族元素 Tl[38,39]。

到目前为止，AlGaAs/GaAs 和 InAs/GaSb 超晶格获得了最好的结果。

$InAs_{1-x}Sb_x$三元合金的发展历史悠久。InAsSb 三元合金作为 HgCdTe 的替代材料在 20 世纪 70 年代中期已被证明可用于红外应用[40]。Ⅲ-Ⅴ族探测器技术将受益于卓越的键合强度与材料稳定性（与 HgCdTe 相比）、性能良好的掺杂剂和高质量的Ⅲ-Ⅴ族衬底。

20 世纪 60 年代，Woolley 和 Smith[41]首先研究了 InAsSb 的性质。他们建立了 InAs-InSb 的相容性、准二元相图[42]、散射机制[43]，以及基本性质，如带隙[44]和有效质量与组成的关系[44,45]。所有上述测量都是在不同的冷冻和退火工艺制备的多晶样品上进行的。Rogalski[35,46]介绍了 InAsSb 晶体生长技术、物理性质和探测器制造工艺的早期发展。

近年来，由于红外探测器设计的新理念-势垒探测器的发现，$InAs_{1-x}Sb_x$晶体生长技术和探测器制备工艺得到了迅速发展。此外，这种三元合金的电学性质在很大的合金成分范围内被重新考虑[38,47-50]。

三元合金的电子性质通常用虚晶近似方法来描述[51]。在该模型中，无序合金被考虑为一个理想晶体，其平均电位由相应二元化合物电位的线性插值来表示。合金的带隙与成分呈非线性关系，低于二元化合物的带隙。

$InAs_{1-x}Sb_x$三元合金带隙随成分变化的非线性关系可以用弯曲参数 C 表示：

$$E_g(x) = E_{gInSb} + E_{gInAs}(1-x) - Cx(1-x) \tag{16.4}$$

根据 100 K 以上或接近 100 K 的实验数据，初步报道 InAsSb 直接带隙的弯曲参数为 0.58~0.6 eV[18]。理论上的考虑会导致更高的投影弯曲参数（0.7 eV），这是 Rogalski 和 Jozwikowski[52]推荐的。最近对非弛豫分子束外延生长的 $InAs_{1-x}Sb_x$的光致发光研究给出了 0.83~0.87 eV 的弯曲参数[48,49]。图 16.6 总结了发表在不同论文中的 4~77 K 内带隙的实验数据和理论预测。$E_g(x, T)$依赖关系的差异可以由几个原因引起，包括样品的结构质量和 CuPt 类型的有序结构效应。早期报道中的低带隙数据可能被导带的电子填充所掩盖，这可能是背景掺杂所致，因为这些样品是在不同程度的残余应变和弛豫的情况下生长的。采用一种特殊的梯度缓冲层来调节衬底和合金的晶格常数之间的巨大差异，可获得高质量的无应变无弛豫 InAsSb 外延层。无应变 InAsSb 合金的电子衍射图[48,49]显示了Ⅴ族元素的无序分布，这表明观察到的三元合金的能隙是固有的（有序性和残余应变效应都被消除了）。

$E_g(x, T)$依赖关系表明，传统的 InAsSb 在 77 K 时具有足够小的带隙，可以在 8~14 μm 内工作，并且不同于先前 Wieder 和 Clawson[53]的描述：

$$E_g(x, T) = 0.411 - \frac{3.4\times10^{-4}T^2}{210+T} - 0.876x + 0.70x^2 + 3.4\times10^{-4}xT(1-x) \tag{16.5}$$

研究发现，InAsSb 三元化合物的带隙能量一般是组分的平方函数，与 HgCdTe 相比，带边对组份的依赖性较弱（图 16.7）。E_g的最小值出现在 $x\approx0.63$ 时。

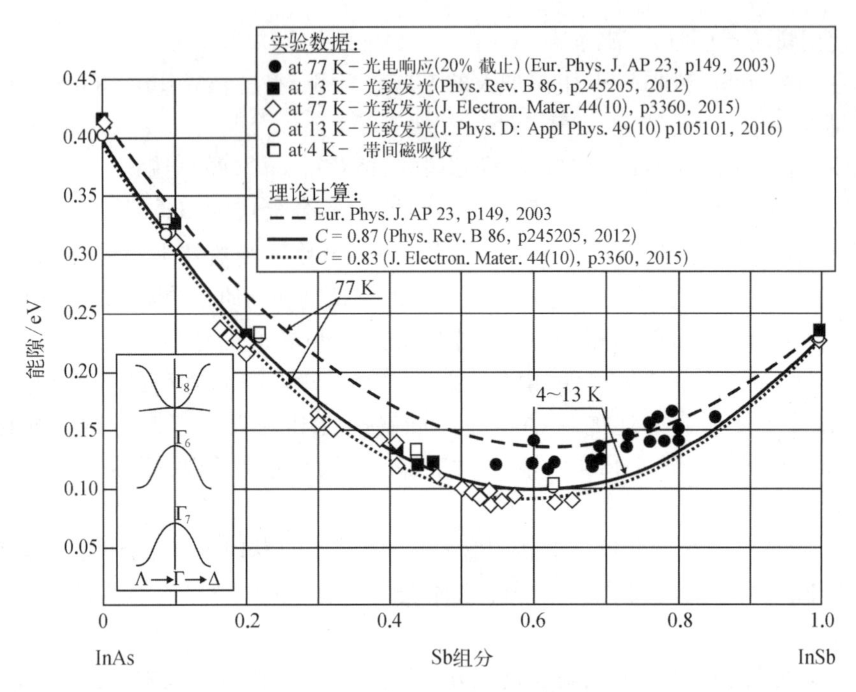

图 16.6 $InAs_{1-x}Sb_x$随 Sb 组分变化的带隙能量

图中标注了来自不同论文的实验数据

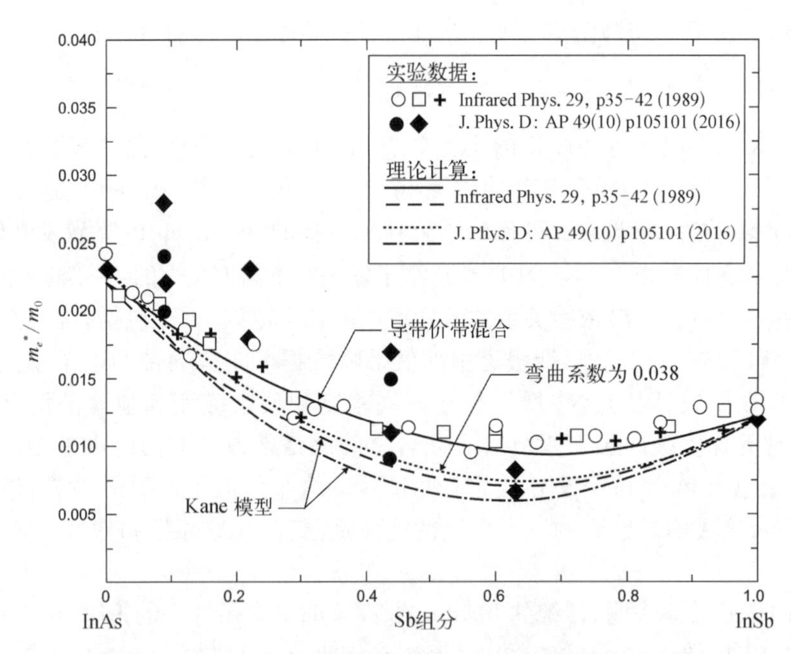

图 16.7 $InAs_{1-x}Sb_x$三元合金体系的电子有效质量与组分的关系。实验数据取自文献[50]、[52]

为了在实验室温度有效质量和计算之间取得良好的一致性，Rogalski 和 Jozwikowski[52]考虑了导带-价带混合理论（图 16.7）。最近发表的低温数据，特别是中等组分范围的数据，都显示出较低的电子有效质量。估算的电子有效质量负弯曲参数为 $C_m = 0.038$，略小于凯恩

(Kane)模型的预期($C_m = 0.045$),达到曾经报道过的Ⅲ－Ⅴ族半导体的最低有效质量(x = 0.63,4 K 温度时的 0.008 $2m_0$)。如图 16.7 所示,有效质量值差异的一个可能原因是合金无序引起的随机势能带来的导带态和价带态的混合[53,54]。

Cripps 等[55]对 $InAs_{1-x}Sb_x$ 三元合金的自旋轨道分裂能 Δ 的测量结果与 van Vechten 等[56] 1972 年发表的论文有很大不同。几乎没有观察到 Δ 参数作为 x(Sb 组分)的函数的弯曲,其可以很好地近似为

$$\Delta(x) = 0.81x + 0.373(1 - x) + 0.165x(1 - x)\text{ in eV} \tag{16.6}$$

式(16.6)的自旋-轨道分裂带隙能量与测量结果符合得更令人满意,而且它与温度无关。然而,最近获得的带隙与组分和温度的依赖关系与文献[56]中的预测是一致的。

InAsSb 中的本征载流子浓度在不同温度下作为组分 x 的函数可以用如下关系式近似[46]:

$$n_i = (1.35 + 8.50x + 4.22 \times 10^{-3}T - 1.53 \times 10^{-3}xT - 6.73x^2) \times 10^{14}T^{3/2}E_g^{3/4}\exp\left(-\frac{E_g}{2kT}\right) \tag{16.7}$$

对于给定的温度,n_i的最大值出现在 $x \approx 0.63$ 时,对应于最小带隙。

20 世纪 60 年代末首次测量了 n 型 InAsSb 合金的输运性能,是在通过各种冷冻和退火技术制备的样品上进行的[43,57]。LPE 制备的 $x<0.35$ 的高质量 InAsSb 外延层属性与纯 InAs 相似[$n = 2\times10^{16}$ cm^{-3},温度为 300 K 时的典型迁移率为 30 000 cm^2/(V·s),温度为 77 K 时的典型迁移率为 50 000 cm^2/(V·s)]。对于 $x \geqslant 0.90$ 时的富 InSb 合金,300 K 时典型的迁移率为 60 000 cm^2/(V·s)。将 As 加入 $InAs_{1-x}Sb_x$合金中时,本底载流子浓度增加到 10^{17} cm^{-3};相反,当温度从 300 K 降到 77 K 时,迁移率先增加然后降低 1.5~2 倍。在目前的 MBE 生长技术发展阶段,在 77 K 下,Sb 含量为 40%的 $InAs_{1-x}Sb_x$合金中本底电子浓度降低至 1.5×10^{15} cm^{-3}[49]。

Chin 等[58,59]考虑了诸如杂质、声学声子、光学声子、合金散射和位错等所有可能的散射机制,计算了 InAsSb 的电子迁移率。通过与实验的比较,证实位错对输运有很大影响,而合金散射限制了缺陷最少的三元样品中的迁移率。

三元合金 $Ga_xIn_{1-x}Sb$ 是制作中波长红外探测器的重要材料。$Ga_xIn_{1-x}Sb$ 探测器的长波极限随组分变化,从 77 K 时的 1.52 μm($x = 1.0$)可调到室温下的 6.8 μm($x = 0$)。室温下 $In_xGa_{1-x}As_ySb_{1-y}$的带隙可用式(16.8)拟合[60]:

$$E_g(x) = 0.726 - 0.961x - 0.501y + 0.08xy + 0.451x^2 - 1.2y^2 + 0.021x^2y + 0.62xy^2 \tag{16.8}$$

GaSb 的晶格匹配条件会带来额外的约束,即 x 和 y 之间的关系要满足 $y = 0.867/(1-0.048x)$。

16.2　铟镓砷光电二极管

高速、低噪声的 $In_xGa_{1-x}As$(InGaAs)光电探测器用于工作在 1~1.7 μm 波长区域的光通信系统中的需求是非常明确的[61-70]。这种材料具有比间接带隙的锗材料(另一种有竞争力的近红外材料)更低的暗电流和噪声,可满足制冷型探测器无法适用的各种热成像应用[71-78]。现在

的应用主要包括低成本的工业热成像、眼睛安全监视、在线过程控制和艺术品的地下检测。

与可见光和热辐射波段相比,SWIR 波段具有独特的成像优势。与可见光相机一样,这些图像主要来自宽谱段光源的反射,因此 SWIR 图像更容易被观众理解。大多数用于制造可见光相机的窗口、镜头和涂层的材料也可以用于 SWIR 相机,从而降低了成本。普通玻璃可以透过波长 2.5 μm 以下的辐射。SWIR 相机也可以在许多相同光源照明下成像,如 YAG 激光的波长。因此,出于安全方面的考虑,将激光工作波段设置在光束不会聚焦于视网膜(超过 1.4 μm)的"人眼安全"波长,SWIR 相机在许多应用中就具有了一个独特的地位,可以取代可见光相机。由于波长较长,空气中的颗粒物(如灰尘或雾)所引起的瑞利散射减少,SWIR 相机比可见光相机具有更好的穿透雾霾的能力。

InAs/GaAs 三元系统禁带宽度: InAs 为 0.35 eV(3.5 μm), GaAs 为 1.43 eV(0.87 μm)。通过改变 InGaAs 吸收层的合金成分,可以在最终用户所需的波长上最大化光电探测器的响应率,从而提高信噪比。图 16.8 显示了三种这样的 InGaAs 探测器在室温下的光谱响应,它们的截止波长分别优化为 1.7 μm、2.2 μm、2.5 μm。与当前最先进的夜视增强技术——GaAs 第三代像增强器相比,$In_{0.53}Ga_{0.47}As$ 焦平面阵列对夜间光谱的响应使其成为夜视相机更好的选择。图 16.8 还标记了关键的激光波长。

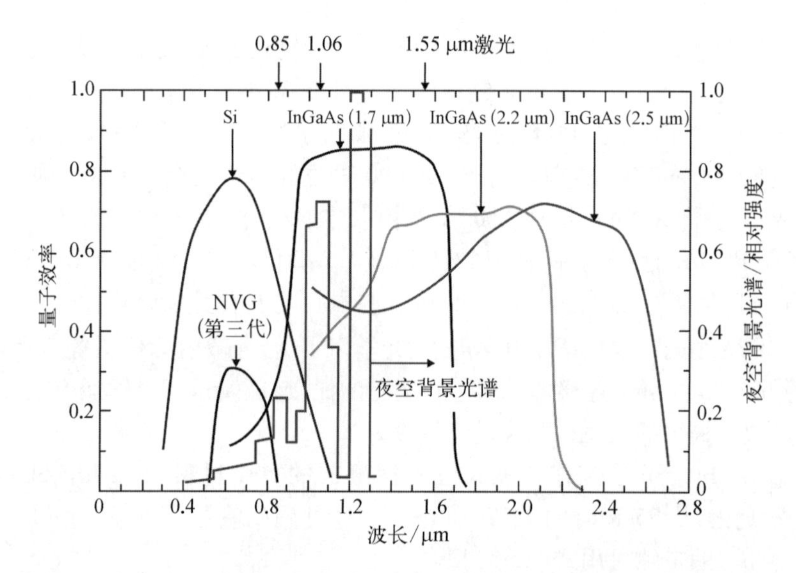

图 16.8 硅、InGaAs 和夜视摄像管探测器在可见光与 SWIR 区域的量子效率

关键的激光波长标记在图上方坐标处。$In_{0.53}Ga_{0.47}As$ 光电二极管的量子效率比 GaAs Ⅲ代光电阴极高近 3 倍;同时 InGaAs 还与夜空背景光谱具有更多的谱段重叠

InGaAs 与 Ge 的基本器件参数(带隙、吸收系数和背景载流子浓度)有很大差异[21]。InGaAs 在室温下可以获得低本底掺杂水平($n=1\times10^{14}\ cm^{-3}$)和高迁移率[11 500 $cm^2/(V\cdot s)$][79]。

InGaAs 探测器的加工工艺类似于硅的加工工艺,但探测器的制作有所不同。InGaAs 探测器中功能材料是使用氯化物 VPE[21,80] 或 MOCVD[81,82] 技术沉积到衬底上的,可根据厚度、本底掺杂和其他要求进行调整。平面型台面技术是从较早的台面技术演变而来的,由于其结构简单、加工简单、可靠性高、成本低,在目前获得了广泛的应用。

已制备出总的层厚为几微米的 p－i－n 和雪崩 InGaAs 光电二极管结构[83]。$In_{0.53}Ga_{0.47}As$

在 1.55 μm($7\,000\ cm^{-1}$)处的吸收系数比 Ge 的吸收系数大一个数量级以上,厚度为 1.5 μm 的 $In_{0.53}Ga_{0.47}As$ 可以吸收 70%以上的入射光子。获得的高速 p-i-n 光电二极管的工作频率可高达 10 GHz,并具有良好的量子效率。

众所周知,APD 的内部增益在光接收器中提供了比 p-i-n 光电二极管更高的灵敏度[84-86];然而,代价是更复杂的外延晶片结构和偏置电路。与工作在同一波长区域的 APD 相比,p-i-n 光电二极管具有暗电流小、频带宽、驱动电路简单等优点。因此,尽管 p-i-n 二极管没有内部增益,但是 p-i-n 二极管与低噪声、大带宽晶体管的优化组合也可以作为高灵敏度光接收器,工作速率高达几个 Gbit/s。

16.2.1　p-i-n 铟镓砷光电二极管

图 16.9 显示了 InGaAs 背照射(back-side illuminated, BSI) p-i-n 光电二极管的结构[87]。衬底为 n^+-inP,其上沉积约 1 μm 的 n^+-inP 作为缓冲层。然后沉积 3~4 μm 的 n^--InGaAs 有源层,再沉积 1 μm 的 n^--InP 帽层。整个结构上覆盖 Si_3N_4。p-i-n 光电二极管是将 Zn 通过 InP 帽层扩散到有源层形成的。欧姆接触是通过烧结 Au/Zn 合金形成的。此时,衬底减薄到约 100 μm,并使用烧结的 Au/Ge 合金作为背面欧姆接触。最后一步是在正面触点上沉积 20 μm 的铟柱。

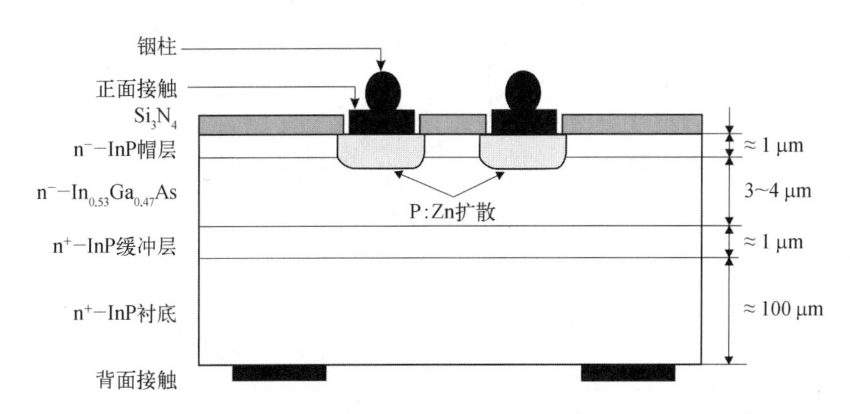

图 16.9　平面型背照射 p-i-n InGaAs 光电二极管的截面示意图[87]

当合金中的铟含量增加时,长波截止波长扩展到覆盖整个传统的近红外波段[80-82]。$In_{0.8}Ga_{0.2}As$($\lambda_c \approx 2.5$ μm)的晶格常数比 InP 衬底的晶格常数大了约 2%,可采用 $InAs_yP_{1-y}$ 梯度层结构来适应这一差异[71]。文献[88]描述了一种 15 层的结构,y 从 0.0 增加到 0.68。通过选择性地去除不同的层,可以形成不同波长响应的 p-n 结。然而,晶格失配导致的禁带宽度和界面缺陷较小,较长波长的 InGaAs 光电二极管具有比晶格匹配合金更高的暗电流,特别是在较低的电压下。吸收层和 InP 衬底之间的失配提供了中间禁带处的生成-复合(gr)中心,增加了 gr 电流。根据波长和照明方向的不同,测得量子效率为 15%~95%。

Joshi 等[80]报道了在晶格失配的 InGaAs 光电二极管中降低漏电流的四条规则:

(1) 生长的外延层具有组分陡峭变化的界面;

(2) 使相邻层之间的晶格失配保持在 0.12%以下;

(3) 将有源 InGaAs 层掺杂到 1×10^{17}~$5\times10^{17}\ cm^{-3}$;

(4) 生长后对晶片进行热循环。

一个有用的光电二极管参数是 R_0A 乘积。图 16.10 显示了用 MOCVD 生长的最高质量的 InGaAs 光电二极管[73,89-91]。它们的性能符合辐照极限。由于 InGaAs 和 HgCdTe 三元合金具有相似的能带结构,这两种类型的光电二极管在 1.5 μm<λ<3.7 μm 内的基本极限性能

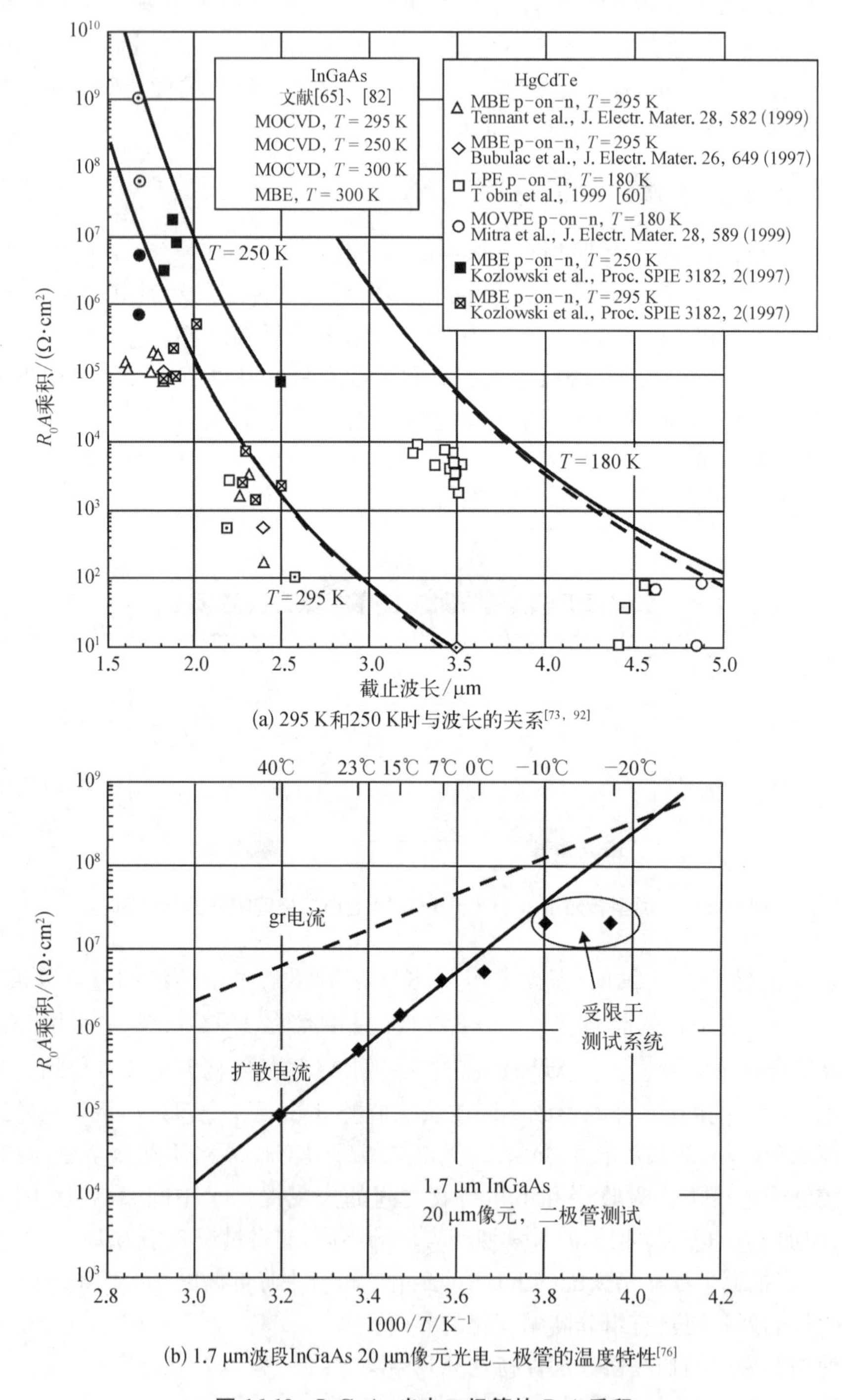

(a) 295 K和250 K时与波长的关系[73, 92]

(b) 1.7 μm波段InGaAs 20 μm像元光电二极管的温度特性[76]

图 16.10 InGaAs 光电二极管的 R_0A 乘积

是相似的[92]。图 16.10(b)显示了 1.7 μm InGaAs 20 μm 像元二极管在 20~40℃内零偏置电阻下的温度依赖性[76]。可以看出,在测试的温度范围内,R_0A 是扩散受限的。在-100 mV 时,电流在 $T \geqslant 7$℃时为扩散限制,在较低温度下为 gr 限制。在此偏置电压下,室温下的平均暗电流约为 70 fA,4℃时的平均暗电流约为 25 fA。

对最近提出的 InGaAs/InP 异质结光电二极管暗电流密度的分析表明,它们的值明显低于辐射限制扩散曲线[93]。用 InP 的带隙拟合可得 $\exp[-E_g(T)/2kT]$形式的经验方程,结果表明结区位于带隙较大的 InP 帽层中,电流起源于 InP,类似于 gr 电流[94]。电学结区相对于金相界面的位置变化对异质结光电二极管的性能影响非常明显,暗电流、光电流和量子效率也会随电压与温度发生变化。

标准 InGaAs 光电二极管的室温探测率约为 10^{13} cm·Hz$^{1/2}$/W。图 16.11 显示了在室温下工作的不同截止波长的 InGaAs 光电二极管的光谱响应率和探测率。对器件性能的进一步研究可以得到图 16.12[73],给出了平均 D^*与工作温度和背景的关系。在辐射受限的情况下,制作的光电二极管在 295 K 下的 D^*约为 8×10^{13} cm·Hz$^{1/2}$/W。在极低的短波红外背景下,探测器 D^*与 R_0A 乘积的关系如图 16.12(b)所示。最高平均 D^*超过 10^{15} cm·Hz$^{1/2}$/W,R_0A 乘积>10^{10} Ω·cm^2。

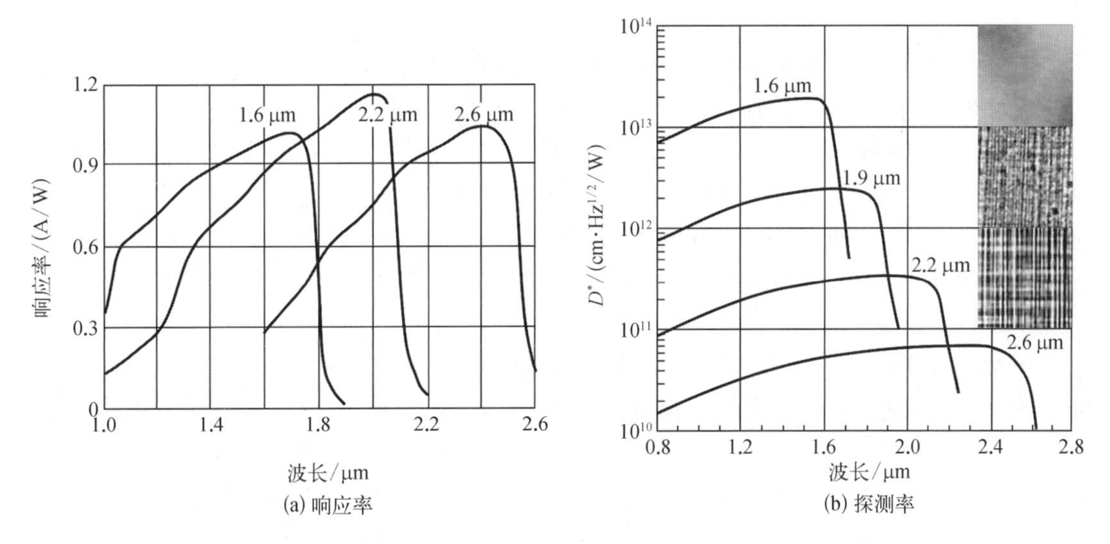

图 16.11 不同截止波长 InGaAs 光电二极管的室温光谱响应

图 16.11(b)右侧的显微照片显示了截止波长分别为 1.6 μm、1.9 μm 和 2.2 μm 的 InGaAs 有源层的表面形貌。随着 In 组分的增加,标志着失配位错的条纹有所增加

16.2.2 铟镓砷雪崩型光电二极管

通信应用中最早的 APD 是基于硅的,它采用直通式结构,具有相对较薄的高电场倍增区和较厚的低场载流子漂移区[95]。这种结构具有相对低的工作电压,提供了高量子效率、大的 α_e/α_h 比(通常为 10~100)、适合的速度、高增益和非常低的噪声。随着基于光纤的光通信系统的发展,对能够探测 1.3 μm 和 1.55~1.65 μm 波长的 APD 提出了更高的要求。能够探测该波长范围内的锗 APD 的 α_e/α_h 比为 1.5,因此无法获得低的过量噪声[96-98]。此外,量子效率在 1.5 μm 以上迅速下降,光电二极管会受到高的热产率的影响。

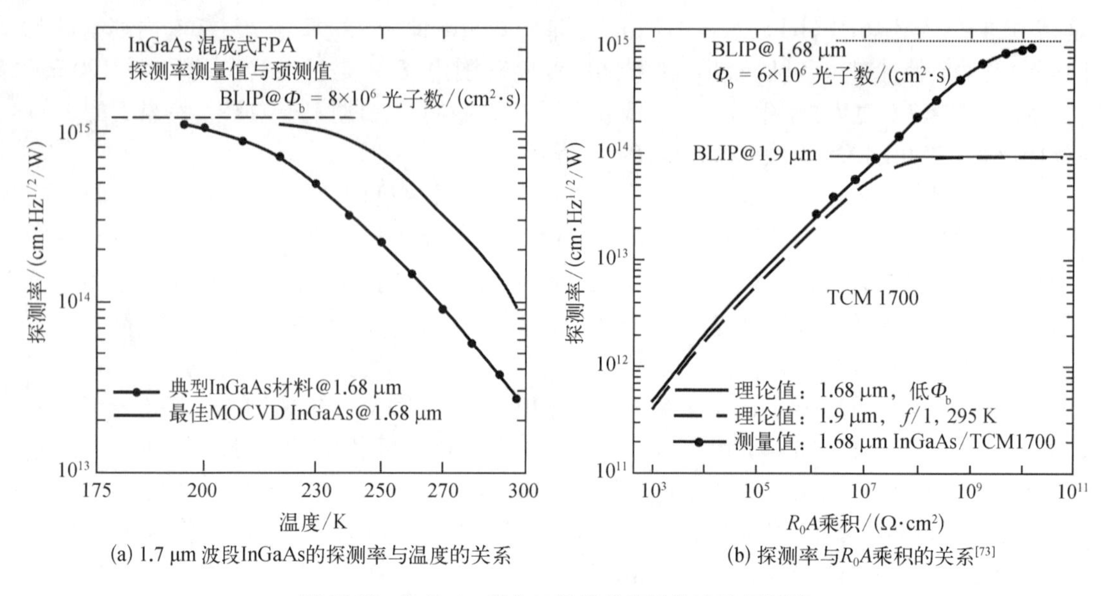

(a) 1.7 μm 波段InGaAs的探测率与温度的关系　　(b) 探测率与R_0A乘积的关系[73]

图 16.12　InGaAs 光电二极管的实验和理论探测率

对于高速接收器，必须在很短的响应时间获得光生载流子，并具有高带宽。这些参数主要受吸收区与倍增区之间的异质结形状和整个器件的掺杂分布的限制。在 InGaAs 的情况下，想通过增加电场来尝试获得显著的雪崩增益是不可能的，因为会引发隧穿机制，并带来非常高的漏电流。较小的电子有效质量导致在 150 kV/cm 以上的低场下，隧穿电流就会迅速增大[64,90,99]。通过将能够在低场下吸收光子的 InGaAs 区和产生雪崩倍增的宽带隙晶格匹配的 InP 区结合起来，可以克服这些问题。所得到的结构称为分离吸收倍增 APD (separate absorption multiplication APD，SAM－APD)。

SAM－APD 的一个例子如图 16.13 所示，右侧是整个异质结的能带图。光在 InGaAs 中被吸收，空穴(具有比电子更高的碰撞电离系数；这确保了低噪声工作)被扫到 InP 结，在那里发生雪崩倍增。由于结区位于宽禁带材料(InP)中，这种结构将低的漏电流与窄禁带 InGaAs 吸收区提供的较长波长的灵敏度结合在一起。可以获得 pA 量级的暗电流。然而，SAM－APD 的运行存在一个潜在的问题。空穴会在 InGaAs/InP 异质结价带的不连续处积

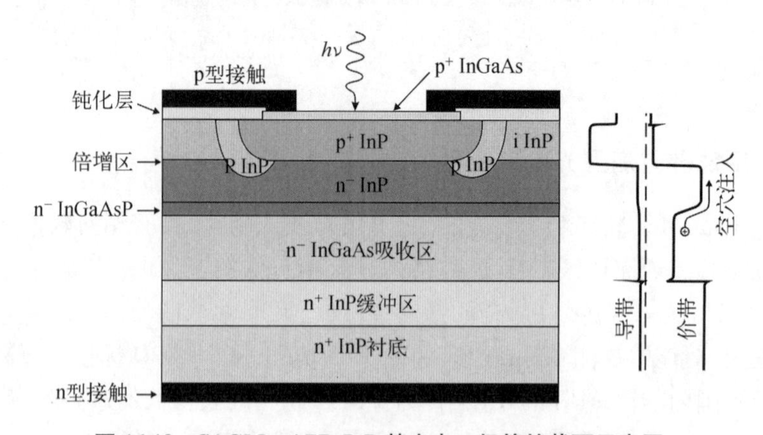

图 16.13　SAGM－APD InP 基光电二极管的截面示意图

累,从而增加响应时间。为了缓解这一问题,可以在 InP 和 InGaAs 之间插入一个梯度带隙的 InGaAsP 层。这种改进的结构称为分离吸收梯度倍增 APD(separate absorption graded multiplication APD,SAGM - APD)。在倍增噪声低、增益带宽乘积足够高的情况下,APD 的灵敏度比 p-i-n 高 5~10 dB。

在实际器件中,1~2 μm 厚的吸收区是非掺杂的。梯度层(0.1~0.3 μm)和雪崩层(1~2 μm)掺杂到 1×10^{16} cm^{-3}。p^+层可以很薄,掺杂浓度为 10^{17}~10^{18} cm^{-3}。结区的制备通常是在封闭安瓿中采用结构 SiO_2作为掩模,在 InP 中进行锌 p^+型扩散倍增和 Cd 扩散(或注入)最上层的 InP 层形成保护环。长期老化测量(在 150℃和 100 μA 反向电流下经过 30 000 h)证明了该器件的出色稳定性[79]。

InGaAs SAM - APD 的关键部分是 InGaAs 吸收层和 InP 倍增层之间的场控制层的厚度和掺杂。雪崩增益和过量噪声主要由 InP 的电离系数决定[100]。在 InP 中,空穴电离系数 α_h大于电子电离系数 α_e,α_h/α_e在低场时为 4,在高场时为 1.3。根据麦金太尔局域理论,在空穴引发倍增的 1 μm 厚的雪崩结构中,这会在 APD 中产生 $1/k$ ($k=0.4$) 相关的噪声(图 16.14)。

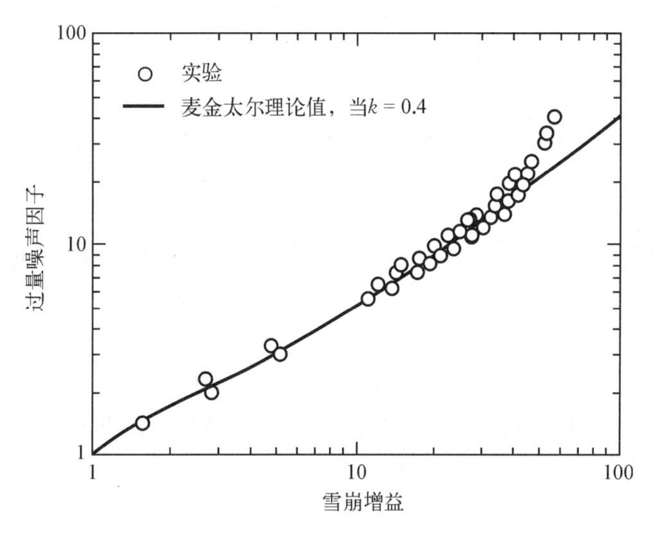

图 16.14 SAGM - APD InP 光电二极管的过量噪声因子与雪崩增益的关系

在过去的十年中,由于材料的改进和先进器件结构的发展,用于光纤通信系统的 APD 性能得到了改善[69,70,101]。这些改进包括引入吸收/倍增区带隙中的连续或阶梯式分级结构,以防止载流子捕获,并尝试引入场控制层。Campbell[70]在电信 APD 的综述中对这些新结构进行了更详细的描述。由于对更高工作速度的要求,这些器件中雪崩区域的宽度持续缩小。McIntyre 局域理论无法预测薄的雪崩宽度时器件的噪声性能(图 16.15)。对于空穴引发的倍增,雪崩宽度为 0.25 μm 的 InP 二极管表现出相当于 $1/(k\sim0.25)$ 的噪声性能,尽管在这种电场下的实际电离系数约为 0.7,比用麦金太尔模型得到的值要大得多。过量噪声的显著降低是由于在亚微米雪崩区域观察到的死区效应。通过引入与 InGaAs 和 InP 晶格匹配的 InAlAs 来代替 InP 作为倍增区,可以进一步提高器件性能。在低电场下,α_e/α_h比明显大于 InP 中的 α_h/α_e。此外,由于 InAlAs 具有较大的 α_e/α_h比,以及 InP 中死区带来的有利影响，在给定增益下，InAlAs 中的过量噪声因子明显低于 InP 中的过量噪声因子。

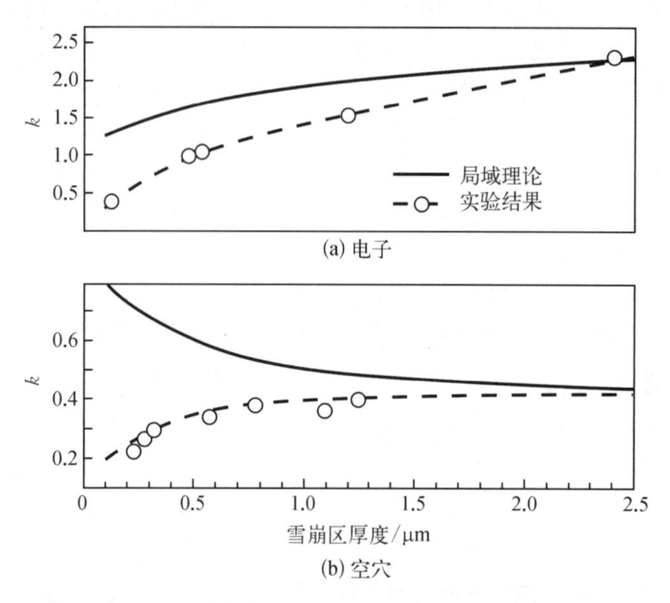

图 16.15 对于电子和空穴引发的倍增，InP 中的有效电离系数比 k 与雪崩区厚度的关系[101]

InGaAs/InP APD 和 InGaAs/$In_{0.52}Al_{0.48}As$ APD 的增益带宽乘积（gain-bandwidth product，GBP）实验结果分别限制在 80～120 GHz 和 105～160 GHz，如图 16.16 所示。最近，Xie 等[102]报道了第一个与 InP 工艺兼容的 400 GHz 以上高 GBP 的 InGaAs/AlGaAsSb APD，在 10 Gbit/s 以上的电信/数据通信网络中具有明显的开发前景。与之前报道的 1 550 nm 波长 APD 的 GBP 值相比，性能上跨越了一大步。该器件具有很小的带间隧穿电流，在 1 550 nm 处的最大响应率为 5.33 A/W，最大-3 dB 带宽为 14 GHz。

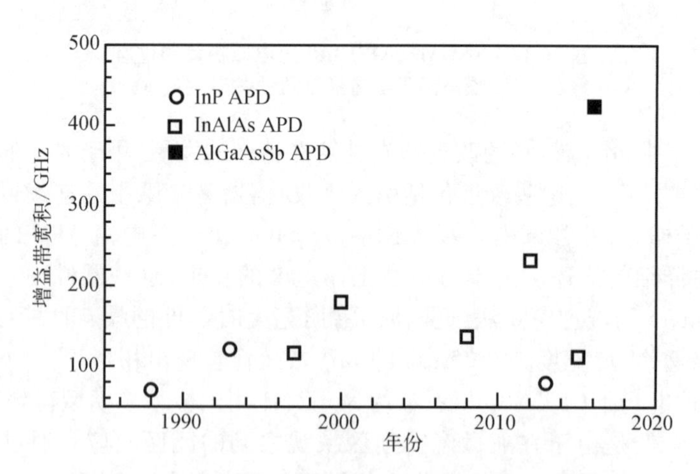

图 16.16 具有 InP 和 InAlAs 雪崩层的 APD，实验获得的典型增益带宽乘积值的比较

16.3　二元Ⅲ-Ⅴ族光探测器

16.3.1　锑化铟光电导型探测器

对光电导探测器的基本要求是一种纯度非常高的材料,其中可以引入少量且可精准控制的特定杂质。InSb 光电导通常由 p 型材料(通常使用锗等掺杂剂)制成,77 K 时自由载流子浓度小于 10^{14} cm^{-3},空穴迁移率为 7 000 $cm^2/(V \cdot s)$,位错密度小于 10^2 cm^{-2}。p 型光电导的较高电阻和没有扫出的特性使其具有比 n 型器件更高的响应率[6]。在低温下的 p 型材料中,两种类型载流子的寿命有很大的不同($\tau_e<10^{-9}$ s, $\tau_h \approx 10^9/p$)[103]。少子的强俘获效应减小了器件中的漂移长度,从而增加了扫出开始产生时的偏置场。与由无陷阱的 p 型材料制成的小型探测器相比,它可以实现更高的 D^*值。高质量的光电导也可以由 n 型材料制成,载流子浓度低于 10^{14} cm^{-3},电子迁移率在 77 K 时为 7.5×10^5 $cm^2/(V \cdot s)$[104,105]。

根据它们的用途,探测器的感光面积从几十平方微米到几平方毫米不等。较小的感光面积可以用于快速响应,较大的感光面积用于高响应率。对于 300 K 工作器件,最佳元件厚度为 5~10 μm,而对于 195 K 和 77 K 光电导元件,最佳厚度约为 25 μm[5]。

Kruse[5]曾准确描述了制备 InSb 光电导探测器的步骤。将具有所需电学性能的晶片切割成元件大小,并使用细小的氧化铝粉末对两个表面进行镜面研磨。接下来,通过在等体积的未稀释 HF、HNO_3和 CH_3COOH 的混合物中蚀刻到最终厚度,化学去除氧化膜和损伤层的表面。然后用环氧树脂将元件安装在蓝宝石基板上。此外,也可以使用热膨胀系数接近 InSb 的其他衬底,如 Ge 和 Irtran 2。从平板上去除敏感元件的另一种方法是采用光刻技术。电接触是焊接的,使用铟基电极材料。

为了长期控制和稳定 InSb 探测器的性能,需要在其表面形成钝化层。这种钝化改变了表面的特性及探测器的行为[104]。Sunde[106]已经发现光电导体的退化是由 InSb 表面氧化层中的浅陷阱引起的。通常在 0.1 mol/L KOH 溶液中进行阳极氧化,可获得约 50 nm 厚的钝化层。此外,在钝化层的顶部,蒸发约 0.5 μm 厚的 SiO_x或 ZnS 层可以提供更稳定的表面。这一层也是减反射层。

用于不同应用的探测器通常配有独立的热隔离封装,包括窗口、辐射屏蔽、引线输出和制冷装置。

在 77 K 下,宽掺杂范围内,p 型 InSb 光电导探测器的探测率受 gr 噪声限制,偏置电压远低于扫出效应电压或功率耗散极限。对于单一类型的中心,激发和复合情况下的 gr 噪声表达式由式(16.9)给出[107]:

$$V_{gr}(0) = \frac{2V_b\tau_h^{1/2}}{(lwtp)^{1/2}} \tag{16.9}$$

响应率[5,6]为

$$R_v = \frac{\eta\lambda V_b\tau_b}{hclwtp} \tag{16.10}$$

于是,结合式(4.33),可得

$$D^* = \frac{\eta\lambda\tau_h^{1/2}}{2hct^{1/2}p^{1/2}} \tag{16.11}$$

Kruse[5]给出了 InSb 的光电导效应详细的理论，其中推导了三种工作温度（77 K、195 K 和 300 K）下的光谱响应率和探测率的表达式。

图 16.17 显示的是 InSb 光电导的探测率随波长的变化，调制频率作为一个独立的参数。现有的 77 K 探测器的探测率通常为 $5\times10^{10}\sim10^{11}$ cm·Hz$^{1/2}$/W，灵敏度峰值为 5.3 μm，可制成接近背景限探测率的器件。对于 0.5×0.5 mm^{2}的单元，在最佳信噪比下获得了 10^5 V/W 以上的响应率，电阻通常为 2 kΩ/sq。噪声特性并不总是与偏置电流呈线性关系，超过某一临界值后，噪声会迅速增加。在 100～150 Hz，噪声与 $1/f$ 成正比。从 150 Hz 到几千赫兹，gr 噪声占主导。在更高的频率范围内，噪声受到约翰逊噪声的限制。

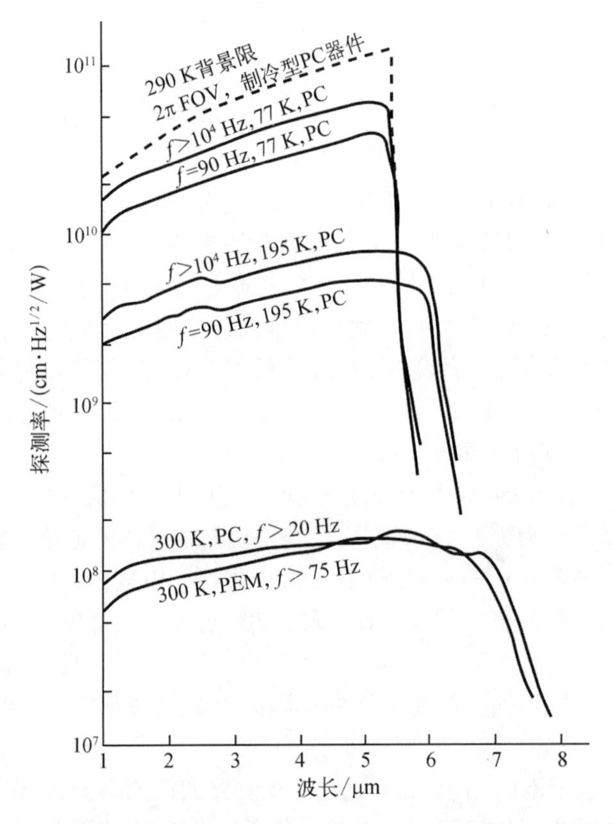

图 16.17 在 77 K、195 K 和 300 K 下工作时，InSb 光电导（photoconductive，PC）和光电磁（photoelectromagnetic，PEM）探测器的典型光谱响应[5]

InSb 光电导也可工作在 190～300 K 内，不制冷或使用热电制冷。随着工作温度的升高，长波响应增加，探测率明显降低。室温下，峰值波长 $\lambda_p\approx6$ μm 处的探测率可达 2.5×10^8 cm·Hz$^{1/2}$/W。1×1 mm^{2}探测器的电压响应率可达 0.5 V/W。较低的时间常数（约为 0.05 μs）使其适用于高速应用。对于 77 K 的光电导探测器，时间常数通常为 5～10 μs。

Pines 和 Stafsudd[104,105]报道了高质量 n 型 InSb 光电导体的光电导数据。研究表明，表面钝化探测器的参数受体材料特性的限制。图 16.18 显示了 n 型光电导探测器的响应率和

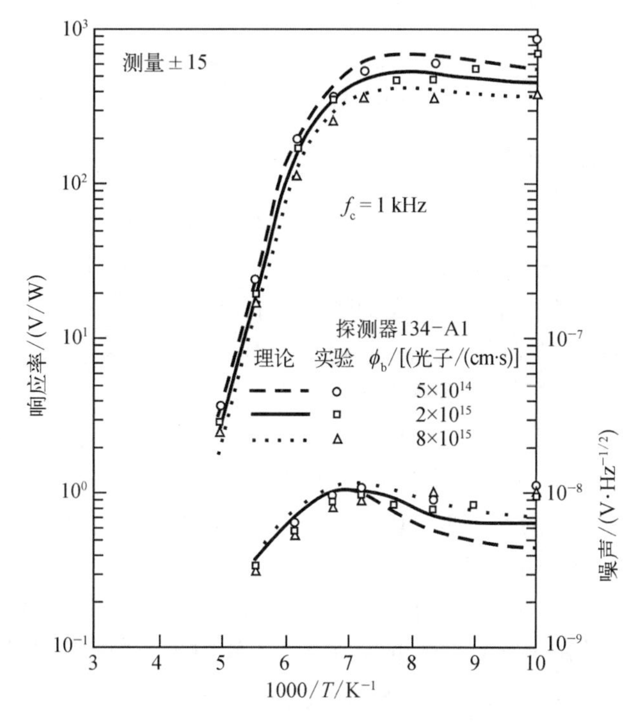

图 16.18　n 型 InSb 光电导的响应率和噪声随温度的变化[105]

噪声随温度的变化。在较高温度下,响应率和噪声略依赖于背景光子通量密度。在较高温度下响应率和噪声的滚降可以与载流子寿命的减少和多子浓度的增加相关联。

16.3.2　InSb 光电磁型探测器

室温工作的 InSb 光电磁(photoelectromagnetic,PEM)探测器在 5~7 μm 内具有良好的性能。制冷困难阻碍了探测器在低温 195 K 或 77 K 下工作。此外,低温工作下它们与光电导或光伏探测器相比没有任何优势。Kruse[5]对 InSb PEM 探测器的工作原理、技术和性能进行了全面的回顾。

InSb PEM 探测器的制备与光电导器件的制备相同。然而,光电导探测器要求正面和背面的表面复合速率都很低,而 PEM 探测器则要求正面的复合速率低,背面的复合速率高(见 12.10.1 节)。

在空穴浓度约为 7×10^{16} cm^{-3}的 p 型材料中测得最高的响应率和探测率。对于参数的假设值(λ_c=6.6 μm, B=0.7 T, t=20 μm),最大探测率约为 6×10^8 $cm\cdot Hz^{1/2}/W$,响应率约为 5 V/W。为了获得轻微的 p 型材料,通常用锌或镉来补偿 InSb 单晶中的残余施主。对于 300 K 的 PEM 探测器,最佳厚度约为 25 μm。该探测器的外壳设计采用了永磁体(图 12.50)。样品内要求高磁通密度,因此样品宽度限制在大约 1 mm 或更小的值。

图 16.17 显示了 300 K InSb PEM 探测器的光谱探测率。当频率大于 75 Hz 时,探测率的峰值约为 2×10^8 $cm\cdot Hz^{1/2}/W$。通常,D^*的峰值出现在 6.2 μm[108,109]。已发现响应时间不大于 0.2 μs。这在宽带应用中是一个很有吸引力的特性。

非制冷 InSb 质子交换膜探测器(5.5~6.5 μm)的最大响应区在“大气窗口”之外。实现波长大于 8 μm 的非制冷辐射探测器是一个现实问题。Jóźwikowski等[110]指出 $InAs_{0.35}Sb_{0.65}$中的 PEM 效应可以作为长波非制冷探测器的基本原理。

16.3.3 InSb 光电二极管

最近在红外探测器技术方面的研究主要集中在大型电扫描的 FPA 上。目前,混成式 FPA 的设计是基于结型光电二极管的,因为它降低了电耗散,具有高阻抗可直接匹配到硅读出电路的输入极,并且对读出器件和电路的噪声要求较低[111]。

Ⅲ-Ⅴ族光电二极管的制备方式一般包括杂质扩散[112-122]、离子注入[123-135]、液相外延[136-144]、分子束外延[38,47,145-148]和 MOCVD[38,47,149]。

最初,InSb 中的 p-n 结是通过在 77 K 时将 Zn 或 Cd 扩散到净施主浓度为 10^{14} ~ 10^{15} cm^{-3}内的 n 型衬底中形成的[3,112]。为了提供平坦、无损伤的表面,衬底经过化学或电化学抛光。Catagnus 等[116]使用 5∶45∶50 的 In∶Sb∶Cd 组分源在封闭式安瓿中制作 p-n 结。在 250~400℃下,结深随时间的变化可由公式 $x = 40.5\ \text{cmh}^{-1/2}(t)^{1/2}\exp(-0.80\ \text{eV}/kT)$ 确定。Nishitani 等[117]在 355~455℃内,使用元素 Zn 或 Zn 和 Sb 的组合作为扩散源。制备 p-n结时建议的最佳源为 $N_{Sb}/N_{Zn} \geq 5$ 的扩散源。还使用了一种改进的技术,该技术采用了双温区方法,其中 Cd 源温度为 380℃,InSb 衬底温度为 440℃[121,122]。

图 16.19 为制造 InSb 台面光电二极管的 10 个主要工艺步骤[150]。探测器的敏感元表面需镀制阳极层用于稳定表面态的阳极层和 SiO 减反层。

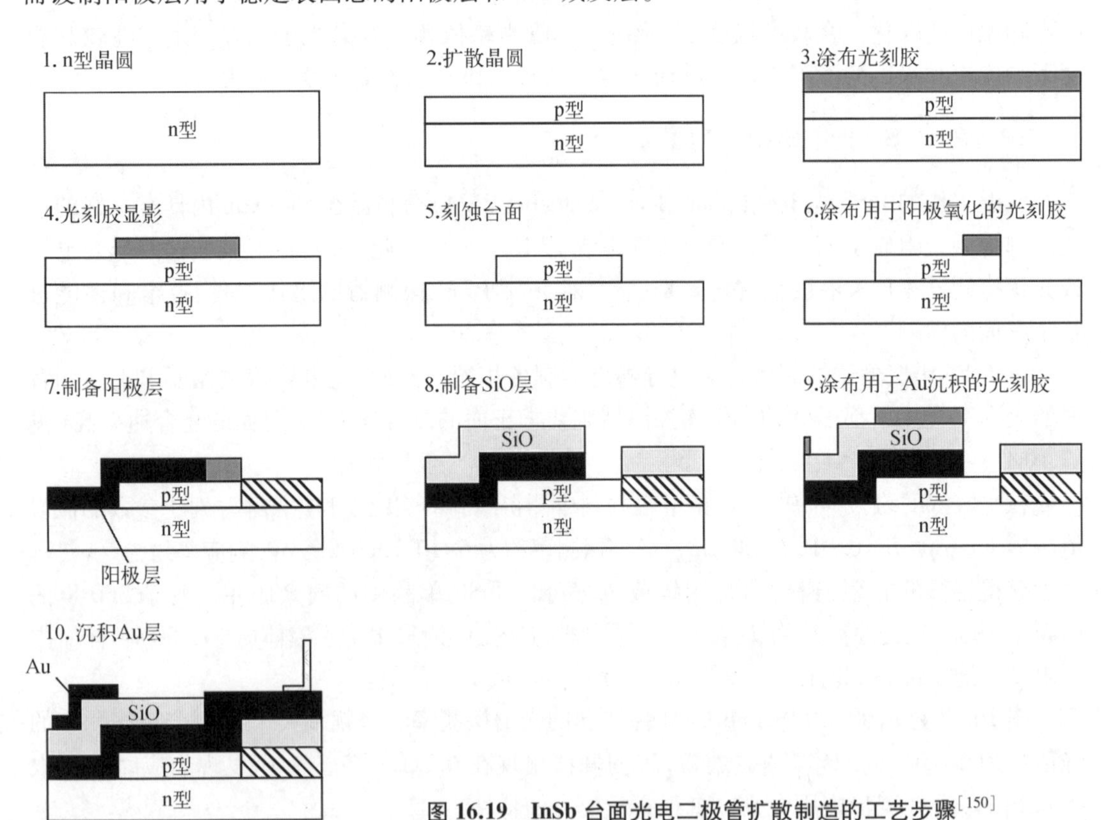

图 16.19 InSb 台面光电二极管扩散制造的工艺步骤[150]

然而,有研究人员发现,锌和镉会产生一个很难去除的多孔表面[125]。为了回避这个表面的问题并制作高质量的 p－n 结,已经试用了轻离子铍和镁的注入[123-135]。硫[124]和质子[123]注入形成 n－p 二极管,锌和镉注入形成 p－n 二极管也有报道。结果显示,在室温下对 InSb 注入重离子可使其成为非晶态[129]。锌和镉可能太重,而不适合注入 InSb。

Hurwitz 和 Donnelly[125]报道了铍注入制备的 InSb 光电二极管。这种二极管工艺已用于单片 InSb CCD 阵列、平零型输入结构和简单的输出端电荷提取或电荷掠过电路[126]。铍注入也用于形成 InSb MOSFET 的源极和漏极。在施主浓度为 10^{14}～10^{15} cm^{-3}的(100)取向的薄片上制作二极管。注入前,每个晶片在 30 V 的 0.1 mol/L 浓度的 NH_4OH 溶液中进行抛光和阳极氧化 30 s,以在后续工艺中保护表面。然后将 5 μm 厚的光刻胶旋涂到每个样品上,并在光刻胶上打开直径为 0.5 mm 的孔阵列,以形成阻挡离子的掩模。在离子注入能量为 100～200 keV,剂量为 2×10^{14}～5×10^{14} cm^{-2}的条件下,得到了最佳的光电二极管。样品倾斜 7°可以减少沟道效应。去除光刻胶后,在 350℃沉积热解 SiO_2涂层 2～3 min(100 nm),然后在 350℃退火 15 min。该工艺有效地消除了室温 Be 离子注入引起的辐射损伤。接着,将约 0.4 μm 的 InSb 与在退火过程中形成的表面反型层一起去除。人们发现,这对制造好的二极管至关重要。在刻蚀和漂洗之后,立即在晶片上镀上 150 nm 的氮氧化硅和 100 nm 的二氧化硅,以提供稳定的表面。为了允许调整表面电位以获得最佳二极管性能,采用了场保护环。与 p 型区的接触是通过在 0.5 μm 厚的 Au 上镀上 1.5 μm 的 In 来实现的。衬底与 In 接触。图 16.20(a)显示了成品二极管晶片的横截面示意图[125]。

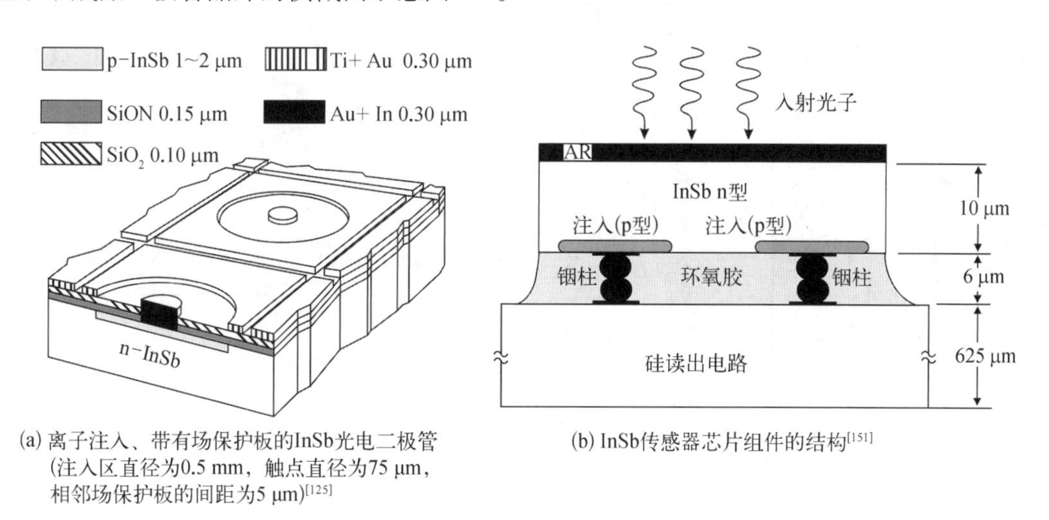

(a) 离子注入、带有场保护板的InSb光电二极管(注入区直径为0.5 mm,触点直径为75 μm,相邻场保护板的间距为5 μm)[125]

(b) InSb传感器芯片组件的结构[151]

图 16.20 InSb 光电二极管的截面图

目前,在 InSb 光电二极管的制造中,通常不使用外延技术,标准的制造工艺是从施主浓度约为 10^{15} cm^{-3}的 n 型体材料单晶开始的。市场上有直径为 4～6 英寸的相对较大的体生长晶体。混成式阵列尺寸可以高达 4 096×4 096 像元,这是因为 InSb 探测器材料(在表面钝化和与读出芯片混成之后)可以被减薄到小于 10 μm,从而可以适应 InSb 和硅读出电路的热失配[151]。如图 16.20(b)所示,BSI InSb p－on－n 探测器是一个带有离子注入结的平面结构。混成后,探测器与硅读出电路之间填充环氧胶,通过金刚石车削使探测器减薄至 10 μm 或更薄。薄的 InSb 探测器的一个重要优点是不需要衬底;这些探测器在可见光部分也有响应。

此外,也可以通过分子束外延生长 InSb 及相关合金,并通过掺杂衬底来获得透明层[152]。在后一种情况下,不需要对探测器材料进行减薄。

正向 $I-V$ 特性由 $J = J_0\exp(qV/\beta kT)$ 给出,$\beta\approx1.7$。由正向 $I-V$ 曲线可以确定扩散电流分量 $J_D = J_s[\exp(qV/kT) - 1]$。$J_s$在 77 K 时为 $5\times10^{-10}\sim7\times10^{-10}$ A/cm^2,与反向偏压下的生成复合电流密度相比可以忽略不计。在 77 K 下,R_0A 的测量值大于 10^6 Ω·cm^2。图 16.21(a)显示了铍离子注入形成的 InSb 平面 p^+-n 结的电流密度与反向电压的关系。基材是用提拉法或液相外延生长技术获得的。偏置较小(A)时,电流显然受 gr 限制。由式(12.113)和参数 $N_d=6.6\times10^{14}$ cm^{-3}, $V_{bi}=0.209$ V, $\tau_0=10^{-8}$ s, $E_t=E$, $n_i=2.7\times10^9$ cm^{-3}可以计算出图中标注了 J_{gr}的实线。随着 V 的增加,光电二极管进入击穿区域, J 随 V 呈超线性增加趋势。击穿区域中的电流与掺杂强烈相关,这被认为来自于带间隧穿过程。实线(B)和(C)是用类似于式(12.118)计算的隧穿电流,分别对应 $N_d=6.6\times10^{14}$ cm^{-3}和 1.4×10^{14} cm^{-3}。在液氦温度下,采用带间隧穿模型可以计算出虚线(D)和(E)。图 16.21 中可以看到,当反向电压超过 2 V 时,隧穿效应占主导。二极管的电流密度比直拉法材料的电流密度低约 5 倍。在给定的工作温度下,在外延材料中观察到的较长的少子寿命会直接反映为光电二极管中暗电流密度的降低[153]。

图 16.21(b)比较了当前高性能大规模 FPA 中使用的 InSb 和 HgCdTe 光电二极管的暗电流与温度的关系[154]。这一比较表明,MWIR HgCdTe 光电二极管在 30~120 K 内明显具有更高的性能。带隙中存在缺陷中心,InSb 器件在 60~120 K 内以 gr 电流为主,而 MWIR HgCdTe 探测器在此温度范围内不表现出 gr 电流,并且受到扩散电流的限制。此外,波长的

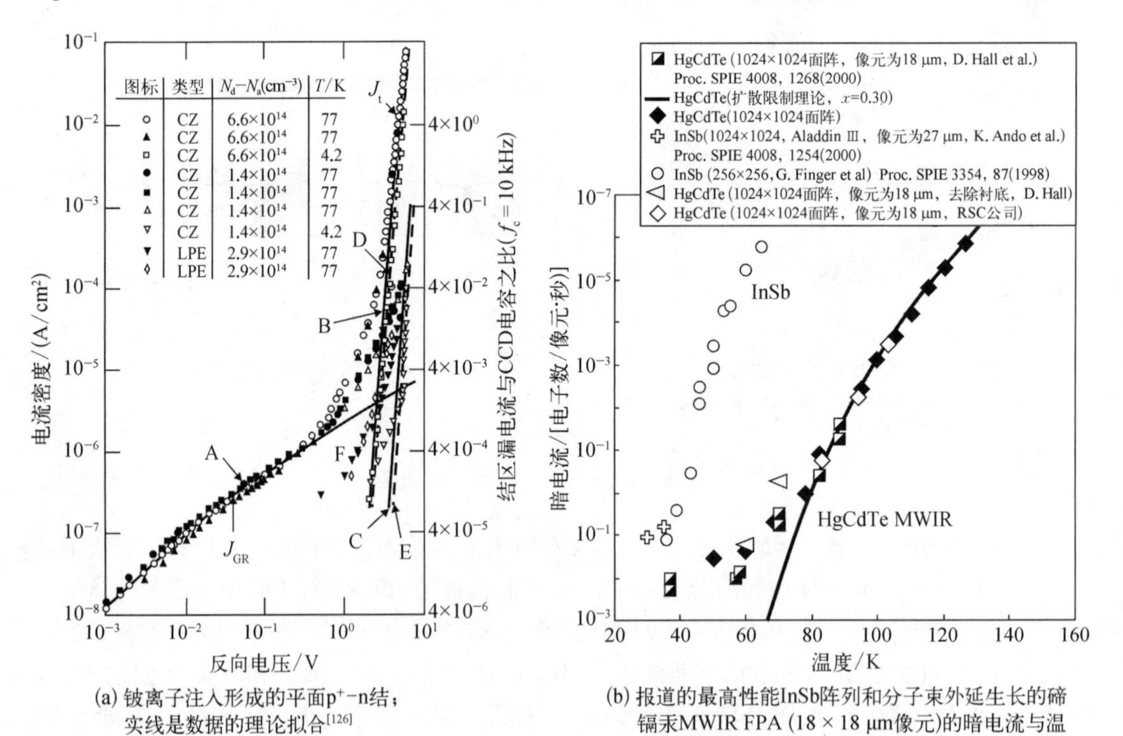

(a) 铍离子注入形成的平面p⁺−n结;实线是数据的理论拟合[126]

(b) 报道的最高性能InSb阵列和分子束外延生长的碲镉汞MWIR FPA (18 × 18 μm像元)的暗电流与温度的关系比较[154]

图 16.21 InSb 光电二极管的电流密度与反向电压的关系

可调性使碲镉汞成为首选材料。

电容-电压测量给出的 $C-V$ 表现为 C^{-2} 的关系，证实了 Be 二极管是单边突变结。零偏下的 RC 时间常数约为 0.4 ms。

最简单的 InSb 光电二极管结构（只需要一个绝缘层和电接触表面金属化）通常用于大的单元探测器。然而，该方案有几个缺点：焊盘电容成为总器件电容的重要部分（特别是对于小面积探测器）；在紧密间隔的多元件阵列中，不能再使用焊盘完全盲化元件之间的所有敏感区。在多像元成像和光谱分析系统中，光电二极管之间曝光的半敏感区域可能会导致分辨率下降（InSb 二极管 n 区的少子扩散长度为 20~30 μm）。为了最大限度地提高 InSb 光电二极管的有效分辨率和响应率，需要将体材料减薄到约 10 μm。对于 2~5 μm 内的高性能 FPA，必须明确定义光电二极管参数，以设计完整的探测器/前置放大器封装。高度均匀的 InSb 材料配合扩散工艺或精确控制器件几何形状的注入工艺，可以生产出响应性能极佳的探测器阵列。

Bloom 和 Nemirovsky[155,156] 提出了一种改进的 BSI 平面栅控（蒸发钛）InSb 光电二极管加工工艺，其有源 n 型区域载流子浓度约为 10^{15} cm^{-3}。光电二极管设计如图 16.22 所示。在（111）晶片上注入剂量为 5×10^{14} cm^{-2}、能量为 100 keV 的 Be，然后在氮气气氛中以 350℃ 退火半小时，形成 p^+-n 结。对于正面和背面表面，他们使用了改进的表面钝化，采用改进的紫外光辅助 SiO_x 沉积（PHOTOX）。在这一过程中，50℃ 下，汞原子吸收波长为 2 537 Å 的紫外线而被激发，反应气体（SiH_4 和 N_2O）通过与被激发的汞原子碰撞而发生光解。在 In 表面上形成强烈堆积，降低了表面复合速率。由此产生的带间过程会形成一个电场，延缓少子向表面复合位置的流动，将产生的空穴扫向结区，提高了量子效率。

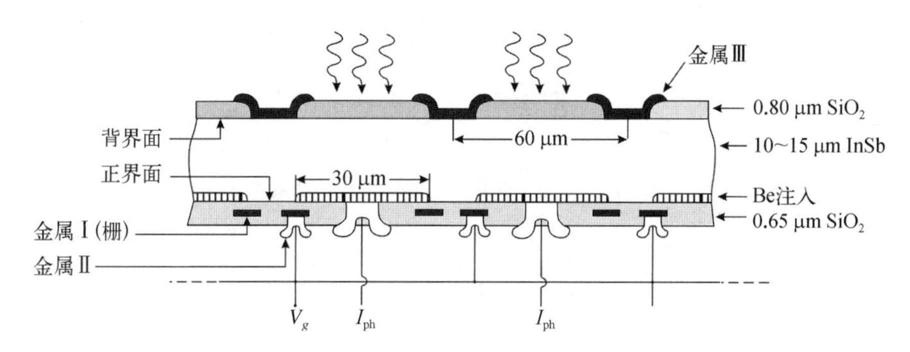

图 16.22　BSI 栅控 InSb 阵列光电二极管的横截面细节示意图[156]

Wimmers 等[118,120] 介绍了俄亥俄州梅森市辛辛那提电子公司在生产各种线列和 FPA InSb 光电二极管中的技术现状。InSb 光电二极管的制备采用了气体扩散技术，在施主浓度约为 10^{15} cm^{-3} 的 n 型衬底上通过刻蚀形成 p 型台面。扩散过程是高度受控的，在很小的表面损伤下进行 p 型层扩散，无须深度扩散和后续刻蚀。这使得台面的总高度只有几微米。开发了一种独立于键合焊盘金属化的接地埋置金属化工艺，以使 InSb 的表面变得不透明，但有源区和接触区除外。光刻的精确度和受控扩散过程为器件提供了极好的响应均匀性。

77 K 时典型的 InSb 光电二极管电阻面积乘积（RA）在零偏压下为 2×10^6 Ω·cm^2，在约 100 mV 的轻微反向偏压下为 5×10^6 Ω·cm^2（图 16.23 和图 16.24[118,120]）。当探测器用于电容放电模式时，该特性是有益的。当元件尺寸减小到 10^{-4} cm^2 时，周长/面积比增大，表面漏电

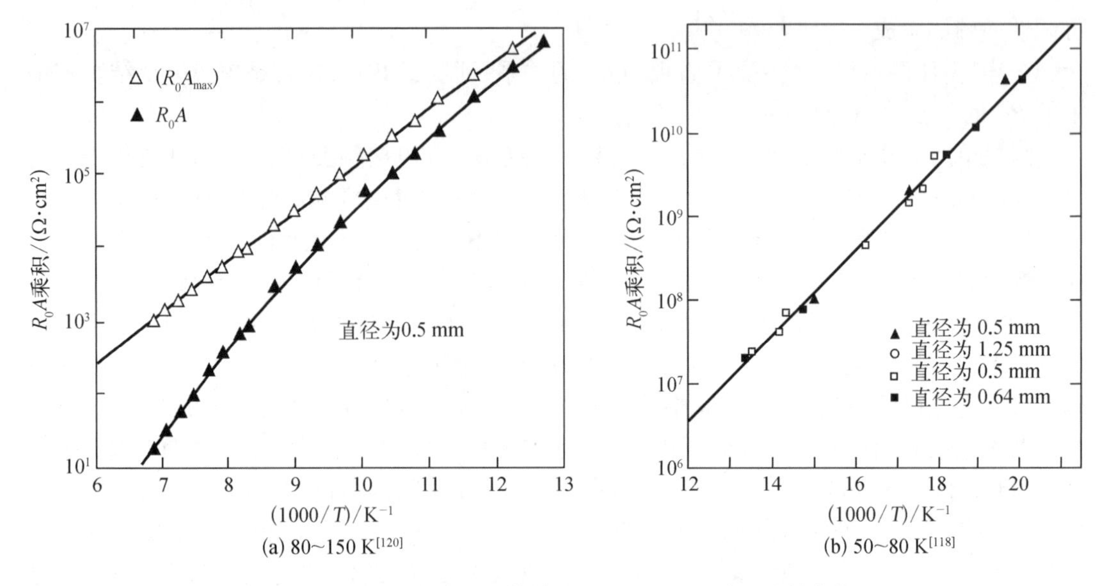

图 16.23 InSb 光电二极管的 R_0A 和 $(RA)_{max}$ 随温度的变化

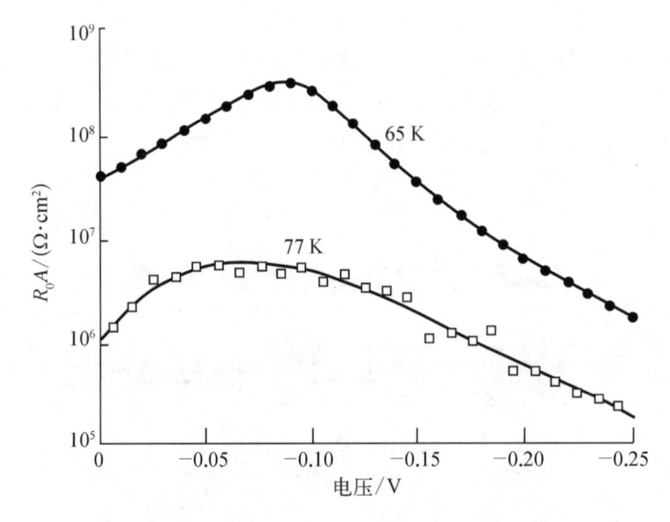

图 16.24 像元尺寸为 3.2 mil×3.2 mil 的 InSb 光电二极管在 77 K 和 65 K 时，R_0A 与反向电压的关系[120]

流的发生会引起电阻略有下降。

FPA 的性能取决于探测器单元的电容。可以认为 InSb 光电二极管电容是电压相关的结电容(与突变结模型符合得很好)和键合焊盘电容之和[120]。对于敏感元面积相对较大的二极管，键合焊盘电容和与接触面积相关的电容在二极管总电容中占比都不大。然而，随着敏感元面积的减小，二极管总电容对这两项的依赖性会变得更强。图 16.25 显示了 77 K 时 InSb 光电二极管的零偏置电容与有效面积的函数关系[118]。

如前面所述，质量最好的 InSb 光电二极管是受生成-复合限制的。在这个限制下，半导体晶格中的缺陷所产生的肖特基-里德-霍尔(Shockley - Read - Hall，SRH)陷阱提供了位于半导体带隙中的能态。在标准平面技术中，p - on - n 结是通过离子注入 n 型衬底而形成的。

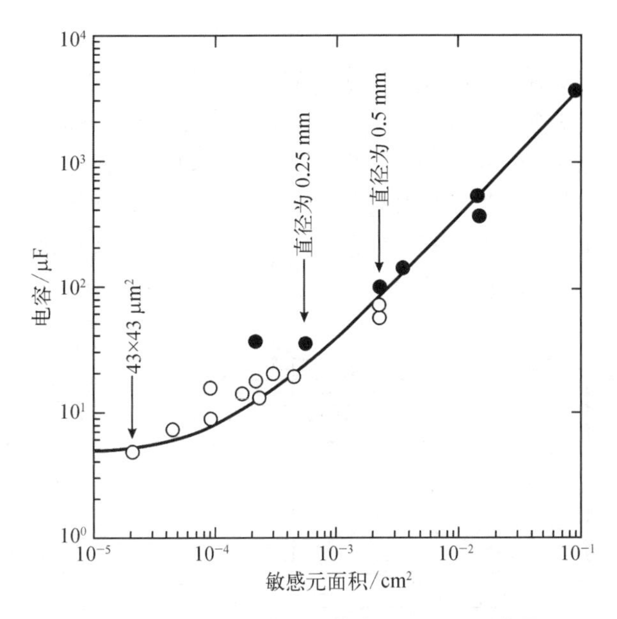

图 16.25 InSb 光电二极管在 77 K 下，零偏置电容与敏感元面积的关系

实线为理论计算的结果[118]

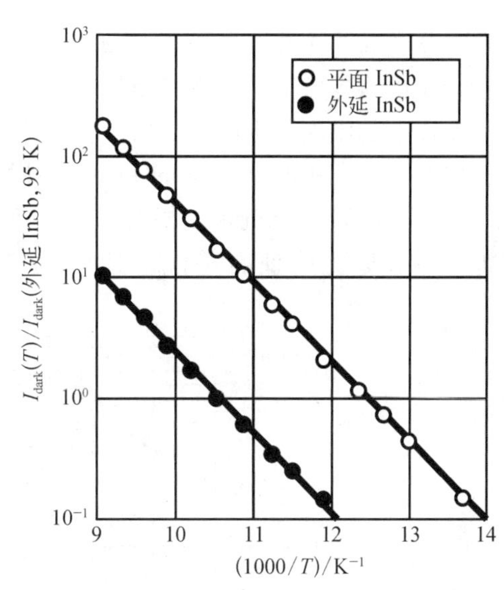

图 16.26 使用平面注入（空心圆圈）和 MBE 技术（实心圆圈）制备的像元间距为 15 μm 的 InSb 二极管，其暗电流与温度的依赖关系

实线是假定符合 gr 限制下的计算结果[148]

为了减小暗电流，采用了一种新的方法，即分子束外延生长。由于原位分子束外延生长 p-n 结构避免了注入损伤，二极管的 gr 中心浓度比标准平面 p-n 结低得多[148]。暗电流的减小程度可以根据标准结构和分子束外延生长结构中 gr 中心浓度的比值来推断。在 InSb 衬底上生长出高质量的外延层同质结后，采用超过 p-n 结深度的刻蚀，形成台面结构，将相邻二极管隔开。

图 16.26 显示了暗电流特性改善的一个例子，其中比较了像元间距为 15 μm 的平面注入 InSb 和外延 InSb FPA 中暗电流的温度依赖性。暗电流归一化为工作在 95 K 的外延 InSb 光电二极管的暗电流。实线拟合假定符合 gr 限制，激活能为 0.12 eV，相当于低温下 InSb 禁带宽度的一半左右。值得注意的是，平面 InSb 与外延 InSb 分别在 80 K 和 95 K 时获得了相同的暗电流。采用分子束外延技术后，暗电流降低为平面注入器件的 1/17。

InSb 光伏探测器广泛地用于地面和天基红外天文。应用于天体物理学，这些器件通常在 4~7 K 下使用电阻性或电容性跨阻放大器来实现最低的噪声性能[157]。在这样的低温下，InSb 光电二极管的电阻很高，以至于探测器的约翰逊噪声可以忽略不计，主要噪声源来自反馈电阻或输入放大器的噪声。由于后者直接与探测器和输入电路的总电容大小成正比，因此将其最小化就变得很重要。前面描述的 InSb 光电二极管，其性能被优化为 60~80 K 工作，已经被证明在较低的温度下由于 n 区少子寿命的减少会损失长波时的量子效率[158]。因此，对于低温应用，必须重新进行器件优化，重点是在降低探测器电容的同时最大化量子效率[159]。将 n 型区域中的掺杂浓度降低到 10^{14} cm^{-3}，再加上其他较小的工艺调整，可以最大限度地降低载流子寿命的减少，获得降低电容所能带来的额外改善。这种方法也会略微降低 *RA* 乘积，但 *RA* 乘积仍然随着温度的降低呈指数增长，直到探测器电阻不再是噪声的主要来源。

典型 InSb 光电二极管的探测率与波长的关系如图 16.27 所示。如图 16.27 所示，随着背景光通量的降低（窄视场和/或冷透镜），探测率会增加。InSb 光电二极管也可以工作在 77 K 以上的温度范围内。当然，在这个温度范围内，*RA* 乘积会降低。在 120 K 时，轻微的反向偏置下仍可获得 $10^4\ \Omega\cdot cm^2$ 的 *RA* 乘积，这就使得背景限红外探测器成为可能。在此温度范围内优化的 InSb 光电二极管的量子效率可保持到 160 K 不受影响[160]。工艺调整（如增加掺杂浓度等）可使响应率在温度升高时仍保持不变。

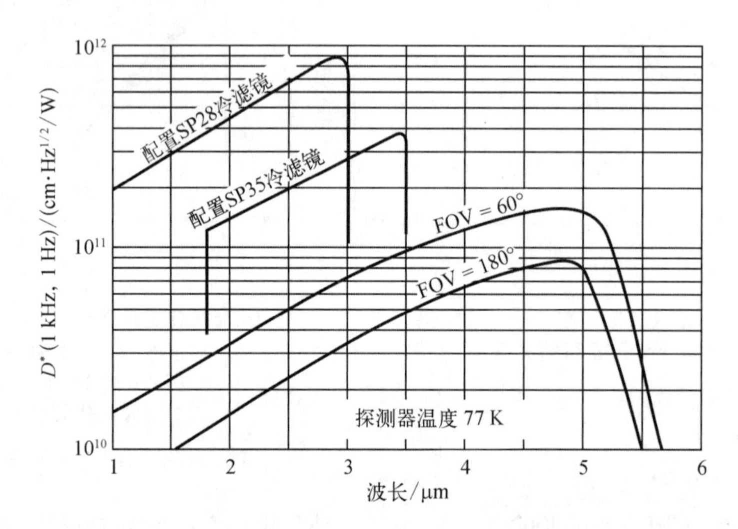

图 16.27 InSb 光电二极管在 77 K 下的探测率与波长的关系

采自贾德森公司的红外探测器产品目录（Judson Catalog, Infrared Detectors, http://www.judsontechnologies.com）

使用外延方法相较于注入或扩散结制备体材料器件，在设计时有些限制可以相应放宽。在 Te 掺杂的 InSb 衬底上外延生长 BSI InSb 光电二极管时，衬底为简并 n 型掺杂，通过伯斯坦-莫斯（Burstein - Moss）效应衬底变得透明。80 K 时，$2\times10^{18}\ cm^{-3}$ 的掺杂就可以在 3~5 μm 的大部分波长范围内获得透明衬底。

用分子束外延技术在 Si 和 GaAs 衬底上异质外延生长的 InSb 光电二极管也已有报道[38,161-167]。最近 Kuze 等[166]已经开发出一种新的微芯片尺寸的 InSb 光电二极管传感器，使用半绝缘 GaAs(100) 衬底。该传感器由 910 个串联的光电二极管组成（图 16.28）。每个光电二极管由 MBE 生长的 1 μm 厚的 n^+ - InSb 层和 2 μm 厚的 π - InSb 吸收层组成。为了减少光激发电子的扩散，在 π - InSb 衬底上生长了 20 nm 厚的 p^+ - $Al_{0.17}In_{0.83}Sb$ 势垒层。最后，生长了一层 0.5 μm 厚的 π - InSb 层作为顶接触。使用 n 型和 p 型掺杂剂分别为 Sn 和 Zn，其中 n^+ 层掺杂浓度为 $7\times10^{18}\ cm^{-3}$，π 层掺杂浓度为 $6\times10^{16}\ cm^{-3}$，p^+ 层掺杂浓度为 $2\times10^{18}\ cm^{-3}$。为了隔离台面结构，用等离子体 CVD 技术沉积了 300 nm 厚的钝化 Si_3N_4 层。最后，在使用剥离（lift-off）金属化制作 Ti/Au 后，再次使用等离子体 CVD 技术生长 300 nm 厚的 SiO_2 钝化膜。单个 InSb 光电二极管的长度为 20 μm，最终的光伏红外传感器的外部尺寸为 $1.9\times2.7\times0.4\ mm^3$。其灵敏度为 127 μV/K，噪声等效温差为 1 mK/Hz$^{1/2}$。

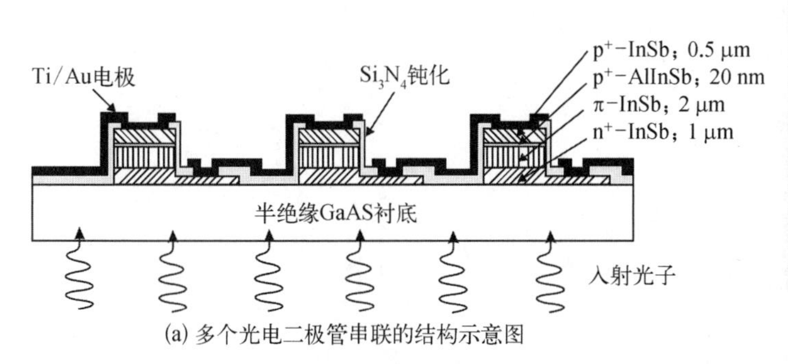

(a) 多个光电二极管串联的结构示意图

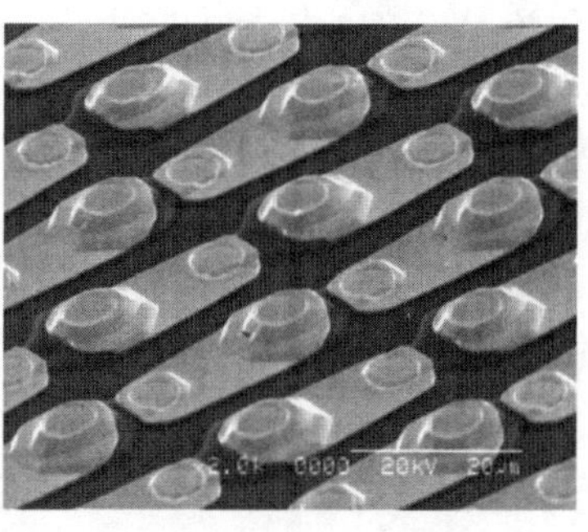

(b) 扫描电子显微镜照片[165]

图 16.28 InSb 光伏型红外传感器

16.3.4 锑化铟非平衡光电二极管

第一批非平衡 InSb 探测器具有 $p^+-\pi-n^+$结构，其中 π 代表低掺杂 p 型材料且在工作温度下是本征的。对室温下二极管中电流源的精确分析表明，p^+材料中俄歇 7 生成(Auger 7 generation)的贡献占主导地位。在低于 200 K 的温度下，光电二极管的性能取决于 π 区的肖克利-里德生成(Shockley - Read generation)过程(图 16.29)。Davies 和 White[168]研究了俄歇抑制光电二极管中的残余电流。他们发现，从有源区移除电子会改变陷阱的占据比率，从而提高有源区内肖克利-里德陷阱的生成率。

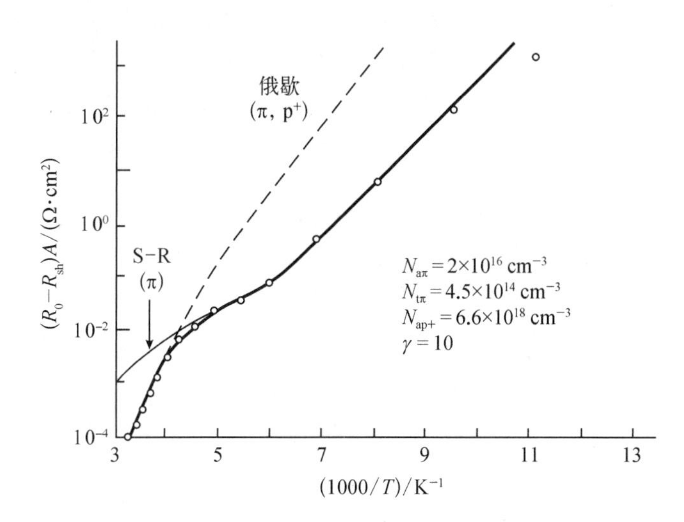

图 16.29 $p^+-\pi-n^+$ InSb 光电二极管 R_0A 乘积的温度依赖性

圆圈表示实验数据；实线显示了基于 π 与 p^+ 区域中肖克利-里德生成和俄歇生成机制的计算结果[167]

研究表明，p^+和 π 区之间的 InAlSb 薄应变层在导带中会产生势垒，大大减少了电子从 p^+层向 π 区的扩散，从而改善了室温性能[169,170]。这种 $p^+-P^+-\pi-n^+$ InSb/$In_{1-x}Al_xSb$ 结构由分子束外延技术在 420℃下用掺硅(n 型)和掺铍(p 型)的 InSb 层制备而成。各层的典型掺杂浓度和厚度如图 16.30(a)所示。$In_{1-x}Al_xSb$ 层的组分 x 为 0.15，导带势垒高度估计为

0.26 eV。中心区域通常为 3 μm 厚,并且不是刻意掺杂的。采用台面刻蚀的方法在 p^+ 区制备了直径为 300 μm 的圆形二极管,并用阳极氧化物对其进行了钝化处理。每个台面的顶部溅射环状铬/金电极,其内径为 180 μm,外径为 240 μm,直到 p^+ 区。减反射膜采用 0.7 μm 厚的薄氧化层。

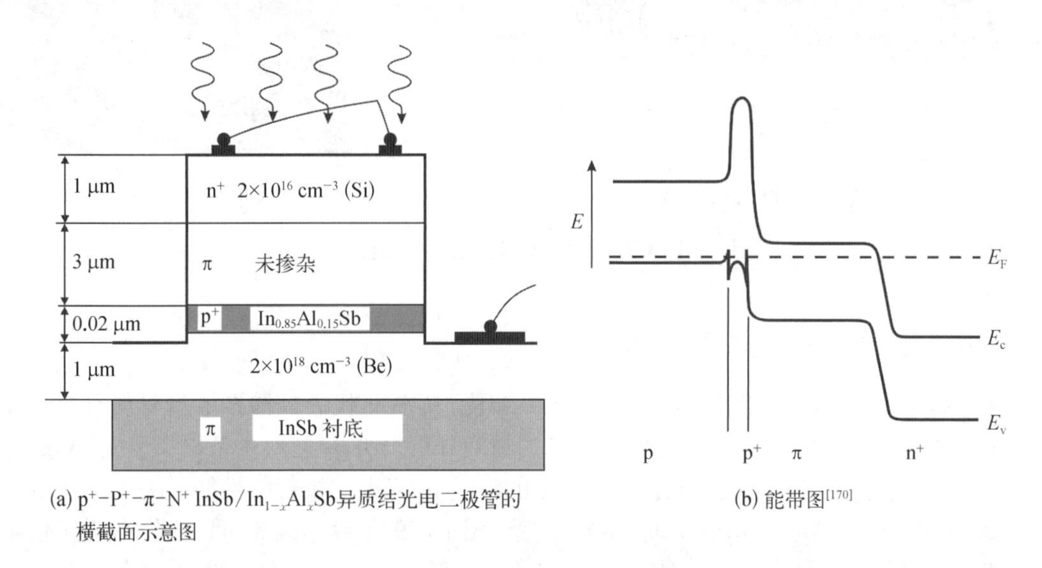

(a) $p^+-P^+-\pi-N^+$ InSb/$In_{1-x}Al_xSb$异质结光电二极管的横截面示意图

(b) 能带图[170]

图 16.30　InSb/InAlSb 异质结光电二极管

$p^+-P^+-\pi-n^+$ InSb/$In_{1-x}Al_xSb$ 无偏压异质结光电二极管的探测率大于 2×10^9 cm·Hz$^{1/2}$/W,峰值响应率为 6 μm,比典型的商用单元热探测器高一个数量级。图 16.31 为 InSb 光电二极管的探测率与温度的理论计算曲线。例如,可以看到工作温度在 200 K 附近增加了约 40 K。然而,工作在环境温度附近的 InSb 探测器与 3~5 μm 的大气透射窗口不能很好地匹配。一

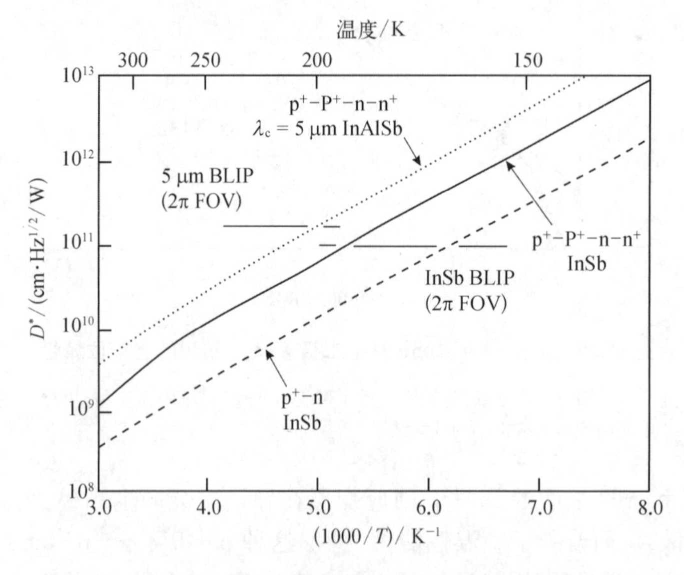

图 16.31　InSb 光电二极管的探测率与温度的理论计算曲线

对比了体材料 InSb(短划线)、外延 InSb(实线)和具有 5 μm 截止波长的外延 InSb(点虚线)[170]

种解决方案是由 $In_{1-x}Al_xSb$ 形成有源区，其组分可使截止波长降低到最佳值。要获得 5 μm 截止波长，需要在 200 K 时 $x\approx0.023$，在室温下 $x\approx0.039$。具有恒定 5 μm 截止波长的材料的预测探测率由图 16.31 中的虚线绘制。与常规体材料器件相比，D^* 提高了 10 倍以上。在 200 K 时，2π 视场下可实现背景限探测率。配合佩尔捷制冷器可以实现高性能、紧凑和相对便宜的成像系统。

16.3.5 InAs 光电二极管

InAs 探测器可工作在光电导、光伏和 PEM 模式下。最近工作在室温附近的 InAs 光电二极管获得了更广泛的应用(激光告警接收器、过程控制监视器、温度传感器、脉冲激光监视器)。光电二极管的制备主要采用离子注入法[124,135]和扩散法[3,114]。最新的高性能的 InAs 光电二极管是用外延技术制造的：LPE[143,144,171]、MBE[148,172-176]和 MOCVD[174,175]。在生长和研究 InAs-InSb-GaSb 系统中窄带隙 $A^{Ⅲ}B^{Ⅴ}$ 异质结方面，俄罗斯圣彼得堡的约菲物理技术研究所(Ioffe Physico-Technical Institute, St. Petersburg, Russia)取得了重大突破。它们的性能可以与滨松公司市售的探测器相比较，见图 16.32。

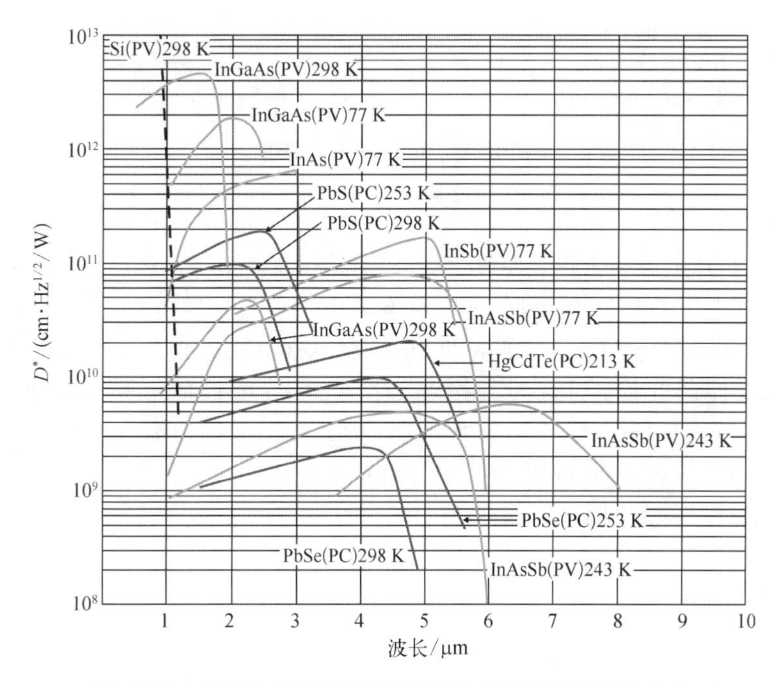

图 16.32 商用红外探测器在不同温度下的光谱探测率曲线

PC 为光电导探测器；PV 为光伏型探测器

二极管的灵敏度、响应速度、阻抗和峰值波长可以通过在适当的温度下工作来优化。室温下，InAs 光电二极管的并联电阻与串联电阻相当，这会影响光电二极管的响应[图 16.33(a)]。这种效应在小面积探测器中不太明显，因为小面积探测器具有较高的并联电阻和较小的表面积。这种影响也可以通过冷却二极管增加结电阻来减小或消除。InAs 光电二极管在 1~3.6 μm 波长范围内很灵敏。InAs 光电二极管的典型探测率如图 16.33(b)所示。

Kuan 等[147,173]已经用分子束外延制备了高性能 InAs 光电二极管。二极管结构生长在

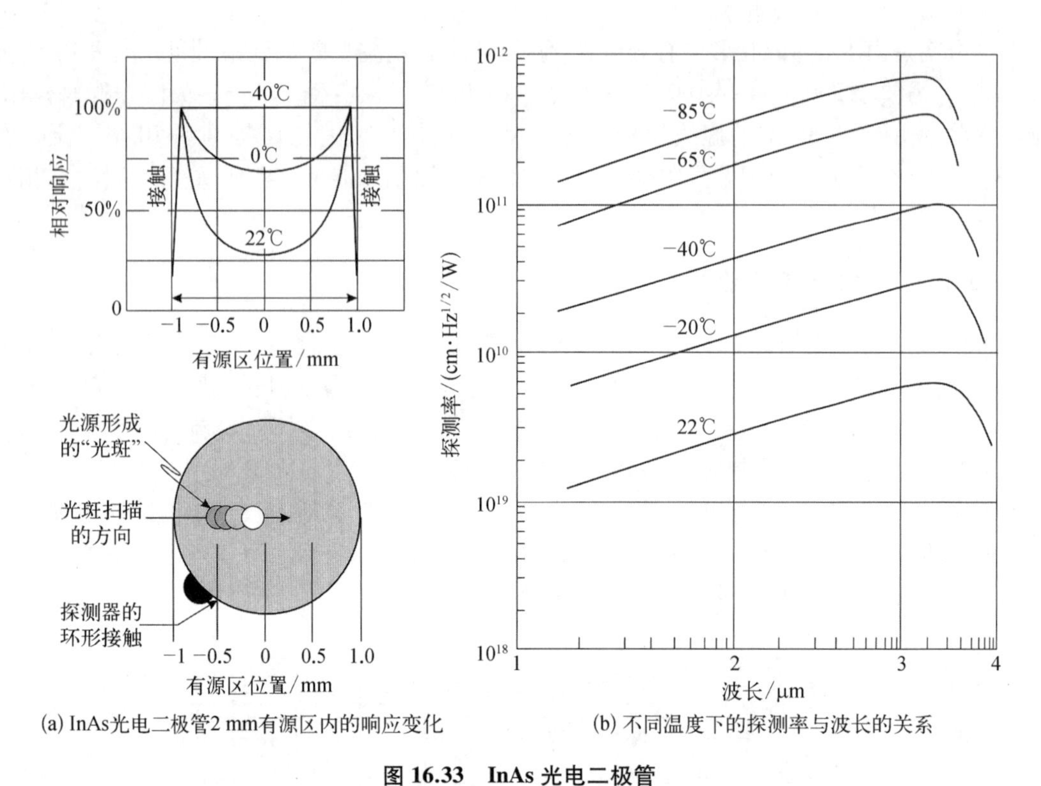

图 16.33 InAs 光电二极管

摘自贾德森公司的产品手册，http://www.judsontechnologies.com

(100)n 型 InAs 晶片上。在去除表面氧化物(通过缓慢加热到 500℃)之后，使用优化的生长条件，在 500℃下生长了 InAs 外延层。p-i-n 光电二极管结构由 0.2 μm 厚的 n 型缓冲层(Si 掺杂到 1×10^{18} cm^{-3})和 1 μm 厚的 n 型 InAs 有源层(Si 掺杂到 5×10^{16} cm^{-3})组成。然后，生长了 0.72 μm 厚的非掺杂 InAs 层，接着生长了 0.1 μm 厚的 p 型 InAs 层(掺杂到 1×10^{18} cm^{-3})，最后沉积 0.1 μm 厚的 InAs 接触层(指数级梯度掺杂为 $1\times10^{18}\sim1\times10^{19}$ cm^{-3})。除了 p-n 二极管的未掺杂 InAs 层，还生长了相同的结构构成 p-n 结。InAs 栅控光电二极管的原理图和器件结构如图 16.34 所示[173]。

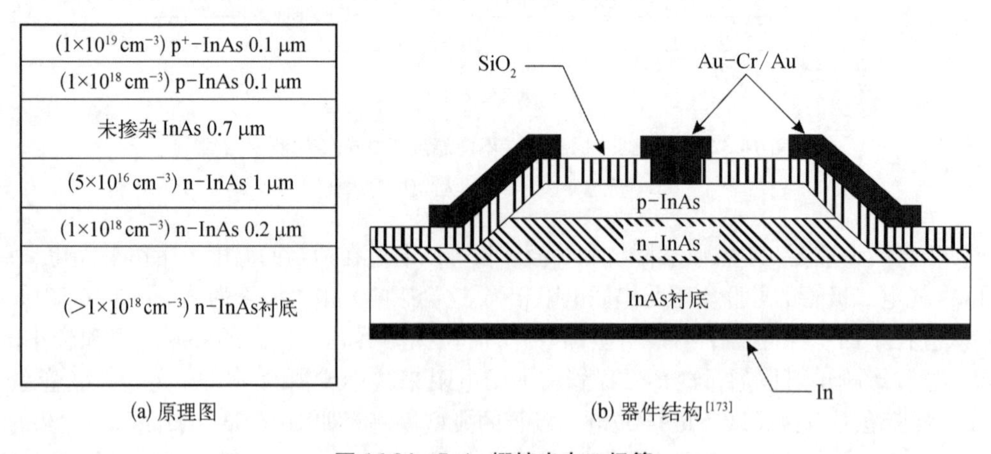

图 16.34 InAs 栅控光电二极管

在制造未钝化和钝化的 InAs 二极管之前，需采用特殊的化学处理和两步光刻工艺[173]。对于栅控光电二极管，首先将外延层刻蚀成直径为 200 μm 的圆点，然后采用光化学气相沉积技术沉积 300 nm 厚的二氧化硅。其次，使用光刻从 p 型层上 10×4 μm^2的限定区域中去除二氧化硅，以便制作电接触。一层 100 nm 厚的 Au－Be 和 300 nm 厚的 Au 被依次蒸发并剥离，形成 p 型欧姆接触。然后，用光刻定义具有直径为 40 μm 的点和覆盖结周长的栅极焊盘。最后，蒸发并剥离一层 12 nm 的 Cr 和 300 nm 的 Au。

图 16.35(a)分别显示了未钝化 p－i－n 和 p－n 光电二极管的典型 77 K 与室温 $I-V$ 特性[173]。在 77 K 时，未钝化的 p－i－n 光电二极管的暗电流来自背景热辐射的干扰，表明器件存在光伏响应。还可以看到，在 77 K 和 300 K 时，未钝化光电二极管的反向暗电流都依赖于二极管的反向偏置，这表明存在并联漏电流。图 16.35(b)显示了栅控 p－i－n 光电二极管在 0 V、−16 V 和−40 V 不同栅压下的典型 77 K 与 300 K 的 $I-V$ 特性。二极管反向暗电流与栅极电压的强烈相关性表明反向漏电流会流经表面区。当栅极偏置 V_g接近−40 V 时，反向暗电流几乎与反向偏置无关，这表明此时二极管没有漏电流。很明显，在栅压 V_g = −40 V 时，未钝化的 p－i－n 光电二极管的 $I-V$ 特性接近甚至优于 p－i－n 栅控光电二极管，这表明钝化后的 InAs p－i－n 光电二极管的性能下降。未钝化的 p－i－n 光电二极管在室温与 77 K 时的 R_0A 分别为 8.1 Ω·cm² 和 1.3 MΩ·cm²。在 500 K 黑体源照射下，室温和 77 K 时受约翰逊噪声限制的光电二极管探测率分别为 1.2×10^{10} cm·Hz$^{1/2}$/W 和 8.1×10^{11} cm·Hz$^{1/2}$/W。

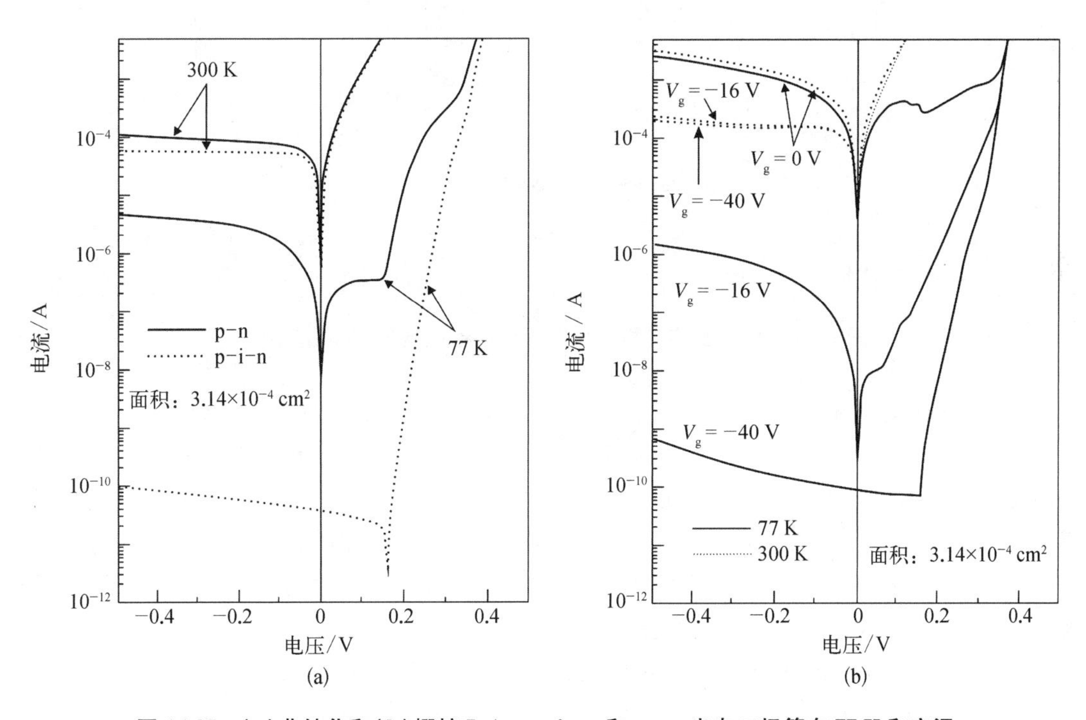

图 16.35　(a)非钝化和(b)栅控 InAs p－i－n 和 p－n 光电二极管在 77 K 和室温下的 $I-V$ 特性。栅极偏压(V_g=0 V,16 V,40 V)标记在(b)中[173]

在制造 InAs 光电二极管时也使用了其他衬底。Dobbelaere 等[172]用分子束外延在 GaAs 和 GaAs－Si 衬底上生长了 InAs 光电二极管。由于可将探测与硅读出电路集成起来，该技术适用于单片式近红外成像仪的制造。

约菲物理技术研究所的研究小组已经开发出在近室温度下工作的 InAs 浸没透镜光电二极管[144]。InAs 异质结光电二极管(图 16.36)是由与 InAs 衬底晶格匹配的约 3 μm 厚的 n－InAs 层和约 3 μm 厚的 p－$InAs_{1-x-y}Sb_xP_y$($y \sim 2.2x$)包覆层,通过液相外延生长在 n^+－InAs 透明衬底(伯斯坦-莫斯效应)上的光电二极管。由于 n^+－InAs/n－InAs 界面处的能量阶跃,预期会对空穴产生施加有利于光电二极管工作的限制。采用多级湿法光刻工艺制备了直径为 280 μm 的倒装芯片台面器件。阴极和阳极接触是通过溅射 Cr、Ni、Au(Te)和 Cr、Ni 和 Au(Zn)金属,然后电化学沉积 1~2 μm 厚的金层而形成的。然后,将衬底厚度减薄到 150 μm,并用 Pb－Sn 电极焊盘将芯片焊接到硅底座上。最后,3.5 mm 宽的硅透镜通过一块高折射率的硫化物玻璃(n=2.4)固定在芯片的衬底一侧,如图 16.37(a)所示。可以明显看出,浸没式光电二极管的视场比未镀膜器件的视场要小得多(降低到 15°)。

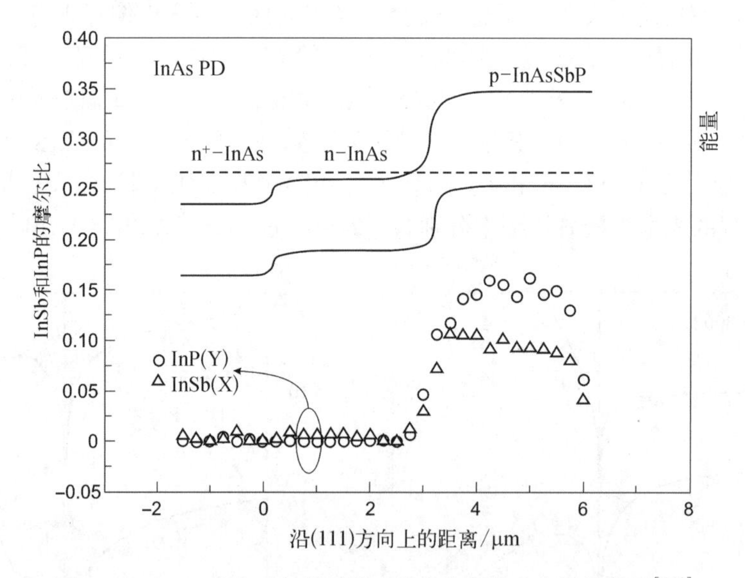

图 16.36 InAs 光电二极管结构中的合金组分分布及能带图[144]

图 16.37(b)显示了 InAs 异质结浸没光电二极管的光谱探测率。与商用的滨松和贾德森公司的产品相比,这些光电二极管具有优异的探测率,反映出多项改进,包括宽的镜面接触、非对称掺杂、浸没效应和倾斜台面壁的辐射收集等。窄光谱响应是由衬底和中间层的滤波作用造成的。在较高温度下,由于带隙变窄,随着温度的升高,峰值波长向长波方向移动。然而,短波光谱比长波光谱对温度更敏感,这可能是因为高温下,导带电子简并消除,n^+－InAs 在吸收边附近的透明度会逐渐变差[144]。

谢菲尔德大学(University of Sheffield)的研究小组在开发高质量的 InAs 光电二极管方面取得了相当大的进展[175,176]。MBE 生长的 InAs p－i－n 晶圆被制作成圆形台面二极管[图 16.38(a)],0.2 μm AlAsSb 阻挡层放置在 p 型盖层的顶部。这种光电二极管设计类似于 Ashley 等[169]提出的设计(图 16.30),其中本征区域界面处较宽的带隙阻挡层“挡住”了在 p 型盖层中产生的电子。通过使用一系列腐蚀剂进行湿法刻蚀研究,可以进一步降低反向漏电流。图 16.38(b)显示了带阻挡层和不带阻挡层器件的室温反向暗态漏电流的测量结果。

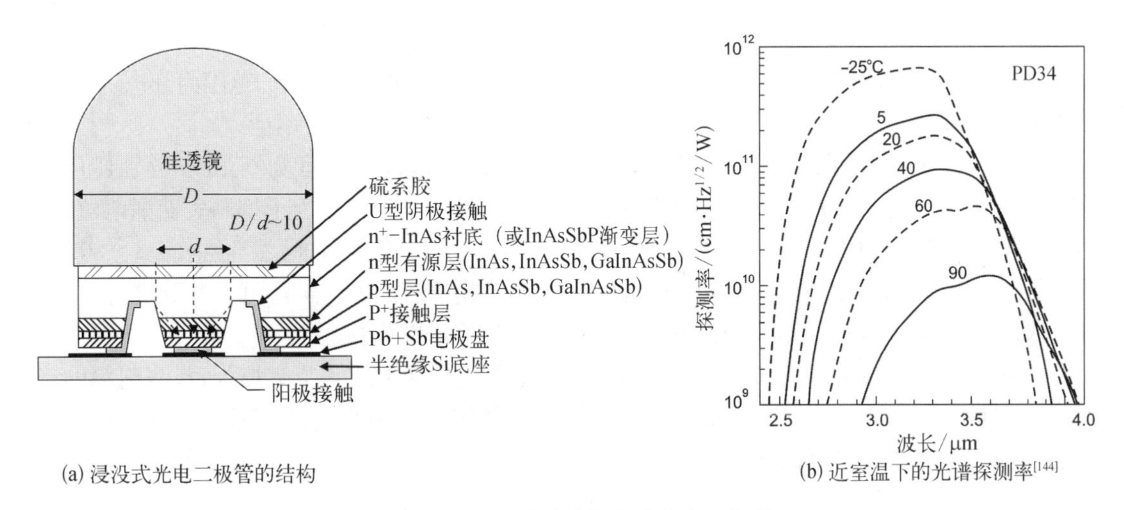

(a) 浸没式光电二极管的结构　　(b) 近室温下的光谱探测率[144]

图 16.37　InAs 异质结浸没式光电二极管

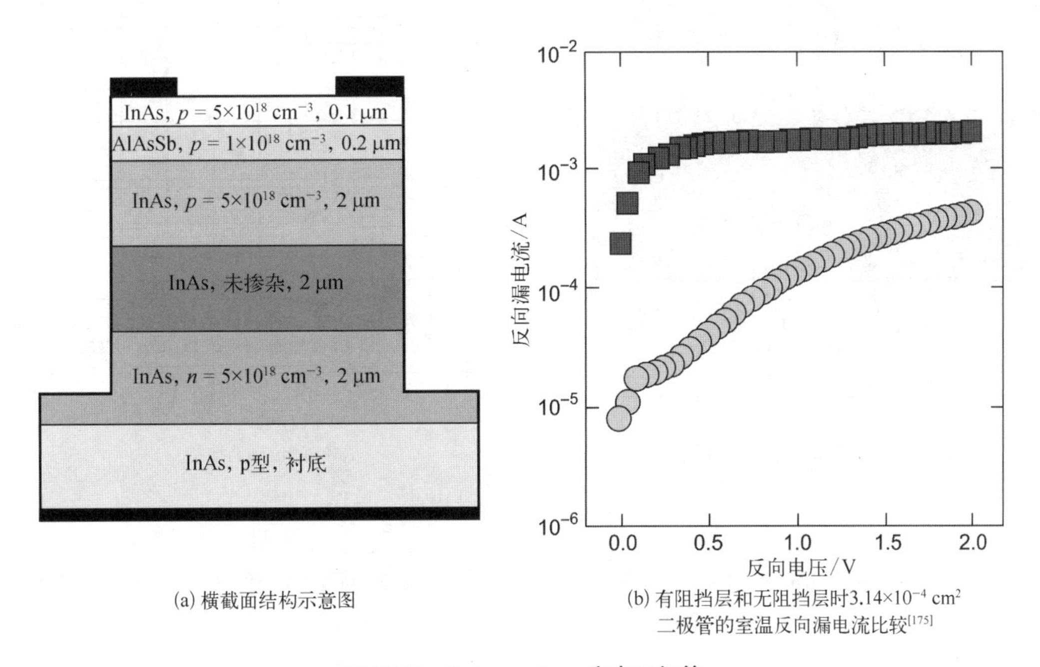

(a) 横截面结构示意图　　(b) 有阻挡层和无阻挡层时3.14×10⁻⁴ cm² 二极管的室温反向漏电流比较[175]

图 16.38　InAs p－i－n 光电二极管

由此可见，阻挡层的加入使低偏压漏电流降低了一个数量级以上。

对于高灵敏度应用，半导体 APD 探测器最有用，因为它们提供探测器的内部增益。它们最常用于通信和有源传感应用。

12.4 节中介绍了 APD 的局域场模型(麦金太尔模型)。Beck 等[177]在 2001 年首次报道 $Hg_{0.7}Cd_{0.3}Te$ APD 的特性与 $k=0$ 一致。自那以后，Beck 等[178]还表明了，对于一些组分，在短波、中波和长波红外探测中，$Hg_{1-x}Cd_xTe$ APD 中空穴的碰撞电离基本上保持为零。他们创造了一个术语“电子－APD”(e－APD)来描述这样的 APD，其中只有电子会经历碰撞电离。在这种情况下，过量噪声因子小于 2，并且与增益无关。但是，窄禁带 HgCdTe 在室温下也会产生较大的暗电流，必须在低温下工作。

最近 InAs APD 所取得的发展也受到了这些结果的影响[175,179]。与 HgCdTe 器件类似，InAs APD 中也显示出 $k\approx0$，室温下暗电流较小。结果表明，在相同的电场范围内，InAs p-i-n 二极管可以实现显著的电子引发倍增，而空穴引发的倍增可以忽略不计[180]。

图 16.39(a)显示了由 MBE 生长的 InAs APD 台面结构，i 区厚度为 6 μm。分别使用铍和硅作为受主和施主。i 区的 n 型背景掺杂浓度低于 1×10^{15} cm^{-3}。为了抑制表面漏电流，直径达 500 μm 的器件用 1∶1∶1(磷酸、过氧化氢、去离子水)湿法腐蚀，然后在 1∶8∶80(硫酸、过氧化氢、去离子水)中腐蚀 30 s。蚀刻后的台面侧壁还额外覆盖了 SU-8 胶进行钝化。沉积 Ti/Au(20/150 nm)，无须经过退火就可以形成良好的欧姆接触。

图 16.39(b)显示的是 InAs APD 中测量到的增益随反向偏压呈指数增长，没有击穿的迹象，这符合 $k\approx0$ 的特性[181,182]。器件室温下的倍增增益大于 300[179]。带宽在 2~3 GHz 内受传输时间的限制，与增益无关。

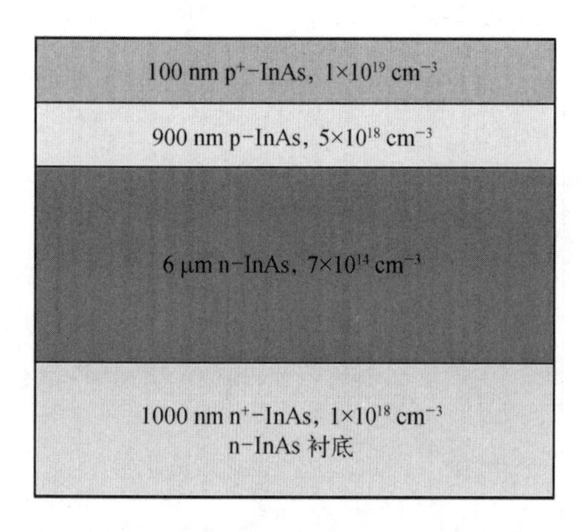

(a) 具有非刻意掺杂的i区的台面结构

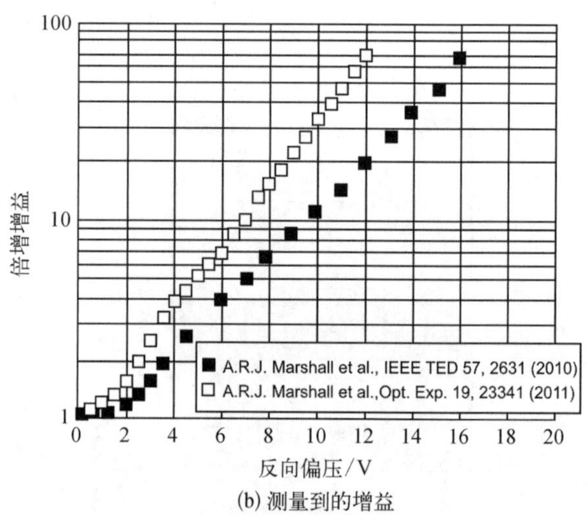

(b) 测量到的增益

图 16.39 InAs APD

图 16.40 显示了 InAs APD 中过量噪声系数与倍增系数的关系，并与不同材料的数据进行了比较。在 InAs p-i-n 二极管上测得的 F_e 略低于式(12.140)所给出的 $k=0$ 时的局部模型预测值。这与 SWIR HgCdTe e-APD 的报道值相当，但略高于 MWIR HgCdTe e-APD 的报道值。为了解释这种低于局部模型下限的过量噪声，有必要考虑"死区"的影响，这在局部模型中是被忽略了的。没有碰撞电离发生的距离被称为电子的"死区"。如果倍增区较厚，则"死区"可以忽略，此时局域场模型提供了 APD 特性的准确描述。InAlAs APD 中的过量噪声随着倍增系数增加而增加，这与两种载流子都会经历碰撞电离的传统 APD 中发生的现象是一致的。

InAs e-APD 将理想的雪崩倍增和过量噪声特性引入了成熟的Ⅲ-Ⅴ族材料体系，以前这只能在较难获得的 HgCdTe 材料体系中实现，这些进展将给器件带来更广泛的应用。这些特性使得 InAs APD 在许多近红外和中红外传感应用中变得更具吸引力，包括远程气体传感、光探测和测距，以及主动和被动成像。

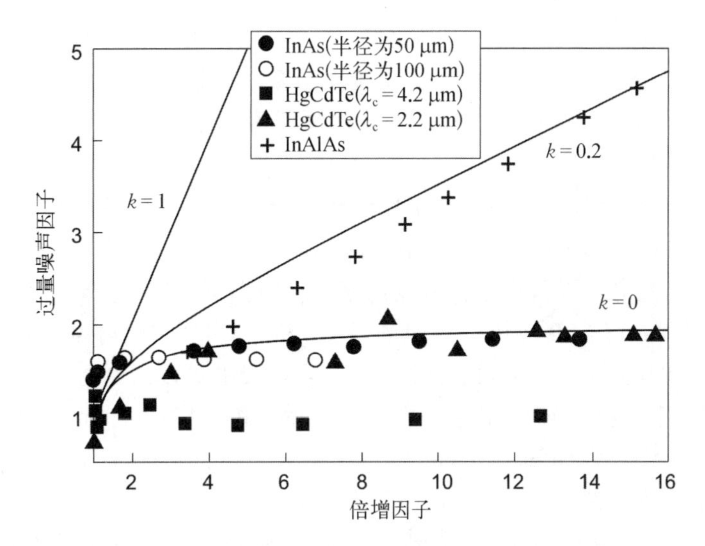

图 16.40　对不同材料的 APD,所报道的 F_e 之间的比较,包括本征宽度为 3.5 μm、半径为 50 μm 和 100 μm 的 InAs 二极管、截止波长为 4.2 μm 和 2.2 μm 的 HgCdTe 光电二极管和 InAlAs 二极管[176]

16.4　InAsSb 光电探测器

罗加尔斯基(Rogalski)[183]总结了 2010 年之前的 InAsSb 光电探测器的研制情况。

关于 $InAs_{1-x}Sb_x$(InAsSb)光电导的理论和工艺方面的研究很少。Bethea 等[184,185]用 MBE 方法在半绝缘 GaAs 衬底上生长 InAsSb 获得了光电导探测器,并对其进行了表征。尽管外延层和衬底之间存在很大的晶格失配(约为 14%),但获得了高质量的 $InAs_{0.02}Sb_{0.98}$ 光电导[185]。当 $\lambda=5.4$ μm 时,该探测器的探测率达到 3×10^{10} cm·Hz$^{1/2}$/W,与最好的 InSb 探测器在一个数量级,内量子效率高达 47%,同时获得了低于 10 ns 的高速响应。

由更接近最小带隙组分的合金制成的光电导,其性能较差。当偏置电压为 9 V 时,该探测器的电压响应率为 1.5 V/W(8 μm),相当于 77 K 时的探测率 $D^*=10^8$ cm·Hz$^{1/2}$/W。该探测器的光电导寿命较低,为 9 ns。该参数和较低的电子迁移率值表明材料的质量较差。

比利时鲁汶大学间微电子中心(Interuniversity Microelectronics Center, Leuven, Belgium)的一个研究小组展示了第一种共面技术,该技术非常适合 InAsSb 红外探测器与 Si CCD 的单片集成[186]。报道了分子束外延在硅凹陷中生长的 $InAs_{1-x}Sb_x$ 光电导探测器($x=0.80$ 和 $x=0.95$)的制备和性能。比较了不同衬底条件(Si－阱、Si－台面和 GaAs)下 InAsSb 外延层的形貌[187]。器件性能很差,这可能是掺杂水平过高(接近 300 K 时本征载流子浓度的数量级)及 InAsSb 外延层与 GaAs 缓冲层之间的界面区域存在大量缺陷(约 10^8 cm^{-2})所致。

波德莱茨基(Podlecki)等[188]报道了用 MOCVD 方法在 GaAs 衬底上沉积的 $InAs_{0.91}Sb_{0.09}$ 光电导的特性,制备了 2 μm 厚的探测器,有效面积为 200 μm^2,电极采用溅射制备的 Au－Sn。过量噪声导致了较低的 3.65 μm 波长探测率 $D^*=5.3\times10^{10}$ cm·Hz$^{1/2}$/W($V_b=3.75$ V, $f=10^5$ Hz, $T=80$ K)。另外,Kim 等[189]报道了用 MOCVD 方法在 GaAs 衬底上生长的 p 型 $InAs_{0.23}Sb_{0.77}$ 基室温光电导。光电导结构由两层外延 p－$InAs_{0.23}Sb_{0.77}$/p－InSb 层组成。InSb

层与 $InAs_{0.23}Sb_{0.77}$ 具有 2%晶格失配，作为缓冲层，同时也被用作有源层中电子的限制层。在室温附近，类 InSb 带结构中的 p 型掺杂可以比 n 型掺杂更好地平衡光生成和热生成。在室温下观察到的截止波长约为 14 μm，表明带隙比预期值要小。这一下降可能是由结构有序性引起的。

近年来，InAsSb 探测器技术的主要工作已转向开发光电二极管作为第二代热成像系统和下一代极低损耗光纤通信系统的实用型器件。在过去的三十年里，用于 3~5 μm 光谱区域的高质量 InAsSb 光电二极管已经被开发出来。在室温下，$InAs_{1-x}Sb_x$ 探测器的长波限根据组分变化可以从 3.1 μm($x=0$)调到 7.0 μm($x\approx0.6$)。要实现在所有可能的工作波段中应用的红外探测器，必须找到晶格匹配的衬底。这个问题似乎可以通过使用 $Ga_{1-x}In_xSb$ 衬底来解决。在这种情况下，晶格参数可以在 6.095 Å(GaSb)和 6.479 Å (InSb)之间调节。几个研究小组已经成功地生长了 GaInSb 单晶[12,190]。值得注意的一种成分是 $Ga_{0.38}In_{0.62}Sb$，它与 $InAs_{0.35}Sb_{0.65}$ 晶格匹配，禁带宽度最小，相当于 12 μm。

已经提出了多种 InAsSb 光电二极管结构，包括台面和平面、n－p、n－p^+、p^+－n 和 p－i－n 结构。用于形成 p－n 结的技术包括 Zn 的扩散、Be 离子注入及通过 LPE、MBE 和 MOCVD 在 n 型材料上形成 p 型层。光电二极管技术主要依赖于浓度一般在 10^{16} cm^{-3} 左右的 n 型材料。

1977 年，人们首先报道了用梯度 LPE 在 InAs 衬底上生长的 $InAs_{0.85}Sb_{0.15}$ 光电二极管。在有源层和 InAs 衬底之间引入了一系列具有成分梯度的 InAsSb 缓冲层，以缓解晶格失配引起的应变。该设备在 BSI 模式下运行。在这种情况下，光子通过 InAs 衬底和足够厚的缓冲层进入滤光层，能量大于滤光层带隙的大部分入射光子在这里被吸收。截止波长主要由有源层的带隙决定，光谱特性可由滤光层和有源层的 Sb 组分控制。n 型时结区的载流子浓度 $\approx10^{15}$ cm^{-3}，p 型时结区的载流子浓度 $\approx10^{16}$ cm^{-3}。用这种方法制作的台面光电二极管具有良好的窄带 BSI 红外探测器特性。在 77 K 时光谱响应的半高宽窄至 176 nm，峰值内量子效率达到 70%。零偏下电阻面积乘积 R_0A 在 10^5 $\Omega\cdot cm^2$ 范围内，最高可达 2×10^7 $\Omega\cdot cm^2$。

当采用晶格匹配的 $InAs_{1-x}Sb_x$/GaSb($0.09\leqslant x\leqslant0.15$)器件结构时，InAsSb 光电二极管的性能最佳。$InAs_{0.86}Sb_{0.14}$ 外延层的晶格失配高达 0.25%，可以适应低的腐蚀坑密度(约为 10^4 cm^{-2})。BSI $InAs_{1-x}Sb_x$/GaSb 光电二极管的结构如图 16.41(a)所示。光子进入 GaSb 透明衬底，到达 $InAs_{1-x}Sb_x$ 有源层，在那里被吸收。GaSb 衬底决定了 77 K 时的短波截止波长，为 1.7 μm；相反，有源区确定了长波截止波长[191][图 16.41(b)]。利用 LPE 技术可以获得同质 p－n 结。未掺杂 n 型层和 Zn 掺杂 p 型层中的载流子浓度均约为 10^{16} cm^{-3}。在 77 K 下，获得了高质量的 $InAs_{0.86}Sb_{0.14}$ 光电二极管，其 R_0A 乘积超过 10^9 $\Omega\cdot cm^2$。

采用 Be 离子注入也获得了高性能的 $InAs_{0.89}Sb_{0.11}$ 光电二极管[192]。在(100)GaSb 衬底上生长的 LPE 层为 n 型，典型载流子浓度为 10^{16} cm^{-3}。在 200℃ 沉积 100 nm 的 CVD SiO_2，再覆盖约 5 μm 的光刻胶或约 700 nm 的铝作为注入掩模。Be 离子注入采用 100 keV 束流，总剂量为 5×10^{15} cm^{-2}。注入后，在 550℃ 下退火约 1 h。对 $InAs_{0.89}Sb_{0.11}$ 平面结的 EBIC 分析和 $C-V$ 数据证实结区是通过热扩散机制形成的。

在晶格失配的衬底－InAs(晶格失配为 1%)、GaAs(晶格失配为 8.4%)和 Si(晶格失配为 12.8%)上 MBE 生长 $InAs_{0.85}Sb_{0.15}$ p－i－n 结的尝试没有给出很好的结果[193]。与使用 LPE 制作的相比，这些光电二极管的性能较差。对于 InAs 上的二极管，R_0A 乘积比 LPE[40,191,192]

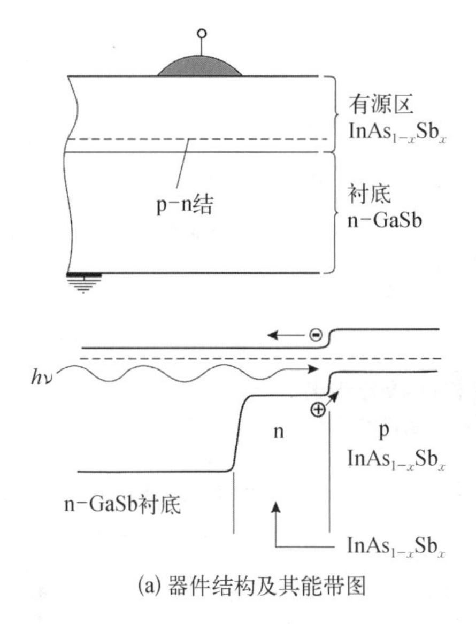

(a) 器件结构及其能带图

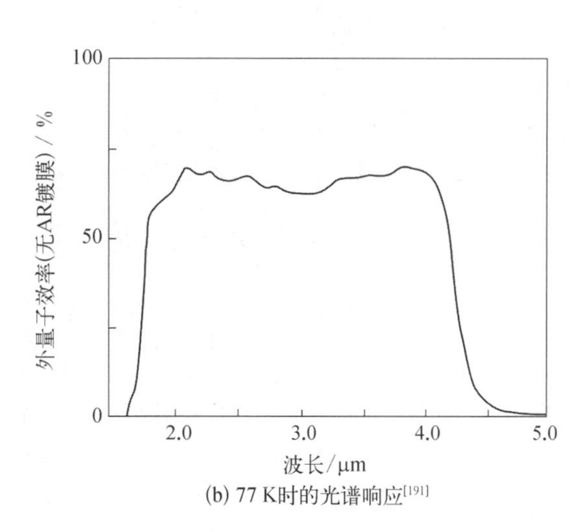

(b) 77 K时的光谱响应[191]

图 16.41 背照射 $InAs_{0.86}Sb_{0.14}$/GaSb 光电二极管

获得的光电二极管低近 3 个数量级,在 77 K 时低于 50 Ω·cm^2。二极管表现出明显更大的反向漏电流。缺陷的存在降低了载流子寿命,使得 gr 电流变得越来越显著。

罗加尔斯基(Rogalski)[46]对 n－p^+突变结 $InAs_{0.85}Sb_{0.15}$的 R_0A 乘积进行了分析。在 160 K 以上温度范围内,R_0A 乘积符合扩散模型,而在 80 K≤T≤160 K 内,R_0A 乘积符合 gr 模型。根据 gr 模型的理论拟合,确定了耗尽区 τ_0的特征寿命为 0.03~0.5 μs,在最好的光电二极管中 τ_0 的特征寿命为 0.55 μs[191]。理论估计的辐射$(R_0A)_R$和俄歇复合$(R_0A)_{A1}$值比 R_0A 乘积大几个数量级。在略高于 10^{16} cm^{-3}的浓度下,隧穿电流导致了 R_0A 的突然降低。

用 MOCVD 方法在 $InAs_{1-x}Sb_x$三元合金混溶的成分范围(0.4≤x≤0.7)内制备 p－n 结的尝试没有给出积极的结果[194]。p^+－n 结是通过 Zn 扩散进入未掺杂 n 型外延层形成的,载流子浓度在 10^{16} cm^{-3}范围内。正向与反向特性受到耗尽区的 gr 电流和表面漏电流的影响。研究人员认为耗尽层中的复合中心是由扩散诱导的损伤及 $InAs_{0.60}Sb_{0.40}$外延层与 InSb 衬底之间的晶格失配位错引起的。

为了提高器件性能(低暗电流和高探测率),几个小组已经开发了 p－i－n 异质结器件,使用非刻意掺杂的 InAsSb 有源层,该有源层夹在较大带隙材料的 p 层和 n 层之间。宽禁带层中少子浓度越低,扩散暗电流越小,R_0A 乘积和探测率越高。图 16.42 显示了 n－i－p 双异质结锑基Ⅲ-Ⅴ族光电二极管的能带示意图,以及器件结构中有源层和包覆层的不同组合。根据衬底的电极配置和透明度,可以使用背照射和正照射。通常使用 p 型 GaSb 和 n 型 InAs。尽管吸收系数相对较低,但衬底需要减薄到很小的厚度,甚至小于 10 μm。InAs 很脆弱,许多制造工艺都无法实现。这一障碍可通过使用重掺杂的 n^+－InAs 衬底来克服,在较低的电子浓度(>10^{17} cm^{-3})下,导带中的电子会发生强烈简并。例如,重掺杂 n^+－InAs (n = 6×10^{18} cm^{-3})中的伯斯坦-莫斯(Burstein－Moss)位移会使该衬底在 3.3 μm 波长处是透明的[144]。

基于锑化物的三元和四元合金是研制近室温 MWIR 光电二极管的理想材料。许多文章讨论了中红外光电二极管的特性,许多研究都是在约菲物理技术研究所进行的,参见文献

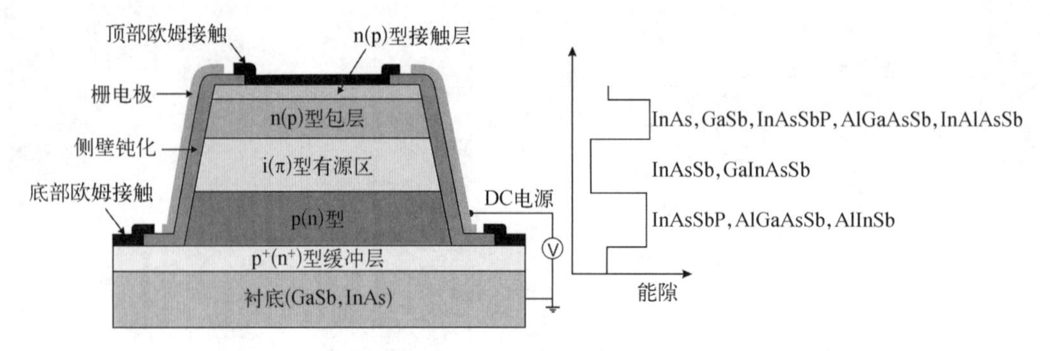

图 16.42 基于锑化物的 n－i－p 双异质结构Ⅲ－V族光电二极管的能带示意图，以及不同有源层和包覆层的组合

[144]、[171]、[195]。这些 LPE 生长的异质结器件由 $n=2\times10^{16}\ cm^{-3}$（非掺杂）或 $n^+=2\times10^{18}\ cm^{-3}$（Sn 掺杂）的 n 型 InAs 衬底、约 10 μm 厚的非掺杂 n－$InAs_{1-x}Sb_x$ 有源层及 p－$InAs_{1-x-y}Sb_xP_y$(Zn)包覆层（接触层）组成（图 16.43）。窄禁带 InAsSb 有源层被具有较宽禁带的半导体所包围。

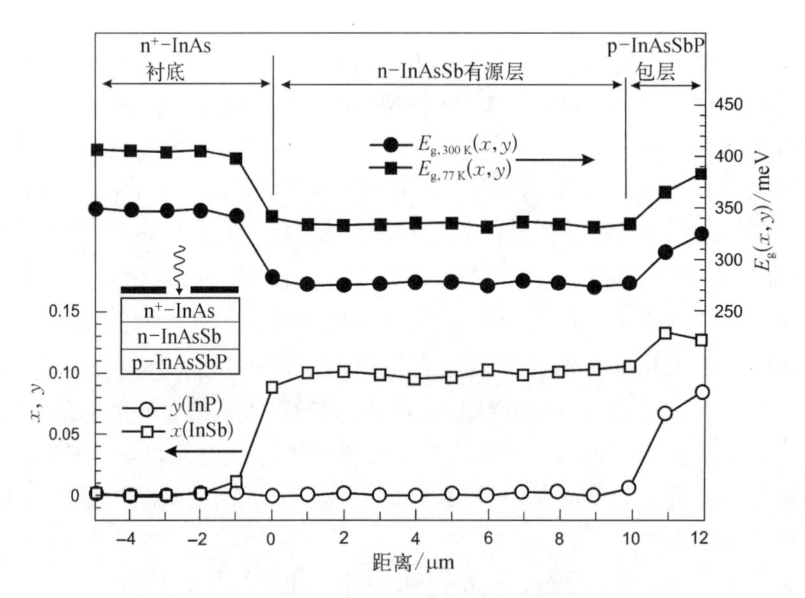

图 16.43 n^+－InAs/n－InAsSb/p－InAsSbP 双异质结构光电二极管的合金组分和能带结构的位置分布[171]

在器件加工中，采用了标准的光刻和湿法化学刻蚀工艺，获得了 26 μm 高的圆形台面（直径 $Ø_m=190$ μm）和 55 μm 深沟槽用于隔出 580×430 μm 矩形芯片区域。然后，通过真空溅射和热蒸发，在同一芯片面上形成圆形的金或银基反射阳极（直径 $Ø_a=170$ μm）和阴极接触，接着沉积厚度为 3 μm 的金膜。最后，采用带铅锡键合焊盘的半绝缘硅片制作的 1800×900 μm 基座，实现倒装芯片的键合/封装。光电二极管芯片是倒置安装的，n^+－InAs 一侧是入射辐射的"入射窗口"，如图 16.43 中的插图所示。有些芯片配备了 $Ø=3.5$ mm 的镀制了减反膜的消球差超半球硅浸没透镜，并使用硫化物玻璃作为 Si 和 n^+－InAs（或 n－InAs）之间的光学黏合剂。浸没式光电二极管的最终结构如图 16.37(a)所示。

图 16.44 总结了 n^+-InAs/n-InAsSb/p-InAsSbP 双异质结光电二极管零偏电阻率和 R_0A 乘积与光子能量关系的实验数据。用$\exp(E_g/kT)$ 近似的 R_0A 乘积的指数依赖性表明，扩散电流决定了异质结的输运特性，在 $T>190$ K 时，漏电流机制可以忽略不计。在较低温度下，高偏压下的生成-复合机制和低偏压下的隧穿机制分别起到主导作用。

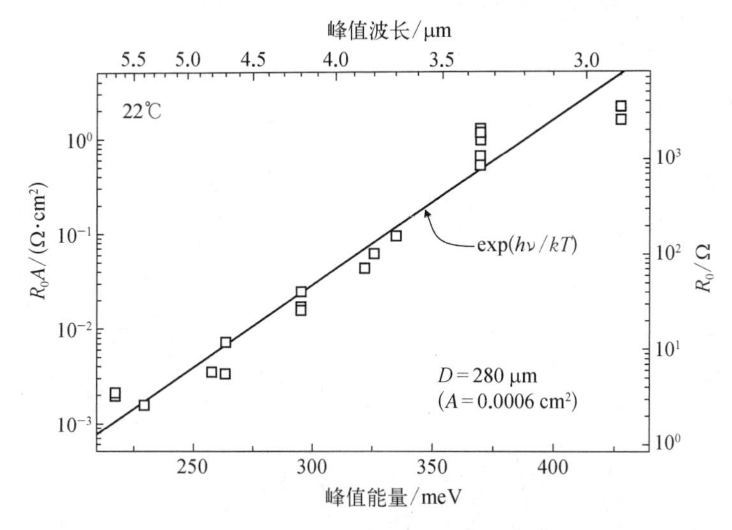

图 16.44　室温下 InAsSb 双异质结构光电二极管系列的 R_0A 乘积[144]

图 16.45 显示了室温下不同截止波长的 InAsSb 双异质结光电二极管的归一化光谱响应率曲线。光电二极管的特征是具有窄的光谱响应[半高宽(full width at half maximum, FWHM)为 0.3~0.8 μm]，这是衬底和中间层的光谱滤波导致的。PD29 器件的响应最窄，是由于 n^+-InAs 在短波长的透过率较差。另外，长波光电二极管的光谱响应在短波处表现出较宽的肩部，这是由高能 InAsSbP 区产生的载流子向窄禁带 p-n 结扩散引起的。

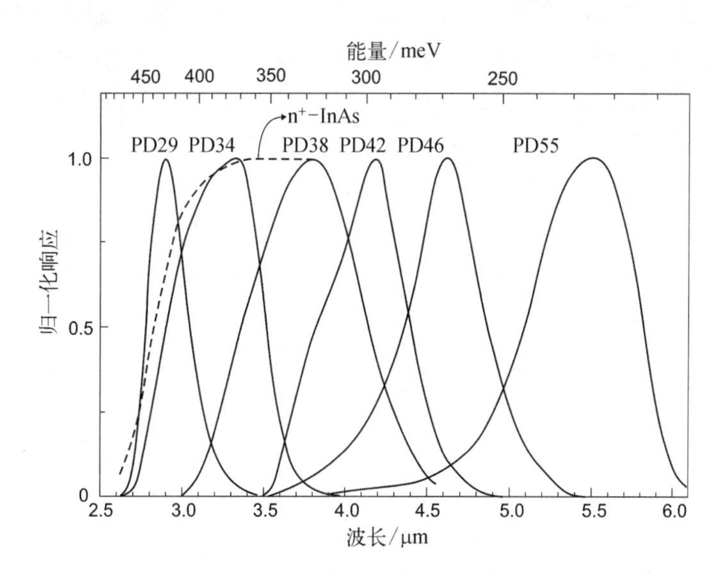

图 16.45　InAsSb 双异质结构光电二极管的室温光谱响应和 175 μm 厚 n^+-InAs($n^+=3\times10^{18}\sim6\times10^{18}$ cm^{-3})的归一化透射率[144]

图 16.46 显示了 InAsSb 双异质结光电二极管在不同温度时在约翰逊限制下的光谱探测率。从这张图可以看出,响应率谱有四个特征区域: ① 截止区($4.7<\lambda<5.5$ μm);② 长波响应急剧衰减区;③ 响应平稳衰减区;④ 短波响应快速衰减区。最后一个区域是重掺杂 n^+-InAs 衬底的光传输能力下降所致。在这种情况下,n^+-InAs 中与莫斯-伯斯坦效应(Moss-Burstein effect)相关的吸收边移动可达 1 μm(参见重掺杂的#878 样品和未掺杂的#877 样品的短波长光谱响应率的差异)。

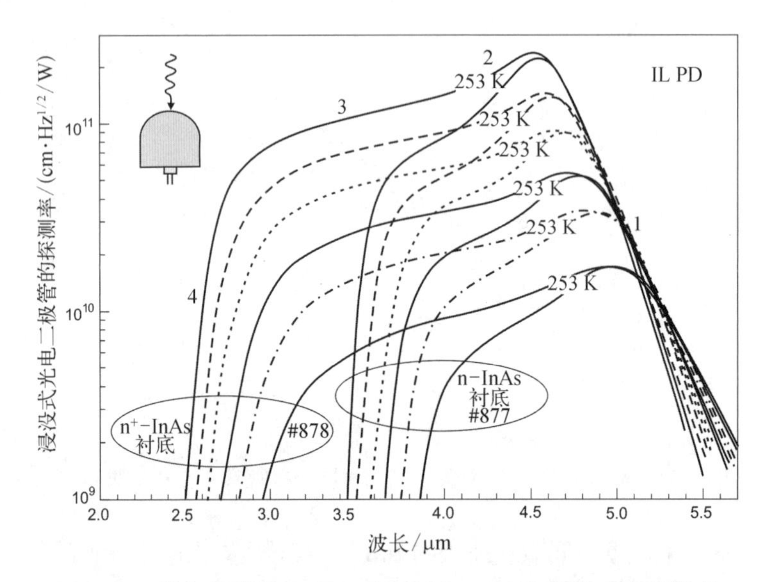

图 16.46　衬底分别为 n-InAs 和 n^+-InAs 时,InAsSb 双异质结构光电二极管在不同温度下的光谱探测率[171]

图 16.47(a)总结了光电二极管峰值探测率随温度和波长的变化。图 16.47(b)显示了 BSI 和镀膜光电二极管[带浸没透镜(immersion lens,IL)]的探测率随峰值波长的变化。对于 IL 光电二极管,峰值探测率通常比裸芯片光电二极管高出约 10 倍,如图 16.47(b)所示。在约菲物理技术研究所开发的光电二极管优于大多数文献中发表的光电二极管。同时,可实现的 R_0A 乘积比文献[144]中给出的产品要低。

尽管基于Ⅲ-Ⅴ族的探测器前景看好,但 HgCdTe 仍然是许多应用中性能最高的红外材料技术。InAsSb 光电二极管快速发展的主要障碍是单晶和外延层的制备困难。在过去的 20 年里,用于 3~5 μm 光谱区域的高质量 InAsSb 光电二极管已经发展起来。然而,人们长期以来一直希望 InAsSb 能在 8~12 μm 波段中应用,但到目前为止还没有实现。与 HgCdTe 相比,实现这一目标的主要障碍是晶体结构质量差(没有适合长波红外波段的理想Ⅲ-Ⅴ族"衬底+外延"的组合),较差的 SRH 寿命,以及相对较高的背景载流子浓度(高于 10^{15} cm^{-3})。此外,中等 Sb 组分(接近最小带隙)的 $InAs_{1-x}Sb_x$ 合金的带隙不是固有的,由于 CuP 型有序化和残余应变效应的影响,无法被很好地控制。

Rogalski 等[196]对 MWIR $InAs_{1-x}Sb_x$($0\leqslant x\leqslant 0.4$)光电二极管进行的理论分析,将其工作温度范围扩展到 200~300 K。结果表明,高温 InAsSb 光电二极管的理论性能与 HgCdTe 光电二极管相当。最近,Wróbel 等[197]考虑了掺杂参数对室温 MWIR InAsSb 光电二极管参

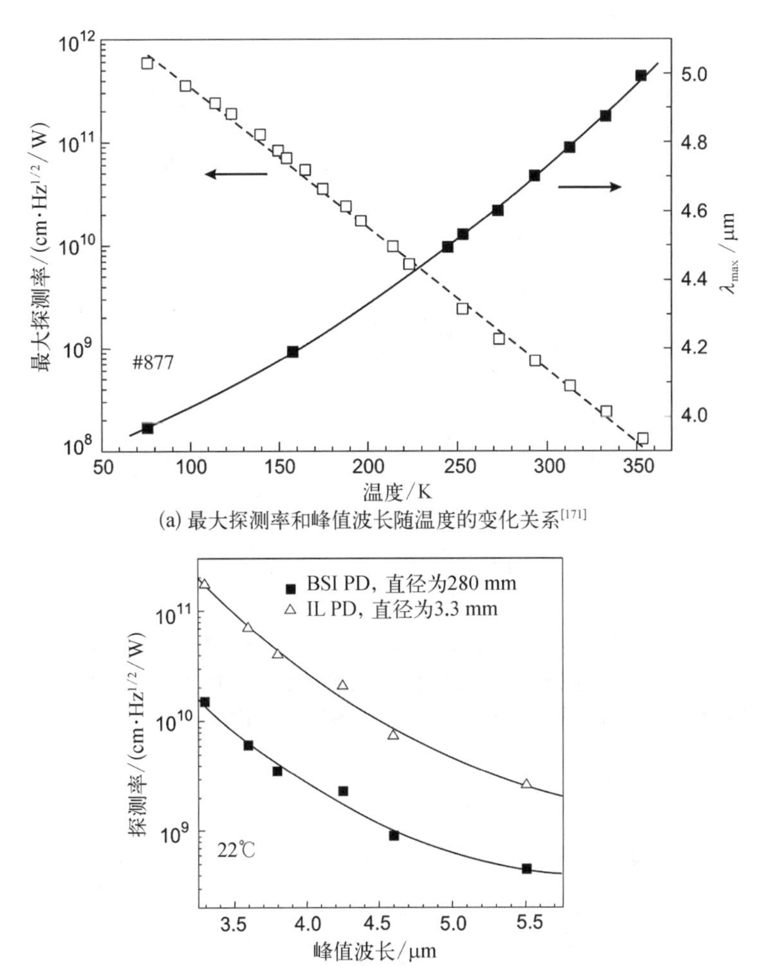

(a) 最大探测率和峰值波长随温度的变化关系[171]

(b) 不带硅透镜(背照射－BSI)和带硅透镜(浸没式照明－IL)光电二极管(PD)的峰值探测率[144]

图 16.47　InAsSb 双异质结构光电二极管的探测率

数(R_0A 乘积和探测率)的影响。在理论估算中,对自旋轨道分裂带隙能随组分的变化有了新的认识[198]。

图 16.48 显示了 300 K 下 $InAs_{1-x}Sb_x$光电二极管的 R_0A 乘积与长波截止波长的关系。计算了在 p－on－n 和 n－on－p 两种情况下,有源区厚度为 5 μm,掺杂浓度为 10^{16} cm^{-3}时的理论值曲线。结果表明,与消除了俄歇(Auger)S 机制影响的 p－on－n 器件相比,有源区组分接近 InAs($0 \leqslant x \leqslant 0.15$;$\lambda_c < 4.5$ μm)的 n－on－p 光电二极管受俄歇 S 机制的影响,R_0A 乘积显著降低。但是,当有源区的组分为 $x \geqslant 0.15$ 时($\lambda_c > 4.5$ μm)时,p 型衬底的结构比 p－on－n 的结构更优。

理论预测的性能与 n 型有源区 p－on－n 光电二极管的实验值相当。两者之间的一致性很好。有些实验数据位于理论线上方。可以看出,如果光电二极管有源区的厚度小于少子扩散长度,减小体积(会产生扩散电流的那部分)可降低相应的暗电流和增加 R_0A 乘积。

图 16.49 给出了在量子效率 $\eta = 0.7$ 时,有源区掺杂浓度为 10^{16} cm^{-3}的 p－on－n InAsSb 光电二极管在室温下工作时的热噪声限下的光谱探测率。实验结果表明,短波长探测率的

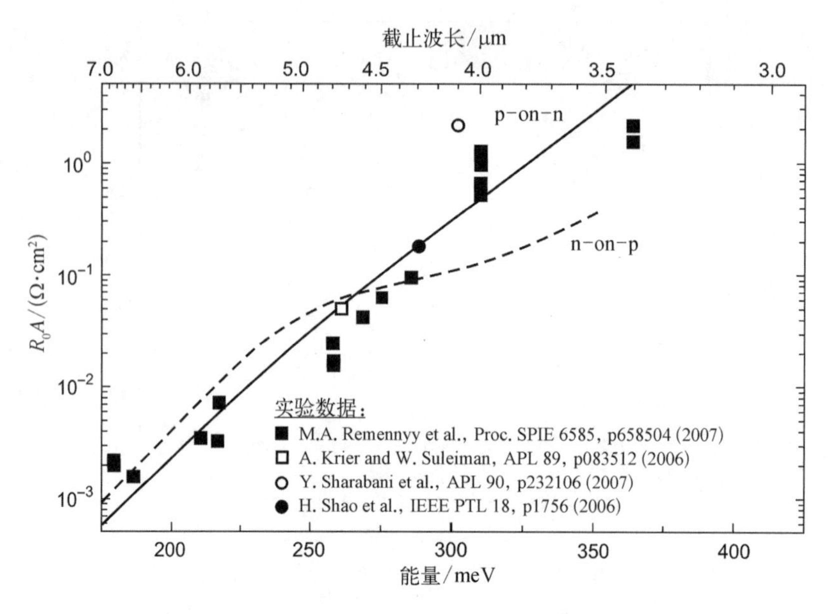

图 16.48 室温下,R_0A 乘积与 $InAs_{1-x}Sb_x$ 光电二极管长波截止波长的关系。计算了在 p-on-n 和 n-on-p 两种情况下,有源区厚度为 5 μm,掺杂浓度为 10^{16} cm^{-3}时的理论值曲线。收集的实验数据为具有 n 型有源区的 p-on-n 光电二极管[197]

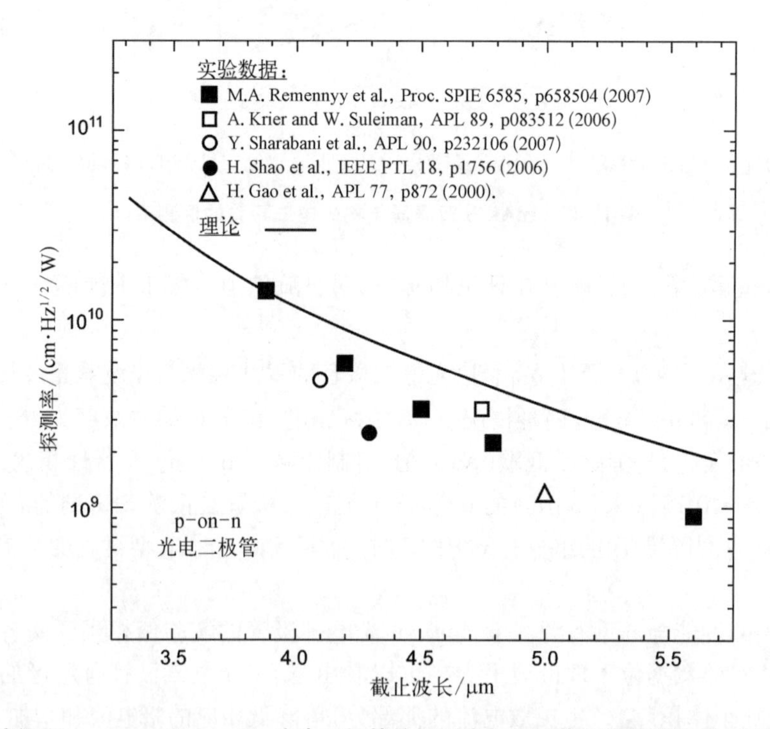

图 16.49 室温下 p-on-n $InAs_{1-x}Sb_x$ 光电二极管的探测率与长波截止波长的关系。计算了有源区厚度为 5 μm,掺杂浓度为 10^{16} cm^{-3}时的理论值曲线。收集的实验数据来自文献[197]

实验数据与理论预测符合得很好。但实验值和理论值的差异随着截止波长的增加而增大，这主要是实验测量的量子效率降低造成的。

Kim 等[199]报道了第一个室温工作的 InAsSb 基长波（8～14 μm）光电二极管。该结构采用低压 MOCVD 生长，背照射工作（从 GaAs 衬底侧）。图 16.50 显示了其在不同温度下的电压响应率，插图为器件结构示意图[200]。在 300 K 下，p^+－InSb/π－$InAs_{0.15}Sb_{0.85}$/n^+－InSb 异质结器件光响应可达 13 μm。300 K 时峰值电压响应率为 9.13×10^{-2} V/W。77 K 时，电压响应率仅为 2.85×10^{1} V/W，远低于预期。可能的原因是吸收层和接触层之间的晶格失配而导致的较差的界面性质，以及有源层中的高掺杂水平而导致的高暗电流。引入 AlInSb 缓冲层作为底部接触层可以阻止来自高度错位界面的载流子，从而增加 R_0A 乘积和探测率[38]。

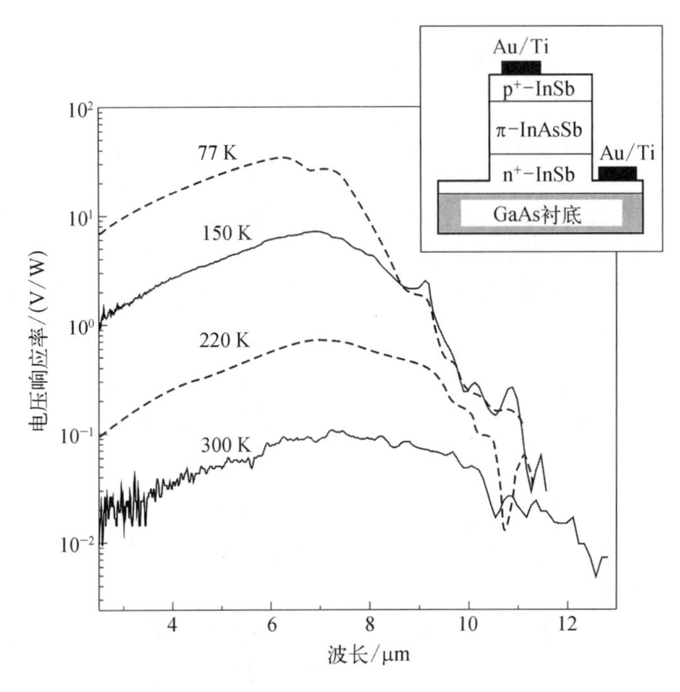

图 16.50　不同温度下 p^+－InSb/π－$nAs_{0.15}Sb_{0.85}$/n^+－InSb 异质结器件的电压响应谱。插图为器件结构示意图[200]

16.5　GaSb 基三元、四元合金光电二极管

三元和四元Ⅲ－Ⅴ族化合物材料适用于制作近红外和中红外波段的光电子器件，包括激光二极管光谱、中红外光纤、激光测距、高频通信的自由空间光链路等。质量良好的二元衬底（如 InAs 和 GaSb）可以支持多层同质和异质结构的生长，其中晶格匹配的三元和四元层可以针对 0.8～4 μm 内的波长进行定制。$Ga_xIn_{1-x}As_ySb_{1-y}$的带隙可以在 475～730 meV 进行连续调节，同时保持与 GaSb 衬底晶格匹配[18,19]，如图 16.51 所示，与此形成对比的是，在这个带隙范围内的三元材料如在 InP 衬底上的 InGaAs。三元（InGaSb 和 InAsSb）和四元（InGaAsSb 和 AlGaAsSb）对波长范围≥2 μm 都表现出了良好的性能，但仍处于尚未商业化

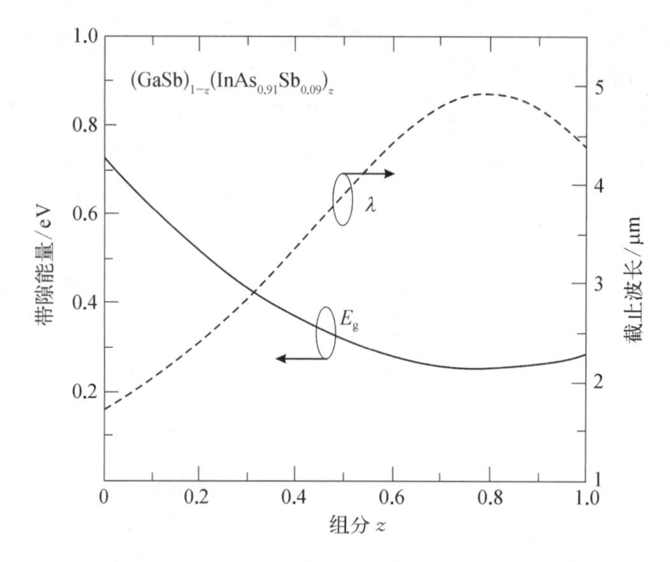

图 16.51　在$(GaSb)_{1-z}(InAs_{0.91}Sb_{0.09})_z$的组分中改变 z，相当于选择不同 x 和 y 浓度的 $Ga_xIn_{1-x}As_ySb_{1-y}$，其带隙可在 475～730 meV 内连续可调，同时保持晶格与 GaSb 衬底的匹配

的研究阶段。三元 InGaSb 虚拟衬底在开发高性能探测器方面有很大的潜力，因为这可以避免通常用于三元材料生长的二元衬底的影响[201]。

通过基于过量热力学函数和线性组合化学势的初始方法的进一步发展，已经获得了关于 LPE 过程中共存相的热力学数据的知识[202]。用这种方法计算了 Ga－In－As－Sb、In－As－Sb－P、Ga－In－As－Pb 和 Ga－Al－As－Sb 系统的相图。在 GaSb 和 InAs 层的液相外延生长过程中引入 Pb 作为中性溶剂的想法，可以使 GaSb 固溶体中的结构缺陷浓度从 2.8×10^{17} cm^{-3}降到 2×10^{15} cm^{-3}[203]。此外，将 Pb 引入未掺杂的 GaInAsSb 固溶体，可以降低缺陷和杂质浓度，提高载流子迁移率[204]。

这三种半导体 InAs、GaSb 和 AlSb 形成了一个约 6.1 Å 的近似晶格匹配的集合，(室温)能隙从 0.36 eV(InAs)到 1.61 eV(AlSb)[205]。它们的异质结构组合与被更广泛研究的 AlGaAs 系统提供了截然不同的能带排列，而这些排列是 6.1 Å 家族吸引研究人员的主要原因之一。最有特点的是 InAs/GaSb 异质结，它是 Sakaki 等[206]在 1977 年发现的，其显示出断裂带隙：在界面处，InAs 导带的底部位于 GaSb 的价带顶部下方，带隙断裂约为 150 meV。在这种异质结构中，随着 InAs 导带与富 GaSb 固溶体的价带部分重叠，电子和空穴在空间上分离并在异质界面两侧形成局域的自洽量子阱。这会导致不同寻常的隧道辅助辐射复合跃迁和新颖的输运性质。例如，图 16.52 显示了四种类型的 GaInAsSb/InAs 异质结(N－n、N－p、P－p 和 P－n)的能带图近似模拟[207]。如图 16.52 所示，所有的整流异质结(N－n、N－p 和 P－p)在异质结中都显示出很大的空间电荷区。GaInAsSb 中的导带和 InAs 中的价带在异质界面处有很大弯曲，产生了显著重叠，导致载流子在异质界面两侧的自洽势阱中受到很强的限制。当这种重叠消失时，结两侧载流子的不受限运动导致了 P－GaInAsSb/n－InAs 结构中的欧姆(金属)性行为。对于 N－n 异质结，势垒高度接近于 GaInAsSb 固溶体的带隙；对于 P－p 结构，势垒高度接近于 InAs 的带隙。

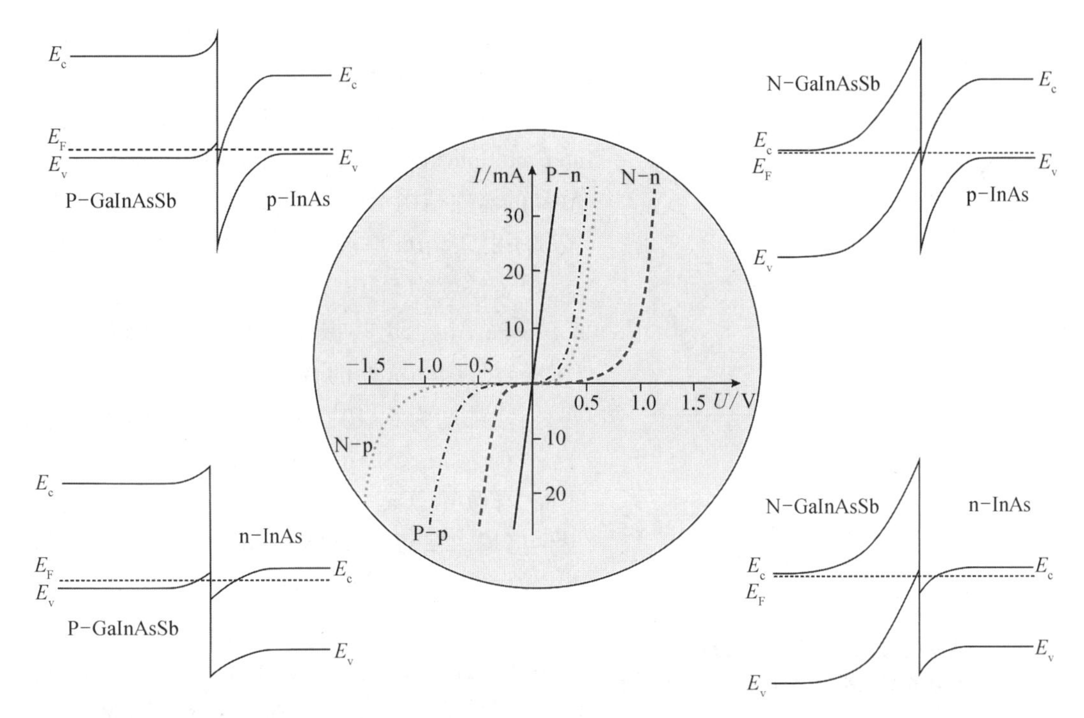

图 16.52 四种单一断裂带隙 GaInAsSb/InAs 异质结的能带图及其在 77 K 下的 $I-V$ 特性[207]

与图 16.52 所示的 N - GaInAsSb/n - InAs 异质结类似,N - GaSb/n - InAsSb 整流异质结具有独特的Ⅱ类断裂带隙界面[208,209]。在界面的 GaSb 一侧形成了一个很大的电子势垒。由于两种材料之间的电子亲和力不同,电子会通过界面从 GaSb 侧转移到 InAsSb 侧。能带弯曲会在 GaSb 一侧形成电子势垒,在 InAsSb 一侧形成二维电子气(two-dimensional electron gas,2DEG)。N - n 界面的势垒与宽带隙材料(GaSb)的能隙相当。Sharabani 等[210]的结果表明,N - GaSb/n - $In_{0.91}As_{0.09}Sb$ 异质结是一种很有前途的高温 MWIR 红外探测器材料。测得 BLIP 温度为 180 K,在 300 K 和 180 K 下测得的 R_0A 乘积分别为 2.5 $\Omega \cdot cm^2$ 和 180 $\Omega \cdot cm^2$。

窄禁带Ⅲ - Ⅴ族半导体及其合金也是开发高速、低噪声 APD 的很有前途的材料。Mikhailova 和 Andreev[195]发表了一篇关于 2~5 μm APD 的综述论文。

众所周知,APD 的过量雪崩噪声系数及信噪比取决于电子和空穴碰撞电离系数的比值(分别为 α_e和 α_h)。为了达到低噪声系数,不仅 α_e和 α_h必须尽可能不同,而且雪崩过程也必须尽可能不同,必须由电离系数较高的载流子引发。与硅 APD 不同的是,研究发现空穴在碰撞电离过程中起主导作用。根据麦金太尔规则,当 α_h/α_e电离比增加到 5 时,光电二极管的噪声性能可提高 10 倍以上。对于 InAs 和 GaSb 基合金,空穴电离系数有明显的共振提高[195,211]。这种效应归来自价带分裂中空穴引发的碰撞电离:如果自旋轨道分裂 Δ 等于带隙能量 E_g,空穴引发的碰撞电离的阈值能量达到最小,电离过程在零动量下就能发生。这导致了 α_h在 $\Delta/E_g=1$ 处的显著增加。

图 16.53 说明了 230 K 时 GaInAsSb/GaAlAsSb 异质结中 α_e和 α_h的电场依赖关系。从图 16.53 可以看出,空穴电离系数大于电子电离系数,其比值 α_h/α_e为 4~5。源于自旋轨道分

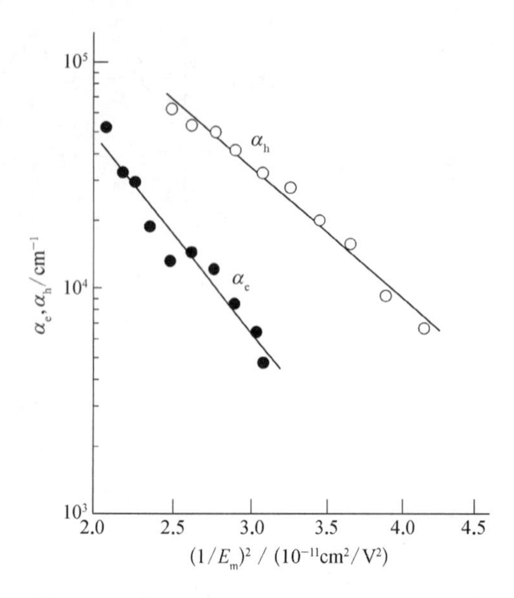

图 16.53 在 230 K, $Ga_{0.80}In_{0.20}As_{0.17}Sb_{0.83}$ 固溶体中的空穴和电子电离系数与最大电场的倒数平方之间的依赖关系[212]

裂价带的空穴电离主要发生在电场 $E=1.5\times10^5\sim2.3\times10^5$ V/cm 的范围内。

具有独立吸收和倍增区(separate absorption and multiplication region, SAM) APD 的 InGaAsSb APD 的器件结构示例如图 16.54 所示[213]。该器件按顺序由 2.2 μm 厚的 Te 补偿 $Ga_{0.78}In_{0.22}As_{0.18}Sb_{0.82}$ 层,电子浓度为 $5\times10^{15}\sim7\times10^{15}$ cm^{-3};0.3 μm 厚的 n − $Ga_{0.96}Al_{0.04}Sb$ 共振复合层,电子浓度为 8×10^{16} cm^{-3};1.5 μm 厚的 $Al_{0.34}Ga_{0.66}As_{0.014}Sb_{0.986}$ 窗口层,空穴浓度为 5×10^{18} cm^{-3} 构成。空间电荷区位于 n − $Ga_{0.96}Al_{0.04}Sb$/p − $Al_{0.34}Ga_{0.66}As_{0.014}Sb_{0.986}$ 异质界面,导致 n − $Ga_{0.96}Al_{0.04}Sb$ 倍增区中主要是空穴发生倍增。室温下测得倍增因子的最大值 $M=30\sim40$。宽禁带材料测得的击穿电压为 10~12 V,当 $Ga_{0.96}Al_{0.04}Sb$ 在 0.76 eV 处发生能带共振时,α_h/α_e 比可达 60。因此,基本上是空穴的单极性倍增,减少了这些 APD 中的过量噪声问题。

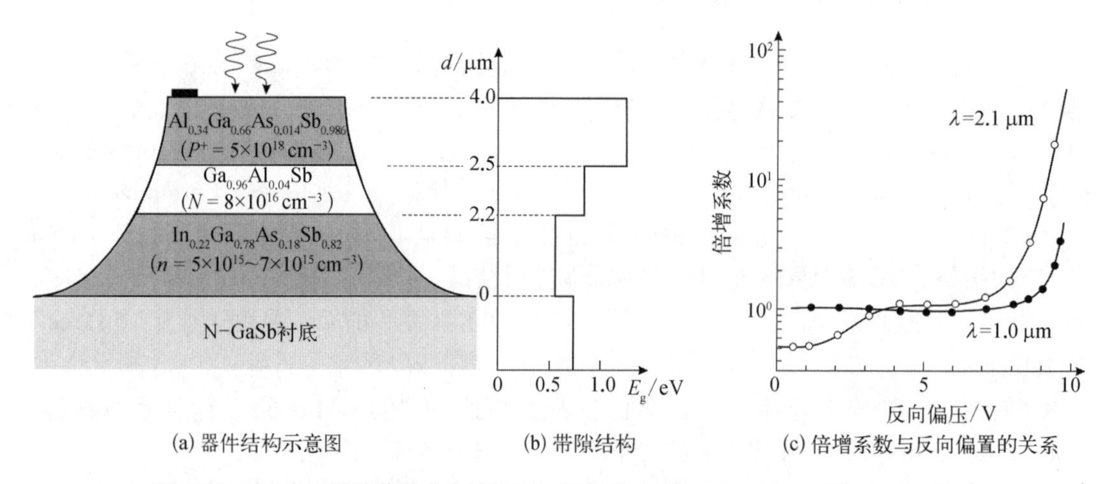

图 16.54 雪崩区具有谐振成分的 SAM APD $Ga_{0.80}In_{0.20}As_{0.17}Sb_{0.83}/Ga_{0.96}Al_{0.04}Sb$

摘自安德烈夫(Andreev)等[213]的报道

16.6 新型锑基Ⅲ−Ⅴ族窄禁带光电探测器

$In_{1-x}Tl_xSb$(InTlSb)被认为是一种潜在的长波红外材料[214,215]。TlSb 被看作半金属。通过 TlSb 与 InSb 的合金化,InTlSb 的禁带宽度为−1.5~0.26 eV。假设禁带宽度与合金成分呈线性关系,则在 $x=0.08$ 时,$In_{1-x}Tl_xSb$ 有望达到 0.1 eV 的禁带宽度,而由于 Tl 原子的半径与 In 非常相似,因此具有与 InSb 相似的晶格常数。在此能隙处,InTlSb 和 HgCdTe 具有非常相似的能带结构。这意味着 InTlSb 具有与 HgCdTe 相当的光学和电学性质。在结构方面，由于更强的键能，预计 InTlSb 会更加坚硬。估算了 Tl 在闪锌矿(ZB) InTlSb 中的混溶极限约为 15%，这足以达到低至 0.1 eV 的能隙。图 16.55 显示了 Tl 基Ⅲ-Ⅴ族 ZB 合金带隙能量和晶格常数之间的预期关系[39]。InTlSb 光电探测器已有在室温下工作，截止波长约为 11 μm 的报道[163,216]。

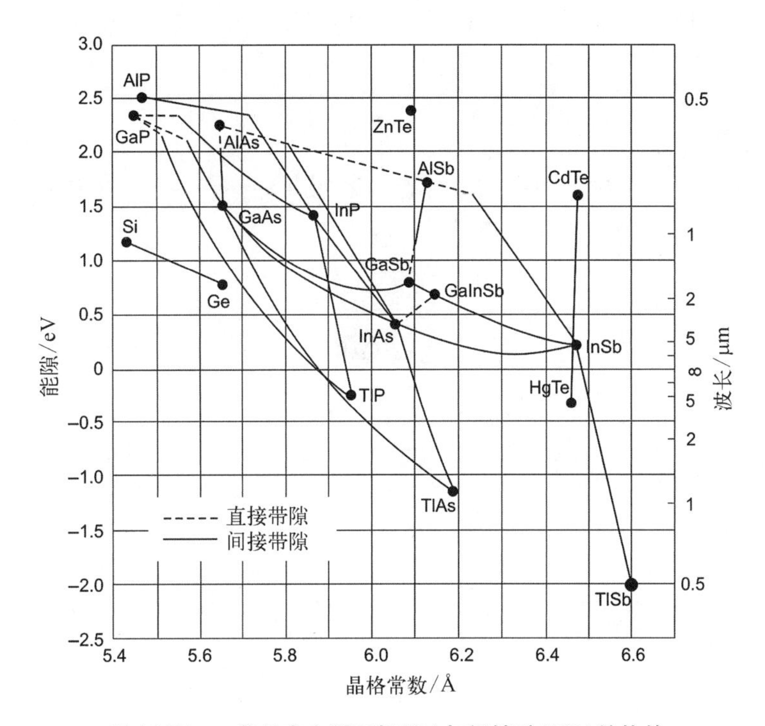

图 16.55　一些具有金刚石相(D)与闪锌矿(ZB)结构的半导体的组分和波长及其晶格常数的关系图

基于 Tl 的Ⅲ-Ⅴ族材料也包括在内

van Schifgaarde 等[217]指出另一种三元合金 $In_{1-x}Tl_xP$ (InTlP) 也是一种很有前途的红外探测器材料。结果表明，该材料与 InP 只有很小的晶格失配，可以覆盖 0~1.42 eV(0 K 时的 InP)。光学测量证实了加入 Tl 降低了 InP 的带隙[218]。

作为 HgCdTe 材料体系的另一种替代，研究人员也考虑了 $InSb_{1-x}Bi_x$ (InSbBi)，由于在 InSb 中掺入 Bi 可以迅速降低 36 meV/%Bi 的禁带宽度。因此，只需要几个百分比的 Bi 就可以降低带隙能量。

由于 InSb 和 InBi 之间存在较大的固相混溶间隙，InSbBi 外延层的生长比较困难。用低压 MOCVD[219,220]在含 GaAs(100)衬底上成功地生长了含有大量 Bi(约为 5%)的 InSbBi 外延层。室温下，$InSb_{0.95}Bi_{0.05}$ 光电导在 10.6 μm 处的响应率为 1.9×10^{-3} V/W，相应的约翰逊噪声极限探测率为 1.2×10^6 cm·Hz$^{1/2}$/W。在 300 K 时，由偏置电压依赖的响应率估算出的有效载流子寿命约为 0.7 ns。

在Ⅲ-Ⅴ族半导体的稀氮化物合金中，观察到强烈的负带隙弯曲效应[221,222]。GaAsN 与 GaInAsN 合金在波长为 1.30 μm 和 1.55 μm 的光纤通信中具有重要的技术意义，因此大多数文献都集中在这两种合金上。

用半经验 **k · p** 模型对 $InSb_{1-x}N_x$的能带结构进行了初步计算。理论预测的带隙结构变化表明,在 1%N 时,带隙减小了 110 meV(分数变化为 63%),这显然为长波长应用提供了潜力[223]。这些理论预测通过对发光二极管响应波长的测量得到了实验验证。采用分子束外延和氮等离子体源相结合的方法生长了氮含量高达 10%的 $InSb_{1-x}N_x$样品。在带隙减小的同时,与禁带宽度相当的 HgCdTe 相比,由于更高的电子质量和导带的非抛物性,俄歇复合寿命增加了大约 3 倍[224]。

参 考 文 献

第 17 章 碲镉汞探测器

1959 年由劳森(Lawson)等[1]发表的论文触发了对可变带隙 $Hg_{1-x}Cd_xTe$(HgCdTe,碲镉汞)合金的研究,为红外探测器的设计提供了前所未有的自由度。2009 年 4 月,在佛罗里达州奥兰多举行的“红外技术和应用”会议(the Conference on Infrared Technology and Applications)期间,特意组织了一次研讨,以纪念该会议首篇论文发表 50 周年[2]。这次会议汇集了大多数参与碲镉汞后续开发的研究中心和企业。图 17.1 是皇家雷达研究院(Royal Radar Establishment)的三位 HgCdTe 发明者(Lawson、Nielson、Young),他们在 1957 年的一项专利中披露了这种三元合金化合物[3]。1959 年的首篇论文的共同作者还包括普特利(Putley)[1]。

图 17.1 碲镉汞三元合金的发明者[3]

HgCdTe 是一种闪锌矿结构的赝二元合金半导体材料。由于其带隙可调,$Hg_{1-x}Cd_xTe$ 已发展成为在整个红外探测器应用范围内最重要、功能最多的材料。随着 Cd 组分的增加,$Hg_{1-x}Cd_xTe$ 的带隙从 HgTe 时的负值逐渐增大到 CdTe 的正值。带隙能量的可调性使红外探测器的应用范围很广,包括短波(SWIR, 1~3 μm)、中波(MWIR, 3~5 μm)、长波(LWIR, 8~14 μm)及甚长波(VLWIR, 14~30 μm)。

过去和现在,碲镉汞技术的发展主要是为了军事应用。国防机构相关的保密要求阻碍了研究团队之间在国内或在国际上进行有意义的合作。此外,主要的焦点一直是焦平面阵列的演示,而不是建立相关的知识库。尽管如此,五十多年来该领域已经取得了重大进展。碲镉汞是目前红外光电探测器中应用最广泛的可变带隙半导体材料。

17.1 碲镉汞探测器的历史

劳森(Lawson)等[1]发表的论文报道了波长在 12 μm 以下的光导和光伏响应,并作了简单的实验,指出这种材料有望成为本征红外探测器。当时,8~12 μm 大气传输窗口的重要性因热成像而广为人知,通过对场景发射的红外辐射进行成像可以实现夜视功能。1954 年已经实现了锗掺铜的非本征光电导探测器[4],光谱响应可达 30 μm(远远超过 8~12 μm 窗口的要求),但为了达到性能的背景限,Ge:Cu 探测器必须工作在液氦温度。1962 年,人们发现 Ge 中的 Hg 受主能级的激活能约为 0.1 eV[5],很快就用这种材料制成了探测器阵列;然而,为了获得最高的灵敏度,Ge:Hg 探测器需要被冷却到 30 K。理论上,本征的 HgCdTe 探测器(光学跃迁是价带和导带之间的直接跃迁)可以在更高的工作温度(高达 77 K)下获得同样的灵敏度。早期认识到这一重要特点的国家,包括英国、法国、德国、波兰、苏联和美国,它们开展了对 HgCdTe 探测器的密集研究[6]。然而,关于那个时期发展状况的报道很少,直到 20 世纪 60 年代末,美国当年的研究工作才得到公开。

图 17.2 给出了 HgCdTe 红外探测器研发中重大进展的大致日期;图 17.3 进一步描述了探测器发展的时间线和工艺技术的关键节点[7]。美国的德州仪器公司早在 1964 年就制造出了光电导器件,采用的是改进的布里奇曼晶体生长技术。最早的 HgCdTe 结型光电二极管

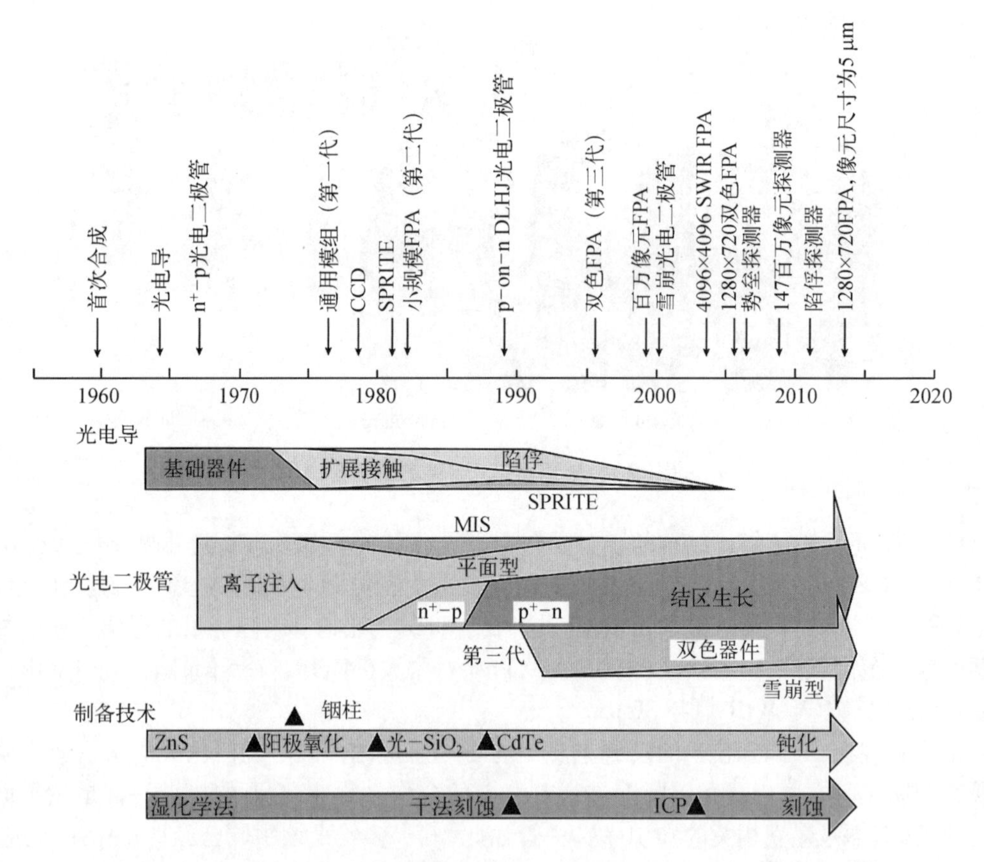

图 17.2 HgCdTe 红外探测器发展的时间线,以及制备工艺的关键发展节点[7]

是由 Verie 和 Granger[8] 报道的,他们采用了对掺杂有 Hg 空位的 p 型材料进行 Hg 扩散的方法。HgCdTe 光电二极管的第一个重要应用是作为 CO_2激光器光束的高速探测器[9]。1967 年蒙特利尔世博会的法国馆中展示了一套采用 HgCdTe 光电二极管的 CO_2激光系统。但是,1970 年代开发与制造的第一代扫描成像系统中所采用的高性能 MWIR 和 LWIR 线列仍使用 n 型光电导。1969 年,Bartlett 等[10]实现了在 LWIR 光谱区域,77 K 下光电导器件的性能背景限。经过材料制备和探测器技术的发展,目前器件的响应率和探测率已经可以在较宽的温度和背景范围内接近理论极限[11]。

英国发明了一种新的标准光电导型器件——SPRITE(signal processing in the element)探测器[12,13]。采用这种器件研发了一系列热成像系统,但是它的使用率已经在下降。SPRITE 探测器通过对少子沿光导材料长度方向的漂移速度与成像系统的扫描速度之间的同步,可以获取扫描图像点处的信号平均值。然后,图像信号可以建立起少子电荷束流,并在光导材料的末端进行收集,在相当长的时间内对信号进行有效积分,从而提高信噪比(signal-to-noise ratio,SNR)。

该扫描系统不包括焦平面中的多路复用功能,属于第一代系统。美国的 HgCdTe 阵列通用模块采用 60 个、120 个或 180 个光导元件(根据不同的应用)。

在 Boyle 和 Smith[14] 发明 CCD 之后,全固态电子扫描二维(2D)红外探测器阵列的想法增强了人们对 HgCdTe 光电二极管的关注,包括 p－n 结、异质结和 MIS(metal-insulator-semiconductor,金属-绝缘体-半导体)光电电容器等。这些不同类型的器件对于红外探测都有一定的优势,具体需取决于特定的应用。更多的兴趣集中在前两种结构上,因此本书进一步的讨论将仅限于 p－n 结和异质结。光电二极管具有极低的功耗、固有的高阻抗、可忽略的 $1/f$ 噪声及易于在焦平面硅片上实现多路复用等优点,可以制备出包含大量元件的面阵,其规模仅受到现有技术的限制。它们可以在反向偏置下工作,以获得更高的阻抗,因此可以与紧凑的低噪声硅读出电路的前置放大器实现电学匹配。光电二极管线性响应区所对应的光通量水平明显高于光电导型器件(因为光电二极管吸收体层中的掺杂浓度较高,而且光生载流子会很快地被结区收集)。在 20 世纪 70 年代末,研发重点为用于热成像的中波和长波红外的大型光伏型 HgCdTe 阵列。最近已经扩展到短波(如用于短波范围内的星光成像)和超过 15 μm 的甚长波红外星载遥感。

第二代系统(全画幅系统)的焦平面像元通常比第一代系统多 3 个数量级($>10^6$),并且探测器像元配置成 2D 阵列。这些凝视阵列采用与阵列集成的电路进行电子扫描。读出集成电路(readout integrated circuit,ROIC)具有如像素取消选择、每个像素上的抗眩光、子帧成像、输出前置放大器等功能。第二代 HgCdTe 器件是 2D 光电二极管阵列。这项技术始于 20 世纪 70 年代末,并在十年后才实现量产。在 20 世纪 70 年代中期首次报道了混成式结构[15];读出电路的铟柱键合可将数千个像元的信号经多路复用通过几条数据线输出,大大简化了真空封装的低温探测器和系统电子设备之间的接口。探测器材料和多路复用器可以分别进行优化。混成式 FPA 还具有其他的优点,包括接近 100%的填充系数,以及增加了多路复用器芯片上的信号处理面积等。

MIS 光电容通常在 n 型吸收层上制备,用一层半透明的薄金属膜作为栅电极。绝缘层选用的是一层薄的自然氧化层。开发 HgCdTe MIS 探测器的唯一驱动力是希望制备出单片式红外 CCD,在同一材料上实现探测和多路复用。然而,由于 MIS 探测器需要在非平衡模式下工作(通常在电容器上施加几伏的脉冲偏压以使表面层进入深度耗尽态),在 MIS 器件耗尽层中建立的电场比在 p-n 结中建立的电场大得多,导致与缺陷相关的隧穿电流比基本暗电流大几个数量级。与光电二极管相比,MIS 探测器对材料质量的要求要高得多,这一点目前还无法实现。为此,HgCdTe MIS 探测器的研发在 1987 年左右被放弃[16,17]。

20 世纪最后十年中,由于探测器发展的巨大推动,第三代碲镉汞探测器应运而生(27 章)。第三代探测器的发展是基于第二代系统所采用的异质结器件制备中所取得的技术成就而产生的[18]。

17.2 碲镉汞:技术和特性

高质量的半导体材料对于生产高性能和经济型的红外光电探测器是必不可少的。材料必须具备低缺陷密度、大晶圆尺寸、均匀性,以及本征和非本征属性的可重复性。为了实现这些特性,碲镉汞材料的制备经历了从高温熔融生长的体材料晶体向低温下液相和气相外延(vapor phase epitaxy,VPE)的发展过程。然而,大面积和高质量 $Hg_{1-x}Cd_xTe$ 材料的成本和可用性仍然是生产成本可控的器件时的主要考虑因素。

17.2.1 相图

正确设计材料的生长过程,最基本一点是需要对相图有深刻的理解。相图及其对 $Hg_{1-x}Cd_xTe$ 晶体生长的意义已有广泛的讨论[19-21]。从理论和实验上,已经建立起了贯穿吉布斯三角的 Hg-Cd-Te 三元相图[22-24]。Brice[23]将 100 多位研究人员在 Hg-Cd-Te 相图上的工作总结为一种数值描述,为生长过程的设计提供了便利[25]。

在解释实验数据和预测整个 Hg-Cd-Te 体系相图方面,广义关联的溶液模型已被证明是成功的。假设液相为 Hg、Te、Cd、HgTe 和 CdTe 的混合物。材料的气相含有 Hg 原子、Cd 原子和 Te_2分子。固体材料的组成可以用通式$(Hg_{1-x}Cd_x)_{1-y}Te_y$来描述。常见的 $Hg_{1-x}Cd_xTe$ 表达式对应的是具有完全互溶度的 CdTe 和 HgTe 赝二元合金($y=0.5$)。目前认为,$Hg_{1-x}Cd_xTe$ 中闪锌矿的赝二元相区在富 Te 材料中会被扩展,宽度约为 1%。温度越低,宽度越窄。这种相图反映出 Te 具有沉淀的趋势。金属亚晶格中的空位会造成 Te 过量,并导致纯的材料具有 p 型电导率。在 200~300 K 的低温退火可降低本征缺陷(主要是受主)的浓度,这也显示了材料中不受控制的(主要是施主)杂质背景。弱的 Hg-Te 键会导致缺陷的形成,以及 Hg 在基体中迁移的激活能较低。这可能会造成体和表面的不稳定。

晶体生长中的大多数问题是固相线和液相线之间的显著差异(图 17.3)所导致的,从而在结晶过程中从熔体中分离出二元体。熔体生长的分凝系数取决于 Hg 压。赝二元和富汞熔体上的高 Hg 压也会带来严重的问题。因此,必须充分理解图 17.4(a)中的 $P_{Hg}-T$ 关系[26]。该曲线是组分 x 的固溶体中 Hg 分压的边界,此时固溶体与另一个凝聚相及气相处于平衡状态。我们可以看到,对于 $x=0.1$ 和 $1\,000/T=1.3\ K^{-1}$,在 Hg 分压为 0.1(Te 饱和)和 7(Hg 饱和)的情况下,存在 HgCdTe。Te 的原子比在 0.5 附近的较小而非零的范围内,会随着 Hg 分压的增加而减小。即使在 $x=0.95$ 和 Te 饱和的条件下,Hg 也是主要的蒸气成分,没有固溶体恰好含有原子比为 0.5 的 Te。这些特性对于控制 HgCdTe 的本征缺陷浓度,进而控制 HgCdTe 的电学性质具有重要意义。图 17.4(b)显示，与 Hg 分压相比，Te_2分压低了几个数量级。图 17.5 显示了富 Hg 和富 Te 边缘的低温液相线和固溶体的等浓度曲线[22]。例如，图 17.5(a)显示，在 450℃时，含有 0.9 摩尔比 CdTe 的固溶体与含有 7×10^{-4}原子比的 Cd 和 0.014 原子比的 Te 的液体处于平衡状态。几乎纯净的 CdTe(s)可以从非常富汞的液体中结晶出来。

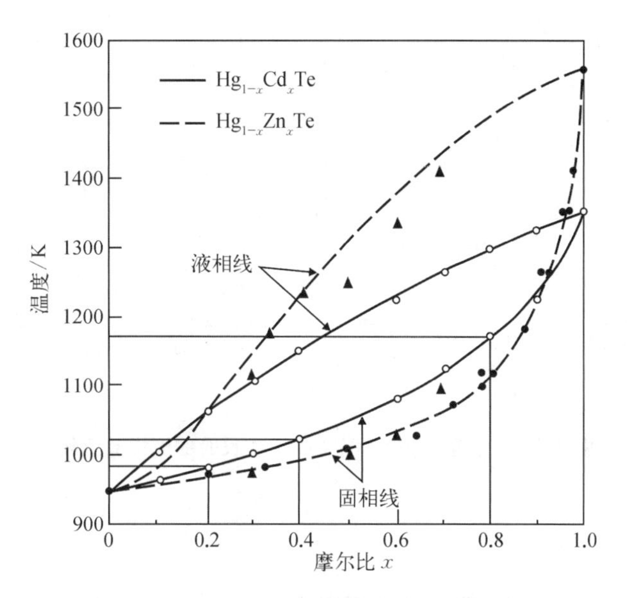

图 17.3　HgTe - CdTe 和 HgTe - ZnTe 赝二元体系的液相线和固相线

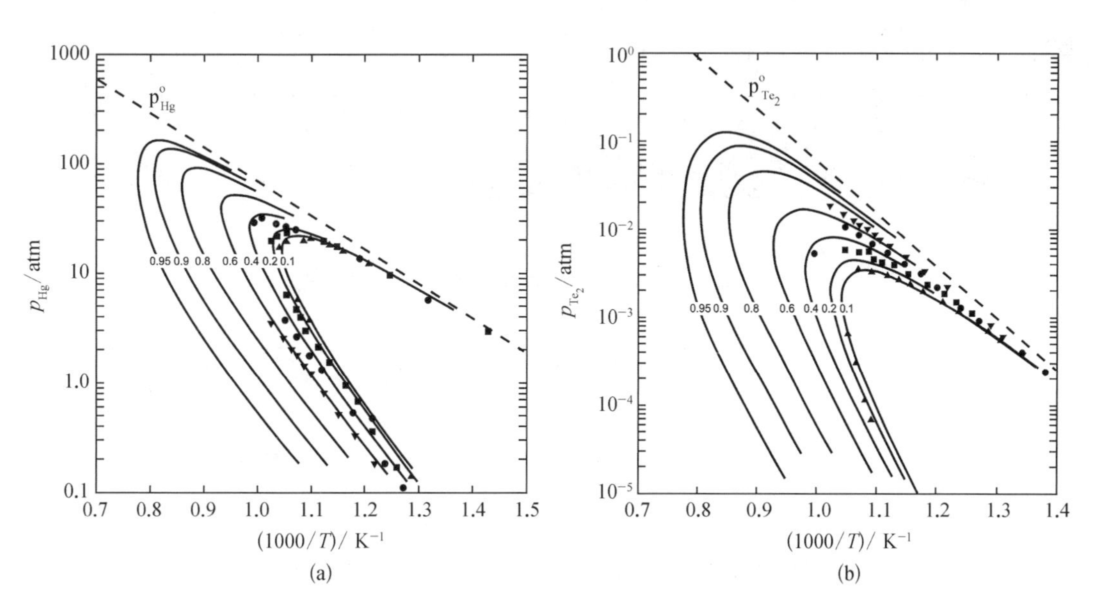

图 17.4　不同固溶体沿三相曲线的(a) Hg 分压和(b) Te_2分压。曲线上的数字标签是 $Hg_{1-x}Cd_xTe$ 中的组分 x 的值[26]

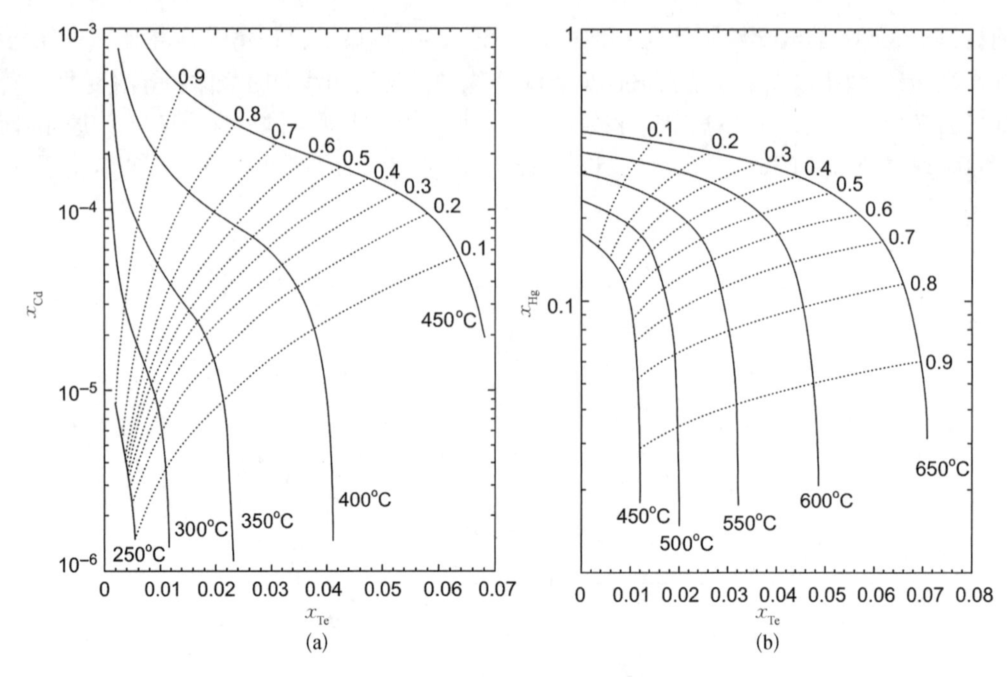

图 17.5　(a) 富 Hg 和(b) 富 Te 生长时的液相等温线[22]

17.2.2　晶体生长概述

HgCdTe 晶体生长技术发展的时间线如图 17.6 所示[7]。从历史上看,HgCdTe 晶体生长一直是一个主要的问题,主要是因为在生长过程中存在着相对较高的汞压,这使得材料生长中的化学计量和成分控制变得很困难。液相线与固相线之间的较宽分离会导致 CdTe 和 HgTe 的明显偏析。

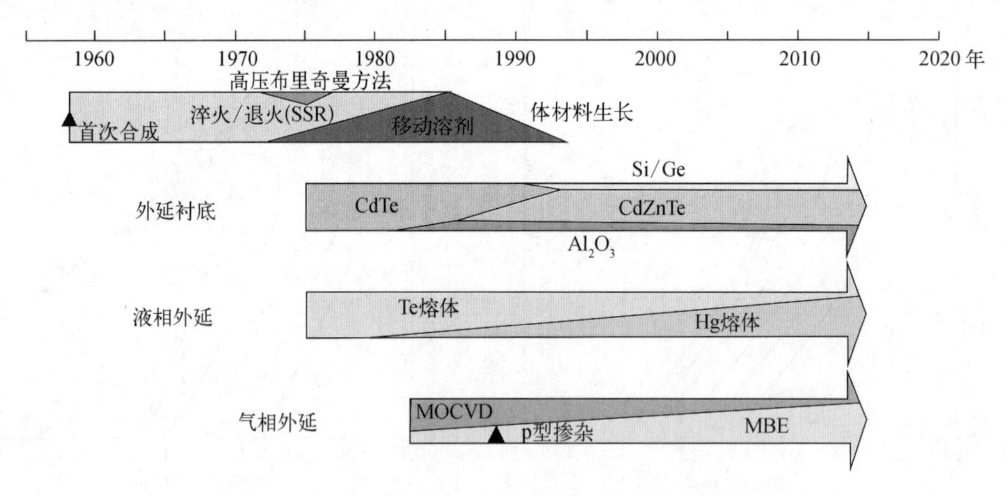

图 17.6　HgCdTe 晶体生长技术从 1958 年至今的发展过程[7]

关于 HgCdTe 体材料的发展,已经有几篇历史性的综述[19,27-29]。Capper 等[30,31]对体材料和外延层生长做了极好的综述。早期曾尝试过许多技术[见 Verie 和 Granger[8]的文章,其中 Micklethwaite 提供了 1980 年前使用的生长技术的全面信息],但如图 17.6 所示,三种主要方法沿用至今: 固态再结晶(solid state recrystallization,SSR)法、布里奇曼法和移动加热法(traveling heater method,THM)。

早期实验和生产主要是使用淬火或固态再结晶工艺。在这种方法中,所需组分的材料被合成、熔化和淬火。然后,在此过程中获得的细小枝晶块(高度多晶固体)在液相线温度下退火数周,以使晶体重新结晶和均匀化。人们对该工艺提出了各种改进措施,包括温度梯度退火和缓慢冷却,以防止碲的析出。材料通常需要低温退火以调整本征缺陷的浓度。在淬火阶段必须小心,防止出现管子/空洞,这些管子/空洞无法通过再结晶步骤去除。

SSR 法存在严重缺陷。由于没有分离过程,炉料中的所有杂质都会被保留在晶体中,所以必须使用高纯度的原料。由于大直径晶锭的冷却速度太慢,无法抑制偏析,所以晶锭的最大直径被限制在 1.5 cm 左右。晶体含有较少的晶界。

基础 SSR 工艺的替代方法包括:"泥浆"生长[32]、高压生长[33]、增量淬火[34]和水平铸造[35]。在"泥浆"生长过程中,初始均质成分保持在液-固相之间,下端为固体,上端为液体(温度梯度为 10 K/cm)[30]。采用高压(30 个大气压的 Hg),通过改进热流控制和在再结晶过程中使用晶体间的 Te 作为移动液区来减少结构缺陷。

在 20 世纪 70 年代中期附近的几年里,人们一直在尝试布里奇曼生长法。布里奇曼工艺受到混合熔体控制的限制,需要一种对密封加压安瓿中所含熔体进行搅拌的方法。采用加速坩埚旋转技术(accelerated crucible rotation technique,ACRT)可使熔体在高达 60 r/min 的转速下经历周期性的加速/减速,比一般的布里奇曼生长法具有显著的改善,特别是对于高 x 组分材料,工艺的可重复性更好,界面相对平坦,主要晶粒的数量减少(在 $x=0.2$ 附近,通常为 10∶1)[36-39]。可产生出直径达 20 mm 的晶体,在某些晶体的端区,x 值高达 0.6。

与此同时,可从富 Te 熔体中通过溶剂生长的方法来降低生长温度。THM 是一个成功的方案,可产生直径达 5 cm 的晶体[40]。用这种方法生长晶体的完美质量是以低生长速率为代价的[41]。

HgCdTe 体材料晶体最初被用于所有类型的红外光电探测器。目前,它们仍被用于 n 型单元光电导、SPRITE 探测器、线列等红外应用领域。体材料生长可以形成细的棒状材料,直径一般可达 50 mm,长度约为 60 cm,成分分布不均匀。大的面阵无法用体材料晶体实现。体材料的另一个缺点是需要将晶片减薄,通常切割到约 500 μm 的厚度,并最终减薄到约 10 μm 的器件厚度。这样的制造工艺(抛光晶片,将它们安装在合适的衬底上,并抛光到最终器件的厚度)是劳动密集型的。

与体材料生长技术相比,外延技术提供了生长大面积(约为 100 cm^2)外延层和制造复杂器件结构的可能性,这些结构具有良好的横向均匀性、陡峭和复杂的组分分布,以及为提高光电探测性能而设置不同的掺杂分布。外延生长是在低温下进行的(图 17.7)[42],从而可能降低本征缺陷密度。

在各种外延技术中,液相外延(liquid phase epitaxy,LPE)技术最为成熟。LPE 是一种单晶生长过程,在该过程中,材料从冷却溶液中生长到衬底上。另一种技术,HgCdTe 的气相外延生长通常是用非平衡方法进行的,这也是金属有机化学气相沉积(metalorganic chemical vapor deposition,MOCVD)、分子束外延(molecular beam epitaxy,MBE)及其衍生方法所采用的。与平衡法相比,MBE 和 MOCVD 的最大优点是能够在生长过程中动态地修改

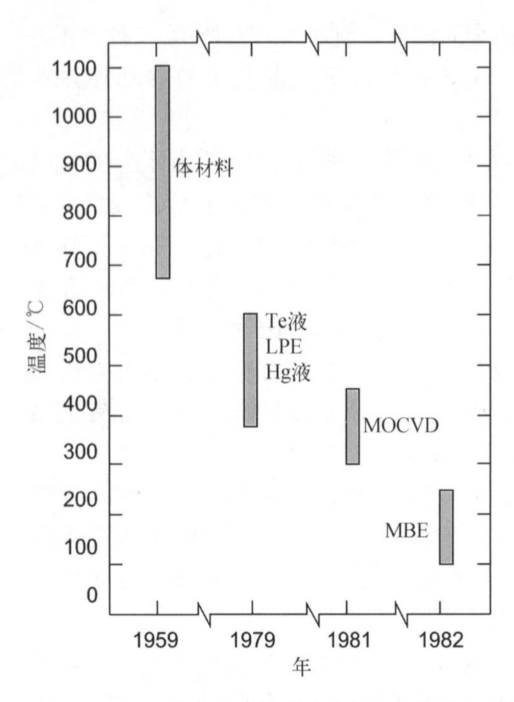

图 17.7 生长 HgCdTe 材料的不同生长技术,其温度范围与首次报道的日期之间的关系[42]

生长条件,以定制带隙、添加和去除掺杂剂、制备表面和界面、添加钝化、执行退火,甚至在选定的衬底区域上生长。生长控制以极高的精度进行,获得的材料基本特性可以与平衡法生长所获取的相当。

HgCdTe 层的外延生长需要合适的衬底。最初使用的是 CdTe,因为可以从商业渠道获得相当大尺寸的晶圆。CdTe 的主要缺点是与 LWIR 和 MWIR HgCdTe 有几个百分比的晶格失配。到 20 世纪 80 年代中期,人们已经证明在 CdTe 中添加少量的 ZnTe(通常为 4%)就可以形成晶格匹配的衬底。CdTe 和接近晶格匹配的 CdZnTe 衬底通常采用改进的垂直或水平非籽晶布里奇曼技术生长。尽管也尝试过其他取向,最常用的还是(111)和(100)晶相。发生在(111)层中的孪晶可以通过适当的衬底取向偏离来防止。发现(112)B 取向对生长条件几乎是最优的。尺寸有限、纯度问题、Te 析出物、位错密度(通常在 $10^4\ cm^{-2}$ 范围)、晶格匹配的不均匀性和高昂的价格(抛光片,50~500 美元/cm^2)都是有待解决的问题。人们相信,这种衬底将在很长一段时间内继续发挥重要作用,特别是对于最高性能的器件。

在 CdTe 衬底上生长薄层 HgCdTe 的 LPE 技术始于 20 世纪 70 年代初至中期。碲溶液生长(420~500℃)和汞溶液生长(360~500℃)在各种配置中都获得了同样的成功。在 Hg-Cd-Te 体系相图中靠近 Te 角的开创性工作发表于 1980 年[43],相关的 LPE 生长设备提供了必要的基础,Te 溶液的开放管式 LPE 具有几种不同的形式(如文献[44]~[47])。最初是使用溶有 Cd(Cd 在 Te 中的溶解度很高)和饱和 Hg 蒸气的 Te 溶液,在 420~600℃的温度范围内高效地生长 HgCdTe。这种方法使用滑块技术,在生长过程中不会发生明显的耗尽,从而可以利用小体积熔体。使用 Hg 作为溶剂的 LPE 实验始于 20 世纪 70 年代末。圣巴巴拉研究中心(Santa Barbara Research Center,SBRC)率先对 Hg-Cd-Te 体系的 Hg 角进行了相图的研究[48],经过几年的实验,开发出了一种可重复使用的汞溶液技术[49]。由于 Cd 在 Hg 中的溶解度有限,Hg 熔体的体积必须比 Te 熔体的体积大得多(通常约为 20 kg),以便在 380~500℃的温度范围内最大限度地减少层生长过程中的熔体消耗。这就不能采用滑块生长的方法,因此发展出使用大型浸渍容器的 Hg 熔体外延方法。Hg 溶液技术的一个主要优势是熔体易于倾析,可以产生表面形貌极佳的外延层。最近,在制造高性能双层异质结(double-layer heterojunction,DLHJ)光电二极管中,人们认识到 LPE 另外两个必不可少的特性:较低的液相线温度(<400℃)下,可以进行盖层(cap-layer)生长;在生长过程中易于掺入 p 型和 n 型温度稳定的杂质,如 As、Sb 和 In。

在 20 世纪 90 年代初,LPE 取代了体材料生长,现在对于生产第一代和第二代探测器来说已经非常成熟。然而,LPE 技术对于第三代探测器所需的各种先进的 HgCdTe 结构来说,仍然存在不足。由于相对较高的生长温度,LPE 通常在每次生长下一层材料时都会熔化掉底层材料的一个薄层。此外,在某些情况下,由于互扩散,p^+-on-n 结底层中的组分 x 值梯度会对载流子传输产生障碍。这些限制为 VPE,特别是 MBE 和 MOCVD 的发展提供了机会。

已经使用了各种 VPE 方法生长 $Hg_{1-x}Cd_xTe$ 层,其中最早的是等温气相外延(isothermal vapor phase epitaxy,ISOVPE),源自法国[50]。ISOVPE 是一种相对简单的准平衡生长技术,它通过蒸发-冷凝机制在相对较高的温度(400~600℃)下将 HgTe 从源(HgTe 或 $Hg_{1-x}Cd_xTe$)传输到衬底。该方法的固有属性是会产生深度梯度,因为在每一层形成的过程中都会发生沉积材料和衬底材料的互扩散。

MBE 和 MOCVD 生长 HgCdTe 始于 20 世纪 80 年代初,当时在Ⅲ-Ⅴ族半导体材料制备中这两种方法都已经很成熟了。在接下来的十年里,随着一些反应腔设计的发展,开发出了各种金属有机化合物[51,52]。HgCdTe 的 MOCVD 生长可以通过直接合金生长(direct alloy growth,DAG)和互扩散多层膜(interdiffused multilayer process,IMP)这两种可供选择的工艺之一来实现。由于 HgTe 和 CdTe 的稳定性差异很大,以及 Te 前驱体与 Cd 烷基的反应性比 Te 前驱体与金属 Hg 的反应性高,DAG 面临着几个严重的问题。IMP 技术解决了这些问题[53,54]。连续的 CdTe 和 HgTe 层具有两个连续层的总厚度,大约为 0.1 μm。这些层在生长过程中或在生长结束后的短时间原位退火期间发生沉积和互扩散。当在 CdTe 生长周期中引入 IMP 并且 Cd/Te 流量比大于 1 时,更容易实现 As、Sb 和 In 掺杂剂的激活[55]。与 In 相比,碘 I 是一种更稳定的施主掺杂剂,可控制 3×10^{14}~2×10^{18} cm^{-3}范围内的局域掺杂,在标准化学计量比情形下的退火后可实现 100%激活[56]。

HgCdTe 的 MBE 生长采用的是分别含有 Hg、Te 和 CdTe 的扩散束源。为了克服 Hg 在生长温度下的低附着系数,设计出一种特殊设计的汞源炉[57-60]。MBE 过程中 HgCdTe 的表面生长温度对引入扩展缺陷起着至关重要的作用。最佳生长温度为 185~190℃。在较低温度下,由于 Hg 的附着系数随温度的降低而增大,因此在较低的温度下,表面会产生过量的 Hg。过量的 Hg 会导致微孪晶缺陷。这些缺陷对外延层和器件的电学性能是不利的。在此条件下生长的材料具有较高的腐蚀坑密度(etch pit density,EPD)(在 10^6~10^7 cm^{-2}范围)。如果在相同条件下将生长温度提高到 190℃以上,则表面会出现 Hg 的短缺,从而形成空洞缺陷。目前,在最佳的 Hg/Te_2 流量生长条件下,观察到的空洞缺陷的最低浓度约为 100 cm^{-2},这可能与尘埃颗粒和/或衬底相关的表面缺陷有关。在此条件下生长的外延层 EPD 值较低(10^4~10^5 cm^{-2})。为了提高 MBE 过程中的掺杂率和降低激活所需的温度,在 As 和 Sb 掺杂方面花费了大量的努力。在高质量 MBE 生长所需的温度下,无法达到金属饱和条件。必须在高温下激活受主掺杂,这抵消了低温生长的益处。对于 2×10^{18} cm^{-3}的 As 掺杂浓度,经过 300℃的激活退火和之后 250℃的化学计量比退火,可获得接近 100%的激活[61]。

目前,MBE 是气相生长 HgCdTe 的主要方法。它提供了超高真空环境下的低温生长,原位 n 型和 p 型掺杂,以及成分、掺杂和界面轮廓的控制。MBE 是目前生长多色探测器和雪崩光电二极管复合层结构的首选方法。尽管 MBE 材料的质量还不能与 LPE 材料相提并论,但在过去的十年里已经取得了巨大的进步。其成功的关键是其掺杂能力,并可将 EPD 降至

10^5 cm^{-2}以下。

MBE 的生长温度低于 200℃，而 MOCVD 的生长温度在 350℃左右，在较高的生长温度下会形成 Hg 空位，使得 MOCVD 中 p 型掺杂的控制变得更加困难。As 对于 p 型层是较好的掺杂剂，而 In 对于 n 型层是较好的掺杂剂。几个实验室报告中未掺杂的 MOCVD 和分子束外延生长层的杂质水平一直低于 10^{14} cm^{-3}，这表明来自商业供应商的原料纯度现在看来是足够的，尽管仍需改进。那么这两种方法剩下的问题包括：控制孪晶形成，在生长之前需要对表面进行仔细处理，不可控的掺杂，位错密度，以及成分不均匀性。

在 CdZnTe 衬底上使用 MOCVD 和 MBE 生长的 HgCdTe 薄膜获得了报道的最低载流子浓度和最长寿命。衬底通常是用改进的垂直和水平非籽晶布里奇曼技术生长的[62,63]。近晶格匹配的 CdZnTe 衬底存在面积小、生产成本高等严重缺陷，更重要的是，CdZnTe 衬底的热膨胀系数（thermal expansion coefficient，TEC）与硅读出集成电路的 TEC 存在差异。此外，人们对大面积 2D 红外焦平面（大于百万像素的面阵）的兴趣也限制了 CdZnTe 衬底的应用。目前，易于生产的 CdZnTe 衬底被限制在大约 60 cm^2内。通过在每个晶圆上印制更多芯片或实现更大的单片探测器阵列来降低成本。

为了降低衬底成本，一种变通的方法是使用混合衬底，使用由体材料晶体的层叠结构组成，并覆盖有晶格匹配的缓冲层。替代衬底存在四个主要问题：晶格失配、成核现象、热膨胀失配和主材污染[64,65]。体材料 Si、GaAs 和蓝宝石（Al_2O_3）是一些高质量、低成本和容易获得的晶体，已被证明可用于 $Hg_{1-x}Cd_xTe$ 的衬底。缓冲层是几微米厚的 CdTe 或（Cd, Zn）Te，通过原位或非原位的非平衡生长（通常为气相生长）获得。罗克韦尔国际公司首先证明了在混合衬底上生长高质量 $Hg_{1-x}Cd_xTe$ 的可行性。这项技术被称为 PACE（外延用 CdTe 衬底的可生产替代品，producible alternative to CdTe for epitaxy，PACE）[66,67]。衬底可以是 CdTe/蓝宝石（PACE 1）、CdTe/GaAs （PACE 2）和 Si/GaAs/CdZnTe（PACE 3）。

蓝宝石作为碲镉汞（HgCdTe）外延的衬底已得到广泛应用。在生长 HgCdTe 之前，需要在蓝宝石上沉积 CdTe 或 CdZnTe 薄膜。这种衬底具有优异的物理性能，可以购买到大尺寸的晶圆。与 HgCdTe 的晶格失配很大，需要由 CdTe 层进行缓冲。蓝宝石在紫外波段到约 6 μm 的波段都是透明的，已被用于背照射的 SWIR 和 MWIR 探测器（由于其在 6 μm 以上不透明，不适用于背照射的 LWIR 阵列）。

对于 8~12 μm LWIR 波段，开发出 CdTe/GaAs（PACE 2）衬底，以制备 GaAs 衬底上的探测器[68]。由于 GaAs 的 TEC 与 CdZnTe 相当，除非使用 GaAs 读出电路，这些 Pace 2 FPA 将与基于 CdZnTe 的混成型器件具有相同的尺寸限制。此外，GaAs 初始层可能导致Ⅱ-Ⅵ族薄膜中的 Ga 污染，以及额外的成本和工艺复杂性。最近发表的论文表明，可以通过使用 CdZnTe 缓冲层解决 Ga 污染的问题[69]。

在 IR FPA 技术中，使用 Si 衬底的想法是非常有吸引力的，这不仅是因为它便宜而且具有大面积晶圆，还因为 Si 衬底与 FPA 结构中的 Si 读出电路的耦合有望制造出具有长期热循环可靠性的超大型阵列。8 cm×8 cm 的体材料 CdZnTe 衬底是商业上可以获得的最大尺寸，要想获得比目前的尺寸大很多的材料也不太可能。由于 6 in（直径约为 15 cm）Si 衬底的成本约为 100 美元，而 8 cm×8 cm 的 CdZnTe 衬底成本为 10 000 美元，因此 HgCdTe/Si 的优势显而易见[70]。尽管 CdTe 和 Si 之间存在较大的晶格失配（约为 19%），但分子束外延已成功地用于在 Si 上异质外延生长 CdTe。采用优化的 Si （211）B 衬底生长条件和 CdTe/ZnTe 缓冲体系,获得了 EPD 为 10^6 cm^{-2}的外延层。这样的 EPD 值对 MWIR 和 LWIR HgCdTe/Si 探测器的影响很小[70,71]。相比之下,CdZnTe 衬底上用 MBE 和 LPE 生长的 HgCdTe 外延层的典型 EPD 值在 $10^4 \sim 10^5$ cm^{-2}内,位错密度对探测器性能的影响可以忽略不计。MBE 已成功地用于在 CdTe/Si 复合衬底上异质外延生长 MWIR HgCdTe 光电二极管。然而,在 Si 上用 MBE 生长的长波(long wavelength, LW)光电二极管很难达到在晶格匹配的 CdZnTe 衬底上获得最佳的 LW 光电二极管性能。

17.2.3 缺陷和杂质

原生缺陷性质和杂质引入仍是一个需要深入研究的问题。多篇综述对体材料晶体和外延层中缺陷的各个方面,如电活性、偏析、电离能、扩散率和载流子寿命等进行了总结[72-81]。

1. 原生缺陷

未掺杂的和掺杂的 $Hg_{1-x}Cd_xTe$ 材料其缺陷结构可以用准化学方法解释[82-87]。$Hg_{1-x}Cd_xTe$ 的主要原生缺陷是与金属晶格空位相关的双电离受主。一些直接测量给出的空位浓度比霍尔测量的空位浓度大得多,这表明大多数空位是电中性的[88]。

与许多早期的发现相反,现在似乎已经确定了原生施主缺陷浓度可以忽略不计。生长出的未掺杂的纯 $Hg_{1-x}Cd_xTe$,包括富 Hg 下 LPE 生长的 $Hg_{1-x}Cd_xTe$,都表现出 p 型电导性,其空穴浓度依赖于组分、生长温度和生长过程中的 Hg 压,与空位浓度表现出对应关系。

空位的平衡浓度与 Te 饱和 $Hg_{1-x}Cd_xTe$ 上的汞压可分别写为

$$c_V[\mathrm{cm}^{-3}] = (5.08 \times 10^{27} + 1.1 \times 10^{28}x)p_{Hg}^{-1}\exp\left(\frac{-(1.29 + 1.36x - 1.8x^2 + 1.375x^3)\ \mathrm{eV}}{kT}\right) \tag{17.1}$$

$$p_{Hg}[\mathrm{atm}] = 1.32 \times 10^5\exp\left(-\frac{0.635\ \mathrm{eV}}{kT}\right) \tag{17.2}$$

Hg 饱和 $Hg_{1-x}Cd_xTe$ 上的汞压接近饱和汞压:

$$p_{Hg}[\mathrm{atm}] = (5.0 \times 10^6 + 5.0 \times 10^6x) \times \exp\left(\frac{-0.99 + 0.25x}{kT}\ \mathrm{eV}\right) \tag{17.3}$$

图 17.8 是空穴浓度与 Hg 分压的关系,显示了本征受主浓度的 $1/p_{Hg}$依赖关系[74],这与窄带隙 $Hg_{1-x}Cd_xTe$ 的准化学方法预测是一致的。在 Hg 蒸气中退火可通过填充空位来降低空穴浓度。Hg 蒸气中的低温退火(<300℃)可获得背景杂质浓度,某些晶体会导致 p 型到 n 型的转变。例如,图 17.9 显示了 $Hg_{0.80}Cd_{0.20}Te$ 的等空穴浓度图,表明在两种不同的温度和 Hg 分压下退火可以获得相同的空穴浓度[75]。在 $T=300$℃,$p_{Hg}=7\times10^{-2}$ atm 退火或 $T=200$℃,$p_{Hg}=6\times10^{-5}$ atm 退火条件下,均可获得空位浓度约为 10^{15} cm^{-3}的 HgCdTe 晶体,低温退火时 Hg 间隙浓度较低。如果 Hg 间隙是肖特基-里德中心,那么在较低温度下制备的样品的少子寿命应该比在最高温度下制备的样品的少子寿命长,即使两个样品中的 Hg 空位浓度相同。

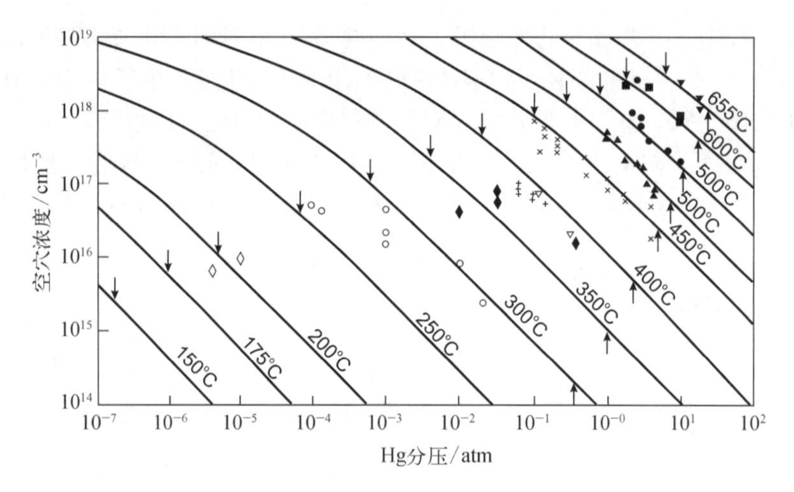

图 17.8 用准化学方法计算了 $Hg_{0.80}Cd_{0.20}Te$ 中,77 K 时的空穴浓度与 Hg 分压和退火温度(150~655℃)的关系

箭头指出的是材料可能存在的区间[74]

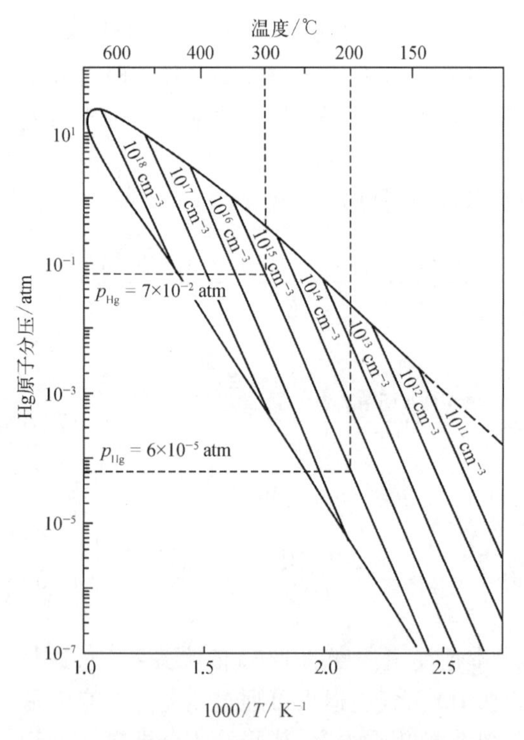

图 17.9 $Hg_{0.80}Cd_{0.20}Te$ 的等空穴浓度图表明,在两种不同的温度和 Hg 分压下退火可以获得相同的空穴浓度[75]

残余施主浓度较高的样品会在较高温度下转变为 n 型,表现出较高的电子浓度。Te 偏析也可能会产生意想不到的结果[89]。扩散到材料中的 Hg 会溶解这些偏析,驱动主要杂质到 Hg 前面,使核心部分成为 p 型。在进一步退火时,这些杂质可能会重新分布在切面上,使整个样品变成 p 型。多种效应可能导致意想不到的 n 型行为的污染:冷却过程中形成的表面层、应变、位错、孪晶、晶界、衬底取向、氧化,或许还有其他因素。

本征缺陷在扩散行为中起着主导作用[90]。即使在低温下,空位也有很高的扩散系数。例如,在 10^{16} cm^{-3}材料中要形成几微米深的结,在 150~200℃的温度下只需要大约 15 min,这相当于扩散常数约为 10^{-10} cm^2/s。位错的存在可以进一步提高空位迁移率,而 Te 偏析的存在可能会阻碍 Hg 进入晶格的运动。

2. 掺杂

Capper[76] 广泛地就掺杂剂的电学行为进行了综述。金属晶格位置上的ⅢB 族元素和 Te 位置上的ⅦB 族元素的行为预期是施主的。In 具有较高的溶解度和较高的扩散能力,是 n 型掺杂中最常用的可控掺杂剂。假设在较低浓度(<10^{18} cm^{-3})时,In 以单个可电离施主形式占据金属晶格位置,这可以很好地解释实验数据。而在高浓度时,In 以中性络合物的形式结合在一起,与 In_2Te_3 相对应。体材料的掺杂

通常通过直接将掺杂剂添加到熔体中进行。In 也常在外延和扩散过程中引入，多年来 In 一直被用作 n 型光导体和 n 型光电二极管的接触材料。

在ⅦB 族元素中，只有占据 Te 位的 I 被证明是一个行为良好的施主，其浓度为 10^{15} ~ 10^{18} cm^{-3}[78,91]。电子浓度随汞压的增加而增加。Ⅰ族元素(Ag、Cu、Au)替代金属晶格位点，Ⅴ族元素(P、As、Sb、Bi)替代 Te 位，预期产生受主行为。

Ag、Cu 和 Au 是浅单电荷受主[72,76]。它们扩散速度非常快，限制了设备的应用。Ag，尤其是 Cu 在室温下会发生显著的扩散[92]。已获得的空穴浓度与 Cu 浓度大致相等：最高可达 10^{19} cm^{-3}。但 Au 的行为更为复杂。Au 似乎不能作为一种可控的受主，尽管它在制备电极接触中很有用。

ⅤB 族元素(P、As、Sb)的双极性行为已经明确[75,78]。它们是替代 Te 位时的受主和金属位上的施主，因此，在 Te 位引入掺杂剂需要富金属的环境。As 元素被证明是迄今为止最成功的 p 型掺杂剂，可以形成稳定的结[93-96]。其主要优点是扩散系数低，晶格稳定，活化能低，可以在很宽的范围内(10^{15} ~ 10^{18} cm^{-3})控制浓度。目前正在进一步研究如何降低激活 As 受主时所需的高温(400℃)和高 Hg 压。

17.3　碲镉汞的基本特性

HgCdTe 三元合金是一种近乎理想的红外探测器材料体系。其重要性源于其具有的三个关键特性[97]：

(1) 在 1 ~ 30 μm 内可定制的能隙；

(2) 具有大的光学系数，可以实现高量子效率；

(3) 适合较高工作温度(high operating temperature，HOT)的内部复合机制。

这些性质是这种闪锌矿半导体能带结构的直接结果。此外，HgCdTe 的独特优点是获得载流子浓度变化范围大、电子迁移率高、介电常数低。晶格常数随组分的变化很小，使得生长高质量的层状和渐变带隙结构成为可能。因此，HgCdTe 可用于各种工作模式的探测器(光电导、光电二极管或 MIS 探测器)。

表 17.1 总结了 $Hg_{1-x}Cd_xTe$ 的各种材料特性[97]；表 17.2 比较了 HgCdTe 与红外探测器制造中使用的其他窄禁带半导体的重要参数。

表 17.1　$Hg_{1-x}Cd_xTe$ 三元合金的材料性能总结，包括二元 HgTe 和 CdTe，以及几种技术上具有重要意义的合金组分[97]

特　性	HgTe	$Hg_{1-x}Cd_xTe$						CdTe
x	0	0.194	0.205	0.225	0.31	0.44	0.62	1.0
a/Å	6.461	6.464	6.464	6.464	6.465	6.468	6.472	6.481
T/K	77	77	77	77	140	200	250	300
E_g/eV	−0.261	0.073	0.091	0.123	0.272	0.474	0.749	1.490

续 表

特 性	HgTe	$Hg_{1-x}Cd_xTe$						CdTe
$\lambda_c/\mu m$	—	16.9	13.6	10.1	4.6	2.6	1.7	0.8
n_i/cm^{-3}	—	1.9×10^{14}	5.8×10^{13}	6.3×10^{12}	3.7×10^{12}	7.1×10^{11}	3.1×10^{10}	4.1×10^{5}
m_c/m_0	—	0.006	0.007	0.010	0.021	0.035	0.053	0.102
g_c	—	−150	−118	−84	−33	−15	−7	−1.2
$\varepsilon_s/\varepsilon_0$	20.0	18.2	18.1	17.9	17.1	15.9	14.2	10.6
$\varepsilon_\infty/\varepsilon_0$	14.4	12.8	12.7	12.5	11.9	10.8	9.3	6.2
n_r	3.79	3.58	3.57	3.54	3.44	3.29	3.06	2.50
$\mu_e/[cm^2/(V\cdot s)]$	—	4.5×10^{5}	3.0×10^{5}	1.0×10^{5}	—	—	—	—
$\mu_{hh}/[cm^2/(V\cdot s)]$	—	450	450	450	—	—	—	—
$b=\mu_e/\mu_{hh}$	—	1 000	667	222	—	—	—	—
$\tau_R/\mu s$	—	16.5	13.9	10.4	11.3	11.2	10.6	2
$\tau_{A1}/\mu s$	—	0.45	0.85	1.8	39.6	453	4.75×10^{3}	
$\tau_{典型}/\mu s$	—	0.4	0.8	1	7	—	—	—
E_p/eV	19							
Δ/eV	0.93							
m_{hh}/m_0	0.40~0.53							
$\Delta E_v/eV$	0.35~0.55							

注：τ_R和τ_{A1}是对$N_d=1\times10^{15}\ cm^{-3}$的n型HgCdTe计算的结果，最后4个材料特性与合金成分无关或相对不敏感。

表 17.2 窄禁带半导体的一些物理特性

材 料	E_g/eV		n_i/cm^{-3}		ε	$\mu_e/[10^4\ cm^2/(V\cdot s)]$		$\mu_h/[10^4\ cm^2/(V\cdot s)]$	
	77 K	300 K	77 K	300 K		77 K	300 K	77 K	300 K
InAs	0.414	0.359	6.5×10^{3}	9.3×10^{14}	14.5	8	3	0.07	0.02
InSb	0.228	0.18	2.6×10^{9}	1.9×10^{16}	17.9	100	8	1	0.08
$In_{0.53}Ga_{0.47}As$	0.66	0.75		5.4×10^{11}	14.6	7	1.38		0.05

续　表

材　料	E_g/eV		n_i/cm^{-3}		ε	μ_e/[10^4 cm^2/(V·s)]		μ_h/[10^4 cm^2/(V·s)]	
	77 K	300 K	77 K	300 K		77 K	300 K	77 K	300 K
PbS	0.31	0.42	3×10^7	1.0×10^{15}	172	1.5	0.05	1.5	0.06
PbSe	0.17	0.28	6×10^{11}	2.0×10^{16}	227	3	0.10	3	0.10
PbT e	0.22	0.31	1.5×10^{10}	1.5×10^{16}	428	3	0.17	2	0.08
$Pb_{1-x}Sn_xTe$	0.1	0.1	3.0×10^{13}	2.0×10^{16}	400	3	0.12	2	0.08
$Hg_{1-x}Cd_xTe$	0.1	0.1	3.2×10^{13}	2.3×10^{16}	18.0	20	1	0.044	0.01
$Hg_{1-x}Cd_xTe$	0.25	0.25	7.2×10^8	2.3×10^{15}	16.7	8	0.6	0.044	0.01

17.3.1　能量带隙

$Hg_{1-x}Cd_xTe$ 的电学和光学性质是由布里渊区 Γ 点附近的能隙结构决定的，基本与 InSb 相同。电子带和轻质量空穴带的形状由 **k** · **p** 相互作用决定，因此取决于能隙和动量矩阵元。该化合物在 4.2 K 时的能隙为−0.300 eV（半金属 HgTe），在 $x=0.15$ 时为 0，然后增加至 CdTe 的能隙为 1.648 eV。

图 17.10 绘出了在 77 K 和 300 K 温度下，$Hg_{1-x}Cd_xTe$ 的能量带隙 $E_g(x, T)$ 与合金组分参数 x 的关系，还绘制出了截止波长 $\lambda_c(x, T)$，定义为响应降至峰值的 50%处的波长。

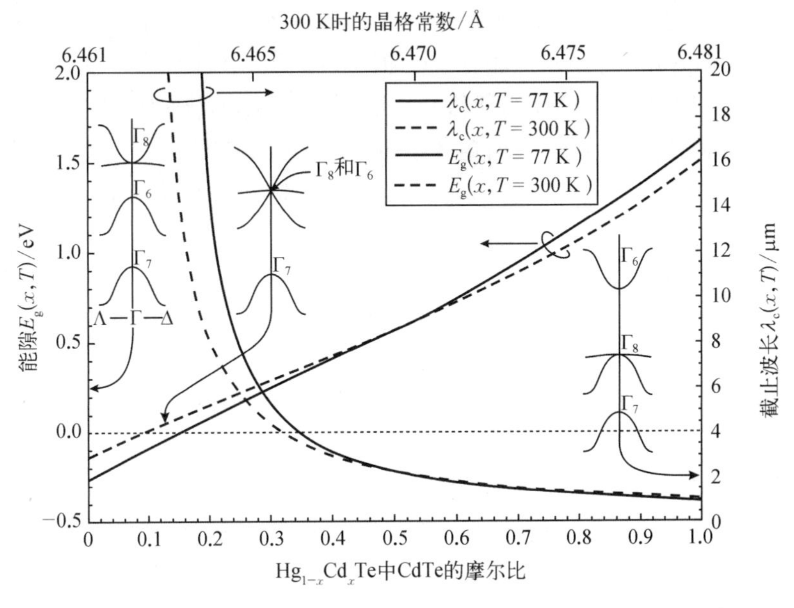

图 17.10　三个不同禁带值时，$Hg_{1-x}Cd_xTe$ 在 Γ 点附近的禁带结构。能量带隙定义为 Γ_6 与 Γ_8 在 Γ=0 处的极值之差

目前有许多 $E_g(x, T)$的近似表达式。使用最广泛的是由 Hansen 等[98]给出的表达式：

$$E_g = -0.302 + 1.93x - 0.81x^2 + 0.832x^3 + 5.35 \times 10^{-4}(1 - 2x)T \tag{17.4}$$

式中，E_g的单位是 eV；T 的单位是 K。

最广泛使用的本征载流子浓度的表达式是 Hansen 和 Schmit[99]提出的表达式，他们使用了自己提出的 $E_g(x, T)$关系式[式(17.4)]、**k · p** 方法和重空穴有效质量比的值 0.443 m_0：

$$n_i = (5.585 - 3.82x + 0.001\,753T - 0.001\,364xT) \times 10^{14} E_g^{3/4} T^{3/2} \exp\left(-\frac{E_g}{2kT}\right) \tag{17.5}$$

窄禁带 Hg 化合物的电子有效质量 m_e^*和轻空穴有效质量 m_{lh}^* 相近，可按凯恩能带模型来建立。本书使用了韦勒(Weiler)[100]提出的表达式。

$$\frac{m_0}{m_e^*} = 1 + 2F + \frac{E_p}{3}\left(\frac{2}{E_g} + \frac{1}{E_g + \Delta}\right) \tag{17.6}$$

式中，$E_p = 19$ eV；$\Delta = 1$ eV；$F = -0.8$。这个关系可以近似为 $m_e^*/m \approx 0.007\,1E_g$，其中 E_g的单位是 eV。重空穴的有效质量 m_{hh}^* 很高，测量值为 0.3~0.7 m_0。在红外探测器建模中，经常使用 $m_{hh}^* = 0.55m_0$。

17.3.2 迁移率

由于电子有效质量小，HgCdTe 中的电子迁移率非常高，而重空穴迁移率要低两个数量级。许多散射机制影响着电子的迁移率[100-104]。迁移率的 x 依赖关系(组分依赖关系)主要是带隙的 x 依赖关系，温度依赖关系主要来自各种依赖于温度的散射机制之间的竞争。

HgCdTe 中的电子迁移率主要由低温区的电离杂质散射(CC)和低温区上方的极性纵向光学(longitudinal-optical，LO)声子散射决定，如图 17.11(a)所示[105]。图 17.11(b)描述了 77 K 与 300 K 下未掺杂和掺杂样品的迁移率与组分的关系，在半导体-半金属转变附近观察到高纯度样品中极高的迁移率值，此时电子有效质量处于最小值。这一理论似乎正确地描述了迁移率最大值的出现。对于 $Hg_{0.78}Cd_{0.22}Te$ LPE 层，CC 开始占优势时 n 型材料的阈值载流子浓度约为 1×10^{16} cm^{-3}，p 型材料的阈值载流子浓度约为 1×10^{17} cm^{-3}。当绘制电子迁移率随温度变化的曲线时，通常在 $T<100$ K 处会出现一个宽峰，特别是对于 LPE 样品。另外，从高质量体材料获得的迁移率数据中没有这些峰。人们认为这些峰与带电中心的散射有关，或者是由与样品不均匀性密切相关的异常电学行为引起的[106]。

空穴的输运性质相比电子的输运性质研究得较少，主要是因为空穴的迁移率较低，对导电的贡献相对较小。在输运测量中，除非电子密度足够低，否则即使在 p 型材料中，电子的贡献也常常占主导地位。Yadava 等[107]对 $Hg_{1-x}Cd_xTe$ ($x = 0.2 \sim 0.4$)的不同空穴散射机制进行了综合分析。他们的结论是除非 50 K 以下的应变场或位错散射或 200 K 以上的极性散射占主导地位，否则重空穴的迁移率在很大程度上由 CC(电荷中心)控制。光-空穴迁移率主要由声学声子散射决定。图 17.12 显示了 $Hg_{1-x}Cd_xTe$ ($0 \leqslant x \leqslant 0.4$)中空穴迁移率的数据[108]。

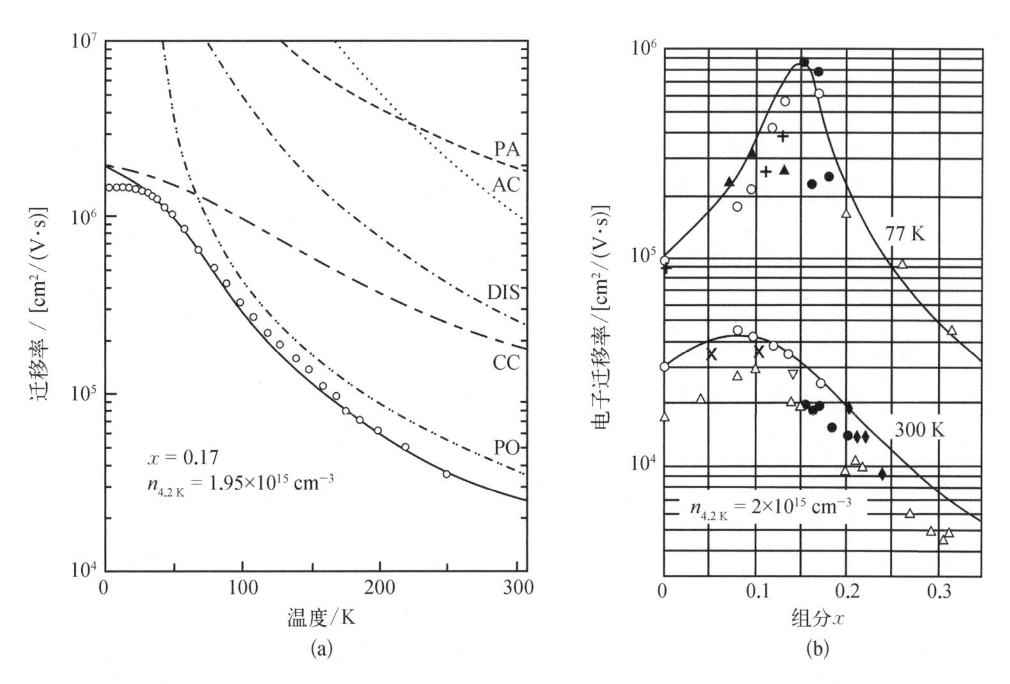

图 17.11　$Hg_{1-x}Cd_xTe$ 的电子迁移率：(a) 为 $Hg_{0.83}Cd_{0.17}Te$ 与温度的关系；实线为理论计算的混合散射模式，包括电荷中心(CC)、极性(PO)、无序(DIS)、声散射(AC)和压声散射(PA)；(b) 为 77 K 和 300 K 时电子迁移率随组分的变化；曲线为 4.2 K 下，电子浓度为 2×10^{15} cm^{-3}时的计算值，数据点为从各种工作中取浓度相近时的实验值[105]

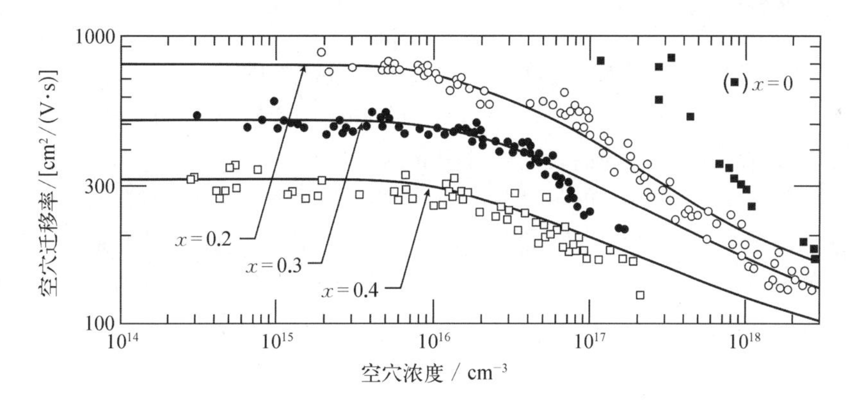

图 17.12　在 77 K 时，$Hg_{1-x}Cd_xTe$ 的空穴迁移率与空穴浓度的关系

实线为考虑了晶格和电离杂质混合散射后的计算数据[108]

$Hg_{1-x}Cd_xTe$ 的电子迁移率[单位为 $cm^2/(V\cdot s)$]，在 $0.2\leqslant x\leqslant0.6$ 的组分范围和 $T>50$ K 的温度范围内，可近似为[109]

$$\mu_e = \frac{9\times10^8 s}{T^{2r}},\quad r=(0.2/x)^{0.6},\quad s=(0.2/x)^{7.5} \tag{17.7}$$

Higgins 等[110]对于研究的非常高质量的熔体生长样品，给出了 300 K 下 μ_e 随 x 变化的经验公式(适用于 $0.18\leqslant x\leqslant0.25$)：

$$\mu_e = 10^{-4}(8.754x - 1.044)^{-1} \tag{17.8}$$

在室温范围内空穴迁移率为 40~80 $cm^2/(V \cdot s)$，温度依赖性较弱。77 K 时的空穴迁移率要高一个数量级。根据 Dennis 等[111]的研究，在 77 K 下测量的空穴迁移率随着受主浓度的增加而下降，并且在 0.20~0.30 内有以下经验表达式：

$$\mu_h = \mu_0 \left[1 + \left(\frac{p}{1.8 \times 10^{17}}\right)^2\right]^{-1/4} \tag{17.9}$$

式中，$\mu_0 = 440\ cm^2/(V \cdot s)$。

对于红外光电探测器的建模，计算空穴迁移率时通常假定电子-空穴迁移率比 $b = \mu_e/\mu_h$ 为常数且等于 100。

少子迁移率是影响 HgCdTe 性能的基本材料性质之一，同时也是影响载流子浓度、组成和少子寿命的重要因素。对于受主浓度低于 $10^{15}\ cm^{-3}$ 的材料，文献[112]的结果给出了与 n 型 HgCdTe 相当的电子迁移率 $\mu_e(n)$。随着受主浓度的增加，对 n 型电子迁移率的偏离增大，导致 p 型材料的电子迁移率 $\mu_e(p)$ 降低。通常，对于 $x = 0.2$ 和 $N_a = 10^{16}\ cm^{-3}$，$\mu_e(p)/\mu_e(n) = 0.5 \sim 0.7$，而对于 $x = 0.2$ 和 $N_a = 10^{17}\ cm^{-3}$，$\mu_e(p)/\mu_e(n) = 0.25 \sim 0.33$。然而，对于 $x = 0.3$ 和 $N_a = 10^{16}\ cm^{-3}$，$\mu_e(p)/\mu_e(n)$ 为 0.8；对于 $x = 0.3$ 和 $N_a = 10^{17}\ cm^{-3}$，$\mu_e(p)/\mu_e(n)$ 为 0.9[112]。发现在 200 K 以上的温度，外延 p 型 HgCdTe 层的电子迁移率与直接在 n 型中测得的电子迁移率相差不大。

17.3.3 光学特性

HgCdTe 的光学性质研究主要是在禁带附近的能量范围内[25,80,113,114]。关于吸收系数的报道结果似乎仍有相当大的分歧。这是由本征缺陷和杂质浓度不同、成分和掺杂不均匀、样品厚度不均匀、机械应变及不同的表面处理引起的。

在大多数化合物半导体中，能带结构非常类似于抛物线能量与动量色散关系。那么光吸收系数将与遵循电子态密度（通常称为凯恩模型）的能量成平方根关系[115]。对于含莫斯-伯斯坦（Moss - Burstein）效应的类 InSb 能带结构半导体，如 $Hg_{1-x}Cd_xTe$，可以计算出上述带隙吸收系数。Anderson[116]导出了相应的表达式。Beattie 和 White[117]提出了一个具有广泛适用性的直接窄带隙半导体的带间辐射跃迁率的解析近似。

在高质量样品中，SW 区的吸收测量结果与凯恩模型的计算结果吻合较好，而 LW 边的情况则更为复杂，因为在低于能隙的能量处出现了一条吸收带尾。

这条带尾被归因于组分引发的无序性。Finkman 和 Schacham 认为，吸收带尾遵循修正的乌尔巴赫规则[118]：

$$\alpha = \alpha_0 \exp\left[\frac{\sigma(E - E_0)}{T + T_0}\right] \tag{17.10}$$

式中，T 的单位为 K；E 的单位为 eV；$\alpha_0 = \exp(53.61x - 18.88)$；$E_0 = -0.3424 + 1.838x + 0.148x^2$（单位为 eV）；$T_0 = 81.9$ K；$\sigma = 3.267 \times 10^4(1+x)$（单位为 K/eV）是随组分平滑变化的拟合参数。拟合是在 $x = 0.215$ 和 $x = 1$ 及 80~300 K 的温度下进行的。

假设大能量的吸收系数可以表示为

$$\alpha(h\nu)=\beta(h\nu-E_g)^{1/2} \tag{17.11}$$

许多研究人员认为这一规则也适用于 HgCdTe。例如，Schacham 和 Finkman[119] 使用了以下拟合参数：$\beta=2.109\times10^5[(1+x)/(81.9+T)]^{1/2}$，这是组分和温度的函数。定位能隙的传统方法是利用拐点，即当带间跃迁超过较弱的 Urbach 贡献时，$\alpha(h\nu)$的斜率会有很大的变化。为了克服确定带间跃迁起始点的困难，带隙被定义为 $\alpha(h\nu)=500\ \text{cm}^{-1}$时的能量值。Schacham 和 Finkman 分析了这些交叉点，并建议将 $\alpha=800\ \text{cm}^{-1}$作为更好的选择。Hougen[120] 对 n 型 LPE 层的吸收数据进行了分析，建议的最佳表达式为 $\alpha=100+5\,000x$。

Chu 等[121] 报道了在凯恩(Kane)区域和乌尔巴赫(Urbach)带尾区域的吸收系数的类似经验公式。他们修改后的乌尔巴赫(Urbach)规则具有如下的形式：

$$\alpha=\alpha_0\exp\left[\frac{\delta(E-E_0)}{kT}\right] \tag{17.12}$$

式中，$\ln\alpha_0=-18.5+45.68x$；$E_0=-0.355+1.77x$；$\delta/kT=(\ln\alpha_g-\ln\alpha_0)/(E_g-E_0)$，$\alpha_g=-65+1.88T+(8\,694-10.314T)x$，$E_g(x,\ T)=-0.295+1.87x-0.28x^2+10^{-4}(6-14x+3x^2)T+0.35x^4$。

参数 α_g表示当 $E=E_g$时的 α，即带隙能量处的吸收系数。当 $E<E_g$和 $\alpha<\alpha_g$时，吸收系数服从式(17.12)中的乌尔巴赫(Urbach)规则。

Chu 等[122] 还发现了用于计算凯恩(Kane)区域的本征光吸收系数的经验公式。

$$\alpha=\alpha_g\exp[\beta(E-E_g)]^{1/2} \tag{17.13}$$

式中，参数 β 取决于合金组分和温度。$\beta(x,\ T)=-1+0.083T+(21-0.13T)x$。展开式(17.13)，可以找到一个线性项$(E-E_g)^{1/2}$，它符合抛物线带的 α 和 E 之间的平方根定律[见式(17.11)]。

图 17.13 显示了在 300 K 和 77 K 温度下，$x=0.170\sim0.443$ 的 $Hg_{1-x}Cd_xTe$ 的本征吸收光谱。由于导带有效质量的减小和吸收系数对波长 $\lambda^{-1/2}$的依赖关系，吸收强度一般随着带隙的减小而减小。可以看出，根据 Sharma 等[123] 提出的方法及式(17.13)计算出的凯恩平坦区和由式(17.12)计算出的乌尔巴赫吸收带尾在转折点 α_g处紧密相连。由于带尾效应没有包括在安德森模型中，根据该模型计算的曲线在与 E_g相邻的能量处急剧下降。在 300 K 时，α_g以上吸收系数的线形变化趋势基本相同，但 Chu 等的表达式[式(17.12)]与实验数据吻合得更好。在 77 K 时，Anderson 和 Chu 等的表达式曲线与测量结果一致，但 Sharma 等[123] 的经验抛物线规则出现了偏离，且随着 x 的减小，偏离增大。随着温度或 x 的降低，能带的非抛物线性程度增加，导致实验结果与平方根定律的偏差增大。总的来说，x 在 0.170～0.443 内，温度为 4.2～300 K 时，Li 等[124] 的经验规则和安德森模型都与 $Hg_{1-x}Cd_xTe$ 的实验数据符合得很好，但安德森模型不能解释 E_g附近的吸收。

最近，有人提出，窄带隙半导体，如 HgCdTe，更接近于双曲线的能带结构关系，吸收系数由式(17.14)给出：

$$\alpha=\frac{K\sqrt{(E-E_g+c)^2-c^2}\,(E-E_g+c)}{E} \tag{17.14}$$

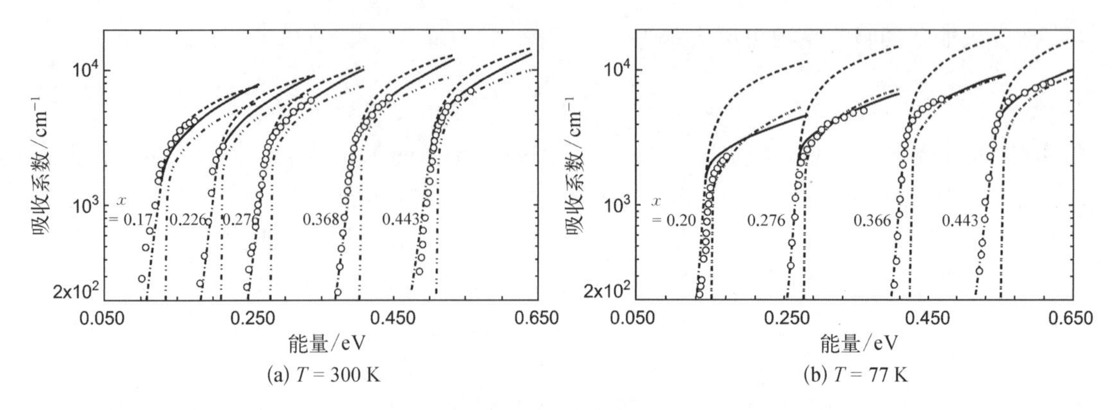

图 17.13　在 300 K 和 77 K 时，$Hg_{1-x}Cd_xTe$ 样品的本征吸收光谱(x=0.170~0.443)

符号表示实验数据(来自文献[121]、[122])；虚线-双点-虚线为安德森(Anderson)模型的结果；中段虚线为文献[123]的结果；实线为 Chu 等的式(17.13)，E_g下方的点划线为式(17.12)[124]

式中，c 为定义能带结构的双曲线曲率的参数；K 为定义吸收系数绝对值的参数。对均匀组分的分子束外延 HgCdTe 样品的光学性质的实验测量证实了这一理论预测[125-128]。通过确定式(17.10)与式(17.14)中定义的吸收系数带尾和双曲线区之间的过渡点，可提取出这两个区域的拟合参数。研究表明，吸收系数的导数在乌尔巴赫(Urbach)区和双曲线区之间有一个最大值。图 17.14 显示了测量的指数斜率参数值 $\sigma/(T+T_0)$ 与温度的关系，并将它们与 Finkman 和 Schacham 对任意选择的 x=0.3 时给出的值进行了比较。组分的选择对所获得的值没有显著影响，其中 Finkman 和 Schacham 给出的值在感兴趣的区域具有很小的组分依赖性($0.2<x<0.6$)，其中参数 $\sigma/(T+T_0)$ 与 $(1+x)^3$ 成正比。数据在低温下有明显的发散，但该参数与组分没有明显的相关性。该值随温度的升高而减小的趋势与热激发吸收过程的增加相一致，其中在较低温度下获得的值更能表明所生长的层的质量。

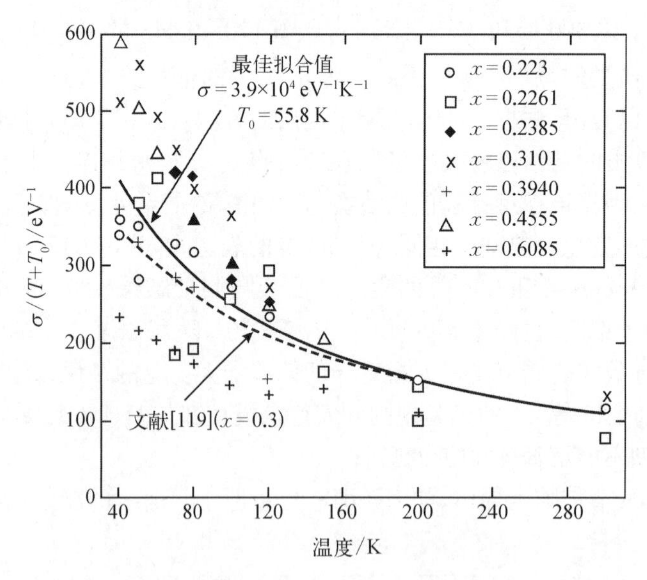

图 17.14　不同成分的带尾参数 $\sigma/(T+T_0)$ 与温度的关系[118]，以及 x=0.3 时[127]提出的基于最佳整体拟合的模型

值得注意的是，上面讨论的表达式没有考虑掺杂对吸收系数的影响，因此它们对于 LW 非制冷器件建模不是很适用。

$Hg_{1-x}Cd_xTe$ 及其密切相关的合金在吸收边以下仍表现出明显的吸收，这可能与导带/价带的带内跃迁及价间带跃迁有关。这种吸收对带电载流子的光学生成没有贡献。

Kramers 和 Kronig 关系通常用来估算折射率与温度的关系[129-131]。对于 x 为 0.276～0.540，温度为 4.2～300 K 的 $Hg_{1-x}Cd_xTe$，可以使用以下经验公式：

$$n^2(\lambda, T) = A + \frac{B}{1-(C/\lambda)^2} + D\lambda^2 \tag{17.15}$$

式中，A、B、C 和 D 为随组分 x 与温度 T 变化的拟合参数。在室温下，式(17.15)也适用于 x 为 0.205～1 的 $Hg_{1-x}Cd_xTe$。

在估算 ε 实部和虚部时，高频介电常数 ε_∞ 和静态常数 ε_0 通常由反射率数据得到。介电常数不是 x 的线性函数，在实验精度允许范围内也没有观察到温度依赖性[101]。这些关系可以描述为

$$\varepsilon_\infty = 15.2 - 15.6x + 8.2x^2 \tag{17.16}$$

$$\varepsilon_0 = 20.5 - 15.6x + 5.7x^2 \tag{17.17}$$

$Hg_{1-x}Cd_xTe$ 探测器的主要问题之一是材料均匀性。回顾之前的内容，x 的变化可以通过 $\lambda_c = 1.24/E_g(x)$ 与截止波长相关联，其中 E_g 由式(17.4)给出。对这些量进行替换和重新排列，可得

$$\lambda_c = \frac{1}{-0.244 + 1.556x + (4.31 \times 10^{-4})T(1-2x) - 0.65x^2 + 0.671x^3} \tag{17.18}$$

对式(17.17)进行微分，将制造过程中的组分 x 变化与截止波长相关联：

$$d\lambda_c = \lambda_c^2(1.556 - 8.62 \times 10 - 4T - 1.3x + 2.013x^2)dx \tag{17.19}$$

图 17.15 显示了 x 变化为 0.1%时，截止波长变化的一些不确定性。x 值的这种变化针对质量非常好的材料。对于 SW(≈3 μm)和 MW(≈5 μm)材料，截止波长变化不大。然而，对于 LW 材料(≈20 μm)，其截止波长的不确定度很大，在 0.5 μm 以上，因此不能忽略。这种响应变化会导致辐射校准问题，因为辐射是在与预期不同的光谱区域上探测到的。

吸收测量可能是确定体材料晶体和外延材料成分的最常用的方法。通常，50%或 1%的截止波长用于厚样品(>0.1 mm)[80,120,132,133]。对于较薄的样品，则有各种方法。根据 Higgins 等[110]的报道，对于厚样品：

$$x = \frac{w_n + 923.3}{10\,683.98} \tag{17.20}$$

式中，w_n 为 300 K 时，1%绝对传输时的截止波数。外延层的组成通常由对应于最大透过率的一半即 $0.5T_{max}$ 时的波长确定[80]。组分梯度的存在使确定过程可能变得复杂。

紫外和可见光反射率测量在组分测定中也很有用，特别是对于表征表面区域(10～30 nm 穿透深度)[133]。通常，测量 E_1 带隙处的峰值反射率所在的位置，并根据实验表达式计算组分：

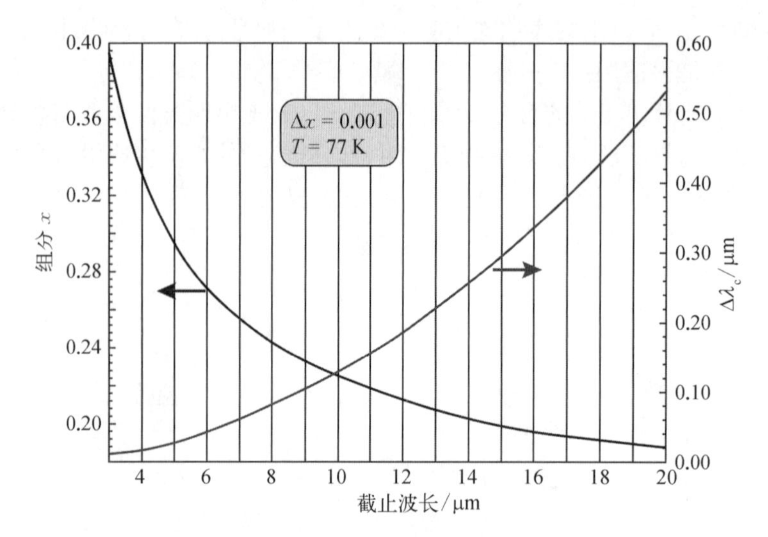

图 17.15　$Hg_{1-x}Cd_xTe$ 的截止波长的变化量(右 y 轴)与截止波长(x 轴)的关系,在生长期间的固定组分波动 $\Delta x=0.001$

$$E_1 = 2.087 + 0.7109x + 0.1421x^2 + 0.3623x^3 \quad (17.21)$$

17.3.4　热生成-复合过程

与复合过程竞争的生成过程直接影响光电探测器的性能,在半导体中建立受热和光激发的稳态载流子浓度,通常决定了光生信号的动力学过程。半导体中的生成-复合(generation-recombination,GR)过程在文献中被广泛讨论(如文献[79]、[81]、文献[134]~[139])。这里,我们只讨论与光电探测器性能直接相关的一些依赖关系。假设只有体过程,在窄禁带半导体中有三个主要的热生成-复合过程需要考虑,即肖克利-里德(Shockley - Read,SR)、辐射和俄歇。

在 HgCdTe 三元合金中普遍存在 GR 机制。对于 n 型和 p 型 HgCdTe,截止波长 λ_c = 5 μm(MWIR)和 λ_c = 10 μm(LWIR),在 77 K 时的载流子寿命测量结果如图 17.16 和图 17.17 所示。根据 Kinch 等[139]的研究,给出了载流子寿命的趋势线。实验数据取自许多来源。

1. 肖克利-里德过程

肖克利-里德机制并不是一个本征的基本过程,因为它是通过禁带能隙中的能级发生的。报道的 n 型和 p 型材料的 SR 中心可以位于从价带附近到导带附近的任何地方。

轻掺杂 n 型和 p 型 HgCdTe 的寿命由 SR 机制决定。可能的因素是与原生缺陷和残留杂质有关的 SRH(Shockley - Read - Hall,肖克利-里德-霍尔)中心。77 K 下 n 型 LWIR HgCdTe 的测量值在 2~20 μs 的宽范围内,与掺杂浓度($<10^{15}$ cm^{-3})无关。MWIR 值一般较长,在 2~60 μs 内。位错(位错密度$>5\times10^5$ cm^{-2})也可能影响复合时间[140-143]。

在 p 型 HgCdTe 中,温度的降低时寿命的下降通常归咎于 SR 机制。稳态、低温光电导的寿命通常比瞬态寿命短得多。低温寿命表现出非常不同的温度依赖关系,变化范围很宽,跨过三个数量级,即 1 ns~1 μs ($p\approx10^{16}$ cm^{-3},$x\approx0.2$, $T\approx77$ K,空位掺杂)[135,143]。这是由

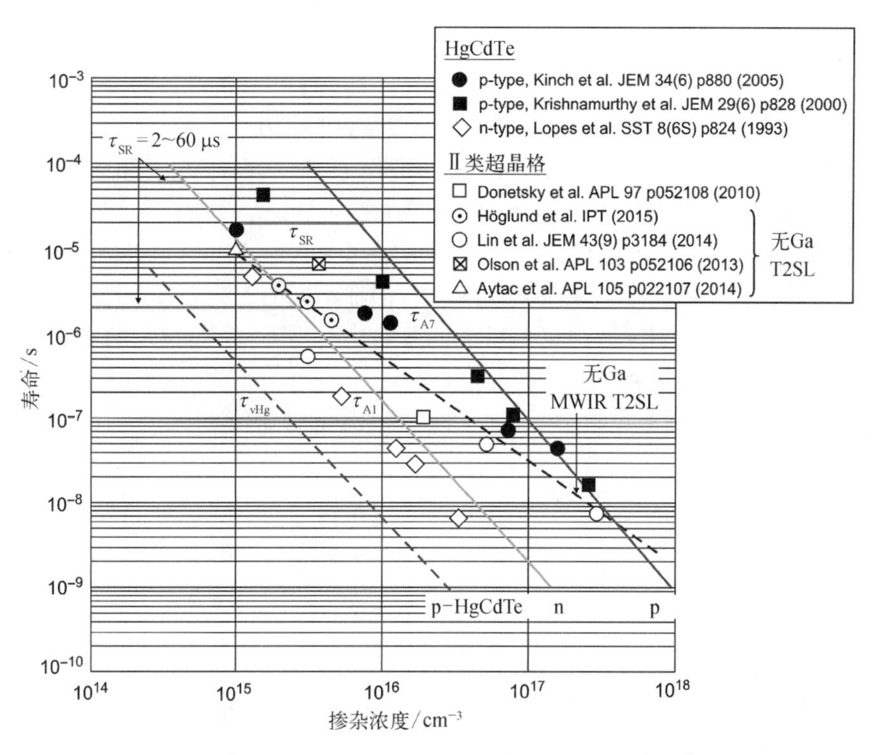

图 17.16　77 K 时掺杂浓度对 MWIR HgCdTe 和 T2SL 的载流子寿命的影响

n 型和 p 型 HgCdTe 三元合金的理论趋势线取自文献[139]（虚线为不含 Ga 的 T2SL 的实验数据）

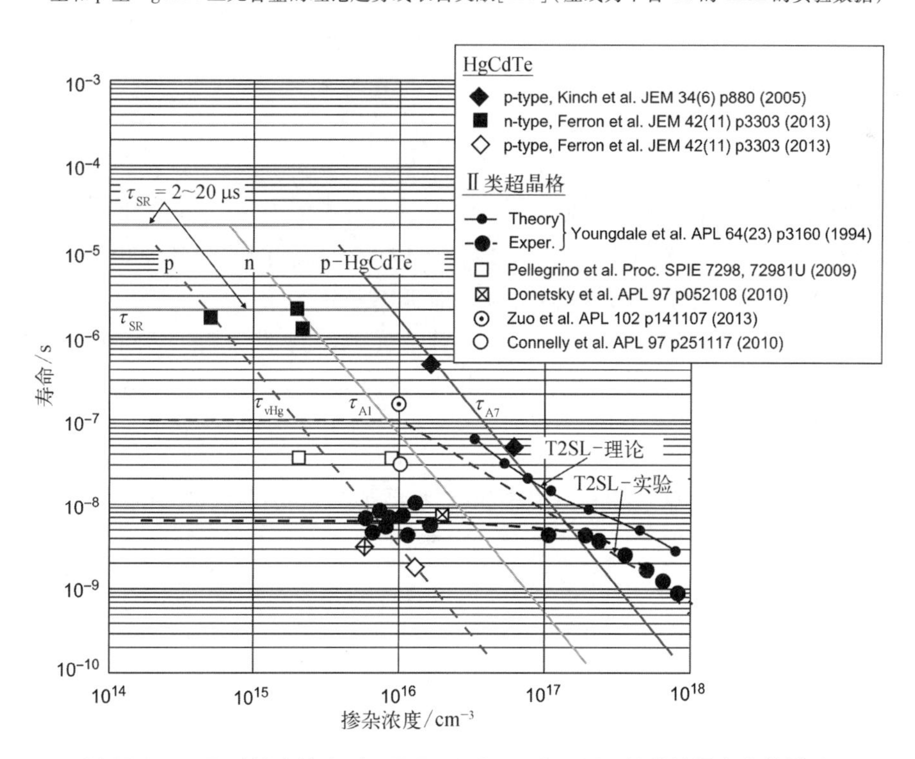

图 17.17　7 K 时掺杂浓度对 LWIR HgCdTe 和 T2SL 的载流子寿命的影响

n 型和 p 型 HgCdTe 三元合金的理论趋势线取自文献[139]（虚线为 T2SL 的实验数据）

许多因素造成的,这些因素可能会影响寿命的测量结果,包括不均匀性、包含物、表面及接触现象。用富 Hg LPE[49] 和 MOCVD[91,144-146] 等低温外延技术生长的高质量非掺杂和外源掺杂材料的寿命最高。通常,与空穴浓度相同的空位掺杂材料相比,Cu 或 Au 掺杂材料的寿命要长一个数量级[143]。可以认为,杂质掺杂 $Hg_{1-x}Cd_xTe$ 的寿命增加是由 SR 中心的减少引起的。这可能是掺杂层的低温生长或掺杂样品的低温退火所致。

目前,空位掺杂的 p 型材料中 SR 中心的来源尚不清楚。这些中心似乎不是空位本身,因此可能是可移除的[147]。具有相同载流子浓度,但在不同的退火温度下产生的空位掺杂材料,可能具有不同的寿命。Hg 间隙也是可能的复合中心[148]。空位掺杂的 $Hg_{1-x}Cd_xTe$ 表现出与空位浓度大致成正比的 SR 复合中心密度。

莱昂纳多 DRS 公司的测量给出了非本征 p 型材料的寿命值[138]。

$$\tau_{ext} = 9 \times 10^9 \frac{p_1 + p}{pN_a} \tag{17.22}$$

式中,

$$p_1 = N_v \exp\left(\frac{q(E_r - E_g)}{kT}\right) \tag{17.23}$$

E_r为相对于导带的 SR 中心的能量。实验发现,对于 As、Cu 和 Au 掺杂,E_r处于本征位置,$p_1 = n_i$。

对于空位掺杂的 p 型 $Hg_{1-x}Cd_xTe$:

$$\tau_{vac} = 5 \times 10^9 \frac{n_1}{pN_{vac}} \tag{17.24}$$

式中,

$$n_1 = N_c \exp\left(\frac{qE_r}{kT}\right) \tag{17.25}$$

E_r距离导带约为 30 mV($x = 0.22 \sim 0.30$)。

从式(17.22)~式(17.25)及图 17.16 和图 17.17[139],与相同浓度的原生掺杂相比,掺入外来杂质(Au、Cu 和 As 对于 p 型材料)可显著地延长寿命。

尽管仍需要大量的研究工作,SR 过程并不代表光电探测器性能的基本限。τ_{SR}的值在较低的温度范围内要大得多,根据截止波长的不同,其值为 200 μs ~ 50 ms,这是由 Kinch 最近收集总结的,如表 17.3 所示。

表 17.3 根据所报道的 $I-V$ 和 FPA 特性,推导出 $Hg_{1-x}Cd_xTe$ 的 τ_{SR}值[137]

	组分 x	τ_{SRH}/μs
LWIR	0.225	>100(在 60 K 时)
MWIR	0.30	>1 000(在 110 K 时)
MWIR	0.30	约为 50 000(在 89 K 时)
SWIR	0.455	>3 000(在 180 K 时)

2. 辐射过程

载流子的辐射生成是吸收内部产生的光子的结果。辐射复合是电子-空穴对随光子发射而湮灭的逆过程。可以用精确的解析形式计算导带到重空穴带和导电到轻空穴带跃迁的辐射复合速率[117]。

长期以来,内辐射过程一直被认为是探测器性能的主要基本限,并将实际器件的性能与此极限进行了比较。有研究者对红外辐射探测中辐射机制的作用进行了严格的重新审视[149-151]。Humpreys[150]指出,由于辐射衰变而在光电探测器中发射的大部分光子会立即被重新吸收,因此观测到的辐射寿命仅是光子从探测器体内逃逸的程度的度量。由于重复吸收,辐射寿命大大延长,并且会依赖于半导体的几何结构。因此,在探测器内部多次 GR 过程的组合基本上是无噪声的。相反,光子从探测器中逃逸的复合作用,或者探测器敏感元外部的热辐射产生光子的复合作用都会产生噪声。这种情况在探测器阵列中可能更常见,其中一个单元可以吸收由阵列结构中其他单元或无源部分发射的光子[151,152]。在探测器的背面和侧面沉积反射层(反射镜)可以显著地改善光隔离,防止热光子的噪声发射和吸收。

应该注意的是,在反向偏压下工作的探测器中,如果有源层中的电子密度降到远低于其平衡水平,可以抑制内部辐射的产生[153,154]。

根据上述考虑,尽管内部辐射是探测器中的基本过程,但并不会限制红外探测器的最终性能。

3. 俄歇过程

俄歇机制在接近室温的高质量窄禁带半导体(如 $Hg_{1-x}Cd_xTe$ 和 InSb)的产生和复合过程中起主导作用[155,156]。俄歇生成本质上是费米-狄拉克(Fermi - Dirac)分布的高能尾部空穴的电子碰撞电离。InSb 类能带结构半导体中的带间俄歇机制可以分为 10 种无光子机制。其中两个具有最小的阈值能量($E_T \approx E_g$),分别表示为俄歇 1(A1)和俄歇 7(A7)(图 17.18)。在一些能带分裂能与 E_g 相当的宽禁带材料(如 InAs 和低 x 组分的 $InAs_{1-x}Sb_x$)中,涉及分裂带的俄歇过程也可能起到重要作用。

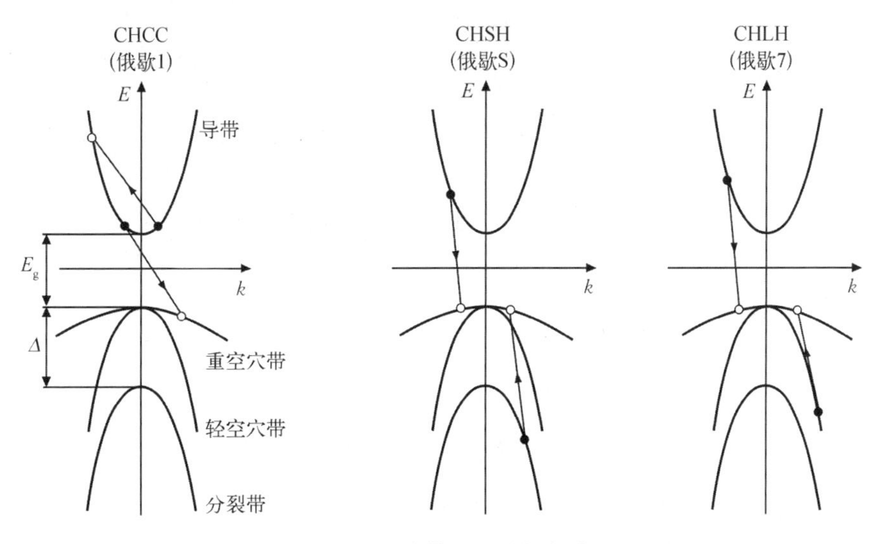

图 17.18　三种带间俄歇复合过程

箭头表示电子跃迁;• 表示占据态;◦表示未占据态

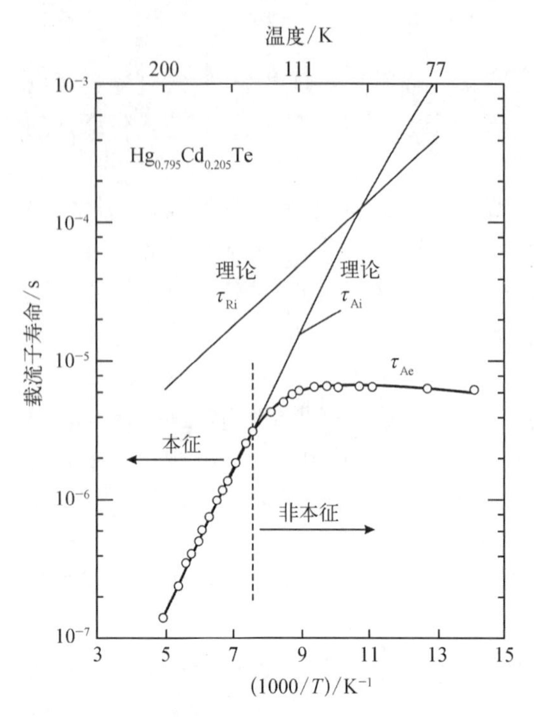

图 17.19　n 型 $Hg_{0.795}Cd_{0.205}Te$ [$n_{77\,K}=1.7\times10^{14}$ cm^{-3}, $\mu_{77\,K}=1.42\times10^{5}$ $cm^2/(V\cdot s)$] 的寿命与温度的关系

实线分别表示辐射复合和 A1 复合的理论计算值[157]

A1 生成是一个电子的碰撞电离,产生一个电子-空穴对,所以这个过程涉及两个电子和一个重空穴。众所周知,在 n 型 $Hg_{1-x}Cd_xTe$ 中,A1 过程是一种重要的复合机制,特别是在 $x=0.2$ 时和更高的温度下[79,81,135,157,158]。在图 17.19 中,Kinch 等[157]的实验结果与本征 A1 载流子寿命 τ^i_{A1} 和本征辐射载流子寿命 τ^i_R 的理论数据进行了比较。实验数据与数值计算结果吻合较好。即使在温度低于 140 K 的非本征范围内,测量的寿命似乎也受 A1 效应主导,下列关系可以成立:$\tau_{A1}\approx2\tau^i_{A1}(n_i/n_0)^2$。一个有趣的特征是 A1 的生成-复合行为会产生简并的 n 型掺杂。由于密度低,费米能级上升,进入到 n 型掺杂的导带中,极大地降低了少子空穴的浓度,提高了俄歇跃迁所需的阈值能量。这会抑制重掺杂 n 型材料中的 A1 过程。

A7 生成是一个轻空穴碰撞产生电子-空穴对的过程,涉及一个重空穴、一个轻空穴和一个电子[159-161]。这一过程可能在 p 型材料中占主导地位。由于态密度高得多,重 p 型掺杂对 A7 的生成和复合速率没有显著影响。相应的俄歇复合机制是电子-空穴复合的逆过程,能量转移到电子或空穴上。预期会对温度和带隙有很强的依赖性,因为温度降低和带隙增大都将大大降低这些热激励跃迁的概率。

A1 和 A7 过程的净生成率可描述为[162]

$$G_A-R_A=\frac{n_i^2-np}{2n_i^2}\left[\frac{n}{(1+an)\tau^i_{A1}}+\frac{p}{\tau^i_{A7}}\right]\tag{17.26}$$

式中,τ^i_{A1} 与 τ^i_{A7} 为本征 A1 和 A7 过程的复合时间;n_i为本征浓度。式(17.26)适用于很大的浓度范围,包括在 n 型材料中经常发生的简并情形。这可以用一个有限的值 a 来表示。根据 White 的报道[162],$a=5.26\times10^{-18}$ cm^3。由于价带的形状,p 型材料的简并只有在很高的掺杂水平下才会发生,这在实际中是不可能实现的。

A1 的本征复合时间等于[155]:

$$\tau^i_{A1}=\frac{h^3\varepsilon_s^2}{2^{3/2}\pi^{1/2}q^4m_0}\frac{\varepsilon_s^2(1+\mu)^{1/2}(1+2\mu)\exp\left[\left(\frac{1+2\mu}{1+\mu}\right)\frac{E_g}{kT}\right]}{(m_e^*/m)\,|F_1F_2|^2(kT/E_g)^{3/2}}\tag{17.27}$$

式中,μ 为电导率与重空穴价带有效质量之比;ε_s为静态频率介电常数;$|F_1F_2|$ 为电子波函数周期部分的重叠积分。重叠积分造成了 A1 寿命中最大的不确定性。不同的作者给出了 0.1~0.3 内的值。在实践中,它被认为是一个等于 0.1~0.3 的常数,对应的寿命会产生接近

一个数量级的变化。

A7 与 A1 本征时间之比为

$$\gamma = \frac{\tau_{A7}^{i}}{\tau_{A1}^{i}} \tag{17.28}$$

是另一个高度不确定的量。根据 Casselman 等[159,160]的说法，对于 $Hg_{1-x}Cd_xTe$，在 $0.16 \leqslant x \leqslant 0.40$，$50\ K \leqslant T \leqslant 300\ K$，$3 \leqslant \gamma \leqslant 6$ 的范围内。载流子复合的直接测量表明 γ 比先前计算的值要大(295 K 时 $x \approx 0.2$ 时的 $\gamma \approx 8$)[163]。Beattie 和 White[164]报道了俄歇寿命的精确计算。可以使用平坦价带模型获得一个简单的解析近似，它只需要两个参数就可以覆盖广泛的温度和载流子费米能级，包括简并和非简并的费米能级。最近发表的理论[165,166]和实验[139,166]结果表明，γ 这一比率甚至更高；图 17.16 和图 17.17 中的数据显示的值约为 60。由于 γ 大于 1，与相同掺杂的 n 型材料相比，p 型材料具有更高的复合寿命。

Kinch 等[139]给出了 A1 本征复合时间的简化公式：

$$\tau_{A1}^{i} = 8.3 \times 10^{-13} E_g^{1/2} \left(\frac{q}{kT}\right)^{3/2} \exp\left(\frac{qE_g}{kT}\right) \tag{17.29}$$

式中，E_g的单位为 eV。

如式(17.26)和式(17.28)所示，俄歇生成和复合速率强烈依赖于温度，依赖于载流子浓度和本征时间对温度的依赖关系。因此，制冷是抑制俄歇过程的一种自然且非常有效的方法。

不久之前，n 型 A1 寿命仍被认为是确定的。Krishnamurthy 等[166]对全波段的计算表明辐射和俄歇复合速率比文献[167][兰茨伯格(Landsberg)提出的理论]中使用的表达式预测的要慢得多。研究表明，在 n 型掺杂 MBE 样品中，沿着导带边缘的一个陷阱态的激活能很低，可以解释其寿命行为。

p 型 A7 的寿命长期以来一直备受争议。Krishnamurthy 和 Casselman 对 p 型 HgCdTe 中俄歇寿命的详细计算表明，与经典的 $\tau_{A7} \sim p^{-2}$ 关系有很大的偏差。掺杂对 τ_{A7} 的影响要小得多，导致高掺杂 p 型低 x 组分材料的寿命显著延长(约为 20 倍，在 $p = 1\times10^{17}\ cm^{-3}$，$x = 0.226$，$T = 77 \sim 300$ K 的情况下)。

17.4 俄歇过程主导的光探测器性能

17.4.1 平衡态器件

让我们考虑一下光电探测器的俄歇极限探测率。在平衡态下，生成速率和复合速率是相等的。假设两个速率都对噪声有贡献[式(4.43)]，

$$D^* = \frac{\lambda\eta}{2hc\,(G_A t)^{1/2}} \left(\frac{A_o}{A_e}\right)^{1/2} \tag{17.30}$$

假设为非简并统计，则

$$G_A = \frac{n}{2\tau_{A1}^{1}} + \frac{p}{2\tau_{A7}^{1}} = \frac{1}{2\tau_{A1}^{1}}\left(n + \frac{p}{\gamma}\right) \tag{17.31}$$

在 $p=\gamma^{1/2}n_i$ 的非本征 p 型材料中,俄歇生成达到最小值。这可以推出一个重要的结论:优化掺杂可以获得最佳性能。在实践中,液氮(liquid nitrogen,LN)冷却和 SW 器件很难达到所需的 p 型掺杂水平。此外,p 型器件比 n 型器件更容易受到非基本限制的影响(如电极接触、表面、SR 过程等)。这就是低温和短波光电探测器通常由轻掺杂 n 型材料制造的原因。相比之下,p 型掺杂明显有利于近室温和 LW 光电探测器。

俄歇过程主导时,探测率为

$$D^* = \frac{\lambda}{2^{1/2}hc}\left(\frac{A_0}{A_e}\right)^{1/2}\frac{\eta}{t^{1/2}}\left(\frac{\tau_{A1}^i}{n+p/\gamma}\right)^{1/2} \tag{17.32}$$

与式(4.50)的推导类似,对最佳厚度的器件有

$$D^* = 0.31k\frac{\lambda\alpha^{1/2}}{hc}\frac{(2\tau_{A1}^i)^{1/2}}{(n+p/\gamma)} \tag{17.33}$$

式(17.33)作为波长、材料带隙及掺杂的函数,可用于确定 A1/A7 的最佳探测率。

为了估算探测率与波长和温度的关系,可以假设器件的吸收在光子能量等于带隙时是一个常数。对于非本征材料($p=N_a$ 或 $n=N_d$),

$$D^* \sim (\tau_{A1}^i)^{1/2} \sim n_i^{-1} \sim \exp\left(\frac{E_g}{2kT}\right) = \exp\left(\frac{hc/2\lambda_{co}}{kT}\right) \tag{17.34}$$

这样的情况下,最终的探测率反比于本征载流子浓度。当本征载流子浓度较低时,对于较短的波长和较低的温度,这样的行为是符合预期的。

对于本征材料,且掺杂对应于最小热生成,其中 $p=\gamma^{1/2}n_i$, $n=n_i/\gamma^{1/2}$ 及 $n+p=2\gamma^{-1/2}n_i$,可以预期的是强烈的平方反比关系 $D^* \sim n_i^{-2}$。

$$D^* \sim \frac{(\tau_{A1}^i)^{1/2}}{n_i} \sim n_i^{-2} \sim \exp\left(\frac{E_g}{kT}\right) = \exp\left(\frac{hc/\lambda_{co}}{kT}\right) \tag{17.35}$$

图 17.20(a)显示了计算出的,在俄歇 GR 限制下 $Hg_{1-x}Cd_xTe$ 光电探测器探测率随波长和工作温度的变化。计算采用的掺杂浓度为 10^{14} cm^{-3},这是目前在实践中可控的最低施主掺杂水平。目前在实验室中可以实现低至 1×10^{13} cm^{-3} 的掺杂浓度,而 3×10^{14} cm^{-3} 的值在工业中更为典型。LN 冷却有可能在 2~20 μm 内实现背景限的红外光电探测器性能(BLIP,300 K)。用佩尔捷(Peltier)制冷器可以实现 200 K 冷却,足以满足中波和短波(<5 μm)的 BLIP 运行。

利用光学浸没可以进一步提高探测器的性能。然而,非制冷探测器的理论探测极限在波长分别为 5 μm 和 10 μm 时仍然低于 D^*_{BLIP} (300 K, 2π)一个或几乎两个数量级。对于 p 型掺杂优化情况下,仍可能有约 2 倍的改善[168]。

17.4.2 非平衡态器件

俄歇生成似乎是红外光电探测器性能的一个根本限制。然而,英国工作人员提出了一种基于非平衡态工作模式的降低光电探测器制冷要求的新方法[169,170]。这是非制冷红外光电探测器领域最激动人心的事件之一。他们的想法是基于俄歇过程对自由载流子浓度的依

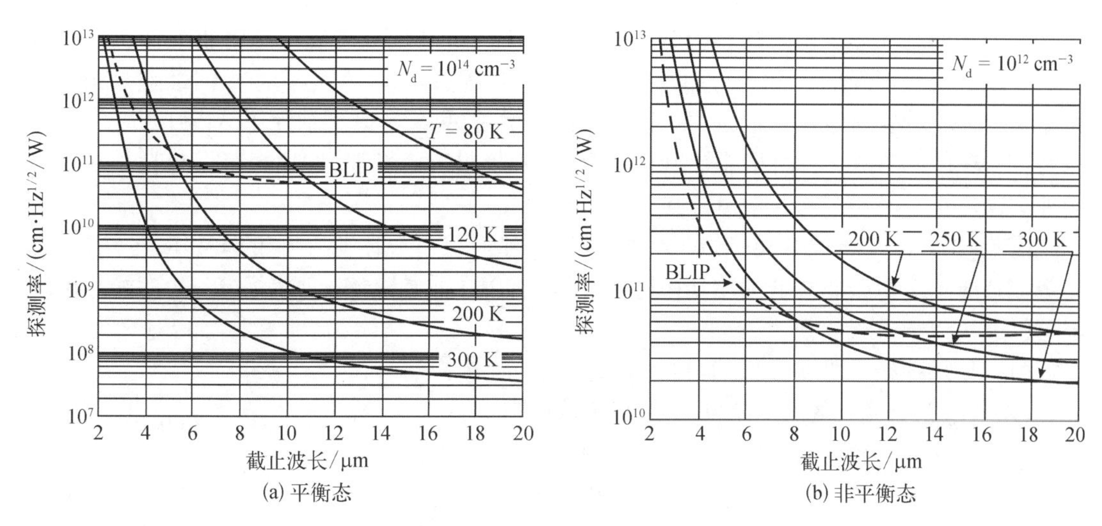

图 17.20　计算出的,在俄歇 GR 限制下 $Hg_{1-x}Cd_xTe$ 光电探测器探测率随波长和工作温度的变化

采用 2π 视场(FOV),T_B = 300 K, η = 1,计算了背景限(BLIP)探测率

赖。可以通过将自由载流子浓度降低到平衡值以下来实现对俄歇过程的抑制。将半导体置于非平衡耗尽态可以降低多子浓度和少子浓度。这可以在一些基于轻掺杂窄禁带半导体的器件中实现,例如,在偏置的低-高(low - high, l - h)掺杂或异质结接触结构、MIS 结构中实现,或者利用磁场-浓度效应来实现。在深度耗尽条件下,多子和少子的浓度都可以降低到本征浓度以下。多子浓度在非本征能级达到饱和,而少子浓度降低到非本征能级以下。因此,深度耗尽的必要条件是半导体的掺杂程度非常轻,低于其本征浓度。

让我们来讨论一下俄歇抑制器件的基本性能限。首先,考虑一种基于 v 型材料的探测器。在强耗尽时,$n = N_d$,俄歇生成率为

$$G_A = \frac{N_d}{2\tau_{A1}^i} \tag{17.36}$$

如式(17.36)所示,深度耗尽使复合速率相比生成率可以忽略不计,因此在耗尽材料中很容易将其作为噪声源加以消除。所以,

$$D^* = \frac{\lambda}{hc}\frac{\eta}{t^{1/2}}\left(\frac{\tau_{A1}^i}{N_d}\right)^{1/2} \tag{17.37}$$

同样对于 π 型材料,

$$G_A = \frac{N_a}{2\gamma\tau_{A1}^i} \tag{17.38}$$

且

$$D^* = \frac{\lambda}{hc}\frac{\eta}{t^{1/2}}\left(\frac{\tau_{A1}^i}{N_a/\gamma}\right)^{1/2} \tag{17.39}$$

同样,与平衡态的情况一样,使用 π 型材料是有利的,与相同掺杂的 v 型材料($\gamma>1$)相比,探测率提高了 $\gamma^{1/2}$倍。

比较平衡态和非平衡态的相应方程，可以发现，在轻掺杂材料中，使用非平衡工作模式可以使俄歇生成率降低 n_i/N_d 倍，相应地使探测率提高 $(2n_i/N_d)^{1/2}$ 倍。额外的增益是由于耗尽型半导体中的复合速率可以忽略。p 型材料的增益更大，考虑到消除了 A1 和 A7 复合，增益为 $[2(\gamma+1)n_i/N_a]^{1/2}$。由于能带填充效应减小，吸收响应增加，这也会获得与耗尽相关的额外改善。

由此获得的性能提升可能相当大，特别是对于在室温附近工作的 LWIR 器件，如图 17.20(b)所示。对于非常低的掺杂（10^{12} cm^{-3}），有望在非制冷情况下获得 BLIP 性能。BLIP 限可以通过以下方式实现[168]：

（1）使用掺杂水平非常低的材料（约为 10^{12} cm^{-3}）；

（2）使用 SR 中心浓度非常低的极高质量材料；

（3）合理设计器件，以防止表面、界面和电接触的热生成；

（4）使用热耗散型器件，其设计可以实现强耗尽状态。

通过使用光学浸没结构，可以显著地降低实现 BLIP 性能的这些要求，特别是对掺杂浓度的要求。

17.5 光电导型探测器

Lawson 等[1]于 1959 年首次报道了 $Hg_{1-x}Cd_xTe$ 的光电导性研究结果。十年后，也就是 1969 年，Bartlett 等[10]报道了 77 K 下工作在 8~14 μm LWIR 光谱区的光电导的背景限性能。材料制备与探测器技术的进步使器件已可在很宽的温度和背景范围内接近理论响应率极限[11,171-173]。军用热成像观察器通用模块中所使用的 60 元、120 元和 180 元器件是市场最大的产品。多年来，光电导一直是 3~5 μm 和 8~14 μm $Hg_{1-x}Cd_xTe$ n 型光电探测器最常见的工作模式。

Elliott 和 Gordon[134]在红外探测器研究中获得重大进展，串行扫描热成像系统中的探测、延时和积分功能是在简单的三引脚灯丝状光电导 SPRITE 内实现的。

光电导的进一步发展中消除了扫出效应[174,175]对于器件的不利影响，利用积累型[176-178]或异质结[179,180]的电接触。异质结钝化已经被用来提高性能稳定性[181,182]。8~14 μm 光电探测器的工作范围已能扩展到环境温度[168,183-186]。用来改善非低温制冷下的光导体性能的手段包括优化 p 型掺杂、使用光学浸没和光学谐振腔。Ashley 等[169,170]则引入了俄歇抑制的排除型光电导。

在过去的三十年里，光电导的研究明显减少，这反映出器件已经相当成熟。与此同时，$Hg_{1-x}Cd_xTe$ 光电导探测器仍在制造中，并在许多重要应用中使用。

12.1.1 节概述了本征光电导的物理特性和工作原理。许多作者对 HgCdTe 光电导型探测器进行了综述[134,153,168,183,187-191]。

17.5.1 技术

光电导可以由 $Hg_{1-x}Cd_xTe$ 体材料晶体或外延层制备。图 17.21 显示了光电导的典型结构。所有结构的主要部分是制备了电极的 3~20 μm 长的 $Hg_{1-x}Cd_xTe$ 薄片。有源元件的最佳厚度（几微米）取决于工作波长和温度，在非制冷的 LW 器件中更薄一些。正面通

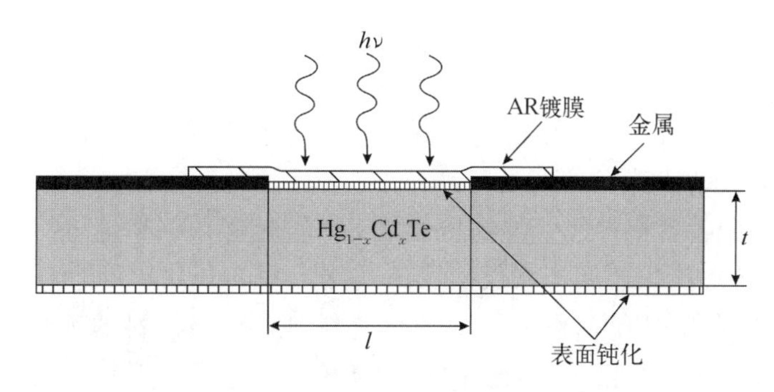

图 17.21 HgCdTe 光电导的典型结构

常覆盖钝化层和减反射涂层。器件的背面也需要钝化。相反,生长在 CdZnTe 衬底上的外延层的背面不需要钝化,因为带隙增加会阻止少子的反射。最后,需要将这些器件黏合到导热基板上。

为了增加对辐射的吸收,探测器经常配备 Au 背反射层,并与具有 ZnS 层或衬底的光电导体绝缘[183,187]。通常选择半导体和两个介质层的厚度来建立具有驻波的光学谐振腔,该结构中波峰在前表面,节点在后表面。为了实现有效干涉,两个表面必须足够平坦。

各家厂商使用了多种制造工艺[181,183,185,192-194]。$Hg_{1-x}Cd_xTe$ 光电导的制造采用了现代微电子学的工艺方法,但必须特别小心以防止材料受到任何机械和热损伤。制造过程通常从原料选择开始,这些原料包括 $Hg_{1-x}Cd_xTe$ 晶圆或外延层。通常通过对组分、掺杂和少子寿命的表征来进行选择。

从体材料 $Hg_{1-x}Cd_xTe$ 制备 $Hg_{1-x}Cd_xTe$ 光电导的关键工艺步骤如下:

(1) $Hg_{1-x}Cd_xTe$ 晶圆背面的制备。该工艺包括用细小的(0.3~1 μm)氧化铝粉末仔细抛光 $Hg_{1-x}Cd_xTe$ 板的一侧,在有机溶剂中清洗,然后在含 1%~10%溴的甲醇溶液中腐蚀几分钟,再在甲醇中清洗。或者,可以使用各种化学机械抛光程序。背面最后需要进行钝化,该过程对于 n 型和 p 型材料是不同的。

(2) 与基板黏合。蓝宝石、Ge、Irtran 2、Si 和氧化铝陶瓷是体材料光电导最常用的衬底。通常用环氧树脂黏合 $Hg_{1-x}Cd_xTe$ 晶圆与衬底。环氧层的厚度应控制在 1 μm 以下以保证良好的散热效果。

(3) 将板材减薄至其最终厚度,并对正面进行处理。这是通过研磨、抛光和蚀刻完成的,然后是进行表面钝化和镀制减反射涂层(通常用 ZnS)。然后使用光刻技术用湿法或干法蚀刻来划定出各个单元。有源元件的侧壁通常也需要钝化。

(4) 电接触的制备。再次光刻后,可以使用真空蒸发、溅射、极板电镀,电或化学方法的金属化等方式。外部触点可采用 Au 丝的超声波键合、导电环氧树脂焊接或铟焊接。有时需要使用扩展的电极焊盘来防止对半导体的损伤。

从外延层制备光电导更简单,因为不需要费力地将材料减薄到非常低的厚度,并且不需要对背面进行处理。使用 ISOVPE[183,195]、LPE[196-199]、MOCVD[184,185,200-203]和 MBE[204]等方式制备的光电导都已有报道。通常用于衬底的 CdZnTe 具有相对较差的热导率。因此,为了获得最佳散热效果,衬底必须减薄到 30 μm 以下,并且必须将光电导固定在良好的热沉支撑上。在小尺寸(<50 μm×50 μm)的器件中,散热要容易得多,由于三维散热效应

显著,不需要减薄衬底。另一种解决方案是将外延层沉积在良好的导热材料上,如蓝宝石、Si 和 GaAs。

低温外延技术使制备复杂的多层光电导结构成为可能,这些结构可用作多色器件或具有特定光谱响应曲线的器件[184,203]。

钝化是光电导制备过程中最关键的步骤之一。钝化必须将半导体材料密封起来,实现化学性质的稳定,通常钝化还起到减反射膜的作用。Nemirovsky 和 Bahir[205]发表过一篇关于 $Hg_{1-x}Cd_xTe$ 自然绝缘层和沉积绝缘层的优秀综述。n 型材料的钝化工艺通常使用含 0.1 mol/L KOH 的 90% 乙二醇水溶液,进行阳极氧化[206-208]。生长的氧化层厚度一般为 100 nm。n－$Hg_{1-x}Cd_xTe$－氧化物的界面具有很好的界面特性,这是氧化过程中半导体表面的积累(10^{11}～10^{12}电子/cm^2)所致。也可使用在 $K_3Fe(CN)_6$和 KOH 水溶液中的纯化学氧化方法进行钝化[209]。业内也有尝试生长自然氧化物的干法钝化,如等离子体[210]和光化学氧化[211]方法。可以通过进一步覆盖 ZnS 或 SiO_x层来改善钝化[212]。另一种钝化方法是通过浅层离子铣削直接实现表面积累,实现对少子空穴的反射[213,214]。

p 型材料的钝化对实现 p 型吸收层的近室温器件具有重要的战略意义。应该承认,其钝化中仍存在实际困难。氧化对 p 型 $Hg_{1-x}Cd_xTe$ 没有用处,因为它会导致表面反型。在实践中溅射或电子束蒸发的 ZnS,加上可选择的第二层涂层[215],通常用于 p 型材料的钝化。也有使用原生硫化物[216]和氟化物[217]的。

CdTe 具有高电阻率、晶格匹配、与 $Hg_{1-x}Cd_xTe$ 化学相容等优点,因此在钝化方面具有广阔的应用前景。采用 CdTe－$Hg_{1-x}Cd_xTe$ 梯度界面可以获得优异的钝化效果。在导带和价带中都可以形成势垒。在外延生长过程中可以获得最佳的异质结钝化[218-221]。直接原位生长的 CdTe 层具有较低的界面固定电荷。间接生长的 CdTe 钝化层不如直接生长的钝化层好,但在某些应用中是可以接受的。为了防止 $Hg_{1-x}Cd_xTe$ 晶格应力,一些论文推荐使用较薄(10 nm)的 CdTe。

电接触制备是另一个关键步骤。长期以来 n 型材料电接触一直使用蒸发制备的铟[187,192]。目前使用较多的是 Cr－Au、Ti－Au、Mo－Au 等多层金属电极。金属化之前通常要进行适当的表面处理。离子铣削对 n 型表面的电荷积累非常有效,似乎是 n 型材料金属化之前所能进行的最佳表面处理。化学蚀刻和干法蚀刻也有采用。在 p 型材料上制备良好的电接触是比较困难的。蒸发、溅射或化学沉积 Au 和 Cr－Au 是最常用的 p 型材料电接触。

17.5.2 光电导型探测器性能

1. 工作温度为 77 K 的器件

在 77 K 下工作在 8～14 μm 内的 HgCdTe 光电导型探测器在第一代热成像系统中被广泛应用,制备出 200 个单元以下的线列,对于特定应用,也有制造出 10×10 以下的定制型面阵。这些器件的生产工艺都很成熟。所用材料为 n 型,非本征载流子浓度约为 1×10^{14} cm^{-3}。n 型器件的空穴扩散系数低,不易在接触和表面发生复合。此外,n 型材料的 SR 中心浓度较低,且可以很好地实现表面钝化。

商业上可以买到的 HgCdTe 电导型探测器通常为方形结构,其有效尺寸为 25 μm～4 mm。

用于高分辨率热成像系统的光电导长度(约为 50 μm)通常小于制冷时 HgCdTe 的少子扩散和漂移长度,导致光电增益降低,这是由于光生载流子会扩散和漂移到接触区,称为扫出效应[134,174,175,177,187,188,222]。这会导致响应随电场的增大而饱和。典型器件的行为如图 17.22 所示[134],饱和响应率约为 10^5 V/W。

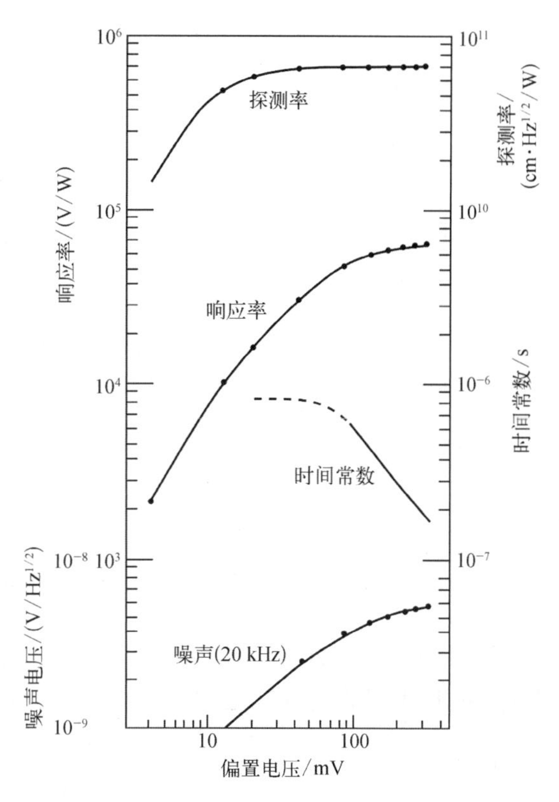

图 17.22　工作于 80 K 的 50 μm HgCdTe 光电探测器的性能与电压的关系。测试视场角为 30°FOV,响应率是在 12 μm 峰值波长处的响应[134]

Kinch 等[11,171,172]、Borello 等[173]和 Siliquini 等[181,199,223]报道了接近理论性能极限的 n 型 HgCdTe 光电导型探测器(77 K 时 $E_g \approx 0.1$ eV)。它们的载流子生成和复合机制显然是由 A1 机制主导的。背景辐射对性能有决定性的影响,因为 77 K 时 8~14 μm 器件中的多子和少子浓度及 3~5 μm 器件中的少子浓度通常由背景通量决定。在约 200 K 的高温下[172,224],也可以实现近 BLIP 性能。图 17.23 显示了 300 K 背景光子通量对光电导参数的影响[173]。背景产生的空穴密度,以及在高通量情况下电子可能主导热生成载流子,这些都会降低复合时间。在单元的电阻、响应率和噪声方面,背景辐射的影响往往超过体材料中可能存在的任何不均匀性。

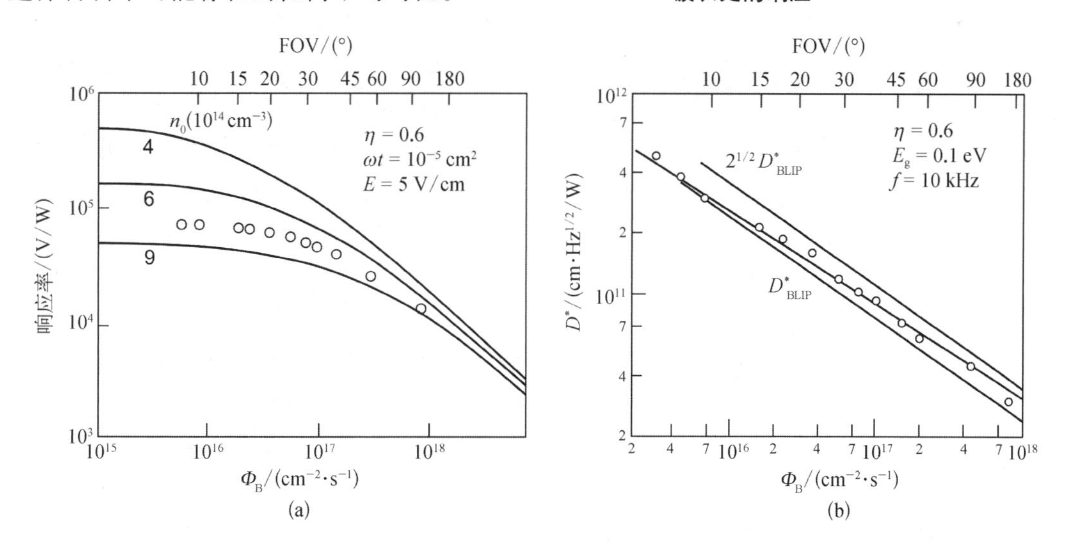

图 17.23　带隙为 0.1 eV 的 HgCdTe 光电导型探测器的电压(a)响应率和(b)探测率与背景光通量的关系[176]

图 17.24 显示了计算与测量的光电导在低背景下的响应率和探测率随温度的变化[11]。显然,生成和复合速率由 A1 机制主导。77 K 时的探测率约为 10^{12} cm·Hz$^{1/2}$/W,接近理论预测的极限。

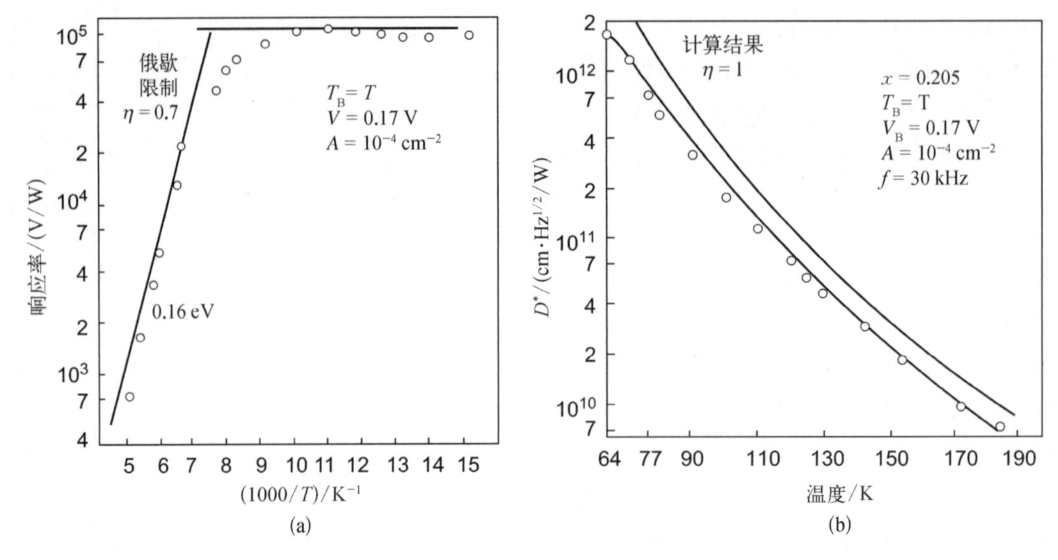

图 17.24 计算和测量了 $Hg_{0.795}Cd_{0.205}Te$ 光电导的(a)响应率和(b)探测率与温度的关系[11]

工作在 77 K、200 K 和 300 K 的 8～14 μm HgCdTe 光电导的电压响应率与探测器长度的关系如图 17.25 所示。图 17.25 中的标记区域显示的是贾德森红外、红外联合和维戈系统生产的系列探测器的电压响应率范围。采用空穴浓度为 $p \approx \gamma^{1/2} n_i$ 的 p 型掺杂材料，可以提高 200 K 和 300 K 下器件的性能。在欧姆接触（里特纳模型，Rittner model）情况下，扫出效应显著地降低了 77 K 下工作的短有效尺寸探测器的响应率。在 300 K 时，这种影响可以忽略不计。在探测器长度小于 100 μm 的范围内，实验结果超过了基于里特纳模型的理论计算结果。它可能受到处理过程中有意或无意的条件影响，导致电接触偏离了欧姆接触。高-低掺杂接触势垒的应用提高了光电导型探测器的响应率。Ashley 和 Elliott[177] 已经证明，通过 n^+-n 型离子铣削的电接触，可以将响应率提高到原来的 5 倍。

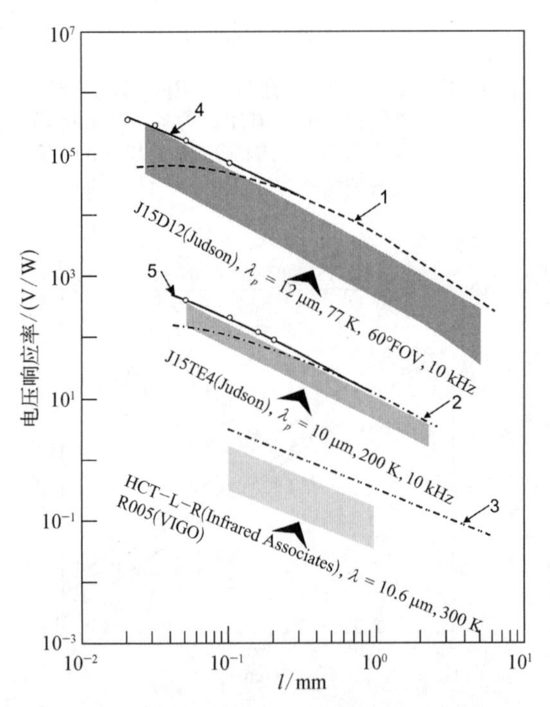

图 17.25 在 77 K、200 K 和 300 K 条件下，8～14 μm HgCdTe 光电探测器的电压响应率随探测器长度的变化关系

理论曲线 1～3 采用里特纳模型（Rittner model）计算（12.1.1 节）；曲线 4 和曲线 5 是在假定采用高-低掺杂接触区的情况下计算的[222]

扫出效应有利于改善高频特性。在高偏压下，响应时间由电极间少子的渡越时间决定，而不是由过量载流子寿命决定。由于复合过程部分发生在电接触区域，因此它们不会造成复合噪声。其结果是，GR 噪声降低了 $2^{1/2}$ 倍，而扫出效应下 GR 受限器件的探测率提高了相同的倍数。在高偏压下，D^*_{BLIP} 与光伏型器件的情况相同。

然而,降低增益可能会导致约翰逊-奈奎斯特噪声占主导地位,从而减小探测率。当 8~14 μm 光电导较短且工作在低温、低背景辐射下时,扫出效应已被认为是其性能的主要限制。对于波长较短的器件,扫出效应的影响更大。对于低生成-复合率的 $\lambda<5$ μm 光电导,这些效应在低温和高温下变得非常明显,甚至对尺寸相对较长的器件也是如此,这使得器件的约翰逊-奈奎斯特噪声/扫出效应受到限制。

已经提出了各种方法来减小具有小敏感区域的器件中所不希望出现的扫出效应。Kinch 等[172]提出了一种重叠式几何结构,其中的器件长度大于所需的敏感元长度。端部区域被不透明层覆盖。通过这种方式,降低了低偏压时载流子扩散到电极的影响,或高偏压时阴极处的少数空穴扫出的影响。Smith[225]对重叠结构进行了理论计算。根据 Shacham-Diamond 和 Kidron[176]的说法,过量载流子的部分阻塞会发生在 n 型光电导的阴极,从而提高了电流响应率并缩短了响应时间。n^+-n 接触可用于将包含少数空穴的区域与高复合率的区域隔开[177-179]。由于 n^+ 区的简并性,空穴势垒远大于简单的玻尔兹曼因子 $(kT/q)\ln(n/n_0)$。在阻挡接触区,有效复合速率可低于 100 cm/s。为此,电子浓度在 1 μm 或更小的距离内发生简并。

利用 Arch 等[180,226]提出的异质结接触光电导,载流子扫出也几乎可以消除。他们预计该结构可以消除响应率的饱和,并极大地增加响应率。当 $x=0.20$ 时,使用异质结接触 HgCdTe 的响应率可增加一个数量级[226]。

此外也有使用不同方法的组合,如将重叠结构和阻挡接触结合起来的器件结构[199]或将阻挡接触与异质结结合起来的光电导[223],以提高器件性能。第二种类型的器件对半导体/钝化界面的条件不敏感。

用于反射少子的积累型接触或异质结接触都同样适用于减少在光电导材料有源区和背面处的复合。另外,过度积累会导致很大的分流电导,这也会降低探测率[227]。

2. 工作温度在 77 K 以上的器件

HgCdTe 光导体的性能在较高温度下会降低。然而,对于许多应用来说,在较高温度下工作有很大的好处,例如,可以减少制冷机的输入功率,延长其使用寿命,180 K 以上的工作温度可以使用热电制冷实现。

高温下的载流子寿命很短,这从根本上受到俄歇过程的限制,可获得 GR 噪声限制的性能[134,136]。由于 $\gamma>1$[见式(17.32)],所以原则上使用 p 型材料是有利的。然而,在实际应用中,p 型光电导很难钝化,也很难形成低 $1/f$ 噪声接触。由于这些原因,大多数用于更高温度工作的器件都是 n 型的。图 17.26 显示了在不同温度下工作的 230 μm^2 n 型器件的探测率随截止波长变化的例子。作为比较,计算了理论极限探测率,假设非本征浓度为 5×10^{14} cm^{-3},厚度为 7 μm,前后表面的反射系数为 30%,采用 $f/1$ 光学设置[134]。

p 型 HgCdTe 光电导可以用于激光接收器,其带宽通常很高,$1/f$ 噪声不重要。LWIR p 型器件可以工作在适中的温度下,这已有多个报道[134,183,191,194,228-232]。在 20 kHz 的较高调制频率下,在 193 K 测得的探测率为 7×10^8 $cm\cdot Hz^{1/2}/W$。外差探测的噪声等效功率的最小值约为 1×10^{-19} W/Hz,带宽为 100 MHz[232]。

在室温或热电制冷器(200~250 K)下工作的光学浸没光电导的实测探测率如图 17.27 所示[185]。由于精心优化了成分和掺杂分布,使用了金属背反射层、更好的表面和接触工艺,

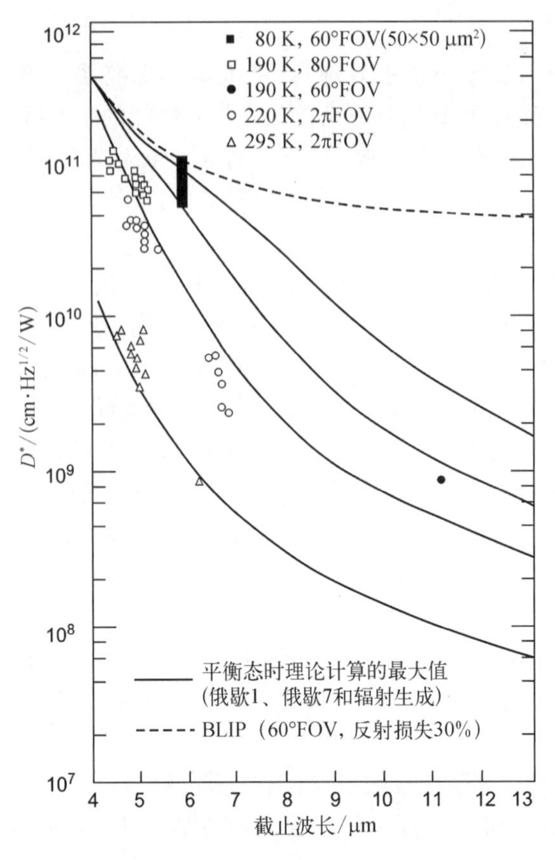

图 17.26 n 型 HgCdTe 光电导探测器的探测率与截止波长的关系

理论曲线计算中只考虑了俄歇生成和辐射生成。实验数据点除了特别在括号中注明的,都来自面元面积为 230 μm² 的 n 型探测器[134]

器件的性能得到了显著提高。维戈系统生产的两级制冷光电探测器的工作范围已扩展到约 16 μm,在 12 μm 时的探测率约为 2×10^9 cm·Hz$^{1/2}$/W[168]。

这种光学浸没器件中载流子寿命短,吸收层电阻接近 50 Ω,串联电阻可以忽略不计,电容非常小,因此特别适合高频工作。用自由电子激光测量,在 300 K 和 230 K,优化探测率的 10.6 μm 器件的响应时间分别约为 0.6 ns 和 4 ns。在特殊设计的小尺寸(约为 10 μm×10 μm 或更小)和较重的 p 型掺杂器件中,观察到约 0.3 ns 的响应。

目前高温光电导的低频性能相对较差。在电场为 40 V/cm 的非制冷 10.6 μm 探测器(大尺寸 Vigo R005 型光电导)中,通常观察到的 $1/f$ 截止频率为 10 kHz。从低场测量结果推算出的胡格常数(Hooge constant)约为 10^{-4}。在较强的电场作用下,观察到胡格常数的快速、非线性增加。冷却到约为 200 K 时,胡格常数降低了约 2 倍,再加上电场要求低得多,因此可以在约为 1 000 Hz 和更高的频率下实现 GR 限工作。在 77~250 K[233] 宽的温度范围内,观察到 $Hg_{0.8}Cd_{0.2}Te$ 光电导的 GR 与 $1/f$ 噪声成正比。目前,低频性能差的原因已被充分理解,主要原因往往是表

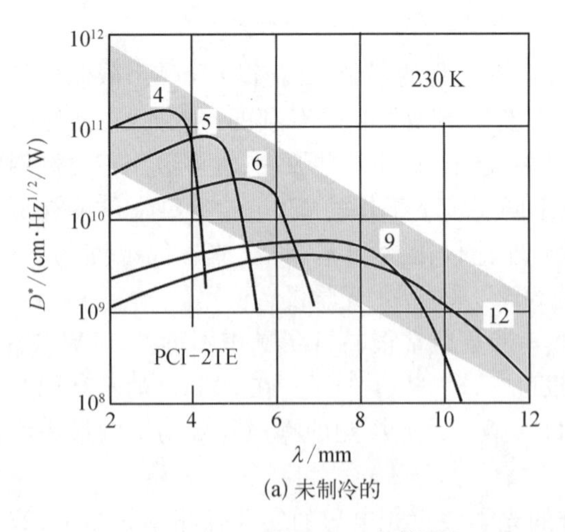

(a) 未制冷的

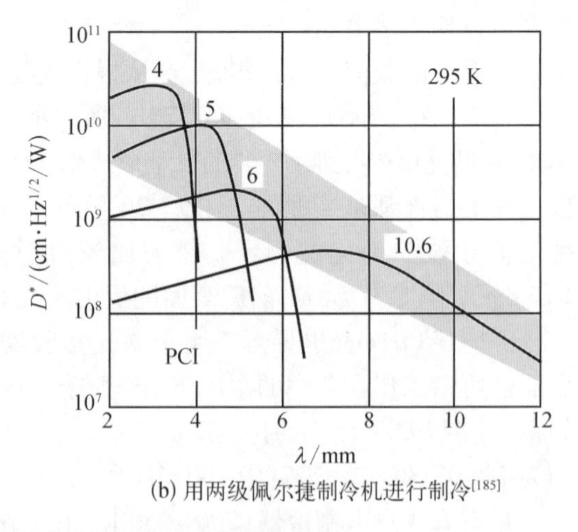

(b) 用两级佩尔捷制冷机进行制冷[185]

图 17.27 光学浸没 $Hg_{1-x}Cd_xTe$ 光电导的光谱探测率曲线

面钝化和接触工艺的不足。现有的任何理论都不能定性地解释观测到的低频噪声[234]。

应该指出的是,对于在约为 10 μm 工作的非制冷光电导,所测得的探测率比其他具有亚纳秒响应时间的常温 10.6 μm 探测器(如光子牵引探测器、快速热电偶、测辐射热计和热释电探测器)高出许多个数量级。

17.5.3 光电导型器件的其他工作模式

1. 陷阱模式光电探测器

如果少子(空穴)在负极扫出之前以某种方式被捕获,那么电子电流就会保持较长的时间,从而增加光导增益。随着 20 世纪 80 年代陷阱模式 HgCdTe 探测器的发展,光电导的增益已经有了显著的提高[235,236]。器件结构及其带隙分布如图 17.28 所示。这些结构是用 LPE 技术在 CdTe 衬底上生长的。生长后经低温退火形成 n 型轻掺杂的探测器有源层($n \approx 10^{14}\ cm^{-3}$),同时将具有 p 型陷阱区域的 p 型层置于外延层和衬底之间组分梯度变化的界面层内,位于整个 n 型层下方。通过结将空穴/少子与电子/多子分开,减小了耗尽层的宽度。由于电子浓度低,p－n 结处的耗尽层宽度足以使得隧穿漏电降到最小。空穴陷阱区域和电接触附近的阻挡型 n－n HgCdTe 界面导致了较大的光导增益(1 000~2 000 倍)。

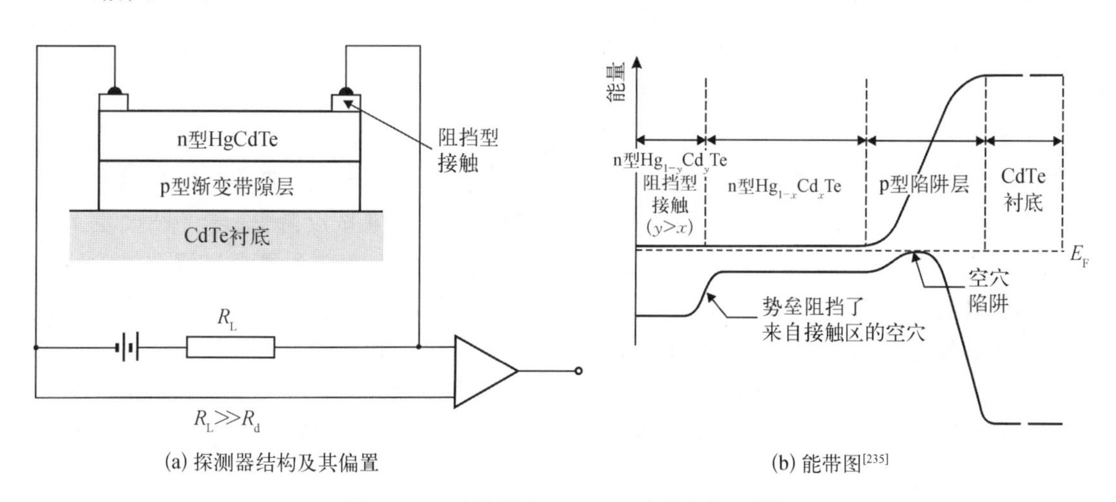

(a) 探测器结构及其偏置　　(b) 能带图[235]

图 17.28 陷阱模式 HgCdTe 光电导探测器

图 17.29 比较了在 80 K 时,12 μm 截止波长的常规 HgCdTe 光电导和陷阱模式 HgCdTe 光电导的响应率。给出的数据是器件尺寸约为 50 μm×50 μm 时的数据。所有器件的阻抗都在 100 Ω 量级。陷阱模式器件的偏置要求至少低两个数量级(在 0.12 W/cm^2 数量级,与常规器件的 12 W/cm^2 相比),能达到 10^5 V/W 响应率[237]。这种低两个数量级的偏置功率极大地降低了大规模多单元阵列的偏置热负荷。

陷阱模式器件的另一个好处是显著地降低了 $1/f$ 噪声[238]。在传统的 HgCdTe 光导探测器中,$1/f$ 噪声截止通常为 1 kHz,但在 80 K 和 $f/2$ 背景通量条件下对应的高频器件中,$1/f$ 噪声截止在几百赫兹的量级。

2. 排除模式光电探测器

埃利奥特(Elliott)和其他英国工作者提出并开发了一种降低光电探测器制冷要求的新

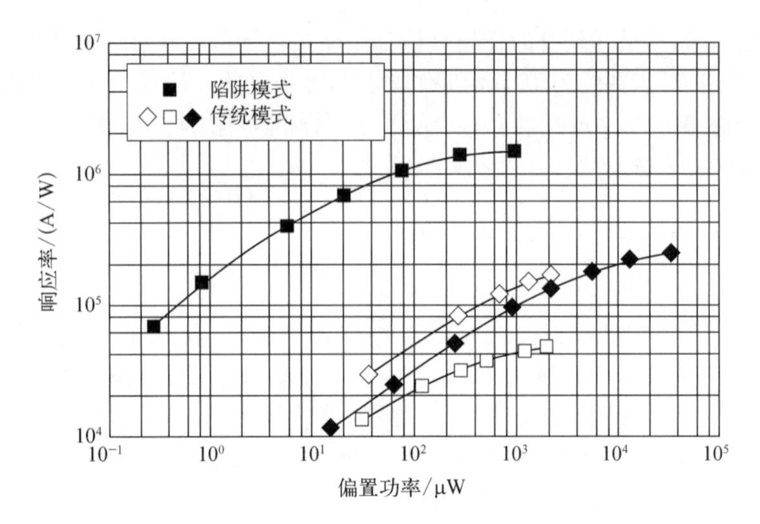

图 17.29 比较了陷阱模式 HgCdTe 器件与传统模式光电导探测器在 80 K 时响应率的偏置依赖性

所有器件的阻抗均在 100 Ω 量级[236]

方法,该方法基于光电探测器的非平衡工作模式[134,153,169,170,188,239-244]。在载流子密度保持在平衡值以下的器件中,似乎可以通过不涉及很大电场的技术来抑制俄歇生成过程及其相关的噪声。排除模式光电导是第一个这种类型的器件。

具有排除模式电接触的光电导的工作原理如图 17.30 所示[170]。正偏压接触采用一种高度掺杂的 n^+或宽禁带材料,而光敏区是一种接近本征的 n 型(ν 型)材料。这种接触不会注入少子,但允许多子/电子流出器件。结果,接触附近的空穴浓度降低,电子浓度也下降(以保持该区域的电中性)到接近非本征值 N_d-N_a。因此,俄歇生成和复合过程在排除区被抑制。器件必须长于排除长度,以避免负偏压接触处的载流子积累的影响。排除区域的长度取决于偏置电流密度、带隙、温度和其他因素。实验上已经观察到 MWIR 器件中该长度大于 100 μm[242]。需要一个阈值电流来抵消未排除区域和排除区域之间的反向扩散电流。此后,随着排除区域长度的增加,电阻迅速上升。因此,当电流超过阈值时,电流-电压特性会呈现饱和。

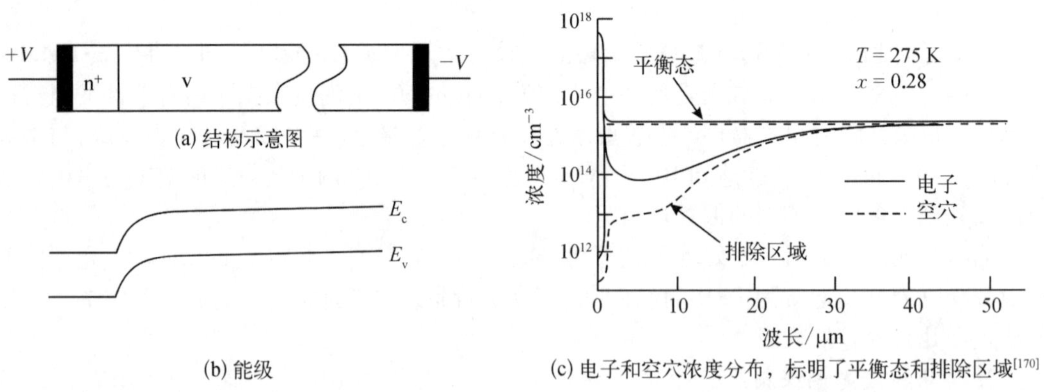

图 17.30 $x=0.28$, $N_d-N_a=10^{14}$ cm^{-3}, $\tau_{SR}=4$ μm, $\tau_{Ai}=2.4$ μs, $J=48$ A/cm^{2}的 $n^+-\nu$ 器件

只有对电子和空穴的完整连续性方程进行数值求解，才能对非平衡器件进行精确的分析(4.4 节)。因为与平衡态的偏离程度很大，通常的近似在非平衡工作模式的情况下会被打破。

实现非平衡器件依赖于几个重要的限制。排除区域中的电场必须足够低，以避免加热整个器件，以及避免将电子加热到高于晶格温度。器件结构的发热可以通过适当的散热设计来防止，这似乎不是一个严重的限制，至少对于单元器件和小面积器件来说是这样的。电子的加热限制对应最大的电场限制，在非制冷 5 μm 器件材料中估计为 1 000 V/cm，在 180 K 下工作的约为 10 μm 器件材料中估计为几百 V/cm。电子加热在 3~5 μm 波段不是一个重要的限制，但在 10.6 μm 和 8~14 μm 波段中它似乎限制了排除效应的作用。需要非常低的掺杂($<10^{14}$ cm^{-3})才能实现有效排除；然而，工业制备材料中的典型值为 3×10^{14} cm^{-3}。排除模式可以被任何非俄歇生成(如 SR 或表面生成)所抑制。较大的电场可能会导致闪烁噪声。

实际的排除模式 HgCdTe 光电导是由低浓度、体生长的材料制成的，n^+ 区由离子铣削形成[170,186]。与通常基于非本征 p 型掺杂材料的平衡模式光电导不同，排除模式器件是由非常低浓度的 n 型体材料 HgCdTe 制成的，n^+ 区由离子铣削或简并的非本征掺杂形成。该器件的示意图如图 17.31 所示[170]。为了避免负电极接触处电荷积累的影响，器件采用三引线结构，敏感区由不透明掩模版区域加以限定，读出电极采用的是侧臂电势探针。这样的器件几何结构将有源区的大小限制在高度耗尽的区域，阻止了在非耗尽部分和负电极处的热生成，从而消除了其对读出电极处测量噪声的贡献。使用 ZnS 进行钝化，这与通常采用自然氧化层以产生积累表面，以及与排除区域并联的处理方式是类似的。

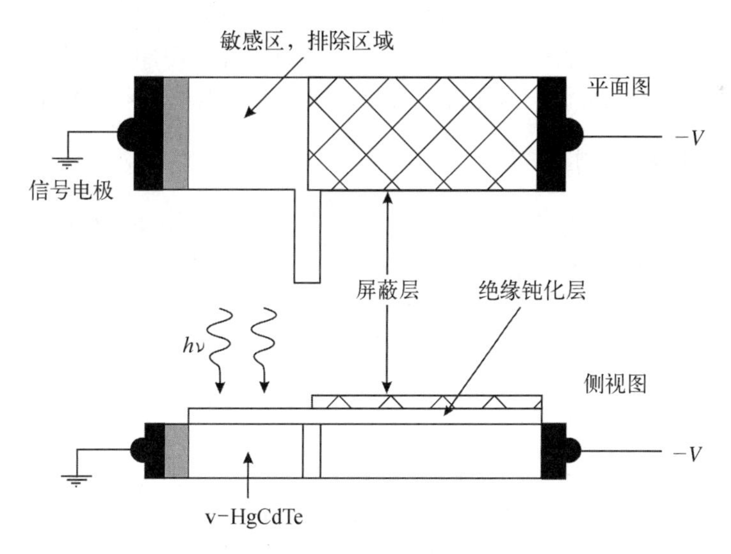

图 17.31 排除型 HgCdTe 光电导探测器的原理图[170]

图 17.32 显示了偏置电流方向不同时探测器的参数，即噪声、响应率和探测率[134]。由于两个效应：排除区域的阻抗增加和有效载流子寿命增加，在排除模式的偏置方向上，器件响应率和噪声增加到很大的值。由于反向偏置时的高闪烁噪声，因此探测率的提高较为温和。截止波长为 4.2 μm，10 μm×10 μm 非制冷光电导的黑体电压响应率为 10^6 V/W，探测率

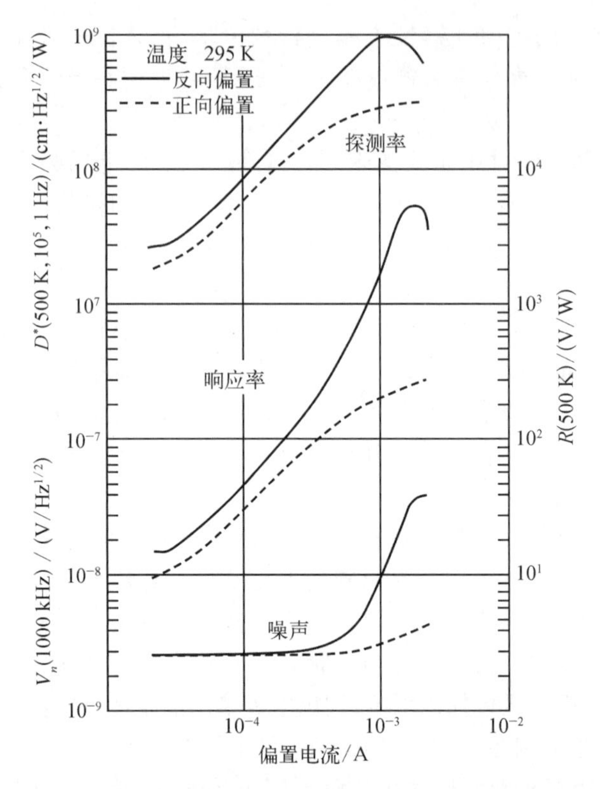

图 17.32 在 295 K 时测量的 $Hg_{0.72}Cd_{0.28}Te$ 排除型光电导的噪声、响应率(500 K)和探测率(500 K)与偏置电流的关系[134]

为 1.5×10^9 cm·Hz$^{1/2}$/W。调制频率为 20 kHz[243]。然而,到目前为止,还没有可用的 8~14 μm 的排除型光电导器件。这可以归因于形成排除区所需的高电场对电子的加热效应。

17.5.4 SPRITE 探测器

SPRITE(signal processing in the element,元件中进行信号处理)探测器最初是由埃利奥特(Elliott)发明的,后来几乎完全由英国开发[12,13,245-257]。该器件已用于许多成像系统[255]。图 17.33 显示了 SPRITE 探测器的工作原理[245]。SPRITE 探测器本质上是长约 1 mm,宽 62.5 μm,厚 10 μm 的 n 型光电导,带有两个偏置触点和一个读出电位探针。该器件是恒流偏置的,设置偏置场 E,使得近似于少子空穴漂移速度 v_d 的双极漂移速度 v_a 等于沿器件作图像扫描的速度 v_s。器件的长度 L 通常接近或大于漂移长度 $v_d\tau$,其中 τ 是复合时间。

现在考虑沿着该器件扫描图像中的一个元素。材料中的过量载流子浓度在扫描过程中会增加,如图 17.33 所示。当照明区进入读出区时,电导率增加,调制输出电极并提供信号输出。因此,对于传统阵列而言通过外部延迟线和求和电路来完成的信号积分,在 SPRITE 探测器中是由元件自身完成的。

对于长器件,积分时间接近复合时间 τ。它会变得比快速扫描串行系统中传统元件上的驻留时间 τ_{pixel} 长得多。因此,观察到的输出信号成比例增加($\propto\tau/\tau_{pixel}$)。如果约翰逊噪声或放大电路噪声占主导地位,则会导致相对于分立单元的信噪比成比例增加。在背景限探测器中,由于背景引起的过量载流子浓度也增加了相同的比例,但相应的噪声仅与积分通量

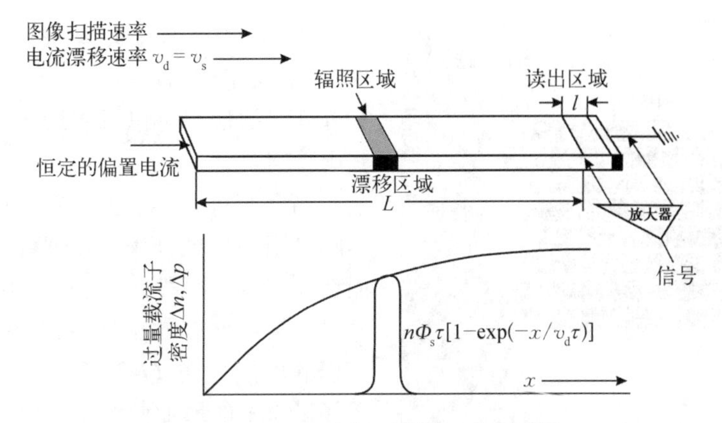

图 17.33　SPRITE 探测器的工作原理图

图的上半部分显示了带有三个欧姆接触的 HgCdTe 细丝。下半部分显示了沿着图像扫描方向上，器件中的过量载流子密度分布[245]

成正比。结果，相对于分立单元的信噪比，净增益增加了$(\tau/\tau_{pixel})^{1/2}$倍。

埃利奥特(Elliott)等[12]推导了 SPRITE 参数的基本表达式。电压响应率为

$$R_v = \frac{\lambda}{hc}\frac{\eta\tau El}{nw^2 t}\left[1 - \exp\left(-\frac{L}{\mu_a E\tau}\right)\right] \tag{17.40}$$

式中，l 为读出区长度；L 为漂移区长度。

主要噪声来自热载流子和背景辐射产生的载流子密度波动所引起的 GR 噪声。低频时噪声的谱密度为

$$V_n^2 = \frac{4E^2 l\tau}{n^2 wt}\left(p_0 + \frac{\eta Q_B\tau}{t}\right)\left(1 - \exp\frac{-L}{\mu_a E\tau}\right)\left[1 - \frac{\tau}{\tau_a}\left(1 - \exp\frac{-\tau_a}{\tau}\right)\right] \tag{17.41}$$

对于长的、背景限器件，其中 $L \gg \mu_a E\tau$ 且 $\eta Q_B\tau/t \gg p_0$，

$$D^* = \frac{\lambda\eta^{1/2}}{2hc}\left(\frac{l}{Q_B w}\right)^{1/2}\left[1 - \frac{\tau}{\tau_a}\left(1 - \exp\frac{-\tau_a}{\tau}\right)\right]^{-1/2} \tag{17.42}$$

在速度足够高的情况下 $\tau_a \ll \tau$，

$$D^* = (2\eta)^{1/2} D^*_{BLIP}\left(\frac{l}{w}\right)^{1/2}\left(\frac{\tau}{\tau_a}\right)^{1/2} \tag{17.43}$$

对于标称分辨率大小 $w \times w$，像元速率是 v_a/w，

$$D^* = (2\eta)^{1/2} D^*_{BLIP}(s\tau)^{1/2} \tag{17.44}$$

基于上述考虑，需要较长的寿命才能获得较大的信噪比增益。当 $s\tau$ 的值超过 1 时，可以实现有效的相对于 BLIP 限分立元件的探测率提升。该器件的性能可以用具有相同信噪比的串行阵列中达到 BLIP 限的元件的数量来描述，

$$N_{eq}(\text{BLIP}) = 2s\tau \tag{17.45}$$

例如，60 μm 宽的元件以 2×10^4 cm/s 的速度扫描，当 $\tau = 2$ μs 时，$N_{eq}(\text{BLIP}) = 13$。

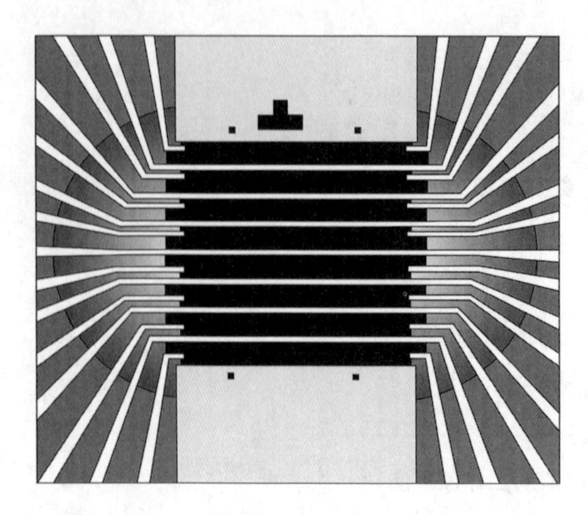

图 17.34　八排叉指 SPRITE 探测器的照片，包括叉指读出区域[245]

图 17.34 是八排叉指 SPRITE 探测器的照片[245]。叉指读出可以实现没有交错的紧密排布阵列。两端都可以看到读出极，但只使用了其中一组。

如表 17.4 所示，为了在 8~14 μm 波段获得实际可用的性能，SPRITE 器件需要液氮冷却，而在 3~5 μm 波段，三级或四级佩尔捷制冷机就可以使器件有效工作。在 8~12 μm 波段内实现的性能如图 17.35 所示[13]。探测率随偏置场平方根的增加而增加，但在高场下不适用，由于高场产生的焦耳热会引起元件温度升高。此外，该参数随着冷屏的有效 *f*/#数增大而增加，大致可以到 *f*/4。随着背景通量增加，载流子密度升高会导致其寿命缩短，为了避免这样的情况，一般采用有效 *f*/#数等于或大于 2 的冷屏。

表 17.4　SPRITE 探测器的性能[13]

材料	碲镉汞	
单元数量	8	
细丝长度/μm	700	
标称敏感面积/μm^2	62.5×62.5	
工作波段/μm	8~14	3~5
工作温度/K	77	190
制冷方式	焦-汤或热机	热电
偏置电场/(V/cm)	30	30
视场角	*f*/2.5	*f*/2.0
双极迁移率/[cm^2/(V·s)]	390	140
单元的像元速率/(像元/s)	1.8×10^6	7×10^5
典型单元阻抗/Ω	500	4.5×10^3
功耗/(mW/像元) 总功耗/W	9 <80	1 <10
平均探测率 D^*(500 K, 20 kHz, 1 Hz, 62.5×62.5 μm^2)/(10^{10} cm·$Hz^{1/2}$/W)	>11	4~7
响应率(500 K, 62.5×62.5 μm^2)/(10^4 V/W)	6	1

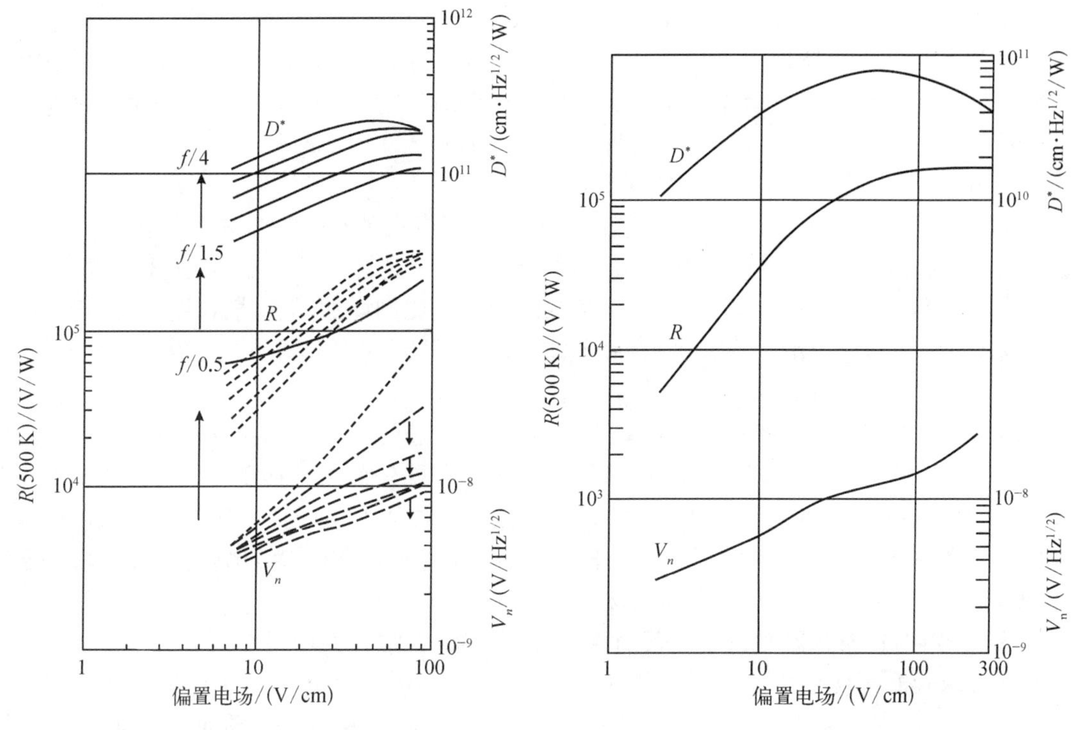

图 17.35　在不同视场下，$\lambda_c = 11.5\ \mu m$，$T = 77\ K$ 的 SPRITE 探测器的性能随偏压的变化[13]

图 17.36　工作温度 190 K 时，3~5 μm 波段 SPRITE 探测器的性能[13]

图 17.36 显示了在 3~5 μm 波段工作的 SPRITE 探测器获得的结果[13]。工作温度高达 240 K 时，在该波段仍可获得有用的性能。

当扫描速度和载流子速度在整个器件长度上匹配时，SPRITE 探测器的空间分辨率取决于光生载流子的扩散传播和在读出区空间上的平均分布。这可以通过调制传递函数(modulation transfer function，MTF)来表示[245]：

$$\mathrm{MTF} = \left(\frac{1}{1 + k_s^2 L_d^2}\right)\left[\frac{2\sin(k_s l/2)}{k_s l}\right] \tag{17.46}$$

式中，k_s 为空间频率；L_d 为扩散长度。

SPRITE 探测器可以由轻掺杂(约为 $5 \times 10^{14}\ cm^{-3}$)n 型 HgCdTe 制成。体材料和外延层都有使用[255]。已经有单元和 2 元、4 元、8 元、16 元和 24 元线列的演示；8 元线列是最常见的(图 17.34)。为了制备线性排列的器件，必须减小读出区和相应触点的宽度，使其在元件宽度内与元件长度平行，如图 17.34 所示。为了提高探测率和空间分辨率，对器件几何结构已经提出了各种修改(图 17.37)[252]，包括读出区喇叭形状的修改，以减少渡越时间的发散；在漂

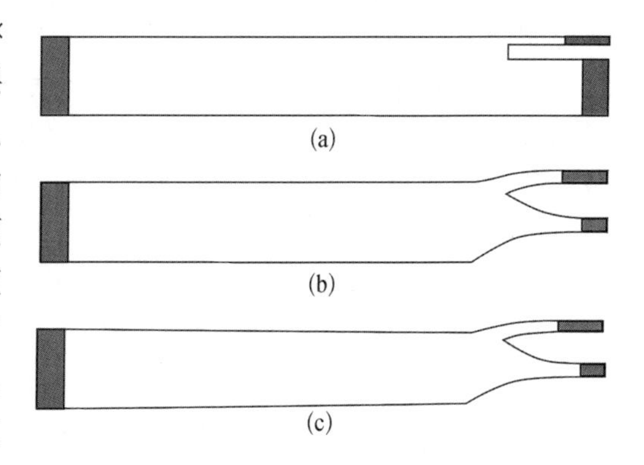

图 17.37　SPRITE 器件几何形状的演化[256]

移区设置轻微的锥度，以补偿背景辐射造成漂移速度的轻微变化。

SPRITE 探测器对图像中高空间频率的响应基本上受限于读出区域的有限大小而导致的空间平均，或者受到光生载流子在扩散区中发散的限制[245]。如果载流子漂移速率与成像扫描速率不完全匹配，则会进一步降低响应。8～14 μm 器件的分辨率约为 55 μm，在 200 K 时，3～5 μm 器件的空间分辨率约为 140 μm。

提高分辨率的一种可能方法是采用渡越时间小于寿命的短器件来减小扩散行为的发散。也可以通过使用变形镜头来提高空间分辨率，提高图像在扫描方向上的放大倍数[249,252]。探测器长度和扫描速度随放大倍数的增加成比例增加，但扩散长度保持不变，从而提高了空间分辨率。由于 SPRITE 探测器即使在低背景光通量情况下也是背景受限器件，因此其信噪比不受影响。

研究人员对空间分辨率和热分辨率进行了进一步的改进[254,255]。可以通过使用更多的单元来提高系统的热灵敏度。除了并行阵列，已开发出具有常规时延和行积分的二维 8×4 并/串阵列。将工作温度从约 80 K 降至约 70 K，截止波长从 12 μm 移动到 12.5 μm，可以提高信噪比和空间分辨率。在 3～5 μm 波段，采用更有效的五级和六级佩尔捷制冷机，对于 500 K 黑体，探测率可高达 5×10^{10} $cm\cdot Hz^{1/2}/W$。

尽管 SPRITE 探测器取得了显著的成功，但它仍存在重要的局限性，如尺寸有限、严格的制冷要求及必须使用快速机械扫描。SPRITE 阵列的极限尺寸受限于焦耳加热所带来的巨大热负荷。这意味着 SPRITE 探测器是从单元器件向凝视型二维面阵过渡的一类器件。

17.6 光伏型探测器

HgCdTe 光电二极管的发展最初是由于高速探测应用，主要用于 10.6 μm CO_2激光的直接探测和外差探测[9,258]。这种光电二极管可以在 77 K 下以外差模式工作，由于其具有相对较低的静态介电常数，因而结电容低，工作频率可达几个 GHz。20 世纪 70 年代中期，人们的注意力转向了在 3～5 μm 和 8～14 μm 两个常用的大气窗口中用于被动红外成像的光电二极管。当时，人们看到，未来需要更多的红外应用，以获得比第一代光电导探测器更高的探测性能和/或更高的空间分辨率。光电导探测器的主要限制是在焦平面上实现多路复用存在困难。与光电导不同的是，尽管受到现有技术的限制，光电二极管已可以集成为包含超过百万像元的 2D 阵列。基于这种 FPA 的系统可以更小、更轻、功耗更低，并且相比基于第一代探测器的系统，具有更高的性能。光电二极管还具有更多的潜力，如更低的低频噪声、更快的响应时间，以及在每个元件上获得更一致的空间响应。然而，光伏探测器制备需要更复杂的工艺，这影响了第二代系统的研发和产业化进程。另外，与光电导不同的是光电二极管可以有各种各样的器件结构，具有不同的钝化、结形成技术和电接触。

第一批 HgCdTe 光电二极管是由体材料制成的。然而，未来的发展主要是由各种外延技术主导的，包括 ISOVPE、LPE、MBE 和 MOCVD。作者对 20 世纪末发表的论文有更详细的历史回顾，如 *Narrow-Gap Semiconductor Photodiodes*[79]。其他重要的信息来源也包括 1981 年以来的出版物（见文献[194]、[259]～[266]），以及专门讨论 HgCdTe 相关半导体与红外材料的物理和化学技术研讨会议等（最初发表在 *Journal of Vacuum Science and Technology*，后来发

表在 *Journal of Electronic Materials* 上,以及多本 SPIE 论文集中)

本章将主要介绍 HgCdTe 光电二极管的研究现状,包括其物理特性和对制作大规模 FPA 非常重要的技术。HgCdTe 光电二极管技术的成功激发和推动了世界各地的研究中心对第三代红外探测器技术的研究(27 章)[18]。

17.6.1 结的形成

HgCdTe p - n 结的形成有多种技术,包括 Hg 的进入/逸出扩散、杂质扩散、离子注入、电子轰击、等离子体诱导的类型转换、气相或液相生长过程中的掺杂及其他方法[79]。为了避免引用数以百计的相关文献,这里仅列出一些最近出版的专著和评论[31,79,262,263,266]。

HgCdTe 具有低结合能和离子键的特性,这导致了两个重要的效应,对大多数结的形成过程都有影响。首先是 Hg 的作用,它很容易在离子注入和离子束铣削等过程中释放出来,这会产生比预期注入范围更深的结。第二个效应是位错,它可能在消除空位方面发挥作用。汞间隙、位错和离子轰击在结形成过程中的作用是复杂的,还没有被很好地理解。尽管涉及复杂的物理过程,但制造商已经通过各种工艺对结深度和掺杂剂分布实现了良好的基于现象的控制。目前,制备 p - on - n 结时最常用的是在生长过程中进行掺杂的外延技术。MBE 和 MOCVD 的生长过程中都可以成功地实现 As 掺杂。

1. Hg 的进入扩散

通过 Hg 的进入扩散来中和空位,可以相对简单地实现材料的局域类型转换。n 型电导率源于背景施主杂质。Dutton 等[267]总结了 Hg 进入扩散过程的研究。200℃下的 Hg 扩散过程伴随着空位向外扩散,在冶金结区附近可以形成空位的梯度分布。在低空位浓度为 10^{16} cm^{-3}的材料中,在 200~250℃下形成结只需要 10~15 min,对应于扩散常数约为 10^{-10} cm^2/s。位错的存在可以进一步增强空位迁移率,而 Te 微析出物的存在可能会阻碍 Hg 进入晶格。晶体缺陷,如位错和微析出等,也可能含有背景杂质,这将进一步影响结的位置和质量。

Verie 等[9,258]首次提出了 HgCdTe 空位掺杂(10^{16}~10^{17} cm^{-3})中 Hg 的进入扩散效应。在 20 世纪 70 年代初,它被最广泛地用于非常快速的光电二极管,其中需要低浓度(10^{14}~10^{15} cm^{-3})的 n 型区域以获得大耗尽宽度和低结电容。最初,此类器件使用台面结构的配置。Spears 和 Freed[268]报道了使用 n^+ - n - p 平面结构的技术改进。在空位掺杂的 HgCdTe 表面溅射 0.5 μm 厚的 ZnS。在通过光刻胶掩模在硫化锌中刻蚀窗口后,在去除光刻胶之前溅射约 10 nm 厚的 In 层。在密闭的安瓿中,240℃下进行 30 min Hg 蒸气扩散,可产生一个具有薄的 n^+表层的,厚约为 5 μm 的低浓度 n 型层[269]。采用光刻剥离技术界定和溅射 In - Au 键合的焊盘。ZnS 掩模在结周围提供钝化。Shanley 等[270]描述了用于外差应用的类似 n^+ - n - p 结构的制造。

Parat 等[271]进一步改进了 n - p 平面结的制备。在 220℃退火 25 h 后,MOCVD 生长的 MWIR HgCdTe 层转变为 n 型,载流子浓度约为 5×10^{14} cm^{-3}。然而,0.5~0.8 μm 厚的 CdTe 帽层的存在有效地阻挡了 Hg 的扩散,并提供了良好的结钝化。通过在帽层中打开窗口,可以选择性地对底层 HgCdTe 层进行退火并将其转换为 n 型。

Jenner 和 Blackman[272]报告了 Hg 进入扩散法的一种不同方法,使用阳极氧化物作为游离 Hg 的来源。该技术特别适用于高速器件,其中 n 型区域必须具有低且均匀的掺杂。阳极氧化在氧化物和半导体之间的界面产生一层富 Hg 层。在退火过程中，Hg 扩散到材料背景中，使材料呈现 n 型特征。阳极氧化层起到逸出扩散掩模的作用，防止 Hg 在气体环境下流失到真空中。Brogowski 和 Piotrowski[273] 校准了这种方法。短时间内结深度与退火时间的平方根关系清楚地表明了 p－to－n 型转换的扩散性质。结存在最大深度，表明游离 Hg 的来源是有限的。经过长时间的退火后，Hg 源耗尽，Hg 扩散到体材料中，导致材料表面导电类型的重新转变。

2. 离子铣削

在低能离子轰击过程中，空位掺杂的 p 型 $Hg_{1-x}Cd_xTe$ 会转变为 n 型，这成为另一项重要的结制备技术[213,274-279]。既不需要施主离子，也不需要后退火。离子束将一小部分 Hg 原子(占气体离子的大约 0.02%)注入晶格中。然后，这些原子会中和类受主的 Hg 空位，则背景施主原子会使晶格呈弱 n 型。

离子能量通常小于 1 keV，剂量通常在 10^{16}～10^{19} cm^{-2}变化。但即使在较低剂量下，当表面被非常温和地刻蚀时，离子铣削也会导致较大的深度范围内电学性质发生很大的变化。Blackman 等已经证明 p－n 结的深度依赖于剂量，并且可以从表面延伸几百微米。用微分霍尔效应测量离子铣削 HgCdTe 的电学性质表明，离子铣削后在接近表面处出现了一层厚度约为 1 μm 的低迁移率、高电子浓度的 n 型退化薄层[277,280]。在此损伤区下方，形成了随离开表面的距离呈指数下降的 n 型掺杂分布，以及宽度可控、电子迁移率高的低掺杂 n 区。电子束诱导电流分析显示，n^+层对少子形成了非常有效的反射接触，导致了高灵敏度的 n 型区域。较高的束流、较长的铣削时间、较低的束流电压和较大的离子质量会产生更深的结。整个过程是在低温下进行的，不会影响原始材料和钝化层的质量，这是该技术的一个优点。自 20 世纪 70 年代末以来，GEC－马可尼红外有限公司已使用离子束处理 p 型材料，并用于商用的 HgCdTe FPA[281]。

离子铣削过程中 Hg 的扩散速度甚至与 500℃退火实验时更快。为了解释这一现象，我们讨论了通过快速方式(位错、晶界、层错)扩散的机制。文献[282]、[283]提出了一个考虑 Hg 间隙与 Hg 空位复合的 Hg 在 HgCdTe 中扩散的模型。基于该模型的计算结果表明，Hg 间隙的扩散系数的高值与由平衡退火实验确定的发散性 Hg 自扩散系数的高值基本一致。

离子入射引起的局域损伤被限制在离子射程量级的距离内，而转换区的深度要大得多，并且与离子轰击去除的层的厚度大致成正比。

3. 离子注入

离子注入 HgCdTe 是制备 n－on－p 结型 HgCdTe 光伏器件的成熟方法[284,285]。这是制造 HgCdTe 光电二极管的常用方法，因为它避免了对这种冶金敏感材料的加热，并允许精确控制结深。许多制造商通过控制受主类 Hg 空位的密度(在 10^{16}～10^{17} cm^{-3}的范围内)来获得所需的 p 型能级。n^+－p 结构是通过 Al、Be、In 和 B 离子注入空位掺杂的 p 型材料而产生的，但该技术通常使用轻的离子(通常是 B 和 Be)注入来形成 n 区。B 可能是最常用的，可能是因为 B 也是 Si 的标准注入材料。不管注入离子的性质如何，正如 Foyt 等[286]最先观察到的那样，n 型电行为与注入损伤有关。

图 17.38 总结了与 HgCdTe 离子注入相关的复杂现象。轻离子注入 HgCdTe 的一个基本概念是通过离子注入(击穿 Hg 原子)的辐照过程产生游离的 Hg 原子，并使其从注入源位扩

散[287]。这一概念是在特定背景类型和浓度条件下，通过注入诱导的 Hg 源，产生 Hg 扩散，从而形成 n－on－p 结，如图 17.38 所示。在这张图中，勾画了典型的注入离子浓度和相应的载流子浓度在注入后退火前(曲线 1)和之后(曲线 2)的分布。一小部分 Hg 间隙是扩散元素，主要负责初始材料在被 Hg 空位掺杂时形成 p 型层(即 Hg 间隙消除了所遇到的 Hg 空位)，揭示了杂质背景而导致的净掺杂，这些背景可以是 n 型或 p 型的。这些结在湮灭区域的末端形成。通常，p－n 结位于 1～3 μm 的深度，这比注入离子的亚微米范围(<300 Å)要大。如果净背景掺杂为 p 型，则结为 n^+－p 型(虚线)。当净背景掺杂为 n 型时，湮没区域为 n 型。这样形成的结是 n^+－n^-－p 型(实线)。这是最理想的情况，因为结区远离材料中的注入缺陷区，没有辐照引起的缺陷。

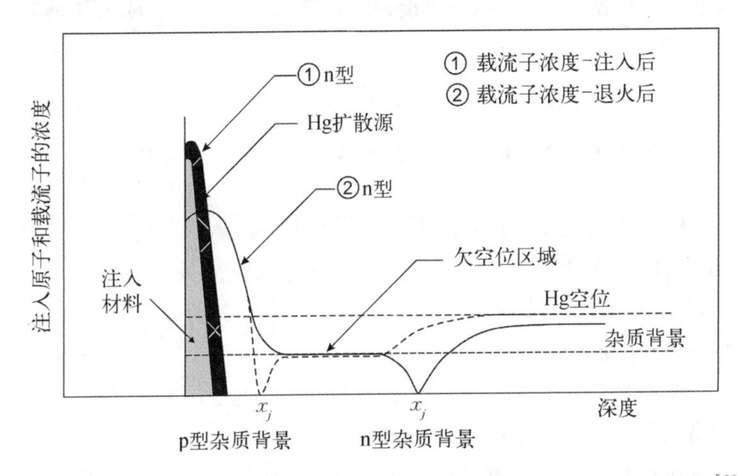

图 17.38　离子注入 HgCdTe，Hg 替换作用下，结区形成过程的定性模型[287]

台面二极管是通过注入钝化表面并进行刻蚀以实现像元分离而制成的。对于平面器件，在注入之前，衬底上覆盖有介质层(光刻胶、ZnS、CdTe)，开孔充当入射离子的掩模，从而定义出结区。注入通常在室温下进行；基片如果有取向，则需要与离子束形成一定角度，以避免产生离子沟道。剂量为 10^{12}～10^{15} cm^{-2}，能量为 30～200 keV。对于 SWIR 和 MWIR 器件，没有发现有必要在注入后进行退火来获得高性能，特别是在较低剂量下。一些研究人员得出结论，如果使用注入后退火，可以提高 LWIR 光电二极管的性能[288,289]。注入后退火可以消除辐照损伤，其温度依赖关系随注入离子和注入/退火条件的不同而不同。给出了 In、B 和 Be 的例子，对于这些样品，在≥300℃的温度下退火可以消除电活性缺陷。当掺入 Hg 空位时，后退火也会改变 p 型基材的特性。在用连续波(continuous wave，CW) CO_2 激光器对经 P 和 B 注入的材料进行快速热退火(0.3 s)之后，Bahir 等[290]观察到了电活性的离子注入。

图 17.39 显示了 PACE 1 HgCdTe MWIR FPA 的工艺流程。首先，通过 MOCVD 在蓝宝石上生长一层 CdTe[291]。然后通过 LPE 在 CdTe 缓冲层上生长 HgCdTe。这些结是由 B 离子注入和热退火形成的。根据 FPA 的规格，可以使用平面或台面结，并用 ZnS 或 CdTe 膜钝化。然后在探测器阵列和多路复用读出电路上沉积金属触点与铟柱，并对其进行图案化，最后通过将探测器阵列与读出电路的铟柱互连配对来制造混成型器件。

直到 20 世纪 90 年代，注入形成的 p－on－n 光电二极管还很少受到关注[284,285]。这些

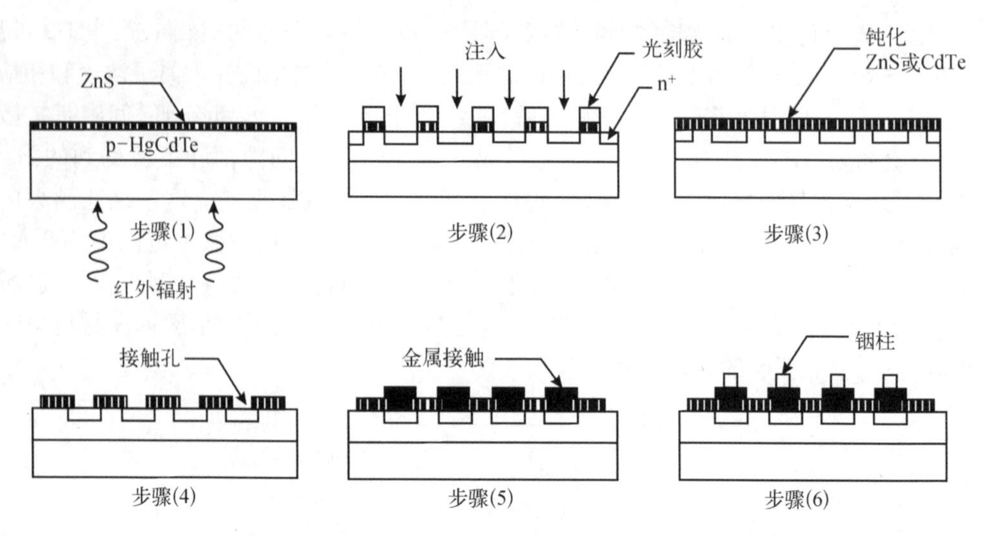

图 17.39 PACE 1 HgCdTe MWIR FPA 的工艺流程[291]

结是由 Au、Ag、Cu、P 和 As 注入 n 型 HgCdTe 后退火形成的。利用非本征掺杂在 HgCdTe 中建立 p－on－n 结在 HgCdTe 光电二极管技术中起着越来越重要的作用,特别是在 LW 波段。在已发表的 p－on－n 器件的结果中,电学结区是由 As 扩散分布的尾部控制的,而不是由体扩散机制下的经典组分控制的。

来自离子注入源及来自生长源(如在生长周期的某阶段引入)的 As,其再分布通常表现出多区间行为,其尾部区间随样品的不同而不同。Bubulac 等[292,293]提出了一个解释这些区间性质的模型。在这个模型中,区间①(图 17.40)从表面延伸到与更深的类高斯分量区间②。由于在辐射损伤区域中的延迟扩散机制,在近表面区间中出现 As 分布。结果表明,区间①的深度与原始材料中的位错密度(etch pit density,EPD)和注入-退火条件有关。深部区间②的扩散机制本质上是原子的,以空位为基础,As 始于表面损伤区的 Te 亚晶格。由于 Hg 被撞击,在该区域产生了大量的 Hg 间隙,在晶格中引入 As 的条件接近于富 Hg 条件,导致 As 在 Te 亚晶格上的掺入比例高于金属亚晶格。该区间的 As 扩散符合菲克定律,其在 400℃时扩散系数 $D=2.5\times10^{-14}\ \mathrm{cm^2/s}$,在 450℃时为 $2.0\times10^{-13}\ \mathrm{cm^2/s}$,并确定了区间②中的扩散系数与材料中的 EPD 无关。As 的扩散长度与时间平方根的线性关系证实了 As 离子注入的源区间②中 As 的高斯再分布(Gaussian redistribution)。在不同衬底(如 MOCVD/GaAs/Si,LPE/CdTe,LPE/蓝宝石)上用不同的生长工艺生长的样品的扩散系数具有很好的重复性,这证明了这种扩散机制代表了 HgCdTe 中的体扩散过程。该区间中的扩散机制是形成受控结区过程中最理想的机制。

尾部区域③是由一部分 As 原子产生的,这些 As 原子被引入金属亚晶格上,并通过增强的基于空位的机制扩散。这种增强是偏离原子扩散区内的点缺陷平衡的结果(在损伤区向扩散区,需保持金属空位通量的连续性)。由于空位促进了实质性的扩散,区域③中的原子扩散受空位分布梯度的影响,因此所得的扩散系数是与位置相关的。As 扩散区域③控制电学结区的位置。该区域在电学上很复杂,由 n 型和 p 型活性 As 组成,也可能由中性 As 组成。根据随后的热处理和相平衡,可能发生与电学行为相关的位置改变。为了最小化 As 尾部区域,主要考虑因素是降低初始材料的位错密度。EPD 每增加一个数量级($2.6\times10^6\sim2.7\times10^7\ \mathrm{cm^{-2}}$),

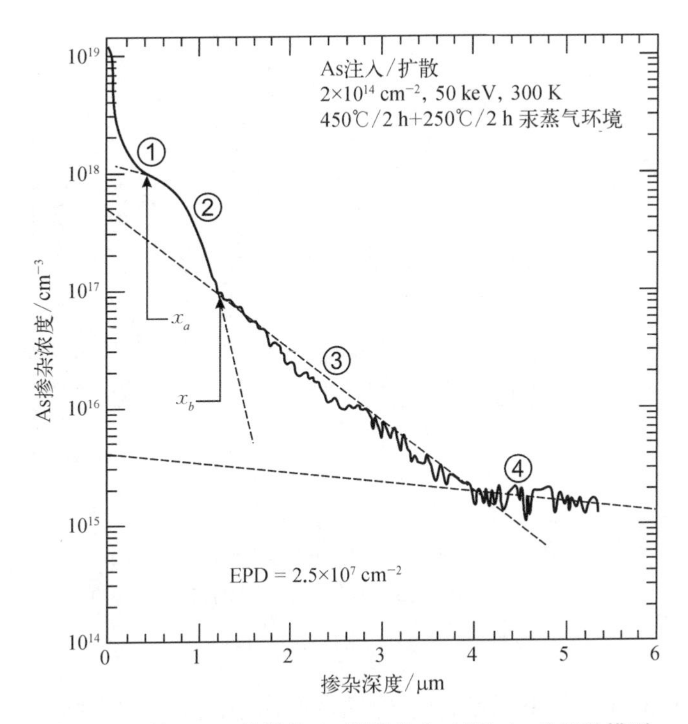

图 17.40　从 SIMS 获得的 As 的再分布,以及 As 的扩散模型

① 延迟扩散;② As 在 Te-亚晶格上开始发生原子扩散;③ As 在金属亚晶格上开始原子扩散;④ 短路扩散[292]

表面损伤深度增加约 9 倍(0.05~0.45 μm),As 浓度增加两个数量级(10^{15}~10^{17} cm^{-3})。

在初始材料中存在嵌套位错的情况下,可观察到 As 扩散进一步增强(即区域④)。在 Si 中,已经证明杂质可以通过短路机制以位错或簇状缺陷的形式移动。实验表明,降低材料的 EPD 是使区域④最小化的最有效方法。

4. *反应离子刻蚀*

反应离子刻蚀(reactive ion etching,RIE)是一种有效的各向异性刻蚀技术,广泛地应用于 Si 和 GaAs 半导体中,可以勾勒出包含微小特征的高密度有源器件单元。这种等离子体诱导技术可以替代离子注入形成结区的技术[294,295]。在注入工艺中需要后退火以获得高质量的光电二极管,而等离子体技术不需要。

图 17.41 显示了在两个空位掺杂的 p 型 HgCdTe 样品中观察到的 H_2/CH_4 RIE 刻蚀深度与 H_2和 CH_4分压的关系。腐蚀深度从零甲烷水平开始增加,在(H_2/CH_4)0.8 时达到最大值,然后下降直到零氢水平。p-n 结深度随混合气体中甲烷含量的增加而减小。

在等离子体诱导的类型转换中,加速的等离子体离子溅射到 HgCdTe 表面,从普通晶格位置释放出 Hg 原子,并在刻蚀表面下形成 Hg 间隙的源。其中一些原子迅速扩散到材料中,通过点缺陷(主要是 Hg 空位)的相互作用降低了受主的浓度。于是残余或天然施主杂质主导电导率,并引起 p-n 转换。在外部掺杂材料中,转换范围超过 Hg 空位。White 等[296]提出了一个 p-n 转换模型,其中结的形成机制被认为混合了 RIE 诱导的损伤、氢强键形成的 Hg 间隙和氢诱导的受主中和。

用 CH_4/H_2 RIE 等离子体辐照 p 型 HgCdTe 制备了 n-p 结[294,297,298]。等离子体诱导的

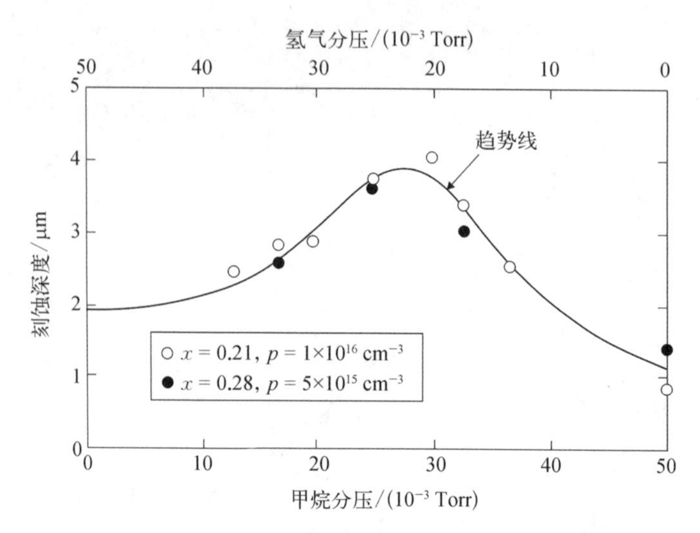

图 17.41 在 $Hg_{1-x}Cd_xTe$ 上的刻蚀深度与 H_2 和 CH_4 分压(H_2/CH_4 RIE)的关系

刻蚀时间为 10 min,射频功率为 180 W[294]

类型转换也可用于 p-on-n 异质结,作为结区的绝缘层,以制备高性能光电二极管[299,300]。

5. 生长过程中进行掺杂

外延生长掺杂技术具有材料生长和器件加工一体化的固有优势,已成为目前的首选技术。通过连续使用富 Te 溶液或富 Hg 溶液的 LPE[46,47]、MBE[61] 和 MOCVD[54] 技术生长掺杂层,可以获得高性能光电二极管。Mynbaev 和 Ivanov-Omski[301] 对有关 HgCdTe 外延层与异质结掺杂的现有出版物进行了综述。

外延技术使得原位生长多层结构成为可能。掺杂剂需要在 300℃ 以下的温度稳定且容易实现,以防止互扩散过程。In 和 I 是优选的 n 型掺杂剂,而 As 是用于原位掺杂的优选的 p 型掺杂剂。

如上面所述,As 掺杂剂必须驻留在 Te 位上才能完成 p 掺杂。这需要在富阳离子的条件下,在相对较高的温度下生长或退火。从 Hg 熔体(在 400℃ 左右)生长的 LPE 自动满足这一条件,尽管可能需要生长后退火过程。MOCVD 和 MBE 已经成功地实现了生长过程中的掺杂。Mitra 等[56] 介绍了用 IMP MOCVD 原位生长 HgCdTe p-on-n 结 FPA 器件的研究进展。结果表明,MOCVD-IMP 已经可以原位生长复杂的带隙工程的多层 HgCdTe 器件结构,并且是可重复的可靠的。在 MW/LW p-n-N-p 双异质结双波段器件结构的一系列完全相同的生长过程中,表现出良好的工艺可重复性和可控性。

由于 As 的低黏附系数,原位 p 型掺杂一直是一个具有挑战性的问题。在富 Te 条件下(即高浓度的 Hg 空位),As 的掺入有利于 As 的激活[302]。富 Hg 条件下的分子束外延生长会导致孪晶缺陷的形成,As 掺杂可能会掺入到孪晶缺陷的表面边界。因此,即使在最高的退火温度下,As 掺杂的样品也不会被激活。在高于 300℃ 的等温条件下退火的样品可以获得接近 100%的有效激活。

图 17.42 显示了 MBE 生长过程中使用 In 和 As 掺杂制备的两种 HgCdTe 光电二极管架构的截面图[303]。双色探测器是生长在(211)取向 CdZnTe 衬底上的 $n-p^+-n$ HgCdTe 三层

异质结(triple-layer heterojunction,TLHJ)背靠背 p^+-n 光电二极管结构,单色探测器是在具有 ZnTe 和 CdTe 缓冲层的(211)Si 衬底上设计的 p^+-n DLHJ 探测器[303,304]。

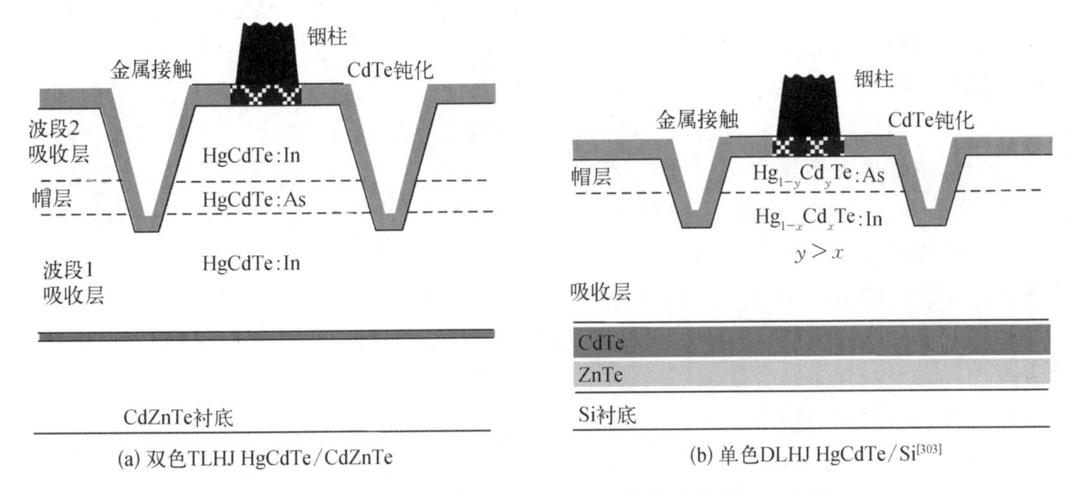

(a) 双色TLHJ HgCdTe/CdZnTe (b) 单色DLHJ HgCdTe/Si[303]

图 17.42 MBE 生长 HgCdTe 探测器结构的横截面示意图

p-on-n 器件[图 17.42(b)]的一个重要优势是 n 型 $Hg_{1-x}Cd_xTe$ 载流子浓度很容易通过外部掺杂(通常是 In 或 I)在 10^{15} cm^{-3}范围内控制(对于 n-on-p 器件,很难将 p 型载流子浓度控制在如此低的水平)。$Hg_{1-y}Cd_yTe$($y\approx x+0.04$)的宽带隙盖层是非故意掺杂的,厚度为 0.5~1 μm。为了保护表面,结构终止面有一层很薄的 500 Å 厚度的 CdTe。

平面 p-on-n 光电二极管的形成过程包括:首先选择性地通过光刻胶/ZnS 掩模上形成的窗口注入 As,然后通过盖层将 As 扩散到窄带隙层来实现[305]。离子注入扩散源是由浅注入 As 形成的,剂量约为 1×10^{14} cm^{-2},能量为 50~350 keV[305,306]。通常,注入后的结构在 Hg 超压下退火。样品连续进行两次退火:一次在高温下($T\geq350$℃,短时间,如 20 min[307]),另一次在 250℃下紧接着退火 24 h。第一次退火是为了消除辐射损伤,并通过取代 Te 亚晶格上的 As 原子来扩散和电激活 As;第二次退火是为了消除 HgCdTe 晶格在生长和 As 扩散过程中形成的 Hg 空位,使样品本底恢复到 n 型。在 p 型盖层中 As 的掺杂浓度约为 10^{18} cm^{-3}。

6. 钝化

一般来说,根据缺陷位于半导体表面还是位于体内,有两种不同的钝化方法:一种是表面钝化,另一种是体钝化。表面钝化是实现探测器的关键技术,其目的是减少表面/界面缺陷复合中心和界面俘获电荷。体钝化的目标是钝化体缺陷复合中心。

钝化是 HgCdTe 光电二极管工艺中的关键步骤,对表面漏电流和器件热稳定性有很大影响,因此被大多数厂商视为专有工艺。低于 100 meV 的表面电位可能会显著积累、耗尽或反转表面,从而严重影响器件性能。与光导探测器相比,光电二极管的钝化更为困难,因为同一钝化层必须同时稳定 n 型和 p 型电导率区域。最困难的是 p 型材料的钝化,因为它可能会反型。

HgCdTe 的钝化已经通过几种技术来完成,Nemirovsky 等[205,218,308,309]对此进行了全面的综述。钝化技术可以分为三类:原生薄膜(氧化物[205,308,309],硫化物[205,216,310],氟化物[217,311])、沉积介质(ZnS[312,313],SiO_x[212,314],Si_3N_4[315],聚合物)和原位生长的异质结构,其中较宽的带隙材料是钝化剂。在原生薄膜上沉积一层厚的介质膜构成的双层组合异质结构通常是钝化工艺的首选。

基于 Si 的成功，HgCdTe 的钝化工作最初主要集中在氧化物上。原生薄膜相关的两个主要问题是它们是由需要导电衬底的湿法电化学过程形成的，而且厚的原生膜会是多孔状的，不容易附着在衬底上。因此，原生薄膜应视为对表面进行的处理，绝缘功能应通过沉积介质膜来实现。阳极氧化物具有固定的正电荷，适合制作 n 型光电导。应用于光电二极管时，阳极氧化物会使 p 型表面反型，令器件短路。硅氧化物在 20 世纪 80 年代初被用于光电二极管钝化，这是基于使用光化学反应的低温沉积[212]。然而，当器件在真空中长时间加热时，似乎无法保持优异的表面特性（具有低态密度和优异的光电二极管特性），但这是保持良好真空封装完整性所必需的步骤[7]。此外，在空间辐射环境中工作时会产生表面电荷积聚。

最近的研究主要集中在 CdTe、CdZnTe[309]钝化和异质结钝化[215]上。这些材料具有合适的带隙、晶体结构、化学结合能、电学特性、附着力和红外透过率。这一领域的许多开创性工作最初是在法国公共电信有限公司完成的[316]。可以使用本征 CdTe，因为它具有层化学计量比、最小的应力和低界面固定电荷密度（低于 10^{11} cm^{-2}）。薄膜可以是溅射或电子束蒸发的，主要还是由 MOCVD 和 MBE 生长的。

CdTe 钝化可以在外延生长过程中获得[221,317,318]，也可以通过生长后沉积[220,319]或在 Hg/Cd 蒸气中对生长的异质结构进行退火来获得[320]。直接原位生长的 CdTe 层具有较低的界面固定电荷，间接生长的 CdTe 层的界面固定电荷值可以接受，但不如直接生长的好。已经提出了在间接沉积 CdTe 之前的表面预处理工艺[298,319]。在原位生长的 MOCVD 和 MBE CdTe 层中已经取得了令人鼓舞的结果，但需要额外的表面预处理和后处理才能达到接近平坦的能带条件。350℃退火 1 h 后表面固定态的密度最低[317]。然而，当 CdTe 掺杂量较低时，盖层将被完全耗尽，这可能会影响界面电荷。Bubulac 等[321]使用 SIMS 和原子力显微镜（atomic force microscopy，AFM）比较了电子束与 MBE 生长的材料，以确定该材料对 HgCdTe 钝化的有效性。研究表明，与电子束生长的材料相比，90℃下 MBE 生长的 CdTe 材料具有更高的热稳定性和致密性。宽带隙材料不一定是单晶，在许多情况下，多晶层也可以提供钝化。CdTe 钝化在真空封装所需的烘烤循环中是稳定的，并且几乎不受空间应用中宇宙辐射的影响。二极管的 R_0A 乘积不随二极管尺寸改变而变化，表明表面周长效应可以忽略不计。

Bahir 等[221]讨论了 TiAu/ZnS/CdTe/HgCdTe 金属-绝缘体-半导体异质结的研究结果。间接生长的 CdTe 样品表现出滞后现象，这可以归因于慢的界面陷阱。报道了 p 型 $Hg_{0.78}Cd_{0.22}Te$ 的固定电荷密度为 $(5\pm2)\times10^{10}$ cm^{-2}。也有证据表明，在直接生长的 CdTe 中存在慢界面陷阱。CdTe/HgCdTe 界面的不对称性（图 17.43）导致了 p 型 HgCdTe 的大的能带弯曲和载流子反转。在顶部有 ZnS 层，可消除 CdTe 中的能带弯曲，使 CdTe/HgCdTe 界面出现了平坦的能带条件。Sarusi 等[219]研究了 MOCVD 生长的 CdTe/p－$Hg_{0.77}Cd_{0.23}Te$ 异质结的钝化特性。界面复合速率为 5 000 cm/s，低于 ZnS 钝化表面。结果表明，CdTe 是 p 型 HgCdTe 光电二极管的理想钝化材料。

众所周知，CdTe/HgCdTe 中一定程度的界面梯度有利于表面钝化[298]。这种梯度渐变可以将原始的 HgCdTe 缺陷表面移动到更宽禁带的 CdTe 区域，从而获得更稳定的器件和表面钝化的改善，且与 CdTe 生长方法无关。

用 ZnS、CdTe 或更宽能隙的 $Hg_{1-x}Cd_xTe$ 进行钝化后，通常会覆盖 SiO_x、SiN_x 和 ZnS。为了

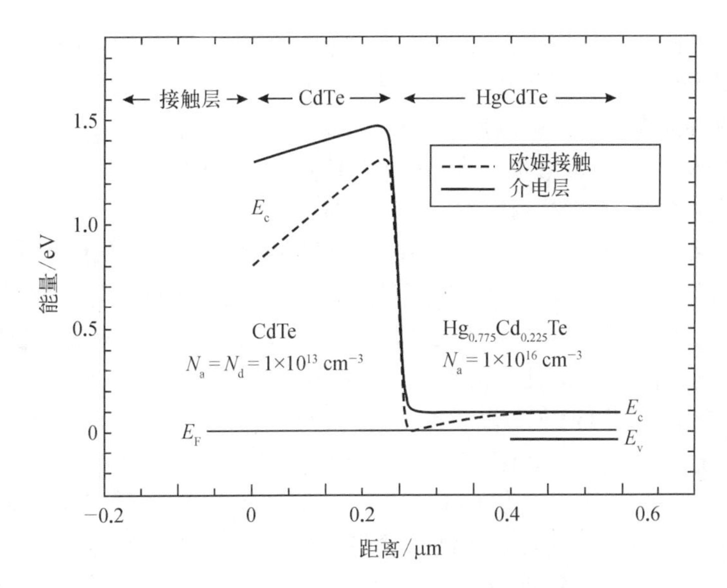

图 17.43　接触层对 CdTe/HgCdTe 能带图的影响

与 CdTe 的欧姆接触导致 p 型 HgCdTe 的载流子反转，而介质层的存在会导致近乎平坦的能带条件[221]

保护界面不受环境条件的影响，并将触点和键合焊盘的金属化图案与衬底绝缘，需要沉积厚的介质薄膜。此外，在正照射探测器中，介质膜的光学特性是非常重要的：膜必须在相关的波长区域具有良好的透射率，并且必须具有适当的折射率，以获得可以在所需波长匹配良好的减反射膜。最常用的沉积介质有 ZnS（蒸发或磁控溅射）、CVD－SiO_2（热光辅助或低温光辅助）和 Si_3N_4（电子回旋共振沉积或等离子体增强沉积）。

Mestechkin 等[220]研究了热蒸发沉积 CdTe 作表面钝化的 HgCdTe 晶圆和光电二极管的烘烤稳定性。研究发现，烘烤工艺（80℃ 真空烘烤 10 d）在 CdTe/HgCdTe 界面产生了额外的缺陷，降低了光电二极管的参数。CdTe 沉积后在 220℃ 的 Hg 蒸气压下退火，可以抑制烘烤过程中界面缺陷的产生，稳定 HgCdTe 光电二极管的性能。

体钝化对生长在替代衬底上的 HgCdTe 探测器尤为重要。对于生长在 Si 上的外延层，HgCdTe 与衬底之间的大晶格和热膨胀系数失配导致大量的丝状位错。用氢气可以有效地钝化 HgCdTe 外延层中的缺陷态。通过电子回旋共振等离子体氢化，可将氢引入 HgCdTe 中，有望通过缺陷-氢复合物中的多个氢原子和宿主-晶格结构重排来消除能隙态[322]。在另一项工作中，氢钝化的 HgCdTe/CdTe/Si 层的寿命与生长在 CdZnTe 上的层相当，尽管其位错密度更高[323]。这是因为掺入的氢钝化了散射中心和复合中心，从而增加了载流子寿命和迁移率[324]。对于 HgCdTe 光电二极管来说，缺陷相关的漏电流仍然是一个持续存在的问题，特别是在 LWIR 范围内。一种改进钝化的潜在方法是混合钝化，例如，将 CdTe 和 ZnS 层沉积与氢钝化相结合[325]。

7. 器件工艺

高性能碲镉汞光电二极管研制中的关键问题是可靠的制造工艺。现代台面隔离型 IR FPA 的制作要求像素尺寸小于 10 μm，比单元探测器更具挑战性，要求像素隔离度高、宽高比高、侧壁光滑、均匀性好。与早期的红外技术相比，现在的像元刻蚀技术扮演着更重要的角色。因为早期的阵列规模较小，像元相对较大（通常为 50 μm），主要是通过湿法化学刻蚀制备的，通常基于 Br_2 和 Br_2－HBr 的乙醇溶液，包括 Br_2-乳酸、Br_2-乙二醇和 HBr－H_2O_2[295]。湿法各向同性刻蚀通常会导致刻蚀速率不均匀，不适合制作大尺寸 HgCdTe 阵列。

干法刻蚀技术始于 20 世纪 80 年代末期的 HgCdTe 器件制备，主要采用基于烃/氢的甲基自由基刻蚀化学的等离子体刻蚀[295,326]。目前广泛使用的等离子体发生系统主要有两种：电子回旋共振（electron cyclotron resonance，ECR）和电感耦合等离子体（inductively coupled plasma，ICP）过程。已研究和优化了等离子体刻蚀的各种工艺参数，如衬底温度、所用等离子体气体、射频功率、直流偏压、腔室压力、Ar/H_2 气体比、光刻胶参数和离子角分布等，以获得清洁和光滑的表面，并减少晶片损伤和刻蚀滞后。

对于 HgCdTe 探测器的 CdTe 表面钝化，需要较低的钝化层沉积温度以防止表面的 Hg 耗尽。因此，传统的方法如室温真空蒸发，通常仅用于平面探测器上的 CdTe 沉积。随着探测器结构复杂性的增加，其他沉积方法如化学气相沉积和原子层沉积（atomic layer deposition，ALD）因其可以在高深宽比结构中获得改善的共形覆盖的能力而受到越来越多的关注。例如，图 17.44 显示了高深宽比、小面积台面二极管结构侧壁上 CdTe 钝化膜的共形 ALD 沉积结果[327]。

图 17.44　用 ALD 方法沉积 CdTe 层钝化的 HgCdTe 焦平面阵列的（a）扫描电子显微镜俯视图像和（b）横截面 SEM 图像[327]

与光电二极管中的接触有关的问题是接触电阻、接触表面复合、接触 $1/f$ 噪声及器件的长期和热稳定性。触点决定设备的性能和可靠性[309]。当金属功函数小于 n 型半导体的电子亲和势时（势垒为负），可以得到理想的欧姆接触；而对于 p 型半导体，当势垒为正时，可以得到理想的欧姆接触。在 12.5 节中回顾了金属/半导体势垒形成的各种机制。目前流行的理论是基于表面态或界面态的存在，当表面态或界面态存在于足够高的密度、特定能量的带隙中时，可以钉扎费米能级，从而产生一个近似与金属无关的势垒高度[328,329]。结果表明，对于 $x<0.4$ 时的 $Hg_{1-x}Cd_xTe$，n 型上有欧姆接触，p 型 HgCdTe 上有肖特基势垒。当 $x>0.4$ 时，n 型和 p 型上都有肖特基势垒。制备欧姆接触的常用方法是通过高度掺杂表面，使得空间电荷层宽度大大减小，并且电子通过产生的低阻接触发生隧穿。然而，在实践中，欧姆接触通常是根据经验得出的方案制备的，而对材料表面的潜在科学性问题往往知之甚少。实际接触通常由几层不同的金属组成,这是促进黏合和减少固体反应所必需的。

HgCdTe 与各种金属覆盖层的界面反应可分为四类: 超反应性、反应性、中等反应性和非反应性。它取决于 HgTe 和覆层金属碲化物的相对生成热[330],以及金属间化合物 Cd 和 Hg 与覆层金属的生成热[331]。沉积超活性钛或活性金属(Al、In、Cr)会形成金属碲化物,并导致界面区域 Hg 的损失。相反,沉积非活性金属,如金会产生化学计量界面,而 Hg 的损失很小。

多年来 n - $Hg_{1-x}Cd_xTe$ 最常用的金属接触是具有低功函数的 In[17,192,260]。Leech 和 Reeves[332]研究了 In/n - HgCdTe 接触,发现组分 $x=0.30 \sim 0.68$ 内显示为欧姆接触。这些接触中的载流子输运被归因于热离子场发射过程。这一行为归因于 HgCdTe 中的替代施主 In 的快速内扩散,在接触下方形成了一个 n^+ 区。接触电阻值从 $2.6\times10^{-5}\ \Omega\cdot cm^2$ ($x=0.68$) 到 $2.0\times10^{-5}\ \Omega\cdot cm^2$ ($x=0.30$),与 HgCdTe 薄膜电阻率的变化相关。

通常,p 型 HgCdTe 的欧姆接触更难实现,因为需要金属接触具有较大的功函数。Au、Cr/Au 和 Ti/Au 对于 p 型 HgCdTe 都是最常用的。Beck 等[333]进行的研究表明,在室温下,Au 和 Al 与 p 型 $Hg_{0.79}Cd_{0.21}Te$ 的接触呈现欧姆特性,接触电阻从 $9\times10^{-4}\ \Omega\cdot cm^2$ 变化到 $3\times10^{-3}\ \Omega\cdot cm^2$。$1/f$ 噪声与直径的关系表明,Au 接触中的噪声来自 Au/HgCdTe 界面或其附近,而 Al 接触中的噪声来自接触附近的表面导电层。

对于轻掺杂的 p 型 $Hg_{1-x}Cd_xTe$,目前没有良好的接触材料,所有的金属都倾向于形成肖特基势垒。这个问题对于高 x 组分材料来说尤其困难。这一问题可以通过在靠近金属化的区域对半导体进行重掺杂来解决,以增加隧穿电流,但在实际应用中很难达到所需的掺杂水平。一种实用的解决方案是在 $Hg_{1-x}Cd_xTe$ -金属界面上利用快速收窄的带隙[334]。

17.6.2　碲镉汞光电二极管性能的基本限制

从之前的讨论来看(见 17.4 节),俄歇机制会对 HgCdTe 光电二极管的性能造成基本限制。假设饱和暗电流仅来自基底层中的热生成,且其厚度与扩散长度相比较低,

$$J_s = Gtq \tag{17.47}$$

式中,G 为基底层中的生成率。零偏时的电阻面积乘积为[见式(12.83)]

$$R_0A = \frac{kT}{q^2Gt} \tag{17.48}$$

考虑到 n^+- on - p 光电二极管非本征 p 型区域的 A7 机制,可以得到

$$R_0A = \frac{2kT\tau^i_{A7}}{q^2N_at} \tag{17.49}$$

对于 p - on - n 光电二极管来说,同样的方程式是

$$R_0A = \frac{2kT\tau^i_{A1}}{q^2N_dt} \tag{17.50}$$

式中,N_a和 N_d分别为基底层中的受主和施主浓度。

如式(17.49)和式(17.50)所示,通过减小基底层的厚度可以降低 R_0A 的乘积。由于 $\gamma = \tau^i_{A7}/\tau^i_{A1} > 1$,与相同掺杂浓度的 n 型器件相比,在 p 型基底的器件中可以获得更高的 R_0A

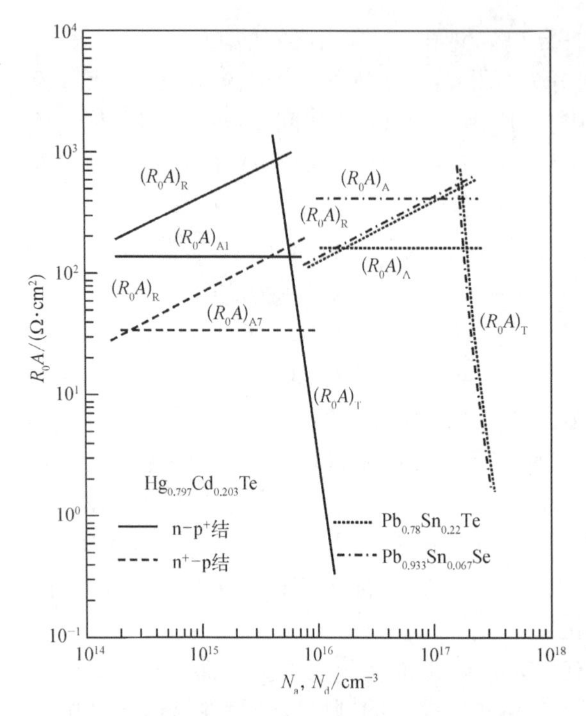

图 17.45　研究了 $Hg_{0.797}Cd_{0.203}Te$、$Pb_{0.78}Sn_{0.22}Te$ 和 $Pb_{0.933}Sn_{0.067}Se$ 中的单边突变结，其 R_0A 乘积的组成与掺杂浓度的关系[335]

值。详细的分析表明，当基底层掺杂时，R_0A 的绝对值可以达到最大值，$p=\gamma^{1/2}n_i$，对应于最小的热生成。对于低温光电二极管，所需的 p 型掺杂在实践中很难实现（空穴浓度控制在 5×10^{15} cm^{-3} 以下是困难的），p 型材料还受到一些非基本的限制，如接触、表面和 SR 过程。

1985 年，Rogalski 和 Larkowski[335] 指出，由于具有较厚 n 型有源区的 p^+–on–n 结的 n 型区少子扩散长度较短（空穴迁移率较低），此类结的扩散限制 R_0A 乘积大于 n^+–on–p 结的扩散限制 R_0A 乘积（图 17.45）。这些理论预测随后被 p^+–on–n HgCdTe 结的实验结果所证实。

基区的厚度优化应获得接近 1 的量子效率和较低的暗电流。这是在基区厚度略高于单程器件吸收系数的倒数时实现的；$t=1/\alpha(\approx10\ \mu m)$ 或对于双程器件（背部配有反射层的器件）为 $1/\alpha$ 的一半。低掺杂有利于低的热生成和高量子效率。由于吸收区域中的扩散长度通常长于其厚度，因此可以收集在基区产生的任何载流子，从而产生光电流[336]。

与背照射和正照射的混成式 FPA 技术兼容的，各种 HgCdTe 光电二极管架构已被制造出来。表 17.5 列出了 9 种最重要的架构，总结了当今主要 FPA 制造商对 HgCdTe 光电二极管设计的应用。

配置Ⅱ和Ⅲ的图显示了两个最重要的 n–on–p HgCdTe 结的横截面，该结构适用于制造多色探测器。由 SAT 首创的结构Ⅲ已成为索弗拉迪（Sofradir）[337] 开发和使用中最广泛采用的结构。第Ⅰ种结构（配置Ⅰ）是由 DRS 红外线技术（DRS Infrared Technologies）开发的垂直集成光电二极管（vertically integrated photodiode，VIP™）[338-342]。这种结构目前被称为高密度垂直集成光电二极管（high-density vertically integrated photodiode，HDVIP），类似于英国开发的通孔光电二极管（配置Ⅱ）[281]。该 n^+–n^-–p 架构是通过蚀刻工艺本身和随后的离子注入步骤在通孔周围形成的。通常使用低背景 In n^- 掺杂（浓度为 $1.5\times10^{14}\sim5\times10^{14}$ cm^{-3}）。p 型掺杂通常用 Cu（受主浓度约为 4×10^{16} cm^{-3}）。p^+–p 非注入接触形成在 FPA 的每个单元中，并通过顶部表面金属网格实现电连接，如图 17.46 所示。

用于制造多色探测器、异质结 p–on–n HgCdTe 光电二极管的第二种结构的横截面如配置Ⅵ所示［图 17.42(a)］。在这些 DLHJ 结构中，大约 10 μm 厚的吸收层是 In 掺杂的（浓度为 1×10^{15} cm^{-3} 或更低），并且夹在 CdZnTe 衬底和高 As 掺杂的宽禁带区域之间。接触是制备在每个像元中的 P^+ 层和阵列边缘的公共 n 型层上的。红外光是透过红外波段透明的衬底入射的。

表 17.5　混成式 FPA 所采用的 HgCdTe 光电二极管架构

配置		结构	结区形成方式	厂商	文献
Ⅰ	n－on－p VIP	hν；n型HgCdTe；p型HgCdTe；环氧胶；硅读出电路	离子注入在 p 型 HgCdTe 中形成 n－on－p 二极管，并用环氧胶黏结到 Si ROIC 晶圆；采用边缘接触	DRS 红外技术公司（前身为德州仪器）	[336]
Ⅱ	n－p 通孔	hν；p型HgCdTe；n；n；p型HgCdTe；环氧胶；硅读出电路	离子铣削在 p 型 Hg 空位掺杂层（由 Te 溶液 LPE 方法在 CdZnTe 上生长）中形成 n 型岛，并用环氧胶黏结到 Si ROIC 晶圆；柱状横向收集二极管	GEC－Marconi 红外（GMIRL）	[262]、[281]
Ⅲ	n^+－on－p 平面型	n^+型HgCdTe；p型HgCdTe；CdZnTe衬底	离子注入受主掺杂的 p 型 LPE 薄膜（Te 溶液滑块生长）	Sofradir	[337]
Ⅳ	n^+－n^-－p 平面同质结	n型HgCdTe；p型HgCdTe；CdZnTe或蓝宝石衬底	B 注入 Hg 空位 p 型材料（在 3 英寸直径的蓝宝石衬底上 MOCVD 制备 CdTe 缓冲层，再使用 Hg 溶液倾析生长）；采用 ZnS 钝化	Rockwell/Boeing	[338]

续 表

	配 置	结 构	结区形成方式	厂 商	文献
Ⅴ	n^+-n^--p 平面同质结	Si_3N_4 SiO_2 宽带隙渐变层 n^+型HgCdTe p型HgCdTe CdZnTe衬底 GaAs衬底	在带有 CdZnTe 缓冲层的 GaAs 衬底上使用 MBE 生长 n 型层。B 注入反型 p 型层。采用 SiO_2/Si_3N_4 钝化	新西伯利亚半导体物理研究所(Institute of Semiconductor Physics, Novosibirsk)	[69]
Ⅵ	p－on－n 台面	p型HgCdTe n型HgCdTe 互扩散区域 CdZnTe衬底	① CdZnTe 上双层 LPE(基底为 Te 溶液滑块,掺 In;帽层为 Hg 溶液倾析,掺 As) ② MOCVD 在 CdZnTe 上原位生长(基底掺 I,帽层掺 As)	桑德斯红外成像系统公司-洛克希德·马丁公司(LMIRIS)	[339]、[56]
Ⅶ	p－on－n 台面	p型HgCdTe n型HgCdTe 缓冲层 Si衬底	① CdZnTe 或 Si 上双层 LPE(基底为 Hg 溶液倾析,掺 In;帽层为 Hg 溶液倾析,掺 As) ② MBE 在 CdZnTe 或 Si 上原位生长(基底掺 In,帽层掺 As)	雷神红外卓越中心(RIRCoE,前 SBRC)和休斯研究实验室(HRLs)	[340]、[341]
Ⅷ	p－on－n 平面掩埋异质结构	p型HgCdTe n型HgCdTe n型HgCdTe 缓冲层 CdZnTe衬底	将 As 注入掺 In 的 N－n 或 N－n－N 薄膜(在 CdZnTe 上用 MBE 生长)	Rockwell/Boeing	[338]
Ⅸ	p－on－n 台面异质结	p型HgCdTe n型HgCdTe 缓冲层 GaAs衬底	在 GaAs 上用 MOCVD 原位生长(基底掺 I,帽层掺 As)	Selex Galileo	[99]

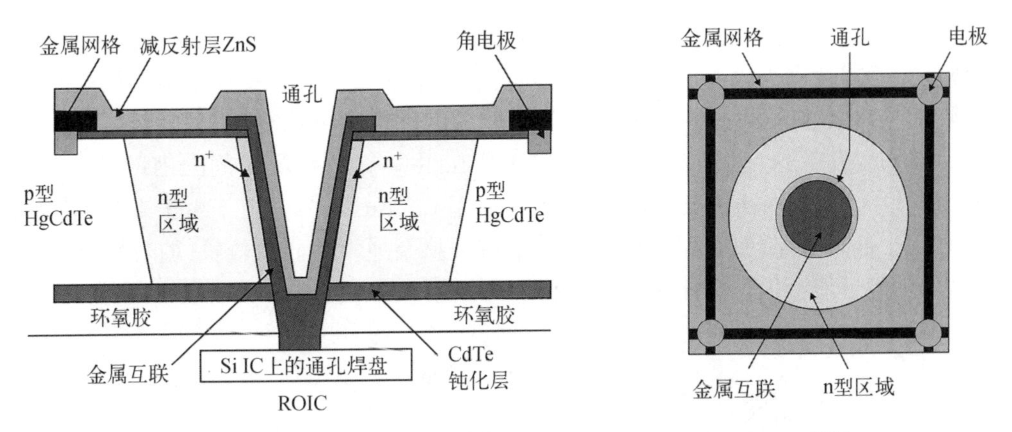

图 17.46　DRS 公司的 HDVIP™ n^+-n^--p HgCdTe 光电二极管[342]

平面 p－on－n 光电二极管的形成是通过在选定区域将 As 离子通过盖层注入窄带隙基底层来实现的[307]。掺杂活化过程需要在 Hg 超压下进行两步热退火，第一步是在高温下通过置换 Te 亚晶格上的 As 原子来激活掺杂，第二步是在较低温度下消除 HgCdTe 晶格生长和高温退火过程中形成的 Hg 空位。

图 17.47 显示了最常用的无偏压同质结(n^+－on－p)和异质结(p－on－n)光电二极管的能带示意图。为了避免隧道电流的贡献，基区中的掺杂浓度需要低于 10^{16} cm^{-3}。在两种光电二极管中，轻掺杂的窄禁带吸收区[光电二极管的基区：p(n)型载流子浓度约为 1×10^{15} cm^{-3}(1×10^{14} cm^{-3})]决定了暗电流和光电流。界面处的内部电场对少子有阻挡作用，消除了表面复合的影响。此外，适当的钝化可以防止表面复合的影响。In 具有较高的溶解度和较高的扩散能力，是 n 型掺杂中最常用的可控掺杂剂。ⅤA 族元素是替代 Te 位点的受主。由于扩散系数很低，它们有利于制造稳定的结。As 被证明是迄今为止最成功的 p 型掺杂剂。

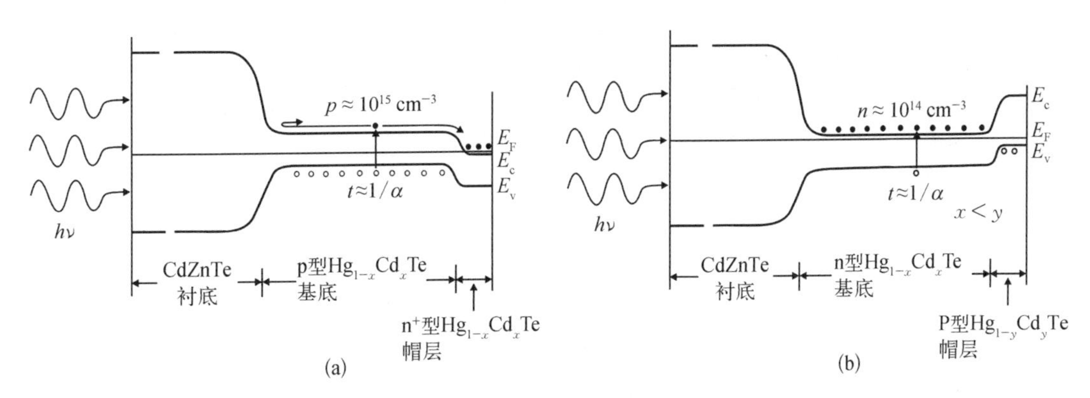

图 17.47　(a) n^+－on－p 和(b) p－on－n 异质结光电二极管的能带示意图

采用 Hg 空位掺杂和非本征掺杂两种不同的方法制备了 n－on－p 结。Hg 空位(V_{Hg})提供了 HgCdTe 的本征 p 型掺杂。在这种情况下，掺杂水平仅取决于退火温度。然而，众所周知，使用 Hg 空位作为 p 型掺杂会“扼杀”电子寿命(图 17.17)，并且所产生的探测器显示出比使用非本征掺杂的情况下更高的电流。然而，对于非常低的掺杂($<10^{15}$ cm^{-3})，空穴寿命

受限于 SR 过程,并且不再依赖于掺杂[139]。V_{Hg}技术可产生 10~15 μm 量级的低少子扩散长度,具体取决于掺杂水平。一般情况下,n－on－p 空位掺杂二极管具有较高的扩散电流,但由于其性能与掺杂水平和吸收层厚度关联性较弱,因此性能可重复性较好。建立了一个简单模型,可以成功描述 V_{Hg} 掺杂的 n－on－p 结在至少 8 个数量级范围内的暗电流行为(图 17.48[343])。在非本征掺杂的情况下,通常使用 Cu、Au 和 As。由于少子寿命较高,非本征掺杂被用于低暗电流(低通量)应用[147]。非本征掺杂通常会导致较长的扩散长度和较低的扩散电流,但可能会出现性能波动,从而影响成品率和均匀性。

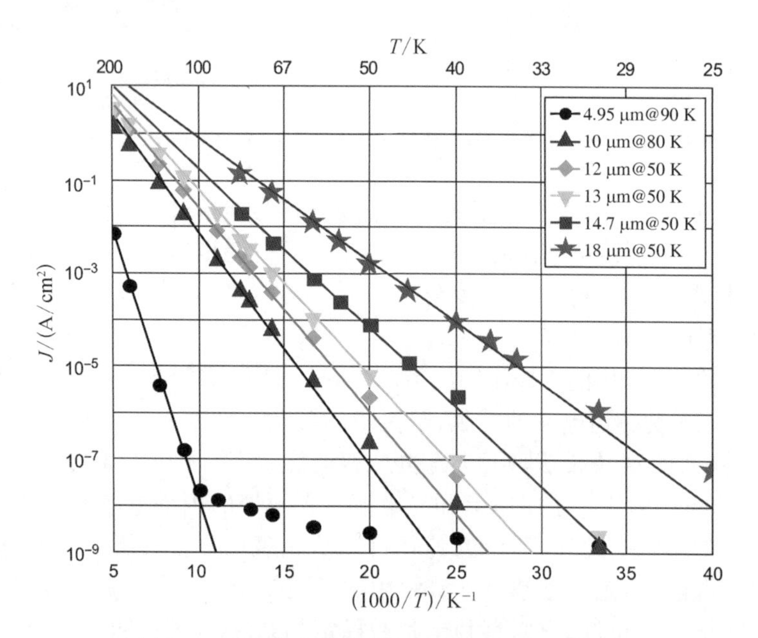

图 17.48　不同截止波长的 n－on－p HgCdTe 光电二极管的 Hg 空位暗电流模型[343]

在 p－on－n 配置的情况下,对于低掺杂浓度,如 10^{15} cm^{-3},典型的扩散长度高达 30~50 μm(通常在 In 掺杂的情况下),并且暗载流子的生成受吸收层自身的体积限制。饱和电流随扩散长度的不同由式(12.87)和式(12.88)进行解释。当 $t \gg L$ 时,饱和电流与 $N\tau^{1/2}$ 成反比;当 $t \ll L$ 时,饱和暗电流与 $N\tau$ 成反比。

尽管 n－on－p 技术(Hg 空位掺杂)提供了优异的成品率和生产能力,但 p－on－n 技术可以实现低暗电流,从而实现良好的 SNR 性能。与 n－on－p 技术相比,在保持性能不变的情况下,探测器工作温度可以提高 10~20 K。

Tennant 等[344]为 Teledyne 公司的 HgCdTe 二极管和阵列[主要是双层平面异质结(double-layer planar heterojunction, DLPH)结构器件]提出了描述暗电流行为与温度和波长的简单经验公式。它被称为 07 规则,它预测暗电流密度在 13 个数量级范围内的 2.5 倍以内。07 规则的公式大致为(文献[344]中给出的精确公式):

$$J_{dark} = 8\,367\exp\left(-\frac{1.442\,12q}{k\lambda_c T}\right), \quad \lambda_c \geq 4.635\ \mu m \tag{17.51}$$

及

$$J_{dark} = 8\ 367\exp\left\{-\frac{1.442\ 12q}{k\lambda_c T}\left[1-0.200\ 8\left(\frac{4.635-\lambda_c}{4.635\lambda_c}\right)^{0.544}\right]\right\},\quad \lambda_c < 4.635\ \mu m \tag{17.52}$$

式中，λ_c为以 μm 为单位的截止波长；T 为以 K 为单位的工作温度；q 为电子电荷；k 为玻尔兹曼常量（后两个量采用 SI 单位）。07 规则是针对工作温度与截止波长的乘积在 400～1 700 μmK，工作温度高于 77 K 的器件开发的。

然而，应该注意的是，07 规则标准仅仅是探测器体系结构的一种表现，该体系结构受来自 10^{15} cm^{-3}的 n 型材料 A1 扩散电流的限制。任何受 A7 p 型扩散或耗尽电流限制的探测器架构都不符合 07 规则。07 规则也是快速比较 HgCdTe 与其他材料体系的 R_0A 乘积的极好工具。但是，在将其扩展到其他参数时（如探测率和较低的工作温度）应谨慎。

图 17.49 显示了数据拟合的结果，包括来自 InSb（约为 5.3 μm）和 InGaAs（约为 1.7 μm）的代表性数据，以及 Teledyne 公司数据和其他供应商提供的一些更好的数据。InGaAs 的暗电流密度低于 DLPH HgCdTe，而 InSb 的暗电流密度比 DLPH HgCdTe 高得多。请注意，λ_e在大于 5 μm 时等于截止波长，但略长于 5 μm 以下时的截止波长。

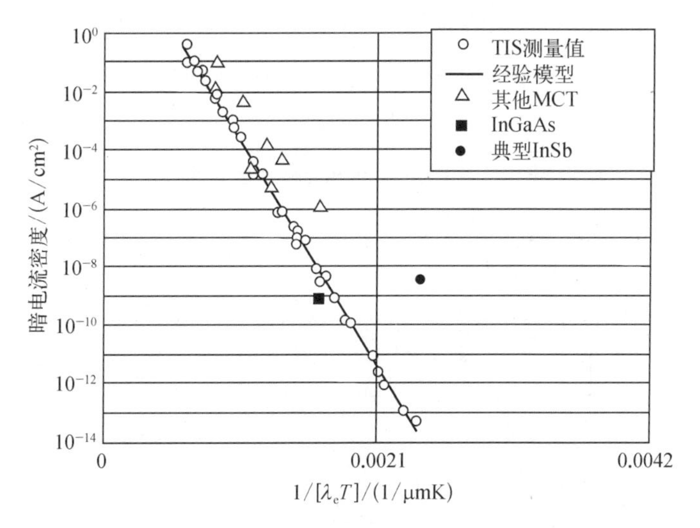

图 17.49　按照 07 规则进行的数据拟合[344]

图 17.50 是电子和信息技术实验室（Laboratory of Electronics and Information Technologies，LETI）的红外实验室（Laboratoire Infrarouge，LIR）获得的具有不同截止波长的 R_0A 数据集[343]，该数据使用 V_{Hg}和非本征掺杂 n－on－p HgCdTe 光电二极管，与其他实验室的 p－on－n 数据进行了比较，这些数据来自于近期使用不同技术和不同二极管结构的文献报道[345-348]。结果表明，n－on－p 光电二极管的非本征掺杂导致了较高的 R_0A 乘积（较低的暗电流），而 Hg 空位掺杂仍然位于图的底部。p－on－n 结构具有最低的暗电流（R_0A 乘积最高）；图 17.50 中虚线为使用 Teledyne 公司［前身为罗克韦尔科学（Rockwell Science）］的经验模型计算的趋势线[344]。

Teledyne 公司所获得的暗电流数据给出的另一个结论如图 17.51 所示[349]，其中显示了 MBE 生长的 18 μm 方形像元 p－on－n HgCdTe 光电二极管的暗电流。当截止波长为

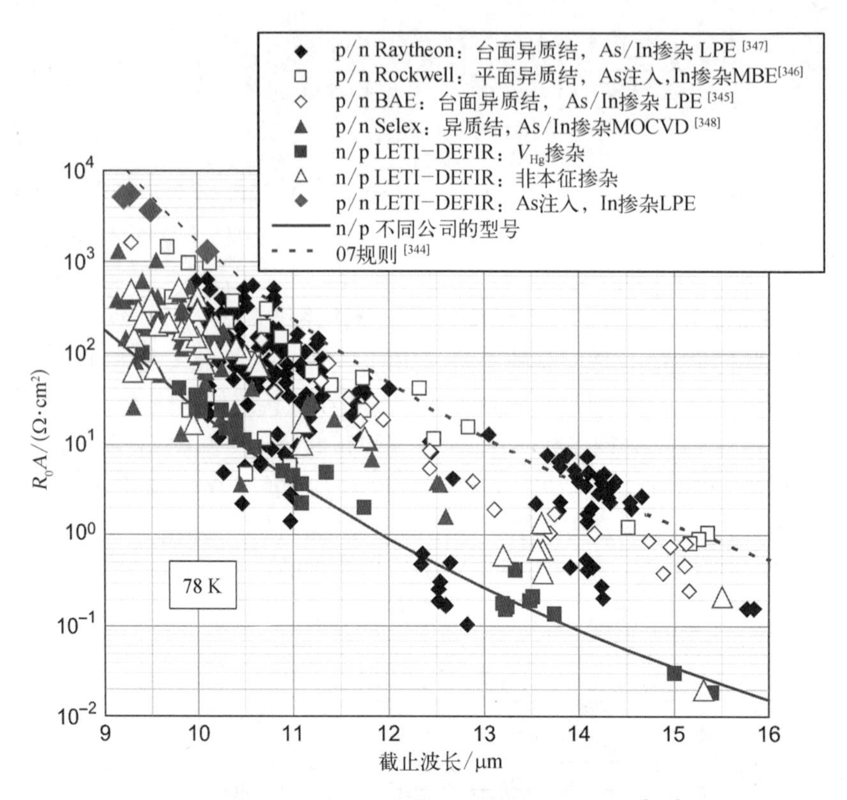

图 17.50 78 K 时，R_0A 乘积与截止波长的关系[343]

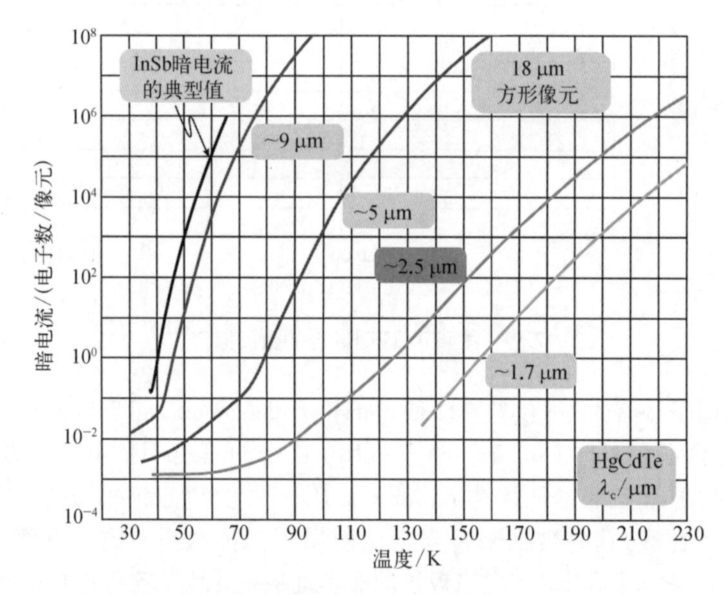

图 17.51 Teledyne 公司用 MBE 生长的 18 μm 方形像元 p-on-n HgCdTe 光电二极管的暗电流[349]

2.5 μm 和 5 μm 时，暗电流小于每像元每秒 0.01 个电子。应该注意的是，截止波长用近似符号“~”表示，因为 λ_c 是温度的函数，并且 HgCdTe 光电二极管的截止波长在冷却时会有轻微的变化。

在过去的 30 年里，随着材料和器件加工科学的发展，HgCdTe 光电二极管的质量稳步提高，并且已经发展到通常不会显示出明确的 GR 电流的程度。R_0A 数据与温度的关系曲线在较高温度时一般遵循扩散电流依赖关系，而在较低温度下则转变为相对独立于温度的隧穿型特征。图 17.52 显示了不同温度下 p－on－n HgCdTe 光电二极管的最高可测量 R_0A 值与截止波长的关系[346]。实线的理论计算采用一维模型，该模型假定来自较窄带隙 N 侧的扩散电流占主导地位，少子通过俄歇和辐射过程复合。在不同温度下，Teledyne HgCdTe 光电二极管的 R_0A 在各种生长材料截止波长下表现出接近理论的性能。在 77 K，10 μm 截止 HgCdTe 光电二极管的 R_0A 乘积平均值约为 1 000 $\Omega \cdot cm^2$，在 12 μm 时下降到 200 $\Omega \cdot cm^2$。在 40 K，12 μm 时 R_0A 乘积在 $10^6 \sim 10^8$ $\Omega \cdot cm^2$变化。

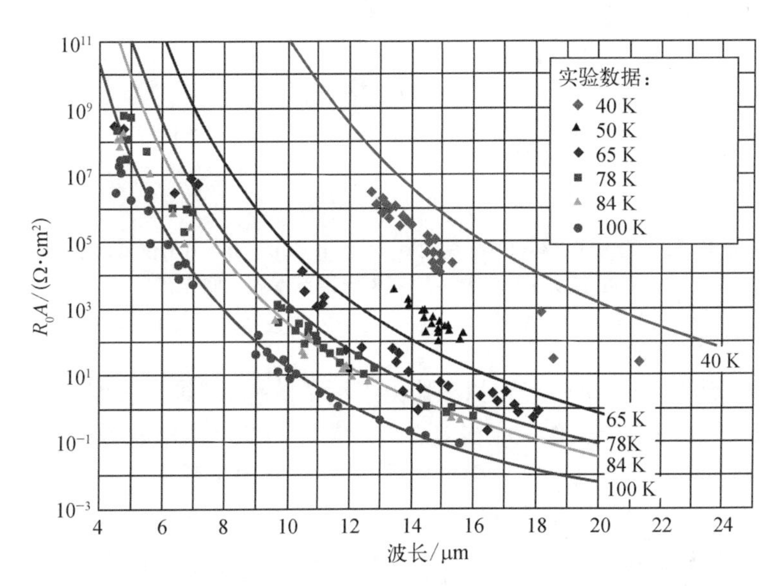

图 17.52 Teledyne 公司 p－on－n HgCdTe 光电二极管在不同温度下的 R_0A 乘积与截止波长之间的关系，并与理论上的一维扩散模型进行了比较[346]

几个研究小组提出了发展 VLWIR HgCdTe 技术的几个主要优点[17,346,350-352]。在减少缺陷方面的持续改进使 R_0A 乘积能够在截止波长为 20 μm 的范围内遵循 30~40 K 的扩散电流限制。通常，此类 VLWIR 型光电二极管的开发是基于 LPE 技术的。在 78 K 下获得的暗电流的不同实验被汇总在图 17.53 上。可以看出，p－on－n 器件的实验数据完全符合 07 规则所代表的扩散线。对于 n－on－p 器件，暗电流要大一个数量级以上。

在 SWIR 和 MWIR 所采用的宽禁带 HgCdTe 合金中，A1 和 A7 复合机制相对较小，因此唯一需要考虑的基本复合机制是辐射复合。对于使用 LPE、MBE 和 MOCVD 制造的三组 p－on－n 器件，图 16.10(a)说明了这一点。对于温度为 180 K 的光电二极管，R_0A 数据一般比理论值低了约 10 倍，这表明与传统的辐射复合不同的寿命机制正在降低光电二极管的寿命。根据德威姆斯(DeWames)等[353]的说法，可能由工艺诱导的浅 SR 复合中心导致寿命缩短。结果表明，对于截止波长小于 3.5 μm 的室温工作光电二极管，R_0A 乘积没有达到用传统的辐射复合方程计算的极限。然而，用 HgCdTe(InGaAs 合金)制造的最高质量的 SW 光电二极管的性能水平与辐射极限一致。

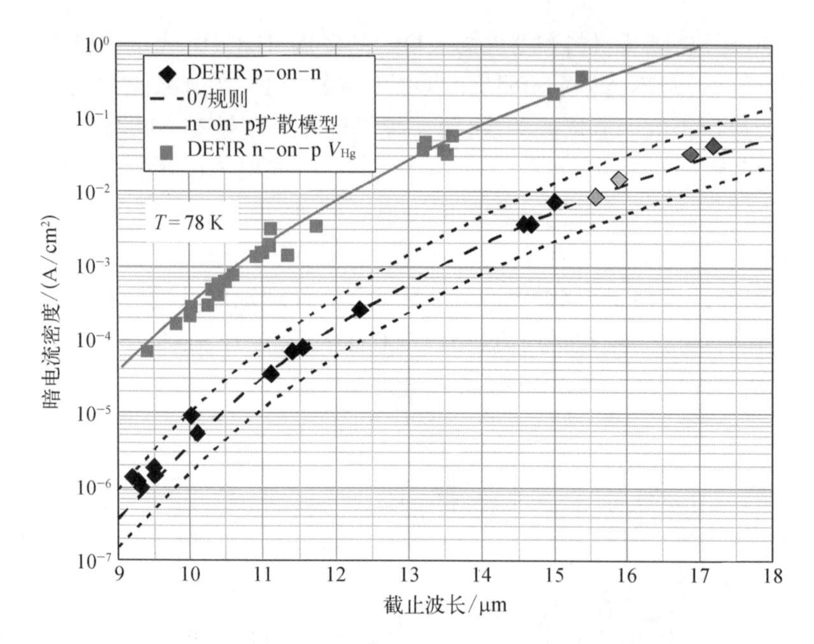

图 17.53　汇总了 78 K 下测量的 n－on－p 和 p－on－n HgCdTe 光电二极管从 IWIR 到 VLWIR 光谱范围内的暗电流[352]

（译者注：intermediate wave infrared，该波段的定义与长波 LWIR 相近）

传统的 p－n 结 LW HgCdTe 光伏探测器由于量子效率低（扩散长度小、辐射吸收弱）和动态电阻低[168]，在近室温下工作性能很差。更严重的问题是由串联电阻、极低的结电阻和电压响应方式引起的。这可以通过采用多异质结，并在其中串联一部分短接的单元来克服。一个例子是结面垂直于衬底的器件［图 17.54(a)］。这个多异质结器件由背照射的 n^+－p－P 光电二极管结构组成。该器件是 1995 年推出的第一个商业上可用的非制冷和无偏压 LW 光伏探测器。这类器件具有电压响应率大、响应速度快等特点，但其有源区响应不均匀，且响应依赖于入射辐射的偏振。

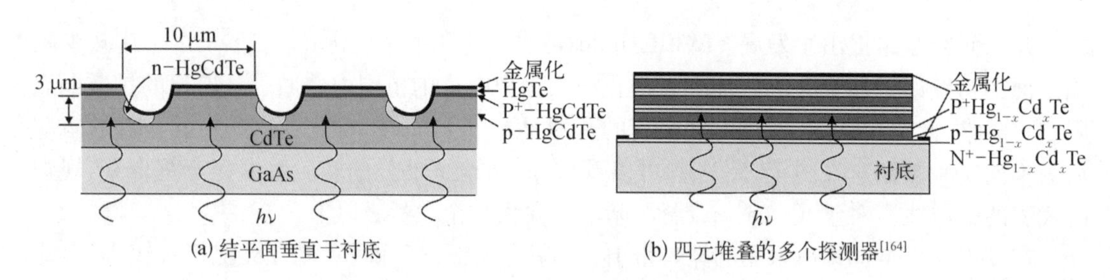

(a) 结平面垂直于衬底　　(b) 四元堆叠的多个探测器[164]

图 17.54　背照射的多异质结器件

更有希望的是图 17.54(b)所示的单片串联堆叠式光伏电池。它们既能获得良好的量子效率，又能获得较大的微分电阻。每个电池由 p 型掺杂窄带隙吸收层和重掺杂 N^+、P^+ 异质结接触组成。入射辐射只在吸收层区域被吸收，而异质结接触负责收集光生载流子。这种器件具有量子效率高、微分电阻大、响应快等特点。实际问题是相邻的 N^+ 和 P^+ 区域不足。这可以通过在 N^+ 和 P^+ 界面采用隧穿电流来改善。

图 17.55 和图 17.56 显示了 HOT HgCdTe 器件的性能[354]。在没有光学浸没的情况下，MWIR 光伏探测器是性能接近 GR 极限的亚 BLIP 器件，但设计良好的、采用光学浸没的器件在热电制冷下[两级佩尔捷制冷]性能接近 BLIP 限。对于大于 8 μm 的 LWIR 光伏

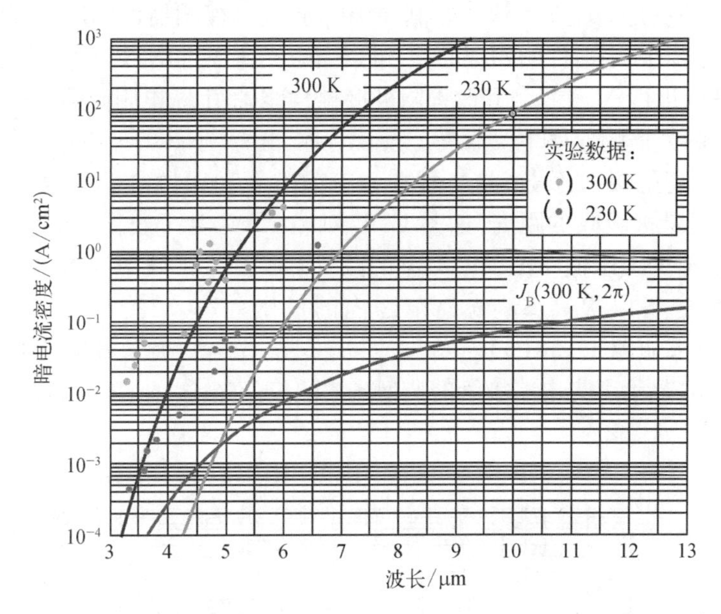

图 17.55　300 K 和 230 K 时，光学浸入式 HOT HgCdTe 器件的暗电流[354]

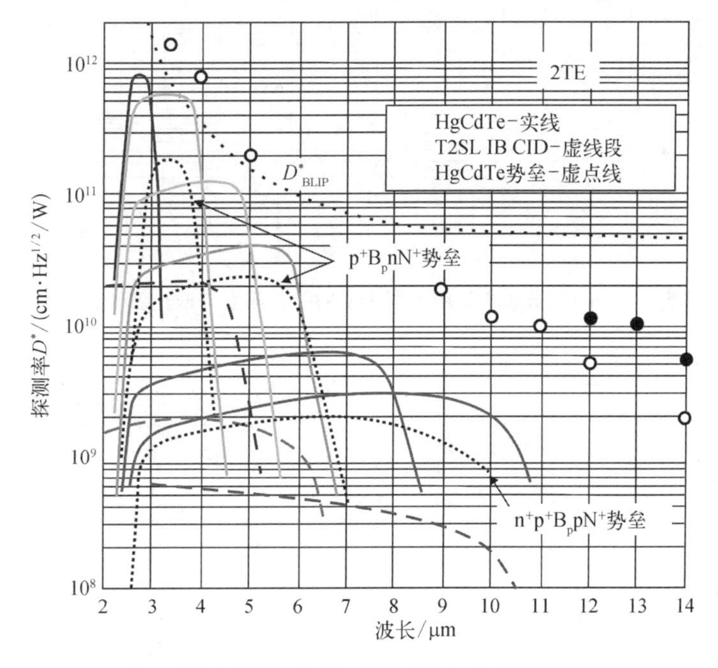

图 17.56　HgCdTe 浸入式探测器在采用两级热电(TE)时的典型光谱探测曲线(实线)

最佳实验数据(白点)来自 FOV 等于 36°的探测器。BLIP 探测率是针对 FOV = 2π 计算的。使用四级 TE 制冷机(由 VigoSystems 提供)的探测器，其测量值表示为黑点。此外，还显示了三个 T2SL 带间(interband, IB)级联 IR 探测器(cascade IR detectors, CID)(非浸入)和势垒探测器(非浸入)的光谱探测曲线以进行比较(分别为虚线段和虚点线)

探测器来说,情况要差一些;它们的探测率比 BLIP 限低一个数量级。通常,这些器件在零偏下使用。使用俄歇抑制的非平衡器件的尝试没有成功,因为在提取的光电二极管信号中有高至 100 MHz 的 $1/f$ 噪声。

HOT 器件的特点是响应非常快。非制冷 10 μm 光电探测器的响应时间约为 1 ns 或更短。使用光学浸没来减小器件的物理面积,可以缩短光伏器件的 RC 时间常数[168,185]。通过在台面结构的基区进行 N^+ 重掺杂和改善阳极接触,可以将串联电阻降到 1 Ω。

光电二极管的光谱响应率主要取决于吸收系数。由于 HgCdTe 三元合金是一种直接带隙半导体,具有很高的吸收系数,是一种非常有效的辐射吸收体。吸收深度定义为 63% $(1-1/e)$ 的光子通量被吸收的距离,如图 17.57 所示[349]。为了获得高的量子效率,有源探测器层的厚度应至少等于截止波长。典型的减反射膜的量子效率约为 90%。去除背照射光电二极管的衬底可以提高 SW 光谱范围内的量子效率。在与读出电路混成后移除 CdZnTe 衬底的效果如图 17.58(a)所示[355]。HgCdTe 光电二极管可覆盖 1~20 μm 的光谱范围。图 17.58(b)显示了光电二极管的典型光谱响应。光谱截止可以通过调整 HgCdTe 合金组分来定制[356]。

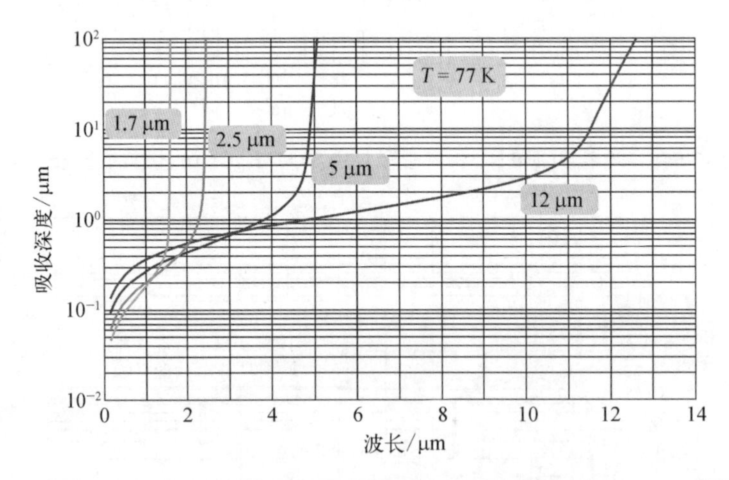

图 17.57 77 K 时,HgCdTe 中不同光子的吸收深度与截止波长的函数[349]

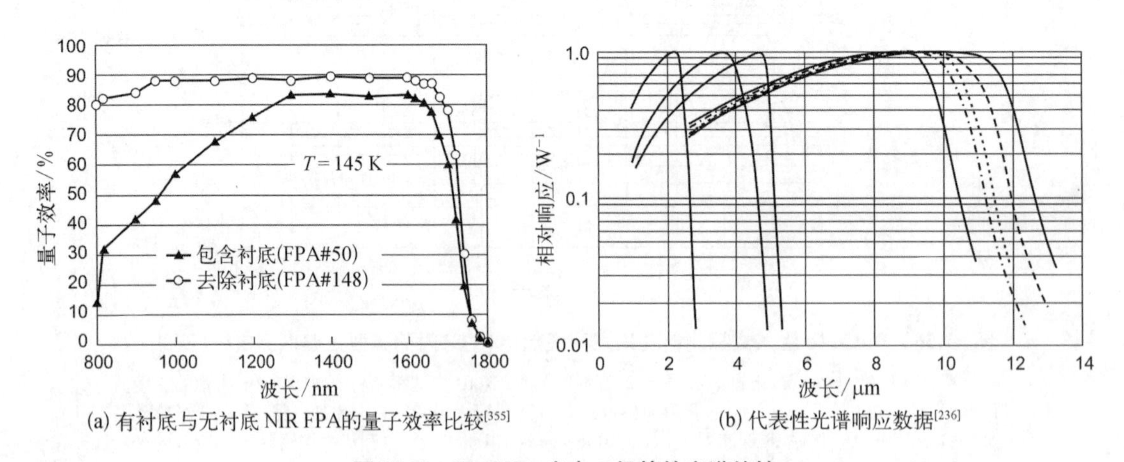

(a) 有衬底与无衬底 NIR FPA的量子效率比较[355]

(b) 代表性光谱响应数据[236]

图 17.58 HgCdTe 光电二极管的光谱特性

17.6.3 碲镉汞光电二极管性能的非基本限制

最近,格拉夫朗(Gravrand)等[357]总结了 DEFIR(CEA - LETI 和 Sofradir 的联合实验室)在制作 HgCdTe 光电二极管方面的成就,显示了随 E_g/kT 的暗电流变化(图 17.59)。扩散限制光电二极管通常是在中温下获得的,它与本征载流子浓度的平方 $n_i^2[\propto \exp(E_g/kT)]$ 成正比。当噪声受散粒噪声的限制,这个暗电流曲线图也代表了暗噪声功率谱密度 $i_n^2 = 2qJ_{dark}$,使用右侧坐标表示。暗电流位于不同的线路上,这取决于器件设计(汞空位掺杂的 n - on - p 或 p - on - n)。在较低的温度下,扩散电流变得非常低,以至于其他暗电流源占据主导地位,其热演化也不同。这些电流与缺陷物理有关,而不是与体物理有关,并且不是光电二极管的基本限制。例如,空间电荷区 GR 电流与本征载流子浓度 $n_i^2[\propto \exp(E_g/2kT)]$ 成比例。如图 17.59 所示,改进的 p - on - n 器件已经过优化,以降低耗尽区电流。低频噪声预计将与当前的平方成正比,由图 17.59 中的虚线表示。一些探测器从受散粒噪声限制切换到受低频限制,导致性能下降。

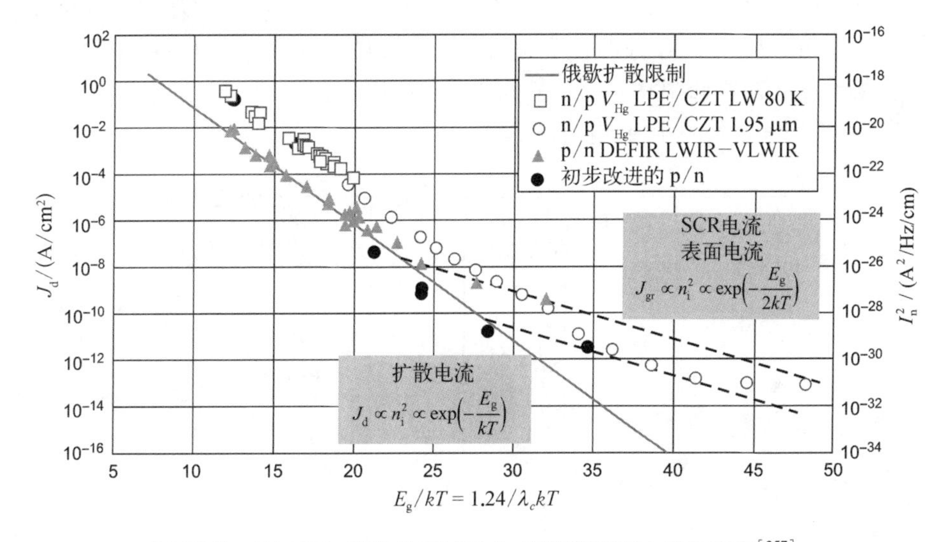

图 17.59 HgCdTe 器件发展过程中,所获得的暗电流和噪声[357]

1. 电流-电压特性

许多影响 HgCdTe 光电二极管暗电流的额外过剩机制来自一些非基本的源,位于基底或盖层、耗尽区及表面等[79]。随着工作温度的降低,热暗电流机制变弱,并允许其他机制成为主导。HgCdTe 光电二极管的漏电机制主要有耗尽区的生成、带间隧穿、陷阱辅助隧穿(trap-assisted tunneling,TAT)和碰撞电离。其中一些是由 p - n 结的结构缺陷引起的。这些机制现在备受关注,特别是因为它们最终决定了某些应用的阵列均匀性、成品率和成本,特别是那些具有较低工作温度的应用。

许多作者已经成功地用 TAT 机制对 LWIR HgCdTe 光电二极管在≤77 K 时的反偏漏电流建立了模型[16,358-368]。埃利奥特(Elliott)等[369]提出了解释 LWIR HgCdTe 通孔光电二极管反偏漏电流的另一种模型。该模型基于耗尽层内的碰撞电离效应,并且在相当低掺杂的器件中,这与实际观察结果吻合得很好。碰撞电离产生的反偏特性有两个主要特征:第一,漏电流在很大范围内对温度不敏感;第二,电流随反偏电压的增加比隧穿电流的增加要慢得多。

在 $x\approx0.20$ 的高质量 $Hg_{1-x}Cd_xTe$ 光电二极管中,在低至 40 K 前,零偏压和低偏压区的扩散电流通常是主导[342,370-372]。在适中的反偏下,暗电流主要是由 TAT 引起的。在零偏压和非常低的温度(低于 30 K)下,TAT 也主导了暗电流。在较高的反向偏压下,体带间隧穿(band-to-band tunneling,BTB)占主导地位。在低于 30 K 的极低温度下,由于与局域缺陷相关的隧穿电流的出现,通常在 R_0A 乘积分布中观察到显著的扩散。此外,HgCdTe 光电二极管通常有一个额外的与表面相关的暗电流分量,特别是在低温下。

在理想的光电二极管中,扩散电流占主导地位,因此其漏电流很小,并且对探测器偏置不敏感。漏电流是不利噪声的主要成分。图 17.60 显示了 p－on－n－HgCdTe 光电二极管(40 K 时,截止波长 12 μm)在 40~90 K 温度下的典型电流-电压特性。77 K 时漏电流小于 10^{-5} A/cm^2[图 17.60(a)]。与偏置无关的漏电流使其更容易实现 FPA 的良好均匀性,并在光电流变化时降低对探测器偏置控制的要求。图 17.60(b)显示了这种光电二极管在 66.7 K 温度下的测试和模拟数据,78 K 时截止波长为 15.6 μm,相当于 40 K 时为 18.7 μm,28 K 时为 20.0 μm[371]。在所分析的大部分温度和偏压范围内,$I-V$ 特性受理想扩散电流的限制。BTB 机制在最大反向偏置(>200 mV)和最低的温度范围内限制电流。TAT 机制在低温和中等偏压(50 mV<V<200 mV)下限制电流。

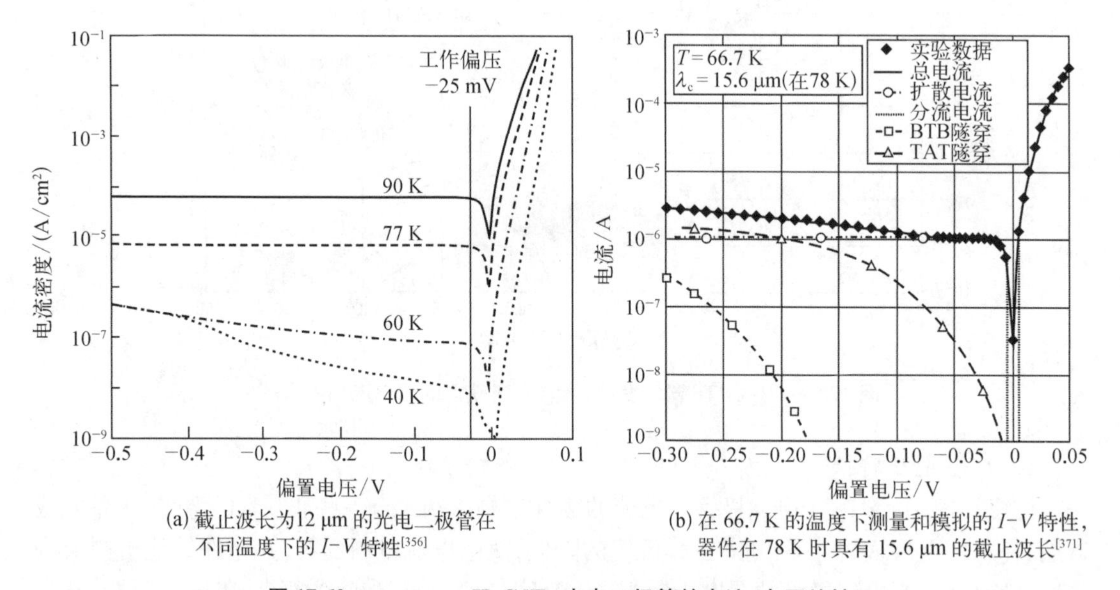

(a) 截止波长为12 μm 的光电二极管在不同温度下的 $I-V$ 特性[356]

(b) 在 66.7 K 的温度下测量和模拟的 $I-V$ 特性,器件在 78 K 时具有 15.6 μm 的截止波长[371]

图 17.60 p－on－n HgCdTe 光电二极管的电流-电压特性

图 17.61 显示了 DEFIR[343] 制造的 LWIR p－on－n 和 VLWIR n－on－p 光电二极管在不同温度下测量的 $I-V$ 曲线。结果表明,热电流随温度强烈降低,但高偏置电流表现出相反的热行为,这是隧穿电流成分的通常特征。为了最小化隧穿电流,需至少在结的一侧采用低掺杂浓度。然而,需要注意的是,p－on－n 光电二极管有源区被掺杂到 $N_d\leqslant10^{15}$ cm^{-3},而 n－on－p 掺杂水平更高,$N_a\approx10^{16}$ cm^{-3}。还可以看到,在更高的温度下,扩散限制性能可扩展到更高的反偏区域。

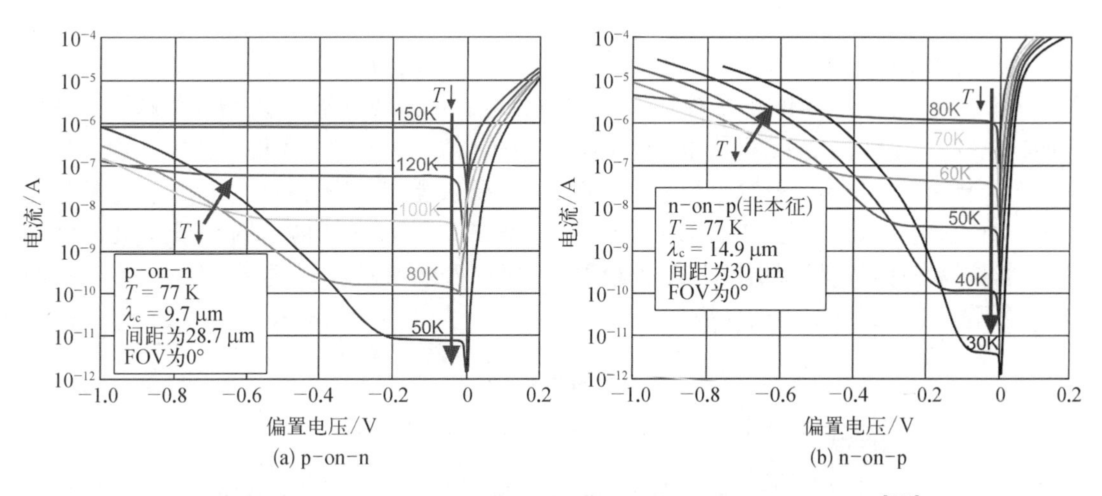

图 17.61　HgCdTe 光电二极管在不同温度下的典型暗电流–电压特性[343]

Chen 等[373]对在 40 K 下工作的 HgCdTe 光电二极管的 R_0值的广泛分布进行了详细的分析。图 17.62 显示了在截止波长为 9.4~10.5 μm 的器件中获得的 R_0累积分布函数。显然，一些 R_0值仅跨越两个数量级的器件表现出良好的可操作性，但 R_0值跨度超过 5~6 个数量级的器件会表现出较差的可操作性。性能较差(40 K 时 R_0值低于 7×10^6 Ω)，通常是由于严重的冶金缺陷，如位错簇和环、针孔、条纹、碲包裹体和大的台阶。在 40 K 时，R_0值为 7×10^6 ~ 1×10^9 Ω 的二极管没有明显的缺陷(Hg 间隙和空位)。

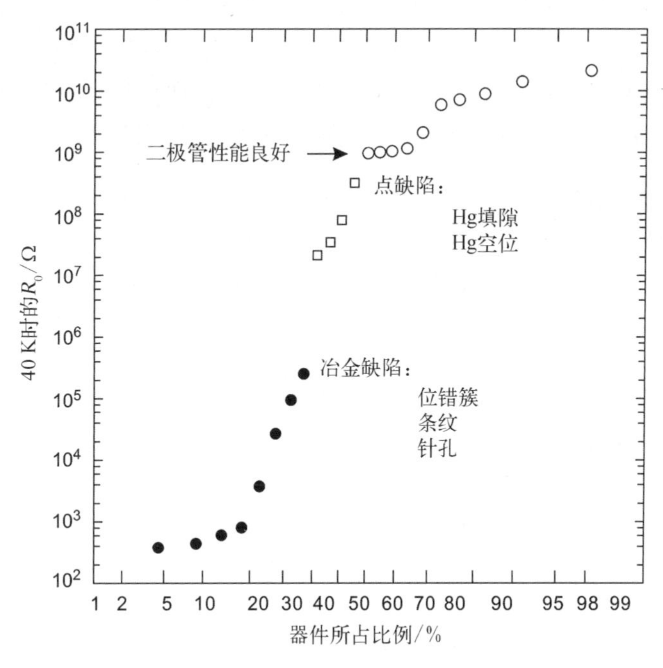

图 17.62　详细分析了 LWIR p – on – n HgCdTe 光电二极管(由 LPE 制备)的 R_0值的累积分布函数，分为三个区域：良好、受点缺陷影响和受冶金缺陷影响的二极管[373]

2. 位错与 1/f 噪声

位错会增加暗电流和 1/f 噪声电流[140-142]。在 77 K 时，LWIR 材料对位错密度的要求是$<2\times10^{5}$ cm^{-2}。另外，MWIR 材料在 77 K 时可以容忍更高的位错密度，但越来越多的证据表明，在更高的工作温度下，这一事实不再成立。HgCdTe 二极管反向偏置特性强烈依赖于对结的位错密度。位错是隧穿电流和 1/f 噪声的重要来源，但只有当它们与 p－n 结的耗尽区相交时，它们才被认为是一个问题。相对于平面二极管几何结构，在垂直集成几何结构中，丝状位错在耗尽区呈现出极小的相交截面，如图 17.63 所示[342]。显然，针对潜在的探测器缺陷，垂直结构具有明显的优势。

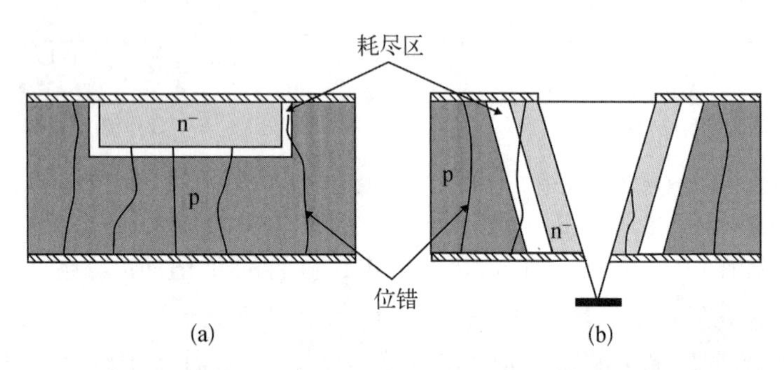

图 17.63　丝状位错对(a) 平面型和(b) 垂直集成光电二极管的影响[342]

约翰逊(Johnson)等[141]的结果表明，当位错密度较高时，R_0A 乘积随位错密度的平方而减小；随着温度的降低，平方依赖关系的起始位错密度值会逐渐降低，如图 17.64(a)所示。在 77 K 时，R_0A 在 EPD 约为 10^{6} cm^{-2}时开始减小，而在 40 K 时，R_0A 在二极管中存在一个或多个位错时就立即受到影响。存在大量 EPD 时，R_0A 数据的发散可能与某些二极管中存在更多的相互作用的位错对有关；这些位错对在减少 R_0A 方面比单个位错更有效。为了描述 R_0A 乘积与位错密度的依赖关系，建立了一个唯象模型，该模型基于单个位错和相互作用的

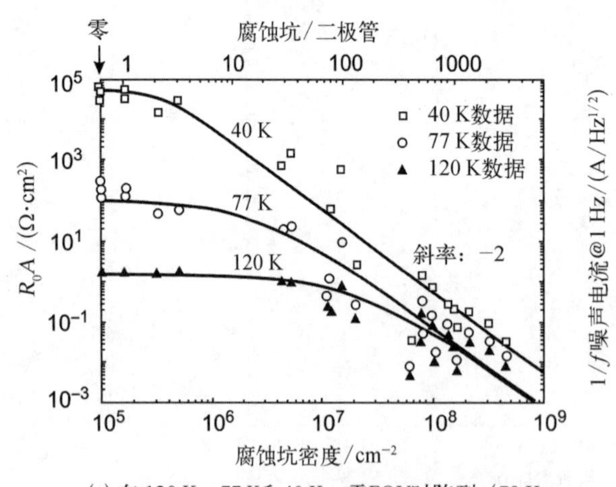

(a) 在 120 K、77 K和40 K，零FOV时阵列（78 K，截止波长为9.5 μm）R_0A乘积与EPD的关系，也绘出了对数据的模型拟合曲线

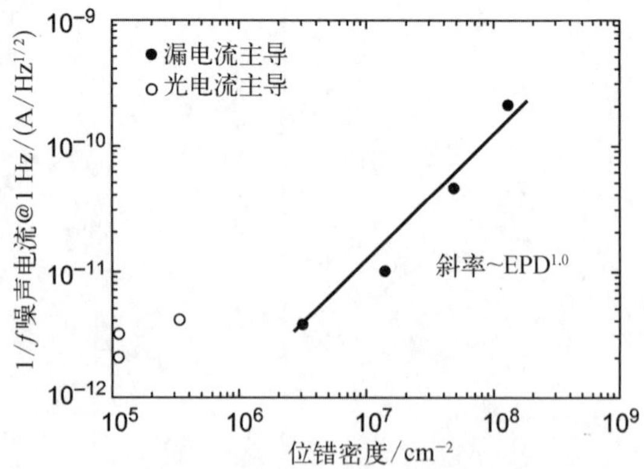

(b) 对于10.3 μm HgCdTe 光电二极管阵列（f/2 FOV），在78 K，1 Hz下的1/f 噪声电流与位错密度的关系[141]

图 17.64　位错密度对 HgCdTe 光电二极管参数的影响

位错对 p－n 结产生的分流电导。如图 17.64(a)所示,该模型与实验数据吻合较好。

一般来说,1/f 噪声似乎与半导体的触点、内部或表面所存在的势垒有关。将 1/f 噪声降低到可接受的水平是一门技术,这在很大程度上取决于制备触点和表面时所采用的工艺。到目前为止,还没有完全令人满意的一般性理论。解释 1/f 噪声的两种最新模型是[374]: 胡奇模型(Hooge's model)[375],基于自由载流子迁移率的波动;麦克沃特模型(McWhorter's model)[376],基于自由载流子密度的波动。

托宾(Tobin)等[377]报道的注入型 n^+－p MWIR HgCdTe 光电二极管的 1/f 噪声关系如下:

$$I_{1/f} = \alpha I_l^{\beta} f^{-1/2} \tag{17.53}$$

式中,α 和 β 为经验常数,分别为 1×10^{-3} 和 1, I_l是漏电流。结果表明,1/f 噪声与光电流和扩散电流无关,而与表面生成电流呈线性关系。这就提出了,反偏 HgCdTe 光电二极管中的 1/f 噪声是表面电势起伏对表面生成电流进行调制的结果。Chung 等[378]也支持这一联系。Hoffman 和 Anderson[359]发展了一个模型,考虑了 TAT 可以跨越被夹断的耗尽区,并表明表面电势涨落模型可以解释这种经验关系。Bajaj 等[379]发现了由结缺陷(如位错)引起的 GR 电流具有类似的关系。其他文献支持了 1/f 噪声与隧穿过程(特别是 TAT)之间的相关性[361,365,380,381]。最近,Schiebel[382]发展了一个相关的 HgCdTe 模型,该模型很好地解释了实验数据,包括表面电势的波动对表面生成电流的调制及 TAT 对夹断耗尽区的影响。

Johnson 等[141]研究了位错对 1/f 噪声的影响。图 17.64(b)显示,在低 EPD 时,噪声电流主要由光电流主导,而在高 EPD 时,噪声电流随 EPD 线性变化。位错似乎不是 1/f 噪声的直接来源,而只是通过它们对漏电流的影响来增加噪声。1/f 噪声电流变化为 $I^{0.76}$(其中 I 是二极管总电流),与未损坏的二极管的数据拟合结果相似。MWIR PACE 1 HgCdTe 光电二极管的漏电流也有类似的 1/f 噪声变化,其中漏电流随温度、偏置电压和电子辐照损伤的不同而变化[383]。

DRS 对 CdTe 钝化垂直集成 n^+－n^-－p HgCdTe 光电二极管进行的 1/f 噪声测量也表明,对于位错密度低于 2×10^5 cm^{-2}的材料,噪声与器件暗电流密度有关,如图 17.65 所示。噪声取决于暗电流的绝对值,与 x 组分或工作温度无关[384]。这些观测结果与 Schiebel 关于真实表面陷阱密度在 10^{12} cm^{-2}范围内的理论符合得很好。

Kinch 等[385]发表的一篇论文在麦克沃特(McWhorter)的表面陷阱波动模型假设下,对 1/f 噪声提出了新的见解。考虑一种简单的 n^+－n^-－p－p^+二极管几何结构,如图 17.66 所示。假设: 钝化中的固定电荷为正,并在 n 侧的表面上产生积累层,在 p 侧的表面产生耗尽层;施主浓度 n^-≪受主浓度 p(主要耗尽区完全形成在 n 侧);p 侧的表面可能支持反型层,也可能不支持反型层,这取决于钝化中固定正电荷的大小和二极管上所加的反向偏置。

文献[385]的结果指出,如果耗尽电流占主导地位,则系统的 1/f 噪声将随 n_i变化,而对于扩散电流,它将随 n_i^2变化。通常,在耗尽电流占主导的较低温度下,二极管的 1/f 性能将由掺杂较低的一侧主导。然而,在俄歇生成占主导的较高温度下,1/f 噪声将与结两侧的掺杂浓度无关。这些一般性结论得到了 MWIR 和 LWIR HgCdTe 光电二极管实验数据的支持[385]。

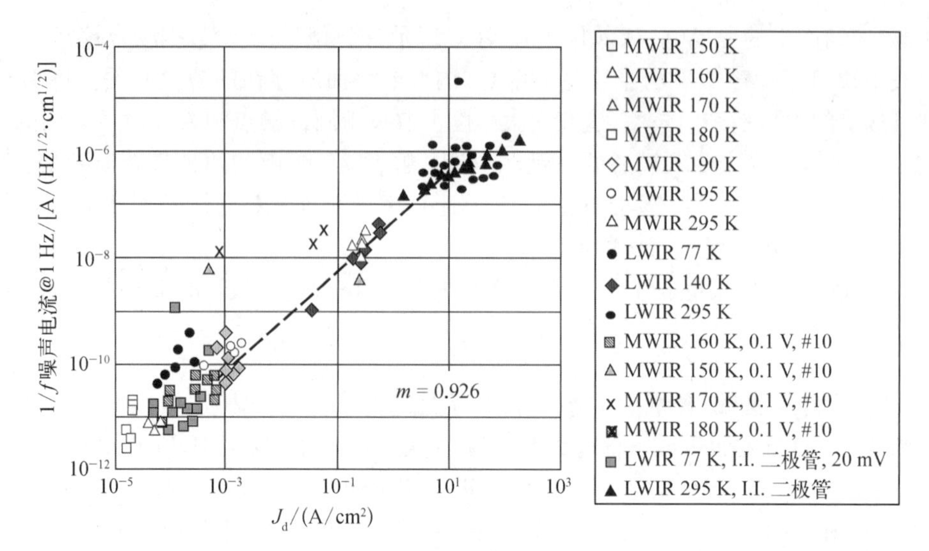

图 17.65　各种 HgCdTe 光电二极管的 1/f 噪声与暗电流密度的关系[342]

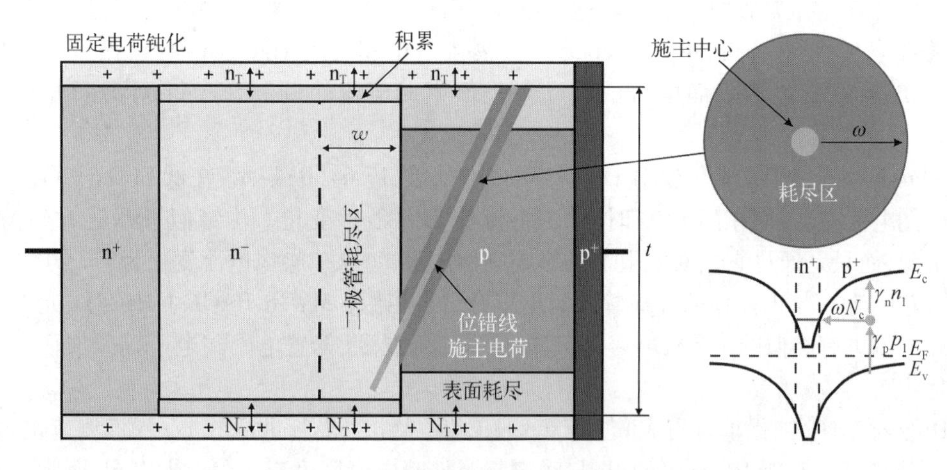

图 17.66　$n^+-n^--p-p^+$ 二极管结构中带正电的固定钝化表面，以及 p 型半导体中的施主管型位错的概念[385]

最近，Hassis 等[386]也获得了 1/f 噪声电流密度与暗电流之间的相似关系。图 17.67 将 DEFIR 光电二极管的噪声性能与 DRS 生产的 HDVIP 光电二极管的报告数据进行了比较。所有电流值按面积做了归一化，在 1 Hz 下测量的电流噪声密度按面积的平方根做了归一化。

Kinch 等[385]还模拟了一个独立的缺陷噪声，该噪声归因于图 17.66 中所示的施主管型位错概念。他们继续采用了 Baker 和 Maxey[387]提出的 HgCdTe 丝状位错行为模型。位错被视为沿着位错边缘的 n 型施主管道。如果位错穿过 n－p 结并突出到 p 侧，它将被包裹在周围的耗尽区内，如图 17.66 所示。然而，位错对结的 n 型一侧或简单的 n 型光导体的影响微乎其微。

通常，独立的缺陷像元会显示过多暗电流和/或过多噪声，是影响 FPA 可操作性的主要原因，特别是在高温下。例如，HgCdTe FPA 的可操作性通常不受暗电流缺陷的限制，而

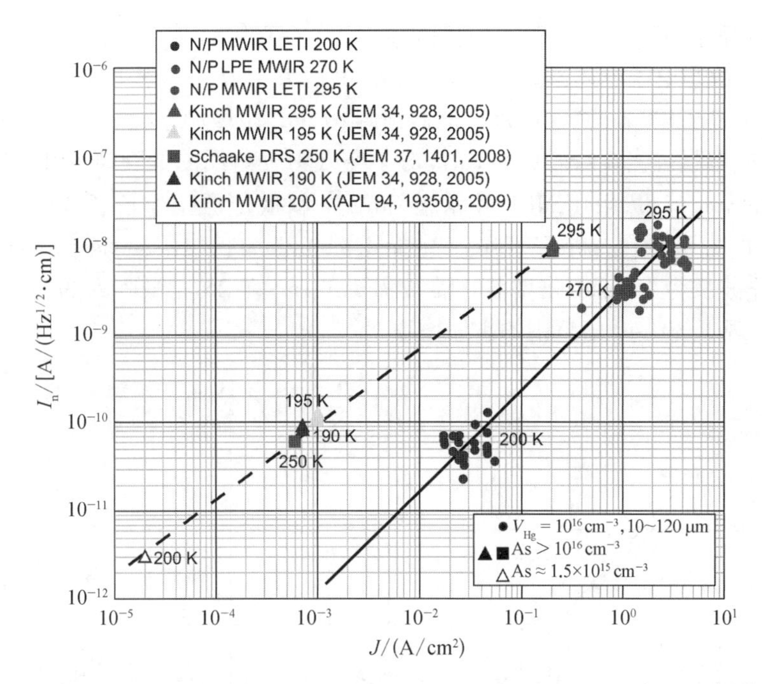

图 17.67 HgCdTe 扩散限制二极管的噪声电流密度与暗电流的关系[386]

受噪声缺陷的限制。具有高 $1/f$ 噪声的像元会在均方根(root-mean-square,RMS)噪声分布中产生拖尾[388,389]。在二类超晶格(type-Ⅱ superlattice,T2SL)光电二极管中也观察到了类似的行为[390]。

17.6.4 雪崩光电二极管

HgCdTe 是一种极具吸引力的室温雪崩光电二极管(avalanche photodiodes,APD)材料,其工作波长为 1.3~1.6 μm,用于光纤通信,并在 20 世纪 80 年代得到认可。当价带中的自旋轨道分裂能 Δ 等于基态能隙 E_g时,会发生共振增强。Verie 等最先指出该效应会对器件具有有益的影响,使电子和空穴的碰撞电离率大不相同,这一点在低噪声 APD 器件中非常需要。Alabedra 等[391]早期的工作报道了 $x\approx0.73$(E_g=0.92 eV)的 HgCdTe APD。HgCdTe 的能带结构可获得接近 0 的 k 值。在雪崩条件下,空穴与电子倍增的比率非常有利,导致噪声增益非常小。这些性质使得 HgCdTe APD 具有比 InGaAs APD 更好的优值系数,后者的 k 值约为 0.45。相比之下,Si 的电离率为 0.02,因此过量噪声也很低,但 Si 对大于 1.1 μm 的波长不敏感。

另一种 APD 应用是激光雷达(laser radar,LADAR),其中脉冲激光系统是 3D 成像的。传统上,三维图像是通过扫描激光系统获得的,扫描激光系统工作在可见光和 1 μm 以下的近红外波段。然而,如果人类有机会出现在场景中,就需要对人眼安全的激光。在近红外区,人眼安全范围约为 1.55 μm。此外,单脉冲、泛光照明的激光成像系统的优势促使研究人员考虑 APD 传感器的二维阵列。与传统的纯被动成像系统相比,门控主动/被动成像系统可以实现更远距离的目标探测和识别。由于所需的工作范围(通常高达 10 km)和激光功率有限的事实,需要一种灵敏度接近单光子的近红外固态探测器[392-394]。

如图 17.68 所示，$Hg_{1-x}Cd_xTe$ 的雪崩特性随带隙的变化而显著变化。Leveque 等[395]描述了空穴电离系数与电子电离系数的比值 $k=\alpha_h/\alpha_e$ 远大于或远小于 1 的两个区域。当截止波长小于 1.9 μm 时(300 K 时 $x=0.65$)，他们预测 $\alpha_h \gg \alpha_e$，因为当 $E_g \cong \Delta = 0.938$ eV 时空穴电离系数发生共振增强。当 $k=\alpha_h/\alpha_e \gg 1$ 时，对于空穴引发雪崩的低噪声 APD 是有利的。利用这一机制，deLyon 等[396]采用 MBE 技术在 CdZnTe 衬底上原位生长了背照射的多层分离吸收和倍增光电二极管[separate absorption and multiplication avalanche photodiode (SAM-APD)]，其截止波长为 1.6 μm，倍增截止波长为 1.3 μm，在 25 元微阵列的反向偏置电压为 80~90 V 时，实现了 30~40 倍范围的雪崩增益。

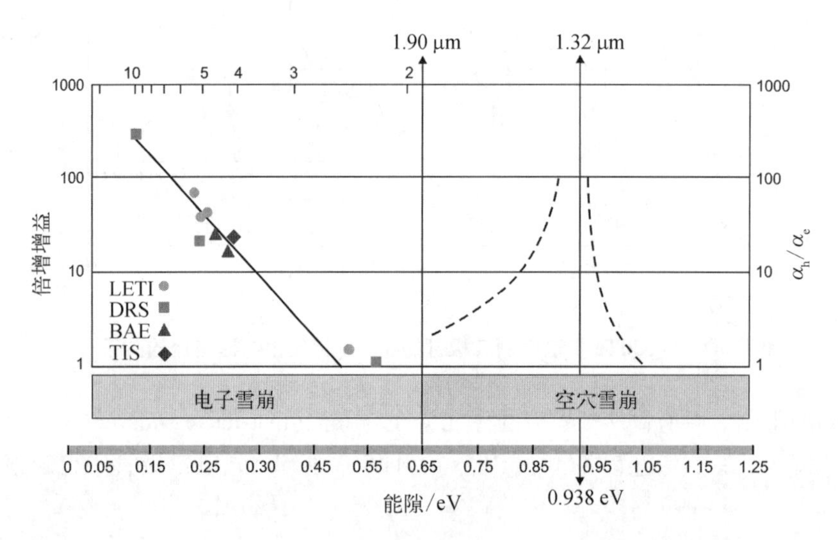

图 17.68　在 $E_g \approx 0.65$ eV ($\lambda_c = 1.9$ μm) 两侧，$Hg_{1-x}Cd_xTe$ 中不同的 e-APD 和 h-APD 机制。在较低的带隙下，e-APD 增益呈指数增长(四家制造商的材料呈现出非常一致的结果)[394]

HgCdTe 独特的晶格性质允许两种不同类型的无噪声线性雪崩：带隙<0.65 eV(λ_c>1.9 μm)的纯电子引发雪崩(e-APD)；对应于自旋轨道分裂共振，以禁带宽度 0.938 eV(λ_c=1.32 μm)为中心的纯空穴引发雪崩(h-APD)。两者都采用非常相似的结构，包含一个 SAM 层，并渐变为较低带隙的光探测层。

最初，发表了几个独立的实验报告证实了当 $Hg_{1-x}Cd_xTe$ 的 λ_c 长于 1.9 μm 时，预测 $k=\alpha_h/\alpha_e$ 具有较小值(<0.1)[397,398]。早期关于 LWIR HgCdTe(λ_c=11 μm)中电子引发倍增的研究表明，在低电压下可以获得合理的增益(-1.4 V 时为 5.9 倍)[369]。然而，电子引发雪崩过程的明显和引人注目的优势是由 Beck 等[399]于 2001 年在 MWIR 横向收集 n^+-n^--p(p 型吸收区)结构中首次报道的。不久之后，Kinch 等[400]提出了一种理论，并经由得克萨斯大学的研究组使用蒙特卡罗模拟证实，开发了一个经验模型来拟合由 DRS 红外技术公司获得的实验数据[401]。α_e 和 α_h 之间的巨大不平衡来自于 HgCdTe 能带结构的三个关键特征：① 电子的有效质量远远小于重空穴的有效质量(电子的迁移率要高得多)；② 光学声子的散射率要低得多；③ 电离阈值能量低 2 倍(导带中没有邻近的极小值可供高能电子散射且轻空穴并不重要)。

1999 年,DRS 的研究人员提出了一种基于圆柱形 p-环绕-n HDVIP 的 APD。器件结构如图 17.46 所示,也可用于 FPA 的制备。它是一个正照射的光电二极管,具有从可见光区域到红外截止波长的高量子效率响应(图 17.69[402])。器件的几何结构和工作原理如图 17.70 所示。如果反向偏置从典型的 50 mV 增加到几伏,则中心的 n 区变得完全耗尽,形成发生倍增的高场区。在周围的 p 型吸收区域中实现空穴-电子对的光学生成,然后扩散到倍增区,从而形成注入。

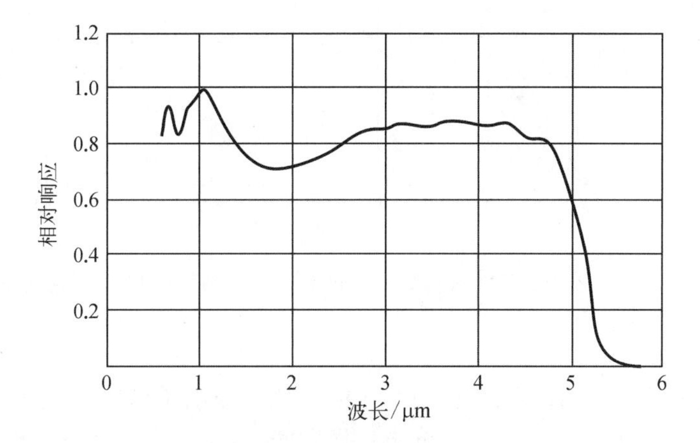

图 17.69　在 80 K 时,截止波长 5.1 μm 的 HgCdTe HDVIP 的相对光谱响应[402]

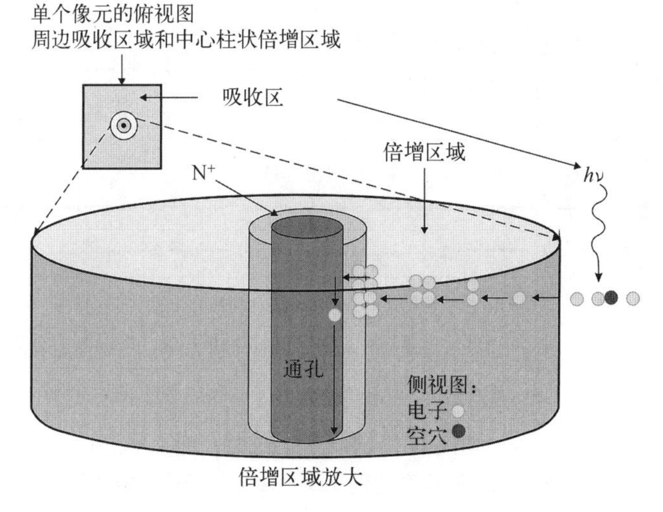

图 17.70　HgCdTe HDVIP 中电子雪崩过程的截面示意图[402]

蒙特卡罗理论模型预测倍增过程的带宽通常在 2 GHz 以上[403]。增益乘以带宽(G×BW)>16 THz 的增益带宽记录也曾测量到(图 17.71),图 17.71 中显示了测量增益与偏置电压的关系[404]。高带宽大像元可以通过将 $N×N$ 个 APD 并联来获得,由于圆柱形结的几何结构,所以器件电容很小。

MWIR HgCdTe APD 的性能也可以扩展到 SW 和 LW 光电二极管[405]。宽禁带 0.56 eV (2.2 μm 截止)的 HgCdTe 也表现出类似的指数增益行为。但工作电压较高,过量噪声因子

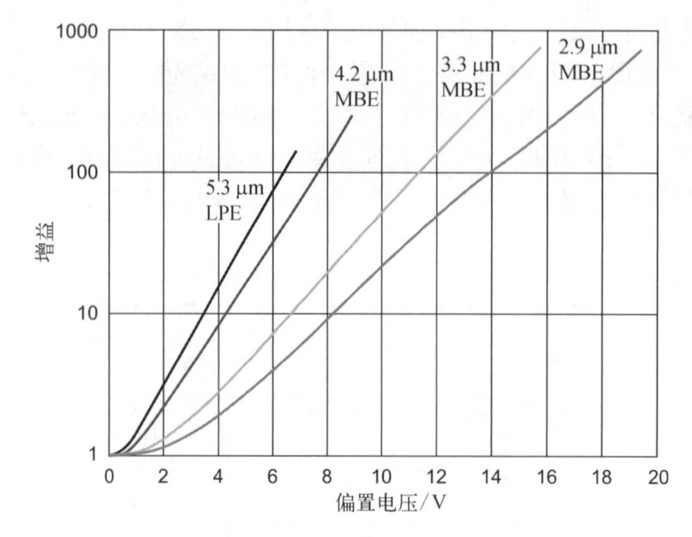

图 17.71　在 80 K 时,LETI 获得的不同截止波长 e－APD 的典型增益曲线[404]

约为 2,表明当 $k\approx0$ 时,存在电子-声子散射。

HDVIP 的实验数据表明,该器件具有均匀的指数增益电压特性,符合空穴-电子电离系数比 $k=\alpha_h/\alpha_e=0$。截止波长 4.3 μm 的光电二极管的过量噪声数据显示,增益无关的过量噪声系数为 1.3,增益可超过 1 000 倍(图 17.72),这表明电子电离是弹道过程[401,405]。

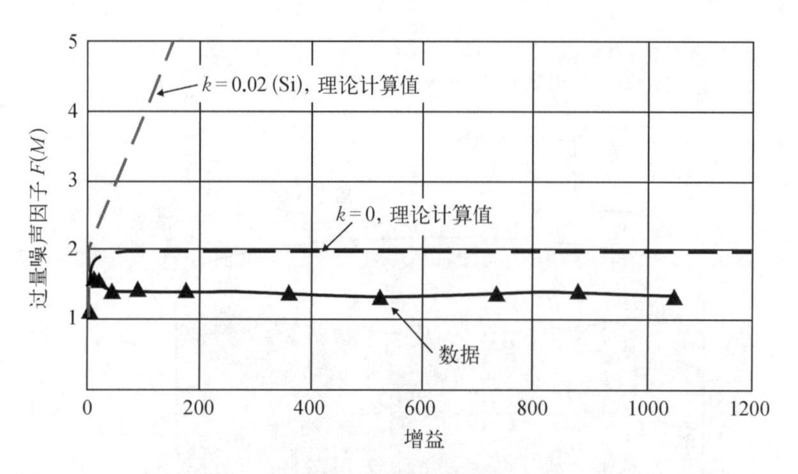

图 17.72　与麦金太尔(McIntyre)的原始理论相比,截止波长 4.3 μm 的 8×8 阵列 APD,在 80 K 时的过量噪声因子与增益数据的关系[403]

最近,报道了一些其他配置和结构,证实了电子引发雪崩过程的基本特征。图 17.73(a)是 LETI 的 p－i－n 同质结器件示意图,是通过将空位掺杂 p 型层($N_a=3\times10^{16}$ cm^{-3})中靠近表面的狭窄区域转变为掺杂浓度为 1×10^{18} cm^{-3} 的 n^+ 区而形成的。在 n^+ 区的形成过程中,n^- 区是 Hg 空位对外延残余掺杂的抑制而产生的,通常 $N_d=3\times10^{14}$ cm^{-3}。N^- 层的扩展与 N^+ 层的深度相关。二极管的量子效率通常约为 50%,这是由于光学填充因子降低和使用了未优化的减反射涂层[406]。

南安普顿的 SELEX 公司已经在 2 英寸 GaAs 衬底上开发出 MOCVD 生长的台面异质结

[图 17.73(b)][407]。台面异质结允许掺杂和带隙在器件结构中自由变化,耗尽区具有在材料生长阶段就确定的严格控制的宽度。对于 APD,它允许吸收层、p－n 结区和倍增区被独立优化。FPA 的每个像素都由台面沟槽加以电隔离,台面沟槽延伸穿过吸收层,以消除横向收集和串扰。

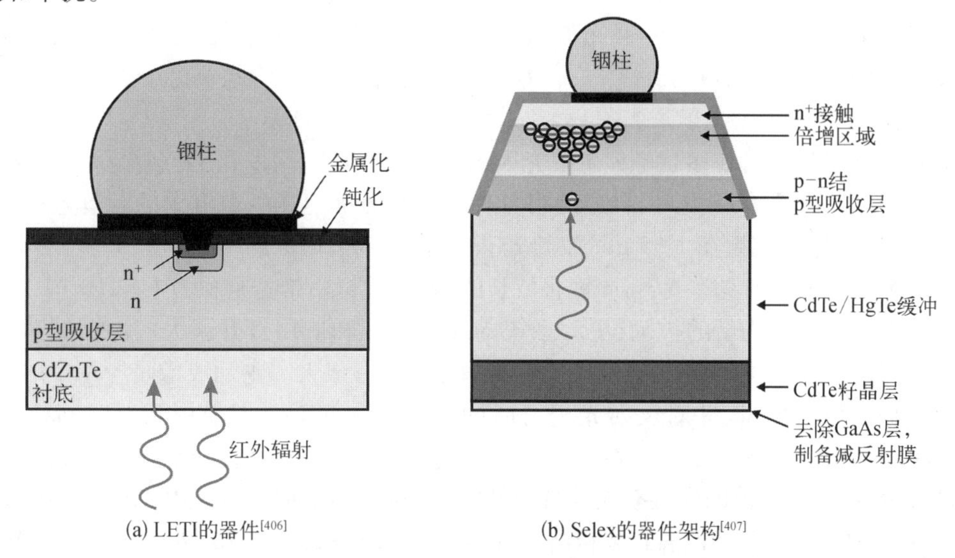

(a) LETI的器件[406]　　(b) Selex的器件架构[407]

图 17.73　背照射 HgCdTe e－APD 的横截面示意图

Perrais 等[408]报道了采用 CdZnTe 衬底上 MBE 生长的 HgCdTe 层,制备的截止波长为 5.0 μm 的背照射平面型 p－i－n 光电二极管(像元间距为 30 μm)在－12.5 V 时最高增益为 5 300。与 SW e－APD 特性相似,最高增益通常随截止波长和反向偏置电压呈指数增长。

表 17.6 比较了这类 APD 在 T＝80 K 时的典型性能。表 17.6 中的最大增益对应于最高的稳定增益值,范围为 2 000(SWIR APD)～10 000(MWIR APD)。如此高增益的实用性还取决于 APD 的暗电流噪声、观察时间和电子检测设备的噪声。对于 SWIR APD,在室温下观察到与低噪声相关的稳定增益。

表 17.6　SWIR 和 MWIR HgCdTe APD 在 T＝80 K 时的典型性能[409]

参　　数	SWIR	MWIR
量子效率/%	60～80	
最大增益	2 000	13 000
M＝100 时的偏置电压	12～14	7～10
过量噪声因子 F	1.1～1.4	
量子效率与 F 的比值/%	40～70	
典型响应时间/ns	0.5～20	
最大增益与带宽的乘积/THz	2.1	

Baker 等[410,411]已经报道了使用横向收集通孔型 HgCdTe e－APD 320×256 FPA，工作温度为 90 K，在人眼安全的 1.57 μm 处的第一次激光门控成像，像元尺寸为 24 μm×24 μm，截止波长为 4.2~4.6 μm，在−7 V 时增益超过 100。

该 HgCdTe APD 设计基于由 DRS 开发的前照射横向收集 p－环绕－n HDVIP 结构，用于演示由 40 μm 间距、4.2~5 μm 截止波长和定制读出集成电路组成的 MWIR 主动/被动 128×128 门控成像系统的可行性[412,413]。在−11 V 偏压下，中值增益高达 946，对于 1 μs 门宽，探测灵敏度小于 1 个光子。

APD 平面结构具有许多优点：高填充因子、高量子效率、高带宽（光载流子必须穿过一个很短的距离到达耗尽区，此外，合适的组分梯度层具有加速光生载流子的有效电场）。使用平面结构，LETI 研究组在 1.55 μm 波长处获得了约 400 MHz 的带宽，在−11 V 的增益≈2 800，相当于在 80 K 时具有 5.3 μm 截止波长的器件的增益×带宽乘积为 1.1 THz[414]。

HgCdTe e－APD 为新的被动/主动系统的探测性能和应用打开了大门。在到达 ROIC 输入级之前，光子信号可以在光电二极管自身中进行前置放大。主动成像是应用中的一种。使用激光脉冲照射场景，并对反射光进行时间监控。这样就可以使用飞行时间（time-of-flight, TOF）计算重建 3D 图像。双波段和雪崩增益功能的结合是另一个技术挑战，它将支持许多应用，如大温度范围内的双波段探测[415]。目前，采用通用 e－APD 器件与成熟的高良率 ROIC、紧凑的 TEC 和低温封装相结合，已生产出 256×256[416]和 320×256[417]的大幅面凝视型相机。

17.6.5 俄歇抑制型光电二极管

长期以来，由于缺乏获得 $Hg_{1-x}Cd_xTe$ 吸收区宽带隙 p 型接触的技术，无法实际实现俄歇抑制型光电二极管。因此，第一批俄歇抑制型器件是具有 InSb 吸收层的Ⅲ－Ⅴ族异质结[243,244,418,419]。首批报道的 $Hg_{1-x}Cd_xTe$ 俄歇提取二极管是邻近提取二极管结构（图 17.74），即在 p^+ 区和 n^+ 区之间的电流路径中放置额外的反向偏置保护 n^+-n^- 结，以拦截从 p^+ 区注入的电子。飞利浦组件有限公司制造了实用的直线和圆柱形邻近提取器件[243]。该器件由体生长的 $Hg_{1-x}Cd_xTe$ 材料制成，在 200 K（$x=0.2$）下的截止波长为 9.3 μm。受主浓度（8×10^{15} cm^{-3}）是由原生掺杂引起的。n^+ 区是用离子铣削的方法制备的。由于双极型晶体管作用和碰撞电离的发生，这类结构的 $I-V$ 特性复杂且难以解释，但当采用标准晶体管模型时，

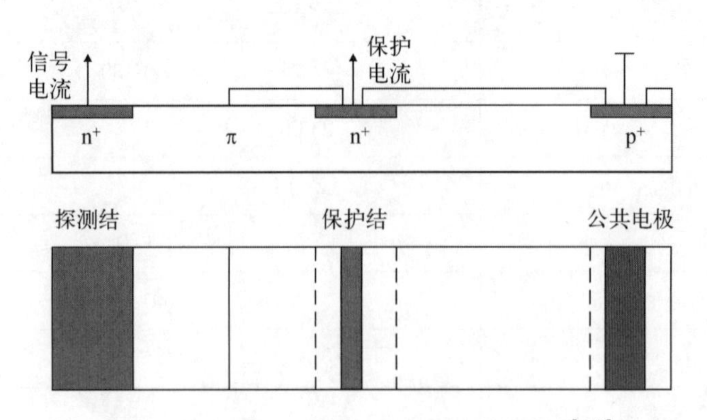

图 17.74　邻近提取光电二极管的结构示意图[243]

其一般特性是可以预测的。通过使用偏置保护结，电流比无保护结的情况降低了 48 倍，但提取的电流比俄歇抑制、SR 限制的情况下预测的要大得多。这可能是表面生成电流造成的。在调制频率为 20 kHz，光学面积为 320 μm^2的器件上，测得 500 K 的黑体探测率为 1×10^9 cm·$Hz^{1/2}$/W。

采用宽带隙 p 型接触是消除 p 型区中不利的热生成的一种直接方法。这种器件的实际实现需要一种成熟的多层外延技术，能够生长出具有复杂禁带和掺杂分布的高质量异质结。这项技术在 20 世纪 90 年代初问世，三层 $n^+-\pi-P^+$、$N^+-\pi-P^+$异质结光电二极管已经被证明是可行的，并逐渐得到改进[419-424]。光电二极管在光学谐振腔中的布置能够在不损失量子效率的情况下使用薄的提取区，这也有利于降低饱和电流，并将噪声和偏置功耗降至最低。

图 17.75 显示了 $N^+-\pi-P^+$ HgCdTe 异质结的器件结构(工作温度≥145 K)及其合适的能带图[419,422]。LW 器件的典型参数在有源 π 区 $x=0.184$，在 P^+区 $x=0.35$，在 N^+区 $x=0.23$。用 IMP MOCVD 方法在 CdZnTe 和 GaAs 衬底上生长了该结构。n 区和 P^+区的典型 As 掺杂浓度分别为 7×10^{15} cm^{-3}和 1×10^{17} cm^{-3}，N^+区的 I 掺杂浓度为 3×10^{17} cm^{-3}。通过刻蚀圆形沟槽形成 64 元二极管线阵，每一个单元有一端为公共电极连接到 P^+区。这些开槽台面器件用 0.3 μm 厚的硫化锌钝化，再用 Cr/Au 金属化。最后，通过将阵列 In 柱互连到蓝宝石衬底上的 Au 线条，实现与台面的电接触。

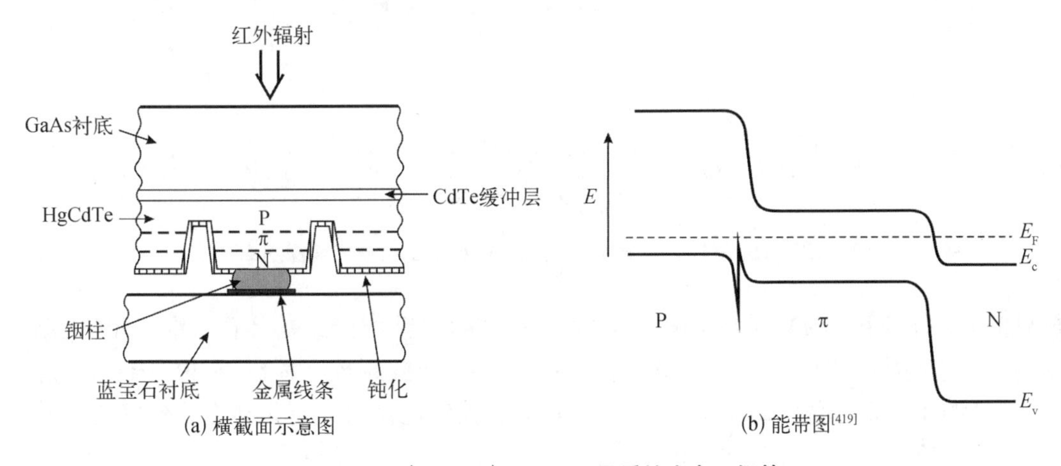

图 17.75 $P^+-\pi-N^+$ HgCdTe 异质结光电二极管

低偏压时，器件表现为线性电阻，直到电场超过排除或提取的临界值(图 17.76)[425]。然后电流从其最大值 I_{max}急剧下降，电压的进一步增加使电流逐渐减小到最小值 I_{min}。在高偏压下，电流增加是由于二极管击穿引起的。结果，在接近转变范围的区域，动态电阻增加到高值。这些器件在 190 K 以上的温度下表现为负阻抗。

受散粒噪声限制的探测率随截止波长的变化如图 17.77 所示[419]。图 17.77 中显示在 7 μm 时的值为 4×10^9 cm·$Hz^{1/2}$/W，在 11 μm 时略有下降至 3×10^9 cm·$Hz^{1/2}$/W。这些值大约比非制冷热探测器的值大一个数量级。不幸的是，散粒噪声限制 D^*无法在成像应用中实现，因为到目前为止制造的器件 $1/f$ 噪声很高[426,427]。只有在超过 1 MHz 的频率下，才能在实验中观察到散粒噪声限制的性能。因此，首先受益于这些设备的应用将是那些可以在相对较高频率下工作的应用，例如，使用红外 LED 光源的气体检测。或者在其中 $1/f$ 噪声不是

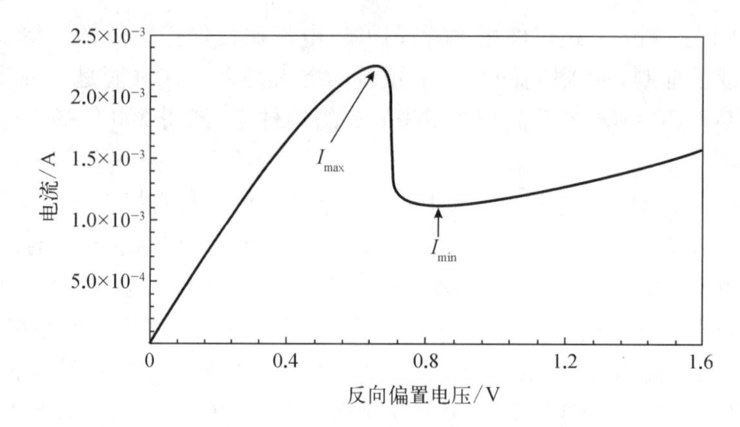

图 17.76　P－p－N 异质结的电流-电压特性示例，标出了 I_{max} 和 I_{min} 的位置[425]

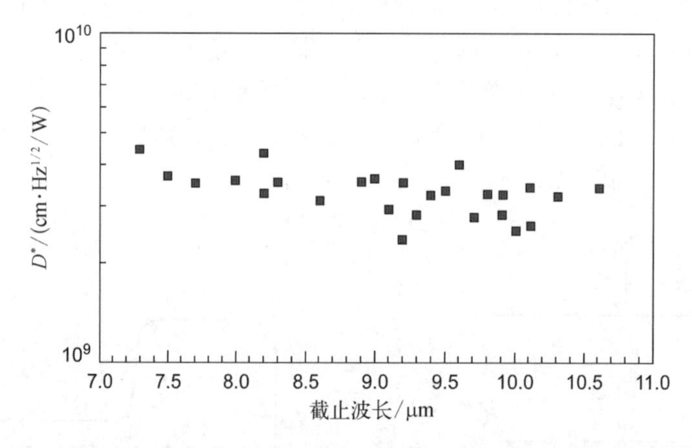

图 17.77　HgCdTe 非平衡探测器在 300 K 时的散粒噪声探测率[419]

问题的另一个应用：激光外差探测。埃利奥特（Elliott）等[425]已经展示了一种用于 CO_2 激光辐射的最小制冷外差接收器，在 260 K 和 0.3 mW 的本地振荡器功率下，在 40 MHz（1/*f* 膝部以上）处的净有效功率为 2×10^{-19} W/Hz。其 NEP 大约比任何其他非制冷器件好两个数量级，只比冷却到 80 K 的器件差三倍。

以 Ag 为受主，In 为施主掺杂的 MBE 生长的俄歇抑制型 N－π－P 光电二极管也已进行了展示[428]。300 K 时，在相同截止波长（≈9 μm）下，最小反向电流密度与 MOVPE 生长的材料中所获得的结果相似，量子效率超过 100%，归因于样品上相对较高的偏压或混合导电效应导致的载流子倍增。

最近报道的改进型 $N^+-N^--\pi-P^--P^+$ $Hg_{1-x}Cd_xTe$ 异质结，改进了带隙和掺杂分布[422,427]。N 层和 P 层用于最小化不同组分区域之间的载流子生成。π 区的掺杂 ≈ 2×10^{15} cm^{-3}。π 区的厚度一般为 3 μm，以台面接触作为反射面，保证了良好的量子效率。所有的层都在 220℃ 的富 Hg 氮气（Hg 池温度相同）中退火 60 h。再使用 CdTe 和 ZnS 对台面结构进行钝化。

在室温下，对于约为 10 μm 的器件，俄歇抑制型器件表现出 1/*f* 膝部频率为 100 MHz 到几 MHz 的高-低频率噪声。这使得它们在约 1 kHz 频率下的信噪比低于平衡态器件。在近室温下，1/*f* 噪声仍然是实现二维阵列背景限噪声等效温差（noise equivalent difference temperature，NEDT 或 noise equivalent temperature difference，NETD）的主要障碍。

MWIR 器件的 $1/f$ 噪声水平要低得多，它们看起来能够在非常高的帧频或使用高速斩波器的成像应用中获得有用的 D^*值[429]。通常情况下，低频噪声电流与偏置电流成正比，$a \approx 2\times10^{-4}$。已研制出基于 320×256 元 FPA、截止波长为 4 μm、工作温度为 210 K 的 HOTEYE 热像仪。像元是从 GaAs 衬底开始的 P^+-p-N^+结构。测量的具有 $f/2$ 光学镜头的器件 NETD 直方图，其峰值约为 60 mK。

$1/f$ 噪声较大的原因尚不清楚[427,430]，可能的原因包括耗尽区中的陷阱、高场区、热电子和背景光的载流子生成等。对于 MWIR 设备，噪声的来源疑为耗尽区[430]，与带隙呈指数依赖关系；噪声$\propto \exp(E_g/2kT)$。

17.6.6 MIS 光电二极管

对 HgCdTe MIS 结构的兴趣主要基于其用于制备单片式 FPA 的可能性[16,17,431]。这类结构不仅能够探测红外辐射，而且能够进行先进的信号管理。近二十年来，技术人员一直在寻求开发用于探测红外辐射的 HgCdTe 全单片式 CCD 成像器。由于 n 型材料成熟的生长技术和掺杂控制，最初的工作集中在 p 型沟道 CCD[16,431-433]。然而，由于难以在 HgCdTe 中形成稳定的 p^+-n 结，读出部分结构不能被引入器件中。由于需要采用片外读出电路，增加了读出节点的寄生电容，降低了电荷-电压转换效率，导致动态范围有限。为了缓解这些困难，有必要开发 n 沟道 CCD。采用 p 型材料，通过离子注入可以形成稳定的二极管，并为 HgCdTe 金属氧化物半导体场效应晶体管（metal oxide/insulator semiconductor field effect transistor，MISFET）的开发提供了一种手段[434-436]。通过在 HgCdTe 中实现基于 MISFET 的放大器[437]，为在 HgCdTe 中创建全单片式 CCD 扫清了障碍[438-440]。MIS 结构也被用作研究 HgCdTe 表面和界面性质的工具。

Kinch[431]对 HgCdTe MIS 结构的工作原理和特性进行了广泛的回顾。在 12.7 节对 MIS 电容器的一般理论进行了描述。MIS 光电探测器吸收辐射产生的少子被限制在势阱中，而多子在表面电势作用下进入中性区域。虽然 MIS 探测器本质上是电容器，但它们的暗电流可以与传统 p－n 结光电二极管的暗电流进行比较，从而可以采用 R_0A 乘积作为参考。暗电流的来源基本上与 p－n 光电二极管相同。暗电流在低背景时限制了最大电荷存储容量或积分时间，并且是一个噪声源。噪声源类似于反向偏置 p－n 结中的噪声源[431,441]。然而，对于 MIS 结构来说，这个问题更为严重，因为与 p－n 结光电二极管相比，它们必须在强耗尽状态下工作才能获得足够的电荷存储容量。暗电流高的另一个原因是使用弱掺杂材料来获得高击穿电压，从而导致来自耗尽区的高 GR 电流。实际上，暗电流应该降低到背景产生的电流以下。这一条件设定了器件的最高工作温度。优化基底层厚度可以提高工作温度，也可以实现更长的积分时间。

在 CCD 势阱边缘的快速界面态对电荷的俘获是低频电荷转移效率的主要限制[431]。由于传输损耗与快速态的密度成正比，应尽量减小快速态的密度。在高频下，传输效率急剧下降，这是由于相邻势阱间电荷传输所必需的时间受到限制。对于典型的 p 型沟道器件，拐点频率大约等于 1 MHz，可以通过减小栅极长度和增加最大可用栅极电压来提高。由于具有高的电子-空穴迁移率，预期 n 型沟道器件的拐点频率要高得多。

为了获得最大的电荷存储能力，MIS 结构工作在最大有效栅极电压下，而最大有效栅极电压受到由隧穿电流引起的击穿的限制。BLIP 性能要求隧穿电流小于入射光通量所引起的电流,这一准则被用来定义外加电场的上限,即所讨论材料的击穿电场 E_{bd}。击穿电压随带隙的减小和掺杂浓度的增加而降低。这一限制对于 LWIR 器件(需要大容量来存储背景所生成的电流)尤其严重。战术背景下典型 $f/2$ 系统的通量水平如图 17.78(a)中右侧箭头所示,E_{bd}值为 3×10^4 V/cm(截止波长为 5 μm)和 8×10^3 V/cm(截止波长为 11.5 μm)[16]。这些值与高质量 p 型 HgCdTe 掺杂浓度的实验数据相一致。n 型 HgCdTe 的 E_{bd}值通常要低 30%,这是由于导带中较低的态密度(比价带中的态密度低 $10^2\sim10^3$倍)及 p 型情况下反型层量子化的影响[442]。

有效势阱容量与掺杂浓度的关系如图 17.78(b)所示,单位面积绝缘层的电容假设为 4×10^{-8} F/cm^2。为了获得像元噪声主导的集成 MIS FPA,需要势阱容量为 $10^{-8}\sim10^{-7}$ C/cm^2。对截止波长为 5 μm 的 HgCdTe,当掺杂浓度>10^{15} cm^{-3}时,容易获得合适的势阱容量。然而,由于带隙较窄,$E_{bd}=8\times10^3$ V/cm,对 LWIR 器件的工作提出了更严格的要求。低掺杂浓度($10^{14}\sim10^{15}$ cm^{-3})的 n 型 HgCdTe 是可行的,但如图 17.78(b)所预测的那样,当掺杂浓度低于 8×10^{14} cm^{-3}时,其性能并没有提高,当势阱容量约为 2×10^{-8} C/cm^2(相当于外加电压 $V=0.5$ V)时达到一个平台。这种质量的 p 型 HgCdTe 材料无法可靠重现。该器件的一个例子是 Borrello 等[439]报道的 10 μm 基于 n 型 HgCdTe 体材料的 MIS 探测器,使用 $f/1.3$ 屏蔽,80 K 时的量子效率大于 50%,峰值探测率 $D^*=8\times10^{10}$ cm·Hz$^{1/2}$/W。

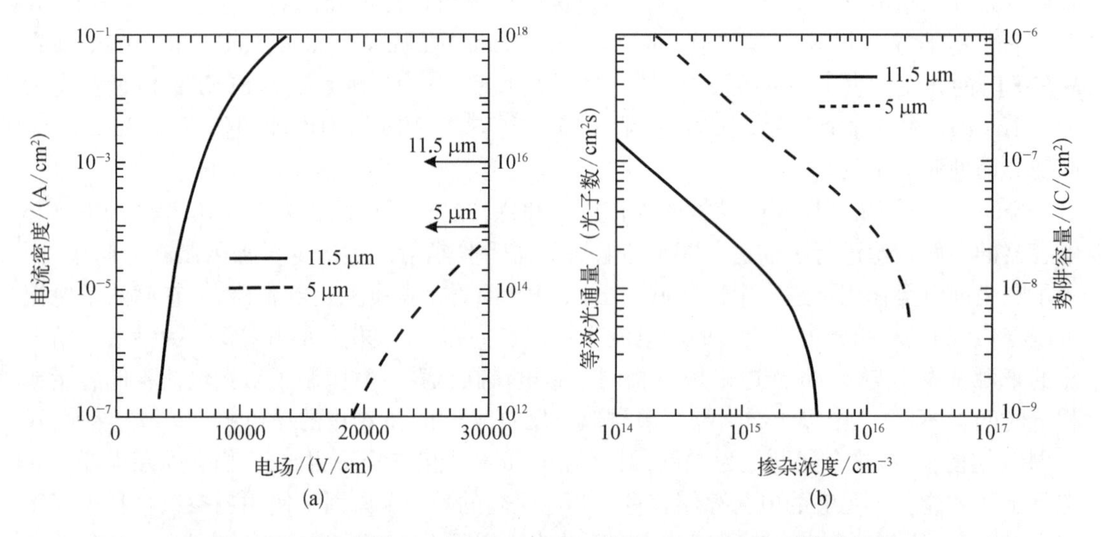

图 17.78 截止波长 5 μm 和 11.5 μm p 型 HgCdTe 的(a)隧穿电流与电场的关系,(b)势阱容量与空穴浓度的关系[16]

利用厚度小于少子扩散长度的 LPE HgCdTe 外延层制作了 MIS 器件,以降低暗扩散电流[440]。在 77 K,截止波长为 5 μm 的 MWIR 器件在 6×10^{12} 光子/(cm^2·s)的背景通量水平下,平均探测率超过 3×10^{13} cm·Hz$^{1/2}$/W。器件工作温度升高会产生额外的暗电流,降低了 CCD 的有效信号存储容量,并降低了 D^*值。对于 5.25 μm 截止的器件,其最高实际工作温度为 100 K。

与光电导和 p-n 结光电二极管不同,MIS 器件工作在强非平衡条件下,深耗尽区中存在大的电场。这使得 MIS 器件比光电导和光电二极管对材料缺陷更加敏感。这种敏感性导致单片集成方法被放弃,取而代之的是各种混成式方法。

17.6.7 肖特基势垒光电二极管

与 p-n 光电二极管相比,基于肖特基势垒的光电接收器具有更高的带宽,制备也更简单。然而,HgCdTe 肖特基势垒光电二极管的性能达不到红外辐射的探测要求。

传统的金属-半导体(M-S)界面模型已在 12.5 节中作了介绍。然而,M-S 的物理图像已有修改,在微观的 M-S 界面上观察到了各种各样的现象,形成了具有新的电子和化学结构的界面区。人们提出了几种新的模型来解释费米能级在结界面上的位置,包括 Freeouf 和 Woodall[443]的修正功函数模型、金属诱导的带隙态(metal-induced gap states, MIGS)[444]和 Spicer 等[445]的原生缺陷模型。根据 MIGS 模型,当金属与半导体表面紧密接触时,金属波函数的尾部可以隧穿到半导体的带隙中,从而产生具有强费米能级钉扎的带隙态。

Spicer 等[328]在当前理论的框架下,讨论了 $Hg_{1-x}Cd_xTe$ 整个组分范围内的肖特基势垒高度和欧姆接触。他们的预测汇总在图 17.79 中。由各种机制引起的钉扎位置的下限由横跨整个组分范围的实线表示。对于基于缺陷的模型,使用了两条相似的线,基于 Kobayoshi 等[446]或 Zunger[447]的理论计算。源自 MIGS 的钉扎位置是基于 Tersoff[444]的工作。有趣的是,所有的模型都预测了在低于某一 x 值(0.4~0.5)时,钉扎位置位于导带内。

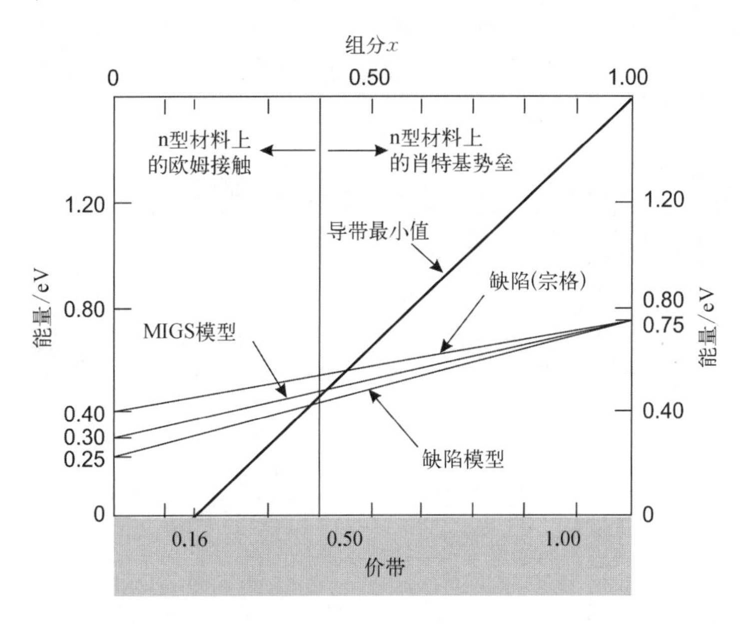

图 17.79 费米能级钉扎位置的下限与组分的关系。采用两个模型进行了外推:MIGS[444]和缺陷模型[446,447]。在 $x=0.4$ 附近,费米能级进入导带,在 n 型材料上提供欧姆接触[328]

Polla 和 Sood[448,449]报道了窄禁带 p 型 $Hg_{1-x}Cd_xTe$ 肖特基势垒光电二极管。用热蒸发制备了势垒型金属层(Al、Cr 和 Mn),溅射制备了 ZnS 作为钝化层。Leech 和 Kibel[450]报道了体材料和 MOCVD 制备的 n 型 $Hg_{1-x}Cd_xTe$ ($x=0.6\sim0.7$)的肖特基二极管。所有的金属接触

(Ag、Au、Cu、Pd、Pt、Sb)在肖特基势垒高度为0.7~0.8 eV的腐蚀表面上形成整流接触,只有Ti表现出接近欧姆性的行为。整流接触的理想因子大于1,表明存在热离子发射以外的输运机制。二极管的特性强烈地依赖于表面处理工艺。

17.7 势垒型光电二极管

与Ⅲ-Ⅴ族半导体异质结相反,HgCdTe材料没有近零价带偏移,这是限制NBN探测器性能的关键因素[451-456]。器件表现出较差的响应率和探测率,特别是在低温下,光吸收产生的低能少子无法克服价带能量势垒。通过调整势垒中的Cd元素摩尔比,可以将价带偏移量降低到一个合理的低值,相应地会将导带中的势垒降低到临界水平以下,从而增加了多子暗电流,并降低高温下的响应率(探测率)。

在低偏压下,价带势垒(ΔE_v)会抑制吸收层和接触帽层之间的少子空穴流动[图17.80(a)]。取决于工作波长,需要对器件施加相对较高的偏置(通常大于带隙能量)以收集所有光生载流子。然而,耗尽层内的高电场可能导致较强的BTB和TAT效应。

在HgCdTe材料中,适当的p型掺杂可以降低价带偏移量,增加导带偏移量[457]。仅势垒在导带中的器件类似于文献[458]提出的器件:在两个窄带隙n型区域之间插入p型势垒。此外,由于势垒的存在,有可能在不影响暗电流的情况下用p型层取代n型帽层接触[图17.80(b)]。然后,p-n结位于重掺杂p型势垒和轻掺杂吸收层之间的界面上,其耗尽区会延伸进入吸收层。它类似于一种基于Ⅲ-Ⅴ族半导体的MWIR器件,被命名为XBN结构[459],其中X代表n型或p型接触。与传统光电二极管相比,XBN探测器的优势在低温下非常明显。

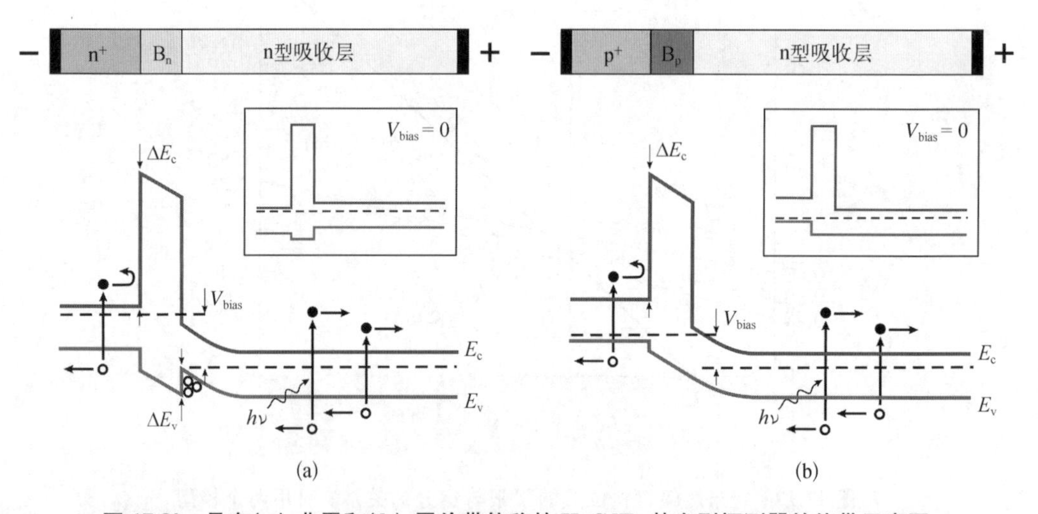

图17.80 具有(a)非零和(b)零价带偏移的HgCdTe势垒型探测器的能带示意图

为了克服HgCdTe的带隙偏移问题,应该通过对势垒组分梯度和掺杂浓度分布来有效地消除带隙不连续性。实际实现势垒型探测器架构需要成熟的外延技术,如MBE或MOCVD,能够在生长过程中控制成分、厚度和掺杂剂。这两种制备技术在制造异质结构探测器时各有优缺点[460]。

首先,Isuno 等[451-453]报道了用 MBE 技术在体材料 CdZnTe 衬底上生长了 MWIR HgCdTe nB_nn(n 型势垒)器件。外延 nB_nn 结构由三层 In 掺杂 n 型层组成：窄禁带接触盖层、宽禁带势垒、窄禁带吸收层。探测器采用等离子体刻蚀出平面台面和台面几何结构。正照射的 nB_nn 平面台面和台面器件的示意图如图 17.81 所示。

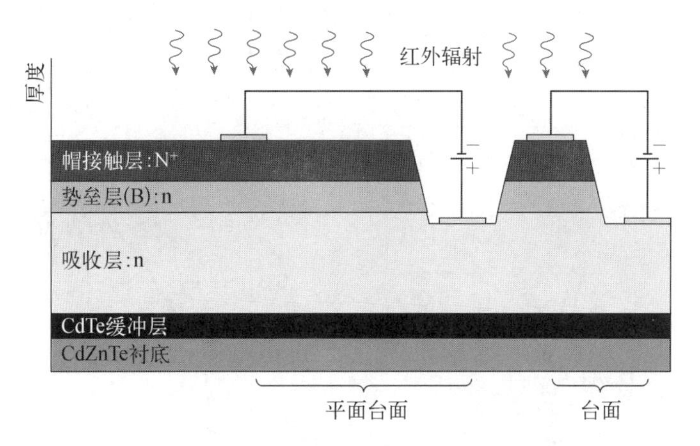

图 17.81 具有平面台面和台面几何结构的 MBE 生长的 HgCdTe nB_nn 探测器的横截面示意图

价带势垒的存在是限制 HgCdTe nB_nn 探测器性能的主要问题。图 18.82(a)显示了 77 K 下测得的等离子体刻蚀台面器件的电流-电压特性。开启电压[对齐价带并允许从吸收层收集少子(空穴)所需的电压]处于反向偏置值 0.2 V 左右。如图 17.82(b)所示,在 77 K 和 -0.2 V 偏置下的波长相关的相对响应率测试显示,截止波长为 5.2 μm,与 $Hg_{0.71}Cd_{0.29}Te$ 吸收层的带边一致。

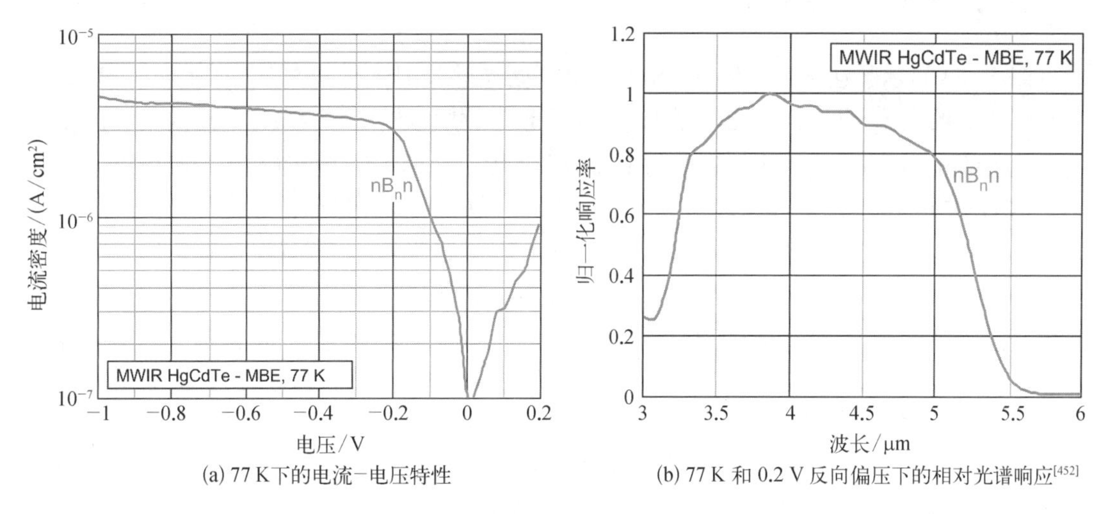

(a) 77 K 下的电流-电压特性

(b) 77 K 和 0.2 V 反向偏压下的相对光谱响应[452]

图 17.82 MBE 生长的二次迭代台面型 MWIR HgCdTe nB_nn 探测器的实验特性

军事技术大学应用物理研究所(Institute of Applied Physics,Military University of Technology)的一个研究小组最近发表的论文表明,MOCVD 技术是一种生长 HgCdTe 势垒结构的优秀工具,具有组分范围广、施主/受主掺杂,并且不需要后退火等优点[461-463]。特殊势垒带隙结构与俄歇抑制相结合的器件概念是 HOT IR 探测器的一种很好的解决方案。

使用 Aixtron AIX－200 型 MOCVD 系统，在 GaAs 衬底和 CdTe 缓冲层之后，制备了在 230 K 下 50%截止波长最高可达 3.6 μm、6 μm 和 9 μm 的势垒结构。器件具有故意不掺杂（由于施主背景浓度具有 n 型导电性）的 p_+－B_p盖层-势垒结构的单元，或者具有低 p 型掺杂吸收层和宽带隙高掺杂 N^+底接触层。器件的相对光谱响应如图 17.83 所示。器件通过 N^+层进行背照射，N^+层对能量低于带隙的光子起到红外传输窗口的作用。

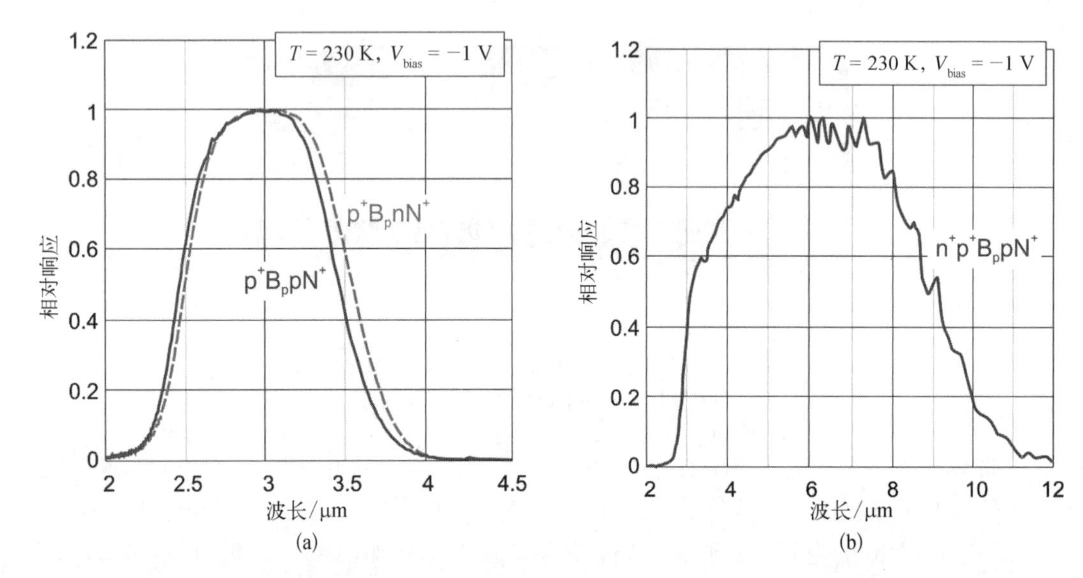

图 17.83　背照射、热电制冷（230 K）使用 MOCVD 生长的 HgCdTe 势垒型探测器的相对光谱响应：分别针对（a）3.6 μm 和（b）9 μm 的截止波长进行了优化。相对光谱响应是根据 1 V 偏置电压下电流响应率的测量值计算的[463]

图 17.84 显示了在 230 K 和 300 K 下针对不同光谱范围优化的 MOCVD 生长的 HgCdTe 势垒探测器的电流-电压特性测量结果。在 230 K 下，截止波长为 3.6 μm 的反向偏置探测器（$p^+B_pnN^+$和 $p^+B_ppN^+$）表现出很低的暗电流，在 2×10^{-4}～3×10^{-4} A/cm^{2}内，表明暗电流主要是由扩散电流引起的。这些探测器的阈值电压很低（－0.1 V），表明不存在价带势垒。截止波长为 6 μm 的 $p^+B_ppN^+$探测器和截止波长为 9 μm 的 $n^+p^+B_ppN^+$探测器对俄歇生成有明显的抑制作用，尤其是在 300 K 时出现了负动态电阻区。在反向偏压下，电子由连接到底 N^+层的正电极从吸收区域中提取。电子也被排除在 B_p－p 结附近的吸收层之外，因为它们不能通过势垒注入。然而，具有 p 型吸收层的器件显示出电荷隧穿，在较高偏置时，这是漏电流的主要来源。这些隧穿效应在异质结中主要是由 TAT 引起的。

图 17.85 比较了所分析结构的最小暗电流密度与 07 规则给出的值。在 3.6 μm 截止波长下优化的探测器显示的暗电流密度比 07 规则所确定的低一个数量级。

图 17.56 比较了 Vigo-System S.A.生产的非浸没 HgCdTe 势垒型探测器（虚线）和光学浸没 HgCdTe 光电二极管的探测率。带有 p 型势垒的 HgCdTe 探测器的探测率与标记数值的 HgCdTe 光电二极管相当。利用 GaAs 透镜实现 HgCdTe 势垒型探测器的光学浸没，可以使探测器的探测率提高一个数量级。

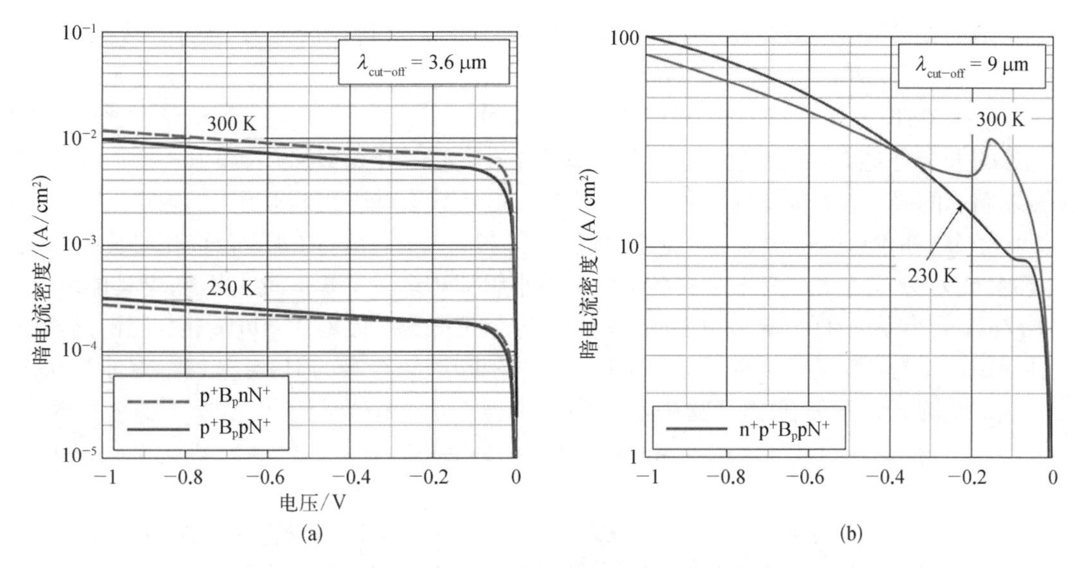

图 17.84　MOCVD 生长的 HgCdTe 势垒型探测器的电流-电压特性，工作温度为 230 K 和 300 K，并在(a) 3.6 μm 和(b) 9 μm 的截止波长下进行了优化[463]

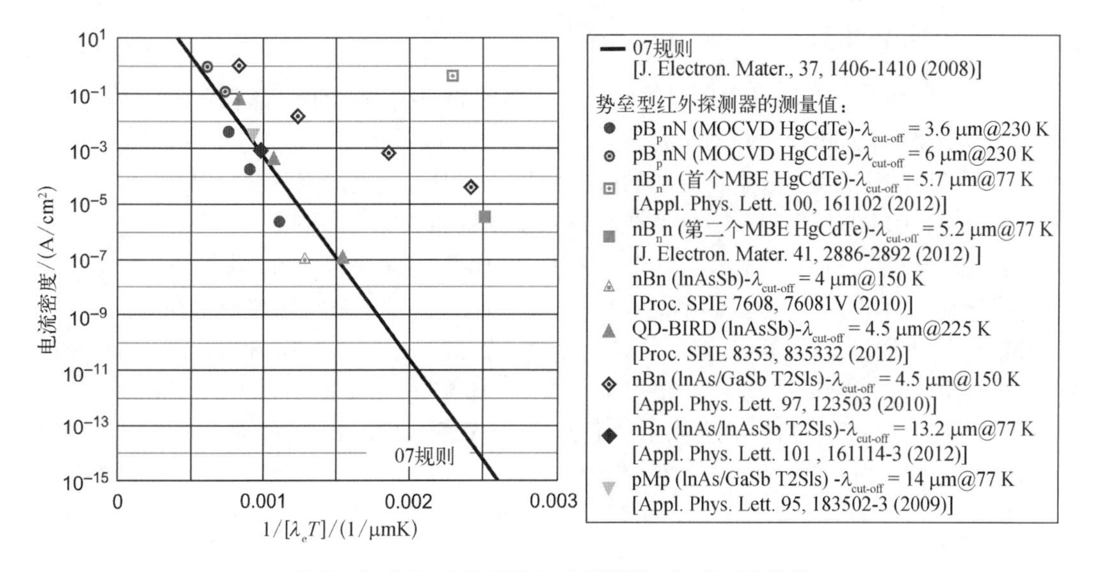

图 17.85　不同的势垒型 IR 探测器与 07 规则的比较

作者所在实验室制备的器件在图例上标为圆点[462]

17.8　其他 Hg 基探测器

在用于红外探测器的小带隙Ⅱ－Ⅵ族半导体中，只有 Cd、Zn、Mn 和 Mg 显示了可以打开 Hg 基半金属 HgTe 和 HgSe 带隙的能力，以匹配红外波长范围。为了匹配 10 μm 范围，而需要在 HgTe 中引入的 Mg 的量似乎不足以增强 Hg－Te 键。$Hg_{1-x}Cd_xSe$ 技术发展的主要障碍是难以实现转型。在上述合金体系中，$Hg_{1-x}Zn_xTe$(HgZnTe)和 $Hg_{1-x}Mn_xTe$(HgMnTe)占有优势地位。

HgZnTe 和 HgMnTe 都没有在器件环境中被系统地研究过。这有几个原因。首先，这些合金系统的初步研究是在 HgCdTe 探测器的开发进展顺利之后才开始的。其次，相比 HgCdTe 合金，HgZnTe 合金提出了更严峻的技术挑战。对于 HgMnTe 而言，Mn 不是Ⅱ族元素，因此，HgMnTe 不是真正的Ⅱ-Ⅵ族合金。对这种三元化合物的结晶学、电学和光学行为不熟悉的人会对此持怀疑态度。在这种情况下，想要同时开发 HgZnTe 和 HgMnTe 用于 IR 探测器制造的研究者在向工业界和资助机构推出这一想法时遇到了相当大的困难[464]。

1985 年，谢尔(Sher)等[465]的理论分析表明，弱 Hg-Te 键与 CdTe 合金化时变得不稳定，而会被 ZnTe 合金化稳定。世界各地的许多小组都对这一预测非常感兴趣，更具体地说，对 HgZnTe 合金系统作为 IR 光电探测应用材料非常感兴趣。但是，HgMnTe 化合物的晶格稳定性问题是相当模糊的。根据沃尔(Wall)等[466]的说法，该合金的 Hg-Te 键稳定性与在作为合成来源的二元窄带隙化合物中观察到的类似。这一结论与其他已发表的结果相矛盾[467]。已经证实，在 CdTe 中掺入 Mn 会破坏其晶格的稳定性，因为 Mn 3d 轨道杂化成了四面体键[468]。

本节仅回顾了有关 HgZnTe 和 HgMnTe 三元合金的生长过程与物理性能的部分主题。更多信息可以在罗加尔斯基(Rogalski)[469,470]的两篇综述和罗加尔斯基(Rogalski)等[79,471]所引用的书籍中找到。

17.8.1 晶体生长

HgZnTe 的赝二元相图导致了晶体生长中会遇到的一些严重问题，包括：

(1) 液相线和固相线之间的距离很大，导致高的分凝系数。

(2) 平坦的固相线导致生长温度的微小变化就会引起较大的组分变化。

(3) 熔体上的 Hg 压很高，这对均匀体材料晶体的生长非常不利。

为了便于比较，图 17.3 显示了 HgTe-ZnTe 和 HgTe-CdTe 赝二元相图。

HgTe 和 MnTe 在整个范围内不是完全相容的，$Hg_{1-x}Mn_xTe$ 单相区被限制在大约 $x<0.35$ 的区域[472]。正如贝克拉(Becla)等[473]所讨论的，赝二元 HgTe-MnTe 体系比相应的 HgTe-CdTe 体系中的固-液相分离要窄两倍以上。这一结论已得到博德纳鲁克(Bodnaruk)等[474]的证实。因此，为了满足同样的截止波长均匀性要求，HgMnTe 晶体必须比类似生长的 HgCdTe 晶体更均匀。

HgZnTe 和 HgMnTe 体单晶的生长主要有三种方法：布里奇曼-斯托克巴格(Bridgman-Stockbarger)法、SSR 法和 THM 法。用 THM 法制备了质量最好的 HgZnTe 晶体。利用这种方法，特布里特(Triboulet)[475]制备了纵向均匀性为±0.01 mol，径向均匀性为±0.01 mol 的 $Hg_{1-x}Zn_xTe$ 晶体($x\approx0.15$)。原材料是由两个圆柱段组成的圆柱体：一个是 HgTe，另一个是 ZnTe，其截面积与所需成分的比例相对应。

为了提高 HgMnTe 单晶的结晶质量，采用了不同的改性工艺。Gille 等[476]展示了 THM 方法生长的 $Hg_{1-x}Mn_xTe$ 单晶($x\approx0.10$)，直径 16 mm 晶体的径向标准偏差 $\Delta x=\pm0.003$。贝克拉(Becla)等[473]通过施加 30 k 高斯的磁场，减少了垂直布里奇曼生长(vertical Bridgman-grown)材料中的径向宏观偏析，并消除了小尺度下的成分波动。武山(Takeyama)和成田(Narita)[477]开发了一种先进的晶体生长方法，称为改进的两相混合法(modified two-phase mixture method)，可以生产高度均匀的三元和四元合金大尺寸单晶。

然而，现代器件的最佳性能需要更复杂的结构。这些结构只能通过使用外延生长技术来实现。此外,与体生长技术相比,外延技术具有重要的优势,包括更低的温度和 Hg 蒸气压、更短的生长时间和更少的沉淀问题,从而使大面积样品的生长具有良好的横向均匀性。这些优点促进了对各种薄膜生长技术的研究,如 VPE、LPE、MBE 和 MOCVD。在富 Hg 溶液中生长 HgCdZnTe 和 HgCdMnTe 的首次研究表明,在晶体生长过程中加入 Zn 或 Mn 可以改善外延层的均匀性[478]。最近,使用 IMP MOCVD 方法制备 HgMnTe 薄膜已经取得了相当大的进展[479]。根据生长条件的不同,n 型和 p 型层的非本征电子浓度与空穴浓度分别为 10^{15} cm^{-3}和 10^{14} cm^{-3}量级。

所有的外延生长过程都依赖于选择合适的衬底。它们需要大面积的单晶衬底[480]。HgTe 和 ZnTe 晶格参数的巨大差异导致了阳离子间的强烈相互作用。在 HgZnTe 中比在 HgCdTe 中更符合维加德定律,对于 300 K 下的 $Hg_{1-x}Zn_xTe$, $a(x)=6.461-0.361x$(Å)。与 HgCdTe 相比,$Hg_{1-x}Mn_xTe$ 的晶格参数 $a(x)=6.461-0.121x$(Å)随 x 变化的速度要快得多,对于先进 IR 器件所需的多层异质结构外延生长,这是一个不利因素。闪锌矿化合物 $Cd_{1-x}Zn_xTe$ ($Cd_{1-x}Mn_xTe$)的晶格参数表明了一个简单的事实:需要寻找适合于 $Hg_{1-x}Zn_xTe$ ($Hg_{1-x}Mn_xTe$) 外延生长的衬底。然而,布里奇曼方法生长(Bridgman-grown)的 CdMnTe 晶体是高度孪晶的,因此不能用作外延衬底。

17.8.2 物理特性

这两种三元合金的物理性质都是由布里渊区 Γ 点附近的能隙结构决定的。电子带和轻质量空穴带的形状由 **k · p** 理论决定。Γ 点附近的 HgZnTe 的带隙结构类似于图 17.10 所示的 HgCdTe 三元体系的带隙结构。HgZnTe 的带隙能量随组分 x 的变化速度约为 HgCdTe 的 1.4 倍(HgMnTe 的 2 倍)。

HgZnTe 和 HgMnTe 都表现出与组分相关的光学与输运性质,类似于具有相同带隙的 HgCdTe 材料。替代合金的一些物理性能表明,与 HgCdTe 相比,它具有结构上的优势。在 HgTe 中引入 ZnTe 显著地降低了键的离子性,提高了合金的稳定性。此外,由于 ZnTe 的键长(2.406 Å)比 HgTe(2.797 Å)或 CdTe(2.804 Å)短 14%,因此 HgZnTe 合金的单位长度位错能和硬度都高于 HgCdTe 合金。HgZnTe 的最大显微硬度是 HgCdTe 的两倍以上[480]。HgZnTe 是一种比 HgCdTe 更抗位错形成和塑性形变的材料。

所生长的 $Hg_{1-x}Zn_xTe$ 材料在 10^{17} cm^{-3}范围内为高度 p 型,迁移率为几百 $cm^2/(V·s)$。这些值表明它的导电性主要是由 Hg 空位引起的空穴决定的。在用过量 Hg 进行低温退火($T \leq$ 300℃)后(消除 Hg 空位),材料在中值(10^{14} cm^{-3})到低值(10^{15} cm^{-3})内转变为弱 n 型,迁移率为 10^4~4×10^5 $cm^2/(V·s)$。罗兰(Rolland)等[481]的一项研究结果表明,只有组分 $x \leq 0.15$ 时才会发生 n 型转变。Hg 在 HgZnTe 中的扩散速率比在 HgCdTe 中的扩散速率慢。HgTe 和 ZnTe 的互扩散研究表明,在 HgZnTe 中的互扩散系数比在 HgCdTe 中的互扩散系数低约 10 倍[475]。

伯丁(Berding)等[482]和格兰杰(Granger)等[483]对 HgZnTe 的散射机制进行了理论描述。为了很好地拟合 $Hg_{0.866}Zn_{0.134}Te$ 的实验数据,他们在迁移率计算中考虑了声子色散+电离杂质散射+芯色散而没有补偿。电子迁移率的理论计算表明,HgZnTe 合金中的无序散射可以忽略不计[475]。相反,空穴迁移率可能受到合金散射的限制,预测 HgZnTe 合金的空穴迁移率约为 HgCdTe 的两倍。此外,阿卜杜勒哈基姆(Abdelhakiem)等[484]证实在相同的能隙和相同的施主和受主浓度下,电子迁移率与 HgCdTe 的电子迁移率非常接近。

HgMnTe 合金是一种半磁性窄禁带半导体。能带电子与 Mn^{2+} 电子之间的交换作用改变了它们的能带结构，使其在很低的温度下依赖于磁场。在 IR 探测器的典型工作温度范围内（≥77 K），HgMnTe 的自旋无关性质实际上与 HgCdTe 的性质完全相同，这在文献中有详尽的讨论。由克雷默（Kremer）等[485]进行的研究确认样品在 Hg 蒸气中的退火可以消除 Hg 空位，由于某些未知的天然施主，产生的材料为 n 型。Hg 在 HgMnTe 中的扩散速率与在 HgCdTe 中的扩散速率相同。对 $Hg_{1-x}Mn_xTe$（$0.095 \leqslant x \leqslant 0.15$）输运特性的测量表明，施主和受主能级进入能隙，这不仅影响霍尔系数（Hall coefficient）、电导率和霍尔迁移率（Hall mobility）的温度依赖性，而且会影响少子寿命[486,487]。对 HgCdTe 和 HgMnTe 中电子迁移率的理论计算表明，在室温下，它们的迁移率几乎相同。但在 77 K 时，在缺陷浓度相同的情况下，HgMnTe 的电子迁移率降低了约 30%[488]。

在这两个三元合金体系中测得的载流子寿命是半导体的一个敏感特性，它取决于材料组成、温度、掺杂和缺陷。高温寿命主要由俄歇机制控制，低温寿命主要由 SR 机制决定。报道的 n 型和 p 型材料的 SR 中心的位置从价态附近到导带附近的任何地方都有。罗加尔斯基（Rogalski）等[79,471]对这两种三元合金的 GR 机理和载流子寿命的实验数据进行了综述。

表 17.7 和表 17.8 分别列出了 HgZnTe 和 HgMnTe 材料性质的标准近似关系式。这些关系中的大多数来自罗加尔斯基（Rogalski）[469,470]。有些参数，如本征载流子浓度，后来被重新验证过。例如，萨（Sha）等[489]的结论是，他们改进的本征载流子浓度计算结果比约日维科夫斯基（Jóźwikowski）和罗加尔斯基（Rogalski）[490]获得的结果高出 10%～30%。然而，新的计算也应该被视为近似值，因为在计算 n_i 时必需的能隙与组分和温度的关系 $E_g(x, T)$ 仍需进一步的严格讨论[491]。

表 17.7　$Hg_{1-x}Zn_xTe$（$0.10 \leqslant x \leqslant 0.40$）中的标准关系式[469]

参　数	关　系　式
300 K 时的晶格常数 $a(x)$/nm	$0.6461-0.0361x$
300 K 时的密度 γ/(g/cm³)	$8.05-2.41x$
能隙 E_g/eV	$-0.3+0.0324x^{1/2}+2.731x-0.629x^2+0.533x^3+5.3\times10^{-4}T(1-0.76x^{1/2}-1.29x)$
本征载流子浓度 n_i/cm^{-3}	$(3.607+11.370x+6.584\times10^{-3}T-3.633\times10^{-2}\times T)\times10^{14}E_g^{3/4}T^{3/2}\exp(-5802E_g/T)$
动量矩阵元 P/(eV·cm)	8.5×10^{-8}
自旋-轨道分裂能 Δ/eV	1.0
有效质量：m_e^*/m m_h^*/m	$5.7\times10^{-16}E_g/P^2$（E_g 的单位为 eV；P 的单位为 eV·cm） 0.6
迁移率：μ_e/[cm²/(V·s)] μ_h/[cm²/(V·s)]	$9\times10^8 b/T^{2a}$，其中 $a=(0.14/x)^{0.6}$；$b=(0.14/x)^{7.5}$ $\mu_e(x, T)/100$

续　表

参　数	关 系 式
静电介电常数 ε_s	$20.206 - 15.153x + 6.5909x^2 - 0.951826x^3$
高频介电常数 ε_∞	$13.2 + 19.1916x + 19.496x^2 - 6.458x^3$

表 17.8　$Hg_{1-x}Mn_xTe$($0.08 \leq x \leq 0.30$)中的标准关系式[470]

参　数	关 系 式
300 K 时的晶格常数 $a(x)$/nm	$0.6461 - 0.0121x$
300 K 时的密度 γ/(g/cm^3)	$8.12 - 3.37x$
能隙 E_g/eV	$-0.253 + 3.446x + 4.9 \times 10^{-4} \times T - 2.55 \times 10^{-3}T$
本征载流子浓度 n_i/cm^{-3}	$(4.615 - 1.59x + 2.64 \times 10^{-3}T - 1.70 \times 10^{-2} \times T + 34.15x^2)$ $\times 10^{14}E_g^{3/4}T^{3/2}\exp(-5802E_g/T)$
动量矩阵元 P/(eV·cm)	$(8.35 - 7.94x) \times 10^{-8}$
自旋-轨道分裂能 Δ/eV	1.08
有效质量：m_e^*/m m_h^*/m	$5.7 \times 10^{-16}E_g/P^2$($E_g$ 的单位为 eV；P 的单位为 eV·cm) 0.5
迁移率 μ_e/[cm^2/(V·s)] μ_h/[cm^2/(V·s)]	$9 \times 10^8 b/T^{2a}$，其中 $a = (0.095/x)^{0.6}$；$b = (0.095/x)^{7.5}$ $\mu_e(x, T)/100$
静电介电常数 ε_s	$20.5 - 32.6x + 25.1x^2$
高频介电常数 ε_∞	$15.2 - 28.8x + 28.2x^2$

17.8.3　HgZnTe 光电探测器

HgZnTe IR 探测器技术的发展得益于 HgCdTe 器件的技术基础[469,471,492]。与 HgCdTe 相比，HgZnTe 探测器由于其相对较高的硬度而更容易制备。器件技术的发展要求界面具有可重复性、高质量、高的电学稳定性、界面态密度低等特点。结果表明，在 HgZnTe 上经阳极氧化形成表面反型层的趋势明显低于 HgCdTe[493]。此外，阳极氧化物- HgZnTe 界面的固定电荷(90 K 时为 2×10^{10} cm^{-2})较低[494]。此外，还观察到阳极氧化物- HgZnTe 界面在热处理条件下比阳极氧化物- HgCdTe 界面更稳定[495]。

第一批 HgZnTe 光电导探测器是由诺瓦克(Nowak)[496]在 20 世纪 70 年代初制造的。由于这些器件处于早期开发阶段，其性能不如 HgCdTe 器件。然后是彼得罗夫斯基(Piotrowski)等[497,498]证明了 p 型 $Hg_{0.885}Zn_{0.115}Te$ 可以作为高质量的室温 10.6 μm 光电导材料。这些光电导工作在 300 K，通过优化组分、掺杂和几何结构，探测率可以达到 10^8 cm·Hz$^{1/2}$/W。罗加尔斯基(Rogalski)等[469-471,499-502]对其光导和光伏探测器的理论性能进行了探讨。

几种不同的技术都可以制备 p－n HgZnTe 结，包括 Hg 内扩散[469,492,503]，Au 扩散[469,492,504]，离子注入[469,470,492,505,506]，以及离子刻蚀[214,469,492,500]。到目前为止，离子注入方法得到了质量最好的 n^+－p HgZnTe 光电二极管。

77 K 时的 HgZnTe 光电二极管特性与 20 世纪 80 年代的 HgCdTe 光电二极管相似[492]。使用 HgCdZnTe 四元合金体系也取得了令人鼓舞的结果[507]。

17.8.4 HgMnTe 光电探测器

在不同类型的 HgMnTe IR 探测器中，主要发展的是 p－n 结光电二极管[492,508,509]。此外，四元 HgCdMnTe 合金体系也是一种有趣的红外应用材料。Cd 是该体系中的第三种阳离子，它的存在使得组分变化不仅可以调节带隙，还可以调节其他能级，特别是自旋轨道分裂带 Γ_7[510,511]。由于这种灵活性，该体系显得很有优势，特别是对于 APD 器件。

贝克拉(Becla)[508]通过在 Hg 饱和气氛下对生长的 p 型样品进行退火，获得了高质量的 p－n HgMnTe 和 HgCdMnTe 结。这些结是在 THM 生长的 HgMnTe 或 HgCdMnTe 体材料中制备的，并在 CdMnTe 衬底上等温生长外延层。

最近，科夏琴科(Kosyachenko)等[512,513]制造了高质量的平面和台面 HgMnTe 光电二极管，使用离子刻蚀系统，该系统可以产生 500～1 000 eV 能量和 0.5～1 mA/cm^{2}电流密度的 Ar 离子束。用来制备光电二极管的布里奇曼(Bridgman)方法生长的晶圆经退火后的空穴浓度为 2×10^{16}～5×10^{16} cm^{-3}。对于工作在 80 K、截止波长为 10～11 μm 的 $Hg_{1-x}Mn_xTe$ 光电二极管，其 R_0A 乘积为 20～30 Ω·cm^2，而对于截止波长为 7～8 μm 的光电二极管，R_0A 乘积为 500 Ω·cm^2。

HgCdMnTe 系统的潜在优势与 APDS 碰撞电离现象中的带隙自旋轨道分裂(spin-orbit-splitting)共振($E_g=\Delta$)效应有关。在室温下，HgCdTe 和 HgMnTe 系统分别在 1.3 μm 和 1.8 μm 处产生 $E_g=\Delta$ 共振。为了证明获得高性能 HgCdMnTe APDS 的可能性，Shin 等[514]用 B 注入方法制备了该四元合金的台面结构。R_0A 乘积为 2.62×10^2 Ω·cm^2，这相当于 300 K 时的探测率为 1.9×10^{11} cm·Hz$^{1/2}$/W。在暗电流 10 μA 下定义的击穿电压大于 110 V[515]。

Becla 等[515]已经研发出 HgMnTe APD，与其标准光电二极管系列相比，速度和性能都有所提高。制备了几种 p－n 和 n－p 台面结构，允许从 n 型和 p 型区域注入少子，并导致空穴引发和电子引发的雪崩增益。7 μm 器件的雪崩增益大于 40，10.6 μm 探测器的增益大于 10。

其他类型的 HgMnTe 探测器也已研制成功。Becla 等[516]介绍了受主浓度约为 2×10^{17} cm^{-3} 的 $Hg_{0.92}Mn_{0.08}Te$ 光电探测器。使用组分 x 为 0.08～0.09 的 $Hg_{1-x}Mn_xTe$ 获得了最佳性能的 PEM 探测器。在该组分范围内，探测器的峰值探测率出现在 7～8 μm 内。

参考文献

第18章 Ⅳ-Ⅵ族探测器

大约在1920年，凯斯(Case)[1]研究了硫化铊光电导，它是最早在近红外区(约为1.1 μm)有响应的光电导之一。下一组被研究的材料是铅盐(PbS、PbSe和PbTe)，波长响应扩展到7 μm。在撒丁岛发现的天然方铅矿中的PbS光电导最初是由柏林大学的库茨舍尔(Kutzscher)[2]在20世纪30年代制造的。然而，对于任何实际应用来说，开发一种生产人造晶体的技术是必要的。德国率先生产出PbS薄膜光电导，然后是1944年的美国西北大学，然后是1945年的英国海军研究实验室[3]。在第二次世界大战期间，德国人生产出使用PbS探测器的系统来探测飞机的热发动机。第二次世界大战结束后，通信、消防和搜救系统应用的需求立即刺激了强大的研发投入，这一努力一直延续到今天。响尾蛇热寻红外制导导弹受到了公众的极大关注。60年后，低成本、多功能的PbS和PbSe多晶薄膜仍然是1~3 μm和3~5 μm光谱范围内许多应用的首选光电导探测器。目前铅盐器件正朝焦平面阵列(focal plane array，FPA)发展。

20世纪60年代中期，随着林肯实验室的一项发现[4,5]，Ⅳ-Ⅵ族半导体的研究获得了新动力：PbTe、SnTe、PbSe和SnSe会形成固溶体，能隙可以连续变化到零，因此可以通过选择适当的组分来获得所需的任何小的能隙。在20世纪60年代末至70年代中期的10年里，由于Ⅳ-Ⅵ族合金器件(主要是PbSnTe)的生产和存储问题，HgCdTe合金探测器在开发光电二极管方面与后者展开了激烈的竞争[6,7]。PbSnTe合金似乎更容易制备，而且看起来更稳定。然而，PbSnTe光电二极管的开发中断了，因为硫属化合物有两个显著的缺点。第一个缺点是高介电常数导致高二极管电容，因此频率响应有限。对于当时正在开发的扫描系统来说，这是一个严重的限制。然而，对于使用2D阵列(目前正在开发中)的凝视成像系统来说，这不是一个很大的问题。Ⅳ-Ⅵ族化合物的第二个缺点是它们非常高的膨胀系数(比Si高7倍)[8]。这限制了它们在具有硅多路复用器的混成式配置中的使用。20世纪80年代初，三元铅盐FPA的发展几乎完全停滞，取而代之的是HgCdTe。如今，有了在替代衬底(如硅)上生长这些材料的能力，这也不会是一个根本的限制。此外，在量子级联激光器发明之前，Ⅳ-Ⅵ族材料是制造中波红外激光二极管的唯一选择，它们在今天仍然很重要[9-12]。

在本章中，我们首先概述铅盐硫属化合物的基本性质，然后详细描述Ⅳ-Ⅵ族光导和光伏红外探测器的工艺和性能。

18.1 材料制备与特性

18.1.1 晶体生长

铅盐二元和三元合金的性能得到了广泛的研究[6,7,13-23]。因此，这里只提到它们的一些最重要的特性。赝二元合金体系的发展，特别是 $Pb_{1-x}Sn_xTe$(PbSnTe)和 $Pb_{1-x}Sn_xSe$(PbSnSe)在 8~14 μm 波长区域取得了重大进展。它们的能隙可以在 0 附近连续变化，因此可以通过选择合适的组分获得任何所需的窄能隙(图 18.1)。与 $Hg_{1-x}Cd_xTe$ 材料体系相比，Ⅳ-Ⅵ族材料的截止波长对组分的敏感性较低。

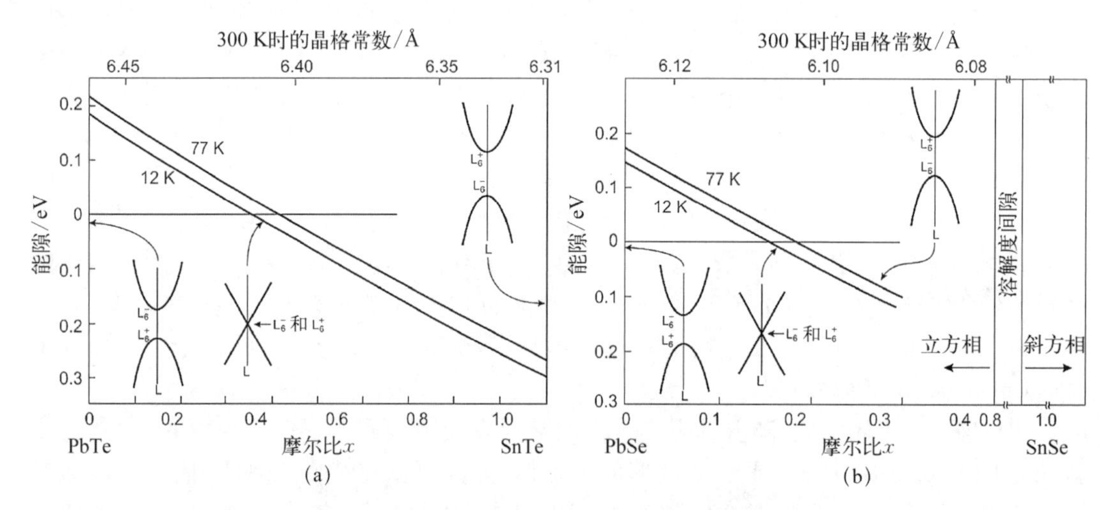

图 18.1　(a) $Pb_{1-x}Sn_xTe$ 和(b) $Pb_{1-x}Sn_xSe$ 的能隙与摩尔分数组分 x 及晶格常数的关系。也给出了价带和导带的示意图

值得注意的是，除了 PbSnTe 和 PbSnSe，还有许多其他的铅盐，如 PbS_xSe_{1-x}(PbSSe)和 $PbTe_{1-x}Se_x$(PbTeSe)也可用于探测。此外，选择包含组分 Y=Sr 或 Eu，组分 Z=Te 或 Se 的 $Pb_{1-x}Y_xZ$ 材料，可以获得更宽带隙的化合物，且具有低折射率(图 18.2)。这为设计包括外延布拉格反射镜在内的精细器件结构提供了更高的自由度，这种结构可以通过分子束外延(molecular-beam epitaxy，MBE)在不同的Ⅳ-Ⅵ族光电器件中实现[24]。

硫属铅半导体具有面心立方(岩盐)晶体结构，故称为铅盐。它们具有(100)解理面并倾向于(100)取向生长，但也可以在(111)取向生长。只有 SnSe 具有正交的 B29 结构。因此，三元化合物 PbSnTe 和 PbSSe 表现出完全的固溶性，而具有岩盐结构的 PbSnSe 的存在范围仅限于富 Pb 侧($x<0.4$)。

三元合金(PbSnTe、PbSnSe 和 PbSSe)的晶体性能可与二元化合物(PbTe、PbSe、PbS 和 SnTe)相媲美。尽管相对于 HgCdTe 而言，PbSnTe 和 PbSnSe 的基本物理特性较差，但作为光电二极管材料，PbSnTe 和 PbSnSe 受到了广泛的关注；主要原因是材料技术相对简单。在Ⅳ-Ⅵ族三元合金中，液相线与固相线的分离要小得多(图 18.3)。因此，生长组分均匀的 PbSnTe 和 PbSnSe 晶体相对容易。第二种不同之处是元素的蒸气压，在Ⅳ-Ⅵ族三元合金中，这三种

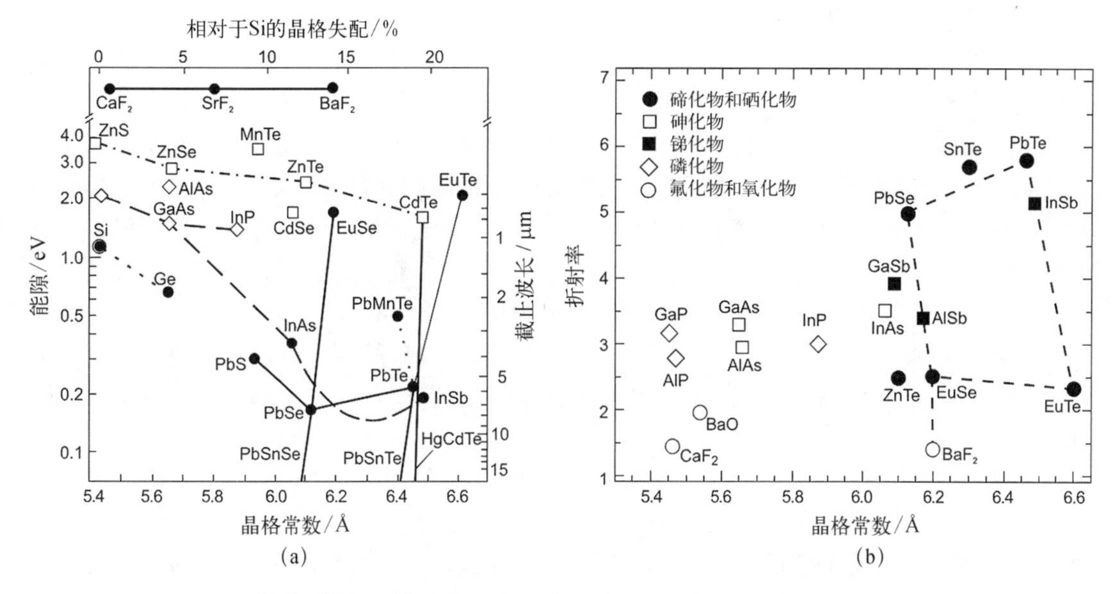

图 18.2　(a) 带隙能量和相应的发射波长(标度在右侧)及(b) 各种Ⅲ-Ⅴ、Ⅱ-Ⅵ、Ⅳ-Ⅵ、Ⅳ族半导体和选定的氟化物及氧化物的带隙折射率与晶格常数的关系[24]

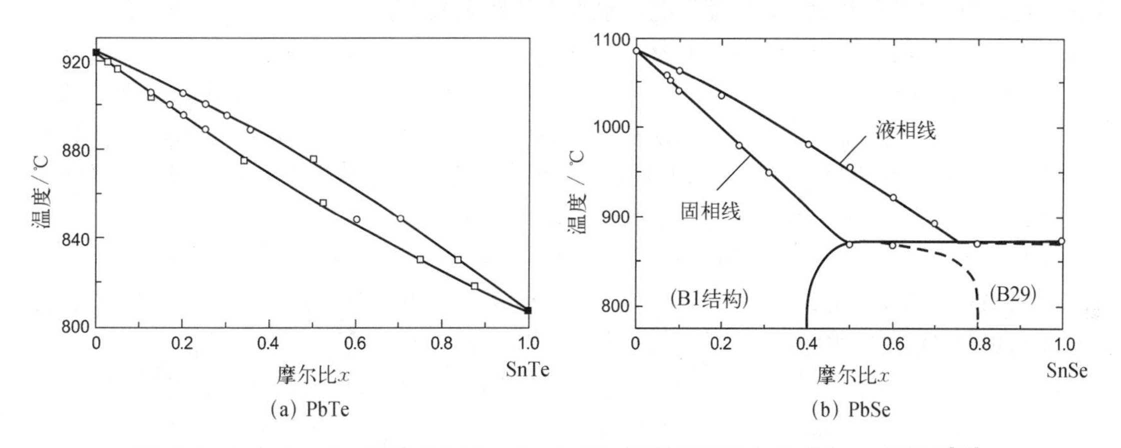

图 18.3　(a) $Pb_{1-x}Sn_xTe$ 和(b) $Pb_{1-x}Sn_xSe$ 赝二元材料的温度-组分(T-x)相图[25]

元素的蒸气压在数量级上是相似的。因此,蒸气生长技术已成功地用于铅盐的生长。

多种制备铅盐单晶和外延层的技术已有研究。关于这一主题发表了几篇优秀的综述[15,16,26,27]。

布里奇曼型或柴氏提拉法制备的晶体尺寸大,组分会变化,材料中经常包含夹质和相当高的位错密度。它们主要用作后续外延生长的衬底。从溶液中生长和移动溶剂法提供了有趣的优点,如组分的均匀性更高,温度更低,从而降低了晶格缺陷和杂质的浓度。升华生长技术使铅盐升华成分子,具有最好的效果。一个成功的生长过程需要非常高的原材料纯度和精心调整其金属/硫属比[16]。对于蒸气生长过程,应用了两种不同的程序:非籽晶生长和籽晶生长技术。使用非籽晶生长技术,采用符合化学计量比的原材料或轻微富金属的原材料,制备出最大晶体的(100)面尺寸可达 2~3 cm^2。

与安瓿的石英壁保持最小接触,可获得优良的冶金结构。这种生长过程的缺点是晶体的形状不可复制,这意味着在大规模器件生产中会存在问题;但其主要优点是生长的晶体可以将载流子浓度控制在 10^{17} cm^{-3} 范围内,而不需要漫长的退火过程[16]。用籽晶生长技术生长出了均匀性和结构质量优良的大晶体。使用(111)取向的单晶铅盐薄片或(111)取向的 BaF_2 晶体作为籽晶(BaF_2 可提供与 Pb 盐相媲美的晶格匹配和良好的热膨胀匹配)。Tamari 和 Shtrikman[28]开发的另一种方法是使用石英尖端,最初沉积的物质在后续生长过程中充当非定向籽晶。用 Markov 和 Davydov[29]的方法制备铅盐[30]也得到了很好的结果。在后一种方法中,晶体不接触安瓿壁,位错密度较低,一般为 10^2 ~ 10^3 cm^{-2}。

在基础研究和应用中,业界广泛采用了Ⅳ-Ⅵ族化合物单晶薄膜。外延层的生长通常采用气相外延(vapor phase epitaxy,VPE)或液相外延(liquid phase epitaxy,LPE)技术。最近,用 MBE 获得了质量最好的器件[24,27,31]。

20 世纪 70 年代末,LPE 技术在制备 PbTe/PbSnTe 异质结方面取得了很好的结果。关于 Pb－Sn－Te 体系的固液平衡已经有大量的实验研究。Szapiro 等[32]使用修正的常规溶液模型对富(Pb+Sn)区域的 Pb－Sn－Te 体系的相图进行了计算,与液体中 Sn 的浓度较高时($x>0.3$)的计算曲线符合较好,但在 $x<0.2$ 时符合很差。研究发现,外延层的表面形态主要与衬底取向及其表面制备有关。一般来说,采用(100)取向的 PbTe 或 PbSnTe 衬底。值得注意的是,LPE 技术在其他三元铅盐制备中也存在一些困难[33]。

由于Ⅳ-Ⅵ族化合物主要以二元分子的形式蒸发,这意味着蒸发过程几乎一致,在 MBE 生长中,主要成分来自含有 PbTe、PbS、PbS、SnTe、SnSe 或 GeTe 的化合物束源。虽然解离度只有百分之几,但对于 Sn 和 Ge 的类硫属化合物,解离度有明显的增加。通过改变总的Ⅳ族通量与Ⅵ族通量的比例,可以控制背景载流子浓度和类型。Ⅳ族通量过量会导致层内的 n 型电导率,Ⅵ族通量过量会导致层内 p 型电导率。

在衬底材料方面,铅盐与 Si、GaAs 等常见半导体衬底的晶格失配较大[10%以上,见图 18.2(a)]。此外,在 20×10^{-6} K^{-1} 左右的Ⅳ-Ⅵ族化合物的热膨胀系数与 Si 及锌共混物Ⅲ-Ⅴ族或Ⅱ-Ⅵ族化合物的热膨胀系数有较大差异(通常小于 6×10^{-6} K^{-1})。因此,在样品生长后冷却至室温及以下时,外延层会产生较大的热应变。尽管 BaF_2 衬底的晶体结构(氟化钙结构)不同,但在这些方面是最好的折中选择。如图 18.2(a)所示,BaF_2 与 PbSe 或 PbTe 的晶格失配程度适中(分别为-1.2%和+4.2%),而且其热膨胀系数与铅盐化合物的热膨胀系数几乎完全匹配。此外,BaF_2 在中红外区域具有高度的绝缘性和光学透明性。由于 BaF_2 具有很高的离子特性,只有在(111)表面取向时才能获得良好的 BaF_2 表面。综上所述,在铅盐 MBE 生长中,BaF_2 是应用最广泛的衬底材料。

在 20 世纪 80 年代中期,在 Si(111)衬底上使用非常薄的 CaF_2 缓冲层生长出了高质量的 MBE 层,Ⅳ-Ⅵ族外延层的生长重新引起了人们的兴趣。Ⅳ-Ⅵ族层与 Si 之间的热膨胀失配通过位错在(100)面上的滑移而得到释放,位错相对于(111)面是倾斜的。错配位错的丝状端点的滑动会消除建立起的机械热应变,从而提高结构层质量[34]。

18.1.2 缺陷与杂质

铅盐可以在化学计量的偏差很大的情况下存在,同时载流子浓度在 10^{17} cm^{-3} 以下的材料很难制备[16,35-37]。对于 PbSnTe 合金,随着 SnTe 含量的增加,固相线向化学计量组分的富 Te

一侧明显移动，在富 Te 固相线处获得了非常高的空穴浓度。图 18.4 中所示的几种 $Pb_{1-x}Sn_xTe$ 合金的固相线是通过等温退火技术确定的，这种等温退火技术也有助于降低载流子浓度和转换晶体的载流子类型[16]。通过等温退火或 LPE 在低温下获得了 10^{15} cm^{-3} 范围内的低电子和空穴浓度。在器件应用中特别重要的 $Pb_{0.80}Sn_{0.20}Te$ 中，载流子类型的转换发生在 530℃。

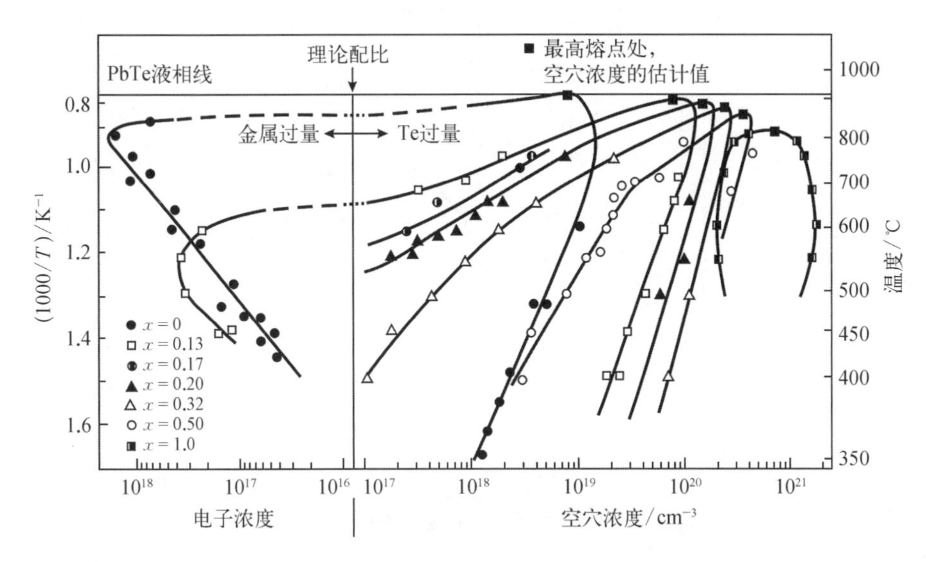

图 18.4 几种 $Pb_{1-x}Sn_xTe$ 化合物在 77 K(SnTe 为 300 K)下的载流子浓度与等温退火温度的关系[16]

Ⅳ-Ⅵ族化合物的固相区域的宽度较大(约为 0.1%)，使得天然缺陷掺杂的效率很高。偏离化学计量会产生 n 型或 p 型导电。一般认为，所形成的空位和间隙控制着电导率。由于没有任何可观察到的冻结现象，似乎不太可能在铅盐中形成类氢状态的天然缺陷。与过量金属(非金属空位或可能的金属间隙)相关的固有缺陷决定了受主浓度，而那些由过量的非金属(金属空位或可能的非金属间隙)相关的固有缺陷则会决定施主浓度。Parada 等[38,39]首先指出，PbTe 缺陷周围的强扰动会导致价带态向导带转移。因此，一个 Te 空位为导带提供两个电子，一个 Pb 空位为价带提供两个空穴。Pb 间隙产生一个电子，而 Te 间隙被发现是中性的。Hemstreet[40]在对 PbS、PbTe 和 SnTe 散射波簇的计算基础上得到了类似的结果。Lent 等[41]利用 PbTe 和 PbSnTe 中 s 键和 p 键取代点缺陷的简单化学理论，证实了实验数据[42]和 Parada 和 Pratt[38]的预测。

在由高纯元素生长的晶体中，当晶格缺陷导致的载流子浓度高于 10^{17} cm^{-3}时，外来杂质的影响通常可以忽略不计。在此浓度以下，外来杂质可以通过补偿晶格缺陷和其他外来杂质发挥作用。Dornhaus 等[43]汇编了Ⅳ-Ⅵ族半导体杂质掺杂的结果。可以假定大多数杂质具有浅能级，甚至是共振能级[44]。然而，在铅盐中也发现了未识别和已识别缺陷的深层施主能级[45]。例如，发现 In 在 $Pb_{1-x}Sn_xTe$ 中有一个能级，在 x 值较小时与导带谐振，在高摩尔分数时位于带隙中[46]。Lent 等[41]从理论上解释这种 In 能级的行为。

Cd 是 $Pb_{1-x}Sn_xTe$ 中的一种补偿性杂质，在生长 p 型材料中具有降低载流子浓度和改变导电类型的重要特性。Silberg 和 Zemel[47]在双温区炉中进行 Cd 扩散，样品保持在 400℃的固定温度，而 Cd 源温度在 150~310℃变化。图 18.5 显示了 77 K 下 Cd 扩散 $Pb_{1-x}Sn_xTe$ 样品

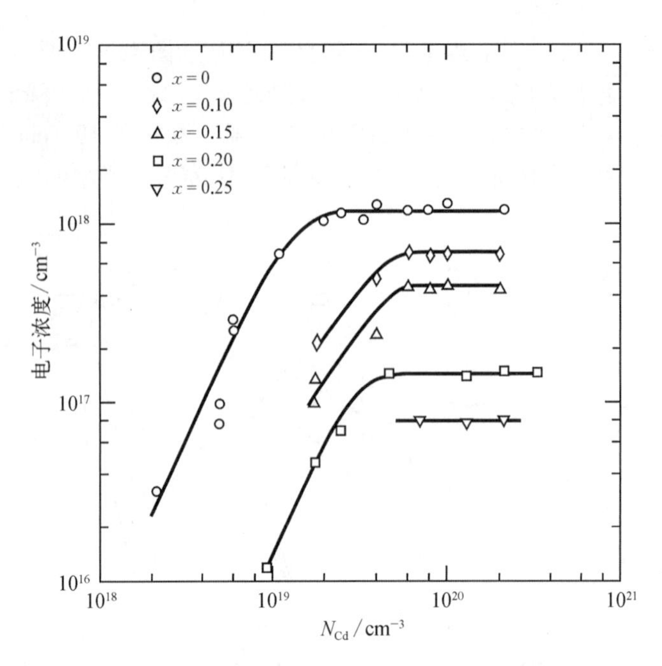

图 18.5 在 77 K 下测量的，具有不同 Sn 摩尔分数的 $Pb_{1-x}Sn_xTe$ 晶体中电子浓度与 Cd 浓度的关系[47]

的电子浓度与 Cd 浓度 N_{Cd}的关系。随着 x 值的增加，饱和区的电子浓度明显降低。在空位被 Cd 原子完全补偿后，大部分镉作为不活泼的杂质均匀地分布在晶格中。

18.1.3 一些物理特性

铅盐具有直接能隙，发生在 L 点的布里渊区边缘。因此，与在 Γ 点（区域中心）具有相同能量间隙的闪锌矿结构相比，有效质量更高，迁移率更低。由于 PbSnTe 和 PbSnSe 的能带反转，在某些组分处能隙接近于零（图 18.1）。因此，利用这些三元化合物，可以实现很长截止波长的红外探测器。等能面分别为纵向有效质量 m_l^* 和横向有效质量 m_t^* 的椭球面。PbSnTe 的各向异性系数在 10 的量级，随带隙的减小而增大。对于 PbSnSe 和 PbSSe 来说，则要小得多，约为 2。

表 18.1 列出了不同类型的二元和三元铅盐的材料参数。

表 18.1 铅盐的物理特性[13,15,16]

晶格结构	T/K	PbTe	$Pb_{0.8}Sn_{0.2}Te$	PbSe	$Pb_{0.93}Sn_{0.7}Se$	PbS
		立方(NaCl)	立方(NaCl)	立方(NaCl)	立方(NaCl)	立方(NaCl)
晶格常数 a/nm	300	0.6460	0.64321	0.61265	0.6118	0.59356
热膨胀系数 α/(10^{-6} K^{-1})	300	19.8	20	19.4		20.3
	77	15.9		16.0		
定压比热容 C_p/[J/(mol·K)]	300	50.7		50.3		47.8

续　表

晶格结构	T/K	PbTe	$Pb_{0.8}Sn_{0.2}Te$	PbSe	$Pb_{0.93}Sn_{0.7}Se$	PbS
		立方(NaCl)	立方(NaCl)	立方(NaCl)	立方(NaCl)	立方(NaCl)
密度 $\gamma/(g/cm^3)$	300	8.242	7.91	8.274		7.596
熔点 T_m/K		1 197	1 168(固相)	1 354	1 325(固相)	1 400
			1 178(液相)		1 340(液相)	
带隙 E_g/eV	300 77 4.2	0.31	0.20	0.28	0.21	0.42
	77	0.22	0.11	0.17	0.10	0.31
	4.2	0.19	0.08	0.15	0.08	0.29
E_g的热系数/$(10^{-4}$ eV/K)	80～300	4.2	4.2	4.5	4.5	4.5
有效质量						
m_{et}^*/m	4.2	0.022	0.011	0.040	0.037	0.080
m_{ht}^*/m		0.025	0.012	0.034	0.021	0.075
m_{el}^*/m		0.19	0.11	0.070	0.041	0.105
m_{hl}^*/m		0.24	0.13	0.068	0.040	0.105
迁移率						
$\mu_e/[cm^2/(V\cdot s)]$	77	3×10^4	3×10^4	3×10^4	3×10^4	1.5×10^4
$\mu_h/[cm^2/(V\cdot s)]$		2×10^4	2×10^4	3×10^4	2×10^4	1.5×10^4
本征载流子浓度 n_i/cm^{-3}	77	1.5×10^{10}	3×10^{13}	6×10^{11}	8×10^{13}	3×10^7
静电介电常数 ε_s	300	380		206		172
	77	428		227		184
高频介电常数 ε_∞	300	32.8	38	22.9	26.0	17.2
	77	36.9	42	25.2	30.9	18.4
光学声子						
LO/cm^{-1}	300	114	120	133		212
TO/cm^{-1}	77	32		44		67

在铅盐的能隙附近，观察到一个由三个导带和三个价带组成的系统。带边有效质量与温度和组分 x 的依赖关系可以表示为[15]

$$\frac{1}{m^*(x,\ T)} = \frac{1}{m_{cv}^*}\frac{E_g(0,\ 0)}{E_g(x,\ T)} + \frac{1}{m_F^*} \tag{18.1}$$

式中，m_{cv}^* 决定了价带和导带最近的端点间相互作用而产生的贡献；m_F^* 为远的能带贡献。对于四个有效质量 m_{et}^*（导带，横向）、m_{ht}^*（价带，横向）、m_{el}^*（导带，纵向）和 m_{hl}^*（价带，纵向），式(18.1)中的函数由 Preier[15] 和 Dornhaus 等[17]进行了描述。

需要在广泛的组分范围内进行可靠的计算，才能给出三元化合物的准确带隙 $E_g(x,\ T)$。在对三组分实验结果进行研究的基础上，用 Grisar 类型的公式 $E_g(x,\ T) = E_1 + [E_2 + \alpha(T + \theta)^2]^{1/2}$ 可以与实验数据良好吻合[15]：

$$E_g(x,\ T) = 171.5 - 535x + \sqrt{(12.8)^2 + 0.19\,(T + 20)^2}\ \ (\text{meV}) \tag{18.2}$$

$$E_g(x,\ T) = 125 - 1\,021x + \sqrt{400 + 0.256T^2}\ \ (\text{meV}) \tag{18.3}$$

$$E_g(x,\ T) = 263 - 138x + \sqrt{400 + 0.265T^2}\ \ (\text{meV}) \tag{18.4}$$

分别对应于 $Pb_{1-x}Sn_xTe$、$Pb_{1-x}Sn_xSe$ 和 $PbS_{1-x}Se_x$。

罗加尔斯基(Rogalski)和约日维科夫斯基(Jóźwikowski)[48]根据迪莫克(Dimmock)的六带 **k·p** 模型计算了 $Pb_{1-x}Sn_xTe$、$Pb_{1-x}Sn_xSe$ 和 $PbS_{1-x}Se_x$ 中的固有载流子浓度。通过将计算得到的非抛物型 n_i 值拟合到抛物型带的表达式中，可得到以下近似：

对于 $Pb_{1-x}Sn_xTe$ $(0 \leqslant x \leqslant 0.40)$，

$$n_i = (8.92 - 34.46x + 2.25 \times 10^{-3}T + 4.12 \times 10^{-2}xT + 97.00x^2) \times 10^{14}E_g^{3/4}T^{3/2}\exp\left(-\frac{E_g}{2kT}\right) \tag{18.5}$$

对于 $Pb_{1-x}Sn_xSe$ $(0 \leqslant x \leqslant 0.12)$，

$$n_i = (1.73 - 3.68x + 3.77 \times 10^{-4}T + 1.60 \times 10^{-2}xT + 8.92x^2) \times 10^{15}E_g^{3/4}T^{3/2}\exp\left(-\frac{E_g}{2kT}\right) \tag{18.6}$$

对于 $PbS_{1-x}Se_x$ $(0 \leqslant x \leqslant 1)$，

$$n_i = (2.14 - 8.85 \times 10^{-1}x + 6.12 \times 10^{-4}T + 6.47 \times 10^{-4}xT + 3.32 \times 10^{-1}x^2) \times 10^{15}E_g^{3/4}T^{3/2}\exp\left(-\frac{E_g}{2kT}\right) \tag{18.7}$$

大量的实验和理论工作都是为了阐明铅盐中的主要散射机制[17,49-52]。由于铅盐具有相似的价带和导带，因此在相同的温度和掺杂浓度下，铅盐的电子迁移率和空穴迁移率大致相等。铅盐的室温迁移率为 500~2 000 $cm^2/(V \cdot s)$[17]。在许多高质量的单晶样品中，由于晶格散射引起的迁移率随 $T^{-5/2}$ 变化[14]。这种行为被归因于偏振光和声子晶格散射的组合，且由于缺陷散射，在 10^5 ~ 10^6 $cm^2/(V\cdot s)$ 达到极限值(图 18.6)[53]。二元合金的散射机制也适用于混合晶体。然而，对于小带隙材料，声学声子散射的重要性减弱了，因为这种机制导致的迁移率与态密度的倒数成正比。在这些材料中，杂质原子散射和空位即使在室温下也很重要。此外，在混合晶体中缺乏化学有序，在低温下载流子浓度相对较低的样品中，这会导致电子发生较强的无序散射。在 4.2 K 下，载流子浓度低于约 10^{18} cm^{-3}的 PbSnTe 中，这种类型的散射占主导。图 18.7 显示了 77 K 时 $Pb_{1-x}Sn_xTe$ ($0.17 \leqslant x \leqslant 0.20$)的电子迁移率与载流子浓度的关系[52]。在浓度范围大于等于 10^{18} cm^{-3}时，对杂质势和空位势的非弹性散射起决定性作用。

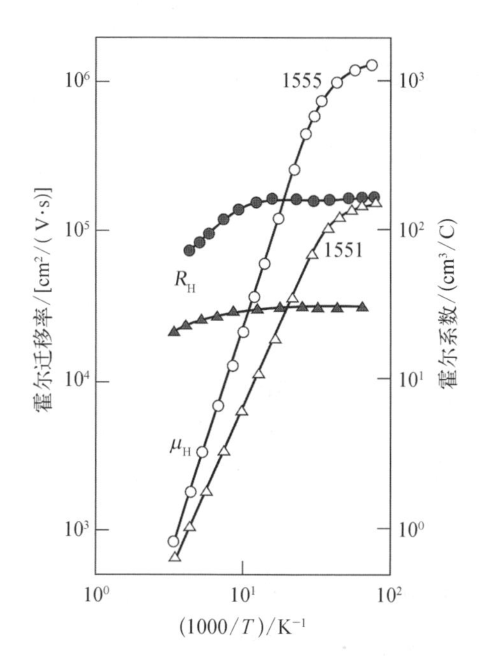

图 18.6　BaF$_2$ 衬底上的两个 PbTe 外延层的霍尔迁移率和霍尔系数与温度的关系[53]

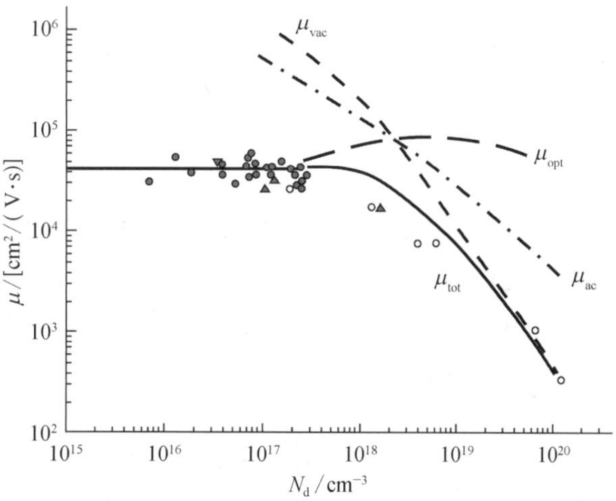

图 18.7　$Pb_{1-x}Sn_xTe$ ($0.17 \leqslant x \leqslant 0.20$) 的电子迁移率在 77 K 时与载流子浓度的关系。曲线分别是纵向光学声子(μ_{opt})、声学声子(μ_{ac})和空位势(μ_{vac})对载流子散射作用的计算结果[52]

铅盐的带间吸收比标准情况更为复杂，由于其导带和价带均具有各向异性的多谷结构、非抛物线凯恩(Kane)型能量色散及 **k** 相关的矩阵元素。在吸收边附近，能量吸收系数的解析表达式已由几位研究者给出[54-58]。在吸收边附近，吸收系数与温度和组分的关系可以用双带模型很好地描述，其表达式为[55]

$$\alpha(z)=\frac{2q^2\left(m_t^{*2}m_l^*\right)^{1/2}}{\varepsilon_0 n_r c\pi\hbar^4E_g^{1/2}}\frac{2P_t^2+P_l^2}{3}\frac{(z-1)^{1/2}}{z}\frac{(z+1)^{1/2}}{\sqrt{2}}\frac{(1+2z^2)}{3z}(f_v-f_c) \tag{18.8}$$

式中，$z=h\nu/E_g$；P_t和 P_l为横向和纵向的动量矩阵元素；n_r为折射率；f_v-f_c 描述的是能带填充，在非简并情况下接近 1。伯恩斯坦-莫斯因子(Burstein - Moss factor)的公式由安德森(Anderson)[54]给出。

铅盐的介电特性是具有较大的静态介电常数和光学介电常数以及较低的横向光学声子

频率。对于 PbSnTe,静态介电常数的测量值广泛地分布在 400~5 800,在相同温度下,这些值基本在一个数量级[17,59,60]。最近,布坚科(Butenko)等[61]根据巴拉特(Barrett)[62]的公式确定了 PbTe 在 10~300 K 宽的温度范围内静态介电常数的温度依赖性:

$$\varepsilon_0 = \frac{1.356 \times 10^5}{36.14\coth(36.14/T) + 49.15} \tag{18.9}$$

$Pb_{1-x}Sn_xTe$ 的高频介电常数与 x 的关系可以由式(8.10)描述[59]:

$$\varepsilon_\infty = 27.4 + 22.0x - 6.4x^2 \tag{18.10}$$

沙尼(Shani)等[63]计算了 PbSnTe 的折射率,计算结果与实验结果吻合良好。詹森(Jensen)和塔拉比(Tarabi)[64,65]对其他铅盐也给出了类似的结果。

一些作者总结了能隙与高频介电常数和折射率之间的相互关系,可参见文献[66]、[67]。利用经典振子理论,赫夫(Herve)和万达姆(Vandamme)[67]提出折射率与能隙之间具有如下关系:

$$n^2 = 1 + \left(\frac{13.6}{E_g + 3.4}\right)^2 \tag{18.11}$$

对于大多数用于光电子结构和宽间隙半导体的化合物来说,这种关系是准确的,但它不能恰当地描述Ⅳ-Ⅵ族的行为。对于铅盐,使用温普尔(Wemlple)和迪多梅尼科(DiDomenico)的模型可以在实验结果和理论计算中获得更好的一致性[66]。

18.1.4 生成-复合过程

尽管理论上已经提出了直接单声子复合模型和等离子体复合模型[68,69],并在实验中被证实[70,71],但对于能隙非常小的Ⅳ-Ⅵ族化合物,在能隙大于 0.1 eV 的样品中,SRH(肖克利-雷德-霍尔,Shockley - Read - Hall)、辐射和俄歇复合占主导地位[72-75]。

齐普(Ziep)等[68]根据凯恩型(Kane - type)双带模型的情况和玻尔兹曼(Boltzmann)统计方法对辐射复合所决定的寿命进行了计算。然而,当铅盐的能带结构镜像对称 ($m_e^* \approx m_h^*$) 时,复合速率可以很好地近似为

$$G_R = \frac{10^{-15} n_r E_g^2 n_i^2}{(kT)^{3/2} K^{1/2} \ (2 + 1/K)^{3/2} \ (m^*/m)^{5/2}} \text{ in} \cdot \text{cm}^3/\text{s} \tag{18.12}$$

式中,$K = m_l^*/m_t^*$ 为有效质量的各向异性系数。如果我们知道有效质量的纵向 m_l^* 和横向 m_t^* 分量,就可以确定质量 m^*,因为 $m^* = [1/3(2/m_t^* + 1/m_l^*)]^{-1}$。在式(18.12)中,$kT$ 和 E_g 的值应使用电子伏特表示。

在很长一段时间里,俄歇过程被认为是Ⅳ-Ⅵ族半导体中非辐射复合中效率较低的通道。具有镜像反射对称性的价带和导带出现在布里渊区(谷数量 $w=4$)的 L 点。这种情况下,碰撞复合很难满足能量和动量守恒定律。特别是在能带边缘附近的载流子(只考虑单谷相互作用)。自从 Emtage[76]在 1976 年发表了具有开创性的论文以来,已经有许多相关理论和实验的著作发表[77-85],其中考虑了载流子的谷间相互作用,并且发现即使在较低温度下,载流子的寿命也是由碰撞复合决定的。根据谷间载流子的互作用模型(图 18.8),具有重质

量 m_l^* 的电子和空穴从能谷(a),以及具有轻质量 m_t^* 的第三个载流子(PbSnTe 中质量各向异性系数 $K>10$)从能谷(b),共同参与给定方向上的碰撞复合过程。由于这种相互作用,重电子和空穴载流子发生复合,释放的能量和动量转移给轻载流子。

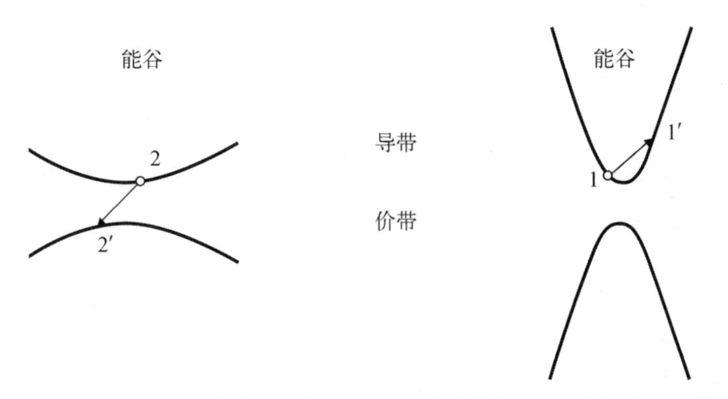

(a) 来自能谷,具有重质量m_l^*的电子和空穴　　(b) 来自能谷,具有轻质量m_t^*的第三个载流子

图 18.8　谷间俄歇复合

有两种情况需要考虑:

(1) 所有分散的载流子都位于布里渊区的特定点。

(2) 初始载流子位于不同的能谷中。

在玻尔兹曼统计中[69],

$$(\tau_A^j)^{-1} = C_A^j(n_0^2 + 2n_0p_0) \tag{18.13}$$

式中,C_A^j 为第 j 次复合的俄歇系数。然后,

$$\tau_A^{-1} = (\tau_A^a)^{-1} + (\tau_A^b)^{-1} \tag{18.14}$$

文献[76]、[81]、[82]、[86]~[88]中可以找到不同的 C_A 近似,特别是对于图 18.8(b)中的过程。在 Emtage[76] 提出的抛物线带模型下的谷间过程中,

$$C_A = (2\pi)^{5/2}\frac{w-1}{w^2}\frac{q^2}{(4\pi\varepsilon_0\varepsilon_\infty)^2}(kT)^{1/2}E_g^{-7/2}\frac{\hbar^3}{m_l^{*1/3}m_t^{*/3}}\exp\left(-\frac{E_gK^{-1}}{2kT}\right) \tag{18.15}$$

Kane 型的非抛物线带预计会降低俄歇跃迁速率[80,82]。但 Emtage 表达式已经可以很好地近似更精确计算的俄歇系数[81]。

Ziep 等[86]在温度为 20 K<T<400 K 和掺杂范围为 $0 < N_d < 10^{19}$ cm^{-3} 的情况下,对混合晶体 $Pb_{0.78}Sn_{0.22}Te$ 和 $Pb_{0.91}Sn_{0.09}Se$ 的非辐射与辐射复合机制进行了全面的研究。在计算中,考虑了载流子气的简并、各向异性和能带结构的非抛物线性。$Pb_{0.78}Sn_{0.22}Te$ 的计算数据如图 18.9 所示。辐射寿命和俄歇寿命在从非本征区域到本征区域的过渡中存在一个最大值。在低掺杂浓度范围内,低温下的寿命由辐射复合决定。随着温度的升高,俄歇复合开始出现并决定了室温下载流子的寿命。在相同的能隙下,PbSnTe 和 PbSnSe 化合物的辐射寿命仅略有不同。然而,与 PbSnTe 相比,PbSnSe 的等能面具有较小的各向异性,因此,PbSnSe 的俄歇寿命高于 PbSnTe。载流子浓度在 10^{19} cm^{-3}以上时,等离子体复合的主导作用强于辐射复合和俄

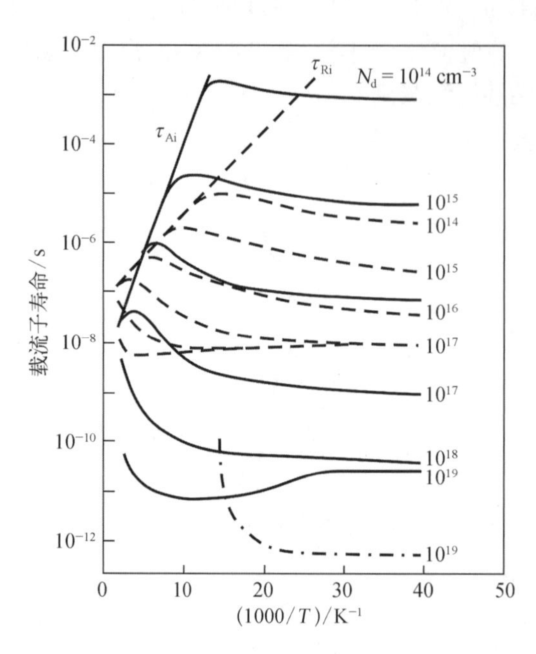

图 18.9　$Pb_{0.78}Sn_{0.22}Te$ 中俄歇(实线)、辐射(虚线)和等离子体(点划线)复合的寿命计算值与温度的关系[86]

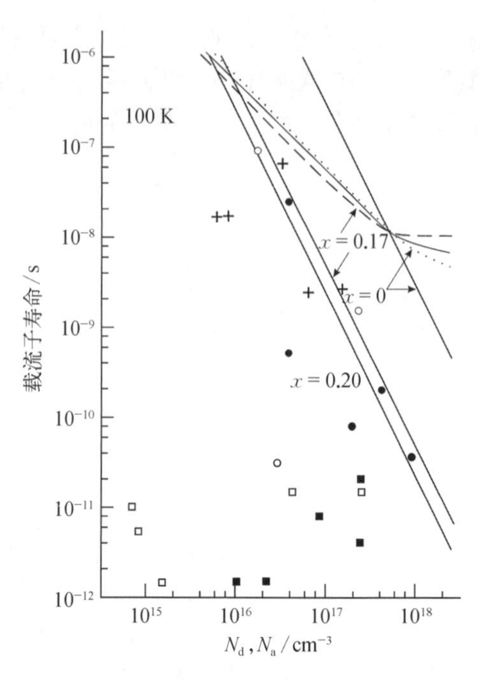

图 18.10　不同来源的 $Pb_{1-x}Sn_xTe$ ($0.17 \leqslant x \leqslant 0.20$)样品的 PEM 寿命($T$ = 100 K)与掺杂浓度的关系

布里奇曼退火(·)、THM(+)、气相(○)、未补偿(□)和 Cd 补偿(■)。实线是俄歇复合的计算曲线,点划线是辐射复合的曲线[74]

歇复合。

德米特里耶夫(Dmitriev)[87]计算了 PbSnTe 中的俄歇载流子寿命,考虑了载流子的简并性和重叠积分的精确表达式[88]。计算的寿命比以前得到的结果大。

铅盐的实验研究证实了载流子寿命是由带间复合和 SRH 复合决定的。第一次广泛研究 $Pb_{1-x}Sn_xTe$ ($0.17 \leqslant x \leqslant 0.20$)的结果通过光电导率和光电磁效应(photoelectromagnetic effect,PEM)的测量(图 18.10),显示了寿命的极大变化(77 K 下,$10^{-12} < \tau < 10^{-8}$ s)[74,79,89]。观察到的最高寿命与根据 Emtage[86]的俄歇复合理论计算的直线非常吻合。所有的 Cd 和 In 掺杂样品的载流子寿命相当低,尽管它们的自由载流子浓度较低。电离能为 12~25 meV 的施主能级被假定为起到复合中心的作用。

对于 BaF_2衬底上的 PbTe 外延层,Lischka 和 Huber[78]得到的结果与 Emtage 理论符合得很好。然而,这些作者观察到第二个寿命分支,具有比俄歇复合长得多的寿命(图 18.11)。这一分支归因于在中等温度下,深层能级会起到少子陷阱的作用[73]。Zogg 等[83]在 n-和 p-型 PbSe 外延层中观察到由瞬态光电导法确定的四个寿命分支。对于载流子浓度小于等于 2×10^{17} cm^{-3}的样品,其最短寿命与 250 K 以下直接(俄歇和辐射)复合的计算值一致。从观察到的较长寿命分支中,计算了 3 个杂质能级(距离较近的能带边缘 20~50 meV),主要作为中等温度下的少子陷阱。Shahar 等[84]也证实了 LPE 生长的未掺杂 $Pb_{0.8}Sn_{0.2}Te$ 层的载流子寿命是由 10~110 K 温度范围内的带间辐射和俄歇复合机制决定的,而在 In 掺杂 PbTe 层中,复合通过非辐射中心发生。

Schlicht 等[90] 和 Weiser 等[91] 在(111)BaF_2 衬底上 PbSnTe 外延层的实验数据与计算的俄歇寿命之间没有取得一致。测量的光电导衰减时间产率值在 77 K 比 Emtage 理论预测的更长。此外,在非本征电导率范围内没有观察到寿命对载流子密度的依赖关系。Weiser 等[91] 指出,寿命在 $T \approx$ 14 K 提高了两个数量级的原因是光子循环,并将寿命在 77 K 时增强了约一个数量级解释为 Emtage 理论预测中的复合率过高,或者是样品中的应力降低了多谷俄歇复合的重要性。Genzow 等[92] 从理论上研究了单轴应变对 PbSnTe 中俄歇和辐射复合的影响,其理论结果与 Weiser 等[91] 的实验数据吻合得很好。

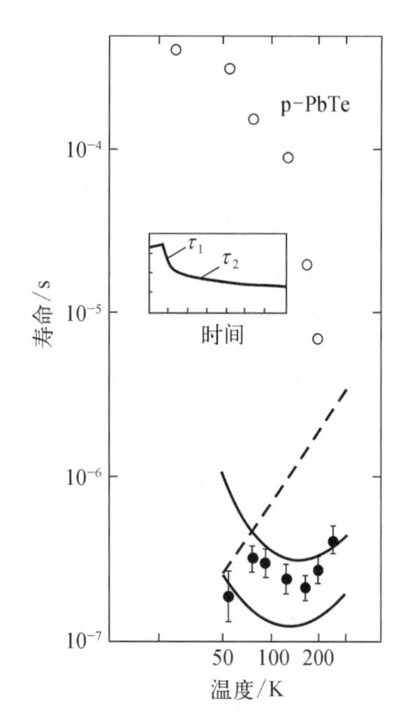

图 18.11　p-PbTe 的载流子寿命与温度的关系

寿命 τ_1 的实验值(●: $p = 9.5 \times 10^{16}\ cm^{-3}$);假设 $m_l^*/m_t^* = 10$(上曲线)和 $m_l^*/m_t^* = 14$(下曲线),对于俄歇复合的计算结果;发生在光电流脉冲衰减中的第二时间常数 τ_2 的实验数据(○)[78]

我们认为小带隙Ⅳ-Ⅵ族半导体中的俄歇复合机制会很重要,但尚未完全阐明。这一机制的实验证据也未明确提出。不同作者报道的实验结果各有不同,这可能与样品制备的差异及用于测量寿命的实验方法差异有关。此外,也有认为这些差异是由于铅盐缺乏准确的能带参数,以及俄歇过程中筛选过程的理论描述[72]。尽管存在这些差异,但可以得出一些结论:

(1) 随着能隙的减小和温度的升高,碰撞复合变得更加重要;

(2) 在具有大量晶格缺陷(杂质、原生缺陷、错配位错)的样品中,复合机制归因于 SRH 中心;

(3) 在无缺陷的未掺杂材料中,载流子寿命是由直接带间复合决定的。

晶界势垒会影响多晶Ⅳ-Ⅵ族薄膜中的复合过程。研究人员提出了不同的硫属铅盐多晶层的光电导理论。Espevik 等[93] 和 Johnson[94] 对其进行了简要评述。Neustroev 和 Osipov[95] 基于多晶材料是两相系统的认知,开发出一个理论模型。低欧姆性的 n 型电导晶体被氧饱和的 p 型反型层包围,其中有大量的受主型态。在辐照下,晶体中的电子和空穴被表面势垒分离开。由于光载流子的空间分离,它们的寿命突然增加,因此光敏度也随之增加。

类似单晶铅盐样品,多晶材料中的载流子寿命由三个主要的复合过程决定:SRH、辐射和俄歇。Vaitkus 等[96] 研究了高激励电解沉积的 PbS 和真空蒸发的 PbTe 多晶薄膜的皮秒光电导率。他们描述了寿命对非平衡浓度的依赖关系,考虑了线性、陷阱辅助的俄歇过程、带间辐射和俄歇复合[97]。

$$\frac{1}{\tau} = \frac{1}{\tau_R} + (\gamma_{At} N_t + \gamma_R)\Delta N + \gamma_A \Delta N^2 \tag{18.16}$$

式中,γ_{At} 为陷阱的俄歇系数;N_t 为陷阱密度;γ_R 为辐射复合系数;γ_A 为带间俄歇复合系数。基于式(18.16)的理论曲线与所有被研究的薄膜(新鲜制备和退火的样品)的实验数据符合得非常好，其中假设 $\gamma_{At}N_t+\gamma_R=2.2\times10^{-11}\ cm^3/s$，$\gamma_A=5.3\times10^{-29}\ cm^6/s$。晶粒体中的带间俄歇复合是载流子的主要机制。结构和薄膜制备过程只会影响较慢的复合过程。

18.2 多晶光电导探测器

已经发表过许多关于铅盐光电导的综述[22,23,94,98-108]。对铅盐探测器研发工作的最好的综述之一是由 Johnson[94]发表的。

18.2.1 多晶铅盐的沉积

虽然开发这些光电导器件所用的制造方法还未被完全理解，但它们的性能已经很好地确定了。与大多数其他半导体 IR 探测器不同，铅盐光电导材料以多晶薄膜的形式使用，厚度约为 1 μm，单个晶体的尺寸为 0.1~1 μm。它们通常是通过经验配方通过化学沉积制备的，这通常可以比蒸发法获得更好的响应均匀性和更稳定的结果[101-105]。

商用 IR 探测器中使用的 PbSe 和 PbS 薄膜是通过化学浴沉积(chemical bath deposition, CBD)制备的，这是最古老和研究最多的 PbSe 与 PbS 薄膜沉积方法。它在 1910 年被用来沉积 PbS[108]。CBD 的基础是缓慢生成的阴离子(S^{2-}或 Se^{2-})与络合金属阳离子之间的沉淀反应。常用的前驱体有 Pb 盐、$Pb(CH_3COO)_2$或 $Pb(NO_3)_2$、PbS 的硫脲[$(NH_2)_2CS$]及 PbSe 的硒脲[$(NH_2)_2CSe$]，均使用碱性溶液。铅可以与柠檬酸盐、氨、三乙醇胺或与亚硒酸盐本身络合。然而，大多数情况下，沉积是在高度碱性的溶液中进行的，OH^-充当 Pb^{2+}的络合剂。

在 CBD 中，当产生的自由离子浓度大于所产生的化合物的溶解度时，可以形成薄膜。因此，CBD 需要非常严格地控制反应温度、pH 和前驱体浓度。此外，薄膜的厚度是有限的，最终的厚度通常为 300~500 nm。因此，为了获得具有足够厚度(如在红外探测器中约为 1 μm)的薄膜，必须进行多次连续沉积。与气相技术相比，CBD 的优点是一种低成本的温度方法，并且不同形状的衬底可能会对温度敏感。

沉积获得的 PbS 薄膜具有显著的光电导性。然而，仍需使用沉积后烘烤的工艺实现最终的敏化。为了获得高性能的探测器，需要对硫属铅膜进行氧化敏化。氧化可以通过在沉积浴中使用添加剂、在有氧的情况下进行沉积后热处理或通过薄膜的化学氧化来实现。氧化剂的作用是在带隙中引入敏化中心和附加态，从而提高 p 型材料中光激发空穴的寿命。

烘烤过程使初始的 n 型薄膜转变为 p 型薄膜，并通过调控电阻来优化性能。最佳材料是使用特定的氧气水平和特定的烘焙时间获得的。只有一小部分(3%~9%)的氧可以影响探测器的吸收和响应。通常采用的烘烤温度为 100~120℃，时长从几小时到超过 24 h，以实现针对特定应用优化的最终探测器性能。添加到 PbS 的化学沉积溶液中的其他杂质对薄膜的光敏特性有相当大的影响[105]。$SbCl_2$、$SbCl_3$和 As_2O_3延长了诱导阶段，提高了光敏性，比不含这些杂质的薄膜提高了近十倍。这种增加被认为是由于在长时间的诱导期内增加了对 CO_2的吸收。这会增加 $PbCO_3$的形成，从而增加光敏性。硫化砷还会改变表面的氧化状态。此外，已经发现，通过在空气或氮气气氛中烘烤可以获得基本相同的性能特征。因此，所有敏化所需的成分都已包含在沉积所获得的原始 PbS 薄膜中了。

PbSe 光电导的制备方法与 PbS 光电导相似。在 77 K 下工作的 PbSe 探测器的沉积后烘焙工艺是在较高温度(>400℃)的氧气气氛中进行的。但是对于在环境温度和/或中温下使用的探测器,氧气或空气烘烤后需要立即在 300~400℃内的卤素气体气氛中烘烤[94]。根据 Torquemada 等[109]提出的理论,在热氧化硅层上通过真空热蒸发获得的 PbSe 层的敏化过程中,I(碘)起着关键作用。卤素在 PbSe 再结晶过程中起着传输剂的作用,促进了 PbSe 微晶的快速生长。在再结晶过程中,氧被捕获在 PbSe 晶格中,就像在化学沉积的 PbSe 薄膜中所发生的那样。在 PbSe 敏化过程中引入卤素是一种将氧掺入半导体晶格中电活性位置的高效技术。如果在 PbSe 敏化过程中没有引入卤素,氧只能通过扩散结合到微晶的晶格中,这是一种效率较低的方法。

可以使用多种材料作为衬底,但使用单晶石英材料可以实现最佳的探测器性能。为了获得更高的收集效率,PbSe 探测器通常使用 Si 衬底。

光电导也可以由外延层制成,不需要烘烤,这使得器件具有均匀的灵敏度、均匀的响应时间,且没有老化效应。然而,这些优势并不能抵消增加的制造难度和成本。

18.2.2　制备

薄膜沉积在镀金电极之上或之下,衬底为熔融石英、晶体石英、单晶蓝宝石、玻璃、各种陶瓷、单晶钛酸锶、Irtran II(ZnS)、Si 和 Ge。最常用的衬底材料是用于环境温度下工作的熔融石英和用于工作温度低于 230 K 的探测器的单晶蓝宝石。熔融石英相对于 PbS 薄膜具有非常低的热膨胀系数,会导致探测器在较低工作温度下的性能较差。不同形状的衬底如扁平的、圆柱形的或球形的都有使用。为了获得更高的收集效率,可以通过浸入具有高折射率的光学材料(如浸入钛酸锶)来直接沉积探测器。铅盐不能直接浸没,必须在薄膜和光学元件之间使用特殊的光学黏合剂。

如上面所述,为了获得高性能的探测器,硫属铅膜必须通过氧化敏化,这可以通过在沉积槽中使用添加剂、在有氧的情况下通过沉积后热处理或通过膜的化学氧化来实现。不幸的是,在较早的文献中,这些添加剂很少被区分,通常都被称为氧化剂[93,103]。最近的一篇论文讨论了 H_2O_2与 $K_2S_2O_8$在沉积浴和沉积后处理中的影响[110]。结果表明,两种处理都提高了 PbS 薄膜的电阻率。虽然电阻率通常在氧化过程中增加,但也观察到了不同的行为[111]。敏化的 PbS 薄膜在没有涂层的情况下可以在空气中显著降解。可能的覆盖材料有 As_2S_3、CdTe、ZnSe、Al_2O_3、MgF_2和 SiO_2。真空沉积的 As_2S_3具有最好的光学、热学和机械性能,它能改善探测器的性能。As_2S_3涂层的缺点是 As 及其前驱体具有毒性。尽管有很多关于 PbS 和 PbSe 薄膜生长的论文,但总的来说,关于铅盐薄膜的电学性质(电阻率,特别是探测率)的报道相当少。退火和氧化处理对探测率的影响也没有准确的报道。

为了解释铅盐薄膜探测器中的光导过程,Bode[104]提出了三种理论。第一种是光照射过程中载流子浓度的增加;氧被认为引入了一种抑制复合的陷阱态。第二种机制主要基于势垒模型中自由载流子迁移率的增加。假设在氧气中加热敏化时,势垒会在薄膜的微晶之间或非均匀薄膜的 n 区和 p 区之间形成。第三种模型(一般称为半导体薄膜光电导的广义理论,特别是铅盐的光电导理论)是由彼得里茨(Petritz)提出的。Bode[104]总结说,尽管铅盐中的复杂机理仍未解决,但彼得里茨理论为一般应用提供了一个合理的框架。最近,Espevik 等[93]为彼得里茨理论提供了重要的补充支持。

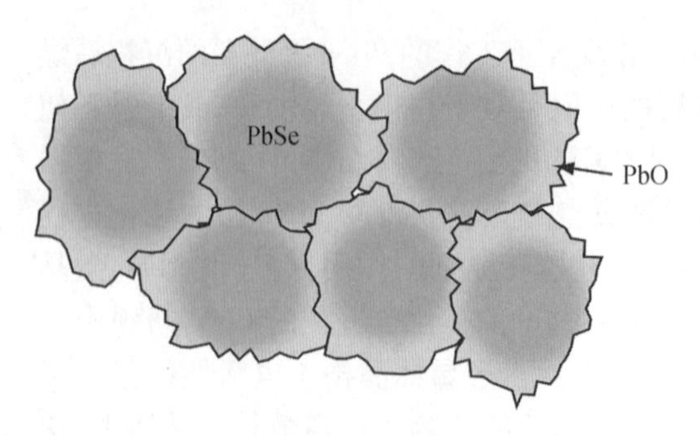

图 18.12 敏化后的 PbSe 多晶薄膜。薄膜中含有 PbO,会在表面形成异质结[112]

PbS 和 PbSe 材料是特殊的,因为它们具有相对较长的响应时间,这显著地影响了光导增益。有人认为,在敏化过程中,薄膜被氧化,将曝光的 PbS 和 PbSe 薄膜的外表面转化为 PbO 或 $PbO_xS(Se)_{1-x}$的混合物,并在表面形成异质结(图 18.12)[112]。氧化物异质界面为俘获少子或分离多子创造了条件,从而延长了材料中的载流子寿命。如前面提到的,如果没有敏化(氧化)步骤,铅盐材料的载流子寿命很短,响应很低。

文献[113]中倾向于认为,敏化过程形成了 p－n 结,并引入了电荷分离结(charge-separation-junction,CSJ)模型。根据该模型,在 p 型多晶 PbSe 的敏化过程中,由于碘化作用,薄的外层微晶会转变为 n 型。由于微晶尺寸较小(在 0.2~0.5 μm 内),所有 p 型芯和 n 型外层都由于多子扩散而带电,而光生电子和空穴由于带电区域的内置电势而在空间上发生分离。当施加偏置电压时,空穴主要在 p 型芯中通过连接通道传输,电子主要在 n 型外层移动。由于这种空间载流子分离,光生少子的浓度显著降低,抑制了复合机制,导致寿命大大提高,光响应增加。

探测器制造的基本步骤包括电极沉积和图形化、有源层沉积和图形化、钝化覆盖、封装(外壳/窗口)和铅线连接。图 18.13 显示了 PbS 探测器典型结构的横截面[94]。整个器件都被盖起来,以避免环境影响和提高灵敏度。标准封装包括电极沉积,并将器件安置在顶部带有窗口的金属外壳中。导线连接被放置在衬底的凹槽中,而金电极通常使用掩模通过真空蒸发沉积到薄膜上。

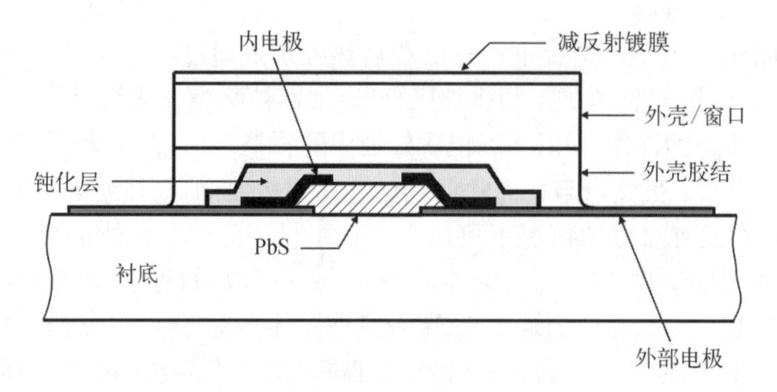

图 18.13 PbS 探测器的典型结构的横截面[94]

光刻的图形化方法用于小尺寸元件的复杂、高密度图案。外电极是通过真空沉积双金属薄膜(如 TiAu)来制造的。为了钝化和优化辐射进入探测器的传输,通常采用 1/4 波长厚的 As_2S_3涂层。通常,探测器是用环氧胶水密封在盖板和衬底之间。盖板材料通常是石英,但也可以使用蓝宝石等其他材料来传输更长的波长。这项技术可以实现对探测器的良好密封,不受潮湿环境的影响。盖板的顶面通常采用像 MgF_2这样的材料作为减反射层。

如前面所述,传统上,高灵敏度的 PbSe 是在石英衬底上制造的,大多数商用探测器也是在石英衬底上制造的。这主要是由于 PbSe 和石英的热膨胀系数相对匹配。最近,热电制冷(thermoelectrically-cooled,TE – Cooled)铅盐图像传感器的开发进展与它们的架构可以在硅读出集成电路(图 18.14)上实现单片集成[114]有关。湿化学沉积法自 20 世纪 80 年代起一直流行在科研领域,因为所需的初始基础设施投资较低。然而,为了实现湿化学沉积材料的均匀性,必须在生产环境中增加额外的工艺控制,以保持每一批次产品的可重复性。除了这种传统的生长方法,至少有一家机构已经演示了通过物理气相沉积方法在硅片上沉积高纯度 PbSe 材料[115]。

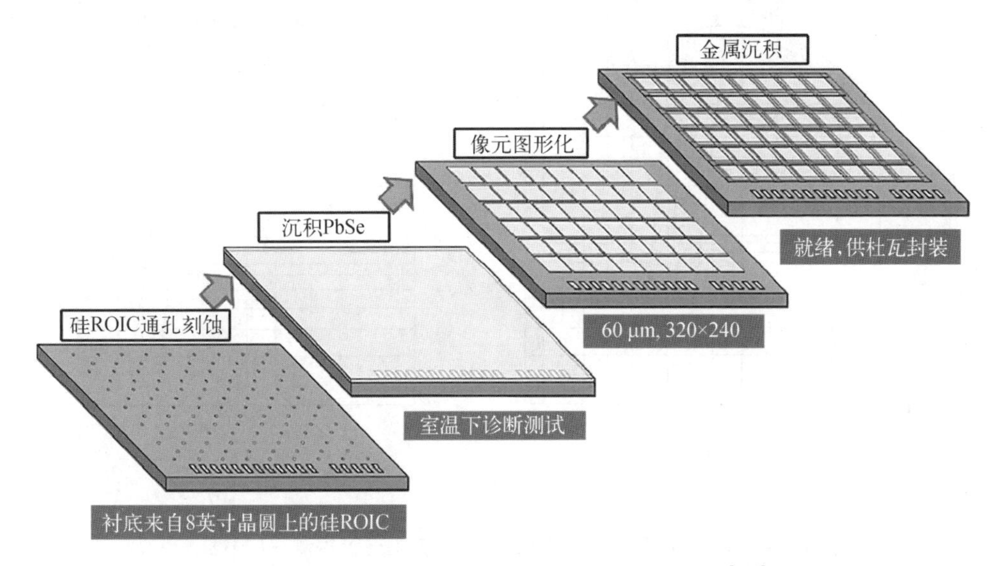

图 18.14　铅盐直接沉积制备 FPA 的概念示意图[114]

18.2.3　性能

标准的敏感元大小通常为边长 1 mm、2 mm 或 3 mm 的正方形。大多数制造商可以提供 $0.08\times0.08\sim10\times10\ mm^2$的 PbSe 探测器和 $0.025\times0.025\sim10\times10\ mm^2$的 PbSe 探测器。敏感元一般是正方形或长方形的;具有更奇特几何形状的探测器有时性能达不到预期。

当铅盐探测器在-20℃以下工作并暴露在紫外线辐照下时,响应率、电阻和探测率会发生半永久性的变化[116]。这就是闪光效应。变化量和持久性程度取决于紫外线曝光的强度与曝光时间的长短。应保护铅盐探测器不受荧光灯的照射。它们通常储存在黑暗的封闭环境中,或用适当的紫外线不透明材料覆盖。器件也需要密封,以保证它们的长期稳定性不会受到潮湿和腐蚀的影响。

铅盐探测器探测率的光谱分布如图 18.15 所示。通常,探测器的工作温度在-196～100℃;可以在高于推荐温度的情况下工作,但绝对不能超过 150℃。表 18.2 包含不同制造商制造的探测器的性能范围[106]。

在 230 K 以下,背景辐射开始限制 PbS 探测器的探测能力。这种影响在 77 K 时更加明显,此时的峰值探测率不比 193 K 时的值高。图 18.16 显示了 PbSe 探测器的典型峰值探测率[116]。根据工作温度、背景光通量和化学添加剂的不同,探测器方块阻抗可以在 10^6～

$10^9\ \Omega/\square$内调节。相对较薄(1~2 μm)的探测器材料对入射通量的不完全吸收会将其量子效率限制在大约30%。PbS和PbSe探测器的响应率均匀性一般在3%~10%。

图18.17显示了PbS探测器的典型频率响应[117]。由于低频$1/f$噪声和响应率高频滚降这两种效应的综合影响,器件工作频率存在最优值。

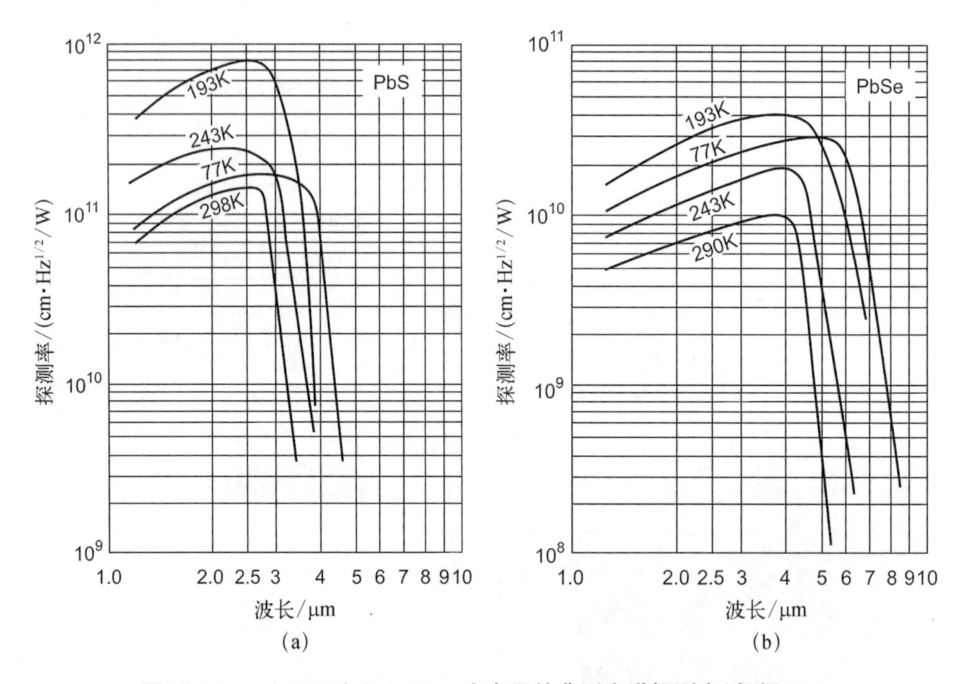

图18.15 (a) PbS和(b) PbSe光电导的典型光谱探测率(根据New England Photoconductor数据表,www.nepcorp.com)

表18.2 铅盐探测器的性能(2π FOV,背景300 K)[106]

材料	T/K	光谱响应/μm	λ_p/μm	$D^*(\lambda_p, 1\text{ kHz}, 1)$/(cm·Hz$^{1/2}$/W)	($R/\square$)/MΩ	τ/μs
PbS	298	1~3	2.5	$(0.1\sim1.5)\times10^{11}$	0.1~10	30~1 000
	243	1~3.2	2.7	$(0.3\sim3)\times10^{11}$	0.2~35	75~3 000
	195	1~4	2.9	$(1\sim3.5)\times10^{11}$	0.4~100	100~10 000
	77	1~4.5	3.4	$(0.5\sim2.5)\times10^{11}$	1~1 000	500~50 000
PbSe	298	1~4.8	4.3	$(0.05\sim0.8)\times10^{10}$	0.05~20	0.5~10
	243	1~5	4.5	$(0.15\sim3)\times10^{10}$	0.25~120	5~60
	195	1~5.6	4.7	$(0.8\sim6)\times10^{10}$	0.4~150	10~100
	77	1~7	5.2	$(0.7\sim5)\times10^{10}$	0.5~200	15~150

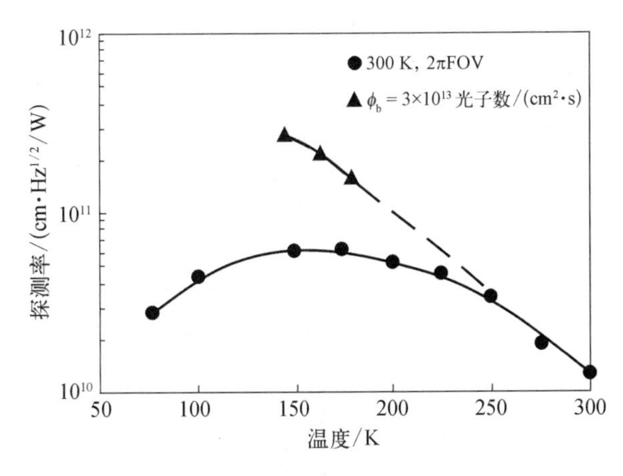

图 18.16　PbSe 探测器在两个背景光通量水平下的探测率与温度的函数关系[116]

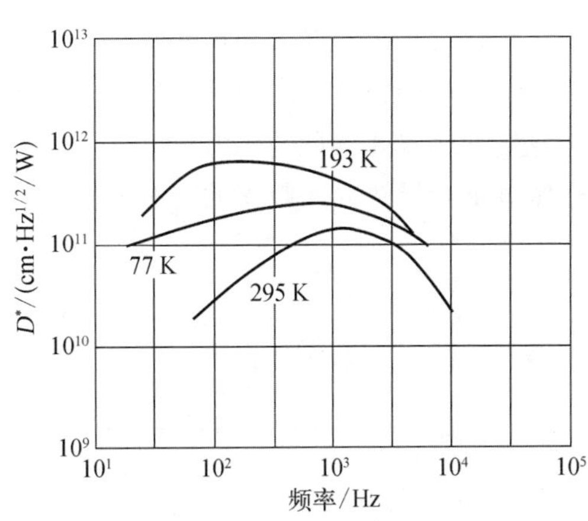

图 18.17　PbS 光导探测器的峰值光谱响应率与频率的关系，工作温度分别为 295 K、193 K 和 77 K[117]

18.3　p－n 结型光电二极管

与光导探测器相比，铅盐光电二极管还没有得到广泛的商业应用。如前面所述，PbSnTe 和 PbSnSe FPA 的发展在 20 世纪 80 年代初几乎完全停止，取而代之的是 HgCdTe。然而，通过生长技术的进步，特别是使用 MBE，器件性能的巨大改善是可以实现的。其中一项创新是基于微机电系统(microelectromechanical system, MEMS)的可调红外探测器，可提供电压调节的多波段红外焦平面[118,119]，也称为自适应焦平面。

在本节中，我们首先概述硫属铅盐光伏探测器的基本性能极限，然后更详细地描述不同类型光电二极管的技术和特性。

18.3.1　性能限

本节所作的考虑适用于单边突变结模型。表面漏电流效应将不会被考虑，因为它们可以通过适当的表面处理或使用保护环结构来最小化。由于价带和导带的镜像对称性，不需要区分 n^+－on－p 和 p^+－on－n 结构。

由 p^+－n 结的扩散电流确定的 R_0A 乘积为[参见第 12 章，式(12.87)]：

$$(R_0A)_D = \frac{(kT)^{1/2}}{q^{3/2}n_i^2}N_d\left(\frac{\tau_b}{\mu_b}\right)^{1/2} \tag{18.17}$$

由耗尽层电流控制的 R_0A 乘积由式(12.116)给出。将突变结耗尽层的宽度 w 与浓度 N_d 联系起来，并假设 $V_b = E_g/q$，我们得到

$$(R_0A)_{GR} = \frac{E_g^{1/2}\tau_0 N_d^{1/2}}{qn_i(2\varepsilon_0\varepsilon_s)^{1/2}} \tag{18.18}$$

罗加尔斯基(Rogalski)等计算了在 77～300 K 内 Pb 盐、PbS、PbSe 和 PbTe、突变 p－n 结

和理想肖特基结的 R_0A 乘积的极限值[120-124]。例如，77 K 时 PbTe 光电二极管的 R_0A 乘积与掺杂剂浓度的关系如图 18.18 所示[123]。在 77 K 时，R_0A 乘积由结耗尽层的生成电流决定。理论估计的 R_0A 乘积的辐射和俄歇复合值要高出几个数量级。隧穿电流在约 10^{18} cm^{-3}的掺杂浓度下会导致 R_0A 乘积的突然降低。

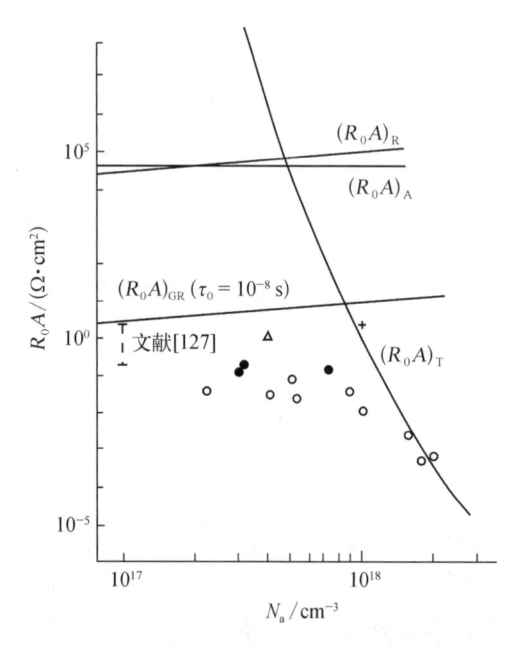

图 18.18　77 K 时 R_0A 乘积对 PbTe 单侧突变结中掺杂浓度的依赖性(图中实验数据点来自文献[125](·)、文献[123](○)、文献[126](+)、文献[127]和文献[128](Δ))[123]

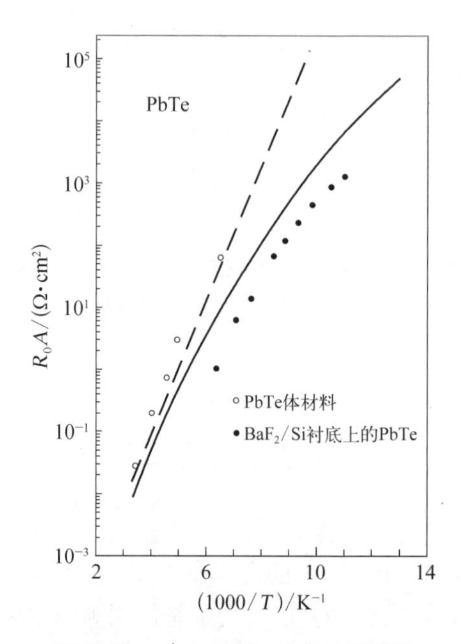

图 18.19　n^+-p PbTe 光电二极管的 R_0A 乘积与温度的关系

实线是考虑了 SR、辐射和俄歇过程的情况下计算的。虚线的计算忽略了 SR 机制(实验数据取自文献[128](○)和文献[129](·))[124]

图 18.19 显示了 PbTe n^+-p 结的 R_0A 乘积与温度的关系[124]。为了进行比较，还包括了实验数据。从理论曲线与实验数据的比较中可以看出，在较高的工作温度范围内，$R_0A(T)$ 的依赖关系遵循近似 $\exp(E_g/kT)$ 的斜率所揭示的扩散限制行为，两者的一致性令人满意。随着温度的降低，偏差增大。这些差异似乎是由结区制备技术控制的。图 18.19 中所示的虚线是在仅考虑带间和生成-复合机制的情况下计算的(忽略 SRH 机制)。我们可以看到，在工作的高温区，质量最好的光电二极管的 R_0A 乘积是由带间、生成-复合机制决定的。有些实验数据位于虚线以上，这可能是由于光电二极管串联电阻的影响。结果表明，在 BaF_2/Si 衬底上用 PbTe 外延层制备的光电二极管的 R_0A 乘积比用体材料制成的光电二极管的 R_0A 乘积要低。

铅盐光电二极管的性能低于 HgCdTe 光电二极管，也低于理论极限。通过提高材料质量(降低陷阱浓度)和优化器件制造技术，可以实现相当大的改进。使用具有较薄的宽禁带盖层的掩埋 p－n 结可以获得更好的结果。该技术已成功地应用于双层异质结 HgCdTe 光电二极管的制备(17.6.1 节)。与相反类型吸收层相比，宽禁带盖层对热生成扩散电流的贡献可以忽略不计。

20 世纪 70 年代初，铅盐三元合金（主要是 PbSnTe）光电二极管技术迅速发展[6,7,19]。PbSnTe 光电二极管的性能要好于当时的 HgCdTe 光电二极管。77 K LWIR PbSnTe 光电二极管的 R_0A 乘积与截止波长的关系如图 18.20 所示[130–136]。在这张图中，还绘出了选取的一些实验数据。随着光电二极管基区组分 x 的增加（λ_c增加），俄歇复合对 R_0A 的贡献增大。在组分 $x>0.22$ 的范围，R_0A 乘积由俄歇复合决定[136]。对于 n^+-p-p^+同质结结构，理论曲线与实验数据符合较好。在短波区，理论曲线与实验数据之间的偏差增大，这是由于未考虑结中的附加电流（如耗尽区的生成-复合电流或表面漏电流）。在短波区，理论曲线与实验数据之间的偏差增大，这是由于未考虑结中的附加电流（如耗尽区的产生复合电流或表面漏电流）。双层异质结（double layer heterojunction，DLHJ）结构（n^+-PbSeTe/p-PbSnTe/n-PbSeTe）的理论计算曲线高于 R_0A 乘积的实验值，这表明有可能构造更高质量的 PbSnTe 光电二极管。然而到目前为止，这种类型的 PbSnTe 光电二极管结构还没有被制作出来。

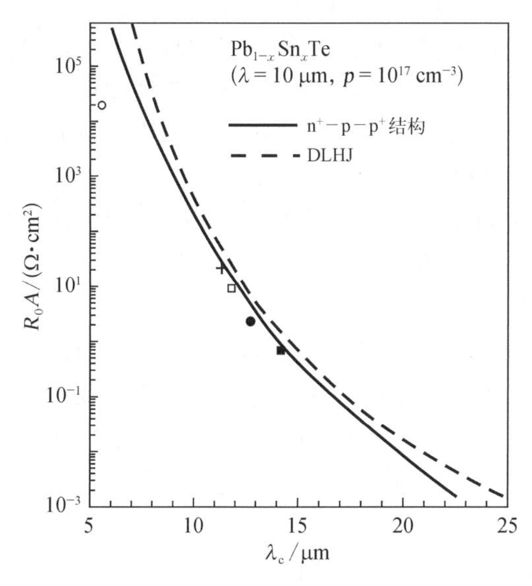

图 18.20　在 77 K 时，PbSnTe 光电二极管的 R_0A 乘积与截止波长关系

实验数据取自文献[128]（○）、文献[131]（+）、文献[132]（·）、文献[133]、[134]（□）、文献[135]（■）。实线是 n^+-p-p^+PbSnTe 同质结光电二极管的计算结果，而虚线是 DLHJ PbSnTe 光电二极管的计算结果[130]

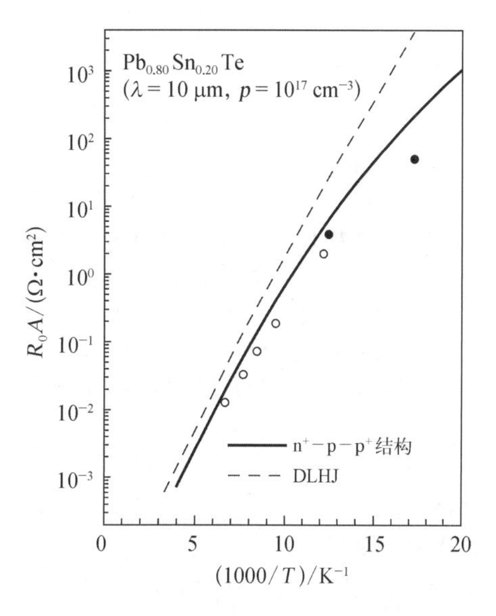

图 18.21　$Pb_{0.80}Sn_{0.20}Te$ 光电二极管的 R_0A 乘积的温度依赖性

实验数据取自文献[131]（○）和文献[137]（·）。实线是对 n^+-p-p^+ $Pb_{0.80}Sn_{0.20}Te$ 同质结光电二极管的计算结果，而虚线是对 DLHJ $Pb_{0.80}Sn_{0.20}Te$ 光电二极管结构的计算结果[130]

在图 18.21 中，给出了在 77 K 时截止波长为 11.8 μm 的 $Pb_{0.80}Sb_{0.20}Te$ 光电二极管在 0°视场角下的 R_0A 乘积与温度的关系。实验数据与理论计算（实线）吻合较好。然而应该注意的是，DLHJ 的结构越优化，R_0A 乘积的理论预测值就越高（见虚线）。在具有高质量 p 型基区 PbSnTe 层的情况下，当肖克利-里德（Shockley-Read，SR）生成的贡献被抑制时（对于较高的 τ_{n0}和 τ_{p0}值；在我们的计算中，假设 $\tau_{n0}=\tau_{p0}=10^{-8}$ s），增加 DLHJ 光电二极管的 R_0A 乘积将更加重要。值得注意的是，由于 PbSnTe 的固有俄歇生成率高于 HgCdTe，PbSnTe 光电二极管的 R_0A 乘积的提高与 HgCdTe 光电二极管相比会更为有限。

PbSnTe 光电二极管优于 PbSnSe 光电二极管，因为 PbSnTe 可以更容易地制备出高质量的

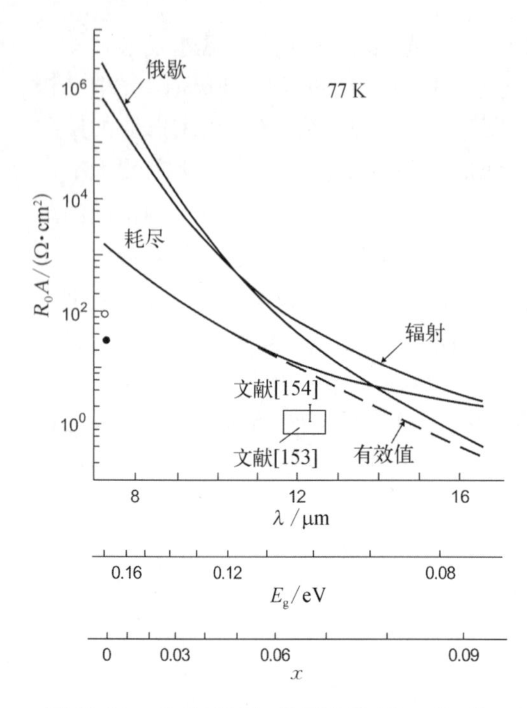

图 18.22　在 77 K 时，单侧突变 $Pb_{1-x}Sn_xSe$ 结（最佳掺杂浓度）的 R_0A 乘积与截止波长的关系（图中实验数据取自文献[153]、文献[154]、文献[155]（○）和文献[156]（·））[150]

单晶和外延层。最近瑞士联邦理工学院（Swiss Federal Institute of Technology）的研究小组在硅衬底上制造单片 PbSnSe 肖特基势垒的技术取得了迅速的进步[129,138-148]。

几篇论文讨论了 PbSnSe 光电二极管参数的理论极限[149-154]。图 18.22 定量地显示了由罗加尔斯基（Rogalski）和卡苏巴（Kaszuba）[150]计算的，与 PbSnTe 结中相同类型的 R_0A 乘积在 PbSnSe 结中的结果。俄歇复合对 R_0A 的贡献随着组分 x 的增加而增加（λ_c 增加）。对于 $x\approx 0.08$ 时，$(R_0A)_{GR}(\tau_0=10^{-8}\ s)$ 和 $(R_0A)_A$ 值具有可比性，但当 $x>0.08$ 时，R_0A 乘积由俄歇复合决定。在图 18.22 中，还绘出了取自有关肖特基二极管的实验值。计算结果与实验数据的比较表明，构造高质量的 PbSnSe 光电二极管具有潜在的可能性。

与 PbSnTe 相比，PbSnSe 中的俄歇复合是一个效率较低的过程，在 E_g 可比时，存在 $(R_0A)_{APbSnSe}>(R_0A)_{APbSnTe}$ 的关系。普雷尔（Preier）[151]最早注意到这一点，他从理论上比较了 R_0A 乘积的组成部分与这些化合物中掺杂浓度的依赖关系，发现 77 K 时的能隙为 0.1 eV。计算结果如图 17.45 所示，似乎证明了将 PbSnSe 用作探测器材料的努力是合理的。到目前为止，性能更好的光电二极管还是使用的 PbSnTe 材料。

$PbS_{1-x}Se_x$ 三元合金作为发射波长在 4～8 μm 的激光二极管材料已引起人们的兴趣[15,31]。在 77 K 以上的温度下，这种混合半导体在 3～5 μm 区域也显示出作为光电探测器的前景。罗加尔斯基（Rogalski）和卡苏巴（Kaszuba）[150]对其 R_0A 乘积进行了分析。在 77 K 时，对流过结的电流的主要贡献来自耗尽层中的生成-复合电流。当耗尽层的有效寿命为 10^{-10} s 时，实验与理论吻合较好。随着温度的升高，耗尽层的影响减小，俄歇复合的影响增大，特别是随着组分 x 的增加（λ_c 增加）。室温下，俄歇过程在很大的组分范围内具有决定性。只有当 $x=0$ 时，扩散电流和耗尽电流的贡献才具有可比性。

18.3.2　技术与特点

在铅盐中已经使用了各种各样的技术来形成 p－n 结。它们包括互扩散、施主扩散、离子注入、质子轰击，以及通过气相外延或 LPE 在 p 型材料上创建 n 型层。文献[21]、[22]对高质量 p－n 结和肖特基势垒光电二极管的研制工作进行了总结。

PbSnTe 光电二极管是目前发展最快的铅盐器件，尤其适用于 8～14 μm 波段。台面和平面光电二极管是使用标准光刻技术制造的。器件的性能与稳定性极易受表面处理和通常由生产商专有的钝化技术的限制。在 PbSnTe 表面存在的 Pb、Sn 和 Te 氧化物似乎总是会导致高的漏电流[157]。自然氧化物被发现是一种不充分的钝化剂，因为氧化表面含有不稳定的 TeO_2[158]。阳极氧化通常用于器件钝化。阳极氧化物是通过阳极氧化/溶解过程从富含甘油的水、乙醇和氢氧化钾溶液中电解生长出来的[159]。Jimbo 等[160]使用另一种类型的电解质。

环境气氛对铅盐材料的电学性能有相当大的影响[161,162]。根据 Sun 等[163]的说法，该影响是由于氧的吸附，Sn 离子从体相向表面扩散，以及 Pb、Sn 和 Te 的氧化等过程，导致在 n 型样品中形成耗尽层，在 p 型样品中形成积累层。平面 PbSnTe 光电二极管的制备通常采用光刻形成的 SiO_2扩散掩模。利用硅烷-氧气反应，在 340～400℃的温度下沉积了大约 100 nm 的 SiO_2。然而，根据 Jakobus 等[164]的说法，在 PbSnTe 表面涂覆一层热解 SiO_2后，PbSnTe 表面会呈现 p 型结构，因此需采用射频溅射 Si_3N_4的方法制备 PbSnTe 薄膜。肖特基势垒光电二极管的结区通常由 BaF_2真空沉积层中的窗口来定义[165,166]。BaF_2提供了与 PbSnTe 相当的晶格匹配和最佳的热膨胀匹配。

与 n 型区的欧姆接触通常是通过 In 蒸发实现的，与 p 型区的欧姆接触通常是通过化学或真空淀积 Au 实现的。已经尝试了可能的钝化和减反射(antireflection，AR)表面涂层，如 ZnS、Al_2O_3、MgF_2、Al_2S_3和 Al_2Se_3[19]。覆盖 As_2S_3的样品完全不受氧的影响[161]。人们发现，限制小面积器件性能的最重要因素之一是引线键合过程中引入的损伤[167]。因此，将引线触点远离敏感区，可以获得高质量的光电二极管。

1. *扩散型光电二极管*

历史上，互扩散是在铅盐中制作 p-n 结的第一种技术[5,6]，由于化学计量比缺陷的改变会引起转型。在合金组分 $x=0.20$ 左右的 PbSnTe 中，在 400～500℃的温度下，使用富金属的 PbSnTe 源通过扩散在 p 型衬底中形成 n 型区域。尽管已生产出高性能的器件和探测器阵列(77 K 时，8～14 μm 波段的 $D^*>10^{10}$ cm·Hz$^{1/2}$/W)，但要获得可重复的结果仍有困难。因此，也有通过将杂质扩散到 p 型 PbSnTe 体材料中形成结的方法制备探测器。观察到由 Al、In 和 Cd 扩散得到的 p-n 结的位置或深度对于每片样品都不相同，并且在 100℃以上出现漂移[123]。此外，结扩散速率随衬底中空穴浓度的降低而增大。尽管存在上述技术问题，研究人员还是成功地将 Cd[168,169]或 In[131,133,170]扩散到 p 型 PbSnTe 晶体中形成了高质量的光电二极管。

Wrobel[170]指出，Cd 在 $Pb_{1-x}Sn_xTe$ ($x\approx0.20$)单晶中的扩散应在 400℃下进行 1.5 h，以形成 n-p^+结。Cd 的扩散也是在双温区熔炉中进行的(样品温度为 400℃，源温度为 250℃，以 Cd 含量 2%的 In 合金作为扩散源)[169,171]。在此过程中，p^+型材料转变为 n 型，载流子浓度约为 10^{17} cm^{-3}，这对于截止波长约为 12 μm 的光电二极管来说是最佳的，扩散 1 h 后结深小于 10 μm。通过将测量的 R_0A 乘积与计算值进行比较，获得了耗尽层内寿命和 n 型区域内少子寿命的近似值。77 K 时的载流子寿命由肖克利-里德(Schockley-Read)中心决定，小于 10^{-9} s[169]。这一值与由均匀 Cd 掺杂样品的光电导和 PEM 测试确定的载流子寿命一致[74,172]。

对 p 型 PbTe 和 p 型 $Pb_{1-x}Sn_xTe$($x\approx0.20$)，进行 In 扩散的方法已被用于制造高质量的光电二极管[167]。合适的 PbSnTe 材料的最佳空穴浓度为 10^{16}～10^{17} cm^{-3}，只能通过低温方法生长，例如，通过 LPE[133]或对其他生长方法得到的材料在受控的气氛中进行退火[170]。如果在生长熔体中掺入 As,可以用 LPE 技术生长出空穴浓度为 4×10^{17} cm^{-3} 的 p 型 PbTe 材料[128]。罗维奇奥(Lo Vecchio)等[167]详细描述了 In 沉积和扩散的过程。

1975 年,Chia 等[133]和 DeVaux 等[173]报道了 In 扩散制备的 $Pb_{1-x}Sn_xTe$($x\approx0.20$)同质结面阵的结果。基区载流子浓度较低的二极管具有较大的 R_0A 乘积。通过对正向偏置 $I-V$ 特性的测量和对 R_0A 温度依赖性的测量,他们得出结论:体扩散电流在约 70 K 以上限制了 R_0A 乘积。在 78 K 时,测得 10 元阵列的平均 R_0A 乘积等于 3.8 $\Omega\cdot cm^2$,与少子寿命 1.7×10^{-8} s 一致。该阵列的衬底为 $Pb_{0.785}Sn_{0.215}Te$,基础空穴浓度为 1.7×10^{16} cm^{-3}。在较低温度下,R_0A 乘积趋于饱和,这归因于表面漏电流。图 18.23 显示了 10 元阵列中两个光电二极管的光谱响应探测率。除了在低波长的一些散射,两根曲线完全重合。光谱响应的振荡特性是由于绝缘减反涂层的作用。在 80 K,10 mV 反向偏置下,测得平均 D^*为 1.1×10^{11} $cm\cdot Hz^{1/2}/W$($f/5$,FOV)($\eta=79\%$)。

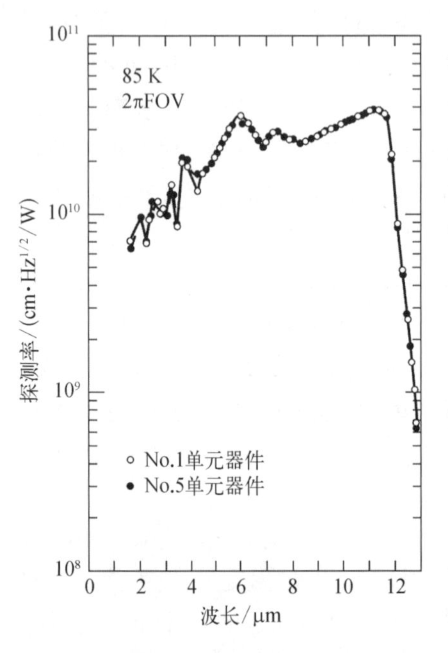

图 18.23　$Pb_{0.785}Sn_{0.215}Te$ 阵列中两个光电二极管的光谱响应探测率[133]

Wang 和 Lorenzo[134]还通过将杂质扩散到低浓度($p=4\times10^{16}$ cm^{-3} 或更低)的 LPE 层中,制造了高质量的平面器件。他们使用氧化层作为扩散掩模。在 77 K 时,单元面积为 2.5×10^{-5} cm^2 的 124 元阵列,R_0A 乘积的平均值为 1.85 $\Omega\cdot cm^2$。未镀膜时的平均量子效率为 40%,FOV 为 2π 时,在 11 μm 波长处测得的典型峰值探测率为 2.6×10^{10} $cm\cdot Hz^{1/2}/W$。该阵列的一个显著特点是光谱响应的极端均匀性,λ_c值的变化小于 1%。该工艺适用于常规制作高密度、高质量的平面 PbSnTe 阵列。

最近,John 和 Zogg[174]通过在 p 型衬底上过度生长 Bi 掺杂的 n^+帽层来制备 PbTe p－n 结光电二极管。一般而言,p－n 结在碲化物中工作得很好,而在硒化物则会表现出数量级差别的高扩散,无法获得可靠的器件。

2. 离子注入

在Ⅳ-Ⅵ族半导体中,大部分的注入工作都致力于形成 n－on－p 结光电二极管,主要覆盖 3~5 μm 的光谱区域。

在早期的工作中,采用质子轰击将 p 型 PbTe 和 PbSnTe 转变为 n 型[175]。n 型层中的电子浓度约为 10^{18} cm^{-3}。Tao 等[176,177]研究了质子轰击 $Pb_{0.76}Sn_{0.24}Te$ 层的电学特性和退火特性。他们发现,在 100℃左右的温度下退火消除了缺陷,使得电导性重新成为 p 型。虽然仍不清楚掺杂、晶格损伤和退火的细节,研究人员还是制备出了良好的器件。此后,Donnelly[178]和 Palmetshofer[179]对离子注入Ⅳ-Ⅵ族半导体的研究与理解进行了综述。

这些铅盐中性能最好的二极管是由 Donnelly 等[126,180-182]提出的 Sb^+离子注入方法。Sb^+离子注入采用 400 keV 束流,总剂量为 1×10^{14}~2×10^{14} cm^{-2}。注入后,去除光刻胶注入掩模,再在 340~400℃的温度下,在每个样品表面镀上一层 150 nm 的热解 SiO_2,时间为 2~5 min。

该退火步骤足以有效地消除室温注入引起的辐射损伤。然后在氧化物上开孔，在样品上用电镀制备 Au 触点。正向偏置 $I-V$ 特性中的 β 参数值约为 1.6，而反向偏压特性显示出由于隧穿效应而产生的软幂律击穿。在 77 K 时，PbTe 光电二极管的 R_0A 乘积高达 $2.1\times10^4\ \Omega\cdot cm^2$，探测率达到背景限。在背景降低（使用 77 K 冷屏）、频率为 50 Hz 时，测得探测率为 $1.6\times10^{12}\ cm\cdot Hz^{1/2}/W$，略低于理论预测的放大器加热噪声限值。探测率峰值波长 λ_p = 4 μm，截止波长 λ_c = 5.1 μm，轻微向短波方向移动，这是由于高掺杂 p 型衬底的能带填充（$p > 10^{18}\ cm^{-3}$）。

In 注入似乎不太适合制备 p－n 结，因为它的电活性较低，且在较高剂量时载流子浓度会达到饱和[179]。

使用组成元素进行注入制备光电二极管的方法，在制备 PbSSe 二极管中获得了良好的结果[180]。

3. 异质结

用于制备长波光电二极管的另一种技术是通过 LPE[8,133,135,137,183-186]、VPE[187,188]、MBE[189] 和热壁外延（hot wall epitaxy，HWE）[190] 技术在 p 型 PbSnTe 衬底上沉积 n 型 PbTe（PbSeTe），制备异质结。

使用 LPE 方法获得的结果最好。可以生长出载流子浓度为 $10^{15}\sim10^{17}\ cm^{-3}$ 的任何一种材料，使用前无须退火。使用 LPE 方法成功实现了 PbSnTe 光电二极管设计中的先进概念，即背照射光电二极管的制造（见图 18.24 中的插图[185]）。由于 PbTe 和空气之间的折射率失配，它可以完全地实现对光电二极管电学面积的光学利用，显著地减少阵列的光学死区，并增加二极管的光敏区域。此外，结一侧的带隙材料越宽，饱和电流越小。图 18.24 显示了 77 K 下背照射 n－PbTe/p－PbSnTe 异质结的光谱响应特性，6 μm 以下的滤波是由 PbTe 衬底的吸收引起的。

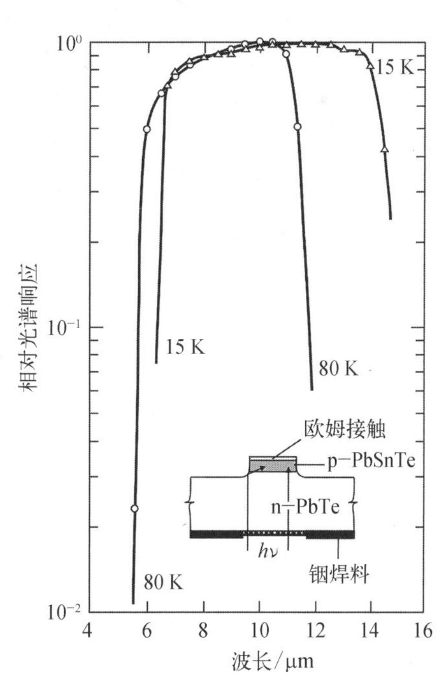

图 18.24　77 K 时 n－PbTe/p－PbSnTe 背照射台面光电二极管的光谱响应[185]

需要注意的是，液相外延 PbTe/PbSnTe 异质结的光谱响应依赖于 PbTe 的生长温度。由于 PbTe 和 PbSnTe 中本征缺陷的互扩散系数很大，在外延生长过程中 p－n 结有可能离开 PbTe－PbSnTe 界面。在 $T>$ 480℃ 的 PbTe 生长过程中，p－n 结会移入 PbTe 层[191,192]。其他研究人员在用 HWE 技术获得的 n－PbTe/p－PbSnTe 异质结中观察到了纯 PbTe 的光谱响应[193,194]。最近发表的论文指出，异质结的光谱响应取决于 PbSnTe 层中的电场[195] 及 n 型和 p 型浓度之间的关系[196]。

PbTe 和 $Pb_{1-x}Sn_xTe$ 之间的晶格失配（$x=0.2$ 时为 0.4%）引入了应力释放失配位错，这可能是决定光电二极管性能的重要因素[197]。Kesemset 和 Fonstad[198] 在 $Pb_{0.86}Sn_{0.14}Te$/PbTe 双异质结激光二极管的有源区发现了较高的界面复合速率（约为 10^5 cm/s）。随着晶格失配程度的降低，界面复合也随之减少。晶格匹配的 PbSnTe/PbTeSe 结构为解决该系统中出现的失配问题提供了一个很有前途的解决方案[199]。工作在 77 K 以下的 n－PbTeSe/p－PbSnTe 光电二极管证实了这一点[137]。

Wang 和 Hampton[132]报道了使用 LPE 电刷技术生产的高质量 n－PbTe/p－$Pb_{0.80}Sn_{0.20}Te$ 台面阵列。首先在(100)取向的 $Pb_{0.80}Sn_{0.20}Te$ 单晶上生长 p 型 $Pb_{0.80}Sn_{0.20}Te$，然后再生长 n 型 PbTe。$Pb_{0.80}Sn_{0.20}Te$ 外延层生长温度为 540～500℃，冷却速率为 0.1～0.25℃/min(生长约 3 h 的典型厚度为 20 μm)。PbTe 层在 $Pb_{0.80}Sn_{0.20}Te$ 层停止生长的温度下开始生长。生长 40 min 后，PbTe 层的厚度约为 5 μm。在 80 K 时，18 元阵列的平均 R_0A 乘积为 3.3 Ω·cm^2，在 2π FOV 和 300 K 背景下，λ_p = 10 μm 时的平均 D^*为 2.3×10^{10} cm·Hz$^{1/2}$/W。

Wang 等[185]对 p－$Pb_{0.80}Sn_{0.20}Te$/n－PbTe 倒置异质结二极管的电学性质进行了研究。图 18.25 给出了不同温度下典型的正向和反向 $I-V$ 特性。在此图中，连续曲线表示测量值，虚线表示理论值。温度在 80 K 以上时，扩散电流占主导地位。扩散主导的区域中激活能为 0.082 eV。随着温度的降低，GR 电流变得重要，激活能降低到 0.044 eV。在 T= 15 K 时，激活能大致等于 E_g和 $E_g/2$。在 30 K<T<80 K 内，GR 电流占主导。在 30 K 以下，小面积二极管($A<10^{-4}$ cm^2)会出现明显的与表面相关的漏电流。该电流随着反向偏置电压的增加而增加。大面积二极管的过量漏电流可能是受体缺陷的影响。

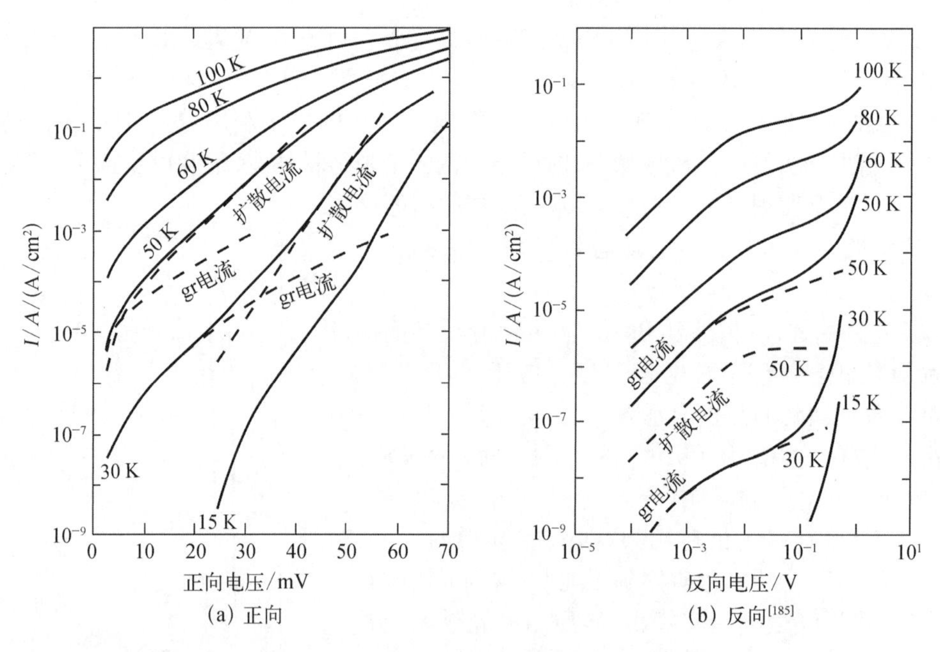

图 18.25　p－$Pb_{0.80}Sn_{0.20}Te$/n－PbTe 倒置异质结二极管的 $I-V$ 特性

LPE 技术可用于制作双色 PbTe/PbSnTe 探测器。已提出了覆盖(3～5 μm 和 8～14 μm)大气窗口的 PbTe/PbSnTe 异质结。平面 p－n 结是采用 In 扩散技术制作的。PbTe 二极管在 4.6 μm 时的平均 D^*为 10^{11} cm·Hz$^{1/2}$/W，PbSnTe 二极管在 λ_p = 9.8 μm 时的平均 D^*为 2.2×10^{10} cm·Hz$^{1/2}$/W。

18.4 肖特基势垒型光电二极管

对于 p 型铅盐半导体肖特基势垒光电二极管,有效势垒高度 ϕ_b 与金属功函数无关[125,200-202]。在中等载流子浓度(约为 $10^{17}\ \mathrm{cm}^{-3}$)的情况下,$\phi_b$ 不会明显超过能隙。假设 $\phi_b = E_g$,则式(12.153)可以写成

$$(R_0A)_{MS} = \frac{h^3}{4\pi q^2 kT}\frac{1}{m^*}\exp\left(\frac{E_g}{kT}\right) \tag{18.19}$$

18.4.1 肖特基势垒的争议

在较高的温度范围内,肖特基结的 R_0A 乘积的实验值与理论曲线一致,而在 77 K 时,实验结果与计算值的偏差很大[122]。这种差异似乎是由于使用了式(18.19),该式没有考虑在 p 型窄禁带半导体肖特基结中发生的额外过程。尽管 Gupta 等[149]利用上述关系式,与三元化合物 PbSnTe 和 PbSnSe 的实验数据取得了很好的一致,但他们的结果对于能隙等于 0.1 eV 的情况似乎是偶然的。Walpol 和 Nill[201]给出了这种结的能带图,如图 18.26 所示,其中可以区分为三个区域:反转区、耗尽区和体区。在理想结模型中,只考虑了过程(a),即从金属中的费米能级到价带的空穴发射 $h\nu = \phi_b$。没有考虑反转区中空穴-电子对的激发[过程(b)]或耗尽区中空穴-电子对的带间激发[过程(c)]。最后一种激发特别重要,由于高介电常数时的耗尽区很宽。根据 Nill 和他的同事的说法,空穴的势垒高度 ϕ_b 大大降低,使 ϕ 的值略高于能隙 E_g。由于空穴的动能略超过 E_g,势垒的窄顶部由于隧穿效应而透明,因此有效势垒 ϕ_{be} 对大多数金属而言都与金属功函数无关。此外,金属在接触形成过程中的相互作用(即使在室温下)也会改变电子特性和势垒高度。

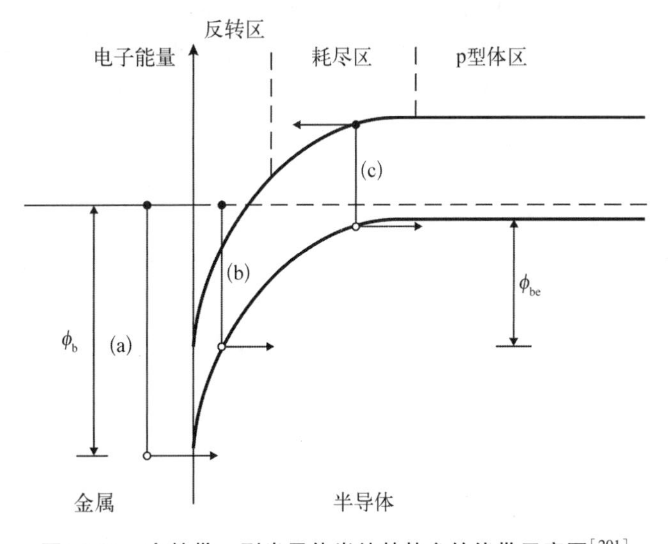

图 18.26 窄禁带 p 型半导体肖特基势垒的能带示意图[201]

在 77 K 时，PbTe 肖特基结的 R_0A 乘积的实验值与 p－n 结的 R_0A 乘积的实验值相当[122]。由于在后者中，R_0A 乘积是由生成-复合过程决定的，因此应该得出结论，对于金属-半导体(metal-semiconductor，MS)结，R_0A 的主要贡献来自耗尽区。几位研究人员观察到了铅势垒铅盐光电二极管的两种饱和电流产生机制：扩散限制和耗尽限制行为[138,165,203,204]。在这些论文中，用弱温度相关的分流电阻解释了低温下 R_0A 饱和的趋势。相反，Maurer[205]用简单的热电子发射理论和带间隧穿效应解释了 Pb－PbTe 肖特基势垒的 R_0A 乘积与温度的关系。

到目前为止，对Ⅳ－Ⅵ族材料中的 M－S 界面的认识还很零散，无法确定金属-势垒光电二极管中 p－n 结的性质。然而，我们不能排除由于金属层引起Ⅳ－Ⅵ族材料层表面化学计量比的变化，并形成浅扩散的 n^+－p 结的可能性。同样，Chang 等[206]和 Grishina 等[207]的实验表明，In 在 PbTe 和 PbSnTe 上的蒸发膜在室温下会发生化学反应，形成在金属和半导体之间具有中间层的结构。

Sizov 等[202]评估了金属和 PbTe 的活性，他们使用了大量关于碲化物形成的标准焓和熵的数据，主要包括：Ga，Zn，Mn，Ti，Cd，In，PbTe，Mo，Sn，Ge，Cu，Tl，Pt，Ag，Hg，Bi，Sb，As，Au。

在 PbTe 表面形成接触的过程中，上方排列在 PbTe 左边的金属即使在室温下也会与半导体相互作用，形成一种新的化合物，必然改变电学性质和势垒的高度。排列在 PbTe 右边的金属在室温附近不会与半导体相互作用。

正是基于上述分歧，在Ⅳ－Ⅵ族化合物上制备肖特基势垒的各种方法都有阐述。最初的样品在铅沉积过程中需要冷却(77 K)[201]。根据美国专利[208]，金属层(In，Pb)应该在外延层冷却到室温后立即在高真空中蒸发，不需要破坏真空。然后，通过原位热蒸发沉积一层 SiO_2，以保护 M－S 接触不受大气的影响。Buchner 等[209]描述了一种相反的肖特基势垒制备方法。他们的研究表明，在 $Pb_{0.8}Sn_{0.2}Te$ 表面沉积铅，只有当该表面先前已暴露在大气中时才会产生整流势垒。这是由于 PbSnTe 表面存在的氧阻止了 Sn 在界面上的迁移。Grishina 等[210]注意到 Pb(In)－$Pb_{0.77}Sn_{0.23}Te$ 肖特基势垒电学特性的改善是由阻止金属和半导体之间相互作用的自然氧化物的影响而引起的。最近，人们发现在金属和半导体之间使用一层薄的化学氧化物作为中间层可以改善肖特基势垒性能，而阳极氧化物钝化可以提高热稳定性和时间稳定性，并降低了多元线性阵列中元件之间的参数发散[211]。

用清洁的和暴露于空气中的表面都可以获得 Pb－PbTe 整流接触[212]。与 $Pb_{0.8}Sn_{0.2}Te$ 相比，PbTe 的氧化在大约达到单层覆盖时会趋于饱和(PbSnTe 的持续氧化是伴随着 Sn 从体相向表面的扩散)。Pb－PbTe 器件的热稳定性是通过用纯水清洗，然后在 150℃下真空烘焙长达 12 h 来获得的[165]。Schoolar 等[154,156]制备了肖特基势垒 PbSnSe 和 PbSSe 光电二极管，使用真空退火(170℃，30 min)的外延薄膜，对表面氧化层进行解吸附，并在沉积 Pb 或 In 势垒前将薄膜冷却到 25℃。研究还发现，界面中 Cl 的存在极大地改善了肖特基结的 $I-V$ 特性[213-215]。为了解决目前有关肖特基势垒形成的争议问题，有必要对界面进行进一步的研究。

Paglino 等[144]对肖特基势垒铅盐光电二极管的理论提出了新的见解。利用 Werner 和 Guttler 提出的肖特基势垒涨落模型，假设肖特基势垒高度 ϕ_b 在平均值 ϕ 附近具有连续的高

斯分布 σ。由于饱和电流[式(12.151)]与 ϕ_b 呈指数关系,因此电流的有效势垒由式(18.20)给出:

$$\phi_b = \phi - \frac{q\sigma^2}{2kT} \tag{18.20}$$

该势垒 ϕ_b 小于从电容-电压特性导出的平均值 ϕ。因此,由于 ϕ_b 依赖于温度,所以在理查森图中不会得到直线。为了得到与 $V \neq 0$ 时的 $I-V$ 特性一致的结果,Werner 和 Guttler 证明了势垒变化 $\Delta\phi$ 和势垒波动的平方 $\Delta\sigma^2$ 随外加偏压 V 的变化与该电压成正比,

$$\Delta\phi_b(V) = \phi_b(V) - \phi_b(0) = \rho_2 V,\ \Delta\sigma^2(V) = \sigma^2(V) - \sigma^2(0) = \rho_3 V \tag{18.21}$$

式中,ρ_2 和 ρ_3 为负的常数。在这些设定下,可得到理想性因子 β 的温度依赖性,

$$\frac{1}{\beta} - 1 = -\rho_2 + \rho_3 \frac{q}{2kT} \tag{18.22}$$

在很大的温度范围内用不同材料制成的许多肖特基势垒中都观察到了这一点[216]。

Si 衬底上 Pb-PbSe 肖特基势垒光电二极管的 R_0A 乘积与温度的关系如图 18.27 所示[144]。在整个温度范围内,拟合近乎完美。σ 的起伏导致 J_{st} 或 R_0A 乘积在低温下饱和。对于 Pb-PbSnSe 肖特基势垒,这些涨落呈高斯分布,σ 的宽度可高达 35 meV。这些值取决于结构质量;质量越高的器件显示的 σ 越低。模型正确描述了理想因子 β,即使 $\beta>2$。势垒涨落预期是由丝状位错引起的,这些位错密度越低,σ 越低,在较低温度下的饱和 R_0A 值越高。PbSe 的位错密度在 $2\times10^7 \sim 5\times10^8\ cm^{-2}$ 内,厚度为 3~4 μm。通过热退火可以降低这些位错的密度,可以获得更高的 R_0A 乘积[145],热退火可以将丝状失配位错的端点推出相当远的距离(厘米范围)到样品的边缘[34]。

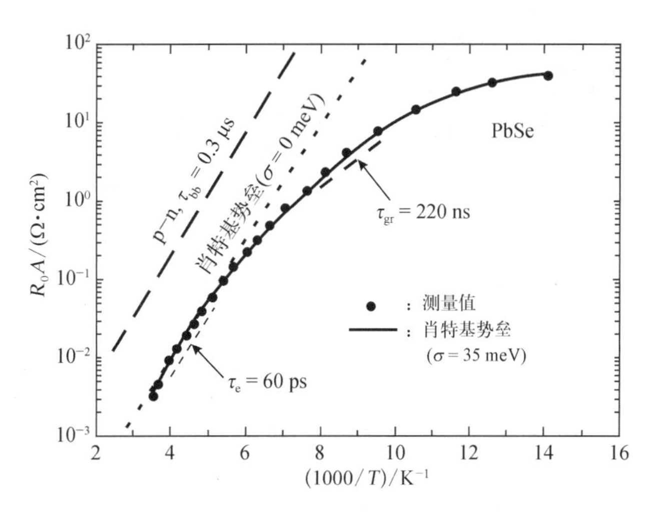

图 18.27 Si 衬底上 Pb-PbSe 肖特基势垒光电二极管 R_0A 乘积与温度倒数的关系。数值用势垒起伏模型(实线)进行了拟合。作为比较,绘制了理想肖特基势垒光电二极管的计算值,以及扩散情况下 p-n 结的理论值,假定带间复合极限寿命 $\tau_{bb}=0.3$ μs、复合寿命 $\tau_e=60$ ps 和 GR 限制寿命 $\tau_{gr}=220$ ns[144]

18.4.2 技术与特性

与 p－n 结的制备相比,制造肖特基势垒光电二极管的一种相当简单的技术是在半导体表面蒸发一层薄的金属层。这是一种平面技术,有可能以低廉的成本制造大型阵列。该技术已成功地应用于Ⅳ－Ⅵ族化合物。Holloway[165]对肖特基势垒Ⅳ－Ⅵ族光电二极管进行了出色的评述,侧重点是薄膜器件。

在大多数情况下,Ⅳ－Ⅵ族半导体的肖特基势垒是通过蒸发金属 Pb 或 In 形成的。如果使用体晶半导体材料,则光电二极管是通过半透明电极[164,217]正照射的。自 1971 年福特集团首次报道了高性能薄膜光电二极管以来,薄膜型器件一直是通过 BaF_2衬底背照射的[218]。Holloway[165]介绍了这些器件的发展。薄膜Ⅳ－Ⅵ族光电二极管用 HWE 或 MBE 制备 Pb 盐的外延层。这些薄膜是 p 型的,空穴浓度约为 10^{17} cm^{-3}。此后 20 年间 MBE 技术的发展为在 Si 衬底上生长 Pb 盐外延层提供了可能,缓冲层采用总厚度仅为 200 nm 的 CaF_2－BaF_2或 CaF_2－SrF_2－BaF_2叠层[129],器件质量足以满足 IR 器件集成的要求。这为完全单片式、异质外延的 FPA 开辟了道路。图 18.28 给出了制造肖特基势垒光电二极管的四种主要配置。

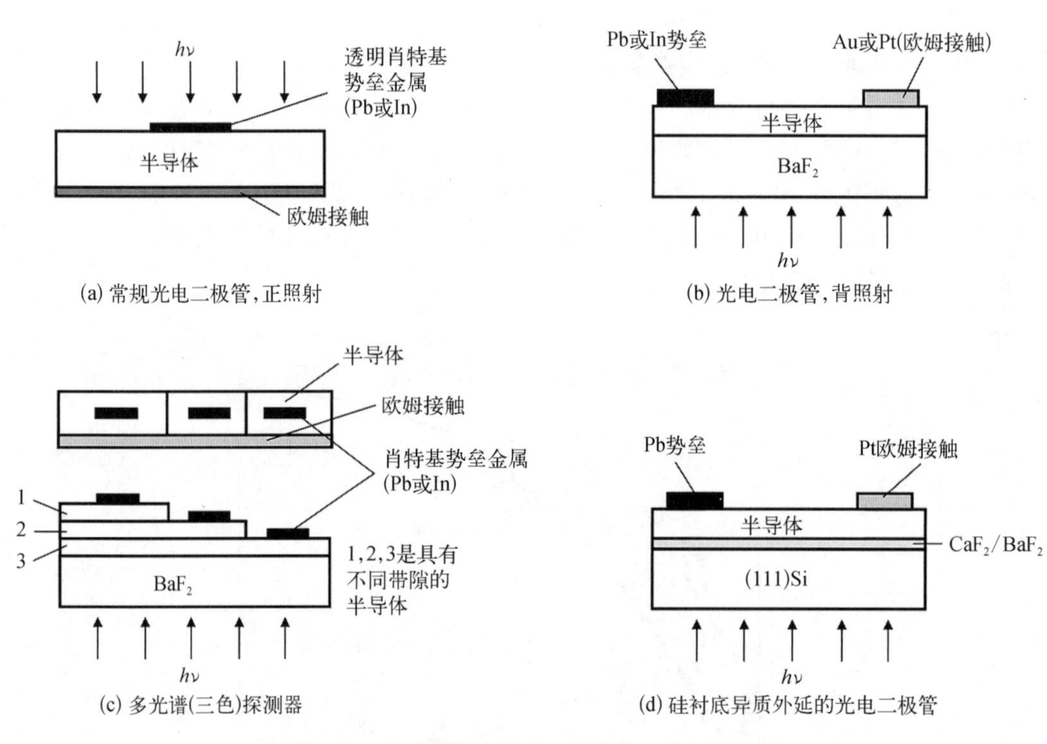

图 18.28 肖特基势垒光电二极管的四种主要配置

高性能薄膜Ⅳ－Ⅵ族光电二极管是在 20 世纪 70 年代由美国福特汽车公司和美国海军水面武器中心的两个研究小组开发的。在严格的清洁环境下制备的 Pb－(p)PbTe 光电二极管在 80~85 K 的 R_0A 乘积为 3×10^4 $\Omega\cdot cm^2$,由于受到干涉影响,其量子效率为 90%,相当于约翰逊噪声限制的 $D^*=10^{13}$ $cm\cdot Hz^{1/2}/W$,峰值波长在 5 μm 附近[165]。最好的光电二极管在半导体和铅层之间设有接触区域，该区域由 BaF_2 蒸发层中的窗口定义。这种光电二极管结构已用于制作 100 元阵列。Holloway[165]简要描述了光刻方法，包括用于 BaF_2 窗口及用于半导体和 Pb、Pt 金属层的图形化技术。

在接下来的二十年里，瑞士联邦理工学院的研究小组继续研发薄膜Ⅳ-Ⅵ族光电二极管技术，并取得了重大进展[9,118,129,143-148,174]。1985 年，Zogg 和 Huppi[219]提出了一种新的单片异质外延 PbSe/Si 集成电路，在 Si 上外延 PbSe 薄膜，采用(Ca，Ba)F_2 缓冲层。Si 和 BaF_2 之间 14%的晶格失配(图 18.2)可以通过在 Si 处由 CaF_2 与在Ⅳ-Ⅵ族合金界面处的 BaF_2 组成的梯度层来克服(图 18.2)。发现Ⅳ-Ⅵ族合金与氟化物(300 K 时约为 20×10^{-6} K^{-1})和 Si(300 K 时约为 2.6×10^{-6} K^{-1})之间的热膨胀系数失配是无害的。这种热膨胀失配似乎是通过位错的滑动来弛豫的，这些层在 800 多次热循环(80~300 K)后都没有问题[143]。随着这项技术的发展，使用不同的二元和三元Ⅳ-Ⅵ族合金(PbS[220-222]、PbSe[140,223,224]、PbTe[174,204,223]、PbEuSe[221]和 PbSnSe[138,141,143])，已经在全单片式铅盐 FPA 中取得了相当大的进步。通常使用厚度约为 200 nm 的外延堆积 CaF_2-BaF_2 缓冲层。

PbSnSe 光电二极管的制造工艺首先需要在温度为 350~400℃的第二生长腔室中沉积材料层，采用具有 CaF_2 缓冲层的 3 英寸 Si(111)晶圆作为衬底。p 型层中典型的载流子浓度为 2×10^{17}~5×10^{17} cm^{-3}，厚度为 3~4 μm。热失配应变弛豫会导致主{100}<110>滑移系统的位错滑移，滑动面与表面倾斜，因此优选在(111)取向上进行生长。当生长在(100)取向的衬底上时，热失配应变弛豫必须发生在更高的滑动系统中，通常这会导致层厚超过约 0.5 μm 的膜层开裂[146,225]。在几个 μm 厚度的未加工层中已经获得了低至 10^6 cm^{-2} 的位错密度，而用于制作探测器的层，位错密度范围为 10^7~10^8 cm^{-2}。器件制作的其他基本步骤如下：

(1) 将样品保持在室温下，非原位或原位(在 MBE 生长腔室中)真空沉积约 200 nm 的 Pb；

(2) 真空沉积约 100 nm 的 Ti，以保护 Pb 层；

(3) 真空沉积 Pt，以提高后续 Au 层的附着力，并对 Pt 图形化；

(4) 定义出敏感区：用选择性 Ti 腐蚀剂对 Ti 层进行刻蚀，用选择性 Pb 腐蚀剂刻蚀 Pb；

(5) 在 Pb/Ti/Pt 阻挡触点上电镀 Au，以及在材料上电镀 Au 获得欧姆接触；

(6) PbSnSe 层的刻蚀；

(7) 聚酰胺的旋涂、光刻图形化和弯曲，用于绝缘和平坦化表面；

(8) 真空沉积铝，并通过湿法蚀刻勾勒出信号引出区域。

敏感区直径为 30~70 μm。通过红外透明的硅衬底从背面照射。图 18.29 显示了器件的示意性横截面[145]。不需要表面钝化，由不同尺寸二极管的 R_0A 乘积推导的结果显示，器件的表面效应可以忽略不计。

PbTe 和 $Pb_{0.935}Sn_{0.065}Se$ 光电二极管在 Si 衬底上的光谱响应曲线如图 18.30 所示[129]。在没有 AR 涂层的情况下，典型的量子效率约为 50%。注意到在 $Pb_{0.935}Sn_{0.065}Se$ 光电二极管的情况下存在明显的干涉效应，这有助于在 50 K 时的峰值波长附近显著地提高响应，但在 77 K 时的截止波长附近会导致性能有所下降。为了优化特定温度下的峰值响应，必须优化 PbSnSe 的厚度及缓冲层的厚度，以便在敏感区获得有利的干涉现象。

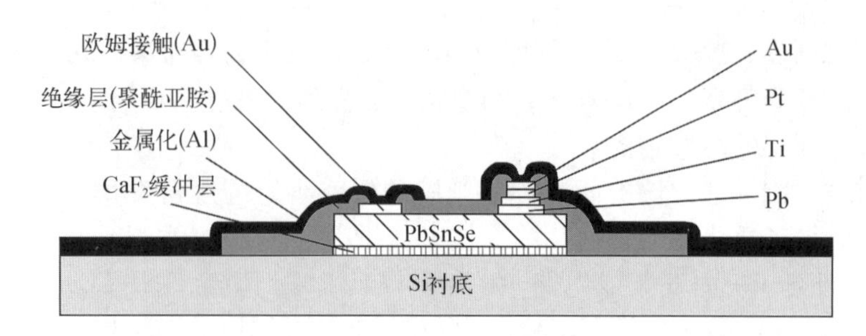

图 18.29 PbSnSe 光伏型 IR 探测器的截面示意图[146]

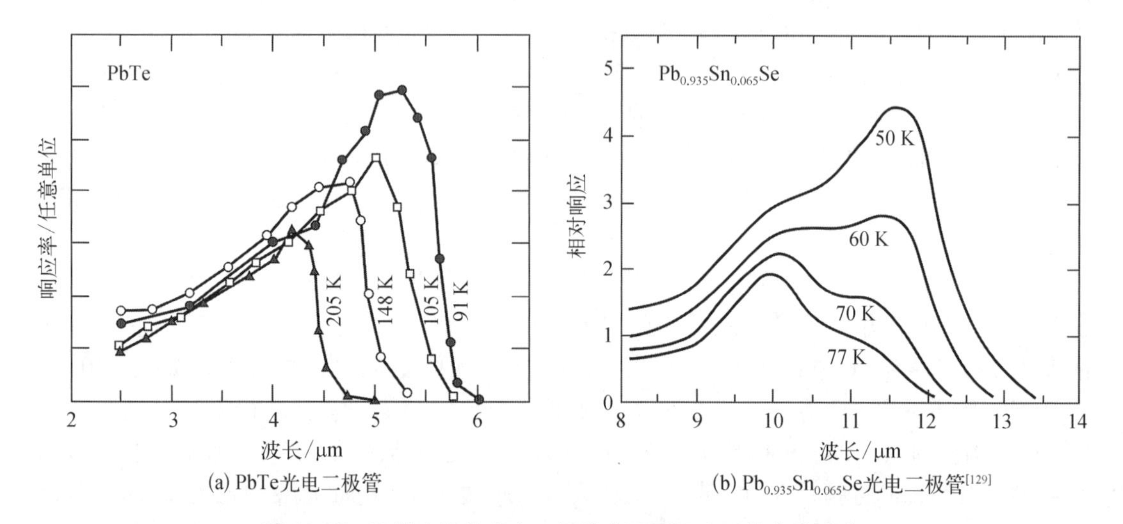

图 18.30 Si 衬底铅盐光电二极管在不同温度下的光谱响应

图 18.31 显示了具有 BaF_2/CaF_2和 CaF_2缓冲层的 Si 衬底上制备的不同铅盐光电二极管在 77 K 下的 R_0A 乘积随截止波长的变化。虽然这些值远高于背景限红外光电探测器(background limited infrared photodetector, BLIP)的值(300 K, 2π 视场, $\eta=50\%$),但仍远低于俄歇复合给出的理论极限值(图 18.22)。Ⅳ-Ⅵ族光电二极管的性能不如 HgCdTe 光电二极管;它们的 R_0A 乘积比 p^+-on-n HgCdTe 的值低两个数量级。在 77 K 下,截止波长为 10.5 μm 的 PbSnSe 光电二极管的 R_0A 乘积约为 1 $\Omega\cdot cm^2$。

图 18.32 显示了 n^+-p $Pb_{0.935}Sn_{0.065}Se$ 光电二极管的 R_0A 乘积与温度的关系[124]。为了进行比较,还包括了取自 Zogg 等[138]的实验数据。当温度降至 100 K 时,R_0A 乘积的增加遵循近似 $\exp(E_g/kT)$斜率所揭示的扩散限制行为。在 77~100 K 内,该行为可归因于耗尽层内的生成-复合机制。对采用背面欧姆接触的光电二极管所进行的理论预测(图 18.32 中的虚线曲线)表明 R_0A 乘积有相当大的下降。这种光电二极管结构较差,因为基区 p 型区域的少子扩散长度大于光电二极管的厚度。图 18.32 所示的计算结果表明了构造更高质量的 PbSnSe 光电二极管的潜在可能性。在温度较高的区域,实验获取的 $R_0A(T)$依赖关系遵循扩散限制行为,主要的生成-复合机制不是基本的带间机制(辐射或俄歇过程)。这意味着光电二极管的扩散限制行为是由 SR 生成-复合机制决定的,τ_{n0}和 τ_{p0}的值小于 10^{-8} s(计算中所假定的值)。这可能是由于较高的陷阱浓度,通过 SR 生成-复合机制控制了 p 型材料中过量载流子的寿命。

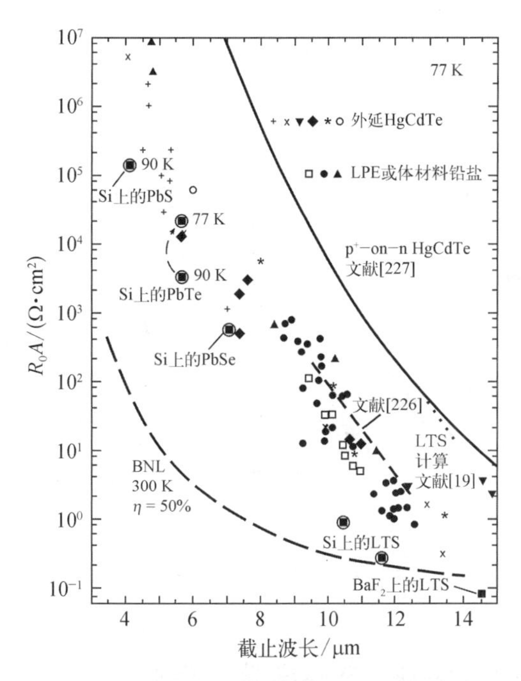

图 18.31　不同铅盐光电二极管与 HgCdTe 光电二极管在 77 K 下的实验 R_0A 乘积比较。也绘出了在 180°视场和 50%量子效率下,300 K 背景的噪声限

标记为 LTS 的虚线是由计算给出的 PbSnSe 的最高值[19]。虚线是众多 HgCdTe 实验数据点的上限[226]。实线表示 p-on-n HgCdTe 光电二极管的理论计算结果[140,227]

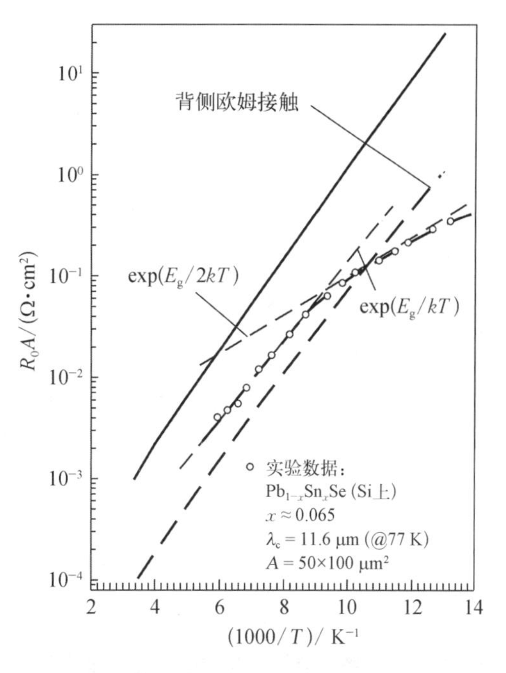

图 18.32　n^+-p $Pb_{0.935}Sn_{0.065}Se$ 光电二极管的 R_0A 乘积随温度的变化关系

实线是背照射光电二极管结构的计算结果,其中 p 型基底层厚 3 μm,载流子浓度为 10^{17} cm^{-3},n^+ 盖层厚 0.5 μm,电子浓度为 10^{18} cm^{-3}。粗虚线为假定光电二极管采用背侧欧姆接触时的计算结果。实验数据(○)取自 Zogg 等[138],扩散和耗尽区用细虚线表示[124]

结果表明,PbSnSe 光电二极管的最大 R_0A 乘积由位错密度决定。如图 18.33 所示[148],绘制了不同 PbSnSe 光电二极管的 R_0A 乘积饱和值与位错密度 n 的关系图,可以看到倒数线性关系:$R_0A \sim 1/n$。根据肖特基理论得到的无势垒起伏的理论理想漏电阻为 R_{id}。如果 N 个位错端点位于器件的有源区 A,并且如果每个位错会产生额外的漏电阻 R_{dis},则测量的差分电阻为[145]

$$\frac{1}{R_{ef}} = \frac{1}{R_{id}} + \frac{1}{R_{dis}} \tag{18.23}$$

对于 $R_{id} \gg R_{dis}/N$,

$$R_0A = \frac{R_{dis}}{n} \tag{18.24}$$

因为 $N = nA$。因此,每个位错都会产生分流电阻。对于 80 K 的 PbSe 光电二极管,它的值是 1.2 GΩ。因此,Werner 和 Güttler 唯象模型[式(18.20)]中的涨落 σ 是由位错处及其附近的势垒降低引起的。由于每个位错的漏电阻约为 1.2 GΩ,因此位错密度应小于 2×10^6 cm^{-2},这样位错才不会主导 PbSe 光电二极管的实际 R_0A 乘积(80 K 时 PbSe 肖特基二极管的理论 R_0A 值约为 10^3 $\Omega\cdot cm^2$)。正如 Zogg 等[34,148]描述的那样,对样品进行适当的处理(经过

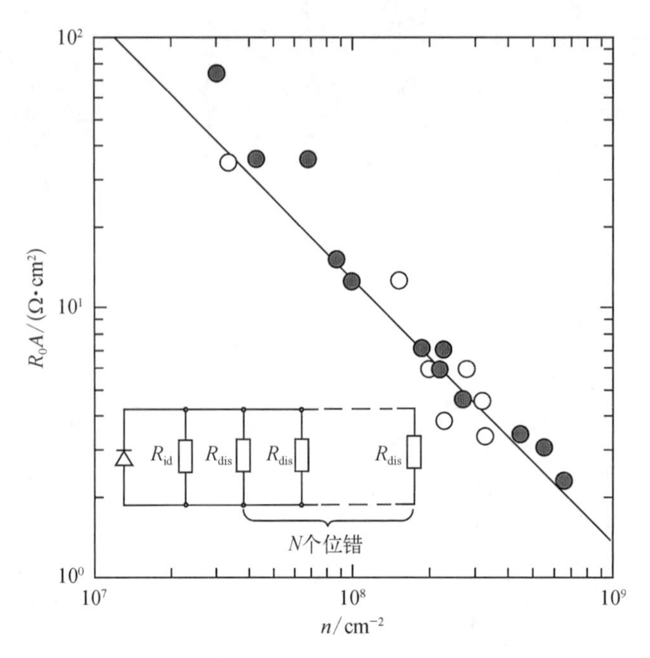

图 18.33 PbSnSe 光电二极管的低温饱和 R_0A 值与位错密度的关系。组分的影响做了归一化。插图是位错对漏电阻的影响模型[148]

从室温到 77 K 再回到室温的一些温度循环之后)，可以获得该范围的位错密度($<2\times10^6\ cm^{-2}$)。

通过改进材料质量和器件制造技术，仍有可能取得很大的改进。使用具有较薄、较宽带隙盖层的掩埋 p－n 结，而不是阻挡型 Pb 接触，应该会获得更好的结果。

18.5 非传统的薄膜光电二极管

实际上，光电二极管的响应速度由结电容、动态电阻、串联电阻及外部电路阻抗的影响共同决定(12.2.3 节)。对于铅盐光电二极管，唯一重要的电容是结的空间电荷区的电容 C(由于高介电常数)，唯一重要的电阻是外部电阻 R_L。可得频率上限 f_c 为[228]

$$f_c=\frac{1}{2\pi R_L C} \tag{18.25}$$

对于突变结，我们可以取 $C=\varepsilon_s\varepsilon_0A/w$ 和 $w=[2\varepsilon_s\varepsilon_0(V_b-V)/qN_{ef}]^{1/2}$，其中 $N_{ef}=N_aN_d/(N_a+N_d)$ 是空间电荷区的有效掺杂浓度，V_b 是内建结电压。

Holloway 等[127,229-231]开发了两个非传统的光电二极管，可以降低结电容(图 18.34)。一种方法使用夹断型光电二极管[图 18.34(a)]，其耗尽区通过半导体的 n 型区域延伸到绝缘衬底。如果改变偏压，则耗尽层宽度的改变被限制在二极管的外围。图 18.35 显示了典型的 3/4 波长 PbTe 夹断型光电二极管的一些特性。该结构能够在 150℃温度承受至少 8 h，而不会降低其 80 K 性能，并且需要背偏压实现夹断(1/4 波长结构不适用)。在施加大于约 150 mV 的背偏压后，器件的电容从零偏值 700 pF 降至约 70 pF。70 pF 的值主要来自引出电容。在背偏压<0.3 V 时，1 kHz 的噪声电流保持不变，接近 300 K 背景下的计算值；进一步增大偏置会导致 $1/f$ 噪声的贡献显著增加。面积较大（5×10^{-3} cm^2）的 3/4 波长器件的结背偏压电容可以降低近两个数量级。夹断型光电二极管电容的减小大大降低了对Ⅳ－Ⅵ族光电二极管工作频率的限制。

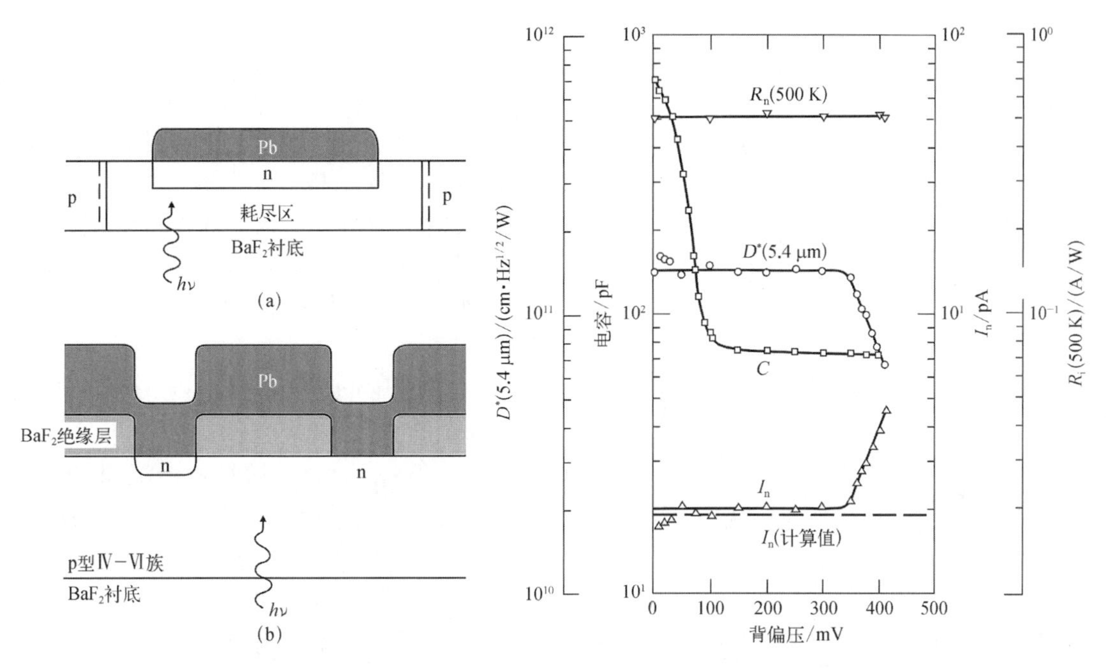

图 18.34　(a) 夹断型光电二极管和 (b) 横向收集光电二极管的概念示意图[230]

图 18.35　80 K，2π 视场下，3/4 波长夹断性 PbTe 光电二极管的偏压特性。黑体和噪声测量的频率为 1 kHz，带宽为 10 Hz。薄膜厚度为 0.54 μm，光电二极管面积为 6×10^{-4} cm^2[127]

第二种降低电容的方法是横向收集光电二极管[图 18.34(b)]，它包括一个小的 p－n 结矩阵，从中间的非结 p 区收集光生少数电子。Holloway[231]进行的详细分析表明，集电极的间距小于两个扩散长度时，可以获得有用的收集效率。另外，如果集电极直径小于该尺寸，可以减小结电容。对于Ⅳ－Ⅵ族半导体，扩散长度为 10～20 μm。

Holloway 等[229]描述了在 BaF_2 衬底上由 PbTe 和 PbSeTe 层组成的薄膜横向收集光电二极管。与传统的光电二极管相比，这些器件的电容降低了 20 倍，约翰逊噪声限制 D^* 提高了 3 倍。

应该注意的是，当器件尺寸减小到与所采用的半导体中的少子扩散长度相当时，光生载流子的横向扩散会显著增强体 p－n 结的光响应[232-234]。

美国海军水面武器中心的研究小组已经展示了薄膜Ⅳ－Ⅵ族窄带光电二极管[154,156,213]。使用 HWE 技术，在切割出的 BaF_2 衬底两侧沉积了具有略微不同能隙的外延层（见图 18.36 中的插图）。在能隙较小的层上制作肖特基势垒（Pb 或 In），能隙较大的层起到冷吸收滤光片的作用。窄带 PbSSe 光电二极管的光谱响应如图 18.36 所示。这些光电二极管的半带宽为 0.1～0.2 μm，量子效率峰值为 40%～50%。

Schoolar 和 Jensen[154]利用 PbSnSe 外延薄膜制备的光电二极管将窄带探测技术扩展到

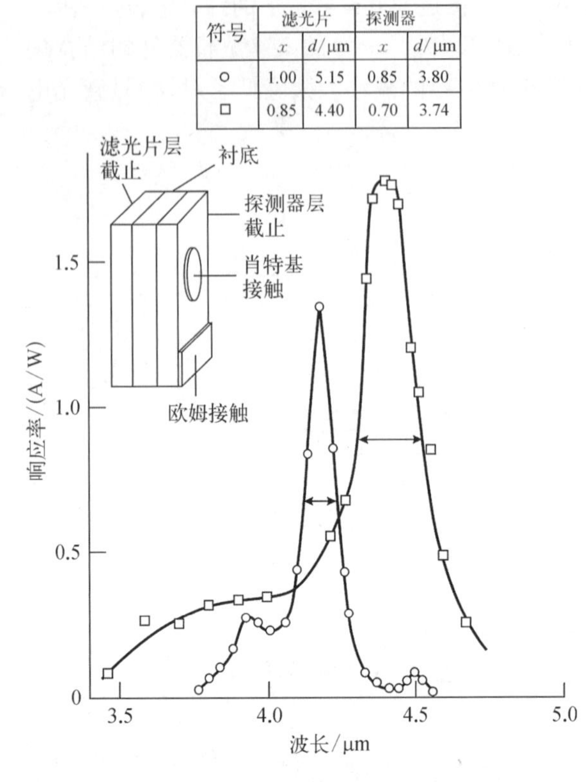

图 18.36　窄带 PbSSe 肖特基势垒光电二极管的设置和光谱响应[156]

了更长的波长。采用 4.12 μm 厚的 $Pb_{0.095}Sn_{0.05}Se$ 滤光片，6.67 μm 厚 $Pb_{0.935}Sn_{0.065}Se$ 光电二极管在 77 K 下（约翰逊噪声限制 $D^*=7\times10^{10}$ $cm\cdot Hz^{1/2}/W$，使用冷滤光片，20°视场角），在 10.6 μm 处获得了 0.6 μm 的光谱响应半宽。

Holloway[235]提出了一种原创窄带器件，它包含一个位于 BaF_2衬底上的横向收集光电二极管，以及介电叠层和金属反射层的组合。该器件的峰值位置是可以通过改变辐射入射角来调节的。这表明这种结构可以作为简单的分光计使用。

美国海军水面武器中心实验室还开发了多光谱 PbSe 和 PbSnSe 光伏探测器[213,236]。通过在台阶结构上沉积 Pb 肖特基势垒触点，然后在 BaF_2 衬底上使用 HWE 沉积铅盐合金半导体，获得了双色、三色和四色探测器[图 18.28(c)]。这些背照射器件的光谱响应覆盖由底层材料的带隙设定的分立光谱波段。

18.6　可调谐振腔增强探测器

通过使用 MEMS 制造技术，可以在 IR 探测器阵列上进一步制造如标准具的器件阵列，从而对探测器的入射辐射进行调控。如果标准具可以被设定为在红外波长的量级上改变其与探测器表面的距离，则探测器可以按顺序响应特定波段中的所有波长[237]。

Zogg 等[238,239]详细阐述了工作在中波波段的可调谐谐振腔增强型（resonant cavity enhanced，RCE）Ⅳ-Ⅵ族探测器。图 18.37 显示了硅衬底上可调谐谐振腔 PbTe 探测器的横截面示意图[238]。顶镜采用压电致动技术或 MEMS 技术制造，并混成到探测器芯片。布拉格反射镜是由 MBE 生长的Ⅳ-Ⅵ族材料实现的，由高折射率和低折射率层交替的 1/4 波长对组成。如图 18.2(b) 所示，窄带材料的折射率很大 ($n\approx5\sim6$)，而 EuSe 的折射率为 2.4，BaF_2的折射率为 1.4。几个 1/4 波长对就足以在较宽的光谱范围内获得接近 100%的反射率。这是布拉格反射镜各组分之间的高折射率对比度导致的。

探测器有源层的面积为 7.5×10^{-4} cm^2，如图 18.37 所示，在布拉格反射镜上生长 0.3 μm 厚的 n^+-p 结构。实际上，它是一个具有顶部 Bi 掺杂 $n^+-Pb_{1-x}Sr_xTe$ 窗口的异质结。顶部的红外透明接触是一层 100 nm 薄的 Te，然后是 1/4 波长的 TiO_2 AR 涂层。图 18.38 显示了三种不同腔长时的光谱响应[239]。光谱只有一个峰值，可以通过顶镜移动来调谐。

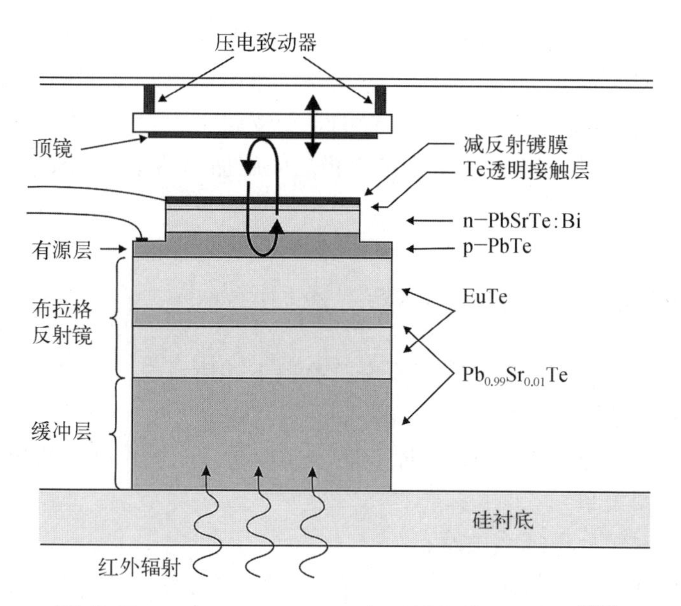

图 18.37　PbTe-on-Si RCE 探测器的截面示意图[138]

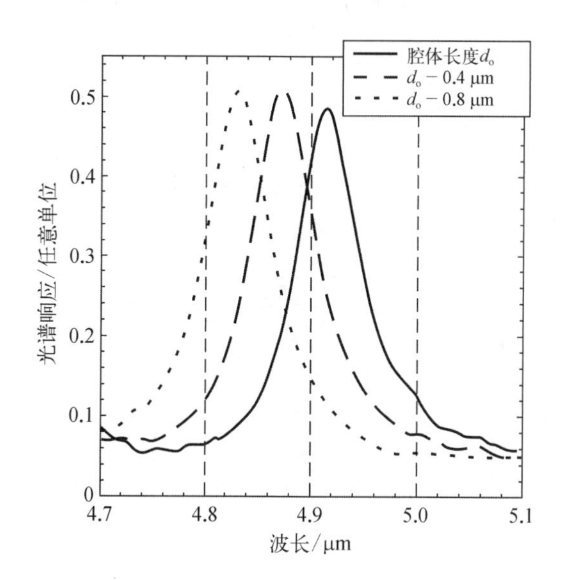

图 18.38　在 100 K 时，三种不同腔长时的光谱响应（采用压电致动的反射镜）[239]

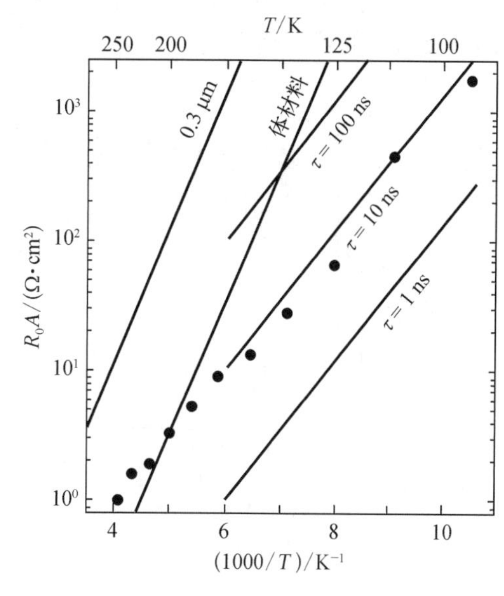

图 18.39　测量了 Si 衬底上 RCE n^+-p PbTe 结的 R_0A 乘积（·）随温度的变化。实线为计算结果，假定厚（体材料）和薄（0.3 μm）光电二极管都受到扩散电流与带间复合限制，以及对应于耗尽区中的三个 SR 寿命（100 ns、10 ns 和 1 ns）的生成-复合限制[239]

薄 n^+-p PbTe 结的 R_0A 乘积与温度的关系表明，当 $\tau_{SR}\approx 10$ ns 时，耗尽层中的 SR 复合会对性能造成限制（图 18.39）。与硅衬底上制备的 PbTe 体光电二极管[174,240]相比，这个值更高。在 250~200 K 的温度范围内，实验数据均高于体光电二极管的最佳值。这是由于吸收层厚度小于电子扩散长度[见式(12.88)]，仅受到探测器有效体积的限制。然而，实验值仍远低于理论极限,因为对于 0.3 μm 厚的吸收层,R_0A 乘积应该增加 40 倍。

可调谐腔增强型探测器的另一种解决方案是一种带有可移动 MEMS 反射镜的器件,该器件由镀金的方形镜片连接到四个对称布置的悬架支腿上[118]。相距 10 μm 的对电极放置在玻璃支撑片上,在硅薄膜透镜和玻璃上的电极之间施加 30 V 的电压,可实现大于 3 μm 的移动。

18.7 铅盐与 HgCdTe 器件的比较

理论上,与 HgCdTe 相比,Pb 盐三元合金具有以下性质:

(1) 更强的化学键;

(2) 对缺陷的弹性更强(图 18.40,对于 $\lambda_c \approx 10$ μm, 工作在 77 K 的光电二极管,R_0A 乘积与位错密度的依赖关系);

(3) 截止波长对组分不那么敏感;

(4) 对钝化要求不那么敏感。

这些应该利于制备在更高的温度下工作的大而高度均匀的 FPA。上述性质的结果可能是显著的,特别是对于甚长波红外光谱区域。而需要应对的挑战在于材料较软、高介电常数(低速)及与硅的较高热失配。

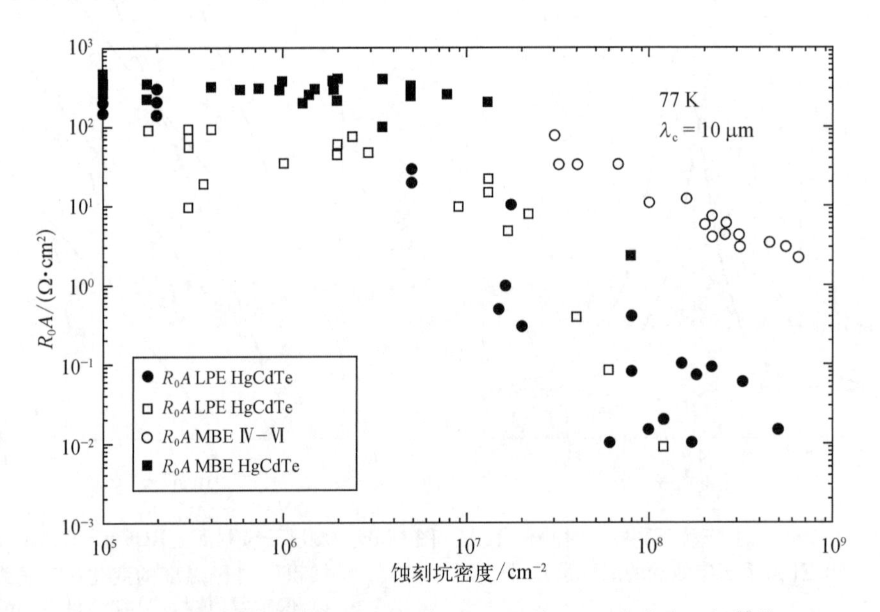

图 18.40 77 K 时截止波长≈10 μm 的 HgCdTe 和Ⅳ-Ⅵ族光电二极管的 R_0A 乘积与位错密度的关系[摘自与 Tidrow 的私人通信]

铅盐三元合金(PbSnTe 和 PbSnSe)更容易制备,也更稳定。由于硫属化合物存在两个明显的缺点——高介电常数和非常高的热膨胀系数(TCE),Ⅳ-Ⅵ族合金光电二极管的开发并没有继续。

高介电常数会影响光电二极管的空间电荷区电容和响应速度。图 18.41 显示了 77 K ($\lambda_c \approx 12$ μm) 下单边突变结 $n-p^+$ $Pb_{0.78}Sn_{0.22}Te$ 和 $Hg_{0.797}Cd_{0.203}Te$ 光电二极管的截止频率

与施加的反向偏置电压的关系曲线。当反向偏置电压大于 1 V，空间电荷区掺杂浓度大于 10^{15} cm^{-3}时，可以观察到雪崩击穿。计算了负载电阻为 50 Ω 和结区面积为 10^{-4} cm^2时的截止频率。图 18.41 标出了施主浓度的不同值。在图 18.41 中，还显示了空间电荷区宽度和单位面积的电容 C/A。我们可以看到，在反向偏置电压下，当 n 侧掺杂浓度不大于 10^{14} cm^{-3}时，HgCdTe 光电二极管可以实现 2 GHz 的截止频率。PbSnTe 光电二极管的截止频率几乎要小一个数量级。应该注意的是，任何结串联电阻和杂散电容都会降低截止频率。

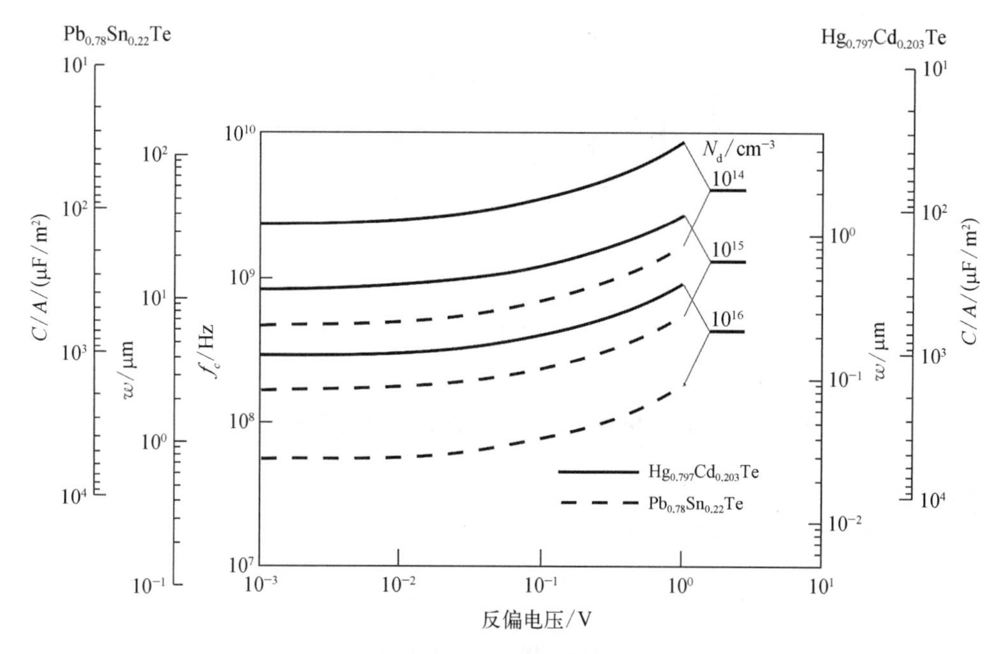

图 18.41　77 K($\lambda_c \approx 12$ μm)，有源区面积为 10^{-4} cm^2时，单边突变结 n－$p^+Pb_{0.78}Sn_{0.22}Te$ 和 $Hg_{0.797}Cd_{0.203}Te$ 光电二极管的截止频率

附加坐标对应于耗尽区宽度及单位面积的结区电容[228]

图 18.42 显示了 PbTe、InSb、HgTe 和 Si 的 TCE 与温度的关系[220]。室温下，HgTe 和 CdTe 的 TCE 约为 5×10^{-6} K^{-1}，而 PbSnTe 约为 20×10^{-6} K^{-1}，导致与 Si 的失配较大(Si 的 TCE 约为 3×10^{-6} K^{-1})。值得注意的是，Ge 和 GaAs 的 TCE 值都接近于 HgCdTe，基于这些材料的探测器在这一方面并不会存在显著优势。

HgCdTe 和 PbSnTe 光电二极管基区的掺杂浓度不同。对于这两种类型的光电二极管，隧穿电流(和 R_0A 乘积)都严重依赖于掺杂浓度。为了生产高 R_0A 的 HgCdTe 和铅盐光电二极管，分别需要 10^{16}和 10^{17} cm^{-3}(或更低)的掺杂浓度(图 17.45)。为了避免隧穿效应，Ⅳ-Ⅵ族材料的最高可用掺杂浓度比 HgCdTe 光电二极管高出一个数量级以上。这是由于它们的高介电常数 ε_s，因为 R_0A 乘积中隧穿电流的贡献包含因子 $\exp[\text{const}(m\cdot\varepsilon_s/N)^{1/2}E_g]$[式(12.120)]。在 MBE 生长的Ⅳ-Ⅵ族材料中，超过 10^{17} cm^{-3}的最大允许浓度时很容易控制的。隧穿电流在铅盐光电二极管中不会带来限制。

与 HgCdTe 探测器相比，铅盐的主要性能极限与 SR 中心有关。目前还不清楚这是材料上的残留缺陷还是天然缺陷造成的。然而，很明显，这些 SR 中心对耗尽电流的大小具有决

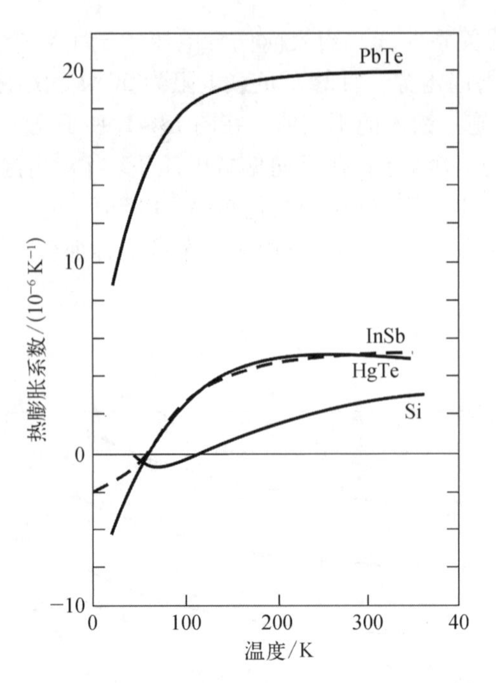

图 18.42　PbTe、InSb、HgTe 和 Si 的 TCE 随温度的变化[220]

定性的影响。与相同带隙的 HgCdTe 不同,耗尽电流主导下,需要比 HgCdTe 更低的工作温度,才能实现铅盐探测器的 BLIP 性能。

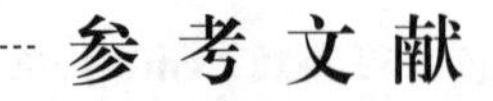

参考文献

第19章 量子阱红外光电探测器

自从江崎(Esaki)和朱兆祥(Tsu)[1]首次提出并实现 MBE 技术以来,由于技术挑战、新的物理概念和现象及广阔的应用前景等,人们对半导体超晶格(superlattices,SL)和量子阱(quantum well,QW)结构的兴趣持续增长。发展出了一类具有独特电学与光学性质的新型材料和异质结构。本书关注的是低维固体[量子阱(QW)、量子点(quantum dots,QDs)和超晶格(SL)]中载流子红外激发的器件。这些红外探测器的一个显著特点是,由于使用了带内过程,它们可以利用化学稳定的宽带隙材料实现。因此,可以使用如 GaAs/$Al_xGa_{1-x}As$(GaAs/AlGaAs)、$In_xGa_{1-x}As/In_xAl_{1-x}As$(InGaAs/InAlAs)、InSb/$InAs_{1-x}Sb_x$(InSb/InAsSb)、InAs/$Ga_{1-x}In_xSb$(InAs/GaInSb)和 $Si_{1-x}Ge_x$/Si(SiGe/Si)等材料体系及其他体系。有些器件已经足够先进,有可能集成到高性能集成电路中。大面积外延生长的高度均匀性显示了大面积面阵的生产前景。此外,与外延生长过程中成分控制相关的灵活性可以用于调整量子阱红外探测器对特定红外波段或多个波段的响应。

在各种类型的量子阱红外探测器中,GaAs/AlGaAs 多量子阱探测器技术最为成熟。最近这些探测器的性能取得了快速提升[2-15]。探测率已经显著提高,足以制造出成像性能与最先进水平的 HgCdTe 相当的长波红外百万像元焦平面阵列(focal plane array,FPA)[16,17]。尽管付出了巨大的研发努力,但大规模光伏型 HgCdTe FPA 仍然很昂贵,主要是因为有效阵列的成品率较低。低成品率是由于 LWIR HgCdTe 器件对缺陷和表面漏电流敏感,而缺陷和表面漏电流是基本材料特性导致的。对于 HgCdTe 探测器,GaAs/AlGaAs QW 器件具有许多潜在的优势,包括可基于成熟的 GaAs 生长和加工的标准制造技术,在大于6英寸的 GaAs 晶圆上进行高度均匀和可控的分子束外延生长,并具有高成品率,从而实现低成本、更高的热稳定性和抗外部辐射能力。

本章主要介绍用于红外探测的 QW 结构的性质和应用。由于上述器件的技术正在迅速发展,新概念不断提出,因此很难涵盖这些主题。此处假定本书读者已经熟悉 QW 和 SL 中的现象、材料及光学和电学性质。巴斯塔德(Bastard)[18]、韦斯布赫(Weisbuch)和温特(Vinter)[19]、希克(Shik)[20]、哈里森(Harrison)[21]、宾贝格(Bimberg)等[22]及辛格(Singh)[23]编写了几本关于 QW 物理的入门教科书。下面将只描述 QW 的基本属性。由于第 20 章和第 21 章专门介绍了 SL 与 QD 光电探测器,我们将在下一节集中讨论不同类型的低维固体。

19.1 低维固体:背景

外延生长技术的快速发展使得以单分子层的精度生长半导体结构成为可能。至少在生长方向上,可以将器件结构尺寸与相关电子或空穴波函数的波长进行比较。这意味着人们可以在量子力学水平上开展电子学工程。半导体材料在足够窄的区域内对电子的限制可以显著地改变载流子能谱,并有望出现新的物理特性。这些新颖的特性将带来新的半导体器件及显著改进的器件特性[24,25]。在电子器件和光电器件中,大多数预期的性能改进都源于态密度的变化。

在 QW 的情况下,电子运动的能量势垒存在于一个传输方向上,人们还可以想象电子在两个方向都受到限制,或作为最终情况,在所有三个方向上都受到限制。后两种结构现在被称为量子线和量子点。因此,器件结构的维度家族包括体半导体的外延层[三维(3D)]、薄的量子阱外延层[二维(2D)]、细长的管子或量子线[一维(1D)]及分立岛状 QD[零维(0D)]。图 19.1 绘出了其中三种情况。

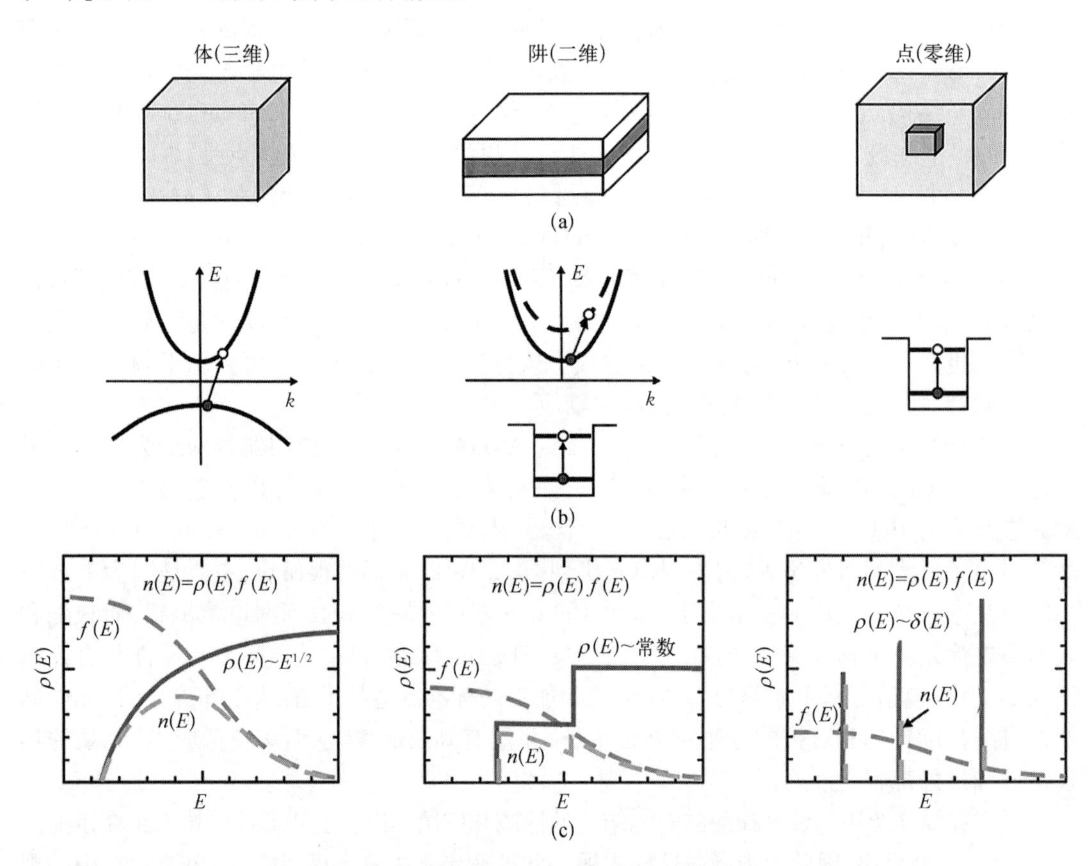

图 19.1 在体材料、QW 和 QD 中的(a) 量子纳米结构,(b) 能量与波矢的关系,(c) 态密度和能量分布(其中电子具有玻尔兹曼分布)

在晶体半导体中,决定输运和光学性质的电子与空穴被认为是准自由的,其有效质量 m^*考虑了周期性晶格势能的影响。体半导体晶体的尺寸相对德布罗意波长的尺度是宏观的:

$$\lambda = \frac{h}{(2m^*E)^{1/2}} \tag{19.1}$$

因此尺寸量子化可以忽略不计。准自由电子波函数由布洛赫(Bloch)函数给出:

$$\Psi_{jk}^{3D}(r)=\frac{1}{V}u_{jk}(\boldsymbol{r})\exp(\mathrm{i}\boldsymbol{kr}) \tag{19.2}$$

式中,V 为宏观体积; $\boldsymbol{k}=2\pi/\lambda$ 为电子波矢量;j 为能带编号。布洛赫(Bloch)函数以自由粒子波函数 $\exp(\mathrm{i}\boldsymbol{kr})$ 为包络,取而代之的是允许由晶界定义的 $\boldsymbol{k}$ 值为准连续的。导带底部(价带顶部)准自由电子(空穴)的能量色散由式(19.3)给出:

$$E^{3D}=\frac{\hbar^2 k}{2m^*} \tag{19.3}$$

式中,$\hbar$ 是普朗克常量。这种二次色散会导致态密度函数的抛物线性。

$$\rho^{3D}=\frac{1}{2\pi^2}\left(\frac{2m^*}{\hbar^2}\right)^{3/2}E^{1/2} \tag{19.4}$$

态密度表征了允许态的能量分布,而费米函数 f 给出了在某一能量被电子占据的概率,即使在该能量下根本不存在允许态。因此,ρ 和费米函数的乘积描述了晶体中给定类型载流子的总浓度。

$$n=\int\rho(E)f(E)\,\mathrm{d}E \tag{19.5}$$

半导体的输运和光学性质基本上是由最高价带与最低导带决定的,它们在能量上由带隙 E_g 分开。砷化镓(GaAs)的带隙结构由重空穴、轻空穴、分裂价带和最低导带组成。GaAs 是一种直接带隙半导体,在 $k=0$ 时(Γ 点),价带最大值与导带最小值位于布里渊区的同一位置。AlAs 是一种间接带隙半导体,其最低导带在 X 点处靠近(100)方向的布里渊区边界。此外,AlAs 的导带极小值是高度各向异性的,其纵向与横向电子质量分别为 $m_l^*=1.1m$ 和 $m_t^*=0.2m$。

电子在一维或多维上受到限制会改变波函数、色散和态密度。在由两种不同半导体交替的层组成的 SL 中,与导带和价带边缘的空间变化相关的有效势能在空间上被调制。图 19.2 说明了与平面 QW 和 SL 相关的电子态[26]。SL 中的微带宽度由测不准原理与阱间隧穿时间相关。一种典型情况下,势垒区为 AlGaAs 层,而势阱是 GaAs。组分变化的典型距离尺度(约为 50 Å)小于观察到的电子弹道传输距离。这就会导致在组分随空间变化的结构中,波函数可以是相干的。刚才提到,波函数是有效质量理论的波函数包络。主体组分的空间变化引入了许多亚晶格,但势函数和波函数的基本图像可以指导量子器件领域的大部分工作。

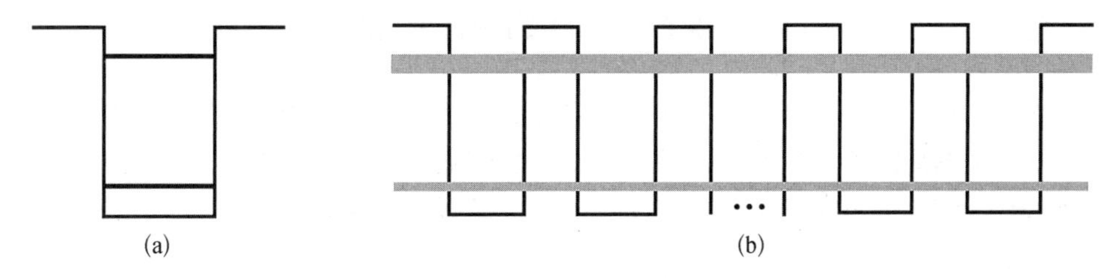

图 19.2　(a) QW 中的电子束缚态和(b) SL 中微带的形成。限制势与导带边缘有关[26]

每个 QW 都可以看作一个三维矩形势阱。当阱的厚度远小于横向尺寸($L_z \ll L_x$, L_y),并且厚度与阱中载流子的德布罗意波长相当时,在载流子色散动力学中就必须考虑 z 方向载流子运动的量子化。x 和 y 方向的运动不是量子化的,因此系统的每个状态都对应于一个子带。这种阱中的电子(或空穴)可以看作二维电子(或空穴)气。当阱为无穷深时,薛定谔方程的能量本征值为

$$E^{2D} = E_{n_z} + \frac{\hbar^2(k_x^2 + k_y^2)}{2m^*} \tag{19.6}$$

束缚能为

$$E_{n_z} = \frac{\hbar^2}{2m}\left(\frac{n_z \pi}{L_z}\right)^2 \tag{19.7}$$

式中,k_x与 k_y为沿 x 和 y 轴的矢动量;n_z为量子数($n_z = 1, 2, \cdots$)。电子波函数由 x 和 y 方向上的平面波及 z 方向上的偶数或奇数调和函数表示:

$$\boldsymbol{\Psi}_{n_x}^{2D} = \left(\frac{2}{L}\right) \exp(\mathrm{i}k_x x) \exp(\mathrm{i}k_y y) \left(\frac{2}{L_z}\right)^{1/2} \sin(k_{n_x}) \tag{19.8}$$

电子被有限高度的势阱限制[图 19.2(a)]并不影响上述尺寸量子化的主要特征。但是,它在三个重要方面对结果进行了修正:

(1) 在有限势垒高度下,由量子数 n_z表征的给定量子态的限制能较低。

(2) 在有限势垒高度下,只有有限数量的量子态被束缚(对于无限高势垒,存在无限数量的量子态),当单个量子阱的宽度减小时,第一激发态会合并到势垒中,成为虚态(图 19.3)。例如,图 19.4 说明了当单个量子阱的参数变化时,束缚态和虚态之间的联系。

(3) 电子波函数不会在边界上消失,而是穿透到势垒中,在势垒中振幅呈指数下降。

最后一种效应实际上为 SL 的形成提供了基础。如果发生重叠,受限能级就会分裂成由耦合势阱的数量给出的多个能级。对于足够多的耦合势阱,这些分裂能级会形成一个准连续能带,如图 19.2(b)所示。

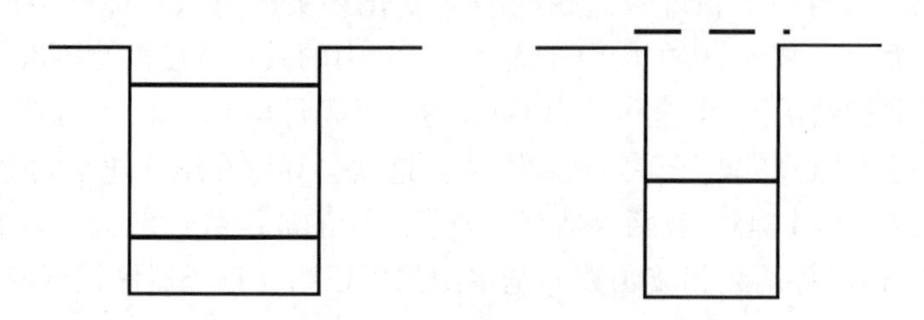

图 19.3 当量子阱的宽度减小时,会形成虚态[26]

一般来说,E_n与 Ψ_n 是有限一维势阱的本征值和本征函数。k_x和 k_y方向上的能级是连续的,并且对于 E_n的离散值(对应于每个束缚态),将形成 $k_x - k_y$平面上的二维能带。这些二维能带中的每一个都会产生与能量无关的带态密度。态密度函数将从光滑抛物线形状变为如下函数形式:

$$\rho^{2D} = \frac{m^*}{\pi \hbar^2} \sum_{n_z} \delta(E - E_{n_z}) \tag{19.9}$$

式中,$\delta(E)$为赫维赛德阶跳跃函数(Heaviside step function),$\delta(E \geqslant E_{n_z}) = 1$, $\delta(E < E_{n_z}) = 0$。

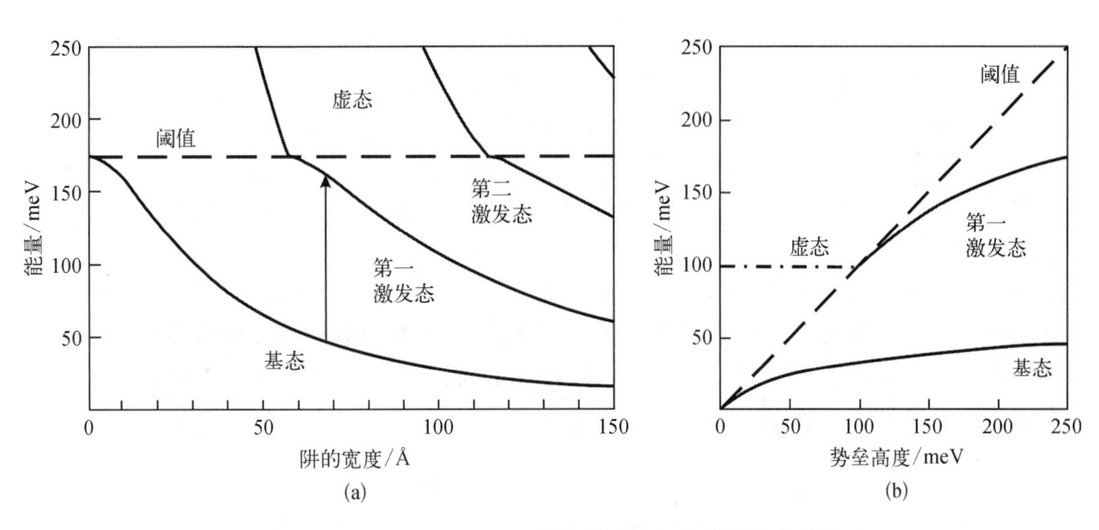

图 19.4　GaAs/$Al_{0.25}Ga_{0.75}As$ 量子阱中能级与势阱宽度的关系

能量标尺的零点设在势阱底部。75 Å QW 的势垒高度依赖关系如图 19.4(b)所示[26]

态密度的积累在性质上是阶梯状的,直到离散态、束缚态让位于连续的自由(非束缚)态。

进一步的二维或三维约束会导致相应方向的尺寸量子化,并使能谱和态密度的分布更强地离散化,接近于三维约束下的原子行为。

理想的量子点,也被称为量子盒,是一种能够限制电子在所有三个方向上的结构,允许自由度为零维。能谱将完全离散,类似于单个原子中的情况。总能量是三个离散分量的总和:

$$E^{0D} = E_{nx} + E_{my} + E_{lz} = \frac{\hbar^2 k_{nx}^2}{2m^*} + \frac{\hbar^2 k_{my}^2}{2m^*} + \frac{\hbar^2 k_{lz}^2}{2m^*} \tag{19.10}$$

式中,n、m 和 l 是整数(1, 2, …),用于对分别由 x、y 和 z 方向上的电子运动限制引起的量子化能级与量子化波数进行编号。

相较于体材料,量子点最重要的特征是它在导带中的电子态密度,由式(19.11)给出:

$$\rho^{0D}(E) = 2\sum_{n,\ m,\ l} \delta[E_{nx} + E_{my} + E_{lz} - E] \tag{19.11}$$

每个量子点能级可以容纳两个具有不同自旋取向的电子。

零维电子的态密度由狄拉克函数组成,位于离散能级 $E(n,\ m,\ l)$,如图 19.1 所示。图 19.1 所示的态密度差异是针对量子点中的理想电子的,实际上会被有限的电子寿命所掩盖($\Delta E \geqslant \hbar/\tau$)。由于量子点有一个离散的、类似原子的能谱,它们可以被视为人造原子。这种离散性有望使其载流子动力学与高维结构中的载流子动力学产生巨大差异,在高维结构中态密度在一系列能量值上是连续的。

QD(QW)能级的能量位置本质上取决于几何尺寸,即使是单层尺寸的变化也会对光学跃迁能量产生显著影响。几何参数的波动会导致点阵列的量子能级发生相应波动。随机涨落还会影响非均匀 QD 阵列上的态密度。

自组装制备 QD 的方法被认为是最有希望形成可实际应用于红外光电探测器的量子点

的方法之一。在高度晶格失配材料体系的晶体生长中,已经报道了纳米级三维孤岛的自组装形成[27]。量子点与基体之间的晶格失配是自组装的基本驱动力。GaAs 上的 In(Ga)As 是最常用的材料体系,因为晶格失配可以通过 In 合金的比例控制在 7%左右。

量子阱结构和量子点结构都可用于红外探测器的制作。一般来说,量子点红外探测器(QDIP)与量阱红外探测器(QWIP)相似,但量子点取代了量子阱,量子点在所有空间方向上都有尺寸限制。

图 19.5 显示了 QWIP 和 QDIP[28]的原理图。在这两种情况下,探测机制都是基于电子从导带阱或点中的束缚态经由光激发,进入到连续态。激发的电子在外加偏压提供的电场中向集电极漂移,并产生光电流。如图 19.5(b)所示,假设两种结构沿生长方向的导带边缘电势分布具有类似的形状。

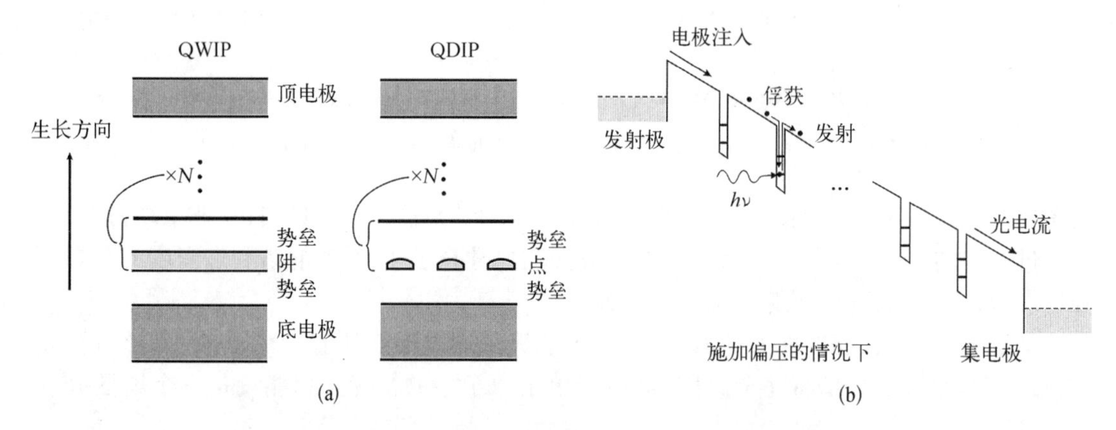

图 19.5 (a) QWIP 和 QDIP 的原理图,以及(b) 偏压下两种结构的电位分布。对于 QDIP,忽略了浸润层的影响[28]

QDIP 中的自组装量子点在面内方向较宽,在生长方向上较窄。因此,强限制是在生长方向上,而面内限制是弱的,会导致点中存在多个能级(图 19.6)。在这种情况下,面内约束能级之间的跃迁会对正入射产生响应。

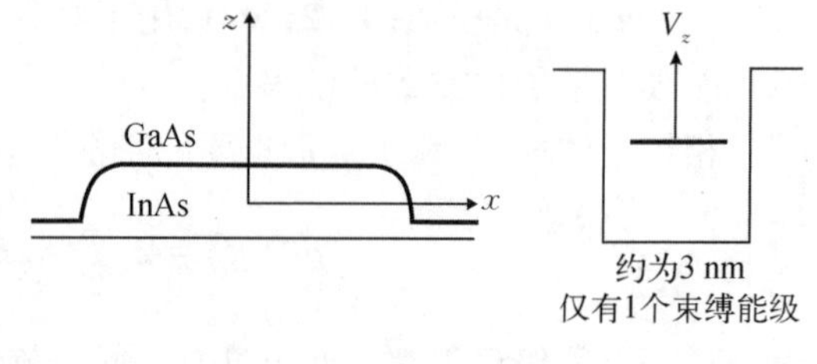

19.2 多量子阱和超晶格

上述讨论中所提及的超晶格,主要是由两种不同半导体交替层构成的组分超晶格。第二种类型的超晶格也是由 Esaki 和 Tsu[1]发明的,即掺杂型超晶格。这些类型的超晶格由一种半导体的交替的 n 型和 p 型层组成。带电的掺杂剂产生的电场可以调制电势。也有研究者考虑了组分和掺杂都被调制的超晶格[29]。

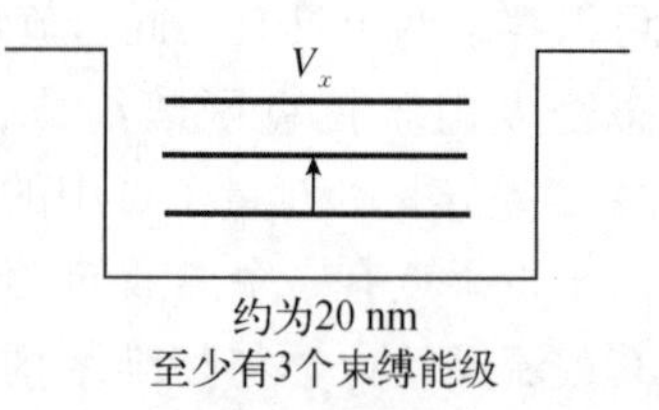

图 19.6 生长方向(z)或面内方向(x 或 y)上,偏振光引起的跃迁示意图。在生长方向上的强约束表现为窄势阱,而面内宽势阱则导致多个态。向上的箭头表示 z 方向和 x 方向偏振光引起的最强的跃迁[28]

19.2.1　组分超晶格

具有不同带隙的材料的异质外延对组分超晶格的生长具有重要意义。对高质量的组分 QW 和 SL 的一个重要要求是具有不同带隙的组分在晶格常数上的匹配，除了赝态系统(其中除了量子限制效应，还存在晶格失配引起的内应力或应变，也被用来调节电子能带结构)。Mailhiot 和 Smith[30] 回顾了应变层 SL 的研究现状。

晶格匹配条件对可以用于异质外延 QW 结构的材料是一个严格的限制，然而，自然界仍然提供了足够的自由度。图 19.7 显示了闪锌矿半导体及 Si 和 Ge 在 4.2 K 时的能隙与晶格常数的关系图。连接线代表两端材料在不同配比下形成的三元合金，除了 Si - Ge、GaAs - Ge 和 InAs - GaSb。图 19.7 中没有显示 MnSe 和 MnTe，因为它们的稳定晶体不是闪锌矿结构。最广泛研究的结构是基于 GaAs/AlGaAs 材料系统，该系统中 GaAs 和 $Al_xGa_{1-x}As$ 之间具有任意组分 x 时几乎完美的自然晶格匹配。从图 19.7 可以看出，能隙一般随着晶格常数或原子序数的增加而减小[31]。还应该注意的是，所有的二元化合物都分为五个不同的列，由阴影区域显示，这表明只要二元组分的平均原子序数相同，晶格常数就是相同的。

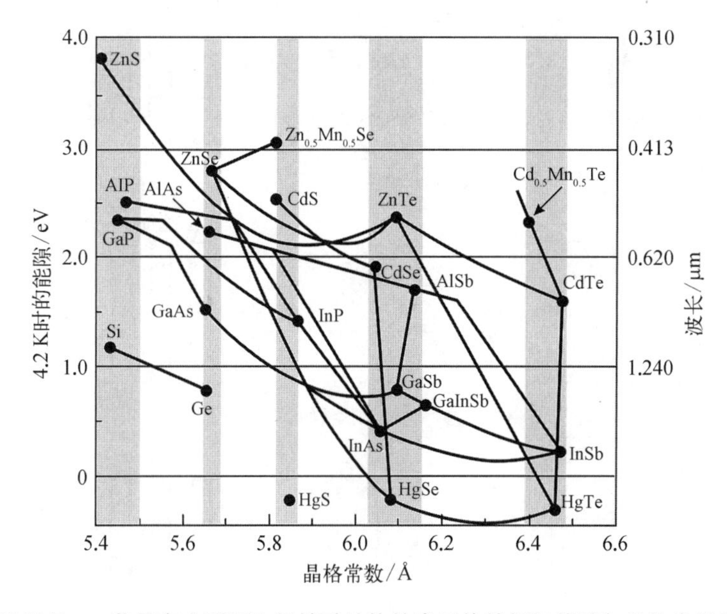

图 19.7　一些具有金刚石和闪锌矿结构的半导体的低温能隙与晶格常数的关系。阴影区域突出显示了几类晶格常数相似的半导体[31]

各个量子阱结构的物理性质强烈地依赖于界面处的能带不连续性(即能带对齐)。局域能带结构的突变通常与其附近的渐变能带弯曲有关，这是空间电荷效应的体现。导带不连续性和价带不连续性将决定载流子在界面上的输运特性，因此它们是最重要的量，决定了目前的 SL 或 QW 是否适合用于红外探测器。附加 SL 周期电势的存在会改变半导体的电子能谱，将布里渊区分成一系列微带，从而产生被微带隔开的窄子带[18]。因此，SL 将具有同质半导体结构所不具备的新特性。令人惊讶的是，导带(ΔE_c)和价带(ΔE_v)的能带不连续性的值并不能通过简单的考虑来获得。当两个半导体形成异质结构时，基于电子亲和力的能带排列在大多数情况下都不起作用。这是因为界面上的原子之间发生了微妙的电荷共享效应。

已经有许多理论研究可以预测能带排列的总体趋势[32-36]。然而，计算需要相当复杂的技术，异质结构设计通常依赖于实验提供的能带排列信息[37-39]。必须考虑到，电学和光学方法并不能测量能偏移本身，而是测量与异质结构的电子结构相关的量。由这些实验确定的能带偏移量需要一个合适的理论模型。即使对于研究最广泛的 $GaAs/Al_xGa_{1-x}As$ 材料体系，报道的基本参数 ΔE_c 和 ΔE_v 也略有不同。对该体系，当其组分范围为 $0.1 \leqslant x \leqslant 0.4$ 时，广泛接受的值是 $\Delta E_c : \Delta E_v = 6 : 4$。

根据能带不连续性的值，已知的异质界面可分为四组：Ⅰ类、Ⅱ类-交错结构、Ⅱ类-错位结构和Ⅲ类，如图 19.8 所示。

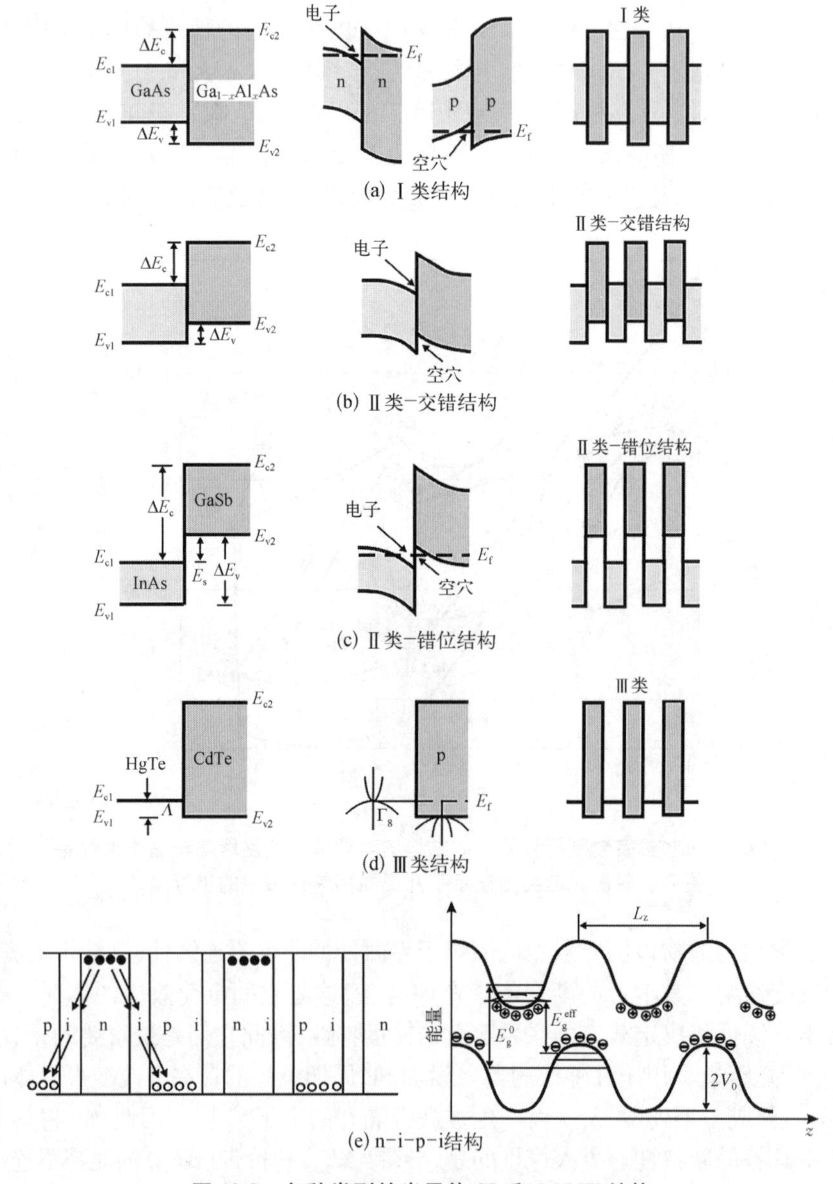

(a) Ⅰ类结构

(b) Ⅱ类-交错结构

(c) Ⅱ类-错位结构

(d) Ⅲ类结构

(e) n-i-p-i结构

图 19.8 各种类型的半导体 SL 和 MQW 结构

L_z 是结构的周期，$2V_0$ 是调制势，E_g^{eff} 是 n-i-p-i 结构的有效带隙

Ⅰ类结构出现在如 GaAs/AlAs、GaSb/AlSb、应变层结构 GaAs/GaP 及大多数具有非零带隙的Ⅱ－Ⅵ族和Ⅳ－Ⅵ族半导体结构中。$\Delta E_c+\Delta E_v$被认为等于这两种半导体的带隙差 $E_{g2}-E_{g1}$。电子和空穴分别被限制在相互接触的一种半导体中。这种类型的 SL 和多量子阱(multiple quantum well,MQW)被优先用作注入激光器,其阈值电流可以比异质结激光器的低得多。

Ⅱ类结构可分为两种情况：交错结构[图 19.8(b)]和错位结构[图 19.8(c)]。这里可以看到,$\Delta E_c-\Delta E_v$等于带隙差 $E_{g2}-E_{g1}$。在某些三元和四元Ⅲ－Ⅴ族 SL 中发现了Ⅱ类交错结构,其中一种半导体的导带底部和价带顶部低于另一种半导体的对应值(如 $InAs_xSb_{1-x}/InSb$ 和 $In_{1-x}Ga_xAs/GaSb_{1-y}As_y$结构)。因此,导带的底部和价带的顶部分别位于 SL 或 MQW 的相对层中,因此束缚电子和空穴会发生空间分离。由于光致非平衡载流子在空间上是分离的,这种结构有可能被用作光电探测器。Ⅱ类错位结构是半导体 1 的导带与半导体 2 的价带重叠的结构。这已被确定会发生在如 InAs/GaSb、PbTe/PbS 和 PbTe/SnTe 体系中。来自 GaSb 价带的电子进入 InAs 导带,产生电子和空穴气体的偶极层,如图 19.8(c)所示。利用较小的 SL 或 MQW 周期,可以观察到半金属到半导体的转变,可以将这类系统用作光敏结构,其中光谱探测范围可以随各个组成部分的厚度而改变。

Ⅲ类结构由一种具有正带隙的半导体,$E_g = E_{\Gamma 6} - E_{\Gamma 8} > 0$,(如 CdTe 或 ZnTe)和另一种具有负带隙的半导体 $E_g = E_{\Gamma 6} - E_{\Gamma 8} < 0$(如 HgTe 类半导体)组成。在所有温度下,HgTe 类半导体的行为类似于半金属,因为在 Γ_8能带中,轻空穴态和重空穴态之间没有激活能[图 19.8(d)]。这种类型的 SL 不能在Ⅲ－Ⅴ族化合物中形成。

19.2.2　掺杂超晶格

在均匀晶格进行空间调制的掺杂,可以产生 SL 效应;也就是,能带结构的空间调制导致电子的布里渊区减小并在 SL 方向上产生新的能带。这种结构的实现是使用周期性的 n 掺杂、非掺杂、p 掺杂、非掺杂、n 掺杂、…多层结构来实现的。到目前为止,几乎所有关于掺杂 SL 的实验研究和理论研究都是针对不含本征区的 GaAs 掺杂 SL 结构的。然而,“n－i－p－i 晶体”这一术语被用于所有类型的掺杂 SL。Esaki 和 Tsu[1]最初提出超晶格时就考虑了掺杂超晶格,而在之后的研发中特别需要提到的是 Ploog 和 Döhler[40-42]的工作。

借助图 19.8(e)可以解释 n－i－p－i SL 的基本概念。掺杂 SL 导致(在同一半导体中)n 层和 p 层之间的电势振荡,将导带中的电子势谷与价带中的空穴势谷分开,能隙 E_g^{eff}会减小。带电粒子受到自洽势的影响[43]。有效电势 $2V_0$和有效带隙 E_g^{eff}的值取决于掺杂浓度 N_d、介电常数 ε_r和各层的厚度。在平衡状态下,

$$E_g^{eff} = E_g^0 - \frac{q^2 N_d}{\varepsilon_0 \varepsilon_r}\left(\frac{a}{4} + b\right) \tag{19.12}$$

式中,a 为 n 型和 p 型层的厚度;b 为 i 型层的厚度;$E_g^0 = E_c - E_v$ 为本征带隙,并且假定施主和受主浓度相等。对于相同、均匀的掺杂水平 N_d和零厚度的非掺杂层,周期电势弯曲,具有一定振幅：

$$V_0 = \frac{q^2}{8\varepsilon_0\varepsilon_r} N_d a^2 \tag{19.13}$$

对于 $N_d = 10^{18}\ \text{cm}^{-3}$, $a = 500\ \text{Å}$ 的 GaAs, $V_0 = 400\ \text{meV}$。

当 a 非常小时,式(19.12)不能忽略由于在 n 层和 p 层的电势谷中的能量量子化而产生的附加项。势阱中的量子化能级可近似为谐振子能级:

$$E_{e,h} = \hbar\left(\frac{q^2 N_d}{\varepsilon_0\varepsilon_r m_{e,h}^*}\right)\left(n + \frac{1}{2}\right) \tag{19.14}$$

例如,对于 GaAs 中的电子,上述参数时的子带间距为 40.2 meV。

式(19.12)给出了层间没有施加电压的情况下 E_g^{eff} 的平衡值。然而,如果 n 层和 p 层可以用 Döhler[41] 描述的方法分开接触,那就会出现非常有趣的可能性:通过施加电压来控制能隙。

n-i-p-i 结构在性质上与Ⅱ类 SL 相似,因为电子和空穴在自由空间中的分离减少了电子与空穴波函数的重叠,从而降低了吸收系数。空间分离也会导致载流子寿命增加,从而部分补偿该效应的影响。由于光致载流子在空间上的分离,这些结构也可以是潜在的光电探测器[44]。

19.2.3 子带间光学跃迁

对于具有无限高势垒的一维矩形势阱,电子限制的描述是最简单的(见 19.1 节)。用这个模型,可以得到所有描述光电子器件性能的解析结果,虽然它们并不能定量地应用于真实结构,但是从这个模型中得到的规律也可以用于有限势垒的情况。

在有限势阱情况下,即使对于抛物线色散规律,能级的位置也与无限势阱情况相比有很大的变化。色散规律的非抛物性、多谷能带结构(如 n-Si 和 n-Ge 的情况)及势垒的有限高度极大地改变了这种描述。电子波函数不是在势垒边界处消失,而是穿透到势垒中(势垒中的振幅呈指数下降),这是形成 SL 的基础。阱和势垒中的包络波函数[连同布洛赫(Bloch)函数]的振幅决定了带间和子带间(带内)光学跃迁的强度(图 19.9)。要进一步了解 SL 和 QW 中的光学跃迁分析,可以阅读文献[18]、[23]、[45]。

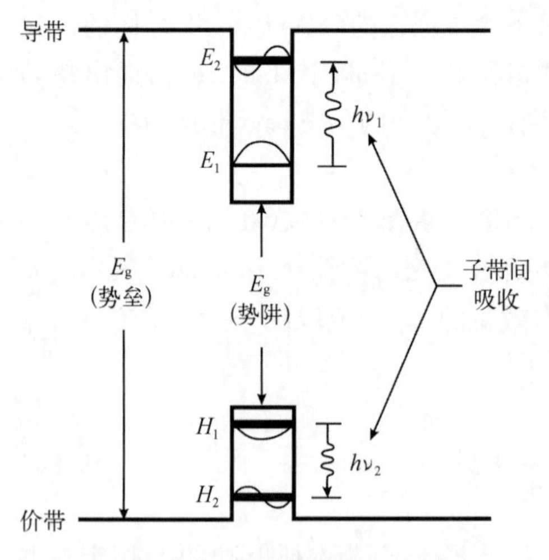

图 19.9 QW 能带的示意图

子带间吸收可以发生在与导带(n 型掺杂)或价带(p 型掺杂)相关的 QW 能级之间

为了得到吸收系数值,需要计算偶极矩阵元。从理论考虑的结果[20]可以看出,允许的偶极光学跃迁被分成两类:

(1) 发生在 QW 子带之间的带间跃迁,所述 QW 子带具有不同的能带极值的 i, j,并由类原子偶极矩阵元定义。

(2) 子带间(带内,$i=j$)光学跃迁,由同一能带的包络函数之间的偶极矩阵元定义。

光学偶极矩可以表示为

$$M \sim \int \phi_{F}(z)\boldsymbol{\varepsilon} \cdot \boldsymbol{r}\phi_{I}(z)\,\mathrm{d}r \tag{19.15}$$

式中，ϕ_I与ϕ_F是初始和最终的包络波函数；$\boldsymbol{\varepsilon}$为入射光子的偏振矢量；z为量子阱的生长方向。这样产生的偶极矩阵元在子带间跃迁的 QW 尺寸的量级上，可与带间跃迁对应的原子尺寸值相比。对于无限深阱，基态和第一激发态之间的偶极矩阵元$\langle z \rangle$的值为$16L/9\pi^2$（$\sim 0.18L_w$；L_w是量子阱的宽度）。由于式（19.15）中的包络波函数是正交的，$\boldsymbol{\varepsilon} \cdot \boldsymbol{r}$垂直于 QW（沿生长方向），因此$M$不为零。光电场也必须有一个沿着这个方向的分量，才能引起子带间的跃迁；因此，法向入射辐射将不会被吸收。

子带间光学跃迁的强度与$\cos^2\phi$成正比，其中ϕ是量子阱平面与电磁场矢量之间的夹角。Levine 等[46]已经通过实验证明了偏振选择定则$\alpha \propto \cos^2\phi$，如图 19.10 所示[2]。利用多通道波导结构测量了掺杂型 GaAs/AlGaAs 量子阱超晶格在 8.2 μm 处的红外子带间吸收。多通道波导的几何结构使子带间的净吸收增加了大约两个数量级，因此可以精确地测量振子强度、偏振选择规则和线形。

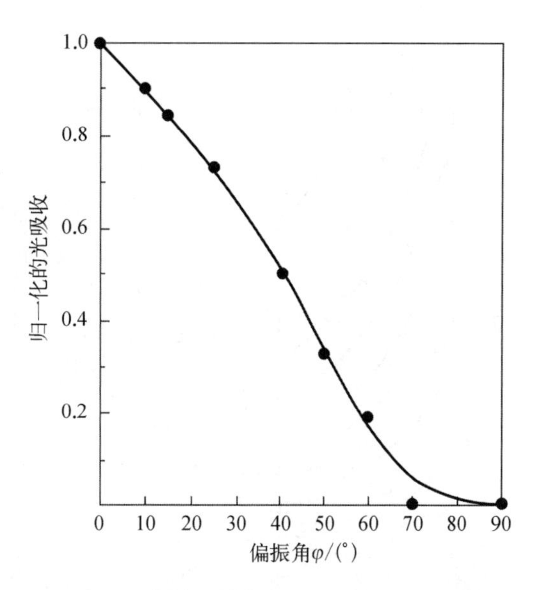

图 19.10　测量了掺杂型 8.2 μm GaAs/AlGaAs QW SL 在布鲁斯特角（Brewster's angle）$\theta_B = 73°$下的子带间光吸收（归一化为$\phi = 0$）与偏振片角度的关系（$\theta_B = 73°$）。实线是通过这些点绘制的，作为参考[2]

与电子通过吸收光子hv而从基态E_1提升到激发态E_2的光学跃迁相关的吸收系数$\alpha(hv)$可以表示为[47]

$$\alpha(hv) - \frac{\rho^{2D}}{L}\frac{\pi q^2 \hbar}{2n_r\varepsilon_0 m^* c}\sin^2\varphi f(E_2)g(E_2) \tag{19.16}$$

式中，L为多量子阱结构的周期长度；m^*为势阱中电子的有效质量；n_r为折射率；$f(E_2)$为振子强度；$g(E_2)$为末态的一维态密度。当忽略散射效应时，连续介质中的末态密度$g(E_2)$简单地由式（19.17）给出[47]：

$$g(E_2) = \frac{L}{2\pi\hbar}\left(\frac{m_b^*}{2}\right)^{1/2}\frac{1}{\sqrt{E_2 - H}} \tag{19.17}$$

式中，m_b^*为势垒中电子的有效质量；H为势垒高度。

根据式（19.16），吸收峰处的光子能量由$f(E_2)$和$g(E_2)$的乘积决定，但由于$g(E_2)$在$E_2 = H$处存在奇点，吸收峰强烈地接近势垒高度。在现实中，连续的态密度会被势阱的存在强烈地改变，并被杂质散射加宽，两者都将趋于使奇点变得平滑。因此，可以肯定地假设，当E_2接近H时[47]，与$f(E_2)$相比，连续的局域态密度变化相对较慢。在该假设下，吸收峰近似地由振子强度f的能量依赖性确定。因此，可以通过计算f最大时$E_2 = E_m$的值来获得峰值吸

收波长 λ_p:

$$\lambda_p = \frac{2\pi\hbar c}{E_m - E_1} \tag{19.18}$$

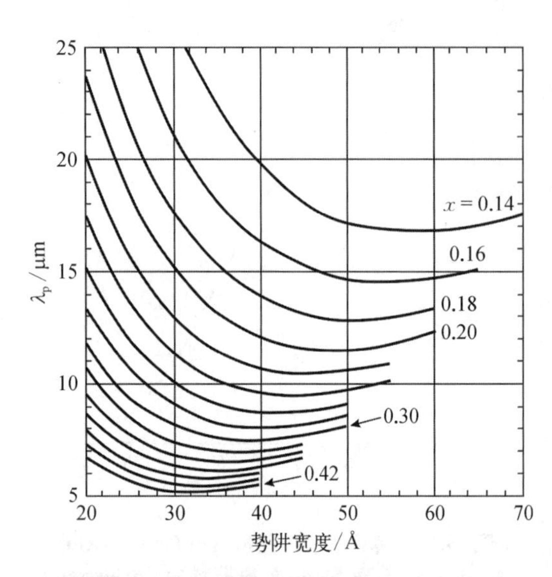

图 19.11 对于不同的 Al 摩尔比 x,吸收峰 λ_p 的位置与势阱宽度的关系。每条曲线之间的 x 步长变化为 0.02[47]

Choi[47] 对典型的 GaAs/Al_xGa_{1-x}As 多量子阱探测器的探测器波长、吸收线宽和振子强度进行了计算,其势垒中铝的摩尔比为 0.14~0.42,量子阱宽度为 20~70 Å。图 19.11 显示了吸收峰值波长 λ_p随阱宽的变化。在所示探测器参数范围内,λ_p可以从 5 μm 变化到超过 25 μm。

许多作者已经从理论和实验上研究了量子阱宽度、势垒高度、温度和掺杂浓度对子带间吸收的影响[2,5,6]。Bandara 等[48] 的结果表明,对于高掺杂(N_d>10^{18} cm^{-3}),交换作用可以显著地降低基态的子带能量,直接库仑位移可以增加激发态的子带能量,从而使峰值吸收波长向更高的能量方向移动。除了在高掺杂浓度下吸收峰位移,吸收线宽随掺杂浓度的增加而线性增加,振荡强度随掺杂浓度的增加而线性增加。此外,随着温度的升高,吸收峰波长和吸收线宽也会发生变化。实验观测到的线宽 $\Delta\nu$ = 50 ~ 120 cm^{-1} ≈ 6 ~ 5 meV, 受纵向光学(longitudinal optical,LO)声子散射过程控制,第二激发态和第一基态之间的子带间弛豫时间 τ_{21} ≈ 0.2 ~ 0.9 ps [4,49]。随着温度的降低,吸收峰位置和吸收线宽略有减小。Hasnain 等[50] 发现与典型的最大室温值 α≈700 cm^{-1} 相比,峰值吸收增加了大约 30%。Manasreh 等[51] 从等离子体集聚、类激子、库仑相互作用和交换相互作用、非抛物性及带隙和有效质量对温度的依赖关系等方面对这种温度漂移进行了解释。

为了说明不同 MQW 结构的吸收谱线形状的差异,图 4.8 显示了 T= 300 K 的归一化吸收光谱。光谱宽度有很大的差异,束缚激发态跃迁($\Delta\lambda/\lambda$ = 9%~11%)比连续激发态窄 3~4 倍[52]。在束缚态到连续态跃迁的情况下,光谱更宽是由扩展的连续激发态的展宽引起的。

使用 n 型Ⅲ-Ⅴ族Γ点极值 MQW 的主要缺点是,对于正入射辐射,子带间跃迁是被禁止的。经过努力,在 n 型和 p 型Ⅲ-Ⅴ族与 Si/SiGe 的 MQW 中观察到了对正入射红外辐射的吸收[53-63]。

在 n 型结构的情况下,当等能椭球中有效质量张量的主轴相对于生长方向倾斜时,由于多谷能带结构,正入射吸收是可能的[53]。在这种情况下,垂直入射时的子带间吸收可能足够强,在 n-Si QW 中,(110)或(111)-生长方向的吸收为 10^3~10^4 cm^{-1},基态的自由载流子浓度约为 10^{19} cm^{-3}。在重掺杂 Si 中比在 n-GaAs 中更容易实现,且由于 Si 层的态密度较大,相应的费米能级较低。

对于 p 型 Si/SiGe 垂直入射 MQW 光电探测器，最大的优势在于完全基于 Si 工艺的制备方式。但在高 Ge 含量的 SiGe 层生长中存在一些冶金学的问题。此外，与 n 型Ⅲ−Ⅴ族化合物的 MQW 子带间器件相比，由于载流子迁移率低得多，p 型 MQW 器件在传输和响应特性上受到限制。

如前面所述[54]，在 p 型 QW 中，空穴包络函数的非正交性质是允许任意偏振方向的光激发空穴的子带间跃迁的原因，因为对于有限的面内波矢，多带有效质量哈密顿量的本征函数是加权的空穴包络函数的线性组合。除了子带间跃迁，还观察到不同空穴带之间的跃迁(图 19.12)。对于这些价带子带间跃迁，选择定则同样适用[60-62]。这种跃迁不仅发生在 8～12 μm 的光谱范围内，而且还可以扩展到 3～5 μm 的红外辐射范围[61]。

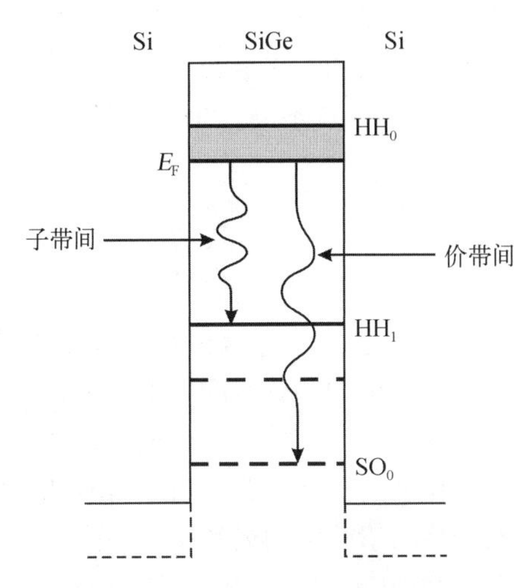

图 19.12　QW 结构的能带示意图，显示了可能的子带跃迁[62]

p 型 Si/SiGe 量子阱具有宽带光响应(8～14 μm)，这归因于应变和量子限制引起的重空穴带、轻空穴带和分裂空穴带的混合[63]。

必须考虑的是，只有当 SL 或 QW 的初始态被载流子占据时，才有可能实现子带间跃迁。因此，子带间光电探测器本质上是非本征探测器。

19.2.4　子带间弛豫时间

由于子带间弛豫过程决定了 MQW 器件的工作频率、总量子效率和光导增益，因此直接确定子带间弛豫过程引起了人们的极大兴趣。导致载流子被俘获的相互作用包括电子−声子、电子−杂质和电子−电子散射。通常，理论上的考虑仅限于 n 型 GaAs/AlGaAs QWIP 中的电子，因为其能带结构已经相当清楚，而且价带中重空穴态和轻空穴态之间的耦合会让问题变得更加复杂[13]。

其中最相关的是电子和 LO 声子之间的弗洛利希(Fröhlich)相互作用。由于束缚载流子仍可以在平面内自由运动，因此束缚态和非束缚态之间没有能隙，满足声子发射能量动量守恒的且未被占据终态的密度很高。因此，从扩展态(势垒上方)到束缚态的跃迁非常快，导致受激载流子的寿命极短，约为 ps 量级。在较大的载流子密度(10^{18} cm^{-3}以上)下，电子−杂质和电子−电子散射起重要作用，而辐射弛豫的效率比电子−声子相互作用低几个数量级，可以忽略不计。

如果 LO 声子在子带间弛豫过程中起决定性作用，那么子带间的弛豫时间将取决于子带之间的能量间隔是大于还是小于 LO 声子能量 E_{LO}(如在 GaAs 中 E_{LO} = 36.7 meV)。如果阱内基态与激发态的间隔小于 LO 能量，则这些声子不会在弛豫过程中起到任何作用，寿命可能会相当长(因此，载流子在外电场作用下逃出阱的概率将很大)；否则，子带间弛豫时间应小于 1 ps[64]。皮秒时间分辨的拉曼光谱实验证实了上述情况。在宽的 GaAs QW(L_w = 21.5 nm)中，基态和激发态之间的能量间隔 ΔE_{12}小于 LO 声子能量(ΔE_{12} = 26.8 meV<E_{LO} = 36.7 meV)，因此不能通过 LO 声子激发载流子散射，可观察到几百 ps 的子带间弛豫时间[65]。长的寿命可以用 QW 上激发态中载流子的纵向声学声子散射进行解释。在文献[66]中，在低温下观察到了

超过 500 ps 的子带间弛豫时间。对于较窄的阱（$L_w = 116$ Å，$\Delta E_{12} = 64.2$ meV $> E_{LO}$），其中 LO 声子在弛豫过程中会起主要作用，子带间弛豫时间太短，而无法用时间分辨率约为 8 ps 的设备进行测量。

在 $\Delta E_{12} > h\nu_1$ 条件下测定子带间弛豫时间的其他实验表明，在此条件下，在 GaAs 及其相关 MQW 中观察到子带间弛豫过程时间 $\tau_{12} \approx (1 \sim 10)$ ps[4]。关于子带间弛豫时间测定的实验在 τ_{12} 值上有很大不同。得到的结果在很大程度上取决于光激发载流子密度的大小、激发态粒子的约束程度等。

当 $E_2 - E_1 \gg E_{LO}$ 时，对子带间的能量进行了简单的估计，在束缚态–连续态 QWIP 的情况下，得到[67]

$$\frac{1}{\tau_{LO}} = \frac{q^2 \lambda_c E_{LO} I_1}{4h^2 c L_p}\left(\frac{1}{\varepsilon_\infty} - \frac{1}{\varepsilon_s}\right) \tag{19.19}$$

式中，λ_c为截止波长；L_p为 QWIP 的周期长度；$I_1 \approx 2$ 是无量纲数。对于典型的 QWIP 参数，该方程给出的俘获时间约为 5 ps。

受激载流子从基态到连续态的寿命取决于势阱上方态的能量，而俘获概率取决于势阱上方粒子的能量位置。对于 AlGaAs MQW，受激载流子通过极性光学声子发射被势阱俘获，对于略高于势阱的激发态，寿命可能小于 20 ps[68]。因此，考虑到子带间 QW 光电探测器的薄层结构，可以为各种红外应用提供高速工作（>1 GHz）器件，以满足如皮秒 CO_2激光器的脉冲研究、高频外差实验、新型通信对于红外光纤材料的需求等。

19.3 光导型量子阱红外光电探测器

利用量子阱外的红外光激发作为红外探测手段的概念是由 Smith 等[69,70]提出的。Coon 和 Karunasiri[71]提出了类似的建议，并指出当第一激发态位于量子阱光电发射的经典阈值附近时，可获得最佳响应。West 和 Eglash[72]首次在包含 50 个 GaAs 量子阱的器件中证实了束缚态之间具有大的子带间吸收。1987 年，Levine 等[73]制造了第一个工作在 10 μm 的 QWIP。这个探测器的设计基于量子阱中两个束缚态之间的跃迁，然后通过外加电场作用使其从势阱中隧穿出来。结果表明，基态与第一激发态之间的跃迁具有较大的振子强度和吸收系数。然而，这本身并不适用于探测，因为光激发载流子可能不容易从受激束缚态中逃逸出来。受激束缚态的隧穿是指数抑制的。通过减小双态 QW 的尺寸，具有强的振子强度的受激束缚态可以被推高进入连续态中。只要虚态不远高于阈值，激发态在增强光激发方面仍然有效[74,75]。

到目前为止，已经报道了几种基于从束缚态到扩展态、从束缚态到准连续态、从束缚态到准束缚态、从束缚态到微带态跃迁的 QWIP 构型[13]。所有的 QWIP 都是基于宽带隙（相对于热红外能量）材料的层状结构带隙工程。该结构被设计成使得该结构中两个态之间的能量分离与所需探测的红外光子的能量相匹配。

图 19.13 显示了多色 QWIP FPA 制造中使用的两种探测器配置。束缚态到连续态量子阱［图 19.13(a)］的主要优点是光电子可以从量子阱逃逸到连续的输运态，而不需要通过势垒隧穿。因此，有效收集光电子所需的电压偏置可以显著地降低，从而降低暗电流。此外，

由于不需要通过势垒来收集光电子，因此可以在不降低光电子收集效率的情况下使 AlGaAs 势垒更厚。该多层结构由厚度为 L_w 的掺 Si（$N_d \approx 10^{18}\ \text{cm}^{-3}$）GaAs 量子阱的周期性阵列组成，由厚度为 L_b 的非掺杂 $Al_xGa_{1-x}As$ 势垒隔开。需要在阱中进行重 n 型掺杂，以确保在低温下载流子冻结，并确保有足够数量的电子可以用于吸收红外辐射。对于工作波长 $\lambda = 7 \sim 11\ \mu\text{m}$，通常 $L_w = 40$ Å，$L_b = 500$ Å，$x = 0.25 \sim 0.3$，生长 50 个周期。为了将子带间吸收移动到更长的波长，x 值减小到 $x = 0.15$，另外，为了保持较强的光吸收和锐利的截止线形状，量子阱宽度从 50 Å 增加到 60 Å，这种优化允许相同的束缚态激发连续态的光吸收并实现有效的热电子传输和收集。在束缚-准束缚量子阱中，当第一激发态的能量从连续态降低到势阱顶部的能量时，暗电流似乎可以显著降低（图 19.14[74]），而不牺牲响应率。与束缚到束缚跃迁的窄带响应相比，束缚到连续态的跃迁具有更宽的响应。图 19.13（a）和图 19.5（a）所示的简单 QWIP 结构基于量子阱中电子的光电发射。它们是两边都有触点的单极器件，通常需要 50 个阱周期才能获得足够的吸收（尽管 10～100 个阱周期都有使用）。

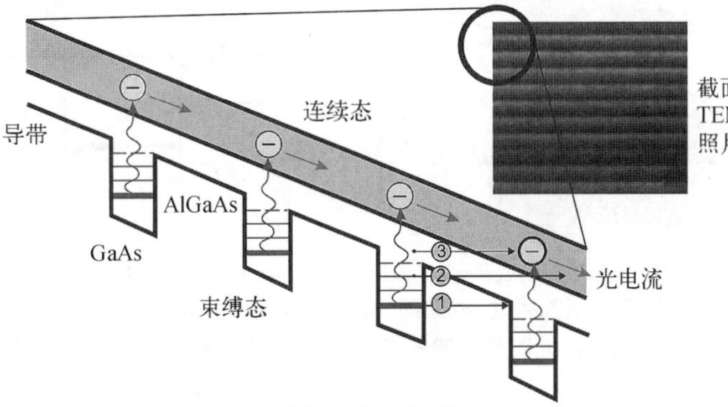

(a) 束缚态到连续态[8]

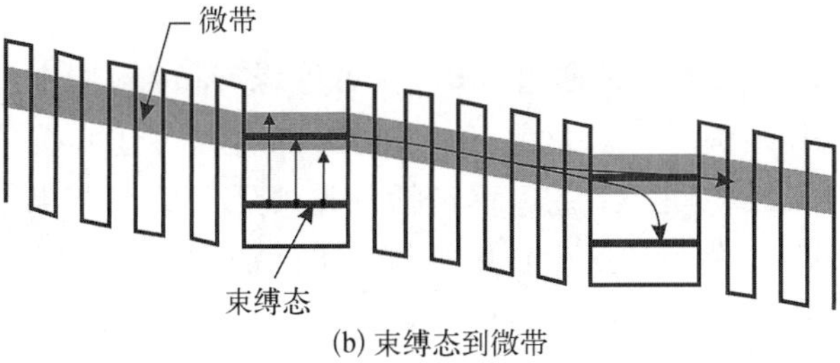

(b) 束缚态到微带

图 19.13　已展示的 QWIP 中的能带图产生暗电流的三种机制也在（a）中给出：①为基态依次隧穿；②为中间态的热辅助隧穿；③为热电荷发射

微带输运 QWIP 中包含两个束缚态，较高能量的一个与 SL 势垒中的基态微带共振[图 19.13（b）]。在这种情况下，红外辐射在掺杂的量子阱中被吸收，激发一个电子进入提供输运机制的微带，直到它被收集或被另一个量子阱重新俘获。因此，这种微带 QWIP 的工作方式类似于弱耦合 MQW 束缚态-连续态跃迁的 QWIP。在这种器件结构中，势垒上方的连续态被 SL 势垒的微带所取代。光激发的电子输运发生在微带中，电子必须通过许多薄的异质势垒，导致迁移率较低，所以微带 QWIP 的光导增益比束缚态-连续态跃迁的 QWIP 要小得多。

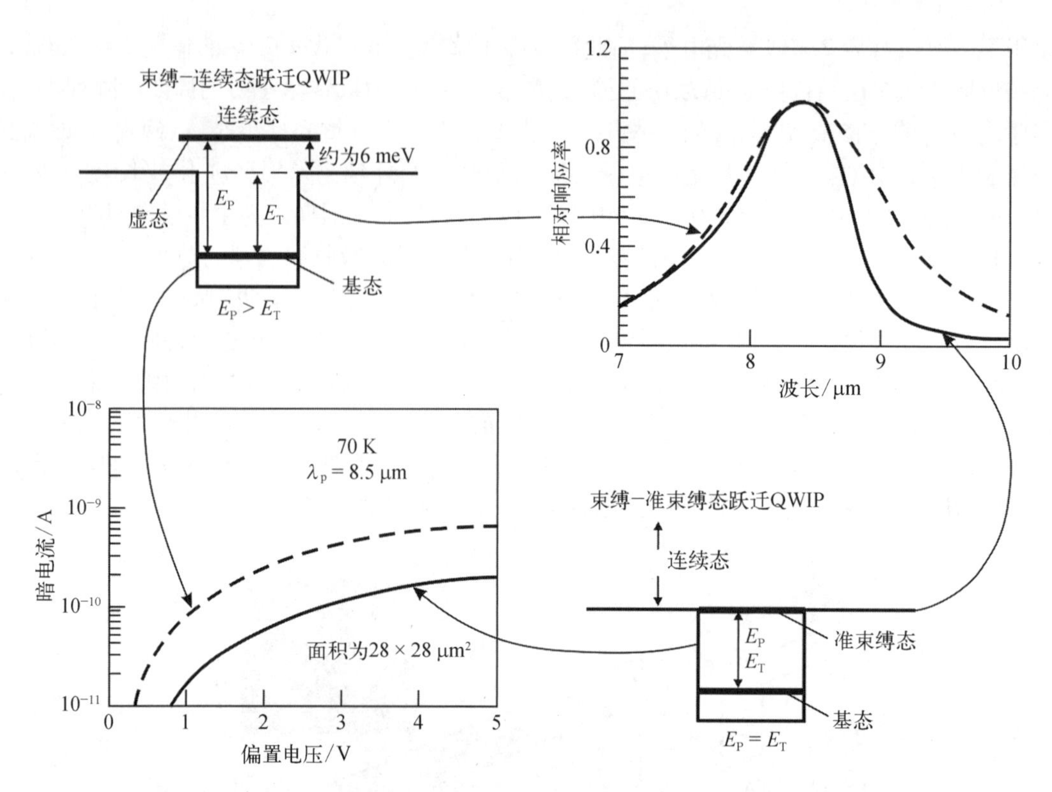

图 19.14　在 77 K 下，束缚-准束缚和束缚-连续跃迁的 8.5 μm QWIP 的典型光响应曲线。当第一激发态从连续态下降到阱顶部时，构成束缚-准束缚跃迁的 QWIP，暗电流（左下）显著减小，而相对响应率不变（右上）。此时第一激发态与势垒顶部共振，产生更尖锐的吸收和光响应[74]

19.3.1　制备

量子阱 AlGaAs/GaAs 结构主要是通过 MBE 在半绝缘 GaAs 衬底上生长的，也可以用 MOCVD 生长出优良的 SL 结构[76,77]。目前，GaAs 衬底的直径可达 8 英寸，然而，在 QWIP 中，工艺线通常用的是 4 英寸衬底。工艺过程包括首先外延生长 Si 掺杂的 GaAs 量子阱周期性阵列（$N_d \approx 10^{18}$ cm^{-3}），然后依次生长用于衬底去除的腐蚀停止层（通常是 AlGaAs）。QWIP 有源区夹在两个约 1 μm 厚的 n 型 GaAs 接触层（也是重掺杂的，$N_d \approx 10^{18}$ cm^{-3}）和腐蚀停止区之间，然后是光栅的牺牲层。为实现光学耦合，通常要制作 2D 反射衍射光栅（19.6 节）。此外，工艺技术包括通过 SL 刻蚀台面到底部接触层，然后制备欧姆接触到 n^+-掺杂的 GaAs 接触层。这些步骤可以使用湿法化学刻蚀或干法刻蚀技术来完成。在选择性刻蚀中（通常用离子束刻蚀）可以将光栅耦合器图案化到每个像素。

MWIR 和 LWIR 器件的制造采用相同的工艺。不同之处在于台面制备。这种修改是必要的，因为 MWIR QWIP 基于 InGaAs/AlGaAs 体系，而 LWIR 器件包含无 In 的 GaAs/AlGaAs 外延层。由于这些原因，MWIR QWIP 的台面制备采用的是反应离子刻蚀，LWIR QWIP 的台面制备采用的是化学辅助离子束刻蚀[13]。

用金属蒸发来制备欧姆接触（如 AuGe/Ni/Au），并通过快速热退火（如在 425℃ 下 20 s[78]）合金化。通常，每个像素上的光栅被金属（Au）覆盖，这与使用欧姆接触金属相比是有利的,增加了有源探测器区域的红外吸收。探测器阵列的表面用氮化硅进行钝化,为了给每个探测器单元提供电接触,需要在氮化物中开孔。最后,为了便于与 Si 读出电路的混成,需单独蒸发金属 In。图 19.15 显示了 QWIP 阵列探测器单元的截面图。

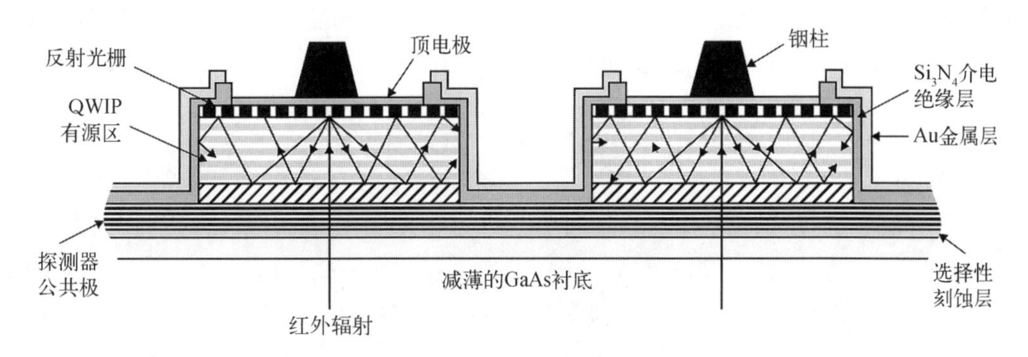

图 19.15　QWIP 阵列探测器单元的截面图

在将晶圆切成单片并混成到 Si 读出电路后,去掉 GaAs 衬底,以降低两个芯片之间的机械应力,并防止像素之间的光传播引起的光学串扰。去除衬底的过程是通过机械研磨、湿化学抛光和选择性湿化学蚀刻的顺序来完成的。最后一道工序在先前沉积的专用蚀刻停止层停止。

19.3.2　暗电流

对暗电流的理解对于 QWIP 探测器的设计和优化至关重要,因为暗电流会导致探测器噪声并决定工作温度。

MQW 光导探测器的初步实验结果表明,量子阱中存在明显的暗电流,暗电流涉及三种相关机制:量子阱的隧穿、声子辅助隧穿和热电子发射。在图 19.16 中,面积为 $A = 2\times10^{-5}\ \text{cm}^2$ 的器件在 $V_b = 0.05$ V 时,各机制的电流贡献显示为温度的函数[79]。我们可以看到,在低温下,隧穿是暗电流的主要机制,而热电荷发射限制了其在高工作温度下的性能。

此外,通过使用更薄的量子阱并使激发态进入连续态,MQW 红外探测器获得了快速发展,但这是有条件限制的。这些器件的响应率与偏压之间的线性关系与量子阱中含有两个束缚态的器件所获得的高度非线性光响应完全不同。具体地说,束缚态到束缚态的器件在观察到任何光信号之前需要相当大的偏压 $V_b > 0.5$ V,而束缚态到扩展态的探测器可以在非常低的偏置下产生光电流。产生这种差异的原因是束缚态-束缚态探测器需要很大的电场来帮

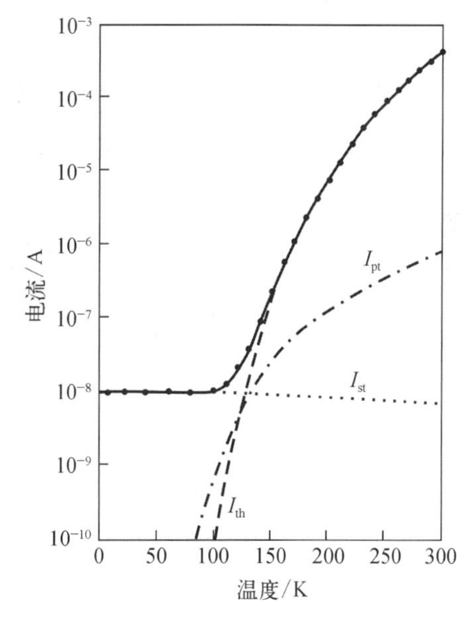

图 19.16　束缚态-束缚态跃迁 MQW $Al_{0.36}Ga_{0.64}As/GaAs$ 器件在低偏压下,暗电流的温度依赖关系(50 个阱周期、阱宽为 70 Å 和势垒宽 140 Å)。下标 th、st 和 pt 分别指热电荷、隧穿和声子辅助隧穿机制[79]

助光激发载流子隧穿逃逸出势阱，因此在低偏压下无法收集激发载流子，从而导致光响应可以忽略。器件的势垒厚度可以大大增加（如 $L_b \approx 500$ Å），从而显著地降低暗电流。

在接下来的进一步考虑中，我们将按照 Levine 等[80]提出的观点。结果表明，热电荷辅助隧穿是暗电流的主要来源[2,5,8,80]。为了计算暗电流 I_d，首先确定作为偏压 V 的函数，从阱内热激发到连续输运态的有效电子数 n：

$$n = \left(\frac{m^*}{\pi\hbar^2 L_p}\right)\int_{E_0}^{\infty} f(E)T(E,\ V)\,\mathrm{d}E \tag{19.20}$$

式中，包含有效质量 m^* 的第一个因数通过将二维态密度除以 SL 周期 L_p（以将其转换为平均三维密度）来获得，$f(E)$ 为费米因子 $f(E) = \{1 + \exp[(E - E_0 - E_F)/kT]\}^{-1}$，$E_0$为基态能量，$E_F$为二维费米能级，$T(E,\ V)$为单个势垒中与偏置相关隧穿电流的传输因子。式(19.20)既解释了能量势垒 E_b以上的热电子发射（对于 $E > E_b$），也解释了热电荷辅助隧穿（对于 $E < E_b$）。依赖于偏置的暗电流是

$$I_d(V) = qn(V)v(V)A \tag{19.21}$$

式中，q 为电子电荷；A 为器件面积；v 为由 $v = \mu F[1 + (\mu F/v_s)^2]^{-1/2}$ 给出的平均输运速率（漂移速率），μ 为迁移率，F 为平均场，v_s为饱和漂移速率。

如果对 $E < E_b$ 设定 $T(E) = 0$，对 $E > E_b$ 设定 $T(E) = 1$（E_b 是势垒能量），可以得到一个更简单的表达式，在低偏置时是一个有用的近似，其结果为[2,80,81]

$$n = \left(\frac{m^* kT}{\pi\hbar^2 L_p}\right)\exp\left(-\frac{E_c - E_F}{k_T}\right) \tag{19.22}$$

式中，我们设置了光谱截止能量 $E_c = E_b - E_1$。所以，

$$\frac{I_d}{T} \propto \exp\left(-\frac{E_c - E_F}{kT}\right) \tag{19.23}$$

费米(Fermi)能量可以从式(19.24)获得

$$N_d = \left(\frac{m^* kT}{\pi\hbar^2 L_w}\right)\ln\left[1 + \exp\left(\frac{E_F}{kT}\right)\right] \tag{19.24}$$

图 19.17 比较了 50 个周期的多量子阱 SL 在不同温度下的实验数据（实线）和理论计算（虚线）的暗态 $I-V$ 曲线[81]。在 8 个数量级的暗电流范围内，理论和实验之间取得了很好的一致性，显示出 AlGaAs 势垒的高质量（如势垒中没有隧穿缺陷或陷阱）。

对于工作温度高于 45 K 的 AlGaAs/GaAs 量子阱（15 μm 器件），暗电流主要由热电荷发射控制。将第一激发态降到势阱顶部（束缚态到准束缚态量子阱；见图 19.14）理论上会导致 9 μm 器件在 70 K 温度下的暗电流下降约 6 倍[82]。这与实验观察到的 4 倍降幅比较符合。准束缚 QWIP 仍然具有光电流[75,82]。如果将第一激发态更深地推入势阱中，以增加热电子发射的势垒，则会使光电流下降到不可接受的低值。通过降低势阱掺杂浓度能够减少可用于热电子发射的基态电子，或增加量子阱堆栈中的每个势垒厚度，也可以降低暗电流。

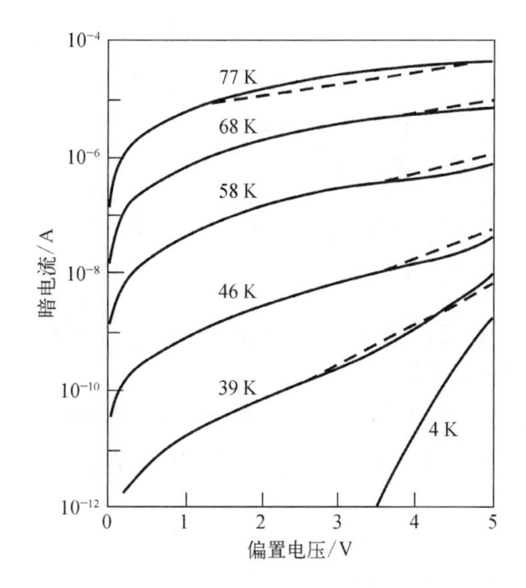

图 19.17　比较了 50 个周期、直径 200 μm 的台面 $Al_{0.25}Ga_{0.75}As/GaAs$ 探测器在不同温度下的实验(实线)和理论(虚线)的暗电流-电压曲线。该探测器的掺杂浓度为 $1.2\times10^{18}\ cm^{-3}$($L_w$=40 Å，$L_b$=480 Å，$\lambda_c$=10.7 μm)[81]

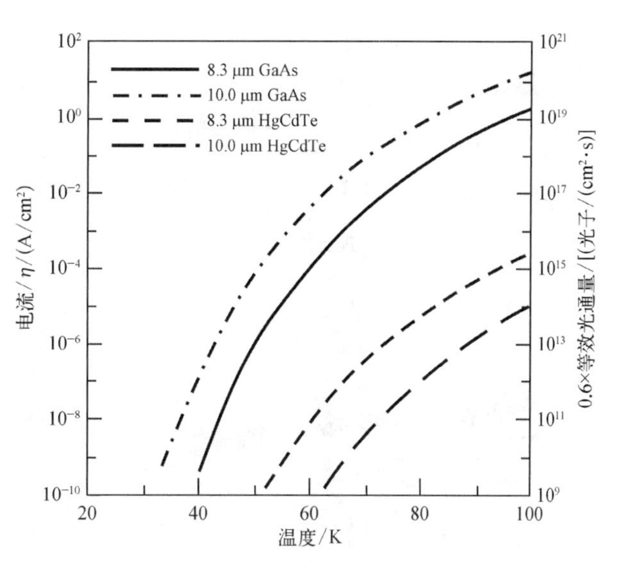

图 19.18　在 λ_c=8.3 μm 和 10 μm 时，GaAs/AlGaAs MQW 和 HgCdTe 探测器的热生成电流与温度的关系，假定的有效量子效率分别为 η=12.5%和 η=70%[83]

使用类似的考虑，Kinch 和 Yariv[83] 比较了单个 MQW 红外探测器与理想 HgCdTe 探测器中的基本物理限制。图 19.18 比较了 AlGaAs/GaAs MQW SL 和 HgCdTe 合金在 λ_c = 8.3 μm 和 λ_c = 10 μm 时的热生成电流与温度的关系。针对一组特定的器件参数(τ = 8.5 ps，t = 1.7 μm，L_w = 40 Å，L_p = 340 μm，$N_d = 2\times10^{18}\ cm^{-3}$)进行了计算，与已公布的 λ_c = 8.3 μm 探测器的数据一致[84]。对于 λ_c = 10 μm，QW 宽度更改为 L_w = 30 Å，其余参数假定相同。从图 19.18 可以明显看出，对于 HgCdTe，在任何特定温度和截止波长下的热生成速率都比相应的 AlGaAs/GaAs SL 小大约 5 个数量级。在这一比较中，对 HgCdTe 有利的主要因素是过量载流子寿命，对 n 型 HgCdTe 在 80 K 时的该值大于 10^{-6} s，而 AlGaAs/GaAs SL 的过量流子寿命为 8.5×10^{-12} s。在图 19.18 的右轴上绘制的是在红外光电探测器 BLIP 条件下的等效最低工作温度。例如，在 10^{16}光子/cm² · s 的典型系统背景通量下，8.3 μm(10 μm) AlGaAs/GaAs SL 达到 BLIP 所需的工作温度低于 69 K(58 K)[84]。

虽然 Levine 等[80]给出的模型已得到广泛应用，并与许多实验数据吻合较好，但该模型没有讨论用于平衡发射或逃逸电子的捕获/俘获过程。因此，式(19.22)会导致某些误解。例如，它忽略了 J_d对光导增益的间接依赖，会推导出 J_d与 $1/L_p$之间不切实际的比例关系。

QWIP 器件的工作原理类似于非本征光电探测器，但与传统探测器不同的是，由于载流子占据了离散的量子阱，它的显著特点是离散性。Schneider 和 Liu[13] 的专著描述了 QW 中载流子行为的细节。我们将继续按照这本专著开展进一步讨论。

图 19.19(a)显示了暗电流路径的示意图。在势垒区域中，电流以 3D 通量的形式流动，并且电流密度 J_{3D}等于暗电流 J_d。在每个阱附近，以及稳态条件下，电子的捕获(电流密度

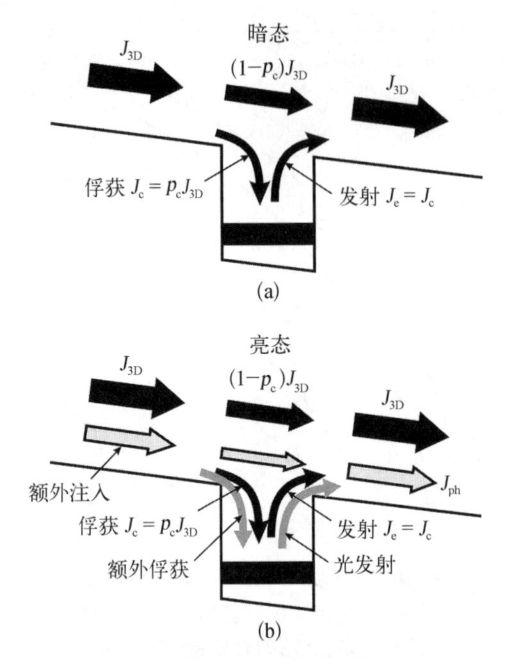

图 19.19 控制暗电流和光电流的过程示意图。图 19.19(a)为暗电流路径，图 19.19(b)为直接光电发射和来自触点的额外电流注入，以平衡阱中电子的损失。暗电流路径在照明时保持不变。收集到的总光电流是直接光激发和额外注入贡献之和[13]

J_c)和发射(电流密度 J_e)必须是平衡的，所以 $J_c=J_e$。如果我们定义捕获/俘获概率为 p_c，则必须具有 $J_c=p_cJ_{3D}$，且捕获和未捕获的部分之和必须等于势垒区域中的电流[13]：

$$J_{3D}=J_c+(1-p_c)J_{3D}=J_e+(1-p_c)J_{3D} \tag{19.25}$$

暗电流可以通过直接计算 J_{3D} 或通过计算 J_e 来确定，在后一种情况下，$J_d=J_e/p_c$。

Liu 在其综述[7,85]、专著[13]及评述中，提出了几个已建立的 QWIP 暗电流的物理模型。它们可以分为：

（1）载流子漂移模型；

（2）发射俘获模型；

（3）几种自洽的数值模型。

在由 Kane 等[86]首先提出的载流子漂移模型中，仅考虑了漂移载流子的贡献(忽略扩散)。暗电流如式(19.21)给出，$J_d=qn_{3D}v(F)$，其中 n_{3D} 是势垒顶部的 3D 电子密度。通过这种方式，SL 势垒被视为体材料半导体，这是合理的，因为势垒很厚(比势阱厚得多)。唯一的二维量子阱效应是费米能级位置。假设完全电离(阱是简并掺杂)，2D 掺杂密度 N_d 等于给定势阱内的电子密度。然后假设 N_d 与费米能量 E_F 之间的关系为 $N_d=(m/\pi\hbar^2)E_F$，如果 $E_a/kT\gg1$(适用于大多数实际情况)，则通过简单的计算得出：

$$n_{3D}=2\left(\frac{m_bkT}{2\pi\hbar^2}\right)^{3/2}\exp\left(-\frac{E_a}{kT}\right) \tag{19.26}$$

式中，m_b 为势垒有效质量；E_a 为热激活能，等于势垒顶部和阱中费米能级顶部之间的能量差。

在外加电场较低的情况下，简单的载流子漂移模型与实验结果吻合较好。这是由于在确定 n_{3D} 的过程中，使用了零偏压下的平衡值和由阱掺杂确定的费米能级这一关键步骤的结果。

第二种发射俘获模型给出了在大的外加电场范围内应用的结果。它最初是由 Liu 等[87]提出的。该模型首先计算 J_e，然后计算暗电流 $J_d=J_e/p_c$。

逃逸电流密度可写为

$$J_e=\frac{qn_{2D}}{\tau_{sc}} \tag{19.27}$$

式中，n_{2D} 为基态子带上部的 2D 电子密度；τ_{sc} 为将这些电子从 2D 子带转移到势垒顶部的非束缚连续态的散射时间。

捕获概率由相关的时间常数决定：

$$p_c = \frac{\tau_t}{\tau_c + \tau_t} \tag{19.28}$$

式中，τ_c为激发的电子返回势阱所需的俘获时间（寿命）；τ_t为电子穿过一个量子阱区域的渡越时间。对于工作电场下的实际器件，$p_c < 1(\tau_c \gg \tau_t)$，暗电流变为

$$J_d = \frac{J_e}{p_c} = q\frac{n_{2D}}{\tau_{sc}}\frac{1}{p_c} = q\frac{n_{2D}\tau_c}{\tau_{sc}\tau_t} = q\frac{n_{2D}}{L_p}\frac{\tau_c}{\tau_{sc}}v \tag{19.29}$$

式中，$L_p = L_w + L_b$。n_{2D}/τ_{sc} 表示量子阱中电子的热逃逸或生成，如后面会指出的，$1/p_c$ 与光导增益成正比，这意味着暗电流依赖于光导增益。

Liu[13,87]的模型中暗电流的最终表达式由式（19.30）给出：

$$J_d = \frac{qv\tau_e}{\tau_s}\int_{E_1}^{\infty}\frac{m}{\pi\hbar^2 L_p}T(E,\ F)\left[1 + \exp\left(\frac{E - E_F}{kT}\right)\right]^{-1}dE \tag{19.30}$$

对于纯热电荷发射体系，当 E 低于势垒时传输系数 $T(E,\ F) = 0$ 时，最后一个方程可写为

$$J_d = \frac{qv\tau_c}{\tau_{sc}}\frac{m}{\pi\hbar^2 L_p}kT\exp\left(-\frac{E_a}{kT}\right) \tag{19.31}$$

式（19.31）与式（19.21）和式（19.26）非常相似。

QWIP 结构中，已建立起几种不同复杂程度的暗电流模型，对于它们的分析，显示出模型间具有良好的一致性，且与实验符合得很好[13]。然而，散射率或捕获率的实际计算非常复杂，到目前为止还没有针对实际器件的计算。

QWIP 暗电流的大小可以使用不同的器件结构、掺杂浓度和偏置条件来调整。图 19.20 显示了在 35~77 K 内的 QWIP $I-V$ 特性，在 9.6 μm 光谱峰值处进行了测量[88]。典型工作

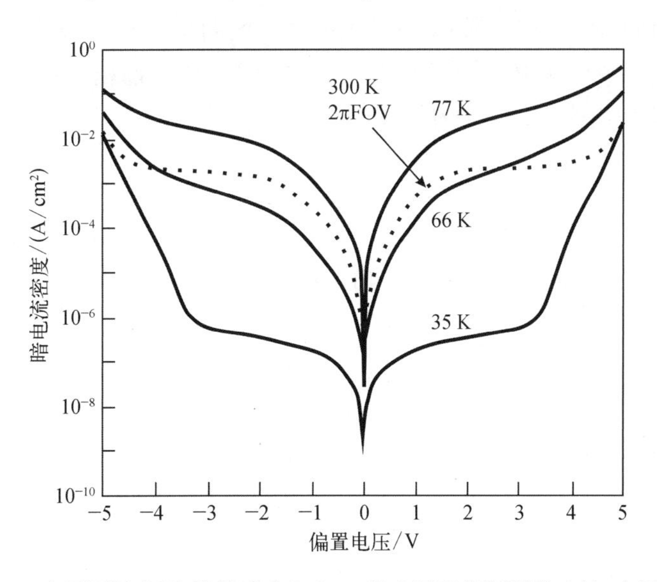

图 19.20　在不同温度下，峰值响应 9.6 μm 处 QWIP 探测器的电流–电压特性，以及在 30 K 和 180°FOV 下测量的 300 K 背景窗口的电流[88]

是在外加偏压 2 V，电流随偏压变化缓慢的区域，介于低偏压下电流的初始上升和高偏压下的持续上升之间。在 77 K 下，典型的 LWIR QWIP 暗电流约为 10^{-4} A /cm^2，因此，9.6 μm QWIP 必须冷却到 60 K 才能获得与工作温度高于 25℃的 12 μm HgCdTe 光电二极管相当的漏电流。

19.3.3 光电流

图 19.19(b)显示了由于红外辐射入射而在量子阱中发生的额外过程。阱中电子的直接光电子发射对在集电极观察到的光电流有贡献。所有暗电流路径保持不变。

光导增益是影响探测器光谱响应率和探测率的一个重要参数(4.2.2 节)。该参数被定义为每个被吸收的光子引起的流经外部电路的电子数，是从触点注入的额外电流(为了平衡因光电发射而从阱中损失的电子)的结果。如图 19.19 所示，总光电流由直接光电发射和额外注入电流组成。

如果每个阱的吸收相同，则光电流的大小与阱的数量无关。考虑到两个相邻的阱，两个阱的光电发射和再填充过程是相同的。同样的论据也适用于任何后续的阱。这意味着，只要吸收的大小不变，则所有阱的光发射保持不变，那么增加更多的阱就不会影响光电流。

假设 n_{ex} 是来自一个势阱的激发电子数，并考虑速率方程，可得

$$\frac{\mathrm{d}n_{ex}}{\mathrm{d}t} = \Phi\eta^{(1)} - \frac{n_{ex}}{\tau_{esc}} - \frac{n_{ex}}{\tau_{relax}} \tag{19.32}$$

接下来，对于稳态 ($\mathrm{d}n_{ex}/\mathrm{d}t = 0$) 势阱，求解关于 $i_{ph}^{(1)} = qn_{ex}/\tau_{esc}$ 的 n_{ex} 方程[式(19.32)]，给出

$$i_{ph}^{(1)} = q\Phi\eta^{(1)} \frac{\tau_{relax}}{\tau_{relax} + \tau_{esc}} = q\Phi\eta \frac{p_e}{N} \tag{19.33}$$

式中，Φ 为单位时间的入射光子数；上标(1)表示一个阱的量；τ_{esc} 为逃逸时间；τ_{relax} 为子带间弛豫时间；$\eta = N\eta^{(1)}$ 为总吸收 QE(我们假设所有阱的吸收量都相同)；N 为阱数。激发电子从势阱中逃逸的概率由式(19.34)给出：

$$p_e = \frac{\tau_{relax}}{\tau_{relax} + \tau_{esc}} \tag{19.34}$$

注入电流 $I_{ph}^{(1)} = i_{ph}^{(1)}/p_c$ 重新填充势阱以平衡发射造成的损耗，等于光电流：

$$I_{ph} = \frac{i_{ph}^{(1)}}{p_c} = q\Phi\eta \frac{p_e}{Np_c}, \text{且} \tag{19.35}$$

$$g_{ph} = \frac{p_e}{Np_c} \tag{19.36}$$

为光导增益。

我们对 Liu 的模型的几个方面进行了评论。在传统的光电导理论中，$g_{ph} = \tau_c/\tau_t$ (参见式(12.8)和文献[89])，其中 $\tau_{t,\ tot} = (N+1)\tau_t$ 是穿过探测器有源区的总渡越时间。在

$p_e \approx 1$、$p_c \approx \tau/\tau_c \ll 1$ 和 $N > 1$ 的假设下，式(19.36)给出的增益表达式与传统理论相同：

$$g_{ph} \approx \frac{1}{Np_c} \approx \frac{\tau_c}{\tau_{t,\ tot}} = \frac{\tau_c v}{NL_p} \tag{19.37}$$

俘获时间也称为载流子寿命，与电子经散射（捕获）进入基态子带的过程有关。束缚态-连续态的情况满足条件 $p_e \approx 1$，而对于束缚态-束缚态的情况，该条件不成立。如果吸收与 N 成正比，因为 g_{ph} 与 N 成反比，所以光电流与 N 无关。在传统理论中，N 的光电流无关性等同于 N 与器件长度的无关性。还应该提到的是，由于噪声的原因，这种无关性并不意味着探测器性能与阱的数量无关。

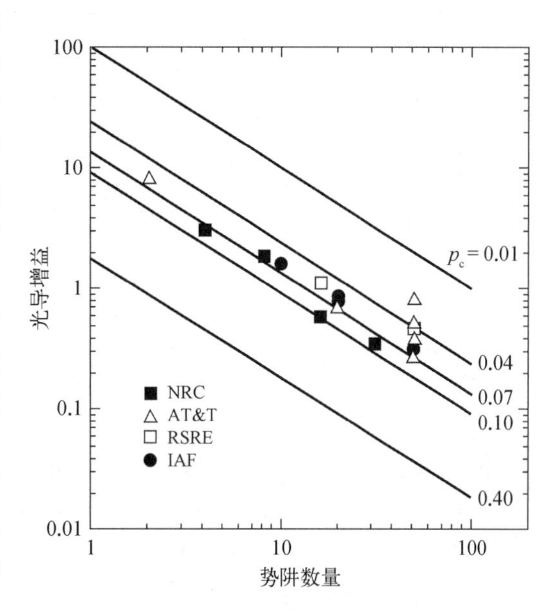

图 19.21　对于不同的捕获概率，计算了光导增益与势阱数量的关系。实验数据取自 Liu 等(■)、Levine 等(△)、Kane 等(□)和 Schneider 等(·)的实验结果[13]

图 19.21 显示了不同 p_c 值且 $p_e = 1$ 的光导增益与阱数的关系，以及一些现有的实验数据[13,90]。大多数报道的探测器样品有 50 个量子阱，已经观察到的增益值为 0.25~0.80。

关于 QWIP 中涉及的时间尺度的估计，可以假设 τ_c 约为 5 ps。渡越时间主要由激发电子在势垒区的高场漂移速度决定。对于 $v = 10^7\ \mathrm{cms^{-1}}$ 和 $L_p = 30 \sim 50\ \mathrm{nm}$ 的典型参数，$\tau_t \approx L_p/v$ 估计值为 0.3~0.5 ps。因此，捕获概率的期望值 $[p_c = \tau_t/(\tau_c + \tau_t) \approx \tau_t/\tau_c]$ 在 0.06~0.10 内，这与实验是一致的。

19.3.4　探测器性能

传统的光电导理论（12.1.1 节）通常被用来描述 MQW 光电导，其中电子在 $\tau_{t,\ tot}$ 时间内循环通过 SL，因此热电子平均自由程可能远大于 SL 长度。然而，由于热电子寿命非常短，所以只在低周期数的 SL 中可以获得 $g_{ph}>1$（图 19.21）。

电流响应率由式(19.38)给出

$$R_i = \frac{\lambda\eta}{hc} q g_{ph} \tag{19.38}$$

取决于量子效率和光导增益两者。高吸收率不一定会产生大的光电流。结果表明，当激发态与势垒顶部密切共振时，出现最优值[91,92]。此时光激发的电子能有效地从阱中逃逸，产生很大的光电流。

4.2.1 节指出，QWIP 吸收光谱的强度和形状取决于有源区的设计。如图 4.8 所示，束缚态到连续态（样本 A、样本 B 和样本 C）的光谱比束缚态到束缚态或束缚态到准束缚态（样本 E 和样本 F）的光谱宽得多。表 19.1 给出了不同 n 掺杂 GaAs/AlGaAs 量子阱结构的吸收值和相应的光谱参数。还包括量子效率值。

表 19.1 不同 n 掺杂,50 周期的 $Al_xGa_{1-x}As$ QWIP 结构的参数[2]

样品	阱宽/Å	势垒宽度/Å	组分 x	掺杂浓度/(10^{18} cm^{-3})	子带间跃迁*	λ_p/μm	λ_c/μm	$\Delta\lambda$/μm	$\Delta\lambda/\lambda$/μm	α_p(77 K)/cm^{-1}	η(77 K)/%
A	40	500	0.26	1.0	B－C	9.0	10.3	3.0	33	410	13
B	40	500	0.25	1.6	B－C	9.7	10.9	2.9	30	670	19
C	60	500	0.15	0.5	B－C	13.5	14.5	2.1	16	450	14
E	50	500	0.26	0.42	B－B	8.6	9.0	0.75	9	1 820	20
F	45	500	0.30	0.5	B－QB	7.75	8.15	0.85	11	875	14

* 跃迁类型：束缚-连续(B－C)；束缚-束缚(B－B)；束缚-准束缚(B－QB)。

由于 $\eta \propto N$ 和 $g_{ph} \propto 1/N$，因此无法通过增加阱的数量来提高响应率。Liu[85] 的分析表明，逃逸概率必须接近于 1，这对于束缚态到连续态的情况是成立的。如果采用束缚态-束缚态设计，则激发态必须接近势垒顶部。对于典型的 10 GaAs/AlGaAs QWIP，在 10 kV/cm 的典型电场下，激发态应位于势垒顶部以下约 10 meV 处。

图 19.22 给出了相同样品 A～F[2,8] 的归一化响应度谱。同样，我们看到束缚态和准束缚下激发态的量子阱样品的光谱宽度（$\Delta\lambda/\lambda$ = 10% ～ 12%）比连续结构（$\Delta\lambda/\lambda$ = 19% ～ 28%；$\Delta\lambda$ 是响应率下降到一半的光谱宽度）窄得多。

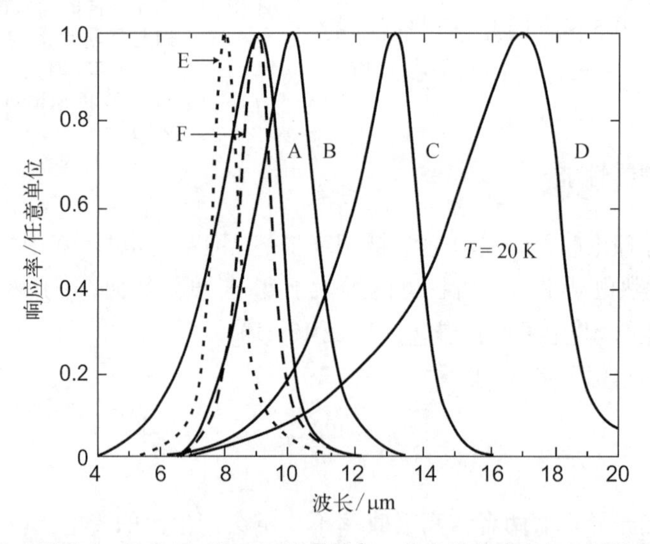

图 19.22 样品 A－F 在 T=20 K 下测量的归一化光谱响应率与波长的关系[2,8]

探测率可以用式(19.39)确定

$$D^* = R_i \frac{(A\Delta f)^{1/2}}{I_n} \tag{19.39}$$

式中，A 为探测器面积；Δf 为噪声带宽（取 Δf= 1 Hz）。

一般来说,光导探测器有几个噪声源。其中最重要的有约翰逊噪声、生成-复合噪声(暗噪声)和光子噪声(与入射光子产生的电流有关)。对于 QWIP,$1/f$ 噪声很少限制探测器的性能。$1/f$ 噪声的性质是复杂的,仍然是一个正在进行的研究课题[13]。

在常规光电导中,噪声增益等于光导增益 $g_n = g_{ph}$。然而,在 QWIP 探测器中,g_n 不同于 g_{ph},Liu[93]解释了这一点。标准生成-复合噪声可写为[89]

$$I_n^2 = 4qg_n I_d \Delta f \tag{19.40}$$

该方程同时考虑了生成过程和复合过程的影响。在 QWIP 探测器的情况下,生成-复合噪声应该由与载流子发射和捕获(i_e和 i_c中的波动)相关的贡献组成。可看到

$$I_d = \frac{i_e^{(1)}}{p_c} = \frac{i_e}{Np_c} \tag{19.41}$$

式中,$i_e = Ni_e^{(1)}$ 为所有 N 个阱的总发射电流,且等效地有

$$I_d = \frac{i_c^{(1)}}{p_c} = \frac{i_c}{Np_c} \tag{19.42}$$

可得

$$I_n^2 = 2q\left(\frac{1}{Np_c}\right)^2 (i_e + i_c)\Delta f = 4q\left(\frac{1}{Np_c}\right)^2 i_e \Delta f = 4q\frac{1}{Np_c} I_d \Delta f \tag{19.43}$$

将式(19.43)与式(19.40)进行比较,噪声增益可定义为

$$g_n = \frac{1}{Np_c} \tag{19.44}$$

不同于光导增益[见式(19.36)]。似乎该表达式对于小的 QW 捕获概率(即 $p_c \ll 1$)是有效的。QWIP 在通常的工作偏置(2~3 V)下满足此条件。

最后一个方程对高捕获概率 $p_c \approx 1$(或等效低噪声增益)的极限没有给出正确的解释。该情形下的模型首先是由 Beck 给出的,使用随机考虑,并计入高捕获概率与低逃逸概率不一定相关的情形[94,95]。更通用的表达式写为

$$I_n^2 = 4qg_n I_d\left(1 - \frac{p_c}{2}\right)\Delta f \tag{19.45}$$

这即使在低偏压条件下也可以适用,其中穿过阱的载流子的捕获概率很高。对于 $p_c \approx 1$ 的情况,此表达式等于 N 个串联探测器的散粒噪声表达式。

由于 $I_d \propto \exp[-(E_c - E_F)/kT]$ [式(19.21)和式(19.22)]及 $D^* \propto (R_i/I_n)$,我们有

$$D^* = D_0 \exp\left(\frac{E_c}{2kT}\right) \tag{19.46}$$

基于式(19.46),Levine 等[2,52]报道了最佳拟合下 $T = 77$ K 时适用于 n 型器件探测率的经验表达式:

$$D^* = 1.1 \times 10^6 \exp\left(\frac{hc}{2kT\lambda_c}\right) \text{ cm} \cdot \text{Hz}^{1/2}/\text{W} \tag{19.47}$$

而对于 p 型 GaAs/AlGaAs 量子阱

$$D^* = 2 \times 10^5 \exp\left(\frac{hc}{2kT\lambda_c}\right) \text{ cm} \cdot \text{Hz}^{1/2}/\text{W} \tag{19.48}$$

图 19.23 显示了 n 型和 p 型 GaAs/AlGaAs 量子阱的探测率与截止能量的关系。值得注意的是,实验结果是来自 45°抛光输入面的样品,通过优化光栅和光学腔有望改善器件性能。还有需要注意,虽然式(19.47)和式(19.48)是对 77 K 数据进行拟合获得的,但它们预计在很大的温度范围内都是有效的。

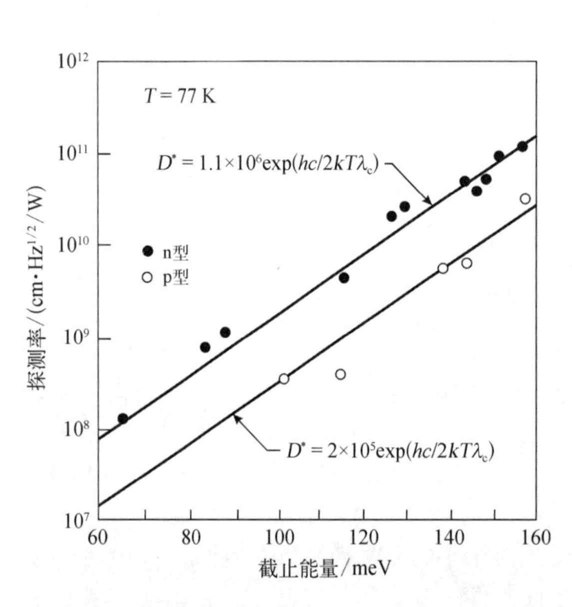

图 19.23 n 型掺杂 GaAs/AlGaAs QWIP(实心圆)和 p 型掺杂 GaAs/AlGaAs QWIP(空心圆)在 77 K 下的探测率与截止能量的关系。直线是最佳拟合线[52]

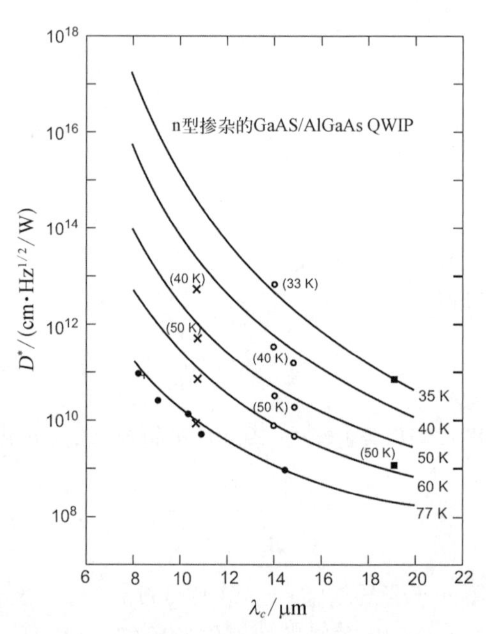

图 19.24 在≤77 K 温度下,n 型掺杂 GaAs/AlGaAs QWIP 的探测率与截止波长的关系。实线为理论计算结果。实验数据来自文献[52](·)、文献[81](×)、文献[96](+)、文献[97](○)和文献[98](■)

Rogalski[95]使用了 Andersson[67]描述的探测器参数的简单解析表达式。图 19.24 显示了不同温度下 GaAs/AlGaAs QWIP 的探测率与长波截止波长的关系。考虑到样品具有不同的掺杂、不同的晶体生长方法(MBE、MOCVD 和气源 MBE)、不同的光谱宽度、不同的激发态(连续态、束缚态和准连续态),甚至还在不同的 InGaAs 材料体系中,在较宽的截止波长($8 \leqslant \lambda_c \leqslant 19$ μm)和温度($35 \leqslant T \leqslant 77$ K)内,都与实验数据取得了令人满意的一致。事实上,式(19.47)与图 19.24 中的结果吻合得很好。

19.3.5 QWIP 与 HgCdTe 的比较

Rogalski[95]还将 GaAs/AlGaAs QWIP 的探测率与基区受到俄歇机制限制的 n^+-p

HgCdTe 光电二极管的理论极限性能进行了比较。在截止波长（$8 \leqslant \lambda_c \leqslant 24\ \mu m$）和工作温度≤77 K 范围内，HgCdTe 光电二极管的探测率较高。当工作温度接近 77 K 时，截止波长 9 μm 附近，所有 QWIP 探测率数据都集中在 $10^{10} \sim 10^{11}\ cm \cdot Hz^{1/2}/W$ 内。然而，由于与 HgCdTe 材料有关的问题[p 型掺杂、肖克利-里德-霍尔（Shockley - Read - Hall）复合、陷阱辅助隧穿、表面和界面不稳定性]，在 50 K 以下的温度范围内，HgCdTe 的优势并不明显。

图 19.25 进一步揭示了暗电流随温度变化的差异，其中显示了 $\lambda_c = 10\ \mu m$ 的 GaAs/AlGaAs QWIP 和 HgCdTe 光电二极管的电流密度与温度的关系[99]。在低于 40 K 的温度下，这两种探测器的电流密度是相似的，都受到与温度无关的隧穿效应的限制。QWIP（≥40 K）的热电子发射区域与温度高度相关，并且截断非常迅速。在 77 K 时，QWIP 的暗电流大约比 HgCdTe 光电二极管的暗电流高两个数量级。

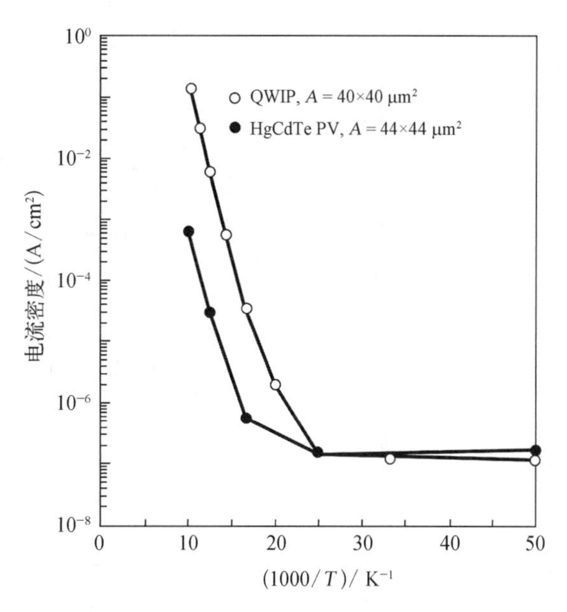

图 19.25　$\lambda_c = 10\ \mu m$ 的 HgCdTe 光电二极管和 GaAs/AlGaAs QWIP 的电流密度与温度的关系[99]

由于子带间跃迁的基本限制，LWIR QWIP 作为单一器件无法与 HgCdTe 光电二极管竞争，特别是在更高工作温度（>70 K）下。此外，QWIP 探测器的 QE 相对较低，通常低于 10%。图 19.26 比较了 HgCdTe 光电二极管和 QWIP 的量子效率（η）。较高的偏置电压可以用来提高量子阱中的 η。然而，反向偏置电压的增加也会导致漏电流和相关噪声的增加，这限制了系统性能的潜在改善。HgCdTe 具有高的光吸收率和宽的吸收带，与辐射的偏振方向无关，这大大简化了探测器阵列的设计。HgCdTe 光电二极管的 QE 通常在没有减反射涂层的情况下约为 70%，而在有 AR 涂层的情况下超过 90%。此外，从短于 1 μm 到探测器截止波长附近的范围内，η 与波长无关。宽带光谱灵敏度与近乎完美的 η 可以实现更高的系统收集效率，并允许使用更小的光学孔径。这使得 HgCdTe FPA 在成像、光谱辐射测量和远程目标捕获方面非常有用。然而，应当注意的是，由于光子通量高，当前的 LWIR 凝视阵列的性能在很大程度上受到读出集成电路的电荷处理能力和背景（热光学元件）的限制。QWIP 探测器的光谱响应波段窄的特性[半高宽（full-width at half-maximum, FWHM）约为 15%]在 LWIR 波长下不是其主要缺点。

在当前技术发展阶段，由于介电弛豫效应和通量记忆效应，QWIP 器件不适合天基遥感应用。在低辐照度环境和相关的低温操作中，QWIP 的响应率取决于频率，频率响应取决于工作条件（温度、光子辐照度、偏置电压和探测器的动态电阻）。典型的频率响应与在相似工作条件下观察到的体材料非本征 Si 和 Ge 光导体的介电弛豫效应相似。频率响应在低频和高频都有平坦的区域，并且响应在这两个频率之间以与探测器的动态电阻的倒数成正比的频率发生滚降（图 19.27）[100]。动态电阻由探测器偏置、光子辐照度和工作温度的组合来设置。在典型的环境背景条件下，动态电阻很低，在 100 kHz 范围内发生的滚降通常不明显。

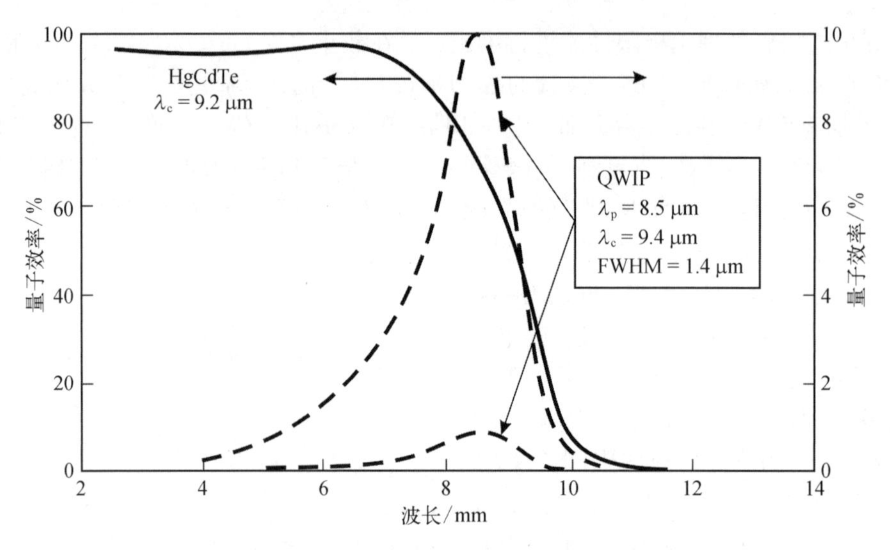

图 19.26　具有相近截止波长的 HgCdTe 光电二极管和 GaAs/AlGaAs QWIP 中,QE 与波长的关系

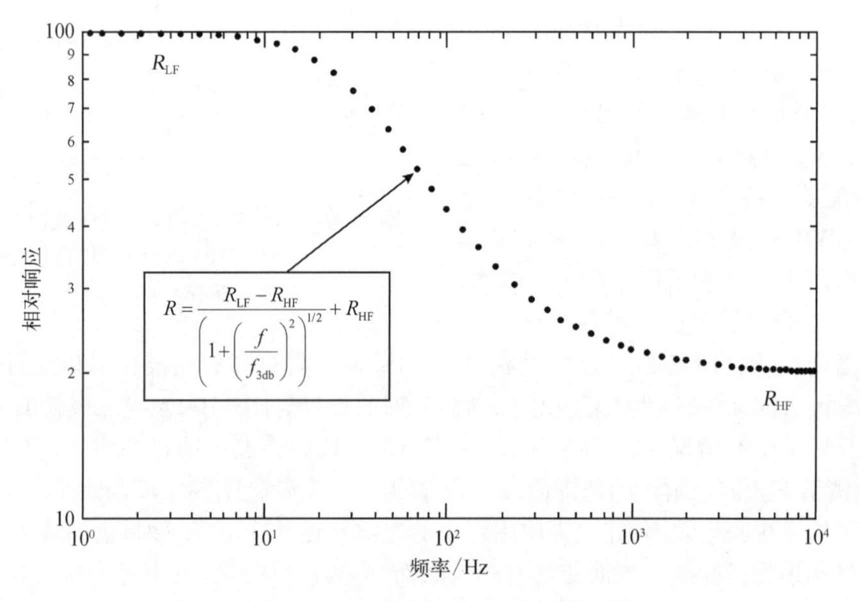

图 19.27　QWIP 探测器的广义频响应[100]

尽管 QWIP 是光导器件,但它的一些特性,如高阻抗、快速响应时间和低功耗,都能很好地满足大规模 FPA 制作的要求。LWIR QWIP FPA 技术的主要缺点是在积分时间较短的应用中会受到性能限制,以及要求在比同等波长的 HgCdTe 更低的温度下工作。QWIP 的主要优势在于像元性能的均匀性和大尺寸阵列的可用性。基于 GaAs 的器件在电信行业的应用推动了Ⅲ－Ⅴ族材料/器件生长、加工和封装方面的大型工业基础设施建设,这使 QWIP 在可制造性和成本方面具有潜在的优势,而迄今为止,HgCdTe 的唯一主要用途是红外探测器。

Tidrow 等[101]和 Rogalski 等[12,14,102,103]对这两种技术进行了更详细的比较。

19.4　光伏型量子阱红外光电探测器

标准 QWIP 结构是一种光导探测器，由 Levine 等[2]首创并在前面进行了讨论，在这种探测器中，光激发载流子被外加电场扫出名义上对称的 QW。光伏型 QWIP 结构的一个关键是内电场的应用。这些器件原则上可以在没有外加偏压的情况下工作，可望消除暗电流和抑制复合噪声[13]。然而，与光导型量子阱相比，它们的光电流增益要小得多。降低的光电流和降低的噪声下，可以获得类似于光导器件的探测率[104]。总之，光导 QWIP 更适用于要求高响应率的应用（如工作在 MWIR 波段的传感器），相反，光伏 QWIP 在 LWIR 的摄像系统中更具有吸引力。LW FPA 的性能受到读出电路的电荷存储容量的限制。在这种情况下，光伏 QWIP 的优势来自两个事实：暗电流充电时电容器效率较低，与收集到的光电荷相关的噪声非常小[13]。

1988 年，Kastalsky 等[105]在红外探测器上进行了第一项涉及微带概念的实验工作。这种量子效率极低的 GaAs/AlGaAs 探测器的光谱响应为 3.6~6.3 μm，显示了光伏探测行为。该探测器中有束缚到束缚的微带跃迁（即在势垒顶部以下的两个微带），以及 SL 和集电极之间的组分梯度势垒，作为基态微带隧穿暗电流的阻挡势垒。被激发进入上微带的电子穿过势垒，在没有外部偏压的情况下产生光电流。Schneider 和 Liu[13]分析了光伏 QWIP 结构设计的进一步发展。在这里，我们集中讨论了夫琅禾费宇航联合会光伏结构的最终发展，也就是四区 QWIP[106-109]。这种结构中的光伏效应源于一组不对称的量子态之间的载流子转移，而不是不对称的内部电场。

图 19.28 解释了光伏低噪声 QWIP 结构中的光导机制[107]。由于周期布局，探测器结构被称为四区 QWIP[109]。可以独立地优化有源探测区的每个周期。在激发区（1）中，载流子被光学激发并发射到漂移区（2）的准连续态中。前两个区域（1 和 2）类似于常规 QWIP 的势垒和阱。此外，为了控制光激载流子的弛豫，存在两个附加区，即捕获区（3）和隧穿区（4）。隧穿区具有两个功能：它阻挡准连续态中的载流子（载流子可以被有效地捕获到捕获区中），并将载流子从捕获区的基态传输到下一周期的激发区。这种隧穿过程必

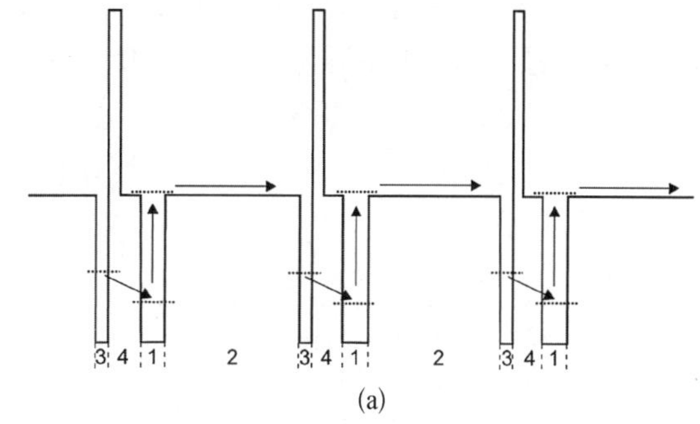

(a)

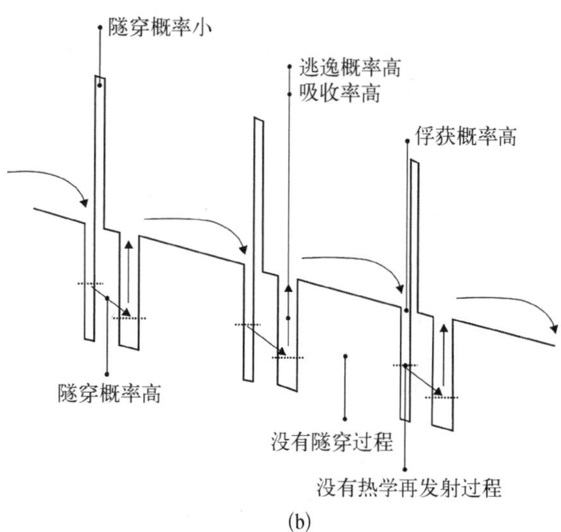

(b)

图 19.28　(a) 能带边缘分布和(b) 四区 QWIP 的输运机制示意图。电势分布：1. 发射区；2. 漂移区；3. 捕获区；4. 隧穿区[107]

须足够快,以防止捕获的载流子以热电子方式重新发射到原来的阱中。同时,隧穿区提供了一个很大的势垒,以防止光激载流子发射到激发区的左侧。以此方式,抑制了与载流子捕获相关的噪声。

图 19.28(b)描述了有限外加电场下载流子传输的几个要求,该电场决定了四区结构的有效实现。如图 19.28 所示,隧穿势垒必须表现出较低的隧穿概率,即在高能隧穿作用下,可以获得较短的进入窄 QW 的俘获时间,比通过隧穿作用逃逸的时间更短。此外,隧穿效应的时间常数必须小于从窄 QW 回到宽 QW 的热电荷再发射的时间常数。隧穿区的一个重要细节是阶梯状势垒。需要将发射区和隧穿区的高能部分分开,以将吸收线降低到与传统的 QWIP 相当的值。

实验演示了(MBE 生长在(100)取向的半绝缘 GaAs 衬底上)四区结构(沿生长方向)包含 20 个周期的有源区,由 3.6 nm GaAs(捕获区),45 nm $Al_{0.24}Ga_{0.76}As$(漂移区),4.8 nm GaAs(激发区),以及 3.6 nm $Al_{0.24}Ga_{0.76}As$,0.6 nm AlAs,1.8 nm $Al_{0.24}Ga_{0.76}As$ 和 0.6 nm AlAs(隧穿区)组成。4.8 nm GaAs 阱的 n 掺杂浓度为 4×10^{11} cm/阱。有源区夹在 Si 掺杂(1×10^{18} cm^{-3})n 型接触层之间。

图 19.29 总结了截止波长为 9.2 μm 的典型 20 周期低噪声 QWIP 的性能[108]。在零偏压(光伏工作)下,峰值响应率为 11 mV/W,在 −2 V 和 −3 V 的范围内,峰值响应率约为 22 m/W。在−2 V 和−1 V,观察到约 0.05 mW 的增益。探测率在−0.8 V 附近有极大值,在零偏压下可获得约相当于 70%的探测率。由于输运过程的非对称性,探测器的探测率强烈地依赖于偏置电压的符号。这一行为与传统的 QWIP 形成了强烈的对比,传统的 QWIP 在零偏压下探测率为零。

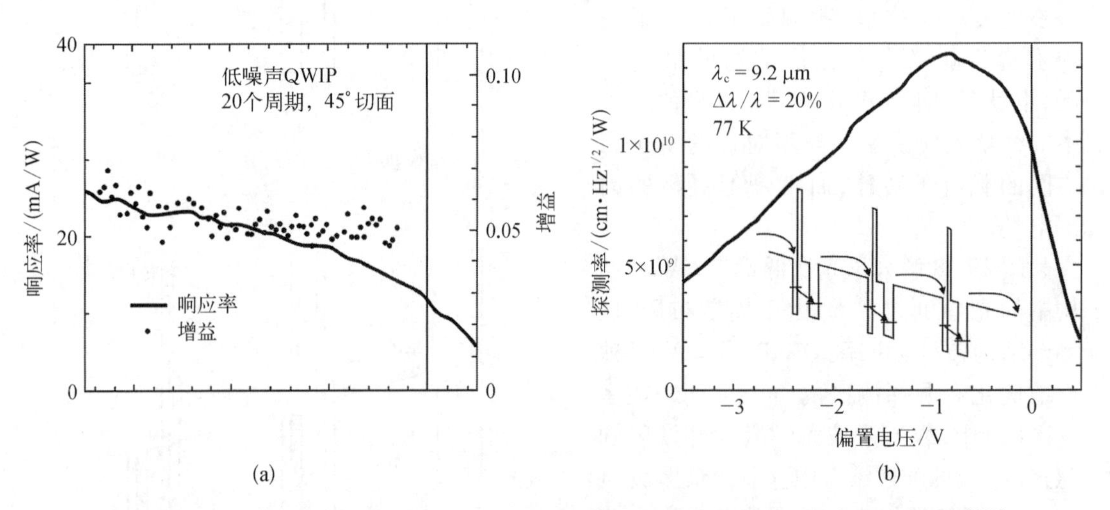

图 19.29 (a) 峰值响应率、增益和(b) 低噪声 QWIP 的峰值探测率与偏置电压的关系[108]

首先由 Beck 给出了一个适用于四区 QWIP 的噪声模型[见式(19.45)],然后 Schneider[110]对雪崩倍增下的情况进行拓展。

图 19.30 比较了传统 QWIP 结构和低噪声 QWIP 结构的峰值检测率随截止波长的变化[108]。低噪声 QWIP 具有与传统 QWIP 相似的探测能力,与热电荷发射模型符合得很好。

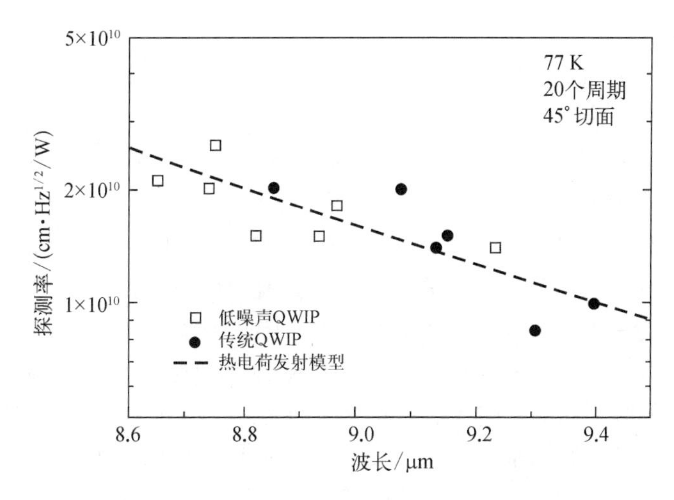

图 19.30 77 K 低噪声 QWIP 和光导 QWIP 的峰值探测率与截止波长的关系[108]

19.5 超晶格微带 QWIP

除了 QW,SL 是另一种很有前途的红外光电探测器结构,但还没有引起太多关注。具有梯度势垒的 SL 子带间光电探测器分别于 1988 年[105]和 1990 年[111]研制成功,可用于 3.6~6.3 μm 和 8~10.5 μm 内的光伏探测。

1991 年,仅用 SL 就可以探测 5~10 μm 的波长范围。该结构由 100 个周期的 GaAs 量子阱[L_b = 30 Å 或 45 Å 的 $Al_{0.28}Ga_{0.72}As$ 势垒和 L_w = 40 Å 的 GaAs 阱(掺杂 $N_d = 1\times10^{18}$ cm^{-3})]夹在掺杂 GaAs 接触层之间组成。对于 L_b = 30 和 45 Å 结构,峰值吸收系数的绝对值分别为 3 100 cm^{-1} 和 1 800 cm^{-1},当 T = 77 K 时,探测器的探测率约为 2.5×10^9 cm·Hz$^{1/2}$/W,并演示了带有阻挡层的 SL 在低偏压区的工作[112-114]。最近,一种改进的电压可调的 SL 红外光电探测器(SL IR photodetector,SLIP)被用来制作双色焦平面[115,116]。实验结果表明,与传统 QWIP 相比,它们具有吸收光谱更宽、工作电压更低、更灵活的微带设计等优点。

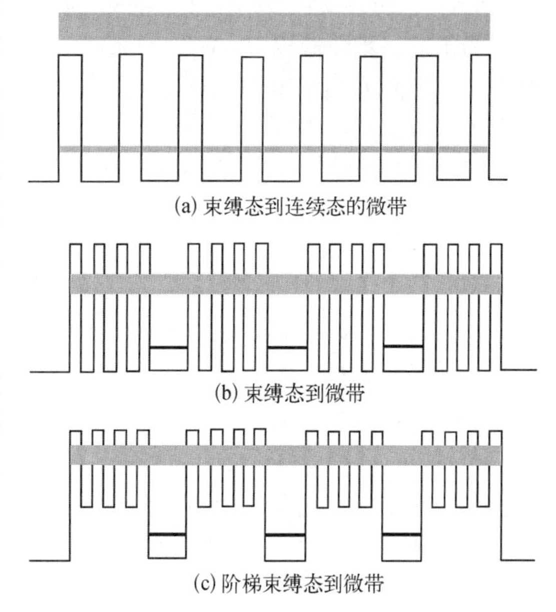

图 19.31 微带结构示意图

SL 微带探测器采用红外光激发的概念,在微带(基态和第一激发态)之间,并沿着激发态微带传输这些光激电子。当载流子的德布罗意波长与 SL 的势垒厚度相当时,就形成了能量微带。因此,由于隧穿,各个阱的波函数往往会重叠。

图 19.31 显示了不同微带结构的导带示意图。根据上激发态的位置和势垒层结构,

子带间跃迁可以基于束缚态到连续态的微带、束缚态到微带和阶梯束缚态到微带。其中,利用束缚态-微带跃迁的 GaAs/AlGaAs QWIP 结构是制作大尺寸 FPA 最常用的材料体现。

由于势垒高度较低,将激发态置于连续态中会增加热电荷暗电流。这一事实对 LWIR 更为重要,因为光激发能量变得更小了。为了提高探测器的性能,一类新型的 MQW 红外探测器因其具有高灵敏度、大尺寸、均匀的焦平面而备受关注。Yu 等[117-119]的研究指出,用短周期的 SL 势垒层结构[图 19.31(b)]替代 QWIP 中的体相 AlGaAs 势垒,可以显著地改善子带间的吸收和热电荷发射特性。通过物理参数的选择,使扩展势阱中的第一激发态与 SL 势垒层中微带的基态合并排列在一起,以获得较大的振荡强度和子带间吸收。这些多量子阱中的电子输运基于束缚态-微带跃迁、SL 微带共振隧穿和相干输运机制。因此,这种微带 QWIP 的工作方式类似于弱耦合的 MQW 束缚态-连续态 QWIP。在这种器件结构中,势垒上方的连续态被 SL 势垒中的微带所取代。在扩展量子阱中使用两个束缚态,消除了束缚态-连续态的跃迁设计对给定波长的阱宽度和势垒高度的唯一解的要求(即可以实现相同的工作波长,使用连续范围内的阱宽度和势垒高度)。这些微带 QWIP 比束缚态-连续态的 QWIP 表现出更低的光导增益,这是因为光激发电子的传输发生在微带中,电子必须通过许多薄的异质势垒传输,从而导致迁移率较低。

在第一个扩展势阱 GaAs/AlGaAs MQW 探测器中,使用了 40 周期 GaAs 量子阱,阱宽为 88 Å,掺杂浓度为 2×10^{18} cm^{-3}。GaAs 量子阱两侧的势垒层由五个周期的非掺杂 AlGaAs(58 Å)/GaAs(29 Å)SL 层组成,它们与 GaAs 量子阱交替生长。有源结构被夹在 1 μm 厚的半绝缘砷化镓缓冲层和 0.45 μm 厚的 GaAs 帽层之间,掺杂浓度为 2.0×10^{18} cm^{-3}以促进欧姆接触。为了提高光耦合效率,研制了一种平面透射式金属光栅耦合器(由规则间距的金属光栅叉指组成)。当 $T \geqslant 60$ K 时,这种微带输运 QWIP 的暗电流主要以热电子辅助隧穿导电为主,而当 $T \leqslant 40$ K 时,以共振隧穿导电为主。当偏置电压为 0.2 V 时,$\lambda = 8.9$ μm,工作温度 $T = 77$ K 时的探测率 $D^* = 1.6 \times 10^{10}$ cm · Hz$^{1/2}$/W。Beck 等[120,121]采用这种束缚态-微带方法,制备了尺寸从 256×256 到 640×480 的优质 IR FPA。

为了进一步降低掺杂 QW 中的无益电子隧穿,提高性能,研究人员设计并测试了台阶束缚态-微带 QWIP[图 19.31(c)]。该 QWIP 由 GaAs/AlGaAs SL 势垒组成,但应变 QW 采用的是 $In_{0.07}Ga_{0.93}As$[119,122]。

SL 微带探测器的新想法仍在不断提出;更多细节可以参考文献[123]。

19.6 光耦合

影响 QWIP FPA 性能的一个关键因素是光耦合方案。探测器需要 45°入射,这将探测器几何结构限制在单元和一维阵列。现有的光栅大多是为二维 FPA 设计的。阵列采用的是通过衬底背面的背照射。

Gooseen 等[124,125]和 Hasnain 等[126]开发了一种将光效耦合到二维阵列中的方法。他们在探测器顶部放置光栅,使入射光偏离与表面垂直的方向。光栅是通过在 QW 顶部沉积精细金属条或在盖层中蚀刻沟槽来制作的。这些光栅具有与 45°照明方案相当的光耦合效率,但对于具有 50 个周期、$N_d = 1 \times 10^{18}$ cm^{-3} 的 QWIP,QE 仍然相对较低,为 10%~20%。QE 较低的原因是光耦合效率较低,且只有一个偏振态的光被吸收。

增加 QW 中的掺杂浓度可以改善量子效率 QE,但这会导致较高的暗电流。为了在不增加暗电流的情况下增加 QE,Andersson 等[76,127]和 Sarusi 等[128]研制了一种工作在 8~10 μm 光谱范围内的 QW 二维光栅,该光栅可以吸收两种偏振分量。在这种情况下,光栅的周期在两个方向上重复。通过在 QW 结构下方放置薄的 GaAs 反射镜,使辐射两次穿过 QW 结构,增加光程可以进一步增加吸收[图 19.32(a)]。

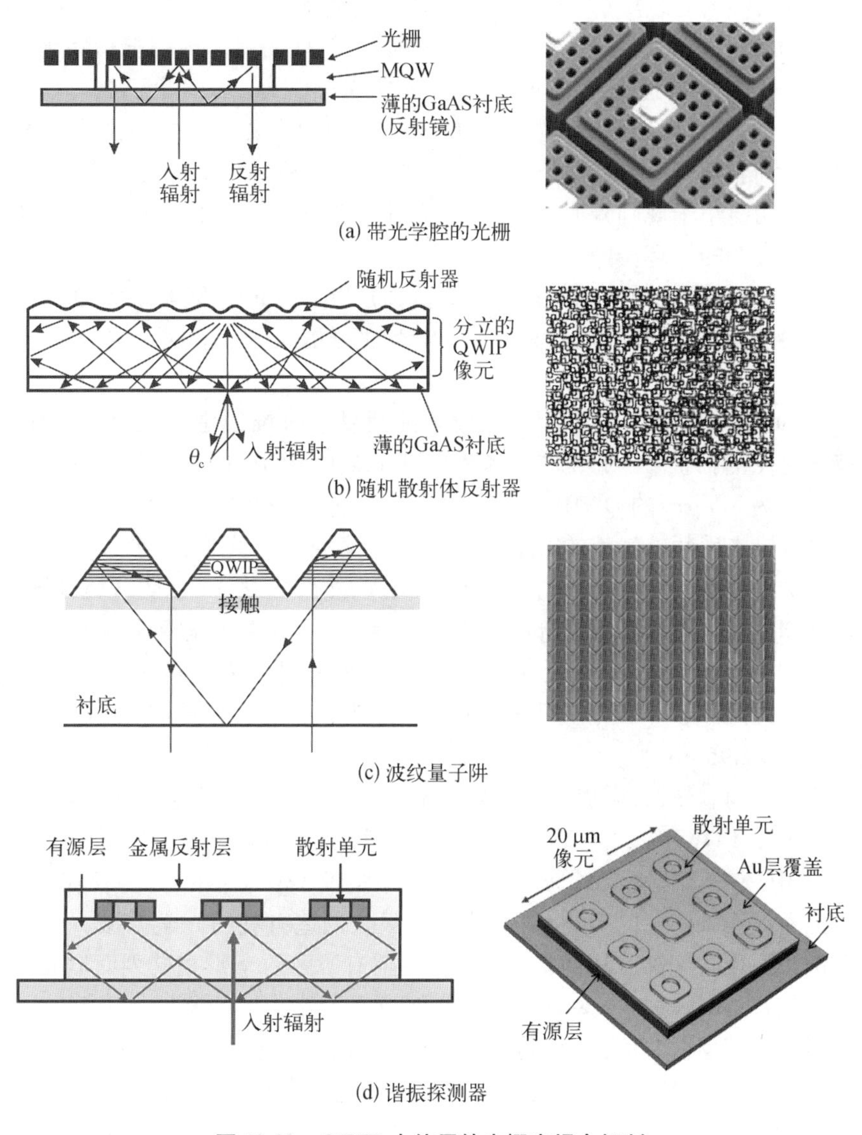

图 19.32　QWIP 中使用的光栅光耦合机制

如图 19.32(b)所示,随机粗糙的反射表面可以实现更多的红外线辐射和更高的吸收。Sarusi 等[129]通过在 MQW 结构上方使用精心设计的随机反射面,与 45°方案相比,性能几乎提高了一个数量级。这种随机性防止了光线在第二次反射后被衍射出探测器[图 19.32(a)]。取而代之的是,光在每次反弹后以不同的随机角度散射,只有在法线的临界角(对于 GaAs/空气界面约为 17°)内被反射到表面时才能逃逸。随机表面由 GaAs 制成,使用标准光刻和选择性干法刻蚀，可以精确地控制图案的特征尺寸，并保持高灵敏度成像阵列所需的像元均匀性。为了减少光线逃逸的可能性，该曲面有三个不同的散射面（请参考文献[2]、[5]、[128]中的详细信息）。实验表明，当单元尺寸等于 QWIP 最大响应波长时，可以获得最大响应。若单元大于最大响应波长，则探测器表面上的散射次数减少，并且光的散射效率降低。另外，如果单元尺寸较小，则散射面变得更平滑，效率也会降低。自然地，将衬底变薄可以实现更多的光线反射，因此具有更高的响应率。这也减少了从像元反射到其相邻像元的光量（光串扰，对大规模 FPA 的性能不利）。衬底的减薄或完全移除还可将 GaAs/AlGaAs 探测器阵列拉伸并适应与 Si ROIC 的热膨胀失配。

应该注意的是，交叉光栅和随机反射器的效果之间的主要区别之一是响应率曲线的形状；与交叉光栅不同，随机反射器对响应曲线带宽的影响很小，因为随机反射器的散射效率对波长的依赖性明显小于规则光栅。因此，对于具有随机反射面的 QWIP，响应率积分的提高几乎与峰值响应率的提高相同。

光耦合如衍射光栅和随机光栅，只有在探测器尺寸较大时才能实现高 QE。此外，由于其对波长的依赖性，每个光栅的设计只适用于特定的波长。迫切需要一种尺寸和波长无关的耦合方案。

最近，Schimert 等[130]报道了将衍射光栅刻蚀到量子阱堆栈中形成介电光栅的 QWIP。这种设计将导电探测器面积（和漏电流）减少到平常的 25%，同时保持了 15%的 QE。在 77 K 下峰值波长为 8.5 μm 的 QWIP 中报道的峰值 D^*为 7.7×10^{10} cm·Hz$^{1/2}$/W。

在顶部接触层之后额外生长的一层材料中，通过刻蚀制备光栅，其形式可以是刻蚀的凹坑[图 16.32(a)]，或者刻蚀沟槽，留下未蚀刻的凸起，然后蒸发 Au 金属，以获得近乎完全的反射。光栅周期应该近似于材料内部的波长，即 $d=\lambda/n_r$，其中 λ 是要探测的波长，n_r是折射率。在实际应用中，选择的 λ 接近截止波长。刻蚀深度应为内部波长的 1/4 左右（即 $\lambda/4n_r$）。用接触光刻和 RIE 技术成功地制作了周期为 1.65 μm 的 MWIR 衍射光栅，类似地，LWIR 光栅周期为 2.95 μm[13]。

为了简化阵列的制作，人们提出了一种用于垂直入射光耦合的新型探测器结构，称为波纹量子阱（corrugated QWIP，C－QWIP）[131,132]。器件结构如图 19.32(c)所示。在目前制造的大规模 FPA 中，整个像元被一个波纹占据[参见图 19.32(c)中的像元俯视图][115,116]。这种结构利用三角形线条侧壁的全内反射，为红外吸收创造有利的光学偏振。这些线是沿着特定晶体方向采用化学刻蚀方法制备出穿透探测器有源区的 V 形槽阵列而形成的。在 FPA 混成的过程中，使用环氧材料将探测器阵列与 Si 读出电路连接。这种位于侧壁上的环氧材料可以大大减少内部反射。因此，目前 C－QWIP 会包含用于侧壁保护的 MgF_2/Au 覆盖层（参见图 19.33[115]）。该覆盖层与像元的顶部和底部触点是电隔离的。介质膜 MgF_2具有介电强度高、导电电流小、折射率低、激发系数小等优点。

Choi 等[133]采用有限元方法，建立了一种可靠的定量计算任意探测器 QE 的方法。他们能够预测 QWIP 的 QE，而不需要考虑其结构复杂性[134,135]。通过这种方式，他们优化了光栅谐振器以获得高 QE，并设计了环形谐振器来扩展其耦合带宽。图 19.32(d)显示了用于 7.5～10.5 μm 探测的谐振器量子阱（resonator QWIP，R－QWIP）像元的几何设计。它将 9 个 GaAs 环作为衍射元件，覆盖在有源吸收层上，整个像素被 Au 覆盖。入射光被光环衍射并反射回有源层，在那里被捕获，直到被吸收。有源区为适度掺杂（0.5×10^{18} cm^{-3}）的 25 μm 节距

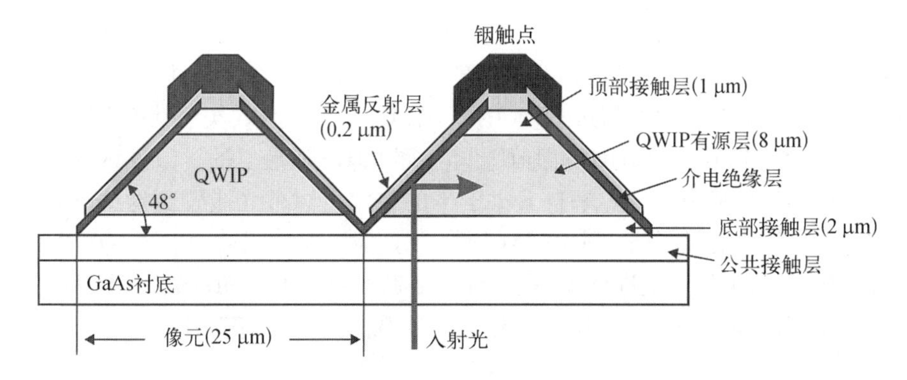

图 19.33　C－QWIP 像元的侧视图,像元间距为 25 μm[115]

探测器,在 1.3 μm 厚的有源材料中获得了 37%的 QE 和 15%的转换效率,在 0.6 μm 厚的有源材料中获得了 35%的 QE 和 21%的转换效率[136]。

在各向同性的光耦合方案中,采用二维光栅来消除偏振敏感性。而对于偏振 QWIP,需使用线性光栅。使用微扫描技术可以设计出一种能够解析场景辐射的偏振分量的相机。在不显著地降低相机灵敏度或增加系统成本的情况下添加这样的辨别方式,更有利于发现困难目标。泰雷兹(Thales)公司在一组四个探测元上制备出四个相互旋转 45°的线性光栅,并在整个阵列中复制此模式。实际阵列的布局和扫描电子显微镜(scanning electron microscope, SEM)图片如图 19.34 所示[137]。

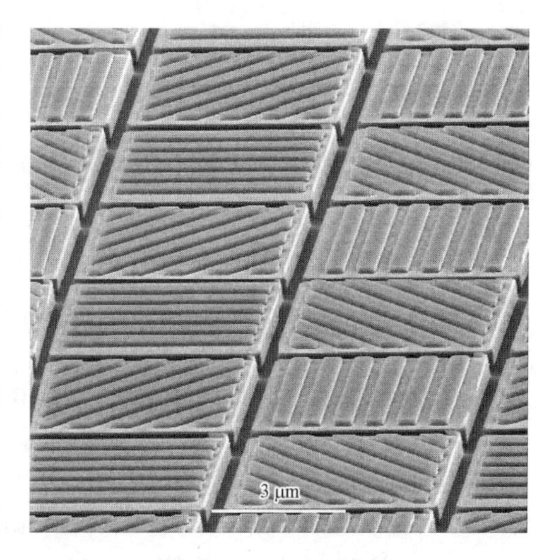

图 19.34　偏振 QWIP 阵列的 SEM 照片[137]

虽然已经成功地将光栅集成到商用 QWIP FPA 中,但仍有改进的空间。借助微制造技术的发展和来自新领域的技术,如计算机生成全息图技术和光子晶体技术等,可以探索更有效的光耦合方式[13]。

19.7　相关器件

19.7.1　p 型掺杂镓砷/铝镓砷量子阱红外光电探测器

到目前为止,大部分的研究都集中在 n 型 GaAs/AlGaAs QW 上。然而,对于 n 型 QWIP,由于量子力学的选择定则,在没有使用金属或介质光栅耦合器的情况下,垂直入射吸收是被禁止的。研究 p 型 QW 的最初动力也是它们在正入射下吸收光线的能力。在 p 型 QW 中,由于偏离区中心 ($k \neq 0$) 的重空穴和轻空穴态的混合,允许垂直入射吸收[54,138]。由于有效质量较大(因此光吸收系数较低)和空穴迁移率较低,p－QWIP 的性能一般低于 n－QWIP[2,5,139-142]。然而,如果在 p－QWIP 的 QW 层中引入双向压缩应变,那么重空穴的有效质量将会降低,这反过来可以提高器件的整体性能[143]。

在Ⅰ类 MQW 中,空穴的势阱和电子的势阱一样,都在 GaAs 层中。对于中等掺杂浓度($\leqslant 5\times10^{18}$ cm^{-3})和阱厚度不超过 50 Å 的情况,最低的重空穴类子带(HH_1)在 77 K 时只被部分填充,所有其他能带(HH_2和类似轻空穴的 LH_1)都是空的。只发现这三个子带位于 $Ga_{1-x}Al_xAs$($x\approx0.3$)势垒之下。来自 HH_1子带的空穴可以被光激发到这些子带或连续带 HH_{ext}和 LH_{ext}中的其他能量子带[图 19.35(a)]。对 p 型 $GaAs/Ga_{0.7}Al_{0.3}As$ QW 结构的垂直入射吸收和响应率的实验结果进行了理论分析,结果表明在 $\lambda\approx7$ μm 处,红外吸收的主要机制是 $HH_1\to LH_{ext}$跃迁。而 $HH_1\to LH_1$的跃迁超出了观测到的光谱范围。

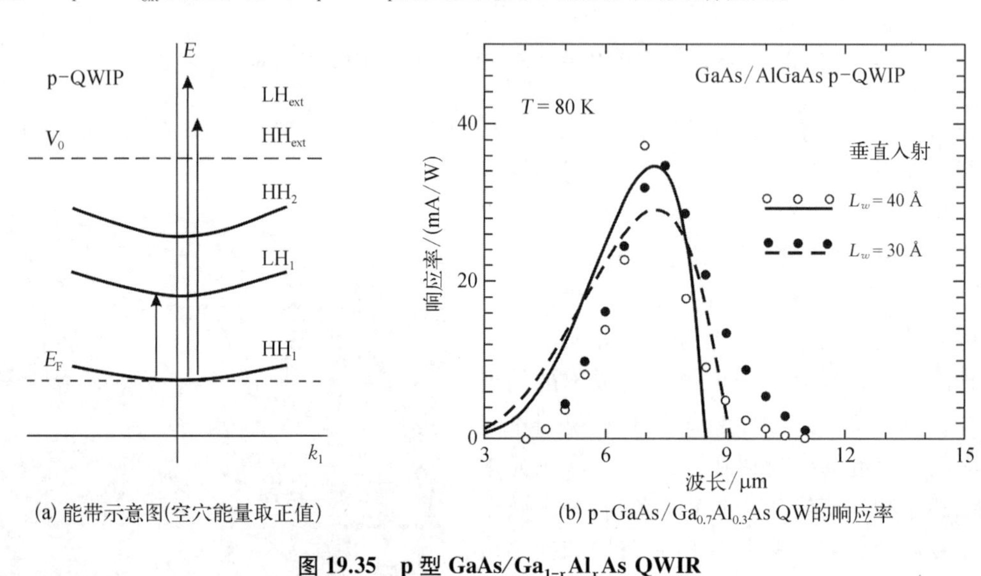

(a) 能带示意图(空穴能量取正值)　　(b) $p-GaAs/Ga_{0.7}Al_{0.3}As$ QW的响应率

图 19.35　p 型 $GaAs/Ga_{1-x}Al_xAs$ QWIR

实验数据(圈)取自 Levine 等[57]对 $L_w=40$ Å 和 30 Å 的结构进行测量的结果。实线和虚线为对应的计算结果[144]

Levine 等[57]实验演示了第一个利用 GaAs 价带空穴的子带间吸收的 QWIP。样品生长在(100)半绝缘衬底上,采用气态源 MBE,包含 50 个周期的 QW(Be 掺杂浓度 N_a = 4×10^{18} cm^{-3}),间隔为 $Al_{0.3}Ga_{0.7}As$ 的 L_b = 300 Å 势垒,并由 N_a = 4×10^{18} cm^{-3} 的接触层覆盖。这些结构的光导增益实验值分别为 $g=0.024$ 和 $g=0.034$。这些值比 n 型 QWIP 小一个数量级以上。尽管重空穴有效质量($m_{HH}\geqslant0.5m_0$)远大于电子有效质量($m_e\geqslant0.073m_0$),但 QE($\eta\approx15\%$)和逃逸概率($p_e\approx50\%$)与 n 型 GaAs/AlGaAs QW 相当。这些结构的响应率计算值和实验值如图 19.35(b)所示。在 $\lambda<\lambda_c$ 得到了很好的一致性,$\lambda>\lambda_c$ 处仍具有小的响应是由于 $LH_1\to LH_{ex}$ 跃迁。

在相同波长下,p 型 GaAs/GaAlAs 正入射 QWIP 子带间光电探测器的性能低于相应的 n 型子带间探测器。p 型 GaAs/GaAlAs QWIP 的探测率比 n 型光电探测器的探测率低 5.5 倍[见式(19.47)和式(19.48)]。目前用于红外成像的 p 型 GaAs/AlGaAs 量子阱较少。

19.7.2　热电子晶体管探测器

所有 QWIP 设计的基本特征是低(基态)电子不能在外加电场下流动,而高(激发)态电子却可以流动,从而产生光电流。由于高温时暗电流大,Ⅲ-Ⅴ族 MQW 红外探测器的工作温度仍需保持在 77 K 以下。为了提高工作温度，需要在保持高探测率的同时降低探测器的暗电流。为了减少暗电流，Choi 等[145-147]提出了一种新的器件结构——红外热电子晶体管（IR hot-electron transistor, IHET）。Choi[148]详细讨论了其中的物理问题。在该器件中，在 QW 叠层中增加了一个能量滤波器，成为三端器件，可从光电流中去除漏电流成分。在一定条件下，与标准的双端 QWIP 相比，IHET 的信噪比有了显著的提高。然而，还不可能将三端探测器应用于 FPA。IHET 的能带结构如图 19.36(a)所示[147]。

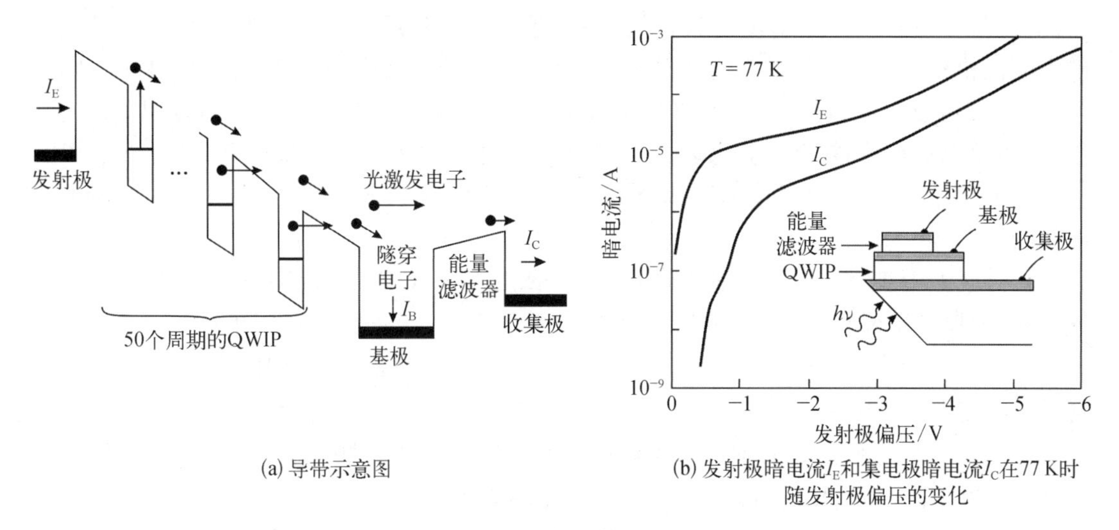

(a) 导带示意图

(b) 发射极暗电流I_E和集电极暗电流I_C在77 K时随发射极偏压的变化

图 19.36　红外热电子晶体管

插图显示了器件的结构示意图[147]

改进的 IHET 生长在(100)半绝缘衬底上[147]。第一层是 0.6 μm 厚的 n^+− GaAs 层，掺杂到 1.2×10^{18} cm^{-3}的 GaAs 作为发射层。接下来，是对红外敏感的 50 周期 $Al_{0.25}Ga_{0.75}As$/GaAs SL 结构，名义上与 Levine 等[80]报道的结构相同，只是势垒宽度变为 480 Å 而不是 200 Å。在 SL 结构的顶部生长了薄的 300 Å $In_{0.15}Ga_{0.85}As$ 基底层，然后是 0.2 μm 厚的 $Al_{0.25}Ga_{0.75}As$ 电子能量高通滤波器和 0.1 μm 厚的 n^+− GaAs（$n = 1.2\times10^{18}$ cm^{-3}）作为集电极。该探测器的发射极面积为 7.92×10^{-4} cm^2，集电极面积为 2.25×10^{-4} cm^2。探测器配置及发射极 I_E 和集电极 I_C 的暗电流如图 19.36(b)所示。由于 $In_{0.15}Ga_{0.85}As$ 基底层具有较大的 Γ − L 谷间距，提高了光电流传输率，在 77 K 时，截止波长为 9.5 μm 的晶体管探测率提高到 1.4×10^{10} cm·$Hz^{1/2}$/W，是现有 GaAs MQW 探测器的两倍。随着器件参数的进一步优化，在 77 K 条件下，应该可以实现探测率接近 10^{11} cm·$Hz^{1/2}$/W 的截止波长 10 μm 的宽带 IHET[147]。

最近，首次研究和制造了具有公共极配置的 IHET 5×8 阵列，该阵列允许双端读出集成[148]。这表明了 IHET 结构与现有光电导器件的电子读出电路在制作灵敏焦平面阵列方面的兼容性。

通常，IHET 的暗电流比 QWIP 低 2~4 个数量级[149]。这对于背景光子通量非常低的许多空间应用(3~18 μm)来说尤为重要。此外，为实现热成像，希望将扩展波长的 QWIP 结合到 FPA 中。甚长波红外 IHET 的开发也已经取得进展[150-152]。

潜在地，基于 GaAs 的 QWIP 可以与 GaAs 电路单片集成，已经展示了 QWIP 与高电子迁移率晶体管集成的概念[153]。此外,还提出了其他晶体管想法来改善 QWIP 性能[154]或实现单片集成[155]。然而,到目前为止,在读出电路领域还没有开发出基于 GaAs 的技术。

19.7.3 锗硅/硅 QWIP

根据成分的不同,$Si_{1-x}Ge_x$合金的带隙在 1.1~0.7 eV 变化,因此它们适合于在 0.5~1.8 μm 波长范围内的探测。然而,Ge(晶格常数 a_0 = 5.657 Å) 和 Si (a_0 = 5.431 Å) 之间较大的晶格失配(室温下 $\Delta a_0/a_0 \approx 4.2\%$) 阻碍了在 Si 衬底上制造集成光电子器件,因为界面处较大的失配位错对于获得良好的器件性能是不可取的。然而,据报道,只要薄膜厚度小于临界厚度 h_c,就可以在低温区域 ($T \approx 400 \sim 500$℃) 用 MBE 技术赝相生长高质量的晶格失配结构,而没有失配位错。在这种情况下,晶格失配通过层中的畸变来调节,从而在层中产生内建的相干应变,并且可以基于 Si/SiGe SL 和 MQW 来制造灵敏的中、长红外波段的光电探测器。

Si 衬底上应变 SiGe 层的临界厚度强烈依赖于生长参数,特别是衬底温度。对于 $Si_{0.5}Ge_{0.5}$的典型生长温度 $T \approx 500$℃, 临界厚度约为 100 Å。在多层生长的情况下,使用平均 Ge 成分 $x_{Ge} = (x_1 d_1 + x_2 d_2)/(d_1 + d_2)$ 来获得临界厚度,其中 x_s与 d_s分别是各个组成层的 Ge 含量和厚度[156]。

应变不仅改变了组成后的带隙,而且打开了 Si 和 $Si_{1-x}Ge_x$层中重空穴和轻空穴的简并,也消除了导带(多谷能带结构)的简并[157,158]。由于应变,$Si_{1-x}Ge_x$/Si 应变层器件能带结构的变化可用于基于 p 型和 n 型电导器件的几种类型的光电探测器。基于价带间吸收的 SiGe/Si QWIP 的响应强烈依赖于应变诱导的价带分裂[62,159,160]。

Si 基探测器的主要优点是采用了 Si 衬底,因此可以与 Si 电子读出器件实现单片集成,并使得制造超大规模阵列成为可能。Karunasiri 等[161]首次观测到 SiGe/Si MQW 的子带间红外吸收。SiGe/Si 较大的价带偏移量和较小的空穴有效质量有利于空穴子带间吸收。

在高阻 Si(100)晶片上采用 MBE 系统生长了 p 型 MQW SiGe/Si 结构,为了提高外延层质量,生长温度保持在 600℃左右。这种结构由 50 个 30 Å 厚的 $Si_{0.85}Ge_{0.15}$阱组成,掺杂浓度 $p \approx 10^{19}$ cm^{-3},并由 500 Å 厚的非掺杂 Si 势垒隔开。厚度为 30 Å 的 QW 可以吸收 10 μm 附近的红外能量,而扩展态位于 Si 势垒之上。整个 SL 被夹在用于电接触的掺杂 ($p = 1 \times 10^{19}$ cm^{-3}) 层之间(1 μm 的底层和 0.5 μm 的顶层)[59]。

SiGe/Si MQW(直径为 200 μm 的台面结构)的光响应如图 19.37 所示。此图显示了 77 K 时 0°和 90°偏振下的光响应,探测器两端的偏置为 2 V。在 0°偏振情况下,在 8.6 μm 附近观察到一个峰值,在 90°偏振情况下,在 7.2 μm 处观察到一个峰值。两种情况下的响应率相同,为 0.3 A/W。峰值在 7.5 μm 附近的非偏振光束的响应率约为 0.6 A/W,约为两种偏振情况的总和。图 19.37 中的虚线曲线显示了光从背面正入射情况下所测得的响应率。正入射光下的光响应似乎是由于自由载流子吸收引起的内部光电发射。Park 等[60]对 SiGe/Si 异质结中的吸收机制进行了更详细的讨论。未优化的 SiGe/Si MQW 红外探测器在 9.5 μm 和 77 K 下的探测率约为 1×10^9 cm·Hz$^{1/2}$/W。

首次实现了 3~5 μm 波段的价带-子带间红外探测器,探测率 $D^*(3\ \mu m) = 4\times10^{10}$ cm·Hz$^{1/2}$/W[61]。随着 Ge 组分的增加,峰值光响应向更短的波长移动,这与透射系数

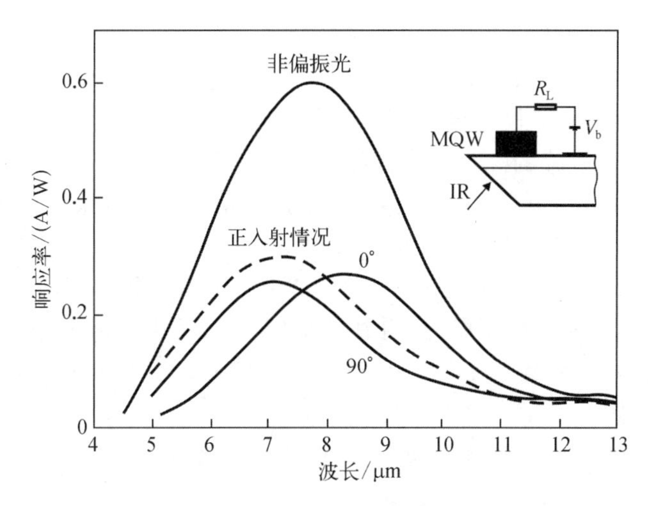

图 19.37 77 K 时,$Si_{0.85}Ge_{0.15}$/Si QWIP 在 2 V 偏置下,对两个不同偏振角度的响应率

如插图所示,红外辐射正入射到切面,MQW 结构上的入射角为 45°。虚线显示的是从背面正入射时的响应率[59]

的数据一致。光响应出现了室温吸收光谱中没有观察到的几个峰,这与偏压下发现的不同类型的跃迁有关,此时载流子可以从激发态穿过势垒到达接触区(除了激发到连续态的载流子)。

在赝晶 GeSi/Si QW[162] 中,也有可能产生正入射空穴的子带间 QWIP[162]。People 等[63,163] 描述了(001)Si 衬底上赝相 p 型 $Si_{0.75}Ge_{0.25}$/Si QWIP 的制备和性能。40 Å 的 $Si_{0.75}Ge_{0.25}$ QW 采用 2 keV 离子注入进行 B 掺杂,载流子浓度约为 4×10^{18} cm^{-3}。这些器件表现出宽带响应(8~14 μm),这归因于应变和量子限制引起的重空穴、轻空穴和分裂空穴的混合。直径为 200 μm 的器件在没有冷屏蔽(视场 2π,300 K)的情况下,在工作偏置为 2.4 V 和 T = 77 K 时,探测率为 3.3×10^9 $cm\cdot Hz^{1/2}/W$,响应率为 0.04 A/W,微分电阻为 10^6 Ω。

$Si/Si_{1-x}Ge_x$ 应变层 MQW 在垂直入射下具有较强的子带间红外吸收,不仅在 p 型结构,在 n 型结构中也是可能的[53],这在不同 Ge 组分和掺杂浓度的(110)$Si/Si_{1-x}Ge_x$ MQW 样品中首次被证明,其吸收峰位置在 4.9~5.8 μm[55]。早先的研究表明,对于(110)和(111)两个生长方向,在 Si QW 中掺杂到 10^{19} cm^{-3}(这在 MBE 过程中是可能的),可以获得 10^4 cm^{-1} 量级的正入射子带间吸收系数。

辐射正入射到 SiGe/Si SL 上的实验表明,不需要 AlGaAs/GaAs 子带间探测器通常需要的光栅耦合器,就有可能实现 IR FPA。此外,理论预测的 SiGe/Si QWIP 性能也非常令人鼓舞[53,164,165]。然而,SiGe/Si QWIP 探测器还没有达到与 n 型 GaAs/AlGaAs 材料相当的探测率,在 77 K 的长波红外区,它们的探测率大约低一个数量级。由于这个原因,20 世纪 90 年代中期放弃了 SiGe/Si QWIP 的开发。

19.7.4 其他材料体系的 QWIP

GaAs/AlGaAs MQW 探测器的响应也可以设计成在较短的波长范围内工作。然而,在 AlGaAs/GaAs 材料系统中,为了保持 AlGaAs 具有直接势垒,短波限制为 λ = 5.6 μm,当 Al 浓

度 x 增加到 $x=0.45$ 时,间接的 X 谷成为最低的带隙。由于这种结构中的 $\Gamma-X$ 散射和 GaAs X 势垒陷阱会导致载流子收集效率低下,从而导致响应性差,因此人们认为这是非常不可取的。AlGaAs/GaAs 系统受限的导带不连续性(具有可接受的 Al 摩尔比),使得生长在 3~5 μm MWIR 窗口内敏感的外延层结构是不可能的。出于这个原因,最初,Levine 等[166]研究了采用 50 阱 AlInAs-InGaAs 外延层结构的 AlInAs/InGaAs 系统在 MWIR QWIP 中的应用前景,该外延层结构具有 50 ÅInGaAs 阱和 100 Å 厚的 AlInAs 势垒,得到的吸收峰位于 λ_p = 4.4 μm 和 $\Delta\lambda/\lambda_p \approx 7\%$ 时的束缚态 QWIP。后来,Hasnain 等[167]对直接带隙体系 $In_{0.53}Ga_{0.47}As/In_{0.52}Al_{0.48}As$ 进行了研究,得到了工作在 λ_p = 4.2μm 的 MQW 红外探测器,在 77 K 时的探测率 $D^* = 2 \times 10^{10}$ cm · Hz$^{1/2}$/W, 在 120 K 以下获得的背景限探测率为 2.3×10^{12} cm·Hz$^{1/2}$/W。

该材料体系具有较大的导带不连续性,已成为 MWIR QWIP 的标准材料体系,尽管其中仍存在退化效应和晶格失配外延的限制。

AlInAs/InGaAs 晶格匹配结构具有足够大的导带不连续性,可替代应变 AlGaAs/InGaAs 材料系统用于单波段 MWIR 和堆叠式多波段 QWIP FPA。当与 LWIR InP/InGaAs 或 InP/InGaAsP 量子阱堆栈相结合时,该材料体系可在 InP 衬底上提供完全晶格匹配的双波段或多波段 QW 结构,得益于 InP 基 QWIP 的优势,同时避免了应变层外延的限制。最近报道的 640×512 AlInAs/InGaAs FPA[168,169]的截止波长为 4.6 μm,性能与 MWIR AlGaAs/InGaAs QWIP 的最好结果相当[16]。

子带间吸收和热电子输运并不局限于 $Al_xGa_{1-x}As/GaAs$ 材料体系。用 InP 基材料体系,如晶格匹配的 $GaAs/Ga_{0.5}In_{0.5}P$(λ_p = 8 μm),n 掺杂(p 掺杂)1.3 μm $In_{0.53}Ga_{0.47}As/InP$(分别为 7~8 μm 和 2.7 μm),1.3 μm InGaAsP/InP (λ_c = 13.2 μm), 1.55 InGaAsP/InP (λ_c = 9.4 μm) 异质结系统等都制备出了长波 SL 探测器。n 掺杂的 $In_{0.53}Ga_{0.47}As/InP$ MQW 红外光电导的响应率实际上比等效的 AlGaAs/GaAs 器件的要大一些,在 77 K 工作 7.5 μm 波长的探测器测得的探测率 D^*达到了 9×10^{10} cm·Hz$^{1/2}$/W[96,170]。Gunapala 等[171]已经演示了第一个 p 型 $Ga_{0.47}In_{0.53}As/lnP$ 材料体系的短波探测器 (λ_c = 2.7 μm) 。在最后一种情况下,探测器是工作在正入射情况下的。Levine[2]、Gunapala 和 Bandara[5]及 Li[123]对关于 GaAs/AlGaAs 以外材料体系的 QWIP 的大量文献进行了综述。

到目前为止大多数基于 GaAs 的 QWIP 都采用 GaAs 作为低禁带阱材料,势垒采用晶格匹配的 AlGaAs、GaInP 或 AlInP。然而,考虑将 GaAs 作为势垒材料是很有趣的,因为二元 GaAs 中的输运特性有望优于三元合金。为了实现这一点,Gunapala 等[172,173]采用了低禁带非晶格匹配合金 $In_xGa_{1-x}As$ 作为阱材料,使用 GaAs 作为势垒材料。研究表明,应变层异质结构可以在较低组分($x<0.15$)的情况下生长,具有较低的势垒高度。因此,这种异质结系统非常适合用于制备甚长波($\lambda>14$ μm)的 QW。在温度 $T=40$ K 下,获得了良好的热电子传输和高探测率 $D^* = 1.8 \times 10^{10}$ cm · Hz$^{1/2}$/W,λ_p = 16.7 μm[173]。较大的响应率和探测率可以与通常的晶格匹配 GaAs/AlGaAs 材料体系相当[98]。

19.7.5 多色探测器

QW 方法的显著优点之一是能够容易地制造多色(多光谱)探测器,这是未来高性能红外系统所需要的。通常,多色探测器是一种光谱响应随施加的偏置电压等参数而变化的器件。目前已经提出了实现多色探测的三种基本方法：多引线、电压切换和电压调谐。

Kock 等[174]实现了第一个双色 GaAs/AlGaAs QWIP，通过在 GaAs 衬底上堆叠两个串联的具有不同波长选择性的 QWIP[图 19.38(a)]。该方法需要将分隔单色 QWIP 的每个中间导电层引出。这可以实现具有多个电气端子的可单独寻址的多色 QWIP。这种方法的优点是设计简单，颜色之间的电串扰可以忽略不计。此外，每个 QWIP 探测器都可以针对所需的探测波长进行独立优化。这种方法的缺点是难以制造多色版本。解决这些困难的技术方案在许多论文中都有提及，如文献[175]~[177]等。Gunapala 等[178]所演示的四色成像仪是通过将大面阵分成四个条带，每条对应不同的颜色(27.3 节)。

Liu 等[179]提出了多色探测器结构的新概念，通过堆叠由薄的重掺杂层(测试结构中的单层厚度约为 100 nm)分隔的常规(单色)QWIP。可调谐性是通过依赖器件暗电流电压特性的高度非线性和指数性质来实现的。这意味着整个多层堆叠结构上的施加电压将根据它们的直流电阻值分布在各个单色 QWIP 之间。当施加的电压从零增加时，大部分电压将施加在具有最高电阻的单色 QWIP 上。随着电压的进一步增加，越来越多的电压将通过下一个最高电阻的单色 QWIP 堆栈而下降，以此类推。图 19.38(b)示意性地显示了三色版本在最高偏置条件下的带边分布。上述结构类似于 Grave 等[180]的结构，但有一个重要的区别：Grave 等[181]的电压划分是通过形成高场-低场畴完成的，这对于 MQW 来说还没有定量的解释。

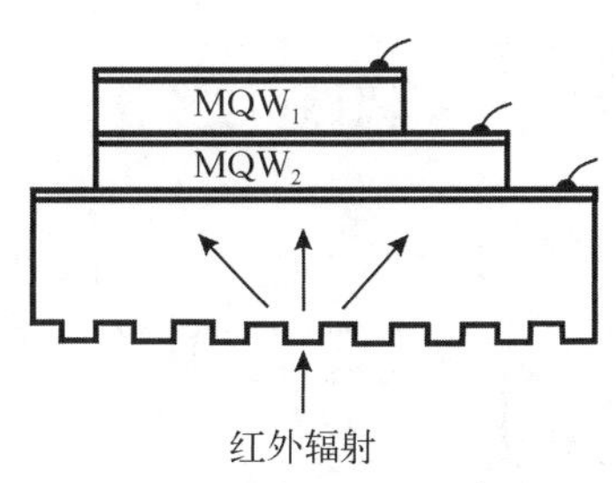

(a) 堆叠在同一衬底上的两个串联的量子阱中的子带间跃迁

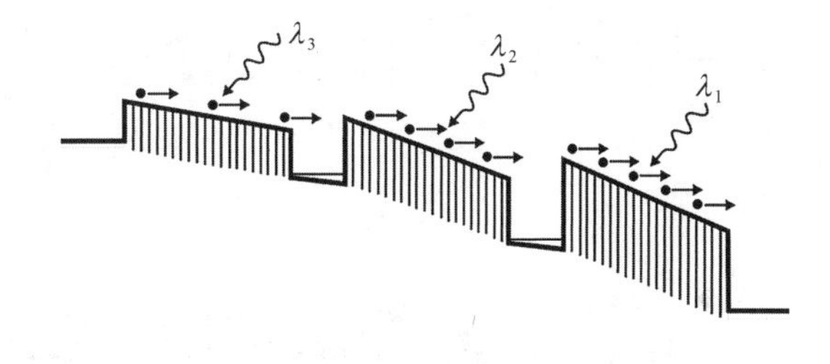

(b) 最高偏置电压下的三色电压调谐探测器

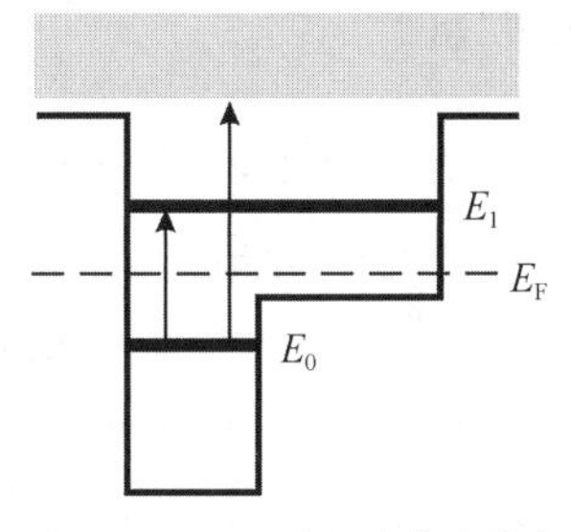

(c) 非对称阶跃MQW结构中的束缚态到束缚态跃迁及束缚态到扩展态的跃迁

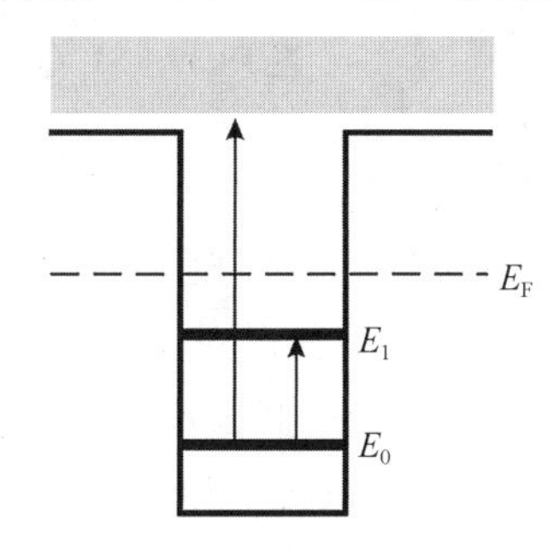

(d) 束缚态到连续态的跃迁机制

图 19.38　多色 QWIP

在实际演示的这种多色 QWIP 概念的三色版本中，三个叠层的 GaAs 阱宽度分别为 55 Å、61 Å 和 66 Å(每个叠层包含 32 个阱)。$Al_xGa_{1-x}As$ 势垒均为 468 Å 厚，组分 x 分别为 0.26、0.22 和 0.19。单色 QWIP 之间的间隔是一层 934 Å 厚的掺 Si GaAs 层，掺杂浓度为 1.5×

$10^{18}\ cm^{-3}$。在 7.0 μm、8.5 μm 和 9.8 μm 处观察到三个分辨率很好的峰。在偏置 V_b = - 3 V 时，8.5 μm 处响应的探测率为 $5\times10^9\ cm\cdot Hz^{1/2}/W$（对于非偏振辐射和 45°端面几何结构的情况）。如果采用 100%吸收的光耦合结构，探测率可以提高到 $D^* = 3\times10^{10}\ cm\cdot Hz^{1/2}/W$。

电压调谐方法的优点是制造简单（因为它只需要两个端子）和实现多色探测。缺点是很难在颜色之间实现可以忽略不计的电串扰。

电压开关双色检测的另一个示例如图 19.39 所示[115]。在这种情况下，每个单元由两个具有束缚态到微带跃迁机制的 QW SL 组成。这一想法首先是由 Wang 等[182]提出的。SL 1 调谐到 MWIR 频段，SL 2 调谐到 LWIR 频段。在 SL 之间是渐变势垒。在负偏压下，SL 2 中产生的光电子在弛豫势垒中损失能量，并被 SL 1 阻挡。在 SL 2 中产生的 LW 光电子进入高传导能量的弛豫层，导致阻抗没有变化。在正偏压下，情况正好相反，只有 SL 2 的 LW 光电子可以通过渐变势垒，产生阻抗变化。该设计用于制作双色 C - QWIP[115,116]。

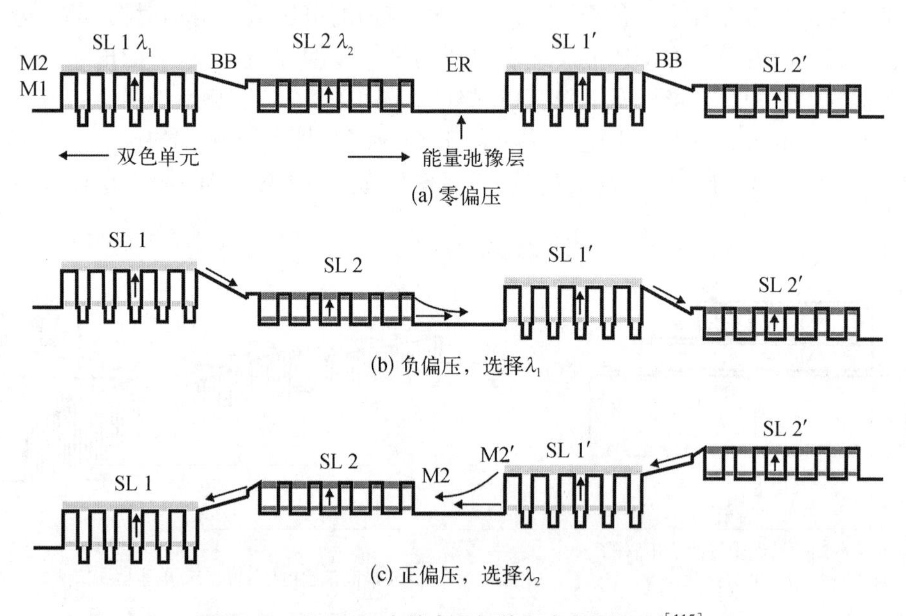

图 19.39 SL QW 中的电压切换双色探测机制[115]

多色 QWIP 的替代设计需要采用特殊形状的 QW（如阶梯势阱或不对称耦合的双势阱）。阶梯势阱结构的一个例子如图 19.38（c）所示，其中双色 QW 光电导在非对称阶梯 MQW 结构中利用了具有相同振子强度的束缚态-束缚态和束缚态-扩展态的跃迁[183,184]。外加电场在±40 kV/cm 内的改变足以使峰值响应波长从 8.5 μm 移动到 13.5 μm[183]。不对称的能带弯曲可以促进光导和光伏两种工作模式，使用这种双重工作模式，已经制备出了双色 QWIP 探测器[185]。

Tidrow 等[186]的电压调谐三色 QWIP 给出了非常令人鼓舞的结果。该器件使用两个 QW 单元，每个包含两个由薄势垒隔开的不同宽度的耦合 QW［图 19.40（a）］。该器件设计为具有两个来自宽势阱的子带 E_1 和 E_2，以及来自窄势阱的子带 E_2'。当宽势阱被掺杂时，第一能态 E_1 的电子可以被入射光子激发到 E_2 或 E_2'。由于在耦合的非对称量子阱结构中，宇称对称性被破坏，所以可以观察到多种颜色。

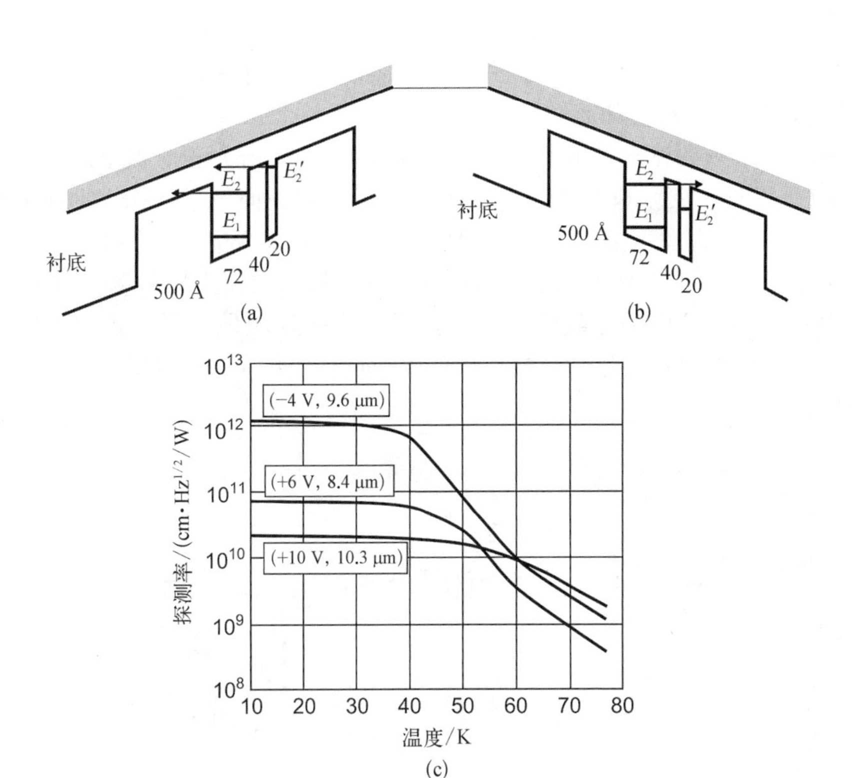

图 19.40 三色 GaAs/AlGaAs 量子阱

器件在(a) 正偏压和(b) 负偏压下的能带结构,在偏压分别为+6 V、−4 V 和+10 V 时,(c) 8.4 μm、9.6 μm 和 10.3 μm 处的峰值探测率随温度的变化[186]

在半绝缘的(001)GaAs 衬底上生长了具有 30 周期非对称 GaAs/AlGaAs 耦合双量子阱单元的器件。宽势阱的宽度为 72 Å,窄势阱宽为 20 Å,两个耦合阱之间的 $Al_{0.31}Ga_{0.69}As$ 势垒为 40 Å,耦合阱单元之间的势垒为 500 Å。底部接触层为 1 000 nm 的掺杂 GaAs,上接触层为 500 Å 的掺杂 $In_{0.08}Ga_{0.92}As$。宽量子阱和接触层的掺杂为 $n^+ = 1.0\times10^{18}$ cm^{-3}。窄量子阱未掺杂。

峰值探测率随温度的变化如图 19.40(c)所示。在 60 K 下,峰 9.6 μm 和 10.3 μm 的探测率约为 10^{10} cm·$Hz^{1/2}$/W,峰 8.4 μm 的响应率较低,$D^* = 4\times10^9$ cm·$Hz^{1/2}$/W,可通过调节偏压在这三个波长中独立选择探测峰。然而,一般来说,很难确保所有电压下都有良好的 QWIP 性能。为了提供较大的子带间跃迁强度,同时又便于激发载流子逃逸,跃迁终态应接近势垒顶部。这两个条件很难在所有电压下满足[13]。此外,在阶梯势阱的情况下,相对较宽的阱会提高俘获概率,从而导致较短的载流子寿命。最后,电场导致的子带结构变化通常需要相对较高的外场[大电压: 参见图 16.40(c)],这会增加暗电流和噪声。

此外,对于具有对称阱的探测器,双色操作也是可能的[174,187]。这种方式需要高的能带填充,当阱中的两个态被占据并且在阱中的不同态之间可以发生光学跃迁时[图 19.38(d)],或者在只有基态被载流子占据的不同厚度的阱之间。这种 MQW 光电探测器的目标是同时覆盖 8~12 μm 和 3~5 μm 波段。

19.7.6 集成 QWIP LED

将 QWIP 与发光二极管(light emitting diode,LED)集成的 QWIP - LED,采用上转换方法

这一创新概念,为制造成像器件提供了一种替代标准混合技术的选择。这种方法可能实现难以用标准方法制备的器件,如超大尺寸传感器[188]。

集成 QWIP - LED 的概念是由 Liu 等[189]及 Ryzhii 等[190]分别独立提出的。Liu 等[189]首先通过实验证明了这一点。基本思想如图 19.41 所示。在正向偏置下,QWIP 中的光电流电子与 LED 中注入的空穴发生复合,导致 LED 发射的增加。QWIP 是一种光电导,因此在 IR 照射下,它的电阻降低,这导致 LED 两端的电压增加,从而增加了发射量。因此,该设备是一个红外转换器。QWIP 中的光载流子具有很强的横向局域性。所导致的发射光波长在 0.9 μm 附近,利用成熟的硅电荷耦合器件(charge-coupled device,CCD)阵列,可以很容易地对其进行成像。

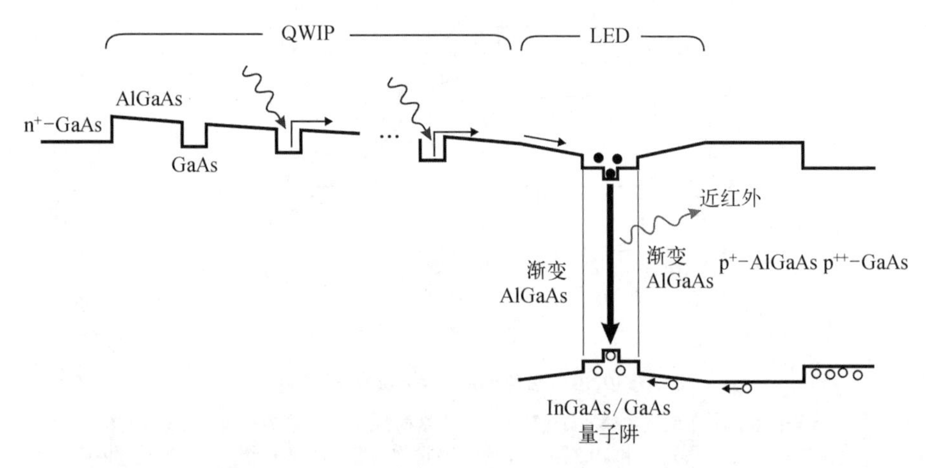

图 19.41 集成 QWIP - LED 的弯曲带边分布图

在正向偏置下,QWIP 中产生的光电流导致 LED 发光,将 QWIP 探测到的红外信号上转换为近红外或可见光的 LED 发射[188]

目前商用 CCD 中电子阱的电荷容量(通常为 4×10^5 个电子)几乎比 LWIR FPA 读出电路的小两个数量级。使用 QWIP - LED 进行红外成像时,通常需要 CCD 工作在满势阱工作点模式,以获得相对较高的热像灰度。

集成 QWIP - LED 的优势在于技术上的重要性,因为在这种方案中,人们可以在不需要任何读出电路的情况下制作出 2D 大尺寸成像器件。QWIP - LED 器件仍需要在低温下运行。上转换方法可以很容易地在无像元几何结构的多色成像器件中实现[191]。

最初演示的无像元 QWIP - LED 使用 p 型材料来简化制造(不需要制备光栅)。下一步的努力集中在 n 型 QWIP 上,并取得了稳步的改善[192-194]。由于性能不佳,进一步的开发没有成功。

参 考 文 献

第20章 超晶格探测器

通过在降维异质结构中引入量子限制，可以显著地增强许多类型光电子器件的性能。这是研究超晶格(superlattices, SL)作为红外探测器材料替代品的主要动因。1979 年就提出了 HgTe/CdTe SL 体系，仅比分子束外延(molecular-beam epitaxy, MBE)制备第一批 GaAs/AlGaAs 量子异质结晚了几年。预计在红外探测应用中，SL IR 材料相比体材料 HgCdTe(目前的行业标准)，有如下几个优点：

(1) 更高的均匀性，这对探测器阵列很重要；

(2) 由于 SL 中存在隧穿效应抑制(更大的有效质量)，可以获得更小的漏电流；

(3) 由于轻空穴与重空穴带的大幅分裂和电子有效质量的增加，俄歇复合率更低。

早期试图实现具有红外探测特性的 SL 的尝试没有成功，这主要是因为 HgTe/CdTe SL 在外延沉积中存在困难。最近，人们对多量子阱(multiple quantum well, MQW) AlGaAs/GaAs 光电导表现出了浓厚的兴趣。然而，这些探测器本质上是非本征的，并且预测其性能极限会低于本征 HgCdTe 探测器[1-6]。因此，除了使用子带间吸收[7-15]和掺杂 SL[16]中的吸收，还需要利用两个额外的本征子带间跃迁，来将带隙直接移动到红外光谱范围。

(1) 无应变的 SL 量子束缚：HgTe/HgCdTe。

(2) 应变的Ⅱ类 SL：InAs/GaSb 和 InAs/InAsSb。

图 20.1 是红外探测器中使用的三种基本类型的 SL 的带隙示意图。

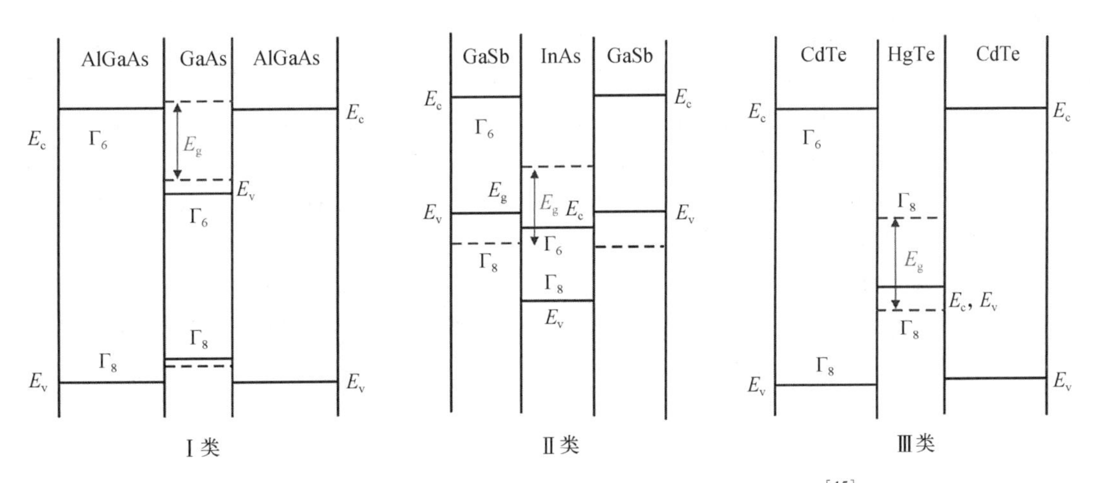

图 20.1 红外探测器应用中三种基本类型的 SL 的带隙图[15]

Ⅰ类SL由交替生长的薄的AlGaAs和GaAs宽禁带层组成(第19章)。它们的带隙近似排列,其中一个的价带(VB)(对称性为Γ_8)与另一个的导带(CB)(对称性为Γ_6)不重叠。存在多种形式,但通常该器件是具有红外吸收的多子光电导,其红外吸收是通过空间量子化诱导的导带中能级之间的跃迁来实现的。AlGaAs层是非常厚的势垒,可以抑制过多的电流,如通过SL的隧穿电流。量子阱红外探测器(quantum well infrared photodetector,QWIP)的吸收系数通常很小,由于光学跃迁的选择定则,必须采用巧妙的方式将入射的法向辐射有效地耦合到结构中。AlGaAs/GaAs QWIP结构的优点是成熟的材料工艺、可实现复杂设计的能力和低$1/f$噪声。缺点是暗电流大、量子效率低、工作温度低。

以InAs/GaSb SL为代表的Ⅱ类SL与Ⅰ类SL相似,不同之处在于相邻带内的导带和价带的重叠。它利用了量子化的能级,是与一个层中的导带和相邻层的价带相关联的。电子能级和空穴能级在实空间是分开的,跃迁只发生在载流子波函数重叠的空间区域。为了提供合适的吸收,使用了非常薄的层。通过在交替层之间额外引入晶格失配和应变,可以增强吸收。

在Ⅲ类SL中,交替层具有不同的导带和价带对称性。除了使用半金属代替与半导体势垒层交替的半导体,该结构基本上与Ⅰ类SL相同。然而,在这种情况下,半金属层的厚度决定了导带和价带中的二维量子化能级系统。电子和空穴的传导是以通过SL薄势垒层的隧穿来实现的。

Ⅱ类和Ⅲ类SL本质上是少子本征半导体材料。它们对红外辐射的吸收系数与直接带隙合金相似,有效质量大于相同带隙的直接带隙合金。

综上所述,Ⅱ类和Ⅲ类SL的优点是直接带隙吸收,有效质量大,抑制了俄歇生成(特别是对于Ⅱ类InAs/GaSb SL,存在空间电荷的分离)。Ⅲ类SL的缺点是在典型的加工温度下,会发生表面钝化和层间互扩散。同样,对于Ⅱ类SL,表面钝化会是一个严重的问题。但Ⅱ类SL的主要缺点是肖克利-里德(Shockley - Read,SR)寿命短。

20.1 HgTe/HgCdTe超晶格

HgTe/CdTe SL体系是一类新的量子尺寸红外光电子学结构中的第一个,这类结构被认为是构建LWIR探测器的一种有前途的新结构,以取代HgCdTe探测器[17]。从那时起,这一新的SL体系的研究在理论上和实验上都得到了极大的关注[18-25]。然而,尽管在这一领域进行了大量的基础研究,但到目前为止,试图实现具有与HgCdTe合金光电探测器参数相当的红外探测器性能的HgTe/CdTe SL的尝试并不成功。这似乎是由材料中弱的汞化学键引起的SL界面不稳定性决定的。在HgTe/CdTe SL制备中,即使在很低的温度(185℃)下也会出现大量的混合,这对器件性能有严重影响。在185℃时的互扩散系数为3.1×10^{-18} cm^2/s。在低至110℃的温度下观察到HgTe和CdTe层的明显混合[26],这阻碍了低维固体体系的稳定实现。由于器件处理的某些方面,如杂质激活、本征缺陷减少和表面钝化,情况会更糟。有鉴于此,我们将简短介绍有关HgTe/CdTe SL的研究进展,且仅包括最近发表的数据。

20.1.1 材料特性

HgTe/CdTe SL表现为Ⅲ类SL[图19.8(d)和图20.1]。这是由于与正常半导体CdTe相比，零禁带半导体 HgTe 中存在倒置能带结构（Γ_6和 Γ_8）。因此，CdTe 中的 Γ_8光-空穴带变成了 HgTe 中的导带。当使用由具有相同对称性但有效质量相反的原子轨道组成的体能态时，属于这些带的体能态的匹配结果是存在对光学和输运性质有重要贡献的准界面态。

如许多理论计算（见文献[23]、[25]）所示，HgTe 和 CdTe 之间的价带不连续对 HgTe/CdTe SL 能带结构有重要影响。在较早的文献中，这些长波和甚长波红外探测器具有显著优势是基于一个很小的价带偏移量的假设[17]，$\Delta E_v \geq 40$ meV，这似乎符合晶格匹配异质结界面的常见阴离子规则。与 HgCdTe 合金相比，HgTe/CdTe SL 能更好地控制带隙，并且由于在 SL 生长方向上有更大的有效质量，充分地降低了隧穿电流，这是一个具有重要实际意义的理论预测。最近，人们认识到 HgTe/CdTe 和相关的 SL 性质的许多方面只能用大的价带偏移 $\Delta E_v \geq$ 350 meV 来解释[25]。根据 Becker 等[27]的说法，HgTe 和 CdTe 之间的价带偏移量为

$$\Delta E_v = \Delta E_{v0} + \frac{d(\Delta E_c)}{dT}T \tag{20.1}$$

式中，$\Delta E_{v0} = 570$ meV，$d(\Delta E_c)/dT = -0.40$ meV/K[27]，并假定 ΔE_v随 x 在 $Hg_{1-x}Cd_xTe$ 中线性变化[28]。

$HgTe/Hg_{1-x}Cd_xTe$ SL 在(001)和(112)B 取向的实验和理论带隙如图 20.2 所示[29]。如果 HgTe 厚度 d_w小于 6.2 nm，则能带结构是正常的，如果 d_w>6.2 nm，则能带结构是反转的。SL 结构主要由量子阱(quantum well，QW)的结构决定，受势垒($Hg_{1-x}Cd_xTe$)能带结构的影响较小。只有能隙会随合金组分和温度的变化而显著变化。图 20.2 中实验数据和理论计算结果非常吻合。

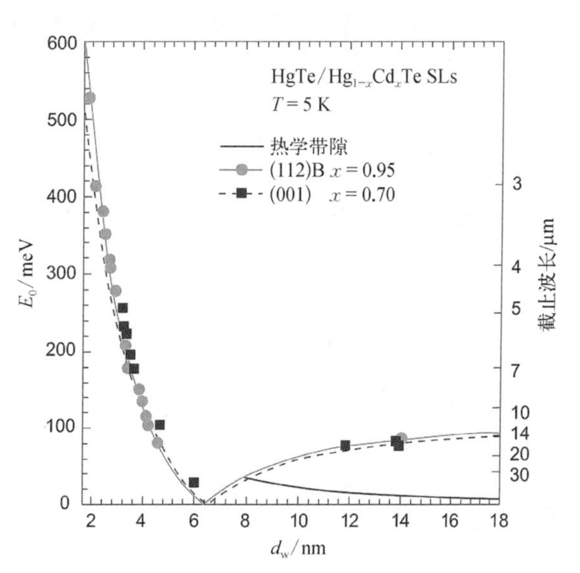

图 20.2　HgTe 基 MQW 中 H1→E1 子带间跃迁和反转能带结构下的带隙：实验结果(符号)和理论计算(实线和虚线)，及其热学带隙(深色实线)[29]

如上面所述，可以判定 HgTe/HgCdTe SL 的优势并不明显，然而，在 LWIR 波段，它们获得了足够的重视，成为最好的探测器材料之一。与体材料相比，SL 对所需带隙或截止波长的精度要求较低。如图 20.3 所示。当 $\lambda_c = 17.0 \pm 1.0$ μm(40 K)时，对合金组分的精度要求为±1.0%，对正能带结构 SL 的 d_w精度要求为±2%，对反能带结构 SL 的精度要求为±8%。

如果我们取 HgTe/HgCdTe QW 中的电子和空穴色散关系近似为式(19.6)所给出的形式，态密度具有众所周知的阶梯式依赖性。第 j 次陡峭突变出现的光子能量为

$$h\nu \approx E_g^w + \frac{\hbar^2 j^2 \pi^2}{2d_w^2}\left(\frac{1}{m_e^w} + \frac{1}{m_h^w}\right) \tag{20.2}$$

式中，E_g^w 为势阱材料的体能隙；m_e^w与 m_h^w为施加约束前体阱材料中电子和空穴的有效质量，

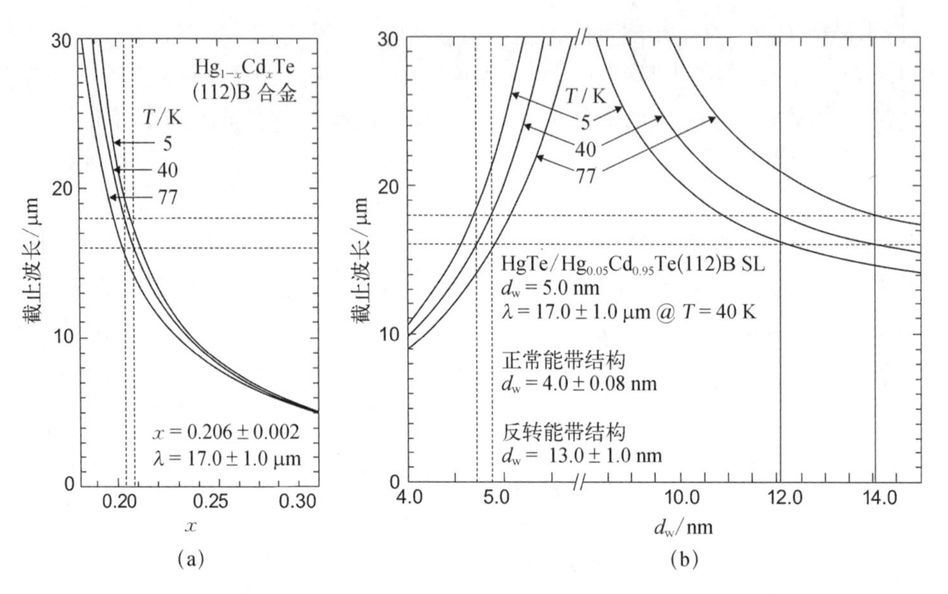

图 20.3 (a) $Hg_{1-x}Cd_xTe$ 合金的截止波长与组分的关系;(b) 在 5 K、40 K 和 77 K 下具有正能带结构和反能带结构的 HgTe/$Hg_{1-x}Cd_xTe$ SL 的截止波长与 d_w 的关系,并指出在这三种情况下,在 40 K 下制备截止波长为 17.0±1.0 μm 的材料所需的 x 和 d_w 精度[29]

以及在 x、y 平面上运动所产生的动能不受 z 方向限制的影响。上述方程与 HgCdTe 等 3D 体材料中态密度的渐变 $(h\nu - E_g^w)^{1/2}$ 关系形成了鲜明的对比。

例如,图 20.4 显示了在 60 meV ($\lambda_c = 2.0$ μm) 附近具有相似带隙的 SL 和合金材料的实验与理论吸收系数。实验和理论的一致性很好。此外,SL 的吸收边陡峭得多,因此 SL 的吸收可以高达 5 倍。SL 的大吸收系数比 HgCdTe 体材料有明显的优势,特别是在相同的带边附近,α 为 1 000～2 000 cm^{-1}。这意味着,使用等效合金,SL 探测器的有源层可以明显更薄,大约为几微米。这一优势在长波波段更为明显,但即使对于中波波段,吸收也明显更大。与体材料相比,SL 中伯恩斯坦-莫斯(Burstein - Moss)效应所造成的吸收系数的漂移可以忽略不计。这是由于在垂直于 2D 平面的方向上色散更平坦,以及具有相对更大的态密度。

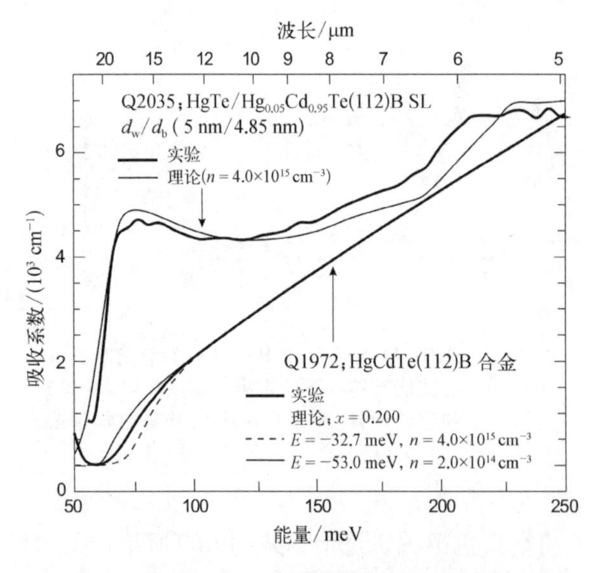

图 20.4 在 40 K 下,分别测量和计算了禁带宽度接近 60 meV($\lambda_c \approx 2$ 0 μm)的 HgTe/$Hg_{1-x}Cd_xTe$ SL 和 $Hg_{1-x}Cd_xTe$ 合金的吸收系数:实验(粗线)和理论(细线)。对于合金,吸收光谱的理论计算结果分别对应两个不同的电子浓度和相应的费米能量[29]

用于红外光电子学的 HgTe/HgCdTe SL 的主要优点之一是禁带不随三元或四元合金的化学成分而变化,而是随更稳定的二元化合物的层厚变化而变化。与带隙类似的,通过改变势垒厚度可以在很大范围内对电子和空穴沿生长方向的有效质量、载流子迁移率进行调控(还需要考虑质量展宽效应,这使得面内有效质量强烈依赖于生长方向的波矢)[25]。合金中的有效质量由其与能隙的比例来确定;而在 SL 中,有效质量可以独立改变,如简单地通过调整势垒厚度。器件在生长方向上需要较大的有效质量,因为隧穿电流与 $m^{1/2}$ 呈指数关系(12.2.2 节)。但为了获得高量子效率的 HgTe/HgCdTe,SL 应该具有薄的势垒(小于 30 Å[30]),以高于从势阱间的跳跃迁移范围,在跳跃迁移情况下微带传导模型不成立。

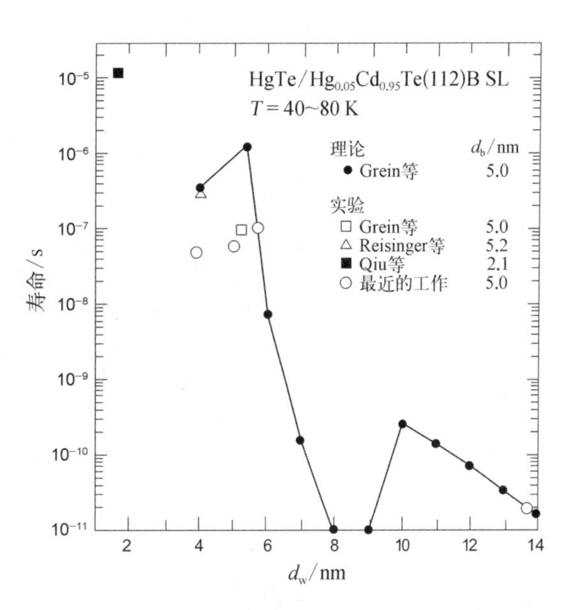

图 20.5 给出了 40~80 K 温度下 $HgTe/Hg_{1-x}Cd_xTe$ SL 的实验寿命(符号)和理论寿命(实线)[29]。在 40 K,$d_w = d_b = 5$ nm,受主浓度为 5×10^{15} cm^{-3} 的条件下,计算了 $HgTe/Hg_{0.05}Cd_{0.95}Te$ SL 的理论寿命曲线[32]

相较于可比的体材料探测器,可以设计 HgTe/HgCdTe SL 的电子能带以抑制俄歇复合。据报道,用 MBE 生长的 HgTe/CdTe SL 的 SRH 寿命可达 20 μs[31]。当空穴浓度为 5×10^{15} cm^{-3}时,在 80 K 下计算的载流子寿命如图 20.5 中的实线所示[32]。光电导衰减的实验结果与理论符合较好。可以看到,在正常和反转的 SL 能带结构中,载流子寿命有很大的不同。反转 SL 的极快寿命是由于价带存在许多能量间隔较小的子带,以及相应的大量占据态,从而实现了有效的俄歇复合[29]。

20.1.2 超晶格光电二极管

HgTe/HgCdTe SL 的制备主要采用 MBE 工艺。由于汞具有较高的蒸气压和较低的黏附系数,因此在通常使用的 180℃或更低的温度下,为了最大限度地减少互扩散过程,需要特殊的 Hg MBE 源让大量 Hg 蒸气通过系统。为了生长高质量的 HgTe/CdTe SL,人们使用了激光辅助 MBE 和光辅助 MBE[25]。

尽管预测 HgTe/HgCdTe SL 可工作于甚长波波段,但主要的研究工作集中在 MW 和 LW 红外光电二极管上。Goodwin 等[33]首次报道了 HgTe/CdTe SL 在金属-绝缘体-半导体探测器配置中的应用。Wroge 等[34]报道了第一种基于非本征掺杂的光伏器件结构,使用 In 进行 n 型掺杂,用 Ag 进行 p 型掺杂。

Harris 等[35]在 MWIR 光电二极管研究中取得了更令人鼓舞的结果。将光辅助 MBE 低温技术与晶体(211)B 取向相结合,可以生长出具有高度结晶完备性和原位 n 型与 p 型非本征掺杂的多层膜。其基本结构由 3~5 μm 的 n 型层和 1~2 μm 厚的 p 型帽层组成。图 20.6 显示了台面结构示意图。为了确保各层中的 p 型和 n 型行为,使用的 As 掺杂浓度为 10^{17} cm^{-3},In 掺杂浓度为 10^{16} cm^{-3}(优化的器件结构中的典型掺杂水平大约比这里的小 10 倍)。

已制备出具有高量子效率、响应均匀的 MWIR 和 LWIR SL 光电二极管。MWIR 探测器

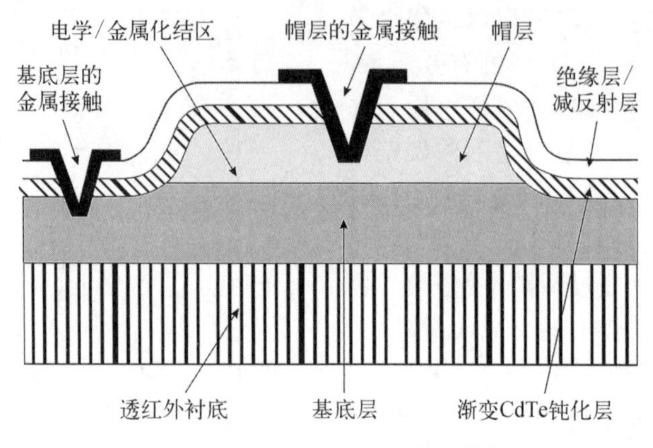

图 20.6　SL 台面结构示意图[35]

在峰值波长下的量子效率高达 66%(工作温度为 140 K;见图 20.7),在 3~5 μm 波段的平均量子效率为 55%[23]。在 78 K 下测到的量子效率较低,峰值为 45%~50%,截止波长为 4.9 μm。图 20.8 显示了典型 SL 光电二极管中测得的 R_0A 乘积随温度的变化。体隧穿现象和表面电流共同作用于 R_0A 乘积的低温行为,栅控光电二极管的测量特性证实了这一点。即使有钝化问题,无栅极的 SL 光电二极管的 R_0A 乘积通常为 5×10^5 Ω·cm^2(图 20.8),与相应合金的 R_0A 值相当。

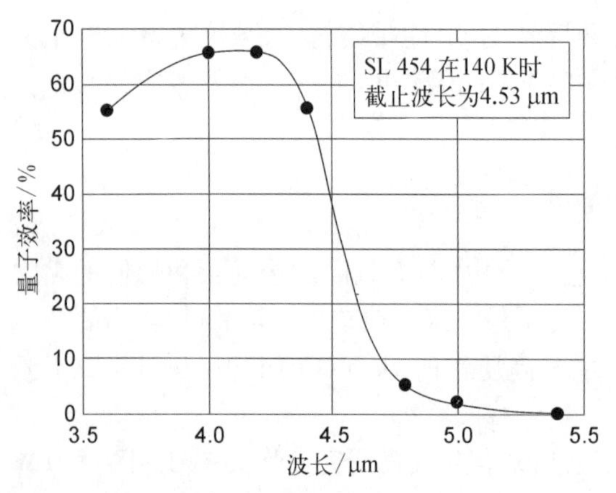

图 20.7　在 140 K, λ_c = 4.53 μm 的 HgTe/CdTe SL 光电二极管具有代表性的光谱响应,峰值响应的 QE 相当于 66%[23]

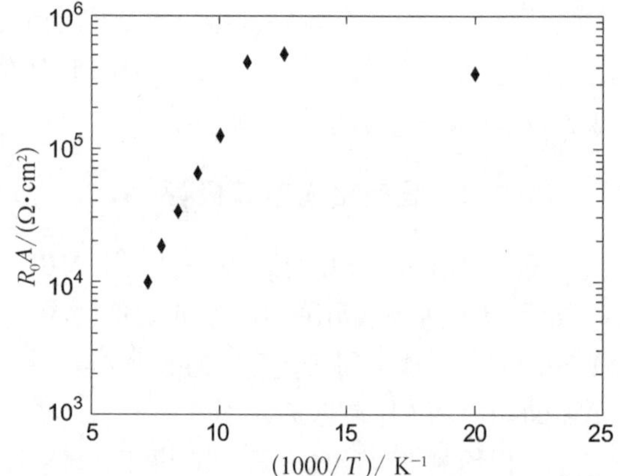

图 20.8　测量了具有代表性的 SL 光电二极管的 R_0A 乘积随温度的变化,低温特性表明隧穿过程限制了 R_0A(非最佳的表面钝化)[23]

在 LWIR 光谱范围内,HgTe/CdTe 材料体系具有潜在的优势。图 20.9 显示了截止波长为 9.0 μm 的典型 p-on-n LWIR SL 光电二极管的掺杂配置、光谱响应和 $I-V$ 特性[25]。测量的量子效率为 62%,R_0A 乘积为 60 Ω·cm^2。初步结果证实,SL 光电二极管的生长质量已经足够先进,因此高性能 SL 光电二极管技术似乎是可行的。图 20.10 显示了四个 HgTe/CdTe SL 光电二极管在 80 K 下的 R_0A 乘积与使用 HgCdTe 体材料(布里奇曼方法和移动加热方法)生产的 n-on-p 光电二极管的对比,显示出类似的性能。

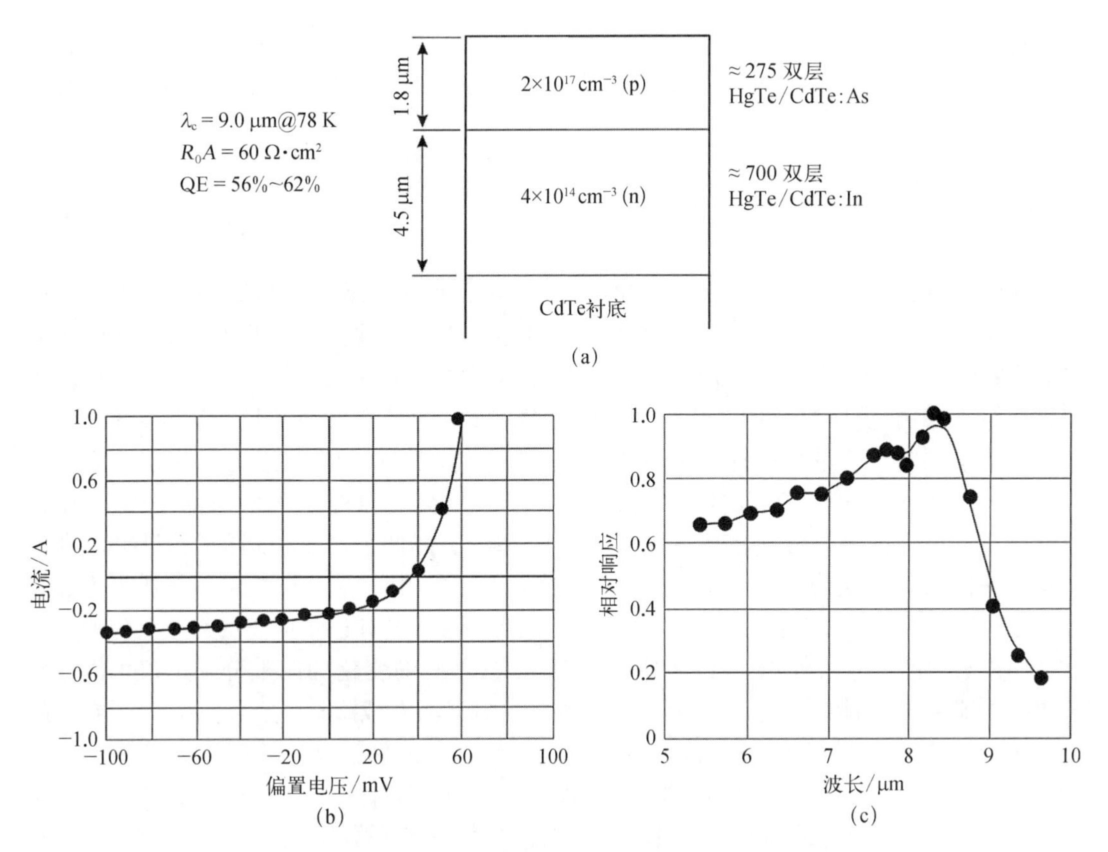

图 20.9　(a) 结构、(b) $I-V$ 特性和(c) (211) $HgTe/Hg_{0.1}Cd_{0.9}Te$ SL LWIR 光电二极管的光谱响应[25]

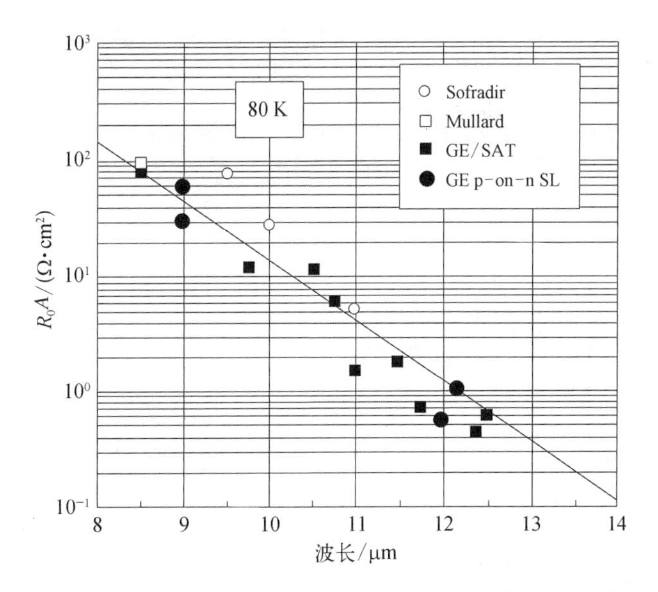

图 20.10　(211) $HgTe/Hg_{0.1}Cd_{0.9}Te$ SL 光电二极管(实心圆点)的 R_0A 乘积与波长的关系。为了进行比较,还显示了制备的类似 n-on-p HgCdTe 光电二极管中的结果[25]

目前,与截止波长相当的高质量 HgCdTe 光电二极管相比,HgTe/HgCdTe SL 光电二极管的性能较差。因此,由于缺乏研究资金,整个行业暂停了进一步开发 HgTe/HgCdTe SL 红外探测器。

20.2 Ⅱ类超晶格

在组成材料具有相当好的晶格匹配情况下,可以通过控制层厚和势垒高度来设计电子型Ⅱ类 SL 或 MQW 能带结构。但也有可能生长高质量的Ⅲ-Ⅴ族Ⅱ类超晶格(type Ⅱ SL,T2SL)器件,降低导带和价带间的带隙,用于红外探测器应用,其中 QW 层可以在原子尺度上进行控制,但阱材料的晶格常数与势垒材料的晶格常数显著不同,这为设计具有形变势能效应的电子能带结构提供了额外的可能[36-38]。图 20.11(a)给出了典型的应变超晶格(strained-layer SL,SLS)结构示意图。薄的 SLS 层交替地处于压缩和拉伸状态,使得各个应变层的面内晶格常数相等。如果单独的每个层都低于产生位错的临界厚度,则整个晶格失配可以由层应变调节,而不会产生失配位错。由于 SLS 结构中不会产生失配缺陷,因此 SLS 层可以具有足够高的结晶质量,以满足各种科学和设备应用的需求。应变可以改变组成材料的带隙,分裂简并的重空穴和轻空穴,这样的变化和能带分裂不仅可以导致 SL 电子能带结构的能级反转,而且还可以明显地抑制光激发载流子的复合速率[39]。在这样的系统中,导带和价带间的带隙可以比任何Ⅲ-Ⅴ族合金体材料晶体的带隙小得多[40]。例如,图 20.11(b)显示了四面体配位的直接带隙半导体中的双轴应变效应。图 20.11(b)中给出了不同双轴应变分量的面外传导能、轻空穴能、重空穴能和分裂能。就像在 InAsSb/InSb SLS 系统中,小带隙部分 InAsSb 的带隙减小,而 InSb 层的带隙增大。因此,仅从应变的影响来看,SLS 系统中 InAsSb 有可能比 InAsSb 合金吸收更长波长的辐射。

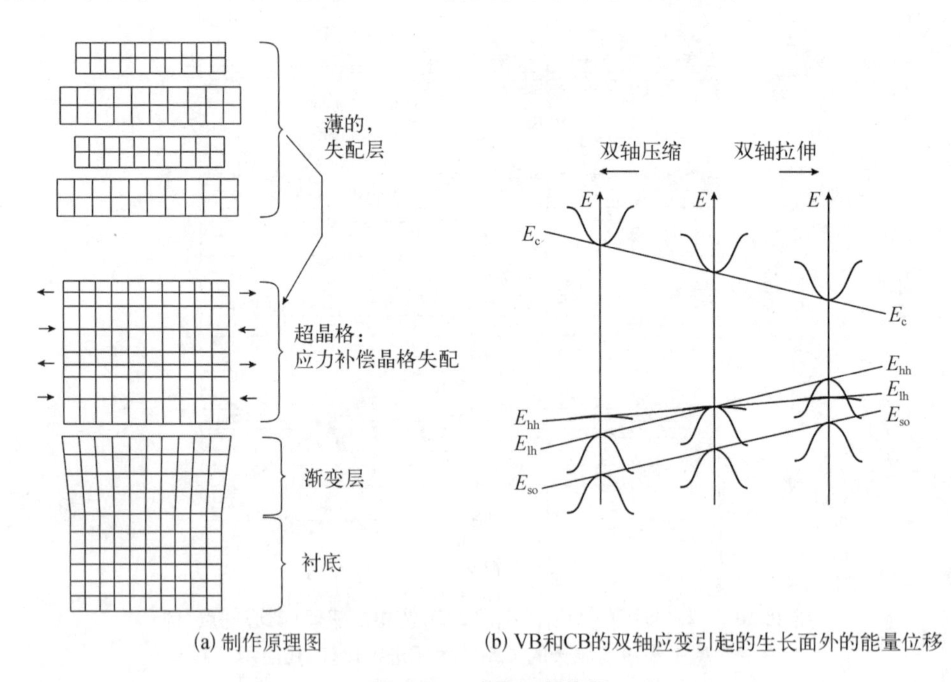

(a) 制作原理图　　(b) VB和CB的双轴应变引起的生长面外的能量位移

图 20.11　应变层超晶格

Ⅱ类能带排列及其一些有趣的物理行为最初是由赛哈拉斯(Sai - Halasz)等[41]在 1977 年提出的。不久之后,他们报道了Ⅱ类 SL 中的光吸收[42]及其半金属行为[43],并认识到该系统在红外光电子学中的潜在用途。

1984 年 Osbourn[36]经理论研究指出,应变效应足以在 77 K 时实现 12 μm 以上的截止波长,之后对 MBE 和 MOCVD 生长 InAs/InAsSb 单晶的研究一直都在发展。在 Rogalski[44]的专著中介绍了最初十年中外延层技术的发展。在寻找合适的生长条件方面遇到了一些困难,特别是对于中间组分区域的 SLS[45-47]。这种三元合金在低温下往往是不稳定的,表现出混溶间隙,这可能会产生相分离或团簇。合金组分的控制一直是个问题,特别是对于 MBE。CuPt 有序的自发产生特性会导致大量的带隙收缩,因此很难精确和稳定地控制光电器件应用所需的带隙[48]。

虽然 InAsSb T2SL 结构在 20 世纪 90 年代已被成功展示[49],但相比于对 InAs/InGaSb SL 的支持,它们作为潜在的红外探测器材料一直被搁置。直到最近,由于 InAs/InGaSb 探测器性能的限制(载流子寿命短,量子效率降低),InAsSb T2SL 的发展有了新的机遇[50]。

MBE 技术以其独特的优势成为生长锑基 SL 的最佳技术。在 InAs/GaSb SL 的情况下,这些结构包含 InSb 界面,该界面具有弱的化学键和低熔点。由于这些原因,生长被限制在 390~450℃的温度范围内,这种生长条件在 MOCVD 中是无法实现的,因为用于材料生长的衬底需要处于更高的温度下才能分解金属有机源。

锑基 SL 用 MBE 生长,Ga 和 In 用标准金属束流源生长,As 和 Sb 用有阀裂解室生长。根据文献[51],为了使阴离子助熔剂的交叉污染最小化,对于 InAs 和 GaSb 沉积,Ⅴ族/Ⅲ族的助熔剂比率被设置为最小值 3。生长主要在 2 英寸 GaSb(100)表面的晶片(n 型和 p 型)上进行,GaSb 和 InGaSb 的生长速率通常约为 1 Å/s,InAs 的生长速率通常更低。为了平衡晶格失配 InAs 中的应力,使用了可控的类 InSb 界面。SL 叠层的厚度为几微米,GaSb 缓冲层的厚度也在微米量级。

6.1 Å 材料可以在 GaSb 和 GaAs 衬底上外延生长。特别值得一提的是,直径 4 英寸的 GaSb 基板于 2009 年上市,为制造大尺寸焦平面阵列提供了更好的经济性。最近,用于超大面积探测器的 6 英寸 GaSb 衬底正引起越来越多的研究兴趣。

样品的结构参数,如 SL 周期、残余应变和单层厚度,可以通过高分辨率透射电子显微镜(high-resolution transmission electron microscopy, HRTEM)和高分辨率 X 射线衍射(high-resolution X-ray diffraction, HRXRD)测量来确定[51]。SL 结构的剩余载流子本底浓度会影响光电二极管的性能(耗尽区宽度和少子响应等)。因此,降低本底载流子浓度是优化生长条件的主要任务。

采用 MBE 和 MOCVD 两种方法在 GaSb 衬底上生长了 InAs/InAsSb SL。MOCVD 生长这些 SL 比生长 InAs/GaSb 更合适。基于 InAsSb 的 SL 似乎只是通过层厚度来实现应变平衡,而没有任何界面控制[50]。衬底生长温度与 InAs/GaSb SL 的生长温度相似。

20.2.1　物理特性

6.1 Å Ⅲ-Ⅴ族半导体在提供高性能红外探测器的新概念方面起着决定性作用,这些探测器具有高设计灵活性、直接带隙和强烈的光吸收。这个系列由三种晶格常数大致匹配的半导体组成: InAs、GaSb 和 AlSb,它们的低温能隙从 0.417 eV(InAs)到 1.696 eV(AlSb)[52]。

像其他半导体合金一样，主要研究兴趣在于异质结构，特别是 InAs 与两种锑化物（GaSb 和 AlSb）及其合金结合的异质结构。这种组合提供了与更广泛研究的 AlGaAs 系统截然不同的能带排列，正是能带排列的灵活性使得 6.1 Å 材料系统被广泛关注。最奇特的能带排列发生在 InAs/GaSb 异质结中，被认为是断裂的带隙排列。在界面处，InAs 的 CB 底部位于 GaSb 的 VB 的顶部下方约 150 meV 处。在这种异质结构中，随着 InAs CB 与富 GaSb 固溶体 VB 的部分重叠，电子和空穴在空间上分离，并被限制在异质界面两侧的自洽量子阱中。这导致了不同寻常的隧穿辅助的辐射复合跃迁和新颖的输运性质。如图 20.12 所示，由于在 GaSb/AlSb、InAs/AlSb 和 InAs/GASb 等材料组合之间分别提供了Ⅰ类（嵌套或跨越）、Ⅱ类交错和Ⅱ类断裂带隙（未对准）等多种能带偏移量，因此在形成各种合金和 SL 方面有相当大的灵活性。

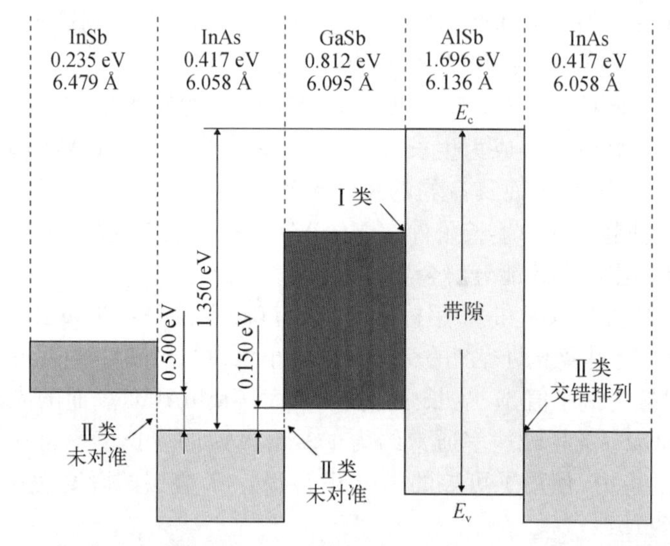

图 20.12　近 6.1 Å 晶格匹配的 InAs/GaSb/AlSb 材料体系中低温能带排列的示意图

在该材料体系中有三种类型的能带排列：在 GaSb 和 AlSb 之间的Ⅰ类（嵌套）能带排列，在 InAs 和 AlSb 之间的Ⅱ类交错排列，以及在 InAs 和 GASb 之间的Ⅱ类未对准（或断裂带隙）排列。标记出了能带偏移量的近似值

图 20.13（a）所示的 T2SL 的带隙排列创造了这样一种情况，即 SL 的带隙可以被调节，以形成半金属（宽的 InAs 和 GaInSb 层）或窄带隙（窄的层）半导体材料。由此产生的能隙取决于层厚度和界面组成。在倒数 $\boldsymbol{k}$ 空间，SL 是一种直接带隙材料，可以实现光学耦合，如图 20.13（b）所示。与 AlGaAs/GaAs SL 不同，InAs/GaSb T2SL 中的电子被限制在 InAs 中，而空穴则被限制在 GaSb 中。由于薄膜很薄，InAs 和 GaSb 中的电子与空穴波函数的重叠形成了电子和空穴的微带。SL 的带隙由布里渊区中心的电子微带 C1 和第一重空穴态 HH1 之间的能量差决定，并且可以在 0~400 meV 内连续变化。使用Ⅱ类 SL 的一个优点是能够固定一种材料成分，并改变另一种成分来调节响应波长。图 20.13（c）和（d）中给出了宽可调带隙 SL 的示例[53,54]。

在计算 T2SL 能带结构方面，理论建模的工作也有显著的进展[55]。考虑了几种方法，如 $\mathbf{k}\cdot\mathbf{p}$ 方法[56-60]、有效-键-轨道方法[61]、经验紧束缚方法[53]和经验赝势方法（empirical pseudopotential method，EPM）[62-65]，不同方法的预测结果获得了较好的一致性。理论模拟的

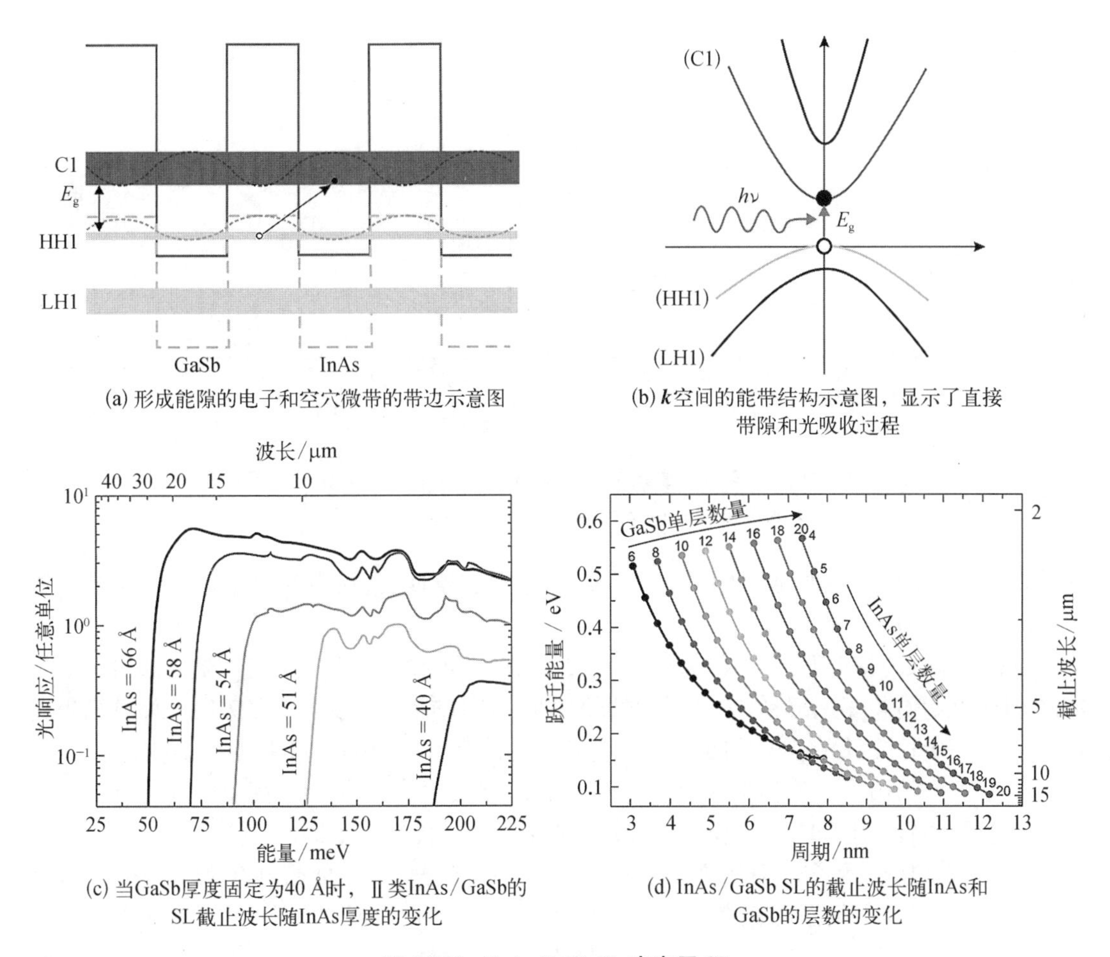

(a) 形成能隙的电子和空穴微带的带边示意图

(b) **k**空间的能带结构示意图，显示了直接带隙和光吸收过程

(c) 当GaSb厚度固定为40 Å时，Ⅱ类InAs/GaSb的SL截止波长随InAs厚度的变化

(d) InAs/GaSb SL的截止波长随InAs和GaSb的层数的变化

图 20.13　InAs/InGaSb 应变层 SL

结果如下所示：

（1）带隙定义为最低电子微带（C1）的底部和最高空穴微带（HH1）的顶部之间的间隙，如图 20.13（a）所示；

（2）根据层厚的不同，C1 可以位于 InAs 和 GaSb 的 CB 间的任何位置，而 HH1 可以位于 GaSb 和 InAs 的 VB 间的任何位置；

（3）理论上带隙可以在 0~400 meV 内连续变化；

（4）电子和空穴带之间的跃迁是间接的；

（5）空穴有效质量在生长方向上非常大，而电子有效质量略大于 InAs 中的值，且对 T2SL 设计的依赖性较弱；

（6）生长方向的空穴迁移率极低。

图 20.14 显示了 EPM 计算的$(InAs)_N GaSb_N$ T2SL 的 C1 和 HH1 能带位置的变化，其中 N 是单层结构（monolayers，ML）中的层数。作为参考能级，考虑将 InAS CB 设为 0 meV。结果表明，C1 带比 HH1 带对层厚更敏感。由于 GaSb 重空穴质量较大（约为 $0.41m_0$），GaSb 层的厚度对 T2SL 带隙的影响很小，但由于 InAs 电子波函数通过 GaSb 势垒的隧穿，所以 GaSb 层的厚度对 CB 色散有很大的影响。采用相似的 GaSb 层厚度可以在 SL 方向上获得相似的 CB

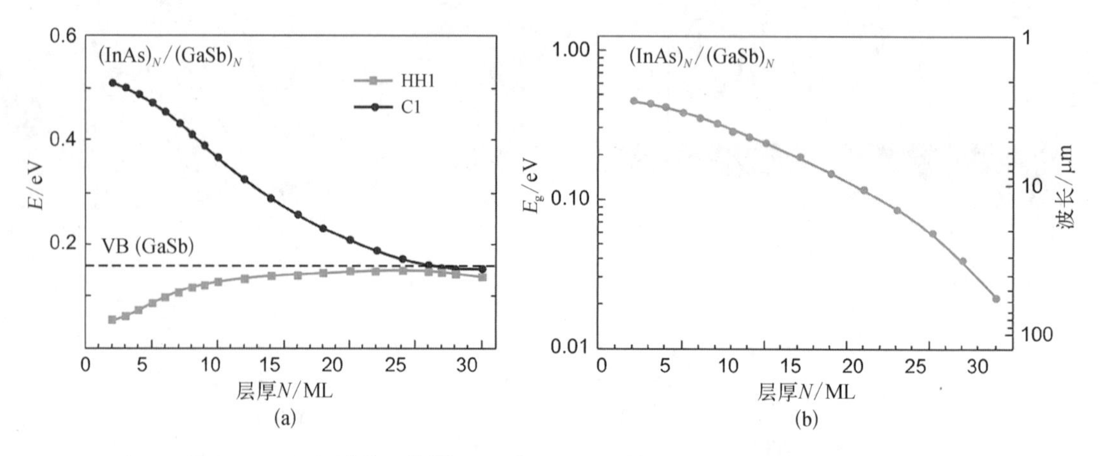

图 20.14 (a) 计算了等厚 InAs 和 GaSb 层的 InAs/GaSb SL 的 HH1 和 C1 能带位置,(b) 带隙随层厚(单层的数量)的变化[66]

有效质量值。应该注意的是,由于 InAs 与 GaSb 的晶格不匹配,所以改变层厚度时需要注意应变对材料质量的影响。

注意到 InAs/GaSb T2SL 中的另一个重要结果是禁带的蓝移[56,63,64,66],这可以用 C1 能带比 HH1 能带宽得多来解释。当薄膜厚度改变时,HH1 能带的移动非常缓慢。计算结果还表明,设计用于长波(LW)吸收的 T2SL 中,与它们的带隙相比,HH1 - LH1 间的带隙要高得多。

Ting 等[67]给出了人工 InAs/GaSb T2SL 材料的基本性质,并给出了简单的理论分析。它们的性能可能优于 HgCdTe 合金的性能,并与组成层的性能完全不同。

SL 能带结构揭示了有关载流子输运特性的重要信息。C1 能带在生长方向(z)和面内方向(x)都表现出很强的色散,而 HH1 能带是高度各向异性的,沿生长(输运)方向几乎没有色散。沿着生长方向,电子有效质量很小,甚至略小于面内电子的有效质量。Ting 等对 LWIR SL 材料(22 ML InAs/6 ML GaSb)的估计值如下:$m_e^{x*} = 0.023m_0$, $m_e^{z*} = 0.022m_0$, $m_{HH1}^{x*} = 0.04m_0$, $m_{HH1}^{z*} = 1055m_0$。布里渊区中心附近的 SL CB 结构近似各向同性,与高度各向异性的 VB 结构相反。由于这些原因,我们预计沿生长方向的空穴迁移率非常低,这不利于 LWIR FPA 的设计。MWIR SL 材料(6 ML InAs/34 ML GaSb)的有效质量估算值为 $m_e^{x*} = 0.173m_0$, $m_e^{z*} = 0.179m_0$, $m_{HH1}^{x*} = 0.062m_0$, $m_{HH1}^{z*} = 6.8m_0$。

SL 中的有效质量不像体半导体那样直接依赖于带隙能量。InAs/GaSb SL 的电子有效质量大于相同带隙($E_g \approx 0.1$ eV)的 HgCdTe 合金的 $m_e^* = 0.009m_0$。因此,与 HgCdTe 合金相比,SL 中的二极管隧穿电流可以更低。

T2SL 的电子输运性质是各向异性的。尽管薄阱的面内迁移率急剧下降,但在层厚小于 40 Å 的 InAs/GaSb SL 中观察到电子迁移率接近 10^4 cm^2/(V·s)。在可能的低温散射机制中,有两种机制对 SL 特别重要:界面粗糙度散射和合金散射。载流子的合金散射被证明不会影响电子传输,可以从 In 掺杂 GaSb 并没有什么坏处的例子中得出该结论。理论模拟表明,在低温范围内,垂直于 SL 层的电子迁移率几乎等于面内迁移率,并且随着温度的升高而急剧下降(图 20.15)[51]。值得一提的是,光电二极管结构中的垂直传输对红外探测器的性能有重要影响[68]。

由于空穴的迁移率远小于电子的迁移率,所以通过将电子保持为少子,与空穴作为少子时相比,可以预期获得更高的光电探测器性能。

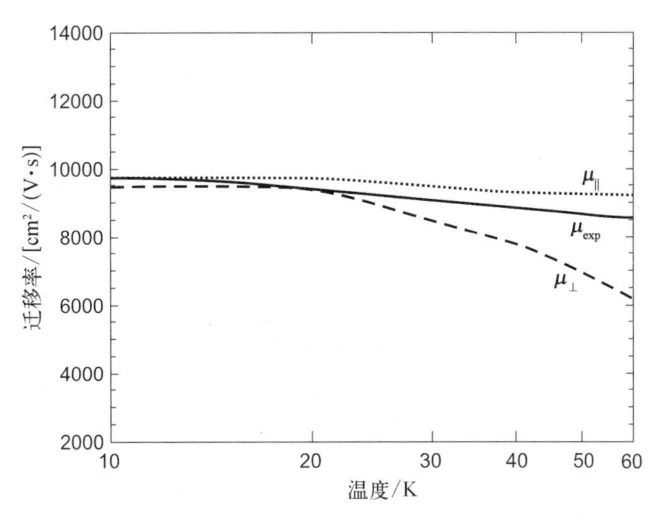

图 20.15　对 48.1 Å InAs/20.4 Å GaSb SL 的水平和垂直电子迁移率理论值与测量的水平迁移率随温度的变化进行了比较[51]

$InAs/InAs_{1-x}Sb_x$ SL 是研究较多的 $InAs/Ga_{1-x}In_xSb$ SL 的一种可行的替代方案，但对 $InAs/InAs_{1-x}Sb_x$ SL 的研究较少。Steenbergen 等[69]回顾了 InAs - $InAs_{1-x}Sb_x$系统的带边排列模型，并考虑了不同类型的异质结。图 20.16 显示了 InAs 和 $InAs_{1-x}Sb_x$之间三种可能的能带排列，包括两种Ⅱ类能带排列：InAs CB 的能量高于 InAsSb CB，以及 InAsSb CB 的能量高于 InAs CB。

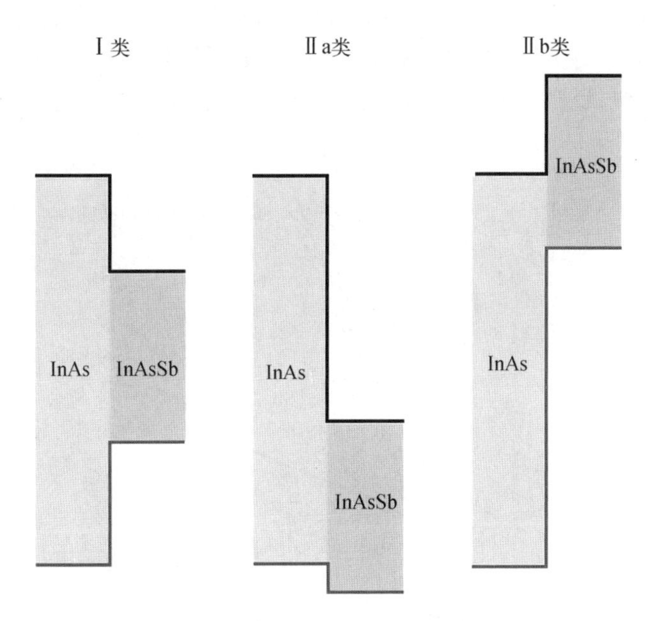

图 20.16　InAs 和 $InAs_{1-x}Sb_x$之间三种可能的能带排列

Klipstein 等[57-59]对 InAs/GaSb 和 InAs/InAsSb T2SL 的实验吸收光谱进行了精确的模拟。图 20.17 收集了 MW 和 LW 材料体系的结果。在 3 μm 以下的强峰是由于区域边界 HH2→C1 跃迁引起的。注意，这个峰值比 LW 区中心 LH1→C1 跃迁强得多(在约3.4 μm

处)。图 20.17(b)所示的理论计算再现了 12.8 ML/12.8 ML InAs/InAsSb SL 实验光谱的主要特征。我们可以注意到,InAs/InAsSb SL 在截止波长附近的吸收系数弱于 InAs/GaSb SL。

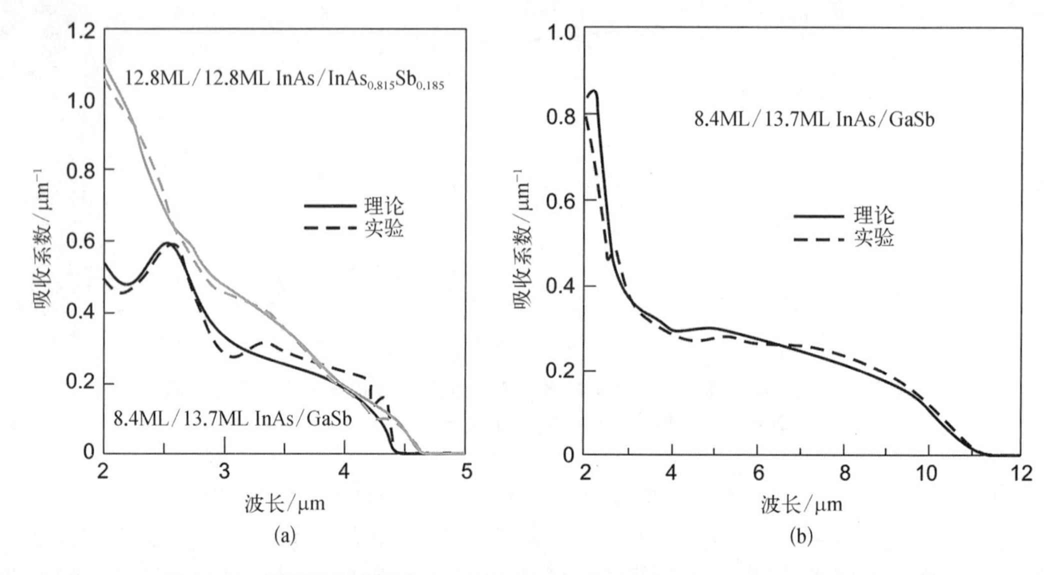

图 20.17 测量和计算了(a) MWIR InAs/GaSb 与 InAs/InAsSb T2SL 和 (b) LWIR InAs/GaSb T2Sl 的吸收光谱[59]

最近,Vurgaftman 等[70]计算了 LWIR T2SL 和具有相同能隙的体材料(HgCdTe 和 InAsSb)的吸收光谱,并将其与测量数据进行了比较(图 20.18)。体相 HgCdTe 和 InAsSb 的吸收系数非常相似,反映了具有相同能隙的体相半导体中光学矩阵元素和存在的联合

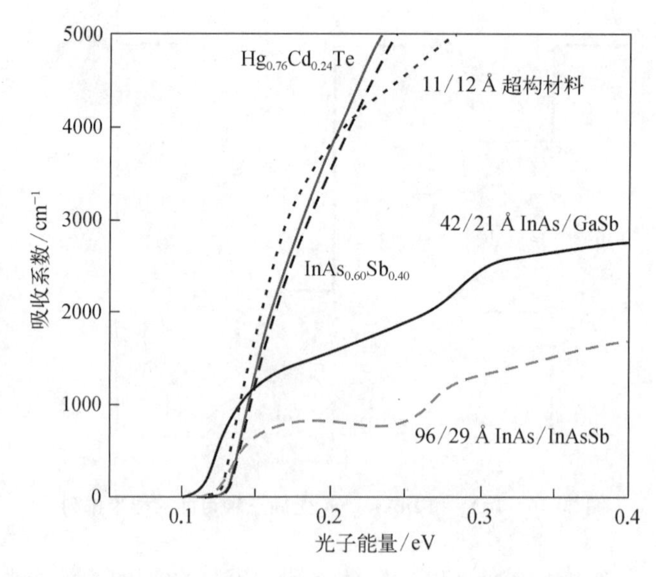

图 20.18 计算了体材料 $InAs_{0.60}Sb_{0.4}$、$Hg_{0.76}Cd_{0.24}Te$ 和 T2SL(42 Å InAs/21 Å GaSb、96 Å Inas/29 Å $InAs_{0.61}Sb_{0.39}$ 和 11 Å $InAs_{0.66}Sb_{0.34}$/12 Å $InAs_{0.36}Sb_{0.64}$)在 80 K 时的带间吸收系数随光子能量的变化

态密度之间相对较小的差异。平均晶格常数与 GaSb 匹配的 SL 具有较低的吸收。这一行为可以通过应变平衡下 T2SL 中的电子−空穴重叠来解释，该重叠主要发生在具有相对较小的总厚度的空穴阱中。结果表明，小周期超构 $InAs_{1-x}Sb_x/InAs_{1-y}S_y$ SL 的吸收强度与体材料相似[71,72]。

与 HgCdTe 三元合金相比，Ⅲ−Ⅴ族半导体材料表现出更多的活性 SRH 中心，导致寿命降低。在 T2SL 中的情况会更复杂。

在Ⅱ类 InAs/GaSb SL 中，电子（主要位于 InAs 层）和空穴（限制在 GaSb 层）的分离抑制了俄歇复合机制，从而提高了载流子寿命。光学跃迁在空间上是间接发生的，因此对于这种跃迁，光学矩阵元素相对较小。对 InAs/GaInSb SLSs 的带间俄歇寿命和辐射复合寿命的理论分析表明，与具有相似带隙的 HgCdTe 体材料相比，p 型俄歇复合速率被抑制了几个数量级，但 n 型材料中优势较小。在 p 型 SL 中，晶格失配引起的应变使最高的两个 VB 分裂（最高的轻带位于重空穴带下方，从而限制了可用于俄歇跃迁的相空间），俄歇复合速率被抑制。在 n 型 SL 中，通过增加 InGaSb 层的宽度来抑制俄歇速率，使最低的 CB 变得平坦，从而限制了可用于俄歇跃迁的相空间。

10 μm InAs/GaInSb SLS 和 10 μm HgCdTe 在 77 K 下的理论计算寿命与实验观测寿命的比较如图 17.17 所示。载流子浓度大于 2×10^{17} cm^{-3}的理论与实验符合较好。较低载流子浓度时两种结果之间的差异是由于在计算中没有考虑到肖克利−里德（Shockley − Read）复合过程的 $\tau \approx 6 \times 10^{-9}$ s。对于较高的载流子浓度，SL 的载流子寿命比 HgCdTe 的载流子寿命长两个数量级，但在低掺杂区（小于 10^{15} cm^{-3}，这是制作高性能 p − on − n HgCdTe 光电二极管所必需的），实验测得的 HgCdTe 的载流子寿命比 SL 的载流子寿命长两个数量级以上。

预期的俄歇抑制效应还没有在实际的器件材料中被观察到。目前，测量的载流子寿命一般在 100 ns 以下，并且在 MWIR 和 LWIR 波段的 SL 都受到 SRH 机制的限制。由于 InAs/GaSb T2SL 中加入了 InSb 界面层，少子寿命增加到 157 ns[73]。目前还不清楚为什么少子寿命会在器件结构中发生变化[74]。

根据 SRH 过程的统计理论，当陷阱中心能级接近带隙中部时，SRH 速率接近最大值。本征缺陷形成能的分析依赖于费米能级稳定能的位置。在 GaSb 体材料中，稳定的费米能级位于 VB 或禁带中部附近，而在 InAs 体材料中，稳定的费米能级位于 CB 边缘以上。结果表明，GaSb 中的禁带中陷阱能级可用于 SRH 复合，而 InAs 中的则不能用于 SRH 过程，这表明 InAs 体材料中的载流子寿命比 GaSb 体材料中的载流子寿命长。然后可以假设，InAs/GaSb T2SL 中观察到的 SRH 限制的少子寿命是由 GaSb 相关的本征缺陷导致的。

上述复合中心的产生归因于 Ga 的存在，因为不含 Ga 的 InAs/InAsSb SL 具有更长的寿命，在 MWIR 区未掺杂材料的寿命高达 10 μs[75]，与 HgCdTe 合金的寿命相当（图 17.16）。观察到少子寿命随 Sb 含量的增加和层厚度的减小而增加。在该系统中，InAs 与 InAsSb 层中的电子和空穴在空间上分离，从而大大减少了复合过程。然而，载流子分离（由于 InAs 与 InAsSb 层中电子和空穴的空间分离）降低了材料的光吸收，导致量子效率相当低。因此，由无 Ga 的 InAs/InAsSb SL 制成的光电二极管的性能比竞争对手 InAs/GaSb T2SL 的性能差。

Ⅲ−Ⅴ族材料中最长的 τ_{SR}值约为 200 μs，是在 InP 衬底上外延生长的晶格匹配的 SWIR 波段 InGaAs 三元合金中发现的，截止波长为 1.7 μm[76]。对于研究最多的 MWIR InSb 合金，LPE 生长材料的最佳 τ_{SR}值约为 400 ns[77]。有趣的是，我们注意到，体生长的 InSb 通常性能不佳,自20世纪50年代开始研究以来一直存在类似的SR寿命问题。在过去的50年里,τ_{SR}值没有得到改善。对于MBE生长的InAsSb体材料合金和InAs/InAsSb SL[78],也报道了类似的值(约为400 ns)。如前面所述,含Ga的T2SL的τ_{SR}通常要低一个数量级。

预计SRH复合机制可能与半导体材料偏离理想晶型有关。由于Ⅱ-Ⅵ族合金中的离子键比相应的Ⅲ-Ⅴ族材料中的离子键更强,晶格周围的电子波函数具有更强的限制,使得Ⅱ-Ⅵ族晶格相对不会因为偏离理想晶型而形成带隙态[79]。

InAs/GaInSb SLSs和QW也被用作工作在2.5~6 μm波段的MWIR激光器的有源区。Meyer等[79]实验测定了能隙为2.5~6.5 μm的InAs/GaInSb量子阱W带间级联激光器结构的俄歇系数,并与典型的Ⅲ-Ⅴ族和Ⅱ-Ⅵ族Ⅰ类SL的俄歇系数进行了比较。俄歇系数由表达式$\gamma_3 \equiv 1/\tau_A n^2$定义。图20.19总结了不同材料系统在约300 K下的俄歇系数:各种Ⅰ类材料,包括体材料和量子阱Ⅲ-Ⅴ族半导体及HgCdTe。我们可以看到,七种不同InAs/GaInSb SL的室温俄歇系数比同一波长的典型Ⅰ类SL的俄歇系数低近一个数量级,这表明锑化物T2SL的俄歇损耗得到了显著的抑制。需要注意的是,所有最新制造的λ>3 μm[80]的带间级联激光器与前面描述的相比,γ_3有了显著降低[79]。这些数据表明,在这个温度下,俄歇速率对能带结构的细节相对不敏感。与MWIR器件相比,在实用的LWIR Ⅱ类器件材料中还没有观察到可能的俄歇抑制。

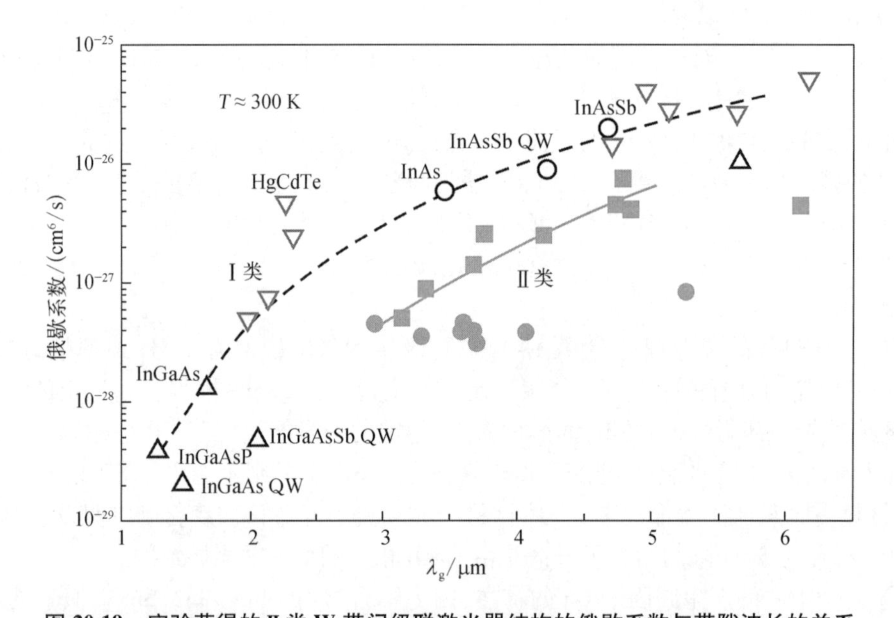

图20.19 实验获得的Ⅱ类W带间级联激光器结构的俄歇系数与带隙波长的关系

实心圆数据取自文献[80],实心方块取自文献[79]的各种T2SL QW,空心数据也取自文献[79],为各种常规Ⅲ-Ⅴ族和HgCdTe Ⅰ类材料的典型数据。实线和虚线是为便于查看添加的辅助线

用InAs/InAsSb SL在GaSb衬底上制作红外探测器还处于早期开发阶段,与InAs/GaSb SL探测器相比,研究较少。由于在SL层中只有两个公共元素(In和As),并且在Sb替换元素时具有相对简单的界面结构,因此InAs/InAsSb SL的生长具有更好的可控性和更简单的可制造性。

人们对InAs/InAsSb SL的兴趣主要源于克服InAs/GaSb SL中GaSb层对载流子寿命的

限制。工作在相同波长范围时，InAs/InAsSb SL 体系的少子寿命相比 InAs/GaSb SL 体系明显延长（对于 77 K 的 MWIR 材料，约 1 μs 和约 100 ns 的差别）。少子寿命的延长表明，与 InAs/GaSb SL 探测器相比，InAs/InAsSb SL 光电二极管的暗电流更低。然而，在实际应用中，暗电流并不像预期的那样低，而是比 InAs/GaSb SL 光电二极管的暗电流要高。

如前面所述，InAs/GaSb T2SL 能带排列会导致两种材料的 CB 最小值和 VB 最大值之间的发生能量重叠（140~170 meV）。对于 InAs/InAsSb T2SL，能带偏移是根据 InAs 和 InSb 之间的 VB 偏移定义的（约为 620 meV）。InAs/GaSb 和 InAs/InAsSb T2SL 中 CB 与 VB 的主要差异如图 20.20 所示。

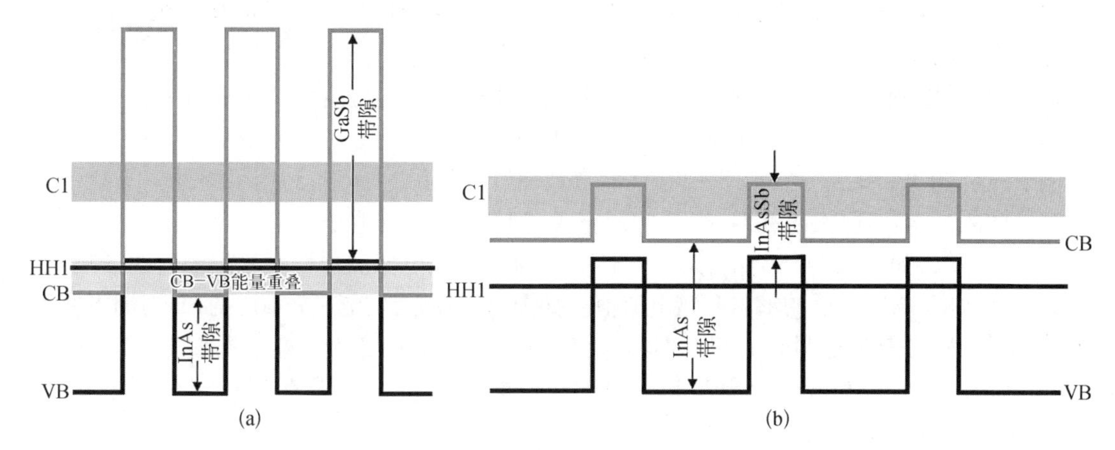

图 20.20　(a) InAs/GaSb 和 (b) InAs/InAsSb T2SL 的带隙示意图[81]

与 InAs/GaSb SL（$\Delta E_c \approx 930$ meV，$\Delta E_v \approx 510$ meV）相比，InAsSb SL 的导带偏移和价带偏移（$\Delta E_c \approx 142$ meV，$\Delta E_v \approx 226$ meV）要小得多[25]。这种情况表明，在较高温度下工作的 InAs/InAsSb SL 光电二极管暗电流中有较大的隧穿电流贡献。此外，Klipstein 等[58]还给出了两种 SL 吸收系数的实验数据和理论估算。表明 InAs/InAsSb SL 比 InAs/GaSb SL 有更低的吸收系数。表 20.1 比较了两个 SL 体系的基本特性。

表 20.1　77 K 下 InAs/GaSb 和 InAs/InAsSb SL 体系的基本性质

参　数	InAs/GaSb SL	InAs/InAsSb SL
ΔE_c；ΔE_v	≈930 meV；≈510 meV	≈142 meV；≈226 meV
本底掺杂浓度	$<10^{15}$ cm^{-3}	$>10^{15}$ cm^{-3}
量子效率	50%~60%	约为 30%
热生成的寿命	约为 0.1 μs	约为 1 μs
R_0A 乘积（$\lambda_c = 10$ μm）	300 Ω·cm^2	?
R_0A 乘积（$\lambda_c = 5$ μm）	10^7 Ω·cm^2	?
探测率（$\lambda_c = 10$ μm，FOV=0）	1×10^{12} cm·Hz$^{1/2}$/W	1×10^{11} cm·Hz$^{1/2}$/W

20.3 InAs/GaSb 超晶格光电二极管

Johnson 等[82]首次制备出光响应达到 10.6 μm 的 InAs/InGaSb SL 光电二极管。探测器由生长在 GaSb 衬底上的 n 型和 p 型 GaSb SL 的双异质结(double heterojunctions,DH)组成。在光电二极管中异质结比同质结具有多个优点。1997 年,弗劳恩霍夫研究所在单独的器件上获得了良好的探测率(接近 HgCdTe,截止波长为 8 μm,77 K),重新引发了人们对Ⅱ类 SL 在 LWIR 探测上的兴趣[83]。虽然 InGaSb 层可以提供额外应变,其探测器性能的理论预测值似乎优于 InAs/InGaSb 体系,但在过去的十年中,大多数研究都集中在二元 InAs/GaSb 体系。这是因为具有大摩尔比 In 的结构生长过程较为复杂。

如图 20.13 所示,InAs/GaSb T2SL 由交替的纳米尺度材料层组成。通常,它们的厚度为 6~20 个单层。相邻的 InAs(GaSb)层之间的电子(空穴)波函数的重叠导致了导带(价)带中电子(空穴)微带的形成。在 3~30μm 的宽光谱红外探测过程中,利用了两种中等禁带宽度半导体的光学跃迁,发生在 GaSb 层中的空穴和 InAs 层中的电子之间。

Taalat 等的研究表明,SL 组分对材料性能和 MWIR 光电探测器性能都有很大的影响,如背景掺杂浓度、响应率谱的形状和暗电流值。如图 20.21 所示,在三个不同的 SL 周期下获得了约 248 meV 的带隙能量(在 77 K 时,$\lambda_c = 5$ μm):富 GaSb 组分(每个周期 10 ML InAs/19 ML GaSb),对称组分(每个周期 InAs 和 GaSb 均为 10 ML),以及富 InAs 组分(每个周期 7 ML InAs/4 ML GaSb)。

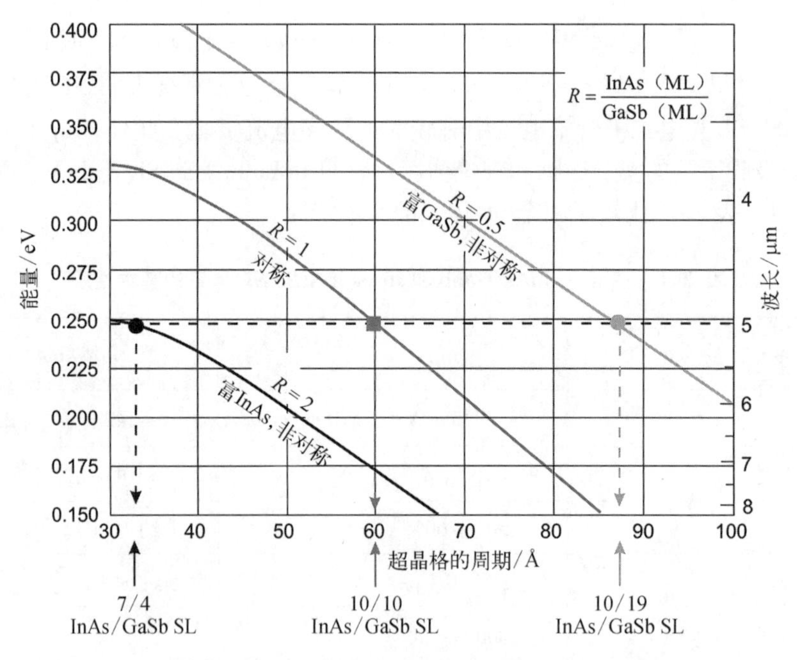

图 20.21 对不同单层数的比值 R=InAs/GaSb,计算了 77 K 时 SL 带隙与每个周期厚度的关系[84]

20.3.1　MWIR 光电二极管

目前,SL 光电二极管通常基于 p－i－n 双异质结,在器件的重掺杂接触部分之间存在无意掺杂的本征区域(图 16.42)。该工作中介绍的样品是新墨西哥州阿尔伯克基新墨西哥大学高科技材料中心(Center for High Technology Materials, University of New Mexico, Albuquerque, New Mexico)制造的 InAs/GaSb T2SL p－i－n 探测器,采用 SU－8 钝化[85]。器件结构是在掺 Te 的(100) GaSb 衬底上生长的。它将 100 个周期的 10 ML InAs：Si($n=4\times10^{18}\ \mathrm{cm}^{-3}$)/10 ML GaSb 作为下接触层。然后是 50 个周期的梯度 n 掺杂 10 ML InAs：Si/10 ML 的 GaSb,350 个周期的吸收层,25 个周期的 10 ML InAs：Be ($p=1\times10^{18}\ \mathrm{cm}^{-3}$)/10 ML GaSb。最后是 17 个周期的 10 ML 的 InAs：Be ($p=4\times10^{18}\ \mathrm{cm}^{-3}$)/10 ML GaSb,形成 p 型接触层。为了改善探测器结构中少子的输运,在吸收体和接触层之间增加了 25 个周期的具有梯度掺杂的 SL 结构。通过改变有源区 InAs 层中的 Be 浓度,剩余的 n 型 SL 被补偿为轻微的 p 型。因此,在类似的结构中观察到 R_0A 乘积和量子效率的增加[86]。

图 20.22 显示了光电二极管结构原理图及其设计。采用光刻和电感耦合等离子体(inductively coupled plasma, ICP)刻蚀技术制作了正入射台面型光电二极管单元,其电学面积为 $450\times450\ \mu\mathrm{m}^2$。制作的器件需浸泡在基于磷酸的溶液中,去除台面侧壁上的自然氧化膜,然后涂上 SU－8(约 1.5 μm 厚)作为钝化层。欧姆接触是通过在接触层上沉积 Ti/Pt/Au 制成的。详细信息可参阅文献[87]、[88]。

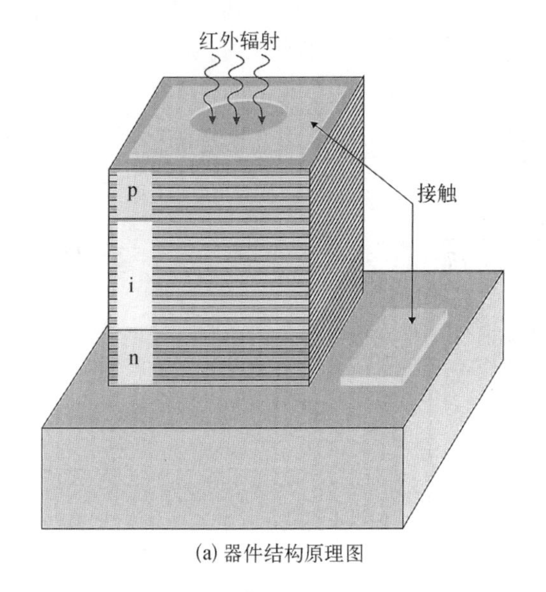

(a) 器件结构原理图

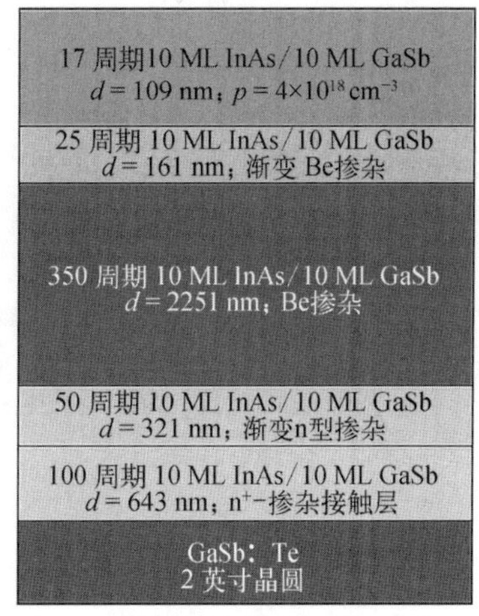

(b) 光电二极管设计

图 20.22　MWIR InAs/GaSb Ⅱ类 SL 光电二极管

截止波长随温度的升高而增大,如 120 K 时为 5.6 μm,230 K 时为 6.2 μm。根据瓦尔什尼公式(Varshni formula),这种移动可以归因于禁带宽度与温度的关系。为了解释 MWIR Ⅱ类 SL 光电二极管的电流-电压特性,采用了具有有效带隙的体基模型。

众所周知,光电二极管暗电流是几种机制叠加而成的(图 20.23),

$$I_{\mathrm{dark}}=I_{\mathrm{diff}}+I_{\mathrm{gr}}+I_{\mathrm{btb}}+I_{\mathrm{tat}}+I_{R\mathrm{shunt}} \tag{20.3}$$

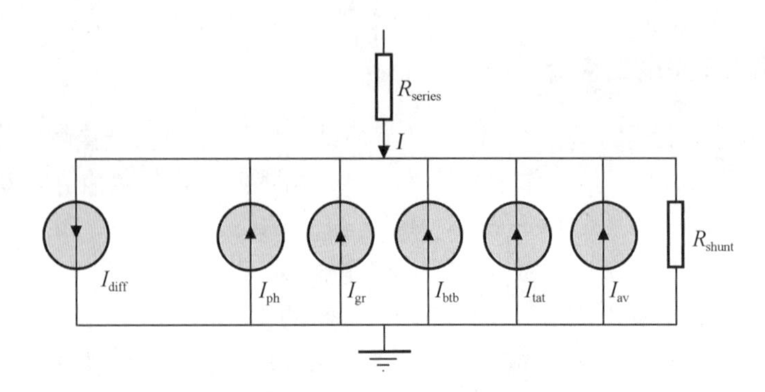

图 20.23 光电二极管中可能存在的不同电流贡献

I_{diff}是理想扩散电流,I_{ph}是光电流,I_{gr}是 GR 机制,I_{btb}是带间隧穿效应,I_{tat}是陷阱带间隧穿效应,R_{shunt}是表面和体漏电流引起的。限制电流与扩散电流方向相反

包括四种主要机制：扩散(I_{diff})、生成-复合(GR)(I_{gr})、带间隧穿(I_{btb})和陷阱辅助隧穿(I_{tat})。还有由分流电阻引起的电流($I_{R\,shunt}$,起源于表面和体漏电流,显示出反向偏置区的存在)。在我们的考虑中忽略了出现在大耗尽宽度和高反向偏置电压的二极管中的雪崩电流。文献[89]~[91]对我们的模型中考虑的这些暗电流贡献进行了总结。

下面给出了几个例子的特性,包括测量值和拟合结果。图 20.24 和图 20.25 分别显示了 MWIR InAs/GaSb SL 光电二极管在 160 K 与 230 K 温度下暗电流密度和电阻面积乘积 RA 与偏置电压关系的实验和理论预测特性的比较。正如我们所看到的,在-1.6~0.1 V 的较宽偏置电压和温度(也低于 160 K,未示出)范围内,两种类型的结果有很好的一致。

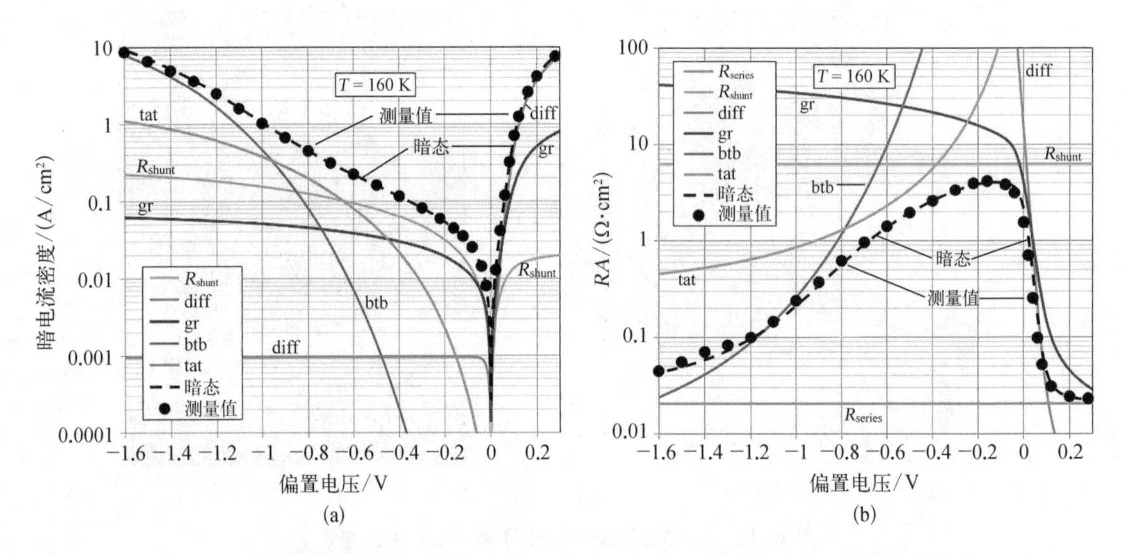

图 20.24 测量并模拟了 MWIR p-i-n InAs/GaSb Ⅱ类 SL 光电二极管在 160 K 下的(a)暗电流密度和(b)电阻面积乘积与偏置电压的关系[90,91]

在低温(≤120 K)下,在低于反向偏压的情况下,通过并联电阻传导的电流主导了二极管的反向特性。这里可以假设,与结相交的位错和/或表面漏电流通常是二极管中的分流电流的原因。在 1 V 以上的较高反向电压范围内,带间隧穿的影响是决定性的。在 170 K 以上的温度范围内,分流电阻对热电(thermoelectrically cooled,TE)制冷光电二极管的影响可以忽

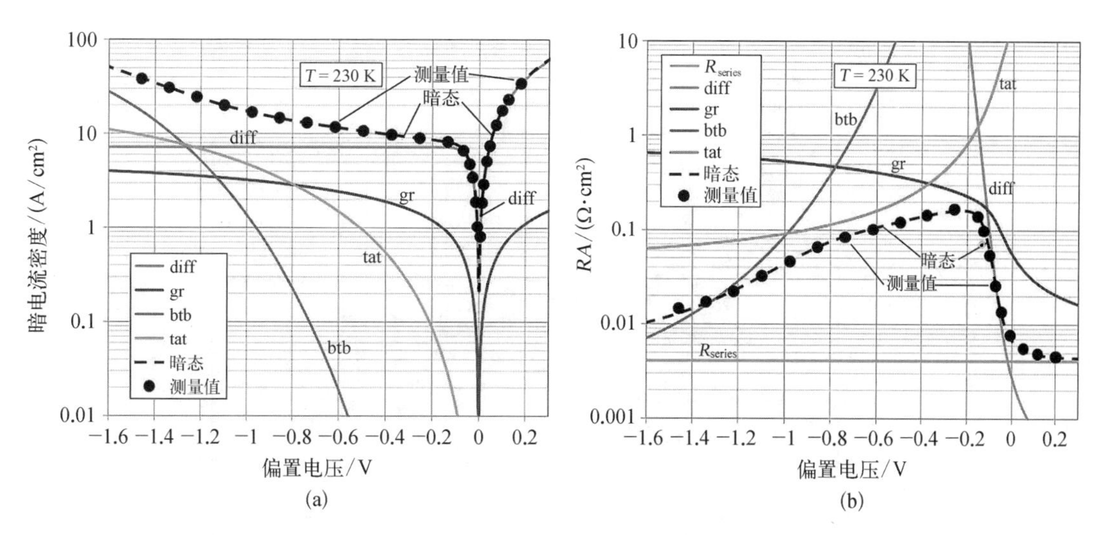

图 20.25　测量并模拟了 MWIR p－i－n InAs/GaSb Ⅱ类 SL 光电二极管在 230 K 下的(a) 暗电流密度和(b) 电阻面积乘积与偏置电压的关系[90]

略不计。

随着温度的升高,扩散电流和 GR 电流在零偏置电压区和低偏置电压区的贡献增大,并且在 230 K 处占主导地位。在中等反向偏置电压下(160 K 时为 0.6~1.0 V),暗电流主要是由陷阱辅助隧穿引起的。在较高的反向偏置电压下(160 K 时大于 1 V),体带间隧穿占主导地位。在正向偏置电压大于 0.1 V 的范围内,串联电阻的影响起决定性作用。

Wróbel 等[92]使用暗电流热分析、傅里叶变换光致发光(photoluminescence,PL)和低频噪声谱研究了 $InAs_{10ML}/GaSb_{10ML}$ Ⅱ型 SLS 的近中间带陷阱能级。已经研究了几种具有相似周期设计和相同宏观结构的晶片与二极管。所有的表征技术都给出了几乎相同的值,约为 140 meV,与衬底类型无关。此外,光致发光谱表明,与陷阱中心相关的跃迁与温度无关。

图 20.26 显示了在华沙军事技术大学应用物理研究所实验室(Institute of Applied Physics, Military University of Technology, Warsaw)制造的 HgCdTe 光电二极管的 R_0A 乘积与截止波长的比较,以及在 230 K 下工作的Ⅱ类 InAs/GaSb SL 光电二极管的 R_0A 乘积与截止波的关系[93]。可以清楚地看到,SL 器件的性能已经达到了与当前 HgCdTe 探测器技术相当的水平。事实上,6.2 μm SL 器件的 *RA* 乘积甚至更高,但它们是在 0.3 V 反向偏置电压下测量的。虚线是 HgCdTe 器件实验数据的趋势线。通常情况下,HgCdTe 光电二极管仍具有较好的性能,特别是在较低的温度下,如 77 K[94],这主要是因为量子效率较高。通常,我们的Ⅱ类光电二极管的量子效率约为 30%(在 0.3 V 反向偏置电压下),而 HgCdTe 器件的量子效率为 70%。与 HgCdTe 光电二极管相比,SL 器件的有源区更薄。结果表明,在 230 K 下,具有宽禁带接触层的器件的暗电流和 R_0A 乘积可与 HgCdTe 光电二极管的相媲美。

蒙彼利埃大学的研究组[84,95,96]详细阐述了 MWIR T2SL 的 p－i－n 器件结构,如图 16.42 所示。如前面所述,几种 InAs/GaSb SL 材料的性能强烈依赖于所选择的 SL 周期,如温度带隙能量、吸收系数、剩余掺杂水平和载流子寿命。SL 周期会影响载流子的局域化,获得不同的微带宽度,从而导致联合态密度和吸收系数形状上的差异。例如,图 20.27 是发射波长在 MWIR 范围内的对称 InAs/GaSb SL 结构的光响应谱。

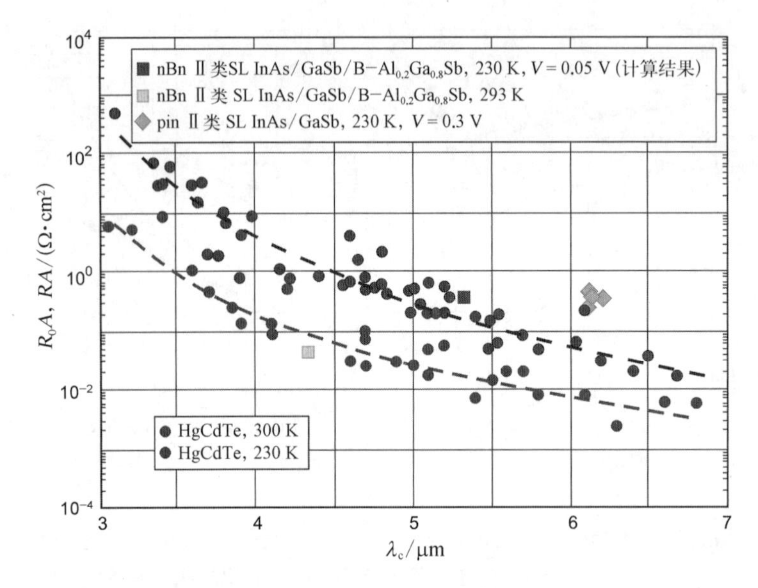

图 20.26　近室温工作的 MWIR InAs/GaSb/B－$Al_{0.2}Ga_{0.8}Sb$ Ⅱ类 SL nBn 探测器、HgCdTe 体材料二极管和 InAs/GaSb Ⅱ类 SL p－i－n 二极管的 *RA* 和 R_0A 乘积与截止波长的关系

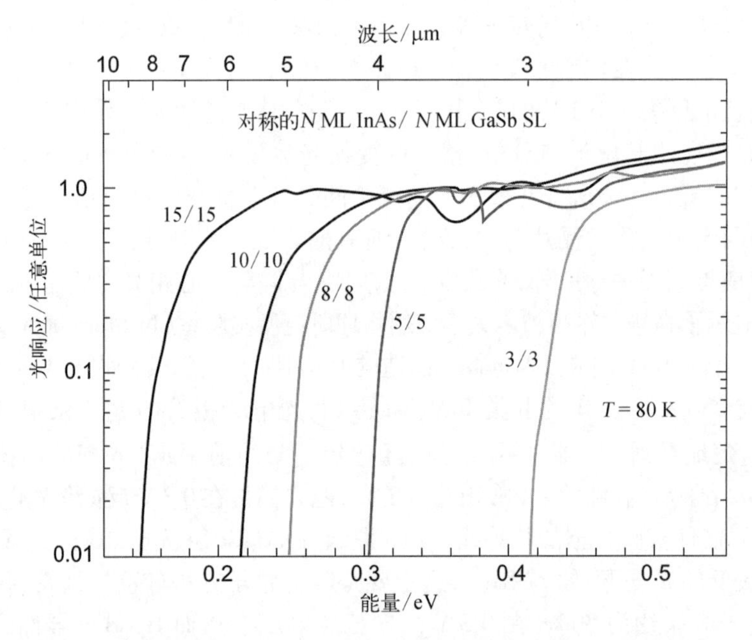

图 20.27　层数 N=3、5、8、10 和 15 ML 的对称 InAs(n)/GaSb(n) MWIR SL 探测器的归一化光响应谱。测试温度为 80 K[96]

观察到的重要结果是少子寿命与界面密度无关。限制 SL 寿命的复合中心位于二元材料内，而不是界面[84,97]。GaSb 含量越大，材料性能越差。在 77 K、截止波长接近 5 μm 的 SL 样品中，当每个 SL 周期的 GaSb 含量从 36%增加到 65%时，剩余掺杂浓度从 6×10^{14} cm^{-3}增加到 5.5×10^{15} cm^{-3}。由于 77 K 时占主导的 GR 限制电流与 $n_i/\tau n^{1/2}$(n 为多子密度)成正比，因此 τ 的增加相应地导致了 I_{gr}的减小。图 20.28 给出了富 GaSb、对称和富 InAs SL 组分时暗

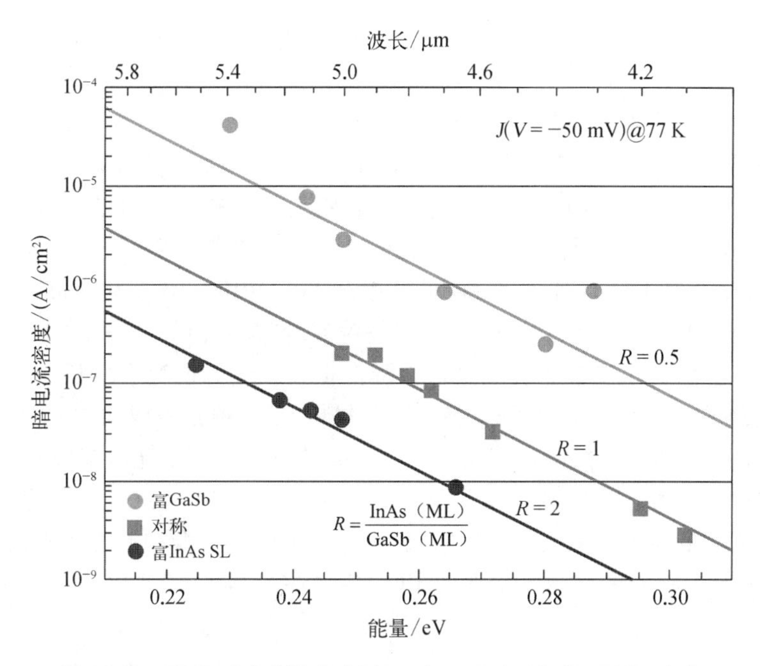

图 20.28　77 K 时暗电流密度随 p-i-n InAs/GaSb T2SL 光电二极管周期厚度的变化关系，R=InAs/GaSb[96]

电流密度的实验数据。对于非对称(7/4)富 InAs/GaSb T2SL 结构(R=1.75)，在 77 K 截止波长为 5.5 μm 的情况下，报道的 77 K 时 R_0A 乘积高达 $7\times10^6\ \Omega\cdot cm^2$[96]。

20.3.2　LWIR 光电二极管

图 20.29 显示了处理完毕的台面型探测器的截面图和 10.5 μm InAs/GaSb SL 光电二极管的设计原理图。在非掺杂(001)取向的 GaSb 衬底上，通常在 400℃左右的衬底温度下用 MBE 生长。加入Ⅴ族材料裂解束源后，SL 的质量得到了显著的改善。尽管吸收系数相对较低，但 GaSb 衬底需要减薄到 25 μm 以下才能透射足够的红外辐射[98]。由于 GaSb 衬底和缓冲层本质上是 p 型的，所以首先生长受主浓度为 1×10^{18}原子/cm^3的掺 Be 的 p 型接触层。

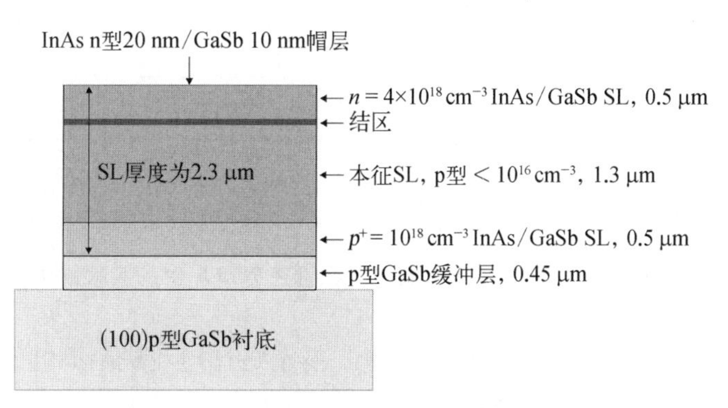

图 20.29　截止波长为 10.5 μm 的 p-i-n 双异质结 InAs/GaSb 光电二极管的设计原理图

LWIR 光谱范围的传感器基于二元 InAs/GaSb 短周期 SL[99,100]。所需的层已经很薄了，所以不需要再使用 GaInSb 合金。InAs/GaSb SL 的谐振强度比 InAs/GaInSb 弱；然而，使用无应变和最小应变的二元半导体层的 InAs/GaSb SL 也可能比使用应变三元半导体（GaInSb）的 SL 更具有材料质量上的优势。为了形成 p－i－n 光电二极管，InAs/GaSb SL 偏下方的周期需要在 GaSb 层中掺入 1×10^{17} cm^{-3}的 Be。在受主掺杂的 SL 层之后是 1～2 μm 厚的未掺杂 SL 区。本征区域的宽度在设计中会有所不同。为了提高性能，使用的宽度应该与载流子扩散长度相关。SL 堆叠的上部是在 InAs 层中掺杂 Si（1×10^{17}～1×10^{18} cm^{-3}），通常厚度为 0.5 μm。然后用 InAs：Si（$n\approx10^{18}$ cm^{-3}）层来覆盖 SL 堆叠的顶部，以提供良好的欧姆接触。

制造光电二极管的主要技术挑战是在不降低材料质量的情况下生长厚的 SL 结构。实现厚度足以达到可接受的量子效率的高质量 SL 材料，是这项技术成功的关键。

图 20.30 显示了 78 K 时，截止波长为 10.5 μm 的 InAs/GaSb 光电二极管的 R_0A 乘积随温度变化的实验数据和理论特性。在低于 100 K 的温度范围内，光电二极管是耗尽区受限的，在 78 K 时空间电荷复合电流主导反向偏置，并且主要的复合中心位于本征费米能级，如图 20.30(a) 所示。在 $T\leqslant40$ K 时，陷阱辅助隧穿占主导地位。LWIR 光电二极管在高温范围内的性能受到扩散过程的限制。在低温和零偏压附近，电流受扩散限制。在较大偏压下，陷阱辅助隧穿电流占主导。

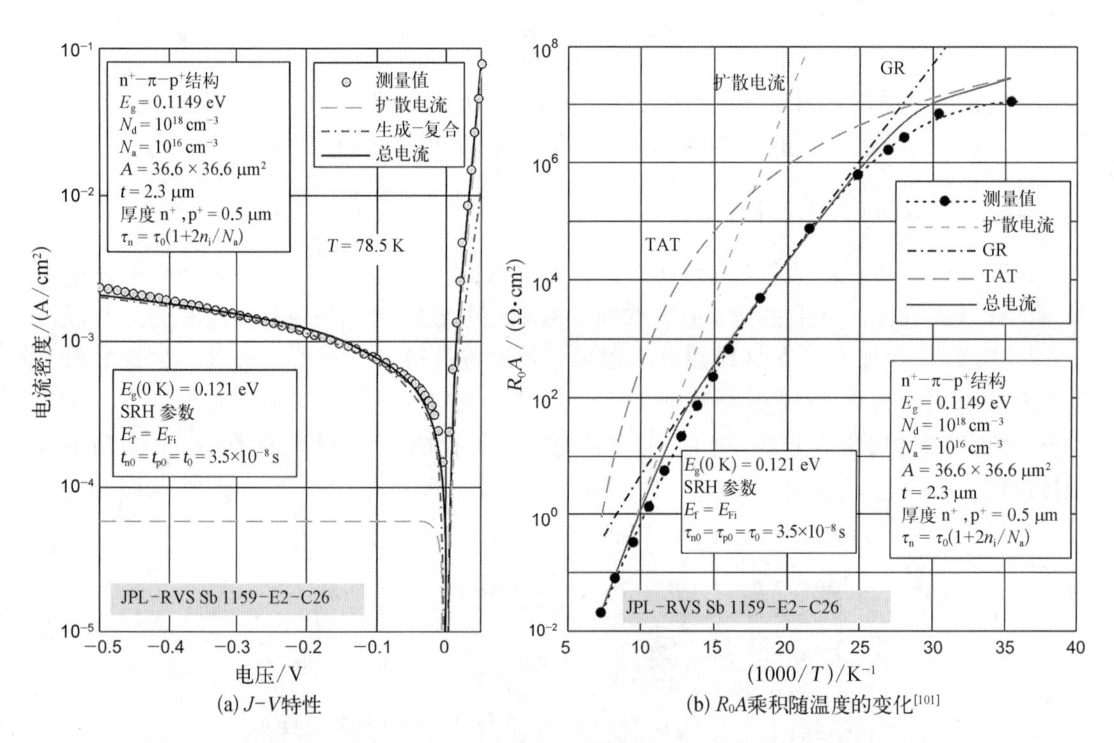

图 20.30 λ_c = 10.5 μm 的 InAs/GaSb 光电二极管在 78.5 K 时的实验数据和理论特性

Rehm 等[102,103]对 LWIR InAs/GaSb SL 光电二极管的暗电流机制提出了新的见解。假设器件受到侧壁漏电流的影响，体和侧壁的贡献可以用熟知的总暗电流密度关系来描述：

$$I_{dark} = I_{dark,\ bulk} + \sigma \times P/A \tag{20.4}$$

式中，σ 为台面侧壁单位长度的侧壁电流；P/A 为器件周长与面积的比率。通常，$\sigma(V, T)$ 是施加的偏压 V 和温度 T 的函数。体暗电流 $I_{\mathrm{dark,bulk}}$ 包含由式(20.3)描述的那些分量。

图 20.31(a)显示在 77 K 时，低反向偏压下，侧壁电流不主导 $I-V$ 特性。此时 $I-V$ 的温度特性受到扩散行为限制[参见图 20.31(b)]。

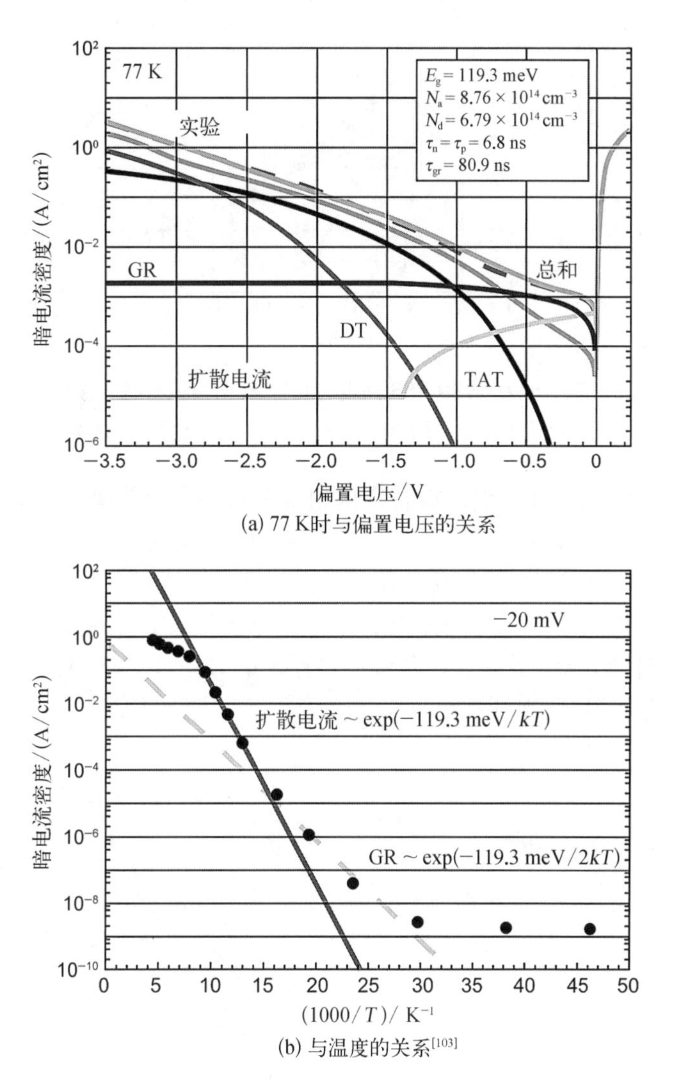

(a) 77 K时与偏置电压的关系

(b) 与温度的关系[103]

图 20.31　同质结 InAs/GaSb SL 光电二极管的暗电流分析

异质结的概念有助于显著地降低器件暗电流[103]。研究人员设计了一种 p^+- InAs/GaSb SL 吸收体，并将另一种具有更高带隙的 CB 匹配的 InAs/GaSb SL 作为 N -宽禁带部分结合起来。

图 20.32 比较了 LW 光谱范围内 InAs/GaSb SL 和 HgCdTe 光电二极管的 R_0A 值。实线表示 p 型 HgCdTe 材料在扩散限制下的性能理论值。如图 20.32 所示，用于 SL 器件的最新光电二极管结果可与实际的 HgCdTe 器件相媲美，这表明 SL 探测器的开发已经取得了实质性的进展。

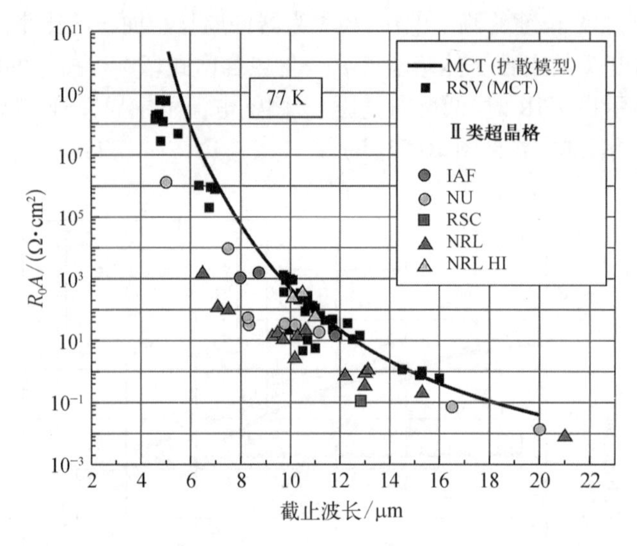

图 20.32 77 K 下,InAs/GaSb SLS 光电二极管 R_0A 乘积与截止波长的关系,同时给出了可比的 HgCdTe 光电二极管器件的理论和实验趋势线[104]

图 20.33 所示的 p-i-n 光电二极管结构的量子效率主要取决于 i(π)区的厚度。通过拟合 i 区厚度在 1~4 μm 变化的一系列光电二极管的量子效率,Aifer 等[105]测得 LWIR 少子电子扩散长度为 3.5 μm,与高质量 HgCdTe 光电二极管的典型扩散长度相比,该值明显偏低。最近,通过将截止波长 12 μm 的光电二极管的 π 区厚度扩展到 6 μm,获得了 54%的外量子效率。图 20.33(a)显示了量子效率与 π 区厚度的关系,图 20.33(b)显示了具有不同 π 区厚度的 8 种结构的光电流响应率谱[106]。

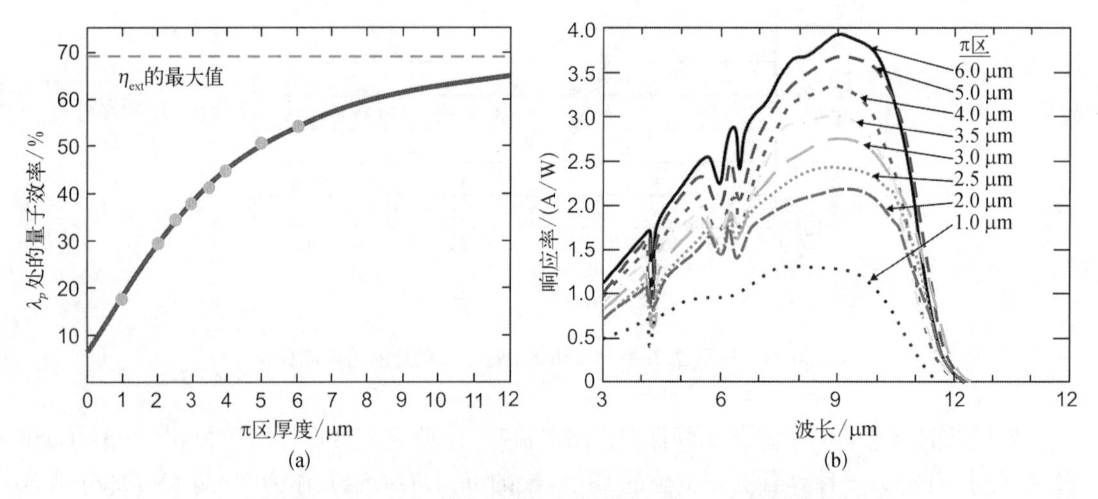

图 20.33 InAs/GaInSb SL 光电二极管在 77 K 下的光谱特性

(a)为量子效率与 π 区厚度的函数关系,虚线表示在没有增透膜的情况下可能达到的最高量子效率;(b)为测量的 π 区厚度在 1~6 μm 时,光电二极管的电流响应率谱,其中 4.2 μm 处为二氧化碳吸收的影响,5~8 μm 为水蒸气吸收的影响[106]

图 20.34 将计算的Ⅱ类 SLS 和 p-on-n HgCdTe 光电二极管的探测率随波长及工作温度的变化与工作在 78 K 下的Ⅱ类 SLS 探测器的实验数据进行了比较[107]。实线是 HgCdTe

光电二极管的理论热极限探测率,采用一维模型计算,该模型假定来自较窄禁带 n 侧的扩散电流占主导,少子通过俄歇和辐射过程复合。在计算中,使用了 n 侧施主浓度 ($N_d = 1 \times 10^{15}\ \text{cm}^{-3}$)、窄带隙有源层厚度(10 μm)和量子效率(60%)的典型值。预测的 T2SL 的热受限探测率比 HgCdTe 的要大[72,108]。

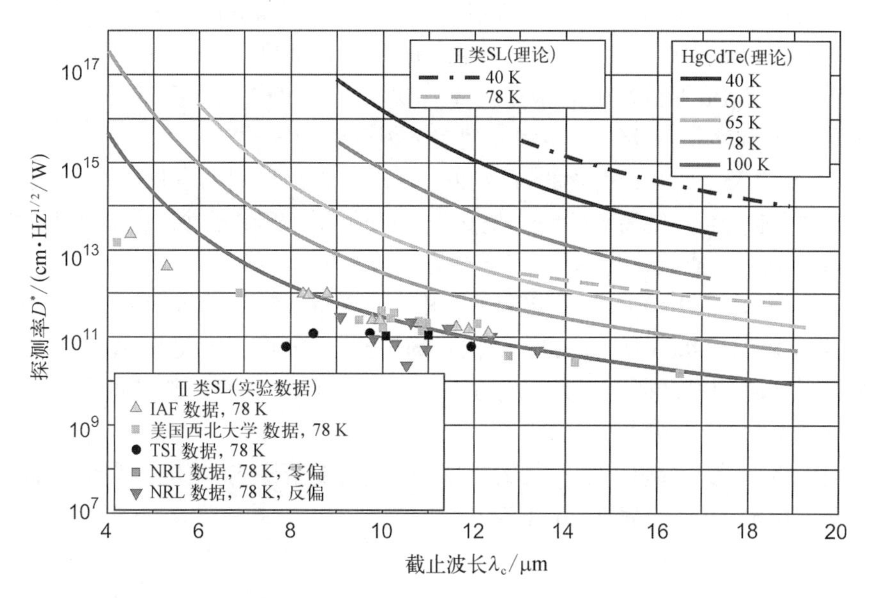

图 20.34 预测了Ⅱ类 SLS 和 p－on－n HgCdTe 光电二极管的探测率随波长和温度的变化。实验数据来自多篇报道[107]

从图 20.34 可以看出,测量的 T2SL 光电二极管的热受限探测率仍然低于目前的 HgCdTe 光电二极管的性能。它们的表现没有达到理论值。这一限制似乎是由两个主要因素造成的:相对较高的背景浓度(约为 $5\times10^{15}\ \text{cm}^{-3}$,尽管已报道的值有低于 $10^{15}\ \text{cm}^{-3}$ 的[109])和较短的少子寿命(在轻掺杂 p 型材料中通常为数十纳秒)。到目前为止,已经观察到未经优化的载流子寿命,并且在理想的低载流子浓度下,载流子寿命受 SRH 复合机制的限制。少子扩散长度在几微米的范围内。这些基本参数的改善对于实现Ⅱ类光电二极管的预期性能至关重要。

20.4 InAs/InAsSb 超晶格光电二极管

对红外探测材料 InAs/InAsSb SL 的兴趣源于 InAs/GaSb SL 中 GaSb 层对载流子寿命的限制。如 20.2.1 节所述,与工作在相同波长范围和温度下的 InAs/GaSb SL 系统相比,在 InAs/InAsSb SL 系统中获得了明显更长的少子寿命。预期少子寿命的这种增加可以导致 InAs/InAsSb SL 探测器的暗电流比相应的 InAs/GaSb SL 更低[110]。此外,在 SL 层中有两个公共元素(In 和 As),InAs/InAsSb SL 具有相对简单的界面结构,只有一个元素(Sb)发生了变化,这保证了更好的外延生长可控性和更简单的制造过程。

本节研究了 MWIR[111] 和 LWIR[112] InAs/InAsSb SL 光电二极管。实验测得截止波长为 5.4 μm 的 MWIR 光电二极管在 77 K 时的暗电流密度大于常规 InAs/GaSb SL 探测器的暗电流密度。这归因于在 InAs/InAsSb SL 系统中 VB 和 CB 偏移量减小而增加了载流子隧穿的概率。

Hoang 等[112]已经制备出了质量较好的 LWIR InAs/$InAs_{1-x}Sb_x$ SL 光电二极管。尽管引入了大量的 Sb(x=0.43)，但材料的质量仍然很好，获得了高性能的光电探测器。有源区的截止波长主要由 $InAs_{1-x}Sb_x$层中的价带(VB)能级决定，VB 能级与 Sb 的含量直接相关。样品是用 MBE 生长在掺 Te 的(001)GaSb 衬底上的。器件由 0.5 μm 厚的 InAsSb 缓冲层、0.5 μm 厚的底部 n 型接触(n~10^{18} cm^{-3})、0.5 μm 厚的轻掺杂 n 型势垒、2.3 μm 厚的轻掺杂有源区(~10^{15} cm^{-3})和 0.5 μm 厚的顶部 p 型接触(p~10^{18} cm^{-3})组成。最后，在该结构上覆盖了一层 200 nm 厚的 p 掺杂 GaSb 层。n 型和 p 型掺杂剂分别为 Si 与 Be。

InAs/InAsSb T2SL 光电二极管的有效钝化还处于非常早期的发展阶段。通常情况下，光电二极管是不钝化的。最简单的钝化是基于硅产业的沉积在器件裸露表面上的公共介质绝缘层(如硅的氧化物或氮化物)。

图 20.35 显示了 LWIR InAs/InAsSb SL 光电二极管在 25~77 K 温度范围内的电学特性，在 77 K 时，R_0A 乘积为 0.84 Ω·cm^2，与 InAs/GaSb 光电二极管相比较低(图 20.32)。在 50 K 以上，二极管呈现阿伦尼乌斯型行为，激活能为 39 meV，约为有源区禁带宽度的一半(15 μm 器件约为 80 meV)。这表明来自有源区的 GR 电流是限制暗电流的机制。在 50 K 以下，R_0A 偏离趋势，对温度变化不敏感。这一行为表明，在该温度范围内，暗电流受到其他机制的限制，要么是隧穿电流，要么是表面漏电流。

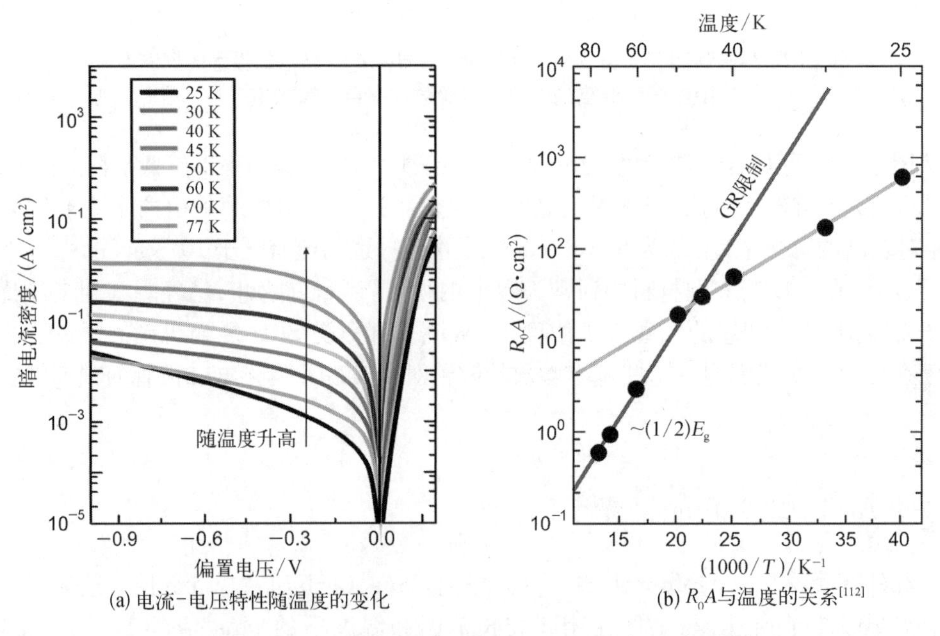

(a) 电流-电压特性随温度的变化

(b) R_0A与温度的关系[112]

图 20.35 LWIR InAs/InAsSb SL 光电二极管的暗电流特性

LWIR InAs/InAsSb SL 光电二极管的光谱特性如图 20.36 所示。在 77 K 时，样品在 17 μm 处表现出 100%截止，在 14.6 μm 处表现出 50%截止，在 150 mV 以上的反向偏置电压和 300 mV 的饱和电压下获得了高量子效率。饱和时，电流响应率达到峰值(4.8 A/W)，相当于 2.3 μm 厚有源区的量子效率为 46%。根据测量的量子效率、暗电流和 RA 乘积，计算出 77 K 时器件受限于散粒噪声和约翰逊噪声的探测率，如图 20.36(b)所示。

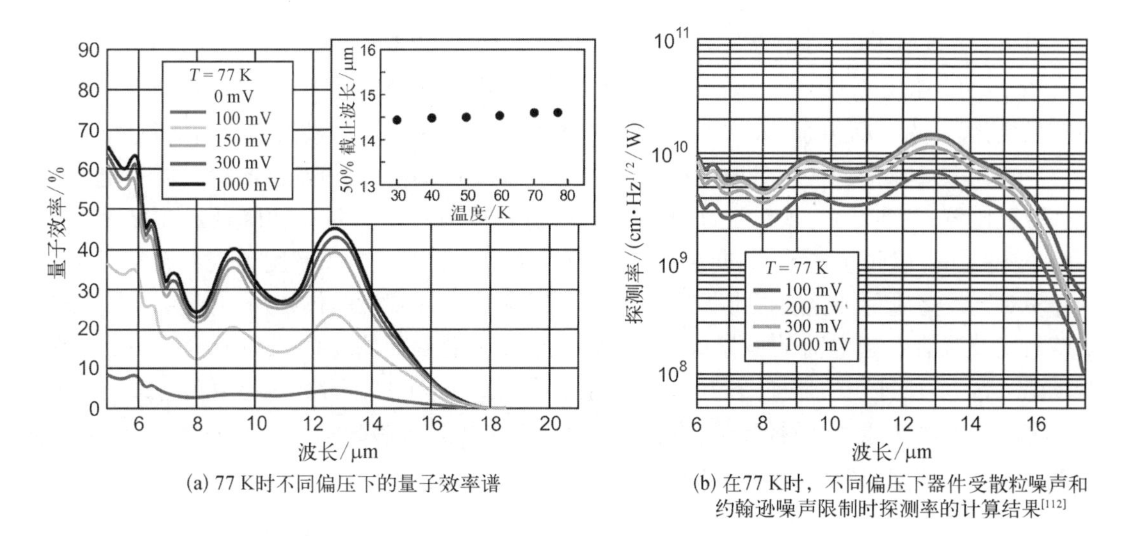

(a) 77 K时不同偏压下的量子效率谱

(b) 在77 K时，不同偏压下器件受散粒噪声和约翰逊噪声限制时探测率的计算结果[112]

图 20.36　LWIR InAs/InAsSb SL 光电二极管的光谱特性

注：(a) 中各曲线的偏压从上往下递减；(b) 中各曲线的偏压从上往下递增。

20.5　器件钝化

尽管各个研究小组在 T2SL 器件制造方面做了大量的工作，但有效的器件钝化方案的开发还没有得到很好的确立。台面侧壁是过量电流的来源。除了有效地抑制表面漏电流，适用于生产目的的钝化层还必须能够承受器件后续加工过程中的各种处理工艺。大量的表面漏电流归因于台面图形化中造成的周期性晶体结构的不连续性。由于像元的表面积/体积比很大，像元尺寸的缩放使得 FPA 性能强烈地依赖于表面效应。因此，需要开发出消除表面电流的方法[113]。

大多数Ⅲ-Ⅴ族化合物的自然氧化物不利于自然钝化。GaSb 在相对较低温度下的氧化符合反应规律：

$$2GaSb + 3O_2 \rightarrow Ga_2O_3 + Sb_2O_3 \tag{20.5}$$

在化学钝化的第一步，溶液去除表面的天然氧化物，新的原子占据悬挂键，以防止材料的二次氧化和表面污染，并最大限度地减少能带弯曲。

对 T2SL 探测器钝化技术的综述可以在普利斯(Plis)等[114]的工作中找到，可以分为两个方向：

(1) 用厚介质层、有机材料(聚酰亚胺和各种光致抗蚀剂)或较宽禁带Ⅲ-Ⅴ族材料对探测器的蚀刻侧壁进行封装；

(2) 硫系钝化，使用硫原子将半导体表面上未被占据的键填满。

在这里，我们将简要描述现有的钝化技术及其局限性。

钝化效果的评价通常采用变面积二极管阵列方法。暗电流密度可以表示为暗电流的体分量和表面漏电流之和，参见式(12.125)。函数 $(R_0A)^{-1} = f(P/A)$ 的斜率与二极管的表面相关漏电流($1/r_{surface}$)成正比。如果体电流主导探测器性能，则函数 $(R_0A)^{-1} = f(P/A)$ 的斜率接近于零。如果表面漏电流很大，那么对于较小的器件，可以观察到暗电流密度的增加。

图 20.37 显示了以不同方式钝化并在 77 K 下工作的 LWIR T2SL 光电二极管的 $(R_0A)^{-1}$ 与 $f(P/A)$ 的函数关系[115,116]。采用 ICP 和电子回旋共振(ECR)方法刻蚀台面,侧壁用聚酰亚胺封装,尺寸为 100~400 μm 的探测器在四种处理方法中显示出最高的表面电阻率(6.7×10^4 Ω·cm)[图 20.37(a)]。对采用相同封装方法(polyimide,聚酰亚胺)的探测器的电学性能进行了比较,发现 ICP -聚酰亚胺样品的暗电流密度有一个数量级的降低。在显著低于 T2LS 生长温度(以防止 T2SL 周期混合)的工艺温度下,低固定电荷密度和低界面电荷密度的介质对开发高质量钝化层提出了挑战。结果表明,由于周期性晶体结构的突然终止,台面侧壁的能带弯曲引起电荷的积累或反型,从而导致了沿台面侧壁的表面隧穿电流。正如 Delaunay 等[117]所证明的那样,存在于介质钝化层(如 SiO_2)中的固有固定电荷可改善或损害窄带隙器件的性能。沿器件侧壁施加一个负偏置电压是控制 SiO_2- T2SL 的能带弯曲以建立平带条件和抑制漏电流的一个好方法[118]。

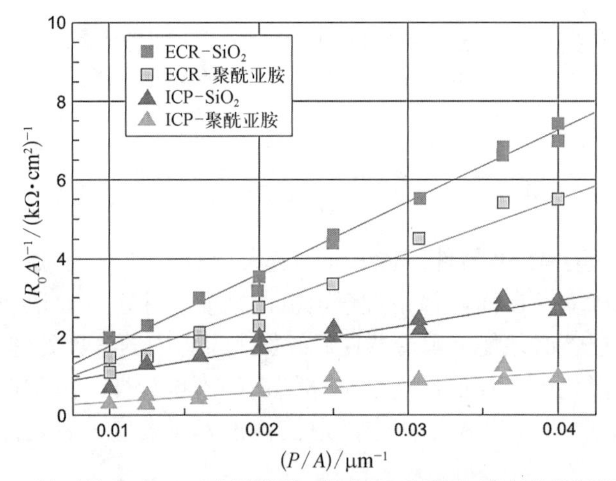

(a) 采用ICP和ECR刻蚀制作的、并由SiO_2和聚酰亚胺钝化的探测器

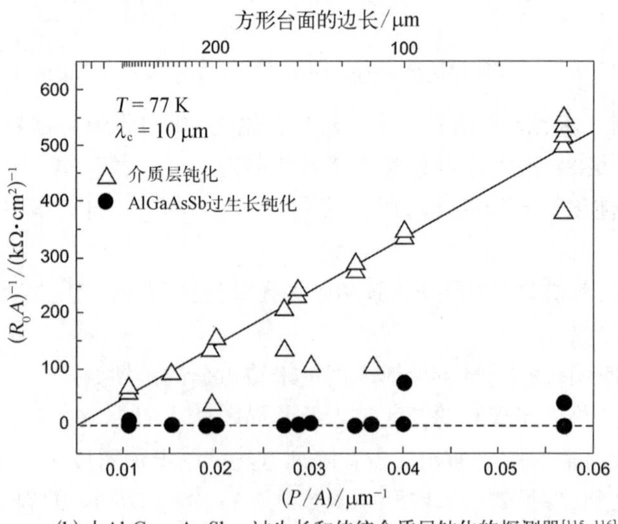

(b) 由$Al_xGa_{1-x}As_ySb_{1-y}$过生长和传统介质层钝化的探测器[115, 116]

图 20.37 77 K 下 LWIR T2SL 光电二极管 $(R_0A)^{-1}$ 与 P/A 的函数关系

T2SL 器件钝化的有效方法是用宽禁带材料封装被腐蚀的侧壁,或用浅层腐蚀技术隔离相邻的器件,并在宽带隙层内终止。Rehm 等[116]在刻蚀台面侧壁上使用了 MBE 生长了晶格匹配、大带隙的 AlGaAsSb 层。为了防止含铝钝化层被氧化,需要再沉积一层很薄的氮化硅。图 20.37(b)显示了两种类似探测器结构的$(R_0A)^{-1}$与周长/面积比(P/A)的关系,这两种探测器结构的钝化采用的是过度生长和传统介质层。没有观察到外延钝化的表面漏电流(斜率接近于零)。此外,Szmulowicz 和 Brown[119]建议用 GaSb 封装台面侧壁以消除表面电流。GaSb 封装材料对 SL 的 n 型面和 p 型面的电子都可以起到阻挡作用。

由此看来,对于 LWIR 范围内的光电二极管来说,由 SiO_2钝化层实现的重复性和长期稳定性更为关键。一般来说,高禁带材料的反转电位较大,因此 SiO_2可以钝化高禁带材料(MWIR 光电二极管),但不能钝化低禁带材料(LWIR 光电二极管)。利用这一特性,Delaunay[117]提出了一种防止宽带隙 p 型和 n 型 SL 接触区反转的双异质结构(图 16.42)。对于这种结构,在有源区和接触界面处的表面漏电通道显著减少。

还有一些额外的设计改进,这些改进极大地改善了 LWIR 光电二极管的暗电流和 R_0A 乘积。浅刻蚀样品的侧壁斜率非常小,表明这种方法也有可能减小侧壁的过量电流[119]。

另一种消除侧壁产生的过量电流的方法是带梯度结的浅刻蚀台面隔离[105,120]。梯度结的主要作用是在低温下抑制耗尽区的隧穿和 GR 电流。由于这两个过程都与带隙呈指数关系,因此将较宽的带隙替换到耗尽区是非常有利的。在这种方法中,台面蚀刻在刚越过结区的地方终止,并且只暴露出二极管非常薄(300 nm)、更宽带隙的区域。因此,随后的钝化是在宽带隙材料中进行的。结果,它减小了结区面积,增加了光学填充因子,并消除了探测器阵列内的深沟槽。但是,如果横向扩散长度大于 FPA 中相邻像元之间的距离(通常为几个像元),则可能会遇到 FPA 元件之间的串扰,从而降低图像分辨率[121]。

不同的有机材料,聚酰亚胺和光刻胶也是有吸引力的钝化剂,因为它在 T2SL 探测器制造过程中的集成很简单。有机钝化剂通常在室温下旋涂在探测器上,厚度为 0.2~100 μm。更受欢迎的选择是 SU-8,这是一种由 IBM 开发的高对比度环氧基负性光刻胶。光聚合的 SU-8 在经过硬烘焙后,在机械和化学上都是稳定的。在几篇文章中,已经报道了用 SU-8 光刻胶[122-124]、聚酰亚胺[125]和 AZ-1518 光刻胶[126]钝化的 MWIR 与 LWIR T2SL 探测器。聚酰亚胺是酰亚胺单体的聚合物,具有良好的热稳定性、耐化学性和优异的力学性能。对于 LWIR InAs/GaSb SL 光电二极管(77 K 时 λ_c = 11.0 μm, 侧面尺寸为 25~50 μm),用聚酰亚胺钝化,R_0A 值在 6~13 $\Omega \cdot cm^2$内没有观察到表面的影响[125]。

随着硫化物钝化技术在 GaAs 表面的成功应用,T2SL 器件也可以采用水溶液中的碱性硫化物[包括 Na_2S 和$(NH_4)_2S$]钝化。结果表明,通过浸泡在含硫溶液中或沉积硫基层,硫系钝化有效地去除了自然氧化物,表面刻蚀最少,并形成了共价键合的硫层。然而,基于硫化物的钝化并不提供对器件的物理保护和封装,并且有一些关于这种钝化层的时间不稳定性的报道[114]。

目前,降低 T2SL 器件表面漏电流最有效的技术是图 16.42 所示的栅极技术。通过在介质钝化层的顶部创建金属栅电极,可以通过施加电压来调整表面漏电[118]。

综上所述,T2SL 探测器的钝化技术种类繁多。然而,到目前为止,还没有一种通用的方法可以同等有效地处理不同截止波长的 SL 探测器。尤其需要对所提出的钝化方案的长期稳定性进行更多的研究,才能成功地集成到 FPA 的制造过程中。

20.6 Ⅱ类超晶格光电探测器中的噪声机制

对 T2SL 光电探测器的噪声特性尚缺乏正确的认识。观察到的噪声行为非常复杂,根据被测二极管的环境,似乎存在几种机制。关于噪声特性的详细数据仍然很少[127-135]。这里所说的包括了不同类型的 T2SL 光电探测器: p-i-n 光电二极管、nBn 探测器和带间级联(interband cascade, IBC)探测器,如第 12 章和第 22 章所述。

根据经典理论,扩散限制和 GR 限制光电二极管中的基础噪声电流为

$$I_n^2 = 2q(I_{dark} + 2I_s)\Delta f \tag{20.6}$$

式中,q 为基本电荷;I_{dark}为总的暗电流;I_s为扩散电流的反向偏置饱和值;Δf 为测量带宽。在零偏置电压下,式(20.6)可简化为众所周知的约翰逊噪声表达式。在高偏置电压下受 GR 限制的光电二极管中,$2I_s$小于 I_{dark},式(20.6)趋近于熟悉的散粒噪声表达式。

对于受 SRH 过程限制的高质量 T2SL 光电二极管,噪声电流遵循式(20.6)。以 7 kHz 带宽测量的富 InAs MWIR InAs/GaSb p-i-n 光电二极管如图 20.38 所示。在低频下,$1/f$ 噪声是最重要的。该结构由晶格匹配的 GaSb 衬底上 200 nm Be 掺杂(p^+型掺杂~1×10^{18} cm^{-3}) GaSb 缓冲层、几个周期的 p^+掺杂 SL、一个非故意掺杂的 InAs/GaSb SL 有源区、几个周期的 n^+掺杂 SL 和一个 20 nm 厚的 Te 掺杂(n^+型掺杂~1×10^{18} cm^{-3}) InAs 盖层组成。中等 InAs 含量的 SL 有源区由总厚度为 1 μm 的 300 个周期的 7.5 InAs ML 和 3.5 GaSb ML(7.5/3.5SL 结构)组成,在台面顶部和衬底背面制备 Cr/Au 层来保证金属化。

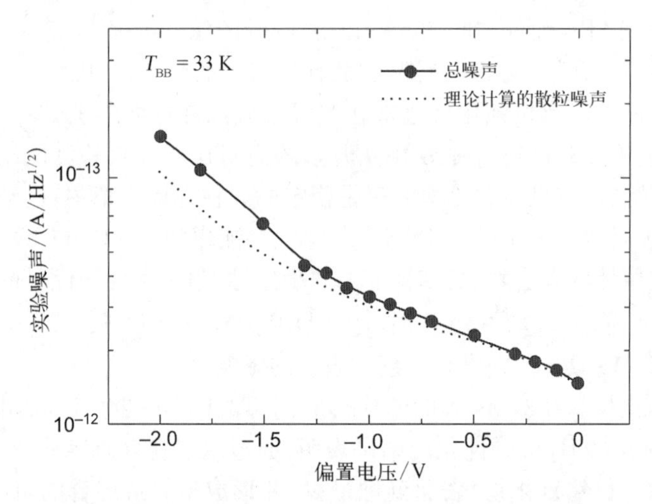

图 20.38 60℃黑体、77 K 工作温度和 7 kHz 带宽下的实验噪声与偏置电压的关系[134]

在几篇论文中,已经证明在 T2SL 结构中不存在本征 $1/f$ 噪声[127,130]。然而,侧壁的漏电流会产生很大的频率无关噪声。开发可靠的钝化工艺是消除侧壁漏电流的有效途径。

弗莱堡弗劳恩霍夫研究所的研究人员测量了几个 MW 和 LW p-i-n InAs/GaSb 光电二极管的噪声,这些光电二极管的结区面积为 400×400 μm^2,并在低频白噪声环境下与结区面积较小的参考二极管进行了比较。由于这些大面积二极管中存在宏观缺陷,暗电流

大约在四个数量级范围内变化,并且与体材料中的 GR 受限值相比有很大的增加。简单的散粒噪声模型完全失效。散粒噪声模型仅解释了暗电流接近于 GR 受限体材料暗电流水平时的器件噪声,并且实验观察到的噪声与预期散粒噪声的偏差随着暗电流的增加而增加(图 20.39)。为了解释实验数据,成功提出了麦金太尔的电子引发雪崩倍增的过量噪声模型。结果表明,暗电流和过量噪声的增加是由于晶体缺陷处存在高电场畴而引起的雪崩倍增过程。

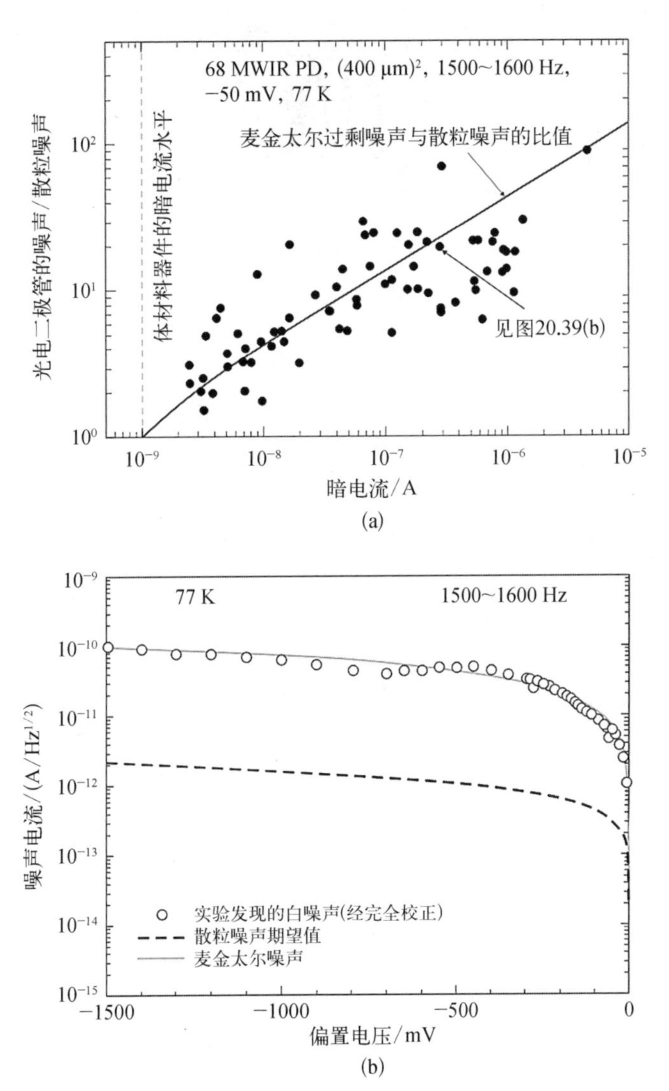

图 20.39　MWIR 同质结 InAs/GaSb T2SL 光电二极管的噪声数据

(a) 为在 77 K 和约 50 mV 反向偏置电压下,对于一组尺寸为 400 μm×400 μm 的 68 个光电二极管,实验发现的光电二极管白噪声,以及预期的散粒噪声与暗电流的比值,其中虚线表示作为对比的小尺寸二极管中,GR 受限的体暗电流水平;(b) 为 77 K 下的光电二极管白噪声与器件的偏置电压的关系[如图 20.39(a) 中的箭头所示][133]

Ciura 等[135]研究了在具有不同 InAs/GaSb SL 吸收层的 MWIR 光电探测器中,GR 和扩散电流在产生 $1/f$ 噪声中的作用。在小的恒定反偏电压-温度下的 $1/f$ 噪声测量表明,噪声强度随漏电流的平方而变化,GR 或扩散电流对 $1/f$ 噪声没有贡献,或者噪声太小而无法观察到。这种普遍的观察结果应该归因于 InAs/GaSb SL 材料,而不是器件的具体特性,因为所研究的器件包括了具有不同架构(p-i-n 光电二极管、nBn 和 IBC)、不同钝化方法和不同衬底的多种样品。

参考文献

第21章 量子点红外光电探测器

量子阱(quantum well,QW)结构在红外探测方面的成功推动了量子点红外探测器(quantum dot infrared photodetector,QDIP)的发展。一般来说,QDIP与QWIP相似,但量子阱被量子点取代,量子点在所有空间方向上都有尺寸限制。

应变异质结(如GaAs上的InGaAs)外延生长的最新进展是通过自组织过程实现共格岛状结构的。这些岛的电子行为类似量子盒或量子点。零维量子受限半导体异质结的理论和实验研究已经有一段时间了[1-3]。目前,几乎无缺陷的量子点器件可以可靠地、可重复地制造出来。同时,利用半导体异质结中量子限制效应的新型红外光电探测器也应运而生。和QWIP一样,QDIP也是基于量子点中的导带(价带)中束缚态之间的光学跃迁。此外,与QWIP一样,它们也受益于大带隙半导体的成熟技术。

第一次观测到远红外区域的子能级跃迁是在20世纪90年代早期,无论是在InSb基的由静电定义的量子点中[4],还是在结构二维电子气中[5]。QDIP在1998年首次展示[6]。此后,它们的性能[7-9]及在热成像焦平面阵列中的应用都取得了很大的进展[10]。

人们对量子点研究的兴趣可以追溯到荒川(Arakawa)和坂木(Sakaki)[1]在1982年提出的一项建议,即半导体激光器的性能可以通过降低这些器件有源区的维数来提高。最初降低有源区维度的方法集中在使用超精细光刻与湿法/干法化学蚀刻相结合来形成立体微纳结构。然而,人们很快意识到,这种方法引入了缺陷(高密度的表面态),极大地限制了此类量子点的性能。早期的工作主要是在GaAs衬底上生长InGaAs纳米岛。1993年,利用分子束外延技术首次实现了无缺陷量子点纳米结构的外延生长[11]。目前,大多数实用的量子点结构都是通过分子束外延和MOCVD两种方法合成的。

21.1 QDIP制备和工作原理

在一定的生长条件下,当晶格常数较大的薄膜超过一定的临界厚度时,薄膜内部的压缩应变通过形成共格岛得到缓解。图21.1定性地显示了失配系统的总能量随时间的变化[12],可划分为a期(二维沉积)、b期(二维向三维过渡)和c期(岛屿成熟)三个阶段。在开始时,二维逐层沉积机制导致衬底的完美浸润。在临界浸润层厚度t_{cw}处,二维稳定生长进入亚稳态生长区。超临界厚度的浸润层逐渐形成,外延层可能已经准备好向斯特兰斯基-克拉斯塔诺夫形态(Stranski - Krastanow morphology)转变[13]。此转变开始于图21.1中的点X,其动态主要取决于转变屏障E_a的高度。据推测,在没有物质供应的情况下,仅仅通过消耗积累在超临界厚的浸润层中的多余物质,进一步的增长就会继续下去。在Y点和Z点之间(岛屿成

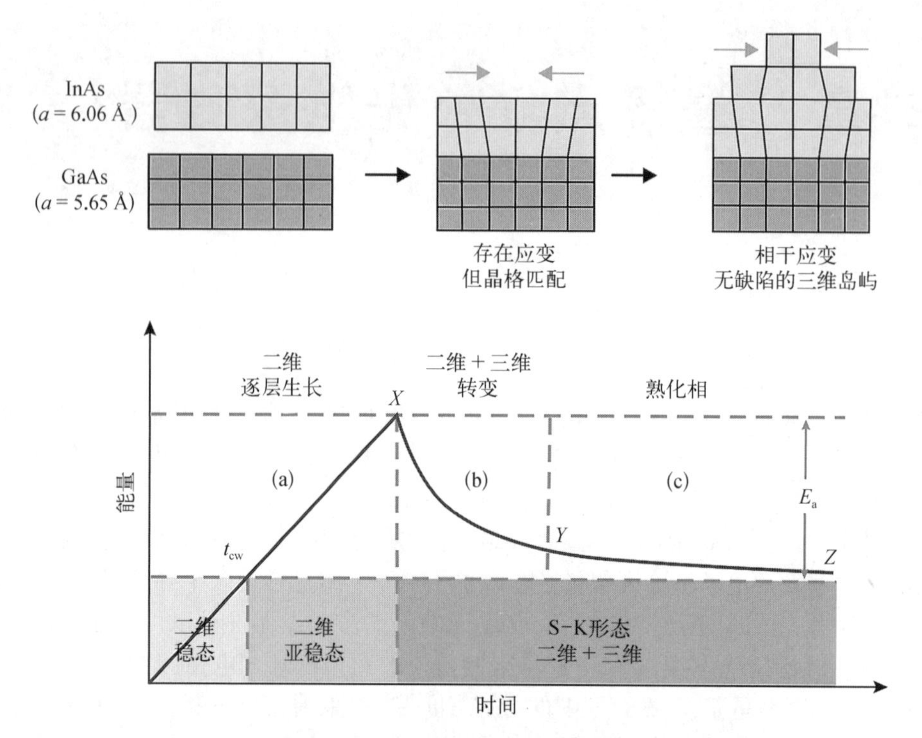

图 21.1 二维-三维形态转变中总能量随时间变化的示意图

t_{cw}是临界润湿层厚度,E_a是形成三维岛的转变势垒,X 是纯应变诱导转变的时间点。在 Y 和 Z 之间,缓慢的成熟过程仍会继续[12]

熟,c 期),这个过程会损失大部分多余的能量;由于较小和较大岛屿之间的势差,可移动的材料会被消耗掉。这些岛屿就可能形成 QD。

通常只有当生长按照斯特兰斯基-克拉斯塔诺夫生长模型进行时,才会形成连贯的 QD 岛[13]。在从二维逐层生长模式到三维岛生长模式的转变,RHEED 图呈现斑点状。与传统的条纹图样相比,这通常是在逐层生长模式下观察到的。过渡通常发生在沉积了一定数量的层之后。对于在 GaAs 上的 InAs,在生长了 1.7 个 InAs 层后发生这种过渡;这是岛状生长的开始,之后开始形成 QD。在非常高的材料供给下,会形成非共格岛,并在界面处含有错配的位错。

QDIP 的探测机制基于导带束缚态中的电子受到带间光激发作用后进入连续带。发射的电子在外加偏压提供的电场下向集电极漂移,从而产生光电流。假设沿着生长方向的导带边缘处的电位分布具有类似于 QWIP 的形状,如图 19.5 所示。实际上,由于量子点是自发的自组装生长,因此在有源区的多层量子点之间没有相干性。

已经提出了两种类型的 QDIP 结构: 常规结构(垂直,见图 21.2)和平面结构(图 21.3)。在垂直 QDIP 中,通过顶部和底部触点之间的载流子的垂直传输来收集光电流。该器件异质结构包括多周期重复地埋入 GaAs 势垒之间的 InAs QD 层构成的有源区,以及在有源区边界处的顶部和底部接触层。根据器件异质结构,台面高度在 1~4 μm 变化。QD 是直接掺杂的(通常用 Si),以便在光激发中提供自由载流子,并且可以在垂直异质结构中加入 AlGaAs 势垒层以阻挡热电离发射产生的暗电流[14,15]。

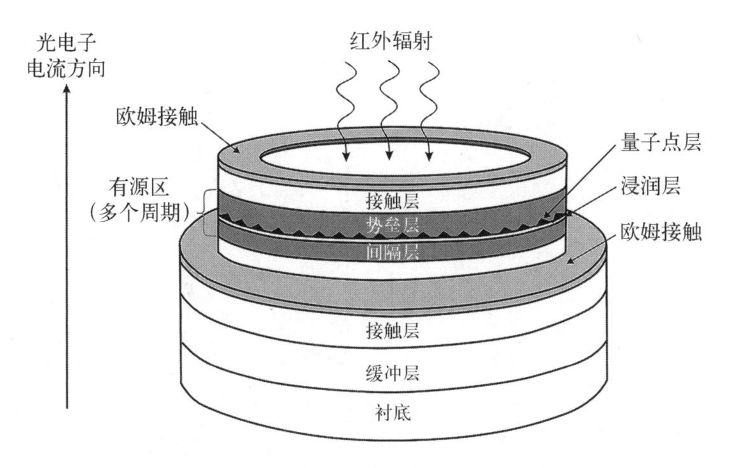

图 21.2　传统 QD 探测器结构的示意图

平面结构 QDIP[图 21.3(a)]通过在两个顶部电极之间的高迁移率沟道上的载流子输运来收集光电流，类似于场效应晶体管。如前面所述，该结构中也会采用 AlGaAs 势垒，但作用不是阻挡暗电流，而是作为 QD 的调制掺杂及提供高迁移率的沟道[见图 21.3(b)]。垂直入射的红外辐射将量子点中的载流子激发到连续带，由于存在适宜的能带弯曲，载流子在那里被进一步迅速传输到高迁移率的二维沟道两侧。平面结构 QDIP 比垂直 QDIP 具有更低的暗电流和更高的工作温度，因为暗电流的主要发生在点间隧穿和跳跃传导[16]。然而，平面结构器件在通过混成铟柱互联到 Si 读出电路时会存在困难。因此，更多的工作还是集中在提高垂直结构 QDIP 的性能上，以兼容市场上已有的读出电路。

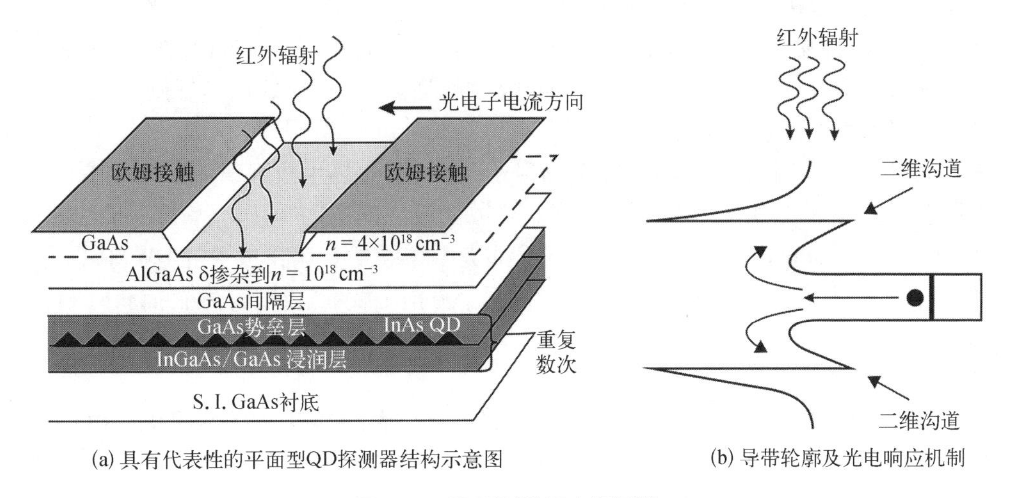

(a) 具有代表性的平面型QD探测器结构示意图　　(b) 导带轮廓及光电响应机制

图 21.3　平面型量子点探测器

除了标准 InAs/GaAs QDIP，还研究了几种其他异质结构设计，用作红外光电探测器[7,8]。一个例子是嵌入在应变释放型 InGaAs QW 中的 InAs QD，称为阱内点(dot-in-a-well，DWELL)异质结构(图 21.4)[10,17,18]。该器件提供了两个优点：由于量子点尺寸对波长的调谐造成的挑战可以部分地通过量子阱尺寸工程来补偿，后者可以精确地控制；QW 可以捕获电子，并辅助 QD 对载流子进行捕获，从而促进基态的重新填充。图 21.4(b)显示了通过改

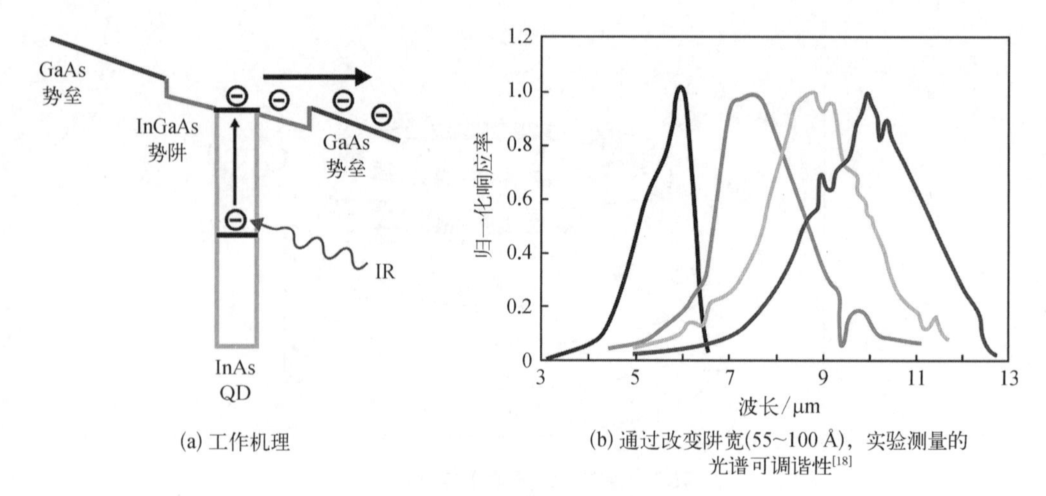

(a) 工作机理

(b) 通过改变阱宽(55~100 Å),实验测量的光谱可调谐性[18]

图 21.4　DWELL 红外探测器

变阱的几何参数实现 DWELL 的光谱调谐。

21.2　QDIP 的预期优势

QDIP 的量子力学特性带来了超越 QWIP 和其他类型红外探测器的若干优点。与 HgCdTe、QWIP 和Ⅱ类超晶格技术一样,QDIP 可以提供多波长探测。然而,QD 提供了许多用于调整能级间隙的附加参数,如 QD 尺寸和形状,以及应力和材料组成。

QDIP 相较于 QW 的潜在优点如下:

(1) 对于 n 型材料,正入射情况下,子带间吸收是允许的。在 QWIP 中,由于吸收的选择定则,仅允许偏振方向垂直于生长方向的吸收跃迁。QDIP 中的选择规则本质上是不同的,可以观察到垂直入射吸收。

(2) 由于所有三个维度都具有能量的量子化,电子的热生成显著降低。结果,由于声子瓶颈,激发态电子的弛豫时间增加。除非离散能级之间的间隙正好等于声子的能级,否则纵向光学(longitudinal optical,LO)声子的产生是被禁止的。这在量子阱 QW 中不适用,因为能级只在生长方向上是量子化的,而在其他两个方向上存在连续态[存在捕获时间为几个皮秒的 LO 声子生成-复合过程(generation-recombination,gr)]。因此,预期 QDIP 中的信噪比将比 QWIP 中的显著增大。

(3) 由于电子波函数的三维量子限制,预期 QDIP 将比 QWIP 具有更低的暗电流。

电子寿命增加及暗电流的减小都表明 QDIP 应该能够高温操作。然而,在实践中要满足以上所有的预期,将是一项巨大的挑战。

QD 中的载流子弛豫时间长于 QW 中测量的典型值(1~10 ps)。据预测,QD 中的载流子弛豫时间受电子-空穴散射而不是声子散射的限制[19]。由于没有空穴,QDIP 是多子器件,因此 QDIP 中载流子寿命预计更长,大于 1 ns。

QDIP 的主要缺点是斯特兰斯基-克拉斯塔诺夫生长模式下量子点尺寸变化引起量子点系统整体上线宽具有非常大的不均匀性[20,21]。其结果是,吸收系数减小,因为它与整体的线宽成反比。大的、非均匀展宽的线宽对 QDIP 性能造成了不利的影响。QD 器件的量子效率也往往低于理论预测。QD 层的垂直耦合可以降低 QD 整体的不均匀线宽；然而，由于载流子可以更容易地通过相邻层发生隧穿，器件的暗电流可能增加。与其他类型的探测器一样，掺杂的不均匀也会对 QDIP 的性能产生不利影响。因此，提高 QD 的均匀性是增加吸收系数和提高性能的关键问题。独特的 QD 异质结构的生长和设计是实现先进性能 QDIP 中的最重要问题之一。

21.3　QDIP 模型

在进一步的考虑中，采用了由 Ryzhii 等[22,23]提出的 QDIP 模型。QDIP 包括由宽带隙材料层分隔开的多个 QD 层（图 21.5）。每个 QD 层都包括周期性分布均匀的量子点，密度为 Σ_{QD}，以及掺杂施主的面密度 Σ_D。在现实的 QDIP 中，与横向尺寸 h_{QD} 相比，量子点的平面尺寸 a_{QD} 足够大。因此，仅存在与横向方向上的量子化相关的两个能级。相对足够大的平面尺寸 l_{QD} 导致大量的量子点束缚态，因此能够接收大量电子。然而，与 QD 层之间的间距 L 相比，横向尺寸很小。QD 之间的平面间隔等于 $L_{QD}=\sqrt{\Sigma_{QD}}$。属于第 k 层量子点的平均电子数 $\langle N_k\rangle$ 可以用每层的序号表示（$k=1,\ 2,\ \cdots,\ K$，其中 K 是 QD 的总数层）。QDIP 有源区（QD 阵列层的堆叠）夹在两个重掺杂的区域之间，该区域用作发射器和集电极接触层。

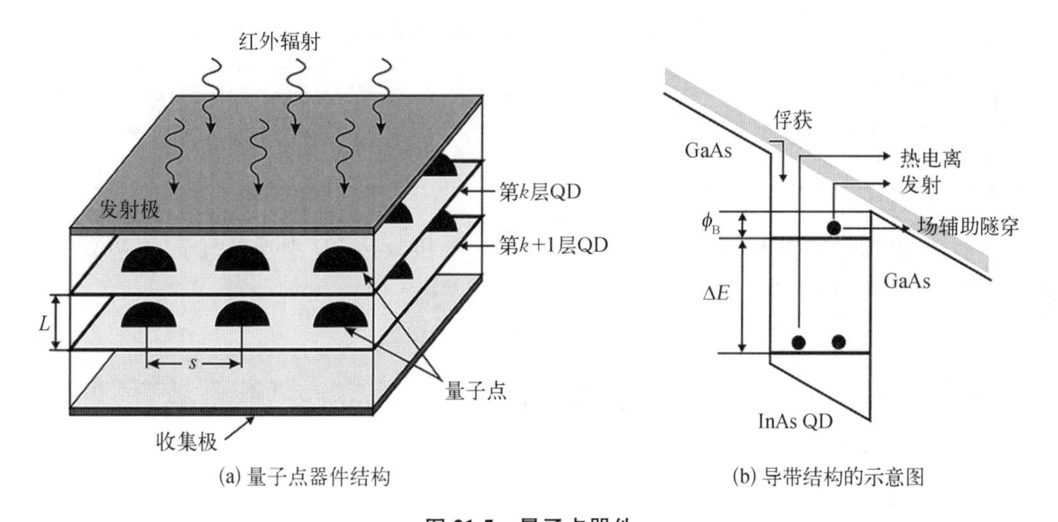

(a) 量子点器件结构　　(b) 导带结构的示意图

图 21.5　量子点器件

由于 QD 的离散特性，计算 QD 中的光吸收时需要考虑填充因子 F。这个填充因子 F 可以简单估计为

$$F=\frac{\sqrt[3]{V}}{s} \tag{21.1}$$

式中，V 为量子点的体积。

对于自组装 QD，已经观察到电子和光谱的高斯分布。菲利普斯（Phillips）[20]使用高斯线形对量子点体系的吸收光谱进行了建模：

$$\alpha(E)=\alpha_0\frac{n_1}{\delta}\frac{\sigma_{QD}}{\sigma_{ens}}\exp\left[-\frac{(E-E_g)^2}{\sigma_{ens}^2}\right] \tag{21.2}$$

式中,α_0为最大吸收系数;n_1为 QD 基态中的电子的面密度;δ 为 QD 密度,$E_g=E_2-E_1$为 QD 中基态和激发态之间光学跃迁的能量。应该注意的是,式(21.2)估计的是电子处于 QD 基态时的吸收系数。

基态和激发态之间的光学吸收系数的值可写为[24]

$$\alpha_0 \approx \frac{3.5\times 10^5}{\sigma} \tag{21.3}$$

式中,σ 为跃迁的线宽,单位为 meV。式(21.3)表示吸收系数与吸收线宽 σ 之间需要折中考虑。

σ_{QD}和 σ_{ens}为高斯线形的标准偏差,分别为单个 QD 中的带内吸收和用于 QD 体系的能量分布。n_1/δ 和 σ_{QD}/σ_{ens}分别描述了 QD 基态下可用电子不足和非均匀展宽而导致的吸收降低。

表 21.1 为 QD 参数的参考值。这些值来自 GaAs 或 InGaAs 制造的 QDIP。通过外延生长形成的自组装点通常是透镜形状的金字塔,其基部尺寸为 10~20 nm,高度为 4~8 nm,使用原子力显微镜(atomic force microscope,AFM)可以确定其面密度为 $5\times10^{10}\ cm^{-2}$。

表 21.1　GaAs 或 InGaAs QDIP 的典型参数值

a_{QD}	h	Σ_{QD}	Σ_D	L	K	N_{QD}
10~40 nm	4~8 nm	$(1\sim10)\times10^{10}\ cm^{-2}$	$(0.3\sim0.6)\Sigma_{QD}$	40~100 nm	10~70	8

类似于 QWIP,在 QDIP 装置中产生暗电流的主要机制是 QD 中受限电子的热离子发射。暗电流可以写为

$$J_{dark}=evn_{3D} \tag{21.4}$$

式中,v 为漂移速度;n_{3D}为三维密度,都是指势垒中的电子[25]。式(21.4)忽略了扩散的贡献。电子密度可以估计为

$$n_{3D}=2\left(\frac{m_b kT}{2\pi\hbar^2}\right)^{3/2}\exp\left(-\frac{E_a}{kT}\right) \tag{21.5}$$

式中,m_b为势垒有效质量;E_a为激活能,其等于势垒顶与量子点中费米能级之间的能量差。在更高的工作温度和更大的偏置电压下,通过三角形势垒的场辅助隧穿的贡献是相当大的[26,27]。

例如,图 21.6 显示了温度为 20~300 K 的 QDIP 的归一化暗电流与偏置的关系,在 QD 层之下及 GaAs 盖层之上都设置了 AlGaAs 约束层[8]。在这种情况下,InAs 岛被置于量子阱中,并且 AlGaAs 阻挡层有效地提高了暗电流和探测率。如图 21.6 所示,在低温(如 20 K)处,暗电流随着偏置迅速增加,这归因于 QD 之间的电子隧穿。对于更高的偏压 $|0.2|\leqslant V_{bias}\leqslant|1.0|$,暗电流缓慢增加。随着偏置的进一步增加,暗电流强烈增加,这在很大程度上

是由于势垒降低了。图21.6还显示了室温背景所能引起的光电流。很明显，背景限红外光电探测器的工作温度会随偏压的变化而变化。

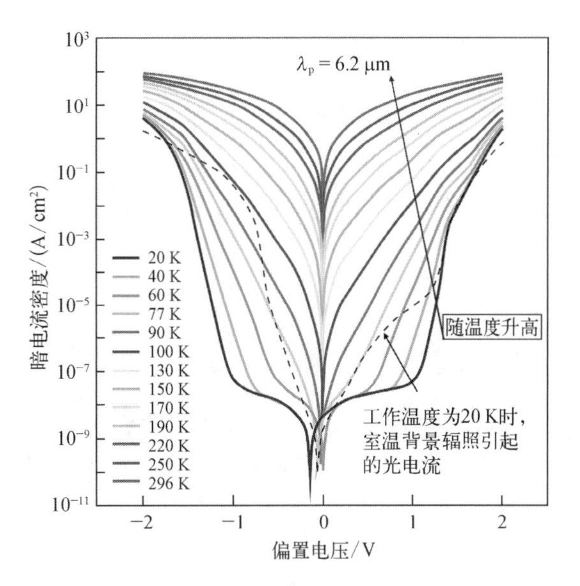

图21.6 具有AlGaAs阻挡层的QDIP暗电流密度变化

图中虚线为室温背景引起的光电流[8]

如式(12.1)所描述的，光电流由量子效率和增益g确定。光导增益定义为总收集载流子与总激发载流子的比率，无论这些载流子是热生成的还是光生成的。通常在光电导中，增益大于1，因为载流子寿命τ_e超过器件触点之间的载流子传输时间τ_t：

$$g_{ph} = \frac{\tau_e}{\tau_t} \tag{21.6}$$

在InAs/GaAs QDIP中，增益的典型值在1~5内。但是，增益强烈取决于QDIP设计和探测器极化。已经观察到高达几千的增益值[8,21]。与QWIP相比(类似的电场强度范围下，通常在0.1~50内)，QDIP的较高增益是载流子寿命更长的结果。较大的光电导增益对提高电流响应率有影响[式(4.31)]。

传统光电导探测器中的光电导增益和噪声增益是相等的。在QDIP中则不同，由于QDIP器件既不均匀也不是双极性的。QWIP中的光电导增益可以用捕获概率p_c表示[28,29]：

$$g_{ph} = \frac{1 - p_c/2}{Np_c} \tag{21.7}$$

$p_c \ll 1$；N为QW层的数量。对于QD器件，在将填充因子F考虑进来的情况下，式(21.7)大致也是适用的，F出现在分母中，计入了单层离散量子点的表面密度[30]。于是：

$$g_{ph} = \frac{1 - p_c/2}{Np_cF} \tag{21.8}$$

Ye等[31]估计F的平均值为0.35。Lu等[32]的论文指出，温度依赖的光响应归因于温度依赖的电子捕获概率。捕获概率可以在很宽的范围内变化，从低于0.01到高于0.1，取决于偏置电压和温度。

QDIP的噪声电流包含gr噪声和热噪声(约翰逊噪声)。

$$I_n^2 = I_{nGR}^2 + I_{nJ}^2 = 4qg_nI_d\Delta f + \frac{4kT}{R}\Delta f \tag{21.9}$$

式中，R为QDIP的差分电阻，可以从暗电流曲线的斜率中提取。

可以表明，噪声增益与电子捕获概率p_c有关，如

$$g_n = \frac{1}{Np_cF} \tag{21.10}$$

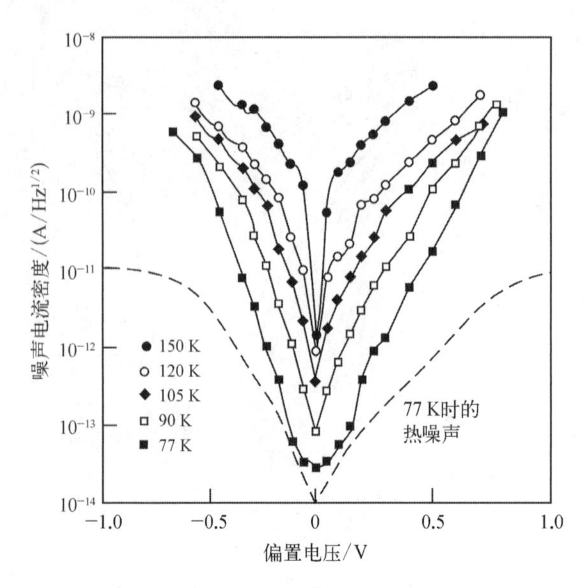

图 21.7 在 77 K、90 K、105 K、120 K 和 150 K 时噪声电流密度与偏置电压的关系

符号为测量数据,虚线是在 77 K 时计算的热噪声电流[31]

在典型的 QDIP 中,热噪声在非常低的偏置下是显著的。例如,图 21.7 给出了在 77 K、90 K、105 K、120 K 和 150 K 处 InAs/GaAs QDIP 的噪声电流的偏置依赖性,测试频率为 140 Hz[31]。计算出的 77 K 时的热噪声电流也显示在图 21.7 中。极低的偏置区域($|V_{bias}| \leqslant 0.1$ V)中,热噪声是显著的。随着偏置的增加,探测器噪声电流增加要比热噪声快得多,并且主要是 gr 噪声。

光电导增益越大,电流响应率越高:

$$R_i = \frac{q\lambda}{hc}\eta g_{ph} \tag{21.11}$$

探测率被定义为每单位均方根(rms)入射辐射功率的 1 Hz 带宽中的 rms 信噪比除以探测器面积 A_d的平方根,并且可以写为

$$D^* = \frac{(A_d\Delta f)^{1/2}}{I_n}R_i = \frac{q\lambda}{hc}\frac{\eta g_{ph}}{(I_{nGR}^2 + I_{nJ}^2)^{1/2}}(A_d\Delta f)^{1/2} \tag{21.12}$$

通常在实际测量中得到的量子效率偏低,典型值约为 2%。然而,应该注意到,最近在 QDIP 器件的性能方面有了快速的进展,特别是在接近室温情况下。Lim 等[33]报道的峰值探测波长约为 4.1 μm 的探测器,其量子效率为 35%。

图 21.8 显示了 InAs/GaAs 垂直 QDIP 的典型光电导谱[25]。楔形耦合结构如插图所示。S 偏振对应于层平面中的电场,而 P 偏振激励的电场具有沿 Z 生长轴和层平面的分量。显然,P 偏振响应比 S 偏振响应要强,并且图 21.8 中的结果表明对于面内偏振激励,可以很容易地测量 QDIP 的光响应(即正入射下的工作是可行的)。

光电导谱被认为是由于目前 QDIP 中自组装 QD 在面内的尺度较宽(约为 20 nm),在生长方向(约为 3 nm)较窄[25]。因此,强约束出现在生长方向上,而面内约束较弱,量子点中可以存在多个能级(图 19.6)。面内能级之间的跃迁提高了对正入射光的响应。

Phillips 对 QDIP 的基本性能限制进行了分析,指出非常均一的 QDIP ($\sigma_{ens}/\sigma_{QD} = 1$) 的预测性能可以与 HgCdTe 的相媲美(图 21.9[20])。然而,如前面所述,较差的 QDIP 性能通常与两个来源相关联:非优化的带结构和 QD 尺寸的不均匀性。在 Phillips 的分析中,假设存在两个电子能级,其中激发态与阻挡层材料的导带重合。如果激发态低于阻挡材料的导带,则难以提取光电流,这反映为低响应率和探测率。此外,通常 QD 在激发态和基态转换之间存在其他能级。如果这些能级差接近热激发或允许的声子散射,则载流子寿命将被显著降低。结果,会观察到暗电流的大幅增加和探测率的降低。在斯坦斯基-克拉斯塔诺夫(Stranski - Krastanow)生长模式的情况下,自组装 QD 会由于与二维浸润层的耦合而发生一定程度的退化。

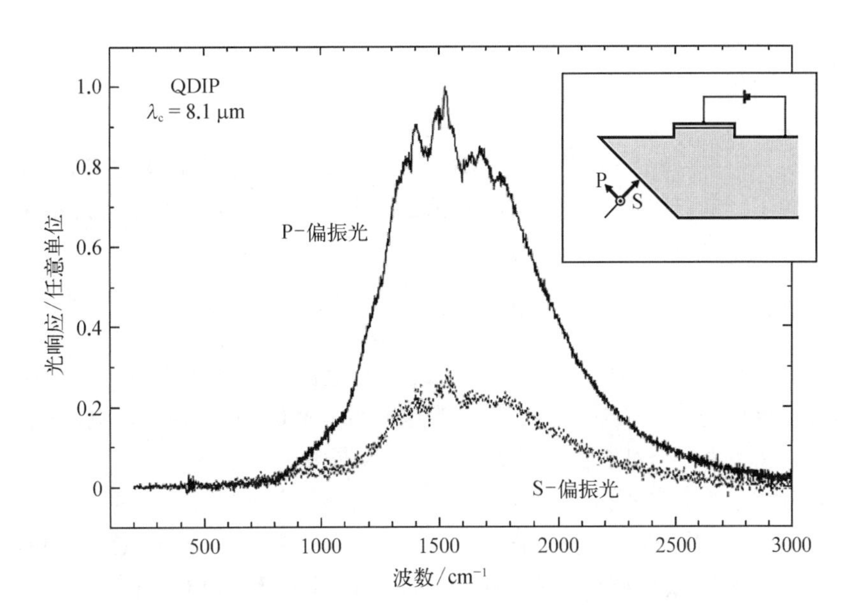

图 21.8 45°切面探测器结构的 P 偏振和 S 偏振光谱响应曲线。该 QDIP 包括 50 层 InAs 量子点,由 30 nm GaAs 势垒隔开。QD 密度约为 $5\times10^9\ cm^{-2}$。电子数量估计为每个点 1 个电子[25]

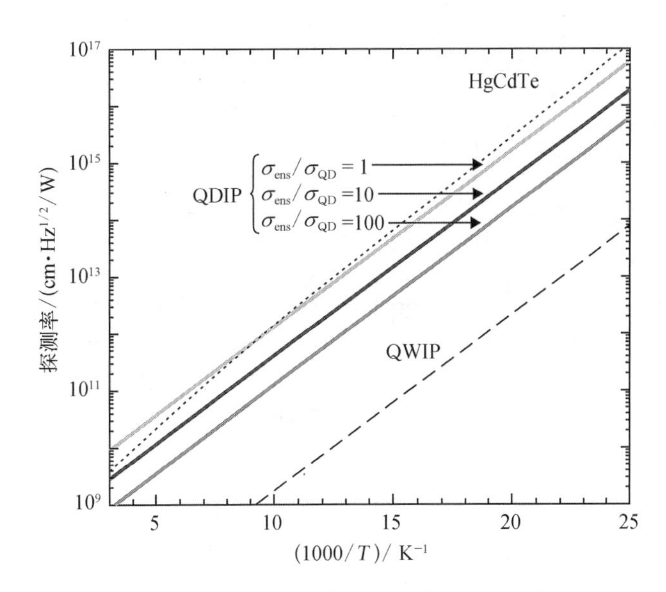

图 21.9 HgCdTe、QWIP 和 QDIP 探测器的探测率与温度的关系,带隙能量对应于 10 μm 波长[20]

QD 的制备也对于材料吸收性能具有强烈的影响。如果 QD 的横向量子限制很小,它们更像是 QW,对正入射的敏感度降低,导致暗电流的增加和探测率降低。在当前的 QD 制造技术下,由 σ_{ens}/σ_{QD} 的值建模可计算出的 QD 能级的不均匀展宽约为 100。此外,实验测定的量子效率会低几个百分比,目前还达不到 QWIP 的水平。因此,需要同时提高 QD 的尺寸均匀性与增加 QD 的密度,从而提高 QDIP 的性能。

21.4 QDIP 的性能

参考文献[34]~[36]等综述了 QDIP 的现状和可能的发展趋势。Martyniuk 和 Rogalski[34]将 QDIP 与其他类型的红外光电探测器进行了对比。以下的讨论将主要基于这篇论文。

21.4.1 R_0A 乘积

尽管 QDIP 是光电导,而 HgCdTe 是光电二极管,但比较两者的暗电流和电阻增量还是有意义的。在目前的技术发展阶段,低偏压下这两种 MWIR 探测器的暗电流是可比的[9]。图 21.10 显示了 R_0A 乘积对波长的依赖性。QDIP 数据由工作偏置下的 $I-V$ 特性曲线中获取的动态电阻确定。现有文献报道中仅有少量关于 QDIP 实验测得的 R_0A 乘积值,以实心圆点标识在图 21.10 中。HgCdTe 光电二极管的最高测量 R_0A 乘积处于 $10^8\ \Omega\cdot cm^2$ 和 $10^9\ \Omega\cdot cm^2$ 之间(工作温度为 78 K,截止波长约为 5 μm)。实线是 HgCdTe 光电二极管的理论 R_0A,使用一维模型计算,假定来自较窄带隙 n 侧扩散电流占主导,且少子的复合是通过俄歇和辐射过程进行的。理论计算中使用 p 侧施主浓度 $N_d = 1 \times 10^{15}\ cm^{-3}$ 和窄带隙有源层厚度为 10 μm 的典型值。

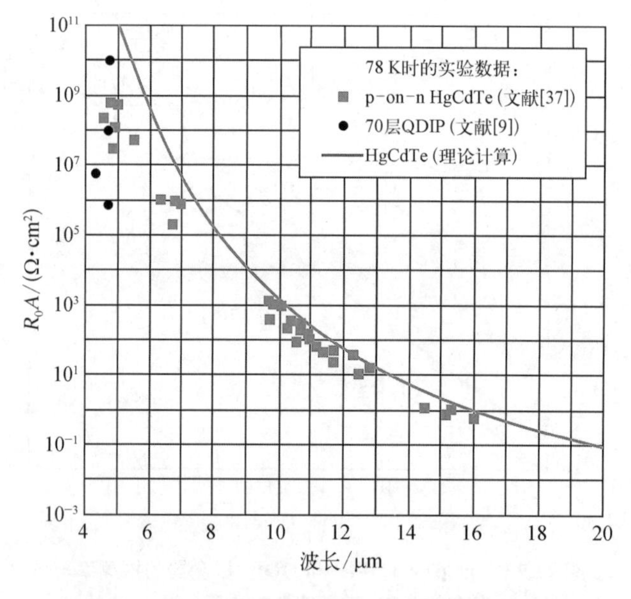

图 21.10 工作温度 78 K 下 p-on-n HgCdTe 光电二极管和 QDIP 的 R_0A 与波长的关系

实线是采用一维 n 侧扩散模型假设的理论计算结果

R_0A 乘积是 HgCdTe 三元合金的固有特性,取决于截止波长。光电二极管的暗电流会随截止波长增加,这是与 QDIP 器件的重要差异,在 QDIP 中暗电流对波长不太敏感,主要取决于器件的几何形状。

21.4.2　工作温度 78 K 时的探测率

用于比较探测器性能的一个有用的品质因子是热限制探测率。在光电二极管的情况下,该参数由式(4.55)定义。然而,对于光电导,由于热噪声和 gr 噪声的不同贡献,情况更加复杂。如前面所述,QDIP 中的噪声来自 QD 中的捕获过程,是探测器设计和捕获概率的复杂函数。探测率取决于若干特定的量,如量子效率、光电导增益,以及噪声电流的贡献[参见式(21.12)]。

图 21.11 比较了文献[38]中的 77 K 下 QDIP 的最高探测率与 p－on－n HgCdTe 和Ⅱ类 InAs/GaInSb 应力层超晶格(strained-layer superlattice,SLS)光电二极管的预测探测率。需要指出的是,对于 HgCdTe 光电二极管,在 50~100 K 内,其理论预测曲线与实验数据(图 21.11 中未示出)符合得非常好。理论预测的Ⅱ类 SLS 的热限制探测率大于 HgCdTe 探测器。

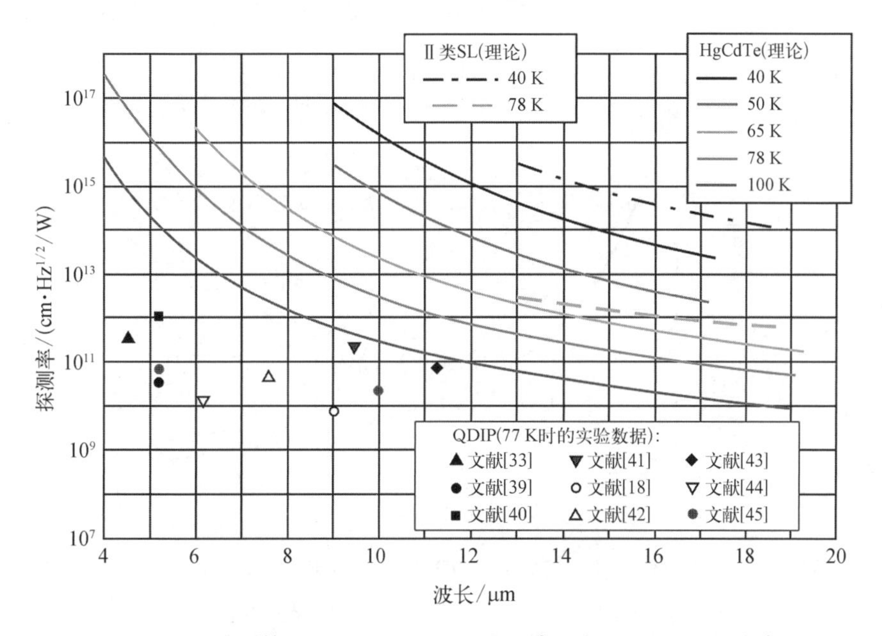

图 21.11　预测的 p－on－n HgCdTe 和Ⅱ类 InAs/GaInSb SL 光电二极管的探测率与 77 K 下测量的 QDIP 探测率的比较

图 21.11 中 77 K 下 QDIP 探测率的测量值表明 QD 器件的探测率与当前的 HgCdTe 探测器性能还有很大差距。在 LWIR 区域,77 K 时 QDIP 的实验数据上限接近 100 K 时的 HgCdTe。

21.4.3　更高工作温度时的性能

QDIP 的主要潜在优点之一是暗电流低。较低的暗电流可以允许器件在更高的温度下工作。然而,到目前为止,文献中报道的大多数 QDIP 器件都在 77~200 K 内工作。基于这一事实,在高于 200 K 的工作温度下,将可实现的 QDIP 性能与其他类型的探测器进行比较会是很有趣的。

大多数现代红外焦平面是混成型器件,由化合物半导体材料制成的探测器阵列和被称为读出电路的硅信号处理芯片组成。为了获得高注入效率,金属氧化物半导体场效应晶体管(metal oxide semiconductor field effect transistor,MOSFET)的输入阻抗必须远低于其工作点时探测器的内部动态电阻,并且应满足条件 $IR_d \gg \beta kT/q$(R_d是探测器的动态阻抗,β 是通常在 1~2 内的理想因子)。一般来说,短波红外和中波红外的 FPA 完全满足这个条件,其中探测器的动态电阻 R_d很大,但对于长波红外设计,R_d很小。还有更复杂的注入电路,可以有效地降低输入阻抗并适用较低的探测器电阻。

上述要求对于在 LWIR 工作的近室温 HgCdTe 光电探测器尤其重要。由于热生成很高,它们的阻抗非常低。在具有高的电子—空穴比的材料中,如 HgCdTe,阻抗还会由于双极性效应而降低。小尺寸、未制冷的 10.6 μm 光电二极管(50×50 μm^2)的零偏结电阻小于 1 Ω,远低于二极管的串联电阻[46]。结果,传统器件的性能非常差,不可用于实际应用。10 μm 光电二极管的饱和电流达到 1 000 A/cm^2,比 300 K 时背景辐射所能引起的光电流大四个数量级。与 HgCdTe 光电二极管相比,QDIP 的潜在优点是具有相当低的暗电流和更高的 R_0A 乘积(图 21.12)[47]。

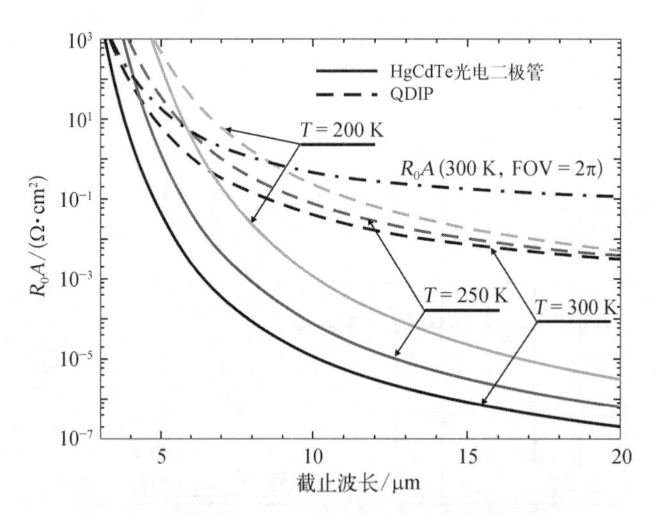

图 21.12 HgCdTe 光电二极管和 QDIP 的 R_0A 乘积作为波长的函数。采用优化的掺杂浓度 $p=\gamma^{1/2}n_i$,对 HgCdTe 光电二极管进行了计算

图 21.13 将 HgCdTe 光电二极管和 QDIP 的热探测率作为工作波长与工作温度的函数进行了计算,并与非制冷 HgCdTe 和Ⅱ类 InAs/GaInSb SLS 探测器的实验数据进行了对比。俄歇机制看起来对 LWIR HgCdTe 探测器性能施加了基本的限制。计算中采用了已经优化的掺杂浓度,$p = \gamma^{1/2}n_i$。QDIP 的实验数据是从 200 K 和 300 K 工作的探测器的报道中收集的。

非制冷的 LWIR HgCdTe 光电探测器可以从市场上购买到,目前产量也很大,主要是单元器件[46]。它们在红外系统中找到了需要快速响应的重要应用。图 21.13 所示的结果表明Ⅱ类超晶格是从中波到甚长波红外工作的红外探测器的良好候选者。然而,QDIP 性能与 HgCdTe 和Ⅱ类超晶格探测器的比较提供了 QDIP 适用于高温的证据。特别地,在吸收区的每个 QD 层都具有双势垒共振隧穿滤波器的甚长波 QDIP 器件中已经获得了令人鼓舞的结果[48]。在这种类型的器件中,通过共振隧穿选择性地从 QD 收集光电子,而相同的隧穿势垒会阻挡暗电流的电子,因为暗电流电子具有宽的能量分布。对于 17 μm 探测器,获得了 8.5×

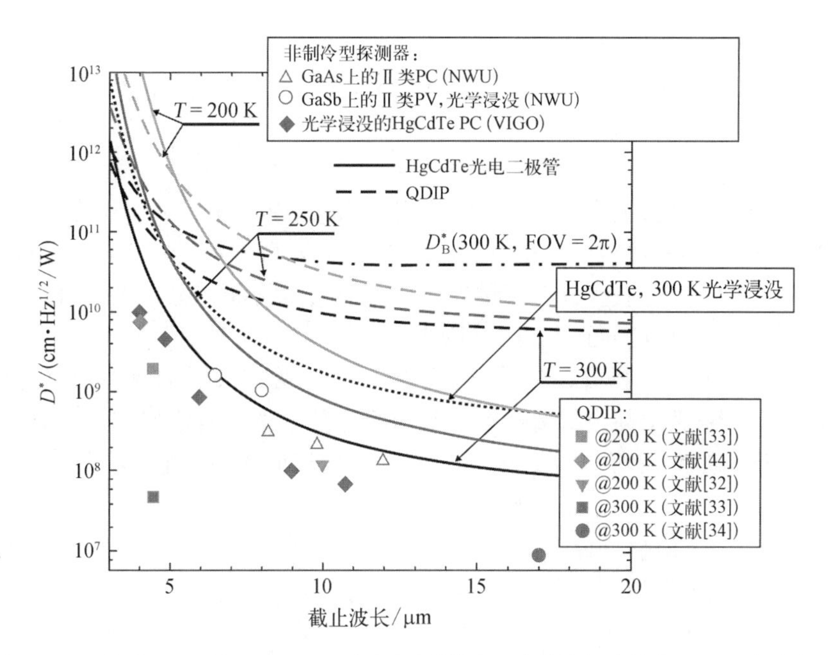

图 21.13　俄歇 gr 限制下 HgCdTe 光电探测器的理论性能与波长和工作温度的关系

计算了 2π 视场(FOV)下的 BLIP 探测率,背景温度为 $T_{BLIP}=300$ K,量子效率 $\eta=1$。针对优化的掺杂浓度 $p=\gamma^{1/2}n_i$,对 HgCdTe 光电二极管进行了计算。实验数据取自商用非制冷 HgCdTe 光电导(由 Vigo System 生产)和美国西北大学量子器件中心的非制冷Ⅱ类探测器(Center for Quantum Devices, Northwestern University)。QDIP 的实验数据是从 200 K 和 300 K 下工作的探测器的报道中收集的

10^6 cm·Hz$^{1/2}$/W 的峰值探测率。到目前为止,这一新型器件仍代表着室温光电探测器的最高性能。技术和设计的进一步提高可以将 QDIP 器件应用于室温 FPA,与热探测器(测辐射热计和热释电器件)相比,QDIP 的优点是更高的工作速度(较短的帧时间)。

下一代红外热成像系统需要追求更快的帧频和多光谱工作,因此热探测器似乎并不适合。许多非成像的应用需要的响应时间比热探测器可实现的要短得多。而 QDIP 探测器技术和设计的改进则有可能在室温下实现高灵敏度与快速响应。

21.5　胶体 QDIP

还有一种从本质上不同的 QDIP 制备方法是使用由无机化学合成的 3D 量子限制半导体纳米颗粒来构成有源区[49]。基于胶体量子点(colloidal quantum dot,CQD)的这种相对较新的方法在几个方面都提供了很有希望的替代方案。相较于外延 QD,这类纳米颗粒可以提升 QDIP 的性能[35]:

(1) 控制 CQD 合成,进行尺寸筛选,制备高度均匀的组合体;

(2) CQD 的球形形状简化了建模和设计的计算过程;

(3) 无须考虑在外延 QD 生长中占据主导的应变作用,从而可以更灵活地选择有源区材料。

此外,CQD 给成像应用提供了几个极具吸引力的特点[50]:

(1) 与外延生长相比,制造成本降低(溶液可用于旋涂或喷墨打印);

(2) 材料可以沉积在任何材料上(不需要外延匹配);

(3) 由于胶体点可以紧密组装,可以获得比斯特兰斯基-克拉斯塔诺夫(Stranski - Krastanov)生长的 QD 更强烈的吸收。

然而,胶体纳米材料也存在几种不足:

(1) 与外延材料相比,纳米材料的化学稳定性和电子钝化较差;

(2) 电子传输需要通过纳米材料中的许多势垒界面,可能是缓慢的并导致材料绝缘;

(3) 长期稳定性存在问题,具有大量界面,是原子间以不同或较弱的结合形成的;

(4) 颗粒体系的无序度导致大的 1/f 噪声。

通常,CQD 被用于光电器件,作为导电聚合物/纳米晶体共混物或纳米复合材料[51-53]。对于红外光电探测器,纳米复合材料通常为具有窄带隙的Ⅱ-Ⅵ族(HgTe,HgSe)[54-56],PbSe 或 PbS[57-59] CQD。通常,已经报道的 IR 光电探测器使用嵌入在导电聚合物基质中的 CQD,如聚[2-甲氧基-5-(2-乙基己氧基)-1,4-苯乙烯](poly[2 - methoxy - 5 -(2 - ethylhexyloxy)- 1,4 - phenylenevinylene],MEH - PPV),在对应于半导体纳米晶体带隙的近红外区域(1~3 μm)实现光探测[53]。

CQD 光电探测器通常由滴涂沉积在玻璃载玻片上的单个纳米复合材料层和大面积、双端、使用 p 型[氧化铟锡(indiumtin-oxide,ITO)]和 n 型[铝(aluminum,Al)]电极组成垂直器件,如图 21.14(a)所示。图 21.14(b)显示了胶体点薄膜中的捕获和传输机制。

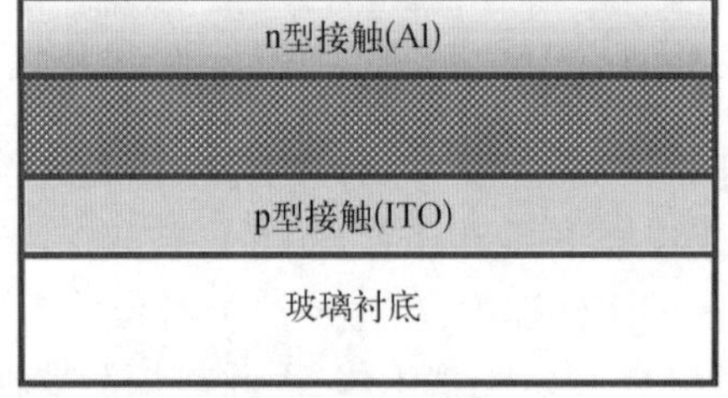

(a) CQD器件异质结构/导电聚合物纳米复合材料示意图

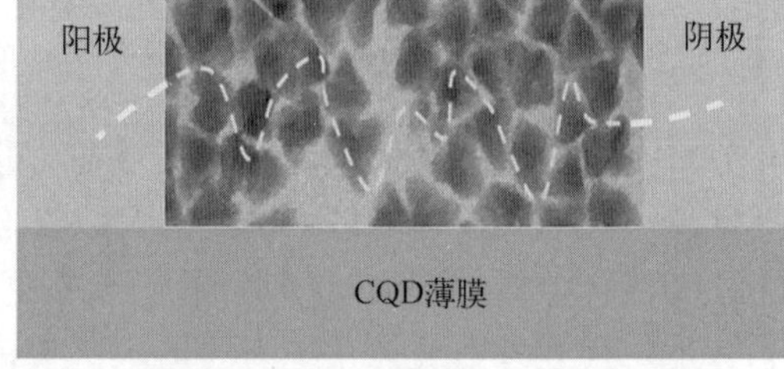

(b) 光伏型(PV)QD探测器的扫描电子显微镜图像

图 21.14 CQD 光电探测器

虚线为光生电荷的传输示意

与外延 QDIP 相比,CQD 纳米复合材料中的电荷传输机制表现出微妙的差异。如图 21.15 所示,并没有利用带内跃迁。相反,光响应来自于跨越 CQD 带隙的双极性、带间(激子)跃迁。另外,由于 CQD 是电子受主,并且聚合物通常是空穴导体,光生激子会在 QD/聚合物界面处解离。因此,通过纳米复合材料的光电导来自于在 QD 间的电子跳跃和通过聚合物传输的空穴[35]。

CQD 层是无定形的,允许将器件直接制造在 ROIC 衬底上,如图 21.16 所示,不限制阵列或像素尺寸,制造周期在几天的量级。此外,CQD 探测器与 ROIC 的单片集成意味着不再需要混成的步骤。通过 ROIC 顶面上的金属焊盘的区域来定义各个像素。使用湿法化学合成胶体纳米晶体。将试剂注入烧瓶中,并通过控制试剂浓度、配体选择和温度,控制所需纳米晶体的尺寸和形状。这种顶面光电探测器与 CMOS 电子器件的后处理工艺兼容,可提供 100%的填充因子。

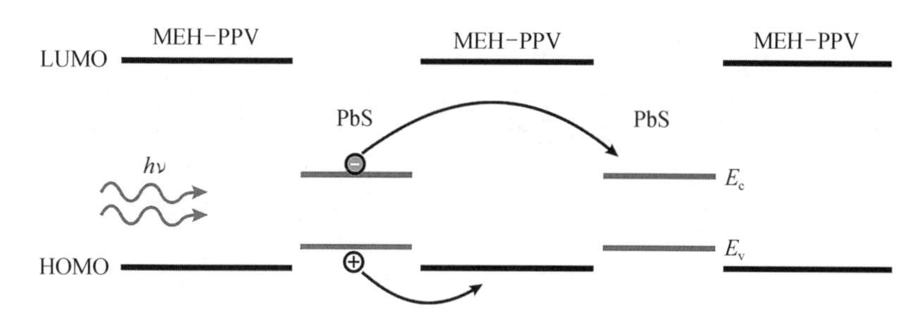

图 21.15　PbS/MEH－PPV CQD 导电聚合物纳米复合材料中带间跃迁的能量与位置关系示意图，显示了红外光电探测中光电流产生的原理[35]

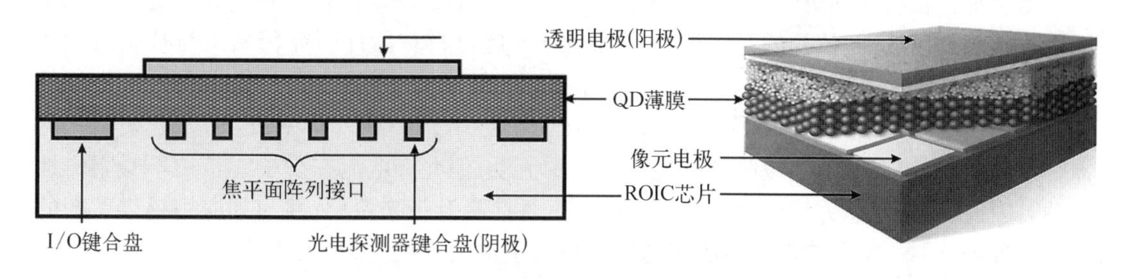

图 21.16　基于 CQD 的红外单片阵列结构

最近两个研究组[55,56]已经证实合成的 HgTe CQD 的红外带隙对应 3～12 μm。量子限制使得 QD 表现出大于 HgTe 体材料的光学带隙，允许它们在不同合成条件下调节到各个光谱带。具有 5.25 μm 截止波长的光伏探测器已经实现了超过 40%的内量子效率，并且在 90 K 达到 BLIP 性能[54]。此外，已经制造了 100 K 工作温度时具有噪声等效差温度值为 102 mK 的 HgTe CQD FPA[55]。

目前，在 5 μm 波段，已经获得了 10^9～10^{10} Jones 的探测率，同时保持了在适度制冷温度下的快速响应。CQD 红外探测器不太可能达到当前流行的 InGaAs、HgCdTe 或 InSb 光电二极管的性能，但它们可能会用于更新型的应用，这些应用需要在小像元上实现高清、低成本成像，而不需要极端的灵敏度。根据红外系统工程师和客户的需求，CQD 器件的基本属性可能会潜在地改变。可以预期，增加量子点的尺寸，同时保持良好的单体分散性，可以改善载流子输运和提高量子效率，同时保持低噪声水平。随着该技术早期的沉积和合成工艺的持续发展，将来可以达到更高的性能。

参 考 文 献

第22章 红外势垒型光电探测器

基于锑化物材料的研究与 HgCdTe 同时开始于 20 世纪 50 年代，锑化物技术尤其是低维固体技术的迅速成功，依托的是之前 50 年的Ⅲ－Ⅴ族材料和器件研究积累。与基于锑化物的带隙工程概念相关的复杂物理学始于 20 世纪 90 年代初，给学术界和国家实验室中红外探测器结构的发展带来了新的影响。此外，在光电导结构中加入势垒，也称为势垒型探测器，可以阻止电流在探测器吸收层的多子能带中流动，但允许电流在少子能带中不受阻碍地流动。因此，这一概念为锑化物基焦平面阵列的性能提升带来希望，并为其应用提供了新的视角。各种 $A^{Ⅲ}B^{Ⅴ}$ 化合物半导体的带隙工程取得了重大进展，引入了新的红外探测器架构。新方案不断出现，尤其是基于锑化物的Ⅱ类超晶格（type－Ⅱ superlattice，T2SL）、基于势垒结构的具有较低生成-复合漏电流机制的 nBn 探测器，以及多级/级联红外器件。

22.1 短波红外势垒型探测器

使用 InGaAs 和 InGaAsSb 合金体系，已经证明了可以将势垒型探测器扩展到短波红外区域，达到 3 μm[1,2]。制作 SWIR 探测器的标准方法是利用分子束外延（molecular-beam epitaxy，MBE）技术[17]。

Savich 等[2]对传统光电二极管和截止波长为 2.8 μm 的 nBn 结构探测器的电学与光学特性进行了比较，该探测器的吸收层由晶格失配的 InGaAs 和晶格匹配的 InGaSb 制成。为了减少 $In_{1-x}Ga_xAs$ 吸收层在 InP 衬底上的缺陷数量，生长了一个 2 μm 厚的 AlInAs 阶跃缓冲区，其晶格常数从 InP 的晶格常数渐变为 $In_{0.82}Ga_{0.18}As$。传统的光电二极管和 nBn 探测器都包括这个阶跃缓冲区。势垒型探测器还包括额外的赝晶 AlAsSb 单极势垒，以保持一个大于 $In_{0.82}Ga_{0.18}As$ 的传导势垒。

在 GaSb 衬底晶格匹配的情况下，混溶间隙边缘的 $In_{0.30}Ga_{0.70}As_{0.56}Sb_{0.44}$ 的四元组成被用于保持截止波长和晶格匹配要求。在 nBn 探测器中，还设置了与 $In_{0.30}Ga_{0.70}As_{0.56}Sb_{0.44}$ 吸收层相比具有大的导带偏移和零价带偏移的赝晶 AlGaSb 单极势垒。

图 22.1 收集了晶格失配 InGaAs 和晶格匹配 InGaAsSb 探测器在 100 mV 反向偏置下的暗电流随温度的变化特性[2]。InP 衬底上的 InGaAs 材料质量较小，晶格失配而产生的穿透位错会对器件暗电流性能造成影响。

p－n InGaAs 光电二极管在低于 220 K 的温度下受到表面漏电流的限制，而 nBn 探测器则可在低至 150 K 时仍保持扩散受限。在室温背景光电流水平下，与传统光电二极管相比，nBn 探测器的暗电流降低了 400 倍以上。

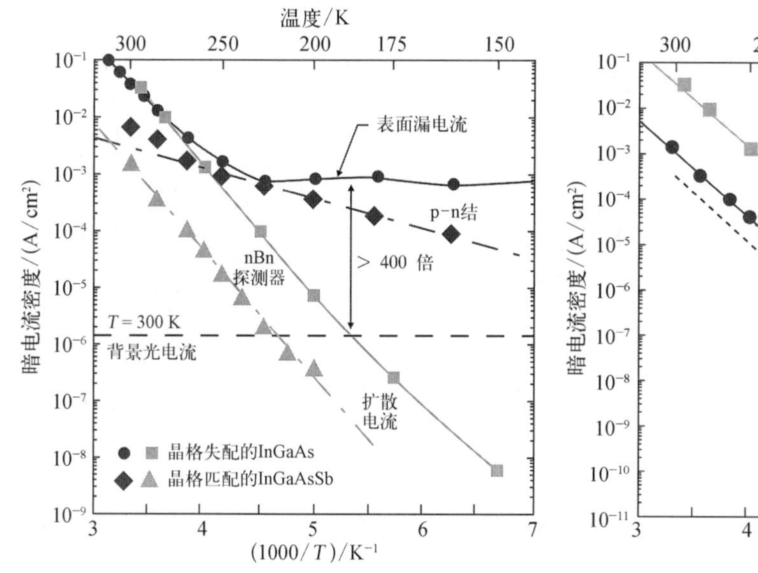

图 22.1　InGaAs 与 InGaAsSb p−n 结和截止波长为 2.8 μm 的 nBn 探测器的阿伦尼乌斯图

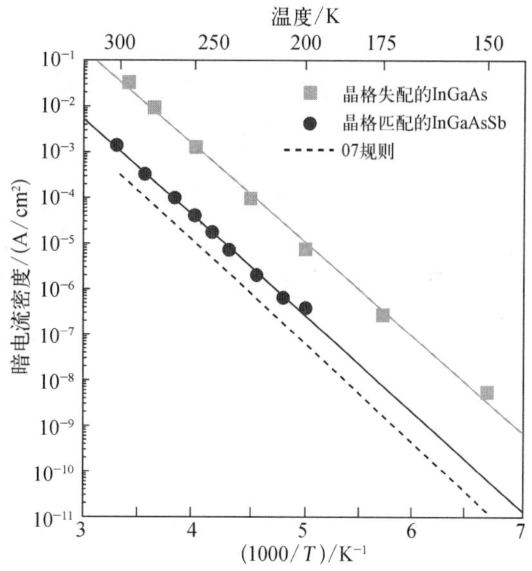

图 22.2　InGaAs 和 InGaAsSb nBn 探测器暗电流特性的比较

晶格匹配的 InGaAsSb 势垒探测器与失配的 InGaAs nBn 探测器相比，暗电流至少降低了一个数量级[2]

InGaAs p−n 结在 250 K 以下受到耗尽区电流的限制，而根据实验测量，nBn 在低至 250 K 时仍保持扩散受限。在 300 K 的背景光电流水平下，与传统光电二极管相比，nBn 探测器的暗电流降低了近三个数量级。

图 22.2 显示了与 GaSb 衬底晶格匹配的 InGaAsSb nBn 探测器所获得的性能接近了 07 规则。与使用晶格不匹配的 InGaAs 同类器件相比，它的暗电流低 10~20 倍。

22.2　铟砷锑势垒型探测器

$InAs_{1-x}Sb_x/AlAs_{1-y}Sb_y$ nBn 中波红外探测器的详细生长过程和器件特性有多篇文献进行了讨论，如文献[3]~[7]。n 型掺杂通常采用 Si 或 Te，而 InAsSb 结构可以使用 Veeco Gen 200 MBE 系统，生长在 GaAs(100)或 GaSb(100)衬底上[7]。使用 GaAs(100)作为衬底的晶格失配结构生长在 4 μm 厚的 GaSb 缓冲层上，而剩余的结构直接生长在 GaSb(100)衬底上。器件结构的主要包括一个厚的 n 型 InAsSb 吸收层(1.5~3 μm)、一个薄的 n 型 AlSbAs 势垒层(0.2~0.35 μm)和一个薄的(0.2~0.3 μm)n 型 InAsSb 接触层。底部接触层需要做高浓度掺杂。

图 22.3 是这种 nBn 结构的一个例子，Martyniuk 和 Rogalski[8] 从理论上考虑了这种结构，图 22.3(b)为文献[9]中随温度变化的 $J-V$ 特性。在温度 150 K 下，$InAs_{1-x}Sb_x$ 吸收层的组分 $x=0.09$ 时，截止波长约为 4.9 μm。在 200 K 时，J_{dark} 为 1.0×10^{-3} A/cm²，在 150 K 时 J_{dark} 为 3.0×10^{-6} A/cm²。−1.0 V 偏置电压下，探测器中的扩散电流占主导，此时量子效率达到峰值。

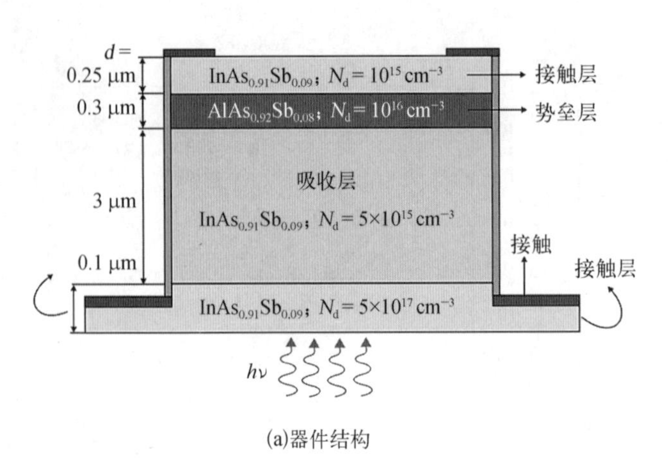

(a)器件结构

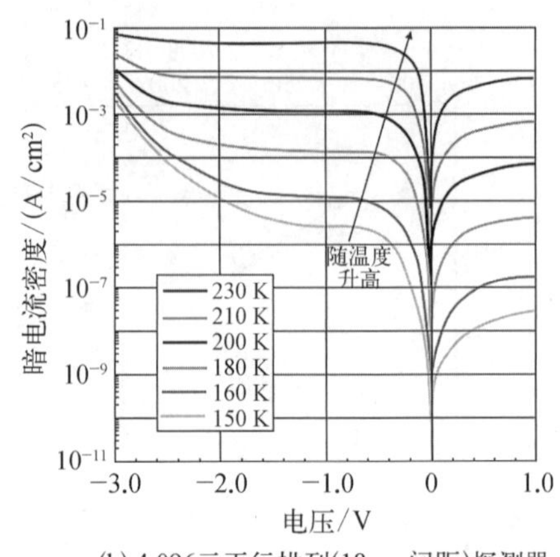

(b) 4 096元平行排列(18 μm间距)探测器(150 K时$\lambda_c \approx 4.9$ μm)的暗电流密度与偏置电压之间的关系

图 22.3 InAsSb/AlAsSb nBn MWIR 探测器

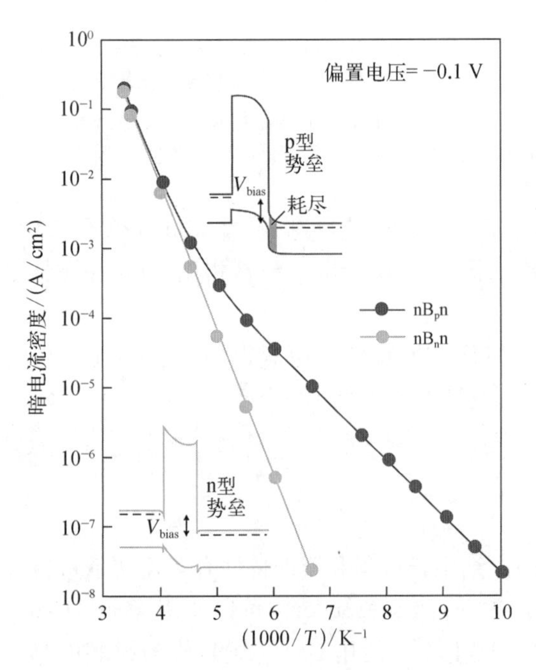

图 22.4 两个 InAsSb/AlSbAs NBN 器件，在仅势垒极性不同时，它们的暗电流密度与温度的关系

有源层带隙在 150 K 时对应的波长为 4.1 μm[10]

图 22.4 显示了两个名称、仅势垒极性相反的器件在-0.1 V 偏置电压下的暗电流密度与温度的差异[10]。nB_nn 器件表现为单一直线，具有扩散受限行为的特征，而 nB_pn 器件表现出双斜率行为，具有从高温下的扩散受限行为到低温下的 GR 受限行为的交叉特征。如图 22.4 所示，对于具有 p 型势垒的探测器，150 K 下为 GR 受限，其暗电流密度要大两个数量级以上，如果配合 $f/3$ 光学系统，量子效率取 70%的典型值，达到背景限红外光电探测器（background limited infrared photodetector, BLIP）工作温度，约为 140 K，而 n 型势垒探测器的温度约为 175 K。

Klipstein 等[11]演示了首批商用的 nBn 阵列探测器之一，该探测器工作在 MWIR 大气窗口的蓝色/较短波部分（3.4 ~ 4.2 μm），是由 SCD 公司推出的。它被称为 Kinglet，是一个非常小尺寸、重量和功率（size, weight and power, SWaP）的集成式探测器制冷机组件（integrated detector cooler assembly，IDCA），孔径为 $f/5.5$，工作温度为 150 K。基于 SCD 的 Pelican - D 读出电路的 Kinglet 数字型探测器采用 15 μm 间距的 nBn $InAs_{0.91}Sb_{0.09}$/B - AlAsSb 640×512 像元架构。配合 $f/3.2$ 光学时的 NETD（噪声等效温差）和有效像元率随温度的变化如图 22.5 所示。在 10 ms 积分时间下，NETD 为 20 mK。在标准两点非均匀性校正后，有效像元比例高于99.5%。NETD 和可操作性在 170 K 以上开始变化，这与预计的 175 K 的 BLIP 温度是一致的。

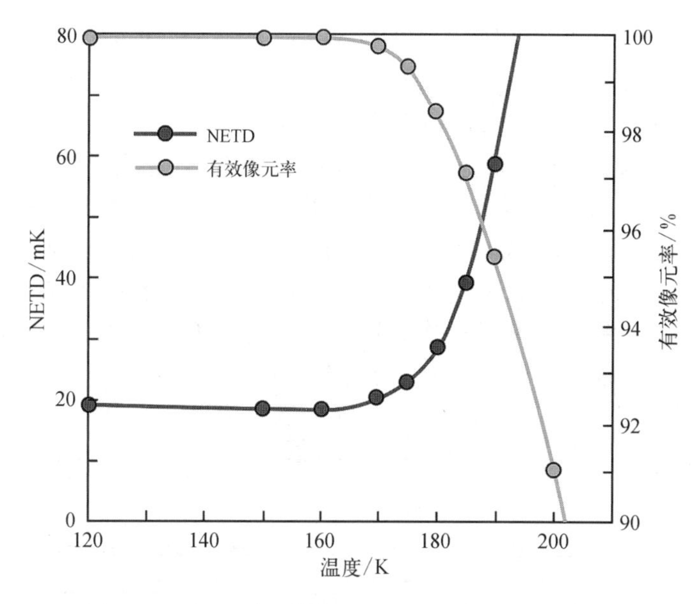

图 22.5　Kinglet 探测器的 NETD(配合 f/3.2 光学)和有效像元率的温度依赖性[11]

最近,Lin 等[12]已经报道了截止波长约为 10 μm 的体 InAsSb 势垒型探测器,工作温度为 77 K。由于晶体结构质量差,LWIR 体 InAsSb 三元合金探测器的性能比 HgCdTe 光电二极管逊色很多。

该器件横截面示意图如图 22.6(a)所示。器件结构由 MBE 生长在 GaSb 衬底上的 3 μm 厚的组分渐变 GaInSb 缓冲层、1 μm 厚的 $InAs_{0.60}Sb_{0.40}$吸收层、20 nm 厚的 $Al_{0.6}In_{0.4}Sb_{0.41}Sb_{0.9}$未掺杂势垒和 20 nm 厚的 $InAs_{0.60}Sb_{0.40}$顶部接触层(Te 掺杂浓度为 10^{18} cm^{-3})组成。未掺杂的 AlInAsSb 势垒层与 Sb 组分 40%的 InAsSb 晶格匹配。如图 22.6 所示,异质结构外延层顶部制作出入射窗口(边长为 250 μm 的正方形)。顶部金属接触层是边长为 300 μm 的正方形。通过反应离子蚀刻将金属电极外的 InAsSb 接触层向下去除直到势垒层。探测器钝化使用的是 Si_3N_4。

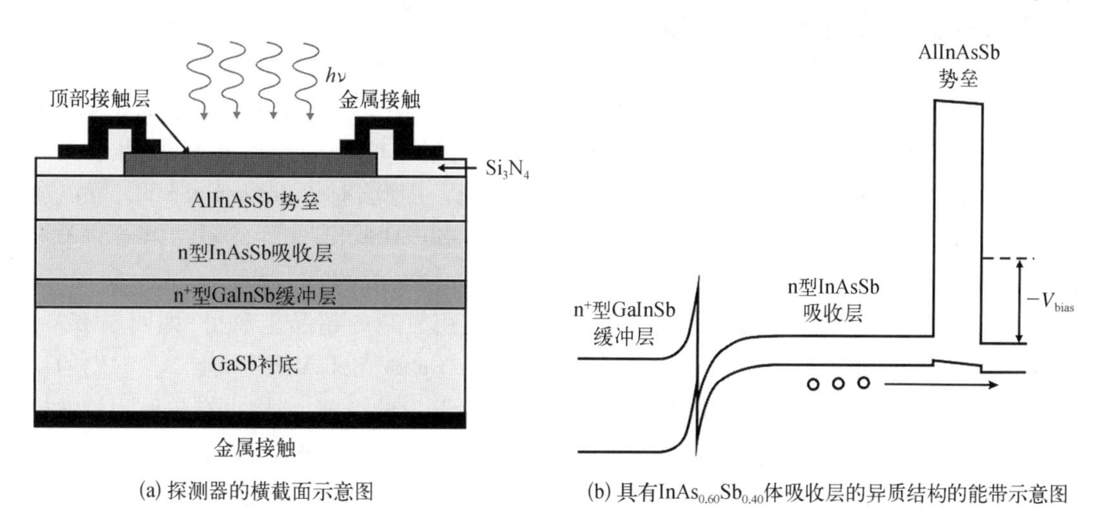

(a) 探测器的横截面示意图

(b) 具有$InAs_{0.60}Sb_{0.40}$体吸收层的异质结构的能带示意图

图 22.6　LWIR nBn InAsSb 探测器

在 77 K 下测得 $InAs_{0.60}Sb_{0.40}$ 吸收层中的少子寿命为 185 ns，扩散长度为 9 μm。用频率响应测试可估算出空穴迁移率为 $10^3\ cm^2/(V\cdot s)$。

电流-电压特性受到邻近势垒的部分吸收层耗尽的影响，这会导致 GR 层和可能的隧穿电流分量成为主导。为了使暗电流达到扩散受限，必须消除与异质界面相关的价带偏移。

图 22.7 是两种不同吸收层掺杂浓度时，LWIR NBN InAsSb 的探测率谱。尽管掺杂使吸收边发生了明显的蓝移，在 2π 视场和 8 μm 波长时，探测率仍可达到 $2\times10^{11}\ cm\cdot Hz^{1/2}/W$。在 $\lambda=8$ μm 处，1 μm 厚的 $InAs_{0.60}Sb_{0.40}$ 吸收层的吸收系数估计为 $3\times10^3\ cm^{-1}$，这意味着量子效率达到 22%。量子效率随着偏压的增加而增加，直到在 −0.4 V 的偏压后基本保持恒定，并且随着吸收层厚度的增加而增加（3 μm 厚的吸收层对应为 40%）。

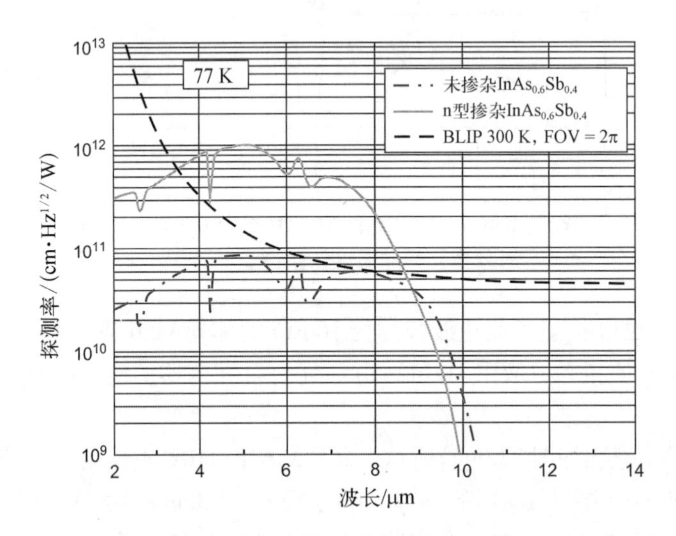

图 22.7 $T=77$ K，具有 1 μm 厚 $InAs_{0.60}Sb_{0.40}$ 吸收层的势垒型探测器的探测率谱

实线与点划线分别对应于器件吸收层掺杂和未掺杂。长虚线代表 2π FOV 时的 300 K 背景限[12]

22.3 铟砷/镓锑Ⅱ类势垒型探测器

由于 6.1 Å Ⅲ-Ⅴ族材料（InAs、GaSb 和 AlSb）的灵活性，为 InAs/GaSb 超晶格设置单极势垒是相对简单的。对于具有相同 GaSb 层宽度的超晶格（superlattice，SL），由于大的重空穴质量，它们的价带边缘倾向于排列得非常紧密。因此，对于 InAs/GaSb SL，可以通过使用具有更薄的 InAs 层的 InAs/GaSb SL 或者用 GaSb/AlSb SL 来形成阻挡电子的单极势垒。

阻挡空穴的单极势垒可以用不同的方式通过使用复杂的超晶胞获得，如四层 InAs/GaInSb/InAs/AlGaInSb W 形结构[13]和四层 GaSb/InAs/GaSb/AlSb M 形结构[14]。它们的设计如图 22.8 所示。最初为提高 MWIR 激光器的增益而开发的 W 形结构也有望作为长波红外和甚长波红外光电二极管的材料。在这些结构中，两个 InAs 电子阱位于 InGaSb 空穴阱的两侧，并且在两侧被 AlGaInSb 势垒层束缚。势垒围绕空穴阱对称地限制电子波函数，增加电子-空穴重叠，几乎使波函数定域。由此产生准维度的态密度会在能带边缘附近形成强吸

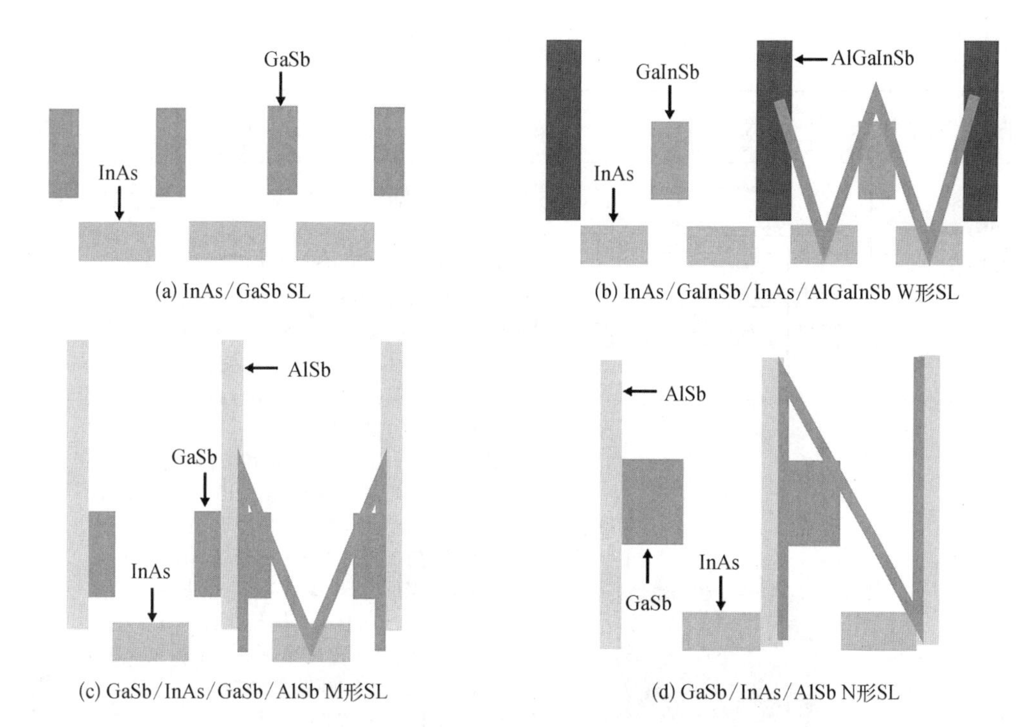

(a) InAs/GaSb SL

(b) InAs/GaInSb/InAs/AlGaInSb W形SL

(c) GaSb/InAs/GaSb/AlSb M形SL

(d) GaSb/InAs/AlSb N形SL

图 22.8　能带示意图[4]

收。由于 W 结构的灵活性,这种 SL 已被用作空穴阻挡的单极势垒、吸收层及电子阻挡的单极势垒。

新设计的 W 型结构 T2SL 光电二极管采用了渐变带隙 p－i－n 设计。耗尽区的带隙渐变抑制了耗尽区的隧穿和 GR 电流,暗电流性能会有一个数量级的改善,对于截止波长为 10.5 μm 的器件,在 78 K 下 $R_0A=216\ \Omega\cdot cm^2$。未处理台面的侧壁电阻率约为 70 kΩ·cm,表明渐变带隙会产生自发钝化[15]。

在 M 形结构[16,17]中,较宽能隙的 AlSb 层阻挡了相邻两个 InAs 阱中电子之间的相互作用,从而降低了隧穿概率,增加了电子有效质量。AlSb 层还充当了价带中空穴的势垒,将 GaSb 空穴量子阱转化为双量子阱。结果,有效阱宽减小,并且空穴的能级变得对阱的尺寸敏感。这种结构显著地降低了暗电流,并且没有显示出器件光学特性有任何强烈退化。此外,它对导带和价带能级的位置控制作用已经被证实[17]。因此,各个红外波段用于成像的焦平面阵列,从短波红外到甚长波红外,都可以制造[18]。当使用 500 nm 厚的 M 形结构时,截止波长为 10.5 μm 的器件,R_0A 乘积为 200 $\Omega\cdot cm^2$。在单元器件上使用双 M 形结构异质结,温度为 77 K,截止波长 9.3 μm 的器件,可获得高达 5 300 $\Omega\cdot cm^2$的 R_0A 乘积[19]。

在 N 形结构中[20],两个单层(monolayer,ML) AlSb 沿生长方向不对称地插入 InAs 和 GaSb 层之间作为电子势垒(electron barrier,eB)。这种结构显著地增加了偏压下的电子-空穴重叠,因此增加了吸收,同时降低了暗电流。

表 22.1 列出了一些平带能带图,并描述了使用单极势垒的超晶格红外探测器,包括:双异质结(double heterojunction,DH)、双带 nBn 结构、具有渐变带隙结的 DH 和互补势垒结构。可以看出,这些设计都基于 nBn/pBp/XBn 结构或不同的双异质结构。

表 22.1 Ⅱ类超晶格势垒型探测器

平带能级图	示例	描述	文献
双异质结 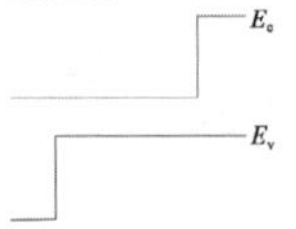 E_c E_v	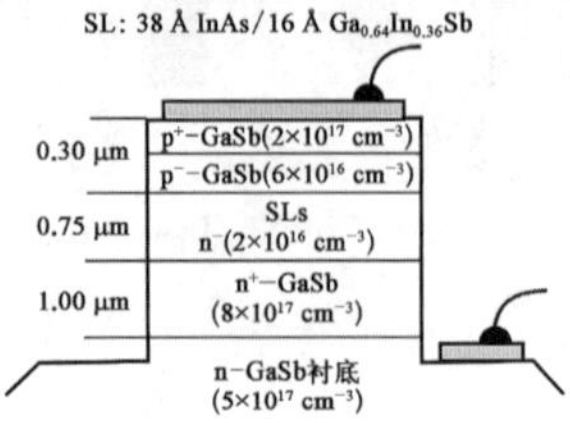 SL: 38 Å InAs/16 Å $Ga_{0.64}In_{0.36}Sb$；0.30 μm p^+-GaSb(2×10^{17} cm^{-3})；p^--GaSb(6×10^{16} cm^{-3})；0.75 μm SLs n^-(2×10^{16} cm^{-3})；1.00 μm n^+-GaSb (8×10^{17} cm^{-3})；n-GaSb衬底 (5×10^{17} cm^{-3})	双异质结(double heterojunction, DH)光电二极管 第一个 LWIR InAs/InGaSb SL DH 光电二极管生长在 GaSb 衬底上,光响应可达 10.6 μm。由 n 型 39 Å InAs/16 Å$Ga_{0.65}In_{0.35}$Sb SL(2×10^{16} cm^{-3})组成的有源区被 p-GaSb 和 n-GaSb 阻挡层包裹	[21]
nB_pp势垒 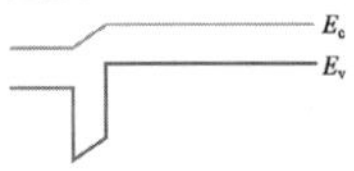 E_c E_v	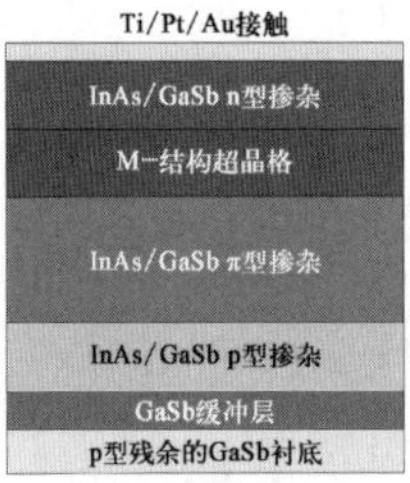 Ti/Pt/Au接触；InAs/GaSb n型掺杂；M-结构超晶格；InAs/GaSb π型掺杂；InAs/GaSb p型掺杂；GaSb缓冲层；p型残余的GaSb衬底	p-π-M-n 光电二极管结构 在典型的 p-π-n 结构的 π 和 n 区之间插入 M 形结构。T2SL 部分为标称的 13 ML InAs 和 7ML GaSb,对应截止波长大约为 11 μm。M 形结构被设计为具有 18ML InAs/3 ML GaSb/5 ML AlSb/3 ML GaSb,对应截止波长大约为 6 μm。与标准 p-π-n 结构相比,p-π-M-n 结构减小了耗尽区中的电场,并且 p 和 n 区之间的隧穿势垒的空间宽度变大。 该结构包括 250 nm 厚的 GaSb：Be p^+缓冲层($p\approx10^{18}$ cm^{-3}),500 nm 厚的 InAs/GaSb：Be p^+($p\approx10^{18}$ cm^{-3})SL,2 000 nm 厚的轻微 p 型掺杂的 InAs：Be/GaSb 区(π 区 $p\approx10^{18}$ cm^{-3}),M 形结构势垒,500 nm 厚的 InAs：Si/GaSb n^+区($n\approx10^{18}$ cm^{-3}),以及顶部作为接触层的薄层 InAs：Si/GaSb n^+掺杂($n\approx10^{18}$ cm^{-3})	[14]、[16]~[18]
双波段nBn 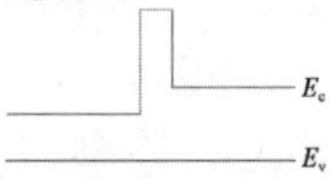 E_c E_v	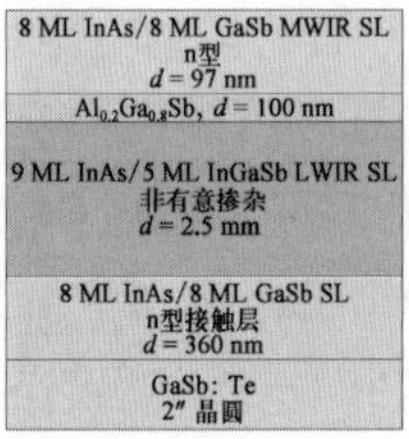 8 ML InAs/8 ML GaSb MWIR SL n型 d=97 nm；$Al_{0.2}Ga_{0.8}Sb$, d=100 nm；9 ML InAs/5 ML InGaSb LWIR SL 非有意掺杂 d=2.5 mm；8 ML InAs/8 ML GaSb SL n型接触层 d=360 nm；GaSb: Te 2″晶圆	MWIR/LWIR nBn 探测器 在这个双波段 SL nBn 探测器中,LWIR SL 和 MWIR SL 被 AlGaSb 单极势垒隔开。双波段响应是通过改变所加偏置的极性来实现的(图 22.9)。其优点是设计简单,并且与市场上现成的读出电路兼容。但仍存在与低空穴迁移率和横向扩散有关的一些问题	[22]
DH渐变带隙结 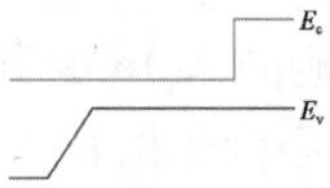 E_c E_v	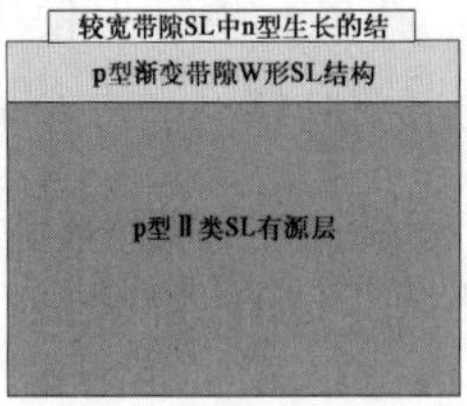 较宽带隙SL中n型生长的结；p型渐变带隙W形SL结构；p型Ⅱ类SL有源层	浅刻蚀台面隔离(shallow-etch mesa isolation, SEMI)结构 这是一种 n-on-p 渐变带隙 W 形光电二极管结构,其能隙呈阶梯状增加,通常从轻微 p 型吸收区的带隙增加 2~3 倍。空穴阻挡单极势垒通常由 4 层 InAs/GaInSb/InAs/AlGaInSb SL 制成。较宽带隙部分约比掺杂制备的结区短 10 nm,并且在该结构被 n^+掺杂的 InAs 顶部帽层终止之前,会再延续 0.25 μm,进入到重 n 型掺杂的阴极。光电二极管单元使用浅刻蚀来进行定义,浅刻蚀通常终止在结的 10~20 nm 深处,这足以隔离相邻像元,同时将窄带隙吸收层埋在表面以下 100~200 nm 处	[23]、[24]

续　表

平带能级图	示　例	描　述	文献
互补型势垒 E_c E_v	InAs/AlSb SL 空穴势垒 p型LW InAs/GaSb SL吸收层 MW InAs/GaSb SL电子势垒 n型InAsSb发射极 GaSb缓冲层 GaSb衬底	互补势垒红外探测器(complementary barrier infrared detector, CBIRD) 该器件是由夹在 n 型 InAs/AlSb hB SL 和更宽的 InAs/GaSb eB 之间的轻 p 型 InAs/GaSb SL 吸收层组成的。势垒被设计成具有相对于 SL 吸收层近似为 0 的导带和价带偏移。与 eB SL 相邻的重掺杂 n 型 InAsSb 层作为底部接触层。hB InAs/AlSb SL 和吸收层 SL 之间的 n-p 结减少了与 SRH 相关的暗电流与陷阱辅助隧穿。 LWIR CBIRD SL 探测器的性能接近 07 规则。截止波长为 9.24 μm, 78 K 时测得的 R_0A 值 > $10^5\ \Omega\cdot cm^2$	[4]、[25]
	SL p^+型接触层 (5/8 ML InAs/GaSb)×38周期, 130 nm — p SL 电子阻挡层 (eB) (7/4 ML GaSb/AlSb)×45周期, 149 nm — B SL 吸收层 (p型, 10^{16} cm^{-3}) (14/7 ML InAs/GaSb)×300周期, 1940 nm — i SL 空穴阻挡层(hB) (16/4 ML InAs/AlSb)×45周期, 275 nm — B SL n^+型接触层 (9/4ML InAs/GaSb)×200周期, 800 nm — n GaSb衬底	pBiBn 探测器结构 这是 DH CBIRD 结构的另一种变体。该设计对 p-i-n 光电二极管进行了修改,使得单极 eB 和 hB 层分别夹在 P 接触层与吸收层,以及 N 接触层和吸收层之间。这种设计有助于显著地降低施加在窄带隙吸收层上的电场(大部分电场施加在较宽带隙的 eB 和 hB 层上),导致吸收层中的耗尽区非常小,从而降低 SRH、带间隧穿和陷阱辅助隧穿的电流成分	[26]、[27]
pB_pp势垒 E_c E_v	13 ML InAs/7 ML GaSb p型 LWIR SL 有源层 15 ML InAs/4 ML AlSb SL 势垒层 13 ML InAs/7 ML GaSb p型 LWIR SL 接触层 GaSb衬底	LWIR pB_pp 结构 有源层和接触层均由 InAs/GaSb T2SL 制成,约 13 ML InAs/7 ML GaSb。阻挡层(barrier layer, BL)基于 15 ML InAs/4 ML AlSb T2SL。界面类似于 InSb,可以与 GaSb 衬底实现良好的晶格匹配	[10]、[28]

Johnson 等[21]在 1996 年描述了第一个生长在 GaSb 衬底上的 LWIR InAs/InGaSb SL 双异质结构光电二极管(见表 22.1,双异质结构),其光响应输出可至 10.6 μm。在这种结构中,活性 SL 区被由 p-GaSb 和 n-GaSb 二元化合物制成的势垒层包围。最近,也有用不同类型的 SL 制作势垒层的。

利用 nBn 设计实现双波段探测器件(参见表 22.1,双波段 nBn)的原理如图 22.9 所示[4,22]。在正向偏置电压(定义为施加在顶部电极的负电压)下,光生载流子从截止波长为 λ_2 的 SL 吸收层收集。当器件处于反向偏置电压(定义为施加在顶部电极的正电压)时,光载流子从截止波长为 λ_1 的 SL 吸收层中收集,而截止波长为 λ_2 的吸收层中的光载流子被阻挡层阻挡。由此,在两种不同的偏置电压下可以获得双色响应。

Hood 等[29]修改了 nBn 概念,制造出了性能优越的 pBn LWIR 器件(图 12.44)。在这种结构中,p-n 结可以位于重掺杂 p 型电极材料和低掺杂势垒之间的界面处,或者位于低掺杂势垒本身内。与 nBn 结构类似,pBn 结构仍然降低了与肖克利-里德-霍尔(Shockley-Read-

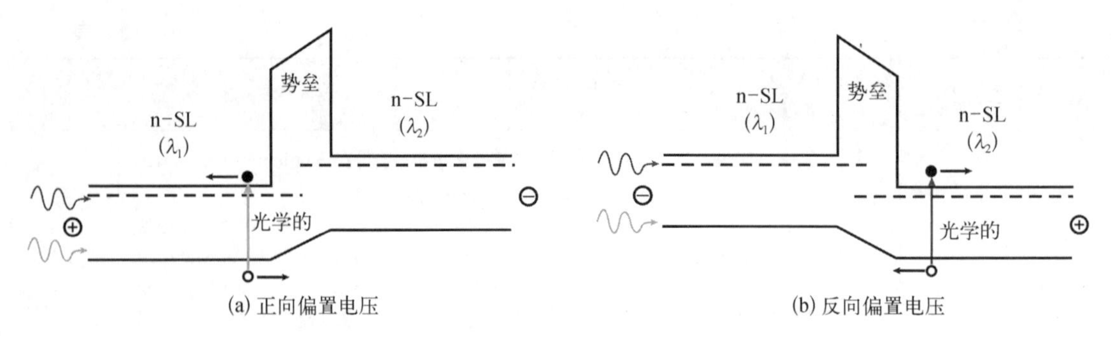

图 22.9 双波段 nBn 探测器的能带示意图

Hall,SRH)中心相关的 GR 电流(耗尽区主要存在于势垒中,不会明显穿透窄带隙 n 型吸收层)。此外,势垒中的电场将有源区中的光生载流子扫出,在复合之前到达势垒,从而改善了探测器响应。

p－π－M－n 结构(表 22.1)与标准 p－π－n 结构相似,但与后者相比,p－π－M－n 的耗尽区的电场较低。结果,与来自有源区的扩散电流相比,GR 电流可以忽略不计,并且由于 p 和 n 区之间的势垒在空间上变宽,隧穿电流的贡献减小。

DH 探测器结构的一种变体是耗尽区带隙渐变的结构(见表 22.1,渐变带隙结 DH)。在吸收层和空穴势垒之间插入渐变带隙区,以减少隧穿和 GR 过程。海军研究实验室和 Teledyne 公司开发的类似器件采用浅蚀刻台面隔离(shallow-etch mesa isolation,SEMI)结构,以减少表面漏电流。结区被放置在过渡渐变带隙 W 层的较宽间隙部分中。仅穿过结但不进入有源区的浅台面蚀刻将二极管隔离开来,但仍留下宽带隙表面以便于钝化。适度的反向偏置电压能实现从有源区的有效收集,类似于平面 DH p－on－n 碲镉汞光电二极管[30]。

然而,最特别的还是使用一对互补势垒的结构,即在生长序列的不同深度制备电子势垒(eB)和空穴势垒(hB)(见表 22.1,互补势垒)。这种结构被称为互补势垒红外器件(complementary barrier infrared device,CBIRD),由喷气推进实验室(Jet Propulsion Laboratory)的 Ding 等发明。eB 出现在导带,hB 出现在价带。这两个势垒相辅相成,阻止暗电流的流动。带隙最小的吸收区为 p 型,顶部接触区为 n 型,使得探测单元的极性为 n－on－p。按照从顶部开始的顺序,前三个区域由 SL 材料组成:n 型盖层、p 型吸收层和 p 型 eB。eB 下面的高掺杂 n－InAsSb 层是一种合金。此外,底部是 GaSb 缓冲层和 GaSb 衬底。

引入包含单极势垒的器件设计使 LWIR CBIRD SL 探测器的性能接近 07 规则趋势线,这是最先进的碲镉汞光电二极管所采用的性能预测指标[31]。事实证明,这些势垒在抑制暗电流方面非常有效。图 22.10 将 CBIRD 器件的 $J-V$ 特性与使用相同吸收层 SL 制造的同质结器件进行了比较。较低的暗电流决定了较高的 RA 乘积。

通常,R_0A 值是针对接近零偏开启的器件。然而,由于探测器预期在较高的偏置下工作,因此更适合采用的量是有效电阻面积乘积。如对于具有相同截止波长 9.24 μm 的探测器,78 K 时有些器件的 $R_0A>10^5\ \Omega\cdot cm^2$,而在 InAs/GaSb 同质结中约为 100 $\Omega\cdot cm^2$。为了获得良好的光响应,同质结器件必须偏置工作,典型值为－200 mV;估计的内量子效率大于 50%,同时 RA_{eff} 保持在 $10^4\ \Omega\cdot cm^2$ 以上[4]。

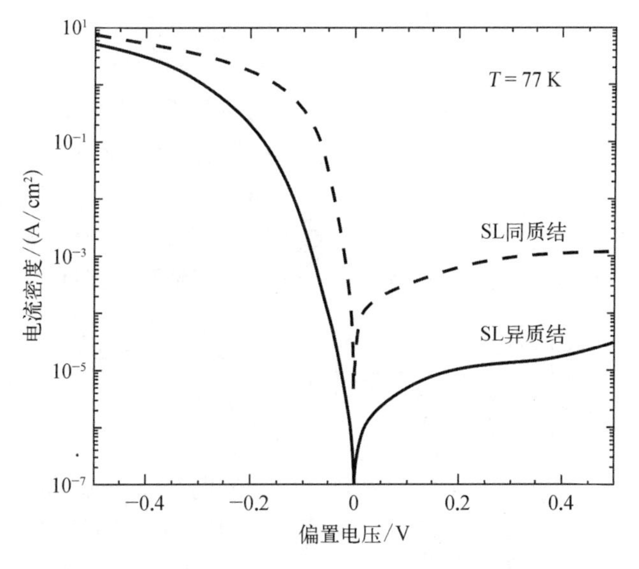

图 22.10　在 77 K 下,LWIR CBIRD 探测器和 SL 同质结的暗态 $J-V$ 特性[4]

最近,SCD 公司在开发 LWIR pB_pp T2SL 势垒型探测器方面取得了相当大的进展。这些探测器能够达到扩散受限行为,暗电流可与 HgCdTe Rule 07 相媲美,量子效率也很高。这些器件的有源层和接触层均由 InAs/GaSb T2SL 制成,约 13 ML InAs/7 ML GaSb,而阻挡层基于 15 ML InAs/4 ML AlSb T2SL。为了在 T2SL 和 GaSb 衬底之间获得晶格匹配的具有正确应变的类 InSb 界面,单个 InAs 层以 In 终止,而 AlSb 或 GaSb 层以 Sb 终止。

如图 22.11(a)所示,仅基于 InAs/GaSb T2SL 的标准 LWIR n－on－p 二极管的暗电流在

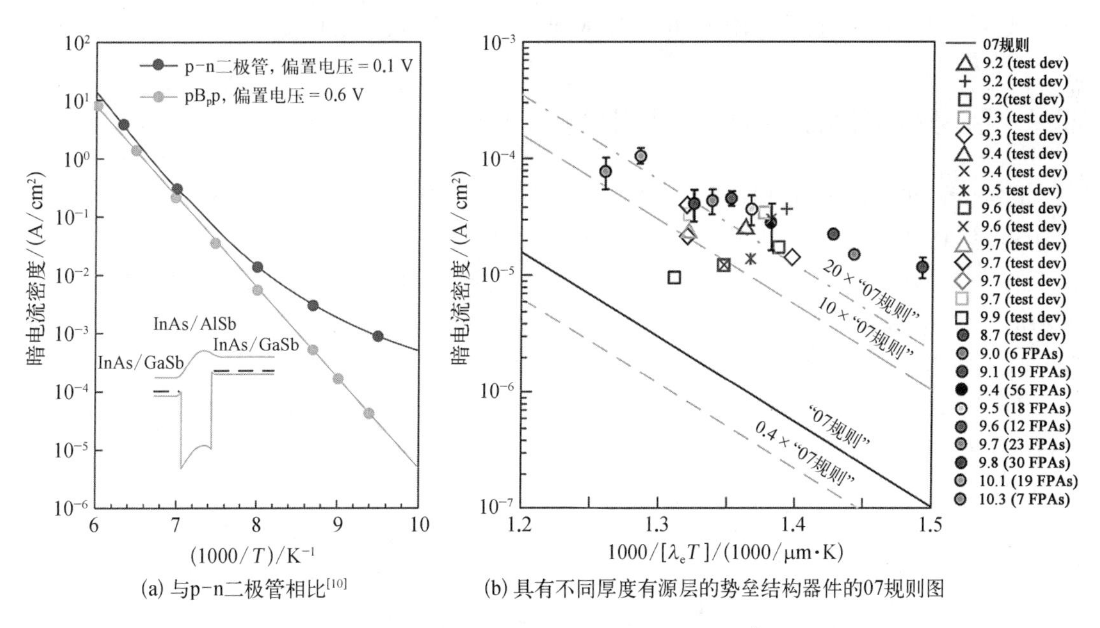

(a) 与p-n二极管相比[10]　　(b) 具有不同厚度有源层的势垒结构器件的07规则图

图 22.11　pB_pp T2SL 势垒型探测器(面积 = 100×100 μm²)的暗电流密度

带隙对应的波长范围: $9.0<\lambda_e<10.3$ μm。实线为 HgCdTe 07 规划,虚线代表不同因子(0.4、10 和 20)下的值[32]

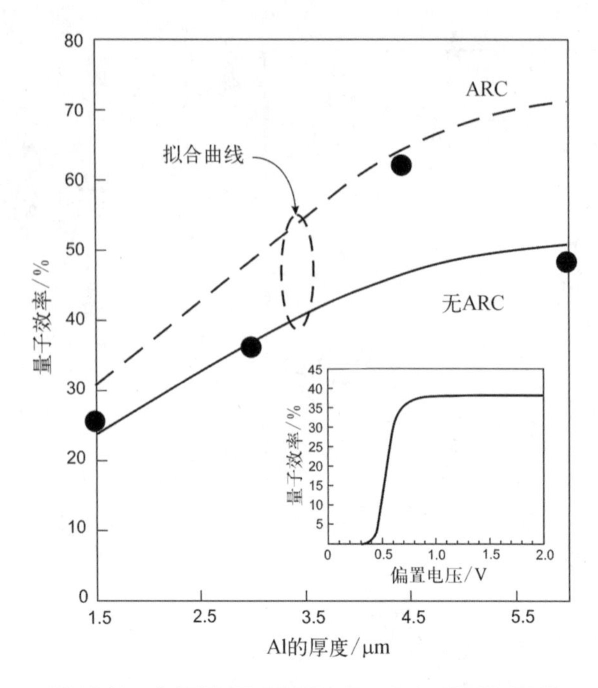

图 22.12 在 77 K 下,LWIR pB_pp InAs/GaSb T2SL 器件量子效率的理论模拟曲线和测量值(点),其有源层厚度为 1.5~6.0 μm,截止波长约为 9.5 μm。电极层上的镜面可反射 80%的光用于二次通过。插图为量子效率与器件偏压的关系[33]

较低温度区比 pB_pp T2SL 势垒型探测器更高,后者的能带边缘示意图如图 22.11(a)的插图所示。势垒型器件直到 77 K 仍是扩散受限的,而 p-n 二极管在此温度下为 GR 受限,其暗电流要大 20 倍以上。有源层厚度为 1.5~6.0 μm 的 pB_pp 器件中的暗电流与碲镉汞器件在一个数量级内。

基于 **k·p** 和光学传递矩阵方法对减反射与无减反射涂层(减反射涂层,antireflection coating,ARC;no ARC,无减反射涂层)的光谱响应曲线进行理论预测的结果与实验数据非常一致,见图 22.12。探测器结构包括电极层上的反射镜,可以反射 80%的光用于二次通过。图 22.12 的插图显示了不带 ARC 的 $100\times100\ \mu m^2$ 测试器件的量子效率的典型偏置依赖性。信号直到正偏置电压约为 0.6 V 时才达到最大值。需要该偏置电压来克服耗尽 p 型势垒中的负空间电荷对少子造成的静电势垒。LWIR T2SL pB_pp 器件在 $f/2$ 光学条件下的 BLIP 温度约为 100 K。

对于基于 InAs/InAsSb T2SL 的类似探测器,预测的平均量子效率仅为 InAs/GaSb 的 2/3。这可以归因于截止波长附近,InAs/InAsSb T2SL 的吸收系数较小[33]。

22.4 势垒型探测器与 HgCdTe 光电二极管的比较

目前有两种广泛的红外探测器材料,即碲镉汞三元合金和Ⅲ-Ⅴ族半导体。Ⅲ-Ⅴ族二元 InSb 是 20 世纪 50 年代初最早用于红外探测的材料之一。20 世纪 90 年代中期,作为碲镉汞的替代技术,美国政府引导了对Ⅲ-Ⅴ族材料的研究,其最初的目标是生产出低成本大面积的红外焦平面阵列。这一技术概念通常是指Ⅲ-Ⅴ族超晶格的制造,通过调整材料的带隙来探测所需的红外辐射。

Ⅲ-Ⅴ族化合物的带隙结构和物理性质与相同带隙的 HgCdTe 非常相似。在 MWIR 和 LWIR 光谱范围内,对Ⅲ-Ⅴ族材料体系和 HgCdTe 光电二极管的探测器性能进行比较是很有意义的。

通常,在 p-n 结中产生的暗电流密度是有源区和耗尽区的扩散电流之和,并由式(22.1)给出

$$I_{dark} = qG_{diff}V_{diff} + qG_{dep}V_{dep} \tag{22.1}$$

式中,q 为电子电荷;G_{diff}为扩散区的热生成速率;$V_{diff}=At$ 为有源区体积(A 为探测器面积,

t 为有源区厚度）；G_{dep}为空间电荷区的生成速率；$V_{dep}=Aw$，为耗尽区体积（w 为耗尽区宽度）。

扩散电流可以估计为

$$I_{diff}=\frac{qn_i^2At}{N_{dop}\tau_{diff}} \tag{22.2}$$

式中，N_{dop}为吸收区（非本征区）的多子浓度；τ_{diff}为扩散载流子寿命；n_i为本征载流子浓度。

耗尽层电流可以由简化公式给出：

$$I_{dep}=\frac{qn_iAw}{2\tau_0} \tag{22.3}$$

最后一个公式需假设陷阱位于本征能级（电子和空穴浓度都等于 n_i）且 SRH 寿命等于 τ_0。

从最后两个方程可以得出两个重要的结论：

（1）对于扩散受限的光电二极管，暗电流与 $N_{dop}\times\tau_{diff}$ 的乘积成反比；

（2）扩散电流和耗尽电流之比：

$$\frac{I_{diff}}{I_{dep}}\approx 2\frac{n_i}{N_{dop}}\frac{\tau_0}{\tau_{diff}}\frac{t}{w} \tag{22.4}$$

式（22.4）表明，对于高本征载流子浓度（如在窄带隙材料中），扩散电流主导耗尽电流。对于具有较大带隙的半导体，观察到相反的情况。同时表明，I_{diff}/I_{dep} 比还取决于掺杂水平、N_{dop}、体积比（t/w）和寿命。寿命这项需要对 GR 机制进行进一步的讨论。

22.4.1　扩散限制光电探测器的品质因子：$N_{dop}\times\tau_{diff}$乘积

人造 T2SL 材料的基本特性与构成超晶格各层的特性完全不同，参见 20.4 节。SL 中的有效质量不像体半导体中那样直接取决于带隙能量。InAs/GaSb SL 的电子有效质量要大于在相同带隙（$E_g\approx 0.1$ eV）的 HgCdTe 合金中的电子有效质量 $m_e^*=0.009m_0$。与 HgCdTe 合金相比，SL 中的二极管隧穿电流较小。因此 T2SL 的掺杂浓度通常在 1×10^{16} cm^{-3}量级，远高于 HgCdTe 的掺杂水平（通常约为 10^{15} cm^{-3}）。

如式（22.2）所示，扩散受限光电二极管的品质因子是 $N_{dop}\times\tau_{diff}$ 的乘积，因此需要最高的载流子寿命及最高的掺杂。HgCdTe 扩散受限光电二极管中载流子 SRH 寿命（对于低掺杂浓度）到俄歇寿命（对于高掺杂浓度）之间的转换，表现为 $N_{dop}\times\tau_{diff}$ 乘积呈现出的钟形函数曲线。考虑到图 17.16 和图 17.17 所示的寿命数据，可以绘制出图 22.13。图 22.13 还比较了 HgCdTe 光电二极管与等效 T2SL 光电二极管的 $N_{dop}\times\tau_{diff}$ 乘积。如图 22.13 所示，InAs/GaSb T2SL 的最佳掺杂浓度（约为 2×10^{16} cm^{-3}）高于 HgCdTe 材料体系。结果，较高的掺杂可以补偿较短的寿命，导致 InAs/GaSb T2SL 光电二极管的扩散暗电流相对较低。

在无 Ga 的 T2SL 中由于较高的载流子寿命可以观察到另一种情况，其最佳掺杂浓度为 $10^{15}\sim10^{16}$ cm^{-3}。

22.4.2　暗电流密度

吸收区域中产生的暗扩散电流密度由式（22.5）给出：

$$J_{dark}=qGt \tag{22.5}$$

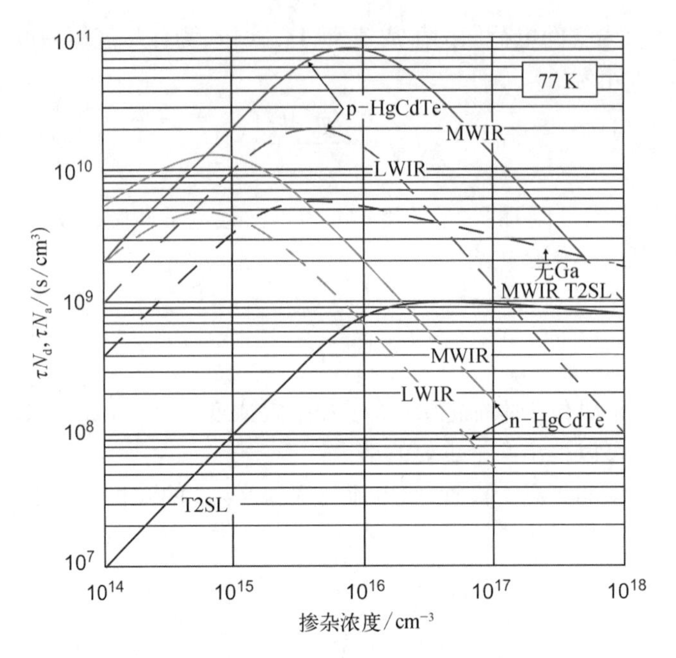

图 22.13 在 77 K 下,比较了 HgCdTe 和 T2SL 材料体系 MWIR 与 LWIR 光电二极管的 $N_{dop}\times\tau_{diff}$ 乘积和扩散受限掺杂浓度的关系

式中,q 为电子电荷;G 为基区的热生成率;t 为有源区的厚度。

假设热生成是 n 型吸收区域中俄歇 1(Auger 1)和 SRH 机制的和:

$$G = \frac{n_i^2}{N_d \tau_{A1}} + \frac{n_i^2}{(N_d + n_i)\tau_{SRH}} \tag{22.6}$$

且其中 $\tau_{A1} = 2\tau_{A1}^{i}/^{[1+(N_d/n_i)^2]}$, τ_{A1}^{i} 为本征俄歇 1(Auger 1)寿命,则暗电流密度为

$$J_{dark} = \frac{qN_d t}{2\tau_{A1}^{i}} + \frac{qn_i^2 t}{(N_d + n_i)\tau_{SRH}} \tag{22.7}$$

在Ⅲ-Ⅴ族势垒探测器和 HgCdTe 光电二极管中,耗尽区($J_{dep} = qn_i w/\tau_{SR}$)中生成的影响可以忽略。在目前的研究中,仅对截止波长 5 μm 的 InAsSb 光电二极管考虑了 J_{dep} 的贡献。

对于探测器 p 型吸收区的暗电流密度,可以得到类似的方程:

$$J_{dark} = \frac{qN_a t}{2\tau_{A7}^{i}} + \frac{qn_i^2 t}{(N_a + n_i)\tau_{SRH}} \tag{22.8}$$

式中,N_a 为吸收区的受主掺杂浓度;τ_{A7}^{i} 为本征俄歇 7(Auger 7)寿命,且 $\tau_{A7} = 2\tau_{A7}^{i}/[1 + (N_a/n_i)^2]$。

选择截止波长为 5 μm 和 10 μm 的Ⅲ-Ⅴ族势垒型探测器与 HgCdTe 光电二极管进行估算。最常用的探测器结构使用同质结(n^+-on-p)和异质结(p-on-n)光电二极管。在两种光电二极管中,轻掺杂窄带隙吸收区[光电二极管的基极:p(n)型载流子浓度约为 3×10^{15} cm^{-3}(5×10^{14} cm^{-3})]决定了暗电流和光电流。为了获得高量子效率,有源探测层的厚度应至少等于截止波长。没有 ARC 的典型量子效率约为 70%。

制造Ⅲ-Ⅴ族势垒型探测器的主要技术挑战是在不降低材料质量的情况下生长厚的有源探测区 SL 结构。这在使用 T2SL 结构的情况下尤其重要。高质量的 SL 材料要足够厚才能获得足够的量子效率，这对于该技术的成功至关重要。由于这些原因，在目前的技术阶段，有源区的典型厚度约为 3 μm，并且通常与探测器的截止波长无关。在势垒型探测器中，可以消除台面轮廓引起的周期性晶体结构不连续而导致的表面漏电流的影响。

从式(22.7)可以得出，俄歇 1 的贡献随 N_d 而变化，而 SRH 生成随 $1/N_d$ 变化。于是，最小暗电流密度取决于吸收层掺杂浓度和 SRH 寿命。这种相关性显示在图 22.14 中，来自 Kinch 等[34]对 MWIR nBn InAsSb 势垒探测器的研究。为了达到 BLIP 性能，工作温度为 160 K，具有 $f/3$ 光学系统的，截止波长为 4.8 μm 的探测器中，通用红外材料的 SRH 寿命约为 1 μs，最佳吸收层掺杂浓度约为 10^{16} cm^{-3}。文献[35]中建议的 τ_{SR} 值为 0.6 μs，与温度无关。

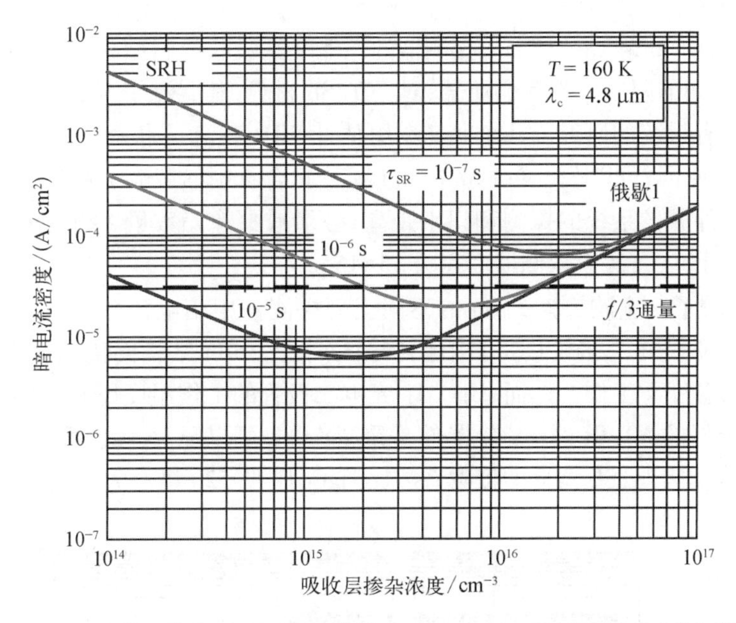

图 22.14　工作温度为 160 K，截止波长为 4.8 μm，$f/3$ 背景通量下，不同 SRH 寿命值对应的吸收层暗电流密度与吸收层掺杂浓度的关系[34]

使用 Crosslight 软件公司的商业软件 APSYS 可以对暗电流进行数值计算[36]。具体参数列于表 22.2，器件建模中用到的其他关系式可以在 Rogalski[30]的专著和 Ting 等[4]的综述中找到。

表 22.2　有源区的材料参数

探测器类型	材　料	截止波长/μm	有源区掺杂浓度 N_a，N_d/cm^{-3}	有源区厚度/μm	τ_{SRH}/ms	探测器面积/μm^2	量子效率	F_1F_2	τ_{int}/ms
nBn	InAsSb	5	1×10^{16}	3	0.40	15×15	0.70	0.28	10
nBn	InAs/GaSb	10	1×10^{16}	3	0.20	15×15	0.50	0.28	1

续 表

探测器类型	材 料	截止波长/μm	有源区掺杂浓度 N_a, N_d/cm^{-3}	有源区厚度/μm	τ_{SRH}/ms	探测器面积/μm^2	量子效率	F_1F_2	τ_{int}/ms
n-on-p	HgCdTe	5	3×10^{15}	5	—	15×15	0.70	0.20	10
n-on-p	HgCdTe	10	3×10^{15}	10	—	15×15	0.70	0.20	1
p-on-n	HgCdTe	5	5×10^{14}	5	—	15×15	0.70	0.20	10
p-on-n	HgCdTe	10	5×10^{14}	10	—	15×15	0.70	0.20	1

众所周知,目前 InAs/GaSb T2SL 探测器的性能受到吸收材料中导带和价带态之间相当短的 SRH 跃迁时间的限制。据我们所知,对于 T2SL 材料,其载流子寿命和扩散长度与温度的依赖关系并没有系统的研究。几个研究小组估计 SRH 载流子寿命从几十 ns 到 157 ns 不等[37]。由于这些原因,可以假设在 MWIR 和 LWIR 化合物中的载流子寿命都等于 200 ns。

为了增加红外成像系统的探测和识别距离,必须减少像元数量。当前的红外阵列采用 15 μm 像元。在计算中,假设探测器面积为 15×15 μm^2。

图 22.15 比较了截止波长为 5 μm 的不同类型探测器中暗电流密度对工作温度的理论依赖性。与 InAsSb 光电二极管(具有内建耗尽区)相比,nBn 结构的优势显而易见,因为它允许在相当高的温度下工作。然而,HgCdTe 光电二极管的工作温度比 InAsSb nBn 探测器还要高约 20 K。最好的 MWIR Ⅲ-Ⅴ族器件是重掺杂的,可以显著地缩短俄歇寿命。Bewley 等[38]的 300 K 数据表明,SL 器件的俄歇系数比 HgCdTe 低 520 倍。为了充分地发挥其潜力,

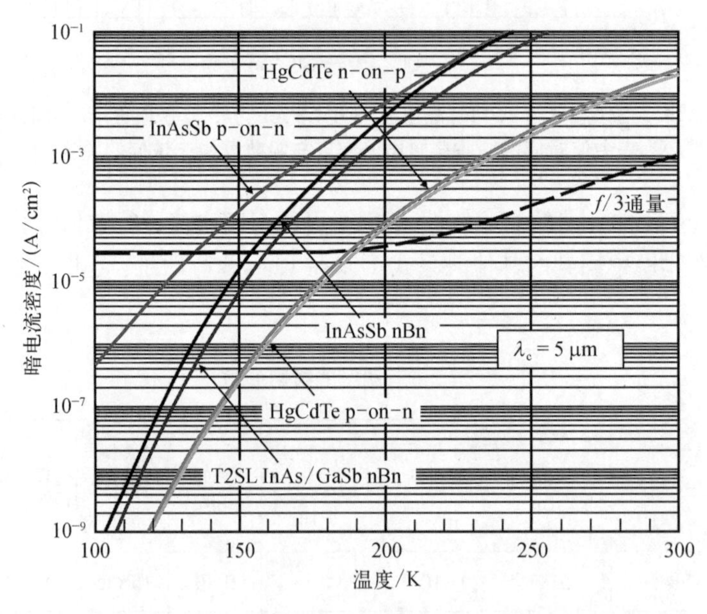

图 22.15 截止波长为 5 μm 的 InAsSb 光电二极管、nBn 探测器、HgCdTe 光电二极管的暗电流密度与温度的关系

探测器开发人员需要在 $10^{15}\ cm^{-3}$掺杂浓度的范围内实现俄歇受限器件。应该指出的是，Ⅲ-Ⅴ族 MWIR 探测器结构离 *f*/3 光学系统下的最优性能（150 K 工作）还有很大差距。市场上可以买到的 MWIR HgCdTe 探测系统，配合 *f*/3 光学系统，工作温度可达 160 K。

理论上，LWIR T2SL 材料比 HgCdTe 具有更低的基础暗电流。然而，它们的表现并没有达到理论值。这一限制似乎是由两个主要因素造成的：相对较高的背景载流子浓度（约为 $10^{16}\ cm^{-3}$）和较短的少子寿命（通常为几十纳秒）。到目前为止，已经观察到受 SRH 复合机制限制的非优化的载流子寿命。少子扩散长度在几微米范围。这些基本参数的改善对实现 T2SL 光电二极管的理论预测性能至关重要。

迄今为止，LWIR T2SL 光电二极管的性能略差于 HgCdTe。图 22.16 比较了截止波长为 10 μm 的 InAs/GaSb nBn 和 HgCdTe 光电二极管的暗电流密度对工作温度的理论依赖性。*f*/1 光学系统下 HgCdTe 光电二极管的 BLIP 性能在约 130 K 时实现，比 InAs/GaSb nBn 探测器高约 15 K。

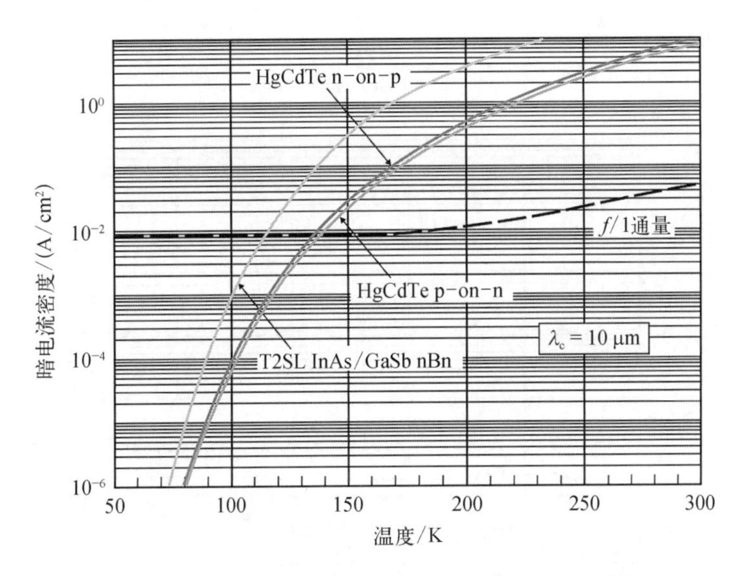

图 22.16　截止波长为 10 μm 的 InAs/GaSb nBn 和 HgCdTe 光电二极管的暗电流密度与温度的关系

22.4.3　噪声等效温差

探测器的灵敏度也可以用 NETD 表示。该参数是热成像仪的品质因子，参见 24.5 节。

根据式(24.9)，已知暗电流密度 J_{dark}、背景通量（光学系统）Φ_B 和积分时间 τ_{int}，可以确定 NEDT[39]。从式(24.9)可以得出，如果 I_{dark}/I_ϕ 比的值增加和/或 η 的值减少，那么就需要更长的积分时间和更快的光学速度。因此，效率不高的探测器可以用在具有更快的光学速度和更慢的帧速率的系统中。当前的 CMOS ROIC 设计下，对于 15 μm 像元设计可用的节点电容，N 值通常在 $1\times10^6 \sim 1\times10^7$ 个电子的范围内。在我们的估计中，假设为 1×10^7 个电子。

图 22.17 显示截止波长为 5 μm 和 10 μm 的势垒型探测器与 HgCdTe 光电二极管的 NETD 和温度的关系。两种探测器技术的比较表明，在中波红外 150 K 以上和长波红外 80 K 以上的温度范围内，HgCdTe 光电二极管的理论性能极限比势垒型探测器更高。在低温范围内，

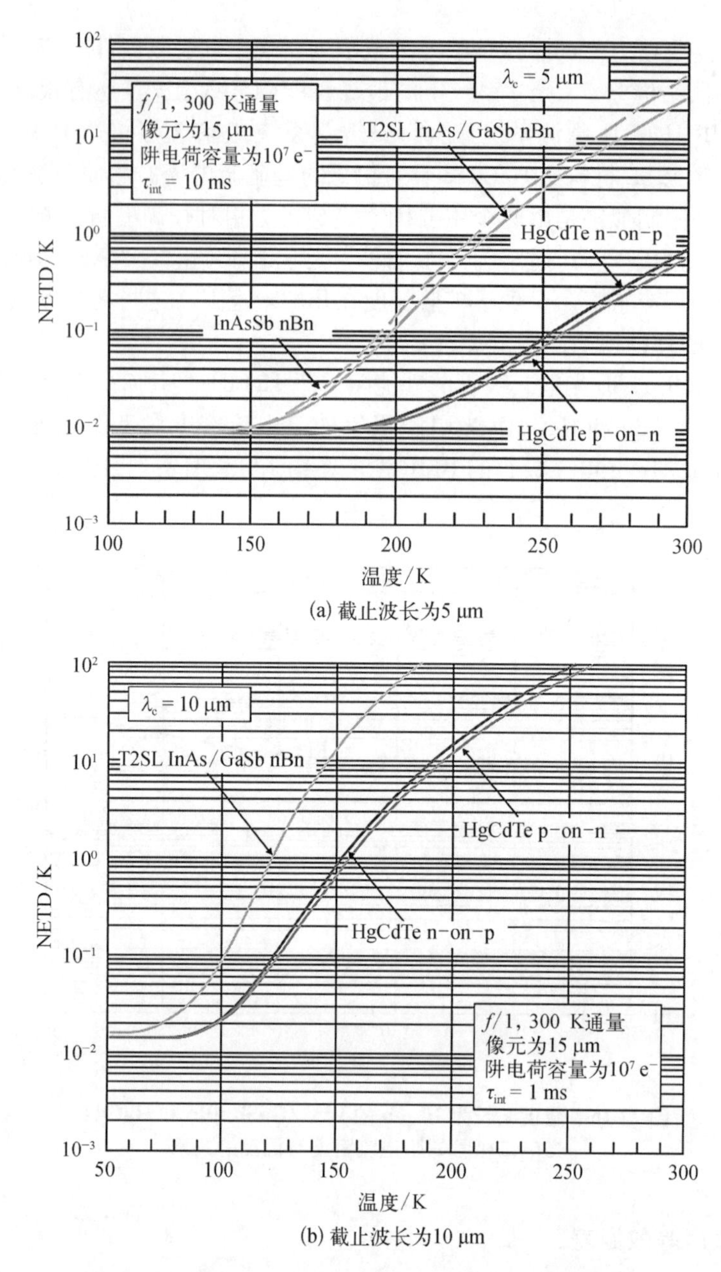

(a) 截止波长为5 μm

(b) 截止波长为10 μm

图 22.17　截止波长为 5 μm 和 10 μm 的势垒型探测器与 HgCdTe 光电二极管的 NETD 的温度依赖性

两种材料系统的品质因子提供相近的性能,因为此时主要受读出电路的限制。

22.4.4　实验数据比对

最初,我们通过测量 MW 和 LW 光谱范围内的暗电流密度与截止波长的关系来评估Ⅲ-Ⅴ族势垒型探测器的现阶段技术水平。使用被称为07 规则的 HgCdTe 基准,我们将势垒型探测器的实验数据与描述 HgCdTe 光电二极管暗电流随温度和波长变化的简单经验关系进行了比较[31]。07 规则趋势线可以对最先进的 HgCdTe 光电二极管性能做出启发式预测。

图 22.18 收集了文献[36]中的 MWIR 势垒型探测器的暗电流密度值，以便与 07 规则进行比较。截止波长设定在 50%响应的位置。经验数据工作温度限定在 150 K 和 300 K。对于势垒型器件，零偏压下的特性是不相关的。因此，为了提取光生少子，选择采用大约为 150 mV 的反向偏置电压。

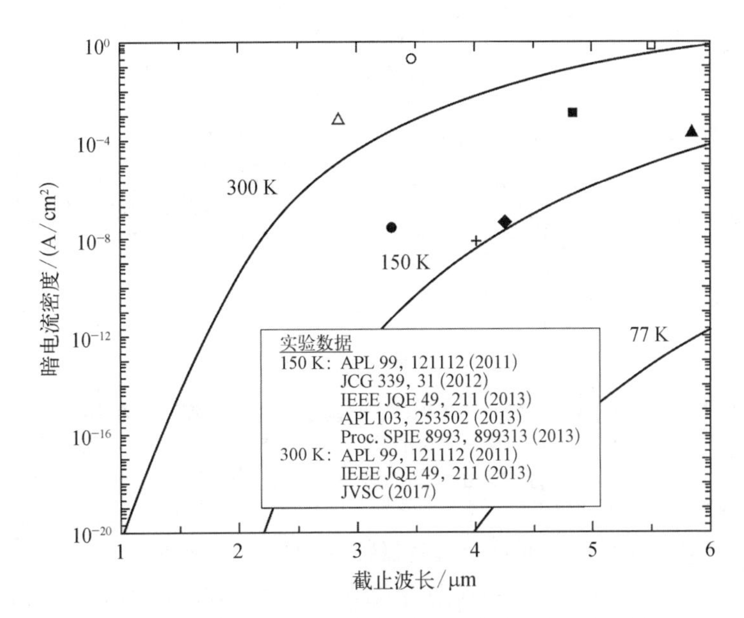

图 22.18　搜集了部分 MWIR 势垒型探测器的暗电流密度值，用于与 HgCdTe 光电二极管的 07 规则进行比较(工作温度分别为 77 K、150 K 和 300 K)[36]

在液氮温度下，MWIR 势垒型器件的实验数据显示出比 07 规则大很多个量级的漏电流。在 150 K 下，截止波长接近 4 μm，有一些接近 07 规则的结果。这些最佳质量的器件是使用与 GaSb 衬底晶格匹配的 InAsSb 作为有源区制造的。可以看到，随着截止波长的增加，整体趋势向 07 规则靠拢。这种趋势在 LWIR 地区尤其明显——通常更难控制较短波长的暗电流。

Rhiger[40]搜集了工作在 78 K 的非势垒型(同质结)和势垒型(异质结)LWIR T2SL 器件的类似实验数据，如图 22.19 所示。非势垒型器件的暗电流通常更高，最优值可以接近 07 规则的 8 倍。势垒型器件明显具有较低的平均暗电流，对于截止波长≥9 μm，有些可以接近 07 规则的曲线。可以由此得出结论，尽管 SL 探测器有源区中的少子寿命不受俄歇机制的限制，但扩散电流与 07 规则没有太大差异。

图 22.5 显示了在 3.4~4.2 μm 波段工作的 15 μm 间距 $InAs_{0.91}Sb_{0.09}$/BAlAsSb 势垒型探测器在 $f/3.2$ 光学系统下的 NETD 与温度的关系。在 10 ms 积分时间内，NETD 是 20 mK。NETD 在温度高于 170 K 的强烈上升与预计的 BLIP 温度位于 175 K 的结果一致[36]。

为了比较 MWIR Ⅲ-Ⅴ族势垒型探测器阵列与最先进的 HgCdTe 技术的性能，我们选择了质量最好的 MWIR 阵列：640×512 像素、16 μm 间距和辐射屏蔽 $f/4$ 的霍克(Hawk)探测器。80 K 下，50%截止波长为 5.5 μm。这些 $Hg_{1-x}Cd_xTe$ 的 n^+-p(As)异质结构光电二极管，$x=0.3$ 和 $x=0.2867$，针对高工作温度(high operating temperature，HOT)条件进行

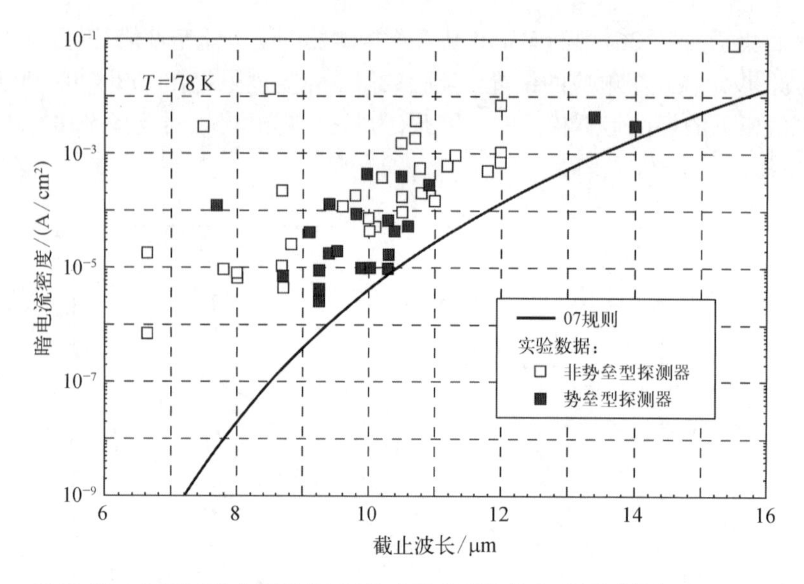

图 22.19 文献[40]中报道的 T2SL 非势垒型和势垒型探测器在 78 K 下的暗电流密度与截止波长的关系(2010 年底以来)。实线表示采用“07 规则”经验模型计算的暗电流密度[40]

了优化。器件是在 GaAs 衬底上通过金属有机物气相外延(metalorganic vapor phase epitaxy, MOCVD)生长的。n^+区以 10^{16} cm^{-3}的水平掺入碘(I),具有较小能隙的约 3 μm 厚的 p 型吸收层以 10^{15} cm^{-3}的水平掺入砷(As)。

霍克阵列在 160~190 K 的温度下可获取良好的图像质量。210 K 下的图像比 160 K 下的图像略微显得粗糙,但仍可接受,210 K 成像是非常有用的。图 22.20 显示了 2011 年以来测得的 NETD 与温度的关系,包括早期结果及器件工艺改进后的结果[41]。伴随着可用工作温度范围的拓展,新的结果预测了更好的探测器性能。

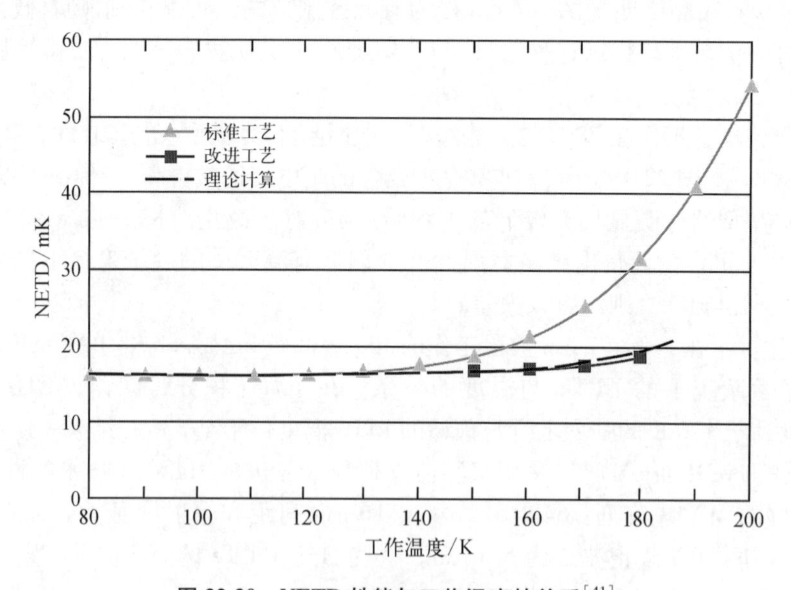

图 22.20 NETD 性能与工作温度的关系[41]

对于标准生产的阵列(2011 年以来的结果),NETD 可在 150~160 K 保持不变,在 185 K 则会翻倍(图 22.20)。通过标准工艺在 150 K 以下可以实现近背景限性能,在器件工艺改进后,可以被提高 30 K,至 180 K 左右,预期背景主导的探测性能将远高于 200 K。为了解释霍克探测器的 NETD 温度依赖性,我们使用德瓦姆斯(DeWames)和佩莱格里诺(Pellegrino)[42] 给出的模型估算了暗电流,在该模型中,刻意引入复合中心已经成为 HOT 探测器工程中的一项新技术。

通常在低温下,MW 和 LWIR 焦平面阵列的性能受到读出电路(读出电路的电荷容量)的限制。在这种情况下,NETD 与积分电荷的平方根成反比,因此电荷越大,性能越高[见式(24.19)]。读出电路的电荷处理能力、与单帧时间相关的积分时间及敏感材料的暗电流成为红外焦平面阵列的主要问题。

图 22.21 显示了不同 FPA 的理论 NETD 和电荷处理能力的关系,假设积分电容在标称工作状态下(两个光谱带通: 3.4~4.8 μm 和 7.8~10 μm)被填充至最大容量的一半(以保持动态范围)。我们可以看到,对于用不同材料体系制造的焦平面阵列,包括势垒型探测器和 T2SL,测量灵敏度与期望值是一致的。

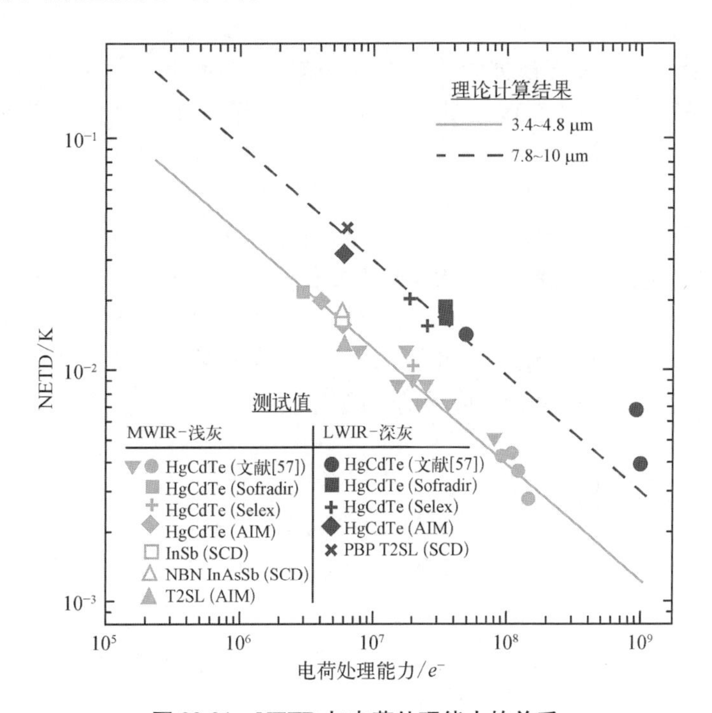

图 22.21　NETD 与电荷处理能力的关系

参 考 文 献

第23章 级联红外光电探测器

在传统的光电二极管中，响应率和扩散长度是强关联的，并且在远超过扩散长度后进一步增加吸收层的厚度可能不会导致信噪比（signal-to-noise，S/N）的改善。在扩散长度通常减小的高温工作时这种效应尤为明显。在距离结的扩散长度范围内，光生电荷载流子才能被收集。在高工作温度（high operating temperature，HOT）探测器中，长波红外辐射的吸收深度大于扩散长度。因此，只有一小部分光生电荷会对量子效率有贡献。

为了避免扩散长度减小带来的限制，并有效地提高吸收率，近十年来，引入了基于多级探测的新型探测器设计，目前被称为级联红外探测器（cascade infrared detector，CID）。CID 包含多个分立的吸收层，每个吸收层都比扩散长度短或窄。在这种分立的 CID 吸收层结构中，单个吸收层被夹在经过能带设计的电子势垒（eB）和空穴势垒（hB）（译者注：也称作电子弛豫区，electron relaxation，eR，两者在本书描述中是等价的）之间，形成一系列级联台阶。光生载流子在下一级台阶复合之前只经过一级台阶，每个单独的级联台阶可以显著地短于扩散长度，而所有吸收层的总厚度可以与扩散长度相当，甚至可以长于扩散长度。

在这种情况下，与传统的 p－n 光电二极管相比，多个分立吸收层的信噪比和探测率将继续增加，从而改善器件在高温下的性能。此外，可以灵活地改变分立吸收层的数量和厚度，量身定制 CID 设计，以满足特定应用的性能优化。

23.1 多级红外探测器

已经提出了不同类型的多级红外探测器，现在主要分为两大类：① 子带间（intersubband，IS）单极量子级联红外探测器（quantum cascade IR detector，QCID）；② 带间（interband，IB）双极 CID。QCID 是从量子级联激光器（quantum cascade laser，QCL）的研究发展而来的，已经发展了大约 10 年[1-6]。光导型量子阱红外探测器（quantum well infrared photodetector，QWIP）和光伏型 QCID 的能带结构示意图如图 23.1 所示。QWIP 结构是偏置的，以使电子在外部电路中流动并记录其变化。探测器有源区由相同的量子阱（quantum well，QW）组成，彼此间由更厚的势垒层隔开。量子阱中的电子由光电发射或热电子发射激发。相比之下，QCID 通常被设计成光伏探测器。它们由几个相同的周期组成，每个周期都由一个有源掺杂阱和其他几个耦合势阱组成。光激发电子通过级联的声子发射从一个活性势阱传输到下一个活性势阱。图 23.1(b) 显示的是一个周期的导带。入射光子诱导电子从基态 E_1 跃迁到激发态 E_2，然后通过纵向光学（longitudinal optical，LO）声子弛豫转移到右侧 QW，最后转移到下一周期的基态子带。为了提高探测率，探测周期需要重复 N 次。

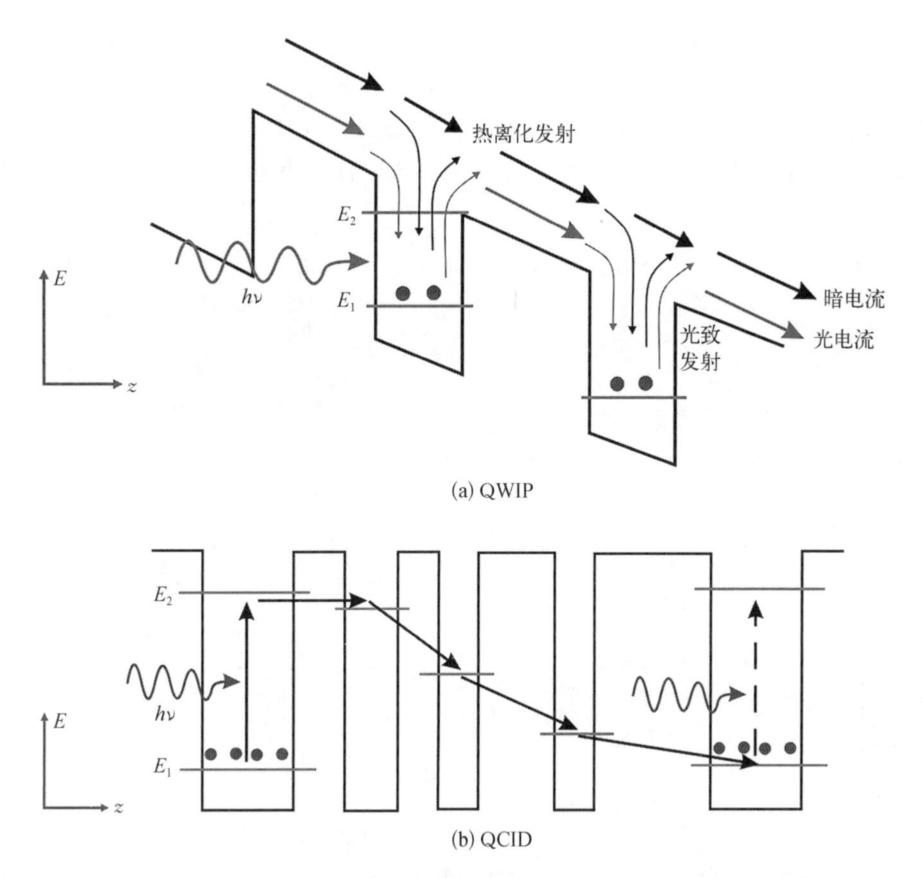

图 23.1　QWIP 和 QCID 的导带示意图。在 QWIP 中，电子传输需要通过外部电压偏置完成，而 QCID 中，内部势能递减导致了载流子的传输[4]

为了方便描述 IS QCID 的性能，可使用最初为 QWIP 而开发的形式[7]，如文献[1]、[2]、[5]中所提出的理论模型。

QCID 的探测率，包括约翰逊噪声和电学散粒噪声分量，可由式(23.1)确定[1]：

$$D^{*}=\frac{\eta\lambda q}{hc}\left(\frac{4kT}{NR_{0}A}+\frac{2qI_{\text{dark}}}{N}\right)^{-1/2} \tag{23.1}$$

式中，R_0A 为零偏压下的电阻乘以对应于一个 QCID 周期的探测器面积；T 为探测器温度；N 为周期数；I_{dark}为暗电流。式(23.1)显示器件的信噪比$\propto\sqrt{N}$。

IS QCID 技术已经在近红外到太赫兹(THz)的波长范围内得到了验证，所获得的探测率如图 23.2 所示。目前已有成熟的半导体材料体系和加工方法。使用 InGaAs/AlAsSb 材料在近红外区域、使用 InGaAs/InAlAs 材料在中红外区域和使用 GaAs/AlGaAs 材料在长达太赫兹的红外区域都已经有了初步的 QCID 原型器件。这些探测器需要低温工作[3,4]。

23.2　Ⅱ类超晶格带间级联红外探测器

最近的研究表明，基于Ⅱ类 InAs/GaSb 带间超晶格(superlattice, SL)吸收层的双极型器件[8-21]是室温附近工作的探测器的良好候选。这些带间级联探测器综合了带间光学跃迁的优点和带间级联激光器结构优异的载流子输运特性。在这些器件中,任何特定温度和截止波长下的热生成速率通常比对应的 IS QCID 的热生成速率小一个数量级,最近已经实现了性能良好的器件。与 IS 探测器相比,IB 级联探测器的工作温度要高得多(图 23.2)。

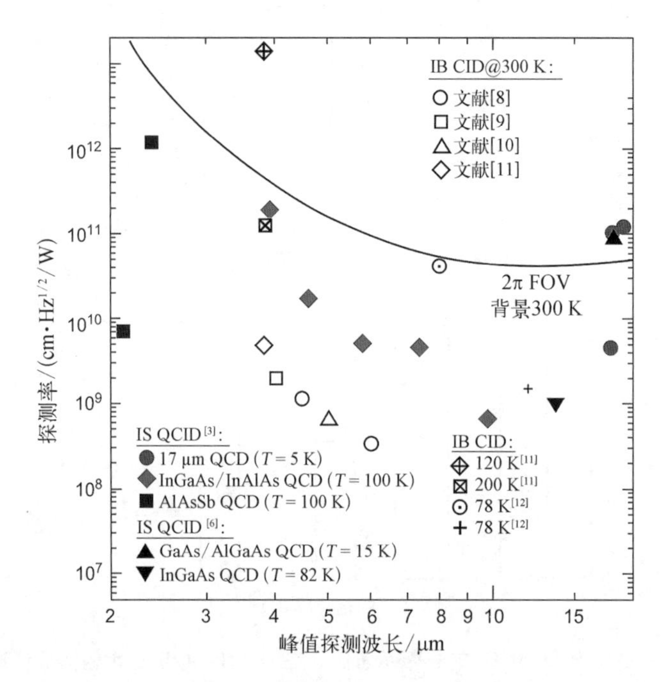

图 23.2 不同类型的 QCID 的探测率与峰值探测波长的关系

Hinkley 和 Yang[14]已经证明了多级结构有利于提高 HOT 探测器的灵敏度,因为探测器的量子效率受到短扩散长度的限制。对 HgCdTe 光电二极管而言,在室温下其对长波红外辐射(λ>5 μm)的吸收深度大于扩散长度。因此,只有一小部分光生电荷对量子效率有贡献。以未制冷的 10.6 μm 光电二极管为例进行的计算表明,其双极扩散长度小于 2 μm,吸收深度为 13 μm。光辐射单程通过探测器时的量子效率会降低到约 15%。

在Ⅱ类超晶格(T2SL)HOT IB CID 中也会出现类似的情况。对于每级吸收层长度相等的探测器,当 $\alpha L \leqslant 0.2$ 时,多级架构具有显著提高探测率的潜力,其中 α 为吸收系数,L 为扩散长度[14]。这一理论预测已被图 23.2 所示的实验数据所证实。

23.2.1 工作原理

IB 级联光电探测器的工作原理与 Piotrowski 和 Rogalski[22]所描述的类似[见图 17.54(b)]。使用 HgCdTe 实现这类器件的早期尝试是通过利用隧道结以类似于多结太阳能电池的方式将一个吸收层的导带与相邻吸收层的价带进行电学连接来实现的。每个电池由 p 型掺杂窄禁带吸收层和重掺杂 n^+、p^+异质结接触层组成。入射辐射只在吸收层区域被吸收,而异质结接触层负责收集光生载流子。这种器件能够实现高量子效率、大差分电阻和快速响应。一个实际情况是通过相邻的 n^+和 p^+层的导电性可能存在问题,然而,这通常可以利用

n^+和 p^+界面的隧穿电流来解决[23]。

T2SL 材料体系是实现多级 IB 器件的天然候选者[24]。图 23.3 显示了 T2SL 级联探测器的总体设计结构[25]。每级由夹在 AlSb/GaSb 量子阱 eB 和 InAs/Al(In)Sb 量子阱 eR 之间的 *n* 个周期 InAs/GaSb T2SL 组成。

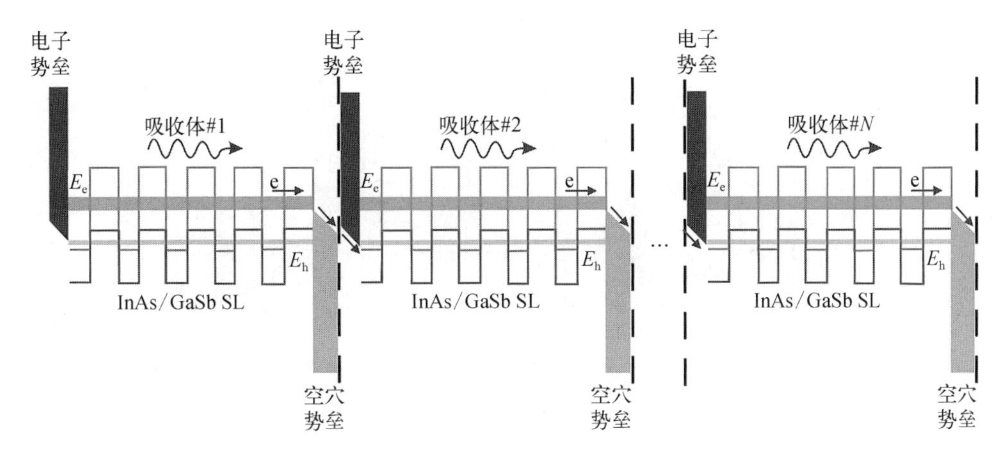

图 23.3　多级 IB QCID 器件的示意图

每级由夹在电子和空穴势垒之间的超晶格吸收层组成。E_e和 E_h分别表示电子与空穴微带的能量。能量差(E_e-E_h)是超晶格的带隙 E_g[18]

由于 IB CID 相对复杂,涉及众多界面和薄的应变层,采用分子束外延(molecular-beam epitaxy,MBE)方法生长具有很大的挑战性。探测器设计在构建弛豫区和隧穿区及接触层上都有着重要的区别。文献[24]对它们进行了详细描述。这里,我们重点介绍 Tian 和 Krishna[11]提出的高质量器件。

Tian 和 Krishna[11]提出了一种级联探测器结构,其工作原理如图 23.4 所示。入射光子被夹在电子弛豫区和 IB 隧穿区之间的薄 InAs/GaSb T2SL 吸收,这两个隧穿区域分别充当 eR 和 eB。这些势垒起到抑制漏电流的作用。电子弛豫区旨在促进从吸收层的传导微带中提取光生载流子,并将它们理想地(阻力很小或没有阻力)传输到下一周期吸收层的价带。InAs/AlSb 耦合多量子阱在导带内的能级呈 6 阶梯状,能梯间距与 LO 声子能量相当。弛豫区阶梯的最高能级靠近 InAs/GaSb SL 中的导带,而最低能级位于相邻 GaSb 层的价带边缘以下,允许提取载流子经 IB 隧穿进入下一级。eB 区由 GaSb/AlSb 量子阱组成,其电子势垒厚度和高度(相对于 InAs/GaSb T2SL 吸收层的导带最小值)分别为 45 nm 和 0.72 eV。

23.2.2　中波红外带间级联探测器

五级探测器结构是在 Zn 掺杂的 2 英寸 GaSb(001)衬底上用 MBE 方法生长的。吸收层由轻的 p 掺杂(约为 5×10^{15} cm^{-3})InAs/GaSb T2SL 和 InSb 界面层组成,以平衡 InAs 层中的晶格失配应力。Sb/Ga 和 As/In 的Ⅴ/Ⅲ束流等效通量比分别设置为 4.0 与 3.2。探测器由 0.5 μm 的 p 型 GaSb 缓冲层、5 级 IB 级联吸收层结构和 45 nm 厚的 n 型 InAs 顶接触层组成。单个吸收层由 30 个、60 个和 90 个周期的 7 个 ML InAs/8 个 ML GaSb(monolayer,ML,单层)

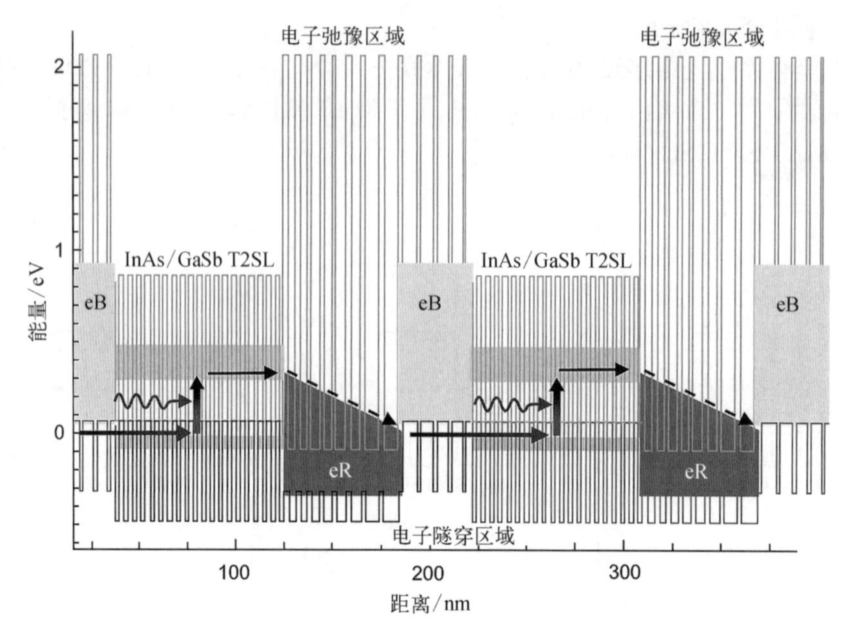

图 23.4 IB 级联Ⅱ类 InAs/GaSb SL 光电探测器的示意图[11]

光子被 T2SL 吸收体吸收,产生电子-空穴对。电子扩散进入 eR 区,然后通过超快 LO 声子辅助 IS 弛豫和 IB 隧穿进入下一周期的价带

T2SL 组成,对应的总吸收体厚度分别为 0.73 μm、1.45 μm 和 2.16 μm。制备了直径为 25~400 μm 的圆形台面单元探测器。然后沉积 200 nm 厚的 SiN_x 薄膜用于侧壁钝化和电隔离。顶部和底部的接触是由电子束蒸发的 Ti/Au 形成的。台面上没有涂覆减反射膜。

图 23.5 显示了 90 周期中波红外 IB 级联器件的典型暗电流随温度的变化。IB 级联探测器的低温 $J-V$ 曲线相对陡峭[参见图 23.5(a)],这来自隧穿分量的贡献。在较高的温度下,暗电流对偏置的敏感度要低得多,是扩散受限的。

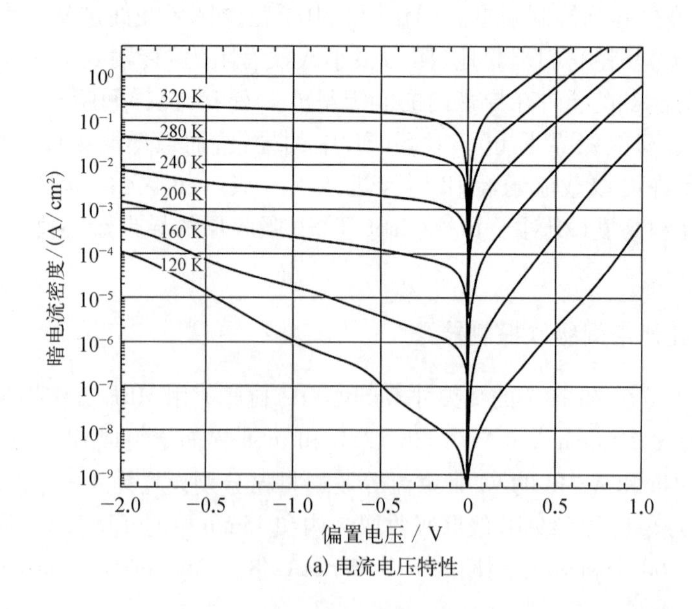

(a) 电流电压特性

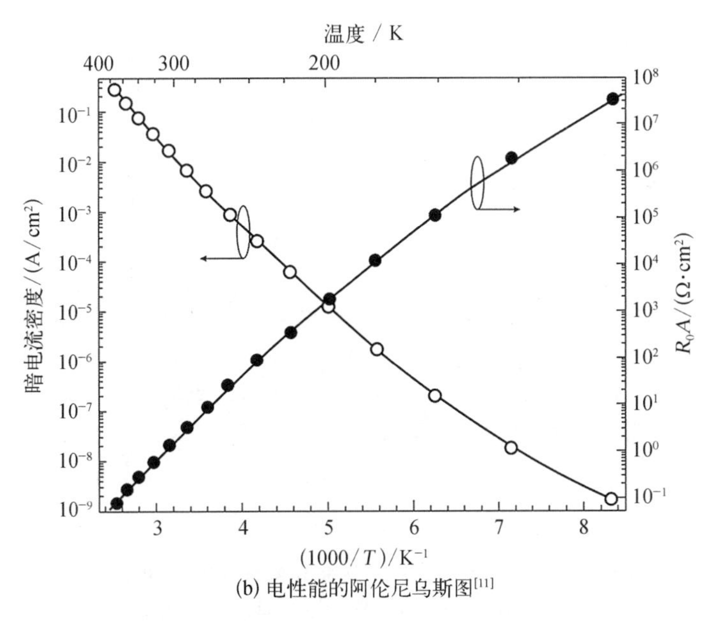

(b) 电性能的阿伦尼乌斯图[11]

图 23.5　五级 MWIR InAs/GaSb T2SL IB 90 周期级联探测器的暗电流特性

对暗电流特性的更深入研究提供了-10 mV 偏置电压时暗电流密度的阿伦尼乌斯图及测量的零偏置电阻面积乘积(R_0A)[图 23.5(b)]。在较高工作温度下提取的激活能(E_a)约为 0.302 eV,与 InAs/GaSb T2SL 吸收层的有效带隙非常接近,证实了较高温度下的暗电流主要是由扩散引起的。该器件的 R_0A 乘积在 120 K 时超过 1.25×10^7 Ω·cm²,在 200 K 时为 2 470 Ω·cm²,室温下为 3.93 Ω·cm²,是目前报道的 T2SL 探测器中最高的。160 K 时暗电流密度低至 1.28×10^{-7} A/cm²,提取的 R_0A 为 9.42×10^4 Ω·cm²,均略优于 HgCdTe 的 07 规则[26]。

MWIR T2SL 级联探测器在室温和波长为 4 μm 下的光谱响应率约为 0.3 A/W,并可在高达 380 K 温度下观察到响应。图 23.6 显示了从测量的响应率光谱中提取的不同温度下的约翰逊噪声限制探测率光谱和上述探测器结构的 R_0A 乘积。约翰逊极限 D^*在 3.8 μm 和 120 K 时达到 1.29×10^{13} Jones,在 200 K 时达到 9.73×10^{11} Jones。对于吸收量子效率为 70%的五级/结器件,背景限红外探测器(background limited infrared photodetector, BLIP)性能在 4 μm 波长时对应工作温度为 180 K,相当于 14%的外量子效率。

在该设计中,吸收层的总厚度约为 1 μm,理论上可以通过增加级数来提高吸收量子效率。但转换量子效率要比吸收量子效率低 N 倍。

利用光谱响应率方程 $R_i = (\lambda\eta/hc)qg$ (其中 h、c 和 g 分别为普朗克常量、光速和光导增益),并采用 $R_i \approx 0.3$ A/W 的实验数据,我们可以估算出在波长为 4 μm 时的室温下转换量子效率为 $\eta g \approx 9\%$。由于该器件有五级,因此增益可以估算为 1/5(0.20)。这相当于 45%的吸收量子效率。吸收量子效率可以通过增加级数来提高,只要吸收层在真实空间是紧密分布的,且厚度不是很厚,就可以保证每级对光子通量的均匀吸收(所有级的总厚度应该与扩散长度相当)。但是,转换量子效率仍然低于吸收量子效率,比例由吸收层数量(级数)决定。

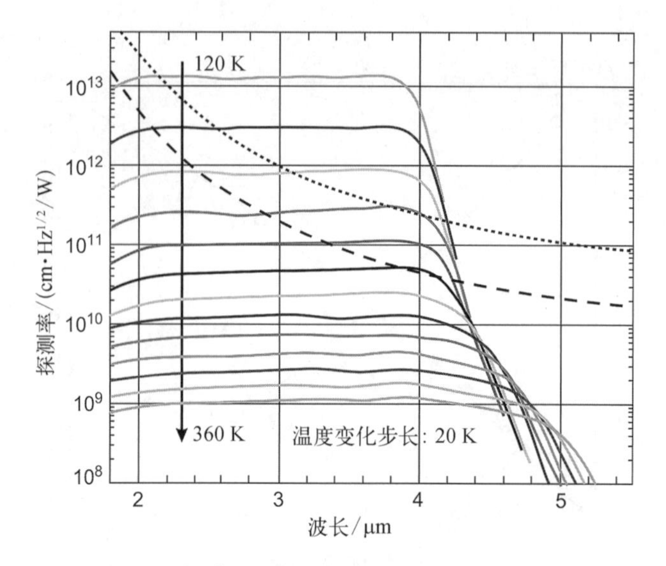

图 23.6 不同温度下五级 MWIR InAs/GaSb T2SL IB 90 周期级联探测器的约翰逊噪声限的探测率谱[11]

虚线表示外量子效率为 70%的光伏型探测器的 BLIP D^*,虚线表示吸收量子效率为 70%的五级器件的 BLIP D^*,均在 300 K 背景,2π FOV 条件下测得

光激发载流子的传输非常快,并且在每个级联阶段中传输的距离比典型的扩散长度(取决于波长,50~200 nm)短得多。因此,在如此短的距离内,侧向扩散输运可能并不显著,因此与传统光电二极管相比,QCD 中用于限制光激发载流子的刻蚀台面结构可能不是必要的。此外,多量子阱区域(弛豫区)中能态的显著波函数重叠会导致 IS 弛豫时间(如光学声子散射时间约为 1 ps)远短于 IB 复合时间(高温下具有显著俄歇复合,约为 1 ns 或约为 0.1 ns)。因此,有源区中的光激发电子会以非常高的效率传输到能量阶梯的底部。这种机制能够在光激发后快速有效地去除载流子。

图 23.7 显示了实验测得的级联探测器在零偏压下的响应时间[图 23.7(a)],以及在 225 K、293 K 和 380 K 三种工作温度下的响应时间与偏置电压的关系[图 23.7(b)]。这些结果证

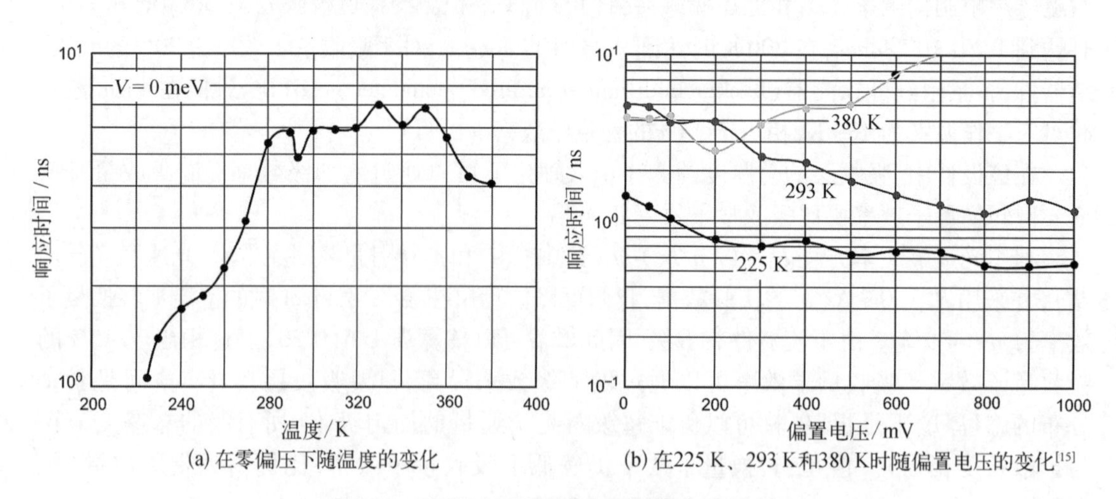

(a) 在零偏压下随温度的变化

(b) 在225 K、293 K和380 K时随偏置电压的变化[15]

图 23.7 T2SL MWIR 级联探测器的响应时间

实了 IB 级联探测器具有短的响应时间。在零偏压下,在 225~280 K 温度范围内,响应时间随温度的升高而增加,从约 1 ns 增加到 5 ns。当温度进一步升高到约 360 K 时,它稳定在约 5 ns,而在 380 K 时,它会下降到约 2 ns。

负偏置电压有利于缩短级联探测器的响应时间[图 23.7(b)]。在 225 K 和 293 K 温度范围内,响应时间与外加电压之间的负相关可能与漂移电流分量随偏置电压的增加而减小有关,漂移分量随吸收区电场的增加而减小。在此,对于在 380 K 工作的探测器,偏置电压为 200 mV 以上时,响应时间与偏置电压的关系没有明确的解释,因为响应时间随着偏置电压的增加而上升。作者认为,在这种情况下,隧穿区域的 GaSb 量子阱中的量子化能级与传输区价带之间的能量差与 AlSb 中负责声子辅助空穴隧穿的 LO 声子能量不匹配。此外,双极迁移率降低,也会影响探测器的时间响应。

最近,文献[27]介绍了第一个五级 MWIR IB 级联探测器 320×256 焦平面阵列,其像元尺寸为 24×24 μm,像元间距为 30 μm。该器件在 150 K(300 K,2π 视场)以上可以达到 BLIP 性能。

23.2.3　长波红外带间级联探测器

最近,对 78 K 工作温度下,截止波长长达 16 μm 的长波红外和甚长波红外 IB CID 有了一些初步研究[12,16,18-20]。

图 23.8 显示了 MBE 生长的两级 LWIR 器件的示例性器件结构。吸收层厚度分别为 620.0 nm 和 756.4 nm,每个 SL 周期由 36.3 Å InAs 和 21.9 Å GaSb 组成。为了实现电流匹配,将下层吸收体加厚。在每个 SL 周期中,1.9 Å 厚的 InSb 层被刻意插入 InAs-on-GaSb 层和 GaSb-on-InAs 层中,作为界面应变平衡层。为了使电子成为少子,SL 吸收层中一半的 GaSb 层进行 p 掺杂,掺杂浓度为 $3.5\times10^{16}\ \mathrm{cm^{-3}}$。这些器件中的 eB 和 eR 具有相同的设计。结构生长后,采用传统的接触式紫外光刻和湿法刻蚀制备出边长为 200~1 000 μm 的正方形台面器件。使用 170 nm 的 Si_3N_4 和 137 nm 的 SiO_2 两层结构作为钝化层。

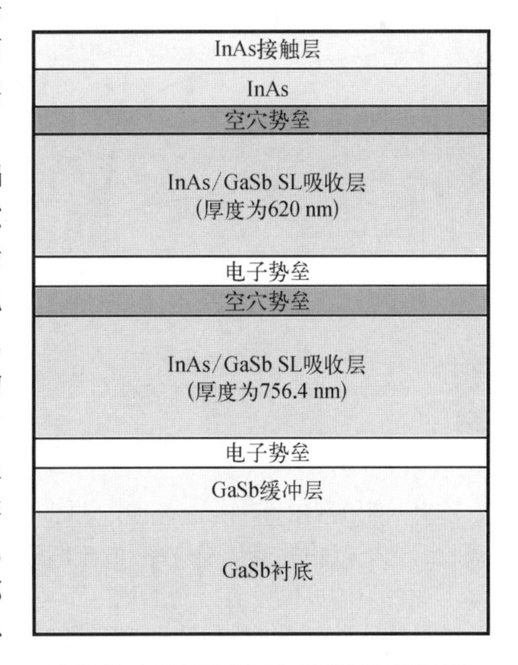

图 23.8　两级 LWIR IB QCID 的器件结构

图 23.9 中显示了不同温度下暗电流特性与偏置电压的关系。与相应的 78 K 下 135 meV 的带隙能量相比,激活能估计为 102 meV(见图 23.9 中插图)。这些数据表明,探测器既不受扩散限制,也不受生成-复合过程的支配(激活能大于 $E_g/2$)。这种偏离扩散限制的现象可能与吸收体区的非均匀掺杂有关,它产生的电场会影响吸收层中的肖克利-雷德-霍尔(Shockley-Read-Hall,SRH)生成-复合过程。由于吸收层中低效的空穴传输,非刻意形成的静电屏障也造成了较低的收集效率。吸收层可能是 n 型的,特别是在较高温度下。那么,与电子相比,载流子传输的效率较低,需要外部偏置电压来帮助收集光载流子。

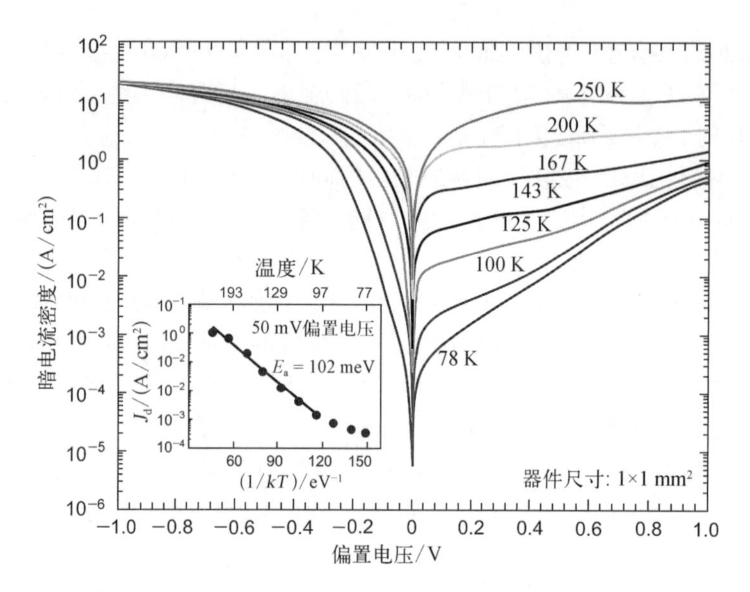

图 23.9 LWIR 探测器在不同温度下的暗电流-偏压特性

插图显示了暗电流的阿伦尼乌斯曲线,从中可以拟合得到激活能[12]

图 23.10(a)显示了不同温度下 LWIR IB QCD 的约翰逊噪声限制下的光谱探测率。在 78 K 时,R_0A 乘积值为 115 Ω·cm^2,相当于 8 μm 时的探测率为 3.7×10^{10} cm·Hz$^{1/2}$/W[12]。图 23.10(b)显示了六级探测器的类似性能。

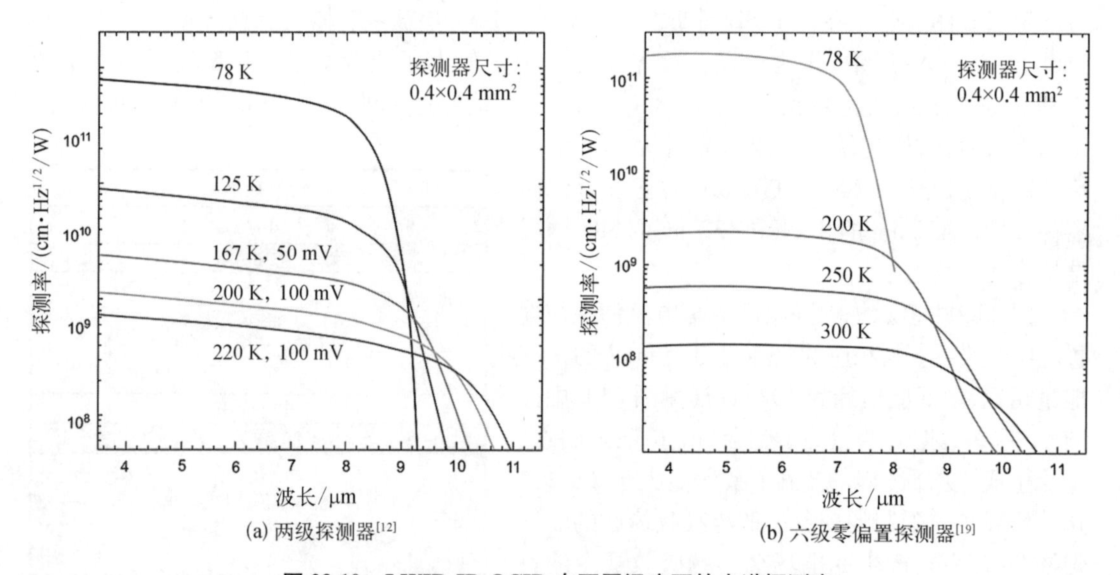

(a) 两级探测器[12]　　(b) 六级零偏置探测器[19]

图 23.10 LWIR IB QCID 在不同温度下的光谱探测率

对两组 LWIR 器件(电流匹配和非电流匹配)的比较研究表明,为了最大限度地利用所吸收的光子以获得最佳响应率,电流匹配是必要的[20]。此外,研究还表明,这些探测器在高温下观测到的负微分电导与通过电子势垒的带内隧穿有关[19]。

虽然还没有进行优化,IB QCID 已可以在 300 K 下工作,探测率高于 1.0×10^8 cm·Hz$^{1/2}$/W,这超过了商业非制冷 HgCdTe 探测器的报道值[19],表明它与室温长波 QCL 结合,在激光光谱和自由空间通信方面具有巨大的应用潜力。

为了提高 LWIR T2SL QCD 的性能,需要在器件技术和设计上做进一步的改进,如制作更短的吸收区,改善吸收层和单极势垒之间的带隙对准,实现吸收层的 p 型掺杂,以及改进工艺。

23.3　与碲镉汞 HOT 光电探测器的性能比较

碲镉汞(HgCdTe)是目前在红外光电探测器中应用最广泛的可变禁带半导体,包括非制冷工作。然而,工作在 LWIR 下的 HgCdTe 光电二极管由于高的热生成,结电阻非常低。例如,小尺寸非制冷 10.6 μm 光电二极管(50 μm×50 μm)的零偏置电压结电阻小于 1 Ω,远低于二极管的串联电阻。因此,传统器件的性能很差,不能用于实际应用。

图 23.11 将 HgCdTe 光电二极管的 R_0A 乘积与使用Ⅱ类 InAs/GaSb SL 吸收层制造的 IB CID 的室温实验数据进行了比较。很明显,在目前 CID 技术的早期阶段,室温下实验测得的 R_0A 乘积高于目前最先进的 HgCdTe 光电二极管的 R_0A 乘积。然而,量子效率很低,通常低于 10%,导致 IB T2SL 级联探测器的探测率低于 HgCdTe 光电二极管。

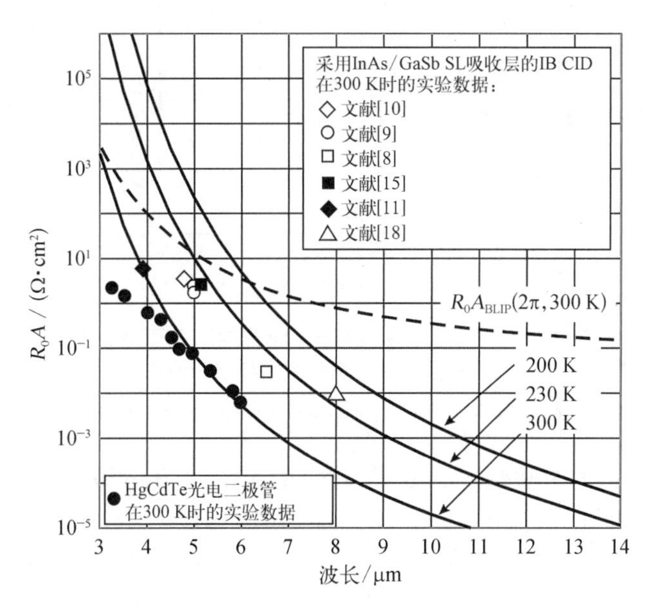

图 23.11　HgCdTe 光电二极管(实线)的 R_0A 乘积与采用Ⅱ类 InAs/GaSb SL 吸收层的 IB QCID 的室温实验数据的比较

图 17.56 显示了采用光学浸没设计、两级热电(two-stage thermoelectrically,2TE)制冷 HgCdTe 器件的性能。在不采用光学浸没设计的情况下,MWIR 光伏型探测器是性能接近 GR 限制的亚 BLIP 器件。设计良好的光学浸没器件在使用两级佩尔捷制冷机进行热电制冷的情况下可以达到 BLIP 性能限。对于>8 μm 的 LWIR 光伏探测器来说,情况就不那么有利了,因为它们的探测率比 BLIP 极限低一个数量级。通常,这些器件在零偏置电压下使用。使用俄歇抑制(Auger - suppressed)的非平衡器件的尝试没有成功,因为在提取的光电二极管中有很大的 1/*f* 噪声延伸到约 100 MHz。

用于单片浸没 HgCdTe 探测器的透镜是由透明的 GaAs 衬底直接形成的。由于浸没设计,采用半球透镜的表观光学探测器面积增加了 n^2 倍,其中 n 是折射系数。使用 GaAs 透镜,探测率预计可提高 $n^2 \approx 10$ 倍。非浸没 HgCdTe 探测器的探测率估计比图 17.56 所示的低一个数量级。因此,IB CID 的性能与佩尔捷制冷 HgCdTe 器件的性能相当。

图 23.12 汇总了 T2SL IB CID 和 HgCdTe 光电探测器(主要是光电二极管)在 220 K 到室温之间实验测量的响应时间。大多数零偏置电压长波红外光电二极管的响应时间都在 10 ns 以下。在反向偏置电压下可以达到 1 ns 以下,器件响应时间减小。在这种比较中,T2SL 级联探测器的响应时间与 HgCdTe 光电探测器相当,甚至更短。

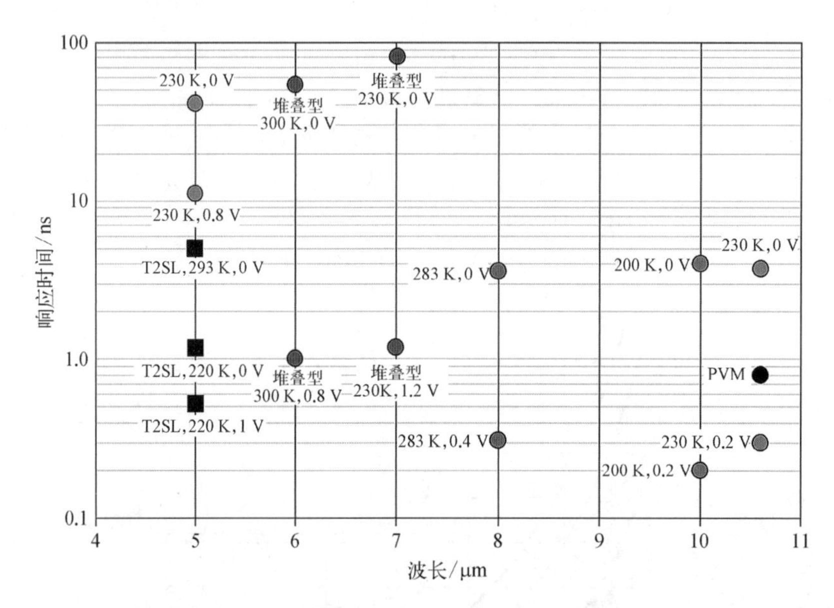

图 23.12 零偏置电压与反向偏置电压的 HgCdTe 光电二极管和工作温度为 220~300 K 的 T2SL MWIR 级联探测器的响应时间与波长的关系

堆叠型,双叠层光伏型探测器;PVM(photovoltaic multi-junction),多异质结光伏探测器

IB QCID 具有复杂的级联探测器结构。它们的设计尤其适用于高温工作,因为扩散长度会大大缩短。在现阶段,它们的性能可以与 HgCdTe 相媲美。然而,由于Ⅲ-Ⅴ族半导体的强共价键,QCID 的工作温度可以高达 400℃,这是 HgCdTe 器件无法做到的。

更好地理解 QCID 器件的物理特性及其设计和材料特性将有助于提升高性能 HOT 探测器的性能。此外,QCID 的分立架构为操纵载流子输运以实现高速工作提供了极大的灵活性,这决定了最大带宽。可以将它们与有源元件(如激光器)进行单片集成,这为基于量子器件的电信系统提供了全新的途径。

参考文献

第四部分

红外焦平面阵列

第24章 焦平面阵列结构概述

如第3章所述,红外探测器的发展一开始就与热探测器联系在一起。从图24.1可以看到,早期热探测器在天文学中有非常广泛的应用[1]。1856年,查尔斯·皮亚齐·史密斯(Charles Piazzi Smith)在特内里费岛瓜哈拉峰用热电偶探测到来自月球的红外辐射[2,3]。20世纪初,木星(Jupiter)、土星(Saturn)、织女星(Vega)和大角星(Arcturus)等明亮恒星的红外线辐射被成功探测到。1915年,美国国家标准局(U. S. National Bureau of Standards)的威廉·科布伦茨(William Coblentz)发明了热电堆探测器,并用来测量110颗恒星的红外辐射。然而,早期红外仪器的低灵敏度阻碍了对其他近红外源的探测。红外天文学的工作一直处于较低的水平,直到20世纪50年代末,人们在开发新的、灵敏的红外探测器方面取得了突破。

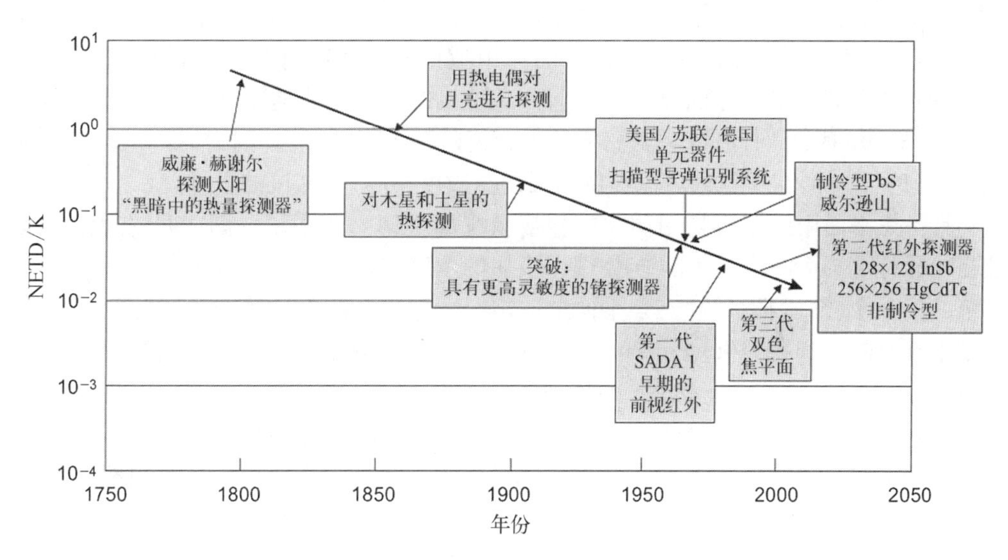

图24.1 红外探测器的发展: NETD随年代的变化[1]

Smith[4]在1873年首次观察到了光电导效应,他注意到当硒暴露在光下时其电阻会降低。但光子型探测器的发展主要是在20世纪。1917年,美国凯斯公司研制出探测波长为1.2 μm的硫化亚铊光导型探测器[5]。第二次世界大战之前,德国人对硫化铅电池进行了深入研究[6]。在本书第3章中已简要介绍了红外光电探测器大家族的发展历史。

红外探测器技术发展的过去和现在都主要是由军事应用推动的。美国国防部的研究项目中许多进展后来应用到红外天文学。20世纪60年代中期,加利福尼亚州威尔逊山天文台(Mount Wilson Observatory, California)使用液氮冷却的 PbS 光电导探测器对天空进行了第一次红外测量,这种光电导在 2.2 μm 处具有最佳灵敏度。这次测量覆盖了大约75%的天空,发现了大约 20 000 个红外源[2]。这些来源中有许多是以前在可见光波段从未发现的恒星。

最近,转向民用的红外技术经常称为双技术应用。应该指出的是,红外技术在民用领域的广泛使用得益于新材料和新技术的使用,而且这些高成本技术的价格也在显著下降。由于这些技术的有效应用,如在全球环境污染和气候变化监测、农作物产量的长期预测、化学过程监测、傅里叶变换红外光谱、红外天文学、汽车驾驶、医疗诊断中的红外成像等方面,对这些技术的需求正在迅速增长。传统的红外技术是与控制功能和夜视问题联系在一起的,早期的应用只与红外辐射的检测有关,后来发展到通过温度和发射率差异形成红外图像(应用于识别和监视系统、坦克瞄准系统、反坦克导弹、空空导弹等)。

在过去的五十年里,不同类型的探测器与读出电路相结合,形成探测器阵列。集成电路(integrated circuit, IC)设计和制造技术的进步推动这些固态阵列的尺寸与性能持续快速增长。在 IR 技术中,这些器件基于读出电路阵列和探测器阵列的组合(称为焦平面阵列)。探测器-读出电路的组件结构可以采用多种形式,下面将做具体讨论[7]。

24.1 焦平面阵列概述

可以将多元探测器分为两类:一类用于扫描成像系统,另一类用于凝视成像系统。最简单的扫描成像线列焦平面由一排探测器组成(图 2.11)。扫描成像使用机械扫描仪对整个场景以条带状进行扫描来生成图像。在标准视频的帧速率下,在每个像元(探测器)处施加较短的积分时间,收集其总电荷。凝视阵列则以电子方式扫描探测器的 2D 阵列像元[图 2.11(b)]。这类阵列可以提供增强的灵敏度,并减轻相机的重量。

不具备焦平面中的多路复用功能的扫描系统属于第一代系统。图 2.11 右上角显示了安装在杜瓦杆上的 180 像元美国通用 FPA 模块的示例[8]。

第二代系统(全画幅系统)在焦平面上通常有大约 10^6 个单元(像元),配置成 2D 阵列。也有使用具有时延和积分(time delay and integration, TDI)功能的多路复用、扫描线列来制造中等像元数的系统。图 24.2 中所示的阵列是 20 世纪 70 年代中期设计的 8×6 单元光导阵列,用于串-并扫描图像[9]。将像元错开是为了解决会在图像线之间引入延迟的连接问题。

探测器 FPA 技术的发展使许多成像技术发生了革命性的变化[7]。从 γ 射线到红外线,甚至无线电波,在许多情况下,可以获取图像的速率提高了 100 万倍以上。图 24.3 显示了过去 50 年阵列规模的发展趋势。成像 IR FPA 随着 Si IC 技术读取和处理阵列信号及显示最终图像的能力而不断发展。IR 阵列的进展也是稳定的,反映了高密度电子结构的发展,如动态随机存取存储器(dynamic random access memories, DRAM)。FPA 名义上的开发速度与 DRAM IC 相同,后者遵循摩尔定律,每 18 个月周期约增长 1 倍;然而,FPA 比 DRAM 落后 5~10 年。图 24.3 的插图是对于 MWIR FPA,每个商用阵列的像素数的对数与其面市时间的关系,从其斜率可以明显看出 18 个月的倍增时间[10]。在 2006 年阵列规模超过了 4 k×4 k(1 600 万像素),比摩尔定律预测的晚了大约一年。目前已经实现了具有 8 μm 像元的 8 k×8 k 阵列的后续扩展[11]。最大规模的 CCD 已经超过了 30 亿像素。

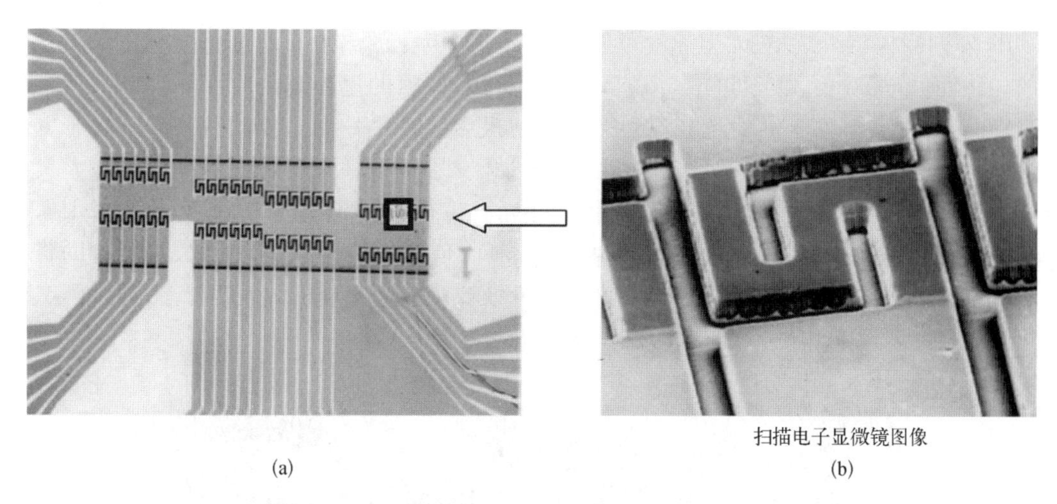

图 24.2　采用迷宫结构增强响应率的 50 μm 正方形单元的 8×6 光电导阵列的显微照片。将像元错开是为了解决会在图像线之间引入延迟的连接问题[9]

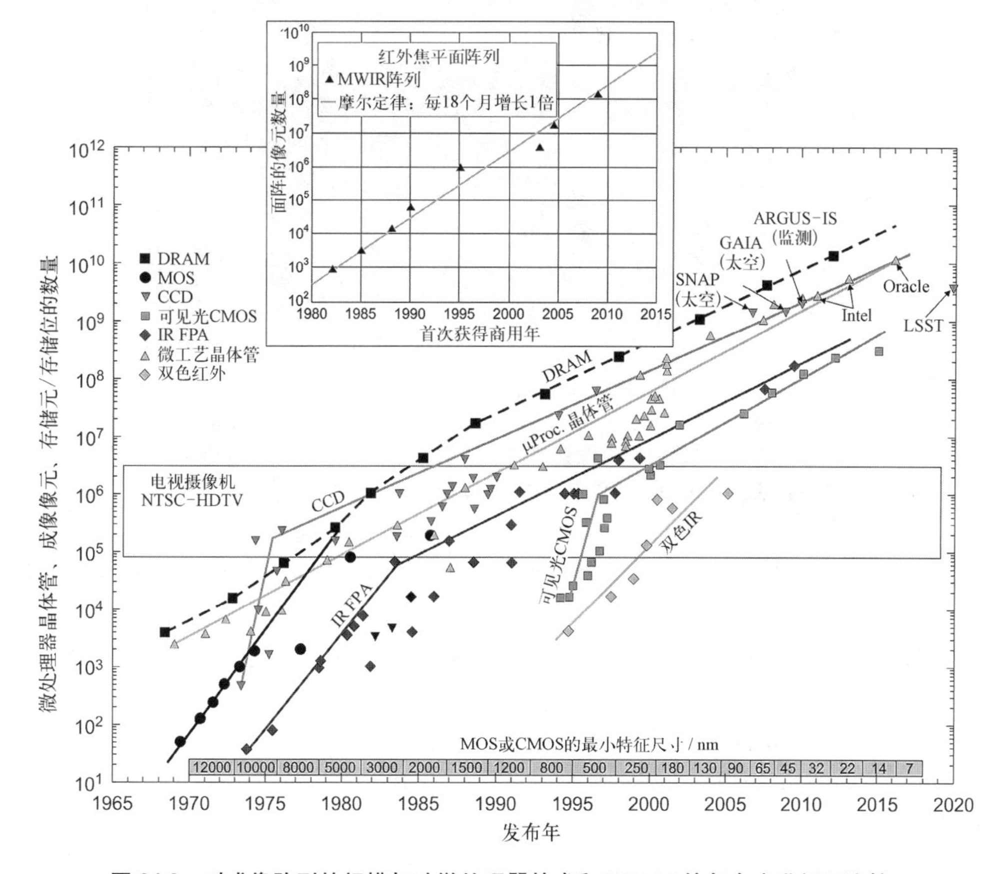

图 24.3　对成像阵列的规模与硅微处理器技术和 DRAM 的复杂度进行了比较，用晶体管数量和字节存储容量表示(据文献[7]改编)

MOS/CMOS 最小特征尺度设计规则的时间线显示在底部。30 亿像素以上的 CCD 提供了目前的最大规模阵列。请注意 CMOS 成像器件的迅速崛起，这对可见光波段的 CCD 构成了挑战。根据摩尔定律，红外阵列上的像元数 30 年来一直呈指数增长，翻倍周期约为 18 个月。尺寸在 1 亿像素以上的红外阵列现在已应用于天文学。许多探测器类型的成像规模已经超出了高清电视的要求

IR 阵列规模将继续增加,但速度可能会低于摩尔定律的趋势。增加规模在技术上是可行的。然而,市场对更大阵列的需求并不像达到百万像素的里程碑之前那样强劲。特别值得一提的是,天文学家是推动光电阵列能够匹配摄影胶片尺寸的主要动力来源。由于大规模阵列可以极大地增加望远镜系统的数据输出,开发用于地基天文观察的高灵敏度大尺寸马赛克拼接传感器是世界上许多天文台的目标。雷神公司制造了一个 4×4 的 2 k×2 k HgCdTe 传感器芯片组件(sensor chip assemblies,SCA),规模达到 6 700 万像素,并协助将其组装成最终的焦平面配置(图 24.4),在四个红外波段观测南半球的天空[12]。考虑到天文界的预算远远不及国防市场,这么大的投入有点令人惊讶。

图 24.4 由 VISTA(visible and infrared survey telescope for astronomy,可见光-红外天文巡天望远镜)组装的 16 个 2 048×2 048 像元的 HgCdTe SCA。SCA 置于精密底板上,以确保所有像素都位于所需焦平面附近 12 μm 范围内。探测器被放置在望远镜相机的真空室中,并冷却到 72 K[10]

虽然单个阵列规模在继续增长,但许多空间任务都需要非常大的 FPA,这些需求可以通过拼接大量的分立阵列来实现。如 Teledyne 公司开发的大型马赛克拼接阵列是由 35 个阵列组成的 1.47 亿像素的 FPA,每个阵列具有 2 048×2 048 像素[12]。虽然目前在减小 SCA 上的相邻探测器的间隙方面仍存在限制,但大多可以克服。据预测,1 亿像素或更大的焦平面将成为可能,限制只来自预算,而非技术[13]。

增加像元的趋势可能会在大规模阵列领域继续下去。这一增长将继续采用几个 SCA 的紧密拼接。拼接是指将不同的半导体片紧密地连接在一起,组成一个大的探测阵列,作为一个单一的图像传感器运行。在大多数情况下,拼接技术可制造出比单个晶片更大的成像器件。但缝接是指在半导体加工过程中将各种设计模块放在一起,形成一个大型的、独立的成像阵列。在大多数情况下,缝接被用来制造大于光刻设备 FOV 的成像器件。

在 IR FPA 的开发中使用了许多架构[14-18]。一般说来,它们可以被归类为混成式和单片式,但它们之间的区别通常并不像各自的支持者和批评者所说的那样重要。核心的设计问题是性能优势与最终的可生产性。根据技术要求、预计成本和日程安排，不同的应用可能会适用不同的方法。

24.2　单片式阵列

在单片式架构中，光探测和信号读出（多路复用）都在探测器材料中完成，而不是在外部读出电路中完成。探测器和读出电路集成在单片材料上，减少了处理步骤的数量，提高了产量，并降低了成本。在可见光和近红外（0.7～1.0 μm）波段，这些 FPA 常应用于摄像机和数码相机。两种硅技术在这些市场上提供了大量的器件：CCD 和 CMOS 器件。CCD 技术的最大像素规模已经超过 10^9（图 24.3）。这种获取图像的方法最早是在 1970 年由贝尔实验室研究人员博伊尔（Boyle）和史密斯（Smith）[19] 撰写的一篇论文中提出的。同时，CMOS 成像器也正在迅速向大幅面发展，目前正在与 CCD 争夺大幅面应用市场。图 24.5 显示的是单片式 FPA 的不同架构。

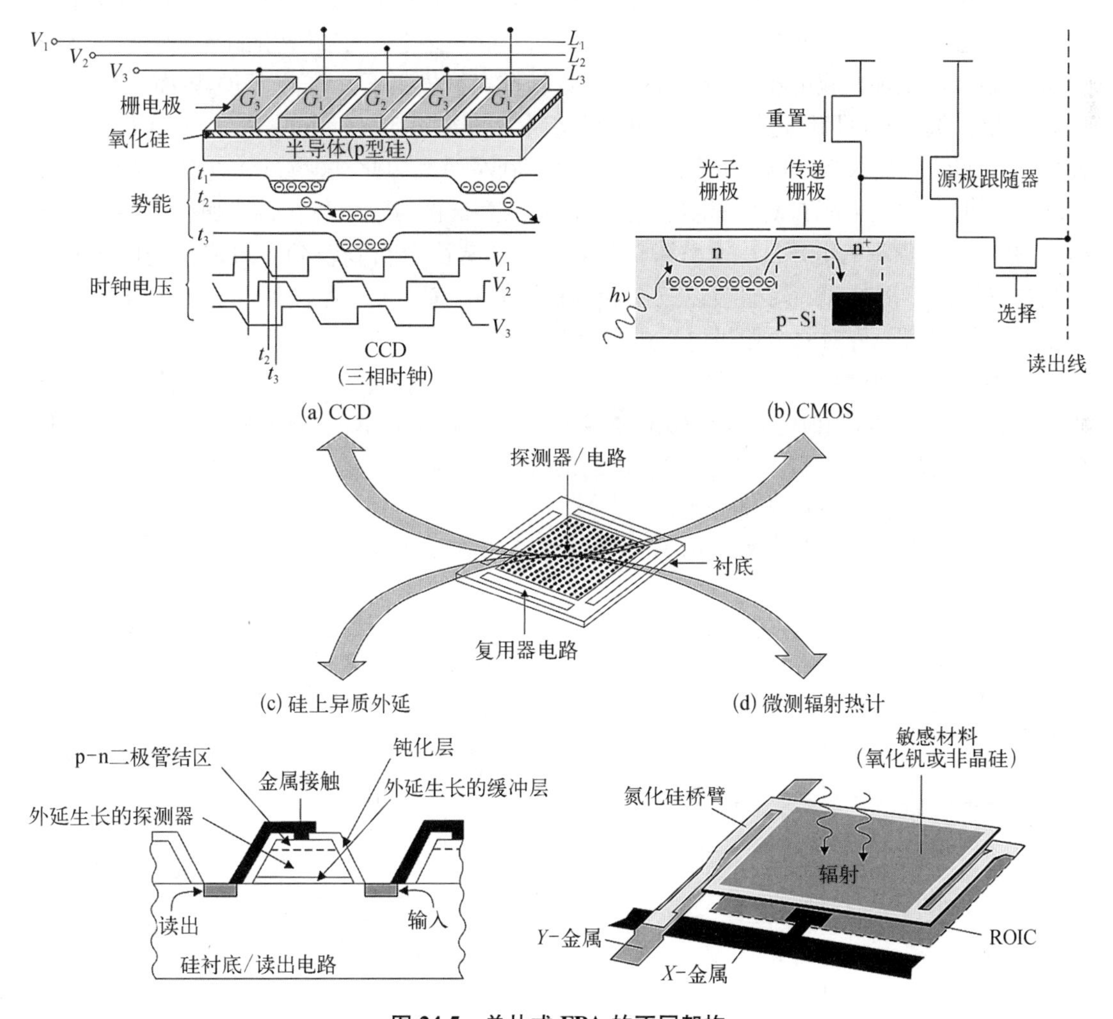

图 24.5　单片式 FPA 的不同架构

24.2.1 CCD 器件

单片 CCD 阵列的基本单元是金属-绝缘体-半导体结构。作为电荷转移器件的一部分，产生的光电流由 MIS 电容器探测并进行积分。尽管大多数成像应用倾向于在单个单元中要求高电荷处理能力，但是用窄带隙半导体材料(如 HgCdTe 和 InSb)制造的 MIS 电容器本底电势较低，电荷容量有限，并且在通过窄带隙 CCD 转移电荷以完成读出功能时会存在更严重的涉及噪声、隧穿效应和电荷俘获的问题。MIS 探测器工作在非平衡态，耗尽区中电场比 p－n 结大得多，导致与缺陷相关的隧穿电流比基础暗电流大几个数量级。与 p－n 结探测器相比，MIS 探测器对材料质量的要求要高得多，这一点目前还没有实现。因此，虽然人们已经在努力利用窄带隙半导体来开发单片式 FPA，但在成品率和获得接近理论灵敏度等方面，硅基 FPA 技术仍是唯一成熟的技术。在市场上已经可以买到具有全电视幅面分辨率的全单片式 FPA，如 PtSi 肖特基势垒的 FPA。

CCD 技术在成品率和接近理论灵敏度方面已经非常成熟。CCD 技术依赖于一种成熟的半导体结构——金属-氧化物-半导体(metal-oxide-semiconductor，MOS)电容器的光电特性。MOS 电容器通常由非本征 Si 衬底组成，在该衬底上生长一层二氧化硅绝缘层。当在 p 型 MOS 结构上施加偏置电压时，多子(空穴)会被推离栅极正下方的 Si－SiO_2界面，留下一个正电荷耗尽的区域，可用作运动少子(电子)的势阱。见图 24.5(a)。硅中通过光吸收(电荷生成)而产生的电子将聚集在栅极下方的势阱中(电荷收集)。因此，这些 MOS 电容器的线性或二维阵列可以在栅极下方以捕获电荷载流子的形式存储图像。通过在每个栅极上使用顺序移位的电压，将累积的电荷从一个势阱转移到下一个势阱(电荷转移)。最成功的电压移位方案之一称为三相时钟。列栅极以三个相邻的组(G_1、G_2、G_3)连接到分开的电压线(L_1、L_2、L_3)。该设置允许对每个栅极电压进行单独控制。

图 24.6(a)是典型 CCD 成像器的电路原理图。光生载流子首先集中到像元处的电子势阱中，然后转移到慢速和快速 CCD 移位寄存器。在 CCD 寄存器的末段，携带着所接收光信号的信息的电荷可以被读出并转换成有用的信号(电荷测量)。

从 CCD 读出的过程由两部分组成：

(1) 在传感器周围移动电荷包(代表着该像元的信号值)；

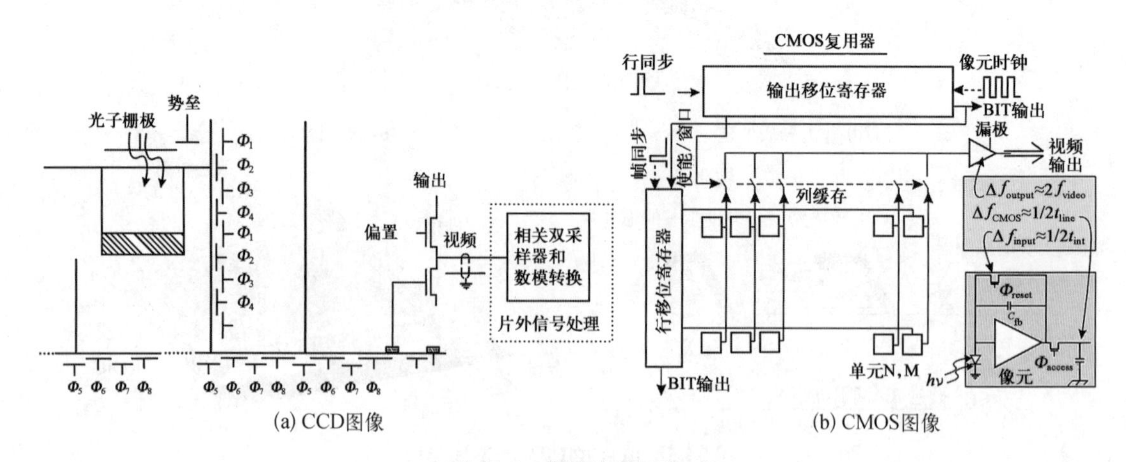

(a) CCD图像　　(b) CMOS图像

图 24.6　典型读出结构

（2）将电荷包的值转换为输出电压。

CCD 输出端的电荷-电压转换器基本上就是一个带有单级或多级电压跟随器的电容器，以及一个用于将电容器电压预置到已知电平的开关。在最简单的视频系统中，预置电容器电压和输出电平的开关在开始读出每个像素时是闭合的。像元的电荷包传输到电容器后，电容器电压发生变化，输出信号就代表了像元信号值。由于开关存在有限剩余电导率，电容会被预充电到一个未知值，这会与输出信号相加。补偿这种预充电不确定性的一种方法是采用相关双采样（correlated double sampling，CDS）的读出技术。在该方法中，对每个像素的输出信号进行两次采样：恰好在预充电电容器之后和在加入像元电荷包之后。

图 24.7 显示了一个前置放大器，在这里作为每个探测器的源极跟随器（source follower per detector，SFD），其输出连接到箝位电路。在光子积分开始期间（探测器复位后），输出信号最初通过箝位电容器进行采样。箝位开关和电容器的共同作用是从输出波形中减去任何初始偏置电压。由于初始样本是在大量光子电荷积分之前产生的，通过对电容器充电，最终积分光子信号摆幅不会改变。但是，在电路的作用下，积分开始时出现的任何偏移电压或漂移都会从最终值中减去。这种对每个像素采样两次的过程称为 CDS，一次在帧的开头，另一次在帧的末尾，并提供差值。关于在 CCD 器件中使用的读出技术（例如，CDS、每个像元中的浮动扩散放大器和浮栅放大器）的更多信息在文献[20]~[25]中有详细的描述。

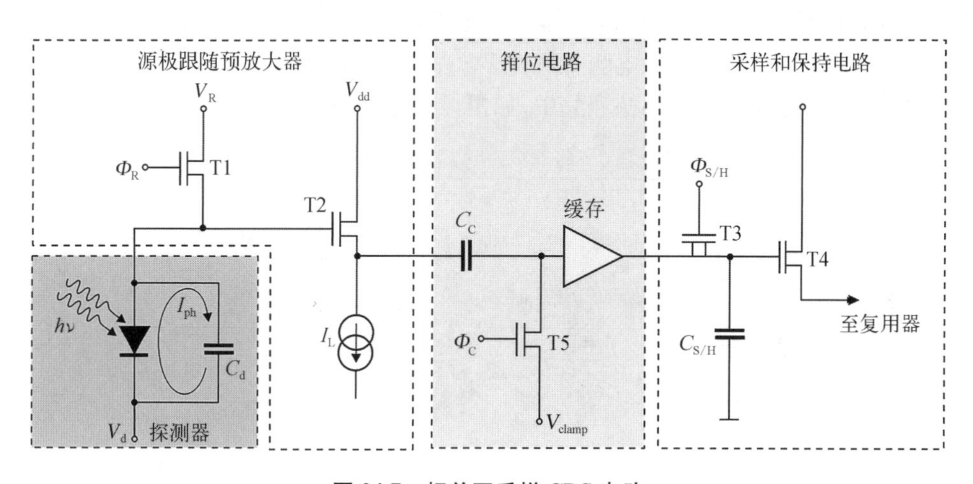

图 24.7　相关双采样 CDS 电路

大约 40 年前，开发出了第一批 CCD 成像传感器，主要用于电视模拟图像的采集、传输和显示。随着人们对数字图像数据需求的不断增加，使用传统的模拟信号栅扫描输出的图像传感器的应用已经越来越少，人们强烈希望将控制、数字接口和图像传感器完全集成在一块芯片上。

最流行的 CCD 是由工作在可见光和近红外（visible and near infrared，Vis－NIR）波段的 Si 传感器组成的。利用 δ 掺杂和增透膜可以将光谱响应扩展到紫外区。在 200~300 nm 内，这样制备的器件稳定性和外量子效率都达到了 50%~90%。用于科学研究的 CCD 通常具有超过 2 000 万的像素，现在 5 000 万像素可见光阵列的数字整形输出 ROIC 噪声电平可低于 10 个电子，并提供了比消费级产品更高的灵敏度[26]。

24.2.2 CMOS 器件

另一种有吸引力的可以替代 CCD 读出的方案是使用 CMOS 开关的协调寻址。具体地说,现代硅工艺的发展允许实现比可见光波长小得多的 CMOS 晶体管结构,并且能够在单个画面内实际集成多个晶体管。CCD 器件的配置需要专门的处理工艺,而 CMOS 成像器可以直接在为商业微处理器设计的工艺线上进行生产。CMOS 的优点是现有的用于专用集成电路(application-specific integrated circuits, ASIC)的代工厂可以通过调整其设计规则进行生产。目前正在使用的是 14 nm 的设计规则,试生产阶段的设计规则为 10 nm。精细设计规则意味着更多的功能可以被集成到具有较小单元的多路复用器单元中,从而构建出更大的阵列规模。图 24.3 显示了最小电路特征尺寸的发展时间线,以及由此产生的 CCD、IR FPA 和 CMOS 可见光成像器件的尺寸及对应的像元数量。横轴上还有一个刻度,描绘了各种 MOS 和 CMOS 工艺的普遍适用性。因此,不断向更精细的光刻工艺迁移,推动了基于 CMOS 的成像器件的快速发展,与基于 CCD 的解决方案相比,它具有更高的分辨率、更好的图像质量、更高的集成度和更低的整体成像系统成本。目前,由于密度更高的光刻技术可以实现低噪声信号提取和每个像素内高光学填充因子(fill factor, FF)所带来的高探测性能,最小特征尺寸≤0.1 μm 的 CMOS 单片式可见光成像器件已成为可能。缩小像素大小,改变像素架构,可以提高分辨率。基于所述 2010 年时的技术发展,从图 24.8 可以看到,CMOS 的像素节距已经变得比 CCD 的更小[27]。CMOS 成像器件也在迅速向大幅面发展,目前正在与 CCD 争夺大幅面应用市场。将高性能个人电脑带进许多家庭的硅晶圆生产企业正在将基于 CMOS 的成像技术应用于广泛的消费级影像产品中,如摄像机和数码相机等。

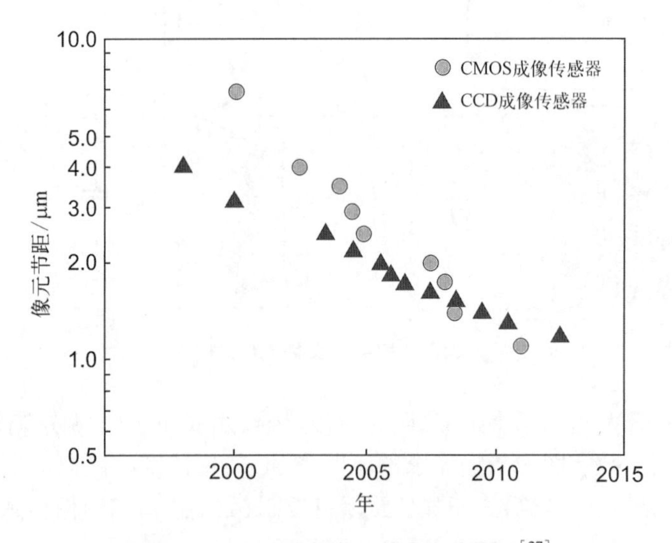

图 24.8 CMOS 像元节距的发展路线图[27]

典型的 CMOS 多路复用器架构[见图 24.6(b)]由活动区域边缘的快(列)和慢(行)移位寄存器组成,通过选择慢寄存器逐个对像素进行寻址,而快寄存器对列进行扫描,依次类推。每个图像传感器并联连接到单元结构中的存储电容器。由数字水平扫描寄存器一次选择一列二极管和存储电容器,并且由垂直扫描寄存器选择行总线。因此,每个像素都可以单独寻址。

基于 CMOS 的成像器件可以使用有源的和无源的像素[21,28]，简化的形式如图 24.5(b)所示。与无源像素传感器(passive pixel sensor, PPS)相比，有源像素传感器(active pixel sensor, APS)除了读取功能，还可以在每个像素上实现某种形式的放大。PPS 由三个晶体管组成：复位场效应晶体管(field-effect transistor, FET)、选择开关和用于将信号驱动到列总线上的源极跟随器(source follower, SF)。这样的电路开销很低，即使对于单片式器件，光收集效率(optical collection efficiency，也可以用填充因子 FF 表示)也很高。通常在用于可见光的 CCD 和 CMOS APS 成像器中使用微透镜，精确沉积在每个像素上的微透镜可以将入射光汇聚到光敏区(图 24.9)。在像素级电子器件的情况下，探测元在像素中的可用面积减少，因此 FF 通常被限制在 30%~60%。当 FF 较低且未使用微透镜时，投射到其他地方的光线就损失了，或者在某些情况下，会在有源电路中产生电流，从而在图像中造成伪影。不过微透镜在低 F 数(low $f/\#$)成像系统中效果较差，而且可能不是在所有应用中都适合。

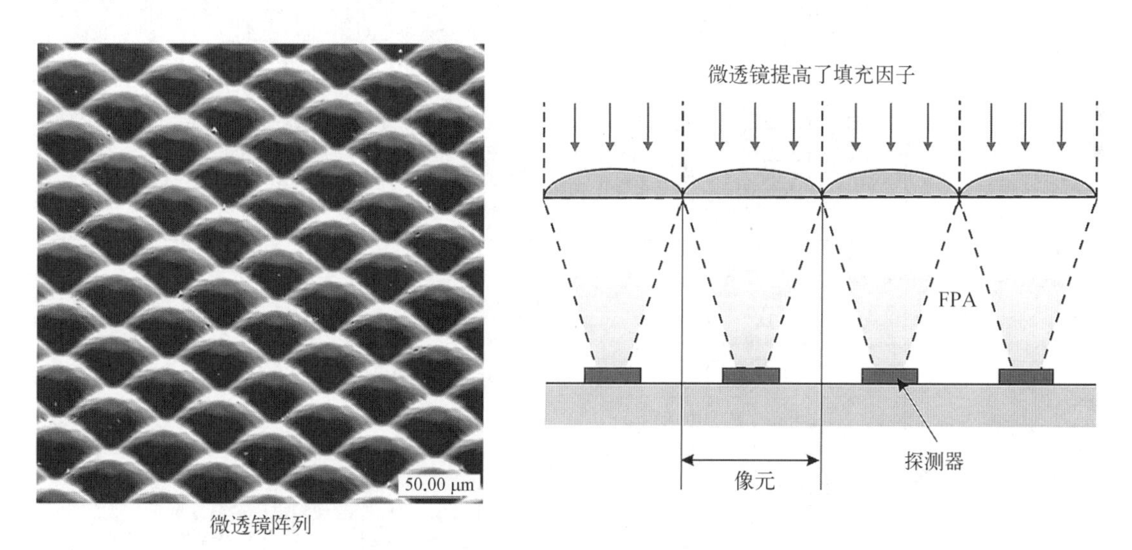

图 24.9 微透镜 FPA 的显微照片和横截面示意图

虽然微透镜提高了像素灵敏度，但应用微米级的透镜阵列会给设计带来许多挑战。一个关键问题是会造成串扰，这会降低空间分辨率、造成分色，以及降低整体灵敏度。降低小像素间的串扰已经成为传感器设计中最困难和最耗时的任务之一。当像素尺寸小于 1.45 μm 时，CMOS 传感器的正面金属化变得更加困难，需要使用先进的光导结构以降低串扰。

在 APS 中，3 个金属氧化物半导体场效应晶体管(metal-oxide-semiconductor field-effect transistors, MOSFET)具有与 PPS 中相同的功能。第 4 个晶体管充当转移栅极，将电荷从光电二极管移动到浮动扩散层。通常，两个像素都在卷帘快门模式下运行。APS 能够执行 CDS 以消除复位噪声(kTC 噪声)和像素偏移。PPS 只能用于非相关的双采样，这足以减少像素间的偏移，但不能消除时间噪声。时间噪声可以通过其他方法来解决，如添加附加组件[如软重置或渐变重置]，但是它会降低单片式成像器件的 FF[25]。每个像素中包含的用于读出的 MOSFET 在光学上是没有响应的。CMOS 传感器还需要几个金属层来将 MOSFET 互联。这些总线在像素上方堆叠和交错,形成入射光子必须通过的光学隧道。此外,大多数CMOS成像器都是正照射的。由于吸收材料相对较浅,这限制了红色波段(波长较长)的可见光灵敏度。作为对比,CCD像素构造可使整个像素的FF达到100%。

图24.10比较了CCD和CMOS传感器的原理。这两种探测器技术都使用光电传感器来产生和分离像素中的电荷。然而,除此之外,这两种传感器方案有很大的不同。在CCD读出过程中,收集到的电荷会从一个像素移动到另一个像素,一直到最外侧。最后,将所有电荷顺序推送到一个公共位置(浮动扩散),由单个放大器产生相应的输出电压。而CMOS探测器在每个像素中都有一个独立的放大器。放大器将电荷积分转换成电压,从而无须将电荷从一个像素转移到另一个像素。使用集成CMOS开关将电压多路复用到公共总线上。通

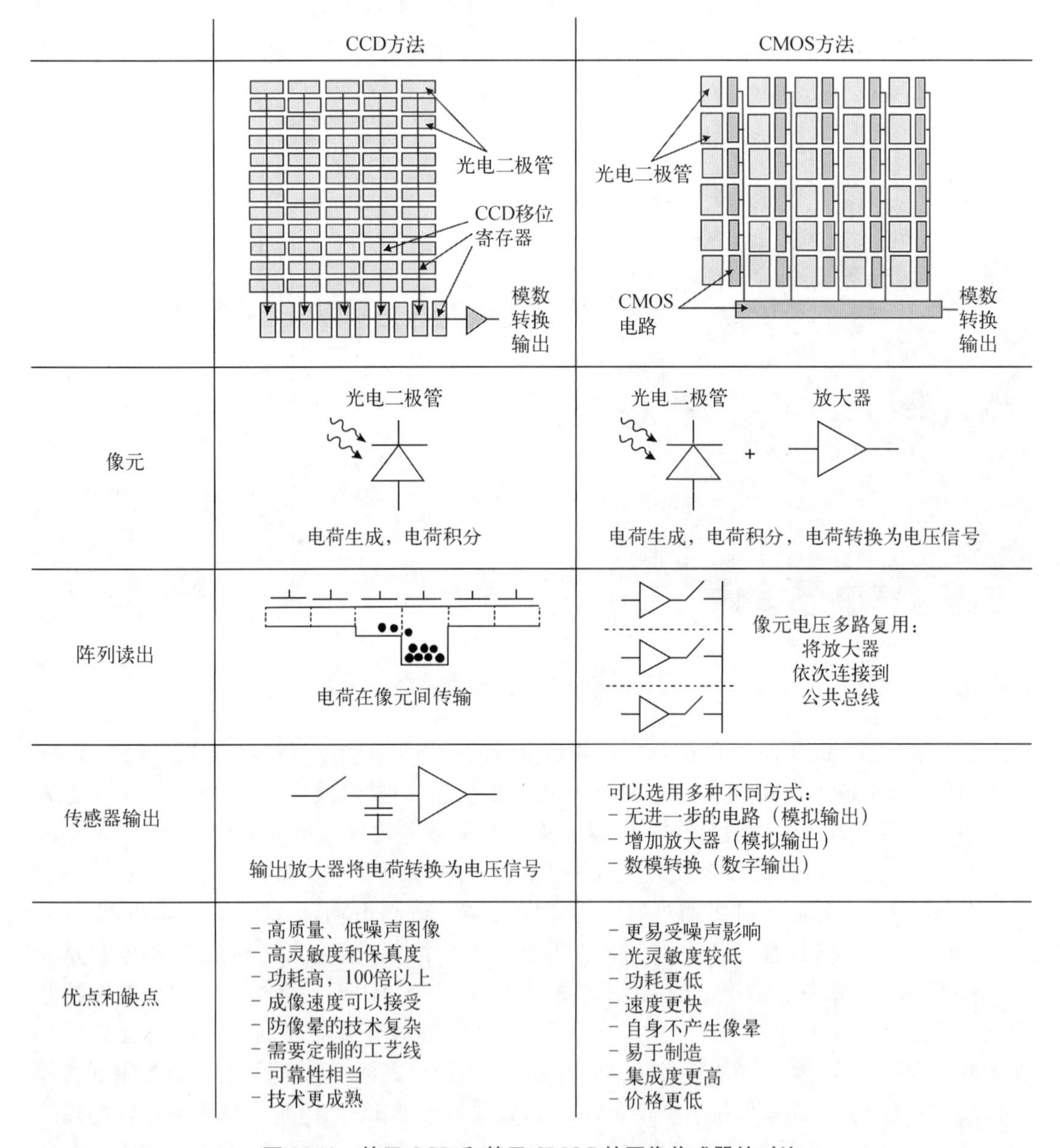

图24.10 基于CCD和基于CMOS的图像传感器的对比

过在芯片上的视频输出放大器(模拟信号)或模数(analog-to-digital,A/D)转换器,可以实现传感器的模拟或数字输出。

CMOS 的处理技术通常比标准 CCD 技术的复杂程度低 2~3 倍。在数字视频和静态相机应用中,与 CCD 相比,CMOS 多路复用器具有电路密度高、驱动电压更低、时钟更少、电压更低(功耗更低)、封装密度兼容更多特殊功能、成本更低等优点。在片外支持电路中应用 CDS 后,输出放大器的热噪声限制了 CCD 在大规模成像器件中的最小理论读出噪声。作为替代,CMOS 的范式提供了更低的时间噪声,因为相关噪声带宽基本上要小几个数量级,并且与信号带宽匹配更好。CCD 的灵敏度受探测节点和输出缓冲器的有限设计空间的限制,而 CMOS 的灵敏度仅受所需的动态范围和工作电压的限制。基于 CMOS 的成像器在相机功能(包括电子设备控制、数字化和图像处理)的芯片集成方面也具有实际优势。CMOS 现在也适用于 TDI 型多路复用器,因为可以在芯片代工厂采用低于 1.0 μm 的设计规则、获得更均匀的电学特性和更低的噪声系数。

24.3　混成式阵列

使用混成技术时,我们可以对探测器材料和多路复用器进行单独优化。混成封装的 FPA 的其他优势包括：接近 100%的 FF 和增加多路复用器芯片上的信号处理面积。光电二极管可以反向偏置以获得更高的阻抗,因此可以更好地与紧凑型低噪声硅读出前置放大电路实现电学匹配。混成封装技术始于 20 世纪 70 年代末[29],之后又用了十年以实现量产。20 世纪 90 年代初,全二维成像阵列的出现为凝视型传感器系统进入生产阶段提供了一种手段。在混成架构中,通过与读出电路进行铟柱键合,可以将数千或数百万个像素的信号多路复用到几条输出线上,极大地简化了真空封闭式低温传感器和系统电子设备之间的接口。

虽然 FPA 在我们的生活中很常见,但它们的制作是相当复杂的。根据阵列架构的不同,该工艺可以包括 150 多个制造步骤。混成过程包括在 ROIC 和探测器阵列的顶面之间进行倒装芯片的铟柱键合。为了确保高质量成像,每个探测像元与其对应的读出单元之间的铟键必须是均一的。混成后,通常需要进行背面减薄处理,以减少衬底的吸收。在衬底被机械减薄到几微米之前,ROIC 和 FPA 之间的间隙边缘可以用低黏度的环氧树脂密封。一些先进的 FPA 制造工艺中会将衬底材料完全去除。

FPA 制造中的创新和进步取决于对材料生长参数的调整。通常,工厂内部生长材料使器件制造商能够保持材料的高质量,并为多种应用定制层结构。例如,由于 HgCdTe 材料对许多主要产品线非常重要,而类似材料无法从外部购得,因此大多数全球制造商继续生产自己所需的晶片。图 24.11 显示了集成 IR FPA 制造的工艺流程。如图 24.11 所示,首先是使用多晶组分原材料生长块状材料。在 HgCdTe FPA 工艺中,将超纯多晶 CdTe 和 ZnTe 二元化合物添加到石墨涂层的石英坩埚中。坩埚被安装在一个真空的石英安瓿中,然后放在一个圆柱形的熔炉中。将原料混合熔融后,采用垂直梯度冻结法进行重结晶,制得大晶体的块状 CdZnTe。它们的标准直径达到 125 mm。然后将块状衬底材料锯成薄片,切成正方形,然后抛光,为外延生长做好表面处理。典型的衬底尺寸高达 8 cm×8 cm。通常通过 MBE 或 MOCVD 在衬底上生长 HgCdTe 层。在 MOCVD 外延技术的情况下,也可使用大尺寸的 GaAs 衬底。衬底的选择取决于具体的应用。整个生长过程是自动化的,每一步都按照预定程序进行。

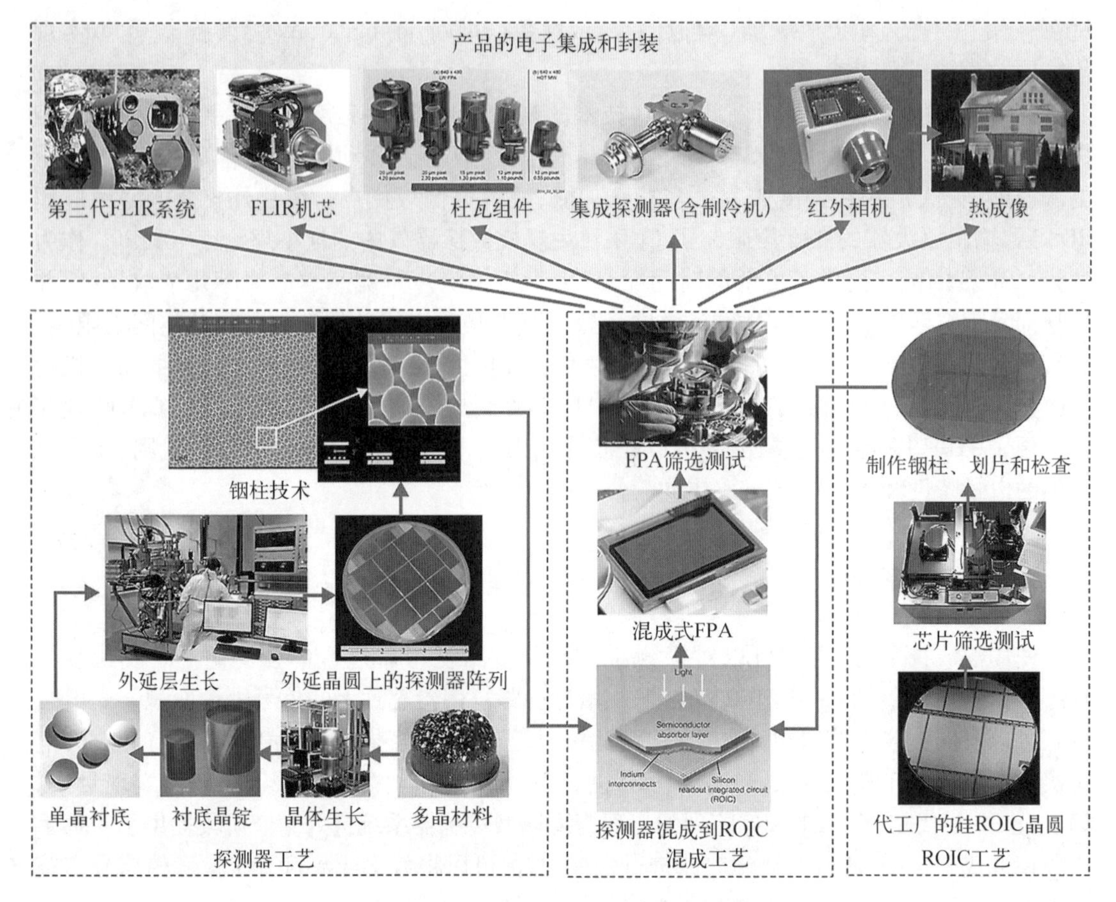

图 24.11 集成 IR FPA 的制备流程

在探测器外延结构生长后,对照多种质量规范对晶片进行非破坏性评估。然后,它们被传送到阵列工艺线,在那里通过光刻步骤形成传感单元(像元),包括台面刻蚀、表面钝化、沉积金属接触和制备铟柱。晶片切割后,FPA 就可以与 ROIC 进行对接了。制备 ROIC 的流程显示在图 24.11 的右下角。对于探测器阵列上的每个像元,在 ROIC 上都有对应的单元来收集光电流并处理信号。每个设计都是交付给硅工艺厂,由他们进行制造。接下来,ROIC 晶片被切成小块,准备与 FPA 配对。最先进的倒装焊设备利用激光对准和亚微米级运动控制,将两个芯片键合在一起(见图 24.11 的中心)。目前,可以实现高成品率的像素间距小于 10 μm 的焦平面阵列的对准和混成。每个带有 ROIC 的 FPA 都根据预定的规范进行测试,并安装在传感器模块中。最后,设计、组装相关的封装和电子元件,以完成集成制造过程。

FPA 探测器给伽马射线到 IR 甚至无线电波的多种成像技术带来了革命性的变化。有关背景、历史、技术现状和趋势的更多一般信息可以在文献[30]和[31]中找到。有关组件和应用的信息可以在不同的供应商网站上找到。

目前使用的有多种不同的混成方法。最流行的是使用凸点键合的倒装芯片互连[参见图 24.12(a)与(c)]。在该方法中,在探测器阵列和 ROIC 芯片上都制备铟柱。阵列和 ROIC 对准,并施加一定的压力,使铟柱冷焊在一起。在另一种方法中,铟柱仅形成在 ROIC 上;使探测器阵列与 ROIC 对准并靠近,升高温度使铟熔化,并通过回流实现电接触。

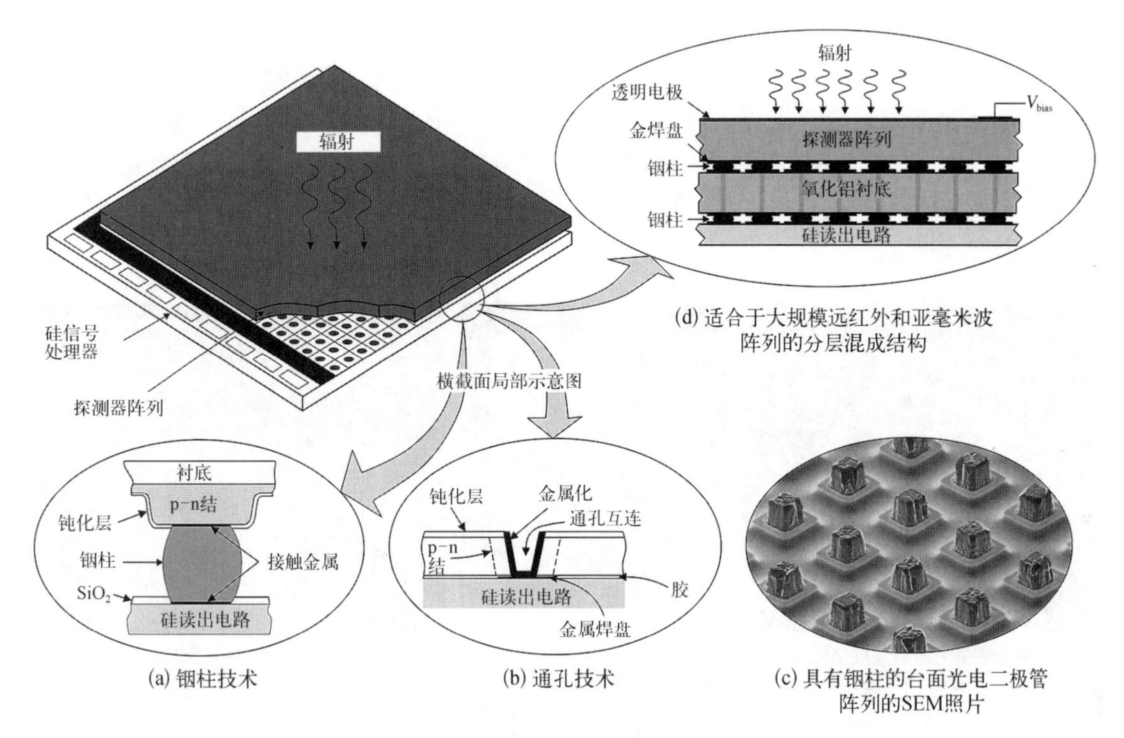

图 24.12　探测器阵列和 Si 多路复用器之间的混成式 IR FPA 互连技术

铟柱排列紧密的大规模 FPA 可能需要相当大的压力才能实现可靠互连,这可能会损坏精密的半导体探测器层。此外,与连接过程和混成滑移相关的错位风险总是存在的。其中一些问题可以通过使用熔融键合(或直接键合)工艺来解决,该工艺通常包括通过范德瓦耳斯(van der Waals)相互作用在室温下对准晶片,然后进行退火,在上下晶片之间创建共价界面键。直接键合工艺只需要不到 10 磅的力(约 44 N)[相比之下,基于 In 的工艺需要>1 000 磅(约 4 400 N)]来将探测器和 ROIC 连接起来。这消除了未对准误差和与压力焊接机相关的许多潜在问题(混成滑移、层损坏、柱分离等)。熔融键合特别适用于生产高达 10 k×12 k 规模的超大型阵列和薄的有源层(<10 μm)。这种方法对于具有增强的蓝光和紫外光性能及调制传递函数(modulation transfer function,MTF)的器件是有益的。这种方法的缺点是对表面平整度、粗糙度和颗粒极为敏感。

最近,已有引入了另一种将有源探测器层和支撑晶圆黏结起来的替代技术。它可以提供低温键合和 1~2 μm 内的对准精度。但是,必须仔细选择黏合剂并进行机械硬度、温度稳定性和放气测试。而且过孔连接需要在黏合和减薄之后进行。

IR 混成式 FPA 探测器和多路复用器也可以采用通孔互连方式制造,见图 24.12(b)[32,33]。在这种情况下,探测器材料和多路复用器芯片在探测器制造之前就被黏合在一起形成单个芯片。光伏型探测器由离子注入形成,并通过离子铣削制备出通孔,每个探测元与其对应的输入电路之间通过每个探测器上形成的小孔进行电互连。通过离子铣削穿过结形成直径几微米的细孔,然后用金属回填这些孔,将结向下连接到硅电路。DRS 红外线技术[DRS infrared technologies,前身为德州仪器(Texas Instruments)]报道了一种类似的混成技术,称为 VIPTM(垂直集成光电二极管)[34,35]。

使用凸点键合互连技术很难制作小像元间距的器件(小于 10 μm),特别是在要求高成品率和 100%像元有效性的情况下。一家新公司提供了一种使用晶圆键合的 3D 集成工艺,其中 Si 和 InP 等材料已经可以实现像元尺寸低至 6 μm 的单片集成[17,36,37]。图 24.13 比较了垂直互连电路层的三种方法:① 凸点键合;② 穿过 Si 层的绝缘过孔;③ 林肯实验室基于 SOI 的过孔。林肯集成方法实现了多个电路层的密集垂直互连,并且能够实现比凸点键合小得多的像元尺寸。

(a) 用于两个电路层实现倒装芯片互连的凸点键合

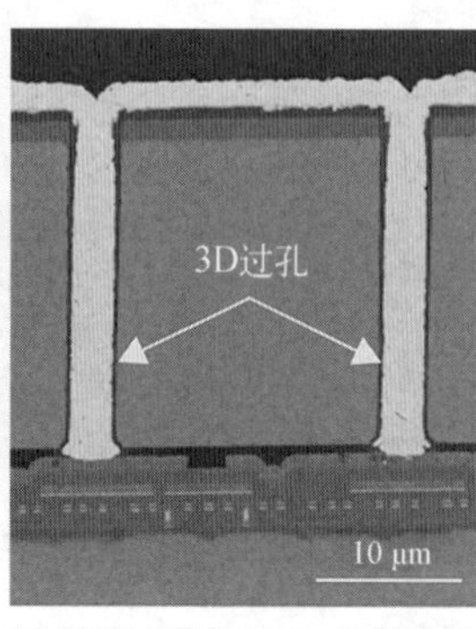

(b) 通过减薄的体硅,使用绝缘过孔实现两个堆叠层互连

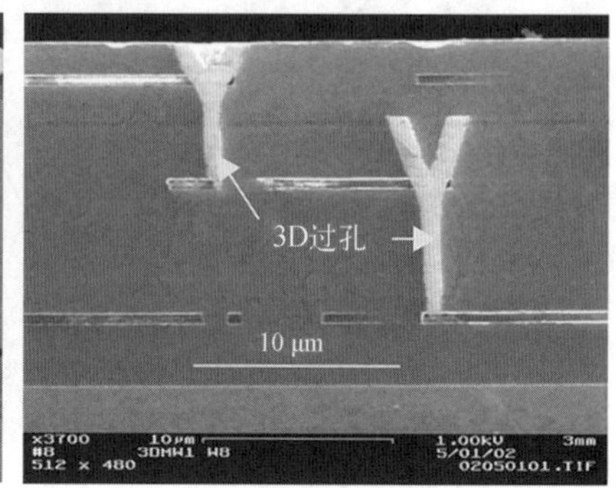

(c) 林肯实验室基于SOI的过孔,实现堆叠层互连

图 24.13 3D 集成方法

探测器阵列可以从正面(光子穿过透明的 Si 多路复用器)或背面(光子穿过透明的探测器阵列衬底)接受光照射。一般而言,后一种方法是最有利的,因为多路复用器通常具有金属化区域和其他不透明区域,这会减少该结构的有效光学面积。读出电路和探测器之间的空间还需要填充环氧树脂,以增加黏合强度。在背面照射探测器的情况下,需要衬底是透明的。当使用不透明材料时,衬底必须减薄到 10 μm 以下,以获得足够的量子效率并减少串扰。在某些情况下,衬底会被完全去除。在直接背照射的配置中,探测器阵列和 Si ROIC 芯片采用凸点互连,并安装在公共电路板上。间接配置允许 Si ROIC 中的单位单元面积大于探测器面积,通常用于受杂散电容影响较小的小型扫描成像 FPA[38]。

读出电路晶片在标准的芯片代工厂中加工,其尺寸主要受到光刻工艺步骤及电路印刷对芯片尺寸的限制。由于这些系统的视场大小限制,对于亚微米光刻,CMOS 成像芯片的大小目前必须被限制在 32 mm×26 mm 的标准光刻视场内。为了构建更大的传感器阵列,可以使用一种名为"缝合拼接"的新光刻技术来制造比光刻机的视场更大的探测器阵列。大阵列被分成较小的块。随后,将制备出的小块缝合拼接在一起,组成完整的传感器芯片,如图 24.14 所示。通过在适当位置进行多次曝光,可以在晶圆上照相合成每个块。当光学系统允许使用快门时,一次曝光探测器阵列的单个块,或者只对掩模板的所需部分进行选择性曝光。

应当注意,缝合拼接形成的是无缝探测器阵列,而不是紧密拼接的子阵列的组合[39,40]。由于衬底晶圆的尺寸有限,子阵列拼接技术通常用于制造非常大尺寸的传感器阵列。例如,在全景观测望远镜和快速响应系统(panoramic survey telescope and rapid response system, PanSTARRS)中使用的 1.4 千兆像素(GPixel)正交传输阵列(orthogonal transfer array, OTA) CCD

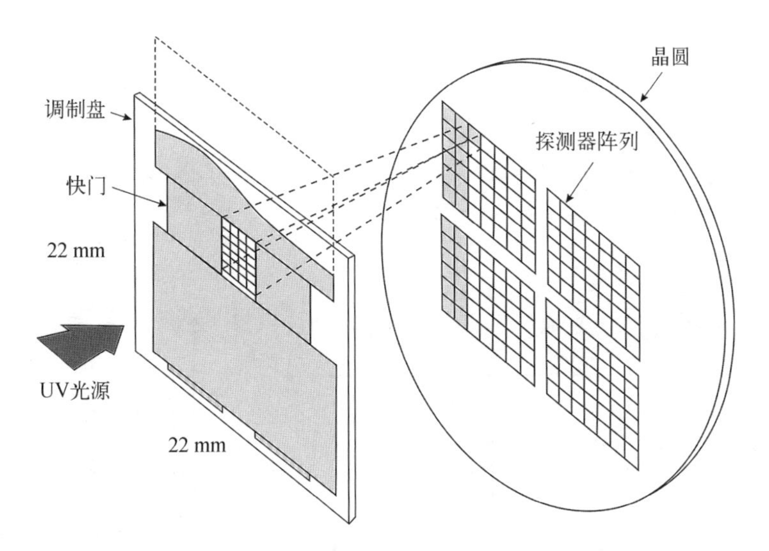

图 24.14　探测器阵列芯片的照相合成,使用基于步进光刻机的阵列缝合技术[38]

相机(面积大约为 40 cm^2)由 64 个芯片组成,每个芯片包含 2 200 万像素(22 MPixels)。图 24.15 显示了 64 个 OTA 器件中的一个。这种超过 1 000 兆像素的相机不能单片制造,因为它的尺寸超过了集成电路工业使用的最大硅晶圆的尺寸。目前,硅片的直径不超过 300 mm,尽管硅集成电路行业正在积极探索向直径 450 mm 的晶片过渡。由于成本和技术原因,许多成像芯片通常使用基于直径 200 mm 晶片的工艺技术进行制造。芯片之间的间隙可以减少到几十微米,特别是对于单片技术。在未来,预计将更多地使用四边拼接设计。

图 24.15　PanSTARRS 相机使用的 64 个 OTA 器件之一。OTA 是由 600 元×600 元 CCD 器件进一步组成的 8×8 阵列,每个 CCD 器件都可以独立控制和读出[39]

24.4　读出集成电路

大约 40 年前开始的对采用 IC 技术的 FPA 的研发是伴随着新材料生长技术和微电子领域的发展一起进行的。后两种技术的结合为具有更高灵敏度和空间分辨率的成像系统提供了许多新的可能性。ROIC 发展的关键是输入前置放大器技术。这一演变是由更高的性能要求和硅工艺的改进来推动的。文献[20]、[22]、[41]给出了对各种电路的讨论[20,22,41]。

直接注入(direct injection,DI)电路是首批集成的读出前置放大器之一,多年来一直用作 CCD 和可见光相机的输入。直接注入也是红外战术应用中常用的输入电路,在这些应用中,背景较高,探测器电阻适中。我们的目标是在单元中装入尽可能大的电容器,这样就可以通过更长的积分时间获得更高的信噪比(signal to noise,SNR)。DI 电路中的光子电流通过输入晶体管的源极注入一个集成电容器上[图 24.16(a)]。当光子电流在整个帧时间中给电容器充电时,会发生简单的电荷积分[图 24.16(b)]。接下来,多路复用器读出最终值,并且电容器电压在新一帧开始之前被重置。为了降低探测器噪声,重要的是在所有探测器上保持均匀的、接近于零的电压偏置。

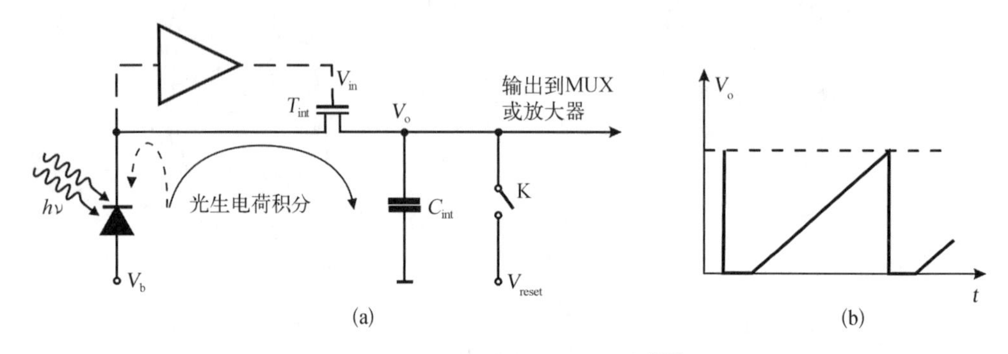

图 24.16 直接注入型读出电路[23]

由于其简单性,DI 电路被广泛使用;但是,它需要高阻抗探测器接口,并且由于注入效率问题,通常不用于低 IR 背景。很多时候,战略应用具有低背景,并且需要连接到高阻探测器的低噪声多路复用器。战略应用中常用的输入电路是电容式跨阻放大器(capacitive transimpedance amplifier,CTIA)输入电路。

CTIA 是一种复位积分器,可满足多种应用的各种探测器接口和性能要求。CTIA 由增益为 A 的反相放大器、置于反馈环路中的积分电容 C_f 和复位开关 K 组成(图 24.17)。光电子电荷在放大器的反相输入节点处引起电压的微小变化。放大器的响应是输出电压急剧降低。当探测器电流在帧时间内累积时,均匀照明会在输出端产生线性斜坡。在积分结束时,输出电压被采样并被多路复用到输出总线。由于放大器的输入阻抗很低,所以积分电容可以非常小,从而产生低噪声性能。反馈或积分电容决定增益。开关 K 循环闭合以实现复位。CTIA 可以提供低输入阻抗、稳定的探测器偏置、高增益、高频率响应和高光子电流注入效率。它在低背景到高背景的情况下,都有非常低的噪声。

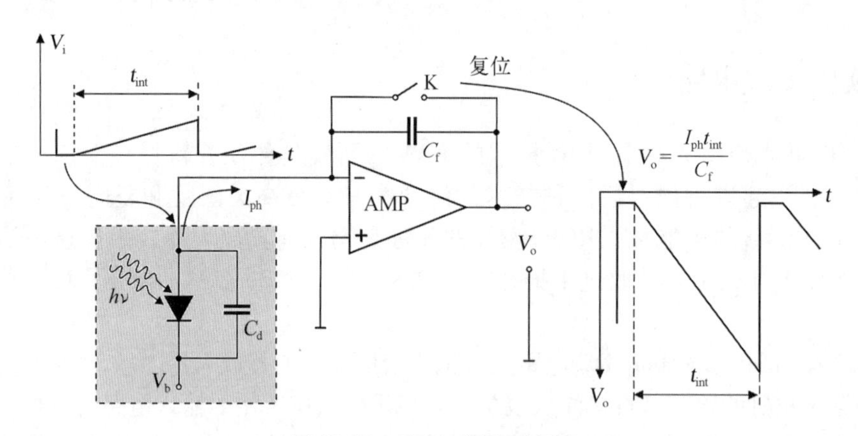

图 24.17 CTIA 单元示意图

除了上面提到的 DI 和 CTIA 输入，我们还可以区分其他多路复用器；最重要的是每个探测单元的源极跟随器（source follower per detector，SFD）、缓冲直接注入（buffered direct injection，BDI）和门调制输入（gate modulation input，GMI）电路。

组合后的 SFD 单元示意图如图 24.18 所示。该单元由积分电容、执行开关操作的复位晶体管（T1）、源极跟随器晶体管（T2）和选择晶体管（T3）组成。积分电容可以仅仅是探测器电容和晶体管 T2 的输入电容。通过脉冲重置晶体管，将积分电容重置到参考电压（V_R）。然后在积分周期内，将光电流积分到电容上。SFD 的斜坡输入电压由源极跟随器缓冲，然后通过 T3 开关多路复用到视频输出缓冲器之前的公共总线。在多路复用器读取周期之后，输入节点复位，积分周期再次开始。开关在断开状态时必须具有非常低的漏电特性，否则会增加光电流信号。SFD 的动态范围受到探测器的电流－电压特性的限制。当信号积分时，探测器的偏置随时间和入射光电平而变化。对于如天文学的低带宽应用，SFD 具有低噪声，并且在非常低的背景下（如几个光子每像素每百毫秒）仍具有可接受的 SNR。它在中高背景下是非线性的，因此动态范围有限。增益由探测器响应率和探测器与源极跟随器输入组合的电容决定。主要噪声源是 kTC 噪声（由探测器复位引起）、MOSFET 的沟道热噪声和 MOSFET 的 $1/f$ 噪声。

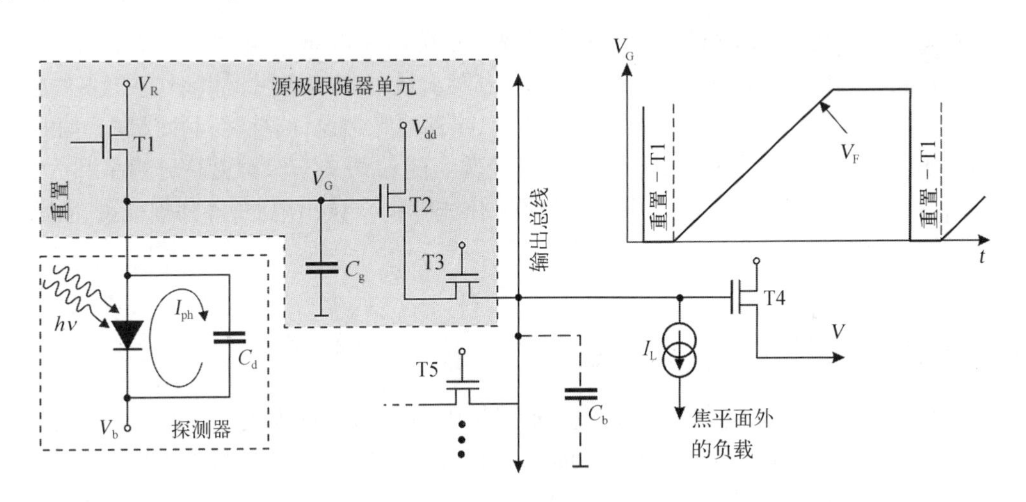

图 24.18　SFD 单元示意图

表 24.1 描述了 DI、SFD、BDI 和 CTIA 电路的优缺点。DI 电路适用于高的光通量情况。CTIA 更复杂，功率更高，但却是非常线性的。SFD 最常用于大幅面混成式天文阵列及商用单片式 CMOS 相机。

表 24.1　四种最常用输入电路的特性比较[18]

电　路	优　点	缺　点	全阱电荷容量/e^-	读出噪声/e	应　用
直接注入（direct injection，DI）	探测器接入阻抗低，中高背景时偏置稳定，单元紧凑	低电流时，偏置不稳定	约为 10^7	<1 000	中高光通量，地面红外系统

续 表

电　路	优　点	缺　点	全阱电荷容量/e^-	读出噪声/e	应　用
探测单元的源极跟随器(source follower per detector,SFD)	单元紧凑,功耗低	高通量时性能差,积分期间偏置会发生变化,IPC串扰	约为10^5	<15	低背景天文学(红外和可见光探测器)
缓存直接注入(buffered direct injection,BDI)	高注入效率,中高背景下偏置恒定,频率响应有改善,最大通量比直接注入电路低10倍	振荡需要补偿,反相放大器会引起噪声,单元较大,功耗较大,各个单元的偏置电压存在差异	约为10^7	<1 000	光通量中到高的空间红外系统
电容跨阻放大器(capacitance trans-impedance amplifier,CTIA)	偏置稳定、高注入效率、高增益、高线性度、宽动态范围	电路复杂、低通量时的功耗和噪声高于源极跟随器、高通量时性能比DI差	10^6 ~ 10^7	<50	适用于所有背景通量、空间红外和可见光探测器

在表24.2中,收集了由FLIR公司和雷神视觉系统(Raytheon Vision Systems,RVS)公司设计的一系列大幅面ROIC的规格。FLIR可以为要求最苛刻的应用提供现成的解决方案。大规模阵列的像元尺寸为15~25 μm,可满足客户的各种光学设计、杜瓦/制冷机配置和分辨率要求。相反,RVS有着开发天文FPA的丰富经验。随着天文图像对更高分辨率和大视场的需求的增加,RVS传感器芯片使用了各种探测器材料和Si读出电路,阵列规模可达4 096×4 096像素。

24.5 焦平面阵列的性能

本节将讨论与FPA性能相关的概念。对于阵列,决定最终性能的相关品质因子不是探测率D^*,而是噪声等效温差(noise equivalent temperature difference,NETD)和MTF。它们被认为是热成像系统的主要性能指标:分别代表了热灵敏度和空间分辨率。热灵敏度与噪声水平以上可辨别的最小温差有关。MTF则与空间分辨率有关,并回答了一个问题——系统可以对多小的物体进行成像?劳埃德(Lloyd)[42]给出了确定系统性能的通用方法。

24.5.1 调制传递函数

MTF是成像系统对给定对象进行如实成像的能力;它量化了系统解析或传输空间频率的能力[43]。考虑一种条形图案,每个条形的横截面为正弦波形。由于正弦波光分布的图像仍是正弦波,所以图像不会受到成像系统中其他因素(如像差)的影响,始终是正弦波。

通常,当条形图案间隔紧密时,成像系统在再现条形图案方面没有困难。但当条形图案的特征靠得越来越接近时,成像系统会达到其极限。此时,对比度或调制性(M)定义为

$$M=\frac{E_{\max}-E_{\min}}{E_{\max}+E_{\min}} \tag{24.1}$$

表 24.2 大规模读出电路

	FLIR 公司						雷神视觉系统公司					
	ISC9803	ISC002	ISC9901	ISC0402	ISC0403	ISC0404	ALADDIN	ORION	VIRGO	PHOENIX	AQUA－RIUS	MIRI
规模	640×512	640×512	640×512	640×512	640×512	1 024×1 024	1 024×1 024	1 024×1 024,2 048×2 048	1 024×1 024,2 048×2 048,4 096×4 096	1 024×1 024,2 048×2 048	1 024×1 024	1 024×1 024
像元尺寸/μm	25	25	20	20	15	18	27	25	20	25	30	25
ROIC 类型	DI	CTIA	DI	DI	DI	DI	SFD	SFD	SFD	SFD	SFD	SFD
工作温度/K	80～310	80～310	80～310	80	80	80	10～30	30	77	10～30	4～10	
积分容量/e^-	1.1×10^7	2.5×10^6	7×10^6	1.1×10^7	6.5×10^6	1.2×10^7	2.0×10^5	3.0×10^5	$>3.5\times10^5$	3×10^5	1×10^6或15×10^6	2×10^5
ROIC 噪声/e^-	≤550	≤360	≤350	≤1 279	≤760	≤1 026	10～50	<20	<20	6～20	<1 000	10～30
全帧速率/Hz	30	30	30	>30	>30	>30						
输出端数量	1,2 或 4	1,2 或 4	1,2 或 4	1,2 或 4	1,2 或 4	4,8 或 16	32	64	4 或 16	4	16 或 64	4
封装	LCC*	LCC	LCC	LCC	LCC	LCC	LCC	模块化,2 边可拼接	模块化,3 边或 4 边可拼接	LCC	模块化,2 边可拼接	模块化
探测器	P－on－N	P－on－N	P－on－N	P－on－N	P－on－N	P－on－N						
兼容探测器	InSb 或 QWIP	InGaAs 或 HgCdTe	InSb 或 QWIP	InSb,InGaAs,HgCdTe或 QWIP	InSb	InSb	InSb,HgCdTe或 IBC	InSb	HgCdTe	InSb 或 IBC	IBC	IBC

* 无引线芯片载体(leadless chip carrier,LCC)。

式中，E 为辐照度。通过实验测量图像的调制性，就可以针对该空间频率使用式(24.2)计算出成像系统的 MTF：

$$\mathrm{MTF} = \frac{M_{\mathrm{image}}}{M_{\mathrm{object}}} \tag{24.2}$$

系统 MTF 由光学 MTF、探测器 MTF 和显示 MTF 决定，并且可以通过简单地将 MTF 分量相乘来进行级联，以获得组合后的 MTF。在空间频率方面，成像系统在特定工作波长的 MTF 会受到探测器尺寸和光学孔径的限制。关于这个问题的更多细节可参见 24.6 节。

24.5.2 噪声等效温差

探测器的 NETD 代表了入射辐射造成的一定的温度变化，该温度变化对应的输出信号相当于均方根(root mean square，RMS)噪声电平。虽然通常被认为是系统参数，但在不考虑系统损耗的情况下，探测器 NETD 和系统 NETD 是相同的。NETD 定义为

$$\mathrm{NETD} = \frac{V_{\mathrm{n}}(\partial T/\partial \Phi)}{(\partial V_{\mathrm{s}}/\partial \Phi)} = V_{\mathrm{n}}\frac{\Delta T}{\Delta V_{\mathrm{s}}} \tag{24.3}$$

式中，V_{n}为均方根噪声；Φ 为入射到焦平面上的光谱光子通量密度[光子/($\mathrm{cm}^2 \cdot \mathrm{s}$)]；$\Delta V_{\mathrm{s}}$为温差 ΔT 对应的测量信号。

进一步地，根据 Kinch[44] 的推导，可以得到用于估计探测器性能的噪声等效辐照度(noise equivalent irradiance，NEI)和 NETD 的有用方程。

在现代 IR FPA 中，偏置情况下光子探测器产生的电流在载流子阱容量为 N_{w}的电容节点中进行积分。对于理想系统，在没有过量噪声的情况下，当最小可检测信号通量 $\Delta\Phi$ 在节点上产生与信号相等的散粒噪声时，达到该节点的探测极限：

$$\Delta\Phi\eta A_{\mathrm{d}}\tau_{\mathrm{int}} = \sqrt{N_{\mathrm{w}}} = \sqrt{\frac{(J_{\mathrm{d}} + J_{\Phi})A_{\mathrm{d}}\tau_{\mathrm{int}}}{q}} \tag{24.4}$$

式中，η 为探测器收集效率；A_{d}为探测器面积；τ_{int}为积分时间；J_{d}为探测器暗电流；J_{Φ}为通量电流。

还有其他一些关键参数与 NETD 相关联，如噪声等效通量(NE$\Delta\Phi$)。该参数是为热背景通量不占优势的光谱区域定义的。通过将最小可探测信号等同于积分电流噪声，我们得到

$$\eta\Phi_{\mathrm{s}}A_{\mathrm{d}}\tau_{\mathrm{int}} = \sqrt{\frac{(J_{\mathrm{d}} + J_{\Phi})A_{\mathrm{d}}\tau_{\mathrm{int}}}{q}} \tag{24.5}$$

可得

$$\mathrm{NE}\Delta\Phi = \frac{1}{\eta}\sqrt{\frac{J_{\mathrm{d}} + J_{\Phi}}{qA_{\mathrm{d}}\tau_{\mathrm{int}}}} \tag{24.6}$$

通过将探测器上的入射通量密度重新归一化到系统孔径面积 A_{opt}，可以将其转换为 NEI，该 NEI 被定义为入射到系统孔径上的最小可观测通量功率。NEI 由式(24.7)给出：

$$\mathrm{NEI} = \mathrm{NE}\Delta\Phi \frac{A_{\mathrm{d}}h\nu}{A_{\mathrm{opt}}} \tag{24.7}$$

式中,假定所接受的是光子能量为 $h\nu$ 的单色辐照。

NEI[光子/(cm^2·s)]噪声等效辐照度是指当由信号产生的输出与探测器噪声产生的输出相同时,信号光通量的值。这个值非常有用,因为它直接给出了光子通量,高于该通量时探测器将受到光子噪声的限制。

对于高背景通量条件,信号通量可以定义为 $\Delta\Phi = \Delta T(\mathrm{d}\Phi_{\mathrm{B}}/\mathrm{d}T)$。因此,对于散粒噪声,代入式(24.4),可得

$$\eta\Delta T \frac{\mathrm{d}\Phi_{\mathrm{B}}}{\mathrm{d}T} = \sqrt{\frac{(J_{\mathrm{d}} + J_{\Phi})A_{\mathrm{d}}\tau_{\mathrm{int}}}{q}} \tag{24.8}$$

最后,经过重新排列

$$\mathrm{NETD} = \frac{1 + (J_{\mathrm{d}}/J_{\Phi})}{\sqrt{N_{\mathrm{w}}}\,C} \tag{24.9}$$

式中,$C = (\mathrm{d}\Phi_{\mathrm{B}}/\mathrm{d}T)/\Phi_{\mathrm{B}}$ 为通过光学器件后的场景对比度。在推导最后一个方程时,假设光学传输是均一的,探测器的冷屏不贡献光通量。这在探测器温度较低时是合理的,但在较高的工作温度下则不适用。在较高温度下,场景对比度是根据通过光学器件的信号通量定义的,而通量流由通过光学器件和来自冷屏的总通量确定。

假设探测器的时间噪声是主要噪声源,则上述考虑是有效的。然而,这一推论并不适用于凝视阵列,因为在凝视阵列中,探测器响应的不均匀性是一个重要的噪声源。这种不均匀性表现为固定图案噪声(空间噪声)。在文献中以各种方式进行了定义,然而,最常见的定义是,它是由电子源(即不同于暗电流的热生成)引起的暗信号不均匀性,如时钟漂移或由行、列的像元放大器/开关造成的偏移等。因此,对 IR 传感器性能的估计必须包括对 FPA 不均匀性不能正确补偿时产生的空间噪声的处理。

Mooney 等[45]对空间噪声的来源进行了全面的讨论。凝视阵列的总噪声是时间噪声和空间噪声之和。空间噪声是应用非均匀性补偿后的残余非均匀性 u 与信号电子数 N 的乘积。对于空间噪声显著的红外高背景信号,光子噪声(等于 $N^{1/2}$)是主要的时间噪声。那么总的 NETD 是

$$\mathrm{NETD}_{\mathrm{total}} = \frac{(N + u^2N^2)^{1/2}}{\dfrac{\partial N}{\partial T}} = \frac{\left(\dfrac{1}{N} + u^2\right)^{1/2}}{\left(\dfrac{1}{N}\right)\left(\dfrac{\partial N}{\partial T}\right)} \tag{24.10}$$

式中,$\partial N/\partial T$ 为源温度变化 1 K 时的信号变化。分母$(\partial N/\partial T)/N$ 为源温度变化 1 K 时的分数信号变化。这是相对场景对比度。

场景温度为 300 K 时,使用图 24.19 中所示的一组参数,对于不同的残余非均匀性,总的 NETD 与探测率的关系如图 24.19 所示。当探测率超过 10^{10} cm·Hz$^{1/2}$/W 时,校正前 FPA 的性能受到均匀性的限制,因此基本上与探测率无关。校正后非均匀性从 0.1%改善到 0.01%,NETD 可以从 63 mK 降低到 6.3 mK。

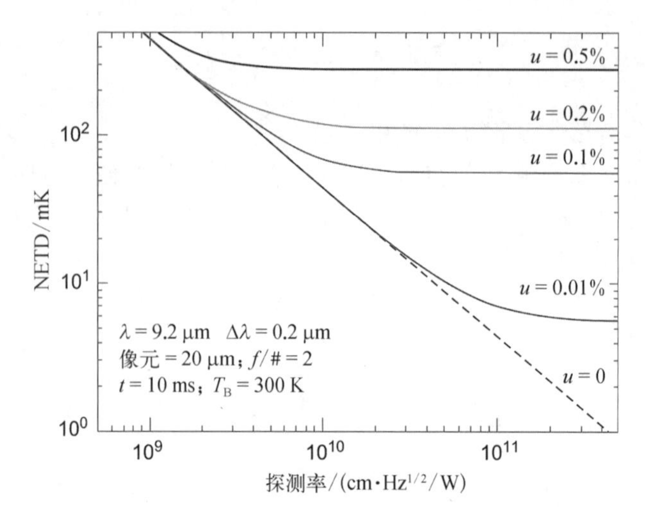

图 24.19 NETD 与探测率的关系。当 u=0.01%、0.1%、0.2%和 0.5%时，考虑了残余非均匀性的影响。需注意的是，$D^*>10^{10}$ cm·Hz$^{1/2}$/W 的情况下，探测率不再适合作为品质因子

NETD 还表征了红外系统的热灵敏度，即产生单位信噪比(unity SNR ratio)所需的温度差。NETD 越小，表明热灵敏度越高。尽管 NETD 在红外文献中被广泛使用，但应用于不同的系统、不同的条件具有不同的含义[46]。

为了推导出估算 NETD 的公式，我们可以考虑如图 24.20 所示的热成像系统配置。在图 24.20 中，A_s和 A_d分别是物体与探测器的表面积，r 是物体到透镜(光学系统)的距离，A_{ap}和 D 是透镜的表面积和直径(孔径、入瞳)。探测器被放置在系统的焦平面上，距离入瞳的距离约为f。光学系统打开到$f/\#$(即$f/\#=f/D$, $A_{ap}=\pi D^2/4$)。

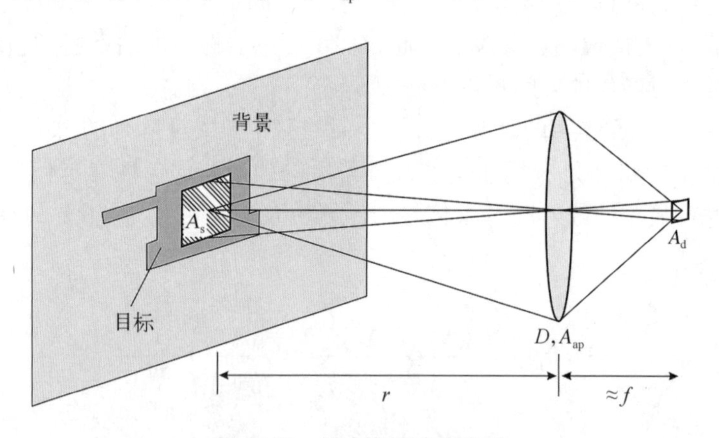

图 24.20 热成像系统的配置

考虑到 1.3 节中提出的方法，我们根据辐射度求出探测器上的通量 Φ_d。在小角度($r\gg f$)的限制下，用 $A\Omega$ 乘积可以描述从目标到探测器的通量输运。

$$\Phi_d = LA_{ap}\Omega_d \tag{24.11}$$

假设系统基本场的立体角为

$$\Omega_d = \frac{A_d}{f^2} = \frac{A_s}{r^2} \tag{24.12}$$

然后

$$\Phi_d = L\frac{\pi D^2}{4}\frac{A_d}{f^2} = L\frac{\pi}{4}\frac{A_a}{(f/\#)^2} \tag{24.13}$$

对于图 24.20 所示光学系统的几何形状，可以看到探测器上的辐照度 $E_d = \Phi_d / A_d$ 与物距 r 无关，仅取决于光源的辐照度和光学元件的 $f/\#$。

为了获得探测器所产生的信号电压 V_s 的表达式，式(24.13)应乘以探测器响应率，并将其与光谱函数的乘积在系统的通过波段上对波长进行积分：

$$V_s = \frac{\pi}{4}\frac{A_d}{(f/\#)^2}\int_{\lambda_a}^{\lambda_b} R_v(\lambda)L(\lambda)\mathrm{d}\lambda \tag{24.14}$$

因为我们是对系统的热灵敏度感兴趣，

$$\frac{\mathrm{d}V_s}{\mathrm{d}T} = \frac{\pi}{4}\frac{A_d}{(f/\#)^2}\int_{\lambda_a}^{\lambda_b} R_v(\lambda)\frac{\partial L(\lambda)}{\partial T}\mathrm{d}\lambda \tag{24.15}$$

使用式(3.7)，我们可以将最后一个方程式重写为

$$\frac{\mathrm{d}V_s}{V_n} = \frac{\pi}{4}\frac{A_d}{(f/\#)^2}\frac{1}{(A_d\Delta f)^{1/2}}\mathrm{d}T\int_{\lambda_a}^{\lambda_b} D^*(\lambda)\frac{\partial L(\lambda)}{\partial T}\mathrm{d}\lambda \tag{24.16}$$

从这个方程中，我们可以确定 NETD 是使信噪比等于 1 : 1 所需的最小温差 ΔT。

$$\mathrm{NETD} = \frac{4(f/\#)^2(\Delta f)^{1/2}}{\pi A_d}\left[\int_{\lambda_a}^{\lambda_b}\frac{\partial L(\lambda)}{\partial T}D^*(\lambda)\mathrm{d}\lambda\right]^{-1} \tag{24.17}$$

考虑到 $M = \pi L$[见式(1.14)]，结果

$$\mathrm{NETD} = \frac{4(f/\#)^2(\Delta f)^{1/2}}{A_d^{1/2}}\left[\int_{\lambda_a}^{\lambda_b}\frac{\partial M(\lambda)}{\partial T}D^*(\lambda)\mathrm{d}\lambda\right]^{-1} \tag{24.18}$$

在上述考虑中，大气透过率和光学透过率都被假定为等于 1。

NETD 表征了红外系统的热灵敏度，即产生单位信噪比所需的温差大小。NETD 越小，表明热灵敏度越高。

为了获得最佳灵敏度(最低 NETD)，式(24.17)和式(24.28)中的谱积分应该最大化。当光谱响应率的峰值和出射对比度的峰值重合时，可以实现这一点。然而，热成像系统可能不满足这些条件，因为其他限制，如大气/消光透射率效应或可用探测器的特性。对带宽平方根的依赖是直观的，因为均方根噪声与$(\Delta f)^{1/2}$成正比。此外，$f/\#$越低，NETD 越好。$f/\#$值越低，探测器捕获的光通量越多，从而提高了 SNR。

NETD 对探测器面积的依赖性是至关重要的。NETD 与探测器面积的平方根倒数关系是两个条件的结果：均方根噪声随探测器面积的平方根增加，信号电压随探测器面积成比例增加。最终结果是 $\mathrm{NETD} \propto 1/(A_d)^{1/2}$。虽然较大像元的探测器具有较好的热灵敏度，但

空间分辨率较差。因此，在高的热分辨率和空间分辨率的要求之间进行合理的折中是必要的。另一个参数是最小可分辨温差（minimum resolvable difference temperature，MRDT），它同时考虑了热灵敏度和空间分辨率，更适合于 FPA 的设计。

如式(24.18)所示，在不损害空间分辨率的情况下提高热分辨率可以通过以下方式来实现：

（1）探测器面积的减小要结合光学 F 数的相应减小；

（2）探测器性能的改善；

（3）探测器数量的增加。

如前面所述，孔径的增加（光学 F 数的减小）是不可取的，因为它增加了 IR 系统的尺寸、重量和价格。使用探测率较高的探测器更为合适。这可以通过将入射辐射更好地耦合到探测器来实现。另一种可能性是应用多元素传感器，在帧速率和其他参数相同的情况下，随元素数量增加，每个元素的带宽可以成比例地减少。

如表 24.3 和式(24.17)与式(24.18)所示，红外成像设备可以在宽光谱范围内实现最佳性能[47]。限制在大气窗口 8~14 μm 和 3~5.5 μm 的光谱范围将使积分值 NETD［见式(24.17)和式(24.18)］分别减少到 0~∞ 内全谱段值的 33%和 6%。因此，为探测大气环境下温度约为 300 K 的物体而优化的基于非波段选择性探测器的红外系统必须工作在 8~14 μm 波段。

表 24.3　不同温度下 λ_a 和 λ_b 之间的辐射出射度计算值[47]

$\lambda/\mu m$		$\int_{\lambda_a}^{\lambda_b}\frac{\partial M(\lambda,T)}{\partial\lambda}d\lambda$/[W/(cm^2·K)]			
λ_a	λ_b	T=280 K	T=290 K	T=300 K	T=310 K
3	5	1.1×10^{-5}	1.54×10^{-5}	2.1×10^{-5}	2.81×10^{-5}
3	5.5	2.01×10^{-5}	2.73×10^{-5}	3.62×10^{-5}	4.72×10^{-5}
3	5	1.06×10^{-5}	1.47×10^{-5}	2.0×10^{-5}	2.65×10^{-5}
3.5	5.5	1.97×10^{-5}	2.66×10^{-5}	3.52×10^{-5}	4.57×10^{-5}
4	5	9.18×10^{-6}	1.26×10^{-5}	1.69×10^{-5}	2.23×10^{-5}
4	5.5	1.83×10^{-5}	2.45×10^{-5}	3.22×10^{-5}	4.14×10^{-5}
8	10	8.47×10^{-5}	9.65×10^{-5}	1.09×10^{-4}	1.21×10^{-4}
8	12	1.54×10^{-4}	1.77×10^{-4}	1.97×10^{-4}	2.17×10^{-4}
8	14	2.15×10^{-4}	2.38×10^{-4}	2.62×10^{-4}	2.86×10^{-4}
10	12	7.34×10^{-5}	8.08×10^{-5}	8.81×10^{-5}	9.55×10^{-5}
10	14	1.3×10^{-4}	1.42×10^{-4}	1.53×10^{-4}	1.65×10^{-4}
12	14	5.67×10^{-5}	6.1×10^{-5}	6.52×10^{-5}	6.92×10^{-5}

24.5.3　读出电路对 NETD 的限制

通常，MWIR 和 LWIR FPA 的性能受到读出电路存储容量的限制。在这种情况下[41]

$$\mathrm{NETD} = (\tau C \eta_{\mathrm{BLIP}} \sqrt{N_{\mathrm{w}}})^{-1} \tag{24.19}$$

式中，N_{w}为在一个积分时间 t_{int}内集合的光生载流子数量：

$$N_{\mathrm{w}} = \eta A_{\mathrm{d}} t_{\mathrm{int}} Q_{\mathrm{B}} \tag{24.20}$$

背景限红外光电探测器的收集效率 η_{BLIP}是光子噪声与复合 FPA 噪声的简单比率。

$$\eta_{\mathrm{BLIP}} = \left(\frac{N_{\mathrm{photon}}^2}{N_{\mathrm{photon}}^2 + N_{\mathrm{FPA}}^2}\right)^{1/2} \tag{24.21}$$

从式(24.19)～式(24.21)可以看出，读出电路的电荷处理能力、与帧时间相关的积分时间及灵敏材料的暗电流是 IR FPA 中的主要问题。NETD 与积分电荷的平方根成反比，因此电荷越大，性能越高。阱电荷容量是可以存储在每个读出单元的存储电容器中的最大电荷量。单元的尺寸受到阵列中探测元件的尺寸限制。

图 22.21 显示了不同类型 FPA 的理论 NETD 与电荷处理容量的关系，其中假设了在标称工作条件下，对两个光谱带通(3.4～4.8 μm 和 7.8～10 μm)，将积分电容器填充到最大容量的一半(以保持动态范围)。我们可以看到，测量的灵敏度与预期值相符。

必须注意的是，积分时间和 FPA 的帧时间是有区别的。在高背景下，在与标准视频速率兼容的帧时间内会产生大量载流子，通常无法完全处理。可以使用 FPA 外(off－FPA)的帧积分时间，以获得与探测器限制的 D^*相称的传感器灵敏度水平，而不是电荷处理容量限制的 D^*。

HgCdTe 光电二极管和 QWIP 的读出电路限制 NETD

77 K 时 HgCdTe 光电二极管的噪声有两个来源：光电流的散粒噪声和探测器电阻的约翰逊噪声。它可以表示为[48]

$$I_{\mathrm{n}} = \sqrt{\left(2qI_{\mathrm{ph}} + \frac{4kT_{\mathrm{d}}}{R}\right)\Delta f} \tag{24.22}$$

式中，k 为玻尔兹曼常量；R 为光电二极管的动态电阻。假设积分时间 τ_{int}令读出节点保持在电荷半满状态，可以有

$$\Delta f = \frac{1}{2\tau_{\mathrm{int}}} \tag{24.23}$$

且

$$I_{\mathrm{n}} = \sqrt{\left(2qI_{\mathrm{ph}} + \frac{4kT_{\mathrm{d}}}{R}\right)\frac{1}{2\tau_{\mathrm{int}}}} \tag{24.24}$$

在战术背景水平，约翰逊噪声比光电流的散粒噪声要小得多。在单帧时间收集的电子数量受 ROIC 充电阱容量限制的情况下(通常这是正确的)，信噪比为[48]

$$\frac{S}{N}=\frac{qN_{\mathrm{w}}/2\tau_{\mathrm{int}}}{\sqrt{2q\left(\frac{qN_{\mathrm{w}}}{2\tau}\right)\frac{1}{2\tau_{\mathrm{int}}}}}=\sqrt{\frac{N_{\mathrm{w}}}{2}} \tag{24.25}$$

假设背景通量 Φ 的温度导数可以很好地近似成

$$\frac{\partial\Phi}{\partial T}=\frac{hc}{\bar{\lambda}kT_{\mathrm{B}}^{2}}Q \tag{24.26}$$

使用式(24.25),NETD 等于

$$\mathrm{NETD}=\frac{2kT_{\mathrm{B}}^{2}\bar{\lambda}}{hc\sqrt{2N_{\mathrm{w}}}} \tag{24.27}$$

在式(24.26)和式(24.27)中，$\bar{\lambda}=(\lambda_1+\lambda_2)/2$ 是 λ_1和 λ_2之间光谱段的平均波长。

如果假定典型存储容量为 2×10^7个电子，$\bar{\lambda}=10\ \mu\mathrm{m}$，$T_{\mathrm{B}}=300\ \mathrm{K}$，则由式(24.27)得到的 NETD 值为 19.8 mK。

对 QWIP 也可以做同样的估算。在这种情况下,与生成-复合噪声相比,约翰逊噪声可以忽略不计,因此

$$I_{\mathrm{n}}=\sqrt{4qg(I_{\mathrm{ph}}+I_{\mathrm{d}})\frac{1}{2\tau_{\mathrm{int}}}} \tag{24.28}$$

其中暗电流可以近似为

$$I_{\mathrm{d}}=I_{0}\exp\left(-\frac{E_{\mathrm{a}}}{kT}\right) \tag{24.29}$$

式中,I_{d}为暗电流;I_0为取决于输运性质和掺杂水平的常数;E_{a}为热激活能,通常略小于与光谱响应的截止波长相对应的能量。还应该强调的是,g、I_{ph}和 I_0都与偏置有关。

存储容量限制的 QWIP 的信噪比由式(24.30)给出:

$$\frac{S}{N}=\frac{\frac{qN_{\mathrm{w}}}{2\tau_{\mathrm{int}}}}{\sqrt{4qg\left(\frac{qN_{\mathrm{w}}}{2\tau}\right)\frac{1}{2\tau_{\mathrm{int}}}}}=\frac{1}{2}\sqrt{\frac{N_{\mathrm{w}}}{g}} \tag{24.30}$$

且 NETD 为

$$\mathrm{NETD}=\frac{2kT_{\mathrm{B}}^{2}\bar{\lambda}}{hc}\sqrt{\frac{g}{N_{\mathrm{w}}}} \tag{24.31}$$

比较式(24.27)和式(24.31),由于 g 的合理值是 0.4,可以注意到电荷受限 QWIP 的 NETD 比 HgCdTe 光电二极管的高$(2g)^{1/2}$倍。那么假设工作条件与 HgCdTe 光电二极管相同,QWIP 器件的 NETD 值为 17.7 mK。因此,较低的光导增益实际上提高了信噪比,并且 QWIP FPA 可以比具有类似存储容量的 HgCdTe FPA 具有更好的 NETD。

现有技术下,QWIP 和 HgCdTe FPA 的性能品质因子是相似的,因为主要限制来自读出

电路。然而,性能是通过非常不同的积分时间实现的。LWIR HgCdTe 器件极短的积分时间(通常低于 300 μs)对于捕捉具有快速移动物体的场景非常有用。由于良好的均匀性和较低的光电增益,QWIP 器件则可以实现更好的 NETD;然而,积分时间必须延长 10~100 倍,通常为 5~20 ms。因此,最佳技术的选择是由系统的特定需求决定的。

24.6　小像元焦平面阵列的发展

众所周知,探测器尺寸 d 和 F 数($f/\#$)是红外系统的主要参数[49]。这两个参数对探测/识别距离和 NETD 都有重大影响,因为它们取决于 $F\lambda/d$[44]:

$$\text{距离} = \frac{D\Delta x}{M\lambda}\left(\frac{F\lambda}{d}\right) \tag{24.32}$$

$$\text{NETD} \approx \frac{2}{C\lambda\ (\eta\Phi_{\mathrm{B}}^{2\pi}\tau_{\mathrm{int}})^{1/2}}\left(\frac{F\lambda}{d}\right) \tag{24.33}$$

式中,λ 为波长;D 为光学孔径;M 为识别目标 Δx 所需的像素数;C 为场景对比度;η 为探测器采集效率;$\Phi_{\mathrm{B}}^{2\pi}$ 为进入 2π 视野的背景光通量;τ_{int} 为积分时间。式(24.32)与式(24.33)表明,由 $F\lambda$ 和 d 定义的参数空间可用于任何红外系统的优化设计。

当今多数军用红外系统可以标识在图 24.21 的经典视图中[50],其中探测器尺寸在 15~50 μm。对于远程识别系统,使用高 $f/\#$ 光学元件(对于给定的孔径)来降低探测器的对角。另外,广视场(wide field-of-view,WFOV)系统通常是焦距较短的低 $f/\#$ 系统,因为焦平面必须是广角分布的。最近发表的论文表明,远程识别不需要局限于高 $f/\#$ 系统,非常小的探测器能够以更小的封装实现高性能[51,52]。

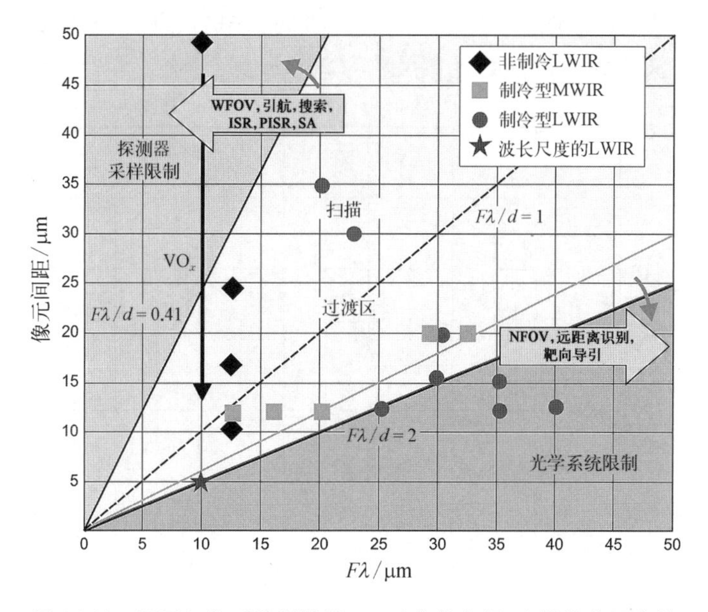

图 24.21　用于红外系统设计的 $F\lambda/d$ 参数空间,直线代表固定的 NETD。有无数种组合可以提供相同的探测距离[50]

许多非制冷 IR 成像系统的探测距离受到像素分辨率的限制,而不是灵敏度。图 24.22 使用 NVESD NVTherm IP 模型对武器热瞄准具的探测距离和传感器光学进行了权衡,假设非制冷 FPA 的像元间距为 25 μm、17 μm 和 12 μm,探测器灵敏度 NETD 为 35 mK ($f/1$,30 Hz)。小像元间距和大幅面 FPA 的优势是显而易见的。在固定光学系统的情况下,通过改用更小的像元间距和更大规模的探测器,武器瞄准具的探测距离可显著增加。

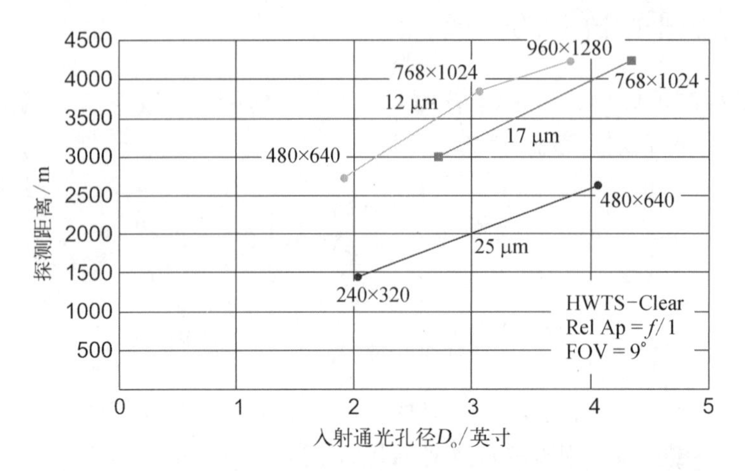

图 24.22 使用 NVESD NVTherm IP 模型,假设所有探测器的 NETD 都为 35 mK($f/1$,30 Hz),根据传感器配置的光学系统、探测器像元尺寸和规模来计算探测距离[53]

像元大小的基本极限由衍射效应决定。衍射限制光斑或艾里斑(Airy disk)的大小由式(24.34)给出:

$$d = 2.44\lambda F \tag{24.34}$$

式中,d 为光斑的直径;λ 为波长。$F/\#$为 $f/1$~$f/10$ 时,光斑尺寸如图 24.23 所示。对于典型的 $f/2.0$ 光学器件,波长为 4 μm 时,光斑尺寸为 20 μm。

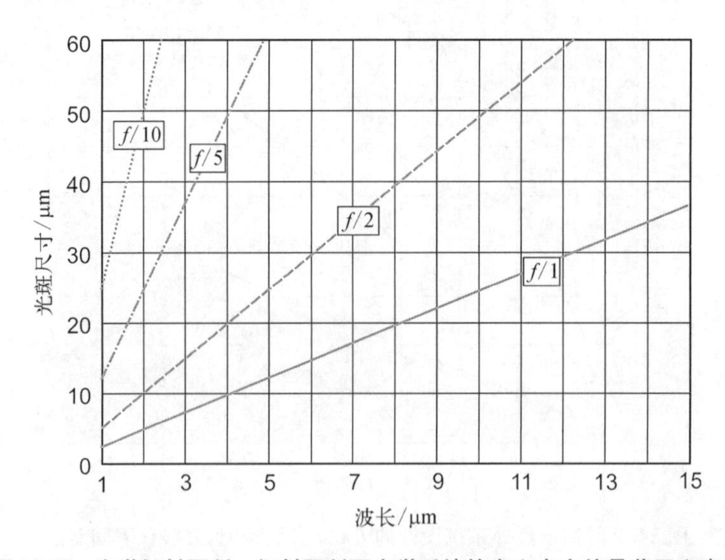

图 24.23 光学衍射限制。衍射限制下光学系统的光斑大小就是艾里斑直径

使用由现代纳米技术制造实现的波长尺度甚至亚波长尺度的光学系统来研究超出衍射极限的像元尺寸，这是很有意思的（与使用现有纳米制造方法可以实现的特征尺寸比，衍射限制下的像元尺寸仍然相对较大）。

1 cm^2 大小的 FPA 仍然在红外市场占据主导地位，而像元间距在过去几年中已降至 15 μm，现在实验器件中的像素间距已可以达到 12 μm[54]、10 μm[55,56]、8 μm[57]，甚至 5 μm[58,59]。这一趋势预计将持续下去。波长较短的系统更可能受益于较小的像元尺寸，因为衍射限制下的光斑尺寸较小。具有低 F 数（如 $f/1$）的衍射受限光学器件可以从尺度相当于一个波长量级的像素中获益。对衍射点进行过采样可能会为较小像元的器件提供一些额外的分辨率，但随着像元进一步减小，这种提升很快就会饱和。像元减小也是降低系统成本（减小光学直径、杜瓦尺寸和重量，以及功率和可靠性）所必需的。此外，较小的探测器能提供更好的分辨率[60]。焦平面与探测器尺寸成比例的减小并不会改变探测器的视场，因此在光学受限情况下，较小的探测器对系统的空间分辨率没有影响。

图 24.24 显示了像元缩小对索夫拉迪尔公司红外阵列规模增加的影响。将像元间距为 15 μm 的探测器［Epsilon（384×288）、Scorpio（640×512）和 Jupiter（1 280×1 014）］与像元间距为 10 μm 的 Daphnis 产品系列进行了比较。

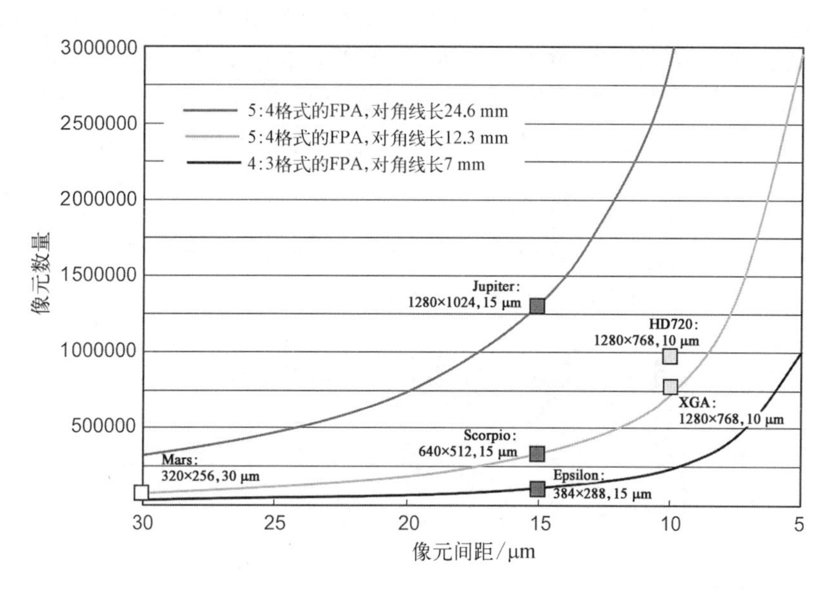

图 24.24　Sofradir IR FPA 的像素数量与像元间距大小的关系[55]

当 $F\lambda/d \leqslant 0.41$ 时进入探测器限制区，而当 $F\lambda/d \geqslant 2$ 时处于光学限制区（图 24.21）。当 $F\lambda/d = 0.41$ 时，艾里斑尺寸与探测器尺寸相当。区域 $0.41 \leqslant F\lambda/d \leqslant 2.0$ 中变化很大，反映的是从探测器受限性能到光学受限性能的转变。条件 $F\lambda/d=2$ 相当于在瑞利模糊圆内放置 4.88 个像元。图 24.21 中直线表示恒定的 $F\lambda/d$，也反映了恒定的探测距离和 NETD。对于给定的孔径 D 和工作波长 λ，探测距离由最佳分辨率条件 $F\lambda/d = 2$ 和给定的 τ_{int} 的最小 NETD 给出［见式（24.33）］。根据这些考虑的结果，系统 f/#应该锁定到像元大小，以获得预测的 IR 系统潜在性能限。

图 24.21 还包括 DRS 技术公司生产的各种热成像系统的实验数据点，包括非制冷热成

像仪和制冷型光子成像仪。20 世纪 90 年代初制造的最早的非制冷成像仪[钛酸锶钡(barium strontium titanate,BST)介质测辐射热计和 VO_x 微测辐射热计]具有大约 50 μm 间距的大像元和快速光学系统,从而实现可满足应用的系统灵敏度。随着探测器尺寸的减小,相对孔径保持在 $f/1$ 左右。如图 24.21 所示,随着像元尺寸随着时间的推移而缩小,非制冷系统正稳步地从探测器受限区域发展到光学受限区域。然而,它们仍远未达到 $f/1$ 光学系统的极限探测距离。

制冷型热像仪包括早期的 LWIR 红外扫描系统和工作在 MWIR 与 LWIR 波段的现代凝视系统。结果表明,LWIR 成像系统通常接近 $F\lambda/d=2$ 的条件,而中波红外成像系统通常采用小于 2 的 $F\lambda/d$ 值,较低的可用光子通量使系统的灵敏度难以维持。

系统 MTF 由光学 MTF、探测器 MTF 和显示器 MTF 决定,并且可以通过简单地将 MTF 分量相乘来级联,以获得组合的 MTF。在空间频率方面,成像系统在特定工作波长的 MTF 受探测器大小和光学系统孔径的限制。

图 24.25 总结了系统 MTF 的不同行为。通过将光学截止频率设置为等于探测器截止频率,可以进一步划分过渡区,从而得到 $F\lambda/d = 1.0$ [61]。当 $F\lambda/d = 1.0$ 时,光斑大小等于像元大小的 2.44 倍。光学主导区位于衍射极限曲线($F\lambda/d = 2.0$)和该曲线($F\lambda/d = 1.0$)之间,探测器主导区位于该曲线($F\lambda/d = 1.0$)和探测器极限曲线($F\lambda/d = 0.41$)之间。在光学占主导地位的区域,光学元件的变化对系统 MTF 的影响比探测器更大。同样,对于探测器占主导地位的区域也是如此。从历史上看,大多数系统被设计成产生的光学模糊(包括像差)小于 2.5 像素($\sim F\lambda/d < 1$)。当然,这在很大程度上取决于应用程序和范围要求。

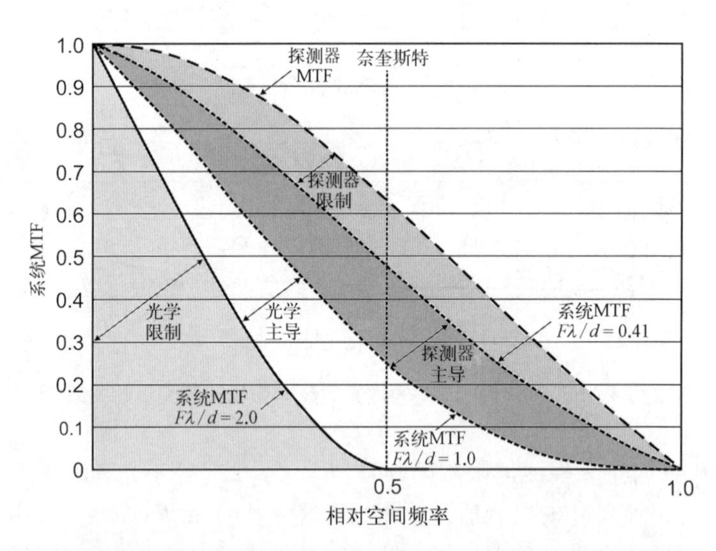

图 24.25 系统 MTF 曲线,不同区域代表了在不同 $F\lambda/d$ 条件下探测器设计的参数空间,图中的空间频率被归一化到探测器的截止频率[61]

表 24.4 提供了各种探测器尺寸下 $F\lambda/d=2$ 所需要的 $f/\#$。如表 24.4 所示,对于 $f/1$ 光学系统,最小可用探测器尺寸在 MWIR 为 2 μm,在 LWIR 为 5 μm。采用更现实的 $f/1.2$ 光学系统,MWIR 最小可用探测器尺寸为 3 μm,LWIR 最小可用探测器尺寸为 6 μm。

表 24.4　$F\lambda/d=2.0$ 时所需的 $f/\#$[52]

$d/\mu m$	MWIR(4 μm)	LWIR(10 μm)
2.0	1.0	—
2.5	1.25	—
3.0	1.33	—
5.0	2.5	1.0
6.0	3.0	1.3
12	6.0	2.4
15	7.5	3.0
17	8.5	3.4
20	10.0	4.5
25	12.5	5.0

注：实际光学系统的 $f/\#$ 通常大于 1。

Holst 和 Driggers[52]考虑了红外光学设计对估计相对探测距离的影响，如图 24.26 所示。当红外系统受探测器限制时，减小探测器尺寸对探测距离有很大影响。另外，在光学限制区域，减小探测器尺寸对距离性能的影响很小。当考虑大气传输和 NETD 的影响时，捕获距离还会减小。

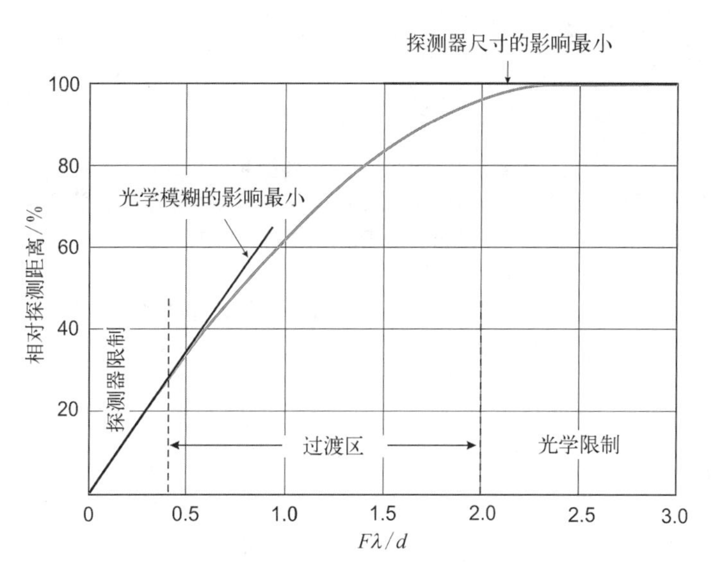

图 24.26　相对探测距离随 $F\lambda/d$ 的变化

正如 Kinch[44,62]所指出的，在制造小像元 FPA 时必须解决的挑战包括：像元图形化、像元混成、暗电流及单元的电荷容量。上述问题在文献[63]中有更详细的论述。

可见光传感器的像素尺寸已经缩小到 1.4 μm，与可见光传感器不同，红外像元的缩小要困难得多。探测器像元通常通过铟柱键合连接到每个像元的电子器件。随着像元尺寸的减小，凸点键合、读出电路、信号积分电容和信噪比都变得更困难。

12 μm 或更大的凸点键合间距相对较常见，小于 8 μm 的间距在阵列成品率、像元有效性和成本方面带来了重大挑战。预计未来的发展会继续将凸点键合技术扩展到更小的像元，并在所有像元尺寸下提高可制造性和降低成本。过去，在焦平面上进行的大部分处理仅限于给定像素正下方的二维区域。一个创新的研究领域是开发 3D 集成技术，提供凸点键合的替代方案[64]。最近，已经实现了多达三层 CMOS 的堆叠及垂直互连，这提供了在像元面积内增加处理量的可能。

在传统的模拟 ROIC 技术中，探测器产生的光电流在本地累积并存储在电容器（电子阱）中；在积分时间期间存储的最大电荷等于总电容和电容器两端的最大允许电压的乘积。简化的 ROIC 单元（像元）电路图和 ROIC 布局示例如图 24.27 所示。积分电容器控制着单元面积的使用。由于像素级别上存在多重增益选择，电荷容量可以进行调整，以匹配目标应用和场景，提供最大的信噪比和动态范围。增益和积分时间的设置取决于应用要求（*f*/#、运动模糊、红外辐射通量），主要考虑的是探测距离及各种天气条件下的探测性能。

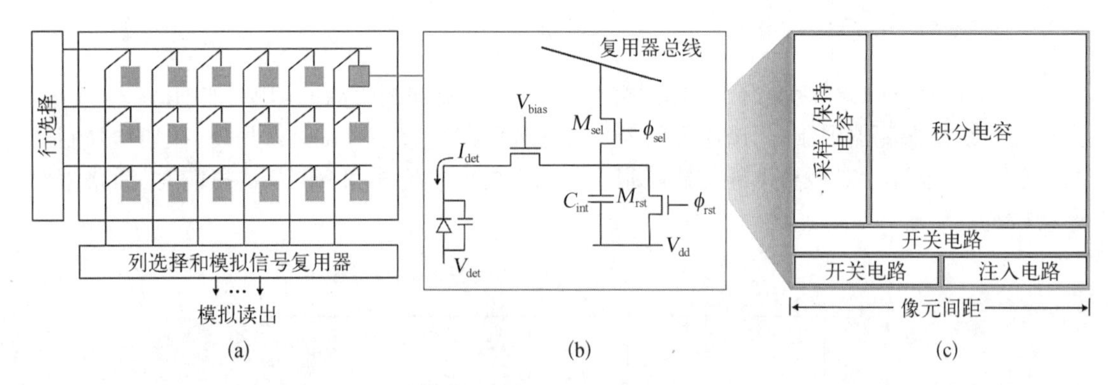

图 24.27 (a) 模拟 ROIC 架构，(b) 单元或像元的简化电路图和(c) 单元布局。如图 24.27(b)所示，光电流 I_{det} 由光电二极管产生，随后通过注入晶体管 M_i 在电容 C_{int} 上积分，注入晶体管 M_i 也提供光电二极管的偏置电压 V_{bias}。C_{int} 两端的信号电压可以通过开关 M_{sel} 上的控制信号 ϕ_{sel} 切换到多路复用器总线上用于读出；C_{int} 两端的信号电压可以通过控制信号 ϕ_{rst} 使用开关 M_{rst} 来复位。由 V_{dd} 设置的过程中最大电压为 2.2 V，C_{int} 等于 1 850 fF，则最大存储光电荷等于 2.5×10^7 电子。注意，图 24.27(c) 中所示的电路电容大小主导着像元面积[65]

像元间距越小，光子通量越小，积分时间越长。因此，具有较低瞬时视场角（IFOV）的远距离探测器件通常受到运动模糊的限制，运动模糊是在积分时间内支架移动的结果。在这种情况下，较短的积分时间（2~5 ms）可以将对探测距离的影响保持在较低水平。另外，配置一个与平台的操纵和振动无关的稳定系统可以将积分时间提高（10 ms）。

为了实现高灵敏度（如低于 30 mK），具有 5 μm 像元的 LWIR FPA 需要在非常小的单元中容纳大量的电荷积分。传统读出电路设计规则的存储密度约为 $2.5\times10^4\ e^-\ \mu m^{-2}$。像元尺寸为 12 μm 时，它可以为大多数战术 MWIR 和 LWIR 应用提供高灵敏度（如<30 mK）[62]。对于 5 μm 的平面单元，使用标准读出电路工艺的电荷容量不到 10^6 电子，而要获得良好的灵敏

度，需要 $8\times10^6 \sim 12\times10^6$ 个电子。因此，目前还没有适用的小间距红外探测器。

当前正在通过制造适用于 3D ROIC 设计的微机电系统（micro-electro-mechanical system，MEMS）电容器来解决小像元电荷存储的挑战。近年来，硅代工厂在 0.18 μm CMOS 平台上开发了电荷处理容量密度达 2 fF/μm^2 的金属-绝缘体-金属电容器（metal-insulator-metal，MIM）电容器[66]。多层堆叠 MIM 电容器可实现约 7 fF/μm^2 的更高密度。采用 0.18 μm Si CMOS 工艺和 MIM 电容器技术，重新设计的 AIM 640×515 15 μm 节距 ROIC 与标准 ROIC 相比，NETD 值有所提高（图 24.28）[67]。

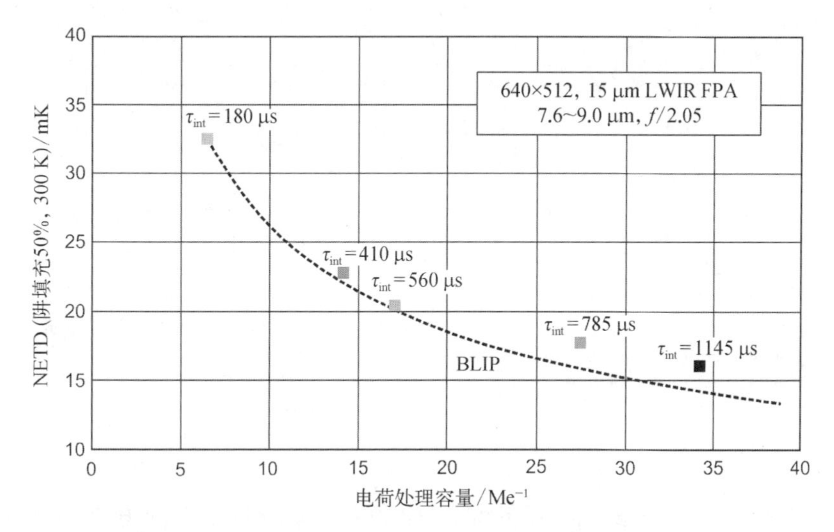

图 24.28　测量了 15 μm 像元间距、LWIR 640×512 HgCdTe 模块的 NETD 与电荷处理容量的关系[68]

林肯实验室已经开发出每个像元都具有 16 位全动态范围、模数转换和实时数字图像处理能力的数字像元焦平面[65]。开发和测试的 LWIR ROIC MEMS 技术（图 24.29）克服了传统 ROIC 技术带来的许多性能和规模限制。MEMS 电容器阵列可以在单独的 8 英寸晶圆中制造。这项技术在一个 5 μm 的单元中可容纳 2×10^7 电子。这一突破将为开发高灵敏度工作的小间距 FPA 铺平道路。图 24.29（b）显示了 MEMS 电容器阵列局部的透射电子显微照片（transmission electron micrograph，TEM）。使用 HDVIP 技术（图 17.46），已经制备出了一个具有完整功能的 1 280×720，5 μm 像元 LWIR HgCdTe FPA[58,68]。

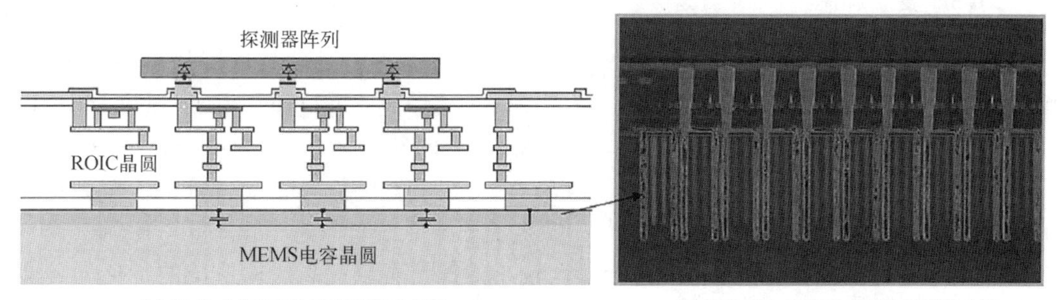

(a) 3D集成的LWIR FPA设计示意图　　(b) MEMS电容阵列截面的显微照片[68]

图 24.29　LWIR ROIC MEMS 技术

为了保持或增加单元的动态范围,将需要采用越来越深入的、更高密度的 CMOS 工艺。更高密度的 CMOS 制造工艺也可以用来提高单元内的处理能力。图 24.30 所示的外推单元晶体管计数器表明,在未来十年内,在较小像元中进行先进的像元内信号处理是可行的。正如文献[65]所预测的那样,复杂的单元内部处理,加上像元间数据通信和控制结构,将使大规模并行计算成像仪和由此产生的传感器系统具有远远超出今天所能实现的性能。

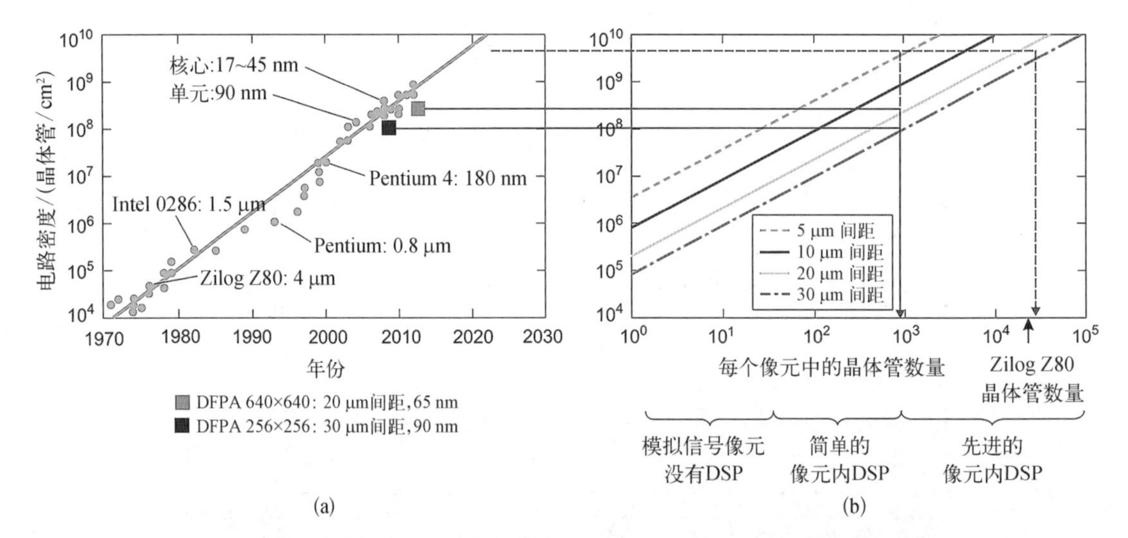

图 24.30 (a)商业微处理器先进技术水平下,电路晶体管密度与每个微处理器投放商用市场的对应年份,图中也给出了发展趋势线。(b)对 5~30 μm 的像元大小,根据电路晶体管密度,可以封装到每个单元中的最大晶体管数量。图 24.30 中还给出了在单元内实现三级数字处理所需的晶体管数量的估计值。通过利用深度扩展的 CMOS 工艺,数字 FPA 技术使设计者能够根据特定应用的需求来缩小像元间距和/或提高片上处理能力[65]

对于光子探测器,ROIC 的最终目标是在室温下实现 BLIP 工作。它要求即使在减小的像素间距下,单帧时间内全 2π FOV 的电荷积分应该能被有效地存储在探测器节点上。图 24.31 说明了 5 μm 探测器像元所需的阱容量与衍射极限下室温 BLIP 工作的截止波长的函数关系。图 24.31 表明,与当前 ROIC 设计可获得的阱容量相比,要在室温下实现 BLIP 性能,需要显著地提升每平方微米上的阱容量。

SWaP 发展理念

红外光电探测器通常在低温下工作,以降低由与窄带隙相关的各种机制引起的探测器噪声。制冷技术价格昂贵,而且由于其令人望而却步的大小、重量和功率等,对许多应用来说并不可行。研究人员开展了大量工作,努力降低系统尺寸、重量和功耗(size, weight, and power consumption, SWaP),从而降低系统成本,提高工作温度(high operating temperature, HOT)器件的工作温度。最终目标是制作出暗电流小于系统背景通量电流,且 $1/f$ 噪声相对于背景通量下的散粒噪声不显著的探测器。较小的像元可以提高成像系统的价值和功能。图 24.32 给出了器件性能的一个示例[50],显示了 DRS 生产的 640×480 FPA,像元大小为 20~12 μm。在 HOT 条件下,SWaP 性能得到了进一步提高。短期内也已有更小像元的开发计划

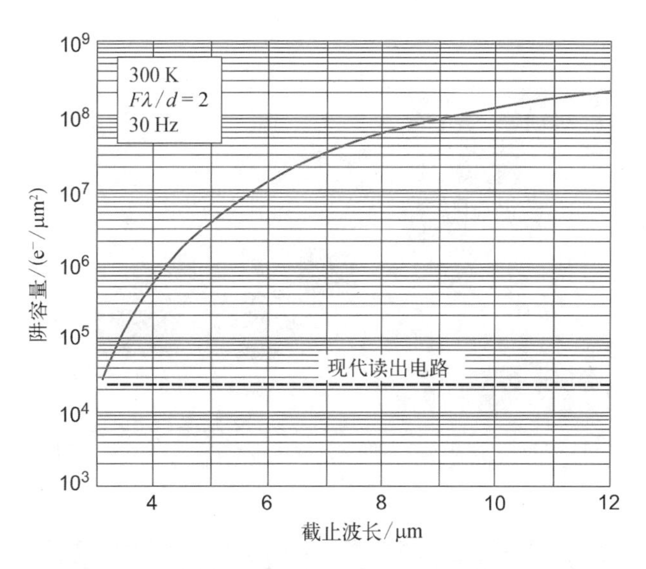

图 24.31　在衍射极限下，帧频为 30 Hz 时，室温下 BLIP 工作所需的阱容量与器件截止波长的关系[69]

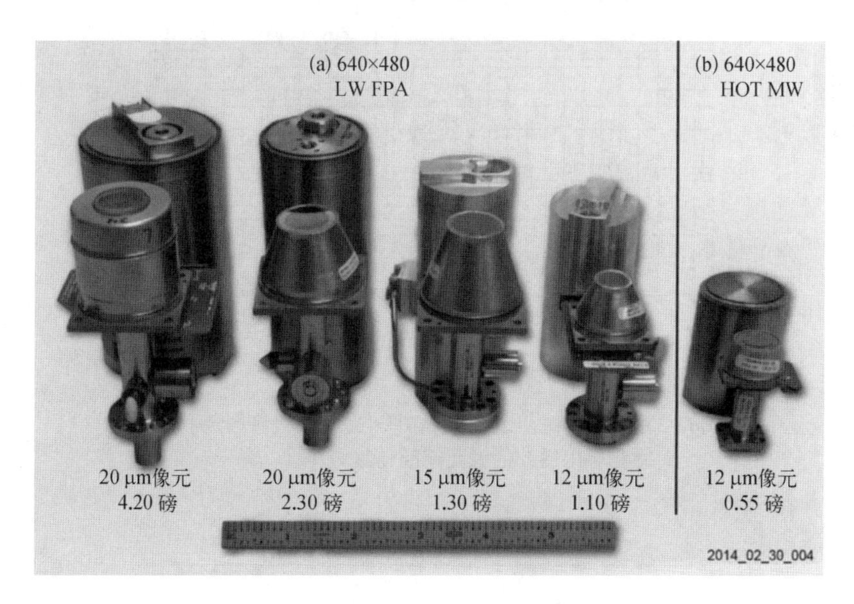

图 24.32　随(a) 像元间距减小和(b) 工作温度升高，DRS 的 640×480 LWIR 封装外形尺寸逐渐减小[50]

[图 24.33(a)][70]。微测辐射热计的研发也有类似的趋势[图 24.33(b)][71]。

制冷设备既昂贵又笨重，而且需要冷却时间，这使得首次成像至少需要 10 min。提高探测器的工作温度可以降低制冷负荷，从而采用更紧凑、效率更高的制冷机。例如，在 150 K 的工作温度下，与 80 K 的工作温度相比，标准 Selex Hawk 集成杜瓦制冷机组件(integrated dewar cooler assembly，IDCA)的降温时间与稳态功耗分别减少了约 40%和 55%(图 24.34)[72]。为了在 150 K 以上的温度下实现接近 BLIP 的性能，最近优化后的发动机制冷配置在稳定工作状态下的功耗为 1~2 W。目前，在 MOCVD 生长的 MWIR HgCdTe 光电二极管阵列经过工艺改进后，在 200~220 K 的温度范围内就可以获得相似的性能，为使用热电制冷提供了可能。

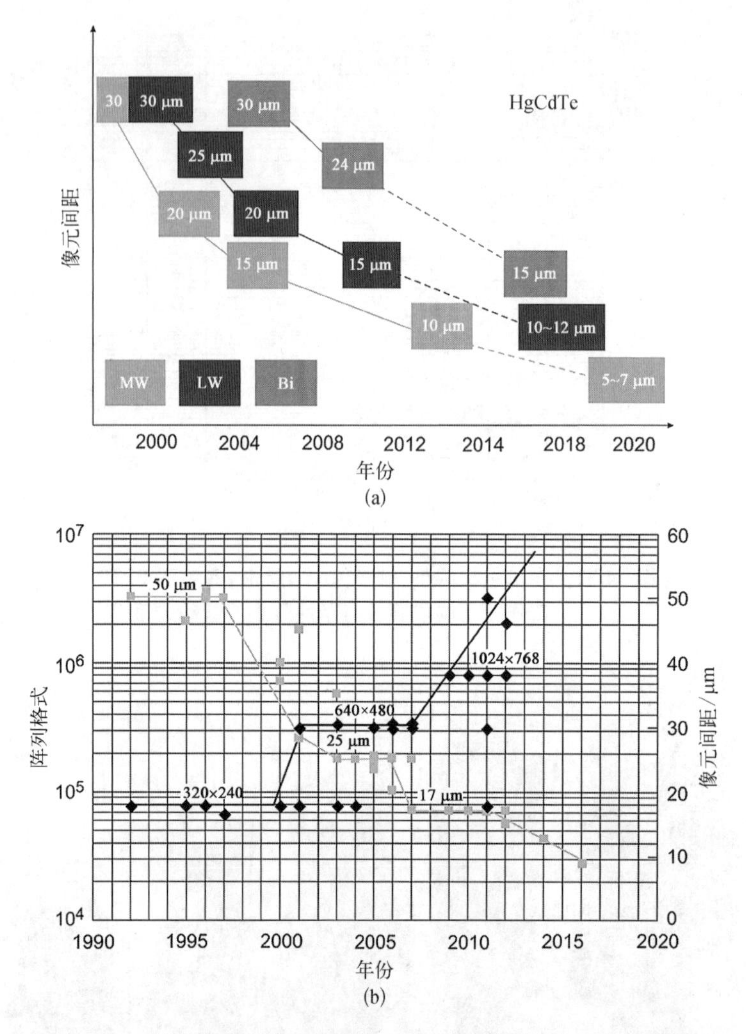

图 24.33　由于技术进步，(a) HgCdTe 光电二极管和(b) 非晶硅微测辐射热计的像元间距持续减小[70,71]

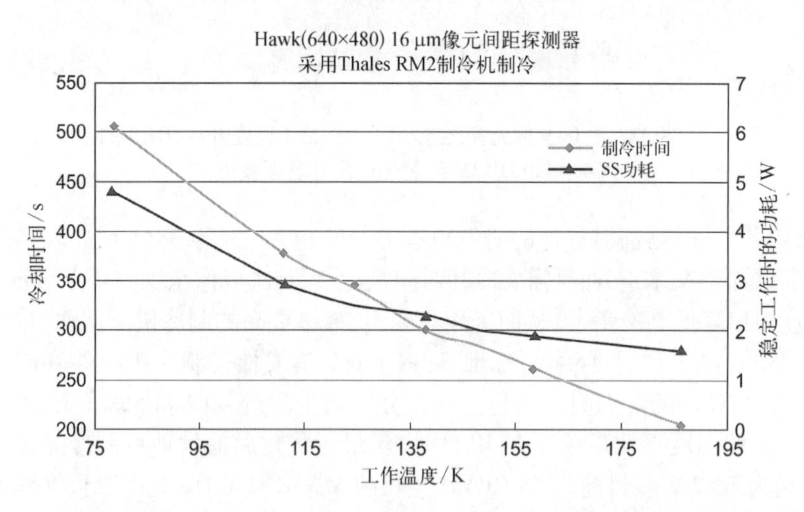

图 24.34　HAWK IDCA 在室温环境下的性能(功率中未包括制冷机的控制电路)[72]

由于红外波段的标准材料(锗)制成的光学元件的成本大致取决于直径的平方,因此减小像元尺寸可以降低光学元件的成本。光学器件尺寸的减小同时将降低便携式红外系统的整体尺寸、重量和成本。此外,像元尺寸的减小允许在每个晶片上制造更多数量的 FPA。

24.7　自适应焦平面阵列

基于 MEMS 的可调谐红外探测器领域中的一些最新进展有可能推动实现电压可调的多波段红外焦平面。这些技术已经作为美国国防部高级研究计划局(Defense Advanced Research Projects Agency,DARPA)资助的自适应焦平面阵列(adaptive focal plane array,AFPA)计划的一部分进行了研发,并已经制备出多光谱可调谐红外 HgCdTe 探测器结构[73-77]。不同研究组使用 HgCdTe[78]和Ⅳ-Ⅵ族探测器独立地开展了 AFPA 的开发。

图 24.35 展示了基于 MEMS 的可调谐红外探测器的一般概念。MEMS 滤波器是单个静电驱动的法布里-珀罗可调谐滤波器。在实际实施中,面向探测器安装 MEMS 滤波器阵列,以最小化光谱串扰。通过使用 MEMS 制造技术,可以在红外探测器阵列上制造如标准具的器件阵列,从而调谐探测器上接收到的入射辐射。如果对标准具进行编程控制,按波长的顺序改变其与探测器表面的距离,则探测器会按相应顺序对波段中的所有波长产生响应。

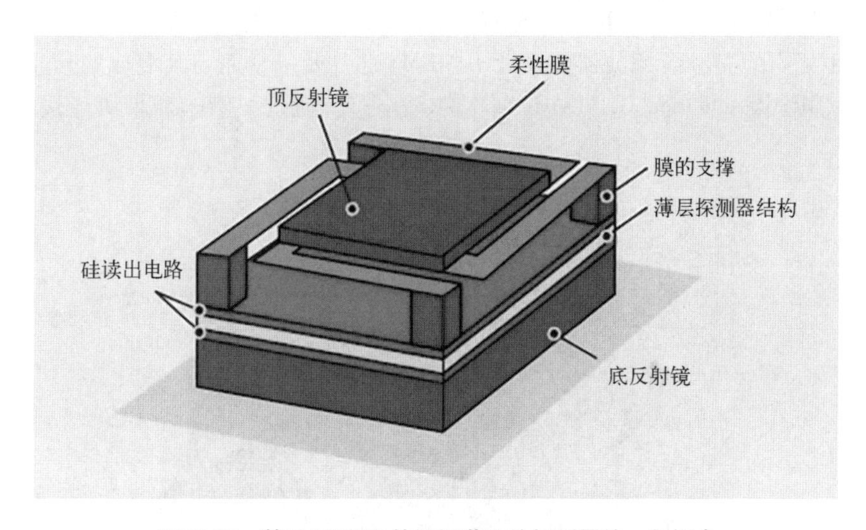

图 24.35　基于 MEMS 的可调谐红外探测器的一般概念

将各种组件技术集成到 AFPA 中涉及 MEMS 器件处理、光学镀膜技术、微透镜、光学系统建模和 FPA 器件等广泛学科的复杂相互作用。这种集成的目标是产生一种图像传感器阵列,其中每个像元的波长灵敏度可以独立调节。实际上,该装置将构成一个电子可编程微型光谱仪的大规模阵列。

Teledyne 科学与成像公司演示了一个在 LWIR 波段实现光谱调谐,同时在 MWIR 波段提供宽带图像的双波段 AFPA(图 24.36[75])。滤光片的特性包括 LWIR 带通宽度和调谐范围,由集成的薄膜反射器和减反射膜决定。每个 MEMS 滤波器的标称尺寸边长为 100~200 μm,并且每个滤波器覆盖少量探测器像元构成的子阵列。采用具有 20 μm 像元间距的 AFPA

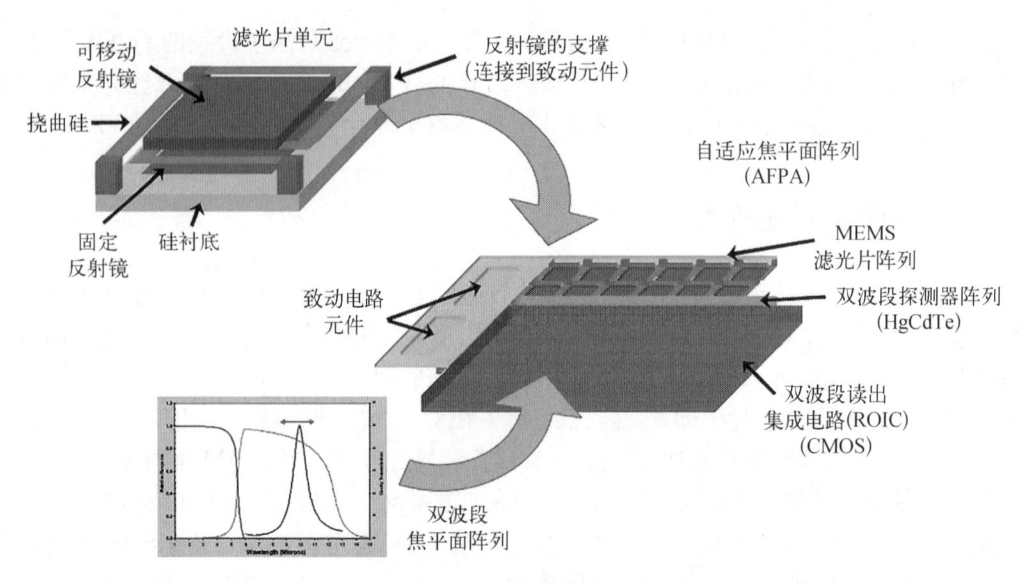

图 24.36 双波段 AFPA[75]

时,每个 MEMS 滤波器覆盖范围为 5×5~10×10 像元的探测器子阵列。MEMS 滤波器阵列将进一步发展为可对单个像元进行调谐。

自适应器件需要一个新的 ROIC 来适配每个像元的附加控制功能。因此,位于 FPA 背面 100 μm 距离内的 MEMS 滤波器被设计为 MEMS 芯片及一个需与其混成的分立 MEMS 致动集成电路(MEMS actuation IC,MAIC)(图 24.37[76])。通过一侧的插脚块连接器将 MAIC 连接到器件。

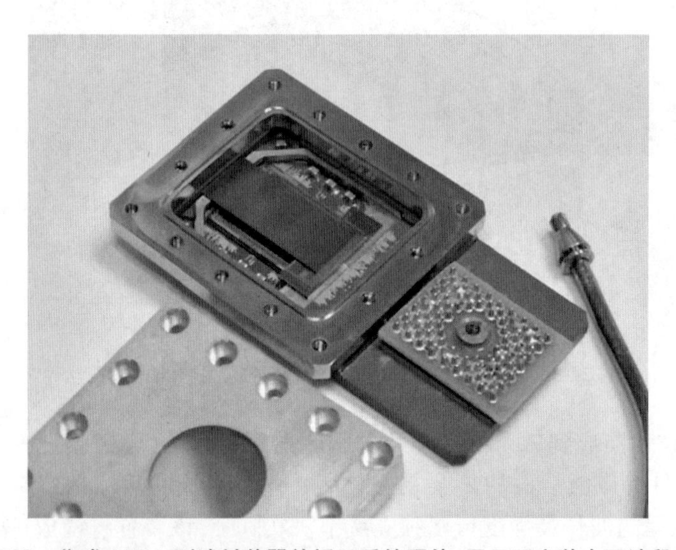

图 24.37 集成 AFPA 测试封装器件拆开后的照片,显示了安装在双波段 FPA 上方的 MEMS/MAIC 混成电路。通过右下方的连接器将 MAIC 连接到器件(对位的插针短连接器)[76]

图 24.38 显示了调谐到 8~11 μm 波段不同波长的典型滤波器的实测光谱响应[70]。LWIR 带通的测量带宽约为 100 nm。每个 MEMS 滤波器波长的数据按照峰值进行了归一

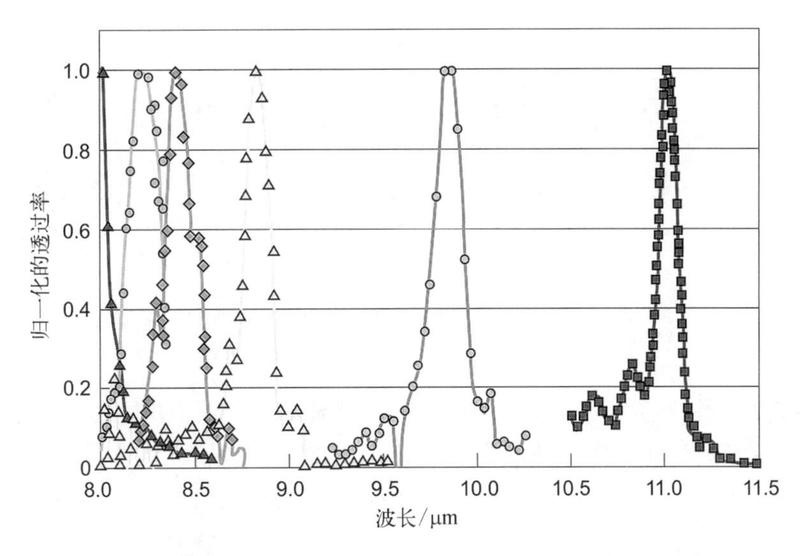

图 24.38　实测集成 AFPA 器件的归一化透过率谱，在 8~11 μm 波段显示出窄带光谱响应。对于每一次测量，MEMS 滤波器被调谐到固定波长，改变入射窄带光的波长，并记录 FPA 的输出[76]

化，以消除对 FPA 自身光谱响应的影响。边带振荡来自 FPA 和 MEMS 滤光镜背面残余反射的干扰。

AFPA 概念的实现将有可能为应用于侦察、战场监视和精确瞄准等重要军事任务的光电探测器件提供巨大帮助[73]。

参考文献

第25章 热探测焦平面阵列

使用热探测器进行红外成像这一主题已经研究和发展了几十年。1970 年前后，这些器件达到了它们的基本性能极限。热探测器不适用于高速扫描热成像仪。然而，热探测器的响应速度对于使用 2D 探测器的非扫描成像器来说是足够的。图 25.1 显示了热探测器典型探测率的 NETD 与噪声带宽的关系[1]。计算是在像素尺寸为 $100\times100\ \mu m^2$、光谱为 8~14 μm、采用 $f/1$ 光学及红外系统 $t_{op}=1$ 的条件下进行的。由于可以获得小于 100 Hz 的有效噪声带宽，因此采用较大的热探测器阵列可以达到 0.1 K 以下的 NETD。相比之下，使用小型光子探测器阵列和扫描机构的传统制冷型热成像仪的带宽为几百 kHz。这一事实引发了热成像领域的一场新革命。这是由于 2D 电子扫描阵列的发展，通过大量元件来对灵敏度进行补偿。大规模集成(large-scale integration, LSI)与微机械加工相结合已被用于制造大型 2D 非制冷红外传感器阵列。制造低成本和高质量的热成像仪成为可能。

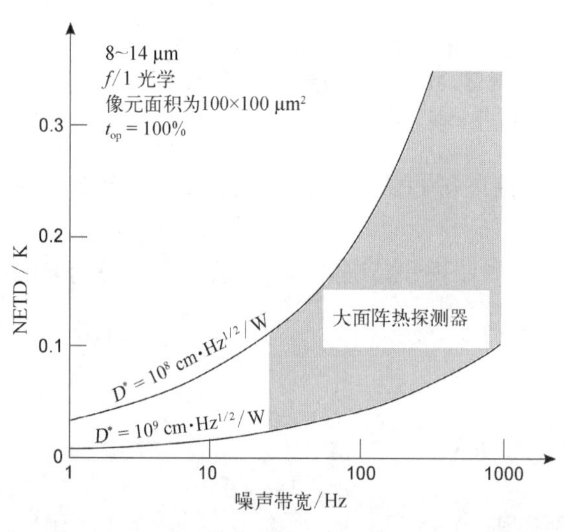

图 25.1 具有典型探测率的热探测器，其 NETD 与等效噪声带宽的关系[1]

制冷型成像仪的典型成本约为 50 000 美元，这限制了涉及完全黑暗情况的一些关键军事应用中对这些器件的使用。商用系统(微测辐射热计成像仪、辐射计和铁电成像仪)也是源自成本很高而无法广泛使用的军用系统。成像辐射计采用工作在快照模式下的线性热电阵列；它们比使用微测辐射热计阵列的电视速率的成像辐射计成本更低[2]。随着产量的增加，商用系统的成本将不可避免地下降。目前低成本热像仪的市场价格一般在 1 000 美元左右。最近，热成像智能手机也已问世[3]。

假设所有其他探测器(像元)和系统噪声源与探测器中的温度波动噪声相比可以忽略，就可以确定温度波动噪声对焦平面阵列(focal plane array, FPA)性能的限制。通过将式(4.23)代入式(24.18)，温度波动噪声限制 NETD(即 $NETD_t$)由式(25.1)给出

$$NETD_t=\frac{8F^2T_d\,(kG_{th})^{1/2}\Delta f^{1/2}}{\varepsilon t_{op}A_d}\left[\int_{\lambda_a}^{\lambda_b}\frac{dM}{dT}d\lambda\right]^{-1} \tag{25.1}$$

用类似的方法,当辐射交换是主要的热交换机制时,我们可以确定 NETD 的背景起伏噪声限制(即 $NETD_b$)。在这种情况下,通过将式(4.24)代入式(24.18),我们可以得到

$$\mathrm{NEDT_b} = \frac{8F^2[2kG\sigma(T_d^5 + T_b^5)_{th}\Delta f]^{1/2}}{(\varepsilon A_d)^{1/2}t_{op}}\left[\int_{\lambda_a}^{\lambda_b}\frac{dM}{dT}d\lambda\right]^{-1} \tag{25.2}$$

由式(25.1)和式(25.2)确定的 300 K 背景下,对工作温度分别为 300 K 和 85 K 的 FPA,图 25.2 中给出了其温度起伏噪声和背景起伏噪声限制的 NETD[4]。图 25.2 中还列出了计算中使用到的其他参数。所有热红外探测器中的噪声均达到或超过图 25.2 所示的极限。由于实际器件中的噪声大于温度波动噪声,因此实际探测器的 NETD 通常位于相应直线的上方。

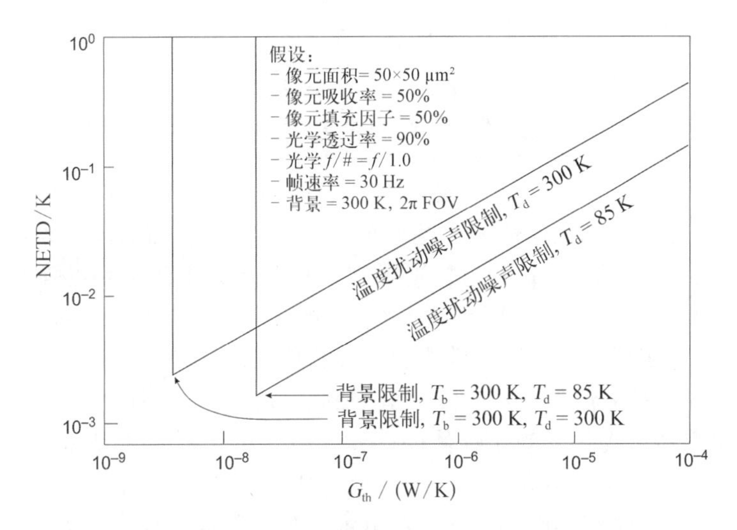

图 25.2　非制冷和制冷型热探测器 FPA 的温度波动噪声限制与背景波动噪声限制的 NETD 与其热导的关系,图 25.2 中也列出了计算用到的其他参数[4]

非制冷热成像系统设计的关键是在灵敏度和响应时间之间进行权衡。热导是一个非常重要的参数,因为 NETD 与 $G_{th}^{1/2}$ 成正比,而探测器的响应时间与 G_{th} 成反比。因此,材料加工技术的改进而引起的热导率的改变是以牺牲时间响应为代价来提高灵敏度的。Horn 等[5]对 NETD 和时间响应之间的折中关系进行了一般性的计算,如图 25.3 所示[6]。

25.1　热电堆焦平面阵列

热电堆在辐射温度传感器和红外气体探测器等低功耗应用中得到了广泛的应用,大多是用作单元探测器。近年来,随着热电堆红外焦平面探测器分辨率和灵敏度的提高,热电堆探测器被认为是热像仪发展中最具性价比的解决方案之一。与微测辐射热计相比,热电堆在价格上有很大的优势,而且很容易从市场上获得。它们具有非常有用的特性,如高度线性的响应和不需要光学斩波器等,但 D^*值低于测辐射热计和热释电探测器。它们可以在很宽的温度范围内工作,对温度稳定性几乎没有要求。它们不需要电学偏置,因而 $1/f$ 噪声可以

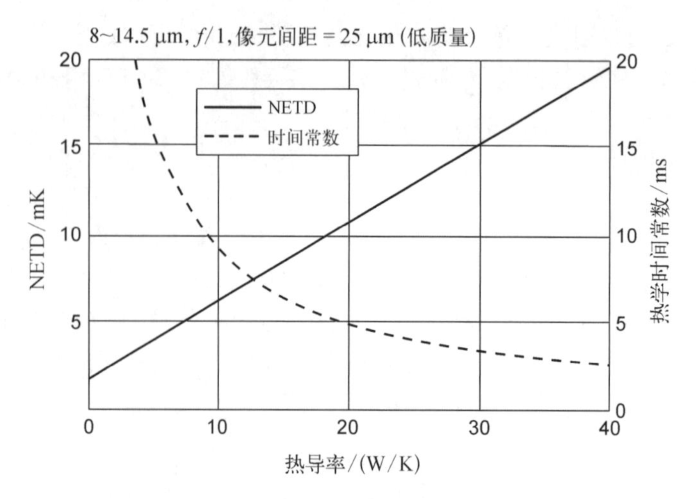

图 25.3 非制冷热成像系统的灵敏度与响应时间随热导率的变化和折中关系[6]

忽略不计,输出信号中没有基础电压。然而,热电堆阵列的实现仍然很受限,并且在它们的开发上投入的努力很少。这主要是由于实现每个热电堆像元所需的尺寸较大。由于灵敏度较低,像元间距被限制在约 100 μm,这特别限制了它们在大规模探测器阵列中的使用。相比其他技术,它们的响应率(5~15 V/W 的量级)和噪声都要小一个数量级,因此在热成像系统中的应用需要非常低噪声的电路元件才能实现它们的潜在性能。TE 探测器在以电视帧频进行成像的系统中是无法作为矩阵阵列应用的。取而代之的是,它们可以制成线列,通过机械扫描以形成静止或几乎静止物体的图像。宽广的工作温度范围,由于热结和冷结之间固有的差分工作模式而不需要系统温度稳定性,以及辐射测量的精确度,使得热电堆非常适合于天基科学成像应用[7]。然而,热电堆阵列中的温度梯度可能导致显著的偏移。因此,需要仔细设计阵列以使阵列温度的空间变化最小。这些限制使得热电堆无法用于需要大型 FPA 的红外成像仪,因此人们对非制冷红外探测器的研发主要转移到了微测辐射热计上。

尽管存在上述限制,但仍有一些 FPA 成功实现了与读出电路的结合。如第 7 章所述,热电堆由两个相互连接的不同导体组成,通过 TE 电源测量热接触和冷接触之间的温差。它们通常由一对中等掺杂的 p 型和 n 型多晶硅组成,它们是 CMOS 工艺中的常用材料。图 25.4 显示了热电堆像元结构的示意图和扫描电子显微镜照片。衬底中形成的空腔降低了热导率,提高了响应率。为了对像元进行热隔离,需要采用正面处理工艺[8]。

Kanno 等[9]描述了一种有意思的 128×128 阵列实现方式,是通过对制备的电荷耦合器件(charge-coupled device, CCD)进行后续表面微加工完成的。阵列中的每个热电堆像元具有 32 对 p 型多晶硅/n 型多晶硅热电偶,尺寸为 100×100 μm^2,填充因子(fill-factor, FF)为 67%。在 CCD 上,使用微机械加工技术制作 450 nm 厚的二氧化硅膜片(用于隔热结构)。多晶硅电极厚 70 nm,宽 0.6 μm。热结位于膜片的中心部分,而冷结位于膜片外缘,那里的热导很大。

32 对热电堆的低频电压响应率可达 1 550 V/W(图 25.5)[9]。对 128×128 热电堆 FPA 的扫描是由垂直埋藏式和水平埋藏式 CCD 实现的。它们有重叠的双层多晶硅电极。130 Hz 的截

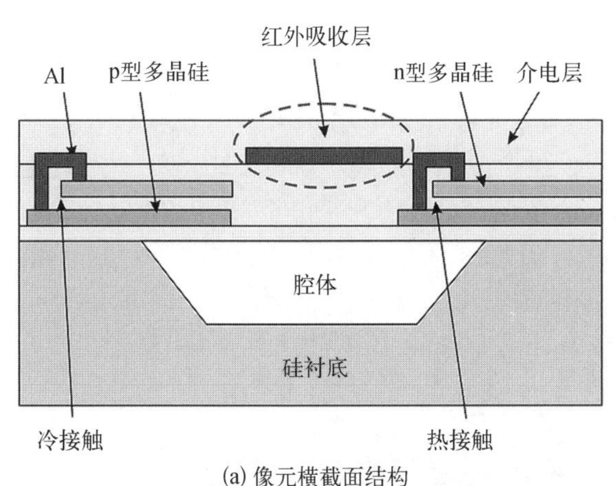

(a) 像元横截面结构

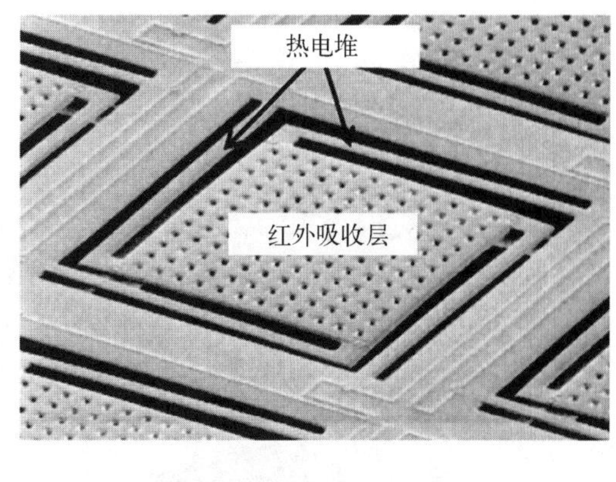

(b) 热电堆像元的SEM照片[8]

图 25.4　热电堆红外阵列的典型像元结构

止频率足够大,可以以 30 帧/秒或 60 帧/秒的速率记录物体的移动。报道的 NETD 在 *f*/1 光学系统下可达 0.5 K。虽然这些参数对于热电堆 FPA 来说是非常好的,但器件需要在真空封装下工作,这增加了它的成本。此外,目前 CCD 技术的普及程度低于 CMOS。

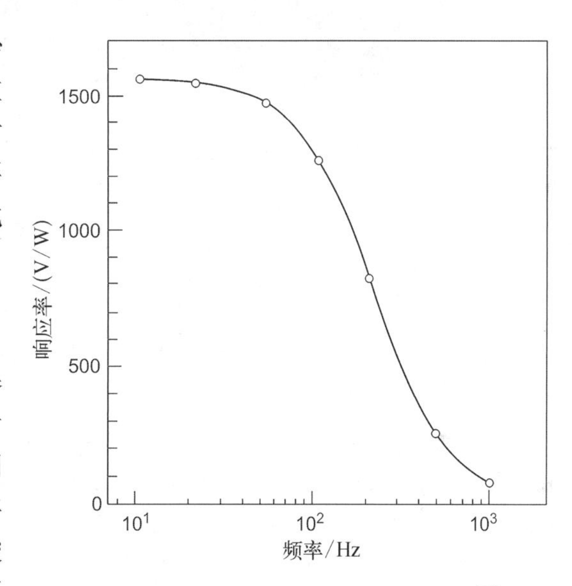

图 25.5　热电堆电压响应率的频率特性[9]

日产研究中心已经开发出另一种适用于各种汽车传感器系统的大型热电堆 FPA[10,11]。120×90 元阵列中的每个探测器由两对 p－n 多晶硅热电偶组成,其外部尺寸为 100×100 μm^2,内阻为 90 kΩ。为了对探测器进行热隔离,使用了前端体刻蚀工艺。将精确图形化的金黑吸收层技术和利用磷硅酸盐玻璃牺牲层的剥离技术相结合,探测器可获得约 3 900 V/W 的高响应率。热电堆可以与 0.8 μm CMOS 工艺单片集成。在 *f*/1 光学下,测得的 NETD 为 0.5 K,与带 CCD 扫描器的 TE FPA 处于同一水平[9]。

此外,密歇根大学的研究人员还展示了兼容现成的 3 μm CMOS 工艺的 32×32 FPA。每个像元采用在介质膜上制备的 32 对 n－p 多晶硅热电偶,像元尺寸为 375×375 μm^2,有效面积为 300×300 μm^2(填充因子为 64%),主要是从晶片背面进行微加工,但在晶片正面也设置了小的腐蚀腔,作为像元之间的热沉,防止冷结发热,并实现相邻像元之间良好的热隔离[12]。该器件的响应率为 15 V/W,热学时间常数为 1 ms,探测率为 1.6×10^7 cm·Hz$^{1/2}$/W。

McManus 和 Mickelson[13] 与 Kruse[2] 描述了一系列使用镍铬/康铜热电偶的 Si 微结构线性 TE 阵列的成像辐射计。其中一个实例使用间距为 50 μm 的 120 像元线列,热电堆由三个串联热电偶组成。配合机械扫描,线列在 1.44 s 内实现对 *f*/0.7 的 Ge 透镜焦平面的扫描。

NETD 为 0.35 K。

总部位于密歇根州的小型非接触式温度测量公司安纳堡传感系统(Ann Arbor Sensor Systems,LLC)与位于马来西亚的 MemsTech 合作开发了第一款采用 32×32 热电堆 FPA 技术的商用热成像 AXT100 相机[图 25.6(a)][14]。低生产成本是通过传统的 CMOS 工艺和氧化氮真空封装获得的。相机功能还包括了对 32×32 图像进行插值和平滑至 128×128 分辨率的图像处理。有两种手动对焦镜头可供选择:29°(f/0.8)或 22°(f/1.0),光谱为 7~14 μm。摄像机提供复合视频和 S 端子视频输出[包括美国国家电视系统委员会(National Television System Committee,NTSC)和逐行换相(phase alternation by line,PAL)格式]。

(a) 安纳堡传感系统的AXT100

(b) 海曼传感器(Heimann Sensor GmbH)公司的 HTPA 80×64d L10/0.7 HiA热电堆阵列

图 25.6 热电堆成像相机

目前,基于热电堆技术的各种红外阵列传感器用于一些低端市场,如家用电器。表 25.1 汇总了它们的典型性能。莱皮斯半导体(Lapis Semiconductor)和海曼传感器(Heimann Sensor)有相对大规模的阵列销售。

表 25.1 热电堆焦平面

公　　司	Lapis	Heimann	Excelitas	Melexis
阵列格式	48×47	80×64	32×32	32×24
像元间距/μm	100	90	220	100
NEDT/K	0.5	0.1	0.8	0.1
视场角/(°)	N.A.	41×33	60	110
帧速率/时间常数	6 Hz	30 Hz	115 ms	64 Hz
封装	真空	真空	氮气大气压	大气压

海曼传感器公司制造了全单片 HTPA 热电堆阵列系列,具有不同的封装、光学镜头,规模可达 84×64 元[15]。TE 材料用的是 n 掺杂和 p 掺杂多晶硅,使用改进的 CMOS 工艺。用 TO8 封装的 HTPA80×64D 模块,可选用高性能的双锗透镜光学组件,以及低成本、不同视场的无镀膜单硅镜头。由于采用了数字软件接口,只需要 6 个引出管脚。可以通过对传感器

时钟和模数(analog-to-digital,AD)转换分辨率进行内部设置来调节器件速度,帧频可达 20 Hz(最高分辨率)或 200 Hz(最低分辨率)。图 25.6(b)显示了具有 80×64 元阵列的热成像仪,包含了相应的聚焦红外光学镜头和处理电路。

对二维热电堆阵列的低成本和可制造性的需求推动了多晶硅 TE 材料的应用,虽然其 TE 品质因子相对较低。Foote 等[16-18]通过结合 Bi－Te 和 Bi－Sb－Te 材料改善了热电堆线列的性能。与大多数其他 TE 阵列相比,它们的 D^*值最高,如图 7.5 所示。文献[16]介绍了热电堆线列技术。由下层 Si 衬底经背面腐蚀,制成 0.5 μm 厚的 Si_3N_4薄膜。在每个膜上沿着衬底和膜之间的窄支撑腿,制备出多个 Bi－Te 和 Bi－Sb－Te 热电偶。探测器是由穿过膜层的狭缝隔开,紧密排列着,这些狭缝也定义出了探测器的支撑腿。

由于在 CMOS 工艺中不容易获得 Bi－Sb－Te 材料,所以热电堆线列需要通过键合连接到单独的 CMOS 读出电路芯片。后来,这项技术被进一步开发,用于实现具有两个牺牲层的三级结构来提高 2D 阵列的性能。以这种方式,可以提高填充因子并在每个像元上构建大量热电偶。图 25.7 显示了热电堆探测器的结构示意图[18]。该结构可以获得几乎 100%的填充因子,模型表明优化后的探测器 D^*值将超过 10^9 cm·Hz$^{1/2}$/W。

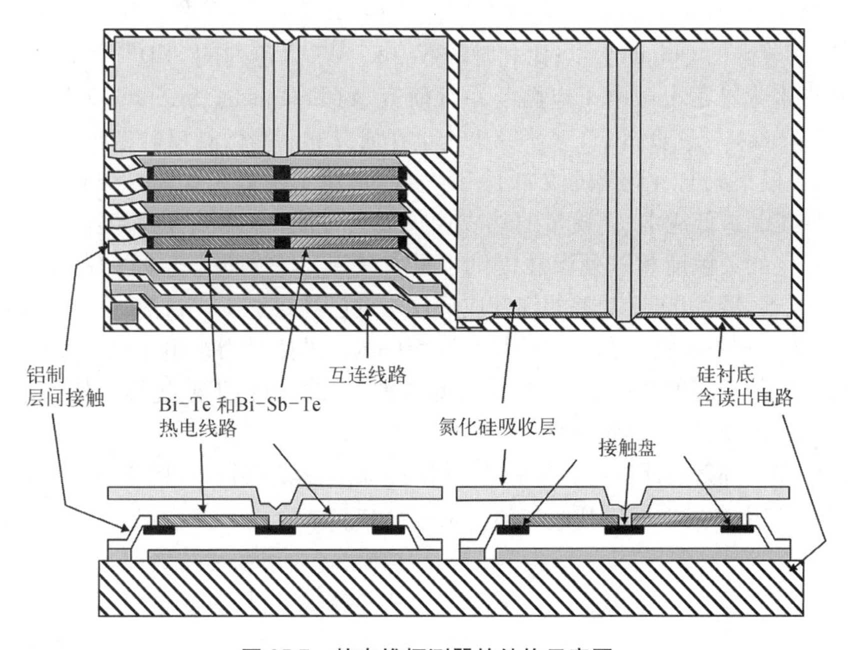

图 25.7　热电堆探测器的结构示意图

上图显示了从顶部查看的两个像元,左侧像元的一部分被切除以显示底层结构,下图显示了两个像元的横截面侧视图[18]

25.2　测辐射热计焦平面阵列

今天在非制冷红外技术方面的成就是由美国国防部(U.S. Department of Defense,DOD)在 20 世纪 80 年代发起的,当时霍尼韦尔(Honeywell)和德州仪器(Texas Instruments,TI)获得了开发两种不同的非制冷红外技术的高额机密合同[2,19,20]。TI 专注于热释电技术[如钛酸锶钡(barium strontium titinate,BST)],而霍尼韦尔专注于微测辐射热计技术,它们都成功地研制出灵敏度小于 50 mK 的非制冷红外 320×240 焦平面阵列。这些技术在 1992 年解密,从那时起,许多其他公司都开始研究这项技术。霍尼韦尔已经将这项技术授权给几家公司,用于商业和军用非制冷 FPA 的开发与生产。美国政府允许美国制造商向外国出售他们的器件,但不允许泄露制造技术。于是,包括英国、法国、日本和韩国在内的几个国家采取行动,决心开发自己的非制冷成像系统。20 世纪 90 年代中期,其他国家特别是法国在非晶硅(amorphous Si,a-Si)技术中取得了进展。在此期间,使用 a-Si 的最大优势在于它们可以在硅代工厂中生产。VO_x技术由美国军方控制,在美国境外销售微测辐射热计相机需要获得出口许可证。而如今,VO_x测辐射热计也可以在硅代工厂生产,上述两个原因都消失了。尽管美国遥遥领先,但低成本非制冷红外系统中一些最令人兴奋和最有前途的开发可能来自非美国公司[例如,三菱电机(Mitsubishi Electric)研制的使用串联 p-n 结的微测辐射热计 FPA[21]]。这种方法是独特的,基于全硅版本的微测辐射热计。

目前,非制冷微测辐射热计 FPA 最重要的制造商是美国的雷神公司[22-29]、BAE 公司(前身为霍尼韦尔公司)[30-34]、DRS 公司(前身为波音公司)[35-38]、Indigo 公司[39,40]和 L-3 通信红外产品公司[41,42];加拿大的 INO 公司[43-46];法国的 ULIS 公司[47-52];日本的 NEC[53-56]和三菱公司[21,57-61];英国的 QuinetiQ[62];比利时的 XenICs[63];以色列的 SCD[64-66];中国的大立科技[67];德国的弗劳恩霍夫微电子电路与系统研究所(Fraunhofer Institute of Microelectronics Circuit and Systems)[68]。此外,许多研究机构也在研究非制冷微测辐射热计红外阵列。

目前,大规模集成电路与微机械加工相结合已被用于制造大规模二维非制冷红外传感器阵列。这使得制造低成本、高质量的热成像仪成为可能。微桥结构探测器阵列的发展为非制冷热成像仪的灵敏度和阵列尺寸提供了重大飞跃。它的灵敏度不如制冷型光子探测器,但对于低成本、轻量化、低功耗的红外成像仪来说已经足够了。目前,已有 1 024×768 元,像元间距为 17 μm 的面阵,预测的 NETD 小于 50 mK。虽然是为军事应用开发的,但低成本红外热像仪已被用于多种非军事应用,如辅助驾驶、辅助飞行、工业过程监控、社区服务、消防、便携式探雷、夜视、边境监管、执法、搜救等。

目前,VO_x微测辐射热计阵列显然是最常用的非制冷探测器技术(图 25.8)。VO_x是这场技术大战的赢家,其生产成本低于其他三种技术中的任何一种:a-Si、BST 和 Si 二极管[69,70]。然而,新的市场参与者引入了 a-Si 材料和新的硅基材料,由于它们具有成本结构和制备相对容易的特点,令 VO_x技术面临挑战。

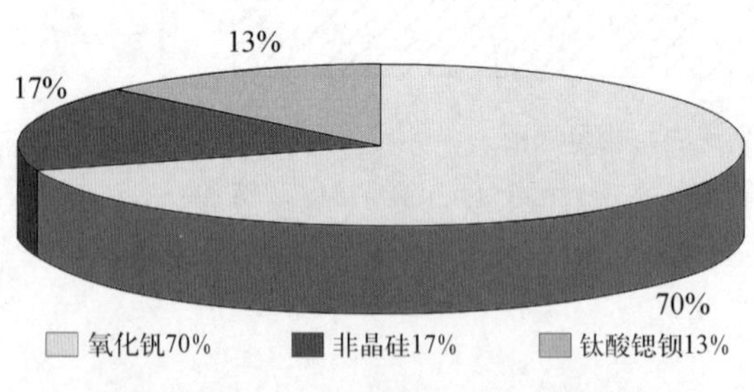

图 25.8 氧化钒、非晶硅及 BST 探测器各自所占的市场份额(估算)[69]

目前,微测辐射热计探测器的产量超过了所有其他红外阵列技术的总和。它们的成本将大幅下降(每年约为 15%)。2018 年监控、汽车和热成像领域的商业应用总量已经超过 100 万台(图 25.9)[71,72]。目前的热像仪热潮也可以从侧面得到证实,现在 FLIR 出品的相机价格接近 1 000 美元,这扩大了维修工程师和建筑检查人员对红外相机的使用。随着大型闭路电视(closed-circuit television,CCTV)摄像机厂商推出许多新型号的热像仪,监控设备正在成为一个关键市场。

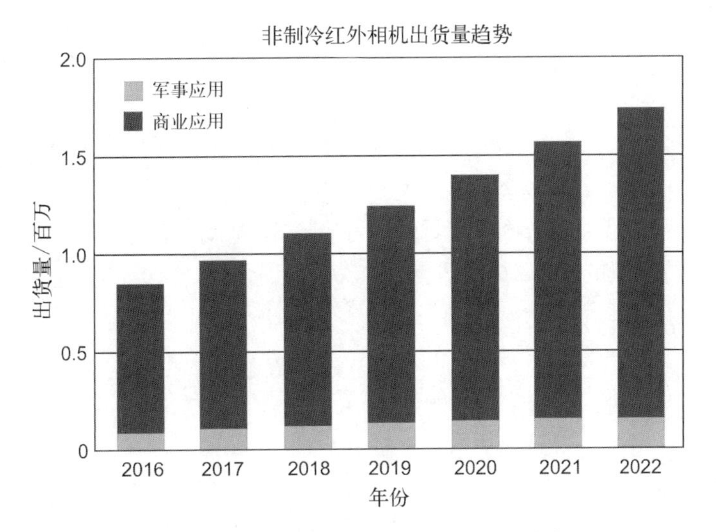

图 25.9　非制冷热像仪的出货量预测[72]

此外，2017 年车载器件销量已经超过 50 万辆。

2016~2022 年，非制冷红外相机市场的复合年增长率（compound annual growth rate, CAGR）为 8%，期末可达到近 44 亿美元。2016 年，两家领先的公司——FLIR 和 ULIS，拥有超过 75%的总市场份额（按数量计算）。军用非制冷相机市场主要是由美国军方对士兵装备的巨大需求（武器瞄准镜、便携式护目镜和车辆视觉增强）推动的。这些装备占据了超过 85%的世界市场份额，DRS 公司和 BAE 公司在各种应用中都有很强的市场优势。

25.2.1　灵敏度、响应时间和探测器尺寸的权衡

如 24.5 节所述，当探测器集成到阵列中时，高探测率是重要的，但最重要的品质因子是分辨视场中微小温差的能力。这个品质因子称为 NETD。

为了正确计算 NETD，在合理的带宽上分析噪声源是很重要的。对于脉冲偏置微测辐射热计系统（如 VO_x 测辐射热计），有三个重要的带宽：电学带宽、热学带宽和输出带宽[2,73]。

电学带宽由测量探测器的电阻时所加偏置脉冲的积分时间确定。当使用脉冲偏置时，电学带宽由式(25.3)给出[2]：

$$\Delta f=\frac{1}{2\Delta t} \tag{25.3}$$

式中，Δt 为偏置脉冲持续时间。假设典型积分时间为 60 μs，则电学带宽为 8 kHz。

电学带宽是分析 $1/f$ 噪声和约翰逊噪声对系统贡献的重要参数。通常，对于通过脉冲偏置以串行方式读出的大型 FPA，电学带宽可以足够大，约翰逊噪声在该带宽上远远大于 $1/f$ 噪声。

热学带宽由测辐射热计的热学时间常数决定，是分析热扰动噪声的重要参数。假设测辐射热计为一阶低通滤波器，热学带宽由式(25.4)给出：

$$\Delta f=\frac{1}{4\tau_{\text{th}}} \tag{25.4}$$

式中，τ_{th}为热学时间常数。对于 5~20 ms 的典型时间常数，热学带宽在 12~50 Hz 变化。

输出带宽是测辐射热计的脉冲带宽。假设帧率为 30 Hz 或 60 Hz，则输出带宽为

$$\Delta f = \text{帧率}/2 \tag{25.5}$$

为 15~30 Hz。

从上面的分析可以得出，电学带宽远远大于热学带宽或输出带宽[73]。

可以看出，不同类型的噪声对 NETD 的贡献如下所示。

（1）约翰逊噪声：

$$\mathrm{NEDT}_{\mathrm{Johnson}} \propto \frac{G_{\mathrm{th}}\,(TR_{\mathrm{B}})^{1/2}}{V_{\mathrm{b}}\alpha} \tag{25.6}$$

（2）热扰动噪声：

$$\mathrm{NEDT}_{\mathrm{tf}} \propto TG_{\mathrm{th}}^{1/2} \tag{25.7}$$

（3）1/f 噪声：

$$\mathrm{NEDT}_{1/f} \propto \frac{\beta G_{\mathrm{th}}}{\alpha} \tag{25.8}$$

式中，R_B为测辐射热计的电阻；β 为测量的 1/f 噪声电压 $V_{1/f}$与探测器偏置电压 V_b之比；α 为材料的 TCR 系数。

在 1/f 噪声模型下，噪声电压将与载流子数 N 的平方根[74]和体积成反比。所以

$$\beta = \frac{V_{1/f}}{V_{\mathrm{b}}} \propto \frac{1}{N^{1/2}} \propto \frac{1}{(\mathrm{Volume})^{1/2}} \propto \frac{1}{A^{1/2}} \tag{25.9}$$

图 25.10 显示了 1/f 噪声对噪声的贡献，它是由 BAE 系统公司制造的 VO_x薄膜表面积的函数[73]。这种依赖关系遵循式(25.9)所描述的关系。不幸的是，1/f 噪声的这种依赖性预测较小像元的测辐射热计将比较大像元的测辐射热计具有更高的 1/f 噪声。

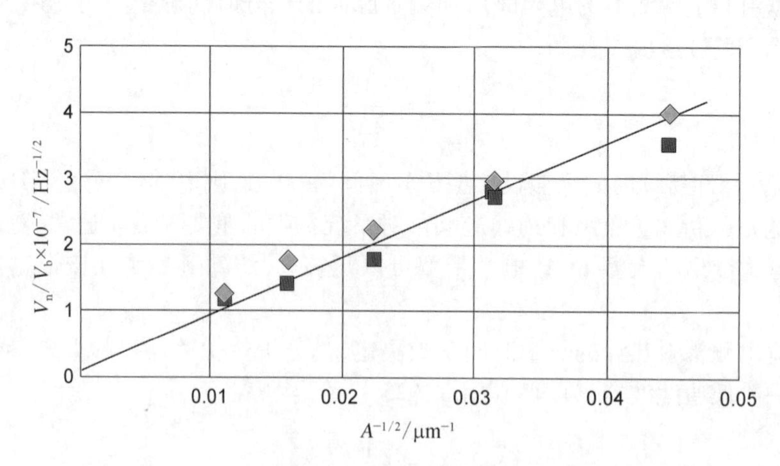

图 25.10　V_n/V_b比值与 VO_x薄膜表面积平方根倒数的关系[73]

图 25.11 显示了不同探测器和电子噪声源对 BAE 系统公司生成的 VO_x 微测辐射热计性能的影响。从图 25.11 可以得出的关键结论是当前微测辐射热计的性能受到 VO_x 材料中 $1/f$ 噪声的限制。较大的 $1/f$ 噪声是由于非晶态的 VO_x 结构造成的。如式(25.6)所示，约翰逊噪声对 NETD 的贡献与偏置电压 V_b 成反比。当测辐射热计处于高偏置时，这种类型的噪声不会显著地降低系统性能。ROIC 噪声和约翰逊噪声在足够高的偏置区都接近热扰动噪声。热扰动噪声主要由探测器支撑腿的热导决定，而不是辐射传热。

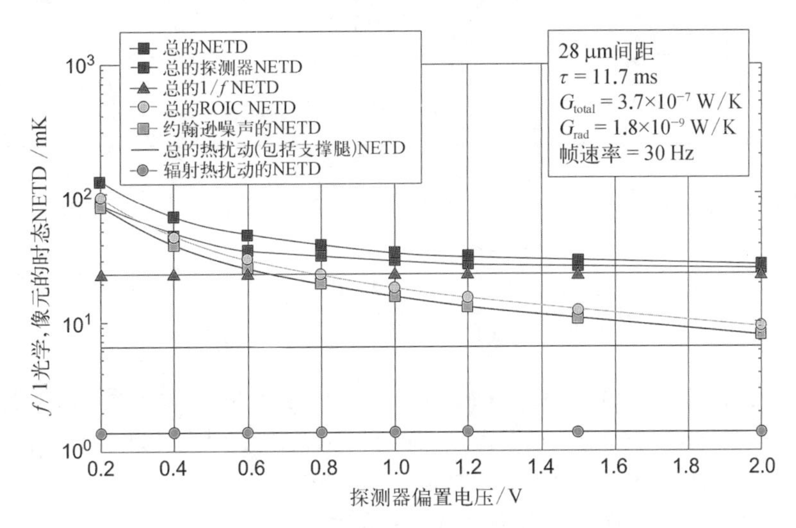

图 25.11　不同噪声源对 VO_x 微辐射热计性能的影响[73]

为了提高 VO_x 微测辐射热计的性能，必须降低 $1/f$ 噪声。由式(25.8)可以看出，这需要：降低探测器材料的 $1/f$ 噪声；降低测辐射热计支撑腿的热导率，以及增加 VO_x 的 α。最后一点似乎会对 ROIC 的动态范围要求造成负面影响[73]。

表 25.2 列出了提高微测辐射热计灵敏度的各种方法。如表 25.2 所指出的，许多提高灵敏度的方法都会对热学时间常数产生负面影响。

表 25.2　提高微测辐射热计灵敏度的各种方法[73]

设计、工艺改进	对 NETD 的影响	对热学时间常数的影响	对系统尺寸的影响	注　释
增加 VO_x 体积	减小	增加		像元电阻必须足够高，VO_x 电阻主导总电阻；增加长度不会对电阻产生负面影响
降低材料固有的 $1/f$ 噪声	减小			如何做到？
增加 VO_x 的 TCR	减小？			不清楚具有高 TCR 的材料是否会具有相当的或更低的 $1/f$ 噪声
降低支撑腿的热导	减小	增加		像元电阻必须足够高，令 VO_x 电阻在总电阻中占主导

续 表

设计、工艺改进	对 NETD 的影响	对热学时间常数的影响	对系统尺寸的影响	注　释
降低桥面的热导	增加	减小		
增加支撑腿的热导	增加	减小		
减小 f#	减小		增加	
减小像元间距	增加		减小	对于更小、更便宜的系统，这一点至关重要

假设使用f/1 光学系统和 100%光学传输器件，在直流(direct current，DC)条件下，估算的 NETD 为[75]

$$\mathrm{NETD}=\frac{4G_{\mathrm{th}}V_{\mathrm{n}}}{\mathrm{TCR}\cdot\mathrm{FF}\cdot\varepsilon\cdot R_{\mathrm{B}}\cdot I_{\mathrm{b}}\cdot A\cdot(\Delta P/\Delta T)}\tag{25.10}$$

该表达式包括探测器噪声 V_{n}、探测器电阻 R_{B}、探测器偏置电流 I_{b}、电阻温度系数(temperature coefficient of resistance，TCR)α、探测器填充因子(FF)、吸收率 ε 和落在探测器上的微分辐射 $\Delta P/\Delta T$(也称为温度对比度)。

测辐射热计的电流灵敏度(单位为 A/W)可表示为

$$R_{i}=\frac{\mathrm{FF}\cdot\varepsilon\cdot\mathrm{TCR}\cdot V_{\mathrm{b}}}{G_{\mathrm{th}}\cdot R_{\mathrm{B}}}\tag{25.11}$$

式(25.10)可以改写为包含 $\tau_{\mathrm{th}}=C_{\mathrm{th}}/G_{\mathrm{th}}$ 的形式：

$$\mathrm{NETD}=\frac{4C_{\mathrm{th}}V_{\mathrm{n}}}{\tau_{\mathrm{th}}\cdot\mathrm{TCR}\cdot\mathrm{FF}\cdot\varepsilon\cdot V_{\mathrm{b}}\cdot A\cdot(\Delta P/\Delta T)}\tag{25.12}$$

当约翰逊噪声和 $1/f$ 噪声占主导时，NETD 是由与 G_{th} 成正比的噪声源决定的，则可以引入品质因子(figure of merit，FOM)，由式(25.13)给出[73]：

$$\mathrm{FOM}=\mathrm{NETD}\times\tau_{\mathrm{th}}=\frac{4C_{\mathrm{th}}V_{\mathrm{n}}}{\mathrm{TCR}\cdot\mathrm{FF}\cdot\varepsilon\cdot V_{\mathrm{b}}\cdot A\cdot(\Delta P/\Delta T)}\tag{25.13}$$

使用者不仅关心灵敏度，也会关心热学时间常数，以及由式(25.13)给出的 FOM，该式意味着热学时间常数和灵敏度之间存在折中关系。图 25.12 显示了三个不同 NETD×τ_{th}乘积时，NETD 与热学时间常数的关系。

然而，从式(25.13)中可以看出，用于评价性能的更全面的度量将会涉及 NETD、τ_{th}和与探测器尺寸相关的一些量。Skidomre 等[76]提出的度量表达式为

$$\mathrm{FOM}=\mathrm{NEDT}\times\tau_{\mathrm{th}}\times A=\frac{4C_{\mathrm{th}}V_{\mathrm{n}}}{\mathrm{TCR}\cdot\mathrm{FF}\cdot\varepsilon\cdot V_{\mathrm{b}}\cdot(\Delta P/\Delta T)}\tag{25.14}$$

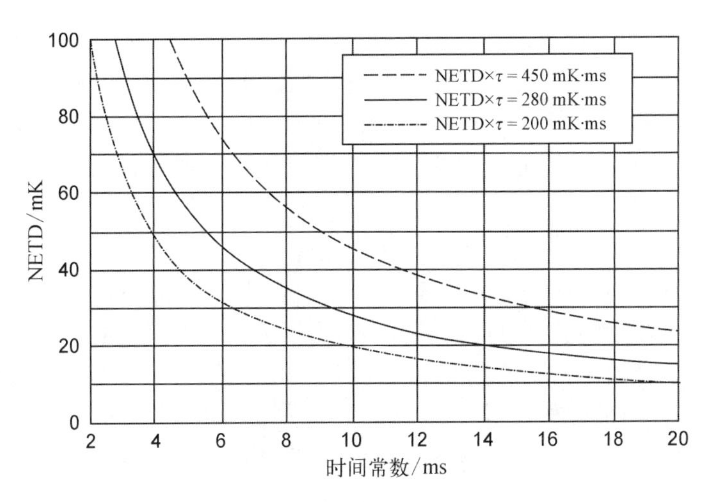

图 25.12　计算了三个 NETD×τ_{th}乘积时，微辐射热计 NETD 和热学时间常数 τ_{th}的关系[73]

表 25.3 对测辐射热计进行了排序，包括三种品质因子：NETD、NETD×τ_{th}和 NETD×τ_{th}×A[76]。测辐射热计的实验数据来自不同厂家。L－3 通信公司和 BAE 公司仅提供了产品的 NETD×τ_{th}乘积，没有提供独立的 NETD 和 τ_{th}。

表 25.3　微测辐射热计的性能排名（截至 2013 年）[76]

组　织	NETD/mK	τ_{th}/ms	间距/μm	NETD×τ_{th}/(mK×ms)	NETD×τ_{th}×A/1 000
SCD 公司	20	12	17	240	69
BAE 公司			17	<350	<101
L－3 公司			17	<350	<101
Ulis 公司	45	9	17	405	117
NEC 公司	63	14.5	12	914	132
DRS 公司	<50	13	17	<650	<188
三菱公司	84	12	15	1 008	227
日立公司	40	16	22	640	310
弗劳恩霍夫研究所	100	15	25	1 500	938
中国电子科技大学	81	13.5	35	1 094	1 340
宾夕法尼亚州立大学	3.8	5.9	500	22	5 605

考虑 NETD 值，排名最靠前的是宾夕法尼亚州立大学的谐振频率测辐射热计[77]。该测辐射热计是像元间距为 500 μm，3×3 元石英测辐射热计，NETD 为 3.8 mK，τ_{th}为 5.9 ms。

NETD 表达式对于这种类型的测辐射热计在技术上并不准确，但 NETD 度量仍然适用。

测辐射热计的性能正日益接近其理论极限，同时其还在重量、功耗和成本方面显示出优势。由标准材料 Ge 制成的光学元件的成本大致取决于直径的平方，因此减小像元大小也就意味着可以减小光学元件的尺寸和成本。然而，NETD 与像元面积成反比，因此，如果像元尺寸从 50×50 μm^2减小到 12×12 μm^2，而其他条件保持不变，NETD 将增加 16 倍。这需要通过改进读出电路来补偿。

为了获得更小像元的非制冷 IR FPA，需要进一步改进探测器技术，这对制造工艺和像元设计都提出了巨大的挑战。在目前的技术阶段，探测器的 FF 和吸收系数都已经接近其理想值，对这两个参数的优化只能带来很小的增益。而通过改进热敏电阻材料、TCR 和 R 可以获得更大的增益。开发低阻的 a－Si/a－SiGe 薄膜是很有希望的一条路径[78]。在不增加材料 $1/f$ 噪声的情况下，Si 合金的 TCR 从 3.2%/K 的基础值可以提高到约 3.9%/K。此外，Si/SiGe 单晶量子阱的性能作为热敏电阻材料也很有希望[79]。

25.2.2 制造技术

大多数现代微测辐射热计 FPA 技术都可追溯到自 1982 年以来由霍尼韦尔技术中心(Honeywell Technology Center)伍德(Wood)[20]领导的团队所做的开创性工作。1985 年，霍尼韦尔技术中心从美国国防部，特别是美国国防部高级研究计划局(Defense Advanced Research Projects Agency，DARPA)和美国陆军夜视和电子传感器局(U.S. Army Night Vision and Electronic Sensors Directorate，NVESD)获得了军事合同。这些合同推动了非制冷氧化钒 50 μm 像元 240×336 阵列的成功开发，该阵列以美国电视帧频(30 Hz)运行。

1990~1994 年，霍尼韦尔最初将这项技术授权给四家公司[休斯(Hughes)、安博(Amber)、罗克韦尔(Rockwell)和劳拉(Loral)]，用于商用和军用非制冷 FPA 的开发与生产。之后经过一系列国防和航空航天行业的收购与合并，现在的厂商是英国航空航天(British Aerospace，最初霍尼韦尔的技术部门)和雷神公司。不同制造商对 VO_x测辐射热计阵列开展了大量研究工作，对霍尼韦尔微测辐射热计的支撑结构进行了改进以增加 FF，减小像元大小，并改进了 CMOS 读出电路。

首批 240×336 元 VO_x，50 μm 微测辐射热计阵列是在工业标准晶片(直径为 4 英寸)上制造的，底层硅中集成了完整的单片读出电路(8.3 节)[80]。为了获得微测辐射热计所需要的高隔热性，环境气压通常约在 0.01 mbar 量级。通过测辐射热计支撑腿的热传导可低至 3.5×10^{-8} W/K[73]。原则上，测辐射热计不需要在热稳定条件下工作。然而，为了简化像元非均匀性校正的问题，最初的霍尼韦尔测辐射热计阵列加入了 TE(thermoelectric，热电)温度稳定器。另一个问题是需要通过顺序访问像元来读出信号。所采用的方法是通过向像元顺序地施加电偏置脉冲来实现的。这通常需要使用双极输入放大器，可以通过 biCMOS 技术实现。水平和垂直像元寻址电路与阵列集成在一起，但大多数模拟读出电路都在芯片外。主要噪声来自灵敏电阻器(通常为 10~20 kΩ)中的约翰逊噪声，另外还有 $1/f$ 噪声和晶体管读出噪声。阵列工作时的功耗约为 40 mW[80,81]。使用配备 $f/1$ 光学元件的非制冷成像仪，平均 NETD 优于 0.05 K(图 25.13)。

目前，大多数方法都采用 CMOS Si 电路，其功耗远低于双极型电路。此外，大多数读出电路元件都被集成到了芯片上，在那里它被称为 ROIC。商用 FPA 通常采用集成 AD 转换

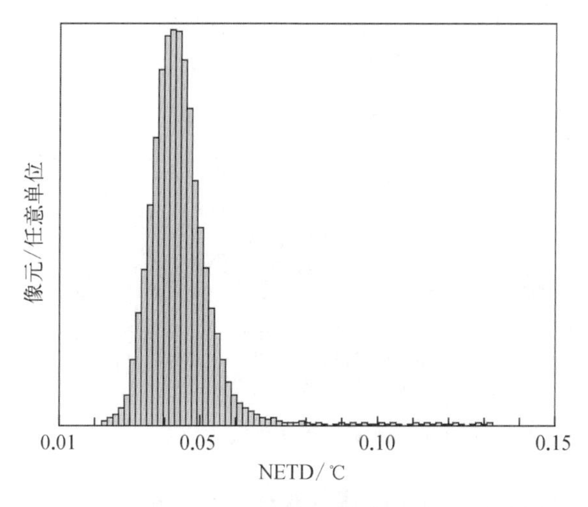

图 25.13　配备 $f/1$ 光学元件的霍尼韦尔非制冷成像仪像元实测 NETD 的直方图[81]

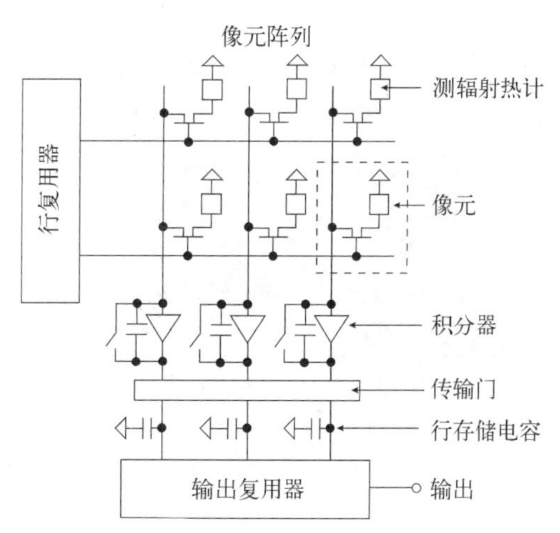

图 25.14　微测辐射热计 FPA 的读出电路

的列并行读出架构[73,82]。微测辐射热计 ROIC 的基本结构与可见光 CMOS 图像传感器相同(图 25.14)。由来自行多路复用器的行选择信号对一行像元进行电激活,同时每个列积分器(放大器)在水平扫描周期内对来自所选像元的信号进行积分。之后,将积分信号传送到行存储电容器。通过操作输出多路复用器,串行读出行存储电容器中的信号。

霍尼韦尔公司开发的在 CMOS 工艺晶圆上制备表面微机械桥结构是应用最广泛的单片式非制冷成像方法之一。单片集成的简化步骤过程如图 25.15 所示[83]。首先,预制读出电路,然后在读出电路晶片上沉积化探测器材料并图形化。牺牲层的制造通常使用高温稳定的聚酰亚胺。最后,在氧等离子体中去除聚酰亚胺层,以获得自支撑的、热隔离的测辐射热计薄膜。为了防止损坏读出电路,测辐射热计敏感材料的沉积温度限制在 450℃左右。较低的沉积温度阻碍了单晶材料的生成,这是单片集成的一个潜在缺点。这一缺点对于多晶 SiGe 电阻微测辐射热计技术来说尤为严重。多晶硅需要在高温下沉积,因此不容易与 CMOS 集成[63]。由于其具有非晶结构,这种材料会表现出很高的 $1/f$ 噪声,并且需要复杂的 CMOS 后处理工艺来降低残余应力的影响。

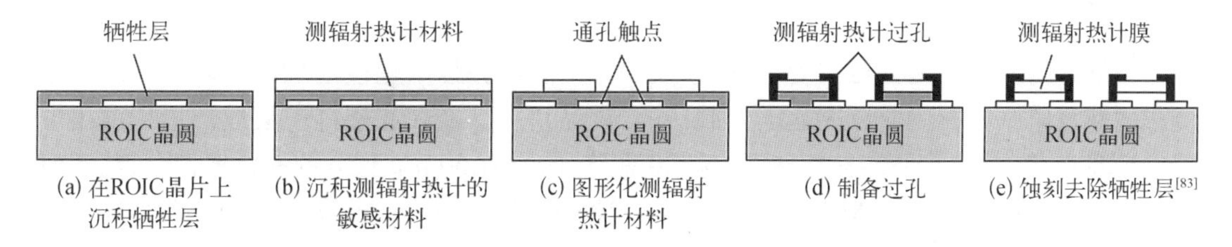

图 25.15　用于非制冷红外测辐射热计阵列的单片集成工艺

图 25.16 所示的是制备非制冷测辐射热计的一种替代方案:体微机械加工,其中测辐射热计形成在晶圆衬底表面。随后,在测辐射热计下面选择性地蚀刻衬底,将它们与衬底的其余部分进行热隔离。微加工工艺可以在晶圆上制备电路元件之前、之间或之后实施。在体微机械加工过程中,电路元件和测辐射热计通常都可以在标准的 CMOS 生产线上制造,这是

其优势所在。然而,这项技术的一个缺点是 ROIC 不能放置在测辐射热计薄膜下面,而必须放置在测辐射热计旁边,导致阵列填充因子 FF 减小。体微机械加工技术已成功地应用于三菱公司的二极管测辐射热计阵列的商业化制造[60]。

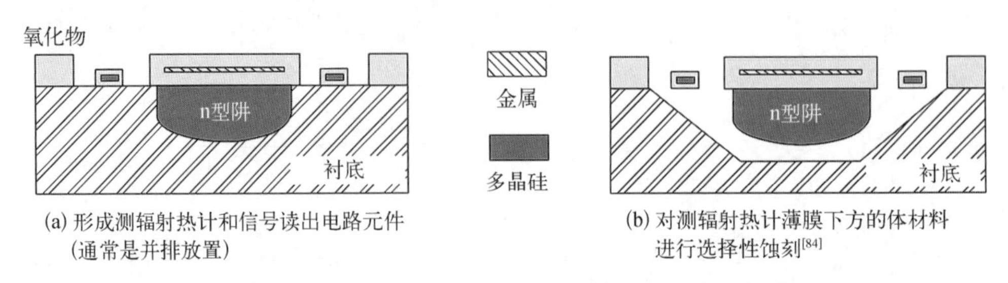

图 25.16 非制冷红外测辐射热计的体微机械加工技术

微测辐射热计阵列制造的第三种技术是异质三维测辐射热计集成方案,如图 25.17 所示[84]。在这种情况下,测辐射热计材料被沉积在单独的处理晶圆上,然后,使用低温黏合晶圆键合工艺将材料从处理晶圆转移到 ROIC 晶圆上。这项技术的重要优势在于,它允许在标准 ROIC 上使用高性能的单晶测辐射热计材料。瑞典的 Acreo 公司采用的就是这种 3D 测辐射热计集成工艺[85,86]。

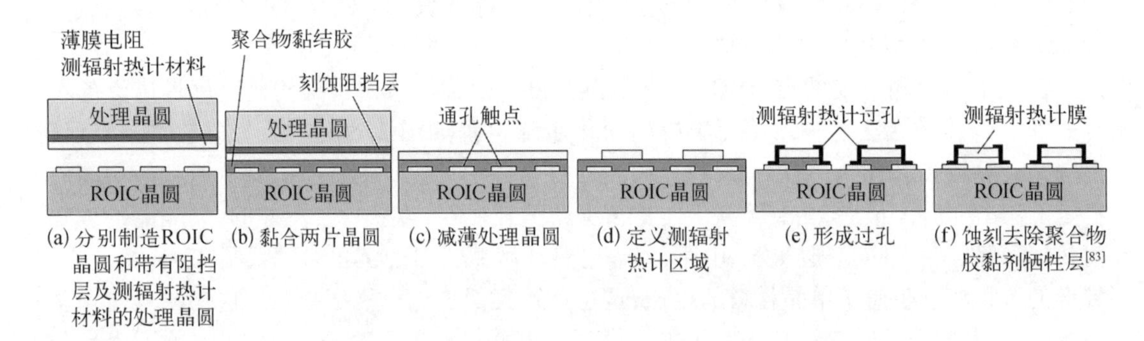

图 25.17 非制冷红外测辐射热计阵列的异质三维集成

25.2.3 FPA 的性能

微测辐射热计探测器在重量、功耗和成本方面的优势越来越接近理论极限。大规模微测辐射热计阵列是在工业标准晶圆上制造的,该晶片上已经在底层硅中集成了单片读出电路。Radford 等[87]已经报道了一种 240×320 元阵列,具有 50 μm 见方的氧化钒像元,热学时间常数约为 40 ms,其平均 NETD(使用 $f/1$ 光学器件)为 8.6 mK。然而,系统有强烈的需求进一步减少像元尺寸,以获得几个潜在的优势。许多非制冷红外成像系统的探测距离受到像元分辨率的限制,而不是灵敏度。图 24.33(b)显示了像元减小的趋势。1992 年报道的第一台微测辐射热计的像元间距为 50 μm,2002 年降至 25 μm,2007 年降至 17 μm,2013 年降至 12 μm。今天,最先进的红外焦平面微测辐射热计的像元间距为 10 μm[38]。

目前,商业上可用的测辐射热计阵列或者由 VO_x、a－Si 或硅二极管制成。图 25.18 显示了不同制造商制造的商用测辐射热计的 SEM 图像。

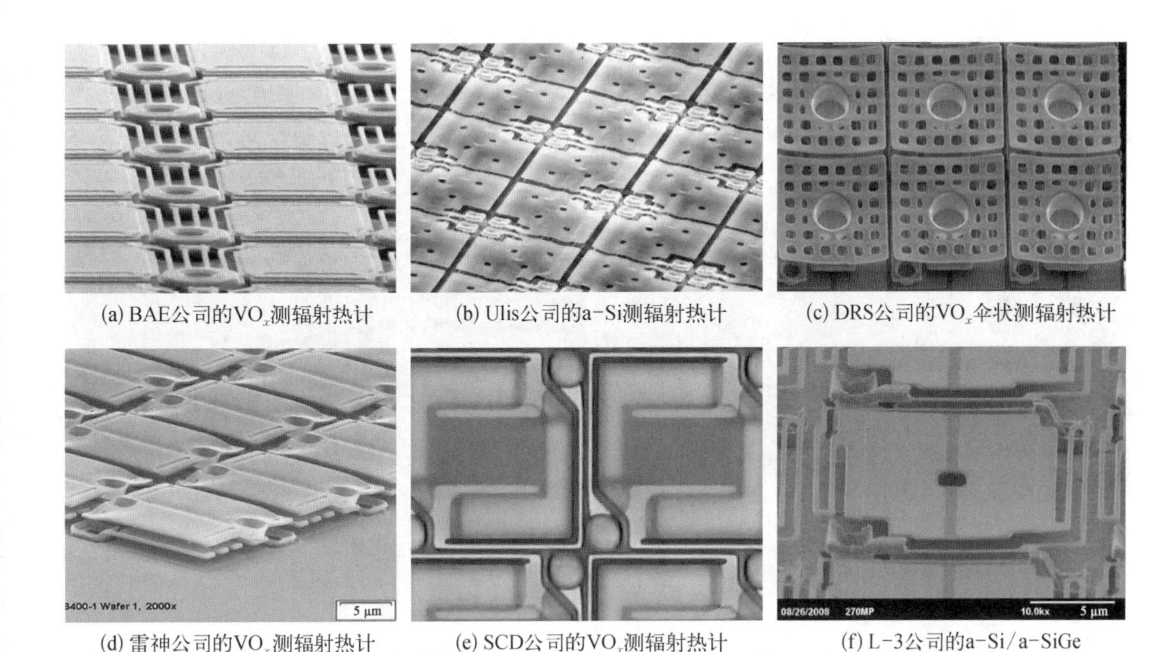

(a) BAE公司的VO_x测辐射热计　(b) Ulis公司的a-Si测辐射热计　(c) DRS公司的VO_x伞状测辐射热计

(d) 雷神公司的VO_x测辐射热计　(e) SCD公司的VO_x测辐射热计　(f) L-3公司的a-Si/a-SiGe测辐射热计

图 25.18　商用测辐射热计的设计

到目前为止,报道的微机械微测辐射热计从设计上可以分为两类：单层和双层。如图 8.8 所示,单层微测辐射热计由传感器元件和支撑腿结构组成。像元设计为谐振腔结构,由金属反射层和悬挂在其上方的吸收层构成。该腔体可以提高对入射红外辐射的吸收率。微桥由两根梁支撑,与读出电路间热隔离,以提高微测辐射热计的灵敏度。

传统的单层测辐射热计阵列的 FF 通常为 60%～70%[37,48]。为了增加 FF,有报道称双层测辐射热计结构可以获得高达 90%的 FF[25,56]。双层结构最早是在 1999 年 KAIST(Korea Advanced Institute of Science and Technology,韩国高等科学技术学院)的研究中提出的[88]。双层微测辐射热计由空间填充型金属/介质三明治层组成,目的是捕获尽可能多的入射辐射热能。最终结果是像元上的结构类似于伞状[图 25.18(c)],这是 DRS 公司微测辐射热计的基本架构。雷神公司也选择了类似的设计方式。第二层用于填充顶部空间,并确保在波长 814 μm 处实现大约 95%的辐射吸收。阵列中实现的伞状设计像元非常小,最小可达 10×10 μm^2[38]。空间填充伞状层上的孔洞对灵敏度和性能有积极影响。事实是,尽管伞状吸收层的固体表面质量较小,它能更好地捕获传入的辐射能量。由于孔洞减小了伞状结构的热质量,因此辐射使得伞面升温更快,可获得更好的响应率。

像元尺寸小于 10 μm 的高灵敏度微测辐射热计的发展在制造工艺改进和像元设计方面都面临着巨大的挑战。此外,缩小像元间距会导致灵敏度急剧下降,因为所有相关参数都会受到不利影响。由于响应率取决于式(25.11),因此可以通过增加 FF、吸收因数 ε、TCR、施加的偏置电压 V_{bias} 或降低热敏电阻的热导率 G_{th} 或电阻(R)来提高响应率。在目前的技术阶段,探测器的 FF 和吸收系数都接近其理想值,对这两个参数的优化只能带来很小的改善。在微测辐射热计阵列的制作中,采用线宽小于 0.2 μm 的深紫外光刻技术。图 25.19 是由代工厂工艺制备的腿宽小于 0.02 μm 的单层和多层设计器件的 SEM 照片示例[89]。减小腿部宽度和厚度或增加腿部长度可以保持灵敏度,同时减薄微桥可以减少质量,降低或保持器件的时间常数。图 25.20 显示了具有适当比例的测辐射热计像元为 50 μm、25 μm、17 μm 和 10 μm 的 SEM 照片。图 25.20 表明了精细线条光刻的能力在缩小像元间距中是非常关键的。

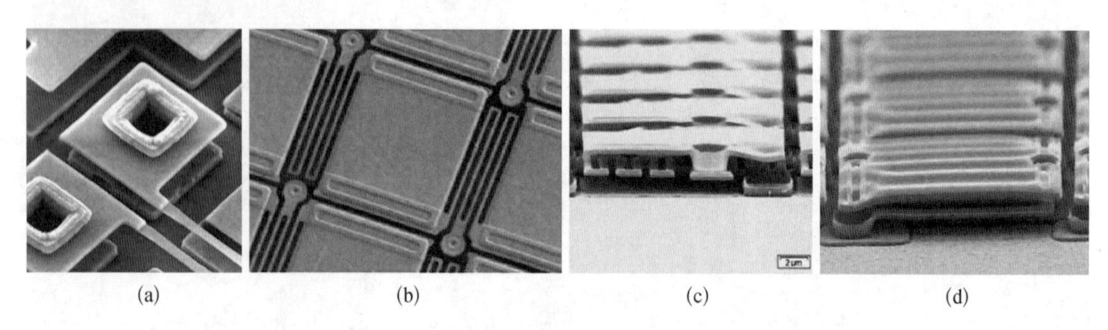

图 25.19 像元间距为 17 μm 的测辐射热计中精细线条几何结构的 SEM 照片

(a)与(b)为单层设计,(c)与(d)为双层设计

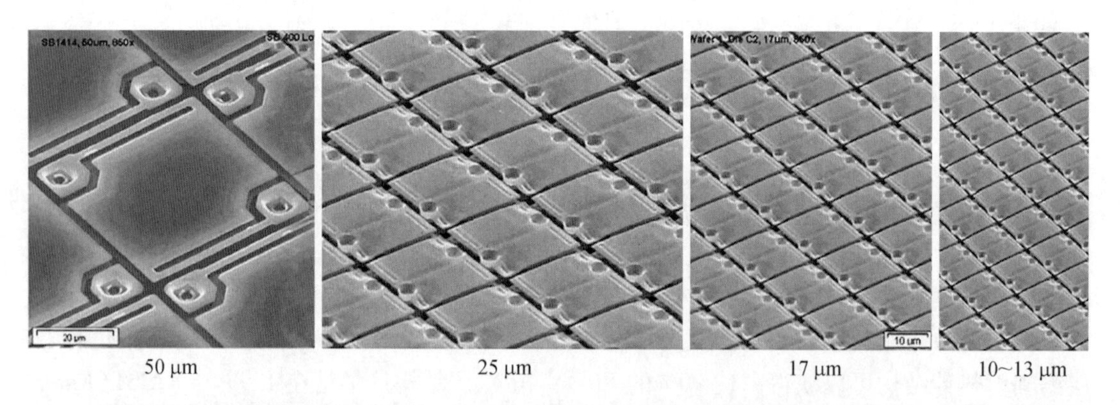

图 25.20 当测辐射热计结构从 50 μm 减小到 10 μm 时,存在重大的设计和工艺挑战[89]

还需要考虑外加电压的影响,由于受到 ROIC CMOS 工艺的限制,CMOS 电压从早期的标准(5 V)降到 3.3 V,甚至进一步降至 1.2 V。可以说,CMOS 电压的降低与探测器灵敏度提升的目标是背道而驰的。

在非制冷成像系统中,设计中更注重的是灵敏度,而非分辨率。由于灵敏度与 F^2 成反比(较高的灵敏度→较低的 NETD),非制冷成像技术使用的 $f/\#$值为 1~1.4。从历史上看,大多数成像系统被设计成光学模糊小于 2.5 像素($\sim F\lambda/d<1.0$;见图 24.21)。最近,几家公司(NEC、Ulis、Raytheon、BAE 和 DRS)[29,34,90-92]已经成功地展示了 12 μm 像元的技术集成,用于 $F\lambda/d>1.0$ 的成像系统。最近,DRS 公司向其挑选的国防工业主承包商宣布成功制备出 10 μm 像元间距的红外探测器[38]。10 μm 间距图像传感器的 NETD 性能优于 50 mK,已在 1 280×1 024 热像仪和 640×512 及 320×256 阵列中运行,可供大多数原始设备制造商进行集成。系统设计的灵活性表明,像元尺寸 10 μm 可能是焦平面的实际极限。

图 25.21 显示了 DRS 1 280×1 024,10 μm 间距非制冷测辐射热计传感器获取的示例图

图 25.21　DRS 非制冷相机拍摄的照片，1 280×720 格式，像元间距为 10 μm，工作频率为 30 Hz[38]

像。就像预期的那样，在如此小的像元间距下，这张图像显示了前所未有的细节。这台相机采用 $f/1.1$ 光学系统。这使得这幅图像的 $F\lambda/d=1.1$，接近霍尔斯特（Holst）和德里格斯（Driggers）[93]从理论上提出的最佳成像效果。优异的测辐射热计性能提高了红外相机的热分辨率、空间分辨率和图像质量。

图 25.22 显示了 12 μm 像元在 $f/1.2$ 时的衍射 MTF 曲线，并和采用不同像元尺寸的设计在采用 $f/1.2$ 光学组件时的 MTF 曲线进行了比较。25 μm 和 17 μm 像元设计的像差 MTF 曲线仍然高于 12 μm 光学器件的衍射极限。

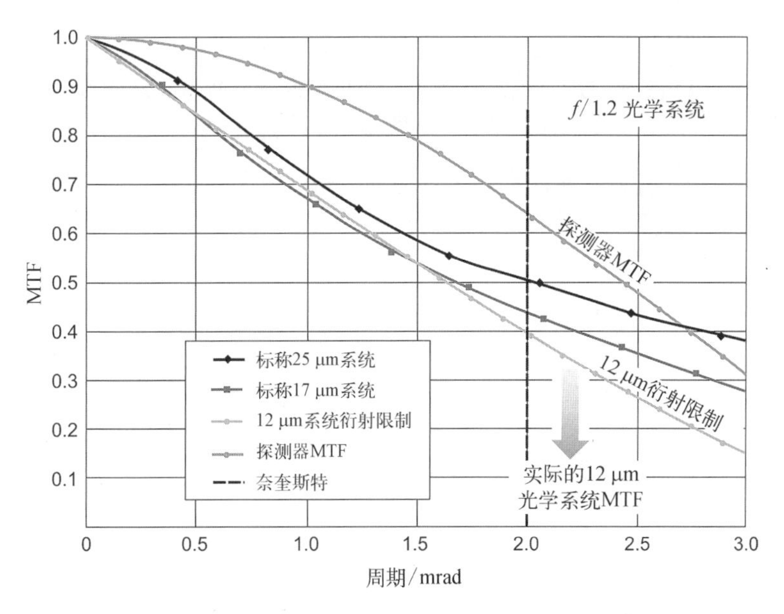

图 25.22　像元尺寸为 12 μm、17 μm、25 μm 时，光学系统和探测器的 MTF 曲线，大像元的像差曲线比 12 μm 像元系统在 $F\lambda/d=1.0$ 情况下的像差曲线略有下降[89]

表25.4概述了现有和处于研发阶段的测辐射热计阵列的主要供应商与产品规格，而表25.5总结了DRS VO_x微测辐射热计的设计和性能参数。正如我们所看到的，BAE公司、DRS公司、Ulis公司、L-3公司和SCD公司都获得了类似的性能。

表25.4 代表性商用非制冷测辐射热计面阵

公　司	测辐射热计类型	阵 列 格 式	像元间距/μm	探测器NETD/mK（*f*/1，20~60 Hz）	时间常数/ms
L-3(美国) www.l-3com.com	VO_x测辐射热计 a-Si测辐射热计 a-Si/a-SiGe测辐射热计	320×240 160×120~640×480 320×240~1 024×768	37.5 30 17	50 50 30~50	
BAE(美国) http://www.baesystems.com	VO_x测辐射热计 VO_x测辐射热计(标准设计) VO_x测辐射热计(标准设计)	320×240 640×480 1 024×768	28 12 17	<35 <50	<10~15 <10~15
DRS(美国) www.drsinfrared.com	VO_x测辐射热计(标准设计) VO_x测辐射热计(伞形设计) VO_x测辐射热计(伞形设计) VO_x测辐射热计(伞形设计)	320×240 320×240 640×480;1 024×768 1 280×1 024	25 17 17 10	≤40 ≤40 ≤40 <50	≤18 ≤14 ≤14
Raytheon(美国) http://www.raytheon.com	VO_x测辐射热计 VO_x测辐射热计(伞形设计) VO_x测辐射热计(伞形设计)	320×240,640×480 320×240,640×480 1 024×480,2 048×1 536	25 17 17	30~40 50	
ULIS(法国) www.ulis-ir.com	a-Si测辐射热计 a-Si测辐射热计	80×80 160×120 320×240 384×240 640×480,1 024×768	34 25 12 17 17	<100 <60 <60 <55 <50	<10 <10 <10 <10
SCD(以色列) www.scd.co.il	VO_x测辐射热计 VO_x测辐射热计 VO_x测辐射热计 VO_x测辐射热计	384×288 384×288 640×480 1 024×768	25 25 17 17	<20 <35 <35 <35	22 16 16 14
FLIR(美国) http://www.flir.com	VO_x测辐射热计 VO_x测辐射热计	640×512 336×256	17 17	<60 <50	<12 <15

续 表

公 司	测辐射热计类型	阵 列 格 式	像元间距/μm	探测器 NETD/mK (f/1, 20~60 Hz)	时间常数/ms
NEC(日本) http://www.nec.com	VO_x测辐射热计 VO_x测辐射热计 VO_x测辐射热计 VO_x测辐射热计	320×240 640×480 640×480 320×240	23.5 23.5 12 23.5	<75 <75 60 NEP<100 pW *	

NEP：噪声等效功率(noise equivalent power)。
* 为@ 4 THz 的结果。

表 25.5 DRS 公司 VO_x 微测辐射热计的性能参数(www.drsinfrared.com)

性 能 参 数	性能(f/1,场景温度 300 K)			
面阵配置	320×240	320×240	640×480	1 024×768
像元尺寸/μm^2	25×25	17×17	17×17	17×17
光谱响应波段/μm	8~14	8~14	8~14	8~14
帧速率/Hz	60	60	30(1 路输出) 60(2 路输出)	30
NETD@f/1/mK	<40	<40	<50	<40
时间常数/ms	≤18	≤14	≤14	≤14
面积填充因子/%	90	90	90	90
模拟输出端口	1	1	1/2	1/2
输出电压范围/V	0.5~4.5	1.2~3.2	1.2~3.2	1.3~4.5
温度稳定器	无须 TEC	无须 TEC	无须 TEC	无须 TEC
有效像元率/%	>99	>99	>99	>99
片上非均匀性校正	6 位并行	7 位并行	7 位并行	7 位并行
标称功耗/mW	≤300	≤120	≤220	≤450
封装	陶瓷-LCC	陶瓷-LCC	陶瓷-LCC	陶瓷-LCC
体积(长×宽×高)/cm	1.83×1.83×0.37	1.83×1.83×0.37	2.40×2.40×0.37	2.92×2.92×0.37
重量/g	≤4	≤4	≤6	≤9
工作温度/℃	-40~+71	-40~+85	-40~+85	-40~+71

TEC：热电制冷机(thermoelectric cooler)。

目前的标准微测辐射热计技术基于 17 μm 像元间距的焦平面阵列,可以扩展到更小的阵列(320×240)和大于 300 万像素的阵列。目前,雷神公司制造的最大规模微测辐射热计阵列如图 25.23(a)所示。在 2 048×1 536 元凝视型阵列和相关 ROIC 的制造中,使用了缝合技术。技术改进是从 150 mm(6 英寸)的内部晶圆生产设施过渡到具有低缺陷、高成品率和 200 mm(8 英寸)大容量晶圆能力的商用 CMOS/微机电系统(MEMS)代工厂。每个 200 mm 晶片包含 9 个 2 048×1 536 个非制冷探测器芯片,与同等的 150 mm 晶片相比,成品率提高了 80%[28]。图 25.23(b)显示了使用这种超大幅面 FPA 大幅提高图像分辨率的示例。

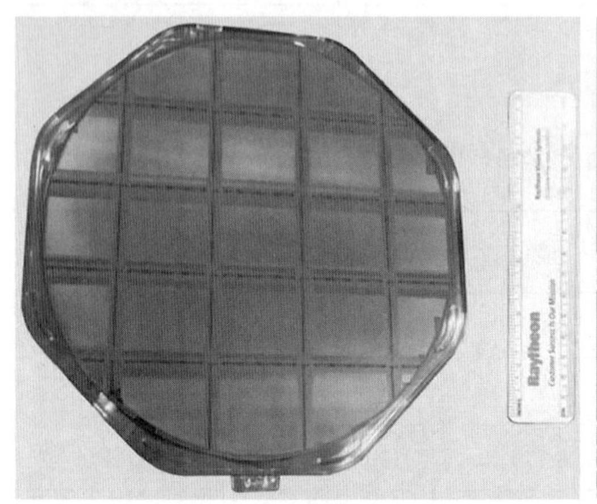

(a) 200 mm晶圆上的9个非制冷探测器芯片

(b) 使用该面阵,提升了图像分辨率[28]

图 25.23 像元间距为 17 μm 的 2 048×1 536 元非制冷 VO_x 微测辐射热计

在 8.3.1 节中,提到硅二极管温度计可用于开发非制冷红外 FPA。第一批多晶硅 p－n 结二极管出现于 20 世纪 90 年代初,其特点是噪声大。通过设计一种 FF 高达 90%的吸波结构,其性能得到了很大的改善。目前,这种结构是通过表面微加工和体微加工技术相结合的 MEMS 工艺制造的。三菱制造的商用测辐射热计阵列采用定制的绝缘体上硅(silicon on insulator, SOI)CMOS 技术[21,57-61],是串联的二极管微测辐射热计。图 25.24 显示了探测器截面示意图和二极管像元的 SEM 视图。为了在不降低红外吸收效率的情况下降低热导率,最先进的像元采用三级结构,在温度传感器(底层)和红外吸收薄膜(上层)之间

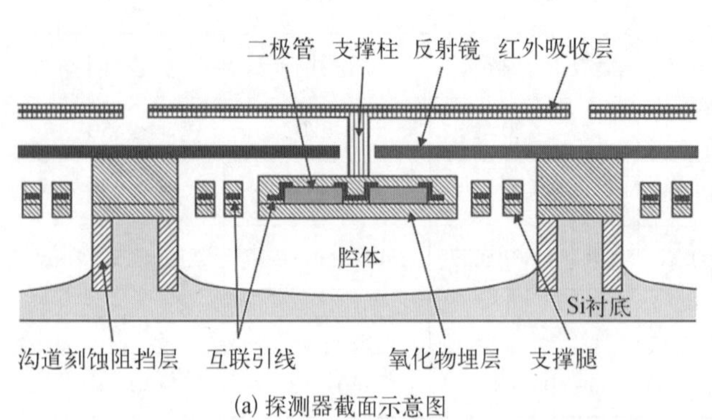

(a) 探测器截面示意图

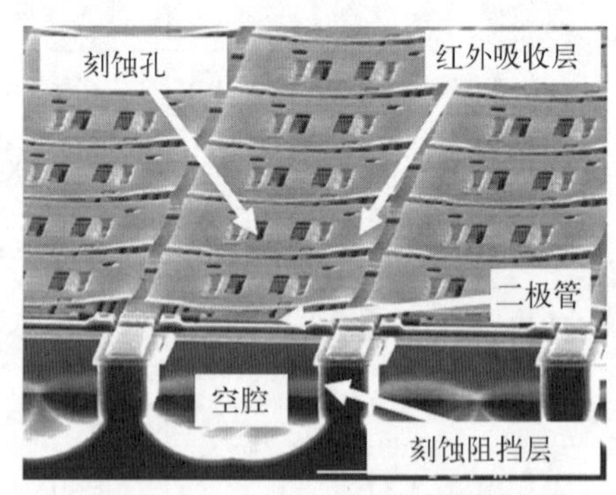

(b) 40×40 μm²二极管像元的SEM照片[60]

图 25.24 SOI 二极管微测辐射热计

有一个独立的金属反射器用于界面红外吸收。MEMS 工艺包括 XeF_2干法硅刻蚀和双有机牺牲层表面微加工工艺[60]。由 640×480 像元组成的阵列基于悬挂的多个串联二极管,像元尺寸为 25×25 μm^2。使用f/1 光学,报告的 NETD 值为 40 mK(表 25.6)。虽然这种方法提供了非常均匀的阵列,具有非常好的低成本、高性能非制冷探测器的潜力,但它的制造是基于专用的内部 SOI CMOS 工艺。更好的方法是完全采用标准 CMOS 工艺实现探测器阵列和读出电路[61]。

表 25.6 SOI 二极管非制冷 FPA 的参数和性能[60–61]

器件参数	320×240	320×240	320×240	640×480	2 000×1 000
像元尺寸/μm	40×40	28×28	25×25	25×25	15×15
芯片尺寸/mm	17.0×17.0	13.5×13.0	12.5×13.5	20.0×19.0	40.30×24.75
像元结构	2 级	3 级	3 级	3 级	3 级
二极管数量	8	6	6	6	10
热导率/(W/K)	1.1×10^{-7}	4.0×10^{-8}	1.6×10^{-8}	1.6×10^{-8}	
灵敏度/(μV/K)	930	801	2 842	2 064	
噪声/(μV·rms)	110	70	102	83	
非均匀性/%	1.46	1.25	1.45	0.90	
f/1 时的 NEDT/mK	120	87	36	40	65(15 Hz) τ_{th} = 12 ms

硅二极管非制冷传感器的灵敏度略低于电阻测辐射热计。尽管如此,三菱电机在 2008 年发布了一款像素间距为 25 μm,640×480 的非制冷红外焦平面,使用f/1 光学,NETD 为 20 mK 由于它们是由单晶硅和先进的大规模集成电路工艺制成的,所以噪声和均匀性要好得多[94]。

用 $YBa_2Cu_3O_{6+x}$($0.5\leqslant x\leqslant1$)半导体薄膜在 Si[95–97]上也取得了令人鼓舞的结果。为了确保与基于 CMOS 的处理电路的兼容性和潜在的集成度,采用了硅微机械加工和常温处理[95]。瓦达(Wada)等[97]研制了像元间距为 40 μm,NETD 为 0.08 K 的 320×240 YBaCuO 微测辐射热计,并研制了配合f/1.0 光学的样机。为了降低测辐射热计的电阻(10 Ωcm,比传统的 VO_x测辐射热计薄膜高出两个数量级),采用预先制备的 SiO_2隔离层和 Pt 梳状电极在 Si 上制备了射频磁控溅射薄膜。此外,已经努力在各种衬底上实现 YBaCuO 探测器[98,99]。

25.3 热释电焦平面阵列

在红外成像相机中使用热释电材料和器件现在是一项成熟的技术。多年来,热释电探测器应用于多种场合,从入侵者感知、人口计数、光谱到环境监测,再到火焰和火灾探测[100]。

在过去的二十年里，人们对使用二维小热释电元件阵列进行非制冷热成像的兴趣与日俱增[2,101-110]。

基于热释电阵列的成像系统通常需要使用光学调制器对入射辐射进行斩波或散焦。对于许多非常需要无斩波器工作的应用（如导弹制导）来说，这可能是一个重要的限制。斩波器是一种不太可靠的机械部件，不方便，而且很笨重。然而，使用斩波器时，可以通过对观看场景及观察斩波器两种输入情况下探测器输出的数据场之差来产生热像。这种图像差异处理不仅消除了阵列中各元素之间的背景响应漂移，而且还可以作为时间高通滤波器，消除了 $1/f$ 噪声分量和长期漂移（低频空间噪声）。

在 20 世纪的最后十年，人们的注意力转向了大型热释电 FPA 的固态读出，特别是将热释电阵列直接与 Si 芯片接口进行互连。包括 GEC[102]、RRSE[103]、英国的 DERA/BAE[107]、TI[105,108,110]和其他[111,112]在内的几个小组都演示了实际的阵列器件。目前，主要的工作集中在从几十个单元到几百个单元的线列器件，但由于没有探测器是沿阵列方向扫描的，带宽较低。在过去的二十年里，人们对使用小型热释电元件阵列进行非制冷热成像的兴趣也在增长。

25.3.1 线列

线性阵列特别适用于传感器件和被成像物体之间存在相对运动的应用（如入侵报警和推扫式成像）[100,102,113-121]。将厚度约为 20 μm 的热释电材料制成的抛光薄片黏合到基板上。由于特殊减薄技术（离子束刻蚀）的发展，基于 $LiTaO_3$ 的热释电线性阵列的制造已经成为可能，其自支撑响应元件的厚度小于 5 μm。表 25.7 显示了不同类型的 $LiTaO_3$ 线列的基本特性。

表 25.7 不同类型的 $LiTaO_3$ 线列的基本特性[122]

单元数量	1×128	1×128	1×128	1×256	1×510
单元尺寸/μm^2	90×100	90×500	90×1 000	42×100	20×100
间距/μm	100	100	100	50	25
电压响应率 R_v/(V/W)	230 000	540 000	230 000	620 000	680 000
噪声电压/mV	0.7	0.8	1.1	0.7	0.9
NEP/nW	3.0	1.5	4.9	1.1	1.3
MTF(R=3 lp/mm)	0.6	0.6	0.6	0.6	0.8
R_v不均匀性/%	5	5	5	5	10

图 25.25 显示了热释电线列的主要设计，是一个多达 510 元的钽酸锂芯片[123]。像元宽度 a 为几十微米，长度 b 为 1 mm。斩波后的辐射信号 Φ_s 入射到热释电芯片的敏感区表面并被吸收。在敏感元件中产生的信号在包含模拟和数字部分的 CMOS 电路中进行处理。在制

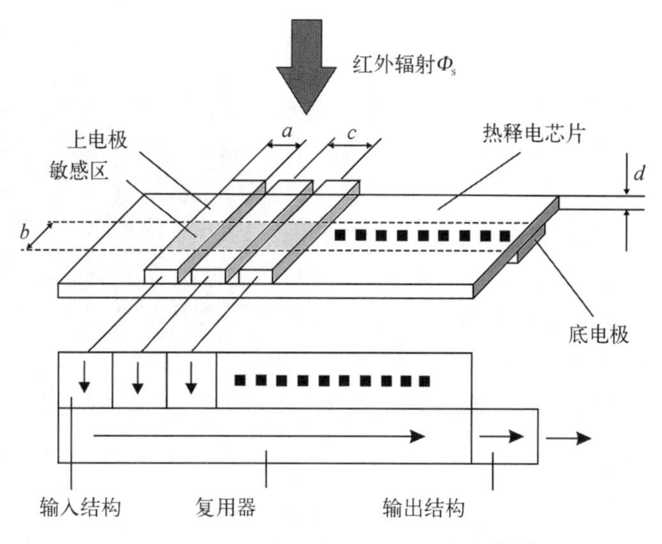

图 25.25　热释电线列的设计原理图[123]

造中采用离子束蚀刻技术,减小热释电芯片的厚度(通常到 5 μm),以最大化探测器阵列的灵敏度。

面阵器件热释电材料层呈网状结构,是由沟槽分隔的热释电孤岛或元件的二维阵列。高性能的离子束刻蚀系统可用于微结构制作。离子铣削可实现 10 μm 的槽宽或更小尺寸的热释电材料 2 维网格化。这些结构对于抑制阵列平面内的横向热扩散是非常必要的。在没有网格结构的情况下,当调制频率低于 100 Hz 时,单元间的热扩散会很严重。另一个增加元件间耦合并因此增加串扰的效应是电极边缘的边缘效应引起的电容耦合。这种效应也可以通过网格化来消除。

热释电 $LiTaO_3$传感器通常在 5~10 Hz 的调制频率具有最佳的信噪比。然而,由于像元间距为 5~10 μm 的传感器芯片中的热串扰很高,调制频率通常不能低于 80 Hz。

首批热释电阵列采用 CCD 设计和集成电路(integrated circuits, IC)读出。为了优化注入效率和噪声,Watton 等[117]对直接注入模式的界面条件进行了严格的分析。然而,似乎大的铁电元件电容与像元内的 CCD 采样耦合导致了主要的 *kTC* 噪声,从而限制了性能。正因为如此,人们的注意力转向了 CMOS ROIC 的设计使用。

通过常规场效应晶体管从热释电探测器读出电荷。每个探测器都连接到自己的 FET,该 FET 充当阻抗缓冲/阻抗匹配。这些晶体管再输出到多路复用器,针对不同应用,该多路复用器以特定频率依次对元件进行采样。

长期以来,人们一直对热释电薄膜的使用感兴趣,因为它们具有制造低热质量元件的潜力[124]。已证实的阵列包括利用体微机械加工技术在(100)Si 上溅射 $PbTiO_3$[125],在 MgO 上溅射 La - $PbTiO_3$[126],在 Si 上制备 P(VDF/TrFE)[127],在(100)Si 上溅射 $Pb(Zr_{0.15}Ti_{0.85})O_3$的线性阵列[128]。在这些微机械加工技术中,热释电薄膜后面的硅会被去除,只留下了一层薄的、低热质量的薄膜。主要采用两种方案来获得高红外吸收系数的探测器。第一种方法是利用黑色吸收层,通常是多孔金属薄膜(铂黑或金黑)。第二种方法是在 λ/4 厚的热释电层上使用半透明的顶电极(如 NiCr)。与第二种方法(60%)相比,第一种方法具有更高的吸收率(约为 90%);但是,增加了总厚度和热容[119]。例如,图 25.26 显示了为红外光谱气体传感器开发的线列。热释电材料是用溶胶-凝胶(sol - gel)沉积的(111)取向的 PZT 15/85 薄膜[129]。

最近,研究人员成功地将辐射收集器与热释电探测器集成在一起。通过湿法和干法腐蚀,可以在硅衬底上制备金字塔形和半椭圆形收集腔[130,131]。

焦平面阵列技术可以分为混成式和单片式,混成制造技术和微机械加工技术目前仍存在竞争,不相上下。

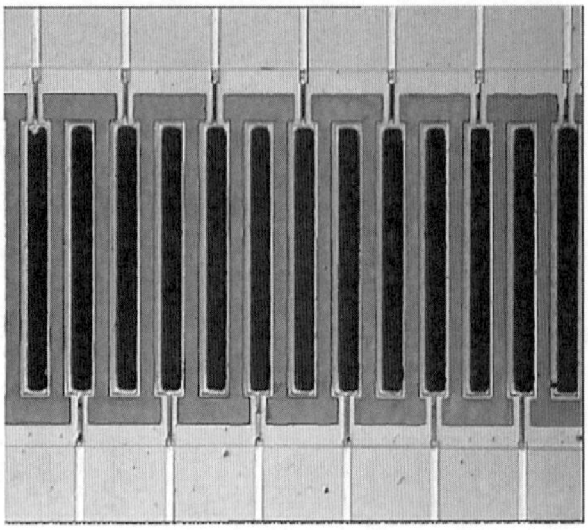

图 25.26　体微加工工艺制备的 200 μm 周期的 50 元阵列器件,薄膜尺寸是 2×11 mm。图中可以看到铂黑吸收层,铬金电极引线,单元间的薄膜层,以及为了减少寄生电容而制备的 SiO_2 层[129]

25.3.2　混成结构

这种混成方法是基于陶瓷晶片的网状结构,这些晶片的厚度被打磨到 10~15 μm,并与读出芯片连接。技术必须解决元件的输出信号电连接和单元热隔离之间的冲突,以避免热负载增加而造成的信号损失。

图 25.27 显示了阵列的结构[111]。$LiTaO_3$ 敏感元探测器由公共上电极、底电极和网状切割块组成。探测器底电极通过金属化聚合物热隔离链路连接到下层多路复用器,所述金属化聚合物热绝缘链路为具有受控热导的探测器提供连接和支撑。标称探测器尺寸为 35×35 μm^2,厚度为 10 μm,探测器间隔为 15 μm,元件中心距为 50 μm。对于 f= 30 Hz,R_v 约为 1×10^6 V/W 的探测器,为了获得最大的响应率和最小的热扰动噪声,应最小化探测器到周围环境的热导。估算的总导热系数约为 3.3×10^{-6} W/K,高于微机械硅测辐射热计的总导热系数。因此,热学时间常数约为 15 ms。采用 330×240 元阵列的原型系统的 NETD 预测值为 0.07 K,光学系数为 f/1,光透过率为 0.85,斩波效率为 0.85。

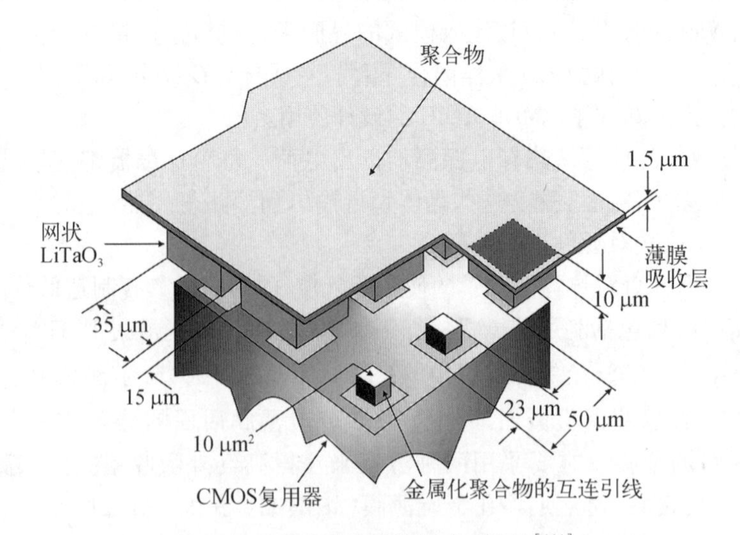

图 25.27　热释电面阵的混成式结构[111]

如第 9 章所讨论的，通过施加偏置电压来维持和优化相变点附近的热释电效应，可以提高热释电探测器的性能。这种类型的热释电 FPA 是由 TI 开发的[104,105]。TI 探测器阵列包括中心距为 48.5 μm 的 245×328 个像元。在室温附近工作，铁电 BST 像元与现成的硅读出电路进行混成，配合 *f*/1 光学元件，系统 NETD 为 0.047℃。

形成这些阵列的制造工艺与标准 Si 工艺兼容 95%。通过制造具有优异介电性能的直径为 100 mm 的陶瓷 BST 晶片，保持了探测器工艺与硅片处理格式的共性。高密度烧结陶瓷 BST 具有单晶材料所没有的成本和性能优势。经过磨边和抛光后，用 Nd－YAG 激光器在晶片表面写入阵列图案，形成网状阵列。用酸性蚀刻剂去除激光损伤，然后在氧气环境中退火恢复化学计量比。缝隙约为 12 μm。沉积聚对二甲苯回填材料，重新平坦化网状表面，应用共用电极和谐振腔红外吸收器，完成了阵列红外敏感面的加工。吸收层是夹在半透明金属层和公共电极之间的透明有机 λ/4 层。关于吸收层组成的信息被认为是技术秘密而鲜有公开。红外吸收剂在 7.5～13.0 μm 波段提供了超过 90%的平均吸收。切割晶片并将单个芯片安装到载体上（光学镀膜面朝下），准备芯片进行减薄和抛光，最终厚度约为 20 μm。沉积接触金属和黏合金属，然后通过干法蚀刻去除对二甲苯，为杂交阵列做好准备。ROIC 是通过形成与边缘金属化相匹配的有机台面而准备用于杂交的。通过焊接法将两个部件配对，为封装和最终测试做好准备。图 25.28 显示了完整的热释电探测器单元结构的细节[104]。

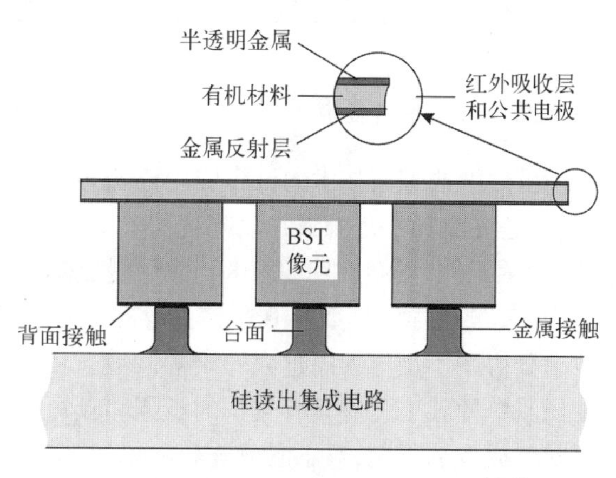

图 25.28　BST 介电测辐射热计像元[104]

CMOS 读出单元包含一个高通滤波器、一个增益级、一个可调低通滤波器和一个寻址开关。阵列输出与标准电视格式兼容。该阵列安装在单级 TE 制冷机上，将温度稳定在铁电相变点附近。陶瓷器件接口处理器和封装是通过装有抗反射涂层的 Ge 窗口来完成的，该窗口允许在 7.5～13 μm 波段的红外透射。

在 20 世纪 90 年代中期，TI 在非制冷铁电红外系统的开发和生产方面处于明显的领先地位，因为在采用 *f*/1 光学系统时，测得的 NETD 低于 0.04℃，而无须校正系统级噪声和其他损耗。产品 NETD 均值为 70～80 mK。占用工厂产能的一小部分进行了展示性的连续投产，每月可以实现 500 台以上的批量生产[104]。混成式铁电测辐射热计探测器是第一个投入量产的探测器，也是使用最广泛的热探测器类型［在美国，通用汽车公司的凯迪拉克部门（Cadillac Division of General Motors）率先开展应用，以略低于 2000 美元的单价向客户出售热成像仪］[2]。

英国的 BAE 公司还展示了间距为 56 μm 和 40 μm 的大型混成阵列。在这种情况下，介电测辐射热计采用了 $Pb(Sc_{0.5}Ta_{0.5})O_3$（PST）材料，偏置在 4～5 V/μm（比 BST 更高），F_d 为 $10\times10^{-5}\sim15\times10^{-5}\ Pa^{-1/2}$。传统的无偏压热释电器件的 F_d 约为 $4\times10^{-5}\ Pa^{-1/2}$。薄的 PST 晶片由热压陶瓷块切割和抛光制成，然后通过激光辅助刻蚀工艺制成网格状[132]。在液态焊接工艺中使用 Pb/Sn 钎料键合。Whatmore 和 Watton[107] 描述了这些阵列制造过程的细节。

表 25.8 列出了在英国的研究计划下(BAE 公司和 DERA 公司)制造和测试的混成阵列的性能。

表 25.8 在英国的研究计划下(DERA 公司/BAEBAE 公司),研制的混成阵列性能[107]

阵列单元	间距/μm	ROIC 尺寸/mm^2	封装气氛	NETD/mK	奈奎斯特频率下的阵列 MTF
100×100	100	15.3×13.4	N_2	87	65%
256×128	56	17.0×12.4	Xe	90	45%
384×288	40	19.7×19.0	Xe	140	35%

25.3.3 单片结构

虽然混成阵列技术的许多应用已经被确定,并且使用这些阵列的成像器件正在批量生产,但是混成技术在未来并没有优势。原因是柱状键合的热导非常高,将阵列 NETD(使用 *f*/1 光学元件)限制在约 50 mK。使用混成阵列实现的最佳 NETD 约为 38 mK,这大致相当于 4 μW/K 的热导。早期的 BST 产品存在如探测器像元之间的热导导致的 MTF 较差及系统中数字分辨率不足导致的过大噪声等问题。因此,热释电阵列技术正朝着单片硅微结构方向发展。单片式工艺应具有较少的步骤和较短的生产周期。大批量的探测器成本主要受探测器封装成本的限制,对于混成阵列和单片阵列而言,该成本没有显著差异。最严重的问题是铁电材料的特性会随着厚度降低而减小。

薄膜铁电(thin-film ferroelectric, TFFE)探测器具有微测辐射热计的性能潜力,最小 NETD 低于 20 mK[107,108,110]。材料的性能和器件结构足以与测辐射热计技术的 NETD 预测相匹配(图 25.29)。

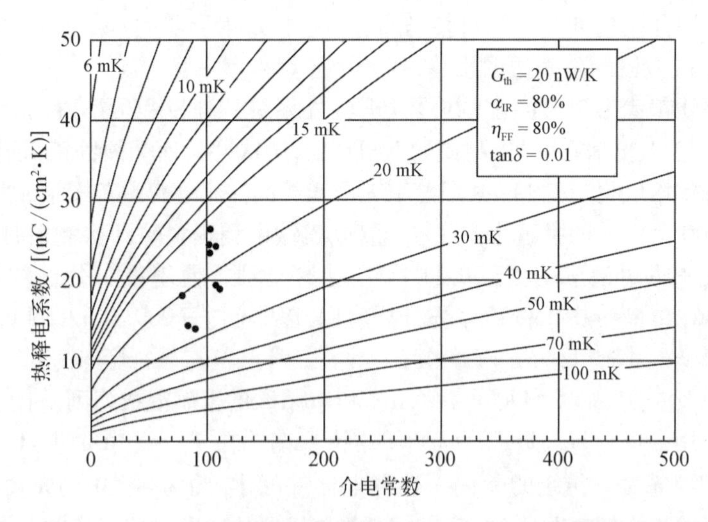

图 25.29 25 μm 像元的恒定 NETD 线是介电常数和热释电系数的函数。数据点是材料样品在测试结构中获得的性能[108]

Polla 等[133,134]已经演示了第一台表面加工的 64×64 $PbTiO_3$热释电红外成像仪。在硅片表面上方 0.8 μm 处形成了厚度为 1.2 μm 的多晶硅微桥。该微桥的尺寸为 50×50 μm^2，对厚度为 0.36 μm 的 30×30 μm^2的 $PbTiO_3$薄膜形成了低热质量支撑。每个微桥元件的正下方有一个 n 沟道 MOSFET 前置放大单元。测得单元体的热释电系数为 90 $nC/(cm^2 \cdot K)$。在 30 Hz 下测得的黑体电压响应率为 1.2×10^4 V/W，探测率为 2×10^8 $cm \cdot Hz^{1/2}/W$。

这种 TFFE 器件与霍尼韦尔开发的 VO_x微测辐射热计结构非常相似。然而，有几个关键特征上面两种技术存在差异[106-110,135,136]。由于该器件是电容而不是电阻（如测辐射热计），因此电极位于像元表面的上方和下方，是透明的，并且不会遮挡光学有源区域。通常，由于探测器电容大约为 3 pF，导线的电阻可以相当大而不会降低信噪比。这使得能够使用薄的、导电性差的电极材料来最小化热导。该设计的一个主要特点是铁电薄膜是自支撑的，不需要下层薄膜来提供机械支撑。通过这种方式，使用透明氧化物电极，热导率主要取决于铁电材料。

众所周知，红外辐射的吸收可以通过光学谐振腔来实现。在单片式的桥结构中，腔体位于铁电器件内部或位于铁电器件和读出电路之间。这可以通过两种方式实现（图 25.30）[136,137]。

（1）下电极具有高反射率，上电极必须是半透明的，铁电体必须约为 1 μm 厚，才能在 10~12 μm 波长范围内获得具有最佳光学调制的腔体。

（2）两个电极必须都是半透明的，每个像元下面的读出电路上必须有一个反射镜，并且该像元必须位于读出电路上方大约 2 μm 处。

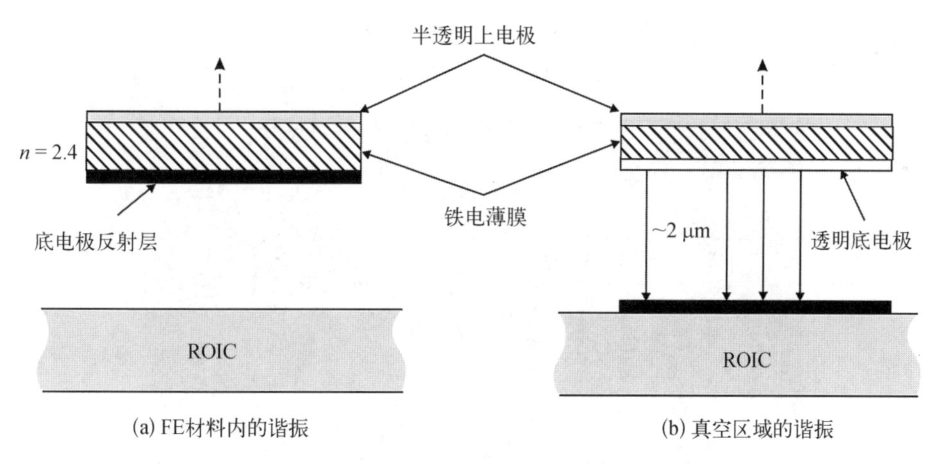

图 25.30　在 TFFE 探测器中，两种可能的吸收谐振腔结构[137]

图 25.31（a）显示了根据第二种方式设计的 TFFE 像素的横截面[108]，其中两个顶部电极连接到其中一个柱子，该柱子为读出提供电连接。因此，像元电容是类似电容器结构的电容值的 1/4，其连接使用顶部和底部的面电极。在这种情况下，铁电体是通过溶液旋涂再经过金属-有机分解而沉积的钛酸铅钙[lead-calcium titanate，(PbCa)TiO_3，PCT]。图 25.31B 显示了具有 48.5 μm 像素的 320×240 阵列的一部分的显微照片。

影响陶瓷薄膜性能的一个关键因素是需要高温处理以获得正确的铁电晶相。所需的 TFFE 是难熔的，需要在高温下退火才能结晶并产生良好的热释电性能。在超过 450℃ 的温度下进行热处理可能会导致硅材料和铝连线之间发生不利的相互作用。制备铁电薄膜的各

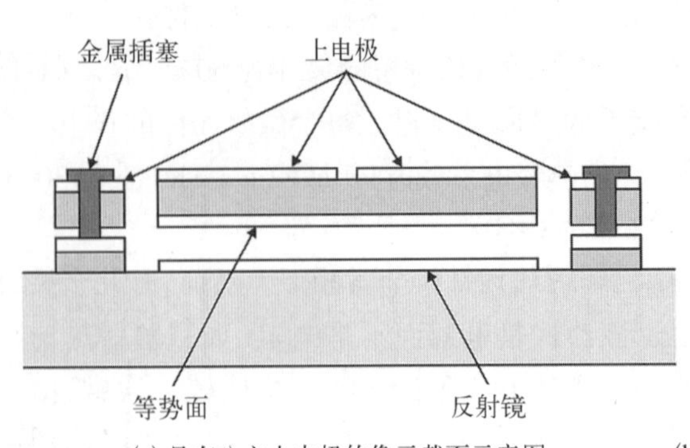

(a) 具有分立上电极的像元截面示意图

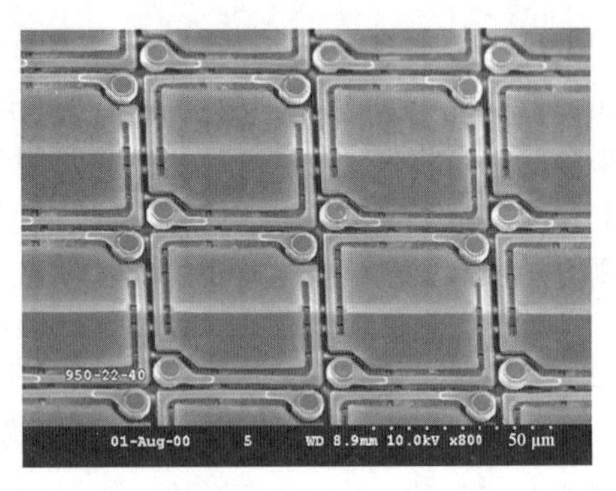

(b) 320×240元，间距为48.5 μm阵列的局部显微照片[108]

图 25.31 TFFE 像元

种技术，包括旋涂金属有机溶液分解法、射频磁控溅射法、双离子束溅射法、溶胶-凝胶法和激光烧蚀法。此外，还对于表面快速热退火工艺进行了一些研究，以获得最佳的材料响应，同时不损坏底层 Si 衬底[106]。

对于具有 48.5 μm 像元的 TFFE 器件，包括所有系统损耗后的 NETD 通常为 80~90 mK。与 BST 体材料相比，它们具有优良的 MTF 特性。图 25.32 显示了使用微机械 320×240 TFFE 像元探测器拍摄的车载视频的图像分辨率示例。从图像延伸暗区所具有的均匀性可以明显地看出空间噪声很低。NETD 的进一步改进可以通过减小厚度、改善隔热和材料改性来实现。然而，最大的挑战在于缩减像元尺寸。几家微测辐射热计制造商正在向 10 μm 像元发展，此时困难会变得更大。

图 25.32 从 $f/1$，320×240 TFFE 相机拍摄的车载视频中提取的单帧画面[108]

值得一提的是，英国 DERA 的研究小组开发了一种集成复合探测器技术[106,138]。集成技术中，探测器材料以薄膜的形式沉积在 Si ROIC 表面定义的自支撑微桥结构上。复合技术是将混成单元和集成技术结合起来(图 25.33)。微桥像元以类似于集成技术的方式制造,然后形成在高密度互连硅片上。互连晶片使用的材料能够经受铁电薄膜制造过程中间的高温处理阶段,并为每个像元提供一个窄的导电通孔,从而实行与底面的电连接。最后,根据建立的混成阵列工艺,将探测器晶片用凸点焊接键合到 ROIC 上。据预测,使用 PST 薄膜可以实现 20 mK 的 NETD(50 Hz 成像频率,$f/1$ 光学系统)。

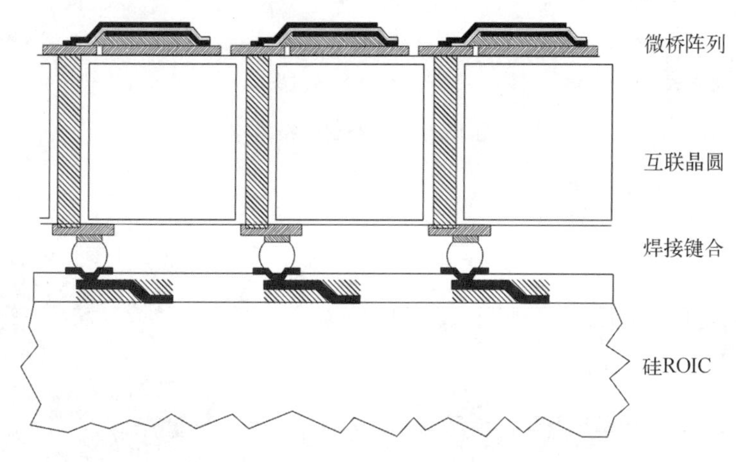

图 25.33　复合探测器阵列设计的截面示意图[106]

25.4　封装

一般来说,非制冷红外阵列封装是基于批量生产电子元器件的经广泛研发的现有封装技术。但也有部分封装是由制造商内部设计的。引线框架可以实现与标准 CMOS 器件相同的电路板集成,确保在军事行动、消防、汽车应用、过程控制或可预测的维护情况等苛刻环境应用中的高电气接触可靠性。

为获得最佳性能,传统测辐射热计的工作真空度低于 0.01 mbar[24]。采用真空封装的必要性主要在于:测辐射热计和衬底间通过空气隙的热传导会导致热损失,从而增加 NETD。He 等[139]进行的测量已经证明,对于像元面积为 50×50 μm^2、空气隙为 20 μm 的器件,从 10 Pa 的压力开始,气体的热传导就开始产生明显影响。

传统的真空封装是一个接一个进行的,既耗时又昂贵。为解决这一问题,正在开发批量封装[140,141]、芯片级封装[141,142]和晶圆级封装[29,34,143,144]等真空封装技术(图 25.34)。此外,还开发了其他技术,如像元级封装[145,146]和使用晶圆级光学技术扩展晶圆级封装[147]。

对测辐射热计阵列封装的最重要要求包括:良好可靠的密封性;与具有良好红外透过率的窗口材料进行集成;高良率、低成本[83]。封装可以在芯片级或晶圆级进行。通常,测辐射热计芯片置于密封金属或陶瓷壳体中,并在封装盖中内置红外传输窗。微系统封装的不同方法的具体描述可在 MEMS 手册中找到[148]。

图 25.35(a)[149]示意性地显示了其中一种片上密封封装方法。该方法基于两个电镀轮毂的共晶焊接:一个置于硅片上并包围测辐射热计阵列,另一个具有相同几何形状的置于由透红外辐射的材料制成的晶圆上。通常使用 Ge 晶圆,因为其红外透明波段可达 20 μm。

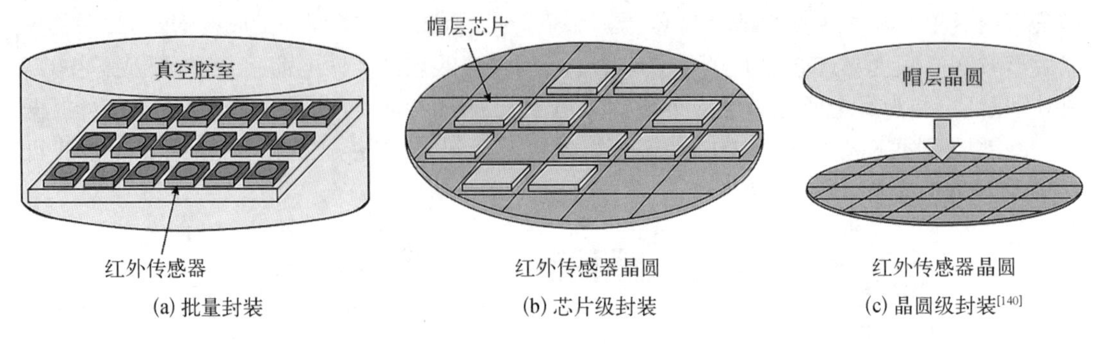

(a) 批量封装　(b) 芯片级封装　(c) 晶圆级封装[140]

图 25.34　真空封装技术

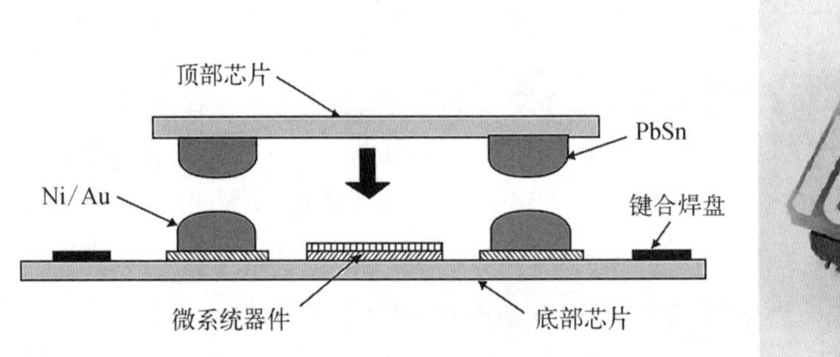

(a) 微测辐射热计的片上气密封装示意图[149]

(b) 雷神公司的SB-300型640×480 20 μm间距FPA，采用高真空、轻量低成本陶瓷封装[25]

图 25.35　测辐射热计阵列封装

图 25.35(b)显示的是组装在陶瓷真空封装中的 SB－300 型 640×480 20 μm 间距 FPA，用于性能测试和成像优化。

目前，晶圆级封装技术已成为一种流行的低成本真空封装技术。在此封装过程中(图 25.36)，将一个盖片黏合到阵列晶圆上，并在真空下密封，然后将黏合的晶片切成小块，以获得单独的真空封装阵列。图 25.37 显示了晶圆级真空封装阵列的横截面细节实例。对盖片的背面进行蚀刻，以获得用于像元阵列的空腔和用于键合焊盘的开口空间。盖片的两侧覆盖减反射涂层，并在盖片的背面沉积有图形化的真空吸气剂。倒装芯片键合后，通过键合轮毂衬底上的一个小凹槽将两个衬底和两个轮毂之间的纳升体积空间抽至所需的真空度。最后，将两个衬底加热到共晶温度(对 PbSn，仅为 240℃)实现轮毂材料回流。从焊盘

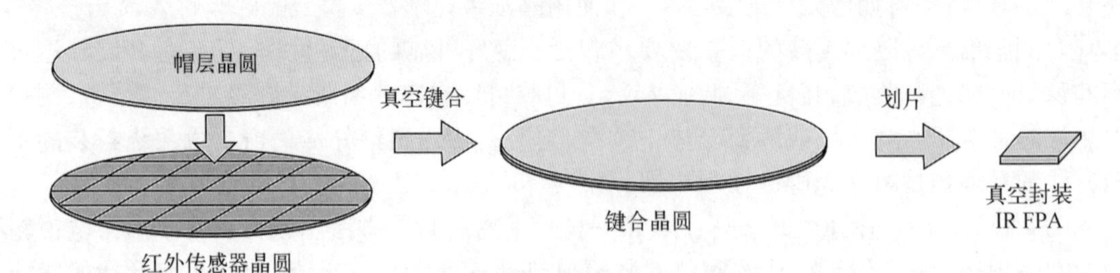

图 25.36　晶圆级真空封装技术

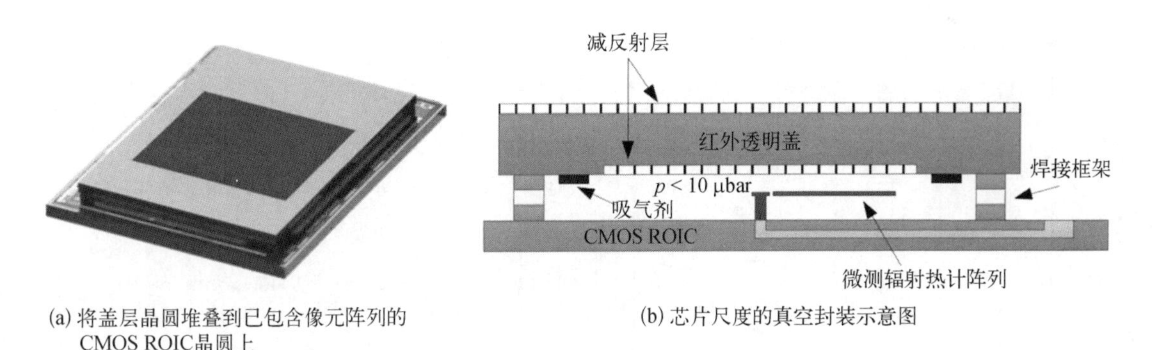

(a) 将盖层晶圆堆叠到已包含像元阵列的 CMOS ROIC晶圆上

(b) 芯片尺度的真空封装示意图

图 25.37　晶圆级封装的微测辐射热计阵列

到读出电路的电互连通过底部衬底晶圆穿过密封区。通过在 CMOS ROIC 上堆叠一个盖层晶圆,可以提供更小、更轻的器件,具有领先的性能和足以改变游戏规则的更低的成本。这种封装能够制造出具有先进集成功能的紧凑型探测器,将推动非制冷红外成像的下一阶段发展。

虽然微测辐射热计阵列采用了真空封装,但许多热电堆红外阵列仍是在大气压下工作的。热电堆传感器的低灵敏度也可以通过真空封装得到部分补偿。随着像元尺寸的减小,通过大气的热导在总的热导中占有很大的比例。因此,表 25.1 中的有些热电堆阵列就采用了真空封装。真空封装技术在未来将成为不可或缺的技术,即使对于小型热电堆阵列也是如此。

25.5　新型非制冷焦平面阵列

新型非致冷微机械热探测器的研制是 MEMS 系统技术发展的结果。它们作为低成本、高性能相机的成像芯片显示出巨大的前景。悬臂梁结构的高灵敏度允许阵列中的单个像元从当前的 20~50 μm 进一步缩小,同时保持低失真的红外成像[150,151]。该传感器的工作原理已在第 11 章中进行了介绍。热像的生成需要通过电容式、压阻式或光学方式对自支撑微结构的热机械形变进行读取。

图 25.38 显示了微型热机械红外传感器开发的重要事件的时间线。史蒂芬森(Steffanson)和兰格洛(Rangelow)[152] 回顾了这项技术中具有代表性的发展里程碑,并分析了在过去 20 年中值得注意的研究组重要成果。该领域的研发活动始于 20 世纪 90 年代初,特别是橡树岭国家实验室(Oak Ridge National Laboratory,ORNL)[153,154] 和剑桥大学的威兰(Welland)等[155] 和 IBM 研究小组的金泽夫斯基(Gimzewski)等[155-157]。

多年来,几个研究小组在减小 NETD 和时间常数方面取得了相当大的进展[158-169]。多光谱成像公司已经开发出一种电耦合热传感器,其中悬臂梁的弯曲会引起电容的变化。它的首款 FPA 产品是一个间距为 50 μm 的微悬臂梁阵列,该阵列由 160×120 个像元传感器组成,直接在 CMOS ROIC 阵列晶圆上制造,采用 0.25 μm 设计规则。图 25.39 显示了像元结构细节的 SEM 图像,以及用于容纳探测器阵列的真空混成金属/陶瓷封装。该封装包含一个用于稳定阵列温度的 TE 制冷器,以及一个用于密封后去除残余气体的非蒸发吸气剂。采用热补偿技术[150] 的探测器阵列工作时可以不需要 TE 制冷器。

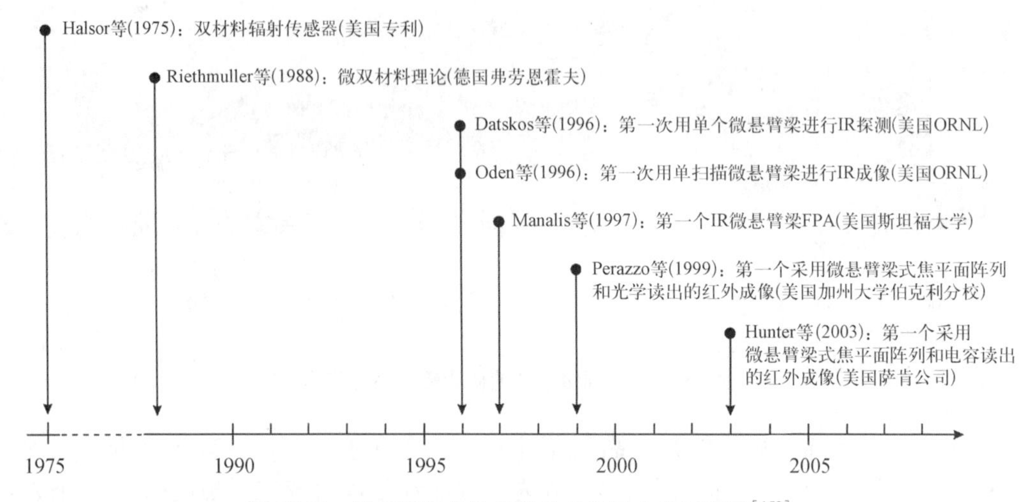

图 25.38 微机械红外传感器技术发展中的里程碑[152]

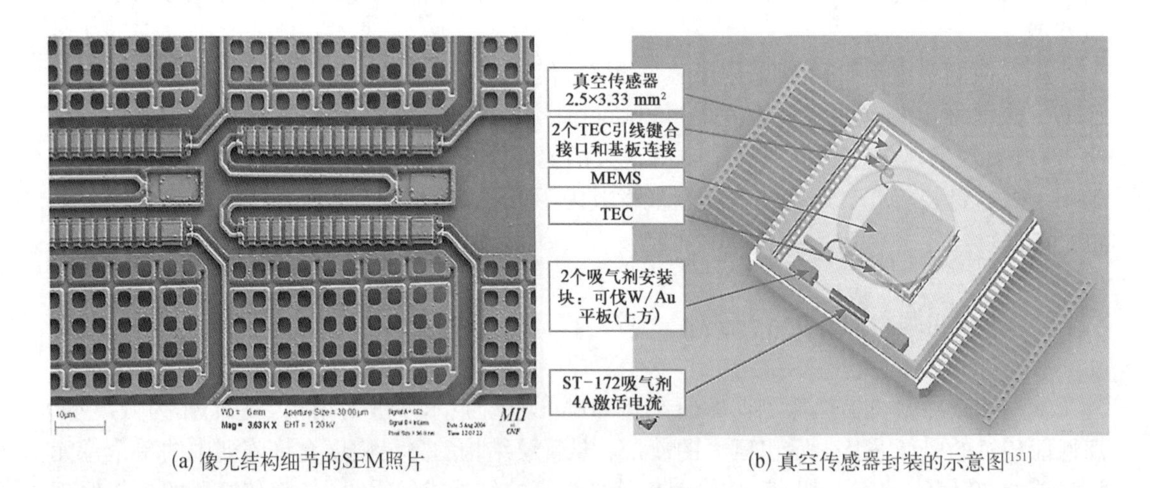

(a) 像元结构细节的SEM照片　　(b) 真空传感器封装的示意图[151]

图 25.39 50 μm 间距微悬臂梁，160×120 元 FPA

早期制造的 FPA 其 NETD 为 1~2 K，远远高于模型计算和传感器结构测量所预测的器件 NETD。相机和控制电路的改进可使 NETD 提高 3~10 倍。像元间的不均匀性通常优于 ±10%。使用两点校正和增益校正后获得的图像，其 NETD 为 300~500 mK[151]。

测量的直方图表明，随着焦平面温度的降低，NETD 峰值也随之降低。最佳单像元 NETD 为 10~15 mK 内，时间常数在 15 ms 范围内，即最佳像元性能 NETD×τ_{th} 在 120~200 mK·ms 内[152]。

几个研究小组开展了光读取成像阵列的研发。在佛罗里达州奥兰多(Orlando, Florida)举行的 SPIE 航空遥感大会上，田纳西州诺克斯维尔(Knoxville, Tennessee)的萨尔孔微系统公司及新泽西州普林斯顿(Princeton, New Jersey)的萨尔诺夫公司展示了一款 320×240 像元的 MEMS 红外成像原型系统(图 11.4)[170]。2006 年，美国田纳西州橡树岭国家实验室的格博维奇(Grbovic)等[159]报告了一个高分辨率的 256×256 元阵列。所制备阵列的 NETD 和响应时间分别小于 500 mK 与 6 ms，如图 25.40 所示[160]，可以通过对噪声和盲元产生的伪影进行自动后处理来提高图像质量。如果在器件校准过程中确定准确的蒙板，可以利用修复算法改善图像质量。对于修复算法,最好使用较少的真实图像像素,而不能在蒙板中包含损坏的像素。

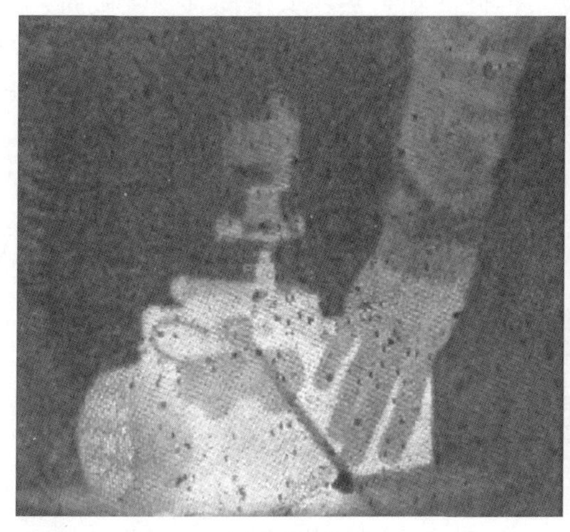

(a) 基线去除后

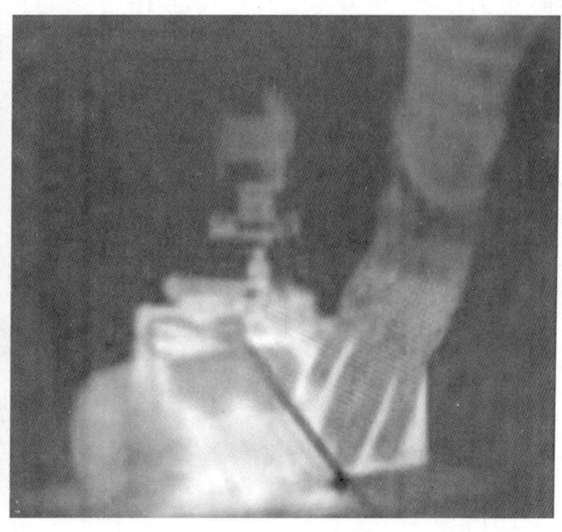

(b) 使用修复算法后[160]

图 25.40　256×256 元 MEMS IR FPA 的读出图像

2013 年,德国伊尔梅瑙工业大学的一个研究小组演示了更大规模的微热机传感器阵列。图 25.41 显示了间距为 50 μm 的 640×480 元传感器。结果表明,在高的背面照度情况,会损失大约 50%的入射红外线通量[152]。去除像元下面的衬底可使响应率提高 100%。

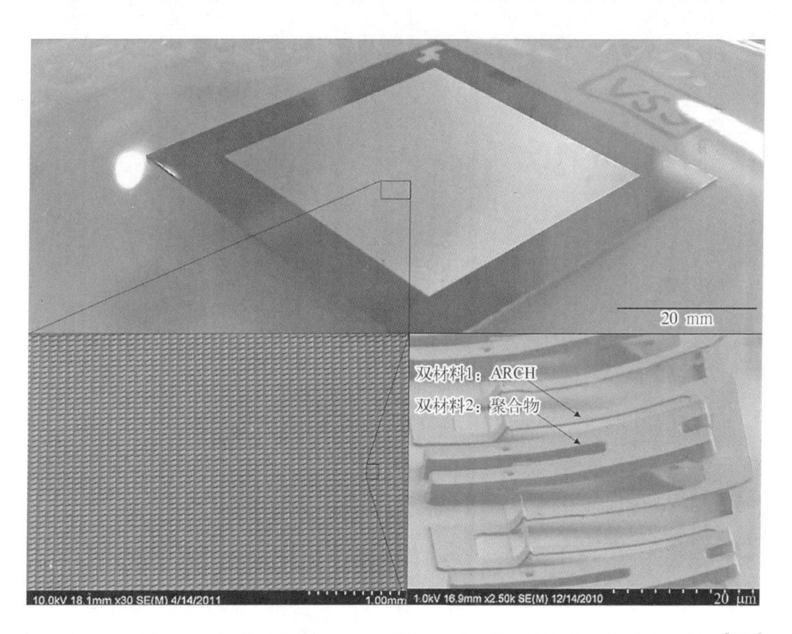

图 25.41　640×480 元传感器照片(上图),以及其显微细节照片(下图)[152]

安捷伦公司生产的 280×240 元光机红外传感器采用光学读出,可同时用于 MWIR 和 LWIR 成像,速度高达每秒 1 000 帧[161]。报道了该器件对枪声和火箭飞行等快速事件的探测结果。在目前的开发阶段,这款成像器件配合 $f/1$ 光学元件时的 NETD 约为 120 mK。

霍尼韦尔在20世纪90年代初成功制造出微测辐射热计阵列,这激发了基于MEMS的替代技术的发展,包括薄膜铁电[108]、双材料[171,172]和热-光IRFPA[173]。虽然它们挑战了微测辐射热计的主导地位,并取得了相当大的进展,但微测辐射热计似乎没有受到威胁,继续在非制冷红外阵列技术中占据领先地位。由于这个原因,大多数新的非制冷技术已经被放弃。目前市场上还没有商用的热-机热探测器。

参 考 文 献

第26章 光子探测焦平面阵列

回顾过去几百年,随着光学系统(望远镜、显微镜、眼镜、相机等)的发明和发展,光学图像形成在人的视网膜、照相底版或胶片上。光电探测器的诞生可以追溯到 1873 年,当时史密斯(Smith)发现了硒的光电导特性。直到 1905 年,爱因斯坦(Einstein)解释了新观察到的金属中的光电效应,普朗克(Planck)通过引入量子假说解决了黑体发射之谜。在 20 世纪 20 年代和 30 年代开发的真空管传感器给光电传感器带来了一线曙光,很快新应用和新设备得到了蓬勃发展,电视(television,TV)的出现让这项技术达到了顶峰。著名的视频电子学之父兹沃里金(Zworykin)和莫顿(Morton)在 *Television*(1939 年)的最后一页总结道:"当火箭飞向月球和其他天体时,我们首先看到的将是摄像管拍摄的图像,这将为人类打开新的天地"。他们的远见卓识在阿波罗计划和探索者计划中变成了现实。从 20 世纪 60 年代初开始,光刻技术使得制造可见光光谱的硅单片式成像焦平面成为可能。其中一些早期的开发是为了可视电话,其他的努力是为了电视摄像机、卫星监控和数字成像。红外成像由于其在军事上的应用,一直以来都是与可见光成像并行不悖的研究方向。1997 年,哈勃太空望远镜上的 CCD 相机提供了一张深空照片,曝光时间长达 10 d,展示了拍摄到的 30 等星系,即使对于我们这个时代的天文学家来说,这也是一个不可想象的画面。光电探测器正继续为人类打开最令人惊叹的新天地。

红外系统的性能高度依赖于场景,需要设计者在确定探测器性能时考虑许多不同的因素。这意味着一个应用中效果良好的解决方案可能并不适用于另一个不同的应用。通常,探测器材料的选择主要基于感兴趣的波长、性能指标和工作温度(图 26.1)。虽然在过去的 40 年里,人们已经努力利用各种红外光电探测器材料(包括窄禁带半导体等)来开发单片结构,但只有少数几个发展到了可以实用的成熟度,包括 Si、PtSi,以及最近的 PbS、PbSe。其他红外材料系统(InGaAs、InSb、HgCdTe、InAs/GaSb Ⅱ类超晶格、GaAs/AlGaAs 量子阱红外光电导和非本征硅)则采用了混成结构。表 26.1 包含了对代表性红外焦平面阵列(IR FPA)的介绍,这些阵列来自主要厂商的标准产品和/或目录产品,可以从市场订购。

适合近红外(1.0~1.7 μm)光谱范围的探测器材料是 Si 及与 InP 晶格匹配的 InGaAs。各种光伏和光导结构的 HgCdTe 合金则可以覆盖 0.7~20 μm 的波段。InAs/GaSb 应变层超晶格(strained-layer superlattice,SLS)逐渐成为 HgCdTe 的替代。在 10 K 下工作的采用杂质掺杂(Sb、As 和 Ga)的硅阻挡杂质带(blocked impurity band,BIB)探测器的光谱响应截止范围为 16~30 μm。

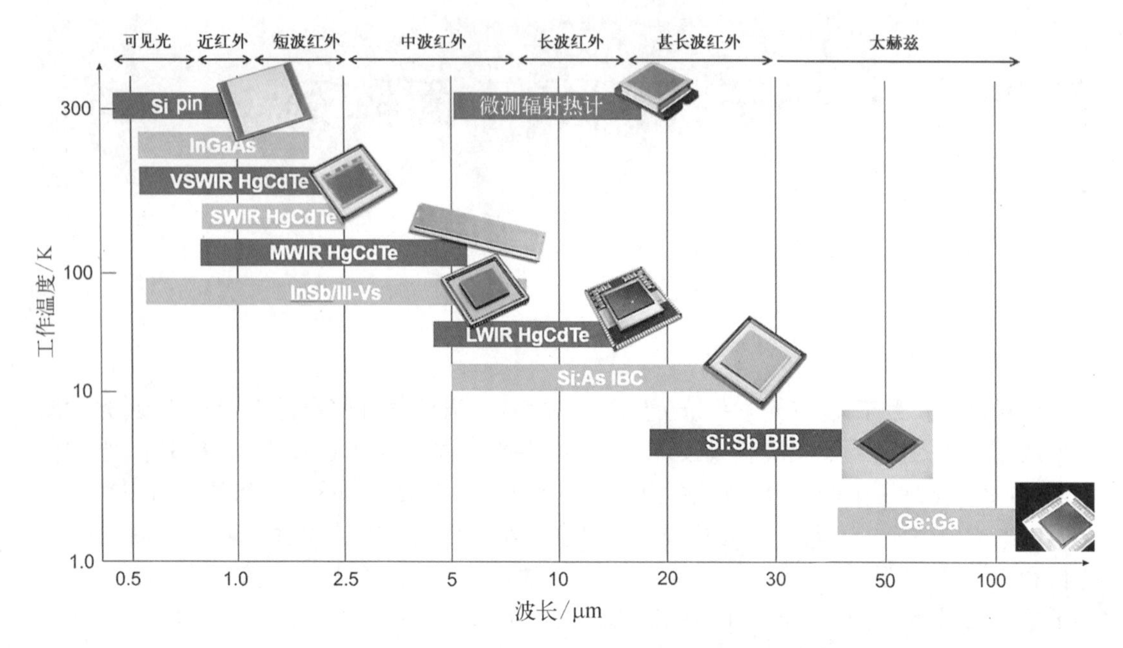

图 26.1　红外探测器技术中最重要的探测器材料

Vis,可见光;NIR,近红外;Si pin,硅光电二极管;VSWIR,可见/短波红外[1]

表 26.1　几家主流厂商提供的具有代表性的混成式红外焦平面

厂商/网址	尺寸/架构	像元尺寸/μm	探测材料	光谱范围/μm	工作温度/K	$D^*(\lambda_p)$/($cm\cdot Hz^{1/2}/W$);NETD/mK
Sensors Unlimited www.sensorsinc.com	320×256	12.5×12.5	InGaAs	0.7~1.7	300	12.9×10^{13}
	320×256	25×25	InGaAs	0.4~1.7	300	$<5\times10^{12}$
	640×512	25×25	InGaAs	0.7~1.7	300	4.2×10^{13}
	1 280×1 024	12.5×12.5	InGaAs	0.4~1.7	300	
Raytheon Vision Systems www.raytheon.com/businesses/ncs/rvs/index.html	1 024×1 024	30×30	InSb	0.6~5.0	50	
	2 048×2 048 (Orion Ⅱ)	25×25	HgCdTe	0.6~5.0	32	
	2 048×2 048 (Virgo-2K)	20×20	HgCdTe	0.8~2.5	4~10	
	2 048×2 048	15×15	HgCdTe/Si	3.0~5.0	78	23
	1 024×1 024	25×25	Si：As	5~28	6.7	
	2 048×1 024	25×25	Si：As	5~28		

续　表

厂商/网址	尺寸/架构	像元尺寸/μm	探测材料	光谱范围/μm	工作温度/K	$D^*(\lambda_p)$/($cm \cdot Hz^{1/2}/W$); NETD/mK
Teledyne Imaging Sensors http://teledynesi.com/imaging	4 096×4 096 (H4RG)	10×10 或 15×15	HgCdTe	1.0~1.7	120	
	4 096×4 096 (H4RG)	10×10 或 15×15	HgCdTe	1.0~2.5	77	
	4 096×4 096 (H4RG)	10×10 或 15×15	HgCdTe	1.0~5.4	37	
	2 048×2 048 (H2RG)	18×18	HgCdTe	1.0~1.7	120	
	2 048×2 048 (H2RG)	18×18	HgCdTe	1.0~2.5	77	
	2 048×2 048 (H2RG)	18×18	HgCdTe	1.0~5.4	37	
Sofradir www.sofradir.com	640×512	15×15	InGaAs	0.9~1.7	300	
	640×512	15×15	InSb	3.7~4.8	80	<18
	1 280×1 024 (Jupiter)	15×15	HgCdTe	3.7~4.8	77~110	18
	1 280×720 (Daphnis)	10×10	HgCdTe	3.4~4.9	110	<20
	640×512 (Scorpio)	15×15	HgCdTe	1.5~5.1	<90	≤16
	640×512 (Leo)	15×15	HgCdTe	3.7~4.8	110	20
	640×512	20×20	QWIP	8.0~9.0	73	31
	640×512	24×24	HgCdTe	MW(dual) MW/LW (dual)	77~80	15~20
	640×512	24×24	HgCdTe		77~80	20~25
Selex www.leonardo-company.com	320×256 (Saphira)	24×24	HgCdTe APD	0.8~2.5		
	640×512 (Hawk)	16×16	HgCdTe	3~5	up to 170	17

续 表

厂商/网址	尺寸/架构	像元尺寸/μm	探测材料	光谱范围/μm	工作温度/K	$D^*(\lambda_p)$/(cm·Hz$^{1/2}$/W)；NETD/mK
Selex www.leonardo-company.com	1 280×720 (Horizon)	12×12	HgCdTe	3.7~5		
	640×512 (Hawk)	16×16	HgCdTe	8~10	up to 90	32
	640×512 (CondorII)	24×24	HgCdTe	MW/LW (dual)	80	24/26
IAM www.aim-ir.com	640×512	15×15	HgCdTe	1~5	95~120	17
	640×512	15×15	HgCdTe	8~9	67~80	30
	640×512	20×20	HgCdTe	MW/LW	80	18/25
	384×288	40×40	T2SL	MW(dual)	80	20/25
SCD www.scd.co.il	640×512	15×15	InSb	3~5		20
	1 280×1 024	15×15	InSb	3~5	77	20
	1 920×1 536	10×10	InSb	1~5.4		<25
	1 280×1 024	15×15	InAsSb nBn	3.6~4.2	150	20
	640×512	15×15	InAs/GaSb T2SL	λ_c = 9.5	80	15
FLIR Systems http://www.flir.com	640×512	15×15	InGaAs	0.9~1.7	300	10^{10}光子/(cm^2·s)(NEI)
	640×512	15×15	InSb	3.4~5.2	80	<25
	640×512	15×15	InAs/GaSb T2SL	7.5~12	80	<40
DRS Technologies	1 280×720	12×12	HgCdTe	3~5		20
	640×480	12×12	HgCdTe	3~5		25
	2 048×2 048	18×18	Si : As	5~28	7.8	
	1 024×1 024	25×25	Si : As	5~28	7.8	
	2 048×2 048	18×18	Si : Sb	5~40	7.8	

本章将主要介绍应用于红外探测的光子型探测器阵列。

26.1　本征硅阵列

Si 是统治了电子工业 50 多年的半导体材料。用 Ge 和Ⅲ-Ⅴ族化合物半导体材料制造了第一个晶体管,虽然其可能具有更高的迁移率、更高的饱和速率或更大的带隙,但 Si 器件占了所有微电子产品的 97%[2]。主要是因为对于集成电路而言,Si 是最便宜的微电子技术。Si 占主导地位的原因可以追溯到 Si 材料的许多自然属性,但更重要的是 Si 的两个绝缘体化合物 SiO_2和 Si_3N_4允许开发出具有非常高均匀性与良率的沉积和选择性刻蚀工艺。

用于可见光(CCD 和 CMOS)的单片成像 FPA 始于 20 世纪 60 年代末。目前,两种硅单片技术提供了摄像机和数码相机市场上的大部分器件: CCD 和 CMOS 成像芯片。Janesick[3,4]对 CCD 和 CMOS 成像芯片共有的基本性能参数进行了比较。

自 1969 年发明以来,CCD 在广泛的领域中成为高质量成像的首选探测器。它们具有优良的分辨率、100%的填充因子、大于 90%的峰值量子效率(quantum efficiency,QE)、优异的电荷转移效率(charge transfer efficiency, CTE)及在足够的制冷下获得的极低暗电流。CCD 的发明获得了 2009 年诺贝尔物理学奖,这也显示了 CCD 对人类的重要意义。

最初,基于 CCD 技术的器件呈现出比 CMOS 图像传感器(CMOS image sensor,CIS)更好的图像质量。CIS 设备噪声水平较高,主要用于成本控制要求高于图像质量要求的应用。直到 20 世纪 90 年代,CCD 一直在成像传感器市场占据主导地位,因为它们利用现有的制造技术可以获得更好的图像质量。然而,CCD 技术在市场份额上已经被 CIS 技术超越。主要的商业原因是,与 CIS 相比,CCD 的制造成本较高。CMOS 制造工艺在大多数其他较大的电子市场(如计算和通信)中大量使用。这种广泛的应用将 CMOS 单位成本推低到比 CCD 工艺低得多的水平。更低的功耗和片上功能集成是导致 CIS 设备占优势的另外一些驱动因素。此外,遵循摩尔定律,CMOS 特征尺寸一直在减小,也使得像元尺寸不断减小,从而进一步降低了成本。最后,在 CMOS 工艺中引入的一系列创新[包括在过去几十年中开发了埋入式(或钉扎式)光电二极管(以前用于 CCD 成像器)]使得目前的 CIS 设备可以提供与 CCD 相当的图像质量。

大约 40 年前,数码 CCD 硅图像传感器问世,开创了数码摄影时代。在可见光成像中,CCD 阵列将读出和传感器集成在一个组合像元中,并集成了红绿蓝(RGB)滤色器。最常见的棋盘滤镜模式将四个像元中的两个用于绿色,另外两个分别用于红色和蓝色。因此,传感器只收集 50%的绿光和 25%的红/蓝光。在数字后处理中通过插值来填补空白,因此超过一半的图像是人工生成的,天生就是不完美的。在这种情况下,填充因子只是像元面积的一部分(大约为 70%)[5]。遗憾的是,数码成像的便利性和即时性也会对世人所期待的如胶片般丰富的影调和细节造成影响。这是因为 CCD 数字图像传感器只能记录捕获图像中每个空间点上的一种颜色,而不是每个位置上的全部颜色。

CCD 成像传感器有三种基本架构(图 26.2)[6]: 正照射(front-side illuminated,FSI)、背照射(back-side illuminated,BSI)和深度耗尽型器件。

在 FSI CCD 中,当像元偏置时,光线通过定义每个像元的多晶硅栅极,并在收集阱中产

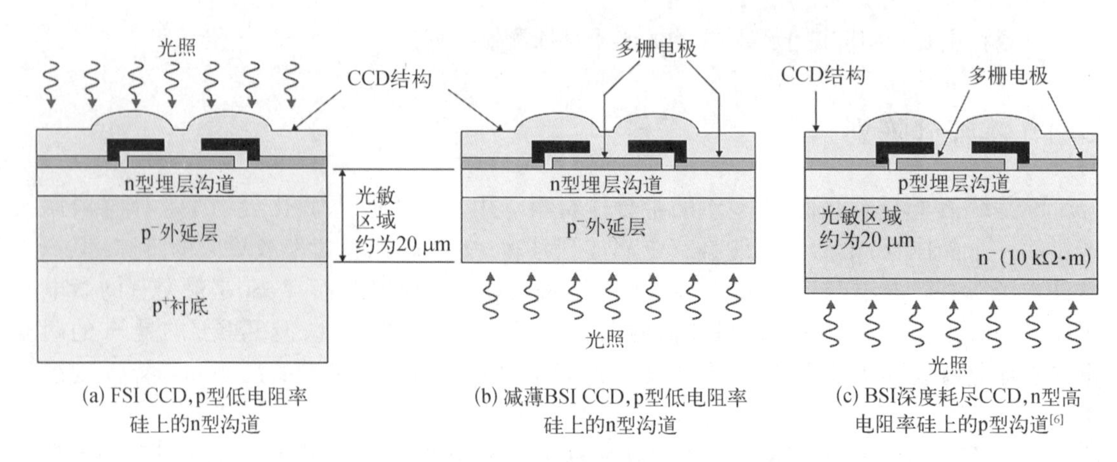

(a) FSI CCD,p型低电阻率硅上的n型沟道
(b) 减薄BSI CCD,p型低电阻率硅上的n型沟道
(c) BSI深度耗尽CCD,n型高电阻率硅上的p型沟道[6]

图 26.2 CCD 技术

生电荷。然而,由于多栅结构中的反射和吸收损耗,FSI 器件的 QE 仅为 50%(图 26.3)。为了提高 QE,硅衬底材料被均匀去除减薄至 10~15 μm 的厚度。这样,图像可以直接聚焦到 CCD 的感光区域,而不会在栅极结构中造成吸收损失[图 26.2(b)]。

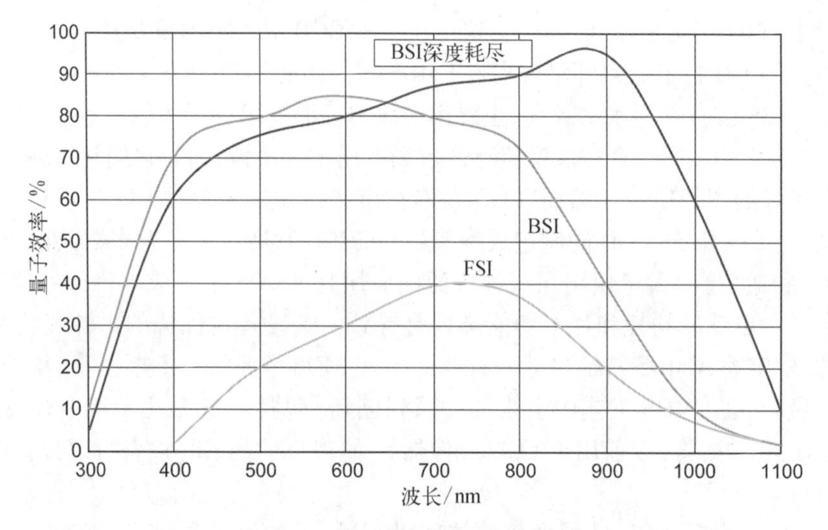

图 26.3 量子效率随光波长的变化

FSI CCD,n 沟道位于 p 型低阻硅上;减薄的 BSI CCD,n 沟道位于 p 型低阻硅上;以及 BSI 深度耗尽 CCD,p 沟道位于 n 型高阻硅上[6]

与 FSI CCD 相比,减薄的 BSI 器件具有更高的量子效率,峰值>90%。进一步提高量子效率可以通过使用厚度在 50~300 μm[图 26.2(c)]的高阻硅来实现,以便在更深耗尽的区域产生更大的有源光敏体积。这种结构可以获得具有更长截止波长的器件。

大画幅科学级 CCD 主要是为了在光谱的可见光区域进行天文观测而开发的。最流行的科学级 CCD 格式是 2 k×4 k、15 μm 像元和 4 k×4 k 器件,它们可以用于构建大型拼接焦平面。表 26.2 收集了天文 CCD 的最新技术。这些正照射或背照射探测器可以在市场上购买,在 170~220 K 内工作时具有显著的低读取噪声和暗电流。

表 26.2 先进的科学级 CCD 的参数

传感器技术	eV2 CCD299-99	FAIRCHILD CCD6161	STA4150
	背照射	正照射	背照射
格式	9216×9232	4096×4096	4096×4096
像元尺寸/μm	10	15	15
成像区域/mm	92.2×92.4	61.44×61.44	61.44×61.44
全阱容量/e^-	90 000	50 000	200 000
暗电流/(e^-每像元每小时)	4	0.6	3~5
读出噪声/e^-	2.5~4	<5	2~4
读出速率/MHz	3	最高可达 1	0.1~1

目前,最大的单片 CCD 阵列超过 1 亿像素,如由半导体技术协会(Semiconductor Technology Associates)制造与测试的 9 μm 间距和 95 mm×95 mm 的 10 560×10 560 像素阵列[7]。DALSA 宣布,它已经成功生产出 2.52 亿像素的 CCD。敏感区大小约为 4 英寸×4 英寸,具有 17216 像素×14656 像素,像素大小为 5.6 μm[8]。大型 CCD 阵列发展的另一个里程碑是 2013 年 12 月 19 日发射的用于太空任务的 Gaia 相机。Gaia 由欧洲航天局(European Space Agency,ESA)资助,欧洲航空防务和空间公司下属 Astrium 为主承包商,是一个雄心勃勃的空间天文台,旨在以前所未有的精度测量大约 10 亿颗恒星的位置。Gaia 的焦平面上有 106 个背照射器件,每个器件的有效面积为 45 mm×59 mm,对应于 4500 像素×1966 像素,像素尺寸为 10 μm×30 μm[9]。整个组件构成了一个非凡的 9.37 亿像素的相机系统。Gaia 用到的 CCD 都是大面积背照射全画幅器件。

开发拼接面阵以获取大幅面帧图像是一个有趣的想法[10,11]。例如,PanSTARRS 中使用的 14 亿像素 CCD 成像器由 60 个芯片组成,每个芯片有 2200 万像素。另一个例子是广域持续监视计划,如自动实时全地面监视成像系统 ARGUS - IS(autonomous real-time ground ubiquitous surveillance-imaging system),其中使用可见波段 FPA 拼接成巨大的阵列(图 26.4)。这款 1.8 亿像素的视频传感器以 15 Hz 的帧频工作时,每秒产生超过 27 亿像素的数据。机载处理子系统是模块化和可扩展的,可提供超过 10 万亿次的数据处理能力。

目前,世界上最大的 32 亿像素相机是为 2021 年在智利投入使用的大型天气观测望远镜(Large Synoptic Survey Telescope,LSST)建造的[12]。这款相机将是有史以来最大的地面天文数码相机。它大约有一辆小汽车大小,重达 3 t,包含一个由 189 个单独的 CCD 传感器组合而成的巨型成像传感器。

第一代 CMOS 图像传感器是二维无源像素传感器(passive pixel sensor,PPS)器件,其访问控制线由同一行中的像素共享,输出线由列共享。每个像素将光子转化为电荷,然后电荷从传感器中被引出,并由连接在每列末端的放大器放大。这些传感器很小,由于大电容负载和高水平的噪声,在图像中显示为背景图案,因此读出速度很慢。为了消除这种噪声,PPS 传感器通常需使用额外的处理步骤。

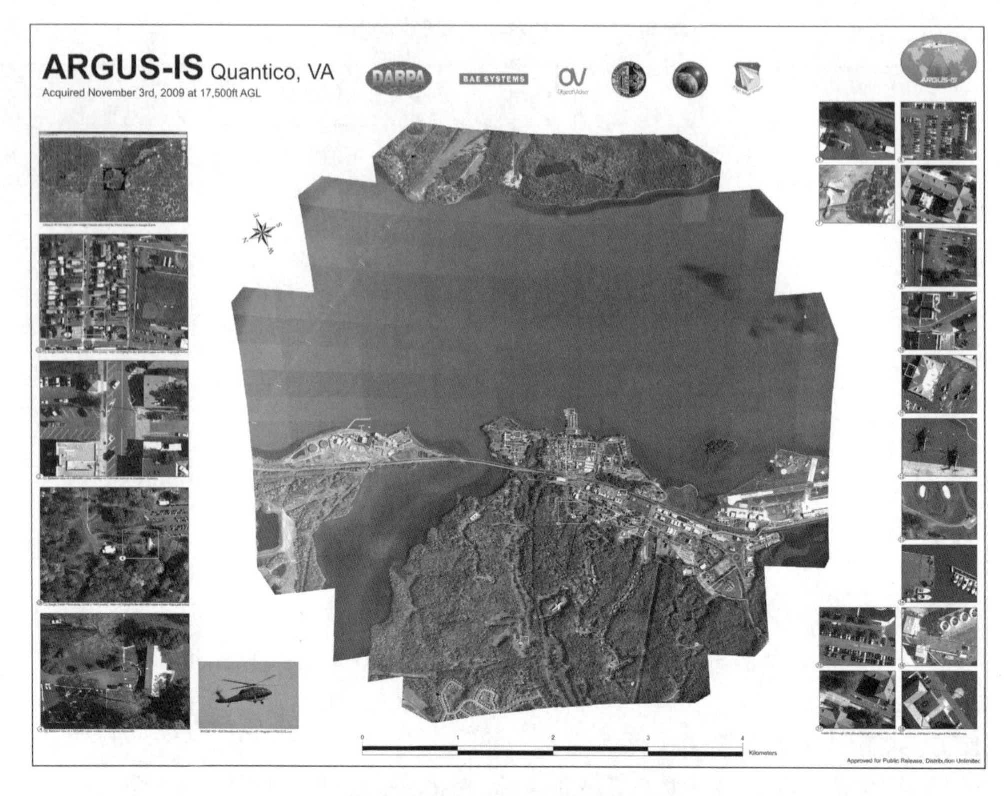

图 26.4　ARGUS－IS 图像实例

装载在 YEH－60B 直升机下方，从 17500 英尺（1 英尺＝0.3048 米）高度拍摄美国弗吉尼亚州匡提科（Quantico，VA）。ARGUS－IS 的拍摄区域宽度超 4 km，并同时提供多个 640 像素×480 像素的实时视频窗口[11]

24.2.2 节描述了 CMOS 有源像素图像传感器的总体结构和工作原理。单片器件是在 20 世纪 90 年代中期开发并商业化的，其中探测器阵列和伴随的读出电路都是在同一基板上制造的[13]。虽然索尼公司一直是成像和机器市场上占主导地位的 CCD 供应商，但这种主导地位在 CMOS 市场并不明显，因为 CMOS 技术有更多的市场选择。除了索尼公司，主要参与者还有安森美半导体、CMOSIS、eV2 和 Teledyne DALSA。

可见光 CMOS 成像传感器使用两种基本架构：单片 CMOS（包括 FSI 和 BSI），其中光电二极管包含在硅 ROIC 中（图 26.5）；混成 CMOS，使用探测层探测光并将光电荷收集到像素中，而 CMOS ROIC 用于信号放大和读出（图 13.4）。

与 CCD 器件类似，在 CMOS 设计中也引入了微透镜，将入射光聚焦到像素的光敏区，并可以克服填充因子<100%而导致的灵敏度降低问题。然而，微透镜也带来许多设计挑战，如串扰问题。当 CIS 制造商引入背面减薄工艺后，这些问题大多得到了解决。

大多数 CMOS 成像器都是 FSI。FSI 传感器的典型填充因子为 30%～70%。BSI 传感器的制作与 FSI 传感器基本相同，先布置光电二极管，再布置金属层。在此之后，硅片被翻转过来，进行研磨，去除多余的硅材料，直到晶圆只有 10 μm 厚[13]。CMOS 传感器背面减薄也会带来一些缺点，包括较低的生产良率和较高的成本，因为较薄的硅片会使芯片更脆弱，封装工艺更复杂。研磨硅片时，最薄可以到仅保留光电二极管曝光区域的厚度。研磨后，滤色片和微透镜的布局与 FSI 传感器相同。通过这种方式架构的器件，可以将填充因子提高到

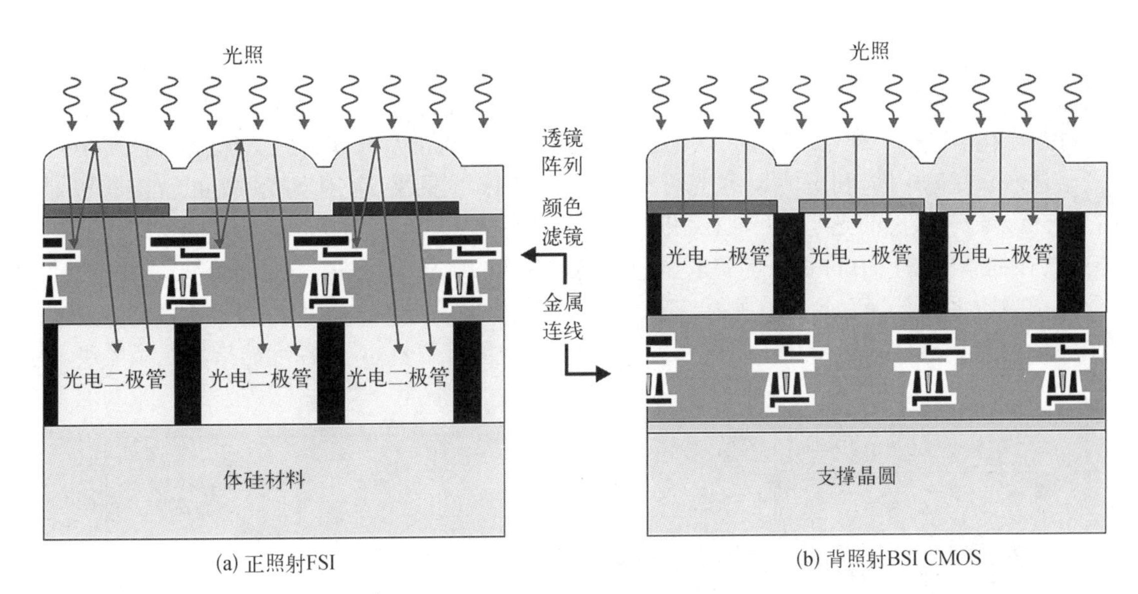

图 26.5　器件的截面示意图

接近 100%。

CMOS 技术一直是应对摩尔定律挑战的关键。然而,像素尺寸的缩小给传感器设计带来了巨大的挑战。像素越小,阱电容越小,动态范围越小。光子收集区域也会缩减,导致敏感度降低。串扰、噪声、耦合和不均匀性也会变得更加严重与明显。

CMOS 技术使系统设计人员能够根据其应用需求定制成像设备。仙童成像(Fairchild Imaging)、安得科技(Andor Technology)和 PCO CMOS 传感器公司都被称为科学级 CMOS 厂商(sCMOS),因为它们的设计具有卓越的性能组合,能够满足生物医学研究、天文、安全和国防等许多科学应用的极端性能要求。表 26.3 列出了先进的科学级 CMOS 单片探测器的性能。

表 26.3　先进的科学级 CMOS 单片探测器的性能

传感器技术	Fairchild sCMOSLTN4625A	SRI International	eV2 EV2S16M
	背照射	背照射	背照射
格式	4 608×2 592	2 048×1 920	4 096×4 096
像元尺寸/μm	5.5	10	2.8
成像区域/mm	25.3×14.3		16.22(对角线长度)
全阱容量/e^-	>40 000	>220 000	
暗电流/[e^-/(像元·s)]	<15	<4	3~5
读出噪声/e^-	<5	<14	<5
最大帧速率/fps	240		16
功耗/W	2		1.6

注: fps 指帧/秒。

Foveon 公司提出了一种新的可见光传感器设计方案。它结合了胶片和数码的优点[5]。这是通过 Foveon 的 X3 型直接图像传感器的创新设计实现的，该传感器具有三层像素，就像胶片具有三层化学乳剂一样（图 26.6）[14]。这种硅传感器是在标准 CMOS 工艺线上制造的。Foveon 的层是嵌入在硅中的，利用了 RGB 光可穿透硅到不同深度的事实（对蓝光敏感的光电探测器在顶部，对绿色敏感的光电探测器在中间，对红色敏感的光电探测器在底部），共同形成图像传感器，在捕获的图像中的每一点获取全色信息。这是 100%全色，不需要插值。图 26.6(b) 绘制了吸收系数与深度的函数关系，对于任何波长，吸收系数都是深度的指数函数。由于更高能量的光子与材料的相互作用更强，因而它们的空间常数更小，随深度的指数衰减更快。

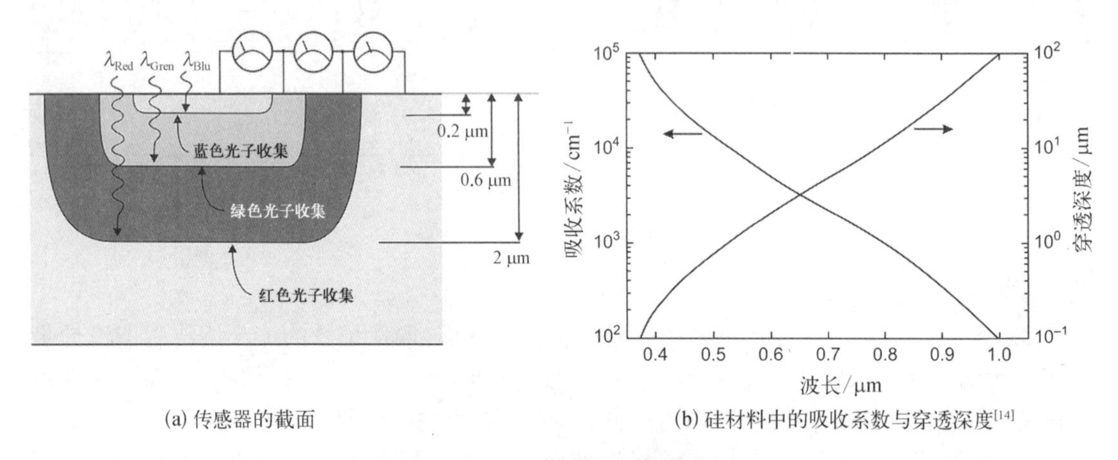

(a) 传感器的截面　　(b) 硅材料中的吸收系数与穿透深度[14]

图 26.6　Foveon 传感器堆栈的示意图

目前，最先进的科学级 CMOS 阵列是使用与红外探测器阵列相同的混成架构（见 24.3 节）制造的。在这种方法中，尽管光电应用需要特殊的放大器和电路设计，但 CMOS ROIC 通常是在与生产计算机芯片相同的硅代工厂中制造的。由于混成架构可以将最优质的探测器材料与 CMOS 集成电路技术所实现的卓越性能相结合，这就允许针对每个特定应用调整关键性能参数，如光谱响应、QE、全阱容量、噪声电平、MTF 等。CMOS 器件的极低功耗允许对像素的无损随机访问及模拟和数字电路的片上集成，从而显著地降低成像系统的重量、体积、功率和热输出，以及不同应用的总体复杂性。

直到最近，与 CCD 相比，CMOS 成像器在读出噪声方面一直处于劣势，因为 CMOS 的读出电路从原理上就是会具有比 CCD 放大器更高的噪声。较高噪声的一个原因是三晶体管 CMOS 像素的读出节点的电容。对于典型像素尺寸为 5 μm 的 0.25 μm CIS 工艺，探测节点电容约为 5 fF，对应于每个电子 32 μV 的响应率，这将最低读出噪声限制在约 10 个电子。随着四晶体管像素的发展，单片 CMOS 可以达到天文学要求的最低噪声水平[15,16]。最先进的 CMOS 像素架构通过在像素中加入更多电子元件来利用多达 8 个晶体管设计，但代价是噪声的增加和填充因子的降低[13]。

对于可见光探测，Teledyne 成像传感器（Teledyne Imaging Sensors，TIS）公司同时使用单片式和混成式 CMOS 探测器[15-17]。这些性能最高的硅基图像阵列主要面向天文学研究群体。HyViSI™（hybrid visible silicon imager，混成可见光硅成像器）中的低噪声硅混成阵列 H4RG－10，采用 4 k×4 k 格式生产，像素间距为 10 μm，可实现高像素互连（>99.99%）、低读出噪声[<10 e^-(rms)单个 CDS]、低暗电流[193 K 时<0.5e^-/(像素·s)]、高 QE(>90%带宽)及大动态范围(>13 位)[17]。H4RG－10 的制造是在 0.25 μm CMOS 工艺中使用子场拼接技术完成的。模块化拼接设计方法允许制造 2 k×2 k 到 16 k×16 k 格式的 ROIC。H4RG－10 的芯片尺寸为 43.0 mm×45.5 mm，略大于 18 μm 像素的 H2RG(38.8 mm×40.0 mm)。每片 200 mm CMOS 晶片上有 9 个 H4RG－10 ROIC 芯片，而 H2RG 晶片上有 12 个 ROIC 芯片。图 26.7 显示了 Teledyne 的混成型硅 p－i－n CMOS 传感器的照片。

(a) 1 k×1 k H1RG-18 HyViSI

(b) 2 k×2 k H2RG-18 HyViSI

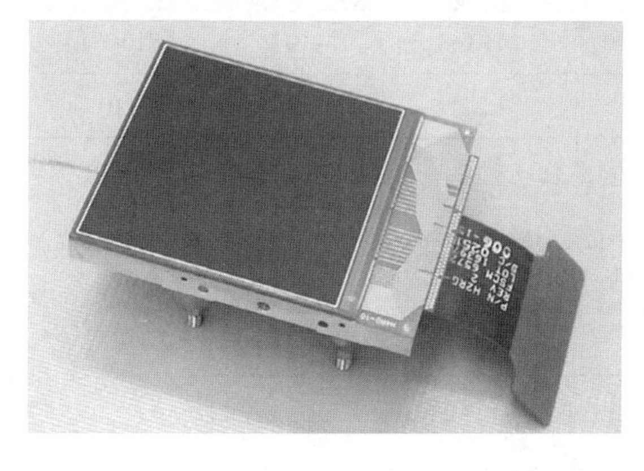

(c) 4 k×4 k H4RG-10 HyViSI[16]

图 26.7　Teledyne 的混成型硅 p－i－n CMOS 传感器

Teledyne 的单片 CMOS 传感器是完全数字化的片上系统，所有的偏置产生、时钟和模数转换都包含在图像阵列中。表 26.4 列出了一些阵列示例[17]。H4RG－10 与 Teledyne 的控制电路(图像数字化、增强、控制和检索系统，system for image digitization, enhancement, control and retrieval，SIDECAR) ASIC 是完全兼容的。SIDECAR 是一种专用集成电路(application-specific integrated circuit，ASIC)，通过向 ROIC 提供时钟和偏置及对其模拟输出进行数字化来起到焦面电子设备的作用。每个 SIDECAR ASIC 芯片最多可并行容纳 36 个模拟输入，可选择 500 kHz、16 位模数转换器(analog-to-digital converter，ADC)或 10 MHz、12 位 ADC。对于运行在 64 路输出模式下的 H4RG－10 读出电路，需要两个 SIDECAR ASIC 芯片。

采用混成架构的最先进的科学级 CMOS 器件可以采用四边插扣格式，获取高达 8 k×8 k 的阵列[1,15-20]。这些探测器实现了与最好的深度耗尽 CCD 相同的性能。图 26.8 显示了单片阵列和混成阵列的 QE 曲线，表明混成 CMOS 技术可以显著地提升 QE。而表 26.5 列出了 Raytheon 公司和 Teledyne 公司制造的 CMOS FPA 的性能参数。

表 26.4 用于硅 p-i-n CMOS FPA 的 ROIC 列表[17]

输入电路	TCM6604A		CHROMA*		H1RG	H2RG	H4RG-10*
	CTIA				SFD		
阵列格式/像元	640×480		1 280×480		1 024×1 024	2 048×2 048	4 096×4 096
像元间距/μm	27		30		18	18	10
输出数量	4		8		1,2 或 16	1,4 或 32	1,4,16,32 或 64
标称像元速率/MHz	8		10		0.1~5	0.1~5	0.1~5
快门模式	快照模式 边读出边积分的模式				滚动模式读出		
窗口模式	可在行方向编程				任意大小和位置的导向窗口		
量子效率峰值/%	>90						
光谱波段/nm	200~1 050						
电荷容量/ke^-	700	700	1 000	5 000	100	100	90(40)
读出噪声**/e^-(rms)	<100	<80	<110	<600	<10	<10	<10(6)
功耗***/mW	<70	<150			<2	<5	<10

H4RG-10 引用了两个噪声和全阱电荷容量值,以反映两种设计版本(低增益和高增益)。

* 2008 年以来的新款 FPA。

** 单相关双采样(correlated double sample,CDS)噪声,TCM660A 除外。

*** H1RG、H2RG、H4RG-10 的功耗是在以每端口 100 kHz 像元速率读取最大端口数量情况下测得的。

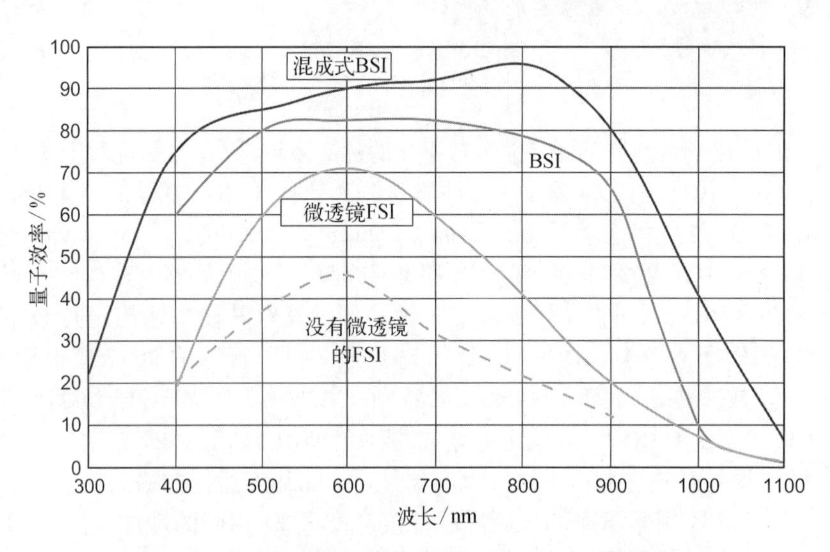

图 26.8 CMOS 图像传感器的 QE,从上到下依次是混成式 BSI、BSI、微透镜 FSI 和没有微透镜的 FSI[6]

表 26.5　先进科学级混成 CMOS 器件的特性

参数	Raytheon Vision Systems	Teledyne Imaging Sensors
技术	混成式,直接键合	混成式,铟柱互连
格式	8 160×8 160	4 096×4 096
	5 100×5 100	2 048×2 048
	1 020×1 020	1 024×1 024
像元尺寸/μm	8	10
全阱容量/e^-	200 000	100 000
暗电流/[e^-/(像素·h)]	<1	<0.5
读出噪声/e^-	5~7	<10

除了 Teledyne 公司,20 多年来,Raytheon 公司研制出基于硅 p－i－n 光电二极管的混成焦平面[1,17-20]。传感器芯片组件(sensor chip assemblies,SCA)可以拼接组合,使用两边-插扣封装、三边-插扣封装和四边-插扣封装以形成大型复合阵列。文献[1]和[20]介绍了最新一代 8 k×8 k 格式,8 μm 像素探测器的最新进展。目前的器件系列具有非常低读取噪声的 ROIC 和低探测器暗电流,偏置电压为 25 V,50%的平均响应下像元有效性高于 99.995%。探测器结构完全耗尽,有源区厚度为 10~350 μm,可以调谐 MTF 和近红外响应。Raytheon 公司最新的读出电路提供 14 位 ADCs、加窗、>1 Gbit/s 的输出、噪声下限为 5~7 e^-和阱容量>200 ke^-。图 26.9 显示了 8 k×8 k、8 μm 像素,基于 Si p－i－n 结构的 SCA 的照片和成像结果。

(a) 8 k×8 k,8 μm像素阵列的照片

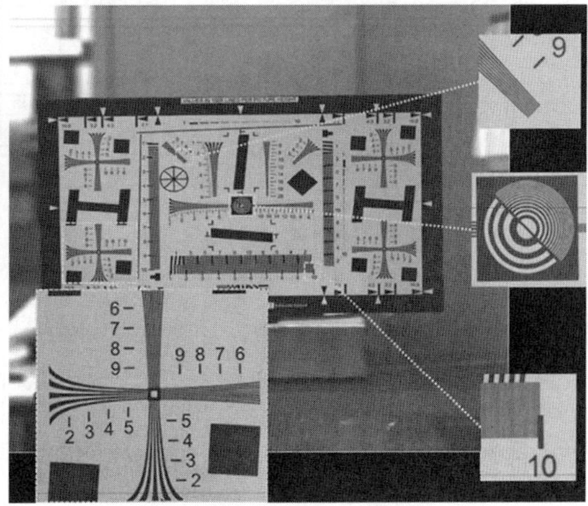

(b) 获取的高分辨率图像[1]

图 26.9　硅 p－i－n SCA

尽管硅成像器的常规制造具有极高的像素分辨率、出色的重复性和均匀性,但它们敏感波长不超过 1 μm。如今,硅锗合金被广泛地应用于硅 CMOS 和双极技术中。最近,该技术

被用于开发单片短波红外图像传感器，该传感器将锗光电探测器集成在标准硅工艺上。这项创新技术如图 13.14 所示。采用商用的 180 nm 代工工艺制造出了间距为 10 μm 的 768 像素×600 像素的成像阵列[21]。

26.2 非本征硅和锗阵列

第一批非本征光导探测器是在 20 世纪 50 年代初报道的[22]。在本征探测器开发之前，它们被广泛地应用于探测 10 μm 以上的波长。由于控制杂质引入锗的技术很早就出现了，第一批高性能的非本征探测器就是基于锗的。20 世纪 60 年代初汞掺杂锗的发现推动实现了第一个工作在长波红外光谱窗口的线列前视红外（forward-looking IR，FLIR）系统[23]。由于探测机制是基于非本征激发的，因此需要工作在 25 K，使用一个两级制冷机。虽然在 20 世纪 60 年代，掺杂锗是红外探测器的首选，但到了 80 年代，掺杂硅在大多数应用中取代了锗。

20 世纪 70 年代初，首次尝试开发一种将光敏元件和用于初级信号处理的器件集成在一个晶体中的单片非本征光电探测器阵列。在 Si : As 板上布置了 20 个光敏单元。它们中的每一个都包括光敏元件、基于杂质补偿的负载电阻和作为源极跟随器连接到电路中的金属氧化物半导体场效应晶体管（metal-oxide-semiconductor field-effect transistor，MOSFET）[24]。该阵列提供了有用的探测性能，但是在通道之间存在不利的电和光串扰。随着技术改进，这一点得到了改善。

关于采用 CCD 多路复用的单片阵列开发的第一份报道发表于 1974 年[25]。后来，又开发了两个单片 CCD 版本[26]。当自由载流子浓度低于杂质浓度时，所有这些器件（图 26.10）都工作在与杂质的低电离状态相对应的光敏衬底的温度下。

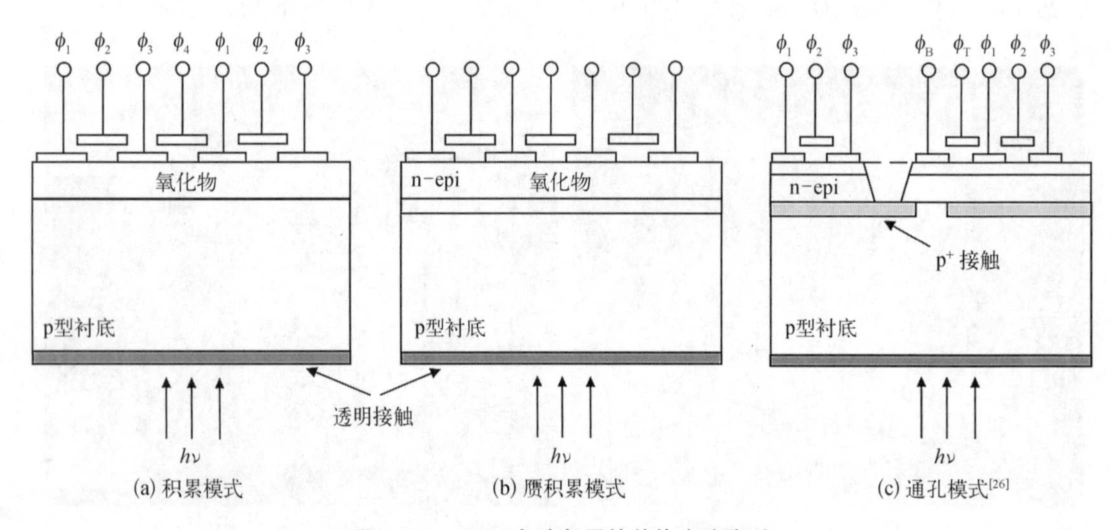

图 26.10 CCD 多路复用的单片式硅阵列

对于累积模式，CCD 传输在 Si－Si 氧化物界面处累积的光生多子（空穴）。由于传输效率低，将时钟频率限制在低频，因此该器件没有得到任何应用[25]。由于红外探测器的工作温度较低，CCD 方法与低读取噪声不兼容。埋藏式沟道 CCD（buried channel CCD，BCCD）结构可以用来避免捕获噪声;然而,该结构中没有足够的移动电荷来维持沟道。此外,CCD 器件在极高剂量的电离辐射下会损坏,导致 CTE 降低。

在赝积累模式(pseudo accumulation mode,PAM)中,光生空穴作为少子注入 n 型外延层中,然后可以被 CCD 计时输出。使用 PAM,与 Si : Ga 和 Si : In 一起,已制成了 32×96 元阵列[27]。器件可以在 10^8 ~ 10^{14} 光子/(cm^2·s)的背景水平下工作。在过孔模式下,光敏衬底中掩埋单个探测器单元的电极接触。这些电极可以收集在 CCD 传输栅极的作用下被传输到 n 型外延层的光生空穴,然后在那里将电荷计时输出。

对于单片阵列,偏置和工作温度被认为是避免来自 n -外延,p -衬底接触的电流注入的关键。工作温度需要低于探测器特性所规定的值。此外,与由相同衬底材料制备的分立单元相比,单片式器件获得的探测器响应率显著降低(降低了两个数量级)。这种退化被认为与热氧化、p^+扩散、n^+扩散、外延生长和多晶硅(栅)沉积有关。研究发现,响应率的损失是由于在器件制备中,施主浓度会增加到 10^{14} cm^{-3}以上[28]。

为了避免使用 CCD 固有的长移位寄存器,研究者设计了其他赝单片读出机制。在电荷注入器件(charge injection device,CID)光电探测器阵列中,假设光信号电荷被收集并存储在器件单元的金属氧化物半导体(metal-oxide-semiconductor,MOS)电容中。最初,CID 是在少子积累的情况下提出的[29]。当在 n 型硅上施加负偏压时,在栅极下会出现电子耗尽层。衬底受到本征辐照,产生空穴-电子对,少子(空穴)被收集和存储在 Si - Si 氧化物界面的这一层中。随着电压移除,累积的载流子会被注入衬底中,在那里它们被收集并提供信号输出。

在低温和低辐照情况下,自由载流子浓度变得非常低,这种器件表现为具有收集和存储通过杂质中心的光致电离产生的多子电荷的能力。为了实现这一点,如果衬底是 n 型,则应对栅极施加正偏压。然后,应向栅极施加负的电压脉冲,从而将累积电荷注入衬底并读出。该电压的值应该足够大,使通过衬底漂移过程中的复合损耗降至最低。基于这种方法,已经构建了 32×32 和 2×64 的二维 Si : Bi CID 阵列[30,31]。然而,人们注意到,阵列中的阱容量明显小于预期。光响应的截止频率似乎也大大低于由器件中介质弛豫过程速率所决定的预期值。

通过过渡到当前占主导地位的混成式 CMOS 探测器阵列器件,可以克服单片阵列的上述缺点。这也使得在制造时使用较低的温度成为可能。通过这样的设计,还出现了用于选择输入电路和信号处理的额外的 Si 空间。这些取决于阵列的应用,可以包括调整时间和增加电子元件,以提高探测器的性能、降低增益或抑制直流电流(direct current,DC)以增加动态范围。

最大的非本征红外探测器阵列是为天文观测制造的。这些应用始于 30 年前[32],此后大约每 7 个月翻一番[33]。在 40 年间,测绘特定空域的速度增加了 10^{18}倍,相当于每 12 个月速度翻一番。单个探测器的灵敏度已接近光子噪声设定的基本极限。

早期的探测器阵列规模很小(通常为 32 元×32 元),读取噪声超过 1 000 个电子。生产高性能阵列的基本架构和流程都来自军方。随后由于美国国家航空航天局(National Aeronautics and Space Administration,NASA)和美国国家科学基金会(National Science Foundation)的投资,该技术获得了进一步的发展[34]。目前,雷神视觉系统(Raytheon Vision Systems,RVS)公司[35-40]、DRS 技术公司[41-44]和 Teledyne 科学成像公司[Teledyne Scientific Imaging,前身为罗克韦尔科学公司(Rockwell Scientific Company)]是天文红外阵列的主要厂商,其中最重要的产品则是 BIB 探测器阵列。锗和硅中杂质带传导的理论基础是在 20 世纪 50 年代建立的[35]，但实际器件直到 80 年代初才被开发出来。14.5 节详细介绍了 BIB 检测器的结构。它通常在 n 型吸收区和公共背面注入层(p^+区)之间设置一个薄的轻掺杂 n^-区(通常是外延生长的)，以阻止跳跃传导电流到达 p^+接触，其掺杂浓度实质上相当于有源探测区中使用的浓度。如 14.5 节所述，BIB 探测器有源层应尽可能厚，并应尽可能地实现重掺杂。极限值是 As 的掺杂浓度，约为 10^{18} cm^{-3}。薄膜厚度受到少数杂质浓度和偏压产生的载流子初始雪崩的限制。根据 Love 等[36]的说法，对于 45 μm 厚的层，少子数上限为 1.44×10^{12} cm^{-3}，对于 35 μm 厚的层，少子数上限为 1.85×10^{12} cm^{-3}。因此，该探测器的设计采用的砷掺杂浓度为 7×10^{17} cm^{-3}，厚度为 35 μm。

通过对探测器设计的重大改进，BIB 探测器的低通量和高通量版本都得到了大幅改善。这些调整包括改变掺杂分布和层的厚度，以及调整埋入电极的电阻率，以便在更高的光通量环境中实现更大的电流密度。特别是 Si：As BIB 器件技术，已经取得了巨大的进步：获得了 2 048×2 048 的规模，像元尺寸缩减至 18 μm；工作波长为 30 μm，工作温度大约为 10 K。18 μm 的像元尺寸小于 Q 波段的波长(17～24 μm)；但是，这不会造成问题，因为在这些波长下工作的成像仪通常会将光束扩展到许多像元上，以实现完全采样。表 26.6 总结了用于天文学的最先进的 Si：As BIB 阵列的特性。图 26.11 显示了 RVS 的 BIB 探测器阵列的发展。

表 26.6　Si：As BIB 混成式阵列的特性[40,42]

参　数	DRS Technologies	RVS		
	WISE	JWST MIRI	AQUARIUS－1K	PHOENIX
应用/用户	低背景	空间望远镜 NASA	地基望远镜	空间望远镜 JAXA
波长范围/μm	5～28	5～28	5～28	5～28
格式	1 024×1 024 2 048×2 048	1 024×1 024	1 024×1 024	1 024×1 024 2 048×2 048
像元间距/μm	18	25	30	25
工作温度/K	7.8	6.7	7～9	8～10
填充因子/%	>98	>98	≥98	≥95
ROIC 类型	SFD	SFD	SFD	SFD
读出噪声/(e^-·ms)	<40	10～30	低增益<1 000 高增益<100	6～20
暗电流/(e^-/s)	<5	0.1	1	
阱容量/e^-	$>10^5$	2×10^5	(1 或 15)$\times10^6$	3×10^5

续　表

参　数	DRS Technologies	RVS		
	WISE	JWST MIRI	AQUARIUS－1K	PHOENIX
QE/%	>70	>70	>40	>70
最大帧速率/Hz	1	0.1	150	0.1
输出数量	4 或 16	4	16 或 64	4
封装	模块	模块	模块，双侧可插接	LCC

无引线芯片载体（leadless chip carrier，LCC）；广域红外测量探索者（wide－field IR survey explorer，WISE）。

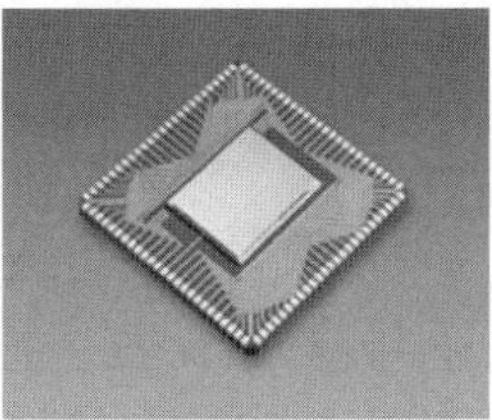

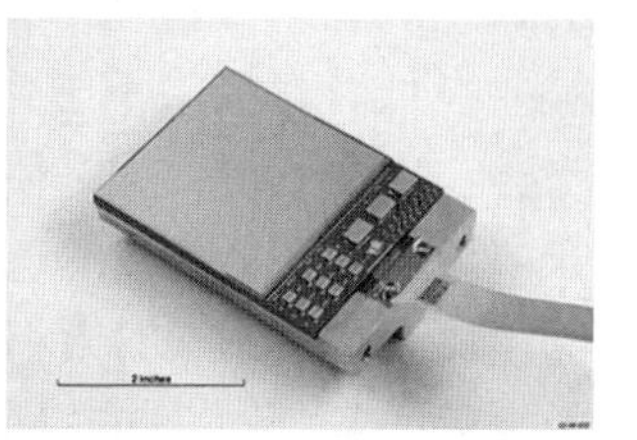

图 26.11　RVS 公司的 BIB FPA 器件的发展

从左到右依次为：SIRTF 256×256，CRC774 320×240，Aquarius－1k 1 024×1 024，以及 Phoenix 2 048×2 048 器件[40]

应用于地面和天基远红外天文学的 BIB 阵列应该在尽可能一致的条件下工作，并处于尽可能温和及稳定的环境中。阵列性能受背景水平的影响很大。表 26.6 中的例子都针对低背景进行了优化，通过使探测器加栅极的积分电容 C 最小化，来降低读取噪声。然后，对于给定的电荷 Q，因为 $V=Q/C$，从而获得最大化的电压信号。如果探测器暴露在更高的背景水平中，读出放大器将会饱和。这可以通过简单地增加积分电容或改用能处理更大信号的放大器架构来解决。

为了提高阵列性能，Fowler 和 Gatley[45] 提出通过在积分斜坡开始和结束时执行多次非破坏性阵列扫描来降低读取噪声。通过一次扫描对阵列的每个像元进行重置，在随后对阵列的扫描中才对探测器节点的电压进行采样，可以从数据中去除“真实”本底。每次选择像元时，电荷从行/列选择场效应晶体管（field-effect transistor，FET）重新分布回到探测器节点电容中。Fowler 认为，读出噪声主要是由于与电荷重新分配相关的 kTC 噪声造成的。通过在积分开始和结束时执行多次非破坏性阵列扫描，读出噪声的降低倍数约为扫描次数的平方根。

与低背景应用下的非本征硅阵列相比，用于高背景应用的非本征硅阵列的开发程度较低。传统地基探测器工作在高达每秒 10^9 光子的热背景下。可用的高本底 Si：As BIB 阵列为 256×256 像元或 240×320 像元[33]。DRS 技术公司已开发出第一个 1 024×1 024 元的高本底 Si：As BIB 探测器阵列[42]。

大型 BIB 阵列的读出电路与第 24 章中描述的类似。然而，应该指出的是，硅基 MOSFETs 有许多实际工作的困难，因为这些探测器的读出电路所需的温度非常低[46]。它们与热生成的电荷载流子冻结有关，带来电路的不稳定性，增加噪声，并导致信号回滞。Glidden 等[47]对这些问题进行了详细描述。其中许多问题可以通过电路重掺杂来缓解。

在高背景和低背景应用中，由于所获得的光谱响应类似，硅探测器已经在很大程度上取代了锗非本征探测器。然而，对大于 40 μm 的波长，硅无法获得合适的浅掺杂；因此，锗器件在甚长波波段仍然是有用的。极浅的施主（如 Sb）和受主（如 B、In 或 Ga）可以提供的截止波长在 100 μm 范围内（图 14.4）。随着晶体生长技术的进步，噪声等效功率（noise-equivalent power，NEP）可低至 10^{-17} W/$Hz^{1/2}$ 范围，这意味着将掺杂晶体中残留的少数杂质控制在 10^{10} cm^{-3}以下。这样可以获得较高的寿命和迁移率值，从而实现较高的光导增益。

由于能隙很小，锗探测器必须工作在硅"冻结"范围以下，通常是在液氦温度。锗的使用存在很多问题。例如，为了控制暗电流，材料必须是轻掺杂的，因此吸收长度会变长（通常为 3~5 mm）。由于扩散长度也很大（通常为 250~300 μm），因此需要 500~700 μm 的像元尺寸来最小化串扰。在太空应用中，大像素也意味着宇宙辐射的命中率更高。对需要在低背景极限下工作的阵列，具有大电容和大噪声的大像元很难实现足够低的读出噪声。一个解决方案是使用尽可能短的曝光时间。此外，锗探测器具有复杂的响应，在低背景应用中这会影响校准、观测策略和数据分析。这些器件需要在非常低的偏置电压下工作，即使放大器工作点的微小变化也会导致探测器偏置变化而无法正常工作。更多讨论可以参考文献[33]。

沿 Ge：Ga[100]晶向施加单轴应力可降低 Ga 的受主结合能，使截止波长扩展到约 240 μm[48]。同时，工作温度必须降低到 2 K 以下。在实际使用这种效应时，必须对探测器施加并保持非常均匀和可控的压力，以使整个探测器体积承受应力，而不会在任何点超过其断裂强度。为此已经开发了多种机械应力模块。压应变 Ge：Ga 光电导系统已经在天文和天体物理研究中获得了广泛的应用[49-63]。

红外天文卫星、红外空间天文台和斯皮策太空望远镜的远红外通道都使用了体锗光电导。在斯皮策（Spitzer）任务中，70 μm 波段使用的是 32×32 元的 Ge：Ga 非应力阵列，而 160 μm 波段使用了 2×20 元的压应力探测器阵列[49]。探测器采用 *Z* 平面配置是指阵列在第三维上具有相当大的尺寸。由于 Ge：Ga 探测器材料的低吸收率，阵列中的探测器需要达到 2 mm 厚。

在马克斯普朗克地外物理研究所建造了一台创新的积分场光谱仪，称为场成像远红外线光谱仪，它在两个波段上获得 5 像素×5 像素的图像，每个像素又具有 16 个光谱分辨率单元。这个阵列，如图 26.12 所示，是为赫歇尔空间天文台和红外天文学平流层天文台[53,54]开发的。为此，该仪器有两个 16×25 元 Ge：Ga 阵列，在 45~110 μm 波段不加应力，在 110~210 μm 波段施加应力。低应力蓝色（波长较短）探测器在像元上的机械应力相当于红色（波长较长）探测器获取长波响应所需应力水平的 10%。每个探测器像元都在其自己的组件中受到压力，信号线连接到邻近的前置放大器，这显然会将此类阵列的规模限制在比无应力阵列小得多的格式（图 26.12）。

光电探测器阵列相机和光谱仪（Photodetector Array Camera and Spectrometer，PACS）是欧洲空间局远红外和亚毫米波天文台-赫歇尔空间实验室的三台科学仪器之一[55,56]。除了两个 16 像素×25 像素的 Ge：Ga 光电导体阵列（应力和非应力），它还采用了两个填充的 16×32 元和 32×64 元硅测辐射热计阵列，在 60~210 μm 内进行积分场光谱和成像光度测量。

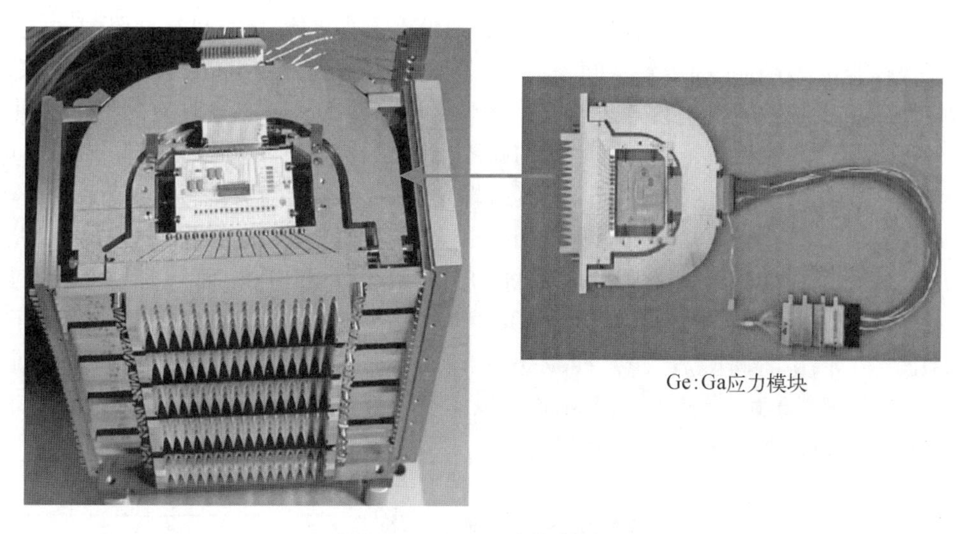

图 26.12　PACS 光电导 FPA

不同波段阵列中的 PACS 仪器所包含的 25 个应力与低应力模块(对应于 25 个空间像元)被集成到整个外壳中[54]

图 26.13 显示了 PACS 的滤光片/探测器组合对三个波段的光谱响应。应力探测器的 NEP 值中位数为 8.9×10^{-18} W/Hz$^{1/2}$,非应力探测的 NEP 值中位数为 2.1×10^{-17} W/Hz$^{1/2}$。探测器的工作温度约为 1.65 K。读出电路集成到探测器模块中,每个线性模块包含 16 个探测器,由 CMOS 技术的低温放大器/多路复用器电路读出,但工作温度为 3~5 K。

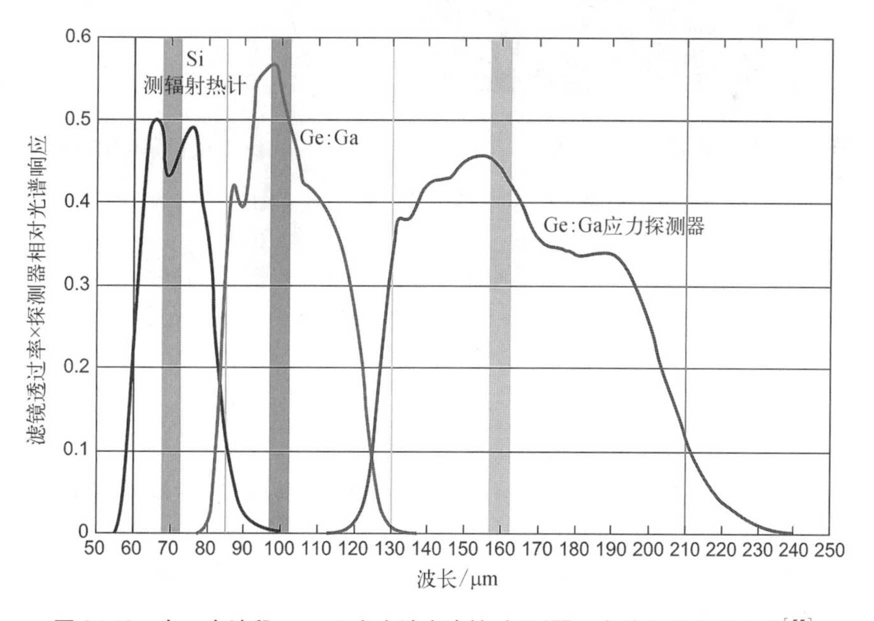

图 26.13　在三个波段,PACS 光度计中滤镜/探测器组合的有效光谱响应[55]

标准的混成式 FPA 架构通常并不适用于远红外阵列(尽管该架构也有采用[60,61]),主要是因为探测器会探测到读出电路发出的辉光,从而降低了性能。为了减轻这些问题的影响,引入了一种新的分层混成结构,并使构建大尺寸远红外 FPA 成为可能[图 24.12(d)][62,63]。在该设计中,在探测器和读出器之间放置中间基板,该中间基板以与阵列相同的格式在两侧像素化,并且通过嵌入的通孔实现相应像素焊盘之间的电接触。衬底材料必须具有足够的红外阻隔性能、较高的导热系数和介于锗和硅之间的膨胀系数。氧化铝(Al_2O_3)和氮化铝(AlN)具有这些特性,是一种可能的衬底材料。阻止读出辉光到达探测器也可以提供更有效的散热,改善整个阵列的温度均匀性,并降低探测器和读出电路之间的热失配。此外,基板可以充当电路扇出板,提供了一种简单而坚固的方式将 FPA 连接到外部电路,而不需要额外的封装。图 26.14 显示了使用分层混合架构组装的 Ge : Sb FPA ($\lambda_c \approx 130\ \mu m$)。对于在低温下工作的低偏压光电导,电容跨阻放大器(capacitive transimpedance amplifier,CTIA)设计提供了一种有效的读出解决方案。预计采用该结构可以实现灵敏度优于 $10^{-18}\ W/Hz^{1/2}$ 的超大口径焦平面探测器,实现未来天文仪器的技术目标。

(a) 组装完成后的带有SB349读出电路(CTIA读出)的分层混成架构器件,显示的是读出侧;探测器位于扇出板的另一侧

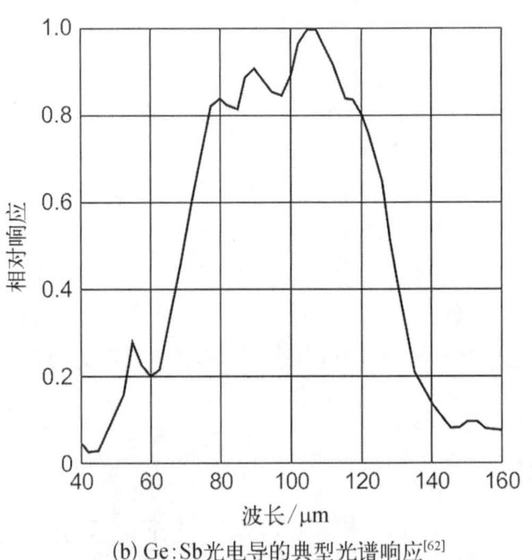

(b) Ge:Sb光电导的典型光谱响应[62]

图 26.14　Ge : Sb FPA($\lambda_c \approx 130\ \mu m$)

NASA 提出了一个适度的计划,希望使用砷化镓将 BIB 探测器的性能扩展到长达 400 μm 波段,实现的难度很大,因为所需的外延低掺杂阻挡层制备中仍存在很多难题[64,65]。

26.3　光发射阵列

第一个肖特基势垒(Schottky - barrier)FPA 是 RCA 实验室根据罗马航空发展中心的合同开发的 25×50 元 IR - CCD[66]。在 20 世纪 90 年代初,肖特基势垒 FPA 代表了用于中波应用的最先进的单片 FPA 技术[67]。此外,还为星载遥感应用开发了多达 4×4 096 元[68]和 2 048×16 元含时延与积分(time delay and integration,TDI)电路[69]的扫描 PtSi FPA。Kosonocky[70,71]和 Kimata 等[67,72-75]对凝视型肖特基势垒 FPA 的不同结构进行了综述。表 26.7 总结了具有全电视幅面的典型高分辨率 PtSi 肖特基势垒 FPA 的规格和性能。

表 26.7　具有全电视幅面的典型高分辨率 PtSi 肖特基势垒 FPA 的规格和性能[74]

阵列规模	读　出	像元尺寸/μm^2	填充因子/%	饱和容量/e^-	NETD/(f/#)/K	年　份	公　司
512×512	CSD	26×20	39	1.3×10^6	0.07(1.2)	1987	Mitsubishi
512×488	IL－CCD	31.5×25	36	5.5×10^5	0.07(1.8)	1989	Fairchild
640×486	LACA	30×30	54	4.0×10^5	0.10(1.8)	1989	Reticon
512×512	IL－CCD	30×30	54	5.5×10^5	0.10(2.8)	1990	Kodak
640×480	MOS	24×24	38	1.5×10^6	0.06(1.0)	1990	Sarnoff
640×488	IL－CCD	21×21	40	5.0×10^5	0.10(1.0)	1991	NEC
640×480	HB/MOS	20×20	80	7.5×10^5	0.10(2.0)	1991	Hughes
1040×1040	CSD	17×17	53	1.6×10^6	0.10(1.2)	1991	Mitsubishi
512×512	CSD	26×20	71	2.9×10^6	0.03(1.2)	1992	Mitsubishi
656×492	IL－CCD	26.5×26.5	46	8.0×10^5	0.06(1.8)	1993	Fairchild
640×480	HB/MOS	24×24	60	1.2×10^6	0.10(1.4)	1996	AEG
811×508	IL－CCD	18×21	38	7.5×10^5	0.06(1.2)	1996	Nikon
801×512	CSD	17×20	61	2.1×10^6	0.04(1.2)	1997	Mitsubishi
1968×1968	IL－CCD	30×30	—	—	—	1998	Fairchild

行间传输 CCD(interline transfer CCD,IL－CCD);混成式(hybrid,HB)。

器件的几何结构和电荷传输方法因制造商不同而有所不同。在给定像元尺寸和设计规则的情况下,凝视型肖特基势垒 FPA 的设计涉及电荷处理能力和填充因子之间的权衡。这里的权衡还取决于 FPA 架构的选择,包括:

(1) 行间传输 CCD 架构;

(2) 电荷扫描器件(charge sweep device,CSD);

(3) 行寻址电荷积累(line-addressed charge-accumulation,LACA)读出;

(4) MOS 开关读出。

已报道的肖特基势垒 FPA 大多采用行间传输 CCD 结构。图 26.15 显示了 3~5 μm 光谱范围内最流行的肖特基势垒探测器 PtSi/p－Si 的基本结构和工作原理,该探测器与硅 CCD 读出电路集成在一起[70]。辐射透过 p 型硅,并被金属 PtSi 层吸收,产生热空穴,然后越过势垒发射到硅中,使硅化物带上负电荷。采用直接电荷注入法将硅化物中的负电荷转移到 CCD 上。图 26.16 显示了像元的典型截面图及其在行间传输 CCD 架构中的工作原理[72]。该像元由一个带光学腔的肖特基势垒探测器、一个传输门和一级垂直 CCD 组成。肖特基势垒二极管外围的 n 型保护环降低了边缘电场,抑制了暗电流。有效探测器面积由保护环的内缘确定。传输门是增强型 MOS 晶体管。探测器和传输门之间的连接是通过 n^+ 扩散实现的。垂直传输使用了埋沟 CCD。

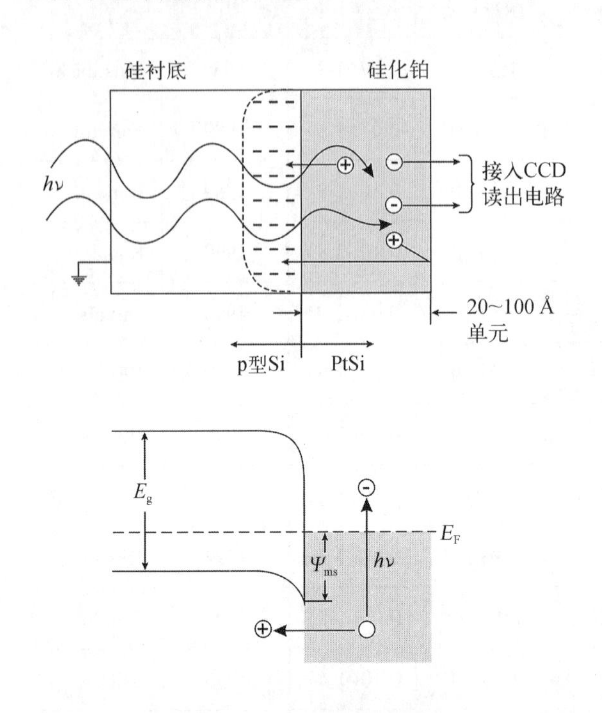

图 26.15 PtSi/p-Si 肖特基势垒探测器的工作原理[70]

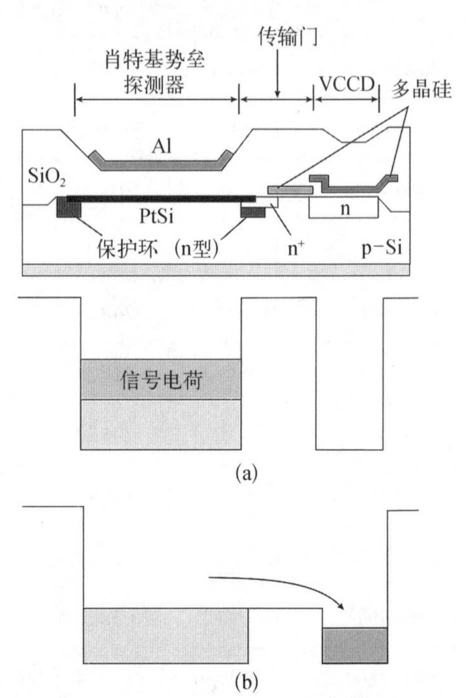

图 26.16 采用行间传输 CCD 读出架构设计的 PtSi 肖特基势垒 IR FPA 的典型结构和工作原理

(a)和(b)分别表示积分与读出过程中的电势[72]

在光学积分时间期间,表面沟道传输门被偏置为累加。在这种情况下,肖特基势垒探测器与 CCD 寄存器隔离。红外辐射在 PtSi 薄膜中产生热空穴,一些被激发的热空穴发射到硅衬底中,在 PtSi 电极中留下多余的电子。这降低了 PtSi 电极的电势。在积分时间结束时,传输栅被脉冲导通,以将信号电子从探测器读出到 CCD 寄存器。同时,PtSi 电极的电势被重置到传输栅的沟道电平。

肖特基势垒 IR FPA 的一个独特功能是内置的溢出控制(blooming,溢出是一种串扰形式,在这种串扰中,阱饱和后多余电子会溢出到相邻像元)。强光会正向偏置探测器,使得在探测器处不再积累更多的电子。在探测器处形成的小负电压不足以正向偏置保护环,电子不会通过传输栅下的硅区注入 CCD 寄存器。因此,除非垂直 CCD 的电荷处理能力不足,否则肖特基势垒 IR FPA 中的溢出现象会被完全抑制。

FPA 的响应率与其填充因子成正比,提高 FPA 的填充因子一直是成像仪发展中最重要的问题之一。为了提高填充因子,三菱公司开发出了被称为 CSD 的读出电路架构。Kimata 等[67]开发了一系列具有 CSD 读出架构的红外图像传感器,阵列大小从 256×256 到 1 040×1 040。表 26.8 总结了这些器件的规格和性能。随着设计规则变得更加精细,该读出电路的有效性得到了提升。

表 26.8　采用 CSD 读出电路的二维 PtSi 肖特基势垒 FPA 的规格和性能[67]

阵列规模	256×256	512×512	512×512	512×512	801×512	1 040×1 040
像元尺寸/μm²	26×26	26×20	26×20	26×20	17×20	17×17
填充因子/%	58	39	58	71	61	53
芯片尺寸/mm²	9.9×8.3	16×12	16×12	16×12	16×12	20.6×19.4
像元电容	一般	一般	高电容	高电容	高电容	高电容
CSD	4 相	4 相	4 相	4 相	4 相	4 相
HCCD	4 相	4 相	4 相	4 相	4 相	4 相
输出数量	1	1	1	1	1	4
接口	不集成	场集成	框架/场集成	框架/场集成	弹性	场集成
I/O 管脚数量	30	30	30	30	25	40
处理工艺	NMOS/CCD 2 poly/2 Al	NMOS/CCD 2 poly/2 Al	NMOS/CCD 2 poly/2 Al	NMOS/CCD 2 poly/2 Al	CMOS/CCD 2 poly/2 Al	NMOS/CCD 2 poly/2 Al
设计规则/μm	1.5	2	1.5	1.2	1.2	1.5
热响应/(ke⁻/K)	—	13	—	32	22	9.6
饱和容量/e⁻	0.7×10^6	1.2×10^6	—	2.9×10^6	2.1×10^6	1.6×10^6
NETD/K	—	0.07	—	0.033	0.037	0.1

20 世纪 90 年代初，在二维红外焦平面中，1 040×1 040 元 CSD FPA 的像元尺寸最小(17 μm×17 μm)[76-78]。该像元采用 1.5 μm 设计规则构建，填充因子为 53%。1040×1040 元阵列被分成 4 个 520×520 元的模块。每个模块都有一个水平 CCD 和一个浮置扩散放大器。以 10 MHz 钟频操作每个水平 CCD，以 30 Hz 帧速率读取 100 万个像元的数据。图 26.17 显示了安装在 40 引脚陶瓷封装中的 1 040×1 040 阵列的照片，以及该 PtSi CSD FPA 的第一幅百万像素红外图像[77]。该器件的芯片尺寸为 20.6 mm×19.4 mm。300 K，*f*/1.2 冷屏，30 Hz 帧速率时，该百万像素阵列的 NETD 为 0.1 K。

如表 26.8 所示，三菱电机公司制造的所有 512×512 元 FPA 的像元尺寸均为 26 μm×20 μm。最早的阵列开发于 1987 年，使用 2 μm 的设计规则制造，填充因子相对较小，为 39%[79]。最近，随着设计规则进一步减小，一种高性能的 PtSi 肖特基势垒红外图像传感器被开发出来，该传感器具有增强的 CSD 读出电路架构[67,80-82]。图 26.18 显示了填充因子为 71%的 512×512 阵列中的像元；该阵列使用 1.2 μm 设计规则[67]。配合 *f*/1.2 光学元件，在 300 K 下工作，获得了约 30 mK 的 NETD(表 26.8)。801×512 元器件的总功耗小于 50 mW。使用最精细的设计规则可以制造出具有 78%填充因子的高灵敏度 FPA[74]。

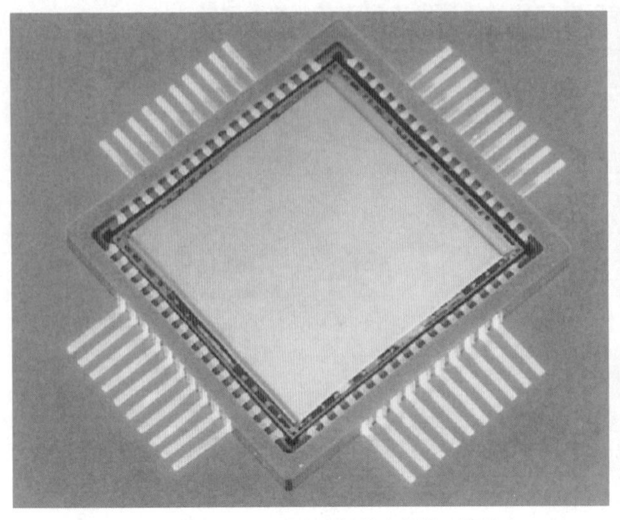

(a) 安装在40引脚陶瓷封装中的阵列照片

(b) 该阵列的第一张百万像素红外图像[77]

图 26.17 1 040×1 040 元 PtSi/p－Si 肖特基势垒 CSD FPA

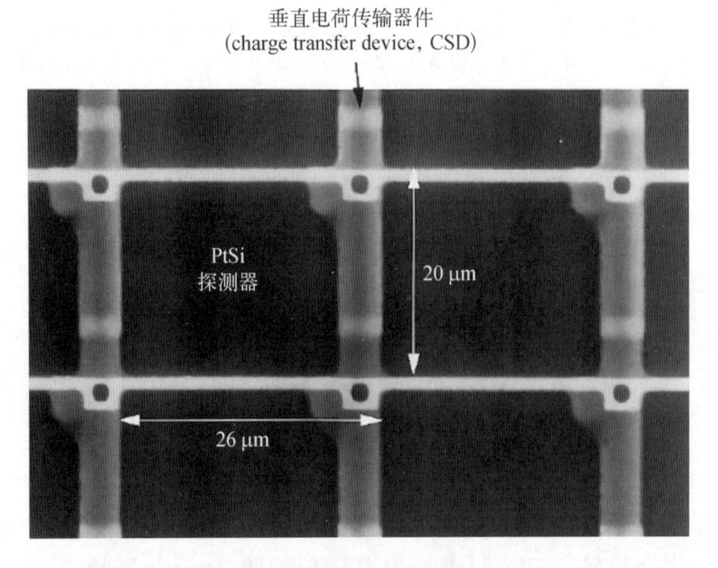

图 26.18 在制备铝反射面之前拍摄的 512×512 元 PtSi 肖特基势垒 CSD FPA 的像元照片[67]

为了提高填充因子，也提出了其他像元设计。其中一种是化合物半导体焦平面阵列中普遍采用的混成结构。如图 26.19 所示，各个肖特基电极的制造非常接近，以至于它们的耗尽区重叠，二极管隔离只能通过硅化物电极之间厚度为 2 μm 的氧化物间隙来实现，而不需要保护环(自保护探测器)[83]。使用该结构，对于 20 μm 像元阵列[84]，可以获得 80% 的填充因子。

Kosonocky 等[85]提出了一种肖特基势垒 FPA 的新概念，称为直接肖特基注入(direct Schottky injection，DSI)，可以提供 100%的填充因子。该 DSI FPA 由一个连续的硅化物电极

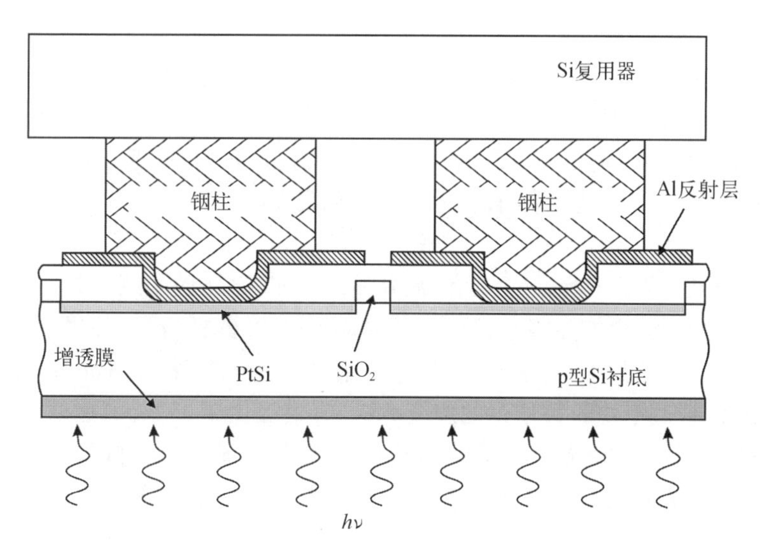

图 26.19　使用自保护探测器的混成式肖特基势垒 FPA,其像元结构示意图[84]

(DSI 表面)组成,该电极形成在薄的(10~25 μm)硅衬底的一个表面上,另一侧为 CCD 读出寄存器,如图 26.20 所示。在工作期间,在 DSI 表面和读出结构的电荷收集元件之间的硅衬底被耗尽。注入的热空穴从 DSI 表面沿着电场向收集元件漂移。在大卫萨诺夫研究中心,采用具有 50 μm×50 μm 像元的 128×128 FPA 和 p 型沟道 IT－CCD 读出多路复用器验证了 DSI 概念的可行性[85]。然而,该器件有相当大的串扰,达到 20%左右。

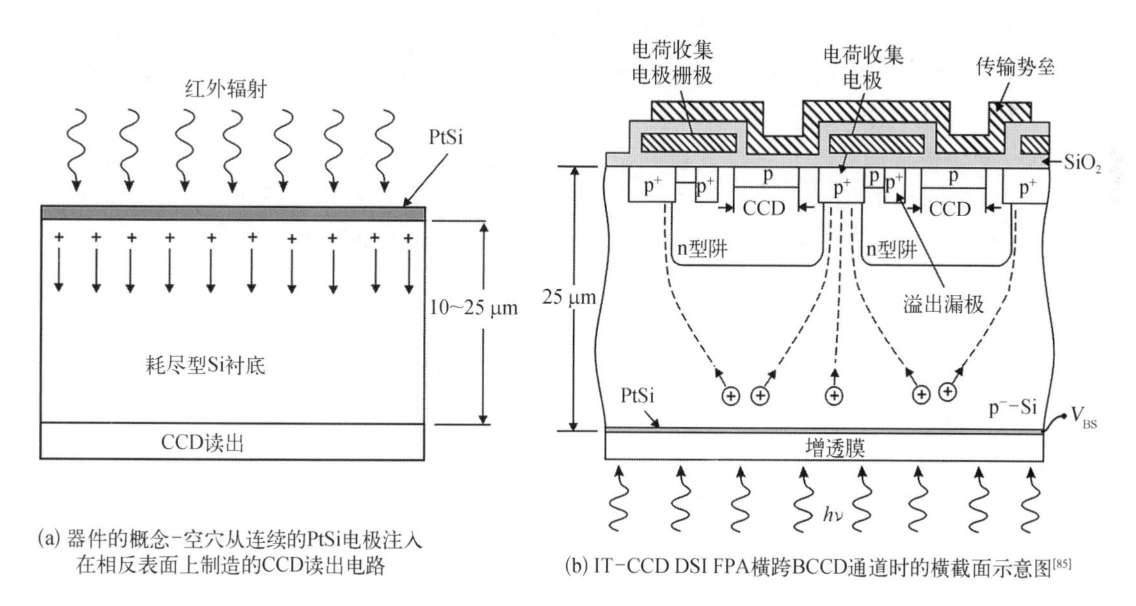

(a) 器件的概念-空穴从连续的PtSi电极注入在相反表面上制造的CCD读出电路

(b) IT-CCD DSI FPA横跨BCCD通道时的横截面示意图[85]

图 26.20　DSI FPA

目前的 PtSi 肖特基势垒 FPA 主要在采用 0.15 μm 光刻技术的 300 mm 晶圆生产线上制造。然而,单片式 PtSi 肖特基势垒 FPA 的性能在大约 20 年前就达到了一个平台期,预计仍会有缓慢的发展。

PtSi 肖特基势垒 FPA 的开发在 2010 年停止。暗电流和量子效率都已经达到了理论极限，通过改进材料和/或工艺技术预计不会获得进一步的改善[75]。与其他量子红外焦平面阵列技术相比，硅基红外焦平面阵列技术具有很大的成本优势。最先进的硅大规模集成(large-scale integration，LSI)技术也使得在 300 mm 甚至更大的硅片上制造全晶圆红外焦平面成为可能。然而，与非制冷微测辐射热计 FPA 相比，其成本优势并不明显。

如第 15 章所述，除了 PtSi，还有其他硅化物用于肖特基势垒红外探测器(Pd_2Si、IrSi、Co_2Si 和 NiSi)。然而，并没有发现获得更广泛的应用[74]。此外，在红外光谱范围内，SiGe 和 Si 之间的价带不连续也被用作内部光电发射的能垒。分子束外延(molecular beam epitaxy，MBE)技术为在 Si 衬底上生长高质量的应变 SiGe 薄膜提供了可能，也为拓展截止波长提供了另一种选择。Presting[86] 描述了不同结构的异质结内光电发射(heterojunction internal photoemission，HIP)探测器，这种探测器基于空穴从高 p 型掺杂的 SiGe 量子阱发射进入未掺杂的硅层。

第一个具有 CCD 读出的 400×400 元 GeSi/Si 异质结阵列是由 Tsaur 等[87,88]开发的。他们展示了工作在 53 K、截止波长为 9.3 μm 的未经校正热像仪，最小可分辨温差为 0.2 K (f/2.35)。该阵列的响应率不均匀性小于 1%。也有报道关于 λ_c = 10 μm(像元尺寸分别为 40 μm×40 μm 和 28 μm×28 μm，填充因子分别为 43%和 40%)的 $Ge_{1-x}Si_x$/Si 320×244 和 400×400 元阵列的性能[89]。为了提高焦平面阵列的性能，采用了单片式硅微透镜阵列。虽然这些探测器还处于早期开发阶段，但它们在量子效率方面已经超过了具有相同截止波长的 IrSi 探测器。

最近，Wada 等[90]开发了一种像元尺寸为 34 μm×34 μm、填充因子为 59%的高分辨率 8~12 μm 波段 512×512 元 SiGe HIP MOS 读出结构。该阵列采用 0.8 μm 单层多晶硅和双层铝 NMOS 工艺制作。图 26.21 给出了像元设计示意图，包括横截面和等效电路图[91]。像元包含一个源极跟随器放大器和一个存储电容器(四个晶体管和一个电容)。存储电容由铝反射层和与传输门的漏极连接的另一电极组成。在 43 K、300 K 背景下，获得了 0.08 K (f/2.0)的 NETD，响应率色散很小，仅为 2.2%，像元良率高达 99.998%。

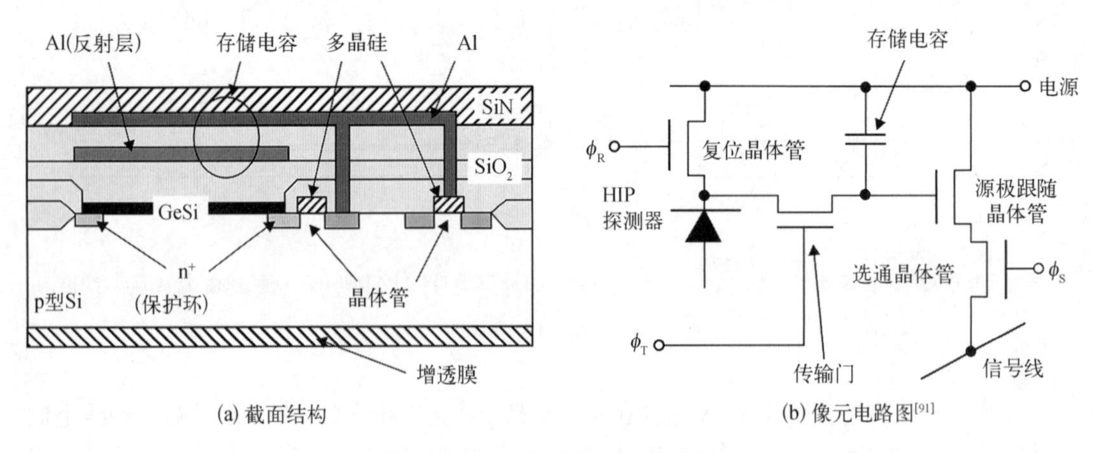

(a) 截面结构　　(b) 像元电路图[91]

图 26.21　GeSi HIP FPA 的像元

26.4　Ⅲ-Ⅴ族焦平面阵列

目前，Ⅲ-Ⅴ族化合物特别是锑基探测器，作为 HgCdTe 探测器材料的可能替代，获得了大力发展[92]。Ⅱ类超晶格表面上的迅速成功不仅取决于过去 50 年的Ⅲ-Ⅴ族材料，而且主要取决于最近红外光电探测器设计中出现的新想法。在过去的十年中，锑基 FPA 技术在较短的时间内就达到了接近 HgCdTe 的水平。然而，这项技术的现代版本仍处于初级阶段。带隙工程的出现给Ⅲ-Ⅴ族材料赋予了新的生命。

26.4.1　铟镓砷阵列

InGaAs 三元合金能够在室温下工作，在可见光范围内至约 3 μm 的波长范围内具有高量子效率，因此是短波红外成像应用的最佳材料选择。这些应用涵盖商业和工业，包括半导体晶圆检测、波前传感、天文学、光谱学、机器视觉和军事应用（监视、主动点位跟踪和激光雷达）。人们对 InGaAs 探测器阵列的使用越来越感兴趣，这主要是因为其在探测物体方面的潜在优势，可以利用物体对外部光源的反射信号特征，而不是利用物体在较长红外波段中的热发射。与可见光相机相比，InGaAs 相机在具有恶劣气象条件下（如雾霾、薄雾和降雨）产生的图像质量要好得多。它们是在室温工作的，因此结构紧凑、用途广泛，并且易于作为商用数字摄像机使用。

16.2 节描述了传统 InGaAs 光电二极管的制造。光电二极管阵列与 CMOS ROIC 混合，然后集成到摄像机中，以视频速率输出到监视器，或与计算机一起用于定量测量和机器视觉。

已经制作了 256 个、512 个、1 024 个和 2 048 个单元的线列，工作于三个波段：0.9～1.7 μm、1.1～2.2 μm 和 1.1～2.6 μm，像元间距小至 12.5 μm[93]。它们有各种尺寸可供选择，具有不同的探测器高度、像元间距和像元数量，封装配备 1 级、2 级或 3 级热电制冷或不带制冷机（应用于外部制冷环境中）。具有 2 048 个方形像元的线列可用于工业中对快速移动过程进行高分辨率成像。像元高度较高的阵列在光学光谱仪中得到了广泛的应用。用户能够根据其应用从广泛的阵列像元规模和读出电路格式中进行选择，实现最佳匹配。

1990 年 Olsen 等[94]报道了第一个 128×128 元 $In_{0.53}Ga_{0.47}As$ 混成型 FPA，其光谱范围为 1.0～1.7 μm。像元大小为 30 $μm^2$，像元间距为 60 μm，并且被设计成与 2D Reticon 多路复用器兼容。暗电流小于 100 pA，电容接近 0.1 pF（−5 V，300 K），量子效率大于 80%（1.3 μm）。在过去的 20 年里，这些器件的发展取得了长足的进步，现在已有量产的 1 280×1 024 元大规模阵列。320×240 元阵列在室温下工作，可以用于开发出体积小于 25 cm^3、重量小于 100 g、功耗低于 750 mW 的相机[95]。

目前，InGaAs FPA 由多家厂商制造，包括 Sensors Unlimited[96-99]、Indigo Systems（已并入 FLIR Systems）[100,101]、Teledyne Judson Technologies[102]、XenICs[93]、SCD[103]、Spectrolab[104]和 Sofradir[105,106]。表 26.9 列出了由 Sensors Unlimited 制造的近红外摄像机的性能测量值。

表 26.9 由 Sensors Unlimited 制造的近红外 InGaAs FPA 的特性

	配　置		
	640×512	640×512	1 280×1 024
间距/μm	25	15	12.5
光学填充因子/%	100	100	100
光谱响应/μm	0.5~1.7	0.7~1.7	0.5~1.7
QE/%	>65(1.0~1.6 μm)	>65(1.0~1.6 μm)	≥65(1.0~1.6 μm)
平均探测率/($cm\cdot Hz^{1/2}/W$)	7.6×10^{12}	1.8×10^{13}	2.9×10^{13}
噪声等效辐照度/[光子/($cm^2\cdot s$)]	$3.6\times10^8\sim1.6\times10^{12}$ (13 级)	1.1×10^9	8.5×10^8
噪声(rms)	225 电子(典型值)	65 电子(典型值)	35 电子(典型值)
有效像元率/%	>99.2	>99	≥99
容量/电子数	1×10^6		6×10^6
曝光时间	31 μs~128 ms(13 级)	63 μs~33 ms	33 μs~33 ms
图像校正	2 点校正(偏移和增益) 逐像素;用户可选	Goodrich 专有校正	逐像素;用户可选
动态范围	>3 500 : 1	300 : 1(高增益), 1 000 : 1(低增益)	1 700 : 1
敏感区域/mm^3	16×12.8×20.5(对角线)	16×12.8×20.5(对角线)	16×12.8×20.5(对角线)

InGaAs 探测器的暗电流和噪声足够低,因此可以考虑用于感兴趣的波段为 0.9~1.7 μm,且需要焦平面器件在高工作温度下工作的天文学研究。在文献[107]中比较了截止波长 1.7 μm 的 InGaAs 1k×1k 光电二极管与同类 2k×2k HgCdTe 成像器的低温性能。数据表明,InGaAs 探测器技术性能良好,可与最先进的 HgCdTe 成像仪相媲美。InGaAs 相机为基于 HgCdTe 的成像仪提供了潜在的更低的成本和更高的可靠性。与 InGaAs 相反,HgCdTe 在整个合金组分范围内保持几乎恒定的晶格参数及性能。

InGaAs FPA 在短波红外波段实现了非常高的灵敏度,通过在混成后去除衬底可以增加其对于可见光的响应。可见光波段 InGaAs 探测器结构(图 26.22)与图 16.9 非常相似,不同之处在于在外延片结构中增加了 InGaAs 阻挡层,可以在后续工艺中将 InP 衬底完全去除[96,97]。使用机械方法和湿法化学蚀刻技术相结合以去除衬底。剩余的 InP 接触层厚度必须控制在 10 nm 以内,才能保持可见光波段具有一致的 QE,通常约为 40%。InP 层越厚,可见光波段的 QE 越低,图像保持率也越低。

最近报道了 $In_{0.53}Ga_{0.47}As$ 材料体系中最大规模、最精细像元的成像仪。古德里奇公司推

InP帽层

I-InGaAS吸收区

n-InP接触层

InGaAs刻蚀终止层

n-InP衬底

(a) 外延片结构

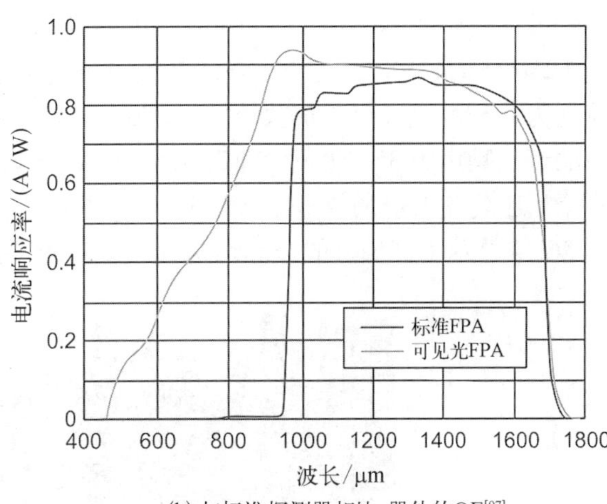

(b) 与标准探测器相比，器件的QE[97]

图 26.22　可见光 InGaAs 探测器

出了一款高分辨率的 1 280×1 024 元 InGaAs 可见光/短波红外成像仪，像元尺寸为 15 μm，可用于白天/夜间成像[99]。具有 CTIA 读出单元的阵列具有很小的积分电容，可以实现低于 50 个电子的噪声电平。读出速度为每秒 120 帧，采用滚动非快照的积分模式，具有 3 000∶1 的动态范围。使用双采样，探测器测量的总噪声为 114 个电子。

图 26.23(a)显示了用于 MANTIS(multispectral adaptive networked tactical imaging system，多光谱自适应网络化战术成像系统)计划的 1 280×1 024 元 1.7 μm 波长 InGaAs 传感器芯片组件(sensor chip assembly，SCA)。该探测器阵列与一种创新的 ROIC 进行混成，单元放大器由电容跨阻放大器和采样/保持电路设计而成。该 SCA 在 30 Hz 帧速率下的噪声测量结果如图 26.23(b)所示。假设 kTC 和探测器 gr 噪声占主导，噪声模型的拟合结果表明，探测器 R_0A 乘积在 280 K 时为 $8\times10^6\ \Omega\cdot cm^2$，ROIC 贡献了大约 40 个电子的噪声。在 240 K 以上，探测器噪声占主导，而在 240 K 以下，ROIC 噪声占主导。

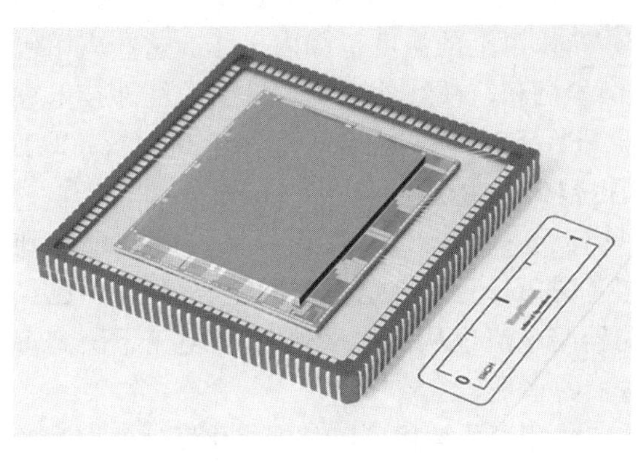

(a) 传感器芯片组件SCA

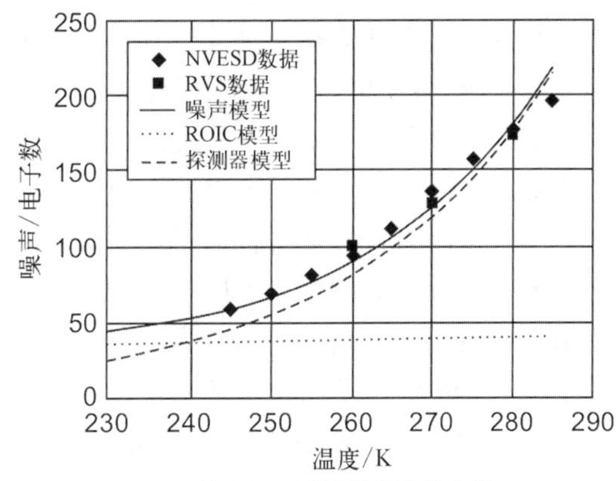

(b) 30 Hz噪声随温度的变化

图 26.23　1 280×1 024 元 MANTIS InGaAs 器件

实线是数据与噪声模型的拟合，该噪声模型包括探测器 gr 噪声和 ROIC 的 kTC 噪声。NVESD 是指夜视和电子传感器理事会(Night Vision and Electronic Sensors Directorate)[108]

最近几年，SCD 开发了 InGaAs/InP 探测器，型号为 Cardinal 1280，像元间距 10 μm，格式为 1280×1024(SXGA)[103]。该阵列在可见光范围内具有很高的灵敏度，在 280 K 时的暗电流约为 0.5 fA，在 1550 nm 处的 QE>80%。它还具有低噪声成像模式，适用内部相关双采样时的读出噪声为 35 个电子。FPA 集成在一个坚固耐用、高真空完整性的金属封装中，带有一个用于优化性能的热电制冷机和一个高等级蓝宝石的窗口。像元有效性远高于 99.5%。图 26.24 显示了其拍摄的经非均匀性校正后的图像。

图 26.24　用 10 μm 间距 1280×1024 元 InGaAs 可见光/短波红外成像仪拍摄的白天图像[103]

26.4.2　锑化铟阵列

InSb 光电二极管自 20 世纪 50 年代末就已问世。它们被用于 1~5 μm 的光谱区域，必须冷却到大约 77 K。InSb 光电二极管也可以在 77 K 以上的温度范围内工作。这些应用包括红外制导、威胁警告、红外天文学、商用热成像相机和前视红外系统。最新的红外技术重大进展之一是开发了用于凝视阵列的大型二维 FPA，阵列格式配合了适用于高背景 *f*/2 工作和低背景天文应用的读出电路。线性阵列用得很少。

20 世纪 80 年代中期制造的最早的阵列只有 58×62 元[109-112]，而今天的阵列已达到 8192×8192 元，像元数量增加了三个数量级以上(图 26.25)。在这段时间里，阵列噪声已经从数百个电子改善到 4 个电子[113]。同样，探测器暗电流也从大约每秒 10 个电子下降到每秒 0.004 个电子[114,115]，量子效率已达到 90%以上的水平。

InSb FPA 可采用单片结构和混成结构开发。采用混成架构可以分别优化器件的探测部分和读出电路，从而获得最佳性能。

1. 混成阵列

InSb 材料比 HgCdTe 要成熟得多，现在可以买到高质量的直径为 6 英寸的体材料衬底。在像元间距 10 μm 以下，千兆像元 FPA 是未来几年内发展的目标。如此大的阵列是

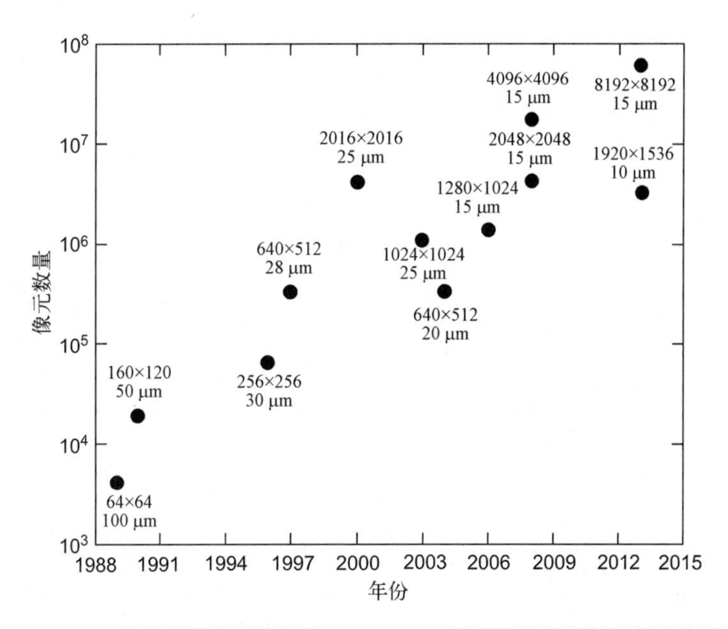

图 26.25　L-3 辛辛那提电子公司的 InSb FPA 探测器研发进展。横坐标表示首次获得所对应的总像元数的年份，图中包括了 SCD 公司（Haifa，以色列海法）首次研制的 10 μm 像元 300 万像素阵列（1920×1536 元）[116,117]

可能的，因为 InSb 探测器材料被减薄到小于 10 μm（在表面钝化和与读出芯片混成之后），这允许它适应 InSb/硅的热失配。InSb 探测器像元连接到硅衬底，探测器元件之间的间隙很小（1 μm），且整体基本上浮在 Si 衬底上。连接柱之间的空隙用环氧树脂回填。使用了创新的钝化技术，从特殊的减反射（antireflection，AR）涂层到独特的减薄工艺，这些改进提高了产量和质量。所有这些工艺都是晶圆级别的。这一点至关重要，因为这些器件在其预期寿命内，会几千次地经历从室温冷却到 78 K 的过程。在超过 15 000 次低温循环中，阵列的有效像元率（定义为阵列中无缺陷像元数量与总像元数量的比率）大于 99.6%[116]。以每天经历 1 次低温循环来估算，15 000 次循环相当于 40 多年的时间。

选择 InSb 用于红外探测的原因之一是它光谱响应广泛，如图 26.26 所示[115,118]。在 0.4~5 μm 的宽光谱范围内，内量子效率接近 100%，这是减薄的 InSb 阵列在这一应用中的优势。QE 会受到入射光被表面反射的限制，这可以通过 AR 涂层来改善。

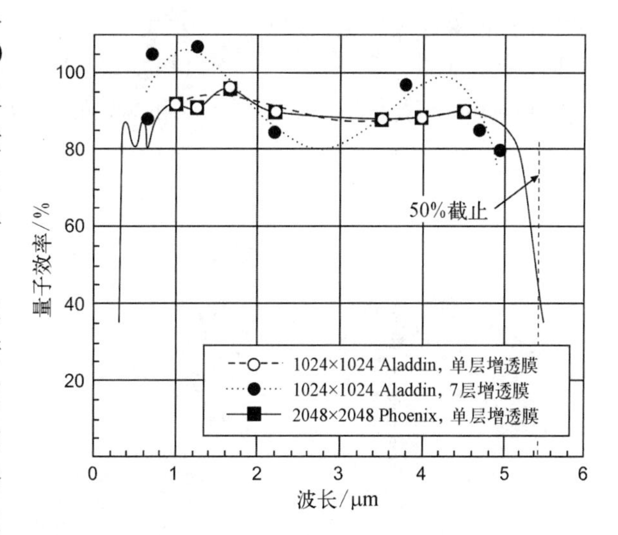

图 26.26　对于 1024×1024 Aladdin SCA（采用单层和 7 层增透膜）和 2 048×2 048 Phoenix SCA（单层增透膜），InSb SCA 的 QE 随波长的变化[118]

InSb 光电二极管在大尺寸阵列中表现出低的暗电流，如图 26.27[115] 所示。

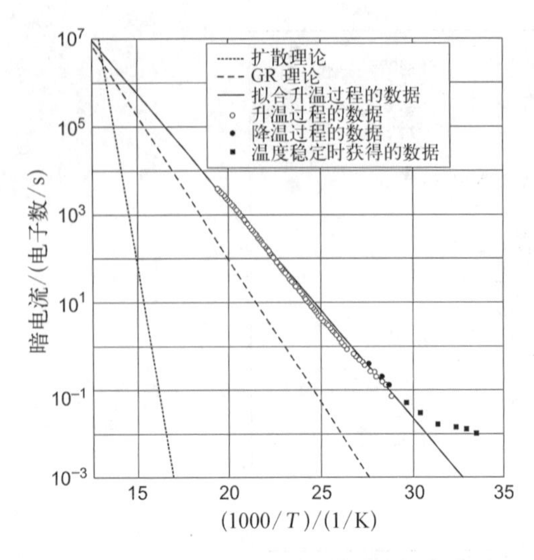

图 26.27 2k×2k InSb 阵列的暗电流与温度倒数(1 000/T)的关系,并与扩散和生成-复合的理论曲线进行了比较。测量的暗电流在这个半对数图上沿着直线下降到 33 K,然后变得平坦,在 30 K 时达到 0.01 电子/s。数据来自探测器升温和降温过程[115]

然而,暗电流并不遵循预测的由生成-复合机制导致的暗电流趋势[图 16.21(a)]。取决于进一步的研发资金,可以对由于非理想钝化引起的表面电流的可能性进行研究。

大规模凝视型 InSb 焦平面的发展是由天文学应用驱动的。天文学家为大型焦平面的开发募集资金,以显著地提高望远镜的产出。第一个超过一百万像素的 InSb 阵列是 Aladdin(阿拉丁)阵列,该阵列最初由圣巴巴拉研究中心于 1993 年生产,并于 1994 年由亚利桑那州图森市(Tucson, Arizona)的美国国家光学天文观测中心(National Optical Astronomy Observations, NOAO)在望远镜上进行了演示[119]。该阵列像元中心距为 27 μm,包含 1 024×1 024 个像元,并被分成四个独立的象限,每个象限使用 8 路输出放大器。选择这一解决方案是因为当时还不确定大型阵列的良率。

Aladdin 已经升级到了更大规模的版本,ORION(猎户座)FPA 系列。RVS 公司天文学 FPA 的发展年表如图 26.28 所示[118]。下一步用于天文学的 InSb FPA 是 2 048×2 048 元 ORION SCA(图 26.29)。四个 ORION SCA 组成 4 096×4 096 元焦平面器件,部署在 NOAO 近红外相机中[119],该相机目前运行在基特峰(Kit Peak)的 Mayall 4 m 口径望远镜上。该阵列有 64 路输出,最高支持 10 Hz 的帧频。ORION 计划中使用的许多封装概念都与 RVS 公司为詹姆斯·韦伯太空望远镜(James Webb Space Telescope, JWST)任务开发的三面可扣接 2k×2k FPA InSb 模块是通用的[120]。

Phoenix SCA 是另一种已经生产和测试的 2 k×2 k FPA InSb 阵列。该探测器阵列与猎户

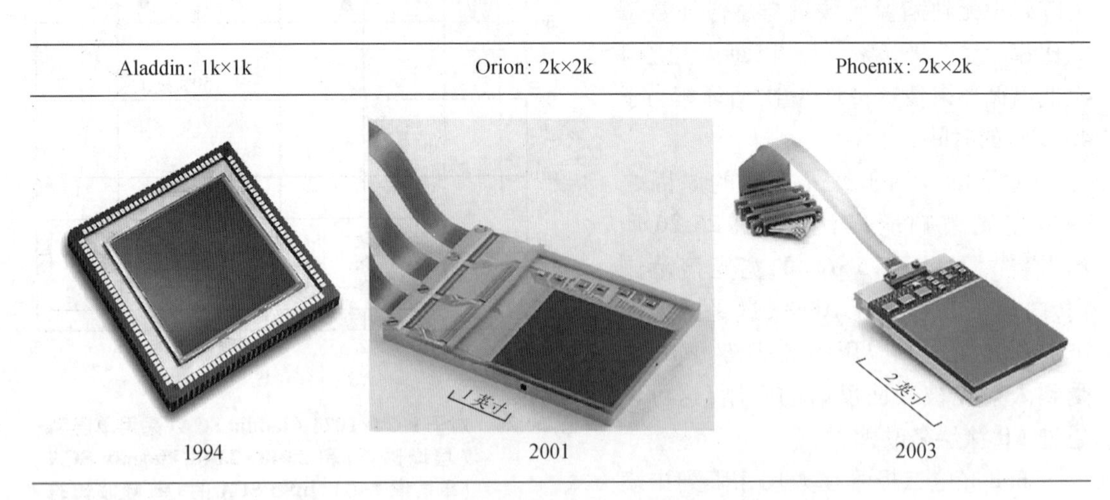

图 26.28 RVS 公司研发 InSb 天文学阵列的时间表[118]

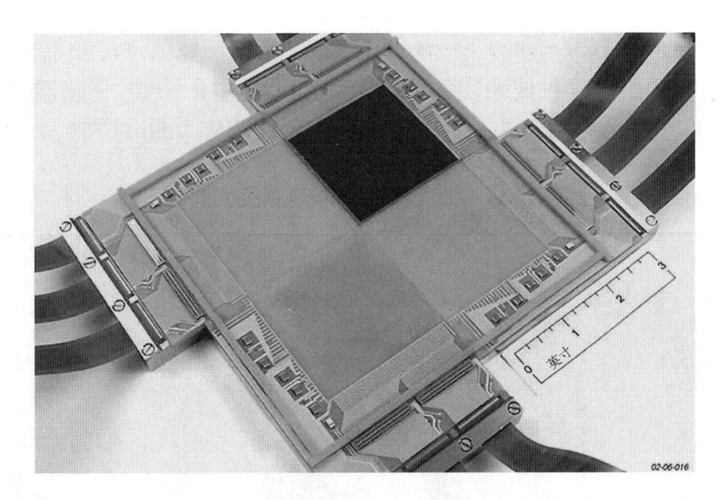

图 26.29　使用两侧可扣接 Orion 模块创建的 4 k×4 k 焦平面。一个模块包含 InSb SCA 处理芯片,而其他模块仅包含初始读出电路[115]

座(像元尺寸为 25 μm)相同;但是,它的读出电路针对更低的帧速率和更低的功耗进行了优化。仅采用四路输出,整帧读取时间通常为 10 s。较少的输出数量允许实现三面可扣接的较小模块封装[115]。三面可扣接的模块能够实现更大的探测面积。

不同格式的 InSb FPA 也有许多高背景通量下的应用,包括导弹系统、拦截系统和商业成像相机系统。随着对更高分辨率的需求日益增加,几家制造商都已经开发出了百万像元探测器。表 26.10 比较了 L-3 Communications Cincinnati Electronics (L-3 通信-辛辛那提电子)、Santa Barbara Focalplane(圣巴巴拉焦平面)和 SCD 制造的商用百万像元 InSb FPA 的性能。Santa Barbara Focalplane 公司开发了一种新的大面阵 InSb 探测器,具有 1 280×1 024 个像元,像元尺寸为 12 μm[121]。

表 26.10　商用百万像元 InSb FPA 的性能

参数	配置			
	2 048×2 048	1 024×1 024	1 024×1 024	1 280×1 024
	Raytheon Orion	L-3 Communications Cincinnati Electronics	Santa Barbara Focalplane	SCD
像元间距/μm	25	25	19.5	15
像元容量/电子数	>3×10^5	1.1×10^7	8.1×10^6	6×10^6
功耗/mW	<100	<100	<150	<120
NETD/mK	<24	<20	<20	20
帧速率/Hz	10	1~10	120	120
有效像元率/%	>99.9	>99	>99.5	>99.5
参考	www.raytheon.com	www2.l3t.com/ce/	www.sbfp.com	www.scd.co.il

L－3 Communications Cincinnati Electronics 是大尺寸/广域监视传感器的制造商，实现了1 670 万像素和超宽视野。这种成像装备可以探测和识别应用小尺寸传感器时会遗漏的特征。它目前装备于海外战区的美国设施。表 26.11 列出了大规模 InSb 阵列的典型性能规格。

表 26.11 大规模 InSb 阵列的性能规格

	L－3 Communications Cincinnati Electronics	SCD
	(大尺寸/广域监视传感器)	(Blackbird IDCA)
集成探测器的外观		
格式	4 096×4 096	1 920×1 536
像元尺寸/μm^2	15×15	10×10
FPA 功耗	2/5 W	400 mW
稳态制冷机功率/W	<55	20
重量	约为 15 磅(约为 6.8 kg)	700 g
NETD	取决于积分时间	<24 mK

SCD 公司于 1 997 年推出了 320×256 格式、30 μm 间距的探测器，随后推出像元大小为25 μm、20 μm、15 μm 和 10 μm 的更大规模阵列。图 26.30 显示了四种不同间距(30 μm、20 μm、15 μm 和 10 μm)的 InSb FPA 的 MTF。向更小像元尺寸的转变需要从 0.5 μm CMOS 工艺迁移到更先进的 CMOS 工艺，以实现更高的单位面积电容值，更低的工作电压(降低功耗)，以及更密集的器件布局(保持高性能工作)。继续向大规模和小像元的方向发展的趋势下推出的 Hercules(大力神型探测器)是一种间距为 15 μm、1 280×1 024 元 InSb 探测器。新的 Blackbird(黑鸟探测器)也是发展路线图中的一步，其具有 300 万像元 FPA，像元尺寸为 10 μm。

表 26.11 中列出了 Blackbird 传感器模块的典型性能特征。它被封装在一个杜瓦中，集成到一个制冷机和一个电子感应板。这种集成探测器制冷机组件(integrated detector cooler assembly IDCA)构成了一款紧凑型 MWIR 探测器，可在高达 120 Hz 的帧频下生成 13 位的 300 万像素图像，在 71℃时总功耗低于 30 W。图 26.31 是这款具有高的温度和空间分辨率的新型探测器所拍摄的图像。

2. 单片锑化铟阵列

在 InSb 探测器技术的历史演变中，单片式 FPA 结构也获得了发展。1967 年 Phelan 和

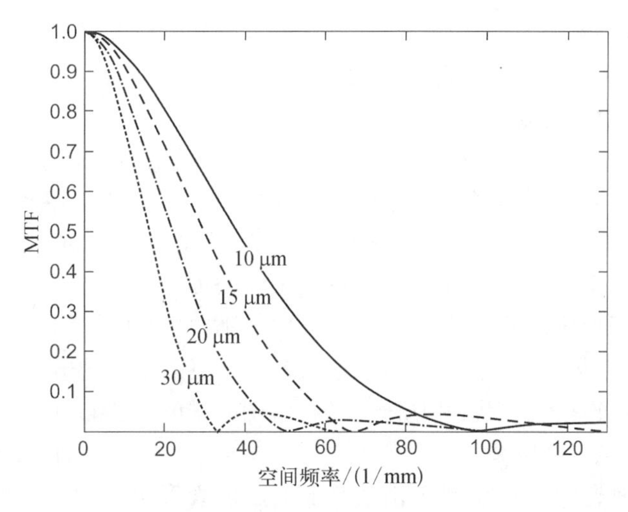

图 26.30　InSb FPA 的 MTF 曲线,分别对应像元间距(SCD 公司的产品型号):30 μm (Blue Fairy)、20 μm(Sebastian)、15 μm(Pelican)和 10 μm(Blackbird)[122]

图 26.31　使用 $f/3$ 光学元件,由 Blackbird 探测器拍摄的 2 km 外的图像[122]

Dimmock[123]首次提出了 InSb 金属绝缘体半导体(metal-insulator-semiconductor, MIS)光伏型(photon-voltaic, PV)红外探测器。Lile 和 Wieder[124]进行了更全面的研究。开发 MIS 探测器的主要目的是将固态成像所需的所有功能(如光子探测、电荷存储和多路复用读出;见第 24 章)与高性能成像设备的发展相结合。由于 InSb 等窄禁带半导体的基本特性限制,这些目标尚未实现[125]。

CID(charge-injection device,电荷注入器件)的制备最初用于 MOS 硅器件,以减少读出所需的传输次数[126]。此后不久,CID 就被用于窄禁带材料以制备单片式 InSb FPA[127]。Michon 和 Burke[128]对基本的 CID 机制与读出技术进行了阐述。在 CID 中,发生探测过程的单元是由两个以 $x-y$ 寻址方式读取的两个 MIS 结构组成的。对于用窄禁带半导体制造的读出结构，电容明显小于类似的硅器件。半导体的体击穿电压 V_{bd} 与半导体的带隙能量 E_g 间存在经验关系：$V_{bd} \propto E_g^{3/2}$ [129]。因此，InSb 的额定击穿电压约为硅的10%。电荷存储还取决于绝缘层厚度对应的介电常数。

Kim[127] 提出了 InSb MOS 技术与 CID 技术的耦合。图 26.32(a)是在 CID 器件中使用 n 型 InSb MIS 结构的示意图[130]。在 InSb CID 技术中采用了全平面(非背面蚀刻)工艺[131,132]。图 26.32(b)显示了单元几何结构的横截面和俯视图。在<200℃的温度下，对晶片进行化学抛光并涂覆一层厚度约为 135 nm 的 CVD SiO_2 薄膜。然后使用一层薄的铬层对列栅极和场板进行图形化。随后沉积了 220 nm 厚的第二层 SiO_2，并用另一层薄的铬层定义出行栅极。当使用 AR 涂层时，在 4 μm 波长下，7.5 nm 厚的铬层的透过率为 60%~70%。更厚的金层被用来形成连接线、焊盘和场屏。与传统的并排电容器布局不同，改进后的器件采用了同心设计，一个电容器围绕着另一个电容器。栅极采用圆角设计，以尽量减小附近的电场。用该平面工艺制造的阵列在栅氧化层厚度范围内表现出约为 2%数量级的不均匀性。注入串扰小于 1%。

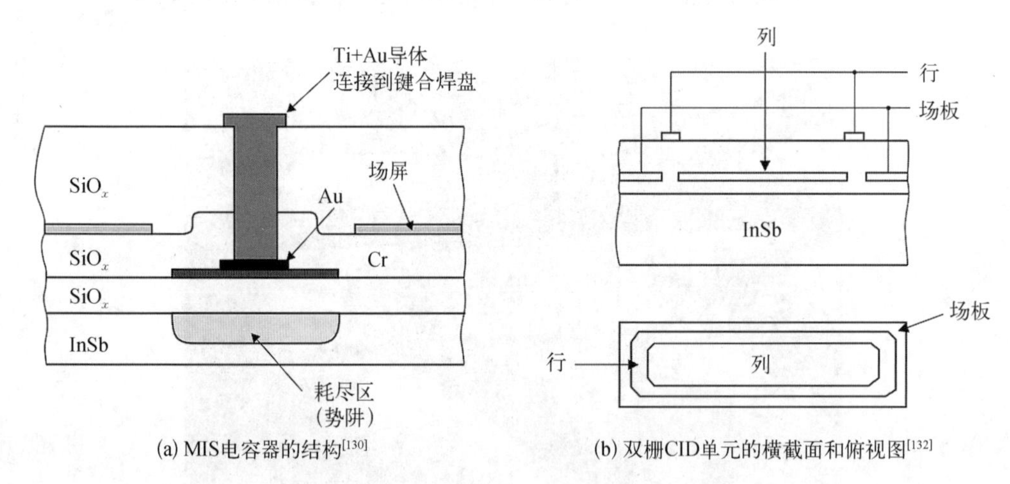

(a) MIS电容器的结构[130]　　(b) 双栅CID单元的横截面和俯视图[132]

图 26.32　InSb CID 器件

CID 设计的优化很大程度上依赖于阵列工作的读出方案。尽管许多不同的读出技术可以被应用于硅 CID[128]，但由于 InSb CID 的发展较晚，到目前为止只有三种读出技术(即理想模式、传统电荷共享模式和顺序行注入模式)被用于 InSb CID[130]。Gibbons 等[132,133] 对三种常见读出电路进行了比较。InSb CID 技术的进步推动了 512 元线列[130] 和带焦平面 Si MOS 扫描器/前置放大器的 128×128 凝视阵列[134,135] 的发展。

InSb CID 中的暗电流与耗尽生成的载流子和从体材料扩散到耗尽层的少子二者的总和成正比，并且可以写为

$$J_{ds} = \frac{qn_i w}{2\tau} + \frac{qn_i^2 L}{N_d \tau} \tag{26.1}$$

当施主浓度 $N_d = 3 \times 10^{14}\ \text{cm}^{-3}$，扩散长度 $L = 25\ \mu\text{m}$，工作温度为 80 K 时，耗尽生成电流比扩散电流高近 3 个数量级。少子寿命对杂质和晶体缺陷非常敏感，对暗电流的影响最大。通过液相外延(liquid phase epitaxy，LPE)在 InSb 晶圆上生长 InSb 外延层，可以提高 InSb 材

料的质量[136]。少子寿命比体材料提高了两个数量级以上。体材料 InSb MIS 探测器通常工作在 77~90 K 内,但 LPE 器件允许的工作温度可能高于 100 K。

1975 年,首次展示了在硅和锗以外的半导体中制备的 CCD 器件,采用的就是 InSb[137]。此后,Thom 等[138]制作了全单片式 20 元 p 型沟道的 CCD 线列。该工艺包括通过 Be 离子注入形成平面 p^+-n 结以形成宽区零(fat-zero,FZ,或又称为偏置电荷)输入和电荷输出级,并采用低温 CVD 和等离子体刻蚀以形成铝与 SiO_2 重叠的 CCD 栅结构。器件的 CTE 为 0.995,并且受到横向表面势变化的限制,而不是表面态。积分时间与读出速率无关,器件可以在多路复用和延时积分模式下工作。当积分时间为 5 ms,工作温度为 65 K,背景光通量为 10^{12} 光子/($cm^2 \cdot s$)时,阵列在多路复用模式下测得的平均探测率为 6.4×10^{11} $cm \cdot Hz^{1/2}/W$。

20 世纪 80 年代末,在窄禁带半导体中制作高性能单片阵列的尝试失败了。主要问题是 MIS 单元的信号处理,特别是工作在高背景通量、高暗电流密度的情况下,以及无法获得高 CTE 的问题。尤其是非平衡工作的 MIS 器件中与缺陷相关的隧穿电流比基础暗电流要大几个数量级。与光电二极管相比,MIS 电容器对材料的要求要高得多。

26.5　碲镉汞焦平面阵列

HgCdTe 探测器应用于焦平面时的主要工作模式利用了其光伏效应。与光导探测器相比,光电二极管具有许多关键的系统优势,特别是在 LWIR 和 VLWIR 波段:可以忽略 $1/f$ 噪声,更高的阻抗(因此可以利用制冷环境下的前置放大器或多路复用器),采用 BSI 2D 紧密间隔元件阵列的配置通用性,更好的线性度,可以采用直流耦合以测量总的入射光子通量,以及获得 $2^{1/2}$ 倍的背景限红外性能(background-limited IR performance,BLIP)探测极限。然而,对于某些仪器来说,光导探测器仍将是更好的选择,如那些探测器单元数量相对较少或需要探测极端长波的仪器。Reine 等[139,140]比较了 15 μm 遥感应用中光导型和光伏型 HgCdTe 探测器的性能。到目前为止,光伏型 HgCdTe FPA 主要基于 p 型材料。

HgCdTe 光电二极管的光谱响应范围为 1~20 μm,主要应用于 SWIR(1~3 μm)、MWIR(3~5 μm)和 LWIR(8~12 μm)。此外,还对 13~18 μm 内 VLWIR 光电二极管性能进行了改进和开发工作,用于重要的地球观测应用。

在第 23 章讨论的 IR FPA 的开发中使用了许多体系结构。一般说来,它们可以分为单片式和混成式。最好的结果来自混成式体系结构。更高密度的探测器配置会带来更高的图像分辨率及更高的系统灵敏度。HgCdTe 红外焦平面采用线性(240 元、288 元、480 元、960 元和 1 024 元)、TDI 2D 扫描(常用格式为 256×4、288×4、480×6),以及大小从 64×64 到 4 096×4 096 像元的各种 2D 凝视阵列[图 26.33(a)]。目前也在努力开发波长 1.6 μm 和更长区域的雪崩光电二极管(avalanche photodiode,APD)。已经演示了像元小至 5 μm×5 μm 的阵列。单个阵列的尺寸持续增长,同时许多空间任务所需的非常大的 FPA 是通过拼接大量独立的阵列来制造的[141]。TIS 公司开发的大型拼接 FPA 拥有 1.47 亿个像元,由 35 个独立的 2 048×2 048 元阵列构成[图 26.33(b)]。

纪念 HgCdTe 三元合金的出版物首次发表五十周年的活动很好地回顾了各国 HgCdTe 材料和器件的开发历史[142]。图 26.34 显示了 RVS(前身为圣巴巴拉研究中心,formerly Santa

(a) 用于天文观测的4个Hawaii-2RG拼接

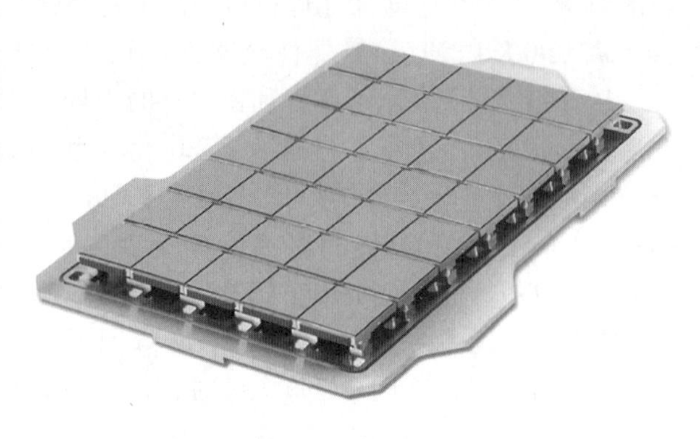

(b) 为微透镜行星发现者(Microlensing Planet Finder)设想的由35个Hawaii-2RG阵列拼接而成的机械原型[141]

图 26.33 TIS 封装器件的实例

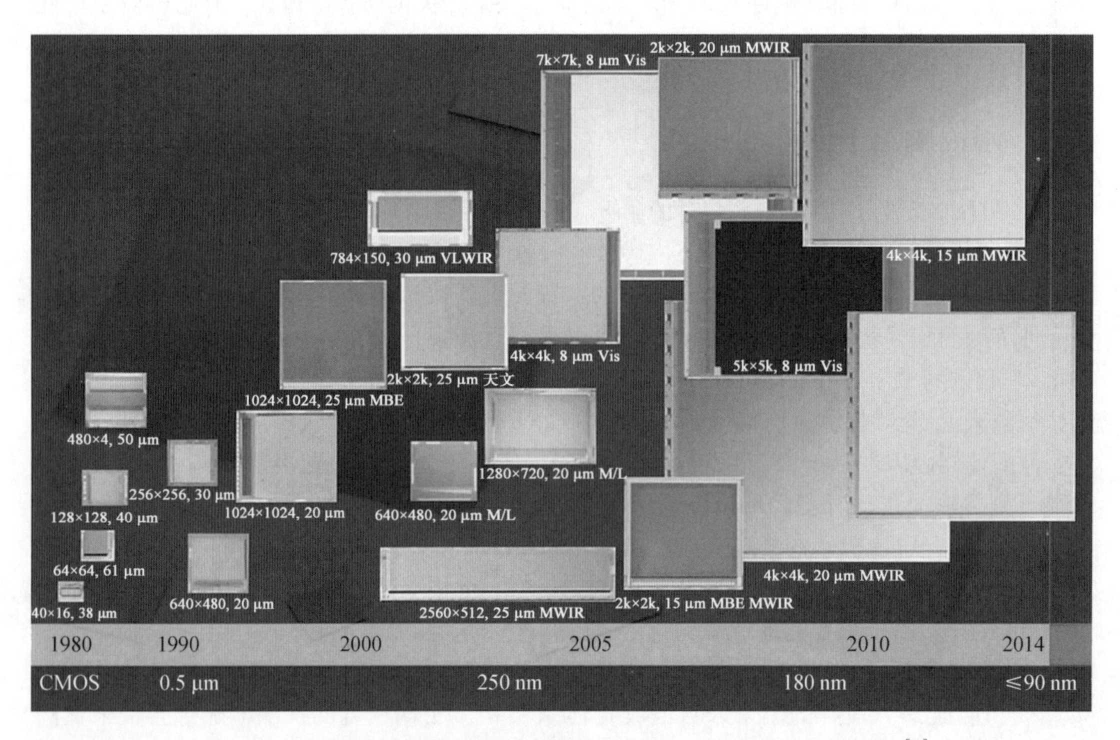

图 26.34 RVS 公司的 HgCdTe 器件发展时间线(Vis 代表可见光波段)[1]

Barbara Research Center)的 HgCdTe FPA 研发时间线,从最初 3 cm^2的 HgCdTe 体材料晶片开始,到在 60 cm^2尺寸的 CdZnTe 衬底上使用 LPE 生长,一直到当前的在 180 cm^2替代衬底上使用 MBE 进行生长[1,143]。

目前的 LWIR 和 MWIR 阵列通常使用焦耳汤普森制冷机或散热器以实现在液氮温度下运行。一些 MWIR 和 SWIR 阵列使用热电制冷机冷却至 190~240 K。由于许多 FPA 具有非常高的数据速率,因此外壳具有共面引线以最小化寄生阻抗。针对空间任务的 FPA 的制冷系统需要专门设计。

在较高背景下，在与标准视频帧速率兼容的帧时间会产生大量载流子，无法进行处理。FPA 通常需要工作在远高于视频更新速率的子帧速率下。这些子帧的片外积分可以用于获得与探测器限制相称的而不是与电荷处理能力相称的传感器灵敏度 D^*。虽然 LWIR 波段的灵敏度可以再提高一个数量级，但由于 LWIR 对比度较低及电荷处理能力与 MWIR 相近（或更低），电荷处理能力导致的凝视读出限制通常会将 LWIR 相机的灵敏度限制在比类似的 MWIR 器件更低的水平。

26.5.1　单片焦平面阵列

单片式 HgCdTe MIS 电荷转移器件（charge transfer device，CTD）是从 20 世纪 70 年代中期到 90 年代中期发展起来的。HgCdTe CTD 具有三种基本结构：CCD、CID 和电荷成像矩阵。然而，由于单片电荷转移 CCD FPA 在使用窄禁带 HgCdTe 材料时的基本限制，如高的暗电流，以及难以实现高的电荷转移效率 CTE，这些器件在中波长特别是在 LWIR 波段无法与最先进的混成式二极管阵列相媲美。由于这个原因，本节将仅对单片式 HgCdTe 器件的一种技术进行简要介绍。更多的历史细节可以参考 Rogalski[144] 的专著。

由于 n 型 HgCdTe 材料的生长和掺杂控制的工艺非常成熟，最初的工作集中在 p 型沟道 CCD 上[145-148]。然而，由于难以在 HgCdTe 中形成稳定的 p^+-n 结，读出结构不能被引入器件中。基于 MISFET 的放大器在 HgCdTe 中实现之后[149]，Koch 等[150]报道了一种由两个 55 位 CCD 多路复用器组成的单片式 n 型沟道 CCD 成像线列，器件包含了 100 个单元 MIS 探测器，每个多路复用器负责一半像元的寻址（组分 $x=0.37$）。该器件是在采用绝热气相外延生长的 HgCdTe 外延层上制作的，采用低温光化学气相沉积二氧化硅作为主栅氧化物和结构中的后续绝缘层。利用 SiO_2/HgCdTe 界面，在 60~140 K 的温度范围内，获得了高达 0.999 5 的 CTE，最高可达 0.999。

Wadsworth 等[151]已经制备出全单片 128×28 元 HgCdTe CCD 阵列，截止波长为 5 μm，可用于低背景的应用。这些阵列在 HgCdTe 探测器芯片中集成了 TDI 检测、串行读出多路复用、电荷-电压转换和缓冲放大功能。这些阵列的性能在 77 K，背景光通量水平为 6×10^{12} 光子 $cm^{-2}\cdot s^{-1}$时，探测率超过 3×10^{13} $cm\cdot Hz^{1/2}/W$。

8~14 μm HgCdTe MIS 结构的低存储容量使得它们即使在中等背景通量 CCD 中也无法应用，因为积分时间（限制在约 10 μs）变得与传输时间相当，使得阵列不可能读出。LWIR 系统的应用已经被限制为具有相对较短的积分时间（如 960×1 和 480×4 元）的扫描成像系统[152]。器件的许多限制很难消除，因此，在混成型 FPA 中，MIS 器件被 HgCdTe 光电二极管所取代。

26.5.2　混成式焦平面阵列

大多数 HgCdTe 器件的体系结构和混成制造工艺因制造商的不同而有很大差异，但具有以下共同特征。首先，它们都是基于 HgCdTe 材料的外延生长[LPE、MBE 和金属-有机化学气相沉积（metal-organic chemical vapor deposition，MOCVD）]；其次，光电二极管阵列是通过一系列的层叠、掺杂、热处理和刻蚀步骤来制造的；最后，所有的探测器芯片需通过倒装芯片键合连接到硅 ROIC 上。图 24.12（a）所示的 BSI 架构利用单独制备的探测器阵列，然后翻转，并通过铟柱将其混成到硅扇出电路[1,129,153-155]。利用该技术可以很容易地获得高的光学填充因子。

Baker等[156-159]为FSI探测器开发了一种独特的互连技术，称为通孔技术，如图24.12(b)所示。这是一个横向收集器件，具有一个小的中心电极。热膨胀失配问题是通过使用一个约9 μm厚的p型HgCdTe来解决的，它刚性地结合在硅上，从而利用其弹性吸收应变。这使得器件在机械和电气上都非常坚固，电极失效率通常小于10%。长度达15 mm的阵列已被证明不会受多次低温循环的影响[160]。该过程有两个简单的掩模阶段。第一阶段是在光刻胶薄膜上定义出直径一般为5 μm的孔阵列。使用离子束铣削，孔中的HgCdTe被蚀刻，直到暴露出铝接触层。然后用导体回填这些孔，以形成HgCdTe和底层多路复用器焊盘之间的桥梁。结区是在离子铣削过程中围绕通孔形成的。第二掩模阶段是为了制备p型接触。在结区，通过离子铣削制备出直径只有几微米的细孔，然后用金属回填这些孔，从而将结向下连接到硅电路。通孔技术已经应用于LWIR和MWIR阵列，可以制备出高性能和可靠的百万像元器件。

德州仪器公司开发的垂直MIS方法对横向通孔技术进行了改进[161]。最近，德州仪器公司又开发出垂直集成光电二极管(vertically integrated photodiode，VIP™)技术[162]。在这种情况下，使用等离子体刻蚀来切割出过孔，使用离子注入以在接触附近形成稳定的HgCdTe结区和损伤区。为了获得更长的寿命和更低的热电流，在LPE生长阶段引入了铜Cu。它在二极管形成过程中被扫出，选择性地驻留在p型区域，部分中和了与Hg空位相关的SR中心。这一过程的最终效果是暗电流接近于完全掺杂的异质结。在VIP™工艺中，n-on-p光电二极管芯片通过HgCdTe中的通孔直接与大的硅晶圆上的ROIC进行环氧胶黏结混成。

DRS公司(前身为德州仪器公司)的HgCdTe HDVIP®像元架构可缩小至5 μm间距(图17.46)。这项技术是红外焦平面阵列技术的重大进展。由于像元中心的过孔不吸收任何辐射，因此随着像元尺寸的减小，二极管填充系数会降低。为了提高探测器阵列的填充因子，引入了一种新的光刻工艺来缩减过孔尺寸。在HgCdTe薄膜上图形化出足够小的通孔，并将其蚀刻到ROIC(图26.35)。通过对p型材料进行转型，在过孔周围形成圆柱状的n型

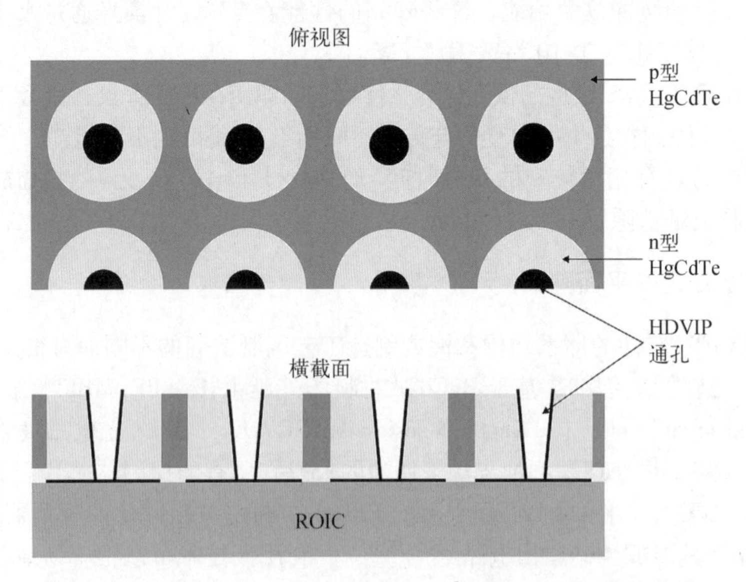

图26.35 DRS公司的HgCdTe HDVIP®小像元阵列示意图[163]

区域。较薄的 HgCdTe 层会导致较低的量子效率,但使用典型战术环境下的 $f/1$ 光学元件时,LWIR 二极管接收到的光通量是足够的[163]。

具有高像元有效性的 1 280×720 元 5 μm 间距 HDVIP® FPA 已被证明适用于 LWIR(像元有效性>99.6%)和 MWIR(像元有效性>99.95%)。图 26.36 显示了此阵列获取的实例图像。美国 DARPA 与 DRS 技术公司在 Lambda Scale 计划中联合开发了 5 μm LWIR 相机,规格为 1 280×720 元(见图 26.36 左上插图)。FPA 设计为采用 $f/1$ 光学元件,从而满足 $F\lambda/d=2$ 的标准。这种方法类似于手机摄像头,后者也是使用更小的像素以便在紧凑的封装中提供更高的像元密度。

图 26.36　使用 5 μm 像元的 720×1 280 元 HDVIP® FPA 拍摄的 LWIR 图像

FPA 设计为配合 $f/1$ 光学元件,满足 $F\lambda/d=2$ 的标准(插图是 Lambda Scale 相机与 $f/1$ 光学元件)[163]

像元尺寸小到 5~10 μm 的阵列的制造已采用了几种不同的架构,包括 n－on－p[164]和 p－on－n[165],使用平面[164,165]或台面[166]结构。图 26.37 显示了 10 μm 像元阵列与头发丝的对比[167]。文献[168]中描述了与小像元阵列制造相关的技术挑战。

最初,混成架构中使用的二极管是通过离子注入在 HgCdTe 的单个 p 型晶片中形成的。在二极管阵列混成后,HgCdTe 晶片必须减薄至约 10 μm,以实现结区对红外辐射的最佳吸收,且通过减小扩散区体积来增加 R_0A 乘积。

通过在透明基板上外延生长 HgCdTe 可以容易地实现背照射器件。混成后材料不需要减薄,同时这种方法额外带来的优势是其所使用的外延层与体晶体相比具有更优异的质量。尽管铟柱互连的稳定性在早期并不是那么好,但目前该器件已经表现出>99%的互连良率及优异的可靠性。目前,像元有效性通常约为 99.9%。

天文学的进步刺激了尽可能大的频谱范围内成像器件的需求,包括可见到 SWIR 和 MWIR。最近,研究人员开发出了一种工艺,以去除阻挡可见光的衬底。另外,这可以通过消除硅读出电路和探测器阵列之间的热适配并消除像元间的串扰来使阵列适应任何程度的热膨胀。图 26.38 显示了去除衬底后的 HgCdTe FPA 的典型可见和 SWIR 波段光谱响应,探测器机械和电气质量没有下降,并且可见响应获得了预期的改善[15]。

图 26.37 使用混成技术和柱状像元技术制备的 10 μm 间距 HgCdTe 器件与人类头发的尺寸对比[167]

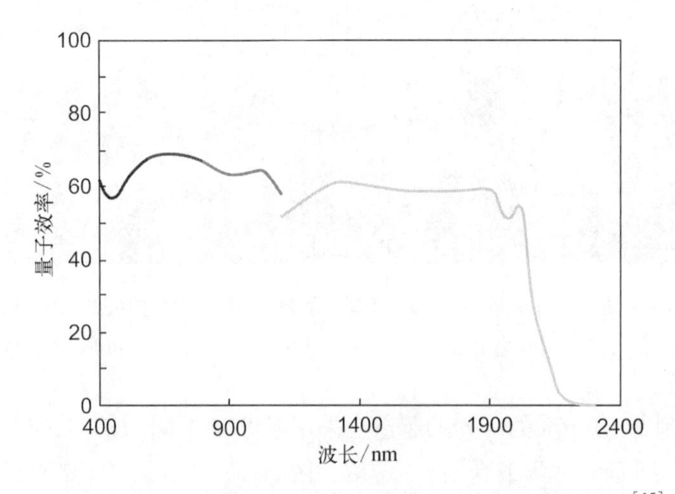

图 26.38 去除衬底后 256×256 阵列的量子效率与波长的关系[15]

使用 CdZnTe 缓冲层的蓝宝石片已成为 SWIR 和 MWIR 器件的标准衬底[169]。LWIR 器件通常基于 CdZnTe。基于 GaAs 衬底的研究并未如预期那样地获得迅速发展。然而，硅上的大多数 MOCVD 工作已经使用 GaAs 层来缓冲硅和 HgCdTe 之间的晶格错配[170]。下一种可能实现批量生产的方法是使用硅基替代衬底，如 CdZnTe/Si[171]。在大面积晶圆中，HgCdTe/Si 组合的优点是明显的，因为 FPA 结构中 Si 衬底与 Si 读出电路的耦合允许制造具有长期热循环可靠性的非常大的阵列[172]。图 17.42(b)是 MBE 生长的 p－on－n HgCdTe/Si 双层异质结(double-layer heterojunction, DLHJ)设计的横截面示意图。薄的 ZnTe 缓冲层通常为 1 μm 厚，以保持外延材料具有更合适的(211)取向而不是以孪晶形式构成(552)取向畴，这也依赖于生长条件。CdTe 缓冲层的厚度通常为 6~9 μm，这有助于通过湮灭来降低位错密度[143]。

尽管 CdTe 和 Si 之间的晶格失配约为 19%，但是 MBE 已成功地应用于 CdTe/Si 衬底上异质生长 MWIR HgCdTe 光电二极管。然而，已经证明通过 MBE 在 Si 上生长难以获得最佳性能的 LW 光电二极管(在晶格匹配的 CdZnTe 衬底上获得的结果)。

图 26.39 显示了一个 140 K 探测器的 R_0A 乘积中值随截止波长变化的趋势曲线，结果包括使用 MBE 在体 CdZnTe 和 Si 上生长的，以及使用 LPE 在体 CdZnTe 上生长的 HgCdTe。截止波长在 MWIR 波段，在 Si 上生长的 HgCdTe 二极管性能与使用体 CdZnTe 衬底的结果相当[143,173]。RVS 展示了一系列高性能百万像元的凝视型 SWIR 和 MWIR FPA，像元有效性超过 99.9%。十多年前，RVS 已经可以在 6 英寸硅衬底上制备 HgCdTe FPA。利用与 HgCdTe/CdZnTe 相同的制造方法，可以获得所有红外探测器制造方法所能制备的最大规模 FPA。图 26.40 显示了 6 英寸直径的 HgCdTe/Si 探测器晶圆，4 k×4 k 格式 20 μm 像元阵列，所构成

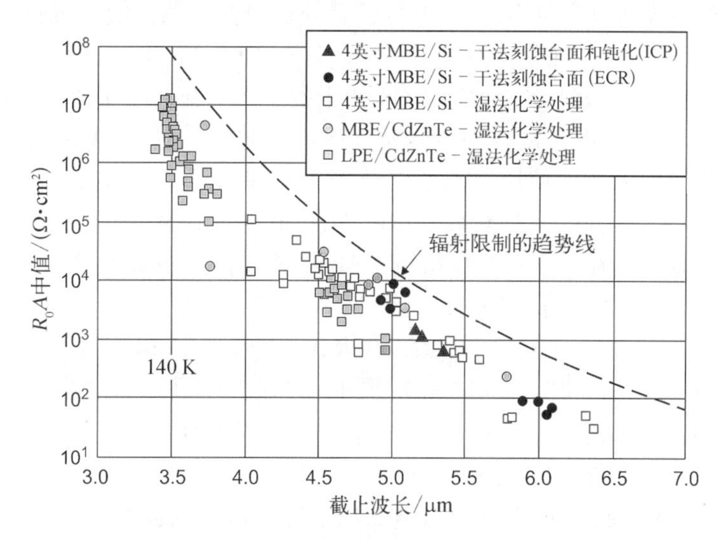

图 26.39 40 μm 单元 HgCdTe/Si DLHJ 探测器阵列的 R_0A 中值趋势线数据与测量的 140 K 时截止波长的函数关系，趋势线数据包括在 Si(MBE)和 CdZnTe (MBE 和 LPE)衬底上生长的 HgCdTe 材料[143]

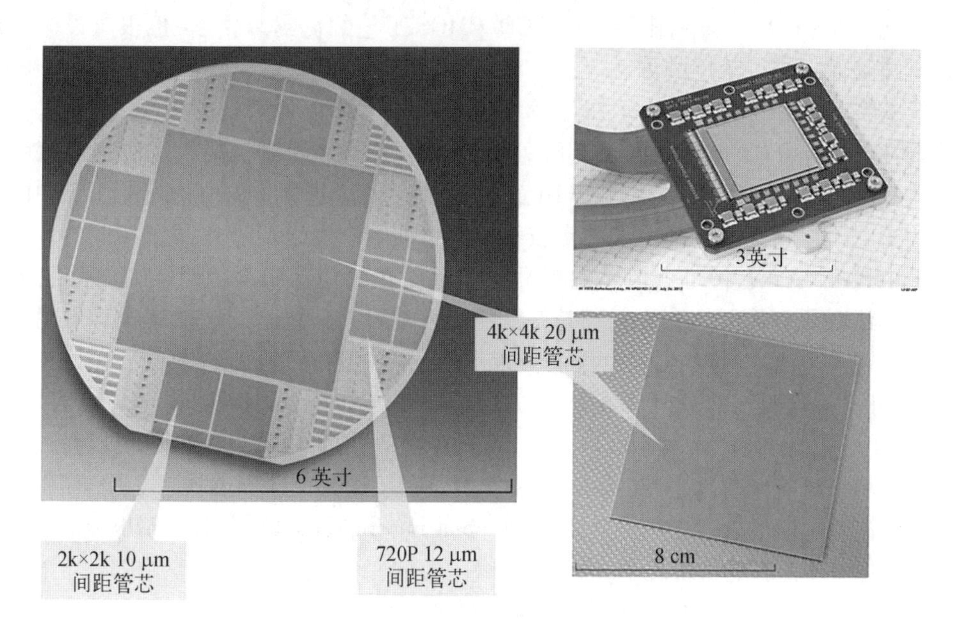

图 26.40 用 MBE 制作的直径为 6 英寸的 HgCdTe/Si 探测器[1]

FPA 的有效像元率大于 99.9%。这是 8 k×8 k 格式 10 μm 像元格式的等尺寸阵列。这些技术准备可以为当前和未来的红外应用提供价格可承受的大型阵列。

英国研究人员努力将 HgCdTe/Si 的性能延伸到 LWIR 范围,使用金属有机气相外延(metalorganic vapor phase epitaxy,MOVPE)技术在 GaAs 和 GaAs/Si 衬底上生长 HgCdTe[174-176]。一项重大的挑战是要在具有均匀的高位错密度(10^6 cm^{-2}数量级的中段)的材料中获得良好的 $I-V$ 特性。阵列的 NETD 中位值是非常好的,但这些阵列通常表现出噪声拖尾,这会限制像元有效性,特别是在背景通量条件下[143]。

HgCdTe 阵列的读出电路方面,研究人员已经开发出两种通用类型的硅寻址电路:CCD 和 CMOS 器件。铟柱技术的演化支撑了 ROIC 的工艺发展。在 20 世纪 80 年代初,广受欢迎的是 CCD 读出电路。自 1984 年以来,CMOS 技术改善了传感器芯片组件的整体电路和设计,以实现具有较低噪声、更高良率和更高密度的 ROIC[177]。选择 CCD 或 CMOS 取决于应用。例如,在 TDI 线列设计中使用 CMOS 会比使用 CCD 更复杂,而对于凝视型阵列,使用 CMOS 处理器具有很多优点。目前阶段 CMOS 是首选;它在低温下也可以工作良好。

最开始时,CCD 结构在凝视系统中被用于探测器信息的多路复用和/或在扫描系统中执行 TDI 功能[155,178]。将 CCD 用于 HgCdTe 阵列时碰到的问题是难以有效地实现对 CCD 源耦合输入的电荷注入。为了使注入效率达到 0.9,R_0A 值需要达到 BLIP 工作时的约 10 倍[179]。而输入栅极 $1/f$ 噪声对 R_0A 提出了更严格的要求,这对于 CCD 结构来说更为重要。另一个问题来自有限的电荷存储容量(约为 10^4电子/μm^2)和时钟速率。背景光电流在很短的时间内就会使得电荷储存阱变得饱和,因此大规模阵列的帧速率需求会变得高于现实器件水平,除非引入额外的电荷滤除和/或引入分区电路以去除一部分的额外电荷。为了实现足够的灵敏度,时钟频率必须很高,并且需要在 CCD 结构的每个单元内部执行背景减除。然而,高密度 FPA 中所需的小尺寸单元限制了输入复杂度。尽管工作在 LWIR 的红外图像转换器的终极性能更高,但对 R_0A 值和背景限制的严格要求使得 SWIR 与 MWIR FPA 比 LWIR 器件更容易实现。在 CCD 技术中,由于混合 CCD/CMOS 工艺的低封装密度,也很难设想出用附加电路对缺陷像元进行禁用的方法。

系统的实际最小可分辨温差取决于固定模式噪声。要达到潜在的 10 mK 性能,信号输出的均匀性必须在 0.03%以内,而现有阵列的典型标准偏差还比较高。这清楚地表明了对固定模式噪声进行校正的必要性。MWIR 光电二极管在读出输出和相关线性输出中的高注入效率使得对不均匀性进行简单的两点校正成为可能。它可以通过在两个不同的均匀背景通量水平上校准 FPA 并将每个像元的校准系数存储在存储器中来执行[154]。然后,通过加法和乘法算法对所有像元的直流偏移与交流响应率进行归一化。固定图案噪声的另一个来源是 FPA 温度的波动。通常用一个温度值来重新校准直流偏移量就足够了。

目前,相比 CCD 读出,使用 CMOS 开关进行协同寻址是 SWIR 与 MWIR,特别是 LWIR FPA 中更有吸引力的替代方案(见 24.2.2 节)。在混成式 HgCdTe FPA 中,可以使用各种探测器接口电路来对信号进行适当的调节。读出电路会使用几个探测器接口。用于 IR FPA 的最简单和最流行的读出电路之一是直接注入(direct injection,DI)输入,其中暗电流和光电流被集成到存储电容中。在这种情况下,由于晶体管阈值的变化,偏置电压在整个阵列上的变化为 ±(5~10)mV。在 80 K 时,零电压附近反向偏置的变化很小时,HgCdTe 二极管随漏电流的变化也很小。为了获得高注入效率,FET 的电阻应该小于处于工作点时的二极管电阻[180,181]。一般来说,对于二极管电阻较大(R_0A 乘积在 $10^6\ \Omega\cdot cm^2$ 以上)的 MWIR HgCdTe 凝视型设计来说,满足这一条件并不是问题,但对于二极管电阻较小的 LWIR 设计来说,这一点非常重要(R_0A 乘积为几百 $\Omega\cdot cm^2$)。在这种 LWIR HgCdTe 光电二极管的情况下,需要大的偏置电压,但它在很大程度上取决于阵列的材料质量。对于非常高质量的 LWIR HgCdTe 阵列,偏置-1 V 是可能的。

具体而言,战略和战术应用通常需要对输入电路进行优化。对于背景较高且探测器电阻适中的战术应用,DI 是常用的输入电路。目标是将尽可能大的电容器配置到单元中,特别是对于一些通过延长积分时间可以获得高信噪比的战术应用。该电路由于简单而被广泛使用;然而,它需要高阻抗探测器接口,并且由于注入效率问题通常无法用于低背景。战略应用则通常具有低背景,并且需要与高电阻探测器连接的低噪声多路复用器。常用于战略应用的输入电路是 CTIA。除了 DI 和 CTIA,我们也可以区分出其他类型的多路复用器;最重要的一些包括探测器的源极跟随器(source follower per detector,SFD;见表 24.1)、缓冲直接注入(buffered DI,BDI)和 MOSFET 负载栅调制(MOSFET load gate modulation,BGM)输入电路等[72,180-185]。CTIA 和 BDI 都具有高注入效率,也注重了 $1/f$ 噪声和像元有效性,但需要更高的工作功率。

如 24.5.3 节所示,MWIR 和 LWIR FPA 的性能受读出电路的限制,其 NETD 可通过式(24.19)进行估算。只有对大量电子进行积分,才能实现高灵敏度,这需要每个像元中的积分电容足够高。电荷处理能力取决于单元间距。对于 30 μm×30 μm 的像元尺寸,存储容量限制在 $1\times10^7\sim5\times10^7$ 个电子(取决于设计特征)。例如,对于 5×10^7 个电子的存储容量,30 μm×30 μm 像元探测器的总电流密度必须小于 27 $\mu A/cm^2$(积分时间取 33 ms)[186]。如果总电流密度在 1 mA/cm^2 内,则积分时间必须减少到 1 ms。对于 LWIR HgCdTe FPA,积分时间通常低于 100 μs。由于噪声功率带宽 $\Delta f=1/2t_{int}$,因此积分时间短会导致积分中的额外噪声。通常,电容具有薄的栅极氧化物电介质层和高达 3 $fF/\mu m^2$ 的电容密度。大约 25 μm^2 的像元的电容限制在约 1 pF,则预期的最佳 NETD 约为 10 mK/帧。

具有 CMOS 多路复用器的 SWIR、MWIR 和 LWIR 电子扫描的 HgCdTe 阵列可以从多个制造商处购得。表 26.1 列出了全球的产业情况,而表 26.12～表 26.15 列出了由 Raytheon、Sofradir、Teledyne、AIM 和 Selex 制造的较大规模 SWIR、MWIR 和 LWIR 凝视阵列的典型性能规格。大多数制造商会自行生产所设计的多路复用器,因为通常这些设计都是针对特定应用的。例如,Raytheon 公司就有一个包含超过 500 种器件的大型先进 ROIC 设计库[1]。

表 26.12　Raytheon 公司的 Virgo 探测器

格式	2048×2048
	4096×4096
光谱响应/μm	0.4～2.5
像元尺寸/μm^2	20×20
ROIC 类型	SFD
填充因子/%	≥98

续 表

探测器材料	DLHJ HgCdTe
积分电容/e^-	>3×10^5
输入参考噪声/e^-(rms)	<20
输出端口数	4 或 16(2k 器件)
	8 或 32(4k 器件)
最大帧速率	每帧 690 ms
QE/%	70~90
读出噪声/($e^-\cdot s^{-1}$)	<20(Fowler 1)
暗电流典型值/($e^-\cdot s^{-1}$)	<0.05
工作温度/K	70~80
封装	模块-三边或四边可扣接

表 26.13 Teledyne 的成像探测器 Hawaii-2RG

参 数	1.7 μm	2.5 μm	5.3 μm
ROIC	Hawaii-2RG		
像元数量	2 048×2 048		
像元尺寸/μm	18		
输出	可编程 1,4,32		
功耗/mW	≤4/≤300(随工作模式而不同)		
探测器材料	HgCdTe		
探测器衬底	CdZnTe-会被去除		
截止波长(40~140 K)/μm	1.65~1.80	2.45~2.65	5.3~5.5
平均 QE/%	≥70		
平均暗电流/($e^-\cdot s^{-1}$)		≤0.05(目标≤0.01)	
读出噪声中值(CDS 像元读出速率 100 kHz 时)/e	≤30(目标≤15)	≤18(目标≤12)	≤15(目标≤12)
偏置为 0.25 V 时的阱容量(截止波长为 5.3 μm 器件的偏压为 0.175 V)/e^-	≥80 000(目标≥100 000)		≥65 000(目标≥85 000)
串音/%	≤2(目标≤1)		≤4(目标≤2)

续　表

参　　数	1.7 μm	2.5 μm	5.3 μm
有效像元率/%	≥95(目标≥99)		
簇：50 个以上的相邻盲元/%	阵列中≤1(目标≤0.5)		
SCA 平整度/μm	≤20(目标 10)		

表 26.14　MWIR HgCdTe FPA

公　　司	Sofradir(Daphnis)	Selex(Falcon)	AIM
阵列尺寸	1 280×720	1 280×720	1 280×1 024
像元间距/μm^2	10×10	12×12	15×15
光谱响应/μm	3.7~4.8	3~5	3.4~5
工作温度/K	最多 120	80~100	95~120
最大电荷容量/e^-	4.2×10^6	4×10^5	6×10^6
像元输出速率/MHz	最多 20	最多 10	最多 10
帧速率/Hz	全帧速率最高 85		50
NETD/mK	<20	19	25
有效像元率/%	>99.8	>99.8	>99.3

表 26.15　LWIR HgCdTe FPA

参　　数	Sofradir(Scorpio)	Selex(Eagle)	AIM
阵列尺寸	640×512	1 280×720	1 280×1 024
像元间距/μm^2	15×15	12×12	15×15
光谱响应/μm	7.7~9.3 @ 80 K	8~10	7.6~9
工作温度/K	最高 90	最高 90	70
最大电荷容量/e^-	1.36×10^7	1.8×10^7	6×10^6
像元输出速率/MHz	最高 8	最高 10	最高 10
帧速率/Hz	全帧速率最高 210		50
NETD/mK	22	19	30
有效像元率/%	>99.8	>99.8	>99.0

Raytheon 的 SW Virgo - 2K 2048×2048/Virgo - 4K 4096×4096 像元阵列是为天文学研究生产的标准产品。该 20 μm 间距阵列的特征是高 QE、低噪声、低暗电流和具有方便操作的片上时钟。可以选择四路或十六路输出以适应各种输入通量条件和读出速率。通过去除 CdZnTe 或 Si 衬底可以对光学传输进行调整，获得短至可见光的截止波长（0.4 μm）。使用三边或四边可扣接的传感器芯片可以组装成非常大的成像面积，就像在重要红外传感技术加速望远镜（vital infrared sensor technology acceleration，VISTA）中使用 6 710 万像元组件一样（图 24.4）。

Teledyne 的 Hawaii - 2RG™ 系列的成像传感器是去除了衬底的短波和中波 HgCdTe 阵列，在可见光谱中也有响应。这些阵列采用了模块化的考虑-四边可扣接，允许用 2 048×2 048 元 H2RG 模块构建大型拼接阵列，专用于地面和空间望远镜应用中的可见与红外天文学。

Sofradir 凝视型 MW 和 LW 快照阵列专用于高分辨率（电视格式）应用[FLIR、红外搜索和跟踪（IR search and track，IRST）、侦察、监控、机载相机和热成像]。所提供的 FPA 可以配置不同的真空杜瓦和制冷机，以满足系统对机械和制冷的不同需求。Selex 和 AIM 也提供类似的快照阵列。

下一代 HgCdTe FPA 开发中最具挑战性的任务之一是将多个功能集成到探测电路中。工作主要集中在多色探测器的开发，尤其是应用于目标识别（见 27 章）。

APD 是具有附加功能的焦平面器件，特别是在 SW 和 MW 范围内。HgCdTe APD 中极低的过量噪声是由于波长 $\lambda>2$ μm 的选择性电子倍增和几乎确定的倍增过程（参见 17.6.4 节）[187]。HgCdTe e - APD 应用于门控主动/被动成像[188-193]。Selex 的 Baker 等[188]首次在 320×256 元 24 μm 间距 APD FPA 中展示了激光门控成像。他们报告的雪崩增益 $M=100$，过度噪声低，输入端等效光子噪声 $NEP_h=15$ 个光子 rms（均方根），对于 $\lambda_c=4.2$ μm 的光电二极管，具有短的积分时间 $t_{int}=1$ μs。后者对 MW 低通量应用特别重要，如在狭窄的视场角或光谱段范围内进行观测时。另外，光电流的放大可以改善一些 ROIC 设计的线性度，并且可以使用动态增益来增加动态范围。最近，Selex 公司[194]和 Leti 公司[195]向天文研究领域提供了这些器件。

在与欧洲南部天文台的合作中，Selex 开发了一个全定制的硅 ROIC，简称 SAPHIRA（selex advanced photodiode array for high speed infrared array，用于高速红外面阵的 Selex 先进光电二极管阵列）。MOCVD HgCdTe 外延层是在低成本 GaAs 衬底上生长的，在混成到多路复用器后除去衬底。该 320×256 元 24 μm 像元间距的阵列是专为天文望远镜中的波前传感器和干涉测量应用而设计的。SAPHIRA 雪崩阵列的技术规范如表 26.16 所示。

最近，First Light Imaging 公司基于 Selex 开发的最新版 SAPHIRA 探测器研制出 C - RED One 相机（图 26.41）。该相机能够捕获每秒高达 3 500 个全帧图像，具有亚电子读出噪声，并且在 J、H 和 K 波段上的频谱响应中获得非常低的背景。传感器需要使用集成脉管制冷机冷却到低温工作。

表 26.16　SAPHIRA 雪崩阵列(左侧为器件照片,右侧为规格)

参　数	
阵列	320×256
光谱范围/μm	0.8~2.5
像元间距/μm	24
有效区域/mm	7.68×6.14
雪崩增益	最高 80
灵敏度中值	RMS 为 1 个光子(当增益为 80 时)
有效像元率/%	>99
功耗/mW	30
模式	快照或滚动输出
电荷容量/e$^-$	2×10^5
输出端口数	4,8,16 或 32
阵列工作温度/K	30~150

图 26.41　C-RED One 相机。上部是制冷系统(脉管),下部是真空低温恒温器和读出电路部分[196]

26.6　铅盐阵列

铅盐是最早应用于军事应用的对红外辐射敏感的多晶薄膜材料之一。作为红外探测器材料的早期研究是在 20 世纪 30 年代进行的,第一批有用的器件是由德国、美国和英国在第二次世界大战期间和刚刚结束时加工的。从那时起,铅盐被广泛地用作 MWIR 光电探测器,用于气体和火焰探测中的分光广度计及火炮弹药的红外引信或被动红外提示系统。尽管人们对铅盐进行了广泛的研究,但目前其室温高探测率的机理还不是很清楚。被广泛接受的是,材料和活性薄膜的多晶性在减少俄歇机制和减少暗电流方面起着关键作用,这可由多晶薄膜内部多个晶畴间形成的耗尽区和势垒引起。它们的历史发展可参阅文献[144]、[197]~[200]。低成本的 PbS 和 PbSe 多晶薄膜仍然是 MWIR 光谱范围内许多应用的首选光导探测器[201-203]。

现代铅盐探测器阵列在单个衬底上包含超过 1 000 个单元。这些阵列的像元有效性可超过 99%。具有 100 元或更少像元的较小阵列,有效性能达到 100%。边长达几英寸的阵列使用单行线性配置,可采用等间距等面积或不同尺寸的像元。其他配置包括直插式或交错式的双排(楼梯状、人字形、双十字形的几排交错布局)。

诺罗普·格鲁曼公司的 EOS 将 256 元 PbSe 阵列与 Si 多路复用器读出芯片耦合,形成具有扫描功能的组件[204]。表 26.17 总结了 128 元和 256 元配置 PbS 与 PbSe 阵列的性能[205]。采用长寿命的热电单元对探测器/杜瓦组件进行冷却,可以使整机寿命超过 10 年。然而,应该注意的是,铅盐光电导探测器具有显著的 $1/f$ 噪声。例如,对于 PbSe,其截止频率为 300 Hz(77 K 时)、750 Hz(200 K 时)和 7 kHz(300 K 时)[206]。这通常会限制这些材料在扫描成像系统中的应用。

表 26.17 使用 CMOS 多路复用读出电路的 PbS 和 PbSe 线列的典型性能[205]

	PbS		PbSe	
配置	128	256	128	256
单元尺寸/μm	91×102 (直线排列)	38×56 (交错排列)	91×102 (直线排列)	38×56 (交错排列)
像元中心距/μm	101.6	50.8	101.6	50.8
D^*/(cm·Hz$^{1/2}$/W)	3×10^{11}	3×10^{11}	3×10^{10}	3×10^{10}
响应率/(V/W)	1×10^{8}	1×10^{8}	1×10^{6}	1×10^{6}
单元时间常数/μs	≤1 000	≤1 000	≤20	≤20
标称单元温度/K	220	220	220	220
有效像元率/%	≥98	≥98	≥98	≥98
动态范围	≤2 000 : 1	≤2 000 : 1	≤2 000 : 1	≤2 000 : 1
通道非均匀性/%	±10	±10	±10	±10

图 26.42 显示了由诺罗普·格鲁曼公司制造的多模探测器/多路复用器/制冷机组件[201]。此封装配置最初是为多路复用 256 元线列开发的。如图 26.42 所示,多路复用阵列是热电制冷的,封闭在长寿命真空封装中,使用一个具有 AR 涂层的蓝宝石窗口,并安装在电路板上。类似组件也用于 PbS 元件的制备。

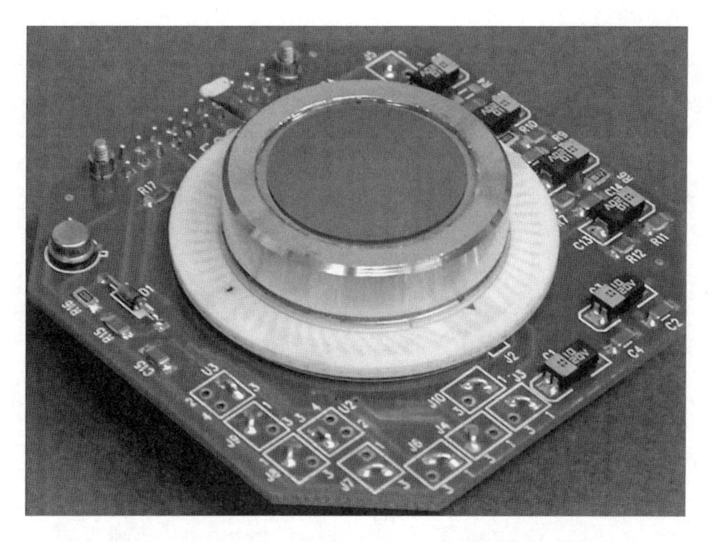

图 26.42　采用 Northrop 标准 M2105 封装的 PbSe FPA[201]

Barrett 等[207,208]首次尝试了准单片式铅盐探测器阵列的制备，他们详细阐述了 PbS 光导探测器与 MOS 晶体管的直接集成。在此过程中，在 SiO_2上化学沉积 PbS 薄膜并金属化。在 300 K 下，用集成光导 PbS 探测器-Si MOSFET 前置放大器组合在 2.0~2.5 μm 波段获得了 10^{11} cm·$Hz^{1/2}$/W 的探测率。25 μm×25 μm 的元件制作工艺很简单。

在 FPA 制作中，铅盐硫化物是用湿化学浴方法沉积在 Si 或 SiO_2上的。这样的单片方案和典型的混成方案不同，不需要使用这些材料的厚板来与硅进行配对。探测器材料是从湿化学溶液中沉积的，在 CMOS 多路复用器上形成岛状的多晶光电导。图 26.43 显示了这种探测器阵列中的几个 30 μm 像元。诺罗普・格鲁曼公司精心设计了 320×240 元的单片 PbS FPA（表 26.18），像素大小为 30 μm[201]。虽然 PbS 光电导在常温下的性能令人满意，但通过使用独立的热电制冷机，其性能可以进一步增强。

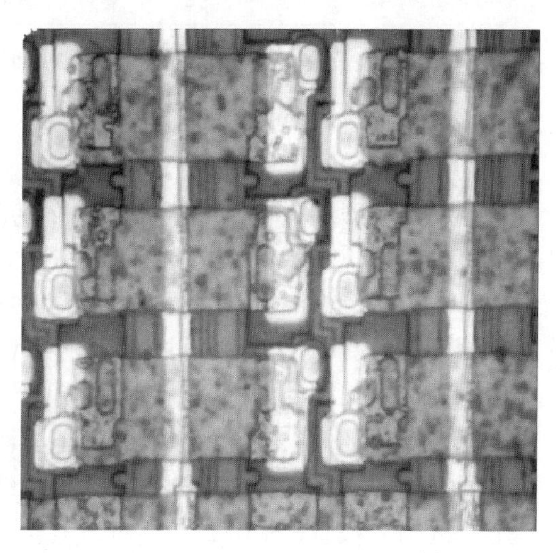

图 26.43　320×240 元的单片式 PbS FPA 中的像元照片，像元间距为 30 μm[201]

表 26.18　320×240 元铅盐 FPA 的规格

FPA 配置	单片式 320×240 PbS（文献[205]）	单片式 320×240 PbSe（文献[203]）
像元尺寸/μm	30×30	60×60
D^*/(cm·$Hz^{1/2}$/W)；NEI*	8×10^{10}（室温）；3×10^{11}（220 K）	NEI*=0.07 μW/cm^2
NEDT/mK		30（f/1 光学）230 K

续 表

FPA 配置	单片式 320×240 PbS(文献[205])	单片式 320×240 PbSe(文献[203])
信号处理器类型	CMOS	CMOS
时间常数/ms	0.2(室温);1(220 K)	
积分选项	快照	
输出线数量	2	
帧速率/Hz	60	400
积分周期	全帧时间	
Mux 动态范围/dB	69	
主动散热/mW	最高 200	
有效像元率/%	>99	>99.6
Mux 阻抗/MΩ	100	
探测器偏置/V	0~6(用户可调)	

* 噪声等效辐照(noise equivalent irradiance,NEI)。

相当重要的是,诺斯罗普·格鲁曼公司最近在开发用于威胁预警系统的低成本 PbSe 探测器方面取得了突破性进展[203]。探测器焦平面是沉积在硅读出电路上的 PbSe。阵列为 320×240 元,像元间距为 60 μm,像元有效性达 99.6。使用 $f/1$ 光学元件,积分时间为 2.5 ms,工作温度为 230 K 时,灵敏度 NETD 可达 30 mK(表 26.18)。图 26.44 显示了整个 PbSe 灵敏度范围内的宽波段红外图像。正午时分,传感器被放置在海拔为 40 m 的屋顶上,在阳光充足的条件下,面对着一个停车场,到停车场最远特征点的斜线距离约为 1 km。

Zogg 等[209-212]制造了一种单片式交错线性阵列,具有高达 256 个 PbTe 和 PbSnSe 肖特基势垒光电二极管(图 18.29),像元直径为 30 μm,间距为 50 μm。用于这些阵列的衬底已经包含读出每个像元所需的集成晶体管。读出芯片采用 CMOS/JFET(junction FET,结型场效应管)技术制造。CMOS 设计需要阻抗达到 MΩ 范围以抑制放大器噪声,但 JFET 输入晶体管即使在低阻抗(低于 10 kΩ)时其噪声也可以忽略,而无须提高偏置电流,如采用双极性设计。对于每个通道,电荷积分器在一定时间内收集光发射的电荷,然后将产生的信号馈送到公共输出端。可采用独立的偏移校正和多个相关采样来降低读出噪声。进一步的信号处理、背景减除和固定图案噪声校准都是以数字方式执行的。

瑞士联邦理工学院的研究组首次在包含主动寻址电路的 Si 衬底上实现了单片 PbTe FPA(96×128)[213,214]。单片式方案克服了Ⅳ-Ⅵ族材料和 Si 之间存在的热膨胀系数失配。大的晶格失配不会影响高质量层的生长,因为Ⅳ-Ⅵ族材料容易通过塑性形变在其主要的滑移系统上进行滑动,而不会导致结构变差。

图 26.44　在屋顶上拍摄的图像数据，可以看到 Northrop Grumman Rolling Meadows Campus 的停车场，使用的是无滤光片的宽波段 $f/1$ 镜头，工作温度为 230 K 时，测得的 NETD 为 30 mK，像元有效性为 99.6%[203]

在 Si 读出结构上由 MBE 外延生长的 PbTe 像元的横截面示意图如图 26.45 所示[213]。在 Si 衬底上需使用 2~3 nm 厚的 CaF_2 缓冲层。有源层厚度为 2~3 μm，足以获得近反射损失限制的 QE。PbTe 光电二极管的光谱响应曲线如图 18.30 所示。没有 AR 涂层时典型量子效率约为 50%。使用金属半导体 Pb/PbTe 探测器。每个 Pb 阴极触点信号被馈送到存取晶体管的漏极，阳极（溅射制备的铂 Pt）为所有像元的公共极。图 26.46 显示了一个完整的阵列照片[214]。

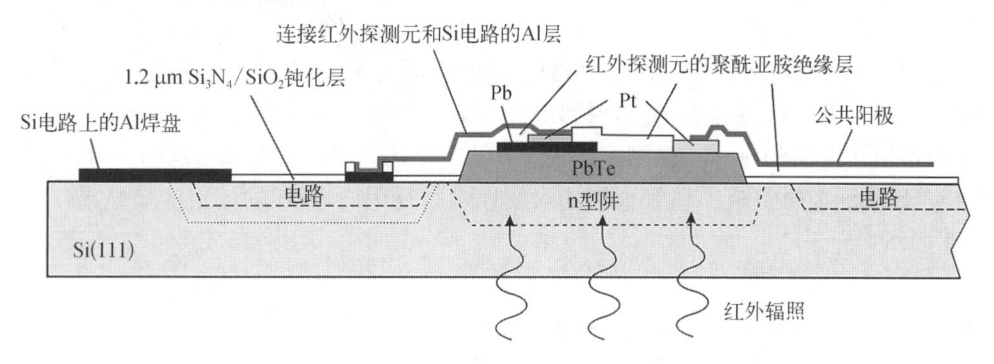

图 26.45　像元的横截面示意图，显示了 BSI PV IR 探测器中的岛状 PbTe、电路的电气连接（存取晶体管）和公共阳极[213]

尽管外延晶格和热膨胀失配的 Si(111) 层上的Ⅳ-Ⅵ族材料中典型的位错密度在 $10^7\ cm^{-2}$ 范围内，仍可制备出实用的光电二极管，它们在 95 K（截止波长为 5.5 μm）时的 R_0A 乘积可达 200 $\Omega\cdot cm^2$。这是因为Ⅳ-Ⅵ族材料具有高介电常数，可以在短距离内屏蔽来自带电缺陷的电场。

铅盐异质结构光伏探测器也有研制。异质结是直接形成在衬底和Ⅳ-Ⅵ族材料薄膜之

图 26.46 用于 MWIR 的 96×128 元 PbTe－on－Si IR FPA 的局部照片，读出电子器件在 Si 衬底上，像元间距为 75 μm[214]

间的[215]。然而，异质结阵列的性能不如肖特基势垒阵列和 p－n 结阵列。

在 20 世纪 70 年代末和 80 年代初，研发铅盐混成式阵列的实验没有成功。一个严重的问题是Ⅳ－Ⅵ族材料与硅的巨大热膨胀失配。因此，Ⅳ－Ⅵ族探测器/硅混成技术仅限于小尺寸光电二极管阵列，包含 10^3 个单元，工作在 77 K，8～14μm 波段。这种混成结构包含 32×32 个 BSI PbTe[216] 和 PbSnTe[129] 光电二极管，使用焊料凸柱互连到硅芯片。较大的阵列需要采用多个子模块（每个包含 10^3 个单元）进行组装[129]。

Felix 等[178] 描述了在硅 CCD 上制备混成式岛状 FSI $Pb_{0.8}Sn_{0.2}Te$ 结构光电二极管的实验结果。通过两次 LPE 制备 PbTe/PbSnTe，在 PbTe 衬底上形成光电二极管。这种技术更复杂但由于每个探测器都是一个独立的物理单元，该结构可以避免热膨胀不匹配而导致的问题。另外，由于区域型接触，岛状光电二极管方法会损失填充因子。光电二极管的 R_0A 乘积均值接近 0.8 Ω·cm²，探测率约为 2×10^{10} cm·Hz$^{1/2}$/W（77 K，2π 视场）。Felix 等[178] 还给出了 $Pb_{0.8}Sn_{0.2}Te$ 光电二极管直接注入线性多路复用硅 CCD 的读出实验结果。注入效率达到了 65%。

26.7 量子阱红外光电探测器阵列

如 19.3.5 节所指出的，量子阱红外光电导（quantum well IR photoconductor，QWIP）是 HgCdTe 材料在 MW 和 LW 范围内的替代技术。QWIP 的优点是像素性能均一，且可以用于大尺寸阵列；然而，它们的缺点是在需要短积分时间的应用中性能受到限制，以及比同样探测波段的 HgCdTe 需要更低的工作温度。GaAs/AlGaAs 量子阱器件的潜在优点包括基于成熟的 GaAs 生长和加工的标准制造技术，在大于 6 英寸 GaAs 晶圆上使用良好控制的 MBE 生长可以获得高度均匀性（QWIP 阵列中的低频噪声通常可以忽略不计，而在 HgCdTe 阵列中，低 $1/f$ 噪声需要非常好的处理工艺），良率高及因此带来的低成本，更高的热稳定性，以及抗外部辐射能力。图 26.47 显示了 VLWIR GaAs/AlGaAs QWIP 性能的演变[217]。可以看出,探测率在发展之初就取得了很大的进步,从灵敏度相对较差的束缚态-束缚态 QWIP 发展到具有相当高性能的具有随机反射面的束缚态-准束缚态 QWIP。

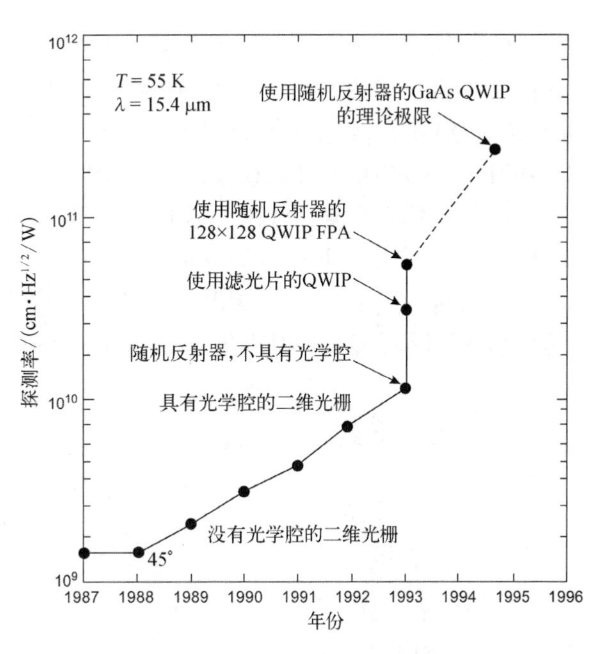

图 26.47　甚长波 GaAs/AlGaAs QWIP 的性能发展(所有数据按照探测波长为 15.4 μm,工作温度为 55 K 进行了归一化)[217]

QWIP 探测器的量子效率相对较低,通常不到 10%。这种探测器的光谱响应范围也很窄,半高宽(full-width, half-maximum,FWHM)约为 15%。工作温度为 77 K 左右,截止波长约为 9 μm 的 QWIP,探测率都在 $10^{10} \sim 10^{11}$ cm·Hz$^{1/2}$/W。对 HgCdTe 光电二极管基本物理极限的研究表明,这种类型的探测器的性能比工作在 40~77 K 范围内的 QWIP 更好(见 19.3.5 节)。然而,研究也表明,较低的光导增益实际上会提高信噪比,在电荷存储容量相近的情况下,QWIP FPA 比 HgCdTe FPA 具有更高的温度分辨率(见 24.5.3 节)。

Bethea 等[218]于 1991 年展示了第一台使用 AlGaAs/GaAs QWIP 的 LWIR 相机。他们使用了一台工作在 3~5 μm 光谱范围内的商用 InSb 扫描成像相机,对光学元件和电路进行了改造,使之可以工作在 λ = 10 μm,同时改变了 GaAs 超晶格的制作工艺,在几何结构上兼容原来的 10 元 InSb 线列。这样获得的 10 像元 GaAs 量子阱阵列,像元大小为 200 μm^2,间距为 670 μm。GaAs 衬底以 45°角进行抛光,从而实现与量子阱的良好光耦合。利用上述未优化的红外成像相机(λ_c = 10.7 μm),实现了 NETD<0.1 K。QWIP FPA 的进一步发展在 Rogalski 等[144]的文献中进行了描述。到目前为止,许多研究小组已经开发出了各种性能优良的 FPA。其中包括目前的朗讯技术公司(新泽西州默里希尔)(Lucent Technologies, Murray Hill, New Jersey)实现的第一批阵列[219],以及喷气推进实验室(加利福尼亚州帕萨迪纳)(Jet Propulsion Laboratory, JPL, Pasadena, California)[217,220,221]、泰利斯研究与技术公司(法国帕莱索)(Thales Research and Technology, Palaiseau, France)[222-224]、弗劳恩霍夫 IAF(德国弗莱堡)[Fraunhofer IAF (Freiburg, Germany)][225,226]、Acreo/IR Nova(瑞典基斯塔)(Kista, Sweden)[227,228]、美国军队研究实验室(马里兰阿德菲)(U.S. Army Research Laboratory, Adelphi, Maryland)[229-232],以及 BAE 系统公司[前身为洛克希德·马丁(Lockheed Martin)公司][233-235]等。几个大学研究组也展示了其 QWIP FPA 技术,包括西北大学(伊利诺伊州埃文斯顿)(Northwestern University, Evanston, Illinois)[236]、耶路撒冷理工学院(以色列耶路撒冷)(Jerusalem College of Technology, Jerusalem, Israel)和中东技术大学(土耳其安卡拉)(Middle East Technical University, Ankara, Turkey)[237,238]。

如 19.4 节所述,与传统的光导型 QWIP 相比,光伏型 QWIP FPA 的低噪声水平允许热成像系统具有更长的积分时间并改善热分辨率。另外,如果需要较短的积分时间(5 ms 及以下),则光导型 QWIP 更合适。在这种情况下,热分辨率受限于探测器的 QE,而不是受限于电荷存储容量。具有高 QE 的量子阱需掺杂到更高的电子浓度(通常为 4×10^{11} cm^{-2},约为标准光导型 QWIP 的 4 倍)[226]。利用具有更高载流子浓度(2×10^{12} cm^{-2})的光导型 QWIP,对于 MWIR,在 90 K 左右可以获得 BLIP 性能。

图 26.48 显示了 640×512 元的两种类型 FPA 的典型 NETD 直方图:低噪声 LWIR 和标准 MWIR FPA[239]。对于间距为 24 μm,积分时间为 30 ms 的 LW 相机系统,观测到的 NETD 值低至 9.6 mK,这是在 8~12 μm 探测波段的热成像仪所获得的最好的温度分辨率。在典型的 640×512 元 MWIR QWIP FPA 的情况下[图 26.48(b)],工作温度为 88 K 时,获得了 14.3 mK 的 NETD 值。

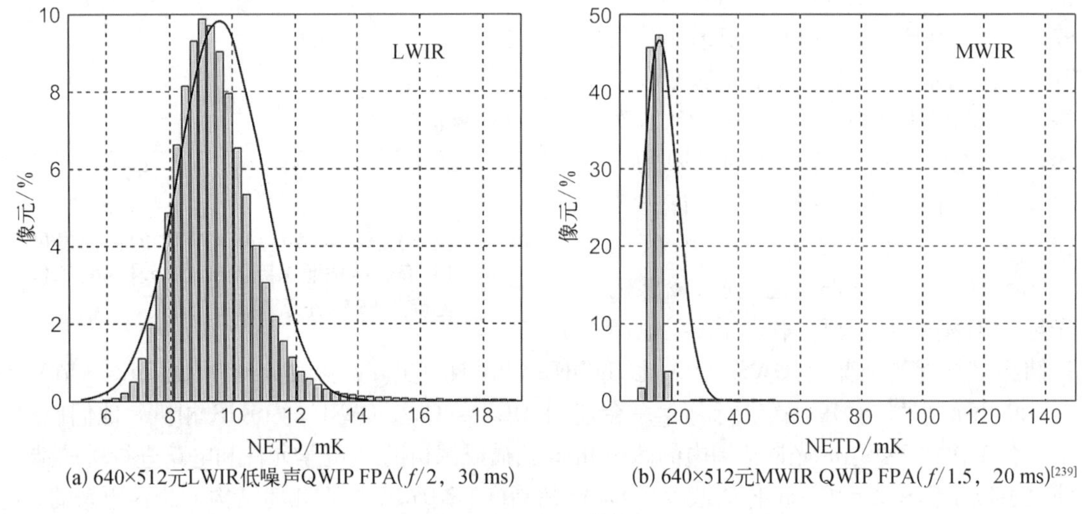

(a) 640×512元LWIR低噪声QWIP FPA(f/2, 30 ms)　(b) 640×512元MWIR QWIP FPA(f/1.5, 20 ms)[239]

图 26.48 NED 直方图

表 26.19 汇总了弗劳恩霍夫 IAF 的 QWIP FPA 的特性[226]。有趣的是,对于具有更高掺杂(4×10^{11} cm^{-2}/QW)和更多周期数($N=35$)的阵列,仅在 1.5 ms 的积分时间内,可能实现 40 mK 的热分辨率。

表 26.19 Fraunhofer IAF 的 QWIP FPA 特性[226]

FPA 类型	阵列尺寸	间距/μm	λ/μm	f/#	τ_{int}/ms	NETD/mK
256×256 PC	256×256	40	8~9.5	f/2	16	10
640×512 PC	640×486	24	8~9.5	f/2	16	20
	512×512					
256×256 LN	256×256	40	8~9.5	f/2	20	7
					40	5
384×288 LN	384×288	24	8~9.5	f/2	20	10

续 表

FPA 类型	阵列尺寸	间距/μm	λ/μm	f/#	τ_{int}/ms	NETD/mK
640×512 LN	640×486	24	8~9.5	f/2	20	10
	512×512					
384×288 PC - HQE	384×288	24	8~9.5	f/2	1.5	40
640×512 PC - HQE	640×486	24	8~9.5	f/2	1.5	40
	512×512					
640×512 PC - MWIR	640×486	24	4.3~5	f/1.5	20	14
	512×512					

PC 为光导型;LN 为低噪声;HQE 为高量子效率;τ_{int}为积分时间。

针对不同应用(FLIR、IRST、侦察、监视、机载相机等),有多种类型的 MWIR 和 LWIR 高分辨率混成式 QWIP。这些阵列可以与各种长真空寿命的杜瓦和不同配置的制冷机组装起来,以满足不同系统的机械和制冷需求。如泰利斯研究技术公司生产的数百台 Catherine XP 和 Catherine MP 相机,这些相机使用 Vega 和 Sirius FPA,是由 Sofradir 生产的混成式 QWIP 集成构建的传感器芯片组件(sensor chip assembly,SCA)(表 26.20 和图 26.49)[240]。此外,洛克希德·马丁公司也提供了广泛的 QWIP 配置系列(表 26.21)。

表 26.20 Sofradir 的 QWIP FPA

参 数	LW(Sirius)	LW(Vega)
阵列尺寸	640×512	384×288
像元间距/μm^2	20×20	25×25
光谱响应	λ_p=8.5±0.1 μm, Δλ=1 μm @ 50%	λ_p=8.5 μm, Δλ=1 μm @ 50%
工作温度/K	70~73	73
积分类型	快照	快照
最大电荷容量/e^-	1.04×10^7	1.85×10^7
读出噪声	110 μV(增益为 1)	950 e^-(增益为 1)
信号输出	1,2 或 4	1,2 或 4
像元输出速率/MHz	每次输出最高为 10	每次输出最高为 10
帧速率/Hz	全帧速率最高为 120	全帧速率最高为 200

续 表

参 数	LW(Sirius)	LW(Vega)
NETD/mK	31(300 K, $f/2$,积分时间为 7 ms)	<35(300 K, $f/2$,积分时间为 7 ms)
有效像元率/%	>99.9	>99.95
不均匀性/%	<5	<5

图 26.49 Catherine XP(左)和 Catherine MP(右)LWIR QWIP 相机

表 26.21 洛克希德马丁公司制造的 ImagIR 相机中所使用的 QWIP FPA

参 数	
光谱范围/μm	8.5~9.1
分辨率;像元间距/μm	1 024×1 024/19.5 640×512/24 320×256/30
积分类型	快照
积分时间	<5 μs~全帧时间
动态范围/bits	14
数据速率/(百万像元/s)	32
帧速率/Hz	(1 024×1 024)114 (640×512)94 (320×256)366

续　表

参　　数	
阱容量/Me$^-$	(1 024×1 024) 8.1 (640×512) 8.4 (320×256) 20
NETD/mK	<35
有效像元率/%	>99.95（典型值）
固定焦平面/mm	*f*/2.3（13，25，50，100）

Catherine MP 兼具功能性、远程性能和扩展的态势感知能力，使其成为英国目前首选的陆军现役热像仪。百万像元分辨率（1 280×1 020）和低的 NETD（低于 25 mK）为要求极高性能的陆海空平台提供了灵活性与可靠性。

研究人员已经演示了一种像元尺寸为 18 μm 的百万像元 MWIR 和 LWIR 混合 QWIP（图 26.50），利用从束缚态-扩展态及从束缚态-微带态的跃迁，具有出色的成像性能[241-245]。Gunapala 等[242]则演示了在 95 K 工作温度下 NETD 达 17 mK（*f*/2.5，300 K 背景）的 MWIR 探测器阵列，以及在 70 K 工作温度下 NETD 为 13 mK（使用与 MWIR 探测器阵列相同的光学元件，在同样的背景条件下）的 LWIR 探测器阵列。该技术可以很容易地扩展到 2 k×2 k 阵列。图 26.51 显示了使用截止波长为 5.1 μm 和 9 μm 的 1 024×1 024 像元摄像机拍摄的视频图像帧。除了出色的热分辨率和对比度，两个波段的热像都具有很高的细节表现，这表明相邻像元之间的光学串扰很小，并且具有良好的调制传递函数。

图 26.50　安装在 84 针无引线芯片载体上的 1 024×1 024 元 QWIP FPA 的实物照片[242]

图 26.52 显示了偏置电压为−2 V 时，MWIR 和 LWIR 1 024×1 024 元 QWIP FPA 的 NETD 估计值与工作温度的关系。背景温度为 300 K，像元面积为 17.5 μm×17.5 μm。光学系统 *f*/# 为 2.5，MW 和 LW 阵列的帧频分别为 10 Hz 与 30 Hz。

(a) 截止波长为5.1 μm

(b) 截止波长为9 μm

图 26.51 1 024×1 024 元双波段 QWIP 摄像机拍摄的视频帧

MW(LW)视频图像是在 90 K(72 K)温度下以 10 Hz(30 Hz)帧频拍摄的,使用的 ROIC 电容具有 8×10^6 个电子的电荷容量[242]

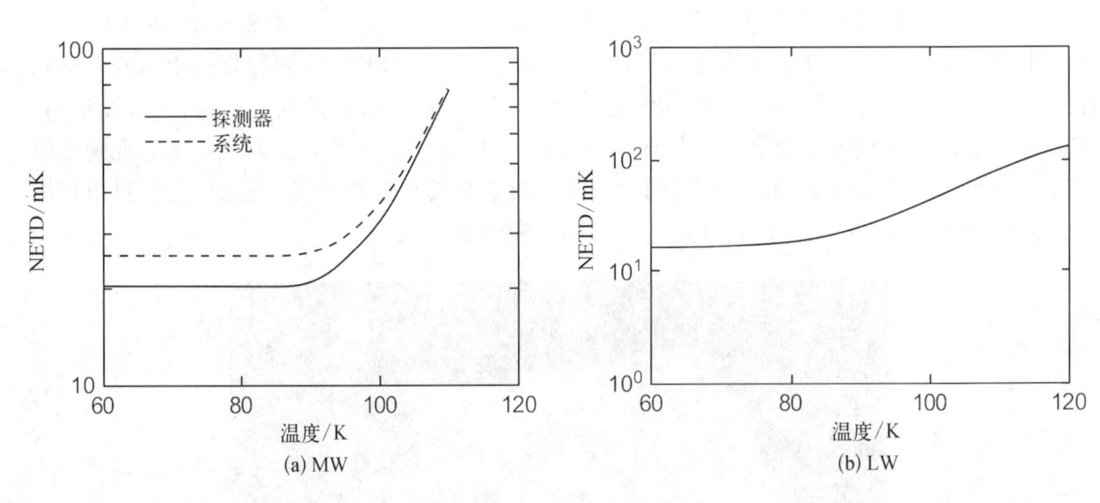

图 26.52 1 024×1 024 元 QWIP FPA,偏置电压为−2 V 时,NETD 与温度的关系

背景温度为 300 K,像元面积为 17.5×17.5 μm²[242]

26.8 势垒型探测器和Ⅱ类超晶格焦平面阵列

MWIR nBn 传感器阵列有几家公司在生产。如 12.9 节所述,nBn 传感器的设计是自钝化的,降低了漏电流和相关噪声,同时提高了可靠性和可制造性。由于设计简单(图 12.41),nBn 阵列技术是大规模 IR FPA 技术的重大进步。

nBn 结构限制了耗尽区的暗电流,提高了工作温度。例如,图 22.5 显示了 Kinglet 数字探测器使用 *f*/3.2 光学元件时的 NETD 随温度的变化。该传感器基于 SCD 公司的 Pelican - D ROIC,像元间距为 15 μm,为 640×512 元 nBn $InAs_{0.91}Sb_{0.09}$/B - AlAsSb 架构。在 10 ms 的积分时间下，NETD 为 20 mK，经过标准的两点非均匀性校正后，无缺陷像元有效性大于 99.5%。NETD 和像元有效性在 170 K 以上开始变化，符合预计的 BLIP 温度（175 K）。

洛克希德·马丁·圣巴巴拉焦平面公司开发的第一个商用 nBn InAsSb 阵列工作在 145～175 K。在采用 MWIR nBn 传感器生产的 IRCameras 系统中（表 26.22），一个 1 280×1 024 元、像元间距为 12 μm 的探测器被封装在一个直径为 1.4 英寸的杜瓦中，包括制冷机在内的杜瓦壳体总长度约为 3.8 英寸。所采用长寿命（25 000 h）制冷机的功率消耗约为 2.5 W，加上电路消耗 2.5 W，相机核心的总功耗约为 5 W。图 26.53 显示了在 160 K 下工作的 nBn 传感器获取的高空间分辨率图像。

表 26.22　nBn InAsSb FPA 特性

红外辐射 / GaAs衬底 / 吸收层 / 势垒层 / 收集极 / 像元 / 阵列公共极 / 扇出电路的Si ROIC		
nBn 探测器阵列架构	QUAZIRHD+TM CAMERA（IRCAMERAS）	HERCULES XBn IDCA（SCD）
参　　数	性　　能	
阵列格式	1 280×1 024	1 280×1 024
像元间距/μm	12	15
阱容量/Me$^-$	2	6,1
积分时间	>500 ns～16 ms	～22 ms
功耗/W	5	5.5
工作温度/℃	−40～+71	−40～+71
重量	约为 1 磅（约为 454 g）	约为 750 g
尺寸	2.35 英寸宽×2.59 英寸高×2.75 英寸长	长度（光轴）- 149 mm

目前，美国政府的 VISTA 计划正在研究创新的红外焦平面阵列技术，以增强红外传感器的能力。文献[246]首次报道了采用 5 μm 像元的 2 040×1 156 元高清晰度 FPA。图 26.54 显示了由 Cyan Systems 制造的带有该阵列的实验相机所拍摄的室外图像。

在 VISTA 计划支持下，针对高工作温度应用，HRL 开展了 GaAs 衬底上Ⅲ－Ⅴ族体材料 MWIR 探测器的生长和制造技术研发。结果表明，可行的小像元（5～10 μm 间距）技术是对

图 26.53　1 280×1 024 元 MWIR NBN InAsSb FPA 拍摄的棒球比赛场景，球员正试图盗向二垒[245]

图 26.54　HOT MWIR NBN InAsSb 阵列拍摄的图像，该阵列格式为 2 040×1 156 元，像元间距为 5 μm[246]

HgCdTe 技术的一种颇具吸引力的替代技术，主要是因为成本较低，易于扩展到更大的规模(如 8 k×8 k/10 μm)，以及更好的均匀性。通过开发高深宽比的干法刻蚀技术用于台面制备(填充因子>80%)、适当的介质层用于器件钝化和高深宽比铟柱方案(像元有效性>99.9%)，已经制备出 2 k×2 k/10 μm 和 2 k×1 k/5 μm 格式的 IR FPA。在 150 K 工作的混成器件具有低开启偏置下的低暗电流、低 NETD 值(使用 f/2.3 光学元件，150 K 时 NETD<20 mK)，以及对像元尺寸 5 μm 和 10 μm 时均具有高像元有效性。

如 20.3 节所示，InAs/GaSb Ⅱ类应变层超晶格(T2SL)可以被认为是 HgCdTe 和 GaAs/AlGaAs 红外材料体系的替代材料。应变层超晶格结构可以提供高响应率，就像 HgCdTe 已经达到的那样，且不需要像在 QWIP 中那样使用任何光栅。更多优点包括：PV 工作模式，工作温度提高，以及成熟的Ⅲ-Ⅴ族工艺技术。

基于Ⅱ类 InAs/GaInSb 的探测器在过去几年中发展迅速[247,248]。图 26.56 显示了 T2SL

图 26.55　使用高深宽比的干法刻蚀工艺制作的 5 μm 像元的扫描电子显微镜照片，物理填充因子>80%[247]

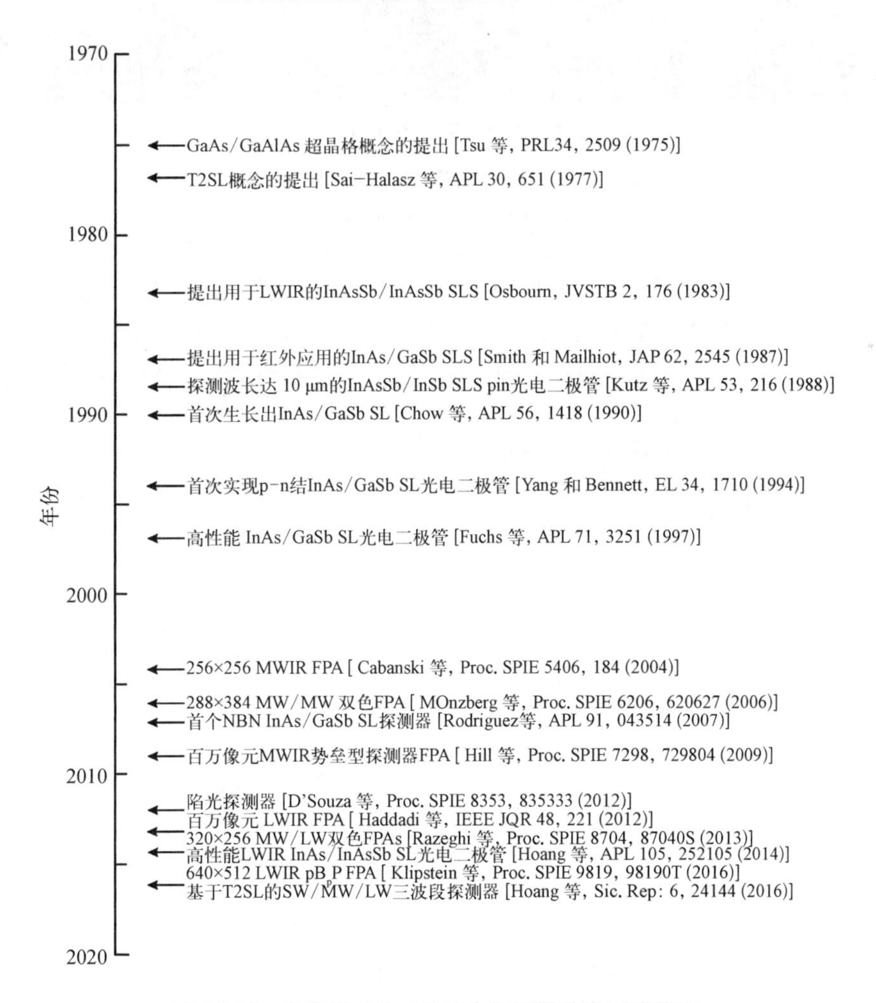

图 26.56　Ⅱ类超晶格红外光电探测器的发展路线图

光电探测器的路线图。

1987 年,Smith 和 Mailhiot[249]提出了用于红外探测的 InAs/GaSb T2SL。尽管有这些积极的理论预测,但 InAs/GaSb T2SL 材料的高质量生长几乎在接下来的 20 年里都没有获得成功。MBE 超晶格材料技术和器件加工技术的进步使得制备高质量的单元器件与焦平面阵列变得更为常规。在过去的十年中,第一个百万像元的 MWIR 和 LWIR Ⅱ类 SL FPA 表现出优秀的成像性能[92,250–259]。温度约为 78 K 时,MWIR 阵列的 NETD 值低于 20 mK,LWIR 阵列的 NETD 值略高于 20 mK。图 26.57 显示了用 MWIR 640×512 NBN 阵列和两个(MWIR 和 LWIR)百万像元 PV 阵列拍摄的图像。

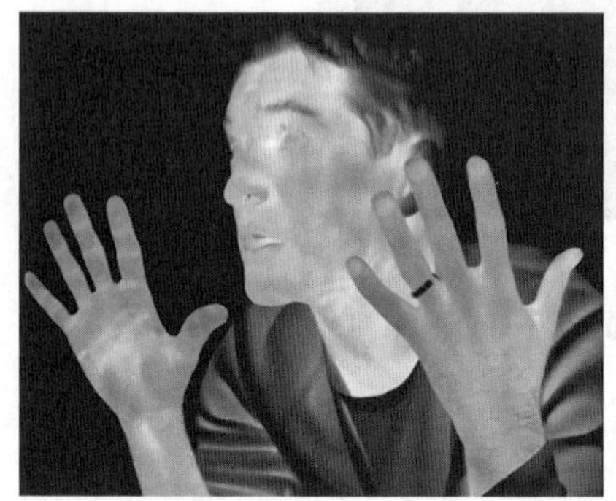
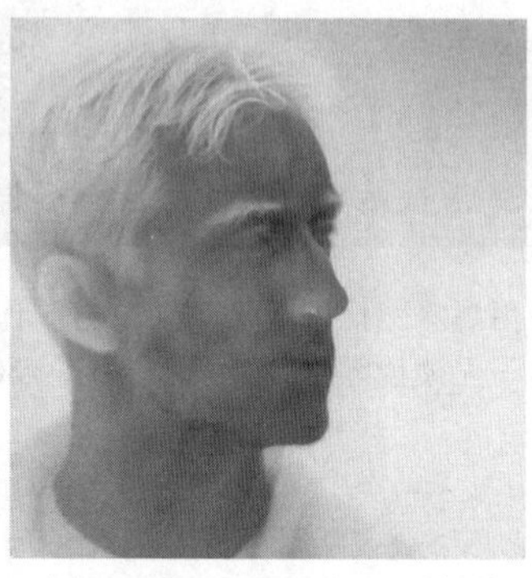

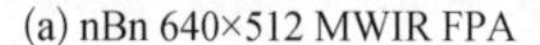

(a) nBn 640×512 MWIR FPA　(b) 百万像元MWIR(p-i-n结构)　(c) 百万像元LWIR

图 26.57　红外图像采自 Sb 基 PV FPA[251,252]

(互补势垒红外探测器 BIRD,见表 22.1)

MWIR Ⅱ类 SL FPA 的 NETD 值如图 26.58 所示。对于截止波长为 5.3 μm 的 256×256 元 MWIR 探测器,在 $f/2$ 光学系统和积分时间 $\tau_{int}=5$ ms 条件下测得的最佳 NETD 值约为 10 mK[图 26.58(a)][250]。将时间减少到 1 ms 的测试表明,NETD 量级与积分时间的平方根

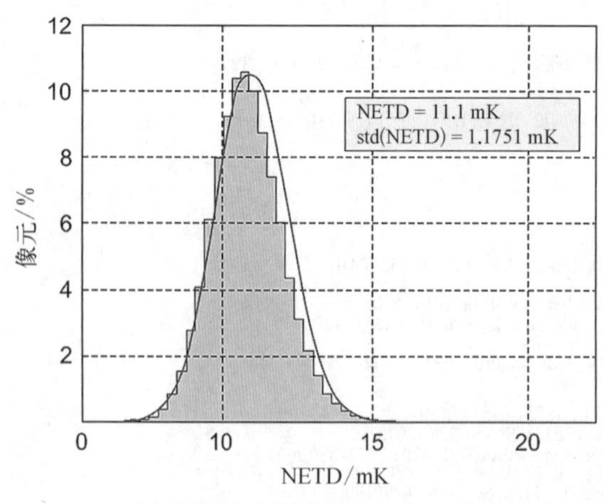

(a) 使用 $f/2$光学元件、$\tau_{int}=5$ ms和77 K下256×256元FPA的NETD直方图[250]

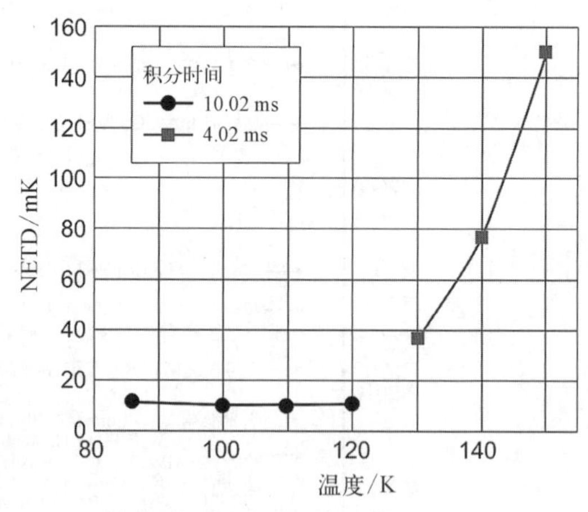

(b) 使用 $f/2.3$光学元件,320×256元FPA的NETD随温度的变化

图 26.58　MWIR Ⅱ类超晶格 FPA 的 NETD

工作温度高于 120 K 时减小积分时间,以避免暗电流较高而导致读出电容饱和[253]

成反比。这意味着即使在很短的积分时间内，探测器性能也受限于背景。西北大学的研究小组证明了类似的结果[253]。当积分时间为 10.02 ms 时，工作温度升至 120 K 的过程中，最小 NETD 几乎保持在 11 mK，表明 FPA 主要受系统噪声或光子噪声等温度不敏感噪声的影响，因为暗电流噪声随温度呈指数增加。在 130～150 K 内，采用 4.02 ms 的积分时间进行测量，以避免较高的暗电流水平而导致读出电容饱和。该区域 NETD 的增加可能与暗电流的增加有关。InAs/GaSb FPA 的一个非常重要的特点是其高度的均匀性。响应率分布显示标准偏差约为 3%。据估计，失效像元为 1%～2%，且这些像元在阵列中呈统计散布，而不是团簇的[250]。

西北大学的研究组使用图 26.59(a)所示的 p－π－M－n 像元结构制备出高质量的 1 024×1 024 元 LWIR FPA。这种器件设计结合了高的光学和电学性能。M 型结构和双异质结构设计技术有助于降低体暗电流与表面漏电流。由于有较厚的吸收区(6.5 μm)，所以获得了较高的 QE(>50%)。在 77 K，－50 mV 偏置电压下，器件的暗电流低于 5×10^{-5} A/cm^2。图 26.59(b)显示了在 81 K 下进行两点均匀性校正后的 NETD 直方图，积分时间为 0.13 ms，采用 $f/2$ 光学元件。在反向偏置电压为 20 mV 时，NETD 中位值为 27 mK。

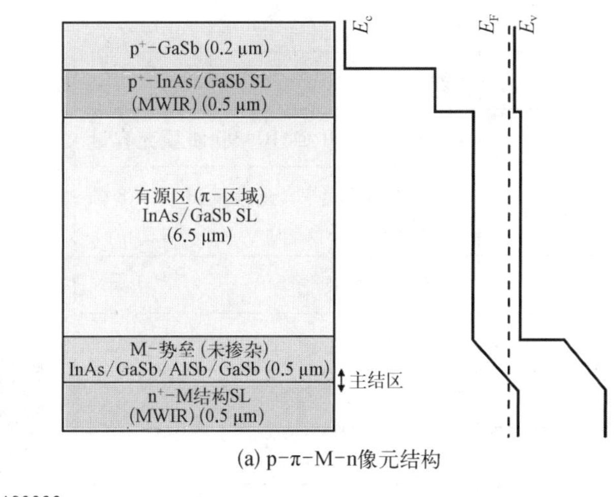

(a) p－π－M－n像元结构

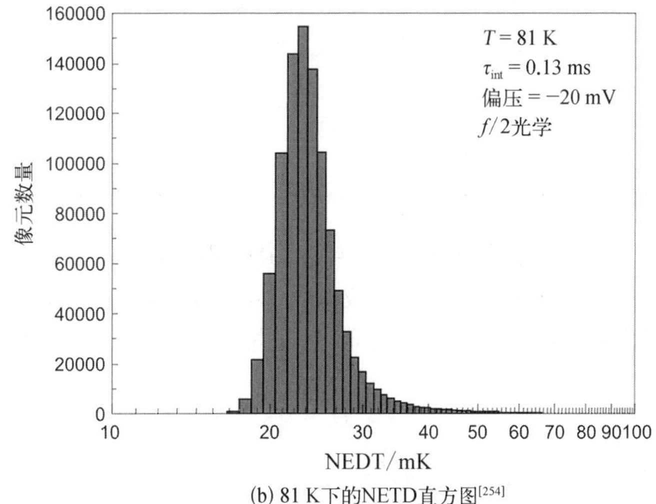

(b) 81 K下的NETD直方图[254]

图 26.59　1 024×1 024 元 LWIR FPA

最近,SCD 开发了先进的 $pB_{p}p$ T2SL 势垒探测器,扩散限制暗电流接近 HgCdTe 规则07,且具有 50%以上的高 QE(见 22.3 节)[257]。特别是注重了消除表面漏电流的影响。使用了所开发的坚固钝化工艺,在将传感器阵列与定制的硅读出电路用铟柱互连后,回填黏结剂并对衬底进行减薄。为了释放制冷过程中的应力,需要对 GaSb 衬底进行抛光减薄至最终厚度约为 10 μm。15 μm 间距 640×512 元 FPA 工作在 77 K,截止波长为 9.5 μm。最终的 IDCAs 还包括一个截止波长为 9.3 μm 的冷滤光片。表 26.23 列出了典型的性能规格。

表 26.23　在 77 K 工作温度下,LW $pB_{p}p$ T2SL 阵列的性能规格[257]

参　数	值	PELICAN - D LW IDCA
格式	640×512	
间距/μm	15	
截止波长/μm	9.3(滤光片)	
QE/%	>50	
有效像元率/%	>99	
RNU/%	<0.04 STD/DR @ 10~90 阱填充容量	
NETD	15 mK @ 65%阱填充容量,30 Hz(8 帧平均的结果)	
响应的非均匀性/%	<2.5(STD/DR)	
制冷机	Ricor K548	
重量/g	750	
环境温度/℃	-40~+71	
23℃使用时的总功率/W	16	
冷却时间/min	8	
MTTF(平均失效时间,mean time to failure)(与任务情况有关)/h	15 000	

同样在最近,弗劳恩霍夫(Fraunhofer)IAF 与 AIM Infrarot-Module GmbH 合作,实现了欧洲第一台用于长波红外的 InAs/GaSb T2SL 成像仪,640×512 元,像元间距为 15 μm。该演示相机提供了良好的图像质量,对于 300 K 的背景,采用 $f/2$ 光学元件,在 55 K 时的热分辨率优于 30 mK[258]。

26.9　碲镉汞与Ⅲ-Ⅴ族——未来展望

目前作为 HgCdTe 探测器材料的可能替代,基于Ⅲ-Ⅴ族锑化物的探测器技术正在快速发展。在断裂带隙 T2SL 中,能够独立地调节导带和价带边缘的位置,这对单极势垒的设计特别有帮助。单极势垒用于实现势垒探测器结构,可以提高光生载流子的收集效率,并在不抑制光电流流动的情况下减少源自耗尽区的暗电流。在过去的十年中,基于锑化物的焦平面阵列技术已经达到了接近 HgCdTe 的水平。T2SL 的迅速成功不仅取决于过去 50 年的Ⅲ-Ⅴ族材料发展,更主要的是由于最近在红外光电探测器设计方面出现的新想法。带隙工程的出现赋予了Ⅲ-Ⅴ族材料了新的生机。

对于 HOT-MWIR,T2SL 材料表现出比 InSb(约为 80 K)更高的工作温度(高达 150 K)。此外,T2SL 还具有高性能和可制造性,特别适用于大幅面 FPA 应用。市场上可以买到直径不超过 6 英寸的 GaSb 衬底。

尽管Ⅲ-Ⅴ族半导体(T2SL 和势垒探测器)相比目前的探测技术有许多优点,包括减小了隧穿电流和表面漏电流,垂直入射吸收和抑制俄歇复合,但对这些探测器优异性能的期望并没有完全实现。其暗电流密度高于体材料 HgCdTe 光电二极管,特别是 MWIR。

为了充分地发挥其潜力,需要克服以下关键技术限制,如载流子寿命短、钝化和异质结构工程。许多改进依赖于对肖克利-里德-霍尔(Shockley-Read-Hall,SRH)陷阱的识别和最小化。如果 T2SL 材料能够克服目前的 SRH 缺陷限制,那么它有可能超越 HgCdTe。引入势垒设计,当施加偏置电压时可以显著地阻碍暗电流的流动,而不会阻碍光电流。可以预见,未来Ⅲ-Ⅴ族势垒探测器技术的进步将使暗电流在更宽的红外光谱范围内降至规则 07。

从性能角度看,扩散电流限制的Ⅲ-Ⅴ族 FPA 确实可以在接近 HgCdTe 的水平下工作,但始终需要较低的工作温度[260,261]。

Kinch[261]最近出版的专著关注到未来红外探测器技术中 HgCdTe 和 T2SL 的激烈竞争。他清楚地指出:红外系统的最终成本降低只能通过室温工作的受耗尽电流限制的阵列来实现,并且像元密度完全符合由系统光学元件确定的背景限和衍射限性能要求。这就要求所用的红外材料具有长的 SR 寿命。目前,唯一符合这一要求的材料是 HgCdTe。Kinch[262]预测,在未来 10 年内,可以在室温下工作的大面积超小像元的衍射限和背景限光子探测型 MW 与 LW HgCdTe FPA 即将问世。

提高 SRH 寿命以克服 InAs/GaSb T2SL 耗尽区暗电流大的缺点,是很困难的。自 20 世纪 50 年代提出以来,InSb SRH 寿命的问题是众所周知的。在不含 Ga 的 InAs/InAsSb T2SL 中观察到了较好的情况,这是由于材料具有较大的载流子寿命(包括 SRH 寿命)。

26.9.1　p-i-n 碲镉汞光电二极管

p-i-n 光电二极管是一种常用的简单 p-n 光电二极管的替代,特别是用于超快光电探测时,如光通信、测量和采样系统。在 p-i-n 光电二极管中,未掺杂的 i 区(π 或 ν,取决于形成结区的方法)夹在 p 区和 n 区之间。通常,吸收层被具有更宽带隙的接触层包围,以抑制来自这些区域的暗电流,并抑制反向偏置下的隧穿电流。因此,p-i-n 器件实质上是 p-i-n 二极管。图 26.60(a)显示了反向偏置条件下 p-i-n 二极管的原理图和能带图。由于 i 区中的自由载流子密度非常低,并且其电阻率很高,施加的任何偏压都会完全加在 i 区两端,在零偏压或非常低的反向偏压时,i 区完全耗尽。

p-i-n 光电二极管具有可控的耗尽层宽度,可以根据光响应和带宽要求进行定制。在响应速度和 QE 之间进行权衡是必要的。对于高响应速度,耗尽层宽度应较小,但对于高 QE

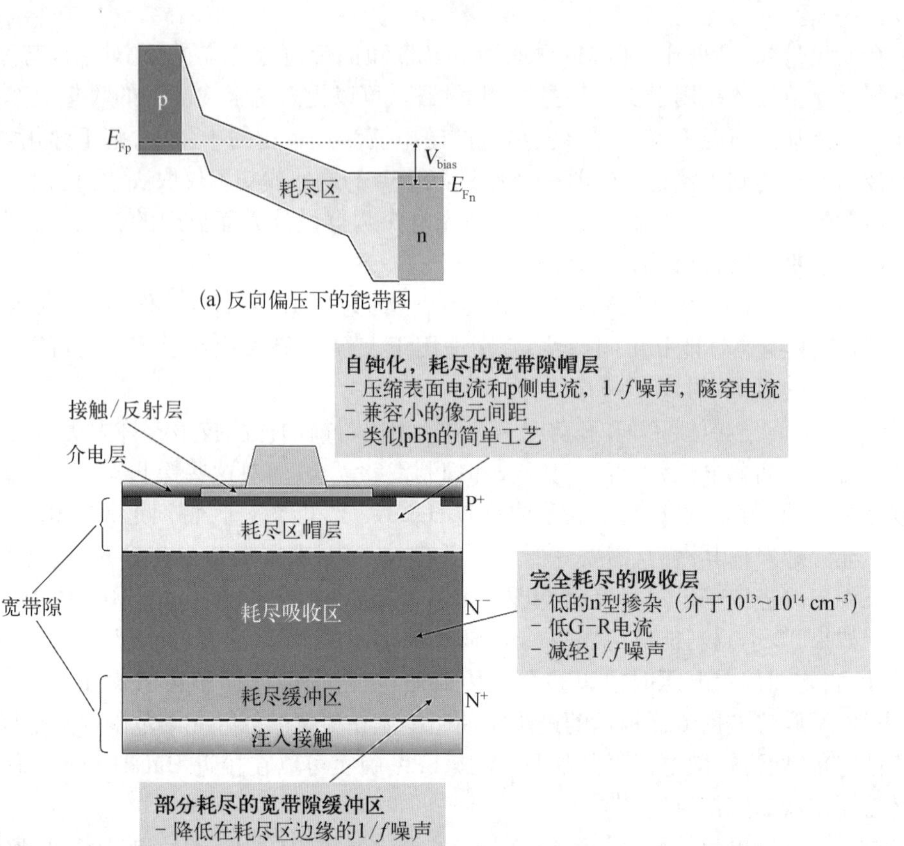

(a) 反向偏压下的能带图

(b) 异质结p-i-n光电二极管结构[263]

图 26.60　p-i-n 光电二极管

(或响应率)，耗尽层宽度应较大。在这种情况下，人们提出了利用外谐振微腔的方法来提高量子效率。在这种方法中，吸收区域被放置在腔内，即使在很小的探测体积下也可以吸收大部分光子。

在目前的技术阶段，p-on-n HgCdTe 双层光电二极管可以满足上述要求[图 26.60(b)][263]。吸收层被更宽带隙的盖层和缓冲层包围，以便抑制从这些区域产生的暗电流。吸收层的 n 掺杂需足够低，在适度偏压下达到完全耗尽。为了抑制反向偏置下的隧穿电流，采用了宽带隙的盖层。该结构的平面是潜在自钝化的，类似于Ⅲ-Ⅴ族势垒探测器的 PBN 几何结构。此外，正如文献[168]、[261]中所讨论的那样。全耗尽结构与小像元间距兼容，由于在探测器反向偏置下产生内置垂直电场，因此可以实现低串扰。完全耗尽的吸收层和宽带隙盖层都有可能降低 1/*f* 噪声和随机电报噪声。

完全耗尽型探测器的生成-复合电流密度可以通过下面的表达式来估计：$J_{GR} = qn_i w/\tau_{SRH}$[式(12.113)]，其中 w 是耗尽区的宽度，τ_{SRH} 是 SRH 寿命。

30 K 下的实验数据表明，对于间距为 18 μm、截止波长为 10.7 μm 的阵列像元，获得了非常令人鼓舞的 SRH 寿命。SRH 寿命的下限估计为 100 ms[264]。按照这一估计值，图 26.61 中显示了三种不同吸收层掺杂浓度下的电流密度，以及在 π 立体角内背景黑体辐射的电流密度。如图 26.61 所示，在掺杂浓度低于 10^{13} cm^{-3}时，辐射电流占主导。

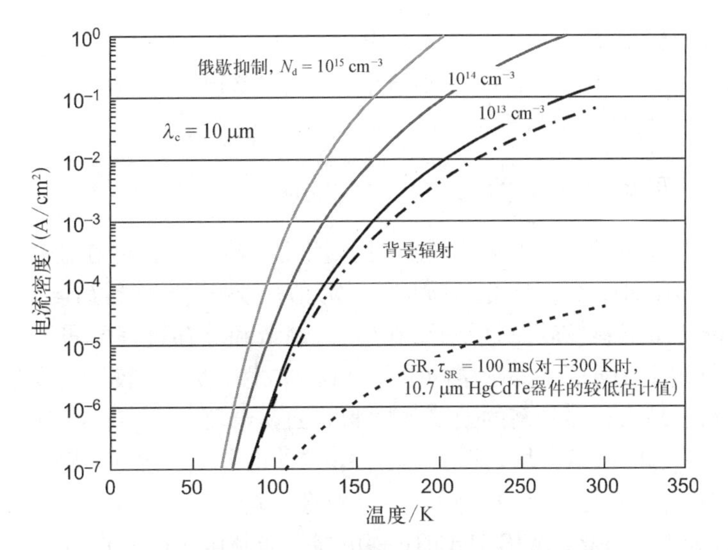

图 26.61　从截止波长为 10 μm 的碲镉汞光电二极管 30 K 寿命测量中提取的 GR 电流密度与俄歇抑制电流密度、背景辐射电流密度的比较[263]

Rogalski 等[265]最近对 LWIR HgCdTe 光电二极管的性能进行了进一步的研究。他们使用一个增强的计算机程序来估计在 230 K 下工作的 p－i－n HgCdTe LWIR HOT 光电二极管的性能、暗电流密度和光谱电流响应率。结果表明，在 0.4 V 反向偏置电压下，施主浓度为 5×10^{13} cm^{-3}的厚度为 5 μm 的吸收层可以被完全耗尽。考虑到耗尽区陷阱能级的实际位置（0.75 E_g）和位错密度（10^4cm^{-2}），结果表明 SRH 寿命值可以在 0.1～10 ms 改变［图 26.62(a)］。在 230 K 时，理论预测的暗电流密度处于 10^{-3} A/cm^{2}中段，与使用 $f/3$ 光学

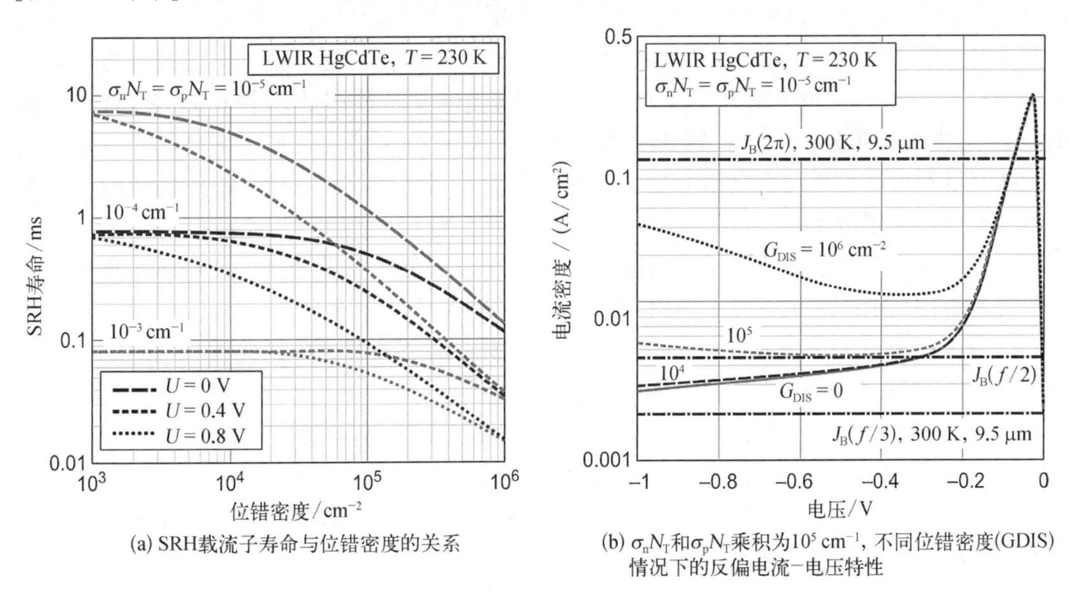

(a) SRH载流子寿命与位错密度的关系

(b) $\sigma_n N_T$和$\sigma_p N_T$乘积为10^5 cm^{-1}, 不同位错密度(GDIS)情况下的反偏电流−电压特性

图 26.62　计算了在 230 K 工作、吸收层厚度为 5 μm、施主浓度为 5×10^{13} cm^{-3}、耗尽区陷阱能级为 0.75 E_g 的 9.5 μm 截止 $P^+-\nu-N^+$ HgCdTe 光电二极管的性能

暗电流密度与使用 $f/3$ 光学系统和 2π FOV 时的背景电流进行了比较。N_T表示汞空位浓度，σ_n和 σ_p分别表示 SRH 复合过程中的电子与空穴俘获截面

元件、截止波长为 9.5 μm 的光电二极管在背景光通量下的电流相当,暗电流密度约比规则 07 低 800 倍[见图 26.62(b)]。这一预测指出了未来 LWIR HgCdTe HOT 光电二极管在与 T2SL 材料的竞争中,兼具成本和性能优势。

26.9.2 焦平面阵列制备可行性

HgCdTe 是目前应用最广泛的高性能红外探测器材料体系。但在器件制备中,HgCdTe 还存在一些缺点。HgCdTe 是一种Ⅱ-Ⅵ族半导体,具有较弱的离子键(Hg-Te)和较高的 Hg 蒸气压,因此,HgCdTe 材料较软而且易碎,在生长、制造和储存过程中需要格外小心。与典型的Ⅲ-Ⅴ族材料相比,HgCdTe 外延层的生长更具挑战性,会导致较低的成品率和更高的成本。HgCdTe 材料表现出相对较高的缺陷密度和表面漏电流,这会对性能产生不利影响,特别是对 LWIR 器件。此外,组分均匀性对 HgCdTe 器件也是一个挑战,特别是对 LWIR 器件,这会导致截止波长的变化。此外,1/*f* 噪声会导致像元均匀性随时间的变化,这很难通过图像处理算法进行校正。因此,LWIR HgCdTe 探测器只能制作在较小的 FPA 上。

在 HgCdTe 的外延生长中,最常用的是晶格匹配的 CdZnTe 衬底。然而,CdZnTe 衬底与 Si ROIC 不是晶格匹配的,同时大尺寸 CdZnTe 的质量很难保证,并且可提供的来源很有限。

多年来,由于 InGaAs、InSb、QWIP 和非制冷微测辐射热计的成功,HgCdTe 的市场已经萎缩。HgCdTe 是一种Ⅱ-Ⅵ族材料,并没有其他的商业化应用。因此,在需求有限的情况下,维持整个产业基础变得更加困难。另外,T2SL 是一种Ⅲ-Ⅴ族材料,拥有现成的工业基础设施,可以低成本生产器件。现有用于Ⅲ-Ⅴ族材料的设备是由商用产品(手机芯片、毫米波集成电路)市场来支撑的,这使得政府可以更容易地维持红外产业的工业基础。

T2SL 的重要优点是材料的高质量、高均匀性和稳定性。一般来说,Ⅲ-Ⅴ族半导体比Ⅱ-Ⅵ族半导体更坚固,因为它们的离子化学键更强,更不易离化。因此,基于Ⅲ-Ⅴ族的 FPA 在像元有效性、空间一致性、时间稳定性、尺寸可扩展性、可生产性和可负担性方面表现出色,即"能力——ibility"优势[266]。T2SL 的能隙和电学性质是由层厚决定的,而不是像 HgCdTe 那样由摩尔分数决定。T2SL 生长中可以更好地控制结构并具有更高的重复性。由于气体流量和温度不均匀引起组分变化的影响不像在三元/四元体材料中那么重要,因此空间均匀性也得到了改善。

VISTA 计划实现了一个水平集成模型,该模型与 HgCdTe 产业所用的传统垂直集成方式有很大的不同(图 26.63)。例如,HRL 实验室在 VISTA 项目中充当 FPA 代工厂的角色。基于 JPL 公司的设计,IQE 和 IET(Intelligent Epitaxy Technology,智慧外延技术公司)生长晶圆,制备双波段 FPA,再与 RVS 提供的 ROIC 进行混成[267]。

目前超高性能和超大幅面的 LWIR FPA 的制备还没有实现,然而对于此类阵列的演示和量产的需求却是非常迫切的,特别是那些需要超大规模和高性能 LWIR FPA 的系统。VISTA 计划专注于Ⅲ-Ⅴ族超晶格外延材料的研究,为了实现可应用于 MWIR/LWIR 探测和双波段传感的更大规模与更小像元的先进 IR FPA。

26.9.3 结论

以上讨论可以总结如下:

(1) Ⅲ-Ⅴ族材料固有的 SRH 寿命短于 1 μs,需要采用 nBn 结构以获得合理的工作温

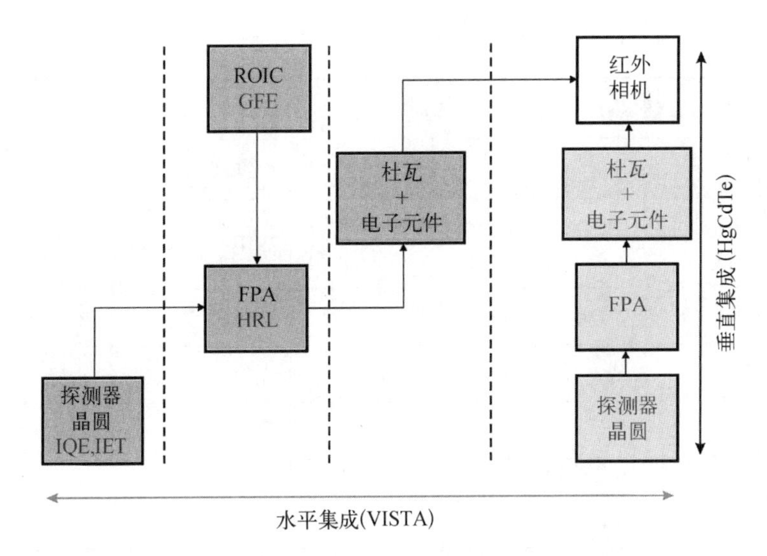

图 26.63　VISTA 计划下的水平集成模式与现有的在公司内部垂直集成的 HgCdTe 制备方式的比较[267]

度,此时受扩散电流限制。既适用于简单合金,也适用于 T2SL。

(2) HgCdTe 合金具有长的 SRH 寿命(>200 μs),可达 50 ms,具体取决于截止波长[261]。因此,它们可以在任何一种架构下工作,并且可以是受扩散或耗尽电流限制的。

(3) Ⅲ-Ⅴ族材料在等效截止波长下具有与 HgCdTe 相似的性能,但由于 SRH 寿命的固有差异,在工作温度方面会有相当大的损失。

(4) T2SL 的重要优势是高质量、高均匀性和材料稳定性。一般来说,Ⅲ-Ⅴ族半导体比Ⅱ-Ⅵ族半导体更坚固,因为它们的离子化学键更强,更不易电离。因此,基于Ⅲ-Ⅴ族的 FPA 在像元有效性、空间一致性、时间稳定性、尺寸可扩展性、可生产性和可负担性方面表现出色,即"能力-ibility"优势。

在 FPA 制作中,T2SL 的主要实际问题是缺少稳定的钝化。通常,表面施主污染和绝缘体固定正电荷是很常见的,这对 nBn 结构来说不是问题,但对于 T2SL 的 p 型实施例来说,这是一种非常不希望看到的情况。p 型 T2SL 势垒光电探测器对施主中心位错也很敏感,而 nBn 势垒探测器则基本不受施主中心位错影响。

表 26.24 提供了包括 T2SL 在内的不同材料体系制造的 LWIR 探测器的发展现状简表。其中 TRL 是指技术成熟度。理想成熟度的值定为 TRL 10[11]。成熟度最高的(TRL=9)的技术包括 HgCdTe 光电二极管和微测辐射热计。QWIP 的 TRL=8,略低。T2SL 结构在 LWIR 波段的应用潜力巨大,在相同截止波长下的性能可与 HgCdTe 相媲美,但仍需要大量的投资和基本材料的突破才能走向成熟。

从经济角度和未来技术角度来看,产业组织是一个重要方面。HgCdTe 阵列产业是垂直整合的;没有商业晶圆供应商,因为 HgCdTe FPA 并没有其他利润丰厚的商业应用。晶圆是在每个 FPA 生产商(或其独家合作伙伴)内部生长的。这种完整性带来的一个重要缺点是成本较高。就Ⅲ-Ⅴ族半导体而言,横向整合更有利可图。这一方案特别有效地避免了对固定资产的大量投入和后续的升级维护及高技能工程师和技术人员的高昂成本。

表 26.24 LWIR 波段中,现有先进探测器系统间的比较

技术成熟度	测辐射热计	HgCdTe	QWIP	Ⅱ类超晶格
	TRL 9	TRL 9	TRL 8	TRL 5~6
状态	中低性能应用的首选材料	高性能应用的首选材料	商用	研发
工作温度	非制冷	制冷	制冷	制冷
可制造性	优秀	较差	优秀	好
成本	低	高	中等	中等
发展大规模阵列的前景	优秀	非常好	优秀	非常好
大尺寸衬底的可用性	优秀	较差	优秀	非常好
军事系统示例	武器瞄准镜、夜视镜、导弹导引头、小型无人机传感器、无人值守地面传感器	导弹拦截,战术型地面和空中成像,高光谱,导弹搜索,导弹跟踪,天基传感	在一些军事应用和天文传感中,处于评估阶段	在大学中开展研发,并在工业研究环境中进行评估
局限性	低的灵敏度和长的时间常数	性能易受制造差异的影响;截止波长难以扩展到>14 μm	带宽窄,灵敏度低	需要大量投资和重大突破才能实现技术成熟
优势	成本低,不需要主动制冷;可利用标准的硅工艺设备进行生产	接近理论性能;在未来 10~15 年内仍将是首选材料	低成本应用;可利用商业制造流程;材料均匀性非常好	理论上优于 HgCdTe;可利用商业的Ⅲ-Ⅴ族制造技术

技术成熟度(technology readiness level,TRL)

参考文献

第27章 第三代红外探测器

先进的红外成像系统非常需要多色探测功能,因为它们提供了更强的目标辨别和识别能力,并具有较低的误警率。能获取不同的红外波段数据的探测器系统可以区分出绝对温度和场景中对象的独特特征。通过提供新的对比度,多色探测还提供了先进的色彩处理算法,获得比单色设备更高的灵敏度。这对于识别导弹目标、弹头和诱饵弹之间的温差非常重要。多光谱红外焦平面阵列在导弹告警制导、精确打击、机载监视、目标探测、识别、捕获和跟踪、热成像、助航和夜视等领域有着广泛的应用前景[1,2]。在地球和行星遥感、天文学等领域,多光谱 IRFPA 也扮演着重要的角色[3]。单色焦平面与滤光片、傅里叶变换光栅光谱仪配合使用,已被部署在美国国家航空航天局的各种星载遥感应用中,利用推扫式扫描方式来记录地球在可见光到甚长波红外光谱范围内的高光谱图像。

如果目标易于识别,则可以使用单色焦平面进行军事监视、目标探测和跟踪。然而,在存在杂波的情况下,或者当目标和/或背景不确定时,或者在目标和/或背景在交战期间可能改变的情况下,单色探测系统的设计可能采取以整体性能下降为代价的折中方案。众所周知,为了减少杂波并增强所需的特征/对比度,需要使用多光谱焦平面。在这种情况下,多色成像可以极大地提高整体系统性能。目前,多光谱系统依赖于烦琐的成像技术,这些技术要么将光信号分散在多个红外 FPA 上,要么使用滤光轮对聚焦在单个 FPA 上的图像进行光谱识别。这些系统在光路中包括分束器、透镜和带通滤光器,以将图像聚焦到响应不同红外波段的独立 FPA 上。此外,需要复杂的光学对准来逐个像素地映射多光谱图像。因此,这些方法的成本相对较高,并且由于其体积大、复杂性高和冷却要求等,给传感器平台带来了额外的负担。图 27.1 是将所有探测器阵列安装在一个焦平面上的多光谱 FPA 的示意图[4]。为了探测从可见光到长波红外的宽带辐射,不同的波长使用不同的探测器材料。在推扫式成像设备中,线列在垂直于轨道的方向上提供空间分辨率,而成像系统相对于地面的运动产生沿轨道方向的扫描操作,从而产生多个频带中的场景二维图像。

基于机械扫描的色散设备(如滤光轮、单色仪)并不可取,因为除了其相对较大的尺寸,它们还容易发生振动,并且探测波段调整的范围相对较窄,调整的速度也相对较慢[5]。材料、电子和光学技术的最新进展导致了新型电子可调滤波器的发展,包括自适应滤波器[6]。在未来,多光谱成像系统将使用可向数字处理子系统提供海量数据的超大型传感器。像素数在 100 万以上的 FPA 现已面市。随着更高分辨率的成像阵列中像素的增加,对嵌入式数字图像处理系统的计算要求也会越来越高。要解决数据处理的瓶颈,一种方法是在探测器像素内集成一定的像素级数据处理能力,类似于在生物学中实现的传感器信息处理技术系

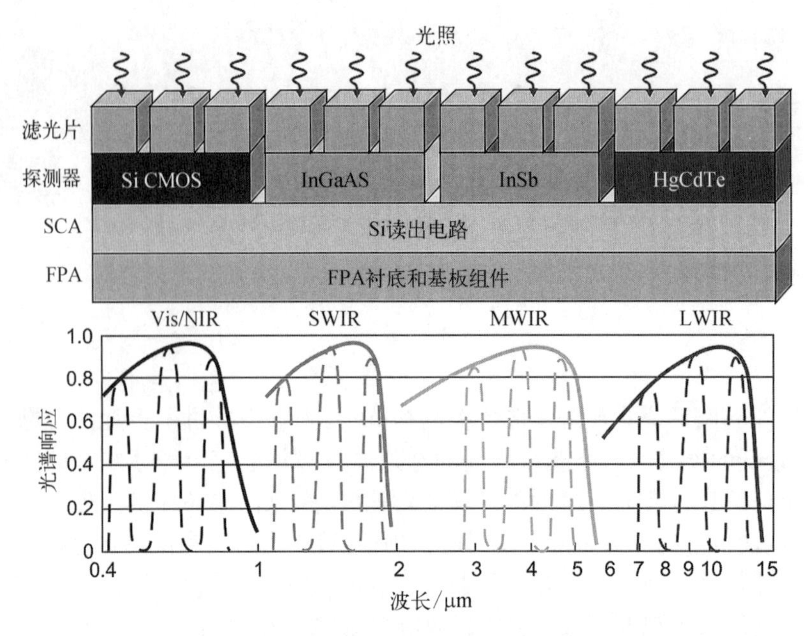

图 27.1 多光谱焦平面的概念,所有探测器阵列安装在一个焦平面上,设计成在相同的温度下工作

CMOS 为互补金属氧化物半导体;SCA 为传感器芯片组件;Vis 为可见光[4]

统。目前世界上的几个科学小组已经转向生物视网膜,去探索如何改进人造传感器[7,8]。

本章我们将介绍在宽广的红外光谱范围内最先进的多色探测器技术。在短波红外、中波红外和长波红外等感兴趣的波长领域,本书介绍三种正在发展多色能力的探测器技术:碲镉汞、量子阱红外光电探测器和锑化物基Ⅱ类超晶格。量子点红外光电探测器也被证明是一种潜在的多色探测材料。

HgCdTe 光电二极管[9-22]和 QWIP[23-34]都可以在 SWIR、MWIR 和 LWIR 范围内提供多色探测功能。最先进的 QWIP 和 HgCdTe FPA 的性能优值因数是相似的,因为主要限制与读出电路有关。Tidrow 等[2]和 Rogalski[25,35]对这两种技术进行了详细的比较。

在过去的十年中,Ⅱ类 InAs/GaSb 超晶格[36-49]和 QDIP[50-55]发展成为第三代红外探测器的候选材料。表 27.1 比较了 77 K 下三种长波红外器件的基本性能,低维固体红外光电探测器的性能是否能超越体材料窄禁带 HgCdTe 探测器是未来红外光电探测器需要解决的重要问题之一。

表 27.1 长波红外 HgCdTe、Ⅱ类超晶格光电管及 QWIP 在工作温度 77 K 时的基本特性

参　　数	HgCdTe	QWIP(n 型)	InAs/GaSb SL
红外吸收	垂直入射	需要满足 $E_{optical}\perp$ 阱平面; 垂直入射时,无吸收	垂直入射
量子效率/%	≥70	≤10	50~60
光谱灵敏度	宽波段	窄波段(FWHM≈0.5 μm)	宽波段

续　表

参　　数	HgCdTe	QWIP(n 型)	InAs/GaSb SL
光学增益	1	0.2(30~50 个阱)	1
热学生成寿命	约为 1 μs	约为 10 ps	约为 0.1 μs
R_0A 乘积/($\Omega\cdot cm^2$) (λ_c = 10 μm)	10^3	10^4	500
探测率/($cm\cdot Hz^{1/2}/W$) (λ_c = 10 μm, FOV = 0)	2×10^{12}	2×10^{10}	1×10^{12}

FWHM(full-width at half maximum),半高宽

下面介绍不同材料制备的多色红外探测器的开发和利用。本章最后讨论为实现第三代 FPA 正在进行的技术努力。

27.1　对第三代探测器的需求

多波长同时读取的标准方法是使用光学元件,如透镜、棱镜和光栅,在不同波长的辐射进入红外探测器之前将其分离。另一种更简单的方法是堆叠布置,其中较短波长的探测器被放置在较长波长探测器的前面。20 世纪 70 年代初,使用这种方式的 HgCdTe[56] 的双色探测器和 InSb/HgCdTe[57] 光电导探测器就已经被研发出来。然而,目前更多的努力在于制造具有多色能力的单个 FPA,以消除在使用分离阵列时存在的空间对准和时间配准问题;简化光学设计;减小尺寸、重量和功耗。

20 世纪 90 年代(图 3.1),在探测器发展的巨大推动下,第三代红外探测器应运而生。第三代红外系统的定义并不是特别明确。通常的理解是,第三代红外系统提供了增强的功能,如更多的像素、更高的帧速率、更好的温度分辨率、多色功能和其他片上信号处理功能。根据 Reago 等[58] 的说法,第三代红外探测器的定义只是保持美国和盟军现有的技术领先。这类设备包括制冷和非制冷 FPA[1,58]:

(1) 具有多色波段的高性能、高分辨率制冷成像仪;

(2) 中高性能非制冷成像仪;

(3) 极低成本、可消耗性非制冷成像仪。

在开发第三代成像仪时,红外研究面临着许多挑战,其中一些在前面进行了介绍:噪声等效温差(NETD)参考 24.5 节;像素和芯片大小问题参考 24.6 节;其他(包括均匀性,识别与探测范围)将在此做简要介绍。

电流读出技术基于 CMOS 电路,该电路受益于电路尺寸小型化方面的快速发展。第二代成像设备可提供约 20 mK 的 NETD 和 $f/2$ 光学元件。第三代成像器的目标是将灵敏度提升至对应大约 1 mK 的 NETD。根据式(24.19),可以确定在长波红外,热对比度为 0.02 的 300 K 场景中,所需的电荷容量大于 10^9 个电子。使用标准 CMOS 电容器无法在小像素尺寸内获得如此高的电荷存储密度[1]。尽管亚微米 CMOS 设计可以降低氧化层厚度,提供了更

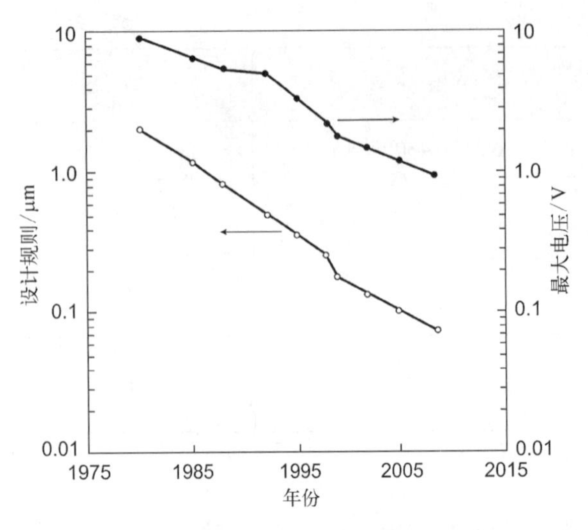

图 27.2 硅工艺设计的最小线宽和最大偏置电压的发展趋势[1]

大的单位面积电容,但偏置电压的降低(图 27.2)在很大程度上抵消了电荷存储密度的提高。铁电电容器可以提供比现在使用的硅上氧化物电容器大得多的电荷存储密度。然而,该技术还未能引入现有标准 CMOS 生产工艺中。

为了显著地提高电荷存储容量和动态范围,美国国防部高级研究计划局(Defense Advanced Research Projects Agency,DARPA)发起了垂直集成传感器阵列(vertically integrated sensor array, VISA)计划[59–61]。正在开发的方法建立在传统的探测器混成结构的基础上,探测器与硅读出器之间通过 2D 阵列的铟柱互连。VISA 计划允许在读出电路下方制备更多层的硅处理芯片,以提供更复杂的功能。它将允许使用更小的多色探测器,而不会影响电荷存储容量。多色 FPA 的信噪比将会增加,并将 LWIR FPA 的灵敏度提高 10 倍。

像素和芯片尺寸是多色红外成像设备中的关键问题。小尺寸像元意味着可以在同样大小的晶圆上制备更多的像素点或芯片组,从而降低成本。小像素同时意味着成像系统可以使用更小、更轻的光学元件(24.6 节)。

热成像系统首先是探测物体,然后再加以识别。在军事领域,探测(detection, D)、识别(recognition, R)和鉴别(identification, I)是约翰逊(Johnson)[62]于 1958 年建立的 DRI 标准的组成部分。该标准是为定义热成像相机的性能而制定的。根据约翰逊的标准:

(1) 探测是从背景中区分物体的能力(有或者无);

(2) 识别是对目标进行分类的能力(动物、人类、车辆、船只等);

(3) 鉴别是详细描述物体的能力(戴帽子的人、鹿、吉普车等)。

红外相机的探测性能需要针对特定的任务、标准化的目标和环境条件进行计算。到目前为止,唯一可用的标准是 STANAG 4347[63]。

图 27.3 是标准战术探测设备(*f*/3,焦距为 454 mm,孔径为 152 mm,工作频率为 60 Hz)采用不同 FPA 在探测、识别和鉴别人体大小的目标时,作用距离的比较[64]。这些距离是用 NVTherm 模型计算的。值得一提的是,对Ⅱ类超晶格 FPA 的估算表明,它们的作用距离与采用 HgCdTe 三元合金时的性能接近。

通常,鉴别距离比探测距离短 2~3 倍[24]。为了增加作用距离,要求红外系统(探测器)具有更高的分辨率和灵敏度。第三代制冷型成像设备正在研发中,以扩大目标探测和鉴别的范围,并确保国防部队在夜间行动中保持相对于任何敌对部队的技术优势。

通过使用多光谱探测来组合不同波长的图像,可以进一步增加鉴别距离。在 MWIR 光谱范围内,红外图像的对比度似乎降低到了无法区分目标和背景的程度(图 27.4[24])。覆盖整个光谱范围的单色探测器将受到影响,因为背景对比度从正值变为负值。如果换一种方式,使用两个波段探测器(探测范围<3.8 μm 和探测范围为 3.8~5 μm),并将第二波段的相

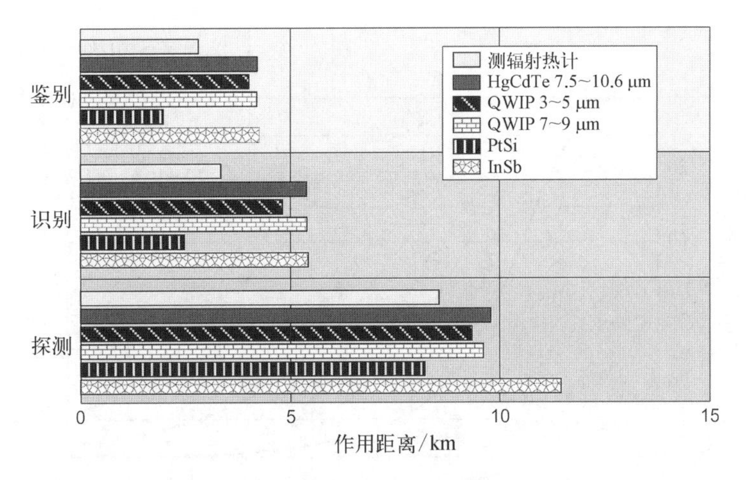

图 27.3　大气参数设定为夏季中纬度农村能见度为 23 km,对人体大小的目标进行探测时,DRI 范围的比较[64]

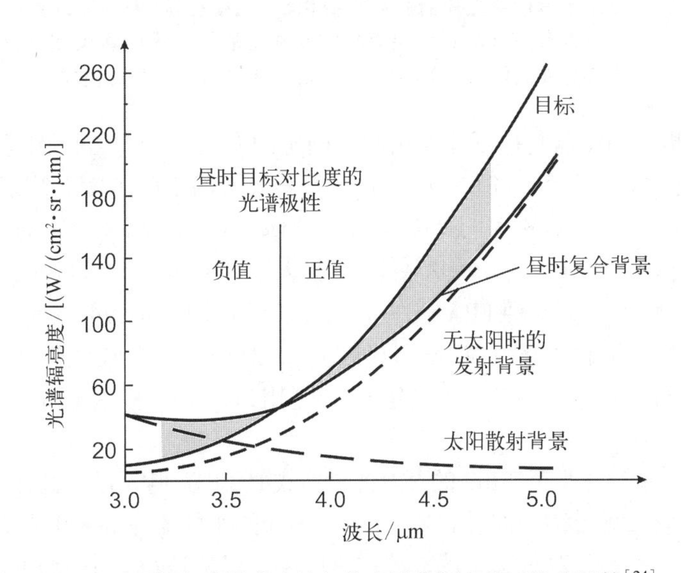

图 27.4　目标和背景在中波红外光谱范围内的对比度反转[24]

反数和第一波段的输出相加,将产生对比度增强。如果将整个光谱范围内的响应进行积分,是无法实现这种增强的。

图 27.5 使用位于弗吉尼亚州贝尔沃堡(Fort Belvoir, Virginia)的夜视与电子传感局(Night Vision and Electronic Sensors Directorate,NVESD)的 NVTherm 程序,对第三代成像仪进行建模,比较了它们的探测和鉴别距离。作用距离的定义是探测或鉴别的概率为 70%时目标与探测器间的距离。注意到中波红外 MWIR 范围内的鉴别距离几乎达到长波红外 LWIR 探测距离的 70%。在目标探测中,长波红外 LWIR 提供了卓越的探测距离。在目标鉴别中,光学系统提供 *f*/2.5 的宽视场(wide field of view,WFoV),这是因为第三代系统具有自动目标识别的移动广域步进扫描装置(第二代系统依靠手动目标搜索)[65]。中波红外 MWIR 可以提供更高的空间分辨率,与长焦光学系统 *f*/6 的窄视场(narrow field of view, NFOV)配合使用时,在远程鉴别方面更具有优势。

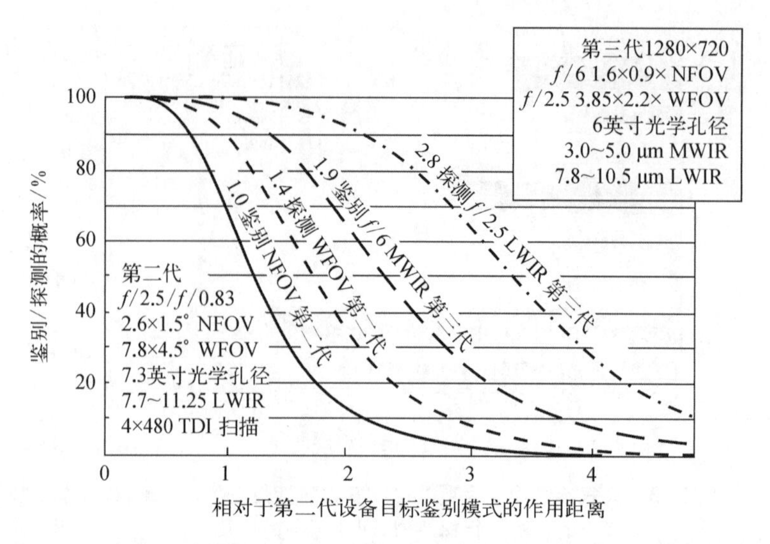

图 27.5　比较了当前第二代时延和积分扫描(TDI scan)的长波红外成像仪与具有 20 μm 像元、1 280×720 格式的第三代成像仪在长波和中波红外波段的探测与识别距离。ID 表示目标鉴别模式[65]

在 24.5 节中指出探测器响应不均匀引起的固定图案噪声会对红外图像造成严重影响。图 17.15 显示了组分 x 变化 0.1%时，$Hg_{1-x}Cd_xTe$ 截止波长的不确定度。结果表明，在甚长波红外 VLWIR 区观察到了严重的截止波长变化。在 $Hg_{1-x}Cd_xTe$ 晶片上 x 的变化导致了更大的光谱不均匀性。在 77 K 时，当 $\Delta x=0.1\%$时，$\Delta\lambda_c$大于 0.5 μm，$\lambda_c=20$ μm，这不能通过两点或三点校正来加以修正[2]。这种 FPA 级的截止波长不均匀性可以用冷滤光片进行光谱校正，但由截止波长变化引起的暗电流变化仍然存在。对于需要在长波红外 LWIR 波段和双色长波/甚长波红外 LWIR/VLWIR 波段运行的应用，HgCdTe 极有可能不是最佳的解决方案。

最近，第一个像素尺寸小至 5 μm 的百万像素格式 HgCdTe FPA 已经被开发出来(见 26.5.2 节)。将双色或三色探测器结构部署到如 5 μm×5 μm 的小像素中将极具挑战性。当前所实现的包含两个铟柱、可实现双色同时读取的像素的单边尺寸还没有小于 20μm 的。

第三代红外探测器的另一个备选方案是基于锑的Ⅲ-V族材料体系。这些材料机械性能坚固，带隙对成分的依赖性相当弱(图 16.55)。

27.2　碲镉汞多色探测器

集成型多色焦平面 FPA 的像元由多个探测器构成，每个探测器对不同的光谱波段敏感(图 27.6)。辐射入射到较短波段的探测器上，较长波段的辐射可以透过抵达下一个探测器。每一层都会吸收短于其截止波长的辐射，因此对较长波长的辐射是透明的，然后这些辐射会在后续的层中被收集。对 HgCdTe 器件而言，这种架构在光学上是通过在较短波长的光电二极管后面放置较长波长的 HgCdTe 光电二极管来实现的。

背靠背光电二极管双色探测器最早是使用四元Ⅲ-V族合金($Ga_xIn_{1-x}As_yP_{1-y}$)作为吸收层的，制备在晶格匹配的 InP 结构中，工作在两个不同的短波红外 SWIR 波段[66]。罗克

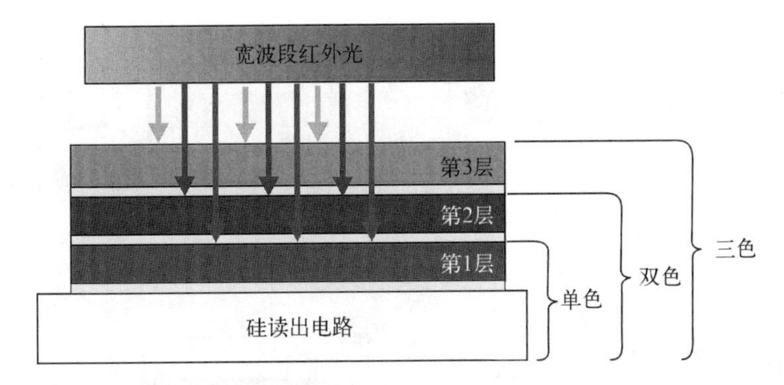

图 27.6　三色探测器的像元结构。第一波段的红外光在第 3 层被吸收，而波长更长的光可以通过，进入下一层。不同吸收带之间用薄层分隔

韦尔(Rockwell)和圣巴巴拉研究中心使用 HgCdTe 实现了背靠背器件概念[67]。随着液相外延生长的 HgCdTe 多光谱探测器的成功制备[68]，分子束外延和金属有机化学气相沉积技术也已被雷神公司[10,11,14,19,69-72]、BAE 系统公司[73]，法国能源署电子暨信息技术实验室(Leti)[15,16,20,22,74-77]，萨里(Selex)和昆提克(QinetiQ)[17,18,78-81]、DRS[13,82-84]、泰勒戴恩和夜视与电子传感局[85,86]，以及 AIM[21]用于制备各种多光谱探测器。十多年来，在各种像素尺寸(小到 20 μm)、阵列格式(高达 1 280×720)和光谱波段灵敏度(中波红外/中波红外、中波红外/长波红外和长波红外/长波红外)方面取得了长足进步。

27.2.1　双波段 HgCdTe 探测器

顺序读取模式和同时读取模式的多色探测器都是由多层材料制成的。最简单的双色 HgCdTe 探测器，也是第一个研发出来的器件，采用偏压可调的 n－P－N(大写字母表示更宽的带隙结构)三层异质结(triple-layer heterojunction，TLHJ)的背靠背光电二极管，如图 27.7(a)所示。在 n 型基区中掺杂浓度为 $1\times10^{15}\sim3\times10^{15}$ cm^{-3}量级的铟。器件形成的一个关键步骤是确保原位 p 型 As 掺杂层(通常为 1～2 μm 厚)具有良好的结构和电学性能，以防止光谱串扰导致的内部增益。带隙工程包括增加 CdTe 的摩尔比和 p 型层的有效厚度，以防止带外载流子在输出端被收集。

顺序读取模式探测器每个像元只有 1 个铟柱，采用偏置电压的顺序设置来对背靠背光电二极管进行探测光谱带的选择操作。当施加到铟柱的偏置电压极性为正时，顶部(长波)光电二极管为反向偏置，底部(短波)光电二极管为正向偏置。短波光电电流被正向偏置的短波光电二极管的低阻抗分流，在外部电路中出现的唯一光电流是长波光电流。当偏置电压极性反转时，情况就会反转；只有短波光电流输出。探测器内的切换时间相对较短，约为微秒级，因此可以通过在 MW 和 LW 模式之间快速切换来实现对缓慢变化的目标或图像的探测。通过偏置进行设置的多色器件存在以下问题：其结构不允许独立选择每个光电二极管的最佳偏置电压，并且长波探测器中可能存在大量的中波串扰。

多色探测器需要很深的隔离沟槽才能完全穿过相对较厚(至少为 10 μm)的长波红外吸收层。小型双色 TLHJ 探测器的设计间距小于 20 μm，需要至少 15 μm 深的沟槽，其顶部宽度不超过 5 μm。干法刻蚀技术多年来一直用于生产双色探测器。为了应对像素尺寸缩小

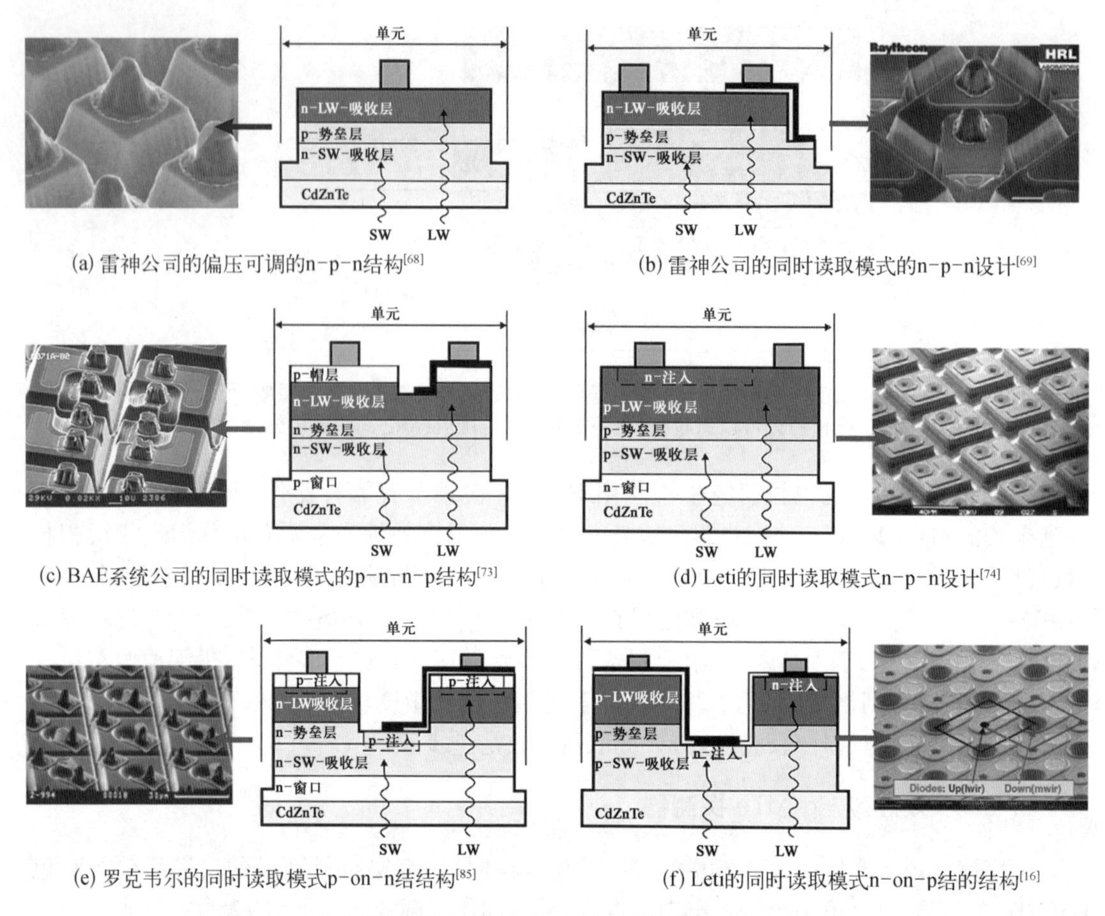

(a) 雷神公司的偏压可调的n-p-n结构[68]

(b) 雷神公司的同时读取模式的n-p-n设计[69]

(c) BAE系统公司的同时读取模式的p-n-n-p结构[73]

(d) Leti的同时读取模式n-p-n设计[74]

(e) 罗克韦尔的同时读取模式p-on-n结结构[85]

(f) Leti的同时读取模式n-on-p结的结构[16]

图 27.7 各种背入射双波段 HgCdTe 探测器技术中的像元横截面图

到 20 μm 以下的挑战,正在开发的材料技术之一是先进刻蚀技术。最近,雷神公司开发了一种电感耦合等离子体(inductively coupled plasma,ICP)干法台面刻蚀技术,以取代电子回旋共振(electron cyclotron resonance,ECR)干法台面刻蚀。与 ECR 相比,ICP 在蚀刻过程中减少了侧面掩模侵蚀,蚀刻滞后效应不显著,并改善了刻蚀深度的均匀性[85]。对于赝平面器件,由于较低的纵横比,刻蚀步骤更容易实现。此外,由于像素间是电独立的,因此没有电信号串扰。

许多应用需要在两个光谱波段进行真正的同时探测。这已经在图 27.7(b)~(f)所示的许多巧妙的体系结构中实现了。图 27.7 中显示了两种不同的体系结构。第一种是经典的n-P-N背靠背光电二极管结构[图 27.7(b)]。在 Leti 开发的架构中[图 27.7(d)],这两种吸收材料是 p 型的,由势垒隔开,阻止两个 n-on-p 二极管之间的载流子漂移。每个像素由两个标准 n-on-p 光电二极管组成,其中 p 型层通常掺杂汞空位。在外延过程中,通过简单地用 In 掺杂第一吸收层的一部分来实现较短波长的光电二极管。探测波长较长的结是通过平面注入工艺获得的。应该注意的是,n 型材料中的电子迁移率大约是 p 型材料中空穴迁移率的 100 倍,因此,n-on-p 结构将具有低得多的公共电阻。对于工作在长波的大面积 FPA 来说,由于入射光子通量较大,器件阻抗是一个重要的考虑因素。

图 27.7(e)和(f)所示的最后两个架构,称为赝平面,是一种完全不同的方法。它们接近洛克伍德(Lockwood)等[87]于 1976 年提出用于 PbTe/PbSnTe 异质结双色光电二极管的结构,分别由 p 型或 n 型注入形成的两个 p－on－n[图 27.7(e)]或 n－on－p[图 27.7(f)]二极管,处于三层异质结构的两个不同平面上。罗克韦尔(Rockwell)开发的架构是基于双层平面异质结 MBE 技术的,可同时探测双色 MWIR/LWIR 的焦平面[图 27.7(e)]。为了防止载流子在两个波段之间的扩散,1 μm 厚的宽禁带层将这两个吸收层分开。砷作为 p 型掺杂剂注入,并通过退火激活而形成二极管。两个波段实现单极操作。波段 2 的注入区域是围绕着波段 1 注入区域的同心环。由于 MWIR 材料的横向载流子扩散长度大于像素间距,并且波段 1 的结区较浅,因此需要在像素周围干法蚀刻一条沟槽来隔开每个像素,以减少载流子串扰。整个结构由一层禁带略宽的材料覆盖,以减少表面复合并简化钝化工艺。

所有这些同时探测模式的双波段探测器架构都需要从多结结构的中间层到 SW 和 LW 光电二极管制作额外的电连接。最重要的区别是在每个单元中都需要两个读出电路。

预计在 TLHJ 架构下,像素尺寸可以减少到 10 μm,面阵规模可以增加到几百万像素。由于采用赝平面结构,中波/长波红外器件应该更容易制造,大尺寸阵列的像素尺寸在 15 μm 左右。

ROIC 需要定制设计,因为这两个波段的信号通量可能会有很大的不同。输入 MOSFET 的极性和硅电路中的增益必须与探测技术和实际应用相匹配。对于单色混成型 FPA 而言,偏置可调探测器的主要优点是每个单元只有一个信号触点。此外,它还与现有的硅读出芯片兼容。由于台面侧壁对入射辐射的全内反射,该结构在每个波段都可以达到接近 100% 的光学填充因子。在雷神公司的阵列中,ROIC 共享一个芯片架构,并包含统一的单元电路设计和布局。雷神公司的方法采用时分复用积分(time-division multiplexed integration, TDMI)的读出电路[11](图 27.8)。当探测器偏置改变时,探测器电流被引导到分立的输入电路和积分电容器。在比帧周期短得多的时间内执行偏置切换。通常采用小于 1 ms 的快速子帧切换。MWIR 波段是对从各个子帧积分周期收集的电荷求和进行积分,LWIR 波段则是对从各个子帧积分收集的电荷平均值进行积分。

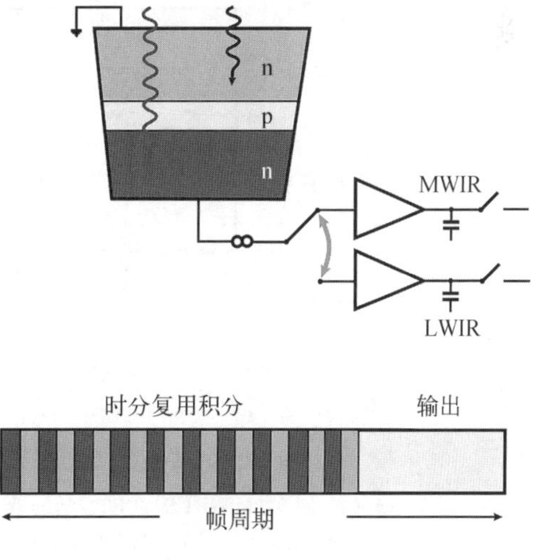

图 27.8　雷神公司的双色 FPA 采用时分复用积分方案,在该方案中,探测器偏置极性在单帧周期内多次交替变换[11]

在索弗拉迪(Sofradir)公司的阵列[20]中,每个像素中设计了两个独立的输入级,以允许对两个波段同时积分和读出。

图 27.9 显示了单台面、单铟柱双色 MWIR1/MWIR2[88]和 MWIR/LWIR[70] TLHJ 单元探测器的电流-电压特性。在合适的极性和电压偏置下,这些结可以对较短或较长波长的红外辐射做出响应。背靠背二极管结构的 $I-V$ 曲线显示为所期望的蛇形形状;在两个有效反向偏置区域中 $I-V$ 曲线的平坦度是高质量双色二极管的关键指标。图 27.10 是不同

波段组合双色器件的光谱响应示例[89]。需要注意的是,由于短波 SW 红外探测器对于截止波长以下的波段几乎可以实现 100%吸收,因此波段间的串扰最小。对这些结构的测试表明,双色探测器中的每个光电二极管在给定温度下可以实现的 R_0A 随波长的变化与单色探测器完全相同(表 27.2)[10]。

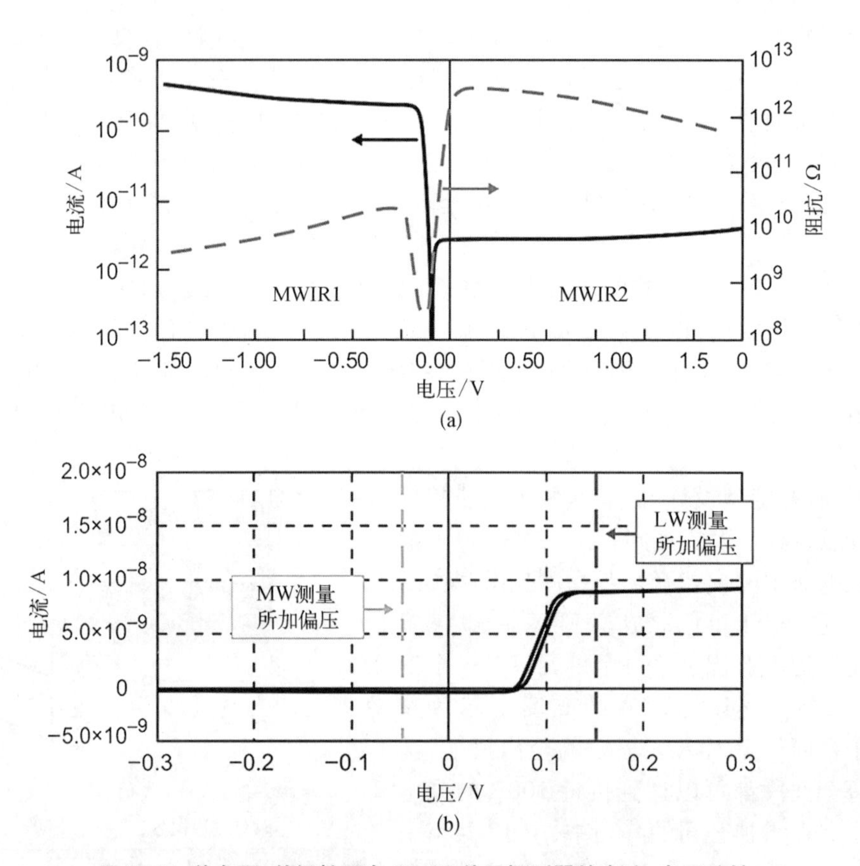

图 27.9　单台面、单铟柱双色 TLHJ 单元探测器的电流-电压特性

(a)为 MWIR1/MWIR2,25 μm 像素,在 77 K 和 30° FOV 下,截止波长分别为 3.1 μm 和 5.0 μm[88];(b)为 MWIR/LWIR,20 μm 像素,截止波长分别为 5.5 μm 和 10.5 μm[70]

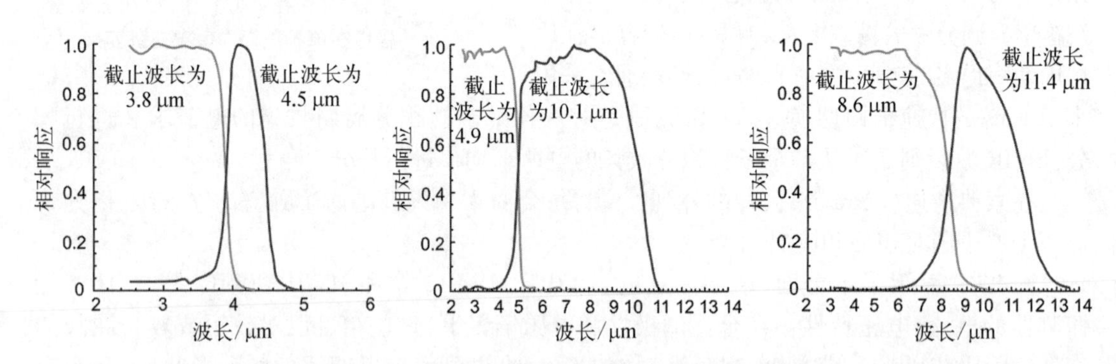

图 27.10　各种中波和长波红外双波段组合的双色 HgCdTe 探测器的光谱响应曲线[89]

表 27.2　单色和双色 HgCdTe 焦平面(256×256 元,像元尺寸为 30 μm)MWIR 和 LWIR 配置的测试性能典型值[10]

256×256,30 μm 单元性能参数	单色 DLHJ		连续双色 TLHJ					
	MWIR	LWIR	MWIR/MWIR		MWIR/LWIR		LWIR/LWIR	
光谱波段	MWIR	LWIR	波段 1	波段 2	波段 1	波段 2	波段 1	波段 2
78 K 截止波长/μm	5	10	4	5	5	10	8	10
工作温度/K	78	78	120	120	70	70	70	70
串扰/%	—	—	<5	<10	<5	<10	<5	<10
量子效率/%	>70	>70	>70	>65	>70	>50	>70	>50
R_0A, 0 FOV/($\Omega\cdot cm^2$)	$>1\times10^7$	>500						
RA^*, 0 FOV/($\Omega\cdot cm^2$)	—	—	6×10^5	2×10^5	1×10^6	2×10^2	5×10^4	5×10^2
互联有效率/%	>99.9	>99.9	>99.9	>99.9	>99.9	>99.9	>99.9	>99.9
响应有效率/%	>99	>98	>99	>97	>99	>97	>98	>95

* *RA* 乘积是在非零偏压下测得的;DLHJ 为双层异质结;TLHJ 为三层异质结

性能最佳的偏置可调双色 FPA 是由雷神视觉系统(Raytheon Vision Systems,RVS)公司生产的,具有低于 10%的带外串扰、99.9%的互连可操作性和 99%的响应可操作性,可与最先进的单色探测器技术相媲美。据预测,材料生长和制造工艺的不断发展将进一步提高双色 FPA 的性能。

雷神视觉系统公司为美国陆军的第三代前视红外(forward-looking IR,FLIR)探测系统开发了双色大幅面红外焦平面,包括 640×480 格式和高清 1 280×720 格式,像元尺寸为 20×20 μm[图 27.11(a)][71]。第三代 eLRAS3 FLIR 系统中采用了百万像素阵列(图 2.14)。ROIC 采用通用芯片架构,并采用统一的单元电路设计和布局;两款 FPA 均可在双波段或单波段模式下工作。高质量的中波/长波红外 1 280×720 FPA 在 78 K 时的截止波长为 11 μm,具有优异的灵敏度和像素可操作性(中波波段超过 99.9%,长波波段超过 98%)。帧频 60 Hz 下双频带 TDMI 工作时测得 *f*/3.5 处对 300 K 背景成像,NEDT 中值在中波约为 20 mK,在 LW 约为 25 mK,积分时间大约相当于完全充电容量的 40%(MW)和 60%(LW)。中波和 LW 波段的典型积分时间分别约为 3 ms 和 0.1 ms。如图 27.12 所示[90,91],在 60 Hz 帧频下,采用 *f*/2.8 视场宽带折射光学系统,可以实现出色的高分辨率红外成像。

令人印象深刻的结果也有采用其他体系结构的。例如,两个波段(2.5~3.9 μm 和 3.9~4.6 μm)128×128 同时探测模式 MWIR1－MWIR2 焦平面[参见图 27.7(b)中的器件架构]的 NEDT 低于 25 mK[89],图像是在高达 180 K 的工作温度下采集的,图像质量没有明显下降。测量采用的是 50 mm,*f*/2.3 镜头。此外,采用图 27.7(e)所示的赝平面同步探测模式架构,还获得了像元间距为 40 μm 的高性能双色 128×128 FPA。中波红外(3~5 μm)器件在 T<130 K 和长波红外(8~10 μm)器件在 $T\approx80$ K 时达到探测性能背景限(图 27.13)[85]。焦平

(a) 安装在杜瓦平台上的RVS 1280×720像元的HgCdTe FPA[71]

(b) 安装在124针LCC上的JPL 1024×1024像元的QwIP FPA[90]

图 27.11 双波段百万像素 MW/LW FPA

(a) MWIR

(b) LWIR[14]

图 27.12 在 78 K、*f*/2.8 FOV 和 60 - Hz 帧频下使用双色 20 μm 单元的 MWIR/LWIR HgCdTe/CdZnTe TLHJ 1 280×720 像元 FPA，并采用混成式 1 280×720TDMI ROIC，拍摄的静态相机图像

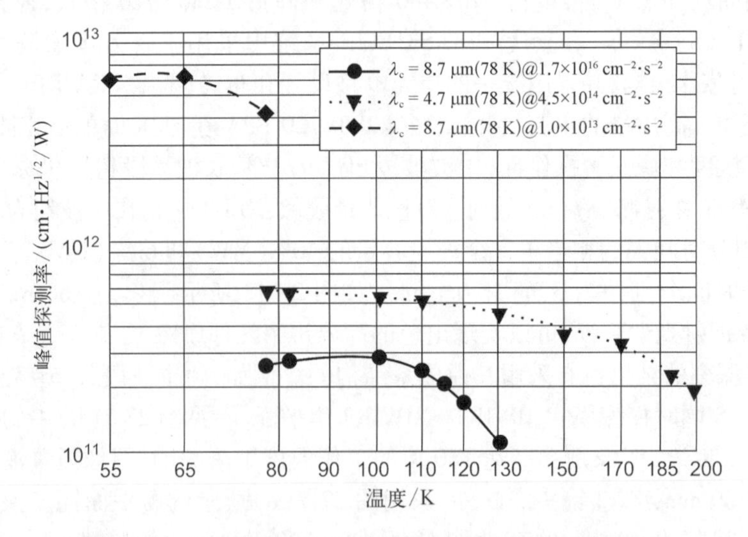

图 27.13 双色赝平面 MWIR/LWIR 同步探测模式工作的 128×128 HgCdTe FPA 的探测率[85]

面器件也获得了较低的 NEDT 值：MW 波段为 9.3 mK，LW 波段为 13.3 mK，接近于高质量的单色 FPA。

索弗拉迪（Sofradir）和萨里（Selex）已经报道了电视制式（640×512，24 μm 像素间距）MW/MW 和 MW/LW 双波段 FPA 的研制工作，其 NETD 约为 20 mK，像元可操作性超过 99.5%。索弗拉迪采用半平面 MBE 结构［图 27.7（f）］，采用经过验证的标准工艺和稳定的可重复性，实现低风险及生产便利——每个像素设计了两个独立的输入级，以实现两个波段的同时积分和读出。萨里-伽利略（Selex Galileo）公司已经使用 MOCVD 方法在 GaAs 衬底上生长第 3 代材料结构[18]。表 27.3 给出了工作在 3～5 μm 与 8～10 μm 的双波段 MW/MW 和 MW/LW 阵列的技术参数。

表 27.3　Sofradir 和 Selex 制作的双波段 HgCdTe FPA 技术指标

参　数	MW/MW（Sofradir）	MW/LW（Sofradir）	MW/LW（Selex）
阵列	640×512	640×512	640×512
像元间距/μm	24	24	24
光谱范围（波段 1）/μm	3.4～4.2	3～5	3～5
光谱范围（波段 2）/μm	4.4～4.8	8～9.5	8～10
有效面积/mm			15.36×12.29
NETD/mK（波段 1）	15～20	20～25	28（专用情况下 22）
NETD/mK（波段 2）	15～20	20～25	28（专用情况下 11）
有效像元率/%	>99.5	>99.5	>99
电荷容量（专用情况下）	3×10^6 个电子（波段 1） 1.05×10^7 个电子（波段 2）	3×10^6 个电子（波段 1） 1.05×10^7 个电子（波段 2）	8×10^6 个电子（波段 1） 8×10^6 个电子（波段 2）
输出数量	每个波段有 2 路模拟输出	每个波段有 2 路模拟输出	8
像元速率	帧速率：90 Hz	帧速率：90 Hz	每路输出最高 10 MHz
工作温度	标称 80 K	标称 80 K	标称 80 K

由 DRS 和 BAE 南安普敦开发的 HgCdTe 高密度垂直集成光电二极管（high-density vertically integrated photodiode，HDVIP）或通孔概念（图 17.46）则代表了红外焦平面架构的另一种实施路径。它与更根深蒂固的焦平面结构的不同之处在于它的二极管构建及与硅读出电路的混成方式[82]。单色 HDVIP 是由用 LPE 或 MBE[83] 在 CdZnTe 衬底上生长的单个 HgCdTe 外延层组成的。在外延生长 HgCdTe 后，去除衬底，在两个表面上蒸发 CdTe 互扩散层进行钝化（在相场的富 Te 侧，温度为 250℃，互扩散可产生约为 10^{16} cm^{-3} 的金属空位）。在这个过程中，也可以从掺杂的 ZnS 源中加入 Cu 扩散，作为生长过程中掺杂的一种替代方案。DRS

将这种单色架构扩展为双色，方法是将两个单色层黏在一起形成复合材料，并通过下层形成绝缘通孔，以便读出上层信号，如图 27.14 所示。与 Si ROIC 的接触是通过向下穿过 HgCdTe 到 Si 上触点的蚀刻孔（或通孔）来实现的[图 27.14(c)]。用于双波段焦平面阵列的读出电路最初是为 25 μm 尺寸像元的 640×480 单色阵列设计的，读出电路的偶数行没有连接探测器，因此芯片工作在只输出奇数行的模式下。对双色器件，使用奇数列连接到 LWIR 探测器，同时 MWIR 探测器位于偶数列上。该方法已用于制作 50 μm 间距的 MW－LW 和 MW－MW 的 240×320 FPA。目前正在研制更高密度的专用双色读出电路设计，使双色 FPA 的间距小于 30μm。

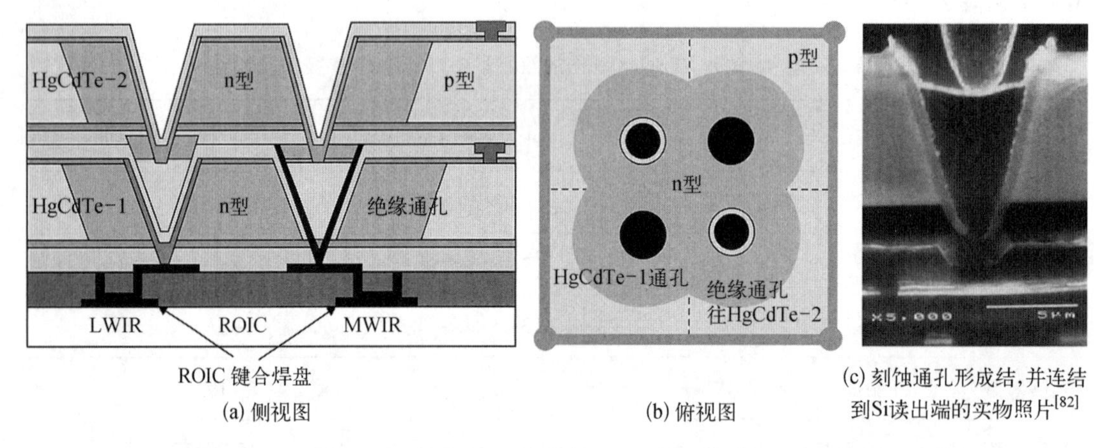

(a) 侧视图 (b) 俯视图 (c) 刻蚀通孔形成结，并连结到Si读出端的实物照片[82]

图 27.14 双色 HDVIP 结构由两层减薄的 HgCdTe 黏结到硅读出电路组成

文献[83]、[84]报道了采用 *f*/3 光学系统在 60 Hz 帧频下，典型 DRS 双色 MW－LW 和 MW－MW 240×320 FPA 的性能数据。NETD 值≤20 mK，像元可操作性大于 99%。但在 LWIR 层上的采集效率（量子效率和单元填充因子的乘积）相对较低。

对中波/长波红外 HgCdTe 双色探测器进行的理论研究[92-94]表明，用数值模型预测复杂探测器的性能是可能的，而且具有较高的精度。此外，该模拟技术还有助于了解不同材料参数和几何特性对探测器性能的影响。

27.2.2 三色 HgCdTe 探测器

对有些系统的考虑来说，三色 FPA 会比双色 FPA 更有用。高性能三色 HgCdTe 焦平面阵列的成功研制还需要进一步提高材料质量和更完备的处理技术，以及加深对探测器工作原理的理解，包括单个像元性能，以及阵列中像元间的相互影响。

第一个实现三色碲镉汞探测器概念的报道由英国的科研人员完成[95]。背照式 HgCdTe 探测器的能带示意图如图 27.15 所示。通过在 n－p－n 结构中使用三个吸收体来实现依赖于偏置电压的截止，其中第一个 n 层为短波 SW 区；p 型层为中波区（intermediate wavelength，IW）；顶层为长波 LW 区。请注意，这里使用的术语 SW 和 LW 是相对的，不一定与 SWIR 和 LWIR 波段重合。SW、IW 和 LW 区域的截止波长分别标记为 λ_{c1}、λ_{c2}和 λ_{c3}。由于势垒区域是低掺杂的，所以施加的偏压主要落在结的这一侧。对于图 27.15 所示的器件配置，负偏置电压表示与触点 B 相比，触点 A 的电位更高。

预计在低偏置电压下，SW 或 LW 响应将占主导地位，这取决于哪个结是反向偏置的。在这种情况下，与偏置选择双色探测器中的情况相同，势垒会阻止电子通过 IW 层流动，这包括光生电子，也包括从正向偏置结直接注入的载流子。增加反向偏置电压会降低势垒，在 IW 层中光生的电子可以穿过结。其结果是，随着偏置电压的增加，截止波长从 SW 变为 IW。图 27.16(c) 显示了这种负偏置的情况，以及相应的光谱响应变化。将偏置方向改为正值会将截止波长移至 LW 区域[图 27.16(d)]。类似地，增加正偏置电压会将截止波长从 IW 区域移动到 SW 区域。应当注意，上述考虑涉及检测器结构的理想情况。由于 IW 吸收体厚度不足以吸收所有 IW 辐射，在实践中可能无法实现理想的 LW 响应。

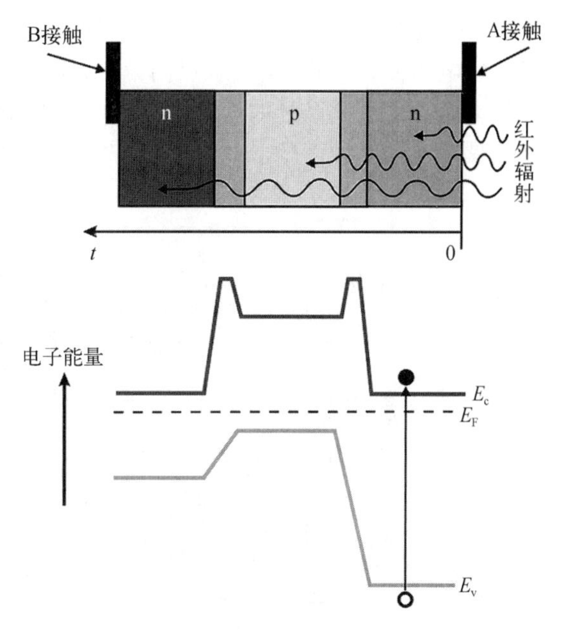

图 27.15　三色探测概念及其在零偏压下的能带示意图[95]

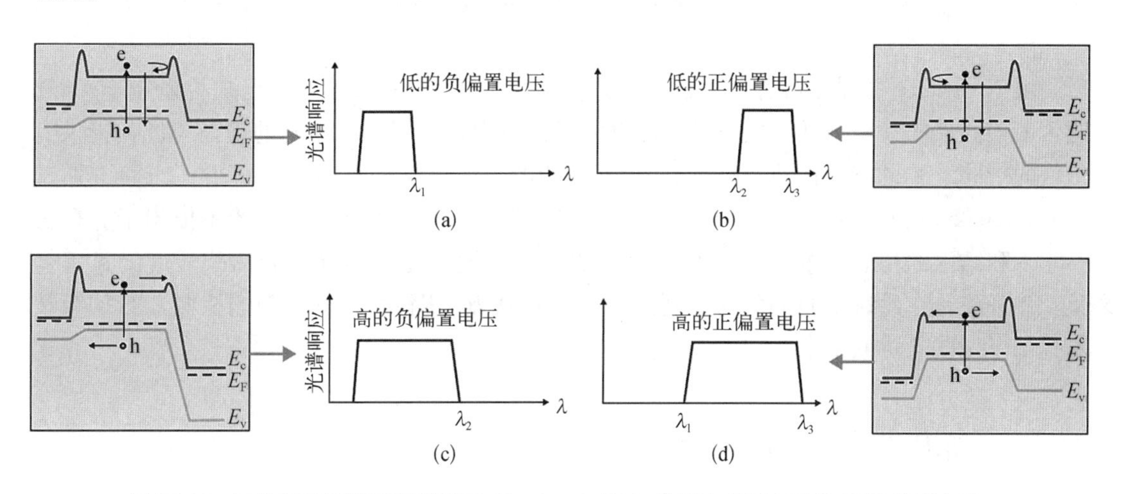

图 27.16　三色探测器的理想光谱响应。λ_1、λ_2和 λ_3分别由 SW、IW 和 LW 带隙决定。还给出了(a,c)负偏置电压和(b,d)正偏置电压对带隙结构的影响[95]

采用金属-有机气相外延(metal-organic vapor phase epitaxy，MOVPE)技术在 GaAs 衬底上生长了偏离(100)晶相(为了减小生长中缺陷的尺寸)的三色 HgCdTe 探测器。图 27.17 是截止波长为 3(SW)、4(IW)和 6 μm(LW)的器件光谱响应[95]。在正偏置电压模式下，LW/IW 结处于反向偏置状态，并且在 0.2 V 以上获得了与偏置电压无关的 LW 谱。在这些偏置电压下，没有观察到所选择的掺杂水平而导致的 LW/IW 结势垒降低。由于在 IW 吸收体中产生的载流子并没有足够的能量来跨越 LW 势垒，λ_2以下的响应是在 IW 层中的不完全吸收导致这些波长进入 LW 层中产生载流子的结果。当正偏置电压降低到 0.2 V 以下时，LW 响应瓦解，来自 SW 层的信号出现，电流流向相反方向。在这种偏置电压模式下，内置场占主导地位,由于带隙较大,最大场强位于 SW/IW 结处。偏置电压的进一步降低会导致 SW 响应增长。负电压使 SW/IW 结进入反向偏置,并导致 SW 的响应截止波长为 λ_1。再进一步增加负偏置电压会降低此结处的势垒,并允许 IW 层响应,从而将截止移至 λ_2。观察到的 SW 信号随负偏置电压增加而增加的现象是 SW 层的不完全吸收造成的。

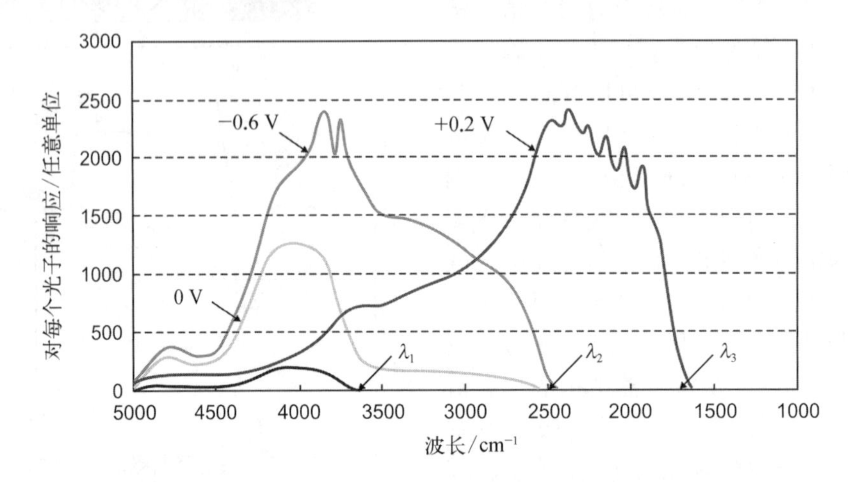

图 27.17 截止波长为 3 μm、4 μm 和 6 μm 的三色 HgCdTe 探测器在不同偏置电压下的光谱响应[95]

由于 HgCdTe 能带工程器件的制作工艺复杂且成本高昂,数值模拟已成为研制 HgCdTe 能带工程器件的重要工具。数值模拟可以为像素结构和阵列几何结构的设计与优化提供有价值的指导。到目前为止,研究三色探测器性能的理论论文还很少[95,96]。乔·维科夫斯基(Jóźwikowski)和罗加尔斯基(Rogalski)[96]已经证明,三色探测器的性能严重依赖于势垒掺杂水平和结区的相对位置。势垒位置和掺杂水平的微小变化会导致光谱响应度的显著变化。该现象是在此讨论的三色探测器的一个严重缺点。因此,这种类型的探测器结构对技术提出了一些严苛的要求。

27.3 多波段量子阱红外光电导

量子阱红外光导体是用于研制像元能同时记录并采用同时读取模式的双色红外焦平面的理想探测器,因为 QWIP 只在很窄的光谱带内吸收红外辐射,并且在该吸收带外是透明的。因此,当两个光谱带相差超过几微米时,器件可达到零光谱串扰。多波段 QWIP 探测器阵列中各个像元制备工艺与其单波段对应器件类似,不同之处在于需要添加通孔以与硅 ROIC 实现电连接。

洛克希德·马丁公司是最早基于束缚态-微带跃迁制备出双色 256×256 QWIP FPA,并对四种重要组合(LWIR/LWIR、MWIR/LWIR、NIR/LWIR、MWIR/MWIR)都进行了试制的公司[97,98]。随后喷气推进实验室(Jet Propulsion Laboratory,JPL)[28,29,90,99–105]、QmagiQ[106,107]、陆军研究实验室(Army Research Laboratory)[108–110]、Goddard[110,111]、Thales[26,30,112–115]和 AIM[27,116,117]也研制了多色 QWIP 探测器,其中大部分是基于束缚态-扩展态的跃迁。

通过在外延生长过程中垂直堆叠不同的 QWIP 层,可以制造能够同时探测两个不同波长的器件。通过制作分隔多量子阱(multiquantum well,MQW)探测器异质结构的掺杂接触层,可以同时对每个 QWIP 分别施加不同的偏置电压。图 27.18(a)是双色叠层 QWIP 的结构示意图,该 QWIP 的触点连接到所有的三个欧姆接触层[29]。器件外延层是用 MBE 在 6 英寸的半绝缘 GaAs 衬底晶圆上生长的。在两个 AlGaAs 刻蚀阻挡层之间生长了一个称为隔离层的非掺杂 GaAs 层,随后生长一个 0.5 μm 厚的掺杂 GaAs 层。接下来,生长两个 QWIP 异质结,由另一个欧姆接触隔开。长波长敏感叠层(红波 QWIP,波长相对较长)生长在 SW 敏感叠层(蓝波 QWIP,波长相对较短)上方。图 27.18(b)显示了 77 K,1.5 V 公共偏置时的典型响应度谱,在同一像素上同时记录了两个 QWIP 信号。每个 QWIP 由大约 20 个周期的 $GaAs/Al_xGa_{1-x}As$ 多量子阱组成,调节其中 Si 掺杂 GaAs 量子阱的厚度(典型电子浓度为 $5\times10^{17}\ cm^{-3}$)和未掺杂 $Al_xGa_{1-x}As$ 势垒(550~600 Å)的铝组分,可以控制所需的峰值响应率位置和光谱宽度。FPA 探测器和读出多路复用器之间的间隙用环氧树脂回填。环氧树脂回填可以在阵列变薄之前为探测器阵列和读出的混成结构提供后续加工所需的机械强度。双色 FPA 的初始 GaAs 衬底被完全去除,只留下一层 50 nm 厚的 GaAs 膜。该过程消除了硅读出电路和探测器阵列之间的热失配,允许阵列适应不同的热膨胀。它还消除了像素间的串扰,并显著地增强红外辐射进入 QWIP 像元的光学耦合。使用上述制造工艺,已经在开发百万像素双波段 QWIP FPA[28,90,104,105]方面取得了重大进展。

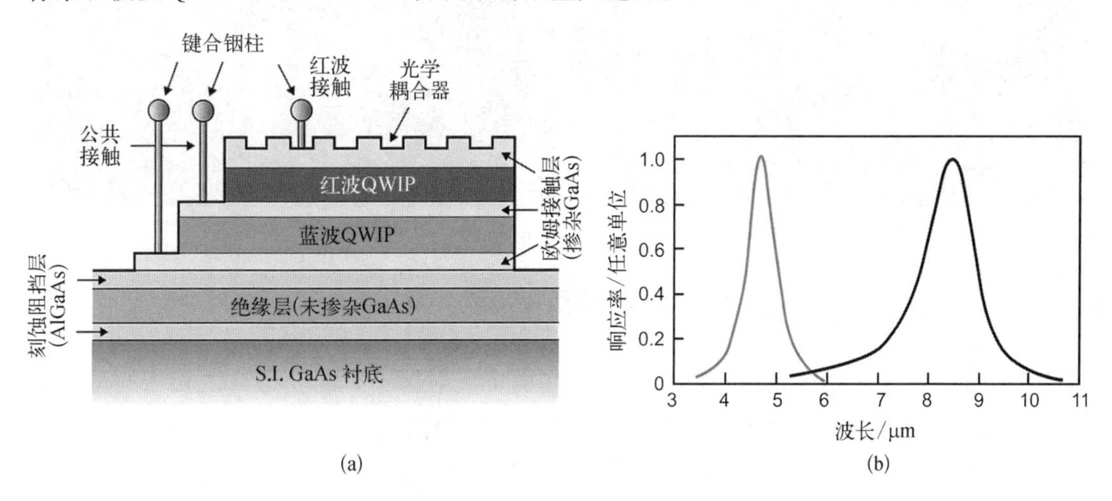

图 27.18　双波段 QWIP 探测器(a) 结构示意图和(b) 77 K, 1 V 公共偏置下的典型响应率光谱,在单个像元上同时获取两个 QWIP 信号。图中 S.I.代表半绝缘[29]

图 27.19 进一步展示了 JPL[118]开发的双频 QWIP 处理技术,该技术基于 4 英寸晶圆来制造像元并置且同时可读的 320×256 MWIR/LWIR 双波段 QWIP 器件。如图 27.19(b)所示,使用三个触点分别收集从每个多量子阱区域发射的载流子。中间触点层[图 27.19(c)]作为共用极。探测器共用极和 LWIR 极采用金通孔引出到每个像元的顶部。这种精细的工艺可以构建有能力探测单个像元上不同波段信号的二维成像阵列。

大多数 QWIP 阵列使用二维光栅,缺点是波长依赖性严重,且效率随着像元尺寸的减小而降低。洛克希德・马丁公司的双色 LW - LW FPA 使用了矩形和旋转矩形二维光栅。尽管随机反射器在使用大尺寸器件结构测试时实现了相对较高的量子效率,但在小像元

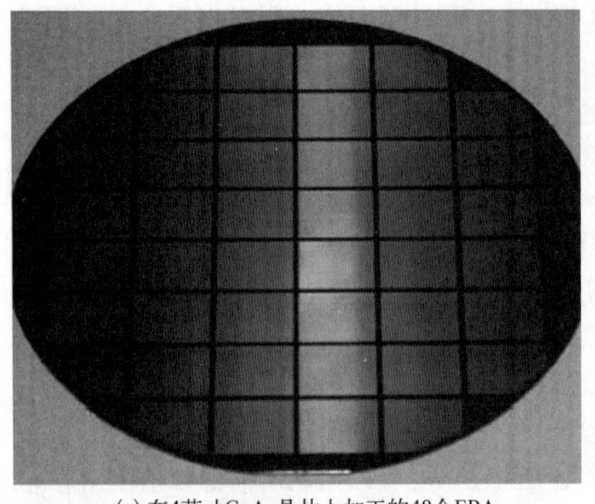

(a) 在4英寸GaAs晶片上加工的48个FPA

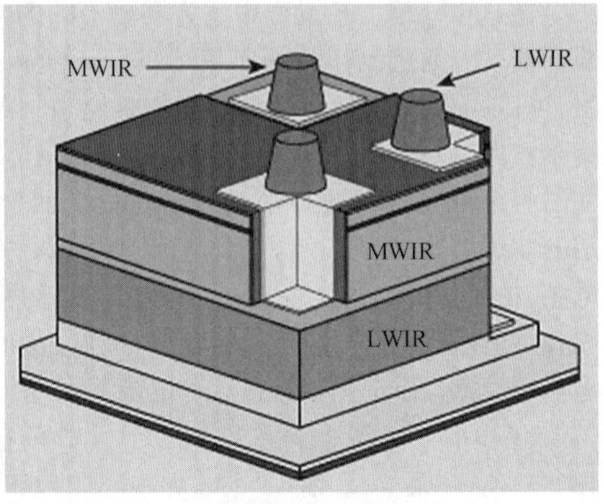

(b) 像元结构的三维视图

(c) 与公共极的电连接

(d) 使用金通孔连接将像元内的信号连接到每个像元的顶部[118]

图 27.19 双色 MWIR/LWIR QWIP FPA

FPA 上由于尺寸缩减后的宽高比降低[101]，使用随机反射器不可能获得与之相当的量子效率[101]。此外，由于随机反射器的特征尺寸与探测器的峰值波长呈线性关系，因此制造用于较短波长探测器的随机反射器变得更加困难。因此，与单色阵列相比，多色 QWIP FPA 的量子效率是一个难题。在 JPL，已经开发了两种不同的光学耦合技术。第一种技术采用双周期拉马尔光栅结构，第二种技术基于多级衍射[图 27.19(c)与(d)][118]。

QWIP 探测器的典型工作温度为 60~80 K。每个 QWIP 上的偏置可以单独调整，但如果能对两个波段探测使用相同的偏置会更理想。结果表明，复杂的双色处理并没有影响双色器件中任意焦平面的电学和光学质量，因为 20 个周期量子阱的峰值量子效率约为 10%。作为对比，周期数两倍的普通单色量子阱的量子效率约为 20%。需要一种精确的设计方法来优化探测器的结构以满足不同的要求。在制作过程中，光栅的制作仍然是一个相当复杂的过程，对于小像素和厚材料层的像元，探测器的量子效率会是相当不确定的。

JPL[99-101]已经进行了双频段 QWIP FPA 的不同结构设计。关键问题之一是缺乏合适的读出多路复用器。为了克服这个问题，JPL 选择使用为单色应用开发的现有多路复用器来演示最初的双波段概念，并使用波段隔行扫描 CMOS 读出架构(即一个波段使用奇数行，另一个波段使用偶数行)。该方案的缺点是它无法为两个波段提供全填充因子，导致每个波段的填充因子大约为 50%。如图 27.20 所示，LWIR/VLWIR 器件结构包括一个 30 周期的 VLWIR 叠层(500 Å AlGaAs 势垒和 60 Å GaAs 势阱)和一个 18 周期的 LWIR 结构叠层(500 Å AlGaAs 势垒和 40 Å GaAs 势阱)，中间由 0.5 μm 厚的重掺杂 GaAs 电极层隔开。VLWIR QWIP 结构被设计成在 14.5 μm 处具有束缚态到准束缚子带间的吸收峰，而 LWIR QWIP 结构被设计成在 8.5 μm 处具有束缚态到连续子带间的吸收峰，这主要是因为与 VLWIR 部分相比，LWIR 器件结构的光电流和暗电流较小。

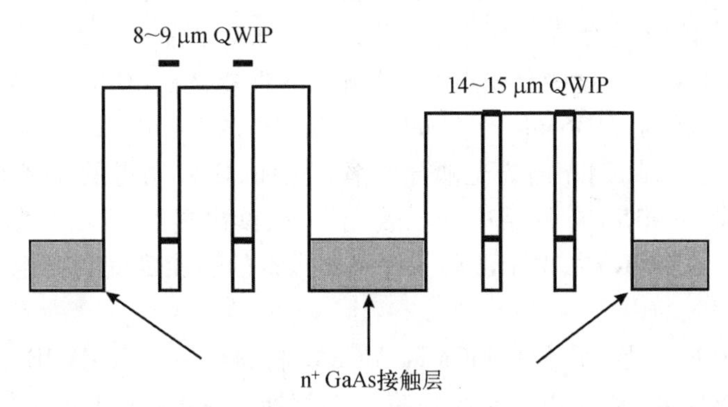

图 27.20 LWIR/VLWIR 双色 QWIP 探测器的导带示意图

图 27.21 是隔行扫描的双色 GaAs/AlGaAs FPA 的侧视示意图[99]。设计了两种不同的二维周期光栅结构，分别将 8~9 μm 和 14~15 μm 辐射独立耦合到焦平面偶数行与奇数行的探测器像元中。用最上面的 0.7 μm 厚的砷化镓盖层制作了 8~9 μm 探测器像素的光耦二维周期光栅，而 14~15 μm 探测器像素的光耦二维周期光栅是通过 LWIR 多量子阱制作的。因

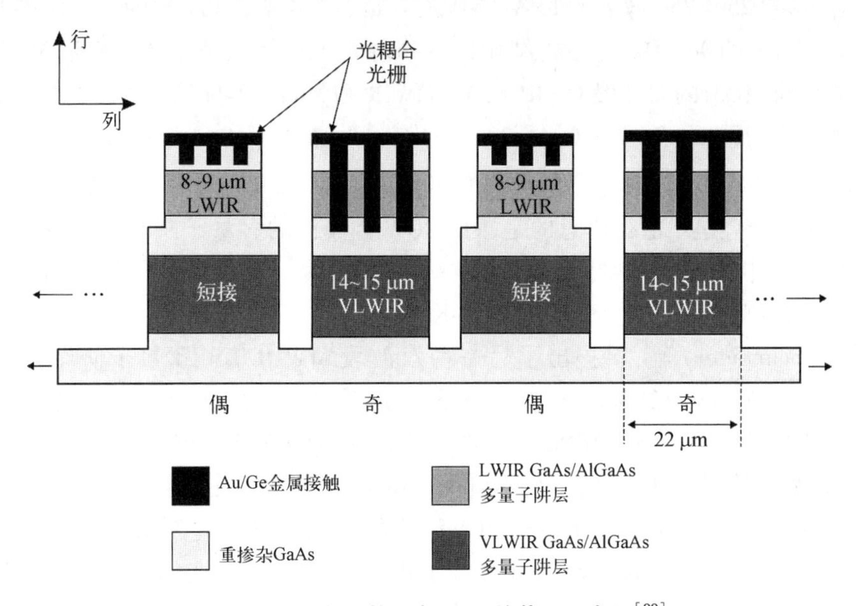

图 27.21 隔行结构双色 FPA 的截面示意图[99]

此，该光栅方案使 FPA 奇数行中的所有 8~9 μm 探测器短路。然后，用干法刻蚀光敏 GaAs/AlGaAs 多量子阱层，直到 0.5 μm 厚的掺杂 GaAs 中间接触层，制备出长波红外探测器像元。FPA 偶数行中的所有 VLWIR 像元都被短接。再用干法刻蚀两层多量子阱，直到 0.5 μm 厚的重掺杂砷化镓底接触层，制作出超长波红外探测器像元。在通过环氧树脂回填焦平面探测器和读出多路复用器之间的间隙之后，衬底被减薄，最后剩下的 GaAs/AlGaAs 材料只包含量子阱像元和一层非常薄的薄膜（约为 1 000 Å）。

640×486 GaAs/AlGaAs 阵列提供的图像来自可操作性分别为 99.7%的长波红外像元和 98%的甚长波红外像元，显示了 GaAs 工艺的高成品率。8~9 μm 探测器在工作温度为 70 K、背景温度为 300 K、冷光阑为 $f/2$ 的情况下性能达到背景限。在工作温度为 45 K 下，14~15 μm 探测器在相同的工作条件下性能达到背景限。在背景温度为 300 K、冷光阑为 $f/2$、帧频为 30 Hz 的条件下测试了这些双波段焦平面阵列的性能。在 40 K 下，LWIR 和 VLWIR 探测器的 NETD 估算值分别为 36 mK 与 44 mK。实验测得的 LWIR NETD 为 29 mK，优于估计值。这一改进来自二维周期光栅的光耦合效率。然而，实验测得的 VLWIR NETD 值高于估计值。这可能是 14~15 μm 区域中的低效光耦合、读出多路复用器噪声和邻近电子设备的噪声造成的。在 40 K 时，两个波段的探测器像素的性能都受到光电流噪声和读出噪声的限制。

为了覆盖 MWIR 范围，采用了 InGaAs/AlGaAs 材料应变层。MWIR 叠层中的 InGaAs 产生高的面内压缩应变，从而提高了响应率。桑德斯（Sanders）公司制作的 MWIR/LWIR FPA 由一个 8.6 μm 截止的 GaAs/AlGaAs QWIP 和一个 4.7 μm 截止的应变 InGaAs/GaAs/AlGaAs 异质结组成。制造工艺条件获得的 MW 和 LW 探测器的填充因子分别为 85%与 80%。采用这种配置的第一批 FPA 的像元有效性超过 97%，配合 $f/2$ 光学系统的 NETD 值优于 35 mK。

戈德堡（Goldberg）等[108]报道了第一个在中波和长波红外同时工作、像元配置的双波段 QWIP FPA。这款 256×256 像元的 FPA 在中波红外波段实现了 30 mK 的 NETD，在长波红外波段实现了 34 mK 的 NETD。还有古纳帕拉（Gunapala）等[29]报道了 320×256 MWIR/LWIR 像元配置并可同时读取的双波段 QWIP FPA。MWIR 和 LWIR 器件的器件结构非常相似。多量子阱结构的每个周期包含 10 Å GaAs、20 Å $In_{0.3}Ga_{0.7}As$ 和 10 Å GaAs 的多层 40 Å 耦合量子阱（掺杂浓度 $n=1\times10^{18}$ cm^{-3}）与量子阱层间的 40 Å 的 $Al_{0.3}Ga_{0.7}As$ 非掺杂势垒，以及 400 Å 的 $Al_{0.3}Ga_{0.7}As$ 非掺杂势垒。值得注意的是，每个 QWIP 器件的多量子阱有源区域对其他波长都是透明的，这是相对于传统带间探测器的一个重要优势。在 65 K 下，实验测得 MWIR 和 LWIR 探测器的 NETD 分别为 28 mK 与 38 mK。

施奈德（Schneider）等[117]提出了另一种双波段 MWIR/LWIR 量子阱结构。该器件为间距为 40 μm 的 384×288 FPA，同时集成了分别用于长波和中波红外的光伏与光导型量子阱（图 19.29）。在 MWIR 波段获得了优良的 NETD（17 mK）。由于 LWIR 的耦合未做优化，观测到的 NETD 较高，但仍达到 43 mK 的合理值。由于器件设计的改进，对两个峰值波长（4.8 μm 和 8.0 μm）的 NETD（$f/2$ 光学器件，全帧时间为 6.8 ms）都显示出了优异的热分辨率，NETD<30 mK。表 27.4 总结了由 AIM GmbH 制造的双波段 QWIP 的特点和性能。

表 27.4　双波段 QWIP FPA 的性能[27]

技　　术	QWIP 双波段,CMOS MUX
光谱波段	λ_p=4.8 μm;λ_p=7.8 μm;两个波段都使用时间重合积分
类型	LW 低噪声;MW 光导型高掺杂
单元	388×284×2;40 μm 间距
像元有效率	>99.5%
偏置电压	两个波段单独施加
NETD	<30 mK(对两个光谱波段都设定 f/2 及 6.8 ms)
读出模式	快照,先凝视后扫描,双波段的时间信号重合
子帧	步长为 8 的任意区域
数字数据速率	80 MHz 高速串行接口
全帧速率	50 Hz(t_{int}=16.8 ms);100 Hz(t_{int}=6.8 ms)
IDCA	1.5 W 分裂线式制冷机

CMOS MUX, CMOS 复用器

最近,JPL 的研究小组实现了一种 MWIR/LWIR 像元共寄存的可同时读取的 1 024×1 024 双波段器件结构,每像元只使用两个铟柱(图 27.22),而前述像元配置的双波段器件每像素需要使用三个铟柱[90,105]。在该器件结构中,探测器公共极(或接地极)通过金属桥短接到底部探测器所在的公共平面。这种器件结构将铟柱的数量减少了 30%,在大尺寸 FPA 中具有独特的优势,因为在 FPA 混成过程中,更多的铟柱需要额外的键合压力。阵列制备中使用的衬底去除工艺消除了基于硅的读出电路和基于 GaAs 的探测器阵列之间的热失配问题,消除了像元到像元的光学串扰,并增强了红外辐射到 QWIP 像元的光学耦合。图 27.11(b)显示了安装在 124 针无引线芯片载体上的百万像素双波段 QWIP FPA。探测器阵列的像元间距为 30 μm,实际的中波和长波红外像元大小为 28 μm×28 μm。在 70 K 时,基于 MWIR 和 LWIR 探测器的单像元 NETD 估算值分别为 22 mK 与 24 mK。实验测得 MWIR 和 LWIR 的 NETD 值分别为 27 mK 与 40 mK(图 27.23)。这是由于在 MWIR 频段需要短接像元的 ROIC,很难独立优化 LWIR 频段的工作偏置。图 27.24 显示了第一台百

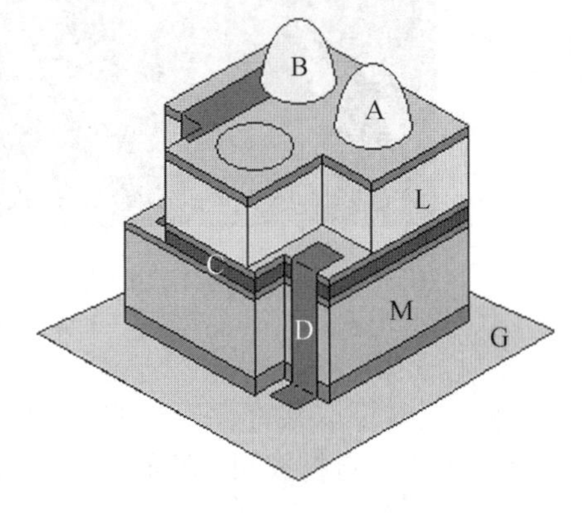

图 27.22　双波段 QWIP 器件结构的三维视图,显示了独立访问 MWIR 和 LWIR 器件的通孔连接

C 为隔离层;L 为 LWIR QWIP;M 为 MWIR QWIP;G 为电极层;D 为跨多量子阱区域的金属桥接;A、B 为铟柱[105]

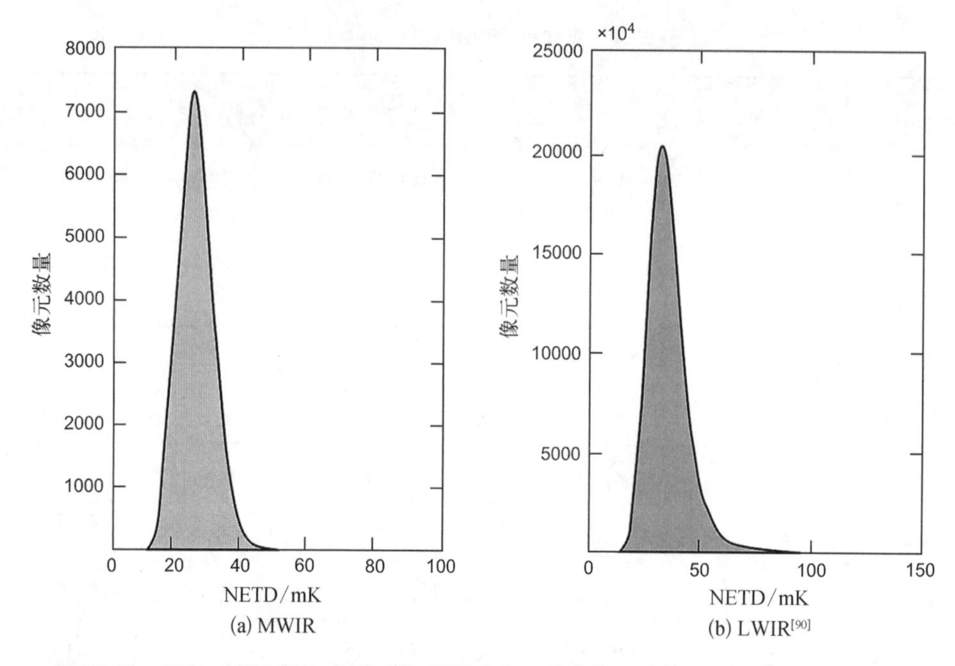

图 27.23　1024×1024 像元同时可读、像素共寄存双波段 QWIP FPA 的 NETD 直方图

图 27.24　这是用第一台百万像素同时配准模式 MWIR：LWIR 双波段 QWIP 相机拍摄的照片[105]

万像素同时读取共寄存模式的 MWIR/LWIR 双波段 QWIP 相机拍摄的图像。由于探测到加热的 CO_2(来自打火机)在 4.1~4.3 μm 内的辐射信号,MWIR 图像(左)中的火焰看起来更宽,而加热的 CO_2气体没有 LWIR 波段内的辐射。因此,长波红外图像仅显示火焰的热特征。照片中人物手持的硅片阻挡了火焰发出的大部分长波红外信号。

QWIP 技术的发展与多色探测密切相关。在 NASA 地球科学技术办公室资助的戈达德-JPL-陆军研究实验室联合项目下,成功开发了一个四波段高光谱 640×512 QWIP 阵列(图 27.25)。器件结构包括 3~5 μm QWIP 的 15 个周期堆栈、8.5~10 μm QWIP 的 25 个周期堆栈,10~12 μm QWIP 的 25 个周期堆栈和 14~15.5 μm QWIP 结构的 30 个周期堆栈[102,103]。VLWIR QWIP 结构被设计成具有束缚到准束缚子带间的吸收，而其他 QWIP 器件结构被设计成具有束缚到连续的子带间的吸收，因为这些器件的光电流和暗电流与 VLWIR 器件相比很小。

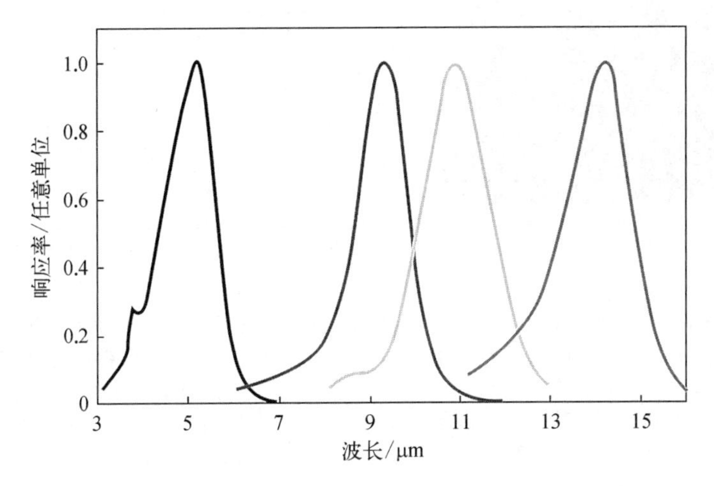

图 27.25　四波段 QWIP FPA 的归一化光谱响应[103]

QWIP 阵列的四个波段的制造方式类似于上述双波段系统（图 27.21）。通过深沟槽蚀刻工艺定义了四个波段独立的探测器，并使用镀金反射二维蚀刻光栅的探测器短路工艺排除了不需要输出信号的光谱波段，如图 27.26 所示。

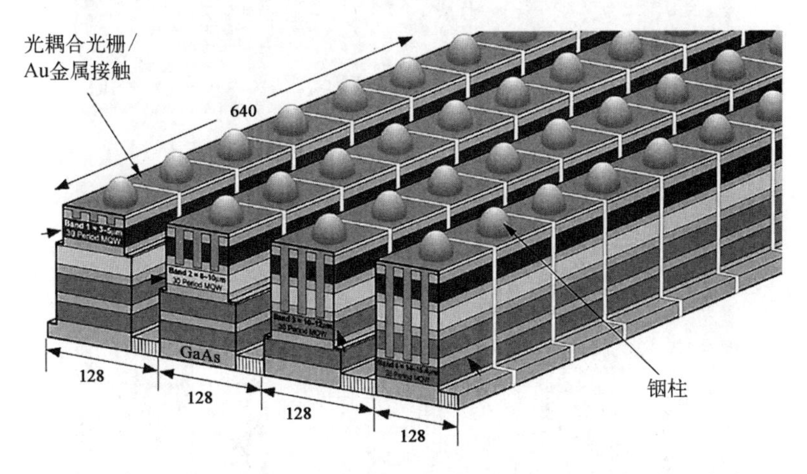

图 27.26　四波段 QWIP 器件和二维深槽周期光栅的层结构图。每个块代表四波段 FPA 的 1 个 640×128 像素区域[103]

视频图像以 30 Hz 的帧频和 45 K 的温度拍摄，使用的 ROIC 电荷容量为 1.1×10^7 个电子。值得注意的是，由于波长超过 14 μm 后，锗透镜的光学透过率降低，13～15 μm 波段内的物体不是很清晰（图 27.27）。图 27.28 展示了所有光谱带的峰值探测率随工作温度的变化。从图 27.28 中可以明显看出，4～6 μm、8.5～10 μm、10～12 μm 和 13～15 μm 波段的 BLIP 工作温度分别为 100 K、60 K、50 K 和 40 K。实验测得 4～6 μm、8.5～10 μm、10～12 μm 和 13～15 μm 探测器在 40 K 时的 NETD 分别为 21 mK、45 mK、14 mK 和 44 mK。

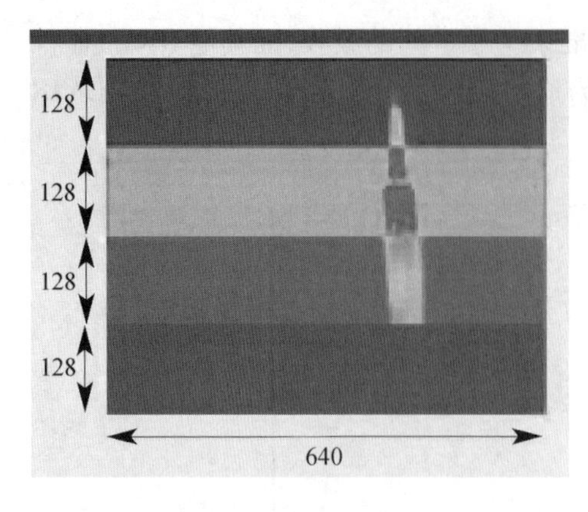

图 27.27 由 4~15 μm 四波段 640×512 像素 QWIP 摄像机拍摄的一帧视频图像。在 13~15μm 波段，由于镀了减反射层的锗透镜在该波段的透光性差，几乎看不到图像[103]

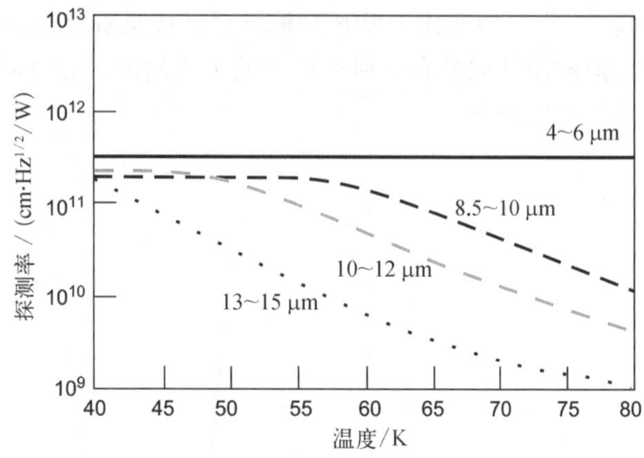

图 27.28 四波段 QWIP 焦平面各波段的探测率随温度的变化。探测器的探测率是在使用单像元进行测试，V_b = −1.5 V 和 300 K 背景温度下，使用 $f/5$ 光学系统的工作条件下，估算得到的[103]

在文献[105]中提出了一种新型的四波段红外成像系统，它具有同时可读的像素配置。FPA 分成 2×2 个子像素区域，在图 27.29 中标记为 Q1、Q2、Q3 和 Q4 的超像素，每个区域都对应四个特定波段中的一个。

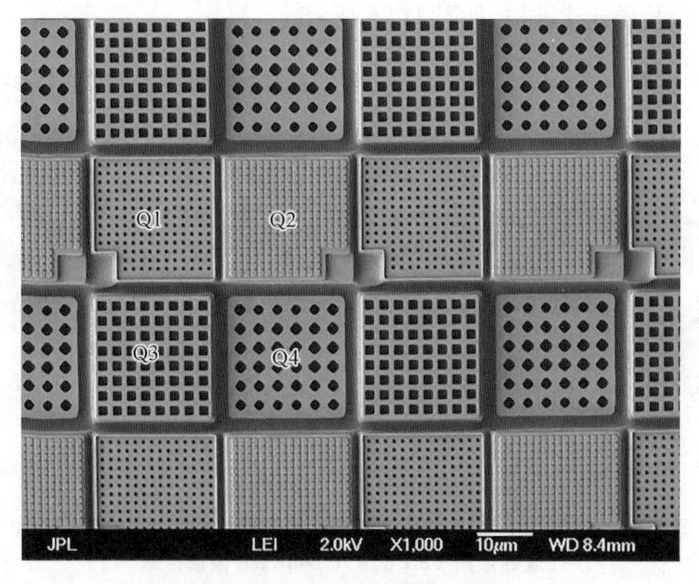

图 27.29 四波段阵列的扫描电镜照片[105]

在典型的 QWIP 阵列中，采用各向同性光学耦合方案来消除偏振敏感性。而在偏振 QWIP，使用线性光栅而不是二维光栅。相机设计中如果加入微型扫描仪，就可以解析场景辐射的偏振分量。在没有显著的灵敏度损失或增加成本的情况下，使用这样的辨别成像器可能有益于定位原本较难分辨的目标。泰雷兹集团公司在一组四个探测单元上配置了四个相互旋转 45°的线性光栅，整个阵列的像元采用该模式。实际阵列的布局和扫描电子显微镜图片如图 19.34 所示[115]。

在大多数双色 QWIP FPA 中,采用 3 个铟柱的连接方案来确保在不同波段的探测器同时积分并输出。然而,这种设计降低了 FPA 的填充因子,并使制造过程明显复杂化。来自安卡拉中东技术大学(Middle East Technical University in Ankara)的研究小组已经使用商用 ROIC 演示了电压可调的 640×512 MWIR/LWIR 双色 FPA[119]。双波段探测器是用传统的 FPA 制造工艺实现的,在每个像素上仅需要一个铟柱,能够以单波段探测器的成本和产量制备大规模双波段阵列。

上述结果表明,量子阱在近几年取得了显著的进展,特别是在多波段成像上的应用。由于利用分子束外延生长多带结构相对容易,缺陷密度非常低,因此它们在这个细分市场上具有固有的优势。

27.4　多波段Ⅱ类铟砷/镓锑探测器

在过去的十年中,Ⅱ型 InAs/GaInSb 超晶格已经成为第三代红外探测器的第三种候选材料[27,36–49,120–126]。2005 年,位于德国海尔布隆(Heilbronn, Germany)的 AIM 红外模块公司展示了全球首台双光谱 InAs/GaSb 超晶格红外相机。通过分子束外延制造双色探测器和 FPA 的后续工作是由弗劳恩霍夫应用固体物理研究所完成的。整个像元结构垂直方向的厚度仅为 4.5 μm,与典型的总厚度约为 15 μm 的双频 HgCdTe FPA 相比,大大降低了工艺难度。通过将每个像素的电极限定为两个,像元间距降至 30 μm。金属化格栅沉积在沟槽中并连接到阵列有源区外的 ROIC 上,公共极互连是采用通孔方式连接的。弗劳恩霍夫应用固体物理研究所的双色 MWIR 超晶格探测器阵列技术具有同步、共址探测能力,非常适合机载导弹威胁预警系统[42,43]。图 27.30 显示了一个制备完成的双色 288×384 FPA。在 0.2 ms 的积分时间和 78 K 的工作温度下,超晶格相机在蓝波通道(短波:3.4 μm$\leqslant\lambda\leqslant$4.1 μm)和红波通道(长波:4.1 μm$\leqslant\lambda\leqslant$5.1 μm)的 NETD 分别达到 29.5 mK 与 14.3 mK。

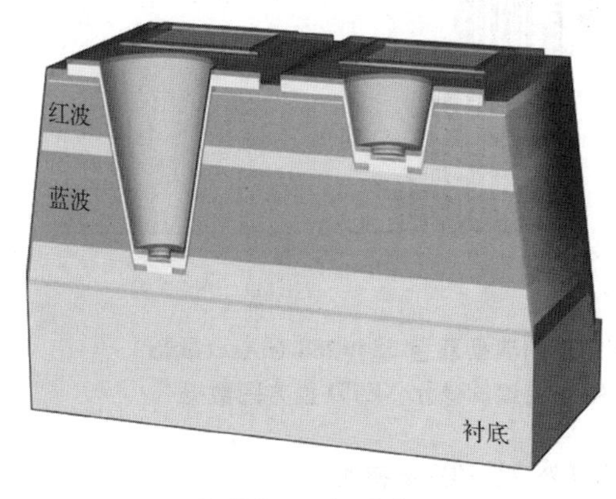

(a) 横截面示意图[125]

(b) 在30 μm的像素间距下，每个像素的三个触点允许同时且在空间上一致地探测两种颜色[43]

图 27.30　双色 InAs/GaSb SLS FPA,在 3~4 μm(蓝波通道)和 4~5 μm(红波通道)处实现同步、共址探测光子检测

图 27.31 比较了间距为 40 μm 的 384×288 个双色 InAs/GaSb 超晶格探测器阵列的 NETD 数据。每个像素采用两个背靠背结构的同质结光电二极管,可同时探测蓝波通道(3~4 μm)和红波通道(4~5 μm)[47]。上下两行分别为使用一种新的介质层表面钝化工艺前(上)和后(下),典型双色 FPA 的像元 NETD 分布图。具有高 1/*f* 噪声的像素会在均方根噪波分布中显示为拖尾。虽然蓝波通道的直方图数据几乎不受工艺过程改变的影响,但未作钝化的像元 NETD 分布图尾部的噪声像素现在大为减少,像元可操作性提高到 99%以上。特别是,改进的技术大大减少了产生突变信号或随机电报噪声的像元数量。表 27.5 总结了 AIM 制备的Ⅱ型 InAs/GaSb 双色超晶格阵列的性能特征。

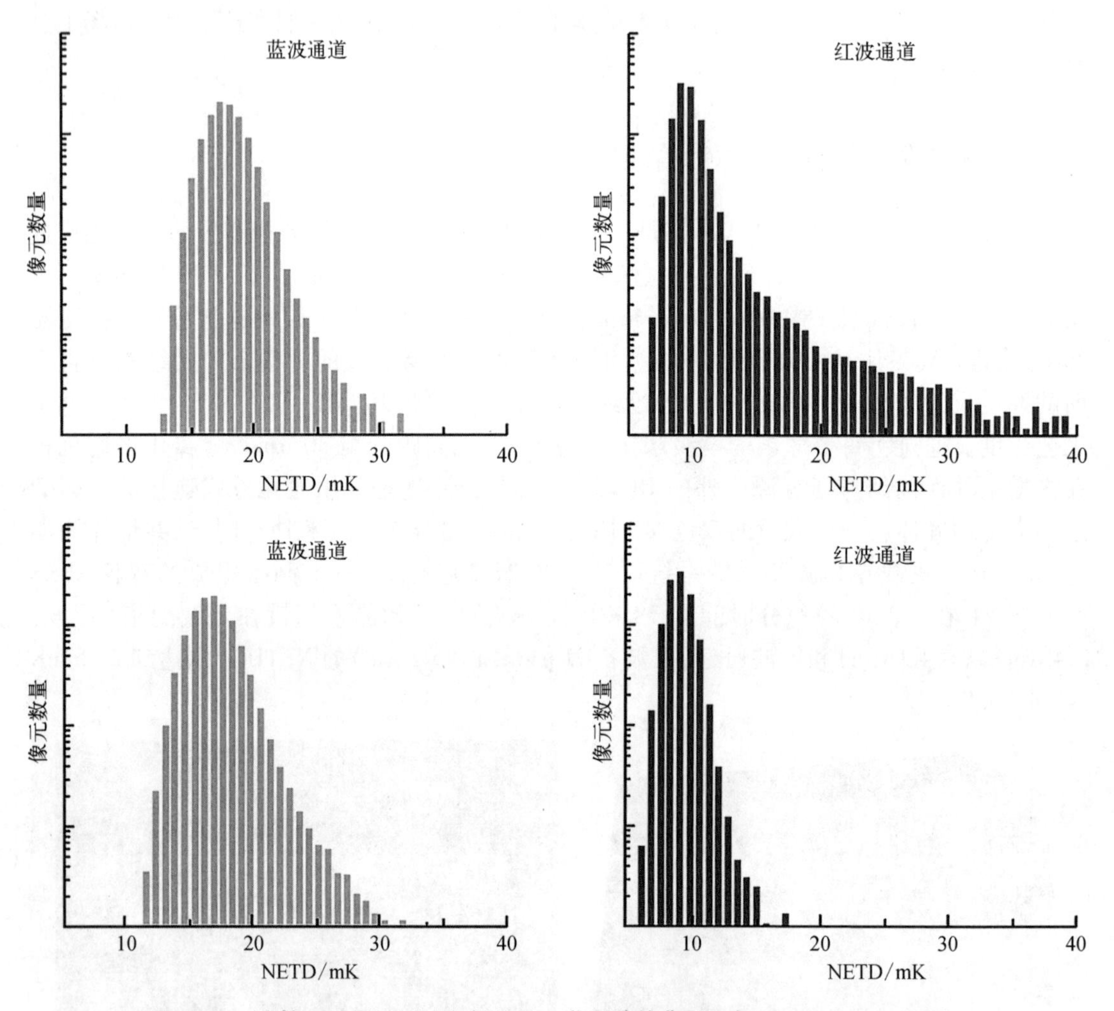

图 27.31 比较了采用旧(上)和新(下)工艺制造的典型双色 384×288 InAs/GaSb SL-FPA 的蓝波通道(左)和红波(右)通道的像元 NETD 直方图数据[47]

表 27.5 384×288 双色超晶格红外模块的主要特性

格式	双色 384×288×2 SL 器件
光谱范围 1/μm	3.4~*x***

续 表

光谱范围 2/μm	y~5.0**
信号配准	时间与空间重合
像元间距/μm	40
NEDT(@ 50% 阱容量)/mK	<35(波段 1)/<25(波段 2)
积分时间(F#)/ms	2.8(2.0)
探测器模拟输出数量	8
最大像元速率/MHz	80
读出模式	快照,先积分后读出(integrated then read,ITR)
最大帧速率/Hz	100(τ_{int}<5.5 ms 时)

**表示(3.4<x<y<5.0)波段位置点(x, y)是可定制的

图 27.32 为 288×384 双色 InAs/GASB 相机拍摄的红外图像。该图像是分别针对 3~4 μm 和 4~5 μm 波段,以互补颜色青色和红色编码的两个通道图像的叠加。彩色图像请参考文献[43],其中红色信号显示了场景中的热二氧化碳排放,而水蒸气,如来自蒸汽排放或云中的水蒸气,由于瑞利散射系数的频率依赖性而呈现青色。

图 27.32 用 288×384 双色 InAs/GaSb SL 相机拍摄的某工业设施双波段红外图像。双色通道 3~4 μm 和 4~5 μm 分别由互补色青色与红色表示[43]

西北大学的一个研究小组已经展示了不同类型的偏置可选择的双波段 T2SL FPA,包括 SW/MW、MW/LW 和 LW1/LW2 的组合[44,45,123,124]。MW/LW 组合使用背靠背的 n-M-π-p-p-π-M-n 结构,每周期使用 7.5 个单层 InAs 和 10 ML 的 GaSb,以及掺杂 M 势垒,来获得 MW 有源区。在 LW 有源区,使用了 13 ML 的 InAs 和 7 ML 的 GaSb 超晶格周期。将 n 型 GaSb 半透明衬底通过机械研磨至 30~40 μm 的厚度,并抛光成镜面。图 27.33(a)显示了 77 K 时,中波和长波通道的探测率谱,在 0.2 V 偏置电压下,长波通道的电阻面积(resistance-area,RA)达到接近 600 Ω·cm^2。对于中波和长波通道,分别使用 10 ms 和 0.18 ms 的积分时

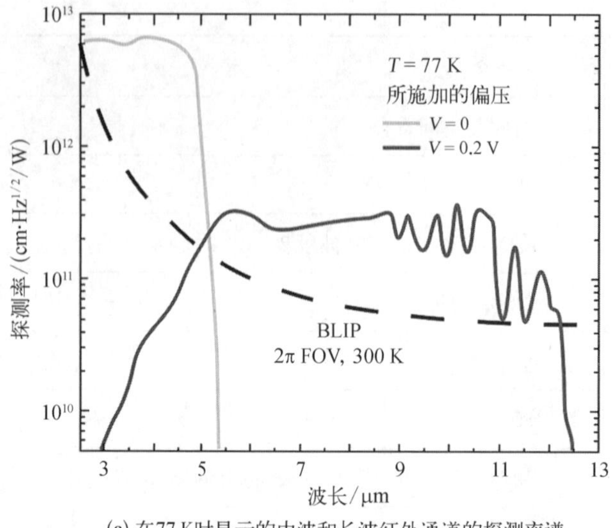

(a) 在77 K时显示的中波和长波红外通道的探测率谱，虚线为BLIP探测背景限(2π视场，300 K背景温度)

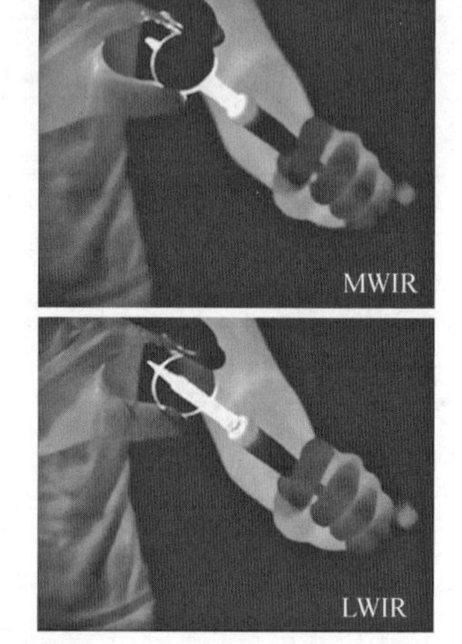

(b) 工作温度81 K下，中波和长波红外的成像结果，图中手持圆片为11.3 μm窄带滤光片[45]

图 27.33　偏置可选择的双波段 MW/LW T2SL 阵列

间,获得了约 10 mK 和约 30 mK 的 NETD 中位数。成像结果如图 27.33(b)所示。

马里布的 HRL 实验室(HRL Laboratories, Malibu)也证明了 T2SL 超晶格具有良好的可制造性和高均匀性,可用于生长在 GaSb 衬底上的 HD 格式(1 280×720,像元间距为 12 μm)T2SL 双频中波/长波红外焦平面。经过金属化和介质刻蚀后,在探测器和 ROIC 上都沉积生长了铟柱。在混成互连和对混成结构进行填充后,GaSb 衬底被完全刻蚀掉,以消除由于自由载流子吸收造成的任何传输损失。

在单色和连续模式下都获得了出色的成像效果,参见图 27.34。可靠性试验是在 70~290 K 的温度范围内循环 2 000 次以上进行的。没有观察到 MWIR 和 LWIR 波段的灵敏度或可操作性下降(表 27.6),证实了混成和后处理工艺的稳定性。该技术的迅速成熟使其成为未来部署双波段 MW/LW 系统的有力候选者。

(a) MWIR

(b) LWIR

图 27.34　使用双波段 1 280×720,12 μm 间距,T2SL MW/LW 焦平面采集的图像。该图像是在 80 K 和 $f/4$ 光学系统条件下拍摄的[126]

表 27.6 多次热循环后 MWIR 和 LWIR 波段的 NETD 与有效像元率的比较[126]

热 循 环	MWIR		LWIR	
	NETD/mK	有效像元率/%	NETD/mK	有效像元率/%
4	15.13	99.71	27.12	99.76
266	15.66	99.73	28.74	99.75
368	16.17	99.75	27.91	99.76
469	16.09	99.74	27.00	99.75
669	15.69	99.74	28.06	99.75
1 269	15.67	99.73	26.87	99.75
2 031	16.44	99.74	27.47	99.75

最近有报道了一种使用基于 T2SL 的双端三波段 SWIR/MWIR/LWIR 光电探测器的新型器件设计,类似于图 27.35[48]。该设备可以根据施加偏置电压的大小作为三个单独的单色光电探测器顺序工作(图 27.35)。

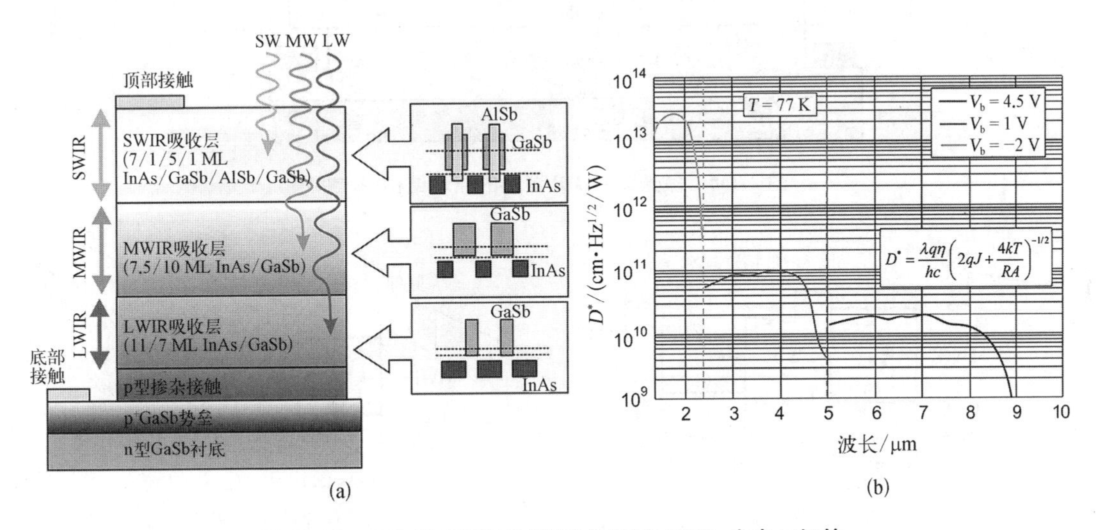

图 27.35 三波段 SWIR/MWIR/LWIR T2SL 光电二极管

(a) 有两个端电极,右侧为对应的能带结构示意图;(b) 使用图中的公式计算得到77 K 时的探测率。SWIR 探测时工作在−2 V。MWIR 和 LWIR 探测时分别工作在正偏置电压 1 V 和 4.5 V[48]

三波段 SW−MW−LW 光电二极管由 1.5 μm 厚的非掺杂驻波红外有源区、0.5 μm 厚的 n 掺杂驻波红外区($n \approx 10^{18}$ cm^{-3})、2 μm 厚的微波有源区、0.5 μm 厚的未掺杂长波有源区($p \approx 10^{16}$ cm^{-3})和 0.5 μm 厚的 p 型底电极($p \approx 10^{18}$ cm^{-3})组成。器件结构的总厚度为 6 μm。

图 27.35(b)是根据测量到的量子效率、暗电流和 *RA* 乘积计算出的器件在 77 K 时三种工作模式下的散粒噪声限制探测率。该器件工作在−2 V、1 V 和 4.5 V 的偏置电压下,峰值响应率为 3.0×10^{13} cm·Hz$^{1/2}$/W、1×10^{11} cm·Hz$^{1/2}$/W 和 2.0×10^{10} cm·Hz$^{1/2}$/W($\lambda = 1.7$ μm、

4.0 μm 和 7.2 μm)，D^*为 3.0×10^{13} cm·Hz$^{1/2}$/W、1×10^{11} cm·Hz$^{1/2}$/W 和 2.0×10^{10} cm·Hz$^{1/2}$/W。

27.5 多波段量子点红外光电探测器

通过在外延生长过程中垂直堆积不同的 QWIP 层，可以制造出能够探测多个不同波长的 QDIP 器件，原理图如图 27.36 所示。以 Lu 等[127]所描述的结构为例，每个 QDIP 吸收带由夹在上电极和下电极之间的 10 周期 InAs/InGaAs 量子点层组成。图 27.37 显示了该结构在不同偏压下的简化能带图。探测波段的偏置电压选择源于非对称的能带结构。在低偏压下，高能 GaAs 势垒阻挡了 LWIR 辐射产生的光电流，只对 MWIR 入射有响应。相反，随着偏置电压的增加，势垒能量降低，从而允许在不同的偏压下探测 LWIR 信号。

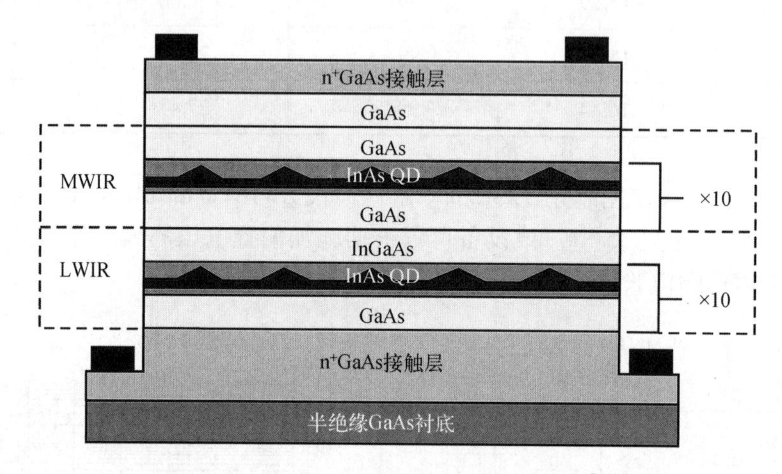

图 27.36 多光谱 QDIP 器件的原理结构图[127]

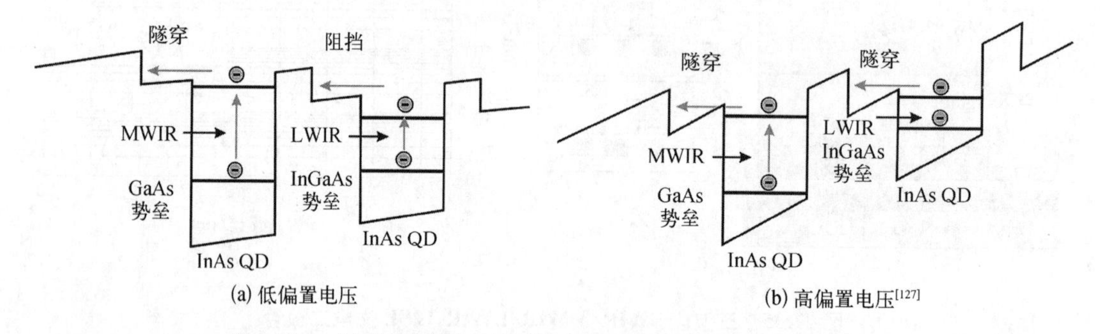

图 27.37 在不同偏置电压下，图 27.36 所示的结构的简化能带图

第一个双色量子点 FPA 原型器件是基于电压可调的 InAs/InGaAs/GaAs DWELL 结构[52,53]。如 21.1 节所述，在这种类型的结构中，InAs 量子点被放置在 InGaAs 势阱中，而 InGaAs 势阱又被放置在 GaAs 基质中(图 21.4)。

图 27.38 为 DWELL 探测器的多色响应[128]。该器件已经展示了从基于束缚态到连续态的 MWIR(3~5 μm)和基于量子点中的束缚态到量子阱中的束缚态的 LWIR(8~12 μm)多色响应。还观察到了 VLWIR 的响应，并将其归因于量子点中两个束缚态之间的跃迁，因为计算出的量子点能级之间的能量间距为 50~60 meV。此外，通过调节器件的电压偏置，可以改

变由 MWIR、LWIR 和 VLWIR 吸收所产生电子的比率。通常，由于较高的逃逸概率，MWIR 响应在低至标称电压时占主导地位。随着电压的增加，由于 DWELL 探测器中低能态的隧穿概率增加，LWIR 及最终的 VLWIR 响应都会增强(图 27.39)[55]。由于量子限制斯塔克效应，可观察到光谱响应随偏压的变化。这种光谱响应的电压控制可以用来实现智能光谱传感器，其波长和带宽可以根据应用需要进行调节[52,128-130]。

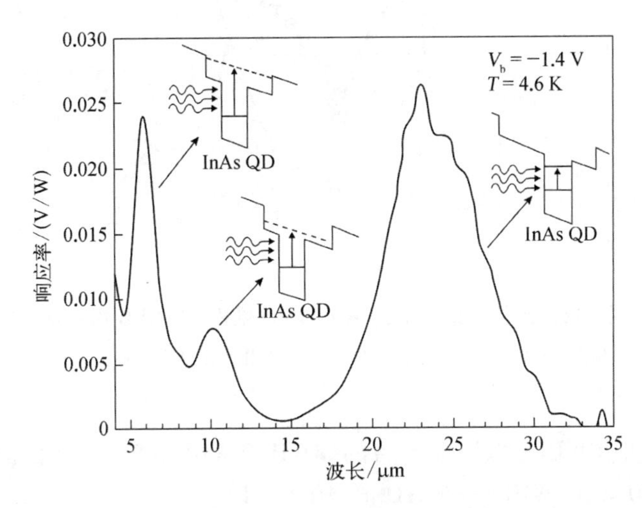

图 27.38　InAs/$In_{0.15}Ga_{0.85}$As/GaAs DWELL 探测器的多色响应。MWIR(LWIR)峰可能是从量子点中的能态到阱中的更高(更低)能态的跃迁，而 VLWIR 的响应可能来自量子点内的两个量子束缚态。该响应在 80 K 下可见[128]

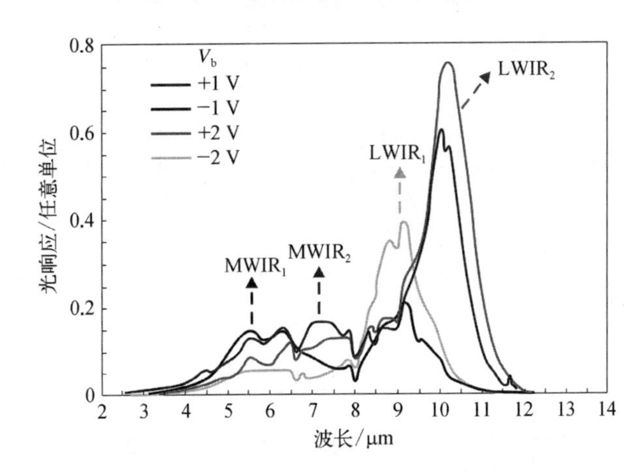

图 27.39　在 V_b = ±1 V 和 ±2 V 下，DWELL 探测器的光谱响应

可以使用该探测器测量 MWIR 和 LWIR 两个波段的响应。波段间的相对强度可以通过施加的偏压来改变[55]

通常，探测器结构由夹在两个高掺杂 n − GaAs 电极层之间的 15 层非对称 DWELL 结构组成。DWELL 区域由位于 $In_{0.15}Ga_{0.85}$量子阱中的 2.2 ML 的 n 型掺杂 InAs 量子点组成，其本身位于 GaAs 基质中。通过改变底部 InGaAs 量子阱的宽度，探测器的工作波长可以在 7.2 ~ 11 μm 变化，在 78 K 下从测试器件获得的响应率和探测率如图 27.40 所示[53]。LWIR 波段的探测率为 2.6×10^{10} cm·Hz/W(V_b = 2.6 V)，MWIR 波段的探测率为 7.1×10^{10} cm·$Hz^{1/2}$/W (V_b = 1 V)。

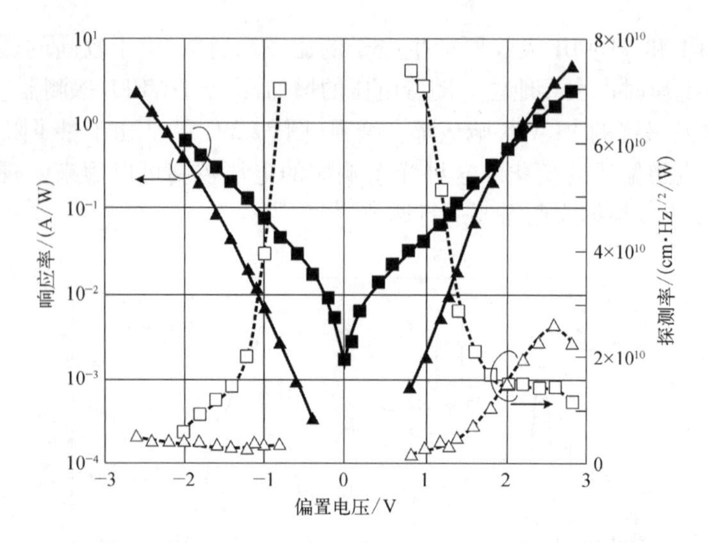

图 27.40　使用校准的黑体源获得了 78 K 时 15 层堆栈 DWELL 探测器的峰值响应率

实心正方形表示 MWIR 响应率；实心三角形表示 LWIR 响应率；空心正方形表示 MWIR 探测率；空心三角形表示 LWIR 探测率[53]

Varley 等[54]基于 DWELL 探测器制备的 MWIR/LWIR 双色 320×256 FPA，获得了最小 55 mK（MWIR）和 70 mK（LWIR）的 NETD 值（图 27.41）。

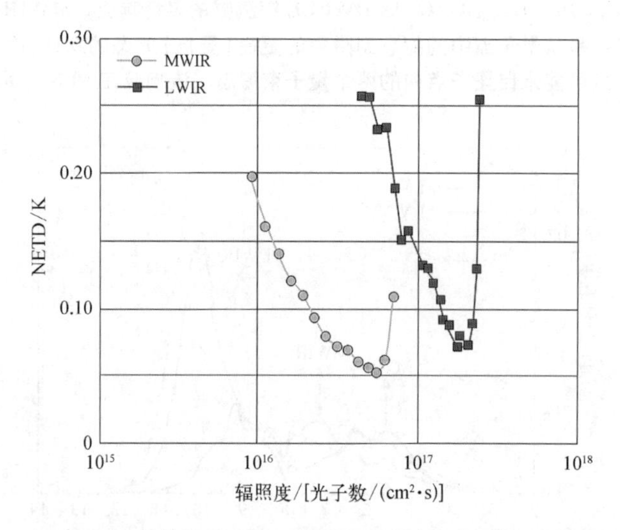

图 27.41　工作温度 77 K 时，MWIR 和 LWIR 的 NETD

MWIR（3~5 μm）和 LWIR（8~12 μm）波段的辐照度分别为 $f/2$ 与 $f/2.3$[54]

第五部分

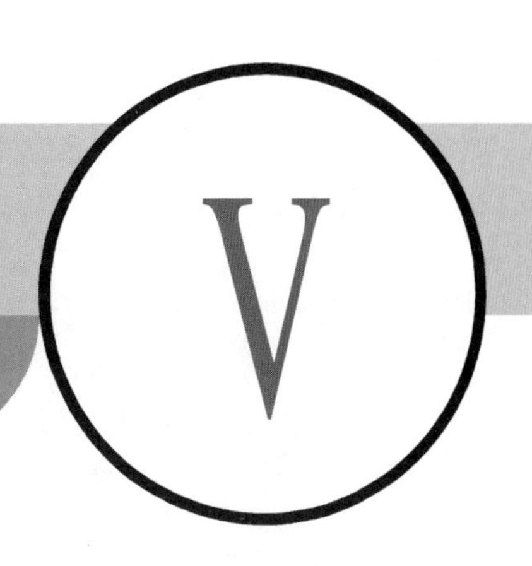

太赫兹探测器与焦平面阵列

第28章 太赫兹探测器与焦平面阵列

太赫兹技术是一种新兴技术,它将改变我们的生活。太赫兹技术已经在安防、医学、生物、天文学和无损材料检测中展现了其应用潜力。然而,太赫兹发射器和接收器的实现仍是一个挑战,因为该频率对于传统电子学来说太高,而光子能量对于经典光学来说太小。因此,太赫兹辐射很难直接沿用那些邻近波段所通常采用的技术。

本章讨论与太赫兹辐射探测器和焦平面阵列探索相关的问题,分析半个多世纪以来太赫兹探测器灵敏度提升的发展历程。本文着重介绍直接和外差探测器的基本物理现象和最新进展。在对太赫兹探测器的一般分类进行简短的描述之后,更详细地介绍肖特基势垒二极管(Schottky barrier diode,SBD)、成对制动探测器、热电子混频器和场效应晶体管(field-effect transistor,FET)探测器,其中强调了太赫兹器件和诸如微加工等现代技术之间的关联。对太赫兹探测器的工作条件及其性能上限进行综述。最后,介绍新型纳米电子材料和技术的最新进展。预计纳米材料和器件的应用将为进一步提高太赫兹探测器的性能打开大门。

28.1 概述

电磁波谱的太赫兹区域通常被描述为频谱中最后的未探索区域。首先,人类依赖于太阳辐射。穴居人使用火把(大约 50 万年前)。蜡烛大约在公元前 1000 年出现,随后是煤气灯(1772 年)和白炽灯泡(爱迪生,1897 年)。无线电(1886~1895 年)、X 射线(1895 年)、紫外线(1901 年)和雷达(1936 年)是在 19 世纪末和 20 世纪初被发现的。然而,太赫兹范围的电磁波谱对电子技术和光子技术都是一个挑战[1]。

太赫兹技术的发展始于 20 世纪 80 年代,主要用于实验室应用(图 28.1)。这是一种昂贵的科学设备,只有非常合格的工作人员才能使用。但是,在过去二十年中,研究人员已经努力发展出更紧凑和可靠的组件,来实现易于使用和成本效益高的太赫兹系统。目前,太赫兹技术已进入商业市场,并已销售出第一批用于在线工业过程监测等应用的产品。太赫兹市场从 2015 年的 4 600 万欧元增长到 2020 年的约 1 亿欧元,复合年增长率(compound annual growth rate,CAGR)为 16%(图 28.2)。

太赫兹辐射(图 28.3)通常指频率范围 $\nu=0.1\sim10$ THz(波长 $\lambda=30\sim3\,000$ μm)内的光谱区域[2-4],它与非严格定义的亚毫米波段 $\nu=0.1\sim3$ THz($\lambda=100\sim3\,000$ μm)有部分重叠[5]。如果采用更宽的范围 $\nu=0.1\sim10$ THz[6,7],可视为太赫兹波段与亚毫米段重合。因此,这两个概念经常是等效的(见文献[8])。本书采纳的太赫兹范围 $\nu=0.1\sim10$ THz。太赫兹电子学跨

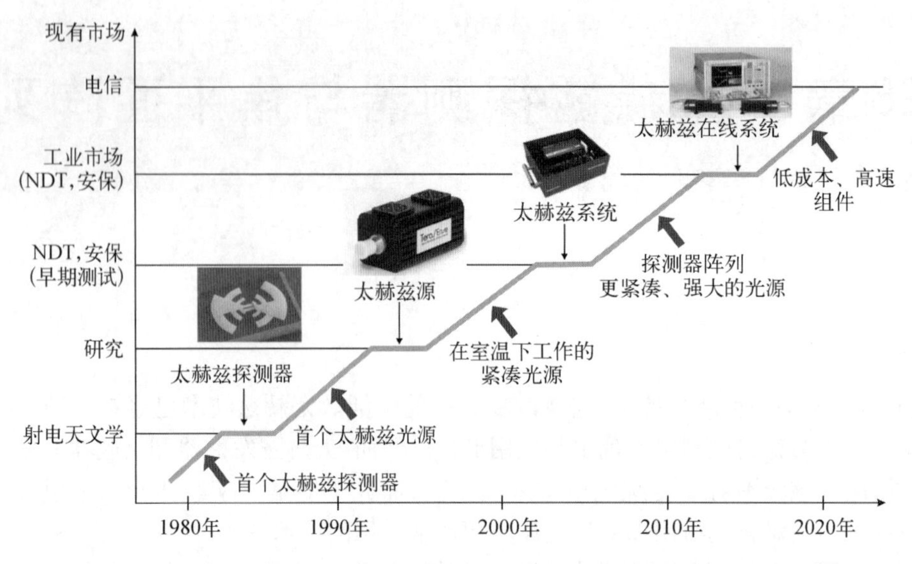

图 28.1 太赫兹技术的发展(NDT 是指 nondestructive testing,无损检测)[1]

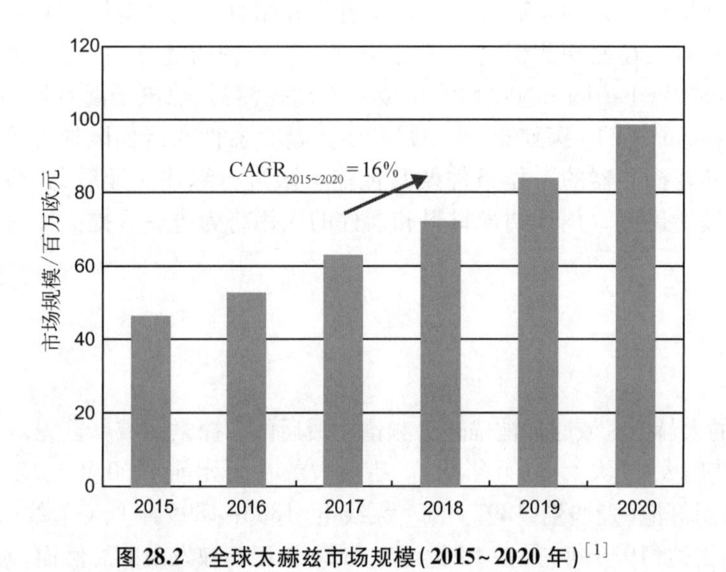

图 28.2 全球太赫兹市场规模(2015~2020 年)[1]

越了无线电电子学到光子学的过渡范围。

电磁波谱的太赫兹区域已被证明是最难以捉摸的区域之一。位于红外光和微波辐射之间,但这些邻近波段中通常采用的成熟技术在太赫兹辐射波段并不是那么适用。历史上,化学家和天文学家主要使用太赫兹光谱来表征简单分子的转动、振动共振及热发射谱线。太赫兹接收器也被用于研究上层大气中的痕量气体,如臭氧和许多与破坏臭氧的循环有关的气体,如一氧化氯等。在宽谱太赫兹区域,空气可以实现有效吸收(除了在 $\nu \approx 35$ GHz、96 GHz、140 GHz、220 GHz 附近的窄窗,以及其他一些区域,见图 28.4[9])。太赫兹波和毫米波能够有效地探测到水的存在,因此能够有效地识别人体携带的不同物体(人体的含水量约为 60%,而衣服在该波段是透明的)。在更长的波长(厘米波长区域),甚至可以看到躲在墙(不是很厚)后面的人。值得一提的是,宇宙的一半亮度和宇宙大爆炸以来发射的 98%的

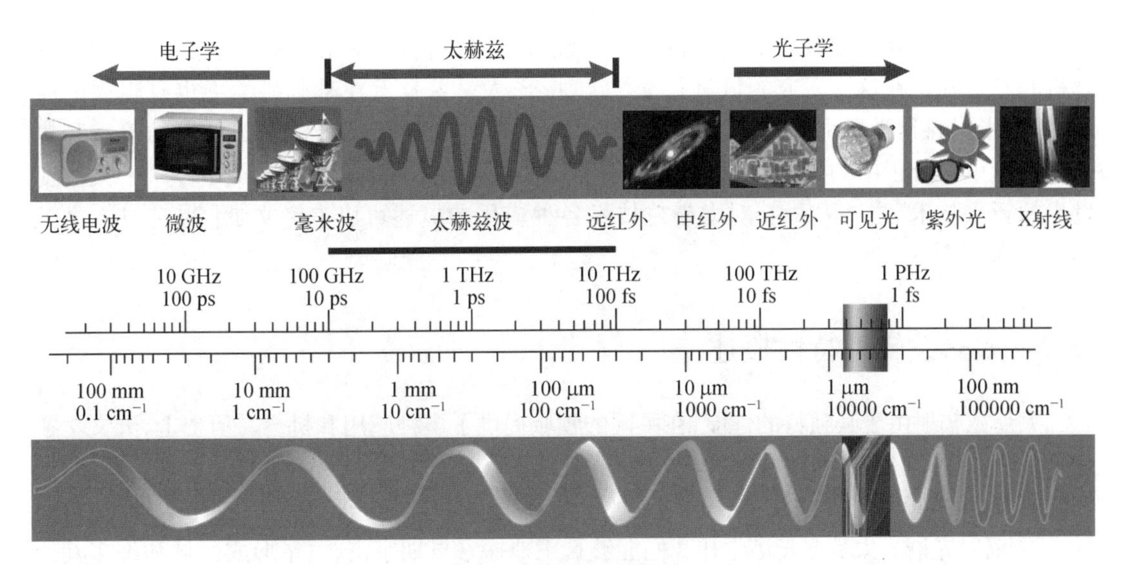

图 28.3 电磁波谱

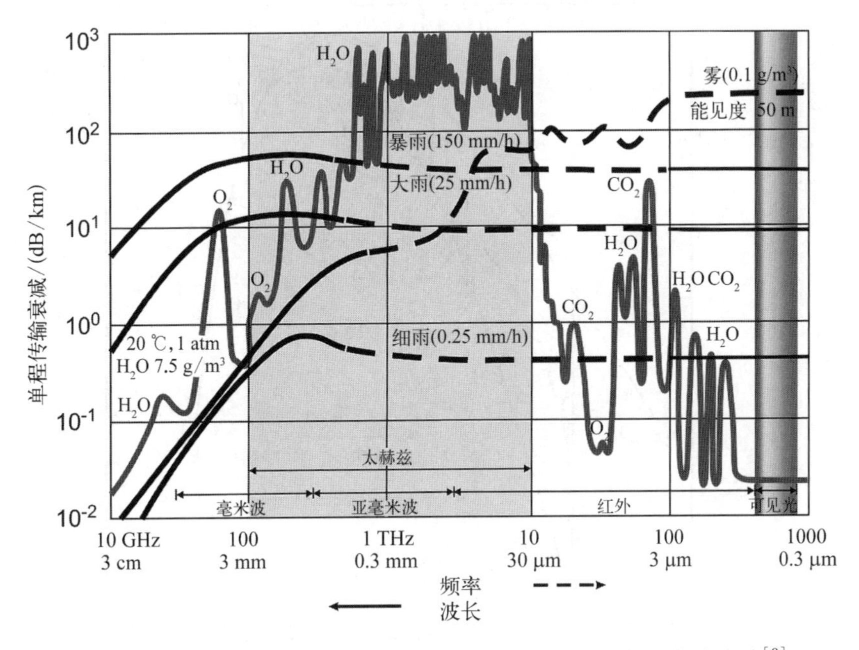

图 28.4 从可见光到 RF 波段范围,由于地球大气而引起的传输衰减[9]

光子都属于太赫兹辐射[10]。这些残余辐射携带着关于宇宙空间、星系、恒星和行星形成的信息。

过去的 20 年见证了太赫兹系统的一场革命,因为先进的材料研究提供了新的更高的能量源,同时太赫兹在先进物理学研究和商业的应用上展现出了巨大的潜力。该领域最近的诸多突破将太赫兹研究推向了中心舞台。其中,太赫兹时域光谱技术(time-domain spectroscopy, TDS)、太赫兹成像技术及利用非线性效应产生高功率太赫兹源的技术[2-4]的发展都是具有里程碑意义的成果。随着太赫兹技术的发展,这项研究受到越来越多的关注,利用这一波段的设备在人类活动的各种应用(如安全、生物、药物和爆炸检测、气体指纹、成像等)中越来越重要。人们对太赫兹波段的兴趣是由于这个波段中可以揭示不同的物理现象,往往需要多学科的专业知识在这个研究领域进行交叉。如今,太赫兹技术在基础科学中也有很大的应用,如纳米材料科学和生物化学。这是基于太赫兹频率对应于纳米电子器件中的单一和集体激发及生物分子中的集体动力学。2004 年,《科技评论》将太赫兹技术评选为"十大改变世界的新兴技术"之一[11,12]。对太赫兹技术各种应用的概述可以参考文献[2]~[4]、文献[7]、文献[13]~[25]。

28.2 太赫兹辐射特性概述

太赫兹辐射由于其独特的性能,在不同的领域提供了多种应用和机会。历史上,天文学家是第一个关注太赫兹探测技术的人,因为星际尘埃的光谱范围为 1 mm~100 μm(地球环境背景下温度为 14~140 K)。图 28.5 显示了星际(尘埃、轻分子和重分子)、30 K 黑体和 2.7 K 宇宙背景[26]的辐射光谱。太赫兹光谱学让我们能够真正地探索早期宇宙、恒星形成区域和许多其他丰富的分子。

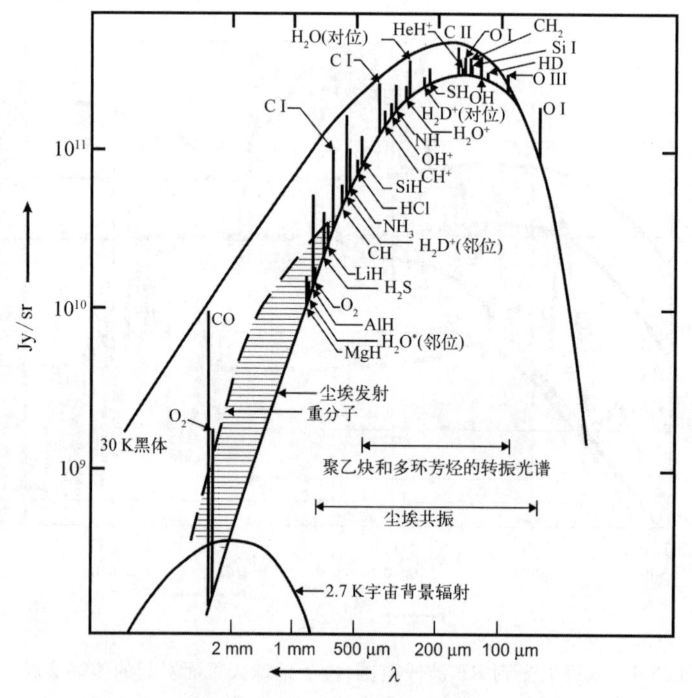

图 28.5 在亚毫米波段的辐射光谱,包括:30 K 黑体,典型的星际尘埃和关键分子的发射谱线[26]

注:1 Jy = 10^{-26} W/(m^2·Hz)。

地球大气中的太赫兹遥感一直是一个巨大的挑战,因为环境中的水汽在太赫兹频率范围内有很强的吸收(图 28.6)。传统的太赫兹产生和探测技术由于空气传播中的大量衰减而无法应用于远距离太赫兹光谱学。采用现有的、实用的太赫兹探测器和发射源,测量距离超过 20 m 就已经非常困难了。由于衰减很大,太赫兹波在远距离通信中不是很有用。然而,由于强吸收,很多材料的透射光谱可以提供关于所研究材料的物理性质的信息。此外,太赫

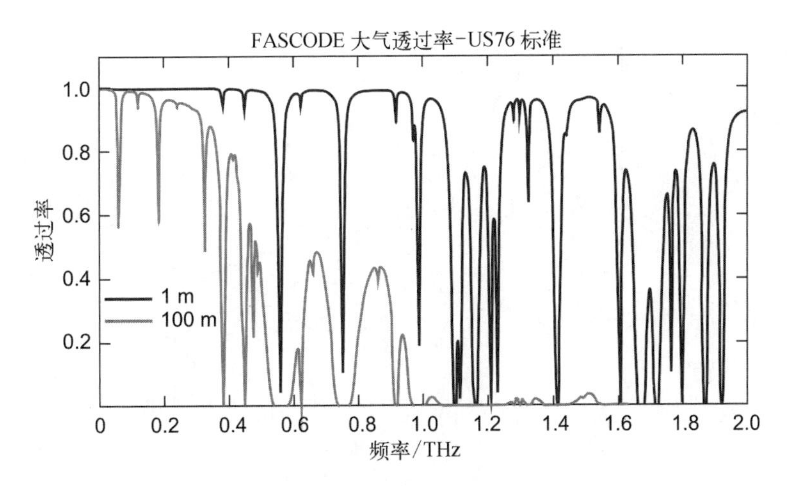

图 28.6　太赫兹辐射在空气中的透过率谱

兹辐射的一个重要特征是穿透和鉴别非金属材料的能力[27]。

与可见光和红外探测器不同,远红外和亚毫米波长探测器尚未达到基本的量子极限特性。除了在一些特定的频率和亚开尔文温度(极低温)工作,它们的性能限制不是光子通量波动(光子噪声)[28,29]。利用量子点器件证实了单太赫兹光子的配准[30,31]。

噪声等效功率(noise equivalent power,NEP)是探测器的一项品质因子,它表征了探测器的灵敏度,定义为探测器上入射功率的均方根值,其产生的信号输出等于噪声输出的均方根值[信噪比(signal-to-noise ratio,SNR)= 1]。热探测器固有的温度波动噪声确定了其 NEP 上限为

$$\mathrm{NEP} = (4k_{\mathrm{B}}TG_{\mathrm{th}})^{1/2} \tag{28.1}$$

式中,k_{B}为玻尔兹曼常量;T 为热敏电阻的温度;G_{th}为探测器和热沉之间的热导率。G_{th}越低,NEP 值越低。在 $T \approx 50$ mK 和低声子电导情况下,$G_{\mathrm{th}} \approx 10$ fW/K;在低背景波动条件下,可获得的电学 NEP $\approx 4 \times 10^{-20}$ W/Hz$^{1/2}$。图 28.7 是在太空中,达到背景限探测灵敏度的太赫兹光谱仪的数据,以及宇宙背景散粒噪声条件下的光子通量。所显示出的相关性既适用于直接探测系统,也适用于外差探测系统,对于相干(混频器)FPA 也是适用的(目前仅实现了单元或少元探测器阵列)[32]。

NEP$\approx 4\times10^{-20}$ W/Hz$^{1/2}$的适当低值的实现很大程度上取决于背景温度、光谱波段和所需的分辨率。在 $\Delta\lambda/\lambda = 0.3$ 和衍射限制光束情况下,计算出的 NEP 值仅考虑了背景辐射功率的波动,如图 28.8 所示。图 28.8 中给出了仅考虑在红外系统中占主导地位的泊松统计量的结果(实线),以及计入在太赫兹/亚太赫兹区域很重要的高斯统计量的结果(虚线)。可以看出,对于低背景(T=3 K),可能获得的 NEP 上限(约 10^{-19} W/Hz$^{1/2}$)只有在光谱范围 ν>2.6 THz (λ<200 μm)时才能实现,这也是低温孔径大规模红外太空望远镜天文台(cryogenic aperture large infrared space telescope observatory,CALISTO)工作的波段范围(光谱为 30~300 μm)。预计 CALISTO 技术将在未来十年内得到发展。

亚毫米波长探测和红外探测的区别关键在于小光子能量($\lambda \approx 300$ μm 时,$h\nu \approx 4$ meV,而室温下的热能量为 26 meV)。同时,由式(24.34)定义的艾里盘直径(衍射限)很大,这决定了太赫兹系统的空间分辨率很低。

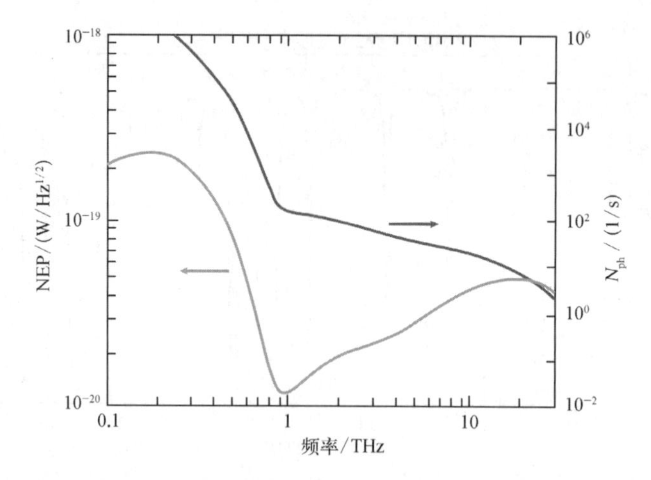

图 28.7　在太空中，达到背景限探测灵敏度的太赫兹光谱仪。根据衍射受限光束内连续辐射的实验光度，计算了宇宙背景辐射引起的光子通量 $N_{ph}(\nu)$。这里假设探测器对单光子偏振敏感，其光耦合效率为 25%，光谱分辨率 $\nu/d\nu \approx 1000$ 相当于河外星系的一条典型发射线的宽度($\delta\nu = 2\nu u/c$ 是由旋转速度 $u \approx 10^2$ km/s 的遥远星系的多普勒谱线展宽导致的)。背景光子通量很弱：当 ν>1 THz 时，N_{ph}<100 光子/秒。该通量(光子散粒噪声)的波动决定了背景限探测器灵敏度 $NEP_{ph}(\nu)$。在 ν<1 THz 时，探测器性能受宇宙微波背景的限制，在较高频率时，受银河中心和尘埃云辐射的限制[8]

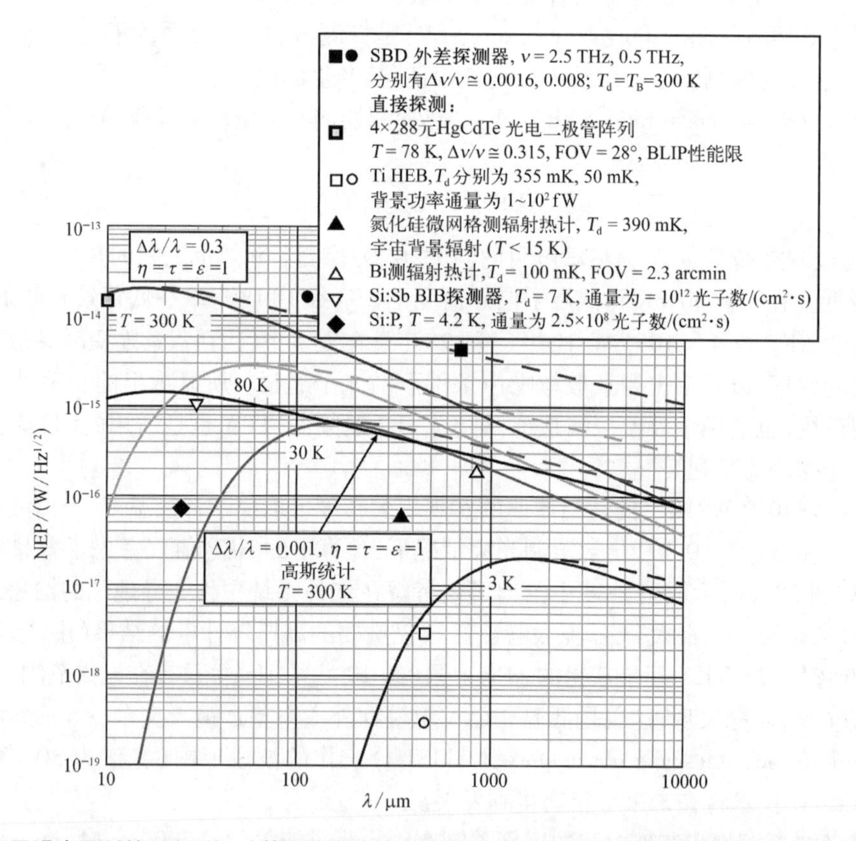

图 28.8　光子噪声限制的 NEP 值，计算中仅考虑在红外系统中占主导地位的泊松统计量的结果(实线)，以及计入在太赫兹/亚太赫兹区域很重要的高斯统计量的结果(虚线)。$\Delta\lambda/\lambda$=0.3。假设发射率、透过率和耦合效率等于 1(ε, τ, η=1)。图 28.8 中还给出了一些已知背景条件下的实验结果[33]

为了获得更高的空间成像分辨率,可以采用两种方式:固体浸没透镜(通常是硅透镜)或近场成像。与可见光区域相比,太赫兹区域的近场成像还没有很好地建立起来,因为缺乏如太赫兹光纤或其他太赫兹波段透明的体介质来产生近场波。

在太赫兹光谱区域内,高分辨率光谱学应用($\nu/\Delta\nu\approx10^6$)、光度测量($\nu/\Delta\nu\approx3\sim10$)和成像所需的外差阵列的研制也很难,其中一个问题是固态本地振荡器(local oscillator,LO)功率的技术限制(图 28.9)。在 $\nu\approx1$ THz 附近,可以看到存在"太赫兹缺口"。

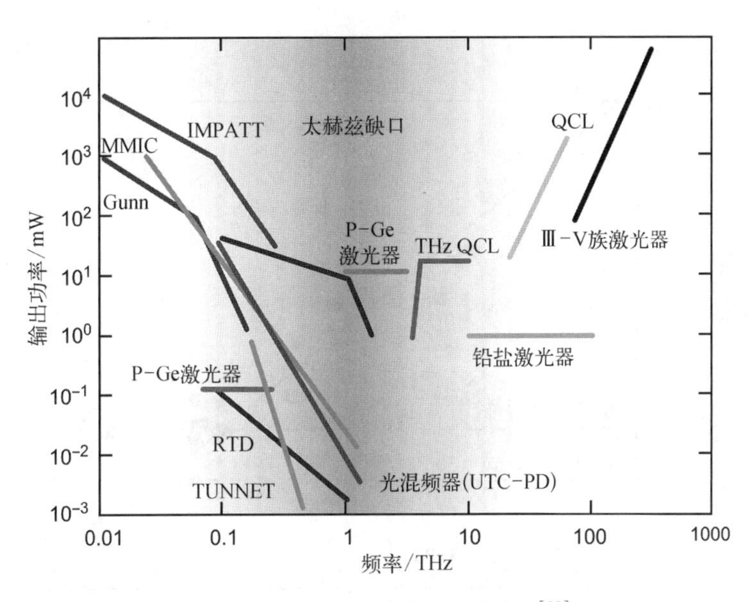

图 28.9　光源技术中的太赫兹缺口[20]

28.3　太赫兹探测器的发展路径

通常应用于邻近的微波和红外频段内的技术并不适用于太赫兹辐射的探测。在太赫兹探测中,由于载流子的传输时间大于太赫兹辐射一个振荡周期的时间,固态探测器的使用受到限制。而且太赫兹辐射的量子能量比室温甚至液氮温度下的热能量还要小得多。

探测器的发展是所有现代工业的核心。传统深冷毫米波和亚毫米波的探测器(主要是测辐射热计)种类很多,也有多种基于光电量子效应[21]、碳纳米管(carbon nanotube, CNT)测辐射热计、场效应晶体管等离子波探测、热电子室温双极性半导体测辐射热计[23,24]的新型探测器件[34]。

半个多世纪以来,太赫兹探测器的灵敏度取得了令人印象深刻的改善,图 28.10(a)显示了远红外(far-IR,FIR)和亚毫米波天体物理学中使用的热辐射计的发展[35,36]。这种情况类似于红外探测器阵列的快速发展。70 年来,NEP 值减少了 10^{11} 倍,相当于每2 年改善 2 倍。在 20 世纪 90 年代,单个探测器实现了光子噪声限的地基成像性能。现在演示器件的灵敏度已达到相当于来自天体物理源的光子噪声水平,约为 10^{-18} W/Hz$^{1/2}$,可以在太空中用冷望远镜观察。在最近的十年里,通过宇宙微波背景(cosmic microwave background, CMB)的偏振特性研究大爆炸,已不是由探测器灵敏度驱动的,而是由阵列规模驱动的。然而,冷望远镜的 FIR 光谱需要器件灵敏度约为 10^{-20} W/Hz$^{1/2}$才能达到天体物理中的光子噪声限。实现具有这一灵敏度的探测器阵列仍然是未来十年的一个挑战,同时阵列所包含的探测器数量也是一个关键参数,决定了系统的信息容量[29],以及在观察银河系物体时,提高获得一个完整的图像或光谱的速度,由于每个敏感元的积累时间 τ_{acc}与阵列中敏感元件的数量 M_e成正比,与帧速率f_r及图像点的数量 M 成反比,即 $\tau_{acc} = (M_e/M)/f_r$。

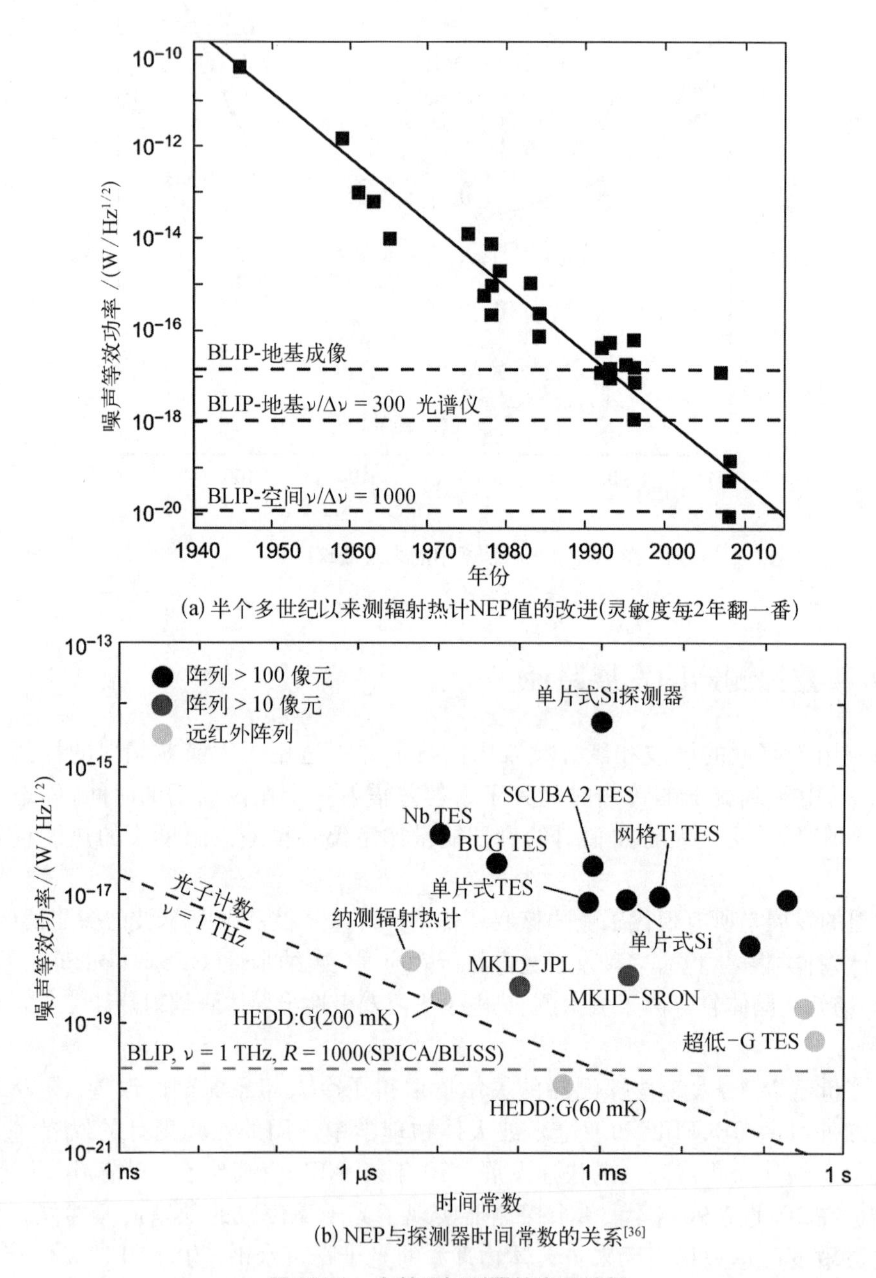

(a) 半个多世纪以来测辐射热计NEP值的改进(灵敏度每2年翻一番)

(b) NEP与探测器时间常数的关系[36]

图 28.10 太赫兹探测器的发展趋势

相对而言,像元阵列的发展是革命性的。图 28.11 显示了在过去三十年中像元数量的增长。在过去的 10 年里,每 20 个月,探测器阵列的规模就会翻一番,现在的阵列像元已经达到了几千个。预计在不久的将来,整体观测效率将稳步提高,目前能力与 1960 年代早期的相比,提升了约 12 个量级。微波动态电感探测器(microwave kinetic inductance detector, MKID)目前能够用于最先进的仪器,无论是在像元数量还是灵敏度上,与基于超导转变边缘(superconducting transition edge,TES)测辐射热计的同类仪器相比,价格更低,焦平面和读出电路复杂度也明显更低。

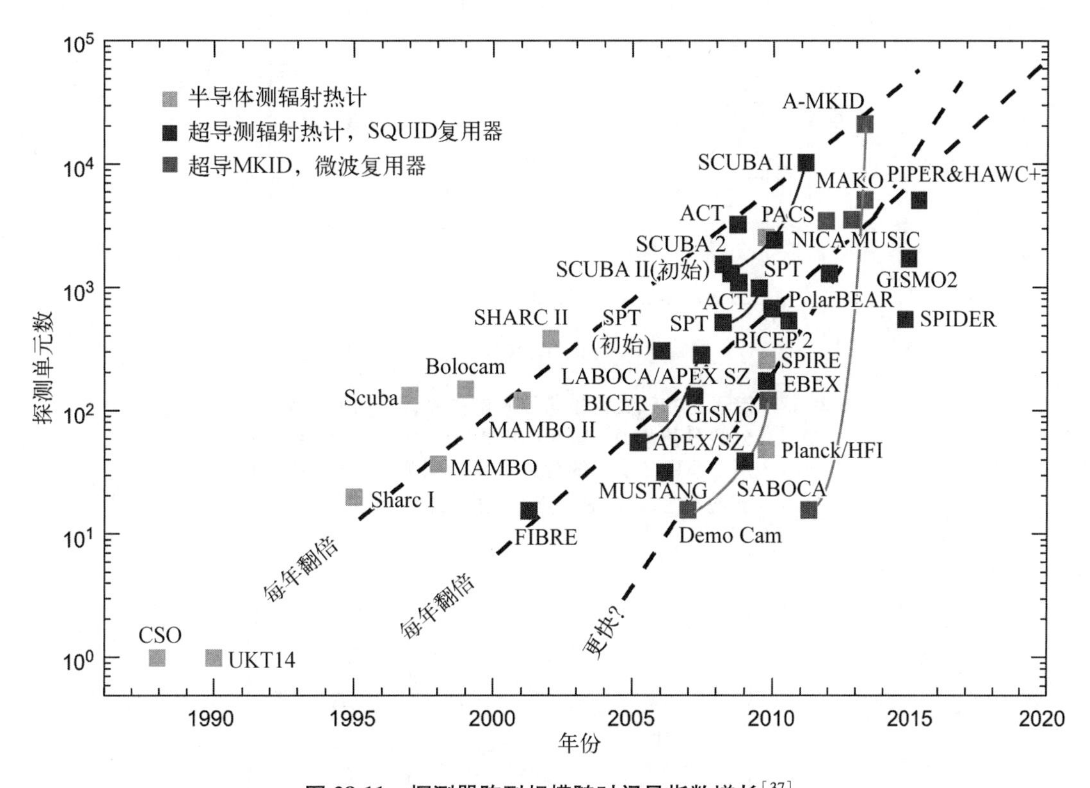

图 28.11　探测器阵列规模随时间呈指数增长[37]

对于天基系统,系统 NEP 不应受到望远镜光学元件的热发射或探测器自身噪声的限制。假设望远镜被冷却到 4 K,它的热发射在亚毫米波/远红外范围内应该是可以忽略的,探测器性能(和最终系统灵敏度)的需求是由所观测的天文背景和所要达到的光谱分辨率决定的(图 28.8)。在较长波长上,主要是来自银河系的尘埃发射,以及宇宙微波背景。在波长较短(λ<100 μm)时,黄道带辐射会变得显著。这两种贡献有不同的角度分布,但如果只考虑最暗的天空,所得到的探测器 NEP 要求应低于 3×10^{-18} W/Hz$^{1/2}$($\nu/\Delta\nu=1$,光度测量要求),或对于 $\nu/\Delta\nu=1\,000$ 的光谱测量,所得到的探测器 NEP 要求应低于 8×10^{-20} W/Hz$^{1/2}$(λ 为 30~1 000 μm,图 28.12)。

美国国家航空航天局历来是美国推动长波探测技术发展的主要机构。图 28.13 显示了目前已计划或已启动的远红外/亚毫米波光谱设施可以在不久的将来达到的探测灵敏度,而表 28.1 列出了一些机载和星载的平台任务。

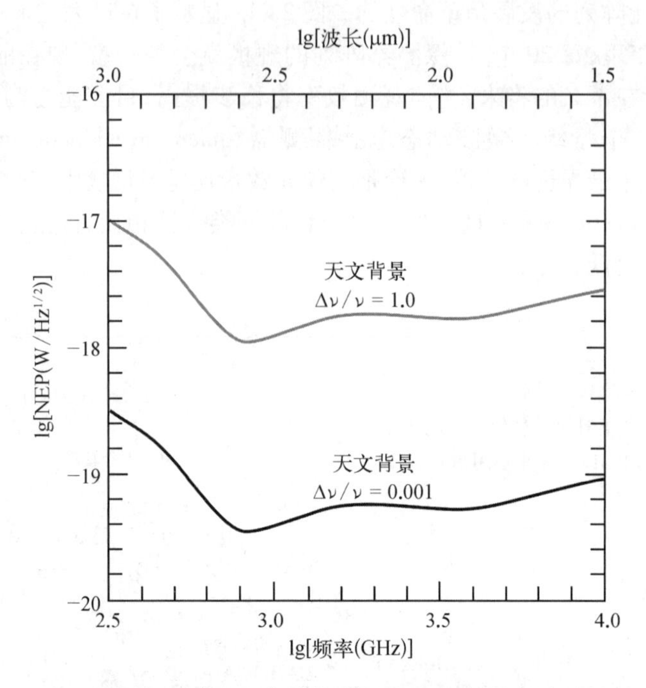

图 28.12 暗天空的天文背景与波长的关系,对应两个不同的分数分辨率,$\nu/\Delta\nu = 1$ 用于光度测量,$\nu/\Delta\nu = 1\ 000$ 用于适中分辨率的河外光谱。探测器 NEP 应远低于这些值,此时总噪声才是由天文背景主导的[34]

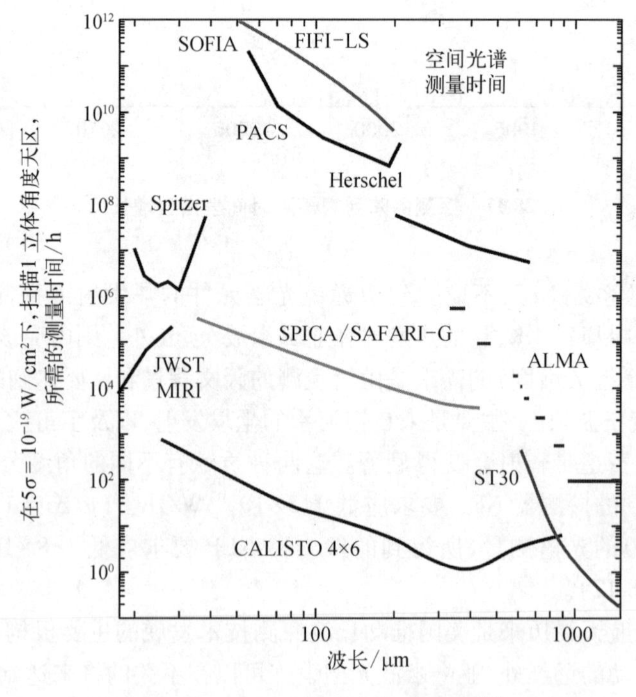

图 28.13 FIR 光谱平台的灵敏度[35]

表 28.1 FIR 光谱平台

斯皮策太空望远镜	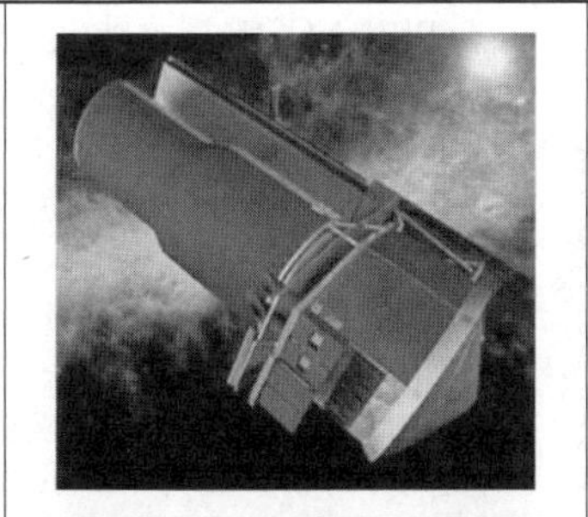	斯皮策太空望远镜于 2003 年 8 月发射。这是美国国家航空航天局在太空中的“伟大天文台”系列中最新的一台。斯皮策太空望远镜比之前的红外探测任务更灵敏,可以在很宽的红外波长范围内研究宇宙。专注于棕矮星、超级行星、原行星和行星碎片盘、超轻星系、活动星系的研究,并对早期宇宙开展深度调查
SOFIA		SOFIA 完成于 2005 年。SOFIA 是美国国家航空航天局和德国航天局的一个联合项目,它将一台 2.5 m 光学/红外/亚毫米波望远镜安装在一架波音 747 上。SOFIA 是为了替代柯伊伯航空天文台而设计的,是世界上最大的航空望远镜
赫歇尔空间天文台		2009 年 5 月入轨的赫歇尔空间天文台是欧洲航天局的红外亚毫米波探测任务。它可以在很宽的红外波长范围内进行光谱学和光度学测量,用于研究星系形成、星际物质、恒星形成及彗星和行星的大气层。赫歇尔空间天文台可以观测到太空中最冷和灰尘最多的物体。这是有史以来发射的最大的太空望远镜,所携带单镜的口径达到 3.5 m
ALMA		ALMA 是欧洲、北美、东亚和智利的国际合作项目,旨在建设一个现有最大的天文台。ALMA 是一个天文干涉仪,由 66 个直径为 12 m 和 7 m 的射电望远镜阵列组成,观测波段在毫米和亚毫米波长。ALMA 建在智利北部阿塔卡马(Atacama)沙漠海拔 5 000 m 的查杰南托(Chajnantor)高原上。ALMA 有望洞察早期宇宙中恒星的诞生,以及对恒星和行星的形成进行详细的成像。项目耗资超过 10 亿美元,这是目前在建的最雄心勃勃的地基望远镜。ALMA 于 2011 年下半年开始科学观测,并于 2012 年底全面投入运行
詹姆斯·韦伯太空望远镜	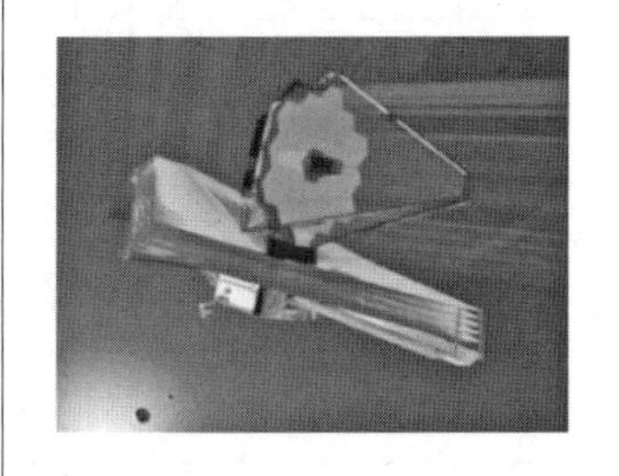	JWST 是一个大型的针对红外波段进行优化的太空望远镜,计划于 2018 年发射(译者注:JWST 于 2021.12.25 发射)。这是一项可见光/红外空间观测任务,将具有极高的灵敏度和分辨率,使我们能够在近-中红外范围内获得迄今为止最好的天空景象。JWST 将被用来研究早期宇宙及星系、恒星和行星的形成。JWST 将有一面直径为 6.5 m 的大镜子和一个网球场大小的遮阳棚。完全打开时,镜子和遮阳伞都无法装入火箭,所以它们都将折叠起来,并在进入外层空间后打开。JWST 将运行在距离地球约 150 万 km 的轨道上

续 表

SPICA/BLISS		背景限的红外亚毫米波摄谱仪(background-limited infrared-submillimeter spectrograph, BLISS)位于 SPICA 上。SPICA 是日本未来的红外天文卫星,将于 2027 年发射,使用大型冷望远镜探索宇宙。 BLISS 的理念是在整个远红外范围内提供快速测量光谱的能力。主要使用一套带有 TES 测辐射热计的宽波段光栅光谱仪模块。SPICA 将使用冷望远镜(初级直径为 3.5 m,约为 5 K),其灵敏度将超越该波长范围内运行的现有设施(如 SOFIA, Herschel)
CALISTO		CALISTO 对于宽波段光谱学特别有吸引力。它将获得成千上万个物体的全波段光谱,范围从最初的尘埃星系到我们银河系中被重重遮蔽的年轻恒星和原始行星盘,以及成千上万个现在还无法预计的新发现。CALISTO 在 35~600 μm 波段具有出色的光谱灵敏度,是一个强大的新工具,可以用于研究具有很大红移的星系种群。安装在成像光谱仪中的阵列,其像元总数达几十万个,可以达到光子背景极限

詹姆斯·韦伯太空望远镜(James Webb Space Telescope, JWST)工作波长在 27 μm 以下。阿塔卡马大型毫米/亚毫米阵列(Atacama large millimeter/submillimeter array, ALMA)工作在多个亚毫米大气窗口,如 650 μm,在 60~650 μm 内的灵敏度至少比赫歇尔(Herschel)空间天文台高 100 倍。JWST 目前计划开始运行。宇宙和天体物理空间红外望远镜将于 2027 年发射,与赫歇尔空间天文台相比,它的灵敏度将提高 2~3 个数量级,将使 FIR/亚毫米波段的灵敏度与 JWST 和 ALMA 一致。表 28.2 概述了未来空间任务的宏大需求。CALISTO 是一台 5 m 口径级别的太空望远镜,主动制冷到约 4 K,可用于研究宇宙第一个几十亿年间重元素的形成,

表 28.2 未来空间应用的需求[38]

科学问题	未来机遇	需求		
		NEP/(W/Hz)	τ/ms	格式
CMB 偏振	暴涨探测	$(1\sim5)\times10^{-18}$	1~30	10^4
星系演化 恒星形成 星周圆盘	SPICA/BLISS	$(3\sim30)\times10^{-20}$	100	5 000
	SAFIR/CALISTO 成像	3×10^{-19}	10	10^5
	SAFIR/CALISTO 光谱术	3×10^{-20}	100	10^5
	SPIRIT	1×10^{-19}	0.2	256

描绘宇宙历史中被尘埃遮蔽的星系中恒星的形成和黑洞生长,并对我们所在的银河系中形成的行星系统进行普查。

28.4　太赫兹直接探测和外差探测技术

所有太赫兹光谱范围内的辐射探测系统可分为两类(见第 6 章)。

(1) 非相干探测系统(带有直接探测传感器),它只允许探测信号幅度,通常是宽带探测系统。

(2) 相干探测系统,它不仅允许探测信号幅度,还允许探测信号相位。

相干信号探测系统采用外差电路设计,因为到目前为止,高辐射频率范围没有合适的放大器。被探测到的信号被转移到更低的频率($f \approx 1 \sim 30$ GHz),然后采用低噪声放大器进行放大。基本上,这些系统都是选择性的(窄带)探测系统。

28.4.1　直接探测

紫外、可见光、红外、亚毫米、毫米等区域的光谱和技术视觉系统基本采用直接信号探测的探测器。在亚毫米和毫米波长波段,它们适用于不要求超高光谱分辨率($\nu/\Delta\nu \approx 10^6$)的应用(超高光谱分辨率可由外差式探测器光谱系统提供)。不同于外差检测系统,直接探测多元阵列的构建中不存在 LO 功率和快速响应的限制($\tau \approx 10^{-11} \sim 10^{-10}$ s)。

在直接太赫兹探测系统中,甚至室温工作探测器也可以用于相对较长的响应时间($\tau \approx 10^{-3} \sim 10^{-2}$ s)并具有适中的灵敏度。这其中包括了高莱管、热释电探测器、不同类型的直接热探测器(测辐射热计和微测辐射热计),它们利用天线将功率耦合到很小的热吸收区域[22]。非制冷探测器的 NEP 值一般为 $10^{-10} \sim 10^{-9}$ W/Hz$^{1/2}$。

在直接太赫兹探测系统中,也可以采用响应时间 $\tau \approx 10^{-8} \sim 10^{-6}$ s、NEP $\approx 5 \times 10^{-17} \sim 10^{-13}$ W/Hz$^{1/2}$、工作温度 $T \leqslant 4$ K 的各类制冷型半导体探测器(热电子 InSb、Si、Ge 测辐射热计、非本征 Si 和 Ge)。直接非本征光电导(应力 Ge : Ga)可探测到波长 $\lambda \approx 400$ μm[39],并可以组成为阵列[40]。然而,在亚毫米和毫米波段最灵敏的直接探测器是各种不同设计的测辐射热计,冷却到 $T \approx 100 \sim 300$ mK 工作时,可以达到受宇宙背景辐射波动限制的 NEP[41-44]。基于带间、子带间或杂质光学跃迁的本征和非本征光子型探测器仅用于较短的亚毫米光谱带,其原因是辐照下的热生成率比光电离率要高。另一类不同的直接探测器在文献[39]中有全面的综述。一些新的制冷型探测器在文献[45]~[47]进行了讨论。

直接探测的原理示意图如图 28.14 所示。探测器探测的功率包括信号功率 W_s 及背景辐射功率 W_B。使用聚焦光学系统(透镜、反射镜、喇叭口等)将大面积上的辐射聚焦到探测器上。通常在探测器前放置光学滤镜,以去除被探测信号以外的背景辐射。探测器产生的较小电信号被放大器放大,产生信号 I_s,再作进一步处理。

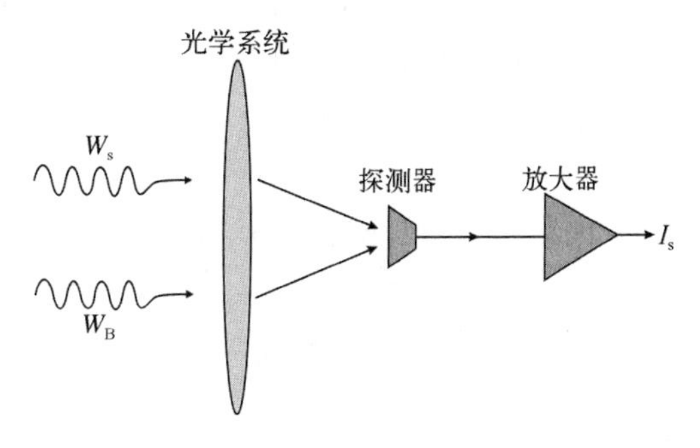

图 28.14　直接探测的原理示意图

W_s 是信号功率,W_B 是背景辐射功率可以看出,在非光导型的直接探测器中,当波动噪声(背景通量波动)主导时,在背景限条件下的最小可探测信号等于[48,49]:

$$W_{s,\,dir}^{min}=\left(\frac{2h\nu}{\eta}W_B\Delta f\right)^{1/2} \tag{28.2}$$

式中,η 为探测器的量子效率(耦合效率);Δf 为带宽。

可以看出,$W_{s,\,dir}^{min}\sim(\Delta f)^{1/2}$ 和可探测信号都明显小于 W_B。从这个表达式还可以看出,当比较探测器时,可以参照比较不同探测器的 NEP,将它们依$(\Delta f)^{1/2}$进行归一化。

如果信号通量本身存在波动噪声的情况下($W_{s,\,dir}^{min}=W_B$),对于非光导型直接探测器,最小可探测信号为

$$W_{s,\,dir}^{min}=\frac{2h\nu}{\eta}\Delta f \tag{28.3}$$

也就是说,探测到最小电流时,探测器至少应接受两个光子($\eta=1$)。那么对于辐射频率 $\nu=$ 1 THz, $W_{s,\,dir}^{min}\approx 6.6\times10^{-22}$W ($\Delta f=1$ Hz)。但是,通过直接探测器探测此类信号的能力会受到不可避免的背景光子噪声的限制,即使对于宇宙背景来说,这一噪声也不是很小。相比于受量子噪声限制的外差式探测器,此类直接探测器的性能是受背景噪声限制的。一般来说,直接探测器所能探测到的阈值功率较高,这是探测器自身及电路元件和放大器中存在的其他噪声共同导致的。

对于 BLIP 探测情况,可将探测器 NEP 依$(\Delta f)^{1/2}$进行归一化,由式(28.2)得到

$$NEP_{dir}=\left(\frac{2h\nu}{\eta}W_B\right)^{1/2} \tag{28.4}$$

NEP 越低,表示探测器越灵敏。

直接探测系统的一个优点是设计大幅面阵列时相对简单,可行性较高[50,51]。大多数成像系统采用被动直接探测模式。在有源系统中,即使用光源将场景照亮的情况下,也可以使用外差探测来提高低辐射水平下的探测灵敏度或透过散射介质实现成像。

28.4.2 外差探测

外差探测可将太赫兹频率的信号经下转换至中频(intermediate frequency,IF),并保持输入辐射信号的幅值和相位信息。在过去的几十年里,外差探测器是高分辨率光谱研究、宇宙遥感和近年来毫米与亚毫米波成像的首选探测器[2-4,52]。

外差探测原理如图 28.15 所示。除了信号 W_s和背景 W_B辐射功率,还增加了本地振荡器/本振(local oscillator,LO)的辐射功率 W_{LO}。需要 LO 来驱动混频过程。毫米或亚毫米波外差探测的关键单元是混频器,用来将 W_{LO}和 W_s混合产生中频($\nu_{IF}=|\nu_s-\nu_{LO}|$)信号,其关键组成是一个非线性混频元件(探测器),在该元件上,信号和 LO 辐射功率通过某种双工器或红外区域的分束器实现耦合。后者可以将信号波束和 LO 波束在空间上进行混合。

混频器决定了响应率,是外差接收器的输入端最重要的部件。优化其转换损耗可以降低外差接收器和后继的中频放大器的温度对噪声的贡献。信号功率损耗主要发生在双工器

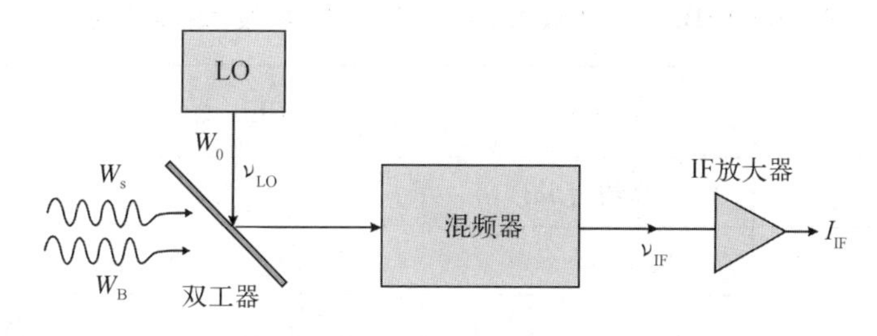

图 28.15　外差探测原理图

W_s是频率为ν_s的信号功率，W_B是背景辐射功率，W_0是频率为ν_{LO}的本振辐射功率，ν_{IF}是中频

和探测器上，但对外差接收器的噪声贡献最大的是混频器及其分布电路[53]。要在毫米或子毫米波阵列中使用的话，混频器的选择取决于这些光谱范围内可用的 LO 功率、混频器工作温度和所需的灵敏度。

取决于可用的 LO，可能存在两种外差技术。一种技术是使用可调谐的 LO 和带有滤波器的固定中频放大器。另一种技术是使用固定频率的 LO，结合中频放大器和滤波器，来覆盖所需的频率范围。第一种技术更灵活，但可调谐的连续波源（如后向波振荡器或倍频毫米波源）在波长小于 500 μm 时输出功率很低，这可能是不够用的，如使用 SBD 探测器的情况。可用的具有足够功率的窄线宽源，作为 SBD 的 LO，是用于较短的亚毫米范围的光泵浦亚毫米气体激光器或量子级联激光器（quantum cascade laser，QCL）。虽然气体激光器可输出很多可用的连续波（continuous wave，CW）谱线，但对于特定的波长，外差探测将局限在每个可用波长两侧相对狭窄的区间内［如气体激光器在 $\lambda=433$ μm（HCOOH），$\lambda=184$ μm、214 μm 和 288 μm（CH_2F_2），$\lambda=337$ μm（HCN），$\lambda=118$ μm（H_2O）等］。

在亚毫米（太赫兹）光谱区域［如用于高分辨率光谱学应用（$\nu/\Delta\nu\approx10^6$）或光度学（$\nu/\Delta\nu\approx3\sim10$）和成像］的外差传感器阵列中面临的严重问题为固态 LO 功率的技术限制。除了使用电子的相对论效应并能够达到千瓦级太赫兹功率的自由电子激光器[54]，其他太赫兹源的功率仅为毫瓦或微瓦级（图 28.9）。传统的电子设备，如晶体管，无法很好地工作在远高于 150 GHz 的频率。因此，在太赫兹波段的大部分区域都没有可用的放大器。类似地，光学和红外波段的半导体激光器早就出现了，但在大多数太赫兹波段还没有出现。尽管在高频晶体管[55]和半导体激光器[56]领域取得了很大进展，但在可预见的未来，太赫兹缺口似乎仍将是科学家和工程师面临的一个重要挑战。

外差探测系统的主要优点是将信号频率 ν_s处的频率和相位信息转换到频率 ν_{IF}，这是一个更适合电学时间响应的低得多的频带（$\nu_{IF}\ll\nu_s$）。这个变换（$\nu_s\rightarrow\nu_{IF}$）称为外差变换。如果信号和 LO 频率相等，则 $\nu_{IF}=0$，拍音退化为直流 DC，这种探测过程称为零差转换。

任何非线性电学器件都可以用作混频器。混频器的选择对接收器的灵敏度至关重要。为了实现仅在毫米和亚毫米波长波段的有效转换与低噪声，可以使用几种类型的探测器。常用的混频器是具有强电场二次非线性的器件，如正向偏置 SBD、超导体-绝缘体-超导体（superconductor-insulator-superconductor，SIS）隧道结、半导体、超导热电子辐射计（hot-electron bolometer，HEB）和超晶格。表 28.3 列出了它们的关键特性。

表 28.3 FIR/亚毫米波相干探测器(混频器)技术的关键特性

特　性	SIS	HEB	肖特基
RF 范围/THz	最高约为 1.3	1.3~5	最高为 3
IF 带宽/GHz	大(>8)	小(<4)	大(≫8)
灵敏度[a]/T_{min}	优：2~6	中：8~10	差：20~40
需要的 LO 功率	低：≈1 μW	很低：≤1 μW	高：≈1 mW
工作温度/K	≤4	≤4	70~300
空间天文学任务	Herschel - HIFI	Herschel - HIFI	SWAS,ODIN, Rosetta - MIRO

注：[a] 单位为 $T_{min}=h\nu/kB$,单边带接收机可达到的最低噪声温度。

太赫兹外差接收器所采用的非线性元件的电流-电压特性示意图如图 28.16 所示。这些非线性器件在具有合理的转换效率和低噪声的同时,还应具有较高的转换工作速度,以保证后续信号在更低的频率(1~30 GHz)下放大时的带宽。

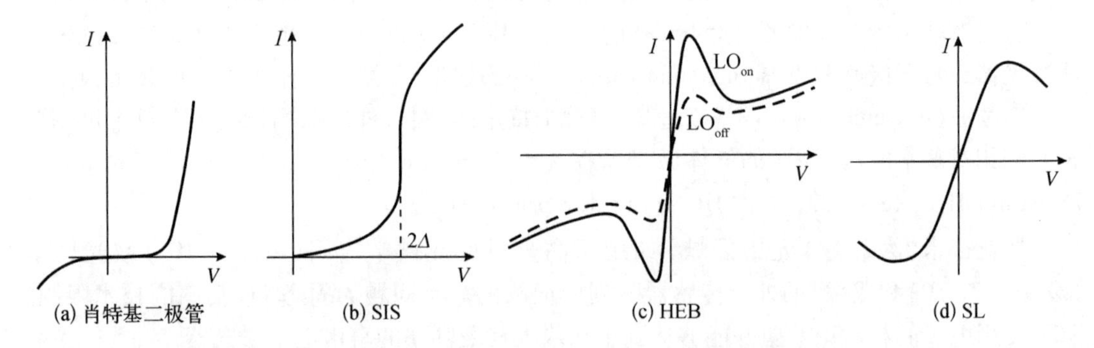

图 28.16 太赫兹外差接收器所采用的非线性元件的电流-电压特性示意图

当本振功率 W_0较大时,可以探测到相对较小的信号功率 W_s。当满足 $W_0 \gg W_s$时,信号通量中的量子噪声占主导,当内部信号增益 $G=1$,对于信噪比为 1 的非光导探测器,可得[48,49]

$$W_{s,\ het}^{min} = \frac{h\nu}{\eta}\Delta f \tag{28.5}$$

对于最小可探测能量, $E_{s,\ het}^{min} = h\nu/\eta$。当耦合效率 $\eta=1$ 时,这就是信号探测的量子极限。一个光子的能量被非光导探测器接收,转化为一个电子的动能,然后电子越过势垒。

对于具有 BLIP 性能的外差探测,可以用式(28.6)表示[49]:

$$NEP_{het} = \frac{W_{s,\ het}^{min}}{\Delta f} = \frac{h\nu}{\eta} \tag{28.6}$$

在外差探测中,可能达到的最小可探测信号比直接探测低 2 倍[见式(28.3)和式(28.5)]。注意外差探测时,NEP 的单位为 W/Hz^1,而直接探测中 NEP 的单位是 $W/Hz^{1/2}$[见式(28.4)]。

但通常 NEP 在引用时仍以 $W/Hz^{1/2}$ 为单位。

与红外和可见光传感器相比,毫米和亚毫米传感器的一个关键优势是最终的噪声限制。直接探测器和外差探测器的基本噪声限制都取决于背景辐射与光子频率。在相干情况下,限制仅来自光子散粒噪声,其 NEP 等于 $h\nu/\eta$。根据光子能量 $h\nu$ 和等效温度 $T=h\nu/k_B$ 求得 $\eta=1$ 时的极限值(图 28.17)。工作在较低的频率的射频(radiofrequency,RF)接收器也有同样的优势,无论是有线或无线,其灵敏度一般优于光子通信,这是采用射频通信的原因之一[16]。

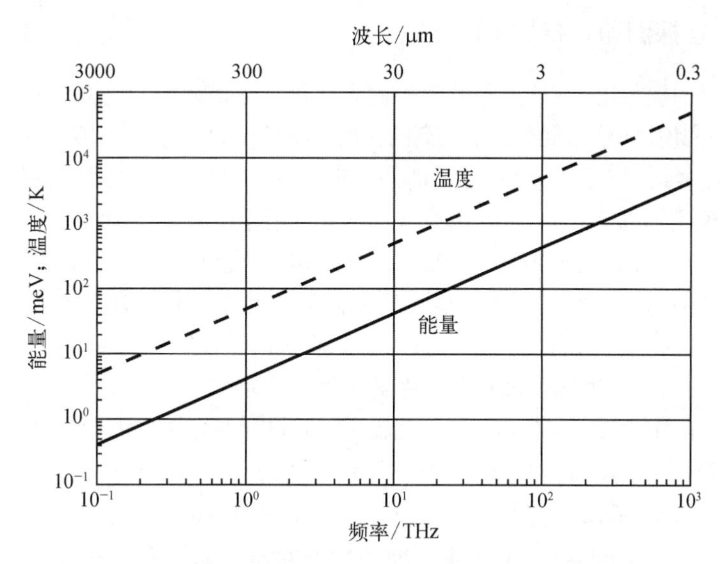

图 28.17　从毫米波到可见光区域,由最小能量(每个空间模式包含 1 个光子)确定的量子极限[16]

外差探测器的灵敏度常用混频器噪声温度 T_{mix} 来表示,与混频器 NEP 的关系如下:

$$NEP_{mix}=k_B T_{mix} \tag{28.7}$$

对处于大气透明窗口的波长频段 $\lambda\approx3$ mm($\nu\approx100$ GHz),$T_s^{min}=E_{s,het}^{min}/k_B=h\nu/k_B\approx4.8$ K 是噪声温度的基本限制,是由同时对任何电磁波的幅度和相位做测量时所遵循的不确定性原理决定的(图 28.17)。在以 SIS 隧道结作为混频元件的外差探测情况下,真正的量子噪声限制的混频器温度是 $T_{mix}^{min}=h\nu/2k_B$ [57]。

外差太赫兹探测器的噪声温度极限值经常用 T_s^{min} 值进行比较。由于外差探测器同时测量幅度和相位,它们受测不准原理的制约,因此是量子噪声限制的,绝对噪声下限为 48 K/THz。

太赫兹混频接收器可以在不同的模式下工作,具体取决于接收器的配置和测量的性质。可以在相关器中分离信号频率和镜像频率,或者可以通过对 LO 进行适当的相位变换来去除镜像。在接收器中分离或去除镜像是为了去除一些不相关的噪声,以提高系统的灵敏度。

在单边带(single-sideband,SSB)工作中,在镜像边带处,混频器连接到接收器内部的端口。镜像频率不连接到外部,整个接收器在功能上相当于一个放大器,后面跟着一个变频器[58]。

另外,在双边带(double-sideband,DSB)工作中,混频器在上边带和下边带连接到相同的输入端口。DSB 接收器可以在两种模式下运行:

(1) 在 SSB 工作中测量完全包含在一个边带内的窄带信号,对于此类窄带信号的探测,在 DSB 接收器的镜像带中收集的功率会降低测量灵敏度;

(2) 在 DSB 工作中测量其频谱覆盖的两个边带的宽带(或连续)源,对于连续辐射测量,在 DSB 接收器的镜像带中收集的额外信号功率提高了测量灵敏度。

图 6.10 显示了工作在太赫兹频段的肖特基二极管混频器、SIS 混频器和 HEB 混频器的 DSB 噪声温度。

28.4.3 外差探测和直接探测的比较

关键问题之一,应使用外差式还是直接探测设备进行光谱研究?尤其是对于亚毫米波段的星载天文台,一般来说,外差探测提供了较高的光谱分辨率,$\nu/\Delta\nu$ 为 $10^5 \sim 10^6$。可能获得很高的光谱分辨率,因为 $\nu_{IF} \ll \nu$。对于外差系统,特别是太赫兹波段的 SBD 接收器,关键部件是 LO 源。

同时,直接探测器通常可以工作在较宽的光谱范围内,当光子背景较低时,可以提供足够的分辨率。对于中等光谱分辨率($\nu/\Delta\nu$ 为 $10^3 \sim 10^4$ 或更低),直接探测是首选的方式[58],这也是成像应用的首选。直接探测器可用于灵敏度比光谱分辨率更重要的应用。

背景限探测器阵列具有重要的意义,因为阵列中的所有探测元获取的任何空间相关分量都可以被抑制,从而可以去除如天空等背景的噪声。

对电磁波谱的 FIR 到毫米波区域,目前低温测辐射热计在直接探测器中具有最高的灵敏度,在工作温度为 100~300 mK 时,能获得 BLIP 性能,NEP 为 $0.4\times10^{-19} \sim 3\times10^{-19}$ W/Hz$^{1/2}$[8,43,59,60]。数十年来,直接探测的测辐射热计已用于 CMB 光谱和各向异性测量,包括在太空飞行的 COBE - FIRAS 设备(far infrared absolute spectrophotometer,远红外绝对分光光度计)[61]。在 CMB 实验中,使用了相干探测器系统和非相干测辐射热系统。对于在地面开展的宇宙实验,这两种探测器都是可行的[62]。

与直接探测相比,外差探测既有优点,也有缺点[49]。外差探测的优点包括:① 它可以检测频率调制和相位调制;② 主要噪声来自 W_{LO} 的波动,而不是来自背景辐射噪声,从而可以区分如背景通量、微音等;③ IF 转换过程提供增益,这样探测器 IF 信号输出可以被增大并覆盖如热噪声和生成-复合噪声;④ 转换增益与 W_{LO}/W_s 成正比,因此,与直接探测相比,可以探测到弱得多的辐射信号功率。

外差探测的缺点是:① 两束光束应重合且直径相等,其坡印廷矢量也应重合;② 两束光束的波前应具有相同的曲率半径,具有相同的横向空间模结构,并且偏振方向相同;③ 难以制成大幅面阵列。

相干探测系统(使用 SIS 或 SBD 混频器)通常用于频率高于 1 THz 的信号探测。外差超导 HEB 混频器、TES 和 MKID 直接探测器在较短的亚毫米范围内几乎没有实际应用限制。在该频带中,可以使用天线耦合探测器或探测器自身(除了 HEB 探测器)进行辐射探测。

28.5 光导型器件中太赫兹波的产生与探测

在 20 世纪 70 年代中期之前,唯一可行的太赫兹辐射源是热源。这种情况在 1975 年发生了变化,当时贝尔实验室的奥斯顿(Auston)证明,短激光脉冲(约为 100 fs,其波长对应的光子能量高于带隙)入射到偏置的半导体材料中,将可以产生皮秒瞬态电流[63]。这种随时间变化的电流会产生电磁辐射,其中包含了太赫兹频率范围内的频率分量。这种创新的太赫兹脉冲源被称为奥斯顿开关,由此带来了太赫兹频率范围内辐射产生与探测的光导方法[64]和电光方法[65]的发展。

在典型的光导开关[图28.18(a)]中,有被称为"格里施科夫斯基天线"的两条偏置平行金属条带[66],通常间隔为几微米,嵌入在半导体衬底中[15]。聚焦在天线阳极附近的飞秒激光脉冲可以产生自由电荷载流子,这些载流子在条带之间的电场中加速并生成太赫兹脉冲。它们辐射进入衬底(反向也有),并由高电阻率硅材料制成的超半球透镜准直,以便更好地将太赫兹辐射耦合到自由空间中(自由空间阻抗 $Z \approx 377\ \Omega$)。

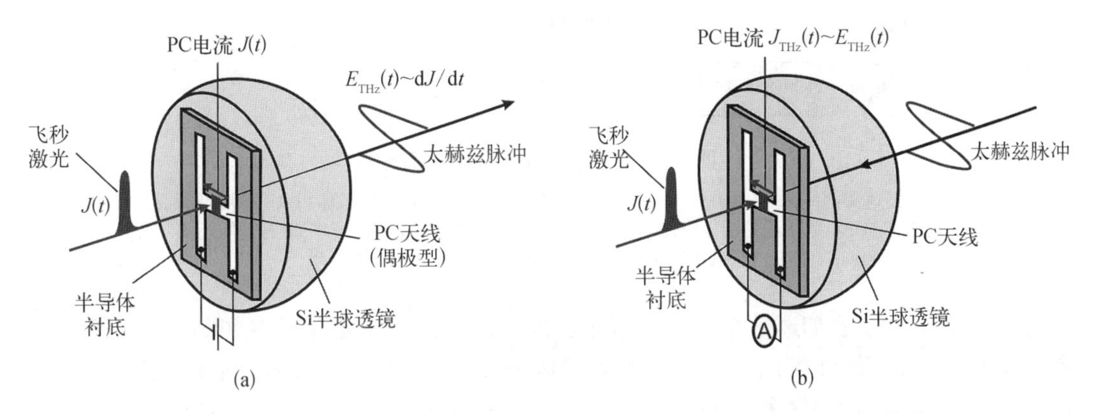

图28.18 安装在半球透镜上的(a)光导发射器和(b)光导探测器天线[67]

宽带太赫兹辐射的光导探测器的结构与生成宽带太赫兹脉冲辐射发射的天线结构类似,并用于TDS实验或成像,见图28.19[15,68–70]。飞秒激光器所产生的光脉冲序列中的每一个脉冲都被分到两条路径上:一路到达太赫兹发射器,如光导天线、半导体晶圆或非线性晶体,在那里光脉冲被转换成超短电磁脉冲。这些脉冲在自由空间中传播,并聚焦到超快探测器上,如低温生长(low-temperature grown,LTG)的GaAs光导开关或电光晶体。另一路脉冲在经过延时阶段后也被传送到探测器上。

遗憾的是,由于太赫兹场和非线性效应都很弱,LTG探测器的灵敏度或电光单元中光偏振的变化都很小。在这样的条件下,为了获得图像(仅在主动探测模式下)需要机械地移动对象,并花上至少几分钟。

图28.18(b)显示了光导天线传感器(探测器)的示意图。它由沉积在半导体衬底上的H型条带结构组成。与发射器类似,入射的飞秒激光束(来自同一飞秒激光器)聚焦在电极的突出部分之间,注入自由载流子,将开关两端的电阻下降到100 Ω以下。入射太赫兹辐射经汇聚,其电场可以在该接收天线的两臂之间(间隙为1~5 μm)产生瞬态偏置电压。因此,当激光脉冲在空间和时间上与入射辐射的太赫兹电场重合时,就感应出与入射电场成正比的光电流。通过设置激光脉冲相对于太赫兹脉冲的延迟,可以测得随时间变化的光电流。由于激光脉冲相较于来自激光感应半导体发射器的太赫兹脉冲的持续时间更窄[图28.18(b)],因此激光起到选通采样信号的作用。

TDS技术中经常使用基于高阻半导体(如低温生长的GaAs[71–73]或窄带隙InGaAs[74])的探测器作为光导天线(图28.19)。在激光脉冲时间内,入射太赫兹脉冲的电场分量与随时间

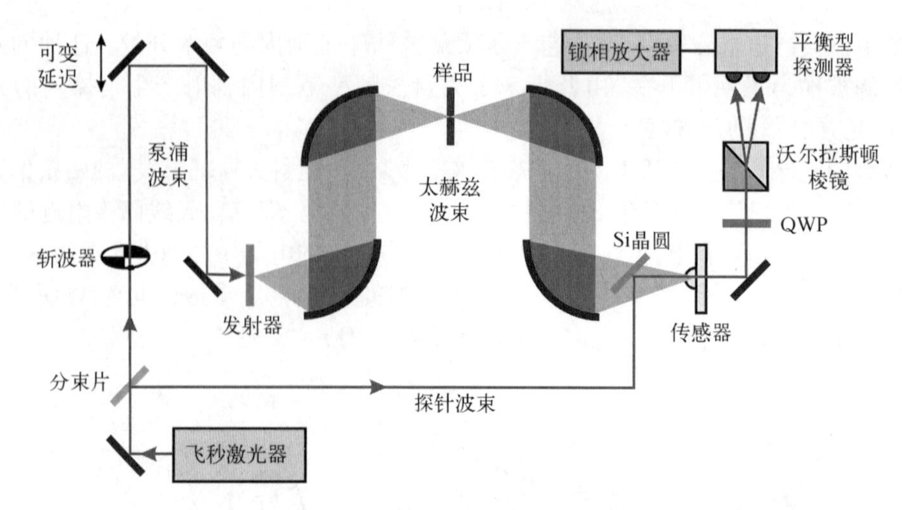

图 28.19　THz - TDS 系统原理图

发射器通常由 GaAs 光导开关、半导体(InAs、ZnTe、GaSe)和非线性晶体(DAST、GaP)制成。传感器通常是 GaAs 光导开关或电光晶体(ZnTe、GaS、GaAs、DAST)。第二个探测器则使用 1/4 波片(quarter wave plate,QWP)、沃尔拉斯顿棱镜和平衡型探测器。

变化的电场 $E(t)$ 一起加速被激发的载流子。外电路中产生的电流信号可以用傅里叶逆变换进行分析。光导天线可以看作长度为 L 的偶极子,它与半导体内部的辐射波长 λ_n 共振。共振条件为 $L=m(\lambda/2n)$,其中 m 为整数,n 为半导体折射率。

时域信号 $I(\tau)$(其中 τ 是延迟时间)是太赫兹脉冲电场 $E(t)$ 和探测器响应 $D(t)$ 的卷积:

$$I(t) = \frac{1}{T}\int_0^T E(t)D(t-\tau)\,dt \tag{28.8}$$

如果探测器响应是德尔塔函数,则时域信号将等于电场。在实际情况下,脉冲的带宽会受到探测器响应的限制。通过在频域中将采样信号与参考信号相除来执行分析,时域上的卷积变成乘积,仅留下电场的比率。关于这个问题,有相当多的天线设计(如弓形、喇叭结构、分形)和文献讨论[75-80]。

28.6　室温太赫兹探测器

在太赫兹成像系统的开发中,人们特别关注在保持高动态范围和室温工作的同时实现具有巨大实时成像潜力的传感器。其中,CMOS 技术因其低成本的特点在工业、监控、科学和医疗应用中极具吸引力。然而,到目前为止,开发的 CMOS 太赫兹成像设备主要是基于锁相技术的单元探测器,通过光栅扫描进行成像,帧速率在分钟数量级。有鉴于此,最近的发展主要针对三种类型的焦平面传感器:

(1) 与 CMOS 工艺兼容的 SBD;

(2) 基于等离子体整流现象的 FET;

(3) 将红外测辐射热计拓展到太赫兹频率范围。

FPA 中的一个重要问题是像元均匀性。然而,似乎在单片集成式探测器阵列的生产中遇到了非常多的技术问题,导致器件之间的性能差异甚至每个芯片中盲元率都高得令人无法接受。

表 28.4 总结了部分非制冷太赫兹探测器的参数[81]。图 28.20 显示了室温工作的一系列探测器技术的代表性数据,以及近年来的进展。图 28.21 进一步总结了室温下最先进的直接探测器的 NEP 值。

表 28.4 部分非制冷太赫兹探测器的参数

器件类型	电学响应/(V/W)	条件	NEP/(W/Hz$^{1/2}$)
肖特基二极管			
ErAs/InGaAlAs 螺旋平面天线	—	零偏置电压,639 GHz	4.0×10^{-12} NETD = 120 mK
InGaAs 对数螺旋天线	系统的估计值约为 200 二极管的本征值 10^3	0.8 THz	5.0×10^{-12}
VDI 型号: WR2.8 ZBD	1 500	260~400 GHz	2.7×10^{-12}
VDI 型号: WR1.5 ZBD	750	500~750 GHz	5.1×10^{-12}
VDI 型号: WR1.0 ZBD	200	750~1 100 GHz	20×10^{-12}
VDI 型号: WR0.65 ZBD	100	1 100~1 700 GHz	40×10^{-12}
测辐射热计			
$Hg_{0.8}Cd_{0.2}Te$ HEB	0.30(偏置电压为 17 mV, 36 GHz) 96(偏置电压为 13 mV, 0.89 THz)	室温	2.2×10^{-9}(偏置电压为 17 mV,35 GHz) 7.4×10^{-9}(偏置电压为 12 mV,0.89 THz)
Si_xGe_y: H	170	0.934 THz,非制冷	0.2×10^{-9}
氧化钒	—	非制冷	320×10^{-12}@ 4.3 THz, 9×10^{-13}@ 7.5~14 μm
铌薄膜	21	3.6 mA 偏置,1 kHz 调制,300 K	1.10×10^{-10}
Ti,天线耦合的微测辐射热计	—	10 kHz 斩波频率, 1.04 mA 偏置,300 K	1.5×10^{-11}
Nb_5N_6	400	0.4 mA 偏置,>10 kHz	9.8×10^{-12}
氧化钒阵列	1.5×10^4	1 V 偏置,130 μm,非制冷	2.00×10^{-10}
Nb,聚酰亚胺,天线耦合	450	<1 THz	1.5×10^{-11}
Al/Nb;天线耦合	85	1 kHz 调制,1.6 mA 偏置	2.5×10^{-11}
自支撑 Nb 桥,天线耦合	210(10 个器件取均值)	650 GHz	12.5×10^{-12}

续 表

器件类型	电学响应/(V/W)	条 件	NEP/($W/Hz^{1/2}$)
热释电			
Philips P5219 DLATGS	321	10 Hz 调制,放大器增益4.8,91 GHz	3.1×10^{-8}
QMC Instruments	18 300 1 200	10 Hz 调制; 1.89 THz,<20 Hz 调制	4.4×10^{-10}
$LiTaO_3$	—	530 GHz, Melectron 型号 SPH-45	2.0×10^{-9}
高莱管			
Tydex 高莱管 GC-1X	100 000	斩波频率为 21 Hz	1.4×10^{-10}
Microtech Instruments	10 000	斩波频率 12.5 Hz	10×10^{-8}
微阵列,Si 衬底上逐层制备的聚合物薄膜	—	30 Hz 调制 105 GHz	300×10^{-9}
Tydex 高莱管,使用直径为 6 mm 的金刚石窗口	—	10 Hz 调制	7.0×10^{-10}
基于 CMOS 和等离子体的探测器			
BiCMOS SiGe, 0.25 μm HBT	电流响应率(R_i) 1 A/W @0.7 THz	3×5 阵列,斩波频率为 125 kHz	50×10^{-12}@ 0.7 THz
BiCMOS SiGe, 0.25 μm NMOS	电压响应率(R_v) 80 kV/W @0.6 THz	3×5 阵列,斩波频率为 16 kHz	300×10^{-12}@ 0.6 THz
CMOS SiGe, 65 nm NMOS	电压响应率(R_v)140 kV/W @0.87 THz	32×32 阵列,斩波频率为 5 kHz	100×10^{-12}@0.87 THz
CMOS SiGe, 65 nm NMOS	电压响应率(R_v) 0.8 kV/W @1 THz	3×5 阵列,斩波频率为 1 kHz	66×10^{-12}@1 THz
CMOS-SBD, 130 nm	电压响应率(R_v) 0.323 kV/W@0.28 THz	4×4 阵列,斩波频率为 1 kHz	29×10^{-12}@0.28 THz
CMOS-SBD, 65 nm	—	1 元,调制频率为 1 MHz	42×10^{-12}@0.86 THz
CMOS, 150 nm, NMOS	电压响应率(R_v) 4.6 V/W @4.1 THz	1 元	46×10^{-12}@583 GHz
InGaAs HEMT	电压响应率(R_v) 23 kV/W @200 GHz	1 元	0.5×10^{-12}@200 GHz
非对称双光栅的栅极 InGaAs HEMT	电压响应率(R_v) 6.4 kV/W @1.5 THz	1 元	50×10^{-12}@1.5 THz

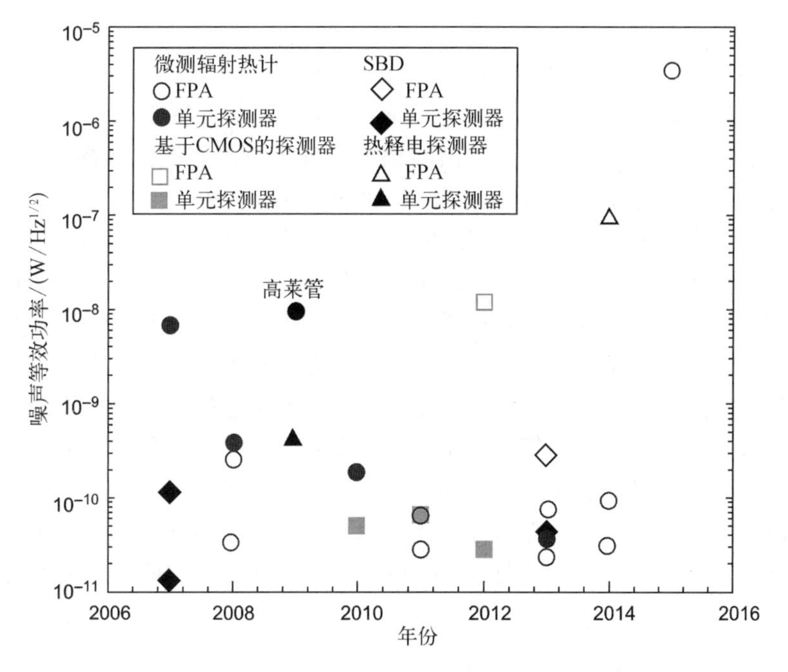

图 28.20　近年来太赫兹探测器的发展[82]

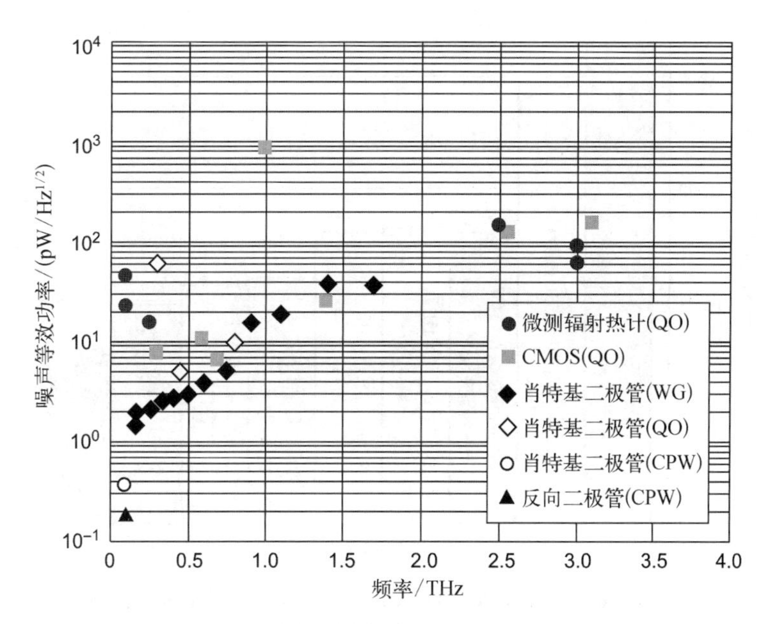

图 28.21　最先进的室温太赫兹直接探测器，图中包括了安装在波导中的、准光配置的、片上测量的 3 种肖特基二极管（分别标注为 WG、QO、CPW）：CMOS FET（QO）、微测辐射热计（QO）和异质结反向二极管的结果[83]

SBD 对太赫兹电场有响应，通常通过其电流-电压特性中的二次项产生输出电流或电压。总体来说，在 300 GHz 附近，SBD 和 FET 探测器的 NEP 要好于高莱管与热释电探测器。热释电探测器和测辐射热计探测器响应时间在毫秒范围内，不适合外差工作。FET 探测器的灵敏度较高，显然更适合外差探测。由于存在衍射，预测更高的频率（0.5 THz 及以上）的

FPA 需要与大 F 数的光学元件结合使用。

如今,使用准光配置和片上配置的 SBD,都可以在零偏下(零偏工作的 $1/f$ 噪声更低),提供超过 1 THz 波段的 NEP。异质结后向二极管可产生比肖特基二极管更大的曲率,在 94 GHz 处 NEP 值为 0.18 pW/Hz$^{1/2}$[84]。微测辐射热计可直接探测的频率超过 2 THz。它们的缺点是需要偏置电压,且响应时间为毫秒级,比 SBD 慢。

在过去的十年中,CMOS FET 已经展现了其潜力[85]。虽然 FET 需要栅极电压进行偏置,但它们的偏置电流为零,从而实现了低噪声。在过去的几年里,使用 150 nm 的中等长度栅极[86,87],已经在几百 GHz~4.3 THz 内,获得了接近肖特基二极管的 NEP 值。高性能和与其他 CMOS 技术的轻松集成为低成本太赫兹探测器阵列开辟了一条道路[88]。

图 28.22 比较了迄今工作在 300 GHz 以上的太赫兹室温直接探测器的最佳结果。这些频率接近 650 GHz,这是一个众所周知的大气窗口的中心频率,也许是大气损耗变得令人望而却步之前最后一个可用于地球遥感的频率。最受欢迎的是热释电探测器和高莱管,NEP 值大约为 1 nW/Hz$^{1/2}$。两种探测器都有物理上的宽孔径(5 nm 或 6 nm),因此很容易将太赫兹辐射聚焦到探测器上。这一优点及其 nW 级的灵敏度使得它们成为表征所有类型太赫兹源的通用器件。

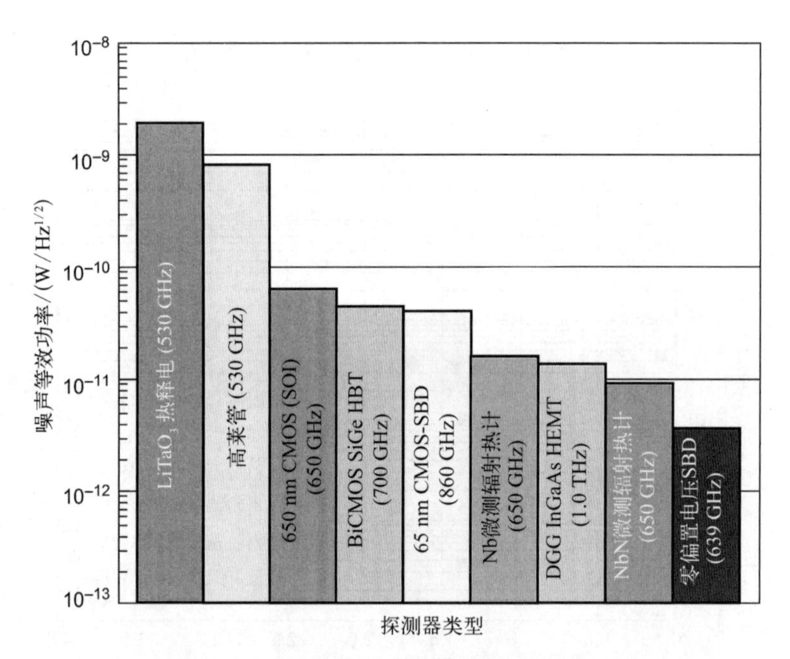

图 28.22 室温工作,300 GHz 以上,最佳直接探测器的比较[DGG (dual grating gate),双光栅的栅极结构][89]

下面将介绍不同类型的非制冷太赫兹探测器。

28.6.1 肖特基势垒二极管

尽管其他类型的太赫兹波段探测器(主要是 SIS、HEB 和 TES)取得了很大的成就,但 SBD 仍然是太赫兹技术的基本元件之一。它们工作在 4~300 K,可用于直接探测,也可用作外差探测接收器(混频器)中的非线性元件[2,6,25,28,29,44,53,90,91]。20 世纪 80 年代和 90 年代初，混频器主要使用低温制冷的 SBD，后来大部分被 SIS 或 HEB 取代[13]，其中的混频过程类似于在 SBD 中观察到的，但是，例如，在 SIS 结构中，整流过程是基于准粒子（电子）的量子力学光子辅助隧穿（photon-assisted tunneling，PAT）。

用于太赫兹接收器的 SBD 和混频器的发展现状已有文献进行了分析，如文献[6]、[53]、[91]。SBD 的 $I-V$ 特性所具有的非线性特征（电流随外加电压呈指数增长）是实现混频的前提条件。在太赫兹电场存在的情况下，可以考虑四部分电子：热离子发射、通过势垒的隧穿及耗尽区内、外的生成–复合（在图 28.23 中分别标记为①、②、③和④）。在太赫兹混频二极管中，后两部分可以忽略不计，因为几乎没有空穴可以用于复合。第Ⅰ类的电子（图 28.23 内的电子能量分布）向势垒移动，在那里它们被反射或隧穿。只有第Ⅱ类电子产生的电流才会受到太赫兹电场的影响[92]。当太赫兹场产生的电压接近其最大值时，电子可以越过势垒；当电压处于低值时，电子就不能越过势垒。这类电子受到渡越时间效应的影响。在太赫兹场的半个周期内，它们必须横穿耗尽层才能穿过势垒。趋肤效应、电荷惯性、介电弛豫和等离子体共振等效应会导致探测器性能下降。在太赫兹频率下，串联电阻和热电子引起的噪声比散粒噪声更重要。对二极管进行制冷可以降低这种噪声。

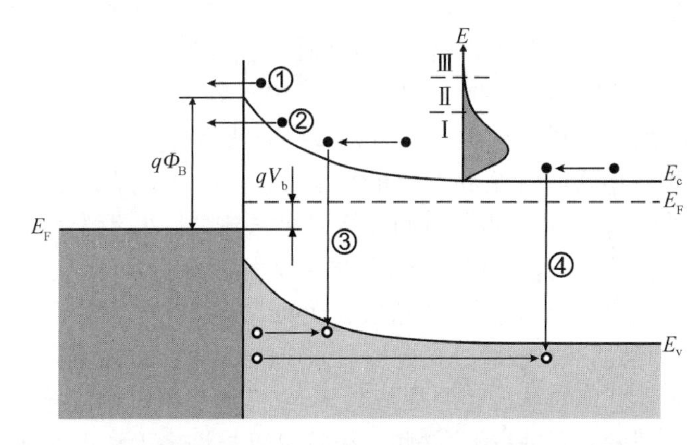

图 28.23　正向偏置下的 n 型半导体肖特基势垒中，四个基本输运过程：
① 热离子发射；② 隧穿电流；③ 耗尽区内；④ 耗尽区外

历史上最早的肖特基势垒结构是由锥形金属线（如钨针）与半导体表面（晶体探测器）构成的尖端接触。例如，广泛使用的是 p – Si/W 接触。工作温度 $T=300$ K 时，它们的 NEP $\approx 4\times10^{-10}$ W/Hz$^{1/2}$。也有使用 n – Ge、n – GaAs、n – InSb 和钨针或铍青铜针的接触（见文献[93]、[94]）。在 20 世纪 60 年代中期，Young 和 Irvin[95] 研发出第一批用于高频应用的由光刻图形定义的 GaAs 肖特基二极管。此后各个研究组复制了他们的基本二极管结构。如图 28.24(a)所示，就是基本的晶须二极管结构，须状接触固有的低电容极大地提高了二极管的质量。尖端金属丝的针尖直径约为 0.5 μm，并与阵列中的单个阳极接触。金属阳极直径约为 0.2 μm，与位于二氧化硅钝化层下方的 GaAs 表面接触。尖端的金属晶须提供与阳极的电接触，并作为长天线将外部辐射耦合进来[96-98]。

图 28.24(a)所示的 SBD 结构类似于由 Young 和 Irvin[95] 于 1965 年首次提出的“蜂窝”二极管芯片设计。该设计是迈向适用于太赫兹频率应用的实用化肖特基二极管混频器的最

(a) 探测频率高达5 THz的接触芯片的SEM图像[96]

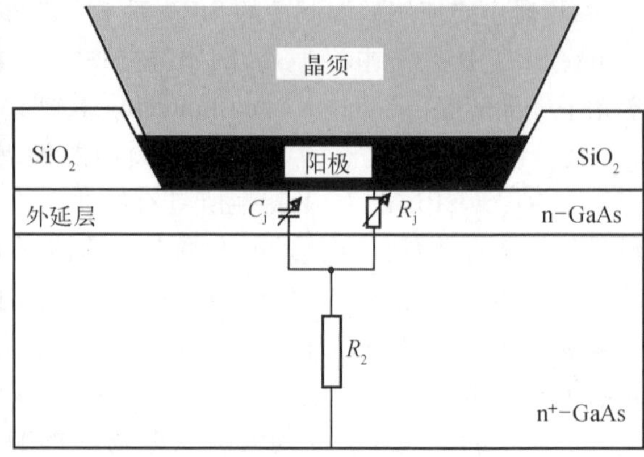

(b) 截面示意图，同时给出了结的等效电路[97]

图 28.24 晶须接触的 GaAs 肖特基势垒二极管

重要步骤，单个芯片上集成了数千个二极管，并且将串联电阻和并联电容等寄生损耗降至最低。在背面欧姆接触的高掺杂砷化镓衬底（约为 $5\times10^{18}\ \mathrm{cm^{-3}}$）上，顶部生长了厚度为 300 nm～1 μm 的薄 GaAs 外延层。在外延层顶部的二氧化硅绝缘层中，有金属（Pt）填充的孔定义了阳极的区域（0.25～1 μm）[99]。为了将信号和 LO 辐射耦合到混频器，在一个 90°角-立方反射器中使用了长天线[100,101]。所需的 LO 功率为 1～10 mW。

晶须 SBD 的横截面与结的等效电路如图 28.24（b）所示。外差工作时，混频发生在非线性结电阻 R_j 中。二极管串联电阻 R_s 和电压相关的结电容 C_j 是会降低性能的寄生元件。

由于晶须技术的限制，如器件设计和可重复性的限制，从 20 世纪 80 年代开始，人们开始努力研发平面型肖特基二极管。1993 年，弗吉尼亚大学的一个研究小组首次演示了可以与晶须接触二极管媲美的平面芯片[102]。这项成功的二极管技术最终于 1996 年从弗吉尼亚大学剥离出来，并由弗吉尼亚二极管公司开发成商业产品线。如今，晶须二极管几乎完全被平面二极管所取代。在分立的二极管芯片情况下，二极管是用焊料或导电环氧树脂倒装到电路中的。利用最近开发的先进技术，这些二极管可以与许多无源电路元件（阻抗匹配、滤波器和波导探头）集成在同一基板上[98,103]。通过改进机械布置和降低损耗，平面技术可以探测的频率远远超过 300 GHz，最高可达几太赫兹。例如，图 28.25 显示了桥式肖特基二极管的照片和四肖特基二极管的芯片，图中采用平衡配置排列以提高功率处理能力。空气桥接的指状连接取代了现在已经过时的晶须接触。

目前，单片集成是构建 1 THz 以上混频器和倍增器最常用的技术。与开放式结构安装相比，波导结构中的肖特基二极管混频器具有更高的耦合效率。为了克服共面接触焊盘引起的大并联电容，提出了如图 28.26（a）所示的表面沟道二极管[104]。焊接到微带电路（如薄石英衬底）上的平面二极管被安装到波导混频模块中。所需的 LO 功率约为 1 mW。对于工作在约为 600 GHz 的混频器，DSB 噪声温度约为 1 000 K。图 28.26（b）与（c）显示了另外两种二极管结构。在图 28.26（b）所示结构中，关键的创新工艺是采用了坚固耐用的空气桥。在准垂直二极管结构中，肖特基接触形成在外延层的正面，而欧姆接触阴极形成在其背面，正好在对应的肖特基接触的下方，以确保电流在垂直方向上流动。这样做是为了防止电流拥挤效应，降低欧姆损耗。

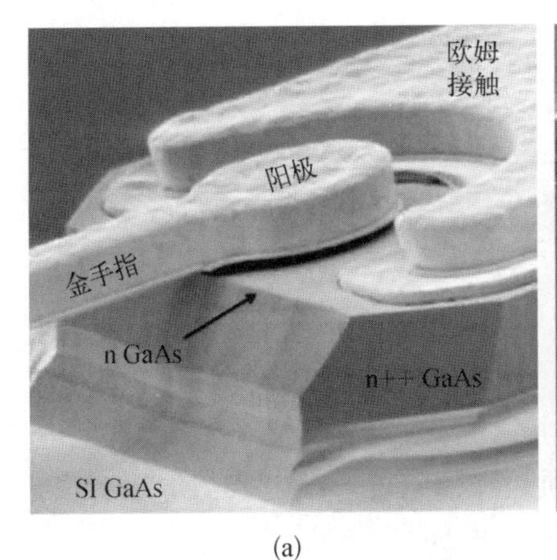

(a)

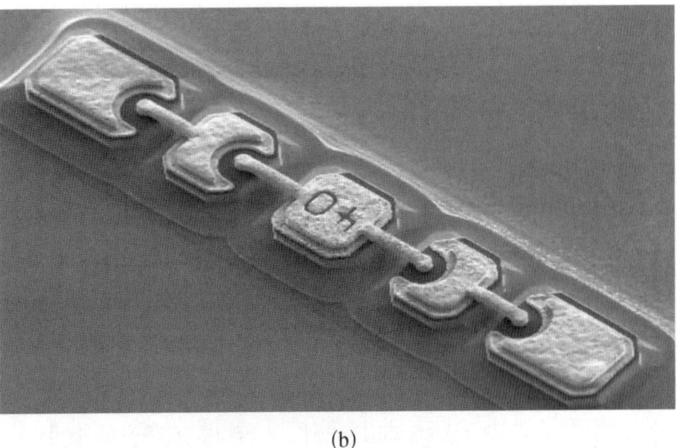

(b)

图 28.25　(a) 桥式肖特基二极管的照片,(b) 四肖特基二极管的芯片,采用平衡配置排列以提高功率处理能力

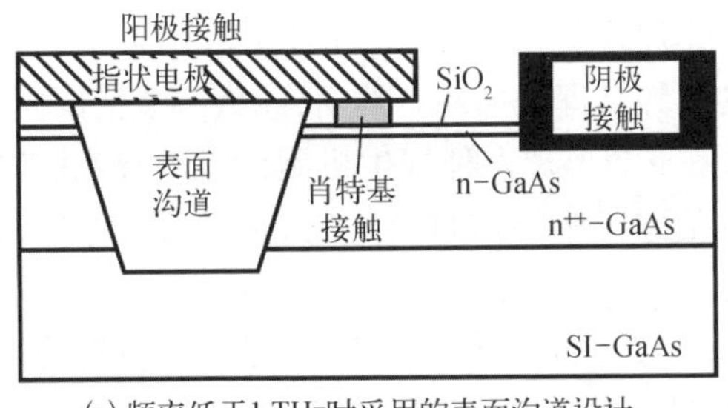

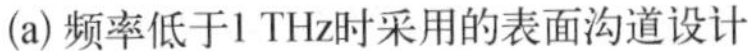

(a) 频率低于1 THz时采用的表面沟道设计

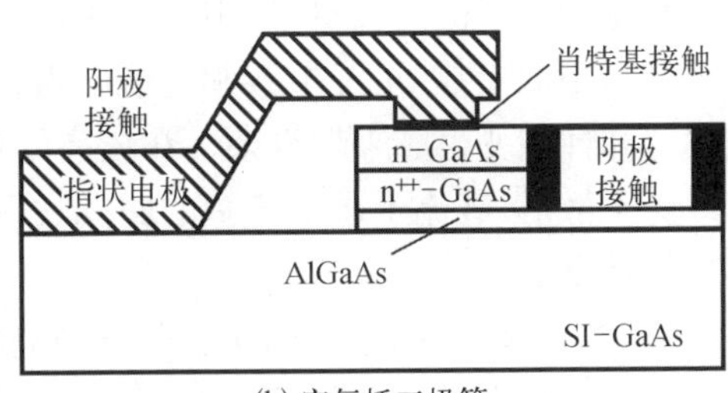

(b) 空气桥二极管

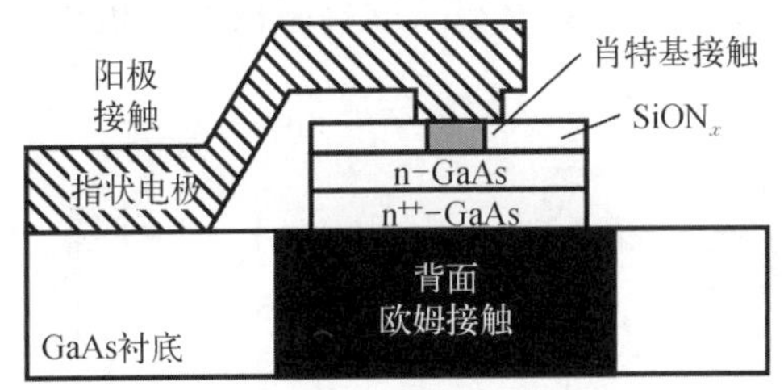

(c) 准垂直二极管结构

图 28.26　平面肖特基二极管的设计

为了消除支撑造成的损耗(表面模式的影响),研究人员还制备了薄膜肖特基二极管[105]。在这种方法中,二极管与匹配的电路集成在一起,芯片上大部分 GaAs 衬底被去除,整个电路制作在剩余的 GaAs 薄膜上。

当偏置电压值 $V>3kT/q$ 时,肖特基势垒结的电流-电压特性可以近似为

$$J_{\mathrm{MSt}} = J_{\mathrm{st}}\exp\left(\frac{V}{V_0}\right) \tag{28.9}$$

式中,器件斜率参数 $V_0=\beta kT/q$。对式(28.9)微分,可以得到结电阻:

$$R_{\mathrm{j}} = \frac{V_0}{I_{\mathrm{MSt}}} \tag{28.10}$$

寄生参数 R_s 和 C_j 定义了二极管临界频率，也称为截止频率：

$$v_c = (2\pi R_s C_j)^{-1} \tag{28.11}$$

该频率应该显著地高于工作频率。

结的空间电荷电容可近似为[106]

$$C_j(V) = \frac{\varepsilon A}{w} + 3\frac{\varepsilon A}{d} \tag{28.12}$$

式中，ε 为半导体介电常数；A 与 d 分别为阳极面积和直径；w 为依赖于载流子密度、扩散电势和偏置电压的耗尽区厚度。式(28.12)等号右边第二项是外围电容。结电容与电压有关，因为耗尽区取决于所施加的偏压。通常，电容 C 不小于 10^{-7} F/cm^2。

要在高频下获得良好的性能，二极管面积应较小。通过减小结面积，可以降低结电容以提高工作频率。但同时会增加串联电阻。目前最先进器件的阳极直径约为 0.25 μm，电容为 0.25 fF。对于高频工作，GaAs 层的掺杂 $n = 5\times10^{17} \sim 10\times10^{17}$ cm^{-3}[6,97,107]。

在较低的频率范围(ν<0.1 THz)，SBD 的工作原理很容易理解，并且可以用考虑了肖特基二极管的杂散参数(可变电容和串联电阻)的混频器理论描述。然而，在太赫兹范围内，器件的设计和性能变得越来越复杂。在较高的频率下会出现多种寄生机制，不仅有趋肤效应，还有载流子散射、载流子通过势垒的时间、介电弛豫等半导体材料中的高频过程，这些机制变得非常重要。

图 28.27 显示了室温下 SBD 的电压响应率随频率的变化[108]。弗吉尼亚二极管公司为各种太赫兹应用提供了零偏的探测器，具有全波导频带工作、高灵敏度和高响应率的特点[图 28.27(a)]。图 28.27(b)比较了采用不同形状阳极的二极管的实验数据和理论预测。

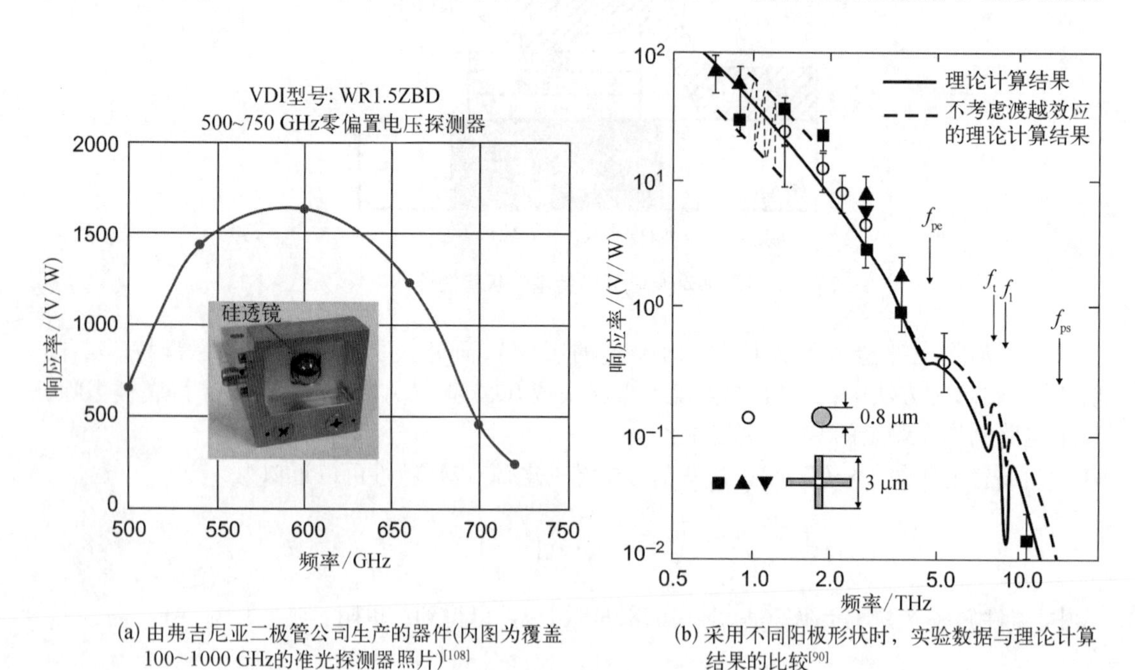

(a) 由弗吉尼亚二极管公司生产的器件(内图为覆盖100~1000 GHz的准光探测器照片)[108]

(b) 采用不同阳极形状时，实验数据与理论计算结果的比较[90]

图 28.27 二极管的 SBD 电压响应率随频率的变化

考虑趋肤效应、载流子惯性、外延层(f_{pe})和衬底(f_{ps})中的等离子体共振、声子吸收(f_t与f_l分别为横向和纵向极性光学声子的频率)及渡越效应,实线显示了理论上的依赖关系。虚线显示的是仅排除了渡越效应的结果。在整个频率范围内,实验和计算结果吻合得很好。由于进一步改进了天线,图 28.27 中所示的探测器灵敏度提高了一个数量级,在 1 THz 附近约为 350 V/W。直接探测中,在 ν = 891 GHz 处,SBD 的 NEP 为 $3\times10^{-10}\sim10^{-8}$ W/Hz$^{1/2}$。

典型的肖特基二极管通常具有很高的低频噪声,这是由于在制造过程中引入的氧化物、污染物和结的损坏。最近提出了另一种形成肖特基势垒的方法,是使用 MBE 在半导体上原位沉积半金属,以减少那些会引起过多低频噪声(特别是 1/f 噪声)的缺陷。所使用的半金属是 ErAs 薄膜,生长在使用 InP 衬底的 Si 掺杂$(In_{0.53}Ga_{0.47}As)_{1-x}(In_{0.52}Al_{0.48}As)_x$上,见图 28.28[109,110]。ErAs 是一种半金属,具有岩盐晶体结构,晶格常数为 5.74 Å,这与 GaAs(5.65 Å)和 InP(5.87 Å)都很接近,因此可以在任意衬底上或在与 InP 晶格匹配的 $In_xAl_{1-x-y}Ga_yAs$ 薄膜上用 MBE 生长高质量的 ErAs 外延膜(厚度可达 75 Å)。通过控制 InAlGaAs 肖特基层中的 Al 含量,可以改变 ErAs 探测器的性能。该方法可以将肖特基势垒的高度在-0.05~0.45 eV 进行高度可控的定制。该探测器在 639 GHz 处的 NEP 达到 4×10^{-12} W/Hz$^{1/2}$,比典型的 GaAs 肖特基二极管提高了两个数量级。

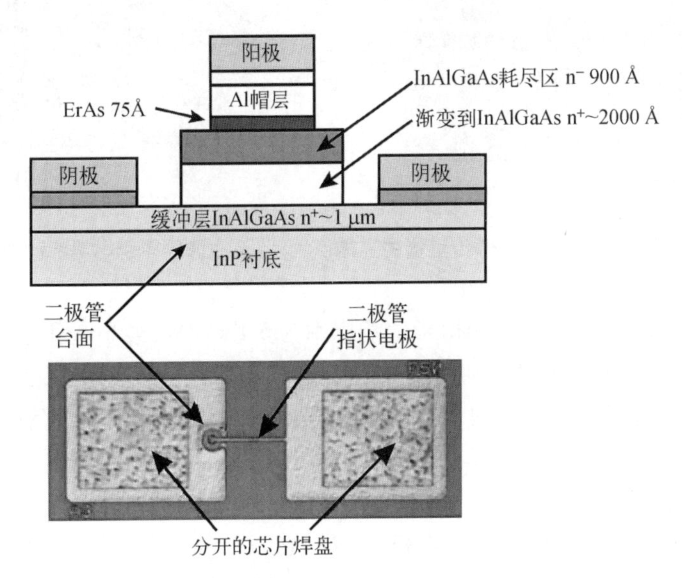

图 28.28　微米尺寸的 ErAs 探测器外延层结构,以及平面倒装芯片结构[109]

外差 SBD 接收器的性能低于制冷型 HEB 接收器和 SIS 混频器(图 6.10)。而同时,SBD 接收器可以在非制冷的情况下工作,这为其在不同的毫米和亚毫米波段中的应用提供了机会。其灵敏度非常适合用于中分辨率毫米波光谱仪[91,111,112]。超导混频器通常需要微瓦级 LO,这大约比它们的前身 SBD 混频器低 3~4 个数量级。因此,可以使用更广泛的 LO 源。正在使用或研究的技术包括二极管倍增器、激光器和光电子器件,以及真空管振荡器,如速调管,包括采用新型纳米工艺制备的器件。

最近,业内对在太赫兹应用中使用硅集成电路的兴趣增加了。硅集成电路受益于工业级 CMOS 工艺,可以实现大规模生产并显著地降低成本。文献[113]、[114]首次报道了用于主动成像的 CMOS 肖特基探测器。该探测器采用多栅分离的 SBD,其测量截止频率约为 2 THz,在 130 nm CMOS 中制造,无须任何工艺修改。最近,Han 等[115,116]已经演示了全功能 CMOS 成像器,工作波段接近或处于亚毫米波频率范围。采用紧凑的被动像元阵列结构,已经实现了 280 GHz 4×4 全集成的成像器件。图 28.29 显示了安装在 FR-4 印刷电路板上的 SBD 成像仪的芯片显微照片。芯片尺寸为 2.4 mm×2.4 mm,其中大部分面积被贴片天线占据。为降低瑞利衍射影响,像元间距设置为自由空间中波长的一半(约为 500 μm)。

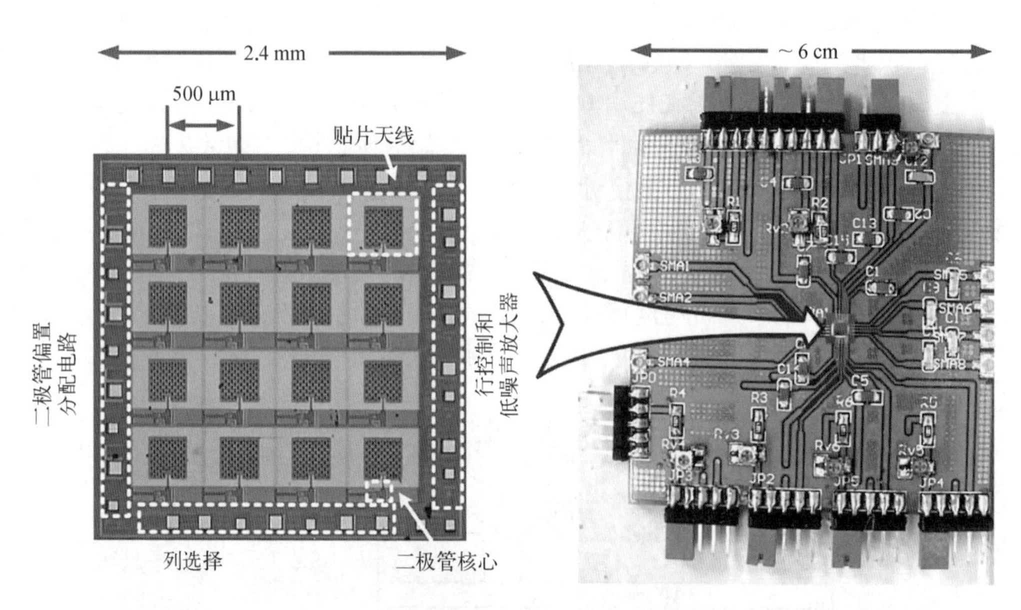

图 28.29 280 GHz SBD 图像传感器的显微照片,以及成像器印刷电路板的照片[116]

在输入调制频率为 1 MHz 时,测得峰值响应率为 5.1 kV/W,最小 NEP 值为 29 pW/Hz$^{1/2}$。此外,通过减少二极管单元数量和利用贴片天线效率随频率的改善,实现了 860 GHz SBD 探测器。在 1 MHz 调制频率下测得的 NEP 为 42 pW/Hz$^{1/2}$。这与基于金属氧化物半导体场效应晶体管(metal-oxide-semiconductor FET,MOSFET)的像元的最佳性能相当。由于减少了机械扫描的步骤,4×4 阵列可将成像速度提高 4~8 倍。用该阵列拍摄了一张 280 GHz 波段的软盘图像,由 80×80 个子图像(320 像素×320 像素)组成,如图 28.30(a)所示。图 20.30(b)为使用单个 860 GHz 像元扫描成像的结果。可以清楚地看到,由于波长较短,860 GHz 扫描成像可以提供更好的空间分辨率。

28.6.2 热释电探测器

商用的非制冷热释电探测器在 1~1 000 μm 内具有宽带探测能力,可使用 $LiTaO_3$、$LiNbO_3$和氘代 L-丙氨酸掺杂的硫酸三甘肽(deuterated L-alanine-doped triglycene sulphate,DLATGS)等材料制成(第 9 章)。它们的响应时间低于 10 ms,因此调制频率应低于 100 Hz。

SELEX Sensors 已开发出 DLATGS 热释电探测器,采用配备了热电温度稳定的 TO-5 管壳进行密封和封装,可在更高的工作温度下使用(居里温度约为 59℃)。表 28.5 给出了 FIR 波段内 DLATGS 探测器的性能指标[117]。

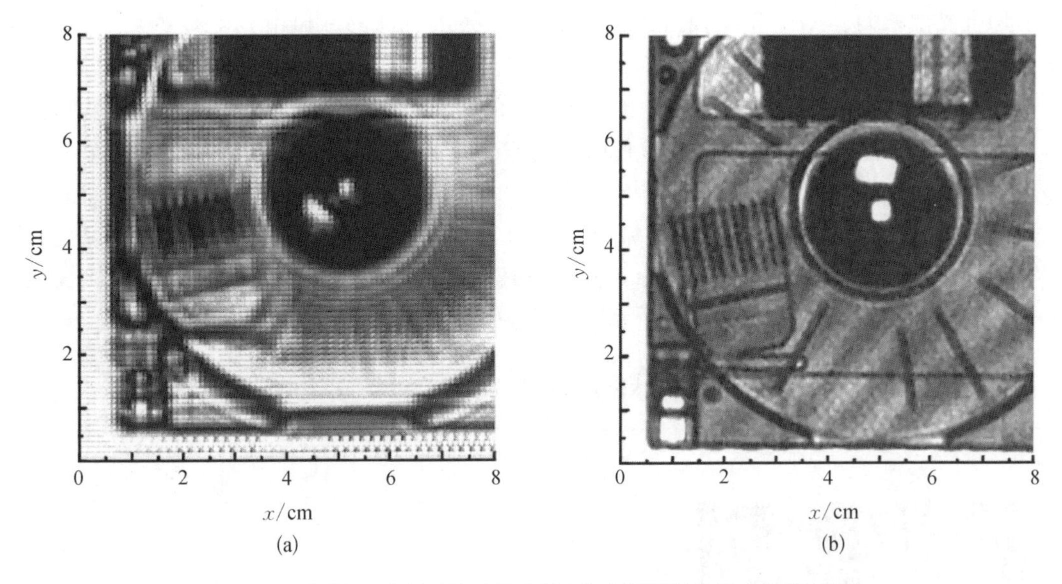

图 28.30　使用 16 像元 280 GHz 图像传感器获得的软盘图像(a)和单个 860 GHz 像元扫描成像的结果(b)[116]

表 28.5　FIR 波段,DLATGS 探测器的性能指标[117]

参　数	值
红外光谱范围/μm	1～1 000
工作温度/K	298
单元中敏感区域的直径/mm	2
工作频率范围/Hz	1～3 000
热学时间常数/ms	18
探测器窗片	CsI 或金刚石
响应率/(V/W)	2 440(10 Hz) 300(100 Hz) 30(1 000 Hz)
探测率/(cm·Hz$^{1/2}$/W)	6.6×10^{8}(10 Hz) 6.6×10^{8}(100 Hz) 3.5×10^{8}(1 000 Hz)
NEP/(W/Hz$^{1/2}$)	2.7×10^{-10}(10 Hz) 2.7×10^{-10}(100 Hz) 5.1×10^{-10}(1 000 Hz)

热释电探测器的性能改善可以通过减小晶体的厚度和增加涂层的吸收来实现。随着厚度的减小,大多数热释电材料往往会失去其有趣的性能。然而,有些材料似乎比其他材料能

更好地保持其特性。对于钽酸锂(lithium tantalate oxide,$LiTaO_3$)和相关材料来说,情况似乎更是如此。离子铣削和离子切片等新的材料加工技术能制备出厚度小于 10 μm 的 $LiTaO_3$ 与 $LiNO_3$ 材料,使用这种新的薄膜材料,电流响应率的值可超过 4 μA/W,使得混成型探测器的性能优于 1×10^{-10} W/$Hz^{1/2}$[118]。薄膜 $LiTaO_3$ 热释电探测器产品已上市。然而,它们在太赫兹范围内的吸收仍然存在挑战。在热释电探测器的单壁和多壁碳纳米管(single-and multiwall - CNT,分别为 SCNT 和 MCNT)涂层领域有望取得一些有潜力的进展。表 28.6 和图 28.31 是由光谱探测器公司(Spectrum Detector Inc.)制造的 $LiTaO_3$ 太赫兹热释电探测器(SPH - 62THz 型)的表征结果[119]。

表 28.6 $LiTaO_3$ 太赫兹热释电探测器(SPH - 62THz 型)

参 数	值
探测器尺寸/mm^2	2×2
电学 3 dB 频率/Hz	15
热学 3 dB 频率/Hz	0.5
电压响应率/(V/W)	1.5×10^5
NEP/(W/$Hz^{1/2}$)	4×10^{-10}(10.6 μm, 5 Hz)
探测率/(cm·$Hz^{1/2}$/W)	4×10^8(10.6 μm,5 Hz)

注:来自 Spectrum Detector Inc.资料。

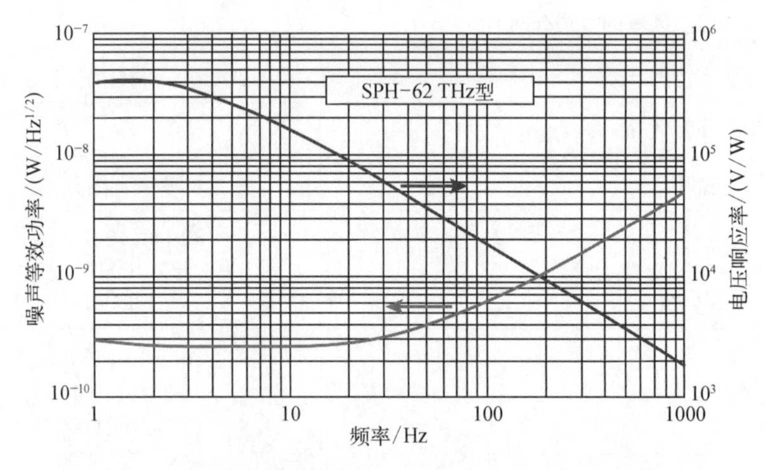

图 28.31 $LiTaO_3$ 太赫兹热释电探测器(SPH - 62THz 型)的频率特性
(数据来自 Spectrum Detector Inc.)[119]

非常宽带的热释电相机在市场上是可以买到的。例如,由欧菲光学(Ophir Optics)制造的 PYROCAM IIIHR(图 28.32),由 160×160 元、间距为 80 μm 的 $LiTaO_3$ 像元组成,并通过铟柱安装到固态读出多路复用器。然而,为了覆盖整个波长范围,封装窗口必须是可更换的。

该相机可以使用脉冲或连续波进行工作。对于太赫兹信号源，灵敏度相对较低，全输出时约为 300 mW/cm^2。其信噪比为 1 000，可探测 30 mW/cm^{2}的光束。

值得一提的是，热电堆也已证实可以用于太赫兹成像[120,121]。采用不同的吸收体(TiN，高掺杂多晶硅)和热电堆材料(p－PolySi/n－PolySi，p－PolySi/Al)已经制备出 1×1 cm^{2}的大像元。在 50～500 μm 内，8×8 像元阵列的灵敏度为 5 nW/Hz$^{1/2}$，带宽约为 50 Hz。

图 28.32　PYROCAM IIIHR 光束轮廓分析相机

28.6.3　微测辐射热计

另一项令人印象深刻的有前途的技术也来自于市场上可以买到的微测辐射热计阵列。在 2006 年成功演示了主动太赫兹成像之后[122]，为了使红外微测辐射热计适应太赫兹频率范围，2010～2011 年，三个不同的公司/组织发布了针对>1 THz 频率范围优化的相机：NEC(日本)[123]、INO(加拿大)[124]和 Leti(法国)[125]。预计供应商的数量会迅速增加。表 28.7 中列出的阵列格式为 16×16 像元～384×288 像元。最大和最灵敏的传感器是基于微测辐射热计技术的。

表 28.7　商用非制冷太赫兹成像相机

相机型号(公司)	传 感 器	光谱范围	光学系统
TZCAM(i2S) http://www.i2s.fr/project/camera-terahertz-tzcam	320×240 非晶硅微测辐射热计，像元间距为 50 μm。传感器是由 LETI 提供的	0.6～3 THz 25 fps	f/0.8，50 mm 焦面
IR/V－T0831(NEC) http://www.nec.com/en/global/prod/terahertz	320×240 VO_x 微测辐射热计，像元间距为 23.5 μm	1～7 THz 500 fps	f/1，28.2 mm 焦面
MICROXCAM－3841I－THz(INO) http://www.ino.ca/en/products/terahertz-camera-microxcam-384i-thz	384×288 微测辐射热计，像元间距为 35 μm	0.94～ 4.25 THz 50 fps	f/0.9 或 F/0.7 HRFZ－Si 44 mm 焦面
TicMOS－1px(Tic－Wave) http://ticwave.com/products.html	100×100 FET	0.3～1.3 THz 500 fps	不含光学系统
Tera－257/1024/2056(Terasense) http://terasense.com/products/sub-thz-imaging-cameras	16 × 16/32 × 32/64 × 64 FET，像元间距为 1.5 mm	10 GHz～ 0.7 THz	不含光学系统
Pyrocam IV(Ophir Photonics) http://www. ophiropt. com/laser--measurement/beam-profilers/products/Beam-Profiling/Camera-Profilingwith-BeamGage/Pyrocam-IV	320×240 热释电探测器，像元间距为 80 μm	13～355 nm， 1.06～3 000 μm， 100 fps	不含光学系统，安装的窗片有 AR 镀膜

续 表

相机型号(公司)	传 感 器	光谱范围	光学系统
Open View(Nethis) http://nethis-thz.com/index.php/openview	256×320，像元间距为 170 μm/512×640，像元间距为 80 μm(基于 THz 到 IR 的转换器)	0.1~3 000 μm 1 kfps	不含光学系统

注：减反射(antireflection,AR)。

实验型主动太赫兹成像装置如图 28.33 所示。大多数报道使用单色太赫兹光源(如 QCL 或 mW 级功率的远红外光泵浦激光器)来测定 FPA 特性。如图 28.33 所示,用反射光束从背面照射物体,透射光由相机镜头收集。焦平面位于相机镜头后面,物面定位在镜头前面。图 28.33 中还绘出了反射模式的设置,镜面反射后的光由重新定位的镜头和相机收集。

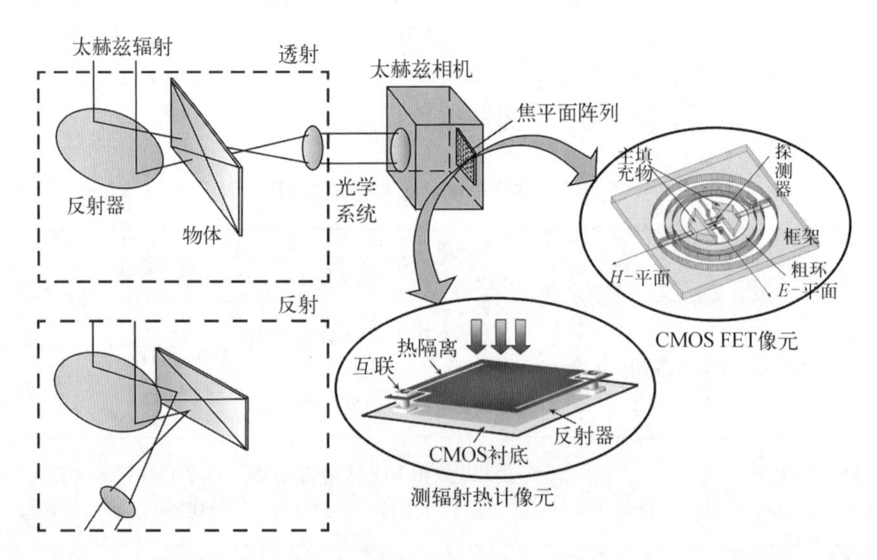

图 28.33 太赫兹成像系统的实验设置(虚线框中描述的是不同的透射和反射模式设置)

已经提出了不同设计的太赫兹测辐射热计像元。NEC 的像元分为两部分(图 28.34)[126],下部为硅读出集成电路,上部为悬挂的微桥结构。微桥具有两层结构。第一层由膜片和两条腿组成,在膜片上形成屋檐结构,以增加敏感面积和填充系数。膜片和屋檐吸收太赫兹辐射。膜片由 VO_x 测辐射热计薄膜、SiN_x 钝化层和 TiAlV 电极组成,屋檐结构由 SiN_x 层和 TiAlV 薄膜太赫兹吸收层组成。由薄金属层和厚金属层组成的结构起到光学腔体的作用。3.1 THz 时的 NEP 估计值为 41 pW。这些结果推动了第一台实时手持式太赫兹测辐射热计相机的商业化(见图 28.35 左下角的插图)。

然而,原始结构太赫兹探测器[图 28.34(a)]的腔长 3~4 μm,远小于 THz 波长(约为 100 μm)。因此,以前开发的太赫兹相机在较低频率区域的灵敏度变差,特别是低于 1 THz 时[127]。改进的像元结构解决了这一缺点,如图 28.34(b)所示[128]。在特殊金属层和空气隙之间插入厚的 SiN 层(约 7 μm 厚)和分层的电学连接,使得几何光学腔长度比前一个长了 3

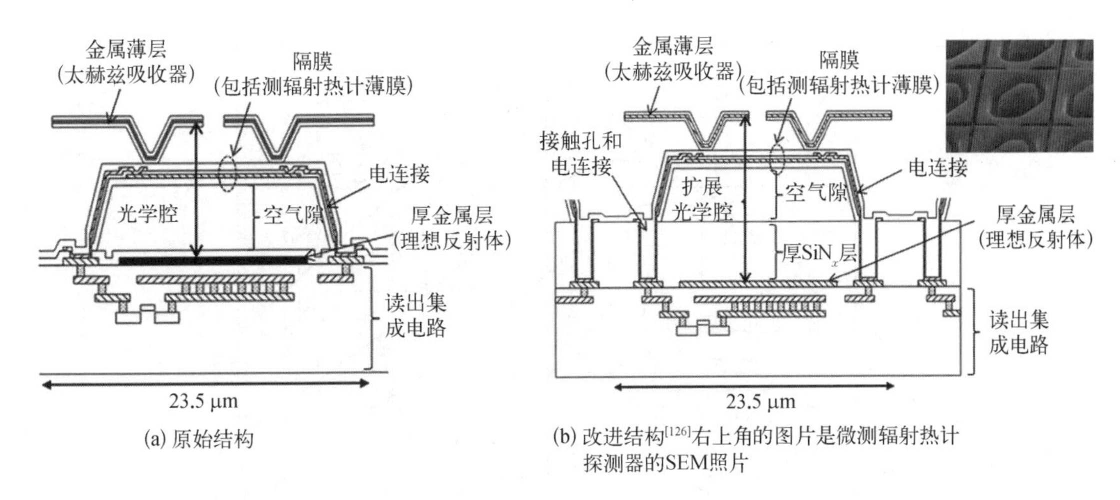

(a) 原始结构

(b) 改进结构[126]右上角的图片是微测辐射热计探测器的SEM照片

图 28.34　非制冷测辐射热计 THz－FPA 像元结构示意图

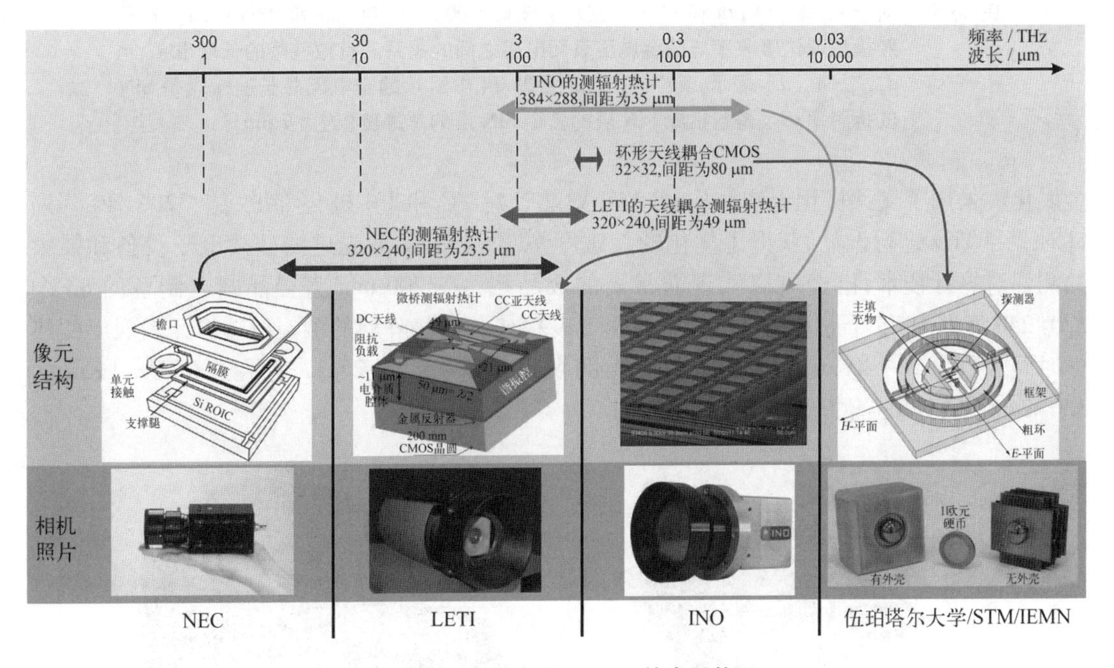

图 28.35　非制冷 THz FPA 的发展状况

倍。图 28.36 显示了两种不同光学腔体结构的光学吸收随薄层电阻的变化。与标准的 LWIR 3 μm 腔体高度相比,在太赫兹波段,NEP 可以提高 3～10 倍[129]。在制作 640×480 元和 320×240 元的 THz－FPA 时都采用了改进的像元结构,以提高亚太赫兹区的灵敏度。

Leti 制备的非晶硅微测辐射热计阵列中单个像元的示意图如图 28.35 的中上部所示。像元间距为 50 μm,是与从标准红外测辐射热计衍生的微桥结构测温计所采用的准双蝴蝶结天线关联的。交叉的蝴蝶结薄膜由臂架和柱子支撑悬挂在基板上。为了提高天线增益,在天线下实现了等效 1/4 波长的谐振腔,在金属反射面上沉积了 11 μm 厚的 SiO_2层。为了确保测辐射热计柱子与金属上触点之间的电学接触,在 11 μm 的腔体中刻蚀出通孔,并进行

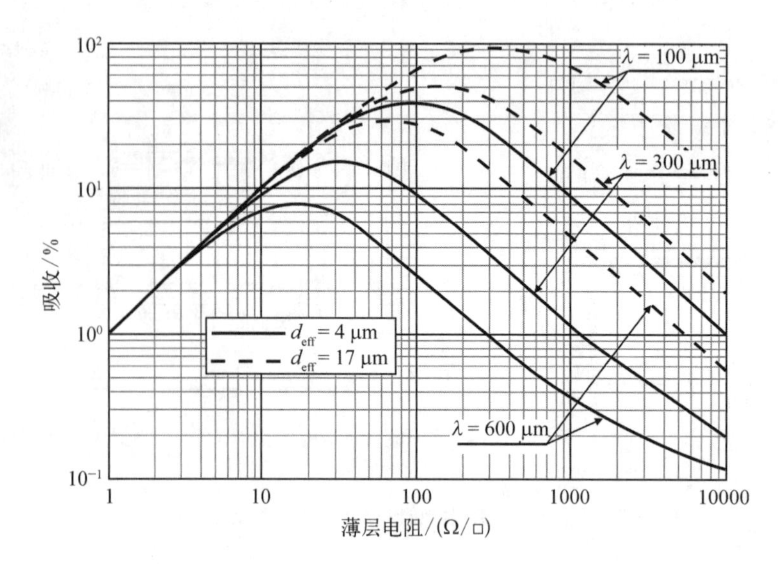

图 28.36　对于 d_{eff} 等于 4 μm 和 17 μm，在几个波长(100 μm、300 μm 和 600 μm)时，光学腔模型理论吸收率与薄金属层表面电阻之间的关系。有效气隙的长度由 $d_{eff} = d_{air\ gap} + n_{SiN} d_{SiN}$ 表示，其中 $d_{air\ gap}$ 是图 28.34 中所示的空气隙总长度；n_{SiN} 是 SiN 的折射率；d_{SiN} 是包括厚 SiN 层的多个 SiN 层的总厚度(约为 7 μm)

金属化。采用了交叉极化天线结构，使测辐射热计对 TE 和 TM 极化都敏感。320×240 阵列针对 2~4 THz 进行设计，获得了优化的灵敏度[130,131]。借助最先进的硅微电子设备和强大的测辐射热计技术，已经可以实现非常高的成品率：在 200 mm 直径晶圆上制备的 63 个 320×240 阵列中 56 个芯片的像元有效性高于 99.5%。这些阵列的测辐射热像元表现出的热学时间常数为 20~40 ms，可以兼容 25 Hz 的视频帧速率。图 28.37 显示了 CEA－LETI 的 320×240 元天线耦合测辐射热计单片阵列。

(a) Leti公司提供的320×240元天线耦合太赫兹测辐射热计单片阵列

(b) 由i2S公司集成在摄像盒中的测辐射热计阵列

图 28.37　CEA－LETI/i2S THz 相机

INO(加拿大)还对红外测辐射热计阵列进行定制，以实现太赫兹实时成像。与 NEC 相似的是，为了最大限度地提高辐射吸收，采用了具有最佳厚度的金属薄膜。对于 35 μm 像元间距的 384×288 阵列,测得的 NEP 值在 70.5 μm 时为 24.7 pW,在 118.6 μm 时为 76.4 pW[132]。

图 28.38 汇总了三家厂商制造的测辐射热计 FPA 的 NEP 值。针对 2~5 THz 优化的 FPA 获得了低于 100 $pW/Hz^{1/2}$的令人印象深刻的 NEP 值(当视频速率为 20~30 fps 时,NEP 在几十 $pW/Hz^{1/2}$数量级)。可以看出,NEP 的波长依赖性在 200 μm 以下相当平坦。最近为了评估器件在最佳光谱范围之外的灵敏度,在 1 THz 以下表征了 Leti 阵列的性能,这些数据包含在图 28.38 中(实心正方形点)。在保持像元间距、ROIC 和工艺堆栈的情况下,通过增加像元数、改进天线设计,可以进一步提高阵列性能。

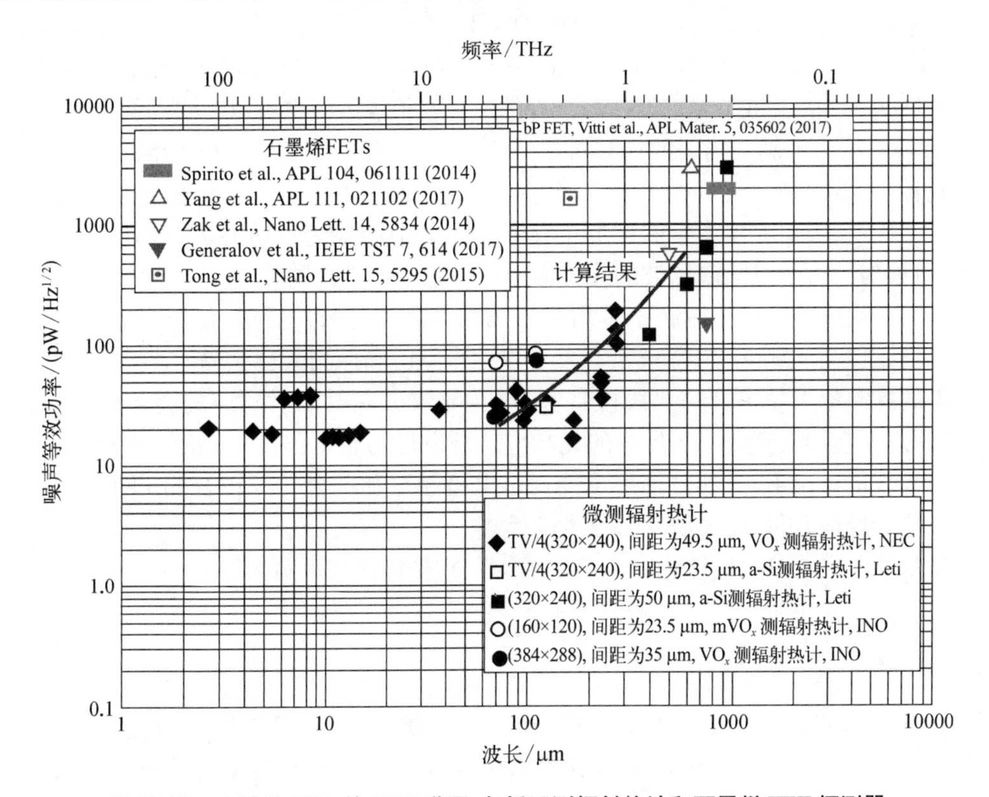

图 28.38　太赫兹 FPA 的 NEP 谱图,包括了测辐射热计和石墨烯 FET 探测器

太赫兹室温阵列也有采用混成结构制造的,其中像元阵列与读出电路分开制备,然后通过引线键合或倒装芯片组装等微电子技术与读出电路混成。俄亥俄大学的一个研究组提出了一种新的太赫兹 FPA 传感器,该传感器采用超快(固有截止频率为 2.5 THz)、零偏压、基于锑化物的异质后向二极管(antimonide-based heterostructure backward diodes,Sb-HBD),与每个传感器像元的平面太赫兹天线单片集成[133,134]。他们还设计了工作在 0.6~1.2 THz 的 31×31 元相机。二极管输出信号是由倒装芯片键合到平面 FPA 的 ROIC 读出的。

具有直接探测功能的 HBD 太赫兹类摄像模式的相机已由 TRaycer 商业化[135]。其规格:帧速率为 25~100 fps,格式为 80×64,未调制的 NEP 值为 200 $nW/Hz^{1/2}$。

最近又有新的一种微测辐射热计的像元设计,该方法采用 Si FET,利用了沟道电导随温度的变化关系[136]。HgCdTe 层中的辐射加热效应也可以用于设计具有主动成像特性并有可能组装成阵列的非制冷太赫兹/亚太赫兹探测器[137]。

28.6.4 场效应管探测器

场效应管的纳米尺度沟道中，具有非线性特性的等离子波激发（电子密度波）使其在略高于器件截止频率的波段产生响应，这是由于电子的弹道传输。在弹道工作状态下，动量弛豫时间大于电子渡越时间。FET 可用于谐振（调谐到特定波长）和非谐振（宽带）太赫兹探测[138-142]，并且可以通过改变栅极电压进行直接调谐。

晶体管接收器的工作温度范围很宽，最高可达室温[143,144]。在制作 FET、高电子迁移率晶体管（high-electron-mobility transistor，HEMT）和 MOSFET 器件时使用了各种材料体系，包括 Si、GaAs/AlGaAs、InGaP/InGaAs/GaAs 和 GaN/AlGaN[145-147]。在具有反向偏置肖特基结[148]和双量子阱（quantum well，QW）场效应管[149]的二维电子沟道中也可以观察到等离子振荡。

使用 FET 作为太赫兹辐射的探测器是由 Dyakonov 和 Shur[150]在 1993 年首次提出的，灵感来自栅控 2D 晶体管沟道中的电子传输方程与浅水或乐器中声波的传输方程二者在形式上的类比。因此，类似流体力学的现象也存在于沟道中的载流子动力学中。在一定的边界条件下，可以对载流子以等离子波形式传输中的不稳定性进行预测。

稳定振荡发展的物理机制在于等离子体波在晶体管边缘的反射，以及振幅的放大。在电子迁移率足够高的 FET 中，等离子激发可以用来发射和探测太赫兹辐射[151,152]。

FET 的探测源于晶体管的非线性特性，这会导致由入射辐射感应的交流电流被整流。结果，源漏之间会形成直流电压形式的光响应。该电压与辐射强度（光伏效应）成正比。即使在没有天线的情况下，太赫兹辐射也能通过电极触点和键合导线耦合到 FET。增加合适的天线或耦合腔体，可以使灵敏度有很大的提高。

FET 中的等离子波由线性色散定律表征[150]，在栅极区域可写为

$$\omega_{\mathrm{p}} = sk = k\left[\frac{q(V_{\mathrm{g}} - V_{\mathrm{th}})}{m^*}\right]^{1/2} \tag{28.13}$$

式中，s 为沟道中的等离子波速度；V_{g}为栅极电压；V_{th}为阈值电压；k 为波矢；q 为电子电荷；m^*为电子的有效质量。图 28.39 是场效应管栅极区域中等离子波共振的示意图。FET 体区（三维）和非栅区的色散关系与式(28.13)不同，它们可以分别表示为

$$\omega_{\mathrm{p}} = \left(\frac{q^2 N}{\varepsilon m^*}\right)^{1/2},\quad \omega_{\mathrm{p}} = \left(\frac{q^2 n_{\mathrm{s}}}{2\varepsilon m^*}k\right)^{1/2} \tag{28.14}$$

式中，N 为合金化区的体电子浓度；n_{s}为沟道区的表面电子密度。

与电子漂移速度相比，栅极区域等离子波的速度通常要大得多。FET 中长度为 L_{g}的短沟道作为这些波的谐振腔，其本征频率为 $\omega_n = \omega_0(1 + 2n)$ $(n = 1, 2, 3, \cdots)$。等离子体的基频为

$$\omega_0 = \frac{\pi}{2L_{\mathrm{g}}}\left[\frac{q(V_{\mathrm{g}} - V_{\mathrm{th}})}{m^*}\right]^{1/2} \tag{28.15}$$

当 $\omega_0\tau \ll 1$ 时（τ 为动量弛豫时间），探测器响应是 ω 和 V_{g}的平滑函数（宽带探测器）。当 $\omega_0\tau \gg 1$ 时，FET 可以作为谐振探测器工作，可以通过栅压调节响应频率，并且该器件可以工作在太赫兹范围内。探测特性（谐振或非谐振）取决于晶体管谐振腔的品质因子。

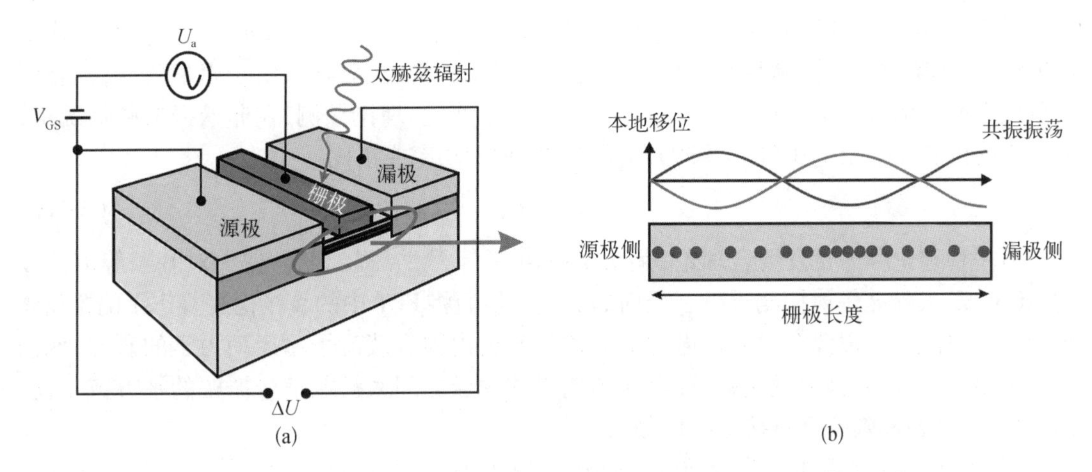

图 28.39 (a) 太赫兹 CMOS 探测器和(b) 晶体管中的等离子振荡的示意图

假设 $m^* \approx 0.1m_0$(m_0 为自由电子质量),$L_g \approx 100$ nm, $V_g - V_{th} \approx 1$ V,则等离子体波的频率估计 $\nu_0 = \omega_0/2\pi \approx 3$ THz。最小的栅极长度可达到 30 nm,此时采用 GaAs 沟道的 FET 中,ν_0为 12~14 THz。

等离子波的速度 s 可以用另一种方式表示。当沟道与栅极之间的介电层厚度小于等离子波的波长时,它可写成 $s = (n_s q^2 d/\varepsilon m^*)^{1/2}$ [153],其中 n_s是 2D 电子浓度,ε 是介质层的介电常数,d 是栅极到沟道的距离。那么基频可以用下面的关系来表示:

$$v_0 = \frac{s}{4L_g} = \frac{1}{4L_g}\sqrt{\frac{n_s q^2 d}{\varepsilon m^*}} \tag{28.16}$$

式中没有自由参数,可以在一定程度上预测共振峰的位置,但在 GaAs/AlGaAs 调制掺杂的单量子阱中,预测的峰值频率与在 $T \leqslant 4$ K 时的实验结果有一定的差异[154]。

在一个简单的近似中,电子浓度 n_s可以由平面电容公式 $n_s = CV_0/q$ 来描述。这里,C 是栅极和沟道之间的电容(每单位表面积),$V_0 = (V_g - I_{ds}R_s - V_{th})$是栅极电压 V_g、接触电阻 R_s上的电压降(I_{ds}是晶体管沟道中的电流)和晶体管的阈值电压 V_{th}之间的差。在这种情况下,等离子波的速度可以定义为

$$s = \left[\frac{q(V_g - I_{ds}R_s - V_{th})}{m^*}\right]^{1/2} \tag{28.17}$$

子栅极 2D 电子气中等离子振荡的共振频率由栅极长度 L_g和等离子波的速度 s 决定,与式(28.15)相似:

$$v_r = \frac{1}{4L_g}\left[\frac{q(V_g - I_{ds}R_s - V_{th})}{m^*}\right]^{1/2} \tag{28.18}$$

谐振频率在栅偏压为零时最大,在 $V_{gs} \to V_{th}$时趋于零。对于 $T = 4.2$ K 时栅极长度 $L_g = 250$ nm 的 GaN/AlGaN 2D 电子气,共振频率 $\nu_r = 576$ GHz(品质因子 $\omega_r \tau = 1.81$)[155]。

综合以上对高频、高迁移率和短 MOS 沟道的讨论,理论预测 MOS 通道中会出现驻波,因此 FET 在基频等离子频率下表现为谐振器,在漏极和源极之间传递高感应电压。然而,在

硅材料中,室温下的迁移率太低,无法获得这些谐振条件。采用 0.13 μm 工艺设计的低成本 CMOS 中,太赫兹探测器满足非谐振低频情况。对于长沟道晶体管,由于阻尼效应,耦合到源极的太赫兹信号无法到达漏极。直流电压会发生变化,理论预测,在非谐振低频情况下,源漏之间的直流输出电压(图 28.39)与太赫兹阵列的功率成正比:

$$\Delta U \propto U_a^2 \tag{28.19}$$

另一种理论称为自发混合理论,是由 Lisauskas 等[156,157]提出的。他们对基于等离子波的 MOSFET 太赫兹辐射探测进行了全面的综述。他们将 FET 中的直接检测看作无偏置晶体管中分布电阻的自发混合过程。通过对晶体管沟道内固有载流子输运动力学的研究,他们解释了混合过程,并预测直流漏-源电压与栅极和源极之间太赫兹信号振幅的平方成正比。因此,天线增益和效率会直接影响探测器质量。

图 28.40 显示了栅极长度为 60 nm 的 InGaAs/InAlAs 晶体管的特性[158]。器件暴露在频率为2.5 THz 的辐射下的光响应与不同温度下测量的栅极电压的函数如图 28.40(a)所示。

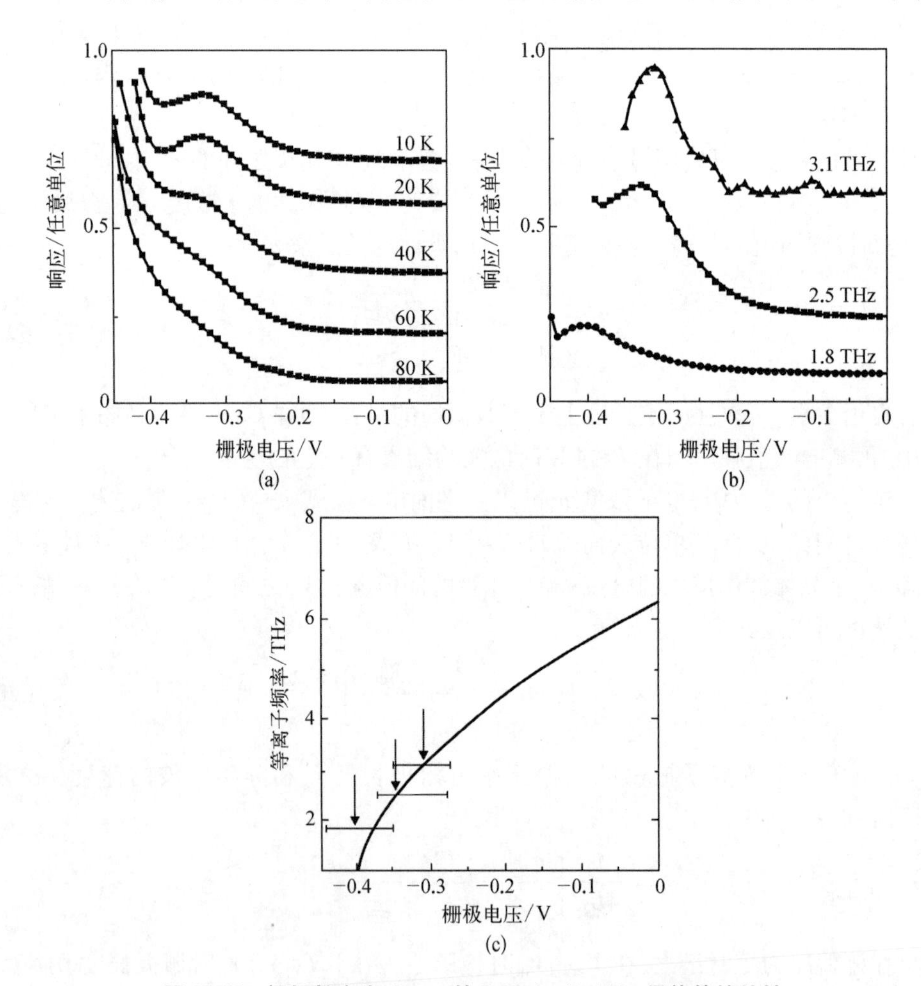

图 28.40 栅极长度为 60 nm 的 InGaAs/InAlAs 晶体管的特性

(a) 频率为 2.5 THz 下的响应与不同温度下的栅极电压的函数关系(从 80 K 降至 10 K),(b) 10 K 时的响应在不同频率(1.8 THz、2.5 THz 和 3.1 THz)下随栅极电压的变化,(c) 共振最大值的位置(用箭头表示)与栅极电压的关系。实线表示用式(28.13)(V_{th} =−0.41 V)计算出的等离子频率与栅极电压的关系。误差条对应的是测得的等离子共振峰的线宽[158]

在 $T>100$ K 时，只有非共振探测被观察到，是一个宽带峰。当温度降低到 80 K 以下时，附加峰出现在非共振检测的与温度无关的背景信号上。这种行为可以归因于等离子波对太赫兹辐射的共振探测。为了支持这一假设，在 10 K 时对 1.8 THz、2.5 THz 和 3.1 THz 的激励频率进行了额外的测量。实验结果如图 28.40(b)所示。为了比较，根据式(28.14)理论预测的等离子体频率与栅电压的函数在图 28.40(c)中绘制成一条连续的线。可以看出，激励频率从 1.8 THz 增加到 3.1 THz 时，会引起等离子共振随栅压的移动，这与理论基本一致。

Veksler 等[159]预测，通过施加漏极-源极电流，可以观察到室温太赫兹辐射的共振探测。似乎驱动晶体管进入饱和区域可以增强非共振探测，而且即使在不满足条件 $\omega_0\tau \gg 1$ 时，也可以实现共振探测[144,155]。物理原因是热漂移电子作用下，等离子体振荡的有效衰减速率等于 $1/\tau_{\mathrm{eff}} = 1/\tau - 2v/L_g$（其中 v 为电子漂移速率），在施加电流后衰减速率变长。当 $\omega\tau_{\mathrm{eff}}$ 接近单位值时，会发生共振探测。

Tauk 等[160]在室温和频率 $\nu=0.7$ THz 下，研究了栅极长度为 20～300 nm 的 Si MOSFET。结果表明，响应依赖于栅极长度和栅极偏置。响应率为 200 V/W 和 NEP$\geqslant 10^{-10}$ W/Hz$^{1/2}$，可与目前市面上最好的室温太赫兹探测器相媲美。图 28.41 的插图显示了具有不同栅极长度的晶体管的探测信号。可以看出，当栅极长度从 300 nm 减小到 120 nm 时，信号减小。

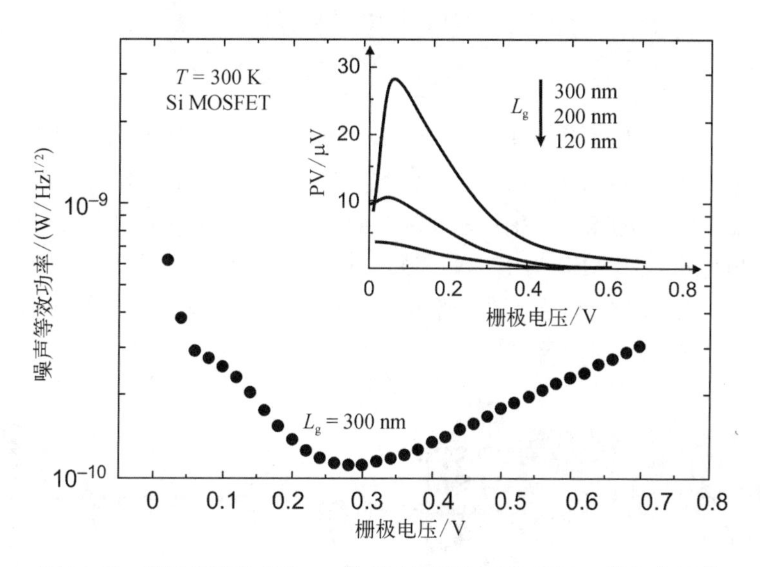

图 28.41　栅极长度为 300 nm 的 Si MOSFET 中 NEP 与栅极电压的关系，$T=300$ K。插图为探测信号随栅极长度的变化[141]

最近，已经证明，通过使用适当的天线和 Si FET 晶体管设计，工作在 300 GHz 附近大气窗口的探测器，其响应率最高可达几 kV/W，NEP 约为 10 pW/Hz$^{1/2}$(图 28.42)[161]。

使用 FET 作为太赫兹探测器的热潮始于 2004 年前后，当时人们首次在硅 CMOS FET 中进行了亚太赫兹和太赫兹探测的实验演示[162]。两年后，研究表明，Si－CMOS FET 可以达到与传统最好的室温太赫兹探测器相当的 NEP 值[160]。目前，Si－CMOS FET 技术具有室温工作、响应时间快、易于与读出电路进行片上集成、可重复性高等优点，简化了阵列制作。与可见光的 CMOS 相机类似，像元读出由 FPA 内的全集成模拟或数字电路提供。FET 相机中的读出多路复用器更适合于直接探测，在这种情况下，每个像元的功耗很小，从而能够制造大

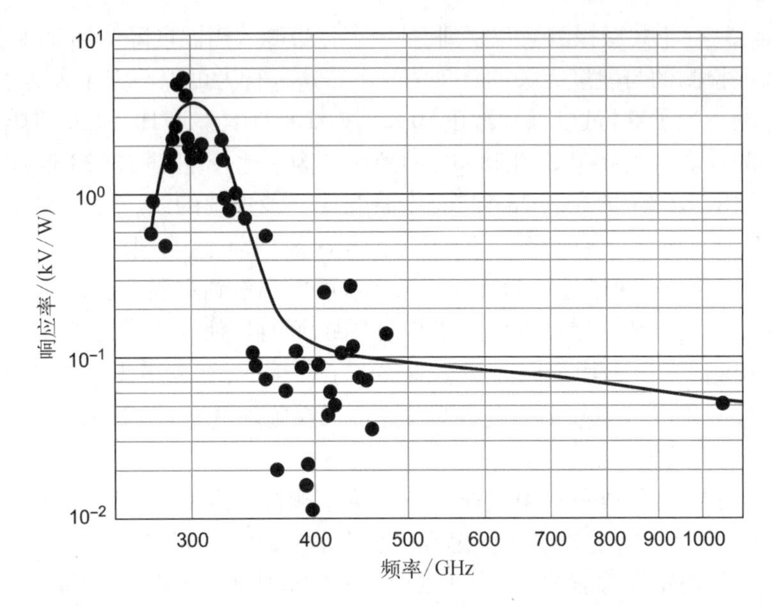

图 28.42 栅极电压为 0.2 V 时,Si FET 的响应率随频率的变化

实心点为测量值;实线为提示线[161]

规模阵列。

Al Hadi 等[163]首次展示了一种基于 32×32 CMOS FET 的 2D 摄像机用于实时成像,以捕获太赫兹视频流。由 1 024 个耦合到 n 型 MOS(NMOS)差分片上的环形天线组成,可直接探测远高于 FET 截止频率的入射辐射[图 28.43(a)]。在 0.856 THz 和 25 fps 时,电压响应率为 115 kV/W,摄像机视频 NEP 为 12 nW(500 kHz 带宽上积分)。带外壳和不带外壳的太赫兹相机模块的图片如图 28.35(右下角)所示。在 590 GHz 处,采用锁相探测技术的 12×12 像元 CMOS 阵列也实现了实时成像[164]。

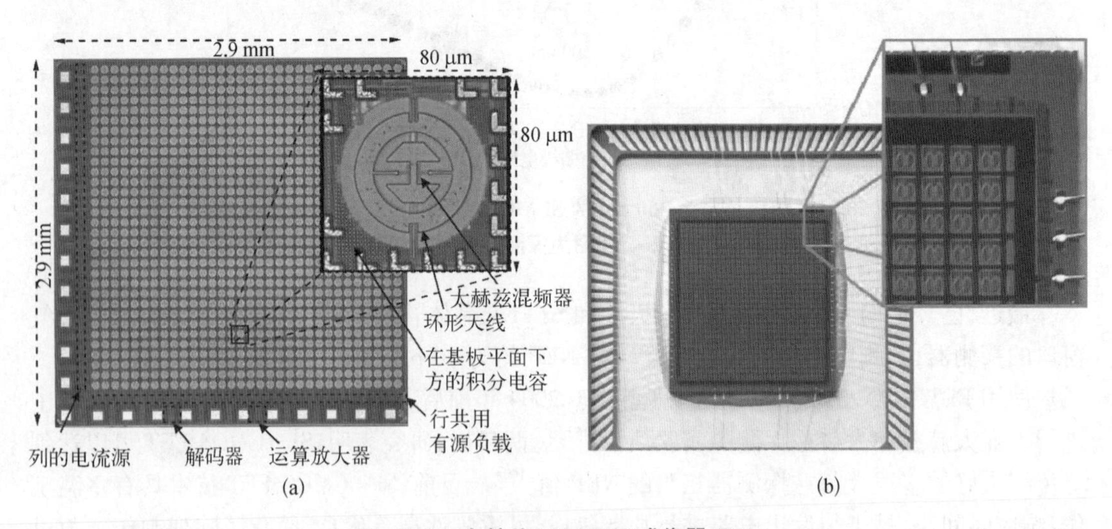

图 28.43 太赫兹 MOSFET 成像器 FPA

(a)为整块 32×32 阵列芯片(2.9 mm×2.9 mm)和单元探测器的结构图(80 μm×80 μm)[163],(b)为 31×31 元 FET 阵列的显微照片(总面积为 8.5 mm×8.5 mm),局部放大图显示的是 240 μm×240 μm 的像元[131]

由于场效应管的快速响应(仅受读出电子设备的限制),在外差模式下使用场效应管会非常有趣。在 591.4 GHz,使用单个或几个光栅扫描探测器进行相干成像已被证明是可行的[165]。还需要进一步开发,以实现完全单片集成的焦平面。

除了测辐射计方法,Leti 正在研究和开发基于 CMOS FET 的互补太赫兹阵列,无论是直接探测还是外差探测都可以使用[166]。对于直接检测,Leti 设计出了一种创新的读出架构,利用大像元间距(240 μm×240 μm)来增强灵活性和灵敏度[图 28.43(b)]。已经实现了高达每秒 100 帧的视频序列。在人体扫描仪样机上实现了大视场不透明场景的快速扫描。实时采集的每个单独的图像对应于 40 mm×60 mm 的场景面积。为了覆盖胸部的大小,需要连续移动一面反射镜,获取 5×5 的图像平铺阵列。在不到 10 s 的时间内,成功扫描一个典型的 20 cm×30 cm 面积的人体躯干(图 28.44),以识别隐藏在衬衫下面的金属和陶瓷物体[167]。

(a) 不到10 s内获得的太赫兹图像

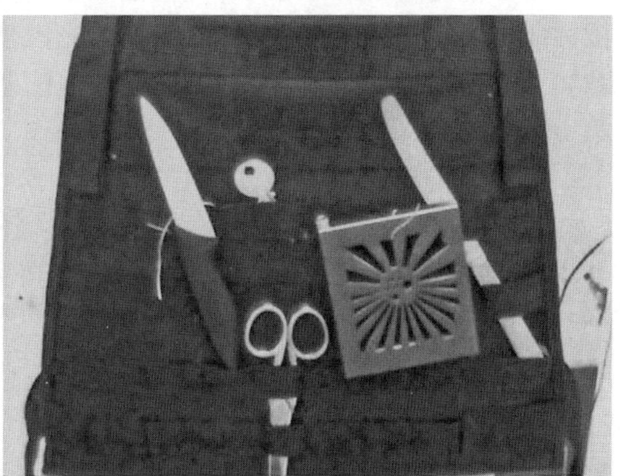

(b) 可见光照片

图 28.44　大视场快速扫描太赫兹成像演示

太赫兹场效应管技术的关键问题是衬底波损耗、低电阻率硅衬底及这种平方律探测器的低等效量子效率,这就对太赫兹相机的低噪声读出提出了更高的挑战[168]。寄生电容倾向于将部分耦合的太赫兹信号向下分流到衬底。此外,衬底效应改变了天线的行为,导致相当一部分能量被表面波携带,并在 Si -空气界面处产生多次反射效应。

通过使用绝缘体上硅(silicon-on-insulator,SOI)衬底而不是体材料衬底上的 CMOS,由于其较低的器件寄生电容和较高的电阻率,有望进一步改善辐射耦合。同时,正在研究不同的封装结构,包括正照射和背照射,或者在芯片组装过程中将具有减反射膜的透镜黏贴到芯片上,以提高片上偶极子天线的效率。

迄今为止,与偏置的源-漏通道中的暗(噪声)电流相比,FET 沟道中的信号电流仍然相对较小,这需要使用如具有窄带宽的锁相放大器来抑制每个通道中的噪声。不过,目前第一台实时成像仪使用的是专门设计的宽带电路。

虽然目前基于 FET 的太赫兹探测器的灵敏度低于测辐射热计太赫兹探测器,但使用标准的低成本 CMOS 技术研发基于 FET 的太赫兹探测器似乎是一种特别适合的有趣方式。FET FPA 不需要真空封装。最先进的 CMOS FET 32×32 像元摄像头在 0.856 THz 和 25 fps 的频率下的 NEP 性能为 12 nW。在 2~4 THz 内,320×240 像元阵列测辐射热计相机的 NEP

约为 30 pW 量级。对于设计探测光谱在 1 THz 以下的测辐射热计阵列，也有望实现类似的性能[168]。

28.7 非本征探测器

几十年来，尽管在凝聚态研究中有一些有趣的太赫兹应用，但太赫兹光谱范围仍是一个相当小众的领域。20 世纪 70 年代，人们意识到电磁频谱的太赫兹波段（当时被称为 FIR 或亚毫米波段）给天文学研究提供了独特的机会。随后，许多专用的太赫兹望远镜相继建成，其中非常成功的是空中和星载天文台。历史上，第一个非本征光电探测器是基于锗的。此后，又出现了基于硅和其他半导体材料（如 GaAs 或 GaP）的光电探测器。

非本征光电探测器的红外光谱范围很广，从几微米到大约 300 μm。它们是 $\lambda>20$ μm 范围内的主要探测器。特定光电探测器的光谱范围由掺杂杂质和引入杂质的材料决定（第 14 章）。与其他材料的非本征光电探测器相比，基于硅和锗的探测器得到了最广泛的应用（见第 14 章和 26.2 节）。

在不同类型的非本征光电导中，Ge：Sb 是 1959 年发现的第一个太赫兹光电导[169]。Ge：Ga 自 1965 年问世以来，一直是天文学中研究最广泛、应用最广泛的太赫兹光导探测器[170]。如 26.2 节所示，应变阵列和非应变阵列的最大像元数分别为 16×25 与 32×32。它们的响应可以从 1.5 THz 变化到 7 THz[171]。

如今，似乎有望用另一种材料系统来实现新一代大尺寸 FIR 探测器阵列。掺砷和锑的硅基阻挡杂质带（blocked impurity band，BIB）探测器是波长为 5~40 μm 的天文探测器的首选材料。传统设计和加工的 Si：As BIB 探测器的截止波长约为 28 μm，但有可能扩展到约为 50 μm。也有研究人员将硅替换为具有较浅杂质带的半导体材料，试图获得类似的可用于 FIR 波段工作的直接探测器技术[172]。已经尝试了基于 Ge 和基于 GaAs 的 BIB 体系，其中在 Ge 方面取得了更大的成功[173]。然而，与 Ge 相比，GaAs 中浅施主的结合能较小，可在没有单轴应力的情况下获得对超过 300 μm 波长的响应。

在太赫兹低温制冷型探测器中，有许多文献报道了用 $Pb_{1-x}Sn_xTe$：In（$x\approx0.25$，In 的原子百分比含量约为 2）光电导作为太赫兹探测器的可能性。在 $Pb_{0.25}Sn_{0.75}Te$：In 光电导中观察到了电流响应率约为 10^3 A/W，偏置电压为 40 mV，积分时间约为 1 s，波长为 90 μm 和 116 μm 的持久光响应。该值比 Ge：Ga 光电导在相同实验条件下（$T\approx4$ K，探测器处于背景辐射隔离环境）的响应率提高了约 100 倍。光响应信号波长最高可达 337 μm[174-176]；这是迄今为止观察到的非本征半导体光电探测器的最高截止波长之一。

基于碲化铅半导体的窄禁带Ⅳ-Ⅵ族合金中Ⅲ族掺杂杂质态的研究始于 20 世纪 70 年代初。在这些材料中观察到的持久光电导效应类似于具有 DX 中心的Ⅲ-Ⅴ族和Ⅱ-Ⅵ族半导体的特性[177-180]。结果表明，在低温（$T\ll T_c$）Ⅲ族掺杂的Ⅳ-Ⅵ族半导体中，光电导弛豫由两部分组成：快部分（在 1 ms~1 s 变化）和慢部分（可超过 10^5 s）[181]。掺 In 材料的 T_c 值约为 25 K，掺 Ga 材料的 T_c 值约为 80 K。

$Pb_{1-x}Sn_xTe$：In 合金在低温下由太赫兹辐射引起的持久光电导显然与局域深电子态和自由电子态之间存在的势垒有关，就像在其他较短波长的半导体中观察到的那样。在深杂质的Ⅳ-Ⅵ族半导体中，这种势垒的证据也因电流不稳定性（如耿氏效应）而变得明显，但振荡频率要低得多[182]。

28.8　破裂对光子探测器

光子探测的一种方法是利用超导材料。如果温度远低于转变温度 T_c，则其中的大多数电子都会形成库珀对。超导体中，能量高于库珀对束缚能量 2Δ（每个电子对应的束缚能量为 Δ）的光子可以打破这些对，产生准粒子（电子）[图 28.45(a)]。这一过程类似于半导体中的带间吸收：带隙 2Δ 低于被吸收的光子能量时，可产生电子-空穴对。这些探测器的优点之一是由热准粒子的随机生成和复合引起的基础噪声随温度呈指数下降，具有 $\exp(-\Delta/k_BT)$ 的形式[183,184]。可以获得的最佳 SSB 噪声温度 T_n 为 $k_BT_n \geqslant h\nu/\eta$。当 $\eta=1$ 时，可达到量子极限，但永远无法克服。在破裂对探测器中，可以得到 $\eta\to 1$，也就是可以接近量子工作极限（图 6.10）。

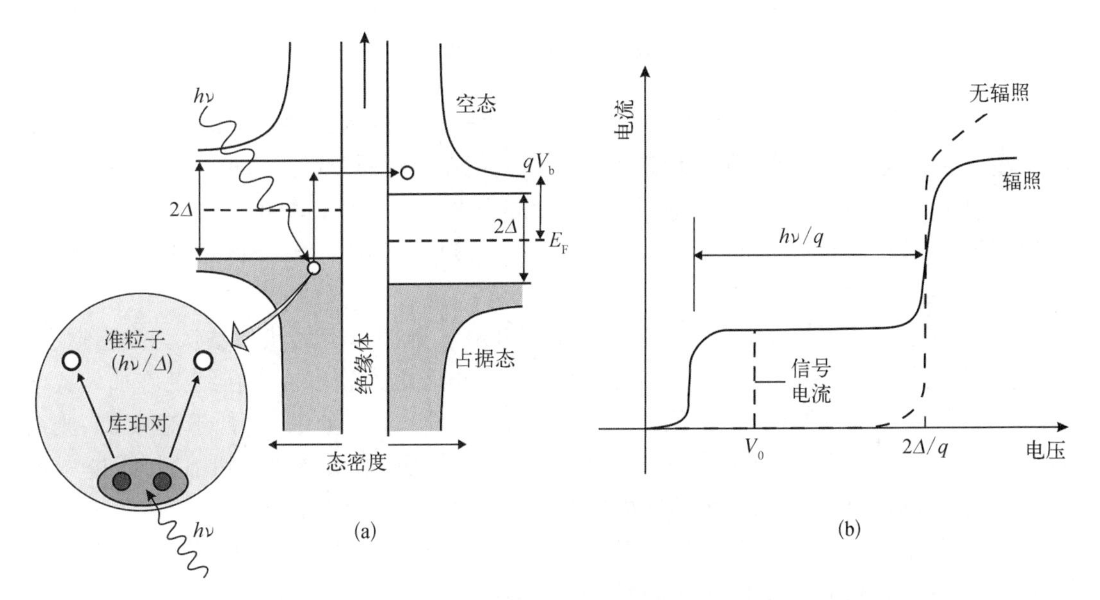

图 28.45　SIS 结：(a) 外加偏置电压的能量图和光子辅助隧穿的示意图，以及(b) 无辐照和辐照时，势垒的电流-电压特性

通过测量某一偏置电压 V_0 下的过量电流来表征入射辐射的强度。(a)中插图是准粒子产生的示意图

使用超导隧道结（superconductor tunnel junction，STJ）允许准粒子通过隧道结，并分离库珀对。20 世纪 60 年代初 Burstein 等[185]首次提出了具有 STJ 的破裂对探测器。此后又出现了多种使用不同方式从库珀对中产生准粒子的破裂对探测器结构。其中包括 SIS 与超导-绝缘-普通金属（superconductor-insulator-normal metal，SIN）探测器和混频器、RF 动态电感探测器和超导量子干涉器件（superconducting quantum interference device，SQUID）动态电感探测器。超导探测器具有许多优点：卓越的灵敏度、光刻制作和大阵列尺寸，特别是在借助多路复用技术的发展后。文献[13]描述了这些器件的基本物理原理及其最新进展。在这里，我们重点介绍的是 SIS 探测器。

SIS 探测器是由两个超导体组成的夹层，由一个薄的（约为 20 Å）绝缘层隔开，如图 28.46

所示。作为电极的超导体几乎都用的是 Nb 和 NbTiN。对于标准结工艺,基极是 200 nm 溅射 Nb,隧道势垒是使用热氧化(Al_2O_3)或等离子体氮化(AlN)的 5 nm 溅射 Al 层制成的。另一侧的对电极为 100 nm 溅射 Nb 或反应溅射的 NbTiN。典型的结区面积约为 1 μm^2。整个 SIS 结构在一次沉积中完成。定义结区的是采用光刻或电子束光刻和反应离子刻蚀来制备的对电极。最后沉积 200 nm 厚的热蒸发 SiO_2或溅射 SiO_2。SiO_x层将结与外界绝缘,并用作结区上方接线和 RF 调谐电路的电介质层。

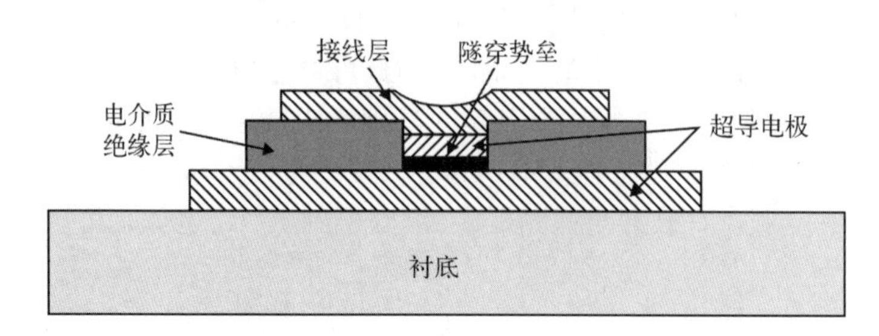

图 28.46 典型 SIS 结的截面图

SIS 工作是基于准粒子通过绝缘层的光子辅助隧穿。虽然这种效应的物理原理早在 20 世纪 60 年代就已经得到证明和理论解释[186,187],但在混频器中利用这种效应却花了将近 20 年的时间[188,189]。由于 SIS 隧道结具有很强的非线性 $I-V$ 特性,目前主要用作外差式毫米波和亚毫米波接收机的混频器。它们还可用作直接探测器[189,190]。SIS 结的工作温度低于 1 K;通常为 $T\leqslant 300$ mK。

可以使用已知的半导体能带图来描述 SIS 的工作。能隙以下的状态被认为是占据态,而能隙以上的状态是空态[图 28.45(a)]。曲线表示电子的态密度。当在结上施加偏置电压 V_b时,两个超导体的费米能级之间存在 qV_b的相对能量位移。如果 qV_b低于能隙 2Δ,则没有电流流动(电子只能在相同能量下隧穿进入空态)。然而,如果该结受到辐照,能量为 $h\nu$ 的光子可能会辅助电子隧穿,这种情况可能发生在 $qV_b>2\Delta-h\nu$ 的情况下。

SIS 器件的电流-电压特性如图 28.45(b)所示。当偏置电压达到带隙电压时,电流会急剧增加。在这个特定的电压下,两个超导体层的离散态密度重叠,绝缘层一侧的库珀对破裂成两个电子(准粒子)。接下来,这些准粒子从绝缘体的一侧隧穿到另一侧,在那里它们重新结合。当直流阈值电压等于超导体带隙 2Δ 时,正常隧穿电流突然出现,这种单粒子隧穿中的突变非线性可以用于混频。$I-V$ 特性的非线性很小,约为零点几毫伏,可与肖特基二极管的非线性(约为 1 mV)相比。然而,在带隙电压处 SIS 的非线性比太赫兹光子能量要小得多,不适用经典的混频器理论。为了解释在太赫兹探测中使用 SIS 的可能性,有必要详细描述包括量子效应在内的混频理论[190]。

由于固有的快速隧穿过程,SIS 结具有很大的中频带宽,但在实际应用中会受到电路的限制。典型的中频频段为 4~8 GHz。高频 SIS 混频器设计的主要挑战之一是如何处理 SIS 结的平板电容器结构带来的大电容。尽管 SIS 与肖特基二极管的结区面积相似,但其寄生电容要高得多(通常为 50~100 fF,肖特基二极管的寄出电容通常为 1 fF),因为两个超导电极组成了一个平板电容器。因此,需要正确设计的片上调谐电路来对电容进行补偿,这是任何 SIS 混频器中的关键问题[13,44]。在更高的频率下,特别是在 1 THz 以上($\lambda=300$ μm),调谐电路中的损耗会变得重要，导致混频器性能变差。在 1.5~1.6 THz（λ=188~200 μm）范围内可以获得良好的性能。

实现 SIS 混频器合理设计的主要方式有两种：波导耦合和准光耦合[13]。图 28.47 显示了两种配置的例子。其中较为传统的方法是波导耦合，在这种方法中，辐射首先由喇叭口收集到单模波导中，然后耦合到 SIS 芯片自带的光刻薄膜传输线上。图 28.47（a）所示的芯片长约 2 mm，宽约 0.24 mm，采用 SOI 键合晶圆在 25 μm 厚的硅片上制造。1 μm 厚的金束引线延伸到衬底边缘之外，实现与金属波导探头的电接触。波导耦合的复杂性主要是混频芯片必须非常窄，并且必须制作在超薄衬底上。

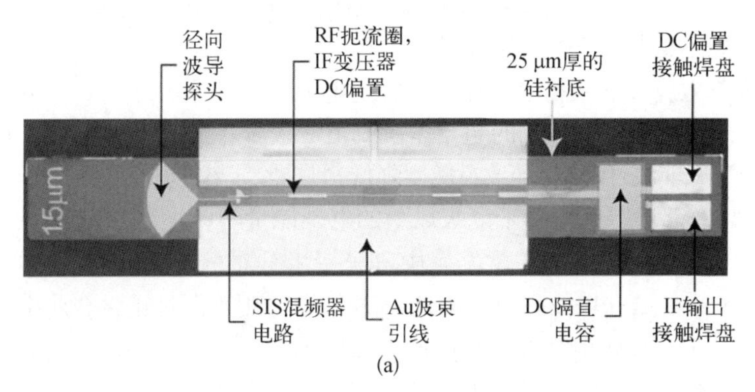

(a)

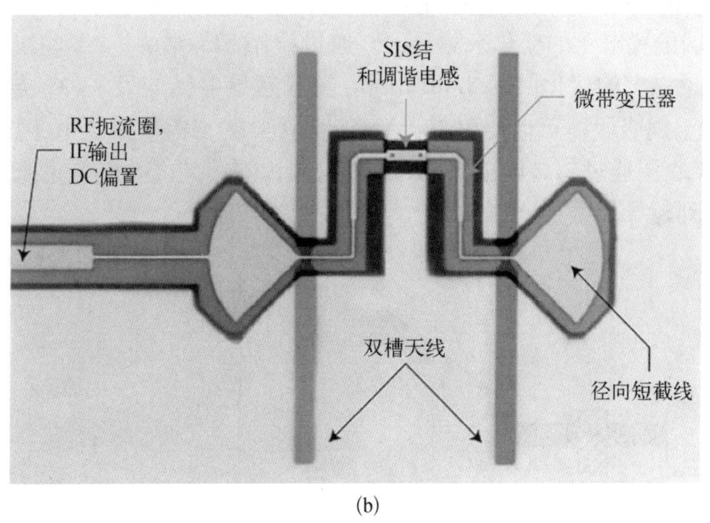

(b)

图 28.47　（a）工作在 200~300 GHz 波段的波导 SIS 混频器照片；（b）准光 SIS 混频器照片[13]

在准光耦合中，省略了将辐射收集到波导的中间步骤，取而代之的是使用 SIS 芯片自带的光刻天线。这样的混频器更容易制造，并且可以使用厚衬底。在图 28.47（b）所示的设计结构中，径向短截线作为 RF 短回路，将双槽接收到的辐射耦合到 Nb/SiO/Nb 超导微带中。该芯片使用两个 Nb/Al_2O_3/NB SIS 结，结之间的短条部分作为调谐电感对结电容进行补偿。

在 ν=0.3~0.7 THz 内，SIS 混频器是最敏感、本征噪声最低的结构之一。使用 Nb 线条的 Nb 基 SIS 混频器的性能几乎达到量子限制，即噪声温度低于 $3h\nu/kT$（图 6.10）[190,191]。在更高的频率(ν=1.0~1.3 THz)下,由于高频损耗,SIS 的本征噪声迅速增加。使用多元或面阵可以进一步提高灵敏度。然而,到目前为止,SIS 探测器很难集成到大型阵列中。由于在制造过程中存在相当大的困难,所以只在少元阵列的制备上取得了成功[192]。SIS 混频器似乎是 ν<1 THz 频率范围内毫米波和亚毫米波波段地面射电天文学的最佳解决方案[193]。

SIS 混频器的信号带宽为中心频率的 10%~30%,在低频时的分数带带宽较大。在 1 THz 以下,混频器使用波导耦合,而在 1.2~1.25 THz 内,混频器采用准光耦合。

单像元 SIS 混频器通常需要 40~100 μW 的 LO 泵浦功率,这比单像元 SBD 混频器的 LO 泵浦功率(P>1 mW)要低得多[194]。更低的 LO 功率则可使用超导热电子测辐射热计混频器(多小于 P<100 nW)[195],但也需要在非常低的温度下工作。与肖特基二极管或 SIS 探测器不同,热电子测辐射热计属于热探测器[196]。

由于约瑟夫森效应,SIS 结构中存在的电容是电流短路的原因之一。为了排除这种效应,文献[196]提出了 SIN 结构,将一侧的超导体换成正常金属。虽然在 SIN 结构中,$I-V$ 特性不像在 SIS 结构中那么非线性,这会导致灵敏度降低,但排除了约瑟夫森效应的影响。为了驱使电子从正常金属隧穿到超导体,费米能级以上的电子能量不应小于 $\Delta-qV_b$,其中 V_b是结的偏置电压[13]。因此,结电流反映了正常金属中电子费米分布的尾部,并存在与电子温度 T_e 的指数相关性,如 $\exp[-(\Delta-qV_b)/kT_e]$。因此,SIN 结可以用于测量正常金属中电子的温度。

图 28.48 显示了 SIN 辐射耦合和温度读出的原理图[197,198]。用微米尺度的金属薄带(黑色带)作为电阻负载,对超导天线的 RF 电流进行热化。薄带中电子由此产生的温升是通过在恒流 I 下结两端偏置电压的变化来测量的。通过绘制 SIN 结的 $I-V$ 曲线,就可以检测到吸收器薄带中电子温度的变化[图 28.48(b)]。接触超导电极的另一种超导体的 T_c 远高于电极的 T_c。正常金属吸收体可以使用 300 Å 厚的铜层[199]。为了避免电子扩散到天线中造成的能量损失,吸收层通过超导电极(如 Al)接触,因为安德列夫效应禁止能量通过 NS 界面从正常金属传输到超导体[200]。

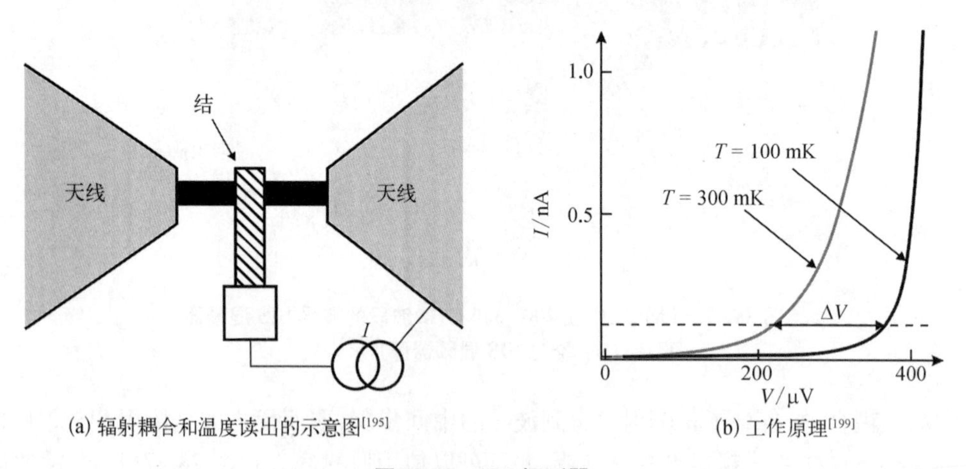

(a) 辐射耦合和温度读出的示意图[195]　　(b) 工作原理[199]

图 28.48　SIN 探测器

文献[201]讨论了 SIN 结构的工作原理。这些探测器的 NEP 值在 $T\approx$300 mK 时可以达到 10^{-17} W/Hz。Schmidt 等[202]在正常金属体积为 4.5 μm^3,工作温度 T=270 mK,时间常数 τ=1.2 μs 的条件下,测得 NEP 值为 7×10^{-17} W/Hz$^{1/2}$。

SIS 隧道结具有很强的非线性 $I-V$ 特性，主要用作外差式毫米和亚毫米接收器的混频器。它们还可以用作直接探测器。然而，到目前为止，SIS 探测器很难集成到大型阵列中。

高温超导 SIS 器件仍在研究中。尽管可能实现高频工作，但此类器件的噪声水平也会高得多。

28.9　微波动态电感探测器

低温探测器的工作温度约为 100 mK，是目前在大部分电磁波谱上进行天文观测的首选技术。大尺寸、高灵敏度 FPA 的发展尤其有望在两种探测器技术上获得发展：转变边沿传感（transition edge sensor，TES）测辐射热计（28.12 节）和基于不同超导原理的微波动态电感探测器（microwave kinetic inductance detector，MKID）。目前，多台仪器正在研发中，采用 10 000 个探测器组成阵列（图 28.11），并使用 SQUID 的时域多路复用和频域多路复用[38]。这两种传感器都有望实现星载光谱设备所需的极低 NEP（约为 10^{-20} W/Hz$^{1/2}$）。

MKID 比 TES 或 STJ 探测器更容易制造和实现多路复用，而且：

（1）百万像元阵列即将问世，它们比任何竞争性技术都更容易制造和读出；

（2）可以工作在从 UV（约为 0.1 μm）到 IR（约为 10 μm）再到毫米波的波段；

（3）必须保持超导温度，但读出电子元件不需要-这得益于为无线通信行业开发的室温微波集成电路的巨大进步。

MKID 最早是由加州理工学院和喷气推进实验室（Jet Propulsion Laboratory，JPL）的科学家于 2003 年开发的[203]。它们是一种非平衡超导光子探测器，从入射光子吸收的能量可以打破库珀对。入射光子通过动态电感效应改变超导体的表面阻抗，这是因为能量可以储存在超导体的超电流中。可以使用薄膜超导谐振电路测量额外的电感，从而测得入射光子的能量。为紫外、光学和红外天体物理设计的不同阵列之间的区别在于将光子能量耦合到 MKID 的方式[204]。MKID 的物理原理在其他地方已经有了广泛的讨论，这里只做一个简短的描述[204,205]。

MKID 本质上是由超导微波传输线或集总元件 LC 谐振器（由薄的铝和铌膜制成）组成的高 Q 谐振电路（high-Q resonant circuit）。在第一种情况下，通过耦合电容将弯曲的 1/4 波长超导材料条耦合到用于激励和读出的共面波导（coplanar waveguide，CPW）。集总元件是由电感耦合到高频谐振电路中的微带馈线的 LC 串联谐振电路构成的（图 28.49）。进入 MKID 的光子会破坏库珀对，从而改变传输线或感应元件的表面阻抗，产生大量准粒子。这会导致共振频率和品质因子按照光子的能量大小成正比地移动。通过谐振器发送出微波激励信号，具有幅度和相位。在光子吸收事件之后，薄膜表面阻抗的变化将共振频率推低并改变其振幅。所吸收的光子能量可以根据相位和振幅的移动程度来确定。因为超导体制成的谐振器损耗非常低，所以有可能获得非常高的 Q 因子。

最先研究的 MKID 是共面波导（CPW）谐振器。它们很容易在晶体介质上用单层金属层构成，主要是在高阻硅或蓝宝石衬底上用 Nb、NbTiN、Ta、Re、Al、AlMn、Mo、PtSi、Ti 和 Ir 等材料成功制成了共面波导 MKID。Mo 和 Ti 薄膜很难制作出高质量因子的谐振器。钽薄膜的性能往往不如 Al 和 Nb。图 28.50 显示了一条共面波导传输线，该传输线由两个槽切割成一个金属接地面，形成一个中心带。它们通常可被视为 1/4 波传输线谐振器，一端电容耦合到

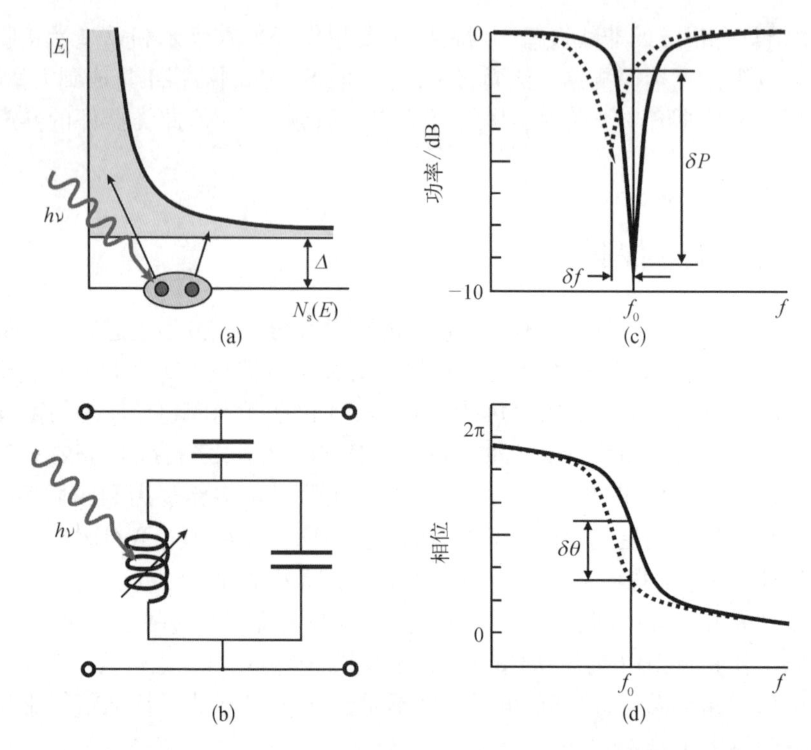

图 28.49　MKID 工作原理示意图：(a) 一个能量为 $h\nu>2\Delta$ 的光子打破库珀对，在冷却到 $T<T_c$ 的超导带中产生准粒子；(b) 超导带被用作微波谐振电路中的电感元件，准粒子密度的增加改变了阻抗；(c) 通过谐振电路的传输在谐振频率 f_0 处有一个很窄的凹陷，该谐振频率 f_0 的位置在电感改变时会发生移动；(d) 微波探测信号在 f_0 改变时会发生相移

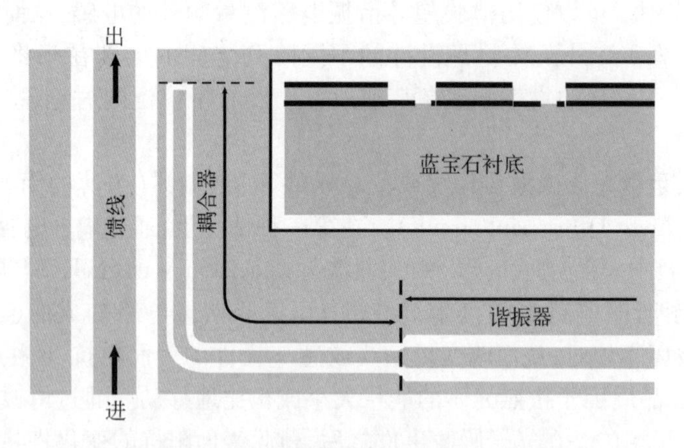

图 28.50　CPW 耦合器和谐振器的示意图

插图显示了 CPW 的截面图。金属表面的轮廓和衬底裸露表面的轮廓分别用实线与虚线表示[206]

馈线，另一端短接。

CPW MKID 和传输线谐振器的主要缺点是在大电流区域对准粒子峰非常敏感。

图 28.51 显示了另外两个 MKID 的示例。集总元件 MKID[图 28.51(a)]使用单独的电感和电容形成谐振器。在这个设计中，一个叉指电容器连接到一个曲折电感上。集总元件 MKID 的优点在于它们的制作非常简单，因为它们不需要准粒子俘获。第二种 MKID 设计同

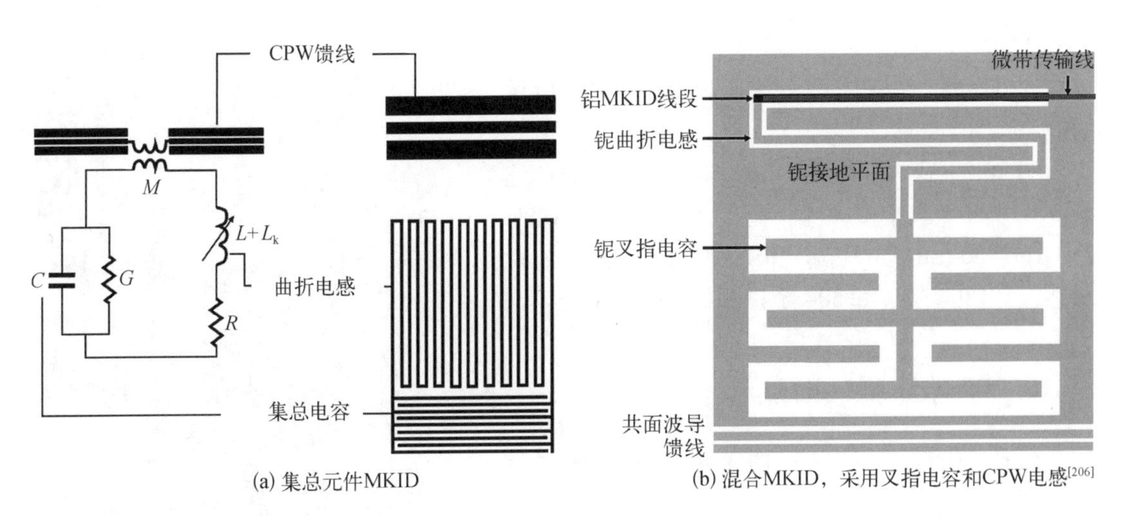

图 28.51　两类 MKIDs

时使用集总元件和传输线谐振器。

读出几乎完全在室温下进行，并且可以高度多路复用。原则上，一条馈线可以读取数百个甚至数千个谐振器[22,23]。

在 MKID 情况下，通过将每个像元调谐到略有不同的微波频率，可以在一条输出线上对多个探测器进行频率复用。这种调谐是在使用标准微光刻技术的制造过程中以几何方式完成的。在探测器工作期间，每个像元在匹配的谐振频率上被激励，如图 28.52 所示。通过这种方式，每个像元都与一个微波频率相关联，该频率可以由微波光谱仪进行分析。图 28.52 所示的每个像元的单独振荡器可由单个高速数模转换器取代，该转换器可以输出包含必要傅里叶分量的波形，以复制所需的梳状频谱。

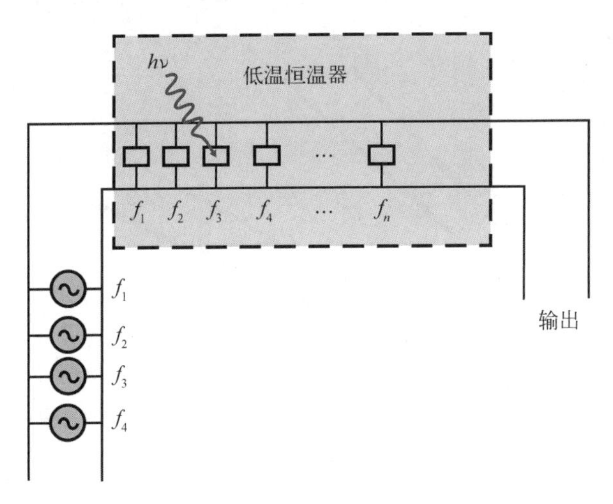

图 28.52　频率复用的 MKID 阵列

MKID 阵列是探测器工作的活跃领域，已经开发出许多用于地面望远镜的相机，包括加利福尼亚理工大学亚毫米天文台（Caltech Submillimeter Observatory，CSO）的多波长亚毫米动态电感相机（Multiwavelength Submillimeter kinetic Inductance Camera，MUSIC）[206]、APEX[207]

和 IRAM[208]。最近,还展示了它们在 FIR 和亚毫米波长的低背景(星载应用中的典型情况)空间应用的适用性[209]。

图 28.53 显示了为 CSO 设计的 MKID 相机,它有 576 个天线耦合的空间像元,每个像元同时对 750 μm、850 μm、1 100 μm 和 1 300 μm 的四个波段敏感,总共相当于有 2 304 个探测器。

图 28.53 装有 MKID 相机的低温恒温器

图中显示了 4 K 辐射屏蔽,底部分开部分是 50 K 辐射屏蔽。由脉管制冷器提供 4 K 的制冷,焦平面需制冷到低于 Al/Nb 的转变温度(T_c = 1.2 K),这是由氦吸附制冷机完成的[206]

28.10 半导体测辐射热计

经典的测辐射热计采用重掺杂和补偿半导体,它通过跳跃过程导通,电阻 $R(T) = R_0\exp(T/T_0)^p$,其中 R 是温度 T 下的电阻,T_0 和 R_0 是取决于掺杂的常数,R_0 也取决于热敏电阻的尺寸[39]。指数 p 是一个常数,通常假定 $p = 0.5$。热敏电阻由离子注入的 Si 或中子嬗变掺杂(neutron transmutations doping,NTD)的 Ge 制成[50]。图 28.54 显示了一些 NTD Ge 样品在 70 mK~1 K 温度范围内的实验结果和拟合曲线,其中所有样品的 p 值都约为 0.5[210]。NTD 将 ^{70}Ge 转换为 ^{71}Ga(受主),将 ^{74}Ge 转换为 ^{75}As(施主)。掺杂浓度取决于中子通量,而补偿比可以通过同位素比来改变。

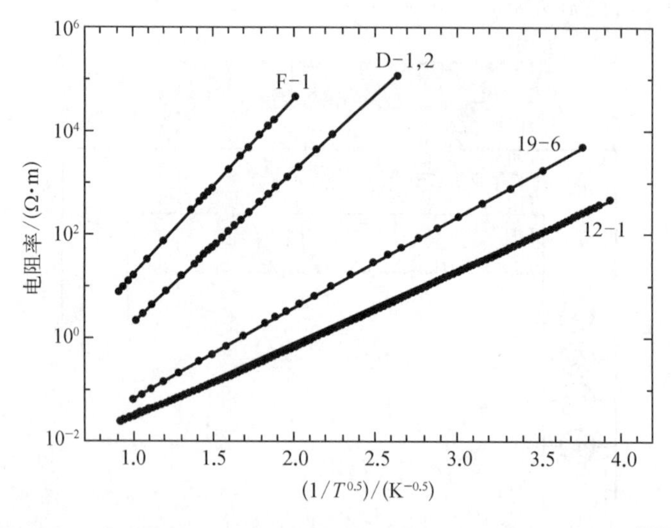

图 28.54 几种不同的 NDT Ge 样品的零偏电阻率随温度的变化[210]

热敏电阻通常是光刻制备在 Si 或 SiN 薄膜上的。阻抗选择为几 MΩ,以最大限度地降低工作在 100 K 左右时结型场效应管(junction FET,JFET)放大器中的噪声。这项技术的限制被认为是不同温度下的热机械连接和电气接口造成的(测辐射热计工作在 100~

300 mK,而放大器工作在约 100 K)。通常,JFET 放大器位于薄膜上,这样可以有效地实现热隔离,使环境保持在非常低的温度(约为 10 K)(图 28.55)。此外,处于 10 K 的设备自身也需要与附近处于 0.1~0.3 K 的元件进行热隔离。没有可行的方法将多个这样的测辐射热计多路复用到一个 JFET 放大器上。目前阵列要求每个像元有一个放大器,规模限制在几百个像元。

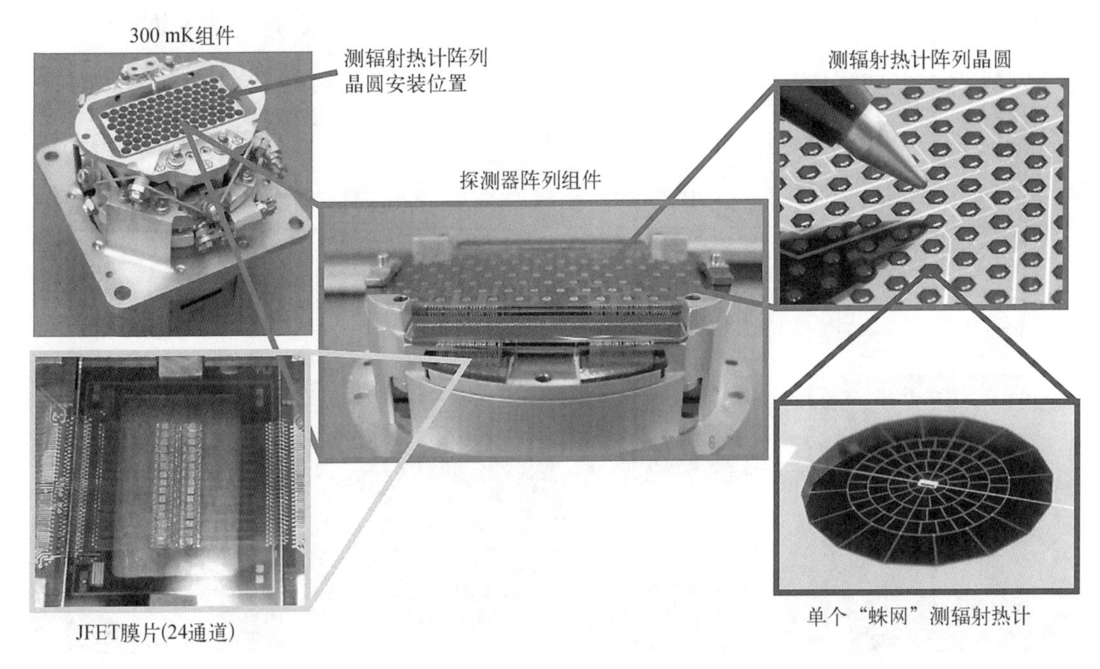

图 28.55　光谱与光度学成像接收器(spectral and photometric imaging receiver,SPIRE)的测辐射热计阵列[211]

在测辐射热计中,使用连续的或网格图案的金属薄膜吸收光子。图形化设计可以用于选择光谱波段、提供偏振灵敏度或控制光通过量。不同的测辐射热计结构都有使用。在密堆积的阵列和蛛网结构中,制作了弹出式结构或双层凸点键合结构。Agnese 等[212]报道了一种不同的阵列体系结构,由两个晶圆通过铟柱键合组装而成。其他类型的测辐射热计集成在喇叭耦合阵列中。为了最小化低频噪声,需使用 AC 偏置。

目前的技术可以生产数百个像元的阵列,在许多实验中工作在 40~3 000 μm 的光谱范围内,包括 NASA Pathfinder 地面仪器,以及类似 BOOMERANG、MAXIMA 和 BAM 等探空气球实验。在表 28.8 中,对典型天文仪器的探测需求进行了汇总,包括测辐射热计。为了满足这些需求,意味着要在响应时间和 NEP 之间进行折中。图 28.56 显示了 BOOMERANG 设备中采用的蛛网测辐射热计,目前已用于空间实验(普朗克任务和赫歇尔任务)。

另一种方法是在用于红外天文平流层天文台(Stratospheric Observatory for Infrared Astronomy,SOFIA)的 SHARCII 仪器中所采用的阵列,如图 28.56(a)所示[213]。这种具有 12×32 像元的阵列结构,采用弹出式结构,其中吸收体是沉积在后续可以折叠起来的介电薄膜上的。12×32 测辐射热计阵列、负载电阻和热隔离 JFET 封装在大约为 18 cm×17 cm×18 cm 的体积中,总质量为 5 kg,热沉温度为 4 K。每个测辐射热计制作在 1 μm 硅膜上,辐射收集

表 28.8 典型天文仪器的探测需求

仪器	波长范围/ μm	NEP/ ($W/Hz^{1/2}$)	τ/ms	$NEP\tau^{1/2}$/ ($\times10^{-19}$ J)	评 述
SCUBA	350~850	1.5×10^{-16}	6	9	高背景,需要合理的 τ
SCUBA-2	450~850	7×10^{-17}	1~2	1	低背景,需要更快的 τ
BoloCAM	1 100~2 000	3×10^{-17}	10	3	低背景,可以用较慢的器件
SPIRE	250~500	3×10^{-17}	8	2.4	空间背景,可以用较慢的器件
Planck-HFI	350~3 000	1×10^{-17}	5	0.5	背景最低,需要相当快的 τ

SPIRE,光谱和光度成像接收器

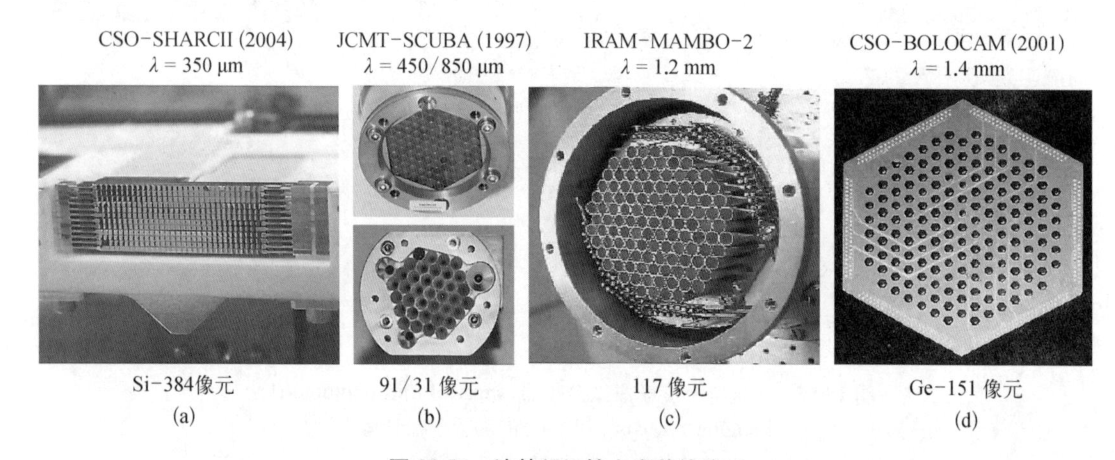

图 28.56 地基望远镜上安装的阵列

面积为 1 mm×1 mm。整个区域经磷和硼离子注入(深度约为 0.4 μm)形成热敏电阻。热敏电阻与硅框架上的铝连线之间的电接触是通过在热敏电阻边缘制作简并掺杂导线并沿着测辐射热计支腿延伸来实现的。四条隔热腿每条宽 16 μm,长 420 μm。在折叠之前,每个测辐射热计都涂有一层约为 200 Å 的铋吸收膜和一层约为 160 Å 的 SiO 保护膜。在基温 0.36 K 和暗背景下,测辐射热计的峰值响应率约为 4×10^8 V/W,在 10 Hz 时的最小 NEP 约为 6×10^{-17} $W/Hz^{1/2}$。声子噪声是主要的,其次是测辐射热计的约翰逊噪声。

随着可在测辐射热计温度附近工作的低噪声读出电路的研发,第一批真正高性能的 FIR 和亚毫米光谱测辐射热计阵列即将问世。例如,Herschel/光电探测阵列相机和光谱仪(photodetector array camera and spectrometer,PACS)仪器使用2048 元的测辐射热计阵列[214],是 JFET 放大器的一种替代。这种阵列的架构与直接混成式中红外阵列有些相似,在这种阵列中,硅片上印有测辐射热计图案,每个测辐射热计都具有网状形式,如图 28.57 所示。硅微机械加工的发展使得测辐射热计的结构总体上有了实质性的进步,对制造大规模阵列至关重要。为了获得合适的响应和时间常数等特性,需要仔细设计撑杆和网孔。网格使用薄层氮化钛涂黑,其表面电阻与自由空间的阻抗相匹配(正方形薄膜上的阻抗为 377 Ω),从而在较宽的光谱范围内提供 50%的效率。每个位于网格中心的测辐射热计包含一个离子注入掺杂的硅温度计，具有适当的温度敏感电阻。它们的大电阻($>10^{10}\ \Omega$)可以很好地匹配 MOSFET 读出放大器。在混成阵列制造的最后一步，基于 MOSFET 的读出电路和硅测辐射热计晶圆通过铟柱键合连接。目前，性能受 MOSFET 放大器噪声的限制，NEP $\approx 10^{-16}\ W/Hz^{1/2}$，但该技术允许构建出适用于更高背景下的超大型阵列。更多细节可参考 Billot 等[214]的文章。

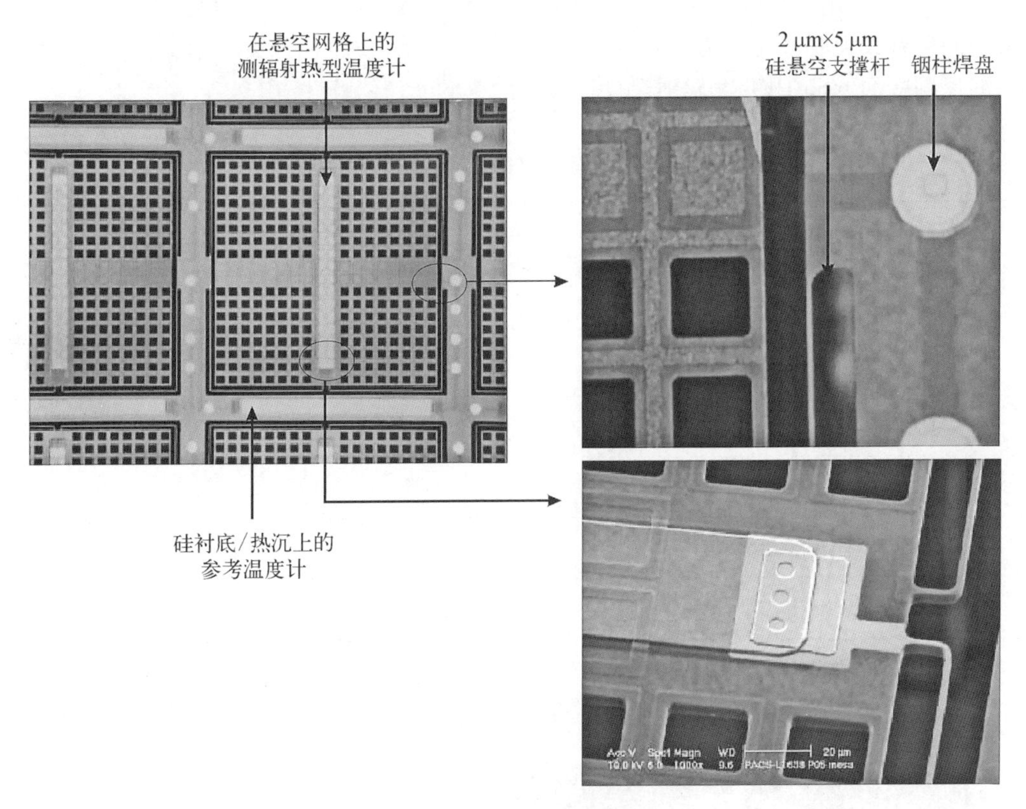

图 28.57　Herschel/PACS 测辐射热计阵列，像元尺寸为 750 μm[215]

28.10.1　半导体热电子测辐射热计

如果要将测辐射热计用作太赫兹混频器，响应必须足够快以跟上中频 IF，即混频过程相关的总时间常数的最大值必须仅为几十皮秒。换句话说，需要高导热系数和小热容[41]。这些要求可以通过半导体或超导体中的电子与晶格(声子)相互作用来满足。电子热容比晶格热容低好几个数量级。

术语“热电子”描述的是半导体中的非平衡电子[216]。在这种情况下，电子分布可以用费米函数分布来形式化地描述，但是具有较高的有效温度。这一概念很成功地适用于半导体材料，因为载流子迁移率取决于有效温度。在金属中，迁移率的变化不那么明显，加热电子不会影响金属电阻，除非有效温度的变化与费米能级处的温度相当。

在普通测辐射热计中，晶格吸收能量并通过碰撞将其传递给自由载流子。而在热电子测辐射热计中,入射辐射功率直接被自由载流子吸收,晶格温度基本保持不变。请注意,这种机制与光电导的不同之处在于,入射光产生的是自由电子迁移率变化而不是电子数变化。在低温下,电子的迁移率变化为 $T_e^{3/2}$,其中 T_e 是电子温度,材料的电导率受迁移率的影响。这种机制可以提供亚微秒的响应和宽的 FIR 波段覆盖,探测波长可达毫米,但需要液氦制冷。

第一个"热电子"测辐射热计(hot electron bolometer,HEB)是低温体材料 n - InSb[217,218]。目前,该探测器使用了一种特殊形状的高纯度 n 型 InSb 晶体,它可以直接耦合到一个非常低噪声的前置放大器。红外实验室生产的 InSb HEB 的参数如表 28.9 所示[219]。图 28.58 显示了液氦制冷的 InSb HEB 测辐射热计及其探测率的光谱依赖性[220]。

表 28.9 红外实验室生产的 InSb HEB 的参数[219]

参　数	值
探测器面积/mm^2	5×5
探测器安装方式	设置在集成腔体中的蓝宝石衬底
工作温度/K	1.5~4.2
光谱响应/mm	0.2~6
3 dB 频率响应/kHz	600
NEP/($W/Hz^{1/2}$)	$<8\times10^{-13}$

(a) 测辐射热计照片

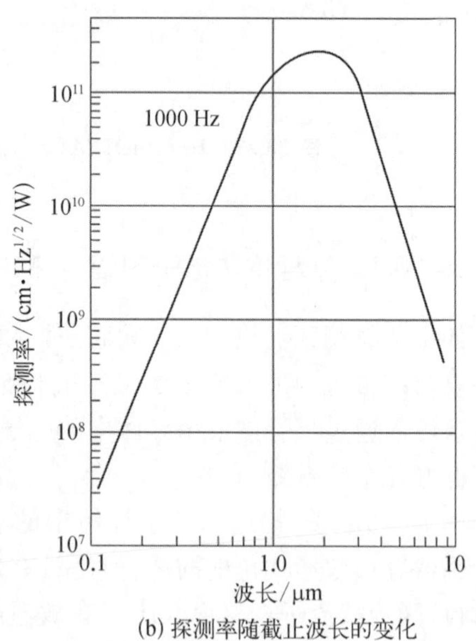

(b) 探测率随截止波长的变化

图 28.58 InSb HEB 探测器

目前,在 HEB 制造中也采用了其他的半导体材料[221-223]。尽管由于光子-电子相互作用的速率很高,电子的加热速率极高,但最大的相变频率受半导体中的热弛豫速率的限制,在低温下,热弛豫速率由电子-声子相互作用时间($\tau \approx 10^{-7}$ s)决定。与传统的晶格加热的热探测器相比,这种响应时间相对较短,但比超导 HEB 中的 τ 要长。因此,这样的响应速度非常适合直接探测半导体系统,但不适合混频器。在 4 K 及以下的工作温度下,NEP 可达 5×10^{-13} W/Hz$^{1/2}$。

外差探测工作所需的半导体 HEB 中电流-电压特性的非线性取决于电导率对电子迁移率的依赖关系,而电子迁移率是外加电场的函数,因此非线性特性是电子温度的函数。将半导体 HEB 变频器的温度提高到 80 K 左右(电声子相互作用很强,τ 约为 10^{-11} s),可以获得较高的 IF 值和较宽的 Δf,但在这种情况下,变频器的噪声水平明显增加,转换损耗也增加得很快。

在低维半导体结构中,电子-声子相互作用可以大大增加(τ 减小),因此,这类结构可以作为具有更高 IF 和更宽带宽(最高可达 10^9 Hz)的变频器。直接测量光响应的弛豫时间,表明在 4.2~20 K 温度范围内,τ 约为 0.5 ns。因此,与体材料半导体 HEB 相比,IF 可以提高约 3 个数量级。

从历史上看,使用半导体的 HEB 混频器于 20 世纪 70 年代初发明[215],并在早期亚毫米波天文学中发挥了重要作用[224-229],但到 90 年代初被 SIS 混频器取代。然而,在频率超过 SIS 混频器的太赫兹波段,研究人员使用超导 HEB 技术获得了最灵敏的太赫兹混频器。HEB 混频器和普通测辐射热计之间的主要区别是它们的响应速度不同。HEB 混频器的速度足够快,可以在 IF 带宽下达到 GHz 输出。

28.11　超导测辐射热计

下一代电阻式测辐射热计要达到非常高的灵敏度,要求探测器能够探测宽频率范围(100 GHz 到几 THz)的光子,NEP 值约为 10^{-18} W/Hz$^{1/2}$或更低。最近,基于和 Herschel/PACS 相同的探测器,文献[230]报道了亚毫米波广角相机 ArTéMiS。这架相机是专门设计用来与位于智利阿塔卡马沙漠(Atacama Desert, Chile)拉诺德查南托(Llano de Chajnantor)的 12 m 口径 APEX 亚毫米波望远镜对接的。ArTéMiS 探测器采用 Si : P : B 辐射热计(测温计是由掺磷和掺硼的硅制成的),包括 20 个 16×18 像元的子阵列,同时工作在 3 个波长(4 个阵列在 200 μm,8 个阵列在 350 μm,8 个阵列在 450 μm,总共 5 760 个像元),工作温度为 300 mK 或略低[231]。

与 PACS 测辐射热计相比,新的探测器(图 28.59)不采用铟柱互连的混成架构,传感器的每一层都生长在 ROIC 上。如图 28.60 所示,在背板上方的硅网格上沉积了一层超导 TiN 层,可以有效地吸收亚毫米波辐射[232,233]。吸收是通过垂直谐振(1/4 波长的腔体)和水平谐振(沉积在折线上的金属图案,形成两个平面天线网络)相结合实现的。所设计的像元适用于相对较短的波(80~150 μm)。更长波长的吸收是通过一种基于减反射层的系统来实现的,该系统可以进行调节以增强特定波段的吸收。在实验室测得的光谱响应在 200~550 μm 内超过 92%。表 28.10 对比了 ArTéMiS 与之前安装的电阻测辐射热计阵列的测量性能。

图 28.59 在 2014 年成功用于 APEX 的 ArTéMiS 350 μm 波段 FPA

在每个 16×18 阵列的一侧可见 300 mK 的排线，将阵列连接到处于 4 K 温度的电子平台[231]

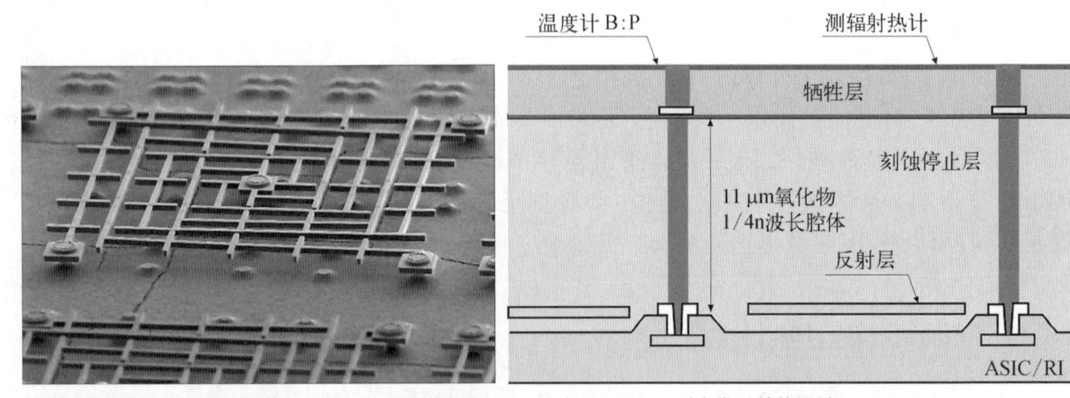

(a) 偏振敏感像元的SEM照片，用穿过Si通孔的铜柱将两组交错的硅折线保持在SiO_2层上方2 μm处

(b) 像元结构设计

图 28.60 ArTéMiS 具有 150 μm 像元尺寸

表 28.10 地面测辐射热仪器的性能

仪器	中心波长/μm	像元数量	视场角	波束 FWHM	像元 NEFD/(mJy·$s^{1/2}$,1σ,1s)	成像速度
Artemis(APEX)	350	4 个子阵列 16×18	4.7′×2.3′	8.5″	600 (最优值 300)	比 SABOCA[a] 快 5 倍
P - Artemis(APEX)	450	8 个子阵列 16×18	1.0′×1.0′	9.4″	2000	0.3
SHARC - 2	350	12×32	0.9′×2.5′	8.5″	1000	1
SCUBA - 2	450	80×80	8′×8′	7.5″	600	40

噪声等效通量密度(noise equivalent flux density,NEFD)。

[a] 考虑整台仪器的话，速度快了 16 倍。

ArTéMiS 相机已经获取了一张非常详细的猫爪星云（NGC6334）的照片，这是一颗位于天蝎座的恒星（图 28.61）。背景图像来自 VISTA 的观测，350 μm 的 ArTéMiS 数据显示为橙色。在与恒星形成的核心相对应的最活跃区域周围可以清楚地看到细丝结构。

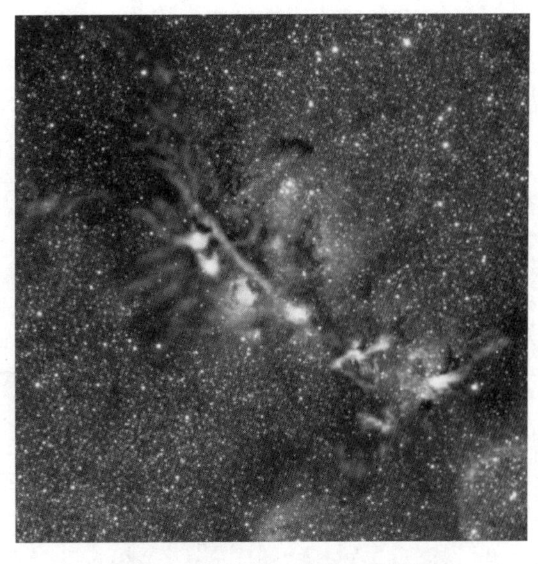

图 28.61　恒星形成区域 NGC6334（猫爪星云），ArTéMiS 在 350 μm 观测的图像[233]

28.11.1　超导热电子测辐射热计

有关 HEB 的介绍请参阅 8.6 节。如前面所述，HEB 的工作依赖于电子和声子的相互作用机制。声子与电子比热的比值 C_p/C_e 控制着从电子到声子的能量流动，以及由于电子对非平衡声子的重吸收而产生的能量回流。这一比率对于 Nb 为 0.85，对于 NbN 为 6.5，对于 YBaCuO 层为 38[234]。在非常薄的膜中，声子可以在被电子重新吸收之前逃逸到衬底中。在沉积在衬底上的厚度小于 10 nm 的 Nb 薄膜中，$\tau_{phe}>\tau_{eph}$，声子有效逃逸到衬底而不是将能量回流到电子。因此，仅 τ_{eph} 决定了响应时间，大约等于 5 ns。因此，Nb 器件在很宽的光谱范围内都很灵敏，与体材料半导体测辐射热计（工作在 $T\approx 4$ K）相比要快得多，并且 NEP 约为 3×10^{-13} W/Hz$^{1/2}$[235]。

卡拉西克（Karasik）等[43]已经报道了热电子超导直接探测 Ti 纳米测辐射热计的实验结果，是在 Si 平面体材料衬底上制备的，使用 Nb 接触，在 300 mK 时，电学 NEP 值为 3×10^{-19} W/Hz$^{1/2}$。制冷 HEB 的时间常数在 $10^{-10}\sim10^{-5}$ s 的较宽范围内。对于较大的器件，在 $T=190$ mK 时，其热学时间常数 $\tau_{eph}=25$ μs。首次记录的光学 NEP $=3\times10^{-19}$ W/Hz$^{1/2}$（$\lambda=460$ μm，$T=50$ mK）[60]。如此高的灵敏度可以满足 SPICA 望远镜上 SAFARI 仪器的性能要求。

与 Nb 薄膜相比，NbN 薄膜的 τ_{eph} 和 τ_{phe} 短得多，这是因为 NbN 薄膜具有更强的电-声子相互作用。在 3 nm 厚的超薄 NbN 薄膜中，τ_{eph} 和 τ_{phe} 共同决定了探测器的响应时间，在 T_c 附近约为 30 ps（$\tau_{eph}\approx10$ ps）[236]。NEP 值可达 10^{-12} W/Hz$^{1/2}$[237]。

由于对于 YBaCuO 探测器层，$C_p/C_e\approx38$，层主要是声子冷却的，声子到电子的能量回流可以忽略不计，热化时间比 NbN 层快一个数量级（$\tau_{eph}\approx1$ ps）。在飞秒脉冲激发的 YBaCuO 薄膜中，非热（热电子）和热测辐射（声子）过程实际上是解耦的，前者主导着电子弛豫的早期阶段。为了使电子与声子解耦，薄膜中的非平衡声子应该在相比声子-电子时间（τ_{phe}）更短的时间内逃逸（进入衬底）。

如图 6.10 所示，与竞争对手（如 SIS 隧道结）相比，HEBS 从探测机制而言，没有表现出任何频率限制。HEB 混频器是在 1 THz 以上频率进行外差观测的最有吸引力的候选者。尽管还缺乏预测性能方面的严格理论，HEB 技术在实际仪器（Heinrich Hertz 望远镜、Receiver Lab 望远镜、APEX、SOFIA、Hershel）上的成功运行已证明了其重要性[238,239]。

外差混频器的标准设置如图 28.62 所示。QCL 安装在液氦低温恒温器中,工作温度约为 10 K。光束通过窗口进入与 HEB 低温腔体相连的黑体热/冷真空装置,然后由 3 μm 厚的聚酯薄膜分束器反射。这个低温腔体冷却到 4.2 K,HEB 安装在 10 mm 硅透镜的背面,并涂上一层减反射膜。第一级低噪声放大器连接在冷板上,工作温度为 4.2 K。在杜瓦外部,使用室温放大器和宽带滤波器进一步调节 IF 信号,然后使用功率计读取总功率。

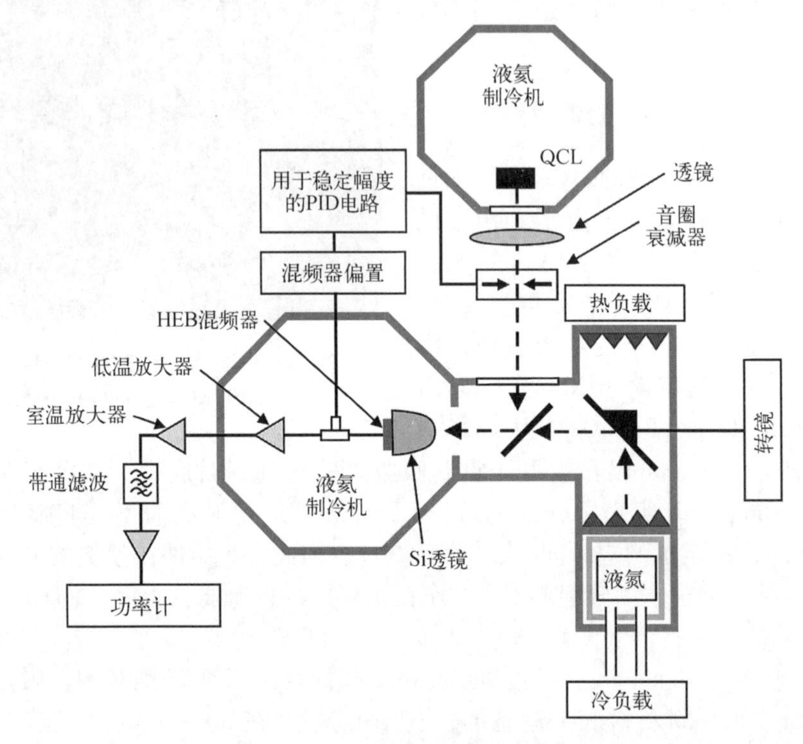

图 28.62 外差混频器的标准设置

HEB 混频器安装在一个硅透镜上。所使用的 LO 是一个 QCL。使用黑体源作为信号,可提供液氮 77 K 和室温 295 K 的两种负载

HEB 混频器的一个主要问题是实现足够快的热学时间常数,这样才能获得可用的几个 GHz 的 IF 输出带宽。对于固定的热弛豫时间,热容决定了所需的 LO 功率,可以通过使用体积非常小($<10^{-2}\ \mu m^3$)的超导薄膜来最小化热容。所需的 LO 功率与 SIS 混频器相比大约低 1 个数量级(通常为 100~500 nW),与 SBD 相比则低得多(3~4 个数量级)。LO 功率随微桥体积的增大而增大,随临界温度的升高而减小[240]。

研究者提出了大量的天线设计[241,242],包括碟形和喇叭天线、对数周期、螺旋形、槽/孔、蝴蝶结等(图 8.20)。对于可以有效发射和接收辐射的印刷天线,尺寸大约是波长 λ 的一半。探测器的灵敏度与天线有效面积 S_{eff} 成正比。天线有效面积 S_{eff} 值与增益 G 可用式(28.20)联系起来[241]:

$$S_{eff} = \frac{\lambda^2}{4\pi}G \tag{28.20}$$

因此,随着频率 $\nu=c/\lambda$ 的增加,有效天线面积减小。增益 G 取决于天线设计、介质衬底属性

等,并且随着波长的减小而增大。

有两种方法可以获得有用的中频输出带宽:

(1) 声子冷却,使用具有大的电-声子相互作用特性的超薄 NbN 或 NbTiN 膜;

(2) 扩散冷却,使用耦合到正常金属冷却“垫”或电极的亚微米 Nb、Ta、NbAu 或 Al 器件。

这两种类型的器件灵敏度不相上下。

通常,声子冷却的 HEB 是由 NbN 的超薄膜制成的,扩散冷却的器件是用 Nb 或 Al 制成的。目前最先进的 NbN 技术能够提供常规尺寸为 500 nm^2,厚 3 nm 的器件。NbN 薄膜是在介质(通常是电阻率大于 10 kΩ·cm 的高阻硅)上沉积的。超导电桥是用电子束曝光定义的,其长度为 0.1~0.4 μm,宽度为 1~4 μm。

图 28.63(a)显示了 NbN 混频器芯片的横截面示例。大约 150 nm 厚的 Au 螺旋结构连接到触点焊盘。超导 NbN 膜在接触层/天线下方延伸。图 28.63(b)所示混频器芯片的中心区域由 3.5 nm 厚的超导 NbN 薄膜制成,该薄膜位于高阻 Si 衬底上,带有电子束蒸发的 MgO 缓冲层[243]。采用反应磁控溅射法在 $Ar+N_2$混合气体中制备了超薄 NbN 薄膜。有源 NbN 膜的面积由金电极之间间隙(0.2 μm)的长度决定。NbN 的临界温度取决于衬底上沉积的薄膜厚度。由于硅衬底上 MgO 缓冲层的存在,NbN 薄膜的超导性能得到了明显的改善[图 28.63(c)]。超导转变温度约为 9 K,转变宽度约为 0.5 K。

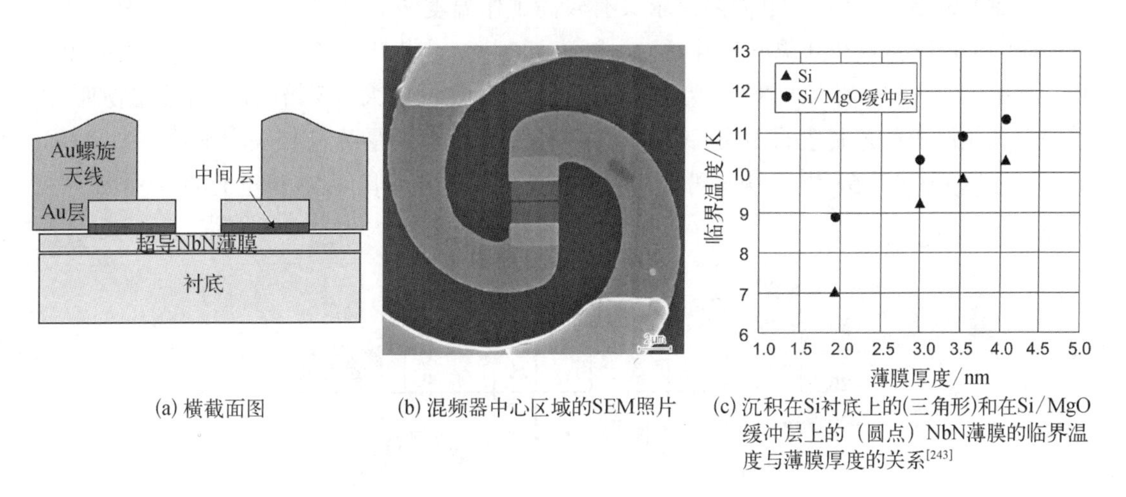

(a) 横截面图　(b) 混频器中心区域的SEM照片　(c) 沉积在Si衬底上的(三角形)和在Si/MgO缓冲层上的(圆点)NbN薄膜的临界温度与薄膜厚度的关系[243]

图 28.63　NbN HEB 混频器芯片

NbN 超导 HEB 混频器具有很强的电声子相互作用。响应时间可以达到 10^{-11} s[236],并且由于对工作在 ν>1 THz 没有原理上的限制(没有明显的性能下降),这些器件可以有效地用于宽光谱范围(直到可见光谱范围)的外差探测,而如 SIS 混频器在这种情况下的工作会受到阻碍。例如,图 28.64 显示了沉积在 MgO 衬底平面上的 3.5 nm 厚的 NbN 薄膜器件(曲线 A)和沉积在带有 MgO 缓冲层的 Si 衬底上的 3.5 nm 厚 NbN 薄膜器件(曲线 B)的输出功率随中频的变化。由于自由载流子弛豫速率的影响,频域被限制在几 GHz 以内。

HEB 混频器中的中频带宽是由反向能量弛豫时间确定的。在 NbN HEB 中,带宽被限制在 3~4 GHz。银河系分子谱线的高分辨率光谱需要较大的 IF 带宽。这些限制促使人们寻找具有更高临界温度的新材料,其中电子的热弛豫可能会更快。此外,为了降低对空间应用

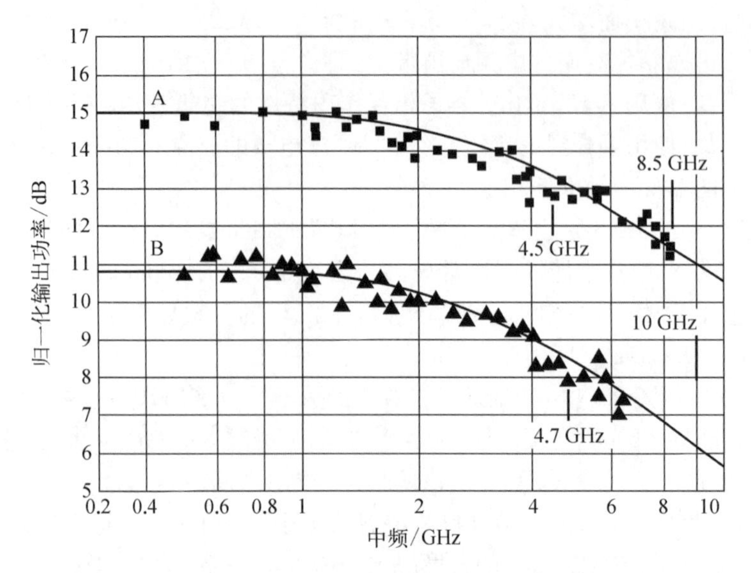

图 28.64 沉积在 MgO 衬底上(曲线 A)和带有 MgO 缓冲层的 Si 衬底(曲线 B)上,厚度为 3.5 nm 的 NbN 薄膜器件的输出功率与中频的关系[243]

非常重要的低温制冷要求,也需要寻求具有较高工作温度的 HEB 混频器[244]。作为一种很有前途的 HEB 材料,切列德尼琴科(Cherednichenko)等[245]提出了声子逃逸时间大大缩短的 MgB_2,由于其中存在超高声速(约为 8 km/s),比 NbN 中的要大 2.5 倍。最近,使用物理-化学混合气相沉积工艺制造的 MgB_2混频器(T_c = 36~38 K,薄膜厚度为 15 nm)显示出 8~9 GHz 的大 IF 带宽(图 28.65)[246]。由于带宽与薄膜厚度成反比,预期可以获得更大的 IF 带宽[247]。

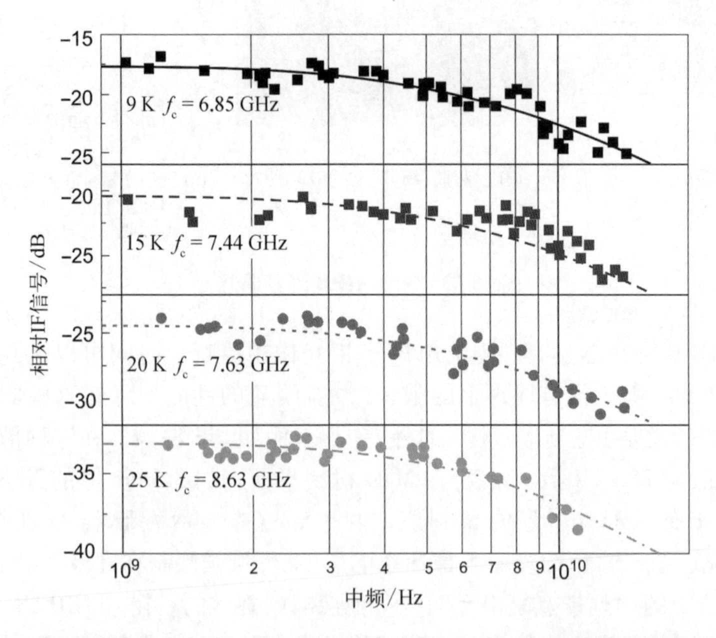

图 28.65 耦合到宽带平面微天线的 SiC 衬底上的 15 nm 厚 MgB_2混频器中的 IF 谱,测试中使用了两个单色 600 GHz 源(f_c表示−3 dB 的截止频率)[246]

HEB 的灵敏度明显高于 SBD,但略低于 SIS(图 6.10)。此图显示,HEB 混频器获得的 DSB 噪声温度范围为 400 K(600 GHz)~6 800 K(5.2 THz)。在 2.5 THz 以下的较低频率范围内,噪声温度接近 10 $h\nu/k$ 线。在此频率以上,由于光学元件损耗增加、天线效率降低及超导电桥中趋肤效应的影响,对应关系会变差。

关于高温超导体(high-temperature superconductor,HTSC)HEB,应该指出的是,这类接收器的文献并不是很多。它们还没有达到很高的技术成熟度,因为它们复杂的成分不允许制造出具有高临界温度的非常薄的层。Kreisler 和 Gaugue[248,249] 回顾了 FIR 与 THz 频率下零差和外差应用的天线耦合高 T_c测辐射热计。高温超导属于声子冷却型,电子扩散机制可以忽略不计[234,249,250]。与低温器件相比,这些接收器的噪声明显更大。这是由于相对较高的工作温度和过剩噪声的引入,此时声子动力学起到主要作用[251,252]。实际上,HTSC HEB 混频器没有达到低温超导 HEB 的灵敏度,但由于电声弛豫时间很短(YBaCuO 中的 $\tau_{eph} \approx$ 1.1 ps)[253,254],这些 HTSC HEB 混频器是宽带器件。

约瑟夫森探测器的实验数据表明,当 $T=80$ K($\nu=86$ GHz)时,NEP 值接近 8×10^{-15} W/Hz$^{1/2}$;当 $T=55$ K($\nu=692$ GHZ)时,NEP 值接近 3×10^{-13} W/Hz$^{1/2}$。Lyatti 等[255] 的结论是 HTSC HEB 混频器的 NEP 值可达 5×10^{-15} W/Hz$^{1/2}$。

28.12　转变边沿传感测辐射热计

转变边沿传感 TES 测辐射热计的名字来源于它的测温应用,该温度计基于保持在转变区内的超导薄膜,在几 mK 的温度范围内从超导态转变为正常态(图 8.18)[256]。薄膜在过渡区具有稳定但非常陡峭的电阻-温度的依赖关系。温度转变可以通过使用由正常材料和超导体层组成的双层膜来设置。这种设计可以使库珀对从超导体扩散到正常金属中,并使其成为弱超导,这一过程被称为邻近效应。结果是,转变温度比纯超导膜的相变温度要低。因此,原则上,TES 测辐射热计与 HEB 非常相似。在 HEB 的情况下,允许超导体中的电子直接吸收辐射功率以实现高速响应。然而,在 TES 测辐射热计中,更像是用了一个独立的辐射吸收器,通过声子作用使能量进入超导 TES,就像普通的测辐射热计所做的那样。

TES 测辐射热计在线性度、分辨率和最大计数率方面优于电流偏置的粒子探测器。目前,这些探测器具有较高的灵敏度($T=300$ mK 时电学 NEP 约为 3×10^{-19} W/Hz$^{1/2}$)和较低的热学时间常数($T=190$ mK 时 $\tau=25$ μs)[43,257],可用于太赫兹光子计数。膜隔离式 TES 测辐射热计能够达到声子 NEP $\approx 4\times10^{-20}$ W/Hz$^{1/2}$[39]。当代亚轨道实验在很大程度上依赖于 TES 测辐射热计。该传感器的一个重要特点是它可以在无线电波和伽马射线之间很宽的光谱范围内工作[13,258-262]。

TES 的温度可以通过使用由一层薄的普通金属和一层薄的超导体组成的双层膜来调节,从而产生可调的转变温度。可以使用不同类型的超导金属膜组合(双层),包括薄的 Mo/Au、Mo/Cu、Ti/Au 等。两种金属作为单一薄膜所表现出的转变温度介于 800 mK(Mo)和 0 K(Au)之间。转变温度可以在此温度范围内调节。由于这些器件的能量分辨率随温度变化而变化,因此需要较低的温度($T<200$ mK)。

传统上,超导测辐射热计采用恒流偏置和电压放大器读出。然后,由于 T_c附近电阻 R 的增大,偏置功率 $P_b = I^2R$ 随温度升高而增大。因此,电热正反馈会导致不稳定甚至热失控。Irwin[258]提出了电热负反馈的新想法,可以使 TES 的温度稳定在转变时的工作点。当吸收光子的能量导致 TES 温度升高时,TES 的电阻升高,偏置电流下降,电耗散减小,部分抵消了吸收功率的影响,限制了净的热漂移。具有负反馈的 TES 的优点包括线性、带宽和自身响应对外部参数(如吸收的光功率和散热器的温度)变化的免疫力。因此,这些器件适用于制造许多新任务[263-265]所需的大幅面喇叭耦合和填充阵列,比半导体测辐射热计更具有优势。

在实际应用中,偏置电压 V_b 的选择使得对于较小的光功率 P,TES 将被加热到温度转变中陡峭的位置。对于 P 的中间值,电热反馈使总功率输入 $P+V^2/R$ 保持恒定(因此温度也恒定)。电流响应率被定义为测辐射热计电流 I 对光功率变化的响应。那么,对于具有单极响应的热电路来说,响应等于[13,266]:

$$R_I = \frac{dI}{dP} = -\frac{1}{V_b}\frac{L}{(L+1)}\frac{1}{(1+i\omega\tau)} \tag{28.21}$$

式中,$L=\alpha P/GT$ 为回路增益,$\alpha=(T/R)dR/dT$ 为超导转变陡度的量度,为测辐射热计的品质因子,$G=dP/dT$ 为微分热导;τ 为有效时间常数。对于典型环路增益 $L \approx 10^2$[258,261,265],低频响应率为 $R_i \approx -1/V_b$,并且仅取决于偏压,与信号功率和热沉的温度无关。对于热敏探测器,有效时间常数 $\tau=\tau_0/(1+L)$ 远小于没有反馈的时间常数 $\tau_0=C/G$。电热负反馈可以使测辐射热计的运行速度提高数十倍甚至数百倍。Mo/Cu 组成的邻近效应层(T_c = 190 mK)的 α 值与热涨落噪声相一致,在 100~250 内[267,268]。

TES 的电阻很低,因此它只能向低输入阻抗放大器提供显著信号功率,而不能采用 JFET 和 MOSFET 放大器。取而代之的是,信号被送入 SQUID,而 SQUID 是越来越多的超导电子器件的基础。在这种情况下,TES 通过输入线圈耦合到 SQUID 的变压器。电流偏置并联电阻器用于向 TES 提供恒定电压偏置。当并联电阻器工作在探测器温度附近时,来自偏置网络的约翰逊噪声可以忽略不计。SQUID 读出电路具有许多优点,包括它工作在测辐射热计温度附近,功耗很低,噪声裕度很大,对麦克风音频干扰的灵敏度很低。此外,SQUID 读出电路和 TES 测辐射热计使用的制造与光刻工艺相似,这有助于将它们集成到同一芯片上。

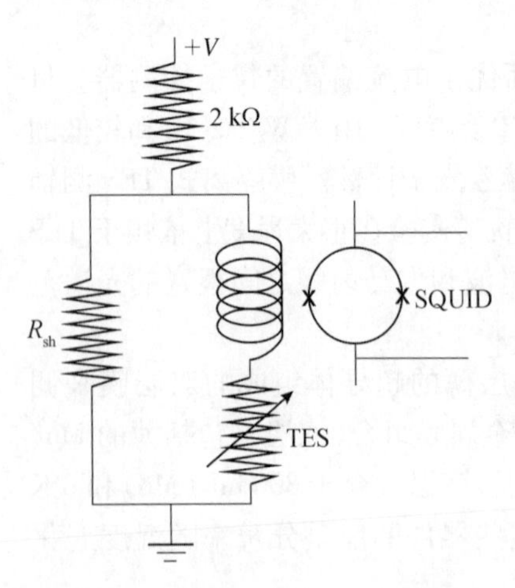

图 28.66　典型 TES 偏置电路和低噪声低功耗 SQIUD

图 28.66 显示了与 SQUID 放大器线圈串联的典型 TES 偏置电路。电压偏置是由冷并联电阻 R_{sh} 的电流偏置实现的,它的电阻约为 10 mΩ,远小于 TES 的电阻($R \approx 1\ \Omega$)。流过 TES 的电流是用 SQUID 电流计测量的,SQUID 输入的带内电抗远小于 R。当 SQUID 上的偏置关闭时,整个器件进入超导状态,不会增加噪声。因此,通过打开或关闭阵列中的 SQUID 行或列(每个像元一个),可以实现冷多路复用器。SQUID 上的偏置由地址线控制。如果每个 SQUID 偏置到大约 100 μA,则它可以从工作状态切换到超导状态。地址线的设置使得串联的所有 SQUID 都是超导的,只有一个除外,那么只有那

个 SQUID 对输出电压有贡献。通过一系列合适的偏置设置，可以依次读取每个 SQUID 放大器。为了避免大量的导线引出低温恒温器，可以在进一步放大之前先对 30～50 个探测元进行多路复用。

一般来说，为 TES 测辐射热计和微热量计开发的基于 SQUID 的多路复用器同时使用时分[269]与频分[270]方法。我们已经描述了时分方法，多路复用器对每个测辐射热计使用一个 SQUID，通过单个 SQUID 放大器顺序切换输出。在频域的情况下，用正弦变化的电压偏置每个 TES，并且通过对来自多个 TES 的信号求和，将它们编码为幅度调制的载波信号。这些信号随后被一个 SQUID 放大，并用环境温度下的锁相放大器加以恢复。有关 SQUID 多路复用器的更多详细信息，请参考文献[271]～[276]。

TES 测辐射热计阵列最雄心勃勃的例子是亚毫米通用测辐射热计阵列－2（submillimeter common-user bolometer array－2，SCUBA－2）亚毫米相机中使用的 10 240 像元阵列[264,277,278]。这是世界上最大的亚毫米相机。这台工作波长为 450 μm 和 850 μm 的相机已经安装在夏威夷莫纳克亚的詹姆斯·克莱克·麦克斯韦望远镜（James Clerk Maxwell Telescope，Hawaii）上（图 28.67）。每个 SCUBA－2 阵列由四个侧面可对接的子阵列组成，每个子阵列有 1 280（32×40）个 TES。该设计及像元架构的横截面如图 28.68 所示。该探测器技术是基于硅微机械加工的。每个像元由两个黏合在一起的硅片组成。上面的晶片和方阱支撑着氮化硅薄膜，氮化硅薄膜上方悬挂着 Mo－Cu 双层 TES 探测器和硅吸收体。下部晶片被减薄到 1/4 波长（在硅中，为 70～850 μm）。该晶片的上表面已经预先注入了磷，以匹配自由空间的阻抗（377 Ω/ft^2）。探测器元件与其散热器之间由一条只有一层薄薄的氮化硅薄膜连接的深蚀刻沟槽隔开。读出测辐射热计的超导电子器件是在不同的晶圆上制造的（图 28.69）。这两个组件使用铟柱键合组装成阵列。更多细节请参考沃尔顿（Walton）等[264]和伍德克拉夫特（Woodcraft）等[279]的报道。

(a)

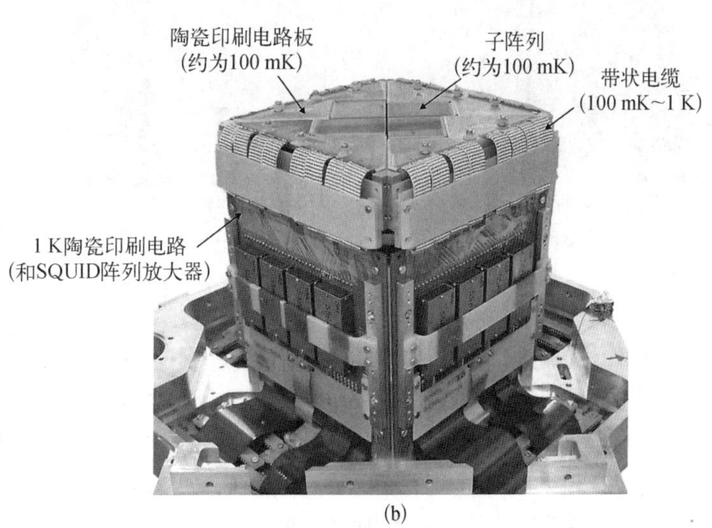

(b)

图 28.67　(a) 夏威夷莫纳克亚的詹姆斯·克莱克·麦克斯韦尔望远镜上安装的 SCUBA－2。该仪器重 4.5 t，高 3 m。这个巨大的盒子装有相机，并将其保持在大约 0.1 K 的低温下。来自望远镜的亚毫米波从左侧（白条后面）进入一个小窗口，直接照射在探测波长为 450 μm 和 850 μm 的两组探测器上。(b) 显示了四个子阵列模块组合到一个焦平面单元的照片。每个 Scuba－2 阵列由四个侧面可对接的子阵列组成，每个子阵列有 1 280(32×40) 个 TES。图中标出了主要的部件

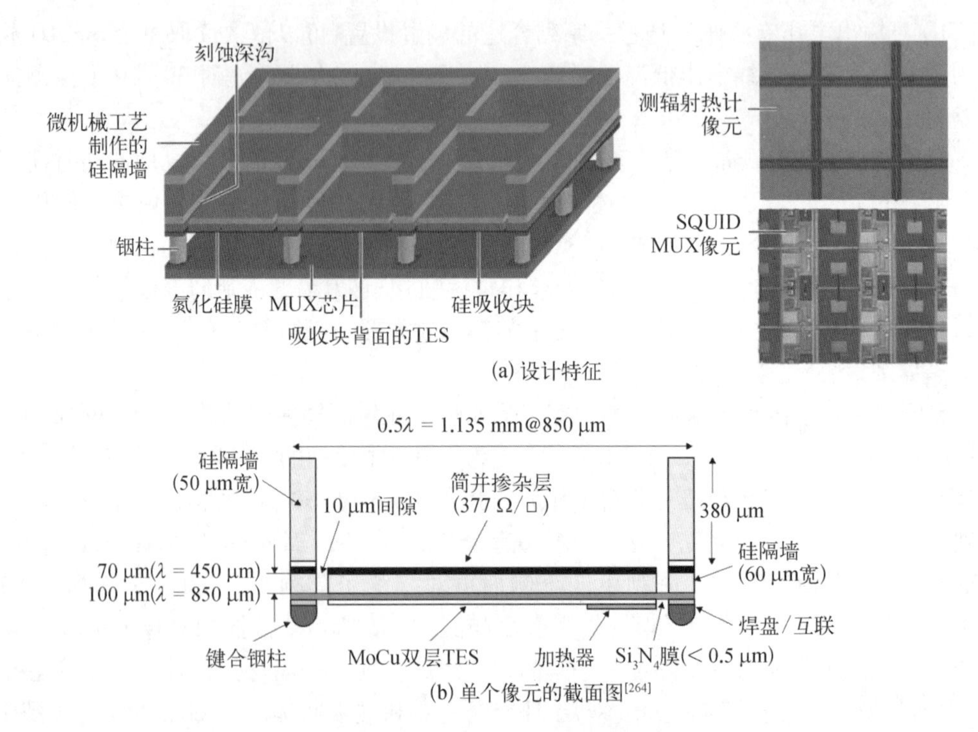

(a) 设计特征

(b) 单个像元的截面图[264]

图 28.68 SCUBA－2 测辐射热计阵列

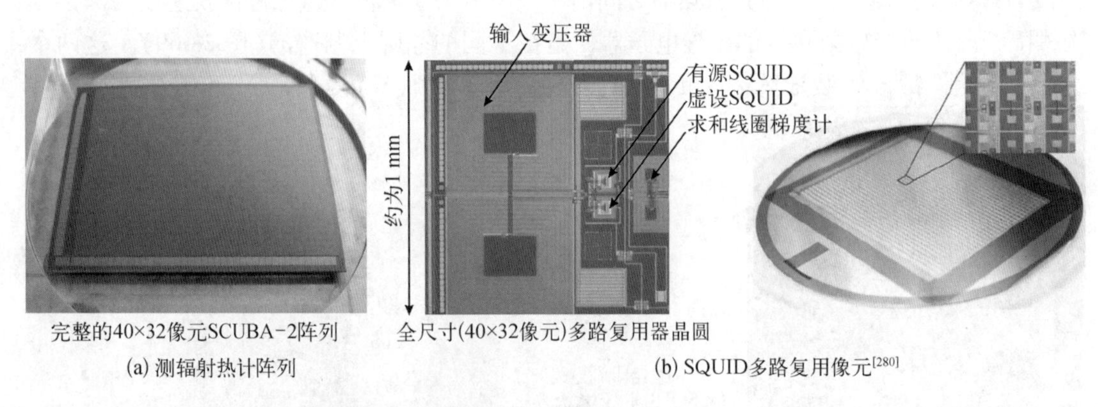

(a) 测辐射热计阵列

(b) SQUID多路复用像元[280]

图 28.69 SCUBA－2

SCUBA 太空观测的兴趣开始集中在没有恒星(或恒星前)的核心上,这一点很重要,因为它们限制了原恒星塌缩的初始条件。最壮观的恒星形成早期阶段的图像之一来自 White 等[281]对著名的鹰状星云 M16 的 SCUBA 成像图。如图 28.70 所示的 450 μm 波段 SCUBA－2 图像,与哈勃太空望远镜的光学图像相比,一些差异是显而易见的,特别是在 SCUBA 图中可以看到"手指"尖端处的热发射占主导。

除了 SCUBA－2 阵列,各种形式的基于 TES 的带有 SQUID 读出的测辐射热计也在积极研发中[45,282]。大型天线耦合 TES 测辐射热计阵列对于宇宙微波背景的极化研究非常有吸引力。具有 RF 双工和/或交错天线的宽带天线可以更有效地利用焦平面。天线本质上是极化敏感的,TES 测辐射热计中的反馈机制所提供的出色增益稳定性可以很好地促进

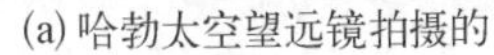

(a) 哈勃太空望远镜拍摄的

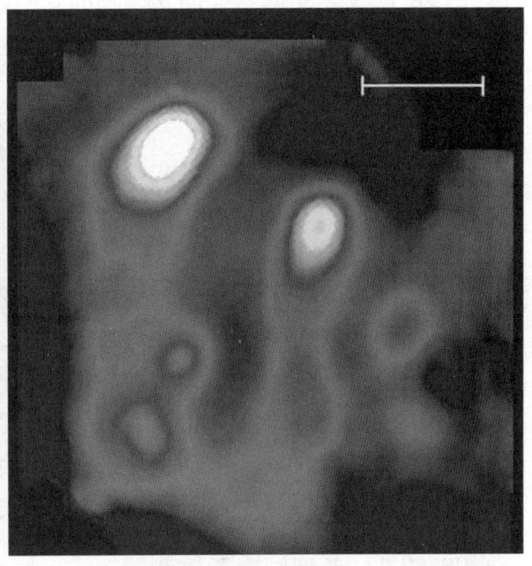

(b) 同一区域的SCUBA图像(450 μm)，可以看到“手指”尖端发出的明亮热辐射

图 28.70　鹰状星云(M16)的图像

极化的分辨。

TES 测辐射热计的制造技术非常灵活,正在开发专门的探测器以满足特定观测的需要。测辐射热计设计允许通过标准平面光刻生产出具有非常高填充因子的大型单片式探测器阵列。图 28.71 显示了 1 024 像元阵列的单元结构和整体架构[283]。吸收元是 1 μm 厚的低应力(非化学计量)氮化硅(low-stress silicon nitride, LSN)的方形网格,镀上金后的平均方块电阻为每平方 377 Ω。导电背板位于网格后面相距 λ/4 处。这种网状吸收元由低热导 LSN 柱支撑在四个点(箭头所示)处。为了获得 $T_c \approx 400$ mK,在网格中心制作了一个由 Al 和 Ti 组成的邻近效应三明治结构。为了将热敏电阻连接到阵列的边缘,通过像元之间的柱子和分隔条时使用了全超导的 Nb 引线。其他设计也有使用微机械加工和折叠方式将导线从纵向引出的[284]。

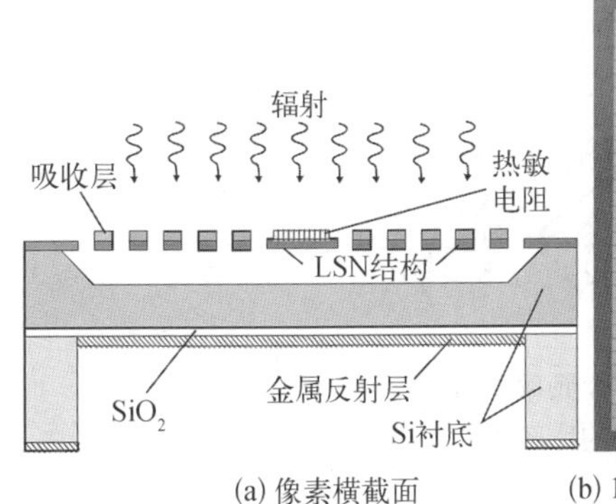

(a) 像素横截面

(b) 1024单元测辐射热计阵列的氮化硅结构(像元尺寸为1.5 mm×1.5 mm)

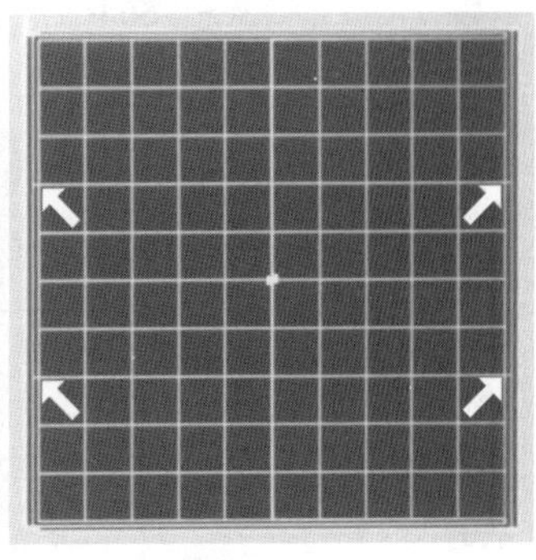

(c) 包括传感器和金属化网格的完整像元[285]

图 28.71　单片式超导测辐射热计阵列

图 28.72 显示了具有径向支撑腿的紧密排列喇叭天线耦合阵列。位于喇叭口的测辐射热计分得很开,以便于支撑和布线。该阵列是完全用光刻制备的[285]。

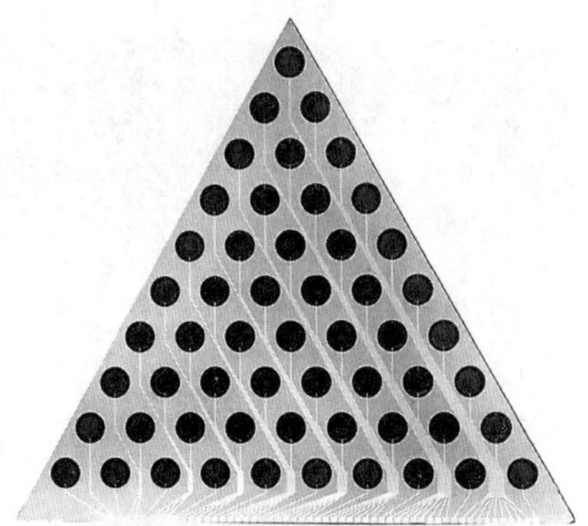

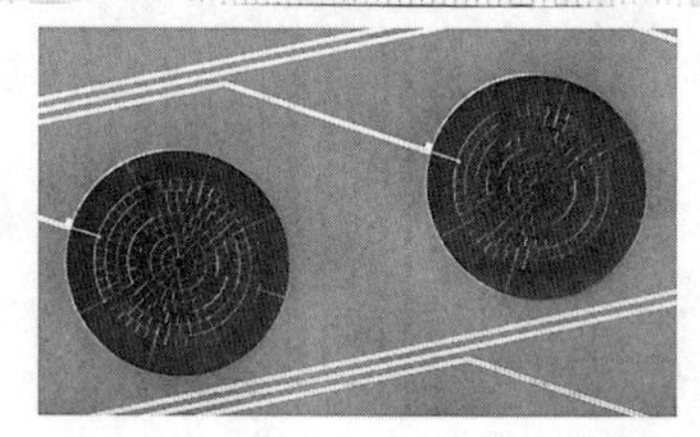

图 28.72 由 55 个 TES 蛛网测辐射热计组成的阵列和测辐射热计放大照片。六个这样的楔形阵列组合在一起,可以形成 330 元的六边形喇叭天线耦合阵列[13]

28.13 新型太赫兹探测器

与其他频率区相比,在太赫兹区的探测器技术还没有完全建立起来,主要有两个原因:① 太赫兹波的频率太高,不能用现有的高频半导体技术来处理;② 太赫兹波的光子能量远远低于半导体的带隙能量。预计纳米材料和器件的应用将为克服这些困难打开大门。今天,太赫兹辐射探测器领域的研究活动也集中在新型纳米电子材料和技术的开发上。这里将举几个新解决方案的例子。

28.13.1 新型纳电子探测器

碳纳米管(carbon nanotube, CNT)是物理学和微电子学领域最热门的研究课题。从材料的角度来看,碳纳米管由于其物理尺寸(直径<1~2 nm)、高电子迁移率(高达 200 000 $cm^2/(V·s)$)及低电容(估计为数十 aF/μm,即约为 10^{-17} F/μm)而成为其固态对等材料更好的替代,可以在太赫兹范围内获得预计的截止频率。图 28.73 显示了预测的纳米管晶体管的最大频率与栅极长度的关系及与其他技术的比较。在估算中,假设最大跨导 g_m = 20 μS。

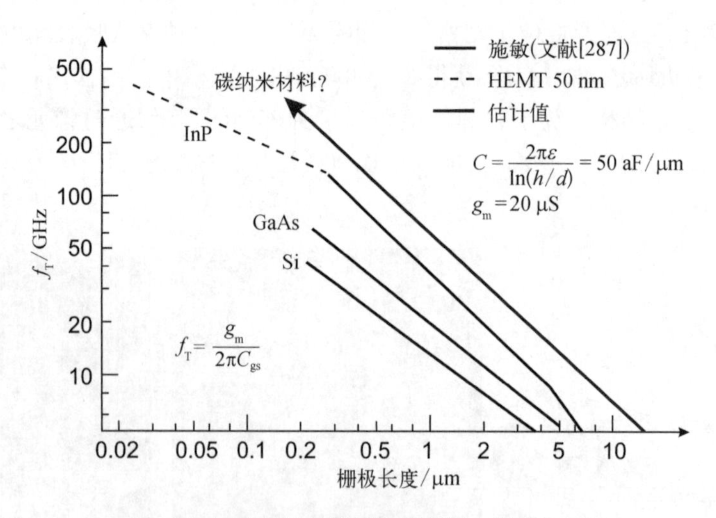

图 28.73 预测的纳米管晶体管的最大频率与栅极长度的关系及与其他技术的比较[286,287]

碳纳米管具有独特的一维结构,在未来的纳米电子学、纳米光子学和纳米力学方面受到了广泛的关注和研究[288]。已经报道了一种基于 CNT QD 晶体管的灵敏度和频率可调的太赫兹探测器(图 28.74)[289]。光子辅助隧穿(photon-assisted tunneling,PAT)是一种可用于太赫兹光电探测器的过程。图 28.74(c)给出了存在电磁波时,QD 中电子隧穿过程的示意图。QD 的能态可以通过施加栅压改变静电势来调节。当源极引线中的费米能级与 QD 中的能级对齐时[见图 28.74(c)的中间示意图],源漏电流是通过弹性隧穿产生的。当电子交换光子时,通过非弹性隧穿产生新的电流,即光子辅助隧穿 PAT[见图 28.74(c)的左右两侧图]。

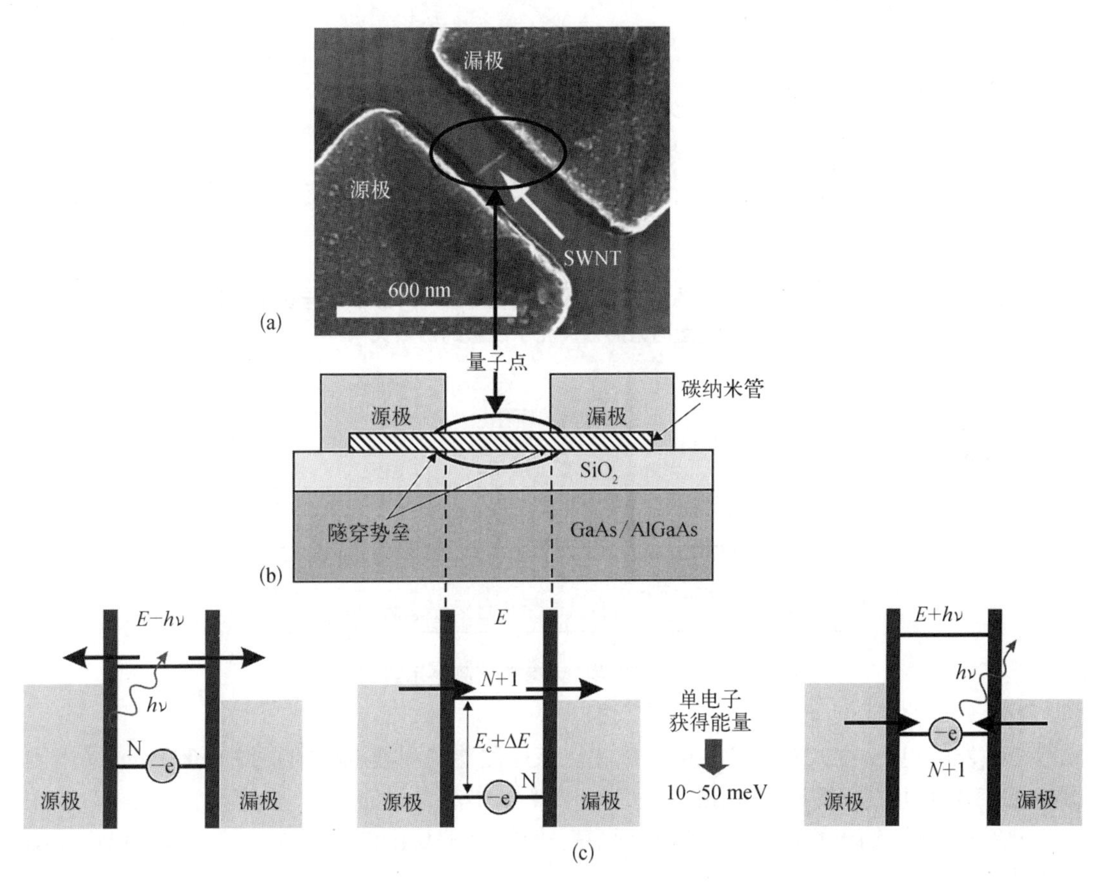

图 28.74　基于 CNT QD 晶体管的太赫兹探测器

(a)为器件照片;(b)为器件结构;(c) 存在电磁波时,QD 中电子隧穿过程的示意图。当源极引线中的费米能级与 QD 中的能级对齐时[图 28.74(c)的中间示意图],源漏电流通过弹性隧穿流动。当电子交换光子时,通过非弹性隧穿产生新的电流,即 PAT[图 28.74(c)的左右两侧图][289]

这些实验结果为太赫兹区域的 PAT 提供了证据,卫星电流的峰值位置变化与太赫兹光子能量呈线性关系(图 28.75)。结果表明,CNT QD 可作为太赫兹探测器,且可以通过改变栅极电压来调节探测频率。

虽然已经实现了具有频率选择性的太赫兹检测,但灵敏度不高。这是由于其探测机制,即使假设量子效率为 100%,单光子吸收也只能产生一个电子。为了解决这个问题,提出将具有 2D 电子气(2D electron gas,2DEG)的 GaAs/AlGaAs 异质结芯片集成到 CNT 单电子晶体管(single-electron transistor,SET)[290]。在这种混合结构中,太赫兹吸收发生在 2DEG 中,但信号读出发生在 CNT－SET 中(图 28.76)。该器件的工作原理是由 CNT 感应在 2DEG 中由

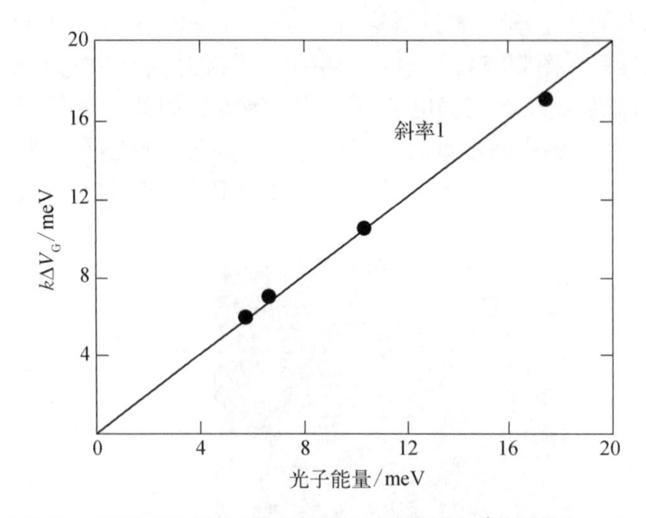

图 28.75 CNT QD 器件：原始峰和卫星峰之间的能量差与在 1.5 K 温度下测量的太赫兹波光子能量的函数关系[289]

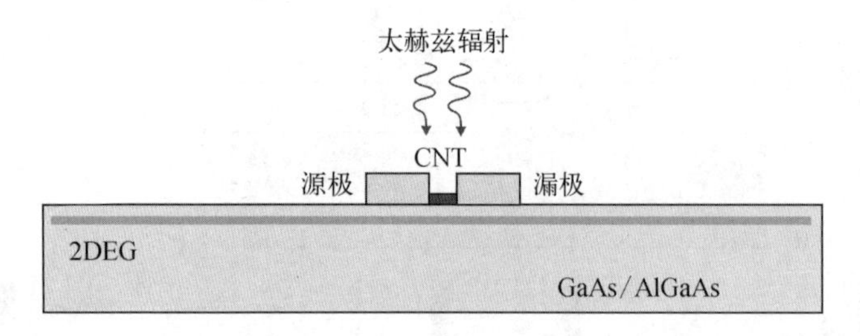

图 28.76 CNT/2DEG 太赫兹探测器示意图[290]

太赫兹激发的电子-空穴对所产生的电极化。该探测器的源漏电极间距约为 600 nm，采用侧栅电极，工作温度为 2.5 K，NEP 值为 10^{-19} ~ 10^{-18} W/Hz$^{1/2}$。

研究还表明，纳米管可以用作探测频率高达约 2.5 THz 的测辐射热计[291]，也可以用作纳米天线[292,293]。

在各种新颖的太赫兹探测方案中，只有半导体量子器件已经能对入射太赫兹光子产生清晰的单光子信号[30,31,294-298]。Komiyama[31]描述和分析了两种类型的探测器：

(1) QD 探测器，其中 QD 通过光激励被电极化，所引起的极化由旁边的 SET 加以检测；

(2) 电荷敏感红外光电晶体管(charge-sensitive IR phototransistor, CSIP)，其中孤立的 QW 在光激励下被充电，感应电荷由 2DEG 传导沟道检测。

1. 量子点探测器

在传统的光电导中[图 28.77(a)]，通过一个光子激发一个电子，被传送到漏极，并且通常光电导增益低于 1。Komiyama 描述的几个太赫兹单光子探测器采用不同的探测方案。如图 28.77(b)所示，由孤立的半导体小岛吸收的光子产生一个电子，并通过隧穿离开岛。丢失一个电子的半导体小岛带正电荷，类似为空穴。岛外的激发电子通过势垒与空穴分离，这样对于激发的电子空穴对，可以获得很长的复合时间 τ_{life}。将电荷敏感器件放置在小岛附近，就可以探测小岛上的电荷积累。

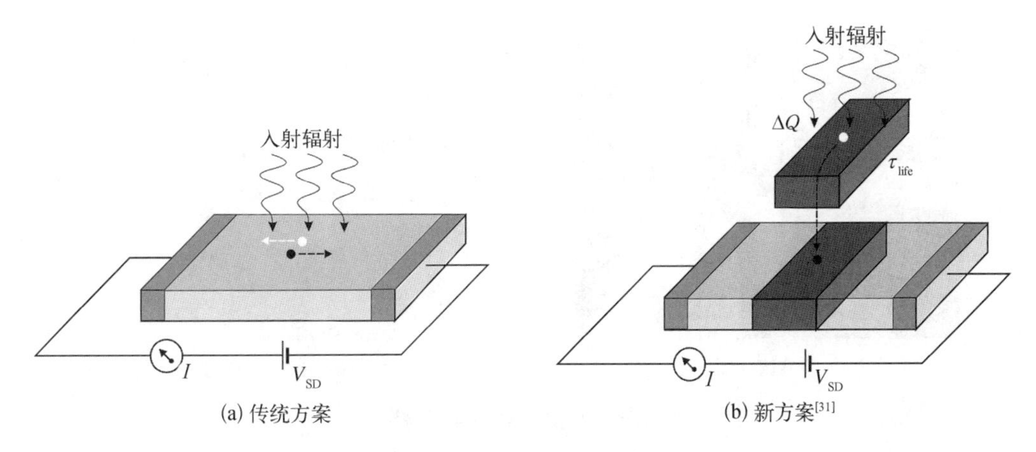

(a) 传统方案　　(b) 新方案[31]

图 28.77　探测机制的示意图

从历史上看，首先开发的是单量子点器件[30,290-292]。图 28.78 中所示的探测器在 GaAs/AlGaAs 单一异质结构晶体中制造，并利用磁场中的回旋加速共振激发。形成 SET 的金属栅极[图 28.78(a)]延伸到相反的方向。采用蝴蝶结天线[图 28.78(b)]将入射辐射耦合到 QD。

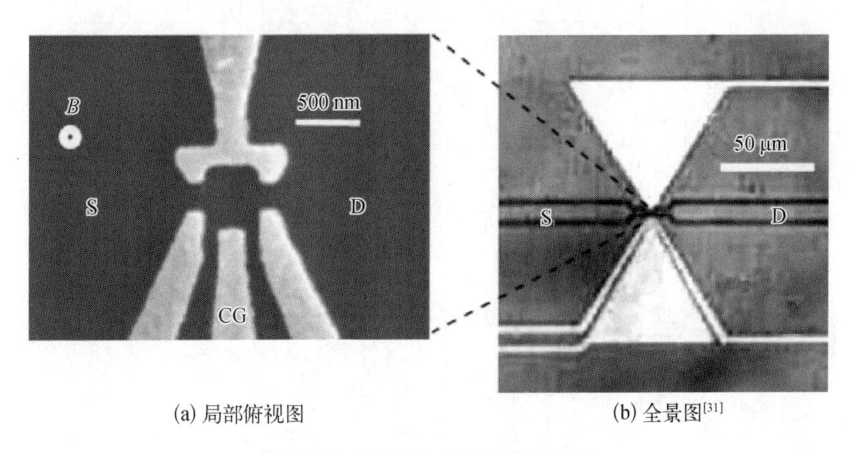

(a) 局部俯视图　　(b) 全景图[31]

图 28.78　单量子点太赫兹探测器

最直接的 QD 探测器是在 GaAs/AlGaAs 异质结构晶体中实现的双量子点(double QD，DQD)单光子探测器[296]。图 28.79 是 DQD 探测器的示意图，金属栅是沉积在晶体表面的顶部[包括交叉栅(cross gate，CG)、阻挡栅(barrier gate，BG)、浮栅(floating gate，FG)和天线]。在晶体表面下方约 100 nm 处有一个异质界面，该界面为具有高迁移率的 10 nm 厚 2DEG 层，电子面密度为 3×10^{11} cm^{-2}。通过负偏置栅极，2DEG 从栅极下方的区域被耗尽，形成与 QD2 耦合的 SET(QD1)。两个电极定义出 QD2 并构成平面偶极天线，将入射辐射耦合到 QD2。通过等离子体共振机制吸收辐射，激发 QD2 束缚势中电子的集体振荡。

出色的灵敏度是 QD 探测器的独特优势。但是，由于超低温工作(低于 1 K)和复杂的制造技术，这些探测器的应用受到限制(图 28.80)。由于依赖于等离子体和磁等离子体共振的激发机制，探测范围局限于相对较长的波长。另一种有吸引力的替代方案是在双量子阱

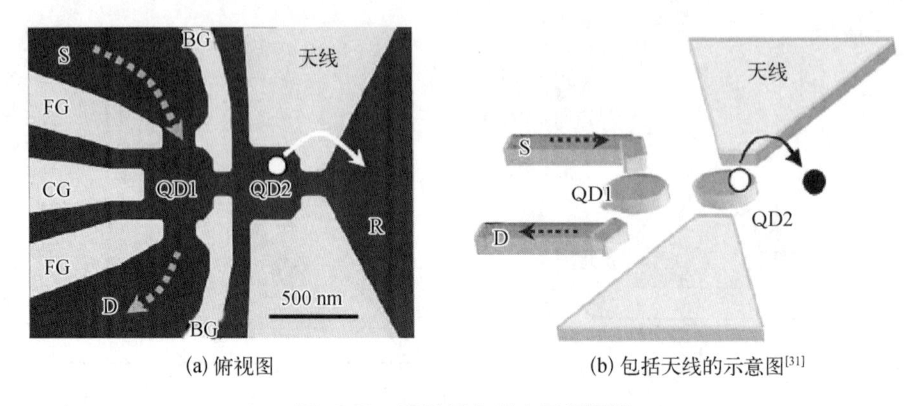

(a) 俯视图 (b) 包括天线的示意图[31]

图 28.79 双量子点单光子探测器

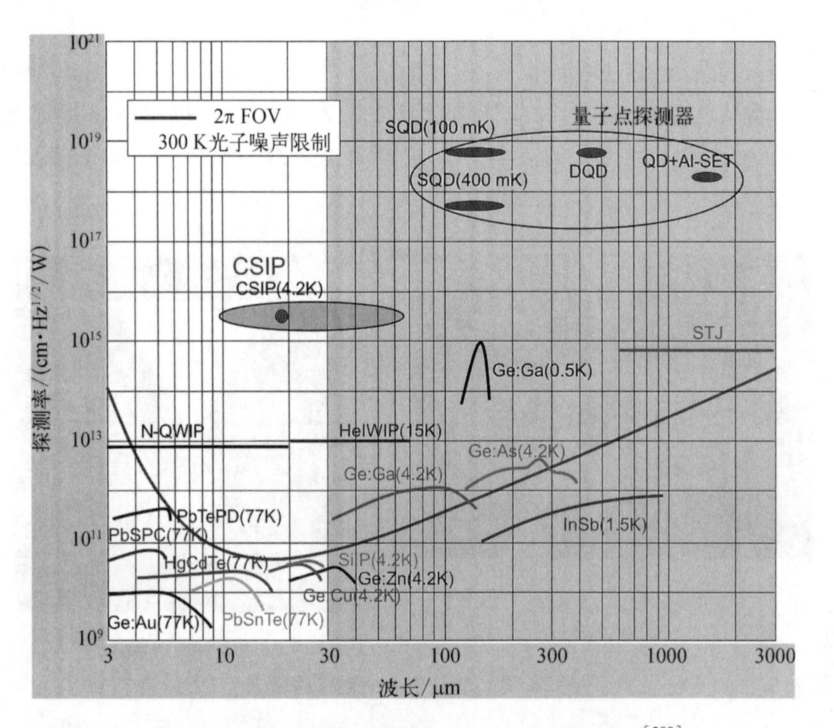

图 28.80 各种红外探测器探测能力的光谱依赖性[299]

(double－QW)结构中实现的光敏场效应转变,也称为电荷敏感红外光电管(charge-sensitive infrared phototransistors,CSIP)[294,295,299]。

2. 电荷敏感红外光电管

图 28.81 是电荷敏感红外光电管(charge-sensitive infrared phototransistors,CSIP)探测器的工作原理。在上量子阱中通过子带间跃迁产生的光激发电子通过隧道势垒逃逸出上量子阱,并弛豫到下量子阱中。上量子阱是通过负偏置表面金属栅极与下量子阱电隔离的,然后由于光激发,隔离的上量子阱中积累正电荷。通过下量子阱电导率的增加来检测被隔离的上量子阱中聚集的正电荷,如图 28.81(b)所示。总的来说,CSIP 探测器的工作相当于一个光敏 FET,其中的上量子阱充当光敏浮栅。

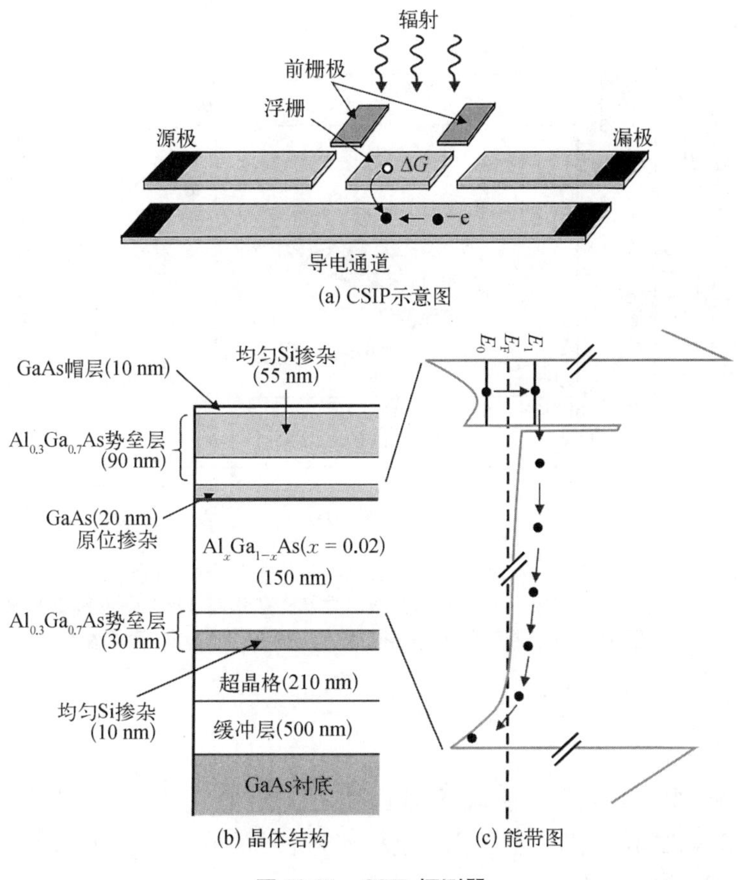

图 28.81　CSIP 探测器

在 28.81(b) 中,2 nm 厚的 $Al_{0.1}Ga_{0.9}As$ 势垒层紧邻 20 nm 厚的 GaAs 量子阱[294]

QD 和 CSIP 探测器表现出的探测灵敏度相比在低背景条件下的任何其他探测器有好几个数量级的提升(图 28.80)。此外,显著的信号幅度是电流响应率或大的光电导增益的结果。低输出阻抗(对于 QD 探测器约为 200 kΩ,CSIP 的 0.1~10 kΩ)是它们独有的特性[299]。小型亚微米像元的 CSIP 有望集成到大型阵列中。

Seliuta 等[300,301]提出了一种新的方法,验证了用现代半导体纳米技术制造紧凑型太赫兹探测器的可能性。该器件是纳米结构物理学(GaAs/AlGaAs 调制掺杂结构)和天线方法的组合,并且利用了外部高频场对 2DEG 的非均匀加热。图 28.82 显示了这种结构的电压响应率与频率的关系。探测器具有从微波到太赫兹频率(介于 0.8 THz 和 10 GHz)的宽带探测能力,电压响应率基本保持在 0.3 V/W。

太赫兹探测还有使用量子环(quantum ring,QR)的报道[302,303]。QR 是通过后退火在外延生长的自组织 QD 中衍生出来的。由于形状改变,这些纳米结构具有比 QD 中更强的束缚。发现 QR 子带间探测器在 1~3 THz 内表现出非常低的暗电流和强烈的响应,在 5~10 K 的温度范围内测得的峰值响应在 1.82 THz(165 μm),峰值处的响应率为 25 A/W,特定探测率为 1×10^{16} Jones [303]。

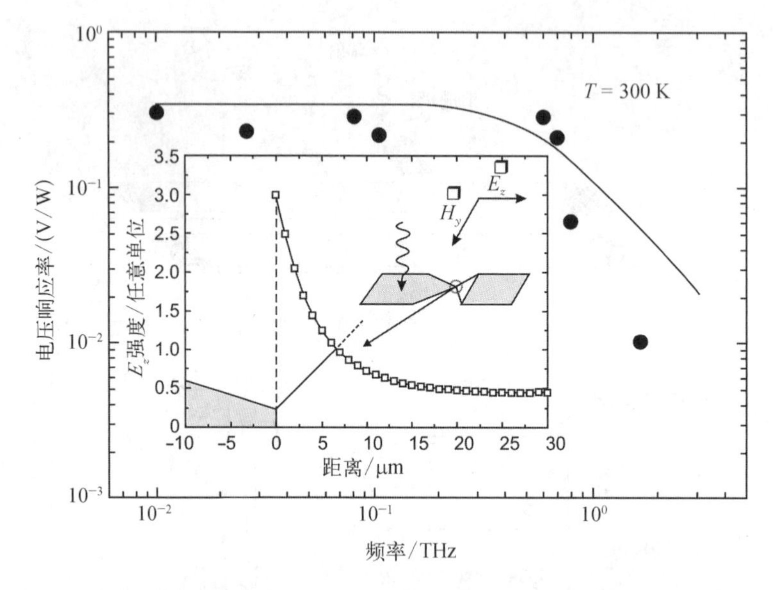

图 28.82　2DEG 蝶形二极管的电压响应率随频率的变化。黑点表示实验数据，实线表示现象学方法的拟合线。插图：在 0.75 THz 辐照下，二极管有源区中的电场强度分布。插图的背景是器件形状的示意图[301]

28.13.2　石墨烯探测器

由于其独特的电学和光学性能，石墨烯已被广泛研究[304-306]。石墨烯的最有趣的电子性质是能量和波矢之间的线性色散关系。这种相对论性的能量色散对应的是电子以仅比光速小 100 倍的费米速度传播。

1. 石墨烯的相关特性

石墨烯由 sp^2 杂化的碳原子排布在蜂窝状晶格上，晶格常数 a = 1.42 Å。在布里渊区角位（狄拉克点）处，价带和导带连通，使得石墨烯成为一种零带隙半导体，如图 28.83 所示。由于狄拉克点处的态密度为零，实际上电子电导率非常低。然而，可以通过掺杂（用电子或

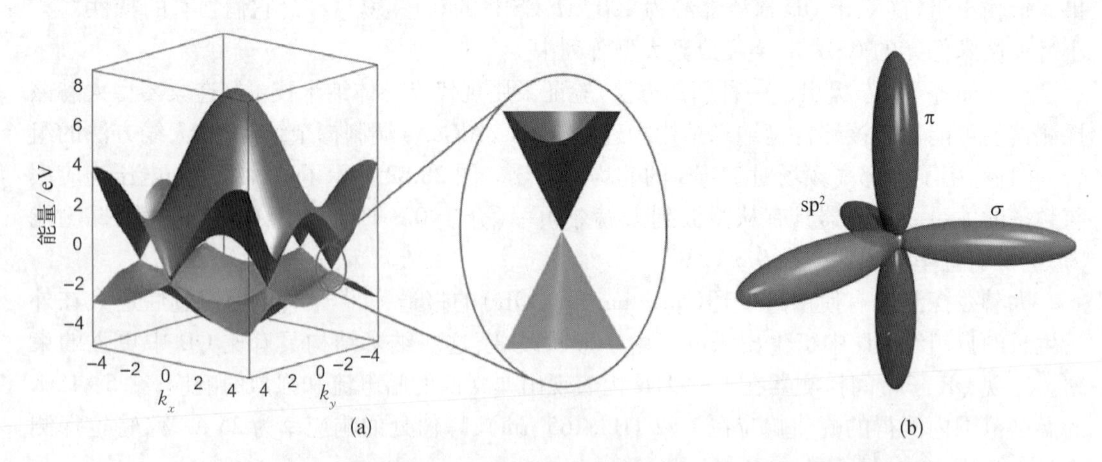

图 28.83　(a) 蜂窝状晶格中石墨烯的能带结构。放大的图片显示了靠近其中一个狄拉克点的能带；(b) 石墨烯中碳原子的电子 σ-和 π-轨道示意图

空穴)来改变费米能级,以产生比在室温下的铜导电更好的材料。碳原子在内壳中具有六个电子:两个在内层,四个在外层。单个碳原子中的四个外层电子可以用于化学键合;但在石墨烯中,每个原子在二维平面上连接到三个其他碳原子,仅一个电子可自由地用于在第三个维度上的电子传导。这些高度可移动的电子称为 π -电子,位于石墨烯薄片的上方和下方。这些 π -轨道重叠,有助于增强石墨烯中的 C—C 键。从根本上,石墨烯的电子性质由这些 π -轨道的键合和反键合(价带和导带)决定。

石墨烯具有潜在的弹道载流子传输能力,室温下的平均自由程大于 2 μm。它的载流子通过衍射(类似光波导中的光)传播,而不像传统半导体中的扩散传播。

电气工程师对石墨烯的高载流子迁移率和饱和速率感兴趣,有望获得基于石墨烯的高速光子器件[307]。石墨烯层结构具有电子和空穴的长动量弛豫时间,有望显著地提高未来光电器件的性能。理论上,石墨烯的室温电子迁移率为 250 000 $cm^2/(V·s)$;但是,输运行为极其依赖于局部环境和材料处理。机械剥离获得石墨烯在室温下具有极高的载流子迁移率[>200 000 $cm^2/(V·s)$]。然而这些薄膜的面积非常小(100 $μm^2$),这使得它在工业应用中很昂贵。当放置在衬底上时,带电杂质散射和远程界面声子散射会降低迁移率(图 28.84)。在 SiO_2上,界面声子散射将石墨烯的迁移率限制在 40 000 $cm^2/(V·s)$[308]。暴露在大气中或在加工中引入的污染物如光刻胶残留、水和金属杂质都可以作为散射源并降低器件的迁移率。

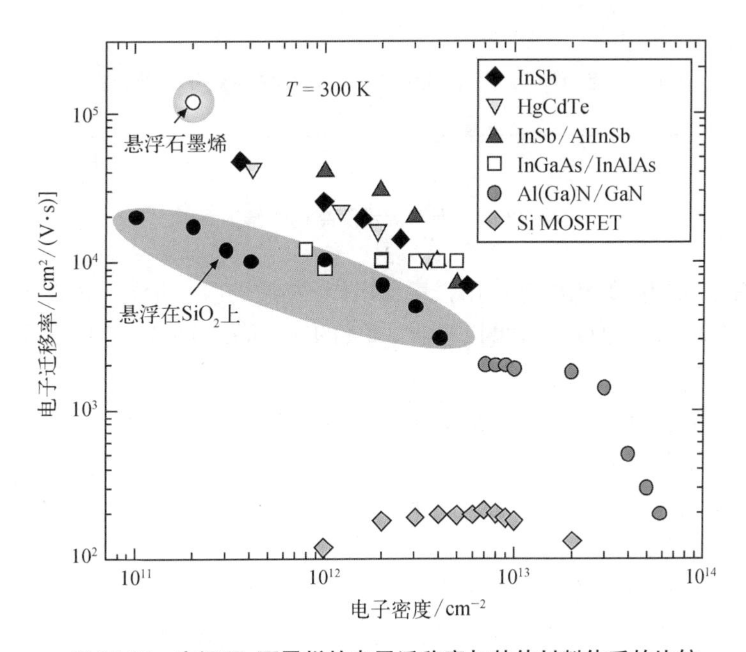

图 28.84 室温下,石墨烯的电子迁移率与其他材料体系的比较

石墨烯令人感兴趣的其他特征还包括高热导率(约为铜的 10 倍,以及金刚石的 2 倍)和高电导率(约为铜的 100 倍)。它的特征还在于高拉伸强度(达 130 GPa,相比之下,A36 结构钢的拉伸强度为 400 MPa)。

与具有丰富自由电荷的金属不同,石墨烯是半金属,由于其二维性质,载流子可以容易地通过化学掺杂或电学栅极引入。以这种方式,可以获得 10^{12} ~ 10^{13} cm^{-2}的掺杂浓度,显著地小于贵金属中电子浓度。因此,石墨烯的半金属性质使其具有常规金属所不具备的电学性能。

此外,石墨烯的光学性质也令人着迷[309]。它的光导是普适的 $\pi\beta$,其中 β 等于 $(1/4\pi\varepsilon_0)(e^2/\hbar c)s$, e 是电子电荷,$\hbar$ 是普朗克常量,c 是光速。也就是说,石墨烯具有宽带的线性吸收(可见光和红外),每个单层的吸收为 2.3%。其连续的单层厚度为 0.33 nm,对入射光的吸收约为 2.3%,这比 Si 和 GaAs 等半导体多 10~1 000 倍,同时还能覆盖更宽的光谱范围。

石墨烯的带隙结构可以通过不同的方式进行修饰:增加为多层[图 28.85(a)],置换掺杂[图 28.85(b)],增加为双层[图 28.85(c)],以及对双层进行掺杂[图 28.85(d)]。通过石墨烯掺杂,可使费米能级上移或下移,从而降低载流子迁移率(电子和空穴)。石墨烯的厚度限制会造成大电阻和化学惰性,在纯导电应用中并没有多少优势。

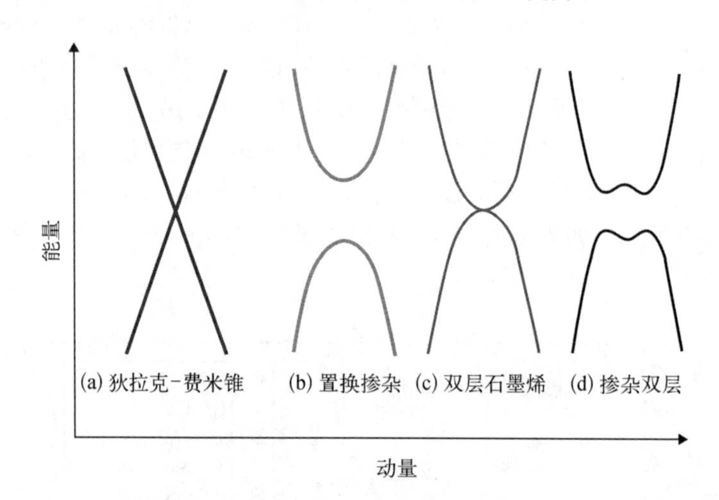

图 28.85　石墨烯带隙结构的修饰

石墨烯具有已知最高的比相互作用强度(每原子物质的吸收量)。硅通常具有 10 μm 的吸收深度,也就是 200 nm 厚度的硅可以吸收 2.3%的光,而石墨烯中实现相同的光吸收仅需 0.3 nm 厚度(面间距)。

图 28.86 显示了掺杂石墨烯的典型吸收光谱[310]。在太赫兹区,低于 $2E_F$ 的能量范围内,吸收主要表现为德鲁德峰响应。在掺杂石墨烯中,中红外区波段的光吸收最小,剩余吸收一般归因于光学跃迁动量传递过程中的无序性。跃迁发生在 $2E_F$ 附近,则直接带间过程导致了 2.3%的普遍吸收强度。

2. *石墨烯探测器中的光子探测机制*

石墨烯探测器可以分为两类:热探测器(测辐射热计效应)和光子探测器(光伏效应)。最近的另一项研究利用的是光-热电效应(泽贝克效应),由于电子扩散到不同的金属电极而产生净电场。下面我们将介绍这些机制。

光伏电流的产生是由于石墨烯正掺杂(p 型)和负掺杂(n 型)区域之间的结区存在内置电场,能实现光生电子-空穴对的拆分(图 28.87)。通过施加源-漏偏压,产生外部电场,也可以达到同样的效果。然而,后一种情况通常是需要避免的,因为石墨烯是半金属,所以会产生很大的暗电流。内建电场可以通过不同的方式引入:局部化学掺杂,使用栅(裂栅)形成

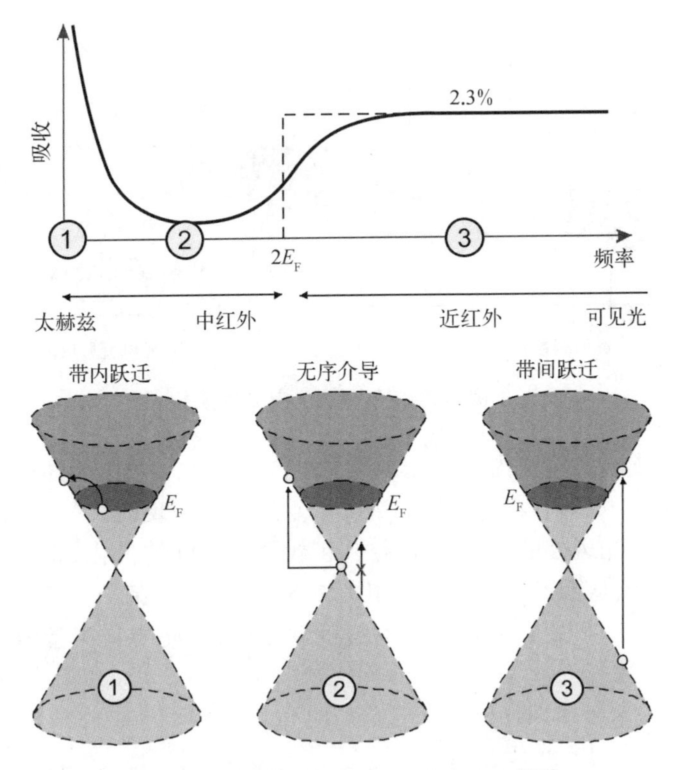

图 28.86　掺杂石墨烯的典型吸收光谱[310]

静电场,或者通过利用石墨烯和接触金属之间的功函数差异来引入。通常,对于功函数高于本征石墨烯(4.45 eV)的金属,可以实现 p 型掺杂,而石墨烯沟道可以通过栅极调节到 p 态或 n 态。

石墨烯中的电子-电子散射可以将一个高能量的电子-空穴对转化为多个低能量的电子-空穴对,这可能会提高光探测效率[311]。

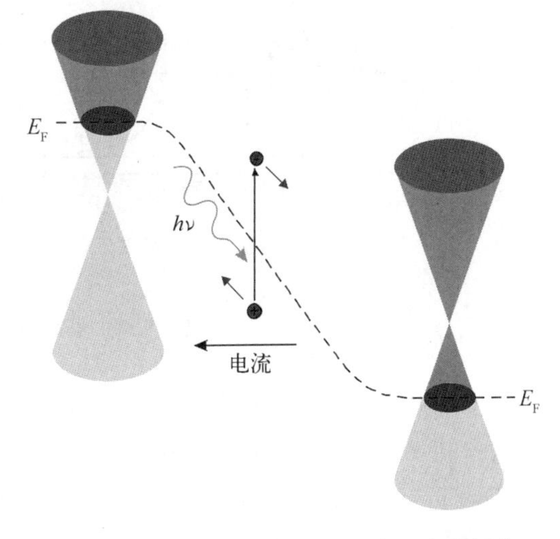

图 28.87　通过内建电场,实现电子空穴拆分

图 28.88 显示了石墨烯光电晶体管的设计及光感应的短路电流。在源极和漏极之间没有施加偏置的情况下,当光斑聚焦在石墨烯沟道的中间时,获得的光电流最小。当光入射到金属-石墨烯界面区域时,由于传统的 PV 效应,可以观察到明显的光电流。石墨烯的内建电场(由于石墨烯和金属的功函数不同)将电子-空穴对分开,从而在外部电路中产生光电流。在沟道中间,没有内建电场,因此没有观察到光电流。内建电场可以通过栅极偏置做进一步的调整,从而影响光电流值。

光热电效应(photothermal electric effect,PTE)-Seebeck 效应在光电流产生中也起着重要作用[310,311]。由于石墨烯中的光学声子能量很大(约为 200 meV),辐射场产生的热

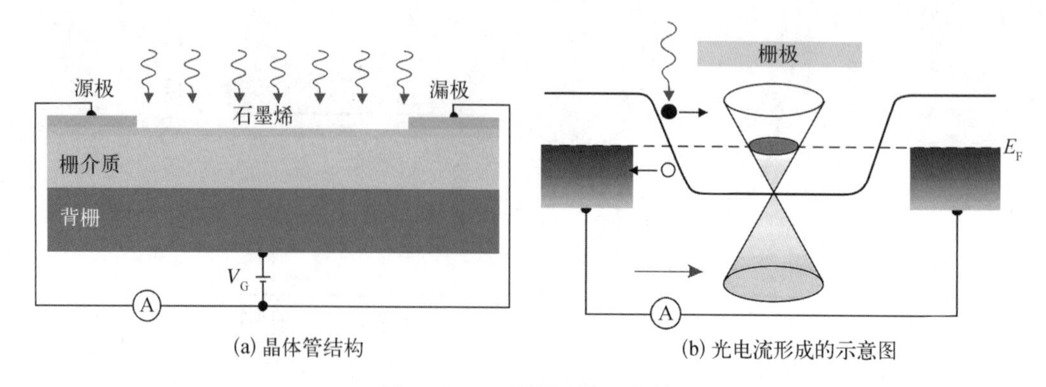

(a) 晶体管结构　　(b) 光电流形成的示意图

图 28.88　石墨烯光电晶体管

载流子会在很多个皮秒的时间内保持比晶格温度高的温度。热电子和晶格的平衡是通过电荷载流子和声学声子之间较慢的散射(纳秒时间尺度)实现的,尽管它们会由于无序辅助碰撞而显著加快。光斑处的入射辐射会引起载流子温度的变化,光子产生的热载流子会因温度梯度而扩散,从而产生光电流,如图 28.89 所示。载流子和晶格可以有不同的温度。由于 PV 效应和 PTE 效应引起的光电流极性相同,因此要从实验确定它们的相对贡献很困难。

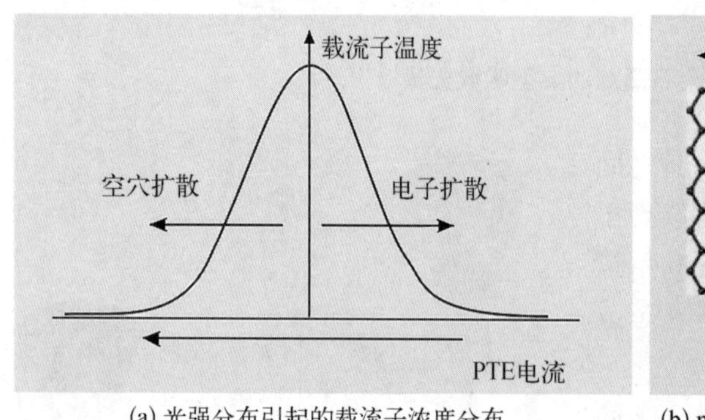

(a) 光强分布引起的载流子浓度分布

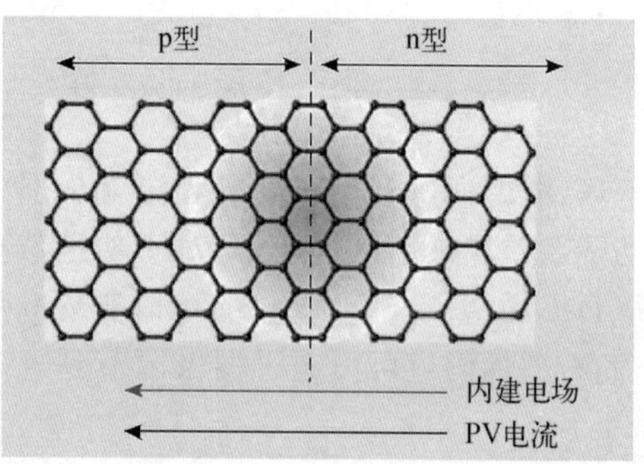

(b) p-n结的内建电场及光热电效应导致PV电流从n型区域流向p型区域[307]

图 28.89　石墨烯 p－n 结的光电流产生

Ryzhii 等[312,313]提出利用具有横向 p－i－n 结的多层石墨烯结构来探测太赫兹。结构中的 p 区和 n 区是由电压 V_p和 V_n形成的,而 i 区由几层石墨烯组成[图 28.90(a)]。与传统的 p－i－n 光电二极管一样,i 区中的光生电子和空穴感应到输出电信号的终端电流。据预测,室温下这些结构可以在太赫兹区表现出很高的响应率和探测率。由于相对较高的量子效率和较低的热生成速率,这种光电探测器可以大大超过其他太赫兹探测器。

石墨烯探测器的另一种设计是由两个石墨烯薄片组成的谐振结构,由电介质隔开以调节吸收光子的波长,如图 28.90(b)所示。当入射太赫兹辐射频率接近共振等离子体频率时,探测器的响应率会出现谐振峰。该频率可以由偏置电压调节[314]。探测器的显著共振响应要求电子/空穴与杂质和声学声子碰撞的频率足够低。

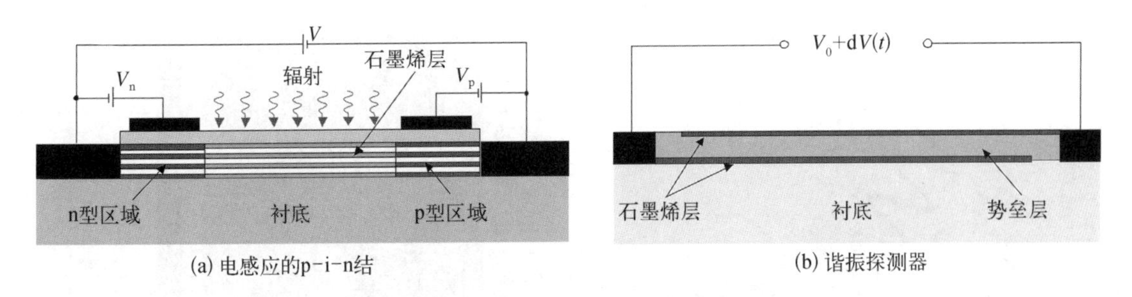

图 28.90　基于石墨烯的光电探测器结构

石墨烯还可以制成场效应晶体管(field effect transistor,FET)来探测太赫兹辐射,参见28.6.4 节。在该方案中,对振荡辐射场的响应会产生直流电压。在共振模式中,等离子波受到的抑制很弱(从源极发出的等离子波到达漏极的时间短于动量弛豫时间),探测机制利用了腔内等离子体波的干涉,实现共振增强响应[151]。如果等离子波被过度抑制,也就是在源极发射的等离子波在到达漏极之前就衰减了,则可以实现宽波段探测。

已经演示了基于 PTE[315] 和天线耦合石墨烯 FET[316-318] 的室温太赫兹探测器。FET 沟道中光电压与载流子密度的关系也表现出 PTE 效应的贡献。图 28.91 说明了两种相互竞争的独立探测机制的示意图:电子传输非线性引起的等离子体探测,以及载流子密度结和 FET 沟道感应温度梯度引起的热电效应。阴影区域表示在非栅极和栅极区域界面处由于存在载流子密度结(分别对应热功率 S_{ug} 和 S_g)而形成的局部加热区。等离子波探测是主要的机制,尽管热电响应起到一定的反作用。

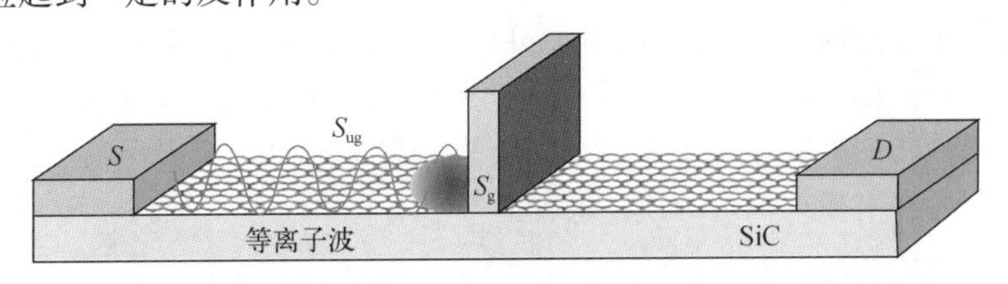

图 28.91　石墨烯 FET 太赫兹光电探测器中探测机制的示意图

在文献[316]中,太赫兹辐射激发的等离子波由于受到过度抑制,因此探测器不是工作在共振状态。图 29.92(a)显示了采用顶栅天线耦合配置的等离子波 FET。这些探测器在 0.29~0.38 THz 内的 NEP 约为 10^{-9} W/Hz$^{1/2}$。在室温下对目标进行测量时,V_g = 3V 的双层石墨烯基 FET 安装在空间分辨率为 0.5 μm 的 $x-y$ 平移工作台上。图像由 200×550 个扫描点组成,对光束焦点处的物体通过光栅扫描采集数据,每个点的积分时间为 20 ms [图 28.92(b)]。

与剥离石墨烯[317]或转移到 Si/SiO_2衬底上的 CVD 石墨烯[319]制备的等离子体太赫兹探测器相比,在 SiC 衬底上生长的外延石墨烯更有前途[318]。对生长在 SiC 衬底上的双层石墨烯 FET 沟道的光响应率进行估算的结果约为 0.25 V/W,NEP 约为 80 nW/Hz^2。

测辐射热计的关键参数是热阻和热容(见 4.1 节)。石墨烯在给定面积下的体积很小,态密度低,因此具有低热容,器件响应快。声学声子冷却电子的效率较低(由于费米面较小),光学声子冷却需要较高的温度(kT>200 meV)。因此,热阻相对较高,从而具有较高的测热灵敏度[311,320]。

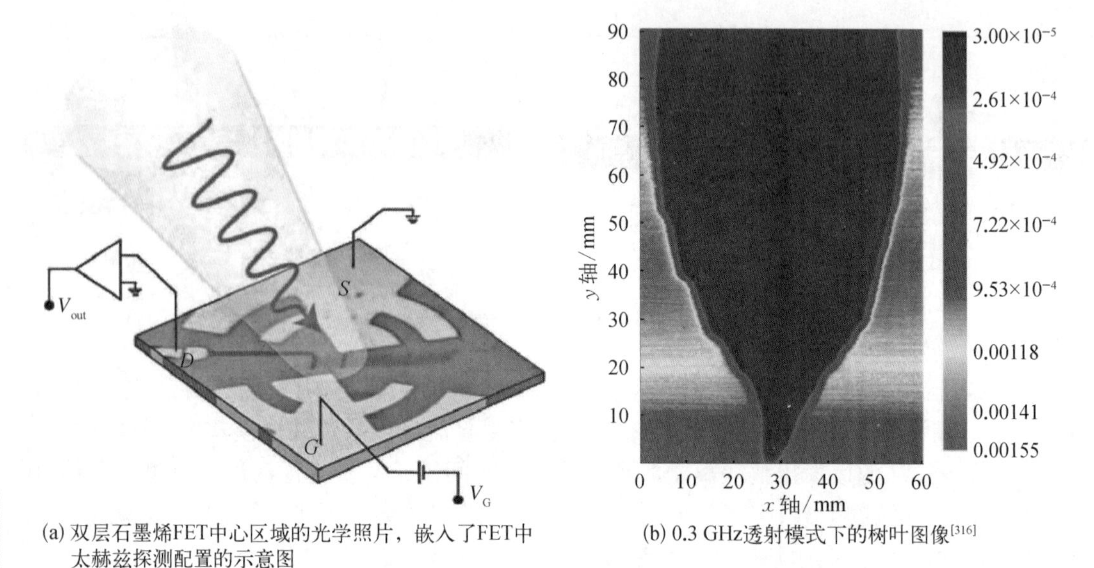

(a) 双层石墨烯FET中心区域的光学照片，嵌入了FET中太赫兹探测配置的示意图

(b) 0.3 GHz透射模式下的树叶图像[316]

图 28.92　等离子波 FET 太赫兹探测器

图 28.93 显示了两种基于石墨烯的测辐射热计。Yan 等[321]认为石墨烯是一种热电子测辐射热计。器件结构如图 28.93(a)所示。由于电-声子相互作用很弱,他们使用了双层石墨烯,这种石墨烯具有可调的带隙。通过施加垂直电场,在低温下其电阻随电子温度发生改变,从而使该器件可以用于测温。在 100 mK 下,1 μm^2 样品的外推 NEP 值约为 5×10^{-21} W/Hz$^{1/2}$,类似于最先进的过渡边沿传感器(transition edge sensor,TES)测辐射热计。另一种利用电阻温度系数大于 4%/K 的石墨烯基探测器的原理图如图 28.93(b)所示,其中 $LiNbO_3$ 晶体的热释电响应以高增益(高达 200)转换为对石墨烯的调制。其中采用了浮动金属结构,该结构将热释电电荷集中在石墨烯沟道的顶栅电容上。

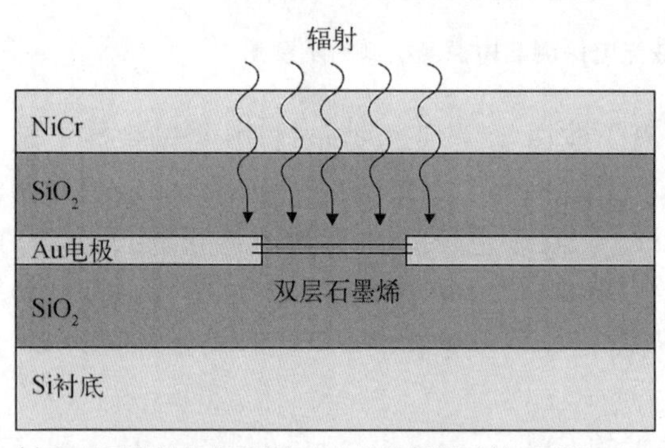

(a) 双层石墨烯热电子测辐射热计的侧视图(半透明的NiCr顶栅覆盖石墨烯器件，氧化硅包裹着石墨烯)

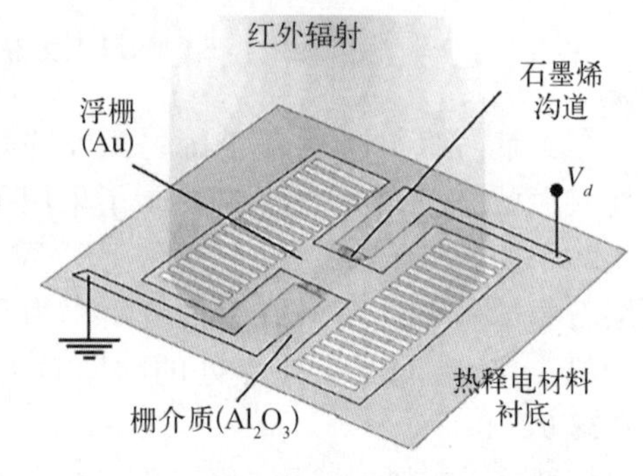

(b) 热释电测辐射热计(石墨烯沟道的电导受热释电材料衬底和浮栅的调制)

图 28.93　石墨烯测辐射热计的示意图

3. 响应率增强型石墨烯探测器

大多数石墨烯光电探测器利用石墨烯-金属结或石墨烯 p-n 结在空间上拆分和提取光生载流子。然而,对于高响应率光电探测器的开发,石墨烯面临着两大挑战:探测器有源结

区(100~200 nm)内的光吸收很低,具有较短的光生载流子寿命。因此,现有的石墨烯光电探测器仍然受限于高响应率、超快时间响应和宽波段工作之间的制衡。

通过能带结构工程和缺陷工程可以提高光载流子寿命,实现石墨烯的响应率增强型光探测。表 28.11 展示了几种由石墨烯和额外的光吸收介质(如量子点、纳米线和块状半导体)组成的新型响应率增强型光电导结构。

表 28.11　响应率增强型石墨烯探测器

石墨烯探测器	优　点	缺　点	参考文献
石墨烯-量子点复合探测器 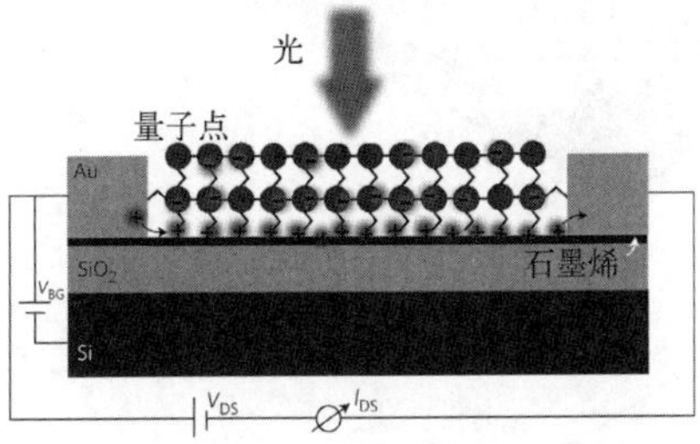 	增加吸收并引入大的载流子倍增因子	量子点光谱带宽窄、载流子俘获时间长,限制了带宽和响应时间	[322]~[325]
用薄的隧穿势垒隔开的两个石墨烯层 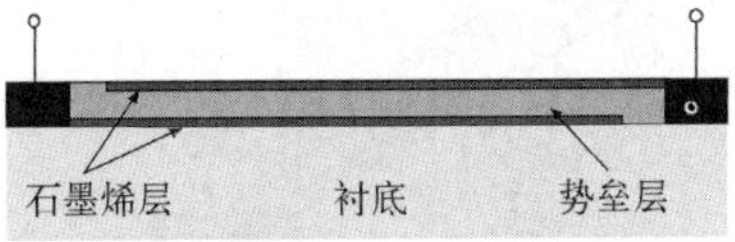 	通过量子隧穿分离光产生的电子和空穴,并使它们的复合最小化	响应时间受隧穿势垒中的长载流子俘获时间限制	[314]、[326]
集成波导的石墨烯探测器 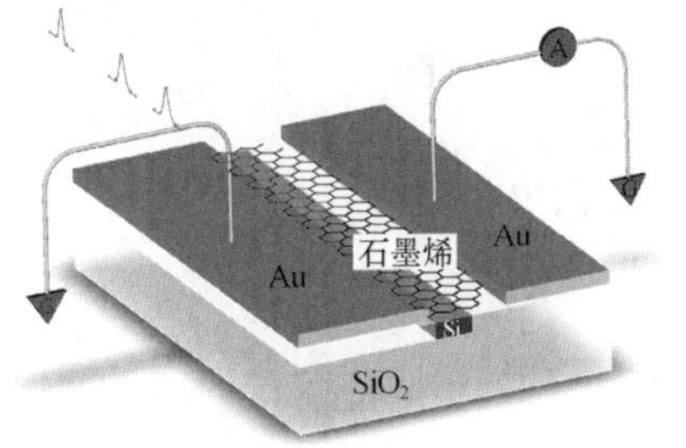 	通过增加光在石墨烯内的相互作用长度实现超快响应,制备工艺与标准光子学集成电路工艺兼容	光谱带宽受到波导带宽的限制	[327]~[330]
石墨烯集成的微腔、等离子体结构和光学天线 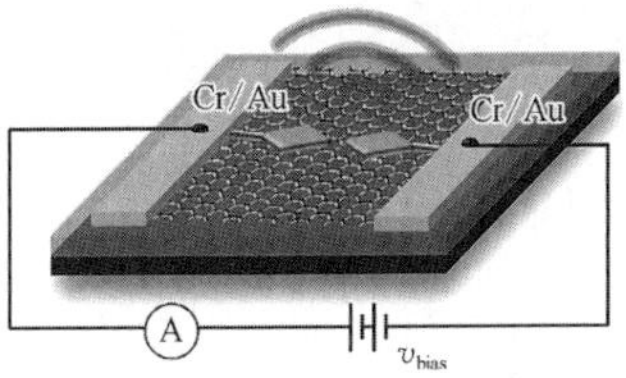 	通过增加光在石墨烯内的相互作用长度来获得高响应率	带宽受到所使用结构中共振特性的限制	[310]、[331]~[345]

石墨烯与光吸收介质形成的内建电场可以分离吸收介质中产生的光生载流子，从而将空穴/电子注入石墨烯中。在半导体光吸收区域以外的光响应也可以被探测到，这与石墨烯提供的光生载流子有关。与纯石墨烯光电导不同的是，界面上的内建电场可以有效地分离光生载流子，延长其寿命，从而获得较高的响应率。

图 28.94 示意性地描述了纯石墨烯光电导和混合光电导之间的区别。这种比较也涉及

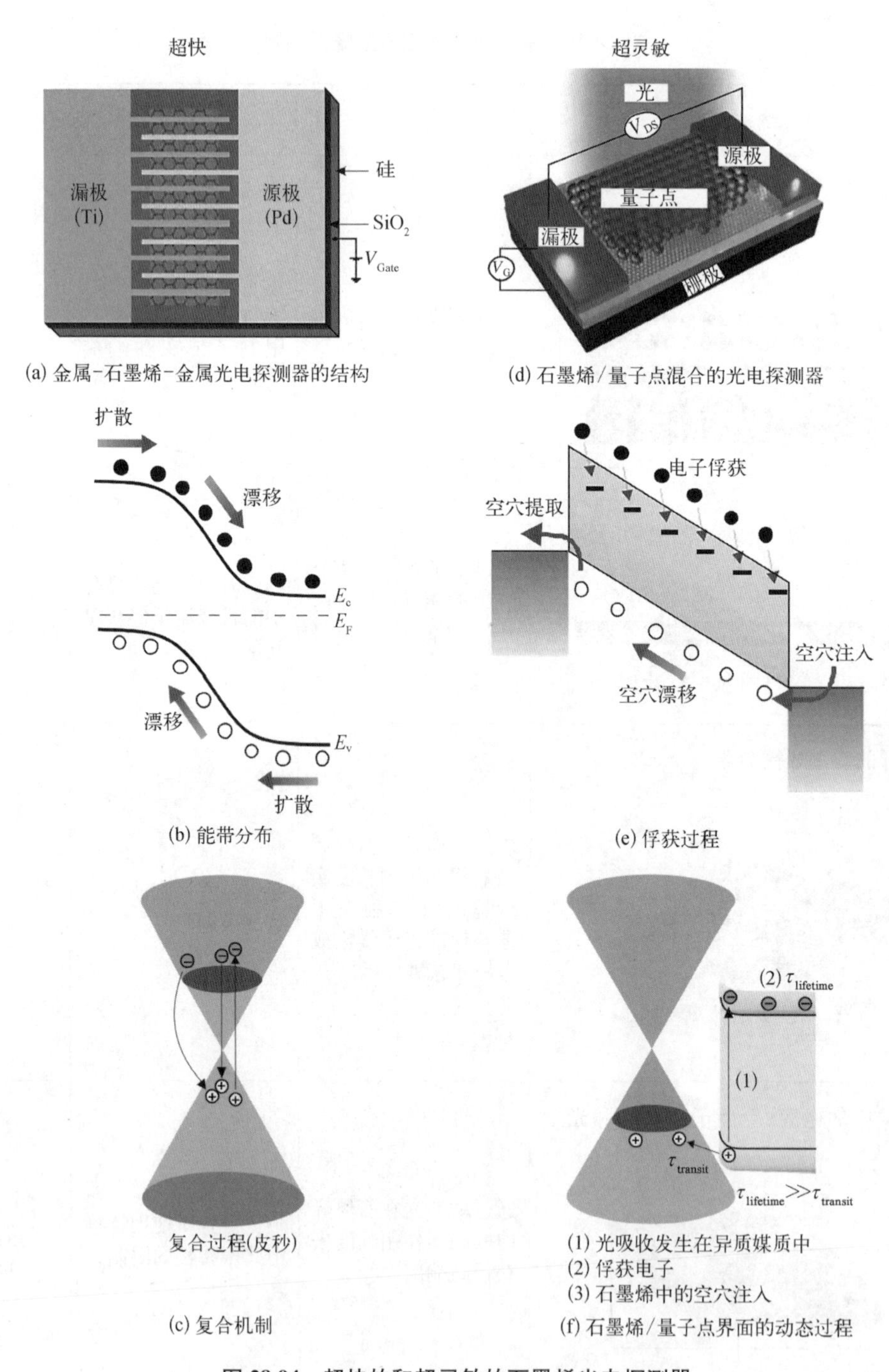

图 28.94　超快的和超灵敏的石墨烯光电探测器

超快和超灵敏石墨烯光电探测器之间的差异。在早期的报道中，光电流是通过对背栅石墨烯 FET 的金属/石墨烯界面之一进行局部辐照而产生的。采用非对称金属化方案可以打破沟道内内建电势分布的镜像对称性，从而获得总的光电流输出。使用金属叉指电极，可以极大地增加高电场下的光探测区域[图 28.94(a)]。石墨烯的高载流子迁移率和短载流子寿命[图 28.94(c)]使金属-石墨烯-金属光电探测器能够在高数据速率下工作。

混合光电探测器[图 28.94(d)]的主要特点是具有超高增益，这源于石墨烯薄片的高载流子迁移率和在载流子寿命内仍由量子点俘获的载流子的再循环过程[图 28.94(e)]；也可以使用其他光吸收介质(如碳纳米管和纳米板)。量子点中的光激发空穴被转移到石墨烯层，并在漏极电压偏置 V_{DS} 作用下发生漂移，具有典型的渡越时间 $\tau_{transit}$，这与载流子迁移率成反比。电子仍然被俘获在量子点中(典型寿命 $\tau_{lifetime}$)。单个电子-空穴对生成后，空穴会在石墨烯沟道中多次循环，这导致了很强的光导增益。光导增益定义为每对光生载流子所引起的通过电极的电荷载流子的数量，$g=\tau_{lifetime}/\tau_{transit}$，这表明了长载流子寿命和高载流子迁移率对增益的重要性。Konstantatos 等[322]在短波混合光电晶体管中，获得的每光子增益为 10^8 个电子，响应率约为 10^7 A/W。

通过在器件上引入光学结构(如等离子体纳米结构、光子晶体、光学腔和波导)来实现二维材料中的光-物质相互作用，也可以提高基于二维材料的光电探测器的性能。如果等离子波频率对应的能量是量子化的，则可被称为等离激元。其中由两个关键因素：① 金属图形大小和形状的匹配，以便所需的波长可以产生等离激元；② 等离激元与探测器的耦合。等离激元的产生在很大程度上取决于金属图形。金属光栅的尺寸应与金属条宽度相似，以允许等离激元场进入光栅下方的探测器。通常，在探测器上放置一层薄的介质层，在介质层的顶部放置金属栅极。由于等离激元是平行于表面行进的，因此可以获得较大的吸收光程，而不需要厚的吸收层。

4. 相关二维材料探测器

光电探测器的性能主要取决于光电探测器中敏感材料的固有特性，如吸收系数、电子-空穴对的寿命和电荷迁移率等。由于石墨烯的无带隙特性，传统石墨烯材料中暗电流很大，降低了光探测的灵敏度，限制了石墨烯基光电探测器的进一步发展。具有红外到可见直接带隙的新型二维材料的发现为光电探测器的制备打开了新的窗口。

石墨烯是众多可能的二维晶体之一。有成百上千种层状材料可以降至单层时仍保持它们的稳定性，它们的特性与石墨烯互补[346-350]。尽管技术完备性仍然较低，而且器件的可制造性和可重复性仍然是一个挑战，但在全球各地的实验室中都可以找到二维材料技术，包括硅烯、锗烯、锡烯、磷烯、过渡金属二硫属化物(transition metal dichalcogenides，TMD)、黑磷及最近发现的全无机钙钛矿材料。与石墨烯相比，TMD[如二硫化钼(MoS_2)、二硫化钨(WS_2)和二硒化钼($MoSe_2$)]在可见光和近红外范围内表现出更高的吸收，即高于它们各自的能隙，使得这类二维材料成为候选的最薄的光敏材料。二维半导体覆盖了从红外到紫外的非常宽的光谱范围。图 28.95 显示了二维材料(基于石墨烯的器件和 TMD)的响应率和响应时间的关系。可以看出，基于层状半导体材料的光电探测器的响应率有很大的变化(约 10 个数量级)。它们的响应时间比市售的硅和 InGaAs 光电二极管要长得多，超过 1×10^{-2} ms。慢的响应是由于材料中的载流子陷阱和电容的提高。但也提出了多种方法可以减少俘获次数和陷阱密度。

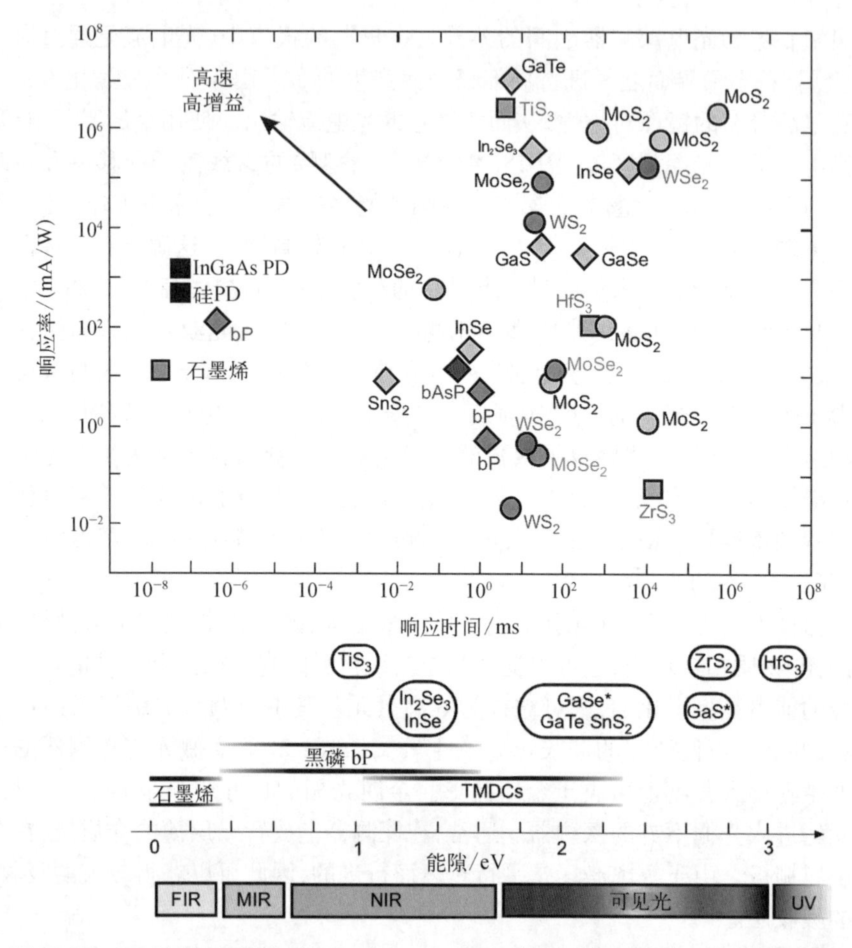

图 28.95　2D 材料、商用的硅和 InGaAs 光电二极管的响应率与响应时间的比较。底部显示了不同层状半导体的禁带宽度和对应的电磁波谱。准确的带隙值取决于层数、应力和化学掺杂。星号表示间接带隙材料。FIR 为远红外；MIR 为中红外；NIR 为近红外；UV 为紫外[348]

TMD 具有直接的有限带隙(0.4~2.3 eV)，这使得它们的载流子密度具有非常高的可调谐性(晶体管的电流开关比高达 10^{10})，但载流子迁移率会被限制在相对较低的值，通常小于 250 $cm^2/(V·s)$。基于 TMD 的光电晶体管由于光吸收较弱而具有相对较差的响应率。将二维材料与其他材料(半导体及不同的二维材料)结合起来可以解决这一限制。在这种情况下，黑磷(black phosphorus，bP)似乎是石墨烯和 TMD 之间的一种自然的折中选择[351,352]。由于其能隙与厚度相关(从体材料的 0.3 eV 到单层磷烯的 1.7 eV)，bP 在 FET 中的开关比可以达到 10^5，室温迁移率保持在 1 000 $cm^2/(V·s)$。Viti 等[352]对工作在 0.3~3.4 THz、NEP 值低于 10 $nW/Hz^{1/2}$ 的 bP 基 FET 光电探测器的最新成果进行了综述。

通过改变黑砷磷 As_xP_{1-x}(b-AsP)中砷的组分 x，其禁带宽度可以从 0.3 eV 变化到 0.15 eV。这种能隙的变化表明，b-AsP 可能与波长为 8.5 μm 的光具有相互作用。Long 等[353]已报道了探测波长至 8.2 μm 的室温工作 b-AsP 长波红外光电探测器。

5. *石墨烯探测器的性能——发展现状*

自从石墨烯被发现以来，由于其在广泛的电磁波谱范围内作为光电探测器的潜在应用而得到了广泛的研究。大部分活动都致力于发展可见和近红外光子型探测器[311,346]。这里我们将主要集中在红外和太赫兹石墨烯光电探测器上。

由于具有高载流子迁移率,石墨烯是一种非常有前途的材料,可以用来开发工作在远红外的室温探测器,具有很高的室温性能和整个太赫兹范围(0.1~10 THz)内的高光谱带宽。

在现阶段,最有效的石墨烯太赫兹探测器利用了 FET 中的等离子整流现象,沟道中的等离子波由入射的太赫兹波激发,调制栅极和源漏之间的电位差,通过 FET 中的非线性耦合和传输特性进行整流。两张图比较了基于石墨烯的 FET 室温探测器与市场上主流太赫兹光子型探测器(图 28.96)和热探测器(图 28.38)的 NEP 值。

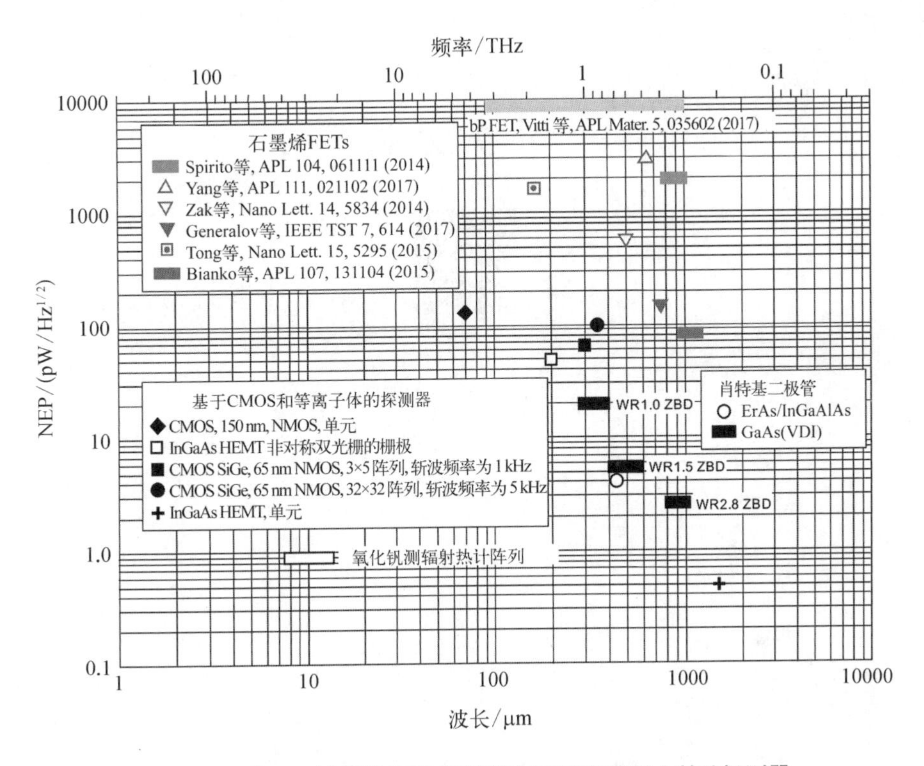

图 28.96　基于石墨烯的 FET 探测器与不同光子型太赫兹探测器(基于 CMOS 及肖特基结)的 NEP 值与探测频率的关系

文献中收集的大多数实验数据都是针对工作在 100 μm 以上(频率低于 3 THz)的石墨烯探测器的。一般来说,石墨烯 FET 探测器的性能比用 Si、SiGe 和 InGaAs 材料制成的 CMOS 基探测器和等离子探测器差。然而,与氧化钒和非晶硅微测辐射热计相比,石墨烯探测器的性能接近估算的微测辐射热计的趋势线(图 28.38)。这里应该注明的是,微测辐射热计的数据来自单片式阵列器件。在这种情况下,焦平面阵列的一个重要问题是像元均匀性。单片集成太赫兹探测器阵列的生产似乎遇到了非常多的技术问题,器件之间的性能差异甚至每个芯片上的盲元比例都往往高得令人无法接受。

如第 4 章所示,吸收系数与热生成速率的比值 α/G 是任何红外光子探测器材料的主要品质因子。热生成速率与复合寿命成反比。石墨烯具有宽广的吸收光谱和超短的响应时间,是一种极具吸引力的光学探测材料。然而,由于石墨烯的光吸收弱(单层石墨烯薄片只有 2.3%）和载流子寿命短（<1 ps）的特点，要想在石墨烯探测器中获得高响应率仍然是一个巨大的挑战。换言之，与传统的探测器相比，基于石墨烯的光电探测器的应用仍受到限制。已经提出了通过引入带隙、电子俘获层（量子点结构）或纳米带来提高灵敏度的各种方法，但是这些方法降低了石墨烯的电子性能，如高迁移率。尽管在二维材料上投入了大量的资金开展研究，但目前覆盖红外和太赫兹光谱区域的二维材料仍非常有限。

先进的成像系统需要探测器阵列。利用适当的制备工具开发规模可扩展的石墨烯探测器阵列，这一概念的发展是石墨烯能否促成新的探测器系统的一个值得注意的指标。可扩展性、与硅平台集成的前景及实现柔性器件的潜力相结合，可使石墨烯成为未来的探测系统的有力竞争者。

参考文献

后　记

未来,民用和军用红外和太赫兹探测器应用仍将面临许多关键挑战。对类似夜视镜的许多系统而言,人眼观察红外图像时可以感受到的分辨率提升仅为约 100 万像素,与高分辨率电视的分辨率大致相同。1280×1024 的格式可以完全满足大多数批量应用的需求。尽管广域监控和天文学应用需要使用更大规模的探测器,但是由于资金限制,未来该领域的发展很可能不会继续维持过去几十年来的指数级增长。

未来的红外成像系统应用要满足以下需求:

(1) 更高的像元灵敏度;

(2) 对于制冷和非制冷长波红外应用,像元数进一步增加到 10^8 以上(包括使用多个芯片拼接),像元尺寸减小到约 5 μm;

(3) 通过使用集成信号处理功能的和更高工作温度的探测器,降低成像阵列系统的成本;

(4) 通过开发多光谱传感器改善成像阵列的功能。

小像元 IR FPA 将需要开发单位面积内具有更大有效阱电容的读出电路,可能需要比 *f*/1 更快的光学系统,并需要改进混成技术。利用深度扩展的 CMOS 工艺,设计人员可以根据特定应用的需要将像元间距最小化和/或提高片上处理能力。阵列规模将继续增加,但速度可能会低于摩尔定律(Moore's law)曲线。增加阵列大小在技术上是可行的,但是在突破百万像元的壁垒后,对更大阵列的市场需求并没有那么迫切。

当前,HgCdTe 三元合金是高性能红外探测器中使用最广泛的材料体系。然而,在过去的二十年中,基于Ⅲ-Ⅴ族锑化物的探测技术正在得到大力发展,可以替代 HgCdTe 材料。T2SL 的显著发展主要取决于红外光电探测器设计中最新颖的想法。Ⅲ-Ⅴ族材料在等效截止波长下具有与 HgCdTe 相似的性能,但由于 SRH 寿命的固有差异,在工作温度上有相当大的损失。T2SL 的重要优点是材料的高质量、高均匀性和稳定性。通常,Ⅲ-Ⅴ族半导体比Ⅱ-Ⅵ族半导体更坚固,这是因为它们具有更强的化学键。因此,基于Ⅲ-Ⅴ族材料的 FPA 在有效像元率、空间均匀性、时间稳定性、可扩展性、可生产性和成本(即可实现性优势)方面表现出色。

从经济角度和未来技术角度来看,一个重要方面是行业的组织。HgCdTe 阵列产业是垂直整合的:由于 HgCdTe 除了 FPA 并没有各种有利可图的商业应用,因此没有商业晶圆供应商。晶圆在每个 FPA 制造工厂(或其独家合作伙伴)内生产。这种完整性的一个重要缺点是成本高。对于Ⅲ-Ⅴ族半导体,横向集成更有利可图。该解决方案可以有效地避免在固定设施及随后的升级和维护上进行大量投资,也可以有效地减少高技能工程师和技术人员的开支。

尽管仍处于开发的早期阶段,但可以实时地适应传感器要求对光谱响应进行调整的FPA器件已经为未来的多光谱红外成像系统提供了令人信服的案例。这样的系统有可能为未来的国防作战系统提供大为改善的威胁/目标识别能力。

仅仅几十年前,红外技术仍是主要服务于军事技术领域,现在它已越来越多地应用到了我们日常生活中。在最近的二十年间,热探测器已经实现了许多重大的技术进步,具有更高的可靠性,更好的可制造性及更低的成本。非制冷红外探测器已经成为制冷型探测器的绝佳替代品,并且在许多商业、工业和军用红外摄像机产品中变得更加常见。

VO_x测辐射热计将主导未来的高性能非制冷热成像。但是,它们的灵敏度局限性和仍然昂贵的价格将鼓励许多研究团队探索其他红外传感技术,这些技术有可能在降低探测器成本的同时提高性能。在不久的将来,VO_x和非晶硅都将受到硅基衍生材料(a-SiGe、poly-SiGe和a-$Ge_xSi_{1-x}O_y$)的挑战。MEMS的最新成果推动了基于微机械热探测器的非制冷红外探测技术的发展。

太赫兹探测器正在人类生活的不同方面发展,并将在非常广泛的应用领域中变得越来越重要,包括生物与化学危险品的探测、爆炸物探测、建筑物与机场安全、射电天文学与太空研究、生物学和医学。未来太赫兹探测器的灵敏度提高将通过在焦平面中使用带读出电路的大型阵列来满足高分辨率光谱学的要求。太赫兹探测器技术的进步达到了这样的水平:在整个太赫兹范围内,许多在低温或亚开尔文温度下工作的单元和低像素阵列的性能都接近低背景下的极限性能。该领域中,存在各种各样的传统深冷毫米波和亚毫米波探测器,以及基于新型光电量子器件的碳纳米管传感器和基于场效应晶体管的等离子波探测器。

在低温或亚开尔文温度下运行的SIS结构的外差探测器是目前最灵敏的器件,具有高光谱分辨率($\nu/\Delta\nu \approx 10^6$),并且在$\nu < 0.7$ THz时接近其量子极限。在高于1 THz的频率范围内,基于超导超薄层NbN的HEB混频器则具有最佳性能,同时由于其工作所需的本地振荡器(local oscillator,LO)功率较低而有望用于大型阵列。

直接探测型的探测器(如超导HEB)具有很高的灵敏度并且速度很快。同样,小体积的直接探测TES(如辐射热计)在亚开尔文温度下非常灵敏,具有相对较快的速度,可以实现高数据速率传输和太赫兹声子计数。在极低背景温度情况下,它们的性能可以接近背景限。与外差探测器相比,它们不需要本地振荡器,可以很容易地构建大规模阵列。

在太赫兹技术中,最大的障碍还是所使用的非制冷型探测器的灵敏度相对较低,该探测器在远离BLIP条件下工作且成像分辨率低。近来,已经用纳米结构的半导体、超导体、碳纳米管和基于石墨烯的器件创建了几种类型的光子探测器。在当前阶段,与传统的探测器相比,基于石墨烯的光电探测器的应用仍受到限制。尽管在二维材料研究上投入了大量资金,但目前性能可与全球市场上其他探测器相媲美的、覆盖红外和太赫兹区域的材料非常有限。